中国果树病虫原色图鉴
（第2版）

邱 强 主编

河南科学技术出版社

·郑州·

图书在版编目（CIP）数据

中国果树病虫原色图鉴 / 邱强主编 . — 2 版 –– 郑州 : 河南科学技术出版社 , 2019.1
ISBN 978-7-5349-9232-2

Ⅰ.①中…　Ⅱ.①邱…　Ⅲ.①果树—病虫害防治 – 图集　　Ⅳ.① S436.6–64

中国版本图书馆 CIP 数据核字 (2018) 第 073582 号

出版发行：河南科学技术出版社
　　　　　地址：郑州市经五路 66 号　　邮编：450002
　　　　　电话：（0371）65737028　　65788613
　　　　　网址：www.hnstp.cn
策划编辑：周本庆　李义坤
责任编辑：李义坤　杨秀芳　申卫娟
责任校对：吴华亭　郭晓仙
封面设计：张德琛
版式设计：张　伟
责任印制：朱　飞
印　　刷：郑州新海岸电脑彩色制印有限公司
经　　销：全国新华书店
幅面尺寸：889 mm × 1194 mm　1/16　印张：63.5　字数：2410 千字
版　　次：2019 年 1 月第 2 版　　2019 年 1 月 第 2 次印刷
定　　价：780.00 元

《中国果树病虫原色图鉴》（第2版）编著人员

主　　编　邱　强　三门峡市湖滨区植保植检站
副 主 编　蔡明段　杨桥镇（原广东省杨村华侨柑橘场）
　　　　　邱　端　北京市农业局宣传教育中心
　　　　　罗禄怡　贵州省黔南州农业局
编著人员　邱　强　三门峡市湖滨区植保植检站
　　　　　蔡明段　杨桥镇（原广东省杨村华侨柑橘场）
　　　　　罗禄怡　贵州省黔南州农业局
　　　　　邱　端　北京市农业局宣传教育中心
　　　　　林尤剑　福建农林大学
　　　　　孙　海　北京市植物保护站
　　　　　徐志华　河北省林业调查设计规划院
　　　　　胡　淼　江苏省赣榆县植物保护站
　　　　　刘联仁　西昌学院
　　　　　孙益知　西北农林科技大学
　　　　　邱书林　杨桥镇（原广东省杨村华侨柑橘场）
　　　　　杨爱丽　三门峡市湖滨区植保植检站
　　　　　郑友贤　河北省迁安市科学技术委员会
　　　　　高广武　三门峡市灵宝市果树试验场

前　言

中国地域辽阔，横跨热带、温带、寒带三个气候带，种植的果树种类及其品种众多，生态环境复杂多样，为害果树的病虫种类也十分繁多。《中国果树病虫原色图鉴》自出版以来，在指导果树病虫鉴别与防治中曾起到了积极的作用，近10多年来，我国果树面积不断增加，果树病虫发生规律也发生明显变化，为进一步满足果树种植者识别、防治病虫害的需要，作者先后在河南、河北、北京、辽宁、陕西、山西、贵州、四川、广东、福建等地，比较系统、全面地拍摄了大量的果树病虫发生为害的生态彩色照片，通过鉴定、整理、筛选，编写了本书。本书全面记载了中国30多种果树上的375种病害和545种害虫，彩色照片共计约3 000幅。各主要病害和害虫种类均配有多幅照片，以展示果树不同部位的症状和多个虫态及为害状，文字描述包括症状（形态）、病原、发生规律与防治方法等内容，与照片对照使用。

本书主要修订内容包括：

（1）增加了部分果树病害种类，保留了第1版大部分果树病虫种类，删除了少量病虫种类，果树病虫图片数量更新了约70%。针对一些重要病虫害，选取不同为害状的多幅图片，以便于读者更加全面地认识病虫为害特点和病虫特征。

（2）把每种果树的病害与虫害种类合到一起编排，以便于读者查阅使用。例如，苹果病害与虫害都编排在苹果树病虫害名下，以便于读者查找苹果的各种病虫。

（3）对病虫害防治技术进行更新，包括增加生物防治、物理防治等绿色防控内容，力求反映国内果树病虫防治研究方面的新成果、新技术、新方法。主要病虫防治药剂，采用近期的农药登记种类，删去部分已经停用和停产的农药，增添了新型高效低毒农药。对主要果树病虫发生规律研究进展等文字部分也进行了相应修订。

（4）病害、病原菌根据新的分类系统进行编排。少量害虫，也根据分类研究新成果予以修订。

中国南方和北方果树种类多样，病虫种类繁多，虽然我们再次历经10多年的努力调查，编纂修订了本书，但仍可能有疏漏和不当之处，恳请读者多提宝贵意见。联系邮箱：qiuq88@163.com。

邱　强

2018年6月于三门峡

目　录

第一部分　苹果病虫害

一、苹果病害

（一）苹果轮纹病

苹果轮纹病树干受害处呈现粗皮状

苹果轮纹病树干症状

苹果轮纹病幼枝病斑

苹果轮纹病病树干两个病斑融合

苹果轮纹病树干众多病斑

苹果轮纹病病果初期症状

苹果轮纹病病果后期症状

苹果轮纹病为害果实典型症状

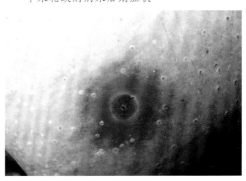

苹果轮纹病初期果面病斑

苹果轮纹病病果病斑（红富士）

苹果轮纹病又称粗皮病、轮纹褐腐病，俗称水烂病、烂果病，我国主要苹果产区均有发生。近年来，伴随着推广省力、省工的矮化栽培模式和果园的更新，苹果轮纹病在一些矮砧密植园发生较重。在我国苹果主产区河北、山东、陕西、山西、河南、辽宁、云南和四川等地调查中发现，苹果轮纹病在各地均呈现加速蔓延的趋势，有些地方已因此病而毁园。河北、山东和河南等省为轮纹病重灾区，对于一些病情严重的乔化老果园，病瘤已发展到侧枝和小枝，目前，只能通过雨季喷药控制病害的发展速度，已经很难铲除其为害。在陕西和山西等省，苹果轮纹病是近几年才逐渐发展蔓延起来的一种病害，该病为害苹果树干有加重趋势。

【症状】 苹果轮纹病主要为害枝干和果实，也可为害叶片。

1. 枝干 受害初期，以枝干上的皮孔为中心，形成瘤状突起，并在突起周围形成扁圆形或椭圆形红褐色病斑。枝干被侵染后，枝干并不立即枯死，因病斑一般不深达韧皮部，只在表皮发病而引起树势的衰弱。新生病斑一般在4月中旬开始活动，5～6月为活动盛期。初侵染处略突起，周围病组织逐渐扩展形成病斑。随后病斑逐渐老化，稍下陷，颜色也接近树皮本色。7月以后病斑逐渐与健皮形成明显的开裂线。后期病斑干枯并翘起，病斑中心突出形成质地坚硬的瘤状物，边缘龟裂，呈凹陷的环沟。翌年病斑中央产生小黑点（分生孢子器和子囊壳），边缘裂缝加深，翘起呈马鞍形。中央突起点周围散生的黑色分生孢子器，成熟的顶破表皮层，遇到降水分生孢子器吸水膨胀开裂，孔口由内喷散出乳白色孢子角，长约1 cm，有的呈卷丝状。第三年，环状沟外又形成一圈坏死组织并开裂、翘起，连年扩展，形成轮纹状病斑。枝干受害严重时，病斑往往连成片，使枝干表皮显得十分粗糙，在树枝的皮孔上形成凸起的瘤状物，病部树皮粗糙，呈粗皮状，故有粗皮病之称。越冬枝干瘤皮病斑中的病菌分生孢子器，具有不断产生孢子的能力，也是侵染果实的病菌来源。

2. 果实　幼果期不发病，果实进入成熟期和贮藏期陆续发病。红星、红玉、富士等着色品种，发病初期在果面部分出现圆形、黑色至黑褐色小斑，逐渐扩大成轮纹状，软化腐烂。发病后期在病斑表面形成黑色小粒点状的分生孢子器，偶尔从分生孢子器中溢出白色丝状孢子角。发病初期，金冠等黄色品种在皮孔（果点）处产生茶褐色小病斑，在病斑周围有红色素聚集而形成红色环轮，具典型症状。在所有品种上虽然都可产生轮纹状病斑，但有时轮纹不明显。

3. 叶片　叶片发病产生近圆形同心轮纹的褐色病斑或不规则形的褐色病斑，病斑直径为 0.5 ~ 1.5 cm，病斑逐渐变为灰白色，并长出黑色小粒点。叶片上病斑很多时，往往引起干枯早落。

【病原】　苹果轮纹病原菌为贝伦格葡萄座腔菌梨生专化型 Botryosphaeria berengeriana de Not. f. sp. piricola（Nose）Koganezawa et Sakuma〕，属于真菌界子囊菌门囊孢菌属，有性阶段不常出现。无性阶段为 Macrophoma kawatsukai Hara，属于类球壳孢目大茎点属。菌丝无色，分隔。分生孢子器扁圆形或椭圆形，具乳头状孔口，内壁密生分生孢子梗。分生孢子梗棍棒状，单胞，顶端着生分生孢子。分生孢子单胞，无色，纺锤形或长椭圆形，大小为（24 ~ 30）μm×（6 ~ 8）μm。子囊壳在寄主表皮下产生，黑褐色，球形或扁球形，具孔口，内有许多子囊藏于侧丝之间。子囊长棍棒状，无色，顶端膨大，壁厚透明，具孔口，基部较窄，内生 8 个子囊孢子。子囊孢子单胞，无色，椭圆形，大小为（24.5 ~ 26）μm×（9.5 ~ 10.5）μm。据对陕西省苹果轮纹病病原菌进行鉴定和多样性分析，苹果轮纹病病原菌为葡萄座腔菌属（Botryosphaeria）下的三个种：Botryosphaeria dothidea（与 Botryosphaeria berengeriana 为同物异名）、Botryosphaeria malicola 和 Botryosphaeria obtusa。95.2% 的菌株分布在 Botryosphaeria dothidea，2.4% 的菌株分布在 Botryosphaeria malicola，2.4% 的菌株分布在 Botryosphaeria obtusa 种，说明 Botryosphaeria dothidea 是主要类群，Botryosphaeria malicola 和 Botryosphaeria obtusa 为偶发类群。苹果轮纹病菌的有性生殖在我国苹果主产区非常普遍，主要发生在秋季至春季轮纹病的干腐型枝条上，可侵染果实和枝干。有报道对来自核桃、槐树、杨树、石榴、梨树、葡萄、樱桃、桃树、李子、海棠、柳树、苹果等 12 种寄主上的 22 株 Botryosphaeria dothidea 菌株的致病性测定汇总，这些菌株均能在苹果无伤和有伤条件下侵染苹果果实和苹果枝条而引起苹果轮纹病。

病菌发育适温为 27 ℃，最低 7 ℃，最高 36 ℃。分生孢子在黑光照射条件下、温度 22 ℃时，3 d 即可形成分生孢子器，6 d 后开始形成分生孢子，8 ~ 10 d 产生的量最多。

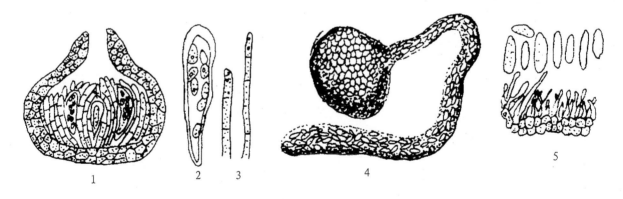

苹果轮纹病病菌
1.子囊壳　2.子囊及子囊孢子　3.侧丝　4.分生孢子器正吐出分生孢子　5.分生孢子

【发病规律】　苹果轮纹病病菌以菌丝、分生孢子器及子囊壳在被害枝干上越冬。菌丝在枝干病组织中可存活 4 ~ 5 年，轮纹病菌的分生孢子器自 2 月开始开口释放孢子，5 ~ 6 月达最高峰，成为初次侵染源。开口分生孢子器数量的多少与降水时间长短有关，7 ~ 10 月若遇长时间降水，孢子器开口率有小幅升高，以后减少。病部前 3 年产生孢子的能力强，以后逐渐减弱。分生孢子主要随雨水飞溅传播，范围一般不超过 10 m。6 ~ 8 月侵染量最多，8 月以后孢子散生量减少。

病菌可经伤口、皮孔及气孔侵入枝干和果实，对田间发病的枝干和果实进行扫描电镜分析和切片观察，发现皮孔是主要的侵入途径。中国果树研究所用轮纹菌菌丝接种苹果枝干，发现病原菌主要通过皮孔侵染，侵染量的多少与树皮的老化程度、环境因素及寄主内部一些酶的活动等生理变化有关。幼嫩树皮即使无皮孔也易被侵染，气孔较多的老化树皮却不易被侵染。分生孢子与果实接触，温、湿度合适即萌发产生芽管，顶部膨大形成附着胞，侵入皮孔后菌丝扩展受到抑制，潜伏在皮孔周围的死组织中。早期侵入潜育期达 80 ~ 150 d，晚期侵入潜育期仅为 18 d 左右。果实进入成熟期生理状况发生改变，如释放出可溶性养分或抑菌物质浓度降低等，附着胞结束休眠，生出侵入锥。在机械作用和真菌水解酶作用下侵入果树。苹果轮纹病菌于5～8月侵染当年新梢，5～7月是侵染高峰期。9月以后不再侵染。5～9月均可侵染果实，高峰期为7月上旬至8月上旬，且侵入主要与果实皮孔发育状态、田间孢子数量、降水量和温度相关。苹果轮纹病菌为弱寄生菌，树势衰弱时发病重。

侵入果实后的病菌，到果实近成熟时或贮藏期生活力减弱后，潜伏菌丝迅速蔓延扩展才显示症状。病果一般先在弱枝上出现，病势发展与果实含糖量的增加呈正相关。2013年，国家苹果产业技术体系病虫害防控研究室对河北、山东、陕西、山西、甘肃、河南和北京等7个省市16个县区苹果矮砧密植园枝干轮纹病进行了调查，结果显示，在上述7个省（市）所调查的23个矮砧密植园中，平均病株率为64.3%，病情指数平均为23.4。苹果品种间的抗病性存在差异：据调查，苹果中富士、红星、金冠、北斗、王林、新乔纳金、元帅等发病较重；国光、祝光、首红、新红星、红玉等发病较轻；玫瑰红、黄魁、北之幸等居中。抗病性的差异主要与皮孔的大小及组织结构有关。凡皮孔密度大、细胞结构疏松的品种感病都重，反之则感病轻。

【防治方法】 苹果轮纹病的防治，应在加强栽培管理、增强树势、提高树体抗病能力的基础上，采取以铲除枝干上菌源和生长期喷药保护为重点的综合防治。在清除树体病源的基础上，要连续几年进行综合防治才能有效地控制为害。

1. **枝干轮纹病的防治**

（1）苗木防病：黄土高原种植区发生枝干轮纹病的果树一般表现出从主干向中心干、主枝发展蔓延的趋势，这表明这些果树的病原主要是由于主干带菌。苗木带菌可能是引起新建果园枝干轮纹病发生严重的主要原因。从病区引进的苗木应从栽植的当年开始防治轮纹病，连续防治三年。同时要特别注意防止受旱，苗木一旦受旱，轮纹病菌在皮层内会迅速扩展形成干腐病斑，并大量产孢形成新的侵染，造成更大的为害。

（2）刮除病斑：刮除枝干上的病斑是一个重要的防治措施，一般可在发芽前进行。5～7月可对病树进行"重刮皮"（用刮皮刀将主干、骨干枝上的粗翘皮刮干净的措施称为重刮皮）。重刮皮的技术关键有三点，一是刮皮不能过重，深度在1 mm左右，刮后树干呈现"黄一块，绿一块"的现象。二是刮皮后不能涂刷药剂，更不能涂刷高浓度的铲除剂，以免发生药害，影响愈合，在全园喷药时注意保护刮皮部位。三是过弱树不要刮皮，以免进一步削弱树势。实践中，河北省顺平县总结出了"涂了不刮、刮了不涂"的原则，即涂药后不再进行重刮皮，重刮皮后不再涂药。

生长期内要随时剪除病枯枝、干桩等，对不能刮治的病枝也要一次性疏除，病枝远离果园深埋，减少病原。发芽前可喷1次2°～3° Bé石硫合剂。刮除病斑后喷药效果更好。

（3）适时喷药：根据轮纹病发生规律，提倡在关键时期防治，效果会事半功倍。轮纹病菌全年散发病菌孢子，有2个高峰时期。第一个高峰时期就要开始防治枝干轮纹病。5～6月初第一次降水达到湿透树皮时，潜藏在树干韧皮部的轮纹病菌孢子器全部开口散孢，出现散孢高峰。此时在果树病枝干上会出现众多的细小孔隙散发病菌孢子，要在雨后立即使用杀菌剂喷雾，可以杀灭散发出来的病菌孢子。此时用药，药剂很快通过大量的孔隙渗透树皮内部进而抑制轮纹病菌菌丝生长，有利于促使老病粗皮脱落。

矮砧密植果园轮纹病的发生呈现发生早、病情重的态势，很多三至五年生的幼树已普遍发生，一些八至十年生的果树已比较严重。对于这类果园以及病瘤仅限于主干的果园，要特别重视对病瘤的刮治。刮治方法是轻刮病瘤，将其去除，然后在患处涂甲硫萘乙酸、腐植酸铜等膏剂。除了刮治以外，在雨季还要结合对叶部病害的防控，着重对枝干进行喷药。药剂可选用氟硅唑、甲基硫菌灵、代森锰锌等。按照这种措施连续防治两年，可以彻底清除轮纹病的为害；如果不抓紧防控，两年以后一旦病瘤上升至侧枝（或小枝），则很难防治。在实际防治中，可先用甲基硫菌灵、多菌灵等具有一定铲除作用的杀菌剂，再用波尔多液、代森锰锌等保护性杀菌剂，以后两类药剂交替使用，以提高药效。

2. **果实轮纹病的防治**

（1）药剂防治：6月下旬至8月中下旬为孢子释放高峰期，病菌侵染果实与降水有关，每次降水后，均应喷药，连续降水也应连续喷药，不下雨可推迟喷药。从7月中旬开始到9月底认真进行药剂防治，既可以有效控制烂果又能有效保护一年生枝条不受轮纹病菌的侵染，可以减少药剂投入，实现对果实与枝条的双重保护。

对轮纹病比较有效的药剂是1:2:240波尔多液、80%代森锰锌可湿性粉剂800倍液、30%戊唑·多菌灵悬浮剂1 000倍液、65%甲硫·乙霉威可湿性粉剂1 000倍液、40%氟硅唑乳油8 000倍液、70%甲基硫菌灵可湿性粉剂1 500倍液、10%苯醚甲环唑水分散粒剂2 000～2 500倍液、70%二氰蒽醌水分散剂有效成分用药量700～1 000 mg/kg，喷雾；100亿CFU/g枯草芽孢杆菌可湿性粉剂600～800倍液，喷雾等。喷第一次药时，果实较幼嫩，波尔多液易引起药害，可选用代森锰锌等有机杀菌剂，6～8月可喷波尔多液兼治叶部病害。在防治中应该注意多种药剂的交替使用。

（2）果实套袋：将套纸袋与套塑膜袋相结合进行全园套袋，可减少防病喷药次数。

（3）采收前及采后处理：轮纹病菌从皮孔侵入，表现症状前都在皮孔及其附近潜伏，因此采前喷1～2次内吸性杀菌剂，可以降低果实带菌率。

（4）低温贮藏：5℃以下贮藏，基本不发病；0～2℃贮藏，可完全控制发病。所以，低温贮藏是贮藏期防治的重要措施。

（二）苹果炭疽病

苹果炭疽病又称苦腐病、晚腐病，全国各地均有发生，主要为害果实，引起果实腐烂，影响果实产量和质量。黄淮及华北地区发生较重。在20世纪六七十年代，主栽的品种国光发病率常达20%～40%，是重要的果实病害。20世纪80年代以后，因为较抗该病品种的新红星系和富士系陆续大量种植，该病的发病率有所下降。在夏季高温、潮湿的地区，该病常为害严重。除为害苹果属外，还能侵害梨、葡萄、核桃等多种果树和刺槐等林木。

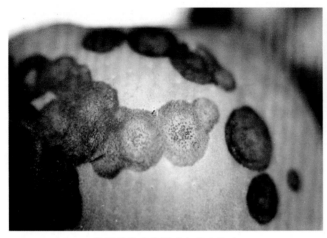

苹果炭疽病病果多个病斑相连

苹果炭疽病病果（1）

苹果炭疽病病果（2）

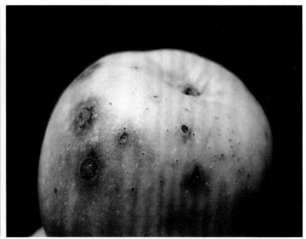

苹果炭疽病病果初期病斑

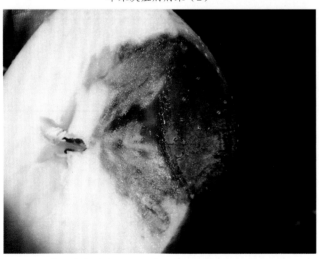

苹果炭疽病病果剖面病斑呈现漏斗形向内扩展

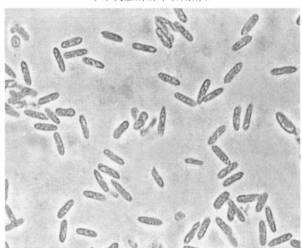

苹果炭疽病菌分生孢子

【症状】　主要为害果实。

1. 果实　6～9月均可发生，7～8月为盛发期，近成熟的果实受害重。发病初期，果面出现淡褐色水浸状小圆斑，并迅速扩大。果肉软腐味苦，果心呈漏斗状，变褐，表面下陷，呈深浅交替的轮纹状，如果环境适宜，则果实迅速腐烂而不显轮纹。当病斑扩大到1～2 cm时，在病斑表面下形成许多小粒点即病菌的分生孢子盘，后变黑色，略呈同心轮纹状排列。在潮湿条件下，分生孢子盘突破表皮，露出肉红色的分生孢子团块，病斑逐渐变为黑褐色，一个病斑可扩展到果面的1/3～1/2。果上的病斑数量不一，多的可达几十个，但只有少数病斑扩大，其余病斑停留在1～2 mm大小。最后全果腐烂，大多脱落，也有失水干缩成黑色僵果而留于树上的，这种僵果是翌年初侵染的主要菌源。

2. 枝条　在温暖条件下，病菌可以在衰弱或有伤的一二年生枝上形成小溃疡，病部略凹陷，边缘有稍隆起的愈伤组织，皮层多开裂，有时有树脂流出。

【病原】　苹果炭疽病病原菌为胶孢炭疽菌（*Colletotrichum gloeosporioides* Penz.），属黑盘孢目盘圆孢属。分生孢子盘即症状上可见的黑色小点；分生孢子梗平行排列成一层，单胞，无色，大小为（15～20）μm×（1.5～2）μm；分生孢子单胞，无色，长椭圆形或长卵圆形，大小为（10～35）μm×（3.7～7）μm。分生孢子可陆续产生并混有胶质，集结成团时为肉红色，遇水时胶质溶化，使分生孢子分散传播。此菌的有性世代很少发生。可发生于落果、枝条的溃疡部和人工培养基上。子囊壳埋生于黑色的子座内（每一子座有1～2个子囊壳），子囊棒状，大小为（55～70）μm×9 μm。有研

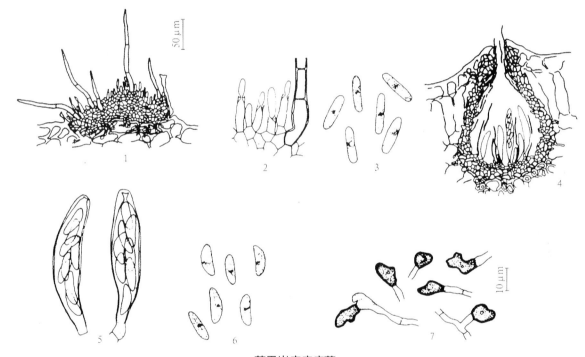

苹果炭疽病病菌
1. 分生孢子盘剖面　2. 分生孢子梗　3. 分生孢子　4. 子囊壳剖面　5. 子囊　6. 子囊孢子　7. 附着胞

究表明，尖孢炭疽病菌（*Couetotrichum. acutatum* J.H. Simmonds）也可引起中国苹果炭疽病的发生，在田间占20%左右。

【发病规律】　苹果炭疽病病菌以菌丝体在枝条的溃疡部、枯枝及僵果上越冬（也有报道可以在刺槐上越冬），翌年春季产生分生孢子，成为初侵染源，借风雨和昆虫传播。分生孢子萌发时产生一隔膜，形成两个细胞，每一细胞各长出一芽管，在芽管的前端形成附着器，再长出侵染丝穿透角质层直接侵入，或经皮孔、伤口侵入，仅5～10 h即完成侵染。菌丝在果肉细胞间生长，分泌果胶酶，破坏细胞组织，引起果实腐烂。凡已受侵染的果实，在贮藏期间侵染点继续扩大成病斑而腐烂。但贮藏期一般不再传染。贮藏在0℃以下不发病，10～15℃低温可以抑制苹果炭疽病发生，15～40℃有利于发病，在25℃发病率最高。

【防治方法】

1. 清除越冬菌源　结合冬季修剪，彻底剪除树上的枯枝、病虫枝、干枯果台和小僵果等。重病果园，在春季苹果开花前，还应专门进行一次清除病原菌的工作。生长期发现病果或当年的小僵果，应及时摘除，以减少侵染源。实践证明，凡是清园工作搞得彻底的，病害发生都轻。

2. 适期套袋　花后10 d左右套袋可有效防治该病。

3. **生长期药剂防治**　在病害开始侵入至发病前，重点是喷施保护剂。在病害初发期，应合理复配施用保护剂与治疗剂，根据苹果炭疽病发生侵染期早、为害期长和再侵染频繁的特点，连续喷药预防，而防治的关键是喷药时期和喷药质量。要改变过去以6月中旬"始见病果"后开始喷药，以及"只重视病后治、不重视病前防"的习惯。应于花谢后半月的幼果期（5月中旬），病菌开始侵染时，选择以下药剂喷布：40%咪鲜胺水乳剂1 600倍液、70%甲基硫菌灵可湿性粉剂1 500倍液、50%异菌脲可湿性粉剂800倍液、10%苯醚甲环唑水分散粒剂2 500倍液、12.5%腈菌唑可湿性粉剂2 500倍液、50%醚菌酯水分散粒剂4 000倍液、50%多·霉威可湿性粉剂800倍液、30%戊唑·多菌灵悬浮剂1 000倍液、70%二氰蒽醌水分散剂有效成分用药量700～1 000 mg/kg，喷雾；60%唑醚·代森联水分散剂有效成分用药量300～600 mg/kg，喷雾等。有研究表明，三唑类杀菌剂如己唑醇、氟硅唑、戊唑醇、苯醚甲环唑等对本病菌有较高的敏感性，但需与作用机制不同的其他类型杀菌剂交替使用或混用，以延缓此类药剂抗药性的产生。

在病害发生普遍时，应适当加大治疗剂的药量，在防治中应注意多种药剂的交替使用，发病前注意与保护剂混用。病菌侵染果实与降水有密切关系，每次降水后，均应喷药预防，连续降水则连续喷药。

（三）苹果霉心病

苹果霉心病又称苹果霉腐病，主要为害元帅系品种和以元帅系品种作亲本培育的伏锦、露香以及北斗、红星等品种。该病是苹果病害中一个侵染过程较为复杂、病原菌由多种弱寄生菌组成的复合型病害。近年来富士品种霉心病发生趋重。

【症状】　果实受害是从心室开始，逐渐向外扩展霉烂。病果果心变褐，充满灰色或粉红色霉状物。当果心霉烂发展严重时，果实胴体部可见水渍状不规则的湿腐斑块，斑块可彼此相连，最后全果腐烂，果肉味苦。霉心病症状类型有4种。

1. **整果腐烂**　多发生在生长前期，病部从心室向果面扩展，有时果中心变空，整个病果干缩，心室中霉菌菌落橘红色。
2. **心室腐烂**　生长后期较多，病部局限于心室，菌落多呈黑色或灰色，菌丝繁茂。
3. **局部病斑**　多发生在贮藏期，病部只在心室，呈褐色、淡褐色，有时夹杂青色或墨绿色，呈湿润状。
4. **小病斑**　病部呈不连续条状淡褐色小斑，局限于心室、萼筒，不向外扩展。

【病原】　苹果霉心病是由于多种弱寄生真菌侵害苹果心室所致。从病果心室及烂果肉中经常可以分离得到多种真菌。较常见者有链格孢［*Alternaria alternata*（Fr.）Keissl.］、粉红单端孢［*Trichothecium roseum*（Bull.）Link］、镰刀菌（*Fusarium* spp.）、壳蠕孢（*Hendersonia* sp.）、拟茎点霉（*Phomopsis* sp.）、棒盘孢（*Coryneum* sp.）、狭截盘多毛孢［*Truncatella angustata*（Pers. et Link）Hughes］、青霉（*Penicillium* sp.）、拟青霉（*Paecilomyces* sp.）、头孢霉（*Cephalosporium* sp.）等。有研究表明，对富士苹果果实和花不同的发育时期进行病原菌的分离，发现不同病原菌的侵染时期存在显著差别。例如，链格孢在刚形成的花芽（上年11月）中分离率为90%，以后在开绽期、花序伸出期、花序分离期、露瓣期、开花期、终花期等时期中一直保持60%左右的分离率，幼果期的分离率为13%～40%；枝状枝孢在寄主的休眠末期（2～3月）开始能够分出（3.3%），在终花期之前分离比率有一定提高（33.3%），在终花期后20 d的幼果中分离比率大幅增加，达80%；粉红聚端孢从6月（终花期后40 d）开始在幼果中可以分离得到，分离率为3.3%，一个月后（终花期后70 d）分离率大幅提高，达到43.3%。这些结果表明苹果霉心病的病原可以从萼孔侵入果实，也可以通过花芽、花直接侵染果实。

【发病规律】　苹果霉心病病菌主要在树上僵果、枯死小枝及落叶中越冬。翌年春产生分生孢子，靠气流传播侵染。病菌自花期开始到果实生长期都可侵染，其中以花期侵染率最高。病菌通过花和果实的萼筒进入心室扩展蔓延或潜伏。苹果霉心病病菌为弱寄生菌，多个种类的病菌喜阴、惧高温，在通风透光好的果园该病为害较轻。

苹果霉心病的发生与果实结构有密切关系。凡果实萼口宽大、萼筒长的品种均感病，如元帅、北斗、红星等。在栽培上导致苹果霉心病发病率增大的主要因素为果园树体高大、郁闭程度高以及套纸袋果园面积增大、果袋质量下降等。

【防治方法】　苹果霉心病是一个病原种类复杂多样的病害，受技术、气象、地理位置、果袋质量、果园郁闭程度等因素的影响，防治效果目前还不稳定。

1. **改善霉心病发病环境**　选择矮化、简约、高光效树形，同等条件下，苹果矮化简约高光效栽培比传统乔化栽培霉心病发病率要降低很多；对密闭果园，要去除一些影响光照的枝条，打开光路，减轻郁闭程度；合理灌水，及时排涝，土壤保持适宜的含水量，防止地面长期潮湿。

2. **清除菌源**　剪除树上僵果、枯枝，清扫落叶、落果，减少越冬菌源。该病害的病源菌多数寄存在树体裂缝、枝条芽鳞中，在早春芽前（果树萌芽之际），用5° Bé石硫合剂对树上、树下及堆放的树枝进行均匀细致的封闭性喷药，铲除病菌，

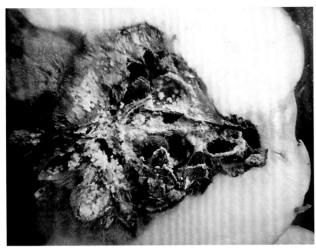

苹果霉心病病果病斑上的粉红色的霉层

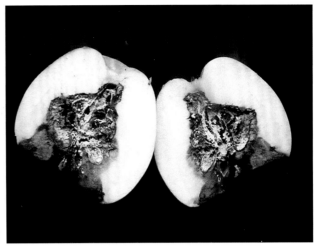

苹果霉心病严重发病果实内核和果肉腐烂

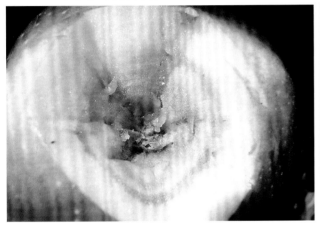

苹果霉心病引起苹果内部果肉腐烂

苹果霉心病果实心室腐烂

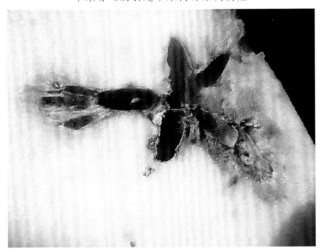

苹果霉心病病果剖面

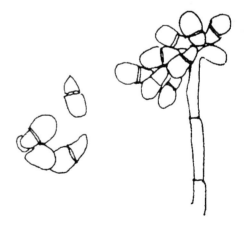

粉红单端孢菌

减少果园内病菌存在基数。为了提高防治效果，可自行熬制石硫合剂。

    3.选择优质果袋 使用透气性、排水性较好的纸袋，可降低苹果霉心病的发病率。

    4.喷药防治 苹果霉心病的防治关键时期是花期，此时花萼开张，花丝、花柱完全暴露在外，均匀喷药可使花器全部着药。一旦进入幼果期，萼片收缩，大部分花丝、花柱被包裹起来，此时喷药，只能使暴露在外的小部分花器残体着药，不能杀灭已经包裹在萼筒内残腐花丝、花柱上的病菌。套袋后，随着药效的逐渐丧失，残腐花器上的病菌可四处扩展，布满萼片和暴露在外的花丝、花柱上，成为病菌的主要侵染源。苹果花开30%和90%时各喷一次杀菌剂，可起到很好的防控效果。北方干旱地区花期如果未遇雨，可于落花初期喷药一次，50%可湿性粉剂多菌灵800倍液、70%甲基硫菌灵可湿性粉剂1 000倍液对粉红单端孢菌效果较好；50%异菌脲可湿性粉剂1 000倍液、10%多氧霉素可湿性粉剂1 000倍液、

3% 多抗霉素可湿性粉剂 300 倍液对链格孢菌效果较好；80% 代森锰锌可湿性粉剂 800 倍液、70% 百菌清可湿性粉剂 600 倍液、43% 戊唑醇可湿性粉剂 4 000 倍液、10% 苯醚甲环唑粉散粒剂 3 000 倍液等药剂对多种致病菌也都有较好的防治效果。有试验结果表明，异菌脲和戊唑醇对粉红单端孢菌和链格孢菌这两种霉心病的病菌室内抑制效果均较好。

国家苹果产业技术体系病虫害防控研究室对目前生产中常用的 3 种杀菌剂［多抗霉素、嘧啶核苷类抗生素（农抗 120）和噻霉酮］对霉心病 8 种优势病原进行抑制活性测定，发现 3% 多抗霉素可湿性粉剂对供试的 5 种病原菌（链格孢菌、树状链格孢菌、细极链格孢菌、枝孢菌和粉红聚端孢菌）的抑制效果较好，抑制率均达 90% 以上，对供试的 3 种病原菌（细极枝孢菌、镰刀菌和团聚茎点霉菌）的抑制效果不佳。1.5% 噻霉酮水乳剂对 4 种病原菌（链格孢菌、树状链格孢菌、枝孢菌和粉红聚端孢菌）的抑制效果较明显，抑制率均可达 90% 以上，而对 4 种病原菌（细极链格孢菌、细极枝孢菌、镰刀菌和团聚茎点霉菌）的抑制效果一般或不佳。4% 农抗 120 水剂仅对粉红聚端孢表现出较高的抑制活性（抑制率为 94.2%），对其他真菌的效果一般或不佳。说明目前生产上常用的农药如多抗霉素、噻霉酮和农抗 120 对苹果霉心病部分病原菌效果好，但对其余部分的病原菌效果较差或者没有效果。这一结果部分解释了生产上苹果霉心病防治效果不好的原因。

喷药时间要在下午 4 时以后，且要使用雾化效果较好的喷头，不要使用喷枪，尽量使用生物类药剂，不要使用化学类药剂，以减轻对花器的损伤，减少对坐果率和果形的影响。

5. 人工摘除花丝、花柱　落花期人工摘除花丝、花柱，除去病菌赖以生存的基质物。此方法可以结合定果工作一并进行，将定果工作提前到落花期。在有机果品生产技术中，此方法可能是防治苹果霉心病和套袋果实黑点病的唯一方法。

6. 贮藏期防治　果库温度应保持在 0.5 ~ 1.0 ℃，相对湿度在 90% 左右，以防止苹果霉腐病扩展蔓延。

（四）苹果黑星病

苹果黑星病又称疮痂病，是世界性苹果病害，在欧洲、美国及日本等国为害严重。在中国主要发生在黑龙江、吉林、辽宁、山东、山西、甘肃、宁夏、河南、陕西、新疆、四川、云南等 12 个省（区）。黑星病为害叶片，促使早期落叶，从而影响花芽分化和树势。果实受害直接影响苹果的产量和质量。

　　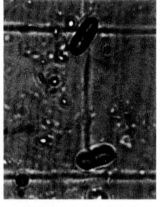

苹果黑星病病果　　　　　　苹果黑星病菌子囊壳和子囊　　　　苹果黑星病菌子囊孢子

【症状】　苹果黑星病菌能侵害叶片、叶柄、果实、花、芽及嫩枝等部位，但主要为害叶片和果实。

1. 叶片　病斑近圆形或呈放射状，初期叶片上生绿褐色霉层，稍后霉层渐变为褐色至黑色。严重时病斑布满全叶，叶片枯焦，易早期脱落。叶柄、叶脉及果实等的症状都与梨黑星病相似，特点是后期在病斑上均覆盖一层黑霉（即病菌的分生孢子梗和分生孢子）。叶片症状可归纳为疮斑型、边缘坏死型、干枯型、褪绿型、棱斑型 5 类。

（1）疮斑型：发病初期，菌丝在叶片正面以侵入点为中心呈放射状扩展，病斑初为淡黄绿色，渐变为褐色，最后为黑色。病斑一般呈圆形或椭圆形。随着病斑发育，该处叶肉组织向上突起呈疮斑状。此时病斑不再扩展，多数表面生白色絮状物。

（2）边缘坏死型：发病初期，菌丝在叶片正面以侵入点为中心呈放射状扩展，病斑初为淡黄绿色，渐变为褐色，病斑一般呈圆形。随着病斑的发育，其周围叶肉组织坏死，变成褐色，最后病斑干枯，有时病斑脱落造成穿孔。

（3）干枯型：初期叶片上病斑呈淡黄绿色，当连片发生时，叶片卷曲、畸形，变褐干枯，容易脱落。

（4）褪绿型：病斑首先在叶片背面出现，表面生黑色霉层。随着病斑发展，叶片背面褪绿、枯死，但正面无病症。

（5）棱斑型：一般在叶柄和主叶脉上发生，病斑黑色，较小，呈棱形或斑点状，发病叶片易变黄脱落。

2. 花 病菌侵害花瓣，使其褪色，也可侵染萼片的尖端，病斑呈灰色。花梗受害后呈黑色，造成花和幼果的脱落。

3. 果实 在果实上发生。初时病斑呈黑色星状斑点，随果实发育，病斑扩大龟裂或呈疮痂状，严重时果实畸形，表面星状开裂。果实从幼果至成熟果均可受其侵害。病斑初为淡黄绿色，圆形或椭圆形，渐变为褐色或黑色，表面生茸毛状霉层。随着果实生长膨大，病斑渐凹陷、硬化、龟裂。病果较小。果实染病较早时，发育受阻而成畸形。果实在深秋受害时，病斑小而密集，呈黑色或咖啡色，角质层不破裂。

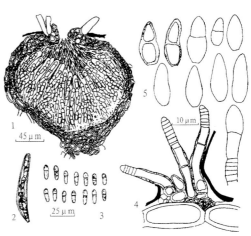

苹果黑星病病菌
（GMIDscr.No.401,Sivanesan & Waller1971）
1.假囊壳 2.子囊 3.子囊孢子
4.分生孢子梗 5.分生孢子

【**病原**】 苹果黑星病病原是苹果黑星菌［ *Venturia inaequalis* （Cooke）Wint.］，属于真菌界子囊菌门；无性阶段为 *Spilocaea pomi* Fr.。菌丝最初无色，渐为青褐色至红褐色。也有报道无性世代为 *Fusicladium dendriticum* （Wallr.）Fuck.，称树状黑星孢。病部的黑霉即病菌的分生孢子梗及分生孢子。分生孢子梗丛生，短而直立，不分枝，深褐色，屈膝状或结节状。分生孢子单生，梭形至长卵圆形，基部平截，顶部钝圆或略尖，初生时无色，渐为淡青褐色、深褐色，一般单胞，少数为双胞，大小为（14～24）μm×（6～8）μm。在落叶上的病斑周围生子囊壳。子囊壳球形或近球形，有孔口，稍突起呈乳头状，在孔口周缘长有刚毛。每一子囊壳一般可产生50～100个子囊，最高可达242个。子囊无色，圆筒形，大小为（55～75）μm×（6～12）μm，具有短柄。子囊内一般有8个子囊孢子。子囊孢子卵圆形，成熟时青褐色，大小为（11～15）μm×（5～7）μm。子囊孢子由两个大小不等的细胞组成，上面的细胞较小、稍尖，下面的细胞较大而圆。苹果黑星病病菌具有生理专化现象。

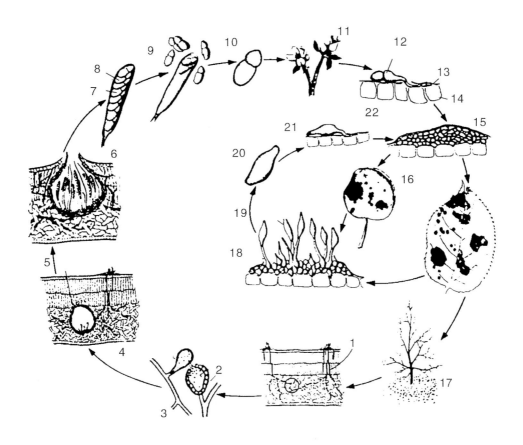

苹果黑星病病菌侵染循环模式图

1.叶中细胞间的菌丝体 2.产囊体子座 3.繁殖 4.雄精子器 5.假囊壳初期 6.成熟的假囊壳
7.子囊孢子 8.子囊 9.释放出子囊孢子 10.子囊孢子 11.侵入花期 12.子囊孢子发芽侵入
13.角质层 14.表皮细胞 15.侵染 16.叶上病斑 17.地面病落叶 18.分生孢子梗角质层下菌丝体
19.释放分生孢子 20.分生孢子 21.分生孢子发芽侵入 22.角质层下的菌丝体

【发病规律】　苹果黑星病病菌以菌丝体在溃疡枝或芽鳞内越冬，但一般多在落叶上产生子囊壳越冬。子囊孢子至翌年春季开始成熟。子囊孢子成熟的适温为 20 ℃，在 10 ℃以下成熟较迟缓。湿度也是子囊孢子形成的重要条件，子囊孢子的释放取决于降水的有无。子囊孢子易随气流传播。在黑龙江自 5 月下旬或 6 月上旬开始释放子囊孢子，至 8 月下旬才释放完毕。病斑上的分生孢子在干燥情况下，不易从孢子梗上脱落，也不易被风吹落。病菌可通过蚜虫传播。分生孢子发芽后侵入寄主组织，潜育期为 8 ~ 10 d，子囊孢子则为 9 ~ 14 d。病害的再侵染靠分生孢子完成，田间分生孢子以 6 ~ 7 月为最多。如苹果黑星病病菌侵染循环模式图所示。

寄主最易受害时期为花蕾开放与花瓣脱落期间，早春冷凉多湿的气候条件有利于孢子的传播和侵染。雨后是子囊孢子散布的高峰时期，降水也是孢子萌发的良好条件。在苹果感病期间，天气连绵多雨，适于病菌初次侵染。秦冠为抗病品种，目前我国主栽的苹果品种如富士、嘎啦、红星等均为感病品种。

【防治方法】

1. 加强检疫　苹果黑星病在我国仅在局部地区发生，应加强检疫，严防带病的苗木和接穗从病区传入无病区。病果也不要运至外地。

2. 搞好清园工作　秋后清扫果园，收集落叶深埋，可减少黑星病的侵染源。此外，利用化学药剂地面喷布，能杀灭绝大部分的子囊孢子。树体休眠期间喷药（如 5° Bé 石硫合剂），也可减少越冬菌源。

3. 喷药保护　防治苹果黑星病常用的药剂有：波尔多液 [1: (1.5 ~ 2) : (160 ~ 200)]，10% 苯醚甲环唑水分散粒剂 4 000 倍液，40% 氟硅唑乳油 6 000 倍液。40% 戊唑醇可湿性粉剂 3 500 倍液，12.5% 烯唑醇可湿性粉剂 1 500 倍液，40% 腈菌唑可湿性粉剂 5 000 倍液等。后几种药液可加黏着剂，以提高防治效果。首次喷药应在病害始发期前 7 ~ 10 d 进行。

（五）苹果黑点病

随着套袋苹果数量的逐年增加和规模的不断扩大，苹果黑点病的发生已较普遍，并已成为套袋苹果的主要果实病害，有呈逐年加重趋势，影响了果品质量，降低了优质果品产出率。

苹果黑点病病果

苹果黑点病病果梗洼处病斑

【症状】　发病初期，苹果萼洼周围出现一颗颗针尖大的小黑点，逐渐扩展至芝麻大乃至绿豆大。但黑点只出现在果皮表面，不深入果肉，口尝无苦味，不引起果肉腐烂，生长后期和贮藏期也不扩大蔓延，对内在品质没有影响，但对外观品质和售价影响却很大。不论是套纸袋还是套膜袋，苹果都会发生黑点病，不套袋的果实一般不发生该病。

【病原】　苹果黑点病的病原菌是链格孢（*Alternaria alternata*（Fr.）Keissl.）和粉红聚端孢 [*Trichothecium* roseum（Bull.）Link]，以及点枝顶孢菌（*Acremonium strictum* Link），为真菌中的弱寄生菌。

【发病规律】　6 月下旬开始发生，7 月上旬至 8 月上旬的盛夏雨季是发生盛期，8 月下旬后很少发生。地势低洼、通风透光不良、树冠郁闭、降水频繁、高温高湿、树势旺盛、施氮肥多的果园，发病多而重。套袋果之所以易发此病，是因果实在袋内透气性差、温度高、湿度大，尤其是降水后袋内积水，纸袋湿后迟迟不干，甚至粘贴在果面上而加重湿度和通气不畅，加重病害发生。不套袋果不受袋内这些小气候环境的影响，因此这种弱寄生菌就难以感染。

【防治方法】

1. **喷药预防** 苹果从谢花后至套袋前大约有 1 个月的时间，喷 3 次杀菌剂，套袋前的幼果期，要选用对幼果果面安全的水剂、水悬浮剂、水分散粒剂或可湿性粉剂，而不用乳油制剂、含硫黄制剂、福美类以及铜制剂。最好做到内吸性和保护性杀菌剂交替使用或混合使用。套袋前第一遍药要选择在谢花后的 7 ~ 10 d 喷施，例如选择 80% 优质代森锰锌 800 倍液 + 800 倍液的 50% 多菌灵，也可用 3% 中生菌素可湿性粉剂 600 倍液或 3% 多抗霉素可湿性粉剂 400 倍液等。

2. **果面无水时进行套袋，选用优质果袋** 在早晨露水消失后开始套袋，傍晚在露水出现前结束套袋，即上午 8 ~ 11 时、下午 2 ~ 6 时为适宜作业时间。雨后套袋一定要等叶片、果面上的雨水晒干后再进行。操作时要认真扎紧袋口，防止雨水进入。果袋质量的好坏不仅直接关系着套袋效果，而且与此病发生的严重程度关系很大。因此，外纸袋一定要选用针叶树木原料制造的木浆纸，且纸质厚薄要适中，柔软细韧，透气性好，遮光性强，不渗水，经得起风吹、日晒、雨淋、边口胶合严；内袋要求不褪色，蜡质好而涂蜡均匀，抗水，在高温日晒下不熔化。膜袋用原生聚乙烯塑料膜压制（忌用再生膜），光照差的地区用红色膜，云南是高原，紫外光线强，宜用不易发生日灼的半透明乳白色膜袋。

3. **提早套袋** 据各地试验，早套袋可使幼果少受日灼和外界不良气候影响，并提早适应袋内环境，得到更多锻炼，增强抗逆能力。套膜袋的，以谢花后 15 ~ 20 d 为宜；套纸袋的，以谢花后 25 ~ 35 d 为佳；套膜袋加纸袋的，在套膜袋后 15 ~ 25 d 再套纸袋。套袋时，果袋要鼓胀起来，上封严，下通透，不皱折，不贴果，果实悬于袋的中央。

4. **雨后检查** 每下一次大雨后，都要及时检查，凡发现排水孔过小、袋内积水的，适当剪大排水孔，以排除积水和利于透气；对被雨水淋破粘贴在果面上的袋子，应及时清除干净，另套新袋。

5. **搞好夏季修剪** 加强果园夏剪，保证果园通风透光。6 月初至 6 月末及时追肥，以保证树体对养分的需要和花芽的正常分化，以速效性、养分全的水冲肥为好。搞好拉枝、摘心等夏季修剪，明显改善果园和树冠内的通风透光条件，提高树体抗病能力。及时排除树盘积水，可有效防止或减少黑点病发生。

（六）苹果褐腐病

苹果褐腐病是果实生长后期和贮藏运输期间发生的主要病害。该病除为害苹果外，还可为害梨和核果类等果实。

苹果褐腐病病果干缩

苹果褐腐病病果

【症状】 苹果褐腐病主要为害果实。被害果面初期出现浅褐色软腐状小斑，病斑迅速向外扩展，数天内整个果实即可腐烂。病果的外部出现灰白色小绒球状突起的霉丛（病菌的孢子座），常呈同心轮纹状排列；果肉松软呈海绵状，略有弹性。病果多于早期脱落，也有少数残留树上。病果后期失水干缩，成为黑色僵果。

苹果褐腐病病果上具白色茸毛状菌丛

【病原】 苹果褐腐病病原菌为寄生链核盘菌［*Monilinia fructigena*（Aderh. et Ruhl.）Honey］，属于真菌界子囊菌门；无性阶段为 *Monilia fructigena* Pers.。病果上集结灰白色菌丝团，其上生长分生孢子梗。分生孢子梗丝状，无色，单胞，其上串生分生孢子。分生孢子椭圆形，无色，单胞，大小为（11 ~ 31）μm ×（8.5 ~ 17）μm。后期病果内生成菌核，黑色，不规则形，大小为 1 mm 左右，1 ~ 2 年后萌发出子囊盘。子囊盘为漏斗状，外部平滑，灰褐色，直径 3 ~ 5 mm。子囊无色，长筒形，内生 8 个子囊孢子。子囊孢子无色，单胞，卵圆形，大小为（10 ~ 15）μm×（5 ~ 8）μm。子囊间有侧丝，棍棒状。

【发病规律】　褐腐病病菌主要以菌丝体在病果（僵果）上越冬，翌年春形成分生孢子，借风雨传播为害。在一般情况下，潜育期为 5 ~ 10 d。苹果褐腐病病菌对温度的适应性很强，但其最适发育温度为 25 ℃。湿度也是影响病害发展的重要因素，湿度高有利于病菌的孢子形成和萌发。果实近成熟期（9 月下旬至 10 月上旬）为发病盛期。病菌可以经皮孔侵入果实。但主要通过各种伤口（裂口、虫伤、刺伤、碰伤等）侵入。晚熟品种染病较多。在卷叶蛾啃伤果皮较多、裂果严重的情况下，在秋雨多时常引起褐腐病的流行。

【防治方法】

1. 加强果园管理　及时清除树上树下的病果、落果和僵果，秋末或早春施行果园深翻，掩埋落地病果等措施，可以减少果园中的病菌数量。搞好果园的排灌系统，防止因水分供应失调而造成严重裂果。

2. 药剂防治　在病害的盛发期前喷药剂保护果实是防治该病的关键性措施。在北方果产区，中熟品种在 7 月上旬及 8 月中旬，晚熟品种在 9 月上旬各喷 1 次药，可大大减轻为害。比较有效的药剂是 1∶1∶（160 ~ 200）波尔多液、50% 甲基硫菌灵或多菌灵可湿性粉剂 800 倍液。

3. 贮藏期防治　在田间病果较多的果园和年份，为避免在贮藏期因该病造成严重损失，应该注意贮运期的防治。如采收、包装、运输过程中避免果实遭受机械损伤；贮运前严格剔除病果、虫果和伤果；贮藏库温度应控制在 1 ~ 2 ℃，相对湿度应保持在 90% 左右。

（七）苹果疫腐病

苹果疫腐病又称茎腐病、实腐病。多雨年份，该病可造成苹果果实大量腐烂。全国各产区均有发生，北京、山东和辽宁等一些果园时有发生。主要为害果实、树的根颈部及叶片。在夏季高温多雨年份，往往造成大量烂果和树干根茎部腐烂，引起幼树和矮化树死亡。随着果树向矮化密植的方向不断发展，苹果疫腐病是需要被重视的一种病害。

苹果疫腐病为害树干变色

苹果疫腐病病果

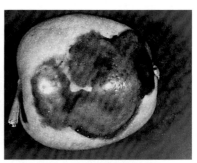

苹果疫腐病病果病斑

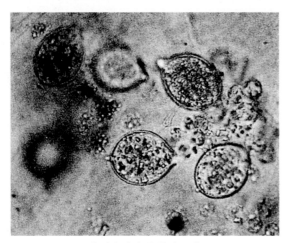

苹果疫腐病病菌孢子囊

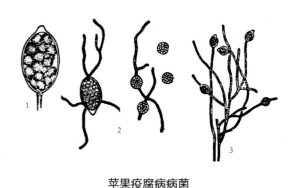

苹果疫腐病病菌

1. 孢子囊　2. 孢子囊产生芽管　3. 菌丝和厚垣孢子

【症状】 苹果疫腐病可为害果实、根颈及叶片。

1. **果实** 果实上的病斑不规则，呈深浅不均的暗红褐色，边缘似水渍状，有时病斑表皮与果肉分离，外表似白蜡状。果肉腐烂，并可沿导管延伸到果柄。病组织空隙处生有白色棉毛状菌丝体。

2. **根颈** 树木根颈受害时，皮层呈褐色腐烂状，病部不断扩展，最后整个根颈部被环割腐烂。

3. **叶片** 叶部受害，病斑多出现在叶缘或中部，呈不规则形，灰褐色或暗褐色，水渍状，天气潮湿时，可迅速扩及全叶，导致叶片腐烂。

【病原】 苹果疫腐病病原为恶疫霉［*Phytophthora cactorum* （Lebert et Cohn Schrot）］，属于鞭毛菌卵菌纲霜霉目。无性阶段产生孢子囊，孢子囊无色，单胞，椭圆形，顶端有乳头状突起，大小为（51 ~ 57）μm ×（34 ~ 37）μm。孢子囊可直接产生芽管或形成游动孢子，菌丝中可产生厚垣孢子。病菌有性世代产生卵孢子，卵孢子球形，无色或带褐色，直径为 27 ~ 30 μm。苹果疫腐病病菌发育最适温度为 25 ℃，最低为 10 ℃，最高为 30 ℃；在 35 ℃下经较久时间即失去生活力。

【发病规律】 苹果疫腐病病菌以卵孢子、厚垣孢子或菌丝体随病组织在土里越冬。主要通过雨水飞溅和水流传播。每次降水后，都会出现一次侵染和发病高峰。果实在整个生长期均受侵染，降水频繁和降水量大的年份发病重。该病菌主要侵害树冠下层果实，接近地面的果实先发病，距地面 1.5 m 以下的果实感病率最高。树冠下垂枝多，四周杂草丛生，局部小气候潮湿等条件下发病均较重。

园地有积水，苹果树根颈有伤口（虫伤、机械伤、冻伤等），病菌即可侵染发病，造成根颈部腐烂。

【防治方法】

1. **加强果园管理** 注意排除果园积水，整形修剪时，对下垂枝要及时回缩或去除，适时中耕锄草，保持园内通风透光。随时摘除树上病果、病叶，并深埋，以减少病源。

2. **刮治病部** 对根颈发病的植株，可于春季扒开根际土壤，刮除病斑，然后用 5° ~ 10° Bé 石硫合剂或 25%甲霜灵可湿性粉剂 80 ~ 100 倍液、90%三乙膦酸铝可湿性粉剂 300 倍液消毒，再换无毒土或药土覆盖，并将刮除的病组织带至园外处理。

3. **喷药保护** 对发病较多的果园，喷布杀菌剂保护树冠下部的叶和果实。药剂用 1∶2∶200 波尔多液或 80%代森锰锌可湿性粉剂 600 倍液，或 72%霜脲氰·代森锰锌可湿性粉剂 600 倍液，或 58%甲霜灵·代森锰锌可湿性粉剂 800 倍液；69%烯酰吗啉·代森锰锌可湿性粉剂 600 倍液，或 60%烯酰吗啉可湿性粉剂 700 倍液等杀菌剂喷雾。

（八）苹果煤污病

苹果煤污病是苹果果皮外部发生的病害，在湿润地区果园发生较多。

苹果煤污病果面病斑

苹果煤污病果实病斑上形成灰色霉状物

【症状】 苹果煤污病病菌主要寄生在果实或枝条上，有时也侵害叶片。果实染病在果面上产生黑灰色不规则病斑，在果皮表面附着一层半椭圆形黑灰色霉状物。其上生长的小黑点是病菌分生孢子器，病斑初期时颜色较淡，与健部分界不明显，后色泽逐渐加深，与健部界线明显起来。果实染病，最初只有数个小黑斑，逐渐扩展连成大斑，菌丝着生于果实表面，个别菌丝侵入到果皮下层，新梢上也产生黑灰色煤状物。

【病原】　苹果煤污病病原为 *Gloeodes pomigena*（Schw.）Colby，称仁果黏壳孢，属真菌。2007年西北农林科技大学对苹果煤污病和蝇粪病病原菌进行多样性研究，共鉴定8个种：苹果横断孢菌（*Strelitziana mali*）、*Dissoconinum* sp.1、*Dissoconium* sp.2、*Ramichloridium* sp.1、*Ramichloridium* sp.2、*Xenostigmina* sp.1、苹果后稷孢（*Houjiae mali*）、杨陵后稷孢（*Houjiae yanglingensis*）。其中，*Strelitziana mali*、*Houjiae mali*、*Houjiae yanglingensis* 已经确定是新种。

【发病规律】　苹果煤污病病菌以分生孢子器在果树枝条上越冬，翌年春气温回升时，分生孢子借风雨传播到果面上为害，特别是进入雨季后为害更加严重。此外，树枝徒长、茂密郁闭、通风透光差，则发病重。树膛外围或上部病果率低于内膛和下部。

【防治方法】

1. **剪除病枝**　落叶后结合修剪，剪除病枝集中处理，减少越冬菌源。
2. **加强管理**　修剪时，尽量使树膛开张，疏掉徒长枝，改善膛内通风透光条件，增强树势，提高抗病力。注意雨后排涝，降低果园湿度。
3. **喷药保护**　在发病初期，喷50%甲基硫菌灵可湿性粉剂600~800倍液或50%多菌灵可湿性粉剂600~800倍液、40%多·硫悬浮剂500~600倍液、50%苯菌灵可湿性粉剂1 500倍液。间隔10 d左右喷1次，可结合炭疽病、褐斑病、轮纹病、白粉病等一起进行防治。

（九）苹果蝇粪病

苹果蝇粪病(*Zygphiala jamaicensis* Mason)又名苹果污点病，果农俗称"水锈"，主要发生在果实近成熟期，影响果品外观。

苹果蝇粪病病果　　　　　　　　　　　苹果蝇粪病病果病斑形成污黑色斑点

【症状】　果面出现黑色的斑块，病斑由许多小黑粒点组成，斑块形状不规则，黑色粒点附着在果实表面，较易擦去。果皮及果肉不受害，但病果上有污黑斑块，影响商品价值。苹果蝇粪病和煤污病常混合发生，症状相似。但常见症状为：果皮表面生黑色菌丝，上生小黑点（即病菌分生孢子器或菌核）；小黑点组成大小不等的圆形病斑，病斑处果粉消失。

【病原】　苹果蝇粪病由仁果蝇污菌 [*Leptothyriun pomi*（Mont. et Fr.）Sacc.] 侵染所致，属于腔孢纲球壳孢目。果面的黑点为该菌的分生孢子器，球形、半球形或椭圆形，小而色泽黑色发亮，未见形成分生孢子。

【发病规律】　病菌在枝条上越冬。低洼潮湿及高温多雨季节，发病较重。高温多雨利于病菌繁殖，对果面进行多次再侵染，侵染的关键时期是6~9月，如此时降水频繁，果园郁闭，地势低洼，往往发病较重。

【防治方法】

1. **农业措施** 合理修剪，通风透光，降低园中小气候湿度，也可减轻发病。
2. **喷药防治** 6～9月喷布2～3次1:2:240波尔多液，可减轻发病。

（一〇）苹果黑根霉病

苹果黑根霉病是在果实成熟期以及采收以后运输、贮藏和销售期间发生，桃和其他果实类、蔬菜类均可受害。

【症状】 果实最初出现茶褐色小斑点，后迅速扩大。几天后，果实全面产生绢丝状、有光泽的长条形霉。接着产生黑色孢子，因而外观似黑霉。

【病原】 苹果黑根霉病病原菌为黑根霉菌（*Rhizopus nigricans* Ehrenberg），属于接合菌门接合菌纲毛霉菌目。病菌形成孢囊孢子和接合孢子。孢囊孢子萌发后形成没有隔膜的菌丝。菌丝体呈匍匐状，以假根着生于寄主体内，菌丝从此部位伸长形成孢囊梗，顶端长出孢囊。孢囊直径60～300 μm，黑褐色，内含孢囊孢子。孢子球形、椭圆形或卵形，带褐色，表面有纵向条纹，大小为5.5～13.5 μm。这是无性阶段，病菌以此来繁殖。接合孢子由正菌丝和负菌丝接合产生，呈球形，黑褐色，不透明，直径160～220 μm，表面密生乳状突起。

苹果黑根霉病侵害果实

【发病规律】 苹果黑根霉病病菌通过伤口侵入成熟果实。孢囊孢子借气流传播，病果与健果接触，也能传染此病，而且传染性很强。高温高湿特别有利于该病发展。

【防治方法】 果实成熟要及时采收；在采收、贮藏、运输过程中，注意防止机械损伤；运输、贮藏最好在低温条件下进行。

（一一）苹果白粉病

苹果白粉病是苹果的常发病害之一，在我国苹果产区发生普遍。除为害苹果外，还为害沙果、海棠、槟子和山定子等。

【症状】 苹果的幼芽、新梢、嫩叶、花、幼果均可受害。受害芽干瘪尖瘦；病梢节间缩短，发出的叶片细长，质脆而硬；受害嫩叶背面及正面布满白粉。花器受害，花萼、花梗畸形，花瓣细长。病果多在萼洼或梗洼处产生白色粉斑，果实长大后形成锈斑。

1. **芽** 受害芽干瘪尖瘦，春季重病芽大多不能萌发而枯死，受害较轻者则萌发较晚，新梢生长迟缓，幼叶萎缩，尚未完全展叶时产生白粉层。春末夏初，春梢尚未封顶时病菌开始侵染顶芽。夏、秋季多雨，带菌春梢顶芽抽生的秋梢均不同程度带菌；如春梢顶芽带菌较多而未抽生秋梢，则后期发病重，大多数鳞片封顶后很难紧密抱合，形成灰褐色或暗褐色病芽；个别带菌较少、受害较轻的顶芽，封顶后鳞片抱合较为紧密，不易识别，但翌年春萌发后抽梢均发病。花芽受害，严重者春天花蕾不能开放，萎缩枯死。

2. **叶片** 受害嫩叶背面及正面布满白粉。叶背初现稀疏白粉，即病菌丝、分生孢子梗和分生孢子。新叶略呈紫色，皱缩畸形，后期白色粉层逐渐蔓延到叶正反两面，叶正面色泽浓淡不均，叶背面产生白粉状病斑，病叶变得狭长，边缘呈波状皱缩或叶片凸凹不平；严重时，病叶自叶尖或叶缘逐渐变褐色，最后全叶干枯脱落。

3. **枝干** 病部表层覆盖一层白粉，病梢节间缩短，发出的叶片细长，质脆而硬，长势细弱，生长缓慢。受害严重时，

苹果白粉病病叶畸形　　　　　苹果白粉病为害新梢叶片（不展枯干）　　　　苹果白粉病新梢病斑

苹果白粉病新梢叶片上的白色粉状物　　　　　　　苹果白粉病病叶上的白色霉层

苹果白粉病发病花序与健序对比（左：病花　　　苹果白粉病病果面网斑　　　苹果白粉病发病叶片和花序
序；右：健花序）

病梢部位变褐枯死。初夏以后，白粉层脱落，病梢表面显出银灰色。

　　4. 花朵　花器受害，花萼洼或梗洼处产生白色粉斑，萼片和花梗畸形，花瓣狭长，色淡绿。受害花的雌、雄蕊失去作用，不能授粉坐果，最后干枯死亡。

　　5. 果实　幼果多受害，多发生在萼的附近，萼洼处产生白色粉斑，病部变硬，果实长大后白粉脱落，形成网状锈斑。变硬的组织后期形成裂口或裂纹。

　　【病原】　苹果白粉病的病原为白叉丝单囊壳［*Podosphaera leucotricha*（Ell. et Ev.）Salm.］，属于真菌界子囊菌门核菌纲白粉菌目。无性阶段为 *Oidium* sp.，属半知菌类。病部的白粉状物是该菌的菌丝体及分生孢子。菌丝主要在病斑表面蔓延，以吸器伸入细胞内吸收营养物质；发病严重时，菌丝有时亦可进入叶肉组织内。菌丝无色透明，多分枝，纤细并具隔膜。菌丝发展到一定阶段时，可产生大量分生孢子梗及分生孢子，致使病部呈白粉状。分生孢子梗呈短棍棒状，顶端串生分生孢子。分生孢子无色、单胞、椭圆形，大小为（16.4～26.4）μm×（14.4～19.2）μm。

　　病部产生的黑色颗粒状物为白粉病菌的闭囊壳。闭囊壳球形，暗褐色至黑褐色，直径72～90 μm。闭囊壳上有两种形状的附属丝，一种在闭囊壳的顶端，有3～10根，长而坚硬，上部有1～2次二叉状分枝，但多数无分枝；另一种在基部，短而粗，菌丝状。一个闭囊壳中只有1个子囊，椭圆形或近球形，大小为（50.4～55）μm×（45.5～51.5）μm，内含8个子囊孢子。子囊孢子无色，单胞，椭圆形，大小为（16.8～22.8）μm×（12～13.2）μm。

【发病规律】 苹果白粉病病菌以菌丝在冬芽的鳞片间或鳞片内越冬。春季冬芽萌发时，越冬菌丝产生分生孢子经气流传播侵染。4～9月为病害发生期，其中4～5月气温较低，枝梢组织幼嫩，为白粉病发生盛期。6～8月发病缓慢或停滞，待秋梢产生幼嫩组织时，又开始第二次发病高峰。春季温暖干旱，有利于病害流行。早嘎啦、美国8号、伏花皮和华红比较抗病，而信农红、富士、秦阳和国光属感病品种。

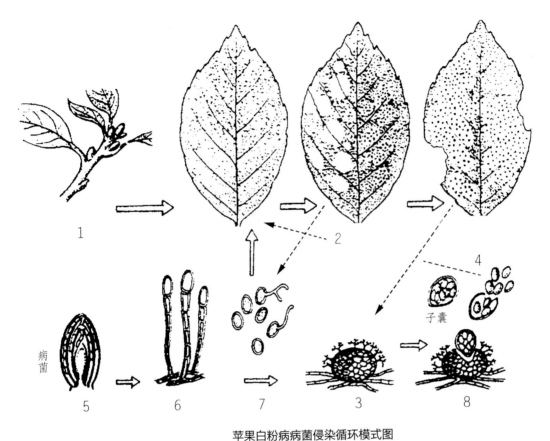

苹果白粉病病菌侵染循环模式图

1.植株芽组织内潜伏越冬（菌丝）感染　2.发病菌丝生育，分生孢子飞散，子囊壳形成　3.子囊壳形成越冬
4.子囊与子囊孢子　　5.潜伏菌丝　　6.分生孢子形成　　7.分生孢子飞散发芽　　8.子囊孢子飞散

【防治方法】 在增强树势的前提下，要重视冬季和早春连续、彻底地剪除病梢，以减少越冬病原，与生长期喷药保护相结合进行防治，方能收到较好的效果。

1. 减少菌源 结合冬季修剪，别除病枝、病芽；早春及时摘除病芽、病梢。苹果展叶至开花期，剪除新病梢并将病叶丛、病花丛深埋。

2. 加强栽培管理 避免偏施氮肥，使果树生长健壮，控制灌水。秋季增施农家肥，冬季调整树体结构，改善光照，提高抗病力，冬季结合防治其他越冬病虫。

3. 药剂保护与防治 芽萌发后嫩叶尚未展开时和谢花后7～10 d是药剂防治的两次关键期。

药剂保护的重点时期应放在春季萌芽前，喷3°～5° Bé石硫合剂或70%硫黄可湿性粉剂50倍液。春季发病前期嫩叶尚未展开，喷施下列药剂保护：70%丙森锌可湿性粉剂700倍液，80%代森锌可湿性粉剂600倍液，70%代森锰锌可湿性粉剂800倍液，80%硫黄水分散粒剂1 000倍液，70%硫黄·代森锰锌可湿性粉剂700倍液，29%石硫合剂水剂70倍液。

在苹果谢花后7～10 d，白粉病发病初期或发现中心病株要及时用药，可用下列药剂：30%醚菌酯·啶酰菌胺悬浮剂3 000倍液，10%己唑醇乳油3 000倍液，40%腈菌唑可湿性粉剂7 000倍液，36%甲基硫菌灵悬浮剂800倍液，50%苯菌灵可湿性粉剂1 500倍液，30%氟菌唑可湿性粉剂2 000～3 000倍液，2%嘧啶核苷类抗生素水剂有效成分用药量100 mg/kg等喷雾，间隔10～20 d喷1次，共防治3～4次。

（一二）苹果褐斑病

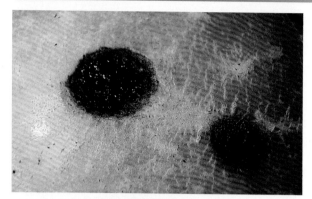

苹果褐斑病病果病斑

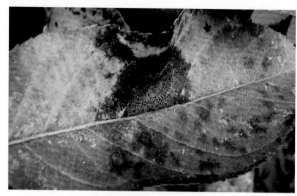

苹果褐斑病病叶病斑

苹果褐斑病为害状

苹果褐斑病病叶病斑变黄

苹果褐斑病病叶病斑表面有小黑点

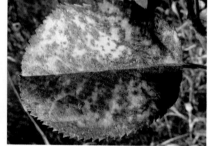

苹果褐斑病病叶变红

苹果褐斑病针芒型病斑引起叶片变黄落叶

苹果褐斑病病叶初期病斑

苹果褐斑病引起叶片黄化

苹果褐斑病是引起早期落叶的主要病害，我国各苹果产区都有发生。为害严重年份，造成苹果树早期落叶，削弱树势，果实不能正常成熟，对花芽形成和果品产量、质量都有明显影响。该病除为害苹果外，还可为害沙果、海棠、山定子等。

【症状】 苹果褐斑病主要为害叶片，也可侵染果实。叶上病斑初为褐色小点，后可发展为以下三种类型。

1.轮纹型 叶片发病初期在叶正面出现黄褐色小点，渐扩大为圆形，中心为暗褐色，四周为黄色，病斑周围有绿色晕，病斑中出现黑色小点，呈同心轮纹状。叶背为暗褐色，四周浅黄色，无明显边缘。

2.针芒型 病斑似针芒状向外扩展，无一定边缘。病斑小，数量多，布满叶片，后期叶片渐黄，病斑周围及背部绿色。

3.混合型 病斑大，不规则，其上亦有小黑粒点。病斑暗褐色，后期中心为灰白色，有的边缘仍呈绿色。

果实染病时在果面出现淡褐色小斑点，逐渐扩大为直径 6 ~ 12 mm 的圆形或不规则形褐色斑，凹陷，表面有黑色小粒点。病部果肉为褐色，呈海绵状干腐。

三种病斑都使叶部变黄，但病斑边缘仍保持绿色、形成晕圈，是苹果褐斑病的重要特征。

【病原】 苹果褐斑病病原菌无性阶段为苹果盘二孢菌［*Marssonina mali*（P. Henn.）Ito.］，该菌的有性阶段为苹果双壳菌（*Diplocarpon mali* Harada et Sawamura），属于真菌界子囊菌门。病斑上着生的小黑点为该菌的分生孢子盘，初埋生于表皮下，成熟后突破表皮外露。盘上有呈栅栏状排列的无色、单胞、棍棒状分生孢子梗，梗上产生无色、双胞的分生孢子，上胞较大而圆，下胞较窄而尖，内含 2 ~ 4 个油球，大小为（13.2 ~ 18）μm ×（7.2 ~ 8.4）μm。

山东烟台曾发现该菌的有性阶段。子囊盘肉质，钵状，大小为（105 ~ 200）μm ×（80 ~ 125）μm。子囊棍棒状，有囊盖，大小为（40 ~ 49）μm ×（12 ~ 145）μm。子囊内含有 8 个香蕉形双胞的子囊孢子，大小为（24 ~ 30）μm ×（5 ~ 6）μm。

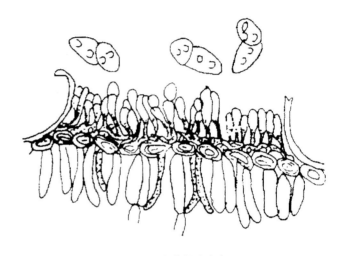

苹果褐斑病病菌分生孢子

【发病规律】 苹果褐斑病病菌以菌丝块或分生孢子盘在叶上越冬，春季产生的分生孢子随雨水冲溅至较近地面的叶片上，成为初侵染源。潮湿是病菌扩展及产生分生孢子的必要条件，干燥及沤烂的病叶均无产生分生孢子的能力。一般潜育期为 6 ~ 12 d，从侵入到病叶脱落一般经 13 ~ 55 d。分生孢子借风雨进行再侵染。豫西苹果产区一般在 5 ~ 6 月间开始发病，而发病盛期在 7 ~ 8 月，至 10 月停止发展。

5 ~ 6 月降水早而多的年份，发病早而重；7 ~ 8 月降水持续时间长，则病害大流行。金冠、富士、北斗、红玉、元帅最易感病；国光、祝光、柳玉等较抗病。弱树、老树、树冠郁闭的果园，发病重。土层厚的果园发病轻，土层薄的发病重。

【防治方法】 苹果褐斑病防治一般以化学保护为主，配合清除落叶，可以有效控制发病，关键要掌握好喷药时间。

1.药剂防治

（1）常用的保护性杀菌剂：波尔多液、代森锰锌、丙森锌、百菌清、异菌脲等。波尔多液具有黏力强、耐雨水冲刷、持效期长的特点，对苹果褐斑病有良好的防治效果，是雨季使用的首选药剂。

（2）内吸性杀菌剂：首选药剂为吡唑醚菌酯、肟菌酯、戊唑醇、氟啶胺等；甲基硫菌灵、苯醚甲环唑等对苹果褐斑病也有较好的治疗效果。喷雾时要保持压力均衡，药液雾化程度越细，防效越好。常量喷雾果园每亩施药液量控制在 50 ~ 80kg，以叶面湿润但不滴液为好，喷雾时要细致、周到，褐斑病以树冠下部和内膛最先发病，叶片正反面都要均匀着药。

2.农业防治 加强栽培管理，增强树势，以提高抗病力；土质黏重或地下水位高的果园，要注意排水，同时注意整形修剪，使树通风透光；秋冬收集落叶集中处理，冬季耕翻也可减少越冬菌源。

（一三）苹果锈病

苹果锈病又称苹果赤星病，病重时常可造成落叶，削弱树势，影响果品产量和品质。该病在各苹果产区较常见，除为

苹果锈病病叶病斑

苹果锈病病叶病斑背面隆起

苹果锈病为害叶片

苹果锈病转主寄主桧柏树上白褐色的冬孢子角

害苹果外，还能为害沙果、山定子、海棠等。苹果锈病病菌是一种转主寄生菌，转主有桧柏、高塔柏、新疆圆柏、欧洲刺柏、希腊桧、矮桧、翠柏及龙柏等。在风景区、公园附近及山地果园等因有桧柏等转主寄主存在，病害常发生。近年来随着园林绿化水平的提高和规模的扩大，苹果锈病的危害有逐年加重趋势。

【症状】 该病主要为害叶片，嫩梢、果实等也可受害。

1. 叶片 叶片发病初期，叶正面产生橙黄色有光泽的小斑点，逐渐发展成直径为 0.5 ~ 1cm 的橙黄色圆形病斑，病斑边缘常呈红色。6 月中旬前后，病斑背面隆起，隆起处丛生淡黄色细管状物，即锈孢子器。

2. 果实 幼果染病后，果面上产生近圆形的黄色病斑，以后在病斑周围产生细管状的锈孢子器，病果生长停滞，多呈畸形。

3. 枝梢 幼苗、嫩枝病斑为梭形，橙黄色，后期病部凹陷龟裂，易从病部折断。

4. 桧柏 病菌 7 ~ 8 月侵染桧柏小枝，形成直径为 3 ~ 5 mm 的球形瘿瘤。翌年春季瘿瘤出现深褐色舌状孢子角。

【病原】 苹果锈病的病原为山田胶锈菌［苹果东方胶锈（*Gymnosporangium yamadai* Miyabe）］，属于真菌界担子菌门冬孢菌纲锈菌目。

苹果锈病病菌是一种转主寄生真菌，在桧柏上形成冬孢子，萌发产生担子孢子。冬孢子双胞，椭圆形，无色，具长柄，分隔处稍缢缩，大小为（32.6 ~ 53.7）μm ×（20.5 ~ 25.6）μm；性孢子器生在苹果病斑表皮下。性孢子单胞无色，纺锤形。锈孢子器一般在叶背面上呈圆筒状。锈孢子球形或多角形，单胞，栗褐色，膜厚，有疣状突起，大小为（19.2 ~ 25.6）μm ×（16.6 ~ 24.3）μm。担子孢子卵形，无色，单胞，大小为（13 ~ 16）μm ×（7 ~ 9）μm。

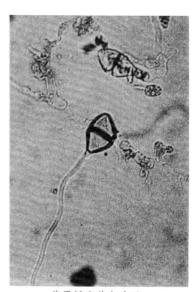
苹果锈病菌冬孢子

【**发病规律**】　苹果锈病病菌以菌丝体在桧柏梗上的菌瘿中越冬，翌年春形成褐色的冬孢子角。冬孢子萌发产生大量的小孢子，随风传播到苹果树上，侵染叶片等，形成性孢子器和性孢子、锈孢子腔和锈孢子。秋季，锈孢子成熟后又随风传播到桧柏上去，侵染桧柏枝条，以菌丝体在桧柏病部越冬。苹果锈菌没有夏孢子，1年仅侵染1次。3～4月气温高且多雨，易引起锈病大发生。

【**防治方法**】
1. **清除转主寄主**　清除果园周围5 km以内的桧柏、龙柏等树木，中断锈病的侵染循环。
2. **铲除越冬病菌**　若桧柏不能清除时，则在桧柏上喷药，铲除越冬病菌。在冬孢子角未胶化之前喷布5° Bé石硫合剂。
3. **果树上喷药保护**　在展叶后，于冬孢子角未胶化前喷第1次药。在第1次喷药后，如遇降水，担孢子就会大量形成，并传播、侵染，因此雨后要立即喷第2次药，隔10 d后喷第3次药，共喷3次。喷布药剂可用15%三唑酮可湿性粉剂1 500倍液，30%醚菌酯悬浮剂1 200～2 000倍液，12.5%烯唑醇可湿性粉剂1 500～3 000倍液，12.5%氟环唑悬浮剂1 000～1 250倍液，40%氟硅唑乳油6 000～8 000倍液，70%甲基硫菌灵可湿性粉剂1 000倍液，50%硫悬浮剂200～300倍液，或65%代森锌可湿性粉剂500倍液。为了减少雨水冲刷，可在药剂中加入3 000倍液的皮胶。

（一四）苹果斑点落叶病

　　苹果斑点落叶病主要为害苹果叶片，是新红星等元帅系苹果的重要病害，造成苹果早期落叶，引起树势衰弱，使果品产量和质量降低。贮藏期还容易感染其他病菌，造成腐烂。

苹果斑点落叶病病叶正面

苹果斑点落叶病为害状

苹果斑点落叶病病叶背面

苹果斑点落叶病病果

【**症状**】　苹果斑点落叶病病菌主要为害嫩叶，也为害嫩枝及果实。
　　1. **叶片**　特别是展叶20 d内的嫩叶易受害。发病初期叶片上出现褐色小斑点，周围有紫红色晕圈。条件适宜时，数个病斑相连，最后叶片焦枯脱落。天气潮湿时，病斑反面长出黑色霉层。幼嫩叶片受侵染后，叶片皱缩、畸形。

2.叶柄及嫩枝　受害后产生椭圆形褐色凹陷病斑，造成叶片易脱落和柄枝易折、易枯。

3.果实　幼果出现 1 ~ 2 mm 的小圆斑，有红晕，后期变为黑褐色小点或呈疮痂状。影响叶片正常生长，常造成叶片扭曲和皱缩，病部焦枯，易被风吹断，残缺不全。果实染病，在幼果面上产生黑色发亮的小斑点或锈斑。病部有时呈灰褐色疮痂状斑块，病健交界处有龟裂，病斑不剥离，仅限于病果表皮，但有时皮下浅层果肉可呈干腐状木栓化。

【病原】　苹果斑点落叶病病原为链格孢苹果专化型（*Alternaria alternata* f. sp. *mali*）。分生孢子梗丝状，有分隔，顶端串生 5 ~ 13 个分生孢子，通常为 5 ~ 8 个分生孢子。分生孢子褐色或暗褐色，形状差异很大，呈倒棍棒状、纺锤形、椭圆形等，具 1 ~ 5 个横隔、0 ~ 3 个纵隔，顶端有短喙或无，表面光滑，有的有突起，大小为（9.1 ~ 12.2）μm ×（24.2 ~ 48.4）μm。

苹果斑点落叶病病菌可能存在着不同生理分化，而且随着栽培品种的变化，不断产生致病力更强的新的生理分化型。

苹果斑点落叶病病菌分生孢子梗及分生孢子

【发病规律】　苹果斑点落叶病病菌以菌丝在受害叶、枝条或芽鳞中越冬，翌年春产生分生孢子，随气流、风雨传播，从皮孔侵入进行初侵染。分生孢子每年有两个活动高峰期：第一个高峰期从 5 月上旬至 6 月中旬，孢子量迅速增加，至春秋梢和叶片大量染病，严重时造成落叶；第二个高峰期在 9 月，这时会再次加重秋梢发病严重程度，造成大量落叶。受害叶片上孢子在 4 月下旬至 5 月上旬形成，枝条上至 7 月才有大量孢子产生。病害潜育期随温度不同而异，17 ℃时潜育期为 6 h，20 ~ 26 ℃时为 4 h，28 ~ 31 ℃时为 3 h。17 ~ 31 ℃时，叶片均可发病。

该病的发生、流行与气候、品种密切相关。高温多雨病害易发生，春季干旱年份，病害始发期推迟；夏季降水多，发病重。苹果各栽培品种中，红星、红元帅、印度、玫瑰红、青香蕉易感病，富士系、金帅系、乔纳金、鸡冠、祝光发病较轻。此外，树势较弱、透风透光不良、地势低洼、地下水位高、枝细叶嫩等均使苹果易发病。

【防治方法】

1.清洁果园　冬初将病叶清除深埋，剪除病梢。

2.及时夏剪　7 月及时剪除徒长枝病梢，减少侵染源。

3.药剂防治　春梢期和秋梢期多降水、受害重，药剂防治重点是保护春梢和秋梢的嫩叶不受害。春梢生长期施药 2 次，秋梢生长期施药 1 次。首选药剂有戊唑醇和多抗霉素，有效药剂有代森联、异菌脲等。

发芽展叶期—开花期可用药剂有：吡唑醚菌酯、百菌清、苯醚甲环唑、丙森锌、代森锰锌、己唑醇、双胍三辛烷基苯磺酸盐、戊唑醇、烯唑醇、亚胺唑、异菌脲、代森联、多菌灵、醚菌酯、嘧菌环胺；幼果期—果实成熟期可用药剂有：宁南霉素、多抗霉素、百菌素、苯醚甲环唑丙森锌、代森锰锌、己唑醇、双胍三辛烷基苯磺酸盐、戊唑醇、烯唑醇、亚胺唑、异菌脲、代森联、多菌灵、醚菌酯、嘧菌环胺等。适用的复配剂有：唑醚·戊唑醇、苯甲·克菌丹、烯肟·氟环唑、苯甲·氟酰胺、戊唑·代森联、苯甲·代森联、苯甲·吡唑酯等。

为保证防效，果园施药时要选用高效施药器械，注重雾化效果，科学把握施药剂量，提高农药利用率，减少浪费和污染。喷雾时要保持压力均衡，药液雾化程度越细，防效越好。以叶面湿润但不滴液为好，喷雾时要细致、周到，苹果斑点落叶病侵染秋梢新叶，喷雾时从上到下，由内膛到树冠外围，叶片正反面都要均匀着药。

（一五）苹果丝核菌叶枯病

自 2008 年以来，苹果丝核菌叶枯病先后在郑州市中牟县、濮阳市南乐县、内黄县部分果园发生，对目前主栽的品种红富士、腾木一号、美国 8 号品种造成为害。

| 苹果丝核菌叶枯病叶背病斑 | 苹果丝核菌叶枯病叶面病斑 |

【症状】　苹果树幼芽染病时，有的萌芽时腐烂形成芽腐，植株下部感病叶片形成枯斑，大小为 1 ~ 2 cm。病斑上常覆有紫色菌丝层，有时生出大小不等（1 ~ 5 mm）、形状各异的块状或片状、散生或聚生的小菌核。该病发病时首先从病芽开始，导致叶柄和局部叶片或整叶枯死，但枯死叶片不脱落，可与早期落叶病、苹果炭疽病病叶区别。病斑在叶片上扩展迅速，从叶柄开始向叶端迅速发展，有时在叶片、枝条上可见到明显的菌丝。剖开越冬病花芽，内部组织变为黑褐色。花芽受害后表现为芽鳞疏松，干枯死亡，不能正常开花结果；叶芽受害后不能正常发芽。病害严重时，发病部位一二年生甚至多年生枝条干枯死亡。

【病原】　苹果丝核菌叶枯病病原为立枯丝核菌（*Rhizoctonia solani* Kühn.），属真菌。初生菌丝无色，直径4.98 ~ 8.71 μm，分枝呈直角或近直角，分枝处多缢缩，并具一隔膜，新分枝菌丝逐渐变为褐色，变粗短后纠结成菌核。菌核初为白色，后变为淡褐色或深褐色，大小为 0.5 ~ 5 mm。菌丝生长最低温度为 4 ℃，最高为 32 ~ 33 ℃，最适为 23 ℃，34 ℃停止生长，菌核形成适温为 23 ~ 28 ℃。

【发病规律】　以病株或留在土壤中的菌核越冬。该病发生与春寒及潮湿条件有关，萌芽后气温较低时发病重；沿海、沿河等常年潮湿地区发病重。郑州市中牟县、濮阳市南乐县、安阳市内黄县，一般 7 月初的雨季，尤其是降雨后该病暴发，造成叶片迅速枯死。7 月前雨水偏少，该病发病相对较晚，7 月下旬才开始见到明显的枯叶症状，随 7 月至 8 月的连续降雨，病害明显加重。该病在豫北地区 7 月中上旬开始发病，进入雨季发病严重，7 月下旬至 8 月中上旬为发病高峰期，8 月下旬以后随着气温的降低病情发展较慢。

【防治方法】　室内毒力测定表明，氟硅唑、戊唑醇和苯醚甲环唑的抑制作用较好。

（一六）苹果灰霉病

| 苹果灰霉病病果软腐状 | 苹果灰霉病病果腐烂处有灰色霉层 |

苹果灰霉病是苹果成熟期和贮藏期为害果实的主要病害。

【症状】　果面初呈圆形或近圆形水渍状病斑，不凹陷；后扩大为浅黄色不规则形软腐病斑。由于水分的不断丧失，病斑表皮逐渐皱缩、凹陷，引起全果软腐皱缩。病斑上散生鼠灰色霉丛，即病菌的分生孢子梗和分生孢子，后期病果上可产生黑色不规则形菌核。

【病原】　苹果灰霉病病原为灰葡萄孢菌（*Botrytis cinerea* Pers.），属丝孢纲丝孢目半知菌类真菌。分生孢子梗自寄主表皮、菌丝体或菌核上长出、密集。孢子梗细长分枝，浅灰色，大小为（280～550）μm×（12～24）μm。顶端细胞膨大，上生许多小梗，其上着生分生孢子，聚集呈葡萄穗状。分生孢子圆形或椭圆形，单胞，淡灰色，大小为（9～15）μm×（6～18）μm。菌核黑色，呈不规则片状，大小1～2μm，外部为疏丝组织，内部为拟薄壁组织。有性世代为 *Sclerotinia fuckeliana*.（de Bary）Fuck，称富克尔核盘菌，属子囊菌门真菌。灰葡萄孢霉是一种寄主范围很广的兼性寄生菌，能侵染多种水果、蔬菜和花卉。

【发病规律】　病原以分生孢子和菌核随病残体越冬。分生孢子借气流传播，主要通过伤口侵入，在贮藏期也可通过接触传染。气温不太高时，若遇连阴雨，空气湿度会增大，常造成花腐烂脱落。另一个易发病期是果实成熟期，这与果实糖分转化、水分增高、抗性降低有关。管理粗放、施磷钾肥不足、机械伤和虫伤较多的果园易发病，地势低洼、枝梢徒长、郁闭、通风透光不足的果园发病重。

【防治方法】
1. **农业防治**　采收过程中避免造成伤口。
2. **药剂防治**　果实近成熟期喷10%多抗霉素可湿性粉剂1 000～1 500倍液等，每10 d喷1次，连续2～3次。

（一七）苹果炭疽叶枯病

苹果炭疽叶枯病初期为害病叶

苹果炭疽叶枯病叶片病斑（背面）

苹果炭疽叶枯病叶片病斑（正面）

苹果炭疽叶枯病叶片为害状

苹果炭疽叶枯病末期为害叶片（干枯状）

苹果炭疽叶枯病是一种流行性很强的病害，主要为害叶片和果实，造成早期大量落叶，降低果实品质，对苹果产业威胁很大。自 2009 年以来，几乎遍布黄河故道苹果产区，并向山东和陕西苹果产区扩展蔓延。

【症状】　初发病时叶片上分布多个干枯病斑，病斑初为棕褐色，在高温高湿条件下，病斑扩展迅速，1 ~ 2 d 内可蔓延至整个叶片，2 ~ 3 d 即可致全树叶片干枯脱落，枯叶颜色发暗，多呈黑褐色，如同被火燎水烫一样。当环境条件不适宜时，在叶片上形成大小不等的枯死斑，病斑周围的健康组织随后变黄，病重叶片很快脱落。当病斑较小、较多时，似苹果褐斑病的症状。受害果实果面出现多个直径 2 ~ 3 mm 的圆形褐色凹陷病斑，病斑周围果面呈红色，病斑下果肉呈褐色海绵状，深约 2 mm，自然条件下果实病斑上很少产孢，与常见的苹果炭疽病的症状明显不同的是炭疽叶枯病主要发生在金冠系列的品种上，如嘎啦、秦冠、金帅、乔纳金等。

【病原】　苹果炭疽叶枯病病原为炭疽病菌围小丛壳菌 [*Glomerella cingulata*（Stoneman）Spauld. et Schrenk（1903）]。

【发病规律】　苹果炭疽叶枯病病菌主要在小枝条上越冬，翌年 5 月中下旬（落花后 20 ~ 40 d 内）遇雨后开始初侵染，直到 9 月仍有大量病菌侵染。苹果炭疽叶枯病的病原菌能够在嘎啦苹果一年生枝条和果苔枝上越冬，翌年 5 月中下旬（落花后 20 ~ 40 d 内）遇雨后，开始以分生孢子形态进行初次侵染。苹果叶枯病炭疽菌分生孢子的萌发需要自由水，当相对湿度低于 100% 时，很少有分生孢子萌发。分生孢子萌发的最适温度为 25 ~ 30 ℃，当温度低于 15 ℃和高于 35 ℃时，分生孢子萌发率很低。在 20 ~ 25 ℃时该病害潜育期最短，为 3 d。该病菌在生长季发病盛期可以产生子囊孢子。炭疽叶枯病菌孢子的传播和侵染都离不开雨水，因此降水是病原侵染的必要条件。病菌孢子以直接侵染为主，侵染量大。炭疽叶枯病潜育期短、发病急，一般从侵染到发病落叶仅为 3 d 或更短，孢子能通过气流传播，不同的苹果品种之间抗病性差异很大，嘎啦、秦冠、金冠是易感染品种，比较抗病的品种有晨阳、宝红、夏红、藤木一号、美国 8 号、富士等。与褐斑病最大的区别是发病急，病疤上无小黑点。

【防治方法】

1. 阻止病菌传播扩散　禁止从发病果园调出接穗、苗木和病果，以防止病菌向外传播扩散。

2. 铲除越冬病菌　苹果萌芽前，喷洒病菌铲除剂，铲除在枝条和休眠芽上越冬的病菌。

3. 定期喷药保护　波尔多液黏附性强、持效期长，是防治苹果炭疽叶枯病最有效的药剂之一。从 5 月下旬开始，交替喷洒波尔多液和代森类药剂，每 10 ~ 15 d 1 次，保证每次出现超过 2 d 的连续阴雨前，叶面和枝条都处于药剂的保护中，采用雨前喷药保护或定期喷药保护的措施。雨前喷药需要准确的气象预报，在实际生产中难以实施，因此，定期的喷药保护就成为防治苹果炭疽叶枯病易于实施的主要防治措施。为了减少用药量，提高防治效果，需要选用持效期长的药剂。波尔多液的持效期最长。在实际的病害防治中，从苹果落花后的第 20 d 开始用药保护，直到 9 月中旬气温明显下降后结束。防治药剂以波尔多液为主，采用波尔多液与主要有效成分为吡唑醚菌酯的药剂交替使用的策略。

在 7 ~ 9 月雨季期间，根据天气预报，如果上次喷药后 7 d 左右出现连续阴雨天气，要在降雨前喷药保护，如果降雨前没有及时喷药，要在连续阴雨间歇期补喷代森锰锌或波尔多液。喷药要细致周到、一枝不漏，特别是喷洒树冠内部枝干，应保证叶正面、背面和果实都均匀着药。同时，药液雾化程度越高，防治效果也越好。

4. 加强农业防治　排水设施能及时排除果园积水，郁闭果园要加强夏季修剪，改善通风透光条件。病害发生后，要及时清除落叶并带出园外做灭菌处理，树体喷药杀菌。及早摘除病果，避免过多消耗树体营养。加强中耕和施肥管理，提高花芽质量。

（一八）苹果轮斑病

苹果轮斑病又名大星病，国内分布较广。

【症状】　苹果轮斑病主要为害叶片，也可侵染果实。叶片染病，以侵染嫩叶为主，病斑多集中在叶缘。病斑初期为褐色至黑褐色圆形小斑点，后扩大，叶缘的病斑呈半圆形，叶片中部的病斑呈圆形或近圆形，淡褐色且有明显轮纹，病斑较大，直径 0.5 ~ 1.5 cm。老病斑中央部分呈灰褐色至灰白色，其上散生黑色小粒点，病斑常破裂或穿孔。高温潮湿时，病斑背面长出黑色霉状物，即病菌分生孢子梗和分生孢子。果实染病，病斑黑色，病部软化。轮斑病菌的寄生性很弱，常从受伤部位或灰斑病病斑上侵入为害。

苹果轮斑病病叶

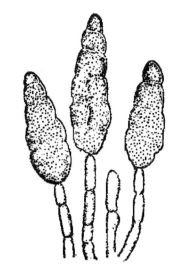

苹果轮斑病病菌分生孢子梗及分生孢子

【病原】　苹果轮斑病病原为苹果链格孢菌（*Alternaria mali* Roberts），属于丝孢纲丝孢目。病部着生的霉状物为该菌的分生孢子梗及分生孢子。分生孢子梗从气孔中伸出，束状，暗褐色，弯曲多胞，大小为（16.8 ~ 65）μm×（4.8 ~ 5.2）μm。分生孢子顶生，短棒槌形，暗褐色，有 2 ~ 5 个横隔，1 ~ 3 个纵隔，具短柄，大小为（36 ~ 46）μm×（9 ~ 13.7）μm。

【发病规律】　苹果轮斑病以菌丝在病叶中越冬。翌年春形成分生孢子，随风雨传播侵染。在豫西地区，从 4 月下旬至 5 月上旬开始，直至 10 月间均可发病。夏季高温干燥，果树遭受药害、各种自然灾害及其他病虫为害后，发病较重。

【防治方法】
　　1.清除病原，改善栽培管理条件　由于病原菌在落叶中越冬，因此在果树落叶后及时清扫落叶，剪除病枯枝并集中深埋；夏季剪除无用的徒长枝；及时中耕除草，改善通风透光条件，降低果园内空气相对湿度。
　　2.药剂防治　果树发芽前喷 5° Bé 石硫合剂，清除病原。苹果落花后 15 ~ 20 d，喷洒第一次药剂。以后根据降水情况至 8 月下旬每隔 20 d 左右喷药一次，其中春梢叶片的病叶率达 10% ~ 20% 时，喷洒防治该病效果较好的药剂 1 ~ 2 次，七八月再喷 1 ~ 2 次，其余时间可喷其他杀菌剂。防治效果较好的药剂有 50% 异菌脲可湿性粉剂 1 500 倍液，10% 多氧霉素可湿性粉剂 1 000 ~ 1 500 倍液，3% 多抗霉素可湿性粉剂 200 ~ 300 倍液，70% 甲基硫菌灵 1 000 ~ 1 500 倍液。

（一九）苹果青霉病

苹果青霉病又称水烂病，为害近成熟或成熟期的果实，是贮藏后期常见病害，分布普遍。

【症状】　苹果青霉病病菌主要为害果实。果实发病主要由伤口（刺伤、压伤、虫伤和其他病斑）开始。发病部位先局部腐烂，极湿软，表面黄白色，呈圆锥状深入果肉，条件适合时发展迅速，发病后 10 余天全果腐烂。空气潮湿时，病斑表面生出小瘤状霉块，初为白色，后变为青绿色，上面被覆粉状物病菌的分生孢子梗及孢子，易被气流吹散。腐烂果肉有特殊的霉味。

【病原】　苹果青霉病病原为扩展青霉（*Penicillium expansum* Link），属半知菌类真菌。菌落粒状，粉层较薄，灰绿色，背面无色，白色边线宽 2 ~ 2.5 mm，灰白色，帚状枝不对称。分生孢子梗直立，具分隔，顶端 1 ~ 2 次分枝，小梗细长，瓶状；梗顶念珠状串生分生孢子，无色，单胞，圆形或扁圆形，作念珠状串生，大小为（3.0 ~ 3.5）μm×（3.5 ~ 4.2）μm。分生孢子集结时呈青绿色。

苹果青霉病病果

　　【发病规律】　苹果青霉病主要发生在贮藏运输期间，病菌经伤口侵入致病，病菌孢子能忍耐不良环境条件，随气流传播，也可通过病、健果接触传病；分生孢子落到果实伤口上，便会迅速萌发，侵入果肉，使果肉软腐。气温25 ℃左右，病害发展最快；0 ℃时孢子虽不能萌发，但侵入的菌丝能缓慢生长，果腐继续扩展；靠近烂果的果实，如表面有刺伤，烂果上的菌丝会直接侵入健果而引起腐烂。在贮藏期末期，窖温较高时病菌扩展快，在冬季低温下病果数量增长很少。分生孢子萌发温限为3～30 ℃，适温15 ℃；菌丝生长温度范围为13～30 ℃，适温20 ℃。装入塑料袋贮藏发病多。

　　【防治方法】
　　1. **防止产生伤口**　首先要选择无伤口的果实入贮，在采收、分级、装箱、搬运过程中，尽量防止刺伤、压伤、碰伤。伤果、虫果及时处理，勿长期贮藏，以减少损失。该菌对温度适应范围较广且易于在空气中飞散，故做好果库和包装物的消毒是十分重要的。
　　2. **果库消毒**　一般用的化学药物有：硫黄（SO_2熏蒸），50%福尔马林30倍液喷洒。
　　3. **药剂处理**　苹果采收后，50%苯菌灵可湿性粉剂250～500倍液、50%甲基硫菌灵或悬浮剂50%多菌灵可湿性粉剂500倍液、45%噻菌灵悬浮剂300～500倍液等药液浸泡5 min，然后再贮藏，都有一定的防效。采用单果包装。包装纸上可喷洒仲丁胺300倍液或其他挥发性杀菌剂，提倡采用气调：控制贮藏温度为0～2 ℃，O_2为3%～5%，CO_2为10%～15%。

（二〇）苹果腐烂病

　　苹果腐烂病俗称串皮湿、烂皮病，是对苹果生产威胁很大的毁灭性病害。目前该病主要分布在中国、日本和朝鲜，美国、加拿大和英国等也有零星分布；而国内东北、华北、西北地区及山东、江苏、湖北和四川等苹果产区均有发生。国家苹果产业技术体系网络系统曾经对我国10个苹果主产省市的147个果园进行了苹果树腐烂病发生和防治情况调查。结果显示，在所调查苹果树中，总体发病率达52.7%。随着树龄的增大，苹果腐烂病发病株比率提高，四至十年生果树株发病率为26.8%，11～17年树龄的果树株发病率为54.0%，18～24年树龄的果树株发病率为59.3%。该病除为害苹果树外，还可侵染沙果、林檎、海棠、山定子等。

苹果腐烂病为害主枝

苹果腐烂病病树枝枯死

苹果腐烂病为害幼枝

苹果腐烂病树干枯死

苹果腐烂病枝叶枯干

苹果腐烂病为害果树使叶片变黄　　　　　　　苹果腐烂病病叶

苹果腐烂病病果病斑　　　　　苹果腐烂病病果初期　　　　　苹果腐烂病病果后期

苹果腐烂病病果腐烂　　　　　　　　　苹果腐烂病病果剖面

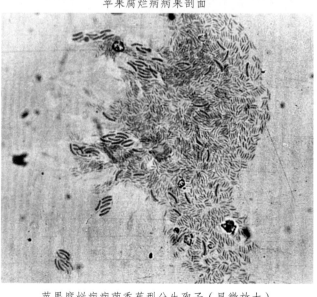

苹果腐烂病病菌分生孢子器　　　　苹果腐烂病病菌香蕉型分生孢子（显微放大）

【症状】 苹果腐烂病病菌主要为害结果树的枝干，尤其是主干分权处最易发生，幼树、苗木及果实也可受害。

1. 枝干症状

（1）溃疡型：溃疡型病斑是冬春发病盛期和夏季在极度衰弱树上发生的典型症状。初期病部为红褐色，略隆起，呈水渍状，组织松软，病皮易于剥离，内部组织呈暗红褐色，有酒糟气味。有时病部流出黄褐色液体。后期病部失水干缩、下陷、硬化，变为黑褐色，病部与健部之间裂开。以后病部表面产生许多小突起，顶破表皮露出黑色小粒点，此即病菌的子座，内有分生孢子器和子囊壳。雨后或潮湿时，从小黑点顶端涌出黄色细小卷丝状的孢子角，内含大量分生孢子，通水稀释消散。溃疡型病斑在早春扩展迅速，在短期内常发展成为大型病斑，围绕枝干造成环切，使上部枝干枯死，为害极大。

（2）枝枯型：多发生在二三年生或四五年生的枝条或果台上，在衰弱树上发生更明显。病部红褐色，水渍状，不规则形，迅速延及整个枝条，最终使枝条枯死。病枝上的叶片变黄，在园中易被发现，后期病部也产生黑色小粒点。

2. 果实症状 病斑红褐色，圆形或不规则形，有轮纹，边缘清晰。病组织腐烂，略带酒糟气味。病斑在扩展时，中部常较快地形成黑色小粒点，散生或集生，有时略呈轮纹状排列；潮湿时亦可涌出孢子角；病部表皮剥离。

【病原】 苹果腐烂病病原菌无性阶段为苹果壳囊孢（*Cytospora mandshurica* Miura）和梨壳囊孢属（*Cytospora carphosperma* Sacc.）。分生孢子器着生在黑色圆锥形的外子座中，外子座生在病毒表皮层下。分生孢子器不规整，褐色，有一个或多个腔室，共有 1 个孔口。内壁密生孢子梗，分枝或不分枝，无色。分生孢子顶生，香蕉形或长肾状，单胞，无色，内有油球，大小为（4 ~ 10）μm ×（0.8 ~ 1.7）μm。分生孢子器在 1 ~ 2 年内可不断地产生分生孢子，每个分生孢子器约能产生 3 000 个孢子。分生孢子萌发适温为 24 ~ 28 ℃，但在低温下也能萌发。单个的分生孢子不能越冬，在 2 月可存活约 35 d，在 6 ~ 7 月间，只能存活 1 ~ 4 d。有性阶段为 *Valsa ceratosperma*（Tode ex Fr.）Maire，属于真菌界子囊菌门腐皮壳属；子囊壳在秋季生于内子座中。内子座位于外子座的下边或旁边。子囊壳黑色，烧瓶状，内壁基部密生子囊。子囊长椭圆形或纺锤形，无色，内有 8 个子囊孢子。子囊孢子长肾状，单胞，无色，大小为（6 ~ 11）μm ×（1.2 ~ 2.1）μm。每个内子座 1 h 内可释放子囊孢子 1 120 ~ 8 662 个。子囊孢子萌发适温为 19 ℃左右，但在 5 ℃经 76 h 萌发率仍可达到 36%。单个子囊孢子在 7 ~ 10 月于室温条件下只能存活 5 ~ 20 d。

另据 2007 年王旭丽对我国 10 个省区 23 个市县的 150 个苹果树腐烂病菌分离株进行了鉴定和分析，认为我国苹果树上存在 3 种腐烂病菌：*Valsa ceratersperma sensu* Kobayashi、*Valsa malicola* Z. Urb. 和 *Valsa persoonii*（Nitschke）H. hn。其中，*Valsa ceratosperma sensu* Kobayashi 占研究分离株的 96%，为优势种类。不同腐烂病菌的致病性强弱不同。*Valsa malicola* 致病力弱，*Valsa persoonii* 致病力中等，*Valsa ceratersperma* 的黄褐色类群致病力强。

【发病规律】 苹果腐烂病病菌以菌丝体、分生孢子器、分生孢子角等在病树皮上越冬；在有子囊壳产生的地方，也可以在子囊壳内越冬。幼树上侵染源主要形成部位为死芽、枯梢、干桩枯橛和两年剪口，其次为果柄。结果大树上形成分生孢子器的部位主要是枯梢和干桩枯橛，其次为当年剪口、三年剪口和多年剪口。同时大量的研究表明，该病在一年当中有两次发病高峰期。早春是溃疡型病斑形成的高峰时期，病菌可以在树皮上腐生，当树势衰弱时，病菌即从腐生状态转为弱寄生，导致发病。每年 3 ~ 10 月在病树皮上不断有橘黄色孢子角出现，而以 5 ~ 7 月最多，每次都在降水后出现。病菌孢子主要靠雨水飞溅传播。田间分生孢子以 3 月上旬至 4 月上旬为多。苹果腐烂病菌孢子发芽侵入后可潜伏在树皮表面坏死组织、叶痕、皮孔、果台和果柄痕等部位。在豫西，3 ~ 11 月苹果腐烂病病菌均可侵染，以 3 月下旬至 5 月侵染较多，6 ~ 11 月侵染较少，12 月至翌年 2 月不发生侵染。存下来的干病斑，则会向纵深扩展为害。11 月至翌年 1 月，内部发病数量激增。深冬季节（休眠期），病菌扩展缓慢，症状不明显。

症状隐蔽是苹果树腐烂病的特点之一。外观症状出现的高峰期是在早春 2 ~ 3 月，此时病斑扩展快，为害最严重。5 月，发病盛期结束。在生长期内，遗留下来的病斑不再活动，只有老弱枝干上的病斑可缓慢地扩展。晚秋，苹果腐烂病斑发生又出现一个小高峰。2012 年，国家苹果产业体系病虫害防控研究室通过对苹果腐烂病病斑解剖，发现苹果树腐烂病病斑在木质部的扩展速度明显大于韧皮部，并且大多数患病枝条在木质部有不同程度的黑色病变。其中黑腐皮壳属（*Valsa*）真菌，是苹果木质部黑色病变区域优势种群。腐烂病组织内部扩散的现象解释了中后期的腐烂病难以防治和防控药剂难以评价的原因，因此，对腐烂病病斑的刮治应该是越早越好。

树势衰弱、愈伤力低，是引起腐烂病发生流行的主要原因。凡能引起树势衰弱的因素，如树体负载过量、冻害及日灼、营养不足等，都可引起病害发生。苹果树腐烂病菌侵染部位具有较大面积的新鲜死组织时，则寄主极易受侵染而发病，近年来实施苹果树树型大改型，形成的伤口是造成枝干腐烂病传播和侵染的重要原因。从修剪时期来看，与 12 月、1 月和 2 月相比，选择在 3 月或者至少要在 2 月下旬开始进行集中修剪，结合修剪工具消毒以及伤口涂药保护等综合性预防措施能更有效地减少和控制该病菌的传播和侵染。干旱胁迫也是诱发腐烂病的重要因素之一，主要原因是干旱条件下周皮形成的速度、组织木栓化的程度明显地减弱，果树更容易发生腐烂病。

【防治方法】 防治腐烂病须采取以加强栽培管理、提高抗病力、培养树势为根本，以及时保护伤口、减少树体带菌为主要预防措施，以刮除病斑、药剂涂布为辅助手段的综合防治措施。同时还要搞好果园卫生、防治其他病虫、防止冻害及日灼等，才能控制病害的发生及为害。

1. 加强栽培管理　增强树势，提高抗病力是防治腐烂病的根本性措施。

（1）合理调整结果量：结果树应根据树龄、树势、土壤肥力、施肥水平等条件，通过疏花疏果，做到合理调整结果量。

（2）改善立地条件，实行科学施肥：在山地等立地条件差的地区，要深翻扩穴，并增施农家肥或压绿肥；水土流失严重、根系外露的果园，要注意压土，增加土层厚度；盐碱地果园，可通过翻砂压碱、灌水洗盐、增施有机肥等改良土壤状况，以促进根系生长发育，提高肥料及水分利用率，进而壮树防病。每生产 100 kg 苹果施入氮、钾各 1.2 kg，磷 0.6 kg。

（3）合理灌水：秋冬枝干含水量高，易受冻害，从而诱发腐烂病；早春干旱，树皮含水量低，有利于腐烂病病斑的扩展。因此，果园应建立好良好的灌溉和排水系统，实行"秋控春灌"对防治腐烂病很重要。大水漫灌，可使基部腐烂病向同畦内的其他树体传播，应通过培土避免基部被水浸泡，可有效减轻腐烂病。

2. 铲除带菌树体　果树落皮层、皮下干斑、皮下湿润坏死点、树杈夹角皮下的褐色坏死点等处，都带有腐烂病病菌，铲除这些潜伏病菌，对防治腐烂病有明显效果。

（1）实行重刮皮：在我国以 5 ~ 7 月刮皮最好，此时树体营养充分，刮后组织可迅速愈合；在冬春不太寒冷，不易发生冻害的地区，春秋两季也可进行刮皮，尤以落叶前较好。刮皮的方法是，用刮皮刀将主干、主枝、大的辅养枝或侧枝表面的粗皮刮干净，露出新鲜组织，使枝干表面呈现"绿一块、黄一块"。若遇到变色组织或小病斑，则应彻底刮干净。

（2）药剂铲除：用 30% 戊唑·多菌灵可湿性粉剂 600 倍液，于萌芽前喷洒直径 4 cm 以上的大枝；6 月下旬至 7 月上旬用此药涂刷主干、基部主枝及第四主枝以下的中心干等部位，可减少冬春出现的新病斑。涂药前，最好刮除病斑及表面粗皮。连年施药，可提高防治效果。

3. 治疗病斑　及时治疗病斑不但是避免死枝、死树的主要措施，而且可减少果园菌量。治疗后及时搞好桥接，更有促进树势恢复的作用。

（1）刮治：刮治病斑的最好时期是春季高峰期（3 ~ 4 月）。此时病斑较明显而且较软，便于刮治。同时，刮治病斑应该常年坚持，以便及时治疗。刮治的基本方法是用快刀将病变组织及带菌组织彻底刮除，刮后必须涂药并妥善保护伤口。刮治必须达到以下标准：一要彻底，即不但要刮净变色组织，而且要刮去 0.5 cm 左右的健康组织；二要光滑，即刮成梭形，不留死角，不拐急弯，不留毛茬，以利伤口愈合；三要表面涂药，常用药剂有 1.9% 辛菌胺醋酸盐水剂 50 ~ 100 倍液，涂抹伤疤；100 万孢子 /g 寡雄腐霉菌可湿性粉剂 500 ~ 1 000 倍液，涂抹树干；抑霉唑膏剂有效成分用药量 6 ~ 9 g/m² 涂抹；1.6% 噻霉酮涂抹有效成分用药量 1.28 ~ 1.92 g/m²，涂抹；20% 丁香菌酯悬浮剂有效成分 1 000 ~ 1 538.5 mg/kg，涂抹。3.315% 甲硫·萘乙酸涂抹剂、2.12% 腐植酸铜水剂、3% 甲基硫菌灵糊剂防效也比较好。在生产上将腐烂病斑刮成椭圆形更有利于伤口的愈合。涂 70% 甲基硫菌灵可湿性粉剂 1 份加豆油或其他植物油 3 ~ 5 份效果也很好。

（2）包泥：在病斑上涂抹黄土泥，厚约 1 cm，而后用塑料带包扎严密（宽 10 ~ 15 cm），一般 2 ~ 3 个月后病斑脱落，周围产生愈合组织。

（3）喷淋：250 g/L 吡唑醚菌酯乳油有效成分用药量 166.7 ~ 250 mg/kg，喷淋。

4. 桥接复壮　为了促进病斑大的树势恢复，应该及时搞好桥接。方法是：取一年生嫩枝，两端削成马蹄形，而后插入病斑上下的"T"字环形切口的皮下，用小钉钉牢，涂蜡或糊泥并包塑料薄膜。如果伤疤在主干上而且树基部有合适的萌条时，可将萌条的上端接在病斑上部的好皮上。根据病疤的大小，一个疤上可接数根至十数根。嫁接成活后，沟通上下营养，对恢复树势有明显作用。如果树干上病疤很大，而又没有适宜的萌条可用，也可在树周围栽植苗木，成活后再嫁接到树干上；苗木的根部吸收营养，供应大树的需要，也能明显增强树势。

5. 其他措施

（1）果园卫生：刮下的病皮集中处理，病死的枝、树及时去除，修剪下来的枝干不在果园长期堆放等，都可减轻该病的为害。

（2）防止冻害和日灼：冬前和早春树干涂白，有降低树皮温差，减少冻害和日灼的作用，对防治腐烂病有很好的作用。在比较寒冷的苹果产区，应利用抗寒砧木或品种，如可用山定子、玻璃果、黄海棠等作中间砧，高接栽培品种，抗寒、防病作用明显。

（二）苹果干腐病

苹果干腐病又称胴腐病，是苹果枝干的主要病害之一，以定植苗、幼树、老弱树的枝干发病重，常造成死苗甚至毁园。东北、华北、华东、西北、西南等地区均有发生。除苹果外，该病菌还可寄生在柑橘、桃、杨、柳等 10 余种木本植物上。

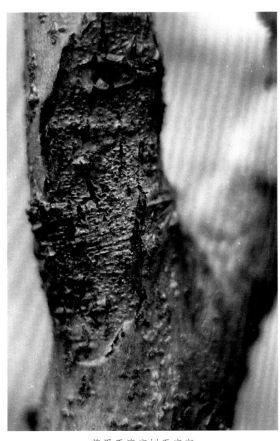

苹果干腐病病树干

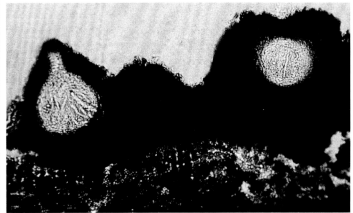

苹果干腐病树干病斑

苹果干腐病病菌子座

【症状】 苹果干腐病病菌主要侵害成株和幼苗的枝干，也可侵染果实。

1. 枝干 树皮出现暗褐色或黑褐色、湿润、不规整的病斑，可沿树干一侧向上扩展，边缘有裂缝，未显病部位显现铁锈色。剖视皮下暗褐色，比粗皮病色浅。病部可溢出茶褐色黏液，有霉菌味，失水成干斑。病部环缢枝干即造成枯枝。病皮上密生小黑粒点。

2. 果实 初现浅褐色圆斑，后扩展成深浅相交错的同心轮纹状斑，然后迅速腐烂。烂部有酸腐气味，渗出褐色黏液。后失水形成僵果，果表面产生黑色隆起小粒点。

【病原】 苹果干腐病病原为 *Botryosphaeria ribis* Gross et Dugger，属于真菌界子囊菌门葡萄座腔菌属；无性世代为大茎点菌属（*Maciophoma*）和小穴壳菌属（*Dothiorella*）真菌。病菌的子囊壳扁球形，黑褐色，有乳头状孔口。子囊长棍棒状，无色。子囊孢子椭圆形，单胞，无色，大小为（16.8 ~ 26.4）μm×（7 ~ 10）μm。侧丝无色。子囊孢子萌发适温为25 ~ 30 ℃，在此温度下于水滴中经 8 h 萌发率达 100%；在 15 ℃经 20 h，萌发率为 93.8%。分生孢子器大茎点菌呈近圆球形、淡褐色，分生孢子椭圆形，单胞，无色，大小为（16.9 ~ 24.0）μm×（4.8 ~ 7.2）μm；小穴壳菌呈扁球形、黑褐色，分生孢子长椭圆形，单胞，无色，大小为（16.8 ~ 29.0）μm×（4.8 ~ 7.5）μm。

【发病规律】 苹果干腐病病菌以菌丝体、分生孢子器及子囊壳在枝干病部越冬，翌年春产生孢子进行侵染。病菌孢子随风雨传播，经伤口侵入，也能从死亡的枯芽和皮孔侵入。干腐病病菌具有潜伏侵染特性，寄生力弱，只能侵害衰弱植株（或枝干）和移植后缓苗期的苗木。病菌先在伤口死组织上生长一段时间，再侵害活组织。当树皮水分低于正常情况时，病菌扩展迅速。苹果落花后，幼果即受到孢子侵染，6 ~ 7月为侵染盛期，果实近成熟期发病迅速，6 ~ 7 d 即烂果。春旱、倒春寒、低洼涝地，常使前一年旺长的幼树发病。5 ~ 6月多雨则病果率高。树势衰弱、干旱或涝害、冻害等，均易诱发该病。

【防治方法】

1. 培育壮苗、合理定植 苗圃不施大肥，不灌大水，尤其不能偏施速效性氮肥催苗，以免苗木徒长而受冻发病。幼树定植时，避免深栽，使嫁接口与地面相平为宜。定植后要及时灌水，加强管理，尽量缩短缓苗期。芽接苗在发芽前 15 ~ 20 d，及时剪掉砧木的枯桩，伤口用 1% 硫酸铜水溶液消毒，用铅油保护，使伤口在生长停止前充分愈合，以减少病菌侵染机会。幼树在长途运输时，要尽量避免造成机械损伤和失水干燥。

2. **加强管理，增强树势，提高树体抗病力**　改良土壤，提高土壤保水保肥力，旱涝时及时灌排。保护树体，做好防冻工作是防治干腐病的关键性措施。

3. **彻底刮除病斑**　在发病初期，可用锋利刀具削掉变色的病部或刮掉病斑。消毒剂可参考苹果树腐烂病。

（二二）苹果树枝溃疡病

苹果树枝溃疡病又称芽腐病、梭斑病，已知陕西关中、山西南部、北京市西郊以及河南、江苏北部的黄河故道果区有发生。

苹果树枝溃疡病为害枝干　　　　　　　　苹果树枝溃疡病枝干病斑

【症状】　苹果树枝溃疡病病菌主要为害枝条，以二三年生枝条受害重。初生为红褐色的圆形小斑点，逐渐扩大，中央凹陷，边缘隆起，呈梭形。病斑产生裂缝，空气潮湿时，裂缝四周产生白色霉状物，即病菌分生孢子座。后期，病疤上坏死皮层脱落，木质部裸露，四周产生隆起的愈伤组织。翌年，病斑继续向外蔓延为害，病斑呈梭形同心轮纹状，年复一年地成圈扩展。有少数发病5年以上的病疤，病部呈5层以上的梭形同心轮纹，越往中央越凹陷。后期病疤上坏死皮层脱落，木质部裸露，四周产生隆起的愈伤组织。翌年春，病斑继续扩展，被害枝干易于折断。

【病原】　苹果树枝溃疡病病原菌为仁果癌丛赤壳菌（*Nectria galligena* Bres.），属于子囊菌门真菌；无性世代为仁果干癌柱孢霉（*Cylindrosporium mali*），属半知菌类真菌。子座白色，子囊壳鲜红色，球形或卵圆形，直径 $100 \sim 150 \, \mu m$；子囊圆筒形或棍棒形，大小为（$72 \sim 92$）μm ×（$8 \sim 10$）μm；子囊孢子双胞，无色，长椭圆形。分生孢子盘无色或灰色，盘状或平铺状。分生孢子梗短，分生孢子无色，线形，具大孢子和小孢子两种：大孢子圆筒形，具 $3 \sim 5$ 个隔膜，5个隔膜的孢子大小为（$37.5 \sim 47.5$）μm ×（$4.9 \sim 5.2$）μm，3个隔膜的为（$21.0 \sim 27.5$）μm ×（$4.0 \sim 5.0$）μm；小孢子卵圆形或椭圆形，单胞或双胞，大小为（$4.0 \sim 6.0$）μm ×（$1.0 \sim 2.0$）μm。

【发病规律】　苹果树枝溃疡病病菌以菌丝体在病组织中越冬，翌年春产生分生孢子，借风雨或昆虫传播，从各种伤口侵入为害。在侵染循环中小分生孢子不起作用。秋季和初冬落叶前后是主要侵染时期，此病常伴锈病大流行发生，因锈病病斑为该菌的侵染提供了伤口，且两病的发生流行条件大体相同。

该病的发生与果园地势、管理水平及品种有关。低洼潮湿、土壤黏重、排水不良时，发病重；偏施氮肥，树体生长过旺，发病也很重。苹果品种间感病存有差异。苹果品种以金冠、国光、富士等品种易感病。

【防治方法】
1. **加强栽培管理，增强树势**　低洼积水地注意排水，不偏施氮肥，合理修剪增强树势，提高树体抗病力。
2. **其他防治方法**　参见"苹果腐烂病"。

（二三）苹果银叶病

苹果银叶病是20世纪50年代后期以来，在我国局部苹果产区出现的一种病害。如今已广布于我国苹果产区，特别是黄河故道和江淮地区，发病尤为严重。苹果患病后，树势衰弱，果实变小，产量降低。重病树2～3年后即可枯死。此病不仅为害苹果，还为害梨、桃、杏、李、枣、樱桃等多种果树。

苹果银叶病病叶初期症状　　　　　　　苹果银叶病病叶叶背症状

苹果银叶病严重为害叶片　　　　　　　苹果银叶病典型症状

苹果银叶病嫩梢为害状　　　　　　　苹果银叶病树干病菌子实体

【症状】　苹果银叶病症状主要表现在叶片和枝上。染病苹果树展叶后不久即出现症状，病势轻时，叶片失去光泽，叶面像一层不明显的薄膜，并有大量褪色斑；随着病势的发展，叶片呈银灰色，进而显出银白色光泽，叶变厚而脆；病势严重时，枝叶稀疏，叶片小而失绿，并出现淡褐色小点，逐渐扩大成为不规则的锈斑，后期锈斑破裂成孔。侵入树体的病菌菌丝在木质部生长蔓延，并分泌一种毒素，随导管进入叶片，使叶片表皮和叶肉组织分离，间隙充满空气。由于光线的反射作用，致使叶片呈淡灰色，略带银白色光泽，故称银叶病。病枝往往于3月底至5月上旬从锯口或伤口木质部流出白色黏液，并有腐臭。以后，流液的部位和沾染液体的部位变成黑色。病势严重的植株，枝干的树皮枯死，呈纸皮状翘起，极易剥落；一般出现这种症状后，病树已接近死亡。发病后期在枯死的树皮上和流液伤口处会产生大量病菌的子实体。内部症状主要表现在木质部。病菌侵入枝干后，菌丝在木质部中扩展，向上可蔓延至一二年生枝条，向下可蔓延到根部，使病部木质部变为褐色，较干燥，有腥味，但组织不腐烂。病死的树上可产生覆瓦状子实体，但未死的树上不产生子实体。

【病原】　苹果银叶病的病原菌为银叶菌 [*Chondrostereum purpureum*（Fr.）Pouz.]，属于真菌界担子菌门层菌纲无隔担子菌亚纲非褶菌目。该菌的菌丝无色，有分枝和隔膜。菌丝体雪白色，渐变为乳黄色。菌丝生长的最适温度为24～26 ℃。子实体单生或成群发生在枝干的阴面，覆瓦状，初紫色，后期略变灰，边缘色较浅。子实体有浓烈的腥味，平伏或呈支架状。担孢子无色，单胞，近椭圆形，一端稍尖。

【发病规律】　苹果银叶病病菌以菌丝在病枝干的木质部内越冬，或以子实体在死树或死枝上越冬。担孢子随气流、雨水传播，多从剪口、锯口及其他伤口侵入。春、秋季树体最富含可溶性糖类，是病菌侵染的最适时期。病菌侵入到达木质部的输导系统后，很快向上下扩展，甚至到达根部，致使水分和养分的输送受阻。被害木质部很快变成褐色腐朽。随着病害加深而侵染边材部分。从感染到症状显现需要1～2年。子实体多着生在病死树干背阴面，在多雨的年份，1年内可产生2次，一般都在5～6月及9～10月。子实体成熟后，在紫褐色的子实层上产生1层白霜状的担孢子，担孢子陆续成熟飞散传播。

【防治方法】

1. 修剪工具及时消毒　在进行修剪、刮皮等工作时，对于患病的植株，都应放在最后进行，以防止通过工具传染健株。操作后，工具和锯口应及时消毒。工具消毒可用75%乙醇溶液；锯口消毒可用10° Bé 石硫合剂，并用波尔多液加蓖麻油（或豆油）涂刷锯口保护，涂漆保护效果也很好。

2. 患病植株伤口的正确处理　患病植株有流液的伤口，每年3月下旬进行消毒，并涂药保护。对树干和伤口发生的子实体，要及时用刀刮除，并进行消毒和保护。对初感病的植株，把发生银叶病的部位，包括病枝的基轴（着生病枝的母枝）及时去除，避免蔓延扩散。剪下的病枝要及时处理。

3. 果园卫生　果园内应铲除重病树和病死树，刨净病树根，除掉根蘖苗，锯去初发病的枝干，清除病菌的子实体。病树刮除子实体后伤口要涂抹石硫合剂消毒。清除果园周围的杨、柳等病残株。所有病组织都要集中处理或搬离果园作其他处理，以减少病菌来源。

4. 保护树体，防止受伤　果园应提倡轻修剪；锯除大枝时，最好在树体抗侵染力最强的夏季（7～8月）进行。伤口要及时消毒保护。消毒时，先削平伤口，然后用较浓的杀菌剂进行表面消毒，并外涂波尔多液等保护剂。

5. 加强果园管理　地势平坦、低洼的果园，加强排水设施建设，防止园内积水。增施有机肥料，改良土壤。防治其他枝干病虫害，以增强树势，减少伤口，减轻银叶病的发生与为害。

（二四）苹果木腐病

苹果木腐病为害树干　　　　　苹果木腐病菌在树干病斑上形成白色子实体

【症状】 在衰老的苹果树的枝干上，苹果木腐病为害老树皮，造成树皮腐朽和脱落，使木质部露出，并逐渐往周围健树皮上蔓延，形成大型条状溃疡斑，削弱树势，重者导致树体死亡。

【病原】 苹果木腐病病原为裂褶菌（*Schizophyllum commune* Fr.），属于担子菌门真菌。

【发生规律】 苹果木腐病病原在干燥条件下，菌褶向内卷曲，子实体在干燥过程中收缩，起保护作用，经长期干燥后遇有合适温湿度，表面茸毛迅速吸水，恢复生长能力，在数小时内即能释放孢子进行传播蔓延。

【防治方法】
　1. 农业防治　见到树上长出子实体后，应立即刮除掉，集中深埋；及早刨除病残树。对树龄弱或树龄高的苹果树，应用配方施肥技术，以恢复树势，增强抗病力。
　2. 药剂防治　保护树体、减少伤口是预防本病的重要有效措施，对锯口要涂抹药剂，以促进伤口愈合，减少病菌侵染。用1%硫酸铜液消毒后再涂倍式波尔多液或煤焦油保护。

（二五）苹果圆斑根腐病

　苹果圆斑根腐病在北方果区分布广泛，是苹果生产中一种危害较大的病害，一旦发生，便迅速传播蔓延，造成十多年生的盛果期大树枯死。除为害苹果外，还侵染梨、桃、杏、葡萄、核桃、柿、枣等果树及桑、刺槐、杨、柳等树木。

苹果圆斑根腐病为害状　　　　　　　　　　　　苹果圆斑根腐病根部病斑

　【症状】 受害植株在5～7月突然出现部分枝条或者整个植株新生叶片及新梢萎蔫，同时幼果也开始萎蔫甚至大量脱落。刨其根观察，多先从须根发病，围绕须根形成红褐色圆斑，在主、侧根上常见发病的吸收根基部形成一个红褐色的腐烂小圆斑，随着病斑的扩展，深达主侧根的木质部。病根逐级蔓延，从吸收根开始，支根、侧根、主根依次染病，并在各级根上出现大小不等的圆形或近圆形黑褐色病斑，手按有弹性。在此过程中，病根也可因树势强弱交替反复产生愈伤组织并再生新根，病健组织交错，病部变得凸凹不平，病斑扩大，互相连接，深入木质部，使整段根变黑死亡。展叶后的5月常表现出的症状类型有以下几种：
　1. 萎蔫型　叶簇萎蔫，叶片向上卷缩，形小而色浅，新梢抽生困难，花蕾皱缩不开，或开花不坐果，枝条也呈现失水，表现为皱缩或枯死，有时翘起呈油皮状。这些现象称为萎蔫型。衰弱大树多属于这一类型。
　2. 青干型　上一年或当年感染而且病势发展迅速的病株，在春旱、气温较高时病株叶片骤然失水青干。多从叶缘向内发展或从主脉扩展，在病部和健部之间有明显的红褐色晕带，严重时老叶片脱落。
　3. 叶缘枯焦型　春季不干旱，病势发展缓慢，叶尖或边缘枯焦，一般不会发生落叶。

4. 枝枯型 根部腐烂严重,与烂根相对应的枝条发生枝枯,皮层变褐下陷,好皮与坏皮界线分明,后期坏死皮层极易剥离,木质部导管变褐,上下相连。

由于生长条件的变化,树势强弱也发生变化,病情表现时起时伏,树势健壮时,有的病株可自行恢复。

【病原】 苹果圆斑根腐病由镰刀菌引起。主要有以下 3 种:

1. 腐皮镰刀菌 [*Fusarium solani* (Mart.) App.et Wellenw] 大孢子两头较圆,足胞不明显,有 3 ~ 9 个分隔,三隔的大孢子大小为 (30.0 ~ 50.0) μm × (5.0 ~ 7.5) μm,五隔大孢子大小为 (32.50 ~ 51.25) μm × (6.0 ~ 10.0) μm;小孢子为单胞或双胞,长圆或卵圆形,米饭培养基上为淡咖啡色。

2. 尖孢镰刀菌 (*Fusarium oxysporum* Schl.) 大孢子两头较尖,足胞明显,多数为 3 ~ 4 分隔,大小为 (16.25 ~ 50.0) μm × (3.75 ~ 7.50) μm;小孢子为单胞,卵圆形或椭圆形,米饭培养基上为苋菜红色。

3. 弯角镰刀菌 (*Fusarium camptoceras* W. et Rg.) 大孢子需进行长期培养后才能少量产生,无足胞,顶部较尖,有 1 ~ 3 个分隔,三隔大孢子大小为 (17.50 ~ 28.75) μm × (4.50 ~ 5.00) μm;小孢子易大量产生,单胞或双胞,长圆形或椭圆形,在米饭培养基上为黄色。

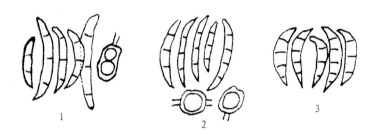

苹果圆斑根腐病病菌

1. 腐皮镰刀菌 2. 尖孢镰刀菌 3. 弯角镰刀菌

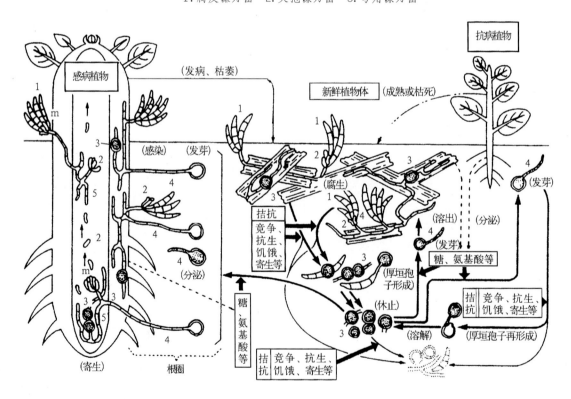

苹果圆斑根腐病病菌的生活史(驹田,1980)

1. 大型分生孢子 2. 小型分生孢子 3. 厚垣孢子 4. 发芽管 5. 菌丝

【发病规律】 苹果圆斑根腐病病菌是土壤习居菌,可在土壤中长期进行腐生生活,同时也可寄生于寄主植物上,只有当果树根系衰弱时才会患病。因此,干旱、缺肥、土壤盐碱化、水土流失严重、土壤板结通气不良、结果过多、大小年严重、杂草丛生,以及其他病虫(尤其是腐烂病)严重为害等导致果树根系衰弱的种种因素,都是诱发该病害的重要条件。

近年来研究表明，土壤缺钾与该病关系密切。缺钾果园，树体不抗旱，容易发病，连年间作红薯、马铃薯、西瓜等需钾量大的果园，病害发生多。

【防治方法】

1. **增强土壤透气性**　苹果树根系较浅，如果土壤长期处于板结状态或持水量过高（大于 60% 以上），就会降低土壤中氧气的浓度，抑制根系的呼吸，阻碍养分和水分的吸收，造成部分生长根死亡。因此，增施有机肥、生物菌肥和矿物质肥，结合果园生草覆草等方法促进土壤团粒结构形成，此为预防根腐病的基本措施。

2. **隔离病区**　目前大部分果园浇水时，多采用全园漫灌，如果其中有一株发生了根腐病，就会通过传统的灌水方式把根腐病传播出去。所以，一旦发现病树，应先隔离病树再治疗，以防传病。

3. **土壤消毒灭菌或灌根**　每年苹果树萌芽时和夏末进行两次以根颈为中心，开挖 3 ~ 5 条放射状沟（深 70 cm，宽 30 ~ 45 cm，长到树冠外围）。对土壤消毒有效的药剂有 300 倍液 45% 代森铵水剂（以每株 15 ~ 30 kg 药液灌根），硫酸铜晶体 500 倍液，70% 甲基硫菌灵可湿性粉剂 1 500 倍液，1° Bé 石硫合剂，50% 多菌灵可湿性粉剂 800 倍液。

4. **晾根和客土**　当果园内发现果树地上部分出现异常时，应挖根检查，确认为该病时，将根部土壤挖出，晾 1 ~ 2 d，切除病根，同时用药剂消毒，把挖出的土运到园外，从园外运回新土、腐熟草木灰和农家肥回填。

（二六）苹果紫纹羽病

苹果紫纹羽病在国内分布广泛，一般以树龄较大的老果园发病较重。病菌寄主有苹果、梨、桃、葡萄等果树及桑、茶、杨、柳、刺槐、甘薯、大豆等植物。

【症状】　苹果紫纹羽病病株地上部分的症状，同样是叶片变小、黄化、枝条节间缩短，植株长势萎弱。苹果树感病后（如祝光）有叶柄以至中脉发红的特点，根部受害则从小根开始向大根蔓延，病势一般较缓慢，病株要几年才会死亡。但在高温高湿条件下，也有急性型的，一两天前植株外表正常，突然发生萎蔫而死亡。病根初期形成黄褐色斑块，较健部略深，内部则发生褐色病变，病部表面密生紫黑色绒状菌丝层，并长出暗色菌索，在病健交界处甚为明显。在腐朽根上形成半球形菌核，大小为 1 ~ 2 mm。在多雨季节菌丝层表面可产生担孢子，外观呈粉状。

【病原】　苹果紫纹羽病病原为桑卷担菌（*Helicobasidium mompa* Tanaka. Jacz.）和紫卷担菌（*Helicobasidium purpureum* Tul. Pat.），属于子囊菌门层菌纲木耳目。病菌营养菌丝在病根外扭结成菌丝膜及根状菌索，紫红色。菌丝膜外层着生担子和担孢子。担子无色，圆筒形，有隔膜 3 个，分成 4 个细胞，大小为（25 ~ 40）μm×（6 ~ 7）μm，向一方弯曲，每个细胞各长出 1 个小梗，其上着生担孢子。小梗无色，圆锥形，大小为（5 ~ 15）μm×（3.0 ~ 4.5）μm。担孢子无色，单胞，卵圆形，顶端圆，基部尖，大小为（16 ~ 19）μm×（6 ~ 6.4）μm。菌核半球形，紫红色，大小为（1.0 ~ 1.4）μm×（0.7 ~ 1.0）μm。菌核剖面的外层紫红色，稍内黄褐色，内部为白色。

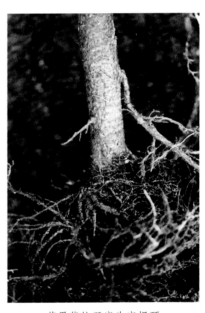

苹果紫纹羽病为害根颈

【发病规律】　苹果紫纹羽病菌以菌丝体、根状菌索和菌核在病根上或土壤中越冬。条件适宜，根状菌索和菌核产生菌丝体。菌丝体集结形成菌丝束，在土表或土里延伸，接触寄主根系后直接侵入为害。一般病菌先侵染新根的柔软组织，后蔓延到大根。病根与健根系互相接触是该病扩展蔓延的重要途径。病菌虽能产生孢子但寿命短，萌发后侵染机会少，所以病菌孢子在病害传播中作用不大。病害发生盛期多在 7 ~ 9 月。低洼潮湿积水的果园，发病重。靠近带病刺槐的苹果树易发病。

【防治方法】

1. **建园防病**　不在林迹地建果园；果园不用刺槐（病害寄主）作防风林带；新栽苗木用 70% 甲基硫菌灵可湿性粉剂 1 000 倍液浸渍 10 min 后栽植。

2. **加强管理**　增施有机肥及磷、钾肥；避免结果过量，以增强树势，提高树体抗病力。

3. **及时检查治疗**　对地上部表现生长不良的果树，秋季应扒土晾根，并刮除病部和涂药。对病株周围土壤，用 70% 甲基硫菌灵可湿性粉剂或 50% 多菌灵可湿性粉剂 500 倍液灌根。对病重树尽早挖除，收集病残根处理。

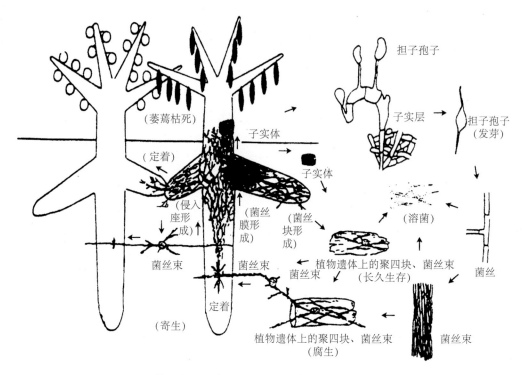

苹果紫纹羽病病菌的生活史（铃井，1983）

（二七）苹果白纹羽病

苹果白纹羽病在我国分布广泛，为害苹果、梨、桃、李、葡萄等多种果木，寄主计有 26 科 40 多种植物。果树染病后，树势逐渐衰弱，以致枯死。该病早期发现容易防治。

【症状】　根系被害，开始时细根霉烂，以后扩展到侧根和主根。病根表面缠绕有白色或灰白色的丝网状物，即根状菌索。后期霉烂根的柔软组织全部消失，外部的栓皮层如鞘状套于木质部外面。有时在病根木质部结生有黑色圆形的菌核。地上部近上面根际出现灰白色或灰褐色的薄绒布状物，此为菌丝膜，有时形成小黑点，即病菌的子囊壳。这时，植株地上部逐渐衰弱死亡。

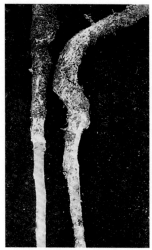

苹果白纹羽病病根

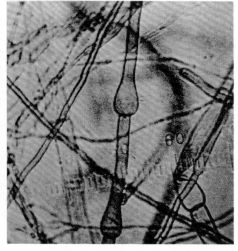

苹果白纹羽病菌菌丝一端膨大

【病原】　苹果白纹羽病病菌为褐座坚壳菌［*Rosellinia necatrix*（Hart.）Berl.］，属于子囊菌门核菌纲球壳目。无性时期为 *Dematophora necatrix*，属于半知菌类。老熟菌丝在分节的一端膨大，以后分离，形成圆形的厚垣孢子。无性时期形成孢梗束及分生孢子，往往在寄主完全腐朽后才产生。

【发病规律】 苹果白纹羽病病菌以菌丝体、根状菌素或菌核随着病根遗留在土壤中越冬。环境条件适宜时,菌核或根状菌索长出营养菌丝,首先侵害果树新根的柔软组织,被害细胞软化腐朽以至消失,后逐渐延及粗大的根。此外,病根与健根相互接触也可传病。远距离传病,则通过带病苗木转移。病菌能侵害多种树木,由旧林地改建的果园、苗圃地后建果园,发病常严重。

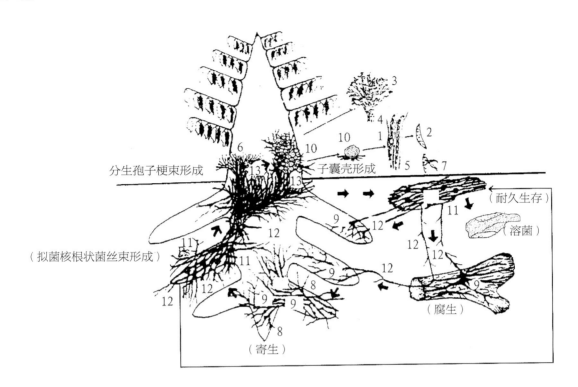

苹果白纹羽病病菌的生活史

1.子囊 2.子囊孢子 3.分生孢子 4.分生孢子梗 5.侧丝 6.分生孢子梗束 7.发芽管
8.侵入座 9.菌丝束 10.子囊壳 11.拟菌核 12.根状菌丝束 13.菌丝座

【防治方法】

1. **选栽无病苗木** 起苗和调运时,应严格检验,别除病苗,建园时选栽无病壮苗。如认为苗木染病时,可用10%硫酸铜溶液,或20%石灰水溶液,或70%甲基硫菌灵500倍液浸渍1 h后再栽植。也可用47 ℃的温水浸渍40 min,或用45 ℃的温水浸渍1 h,以防治苗木根部的菌丝。

2. **挖沟隔离** 在病株或病区外围挖1 m以上的深沟进行封锁,防止病害向四周蔓延。

3. **病树治疗及清除病株** 同苹果根腐病。

4. **加强果园管理** 注意排除积水;合理施肥,氮、磷、钾肥要按适当比例施用,尤其应注意不偏施氮肥和适当增施钾肥;合理修剪,加强对其他病虫害的防治等。

5. **苗圃轮作** 重病苗圃应休闲或用禾本科作物轮作,5 ~ 6年后才能继续育苗。

（二八）苹果花腐病

苹果花腐病主要分布于中国的东北地区及山东、陕西、云南、四川等省,河南省的部分果园也有发生。

【症状】 苹果花腐病在叶、花、幼果皮、嫩枝上都可发生。

1. **叶腐** 展叶后2 ~ 3 d即可发生叶腐。初期在叶尖、叶缘或中脉两侧产生赤褐色小病斑,逐渐扩大呈放射状;病斑沿叶脉向叶柄蔓延,直达叶片基部。严重时,病叶腐烂,萎凋下垂。发病7 ~ 12 d后,在潮湿条件下病部可产生大量的灰白色霉状物。

2. **花腐** 花蕾刚出现时,可以直接染病,造成腐烂,呈黄褐色枯萎;叶腐发生后,可扩展到花丛,造成花丛基部及花梗腐烂,使花朵枯萎下垂。

3. 果腐 病菌从柱头侵入，通过花粉管到达胚囊内，而后突破子房壁到达表面。当果实长到豆粒大小时，果面上可见褐色病斑，从病部溢出有发酵气味的褐色黏液，导致全果迅速腐烂，最后果实失水变为僵果。

4. 枝腐 病菌自花梗向下蔓延到枝梢时，可发生溃疡性枝腐。病部下陷干枯，严重时枝梢干枯死亡。

苹果花腐病为害状

苹果花腐病病菌子囊与子囊孢子

【病原】 苹果花腐病的病原为苹果链核盘菌［*Monilinia mali*（Taka.）Whetzel］，属于子囊菌门盘菌纲柔膜菌目。无性阶段为苹果核盘菌（*Sclerotinia mali* Takahashi）。病部着生的灰白色霉状物为该菌的分生孢子梗及分生孢子。分生孢子梗 3 ~ 4 枝丛生，无色，不分枝或分枝一次。分生孢子念珠状单生，成熟后分散。大型分生孢子柠檬形，无色，单胞，大小为（12.1 ~ 16.2）μm ×（8.1 ~ 13.5）μm；小型分生孢子球形，无色，单胞，直径 1.5 ~ 3.0 μm。

病果内菌丝扭结形成菌核，黑褐色。其他病组织有时也形成菌核。在适宜条件下，菌核萌发，产生子囊盘，漏斗形，褐色或淡褐色，中心凹陷，直径 2 ~ 8 mm，最大可达 18 mm，柄长 1 ~ 10 mm。子囊盘上形成子囊层，子囊圆筒形，无色，基部稍细，顶端钝圆，大小为（130 ~ 187）μm ×（7.5 ~ 10.6）μm。一个子囊中有 4 ~ 8 个子囊孢子，单胞无色，椭圆形或卵圆形，大小为（7.5 ~ 14.5）μm ×（4.5 ~ 7.5）μm。子囊间有侧丝，无色，少有分枝。

苹果花腐病病菌
1. 分生孢子梗　2. 分生孢子　3. 子囊

【发病规律】 苹果花腐病病菌以落在地下病果、病叶、病枝中的菌核越冬。翌年春果树萌芽时，菌核开始萌发产生孢子，随风传播侵染，引起叶腐和花腐。病叶、病花上产生的分生孢子随风传播，侵入花的柱头而引起果腐。春季萌芽展叶期多水低温，有利于病菌萌发及传播侵染，同时低温使花期延长，增加了侵染机会。山地果园发病较重。

本病是寒冷积雪地带特有病害，这是因为春季菌核发育为子实体，需要很高的土壤温度与空气温度。据试验，春季子实体在 20 ℃、空气相对湿度在 95% 以上才能顺利发育，空气相对湿度在 58% ~ 90% 时子实体在发育过程中均凋萎，不能正常发育。

据资料介绍，地面落果产生的菌核，1 个菌核可产生 10 多个子实体，1 个子实体平均形成 750 万个子囊孢子，1 片叶腐病叶上可形成大型分生孢子 8 500 万到 3 亿个。

【防治方法】
1. 清洁果园 果实采收后，清除园内的落叶、落果和枯枝，冬季翻耕果园。春季发病初期，及时摘除病叶、病果。
2. 喷药保护 果树萌芽前喷 5° Bé 的石硫合剂；花露红期喷一次 10% 苯醚甲环唑可湿性粉剂 2 000 倍液或 40% 氟硅唑乳油 8 000 倍液，可预防花腐病的发生。发生花腐病的果园，喷洒 10% 苯醚甲环唑可湿性粉剂 2 000 倍液或 40% 氟硅唑乳油 8 000 倍液，可基本控制病害的扩展和蔓延。

（二九）苹果灰斑病

苹果灰斑病在全国各苹果产区都有发生，可引起苹果树早期落叶。除为害苹果外，还可为害梨等。

【症状】 苹果灰斑病病菌主要为害叶片，也可为害枝条、嫩梢及果实。叶片受害初期产生近圆形黄褐色、边缘清晰的病斑，以后病斑变灰色。高温多雨季节病斑迅速扩大成不规则形，多个病斑密集或互相联合使叶片呈焦枯状。病斑中散生多个小黑点。

【病原】 引起苹果灰斑病的病原物有两种：梨叶点霉（*Phyllosticta pirina* Sacc.）和叶生棒盘孢（*Coryneum foliicolum* Fuck），属于真菌。梨叶点霉属于腔孢纲球壳孢目。病部的小黑点为该菌的分生孢子器，埋生于表皮下，球形或扁球形，直径 96 ~ 168 μm，上端有一孔口，深褐色。分生孢子无色、单胞，卵圆形或椭圆形，大小为（3.4 ~ 6.9）×（2.4 ~ 4.5）μm，一般为（6.2×3.2）μm。叶生棒盘孢属于腔孢纲黑盘孢目黑盘孢科棒盘孢属，分生孢子盘散生，黑色，直径 80 ~ 112 μm。分生孢子梗线性，无色。分生孢子椭圆形至长椭圆形、近梭形，榄褐色，3 个隔膜，基部略尖，顶端钝圆，（12 ~ 18）μm×（4.5 ~ 6）μm。

苹果灰斑病叶片病斑

【发病规律】 苹果灰斑病病菌以菌丝体和分生孢子器在落叶上越冬。春季产生分生孢子，借风雨传播。一般与褐斑病同时发生，但在秋季发病较多，为害也较重。高温、高湿、降雨多而早的年份发病早且重。苹果各品种间感病性存在明显差异。

【防治方法】 发病严重地区，选用抗病品种。灰斑病发生多在秋季，所以应重点抓好后期防治。发病前以保护剂为主，可以用下列药剂：1：2：200 波尔多液；200 倍锌铜石灰液（硫酸锌：硫酸铜：石灰：水 = 0.5：0.5：2：200）；30% 碱式硫酸铜胶悬剂 500 倍液；70% 代森锰锌可湿性粉剂 600 倍液。

发病初期及时喷药防治，可以用下列药剂：1.5% 多抗霉素可湿性粉剂有效成分用量 50 ~ 75 mg/kg，喷雾；70% 甲基硫菌灵悬浮剂 800 倍液 +70% 代森锰锌可湿性粉剂 600 倍液，50% 异菌脲可湿性粉剂 1 500 倍液，10% 多氧霉素可湿性粉剂 1500 倍液 +70% 代森锰锌可湿性粉剂 600 倍液，25% 戊唑醇可湿性粉剂 2 500 倍液，10% 苯醚甲环唑水分散颗粒剂 2 500 倍液。

（三〇）苹果圆斑病

苹果圆斑病是苹果叶部病害之一，全国各苹果产区均有发生。常在春秋两季气温较低的时期发病，一般不造成落叶，但发生严重时也能引起落叶。

苹果圆斑病病叶

苹果圆斑病为害新梢

【症状】苹果圆斑病病菌主要侵害叶片，有时也侵害叶柄、枝梢和果实。受害叶片，病斑圆形，褐色，大小比较一致。中部有一深褐色环纹，后期中央生一针尖大的黑色小点粒，即分生孢子器。病斑散生全叶，可以透到叶背，呈浅褐色。病重叶片数斑相连，致使叶片焦枯卷缩。叶柄、叶脉上病斑长椭圆形，褐色，稍凹陷，以后产生几个小黑点。枝梢上的病斑多产生于节上或短果枝基部，最初呈紫色或黑色，后中央逐渐变成黑色。连续几年的病斑，可造成很大的溃疡，多呈梭形，变干变硬，最后龟裂，表皮粗糙，果实上症状少见。

【病原】　苹果圆斑病病原为孤生叶点霉（*Phyllosticta solitaria* Eills. et Ev.）。病斑中心的小黑点为分生孢子器，球形，有喙孔，直径 60 ~ 116 μm。分生孢子单胞，无色，近圆形，大小为（7.0 ~ 11）μm ×（6.0 ~ 8.5）μm。

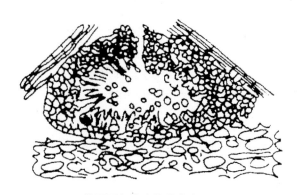

苹果圆斑病病菌分生孢子器

【发病规律】　苹果圆斑病病菌主要以菌丝体在落叶及病枝中越冬，也可以分生孢子器越冬。翌年春季，越冬病菌产生大量孢子，通过风雨传播。豫西地区 5 月中上旬即开始发病，6 月初进入发病盛期，以后可延续到 10 月底。

病害发生的轻重与果园管理水平、品种等有关。果园管理粗放、树势衰弱的病重；倭锦、红玉、国光易感病，祝光、元帅较抗病。

【防治方法】

1. **药剂防治**　苹果圆斑病发病较早，需在谢花后发病前半月开始喷射 1 : 2 :（200 ~ 400）倍式波尔多液或其他保护剂，如 50% 甲基硫菌灵可湿性粉剂 800 ~ 1 000 倍液，50% 多菌灵可湿性粉剂 600 倍液等。每隔 20 d 左右喷药一次。未结果幼树可于 5 月上旬、6 月上旬、7 月中上旬各喷一次，多雨年份 8 月结合防治炭疽病再喷一次药。

2. **加强栽培管理，增强树势以提高抗病力**　土质黏重或地下水位高的果园，要注意排水；同时注意整形修剪，使果树通风透光。

3. **清除越冬菌源**　秋冬注意剪除病枝、收集落叶，集中深埋。秋冬季耕翻也可减少越冬菌源。

（三一）苹果根癌病

苹果根癌病是果树上常见的一种病害，以苗圃发生较多，可为害苹果、梨、桃、杏、李等多种果树。

【症状】　苹果根癌病主要发生在苹果树根颈部，也可发生在根的其他部位。发病初期形成灰白色的瘤状物，内部组织松软，表面粗糙不平。随着瘤体不断增大，表面渐变成褐色，表皮细胞枯死，内部组织木栓化。癌瘤多为球形或扁球形。

【病原】　苹果根癌病病原为一种细菌，即癌肿野杆菌〔*Agrobacterium tumefaciens*（Smith et Towns.）Conn.〕。该菌短杆状，单生或链生，大小为（1.2 ~ 5.0）μm ×（0.6 ~ 1.0）μm，具 1 ~ 3 根极生鞭毛；有荚膜，无芽孢；革兰氏染色阴性，在琼脂培养基上菌落白色，圆形，光亮，透明；

苹果根癌病为害根部

在液体培养基上微呈云状混浊，表面有一层薄膜。不能使明胶液化，不能分解淀粉。生长发育最适温度为 22 ℃，最高为 34 ℃，最低为 10 ℃，致死温度为 51 ℃ 10 min。发育最适酸碱度（pH 值）为 7.3，耐酸碱范围为 5.7 ~ 9.2。

【发病规律】　苹果根癌病病原细菌主要在癌瘤组织皮层内和土壤中越冬。主要借雨水、灌溉水或翻耕土壤进行传播，地下害虫和线虫也有一定的传播作用。远距离传播主要靠带病苗木。细菌由伤口侵入，在皮层组织形成癌细胞，癌细胞不断分裂增殖，形成癌瘤。

【防治方法】　栽种苹果树或育苗忌重茬，也不要在原林（杨树、泡桐等）、果园（葡萄、柿等）地种植。避免伤口接触土壤，减少染病机会。适当施用酸性肥料或增施有机肥，使之不利于病菌生长。田间作业中尽量减少机械损伤，加强防治地下害虫。

1. **苗木消毒**　病苗要彻底刮除病瘤，并用 700 u/mL 的链霉素（加 1% 乙醇溶液作辅助剂）浸泡 1 h 左右。将病劣苗剔出后用 3% 次氯酸钠溶液浸 3 min，刮下的病瘤应集中处理。对外来苗木应在未抽芽前将嫁接口以下部位用 10% 硫酸铜液浸 5 min，再用 2% 的石灰水溶液浸 1 min。

2. 病瘤处理　在定植后的果树上发现病瘤时，先用快刀彻底切除癌瘤，然后用稀释 100 倍硫酸铜溶液消毒切口，外涂波尔多液保护；也可用 400 u 链霉素涂抹切口，外加凡士林保护，切下的病瘤应立即处理。

3. 土壤处理　用硫黄降低中性土和碱性土的碱性，病株根际灌浇乙蒜素进行消毒处理，对减轻为害都有一定作用。用 80% 二硝基邻甲酚钠盐 100 倍液涂抹根颈部瘤，可防止其扩大绕围根颈。细菌素（含有二甲苯酚和甲酚的碳氢化合物）处理瘤有良好效果，可以在三年生以内的植株上使用。处理后 3 ~ 4 个月内瘤枯死，还可防止瘤的再生长或形成新瘤。

（三二）苹果毛根病

苹果毛根病又称发根病，是发生在苹果树根部的一种细菌性病害，主要为害幼树，苗圃中的幼苗常发生此病。大树受害少。已知国内的辽宁、河北、山东等省有发生，国外美国、日本等也有分布。

苹果毛根病病根　　　　　苹果毛根病病树干　　　　　　　　苹果毛根病根部为害状

【症状】　受害苗木主根不发达，在根颈处密生许多毛状须根。病株发育不良，叶小变黄，严重时病株死亡。

【病原】　苹果毛根病病原细菌属毛根土壤杆菌 [*Agrobacterium rhizogenes* （Riker et al.） Conn.]。该病菌的形态与根癌土壤杆菌基本相同，不同的是，根癌土壤杆菌能以氨基酸、硝酸盐和铵盐作为唯一氮原，能产生 3- 酮乳糖，而毛根土壤杆菌则与之相反。

【发病规律】　该病害的侵染同苹果根癌病非常相似，病菌侵染的开始也需要有创伤口，Ri 质粒中的 T-DNA 接入到植物细胞的染色体中，并进行表达；T-DNA 表达的结果是激素（特别是生长素）大量生成，激素在数量及平衡的改变刺激受伤处的根大量增殖。一旦寄主开始转化，在没有病原物的情况下，根的增殖能继续进行。在病菌存活和传播、创伤口对侵染的重要性、发病的环境条件、土壤条件及作物栽培历史对发病的影响上，苹果树毛根病与根癌病都非常相似。

【防治方法】

1. 苗期防治　选择根系良好的植株作繁殖材料，苗圃内要清除有侵染性毛根病的材料；果树嫁接部位对毛根病菌非常敏感，需要采取保护措施，芽接树比枝接树发病率要低。苗圃育苗忌长期连作。

2. 加强管理　尽量减少根部伤口，注意防治地下害虫，使根系健壮生长。

3. 出圃苗木严格检查　发现病苗马上淘汰，健苗用 3° ~ 5° Bé 石硫合剂浸根消毒。

（三三）苹果花叶病

苹果花叶病是果园常见到的一种发生较普遍的病毒病，许多栽培品种感病，如富士、乔纳金、金冠等。染病树一年生枝条较健株短，节数减少，果实不耐贮藏，病树提早落叶。国外的研究表明，苹果花叶病不仅可造成苹果叶片呈花叶症状，而且可使感病品种树体生长减缓 50%，树干直径减少 20%，苹果产量减少 30% 。苹果花叶病可在 M9、M15 等砧木系上引起非常严重的危害。

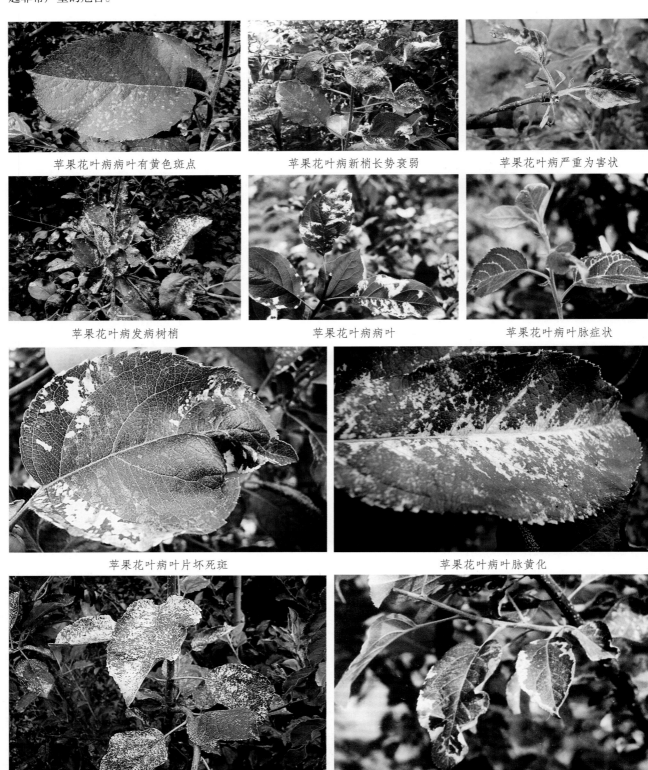

苹果花叶病病叶有黄色斑点　　苹果花叶病新梢长势衰弱　　苹果花叶病严重为害状

苹果花叶病发病树梢　　苹果花叶病病叶　　苹果花叶病叶脉症状

苹果花叶病叶片坏死斑　　苹果花叶病叶脉黄化

苹果花叶病叶片　　苹果花叶病病叶镶边症状

苹果花叶病坏死斑点

苹果花叶病叶背坏死斑点

苹果花叶病病叶环斑型黄化

苹果花叶病影响果实发育

【症状】　苹果花叶病主要表现在叶片上，由于苹果品种的不同和病毒株系间的差异，可形成以下几种症状。

1. **斑驳型**　病叶上出现大小不等、形状不定、边缘清晰的鲜黄色病斑，后期病斑处常常枯死。在一年中，这种病斑出现最早，而且是花叶病中最常见的症状。

2. **花叶型**　病叶上出现较大块的深绿色与浅绿色的色变，边缘不清晰，发生略迟，数量不多。

3. **条斑型**　病叶叶脉失绿黄化，并延及附近的叶肉组织。有时仅主脉及支脉发生黄化，变色部分较宽；有时主脉、支脉、小脉都呈现较窄的黄化，使整叶呈网纹状。

4. **环斑型**　病叶上产生鲜黄色环状或近环状斑纹，环内仍呈绿色。发生少而晚。

5. **镶边型**　病叶边缘的锯齿及其附近发生黄化，从而在叶缘形成一条变色镶边，病叶的其他部分表现正常。这种症状仅在金冠、青香蕉等少数品种上可以偶尔见到。

在自然条件下，各种症状可以在同一株、同一枝甚至同一叶片上同时出现，但有时也只能出现一种类型。在病重的树上叶片变色、坏死、扭曲、皱缩，有时还可导致早期落叶。花叶病斑上容易发生圆斑病；病株新梢节数减少，因而造成新梢短缩；病树果实不耐贮藏，而且易感染炭疽病。

【病原】　苹果花叶病是由苹果花叶病毒（Apple mosaic virus）侵染所致。病毒粒为圆球形。大小有两种，直径分别为 25 nm 和 29 nm。根据交互保护反应试验，目前将苹果花叶病毒区分为 3 个株系，即重型花叶系、轻型花叶系和沿脉变色系。三者之间没有明显的特异性症状，只是在症状类型的比例及严重程度上有所不同。

【发病规律】　苹果感染花叶病后，便成为全株性病害，只要寄主仍然存活，病毒也一直存活并不断繁殖。病毒主要靠嫁接传播，无论砧木或接穗带毒，均可形成新的病株。也可以通过病株和健康植株的自然根接传播。此外，菟丝子可以传毒。在海棠实生苗中可以发现许多花叶病苗，说明种子有可能带毒，但目前尚无确切的试验证明。1956 年就有报道苹果蚜和木虱可以传毒，但一直未能肯定。然而在自然条件下，该病可延缓传播蔓延，因此昆虫传毒的可能性是存在的。

嫁接后的潜育期长短不一，一般在 3 ～ 27 个月。症状表现与环境条件、接种时间、供试植物的大小等有关系。气温在 10 ~ 20 ℃时，光照较强，土壤干旱及树势衰弱时，有利于症状表现；幼苗接种，潜育期一般较短。

【防治方法】

1. **选用无病毒接穗和实生砧木**　采集接穗时一定要严格挑选健株。砧木要采用种子繁殖的实生苗，避免使用根蘖苗，尤其是病树的根蘖苗。带毒植株在 37 ℃恒温下处理 2 ~ 3 周，即可脱除苹果花叶病毒。苹果花叶病毒可通过指示植物和酶联方法进行检测。木本指示植物有兰蓬王、红玉和金冠。

2. **拔除病苗**　每年的 6 ~ 7 月是苹果花叶病最佳显症期，携带苹果花叶病毒的高龄苹果树和幼树，甚至一年生幼苗，均表现花叶症状，而到了 8 月，由于高温有些植株上症状会减轻甚至消退。为了确保生产中用苗的基本健康，在我们还不能推广脱毒苗的现实情况下，剔除苗圃中的苹果花叶病病苗，是保证苗木质量的一个有效措施。在育苗期加强苗圃检查，发现病苗及时拔除销毁，以防病害传播。

3. **加强病树管理**　对病树应加强肥水管理，增施农家肥料，适当重修剪；干旱时应灌水，雨季注意排水，以增强树势，提高抗病能力，减轻为害程度；对丧失结果能力的重病树和未结果的病幼树，及时刨除，改植健树。

4. **药剂防治**　春季发病初期，可试喷洒 2% 氨基寡糖水剂 400 倍液、1.5% 植病灵水乳剂或乳剂 1 000 倍液或 83 增抗剂 100 倍液、20% 盐酸吗啉胍·乙酸铜可湿性粉剂 4 000 倍液，隔 10 ~ 15 d 1 次，连续 2 ~ 3 次。

（三四）苹果皱叶病

　　1954 年在加拿大首次发现苹果皱叶病以来，美国、英国、荷兰、瑞典、德国、意大利、澳大利亚和新西兰相继报道了该病及多种与之相关的病毒病害，如澳大利亚青苹叶片斑点病、畸形果病等。它们仅在许多苹果栽培品种上发生，而不侵染其他植物。中国的河南、河北、天津等地国光苹果树上发现有一种与之相关的锈环斑果病。

苹果皱叶病初期叶片黄斑

苹果皱叶病叶片发病

苹果皱叶病叶片皱缩（1）

苹果皱叶病叶片皱缩（2）

苹果皱叶病叶片黄斑坏死皱缩

苹果皱叶病幼叶受害

　　【症状】　苹果皱叶病及其相关病害，主要在叶片、果实、树皮和花上产生不同类型的症状。

　　叶片上的典型症状是沿叶脉或支脉形成浅黄色或深黄色斑纹，产生黄斑的叶片有时皱缩和扭曲。树皮症状主要是形成疱疹，严重时发生腐烂。花上的症状是花瓣畸形、变褐，或产生红斑或环斑。果实症状主要是果实畸形，果皮上产生痘斑、疱斑、环斑。但通常是形成不同形状的锈斑。病害的症状表现受气候条件的影响。春季气温较高的年份，叶片和果实基本不表现症状；春季气温较低的年份，叶片和果实症状表现最明显。

　　【病原】　苹果皱叶病病原为一种侵染性病毒，但目前尚不能从苹果病组织中分离纯化出这种病原病毒。

【发病规律】 苹果皱叶病及其相关的树皮、花、果实病害，均经嫁接传染。有试验试图将上述病害机械传染到草本植物上，一般都未成功。

【防治方法】
1. **拔除重病树** 拔除重病树，防止病害进一步传播。
2. **培育和栽培无病毒苗木** 据新西兰试验，通过热处理与茎尖组织培养相结合的脱毒方法，可脱除金冠锈环斑果病、澳大利亚青苹叶片斑点、树皮疱疹、果锈和畸形果病。在 37 ～ 38 ℃下恒温热处理 7 d，可脱除皱叶病毒。

（三五）苹果锈果病

苹果锈果病又称"花脸"病，20 世纪 30 年代中期，中国首次报道了在国光苹果果实上发生锈果病。该病现在中国各苹果产区均有发生，在我国甘肃、山西、河南、山东等地发生较多，金冠、秦冠、富士等品种发病较重，元帅、红星、国光等发病较轻；日本、美国、法国也有分布。西洋苹果染病后，大都不堪食用；中国苹果发病后，虽有商品价值，但产量降低，品质变劣。

苹果锈果病为害状

苹果锈果病病果"花脸"症状

【症状】 苹果锈果病病症主要表现于果实上，其症状可分为几种类型。

1. **锈果型** 是主要的症状类型。发病初期在果实顶部产生深绿色水渍状病灶，逐渐沿果面纵向扩展，发展成为规整的 4 ～ 5 条木栓化铁锈色病斑，但也有呈不规则状的锈斑分布在果面上。锈斑组织仅限于表皮。随着果实的生长而发生龟裂，果面粗糙，果实变成凸凹不平的畸形果。有时果面锈斑不明显，而产生许多深入果肉的纵横裂纹，裂纹处稍凹陷，病果易萎缩脱落，不堪食用。印度、青香蕉多为此类型。

2. **花脸型** 少数西洋苹果的某些品种，如祝光、元帅、倭锦和我国原有品种的沙果、海棠、槟子等的被害症状表

苹果锈果病病果不同症状

现属于此类型。一般病果着色前无明显变化，着色后果面散生许多近圆形的黄绿色斑块，致使红色品种成熟后果面呈红、黄、绿相间的花脸症状。黄色品种成熟后果面颜色呈深浅不同的花脸状。

3. **锈果花脸复合型** 病果表面有锈斑和花脸复合症状。病果着色前，多在果实顶部产生明显的锈斑，或于果面生铁锈色斑块；着色后，在未发生锈斑的果面或锈斑周围产生不着色的斑块，呈花脸状。这种类型多发生在中熟品种如元帅、倭锦、鸡冠、赤阳等上。

4. **绿点型** 在金冠、黄魁、黄龙、黄沙果等品种上，于果实着色后，果面产生不着色的绿色小晕点，小晕点边缘不整齐，

呈黄绿色，使果面出现黄绿相间或浓淡不均的小斑点，这可能是抗病品种表现的症状。

【病原】　苹果锈果病由苹果锈果类病毒［Apple scar skin viroid（ASSD）］引起。苹果锈果病的果实中存在一种类病毒，一种是环状低相对分子质量 RNA，称为苹果锈果类病毒 –1（即 ASSD–RNA–1），其相对分子质量略低于马铃薯纺锤块茎类病毒 PSTV。在病树枝条中除有苹果锈果类病毒 –1 外，还有一种相对分子质量略高于马铃薯纺锤块茎类病毒的类病毒存在，被称为苹果锈果类病毒 –2（即 ASSD–RNA–2）。

近年来，在电子显微镜下观察到病组织中有类菌质体的粒子，大型粒子 180 ~ 400 nm，小型粒子 80 ~ 100 nm，有两层原生质膜，无细胞壁。

【发病规律】　苹果锈果病目前仅知通过嫁接和病健树根部接触传染。病树种子、花粉均不传染。嫁接后潜育期为 3 ~ 27 个月。在自然条件下，病株有自然传播的例证，怀疑由昆虫或其他途径传播，但目前尚未查明。目前认为带病接穗及带病苗木的调运是该病扩大为害的主要途径。梨树可以携带该病的病原，但不表现症状。靠近梨园或与梨树混栽的苹果发病较重，说明该病有可能从梨树传播到苹果树。

【防治方法】　防治此病最根本的办法是栽培无毒苹果苗。在无毒苗没有推广的地区，可采用以下防病措施。

1. **选用无毒接穗及砧木**　用种子繁殖砧木，选用无毒接穗，避免为害扩大传染。在较孤立的果园里，选用多年生未发生锈果病的苹果树作为母树剪取接穗。嫁接前，用乙醇溶液浸泡剪、锯和嫁接工具，以防交叉感染。

2. **实行检疫制度**　发现病苗，应拔除处理；新区发现病树，应立即砍除，把病树连根刨掉。将病树较多的苹果区划定为疫区，进行封锁。疫区不准繁殖果树材料，病株逐年淘汰或砍伐。利用试剂盒和生物素标记 cDNA 探针，可以快速检测苹果锈果类病毒。

3. **苹果树和梨树避免混栽**　新建苹果园时，应避免与梨树混栽，并应远离梨园，以免病害从梨树传到苹果树。

（三六）苹果绿皱果病

苹果绿皱果病病果

苹果绿皱果病病果后期症状

苹果绿皱果病病果（右）与健果（左）对比

苹果绿皱果病为害形成的畸形果

苹果绿皱果病在新西兰（1946 年）被最先记载，日本、澳大利亚、丹麦、挪威、加拿大和美国均有报道。在中国甘肃、陕西、河南、辽宁等苹果产区也有发生。感病品种主要有金冠、鸡冠、元帅、红星、国光和赤阳等。病果畸形龟裂，不堪食用，完全丧失商品价值。该病也使一些品种树体生长受阻，已给生产造成很大损失，是苹果的主要病毒病之一。

【症状】　苹果绿皱果病在果实上的症状可分为以下三种类型。

1. **畸形果型**　病树于落花后 20 d，约在 6 月中旬，果面即出现水渍状不规则凹陷斑块，直径 2 ~ 6 mm。随着果实发育，病果逐渐发展为凹凸不平、果形不整的畸形果。7 月下旬以后，病部果皮木栓化，呈铁锈色并有裂纹。

2. **凹陷型**　病果可生长到正常大小，但因局部发育受阻或加快，致使出现凹陷条沟或丘状突起，凹陷或突起部分木栓化，产生粗糙果锈。

3. **斑痕型**　病果果形正常，仅在果面发生浓绿色斑痕，斑痕中间也木栓化。

以上三种症状，可能同时发生在同一树的不同枝上或同一枝条的不同果实上。在凹陷和疣状突起下方的果肉含有扭曲的绿色维管束组织，这是该病的主要特征。绿色维管束组织可能一直延伸到果心，但果皮下面的浅层果肉最明显。病果在树上的分布无一定规律，有的整株树果实均出现症状，有的仅部分枝条的果实发病。有些果枝全部为病果，但多数情况是病果零星分散，甚至在 1 个果丛中也兼有健病两种果实。显然，这同果树受侵染的时间、品种的感病性及病毒株系的毒力有关。

【病原】　苹果绿皱果病是由苹果绿皱果病毒（Apple green crinkle virus）引起的病害。病原理化特性不详。

【发病规律】　苹果绿皱果病目前仅知嫁接传染，潜育期持续几年之久，有的传播试验证明，至少要经过 2 ~ 3 年时间，最长可达 8 年之久，症状才表现出来。已知苹果是苹果绿皱果病毒唯一的寄主。我国已发现有金冠、元帅（红星）、赤阳和国光等品种感染绿皱果病毒。

【防治方法】

1. **栽培无病毒苗木**　从无病毒母本树或从未发生过绿皱果病果园的无病结果大树上严格挑选接穗，并用种子实生砧繁殖无病毒苗木。

2. **刨除病树**　苹果皱果病仅通过嫁接传染，但据国外报道，某些果园中病树有缓慢增多迹象，而且病健根接触可以传染。因此，病株应及时刨除。如果暂时不能刨除时，应在病树周围挖沟断根，防止根接触传染。

3. **禁止在病树上高接换种**　用耐病品种在病树上高接换种是危险的，因为侵染源会被保留下来，故应严格禁止高接换种，以免后患。

（三七）苹果茎痘病

苹果茎痘病发生普遍，分布十分广泛，在世界各地栽培的苹果上均有发生。染病嫁接苗很多发生枯死。高接换头品种，高接后几年发生整株急剧衰退现象，造成很多树生长阻滞，直至死亡。

【症状】

1. **果园症状**　苹果茎痘病在多数苹果和梨栽培品种上呈潜伏侵染特性，不表现症状，在一些感病的苹果品种木质部上产生茎痘斑，在某些敏感的梨品种上，导致叶脉变黄、叶片上产生坏死斑、果实畸形等症状。

苹果茎痘病为害形成高接衰退病病枝（左：病枝；右：健枝）

苹果茎痘病木质部与皮层内茎痘斑

2. 指示植物症状　司派 227 是标准指示植物，在弗吉尼亚小苹果上也显症状。日本提出用三叶海棠中的 M0-65 单系，美国提出用光辉和先锋品种代替司派 227 作指示植物，尤其在温室内鉴定敏感性较高。指示植物上的症状类型为：

（1）司派 227 上的症状：6 月中上旬出现叶片反卷症状，叶片皱缩向下卷曲，色淡绿，小而硬。温室内嫁接后 2 个月即出现叶片反卷症状。6 月下旬以后，在主干皮层表面，产生形状不规则的红褐色坏死斑，内皮层也有密集的褐色坏死斑块。木质部表面有凹陷痘斑，通常凹陷痘斑密集连成裂沟。有些病株顶端枯死，生长衰退或严重矮化。

（2）光辉上的症状：叶片反卷，生长衰退，植株矮化，有些整株枯死。

（3）弗吉尼亚小苹果上的症状：从 6 月中下旬开始，在嫁接口以上干基部的木质部表面产生凹陷斑。随着病苗生长，凹陷斑逐渐向上扩展。病株外观无异常变化。有些病株上的果实产生一条深陷沟。严重时产生数条凹陷沟，病果小而畸形。

【病原】　苹果茎痘病的病原为苹果茎痘病毒（Apple stem pitting virus）。病毒粒体线状，长 800 ~ 3 200nm，宽 15nm。失活温度为 50 ~ 55 ℃。体外保毒期，在 25 ℃下为 19 ~ 24 h。

【发病规律】　苹果茎痘病毒只侵染苹果和梨。苹果茎痘病毒主要经嫁接途径传染，未发现传毒介体。新西兰检测 29 个苹果品种，全部感染有苹果茎痘病毒。在苹果根砧 M2、M6 上，也发现感病现象，但在 M793、MM104、MM106 等矮化砧上，尚未发现感染。各国研究表明，苹果茎痘病毒在苹果树上常与其他潜隐病毒混合侵染。

【防治方法】

1. 培育和栽培无病毒苗木　苹果茎痘病毒是苹果潜隐病毒中比较难脱除的病毒。采取热处理与茎尖培养结合脱毒，可提高脱毒率。

2. 病毒检验　苹果无病毒母本树和苗木及国外引进的无病毒繁殖材料，均要进行苹果茎痘病毒的检验。

3. 控制高接传毒　禁止在带毒树上高接无病毒接穗或在感病砧木上嫁接带毒接穗。

（三八）苹果扁枝病

苹果扁枝病为害苹果、梨、樱桃和核桃。许多栽植苹果的国家均发生这种病害。在中国陕西、河南、山西、辽宁等果区均有该病发生。

苹果扁枝病为害状

苹果扁枝病为害形成的"龙头拐"病枝

【症状】

1. 枝干　发病初期枝条茎粗生长不平衡，枝条表现为轻微的线形凹陷或扁平，其后凹陷部分发展成深沟，枝条变成扁平带状，并扭曲变形。病枝变脆，出现坏死区域。症状多发生在年龄较大的枝条上，但较嫩枝条甚至一年生枝，有时也出现症状。在扁平部位，由于形成层的活性降低，减少了初生木质的生成，木质部的发育较差，有条沟，但扁枝部位的皮层组织仍可多年维持正常。病枝柔韧性差，脆性强，易使枝条折断。

2. 果实　病果小而扁平，脐部突出，果肉坚硬。

【病原】　许多研究认为，苹果扁枝病、软枝病、肿枝病原是同一种病毒的不同株系。但病原问题仍不清楚，有待深入研究。

【发生规律】 很多苹果品种都能受侵染，其中有 34 个苹果品种可显现症状，生娘、橘苹、兰蓬王、极早红、詹姆斯格里夫、古德伯格、武斯特香蕉等品种症状最显著。有些品种上呈潜伏侵染特性。在发病品种上，扁枝病对苹果生长和结果的影响很大。在生娘、安塔略和西哥尼品种上，树体生长量可减少 25%，产量下降 50%。病害的发病程度与病毒株系、栽培品种、砧木类型及环境条件有关。

【防治方法】 参见苹果绿皱果病的防治方法。

（三九）菟丝子

【症状】 菟丝子是营寄生生活的恶性杂草，以纤细的茎蔓缠绕苹果的茎叶，吸取营养，导致苹果树生长衰弱，甚至整株死亡。菟丝子的种子萌发时幼芽无色，丝状，附着在土粒上，另一端形成丝状的菟丝，在空中旋转，碰到寄主就缠绕其上，在接触处形成吸根，进入寄主组织后，部分细胞组织分化为导管和筛管，与寄主的导管和筛管相连，吸取寄主的养分和水分。此时初生菟丝子死亡，上部茎继续伸长，再次形成吸根，茎不断分枝伸长形成吸根，再向四周不断扩大蔓延，严重时将整株寄主布满，使寄主生长不良，也有寄主因营养不良加上菟丝子缠绕引起全株死亡。

菟丝子缠绕寄生苹果树枝引起叶片枯黄　　　　菟丝子花序

【病原】 为害苹果树的菟丝子有欧洲菟丝子（*Cuscuta europaea* L.）、中国菟丝子（*Cuscuta chinensis* L.）和日本菟丝子（*Cuscuta japonica* Choisy），均属寄生性种子植物，是一种藤本植物，无叶，能开花结果。茎粗 2 mm，分枝多，苗期无色，后变黄绿色至紫红色。花序旁生，基部多分枝，苞和小苞似鳞片状，花萼碗状，5 个萼片，钝尖，与基部相连，有紫红色瘤状斑点。花冠白色管状，有 5 个裂皮及雄蕊，花药卵圆形，无花丝，生于二裂片间，雌蕊隐于花冠里，2 裂柱头。蒴果卵圆形，有 1 ~ 2 粒种子，微绿色至微红色。

【发生规律】 菟丝子以种子在土壤中越冬，翌年夏初发芽，长出棒状幼苗，长至 9 ~ 15 cm 时，先端开始旋转，碰到树苗即行缠绕，迅速产生吸根与树苗紧密结合，后下部枯死与土壤脱离，靠吸根在寄主体内吸取营养维持生活。幼茎不断伸长向上缠绕，先端与树苗接触处不断形成吸根，并生出许多分枝形成一蓬无根藤。欧洲菟丝子多发生在土壤比较潮湿、杂草或灌木丛生的地方。

【防治方法】

1. **人工防治** 尽量勿使杂草种子或繁殖器官进入果园，清除地边、路旁的杂草，严格杂草检疫制度，精选播种材料，必须严格禁止输入或严加控制国内没有或尚未广为传播的杂草，防止扩散，以减少田间杂草来源。用杂草沤制农家肥时，应将含有杂草种子的肥料经过用薄膜覆盖，高温堆沤 2 ~ 4 周，腐熟成有机肥料，灭除其发芽力后再用。在菟丝子萌发后或生长时期直接进行人工拔除或铲除，或结合中耕施肥等农耕措施剔除杂草。

2. **机械防治** 结合农事活动，利用农机具采取各种耕翻、耙、中耕松土等措施进行播种前、出苗前及各生育期等不同时期除草。

（四〇）苹果裂纹裂果

苹果果面裂纹是近年普遍发生的生理病害，不少果农称其为苹果裂纹病。除元帅系苹果抗性较强外，其他苹果品种均有不同程度的发病现象，而以富士系品种发病较重，明显影响苹果质量。

苹果裂纹裂果症状（1）　　　　　　　　　　　　　　苹果裂纹裂果症状（2）

【症状】　苹果裂果形式有多种，有的从果实侧面纵裂，有的从梗洼裂口向果实侧面延伸，还有的从萼部或萼洼裂口向侧面延伸。贮藏期果实也可纵裂或横裂。

【病因】

（1）幼果期长期干旱、少雨，果实细胞膨大速度缓慢，后期灌水或突然降水，且降水量相对较大时，细胞迅速膨大，果皮细胞与果肉细胞膨大不同步，致使果皮细胞出现裂纹、裂口。裂口多发生在果实迅速膨大期或近成熟期。

（2）树冠郁闭，通风透光不良，果实阴面水分不能很快散发，最终导致裂纹处伤口木栓化，轻者果点变黑，严重时果面裂成条状伤口，果实后期萎蔫，失去商品价值。据观察，果实阳面通常着色均匀，极少发生裂纹；果实阴面、两果邻近的阴面区域，或紧贴叶片的果面易裂纹。

（3）当土壤中钾、钙、硼含量不足时，苹果裂纹病加重。这些裂纹起初沿皮孔扩展，到后期形成明显的横向裂纹。

（4）雨水流入果袋，尤其在阴雨连绵天气，由于袋内湿度大，持续时间长，而导致梗裂、果面裂纹。

（5）套袋果脱袋后遇雨或遭遇极度干热天气也易裂纹。

【防治方法】

（1）多施有机肥，增强树势，提高树体自我调节能力和抗逆性。

（2）优化树形，疏除过多枝条，打开光路，疏通水路，降低冠内湿度，减少低光效冠区，为果实均匀着色创造有利条件。

（3）谢花后40 d内，保证足够的水分供应；果实膨大期要定期适量灌水，以保证果皮细胞、果肉细胞匀速稳步膨大。

（4）提高疏花定果，及时摘叶、转果、地面铺反光膜补光，以促进果皮健全发育。

（5）幼果期尽量少用对果皮细胞有刺激性的农药，同时积极推广果园生草技术，以调节土壤水分和氮素的供应。

（6）套袋时，袋口一定要扎紧，不能让雨水顺果柄流入果袋，脱纸袋时避开干热多风、骤热变温天气。套塑膜袋果，带袋采收、贮运。

（四一）苹果霜环病

有些年份苹果树落花后遇到低温，幼果受冻，果实萼部周围出现环状伤疤，造成幼果大量脱落，严重时落果率高达50%以上。这是一种春季低温造成的伤害，应引起高度警惕。低温霜环病在主要苹果产区时有发生。

【症状】　初期幼果萼片以上部位表现为环状缢缩，继而出现月牙形凹陷，逐步扩大为环状凹陷，深紫红色，下层果

苹果霜环病病斑

苹果霜环病为害状

肉深褐色，木栓化。被害果实易脱落，少数继续生长的果实到成熟时萼部周围仍留有环状凹陷伤疤。有些年份某些品种（如金冠）果实胴部出现环状缢缩，由于缢缩部位生长受阻，后期果皮出现木栓化锈斑，此种症状可能与低温出现时间较晚有关。

苹果霜环病病果

【病因】　幼果期间遇低温是造成此病的主要原因。1991 年豫西地区 5 月初遭晚霜为害，秦冠品种霜环果达 5% ~ 10%。陕西 1975 年和 1991 年部分地区发病严重，造成重大损失。据调查，苹果终花期后 7 ~ 10 d 遇到低于 3 ℃的最低气温，幼果即可能受害。如 1995 年河南陕县终花期为 4 月下旬，5 月初遭低温冻害，5 月 1 ~ 2 日最低气温分别为 1 ℃左右，有霜环病发生。陕西省眉县终花期在 4 月 25 日前后，5 月 2 日最低气温 2.8 ℃，而该县 1981 ~ 1990 年 10 年中，5 月极端最低气温为 4.2 ℃，在此 10 年中，苹果树未出现过明显的霜环症状，表明 1991 年 5 月 2 日的最低气温 2.8 ℃是致病的主要原因。另外，幼果期连续阴雨低温会促使病害发展。

【发病规律】　该病的发生有如下规律：一是春季低温要与果实一定的发育时期相吻合才会出现霜环症状，如 1991 年 5 月 1 ~ 2 日陕西省淳化县出现 1.7 ℃和 2.0 ℃的低温，但该县东部地区比西部地区受害严重，原因是东部地势较低，气温较高，苹果树物候期较早，低温时正值落花后不久的幼果期，所以受害重，西部地势较高，气温较低，苹果物候期较晚，低温时正值盛花末期，花受冻，坐果率低，很少出现霜环症状；二是管理好、树势旺的果园受害轻，反之则重；三是山坡地果园坡上部受害轻，坡下部受害重，凹地比平地受害重；幼树比大树受害重。常见品种中秦冠受害最重，其次为鸡冠、富士等，金冠受害较轻，受害较轻品种往往不表现为典型的霜环症状，但出现星月形或半环状的局部伤害。

【防治方法】　对霜冻的防治不仅要重视花期，而且要重视落花以后的幼果期，随时注意天气预报，一旦有低温警报，应及时采取熏烟或喷水等预防措施。

1. **选址**　选择适宜的地方建园。在建园规划时应避免在可能出现霜冻和冷空气容易停留的峡谷、低洼地建园。

2. **加强管理**　适当增施磷肥，合理施用氮肥，提高树体贮藏营养水平；防止早期落叶，增强树体的抗冻能力。

3. **灌水防霜**　对霜冻的预防不仅要重视花期，还应重视落花后的幼果期，随时注意天气预报，在有低温警报时，应及时采取果园灌水，以稳定果园温度。

4. **发烟防霜**　根据天气预报，霜冻即将出现时，果园内用烟雾剂或熏烟，常可有效防止霜冻。

（四二）苹果虎皮病

苹果虎皮病又称褐烫病、晕皮病，是苹果贮藏后期的一种生理病害。

【症状】　在果面上出现变褐微凹陷不规则形斑痕，形如烫伤，所以又称褐烫病。发病初期只是下皮层的外部细胞轻微变褐，而里面的邻近细胞正常。随着病情发展，下皮层 5 ~ 6 层细胞解体死亡，表皮变褐下陷。

【病因】　苹果虎皮病发生的主要原因是苹果果实采收过早，运输及贮藏前期呼吸作用过旺，苹果果蜡中产生一种挥发性的半萜烯类碳氢化合物 α-法尼烯，因果实成熟不足，其含量较高。随着贮藏时间延长，天然抗氧化剂逐渐减少，α-法尼烯逐渐积累，氧化产生共轭三烯，伤害果皮细胞，引起发病。现在一般认为 α-法尼烯的氧化产物是导致虎皮病发生的原因。当有足够能限制 α-法尼烯自氧化的抗氧化剂时，虎皮病就不会发生。

苹果虎皮病病果

【发病规律】　果皮中钙含量高的发病率高，这与苹果苦痘病相反；偏施氮肥，浇水过多或多雨年份，发病重。采收过早果实成熟度低，表面蜡质和角质层未充分形成，水分蒸发快，易萎缩，发病重。贮藏期若窖温过高或通风不良，发病重。

【防治方法】
1. 合理管理　不偏施氮肥，增施有机肥；低洼积水地应注意排水；适当疏花，保持叶果比例适当。
2. 适时采收　对易感病的品种，待果实发育成熟后再采收，避免过早采摘；红星苹果以盛花后 140 d 采收为宜。
3. 贮前预冷　控制贮藏条件，苹果采收后预冷，使其尽快达到贮运低温，果实入库后应降至 0 ℃，贮藏后期，要防止窖温过高，保持良好通风。出窖时避免骤然升温或在窖中使用活性炭等吸附剂可抑制病害发生。
4. 降低氧的浓度　如采用气温贮藏，适当增加二氧化碳浓度可减轻发病。
5. 药剂防治　用含有 1.5 ~ 2 mg 二苯胺的纸或含有乙氧基喹 2 mg 的纸包果，也可以在纸箱的隔板上喷施 3 ~ 4 g 二苯胺或乙氧基喹，都有一定的防治效果。

（四三）苹果苦痘病

苹果苦痘病又称苦陷病。这种果实病变组织由于具有一定苦味、果皮有痘状斑点而得名。苦痘病属于苹果采前和贮藏初期发生的一种皮下斑点病害，在世界苹果栽培区是常见的生理病害之一。

苹果苦痘病后期病果

苹果苦痘病病果（金冠）

【症状】　患苦痘病的苹果果实，在果肉内有褐色小斑，通常在果面附近，绝大多数病斑环绕果萼末端。初期从果实外表上不易看出，随后在果皮上出现呈绿色或褐色凹陷状的圆形病斑，直径在 1.6 ~ 3.2 mm。当苹果去皮时，在患病部发现有大量的干燥海绵状组织。果实采收时可能不显症状，采收后在贮藏销售期间这种病将进一步发展。在 10 ℃下经 7 ~ 10 d 病斑大量出现，在 0 ℃时需 1 ~ 1.5 个月才有明显病斑出现。

【病因】　产生苦痘病的因素有果实接近成熟时温暖气候和干旱时间长，果实采收太早，果实较大，果树低产，重剪，施氮肥过量及果实中含钙量低等。采后延迟冷却、缓慢冷却和贮温过高，也有利于此病产生。在气候干旱时，钙含量处于临界下限的细胞，钙素向外渗漏，可能受到损害并发展成为苦痘病。

【防治方法】 现在已经明确，果实中含钙量不足是苦痘病发生的重要原因。一些试验证实，保证果实含钙量不低于 7 ~ 8 mg/100g 鲜重，是减少苦痘病发生的重要条件。因为果园栽培条件复杂，并非所有果园都能做到生产出含钙量高的果实，因此有必要采取人工措施提高果实的含钙量。

1. **采前喷药** 用氨基酸钙或氯化钙溶液对果实进行采前喷布，每隔 1 ~ 2 周喷 1 次，共喷 3 ~ 4 次，增加果实对钙的吸收。采前喷布处理必须使用 0.7% 以下的氯化钙溶液，较高浓度可能引起叶片受害。

2. **采后浸果** 果实采后用氯化钙溶液浸果，也能有效地提高果实含钙量。根据试验，采后浸果的浓度以 4% 氯化钙溶液浸 1 min 为宜，进一步提高氯化钙浓度，果实中含钙量也不会明显增多。浸果的时间在采后 10 d 之内进行最为适宜。如再延期处理，效果明显削弱。为了切实应用于生产，特别注意的是：用 4% 氯化钙溶液浸果处理的应是含钙量低于 0.08% 的果实。

3. **贮藏期防治** 所有防止果实衰老的贮藏条件，均可抑制苦痘病的发生。所以在果实收获和贮藏之间停留的时间太长，采后推迟降温以及贮藏温度较高等，都可以加速苦痘病的发生。

（四四）苹果痘斑病

苹果痘斑病由于果皮有痘状斑点而得名。痘斑病属于苹果采前和贮藏初期发生的一种皮下斑点病害，是在世界苹果栽培区出现最普遍的生理病害之一。富士、乔纳金、国光等品种发病较重，近几年在套袋苹果上表现突出。

苹果痘斑病后期病果

苹果痘斑病病果

苹果痘斑病病果表面形成凹陷病斑

苹果痘斑病病果表面形成痘状斑点

【症状】 患病的苹果果实，在果肉内有褐色小斑，通常在果面附近，绝大多数病斑环绕果萼末端。初期从果实外表上不易看出，随后在果皮上出现呈绿色或褐色凹陷状的圆形病斑，直径为 1 mm 左右。果实采收时可能不显症状，采收后在贮藏销售期间这种病将进一步发展。在 10 ℃下经 7 ~ 10 d 病斑大量出现，在 0 ℃时需 1 ~ 1.5 个月才有明显的病斑出现。

【病因】　果实接近成熟时温暖气候和干旱时间长，果实采收太早，果实较大，果树低产，重剪，施氮肥过量及果实中含钙量低等都是本病发生因素。近年的研究表明，氮肥的过量施入也是痘斑病大面积发生的一个重要原因。采后延迟冷却、缓慢冷却和贮温过高，也有利于此病产生。

【防治方法】　参考苹果苦痘病。

（四五）苹果水心病

苹果水心病又称蜜果病、玻璃果。辽宁、河南、山西、陕西等地发生较多。西北黄土高原和秦岭高地果区的元帅系和秦冠苹果受害严重，近几年红富士苹果发病也比较严重，多发生于果实成熟后期及贮藏期。

苹果水心病病果纵剖面

苹果水心病病果横剖面

苹果水心病病果

苹果水心病病果果心病变

【症状】　病果组织质地较硬，呈半透明状。剖开果实可见病变组织多发生在果心及其附近，也可发生在果肉的任何部位。病果因细胞间隙充满细胞液而呈水渍状。病果组织含酸量较低，并有乙醇积累，味稍甜并略带酒味。贮存期，病果组织腐败，变为褐色。

【病因】　影响苹果水心病发病的因素有很多，如品种因素、地理位置、气候、钙缺乏、硼超标都会是水心病发病的原因，但主要是由果实内的山梨糖醇代谢受阻及钙、氮、钾等元素不平衡，打乱了果实正常的生理代谢。

【发病规律】　栽培管理中旱涝不均，或偏施氨态氮肥，此时果实中的山梨糖醇便在山梨糖脱氢酶的作用下转化为果糖，充满于果心附近的果肉细胞间隙而形成糖蜜病。在西北黄土高原和秦岭高地果树发展区的苹果品种中元帅系、富士系、秦冠苹果和北斗苹果等受害最为严重。果园立地条件不良、树体衰老、树势衰弱、叶果比例过高、钙素营养缺乏等，都会加重苹果水心病的发生。

【防治方法】

1. **改土和增肥** 改良土壤，增施有机质肥料，促进根系发育，有利于增加钙素吸收，改善钾钙比例。

2. **调整果实负载量** 通过修剪和疏花、疏果，使枝果比维持在（3～5）：1、叶果比（30～40）：1 的范围内；并且适当回缩结果枝，防病保叶，避免果实直晒而出现日灼。

3. **适期采收** 根据果实的生长期确定采收适期。

4. **施硝酸磷钙复合肥** 在苹果开花前 2 周施硝磷钙复合肥料也能起到有效防治作用。另外，在盛花后 3 周喷布 1 次，可降低水心病病果率。采果前 8～10 周，喷布氯化钙也有较好的防治效果。

5. **果面喷钙** 苹果花后 3 周和 5 周，以及采收前 8 周和 10 周，对果面喷布 4 次硝酸钙。全树喷布养分平衡专用钙——氨基酸钙 300～500 倍液。

（四六）苹果连体畸形果

苹果连体畸形果　　　　　　　　　　　　苹果畸形果

【症状】 苹果一个果柄着生 2 个果萼，个头比一般苹果大，即两个苹果长在一起，或一个苹果上面另外长出一个小苹果。

【病因】 正常情况下一个花朵内只有一个柱头，结一个果。这种连体苹果，可能是由于温度较高，授粉过程中变异造成的。也可能是在化肥、农药或温度等外部刺激下，花朵里形成了 2 个柱头，发生 2 个果连体的现象。同一品种相邻果树发生率差异大。

【发病规律】【防治方法】 有待研究。

（四七）苹果日灼症

苹果日灼症为害状　　　　　　　　　　　　苹果日灼症病果

苹果日灼症是指由于强烈日光直接照射使果实及枝干等部位组织坏死，产生坏死斑。山地和丘陵地果园发生较多，对苹果品质影响较大。

【症状】　苹果日灼症多发生在树冠南面，果实或枝干的向阳面上，尤以西南方向发病较为突出。多在果实上发生烫灼状圆形斑，在绿色果皮上呈黄白色，在红色果皮上为浅白色，斑块无明显边缘。当果实已全面着色时，"日灼"部分仍呈浅白色。最后果肉渐硬化，果皮及附近细胞表现为深褐色坏死。"日灼"部分易被腐生菌感染为害。

苹果树南面或西南面裸露的枝干，常常发生浅紫红色块状或长条状的"日灼"斑，有的条斑长达1 m左右。发病较轻时，仅皮层外表受伤；严重时，皮层全部死亡，乃至形成层及木质部外层也死亡。小枝严重受害时枯死。

【病因】　强烈阳光直接照射果面及枝干。

【发病规律】　土壤水分供应不足，修剪过重，病虫为害重导致早期落叶，尤其是保水不良的山坡地或沙砾地，夏季久旱或排水不良等，均易导致"日灼"发生。

【防治方法】
1. 加强果园管理　果园适时灌水，及时防治其他病害，保护果树枝叶齐全和正常生长发育，有利于防止"日灼"。
2. 喷药保护　在5～6月出现日平均最高温度之前，结合防治其他病害，喷布石灰过量的波尔多液。严重发病区，在树冠南面可加喷1次石灰水，以减少"日灼"。
3. 人工防治　在易发生"日灼"的果园，可进行树干涂白；修剪时，西南方向多留些枝条，可减轻"日灼"为害。

（四八）苹果果锈症

苹果果面产生锈斑是苹果生产中的常见问题，每年都有不同程度的发生，对苹果品质影响很大。在当前的苹果品种中，以金冠、秦冠发生果锈较重，富士、红玉、国光及元帅系品种也有发生。

苹果果锈（侧面）

苹果果锈

【症状】　苹果果锈症是一些品种果实表面产生的类似金属锈状的木栓层。发生严重时，使果实表面失去光泽，果上锈斑处酷似土豆皮，严重影响果实的商品外观，降低果品的经济价值。苹果果锈依发生的部位不同分为梗锈、胴锈和顶锈，梗锈不到果肩，对果品的商品价值影响不大，而胴锈和顶锈则影响果实的外观和销售。果锈对绿色、黄色品种的果实外观影响较大，而红色品种虽也发生果锈，但果实成熟后易被红色所掩盖。

【病因】　由于金冠等品种果实表皮细胞大，细胞壁薄，排列

苹果（红色品种）果锈

较疏松，果面角质层薄，易于龟裂，下皮细胞也较疏松。当幼果茸毛脱落，蜡质、角质层未形成前，下皮细胞受外界因素刺激产生木栓形成层，而后分生出若干层木栓化细胞成为果锈。

【发病规律】 果锈症主要发生于黄色苹果品种上，其中以金冠、金丰、胜利等品种最易感病；玉霰、葵花、赤阳等品种为中锈品种；陆奥、金翠、金霞、王林等品种无锈或轻锈。金冠苹果发生果锈症的敏感期在花后 10 ~ 40 d，最敏感期在花后 25 d 左右，30 d 后发锈较轻。在果锈发生严重年份，一般有两次发锈高峰，第一次在 6 月中旬，第二次在 7 月中下旬。在果锈症发生时期，低温、高湿和喷布具有药害的农药是产生果锈的主要原因。此外，果锈的发生与地势、土壤、树势等因素也有密切关系。滨海潮湿地区果锈严重；地势低洼、土质黏重、树势衰弱和结果过量等因素加重果锈发生。因病虫害为害，如春季白粉病造成果面不干净，蚜虫分泌物落到果面上形成果锈。

【防治方法】
1. **加强栽培管理** 增施有机肥和磷、钾肥；春旱及时灌水，雨季及时排水，增强树势，提高对不良环境条件的抵抗能力。
2. **幼果期谨慎用药** 幼果期喷药要选准药剂，配比要合理，浓度合适，不伤幼果，不使用高压力雾滴喷击果面，不使用有机磷农药。
3. **调整果园的密度，解决通风透光问题，进行郁闭果园的改造** 如采取落头、开心、控冠、间伐等措施，减轻果锈，提高品质。
4. **套袋** 选用优质的双层纸袋，对预防果锈、提高光洁度、促进着色效果很好，同时改进套袋技术，提高套袋质量。

（四九）苹果叶枯症

苹果叶枯症又称苹果树叶片生理性叶枯症，是近几年发现的一种突发性生理病害，俗称 "火烧病"。此病害主要为害苹果树成龄叶片。此病害在降水量较大，又遇长期高温的特殊天气之后便会出现，苹果园可出现大量枯叶死叶现象，发病率为 10% ~ 20%。发病后树体叶片大量焦枯，导致树体光合作用下降，严重影响树体的正常生长，削弱树势。

苹果叶枯症严重为害状　　　　　苹果叶枯症前期为害状　　　　　苹果叶枯症发病叶片

【症状】 主要发生于树冠外围新梢中部成龄叶片上，树冠内膛叶片及生长点的幼嫩叶片不发病。感病叶片沿叶尖、叶缘出现不规则片状干枯，病斑似火烧状变黑或变褐，病部叶脉失绿，随着病情的加重，除叶柄和托叶外全叶失绿焦枯，但叶片发病后并不脱落，一直残存在枝条上，严重影响树体的光合作用。

【病因】 盛夏连降大暴雨，果园易发生积水，导致土壤湿度过大、土壤通气条件恶化，根系缺氧，无法进行正常呼吸代谢，直接影响根系对水分的吸收利用。同时由于土壤长期缺氧导致根系生理代谢不彻底，产生的大量有毒物质积累在根系中，使部分根系细胞中毒死亡，无法正常吸收水分。部分果园在降水前后追施化肥，损伤了部分根系，使其丧失了吸收水分的能力，加之化肥溶解后使根系外的水溶液溶质浓度增加，降低了根系外水分进入根系的水势，导致根系对水分吸收能力降低。夜间降水后，白天转晴且温度较高，导致叶片蒸腾速率加大，而根系又不能及时吸收足够的水分进行补充，只能优先供给处于生长优势的幼嫩叶片和果实，造成对部分成龄叶片水分供给不足，致使其叶细胞因生理失水而死亡，出现叶片干枯现象。

【发病规律】 降水前刚浇过水的果园、地势低洼容易积水的果园、地下水位较高的果园发病较重。树势弱、挂果量大的果树发病较重；果园群体通风透光差、个体郁闭的果园发病较重。树冠阳面枝条较阴面枝条发病重。外围树冠的中部较底部和上部发生严重。品种、基砧不同，发病表现也各异，富士较秦冠、嘎啦发病重；野苹果砧发病轻，山定子砧发病重；

乔化砧发病重，矮化砧发病轻。土壤黏重的果园、少施或不施有机肥和磷钾肥的果园发病重，土壤疏松、增施有机肥和磷钾肥的果园发病轻。

【防治方法】

1. **加强果园管理，合理负载** 对于栽植密度较大的果园，应通过间伐降低果园密度，改善果园整体通风透光条件；对于枝叶量较大的郁闭树体，应进行科学修剪，通过冬剪疏除过密大枝、病枝、重叠枝，通过夏剪疏除病枝、病叶、徒长枝、内向枝等，改善树体通风透光条件、降低树体生长季枝叶蒸腾量。

2. **多施有机肥和磷钾肥** 增施有机肥可以提高土壤有机质和腐殖质含量，增加土壤团粒结构，提高土壤通气性和持水量，增强土壤蓄水保墒能力。通过追施足量磷钾肥或叶面喷施磷酸二氢钾可增强叶片持水性和抗逆性。对于黏重土壤可以通过客土法、掺沙法进行改良，以增强土壤持水性和通气性。在雨前雨后 6 h 使用免深耕土壤调理剂 200 mL，兑水 90 ~ 100 kg 对地面进行喷雾，对改良土壤结构，效果较好。

3. **根据降水情况及时对果园进行排水** 避免长时间水淹，雨后尽早进行浅耕，改善土壤理化性状，降低土壤湿度。

4. **对果园进行生草** 不但可以增加土壤有机质含量，活化土壤中被固定的磷、钾肥，提高树体抗性，还可以改善土壤团粒结构，增加土壤持水能力和保墒能力。

（五〇）苹果晚霜冻害

我国北方果树主产区在春季气温多回升快，但气温波动幅度较大。一旦气温急剧下降，冷空气 1 ~ 3 d 内可导致气温骤降 6 ~ 12 ℃，苹果树经常遭受晚霜冻害。

【症状】 苹果芽受霜冻后外部变褐色或黑色，有些收缩。花芽受冻害严重时，外部芽鳞松散无光，干缩枯萎，不能萌发，一触即落，子房和雌蕊会变黑腐烂，干枯于枝上；受害轻时，柱头和花往往上部变褐干枯，花原基受冻而枝叶未死，花芽早春发育迟缓。花器受冻后呈水渍状，花瓣变色脱落。幼叶受晚霜危害后表现为叶缘变色，叶片变软、皱缩，有变色枯斑，甚至干枯。发芽后抽生的新梢细弱，叶片呈畸形。果树枝条形成层受晚霜冻害后，皮层很易剥离，形成层呈黑褐色。

【发生规律】 春季发生晚霜冻害会对苹果树的开花、叶片产生危害。由于此时冬天已经过去，果树开始打破休眠而进入生长发育阶段，各器官对低温的抵抗能力非常低，尤其是当气温异常回升 3 ~ 5 d 后突然遭遇寒流袭击急剧降温时，树体更容易遭受冻害。

苹果叶片冻害皱缩有坏死斑点

【防治方法】

1. **灌溉** 有灌溉条件和设施的果园，在果树春季萌动时灌水 1 ~ 2 次，一般可延迟开花 2 ~ 3 d，而在冻害前灌水可提高地温和树温，可有效预防和减轻冻害。

2. **熏烟** 熏烟是果农预防冻害的常用办法。预防效果取决于熏烟质量、熏烟时机和熏烟方法。当夜间温度在 2 ~ 3 ℃就要开始熏烟，这样温度可以提高 1 ~ 2 ℃，熏烟堆数每亩至少 5 ~ 6 堆。无风时，草堆在田间均匀分布，微风时在上风头，呈线型堆放，以提高预防效果。

3. **涂白** 涂白是预防冻害的有效途径之一，早春对树体进行涂白能有效防治日灼，使果树发育推迟 2 ~ 3 d，同时还能有效地防治各种病虫为害。

4. **加强管理，增强树势** 晚霜冻害能够使苹果幼果、新梢和叶片等均遭受不同程度的危害，为尽快恢复树势，应加强肥水管理，补充树体营养，提高果实细胞液浓度，从而增强树势，提高果树的抗逆性。花期前后及时追施果树专用肥，也可进行叶面追肥，叶面喷肥应选择优质的液体肥料如氨基酸、磷酸二氢钾、尿素等。

5. **合理修剪，及时回缩** 当果树的枝、叶、果遭受冻害后，短时间内不要修剪或摘除，应采取晚疏、多留果的措施来保留未受害或受害轻的果实，保证树体的留果量，在最大程度上挽回霜冻给生产带来的损失。同时，5月中旬及时剪除或回缩因霜冻造成为害且不能恢复的枝条，以促进果树重新萌发新的枝条。

（五一）苹果缺氮症

苹果缺氮叶片失绿

苹果缺氮叶片色淡

【症状】　在春季和夏季，苹果树生长旺盛时缺氮，新梢基部的成熟叶片，逐渐变黄，并向顶端发展，严重时使新梢嫩叶也变成黄色；新生叶片小，带紫色，叶脉及叶柄呈红色，叶柄与枝条成锐角，易脱落；当年生枝梢短小细弱，呈红褐色；所结果实小而早熟、早落，花芽显著减少。

【病因】　氮元素是组成蛋白质、核酸、叶绿素和酶等有机化合物的重要组分。在所有必需营养元素中，氮是限制植物生长和形成产量的首要因素。如果植株缺氮，这些重要的化合物会无法正常合成，叶片小而薄，叶变黄，叶片早衰，出现这些症状就是蛋白质、酶、叶绿素等重要化合物减少的反映。

【诊断】　仔细观察是从上部叶片还是从下部叶片开始变黄色的，从下部叶开始逐渐发黄，则可能是缺氮；下部叶片叶缘急剧黄化为缺钾；叶缘部分残留有绿色为缺镁；叶片外侧黄化向外卷曲，则缺乏其他的营养元素；叶虽黄化，但白天萎蔫，可以考虑其他原因（如干旱、根病等）。

诊断指标：叶片氮含量低于 1.5% 为缺氮；正常值为 2.2% ~ 2.6%。

【发生规律】　土壤瘠薄，没有正常施肥；管理粗放，杂草丛生；沙质土上幼树生长期遇大雨，均易形成缺氮症。

【防治方法】
1.**秋施基肥和追肥**　结合秋施基肥（土杂粪、人畜粪、饼肥等有机肥），在基肥中混以无机氮肥（尿素、硫酸铵、硝酸铵等）或追施。施用纯氮量：未结果树，株施 0.25 ~ 0.45 kg；初结果树 0.45 ~ 1.4 kg；盛果树 1.4 ~ 1.9 kg。
2.**叶面喷肥**　果树生长期，叶面喷施 0.5% 尿素液 2 ~ 3 次（可单喷，也可和农药混喷）。

（五二）苹果缺磷症

【症状】　叶暗绿色或青铜色，近叶缘的叶面上呈现紫褐色斑点或斑块，这种症状从基部叶向顶部叶蔓延；枝条细弱而且分枝少；叶柄及叶背的叶脉呈紫红色，叶柄与枝条成锐角；生长期，生长较快的新梢叶呈紫红色。但是磷素过剩，会抑制氮素的吸收，易引起缺锌、缺钾和缺镁症。

苹果缺磷叶片暗绿色或青铜色　　　　　　　　　苹果缺磷叶片带紫色

【病因】　磷是释放能量的化合物的组成成分。缺磷会影响细胞分裂，使蛋白质合成下降，糖的运输受阻。叶子会呈现不正常的暗绿色或紫红色，而这是因为蛋白质合成下降，糖的运输受阻，使营养器官中糖的含量相对提高，而有利于花青素的形成，使植物出现了不正常的颜色。

【诊断】　生长初期叶色为浓绿色，后期出现紫褐色斑点；注意药害、肥料施用不当，都可使生长不良、叶色异常。诊断指标：叶片磷含量低于 0.13%；正常值为 0.15% ~ 0.23%。

【发生规律】　土壤本身含磷量低；土壤碱性，含石灰质多，施用磷肥易被固定，磷肥利用率降低，偏施氮肥，磷肥施用量过少等均易引起缺磷症。

【防治方法】
1. **基施磷肥**　基施有机肥和无机磷肥或含磷复合肥。
2. **叶面追肥**　生长期喷布 0.2% ~ 0.3% 磷酸二氢钾 2 ~ 3 次，也可用 1% ~ 3% 过磷酸钙澄清液或 0.5% ~ 1.0% 磷酸铵水溶液喷施。

（五三）苹果缺钾症

【症状】　基部叶和中部叶的叶缘失绿呈黄色，常向上卷曲。缺钾较重时，叶缘失绿部分变褐、枯焦，严重时整叶枯焦，挂在枝上，不易脱落。

【病因】　钾元素能增强植株抗旱、抗高温、抗寒、抗病、抗倒伏等的能力，帮助植物适应外界不良环境。钾还能促进光合作用、光合作用产物的运输、蛋白质的合成，调节细胞吸水状态和调节植物用于与外界交换气体的气孔状态。钾很容易发生移动，可被植物重复利用，所以缺钾病症首先出现在下部老叶。

苹果缺钾下部叶片从叶缘失绿　　　　苹果缺钾叶片变褐枯焦

【诊断】　注意有症状叶的位置，如果中部叶和下部叶变褐、枯焦可能是缺钾；如果是同样症状出现在上部叶，可能是缺钙。缺钾枯焦边缘与绿色部分清晰，不枯焦部分仍正常生长；而根腐病引起叶缘枯焦，病健部间有明显的红褐色晕带；叶斑病引起叶缘枯焦，病部呈灰色，可见黑色小粒点，且易起皮。

诊断指标：叶片钾含量低于 0.8% ~ 1.0%；正常值为 1.0% ~ 2.0%。

【发生规律】　在细沙土、酸性土以及有机质少的土壤，易缺钾；轻度缺钾土壤施氮肥，易缺钾。

【防治方法】

（1）秋施基肥时应有充足的有机肥，配合施用硫酸钾、氯化钾以及含钾肥的复合肥等。

（2）幼果膨大期每亩追施硫酸钾 20 ~ 23 kg 或氯化钾 15 ~ 18 kg，可显著促进果实膨大，改善果实着色，增加含糖量，提高果实商品率。

（3）必要时，叶面喷施 0.2% 硫酸钾（或氯化钾），也可喷施 0.2% ~ 0.3% 磷酸二氢钾水溶液。

（五四）苹果缺铁黄叶症

苹果缺铁黄叶症又叫白叶症、褪绿症等，中国各苹果产区都有发生，在盐碱土或钙质土的果区更为常见，有些果园表现严重。

苹果树缺铁黄叶症状

苹果树缺铁新梢叶片黄化

【症状】　苹果缺铁黄叶症主要表现在新梢的幼嫩叶片上。开始叶肉先变黄，而叶脉两侧仍保持绿色，致使叶面呈绿色网纹状失绿。随病势发展，叶片失绿程度加重，出现整叶变为白色，叶缘枯焦，以致引起落叶。严重缺铁时，新梢顶端枯死。病树所结果实仍为绿色。

【病因】　苹果缺铁黄叶症由缺铁所致。由于铁元素在植物体内难以转移，所以缺铁症状多从新梢顶端的幼嫩叶开始表现。元素对叶绿素的合成有催化作用，铁又是构成呼吸酶的成分之一。缺铁时，叶绿素合成受到抑制，植物表现为褪绿、黄化甚至白化。

苹果树缺铁出现黄叶

【发生规律】

1. **土壤盐碱化程度**　从土壤的含铁量来说，一般果园土壤并不缺铁，但是在盐碱较重的土壤中，可溶性的二价铁转化为不可溶的三价铁，不能被植物吸收利用，使果树表现为缺铁。可以说，一切加重土壤盐碱化程度的因素，都能加重缺铁症状的出现。如干旱时地下水蒸发，盐分向土壤表层集中；地下水位高的洼地，盐分随地下水积于地表；土质黏重，排水不良，不利于盐分随灌溉水向下层淋洗等，都易发生黄叶病。

2. **砧木**　以山定子作砧木的苹果树易发生黄叶病；以海棠作砧木者，黄叶病一般较轻。

【防治方法】　改良土壤、释放被固定的铁元素，是防治黄叶病的根本性措施；适当补充可溶性铁，可以治疗苹果缺铁黄叶症。

1. **改土治碱**　增施有机肥、种植绿肥等增加土壤有机质含量的措施，可改变土壤的理化性质，释放被固定的铁。改土治碱的措施，如挖沟排水，降低地下水位；掺沙改黏，增加土壤透水性等，是防治黄叶病的根本措施。

2. **喷施含铁剂**　春季生长期发病，应喷0.3%硫酸亚铁+0.3%～0.5%尿素混合液2～3次，或0.5%黄腐酸铁溶液2～3次。

3. **增施铁肥**　在有机肥中加硫酸亚铁，捣碎粗肥，混匀，开沟施入树盘下。一般10年生结果树，株施250 g左右即可。

4. **砧木适当**　带碱性土壤的果园，宜选用海棠、楸子作砧木嫁接苗木。

（五五）苹果缺锌小叶症

苹果缺锌小叶症在我国各苹果产区均有发生，有些果园和有些品种发生严重，对果树的树冠扩大产生影响。

苹果缺锌小叶症　　　　　　　　　苹果缺锌叶片变小　　　　　　　　苹果缺锌叶片变窄

【症状】　苹果缺锌小叶症主要表现于新梢及叶片。春季病枝常发芽较晚，抽叶后，叶片狭小细长，叶缘略向上卷，质硬而脆，叶淡黄绿色或浓淡不匀。病枝节间缩短，细叶丛生似菊花状。有时病枝下部另发新枝，但仍然表现出相同的症状。病树上不易形成花芽，花较小而色淡，不易坐果，所结果实小而畸形。初发病幼树，根系发育不良，老病树根系有腐烂现象，树冠稀疏不能扩展，产量很低。

【病因】　锌是苹果树生长发育的必要微量元素之一。在植物体内锌与生长素的合成有密切关系。锌缺乏时，生长素合成受影响，因而表现为叶和新梢的生长受阻。锌与叶绿素的合成也有关系，缺锌时表现为叶色较淡，甚至表现为黄化、焦枯。

【发生规律】　苹果缺锌小叶病发生的轻重与多种因素有关。沙地果园土壤瘠薄，含锌量低，透水性好，可溶性锌盐易流失，所以发病较重；灌水过多，可溶性锌盐也易流失。施化肥特别是氮肥过多，果树需锌量增加，所以间作蔬菜的果园往往发病重。盐碱地由于pH值较高，锌易被固定，不易被根系吸收，发病也重。此外，土壤黏重、活土层浅、根系发育不良者，该病也比较重。

【防治方法】　增加锌盐供应或释放被固定的锌元素，是防治该病的有效途径。

1. **增施有机肥**　可以降低土壤pH值，增加锌盐的溶解度，便于果树吸收利用。

2. **补充锌元素**　在树上或树下增施锌盐，可以防治小叶病。如发芽前树上喷施3%～5%的硫酸锌或发芽初喷施1%硫酸锌溶液，当年效果比较明显。发芽前或初发芽时，在有病枝头上涂抹1%～2%的硫酸锌溶液，可促进新梢生长。花后3周喷0.2%硫酸锌+0.3%尿素或0.03%环烷酸锌，对减轻病害有明显效果。结合春、秋施基肥，每株成树（15年生左右）加施硫酸锌0.25～0.5 kg，施后第二年显效，并可持续3～5年。

3. **改良土壤**　对盐碱地、黏土地、沙地等土壤条件不良的果园，应该采用生物措施等改良土壤，释放被固定的锌元素，创造有利于根系发育的良好条件，可从根本上解决缺锌小叶病问题。

（五六）苹果缺镁症

苹果缺镁枝叶叶脉间失绿

苹果缺镁叶脉间失绿

【症状】　枝梢基部成熟叶的叶脉间出现淡绿色斑点，并扩展到叶片边缘，后变为褐色，同时叶卷缩易脱落。新梢及嫩枝比较细长，易弯曲。果实不能正常成熟，果小，着色差。

【病因】　镁在苹果叶绿素的合成和光合作用中起重要作用。镁还与蛋白质的合成有关，并可以活化植株体内促进反应的酶。缺镁时，植物的叶绿素含量会下降，并出现失绿症。特点是首先从下部叶片开始，往往是叶肉变黄而叶脉仍保持绿色。严重缺镁时可引起叶片的早衰与脱落，甚至整个叶片都会出现坏死现象。

【发生规律】　沙质土及酸性土壤镁易流失，果树易发生缺镁；钾、氮、磷过多，阻碍了对镁的吸收，可引起缺镁症；苹果矮化砧 M1 和 M4 嫁接的苹果，比 M6、M2、M5 嫁接的苹果易患缺镁症。

【防治方法】
（1）增施有机肥，可补充镁且减轻镁的流失。
（2）酸性土壤中，可施镁石灰或碳酸镁。中性土壤中，可施硫酸镁。
（3）6 ~ 7 月用 2% ~ 3% 硫酸镁加入 0.5% 尿素混喷。

（五七）苹果缺硼症

苹果缺硼症，又称缺硼缩果症，在各果产区均有发生，以山地、河沙土、沙砾土及黏重土壤的果园发生较多。

【症状】　主要表现在果实上，严重时也表现在枝梢和叶片上。

1. 果实
（1）干斑型：落花后半月的幼果开始发病，以每年 6 月发病较多。初期在幼果背阴面产生圆形红褐色斑点，病部皮下果肉呈半透明水渍状，病斑一面溢出黄褐色黏液。后期果肉坏死变为褐色至暗褐色，病斑干缩凹陷裂开。轻病果仍可继续生长。
（2）木栓型：以生长后期（8 月）的果实发生较多。初期果实内部的果肉呈水渍状、褐色，果肉松软呈海绵状，不久病变组织木栓化。病果表面凸凹不平，果肉呈海绵状，手握有松软感，木栓化部分味苦，很难食用。鸡冠病果多为此型。倭锦病果除果面凸凹不平外，着色也不均匀。
（3）锈斑型：多发生在感病品种上。如元帅发病后，沿果柄周围的果面发生褐色细密横形条纹锈斑，之后锈斑干裂。但果肉无坏死病斑，只表现为肉质松软。青香蕉、印度的重病果果心霉朽，种子全部空瘪。金冠、小国光、大国光、赤阳等也多为此型。

2. 枝叶
（1）枝枯型：8 ~ 9 月间，当年生新梢顶部的叶片叶缘变成黄色，叶脉和叶柄变成红色至红褐色，叶片发生不规则的焦枯斑。新梢自顶端向下逐渐枯死。剖视病梢，皮层下发生褐色至黑褐色的坏死斑点。
（2）帚枝型：春季枝梢上的芽枯死，枯枝下部长出许多新生细枝或丛生枝，这些新生枝条有时又会干枯死亡，有的不死，成为顶端只有几个叶片的光秃枝。

苹果缺硼果实褐色至暗褐色斑　　　　苹果缺硼果实产生锈斑　　　苹果缺硼果实果面变形，凸凹不平，有坏死斑

苹果缺硼果实果肉坏死变为暗褐色　　　　苹果缺硼枝叶（右）与健康枝叶（左）对比

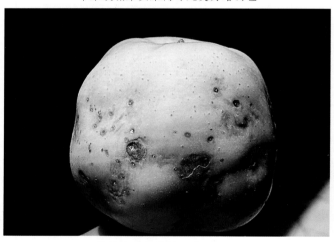

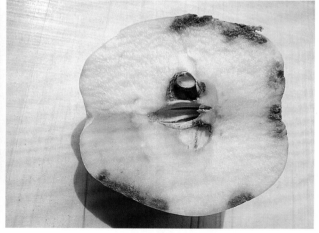

苹果缺硼果实果面凸凹不平　　　　　苹果缺硼果实果肉坏死变为褐色至暗褐色

（3）簇叶型：在春夏季，新梢节间缩短，叶片狭小、肥厚、质脆、簇生。这种症状常与枝枯型同时发生。

近年梨、桃、葡萄、山楂等缺硼病也时有发生，有的地区为害较重。梨树症状与苹果树相似。初期多在果实阴面，果皮细胞增厚呈木栓化，果面凸凹不平。以后果肉细胞变褐、木栓化，俗称为黑陷病。

【病因】　缺硼是引起苹果缩果病的主要原因。缺硼使果树的核酸代谢受阻，细胞分裂和组织分化受到影响，使茎尖和根尖的生长点死亡；受精过程受到阻碍，引致大量落花，果实变小，果面凸凹不平。硼素在树体组织中不能贮存，也不能由老组织转移到新生组织中去。因此，在果树生长过程中，任何时期缺硼都会引致发病。

一般认为引致苹果缩果病的土壤缺硼临界值为 0.5×10^{-6}。一般山地沙石土、棕壤土中，水溶性硼含量均在 0.3×10^{-6} 以下，是处于潜在缺硼状态；再由于土层薄，缺乏腐殖质和植被保护，易造成雨水冲刷而缺硼。土壤 pH 值为 5～7 时，硼的有效性最高；土壤偏碱性或施用石灰过多，钙离子与硼酸根结合成为不溶于水的偏硼酸钙不能被果树吸收利用，从而导致缺硼病。土壤过度干燥，特别是 5～7 月降水少，也会影响果树根部对硼的吸收。气候干燥，土壤严重缺水，硼的移动和吸收受到抑制，故而诱发缺硼病。特别是清耕制山地果园，缺硼更重。底土板结，果树根系发育不良，会促进缺硼病的发生。氮肥偏施过多，增进果树的生长量，同时也增加了对硼素的需要量，从而加剧缺硼病的发生。

【防治方法】

1. **加强栽培管理** 增施有机肥料，广种绿肥，合理使用化肥；改良土壤，山地瘠薄地应进行深耕改土、压土增厚土层、加强水土保持工作；干旱年份注意适时灌水，特别是在花期前后施肥灌水，可减轻发病。在秸秆丰富地区，应将秸秆轧碎，掺入菌剂，经过充分发酵后，挖浅沟（30～40 cm），将其施入根系集中分布区。

2. **早疏花早定果** 及时疏除病果，减少树体营养消耗，集中光合作用产物流向健康果。

3. **采用果园生草制和覆盖制果园生草好处多** 增加土壤有机质含量，保持水土，稳定地温，饲养天敌，减少果树缺素症（钙、硼、锌、铁等）的发生。用秸秆覆盖可防止水土流失，增加土壤肥力，稳定五大肥力因素（水、肥、气、热和微生物）。

4. **增施硼肥** 叶面喷硼可用0.2%～0.3%的硼砂溶液，每7～10 d一次，通常喷2～3次即可。土施硼肥时，小树株施20～30 g硼砂，大树株施100～200 g硼砂。无论土施还是叶喷，都要掌握均匀、适量标准，以防硼中毒。

（五八）苹果树粗皮病

【症状】 苹果树粗皮病又称赤疹病。主要为害枝干和果实。一般多发生在五六年生枝干上。初在病部产生小粒状病点，扩大后稍隆起，似轮纹状，有些初生短枝的叶上生斑点或皱缩。病树结果多，致树势迅速衰弱。果实染病，果面出现粗糙暗褐色木栓区，果面似长癣状，木栓化斑有的单个存在，有的呈不完全环状。此外，还有仿刺毛型、星状爆裂型、扁平苹果型等。树干染病，致树皮开裂或形成凹沟，后树皮增厚或粗糙，病树产量下降。

苹果树粗皮病

【病因】 它是由缺硼、吸收锰过多及土壤过酸而引起的。当土壤中还原性锰含量超过$100×10^{-6}$时，富士品种发生粗皮病。此外，排水不良，土壤酸度大也是该病发生的重要生态条件。当土壤 pH 值低于5时，国光、富士、红香蕉等即发生粗皮病。此病多发生在雨水较多的地方。近有报道，苹果果实粗皮病毒病（Apple rough skin）、苹果鳞皮病毒病（Platycarpa sealy bark）分别可引致果实及枝干粗皮病。

【防治方法】

（1）改善排灌条件，做到及时排水。预防果园积水。避免果园积水，产生锰还原，造成锰毒害，加重粗皮病。

（2）对于偏酸的土壤，地面应撒施生石灰，浅锄，浇水，中和土壤酸性。避免使用生理酸性肥料，如硫酸铵、氯化钾等。

（3）不喷含锰的杀菌剂和叶面肥，这是预防树体锰含量过高的有效途径。不要喷代森锰锌或代森锰及含这两种成分的复合杀菌剂。土壤中不要使用含锰的无机复合肥和有机无机复合肥。

（4）增加土壤有机质，增施优质土杂肥。

（五九）苹果衰老崩溃病

【症状】 苹果在贮藏后期有时会发生果皮开裂、果肉干绵及粉质化现象，果肉的甜度和酸度基本完全消失，果实失去食用价值。尤其在简易气调贮藏时，由于库温较高，氧浓度偏高，加上帐（袋）内湿度较大，经长期贮藏后这种现象更易出现，这种现象的实质是果实趋向衰老的一种生理性害，称为衰老崩溃病。

果实采收较迟，采收后延迟入库或贮藏时间过久的果实易发生此病。苹果品种中以红星、元帅、国光和金冠多发病。

【病因】 本病属高温引起的生理性衰老病。在高温贮藏条件下，果实呼吸作用增加，贮藏物质如淀粉等很快水解，糖类、苹果酸等进一步分解为水和二氧化碳，蛋白质、氨基酸、脂类物质也被呼吸作用转化为碳氢化合物、氮化物和硫化物，果实出现生理性衰败，失去特有的风味。同时，纤维素分解酶和果胶酶活性提高，使果实的纤维素和果胶很快被分解掉，细胞间质层和细胞壁中的原果胶变成了可溶性果胶，从而使组织解体，细胞离散。

【防治方法】

1. **药剂防治**　采收后用 4% ～ 6% 的氯化钙溶液浸果，可提高果实的硬度，缓解及降低果实发绵。

2. **低温贮藏**　采收后于 0 ～ 2 ℃低温下贮藏，可明显防止衰老崩溃病发生。

3. **调控贮藏期的气体成分**　将二氧化碳控制在 3% ～ 6%，氧气控制在 2% ～ 4%，可降低衰老崩溃病的发病率。

苹果衰老崩溃病病果

（六〇）苹果树铜制剂药害

　　铜制剂是优良的保护性杀菌剂，19 世纪 80 年代国外始用于防治葡萄病害，由于其具有无抗性、杀菌谱广、防效好等特点而被广泛用于防治真菌、细菌性病害。波尔多液及铜制剂保叶功效突出，在豫西苹果生产上应用面积大、时间长，一般每年喷布两次，因喷药时间不当、用药技术不到位等原因在个别果园曾有药害现象发生。2003 年盛夏，豫西三门峡市苹果园曾经发生大面积铜制剂药害。

　　【症状】　苹果树喷布氧化亚铜等铜制剂数天后，苹果果实表面粗糙，出现红色斑点、斑片或斑块，最后变为黑点。叶片受害则失绿变黄后脱落。发生药害的叶片失绿变黄，发生药害的果实受害处变色，后变成黑点。套袋果实则不表现症状。

苹果铜制剂药害果面形成红点

　　【病因】

　　1. **气候异常**　露、雾天和降水天数多、降水量大，导致苹果果面较长时间保持水层药液，在微酸环境下易分解的铜离子急剧释放进入苹果皮孔，刺激苹果产生着色素和皮孔放大，致使苹果着药处变色而产生黑点。由此可见，气候异常是造成苹果树发生铜制剂药害的主要原因。凡喷布含铜制剂均发生药害，波尔多液、氧化亚铜、氢氧化铜、碱式硫酸铜、氧氯化铜、氨基酸铜锌锰镁等均发生药害，此现象并不多见，非使用浓度过高所造成。6 月喷布铜制剂一般在 10 ～ 15 d 后发生药害，7 月则在喷后 5 ～ 10 d 天发生药害。

　　2. **药剂配伍不当**　铜制剂均呈碱性，不得与酸性药肥混用，但大多数果农常与其他药肥混用，破坏了药剂原有的化学和物理特性，容易造成铜害。

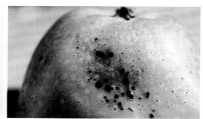

苹果药害果面黑点（正面）　苹果铜制剂药害果面形成黑点（侧面）

　　3. **喷药技术不到位**　一些果农喷药时不使用喷头，而直接用喷枪喷，由于喷枪的雾化性差，局部着药量大，极易发生药害，加之喷雾不均匀，来回重喷，更加重了药害。

　　4. **未及时采取补救措施**　发生药害后，大多数群众未能采取补救措施，因此造成较大损失。

　　【预防方法】　氧化亚铜等铜制剂是杀菌保叶效果良好的杀菌剂，但却存在着安全性问题，应说明应用的环境条件。为避免发生药害，应正确使用铜制剂。

（1）铜制剂呈碱性，不能与石硫合剂、松脂合剂、矿物油及酸性药肥混用。

（2）避免在暑天中午高温烈日下使用。要关注天气预报，不在阴雨、雾、露天或露水未干前施药，以免发生药害。

（3）注意喷雾质量，雾化喷施要均匀周到。

（4）未套袋果园尽量少用铜制剂，若喷施铜制剂需注意天气变化，不能随意加大浓度。

（5）药害发生后的补救措施。喷施波尔多液等铜制剂后遭遇阴雨或药害发生初期，应及时喷施适当浓度的石灰水或稀土活力素改变叶、果面上的酸性环境，阻止药害加重。也可喷施磷酸二氢钾或微量元素促进果叶生长发育，促进果实着色，减轻药害。

二、苹 果 害 虫

（一）桃小食心虫

桃小食心虫（*Carposina sasakii* Matsmura），又名桃蛀果蛾，简称"桃小"，俗称"钻心虫"，属鳞翅目果蛀蛾科。

桃小食心虫黑色注入孔与流出的果胶

桃小食心虫低龄幼虫在苹果内蛀害的虫道

桃小食心虫为害苹果果实呈凸凹状

桃小食心虫为害果实致其提前变红

桃小食心虫成虫

桃小食心虫在苹果萼洼处产下橘红色卵

桃小食心虫低龄幼虫在苹果内部早期蛀害

桃小食心虫幼虫在苹果内部蛀害，形成豆沙馅

桃小食心虫中龄幼虫在苹果内部蛀害

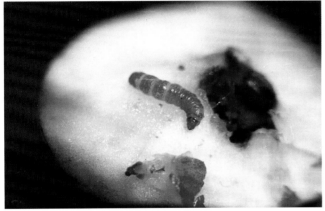

桃小食心虫高龄幼虫

桃小食心虫老熟幼虫

桃小食心虫蛀害苹果，往外排出虫粪

桃小食心虫幼虫为害苹果

【分布与寄主】 桃小食心虫在中国广泛分布于北纬 31° 以北、东经 102° 以东的北方果产区，在浙江、湖南、四川等南方省区为害也很严重。在中国分布至少已达 27 省市，在国外仅分布于日本、朝鲜及俄罗斯远东地区。寄主植物有苹果、花红、海棠、梨、山楂、桃、李、杏、枣等，其中以苹果、梨、枣、山楂受害最重。

【为害状】 桃小食心虫以幼虫蛀害果实。幼虫多由果实胴部蛀入，蛀孔流出泪珠状果胶，俗称"淌眼泪"，不久干涸呈白色蜡质粉末。蛀孔愈合成一小黑点，略凹陷。幼虫蛀入果内后，在果皮下纵横蛀食果肉，随着虫龄增大，渐向果心蛀食，可直达果心蛀食种子。幼虫在果皮下蛀食，使果面显出凹陷的浅痕，造成畸形的"猴头"果。幼虫在发育后期，食量增大或一个果内的虫量多时，可将部分果肉食空，使果内充满虫粪，造成"豆沙馅"，受害果实可提前变红。

【形态特征】

1. **成虫**　雌虫体长 7 ~ 8 mm，翅展 16 ~ 18 mm；雄虫体长 5 ~ 6 mm，翅展 13 ~ 15 mm，全体白灰色至灰褐色，复眼红褐色。雌虫唇须较长，向前直伸；雄虫唇须较短并向上翘。前翅中部近前缘处有近似三角形蓝灰色大斑，近基部和中部有 7 ~ 8 簇黄褐色或蓝褐色斜立的鳞片。后翅灰色，缘毛长，浅灰色。翅缰雄 1 根，雌 2 根。

2. **卵**　椭圆形或桶形，初产卵橙红色，渐变深红色，近孵卵顶部显现幼虫黑色头壳，呈黑点状。卵顶部环生 2 ~ 3 圈 "Y" 状刺毛，卵壳表面具不规则多角形网状刻纹。

3. **幼虫**　体长 13 ~ 16 mm，桃红色，腹部色淡，无臀栉，头黄褐色，前胸盾黄褐色至深褐色，臀板黄褐色或粉红色。前胸 K 毛群只 2 根刚毛。腹足趾钩单序环 10 ~ 24 个，臀足趾钩 9 ~ 14 个，无臀栉。

4. **蛹**　长 6.5 ~ 8.6 mm，刚化蛹时黄白色，近羽化时灰黑色，翅、足和触角端部游离，蛹壁光滑无刺。茧分冬、夏两型。冬茧扁圆形，直径 6 mm，长 2 ~ 3 mm，茧丝紧密，包被老龄休眠幼虫；夏茧长纺锤形，长 7.8 ~ 13 mm，茧丝松散，包被蛹体，一端有羽化孔。两种茧外表黏着土沙粒。

【发生规律】　在豫西果区，1 年发生一至二代。在郑州等果区 1 年可发生三代。以老龄幼虫结圆茧过冬，茧绝大部分集中在树冠下 3 ~ 6 cm 的土壤里。第二年温湿条件适宜时，过冬幼虫爬到地面结纺锤形夏茧化蛹。在豫西果区，过冬幼虫 5 月上旬开始出土，5 月中下旬至 6 月中旬为出土盛期。幼虫出土与土壤温、湿度密切相关，土温 19 ℃以上，土壤含水量 10% ~ 20% 时幼虫可顺利出土，在开始出土期间如有适当的雨水，即可连续出土。土壤含水量在 5% 以下时，幼虫暂不出土。各年出土的盛期是随雨量的分布情况而定，在 5 月中旬到 6 月上旬，有适当雨量时，出土盛期多出现于 5 月底至 6 月中上旬。在雨量分布不均时，出土的高峰常随降水的情况而出现若干次。长期干旱情况将推迟幼虫大量出土的时期。

桃小食心虫幼虫入土作长茧化蛹

越冬幼虫扁圆形 "冬茧" 自地下出土后，一般在 1 d 内结成纺锤形的 "夏茧"，并在其中化蛹。"夏茧" 黏附在地表土块或地面其他物体。出土至羽化需时 11 ~ 20 d，平均 14 d。自 5 月下旬到 8 月中旬陆续有越冬成虫羽化。一般第一代卵盛期在 6 月底至 7 月中旬，卵期 7 ~ 14 d，多为 8 d，当年第一代成虫羽化期自 7 月中旬至 9 月中旬。第二代卵盛期在 8 月中下旬。

【防治方法】　桃小食心虫在脱果期和出土期，幼虫暴露在外，地面施药时药剂可直接接触虫体，因而有相当好的杀虫效果，对刚羽化的成虫也有较好的毒杀作用。树上喷药可以杀灭卵和初孵化的幼虫，能起到良好的防治效果，但由于桃小食心虫在我国苹果主产区的卵发生期恰好是雨季（第一代卵盛期在 6 月下旬至 7 月中旬，第二代卵盛期在 8 月上旬至 8 月下旬），有些年份往往遇到阴雨连绵而无法喷药或药效降低时，虫害损失严重，单纯依靠树上喷药防治有一定风险。所以，防治桃小食心虫应做好地面和树上两方面的防治。

1. **人工深翻埋茧**　结合秋季开沟施肥，把距树干 1 m 以内、深 14 cm 以上含有越冬虫茧的表土填入施肥沟内埋掉。也可在越冬幼虫连续出土时（豫西地区为 5 月下旬），在树干 1 m 以内压土 4 ~ 7 cm，并拍实，使结夏茧幼虫和蛹窒息死亡。

2. **套袋防虫**　在害虫产卵前，进行果实套袋，可以预防多种食果害虫。在河南应在 5 月中下旬前完成套袋。

3. **药剂处理土壤**　可有效地防治出土幼虫和蛹及刚羽化的成虫，甚至冬茧中的幼虫。当性诱剂连续 3 d 都诱到成虫时，此时基本上就是幼虫出土始盛期，应开始第 1 次地面施药。施药前清除树干下及附近的杂草，以便药剂落到地表渗入土中。常用药剂有：50% 辛硫磷乳油，每次用药量 500 mL/ 亩；或 50% 二嗪磷乳油 200 ~ 300 倍液，每隔 15 d 施药 1 次，连施 2 ~ 3 次，防治效果较好。施药时，可将药剂 500 mL 与细土 15 ~ 25 kg 充分混合，均匀撒在 1 亩地树冠下的地面，用手耙将药土与土壤混合、整平，或药剂 500 mL 与清水 150 kg 配成水溶液，均匀喷洒在 1 亩地的树冠下地面。或施 25% 辛硫磷微胶囊剂，每次用药量 500 g/ 亩兑水 25 kg，拌细土 150 kg，拌匀，撒在 1 亩地的果园中，连施 2 ~ 3 次，或每亩用药 0.5 kg，兑水 100 kg，树盘内喷洒。上年虫果率在 5% 以下的果园，不必土壤处理。

为使桃小食心虫全部都在树冠下土中越冬而不分散到他处，以集中防治出土的幼虫，应在桃小食心虫脱果期间（8 月上旬至采收）始终保持树冠下土壤呈疏松状态，还要在树冠下的地面铺草，以诱使桃小幼虫全部在树冠下土内作茧越冬。这样就可在地面施药时，防治绝大部分桃小食心虫幼虫。

4. **树上药剂防治**　防治卵和初孵幼虫。当卵果率达 1% ~ 2% 时，同时又发现极少数卵已孵化蛀果，果面有果汁流出时，立即喷药。可选药剂有高效氯氟氰菊酯、高效氯氰菊酯、氯虫苯甲酰胺、溴氰菊酯、甲氰菊酯、联苯菊酯、阿维菌素、毒死蜱、三唑磷、辛硫磷、S – 氰戊菊酯等。

树上喷药防治桃小食心虫，对每代卵和初孵幼虫可根据虫情喷药 1 ~ 2 次，共喷药 2 ~ 4 次。在防治第一代时，以中熟品种为主，由于着卵少，可根据田间虫情不进行喷药。防治第二代时，由于中、晚熟品种着卵率均较高，所以应全面喷药。

5. 园外防治 由于中、晚熟的苹果在采收时尚有部分幼虫未及脱果。因此，凡是堆放果实的地方，如临时堆果场、选包装场（点）、果品收购站、果酒厂和果窖等处，都可能遗留大量的越冬幼虫。对这些堆放果实的场地，应先用石碾镇压，再铺上 3.3 ~ 6.6 cm 厚的沙土，然后堆积果实，使脱果幼虫潜入沙中，以便集中防治。

6. 防止越冬代成虫产卵 在越冬幼虫出土前，将宽幅地膜（塑料薄膜）覆盖在树盘地面上，防止越冬代成虫飞出产卵，预防效果与地面施药效果相似，可试用。

7. 性诱剂防治 取口径 20 cm 的搪瓷碗，用略大于口径的细铁丝横穿 1 枚诱芯并置于碗口上方中央固定好，诱碗悬挂高度以诱芯距地面 1.5 m 为宜，每点相距 25 m。6 ~ 8 月放置，每天检查一次，捞出碗内虫体，并补充碗内所耗水分。诱芯每月更换 1 次。

8. 生物防治 保护利用天敌，中国齿腿姬蜂和甲腹茧蜂等是桃小食心虫的寄生性天敌，白僵菌等是其寄生菌。在适宜地区自然寄生率可达 30% ~ 50%。另外，从澳大利亚引进的新线虫和我国山东发现的泰山 1 号线虫，对桃小食心虫的寄生能力都很强。发挥天敌的灭虫效益，对防治桃小食心虫作用显著。

（二）梨小食心虫

梨小食心虫［*Grapholitha molesta*（Busck）］，又名东方果蛀蛾、梨姬食心虫、桃折梢虫，简称"梨小"，俗称蛀虫，属鳞翅目小卷叶蛾科。

梨小食心虫成虫　　　　　　　　　　　　　梨小食心虫幼虫为害苹果

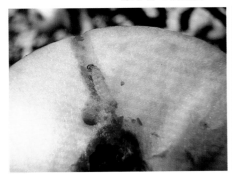  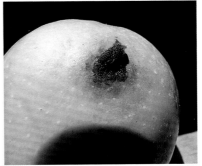

梨小食心虫幼虫在苹果内部蛀害　　　梨小食心虫幼虫在苹果幼果内为害状　　　梨小食心虫在果面形成排
粪孔

【分布与寄主】 梨小食心虫是世界性的主要蛀果害虫之一，分布于亚洲（中国、日本、朝鲜）、欧洲（法国、意大利）、北美洲（加拿大、美国）、大洋洲（澳大利亚、新西兰）。在中国分布很普遍，自南方至北方均有发生。梨小食心虫主要为害梨和桃，同时还为害苹果、山楂、李、杏、樱桃、沙果、海棠、枣、木瓜等。一般在桃树与梨树、苹果树混栽的果园为害较重。

【为害状】 梨小食心虫幼虫蛀入果内直达果心，食害种子和果肉。4 ~ 7 月桃、苹果、梨、李等果树新梢受害，幼虫多从上部叶腋蛀入，向下蛀食，蛀孔外有粪便，被害新梢渐次萎蔫下垂、干枯。一般每虫蛀梢 2 ~ 4 个。7 月蛀果，多从果肩或萼洼附近蛀入，直达果心，与桃小食心虫为害状相似。早期入果孔较大，孔外有粪便，孔周围变黑腐烂，逐渐变大凹陷。后期蛀孔小不易发现，孔周围呈现绿色。

【形态特征】

1. **成虫** 体长 5 ~ 7 mm，翅展 11 ~ 14 mm，暗褐色或灰黑色。下唇须灰褐色，上翘，触角丝状。前翅灰黑，前缘有 10 组白色短斜纹，中央近外缘 1/3 处有一明显白点，翅面散生灰白色鳞片，后缘有一些条纹，近外缘约有 10 个小黑斑。后翅浅茶褐色，两翅合拢，外缘合成钝角。足灰褐色，各足跗节末灰白色。腹部灰褐色。

2. **卵** 淡黄白色，扁椭圆形，长径 0.5 mm，短径 0.4 mm，中央略隆起。

3. **幼虫** 老熟时体长 10 ~ 13 mm，淡黄白色或粉红色。臀板浅黄褐色或粉红色，上有深褐斑点。腹部末端臀栉 4 ~ 7 刺。

4. **蛹** 体长 6 ~ 8 mm，黄褐色，外被有灰白色丝茧。

【发生规律】 梨小食心虫每年发生的世代数因地而异，河南每年发生 4 ~ 5 代。各地均以老熟幼虫在果树树干裂皮缝隙、根颈、土壤等处结灰白色薄茧越冬。豫西地区 3 月中下旬越冬幼虫开始化蛹，4 月中上旬越冬代成虫开始羽化，并在桃梢上产卵。5 月上旬孵出的第一代幼虫，蛀入桃梢内为害，一个幼虫可以为害 2 ~ 4 个梢，幼虫老熟后爬至枝杈等处化蛹，5 月底至 6 月中旬发生第一代成虫，产卵于桃树嫩梢或果实上。6 月底至 7 月上旬出现第二代成虫，大部分在苹果和梨上产卵为害。第三、第四代成虫发生于 7 月上旬至 9 月，孵化出的幼虫大量为害苹果和梨，此期是苹果和梨果受害的高峰时期。所以，在苹果、梨、桃混栽的果园，第一、第二代幼虫以为害桃梢为主，也可为害苹果树梢；第三、第四代以为害苹果、梨果为主。

成虫对糖醋液和黑光灯有趋性，需要取食花蜜补充营养，白天静伏在枝叶上，傍晚活动交尾。卵多产在果实肩部，特别在两果相接处产卵为多，少数产在叶背和果梗上，每雌产卵 50 ~ 100 粒。多雨湿潮的年份，有利于成虫的交尾、产卵和孵化，所以温暖潮湿的地区和年份，梨小食心虫为害较重。

【防治方法】

1. **科学建园** 新建果园时，避免将苹果、梨、桃等混栽或栽植很近。

2. **防治过冬幼虫** 在越冬幼虫脱果前，可自 8 月中旬起在树干束草，诱集梨小食心虫过冬，茧集中处理，或刮刷老翘皮，防治过冬幼虫。

3. **果实套袋** 防虫效果好，以双层袋效果更好，河南 5 月中上旬套袋最佳。

4. **剪除受害梢** 4 ~ 6 月，剪除果园内外刚萎蔫的受害桃梢并集中处理。

5. **诱杀成虫** 梨小食心虫性诱剂可广泛用于虫情监测、干扰交尾和大面积诱捕。该虫体小，成虫寿命较短，活动范围较小，雌、雄一生基本只交尾一次，属于可以依靠性诱捕而基本取代化学农药防治的少数虫种之一。使用性诱剂防治梨小食心虫，是现代生物信息技术应用与物理作业相结合的防治方法，是高效、经济、利于保护生态环境的防治方法。梨小食心虫性诱激素商品为"性诱芯"，利用它引诱雄成虫，并通过辅助设施达到杀虫效果。选用硬纸板，规格 35 cm × 35 cm，硬纸板的正面全部涂上粘虫胶，用细铁丝将性诱芯纵向穿透，绑缚在涂有粘虫胶的硬纸中心，注意性诱必须在涂有粘虫胶的一面，性诱芯与硬纸板的垂直距离为 2 ~ 3 cm，1 块粘虫胶涂板上放性诱芯 1 粒。将带有性诱芯的粘虫胶涂板，放在树冠内的主枝上面，放平架稳，以风刮不掉、不斜为宜，要尽量放置在枝叶庇荫处。每亩使用 10 粒，在田间均匀分布。可从 6 月上旬开始，至 9 月结束。性诱芯在田间的有效期一般为 50 d 左右，使用 50 d 后应换 1 次。性诱芯在不使用时应在冰箱冷冻室保存。也可以全园每株树上悬挂性诱芯，悬挂在树冠内离地面 1.5 m 左右的位置，20 d 更换 1 次，通过性诱剂对梨小食心虫雄成虫的迷向作用，使成虫不能产有效卵，因而起到防治作用。可用性诱剂诱杀成虫，悬挂性诱捕器密度应不少于 12 个 / 亩。

6. **果园内设置黑光灯或挂糖醋罐诱杀成虫** 糖醋液的比例是红糖 1 份、酒 2 份、醋 5 份、水 15 份，配置好的糖醋液最好是发酵 1 ~ 2 d 以后再使用，667 m² 可设置 10 ~ 15 处诱杀点，每点 2 ~ 3 个糖醋罐，平时注意清除罐中的成虫，白天加盖，傍晚打开，间隔 5 d 左右调换其中的液体。诱杀时期与性诱剂的使用时期相同。

7. **药剂防治** 掌握各代成虫盛发期或产卵孵化盛期，一般当卵果率达到 0.5% ~ 1% 时，进行喷药。特别是应抓住 6 月底至 7 月初（第二代成虫羽化产卵盛期）和 7 月底（第三代成虫羽化产卵盛期）这两个防治关键时期。药剂种类可参照桃小食心虫。

（三）桃蛀螟

苹果外有许多红褐色虫粪粘连树叶

蛀孔周围有大量红褐色虫粪

桃蛀螟为害苹果状

桃蛀螟幼虫为害苹果剖面

桃蛀螟幼虫为害苹果果实形成干果

多头桃蛀螟幼虫为害苹果果实

桃蛀螟成虫（1）

桃蛀螟成虫（2）

桃蛀螟［*Conogethes punctiferalis*（Guenée）］，又称桃蛀野螟、豹纹斑螟、桃蠹螟、桃斑螟、桃实螟蛾、豹纹蛾、桃斑蛀螟，幼虫俗称蛀心虫，属鳞翅目草螟科。

【分布与寄主】 国内分布于辽宁、陕西、山西、河北、北京、天津、河南、山东、安徽、江苏、江西、浙江、福建、台湾、广东、海南、广西、湖南、湖北、四川、云南、西藏。垂直分布的最高纪录为西藏的察隅，海拔 2 200 m。国外分布于日本、朝鲜、韩国、尼泊尔、印度、印度锡金邦、越南、缅甸、泰国、马来西亚、菲律宾、印度尼西亚、巴基斯坦、斯里兰卡、巴布亚新几内亚、澳大利亚。幼虫为害桃、梨、苹果、杏、李、石榴、葡萄、山楂、板栗、枇杷等果树的果实，还可为害向日葵、玉米、高粱、麻等农作物及松杉、桧柏等树木，是一种杂食性害虫。

【为害状】 两果相连处或叶果相连处产卵、受害较多。受害苹果外有许多虫粪常粘连树叶。果实被害后，幼虫蛀入果核，蛀孔周围堆积有大量红褐色虫粪。受害处内常有 1 头或多头幼虫为害，严重时受害苹果形成干果。

【形态特征】

1. **成虫** 体长 12 mm，翅展 22 ~ 25 mm，黄色至橙黄色，体、翅表面具许多黑斑点，似豹纹：胸背有 7 个；腹背第 1 节和第 3 ~ 6 节各有 3 个横列，第 7 节有时只有 1 个，第 2、8 节无黑点，前翅 25 ~ 28 个，后翅 15 ~ 16 个，雄虫第 9 节末端黑色，雌虫不明显。

2. **卵** 椭圆形，长约 0.6 mm，初产时乳白色，后变为红褐色，表面粗糙，有网状线纹。

3. **幼虫** 老熟时体长 22 ~ 27 mm，体背暗红色，身体各节有粗大的褐色毛片。腹部各节背面有 4 个毛片，前两个较大，后两个较小。

4. **蛹** 长 13 mm 左右，黄褐色，腹部 5 ~ 7 节前缘各有 1 列小刺，腹末有细长的曲钩刺 6 个。茧灰褐色。

【发生规律】 我国从北到南，1 年可发生 2 ~ 5 代。河南 1 年发生 4 代，以老熟幼虫在树皮裂缝、桃僵果、玉米秆等处越冬。翌年 4 月中旬，老熟幼虫开始化蛹。各代成虫羽化期为越冬代在 5 月中旬，第一代在 7 月中旬，第二代在 8 月中上旬，第三代在 9 月下旬。成虫白天在叶背静伏，晚间多在两果相连处产卵。幼虫孵出后，多从萼洼蛀入，可转害 1 ~ 3 个果。化蛹多在萼洼处、两果相接处和枝干缝隙处等结白色丝茧。

【测报方法】

1. **成虫发生期测报** 利用黑光灯或糖醋液诱集成虫，逐日记载诱虫数。

2. **田间查卵** 自诱到成虫后，选代表苹果树 5 ~ 10 株，每 2 ~ 3 d 检查 1 次，每次查果实 1 000 ~ 1 500 个，统计卵数，当卵量不断增加、平均卵果率达 1% 时进行喷药。

3. **性外激素的利用** 利用顺、反 –10– 十六碳烯醛的混合物，诱集雄蛾。

【防治方法】

1. **清除越冬幼虫** 冬、春季清除玉米、高粱、向日葵等遗株，并将桃树等果树老翘皮刮净，集中处理以减少虫源。

2. **喷药防治** 药剂治虫的有利时机在第一代幼虫孵化初期（5 月下旬）及第二代幼虫孵化期（7 月中旬）。防治用药参考桃小食心虫。

3. **果实套袋** 最好套牛皮纸袋。

4. **物理防治** 根据桃蛀螟成虫趋光性强的特性，可从其成虫刚开始羽化时（未产卵前），晚上在果园内或周围用黑光灯或糖醋液诱集成虫，集中杀灭，还可用频振式杀虫灯进行诱杀，以达到防治的目的。

5. **生物防治** 生产上利用一些商品化的生物制剂，如昆虫病原线虫、苏云金杆菌（*Bacillus thuringiensis*）和白僵菌［*Beauveria bassiana*（Bals）］来防治桃蛀螟。对桃蛀螟天敌的研究报道较少，已知的天敌有绒茧蜂、广大腿小蜂和抱缘姬蜂，还有黄眶离缘姬蜂等寄生蜂类；捕食性天敌有蜘蛛类，如奇氏猫蛛，利用天敌昆虫控制桃蛀螟的潜力还很大。利用桃蛀螟雄虫对雌虫释放的性信息素具有明显趋性，采用人工合成的性信息素或者拟性信息素制成性诱芯放于田间，诱杀雄虫或干扰雄虫寻觅雌虫交尾，使雌虫不育而达到控制桃蛀螟的目的。

（四）苹小食心虫

苹小食心虫（*Grapholitha inopinata* Heinrich），别名东北小食心虫、苹果小蛀蛾，简称"苹小"，属鳞翅目小卷叶蛾科。

苹小食心虫幼虫在果实内为害状

苹小食心虫蛀害果实，形成疤痕

【分布与寄主】　分布于东北、华北、西北地区和江苏等地。国外日本也有发生。寄主植物有苹果、梨、桃、花红、沙果、海棠、山楂等。

【为害状】　苹小食心虫以幼虫蛀害果实。初孵幼虫蛀入果内后，在皮下浅处蛀食果肉，一般不深入果心。在被害处形成褐色虫疤，群众称之为干疤。虫疤上有数个小虫孔，并有少许虫粪堆积在疤上。为害小型果实，如海棠、山楂、山定子等时，由于果实小，幼虫可蛀到果心。"干疤"是苹小食心虫典型的为害症状，很容易与其他食心虫的为害状相区别。

【形态特征】
1.成虫　体长 4.5 ~ 5.0 mm，翅展 10 ~ 11 mm。雌、雄蛾形态差异小。全体暗褐色，有紫色光泽，头部鳞片灰色，触角背面暗褐色，每节端部白色；唇须灰色，略向上翘。前翅前缘具有 7 ~ 9 组大小不等的白色钩状纹，翅面上有许多白色鳞片形成白色斑点，近外缘处的白色斑点排列整齐，顶角有一较大的黑斑，缘毛灰褐色。后翅比前翅色浅，腹部和足浅灰褐色。
2.卵　扁椭圆形，中央隆起，周缘扁平，表面或有明显而不规则的细皱纹。初产时乳白色，后变淡黄色，半透明，有光泽，近孵化时为淡黄褐色。
3.幼虫　老熟幼虫体长 6.5 ~ 9.0 mm，全体非骨化区淡黄色或淡红色。头部淡黄褐色，前胸盾淡黄褐色；各体节背面有两条桃红色横纹，前面一条粗大，后面一条细小。臀板淡褐色，具不规则的深色斑纹，臀栉深褐色，4 ~ 6 齿，腹足趾钩单序环 15 ~ 34 不等，大多 25 个左右，臀足趾钩 10 ~ 29 个，多为 15 ~ 20 个。
4.蛹　体长 4.5 ~ 5.6 mm，黄褐色或黄色，第 1 腹节背面无刺，第 2 ~ 7 腹节背面前缘和后缘各有成列小刺，第 3 ~ 7 腹节前缘的小刺成片，第 8 ~ 10 腹节只有 1 列较大的刺。腹末具 8 根钩状刺毛。茧为长椭圆形，灰白色。

【发生规律】　在北方果区 1 年发生 2 代，以老熟幼虫在树皮裂缝下结污白色薄茧越冬。豫西地区，5 月中下旬越冬代成虫羽化，随之出现第一代卵，第一代成虫羽化期在 7 月中下旬。成虫白天不活动，潜伏在叶背，傍晚产卵。卵多产在果实光滑表面，每头雌虫产卵 50 多粒。产卵 4 ~ 7 d 后，孵化出的幼虫蛀入果内，入果后 2 ~ 3 d 虫疤上有 2 ~ 3 个排粪孔，幼虫向四周扩展，很少深入果心，在果内发育 20 d 左右，在树皮裂缝处化蛹。第一代幼虫多在 8 月初脱果化蛹，第二代幼虫多在 9 月中旬脱果越冬。

成虫昼伏夜出，黄昏活动较盛，对苹果醋、糖蜜、糖醋液、茴香油和黄樟油均有趋性，但趋光性不强。成虫喜将卵散产在光滑的果面上，大多卵均落在果实的胴部，萼洼、梗洼处卵很少。因此，在施用杀卵药剂时，应重点放在果面上。在梨树上，成虫卵主要产在果实上，少数产在叶片上。

初孵幼虫在果面卵壳附近爬行 20 min 左右后，咬破并蚕食果皮，约 1 h 后，开始在适当的部位蛀入果内，幼虫在果内历期因种而异。据研究观察，在红玉果实中为 20.9 d，国光为 28.9 d。幼虫向四周扩展，很少深入果心。

【防治方法】
1.越冬防治　果树发芽前，刮除翘皮下越冬幼虫。
2.诱杀防治　在幼虫蛀果前，在树干、侧枝上铺盖草袋，待幼虫脱果潜入后，集中处理；利用糖醋液诱杀成虫。
3.摘除虫果　在苹小食心虫发生不重的果园，可结合疏果、摘除虫果和捡拾虫果，集中处理，这是经济有效的防治办法。
4.树上喷药　在苹小食心虫常年为害的果园，一般需喷药 4 次。第 1 次喷药应在第一代卵连续出现 5 ~ 6 d 时，第 2 次应在第一代卵盛期喷药，第 3 次在第二代卵发生初期，第 4 次应在第二代卵盛期。所用药剂参见桃小食心虫。

（五）苹果蠹蛾

苹果蠹蛾〔*Cydia pomonella*（L.）〕，又名苹果小卷蛾，俗称食心虫，简称"苹蠹"，属鳞翅目小卷叶蛾科。

苹果蠹蛾为害苹果外观

苹果蠹蛾幼虫为害状

苹果蠹蛾成虫

苹果蠹蛾幼虫

【分布与寄主】　苹果蠹蛾在世界范围广泛分布，苹果蠹蛾被列为世界上为害严重且较难防治的蛀果害虫之一，由于其幼虫及蛹可随果品、包装材料等传播到别的地方，并且仅在局部地方发生，因此该虫被列为国内外检疫对象。苹果蠹蛾在 20 世纪 50 年代前后经由中亚地区进入我国新疆，20 世纪 80 年代中期进入甘肃省，之后持续向东蔓延。宁夏部分地区也有发生；2006 年，在内蒙古自治区发现有该虫的分布。另外，2006 年也在黑龙江省发现，这一部分可能由俄罗斯远东地区传入。苹果蠹蛾主要为害苹果、沙果、梨，也能为害桃、杏等。

【为害状】　苹果蠹蛾幼虫蛀食果实，偏嗜种子。苹果、沙果被害后，蛀入孔外堆积有褐色的粪粒和碎屑，由丝连缀成串挂在果上。一头幼虫常蛀食两个或两个以上的果实，并可引起早期落果。幼虫多由果实胴部蛀入，如果实质地较硬，多从萼洼蛀入。为害严重时，纵横穿食果肉，呈"豆沙馅"状，并转果为害。幼虫排出虫粪，堆积在蛀孔外，并有丝缠住。为害严重时造成大量落果，早、中熟苹果落果较重，晚熟苹果落果较轻。

【形状特征】

1. **成虫**　体长 8 mm，翅展 15 ～ 22 mm，体灰褐色，前翅臀角处有深褐色椭圆形大斑，内有 3 条青铜色条纹，其间显出 4 ～ 5 条褐色横纹；翅基部外缘突出，略呈三角形，杂有较深的斜形波状纹，翅中部颜色最浅，为淡褐色，也杂有褐色斜形的波状纹。前翅 R4+5 脉与 M3 脉的基部明显，通过中室；R2+3 脉的长度约为 R4+5 基部至 R1 脉基部间距离的 1/3；组成中室前缘端部的一段 R3 脉的长度约为连接 R3 脉与 R4 脉的分横脉（S）的 3 倍；R5 脉达到外缘；Cu2 脉左起自中室后缘 2/3 处；臀脉（1A）1 条，基部叉很长，约占臀脉的 1/3。后翅黄褐色，基部较淡；Rs 脉与 M1 脉基部靠近；M3 脉与 Cu1 脉共柄；雌虫翅缰 4 根，雄虫 1 根。

2. **卵** 椭圆形，长 1.1 ~ 1.2 mm，宽 0.9 ~ 1.0 mm，极扁平，中央部分略隆起，初产时像一极薄的蜡滴，半透明。随着胚胎发育，中央部分呈黄色，并显出 1 圈断续的红色斑点，后则连成整圈，孵化前能透见幼虫。卵壳表面无显著刻纹，放大 100 倍以上时，则可见不规则的细微皱纹。卵多产在树冠上层的果实胴部及叶面上。

3. **幼虫** 老熟幼虫体长 14 ~ 28 mm，胴部红色，头部黄褐色，前胸背板淡黄色，有褐色斑点，臀板色更浅，有淡褐色斑点，无臀栉，这一特点与桃小食心虫相似，但前胸气门前毛片上生有 3 根刚毛（桃小食心虫生有 2 根刚毛），腹足趾钩单序缺环（外缺），趾钩 14 ~ 30 个。初龄幼虫体多为淡黄白色，成熟幼虫 14 ~ 18 mm，多为淡红色，背面色深，腹面色浅。头部黄褐色。前胸盾片淡黄色，并有褐色斑点，臀板上有淡褐色斑点。

4. **蛹** 体长 7 ~ 10 mm，淡褐色至深褐色。全体黄褐色。复眼黑色。喙不超过前足腿节。雌蛹触角较短，不及中足末端，雄蛹触角较长，接近中足末端。中足基节显露，后足及翅均超过第 3 腹节而达第 4 腹节前端。雌蛹生殖孔开口在第 8、第 9 腹节腹面，雄虫开口在第 9 腹节腹面，肛孔均开口在第 10 腹节腹面。雌雄蛹肛孔两侧各有 2 根钩状毛，加上末端有 6 根（腹面 4 根，背面 2 根）共为 10 根。第 1 腹节背面无刺；腹节 2 ~ 7 背面的前后缘各有 1 排刺，前面一排较粗，大小一致，后面一排细小；腹节 8 ~ 10 背面仅有 1 排，第 10 腹节上的刺仅为 7 ~ 8 根。

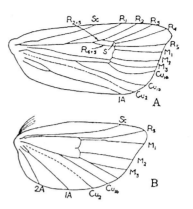

苹果蠹蛾 A：前翅 B：后翅

【发生规律】 在新疆一年发生 2 ~ 3 代，第一代部分幼虫有滞育现象，这部分个体 1 年仅完成 1 代。一般 1 年可完成两个世代，有的还能发育到第三代。以老熟幼虫作茧越冬，越冬地点在树皮裂缝、分枝处和各种包装材料上。在新疆伊宁地区各代成虫发生期为：越冬代在 5 ~ 6 月，盛期在 5 月下旬；第一代在 7 ~ 8 月，盛期在 7 月中旬，第二代在 9 月。雌成虫平均产卵 40 粒左右，卵多散产在果实上。幼虫蛀入苹果、沙果后，在果皮下咬成一小室，并在此室蜕第 1 次皮，以后幼虫向心室蛀食，并在心室旁蜕第 2 次皮，然后蛀入心室内部，蜕第 3 次皮。以后，幼虫开始转果为害。

成虫羽化后 1 ~ 2 d 进行交尾产卵。交尾绝大多数在下午黄昏以前，个别在清晨进行。卵多产在叶片的正面和背面，部分也可产在果实和枝条上，尤以上层的叶片和果实着卵量最多，中层次之，下层最少。卵在果实上则以果面为主，也可产在萼洼及果柄上。在方位上，卵多产在阳面上，故生长稀疏或树冠四周空旷的果树上产卵较多；树龄 30 年的较 15 ~ 20 年的树上产卵量多。第一代卵产在晚熟种上的较中熟品种的多。雌蛾一生产卵少则 1 ~ 3 粒，多则 84 ~ 141 粒，平均 32.6 ~ 43 粒。成虫寿命最短 1 ~ 2 d，最长 10 ~ 13 d，平均 5 d 左右。

第一代卵期最短 5 ~ 7 d，最长 21 ~ 24 d，平均 9.1 ~ 16.5 d；第二代最短 5 ~ 6 d，最长 10 d，平均 8 d。刚孵化的幼虫，先在果面上四处爬行，寻找适当场所蛀入果内。蛀入时不吞食果皮碎屑，而将其排出蛀孔外。在花红上多数幼虫从果面蛀入；在香梨上多数从萼洼处蛀入；在杏果上则多数从梗洼处蛀入。幼虫能蛀入果心，并食害种子。幼虫在苹果和红花内蛀食所排出的粪便和碎屑呈褐色，堆积于蛀孔外。由于虫粪缠以虫丝，为害严重时常见其串挂在果实上。

幼虫从孵化开始至老熟脱果为止，完成幼虫期所需的天数，最短为 25.5 ~ 28.6 d，最长为 30.2 ~ 31.2 d，平均为 28.2 ~ 30.1 d。非越冬的当年老熟幼虫，脱离果实后爬至树皮下，或从地上的落果中爬上树干的裂缝处和树洞里作茧化蛹。在光滑的树干下，幼虫则可化蛹于地面上其他植物残体或土缝中。此外，幼虫也能在果实内、果品运输包装箱及贮藏室等处作茧化蛹。越冬代蛹期 12 ~ 36 d，第一代蛹期 9 ~ 19 d；第二代 13 ~ 17 d，平均 15.7 d。

苹果蠹蛾的主要传播途径是以未脱的幼虫或在果内化成的蛹随果品远距离传播。也有少数幼虫在运输过程中，脱果爬到包装物、果筐和运输工具上化蛹而被远距离携带传播。苹果蠹蛾为小蛾类害虫，自身传播能力较差，一般在田间最大飞行距离为 500 m 左右。

【防治方法】

1. **加强检疫** 苹果蠹蛾是世界性的主要蛀果害虫，在我国属局部发生。为了防止幼虫或蛹随蛀果或调运果品的木箱运出，应严格执行检疫制度。在当地果园设置性诱剂监视，一旦发现苹果蠹蛾，应尽早处置。

2. **农业防治** 经常保持果园清洁，随时捡拾地下落果。作为临时堆果的场地，用毕后应彻底加以清除，将虫果、烂果移出园外予以处理。在早春花芽膨大前，清除果树支柱裂缝，填补树洞，刮除翘起的老树皮。刮后必须及时处理刮下的树皮，再进行树干涂白。利用老熟幼虫潜入树皮下作茧化蛹的习性，可根据树型（直立或匍匐状）的具体情况，在主干分枝之下，束一段草带或破布，借以诱集幼虫。每隔 10 d 检查 1 次，防治其中幼虫或蛹。

3. **药剂防治** 初孵化的幼虫咬破卵壳，便开始寻找果实和嫩梢蛀入，经解剖虫果证实，1 ~ 2 龄幼虫在果皮与果肉的浅层 1 ~ 2 cm 处活动时应是化学防治的最佳时机，3 龄以后幼虫便蛀入果实的深层，再进行化学防治已无效果。所以，化学防治应在幼虫孵化的高峰期进行，对刚孵化而没钻进果实的 1 龄幼虫杀伤最大，此时即使没有孵化的卵，其卵壳上沾有农药，幼虫孵化咬破卵壳时也能受害。因此，抓住化学防治的两个关键时期：①落花后4月底至5月上旬，在此期间防治2次，时间间隔7～10 d；②采收前8月中下旬，均匀细致地喷洒杀虫剂。可以选用的药剂较多，药剂种类可参照桃小食心虫。

4. 生物防治　在新疆，苹果蠹蛾的卵常被广赤眼蜂（*Trichogramma evanescens* Westwood）所寄生，在7月下旬对第二代卵的自然寄生率可高达50%。

5. 物理防治　从4月开始，每30亩果园安装一盏频振式杀虫灯诱杀成虫，杀虫灯的安放位置应高出果树的树冠，定期进行清理。

6. 性诱防治　从4月下旬起，通过性诱剂等诱杀成虫诱捕器设置时间为整个成虫发生期，密度为2～4个/亩，并在羽化高峰期对果园喷药防治第一代卵和初孵幼虫。当新侵入苹果蠹蛾在上年越冬代诱蛾量低于10头时，使用性诱剂、迷向剂喷药的措施，通过1～2年防治可以铲除苹果蠹蛾，如果虫口密度较高，需要连续3～4年才能铲除苹果蠹蛾。

（六）梨圆蚧

梨圆蚧［*Quadraspidiotus perniciosus*（Comstock）］，又名梨枝圆盾蚧、梨笠圆盾蚧，俗称树虱子，属同翅目盾蚧科。

梨圆蚧成虫与若虫为害苹果果实

梨圆蚧为害苹果果面，形成红斑（1）

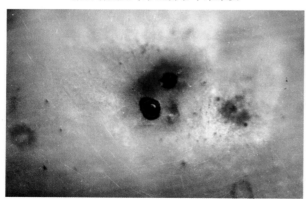

梨圆蚧为害苹果果面，形成红斑（2）

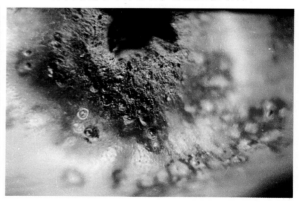

梨圆蚧在苹果萼洼附近为害呈现红色圆斑和凹陷

【分布与寄主】　国内分布普遍，局部地区为害较重。国外分布于亚洲东部、西欧、美洲及大洋洲（澳大利亚）等。梨圆蚧是国际植物检疫对象之一，已知寄主植物达307种，果树中主要为害苹果、梨、枣、李、杏、海棠、樱桃、梅、山楂、核桃、柿、葡萄等。

【为害状】　梨圆蚧以成虫、若虫用刺吸式口器固定为害果树、干、嫩枝、叶片和果实等部位，喜群集阳面，夏季虫口数量增多时才蔓延到果实上为害。受害枝干生长发育受到抑制，常引起早期落叶，严重时树木枯死，叶片受害处变褐，同时产生枯斑或叶片脱落，果实受害随不同寄主植物而异，苹果果实受害处有的品种表面凹陷，有的品种受害处在虫体周围产生紫红色晕圈。

【形态特征】

1. **成虫** 雌虫蚧壳扁圆锥形，直径为 1.6 ~ 1.8 mm。灰白色或暗灰色，蚧壳表面有轮纹。中心鼓起似中央有尖的扁圆锥体，壳顶黄白色，虫体橙黄色，刺吸口器似丝状，位于腹面中央，腿足均已退化。雄虫体长 0.6 mm，有一膜质翅，翅展约 1.2 mm，橙黄色，头部略淡，眼暗紫色，触角念珠状，10 节，交尾器剑状，蚧壳长椭圆形，约 1.2 mm，常有 3 条轮纹，壳点偏一端。

2. **若虫** 初孵若虫约 0.2 mm，椭圆形，淡黄色，眼、触角、足俱全，能爬行，口针比身体长，弯曲于腹面，腹末有 2 根长毛，2 龄开始分泌蚧壳。眼、触角、足及尾毛均退化消失。3 龄雌雄可分开，雌虫蚧壳变圆，雄虫蚧壳变长。

【发生规律】 豫西苹果产区每年发生 3 代，以 2 龄若虫在枝干上过冬。翌年春树液流动时若虫继续为害，4 月上旬可以分辨雌雄介壳。雄虫 4 月中旬化蛹，5 月上中旬羽化交尾；雌虫在介壳下胎生若虫，每头雌成虫一般产若虫 54 ~ 110 头。初产若虫爬到枝干、果实和叶片上，将口器刺入组织吸收汁液，并分泌蜡质绵毛，很快形成蚧壳。苹果产区各代若虫发生期：第一代在 5 ~ 6 月，第二代在 7 ~ 9 月，第三代在 9 ~ 11 月。7 月以前主要在枝条上为害，8 月以后上果为害。

【防治方法】

1. **加强检疫** 防止带虫苗木引进新果园。

2. **药剂防治** 果树萌芽前，对虫量较多的果园喷布 5° Bé 石硫合剂，或喷 4% ~ 5% 煤焦油（或机油），也可喷 200 倍液洗衣粉。对点片发生的果园，冬季修剪时及时剪除受害枝梢。在越冬代和第一代成蚧产卵后，可在幼、若蚧虫发生盛期，用 25% 噻嗪酮可湿性粉剂 1 500 ~ 2 000 倍液喷雾，药后 5 d 即可显出较好的效果。雄虫羽化和第一代若虫出现时，喷布 50% 毒死蜱乳油 1 000 倍液。

3. **生物防治** 梨圆蚧的天敌有 50 多种，主要有红点唇瓢虫（*Chilocorus kuwanae* Silvestri）和肾斑唇瓢虫（*Chilocorus bijugus* Mulsant），瓢虫食量很大，一生可吃掉梨圆蚧 1 500 头以上，主要发生期为 5 ~ 7 月。寄生蜂有梨圆蚧蚜小蜂（体长约 0.7 mm，黑褐色，对梨圆蚧越冬代寄生率可达 50% 以上），梨圆蚧黄蚜小蜂（体长 0.8 mm，土黄色，寄生率可达 17% 左右）及跳小蜂，发生期为 6 ~ 8 月。加强发芽前防治，生长季节避免使用广谱性杀虫剂，以保护天敌。蚧壳虫天敌较多，只要保护好自然天敌，一般不会造成很大损失。

（七）苹异银蛾

苹异银蛾（*Argyresthia assimilis* Moriuti），属鳞翅目银蛾科。

苹异银蛾蛀害果实

苹异银蛾不同虫态

【分布与寄主】 1980 年在陕西凤县发现苹异银蛾严重为害苹果，果实被害率达 50% 以上。苹异银蛾分布于陕西凤县、丹凤、铜川、旬邑，甘肃省的天水、庆阳和正宁等县市。幼虫蛀食苹果、楸子的果实和种子。

【为害状】 苹异银蛾幼虫入果孔多在萼洼处，孔口外有白色泪珠状果胶，幼虫直入果心蛀食种子，粪便排在心室内，脱果孔多在果胴部。

【形态特征】

1. **成虫**　体长 4 ～ 6 mm，头和胸部淡黄白色。翅展 14 ～ 16 mm，翅尖有一明显小白点。前后翅均有长缘毛。前翅后缘基半部有银白色条斑。

2. **卵**　长椭圆形，横卧式，长径为 0.4 ～ 0.5 mm。表面有蜂窝状刻纹，初产时淡肉红色，将孵化时一端呈灰褐色。

3. **幼虫**　老熟幼虫体长 7 ～ 9 mm。体背绛红色，腹面淡灰绿色，除头、胸足、前胸背板中部及臀板褐色外，腹部第 9 节背面还有 2 个褐色长形骨片，肛足基部外侧也环绕有褐色骨片，这是与其他几种食心虫最显著的区别。

4. **蛹**　长 4 ～ 5 mm，黄褐色，腹末有 4 个短刺和 4 根臀棘。

5. **茧**　长约 8 mm，梭形，白色，共 2 层，内层茧致密，外层茧沙网状。

【发生规律】　在陕西凤县每年发生 1 代。以蛹茧在苹果树盘、堆果场的表土层中越冬。翌年 5 月底，当小国光拇指大时，成虫开始羽化出土，盛期在 6 月中上旬，一直到 8 月上旬田间仍可见个别成虫；产卵盛期在 7 月中上旬；8 月中旬至 10 月幼虫陆续脱果越冬。成虫寿命最短 7 d，最长 30 d，平均 15 d；产卵前期 8 ～ 10 d；卵期 8 ～ 10 d；幼虫期 30 ～ 50 d，蛹期 280 d。

成虫于黄昏和夜间活动，静止时腹部和后足向上方斜举，有弱趋光性。雌虫一生可交尾多次，卵散产于果实萼洼处，每只雌蛾可产卵 50 多粒。成虫喜冷凉气候，气温在 30 ℃以上时寿命仅 1 ～ 2 d，不能产卵。

幼虫多于清晨孵化，蛀果初期由蛀孔流出泪珠状果胶，干后呈白色蜡粉状，蛀孔愈合呈一小黑点，幼虫直入果心蛀食种子，脱果孔比桃小食心虫的脱果孔小。有些脱果孔周围的果肉被食而显出一圈枯黄色果皮，被害果实不变形，果皮外无虫粪。

【防治方法】

1. **成虫羽化出土前夕**　树盘深翻 10 cm 以上，将土块打碎拍实，抑制成虫出土。成虫羽化出土前夕，树盘土壤喷 32% 辛硫磷微胶囊 0.5 kg，用水稀释 100 倍，防止成虫羽化出土上树。

2. **成虫羽化产卵期**　树冠选喷氯氟氰菊酯、高效氯氰菊酯、杀螟硫磷、氯虫·高氯氟、灭幼脲、氯虫苯甲酰胺等。

（八）梨虎象甲

梨虎象甲（*Rhynchites foveipennis* Fairmaire），又名朝鲜梨象虫、梨虎，俗称梨狗子，属鞘翅目象甲科。

【分布与寄主】　在我国南、北果产区均有分布，管理粗放的果园受害严重。为害梨、苹果、花红、山楂、杏、桃等。

【为害状】　成虫和幼虫均可为害果实。成虫啃食果皮和果肉造成果面粗糙，俗称"麻脸"，并于产卵前咬伤被害果的果柄，造成落果。幼虫在果内蛀食，使受害果皱缩。

【形态特征】

1. **成虫**　体长 12 ～ 14 mm，宽 4.2 ～ 4.6 mm，体背紫红色，发金属光泽，略带绿色或蓝色，腹面深紫铜色；头部向前延伸成似象鼻状的头管，雌虫头管直，触角着生于头管中部；雄虫头管尖端向下弯曲，触角着生于头管端部 1/3 处。头管中央有纵脊延伸至复眼前，前胸背面具明显凹陷，呈"小"字形，雄虫前足两侧各有 1 对瘤状突起。头部背面、前胸均密布刻点，鞘翅上刻点粗大，略呈 9 纵行。

2. **卵**　长约 1.5 mm，椭圆形，表面光滑，初产乳白色，后渐变乳黄色。

3. **幼虫**　老龄幼虫体长约 12 mm，每体节中部有一横沟，将各节背面分成前后两部分，后半部着生有排列不整齐的 1 列黄褐色刚毛。

4. **蛹**　体长约 9 mm，体黄褐色，外形与成虫相似，体表被细毛。

【发生规律】　绝大多数 1 年发生 1 代，以成虫潜伏在蛹室内越冬。少数 2 年 1 代，以幼虫越冬。越冬成虫在豫西自 4 月下旬至 7 月中旬都有出土，以 5 月下旬至 6 月中旬为出土盛期。出土后的成虫飞到树上，咬食果实的果皮，经 7 ～ 14 d 开始产卵。产卵时先把果柄基部咬伤，然后转到果实上咬一小孔，产 1 ～ 2 粒卵于其中，再以分泌的黏液封口，产卵处呈黑褐色斑点。6 月中下旬至 7 月上旬为产卵盛期，此期间可造成大量落果。成虫寿命很长，产卵期可达 2 个月，每天可产卵 1 ～ 6 粒，每头雌虫平均产卵 70 ～ 80 粒。每头成虫一生可损害 100 ～ 200 个果子，因此当一株树上有几头成虫，即

梨虎象甲为害的苹果幼果有疤痕

梨虎象甲幼虫蛀害苹果幼果

梨虎象甲为害的苹果幼果皱缩变小

梨虎象甲成虫

梨虎象甲成虫在苹果上交尾

梨虎象甲在苹果幼果内产卵

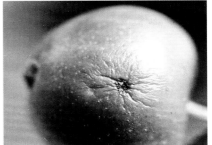
梨虎象甲在苹果幼果上的产卵孔

可造成明显的损失。孵化的幼虫即在果内蛀食，被害果多在产卵后 10 d 左右脱落，幼虫在落果中继续食害，经 20 d 以上，幼虫老熟后脱果入土，7 月上旬至 8 月中旬是幼虫脱果入土最多的时期。在 3 ~ 7 cm 深处作土室化蛹。8 月中旬至 10 月上旬为化蛹期，羽化出的成虫当年不出土，即在蛹室越冬。

【防治方法】

1. **人工防治**　在成虫出土期清晨摇树，下铺布单，捕杀落下的成虫。及时捡拾落果，防治果内幼虫。

2. **药剂防治**　在成虫出土时，地面喷布 25% 辛硫磷微胶囊 200 倍液，集中喷树盘，防治出土上树的成虫。成虫发生期喷洒 80% 敌敌畏乳油 800 ~ 1 000 倍液，50% 敌百虫 1 000 倍液，或 50% 杀螟松乳油 1 000 倍液，防治树冠上的成虫。

（九）棉铃虫

棉铃虫（*Heliothis armigera* Hübner），又名棉桃虫、青虫，属鳞翅目夜蛾科。

棉铃虫幼虫为害苹果新梢叶片

棉铃虫幼虫为害叶片

棉铃虫幼虫蛀害苹果幼果

棉铃虫成虫

【分布与寄主】 棉铃虫是世界性害虫，中国各地均有发生。为害棉、玉米、大豆、烟草、番茄、辣椒等农作物和蔬菜，有时对苹果为害趋于严重。

【为害状】 棉铃虫幼虫食嫩梢和幼叶，被害部呈孔洞和缺刻，蛀果成大孔洞，常引起腐烂脱落。

【形态特征】

1. **成虫** 体长 14 ~ 18 mm，翅展 30 ~ 38 mm，灰褐色。前翅有褐色肾形纹及环状纹，肾形纹前方前缘脉上具褐纹两条，紫纹外侧具褐色宽横带，端区各脉间生有黑点。后翅淡褐色至黄白色，端区黑色或深褐色。

2. **卵** 半环形，0.44 ~ 0.48 mm，初乳白色，后黄白色，孵化前深紫色。

3. **幼虫** 体长 30 ~ 42 mm，体色因食物或环境不同变化很大，由淡绿色、淡红色至红褐色或黑紫色。以绿色型和红褐色型常见。绿色型，体绿色，背线和亚背线深绿色，气门线浅黄色，体表布满褐色或灰色小刺。红褐色型，体红褐色或淡红色，背线和亚背线淡褐色，气门线白色，毛瘤黑色。腹足趾钩为双序中带，两根前胸侧毛连线与前胸气门下端相切或相交。

4. **蛹** 长 17 ~ 21 mm，黄褐色，腹部第 5 ~ 7 节的背面和腹面具 7 ~ 8 排半圆形刻点，臀棘钩刺 2 根，尖端微弯。

【发生规律】 内蒙古、新疆 1 年发生 3 代，华北 1 年发生 4 代，长江流域以南每年发生 5 ~ 7 代，以蛹在土中越冬，翌年春气温达 15 ℃以上时开始羽化。华北地区 4 月中下旬开始羽化，5 月中上旬进入羽化盛期。1 代卵见于 4 月下旬至 5 月底，5 月中下旬幼虫即为害苹果幼果。1 代成虫见于 6 月初至 7 月初，6 月中旬为盛期，7 月为 2 代幼虫为害盛期，7 月下旬进入 2 代成虫羽化和产卵盛期，4 代卵见于 8 月下旬至 9 月上旬，所孵幼虫于 10 月中上旬老熟入土化蛹越冬。第一代主要在麦类、豌豆、苜蓿等早春作物上为害，第二、第三代为害棉花，第三、第四代为害番茄等蔬菜；从第 1 代开始为害果树，后期较重。成虫昼伏夜出，对黑光灯趋性强，萎蔫的杨柳枝对成虫有诱集作用，卵散产在嫩梢或果实上，每头雌虫可产卵 100 ~ 200 粒，多的可达千余粒。产卵期历时 7 ~ 13 d，卵期 3 ~ 4 d，孵化后先食卵壳，蜕皮后先吃蜕，低龄食嫩叶，2 龄后蛀果，蛀孔较大，外具虫粪，有转移习性，幼虫期 15 ~ 22 d，共 6 龄，老熟后入土，于 3 ~ 9 cm 处化蛹。蛹期 8 ~ 10 d。

【防治方法】

1. **农业防治**　果园内不要种植棉花、番茄等易诱棉铃虫产卵的农作物，以减少产卵量。

2. **生物防治**　在2代棉铃虫卵高峰后3～4 d及6～8 d，连续喷洒2次微生物杀虫剂，如苏云金杆菌乳剂或棉铃虫核型多角体病毒。

3. **药剂防治**　抓住孵化盛期至2龄幼虫尚未蛀入果内时，喷洒杀虫剂。控制棉铃虫为害果树的关键在于全面控制在棉田和其他主要寄主上的为害，以控制对果树的为害。

4. **诱杀**　利用高压汞灯或黑光灯诱杀或杨树枝诱蛾。

（一〇）白星花金龟

白星花金龟［*Protaetia brevitarsis*（Lewis）］，又名白纹铜花金龟、白星花潜，俗称瞎撞子，属鞘翅目花金龟科。

白星花金龟为害苹果果实

白星花金龟群集为害苹果

白星花金龟成虫交尾

【分布与寄主】　国内分布区域广，辽宁、河北、山东、山西、河南、陕西等地都有发生。国外日本、朝鲜、俄罗斯有分布。为害苹果、梨、桃、葡萄等果树。

【为害状】　白星花金龟成虫为害成熟的果实，也可为害幼嫩的芽、叶。

【形态特征】

1. **成虫**　体长20～24 mm。全体暗紫铜色，前胸背板和鞘翅有10多个不规则的白斑。

2. **卵**　圆形至椭圆形，乳白色，长1.7～2 mm，同一雌虫所产，大小亦不尽相同。

3. **幼虫**　老熟幼虫体长2.4～3.9 mm，体柔软肥胖而多皱纹，弯曲呈"C"字形。头部褐色，胴部乳白色，腹末节膨大，肛腹片上的刺毛呈倒"U"字形两纵行排列，每行刺毛19～22枚。

【发生规律】　1年发生1代，以幼虫在土中越冬。成虫在6～9月发生，喜食成熟的果实，常数头群集果实、树干烂皮等处吸食汁液，稍受惊动即迅速飞走。成虫对果醋液有趋性。喜在苹果树上交尾，7月成虫产卵于土中。

【防治方法】

1. **诱杀成虫**　利用成虫的趋化性进行果醋诱杀。

2. **农业防治**　幼虫多数集中在腐熟的粪堆内，可在6月前成虫尚未羽化时，将粪堆加以翻倒或施用，捡拾幼虫及蛹；也可利用成虫入土习性进行土壤处理。

（一一）金环胡蜂

金环胡蜂（*Vespa mandarinia* Sm.），俗称人头蜂、大胡蜂，属膜翅目胡蜂科。

金环胡蜂成虫为害苹果状　　　　　　　　　　　　　　　金环胡蜂成虫

【分布与寄主】　华北、西北地区以及浙江、台湾等地都有分布。为害苹果、桃、梨、葡萄、柑橘等。

【为害状】　金环胡蜂以成虫啮食成熟的水果，残留果皮、果核。

【形态特征】

1. **成虫**　雌蜂体长 40 mm 左右，工蜂体长约 25 mm。雌蜂体黑褐色，头橙黄色，额片前缘弓形，中央凹，两边凸出。腹部黑褐色，第 1、第 2 节中央及后缘黄色。

2. **幼虫**　白色，老龄幼虫长 15 mm，体肥胖，无足，体侧有刺突，固定在蜂巢内。

3. **卵**　白色，长椭圆形，长约 1.5 mm，附着在蜂巢内。

4. **蜂巢**　灰褐色，由木质纤维做成，呈人头形悬在树枝、树洞等处，直径 25 ~ 35 cm。

【发生规律】　由 1 个受精的蜂王在树洞等处越冬。翌年春晚霜过后，自 4 月下旬开始做巢产卵。幼虫孵出后，由蜂王饲喂，经化蛹羽化为成虫，成为第 1 批工蜂。此后，蜂王主要产卵，由工蜂建巢和饲喂幼虫。一个蜂王可繁殖数千头至上万头蜂。秋季在蜂巢内产生新蜂王，老蜂王即死去。自 7 月中旬起，金环胡蜂先为害早熟桃、梨、葡萄，9 ~ 10 月为害成熟的苹果，一个果实内常有 2 ~ 3 头金环胡蜂同时为害。

【防治方法】　在水果成熟前，去除果园附近的蜂巢；果实成熟期，在树上挂放由红糖、蜂蜜和水（1∶1∶15）加 0.4% 杀虫剂组成的诱杀液诱杀胡蜂。

（一二）梨蝽

梨蝽（*Urochela luteovaria* Distant），又名花壮异蝽，属半翅目异蝽科。

【分布与寄主】　国内分布于东北、华北、西北地区及云南等地。为害梨、苹果、杏、桃、李、樱桃等果树。

【为害状】　梨蝽以成虫和若虫刺吸花、芽、叶、枝和果实。被害叶片和枝条干枯。

梨蝽成虫交尾

【形态特征】

1. **成虫**　体椭圆形，扁平。体背面黑褐色。触角第 4 ~ 5 节基半部黄色，端半部黑色。腹部两侧有黄黑相间的斑露出翅外，极为明显。

2. **卵**　常 20 ~ 30 粒产在一起，卵粒椭圆形，长径约 0.8 mm，淡黄绿色，顶有刺 3 条。外覆黄白色或略呈紫红色的透明胶质物。

【发生规律】 该虫 1 年发生 1 代，以 2 龄若虫在树干、主枝、侧枝的裂缝处越冬。翌年春季，越冬若虫在树梢上为害，6 ～ 7 月羽化为成虫，除继续为害树梢外，还可为害果实。果实受害处畸形、硬化，叶片受害处呈黑色斑点。8 ～ 9 月成虫产卵，孵化出的若虫短期活动后潜伏越冬。

【防治方法】 参考 P90 茶翅蝽。

（一三）茶翅蝽

茶翅蝽（*Halyomorpha picus* Fabricius），又名臭木椿象，俗称臭大姐，属半翅目蝽科。

【分布与寄主】 国内东北、华北地区、南方各省区及山东、陕西、河南均有发生。为害苹果、桃、李、梨、杏、山楂等。

【为害状】 茶翅蝽以成虫、若虫吸食叶片、嫩梢和果实的汁液，正在生长的果实受害后，果面出现坚硬青疔，严重时形成凸凹不平的畸形果。

【形态特征】

1. **成虫** 体长约 15 mm，体灰褐色。触角 5 节，第 2 节比第 3 节短，第 4 节两端黄色，第 5 节基部黄色。前胸背板前缘有 4 个横列的黄褐色小点，小盾片基部有 5 个横列的小黄点。
2. **卵** 长约 1 mm，常 20 ～ 30 粒并排在一起，卵粒短圆筒状，灰白色，形似茶杯。

茶翅蝽成虫

【发生规律】 在豫西果区 1 年发生 2 代，以成虫在草堆、树洞、屋角、檐下、石缝等处越冬。翌年春 3 月中下旬，越冬成虫开始陆续出蛰，4 月中旬开始向苹果、桃、梨等果园及多种林木上迁飞、取食。5 月上旬越冬成虫开始交尾，5 月中下旬大量产卵；雌虫可产卵 5 ～ 6 次，每次产卵 30 粒左右，卵多产于叶背。第一代若虫始见于 5 月中旬，6 月中下旬第一代成虫开始交尾产卵，7 月上旬第二代若虫孵出，到 9 月初相继发育为成虫，于 10 月开始越冬。5 月中上旬，由于气温较低，成虫大部分时间处于静伏状态，自 5 月下旬开始，随着温度升高，特别是在 6 月中上旬，为害很重。

【防治方法】 参考 P91 麻皮蝽。

（一四）麻皮蝽

麻皮蝽（*Erthesina fullo* Thunb.），又名黄斑蝽，属于半翅目蝽科。

【分布与寄主】 分布于全国各地。食性很杂，为害梨、苹果、枣等果树及多种林木、农作物。

【为害状】 麻皮蝽刺吸枝干、茎、叶及果实汁液，枝干出现干枯枝条；茎、叶受害出现黄褐色斑点，严重时叶片提前脱落；果实被害后出现畸形或猴头果，被害部位常木栓化，受害果面呈现坚硬青疔。

【形态特征】

1. **成虫** 体长 18 ～ 23 mm，背面黑褐色，散布不规则的黄色斑纹、点刻。触角黑色，第 5 节基部黄色。
2. **卵** 圆筒形，淡黄白色，横径约 1.8 mm。

麻皮蝽成虫吸食汁液

麻皮蝽刺吸苹果形成青疔

3. **若虫**　初龄若虫胸、腹部有许多红、黄、黑相间的横纹。2龄若虫腹背有6个红黄色斑点。

【发生规律】　麻皮蝽在豫西1年发生2代，以成虫在向阳面的屋檐下墙缝间、果园附近阳坡、山崖的崖缝隙内越冬。翌年3月底4月初始出，5月上旬至6月下旬交尾产卵。1代若虫5月下旬至7月上旬孵出，6月下旬至8月中旬羽化成虫。2代卵期在7月上旬至9月上旬，7月下旬至9月上旬孵化为若虫，8~10月下旬羽化为成虫。

【防治方法】
1. **捕杀成虫**　春季越冬成虫出蛰时，清除门窗、墙壁上的成虫。
2. **药剂防治**　麻皮蝽对多种杀虫剂敏感，化学防治的关键问题不是药剂种类的选择，而是防治的关键时期。经试验，5月中旬前因气温较低，越冬成虫活动为害较轻，5月下旬至6月中上旬，随着气温不断升高，为害加重，出现全年为害最重、造成损失最大的时期。同时，越冬成虫已经迁移到果园，但尚未大量产卵，即5月下旬至6月上旬就是防治的关键时期。这一时期，如用药及时、喷布细致周到，可达到全歼越冬成虫的目的，如果延迟到7月中下旬才进行防治，将会使苹果受到严重危害，并造成严重经济损失。

（一五）桑天牛

桑天牛［*Apriona germari*（Hope）］，又名褐天牛、粒肩天牛、铁炮虫，属鞘翅目天牛科。

【分布与寄主】　国内分布于北京、天津、广东、广西、湖北、湖南、河北、辽宁、河南、山东、安徽、江苏、上海、浙江、福建、四川、江西、台湾、海南、云南、贵州、山西、陕西等省区；国外日本、朝鲜、越南、老挝、柬埔寨、缅甸、泰国、印度、孟加拉国有分布。主要为害苹果、无花果、桑、梨、柑橘、樱桃等。

桑天牛取食桑树新梢皮层补充营养

桑天牛在苹果树上的"川"字形产卵槽

桑天牛在苹果树上三处新的产卵槽

桑天牛在苹果树"川"字形产卵槽产的白色卵

桑天牛往年的产卵槽已经愈合

蚂蚁在桑天牛产卵槽内啮噬桑天牛卵

桑天牛幼虫在苹果树中为害

桑天牛为害苹果树干剖面（纵截面）

桑天牛为害苹果树干剖面（横截面）

桑天牛在苹果树干上排粪

桑天牛在苹果树干上的羽化孔

桑天牛成虫

桑天牛幼虫

【为害状】　桑天牛成虫食害嫩枝皮和叶；幼虫于枝干的皮下和木质部内向下蛀食，隧道内无粪屑，隔一定距离向外蛀 1 通气排粪屑孔，排出大量粪屑，削弱树势，重者枯死。

【形态特征】

1. 成虫　黑色，全身密被棕黄色或青棕色茸毛；体长 26 ~ 51 mm，体宽 8 ~ 16 mm。头部额区窄，复眼特别大，其横径相当于额宽的 2 倍；颊窄小；眼后沿有 2 ~ 3 行颗粒；前唇基棕红色；触角雌虫较体略长，雄虫超出体长 2 ~ 3 节，柄节和梗节黑色，以后各节前半黑色，后半灰白色。前胸近方形，背面有横皱，侧刺突基部及前胸侧片均有黑色光亮的隆起点刻。鞘翅基部黑色光亮的瘤状颗粒区占全翅 1/4 强；翅端缝角和缘角呈刺状突出。

2. 卵　长椭圆形，长 5 ~ 7 mm，前端较细，略弯曲，黄白色。

3. 幼虫　圆筒形，乳黄色，老熟幼虫长达 76 mm，前胸最宽处 13 mm。前胸背板的"凸"字形锈色硬化斑的前缘色深，后半部密布赤褐色片状刺突，中部刺突较大，向前伸展成 3 对纺锤状纹，呈放射状排列。腹部背步泡突由 2 条横沟组成，腹步泡突只有 1 条横沟。

4. 蛹　纺锤形，长约 50 mm，黄白色。触角后披，末端卷曲。翅达第 3 腹节。腹部 1 ~ 6 节背面两侧各有 1 对刚毛区，尾端较尖削，轮生刚毛。

【发生规律】　在河南省每 3 年繁殖 1 代。其幼虫蛀食树木枝干，自上而下，虫道沿髓心贯穿木材内部，并在虫道内越过两个冬季，于第三年 7 月中上旬羽化为成虫，飞出树体，到桑树或构树等桑科林木上取食一二年生幼枝的嫩皮，补充营养，以完成其发育后产卵。桑天牛在这段补充营养的过程中，如果没有取食桑科林木时，就完不成发育，不能产卵。桑天牛成虫在补充营养 10 ~ 15 d 后交尾产卵。再飞到苹果树的枝干上，咬"U"字形刻槽，致使树皮破裂，木材呈纤维状外伸，暴露于材皮外面，呈"山""川"字形。成熟的成虫就把卵产在槽中央的木质内部，卵单产。幼虫孵化后，即直接向内蛀食 1 cm 左右进入木质部，然后沿枝干向下蛀食。随着虫体变大，蛀道逐渐深入至木材髓心部。一头桑天牛幼虫，一生可蛀食隧道长达 4 ~ 6 m。桑天牛刻槽产卵行为主要包括刻槽位置选择、咬槽、产卵、封槽 4 个阶段。制作刻槽时头部向下，先咬"川"字形浅槽，再于浅槽下方咬椭圆形深槽，然后产卵器伸入深槽底部翘起的木缝并产卵于木质部中，封好的刻槽呈"U"字形，且中部突起。产卵器长约 14.28 mm，其上分布多个毛状感器，刻槽长约 13.78 mm，宽 7 mm。卵产在"U"字形刻槽内，每刻槽产卵 1 粒。每雌产 100 余粒。卵多产于径粗 5 ~ 35 mm 的枝干上，以径粗 10 ~ 15 mm 的枝干上产卵最多，约占 80%。产卵高度依寄主树龄而异，距地面 1 ~ 6 m 均有。

初孵幼虫向上蛀食约 10 mm 后，沿树干木质部往下蛀食，逐渐深入心材，如果植株矮小，下蛀可达根际。幼虫在坑道内每隔一定距离即向外咬一圆形排粪孔，排出红褐色虫粪和蛀屑，孔间距离自上而下逐渐增长。第一年排粪孔 5 ~ 7 个，第二年增至 10 ~ 14 个，第三年可达 14 ~ 17 个。在蛀害期间幼虫多在下部排粪孔处，仅在越冬期内，由于坑道底部常有积水，才向上移动。老熟幼虫在化蛹之前咬出羽化孔的雏形孔后，回到坑道内选择适当位置作蛹室并在其中化蛹。蛹室距羽化孔为 70 ~ 120 mm。羽化孔圆形，直径 11 ~ 16 mm。产卵处也可愈合。

粒肩天牛有几种主要天敌，如寄生在幼虫和蛹体内的花绒坚甲（*Dastarcus longulus*）和肿腿蜂（*Scleraderma* sp.），寄生于卵的长尾啮小蜂（*Aprostocetus fukutai*）、天牛卵姬小蜂（*Aprostocetus prolixus*）及捕食幼虫的啄木鸟类等，对天牛类的种群数量有一定抑制作用。蚂蚁也会啮噬桑天牛卵。

【防治方法】

（1）结合修剪除掉虫枝，集中处理。

（2）成虫发生期及时捕杀成虫，将其消灭在产卵之前。

（3）防治成虫。8% 氯氰菊酯触破式微胶囊剂（有商品名称为绿色微雷）是针对天牛而开发的新农药。这种触破式微胶囊剂选用脆性囊皮材料作为药剂包衣，使天牛成虫踩触或取食时破囊，一次性地释放出足以致死天牛成虫的有效剂量，而且药物作用点又是天牛保护机能最薄弱的跗节和足部，通过节间膜进入天牛体内，进而迅速杀死天牛成虫。故对天牛产生特效，同时又不伤天敌。使用时用氯氰菊酯触破式微胶囊剂 400 倍液将树皮喷湿，每平方厘米可达 4 个微胶囊，当大型天牛成虫在喷有触破式微胶囊剂的树干上爬行距离达 3 m，即可中毒死亡。当年第 1 批天牛羽化出孔时喷药为最佳时机，以避免其再取食和产卵为害。使用时注意用力摇动药液以达到上下均匀。喷药位置在树干、分枝中的大枝及其他天牛成虫喜欢出没之处。喷药以树皮湿润为宜。

（4）成虫产卵盛期后挖卵和初龄幼虫。

（5）药剂防治幼虫。对新排粪孔，将磷化铝片剂 0.2 g 放入蛀孔内，然后用黏土将排粪孔堵死；或用兽用注射器将 80% 敌敌畏乳油 100 倍液注入蛀孔内。施药后几天及时检查，如还有新粪排出，应及时补治。

（6）刺杀木质部内的幼虫。找到新鲜排粪孔用细铁丝插入，向下刺到隧道端，反复几次可杀死幼虫。

（一六）星天牛

星天牛（*Anoplophora chinensis* Forster），又名白星天牛，俗称铁炮虫、倒根虫，属鞘翅目天牛科。

星天牛低龄幼虫蛀害枝干排出虫粪

星天牛成虫

星天牛幼虫在苹果树枝内为害状

星天牛在树干皮层内产卵

【分布与寄主】　我国辽宁以南、甘肃以东各省（区）都有分布；国外分布在日本、朝鲜、缅甸。主要为害苹果、梨、柑橘、杏、李、樱桃等果树及多种林木。

【为害状】　星天牛幼虫蛀害树干基部和主根，严重影响树体的生长发育。幼虫在树干基部盘旋蛀害，向外排出成堆虫粪。成虫产卵刻槽呈"T"字形。

【形态特征】

1. 成虫　体长 27 ~ 41 mm，体黑色，有光泽。前胸背板两侧有刺状突起。鞘翅黑色，基部有颗粒状突起，翅表面有 15 ~ 20 个白色毛斑。

2. 卵　长椭圆形，长 5 ~ 6 mm，乳白色。

3. 幼虫　老熟时体长 45 ~ 67 mm。前胸背板有两个飞鸟形褐色斑纹，后方有一凸形大斑纹。

【发生规律】　1 ~ 2 年完成 1 代，以幼虫在树干基部蛀道内过冬。成虫多在 5 月下旬至 7 月下旬出现，6 ~ 8 月为产卵期。成虫寿命约 30 d，多在白天啃食叶片及细枝皮层，喜在晴天中午交尾，交尾后 10 d 开始产卵。卵多产在距地面 50 cm 左右的树干上，产卵前先将树皮咬成"T"字形或"八"字形刻槽，然后在刻槽产 1 粒卵。幼虫孵化后，在皮层下盘旋蛀食，并渐蛀入木质部为害，蛀孔外排出大量木屑，幼虫自 12 月停止取食。

【防治方法】

1. 人工捕杀　成虫盛发期的早晨，特别是在雨后成虫大量出现时，人工捕捉，用钢丝顺蛀道钩杀幼虫。

2. **人工杀卵**   7～8月间用石块敲打产卵痕处，或用刀子挖除。

3. **防治成虫**   用8%氯氰菊酯触破式微胶囊剂400倍液将树皮喷湿后，每平方厘米可达400个微胶囊，当大型天牛成虫在喷有氯氰菊酯触破式微胶囊剂的树干上，爬行3 m后就中毒死亡，喷药后40 d内，星天牛的校正死亡率仍达到98%以上，持效期达52 d；氯氰菊酯触破式微胶囊剂低毒、无药害，对人畜安全，在环境中低残留，对天牛成虫具有药效高、击倒力强、持效期长等优点。

4. **药剂防治幼虫**   对新排粪孔，将0.2 g磷化铝片剂放入蛀孔内，然后用黏土将排粪孔堵死；或用兽用注射器将80%敌敌畏乳油100倍液注入蛀孔内。施药后几天及时检查，如还有新粪排出，应及时补治。

（一七）梨眼天牛

梨眼天牛［*Bacchisa fortunei*（Thomson）］，又名梨绿天牛、琉璃天牛，属鞘翅目天牛科。危害性不大。

梨眼天牛为害苹果树　　　　　　　　　　梨眼天牛幼虫在枝干内为害状

【**寄主与分布**】　中国南、北方都有分布；国外日本、朝鲜有分布。寄主有苹果、梨、梅、杏、桃、李、海棠、石榴、野山楂、槟沙果、山里红等多种林木。

【**为害状**】　梨眼天牛成虫咬食叶背的主脉和中脉基部的侧脉，也可咬食叶柄、叶缘和嫩枝表皮。幼虫蛀食枝条木质部，在被害处有很细的烟丝状木质纤维和粪便排出，受害枝条易被风折断。

【**形态特征**】

1. **成虫**　体长8～11 mm，宽3～4 mm，略呈圆筒形，全体密被长竖毛和短毛，体橙黄色，鞘翅金蓝色带紫色闪光。复眼上下叶完全分开成两对，触角丝状11节，基部数节淡棕黄色，各节端部色深，端部4～5节深棕色或黑棕色。

2. **卵**　黄白色，长圆形，长约2 mm。

3. **幼虫**　老熟时体长18～21 mm，体淡黄色，头部褐色。前胸背板方形，黄褐色。

4. **蛹**　长8～11 mm，初乳白色后变黄色，羽化前同成虫相似。体背中央有1条纵沟。

【**发生规律**】　此虫2年完成1代，以幼虫于被害枝隧道内越冬。第1年以低龄幼虫越冬，翌年春树液流动后，越冬幼虫开始活动继续为害，至10月末，幼虫停止取食，于近蛀道端越冬。第3年春季以老熟幼虫越冬者不再食害，开始化蛹，蛹期15～20 d。5月中旬至6月上旬为羽化盛期，6月中旬为末期。成虫出孔后先栖息于枝上，然后活动并开始取食叶片、叶柄、叶脉、叶缘和嫩枝的皮以补充营养。

成虫喜白天活动，飞行力弱，风雨天一般不活动。产卵部位多于枝条背光的光滑处，产卵前先将树皮咬成"三三"形伤痕，然后产1粒卵于伤痕下部的木质部与韧皮部之间，外表留小圆孔，极易识别。幼虫常有出蛀道啃食皮层的习性，常由蛀孔不断排出烟丝状粪屑，并黏于蛀孔外不易脱落。

【防治方法】

1. **防治成虫** 在成虫羽化期，结合防治果树其他害虫，可喷洒 50% 敌敌畏液。

2. **防治幼虫** ①捕杀幼虫：利用幼虫爬出的习性，在早晨或傍晚，对有新鲜虫粪的坑道口掏除木屑捕杀幼虫；②刺杀幼虫：用 1 ~ 2 mm 粗铁丝刺入坑道内，并转动刺杀幼虫；③熏杀幼虫：用棉球或软泡沫塑料蘸 50% 敌敌畏塞入坑道内，道口用泥堵住。

3. **防治虫卵** 在枝条产卵伤痕处涂药，用煤油 500 g 加入 50% 敌敌畏乳油 50 g 配制成的煤油药剂，以毛笔涂抹。

（一八）帽斑天牛

帽斑天牛（*Purpuricenus petasifer* Fairm.），又名帽斑紫天牛、黑红天牛、花天牛，属鞘翅目天牛科。

【分布与寄主】 已知中国的河北、辽宁、吉林、江苏、陕西、甘肃、云南有分布。为害苹果、山楂。

【为害状】 帽斑天牛成虫少量取食芽、叶，幼虫于枝干皮层、木质部内蛀食，削弱树势。

【形态特征】 成虫体长 16 ~ 20 mm，宽 5 ~ 7 mm，黑色，背面密布粗糙点刻，腹面疏被灰白色茸毛。前胸背板和鞘翅红色，前者有 5 个黑斑点（前 2 后 3），后者有 2 对黑斑，前 1 对近圆形，后 1 对大型中缝处连接呈毡帽形。

帽斑天牛成虫交尾

【发生规律】 缺乏系统观察。山西晋城 1 年发生 1 代，以幼虫于隧道内越冬，成虫 5 月中下旬发生，白天活动。

【防治方法】 成虫发生期捕杀成虫，成虫盛发期用药剂防治。

（一九）苹果枝天牛

苹果枝天牛（*Linda fraterna* Chevrolat），又名顶斑筒天牛，属鞘翅目天牛科。

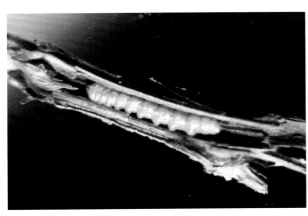

苹果枝天牛幼虫为害状

苹果枝天牛成虫

【分布与寄主】　国内南北方均有分布，主要分布于辽宁、河北、河南、山东、江苏、江西等省。主要寄主有苹果、梨、桃、梅、李、杏、樱桃等果树。

【为害状】　苹果枝天牛幼虫从细枝髓部向下蛀食，枝内呈空筒状，上部叶片枯黄，可造成枝梢枯干。成虫食害嫩枝梢及树皮、嫩叶，叶片受害处呈破碎状。

【形态特征】
1. **成虫**　体长 15 ~ 18 mm，橙黄色，密生黄茸毛。鞘翅、触角、口器及足均为黑色。
2. **卵**　长椭圆形，乳白色，长约 2 mm。
3. **幼虫**　老龄幼虫体长 28 ~ 30 mm，全身橙黄色，前胸背板淡褐色，两侧各有一条斜向的沟纹，似一倒"八"字。

【发生规律】　1 年发生 1 代，以老熟幼虫在枝条越冬。5 ~ 6 月为成虫羽化期，6 月中旬为产卵盛期。成虫多选择当年生新梢产卵，产卵前先将嫩梢咬 1 条环形沟，再从环形沟向枝梢上方咬 1 条纵沟，将卵产入。孵化的幼虫先在纵沟上方蛀食，不久沿髓部向下蛀食，隔一定距离咬 1 排粪孔。7 ~ 8 月间，枝条被蛀成空筒状，上部叶片呈现枯黄。

【防治方法】
（1）5 月底至 6 月成虫盛发期捕捉成虫。
（2）7 ~ 8 月发现有枯黄枝条，立即剪除。
（3）在幼虫为害孔内注入敌敌畏或乐果药液等。

（二〇）赤瘤筒天牛

赤瘤筒天牛〔*Linda nigroscutata*（Fairmaire）〕，俗称红天牛、苹果枝天牛、赤筒天牛、黑盾瘤筒天牛、钻心虫等，属鞘翅目天牛科。

【分布与寄主】　赤瘤筒天牛在国内只有四川、云南、贵州、西藏等省（区）才有分布；印度阿萨姆邦亦有分布。此虫除主要为害苹果外，还为害梨、花红、海棠、棠梨、山定子、枇杷、花椒等。

【为害状】　赤瘤筒天牛以幼虫蛀食当年新梢，并能向下蛀食二三年生的枝条，影响生长和产量，并能导致树干腐烂和干枯。

【形态特征】
1. **成虫**　体呈狭长筒形，雌虫体长 17 ~ 21 mm，雄虫略小。头、胸、翅以及足的基节橙黄色或赤色，触角、复眼、口器、后胸、腹板及足的腿节以下都是黑色，前胸节具有 6 个圆形黑色斑点，其中 4 个呈"八"字形，位于背板中区，2 个在侧刺突之下。鞘翅上在小盾片后有 1 条长等腰三角形的黑色斑纹，肩上有 1 个小黑色条纹。

赤瘤筒天牛成虫

触角 11 节，一般为体长的 3/4。中胸腹板具 4 个排成 1 列横行的黑斑，后胸腹板高拱状。腹节 1 ~ 4 节的后缘有 1 条橙黄色的狭横纹，腹部末端为橙黄色，雌雄皆有细长的缘毛。全体被有灰白色的短细毛。
2. **卵**　长圆形，长径 2.5 ~ 3.0 mm，横径约 0.8 mm，橙黄色，微有光泽。
3. **幼虫**　老熟幼虫体长 26 ~ 32 mm，体宽 3.0 ~ 3.2 mm。全体橙黄色或淡赤色，口器黑褐色。前胸盾高度骨化，淡褐色，有倒"八"字形凹纹，后端密生深褐色粒状突起，足退化，背腹各有 7 个大小不等的行动器，行动器呈"口"字形，隆起处有不甚明显的小突刺。体橙黄色，体长 17 ~ 22 mm，3 对足平贴于胸部的腹面，2 对翅芽自胸背两侧弯向体的下后方，达第 3 腹节的后缘。触角贴于体侧，先端向内侧弯曲，呈开环状，附着于翅旁及足部，接近羽化时复眼变黑。
4. **蛹**　在蛹室内腹部能扭动。

【发生规律】　据在四川省盐源、西昌两地的观察，赤瘤筒天牛多数是 1 年发生 1 代，以老熟幼虫在枝条虫道中越冬，翌年春暖后继续取食直到化蛹，幼虫在 4 月中下旬开始化蛹，5 月为化蛹盛期。5 月中旬至 6 月中旬是成虫羽化高峰时期，8 月还可见到少数成虫飞舞。成虫多在白天活动，飞行力不强，飞行高度距地面只有 2 ～ 5 m。成虫羽化后在树冠高处咬食叶片的中脉和第 1 侧脉，经过 7 ～ 10 d 补充营养后就开始交尾和产卵。卵产于当年长出的新梢上，产卵时先围绕嫩枝咬一圈，然后再咬一垂直于此圈的纵行裂痕，呈 "T" 字形，然后将卵产于此卵痕的树皮内，每一枝梢产卵 1 粒，每一雌虫能产卵 5 ～ 40 粒，卵期 15 ～ 20 d。成虫寿命 15 ～ 25 d。幼虫孵化后先咬食嫩树皮，以后咬穿木质部钻入髓部，向嫩枝尖蛀食。当幼龄幼虫蛀食枝条中心一段时间后，卵痕以上的新梢出现枯萎，6 ～ 7 月出现的枯梢比较多，幼虫将梢端蛀空后，再调头向下部蛀食，直至大枝或主干，到 11 月才停止取食。从 12 月到翌年 2 月是幼虫的冬蛰时间。幼虫在枝条内有三个时间要调头，蛀空梢尖时调头向下，冬蛰时调头向上，化蛹时调头向上。为及时得到新鲜空气和排出粪便，每隔一定距离幼虫在枝条上要咬 1 个圆孔，形如 "洞箫"，圆孔直径从上到下逐渐增大，一枝上可有 7 ～ 15 个，两孔间距 5 ～ 15 cm。一般在枝条下方或背阳的一面，蛀道简单，内壁光滑。越冬期间幼虫很少活动和取食，连排粪孔也封闭起来；幼虫怕光，堵塞羽化孔的木丝受到破坏后，它很快又会啃咬木丝来堵塞。羽化后的成虫推开木丝钻出枝梢外。由于海拔、温度、降水量、日照等因素的不同，赤瘤筒天牛在横断山脉的高寒山区有的要经过两个冬季才能完成 1 个世代，有的则是 3 年完成 2 代。

【防治方法】

1. **剪除被害枝条** 冬季修剪时，应及时剪除被害枝条，并要集中处理。

2. **捕杀成虫** 成虫发生季节，用捕虫网、竹拍、扫帚等，捕杀停息在枝叶上或正在果园中飞舞的成虫。

3. **剪除枯梢** 5 ～ 8 月，幼虫危害新梢后，常会有枯萎症状出现，应及时分批用高枝剪剪除被害的枯梢，应抓紧在第一次调头之前进行，从产卵伤痕之下进行。

4. **隔离种植** 新建苹果园时，应远离有救军粮、白牛筋等野生寄主植物的地带。

5. **药剂防治** 5 ～ 7 月成虫大量出现期间，结合其他食叶害虫的防治，在树冠上喷布杀螟松 1 000 倍液或其他相近的农药以防治成虫和幼虫，如幼虫已蛀入枝干，先用细铁丝清除虫孔内的虫粪，再用棉花、破布等物蘸 20% 乐果乳剂或 50% 敌敌畏塞入蛀孔内，然后用湿泥严封孔口。也可用注射器注入 50% 敌敌畏，每孔注入约 1 mL，用以上方法可以防治蛀道内的幼虫。

（二一）红翅拟柄天牛

红翅拟柄天牛 ［*Cataphrodisium rubripenne*（Hope）］，属鞘翅目天牛科。

【分布与寄主】 红翅拟柄天牛在国内分布于云南、四川、贵州、广东、福建、山东、湖北等省；国外印度有分布。此虫为害梨、苹果、花红、棠梨、海棠、枇杷、山林果等多种果树林木。

【为害状】 红翅拟柄天牛以幼虫蛀害寄主的树干、主枝及枝条。轻则使树势生长衰弱，严重时造成枝条或全株干枯死亡。

红翅拟柄天牛成虫

【形态特征】 成虫体中等大小，体长 26 ～ 32 mm，宽 7 ～ 10 mm。头部、前胸背板、躯体腹面、触角和足均呈蓝黑色。小盾片黑色，体腹面被浓厚黑褐色茸毛。鞘翅红褐色或橘红色，每翅中部之前靠近中缝处有 1 个黑色圆斑。触角端部数节被褐色茸毛。前胸背板被浓密黑褐色茸毛。鞘翅着生淡黄色短茸毛。前额有 1 条细横沟，中纵沟细，两侧各有 1 条浅而宽的纵沟，头顶有 1 条短纵脊，颊较短，头具细密刻点，唇基和颊点刻较粗而稀疏。雄虫触角略长于鞘翅，柄节点刻粗密，外端角较钝，第 3 节 2 倍长于柄节。前胸背板宽大于长，侧刺突粗短，顶角钝。胸面不平坦，略有凸凹不平的隆突，近前缘 2 个隆突不明显，近后缘 2 个较显著，前缘至中央有 1 条光滑无毛的短纵线，胸前点刻细密。小盾片三角形，中央有 1 条无毛的纵线。鞘翅肩宽，肩部之后稍收窄，端缘圆形。翅面具细密点刻，每翅隐约可见 2 ～ 3 条细棱线。腿节刻点较粗。幼虫、蛹的形态和生物学特性等尚不详。

【发生规律】 在云南昆明地区的观察，该虫 2 年或 3 年发生 1 代。幼虫在寄主树干、主枝及枝条中蛀害。6 月下旬至 11 月中旬，均可见到成虫。

【防治方法】 参看星天牛和桑天牛的防治方法。

（二二）苹果小吉丁虫

苹果小吉丁虫（*Agrilus mali* Matsumura），又名苹果金蛀甲，俗称串皮干、旋皮干，属鞘翅目吉丁虫科。

苹果小吉丁虫为害苹果树枝皮层剖面

受害苹果树枝皮层蛀道外观

苹果小吉丁虫为害状

苹果小吉丁虫在苹果树枝干内蛀道

苹果小吉丁虫为害状——"冒红油"

苹果小吉丁虫幼虫蛀害状

苹果小吉丁虫蛀害致苹果树衰弱枯死

苹果小吉丁虫成虫

苹果小吉丁虫幼虫在树干内蛀食

苹果小吉丁虫幼龄幼虫

【分布与寄主】 我国辽宁、吉林、黑龙江、河北、山西、内蒙古、山东、河南、湖北、陕西、宁夏、甘肃等省（区）有分布。主要为害苹果、沙果、花红、海棠，也为害梨、桃、杏等果树。

【为害状】 苹果小吉丁虫幼虫在枝干皮层内盘旋。以幼虫在枝干皮层内蛀食，使木质部同韧皮部内外分离。被害部表皮变成黑褐色，稍稍凹陷，常流出红褐色树液，俗称"冒红油"。幼虫在皮层里回旋成椭圆形圈，皮层干裂枯死。受害严重的树遍体鳞伤，甚至引起枯枝、死树。特别是苹果幼树果园，受害严重时，2～3年内全园幼树毁灭。

【形态特征】

1. 成虫 体长 6～9 mm，全体紫铜色，有金属光泽，近鞘翅缝 2/3 处各有 1 个淡黄色茸毛斑纹，翅端尖削。

2. 卵 椭圆形，长约 1 mm，橙黄色。

3. 幼虫 体长 16～22 mm，细长而扁平。前胸特别宽大，背面和腹面的中央各有 1 条下陷纵纹，中后胸特小。腹部第 1 节较窄，第 7 节近末端特别宽，第 10 节密布粒点，末端有 1 对褐色尾铗。

4. 蛹 体长 6～10 mm，纺锤形，初为乳白色，渐变为黄白色，羽化前由黑褐色变为紫铜色。

【发生规律】 苹果小吉丁虫在黑龙江哈尔滨、山西北部、甘肃天水等地是 3 年发生 2 代，有的 2 年完成 1 代。在辽宁兴城、河北怀来、陕西凤县等地大部分是 1 年发生 1 代。在 1 年 1 代地区，一般以幼龄幼虫或老熟幼虫在枝干皮层虫道内过冬。翌年 3 月幼虫继续在皮层内串食为害，5 月开始蛀入木质部化蛹。成虫盛发期在 7 月中旬至 8 月上旬，将叶片食成缺刻状。成虫白天喜在树冠树干向阳面活动和产卵，并在向阳枝干粗皮缝里和芽的两侧产卵，每处 1～3 粒，每头雌虫可产卵 20～70 粒。8 月为幼虫孵化盛期，孵出的幼虫即蛀入皮层为害，至老龄时在形成层处蛀食，到 11 月中旬幼虫开始在被害的蛀道内结茧越冬。苹果小吉丁虫在幼虫老熟或蛹期，有 2 种寄生蜂和 1 种寄生蝇，在不常喷药的果园寄生率达到 36%。在秋冬季，约有 30% 的幼虫和蛹被啄木鸟吃掉。

【防治方法】

1. 加强检疫 切实防止和控制带虫苗木、接穗向保护区调运。同时要加强疫区的防治，带虫苗木、接穗需经熏蒸处理。虫情普查每年要进行两次，在春季越冬虫态开始活动时期和秋季越冬前进行。监测点分为临时监测点和固定监测点，组织专人定点、定员进行全面监测，为彻底搞好苹果小吉丁虫的治理提供决策依据。

2. 药剂防治 在成虫羽化出穴初期和盛期，结合其他害虫的防治可选用 80% 敌敌畏乳油 1 500～2 000 倍稀释液，对卵和初孵化的幼虫也有一定的杀灭能力。春季果树发芽前和秋季落叶期，在"冒红油"的虫疤被害处用煤油 500 g 加入 25 g 80% 敌敌畏乳油搅拌均匀，用刷子涂抹被害表皮，对皮层内的幼虫杀伤率可达 95% 以上。

山沟陡峭的苹果园海拔不同，成虫羽化高峰期也不同。因此，常采用树干打孔注射 20% 的吡虫啉、阿维菌素药液防治成虫、幼虫。方法：在树干离地面 30 cm 处沿主干各方位均匀地打深达木质部的下斜孔，用药量一般为 0.3～0.9 mL/cm^2。注药后下雨，有利于树木输导组织将药液迅速传到树体的叶、茎、枝、果等各个部位，使防虫效果更加明显。

3. 加强管理 对果园应进行科学管理和综合防治，可以大大减少吉丁虫的发生。管理粗放的果园，则苹果小吉丁虫发生严重。因此，我们应及时施肥和浇水，以增强树势，对老树和衰弱的树应及时更新，受害严重的死树和枝条应及时砍掉销毁，还应做好刮老树皮、刮杀幼虫以及树干涂白等工作，这些都可以减少虫源，有利于果树的生长发育。

4. 提高果木抗虫能力 减少采果、砍枝等人为因素对林木的伤害。对为害严重、无防治价值的衰弱树及时清理，减少虫源。每年 10 月中下旬及翌年 3 月底至 4 月上旬对苹果小吉丁虫枯枝死树进行砍伐后集中处理，严防虫害树被挪作他用。

（二三）金缘吉丁虫

金缘吉丁虫（*Lampra limbata* Gebler），俗称串皮虫，属鞘翅目吉丁虫科。

【分布与寄主】 主要分布在长江流域、黄河故道和山西、陕西、甘肃等地；蒙古、俄罗斯也有分布。管理粗放的老果园受害较重，为害苹果、梨、山楂、沙果、花红等果树。

【为害状】 金缘吉丁虫幼虫蛀食枝干皮层，破坏输导组织，造成树势衰弱，树干枯死。被害枝干表皮下有弯曲扁平的虫道，虫道内充满虫粪，边缘整齐。受害部位皮层组织松软湿润，表面变黑，似腐烂病斑，后期纵裂，如枝干皮层被咬食一圈，其上部很快枯死。

金缘吉丁虫在树干上的扁圆形羽化孔

金缘吉丁虫蛀害树干致其枯死

金缘吉丁虫幼虫

金缘吉丁虫成虫

【形态特征】

1. **成虫** 体长 13 ~ 16 mm，绿色，有金属光泽，鞘翅上有几条蓝黑色断续的纵纹，前胸背板有 5 条蓝黑色纵纹。

2. **卵** 扁椭圆形，初产黄白色，长约 2 mm，宽约 1.4 mm。

3. **幼虫** 老龄幼虫体长约 36 mm，全体扁平，乳白色。前胸显著宽大，中间有"人"字形凹纹。

4. **蛹** 长约 18 mm，初为乳白色，后变为深褐色。

【发生规律】 长江流域 1 年 1 代或 2 年 1 代，华北和西北地区 2 年完成 1 代，均以幼虫在受害枝干蛀道内过冬。3 月下旬开始，老熟幼虫在木质部蛹室内化蛹，4 月下旬成虫开始羽化。成虫出孔后食害树叶，有假死性。5 月中下旬为产卵盛期，喜在衰弱树上产卵，卵多产在皮缝处。6 月上旬为孵化盛期，3 龄后蛀入皮层形成层处为害。虫粪塞满蛀道。

成虫羽化期在 5 月上旬至 7 月上旬，盛期在 5 月下旬。成虫白天活动，取食的果树叶片呈不规则缺刻，早晚和阴雨天温度低时静伏叶片，遇振动有下坠假死习性。成虫产卵期约 10 d，要求高温，因此成虫前期产卵少，5 月下旬以后产卵量增多。卵多产于枝干皮缝和伤口处，每雌虫可产卵 20 ~ 100 粒。卵期 10 ~ 15 d，6 月上旬为幼虫孵化盛期。幼虫孵化后蛀入树皮，初龄幼虫仅在蛀入处皮层下为害，3 龄后串食，多在形成层钻蛀横向弯曲隧道，待围绕枝干一周后，整个侧枝或全树就会枯死。秋后老熟幼虫蛀入木质部越冬，当年或 1 年以上的幼虫多在皮层或形成层越冬。

【防治方法】

（1）增强树势，防止或减少成虫产卵。

（2）结合冬剪，彻底清除死树死枝，集中处理，防治越冬幼虫。

（3）成虫羽化出洞之前，可用 80% 敌敌畏乳油 1 份加泥浆 20 份混合涂刷树体，将成虫堵死在树体内。另外，抓住幼虫在皮层为害阶段用 80% 敌敌畏乳油 1 份加煤油 10 份混合后涂刷被害部。

（4）成虫发生期，于早晨人工震树捕捉成虫。

（二四）六星吉丁虫

六星吉丁虫（*Chrysobothris succedanea* Saunders），又名六斑吉丁虫，别名溜皮虫、串皮虫，属鞘翅目吉丁虫科。

六星吉丁虫为害状

六星吉丁虫幼虫

六星吉丁虫成虫

六星吉丁虫幼虫在苹果树枝干内为害状

【分布与寄主】 主要分布于上海、山东、天津、河北、江苏、湖南、宁夏、甘肃、陕西、吉林、辽宁、黑龙江等地。为害苹果、枣、柑橘等果树。

【为害状】 六星吉丁虫幼虫蛀食幼树主干。由一级主枝起向下蛀食直至嫁接口旁，并在此处营造蛹室。幼树蛀道两边能很快形成愈合组织，稍隆起。蛀道表露如槽，因久经风雨，槽内光洁，无木屑或少具木屑。幼虫为害成年树主干主枝。自下而上蛀食，蛀道由浅到深，由窄到宽，一般呈长条带状，底面平整，绝无间隔，不像爆皮虫迂回、曲折、重叠和迁徙。所有木屑并不外排，均为细粉状结块，最早的木屑为干灰褐色，最新的为白色或黄白色，稍湿润。成虫出洞时咬的木屑，粉中带丝，到春季4月阴雨低温，有的木屑变为嫣红色。蛹室的进出洞口分为双孔、独孔两种，双孔进出的，进口在出口之上。受害成年树树皮初期无异状，比幼龄难发觉。直至为害严重时，则整个中内皮层已蛀尽，仅留一层死表皮。死表皮黑色或上面密被一层黑烟霉，伤部用手捻之，稍具松泡感，用小铁器敲之，其声虚沉。在干旱季节，伤部表皮横向交错折裂，7~8月造成死枝死树。受害树叶片主侧脉及叶面彻底黄化、变硬，失去光泽，但不变形。到4~5月或7~8月落叶。

成虫咬食叶片。多咬食边缘，缺刻较深，锯齿状。

【形态特征】

1. 成虫　体长10~12 mm，蓝黑色，有光泽。腹面中间亮绿色，两边古铜色。触角11节，呈锯齿状。前胸背板前狭后宽，近梯形。两鞘翅上各有3个稍下陷的青色小圆斑，常排成整齐的1列。

2. 卵　扁圆形，长约0.9 mm，初产时乳白色，后为橙黄色。

3. 幼虫　老熟幼虫体扁平，黄褐色，长18~24 mm，共13节。前胸背板特大，较扁平，有圆形硬褐斑，中央有"V"形花纹。其余各节圆球形，链珠状，从头到尾逐节变细。尾部一段常向头部弯曲，为鱼钩状。尾节圆锥形，短小，末端无钳状物。

4. 蛹　长10~13 mm，宽4~6 mm，初为乳白色，后变为酱褐色。多数为裸蛹，少数有白色薄茧。蛹室侧面略呈长肾状形，正面似蚕豆形，顺着枝干方向或与枝干成45°角。

【发生规律】 每年发生1代，以幼虫越冬。翌年4月底化蛹，5~6月羽化为成虫。卵多产在皮层裂缝中。幼虫蛀道不规则，在树干外表不易被发现。一年发生代数不明。以老熟幼虫在木质部蛹室内越冬，大都10月中旬入蛹室。成虫出洞在5～6月间，但高峰期较其他吉丁虫为迟，集中在6月下旬。成虫出洞时，头朝枝外（独孔进出的头朝进口），细而极慢地啃食木质部和树皮，发出"咔嚓、咔嚓"的类似蚕食桑叶的声响，不断地摆动其头部，经7～10 d可破洞而出。刚出洞的成虫，经10～20 min开始可爬行和飞跃。白天在枝叶上停栖，受惊扰则假死坠地或斜飞而逃。雌成虫体略粗短，尾钝；雄成虫体稍瘦长，尾略尖。雌成虫出洞后3～4 d交尾，再经2～4 d寻找枝干树皮裂缝或伤口处产卵，每年产卵1～3粒。卵期10～15 d，6月底至7月初为产卵盛期。幼虫孵出后先蛀食树皮的韧皮部，再蛀食形成层，最后十分整齐地啃食一层浅木质，8～9月蛀食最烈，10月中下旬大多进入蛹室。该虫世代很不整齐，3～4月幼虫、蛹共存，而5～6月幼虫、蛹、成虫有时都可以见到。

【防治方法】

1. **农业防治**　平时加强栽培管理，保持健康树势，及时清除枯树枝干，特别在成虫出洞前要清除并处理六星吉丁虫为害所致的死树死枝，以减少虫源。

2. **药剂防治成虫**　在成虫开始大量羽化而尚未出洞前，先刮除树干受害部的翘皮，再用80%敌敌畏乳油加黏土10～20倍和适量水调成糊状，或直接用水稀释到30倍液，使成虫在咬穿树皮时中毒死亡。在成虫出洞高峰期于树冠喷药，防治已上树的成虫。药剂有90%敌百虫晶体或80%敌敌畏乳油1 000倍液。

3. **防治幼虫**　在初孵幼虫盛期，先用刀刮去受害部的胶沫和一层薄皮，再用80%敌敌畏乳油4倍液涂抹，可防治皮层下的幼虫。用各种药剂涂树干时，涂药面不宜过大，否则可能产生药害。

（二五）大青叶蝉

大青叶蝉〔*Tettigella viridis*（Linn.）〕，又名大绿浮尘子，属同翅目叶蝉科。

大青叶蝉在苹果树皮层内产卵

大青叶蝉成虫在苹果树叶上吸食汁液

【分布与寄主】　全国各地普遍发生。寄主植物达39科166属，为害的常见果树有苹果、梨、桃、山楂等。

【为害状】　大青叶蝉雌成虫用腹部产卵器划破树皮，把卵产在枝干皮层中，造成月牙形伤口，受害严重时枝条逐渐干枯，冬季易受冻害。大青叶蝉在树叶上吸食汁液，使叶片出现白色斑点。

【形态特征】

1. **成虫**　体长9～10 mm，体绿色，头部黄色，头顶有两个黑点。前翅绿色，端部灰白色，后翅黑色。

2. **卵**　长椭圆形，长径1.6 mm，略弯曲，黄白色，7～12粒排列成月牙形。

大青叶蝉成虫

大青叶蝉产卵处呈现半月状

3. 若虫 初孵若虫体色略黄，3 龄以后黄绿色，翅芽出现，胸腹两侧呈现 4 条纵纹，经 4 次蜕皮后而成老熟若虫。

【发生规律】 1 年发生 3 代，以卵在果树表皮下越冬。春季果树萌动时卵孵化，若虫迁移到杂草、蔬菜上为害。第 1、第 2 代主要为害玉米、高粱、谷子及杂草，第 3 代为害晚秋作物等，11 月转移到果树上产卵为害。成虫有趋光性。

【防治方法】

1. 枝干涂白 10 月成虫产卵前，在幼树上刷白涂剂，阻止其上树产卵。

2. 挤压越冬卵 对已产卵的枝条，可用木棍挤压越冬卵。

3. 药剂防治 秋季果园叶蝉发生量大时，可喷布 80% 敌敌畏或 40% 毒死蜱 1 500 倍液防治。

（二六）蚱蝉

蚱蝉〔*Cryptotympana pustulata*（Fabricius）〕，又名黑蚱蝉、知了，属同翅目蝉科。

蚱蝉产于枝梢内的卵粒　　　　　　　　　蚱蝉的虫蜕

蚱蝉在地下的若虫　　　蚱蝉产于苹果枝梢内的卵粒（放大）　　　蚱蝉成虫侧面

【分布与寄主】 我国华南、西南、华东、西北及华北大部分地区都有分布。为害苹果、梨、桃、杏、李、樱桃、葡萄、柑橘等果树及多种林木。

【为害状】 蚱蝉雌成虫在当年生枝梢上连续刺穴产卵，呈不规则螺旋状排列，使枝梢皮下木质部呈斜线状裂口，造成上部枝梢枯干。

【形态特征】

1. 成虫 体长 40 ~ 48 mm，全体黑色，有光泽。头的前缘及额顶各有黄褐色斑 1 块。前后翅透明。雄虫有鸣器。雌虫无鸣器，产卵器明显。

2. 卵 长椭圆形，长约 2.5 mm，乳白色，有光泽。

3. 若虫 黄褐色，具翅芽，能爬行。

【发生规律】 4 年或 5 年发生 1 代，以卵和若虫分别在被害枝内和土中越冬。越冬卵于 6 月中下旬开始孵化，7 月初结束。当每年夏季平均气温达到 22 ℃以上（豫西果产区在 6 ~ 7 月），老龄若虫多在雨后的傍晚从土中爬出地面，顺树干爬行，老熟若虫出土时刻为 20 时至次日 6 时，以 21 ~ 22 时出土最多，当晚蜕皮羽化为成虫。雌虫 7 ~ 8 月先刺吸树木汁液，进行一段补充营养之后交尾产卵，从羽化到产卵需 15 ~ 20 d。选择嫩梢产卵，产卵时先用腹部产卵器刺破树皮，然后产卵于木质部内，每雌虫产卵量 500 ~ 800 粒。产卵孔排列成一长串，每卵孔内有卵 5 ~ 8 粒，一枝上常连产百余粒。经产卵为害枝条，产卵部位以上枝很快枯萎。枯枝内的卵须落到地面潮湿的地方才能孵化。初孵若虫在地面爬 10 min 后钻入土中，以吸食植物根系养分为生。若虫在地下生活 4 ~ 5 年。每年 6 ~ 9 月蜕皮 1 次，共 4 龄。湿度对卵的孵化影响很大。降水多，湿度大，卵孵化早，孵化率高；气候干燥，卵孵化期推迟，孵化率也低。

【防治方法】

1. **剪除枯梢** 秋季剪除产卵枯梢，冬季结合修剪，再彻底剪净产卵枝，并集中处理。

2. **阻止幼虫上树** 成虫羽化前在树干绑 1 条 3 ~ 4 cm 宽的塑料薄膜带，拦截出土上树羽化的若虫，傍晚或清晨进行捕捉。

3. **药剂防治** 5 ~ 7 月若虫集中孵化时，在树下撒施 1.5% 辛硫磷颗粒剂，每亩用 7 kg，或地面喷施 50% 辛硫磷乳油 800 倍液，然后浅锄，可有效防治初孵若虫。

（二七）八点广翅蜡蝉

八点广翅蜡蝉（*Ricania speculum* Walker），又名八点蜡蝉、八斑蜡蝉，属同翅目广翅蜡蝉科。

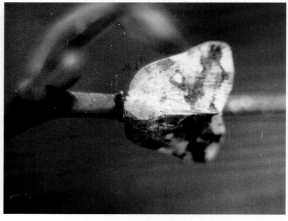

八点广翅蜡蝉在苹果树枝内产卵　　　　　　　　　　八点广翅蜡蝉成虫

【分布与寄主】 分布于河南、贵州、四川、湖南、湖北、江西、安徽、江苏、浙江、福建、广东、广西、海南和台湾等省（区）。寄主有苹果、板栗、樱桃、柿、枣、梅、柑橘、玉米、棉、茄、向日葵、大豆、甘蔗、黄麻、桃、李、茶、桑、咖啡、可可、油桐、苦楝、苎麻、玫瑰、迎春花、石榴、杨、柳、桂花、刺槐等数十种植物。

【为害状】 八点广翅蜡蝉成虫和若虫以刺吸式口器吸食果树汁液营养成分，排泄物易引发苹果煤烟病。雌虫产卵时将产卵器刺入枝茎内，引起流胶，被害嫩枝叶枯黄，长势弱，难以形成叶芽和花芽。

【形态特征】

1. **成虫** 体长 6 ~ 7 mm，翅展 18 ~ 27 mm，头胸部黑褐色至淡污褐色，足和腹部褐色。有些个体腹基部及足为黄褐色。复眼黄褐色，单眼红棕色，额区中脊明显，侧脊不明显，触角黄褐色。前胸背板具中脊 1 条，小盾片具纵脊 5 条，其中央 3 条在基部汇合；前翅具灰白色透明斑 5 ~ 6 个，其中前缘斑下 2 个（一大一小），亚顶角处有 1 斑较小，外缘有 2 个斑较大。翅斑常有一定变化。后翅煤褐色，翅脉明显。

2. **卵** 长卵圆形，乳白色，长 1.2 ~ 1.4 mm。

3. **若虫** 低龄为乳白色，近羽化时一些个体背部出现褐色斑纹。体形菱状，腹末有白色蜡丝 3 束，散开如屏。

【发生规律】 湖北、贵州等地1年发生1代，以卵在当年生枝梢里越冬。如苹果、桃混栽园，则桃枝中也产有大量卵。若虫5月中下旬至6月中上旬孵化，群集于嫩枝叶上吸汁为害，4龄虫散害于枝梢叶间，7月上旬成虫羽化，10月在贵州都匀等地果园中仍可看到成虫活动。初羽化成虫色浅，半日后颜色加深至正常态，8～9 d即可交尾产卵。每头雌虫可产卵4～5次，每次间隔6～8 d，卵粒总数10～157粒。卵产于果树当年生枝梢内，雌虫将产卵器刺破皮层，围绕嫩枝刺成深达木质部的伤痕穴，于其中产卵，每一穴点产1粒卵，卵粒常彼此相邻排成10～35 mm长块。成虫有趋聚产卵的习性，虫量大时枝上被刺满产卵痕迹。卵块外被白色絮状蜡丝，以后蜡丝脱落，快孵化时出现卵粒，此时可见浅灰色卵端的红色眼点。八点广翅蜡蝉若虫共5龄，40～50 d；成虫25～50 d，卵期270～330 d。

【防治方法】

1. **农业防治** 冬季结合整形修枝，剪除被害产卵梢集中处理，可以降低虫口基数。

2. **药剂防治** 果园成虫、若虫数量不多时，不必单独防治。如虫量多时，在6月中旬至7月上旬若虫羽化为害期，可药剂防治。

（二八）黑翅土白蚁

黑翅土白蚁（*Odontotermes formosanus* Shiraki），属于等翅目白蚁科。

白蚁为害苹果树干浅木质部（1）

白蚁为害苹果树干浅木质部（2）

白蚁为害树皮状

【分布与寄主】 黑翅土白蚁分布地区南自海南，北抵河南，东至江苏，西达西藏东南部；缅甸、泰国、越南也有发生。为害柑橘、苹果、柿、杉木、池杉、黑荆、桉、泡桐、樟、木荷、栎、栗等70多种果树和林木。还为害地下电缆、水库堤坝等，是农林和水利方面的主要害虫。

【为害状】 黑翅土白蚁营土居生活，是一种土栖性害虫。主要以工蚁为害树皮、浅木质层及根部。造成被害树干外形成大块蚁路，长势衰退。当侵入木质部后，则树干枯萎；尤其对幼苗，极易造成死亡。采食为害时做泥被和泥线，严重时泥被环绕整个干体周围而形成泥套，其特征很明显。

白蚁为害根系状

【形态特征】

1. **兵蚁** 体长5.44～6.03 mm。头暗黄色，被毛。胸腹部淡黄色至灰白色，有较密集的毛。头部背面卵形，上颚镰刀形，左上颚中点前方有1个显著的齿。

2. **有翅成虫** 体长12～14 mm，翅长24～25 mm。头、胸、腹背面黑褐色，全身密被细毛。前胸背板中央有一淡色的"十"字形纹，纹的两侧前方各有一椭圆形的淡色点，纹的后方中央有带分枝的淡色点，前翅鳞大于后翅鳞。

3. **工蚁** 体长5～6 mm，头黄色，胸腹部灰白色。触角17节，第2节长于第3节。

4. **蚁后和蚁王** 是有翅成虫经分飞配对而形成的，其中配偶的雌性为蚁后，雄性为蚁王。蚁后的腹部随着时间的增长而逐渐胀大，体长可达 70～80 mm，体宽 13～15 mm。蚁王形态和蜕翅的有翅成虫相似，但色较深，体壁较硬，体形略有收缩。

5. **卵**　乳白色，椭圆形，长径 0.6 mm，一边较平直。短径 0.6 mm。

【**发生规律**】　黑翅土白蚁的成熟巢群，其主巢筑在 0.8～3 m 深的土中。群体中蚁数很多，其中以工蚁的比例最大，达 90%。巢内的一切工作如筑巢、修路、抚育白蚁、寻食等都由工蚁承担。兵蚁的数量仅次于工蚁，为巢群的保卫者，保障蚁巢不为其他天敌入侵。每遇外敌，兵蚁即以强大的上颚进攻，并能分泌一种黄褐色液体以御外敌。

黑翅土白蚁的活动和取食有明显的季节性，在福建、江西、湖南等省 11 月下旬开始转入地下活动。翌年 3 月初气候转暖，开始出现为害，5～6 月形成第 1 个为害高峰，9～10 月形成第 3 个为害高峰。在广东、广西、海南、福建省对农林作物的为害，一般雨季较轻，旱季较重。对生长衰弱的树木为害严重，对生长健壮的树木为害轻。在秋旱季节，白蚁常在树干外取食干枯的树皮。

【**防治方法**】

1. **毒饵诱杀**　如苗圃地中有大量白蚁为害，一般是苗圃本身有地下蚁巢，或附近有蚁巢。可以用桉树、松木、蔗渣作为诱饵，设诱杀坑防治。也可以用甘蔗渣粉或桉树皮粉、食糖、灭蚁药剂按 4∶1∶1 的比例均匀拌和，每袋 4 g。投药时，可先在林地或苗圃内白蚁活动处将表土铲去一层，铺一层白蚁喜食的枯枝杂草，放上毒饵后仍用杂草覆盖，上面再盖一层薄土。100 m² 放辛硫磷毒饵 900 g，便能收到显著的防治效果。

2. **农业防治**　白蚁通常为害生长衰弱的植株，所以造林时首先要选择壮苗，并严格按造林技术规程行事。栽植后加强管理，使苗木迅速恢复生机，增强抵抗力。对根际下部被白蚁咬成环状剥皮地上部分开始凋萎的植株，在其根部淋透药液，驱除白蚁，并填上较多的土，使苗木在根颈部萌出新的不定根，逐渐恢复生机。

3. **药剂防治**　土栖白蚁为害果树多从伤口侵入，衰弱木、枯立树蚁害严重，皮层较厚而树皮容易开裂的树种蚁害严重。找到白蚁活动的标志，如分飞孔、蚁路、泥被线等，可直接喷撒灭蚁药剂，在难于找到外露迹象和蚁巢时，可采用土栖白蚁诱饵剂诱杀，效果非常显著。种植果树苗时用 75% 辛硫磷 300～400 倍液加入泥土中，配成药泥浆，浸根 3～5 mL 即可种植。

（二九）苹果透翅蛾

苹果透翅蛾幼虫在苹果树　　苹果透翅蛾为害树干流出褐色液体　　　　苹果透翅蛾成虫
枝干内蛀害

苹果透翅蛾卵粒　　　　　　　苹果透翅蛾蛹　　　　　苹果透翅蛾羽化后的蛹壳

苹果透翅蛾（*Conopia hector* Butler），又名苹果透羽蛾，俗称旋皮虫、串皮蛤虫，属鳞翅目透翅蛾科。

【分布与寄主】 分布于辽宁、吉林、黑龙江、河北、河南、山东、山西、陕西、甘肃、江苏、浙江、内蒙古。寄主为苹果、桃、梨、李、杏等果树。

【为害状】 苹果透翅蛾幼虫在枝干分杈处和伤口附近蛀入皮层下，食害韧皮部，蛀成不规则的隧道，受害处常有红褐色粪屑及黏液流出。虫伤容易遭受苹果腐烂病菌侵染。

【形态特征】
1. **成虫** 体长约 15 mm。全体蓝黑色，有光泽。似蜂类，前翅狭长，中部透明，翅脉和翅缘黑色。腹背第 4、第 5 节有黄色环纹。雌蛾尾部有两簇黄色毛丛。雄蛾尾部毛丛呈扇状。
2. **卵** 扁椭圆形，长径约 0.6 mm，初产时淡黄色，后为红褐色。
3. **幼虫** 头黄褐色，中央有一倒"八"字形黑纹。胴部乳白色，背线浅红色。
4. **蛹** 腹部 3 ~ 7 节背面前后缘各有一排刺突。

【发生规律】 1 年发生 1 代，以 3 ~ 4 龄幼虫在被害皮层下越冬。翌年果树萌动后，越冬幼虫继续蛀食，5 月中旬开始羽化成成虫，并将蛹壳一半带出羽化孔。成虫白天活动，取食花蜜，喜在衰弱枝干裂皮、伤疤边产卵，每处产 1 ~ 2 粒，一头雌蛾产卵 20 多粒。幼虫孵出后即蛀入皮层为害。近年来，随着苹果套袋率的普及，果园用药减少，不套袋的果园一般年喷药 10 ~ 12 次，套袋果园用药次数减少到 7 ~ 8 次，成虫和幼虫着药概率小，苹果树干轮纹病和苹果树腐烂病发生明显增多，树势衰弱，粗皮裂口多，这给该虫的发生创造了良好的寄主条件，造成苹果透翅蛾发生增多。

【防治方法】
1. **刮树皮** 发芽前结合刮树皮，注意观察病疤裂缝和大枝杈，特别是有虫粪处，发现虫道后要及时挖虫。
2. **涂药液** 刮皮后、发芽前，在树干离地面 20 ~ 30 cm 处涂 1 ：1 的杀虫药和废机油混合液。为了增加渗透吸收量，可在涂抹部位刮去死皮，露出新鲜表皮，但最好别伤及表皮，以防烧伤，并适当增加涂抹宽度，一般要求 20 ~ 25 cm，通过这一措施可防治部分残留的幼虫。

（三〇）东方蝼蛄

东方蝼蛄（*Gryllotalpa orientalis* Burmeister），又名蝼蛄，俗称拉拉蛄，属直翅目蝼蛄科。

【分布与寄主】 中国南北方均有发生，主要分布在我国长江以南各省（区）；日本、印度、大洋洲、非洲也有发生。为害多种果木、蔬菜、农作物等。

【为害状】 东方蝼蛄成虫、若虫为害播下的种子和幼苗的根、茎而使其死亡。蝼蛄在土中钻蛀，使幼苗根部脱离土壤、透风失水而枯死。

【形态特征】
1. **成虫** 体长 30 ~ 35 mm，灰褐色，全身密被细毛，头圆锥形，触角丝状，前胸背板卵圆形，中间具一明显的暗红色长心脏形凹陷斑。前足为开掘足，后足胫节背面内侧具 3 ~ 4 个刺，腹末具 1 对尾须。
2. **卵** 椭圆形，初乳白色，孵化前为暗紫色。
3. **若虫** 与成虫相似。

东方蝼蛄

【发生规律】 北方 2 年发生 1 代，南方 1 年发生 1 代，以成虫和若虫在土中越冬。翌年春 3 ~ 4 月开始活动，5 月上旬至 6 月中旬为第一次为害高峰期，6 月下旬至 8 月下旬，气温高，转入深土层活动。6 月下旬至 7 月中旬为产卵盛期，8 月为产卵末期。多集中在沿河或沟渠附近产卵，每头雌虫可产卵 60 ~ 80 粒，10 月以后再次转入深土中越冬，蝼蛄为害以春、秋两季最重。蝼蛄夜间活动，尤以 21 ~ 23 时活动最盛。气温高、湿度大、闷热的夜晚为害最重。蝼蛄具趋光性，并对半熟的谷子、炒香的豆饼、麦麸及马粪等具强趋性。成虫、若虫在 20 cm 表土层含水量 20% 以上最适其活动，气温 12.5 ~ 19.8 ℃、20 cm 土温 15.2 ~ 19.9 ℃利于其活动，温、湿度过高或过低，则潜入深土层中。

【防治方法】

（1）苗圃避免施用未充分腐熟的厩肥。

（2）生长期受害时可施用毒饵，一般把麦麸等饵料炒香，每亩饵料 4 ~ 5 kg，加入 90% 敌百虫的 30 倍水溶液 150 mL 左右，再加入适量的水拌匀成毒饵，于傍晚洒于苗圃地面，施毒饵前先灌水，保持地面温润，效果尤好。也可用 50% 辛硫磷乳油 2 000 倍液浇灌。此外，也可参考蛴螬防治法进行土壤药剂处理。

（三一）蛴螬

蛴螬是鞘翅目金龟甲总科幼虫的总称。金龟甲按其食性可分为植食性、粪食性、腐食性三类，植食性种类中以鳃金龟科和丽金龟科的一些种类发生普遍、为害最重。植食性蛴螬大多食性很杂，同一种蛴螬常可为害粮食作物、蔬菜、油料、芋、棉、牧草以及花卉和果、林等播下的种子及幼苗。

【分布与寄主】　中国南北方均有发生。幼虫终生栖居土中，喜食刚刚播下的种子、根、块根、块茎以及幼苗等，造成缺苗断垄。成虫则喜食林木的叶和花器。它是一类分布广、为害重的害虫。

【为害状】　蛴螬食害苹果树苗木根茎皮层，可造成苗木枯萎。

【形态特征】　蛴螬体肥大，弯曲近"C"字形，体大，多白色，也有黄白色。体壁较柔软，多皱，体表疏生细毛。头大而圆，多为黄褐色或红褐色，生有左右对称的刚毛，常为分种的特征。胸足 3 对，一般后足较长。腹部 10 节，第 10 节称为臀节，其上生有刺毛，其数目和排列也是分种的重要特征。

蛴螬为害苹果根颈

【发生规律】　蛴螬年生长代数因种、地域而异。这是一类生活史较长的昆虫，一般 1 年发生 1 代，或 2 ~ 3 年 1 代，长者 5 ~ 6 年 1 代。如大黑鳃金龟 2 年发生 1 代，暗黑鳃金龟、铜绿丽金龟 1 年发生 1 代，小云斑鳃金龟在青海 4 年发生一代，大栗鳃金龟在四川甘孜地区则需 5 ~ 6 年发生 1 代。蛴螬共 3 龄。1 ~ 2 龄期较短，第 3 龄期最长。蛴螬栖生土中，其活动主要与土壤的理化特性和温、湿度等有关。在 1 年中活动最适的土温平均为 13 ~ 18 ℃，高于 23 ℃即逐渐向深土层转移，至秋季土温下降到其活动适宜范围时再移向土壤上层。因此，蛴螬对果园苗圃、幼苗及其他作物主要在春、秋两季为害最重。

【防治方法】

1. **农业防治**　如大面积秋耕、春耕时，应随犁捡拾虫体；避免施用未腐熟的厩肥，减少成虫产卵；合理灌溉，即在蛴螬发生严重地块合理控制灌溉，或及时灌溉，促使蛴螬向土层深处转移，避开幼苗最易受害时期。

2. **药剂防治**　如用 50% 辛硫磷乳油每亩 200 ~ 250 g，加水 10 倍，喷于 25 ~ 30 kg 细土上拌匀成毒土，顺垄条施，随即浅锄，或以同样用量的毒土撒于种沟或地面，随即耕翻，或混入厩肥中施用，或结合灌水施入；5% 辛硫磷颗粒剂，每亩用 2.5 ~ 3 kg 处理土壤，都能收到良好效果，并兼治金针虫和蝼蛄。每亩用 2% 辛硫磷胶囊剂 150 ~ 200 g 拌谷子等饵料 5 kg 左右，或 50% 辛硫磷乳油 50 ~ 100 g 拌饵料 3 ~ 4 kg，撒于种沟中，兼治蝼蛄、金针虫等地下害虫。

（三二）梨潜皮细蛾

梨潜皮细蛾（*Acrocercops astanrola* Meyrick），又名梨皮细蛾、苹果潜皮蛾，俗称串皮虫，属鳞翅目细蛾科。

梨潜皮细蛾为害树干状　　　　　　梨潜皮细蛾为害枝条状　　　　梨潜皮细蛾幼虫（放大）

【分布与寄主】　在辽宁、河北、河南、山东、山西、陕西、江苏等省和京津地区均有发生。梨潜皮蛾为害苹果、梨、核桃、板栗、沙果、海棠等多种果树。

【为害状】　梨潜皮细蛾幼虫在枝干及梨果表皮下蛀食，初期出现弯曲线状蛀道，后期蛀道汇合连片，枯死的表皮翘起，影响树势。

【形态特征】

1. **成虫**　体长 4 ~ 5 mm，翅展 11 mm，灰白色，头部白色，复眼红褐色。触角丝状，灰白色，基部第 2 节具黑环。腹部背面白色，夹杂有褐色鳞片。前翅柳叶形，底白色，上有 7 条褐色横带；后翅灰褐色，狭长；前后翅缘毛均很长。

2. **卵**　长约 0.8 mm，椭圆形，水青色，半透明，具网状花纹。

3. **幼虫**　共 8 龄。前期幼虫（1 ~ 6 龄）全体扁平，乳白色，头部褐色近三角形；胸部 3 节较腹部显著宽，中后胸背腹板的前缘均有 2 个黄褐色半月形斑；腹部纺锤形，足退化。后期幼虫（7 ~ 8 龄）长 7 ~ 9 mm，体近圆筒形，稍扁，头褐色近半圆形；中后胸背腹面前缘具小刺数列；胸足 3 对，无腹足。

4. **蛹**　长 5 ~ 6 mm，深黄色。茧黑褐色。

【发生规律】　辽宁、河北 1 年发生 1 代，河南 1 年发生 2 代。在陕西关中 1 年发生 2 代。以 3 ~ 4 龄幼虫在被害枝条蛀道中过冬。翌年春 3 月下旬开始活动为害，5 月中旬老熟，在潜皮下结茧化蛹，5 月底到 6 月初为化蛹盛期，蛹期 19 d 左右。6 月上旬越冬代成虫开始羽化，6 月中下旬为羽化盛期。成虫期为 5 ~ 7 d，卵期为 5 ~ 7 d。6 月下旬为卵孵化及幼虫蛀入的盛期，7 月中下旬幼虫老熟化蛹。幼虫期约 30 d，蛹期 21 d 左右。8 月中旬至 9 月初第 1 代成虫羽化，交尾产卵；第 2 代幼虫于 8 月下旬入侵为害，11 月上旬越冬，到第 2 年 5 月底化蛹共约经历 225 d。

成虫于夜间羽化，飞翔、交尾、产卵皆在晚上进行，飞翔力弱，有弱趋光性。羽化后不取食，次日交尾，第 3 d 开始产卵，卵散产，雌虫平均产卵 11 粒。成虫喜选择表皮光滑少毛柔嫩的枝条上产卵，一般以 1 ~ 3 年枝、0.5 ~ 3 cm 粗的枝干产卵多。

前期幼虫以汁液为食，初龄幼虫隧道极细，宽不到 1 mm，幼虫蜕皮处隧道弯曲扩大，随龄期增加隧道逐渐加宽，5 龄以后隧道合并连片，后期幼虫不再扩大为害面积，向下层取食组织，使受害处形成几层纸片状，枯死表皮由一侧裂开，后干缩翘起。老熟幼虫在被害虫斑的中央接近裂口处吐丝连缀翘皮作茧化蛹。成虫羽化时从茧顶端钻出，将蛹壳 1/3 ~ 1/2 拖出茧外。

【防治方法】

1. **药剂防治**　在成虫羽化期喷施 80% 敌敌畏乳油 1 500 倍液。

2. **生物防治**　保护利用天敌，梨潜皮细蛾幼虫和蛹的主要寄生蜂有潜蛾姬小蜂等，对该虫的发生有一定控制作用。

（三三）豹纹木蠹蛾

豹纹木蠹蛾（*Zeuzera leuconolum* Butler），又名六星木蠹蛾，属鳞翅目豹蠹蛾科。

豹纹木蠹蛾幼虫在苹果枝上的蛀孔

豹纹木蠹蛾幼虫在苹果枝内为害状

豹纹木蠹蛾幼虫蛀害苹果树干留下的虫粪

豹纹木蠹蛾在苹果树干上的粪粒

豹纹木蠹蛾为害苹果枝致其枯萎易折断

豹纹木蠹蛾成虫

豹纹木蠹蛾幼虫

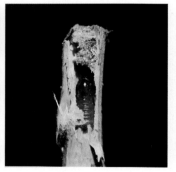

豹纹木蠹蛾蛹

【分布与寄主】　国内河南、河北、陕西、山东等省有分布。寄主为苹果、枣、桃、柿等果树。

【为害状】　豹纹木蠹蛾以幼虫蛀食嫩梢和细枝。被害枝基部的木质部与韧皮部之间有一蛀食环孔，并有自下而上的虫道。枝上有数个排粪孔，有大量的长椭圆形虫粪排出。受害枝上部变黄枯萎，遇风易折断。

【形态特征】

1. **成虫**　雌成虫体长 20 ~ 38 mm，雄成虫体长 17 ~ 30 mm。前胸背面有 6 个蓝黑斑点，前翅散生许多大小不等的青蓝色斑点。

2. **卵**　椭圆形，长约 0.8 mm，初产时黄白色。

3. **幼虫**　体长 20 ~ 35 mm，体红色。前胸背板前缘有 1 对子叶形黑斑。

4. **蛹**　红褐色，近羽化时每一腹节的侧面出现 2 个黑色圆斑，尾端有刺突 10 个。

【发生规律】 1年发生1代。以幼虫在枝条内越冬。翌年春季枝梢萌发后，再转移到新梢为害。被害枝梢枯萎后，会再转移甚至多次转移为害。5月上旬幼虫开始成熟，于虫道内吐丝连缀木屑堵塞两端，并向外咬一羽化孔，即行化蛹。5月中旬成虫开始羽化，羽化后蛹壳的一半露在羽化孔外，长时间不掉。成虫昼伏夜出，有趋光性。于嫩梢上部叶片或芽腋处产卵，散产或数粒在一起。7月幼虫孵化，多从新梢上部腋芽蛀入，并在不远处开一排粪孔，被害新梢3～5 d内即枯萎，此时幼虫从枯梢中爬出，再向下移不远处重新蛀入为害。一头幼虫可为害2～3个枝梢。幼虫至10月中下旬在枝内越冬。

【防治方法】

1. **剪除虫枝** 结合夏季修剪，根据新梢先端叶片凋萎的症状或枝上及地面上的虫粪，及时剪除虫枝，集中处理。此项措施应在幼虫转梢之前开始，并多次剪除，至冬剪为止。

2. **灯光诱杀** 在成虫发生期进行灯光诱杀。

3. **药剂防治** 成虫产卵及卵孵化期，喷洒80%晶体敌百虫1 000倍液或80%敌敌畏乳油1 000倍液。

（三四）苹果球坚蚧

苹果球坚蚧（*Rhodococcus sariuoni* Borchs），又名西府球蜡蚧、沙里院褐球蚧，属同翅目蜡蚧科。

【分布与寄主】 分布于河北、河南、辽宁、山东等地。为害苹果、沙果、海棠、梨、山楂等。

【为害状】 苹果球坚蚧以若虫和雌成虫刺吸枝、叶汁液，排泄蜜露常诱使煤烟病发生，影响光合作用，削弱树势，重者造成树体枯死。

【形态特征】

1. **成虫** 雌体长4.5～7 mm，宽4.2～4.8 mm，高3.5～5 mm，产卵前体呈卵形，背部突起，从前向后倾斜，多为赭红色，后半部有4纵列凹点，产卵后体呈球形，褐色，表皮硬化而光亮，虫体略向前高突，向两侧亦突出，后半部略平斜，凹点亦存，色暗。雄体长2 mm，翅展5.5 mm，淡棕红色，中胸盾片黑色，触角丝状10节，眼黑褐色，前翅发达，乳白色半透明，翅脉1条分2叉，后翅特化为平衡棒。腹末性刺针状，基部两侧各具1条白色细长蜡丝。

2. **卵** 长0.5 mm，宽0.3 mm，卵圆形，淡橘红色，被白蜡粉。

3. **若虫** 初孵若虫椭圆形，扁平，体长0.5～0.6 mm，橘红色或淡血红色，体背中央有1条暗灰色纵线。触角与足发达，腹末两侧微突，上各生1根长毛，腹末中央有2根短毛。固着后初橘红色后变淡黄白色，分泌出淡黄色半透明的蜡壳，长椭圆形，扁平，长1 mm，宽0.5 mm，壳面有9条横隆线，周缘有白毛。越冬后雌体迅速膨大，呈卵圆形，栗褐色，表面有薄蜡粉。雄体长椭圆形，暗褐色，体背略隆起，表面有灰白色蜡粉。雄蛹长卵形，长2 mm，淡褐色。

4. **茧** 长椭圆形，长3 mm，表面的绵毛状白蜡丝似毡状。

【发生规律】 1年发生1代，以2龄若虫在一二年生枝上及芽旁、皱缝固着越冬。翌年春寄主萌芽期开始为害，4月下旬至5月中上旬为羽化期，5月中旬前后开始产卵于体下。5月下旬开始孵化，初孵若虫从母壳下的缝隙爬出分散到嫩枝或叶背固着为害，发育极缓慢，直到10月落叶前蜕皮为2龄转移到枝上固着越冬。行孤雌生殖和两性生殖，一般发生年很少有雄虫。每头雌虫可产卵1 000～2 500粒。天敌有瓢虫和寄生蜂。

【防治方法】

1. **芽前防治越冬若虫** 初发生的果园常是点片发生，彻底剪除有虫枝，或人工刷抹有虫枝。

2. **果树萌发前后若虫活动期（3月中下旬至4月上中旬）** 越冬的2龄若虫均集中在一二年生枝条上或叶痕处，开始活动及繁殖为害虫口集中，且蜡质保护层薄、易破坏。可用下列药剂：45%晶体石硫合剂20倍液，95%机油乳油50～60倍液，45%松脂酸钠可溶性粉剂80～120倍液。

3. **防治初孵若虫** 当蚧壳下卵粒变成粉红色后，7～10 d若虫便孵化出壳。孵盛期和一代若虫发生期（5月下旬至6月上旬），初孵若虫尚未分泌蜡粉，抗药能力最差，是防治的最佳时期。可用下列药剂：45%毒死蜱乳油1 500倍液，45%马拉硫磷乳油1 500倍液，2.5%氯氟氰菊酯乳油2 000倍液，25%噻嗪酮可湿性粉剂1 500倍液。

苹果球坚蚧初春开始膨大　　　　　　　苹果球坚蚧为害状　　　　　　　苹果球坚蚧严重为害苹果枝干

苹果球坚蚧雌成虫内众多卵粒　　　　苹果球坚蚧产的大量卵粒　　　苹果球坚蚧刚孵化出来的若虫（橘红色）

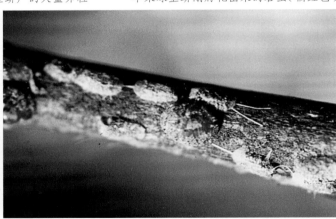

苹果球坚蚧低龄若虫　　　　　　　　　苹果球坚蚧低龄若虫（白色）

苹果球坚蚧低龄若虫（白色）在苹果树枝下方　　　　　　苹果球坚蚧若虫膨大

（三五）草履硕蚧

草履硕蚧［*Drosicha corpulenta*（Kuwana）］，又名草鞋介壳虫、草履蚧，俗称树虱子，属同翅目硕蚧科。

草履硕蚧为害苹果树干

草履硕蚧雄成虫

【分布与寄主】　国内分布于河北、山西、山东、陕西、河南、青海、内蒙古、浙江、江苏、上海、福建、湖北、贵州、云南、四川、西藏等地；日本、俄罗斯也有发生。为害梨、苹果、桃、李、柿、核桃、樱桃、枣、板栗等果树及多种林木。

【为害状】　早春若虫上树，群集在树皮裂缝、枝条和嫩芽上刺吸汁液。受害叶片发黄，芽枯萎，小枝干枯。

【形态特征】

1. **成虫**　雌成虫无翅，体长约 8 mm，宽约 5 mm，红褐色，形似鞋底。体常被白蜡粉状物。雄成虫有淡黑色翅 1 对，体长约 5 mm，紫红色。

2. **卵**　椭圆形，黄白色，长 1 ~ 1.2 mm，产于卵囊内。

3. **若虫**　除体形较雌成虫小、色较深外，其余相似。

4. **雄蛹**　圆筒状，褐色，长约 5.0 mm，外被白色绵状物。

【发生规律】　1 年发生 1 代，以卵和初孵若虫在树干基部土壤中越冬。越冬卵于翌年 2 月上旬到 3 月上旬孵化。若虫出土后爬上寄主主干，在皮缝内或背风处隐蔽，10 ~ 14 时在树的向阳面活动，顺树干爬至嫩枝、幼芽等处取食。初龄若虫行动不活泼，喜在树洞或树杈等处隐蔽群居。若虫于 3 月底 4 月初第 1 次蜕皮。蜕皮前，虫体上白色蜡粉褪掉，体呈暗红色；蜕皮后，虫体增大，活动力强，开始分泌蜡质物。4 月中下旬第 2 次蜕皮，雄若虫不再取食，潜伏于树缝、皮下或土缝、杂草等处化蛹。化蛹期 10 d 左右，4 月底 5 月上旬羽化为成虫。雄成虫不取食，白天活动量小，傍晚大量活动，飞或爬至树上寻找雌虫交尾，阴天整日活动，寿命 3 d 左右，雄虫有趋光性。4 月下旬至 5 月上旬雌若虫第 3 次蜕皮后变为雌成虫，并与羽化的雄成虫交尾。5 月中旬为交尾盛期，雄虫交尾后死去。雌虫交尾后仍须吸食为害，至 6 月中下旬开始下树，钻入树干周围石块下、土缝等处，分泌白色绵状卵囊，于其中产卵。雌虫产卵时，先分泌白色蜡质物附着尾端，形成卵囊外围，产卵一层，多为 20 ~ 30 粒，陆续分泌一层蜡质棉絮再产一层卵，依次重叠，一般为 5 ~ 8 层。雌虫产卵量与取食时间长短有关，时间长，产卵量大，一般为 100 ~ 180 粒，最多达 261 粒。产卵期为 4 ~ 6 d，产卵结束后雌虫体逐渐干瘪死亡。

【防治方法】

1. **清除虫源**　果园结合秋冬季翻树盘、施基肥等管理措施，挖出土缝中、杂草下及地堰等处的卵块并销毁。新植果树要加强苗木的检疫，杜绝带虫苗。

2. **树干涂白**　此虫多在主干老粗皮下、树洞内或树下土中越冬，冬季结合树木的整枝修剪，先将老粗皮刮掉，再用生石灰、盐、水、植物油和石硫合剂按 1 : 0.1 : 10 : 0.1 : 0.1 配成涂白剂，涂抹主干和粗枝，这种方法可一举多得。

3. **阻隔防治**　4 月上旬（草履蚧出土之前）绑塑料条。在草履蚧出土上树之前将质地光滑较硬的塑料薄膜裁成宽 30 cm 的长条，在距地 1 ~ 1.5 m 处，将树干老皮刮平，环宽 10 cm，将塑料薄膜沿环缠绕一周，用绳子将塑料薄膜捆绑结实，阻隔若虫上树，每天下午将阻隔带下的若虫扫除，集中处理。

4.**化学防治法**　喷洒药液，可选用10%的氯氰菊酯2 000倍液或2.5%溴氰菊酯2 000倍液，进行树冠喷雾。

5.**生物防治**　蚧类有许多的天敌寄生或捕食，如膜翅目小蜂科的许多寄生蜂，鞘翅目瓢甲科内的多种捕食性瓢虫，可以通过保护和利用天敌，或采用引种人工繁殖、释放措施，增加天敌数量，控制蚧虫的为害。

（三六）苹果绵蚜

苹果绵蚜［*Eriosoma lanigerum*（Hausmann）］，又名赤蚜、血色蚜虫，属同翅目瘿绵蚜科。

苹果绵蚜为害状

苹果绵蚜为害结果枝

苹果绵蚜为害苹果树枝，分泌白色绵状物

苹果绵蚜严重为害苹果枝条

苹果绵蚜为害苹果枝条产生肿胀

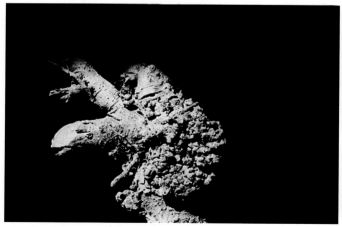
苹果绵蚜为害苹果根系

苹果绵蚜被寄生变黑，背面呈现圆形孔

【**分布与寄主**】　原产于北美洲东部，现已扩散到6大洲70多个国家和地区的苹果产区，在我国山东、天津、河北、陕西、河南、辽宁、江苏、云南、西藏等地已有分布。寄主以苹果属（*Malus*）植物为主，还有山楂属（*Crataegus*）、梨属（*Pyrus*）等植物。

【为害状】 典型为害症状就是在苹果树树干、剪锯口、枝条和根系受害处逐渐形成瘤状突起，各虫态均表面覆盖白色绵毛状物，因此树体有虫之处犹如覆盖一层白色棉絮，剥开后内为红褐色虫体。苹果绵蚜在嫩梢、叶腋、嫩芽、根等部位刺吸汁液，同时分泌体外消化液，刺激果树受害部组织增生，形成肿瘤，影响营养输导，叶柄被害后变成黑褐色，因光合作用受破坏，叶片早落。果实受害后发育不良，易脱落。侧根受害形成肿瘤后，不再生须根，并逐渐腐烂。绵蚜体外排泄的蜜露可造成树体及叶片发黑，污染果面。由于虫体和受害处被覆许多白色绵毛状物，防治具有相当的难度。发生严重时，使树势衰弱，产量降低，以致全树枯死，甚至全园毁灭。

【形态特征】

1. 成虫　有翅胎生雌蚜体长 1.7 ~ 2.0 mm，翅展 5.5 mm。身体暗褐色，头及胸部黑色。身体上被的白色绵状物比无翅胎生雌蚜少。复眼红黑色，有眼瘤。触角6节，第3节特别长，上面有不完全或完全的环状感觉孔24 ~ 28个，第4节长度次之，上有3 ~ 4个环状感觉孔，第5节长于第6节，有1 ~ 4个感觉孔，第6节有两个感觉孔。翅透明，翅脉及翅痣棕色，前翅中脉有一分枝。腹管退化为环状黑色小孔。无翅胎生雌蚜体长 1.8 ~ 2.2 mm。身体近椭圆形，肥大，赤褐色，体侧具有瘤状突起，着生短毛，身体被有白色蜡质绵状物。头部无额瘤，触角6节，第3节最长，超过第2节的3倍，末端3节长度约相等，第6节末端特别尖，呈刺状。复眼红黑色，有眼瘤。腹部背面有4条纵列的泌蜡孔，分泌白色蜡质绵状物，腹管退化，呈半圆形裂口，位于5 ~ 6腹节间。有性雌蚜体长约1 mm。身体淡黄褐色。触角5节，口器退化。腹部赤褐色，稍被绵毛。有性雄蚜体长约 0.7 mm，黄绿色，触角5节，口器退化。

2. 卵　椭圆形，长约 0.5 mm。初产时为橙黄色，后变为褐色，表面光滑，外覆白粉，较大一端精孔突出。

3. 若虫　共4龄。身体略呈圆筒状，体赤褐色，喙细长，向后延伸。触角5节，身体被有白色绵状物。

【发生规律】 苹果绵蚜是苹果生产上的重要害虫，具有繁殖能力强、世代重叠明显、发育周期短、为害严重等特点，在我国山东青岛地区发生17 ~ 18代，在河北唐山地区发生12 ~ 14代，河南地区发生14 ~ 20代，昆明发生23 ~ 26代。以若蚜在树干伤疤、裂缝和近地表根部越冬。5月上旬越冬若蚜成长为成蚜，开始胎生第1代若蚜，多在原处为害。5月下旬至6月是全年繁殖盛期，1龄若蚜四处扩散。7 ~ 8月受高温和寄生蜂影响，蚜虫数量大减。9月中旬以后，虫口数量又有增长，到11月中旬若蚜进入越冬状态。苹果绵蚜极易大面积传播及扩散。主动传播是指靠自身爬行或有翅蚜飞翔，在近距离约5 km内传播。被动传播主要包括人畜携带，工具携带，风雨传播，随苗木、接穗等繁殖材料传播等。其中随苗木、接穗等繁殖材料及果品携带或运输是主要的传播方式。

【防治方法】 加强果园田间管理，抓住关键防治时期，采取"剪除虫枝、枝干为害处涂抹稀泥、集中处涂药、铲刮除越冬场所的老翘皮、生长期喷药防治、根部灌药控制"配套技术。重点抓好冬季、花前和花后的防治，彻底压低虫源基数，监控发生高峰前期，可有效防控苹果绵蚜的发生及为害。

1. 加强检疫　建立苹果苗木、接穗繁育基地，提供健康的苗木和接穗；对苗木、接穗和果实实施产地检疫和调运检疫，严禁从苹果绵蚜疫区调运苗木、接穗。

2. 农业防治　冬春季及时进行刮翘皮、剪虫枝等，并将刮下的残渣或剪下的虫枝带出果园外深埋，降低绵蚜虫口密度；在腐烂病伤疤、剪锯口伤疤处涂泥后用塑料布包严，以防治在此处的苹果绵蚜；严格进行农事操作，在果园给苹果套袋时，园主在农事操作完后，及时更换衣服或做适当处理等。

3. 药物防治

（1）根部施药：苹果绵蚜发生较重的果园，于4 ~ 5月若虫变成蚜时，在果树发芽前将树干周围1 m以内的土壤扒开，露出根部，每株树撒施5%辛硫磷颗粒剂2 ~ 2.5 kg，用原土覆盖，撒药后再覆盖原土或用钉耙搂一遍，杀灭根部绵蚜。

（2）生长期喷药防治：秋季11月苹果树叶片脱落之后、3月中下旬至4月初苹果树发芽开花之前及6月中旬至7月中下旬为苹果绵蚜树上防治的最适时期。这一时期，苹果绵蚜若虫集中于树干和主枝的剪锯口、隙缝等处，果园视野开阔，用药方便、省工、省时、省药、高效，在防治苹果绵蚜的同时，还可兼治其他害虫。一般树上喷药，要喷透树干、树枝的剪锯口、伤疤、隙缝等处。毒死蜱、螺虫乙酯对苹果绵蚜有良好控制作用。复配剂有：啶虫·毒死蜱、吡虫·毒死蜱、氯氰·啶虫脒、甲维·毒死蜱等施药时注意喷洒周到细致，喷洒树干、枝要全面，发现有虫体处，喷头直接对准虫体，使药液触及虫体，以达到灭杀效果。通过喷雾、涂茎、灌根、土表撒施药剂、药剂刷堵树洞、树缝、剪锯口等方式进行灭杀，必要时可结合各方法从地面到树上全面防控。

4. 保护天敌　苹果绵蚜蚜小蜂等控制作用显著，寄生率可达90%以上，7 ~ 8月是苹果绵蚜蚜小蜂的繁育高峰期，此期应尽量避免喷广谱化学农药，以免杀伤天敌。

5. 果园种草　通过在苹果园种植黑麦草、三叶草和紫花苜蓿，使果园植被多样化，以改善生态环境。田间调查表明，果园生草是控制苹果绵蚜发生为害的一项关键技术措施。

（三七）苹果根绵蚜

苹果根绵蚜（*Prociphlus crataegicola* Shinji），又名山楂卷叶绵蚜、苹果卷叶绵蚜等，属同翅目蚜科。

苹果根绵蚜为害苹果树根系

苹果根绵蚜为害苹果根系，形成白色蜡质绵絮状物

【分布与寄主】　分布于东北、华北、西北地区及河南、山东、湖北等地。为害苹果、山楂、梨、海棠、沙果、山定子、花生等植物，主要为害苹果和山楂。

【为害状】　苹果根绵蚜以成虫和若虫刺吸叶与根的汁液，新叶被害后，叶缘向背面卷合，根部被害处有白色蜡质绵絮状物，被害处逐渐变黑腐烂，但不生肿瘤，可与苹果绵蚜区别。被害株树势衰弱、产量降低。

苹果根绵蚜为害苹果根系，变黑腐烂

【形态特征】

1. **成虫**　越冬卵孵化出的无翅胎生雌蚜称为干母，体略呈纺锤形，体长 1.4 ~ 1.6 mm，全体深灰绿色，被白色绵毛状蜡丝。头部狭小，复眼黑色，触角较短，喙 4 节。胸部稍宽、无翅。腹部肥大，无腹管。根部无翅胎生雌蚜体长 1.4 ~ 1.6 mm，近卵圆形，全体污白色，被白色绵毛状蜡丝。头较小，复眼黑褐色，触角丝状 6 节，较短，喙 4 节。腹部较肥大，无腹管。有翅胎生雌蚜体长 1.3 ~ 1.5 mm，长椭圆形。头部灰黑色，触角 6 节较长，感觉孔狭长，上有纤毛，复眼黑褐色，喙 4 节。胸部发达，黑褐色，翅白色半透明，翅脉淡褐色，前翅中脉不分支，可与苹果绵蚜区别。腹部灰黄绿色，后变灰褐色，被有白色蜡粉，腹管较小，有性雌蚜大小为（0.6 ~ 0.7）mm×（0.3 ~ 0.32）mm，长椭圆形，淡黄褐色，疏被白色蜡粉。无翅。喙退化，不能取食。腹部长大，腹内只有 1 个长形卵，隐约可见。

2. **卵**　长卵圆形，淡黄褐色，有光泽，表面附有白色绵毛。

3. **若虫**　长圆形，绿白色，体后部有白色绵毛状蜡丝。

【发生规律】　山东烟台地区 1 年发生 9 代，以卵在苹果、山楂枝干的皮缝、伤疤、剪锯口等缝隙处越冬。翌年 4 月上旬展叶时越冬卵开始孵化，4 月中旬为盛期，至 4 月下旬苹果始花期全部孵化。干母多在苹果枝条基部的小叶片或山楂树冠中下部枝条嫩叶背面吸食汁液。苹果中熟品种开始落花时（约 5 月上旬），开始胎生有翅胎生雌蚜的若虫，5 月下旬羽化，迁飞到其他寄主及苗木上。6 月初有翅胎生雌蚜开始胎生根部无翅胎生雌蚜的若虫，6 月上旬若虫自树干与土壤接触处的缝隙爬入根部，多于 1 ~ 3 年生根上寄生。在黄土和黄壤土的果园中，地面下 2 ~ 65 cm 处均有分布，以 10 ~ 40 cm 处最多。6 月下旬开始胎生第 4 代（根部第 2 代）；7 月中旬第 5 代；8 月上旬第 6 代；8 月下旬第 7 代；9 月下旬第 8 代，为有翅胎生雌蚜，出土期为 10 月中上旬（苹果落叶时），根部基本绝迹，出土后有翅胎生雌蚜飞到苹果、山楂枝干皮缝、伤疤等处，胎生第 9 代有性蚜，雌雄交尾后，于 11 月中上旬产卵越冬。发生期不整齐，世代重叠，7 月中旬至 10 月同时在土中可见到前后世代的成虫和若虫。

【防治方法】　有两个繁殖高峰期，第 1 个高峰期在 5 月中旬到 7 月中旬，第 2 个高峰期在 9 月中旬到 10 月下旬，在该虫发生的地区，当秋冬施基肥挖施肥沟时，注意检查须根有无白色絮状绵毛和小根及吸收根变褐坏死现象。如有，则应当进行防治。

第 1 次防治适期是苹果落花后，可用防治绵蚜的专用药剂 40% 蚜灭磷乳油兑水 1 500 ~ 2 000 倍液喷雾，或者采用 5 倍药液涂环防治 1 次。第 2 次用药是苹果采收后，10 月下旬或 11 月上旬，用 40% 蚜灭磷乳油兑水 1 500 ~ 2 000 倍液喷药一次，可有效地杀灭根绵蚜，大大减轻翌年 5 ~ 6 月的绵蚜为害。

涂环法只适用于果树生长期，一般于 5 月上旬进行。具体操作方法是，取一份 40% 蚜灭磷乳油加 4 份水兑成 5 倍液体，然后在树干上选择适当的位置进行涂环。若树体是 1 ~ 7 年生的幼树，可选择树体主干表皮光滑且便于操作的部位，用兑好的 5 倍液体在主干上均匀地涂成一个 4 ~ 5 cm 宽的药环，然后用旧报纸包严，最后用塑料薄膜将药环包紧。若树体是 7 年生以上的老树，应将表面粗皮轻轻刮去后再涂药。采用涂环法，刮粗皮时应防止刮伤内皮；涂药 7 ~ 10 d 期间要揭去塑料薄膜，否则易造成树体中毒死亡；雨季来临之前，要将旧报纸揭去。

（三八）大云鳃金龟

大云鳃金龟（*Polyphylla laticollis* Lewis），又称云斑鳃金龟、石纹金龟子、大理石须金龟，属鞘翅目鳃金龟科。

【分布与寄主】 大云鳃金龟在我国分布于黑龙江、吉林、辽宁、内蒙古、青海、宁夏、陕西、山西、山东、北京、河北、河南、江苏、安徽、浙江、福建、四川、云南等省（市、区）。寄主为苹果、梨等多种果树林木。

【为害状】 大云鳃金龟幼虫蛴螬为害果苗、玉米、甘蔗、小麦、青稞、马铃薯、荞麦、黄豆等多种农作物的地下茎和根。成虫主要为害苹果、梨等多种果树林木的幼叶和嫩芽。

大云鳃金龟成虫

【形态特征】

1. **成虫** 为大型金龟甲，长椭圆形，背面相当隆拱，体长 26 ~ 45 mm，体宽 18 ~ 23 mm。全体紫黑色或栗黑色至黑褐色不等。体上被有各式白色或乳白色鳞片组成的云状白斑，斑间多零星鳞片。鞘翅有小点刻散布，白色鳞片群集点缀如云斑，故名云斑金龟子。

2. **卵** 乳白色，椭圆形，初产时长 3.5 ~ 4 mm，宽 2.5 ~ 3 mm。

3. **幼虫** 大型，体长 61 ~ 70 mm，全体乳白色，头部淡黄色。头部前顶毛每侧各为 6 ~ 7 根，后顶毛各为 3 根。臀节腹面刺毛列有 8 ~ 15 根，一般由 10 ~ 12 根短锥状针组成，多数排列整齐，几乎平行。

4. **蛹** 大小和形状与成虫相近。初为乳白色，逐渐变成棕黄色，最后变成棕褐色或黑褐色。体表上的云状白斑是逐渐明晰的。

【发生规律】 大云鳃金龟的生活史较长，要 3 ~ 4 年才能完成 1 个世代。以幼虫在 20 ~ 50 cm 深的土层中越冬，翌年春天当土温上升到 10 ~ 20 ℃时，幼虫就开始活动，6 月初老熟幼虫上升到 10 ~ 15 cm 深的土层中作土室化蛹，蛹期 3 ~ 4 周，6 月下旬羽化为成虫，7 月为盛期，8 月底还可见到成虫。成虫日间潜伏在暗处或树枝上不动，在黄昏气温不低于 13 ℃时开始活动，20 ~ 22 时为活动高峰期，闷热无风时特别活跃。成虫的趋光性较弱，扑向灯者绝大多数为雄虫。雄虫能发出和天牛相似的鸣声，其作用是引诱雌虫进行交尾。交尾多在杂草或枝叶丛中进行。与林区靠近的苹果、梨等果园受害最烈，有的枝条被吃成光枝秃秆。雌虫多在 10 ~ 30 cm 的土层中产卵，每穴 1 粒，各卵穴相距 1 cm 左右，每头雌虫产卵十余粒到数十粒不等。卵经 21 ~ 28 d 后孵化为幼虫。初孵幼虫喜欢生活于沙土和沙填土中，稍大后即取食草根、树根，对果树幼苗根部的为害最严重，使树势生长衰弱、产量降低甚至全株死亡。幼虫经过 3 个龄期，经 3 ~ 4 年后才化蛹，然后在夏天羽化成成虫并分批上树为害果树和林木的叶片。

【防治方法】 可参考黑绒鳃金龟。

（三九）大栗鳃金龟

大栗鳃金龟（*Melolontha hippocastani* Fabricius），属鞘翅目丽金龟科。

大栗鳃金龟成虫为害苹果树叶片

大栗鳃金龟成虫

【分布与寄主】　大栗鳃金龟在我国的内蒙古、甘肃、河北、陕西、山西、四川等省（区）有分布，是四川西部地区的主要果木和农作物害虫。

【为害状】　大栗鳃金龟成虫为害苹果等果树林木的叶片和幼芽，幼虫食害马铃薯、玉米、小麦、青稞、油菜、豌豆、甜菜等农作物和果树苗圃幼苗的根。

【形态特征】

1. 成虫　大型，雌虫比雄虫肥大，雌虫较宽，体长 28～33 mm，体宽 12～16 mm；雄虫狭长，体长 26～32 mm，体宽 11～14 mm。体黑色、黑褐色或深褐色，常有黑绿色金属闪光，鞘翅、触角及各足跗节以下棕色或褐色，鞘翅边缘黑色或黑褐色。触角 10 节，雄虫鳃叶部 7 节，粗而弯曲，雌虫鳃部 6 节，短小而直。

2. 卵　乳白色，椭圆形，初产时长约 3.5 mm，宽约 2.5 mm。吸水发育膨大后，长为 4.5 mm，宽 3.6 mm。卵壳上具有不规则的斜纹。

3. 幼虫　大型，老熟幼虫体长 43～51 mm。头部浅栗色，胸腹部随着虫龄的增长，由乳白色逐渐变成黄白色。前胸两侧各有 1 个多角形而又不规则的褐色大斑。肛腹片的刺毛列短锥状刺毛较多，每列 28～38 根，相互平行，排列整齐，其前端略超出钩毛区的前缘。肛门横裂状。

【发生规律】　大栗鳃金龟在四川甘孜是 6 年完成 1 代，幼虫越冬 5 次，成虫越冬 1 次；在四川康定是 5 年完成 1 代。越冬成虫于 5 月上旬开始出土，5 月中旬达盛期。5 月下旬开始交尾产卵，卵期 45～66 d，7～8 月孵出幼虫，10 月逐渐下移到 40 cm 以下的土层中越冬，越冬幼虫于翌年 4 月上旬开始上升到表土层取食为害，如此经过 4 年，第 5 年 6 月下旬幼虫开始老熟，并继续越冬，幼虫期长达 58 个月。第 6 年 6 月中旬至 7 月上旬，在土中作土室化蛹，蛹期是 60～72 d。8 月下旬到 9 月中旬先后羽化为成虫，成虫当年并不出土，10 月开始越冬。

【防治方法】　可参考黑绒鳃金龟。

（四〇）斑喙丽金龟

斑喙丽金龟（*Adoretus tenuimaculatus* Waterhouse），又名华喙丽金龟、茶色金龟，属鞘翅目丽金龟科。

【分布与寄主】　国内分布较广。

斑喙丽金龟为害苹果叶片，呈锯齿状虫斑（正面）　　斑喙丽金龟为害苹果叶片，呈锯齿状虫斑（正面）

斑喙丽金龟为害苹果树，叶片呈锯齿状缺刻
（背面）

斑喙丽金龟成虫

【为害状】　斑喙丽金龟以成虫取食苹果、葡萄、柿等果树叶片，被害叶多呈锯齿状孔洞。

【形态特征】
1. **成虫**　体长约 12 mm。体背面棕褐色，密被灰褐色茸毛。翅鞘上有稀疏成行的灰色毛丛，末端有一大一小灰色毛丛。
2. **卵**　长椭圆形，长 1.7 ~ 1.9 mm，乳白色。
3. **幼虫**　体长 13 ~ 16 mm，乳白色，头部黄褐色。臀节腹面钩状毛稀少，散生，且不规则，数目为 21 ~ 35 根。
4. **蛹**　长 10 mm 左右，前圆后尖。

【发生规律】　斑喙丽金龟 1 年发生 2 代，以幼虫越冬。4 月下旬至 5 月上旬老熟幼虫开始化蛹，5 月中下旬出现成虫，6 月为越冬代成虫盛发期，并陆续产卵，6 月中旬至 7 月中旬为第 1 代幼虫期，7 月下旬至 8 月初化蛹，8 月为第 1 代成虫盛发期，8 月中旬见卵，8 月中下旬幼虫孵化，10 月下旬开始越冬。成虫白天潜伏于土中，傍晚出来飞向寄主植物取食，黎明前全部飞走。阴雨大风天气对成虫出土数量和飞翔能力有较大影响。成虫可以取食多种植物，食量较大，有假死和群集为害习性，在短时间内可将叶片吃光，只留叶脉，呈丝络状。每头雌虫可产卵 20 ~ 40 粒，产卵后 3 ~ 5 d 死去。产卵场所以菜园、丘陵黄土以及黏壤性质的田埂内为最多。幼虫为害苗木根部，活动深度与季节有关，活动为害期以 3.3 cm 左右的草皮下较多，遇天气干旱，入土较深，化蛹前先筑 1 个土室，化蛹深度一般为 10 ~ 15 cm。

【防治方法】　参考苹毛丽金龟。

（四一）苹毛丽金龟

苹毛丽金龟（*Proagopertha lucidula* Faldermann），又名苹毛金龟子，属鞘翅目丽金龟科。

【分布与寄主】　东北、华北、西北等地区均有发生。为害苹果、梨、桃、李、杏、樱桃、核桃、板栗、葡萄等果树及多种林木。

【**为害状**】 苹毛丽金龟以成虫取食果树花蕾、花芽和嫩叶，以山区果园和孤零果园受害为重。幼虫在土中为害幼根。

【**形态特征**】

1. **成虫** 除小盾片和鞘翅外，体均密被黄白色茸毛。鞘翅棕黄色，从鞘翅上可透视后翅折叠成"V"字形。

2. **卵** 乳白色，椭圆形，表面光滑。

3. **幼虫** 老熟幼虫体长 15 mm 左右。头部黄褐色，胸、腹部乳白色。头部前顶刚毛各有 7 ~ 8 根，排成 1 纵列，后顶刚毛各 10 ~ 11 根，排成不太整齐的斜列，额中刚毛各 5 根成 1 斜向横列。无臀板。肛腹片后部钩状刚毛群中间的尖刺列由短锥状和长针状刺组成，短锥状刺毛每侧各 5 ~ 12 根，多数是 7 ~ 8 根，长针状刺毛各为 5 ~ 13 根，多数是 7 ~ 8 根，两列刺毛排列整齐。

4. **蛹** 为裸蛹，初期白色，后渐变为淡褐色，羽化前变为深红褐色。

苹毛丽金龟为害苹果花

【**发生规律**】 1 年发生 1 代，以成虫在 30 ~ 50 cm，最深达 74 cm 的土层内越冬。越冬成虫于翌年 4 月上旬果树萌芽期出土，花蕾期受害最重。苹果谢花后（5 月中旬）成虫活动停止。成虫取食为害约 10 d。成虫交尾一般在气温较高时进行，初期以 13 ~ 14 时，后期则在 8 ~ 9 时交尾虫数最多。4 月中旬开始产卵，4 月下旬是产卵盛期，5 月中旬为产卵末期。卵经过 27 ~ 31 d 孵化，5 月底至 6 月初为幼虫孵化盛期。1 ~ 2 龄幼虫生活于 10 ~ 15 cm 的土层内，3 龄后即开始下移至 20 ~ 30 cm 深的土层，准备化蛹。8 月中下旬为化蛹盛期。9 月上旬即开始羽化为成虫，9 月中旬为羽化盛期。羽化的成虫当年不出土，即在土层深处越冬，至翌年春季苹果、梨萌芽时上移出土活动。成虫有假死性而无趋光性，故可在早晚摇树振落捕杀。

【**防治方法**】

1. **人工捕杀** 在成虫发生期，利用其假死习性组织人员于清晨或傍晚振树，树下用塑料布单接虫，集中处理。除在果园进行捕杀外，还应在果园周围其他树木上同时进行人工捕杀，收效更大。

2. **土壤处理** 用 5% 辛硫磷颗粒剂，每亩 2 kg，有良好效果。果园树盘外非间作地用药量可略增，在成虫初发期处理，效果更好。

3. **喷药保花** 在果树花含苞未放，即开花前 2 d 喷施 50% 马拉硫磷乳油 1 000 ~ 2 000 倍液，或 75% 辛硫磷乳油 1 000 ~ 2 000 倍液，防治效果都很好。

（四二）阔胫赤绒金龟

阔胫赤绒金龟（*Maladera verticalis* Fairm），又名阔胫鳃金龟，属鞘翅目鳃金龟科。

【**分布与寄主**】 东北、华北地区有分布。为害苹果、梨等果树及杨、柳等叶片。

【**为害状**】 成虫取食苹果树叶片，呈现缺刻状。

【**形态特征**】 成虫体长约 8 mm。全体赤褐色，有光泽，密生茸毛。鞘翅布满纵列隆起纹。

【**发生规律**】 1 年发生 1 代，以成虫在土中越冬。成虫主要为害果树的花蕾和嫩叶。6 月在果林根系周围土中产卵。成虫有假死性和趋光性。

阔胫赤绒金龟为害苹果叶片

【**防治方法**】 参考苹毛丽金龟。

（四三）黑绒鳃金龟

黑绒鳃金龟（*Maladera orientalis* Motschulsky），又名东方金龟、天鹅绒金龟，属鞘翅目鳃金龟科。

黑绒鳃金龟为害苹果叶片

黑绒鳃金龟成虫

【分布与寄主】 国内各省区几乎都有发生。可为害苹果、梨、葡萄、桃、李、杏、枣、樱桃、梅、山楂、柿等果树。

【为害状】 黑绒鳃金龟成虫食害嫩芽、新叶和花朵，呈缺刻状。

【形态特征】

1. **成虫** 体长 7 ~ 9 mm，宽 4 ~ 5 mm，略呈卵圆形，背面隆起。全体黑褐色，被灰色或紫色茸毛，有光泽。触角黑色，9 ~ 10 节，柄节膨大，上生 3 ~ 5 根较长刚毛。两鞘翅上各有 9 条纵纹，侧缘具 1 列刺毛。前胫节有 2 个齿，后胫节细长，其端部内侧有沟状凹陷。腹部最后 1 对气门露出鞘翅外。

2. **卵** 椭圆形，长径约 1 mm，乳白色，有光泽，孵化前色泽变暗。

3. **幼虫** 老熟幼虫体长约 16 mm，头部黄褐色，胴部乳白色，多皱褶，被有黄褐色细毛，肛膜片上约有 28 根刺，横向排列成单行弧状。

4. **蛹** 体长 6 ~ 9 mm，黄色，裸蛹，头部黑褐色。

【发生规律】 东北、华北、西北各省（区）1 年发生 1 代，以成虫在土中越冬。翌年 4 月中旬出土活动，4 月末至 6 月中旬为发生为害盛期，多在 15 时以后出土群集为害，傍晚多围绕树冠飞行、取食和交尾。雌虫产卵于土中，幼虫以腐殖质和嫩根为食，8 月中旬羽化为成虫。成虫在日落前后从土里爬出来，成虫飞翔力较强，傍晚飞入果园内于果树的周围取食为害，并进行交尾活动。以温暖无风的天气出现最多，成虫活动的适宜温度为 20 ~ 25 ℃，降水量大、湿度高，有利于成虫出土为害。一般在 21 ~ 22 时，成虫自动落地钻进土里潜伏，或飞往果园附近的土内潜伏。成虫有较强的趋光性，嗜食榆、柳、杨的芽、叶，故可利用此习性进行诱杀。成虫有假死习性，可采取振落方法捕杀。

【防治方法】

1. **诱杀成虫** 对苗圃或新植果园，在成虫出现盛期可于无风的下午 3 时左右，用长约 60 cm 的杨、榆、柳枝条蘸上 80% 敌百虫 100 倍液（最好将树枝条浸蘸在药液内 2 ~ 3 h 后取出使用），然后分散安插在地里诱杀成虫，可收到良好效果。也可利用成虫的趋光性，在成虫发生期设置黑光灯诱杀。

2. **人工捕杀** 在成虫发生期，利用其假死习性于傍晚振落捕杀。因该虫为害树种很多，除在果树上进行捕杀外，对果树周围的其他树木也要进行捕杀，才能获得更好的效果。

3. **药物防治** 利用成虫入土习性，于发生前在树下撒 5% 辛硫磷颗粒剂，每亩 2 kg 拌细土，施后耙松表土，使部分入土的成虫触药。也可在成虫发生量大时进行树上喷药，喷施 50% 马拉硫磷乳油 2 000 倍液。

（四四）小青花金龟

小青花金龟（*Oxycetonia jucunda* Faldermann），又名小青花潜，属鞘翅目花金龟科。

【分布与寄主】 国内分布较广，在中国的河北、山东、河南、山西、陕西等省均有分布。寄主有苹果、梨、桃、杏、山楂、板栗、杨、柳、榆、海棠、葡萄、柑橘、葱等。

【为害状】 小青花金龟成虫主要取食花蕾和花，数量多时常群集在花序上，将花瓣、雄蕊及雌蕊吃光，造成只开花不结果。也可为害果实。

小青花金龟为害苹果花

【形态特征】

1. **成虫** 体长 12 mm 左右，暗绿色，头部黑色，复眼和触角黑褐色，胸、腹部的腹面密生许多深黄色短毛。前胸背板和翅鞘均为暗绿色或赤铜色，并密生许多黄色茸毛，无光泽。翅鞘上具有黄白色斑纹，腹部两侧各有 6 个黄白色斑纹，排成 1 行，腹部末端也有 4 个黄白色斑纹。足皆为黑褐色。

2. **卵** 椭圆形，长 1.7 ~ 1.8 mm，宽 1.1 ~ 1.2 mm，初为乳白色，渐变淡黄色。

3. **幼虫** 老熟幼虫头部较小，褐色，胴部乳白色，各体节多皱褶，密生茸毛。肛腹板上具有 2 行纵向排列的刺毛。蛹为裸蛹，白色，尾端为橙黄色。

4. **蛹** 长 14 mm，初为淡黄白色，后变橙黄色。

【发生规律】 1 年发生 1 代，以幼虫、蛹和成虫在土中越冬。4 ~ 5 月成虫出现，集中食害花瓣、花蕊及柱头，在晴天多于上午 10 时至下午 4 时为害，日落后成虫入土潜伏。产卵多在腐殖质土中，6 ~ 7 月出现幼虫。小青花金龟喜食花、果等有酸甜味的部位，有时也取食嫩芽和嫩叶，其取食和活动场所随寄主花期而变化，转移频繁。

【防治方法】

1. **人工防治** 春季果树开花期振落，应按照不同果树花期跟踪防治。

2. **化学防治** 地面施药控制潜土成虫，常用药剂有 5% 辛硫磷颗粒剂，每公顷撒施 50 kg；或 50% 辛硫磷乳油每公顷 5 kg 加细土 500 kg 拌匀成毒土撒施。

（四五）山楂萤叶甲

山楂萤叶甲（*Lochmaea crategi* Forst.），属鞘翅目叶甲科。

【分布与寄主】 山西、陕西、河南等省有分布，主要为害山楂、苹果。

【为害状】 成虫食苹果芽、叶，呈缺刻状。

山楂萤叶甲成虫为害苹果叶片

【形态特征】

1. **成虫** 体长 5 ~ 7 mm，长椭圆形。体黄色，鞘翅和腹部橙黄色至淡黄褐色。

2. **卵** 近球形，底部平，黏附于寄主上，直径 0.75 mm 左右，土黄色，近孵化时呈淡黄白色。

3. **幼虫** 老熟时体长 8 ~ 10 mm，长筒形，尾端渐细，头窄于前胸，米黄色，各体节毛瘤及头部、前胸盾、胸足外侧和第9腹节背板均黑褐色至黑色。胴部13节，第9腹节背板骨化程度较高，呈半椭圆形，似臀板。

4. **蛹** 为裸蛹，椭圆形，长6～7 mm，初化蛹时淡黄色，复眼渐变为黑色，羽化前体色与成虫相似。土茧内壁光滑、无丝，椭圆形，略扁，长9～11 mm。

【发生规律】 各地均1年发生1代，以成虫于树冠下10～20 cm土层中越冬，一般在果树芽膨大露绿时约4月上旬开始出土，上树为害，花序露出时为出土盛期，山西晋城地区为4月下旬，4月底为出土末期。4月中旬开始上树产卵，5月上旬为产卵盛期。成虫寿命较长，出土后达30～40 d，田间6月中旬绝迹。卵期20～30 d，幼虫期30～40 d，6月下旬开始老熟，脱果入土做土室，经10～15 d化蛹。蛹期20 d左右，羽化后不出土即越冬。

【防治方法】 参考山楂树对此虫的防治方法。

（四六）球胸象甲

球胸象甲（*Piazomias validus* Motschulsky），属鞘翅目象甲科。

球胸象甲为害苹果叶片（1）

球胸象甲为害苹果叶片（2）

【分布与寄主】 该虫分布于河北、山西、陕西、河南、安徽。为害枣、苹果、杨、柳等。

【为害状】 球胸象甲成虫食苹果嫩叶，呈缺刻状，叶面有黑色黏粪。

【形态特征】 成虫体形较大，黑色具光泽，体长8.8～13 mm，体宽3.2～5.1 mm，被覆淡绿色或灰色间杂有金黄色鳞片，其鳞片相互分离。头部略凸出，表面被覆较密鳞片，行纹宽，鳞片间散布带毛颗粒。足上有长毛，胫节内缘有粗齿。胸板3～5节密生白毛，少鳞片，雌虫腹部短粗，末端尖，基部两侧各具沟纹1条；雄虫腹部细长，中间凹，末端略圆。

【发生规律】 球胸象甲1年发生1代，以幼虫在土中越冬。翌年4～5月化蛹，5月下旬至6月上旬羽化，河南小麦收割期正处该虫出土盛期，7月是为害盛期。

【防治方法】
1. **人工防治** 在成虫出土期清晨摇树，下铺布单，捕杀落下的成虫。
2. **药剂防治** 发生数量多时，成虫发生期喷洒80%敌敌畏800～1 000倍液，90%敌百虫1 000倍液或杀螟松1 000倍液，防治树冠上的成虫。

（四七）苹掌舟蛾

苹掌舟蛾［*Phalera flavescens*（Bremer et Grey）］，又名舟形毛虫、苹果天社蛾、黑纹天社蛾、举尾毛虫、举肢毛虫、秋黏虫、苹天社蛾、苹黄天社蛾，属鳞翅目舟蛾科。

苹掌舟蛾苹果园为害状

苹掌舟蛾成虫交尾

苹掌舟蛾卵

苹掌舟蛾低龄幼虫

苹掌舟蛾低龄幼虫群集为害苹果叶片

苹掌舟蛾幼虫受惊后吐丝坠落

苹掌舟蛾老龄幼虫静止时头尾两头翘起

苹掌舟蛾蛹

苹掌舟蛾老龄幼虫为害状

【分布与寄主】 我国东北、华北、华东、中南、西南地区及陕西各地均有发生；国外分布于朝鲜、日本和俄罗斯沿海地区。寄主植物有苹果、梨、山楂、桃、李、杏、梅、核桃、板栗等果树及多种阔叶树。

【为害状】 苹掌舟蛾小幼虫群集于叶片正面，将叶片食成半透明纱网状；稍大幼虫食害叶片，残留叶脉和叶柄；老熟幼虫可食掉全部叶片。幼虫白天停息在叶柄或小枝上，头、尾翘起，形似小舟，故名舟形毛虫。

【形态特征】

1. 成虫 体长 22 ~ 25 mm，翅展 49 ~ 52 mm，头胸部淡黄白色，腹背雄虫浅黄褐色，雌蛾土黄色，末端均淡黄色，复眼黑色球形。触角黄褐色，丝状，雌虫触角背面白色，雄虫各节两侧均有微黄色茸毛。前翅银白色，在近基部生 1 长圆形斑，外缘有 6 个椭圆形斑，横列成带状，各斑内端灰黑色，外端茶褐色，中间有黄色弧线隔开；翅中部有淡黄色波浪状线 4 条；顶角上具两个不明显的小黑点。后翅浅黄白色，近外缘处生 1 褐色横带，有些雌虫消失或不明显。

2. **卵** 近球形，直径为 1 mm，灰白色；近孵化时灰色，数十粒排成卵块。

3. **幼虫** 1 ~ 3 龄幼虫头、足黑色，胴部紫红色，密被白长毛。老熟时体长 45 ~ 55 mm，全体暗紫红色。

4. **蛹** 体长 20 ~ 25 mm，红褐色，腹末有 2 个两分叉的刺。

【发生规律】 苹掌舟蛾 1 年发生 1 代。以蛹在寄主根部或附近土中越冬。在树干周围半径 0.5 ~ 1 m、深度 4 ~ 8 cm 处数量最多。在华北地区，成虫最早于翌年 6 月中下旬出现；7 月中下旬羽化最多，一直可延续至 8 月中上旬。成虫多在夜间羽化，以雨后的黎明羽化最多。白天隐藏在树冠内或杂草丛中，夜间活动；趋光性强。羽化后数小时至数日后交尾，交尾后 1 ~ 3 d 产卵。卵产在叶背面，常数十粒或百余粒集成卵块，排列整齐。卵期 6 ~ 13 d。幼虫孵化后先群居叶片背面，头向叶缘排列成行，由叶缘向内蚕食叶肉，仅剩叶脉和下表皮。初龄幼虫受惊后成群吐丝下垂。幼虫的群集、分散、转移常因寄主叶片的大小而异。为害梅叶时转移频繁，在 3 龄时即开始分散；为害苹果、杏叶时，幼虫在 4 龄或 5 龄时才开始分散。早晚取食。幼虫的食量随龄期的增大而增加，达 4 龄以后，食量剧增。幼虫期平均为 31 d 左右，8 月中下旬为发生为害盛期，9 月中上旬老熟幼虫沿树干下爬，入土化蛹。苹掌舟蛾的寄生性天敌有日本追寄蝇（*Exorista japonica* Townsend）和家蚕追寄蝇（*Exorista sorbillans* Wiedemann）、松毛虫赤眼蜂。

【防治方法】

1. **人工防治** 苹掌舟蛾越冬的蛹较为集中，春季结合果园耕作、刨树盘将蛹翻出；在 7 月中下旬至 8 月上旬，幼虫尚未分散之前巡回检查，及时剪除群居幼虫的枝和叶；幼虫扩散后，利用其受惊吐丝下垂的习性，振动有虫树枝，收集处理落地幼虫。

2. **生物防治** 在卵发生期，即 7 月中下旬释放松毛虫赤眼蜂灭卵，效果好。卵被寄生率可达 95% 以上，单卵蜂是 5 ~ 9 头，平均为 5.9 头。此外，也可在幼虫期喷洒 300 亿孢子/g 的青虫菌粉剂 1 000 倍液。发生量大的果园，在幼虫分散为害之前喷洒青虫菌 6 号 500 ~ 800 倍液；使用 25% 灭幼脲悬浮剂 1 000 ~ 2 000 倍液，但起作用慢，到蜕皮时才表现出较高的死亡率。

3. **药剂防治** 48% 毒死蜱乳油 1 500 倍液、90% 敌百虫晶体 800 倍液、50% 杀螟松乳油 1 000 倍液。

（四八）梨威舟蛾

梨威舟蛾［*Wilemanus bidentatus*（Wileman）］，属鳞翅目舟蛾科。

梨威舟蛾幼虫为害叶片

梨威舟蛾幼虫

【分布与寄主】 国内河南等 10 多个省市有分布。寄主有苹果、梨、李等果树。

【为害状】 梨威舟蛾以幼虫为害叶片，呈缺刻状或仅剩叶柄。

【形态特征】

1. **成虫** 体长 13 ~ 17 mm。前翅灰白色带红褐色，上具较模糊的暗褐色斑。横脉纹较弯曲，月牙形。头和胸背灰白色，颈板和基片后缘衬黑褐色，后胸背中央有一黑褐色横线，前翅灰白色微带褐色，有两个醒目的暗褐色斑，一大一小，大斑几乎占全翅的内半部，在中室下分叉呈双齿形，外叉下缘有一显著的黑色亚中褶纹，横脉纹黑色，微弯，小斑在前缘亚中端线之间，近三角形，内线仅在大斑下面可见。

2. 卵　半球形，浅褐色。

3. 幼虫　老熟时体长 35 ~ 42 mm。头红褐色，冠缝较宽，暗褐色，两侧各有黄褐色斑 1 块，体绿色，胸背中央有 1 个锥形紫斑，胸部两侧有褐色斜纹 2 条。腹部第 1、第 3 节两侧有较宽的紫色斑纹。第 8 节背面隆起，紫褐色，第 9 节分叉。

【发生规律】　梨威舟蛾 1 年发生 1 代，成虫 6 月开始出现，卵散产于叶片背面，幼虫 7 ~ 8 月食害叶片，老熟幼虫于 8 月中下旬在浅土中作茧化蛹越冬。

【防治方法】　防治其他果树害虫时兼治此虫。

（四九）古毒蛾

古毒蛾（*Orgyia antique*（Linnaeus）），属鳞翅目毒蛾科。

古毒蛾幼虫为害叶片

古毒蛾幼虫

【分布与寄主】　分布于山西、河北、内蒙古、辽宁、吉林、黑龙江、山东、河南、西藏、甘肃、宁夏等地。为害山楂、苹果、梨、李、月季、蔷薇、杨、槭、柳、栎、桦、桤木、榛、鹅耳枥、石杉、松、落叶松等。

【为害状】　古毒蛾以幼虫为害芽、叶和果实。初孵幼虫群集叶片背面取食叶肉，残留上表皮；2 龄开始分散活动，从芽基部蛀食成孔洞，使芽枯死；嫩叶常被食光，仅留叶柄；叶片被取食成缺刻和孔洞，严重时只留粗脉；果实常被吃成不规则的凹斑和孔洞，幼果被害常脱落。

【形态特征】

1. 成虫　古毒蛾雌雄蛾差异很大，雌蛾体长 12 ~ 18 mm，体黑褐色，背有淡黄色茸毛，体两侧茸毛黄白色。足黄色，翅退化为翅芽。前翅尖叶形，长约 2 mm，后翅极短，约 0.5 mm。雄蛾体长 9 ~ 13 mm，翅展 26 ~ 30 mm。体棕褐色。前翅棕黄色。后翅颜色与前翅相同。

2. 幼虫　头部黑色，雄性虫体灰黑色，雌性青灰色。腹面黄褐色。在前胸两侧有红色瘤状的突起，上面各有 1 向前伸的长毛束，似角。腹部第 1 ~ 4 节背面中央各有一杏黄色或黄白色刷状毛丛，着生处为黑色。第 8 腹节背面中央有一黑色长毛束伸向后方，胸部侧方各节与腹部 5 ~ 7 节上有红色或黄色的瘤 1 对。在体侧每节也有红色或黄色的瘤 1 对。

【发生规律】　古毒蛾 1 年发生 2 代。以卵在树干、枝杈或树皮缝雌虫结的薄茧上越冬。翌年 5 月下旬至 6 月中旬孵化，6 月下旬是第 1 代幼虫的为害盛期；成虫于 7 月中旬羽化，第二代卵于 7 月上旬至下旬孵化，第二代幼虫的为害盛期出现在 8 月中旬。成虫于 8 月上旬至 8 月末 9 月初羽化，以卵在树枝杈或树皮缝雌成虫羽化后的茧上越冬。初龄幼虫仅剥食叶肉，留下叶脉，3 龄后能将整个叶子吃掉。1 ~ 2 龄幼虫可吐丝下垂，借风传播到其他树木上，传播距离可达几十米远。幼虫老熟后，寻找适宜场所吐丝作薄茧化蛹。化蛹地点一般在树的枝杈或老树皮缝处。成虫白天羽化，雄蛾羽化盛期在先，羽化期短；雌蛾羽化盛期在后，羽化期长。雌成虫不活泼，除交尾在茧壳上爬行外，一般不爬行，卵产在其羽化后的薄茧上面，块状，单层排列。雄成虫有趋光性。

【防治方法】

1. **清除越冬卵**　可在冬春季节里摘除茧壳上的卵块。

2. **灯光诱杀**　利用雄虫的趋光性，在雄成虫羽化盛期设置诱虫灯诱杀雄成虫，减少与雌成虫交尾的个体。

3. **化学防治**　在 1 ～ 3 龄幼虫期以 80% 敌敌畏乳油 1 500 倍液、1.5% 苦参素 1 200 倍液或 2.5% 溴氰菊酯乳油 2 500 倍液进行喷雾防治。

（五〇）灰斑古毒蛾

灰斑古毒蛾（*Orgyia ericae* Germar），又名沙枣毒蛾，属于鳞翅目毒蛾科。

【分布与寄主】　国内东北、西北地区及河北、河南等省区有分布。为害苹果、枣、沙枣、大豆等植物。

【为害状】　灰斑古毒蛾幼虫为害叶片，造成缺刻或孔洞，只残留叶脉。

【形态特征】

1. **成虫**　雌蛾体长 10 ～ 15 mm，体密被白色短毛，翅退化，足短，爪简单。雄蛾体长 10 ～ 13 mm，前翅锈褐色，有 2 条横带，近后角有 1 个白点。

2. **卵**　黄白色，扁圆形，直径 0.8 mm。

3. **幼虫**　头黑色，体长约 30 mm，前胸背面两侧各有 1 簇黑色长毛束，第 1 ～ 4 腹节背面中央各有 1 排浅黄色毛刷，背线黑色，第 8 腹节有 1 簇黑色长毛束。

4. **蛹**　纺锤形，黄褐色，外被黄白色丝茧。

灰斑古毒蛾幼虫

【发生规律】　在豫西 1 年发生 2 代。以卵在茧内越冬。越冬卵孵化始于 5 月中上旬，盛期为 5 月中旬，结束于 6 月中旬；第二代幼虫孵出始于 6 月下旬，结束于 7 月下旬。初龄幼虫喜食嫩枝叶和花朵。共 6 龄，各龄历期 4 ～ 5 d。依靠风力扩散，转移为害。第一代老熟幼虫化蛹始于 6 月中上旬，盛期为 6 月下旬至 7 月上旬，结束于 7 月中下旬，结茧在植株上部枝梢上。第二代化蛹始于 8 月中上旬，盛期为 9 月中上旬，结束于 10 月中上旬，多在树干枝杈和开裂的树皮下面结茧，以利越冬。预蛹期一般为 2 d，蛹期为 9 ～ 11 d，最长为 18 d。成虫第一代羽化高峰期在 7 月中上旬，第二代在 9 月中下旬。雌蛾性引诱能力特别强，能招诱雄蛾于茧上交尾。卵产于茧内。产卵量数为 10 粒至 200 多粒。雌蛾寿命 4 ～ 11 d。雄蛾趋光性十分明显，寿命 2 ～ 3 d。

【防治方法】　及时摘除雌蛾茧，处理虫卵；幼虫孵化盛期至幼虫为害初期，喷施常用杀虫剂。

（五一）舞毒蛾

舞毒蛾（*Lymantria dispar* Linnaeus），又名秋千毛虫、苹果毒蛾、柿毛虫，属鳞翅目毒蛾科。中国毒蛾属除舞毒蛾外，还有 3 种重要的近似种，分别是栎毒蛾（*Lymantria mathura* Moore）、模毒蛾［*Lymantria monacha*（L.）］和木毒蛾（*Lymantria xylina* Swinhoe）。

【分布与寄主】　根据舞毒蛾地理分布和生活习性，被分为亚洲种群、欧洲种群及北美种群。国内分布普遍，舞毒蛾在我国主要分布于北纬 20° ～北纬 58°，主要分布在东北、华北、西北、华东地区及中国台湾。该虫食性很广，寄主植物达

舞毒蛾幼虫为害苹果树　　　　　　　　　　　　　　舞毒蛾雄成虫

舞毒蛾雌成虫　　　　　　舞毒蛾在树干上的卵块　　　　舞毒蛾卵块与刚孵化的幼虫

舞毒蛾幼虫（1）　　　　　　　舞毒蛾幼虫（2）　　　　　舞毒蛾在苹果树为害处化蛹

500多种，可为害苹果、梨、柿、桃、杏、梅、樱桃、山楂、柑橘等果树及多种林木。当大量发生时，甚至为害农作物和杂草，但在不同的地理分布区主要为害的树种有所不同。

　　【为害状】　舞毒蛾幼虫主要为害叶片，严重时可将全树叶片吃光，还可啃食果实。一般靠近山区的果园受害较重。

　　【形态特征】

　　1. 成虫　雄成虫体长约20 mm，前翅茶褐色，有4～5条波状横带，外缘呈深色带状，中室中央有一黑点。触角干棕黄色，栉齿褐色；下唇须棕黄色，外侧褐色；头部棕黄色，胸部、腹部和足棕褐色；体下面棕黄色。前翅浅黄色，布褐棕色鳞；基线为两个黑褐色点；亚基线黑褐色；内线黑褐色，波浪形；中室中央有1黑点；横脉纹黑褐色；中线为黑褐色晕带；外线黑褐色，锯齿状折曲；亚端线黑褐色与外线并行；亚端线以外色较浓；端线为1条黑褐色细线；缘毛棕黄色与黑色相间。后翅黄棕色，横脉纹和外缘色暗；缘毛棕黄色。前、后翅反面棕黄色，横脉纹和外缘色暗。雌成虫体长约25 mm，前翅灰白色，每两条脉纹间有1个黑褐色斑点。腹末有黄褐色毛丛。翅黄白色微带棕色，斑纹同雄蛾。后翅横脉纹与亚端线棕色，缘毛黄白色，有棕黑色点。

　　2. 卵　扁圆形，直径约1.3 mm，初产为杏黄色，后变为紫褐色。数百粒至上千粒产在一起成卵块，其上覆盖有很厚的黄褐色茸毛。

3. 幼虫 老熟时体长 50 ~ 70 mm，头黄褐色，有"八"字形黑色纹，体黑褐色。背线与亚背线黄褐色。前胸至腹部第 2 节的毛瘤为蓝色，腹部第 3 ~ 8 节的 6 对毛瘤为红色。

4. 蛹 体长 20 ~ 26 mm，纺锤形，红褐色。体表在原幼虫毛瘤处生有黄色短毛。臀棘末端钩状突起。

【发生规律】 舞毒蛾 1 年发生 1 代，以完成胚胎发育的幼虫在卵内越冬。欧洲型舞毒蛾的雌成虫没有飞翔能力，而亚洲型舞毒蛾的雌成虫则可以飞翔，有趋光性。1 龄幼虫能借助风力飘移，2 龄以后白天潜伏在落叶及树上的枯叶内或树皮缝内，黄昏后出来为害。低龄幼虫受惊扰后吐丝下垂，随风在林中扩散。雄幼虫 5 龄，雌幼虫 6 龄。老龄幼虫有较强的爬行、转移为害能力，食叶量大，严重时可将整株树叶吃光。为害至 7 月中上旬，老熟幼虫在树干凹裂处、枝杈、枯叶等处结茧化蛹。7 月中旬为成虫发生期，雌雄异型，雄蛾善飞翔，白天常成群在林缘飞舞。卵多产于树枝干的阴面或其他物体的表面，每雌产卵 1 ~ 2 块，每 1 卵块有 300 ~ 600 粒卵，最多达 1 000 粒，上覆雌蛾腹末的黄褐鳞毛。

目前已知的舞毒蛾天敌昆虫有 91 种，分别隶属 6 目 19 科，其中寄生昆虫 55 种，生态环境条件不同，寄生昆虫对舞毒蛾抑制作用差异很大。可见，自然生态环境好的林区，更利于寄生性天敌昆虫对舞毒蛾的自然控制，从而降低害虫发生的程度。舞毒蛾卵期较长，一般从 8 月至翌年 4 月，幼虫及蛹期较短，寄生于幼虫及蛹期的天敌昆虫，必须寻找其他转主寄主寄生并在其体内越冬，否则不能保持其种群的延续。气候干旱有利于舞毒蛾暴发，我国舞毒蛾暴发周期为 8 年左右，即准备 1 年、增殖期 2 ~ 3 年、猖獗期 2 ~ 3 年、衰亡期 3 年。

【防治方法】

1. 清除越冬卵 集中在秋冬季节或早春人工刮下树上卵块，最好在寄生天敌羽化飞出后再深埋。

2. 灯光和诱捕器诱杀 条件适宜的地区，可以利用杀虫灯和性诱剂及配套诱捕器诱杀成虫，降低下代虫口密度。

3. 保护天敌 舞毒蛾天敌较丰富，有效保护天敌对抑制舞毒蛾发生效果明显。注意事项：一要严禁使用广谱化学药剂；二要注意把握舞毒蛾发生周期，发生高峰期后要避免大面积施药；三要保护和利用人工摘除卵块内大量的寄生蜂。

4. 病毒防治 舞毒蛾核型多角体病毒对环境和其他生物安全。舞毒蛾幼虫感病后外表柔软，易弯曲，身体破裂，流出乳白色或褐色的液体，病毒通过感病个体的粪便、唾液和病死虫体液污染叶片等，其他健康舞毒蛾食后形成流行病，并通过雨水、风和鸟类等天敌使病毒在林间自然传播，起到很好的防治效果。病毒制剂要在 3 龄前使用，最好在 2 龄幼虫占 85% 时使用，用前要摇匀，均匀喷到叶面上，注意药剂避光低温保存。与 Bt 混合使用可提高防效。

5. 化学防治 可用 25% 灭幼脲悬浮剂 1 500 倍液或 20% 除虫脲 4 000 倍液，防治效果良好，灭幼脲类药剂对天敌相对安全，具有很好的防治效果，由于该药显效和作用时间较长，可以尽量早施药。由于幼虫在取食、化蛹等活动过程中常沿树干迁移，所以可以用菊酯类药剂制成的毒笔、毒纸、毒绳等在树干上划毒环、缚毒纸、毒绳来毒杀幼虫。2.5% 溴氰菊酯乳剂对舞毒蛾幼虫平均防效很高。

6. 植物制剂防治 幼虫期喷洒触杀性杀虫剂，如 1.2% 苦·烟乳油 1 000 倍液，喷洒后见效快，而对益虫和天敌无害。

7. 生物防治 性引诱剂诱杀成虫具有很强的趋性化。特别是对雌蛾释放出的性信息素，可利用人工合成的性引诱剂诱杀舞毒蛾成虫。性引诱剂诱杀与灯诱不同的是具有专一性，只对舞毒蛾有效果。

（五二）黄尾毒蛾

黄尾毒蛾（*Euproctis similis* Fuessly），又名盗毒蛾、桑毒蛾、黄尾白毒蛾，俗名毒毛虫、花毛虫、洋辣子等，属鳞翅目毒蛾科。

【分布与寄主】 国内东北、华北、西北、华中等地区有分布。寄主有苹果、梨、桃、杏、李、梅、枣、柿及桑、杨、柳、榆等多种果树和林木。

【为害状】 黄尾毒蛾幼虫蚕食叶片，在管理粗放的果园发生较多。幼虫喜食新芽、嫩叶，被食叶呈缺刻状或只剩叶脉。幼虫及茧体上毒毛触及人体后，可引起红肿疼痛，淋巴发炎，大量吸入人体后，可导致严重中毒。

【形态特征】

1. 成虫 体长 13 ~ 15 mm，体、翅均为白色，触角羽毛状，腹末有金黄色毛。前翅后缘有两个黑褐色斑，有的只有 1 个，也有的全部消失。

黄尾毒蛾幼虫为害苹果叶片　　　　　　　　　　　黄尾毒蛾成虫

黄尾毒蛾已孵化的卵块与低龄幼虫为害状　　　黄尾毒蛾低龄幼虫　　　　黄尾毒蛾老龄幼虫

2. 卵　扁圆形，直径约 1 mm，中央稍凹，灰黄色，数十粒排成卵块，表面覆盖有雌虫腹末脱落的黄毛。

3. 幼虫　老熟时体长 30 ~ 40 mm，体黑色，背浅红色，亚背线白色，呈点线状，第 1 节背面两侧各有 1 个向前突出的红色大毛瘤。

4. 蛹　褐色，茧为灰白色，附有幼虫体毛。

【**发生规律**】　在豫西 1 年可发生 3 ~ 4 代。以 3 ~ 4 龄幼虫结灰白色茧在树皮裂缝或枯叶里越冬。在 2 代地区，春季 4 月果树发芽时，越冬幼虫出蛰为害，5 月中旬至 6 月上旬作茧化蛹，6 月中上旬成虫羽化，在枝干上或叶背产卵，幼虫孵出后群集为害，稍大后分散。8 ~ 9 月出现下一代成虫，产卵孵化的幼虫为害一段时间后，在树干隐蔽处越冬。

【**防治方法**】
1. 冬季刮树皮，防治越冬幼虫　幼虫为害期，人工捕杀，发生数量多时可喷药防治，常用药剂可用有机磷类、菊酯类杀虫剂等。

2. 人工清除　毒蛾产卵呈块状，而且比较集中；多数种类 1 ~ 2 龄幼虫有群集取食习性，很容易发现，结合果园的栽培管理，清洁果园，彻底清除果园内的枯枝落叶，加强整形修剪等，可清除枝叶上的卵块、初孵幼虫和蛹，但进行捕杀时要注意防护，需穿防护服，以防毒蛾侵害人的皮肤、眼睛和呼吸道等。

3. 诱杀　毒蛾成虫多有较强的趋光性，可在成虫盛期利用黑光灯、高压汞灯或频振式杀虫灯等诱杀，集中处理。此外，还可利用性诱剂诱杀雄成虫等。

4. 利用病原微生物　控制毒蛾类害虫的病原微生物有真菌、细菌和病毒等，当毒蛾类害虫在田间普遍发生为害时，可用白僵菌、苏云金杆菌、核型多角体病毒或质型多角体病毒制剂等喷施防治。

5. 化学防治　在毒蛾类害虫大发生时，其他的防治措施不能有效控制其为害时，可选用一些有机磷类、氨基甲酸酯类或拟除虫菊酯类等高效、低毒、低残留农药进行防治。可选用的农药有 90% 晶体敌百虫、80% 敌敌畏乳油、50% 杀螟松乳油、50% 辛硫磷乳油、50% 马拉硫磷乳油、25% 灭幼脲悬浮剂等，按使用说明施用。3 龄前的毒蛾类幼虫多群集为害，不甚活动，且抗药力弱，这是化学防治毒蛾类害虫的关键时期。

（五三）苹毒蛾

苹毒蛾（*Dasychira pudibunda* Linnaeus），别名纵纹毒蛾、茸毒蛾、苹红尾毒蛾，属鳞翅目毒蛾科。

苹毒蛾雌成虫

苹毒蛾幼虫

苹毒蛾中龄幼虫

苹毒蛾高龄幼虫

【分布与寄主】　分布于湖北、湖南、四川、河南、福建、台湾、广东、广西、云南。寄主有苹果、山楂、梨、樱桃、桃、泡桐、柳、悬铃木等果木树以及玉米等作物。

【为害状】　苹毒蛾幼虫主要为害叶片，食量较大。大发生时能将叶食光，严重影响植物的生长发育。局部地区猖獗成灾。

【形态特征】
1. 成虫　雄虫翅展 35 ~ 45 mm，雌虫翅展 45 ~ 60 mm。头、胸部灰褐色。触角干灰白色，栉齿棕黄色；下唇须白灰色，外侧黑褐色；复眼四周黑色；足白黄色，胫节、跗节上有黑斑。腹部灰白色。雄蛾体褐色，前翅灰白色，分布黑色和褐色鳞片，亚基线黑色略带波浪形，内横线具黑色宽带，横脉纹灰褐色有黑边，外横线黑色双线大波浪形，缘线具一列黑褐色点，缘毛灰白色，有黑褐色斑；后翅白色带黑褐色鳞片，缘毛灰白色。雌蛾色浅，内线和外线清晰，末端线和端线模糊。
2. 卵　扁圆形，黄青绿色至浅褐色，中央具 1 凹陷。
3. 幼虫　老熟幼虫体长 52 mm 左右，体黄绿色或黄褐色，头部黄色，第 1 ~ 5 腹节间黑色，第 5 ~ 8 腹节间微黑色，亚背线在第 5 ~ 8 腹节为间断的黑带，体腹面黑灰色，前胸两侧有向前伸的黄色毛束，第 1 ~ 4 腹节背面各有一黄褐色毛刷，四周生白毛，第 8 腹节背面有一紫红色毛束。足黄色，跗节上有长毛。腹足基部黑色，外侧有长毛，气门灰白色。
4. 蛹　浅褐色，背生长毛束，腹面光滑，臀棘短圆锥形，末端具多个小钩。
5. 茧　黄褐色，外附幼虫体毛。

【发生规律】　东北地区 1 年生 1 代，以幼虫越冬。长江下游地区 1 年生 3 代，以蛹在树皮缝、杂草丛、屋檐下等处越冬。翌年 4 月中下旬成虫羽化，多在 21 时后羽化、交尾、产卵。成虫具趋光性，雄性较雌性趋光性强，昼伏夜出，白天静伏于叶背面、树木伤疤及裂缝处，成虫寿命 4 ~ 7 d。越冬代成虫产卵于树皮上，其他代成虫产卵于叶片上，呈块状排列。卵历期 10 d 左右。5 月上旬出现第一代幼虫，6 月下旬出现第二代幼虫，8 月中旬出现第三代幼虫，9 月上旬幼虫开始化蛹，进入越冬期。幼虫共 5 龄，1 ~ 2 龄期群集生活，啃食叶肉。进入 3 龄期，分散取食。进入 5 龄期，食量大增，可将叶片食光。3 龄以后的幼虫较活跃，善于爬行。受惊后体卷曲，收缩、假死落地片刻后，迅速爬行。幼虫期体色黑黄、浅黄等色多变。第一、第二代幼虫化蛹多在树皮缝、枝杈、伤疤、丛枝中。

【防治方法】　保护和利用天敌，处理越冬虫源，大发生时用 25% 灭幼脲悬浮剂 2 000 倍液或 2.5% 溴氰菊酯乳油 3 000 倍液喷洒。

（五四）折带黄毒蛾

折带黄毒蛾［*Artaxa flava*（Bremer），异名 *Euproctis flava*（Bremer）］，又名黄毒蛾、柿黄毒蛾、杉皮毒蛾，属鳞翅目毒蛾科。

【分布与寄主】　中国的东北、华北、华东、西南、华南地区及陕西省有分布。寄主有板栗、苹果、梨、桃、柑橘、山楂等多种果树。

【为害状】　幼虫食芽、叶，将叶吃成缺刻或孔洞，严重的将叶片吃光，并啃食枝条的皮。

【形态特征】

1. 成虫　雌体长 15 ~ 18 mm，翅展 35 ~ 42 mm；雄体略小，体黄色或浅橙黄色。触角栉齿状，雄虫较雌虫发达；复眼黑色；下唇须橙黄色。前翅黄色，中部具棕褐色宽横带 1 条，从前缘外斜至中室后缘折角内斜止于后缘，形成折带，故称折带黄毒蛾。折带两侧为浅黄色线镶边，翅顶区具棕褐色圆点 2 个，位于近外缘顶角处及中部偏前。后翅无斑纹，基部色浅，外缘色深。缘毛浅黄色。

2. 卵　半圆形或扁圆形，直径 0.5 ~ 0.6 mm，黄色，数十粒至数百粒结成块，排列为 2 ~ 4 层，卵块长椭圆形，并覆有黄色茸毛。

3. 幼虫　体长 30 ~ 40 mm，头黑褐色，上具细毛。体黄色或橙黄色，胸部和第 5 ~ 10 腹节背面两侧各具黑色纵带 1 条，其胸部前宽后窄，前胸下侧与腹线相接，5 ~ 10 腹节则前窄后宽，至第 8 腹节两线相接合于背面。臀板黑色，第 8 节至腹末背面为黑色。第 1、第 2 腹节背面具长椭圆形黑斑，毛瘤长在黑斑上。各体节上毛瘤暗黄色或暗黄褐色，其中，第 1、第 2、第 8 腹节背面毛瘤大而黑色，毛瘤上有黄褐色或浅黑褐色长毛。腹线为 1 条黑色纵带。胸足褐色，具光泽。腹足发达，淡黑色，疏生淡褐色毛。背线橙黄色，较细，但在中、后胸节处较宽，中断于体背黑斑上。气门下线淡橙黄色，气门黑褐色，近圆形。腹足、臀足趾钩单序纵行，趾钩 39 ~ 40 个。

折带黄毒蛾成虫

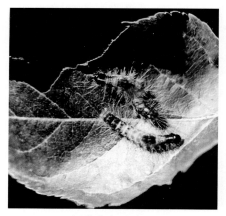

折带黄毒蛾幼虫

【发生规律】　1 年发生 2 代，以 3 ~ 4 龄幼虫在树干基部缝隙、杂草、落叶等杂物下结网群集越冬。翌年春上树为害芽叶。老熟幼虫 5 月底结茧化蛹，蛹期约 15 d。6 月下旬越冬代成虫出现，并交尾产卵，卵期 14 d 左右。第一代幼虫 7 月初孵化，为害到 8 月底老熟化蛹，蛹期约 10 d。第一代成虫 9 月发生后交尾产卵，9 月下旬出现第二代幼虫，为害到秋末，以 3 ~ 4 龄幼虫越冬。幼虫孵化后多群集叶背为害，并吐丝网群集枝上，老龄时多至树干基部、各种缝隙吐丝群集，多于早晨及黄昏取食。成虫昼伏夜出，卵多产在叶背，每头雌蛾产卵 600 ~ 700 粒。该虫寄生性天敌有 20 多种。

【防治方法】

1. 人工防治　冬季清除落叶、杂草，刮粗树皮，防治越冬幼虫。及时摘除卵块，清除群集幼虫。

2. 药剂防治　可参考苹果小卷蛾。

（五五）金纹细蛾

金纹细蛾（*Lithocolletis ringoniella* Matsumura），又名苹果细蛾，俗称潜叶蛾，属鳞翅目细蛾科。

金纹细蛾幼虫为害叶片，形成多个窗纱状孔虫斑

金纹细蛾幼虫为害叶片，叶背面有多个虫斑

金纹细蛾低龄幼虫为害状

金纹细蛾幼虫被寄生状

金纹细蛾成虫

金纹细蛾高龄幼虫

　　【分布与寄主】　分布于辽宁、河北、河南、山东、山西、陕西、甘肃、安徽、江苏、贵州等省，主要为害苹果，也可为害梨、桃、李、樱桃等。

　　【为害状】　幼虫潜入叶背表皮下取食叶肉，造成下表皮与叶肉分离，叶背面形成一皱褶，形成椭圆形虫斑，叶正面虫斑呈透明网眼状。叶面拱起，斑内有黑色虫粪，虫斑常发生在叶片边缘，严重时布满整个叶片，使叶片丧失光合能力，使有机养分供应不足，叶片发黄，果树早期落叶。严重时造成果树落叶率达20% ~ 30%，甚至50%以上。

【形态特征】

1. **成虫**　体长约 2.5 mm，翅展 6.5 ~ 7.0 mm，头、胸、前翅金褐色。下唇须白色、短小，末端尖，向左右伸出。头顶有银白色鳞毛，胸部有 3 条细纵线。前翅基部有 2 条银白色纵带，端半部前缘和后缘各有 3 条爪形纹，呈放射状排列，爪形纹之间褐色。后翅褐色，前、后翅均狭长，缘毛长。

2. **卵**　扁平椭圆形，长径 0.3 mm，乳白色半透明。

3. **幼虫**　老熟时体长约 6 mm，黄色细纺锤形。虫体头扁平，单眼区黑褐色，单眼 3 对，绿色。胸足和臀足发达，还有 3 对腹足，位于腹部第 3、第 4、第 5 节上，但不发达。

4. **蛹**　体长 4 mm，黄褐色，头部左右有 1 对角状突起，附肢端与身体分离。

【发生规律】　北方地区 1 年发生 5 代，以蛹在受害落叶中越冬。早春苹果树发芽时，越冬代成虫羽化。豫西地区各代成虫发生盛期为越冬代，在 3 月中旬至 4 月上旬，第 1 代在 6 月中下旬，第 2 代在 7 月中下旬，第 3 代在 8 月中旬，第 4 代在 9 月中下旬。后期世代不整齐。末代幼虫为害至 11 月中上旬，即在叶片虫斑内化蛹越冬。成虫多在早晨或傍晚飞行、交尾、产卵，每头雌虫可产卵 40 ~ 50 粒，多散产于嫩叶背面。幼虫孵化时，由卵壳底部直接蛀入叶片内为害，老熟时即在虫斑内化蛹，成虫羽化时将蛹壳前半部分带出虫斑外。

【防治方法】　针对金纹细蛾的发生为害特点，应采取狠抓春季防治，压低虫源和抓住关键时期，及时进行夏秋季防治的策略。

1. **人工防治**　秋季果树落叶后，清扫落叶，集中处理或进行秋季翻地，将落叶埋入土中，以减少越冬虫蛹；冬季疏除树体内过密枝，适当回缩，抬高下垂枝，保持树体通风透光良好；早春苹果树展叶期，认真刨除苹果树下根苗，拿到园外处理，清除当年 1 代虫卵和幼虫。

2. **药剂防治**　用金纹细蛾性诱芯制成性诱捕器诱捕雄蛾，预测成虫发生期。当出现诱蛾高峰且蛾量逐日锐减时，即为当年成虫的羽化盛期末期，为药剂防治的适期。在没有性诱捕条件的果园，可从 6 月初开始逐天抽查下垂枝、内膛下部枝叶片上虫斑出现的情况，当叶背出现膜状虫斑时，即进行第 1 次药剂防治。根据金纹细蛾发生期测报，在成虫发生盛期末进行喷药防治。在辽宁苹果产区，6 月中旬左右是全年防治关键时期。首选药剂为灭幼脲、杀铃脲、除虫脲、虫螨腈、氯虫苯甲酰胺；复配药有效药剂有灭脲·吡虫啉、哒螨·灭幼脲、阿维·灭幼脲等。

3. **生物防治**　金纹细蛾跳小蜂、金纹细蛾姬小峰［*Sympiesis soriceicornis*（Ness）］（属于寡节小蜂科）的数量较多。在无杀虫剂干扰的苹果园，这些天敌昆虫可将金纹细蛾控制在不造成为害的水平；而在常喷杀虫剂会杀伤这些寄生蜂，又对金纹细蛾防效差的果园，往往会诱发金纹细蛾的大发生。在生产中要注意保护和利用这些天敌昆虫。

（五六）银纹潜叶蛾

银纹潜叶蛾（*Lyonetia prunifoliella* Hubner），属鳞翅目潜叶蛾科，是为害苹果树叶的潜叶蛾类中较普遍的一种，在豫西地区为害苹果的严重性仅次于金纹细蛾。

【分布与寄主】　北方苹果产区分布普遍。寄生植物有苹果、梨、山楂、海棠、沙果等。

【为害状】　幼虫在新梢叶片上表皮下潜蛀食成线状虫道，由细到粗，最后在叶缘常形成大块枯黄色虫斑。虫斑背面有黑褐色细粒状虫粪，银纹潜叶蛾在叶片结茧。

【形态特征】

1. **成虫**　体长 3 ~ 4 mm。夏型成虫前翅端部有橙黄色斑纹，围绕此斑纹有数条放射状灰黑色纹，翅端有 1 个小黑点。冬型成虫前翅端部橙黄色部分不显，前半部有波浪形黑色粗纵纹，其他与夏型成虫相同。

2. **卵**　球形，直径 0.3 ~ 0.4 mm，乳白色。

3. **幼虫**　老熟时体长 4.8 ~ 6.0 mm，淡绿色。

4. **蛹**　长约 5 mm，圆锥形，褐色。茧细长，由白色薄丝织成。

【发生规律】　1 年发生 4 ~ 5 代。以冬型成虫在落叶、杂草中越冬，翌年 5 月中下旬在新梢嫩叶背面产卵。幼虫潜叶为害至 6 月中上旬老熟，在叶背结茧化蛹。第一代成虫发生于 6 月中下旬，后期世代不整齐。

银纹潜叶蛾为害叶片形成可透视的虫道　　　银纹潜叶蛾幼虫与为害状　　　银纹潜叶蛾为害苹果叶片正面

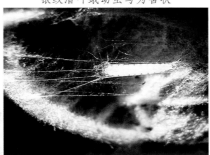

银纹潜叶蛾为害苹果叶片背面　　　正在结茧的银纹潜叶蛾　　　银纹潜叶蛾在苹果叶片背面结茧

银纹潜叶蛾成虫　　　　　　　　　　　银纹潜叶蛾幼虫

【防治方法】

1. 人工防治　秋季果树落叶后，清扫落叶，集中处理，或进行秋季翻地，将落叶埋入土中，以减少越冬虫蛹；冬季疏除树体内过密枝，适当回缩，抬高下垂枝，保持树体通风透光良好；早春苹果树展叶期，认真刨除苹果树下根苗，清除当年1代虫卵和幼虫。

2. 药剂防治　新梢叶片虫害发生初期，常用药剂有8.2%甲维·虫酰肼乳油1 000～1 500倍液喷雾，1.8%阿维菌素乳油4 000倍液，24%虫螨腈悬浮剂4 000～6 000倍液，25%灭幼脲·吡虫啉可湿性粉剂2 000倍液，35%氯虫苯酰胺水分散粒剂20 000倍液，25%灭幼脲悬浮剂2 000倍液，20%虫酰肼悬浮剂1 500倍液，40%杀铃脲悬浮剂6 000倍液，5%虱螨脲乳油1 500倍液，5%氟铃脲乳油2 000倍液，24%甲氧虫酰肼悬浮剂2 500倍液。喷药时要喷均匀，叶正反面都应着药，特别应注意对下垂枝、内膛枝的喷施。

（五七）旋纹潜叶蛾

旋纹潜叶蛾（*Leucoptera scitella* Zeller），又名苹果潜叶蛾，属鳞翅目潜叶蛾科。

【分布与寄主】　东北、华北、华东、西南、西北等地区均有分布。主要为害苹果、沙果、梨、海棠等。

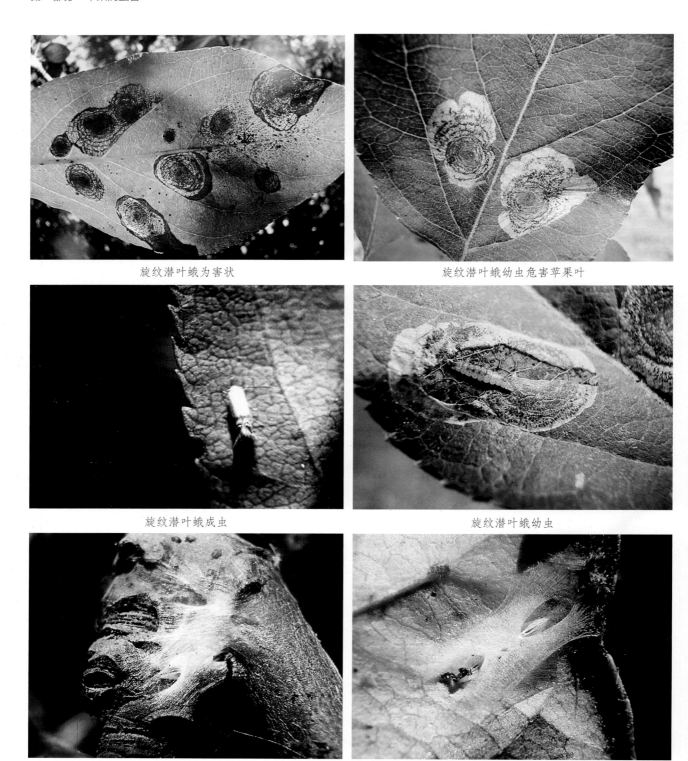

旋纹潜叶蛾为害状　　　　　　　　　　　　旋纹潜叶蛾幼虫危害苹果叶

旋纹潜叶蛾成虫　　　　　　　　　　　　　　旋纹潜叶蛾幼虫

旋纹潜叶蛾结茧　　　　　　　　　　　　旋纹潜叶蛾在叶片背面结茧化蛹

【为害状】　　幼虫在叶内作螺旋状潜食叶肉，形成近圆形旋纹状虫斑。粪便排于隧道中显出螺纹形黑纹，严重时一个叶片有十多个虫斑，造成早期落叶。

【形态特征】
1. **成虫**　体长 2.3 mm，翅展 6 mm。前翅银白色，近端部 2/5 处呈橘黄色，前缘及翅端共有 7 条放射状褐色纹。
2. **卵**　扁平椭圆形，绿白色，表面有网状脊纹，长 0.27 mm。
3. **幼虫**　老熟时体长 4 ~ 5 mm，乳白色，扁形。蛹长约 4 mm，淡黄色至黑褐色。
4. **茧**　白色，纺锤形，茧上盖有一层"I"字形白色丝幕。

【发生规律】 在豫西地区1年发生4~5代。以蛹在枝干、落叶、土块等处结白色丝茧越冬。各代成虫发生期为越冬代在4月上旬至5月中旬，第1代在5月下旬至6月中旬，第2代在6月下旬至7月下旬，第3代在7月下旬至8月下旬，第4代在8月底至9月下旬。成虫白天活动，雌蛾平均产卵30粒，最多200多粒，卵散产在较老叶片的背面。非越冬幼虫多在叶片上作茧化蛹，越冬代茧则大多分布在主干、主枝裂皮的缝隙中。

【防治方法】

1. **清除越冬蛹** 冬、春季刮除树枝、树干上越冬茧，清扫落叶，集中处理。

2. **药剂防治** 在越冬代和第一代成虫盛发期喷施杀虫剂。防治药剂：25%灭幼脲悬浮剂1 500倍液，5%氟苯脲乳油1 500倍液，5%氟啶脲乳油3 000倍液，20%杀铃脲悬浮剂6 000倍液，5%氟铃脲乳油2 000倍液，5%虱螨脲乳油2 000倍液，1.8%阿维菌素乳油3 000倍液，0.3%印楝素乳油1 000~1 500倍液，25%噻虫嗪悬浮剂3 000倍液，240 g/L虫螨腈悬浮剂加水稀释4 000~10 000倍液，35%氯虫苯甲酰胺水分散粒剂加水稀释15 000~20 000倍液喷雾。

3. **生物防治** 旋纹潜叶蛾的天敌有多种，幼虫期寄生蜂有潜叶蛾姬小蜂和白跗姬小蜂。这两种寄生蜂均以蛹在旋纹潜叶蛾蛹中越冬，每年发生4~5代，越冬代成虫于5月发生，产卵于寄主幼虫体内，一般1头寄主只产1只卵；白跗姬小蜂寄生旋纹潜叶蛾幼虫时，1头寄主可羽化出5~6头姬小蜂。这两种寄生蜂在北方苹果产区发生普遍，在喷药少的果园，寄生率可达40%~60%。在蛹期姬小蜂（*Cirrosilus* sp.）寄生率可达33%~56%。寄生蜂对控制旋纹潜叶蛾的发生起着重要作用。此外，多种蜘蛛和草蛉幼虫也可捕食旋纹潜叶蛾的老熟幼虫和蛹。

（五八）桃冠潜蛾

桃冠潜蛾为害苹果叶状

桃冠潜蛾为害苹果叶片形成蛀道

桃冠潜蛾严重为害苹果叶片

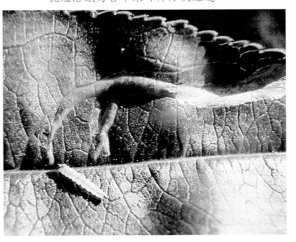

桃冠潜蛾幼虫

137

桃冠潜蛾（*Tischeria* sp.），属鳞翅目冠潜蛾科。

【分布与寄主】　在中国分布于辽宁、河南及华北地区。主要寄主有桃、李、杏、苹果等果树。

【为害状】　幼虫为害叶片，于叶肉内蛀食，初潜道呈线状，多由主脉向叶缘蛀食潜道，逐渐加宽，使上表皮与叶肉分离，呈白色，蛀至叶缘常使叶缘向叶里面卷转而将潜道盖住，时间久了致害部表皮干枯。严重时一叶常有数头幼虫为害，致使叶片早期脱落。大发生年份，可为害全株叶片，严重影响花芽分化，影响植株生长。

【形态特征】

1. **成虫**　6 ~ 7 mm，体翅银灰色至灰色，腹部微黄色。复眼球形黑色，触角丝状细长，约为体长的2/3；下唇须短、微向上方弯曲，前翅狭长披针形，翅端尖，翅面上布有灰黑色鳞片，缘毛较长，灰色。后翅较前翅小，细长而尖，缘毛很长，灰色。前足较小，后足较长，中足胫节有1对端距，后足胫节中、端距各1对，内侧者较长，各足跗节约为浓淡相间的花纹状。

2. **卵**　扁椭圆形，长0.6 ~ 0.7 mm，宽0.4 ~ 0.5 mm，乳白色。

3. **幼虫**　体长6 mm，淡黄绿色至乳白色，细长略扁，头尾端较细，节间细缩，略呈念珠状。头部灰黑色。口器向前伸。胴部13节，前胸盾半圆形，上有2条黑色纵纹，前胸腹板上有1个略呈"工"字形的黑斑，第7腹节开始逐渐变细略呈圆筒形，臀板近圆形，灰黑色至黑色。胸足退化，仅残留一点痕迹。腹足亦退化，甚小，尚有明显的趾钩为单序环状，臀足稍明显，趾钩单序环。

4. **蛹**　近纺锤形，稍扁，长3 ~ 3.5 mm，初淡黄绿色后变黄褐色，羽化前暗褐色。头顶两侧各有1对细长的刚毛，胸背和腹部各节亦生有细长的刚毛，尾端有2个小突起。触角、前翅芽及后足近平齐，伸达第5腹节后缘。

【发生规律】　华北地区1年发生3代，以老熟幼虫于被害叶内越冬。翌年4月中旬化蛹，越冬代成虫4月下旬出现，羽化后不久即可交尾、产卵。卵多散产于叶背主脉两侧，偶有产于叶面上者，每叶上可产卵数粒，严重发生时多者可达几十粒。每雌可产卵数十粒。幼虫孵化后即从卵壳下蛀入叶肉内为害，老熟后即于隧道端化蛹。羽化时蛹体蠕动顶破隧道表皮，蛹体露出半截羽化，蛹壳多残留在羽化孔处。第一代成虫6月中旬前后发生，第二代成虫8月上旬前后发生，第三代幼虫9月中下旬老熟，便于被害叶内越冬。

【防治方法】

1. **人工防治**　秋、冬两季结合清园，彻底清扫桃园落叶、杂草，减少虫源。连同清理的桃叶、树枝、树皮、杂草集中深埋，以减少越冬蛹或成虫。

2. **药剂防治**　在越冬代和第一代成虫盛发期，可喷施如下药制剂：25%灭幼脲悬浮剂1 500倍液，5%氟苯脲悬乳油1 500倍液，5%氟啶脲乳油3 000倍液，20%杀铃脲悬浮剂6 000倍液，5%氟铃脲乳油2 000倍液，5%虱螨脲乳油2 000倍液，1.8%阿维菌素乳油3 000倍液，0.3%印楝素乳油1 000 ~ 1 500倍液。

（五九）苹果鞘蛾

苹果鞘蛾（*Coleophora nigricella* Stephens），又名苹果筒蛾、苹果黑鞘蛾、黑鞘蛾、筒蓑蛾，属鳞翅目鞘蛾科。

【分布与寄主】　国内华北地区有分布。为害苹果、梨、海棠、山楂、桃、李、樱桃等。

【为害状】　幼虫结麦粒大小的护鞘，身体潜藏在护鞘中，取食时先咬破叶背表皮1个小洞，并以此洞为中心取食叶肉，残留上、下表皮，被害叶上呈现直径不到1 cm的圆形枯斑。

【形态特征】

1. **成虫**　体长4 mm，翅展13 mm左右。体灰白色至灰黄褐色。头顶被灰白色至密鳞毛。触角丝状，基部被较粗大的黑褐色鳞毛，其余各节基半部黑色、端半部白色，呈黑白相间环节状，栖息时伸向前方，复眼白色球形，具黑色环纹。胸背灰褐色，颈片和翅基片端灰白色。腹部灰色，背面灰色。前翅柳叶形，灰白色，布有黑褐色鳞片形成的小点，翅端较密，翅尖略呈暗褐色。后翅较前翅窄小、近剑状，灰色至灰褐色。前、后翅缘毛长，灰色至灰褐色。

苹果鞘蛾为害苹果叶片

苹果鞘蛾幼虫在虫鞘内伸出头部取食苹果树叶片

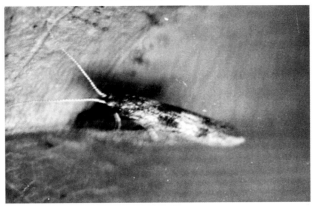

苹果鞘蛾成虫

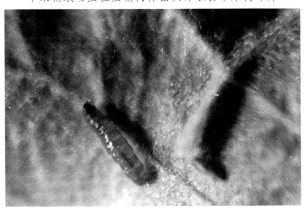

苹果鞘蛾幼虫与虫鞘

2. **幼虫**　老熟时长约 8 mm，暗黄色，护鞘枯黄色，长筒形，背面有 5 ~ 6 个小齿。

【发生规律】　1 年发生 1 代，以幼虫在枝干上护鞘内越冬，翌年春寄主发芽后越冬幼虫开始为害芽叶，4 月下旬至 5 月老熟在护鞘里化蛹。5 ~ 6 月成虫羽化，羽化后不久即可交尾产卵。初孵幼虫潜叶为害，稍大结护鞘体居中食叶肉，移动时均携带护鞘而行，粪便从护鞘后端排出，为害至深秋，爬到枝干上越冬。天敌为赤眼蜂。

【防治方法】

1. **农业防治**　果树休眠期彻底刮除树体粗皮、翘皮、剪锯口周围死皮，及时摘除卷叶，清除越冬幼虫。诱杀：树冠内挂糖醋液诱盆诱集成虫，配液按糖∶酒∶醋∶水 1∶1∶4∶16 的比例配制。

2. **生物防治**　释放赤眼蜂。发生期隔株或隔行放蜂，每代放蜂 3 ~ 4 次，间隔 5 d，每株放有效蜂 1 000 ~ 2 000 头。

3. **药物防治**　越冬幼虫出蛰盛期及第一代卵孵化盛期后是施药的关键时期，常用有机磷或菊酯类杀虫剂均可。

（六〇）美国白蛾

美国白蛾［*Hyphantria cunea*（Drury）］，又名美国灯蛾、秋幕毛虫、秋幕蛾，属鳞翅目灯蛾科。

【分布与寄主】　国外分布在美国、墨西哥、日本、朝鲜等国。国内在北京、天津、河北、辽宁、吉林、江苏、安徽、山东、河南等省市已经出现了美国白蛾疫情，它是我国植物检疫对象之一。该虫寄主植物广泛，国外报道有 300 多种植物，国内初步调查有 100 多种，包括苹果、山楂、李、桃、梨、杏、葡萄等果树及桑、白蜡、杨、柳等林木。

【为害状】　幼虫 4 龄以前有吐丝结网的习性，常数百头幼虫群居网内食害叶肉、残留表皮，受害叶干枯，呈现白膜状，幼虫孵化后不久，即吐丝缀叶结网，在网内营聚居生活，随着虫龄增长，丝网不断扩展，一个网幕直径可达 1 m，大者可达 3 m，数网相连，可笼罩全树。5 龄后幼虫从网幕内爬出，向树体各处转移分散，直到将全树叶片吃光。

美国白蛾低龄幼虫为害状　　　　　　　　　　　美国白蛾为害苹果枝叶状

美国白蛾幼虫为害苹果叶片　　　　　　　美国白蛾幼虫　　　　　　　美国白蛾蛹

【形态特征】

1. **成虫**　雌雄异型，成虫白色雌蛾体长 9 ～ 15 mm，翅展 30 ～ 42 mm。雄蛾体长 9 ～ 14 mm，翅展 25 ～ 37 mm。雄蛾触角双栉状，前翅上有几个褐色斑点。雌蛾触角锯齿状，前翅纯白色。成虫前足基节及腿节端部为橘黄色，胫节及跗节大部分为黑色，前中跗节的前爪长而弯，后爪短而直。

2. **卵**　圆球形，直径约 0.5 mm，初产卵浅黄绿色或浅绿色，后变灰绿色，孵化前变灰褐色，有较强的光泽。卵单层排列成块，覆盖白色鳞毛。

3. **幼虫**　老熟幼虫体长 28 ～ 35 mm，头黑色，具光泽。体黄绿色至灰黑色，背线、气门上线、气门下线浅黄色。背部毛瘤黑色，体侧毛瘤多为橙黄色，毛瘤上着生白色长毛丛。腹足外侧黑色。气门白色，椭圆形，具黑边。根据幼虫的形态可分为黑头型和红头型两型，其在低龄时就明显可以分辨。3 龄后，从体色、色斑、毛瘤及其上的刚毛颜色上更易区别。

4. **蛹**　体长 8 ～ 15 mm，暗红褐色，腹部各节除节间外，布满凹陷点刻，臀刺 8 ～ 17 根，每根钩刺的末端呈喇叭口状，中央凹陷。

【发生规律】　美国白蛾 1 年发生的代数，因地区间气候等条件不同而异。在山东烟台 1 年发生完整的 2 代。越冬蛹于翌年春 4 月下旬开始羽化。第 1 代发生比较整齐，第 2 代发生很不整齐，世代重叠现象严重，大部分幼虫化蛹越冬，少部分化蛹早的可羽化进入第 3 代。在大连市和秦皇岛市一般 1 年发生 2 代，遇上秋季高温年份，第 3 代也能完成发育。天津市、陕西关中地区第 3 代发生量较大，化蛹率也高，占总发生量的 30% 左右。

在温度 19 ℃以上，相对湿度 70% 左右时，越冬成虫大量羽化。在一天中越冬代羽化时间多在 16 ～ 19 时，夏季代多在 18 ～ 20 时。成虫羽化后，至次日日出前 0.5 ～ 1 h 雌雄交尾，交尾时间可延续 5 ～ 40 h（平均 14 ～ 16 h），一生只交尾 1 次，交尾后不久，雌虫即产卵。成虫飞翔力和趋光性均不强。雌虫产卵，对寄主有明显的选择性，喜在槭、桑的叶背产单层块状卵，每卵块有卵 500 ～ 700 粒，最多达 2 000 余粒。成虫产下的卵，黏着很牢，不易脱落；上覆毛，雨水和天敌较难侵入。卵发育最适温度为 23 ～ 25 ℃，相对湿度为 75% ～ 80%，孵化率可达 96% 以上，即使产卵的叶片干枯也无影响。它食性杂，繁殖量大，适应性强，传播途径广，是为害严重的世界性检疫害虫。它喜爱温暖潮湿的海洋性气候，在春季雨水多的年份，为害特别严重。幼虫老熟后，下树寻找隐蔽场所（树干老皮下、缝隙孔洞内，枯枝落叶层，表土下，建筑物缝隙及寄主附近的堆积物中）吐丝结灰色薄茧，在其内化蛹。

有研究得出美国白蛾在中国的潜在适生区。其中，美国白蛾的最适生区为：华中的河南和湖北，华东的上海、江苏、安徽、山东、浙江的杭州地区以及江西的南昌以北地区，东北的辽宁、吉林的长春地区，华北的北京、天津、河北以及山西的临汾以南地区，西北的陕西的西安以南地区。美国白蛾的次适生区为：次适生区的分布在最适生区的周围和中国的南部地区，主要分布在东北吉林吉林市，华东的江西，华中的湖南的北部地区，华南的广东、广西、海南，西南的重庆。美国白蛾的半适生区为：东北的黑龙江的南部地区，西北的新疆，西南的云南、贵州、华东的福建、浙江南部地区以及华中的湖南的衡阳以南地区。美国白蛾的非适生区为：西北青海、甘肃、宁夏、新疆的部分地区，华北的内蒙古，东北的黑龙江大部分地区和西南的四川和西藏。

【防治方法】

1. **严格检疫**　从虫害疫区向未发生区调运植物货物和植物性包装物，应由当地植物检疫部门检疫后方可调运。美国白蛾最主要的传播途径是由各个虫态随货物借助于交通工具进行传播。以 4 龄以上的幼虫和蛹传播的概率最大。对来自疫区的木材、苗木、鲜果、蔬菜以及包装箱、填充物和交通工具都须认真检查。

2. **人工物理防治**　剪除网幕宜在美国白蛾幼虫 3 龄前，每隔 2 ~ 3 d 仔细查找一遍美国白蛾幼虫网幕。发现网幕用高枝剪将网幕连同小枝一起剪下。剪网时要特别注意不要造成破网，以免幼虫漏出。剪下的网幕必须立即集中深埋，散落在地上的幼虫应立即防治。利用诱虫灯在成虫羽化期诱杀成虫。诱虫灯设在上一年美国白蛾发生比较严重、四周空旷的地块，可获得较理想的防治效果。在距设灯中心点 50 ~ 100 m 的范围内进行喷药毒杀灯诱成虫。

3. **生物防治**　卵期释放利用松毛虫、赤眼蜂防治，平均寄生率为 28.2%，由于寄生率有限，较少采用。低龄幼虫期：采用美国白蛾 NPV 病毒制剂喷洒防治网幕幼虫，防治率可以达到 94% 以上。老熟幼虫期和蛹期：释放利用白蛾周氏啮小蜂进行生物防治。对 4 龄前幼虫喷施苏云金杆菌，使用浓度为 1 亿个孢子 /mL。美国白蛾核型多角体病毒，适用于 2 ~ 3 龄美国白蛾幼虫。

美国白蛾周氏啮小蜂在美国白蛾老熟幼虫期，按 1 头白蛾幼虫释放 3 ~ 5 头周氏啮小蜂的比例，选择无风或微风上午 10 时至下午 5 时进行放蜂。放蜂的方法：可采用二次放蜂，间隔 5 d 左右。也可以一次放蜂，将发育期不同的蜂茧混合搭配。将茧悬挂在距地面 2 m 处的枝干上。

4. **药剂防治**　对 4 龄前幼虫使用 25% 灭幼脲悬浮剂 5 000 倍液、20% 杀铃脲悬浮剂 8 000 倍液进行喷洒防治。植物杀虫剂防治适用低龄幼虫，使用 1.2% 烟参碱乳油 1 000 ~ 1 500 倍液进行喷雾防治。复配药剂有：甲维·虱螨脲、甲维·虫螨腈、甲维·灭幼脲、烟碱·苦参碱、氯氰·毒死蜱、阿维·灭幼脲、甲基阿维菌素、甲维·氟铃脲。

5. **性信息素引诱**　利用美国白蛾性信息素，在轻度发生区成虫期诱杀雄性成虫。春季世代诱捕器设置高度以树冠下层枝条 2.0 ~ 2.5 m 处为宜，在夏季世代以树冠中上层 5 ~ 6 m 处设置最好。每 100 m 设一个诱捕器，诱集半径为 50 m。在使用期间诱捕器内放置的敌敌畏棉球每 3 ~ 5 d 换 1 次，以保证对美国白蛾熏杀效果。诱芯可以使用 2 代，第 1 代用后，将诱芯用胶片封好，低温保存，第 2 代可以继续使用。

（六一）中华金带蛾

中华金带蛾（*Eupterote chinensis* Leech）的幼虫叫黑毛虫，属鳞翅目带蛾科。

中华金带蛾成虫

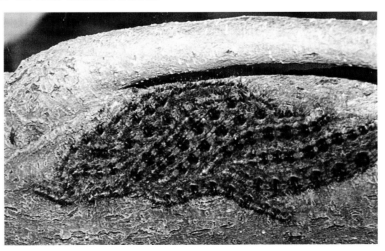

中华金带蛾幼虫

【分布与寄主】　中华金带蛾在四川、云南、贵州、湖南、广西等省（区）有分布。为害石榴、桃、梨、苹果、泡桐、鹅掌楸等多种果树林木。

【为害状】　以幼虫食害寄主的叶片，轻则把寄主的叶片啃咬出许多孔洞缺刻，严重的能把叶片吃光或啃咬嫩枝树皮，既影响寄主的生长发育又影响开花结果，对结果树生产造成相当大的损失。

【形态特征】

1. 成虫　雌蛾体长 22～28 mm，翅展 67～88 mm。全体金黄色。触角深黄色，丝状。胸部及翅基密生长鳞毛。翅宽大，前翅顶角有不规则的赤色长斑，长斑表面散布灰白色鳞粉；长斑下具 2 枚圆斑，后角的一枚圆斑较小；翅面有 5～6 条断断续续的赤色波状纹，前缘区的斑纹粗而明显。后翅中间有 5～6 枚斑点，排列整齐，斑列外侧有 3 枚大的斑点；顶角区是大小各 1 枚，相距较近；后缘区有 4 条波状纹，粗而明显。

雄蛾体长 20～27 mm，翅展 58～82 mm。体金黄色。触角黄褐色，羽毛状，羽枝较长。胸部具金黄色鳞毛，腹部黄褐色。前翅前缘脉黄褐色，顶角区有三角形赤色大斑；大斑下半部有不明显的银灰色小点；亚缘斑为 7～8 枚长形小点，内侧后角有 1 较大的斑点，整个翅面有 5 条断断续续的波状纹；前缘区粗而明显。后翅亚缘呈波状纹，内侧有 2 行小斑点，翅的内半部有 4 条断断续续的波状纵带。

2. 卵　圆球状，接触物一面稍平。直径 1.2～1.3 mm。淡黄色，有光泽，不透明，接近孵化时卵顶有一黑点。

3. 幼虫　末龄幼虫体长 46～71 mm，圆筒形。腹面略扁平，全身黑褐色。每一腹节的背面正中有一"凸"字形黑斑，腹部背面共有黑斑 8 个，斑内生黄白色浅毛。头壳黑褐色。体背及两侧生有许多次生性小刺和长短不一的束状长毛，胸背和尾节上的略长，分别向前和向后伸。束状长毛有棕色、褐色和灰白色之分，但常混杂在一起。胸足 3 对，尾足 1 对。腹足趾钩为双序半环，每足有趾钩 80～92 个。

4. 被蛹　纺锤形，头端钝，尾端略尖，有细小的棘刺。长 21～28 mm，粗 8～9 mm。黑褐色，有光泽。茧蛹外有薄茧，长椭圆形，比蛹体大 1/3，褐棕色或棕灰色，由丝织物做成纱网状，既薄又软，能透气。常与落叶及草屑黏在一起。

【发生规律】　根据在四川省西昌市和会理县的观察，大多数中华金带蛾是 1 年发生 1 代，以蛹越冬，越冬蛹期长达 7～8 个月。7 个月初始见成虫（个别年份 5 月下旬能见到少数成虫）。7 月下旬至 8 月上旬为成虫羽化盛期。雌蛾在寄主的叶片背面或嫩枝上产卵，卵集中成片不规则地一粒紧接一粒，只排一层，常是数百粒连成一块，每只雌蛾产卵 115～187 粒，卵期 8～12 d，有的长达半个月以上。幼虫 3 龄后的食量大增，白天群集潜伏在树干上部和大枝条的背阴、弯曲凹陷和树孔等处，每处少则一二十头，多则上百头甚至上千头。黄昏后再鱼贯而行向树冠枝叶爬去，主要取食叶片，黎明前又成群下移，行动整齐，首尾相接。随着虫龄增大，栖息高度下降到主干基部，一株树上的幼虫常聚集在一处栖息。食物极度缺乏时转株为害。寄主叶片常被吃成缺刻孔洞或全被吃光，仅留叶脉。严重时还食害嫩梢和树皮。第 3 次蜕皮后，腹节背面的"凸"字形黑斑才明显地显示出来。

【防治方法】

1. 清洁果园　冬春季节，把果园内的枯枝、落叶、卷叶、翘皮、杂草、石块等清除干净，可清除许多越冬蛹，以减少翌年的虫源。

2. 灯光诱杀　成虫有较强的趋光性，7～8 月结合其他害虫的防治，在果园中安装黑光灯或其他白炽灯可以诱杀部分成虫。

3. 保护利用天敌　此虫在卵期和蛹期发现有寄生蜂发生，幼虫期有螳螂捕食，在整个防治过程中应很好地保护利用这些天敌。

4. 人工摘除虫卵　中华金带蛾的卵成片集中在叶片上，初孵幼虫有群集性，在成虫产卵后或幼虫初孵时，人工及时摘除有卵或有幼虫的叶片。

5. 清除幼虫　9～10 月，3 龄以后的幼虫可用器械刮除幼虫。

6. 药剂防治　各龄幼虫在枝叶或枝干上，绝大多数时间群集生活，除人工摘除捕杀外，也可用 80% 晶体敌百虫 1 000～1 200 倍液，或 50% 杀螟松乳油 1 200～1 500 倍液，或 50% 辛硫磷乳油 1 000～1 500 倍液，或 50% 敌敌畏乳油 1 000 倍液，或 50% 马拉硫磷 1 000～1 500 倍液等喷雾，均可收到良好的防治效果，施药时间以白天幼虫聚集在树干基部时为最佳。

（六二）红缘灯蛾

红缘灯蛾（*Amsacta lactinea* Cramer），又名红边灯蛾，属鳞翅目灯蛾科。

红缘灯蛾幼虫

红缘灯蛾成虫

【分布与寄主】　在华北、华东、华南地区及陕西省有分布。该虫食性杂，可为害葡萄、苹果、豆类、玉米等100多种植物。

【为害状】　幼虫取食叶片，呈缺刻或孔洞状，严重时把叶吃光。

【形态特征】

1. 成虫　头颈部红色。腹部背面橘黄色，但第1节白色，自第2节起每节前缘呈黑色带状，腹部腹面白色。前后翅粉白色，前翅前缘鲜红色，中室上角有一黑点，后翅中室端部常具新月形黑斑。

2. 卵　圆球形，淡黄色，产成块。

3. 幼虫　低龄幼虫体黄色或橙黄色，体毛稀少，毛瘤红色，3龄后毛瘤棕褐色。5龄后虫体棕褐色，除第1节及末节外，每节都有12个毛瘤，毛瘤上丛生棕黄色长毛。气门和腹足红色。

4. 蛹　长22～28 mm，长椭圆形，黑褐色，胸腹部交界处略缩成颈状，第5、第6腹节腹面有2个明显突起，中央凹陷。腹末有长短不一的臀棘8～10条。蛹外有黄褐色半透明丝状薄茧。

【发生规律】　在河南1年发生1代，以蛹越冬。翌年5～6月羽化，将卵成块产于叶背。7～8月幼虫为害寄主植物，1～2龄幼虫取食叶面，呈孔洞状，3龄后食害叶片，呈缺刻状。9月中下旬幼虫入土结茧化蛹越冬。

【防治方法】　夏秋季防治其他果树害虫时，可兼治此虫。

（六三）梅木蛾

梅木蛾（*Odites issikii* Takahashi），又名五点木蛾，别名五点梅木蛾、樱桃堆砂蛀蛾，俗称卷边虫，属鳞翅目木蛾科。

梅木蛾成虫

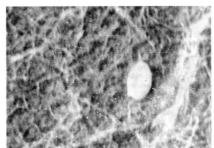

梅木蛾卵粒

梅木蛾幼虫

【分布与寄主】　　分布在辽宁、河北、河南、陕西等省。为害苹果、梨、桃、李、樱桃、梅、葡萄等多种果树。

【为害状】　　幼虫将叶边缘横切一段，吐丝纵卷成长约 1 cm 的虫苞，幼虫潜藏其中食害虫苞两端的叶组织，呈缺刻状。豫西果产区虽发生普遍，但一般不造成大的损害。

【形态特征】

1. **成虫**　体长 6 ~ 7 mm，翅展 16 ~ 20 mm，黄白色。前翅灰白色，每翅基 1/3 处有 2 个圆形黑斑，与胸部黑斑构成明显的 5 个大黑点。

2. **卵**　长圆形，长径 0.7 mm，淡黄色，卵面有细密的突起花纹。

3. **幼虫**　老熟时体长约 15 mm，头和前胸背板赤褐色，胴部黄绿色。

4. **蛹**　长约 8 mm，赤褐色。

【发生规律】　　豫西地区 1 年发生 3 代，以初龄幼虫在果园杂草、落叶及树干粗皮裂缝中结薄茧越冬，茧外附有细粒状红褐色粪便。翌年春季果树发芽展叶后越冬幼虫开始出蛰为害，先取食叶肉 3 ~ 5 d，稍大即开始卷叶蚕食，即将叶缘 3 mm 左右宽的一段两边咬开，深 2 mm 左右，然后吐丝缠缀，将叶片卷成扁桶形，白天潜于其中，傍晚至夜间出来取食叶肉。3 龄后食量增大，将叶缘 5 ~ 10 mm 一段两边咬开，深 5 mm 左右，并将叶片纵卷成桶形虫苞，幼虫潜藏其中昼伏夜出，食害虫苞两端的叶组织，呈缺刻状，直至化蛹。越冬幼虫于 4 月中旬开始卷叶，5 月下旬为害最盛，6 月上旬在桶状卷叶内化蛹，6 月中旬开始羽化，6 月底 7 月上旬达到高峰。

成虫多在 20 ~ 22 时羽化，白天潜伏在叶背或枝干上，次日夜间交尾，交尾后 2 ~ 4 d 陆续产卵，散产于叶背主脉两侧，少数成堆，每雌平均产 70 粒左右，成虫有趋光性，趋化性极弱，寿命 4 ~ 5 d，卵期 10 ~ 15 d，孵化较为整齐，幼虫共 5 龄。初孵幼虫爬行或吐丝后随风飘荡、分散为害，多在叶背咬食，以植物组织的啮屑筑成 2 ~ 3 mm 长的"一"字形隧道，幼虫潜藏于隧道中，多在夜间取食隧道两端的叶组织，3 ~ 5 d 构筑 1 ~ 2 个隧道后即行卷叶。由初龄到老熟多次卷叶，幼虫虫龄越大，卷边越大，幼虫受刺激时极速向后退出叶卷，吐丝下垂并悬于空中。幼虫老熟后切割叶缘附近叶片，把所切一块叶片卷成筒状，一端与叶连着，幼虫居中化蛹。第一代幼虫 7 月上旬开始出现，7 月下旬至 8 月为害最多，8 月中下旬为蛹期，8 月下旬至 9 月上旬羽化成蛾并产卵，9 月中旬为孵化盛期，第二代幼虫孵化后一段时期取食叶肉，随后结薄茧越冬。

【防治方法】

1. **清洁果园**　冬季刮除老树皮、翘皮，清除果园枯枝、落叶及杂草，减少越冬幼虫。

2. **灯光诱杀**　利用黑光灯诱杀成虫。

3. **药剂防治**　幼虫初孵至开始卷叶 3 ~ 5 d 内是防治的关键时期，一般杀虫剂即可取得较好效果，2 龄后幼虫潜藏于虫苞内防治难度较大，一般杀虫剂效果不理想，选用 48% 毒死蜱乳油 1 000 倍液或 2% 阿维菌素乳油 2 000 ~ 3 000 倍液、25% 灭幼脲悬浮剂 1 500 倍液可取得良好防效。注意喷药要细致周到，尤其外围顶梢一定要喷到。成虫高峰期喷 5% 高效氯氰菊酯乳油 2 000 倍液等杀虫剂，对降低虫口基数作用明显。

（六四）苹果雕翅蛾

苹果雕翅蛾（*Anthophila pariana* Clerck），又名拟苹果卷叶蛾，属鳞翅目雕翅蛾科。

苹果雕翅蛾为害状　　　　　　　苹果雕翅蛾成虫　　　　　　　苹果雕翅蛾幼虫

【分布与寄主】　分布于内蒙古、河北、河南、山西、山东、陕西、甘肃等省（区）。寄主植物有苹果、槟沙果、海棠、山定子、桃等。

【为害状】　幼虫在芽和嫩叶正面吐丝拉网，使叶向上微卷，啃食叶上表皮和叶肉，呈纱网状，粪粒黏附于丝上。

【形态特征】

1. **成虫**　体长 5 ~ 6 mm，翅展约 12 mm。前翅棕黄色至棕褐色，翅上有 4 条不规则的黑白相间的波状横纹，静止时翅平覆在虫体上呈三角形，行动敏捷。

2. **卵**　略呈圆馒头形，直径约 0.4 mm，淡黄色，卵面有不规则刺状突起，中央有 1 个紫红色圈。

3. **幼虫**　老熟幼虫体长 10 mm，全体黄色，各节背面有 6 个黑色毛瘤，中后胸排列 1 条横带，腹部各节有 2 横列。

4. **蛹**　体长 5 ~ 6 mm，黄褐色。蛹体外有两层纺锤形白色薄丝茧。

【发生规律】　1 年发生 3 ~ 4 代，以蛹或成虫在树皮裂缝及杂草、落叶中越冬。翌年 3 月末开始活动，4 月中上旬活动最盛，陆续交尾产卵，4 月中旬为产卵盛期，4 月下旬开始孵化。幼虫期 25 d 左右，为害至 5 月中旬幼虫开始陆续老熟结茧化蛹。6 月中上旬为第 1 代成虫羽化盛期，6 月下旬为羽化末期。成虫寿命 4 ~ 8 d，一般为 5 ~ 6 d。以后世代不整齐，5 月下旬始见第 2 代卵，6 月中上旬为产卵盛期，卵期 8 ~ 11 d。6 月上旬开始孵化，6 月中下旬为孵化盛期，直到 8 月上旬均可见此代幼虫。7 月上旬开始化蛹，中旬前后为盛期，蛹期 7 ~ 8 d。7 月中旬始见第 2 代成虫，下旬为盛期，相继产卵。第 3 代幼虫 7 月下旬开始孵化，直到 10 月上旬均可见幼虫，8 月中旬开始化蛹，至 10 月中旬前后结束。8 月下旬第 3 代成虫开始羽化，至 10 月底完毕。羽化后成虫寻找适当场所越冬。

成虫夜晚活动，傍晚围绕树冠飞翔，卵散产于叶上，以主脉附近较多，叶面、叶背均有。幼虫很活泼，有转叶为害习性，初孵幼虫多爬至梢顶端，卷嫩叶为害，稍大就转到大叶上，先卷叶端为害，逐渐卷全叶，食叶肉，呈纱网状和孔洞、缺刻，严重时叶片早期枯焦。受惊扰时幼虫扭动身体迅速脱离卷叶，吐丝下垂，转害新叶。老熟后于卷叶内或转至新叶或于果实梗洼内结茧化蛹。羽化时蛹体常脱出茧外 1/3 ~ 1/2 羽化，蛹壳留在茧上。

【防治方法】

1. **人工防治**　果树落叶后至 3 月成虫活动之前，清理或烧掉果园内及附近的杂草、落叶，减少其中越冬蛹和成虫。

2. **药剂防治**　幼虫对药剂较为敏感，在 5 月上旬喷施有机磷或菊酯类杀虫剂，常用浓度均有良好的防治效果。

（六五）淡褐小巢蛾

淡褐小巢蛾 [*Swammerdamia pyrella*（De Villers）]，属鳞翅目巢蛾科。

淡褐小巢蛾为害苹果叶片

淡褐小巢蛾幼虫为害状

淡褐小巢蛾幼虫

【分布与寄主】　在辽宁、河南、山西、陕西、甘肃等省有分布。寄主植物有苹果、梨、山楂、樱桃等。

【为害状】　幼虫在一片叶面拉网，幼虫悬于网上啃食上表皮和叶肉，仅剩叶脉和下表皮。

【形态特征】

1. **成虫** 体长 4 ~ 5 mm，前翅灰白色，前缘近顶角处有 1 个白色小点。
2. **卵** 椭圆形，长径 0.5 mm，淡黄色。
3. **幼虫** 老熟时体长约 10 mm，头淡褐色，胴部背面中央有 1 条黄色纵带，两侧各有 1 条枣红色纵带。头部和体末端较细，中间较粗。
4. **蛹** 黄褐色，蛹外被有灰白色梭形茧。

【发生规律】 豫西地区 1 年发生 3 代。以低龄幼虫在粗皮裂缝、芽等处结小白茧越冬，在辽宁以蛹在杂草、落叶、土壤缝隙越冬。翌年果芽萌动时，幼虫出蛰为害芽，展叶后幼虫在叶面拉网，取食叶肉，呈纱网状。4 月下旬开始化蛹，越冬代成虫发生在 5 月中旬至 6 月上旬。以后 2 代成虫分别发生在 7 月至 8 月初和 8 月下旬至 9 月下旬。成虫产卵于叶片正面叶脉凹陷处，卵大多散产。

【防治方法】 可在防治卷叶蛾和梨星毛虫时兼治此虫。

（六六）苹果巢蛾

苹果巢蛾〔*Yponomeuta padella*（L.）〕，又名苹果黑点巢蛾，俗称黑毛毛虫，属鳞翅目巢蛾科。

苹果巢蛾幼虫群集为害状　　　　苹果巢蛾将小枝叶网在一起取食　　　　苹果巢蛾成虫

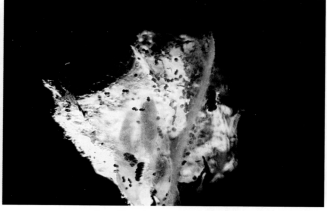

苹果巢蛾在为害处结白茧　　　　　　　苹果巢蛾在为害处结茧化蛹

【分布与寄主】 我国东北、华北和西北地区都有分布；国外日本、朝鲜、地中海地区及欧洲也有分布。为害苹果、沙果、海棠、山楂、梨、杏等。

【为害状】 幼虫吐丝将小枝叶片网在一起，几十头至上百头幼虫群集网集中暴食叶片，受害重时树冠仅残留枯黄碎片挂在网巢中，状似火燎。一般在管理粗放的丘陵、山区果园发生较多。

【形态特征】

1. **成虫** 体长 9 ~ 10 mm，体白色。胸部背面有 9 个黑点，前翅有 30 ~ 40 个小黑点，排列成不规则的 3 行。后翅银灰色。

2. **卵** 扁椭圆形，长径 0.6 mm，卵面有纵行的沟纹。卵 30 ~ 49 粒排列成块，覆盖如鱼鳞。初产卵块如奶油黄色，2 ~ 3 d 后呈紫红色。卵块上有红褐色的黏性物覆盖，干枯后形成卵块上的卵鞘。

3. **幼虫** 末龄幼虫体长 18 mm 左右，灰黑色。头部、胸足、前胸背左右分离的两大块背板及臀片均为黑色。每节背面两侧各有 1 个大型黑斑，刚毛及毛片亦为黑色。腹足趾钩呈多行环状排列，基本上为 3 环，而以外环的趾钩较大。

4. **蛹** 长一般为 9 mm 左右。初化蛹时呈绿色，以后渐变为黄棕色，末端背面有 8 根刺毛。外被白色梭形薄丝茧。

【发生规律】 苹果巢蛾属于专性滞育的害虫，全国各地均为 1 年发生 1 代。以第 1 龄幼虫在卵壳下越夏越冬。在新疆伊犁地区越冬幼虫在 4 月中旬，河北中部及北部也在 4 月中旬，内蒙古在 4 月中下旬，吉林公主岭于 5 月初，黑龙江伊春市五营地区 5 月中旬开始出壳为害。苹果花芽开放到花序分离之时是幼龄幼虫出壳为害时期，是防治中的关键。

越冬后的幼虫从卵壳的一端开 1 个小孔钻出开始为害。遇早春乍寒时，出蛰幼虫还可再度潜入卵壳内。出蛰幼虫成群地将嫩叶用丝缚在一起，取食叶肉，留下表皮而干枯。小幼虫在干枯而卷曲的叶内栖息。随着幼虫生长，吐丝越冬，缠绕枝叶成丝巢，将巢内叶片食尽，再进一步扩大丝巢，形成很大的网巢。严重时，整个树冠形成丝巢。幼虫老熟后，在巢内吐丝结薄茧化蛹。茧透明，通过茧可以清楚地看到化蛹的过程。每个茧内的蛹都是头部朝下倒垂，每天有一定的时间运动（摇摆）。化蛹部位大都在树冠的丝巢内，不十分集中，几乎布满整个巢内。猖獗成灾年份，也有在果树附近的杂草内结网化蛹的。

成虫白天多栖息于叶片下。特别是清晨 5 ~ 6 时做短距离飞翔和交尾，并取食叶片上的露水，有时吸食蚜虫的蜜露。雌蛾飞翔能力较差。每只雌蛾能产卵 1 ~ 3 块，大部分卵块产在二年生表皮光滑的枝条上，而又以枝条下面靠近花芽和叶芽的较多；一年生和三年生枝条上很少产卵。树上卵块分布：上部枝条卵块较多，中部次之，下部最少。据新疆八一农学院观察，幼虫共 5 龄。各龄龄期 4 ~ 12 d，平均 9 d。幼虫取食为害约 43 d，于 5 月下旬至 6 月初陆续化蛹，在山区高地野果林中，发生期可以推迟 1 个月。预蛹期 3 d，蛹期约 11 d。6 月中旬为羽化盛期，产卵延至 7 月上旬结束。早期所产卵块于 7 月初陆续孵化，卵期约 13 d。即以此 1 龄幼虫在卵壳下越夏、越冬。1 龄幼虫期长达 9 ~ 10 个月。

【防治方法】

1. **人工清除网巢** 在果园面积不大的情况下，挑下或剪除虫巢是有效的措施。

2. **药剂防治**

（1）秋季落叶后或早春花芽膨大前，防治枝条上卵块，可喷洒 5°Bé 石硫合剂，或含油量 5% 的矿物油乳剂。

（2）苹果花芽分离以及落花后 7 ~ 10 d，是施药保花和保果最有利的时机。可喷洒 25% 灭幼脲 2 000 倍液，或 80% 敌敌畏乳油 1 500 ~ 2 000 倍液，或 50% 辛硫磷乳油 2 000 倍液。

3. **生物防治** 用青虫菌（100 亿个孢子 /g）1 000 ~ 2 000 倍液喷雾；苹果巢蛾的天敌有宽盾攸寄蝇（*Eurysthaea scutellars* Robineau et Desvoidy）和金色小寄蝇（*Bactromyia aurulenta* Meigen），在苹果巢蛾发生区很普遍，应注意保护利用。

（六七）桑褶翅尺蛾

桑褶翅尺蛾（*Zamacra excavata* Dyar），属鳞翅目尺蛾科。

【分布与寄主】 国内北京、河北、河南、陕西、宁夏等省（市、区）有分布；国外日本、朝鲜有分布。幼虫为害苹果、梨、桃、李、桑等果树及毛白杨、槐等林木。

【为害状】 幼虫食害嫩叶、芽，呈缺刻状，食幼果，呈坑洼状，严重时会将树叶吃光，从而影响树势。3 ~ 4 龄虫的食量最大，常将植物的顶部吃成光秃，虫体保护

桑褶翅尺蛾幼虫为害苹果幼果

性很强，观察叶面不易发现，但排粪量很多，检查地面较易发现。

【形态特征】

1. **成虫**　雌蛾体长 14 ~ 15 mm，体灰褐色。头部及胸部多毛。触角丝状。翅面有赤色和白色斑纹。前翅内、外横线外侧各有 1 条不太明显的褐色横线，后翅基部及端部灰褐色，近翅基部处为灰白色，中部有 1 条明显的灰褐色横线。静止时四翅皱叠竖起。后足胫节有距 2 对。尾部有 2 簇毛。雄蛾体长 12 ~ 14 mm，全身体色较雌蛾略暗，触角羽毛状。腹部瘦，末端有成撮毛丛，其特征与雌蛾相似。

2. **卵**　椭圆形，大小为 0.3 mm×0.6 mm。初产时深灰色，光滑。4 ~ 5 d 后变为深褐色，带金属光泽。卵体中央凹陷。孵化前几天，由深红色变为灰黑色。

3. **幼虫**　老熟幼虫体长 30 ~ 35 mm，黄绿色，头褐色，两侧色稍淡，前胸侧面黄色，腹部第 1 ~ 8 节背部有赭黄色刺突，第 2 ~ 4 节上的刺突明显较长，第 5 腹节背部有褐绿色刺 1 对，腹部第 4 ~ 8 节的亚背线粉绿色，气门黄色，围气门片黑色，腹部第 2 ~ 5 节各节两侧各有淡绿色刺 1 个，胸足淡绿色，端部深褐色，腹部绿色，端部褐色。静止时，体屈曲呈"~"形。

4. **蛹**　椭圆形，红褐色，长 14 ~ 17 mm，末端有 2 个坚硬的刺。茧灰褐色，表皮较粗糙。

【发生规律】　1 年发生 1 代，以蛹在树干基部土下紧贴树皮的茧内过冬。翌年 3 月中旬开始羽化。下旬为羽化盛期。成虫出土后当夜即可交尾。交尾后于夜晚在枝梢光滑部位产卵。卵在枝条排列成长块。每头雌蛾可产卵 700 ~ 1 100 粒。成虫有假死性，受惊后即坠落地上，雄蛾尤其明显，飞翔力不强；寿命 7 d 左右。卵经 20 d 左右孵化。

幼虫共 4 龄。孵出后半天即爬行觅食，取食幼芽及嫩叶。1 ~ 2 龄幼虫一般晚间活动为害，白天停于叶缘不动。3 ~ 4 龄幼虫昼夜均可为害，取食全叶，严重时只残留叶柄，也食花。幼虫食量随虫龄的增长而增大。各龄幼虫都有吐丝下垂习性，受惊扰后或虫口密度大、食量不足时，即吐丝下垂，随风飘扬或转移到新的寄主上为害。

幼虫于 5 月上旬老熟后，吐丝坠地或爬行下地入土。入土前一天即停止取食。一般喜欢在雾天、阴天或夜间下树，20 ~ 24 时入土。豫西果产区老熟幼虫入土盛期在 5 月中下旬。幼虫多集中在树干基部附近深 3 ~ 15 cm 的表土内化蛹，入土后 4 ~ 8 h 内吐丝作一黄白色至灰褐色椭圆形茧，茧多贴在树皮上，幼虫在茧内进入预蛹期，经 20 ~ 40 d 蜕皮化蛹。

【防治方法】

1. **人工防治**　入冬前在树木基部周围挖越冬蛹茧。在成虫发生期，利用频振式杀虫灯诱杀成虫。结合修剪，人工剪除带卵块枝条并处理。

2. **无公害农药防治**　幼虫在 3 龄前选用生物或仿生农药，可施用含量为 16 000 IU/mg 的 Bt 可湿性粉剂 500 ~ 700 倍液，1.2% 苦·烟乳油 800 ~ 1 000 倍液，25% 灭幼脲悬浮剂 1 500 ~ 2 000 倍液，20% 虫酰肼悬浮剂 1 500 ~ 2 000 倍液等喷洒。

3. **化学农药防治**　此虫对菊酯类杀虫剂特别敏感，幼虫大面积发生时，喷施 2.5% 溴氰菊酯乳油 4 000 倍液等进行防治，可迅速见效。

（六八）大造桥虫

大造桥虫（*Ascotis selenaria* Schiffermuller et Denis），别名尺蠖、步曲，鳞翅目尺蛾科。

大造桥虫幼虫为害苹果枝叶　　　　　　　　　　　大造桥虫幼虫

【分布与寄主】　主要分布在我国浙江、江苏、上海、山东、河北、河南、湖南、湖北、四川、广西、贵州、云南等地。寄主有苹果等多种果树及农作物。

【为害状】　幼虫食芽、叶及嫩茎，呈缺刻状。

【形态特征】

1. **成虫**　体长 15 ~ 20 mm，翅展 38 ~ 45 mm，体色变异很大，有黄白色、淡黄色、淡褐色、浅灰褐色，一般为浅灰褐色，翅上的横线和斑纹均为暗褐色，中室端具 1 斑纹，前翅亚基线和外横线锯齿状，其间为灰黄色，有的个体可见中横线及亚缘线，外缘中部附近具 1 斑块；后翅外横线锯齿状，其内侧灰黄色，有的个体可见中横线和亚缘线。雌虫触角丝状，雄虫触角羽状，淡黄色。

2. **卵**　长椭圆形，青绿色。

3. **幼虫**　体长 38 ~ 49 mm，黄绿色。头黄褐色至褐绿色，头顶两侧各具 1 个黑点。背线淡青色至青绿色，亚背线灰绿色至黑色，气门上线深绿色，气门线黄色杂有细黑纵线，气门下线至腹部末端淡黄绿色；第 3、第 4 腹节上具黑褐色斑，气门黑色，围气门片淡黄色，胸足褐色，腹足 2 对生于第 6、第 10 腹节，黄绿色，端部黑色。

4. **蛹**　长 14 mm 左右，深褐色有光泽，尾端尖，臀棘 2 根。

【发生规律】　长江流域 1 年生 4 ~ 5 代，以蛹于土中越冬。各代成虫盛发期：6 月中上旬、7 月中上旬、8 月中上旬、9 月中下旬，有的年份 11 月中上旬可出现少量第五代成虫。第二至四代卵期 5 ~ 8 d，幼虫期 18 ~ 20 d，蛹期 8 ~ 10 d，完成 1 代需 32 ~ 42 d。成虫昼伏夜出，趋光性强，羽化后 2 ~ 3 d 产卵，多产在地面、土缝及草秆上，大发生时枝干、叶上都可产，数十粒至百余粒成堆，每雌可产 1 000 ~ 2 000 粒，越冬代仅 200 余粒。初孵幼虫可吐丝随风飘移传播扩散。10 ~ 11 月以末代幼虫入土化蛹越冬。

【防治方法】

1. **灯光诱杀**　用黑光灯或高压汞灯诱杀成虫。

2. **化学防治**　做好测报，在幼虫孵化盛末期至 3 龄盛期喷洒敌敌畏、马拉硫磷等有机磷常用浓度或 50% 辛·氰乳油 1 500 ~ 2 000 倍液、20% 甲氰菊酯乳油 2 500 倍液、40% 菊·马乳油 2 000 倍液等复配剂，还可用 100 亿个活芽孢／g 苏云金杆菌可湿性粉剂 800 倍液。

3. **生物防治**　在产卵高峰期投放赤眼蜂蜂包也有很好的防效。

（六九）模毒蛾

模毒蛾［*Lymantria monacha*（Linnaeus）］，俗名松针毒蛾、僧尼毒蛾、油杉毒蛾，属鳞翅目毒蛾科。

【分布与寄主】　国内分布于辽宁、吉林、黑龙江、浙江、台湾、四川、云南、贵州；国外分布于日本、欧洲各国。寄主有苹果、杏、杉木、桦、山杨、松、柳、槲、麻栎、榆、槭、桧、椴、花楸、千金榆。

【为害状】　幼虫取食叶片，呈缺刻状，严重时仅剩叶脉甚至将叶片吃光。

【形态特征】

1. **成虫**　后翅灰白色无斑纹，缘毛灰色或棕色。雄成虫色泽较深，体长 15 ~ 17 mm，翅展 30 ~ 45 mm。触角长林齿状。翅面斑纹与雌蛾相似，但比较清晰。成虫胸部和腹部腹面均密生粉红色茸毛。

2. **卵**　圆形略扁，大小为 1 mm×1.2 mm。初产时为黄白色，至胚胎发育后期转变为褐色。

模毒蛾幼虫

3. 幼虫　共有 5 龄。初孵幼虫全体黑色，2 龄幼虫体呈灰黑色，3 ~ 5 龄呈黄绿色。5 龄头宽 3.2 ~ 3.8 mm，体长 22 ~ 44 mm。老熟幼虫全体黄绿色；自中胸至腹部第 9 节具有数条黑色纵带，其中背线黑色较细，亚背线黑色较背线为宽；气门上线、气门线和气门下线色泽较浅，均呈褐色或灰褐色，但较其他各线为宽。头部黄褐色，沿唇基有一 "八" 字形黑色斑纹。前胸背板黄色，体节均具多数发达的橙色毛瘤，特别是前胸与腹部第 9 节的毛瘤更为发达，其上具有较长的毛束，并向前后伸出。腹部第 6、第 7 节背面中央各具 1 个小形黄色翻缩腺。胸足黑色，腹足暗灰色，趾钩为单序中带。

4. 蛹　体长 18 ~ 25 mm。全体棕褐色，具光泽，纺锤形。各节具有放射状排列的短刚毛。腹末有长短不一的小钩状臀棘。化蛹时所结丝茧极稀疏。

【发生规律】　模毒蛾在云南宣威地区 1 年发生 1 代，以发育完全的幼虫在卵内越冬。越冬卵在 3 月中下旬陆续孵化。初孵化的幼虫在树干上群集，有取食卵壳的习性，3 ~ 4 d 后才分散到树冠针叶丛上觅食。1 ~ 2 龄幼虫食量很小，有吐丝下垂随风迁移的习性。3 龄以后食量显著增加。一般先由树冠下方为害，逐渐向树冠上方蔓延。严重为害时，昼夜取食，并将树冠叶食尽。幼虫在强烈阳光下有向荫蔽处迁移暂停取食的习性，在降水时少数幼虫仍可为害。树干振动时，1 ~ 2 龄幼虫可纷纷吐丝下垂；3 ~ 5 龄幼虫则立即将头部昂起，左右上下旋转摆动，甚至弹跳落地。老熟幼虫于 5 月下旬开始，于树洞、粗皮及树皮缝隙内结茧化蛹。茧稀疏，呈网状。6 月上旬成虫开始羽化，6 月中旬至 7 月上旬为成虫活动盛期。初羽化的成虫常静伏树干背阴面，3 ~ 5 d 以后常于傍晚进行飞翔交尾活动。大多数雌蛾于夜间产卵，产卵时不断拍动双翅。卵多数产于树干粗皮缝隙内，以胸径在 20 cm 以上的树干下部为多。15 ~ 20 粒卵黏结成卵块。每雌产卵量为 97 ~ 304 粒，平均约 200 粒。在云南、贵州两省交界地区，倘若 3 ~ 4 月降雨稀少而又长时间持续高温，则对模毒蛾发生有利，为害严重。如果雨季开始较早，幼虫常被一种病菌寄生，导致大量幼虫死亡。蛹期寄生性天敌以姬蜂和小蜂为主。

【防治方法】

1. 加强果园管理　加强果园管理，对园地进行一次彻底的清园。铲除杂草，对果树植株进行整枝修剪，剪除枯枝、残枝、病虫害枝，并集中处理。

2. 人工摘卵块　卵块常出现在枝梢基部或枝干上，一般易发现。可通过人工剪除，集中处理。

3. 诱杀成虫　利用该虫具有趋光性的特点，可在成虫羽化期用灯光诱杀。

4. 生物防治　释放天敌如黑瘤姬蜂、卷叶蛾姬蜂、毛虫追寄蜂、广大腿小蜂、平腹小蜂或使用白僵菌（含孢量 100 亿个 /g，活孢率 90% 以上）、核型多角体病毒（每单位加水配成 3 000 倍液，3 龄虫前使用）、苏云金杆菌 100 亿个活芽孢 /mL 悬浮剂 150 ~ 200 倍液或 8 000 IU/mg 可湿性粉剂 100 ~ 200 倍液喷雾，均可有效防治为害。

5. 化学防治　参考舞毒蛾。

（七〇）大袋蛾

大袋蛾（*Clania variegata* Snellen），又名大蓑蛾，俗称布袋虫，属鳞翅目蓑蛾科。

大袋蛾幼虫在虫囊内取食　　　　　　　　　　　　挂在苹果枝上的大袋蛾虫囊

【分布与寄主】 国内华北、华东、华中、西南、西北地区均有分布；国外日本、印度、马来西亚、斯里兰卡有分布。该虫食性很杂，寄主植物有600多种，以蔷薇科、豆科、杨柳科、胡桃科及悬铃木科植物受害最重，是果树和城市园林植物的常见害虫之一。20世纪80年代后期，该虫曾在河南、江苏、安徽等省农田泡桐林网中和城市中悬铃木上暴发，同时为害农作物和果树。

【为害状】 幼虫体外有用植物残屑和丝织成的护囊，幼虫终生负囊生活，蚕食叶片，呈大孔洞和缺刻状，严重时把叶食光。

【形态特征】

1. **成虫** 雌、雄成虫异型。雄成虫体长15～17 mm，前翅外缘处有4～5个长形透明斑；雌成虫体长25 mm左右，翅、足均退化，头小，呈黄褐色，腹大，乳白色。

2. **卵** 椭圆形，淡黄色，长约0.9 mm。

3. **幼虫** 初龄时黄色，少斑纹，3龄时能区分雌雄。雌性老熟幼虫体长25～40 mm，粗肥，头部赤褐色，头顶有环状斑，胸部背板骨化，亚背线、气门上线附近有大型赤褐色斑，呈深褐、淡黄相间的斑纹，腹部黑褐色，各节有皱纹，腹足趾钩缺环状。雄幼虫老熟时体长18～25 mm，头黄褐色，中央有1条白色"八"字形纹，胸部灰黄褐色，背侧亦有2条褐色纵斑，腹部黄褐色，背面较暗，有横纹。老熟幼虫袋囊长40～70 mm，丝质坚实，囊外附有较大的碎叶片，也有少数排列零散的枝梗。

4. **蛹** 雌蛹体长28～32 mm，赤褐色，似蝇蛹状，头胸附器均消失，枣红色；雄蛹长18～24 mm，暗褐色，翅芽伸达第3腹节后缘，第3～5腹节背面前缘各有1横列小齿，尾部具2枚小臀棘。

【发生规律】 在河南、江苏、浙江、安徽、江西、湖北等地1年发生1代，南京和南昌极少数发生2代，广州发生2代。以老熟幼虫在袋囊中挂在树枝梢上越冬。在郑州地区，翌年4月中下旬幼虫恢复活动，但不取食。雄虫5月中旬开始化蛹，雌虫5月下旬开始化蛹，雄成虫和雌成虫分别于5月下旬及6月上旬羽化，并开始交尾产卵。6月中旬幼虫开始孵化，6月下旬至7月上旬为孵化盛期，8月中上旬食害剧烈，9月上旬幼虫开始老熟越冬。成虫羽化一般在傍晚前后，雄蛾在黄昏时刻比较活跃，有趋光性，以夜间8～9时诱到的雄蛾最多，约占全夜诱获量的80%。雌虫终生栖息于袋囊中，雄成虫从雌虫袋囊下端孔口伸入交尾器进行交尾。雌虫产卵于袋囊中，每1雌虫可产卵2 000～3 000粒，最多可达5 000粒。初孵幼虫自袋囊中爬出，群集于周围叶片上，后吐丝下垂，顺风传布蔓延，4级风时可顺风飘落500 m以外。以丝撮叶或少量枝梗营造囊护体，幼虫隐匿囊中，袋囊随虫龄不断增大，取食迁移时均负囊活动，故有袋蛾和避债蛾之称。3龄后，食叶穿孔或仅留叶脉。幼虫昼夜取食，以夜晚食害多。该虫一般在干旱年份容易大量发生。

【防治方法】

1. **人工摘袋囊** 冬季阔叶树和果树落叶后可见到树冠上袋蛾的袋囊，尤其是大袋蛾的袋囊十分明显，可人工摘除，可用袋蛾幼虫饲养家禽。袋蛾的远距离传播主要靠苗木的调运，冬季注意在林果苗木上摘除虫囊，可以控制该虫传入新区。

2. **药剂防治** 7月上旬喷施90%敌百虫晶体水溶液或80%敌敌畏乳油1 000～1 500倍液，2.5%溴氰菊酯乳油3 000倍液防治大蓑蛾低龄幼虫，喷雾力求均匀周到，防治效果很好。

3. **生物防治** 喷洒苏云金杆菌、杀螟杆菌1亿～2亿个孢子/mL。

（七一）黄褐天幕毛虫

黄褐天幕毛虫（*Malacosoma neustria testacea* Motschulsky），又名天幕枯叶蛾、梅毛虫，俗称"顶针虫"，属鳞翅目枯叶蛾科。

【分布与寄主】 在我国各果产区均有分布，分布北起黑龙江、内蒙古，北缘靠近北部边境线，南至福建、江西、湖南、贵州、云南，东面滨海，西部由青海、甘肃折入四川、云南，止于东经100°附近。东北、华北部分地区，密度较大，是当地果木的主要害虫。国外分布于朝鲜、日本、俄罗斯及西欧、非洲各国，发生普遍。大发生年份，能将全树树叶吃光，严重影响果树生产。此虫食性很杂，除为害梨、梅、桃、杏、李、樱桃、苹果、海棠、沙果等果树外，还为害杨、柳、榆、栎、柞、落叶松等树种，是柞蚕业和林业的大害虫。

【为害状】 幼虫食害嫩芽、新叶及叶片，并吐丝结网张幕，幼龄幼虫群居天幕上。幼虫老熟后分散活动。随着虫

黄褐天幕毛虫成虫

黄褐天幕毛虫卵块像顶针状

黄褐天幕毛虫高龄幼虫

黄褐天幕毛虫蛹

龄的增长，食量也逐渐加大。发生严重时，树叶被食殆尽。

【形态特征】

1. 成虫　雌雄个体大小、色泽及触角有显著差异。雌蛾体长约 20 mm，翅展约 40 mm，体褐色。前翅中部有 2 条深褐色横线，2 条横线中间为深褐色宽带，宽带外侧有 1 条黄褐色镶边，其外缘有褐色和白色缘毛相间。触角为锯齿状。雄蛾体长约 16 mm，翅展约 30 mm，体黄褐色，前翅中部有 2 条深褐色横线，2 条横线中间色泽稍深，形成 1 条宽带。触角为双栉齿状。

2. 卵　圆筒形，灰白色，高约 1.3 mm，直径 0.3 mm，约 200 粒卵围绕枝梢密集成 1 卵环，状似顶针，过冬后为深灰色。

3. 幼虫　共 5 龄。老熟幼虫体长 50 ~ 55 mm。头部暗黑色，生有很多淡褐色细毛，散布着黑点。背线黄白色，身体两侧各有橙黄色纹 2 条，各节背面有黑色瘤数个，上生许多黄白色长毛。

4. 蛹　体长 17 ~ 20 mm。黄褐色。茧为黄白色。

【发生规律】　1 年发生 1 代，以完成胚胎发育的幼虫在卵壳中越冬。翌年 4 月中下旬，果树开花时幼虫从卵壳中钻出，先在卵环附近为害嫩叶，并在小枝交叉处吐丝结网张幕而群居天幕上，白天潜居天幕，夜间出来取食为害。天幕附近的叶片食尽后，再移至他处另张天幕。随着幼虫的生长，天幕范围也逐渐扩大，1 个天幕长可达 15 cm，宽 9 ~ 12 cm。幼虫多在暖和的晴天活动取食，阴雨天则潜伏在天幕上不活动。虫龄愈大，食量愈大，易暴食成灾。幼虫期约 6 周。近老熟时开始分散活动为害，经振动有假死坠落的习性。幼虫老熟后，多于叶片背面或梨树附近杂草上结茧化蛹，茧黄色、较厚。蛹期 11 ~ 12 d。5 月末至 6 月上旬羽化为成虫。成虫盛发期为 6 月中旬左右。成虫晚间活动，交尾产卵。卵多产于被害树的当年生小枝条梢端，卵粒环绕枝梢，排成"顶针状"的卵环，每一卵环有卵 200 粒左右，大部分每只雌蛾产 1 个卵环。卵经过胚胎发育后以幼虫在卵壳中越冬。

【防治方法】

1. 剪除卵块　冬季修剪时，剪除卵块。

2. 灯光诱杀法　在 7 月上旬到 7 月中旬期间可以利用黑光灯、频振灯诱杀黄褐天幕毛虫成虫。

3. 人工捕杀　在小幼虫群集尚未分散时，及时剪除网带等有虫的叶片和枝条。

4. 药剂防治　可用 1.8% 阿维菌素乳油 3 000 倍液或 2.5% 溴氰菊酯乳油 3 000 倍液，也可用青虫菌（含 100 亿个细菌 /g）500 ~ 1 000 倍液。

（七二）苹果枯叶蛾

苹果枯叶蛾（*Odonestis pruni* Linnaeus），又名苹毛虫、杏枯叶蛾，俗称"贴树皮"，属鳞翅目枯叶蛾科。

苹果枯叶蛾幼虫为害状

苹果枯叶蛾成虫

【分布与寄主】 东北、华北、西北、华东等地区均有分布；国外日本、朝鲜、欧洲各国有分布。为害苹果、梨、李、杏、梅等。

【为害状】 幼虫将叶片食成缺刻状或残留叶柄。

【形态特征】

1. **成虫** 雌成虫体长 25 ~ 30 mm，翅展 52 ~ 70 mm；雄成虫体长 23 ~ 28 mm，翅展 45 ~ 56 mm。全身赤褐色，复眼球形、黑褐色，触角双栉齿状，雄虫栉齿较长。前翅外缘略呈锯齿状，翅面有 3 条黑褐色横线。内、外横线呈弧形，两线间有 1 明显的白斑点，亚缘线呈细波纹状。后翅色较淡，有两条不太明显的深褐色横带。

2. **卵** 椭圆形，直径约 1.5 mm，初产时稍带绿色，中间灰白色，并有云状花纹。

3. **幼虫** 末龄幼虫体长 50 ~ 60 mm。青灰色或茶褐色，体扁平，两侧缘毛长，灰褐色。胸部青灰色或淡茶褐色，腹部第 1 节两侧各生 1 束黑色长毛，第 2 节背面有 1 黑蓝色横列毛丛，腹部第 8 节背面有 1 个瘤状突起。

4. **蛹** 长约 30 mm，紫褐色，外被灰黄色纺锤形茧，茧外有幼虫体毛。

【发生规律】 该虫发生代数因地区而异。东北地区 1 年 1 代，陕西关中地区 1 年 2 代，河北省昌黎县 1 年 3 代。均以幼龄幼虫紧贴于树皮上或枯叶内越冬。虫体颜色近似树皮，不易被发现。在昌黎，5 月中上旬越冬代幼虫化蛹。化蛹前先在小树枝上或树皮缝内结茧。5 月中下旬越冬代成虫羽化。成虫昼伏夜出，具趋光性。羽化后 6 ~ 8 h 即可交尾，再经 4 ~ 6 h 即产卵。卵多散产在树枝和树叶上，1 头雌虫平均产卵 450 粒。越冬代成虫寿命 4 ~ 5 d。第一代卵在 5 月下旬孵化，孵化率约为 70%。幼虫主要取食叶肉，有时食叶脉，最喜食幼芽。老熟幼虫耐饥饿能力强，断食 4 d 多仍可成活，7 月中旬幼虫老熟并吐丝结茧。7 月下旬出现成虫并产卵，第二代卵在 8 月上旬孵化，9 月中下旬老熟幼虫吐丝结茧，10 月中旬出现成虫并产卵。第三代卵在 10 月下旬孵化，11 月中旬以 2 ~ 3 龄幼虫在树皮缝隙或树干上越冬。成虫夜晚活动，将卵产于枝干和叶上，常 3 ~ 4 粒产在一起。幼虫夜间取食，白天静伏在枝条上，体色与树皮相似，且体扁平，不易被发现。

【防治方法】

1. **人工防治** 冬季结合整形修剪，刮除树皮，清理枯叶，杀灭越冬幼虫；越冬幼虫出蛰前用 80% 敌敌畏 200 倍液封闭剪锯口、枝杈及其他越冬场所。

2. **诱杀** 成虫发生期用黑光灯或高压汞灯诱杀，或用性诱剂诱杀，或用糖：酒：醋：水以 1：1：4：16 配制的糖醋液诱盆挂于树冠内诱杀成虫。

3. **生物防治** 发生期隔株或隔行释放赤眼蜂，每代放蜂 3 ~ 4 次，间隔 5 d，每株放有效蜂 1 000 ~ 2 000 头。

4. **药剂防治** 春季幼虫为害初期实施药剂防治，可选喷 50% 辛硫磷乳油 1 000 倍液、青虫菌 6 号 500 ~ 1 000 倍液、50% 敌敌畏乳油 800 倍液或 20% 氰戊菊酯（杀灭菊酯）乳油等合成菊酯类农药 3 000 倍液。

（七三）李枯叶蛾

李枯叶蛾（*Gastropacha quercifolia* Linnaeus），又名苹果大枯叶蛾，俗称贴皮虫，属鳞翅目枯叶蛾科。

【分布与寄主】　中国东北、华北、西北、华东、中南等地有分布；国外日本、朝鲜、俄罗斯、欧洲西部有发生。为害苹果、梨、杏、桃、李、梅、樱桃等果树及其他一些林木。

【为害状】　为害叶片，被食叶片呈缺刻状或仅剩叶柄。

【形态特征】

1. **成虫**　体长 3 ~ 45 mm，翅展 60 ~ 90 mm，雄虫较雌虫略小，全体赤褐色至茶褐色。头部色略淡，中央有 1 条黑色纵纹；复眼球形、黑褐色；触角

李枯叶蛾成虫　　　　　　　李枯叶蛾幼虫

双栉状，带有蓝褐色，雄虫栉齿较长；下唇须发达前伸，蓝黑色。前翅外缘和后缘略呈锯齿状；前缘色较深；翅上有 3 条波状黑褐色带蓝色荧光的横线，相当于内线、外线、亚端线；近中室端有 1 黑褐色斑点；缘毛蓝褐色。后翅短宽，外缘呈锯齿状；前缘部分橙黄色；翅上有 2 条蓝褐色波状横线，翅展时与前翅外线、亚端线相接；缘毛蓝褐色。雄虫腹部较细瘦。

2. **卵**　近圆形，直径 1.5 mm，绿色至绿褐色，带白色轮纹。

3. **幼虫**　体长 90 ~ 105 mm，稍扁平，暗褐色到暗灰色，疏生长短毛。头黑色，生有黄白色短毛。各体节背面有 2 个红褐色斑纹；中后胸背面各有 1 明显的黑蓝色横毛丛；第 8 腹节背面有 1 角状小突起，上生刚毛；各体节生有毛瘤，以体两侧的毛瘤较大，上丛生黄色和黑色长短毛。

4. **蛹**　长 35 ~ 45 mm，初黄褐色后变暗褐至黑褐色。

5. **茧**　长椭圆形，长 50 ~ 60 mm，丝质，暗褐色至暗灰色，茧上附有幼虫体毛。

【发生规律】　东北、华北地区 1 年发生 1 代，河南 1 年 2 代，均以低龄幼虫伏在枝上和皮缝中越冬。翌年春寄主发芽后出蛰食害嫩芽和叶片，常将叶片吃光，仅残留叶柄；白天静伏枝上，夜晚活动为害；8 月中旬至 9 月发生。成虫昼伏夜出，有趋光性，羽化后不久即可交尾、产卵。卵多产于枝条上，常数粒不规则地产在一起，亦有散产者，偶有产在叶上者。幼虫孵化后食叶，每年发生 1 代时，幼虫达 2 ~ 3 龄（体长 20 ~ 30 mm）便伏于枝上或皮缝中越冬；发生 2 代者，幼虫为害至老熟结茧化蛹、羽化，第二代幼虫达 2 ~ 3 龄便进入越冬状态。幼虫体扁，体色与树皮色相似，故不易发现。

【防治方法】
1. **杀灭幼虫**　结合修剪，杀灭越冬幼虫。
2. **药剂防治**　发生数量多时喷施常用杀虫剂。

（七四）苹果梢夜蛾

苹果梢夜蛾（*Hypocala subsatura* Guenee），又名苹梢鹰夜蛾、台湾下木夜蛾，属鳞翅目夜蛾科。

【分布与寄主】　国内辽宁、河北、河南、陕西、江苏、广东、台湾等地均有分布；国外日本、印度有分布。主要为害苹果，也可为害梨、柿、栎等。

【为害状】　幼虫吐丝将苹果嫩梢新叶纵卷连缀，被害叶呈黄锈色枯萎，少数幼虫还可钻食幼果。苹果新梢受害最重。一头幼虫可食害 5 ~ 8 片叶片，严重时全树的新梢生长点被食或被咬断，仅留主侧脉及残留碎屑，形成秃梢，直接影响新

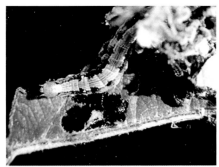

| 苹果梢夜蛾幼虫为害状 | 苹果梢夜蛾幼虫 | 苹果梢夜蛾刚蜕皮的幼虫 |

梢的正常生长和发育。少量幼虫还钻蛀幼果。

【形态特征】

1. **成虫**　体长 14 ~ 18 mm，体色基本有两种色型：一种前翅紫褐色，密布黑褐色细点，外横线和内横线为棕色波浪形，肾状纹有黑边；另一种前翅中部为深棕色，前缘顶角有一半月形淡褐色斑，后缘为淡褐色波形宽带。

2. **卵**　半球形，直径 0.6 ~ 0.7 mm，污白色，卵面有放射状纵脊。

3. **幼虫**　老熟幼虫体长 30 ~ 35 mm，个体间体色差异很大，一般头黄褐色，身体淡绿色，两侧各有 1 条逐渐变淡的黑色纵纹。

4. **蛹**　体长 14 ~ 17 mm，红褐色至深褐色，腹末有 4 个并列的刺。

【发生规律】　北方地区大多 1 年发生 1 代，以幼虫在地下约 2 cm 深处结茧越冬。翌年 5 月成虫出现，5 月下旬第一代小幼虫开始发生，为害苹果嫩梢叶片，被害叶呈絮状缺刻，严重时仅剩下几根主侧脉和一些茸毛。幼虫稍大后，则将梢部叶片纵卷成破絮，被害叶枯萎而呈黄锈色。幼虫非常活泼，稍受惊动即从被害叶卷中逃逸落地。6 ~ 7 月间为幼虫为害盛期。幼虫有转梢为害习性。幼虫老熟后，入土作茧化蛹。成虫多在 20 ~ 22 时羽化，以 21 时羽化最盛。飞翔能力较差，白天潜伏在寄主或寄主附近的灌木、杂草阴面叶背，傍晚低飞活动，以吸食蜜露、寻找配偶或产卵。趋光性较弱。喜欢在寄主梢部芽苞叶背或叶缘上产卵。

【防治方法】

1. **农业防治**　冬季深翻树盘，防治越冬蛹。

2. **人工防治**　发生量少，在苗圃地可人工捕杀幼虫。

3. **药剂防治**　发生数量较多的年份，在幼虫为害初期喷布 50% 杀螟硫磷（杀螟松）乳油 1 000 倍液、50% 辛硫磷乳油 1 000 倍液、青虫菌 6 号 500 ~ 1 000 倍液、20% 氰戊菊酯（杀灭菊酯）乳油 3 000 ~ 4 000 倍液、48% 毒死蜱乳油 1 500 倍液。

（七五）果剑纹夜蛾

| 果剑纹夜蛾成虫 | 果剑纹夜蛾低龄幼虫 | 果剑纹夜蛾高龄幼虫 |

果剑纹夜蛾（*Acronicta strigosa* Schiffermiiller），又名樱桃剑纹夜蛾，属鳞翅目夜蛾科。

【分布与寄主】　国内分布较普遍；国外日本、朝鲜，欧洲有分布。主要为害苹果、梨、桃、杏、李、樱桃、梅、山楂等果树。

【为害状】　幼虫食害叶片，呈缺刻状，或仅剩叶脉。

【形态特征】

1. **成虫**　体长 11.5 ～ 22 mm，翅展 37 ～ 40.5 mm；头部和胸部暗灰色；腹部背面灰褐色，头顶两侧、触角基部灰白色；前翅灰黑色，后缘区暗黑色，黑色基剑纹、中剑纹、端剑纹明显，基线、内线为黑色双线波浪形外斜；环状纹灰色具黑边；肾状纹灰白色，内侧发黑；前缘脉中部至肾状纹具 1 条黑色斜线；端剑纹端部具 2 个白点，端线列由黑点组成。后翅淡褐色。足黄灰褐色，跗节具黑斑。

2. **卵**　白色透明，似馒头，直径 0.8 ～ 1.2 mm。

3. **幼虫**　共 5 龄，体长 25 ～ 30 mm，绿色或红褐色，头部褐色，具深斑纹，额黑色，傍额片白色，触角和唇基大部分白色，上唇和上颚黑褐色。前胸盾呈倒梯形，深褐色；背线红褐色，亚背线赤褐色，气门上线黄色，中胸、后胸和腹部第 2、第 3、第 9 节背部各具黑色毛瘤 1 对，腹部第 1、第 4 ～ 8 节各具黑色毛瘤 2 对，生有黑长毛。气门筛白色；胸足黄褐色，腹足绿色，端部具橙红色带。

4. **蛹**　长 11.5 ～ 15.5 mm，纺锤形，深红褐色，具光泽。茧长 16 ～ 19 mm，纺锤形，丝质薄，茧外多黏附碎叶或土粒上。

【发生规律】　山西一带 1 年生 3 代，东北、华北地区 1 年生 2 代，以茧蛹在地上、土中或树缝中越冬。一般越冬蛹于 4 月下旬气温 17.5 ℃时开始羽化，5 月中旬进入盛期，第一代成虫于 6 月下旬至 7 月下旬出现，7 月中旬进入盛期，第二代于 8 月上旬至 9 月上旬羽化，8 月中上旬为盛期。成虫昼伏夜出，具趋光性和趋化性，羽化后经补充营养后交尾产卵，平均每雌产卵 74 ～ 222 粒，卵期 4 ～ 8 d，幼虫期第一代 19 ～ 35 d，第二代 22 ～ 31 d，第三代 23 ～ 43 d。老熟幼虫爬到地面结茧或不结茧化蛹。

【防治方法】　可结合防治卷叶蛾、食心虫喷药兼治。

（七六）苹果剑纹夜蛾

苹果剑纹夜蛾（*Acronicta incretata* Hampson），又名桃剑纹夜蛾，属鳞翅目夜蛾科。

苹果剑纹夜蛾为害苹果树状　　　　苹果剑纹夜蛾成虫　　　　苹果剑纹夜蛾幼虫

【分布与寄主】　国内苹果产区普遍分布。主要为害苹果、梨、桃等果树及桑、杨、柳等树木。

【为害状】　小幼虫啃食叶片下表皮，呈纱网状，大幼虫将叶片食成孔洞和缺刻。

【形态特征】

1. **成虫**　体长 18 ～ 22 mm。前翅灰褐色，有 3 条黑色剑状纹，1 条在翅基部呈树枝状，2 条在端部。翅外缘有 1 列黑点。

2. **卵**　表面有纵纹，黄白色。

3. **幼虫**　体长约 40 mm，体背有 1 条橙黄色纵带，两侧每节有 1 对黑色毛瘤，腹部第 1 节背面为一突起的黑毛丛。

4. **蛹**　体长 19 ~ 20 mm，棕褐色，有光泽，1 ~ 7 腹节前半部有刻点，腹末有 8 个钩刺。

【发生规律】　1 年发生 2 代，以蛹在地下土中或树洞、裂缝中作茧越冬。越冬代成虫发生期在 5 月中旬至 6 月上旬，第一代成虫发生期在 7 ~ 8 月。卵散产在叶片背面叶脉旁或枝条上。

【防治方法】　虫量少时不必专门防治。可结合防治卷叶蛾、食心虫喷药兼治。

苹果剑纹夜蛾蛹

（七七）梨剑纹夜蛾

梨剑纹夜蛾（*Acronicta rumicis* Linn.），又名梨叶夜蛾，属鳞翅目夜蛾科。

梨剑纹夜蛾成虫

梨剑纹夜蛾幼虫

【分布与寄主】　北方果产区普遍分布，多零星发生。为害梨、苹果、桃、李、山楂、大豆、棉花及多种林木、蔬菜等，主要为害植物叶片。

【为害状】　幼虫食害叶片，呈缺刻或孔洞状，有的仅剩叶柄。

【形态特征】

1. **成虫**　体长约 14 mm，翅展 32 ~ 46 mm。头部及胸部棕灰色杂黑白毛；额棕灰色，有 1 黑条纹；跗节黑色间以淡褐色环；腹部背面浅灰色带棕褐色，基部毛簇微带黑色；前翅暗棕色间以白色，基线为 1 条黑色短粗条，末端曲向内线，内线为双线黑色波曲，环纹具灰褐色黑边，肾纹淡褐色，半月形，有 1 黑条纹从前缘脉达肾纹，外线双线、黑色、锯齿形，在中脉处有 1 白色新月形纹，亚端线白色，端线白色，外侧有 1 列三角形黑斑，缘毛白褐色；后翅棕黄色，边缘较暗，缘毛白褐色。

2. **卵**　半球形，初产卵乳白色，渐变为赤褐色。

3. **幼虫**　体长约 30 mm，黑褐色，背线为黄白色点刻及黑斑 1 列，亚背线有 1 列白点，气门上线灰褐色，气门下线紫红色间有黄斑，腹面紫褐色，腹部第 1、第 8 节背面隆起，气门筛白色，围气门片黑色，各节有黑褐色短毛丛，胸足、腹足黄褐色。

4. **蛹**　长约 16 mm，黑褐色。

【发生规律】　1 年发生 2 ~ 3 代，以蛹在土中越冬。越冬代成虫于翌年 5 月羽化，成虫有趋光性和趋化性，产卵于叶背或芽上。卵排列成块状，卵期 9 ~ 10 d。6 ~ 7 月间为幼虫发生期，初孵幼虫先吃掉卵壳后再取食嫩叶。幼虫早期群集取食，后期分散为害。6 月中旬即有幼虫老熟，老熟幼虫在叶片上吐丝结黄色薄茧化蛹。蛹期 10 d 左右。第一代成虫在 6 月下旬发生，仍产卵于叶片上。卵期约 7 d，幼虫孵化后为害叶片。8 月上旬第二代成虫出现，9 月中旬幼虫老熟后入土结茧化蛹。

【防治方法】 可结合防治卷叶蛾、食心虫时兼治此虫。

（七八）燕尾水青蛾

燕尾水青蛾（*Actias selene ningpoana* Felder），又名绿尾大蚕蛾、水青蛾、大水青蛾、燕尾蛾、长尾蛾，属鳞翅目大蚕蛾科。

【分布与寄主】 分布在辽宁、河北、北京、山东、山西、河南、陕西、江苏、浙江等省市。寄主植物有苹果、梨、葡萄、沙果、海棠、核桃、枣、栗、樱桃以及柳、枫、杨、木槿、乌桕等。

【为害状】 以幼虫蚕食叶片，严重时可将叶片食光。

【形态特征】

1. 成虫 体长 30 ~ 40 mm，翅展 90 ~ 150 mm，有浓密的白色茸毛，翅粉绿色，前、后翅中央各有 1 眼状斑纹，前翅前缘有白、紫、黑三色缘带，后翅臂角呈长尾状，长约 4 cm。

2. 卵 扁圆形，初产绿色，后变褐色，直径约 2 mm。

3. 幼虫 体长 90 ~ 105 mm，黄绿色，气门上线为红色和黄色两条。体上各节有橙黄色突起，第 2、第 3 节背上 4 个与第 11 节上 1 个特大，瘤突上具褐色与白色长毛，无毒。

4. 蛹 长 40 ~ 50 mm，赤褐色，额区有 1 块浅色斑，外有灰褐色厚茧。

燕尾水青蛾幼虫为害苹果叶片

【发生规律】 在辽宁、河北、河南、山东等北方果产区 1 年发生 2 代，在江西南昌可发生 3 代，在广东、广西、云南发生 4 代，在树上作茧化蛹越冬。北方果产区越冬蛹 4 月中旬至 5 月上旬羽化并产卵，卵历期 10 ~ 15 d。第一代幼虫 5 月中上旬孵化。幼虫共 5 龄，历时 36 ~ 44 d。老熟幼虫 6 月上旬开始化蛹，6 月中旬达盛期，蛹历期 15 ~ 20 d。第一代成虫 6 月下旬至 7 月初羽化产卵，卵历期 8 ~ 9 d。第二代幼虫 7 月上旬孵化，至 9 月底老熟幼虫结茧化蛹。越冬蛹期 6 个月。成虫有趋光性，一般中午前后至傍晚羽化，羽化前分泌棕色液体溶解茧丝，然后从上端钻出，当天 20 ~ 21 时至翌日 2 ~ 3 时交尾。交尾历时 2 ~ 3 h。翌日夜晚开始产卵，产卵历期 6 ~ 9 d，产卵量 250 ~ 300 粒，一般无遗腹卵。雄成虫寿命平均 6 ~ 7 d，雌蛾 10 ~ 12 d，1 龄、2 龄幼虫有集群性，较活跃；3 龄以后逐渐分散，食量增大，行动迟钝。第一代茧与越冬茧的部位略有不同，前者多数在树枝条上，少数在树干下部，越冬茧基本在树干下部分杈处。茧处都有寄主叶包裹。

【防治方法】

1. 人工防治 清除果园的枯枝落叶和杂草，清除在此越冬的蛹；人工捕杀成虫和幼虫；设置黑光灯诱杀成虫。

2. 药剂防治 幼虫发生期，尤其是幼龄虫期喷药防治效果最佳。常用杀虫剂对其都有较好的防治效果。

3. 生物防治 保护利用天敌，卵的天敌有赤眼蜂，室内寄生率达 84% ~ 88%。

（七九）顶芽卷叶蛾

顶芽卷叶蛾（*Spilonota lechriaspis* Meyrick），又名芽白小卷蛾、梨白小卷蛾，属鳞翅目卷叶蛾科。

顶芽卷叶蛾为害状

顶芽卷叶蛾虫苞

顶芽卷叶蛾幼虫露出虫苞取食

顶芽卷叶蛾成虫

顶芽卷叶蛾幼虫

顶芽卷叶蛾蛹

【分布与寄主】 国内分布在东北、华北、华东、西北等地区；国外日本、朝鲜有分布。主要为害苹果、海棠、山定子、花红、白梨及洋梨等。

【为害状】 幼虫专害枝梢嫩叶及生长点，吐丝将数片嫩叶缠缀成虫苞，并啃下叶背茸毛做成筒巢，潜藏入内，仅在取食时身体露出巢外。顶梢卷叶团干枯后，不脱落，易于识别。

【形态特征】

1. **成虫** 体长 6 ～ 8 mm，全体银灰褐色。前翅前缘有数组褐色短纹；基部 1/3 处和中部各有 1 条暗褐色弓形横带，后缘近臀角处有 1 个近似三角形褐色斑，此斑在两翅合拢时并成 1 条菱形斑纹；近外缘处从前缘至臀角间有 8 条黑褐色平行短纹。

2. **卵** 扁椭圆形，乳白色至淡黄色，半透明，长径 0.7 mm，短径 0.5 mm。卵粒散产。

3. **幼虫** 老熟时体长 8 ～ 10 mm，体污白色，头部、前胸背板和胸足均黑色，无臀栉。

4. **蛹** 体长 5 ～ 8 mm，黄褐色，尾端有 8 根细长的钩状毛。

5. **茧** 黄色白茸毛状，椭圆形。

【发生规律】 1 年发生 2 ～ 3 代。以 2 ～ 3 龄幼虫在枝梢顶端卷叶团中越冬。早春苹果花芽展开时，越冬幼虫开始出蛰，早出蛰的幼虫主要为害顶芽，晚出蛰的幼虫向下为害侧芽。幼虫老熟后在卷叶团中作茧化蛹。在 1 年发生 3 代的地区，各代成虫均发生，越冬代在 5 月中旬至 6 月末；第一代在 6 月下旬至 7 月下旬，第二代在 7 月下旬至 8 月末。每雌蛾产卵 6 ～ 196 粒，多产在当年生枝条中部的叶片背面多茸毛处。第一代幼虫主要为害春梢，第二、第三代幼虫主要为害秋梢，10 月上旬以后幼虫越冬。

【防治方法】

1. **农业措施** 彻底剪除枝梢卷叶团是防治越冬幼虫的主要措施。

2. **药剂防治** 在开花前越冬幼虫出蛰盛期和第一代幼虫发生初期，进行药剂防治，以减少前期虫口数量，避免后期果实受害。首选药剂有虫酰肼、甲氧虫酰肼、虱螨脲，有效药剂有灭幼脲、杀铃脲、敌敌畏、苏云金杆菌等。

（八〇）苹小卷叶蛾

苹小卷叶蛾（*Adoxophyes orana* Fischer von Rosleratamm），又名棉褐带卷蛾、苹小黄卷蛾，俗称舐皮虫，属鳞翅目卷叶蛾科。

【分布与寄主】 国内大部分果产区有分布；国外日本、印度、欧洲有分布。寄主范围很广，可为害苹果、梨、山楂、桃、李、柑橘、柿、棉花等30多种植物。果树中以苹果和桃受害最重。

【为害状】 幼虫为害果实的芽、叶、花和果实。小幼虫常将嫩叶边缘卷曲，以后吐丝缀合嫩叶，大幼虫常将2~3张叶片平贴，将叶片食成孔洞或缺刻，或将叶片平贴果实上，将果实晴成许多不规则的紫红色小坑洼。

苹小卷叶蛾成虫

【形态特征】

1. **成虫** 体长6~9 mm。全体黄褐色，静止时呈钟罩形。前翅斑纹明显，基斑褐色，中带上半部狭，下半部向外突然增宽或分叉，似倾斜的"h"形。

2. **卵** 扁平，椭圆形，长径0.7 mm，淡黄色半透明，卵块多由数十粒卵排列成鱼鳞状。

3. **幼虫** 老熟幼虫体长13~18 mm，黄绿色至翠绿色。头部较小，略呈三角形，头壳两侧单眼区上方各有1个黑色斑点。臀栉6~10齿。

4. **蛹** 黄褐色，腹部2~7节背面各有2列刺突，后面1列小而密，臀棘8根。

苹小卷叶蛾幼虫

苹小卷叶蛾蛹

【发生规律】 在我国北方大多数地区，每年发生3代。黄河故道、关中及豫西地区，每年发生4代。以初龄幼虫潜伏在剪口、锯口、树杈的缝隙中、老树皮下，苹小卷叶蛾在为害的老树皮下以及枯叶与枝条贴合处等场所作白色薄茧越冬。尤其在剪锯口，越冬幼虫数量居多。苹果花芽开绽时，越冬幼虫开始出蛰，嫩芽、花蕾和叶片受害最严重。幼虫老熟后，在卷叶内化蛹，蛹期6~9 d。豫西地区，越冬代至第三代成虫分别发生于5月中上旬、6月下旬、7月中旬、8月中上旬至9月底10月上旬。

【防治方法】

1. **农业措施** 冬春刮除老皮、翘皮及苹小卷叶蛾幼虫为害的老树皮，清除部分越冬幼虫。春季结合疏花疏果，摘除虫苞。

2. **涂杀幼虫** 果树萌芽初期，幼虫已经活动但尚未出蛰时，用50%敌敌畏乳油200倍液涂抹剪锯口等幼虫越冬部位，可防治大部分幼虫。在芽萌动后，幼虫出蛰70%左右时喷药防治很关键。

3. **树冠适期喷药** 主要在6月中下旬至7月上旬，这时正当苹小卷叶蛾第一代卵、幼虫发生期，这个时期是全年喷药防治的重点时期。药剂对卵和刚孵化的幼虫杀伤力大，防治应在幼虫为害果实之前。常用的药剂有：20%虫酰肼悬浮剂2 000倍液，24%甲氧虫酰肼悬浮剂4 000倍液，25%灭幼脲悬浮剂2 000倍液，20%杀铃脲悬浮剂6 000倍液，5%虱螨脲乳油2 000倍匀喷雾，48%毒死蜱乳油1 500倍液，20%甲氰菊酯乳油2 000~3 000倍液，2.5%高效氯氟氰菊酯乳油2 000~3 000倍液。35%氯虫苯甲酰胺水分散粒剂15 000~20 000倍液1年喷2次（花序分离期、果实膨大期），可基本控制全年苹果小卷蛾和金纹细蛾为害。

4. **诱杀成虫** 在各代成虫发生期，利用黑光灯、糖醋液、性诱剂挂在果园内诱杀成虫。

5. **生物防治** 各代卷叶蛾卵发生期，根据性外激素诱蛾情况，或用糖醋、果醋诱捕器以监测成虫发生期数量。自诱捕器中出现越冬成虫之日起，第4 d开始释放赤眼蜂防治，将当天或翌日要出蜂的卵卡，根据树冠大小，把不同大小的卵卡别在树冠内膛叶片上，一般每隔6 d放蜂1次，连续放4~5次，每公顷放蜂约150万头，卵块寄生率可达85%左右，可基本控制其为害。

（八一）黄斑长翅卷叶蛾

黄斑长翅卷叶蛾［*Acleris fimbriana*（Thunberg）］，又名黄斑卷叶蛾、桃黄斑卷叶蛾，属鳞翅目卷叶蛾科。

黄斑长翅卷叶蛾成虫（夏型）　　　黄斑长翅卷叶蛾成虫（冬型）

黄斑长翅卷叶蛾幼虫　　　　　　黄斑长翅卷叶蛾蛹

【分布与寄主】　国内分布在东北、华北、华东、西北地区；国外分布于俄罗斯、日本等国。幼虫偏嗜桃树，主要寄主植物有苹果、桃、李、杏、山楂等。

【为害状】　幼虫吐丝连接数叶或将叶片沿主脉间正面纵折取食，藏于其间为害和化蛹。

【形态特征】

1. **成虫**　体长 7 ~ 9 mm，翅展 17 ~ 20 mm。夏型成虫前翅金黄色，散布有银白色突起的鳞片，后翅灰白色，复眼红色。冬型成虫前翅暗褐色，后翅灰褐色，复眼黑色。

2. **卵**　扁椭圆形，长径 0.8 mm，短径 0.6 mm。冬型成虫产的卵初时为白色，后变淡黄色，近孵化时为红色；夏型成虫产的卵初时为淡绿色，翌日变为黄绿色，近孵化时变为深黄色。

3. **幼虫**　老熟幼虫体长 22 mm，初龄幼虫体为乳白色，头部、前胸背板及胸足均为黑褐。2 ~ 3 龄幼虫体呈黄绿色，头、前胸背板及胸足仍为黑褐色。4 ~ 5 龄幼虫头部、前胸背板及胸足变为淡绿褐色。老熟幼虫化蛹前体呈黄绿色。头部单眼区黑褐色，单眼 6 枚。

4. **蛹**　体长 9 ~ 11 mm，深褐色，顶端有一指状突起向背弯曲。从背面观指突基部两侧还各有 2 个大突起，末端齐而宽，向腹面弯曲，端侧各有 1 个角刺突，从侧面可明显观察到指突向背弯曲。

【发生规律】　在豫西地区 1 年发生 4 代，以冬型成虫在杂草、落叶上越冬。翌年 3 月上旬，越冬成虫在苹果花芽萌动时即出蛰活动，产卵于枝条及芽旁。夏型成虫主要产卵在叶片上，以老叶背面为多。各代成虫发生期为：第一代在 6 月上旬，第二代在 7 月下旬至 8 月上旬，第三代在 8 月底至 9 月上旬，第四代在 10 月中旬，并以此代成虫越冬。在果园，以第一代各虫态发生比较整齐，以后出现各世代重叠。幼虫行动不活泼（与苹果小卷叶蛾幼虫易于区别），有转叶为害习性，每蜕 1 次转移 1 次，幼虫共蜕皮转移 4 次，老熟幼虫将叶平折缀合，在内化蛹。

【防治方法】

1. **清除成虫**　冬季清扫果园杂草及落叶，使成虫不能隐藏越冬。

2. **药剂防治**　在第一代卵孵盛期（4月中上旬）和第二代卵孵盛期（6月中旬），喷药防治初孵幼虫。用药种类可参考苹小卷叶蛾。

（八二）黄色卷叶蛾

黄色卷叶蛾［*Choristoneura longicellana*（Walsingham）］，又名苹果卷叶蛾、苹果大卷叶蛾，属鳞翅目卷叶蛾科。

【**分布与寄主**】　我国西北、华北、东北、华中地区均有分布；国外日本、朝鲜、俄罗斯有分布。寄主植物有苹果、梨、山楂等。

【**为害特点**】　幼龄食害嫩叶、新芽，稍大卷叶或平叠叶片或贴叶果面，食叶肉呈纱网状和孔洞，并啃食贴叶果的果皮，呈不规则形凹疤，多雨时常腐烂脱落。

黄色卷叶蛾幼虫

【**形态特征**】
1. **成虫**　体长 10 ~ 13 mm，翅展 24 ~ 30 mm，体浅黄褐色至黄褐色，略具光泽，触角丝状，复眼球形、褐色。前翅呈长方形，前缘拱起，外缘近顶角处下凹，顶角突出。后翅灰褐色或浅褐色，顶角附近黄色。雄体略小，头部有淡黄褐色鳞毛。前翅近四方形，前缘褶很长，外缘呈弧形拱起，顶角钝圆，前翅浅黄褐色，有深色基斑和中带，前翅后缘 1/3 处有 1 黑斑，后翅顶角附近黄色，不如雌虫明显。
2. **卵**　扁椭圆形，深黄色，近孵化时稍显红色。卵粒排列成鱼鳞状卵块，卵粒较棉褐带卷蛾大而厚。
3. **幼虫**　体长 23 ~ 25 mm。幼龄幼虫淡黄绿色，老熟幼虫深绿色而稍带灰白色。毛瘤大，刚毛细长。头、前胸背板和胸足黄褐色，前胸背板后缘黑褐色。臀栉 5 根。雄体背色略深。
4. **蛹**　体长 10 ~ 13 mm，深褐色，腹部 2 ~ 7 节背面两横排刺突大小一致，均明显。尾端有 8 根钩状刺。

【**发生规律**】　豫西地区 1 年发生 2 代，以小幼虫在树皮缝等处结白茧越冬，越冬幼虫在苹果芽开绽时出蛰，爬至嫩芽、新花及花蕾上取食，幼虫稍大时缀叶为害。幼虫活泼，稍受惊即吐丝下垂。幼虫老熟后，在卷叶内化蛹。越冬代成虫出现在 6 月初至 6 月底，6 月中下旬第一代幼虫为害，第一代成虫于 7 月下旬到 8 月下旬出现。成虫有趋光性和趋化性，白天潜伏在叶背或草丛中，夜间活动，产卵在叶片上，经 5 ~ 8 d 卵孵化，初孵幼虫能吐丝，随风转移。以第二代低龄幼虫在10 月潜伏越冬。

【**防治方法**】
1. **物理防治**　以黑光灯、杨树枝把、糖醋液（糖：酒：醋：水为 1 ：1 ：4 ：16 配制）等，结合防治其他鳞翅目害虫进行诱杀成虫。
2. **农业防治**　休眠期彻底刮除粗皮、翘皮、剪锯口周围死皮，及时摘除卷叶，结合整枝打杈等田间管理摘除卵块。
3. **生物防治**　释放赤眼蜂，发生期隔株或隔行放蜂，每代放蜂 3 ~ 4 次，间隔 5 d，每株放有效蜂 1 000 ~ 2 000 头。
4. **药剂防治**　越冬幼虫出蛰盛期及第 1 代卵孵化盛期后是施药的关键时期，用药可参考苹小卷叶蛾。
5. **性诱剂诱杀**　将塑料盆或罐头瓶等固定在铅丝或绳圈内，在盆或瓶内倒入清水，加少量洗衣粉，将其挂在果树外缘树叶较密的第一层主枝上，盆底离地面 1.5 m 以下，将诱芯用细铁丝穿中心，诱芯距水 1 cm，铁丝两端固定在盆外绳圈上，每亩设置诱芯 2 ~ 3 个。

（八三）苹褐卷叶蛾

苹褐卷叶蛾（*Pandemis heparana* Denise et Schiffermuller），又名苹褐卷蛾，属鳞翅目卷叶蛾科。

【分布与寄主】 在我国东北、华北、华中、西北地区均有分布。国外日本、俄罗斯、朝鲜、欧洲有分布。为害苹果、梨、桃、杏等果树及柳、杨、栎等林木。

【为害状】 与苹果小卷叶蛾相似，但被害果实表面呈片状凹陷伤疤，边缘紫红色，凹处褐色。

苹褐卷叶蛾成虫

【形态特征】

1. **成虫** 体长 8 ~ 10 mm，翅展 16 ~ 25 mm，全体棕褐色，前翅基斑、中带、端纹均为暗褐色，镶有浅色边纹，中带中部明显加宽，端纹半圆形或三角形。

2. **卵** 扁椭圆形，长径 0.9 mm，短径 0.7 mm，黄绿色，孵化前为褐色。卵块排列成鱼鳞状。

3. **幼虫** 老熟幼虫体长 18 ~ 25 mm，头黄绿色，两侧后部各有 1 个深色斑。

4. **蛹** 体长 9 ~ 10 mm，深褐色，腹部第 3 ~ 7 节背面有 2 列刺突，但前排刺突大而稀，后排刺突小而密。

【发生规律】 辽宁、甘肃 1 年发生 2 代，河北、山东、陕西 1 年发生 2 ~ 3 代，淮北地区 1 年发生 4 代，以低龄幼虫在树体枝干的粗皮下、裂缝、剪锯口周围死皮内结薄茧越冬，翌年 4 月中旬寄主萌芽时，越冬幼虫陆续出蛰取食，为害嫩芽、幼叶、花蕾，严重的不能展叶开花坐果。5 月中下旬越冬代成虫出现；6 月中上旬第一代幼虫出现；7 月下旬第二代幼虫出现；9 月上旬第三代幼虫出现；10 月中旬第四代幼虫出现，10 月下旬开始越冬。成虫白天静伏于叶背或枝干，夜间活动频繁，既具有趋光性也有趋化性。如有蜜源植物花提供补充营养物质，将延长成虫寿命和增加产卵量。初孵幼虫多群集在叶背主脉两侧或上一代蛹的卷叶内为害，长大后便分散开来，另行卷叶，或啃食叶肉、果皮。2 代幼虫常于 10 月中上旬寻找越冬场所。成虫、幼虫习性与苹果小卷叶蛾相似。每头雌蛾产卵 120 ~ 150 粒。

【防治方法】

1. **人工防治** 结合果树冬剪，刮除树干上和剪锯口处的翘皮，或在春季往锯口处涂抹药液，均能清除越冬的幼虫。结合修剪、疏花疏果等管理，可人工摘除卷叶。

2. **药剂防治** 在越冬幼虫出蛰活动始期和各代幼虫幼龄期，可用下列药剂：90% 敌百虫可溶性粉剂 1 200 ~ 1 500 倍液，50% 敌敌畏乳油 1 000 ~ 1 250 倍液，2.5% 高效氟氯氰菊酯乳油 1 500 倍液，5% 顺式氰戊菊酯乳油 2 000 倍液，25% 灭幼脲悬浮剂 1 500 倍液，20% 虫酰肼悬浮剂 2 000 倍液，40% 杀铃脲悬浮剂 5 000 倍液，5% 氟铃脲乳油 1 500 倍液，24% 甲氧虫酰肼悬浮剂 3 000 倍液。

（八四）梨星毛虫

梨星毛虫（*Illiberis pruni* Dyar），又名梨叶斑蛾、梨透黑羽，幼虫俗称梨狗子、饺子虫、裹叶虫等，属于鳞翅目斑蛾科。

【分布与寄主】 分布普遍，主要为害地区在辽宁、河北、山西、河南、陕西、甘肃、山东、江苏等省的梨产区。此虫主要为害梨、苹果、槟子、花红、海棠、山定子等。

【为害状】 过冬幼虫出蛰后，蛀食花芽和叶芽，被害花芽流出树液；为害叶片时用丝把叶边黏在一起，包成饺子形，幼虫于其中吃食叶肉。夏季刚孵出的幼虫不包叶，在叶背面食叶肉，呈现许多虫斑。

【形态特征】

1. **成虫** 体长 9 ~ 12 mm，翅展 19 ~ 30 mm。全身灰黑色，翅半透明，暗灰黑色。雄蛾触角短羽毛状，雌蛾触角锯齿状。

2. **卵** 椭圆形，长径 0.7 ~ 0.8 mm，初为白色，后渐变为黄白色，孵化前为紫褐色。数十粒至数百粒单层排列为块状。

3. **幼虫** 从孵化到越冬出蛰期的小幼虫为淡紫色。老熟幼虫体长约 20 mm，白色或黄白色，纺锤形，体背两侧各节有黑色斑点两个和白色毛丛。

梨星毛虫成虫在苹果树交尾

梨星毛虫卵块

梨星毛虫幼虫

梨星毛虫幼虫在包叶内将要化蛹

4. **蛹**　体长 12 mm，初为黄白色，近羽化时变为黑色。

【发生规律】　在我国东北、华北地区 1 年发生 1 代；而在河南西部和陕西关中地区 1 年发生 2 代。以幼龄幼虫潜伏在树干及主枝的粗皮裂缝下结茧越冬；也有低龄幼虫钻入花芽中越冬；幼龄果园树皮光滑，幼虫多在树干附近土壤中结茧越冬。翌年当梨树发芽时，越冬幼虫开始出蛰，向树冠转移，如此时花芽尚未开放，先从芽旁已吐白的部位咬入食害，如花芽已经开放，则由顶部钻入食害。虫口密度大的树，1 个开放的花芽里常有 10 ~ 20 头幼虫，花芽被吃空，变黑，枯死，继而为害花蕾和叶芽。当果树展叶时，幼虫即转移到叶片上吐丝，将叶缘两边缀连起来，幼虫在叶苞中取食为害，吃掉叶肉，残留下叶背表皮，被害叶多变黑枯干。一般喜吃嫩叶，由嫩梢下部叶开始，为害 1 个叶后，则转苞另害新叶，1 头幼虫能为害 7 ~ 8 个叶片，在最后的 1 个苞叶中结薄茧化蛹，蛹期约 10 d。在河南西部及陕西关中一带越冬代成虫在 5 月下旬至 6 月中上旬，第一代成虫在 8 月中上旬发生。成虫飞翔力不强，白天潜伏在叶背不活动，多在傍晚或夜间交尾产卵。卵多产在叶片背面。当清晨气温较低时，成虫易被振落。

【防治方法】

1. **人工防治**　在早春果树发芽前，越冬幼虫出蛰前，对老树进行刮树皮，在幼树树干周围压土，减少越冬幼虫。刮下的树皮要集中处理。在发生不重的果园，可及时摘除受害叶片及虫苞，或清晨摇动树枝，振落成虫，集中处理。

2. **药剂防治**　梨树花芽膨大期是施药防治梨毛虫越冬后出蛰幼虫的适期。可选择喷布 25%灭幼脲悬浮剂 1 500 倍液，20%虫酰肼悬浮剂 2 000 倍液，5%杀铃脲悬浮剂 1 500 倍液，5%氟铃脲乳油 1 500 倍液，24%甲氧虫酰肼悬浮剂 3 000 倍液。

（八五）彩斑夜蛾

彩斑夜蛾属鳞翅目夜蛾科。

【分布与寄主】 分布于华北等地。寄主有石榴、苹果、柿子等。

【为害状】 以幼虫吐丝结网，叶片微卷，在叶片网内取食，呈孔洞或缺刻状。

【形态特征】 成虫体长 11 ~ 17 mm，翅展 28 ~ 37 mm，体浅茶褐色，前翅浅红褐色至淡咖啡色。末龄幼虫体长 30 mm 左右，黄褐色，头部具浅色斑，背线棕黄色，亚背线、气门上线色细，具黑色带，体背面、侧面具黑色毛突且明显。

【发生规律】 6 ~ 8 月是幼虫为害期。其他习性还不详。

【防治方法】 在防治其他害虫时，可以兼治。

彩斑夜蛾幼虫

（八六）金毛虫

金毛虫〔*Prothesia*（*Euproctis*）*similis* xanthocampa Dyar〕，属鳞翅目毒蛾科。

金毛虫幼虫为害苹果幼果（1）

金毛虫幼虫为害苹果幼果（2）

【分布与寄主】 分布在我国河北、河南、山东、安徽、江苏、上海、浙江、江西、福建、广东、广西、湖南、湖北、四川、云南、贵州等地，北方分布较多。主要寄主为苹果、梨、桃、山楂、杏、李、枣、柿、栗、海棠、樱桃、柳等。

【为害状】 初孵幼虫群集在叶背面取食叶肉，叶面现成块透明斑，3 龄后分散为害，形成大缺刻，幼虫食害芽、叶、果，将叶食成缺刻或孔洞，甚至食光，仅留叶脉。

【形态特征】

1. **成虫** 雄蛾体长 9 ~ 12 mm，翅展 20 ~ 26 mm；雌蛾体长 17 ~ 19 mm，翅展 26 ~ 38 mm。头部和颈板橙黄色，胸部浅黄棕色，腹部黄褐色，肛毛簇橙黄色。前翅赤褐色微带紫色闪光，内线和外线黄色，前缘、外缘和缘毛柠檬黄色，外缘和缘毛黄色部分被赤褐色部分隔成三段；后翅浅黄色，体下淡黄色。

2. **卵** 黄色，半球形，每块有卵 6 ~ 25 粒。

3. **幼虫**　末龄幼虫体长 17 ~ 25 mm，头淡褐色，胸部、腹部暗棕色；前胸、中胸及第 3 ~ 7 腹节和第 9 腹节的背线为黄色，其中间纵贯红线，后胸红色；前胸侧瘤红色，第 1、第 2、第 8 腹节背面具茸球状短毛簇，黑色，余污黑色至浅褐色。后胸背板还有 1 对红色毛突，体上毛瘤上有黑长毛。

4. **蛹**　褐色，藏在棕色薄茧里。

【发生规律】　1 年发生 2 ~ 3 代。以低龄幼虫在枝干裂缝和枯叶内作茧越冬。翌年春越冬幼虫出蛰为害嫩芽及嫩叶，5 月下旬至 6 月中旬出现成虫，第二代幼虫在 8 月上旬，第三代幼虫在 9 月中旬，10 月上旬第三代幼虫寻找合适场所结茧越冬。雌蛾将卵数十粒聚产在枝干上，外覆一层黄色茸毛。刚孵化的幼虫群集啃食叶肉，长大后即分散为害叶片。第二代成虫出现在 7 月下旬至 8 月下旬，经交尾产卵，孵化的幼虫取食不久即潜入树皮裂缝或枯叶内结茧越冬。

傍晚或夜间羽化，成虫夜出，白天栖息在叶背，6 ~ 7 月发生数量多，雌成蛾在叶背产卵，卵半球形，黄色块状，上盖黄色茸毛，每雌可产卵 40 ~ 84 粒，卵期 5 ~ 10 d。初孵幼虫有群集性，食叶下表皮和叶肉，3 龄后分散为害果实成孔洞，幼虫期 15 ~ 20 d，末龄幼虫吐丝结茧黏附在残叶上化蛹，蛹期 5 ~ 10 d。金毛虫天敌主要有黑卵蜂、大角啮小蜂、矮饰苔寄蝇、桑毛虫茸茧蜂、桑毒蛾茸茧蜂、核多角体病毒等。

【防治方法】
1. **清洁果园**　及时清除田间残株落叶，集中深埋。
2. **合理密植**　使田间通风透光，可减少为害。
3. **化学防治**　在 3 龄前喷洒 25% 灭幼脲悬浮剂 1 500 倍液或 50% 杀螟松乳油 1 000 倍液或 50% 辛硫磷乳油 1 000 倍液。

（八七）黑星麦蛾

黑星麦蛾（*Telphusa chloroderces* Meyrich），又称苹果黑星麦蛾、黑星卷叶芽蛾，属鳞翅目麦蛾科。

黑星麦蛾幼虫在苹果树新梢缀叶为害

黑星麦蛾幼虫在苹果树新梢为害状

黑星麦蛾幼虫

黑星麦蛾幼虫为害苹果树叶片并排出粪便

【分布与寄主】　国内分布范围较广，在吉林、辽宁、河北、河南、山东、山西、陕西、甘肃、安徽等省都有发生。寄主有苹果、梨、桃、李、杏、樱桃等。

【为害状】　幼虫在新梢上吐丝结叶片作巢，内有白色细长丝质通道，并夹有粪便，虫苞松散。幼虫在苞内群集为害。管理粗放的幼龄果园发生较重，严重时全树枝梢叶片受害，只剩叶脉和表皮，全树枯黄，并造成发二次叶，影响果树生长发育。

【形态特征】

1. **成虫**　体长 5 ~ 6 mm，翅展 16 mm，全体灰褐色。胸部背面及前翅黑褐色，有光泽，前翅靠近外线 1/4 处有一淡色横带，从前缘横贯到后缘，翅中央还有 3 ~ 4 个黑斑，其中两个十分明显。后翅灰褐色。

2. **卵**　椭圆形，淡黄色，有珍珠光泽。

3. **幼虫**　体长 10 ~ 15 mm，细长，头部褐色，前胸背板黑褐色，胸腹背面有 7 条黄白色纵条和 6 条淡紫褐色纵条相间排列。臀板后缘有褐色"U"形骨化纹。

4. **蛹**　长约 6 mm，长卵形，红褐色，第 7 腹节后缘有蜡黄色并列的刺突。

【发生规律】　在河北、陕西等省 1 年发生 3 代。以蛹在杂草、落叶和土块下越冬。陕西关中地区 4 月中下旬越冬代成虫开始羽化，产卵于新梢顶端未伸展开的嫩叶基部，单粒或几粒成堆。第一代幼虫于 4 月中旬开始发生。幼龄幼虫潜伏在未伸展的嫩叶上为害。幼虫长大将几个叶片卷成虫苞，居内为害，只取食叶肉，不食下表皮。发生多时，一个虫苞内有 10 ~ 20 头幼虫，把叶片为害成纱网状。5 月下旬开始在为害的叶苞内化蛹，6 月下旬出现第一代成虫。7 月上旬出现第二代幼虫。7 月下旬化蛹，8 月中旬开始出现第二代成虫。9 月中下旬至 10 月第三代幼虫老熟落地化蛹越冬。

【防治方法】

（1）秋冬季清除落叶和杂草，集中处理，清除越冬蛹。

（2）生长季节人工摘除卷叶虫苞，处理苞内幼虫。

（3）第一代幼虫发生期进行药剂防治，首选药剂虫酰肼、虱螨脲，有效药剂有灭幼脲、杀铃脲、敌敌畏、苏云金杆菌。

（八八）环纹贴叶麦蛾

环纹贴叶麦蛾（*Recurvaria syrictis* Meyrich），又名杏白带麦蛾，属鳞翅目麦蛾科。

【分布与寄主】　分布于河北、河南、山西、陕西等省。寄主有桃、李、杏、樱桃、苹果、沙果等。

【为害状】　多于两叶相贴之处吐白丝黏缀两叶，初龄幼虫于卷叶虫类为害的叶片处食害叶片留一层表皮，呈针眼状筛孔；3 龄后幼虫则吐丝缀叶将相近两叶黏于一起，幼虫于两叶间食害表皮与叶肉，形成不规则斑痕，虫粪留于被害处的边缘，发生严重时仅残留表皮与叶脉，日久变褐干枯。

【形态特征】

1. **成虫**　体长 7 ~ 8 mm，体略呈灰色，头胸背面银白色，腹部灰色。前翅狭长披针形，灰黑色，杂生银白色鳞片，以前缘和翅端白鳞较多；后缘自翅基至端部纵贯 1 条银白色带，约占翅宽的 1/3 强，带的前缘略成 3° 弯曲，栖息时在体背形成 1 条略似串珠状的银白色纵带；缘毛灰黄色至灰色，翅端缘毛较长。

2. **卵**　长椭圆形，长径约 0.4 mm，短径约 0.2 mm，淡黄绿色，卵径 5 ~ 7 d 后变为黄褐色，卵四周显红色或紫红色，中部淡褐色，孵化前于卵壳上可见黑褐色头壳与臀板，间或可见弯曲的虫体。

3. **幼虫**　初孵幼虫体长约 0.8 mm；体扁淡褐色，头及臀板黑色，胸足与前胸背板暗褐色；2 龄体长约 2.0 mm，体为黄色，头与前胸背板、胸足与臀板均为黄褐色；3 龄体长约 3.3 mm，体为黄褐色。各腹节间黄白色，基部各节具褐绿色环纹。4 龄幼虫体长约 4.5 mm，体为黄褐色，各腹节基部紫红色。老熟幼虫体长 6 ~ 7 mm，长纺锤形、略扁。头部黄褐色。前胸盾片褐色至棕褐色，略呈月牙形，中部为 1 条白色细纵线而分成左右两块。中胸至腹末各体节前半部淡紫红色至暗红色，后半部淡黄白色，貌似全体呈红白鲜明的环纹状。

4. **蛹**　长 4 mm，纺锤形，略扁。淡黄色至黄褐色。触角端、前翅芽与后足端平齐，伸达第 5 腹节后缘。腹末有 6 根刺毛。

环纹贴叶麦蛾为害状：在两片叶贴连处有白色丝状物　　　　环纹贴叶麦蛾为害苹果叶片、多叶相贴连

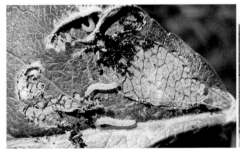

环纹贴叶麦蛾低龄幼虫群集为害状　　　　环纹贴叶麦蛾为害苹果叶片　　　　环纹贴叶麦蛾为害苹果幼果

环纹贴叶麦蛾低龄幼虫　　　　　　　　　　　　环纹贴叶麦蛾高龄幼虫

环纹贴叶麦蛾为害苹果果实　　　　　　　　　　环纹贴叶麦蛾成虫

5. **茧**　6 ~ 7 mm，长椭圆形，灰白色，可透见蛹体。

【发生规律】　此虫在山西晋中、河南省西部地区 1 年发生 2 代，以蛹于树皮隙缝、树杈粗翘皮、剪锯口或树洞等处越冬。翌年春季越冬蛹出蛰活动，于 4 月下旬前后开始羽化，5 月间为羽化盛期，6 月初仍可见到越冬代成虫。5 月中旬左右田间初见成虫产卵，5 月下旬到 6 月上旬为成虫产卵盛期，6 月中旬为末期，越冬代成虫寿命为 5 ~ 8 d。卵期平均为 15 d 左右，6 月初始见第一代幼虫，6 月下旬为孵化盛期，7 月中旬为末期。第一代幼虫历期平均为 40 d 左右，为害到 7 月上旬开始化蛹，第一代成虫于 7 月中旬出现，7 月下旬前后成虫盛发。

成虫寿命为 4 d 左右，产卵前期 2 d 左右。第二代卵始见于 7 月中旬，卵盛发期为 7 月底到 8 月初，第二代卵期平均为 8 d 左右。第二代幼虫始见天 7 月下旬，盛发期为 8 月中旬左右，9 月下旬仍可见到孵化的幼虫。第二代幼虫为害历期最短 42 d，最长 58 d，平均 51 d 左右，为害到老熟后寻找适当场所进入预蛹期，经 1 d 后化蛹，并以蛹越冬。越冬代蛹期为 7 ~ 8 个月。成虫性活泼，多夜间活动。成虫羽化多于上午 10 时至下午 4 时进行。雄虫比雌虫提早 5 d 左右，且各代雄虫常多于雌虫。成虫羽化后不久即可交尾，交尾后 1 ~ 3 d 开始产卵。第一代卵散产于枝条顶端 1 ~ 3 片嫩叶背面近叶柄处主脉的两侧，少数产于芽腋间、叶缘及叶端处，间或芽鳞与叶柄等处均可见到卵粒。初孵幼虫食量小。幼虫较喜害枝条下部 4 ~ 5 片叶，并有转叶为害习性，一生可转害 4 ~ 5 个叶片。幼虫性活泼，受扰后迅速逃避或吐丝下垂。幼虫老熟后多于贴叶下间或树皮下或剪锯口及树洞内化蛹。

【防治方法】
1. **人工防治**　冬春刮树皮，集中处理可清除部分越冬蛹。
2. **药剂防治**　幼虫为害期，喷洒首选药剂为虫酰肼、虱螨脲，有效药剂为灭幼脲、杀铃脲、阿维菌素、敌敌畏、苏云金杆菌。

（八九）扁刺蛾

扁刺蛾（*Thosea sinensis* Walker），又名黑点刺蛾，属鳞翅目刺蛾科。

【分布与寄主】　我国南、北苹果产区都有分布。主要为害苹果、梨、山楂、杏、桃、枣、柿、柑橘等果树及多种林木。

【为害状】　扁刺蛾幼虫取食叶片，呈现缺刻状，严重时将叶片吃光。

【形态特征】
1. **成虫**　雌成虫体长 13 ~ 18 mm，翅展 28 ~ 35 mm。体暗灰褐色，腹面及足色较深。触角丝状，基部十数节栉齿状，栉齿在雄蛾更为发达。前翅灰褐色稍带紫色，中室的前方有 1 条明显的暗褐色斜纹，自前缘近顶角处向后缘斜伸；雄蛾中室上角有 1 个黑点（雌蛾不明显）。后翅暗灰褐色。

扁刺蛾幼虫

2. **卵**　扁平光滑，椭圆形，长 1.1 mm，初为淡黄绿色，孵化前呈灰褐色。
3. **幼虫**　老熟幼虫体长 21 ~ 26 mm，宽 16 mm，体扁，椭圆形，背部稍隆起，形似龟背。全体绿色或黄绿色，背线白色。体边缘则有 10 个瘤状突起，其上生有刺毛，每一节背面有 2 丛小刺毛，第 4 节背面两侧各有 1 个红点。
4. **蛹**　体长 10 ~ 15 mm，前端肥大，后端稍消瘦，近椭圆形，初为乳白色，后渐变为黄色，近羽化时转为黄褐色。
5. **茧**　长 12 ~ 16 mm，椭圆形，暗褐色，形似鸟蛋。

【发生规律】　华北地区 1 年多发生 1 代，长江下游地区 1 年发生 2 代。以老熟幼虫在树下土中作茧越冬。翌年 5 月中旬化蛹，6 月上旬开始羽化为成虫。6 月中旬至 8 月底为幼虫为害期。成虫多集中在黄昏时分羽化，尤以 18 ~ 20 时羽化最盛。成虫羽化后即行交尾产卵，卵多散产于叶面上，初孵化的幼虫停息在卵壳附近，并不取食，蜕过第一次皮后，先取食卵壳，再啃食叶肉，留下一层表皮。幼虫取食不分昼夜均可进行。自 6 龄起，取食全叶，虫量多时，常从一枝的下部叶片吃至上部，每枝仅存顶端几片嫩叶。幼虫期共 8 龄，老熟后即下树入土结茧，下树时间多在 20 时至翌晨 6 时，而以凌晨 2 ～ 4 时下树的数量最多。结茧部位的深度和距树干的远近均与树干周围的土质有关。黏土地结茧位置浅而距离树干远，也比较分散。腐殖质多的土壤及沙壤地茧位置较深，距离树干近，而且比较密集。

【防治方法】

1. **诱杀幼虫**　在幼虫下树结茧之前，疏松树干周围的土壤，以引诱幼虫集中结茧，然后收集处理。
2. **药剂防治**　幼虫发生期喷洒常用杀虫剂。

（九〇）黄刺蛾

黄刺蛾〔*Cnidocampa flavescens*（Walker）〕，俗称洋辣子、八角子，属鳞翅目刺蛾科。

黄刺蛾成虫

黄刺蛾幼虫

黄刺蛾蛹茧（形如雀蛋）

【分布与寄主】　全国各省几乎都有分布。主要为害苹果、梨、山楂、桃、杏、枣、核桃、柿、柑橘等果树及杨、榆、法桐、月季等林木。

【为害状】　低龄幼虫啃食叶肉，使叶片呈网眼状，幼虫长大后将叶片食成缺刻，只残留主脉和叶柄。

【形态特征】

1. **成虫**　体长 13 ～ 16 mm。前翅内半部黄色，外半部黄褐色。
2. **卵**　扁椭圆形，淡黄色，长约 1.5 mm，多产在叶面上，数十粒成卵块。
3. **幼虫**　老龄幼虫体长 20 ～ 25 mm，体近长方形。体背有紫褐色大斑，呈哑铃状。末节背面有 4 个褐色小斑。体中部两侧各有 2 条蓝色纵纹。
4. **蛹**　椭圆形，肥大，淡黄褐色。
5. **茧**　石灰质，坚硬，似雀蛋，茧上有数条白色与褐色相间的纵条斑。

【发生规律】　东北、华北地区大多 1 年发生 1 代，河南、陕西、四川省 1 年可发生 2 代。以老熟幼虫在树杈、枝条上结茧越冬。2 代地区多于 5 月上旬开始化蛹，成虫于 5 月底至 6 月上旬开始羽化，7 月为幼虫为害期。下一代成虫于 7 月底开始羽化，第 2 代幼虫为害盛期在 8 月中上旬。9 月初幼虫陆续老熟、结茧越冬。

【防治方法】

1. **人工捕杀**　冬、春季节结合修剪，剪除虫茧或掰掉虫茧。在低龄幼虫群栖为害时，摘除虫叶。
2. **药剂防治**　幼虫发生期，喷洒辛硫磷、杀螟松或甲氰菊酯等杀虫剂。
3. **生物防治**　保护利用天敌，主要有上海青蜂（*Chrysis shanghaiensis*）、刺蛾广肩小蜂（*Eurytoma monemae*）、刺蛾紫姬蜂（*Chlorocyptus purpuratus*）、姬蜂和黄刺蛾核型多角体病毒等。

（九一）褐刺蛾

褐刺蛾〔*Setora postornate*（Hampson）〕，又名桑褐刺蛾、红绿刺蛾，属鳞翅目刺蛾科。

褐刺蛾幼虫（黄色型）

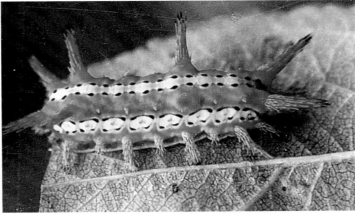

褐刺蛾幼虫（红色型）

【分布与寄主】 华北、华东等地区都有分布。主要为害苹果、梨、桃、杏、樱桃、梅、板栗、枣、柿等果树。

【为害状】 幼龄幼虫开始剥食叶肉，只留半透明的表皮，后蚕食叶片，残留叶脉；到老龄时，食整个叶片和叶脉。

【形态特征】
1. **成虫** 体长 17.5 ~ 19.5 mm，体褐色至深褐色，雌虫体色较浅，雄虫体色较深。复眼黑色。雌虫触角丝状；雄虫触角单栉齿状。前翅前缘离翅基 2/3 处向臀角和基角各伸出 1 条深色弧线，前翅臀角附近有 1 个近三角形棕色斑。前足腿节基部具 1 横列白色毛丛。
2. **卵** 扁长椭圆形，长径 1.4 ~ 1.8 mm，短径 0.9 ~ 1.1 mm。卵壳极薄，初产时为黄色，半透明，后渐变深。
3. **幼虫** 老熟幼虫体长 23.3 ~ 35.1 mm，宽 6.5 ~ 11.0 mm。体色黄绿色，背线蓝色，每节上有黑点 4 个，排列成近菱形。亚背线分黄色型和红色型两类，黄色型枝刺黄色，红色型枝刺紫红色。
4. **蛹** 卵圆形，长 14.0 ~ 15.5 mm，初为黄色，后渐转褐色。翅芽长达第 6 腹节。
5. **茧** 呈广椭圆形，长 14.0 ~ 16.5 mm，被灰白色或灰褐色点纹。

【发生规律】 一般 1 年发生 2 代，以老熟幼虫在茧内越冬。越冬幼虫于 5 月上旬开始化蛹，5 月底 6 月初开始羽化产卵。6 月中旬开始出现第一代幼虫，至 7 月下旬老熟幼虫结茧化蛹。8 月上旬成虫羽化，8 月中旬为羽化产卵盛期。8 月下旬出现幼虫，大部分幼虫于 9 月底至 10 月初老熟结茧越冬，10 月中下旬还可见个别幼虫活动。但如果夏天气温过高，气候过于干燥，则有部分第一代老熟幼虫在茧内滞育，到翌年 6 月再羽化，出现 1 年 1 代的现象。

初孵幼虫能取食卵壳，每龄幼虫均能啮食蜕。4 龄以前幼虫取食叶肉，留下透明表皮，以后可咬穿叶片形成孔洞或缺刻。4 龄以后多沿叶缘蚕食叶片，仅残留主脉，老熟后顺树干爬下或直接坠下，然后寻找适宜的场所结茧化蛹或越冬。幼虫喜结茧于疏松表土层、草丛、树叶垃圾堆和石砾缝中。入土深度在 2 mm 以内的占总数的 95%，入土最深可达 3.5 mm。

成虫羽化于 16 时左右开始，18 ~ 21 时为羽化、交尾高峰期。成虫白天在树荫、草丛中停息。

【防治方法】 参考扁刺蛾和黄刺蛾。

（九二）白眉刺蛾

白眉刺蛾（*Narosa edoensis* Kawada），又名龟形小刺蛾，属鳞翅目刺蛾科。

【分布与寄主】 河南、河北、陕西等省有分布。为害苹果、梨、桃、樱桃、枣等果树。

【**为害状**】　幼龄幼虫开始剥食叶肉，只留半透明的表皮，后蚕食叶片，残留叶脉；到老龄时，食整个叶片和叶脉。

【**形态特征**】

1. **成虫**　前翅身体为白色，长约 7 mm，翅展 23 mm 左右。翅面散生灰黄色小云斑，有 1 个近 "S" 形黑色线纹，近外缘处有列小黑点。

2. **卵**　扁平，椭圆形。

3. **幼虫**　老熟时黄绿色，体长约 8 mm。头小，缩于胸下，体光泽不被枝刺，密布小颗粒突起，形似小龟。各节中部有黄色斑纹 3 条，亚背线隆起，浅黄色，其上着生斑点 4 个（幼龄为红点，老熟时为浅灰褐色）。

4. **蛹**　褐色。外茧表面光滑，灰褐色，形似腰鼓状。蛹茧椭圆形，灰褐色。

【**发生规律**】　1 年发生 2 代，以老熟幼虫在树杈上结茧越冬。成虫 5 ~ 6 月出现，幼虫在 7 ~ 8 月为害。成虫多为晚上羽化，白天静伏在叶背面，夜间活跃，具趋光性。成虫寿命 3 ~ 5 d。卵散产在叶片背面，开始呈小水珠状，干后形成半透明的薄膜以保护卵块，每个卵块有卵 8 粒左右。卵期 7 d 左右。

【**防治方法**】　参考黄刺蛾。

白眉刺蛾成虫

白眉刺蛾幼虫

白眉刺蛾蛹茧

（九三）中国绿刺蛾

中国绿刺蛾［*Latoia sinica*（Moore）］，又名中华青刺蛾，属鳞翅目刺蛾科。

【**分布与寄主**】　中国东北、华北、华中、西南地区及台湾有分布；国外日本、朝鲜、俄罗斯沿海地区有分布。幼虫为害苹果、梨、杏、李、柑橘等果树。

【**为害状**】　幼虫取食叶片，呈现缺刻状，严重时将叶片吃光。

中国绿刺蛾成虫

中国绿刺蛾幼虫

【**形态特征**】

1. **成虫**　体长约 12 mm，翅展 21 ~ 28 mm，头胸背面绿色，腹背灰褐色，末端灰黄色。触角雄性羽状，雌性丝状。前翅绿色，基斑和外缘带暗灰褐色，前者在中室下缘呈角形外曲，后者与外缘平行内弯。其内缘在 Cu 脉上呈齿形弯曲，后翅灰褐色，臀角稍灰黄色。

2. **卵**　扁平椭圆形，长 1.5 mm，光滑，初淡黄色，后变黄绿色。

3. **幼虫**　体长 16 ~ 20 mm，头小，棕褐色，缩于前胸下面，体黄绿色，前胸盾板具 1 对黑点，背线红色，两侧具蓝绿色点线及黄色宽边，侧线灰黄色，较宽，具绿色细边。各节生灰黄色肉质刺瘤 1 对，以中后胸和第 8、第 9 腹节较大，端部黑色，第9、第10腹节上具较大黑瘤2对。气门上线绿色，气门线黄色，各节体侧也有1对黄色刺瘤，端部黄褐色，上生黄黑色刺毛。腹面色较浅。

4. **蛹** 长13～15 mm，短粗，初淡黄色，后变黄褐色。

5. **茧** 扁椭圆形，暗褐色。

【发生规律】 北方1年发生1代，江西2代，以蛹在茧内越冬。1代在5月间陆续化蛹，成虫6～7月发生，幼虫7～8月发生，老熟后于枝干上结茧越冬。2代在4月下旬至5月中旬化蛹，5月下旬至6月上旬羽化，第一代幼虫发生期为6～7月，7月中下旬化蛹，8月上旬出现第一代成虫。第二代幼虫8月底开始陆续老熟，结茧越冬，但有少数蛹羽化发生第三代，9月上旬发生第二代成虫，第三代幼虫11月老熟，于枝干上结茧越冬。成虫昼伏夜出，有趋光性，羽化后即可交尾、产卵，卵多成块产于叶背，每块有卵数十粒呈鱼鳞状排列。低龄幼虫有群集性，稍大则分散活动为害。

【防治方法】 参考黄刺蛾。

（九四）奇奕刺蛾

奇奕刺蛾（*Iragoides thaumasta* Hering），属鳞翅目刺蛾科奕刺蛾属。

【分布与寄主】 已知河南、江苏、江西等地有分布。寄主有苹果、核桃等。

【为害状】 幼龄幼虫开始剥食叶肉，只留半透明的表皮，后蚕食叶片，残留叶脉；到老龄时食整个叶片和叶脉。

【形态特征】 成虫翅展22 mm左右。身体和前翅褐色，胸背末端和腹背基部具暗褐色竖立毛簇；前翅基部较暗，中央有1条不清晰松散暗色斜带，从前缘3/4处向内伸过横脉达于后缘基部1/3，横脉纹为1条短黑纹，内衬白边，亚端线为清晰锯齿形，与外缘平行，从前缘近翅尖伸至臀角，脉端缘毛苍褐色；后翅灰褐色。

【发生规律】 不详。

【防治方法】 参考黄刺蛾。

奇奕刺蛾幼虫为害苹果叶片

（九五）苹果乌灰蝶

苹果乌灰蝶成虫（1）

苹果乌灰蝶成虫（2）

苹果乌灰蝶幼虫

苹果乌灰蝶（*Fixsenia pruni* L.），属鳞翅目灰蝶科。

【分布与寄主】　国内黑龙江、河南、山东等省均有分布；国外分布于中欧、北欧地区及意大利、日本、朝鲜。

【为害状】　以幼虫为害幼果为主，为害期在苹果落花后至果实增大前。初孵化幼虫爬到果面啃食幼果，一般每头幼虫咬食 7 ~ 8 个幼果。被害果轻微者果面留有伤疤，造成果面缺陷、凸凹不平，甚至变为畸形；被害较重者幼虫直达果心，啃食种子，使果实严重偏缺，为害严重的果实干枯脱落，造成严重减产。

【形态特征】
1. **成虫**　体长约 12 mm，翅展 35 mm。翅栗褐色，雄蝶前翅中室上方有淡色性标。雌、雄蝶后翅 2、3 室有橙红色斑，尾状突起细。翅反面黄褐色，中部横线银白色，前翅外缘部有黑色圆点数个，由前向后依次渐大，内侧有白色新月形纹，后翅外缘有橙红色带，内侧有黑色圆点，镶有白色新月形纹，尾状突起前有 1 个黑点，臀角黑色。

【发生规律】　幼虫在 5 月为害苹果叶片和幼果，6 月出现成虫。

【防治方法】　防治其他害虫时可兼治此虫。

（九六）枣奕刺蛾

枣奕刺蛾［*Iragoides conjuncta*（Walker）］，又名枣刺蛾，属鳞翅目刺蛾科。

【分布与寄主】　华北、华东等地区有分布。主要为害苹果、梨、杏、山楂、枣、核桃等果树。

【为害状】　幼虫取食叶片，呈现缺刻状，严重时将叶片吃光。

【形态特征】
1. **成虫**　雌成虫翅展 29 ~ 33 mm，触角丝状；雄蛾翅展 28 ~ 31.5 mm，触角短双栉状。全体褐色。头小，复眼灰褐。胸背上部鳞毛稍长，中间微显红褐色。腹部背面各节有似"人"字形的褐红色鳞毛。前翅基部褐色，中部黄褐色，近外缘处有两块近似菱形的斑纹彼此连接，

枣奕刺蛾幼虫　　　　　枣奕刺蛾成虫

靠前缘一块为褐色，靠后缘一块为红褐色，横脉上有 1 个黑点。后翅为灰褐色。
2. **卵**　椭圆形，扁平，长 1.2 ~ 2.2 mm，宽 1.0 ~ 1.6 mm，初产时鲜黄色，半透明。幼虫为浅黄色，背面有蓝色斑，连接成金钱状斑纹。体长 20 ~ 25 mm。在胸背前 3 节上有 3 对、体节中部 1 对、腹末 2 对皆为红色长枝刺，体的两侧周围各节上有红色短刺毛丛 1 对。
3. **蛹**　椭圆形，扁平，长 12 ~ 13 mm。初化蛹时黄色，渐变为浅褐色，羽化前变为褐色，翅芽为黑褐色。
4. **茧**　椭圆形，比较坚实，土灰褐色，长 11 ~ 14.5 mm。

【发生规律】　1 年发生 1 代，以老熟幼虫在树干根颈部附近土内 7 ~ 9 cm 深处结茧越冬。翌年 6 月上旬开始化蛹，蛹期 17 ~ 31 d，平均 21.9 d，一般为 20 ~ 26 d。6 月下旬开始羽化为成虫，同期可见到卵，卵期约 7 d。7 月上旬幼虫开始为害，为害严重期在 7 月下旬至 8 月中旬，自 8 月下旬开始，幼虫逐渐老熟，下树入土结茧越冬。成虫有趋光性。寿命为 1 ~ 4 d。白天静伏叶背，有时抓住叶悬系倒垂，或两翅作支撑状，翘起身体，不受惊扰，长久不动。晚间追逐交尾，交尾时间长者在 15 h 以上。交尾后翌日即产卵于叶背，卵成片排列。初孵幼虫爬行缓慢，集聚较短时间即分散叶背面为害。初期取食叶肉，留下表皮，虫体长大即取食全叶。

【防治方法】　参考黄刺蛾。

（九七）山楂绢粉蝶

山楂绢粉蝶（*Aporia crataegi* L.），又名山楂粉蝶、苹果粉蝶、树粉蝶、梅粉蝶，属鳞翅目粉蝶科。

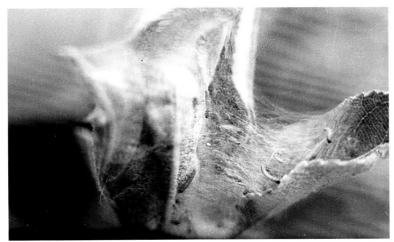

山楂绢粉蝶低龄幼虫为害苹果新梢

山楂绢粉蝶低龄幼虫为害状

山楂绢粉蝶低龄幼虫

山楂绢粉蝶高龄幼虫

【分布与寄主】　国内东北、华北、西北各省（区）及山东、四川等省均有分布，以北部果产区受害较重；国外分布于俄罗斯、朝鲜及日本。寄主植物很多，最喜食蔷薇科植物，如苹果、山楂、梨、桃、杏、李等。

【为害状】　幼虫食害芽、花、叶，低龄幼虫吐丝结成网巢，群居网巢中群集为害，幼虫长大后分散为害。

【形态特征】
1. **成虫**　体长22～25 mm。触角黑色，端部黄白色。前、后翅白色，翅脉和外缘黑色。
2. **卵**　形似子弹头，高约1.3 mm，壳面有纵脊纹12～14条，淡黄色，数十粒在一起结成卵块。
3. **幼虫**　老熟时体长40～45 mm，背面有3条很窄的黑色纵纹和2条黄褐色纵纹。
4. **蛹**　体长约25 mm，橙黄色，全体分布有黑色斑点，腹面有1条黑色纵带。以丝将蛹体缚于小枝上，称为缢蛹。

【发生规律】　1年发生1代，以3龄幼虫群集在树梢虫巢里越冬，每巢一般有虫10多头。春季果树发芽后，越冬幼虫出巢，先食害芽、花，而后吐丝缀叶为害。幼虫老熟后，在枝干、叶片和附近杂草、石块等处化蛹，豫西地区化蛹盛期在5月中下旬。成虫发生在5月底至6月上旬，产卵于叶片上，每个卵块有卵数十粒。6月中旬幼虫孵化后，为害至8月初，以3龄幼虫在枝梢被害枝叶虫巢中越夏、越冬。全年以4～5月为害最重。

【防治方法】
1. **剪除虫巢**　结合冬季修剪，剪除枝梢上的越冬虫巢，集中处理。
2. **药剂防治**　春季幼虫出蛰后，可喷布25%灭幼脲悬浮剂2 000倍液，50%辛硫磷乳油或50%杀螟松乳油1 500倍液。

3. 生物防治　保护利用天敌。山楂绢粉蝶的天敌种类很多，数量最多的是菜粉蝶黄绒茧蜂（*Apanteles glomeratus* L.）和微红绒茧蜂（*Apanteles rubecula* Marsh.），一般寄生率可达 50% ~ 80%，雌蜂产卵于幼虫体内，幼虫老熟时，蜂幼虫离体结茧化蛹，一头幼虫体内可寄生菜粉蝶黄绒茧蜂数十头。蛹期有凤蝶金小蜂（*Pteromalus puparum* L.），此外有多种胡蜂和蠋蝽（*Arma chinesis*（Fallou）），可捕食幼虫。幼虫期还感染核多角体病毒，染病幼虫体软，倒挂枝上死亡。

（九八）角蜡蚧

角蜡蚧［*Ceroplastes ceriferus*（Anderson）］，属同翅目蚧科。

【分布与寄主】　分布在黑龙江、河北、山东、陕西、浙江、上海等省市。寄生于苹果、梨、桃、李、杏、樱桃、桑、柑橘、枇杷、无花果、荔枝、杨梅、杧果、石榴等。

【为害状】　以成、若虫为害枝干。受此蚧危害后叶片变黄，树干表面凸凹不平，树皮纵裂，树势逐渐衰弱，排泄的蜜露常诱致煤污病发生，严重者枝干枯死。

角蜡蚧为害苹果枝条状

【形态特征】

1. **成虫**　雌性短椭圆形，长 6 ~ 9.5 mm，宽约 8.7 mm，高 5.5 mm，蜡壳灰白色，死体黄褐色微红。周缘具角状蜡块：前端 3 块，两侧各 2 块，后端 1 块圆锥形，较大，如尾，背中部隆起呈半球形。触角 6 节，第 3 节最长。足短粗，体紫红色。雄性体长 1.3 mm，赤褐色，前翅发达，短宽，微黄色，后翅特化为平衡棒。

2. **卵**　椭圆形，长 0.3 mm，紫红色。

3. **若虫**　初龄扁椭圆形，长 0.5 mm，红褐色；2 龄出现蜡壳，雌蜡壳长椭圆形，乳白色微红，前端具蜡突，两侧每边 4 块，后端 2 块，背面呈圆锥形稍向前弯曲；雄蜡壳椭圆形，长 2 ~ 2.5 mm，背面隆起较低，周围有 13 个蜡突。雄蛹长 1.3 mm，红褐色。

【发生规律】　1 年生 1 代，以受精雌虫于枝上越冬。翌年春继续为害，6 月产卵于体下，卵期约 1 周。若虫期 80 ~ 90 d，雌虫蜕 3 次皮羽化为成虫，雄虫蜕 2 次皮化为前蛹，进而化蛹，羽化期与雌虫同，交配后雄虫死亡，雌虫继续为害至越冬。初孵若虫、雌虫多于枝上固着为害，雄虫多到叶上主脉两侧群集为害。每雌产卵 2 500 ~ 3 000 粒。卵在 4 月上旬至 5 月下旬陆续孵化，刚孵化的若虫暂在母体下停留片刻后，从母体中爬出分散在嫩叶、嫩枝上吸食为害，5 ~ 8 d 蜕皮为 2 龄若虫，同时分泌白色蜡丝，在枝上固定。在成虫产卵和若虫刚孵化阶段，降水量对种群数量影响很大，但干旱对其影响不大。

【防治方法】

（1）做好苗木、接穗、砧木检疫消毒。

（2）保护引放天敌。天敌有瓢虫、草蛉、寄生蜂等。

（3）剪除虫枝或刷除虫体。

（4）冬季枝条上结冰凌或雾凇时，用木棍敲打树枝，虫体可随冰凌而落下。

（5）刚落叶或发芽前喷 10% 柴油乳剂时如混用化学药剂效果更好。

（6）初孵若虫分散转移期宜用药剂防治，可选用噻嗪酮、毒死蜱、吡虫啉、马拉硫磷等。

（九九）梨网蝽

梨网蝽（*Stephanitis nashi* Esaki et Takeya），又名梨花网蝽、梨冠网蝽、梨军配虫，俗名花编虫，属半翅目网蝽科。

| 梨网蝽在苹果树叶片背面为害，叶面失绿 | 梨网蝽在苹果树叶片背面为害 | 梨网蝽为害苹果嫩梢 |

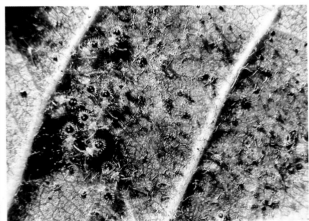

| 梨网蝽成虫 | 梨网蝽若虫 |

【分布与寄主】 分布较广，东北、华北地区及山东、河南、安徽、陕西、湖北、湖南、江苏、浙江、福建、广东、广西、四川等省（区）均有发生。成虫和若虫栖居于寄主叶片背面刺吸为害。该虫除了为害梨树以外，还为害苹果、海棠、花红、沙果、桃、李、杏等果树。

【为害状】 被害叶正面形成苍白色斑点，叶片背面因此虫所排出的斑斑点点褐色粪便和产卵时留下的蝇粪状黑点，使整个叶背面呈现锈黄色，极易识别。受害严重时候，导致叶片早期脱落，影响树势和产量。

【形态特征】

1. **成虫** 体长 3.5 mm 左右，扁平，暗褐色。前胸背板有纵隆起，向后延伸呈扁板状，盖住小盾片，两侧向外突出呈翼片状。前翅略呈长方形，具黑褐色斑纹，静止时两翅叠起黑褐色斑纹呈"X"状。前胸背板与前翅均半透明，具褐色细网纹。

2. **卵** 长椭圆形，一端略弯曲，长径 0.6 mm 左右。初产为淡绿色，半透明，后变淡黄色。

3. **若虫** 共 5 龄。初孵若虫乳白色，近透明，数小时后变为淡绿色，最后变成深褐色。3 龄后有明显的翅芽，腹部两侧及后缘有 1 环黄褐色刺状突起。

【发生规律】 每年发生代数因地而异，长江流域 1 年 4～5 代，北方果产区 3～4 代。各地均以成虫在枯枝落叶、枝干翘皮裂缝、杂草及土石缝中越冬。北方果产区翌年 4 月中上旬开始陆续活动，飞到寄主上取食为害。山西省太谷地区 5 月初为出蛰盛期。由于成虫出蛰期不整齐，5 月中旬以后各虫态同时出现，世代重叠。1 年中以 7～8 月为害最重。成虫产卵于叶背面叶肉内，每次产 1 粒卵。常数粒至数十粒相邻产于叶脉两侧的叶肉内，每头雌虫可产卵 15～60 粒。卵期 15 d 左右。初孵若虫不甚活动，有群集性，2 龄后逐渐扩大危害活动范围。成虫、若虫喜群集叶背主脉附近，被害处叶面呈现黄白色斑点，随着危害的加重而斑点逐渐扩大，全叶苍白，叶背和下边叶面上常落有黑褐色带黏性的分泌物和粪便，并诱使煤污病发生，影响树势和翌年结果，对当年的产量与品质也有一定影响。为害至 10 月中下旬以后，成虫寻找适当处所越冬。

【防治方法】

1. **人工防治** 成虫春季出蛰活动前，彻底清除果园内及附近的杂草、枯枝落叶，集中处理或深埋，清除越冬成虫。9

月间树干上束草，诱集越冬成虫，清理果园时一起处理。

2.化学防治　关键时期有两个，一个是越冬成虫出蛰至第一代若虫发生期，最好在梨树落花后成虫产卵之前，以压低春季虫口密度；二是夏季大发生前喷药，以控制 7 ~ 8 月为害。农药有 80% 敌敌畏乳油 1 000 倍液、25% 灭幼脲悬浮剂 2 000 倍液，或 2.5% 高效氯氟氰菊酯乳油 2 000 倍液，或 10% 吡虫啉可湿性粉剂 3 000 倍液等；1.8% 阿维菌素乳油还可兼治旋纹潜叶蛾、山楂叶螨等。

（一〇〇）白带尖胸沫蝉

白带尖胸沫蝉（*Aphrophora intermedia* Uhler），又名"吹泡虫"，属同翅目沫蝉科。

白带尖胸沫蝉若虫为害状（1）　　　　白带尖胸沫蝉若虫为害状（2）

【分布与寄主】　中国南、北方均有分布；国外日本有发生。为害苹果、柳树等。

【为害状】　若虫在苹果树枝嫩梢基部刺吸树液，由腹部排出大量的白色泡沫来掩盖虫体。

【形态特征】

1. **成虫**　体长约 10 mm。前翅有 1 条明显的灰白色横带。后足胫节外侧具 2 个棘状突起。
2. **卵**　弯披针形，长 1.5 ~ 1.9 mm。

【发生规律】　1 年发生 1 代，以卵在枝条上或枝条内越冬。翌年 4 月下旬后，越冬卵开始孵化，5 月上旬至 5 月中旬为孵化盛期，5 月下旬进入末期。初孵若虫喜群集在新梢基部取食，同时，腹部不断地排出泡沫将虫体覆盖，尾部还不时翘起，露在泡沫外。2 龄若虫除为害新梢基部外，还可在其中上部取食。3 龄以上若虫活动性增强，常不在一处取食，多为害一二年生枝条，亦可为害三至五年生枝条，取食量亦明显增大，排出的泡沫显著增多，整个虫体都包被在泡沫中。被害枝条上不时有水滴下滴，并沿着枝干流淌，呈水渍状。若虫在泡沫里蜕皮。一生蜕 4 次皮，共有 5 龄。6 月下旬成虫开始陆续羽化并产卵。

【防治方法】　秋、冬季剪除着卵枯梢并销毁；在 6 月初若虫群集为害时，喷洒 10% 吡虫啉 4 000 倍液，有良好的防治效果。

（一〇一）斑衣蜡蝉

斑衣蜡蝉［*Lycorma delicatula*（White）］，又名灰花蛾、花娘子、红娘子、花媳妇、椿皮蜡蝉、斑衣、樗鸡等，属同翅目蜡蝉科。

【分布与寄主】　在国内河北、北京、河南、山西、陕西、山东、江苏、浙江、安徽、湖北、广东、云南、四川等省市有分布；国外越南、印度、日本等国也有分布。此虫为害葡萄、苹果、杏、桃、李、猕猴桃、海棠、樱花、刺槐等多种

斑衣蜡蝉成虫

斑衣蜡蝉卵块

斑衣蜡蝉若虫

斑衣蜡蝉高龄若虫

果树和经济林木。

【为害状】　斑衣蜡蝉的成虫和若虫常群栖于树干或树叶上，以叶柄处最多。吸食果树的汁液，嫩叶受害后常造成穿孔，受害严重的叶片常破裂，也容易引起落花落果。成虫和若虫吸食树木汁液后，对其糖分是不能完全利用的，从尾部排出，晶莹如珠。此排泄物往往招致霉菌繁殖，引起树皮枯裂。

【形态特征】

1. 成虫　雌成虫体长 15 ～ 20 mm，翅展 38 ～ 55 mm。雄虫略小。前翅长卵形，革质，前 2/3 为粉红色或淡褐色，后 1/3 为灰褐色或黑褐色，翅脉白色，呈网状，翅面均杂有大小不等的 20 余个黑点。后翅略呈不等边三角形，近基部 1/2 处为红色，有黑褐色斑点 6 ～ 10 个，翅的中部有倒三角形半透明的白色区，端部黑色。

2. 卵　圆柱形，长 2.5 ～ 3 mm，卵粒平行排列成行，数行成块，每块有卵 40 ～ 50 粒不等，上面覆有灰色土状分泌物，卵块的外形像一块土饼，并黏附在附着物上。

3. 若虫　扁平，初龄黑色，体上有许多的小白斑，头尖，足长，4 龄若虫体背红色，两侧出现翅芽，停立如鸡。末龄红色，其上有黑斑。

【发生规律】　斑衣蜡蝉 1 年发生 1 代，以卵越冬。在山东 5 月下旬开始孵化，在陕西武功 4 月中旬开始孵化，在南方地区其孵化期将提早到 3 月底或 4 月初。寄主不同，卵的孵化率相差较大，产于臭椿树上的卵，其孵化率高达 80%；产于槐树、榆树上的卵，其孵化率只有 2% ～ 3%。若虫常群集在葡萄等寄主植物的幼茎嫩叶背面，以口针刺入寄主植物叶脉内或嫩茎中吸取汁液，受惊吓后立即跳跃逃避，迁移距离为 1 ～ 2 m。蜕皮 4 次后，于 6 月中旬羽化为成虫。为害也随之加剧。到 8 月中旬开始交尾产卵，交尾多在夜间，卵产于树干向南处，或树枝分叉阴面，卵呈块状，排列整齐，卵外附有粉状蜡质。

【防治方法】

1. 人工防治　冬季进行合理修剪，把越冬卵块压碎，以除卵为主，从而减少虫源。

2. **小网捕杀**　在若虫和成虫盛发期，可用小捕虫网进行捕杀，能收到一定的效果。

3. **药剂防治**　在若虫和成虫大发生的夏秋天，喷洒 50% 敌敌畏乳剂 1 000 倍液，或 90% 晶体敌百虫 1 200 倍液，或 40% 马拉硫磷乳剂 1 500 倍液，均有较好的防治效果。

4. **更换树种**　采用上述防治方法都不太理想的为害严重地区，应考虑更换树种或营造混交林，以减少其为害。在建园时，应尽量远离臭椿和苦楝等杂木。

（一〇二）绿盲蝽

绿盲蝽〔*Lygocoris lucorum*（Meyer-Dür.）〕，别名花叶虫、小臭虫等，属半翅目盲蝽科。

绿盲蝽为害苹果叶片呈现穿孔　　　　　　　　　　　绿盲蝽成虫

【分布与寄主】　分布几遍全国各地。为杂食性害虫，寄主有棉花、桑、葡萄、苹果、桃、麻类、豆类、玉米、马铃薯、瓜类、苜蓿、药用植物、花卉、蒿类、十字花科蔬菜等。

【为害状】　以成虫和若虫通过刺吸式口器吮吸幼嫩器官的汁液。被害幼叶最初出现细小黑褐色坏死斑点，叶长大后形成无数孔洞，叶缘开裂，严重时叶片扭曲皱缩，芽叶伸展后，叶面呈现不规则的孔洞，叶缘残缺破烂；花蕾被害产生小黑斑；新梢生长点被害，呈黑褐色坏死斑。

【形态特征】

1. **成虫**　体长 5 mm，宽 2.2 mm，绿色，密被短毛。头部三角形，黄绿色，复眼黑色突出，无单眼，触角 4 节丝状，较短，约为体长的 2/3，第 2 节长等于第 3、第 4 节之和，向端部颜色渐深，第 1 节黄绿色，第 4 节黑褐色。前胸背板深绿色，有许多小黑点，前缘宽。小盾片三角形微突，黄绿色，中央具 1 条浅纵纹。前翅膜片半透明暗灰色，其余绿色。

2. **卵**　1 mm，黄绿色，长口袋形，卵盖奶黄色，中央凹陷，两端突起，边缘无附属物。

3. **若虫**　5 龄，与成虫相似。初孵时绿色，复眼桃红色。2 龄黄褐色，3 龄出现翅芽，4 龄超过第 1 腹节，2 龄、3 龄、4 龄触角端和足端黑褐色，5 龄后全体鲜绿色，密被黑细毛；触角淡黄色，端部色渐深，眼灰色。

【发生规律】　北方年生 3 ~ 5 代，运城 4 代，陕西泾阳、河南安阳 5 代，江西 6 ~ 7 代，在长江流域 1 年发生 5 代，华南地区 7 ~ 8 代，以卵在桃、苹果、石榴、葡萄、棉花枯断枝茎髓内以及剪口髓部越冬。翌年 4 月上旬，越冬卵开始孵化，4 月中下旬为孵化盛期。若虫为 5 龄，起初在蚕豆、胡萝卜及杂草上为害，5 月开始为害葡萄。绿盲蝽有趋嫩为害习性，喜在潮湿条件下发生。5 月上旬出现成虫，开始产卵，产卵期长达 19 ~ 30 d，卵孵化期 6 ~ 8 d。成虫寿命最长，最长可达 45 d，9 月下旬开始产卵越冬。

翌年春 3 ~ 4 月旬均温高于 10 ℃或连续 5 d 均温达 11 ℃，相对湿度高于 70%，卵开始孵化。第一、第二代多生活在紫云英、苜蓿等绿肥田中。成虫寿命长，产卵期 30 ~ 40 d，发生期不整齐。成虫飞行力强，喜食花蜜，羽化后 6 ~ 7 d 开始产卵。果树上以春、秋两季受害重。主要天敌有寄生蜂、草蛉、捕食性蜘蛛等。

【防治方法】

1. 清洁果园 结合果园管理，春前清除杂草。果树修剪后，应清理剪下的枝梢。

2. 雨季注意事项 多雨季节注意开沟排水、中耕除草，降低园内湿度。

3. 农药防治 抓住第一代低龄期若虫，适时喷洒农药，喷药防治时结合虫情测报，在若虫 3 龄以前用药效果最好，7 ~ 10 d 1 次，每代需喷药 1 ~ 2 次。生长期有效药剂有 1% 苦皮藤水乳剂有效成分用药量 4.5 ~ 6 g/hm²，10% 吡虫啉悬浮剂 2 000 倍液，3% 啶虫脒乳油 2 000 倍液，1.8% 阿维菌素乳油 3 000 倍液，48% 毒死蜱乳油或可湿性粉剂 1 500 倍液，25% 氯氰·毒死蜱乳油 1 000 倍液。药剂防治要群防群治，统一用药效果好，以免害虫相互飞散。

（一〇三）绣线菊蚜

绣线菊蚜（*Aphis citricola* Van der Goot），又名苹果黄蚜，属同翅目蚜科。

【分布与寄主】 在中国分布于各果产区；国外日本、朝鲜、印度、巴基斯坦、澳大利亚、新西兰及非洲、北美、中美地区均有分布。寄主植物有苹果、梨、桃、柑橘、李、樱桃、山楂及多种绣线菊、樱花、榆叶梅等。

【为害状】 成蚜、若蚜群集在幼叶、徒长枝、嫩梢及芽上，被害叶片向下弯曲或稍横向卷曲，严重时可盖满嫩梢 10 cm 内幼叶背面，使植物营养恶化，生长停滞或延迟，严重的畸形生长。苹果果实受害主要在幼果期，常布满蚜虫。

【形态特征】

1. 成虫 ①无翅孤雌胎生蚜：体长 1.6 ~ 1.7 mm，宽 0.95 mm 左右。体近纺锤形，黄色、黄绿色或绿色。头部、复眼、口器、腹管和尾片均为黑色，口器伸达中足基节窝，触角显著比体短，基部浅黑色，无次生感觉圈。腹管圆柱形向末端渐细，尾片圆锥形，生有 10 根左右弯曲的毛，体两侧有明显的乳头状突起，尾板末端圆，有毛 12 ~ 13 根。②有翅孤雌胎生蚜：体长 1.5 ~ 1.7 mm，翅展 4.5 mm 左右，体近纺锤形，头、胸、口器、腹管、尾片均为黑色，腹部绿色、浅绿色、黄绿色，复眼暗红色，口器黑色，伸达后足基节窝，触角丝状 6 节，较体短，第 3 节有圆形次生感觉圈 6 ~ 10 个，第 4 节有 2 ~ 4 个，体两侧有黑斑，并具明显的乳头状突起。尾片圆锥形，末端稍圆，有 9 ~ 13 根毛。

2. 卵 椭圆形，长径 0.5 mm 左右，初产浅黄色，渐变为黄褐色、暗绿色，孵化前漆黑色，有光泽。

3. 若虫 鲜黄色，无翅若蚜腹部较肥大，腹管短，有翅若蚜胸部发达，具翅芽，腹部正常。

【发生规律】 1 年发生 10 余代，以卵在枝条的芽缝或皮缝内越冬。翌年 4 月果树萌芽后开始孵化，约在 5 月上旬孵化结束。初孵幼蚜群集在叶或芽上为害，经 10 d 左右发育为干母，干母可胎生无翅胎生雌蚜，以孤雌生殖方式继续进行繁殖，5 月下旬开始出现有翅胎生雌蚜并迁飞扩散。6 ~ 7 月间由于温、湿度条件适合，繁殖加快，虫口密度迅速增长，为害严重，树梢、叶背、叶柄满布蚜虫，并向其他植株扩散。8 ~ 9 月发生数量逐渐减少。10 月出现性母，迁飞后产生有性蚜，雌、雄交尾产卵，以卵越冬。每头雌蚜产卵 1 ~ 6 粒。

自然界中存在不少蚜虫的天敌，如七星瓢虫（*Coccinella septempunctata* Linnaeus）、龟纹瓢虫［*Propylea japonica*（Thun.）］叶色草蛉（*Chrysopa phyllochroma* Wes.）、大草蛉（*Chrysopa septempunctata* Wes.）、中华草蛉（*Chrysopa sinica* T.）以及一些寄生蚜和多种食蚜蝇。这些天敌对抑制蚜虫的发生具有重要的作用，应加以保护。

【防治方法】

1. 药剂防治 防治有两个关键时期：一是果树花芽膨大若虫孵化期，将蚜虫消灭在孵化之后；二是谢花后，将其消灭在繁殖为害初期。

（1）果树休眠期的防治：可结合叶螨、介壳虫的防治，在果树发芽以前喷布 5% 矿物油乳剂，可以防治越冬蚜卵。

（2）果树生长期的防治：常用药剂有 10% 氟啶虫酰胺水分散剂 3 000 ~ 4 000 倍液、10% 吡虫啉 3 000 倍液、3% 啶虫脒 2 500 倍液、25% 噻虫嗪水分散粒剂 6 000 倍液。有关试验结果表明，植物源农药 2.5% 鱼藤酮乳油、0.36% 苦参碱水剂、0.65% 茼蒿素水剂和 5% 除虫菊酯乳油，在用药 1 周后防治效果达到 80% 左右，其中 0.36% 苦参碱水剂效果最佳，可以取代同类化学农药进行安全果品生产。

（3）药剂涂干：对水源较远、取水困难的未结果果树，尤其适用。5 月上旬即蚜虫发生初期，用毛刷将配好的具有内吸作用的药剂稀释液直接涂在主干上部或主枝基部（涂成 6 cm 宽的药环）。若树皮较粗糙时，可先将粗皮刮去，但不要伤及嫩皮（稍露白即可）。涂药后用塑料布或废报纸包扎好。用 40% 乐果乳剂，以 2 份水稀释，涂药后需经 3 ~ 5 d 后才产

绣线菊蚜在苹果树幼叶背面为害状　　　绣线菊蚜为害苹果幼果果面有瘢痕　　　绣线菊蚜为害苹果幼果

绣线菊蚜布满苹果叶片　　　　　　　　　　　　绣线菊蚜有翅蚜

七星瓢虫幼虫捕食绣线菊蚜　　　　　一只瓢虫低龄幼虫正在苹果幼果捕食绣线菊蚜，右上方为斑衣
　　　　　　　　　　　　　　　　　　　　　　　蜡蝉低龄若虫

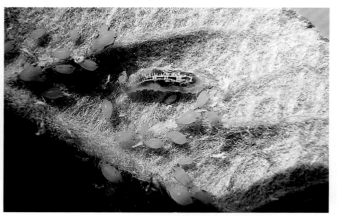

绣线菊蚜被瓢虫幼虫捕食　　　　　　　　　食蚜蝇幼虫捕食绣线菊蚜

生药效，故应以蚜害初期施用为宜。若气候条件适宜、蚜大量增殖、涂药后虫口下降不明显时，可于第 1 次涂药后 10 d，在原涂药部位再涂药 1 次，以保证防治效果，切忌药液过浓，否则易发生药害。

2.**生物防治**　保护利用天敌。

（一〇四）苹果瘤蚜

苹果瘤蚜（*Myzus malisuctus* Mats.），又名苹果卷叶蚜，属同翅目蚜科。

苹果瘤蚜严重为害致叶片枯死

苹果瘤蚜为害苹果树整个枝梢

苹果瘤蚜成蚜（黑褐色虫体）在为害的叶片内繁殖

苹果瘤蚜为害叶片纵卷

苹果瘤蚜为害叶片，被害叶面密布黄白色斑点

苹果瘤蚜若蚜在为害的叶片内

苹果瘤蚜在苹果树枝越冬芽处产黑色卵

【**分布与寄主**】　在中国各苹果产区均有分布；国外日本、朝鲜有分布。寄主植物主要有苹果、沙果、海棠、山定子等。

【**为害状**】　成、若蚜群集于寄主的新梢、嫩叶或幼果上吸取汁液，初期被害叶面密布黄白色斑点，似花叶，皱缩不平，后期叶边缘向背面纵向卷缩，且组织增生，致使叶片加厚、变脆；受害严重时整个枝梢嫩叶全部皱缩成条状，冬季也不落叶。受害枝梢细弱，叶间缩短，逐渐枯死，被害叶面密布黄白色斑点。幼果受害后果面呈现凹陷而形状不整的红斑或发育受阻。

【**形态特征**】

1. 成虫　①无翅胎生雌蚜：体长 1.4 ~ 1.6 mm，近纺锤形，体暗绿色或褐绿色，头漆黑色，复眼暗红色，具有明显的额瘤。②有翅胎生雌蚜：体长 1.5 mm 左右，卵圆形。头、胸部暗褐色，具明显的额瘤，且生有 2 ~ 3 根黑毛。若虫小，似无翅蚜，体淡绿色。其中有的个体胸背上具有 1 对暗色的翅芽，此型称翅基蚜，日后则发育成有翅蚜。

2. 卵　长椭圆形，黑绿色而有光泽，长径约 0.5 mm。

【**发生规律**】　1 年发生 10 多代，以卵在 1 年生枝条芽缝、剪锯口等处越冬。翌年 4 月上旬越冬卵孵化，春、秋季均孤雌生殖，发生为害盛期在 6 月中下旬。10 ~ 11 月出现有性蚜，交尾后产卵，以卵态越冬。

【**防治方法**】　防治苹果瘤蚜的关键是在越冬卵孵化盛期细致喷药。

1. 准确预测卵孵化盛期　在上一年瘤蚜发生较重的地块随机选 5 棵树，每株定几个有越冬卵的枝条调查 40 ~ 80 粒卵，共调查 200 ~ 400 粒（应排除皱缩而无光泽的死卵）。从果树发芽时开始调查，每隔 1 d 调查 1 次，记录卵数和卵壳数，计算孵化率。当孵化率达 80% 时立即喷药。苹果瘤蚜越冬卵孵化期与苹果的物候期有较稳定的相关性，一般在苹果花芽萌动期越冬卵开始孵化，展叶期孵化已达盛末期。豫西地区苹果瘤蚜的卵孵化始期在 4 月初，4 月中旬为孵化盛期，4 月下旬孵化结束。

2. 喷药防治　参考绣线菊蚜。要求淋洗式喷布，做到枝、叶、芽全面着药，力争全面杀灭害虫。常用药剂有 10% 氟啶虫酰胺水分散粒剂 2 500 ~ 5 000 倍液、20% 啶虫脒可溶粉剂 9 000 ~ 10 000 倍液、10% 吡虫啉可湿性粉剂 3 000 ~ 4 000 倍液。

（一〇五）山楂叶螨

山楂叶螨成螨在苹果叶片背面结网、产卵　　山楂叶螨为害苹果树叶片出现失绿斑点　　山楂叶螨严重为害苹果树，叶片出现失绿枯干

山楂叶螨成螨与卵粒在苹果叶片（背面）　　山楂叶螨成螨与卵粒在苹果叶片（正面）　　山楂叶螨在苹果树枯皮下越冬

山楂叶螨（*Tetranychus viennensis* Zacher），又名山楂红蜘蛛、樱桃红蜘蛛，属蛛形纲蜱螨目叶螨科。

【分布与寄主】 在国内北方果产区普遍发生；在国外主要分布于日本、朝鲜、俄罗斯、美国、英国、澳大利亚等国。寄主植物有苹果、梨、桃、樱桃、杏、李、山楂、梅、榛子、核桃等。

【为害状】 常以小群体在叶片背面主脉两侧吐丝结网、产卵，受害叶片先从近叶柄的主脉两侧出现灰黄斑，严重时叶片枯焦并早期脱落。

【形态特征】

1. **成螨** 雌成螨体长约 0.5 mm，宽约 0.3 mm，体椭圆形，深红色，体背前方隆起；雄螨体长约 0.4 mm，宽约 0.2 mm，体色橘黄，体背两侧有两条黑斑纹。

2. **卵** 橙黄色至橙红色，圆球形，直径约 0.15 mm。卵多产于干叶背面，常悬挂于蛛丝上。

3. **幼若螨** 幼螨乳白色，足 3 对。若螨卵圆形，足 4 对，橙黄色至翠绿色。

【发生规律】 1 年发生代数因气候等条件影响而有差异。辽宁省 1 年发生 3 ~ 6 代，河北 1 年发生 7 ~ 10 代，甘肃 1 年发生 4 ~ 5 代，陕西 1 年发生 5 ~ 6 代，济南 1 年发生 9 ~ 10 代，河南 1 年发生 12 ~ 13 代。由于各地温、湿度不同，个体历期也不同。在同一地区内由于营养状况不同，不同年份气候状况不同，个体历期也有差异。每完成 1 代经历 5 个虫期，即卵期、幼螨期、前若螨期、后若螨期、成螨期。自幼螨至成虫经 3 次静止、3 次蜕皮。温度高，发育周期短，完成 1 代需 13 ~ 21 d。此螨以交过尾的雌成螨过冬，主要在树皮缝内，当虫口密度很大时，在树下土内和枯枝、落叶、杂草内过冬。当气温上升到 10 ℃时越冬雌成螨开始活动，芽开绽期出蛰。苹果花序分离为出蛰盛期，出蛰期持续约 40 d，但 70% ~ 80% 集中在盛期出蛰，盛期持续 3 ~ 5 d。成虫不活泼，群集叶背面为害，并吐丝拉网，先集出蛰成螨多集中在离主枝近的膛内枝上为害，5 月下旬逐渐扩散，6 月即进入严重为害期，7 ~ 8 月繁殖最快、数量最大、为害也最重。受精雌成螨一般会较快地寻觅产卵位置。在种群密度低时，雌成螨一般定位于叶基半部背面或近主脉处产卵，不进行较长距离转移。雌成螨主要将其卵以辐射状产于其开始定位的四周，叶螨不会轻易跨主脉产卵。单叶螨量密度高时个体发生转移，且叶螨转移距离最近，即以最短距离寻觅到适当位置时即可定位产卵。当转移到无螨叶片时，仍以单叶靠基部主脉两侧为最佳定居点。苹果树幼株上的山楂叶螨在繁殖上升过程中，随着种群数量的增加，叶片受到越来越严重的破坏，营养质量随之迅速下降，进而使山楂叶螨种群数量锐减。不同地区不同年份大量发生期可相差 20 ~ 30 d。在冀中南梨区 6 月中旬已为害比较严重，严重为害期一般在 7 ~ 8 月间。9 月下旬开始出现越冬代成虫。

有研究表明，山楂叶螨在不同苹果品种上的生长发育和繁殖也会有显著性的差异，在测试的三个品种中，其发育历期在秦冠、嘎啦两个品种间存在显著差异，雌成螨和雄成螨的发育历期在秦冠上明显长于嘎啦，而富士上的发育历期与其余两种的发育历期并无显著差异。不同苹果品种对山楂叶螨的产卵历期、成螨寿命和平均单雌产卵量的影响也有具体的体现。产卵历期以在嘎啦上最长，富士、秦冠之间无显著差异，成螨寿命又以富士最短，嘎啦、秦冠之间无显著差异，平均单雌产卵量的个数在三个苹果品种间有显著差异，以嘎啦上个数最多，其次是富士，秦冠最少。山楂叶螨在所研究的三个苹果品种上以在秦冠上的发育历期最长，繁殖能力最差。

【调查与测报】

1. **越冬雌成螨上芽为害调查** 苹果发芽前，在上年山楂叶螨发生较重的果园，选择中熟品种 5 ~ 10 株，每株选内膛花芽 10 ~ 20 个进行标记，总数不少于 100 个芽，从苹果发芽时（4 月 1 日起），每 3 天调查 1 次，统计芽上的雌成螨，同时除去上芽的雌成螨。发现有雌成螨上芽时，即发出动态预报，做好防治准备。平均每芽雌成螨达 1 头时，应立即发出防治预报，并进行花前药剂防治。

2. **田间叶螨数量消长调查** 开花后，采用对角线法选定 5 株，每株在树冠内膛和主枝中段各 10 个叶丛枝上取近中部 1 片叶，共取 100 片叶，统计各叶片上的卵、幼螨、若螨、成螨数量，定期 5 d 调查 1 次，此期防治指标为平均每叶上活动螨为 2 ~ 3 头。6 月中旬随叶螨向外围转移为害，取样点应为主枝中段和树冠外围各 10 个叶丛枝的近中部的 1 片叶。此时防治指标可放宽为平均每叶 3 ~ 4 头。

【防治方法】

1. **刮树皮和清除落叶，防治越冬成螨** 因山楂叶螨的成螨在树下落叶或老树粗皮缝内过冬，所以应在初冬彻底清扫果园落叶并集中烧毁，早春树体萌动前刮去老粗皮集中烧毁，以防治越冬成螨。

2. **果树花前、花后防治** 花序分离期至初花期前 1 d（花前）和落花后 7 ~ 10 d（花后）是药剂防治的两个关键时期。首选药剂有哒螨灵，螺螨酯，噻螨酮，有效药剂有四螨嗪，阿维菌素，乙螨唑，唑螨酯，三唑锡，苦参碱等；适用的复配药剂有：阿维·哒螨灵、乙螨·三唑锡、四螨·联苯肼、唑酯·炔螨特、哒螨·矿物油、联菊·丁醚脲等。在以山楂叶螨发生为主的果园，喷布 0.5° Bé 石硫合剂（花前）和 0.3° Bé 石硫合剂（花后）各 1～2 次，也可对苹果叶螨、果苔螨等有一定兼治作用。在花前和花后还可喷布氟螨、喹螨醚、溴螨酯等。

（一〇六）二斑叶螨

二斑叶螨（*Tetranychus urticae* Koch.），又名二点叶螨、普通叶螨，俗称白蜘蛛，属蜱螨目叶螨科，是世界性主要害螨。

二斑叶螨苹果树为害状

二斑叶螨为害苹果树，使叶片枯黄

二斑叶螨为害苹果树，使叶片失绿

二斑叶螨为害苹果树，使叶片变为暗褐色

二斑叶螨

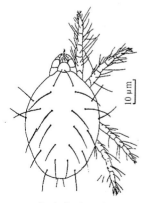

二斑叶螨形态特征

【分布与寄主】 该螨分布范围广，寄主种类多，现已知寄主达 150 多种。在国外，它不仅为害棉花、蔬菜等作物，还为害多种树木、花卉和杂草，也是苹果、梨、桃、葡萄等落叶果树的主要害螨之一。已知在国内北京郊区、河北昌黎、甘肃兰州和天水、河南三门峡、山东龙口等地局部苹果园为害严重。

【为害状】 主要在寄主叶片的背面取食和繁殖。苹果、梨、桃等果树叶片受害，初期叶片沿叶脉附近出现许多细小失绿斑点，随着害螨数量增加，为害加重，叶背面逐渐变为暗褐色，叶面失绿，呈现苍灰色并变硬脆。为害严重时造成大量落叶。

【形态特征】
1. 成螨 雌成螨呈椭圆形，长 0.5 ~ 0.6 mm，宽 0.3 ~ 0.4 mm。体色灰绿色、黄绿色或深绿色。体背两侧各有褐斑 1 个，褐斑外侧 3 裂。越冬滞育形成雌成螨，体色变为橙黄色，褐斑消失。雄螨体略呈菱形，长 0.3 ~ 0.4 mm，宽 0.2 ~ 0.25 mm。灰绿色或黄绿色，活动较敏捷。
2. 卵 圆球形，有光泽，直径约 0.1 mm。初产时无色透明，后变淡黄色，随胚胎发育颜色逐渐加深，临孵化前出现两个红色眼点。
3. 幼若螨 幼螨半球形，淡黄色或黄绿色，足 3 对。若螨分为前若螨和后若螨两个虫期。体椭圆形，黄绿色或深绿色，足 4 对。各若螨期和成螨期开始前，均经过一个静止期，螨体固定在植物或丝网上，不食不动，准备蜕皮。

【发生规律】 南方 1 年发生 20 代以上，北方 12 ~ 15 代。北方以雌成螨在土缝、枯枝落叶下或旋花、夏枯草等宿根性杂草的根际以及树皮缝等处吐丝结网潜伏越冬。2 月均温达 5 ~ 6 ℃时，越冬雌螨开始活动，3 月均温达 6 ~ 7 ℃时开始产卵繁殖。卵期 10 d 以上。成虫开始产卵至第一代幼虫孵化盛期需 20 ~ 30 d。以后世代重叠，随气温升高，繁殖会加快。越冬雌螨出蛰后多集中在早春寄主（主要为宿根性杂草）上为害繁殖，待果树林木发芽，农作物出苗后始转移为害。6 月中旬至 7 月中旬为猖獗为害期。进入雨季虫口密度迅速下降，为害基本结束，如后期仍干旱可再度猖獗为害，至 9 月气温下降则陆续向杂草上转移，10 月陆续越冬。行两性生殖，不交尾也可产卵，未受精的卵孵出均为雌螨。每头雌螨可产卵 50 ~ 110 粒。后期大发生时，表现为果树内膛为害较重，由里向外发展。叶片向正面鼓起，背面吐丝结网，卵螨密度很大，同时杂草、野菜及作物也大量发生（表现为叶正面有群集褪绿黄色斑点，易辨认）。由于其持续为害时间长、越冬晚，这可区别于其他害螨，故进入 8 ~ 10 月时仍有可能造成严重为害。严重时大量吐丝结网，群集在一起可达数万头，呈米黄色，厚厚地堆集在一起，可随风及作业扩散。

【防治方法】
1. 清洁果园 将果园内外杂草及地面覆草全部清理干净、深埋，减少越冬虫源。
2. 药剂防治 春季在重刮翘皮的基础上（特别根茎周围较多），结合喷 5° Bé 石硫合剂，休眠期杀灭成、幼螨和卵最有效，对抑制生长期为害甚为有利。用药时，注意地面杂草、野菜等无疏漏。由于生长季前期（5 月底前），二斑叶螨多隐藏于树冠内膛及骨干枝基部叶丛枝上，不易被发现和喷杀，故极易被忽视。为及早发现，可以通过观察园内外杂草、野菜或观察根茎周围根蘖苗、叶片背面等及时发现，尽早防治。防治首选药剂为阿维菌素；有效药剂有炔螨特、阿维·哒螨灵、唑酯·炔螨特、阿维·三唑锡、噻酮·炔螨特等。

（一〇七）苹果全爪螨

苹果全爪螨［Panonychus ulmi（Koch.）］，又名苹果红蜘蛛，属蛛形纲蜱螨目叶螨科。

【分布与寄主】 国内外分布较普遍，在中国以渤海湾苹果产区发生较重。主要为害苹果、梨、沙果、桃、杏、李、山梅等，其中以苹果受害最重。

【为害状】 成螨多在叶面活动为害，一般不吐丝结网。在种群密度过高、营养条件不良时，成螨常吐丝下垂，借风扩散。被害叶初有失绿斑点，受害重时叶片黄绿色、脆硬，远看呈现一片苍灰色，从远处看和银叶病危害类似，但不落叶。

苹果全爪螨（放大）

【形态特征】

1. **成螨**　雌成螨体长约 0.45 mm，宽 0.29 mm 左右。体圆形，红色，取食后变为深红色。背部显著隆起。背毛 26 根，着生于粗大的黄白色毛瘤上；背毛粗壮，向后延伸。足 4 对，黄白色；各足爪间突具坚爪，镰刀形；其腹基侧具 3 对针状毛。雄螨体长 0.30 mm 左右。初蜕皮时为浅橘红色，取食后呈深橘红色。体尾端较尖。刚毛的数目与排列同雌成螨。卵葱头形，顶部中央具一短柄。夏卵橘红色，冬卵深红色。

2. **卵**　葱头形，两端略显扁平，直径 0.13 ~ 0.15 mm，夏卵橘红色，冬卵深红色，卵壳表面布满纵纹。

3. **幼螨**　足 3 对。越冬卵孵化出的第一代幼螨呈淡橘红色，取食后呈暗红色；夏卵孵出的幼螨初孵时为黄色，后变为橘红色或深绿色。

4. **若螨**　足 4 对。有前期若螨与后期若螨之分。前期若螨体色较幼螨深；后期若螨体背毛较为明显，体形似成螨，已可分辨出雌雄。

【发生规律】　1 年发生 6 ~ 9 代，以冬卵在主枝、侧枝、叶痕等处越冬。春季花芽吐绿时开始孵化，初花期为孵化盛期。孵化很整齐，从吐绿至开花仅 5 d 左右越冬卵即有 90% 以上孵化。此期虫态单一整齐，是全年防治的第一个关键点。幼螨经 3 次蜕皮变为成螨，每代历期不同，高温季节历期短，低温季节历期长。据在大连三十里堡观察，从越冬卵开始孵化至全部孵化结束，历时 9 ~ 14 d，开始孵化后 3 ~ 5 d 即进入盛期，孵化较为集中。从苹果物候期来看，正值国光品种花序分离期或元帅品种花蕾变色期。此期因幼、若螨抗药力差，而且树的叶面积小，便于细致、周密地喷洒药液，这是防治的第 1 个有利时期。由于越冬卵孵化相当集中，越冬代成螨的发生期也就较为整齐，成螨发生始期为 5 月上旬，5 月中旬出现高峰，5 月底成螨基本死光；第一代夏卵已基本孵化结束，而第一代雌成螨才开始发生，尚未产卵，此时是防治苹果全爪螨的第 2 个关键时期。进入 6 月以后，同一世代各个虫态并存，世代重叠现象亦渐趋严重，使用药剂防治的效果往往不甚理想。苹果全爪螨全年以 6 月中旬至 7 月下旬之前的 3 个世代为种群增长阶段，亦是全年为害的最重时期。这主要与前期干旱、天敌种群数量较低有关。之后，进入雨季，湿度增大，天敌活动频繁，害螨种群数量进入消减阶段。至 8 月中下旬田间开始出现越冬卵。幼若螨喜在叶背活动，成螨则在叶面和叶背面活动，雌雄交尾后产卵，卵多产在叶背面近叶缘处及叶正面主脉沟内。第一代成虫发生期在 5 月下旬，此期虫态还比较整齐，自第一代后期即各代交错，各虫态同时存在。麦收前有 1 次虫量高峰，7 ~ 8 月为盛发期，为害最重。9 ~ 10 月间产卵越冬。河北昌黎有的年份 7 ~ 8 月气温高过 35 ℃，虫量大幅度减少。此虫在河北中南部及河南发生量较少，可能与夏季高温有关。

【预测方法】

1. **越冬卵监测**　在苹果树萌芽、越冬卵临近孵化之前，截取带有越冬卵的 3 ~ 5 cm 长的小枝 5 ~ 10 段，分别钉在 10 cm × 20 cm 的白色木板上，在小枝四周的木板上环涂 1 cm 宽的凡士林带，以防止幼螨逃逸，然后将小板背向阳光系挂苹果树冠中或放置百叶箱中，自幼螨孵化之日起，每天定时统计幼螨孵化数量。在越冬卵孵化基本结束时，立即喷洒选择性杀螨剂。

2. **生长季活动或螨数量监测**　冬卵孵化结束后，在苹果园梅花式选定 5 株树，定期 5 ~ 7 d 系统调查害螨数量，每树在东、西、南、北、中每个方位随机取 4 片叶，5 株树计 100 片叶，统计其上的活动螨数，按照防治的经济阈值进行施药。其防治标准为：7 月中旬以前，4 ~ 5 头 / 叶活动期螨；7 月中旬以后，7 ~ 8 头 / 叶活动期螨。

【防治方法】

1. **越冬卵孵化期防治**　当春季越冬卵孵化率达 30%（量多年份）和 60%（量少年份）时，进行第 1 次药剂防治。

2. **综合防治**　参见山楂叶螨。

（一〇八）果苔螨

果苔螨 [Bryobia rubrioculus（Scheuten）]，又名长腿红蜘蛛、扁红蜘蛛、苜蓿红蜘蛛、小红苔螨等，属蜱螨目苔螨科。

【分布与寄主】　过去曾是我国落叶果树上的重要害螨之一，现在在大部分果区很少造成为害，但在局部地区仍有发生，西北果产区为害较重。寄主有苹果、梨、榛子、沙果、山楂、桃、李、杏、梅、樱桃等。

【为害状】　被害叶片失绿、苍白、变灰，光合作用功能减退，一般不致落叶。

【形态特征】

1. **成螨** 雌成螨体长 0.5 ~ 0.6 mm，宽 0.37 ~ 0.45 mm，扁平椭圆形，褐红色、绿褐色或黑褐色。前、后半体之间界限明显，身体周缘有明显的浅沟。体背面有粗糙横褶皱，并布满圆形小颗粒。体前端具 4 个叶突，上有扇形刚毛。体背中央纵列两排扁平、叶状刚毛 16 对，白色。第 1 对足常超过体长。没有雄虫，行孤雌生殖。

2. **卵** 近似圆球形，深红色，表面光滑。夏卵产在叶背叶柄基部、果枝果台上，冬卵产在主、侧枝阴面。

3. **幼螨** 足 3 对，初孵化橘红色，取食后为绿色。

4. **若螨** 足 4 对，初为褐色，取食后为绿色。

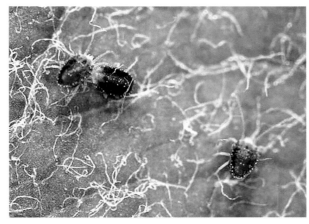

果苔螨（放大）

【发生规律】 果苔螨在北方果区 1 年发生 3 ~ 5 代，在江苏等南方地区年生 7 ~ 10 代，以鲜红色越冬卵于主侧枝阴面的粗皮缝隙中、枝条下面和短果枝叶痕等处过冬。当春季气温平均为 7 ℃以上，苹果发芽时开始孵化，初花期为孵花盛期。当日平均温度在 23 ~ 25 ℃时，卵期 9 ~ 14 d，幼螨期 4 ~ 6 d，若螨期 6 ~ 9 d，发生 1 代需 19 ~ 28 d。日均温度为 10 ~ 31 ℃时，发生 1 代需 41 ~ 48 d。一般在 6 月中下旬至 7 月中上旬为全年为害盛期，以后随气温升高，虫口密度逐渐减小，成螨寿命 25 d 左右。在 5 代区，各代成螨盛发期大体为 5 月下旬、6 月中下旬、7 月中旬、8 月中旬和 9 月上旬。大发生年或受害重的树，7 月中旬前后开始出现越冬卵；发生轻的年份或受害轻的树，于 8 ~ 9 月产越冬卵。果苔螨性极活泼，常往返于叶与果枝间，主要于叶面、果面为害。无吐丝结网习性。行孤雌生殖。夏卵多产在果枝、果苔、萼洼和叶柄等处，幼螨孵化后多集中于叶面基部为害，并在叶柄、主脉凹陷处静止蜕皮。若螨喜在叶柄和枝条等处静止或蜕皮。

【防治方法】 参照苹果全爪螨及山楂叶螨。应着重做好越冬卵孵化盛期（现蕾期）和当年第一代卵孵化盛期（落花后 15 d）两个关键时期的防治。

（一〇九）苹果塔叶蝉

苹果塔叶蝉（*Pyramidotettix mali* Yang），又名黄斑小叶蝉，属同翅目叶蝉科。

【分布与寄主】 在山西、内蒙古、宁夏有分布。为害苹果、葡萄、海棠、沙果。

【为害状】 成、若虫于苹果叶背吸食汁液，致叶面呈现失绿斑点，严重时呈灰黄色斑，状似火烧。

【形态特征】

1. **成虫** 体长 3.5 ~ 3.8 mm，体略呈黄色，具明显斑纹。头部黄色，头冠前缘呈角锥形向前伸出，雌虫长而尖，雄虫短而钝，头冠端部有 1 对灰色斑，复眼黑色，触角刚毛状。前胸背板两侧具褐色宽边，小盾片基半部褐色，端半部黄色，交界处有黑褐色宽带，带后缘中央凹入。前翅淡褐色，基半部有 1 个大黄斑，近半圆斑。

苹果塔叶蝉成虫

2. **卵** 长卵形，微弯曲，长 0.7 ~ 0.8 mm，白色近透明。

3. **若虫** 共 5 龄。初孵至 1 龄白色，略透明，至 2 龄初现翅芽，3 龄翅芽达第 3 腹节，至 5 龄体长达 2.7 ~ 3.1 mm，体色近成虫。

【发生规律】 1 年发生 1 代，以卵于寄主枝条皮层越冬。翌年春开花前至 4 月中旬孵化，5 月底开始羽化为成虫，6 月中旬开始交尾，7 月中旬至 8 月中旬产卵，8 月底成虫绝迹，以卵越冬。成虫和若虫为害期近 4 个月，成虫极活泼，能飞善逃，受惊扰即逃逸。中午多于背阴处活动，日落前多移向光照处。羽化后 7 ~ 11 d 开始交尾，一生可多次交尾。卵多散产在一至三年生枝条节部隆起处的韧皮部内，斜立，枝条表面留 0.3 ~ 0.4 mm 长的梭形裂口，偶有 2 粒并列产在一起者。若虫活泼，稍惊动便横行移动。若虫期 36 ~ 47 d。8 月中旬以后成虫渐向杂草上转移，以菊科的蒿类较多，但不取食，8 月底绝迹。

【防治方法】　以药剂防治为主，发生严重的果园应加强防治，可参考中国梨木虱所用药剂。另外，要保护利用天敌，天敌若虫有草蛉和黑缘红瓢虫的幼虫及小食蚜盲蝽。

第二部分　梨病虫害

一、梨病害

（一）梨黑星病

梨黑星病又称疮痂病、雾病，在我国南北梨产区均有发生，尤以辽宁、河北、山东、陕西、河南、山西等梨产区为害严重。发病严重时，不但引起早期大量落叶，而且为害果实，导致幼果畸形，不能正常膨大；同时病树翌年结果减少，严重影响梨果的产量和质量，造成重大经济损失。病害流行年份，病叶率达90%，病果率达50%～70%。

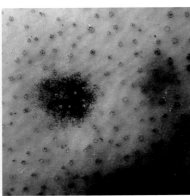

梨黑星病病果初期病斑（1）　　　梨黑星病病果初期病斑（2）　　　　　梨黑星病病果（1）

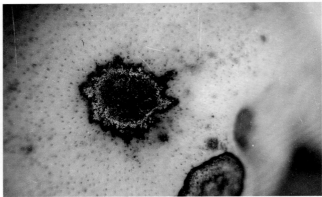

梨黑星病病果（2）　　　　　　　梨黑星病为害果实后期病斑（1）

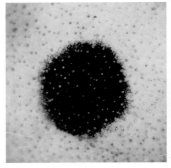
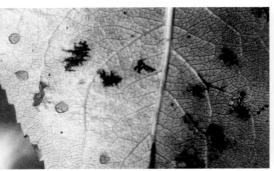

梨黑星病为害果实后期病斑（2）　　　梨黑星病叶片背面黑色病斑　　　　梨黑星病为害叶柄

【症状】 梨黑星病能侵染梨树所有的绿色幼嫩组织，主要侵害叶片和果实，从落花期到果实成熟期均可为害。病斑初期变黄，后变褐枯死并长黑绿色霉状物。

1. **果实** 从幼果期至梨成熟期均可受害。果实上初期产生黄色斑点，条件适合时，病斑上长满黑霉；条件不适合时，病斑上不长黑霉，呈绿色斑，称为"青疔"。幼果受害后因生长受阻，病果呈畸形、开裂、早落。果实成长期受害，在果面形成圆形、黑褐色 5 ~ 10 mm 的凹陷病斑，表面木栓化、开裂，呈荞麦皮状，并可生黑霉，但不呈畸形。

2. **叶片** 幼叶的感病性较强。多数先在叶背面的主脉和支脉之间出现黑绿色至黑色霉状物，尤以叶脉上最多，不久在霉状物对应的正面出现淡黄色病斑，严重时叶片枯黄、早期脱落。叶脉和叶柄上的病斑多为长条形中部凹陷的黑色霉斑，往往引起早期落叶。

3. **新梢** 初生黑色或黑褐色椭圆形的病斑，后逐渐凹陷，表面长出黑霉。最后病斑呈疮痂状，周缘开裂。病斑向上扩展可使叶柄变黑。病梢叶片初变红，再变黄，最后干枯，不易脱落，或脱落而呈干橛状。

4. **芽鳞** 在一个枝条上，亚顶芽最易受害，感病的幼芽鳞片茸毛较多，后期产生黑霉，严重时芽鳞开裂枯死。

5. **花序** 花萼和花梗基部可呈现黑色霉斑，接着叶簇基部也可发病，致使花序和叶簇萎蔫枯死。

【病原】 病原有两种，一种为纳雪黑星菌（*Venturia nashicola* Tanaka et Yamamoto），该种为害日本梨和中国梨（东方梨）。侵染西洋梨的为梨黑星菌（*Venturia pirina* Aderh）。梨黑星病病菌的子囊壳在越冬的病叶上形成，叶正、背面均有，叶背面为多，并常聚生成堆。子囊壳扁球形或圆球形，黑色，颈部较肥短，有孔口，周围无刚毛，平均大小为 111.2 μm × 91 μm。子囊棍棒状，内含 8 个子囊孢子。子囊孢子淡褐色，鞋底形，双胞，上大下小，大小为（10 ~ 15）μm ×（3.8 ~ 6.3）μm。无性阶段为 *Fusicladium pirinum*（Lib.）Fuck 在病斑上长出的黑色霉状物即为病菌的分生孢子梗和分生孢子。分生孢子梗单生或丛生，从寄主角质层下伸出，呈倒棍棒状，暗褐色，直立或弯曲，常不分枝，孢痕多而明显。分生孢子淡褐色，卵形或纺锤形，两端略尖，单胞，萌发前少数生一模隔，大小为（7.5 ~ 22.5）μm ×（5 ~ 7.5）μm。病菌分生孢子在水滴中萌发良好，萌发的温度范围为 2 ~ 30 ℃，以 15 ~ 20 ℃为适，高于 25 ℃萌发率急剧下降。分生孢子形成的温度为 12 ~ 20 ℃，最适温度为 16 ℃。

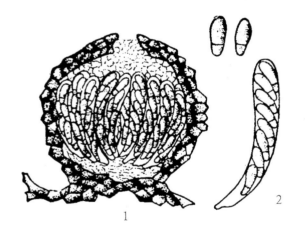

梨黑星病病菌
1.子囊壳 2.子囊及子囊孢子 3.分生孢子梗及分生孢子

【发病规律】 梨黑星病主要以分生孢子或菌丝在病梢或病芽上过冬，也可以分生孢子在落叶上过冬或以菌丝团和假囊壳在落叶上过冬。分生孢子生活力很强，在自然条件下可以存活 4 ~ 7 个月。病菌分生孢子可借风雨传播。在降水量 5 mm、连续 48 h 的阴天，相对湿度 70% ~ 80% 的条件下，分生孢子即可萌发侵染。菌丝在 5 ~ 28 ℃均可生长，11 ~ 20 ℃为适温，侵入后 12 ~ 29 d 可以发病。

此病在华北自落花至采收均可发生，发病盛期在 7 ~ 8 月，采收前侵染，采收时未见病，在窖内贮存期仍可发生病斑或长出病菌的黑色霉层。此病的发生和品种关系很大，以白梨系最易染病，易受害的品种有鸭梨、京白梨、秋白梨、花盖梨、黄梨、银梨、五香梨等，其次有锡山白皮酥梨、莱阳茌梨、安梨等，近几年河北雪花梨也易染病，比较抗病的品种有蜜梨、玻梨、胎黄梨和巴梨。西洋梨中，巴梨、考密司为中抗梨黑星病，安久梨为中抗或感病，康弗伦斯为抗病。

一般年份多在 7 ~ 8 月大量发病，前期雨水多，幼果期即可发病。如华北 1964 年、1990 年幼果期即大量发病，后期多雨采收前仍可大量发病。如 1963 年河北采收前大量发病。雨水多、降水天数多的年份易流行。一般年份降水在

1 000 mm 以上，降水天数在 80 d 以上的年份或地区多流行此病；年降水量在 400 mm 以下，降水天数在 40 以下的年份和地区发病较少。所以，有的年份发病很轻，即使很少喷药发病也很轻；有的年份严重流行，每年喷 4 ~ 6 次药仍有严重为害，如防治不及时即可成灾。在有多雨周期的华北平原有明显的流行年份。而在年年多雨的地区则连年发生比较严重。地势低洼、树冠茂密、通风不良、湿度较大的梨园，以及树势衰弱的梨树，都易发生梨黑星病。

【防治方法】　防治此病可注意两个关键环节：一是清除病菌，减少初侵染及再侵染的病菌数量；二是药剂防治，抓住关键时机，及时喷洒有效药剂，防止病菌侵染和病害蔓延，重点是降低果实的发病率及带菌率，保证果品质量。

1. 选用抗病品种　新建梨园时应选用抗病品种。不同品种对梨黑星病抗病性差异非常明显，如西洋梨、日本梨较中国梨抗病，中国梨中以沙梨、褐梨、夏梨等较抗病，而白梨最易感病，秋子梨次之。我国育成的抗梨黑星病品种有早梨 18、金瓜梨、黄冠梨、金玉梨、红香酥、华酥梨、秋水晶、冀蜜、早魁、云红梨 1 号、新苹梨等。

2. 清除病源　清除病枝、病叶、病果以减少越冬菌源。发病初期开花前后摘除病芽、病叶、病果。集中深埋，以减少再侵染病源。

3. 喷药预防　不同梨区、不同年份施药时期及次数不同。药剂防治的关键时期有两个：一是落花后 30 ~ 45 d 内的幼叶幼果期，重点是麦收前；二是采收前 30 ~ 45 d 内的成果期，多数地区是 7 月下旬至 9 月中旬。幼叶幼果期，梨树落花后，由于叶片初展，幼果初成，正处于高度感病期；落叶上的越冬病菌开始飞散传播，病芽萌生病梢也产生孢子，开始飞散传播。如果阴雨天较多，条件适宜时越冬的黑星病病菌将向幼叶及幼果转移，导致幼叶及果实发病，为当年的多次再侵染奠定病原基础。这个时期是药剂防治的第 1 个关键时期，一般年份和地区，从初见病梢开始喷药，麦收前用药 3 次，即 5 月初、5 月中下旬及 6 月中上旬。7 月中下旬以后，果实加速生长，抗病性越来越差，越接近成熟的果实，越易感染黑星病。因此，采收前 30 ~ 45 d，进行药剂防治，防治果实发病。

在病菌侵入前喷布 200 倍波尔多液预防作用很好，对已经发病的病斑有一定控制能力。梨树萌芽前喷施 1° ~ 3° Bé 石硫合剂或用硫酸铜 10 倍液进行淋洗式喷洒，或在梨芽膨大期用 0.2% 代森铵溶液喷洒枝条。梨芽萌动时喷洒保护剂预防，可用下列药剂：50% 多·福（多菌灵·福美双）可湿性粉剂 600 倍液，80% 代森锰锌可湿性粉剂 700 倍液，75% 百菌清可湿性粉剂 800 倍液，50% 多菌灵可湿性粉剂 600 倍液，50% 甲基硫菌灵·代森锰锌可湿性粉剂 600 ~ 900 倍液，30% 碱式硫酸铜悬浮剂 500 倍液，70% 甲基硫菌灵·福美双可湿性粉剂 800 倍液，70% 甲基硫菌灵可湿性粉剂 1 500 倍液，70% 代森联水分散粒剂 700 倍液等。

流行年份落花后即应开始喷波尔多液预防，雨季到来前再喷 1 次。雨季仍应抓晴天喷药。药效好的药剂有 10% 苯甲醚甲环唑微乳剂 3 000 ~ 4 000 倍液、40% 氟硅唑乳油 8 000 倍液、12.5% 烯唑醇 3 000 倍液或 25% 腈菌唑乳油 5 000 倍液、30% 氟菌唑可湿性粉剂 4 000 倍液、50% 醚菌酯水分散粒剂 4 000 倍液；43% 戊唑醇悬浮剂 4 000 倍液、15% 亚胺唑可湿性粉剂 3 000 倍液等。适用的复配剂有：唑醚·氟硅唑、苯醚·戊唑醇、唑醚·戊唑醇、苯醚·咪鲜胺、锰锌·腈菌唑、氟菌·醚菌酯等，也可用 5% 苦参碱水剂（有效成分用量 5 ~ 7.5 mg/kg）喷雾。

近年来，许多梨园推广套袋技术，由于梨袋有阻断病菌、减少侵染的作用，一般年份可以不喷药。但在梨黑星病严重流行的年份，套袋梨也需要喷药。

（二）梨果黑点病

梨果黑点病发生在套袋果实上。尽管套袋果实减轻了一般性果实病害，但由于袋内微域环境的限制，促进了梨果黑点病等喜湿、喜阴病害的发生。

【症状】　梨果黑点病常在果实膨大期至近成熟期发生，多发生在萼洼处、果柄基部及胴部和肩部，集中连片居多，也有零散分布。初期为针尖大小黑点，3 ~ 5 个成堆，中期连接成片甚至形成黑斑，稍凹陷，黑点直径多为 0.1 ~ 1 mm，黑点呈圆形或近圆形，1 mm 以上呈不规则的圆形或椭圆形斑，7 ~ 8 月长成直径 1 mm 左右的近圆形黑色斑点，病斑中央灰褐色、木栓化，并有不同程度龟裂，病斑圈外有黑晕或绿晕。随着病情的加剧，数个病斑连接成片，对其外观品质影响很大，严重影响其经济价值。病斑只发生在果皮表面，并不为害果肉，采摘后和贮藏期病斑也不扩大蔓延。

【病原】　该病由细交链孢菌（*Alternaria tenuis* Nees）和粉红单端孢菌（*Trichothecium roseum* Link）侵染所致，两者单独侵染或混合侵染均能引发套袋梨的黑点病。该病是由弱寄生菌侵染引起的，只侵染套袋梨果，裸果上很少发生。上述弱寄生菌广泛存在于梨园内活体组织、落叶（果）、枯枝、土壤及空气中，通常情况下很少造成危害；但梨果套袋后，袋内比较阴暗、潮湿，特别是近萼洼处易于积水，有利于弱寄生菌的生存侵染，病菌从果实皮孔侵入而造成危害。

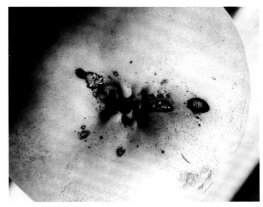
梨黑点病病果在萼洼处及附近的病斑

梨黑点病病果

【发病规律】 该病的发生与套袋梨品种的抗病性、气候条件、立地环境、果袋透气性等因素有关。果袋透气性差是发生黑点病的根本原因。有调查表明，通透性差的药蜡袋黑点果率高达27%，通透性好的纸袋黑点果率仅1.48%。梨在花期时雌蕊最易感染该病原，进而感染其他花器，而套袋后又提供了适宜的温度、湿度，导致该病的大发生。此病遇高温、高湿、连阴雨天最易发病。不同品种的梨套袋后发病程度有差异，鸭梨、绿宝石、早酥等品种套袋后发病重，皇冠、黄金、大果水晶等品种套袋后发病轻。地势平坦、排水良好的沙壤土果园发病较轻；反之，发病重。结果部位在树体1.5 m以下的套袋果发病率高于1.5 m以上的位置，黑点病水平分布树冠中部最多，垂直分布树冠下部较多，不同方位差异不明显。

【防治方法】
1. 农业防治 清除园内枯枝、落叶、杂草；正确修剪、合理负载，培养通风良好、光照充分的树形，维持健壮树势。
2. 药剂防治 发芽前喷3° ~ 5° Bé石硫合剂。套袋前施药，药剂可选用25%嘧菌酯悬浮剂1 500 ~ 2 000倍液，40%氟硅唑乳油8 000 ~ 10 000倍液，12.5%烯唑醇可湿性粉剂2 000倍液等。使用甲基硫菌灵、多菌灵等药剂，与乙磷铝配合，也可有效控制病情发展。

（三）梨轮纹病

梨轮纹病为害枝干，又称瘤皮病、粗皮病，为害果实，俗称水烂，是我国梨树的一种主要病害。该病分布广泛，以江苏、浙江、安徽、江西、上海等省（市）发病较重，河北、河南、山东、山西、辽宁等省也常发生。枝干发病后，促使树势早衰，果实受害，造成烂果，并且引起贮藏果实的大量腐烂。

【症状】 该病主要为害果实和枝干，有时也为害叶片。
1. 枝干 通常以皮孔为中心产生褐色突起的小斑点，后逐渐扩大成为近圆形的暗褐色病斑，直径为5 ~ 15 mm。初期病斑隆起呈瘤状，后周缘逐渐下陷成为一个凹陷的圆圈。翌年病斑上产生许多黑色小粒点，即病菌的分生孢子器。以后，病部与健部交界处产生裂缝，周围逐渐翘起，有时病斑可脱落，向外扩展后再形成凹陷且周围翘起的病斑。连年扩展，形成不规则的轮纹状。如果枝上病斑密集，则使树皮表面极为粗糙，故称粗皮病。病斑一般限于树皮表层，在弱树上有时也可深达木质部。
2. 果实 初期以皮孔为中心，发生水渍状浅褐色至红褐色圆形坏死斑，在病斑扩大过程中逐渐形成浅褐色与红褐色或深褐色相间的同心轮纹。病部组织软腐，但不凹陷，病斑迅速扩大，随后在中部皮层下产生黑褐色菌丝团，并逐渐产生散乱突起的小黑粒点（即分生孢子器）使病部呈灰黑色。发病轮纹病果十几天即可全部腐烂，最后烂果可干缩，病果充满深色菌丝并在表层长满黑点而变成黑色僵果。病果在冷库贮存后，病斑周围颜色变深，形成黑褐色至黑色的宽边。一个果实上通常有1 ~ 2个病斑，多的可达数十个，病斑直径一般2 ~ 5 cm。在鸭梨上，采收前很少发现病果，多数在采收后7 ~ 25 d内出现。一些感病品种如砘子梨采收前即可见到大量的病果，而且病果很容易早期脱落。
3. 叶片 发病较少见。病斑近圆形或不规则形，有时有轮纹。初褐色，渐变为灰白色，也产生小黑点。严重病叶常干枯早落。

梨轮纹病树干病斑 梨树轮纹病树干上病斑 梨轮纹病为害梨树枝干

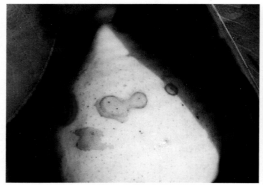  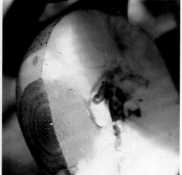

梨轮纹病病果初期病斑 梨轮纹病病果病斑迅速扩大 梨轮纹病病斑剖面

梨轮纹病侵染香蕉梨 梨轮纹病病果多个病斑愈合

 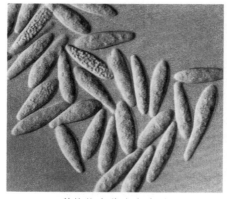

梨轮纹病叶面病斑 梨轮纹病菌分生孢子

【病原】　有性时期为 *Botryosphaeria berengeriana* de Not f. sp. *piricola*（Nose）Koganezawa et sakuma，称贝伦格葡萄座腔菌梨生专化形，异名为梨生囊孢壳（*Physalospora piricola* Nose），属真菌界子囊菌门；无性时期为轮纹大茎点菌（*Macrophoma kuwatsukai* Hara），属真菌界无性型真菌。病部的黑色小粒点，即病菌的分生孢子器或子囊壳。分生孢子器扁圆形或椭圆形，有乳头状孔口，直径 383 ~ 425 μm。器壁黑褐色、内壁密生分生孢子梗。分生孢子梗丝状，单胞，大小为（18 ~ 25）μm×（2 ~ 4）μm，顶端着生分生孢子。分生孢子椭圆形或纺锤形，单胞，无色，大小为（24 ~ 30）μm×（6 ~ 8）μm。

有性时期形成子囊壳，子囊壳生在寄主栓皮下，球形或扁球形，黑褐色，有孔口，大小为（230 ~ 310）μm×（170 ~ 310）μm，内有多数子囊及侧丝。子囊棍棒状，无色透明，顶端膨大，壁厚，基部较窄，大小为（110 ~ 130）μm×（17.5 ~ 22）μm。子囊内含有 8 个子囊孢子。子囊孢子椭圆形，单胞，无色或淡黄绿色，大小为（24.5 ~ 26）μm×（9.5 ~ 10.5）μm，侧丝无色，由多个细胞组成。

【发病规律】　轮纹病菌以菌丝体、分生孢子器及子囊壳在病部越冬。病组织中越冬后的菌丝体至翌年梨树发芽时继续扩展侵害梨树枝干。一般华北梨产区越冬后的分生孢子器在 4 月中旬至 6 月形成分生孢子，7 ~ 8 月散发分生孢子最多，借风雨传播。孢子萌发后从枝干、果实或叶片上的皮孔侵入，潜育期 15 d 左右，病菌从果实膨大至采收前均可侵入果实。梨轮纹病病菌主要侵染期为盛花期后 50 ~ 90 d，但盛花期 110 d 以后仍然可以侵染，而盛花期后 53 d 内不易感染轮纹病病菌，轮纹病病原菌更容易通过伤口侵染。在采后梯度降温贮藏条件下，鸭梨轮纹病的集中发病期为采后 40 ~ 60 d。被侵染的幼果迅速膨大，糖分转化期开始发病，越近成熟发病越快。生长期侵入，采收后贮藏期还可以发病，采后 20 d 内还有一个发病高峰。此病的发生、流行与气候关系很大，和品种与树势关系密切，一般温暖多雨的气候发病较重，病菌发育最适温度为 25 ~ 27 ℃，分生孢子萌发最适温度为 25 ℃，分生孢子的生成、释放、传播和侵入需要足够的湿度和水分。

梨不同品种对轮纹病抗性差异显著。从植株来看，秋子梨和中国砂梨最抗病，西洋梨抗性较差；从果实看，秋子梨最抗病，其次是白梨、西洋梨。日本梨比中国梨易感病，中国梨中大多数优良品种易染病，如鸭梨、雪花梨、蜜梨等，早熟品种如金水二号、翠冠等易感病，中晚熟品种如黄花梨次之，晚三吉、今春秋较抗病。品种间抗病力与皮孔大小、多少及组织结构有关。枝干轮纹病品种鉴定结果表明：梨不同品种抗性存在较大差异，砂梨抗性最强，其次是白梨，西洋梨抗性最差。砂梨品种间对梨轮纹病抗性也存在较大差异，翠冠、黄冠、圆黄等品种对枝干轮纹病具有较强的抗性；西子绿、筑水易感病。

【防治方法】

1. **清除菌源**　轮纹病的初侵染源主要来自枝干上的病组织，冬季和早春萌芽前精细刮除病皮，而后喷 5° Bé 石硫合剂。病瘤仅限于主干的果园，要特别重视对病瘤的刮治，刮治方法是轻刮病瘤，将其去除，然后在患处涂甲硫萘乙酸、腐殖酸铜等膏剂。除了刮治以外，在雨季还要结合对叶部病害的防控着重对枝干进行喷药。药剂可选用氟硅唑、甲基硫菌灵、代森锰锌等。按照这种措施连续防治两年，可以彻底清除轮纹病的为害；如果不抓紧防控，两年以后一旦病瘤上升至侧枝（或小枝），则很难防治。

2. **加强果园管理**　增强树势，增施磷、钾肥，控制氮肥，提高抗病力。

3. **药剂防治**　在发芽前、生长期和采收前用药，以控制轮纹病的发生。发芽前喷 1 次 3° ~ 5° Bé 石硫合剂，可以防治部分越冬病菌，减少分生孢子的形成量。如果先刮老树皮和病斑再喷药，则效果更好。轮纹菌对果实的侵染期长，生长期适时喷药保护相当重要。常用药剂有氟硅唑、甲基硫菌灵等。据报道，25% 吡唑醚菌酯乳油、80% 戊唑醇可湿性粉剂，按推荐的各自最高使用浓度喷雾时防效明显。也可选用 4% 嘧啶核苷类抗生素水剂 800 倍液、50% 异菌脲可湿性粉剂 1 500 倍液、60% 噻菌灵可湿性粉剂 2 000 倍液、50% 嘧菌酯水分散粒剂 6 000 倍液、3% 多氧霉素水剂 600 倍液、61% 乙铝·锰锌可湿性粉剂 400 ~ 600 倍液、1% 中生菌素水剂 400 倍液。喷药的时间是从盛花期后 40 d 左右开始，到果实膨大结束为止（8 月上旬至 8 月中旬）。喷药次数要根据历年病情、药剂的残效期长短及降水情况而定。早期喷药保护最重要，所以重病果园应及时进行第 1、第 2 次喷药。一般年份可喷药 4 ~ 5 次，即 5 月中下旬、6 月中上旬（麦收前）、6 月中下旬（麦收后）、7 月中上旬、8 月中上旬。如果早期无雨，第 1 次可不喷，如果雨季结束较早，果园轮纹病不重，最后一次亦可不喷。雨季延迟，则采收前还要多喷 1 次药。果实、叶片、枝干均应喷射药剂。喷药时应注意有机杀菌剂与波尔多液交替使用，以延缓抗药性，提高防治效果。

4. **套袋防病**　疏果后先喷 1 次有机杀菌剂，而后将果实套袋，可以基本控制轮纹病。

（四）梨树腐烂病

梨树腐烂病又名烂皮病，主要为害梨树的主枝和侧枝，导致梨树树势衰弱，果实产量和品质下降。该病具有发生区域广、

梨树腐烂病为害枝干　　　　　　　　梨树腐烂病为害主干　　　　　　　　梨树腐烂病从剪锯口发病

梨树腐烂病病斑处释放出黄白色　　　　　梨树腐烂病为害枝条　　　　　　梨树腐烂病为害后期树干枯死
孢子角

发病率高、难以控制的特点。在我国梨主产区均有发生，尤以西北、华北、东北等地发生严重。发病严重的梨园，树体病疤累累、枝干残缺不全，常引起梨树大枝、整株甚至成片梨树的死亡，对生产影响很大。

【症状】　主要为害主枝、侧枝，主干和小枝发生较少，但是在感病的西洋梨上主干发病重，小枝也常受害。腐烂病对梨树的为害分为溃疡型和枝枯型两种类型。

1. 溃疡型　发生在树皮上的初期病斑呈椭圆形或不规则形，稍隆起，皮层组织变松，呈水渍状湿腐，红褐色至暗褐色。以手压之，病部稍下陷并溢出红褐色汁液，此时组织解体，易撕裂，并有酒糟味。随后，病斑表面产生疣状突起，渐突破表皮，露出黑色小粒点（即病菌的子座和分生孢子器），大小约 1 mm。当空气潮湿时，从中涌出淡黄色卷须状物（孢子角）。

2. 枝枯型　多发生在极度衰弱的梨树小枝上，病部不呈水渍状，病斑形状不规则，边缘不明显，扩展迅速，很快包围整个枝干，使枝干枯死，并密生黑色小粒点（分生孢子器）。

病斑上的黑色瘤状小点一般较苹果树腐烂病小，直径约 0.5 mm；颜色也较苹果树腐烂病深；病斑凹陷，与健康部分分界明显。梨树腐烂病菌偶尔也可通过伤口侵害果实，初期病斑圆形，呈褐色至红褐色软腐，后期中部散生黑色小粒点，并使全果腐烂。

【病原】　病原为 *Valsa mali* Miyabe et Yamada var. *pyri* Y. J. Lu，属于囊菌门核菌纲球壳目。无性时期为迂回壳囊孢（*Cytospora ambiens* Sacc.），属于腔孢纲球壳孢目。病原的形态与苹果树腐烂病病菌相似。分生孢子器埋生于座内，1 个子座包藏 1 个分生孢子器。孢子腔多室，不整形，具一孔口。分生孢子器内壁密生分生孢子梗，分生孢子梗无色，单胞，不分枝。分生孢子香肠形，两端钝圆，无色，单胞，大小为（5 ~ 6.5）μm ×（1.0 ~ 1.2）μm。在辽宁南部地区曾发现此菌有性时期。梨树腐烂病菌寄生性较弱，必须通过伤口才能侵入。

【发病规律】　病菌以菌丝体、分生孢子器或子囊壳在枝干病斑内越冬。翌年春季，病斑内菌丝体于 3 月下旬开始活动，继续扩展，并在雨后出现黄色卷须状物（孢子角）。分生孢子借雨水传播，从伤口侵入，病菌具有潜伏侵染的特点，只有在侵染点树皮长势衰弱或死亡时才容易扩展，产生新的病斑。春季为病斑扩展高峰期，夏季基本不扩展，秋季又有轻度扩展。一般土质不好、树势衰弱时，该病发生较重，品种间病情差异很大。中国农业科学院果树研究所对兴城国家梨树种质资源圃 403 个品种腐烂病调查表明：秋子梨系统基本不发病，西洋梨系统发病最重。在西北黄土高原地区和北方，该

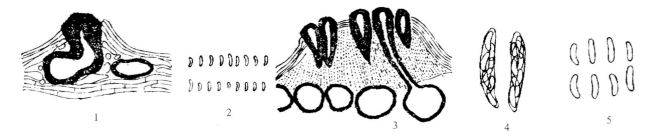

梨树腐烂病病菌
1.分生孢子器　2.分生孢子　3.子囊壳　4.子囊　5.子囊孢子

病的发生还常与冻害或日灼有密切关系。

【防治方法】

（1）因地制宜，选用抗病品种，西洋梨系统感病较重，砀山酥梨、黄梨、苹果梨受害也重。鸭梨、白梨一般发病轻。

（2）加强栽培管理，增强树势，提高树体抗病力，是预防腐烂病的根本措施。可增施有机肥料，适期追肥；防止冻害，梨树遭受冻害，冻伤斑往往变为腐烂病斑，造成腐烂病大面积发生。适量疏花疏果；合理间作，提高树势。

（3）合理负担，结合冬剪，将枯梢、病果台、干桩、病剪口等死组织剪除，减少侵染源。

（4）早春、夏季注意查找病部，认真刮除病组织，涂抹杀菌剂。

（5）刮树皮：在梨树发芽前刮去翘起的树皮及坏死的组织，刮皮后结合涂药或喷药。可喷布5%菌毒清水剂50～100倍液，50%福美双可湿性粉剂50倍液，70%甲基硫菌灵可湿性粉剂1份加植物油2.5份、50%多菌灵可湿性粉剂1份加植物油1.5份混合等对病疤进行涂药，以防治病疤复发。

也有观察认为，梨树较苹果树愈合能力差，刮皮涂药治疗使梨树木质部暴露在外容易干缩失水，不利于伤口愈合，容易引起树势衰弱，而不刮皮结合树体喷药或对发病部位重点喷药，也可以防治梨树腐烂病病菌，皮下的愈伤组织也能够很快长出来。

（五）梨炭疽病

梨炭疽病也称苦腐病。在我国吉林、辽宁、河北、河南、山东、陕西、云南、江西、江苏、浙江等省均有发生。发病后引起果实腐烂和早落，对产量影响较大。此病除为害梨外，还为害花红、苹果、葡萄等多种果树。

【症状】　梨炭疽病主要为害果实，也能为害枝条。

1. **果实**　果实多在生长中后期发病。发病初期，果面出现淡褐色水渍状的小圆斑，以后病斑逐渐扩大，色泽加深，并且软腐下陷。病斑表面颜色深浅交错，具明显的同心轮纹。在病斑处表皮下，形成无数小粒点，略隆起，初褐色，后变黑色，此即病菌的分生孢子盘。分生孢子盘有时排成同心轮纹状。在温暖潮湿情况下，分生孢子盘突破表皮，涌出一层粉红色的黏状质物，此为分生孢子团块。随着病斑的逐渐扩大，病部烂入果肉直到果心，使果肉变褐，有苦味。果肉腐烂的形状常呈圆锥形。发病严重时，果实大部分或整个腐烂，引起落果或在枝条上干缩成僵果。

2. **枝条**　梨炭疽病菌也能在枝条上营腐生生活。多发生于枯枝或病虫为害、生长衰弱的枝条上，起初形成圆形深褐色小斑，以后发展成椭圆形或长条形，病斑中部干缩凹陷，病部皮层与木质部逐渐枯死而呈深褐色。

3. **叶片**　初发病时叶片上分布多个棕褐色干枯病斑，在高温高湿条件下，病斑扩展迅速，几天内可蔓延至整张叶片，数天后可到全树叶片大部分干枯脱落，枯叶颜色发暗，多呈黑褐色，如水烫状。当环境条件不适宜时，在叶片上形成大小不等的枯死斑，病斑周围的健康组织随后变黄，病重叶片很快脱落。

【病原】　病原菌为胶孢炭疽菌（*Colletotrichum gloeosporioides* Penz.），其有性阶段为围小丛壳［*Glomerella cingulata*（Stonem）Spauld et Schrenk］。分生孢子盘黑色，埋生在表皮下，后突破表皮，溢出混有黏液的大量分生孢子。病菌分生孢子盘埋生在表皮下，成熟后突破表皮外露，直径50～150 mm。分生孢子梗单胞无色，栅状排列，大小为（10～20）μm×（1.5～2.5）μm，密集，结成直径约80 μm的分生孢子盘。分生孢子盘上有刚毛，褐色，直立，具1～2个横隔膜，大小为135～160 μm。分生孢子

梨炭疽病病果初期病斑

红梨炭疽病病斑

梨炭疽病病叶

梨炭疽病叶背病斑

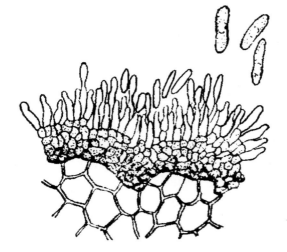
梨炭疽病病原体

梗单胞，无色，栅状排列；分生孢子椭圆形或长椭圆形，单个时无色，成团时呈粉红色，大小为（13.0 ~ 19.5）μm×（3.5 ~ 6.5）μm。子囊壳聚生，大小为（125 ~ 320）μm×（150 ~ 204）μm，子囊为（55 ~ 70）μm×（9 ~ 16）μm，子囊孢子单胞，略弯曲，无色，大小为（12 ~ 28）μm×（3.5 ~ 7）μm；分生孢子无色，椭圆形至长形，发芽时具1个隔膜，大小为（12 ~ 25）μm×（6 ~ 8）μm。我国未发现子囊阶段。病菌生长最适温度为28 ~ 29 ℃，最高为37 ~ 39 ℃，最低为11 ~ 14 ℃。

【发病规律】 病菌以菌丝体在僵果或病枝上越冬。翌年温、湿度适宜时，产生大量的分生孢子，借风雨或昆虫传播，引起初次侵染。多以越冬病菌为中心出现病果，然后向下呈伞状扩展蔓延，有分片集中现象。以后发病的果实，都可以形成新的侵染中心。1年内反复多次侵染，直到采收。病害的发生和流行与降水有密切关系，4 ~ 5月多阴雨的年份，侵染早；6 ~ 7月阴雨连绵，发病重。地势低洼、土壤黏重、排水不良的果园发病重；树势弱、日灼严重、病虫害防治不及时和通风透光不良的梨树病重。

【防治方法】 梨炭疽病是一种弱性寄生菌，只要加强管理，多做预防，发病时及时治疗，可以有效进行防治。

1. **铲除病源** 冬季结合修剪，把病菌的越冬场所如干枯枝、病虫为害破伤枝及僵果等剪除，并烧毁。再在梨树花芽萌动期（花芽露白时）喷3° ~ 5° Bé石硫合剂、45%代森铵水剂400倍液、1：2：100倍式波尔多液等，可有效铲除病源，起到事半功倍的效果。

2. **加强栽培管理** 多施有机肥，改良土壤，增强树势，雨季及时排水，合理修剪，及时中耕除草，加强病虫害防治。科学修剪能改善梨园和树冠内膛的光照和通风条件，减轻病害的发生。在冬剪时，剪除病菌虫卵寄生的枝条和病僵果等；生长期及时剪除梨的病叶、病果、虫果、虫梢等。这些修剪措施都能不同程度地减轻病虫为害。

3. **药剂防治** 北方发病严重的地区，从6月初开始，每15 d左右喷1次药，直到采收前20 d止，连续喷4 ~ 5次。降水多的年份，喷药间隔期缩短些，并适当增加次数。有毒力试验表明，430 g/L戊唑醇悬浮剂4 000倍液、250 g/L丙环唑浮油1 000倍液、33.5%喹啉铜悬浮剂2 000倍液、25%溴菌腈乳油3 000倍液、10%苯醚甲环唑水分散粒剂7 000倍液、

50% 咪鲜胺锰盐 1 200 倍液、70% 代森锰锌可湿性粉剂 1 200 倍液等对菌丝生长的抑制效果较强；70% 代森锰锌可湿性粉剂、250 g/L 丙环唑浮油、33.5% 喹啉铜悬浮剂、25% 溴菌腈浮油、70% 代森联水分散粒剂、50% 氯溴异氰尿酸水溶性粉剂、50% 福美双可湿性粉剂对梨炭疽病孢子的萌发具有很强的抑制作用。对梨炭疽病病菌、梨轮纹病病菌、梨黑斑病病菌都具有较高毒力的杀菌剂：50% 咪鲜胺可湿性粉剂、25% 咪鲜胺乳油、40% 氟硅唑乳油、25% 嘧菌酯悬浮剂、10% 苯醚甲环唑水分散粒剂、50% 异菌脲悬浮剂。

4. 果实套袋 在套袋之前，喷一次优质杀菌剂。

5. 采收注意事项 采收前，摘除树上的病、虫、残果，拣去地面上的病虫果、脱落果，避免混入商品果中。清洁堆果场所及附近区域，以免果实在存放过程中再次受病虫为害。梨果实的采收，应在晴天露水干后进行，避免果面潮湿、滋生病菌；采下的果实果面若附有水珠，应放在通风处晾干，不能暴晒，避免产生日灼。入库前要对梨果进行分级。首先剔除病虫果、畸形果、机械伤果等，然后按标准分级装箱、贮藏。采果时轻运、入窖时轻搬轻放，尽量避免果实机械伤。

6. 低温贮藏 采收后在 0 ~ 15 ℃低温贮藏可抑制病害发生。

7. 越冬管理 保持梨园内良好的卫生条件，能够减少梨病虫害寄生或越冬场所，从而降低病虫基数。在梨树落叶后，清扫落叶、刨翻树盘等是防治梨病虫害经济有效的措施。刮树皮可减少越冬虫卵，也可清除在树体上越冬的病菌，还可促进梨树生长，在高龄和衰弱梨树上效果尤其明显。清除树上的病僵果、患病枝条、干桩和园中残叶，刮除的树皮均要集中运到距离梨园 30 m 以外处集中处理。

（六）梨红粉病

梨红粉病又称红腐病。主要为害树上的成熟果实和贮运期果实，一般不严重。在常温库贮存时，常常在梨黑星病斑上继发侵染。

梨红粉病发病初期

梨红粉病病果（1）

梨红粉病病果（2）

梨红粉病病果病斑

梨红粉病病果后期受害

【症状】 病斑从伤口处开始发生，初期近圆形，淡褐色至黑褐色，表面凹陷，果肉有苦味。随后，病斑表面初产生白色并逐变淡粉红色的茸毛状霉丝。随病斑扩展，果肉软烂、失水、明显塌陷，表面霉丛亦渐形成淡粉红色霉层。最后常发展成黑色僵果。

【病原】　病原菌为粉红单端孢［*Trichothecium roseum* Link］。分生孢子梗无横隔或少横隔，大多不分枝，大小为（160 ~ 300）μm×（3 ~ 3.5）μm；分生孢子疏松地聚集在孢子梗顶端，倒卵形，有1个隔膜，分隔处缢缩或不缢缩，顶端细胞向一边稍歪，初期无色，后变成淡粉红色，大小为（12 ~ 22）μm×（7.5 ~ 12.5）μm。也可为害苹果、桃、杏、板栗等多种果实。

【发病规律】　病菌以分生孢子随病残体越冬或在土壤、贮藏库内越冬，主要从各种机械伤口、虫伤口、病伤口侵入，利用空气传播。粉红单端孢是一种寄主范围广泛的弱寄生菌，平常可在各种植物基质上和土壤内腐生，所以病菌来源极广泛。病菌一般在20 ~ 25℃发病快，降低温度对病菌有一定抑制作用。

【防治方法】
（1）生长期搞好其他病虫害尤其是梨黑星病的防治，减少果实表面伤口。
（2）贮运期严格挑选，避免病伤果实进入贮运场所。
（3）贮运场所消毒可用硫黄熏蒸法，每立方米用20 kg硫黄密闭24 h即可。
（4）低温贮藏以1 ~ 3℃为宜。

（七）梨褐腐病

梨褐腐病又称菌核病，发生在梨果近成熟期和贮运期。在东北、华北、西北和西南部分梨区均有发生。北方各梨区常零星发生，有些果园发病重时，病果率可达10% ~ 20%，为害较重。除梨外，还可为害苹果和桃、杏、李等核果类果树。

梨褐腐病病果（1）　　　　　梨褐腐病病果（2）　　　　　梨褐腐病病果后期干缩

【症状】　褐腐病只为害果实。初期为浅褐色软腐斑点，以后迅速扩大，几天可使全果腐烂。病果褐色，失水后软而有韧性。后期围绕病斑中心逐渐形成同心轮状排列的灰白色到灰褐色不等2 ~ 3 mm大小的绒状菌丝团，这是褐腐病的特征。病果有一种特殊香味。多数脱落，少数也可挂在树上干缩成黑色僵果。

【病原】　病原菌为果生链核盘菌［*Monilinia fructigena*（Aderh.et Ruhl.）Honey］，属子囊菌门盘菌纲柔膜菌目；无性时期为仁果丛梗孢（*Monilia fructigena* Pers.），属丝孢纲丝孢目。在病果的灰白色至灰褐色菌丝团上着生分生孢子梗和分生孢子。分生孢子梗丝状，单胞，无色，其上串生分生孢子。分生孢子椭圆形，单胞，无色，大小为（11 ~ 31）μm×（8.5 ~ 17.0）μm。后期，病果内形成黑色菌核，菌核不规则形，大小为1 mm左右，1 ~ 2年后萌发出子囊盘。子囊盘漏斗状，外部平滑，灰褐色，直径3 ~ 5 mm。子囊长筒形，无色，内生8个子囊孢子。子囊孢子卵圆形，单胞，无色，大小为（10 ~ 15）μm×（5 ~ 8）μm。子囊间有侧丝，棍棒状。

【发病规律】　褐腐病病菌主要以菌丝体在病果（僵果）内越冬，翌年形成分生孢子，在田间借风雨传播为害。贮藏期病健果接触也可传播。在果实近成熟期（8月上旬至9月下旬）病菌主要通过各种伤口侵入果实，被侵染果实多数在树上时就表现症状，有些则在采收后才能表现出来。潜育期一般为 5 ~ 10 d。褐腐病对温度的适应范围较广，在 0 ℃下病菌可以缓慢扩展，使冷库贮存的梨继续发病。但是其发育的最适温度为 25 ℃，所以在高温下病情发展较快。果园积累有较多的病源，果实近成熟期又多雨潮湿，是褐腐病流行的主要条件。

【防治方法】 褐腐病是积年流行病害，及时清除菌源就可以控制病害的流行。

1. 消除病源 梨褐腐病只为害果实，病果（含僵果）是它的主要越冬场所。应随时清除病树、落果并在秋春进行土壤翻耕，将拣不净的病残果埋入土中，以减少田间菌源。发病较重的果园，花前喷施 45% 晶体石硫合剂 30 倍液药剂保护。落花后，病害发生前期，可用下列药剂防治：50% 噻菌灵可湿性粉剂 800 倍液，70% 甲基硫菌灵可湿性粉剂 800 倍液，50% 多菌灵可湿性粉剂 600 ~ 800 倍液，50% 苯菌灵可湿性粉剂 1 000 倍液，77% 氢氧化铜微粒可湿性粉剂 500 倍液等。

2. 喷药保护 褐腐病发生较重的果园应在果实生长后期喷药。在 8 月下旬至 9 月上旬，果实成熟前喷药 2 次，药剂可选用 20% 唑菌胺酯水分散粒剂 2 000 倍液，24% 腈苯唑悬浮剂 3 000 倍液，10% 氰霜唑悬浮剂 2 500 倍液，2% 宁南霉素水剂 600 倍液，60% 多菌灵磺酸盐悬浮剂 800 倍液。

3. 适时采收，减少伤口，防止贮藏期发病 贮藏前严格挑选，去掉各种病果、伤果，分级包装。运输时减少碰伤，贮藏期注意控制温、湿度，窖温保持在 1 ~ 2 ℃，相对湿度为 90%。定期检查，发现病果及时处理，减少损失。果实贮藏前，用 50% 甲基硫菌灵可湿性粉剂 700 倍液浸果 10 min，晾干后贮藏。

（八）梨锈病

梨锈病又名赤星病，是梨树重要病害之一。我国梨产区都有分布，在梨园附近栽植桧柏的地区发病较重，春季多雨年份，发病尤其严重。梨锈病除为害梨树外，还能为害木瓜、山楂、棠梨和贴梗海棠等，但不能侵害苹果，苹果上的锈病是由另一种锈菌侵害引起的。梨锈病病原菌为转主寄生的锈菌，其转主寄主为松、柏科部分植物。其中，以桧柏、欧洲刺柏和龙柏最易感病，球桧和翠柏次之，柱柏和金羽柏比较抗病。

【症状】 梨锈病主要为害叶片和新梢，严重时也能为害幼果。

1. 叶片受害 开始在叶正面发生橙黄色、有光泽的小斑点，以后扩为直径 5 ~ 8 mm 的病斑。病斑组织逐渐变肥厚，叶片背面隆起，正面微凹陷，在隆起部位长出灰黄色的毛状物，即病菌的锈孢子器。一个病斑上可产生十多条毛状物。锈孢子器成熟后，先端破裂，散出黄褐色粉末，即病菌的锈孢子。病斑以后逐渐变黑，叶片上病斑较多时往往早期脱落。

2. 幼果受害 初期病斑大体与叶片上的病斑相似。病部稍凹陷，病斑上密生初橙黄色后变黑色的小粒点。后期在同一病斑的表面，产生灰黄色毛状锈孢子器。病果生长停滞，往往畸形早落。

3. 新梢、果梗与叶柄受害 症状与果实上的大体相同。

4. 转主寄主染病受害 在桧柏上起初在针叶、叶腋或小枝上出现淡黄色斑点，后稍隆起。在被害后的翌年 3 月间，渐次露皮，露出红褐色或咖啡色的圆锥形角状物，单生或数个聚生，此为病菌的冬孢子角。春雨后，冬孢子角吸水膨胀，成为橙黄色舌块，干燥时缩成表面有皱纹的污胶物。

【病原】 梨锈病病原菌为梨胶锈菌（*Gymnosporangium asiaticum* Miyabe ex Yamada），病菌需要在两类不同的寄主上完成其生活史。在梨、山楂、木瓜等寄主上产生性孢子器及锈孢子器；在桧柏、龙柏等转主寄主上产生冬孢子角。性孢子器呈扁烧瓶形，埋生于梨叶正面病部组织的表皮下，孔口外露，大小为（120 ~ 170）μm ×（90 ~ 120）μm，内生许多无色单胞纺锤形或椭圆形的性孢子，大小为（8 ~ 12）μm ×（3.0 ~ 3.5）μm。

锈孢子器丛生于梨叶病斑的背面，或嫩梢、幼果和果梗的肿大病斑上，细圆筒形，长 5 ~ 6 mm，直径 0.2 ~ 0.5 mm。组成锈孢子器壁的护膜细胞长圆形或梭形，大小为（42 ~ 87）μm ×（23 ~ 42）μm。外壁有长刺状突起，锈孢子器内生有很多锈孢子，锈孢子呈球形或近球形，大小为（18 ~ 20）μm ×（19 ~ 24）μm。冬孢子角红褐色或咖啡色，圆锥形。初短小，后渐伸长，一般长 2 ~ 5 mm，顶部宽 0.5 ~ 2 mm，基部宽 1 ~ 3 mm。冬孢子通常需要 25 d 才能发育成熟。冬孢子呈纺锤形或长椭圆形，双胞，黄褐色，大小为（33 ~ 62）μm ×（14 ~ 28）μm。冬孢子萌发时长出担子，4 胞，每胞生一小梗，小梗顶端生一担孢子。担孢子卵形，淡黄褐色，单胞，大小为（10 ~ 15）μm ×（8 ~ 9）μm。冬孢子萌发温度范围 5 ~ 30 ℃，最适温度为 17 ~ 20 ℃。担孢子萌发适温为 15 ~ 23 ℃。锈孢子萌发适温为 27 ℃。

【发病规律】 梨锈病病菌能产生冬孢子、担孢子、性孢子和锈孢子四种类型孢子，但不产生夏孢子，因此不能进行再侵染。病菌以多年生菌丝体在桧柏枝叶上的菌瘿中越冬。翌年春季形成冬孢子角，遇降水吸水膨胀，形成舌状胶质块。

梨锈病病叶初期病斑　　　　梨锈病为害叶片初期病斑（1）　　　　梨锈病叶片背面病斑

梨锈病为害叶片初期病斑（2）　　　　梨锈病为害叶片　　　　梨锈病侵染果实和叶片

梨锈病为害梨树幼枝　　　　　　　　梨锈病转主寄主

梨锈病为害叶片初期　　　　　　　　梨锈病为害梨果

冬孢子萌发，产生担孢子。担孢子借风传播，散落在梨树的嫩叶、新梢、幼果上，萌发后，直接从表皮细胞或从气孔侵入。展叶后 20 d 最易感染，展叶 25 d 以上的叶片一般不再感染。侵入后经 6 ~ 10 d 出现病斑，随后产生性孢子器，内生性孢子，性孢子随蜜汁由孔口溢出，经昆虫传播至相对交尾型的性孢子器的受精丝上进行受精。然后在病斑背面或附近产生锈孢子器，内生锈孢子。锈孢子不能为害梨树，只能侵染桧柏等转主寄主的嫩叶或新梢，并在桧柏上越冬。

【发病条件】

1. 转主寄主　梨锈病病菌有转主寄生的特性，必须在转主寄主如桧柏、龙柏、欧洲刺柏等树木上越冬才能完成其生活史。若梨园方圆 5 km 范围内没有桧柏、龙柏等转主寄主，则梨锈病一般不能发生。

2. 气候状况　春季梨树萌芽展叶时，如有降水，温度适宜，冬孢子萌发，就会有大量的担孢子飞散传播，发病必重。此时的风力和风向都可影响担孢子与梨树的接触，对发病轻重有很大关系。如果 3 月中上旬的气温高，则冬孢子成熟早。冬孢子成熟后，若雨水多，冬孢子萌发，而此时梨树尚未发芽，冬孢子萌发产生的担孢子没有侵染梨树幼嫩组织的机会，发病就轻。若梨树发芽前天气干燥、气温又较低、冬孢子未萌发，而在梨树展叶后气温高、雨水多、冬孢子大量萌发，则梨锈病发生就重。因此，2 ~ 3 月气温的高低，3 月下旬至 4 月下旬降水的多少，是影响当年梨锈病发生轻重的重要因素。

3. 越冬病菌基数　在有桧柏、龙柏等树木存在的情况下，如在桧柏、龙柏等转主寄主树上的越冬病菌基数大，初侵染源充足，梨锈病发生就严重；反之，则发病较轻。

4. 种和品种抗性　梨的不同种和品种对锈病的抵抗力差异较大，一般中国梨最易感病，日本梨次之，西洋梨最抗病。

【防治方法】　常年发生梨锈病的地方，防治策略是控制初侵染源，新建梨园应远离桧柏、龙柏等柏科植物。防止担孢子侵染梨树，是防治梨锈病的根本途径。

1. 清除侵染源　梨园禁止用桧柏、龙柏等营造防风林，相隔距离不小于 5 km。另外，要控制桧柏上的病菌，在已有桧柏而又不能砍除的风景区或城市绿化区，在春雨前彻底剪除桧柏上的带菌枝条，在春雨前喷 1° ~ 2° Bé 石硫合剂，或 1° Bé 石硫合剂，或 1 ：（1 ~ 2）：（100 ~ 160）倍式波尔多液，对防止冬孢子萌发有较好的效果。

2. 喷药保护梨树　一般年份可在梨树发芽期喷第 1 次药，隔 10 ~ 15 d 再喷 1 次即可；春季多雨的年份，应在花前喷 1 次、花后喷 1 ~ 2 次，每次间隔 10 ~ 15 d；春季干旱的年份可以少喷或不喷药，喷 15% 三唑酮乳油 1 500 倍液或 12.5% 烯唑醇可湿性粉剂 2 000 倍液，40% 氟硅唑乳油 8 000 倍液，25% 邻酰胺悬浮剂 2 000 倍液，30% 醚菌酯悬浮剂 3 000 倍液，25% 肟菌酯悬浮剂 3 000 倍液，12.5% 氟环唑悬浮剂 2 000 倍液，50% 粉唑醇可湿性粉剂 2 500 倍液，5% 己唑醇悬浮剂 1 500 倍液，25% 戊唑醇可湿性粉剂 1 500 倍液，6% 氯苯嘧啶醇可湿性粉剂 1 500 倍液。

（九）梨树干腐病

干腐病的发生和为害遍及全国各梨产区。在北方旱区发生严重，是仅次于腐烂病的重要枝干病害。主干、主枝和较大的侧生枝均可发生，病斑绕侧枝一周后侧枝即枯死，较少造成死树。

【症状】　主要为害枝干和果实。枝干染病，皮层变褐并稍凹陷，后病枝枯死，其上密生黑褐色小粒点，即病菌的分生孢子器。主干染病，初生轮纹状溃疡斑，病斑环干一周后，致地上部枯死。果实染病，病果上产生轮纹斑，其症状与梨轮纹病相似，需鉴别病原加以区分。苗木和幼树染病，树皮现黑褐色长条状微湿润病斑，致叶片萎蔫或枝条枯死。后期病部失水凹陷，四周龟裂，密生小黑粒点。

【病原】　病原菌是半知菌类的大点菌（*Macrophoma* sp.），分生孢子器散生，扁圆形，大小为（154 ~ 255）μm×（73 ~ 118）μm。分生孢子无色，单胞，长椭圆形，大小为（16.8 ~ 24.0）μm×（4.8 ~ 72.0）μm。有性时期为葡萄座腔菌 ［*Botryosphaeria dothidea*（Mougeot et Fr.）Ce. et Not.］。

【发病规律】　病菌以菌丝体、子囊壳和分生孢子器在病部越冬。子囊孢子和分生孢子借风雨传播，由伤口和树皮的自然孔口入侵。病斑从春至秋均能缓慢扩展，以春、秋季扩展较快。苗木和幼树施用氮肥较多、枝条徒长，发病

梨树干腐病症状

较重；土质黏重、排水不良和春、秋季干旱均有利于发病。该病有明显的潜伏侵染特点，正常生长的梨树很少发病；土质瘠薄、黏重，根系生长不良和干旱常诱使潜伏病菌大量发生侵染。导致该病发生流行的根源可归纳为三个：一是营养供给不足；二是树体营养消耗过大；三是根系生长环境恶化

【防治方法】

（1）培育壮苗，提高苗木抗病能力。

（2）苗木假植后充分浇水，定植不可过深，苗木和幼枝合理施肥，控制枝条徒长。干旱时应及时灌水。

（3）加强栽培管理：增强树势，增施有机肥料、合理修剪、剪除病枯枝、适时灌水，低洼地注意排水。

（4）在萌芽前期，可喷施1∶1∶160倍式波尔多液。发病初期可刮除病斑，并喷施45%晶体石硫合剂300倍液、75%百菌清可湿性粉剂700倍液、50%苯菌灵可湿性粉剂1 500倍液、36%甲基硫菌灵悬浮剂600倍液等。生长期间喷洒1∶2∶200倍式波尔多液、45%晶体石硫合剂300倍液保护枝干和果实。

（一〇）梨疫霉病

梨疫霉病在北方梨产区零星发生。密植梨园秋雨多时，病果较多。

梨疫霉病为害枝干

梨疫霉病病果

【症状】　梨疫霉病主要为害树干基部。病部树皮呈黑褐色，水渍状，形状不规则。病皮内部也呈黑色，质地较硬，有的病块可烂到木质部。后期病部失水，干缩下陷，病健交界处龟裂。一二年生幼树受害后，当年生枝叶萎蔫、焦枯，严重时全树变黑、枯死。定植后三四年的幼树受害，长势衰弱，叶变小，呈紫红色，花期延迟，果实变小，常造成早期落叶、落果。病斑绕枝干一周后，全树即枯死。果面初期呈褐色斑点，边缘不明显，不整齐，病斑迅速扩大呈不规则形，浅红褐色至深红褐色，软腐。在高温条件下，病果表面可长出白色菌丝体。

【病原】　病原菌为恶疫霉［*Phytophthora cactorum*（Leb. et Cohn.）Schrot.］，属卵菌纲霜霉目。孢子囊椭圆形，无色，单胞，顶端有乳头状突起，大小为（51～57）μm×（34～37）μm；菌丝体可生厚垣孢子，存活时间很长，卵孢子球形，无色或带褐色，大小为27～30 μm。病菌发育温度范围为10～30 ℃，最适温度为25 ℃。除为害梨外，也为害苹果。

【发病规律】　病菌以卵孢子、厚垣孢子或菌丝体随病残组织在土壤内越冬。随雨水飞溅传到树冠下部的梨果上，或采收后在地上堆放时通过接触传播。通过皮孔或伤口侵入。近成熟期或采收期多雨有利于孢子形成和传播，发病重。密植园内空气相对湿度高，发病也重。在贮藏期病、健果接触可继续蔓延为害。

【防治方法】

（1）选用抗病品种，高位嫁接，接口高出地面20 cm。

（2）低位苗适当浅栽，使砧木露出地面，以防病菌从接口侵入。已深栽的梨树应扒土、晒接口，提高抗病能力。

（3）灌水要均匀，勿积水，改漫灌为从小渠分别引水灌溉；苗圃最好高畦栽培，减少灌水或降水直接浸泡苗木基部；及时除草，果园内不种高秆作物；间作物与树干保持一定距离，防止遮阳。对树干上的病斑应及时刮治，或用刀尖在病部纵向划道，深达木质部。

（4）药剂防治：在5月降水前或灌水前对树干基部喷洒下列药剂：72%霜脲氰·代森锰锌可湿性粉剂500倍液，69%烯酰吗啉·代森锰锌可湿性粉剂500倍液，70%代森锌可湿性粉剂，每15 d喷1次，连喷2~3次。也可适当提高结果部位，或在树冠下铺草，防止土壤中病菌向上传播。在采收时避免将梨果直接堆放在地上，下雨时应及时用塑料布盖住梨果。清除病果，隔离病源。采收前后随时将病果摘除，拣净，掩埋或携出园外。

（5）经常在园内检查，发现病斑及时刮除，并将刮下的病皮集中带出园外烧掉。或用利刀在病部纵向划道，间隔0.5 cm，越出病斑外1 cm，深达木质部，然后涂抹843康复剂或80%乙膦铝30~50倍液。

（一一）梨蝇粪病

【症状】 梨蝇粪病又称污点病，在果面形成由十数个或数十个小黑点组成的斑块，黑点光亮而稍隆起，小黑点之间由无色菌丝沟通，形似蝇粪便，用手难以擦去，也不易自行脱落。先是在果柄周围出现蝇粪状针尖大小的黑点，形成圆形斑块或不规则状的病斑。随着果实的发育成熟，小黑点逐渐突出，在病斑周围呈油渍状，严重时布满整个果实。发病部位有许多小黑点，光亮。

【病原】 病原菌为仁果细盾霉［*Leptothyriun pomi*（Mont.et Fr.）Sacc.］，分生孢子器半球形、圆形或椭圆形，小而呈亮黑色，器壁组成细胞略呈放射状。

【发病规律】 病菌在芽、果台及枝条等处越冬，翌年初夏开始形成分生孢子器，以分生孢子借风雨传

梨蝇粪病症状

播。高温多雨利于病菌繁殖，对果面进行多次再侵染。6~9月为侵染的关键期，此时如遇降水频繁，果园郁闭，地势低洼，往往发病重。

【防治方法】
1. **加强栽培管理** 果园要开沟排涝，合理修剪，增强通透性，降低果园湿度，清除园内杂草。
2. **药剂防治** 可用1：2：200倍式波尔多液或77%氢氧化铜可湿性微粒粉剂500倍液、75%百菌清可湿性粉剂800~900倍液、70%甲基硫菌灵超微可湿性粉剂1 000倍液、50%乙烯菌核利可湿性粉剂1 200倍液、50%苯菌灵可湿性粉剂1 500倍液，一般果园可结合炭疽病、褐斑病、轮纹病等一起防治。在降水量多、雨露日多、通风不良的山沟果园应防治3~5次。

（一二）梨褐斑病

梨褐斑病又称斑枯病、白星病。我国梨产区均有发生，以南方梨产区发生较普遍，病重时引起大量落叶，造成一定程度的减产。

【症状】 只在叶上发生，其斑点初期为圆形或椭圆形，褐色，边缘明显；后期病斑中心灰白色，密生黑色小粒点。边缘褐色，最外层黑色。病斑中部可发展成为白色，故又称白星病。有的病斑可脱落穿孔，多数病斑合并时，可形成不规则形褐色斑。

梨褐斑病为害状

梨褐斑病叶片（正面）

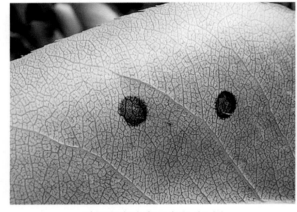

梨褐斑病叶背面病斑（1）

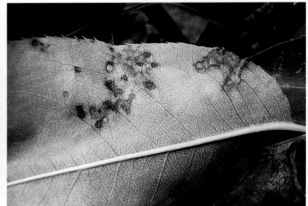

梨褐斑病叶背面病斑（2）

【病原】 病原菌为梨球腔菌［*Mycosphaerella sentina*（Fr.）Schrot.］，属子囊菌门腔囊菌纲座囊菌目。无性时期为梨生壳针孢（*Septoria piricola* Desm.），属腔孢纲球壳孢目。分生孢子器在叶组织内形成，孔口突出表皮外，球形或扁球形，大小为 80～150 μm，暗褐色。分生孢子丝状，先端细，多弯曲，有两个横隔，大小为（50～83）μm×（4～5）μm。春季在落叶背面形成子囊座，子囊座球形或扁球形，孔口突出表皮，直径 50～100 μm。子囊棍棒形或长卵形，大小为（45～60）μm×（15～17）μm，内含 8 个子囊孢子。子囊孢子纺锤形或圆筒形，稍弯曲，无色，大小为（27～34）μm×（4～6）μm，两端细，中间有 1 个隔膜，分为两个细胞。

【发病规律】 病菌以分生孢子器和子囊座在落叶上越冬。翌年春季子囊孢子成熟，分生孢子和子囊孢子借风雨传播到梨叶上进行初侵染，随后病斑产生分生孢子器和分生孢子进行再侵染。发病严重时可引起早期落叶。降水早、降水量多时发病重，施肥不足、树势衰弱时发病也重。

【防治方法】

1. **清除病源** 冬季扫除落叶，集中深埋土中，减少病源。

2. **加强栽培管理** 在梨树丰产后，应增施肥料，促使树势生长健壮，提高抗病力。降水后注意排水，降低果园湿度，以限制病害发展蔓延。

3. **药剂防治** 早春梨树发芽前（南方梨产区约 3 月中下旬），结合防治梨树锈病，喷布 0.6% 石灰倍量式波尔多液。落花后（约 4 月中下旬）病害初发时喷第 2 次药。在降水多、有利病害盛发的年份，可于 5 月中上旬再喷 1 次药。可用药剂有：80% 代森锰锌可湿性粉剂 800 倍液，75% 百菌清可湿性粉剂 800 倍液，70% 甲基硫菌灵可湿性粉剂 800 倍液，10% 苯醚甲环唑水分散粒剂 4 000 倍液，12.5% 烯唑醇可湿性粉剂 2 500 倍液，50% 多菌灵可湿性粉剂 600 倍液，62.5% 腈菌唑·代森锰锌可湿性粉剂 1 500 倍液，50% 异菌脲可湿性粉剂 1 500 倍液，50% 苯菌灵可湿性粉剂 1 500 倍液，50% 嘧菌酯水分散粒剂 6 000 倍液，25% 吡唑醚菌酯乳油 2 000 倍液，24% 腈苯唑悬浮剂 3 000 倍液，40% 腈菌唑水分散粒剂 7 000 倍液，15% 多抗霉素可湿性粉剂 400 倍液。其中，喷药重点为落花后的一次。北方梨产区结合防治其他病害进行。

（一三）梨银叶病

梨银叶病不仅为害梨，还为害苹果、桃、李、杏和樱桃等多种果树。该病是一种毁灭性真菌病害，发病严重时几年之内可致梨园荒败。患病后的梨树树势衰弱。产量降低，重病树 2 ~ 3 年后即枯死，严重影响梨生产。

梨银叶病叶片

梨银叶病病斑穿孔

【症状】　本病一般在梨树展叶后不久即出现症状，病势轻时，叶片失去光泽，叶面上有一层不明显的薄膜，并产生大量褪色斑；随着病势的发展，在病菌作用下叶片表皮和叶肉组织分离，其间隙充满空气，由于光线的反射作用，叶片呈现淡灰色，略带银白色光泽，故称银叶病。叶变厚而脆；病势严重时，枝叶稀疏，叶片小而失绿，并出现淡褐色小点，逐渐扩大成为不规则的锈斑，后期锈斑破裂成孔。病枝木质部变为褐色。病树根部也多腐烂。

枝上症状主要表现在木质部，病菌在病树木质部中向上可蔓延到一二年生枝条，使病部木质部变为褐色，较干燥，有腥味，但组织不腐烂，向下可蔓延到根部，病根多腐朽。受害果树往往先从一个枝上表现症状，以后逐渐增多，直至全株发病。发病树发芽迟缓，叶片和果实变小，病死的树上可产生复瓦状紫灰色子实体，但子实体不产生在未死病树上。

【病原】　病原菌为 *Chondrostereum purpureum*（Fr.）Pou.，为紫色胶革菌，又称银叶菌，属真菌界担子菌门真菌。菌丝在朽木上呈白色厚绒毯状；在培养基上呈疏松放射状，菌落白色。死树枝上形成子实体，大小为 20 ~ 80 μm，初圆形，渐成鳞片状或长条形，边缘反卷，中央隆起呈复瓦状排列，子实层平滑，黄褐色或紫褐色，边缘有白色茸毛，干燥时为灰黄色，背面有黑色细茸状横纹。担孢子无色，单胞，近椭圆形，一端稍尖，大小为（5 ~ 7）μm×（3 ~ 4）μm。

【传播途径和发病条件】　银叶病的病原菌最适温度为 26℃。冬季在病枝干木质部或死树枝干上越冬，担孢子随气流、降水传播，条件适宜时从伤口侵入感染植株。一般 5 ~ 6 月、9 ~ 10 月树体营养丰富，是病菌侵染的最适时期，同时也是防治的关键时期。被害果树从感染病菌到出现症状需要 1 ~ 2 年，给防治工作带来一定难度。因此，发病区果树要做好预防措施。

病菌以菌丝体在病枝干的木质部内或以子实体在树皮外越冬。子实体形成后，在紫褐色的子实体层上产生白霜状担孢子，担孢子陆续成熟，随风雨传播，通过伤口侵入，在木质部定植，然后沿导管蔓延，春、秋雨季是病菌侵入的有利时期。树体从感病到出现症状，需 1 ~ 2 年时间，发病后重病树 1 ~ 2 年死亡；轻病树可活十多年，部分病树还可自行恢复健康。该病的发生与果园地势、管理水平及品种密切相关。土壤黏重、排水不良、盐碱过重、树势衰弱的果园发病重，果园管理粗放、伤口不及时保护等均易导致病害发生。大树较幼树易感病。

【发病规律】　病菌在病树组织内越冬。秋末冬初，在病树的枯死组织上会产生大量的子实体，病菌孢子由风雨传播，多从伤口、锯口和剪口等处侵入。据报道，病菌也可通过修剪工具传播。因此，在重病树周围感病的植株较多。发病初期症状多只表现在病原菌侵入口附近的部分小枝上，以后逐步蔓延到附近大枝、主枝以至全树，直至死亡。植株由感染病菌到出现症状，需经 1 ~ 2 年时间。环境条件与管理状况对发病有密切关系。地势低洼和排水不良的地块发病较多，缺肥和虫害严重的树易引起此病，大枝劈折和锯口多的植株最易感病。不同品种感病性差异很大。

【防治方法】

1. **农业防治**　增施充分腐熟的有机肥，改良土壤，增强树势，提高树体抗病性。地势平坦低洼的果园，加强排水设施，防止园内积水。

2. **保护树体**　防治其他枝干病虫害，减少伤口，修剪宜轻。在病区内不提倡高接换种。果树种植较密的果园，适当进行移植，达到合理密度，避免互相摩擦造成伤口。

3. **人工防治**　对重病树和死树要连根挖掉，刨尽根须，带出果园集中处理，病穴用生石灰消毒。清理果园，消除残枝、病叶和病根，清除病源。挖除病株的土壤消毒后，重新定植其他非蔷薇科果树，实施果园改造。

4. **药剂防治**　对病株发病枝条少的采取断枝疗法，即锯掉病枝干，注意要将木质部变色部分全部锯除干净，用波尔多液或 10° Bé 石硫合剂涂抹伤口，抑制病菌蔓延。

（一四）梨灰斑病

梨灰斑病发生比较普遍，严重地块叶发病率可高达 100%，每叶病斑可多达几十个。此病在北方梨区多有发生。

梨灰斑病病叶（1）

梨灰斑病叶背病斑（1）

梨灰斑病叶背病斑（2）

梨灰斑病病叶（2）

梨灰斑病病叶（3）

【病状】　主要为害叶片，叶受侵染后，出现褐色小点，逐渐扩大成近圆形病斑，病部变灰白色透过叶背，病斑直径一般为 2 ~ 5 mm，后期病部正面生出黑色小突起，为该病的分生孢子器，病斑表面易剥落。

【病原】　梨灰斑病由梨叶点霉（*Phyllosticta pirina* Sacc.）引起，属于半知菌亚门腔孢纲球壳孢目。病部的小黑点为该菌的分生孢子器，埋生于表皮下，球形或扁球形，直径为 96 ~ 168 μm，上端有一孔口，深褐色。分生孢子无色，单胞，卵圆形或椭圆形，大小为（3.4 ~ 6.9）μm ×（2.4 ~ 4.5）μm，一般为 6.2 μm × 3.2 μm。

【发病规律】　病菌以休眠菌丝体或分生孢子在病叶等残体上越冬，也可能在种子上越冬。春季在适宜条件下产孢。孢子借风雨、农具及人的活动等携带传播。孢子在饱和大气湿度下4～8 h才可萌发。芽管由气孔侵入，也可直接穿透表皮侵入。侵入后5～6 d出现病斑。长期降水或有雾，气温在21.0～26.5 ℃时最适此病流行。过施氮肥使病情加重。分生孢子借风雨传播侵染，每年6月即见发病，7～8月为发病盛期，条件适宜发病很快，多水年份发病重，多雨季节发病快。

【防治方法】
1. 清洁果园　清除落叶，集中深埋以减少菌源。
2. 化学防治　发病前或雨季到来前喷药预防，保护性杀菌剂可选用1:（2.5～3）:200波尔多液，或50%代森锰锌可湿性粉剂500～600倍液；内吸性杀菌剂可选用25%戊唑醇可湿性粉剂2 000～2 500倍液，或10%苯醚甲环唑水分散颗粒剂1 500～2 500倍液，或70%甲基硫菌灵可湿性粉剂800～1 000倍液，或50%多菌灵可湿性粉剂800～1 000倍液。喷药要周到细致，树冠内外、上下和叶片的正反两面都要均匀着药。一般年份喷药2～3次，降水多的年份喷药3～4次。

（一五）梨霉污病

梨霉污病又称煤污病，梨煤污病是由于产地雨水较多而引发的梨树病害。它是发生在梨果皮外部的病害，这种病害虽然不对果肉造成损害，但果面呈黑霉状，影响外观及商品价值。

梨煤污病病果

梨煤污病病叶

【症状】　梨煤污病为害果实、枝条，严重时也为害叶片，在果面产生深褐色或黑色煤烟状污斑，边缘不明显，可覆盖整个果面，一般用手擦不掉。初期病斑颜色较淡，与健部分界不明显，后期色泽逐渐加深，病健界线明显。新梢及叶面有时也产生煤污状斑。

【病原】　病原菌为 *Gloeodes pomigena* （Schw.）Colby，为仁果黏壳孢，属于真菌。

【发病规律】　以分生孢子器在病枝上越冬。翌年春气温回升，分生孢子借风传播为害，进入雨季更严重。6～8月开始发病，以后进行再侵染。菌丝体多着生于果面，个别菌丝侵入果皮下层。在降水较多年份，在低洼潮湿、积水、地面杂草丛生、树冠郁闭、通风不良的果园中发病较重。梨木虱等为害时，若虫分泌黏液，也易诱发煤污病。

【防治方法】
（1）落叶后结合修剪，剪除病枝集中销毁，减少越冬菌源。
（2）加强果园管理，雨季及时割除树下杂草，及时排除积水，降低果园湿度。
（3）修剪时，尽量使树膛开张，疏掉徒长枝，改善内膛通风透光条件，增强树势，提高抗病力。
（4）发病初期，可喷施下列药剂：50%甲基硫菌灵可湿性粉剂600～800倍液，50%多菌灵可湿性粉剂600倍液，40%多·硫悬浮剂600倍液，50%苯菌灵可湿性粉剂1 500倍液，77%氢氧化铜可湿性粉剂500倍液，间隔10 d左右喷1次，共2～3次。在降水多的年份，在重病园喷布波尔多液防治。

（一六）梨青霉病

梨青霉病又名水烂病，主要分布于河北、山东、辽宁、河南等地。主要在梨贮藏期引起梨果腐烂。一般为害不重，但当梨果机械伤口多时可造成严重损失。病菌寄主范围广泛，除为害梨外，也为害苹果，还可为害桃、杏、板栗等。

【症状】　发病初期在果面伤口处产生淡黄褐色至浅灰褐色圆形小病斑，扩大后病组织水渍状，软腐，常下凹。条件适宜时，全果迅速腐烂。果肉呈烂泥状，有刺鼻的特殊霉味，果肉味苦。在潮湿条件下，后期病斑上常产生小瘤状霉块，初白色，后青绿色，上覆粉状物；有时瘤状霉块呈轮纹状排列。在干燥条件下，很难出现霉块状病斑。病果失水干缩后，常仅留一层皱缩果皮。

梨青霉病病果（1）　　　　　梨青霉病病果（2）

【病原】　病原菌为多种青霉菌，主要为扩展青霉［*Penicillium expansum*（Link）Thorn］，菌落粒状或绒状，仅在后期呈束状，有时形成孢梗束，暗绿色，有白色的边缘，最后变褐色；分生孢子梗长 500 μm 以上，壁光滑或微粗糙，宽 3 ~ 3.5 μm，间枝 3 ~ 6 个，大小为（10 ~ 15）μm×（2.2 ~ 3.0）μm；瓶状小梗 5 ~ 8 个，大小为（8 ~ 12）μm×3 μm；分生孢子多，但一般孢子层不形成壳状，先呈椭圆形，以后部分变亚球形，光滑，大小为（3 ~ 3.5）μm×（1.9 ~ 2.4）μm，串生成长链。

【发病规律】　主要在贮藏期发生，成熟期在树上也可发生。病菌越冬场所广泛，在病果、病残体、土壤内均可存活；分生孢子借气流传播，也可接触传播；主要通过各种伤口侵入，如虫伤、刺伤、碰伤、压伤等，也能从皮孔侵入，其他病害的病斑上常被青霉继发侵染。孢子侵入果肉后，分解中胶层使细胞离解，果内软腐。35 ℃以上时病斑扩展很快，在 1 ~ 2 ℃条件下贮藏，病斑仍能缓慢扩展。所以土窖贮藏初期和后期窖温较高时病情发展快，冬季低温时病情发展慢。1 ~ 2 ℃的冷库长期贮藏，病斑仍可缓慢发展。破伤果发病重，无伤果很少发病。

【防治方法】

（1）防治青霉病应在采收、包装、贮运过程中尽量避免造成伤口。

（2）病果、伤果要及早处理，不能长期贮存；果窖和盛果旧筐等在梨果入窖前进行消毒，可用硫黄 20 g/m³ 熏蒸，密闭 24 h；1 ~ 2 ℃低温贮存，可减缓发病。

（3）采收后用噻菌灵有效成分 750 ~ 1 500 mg/kg 药液浸果 1 min，能预防青霉病、黑星病、灰霉病等。也可用 50% 抑霉唑（烯菌灵）乳油 1 000 倍液浸果 30 s 或 25% 咪鲜胺 1 000 倍液浸果 1 min，取出晾干。

（一七）梨树白粉病

梨树白粉病在我国辽宁、河北、河南、山西、山东和南方各梨产区均有发生，但一般为害不重，个别梨园白粉病发生较重。

【症状】　梨树白粉病常见的有两种：一种是由梨球针壳引起的，主要为害叶片，也可为害新梢。最初在叶背面产生圆形的白色霉点，继续扩展成不规则白色粉状霉斑，严重时布满整个叶片，白色霉层即病原菌的外生菌丝体、分生孢子和分生孢子梗。生白色霉斑的叶片正面初呈黄绿色至黄色不规则病斑，严重时病叶萎缩、变褐枯死或脱落。后期白粉状物上产生黄褐色至黑色的小颗粒，即病原菌的闭囊壳。另一种是由白叉丝单囊壳引起的，叶片正反两面均可产生白粉状物。闭囊壳较前一种小。

【病原】　病原菌为梨球针壳［*Phyllactinia pyri*（Cast.）Homma］。此外，*Phyllactinia corylea*（Pers.）Karst. 可寄生于梨，引起梨树白粉病。白叉丝单囊壳［*Podosphaera leucotricha*（Ell. et Ev.）Salmn.］，属子囊菌门核菌纲白粉菌目。无性阶段为

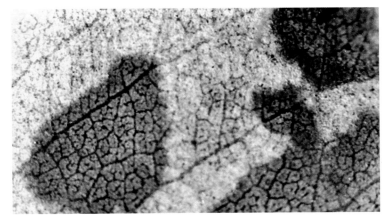

梨树白粉病叶背白色霉层

梨树白粉病叶背霉层

Oidium sp.，属粉孢属真菌。

梨球针壳的外生菌丝体多长期生存，很少消失，并形成球形附着器。分生孢子梗从外生菌丝上垂直向上生出，稍弯曲，单生，无色，具 0 ~ 3 个隔膜，顶端着生分生孢子。分生孢子瓜子形或棍棒形，单胞，无色，表面粗糙，中部稍缢缩，大小为（34 ~ 38）μm ×（17 ~ 22）μm。闭囊壳集生，间或单生，扁球形至凸透镜形，黑褐色，无孔口，大小 124 ~ 250 μm；具基部膨大的针状附属丝 5 ~ 18 根，多为 6 ~ 9 根。

白叉丝单囊壳的菌丝体生于叶的两面、叶柄、嫩枝、花、芽和果实上。分生孢子梗无色、直立，分生孢子串生，椭圆形或桶形，无色，单胞，大小为（21 ~ 27）μm ×（11 ~ 13）μm。闭囊壳密聚生，丛毛状，极少散生，近球形或梨形，暗褐色，直径 45 ~ 96 μm；壳壁细胞呈不规则多角形，壁厚，直径 5 ~ 30 μm；附属丝 3 ~ 8 根，簇生于闭囊壳顶部。

【发病规律】 病原菌以闭囊壳在落叶及黏附于短枝梢上越冬，其附着数量与枝梢长度成正比，孢子借风传播，多发生在秋季，白粉菌专化型较严格，不同梨的品种间表现出明显差异，初侵染与再侵染以分生孢子为主，以吸器伸入寄主内部吸取营养。梨白粉菌是一种外寄生菌。春季温暖干旱，夏季多雨凉爽，秋季晴朗年份病害易流行；植株过密、土壤黏重、肥料不足，尤其是钾肥不足或管理粗放均有利于发病。在梨、秋白梨、康德梨上发病重，其他品种一般受害较轻。

【防治方法】
1. **清除病源** 彻底清扫落叶，发芽前喷 1 次 3° ~ 5° Bé 石硫合剂，防治树上的越冬病菌。
2. **药剂防治** 从 7 月中上旬开始喷 1 ~ 2 次杀菌剂，如可喷 36% 甲基硫菌灵悬浮剂 800 ~ 1 200 倍液、30% 醚菌酯悬浮剂 3 000 倍液、25% 肟菌酯悬浮剂 3 000 倍液、12.5% 氟环唑悬浮剂 2 000 倍液、50% 粉唑醇可湿性粉剂 2 500 倍液、5% 己唑醇悬浮剂 1 500 倍液、25% 戊唑醇可湿性粉剂 1 500 倍液、6% 氯苯嘧啶醇可湿性粉剂 1 500 倍液，对水喷雾。
3. **加强栽培管理** 增施有机肥，防止偏施氮肥，合理修剪，使树冠通风透光。

（一八）梨黑斑病

梨黑斑病是梨树常见病害，主要为害日本梨，也是贮藏期的主要病害之一。全国普遍发生，以南方发生较重，西洋梨、日本梨、酥梨、雪花梨最易感病。西洋梨和苹果梨也较感病，其他品种一般发病较轻。发病后引起大量裂果和早期落果，造成很大的损失。

【症状】 主要为害果实、叶片及新梢。
1. **叶片** 病斑中心灰白色，边缘黑褐色，有时微现轮纹。潮湿时，病斑表面遍生黑霉，此即病菌的分生孢子梗及分生孢子。
2. **果实** 病斑略凹陷，表面产生黑霉。由于病健部发育不均，果实长大时果面发生龟裂，裂隙可深达果心，在裂缝内也会产生很多黑霉，病果往往早落。
3. **新梢** 病斑早期黑色，椭圆形，稍凹陷，后扩大为长椭圆形，凹陷更明显，淡褐色，病部与健部分界处常产生裂缝。

【病原】 病原为菊池链格孢（*Alternaria kikuchiana* Tanaka），属于半知菌丝孢纲丛梗孢目。病斑上长出的黑霉是病菌的分生孢子梗和分生孢子。分生孢子梗褐色或黄褐色，数根至十余根丛生，一般不分枝，少数有分枝，基部较粗，上端略细，有隔膜 3 ～ 10 个，大小为（40 ～ 70）μm ×（4.2 ～ 5.6）μm，其上端有几个孢痕。分生孢子串生，形状不一，一般为倒棍棒状，基部膨大，顶端细小，嘴胞短至梢长，有横隔膜 4 ～ 11 个，纵隔膜 0 ～ 9 个，大小为（10 ～ 70）μm ×（6 ～ 22）μm，分隔处略缢缩。幼嫩的分生孢子壁呈黄褐色，老熟的分生孢子则壁较厚，暗褐色。

梨黑斑病病果与病叶　　　　　　梨黑斑病病果

人工培养时菌丝生长的适宜温度为 20 ～ 30 ℃，最适温度为 28 ℃，该菌较耐低温，在 0 ～ 5 ℃也能缓慢生长，致使黑斑病在冷库贮藏时也可发展，36 ℃以上不生长。孢子形成最适温度为 28 ～ 32 ℃，萌发适温为 28 ℃，在 50 ℃经 5 ～ 10 min 孢子即丧失发芽能力。枝条上的病斑在 9 ～ 28 ℃均能形成分生孢子，而以 24 ℃为最适。黑斑病病原菌生长病的相对湿度为 20% ～ 100%，最适生长湿度为 98% ～ 100%。温度主要影响梨黑斑病病原菌的菌丝生长和孢子萌发，而湿度主要影响梨黑斑病病原菌的孢子萌发。

【发病规律】　病菌以分生孢子及菌丝体在被害枝梢、病芽、病果梗、树皮及落于地面的病叶、病果上越冬。翌年春季，越冬的病组织上新产生的分生孢子，通过风雨传播。孢子萌发后经气孔、皮孔侵入或直接穿透寄主表皮侵入，引起初次侵染。枝条上由病斑形成的孢子，被风雨传播后，隔 2 ～ 3 d 于病部再次形成孢子，如此可以重复 10 次以上。这样，新旧病斑上陆续产生分生孢子，不断引起重复侵染。嫩叶易被感染，接种后 1 d 即出现病斑。老叶上潜育期较长，展叶 1 个月以上的叶片不受感染。

南方梨产区一般在 4 月下旬，平均气温达 13 ～ 15 ℃时，叶片开始出现病斑，5 月中旬气温增高病斑逐渐增加，6 月至 7 月初（梅雨期）病斑急剧增加，进入发病盛期。果实于 5 月上旬开始出现少量黑色的病斑，有光泽，微下陷。6 月上旬病斑增大，6 月中下旬果实龟裂，6 月下旬病果开始脱落，7 月下旬至 8 月上旬病果脱落最多。阴雨连绵、日本梨系统的品种常感病。梨品种间对黑斑病的田间抗性各不相同，秦酥、宝珠、七月酥、爱宕、新水、绿云、金水 2 号等品种最易感染黑斑病；不同梨种类间的抗病性依次为：白梨 > 砂梨 > 种间杂交品种 > 西洋梨；不同产地有差异，长江以南地区的梨品种抗黑斑病能力低于长江以北地区，我国淮河以北地区的梨品种对黑斑病的田间抗性差异不大。

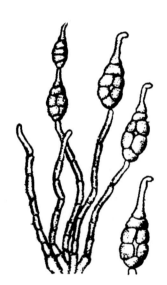

梨黑斑病病菌分生孢子梗及分生孢子

【防治方法】

1. 做好清园工作　果树萌芽前剪除有病枝梢，清除果园内的落叶、落果，并集中深埋。

2. 加强栽培管理　地势低洼、排水不良的果园，应做好开沟排水工作。在历年黑斑病发生严重的梨园，冬季修剪宜重，发病后及时摘除病果。

3. 套袋　套袋可以保护果实免受病菌侵害。黑斑病菌芽管可穿透报纸袋为害果实，为此套报纸袋防治黑斑病必须涂油。而多菌灵防治套袋梨黑斑病效果不佳，主要是多菌灵对病菌菌丝生长无抑制作用，只对抑制孢子萌发有一定效果。

4. 喷药保护　梨树发芽前喷 1 次 5° Bé 石硫合剂混合液以杀灭枝干上越冬的病菌。黑斑病具有再侵染特性，因此，在生长季均应定期喷药杀菌，对黑斑病防效较好的药剂有 3% 多抗霉素可湿性粉剂、50% 异菌脲可湿性粉剂、75% 百菌清可湿性粉剂及 1：2：200 倍波尔多液等。在果树生长期喷药次数要多一些，南方一般在落花后至梅雨期结束前，即在 4 月下旬至 7 月上旬都要喷药保护。前后喷药间隔期为 10 d 左右，共喷药 7 ～ 8 次。为了保护果实，套袋前必须喷 1 次，喷后立即套袋。可用药剂有：50% 异菌脲可湿性粉剂 1 500 倍液，80% 代森锰锌可湿性粉剂 700 倍液 + 10% 苯醚甲环唑水分散粒剂 6 000 倍液，80% 代森锰锌可湿性粉剂 700 倍液 + 50% 多菌灵可湿粉剂 800 倍液，70% 甲基硫菌灵可湿性粉剂 1 000 倍液，75% 百菌清可湿性粉剂 800 倍液 + 70% 甲基硫菌灵可湿性粉剂 700 倍液，25% 吡唑醚菌酯乳油 3 000 倍液，12.5% 烯唑醇可湿性粉剂 3 000 倍液，24% 腈苯唑悬浮剂 3 000 倍液，40% 腈菌唑水分散粒剂 7 000 倍液，25% 戊唑醇水乳剂 2 500 倍液，

1.5%多抗霉素可湿性粉剂 400 倍液。

5. 低温贮藏　低温 0 ~ 5 ℃贮藏可以抑制黑斑病的发展。

6. 栽植抗病品种　在病重区应避免发展"二十世纪"品种，可选栽中国梨或晚三吉、菊水、黄蜜、今村秋等抗病性强的品种。

（一九）梨软腐病

梨软腐病又称毛霉烂果病，零星发生，但是果实伤口多、贮藏期温度高时发生较重。该病发生的轻重主要取决于果实伤口的多少；另外，高温高湿条件下有利于病害的发生，但病菌耐低温，冷藏 2 个月病果仍能全部腐烂。

【症状】　为害果实。梨软腐病多始于果实梗洼、表皮的刺伤口，果实表面出现浅褐色至红褐色圆斑，后扩展成黑褐色不规则形软腐病斑。高温时 5 ~ 6 d 内可使病果全部软腐。在 0 ℃条件下，冷藏 60 d 后染病果实全部腐烂，还能引起再侵染。病部长出大量灰白色菌丝体和黑色小点。

【病原】　主要由匍枝根霉 *Rhizopus stolonifer* 和梨形毛霉 *Mucor piriformis* 引起，均属接合菌门真菌。

【发病规律】　病原在 2 cm 土层中或落果等有机物中越冬。果实采收后 1 ~ 2 个月菌源数量增加，进入冬季后菌源数明显减少，通过接触或动物携带，以及雨水溅射传播，并可随病果转运而进行远距离传播。可通过伤口侵入，也可直接侵入。高湿的条件下病情迅速发展。

梨软腐病病果

【防治方法】

（1）及时清除病果，保持果园、果窖清洁。采收、贮运过程中减少果实的伤口。

（2）不要在湿度大或阴雨天采摘果实，以减少传染。用纸单果包装，以减少二次侵染。

（3）落果宜单独存放，不要与采摘的健果放在一起。

（4）必要时可用杀菌剂处理，采收前 1 个月开始喷施下列药剂：1∶2∶200 倍式波尔多液，77%氢氧化铜可湿性粉剂 500 倍液，50%琥珀酸铜可湿性粉剂 500 倍液，14%络氨铜水剂 300 倍液，70%甲基硫菌灵可湿性粉剂 800 倍液。尤其是晚春夏初降水时喷药，效果更明显。

（二〇）梨果顶腐病

梨果顶腐病病果

梨果顶腐病病果剖面

【症状】　梨果顶腐病又称梨黑蒂病、蒂腐病，俗称"铁头病"，是主要为害西洋梨品系、黄金梨、水晶梨的一种生理性病害。主要为害果实。果实罹病，幼果期即见发病，初在梨果萼洼周围出现淡褐色稍浸润晕环，逐渐扩展，颜色渐深，严重的病斑波及果顶大半部，病部坚硬黑色，中央灰褐色，有时被杂菌感染致病部长出霉菌，造成病果脱落。发病后期病斑可及果顶的大半部，病部黑点，质地坚硬，中央灰褐色。此时可受到细交链孢菌和粉红单端孢菌真菌侵染，因此梨果顶腐病到后期，发病症状又与黑点病的发生症状相似。

【发病原因】
（1）由于砧木选用不当，使树体亲和力不良，树势易衰弱，营养元素失衡导致该病的发生。
（2）不良环境刺激造成果皮老化，果皮下的薄壁细胞经过细胞壁加厚及木栓化后，角质、蜡质及表皮层破裂坏死，或者因幼果期果实未脱茸毛时套袋触碰果面，造成表皮细胞受伤而停止发育。用药不当也易导致顶腐病的发生。在生长季节 6 ~ 8 月发病多，病斑扩展迅速，果实近成熟时停滞下来。梨果顶部变黑腐烂全部发生在套袋梨果上，不套袋的不发病，套袋越早发病越严重。

【发病规律】　酸性土质或土壤板结，有机质含量较低、果实生长期土壤干燥，又突然降水，根系受影响，可诱发此病。树势弱时发病重。

【防治方法】
（1）繁育西洋梨苗木时，提倡选用杜梨作砧木嫁接西洋梨，抗病性强，可减少发病。
（2）加强果园肥水管理，促进树体健壮，提高抗病力。有试验显示，株施硅钙镁肥 1 ~ 3 kg 有较好的防效。

（二一）梨根癌病

梨根癌病又称梨冠瘿病，这是梨树的根及根颈部形成的瘿瘤。

【症状】　梨根癌病主要发生在根颈部，初期形成大小不等的灰白色瘤状物，表面光滑，质地松软，皮层增厚。随小瘤增大，表面变为褐色，瘤体粗糙，内部木栓化，表层细胞枯死，有的瘤表面生长有细根。根瘤大小不一，小的如核桃，大的直径可达 5 ~ 6 cm，病树根系发育受阻，地上部叶黄稀少，生长瘦弱。茎部瘤体椭圆形或不规则形，大小不一，幼嫩瘤淡褐色，表面粗糙不平，柔软海绵状；继续扩展，颜色逐年加深，内部组织木质化形成较坚硬的瘤。根瘤的形成和生长导致根系不能正常生长发育，造成地上部植株发育迟缓，生长势弱，新梢短，但不直接造成植株死亡。

【病原】　梨根癌病由根癌细菌［*Agrobacterium tumefaciens*（Smith at Towns.）Conn.］所致。细菌短杆状，大小为（0.4 ~ 0.8）μm×（1.0 ~ 3.0）μm。单极生 1 ~ 4 根鞭毛，在水中能游动。有荚膜，不生成芽孢，革兰氏染色阴性。发育温度为 10 ~ 34 ℃，最适温度为 22 ℃，致死温度为 51 ℃，耐酸碱范围 pH 值为 5.7 ~ 9.2，最适 pH 值为 7.3。

梨根癌病为害幼树

【发病规律】　细菌在土壤或根瘤组织皮层内越冬，通过雨水、灌溉水等传播，经伤口侵入，潜育期 2 ~ 3 个月。远距离传播主要靠带病的苗木和土壤。黏重和略带碱性的土壤发病重。

【防治方法】
（1）禁止从病区调入苗木，选用无病苗木是控制病害蔓延的主要途径。
（2）选择无病土壤作为苗圃，避免重茬。对苗圃地要进行土壤消毒，可将定植穴土壤采用阳光暴晒或撒生石灰等方法进行消毒。
（3）加强肥水管理，可增强树势，提高树体抗病能力；适当增施酸性肥料，使土壤呈微酸性，抑制其发生扩展；增施有机肥，改善土壤结构；土壤耕作时尽量避免伤根；平地果园注意雨后排水，降低土壤湿度。

（4）选用抗病砧木，嫁接时刀口用5%福尔马林或75%乙醇消毒。苗木消毒处理可用2%的石灰水、70%氧氯化铜可湿性粉剂800～1 000倍液、以5%硫酸铜、50%代森铵水剂1 000倍液等药剂浸苗10～15 min。对1～3年生早酥梨苗可用50%琥珀酸铜400倍液浸根4 h防治。

（5）对于根癌病，挖开树基土壤，暴露根颈部即可找到患病部位。大部分根系都已发病者，要彻底清除病根，同时注意保护无病根，不要轻易损伤。

（6）清理患病部位后，要在伤口处涂抹杀菌剂，防止复发；对于较大的伤口，要糊泥或包塑料布加以保护；对于严重发病的树穴，要灌药杀菌或另换无病新土。所用药剂有2°～3° Bé石硫合剂、80%乙蒜素乳油50倍液等。

（7）生物防治：放射土壤杆菌（*Agrobacterium radiobacter*）即K84菌剂对灌根、浸种、浸根、浸条和伤口保护均有效。从保护苗木伤口入手阻止病菌的侵染，K84菌剂在土壤中具有较强的竞争能力，优先定植于伤口周围，并产生对根癌/根瘤病菌有专化性抑制作用的细菌素，预防根癌病的发生和为害，与化学农药相比具有防病效果好、持效时间长和不污染环境等优点。

K84菌剂含活菌量≥1.0×10⁸ cfu/g，4～20 ℃下菌剂保质贮藏期4～6个月，应用时拌种比例为1：5（*W/W*），苗木假植或定植前蘸根比例为1 kg处理40～50株。

（二二）梨锈水病

梨锈水病在江苏、浙江、山东、辽宁等地的局部地区有发生。该病多发生在七至十二年生初结果的梨树上，危害性很大，如防治不及时可造成全株死亡。近年，该病在十五年以下的酥梨改接树上普遍发生。部分果农把该病当作腐烂病，导致防治不力，造成了树体死亡。

梨锈水病为害树干　　　　　　　　梨锈水病病枝

【症状】　锈水病主要为害梨树骨干枝，也可侵染果实和叶片。

1. 枝干　枝干患病后初期症状隐蔽，外表无病斑，后期在病树上可以看到从皮孔、叶痕或伤口渗出的锈色小水珠，或有较多的锈水突然渗出，但枝干外表仍无病斑。此时，如用刀削皮检查，可见病皮已呈淡红色，并有红褐色小斑或血丝状条纹，腐皮松软充水，有乙醇味，内含大量的细菌。不久，积水增多，从皮孔、叶痕或伤口大量渗出，此汁液初为无色，在2～3 h内转变为乳白色、红褐色，最后为铁锈色，这种锈水有黏性。部分病枝如皮层腐烂深达形成层，往往迅速枯死；锈水病斑不多的轻病枝，枯死较慢或不枯死，但枝叶提早变红凋落，同时枝皮干缩纵列。

2. 果实　病菌也可侵害果实引起软腐。病果早期症状不明显，或在果皮上出现水渍状病斑，迅速发展后，果皮变青褐色或褐色，果肉腐烂成糊糊状，有酒糟味。腐果汁液经太阳晒后也很快变为铁锈色。

3. 叶片　叶片被害先发生青褐色水浸状病斑，后变成褐斑或黑斑，大小、形状不一，在病叶叶脉和叶肉组织内均含有细菌。

【病原】　以往报道病原菌为*Erwinia* sp.，是一种细菌。近年经梨树锈水病病原分子生物学鉴定，引起症状的30个病原菌株与*Dickeya chrysanthemi*序列相似性分别为97%和96%，2个菌株与*Erwinia pyrifoliae*序列相似性为99%。构建系统发育树显示，梨锈水病病原菌与*Dickeya*属其他种有一定的差异性，应为*Dickeya*属的一个新种。

【发病规律】 病原细菌潜伏在梨树枝干的形成层与木质部之间越冬，到翌年 4 ～ 5 月间再行繁殖，后于病部流出锈水，通过雨水和昆虫传播。病原细菌也可由蝇类和蛀果类昆虫及雨水传播，通过伤口侵入果实发生软腐，其中，梨小食心虫的蛀孔为病菌主要的侵入途径。叶片的感染主要是由于枝干锈水及软腐病果汁液的自然滴落，以及昆虫和雨水传播，通过气孔和伤口侵入引起的。高温、高湿及树势衰弱时，发病较重。梨树不同品种间抗病性差异很大，以黄梨、鸭梨、砀山酥梨最容易发病，京白梨、雪花梨、莱阳梨次之，日本梨和西洋梨很抗病。

【防治方法】 梨树锈水病的防治应以清除菌源为主，同时加强栽培管理。

1. 刮除病皮，清除菌源 在冬季、早春和生长期均可进行。刮除病皮和清除菌源要求做到及时和彻底，刮后用较浓的杀菌剂进行表面消毒，然后用硫酸铜石灰油剂或石硫合剂渣子涂刷，以保护伤口。

2. 加强果园管理 适当增施肥料，及时排灌，合理修剪，促使枝干生长健壮，增强树势，提高植株抗病能力。

3. 加强对蛀果害虫的防治 梨大蟓、梨小食心虫、桃蛀螟等蛀果害虫是锈水病的重要传播媒介，在果园中应及时防治，以减少由它们引起的软腐病果。同时从 7 月起，要经常注意摘除病果，以减少菌源。

4. 药剂防治 早春花开前，刮除病皮、病斑，喷 5° Bé 石硫合剂或用 5% 菌毒清水剂 100 ～ 200 倍液喷枝干，果树生长季节 6 ～ 9 月发现该病，刮除病皮后用 5% 菌毒清水剂 30 ～ 50 倍液，涂抹病斑 2 ～ 3 次，每次间隔 7 ～ 10 d。生长期也可采取化学防治方法，可用 30% 琥珀酸铜胶悬剂 500 倍液、30% 二元酸铜可湿性粉剂 300 ～ 500 倍液等进行喷药保护。

（二三）梨叶枯病

梨叶枯病（叶片生理性干枯）是经常发生的一种生理病害，俗称"火烧病"。此病害主要为害梨树成龄叶片。此病害在降水量较大，又遇长期高温的特殊天气之后便会出现，果园可出现大量干叶、死叶现象，发病率在 10% ～ 20%。发病后树体叶片大量死亡，导致树体光合作用下降，严重影响树体的正常生长，削弱树势。

梨叶枯病初期为害状

梨叶枯病发生为害状（1）

梨叶枯病发生为害状（2）

梨叶枯病发生为害状（3）

梨叶枯病后期为害状

【症状】　该病主要发生于树冠外围新梢中部成龄叶片上，树冠内膛叶片及生长点的幼嫩叶片不发病。感病叶片沿叶尖、叶缘出现无规则片状干枯，病斑似火烧状变黑或变褐，病部叶脉失绿，随着病情的加重，除叶柄和托叶外全叶失绿焦枯，但叶片发病后常不脱落，严重影响树体的光合作用。

【病因】　降水前刚浇过水、地势低洼容易积水及地下水位较高的果园发病较重。树势弱、挂果量大的果树发病较重；果园群体通风透光差、个体郁闭的果园发病较重。树冠阳面枝条较阴面枝条发病重。外围树冠的中部较底部和上部发病严重。土壤黏重的果园、少施或不施有机肥和磷钾肥的果园发病重，土壤疏松、重施有机肥和磷钾肥的果园发病轻。当肥料施用量过大或过于集中时，作物根域肥料浓度太高，渗透压增大，致使根细胞吸水困难，甚至发生反渗透现象，引起叶片迅速脱水枯死。高浓度碳酸氢铵或尿素作叶面肥喷施，在高温强日照条件下，梨树叶片易焦枯脱落。

【发病规律】　同【病因】。

【防治方法】
1. **肥害造成的梨叶枯病**　使用有机肥时一定要腐熟，且与土拌匀后施入。追施化肥时应沟施，并与土拌匀，不要在根系较集中位置穴施。施肥后应灌水。出现此类焦枯后，应马上大量灌水，稀释土壤溶液浓度。
2. **水分失调造成的梨叶枯病**　土壤干旱时应及时灌水，大雨天晴后应及时松土，增加土壤中空气含量和水分蒸发量。改良土壤，增施有机肥，促进根系发育。对历年常发生此病害的地块和梨树品种，可采用树盘覆草方法解决。

（二四）梨石痘病

梨石痘病又称石梨病、梨石果病，在欧洲各国、澳大利亚、智利、新西兰、南非、美国等地发生普遍。在我国新疆库尔勒香梨上也发现此病。该病是梨树上危害性最大的病毒性病害，果实发病后完全丧失商品价值。

梨石痘病病果（1）

梨石痘病病果（2）

【症状】　梨石痘病主要为害果实和树皮，首先在落花 10 ~ 20 d 后的幼果上出现症状，在果表皮下产生暗绿色区域，由于病区发育受阻而凹陷，导效果实畸形。凹陷区周围的果肉内有石细胞（厚壁细胞）积累，果实成熟后，石细胞变为褐色石细胞。同一株病树上的病果率因年份而不同，而且同一树上不同季节和果实之间的病症严重程度也不相同。其他原因引起的梨果上的凹陷（如虫咬伤、机械伤、缺硼或木栓化）多是表面性的，与产生的厚壁细胞无关，病树新梢、枝条和枝干树皮开裂，其下组织坏死。在老树的死皮上产生木栓化突起。树皮坏死的严重程度因品种感病性不同而异。病树往往对霜冻敏感。叶部症状不常见，有时早春抽发的叶片出现小的浅绿色褪绿斑。

【病原】　梨石痘病是由一种病毒侵染引起的。病毒的本质特性至今尚未明确。德国（1977）从感染石痘病的梨树上分离出直径为 32 nm 的球状病毒，美国（1989）电泳观察到双链 RNA 带，但都未肯定是石痘病的病原。

【发病规律】　梨石痘病在西洋梨品种如鲍斯克、寇密斯和赛克尔上的症状最重，而在哈代、康佛伦斯、弗雷尔、霍威尔、老家、冬列尼斯、巴梨等品种上的症状较轻。东方梨系统中的许多品种带毒而不表现症状，但带毒树长势衰退，一般减产 30% ~ 40%。梨石痘病病毒主要通过嫁接传播，接穗或砧木带毒是病害的主要侵染途径。梨树感染石痘病毒后，全株都带有病毒，并不断增殖，终生为害。

【防治方法】

（1）选用无病砧木和接穗，避免用根蘖苗作砧木。种子繁殖的实生砧是无病的，而带毒接穗是此病的主要侵染来源。因此，严格选用无病毒接穗，是防治此病的有效措施。病树也不能用无病毒接穗高接换头。

（2）加强管理。注意施用有机肥料，适当修剪，旱天应灌水，雨季注意排水，以增强树势，提高梨树抗病力。

（3）果园发现病树应连根刨掉。

（二五）梨树环纹花叶病

梨树环纹花叶病为害叶片

梨树环纹花叶病为害新梢

【症状】　该病最明显的症状是，叶片产生淡绿色或浅黄色环斑或线纹斑。发生无规律，有时病斑只发生在主脉或侧脉的周围。高度感病品种的病叶往往变形或卷缩。病斑偶尔也发生在果实上，但病果不变形，果肉组织也无明显损伤。有些品种无明显症状，或仅有淡绿色或黄绿色小斑点组成的轻微斑纹。在阳光充足的夏天症状明显，而且感病品种在 8 月叶片上常出现坏死区域；反之，症状轻微甚至很多病树不显症状。

【病原】　病原为 Apple chlorotic leaf-spot virus，称苹果褪绿叶斑病毒。病毒粒子曲线条状，大小为 12 nm × 600 nm，致死温度 52 ~ 55 ℃，稀释限点 10^{-4}，体外存活期 4 ℃条件下 10 d，由汁液传播。

【发病规律】　病毒主要通过嫁接苗木、接穗、砧木等途径传染。病树种子不带毒，因而用种子繁殖的实生苗也是无病的。如果从病树上剪取接穗繁殖苗木，或进行高接换种，苗木和高接后的大树，都将受病毒侵染，变成病苗病树，未发现昆虫媒介，通常在接种后第一年即表现症状，洋梨 A20 是该病较好的指示植物。

【防治方法】

（1）栽培无病毒苗木，剪取在 37 ℃恒温下 2 ~ 3 周伸长出的梨苗新梢顶端部分，进行组织培养，繁殖有毒的单株。

（2）禁止在大树上高接繁殖无病毒新品种，一般杂交育成或从国外引进的新品种，多数是无病毒的。禁止用无病毒的梨接穗在未经检毒的梨树上进行高接繁殖或保存，以免受病毒侵染。

（3）加强梨苗检疫，防止病毒扩散蔓延。首先应建立健全无病毒母本树的病毒检验和管理制度，防止病毒侵入和扩散。

（二六）欧洲菟丝子

欧洲菟丝子寄生梨树

【症状】　种子萌发时幼芽无色，丝状，附着在土粒上，另一端形成丝状的菟丝，在空中旋转，碰到寄主就缠绕其上，在接触处形成吸根，进入寄主组织后，部分细胞组织分化为导管和筛管，与寄主的导管和筛管相连，吸取寄主的养分和水分。此时初生菟丝死亡，上部茎继续伸长，再次形成吸根，茎不断分枝并伸长形成吸根，再向四周不断扩大蔓延，严重时整株寄主布满菟丝子，使受害植株生长不良，也有寄主因营养不良和菟丝子缠绕而引起全株死亡。

【病原】　病原菌为 *Cuscuta europaea* L.，称欧洲菟丝子，属寄生性种子植物，是一种藤本植物，无叶，能开花结果。茎粗 2 mm，分枝多，苗期无色，后变黄绿色至紫红色。花序旁生，基部多分枝，苞和小苞似鳞片状，花萼碗状，5 个萼片，钝尖，与基部相连，有红紫色瘤状斑点。花冠白色管状，有 5 个裂片及雄蕊，花药卵圆形，无花丝，生于二裂片间，雌蕊隐于花冠中，2 裂柱头。蒴果卵圆形，有 1 ~ 2 粒种子，呈微绿色至微红色。

【发生规律】　以种子在土壤中越冬，翌年夏初发芽长出棒状幼苗，长至 9 ~ 15 cm 时，先端开始旋转，碰到树苗即行缠绕，迅速产生吸根与树苗紧密结合，后下部枯死与土壤脱离，靠吸根在寄主体内吸取营养维持生活。幼茎不断伸长向上缠绕，先端与树苗接触处不断形成吸根，并生出许多分枝形成一蓬无根藤。欧洲菟丝子多发生在土壤比较潮湿，杂草或灌木丛生的地方。

【防治方法】

1. **人工防治**　尽量勿使杂草种子或繁殖器官进入果园，清除地边、路旁的杂草，严格杂草检疫制度，精选播种材料，特别注意国内没有或尚未广为传播的杂草必须严格禁止输入或严加控制，防止扩散，以减少田间杂草来源。用杂草沤制农家肥时，应将含有杂草种子的肥料用薄膜覆盖，高温堆沤 2 ~ 4 周，腐熟成有机肥料，杀死其发芽力后再用。在杂草萌发后或生长时期直接进行人工拔除或铲除，或结合中耕施肥等农耕措施剔除杂草。

2. **机械防治**　结合农事活动，利用农机具或大田型农业机械进行各种耕翻、耙、中耕松土等措施进行播种前、出苗前及各生育期等不同时期除草，直接杀死、刈割或铲除杂草。

（二七）梨果锈

梨果锈为害状（1）

梨果锈为害状（2）

【症状】　在果实的表皮形成一层形状不规则、大小不一的一个或多个黄色斑块，严重时集中连片，多发生在果肩和果面。或以果实皮孔为主产生褐色斑点，也有的不在皮孔上，小的如针尖，大的如笔尖，有时稀疏，有时密布，多发生于胴部和萼洼部。

【病因】　梨角质层结构并非均匀排列、致密成层，而是结构松散地附着在果实的表皮上，容易受到损伤，一旦遇到不良外界环境的影响，角质层破裂，将诱发产生次生的保护组织——木栓层（即果锈），以进一步加强对果实的保护作用。树体营养不均衡，如在果实膨大的中后期，施氮肥过多，使果实内蛋白质和氨基酸含量丰富，促使果实迅速膨大，因果实表皮细胞和角质层跟不上果实膨大的速度，致使发生龟裂而形成锈斑。果园郁闭，树冠枝量过大，通风透光差；幼果期用药不合理，喷药次数过多、品种过杂，喷药时喷头压力过大对幼果造成机械伤害；套袋时间过晚，幼果裸露时间过长；果袋质量差，导致果袋不抗雨水冲刷而破损，果袋吸水潮湿后不易干，同时药水、雨水易透过果袋刺激果面，上述情况均易形成果锈。套袋操作不规范，果袋紧贴幼果果面或袋口封扎不严，果袋被风刮动摩擦果面，同时雨水、药水易进入果袋，也会形成果锈。

【发病规律】　同【病因】。

【防治方法】

（1）加强栽培管理，土壤增施有机肥和磷钾肥，进行配方施肥。每生产100 kg果实，需要施入氮、磷、钾各1 kg，同时适量补充铁、锌、硼、钙等微肥。果园行间种草或树盘覆草。开展人工授粉、蜜蜂传粉。精心疏花疏果，选留果形端正、色泽光洁、果柄粗且长、生长在枝条两侧并有叶片遮覆的幼果。合理负载，盛果期树每亩产量控制在2 500～3 000 kg。叶面喷施磷酸二氢钾、多元微肥等叶面肥；保持土壤湿度相对稳定，干旱时及时灌水，水涝时及时排水，增强树势，提高树体和果实抗逆性。

（2）建园时，选择不易感染果锈的品种。疏花疏果，合理负载，使树势健壮。因不良气候因素造成的果锈，应增强树势，增加树体抵抗力，合理调控水分，并使用生长调节剂481芸薹素、甲壳素等。

（3）对密度过大的果园，除了落头、开心、控冠以外，必须间伐，从根本上解决果园通风透光问题，从而减轻果锈，提高果实品质。

（4）套袋前科学用药：由于幼果期是果锈发生的敏感期，因此坐果后至套袋前应选择高效、对果皮无刺激或刺激性小的无公害杀菌杀虫剂，如代森锰锌、甲基硫菌灵、多菌灵、多抗霉素、吡虫啉等，喷药时雾化程度要细，喷药时间应在上午9～10时或下午4～6时进行，避开果面有露水的时候和烈日暴晒的中午。幼果期不要喷布铜制剂及无机硫制剂，不用增效剂和渗透剂，套袋前忌用乳油制剂，药液配比要合理，浓度要合适，不能用高压喷枪大雾滴直接喷果面。

（5）选用优质果袋，规范套袋技术。套袋时撑开袋体，打开通气放水孔，使果实悬于纸袋中部，扎紧袋口。有害粉尘污染较多的果园，可适当早套袋，这对减轻果面污染效果良好。及时对症用药，把病虫为害造成的果锈降低到最低程度。

（二八）梨果肉褐变症

【症状】　梨果心室变褐、变黑，形成水烂病斑，使心壁溃烂，继而引起果肉腐烂。有的果肉组织呈蜂窝状褐色病变，组织坏死，果重变轻，弹敲有空闷声。

【病因】　总黄酮、表儿茶素、总酚含量是影响梨果肉酶促褐变的关键因子。

【发病规律】　梨果采收后含水较多，果实内生理活性很高，对二氧化碳敏感，如果贮藏时二氧化碳浓度过高，梨组织中就会产生大量乙醇、琥珀酸、乙醛等，造成中毒，使成箱梨果腐烂。

【防治方法】　注意控制贮藏环境中二氧化碳的比例，以氧气12%～13%、二氧化碳1%以下为宜。梨干皮或缩皮，主

梨果肉褐变症

要是鸭梨贮藏过程中失水严重所引起的，可采用双层包果纸包果，增加库房湿度等措施来减少果实失水。

（二九）梨畸形果

梨畸形果

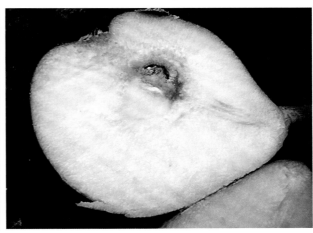

梨畸形果剖面

【症状】 变形果、歪斜果、疙瘩梨及沟沟梨等，通称为畸形果。

【病因】 梨果畸形与授粉品种、授粉状况、留果序位、硼等微量元素供应量、花期霜冻、药害及病虫为害有关。

1. **授粉品种** 用脆梨、胎黄梨的花粉给鸭梨授粉，其歪斜率很高；用面梨和雪花梨授粉，歪果率极低。

2. **授粉受精** 果实的形状与种子的数量、位置有关系。种子数量多且分布均匀（5个心室中都有种子）的果实，果个大、果形端正；而种子数量少或集中分布在果实一侧的2～3个心室内的果实，则果个小，果形不端正。这是因为在幼果发育过程中，正在发育中的种子形成的赤霉素、生长素和细胞激动素促进了其相应部位果肉的发育。因此，生产中若过量结果，树冠郁闭，秋季管理不当，使花芽分化不良；或授粉树少，授粉树配置不合理；或花期未进行人工辅助授粉，都会导致授粉受精不良，使得部分心室未形成种子或形成的种子少，则其相应部位的果肉发育不充分，从而形成一侧大、一侧小的歪斜果。

3. **花期霜冻** 梨花和幼果受冻后虽能正常结果，但一部分受冻果的种子数比正常花结果的种子少，外观表现为果个小，果形不正，歪斜果增加。防治措施：建园时栽植防护林，以改善果园小气候，减轻晚霜冻害的发生。在易发生晚霜冻害和倒春寒的地方和年份，采用早春浇水、树干涂白等措施推迟花期，避免晚霜为害，也可采用喷水、熏烟等方法减轻霜害。

4. **缺硼** 幼果缺硼时，果面局部凹陷，凹陷部组织坏死变褐且木栓化，果面凸凹不平，果实畸形。

5. **病虫为害** 椿象（如茶翅蝽、梨蝽）、绿盲蝽、康氏粉蚧、黑星病等均可为害同一梨的多处部位，使果面凸凹不平，梨果畸形。

【发病规律】 同【病因】。

【防治方法】

（1）首先，建园时，合理配置授粉树，授粉树少或配置不合理的梨园，可在春季采用切腹接、腹接等方法高接授粉树种；其次，通过合理修剪，适量负载，秋施基肥及叶面喷肥，防治病虫害，防止早期落叶等措施，增加树体贮藏养分，促进花芽分化良好；此外，花期及时进行人工授粉（有条件的梨园也可采用蜜蜂授粉），以保证授粉受精充分，促进每个心室的种子都能正常发育，使之形成尽可能多的饱满种子，使果形发育良好，果实的端正果率提高。

（2）幼果缺硼时增施有机肥，改善土壤理化性状，增加土壤有效硼的含量；在梨树花期喷0.3%硼砂或0.1%～0.2%硼酸液，连喷2～3次，每次间隔7～10 d；结合秋施基肥施入硼砂，幼树或初果树每株施50～150 g，盛果期树每株施150～300 g，如使用硼酸，用量应减少1/3，施后浇水。

（三〇）梨黑皮病

梨黑皮病是贮藏中后期可严重发生的生理性病害，往往在货架期大量发现，大大降低梨的商品价值。

梨黑皮病病果（1）　　　　　　　　　　　　　梨黑皮病病果（2）

【症状】 梨果在贮藏期，病部果皮表面产生不规则的黑褐色斑块，严重的连成大片，甚至蔓延到整个果面，而皮下果肉却正常、不变褐，基本不影响食用，仅影响外观和商品价值。

【病因】 梨黑皮病的发生与多元酚氧化酶的活性和维生素的含量有密切关系。过量的多酚氧化酶把大量的酚氧化为醌，使黑色素在果皮的积累增多，从而导致果实表皮细胞发生褐变，最后形成黑皮。另外，过低的维生素 E 也会加速酚的氧化，而致使病害发生。

【发病条件】 贮温过高或过低，采摘过早，二氧化碳过高都会加重黑皮病发生。采摘运输过程中是否造成机械损伤、降水量多少、天气情况也对黑皮病的发生有很大影响。其发病机制与苹果虎皮病类似。采收期、树龄、果实大小、包装和码垛形式、库房通风量等，都是发病的因素，如果安排不当都会加重黑皮病的发生。

【防治方法】

1. 采摘　适期采摘，采前树上单果套袋。

2. 生长期防治　采用外施抗氧化剂（保鲜纸、保鲜网套包果和药剂浸果）是防止黑皮病，延长货架期的有效途径之一。也可用保鲜纸包果，或用 0.3% ~ 0.4% 乙氧基喹啉喷包果纸和纸箱隔板。

3. 贮藏期防治　控制贮藏环境中的二氧化碳，增大通风量，维持适宜的贮藏温、湿度；贮藏时调整码垛形式，加大通风道，适时倒垛，加强库内通风。

（三一）梨虎皮病

梨虎皮病又称褐烫病，亦称晕皮、果皮褐变。虎皮病是梨贮运期间极易发生的一种生理性病害。黄金梨果皮薄脆，酚类物质含量和多酚氧化酶活性均高于其他部位，贮藏后期如遇到库温骤然升高、不良外界刺激及不适运输环境，即在梨果表面出现不规则褐色斑块。

【症状】 表现为果皮表面产生不规则、凹陷形的黑褐色病斑，形如烫伤。开始时病斑较小，随着时间的延长病斑面积扩大。严重时，病斑连成不规则的片状和带状，还可能延至整个果面呈黑色烟熏状。此病一般只发生于果皮表层细胞，并不深入果肉，皮下果肉组织不褐变，严重时也能危及果肉细胞。虎皮病是梨在贮藏期间生理失调而导致的皮层组织坏死，为贮运期间极易发生的一种生理性病害，低温贮藏中后期广泛发生，往往在货架期大量出现，对果实风味无明显影响，但它严重影响果实的外观品质和商品

梨虎皮病病果

价值，造成重大经济损失。

【病因】　果皮褐变时，有毒物质 α-法尼烯的氧化产物共轭三烯含量增加，并在梨果表皮处累积，使果皮组织受到生理伤害，诱发虎皮病。

【发病规律】　梨的采收期、树龄、果实大小、降温方式、包装、贮运条件、药剂处理、码垛方式、通风条件以及采后是否擦伤和碰伤等是梨虎皮病发生与否的外部原因。受伤部位酚类物质在多酚氧化酶（PPO）作用下氧化生成醌，再进一步聚合生成黑色聚合物。贮藏温度过高或过低、采摘过早、二氧化碳含量过高都会加重该病的发生。

【防治方法】

（1）采前田间套袋，采后薄膜袋单果包装，低温贮藏黄金梨采前用外黄内黑的双层袋包装或采后用厚为 0.02 mm 的 PVC 打孔袋包装。在 0 ℃条件下贮藏能够抑制果实的失鲜、失重，有很好的自发气调作用。打孔包装不仅可以降低贮藏环境中二氧化碳的累积，还可维持低氧环境，能够明显抑制黄金梨呼吸强度，降低果实失水率，抑制虎皮。

（2）采前喷钙或采后浸钙：喷钙可有效增加果实中钙的含量，维持果实自身的钙平衡，提高果实品质和防止贮运病害的发生。田间喷钙，于 9 月上旬树上喷 0.6% ~ 1.2% $CaCl_2$，喷洒时间宜选择在上午，采后浸钙，在入库遇冷期间用 4% ~ 6% $CaCl_2$ 浸果，浸果时间为 8 ~ 10 min。

（3）适期采收：适期采收的果实外观品质最好，较耐贮藏。采收早的梨果在气调贮藏期间果实腐烂率高，果皮易褐变。采收太晚的梨果，在冷藏及气调贮藏中黑皮病发病较严重。在华北地区用作冷藏及气调贮藏的黄金梨最适采收期应在 9 月 20 日左右，这样既可保证果实的成熟又可提高其耐贮性。

（4）选择适当的预冷方式：黄金梨经过缓慢降温后的腐烂指数、虎皮病情指数和褐变指数均高于快速降温处理，且果实失重率高，果皮表面出现明显的失水皱皮现象。所以，长期贮藏的黄金梨适宜采后快速降温，短期贮藏或采后立即销售的黄金梨可以采后自然放置或同其他品种的梨一起缓慢降温。

（5）防腐保鲜剂处理：1.0% 壳聚糖浸果处理能够明显抑制黄金梨贮藏期腐烂和降低虎皮病发病率。

（三二）梨裂果病

【症状】　裂果就是果肉纵向或横向裂开，轻的有一条缝，重的有多条缝，严重的裂果会使果实失去食用价值和商品价值，影响产量和经济效益。裂果现象常发生在 5 ~ 7 月果实迅速膨大期。

【病因】　这主要是由于水分供应不均或天气干湿变化大而引起的。果实在迅速膨大期和着色期，如果灌水过多，特别是久旱灌水，或者长时间干旱，突然遇大雨、阵雨或暴雨，果实通过根系和果皮吸

梨裂果（1）

梨裂果（2）

收大量水分，造成果肉细胞迅速膨大，而果皮细胞生长较慢，产生异常的膨压，超过了果皮和果肉组织细胞壁所承受的最大张力就会发生裂果。

【发病规律】　梨树结果过多，生长势弱，养分供应不上易产生裂。品种间裂果程度有差异，翠冠等品种易裂果。生于梨树顶端南部和中部向阳而裸露的梨果最易裂。这是由于这些梨果个体昼夜温差变化过大所引起的。

【防治方法】

（1）选用黄花梨等不易裂果的品种。

（2）加强栽培管理，及时灌排水，防止土壤忽干忽湿。生长势保持中庸，控制合理结果量。

（3）增施磷钾肥，特别要多施钾肥。

（4）套袋。梨花落后 35 d、梨果横径超 2 cm 时，给梨幼果套上外黄内黑的双层纸袋，可给梨果创造一个减缓温度升降变化的"小环境"，从而减轻裂果。

（三三）梨日烧病

梨叶有日烧褐色斑

【症状】 梨日烧病也叫日灼病，主要发生在叶片和果实向阳面上。受害后向阳面形成水浸状烫伤淡褐色斑，然后形成褐色块，受害处易遭受其他病菌（如炭疽病菌等）的侵染，是一种典型的由外因引起的生理性病害。

【病因】 这是由于强烈阳光直接照射叶面、果面及枝干所引起的。

【发生规律】 梨日烧病的发生是由于在烈日暴晒下叶片和果实表面局部受高温失水、发生日灼伤害所引起的。品种间发生日灼的轻重程度有所不同，抗日烧能力由小到大的顺序为蔗梨、大慈梨、苹果梨、苹香梨、寒红梨、大梨、南果梨、寒香梨、延边小香梨。野生山梨无日烧病发生。

干旱失水和高温致局部组织死亡是造成日烧病发生的重要原因。夏季强光直接照射果面，使局部蒸腾作用加剧，温度升高而发生灼伤。修剪过重、缺乏叶片遮阳，会加重日灼病发生。树冠外围果发病重，内膛果发病轻或无病。树势强健，枝叶量大，负载合理时发病轻；树势偏弱，枝叶量少，负载量过大时则发病严重。

【防治方法】

（1）加强肥水管理，促进树体健壮生长；无灌水条件的果园进行覆盖保墒；叶面喷布磷酸二氢钾或氯化钾及其他光合微肥等，提高叶片质量，降低蒸腾作用，促进有机物的合成运输和转化，均可减少日烧病的发生。

（2）合理修剪，及时疏花疏果，合理负载，尤其是多疏除树冠外围裸露的果实，多留半遮阴的果实。

（3）果实套袋。果实套袋后可避免阳光直射，使果实所处的微域环境发生变化。套双层纸袋和黄色纸袋发病较轻。在干旱年份，应适当推迟套袋时间，避开初夏高温；套袋前后浇足水，以降低地温，并改善果实供水状况。

（4）喷灌。在高温天气来临前通过喷灌可以使果实表面温度迅速下降，有效地避免日烧病的发生。

（三四）梨树缺氮症

氮是植物体内蛋白质的主要组成物质，也是叶绿素、酶、维生素及卵磷脂的主要组成元素。

【症状】 在生长期缺氮，叶呈黄绿色，老叶转变为橙红色或紫色，易早落，花芽、花及果实都少，果小但着色好。

【病因】 氮元素是组成蛋白质、核酸、叶绿素、酶等有机化合物的重要组分。在所有必需营养元素中，氮是限制植物生长和形成产量的首要因素，如果植株缺氮，这些重要的化合物会无法正常合成，使叶片小而薄，叶色变黄早衰。

梨树缺氮，叶片变黄

【发生规律】 土壤瘠薄、管理粗放、缺肥和杂草多的果园，易表现缺氮症。叶片含氮量在 2.5% ～ 2.6% 时即表现缺氮。

【防治方法】 一般正常施肥管理的果园多不表现缺氮，在雨季和秋梢迅速生长期树体需要大量氮素，可在树冠喷布 0.3% ～ 0.5% 尿素溶液。

（三五）梨树缺铁症

梨树缺铁可造成黄叶病。该病在各梨产区均有发生，严重时影响树势和果品产量。

梨树缺铁，新梢叶片变黄白色

梨树严重缺铁，叶片黄白色带枯斑（1）梨树严重缺铁，叶片变黄白色带枯斑（2）

梨树缺铁新叶变黄，叶脉绿色（1）

梨树缺铁叶片变黄，叶脉绿色（2）

【症状】 梨树缺铁症多从新梢顶部嫩叶开始发病，初期先是叶肉失绿变黄，叶脉两侧仍保持绿色，叶片呈绿网纹状，较正常叶小。随着病情加重，黄化程度愈加发展，致使全叶呈黄白色，叶片边缘开始产生褐色焦枯斑，严重者叶焦枯脱落，顶芽枯死。

【病因】 铁是叶绿素形成不可缺少的元素，在植株体内很难转移，所以叶片"失绿症"是植株缺铁的表现，并且这种失绿首先表现在幼嫩叶片上。另外，铁对植物的光合作用、呼吸作用都有影响。

【发生规律】 铁对梨树叶绿素的形成起催化作用，同时铁又是构成呼吸酶的重要成分，对呼吸起重要作用。土壤中铁的含量一般比较丰富，但在盐碱性重的土壤中，大量可溶性二价铁被转化为不溶性三价铁盐而沉淀，不能被利用。春季干旱时由于水分蒸发，表层土壤中含盐量增加，又正值梨树旺盛生长期，需铁量较多，所以黄叶病发生较多。当进入雨季，土壤中盐分下降，可溶性铁相对增多，黄叶病明显减轻，甚至消失。地势低洼、地下水位高、土壤黏重、排水不良及经常灌水等的果园，发病较重。

【防治方法】
1. **农业防治** 春季灌水洗盐，及时排除盐水，控制盐分上升。增施有机肥和绿肥，改良土壤，增加有机质，提高植株对铁素的吸收利用率。

2. **树体补铁** 对发病严重的梨园，于落花后开始叶面喷施铁肥。7 ~ 10 d 1 次，连喷 2 ~ 3 次，效果较好。喷施过晚，则效果较差。叶面喷铁肥最好使用有机铁，如黄腐酸铁、柠檬酸铁等，常用浓度为 0.1% ~ 0.2%，也可发芽前喷 0.5% 硫酸亚铁或叶面喷施 400 ~ 600 倍液，还可用强力树干注射器按病情程度注射 0.05% ~ 0.1% 的酸化硫酸亚铁溶液。注射之前应先做剂量试验，以防发生肥害。

（三六）梨树冻害

梨树冻害抽条（1）　　　　　　梨树冻害抽条（2）　　　　　　梨树叶片冻害

【症状】

1. **枝干冻害** 一年生枝表现为自上而下地脱水、干枯，但皮层和木质部很少变色，髓部变褐；多年生枝多为皮层局部冻伤，坏死组织凹陷、变褐，树皮与木质部分离，严重时树皮外卷，甚至全株死亡，主要在枝干基部或枝权间发生，尤以主干和主枝基部易受冻害。

2. **花芽受冻** 花芽受冻后，轻者发芽迟，花器畸形；受冻严重时花芽不萌发，呈僵芽；即将开放的花芽受冻，柱头枯黑或雌蕊变褐。

3. **叶芽受冻** 萌发的叶片出现皱缩，边缘黑褐色焦枯。

【病因】 0 ℃以下的低温使植株体内结冰，对枝干、花叶造成伤害。

【发生规律】 发生冻害的原因一般是入冬前树体内贮藏营养不足，秋季新梢停止生长晚，组织不充实，没经过抗冻锻炼，抗寒力弱，抵御不了冬季低温的侵袭，因而受害。花芽越冬时分化程度越深、越完全，则抗冻力越差。冬季低温持续时间长或极端最低温度可加重冻害发生。另外，抗冻性与品种和树龄有关，砂梨系统品种的抗冻性较差，而秋子梨系统品种的抗冻性强；幼树较成年树抗冻性差。

【防治方法】

1. **选择抗寒品种和砧木** 根据当地的自然条件、气象条件选择适宜的品种和砧木，一般杜梨是北方寒冷地区常用的抗寒性强的砧木。

2. **选择适宜地点建园** 根据所选品种的生物学特性和耐寒力适地适栽，避免在低洼易涝、山间谷地、地下水位过高及风口处建园。

3. **加强综合管理** 提高树体营养水平，合理负载，避免后期施氮肥和灌水过量，保证树体正常进入休眠，提高抗寒性。

4. **加强树体越冬保护** 越冬前浇冻水、树干涂白等可增树的抗寒性。对于抗寒力差的幼树，在定植树后 1 ~ 3 年内采取整株培土或在树体北侧修半月形土埂，保护树体免遭冻害。对于树干全部受冻的树，如根系完好，可锯除地上部分，3 月底至 4 月初，用劈接、皮下接法重新嫁接。

二、梨害虫

（一）梨大食心虫

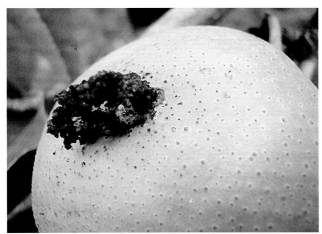

梨大食心虫为害梨果，排出虫粪

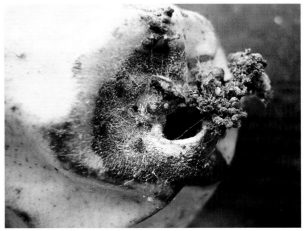

梨大食心虫在危害梨果上的羽化孔

梨大食心虫幼虫为害梨幼果

梨大食心虫为害的果实变黑，果柄处有白丝缠绕而不落

梨大食心虫成虫

梨大食心虫幼虫

梨大食心虫蛹腹面观

梨大食心虫（*Nephopteryx pirivorella* Matsumura），又名梨云翅斑螟、梨斑螟蛾，俗称"吊死鬼""黑钻眼"，属鳞翅目螟蛾科。

【分布与寄主】 分布很广，全国各梨区普遍发生，吉林、辽宁、河北、山西、山东、河南、安徽、福建等省受害较重。幼虫为害梨幼果和花芽，常造成严重减产。偶尔也为害桃和苹果等。

【为害状】 梨大食心虫主要为害梨果和梨芽，越冬幼虫于越冬前和翌年春为害梨芽，主要是花芽。从芽的基部蛀入，直达髓部，虫孔外有细小虫粪，有丝缀连，被害芽瘦瘪。越冬后的幼虫转芽为害时，先在芽鳞内吐丝缠缀鳞片，使鳞片不能脱落。梨在花序分离期则为害花序，被害花序丛常全部凋萎。幼果期蛀果后，蛀孔外有虫粪堆积，常用丝将果缠绕在枝条上，被害果果柄和枝条脱离，但果实不脱落。被害果实的果柄基部有白丝缠绕在枝上，被害果变黑、皱缩、干枯，至冬季仍悬挂在枝上，故称之为"吊死鬼"。

【形态特征】
1. **成虫** 体长 10 ~ 12 mm，翅展 24 ~ 26 mm。全体暗灰褐色，前翅具有紫色光泽，距前翅基部 2/5 和 1/4 处，各有灰色横线 1 条，此横线嵌有紫褐色的宽边。在翅中央中室上方有 1 白斑。后翅灰褐色，外缘毛灰褐色。
2. **卵** 椭圆形，稍扁平。初产下时为黄白色，经 1 ~ 2 d 后变为红色。
3. **幼虫** 老熟幼虫体长 17 ~ 20 mm。头部和前胸背板为褐色。身体背面为暗红褐色至暗绿色，腹面色稍浅。臀板为深褐色。腹足趾钩为双序环，无臀栉。
4. **蛹** 体长约 12 mm。身体短而粗。初化蛹时体色碧绿，以后渐变为黄褐色。第 10 节末端有小钩刺 8 根。

【发生规律】 1 年发生的代数因地区而不同。在东北延边梨区 1 年发生 1 代；山东和四川、重庆地区 1 年 2 代；河北省 1 年发生 2 代，少数只发生 1 代；陕西铜川大多数 1 年发生 1 代，少数发生 2 代；河南郑州 1 年发生 2 ~ 3 代。在 1 年发生 2 代以上的地区，世代间有重叠现象。各地均以幼龄幼虫在芽（主要是花芽）内结白茧越冬。被害芽比较瘦缩，外部有 1 个很小的虫孔，容易识别。翌年春季梨花芽萌动期，越冬幼虫从虫芽蛀孔钻出，转移至附近膨大花芽上，从芽基部蛀入，先在芽鳞片间为害，并吐丝缀连鳞片，花芽开绽后鳞片不脱落。当花序伸出时，有虫花序凋萎、枯死。幼虫转芽期可为害 1 ~ 3 个芽。梨幼果生长发育到食指甲大，幼虫又从枯死的花台里爬出，转移为害幼果，将果心蛀空后转移为害另一果，1 头幼虫可为害 1 ~ 4 个果。幼虫从最后的被害果里爬出，到被害果果柄基部吐丝，将虫果牢固缠绕在果台柱上，防止虫果脱落，幼虫在最后被害果里化蛹。蛹经过 10 ~ 15 d 羽化出成虫。成虫白天不动，黄昏后开始活动，夜间产卵，卵多散产于果实萼洼、腋芽处，果台枝上也有少数分布。1 头雌虫可产卵 40 ~ 80 粒，多的达 200 余粒。卵期 5 ~ 9 d。幼虫孵出后大多先为害芽后为害果，但末代幼虫为害 2 ~ 3 个芽后，在最后的花芽里结茧越冬。梨大食心虫的天敌很多，主要有黄眶离缘姬蜂（*Trathala flavoorbitalis* Cameron）、瘤姬蜂（*Exeristes* sp.）、离缝姬蜂（*Campoplex* sp.）等。

【防治方法】 应注意人工防治与药剂防治相结合。
1. **人工防治** 梨大食心虫被害状十分明显，易于发现，有利于人工防治。人工防治若效果好，还有利于保护天敌。
（1）剪除虫芽：梨树发芽前，结合修剪管理，彻底剪除或摘掉虫芽。
（2）摘除有虫花簇：开花期，注意果台、短果枝端是否有落不掉的鳞片或枯萎的花序丛，如有则说明在里面有越冬幼虫，应彻底摘除有虫花簇或捏死里面的幼虫。
（3）摘除虫果：越冬代成虫羽化前，彻底摘除"吊死鬼"果。后期及时彻底拣拾落地的虫果。拣拾的虫果必须深埋处理，使成虫不能羽化。
（4）套袋防蛀：果实套袋以保护优质梨。
2. **药剂防治** 梨大食心虫生活周期中有几次转移暴露时期，首先是越冬幼虫出蛰转芽和转果两个时期，其次是第 1、第 2 代卵孵化盛期。这几个时期也是药剂防治的关键时机。
（1）防治出蛰为害芽越冬幼虫：在发生 1 代和 1 ~ 2 代区，着重在幼虫出蛰为害芽期防治。梨大食心虫发生为害较重的梨园，越冬虫芽率达 3% ~ 5% 时，于梨芽开绽期及时喷布 20% 氰戊菊酯乳剂 2 000 倍液，或者 2.5% 溴氰菊酯乳剂 2 000 倍液，对杀灭已转芽幼虫效果最佳。这次药重点喷芽，使芽全部着药。
（2）防治为害果幼虫：在发生 2 ~ 3 代区，重点加强果期防治。在梨幼果脱萼期适期施药，发现有幼虫为害果时，可用下列药剂：2.5% 氯氟氰菊酯水乳剂 3 000 倍液，2.5% 高效氯氟氰菊酯水乳剂 4 000 倍液，10% 氯氰菊酯乳油 2 000 倍液，4.5% 高效氯氰菊酯乳油 2 000 倍液，20% 氰戊菊酯乳油 2 000 倍液，5.7% 氟氯氰菊酯乳油 2 500 倍液，20% 甲氰菊酯乳油 2 000 倍液，10% 联苯菊酯乳油 4 000 倍液，25% 灭幼脲悬浮剂 1 500 倍液等均匀喷施。
3. **生物防治** 寄生蜂对梨大食心虫的抑制作用很大，特别是控制后期的为害。因此，在进行防治时，应尽可能保护这些天敌。

（二）梨小食心虫

梨小食心虫（*Grapholitha molesta* Busck），简称"梨小"，又名东方果蛀蛾、桃折梢虫，俗称蛀虫、黑膏药，属鳞翅目小卷叶蛾科。

【分布与寄主】 国外广布于亚洲、欧洲、美洲、大洋洲。国内分布遍及南北各果产区。寄主有梨、苹果、桃、杏等。

【为害状】

1. 果实 幼虫为害果多从萼、梗洼处蛀入，早期被害果蛀孔外有虫粪排出，晚期被害多无虫粪。幼虫蛀入直达果心，高湿情况下蛀孔周围常变黑腐烂逐渐扩大，俗称"黑膏药"。苹果蛀孔周围不变黑。李幼果被害易脱落，李果稍大受害不脱落，蛀食桃、李、杏多为害果核附近果肉。果肉、种子被害处留有虫粪。果面有较大脱果孔。虫果易腐烂脱落。

梨小食心虫为害梨果

梨小食心虫为害梨果剖面

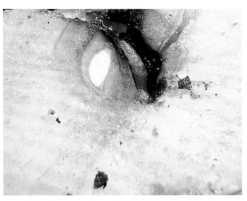
梨小食心虫幼虫在梨果内为害状（1）

梨小食心虫为害梨果引起果实腐烂

梨小食心虫成虫侧面

梨小食心虫成虫背面

梨小食心虫幼虫在梨果内为害状（2）

梨小食心虫蛹

梨小食心虫在为害的梨果内化蛹

自制梨小食心虫诱捕器

诱集到的梨小食心虫成虫

2. **枝梢** 多从上部叶柄基部蛀入髓部，向下蛀至木质化处便转移，蛀孔流胶并有虫粪，被害嫩梢渐枯萎，俗称"折梢"。

【形态特征】

1. **成虫** 体长 5 ~ 7 mm，翅展 11 ~ 14 mm，暗褐色或灰黑色。下唇须灰褐色上翘。触角丝状。前翅灰黑色，前缘有10组白色短斜纹，中央近外缘 1/3 处有一明显白点，翅面散生灰白色鳞片，后缘有一些条纹，近外缘约有 10 个小黑斑。后翅浅茶褐色，两翅合拢，外缘合成钝角。足灰褐色，各足跗节末灰白色。腹部灰褐色。

2. **卵** 淡黄白色，近乎白色，半透明，扁椭圆形，中央隆起，周缘扁平。

3. **幼虫** 末龄幼虫体长 10 ~ 13 mm。全体非骨化部分淡黄白色或粉红色。头部黄褐色。前胸背板浅黄色或黄褐色。臀板浅黄褐色或粉红色上有深褐色斑点。腹部末端具有臀栉，臀栉 4 ~ 7 刺。

4. **蛹** 体长 6 ~ 7 mm，纺锤形，黄褐色，腹部第 3 ~ 7 节背面前后缘各有 1 行小刺，第 9 ~ 10 节各具稍大的刺 1 排，腹部末端有 8 根钩刺。茧白色，丝质，扁平椭圆形，长 10 mm 左右。

【发生规律】 1 年发生代数因各地气候不同而异，华南地区 1 年发生 6 ~ 7 代，华北地区多为 3 ~ 4 代，以老熟幼虫在果树枝干和根颈裂缝处及土中结成灰白色薄茧越冬，华北地区第四代多为不完全世代，以 3 代和部分 4 代幼虫越冬。翌年春季 4 月中上旬开始化蛹。此代蛹期 15 ~ 20 d，成虫发生期 4 月中旬至 6 月中旬，发生期很不整齐，致以后世代重叠。各虫态历期为：卵期 5 ~ 6 d，第 1 代卵期 8 ~ 10 d，非越冬幼虫期 25 ~ 30 d，蛹期一般 7 ~ 10 d，成虫寿命 4 ~ 15 d，除最后 1 代幼虫越冬外，完成 1 代需 40 ~ 50 d。有转主为害习性，一般 1 ~ 2 代主要为害桃、李、杏的新梢，3 ~ 4 代为害桃、梨、苹果的果实。卵主要产于中部叶背，为害果实的产于果实表面，仁果类多产于萼洼和两果接缝处，散产，每只雌蛾产卵 70 ~ 80 粒。在梨、苹果和桃树混栽或邻栽的果园，梨小食心虫发生重，果树种类单一发生轻，山地管理粗放的果园发生重。一般雨水多、湿度大的年份，发生比较重。

【防治方法】 由于梨小食心虫寄生植物多，而且有转移寄主和为害枝梢及果实的习性。因此，在防治上必须了解它在不同寄主上的发生情况和转移规律。在药剂防治上要做好虫情测报工作，采用调查被害梢及田间卵量消长情况来指导打梢，提高防治效果。采用性诱剂、黑光灯或诱集剂（5%的糖水加0.1%黄樟油或八角茴香油）诱集成虫的方法，掌握各代成虫发生消长情况，指导喷药，提高药剂防治的效果。建立新果园时，尽可能避免桃、杏、李、樱桃、梨、苹果混栽。在已经混栽的果园内，应在梨小食心虫的主要寄主植物上加强防治工作。

1. 清除越冬幼虫 早春发芽前，有幼虫越冬的果树，如桃、梨、苹果树等，应刮除老树皮，刮下的粗皮集中深埋。在越冬幼虫脱果前（北部果区一般在8月中旬前）在主枝主干上，利用束草或麻袋片诱杀越冬的幼虫。处理果筐、果箱及填料，可以减少一部分越冬幼虫。

2. 剪除被害枝梢 5～6月间新梢被害时及时经常进行剪梢，剪下的虫梢集中处理。

3. 生物防治

（1）梨小迷向技术：利用成虫交尾需要释放信息素寻找配偶的生物习性，用高浓度、长时间的信息素干扰，使雄虫无法找到雌虫，达到无法交尾产卵从而保护果园的目的。目前国内市场有很多厂家生产梨小食心虫诱芯，已经生产出技术改进和相对完善的产品。这种产品使用简单方便，同时减少农药的用量甚至不需使用农药，符合食品安全的要求。使用方法及用量：1年只需使用1次，亩用量33根迷向丝。持续时间6月以上，这样一个生长季只使用一次即可。

（2）赤眼蜂防治技术：以梨小食心虫诱芯为监测手段，在成虫发生高峰后1～2 d，人工释放松毛赤眼蜂，每公顷150万头，每次30万头/hm²，分4～5次放完，可有效控制梨小食心虫为害。

4. 果实套袋防虫 应用梨果套袋，可有效预防梨小食心虫蛀果。

5. 药剂防治 利用梨小食心虫性诱剂进行虫情测报，在成虫高峰期后3～5 d内喷洒药剂。首选药剂为氯氟氰菊酯、高效氯氰菊酯、杀螟硫磷、灭幼脲。有效药剂有溴氰菊酯、甲氰菊酯、联苯菊酯、毒死蜱、丙溴磷、辛硫磷、氰戊菊酯等。

（三）梨实蜂

梨实蜂（*Hoplocampa pyricola* Rohwer），又名梨实叶蜂、梨实锯蜂、钻蜂，俗称花钻子、螫梨蜂、白钻眼，属膜翅目叶蜂科。河南、山东等地一些山区梨园发生较重，发生严重的梨园虫果率高达80%，危害性很大。

【分布及寄主】 国内分布很广，如辽宁、河北、河南、山东、山西、陕西、甘肃、四川、湖北、安徽、江苏、浙江等省的梨产区都有发生。仅为害梨。

【为害状】 早花品种受害较重，晚花品种受害轻。在花萼上产卵，被害花萼出现1个稍鼓起的小黑点，很像苍蝇粪便，剖开有1个长椭圆形的白色卵。严重时花萼枯萎变黑落花，花萼筒有1条黑色虫道。小果受害，虫果变黑，上有1个大虫孔，被害虫果早期枯萎落地。

【形态特征】

1. **成虫** 体长约5 mm，为黑褐色小蜂。翅淡黄色，透明。触角丝状，9节，除1～2节为黑色外，其余7节雌虫为褐色，雄虫为黄色。足细长，基、转、腿节为黑色，先端为黄色。

2. **卵** 白色，长椭圆形，将孵化时为灰白色。长0.8～1 mm。

3. **幼虫** 体长7.5～8.5 mm。老熟时头部橙黄色，胴部黄白色，尾端背面有1块褐色斑纹。

4. **蛹** 裸蛹，长约4.5 mm，初为白色，以后渐变为黑色。

5. **茧** 黄褐色，形似绿豆。

【发生规律】 1年发生1代，以老熟幼虫在土中结茧越夏越冬。翌年春暖时化蛹，蛹期7～10 d。杏花开时羽化为成虫。羽化后先在杏、李、樱桃上取食花蜜，梨花开时飞回梨树上为害。梨园附近杏树或野生豆梨、杜梨初花期始见成虫；杏树盛花期开始至早花梨品种丰水、新高、新兴、爱宕等初盛花期为成虫盛期，盛期约10 d。初期出土的成虫雄虫多、雌虫少，以后雌虫渐多、雄虫渐少，到后期基本不见雄虫。

此虫有假死性，早晨和日落后很不活泼，振动即落下。白天常常飞舞、交尾产卵。成虫将卵产在花萼组织内，每处产卵1粒，卵期5～6 d。幼虫孵出后，先在萼片基部环状串食，萼片上出现黑纹，易被发现，以后逐渐蛀入果中为害。1个幼果内一般有1头幼虫，少数有2头，个别有3头，受害果停止生长并枯萎。在幼果枯萎脱落前幼虫转果，1头幼虫一般为害2～3个果。单头幼虫为害期15～20 d，整个幼虫期25～27 d。幼虫长成后（约在5月下旬）即离开果实落地，钻入土中作茧过夏越冬。各品种受害程度不同，开花早的品种受害较重。此虫为害期很短，只是从开花期至幼果期约1个月的时间。幼虫在土中达11个月之久。

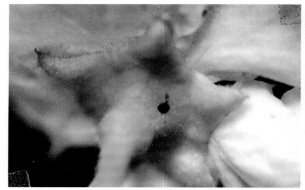

梨实蜂产卵痕迹黑斑

梨实蜂为害梨花

梨实蜂幼虫为害梨幼果

梨实蜂为害梨幼果（左、中为受害果，右为健果）

梨实蜂早期为害使梨幼果变黑

梨实蜂成虫

梨实蜂幼虫

梨实蜂为害果变小，外有蛀孔虫粪（左）

梨实蜂幼虫为害梨幼果

梨实蜂在土中结茧化蛹

梨实蜂对杏树的依赖性。有调查发现，梨实蜂发生范围和为害程度与梨园附近有无杏树密切相关，凡是附近有成龄杏树的梨园，梨实蜂发生较重。原因可能是梨实蜂出土较早，需要补充营养，而此期能够取食的营养只有杏花，如果没有杏花，则成虫出土后无法补充营养，以后就不能进行正常交尾、产卵。在长期的进化过程中，梨实蜂的繁衍生存与杏树形成了密切的依赖关系。李、樱桃、桃与早花梨花期相差只有 1 ~ 2 d，依赖性不明显。另外，调查中还发现，野生豆梨和杜梨的花期与杏树基本一致，也可成为梨实蜂的早期营养补充源，但由于梨实蜂分布区内豆梨、杜梨数量极少，只在地堰上有零星单株分布，花量少，因而补充作用不明显。调查结果表明，离开了杏树或野生梨树，梨实蜂则不能完成后期发育。

【防治方法】 防治梨实蜂应当采取人工防治和药剂防治相结合，重点抓住成虫发生时期进行防治。

1. 人工防治

（1）利用成虫假死性，组织人员清晨在树冠下铺上一块布单，然后振动枝干，使成虫跌落在布单上，集中处理。应在成虫尚栖息在杏、李、樱桃花上时，即开始捕捉，等转移到梨花丛间时，仍要在早花品种上继续进行捕捉。

（2）成虫已经产卵，如果卵花率较低，可摘除卵花。如果卵花多时，可实行摘除花萼（或叫摘花帽），但不可行之过晚，若幼虫已钻入果内，再行此法则无效。

2. 化学防治

（1）在梨实蜂成虫出土前期，即梨树开花前 10 ~ 15 d 用 25% 辛硫磷微胶囊剂 300 倍液或用 50% 辛硫磷乳剂 1000 倍液着重喷洒在树冠下。

（2）根据成虫发生期短而集中产卵为害的特点，掌握梨花尚未开时（含苞待放时），梨实蜂成虫即由杏花转移到梨花上为害的时期，抓紧喷布氯氟氰菊酯、高效氯氰菊酯或杀螟硫磷。如果梨实蜂发生很多，应在刚落花以后再喷 1 次。为了提高防治效果，要根据各品种物候期，分别于初花期用药。

3. 梨园种植其他果树的注意事项 为防止梨实蜂的发生为害，梨园内及其附近不宜栽植杏树，对园内或附近的豆梨和杜梨，可远距离移植作砧木用或刨除。

（四）桃小食心虫

桃小食心虫（*Carposina sasakii* Mats.），异名 *Carposina niponensis* Walsingham，又名桃蛀果蛾，简称"桃小"，属鳞翅目果蛀蛾科。

【分布与寄主】 桃小食心虫广泛分布于我国北纬 31° 以北，东经 102° 以东的北方果产区。寄生植物有苹果、梨、花红、海棠、山楂、桃、李、杏、枣等，其中以苹果、梨、枣、山楂受害最重。在不同寄主上的发生和为害不完全一样。

【为害状】 以幼虫蛀害果实。虫果面蛀入小孔，愈合成小圆点，蛀孔周围凹陷，常带青绿色，果肉内虫道弯曲纵横，果心被蛀空并有大量虫粪，俗称糖馅。果面上脱果孔较大，周围易变黑腐烂。早期虫果变形，后期虫果不变形。

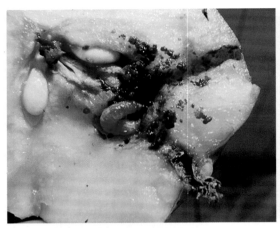
桃小食心虫为害梨果

桃小食心虫为害梨果引起腐烂

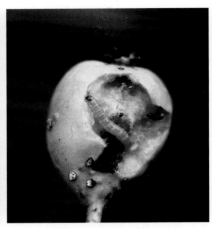
桃小食心虫幼虫在梨果内为害

【形态特征】

1. **成虫**　全体灰白色或灰褐色。雌蛾体长7～8 mm，翅展16～18 mm；雄蛾体长5～6 mm，翅展13～15 mm。前翅近前缘中部有1个蓝黑色近似三角形的大斑。翅基部及中部有7簇蓝褐色的斜立鳞片。缘毛灰褐色，后翅灰色，缘毛长，浅灰色。雄蛾下唇须短，雌蛾下唇须长而直。

2. **卵**　深红色，桶形，底部附于果实上。卵壳上有不规则的略成椭圆形的刻纹。卵壳顶部1/4处环生2～3圈"丫"状外长物。

3. **幼虫**　末龄幼虫体长13～16 mm，全体桃红色。幼龄幼虫淡黄色或白色。前胸侧毛组具2毛。趾钩为单序环，第8腹节的气门较其他各节的气门靠近背中线。无臀栉。

4. **蛹**　长7 mm左右，刚化蛹时黄白色，渐变灰黑色。

5. **茧**　分两种茧，冬茧丝质紧密，扁圆形，长5 mm左右；夏茧丝质疏松，纺锤形，长8 mm左右。茧外都黏附土沙粒。

【发生规律】　在北方梨产区大多1年发生1代，以老熟幼虫作冬茧在树下土里、梯田壁、堆果场土里和根颈部越冬。在辽宁西部梨产地，越冬幼虫于6月下旬开始出土，7月中下旬进入出土盛期，延续至8月上旬。成虫发生期在6月下旬至8月中旬，盛期集中在7月至8月上旬。成虫趋光性微弱。在辽宁西部虹螺山梨区桃小食心虫每年仅发生1代。越冬幼虫出土期自7月中旬至8月上旬，比之在同纬度地区苹果上为害的桃小食心虫越冬幼虫出土期迟1个多月，其当年幼虫在梨果中的为害期大都处在8月中上旬或更趋后一些时日，即幼虫脱果期是在8月下旬以后，9月上旬为脱果盛期。幼虫脱果后，潜入土中结茧越冬。

成虫昼伏夜出，每雌虫产卵40～200粒。卵产于梨果萼洼处，从果面蛀入果内，蛀孔很小。幼虫串食果肉，并取食种仁，使果早变黄。虫果内充满虫粪，失去商品价值。幼虫在果内为害20 d以上，向果外咬一较大脱果孔，脱果后直接落地。脱果孔周围易腐烂变黑，虫果易脱落。幼虫脱果始期一般在8月下旬，9月为脱果盛期。早脱果落地幼虫爬入越冬场所结冬茧越冬。采果后尚未脱果幼虫，随梨果转运到堆果场、果库等处陆续脱出并入土结茧过冬。

【防治方法】　桃小食心虫在脱果期和出土期，幼虫暴露在外，地面施药时药剂可直接接触虫体，因而有相当好的杀虫效果，对刚羽化的成虫也有较好的毒杀作用。树上喷药可以杀死卵和初化的幼虫，也可达到良好的防治效果，但由于桃小食心虫在我国梨主产区的卵发生期恰好是雨季，有些年份往往遇到阴雨连绵而无法喷药或使药效降低，虫害严重，单纯依靠树上喷药防治有一定风险。所以，防治桃小食心虫应做好地面和树上两方面的防治。在梨树上防治桃小食心虫的药剂有阿维菌素、高效氯氟氰菊酯。具体防治方法，可参考苹果上对此虫的防治。

（五）梨园桃蛀螟

桃蛀螟（*Conogethes punctiferalis* Grenée），又名豹纹斑螟，属鳞翅目螟蛾科。

【分布与寄主】　我国南北方都有分布。幼虫为害桃、梨、苹果、杏、李、石榴、葡萄、山楂、板栗、枇杷等果树的果实，还为害向日葵、玉米、高粱、麻等农作物及松杉、桧柏等树木，是一种杂食性害虫。

桃蛀螟从邻近梨果实相接处蛀入
为害（1）

桃蛀螟从邻近梨果实相接处蛀入
为害（2）

桃蛀螟为害的梨果

桃蛀螟蛀害梨果剖面

受害雪梨开裂处有虫粪排出

桃蛀螟幼虫蛀害梨果（1）

桃蛀螟幼虫蛀害梨果（2）

桃蛀螟成虫

桃蛀螟低龄幼虫

桃蛀螟在为害处化蛹

【为害状】 果实被害后，蛀孔外堆集黄褐色虫粪，受害果实常变色脱落或胀裂。两果相连处或叶果相连处受害较多。

【形态特征】

1. **成虫** 体长 9 ~ 14 mm，全体黄色，前翅散生 25 ~ 28 个黑斑。雄虫腹末黑色。

2. **卵** 椭圆形，长约 0.6 mm，初产时乳白色，后变为红褐色。

3. **幼虫** 老熟时体长 22 ~ 27 mm，体背暗红色，身体各节有粗大的褐色毛片。腹部各节背面有 4 个毛片，前两个较大，后两个较小。

4. **蛹** 长 13 mm 左右，黄褐色，腹部第 5 ~ 7 节前缘各有 1 列小刺，腹末有细长的曲钩刺 6 个。茧灰褐色。

【发生规律】 我国从北到南，1 年可发生 2 ~ 5 代。河南 1 年发生 4 代，以老熟幼虫在树皮裂缝、僵果、玉米秆等处越冬。翌年 4 月中旬，老熟幼虫开始化蛹。各代成虫羽化期为：越冬代在 5 月中旬，第 1 代在 7 月中旬，第 2 代在 8 月中上旬，第 3 代在 9 月下旬。成虫白天在叶背静伏，晚间多在两果相连处产卵。幼虫孵出后，多从萼洼蛀入，可转害 1 ~ 3 个果。化蛹多在萼洼处、两果相接处和枝干缝隙处等，结白色丝茧。

【测报方法】

1. **成虫发生期测报** 利用黑光灯或糖醋液诱集成虫，逐日记载诱集蛾数。

2. **田间查卵** 自诱到成虫后，选代表梨树 5 ~ 10 株，每 2 ~ 3 d 检查一次，每次查果实 1 000 ~ 1 500 个，统计卵数，当卵量不断增加，平均卵果率达 1% 时进行喷药。

3. **性外激素的利用** 利用顺 – 10 – 十六碳烯醛、反 – 10 – 十六碳烯醛的混合液，诱集雄蛾。

【防治方法】

1. **清除越冬幼虫** 冬、春季清除玉米、高粱、向日葵等遗株，并将桃树等果树老翘皮刮净，集中焚烧，以减少虫源。

2. **套袋防蛀** 用牛皮纸套袋防蛀果。

3. **药剂防治** 药剂治虫的有利时期在第 1 代幼虫孵化初期（5 月下旬）及第 2 代幼虫孵化期（7 月中旬）。首选药剂有氯氟氰菊酯、高效氯氰菊酯、杀螟硫磷、灭幼脲。有效药剂有溴氰菊酯、甲氰菊酯、联苯菊酯、毒死蜱、丙溴磷、辛硫磷、氰戊菊酯等。

（六）梨果象甲

梨果象甲（*Rhynchites foveipennis* Fairmaire），又名梨实象虫、朝鲜梨象甲、梨虎，果农俗称梨狗子，属鞘翅目象甲科。

【分布及寄主】 在国内分布很广，已知吉林、辽宁、河北、山东、山西、河南、江苏、浙江、江西、福建、广东、四川、湖北等省均有发生，危害较重。主要为害梨，亦为害苹果、花红、山楂、杏、桃等。

【为害状】 成虫、幼虫都为害，成虫取食嫩芽，啃食果皮、果肉，造成果面粗糙，俗称"麻脸梨"，并于产卵前咬伤产卵果的果柄，造成落果。幼虫于果内蛀食，使被害果皱缩或成凸凹不平的畸形果。对梨的产量与品质影响很大。

【形态特征】

1. **成虫** 体长 12 ~ 14 mm，暗紫铜色，前胸略呈球形，密布刻点和短毛，背面中部有 3 条凹纹略成"小"字形。足发达，中足稍短于前、后足，鞘翅上刻点粗大，略呈 9 纵行。

2. **卵** 椭圆形，长 1.5 mm 左右，表面光滑，初乳白色，渐变为乳黄色。

3. **幼虫** 体长 12 mm 左右，乳白色，12 节，体表多横皱，略向腹面弯曲，头部小，大部缩入前胸内。头的前半部和口器暗褐色，后半部黄褐色，每体节中部有 1 条横沟，将各节背面分成前后两部分，后半部生有 1 横列黄褐色刚毛，排列不很整齐。胸足退化。

4. **蛹** 体长 9 mm 左右，初乳白色，渐变为黄褐色至暗褐色，外形与成虫相似，体表被细毛。

【发生规律】 绝大部分 1 年 1 代，以成虫潜伏在蛹室内越冬；有少数个体 2 年发生 1 代，第 1 年以幼虫越冬，翌年夏秋季羽化，不出土继续越冬，第 3 年春季出土。越冬成虫在梨树开花时开始出土，梨果拇指大时出土最多，出土时间很长，

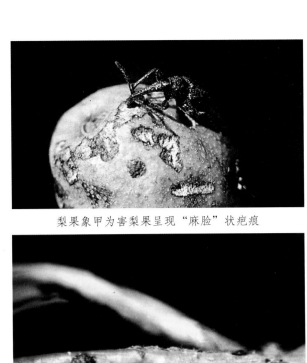

梨果象甲为害梨果呈现"麻脸"状疤痕

梨果象甲在梨果上的产卵孔有黑斑

梨果象甲为害梨幼果果柄，形成疤痕

梨果象甲为害梨果

梨果象甲成虫为害梨幼果

梨果象甲成虫

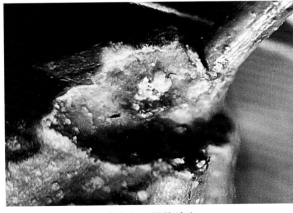

梨果象甲低龄幼虫

梨果象甲在梨果内产卵

华北地区从4月下旬至7月上旬均有出土，以5月下旬至6月中旬为盛期。成虫出土数量与当时的降水情况有关，当落花后如有透雨可促其大量集中出土；如遇春旱，出土数量少，时间也推迟。成虫出土后飞到树上，主要在白天活动，尤以气温较高、晴朗无风的中午前后最为活跃。成虫为害 1 ～ 2 周之后，开始交尾产卵，产卵时先把果柄基部咬伤，然后转到果实上咬一小孔，产 1 ～ 2 粒卵于其中，再以分泌的黏液封口，产卵处呈黑褐色斑点。6 月中下旬至 7 月中上旬为产卵盛期，此期落果较为严重。成虫寿命很长，产卵期两个月左右，每天可产卵 1 ～ 6 粒，每头雌成虫一生可产卵 20 ～ 150 粒，一般为 70 ～ 80 粒，因而造成发生期很不整齐，常在果实成熟时仍可见个别成虫。卵经 6 ～ 8 d 孵化，幼虫即在果内蛀食。被害果树由于果柄被成虫咬伤而极易脱落，幼虫在落果中继续食害，约经 20 d 后老熟，脱果入土，在 3 ～ 7 cm 深处作土室化蛹，幼虫入土最早者为 7 月上旬，至 8 月中下旬全部结束，入土后约经 30 d 后化蛹。

【防治方法】

1. 药剂防治　在常年虫害发生严重的梨园，越冬成虫出土始期尤其是雨后，树冠下喷施 50% 辛硫磷乳油 300 ～ 400 倍液，或 25% 辛硫磷微胶囊剂 200 ～ 300 倍液，每亩用药水 150 kg，药后 15 d 再施 1 次。树上防治用 20% 氰戊菊酯乳油 2 000 倍液或 40% 毒死蜱 1 500 倍液，隔 10 ～ 15 d 再喷 1 次。

2. 人工防治　利用成虫假死习性，清晨在树下铺布单或塑料薄膜，捕杀振落的成虫。此法应着重在成虫交尾、产卵之前和雨后成虫出土比较集中时进行。

（七）梨茎蜂

梨茎蜂（*Janus piri* Okamoto et Muramatsu），又名梨梢茎蜂、梨茎锯蜂，俗称折梢虫、剪头虫，属膜翅目茎蜂科。

【分布与寄主】　国内分布于北京、辽宁、河北、山东、山西、陕西、四川、湖北、湖南、江苏、浙江、安徽、江西等省市，国外朝鲜半岛及西欧有分布。主要为害梨，亦为害苹果、海棠、杜梨。梨茎蜂是梨树春梢期的重要害虫，在管理粗放的梨园发生较重。早熟梨品种中，被害率高达 62% ～ 75%，尤其对幼龄树造成的为害最大，直接影响树冠扩大和树体的整形。成年树受害后影响结果枝的形成，从而造成减产。

【为害状】　在春季新梢长至 6 ～ 7 cm 时，成虫产卵时用锯状产卵器将嫩梢 4 ～ 5 片叶锯伤，再将伤口下方 3 ～ 4 片叶切去，仅留叶柄。新梢被锯后萎缩下垂，干枯脱落。幼虫在变黑的残留小枝内蛀食。

【形态特征】

1. 成虫　体长 7 ～ 10 mm，翅展 13 ～ 16 mm，体黑色，有光泽。触角丝状，黑色。口器、前胸背板后缘两侧、中胸侧板、后胸两侧及后胸背板的后端均为黄色。翅透明，翅脉黑褐色。足黄色。基节基部、腿节基部、跗节均为褐色。雌虫产卵器锯状。

2. 卵　长椭圆形，白色，半透明，略弯曲。

3. 幼虫　共 8 龄。体长 8 ～ 11 mm。头部淡褐色。体稍扁平，头胸下弯，尾端上翘，胸足极小，无腹足。

4. 蛹　长 7 ～ 10 mm，初化蛹时为乳白色，渐变为黑色。茧棕黑色，膜状。

【发生规律】　南方（浙江、江西、四川等省）报道的梨茎蜂 1 年发生 1 代，以幼虫在被害枝内越冬。重庆、武昌、南昌等地，12 月下旬已开始见蛹，3 月下旬至 4 月上旬成虫羽化，4 月中上旬产卵。浙江杭州梨茎蜂发生期为 3 月底到 4 月初，成虫开始由被害枝内飞出，4 月上旬产卵，卵于 5 月上旬开始孵化，6 月中旬结束。幼虫 6 月下旬全部蛀入老枝，8 月上旬全部在老枝内休眠，翌年 1 月上旬开始化蛹，3 月下旬结束。

梨茎蜂在河北、北京地区 2 年发生 1 代，以幼虫及蛹在被害枝内越冬。翌年 4 月上旬梨树开花时成虫羽化出现，在河北省中南部梨产区，羽化高峰在 4 月 10 日左右。谢花时成虫开始产卵为害。当梨树新梢长出 10 ～ 15 cm 时，在新梢 6 ～ 7 cm 处锯梢，并锯去其下叶片，卵期 10 d 左右。幼虫 5 月初开始孵化，在嫩枝内向下蛀食，6 月间有的幼虫就已蛀入二年生枝条，7 月大部分都已蛀入二年生枝条内。8 月上旬停止食害，作茧越冬。翌年继续休眠，9 ～ 10 月化蛹，再次越冬。成虫早晚及夜间停息在梨叶背面，不活动，阴天活动也较少，白天中午前后气温高时非常活跃。无趋光性，对糖蜜及糖醋液也无趋性。幼虫孵化后从嫩枝髓部向下蛀食，把粪便排于蛀孔内，故食过之处呈黑褐色干橛状，越冬前将身体倒转，面向有虫粪的一端。

【防治方法】

1. 人工防治　冬季结合修剪，剪去的被害枝在 3 月间要处理完毕，最好结合保护寄生蜂。不能剪除的被害枝，可用铁丝戳入被害的老枝内，以防治幼虫或蛹为害。也可利用成虫的群栖性和停息在树冠下部新梢叶背的习性，在早春梨树新梢

梨茎蜂为害的新梢被锯断

梨茎蜂为害梨树的新梢致其干枯

梨茎蜂幼虫为害梨树新梢使其变黑

梨茎蜂幼虫为害梨树新梢

梨茎蜂成虫

梨茎蜂在新梢内产卵

梨茎蜂幼虫

梨茎蜂低龄幼虫

梨茎蜂蛹

抽发时于早晚或阴天捕捉成虫。

2. 药剂防治　3月下旬梨茎蜂成虫羽化期、4月上旬梨茎蜂为害高峰期前，是防治梨茎蜂的关键时期，在成虫发生高峰期新梢长至 5 ~ 6 cm 时，可用下列药剂：80% 敌敌畏乳油 1 000 倍液，20% 甲氰菊酯乳油 2 000 倍液，2.5% 氯氟氰菊酯乳油 2 000 倍液，20% 氰戊菊酯乳油 1 500 倍液，2.5% 溴氰菊酯乳油 2 000 倍液，48% 毒死蜱乳油 2 000 倍液均匀喷雾。喷药时间以中午前后最好，在 2 d 内突击喷完。

3. 农业防治　成虫产卵结束后及时剪除被害新梢，只要在断口下 3 ~ 4 cm 处剪除，就能将卵全部清除，此法对幼树效果很好。

4. 物理防治　利用梨茎蜂趋黄色的特性，梨茎蜂出蛰期在梨园中悬挂黄色诱虫板可诱杀大量成虫。具体方法：梨树盛花期，将黄色诱虫板（规格 20 cm×24 cm）悬挂于距地面 1.5 m 左右的枝干上，每亩均匀挂设 20 ~ 30 块。

（八）梨圆蚧

梨圆蚧（*Quadraspidiotus perniciosus* Comstock），又名梨丸介壳虫、梨枝圆盾蚧、梨笠圆盾蚧、轮心介壳虫，属同翅目蚧科。

【分布与寄主】　在国内分布普遍，为害区偏于北方。梨圆蚧是国际检疫对象之一。食性极杂，已知寄主植物在 150 种以上，主要为害果树和林木。果树中主要为害梨、苹果、枣、核桃、杏、李、梅、樱桃、葡萄、柿和山楂等。

【为害状】　梨圆蚧能寄生果树的所有地上部分，特别是枝干。

1. 枝干　梨圆蚧刺吸枝干后，引起皮层木栓部和韧皮部、导管组织的衰亡，皮层爆裂，抑制生长，引起落叶，甚至枝梢干枯和整株死亡。

2. 果实　在果实上寄生，多集中在萼洼和梗洼处，围绕介壳形成紫红色的斑点。为害红皮梨梨果，红色果实虫体下面的果面不能着色，擦去虫体果面出现许多小斑点。

【形态特征】

1. 成虫　雌虫体背覆盖近圆形介壳，介壳直径约 1.8 mm，灰白色或灰褐色，有同心轮纹，介壳中央的突起称为壳点，脐状，黄色或黄褐色。虫体扁椭圆形，橙黄色。体长 0.91 ~ 1.48 mm，宽 0.75 ~ 1.23 mm。口器丝状，位于腹面中央，眼及足退化。雄虫介壳长椭圆形，较雌介壳小，壳点位于介壳的一端。虫体橙黄色，体长 0.6 mm。眼暗紫红色，口器退化，触角念珠状，11 节。翅 1 对，交尾器剑状。

2. 若虫　初孵若虫约 0.2 mm，椭圆形，淡黄色，眼、触角、足俱全，能爬行，口针比身体长，弯曲于腹面，腹末有 2 根长毛，2 龄开始分泌介壳。眼、触角、足及尾毛均退化消失。3 龄雌雄可分开，雌虫介壳变圆，雄虫介壳变长。

【发生规律】　1 年发生世代数因不同地区和不同寄主而异。南方 1 年发生 4 ~ 5 代，北方发生 2 ~ 3 代。辽宁、河北 1 年发生 2 代，浙江 4 代。均以 2 龄若虫附着在枝条上越冬。翌年梨芽萌动开始继续为害。河北昌黎越冬代成虫羽化期集中在 5 月中上旬，雄虫羽化交尾后即死亡，雌虫产卵期为 6 月上旬至下旬。第 1 代成虫羽化期在 7 月中旬至 8 月上旬，产卵期为 8 月中旬至 9 月中旬。梨圆蚧进行两性生殖，卵胎生。初孵若虫从雌介壳中爬出，行动迅速，向嫩枝、叶片、果实上迁移。找到合适部位以后，将口器插入寄主组织内固定不再移动，并开始分泌蜡质而逐渐形成介壳。1 龄若虫经 10 ~ 12 d 蜕第 1 次皮。雌若虫以后再蜕皮两次变为雌成虫；雄虫 3 龄后化蛹，由蛹羽化为成虫。越冬代雌虫多固着在枝干和枝杈处为害，主要在枝干阳面，雄虫多固着在叶片主脉两侧，夏秋发生的若虫则迁移到叶上为害。一般 7 月以前很少害果，8 月以后害果逐渐增多。梨圆蚧天敌种类很多，有红点唇瓢虫、寄生蜂等共十多种。

【防治方法】

1. 人工防治　梨圆蚧在梨树上常常呈点片严重发生，甚至一株树上仅一两个枝条发生严重，其他枝条找不到虫。因此，梨树上可采用人工刷擦越冬若虫的防治方法，或剪除介壳虫寄生严重的枝条。果实套袋时，注意扎紧袋口，防止若虫爬入袋内为害。

2. 休眠期喷药防治　应在梨树发芽前 10 ~ 15 d，喷洒 5° Bé 石硫合剂，5% 柴油乳剂，95% 机油乳油 50 ~ 60 倍液，45% 松脂酸钠可溶性粉剂 800 ~ 1 200 倍液等防治过冬若虫，效果很好。

3. 生长期药剂防治　梨树上发生的梨圆蚧，越冬代虫羽化和雌虫产卵时期集中，是生长期防治的有利时机，可喷布 0.3° Bé 石硫合剂，25% 噻嗪酮可湿性粉剂 1 500 倍液，20% 吡虫啉浓可溶剂 3 000 倍液，20% 杀灭菊酯乳油或 2.5% 溴氰

梨圆蚧为害枝干

梨圆蚧为害红皮梨萼洼处，幼蚧呈现小白点状

梨圆蚧为害梨果表面产生红斑点

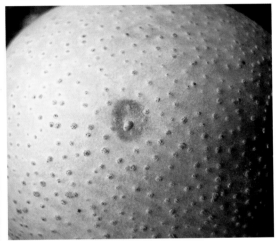

梨圆蚧为害梨果

梨圆蚧在梨果表面为害状

梨圆蚧为害红皮梨梨果（1）

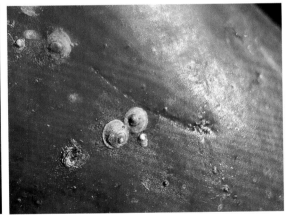

梨圆蚧为害红皮梨梨果（2）

菊酯乳油 2 000 倍液。

4.**保护天敌**　生长期果园尽量避免使用残效期长的广谱性杀虫剂，以利于天敌发生。

5.**加强植物检疫**　对向外地调运的苗木、接穗，应严加检查，防止此虫随同苗木传播。

（九）梨园龟蜡蚧

梨园龟蜡蚧（*Ceroplastes japonicas* Guaind），别名日本龟蜡蚧、龟甲蚧、树虱子等，属同翅目蜡蚧科。

龟蜡蚧为害梨树

龟蜡蚧若虫分布在梨树叶片上

龟蜡蚧被寄生，有孔洞

龟蜡蚧

【分布与寄主】 在中国分布极其广泛，为害梨、苹果、柿、枣、桃、杏、柑橘、杧果、枇杷等大部分果树和其他 100 多种植物。

【为害状】 若虫和雌成虫刺吸枝、叶汁液，排泄蜜露，常诱致煤污病发生，削弱树势，重者枝条枯死。同时，它的排泄物还可诱发煤烟病的发生，使植株密被黑霉，直接影响光合作用，并导致植株生长不良。龟蜡蚧被寄生，有孔洞。

【形态特征】

1. **成虫** 雌成虫体长 3 ~ 5 mm，椭圆形，体背有厚的白色蜡层，蜡壳表面有龟状纹，周缘有 8 个小形隆起，虫体淡褐至紫红色。雄体长 1 ~ 1.4 mm，淡红色至紫红色，眼黑色；翅 1 对，白色透明，具 2 条粗脉。

2. **卵** 椭圆形，初淡黄色后渐深，孵化前紫红色。

3. **若虫** 初孵若虫扁平椭圆形，淡红褐色，触角和足发达，灰白色，24 h 后分泌蜡丝，7 ~ 10 d 形成蜡壳，周边有 12 ~ 15 个蜡角；后期雌若虫与雌成虫相似；雄若虫蜡壳长椭圆形，周边有 13 个似星芒状蜡角。

4. **蛹** 仅雄性在蜡壳下化裸蛹；蛹梭形，长约 1 mm，棕褐色，翅芽色淡。

【发生规律】 每年生 1 代，受精雌虫主要在一二年生枝上越冬。翌年春寄主发芽时开始为害，虫体迅速膨大，成熟后产卵于腹下。产卵盛期：南京 5 月中旬，山东 6 月中上旬，河南 6 月中旬，山西 6 月中下旬。每雌产卵千余粒，多者 3 000 粒，卵期 10 ~ 24 d。初孵若虫多爬到嫩枝、叶柄、叶面上固着取食，8 月初雌雄开始性分化，8 月中旬至 9 月为雄化蛹期，蛹期 8 ~ 20 d，羽化期为 8 月下旬至 10 月上旬，雄成虫寿命 1 ~ 5 d，交尾后即死亡，雌虫陆续由叶转到枝上固着为害，至秋后越冬。可行孤雌生殖，子代均为雄性。龟蜡蚧天敌比较多，如黑盔蚧长盾金小蜂、蜡蚧褐腰啮小蜂、蜡蚧食蚧蚜小蜂、食蚜蚜小蜂、黑色食蚜蚜小蜂、软蚧扁角跳小蜂、蜡蚧扁角跳小蜂、刷盾短缘跳小蜂、绵蚧阔柄跳小蜂、龟蜡蚧花翅跳小蜂、球蚧花翅跳小蜂、红点唇瓢虫、黑背唇瓢虫、黑缘红瓢虫、二双斑唇瓢虫、中华草蛉、丽草蛉等。

【防治方法】

1. 物理防治　在少许龟蜡蚧发生的时候，可立即采用人工抹杀，避免其大规模的扩散，也可用毛刷或竹片轻刮除去，底下用薄膜接住，然后集中销毁（可采用开水烫死等方法）。

2. 药剂防治　关键是要掌握施药时期。由于龟蜡蚧分泌的蜡质较多且厚，一般情况下化学药剂不能透过蜡壳，而在龟蜡蚧孵化初期、未分泌蜡质及刚形成蜡质时期施药效果最佳，因而多选在龟蜡蚧孵化盛期施药最好。常用的杀虫剂有 2.5% 氯氟氰菊酯乳油 2 500 倍液、20% 甲氰菊酯乳油 2 500 倍液、48% 毒死蜱 1 000 倍液等。

3. 园艺防治　龟蜡蚧多发生在徒长枝、内膛枝上，因而剪去过密枝条、徒长枝、内膛枝等，增强植株的通风透光率，抑制有利于龟蜡蚧发生的环境，抑制龟蜡蚧的生长发育和发生。可结合植株修剪、整形剪去龟蜡蚧为害的枝条，也可在秋冬季结合松土、施基肥的机会，除去树干上的越冬雌虫。

（一〇）康氏粉蚧

康氏粉蚧（*Pseudococcus comstocki* Kuwana），又名梨粉蚧、桑粉蚧，属同翅目粉蚧科。

【分布与寄主】　国内分布于吉林、辽宁、河北、河南、山东、山西、四川等省。国外分布于日本、印度、俄罗斯，美洲等。食性很杂，为害苹果、梨、桃、杏、李、樱桃、葡萄、山楂、柿、石榴、栗、核桃、梅、枣等多种果树及桑、杨、柳、榆、瓜类和蔬菜等多种植物。

【为害状】　以成虫和若虫吸食嫩芽、嫩梢及果实的汁液。套袋前主要为害嫩芽、嫩梢，造成叶片扭曲、肿胀、皱缩，致使枝枯。套袋后钻入袋内为害果实，群居在果萼注和梗注处，分泌白色蜡粉，污染果实，吸取汁液，造成组织坏死，出现大小不等的黑点或黑斑，甚至腐烂，称黑头、黑尻子，使果实失去商品价值和食用价值。

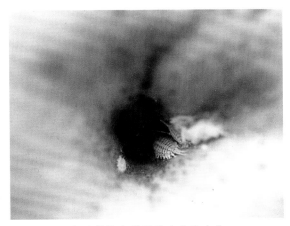

康氏粉蚧在梨果萼注处为害状

【形态特征】

1. 成虫　雌成虫椭圆形，较扁平，体长 3 ~ 5 mm，粉红色，体被白色蜡粉，体缘具 17 对白色蜡刺，体后端最末 1 对蜡丝特长，腹部末端 1 对几乎与体长相等。触角多为 8 节。腹裂 1 个，较大，椭圆形。肛环具 6 根肛环刺。臀瓣发达，其顶端生有 1 根臀瓣刺和几根长毛。多孔腺分布在虫体背、腹两面。刺孔群 17 对，体毛数量很多，分布在虫体背腹两面，沿背中线及其附近的体毛稍长。雄成虫体紫褐色，体长约 1 mm，翅展约 2 mm，翅 1 对，透明。

2. 卵　椭圆形，长约 0.3 mm，浅橙黄色。数十粒集中成块，外覆薄层白色蜡粉，形成白絮状卵囊。

3. 若虫　淡黄色，形似雌成虫。

4. 蛹　仅雄虫有蛹期，浅紫色，触角、翅和足等均外露。

【发生规律】　在河南 1 年发生 3 代。以卵在被害树干、枝条粗皮缝隙或石缝土块中越冬。翌年春果树发芽时，越冬卵孵化为若虫，为害寄主植物幼嫩部分。第 1 代若虫发生盛期在 5 月中下旬，第 2 代为 7 月中下旬，第 3 代若虫发生在 8 月下旬。雌雄虫交尾后，雌成虫爬到枝干粗皮裂缝内或果实萼注、梗注等处产卵，有的将卵产在土内。产卵时，雌成虫分泌大量棉絮状蜡质卵囊，卵即产在囊内。每一雌成虫可产卵 200 ~ 400 粒。康氏粉蚧喜在阴暗处活动，套袋内是其繁殖为害的最佳场所，因此套袋果园、树冠郁闭、光照差的果园发生较重，树冠中下部及内膛发生重。康氏粉蚧繁殖快，每头雌虫可产卵 200 ~ 400 粒，初孵幼虫有聚集习性，5 ~ 7 d 后逐渐扩散为害。

【防治方法】　康氏粉蚧越冬场所多、世代重叠，分泌蜡粉，喜钻果袋，防治难度大。尤其是一旦钻入果袋，防效甚微。所以要重视冬春防治，关键是套袋前后及时防治，将其消灭在袋外，彻底控制其为害。

1. 做好冬春防治　冬季结合清园细致刮除粗老翘皮，清理旧纸袋、病虫果、残叶及干伤锯口，压低越冬基数。春季发芽前喷布 5° Bé 的石硫合剂。在花序分离期可选用 50% 毒死蜱 1 500 倍液喷雾，防治越冬的卵。

2. 套袋前的防治（5月上旬） 此时正值一代卵孵化盛期，幼虫聚集在一起尚未扩散。一般刚孵化后的若虫并不马上分泌蜡粉，等天气晴朗暖和时陆续爬出，过几天体外才陆续上蜡，因此在若虫分散转移期分泌蜡粉前施药防治最佳，套袋后康氏粉蚧开始向袋内转移，防治的最佳时期是在套袋后 5～7 d，通常是 5 月下旬至 6 月上旬。药剂选用 50% 毒死蜱乳油 1 500 倍液喷雾防治，对已开始分泌蜡粉的康氏粉蚧，可以在使用以上药剂时加入一定量的有机硅来增强农药的附着性即渗透性，以提高杀虫效果，如用 0.3%～0.5% 柴油乳剂，也有良好杀虫作用。间隔 10 d 再防一次，7 月中旬、8 月下旬是第 2、第 3 代若虫发生的盛期，在袋内发生，同时也是康氏粉蚧向其他套袋转移扩散为害的盛期，应结合解袋调查注意防治。在喷药时注意喷雾要细致均匀，尤其是树冠中下部及内膛。

（一一）梨中华圆尾蚜

梨中华圆尾蚜（*Sappaphis sinipiricola* Zhang），属同翅目蚜科。寄主为梨。

梨中华圆尾蚜

梨中华圆尾蚜在卷叶内为害状

梨中华圆尾蚜为害梨树叶片，叶面变红色

梨中华圆尾蚜为害状

梨中华圆尾蚜为害的叶片肿胀卷缩，叶脉变红色

【分布与寄主】 已知河南、北京、内蒙古有分布。寄主有梨属植物。

【为害状】 4～6 月间在梨嫩叶背面叶缘部分为害，沿叶缘向背面卷缩肿胀，致叶脉变红变粗。

【形态特征】

1. 成虫

（1）无翅胎生雌蚜。体卵圆形，长约 2.7 mm，宽 1.9 mm 左右，黄绿色，腹部具翠绿色斑。节间斑明显，中胸腹两杈分离，腹管长为基宽的 1.8 倍，无毛。触角具瓦纹，第 5 节灰黑色，第 6 节黑色，全长 1.1 mm，为体长 0.41 倍，第 3 节有次生感觉圈 2～5 个。

（2）有翅胎生雌蚜。体椭圆形，长 1.8 mm，宽 0.9 mm，绿色腹部，第 2、第 3 背片各具 1 横带斑纹。触角有瓦纹，第 3～5

节具感觉圈数分别为 22 ~ 28、2 ~ 3、0 ~ 1。触角第 5 节无次生感觉圈。

【发生规律】 不详。在北京、内蒙古包头 4 ~ 6 月间为害。

【防治方法】
（1）及时摘除被害叶片。
（2）此虫一般发生不重，可在防治其他蚜虫时进行兼治。

（一二）梨蚜

梨蚜〔*Schizaphis piricola*（Matsumura）〕，又名梨二叉蚜、梨腻虫、卷叶蚜等，属同翅目蚜科。

梨蚜早春为害梨树花芽和叶芽，此时也是防治梨蚜的关键时期

梨蚜在梨树幼叶背面为害状

梨蚜为害新梢卷叶

梨蚜为害梨树嫩叶

梨蚜为害叶片纵卷

梨蚜为害状叶片纵卷

梨蚜有翅蚜与无翅蚜

【分布与寄主】　国内各梨区均有发生。为害梨、狗尾草。

【为害状】　成虫、若虫群集芽、叶、嫩梢和茎上吸食汁液。为害梨叶时，群集叶面上吸食，致使被害叶由两侧面纵卷成筒状，早期脱落，影响产量与花芽分化，削弱树势。

【形态特征】

1. 成虫

（1）无翅胎生雌蚜。体长 2 mm 左右，宽 1.1 mm，绿色、暗绿色、黄褐色，常疏被白色蜡粉。头部额瘤不明显，口器黑色，基半部色略淡，端部伸达中足基部，复眼红褐色，触角丝状 6 节，端部黑色，第 5 节末端有 1 个感觉孔。各足腿节、胫节端部和跗节黑褐色。腹管长大，黑色，圆筒形状，末端收缩，尾片圆锥形，侧毛 3 对。

（2）有翅胎生雌蚜。体长 1.5 mm 左右，翅展 5 mm 左右，头胸部黑色，额瘤微突出，口器黑色，端部伸达后足基部，触角 6 节，淡黑色，第 3 节有感觉孔 20 ～ 24 个，第 4 节有 5 ～ 8 个，第 5 节有 4 个，复眼暗红色。前翅中脉分二叉，故称二叉蚜。足、腹管和尾片同无翅胎生雌蚜。

2. 卵　椭圆形，长径 0.7 mm 左右，黑色有光泽。

【发生规律】　1 年发生 10 ～ 20 代。以卵在梨树的芽腋、果台、枝杈等的皱皮裂缝内越冬。越冬卵于翌年早春梨树花芽膨大绽放时开始孵化，初孵若虫群集于露绿的芽上为害，待花芽现蕾时便钻入花序中为害花蕾和嫩叶，展叶后又转至叶面上群集为害，以新梢顶端嫩叶被害最重。华北梨区以 4 月下旬至 5 月上旬为害最重，一般在梨落花后大量出现卷叶，落花后半月左右出现有翅蚜，5 月下旬至 6 月上旬大量迁飞到第 2 寄主（夏寄主）狗尾草上为害繁殖，6 月上旬以后在梨树上基本绝迹。此后直到 9 ～ 10 月间，在夏寄主上产生有翅蚜再行飞回梨树上为害繁殖，产生有性蚜，雌雄交尾后产卵越冬。但在高温多雨年份，梨树不断抽出新梢条件下，有时蚜虫可在梨树上一直繁殖为害，直到秋季。

【防治方法】

1. 人工防治　在发生数量不大的情况下，早期摘除被害卷叶，集中处理。

2. 药剂防治　在越冬卵基本孵化完毕、梨芽尚未开放至发芽展叶期为施药适期，用药种类有 50% 抗蚜威可湿性粉剂 2 500 倍液，25% 噻虫嗪水分散粒剂 5 000 ～ 10 000 倍液，20% 吡虫啉浓可溶液剂 6 000 ～ 8 000 倍液，或 10% 吡虫啉可湿性粉剂 3 000 倍液，或 10% 氯噻啉水剂 5 000 倍液或 10% 烯啶虫胺水剂 2 500 倍液，或 3% 啶虫脒乳油 2 500 倍液等，0.5% 黎芦碱醇溶液 400 倍液，0.8% 苦参碱内酯水剂 800 倍液，1% 血根碱可湿性粉剂 2 500 ～ 3 000 倍液。蚜害卷叶后用药，影响防效。

3. 生物防治　保护利用天敌。

（一三）梨绣线菊蚜

梨绣线菊蚜（*Aphis citricola* Van der Goot），又名苹果黄蚜，属同翅目蚜科。

【分布与寄主】　分布于黑龙江、吉林、辽宁、河北、河南、山东、山西、内蒙古、陕西、宁夏、四川、新疆、云南、江苏、浙江、福建、湖北、台湾等省（区）。国外日本、朝鲜、印度、澳大利亚、新西兰及非洲、北美洲、中美洲均有分布。其寄主有梨、苹果、沙果、桃、李、杏、海棠、木瓜、山楂、山定子、枇杷、石榴、柑橘、多种绣线菊、榆叶梅等植物。

【为害状】　群集在幼叶、嫩梢及芽上，被害叶片向下弯曲或稍横向卷曲，严重时可盖满嫩梢 10 cm 内和嫩梢反面，使植物营养恶化，生长停滞或延迟，严重的畸形生长。

【形态特征】

1. 成虫

（1）无翅胎生雌蚜：体长 1.6 ～ 1.7 mm，宽 0.94 mm，长卵圆形，多为黄色、黄绿色或绿色。头浅黑色，具 10 根毛，口器、腹管、尾片黑色。体表具网状纹，体侧缘瘤馒头形，体背毛尖；腹部各节具中毛 1 对，除第 1 节和第 8 节有 1 对缘毛外，第 2 ～ 7 节各具 2 对缘毛，触角 6 节丝状，无次生感觉圈，短于体躯，基部浅黑色，第 3 ～ 6 节具瓦状纹，尾板端圆，生毛 12 ～ 13 根，腹管长亦生瓦状纹。

梨绣线菊蚜与蚂蚁　　　　　　梨绣线菊蚜为害梨树新梢　　　　梨绣线菊蚜有翅蚜与无翅蚜（梨叶背面）

梨绣线菊蚜在梨树幼叶背面群集为害状　　　　　　梨绣线菊蚜为害梨树新梢卷叶

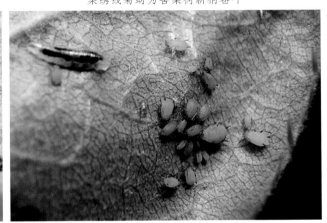

梨绣线菊蚜被瓢虫幼虫捕食　　　　　　食蚜蝇幼虫捕食梨绣线菊蚜

梨绣线菊蚜无翅蚜在梨树幼叶背面为害状　　　　　梨绣线菊蚜在梨树叶片背面

（2）有翅胎生雌蚜：体长约1.5 mm，翅展4.5 mm左右，近纺锤形，头部、胸部、腹管、尾片黑色，腹部绿色或淡绿色至黄绿色，第2～4腹节两侧具大型黑缘斑，腹管后斑大于前斑，第1～8腹节具短横带。口器黑色，复眼暗红色，触角6节，丝状，较体短。第3节有次生感觉圈5～10个，第4节有0～4个，体表网纹不明显。

2. **若虫** 鲜黄色，复眼、触角、足、腹管黑色。无翅若蚜体肥大，腹管短。有翅若蚜胸部较发达，具翅芽。

3. **卵** 椭圆形，长0.5 mm，初淡黄色至黄褐色，后漆黑色，具光泽。

【发生规律】 绣线菊蚜属留守式蚜虫，全年留守在一种或几种近缘寄主上完成其生活周期，无固定转换寄主现象。1年发生10余代，以卵于枝条的芽旁、枝杈或树皮缝等处越冬，以二三年生枝条的分杈和鳞痕处的皱缝卵量为多。翌年春寄主萌芽时开始孵化为干母，并群集于新芽、嫩梢、新叶的叶背开始为害，10余天后即可胎生无翅蚜虫，称之为干雌。行孤雌胎生繁殖，全年中仅秋末的最后1代行两性生殖。干雌以后则产生有翅和无翅的后代，有翅型则转移扩散。前期繁殖较慢，产生的多为无翅孤雌胎生蚜，5月下旬可见到有翅孤雌胎生蚜。6～7月繁殖速度明显加快，虫口密度明显提高，出现枝梢、叶背、嫩芽群集蚜虫，多汁的嫩梢是蚜虫繁殖发育的有利条件。8～9月降水量较大时，虫口密度会明显下降，至10月开始产生雌、雄有性蚜，并进行交尾、产卵越冬。据有关资料报道，绣线菊蚜的发育起点温度为5 ℃，当温度在35 ℃以上持续较长时，对该蚜虫将是致命的。25 ℃左右为最适温度。干旱对绣线菊蚜的发育与繁殖均有利，如果夏至前后降水充足、雨势较猛，会使其虫口密度大大下降。绣线菊蚜具有趋嫩性。多汁的新芽、嫩梢和新叶，可加快发育与繁殖。当群体拥挤、营养条件太差时，则发生数量下降或开始向其他新的嫩梢转移分散。因此，苗圃和幼龄果树发生常比成龄树严重。自然界中存在不少蚜虫的天敌，如七星瓢虫、龟纹瓢虫、叶色草蛉、大草蛉、中华草蛉以及一些寄生蚜和多种食蚜蝇。这些天敌对抑制蚜虫的发生具有重要的作用，应加以保护。

【防治方法】
（1）可在早春刮除老树皮及剪除受害枝条，消灭越冬卵。

（2）保护和利用天敌。适当栽培一定数量的开花植物，引诱并利于天敌活动，蚜虫的天敌常见的有瓢虫、草蛉、食蚜蝇、蚜小蜂等，施用农药时尽量以天敌极少且不足以控制蚜虫密度时为宜。

（3）当蚜虫大量发生时，在越冬卵孵化后，及时喷药，种类有20%吡虫啉浓可溶液剂6 000～8 000倍液，或10%吡虫啉可湿性粉剂3 000倍液，或10%氯噻啉水剂5 000倍液或10%烯啶虫胺水剂2 500倍液，或3%啶虫脒乳油2 500倍液等，0.5%藜芦碱醇溶液400倍液，0.8%苦参碱内酯水剂800倍液。

（4）提倡使用蚜霉菌400～800倍液，在蚜虫高峰前选晴天喷洒均匀。

（5）药液涂干。未结果树，在蚜虫初发时用毛刷蘸药，在树干上部或主干基部涂6 cm宽的药环，涂后用塑料膜包扎，可选用40%乐果乳油20～50倍液。

（6）物理机械防治。可放置黄色黏胶板，诱黏有翅蚜虫。

（一四）梨粉蚜

梨粉蚜（*Aphis odinae* Van der Goot），又名梨吹粉蚜，属同翅目蚜科。

【分布与寄主】 分布于河北、河南、山西、陕西、江苏、浙江、福建、台湾等地。为害梨、柑橘等植物。

【为害状】 成虫和若虫多群集于叶背刺吸汁液，被害叶向背面不规则卷曲，常使叶片的一部分向背面呈三角形卷折，被害卷叶内常黏附有虫体的白粉。影响枝叶生长，削弱树势。

【形态特征】
1. **成虫**

（1）无翅胎生雌蚜：体长1.8～2 mm，近长卵形、略扁平，暗褐色至暗黑绿色，全体疏被白色蜡粉，腹部蜡粉较厚，中央部分色暗，体背面具网目状纹，体表生有许多长毛。腹部较肥大，腹管退化仅呈瘤状突起，尾片较长、柱状、端部较尖圆，色暗。足跗节2节，近黑色

（2）有翅胎生雌蚜：体长1.5～1.9 mm，略呈长椭圆形，暗黑绿色，腹部疏被白色蜡粉，体表生有许多长毛。翅膜质透明，翅脉淡黄白色，前翅较宽大，中脉2次分叉成3支。各足密生长毛，跗节2节，近黑色。腹部略肥大，第1～4节和第7节各有1对较发达的侧瘤（乳状突起），腹管角状，甚短，黑色，中部有横纹，尾片较大，端部圆，中部略缢缩，

梨粉蚜为害梨树新叶造成卷曲

梨粉蚜无翅蚜（放大）

梨粉蚜在叶面的白色排泄物

食蚜蝇成虫

梨粉蚜有翅蚜

食蚜蝇幼虫捕食梨粉蚜

梨粉蚜为害梨树新叶造成卷曲

两侧及端部生有长刚毛 15 根左右。

2. 若虫　与无翅胎生雌蚜相似，黄褐色至暗黑绿色。复眼发达，红色至红褐色。有翅若蚜胸部较发达，具翅芽。

【发生规律】　发生期较梨二叉蚜稍晚，一般 6 月间发生数量最多，成虫和若虫群集于叶背为害，致使被害叶向叶背呈不规则卷曲，一般多为叶片的一部分向背面呈三角形卷折，影响枝叶的生长，削弱树势。以后发生情况及越冬情况均不明。

【防治方法】

1. **人工防治**　发生数量不多的情况下，结合管理及时摘除被害卷叶，清除其中蚜虫。

2. **药剂防治**　为害期喷洒 10% 吡虫啉可湿性粉剂 3 000 倍液，或 10% 氯噻啉水剂 5 000 倍液，或 10% 烯啶虫胺水剂 2 500 倍液，或 3% 啶虫脒乳油 2 500 倍液等。

（一五）梨大蚜

梨大蚜［*Pyrolachnus pyri*（Buckton）］，属同翅目大蚜科。

【分布与寄主】 梨大蚜国内主要分布于四川和云南，在国外分布于印度。梨大蚜的食性比较单一，目前只知道其为害梨和卧龙柳。

【为害状】 以成蚜和若蚜群集梨树枝干上，二三年生枝受害较重，其次为一年生和短果枝。被害处初为湿润黑色，随之枝叶生长不良，树势衰弱。植株受害率一般为 30% ~ 40%，严重果园受害植株高达80% ~ 90%，造成枝条干枯死亡。其排泄物蜜露落于枝、叶或地面杂草上，好似一层发亮的油，若被煤烟病菌寄生则呈黑色，直接阻碍梨树光合作用、呼吸作用等的正常进行。因此，梨大蚜是近年来四川等地梨树枝干上渐趋严重的一种害虫。

【形态特征】

1. 成虫

（1）干母：无翅，体长 5.6 mm，体宽 3.8 mm。体卵圆形，灰黑色。前额呈圆顶状，有明显背中缝，眼有眼疣。触角黑褐色，共 6 节，第 1 ~ 2 节粗短，第 3 节的长度略等于第 4 ~ 6 节的总长，腹管短截，位于多毛黑色的圆锥体上。尾片末端尖圆形。

（2）干雌：体长 5.2 mm，体宽 2.3 mm，椭圆形，头、胸部黑色，腹部灰黑色。触角 6 节，第 3 节的长为第 4 ~ 6 节的总长。有翅 2 对，透明，但基部不甚透明。前翅翅痣明显较长，但不超过翅的顶端，分脉不弯曲。体被多数长毛。腹部第 1 节、第 8 节有 1 条黑褐色横带。

（3）侨蚜：体长 5.2 mm，体宽 2.8 mm。卵圆形，灰黑色。触角 6 节，第 4 节上有 2 ~ 3 个圆形感觉圈，无翅。

（4）性母体长 5.6 mm，体宽 2.7 mm，椭圆形。头、胸部黑色，腹部灰黑色。体背多毛。

（5）性蚜：① 无翅雌蚜：体长 4.6 mm，体宽 2.4 mm，卵圆形，灰黑色。触角 6 节。② 有翅雄蚜：体长 4.2 mm，体宽 1.7 mm，长卵圆形。

2. 卵 长椭圆形，长径为 1.5 ~ 1.6 mm，宽径为 0.4 ~ 0.5 mm。初产时为淡黄褐色，以后变为黑褐色，有光泽。

梨大蚜无翅雌蚜群体

梨大蚜若蚜

梨大蚜卵

【发生规律】 从 10 月起到翌年 4 月的冬春季节在梨树上生活。据在四川雅安、汉源、盐源、西昌等地区的观察研究，梨大蚜冬季以数十粒到几百粒的卵密集于梨枝上越冬，翌年 2 月中上旬当旬平均温度达到 7 ~ 9 ℃时开始孵化。2 月下旬至 3 月上旬出现干母成虫，成长干母，胸、腹部显著膨大，经 1 ~ 4 d 后以孤雌胎生方式繁殖。干母一生的产仔量少则 12 头，最多 57 头，平均 36.2 头。全年中以卵越冬后，春季梨大蚜在梨树上要发生 2 代；4 月下旬至 5 月上旬，旬平均温度在 19 ~ 20 ℃时，全部羽化为有翅干雌成蚜，此时多爬于梨树主干或主枝分杈处，头部向上，群集到几百至一千多头，经过 7 ~ 10 d，全部迁飞到夏寄主卧龙柳上为害。在夏寄主上发生的代数和生活习性等有待了解。当年 9 月下旬至 10 月上旬，旬均温达 19.5 ~ 20 ℃时，在夏寄主上越夏的有翅性母蚜迁回到梨树上分散繁殖和为害。

【防治方法】

1. **防治越冬卵** 每年 12 月至翌年 2 月，结合果园的冬季管理，剪除有卵虫枝或抹杀虫卵，减少越冬虫源。

2. **人工防治** 梨园中如有个别植株或枝条发生为害，随时可用人工方法防治。

3. **药剂防治** 利用梨大蚜有群集为害的习性，在若蚜盛孵期，成虫产仔盛期或干雌迁飞前，在梨树上用点喷方法进行喷药防治。用药种类可参考梨二叉蚜。

4. **生物防治** 梨大蚜的天敌种类较多，应加以保护和利用。

（一六）梨黄粉蚜

梨黄粉蚜［*Aphanostigma jakusuiense*（Kishida）］，又名梨黄粉虫，俗称膏药顶，属同翅目根瘤蚜科。

【分布与寄主】 在我国分布于东北、华北、华东、中南、西北各梨产区。专门为害梨属植物。

【为害状】 该虫喜群集果实萼洼处为害，随着虫量的增加，逐渐蔓延至整个果面。果实表面似有一堆堆黄粉，周围有黄褐色晕环，即为成虫与其所产的卵堆及小若蚜。受害果实表面初期呈黄色稍凹陷的小斑，以后渐变黑色，故称为"膏药顶"，向四周扩大呈波状轮纹，常形成龟裂的大黑疤，甚至落果。

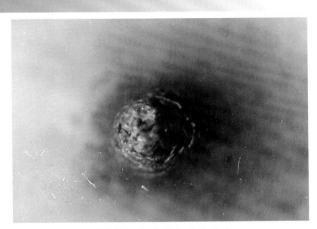

梨黄粉蚜在梨果萼洼处为害

【形态特征】 为多型性蚜虫，有干母、普通型、性母和有性型 4 种。

1. **成虫** 该虫为多型性蚜虫，干母、普通型、性母均为雌性，行孤雌卵生，形态相似。体呈倒卵圆形，长 0.7 ~ 0.8 mm，鲜黄色，触角 3 节，足短小，无翅，无腹管，有性型雌虫体长约 0.47 mm，雄虫长 0.35 mm 左右，长椭圆形，鲜黄色，口器退化。

2. **卵** 为椭圆形。越冬卵即产生干母的卵，长 0.33 mm，淡黄色。产生普通型和性母的卵，长 0.26 ~ 0.3 mm，黄绿色。产生有性型的卵，长 0.36 ~ 0.42 mm，黄绿色。

3. **若虫** 形态与成虫相似，仅体较小，淡黄色。

【发生规律】 1 年发生 8 ~ 10 代，以卵在果台、树皮裂缝和潜皮蛾为害的翘皮下或枝干上的残附物内越冬。翌年春梨树开花期，卵孵化为干母若虫，先在梨树翘皮处刺吸汁液，羽化为成虫后产卵繁殖。6 月中上旬开始向上转移，6 月下旬至 7 月上旬，多群集于果实萼洼处为害、繁殖，继而蔓延到果面上。8 月中旬果实接近成熟，为害最为严重。8 ~ 9 月出现有性蚜，雌雄交尾后转到果台皮缝等处产卵越冬。普通型成虫每天最多产卵 10 粒，一生平均产卵约 150 粒，性母每天约产卵 3 粒。生育期内各代卵期 5 ~ 6 d，若虫期 7 ~ 8 d。成虫寿命除有性型较短外，其他各型均超过 30 d，干母可达 100 d 以上。成虫活动力较差，喜在背阴处栖息为害。温暖干燥的环境对其发生有利。低温高湿则不利于其发生。一般无萼片的梨品种受害轻，有萼片的受害重。老树受害重，地势高处受害轻。采收期早的梨常带有黄粉蚜，在贮藏、运输、销售期间仍可继续繁殖为害，引起大量腐烂。该虫喜干，大旱年份发生严重。黄粉蚜近距离靠人工传播，远距离靠苗木和梨果调运传播。

【防治方法】

（1）冬春季认真刮除老树皮和翘皮，清除树上残附物及越冬卵。

（2）春季梨树发芽前（3 月中下旬）喷 3° ~ 5° Bé 的石硫合剂，防治越冬卵，喷药要周到细致。

（3）鸭梨落花 70% ~ 80% 时正是若虫孵化期，是防治的关键期，可喷一次 2.5% 吡虫啉乳油 3 000 倍液进行防治。

（4）梨树套袋前和 6 月各喷一次 8% 的啶虫脒乳油 2 000 倍液或 10% 吡虫啉可湿性粉剂 3 000 倍液。

（5）套袋梨园选用优质不易破损的纸袋，在不损伤果柄的前提下把袋口扎严，防止黄粉蚜潜入袋内，也可选用防虫药袋或在袋口处夹药棉。

（一七）中国梨木虱

中国梨木虱为害状

中国梨木虱为害梨树叶片

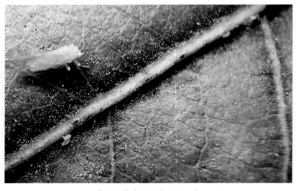

中国梨木虱成虫与卵

中国梨木虱若虫

中国梨木虱为害梨果

中国梨木虱成虫

中国梨木虱高龄若虫及其为害状

中国梨木虱若虫群集

中国梨木虱分泌黏液形成枯斑

中国梨木虱在叶背为害分泌白色黏性物

中国梨木虱（*Psylla chinensis* Yang et Li），属同翅目木虱科。过去此种曾被误称为梨木虱（*Psylla pyrisuga*）。

【分布与寄主】 国内各梨产区均有分布，尤以东北、华北、西北等北方梨产区发生普遍。它主要为害各种梨树。近年来，该虫在各地发生和为害均有加重的趋势。

【为害状】 以成虫和若虫刺吸寄主嫩绿部汁液。春季成、幼虫多集中于新梢、叶柄为害，夏、秋季则多在叶面吸食为害。受害叶片叶脉扭曲，叶面皱缩，产生枯斑，并逐渐变黑，提早脱落。且若虫分泌大量黏液，常使叶片黏在一起或黏在果实上，诱发煤污病，污染叶和果面，果实发育不良，被害枝条生长停滞，易受冻害。

【形态特征】

1. **成虫** 分冬型和夏型两种。冬型体长 2.8 ~ 3.2 mm，灰褐色，前翅后缘臀区有明显褐斑，夏型体较小，长 2.3 ~ 2.9 mm，黄绿色，翅上无斑纹。成虫胸背均有 4 条红黄色或黄色纵条纹。静止时，翅呈屋脊状叠于体上。

2. **卵** 卵圆形，初时淡黄白色，后黄色，一端钝圆，其下有一刺状突起，固定于植物组织上。另一端尖细，延长成 1 根长丝。

3. **若虫** 初孵若虫扁椭圆形，淡黄色，3 龄以后呈扁圆形，绿褐色，翅芽长圆形，突出于身体两侧。

【发生规律】 1 年发生世代因地区而异：辽宁 1 年 3 ~ 4 代，河北、山东 1 年 4 ~ 6 代，世代重叠。各地均以冬型成虫在树皮缝、落叶、杂草及土缝中越冬。1 年发生 4 ~ 5 代地区，越冬代成虫在 3 月上旬梨树花芽萌动时开始活动。3 月中旬，鸭梨花芽鳞片露白为出蛰盛期，出蛰末期在 3 月下旬。成虫出蛰后，在一年生枝梢上取食为害，并交尾产卵。第 1 代卵始见于 3 月中旬，盛期在 4 月中旬，末期在 5 月上旬。越冬成虫出蛰盛期，正是第 1 代卵出现初期，是药剂防治的有利时机。第 1 代若虫大量出现以后，世代重叠，栖居场所不一，以若虫为害为主，且若虫常淹没于其分泌的黏液内，或潜入蚜虫为害的卷叶内为害，药液不易接触虫体，给防治造成困难。各代成虫发生期大致为：第 1 代成虫出现在 5 月上旬，第 2 代在 6 月上旬，第 3 代在 7 月上旬，第 4 代在 8 月中旬。第 4 代成虫即发生越冬型，但发生较早时仍可产卵，并于 9 月中旬出现第 5 代。越冬代产卵于一年生枝梢、果台、短果枝叶痕及腋芽间，以短果枝叶痕处较多，排列成断续的黄色线状。以后各代多产卵于叶面沿叶脉的凹沟内，也产于叶缘锯齿处或叶背面，散产或 2 ~ 3 粒产在一起。平均每雌产卵 290 余粒。成虫活泼善跳，若虫有群集性，喜阴暗，多栖居于卷叶或重叠叶片的缝隙内。一般干旱年份或季节发生较重。

【防治方法】

1. **人工防治** 早春刮树皮、清洁果园，并将刮下的树皮与枯枝落叶、杂草等物集中处理，以减少越冬成虫，压低虫口密度。

2. **药剂防治** 关键时期的掌握，一是接物候期，即鸭梨花芽鳞片露白期；二是查卵，发现短果枝叶痕处黄色卵线时，立即喷药防治。3 月底越冬成虫出蛰期喷施石硫合剂，可防治大部分梨木虱越冬成虫，减少产卵量。梨树落花 80% 时为用药关键期，若等到落花 100% 时才喷药，这时有的梨木虱已开始吐黏液，影响防治效果。

防治关键时期为越冬代成虫出蛰盛期，亦即第 1 代卵出现初期，消灭大部分成虫于产卵之前。常用药剂有 20% 吡虫啉浓可溶液剂 6 000 ~ 8 000 倍液，0.9% 阿维菌素 2 500 倍液，20% 双甲脒乳油 1 000 ~ 1 500 倍液，0.5% 黎芦碱醇溶液 400 倍液，0.8% 苦参碱内酯水剂 800 倍液，1% 血根碱可湿性粉剂 2 500 ~ 3 000 倍液，3% 啶虫脒乳油 2 000 倍液，25% 噻虫嗪水分散粒剂 4 000 倍液，2.5% 溴氰菊酯 2 000 倍液，20% 杀灭菊酯乳油 2 000 倍液等；适用的复配剂有阿维·高氯、阿维·吡虫啉、阿维·毒死蜱等，在越冬成虫出蛰及产卵盛期喷 2 次，即可基本控制危害。

（一八）茶翅蝽

茶翅蝽［*Halyomorpha picus*（Fabricus）］，又名臭木椿象、茶翅椿象，俗称臭大姐等，属半翅目蝽科。

茶翅蝽为害梨果使果面凹凸不平

茶翅蝽为害梨果剖面

茶翅蝽成虫

茶翅蝽低龄若虫

茶翅蝽若虫刚孵化出来

【分布与寄主】　分布较广，东北、华北地区及山东、河南、陕西、江苏、浙江、安徽、湖北、湖南、江西、福建、广东、四川、云南、贵州、台湾等省均有发生，仅局部地区为害较重。食性较杂，可为害梨、苹果、海棠、桃、李、杏、樱桃、山楂、无花果、石榴、柿、梅、柑橘等果树和榆、桑、丁香、大豆等树木和作物。

【为害状】　成虫、若虫吸食叶片、嫩梢和果实的汁液，正在生长的果实被害后，成为凸凹不平的畸形果，俗称疙瘩梨，受害处变硬味苦，近成熟的果实被害后受害处果肉变空，木栓化，桃果被害后，被刺处流胶，果肉下陷成僵斑硬化。幼果受害严重时常脱落，对产量与品质影响很大。

【形态特征】
1. 成虫　体长 15 mm 左右，宽 8 ~ 9 mm，扁椭圆形，灰褐色略带紫红色。触角丝状，5 节，褐色，第 2 节比第 3 节短，第 4 节两端黄色，第 5 节基部黄色。复眼球形黑色。前胸背板、小盾片和前翅革质部布有黑褐色刻点，前胸背板前缘有 4 个黄褐色小点横列。小盾片基部有 5 个小黄点横列，腹部两侧各节间均有 1 个黑斑。
2. 卵　常 20 ~ 30 粒并排在一起，卵粒短圆筒状，形似茶杯，灰白色，近孵化时呈黑褐色。
3. 若虫　与成虫相似，无翅，前胸背板两侧有刺突，腹部各节背面中部有黑斑，黑斑中央两侧各有 1 个黄褐色小点，各腹节两侧间处均有 1 个黑斑。

【发生规律】　1 年发生 1 代，以成虫在空房、屋角、檐下、草堆、树洞、石缝等处越冬。翌年出蛰活动时期因地而异，北方果产区一般从 5 月上旬开始陆续出蛰活动，飞到果树、林木及作物上为害，6 月产卵，多产于叶背。7 月上旬开始陆续孵化，初孵若虫喜群集卵块附近为害，而后逐渐分散，8 月中旬开始陆续老熟羽化为成虫，成虫为害至 9 月寻找适当场所越冬。河北省北部梨区，越冬成虫 5 月中旬开始出现，先为害桑树，然后转害柿树，于 6 月上旬转到梨树上为害，并产卵繁殖，6 月中旬至 8 月中旬为产卵期，卵期 10 ~ 15 d，若虫相继发生，至 7 月中旬以后陆续羽化为成虫。以 7 ~ 8 月上旬梨果实受害最重。9 月下旬开始，成虫陆续越冬。

【防治方法】 此虫寄主多，越冬场所分散，给防治带来一定的困难，目前应以药剂为主结合其他措施进行防治。

1. 人工防治 成虫越冬期进行捕捉，生长期结合管理随时摘除卵块及初孵化的群集若虫。为害严重区可采用果实套袋防止果实受害。

2. 药剂防治 6 月中上旬茶翅蝽集中到梨园，此时正处在产卵前期，是防治的关键时机，喷药要细致周到，可收到很好防效。可喷施 20% 氰戊菊酯乳油 2 000 倍液或 40% 毒死蜱乳油 1 500 倍液等。

（一九）麻皮蝽

麻皮蝽 ［*Erthesina fullo*（Thunberg）］，别名黄斑蝽，属半翅目蝽科。

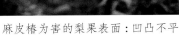

麻皮椿为害的梨果表面：凹凸不平

麻皮蝽成虫

【分布与寄主】 分布在辽宁、内蒙古、陕西、甘肃、山西、北京、河北、山东、河南、安徽、江苏、浙江、上海、江西、湖北、湖南、福建、贵州、广东、广西、云南、重庆、四川等地。果树寄主有梨、柑橘、海棠、梅、石榴、樱桃、柿、苹果、龙眼、葡萄、草莓、枣等。

【为害状】 成虫、若虫刺吸寄主植物的嫩茎、嫩叶和果实汁液。叶片和嫩茎被害后，出现黄褐色斑点，叶脉变黑，叶肉组织颜色变暗，严重者导致叶片提早脱落、嫩茎枯死；果实被害，果实凸凹不平形成疙瘩果。

【形态特征】

1. 成虫 体长 18 ~ 24.5 mm，宽 8 ~ 11.5 mm，体稍宽大，密布黑色点刻，背部棕黑褐色，由头端至小盾片中部具 1 条黄白色或黄色细纵脊；前胸背板、小盾片、前翅革质部布有不规则细碎黄色凸起斑纹；腹部侧接缘节间具小黄斑；前翅膜质部黑色。头部稍狭长，前尖，侧叶和中叶近等长，头两侧有黄白色细脊边。复眼黑色。触角 5 节，黑色，丝状，第 5 节基部 1/3 淡黄白或黄色。喙 4 节，淡黄色，末节黑色，喙缝暗褐色。足基节间褐黑色，跗节端部黑褐色，具 1 对爪。

2. 卵 近鼓状，顶端具盖，周缘有齿，灰白色，不规则块状，数粒或数十粒黏在一起。

3. 若虫 老熟若虫与成虫相似，体红褐色或黑褐色，头端至小盾片具 1 条黄色或微现黄红色细纵线。触角 4 节，黑色，第 4 节基部黄白色。前胸背板、小盾片、翅芽暗黑褐色。前胸背板中部具 4 个横排淡红色斑点，内侧 2 个稍大，小盾片两侧角各具淡红色稍大斑点 1 个，与前胸背板内侧的 2 个排成梯形。足黑色。腹部背面中央具纵裂暗色大斑 3 个，每个斑上有横排淡红色臭腺孔 2 个。

【发生规律】 1 年发生 1 代，以成虫于草丛或树洞、树皮裂缝及枯枝落叶下及墙缝、屋檐下越冬，翌年春草莓或果树发芽后开始活动，5～7月交尾产卵，卵多产于叶背，卵期约 10 d，5月中下旬可见初孵若虫。7～8月羽化为成虫为害至深秋，10月开始越冬。成虫飞行力强，喜在树体上部活动，有假死性，受惊扰时分泌臭液。

【防治方法】
（1）秋、冬季清除杂草，集中深埋。
（2）成虫、若虫为害期，清晨振落捕杀，在成虫产卵前进行较好。
（3）在成虫产卵期和若虫期喷洒 2.5% 溴氰菊酯乳油 3 000 倍液。

（二〇）点蜂缘蝽

点蜂缘蝽［*Riptortus pedestris*（Fabricius）］，别名白条蜂缘蝽、豆缘椿象，属半翅目缘蝽科。

【分布与寄主】　分布在浙江、江西、广西、四川、贵州、云南等省（区）。寄主广泛，主要寄主有绿豆、大豆、豇豆等豆科植物，亦为害多种果树。

【为害状】　成虫和若虫刺吸植株嫩茎、嫩叶、花的汁液。被害叶片初期出现点片不规则的黄点或黄斑，后期一些叶片因营养不良变成紫褐色，严重的叶片部分或整叶干枯，出现不同程度、不规则的孔洞。

点蜂缘蝽成虫

【形态特征】
1. **成虫**　体长 15～17 mm，宽 3.6～4.5 mm，狭长，黄褐色至黑褐色，被白色细茸毛。头在复眼前部成三角形，后部细缩如颈。触角第 1 节长于第 2 节，第 1、第 2、第 3 节端部稍膨大，基半部色淡，第 4 节基部距 1/4 处色淡。喙伸达中足基节间。头、胸部两侧的黄色光滑斑纹呈点斑状或消失。前胸背板及胸侧板具许多不规则的黑色颗粒，前胸背板前叶向前倾斜，前缘具领片，后缘有 2 个弯曲，侧角呈刺状。小盾片三角形。前翅膜片淡棕褐色，稍长于腹末。腹部侧接缘稍外露，黄黑相间。足与体同色，胫节中段色淡，后足腿节粗大，有黄斑，腹面具 4 个较长的刺和几个小齿，基部内侧无突起，后足胫节向背面弯曲。腹下散生许多不规则的小黑点。
2. **卵**　长约 1.3 mm，宽约 1 mm。半卵圆形，附着面弧状，上面平坦，中间有一条不太明显的横形带脊。
3. **若虫**　1～4 龄体似蚂蚁，5 龄体似成虫仅翅较短。各龄体长：1 龄 2.8～3.3 mm，2 龄 4.5～4.7 mm，3 龄 6.8～8.4 mm，4 龄 9.9～11.3 mm，5 龄 12.7～14 mm。

【发生规律】　在江西南昌 1 年 3 代，以成虫在枯枝落叶和草丛中越冬。翌年 3 月下旬开始活动，4 月下旬至 6 月上旬产卵。第 1 代若虫于 5 月上旬至 6 月中旬孵化，6 月上旬至 7 月上旬羽化为成虫，6 月中旬至 8 月中旬产卵。第 2 代若虫于 6 月中旬末至 8 月下旬孵化，7 月中旬至 9 月中旬羽化为成虫，8 月上旬至 10 月下旬产卵。第 3 代若虫于 8 月上旬末至 11 月初孵化，9 月上旬至 11 月中旬羽化为成虫，并于 10 月下旬以后陆续越冬。卵多散产于叶背、嫩茎和叶柄上，少数 2 粒在一起，每雌产卵 21～49 粒。成虫和若虫极活跃，早、晚温度低时稍迟钝。

【防治方法】
（1）首先要注意清洁田园，冬季结合积肥清除田间枯枝落叶和杂草，及时沤制或焚烧。可消除部分越冬成虫。
（2）在点蜂缘蝽低龄期，于上午 9～10 时或下午 4～5 时用 10% 吡虫啉可湿性粉剂 4 000 倍液，5% 啶虫脒乳油 3 000 倍液，3% 阿维菌素乳油 5 000 倍液或 5% 高效氯氰菊酯乳油 2 000 倍液，喷雾防治。

（二一）梨网蝽

梨网蝽（*Stephanitis nashi* Esaki et Takeya），又名梨花网蝽、梨冠网蝽、梨军配虫，俗名花编虫，属半翅目网蝽科。

梨网蝽为害叶面呈苍白色，出现失绿斑点

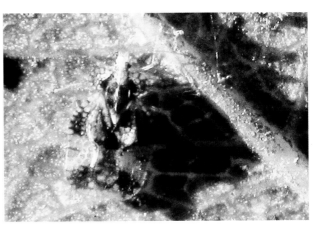

梨网蝽成虫在叶片为害状

梨网蝽为害梨树叶片，出现失绿斑点

梨网蝽低龄若虫在梨树叶片背面为害状

【分布与寄主】　分布较广，东北、华北地区及山东、河南、安徽、陕西、湖北、湖南、江苏、浙江、福建、广东、广西、四川等省（区）均有发生。成虫和若虫栖居于寄主叶片背面刺吸危害。该虫除了为害梨树以外，还为害苹果、海棠、花红、沙果、桃、李、杏等果树。

【为害状】　被害叶正面形成苍白色斑点，叶片背面因此虫所排出的斑点状褐色分泌物和产卵时留下的蝇粪状黑点，使整个叶背面呈现出锈黄色，易识别。受害严重的时候，甚至全叶苍白，引起早期落叶，影响树体发育和花芽形成，严重时造成当年秋季开两次花，使翌年产量降低。

【形态特征】

1. **成虫**　体长 3.5 mm 左右，扁平，暗褐色。前胸背板有纵隆起，向后延伸如扁板状，盖住小盾片，两侧向外突出，呈翼片状。前翅略呈长方形，具黑褐色斑纹，静止时两翅叠起黑褐色斑纹呈"X"状。前胸背板与前翅均半透明，具褐色细网纹。

2. **卵**　长椭圆形，一端略弯曲，长径 0.6 mm 左右。初产时淡绿色半透明，后变淡黄色。

3. **若虫**　共 5 龄。初孵若虫乳白色，近透明，数小时后变为淡绿色，最后变成深褐色。3 龄后有明显的翅芽，腹部两侧及后缘有 1 环黄褐色刺状突起。

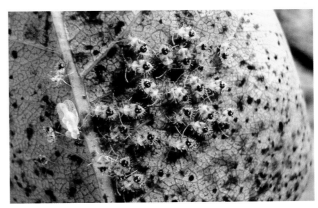

梨网蝽若虫与一头刚羽化的成虫（白色）

【发生规律】　每年发生代数因地而异，长江流域 1 年 4 ~ 5 代，北方果产区 3 ~ 4 代。各地均以成虫在枯枝落叶、枝干翘皮裂缝、杂草及土、石缝中越冬。北方果产区翌年 4 月中上旬开始陆续活动，飞到寄主上取食为害。山西省太谷地区 5 月初为出蛰盛期。由于成虫出蛰期不整齐，5 月中旬以后各虫态同时出现，世代重叠。1 年中以 7 ~ 8 月为害最重。成虫产卵于叶背面叶肉内，每次产 1 粒卵。常数粒至数十粒相邻产于叶脉两侧的叶肉内，每头雌虫可产卵 15 ~ 60 粒。卵期 15 d 左右。初孵若虫不甚活动，有群集性，2 龄后逐渐扩大为害活动范围。成虫、若虫喜群集叶背主脉附近，被害处叶面呈现黄白色斑点，随着为害的加重而斑点扩大，全叶苍白，叶背和下边叶面上常落有黑褐色带黏性的分泌物和粪便，并诱使煤污病发生，影响树势和翌年结果，对当年的产量与品质也有一定影响。为害至 10 月中下旬以后，成虫寻找适当处所越冬。

【防治方法】
1. **人工防治**　成虫春季出蛰活动前，彻底清除果园内及附近的杂草、枯枝落叶，集中深埋，防治越冬成虫。9 月间树干上束草，诱集越冬成虫，清理果园时一起处理。
2. **化学防治**　关键时期有两个，一个是越冬成虫出蛰至第 1 代若虫发生期，最好在梨树落花后，成虫产卵之前，以压低春季虫口密度；二是夏季大发生前喷药，以控制 7 ~ 8 月的为害。农药有 80% 敌敌畏乳油 1 000 倍液，2.5% 高效氯氟氰菊酯 2 000 倍液或 10% 吡虫啉 3 000 倍液等，连喷 2 次，效果很好。

（二二）斑喙丽金龟

斑喙丽金龟（*Adoretus tenuimaculatus* Waterhouse），属鞘翅目丽金龟科。

斑喙丽金龟成虫　　　斑喙丽金龟为害：呈现锯齿状（叶背面）　　　斑喙丽金龟为害：呈现锯齿形（叶正面）

【分布与寄主】　国内分布较广。为害梨、苹果、葡萄、柿等果树。

【为害状】　以成虫取食梨、苹果、葡萄、柿等果树叶片，被害叶多呈锯齿状孔洞。

【形态特征】
1. **成虫**　体长约 12 mm。体背面棕褐色，密被灰褐色茸毛。翅鞘上有稀疏成行的灰色毛丛，末端有一大一小的灰色毛丛。
2. **卵**　长椭圆形，长 1.7 ~ 1.9 mm，乳白色。
3. **幼虫**　体长 13 ~ 16 mm，乳白色，头部黄褐色。臀节腹面钩状毛稀少散生且不规则，21 ~ 35 根。蛹长 10 mm 左右，前圆后尖。

【发生规律】　此虫 1 年发生 2 代，以幼虫越冬。4 月下旬至 5 月上旬老熟幼虫开始化蛹，5 月中下旬出现成虫，6 月为越冬代成虫盛发期，并陆续产卵，6 月中旬至 7 月中旬为第 1 代幼虫期，7 月下旬至 8 月初化蛹，8 月为第 1 代成虫盛发期，8 月中旬见卵，8 月中下旬幼虫孵化，10 月下旬开始越冬。成虫白天潜伏于土中，傍晚出来飞向寄主植物取食，黎明前全部飞走。阴雨大风天气对成虫出土数量和飞翔能力有较大影响。成虫可以取食多种植物，食量较大，有假死和群集为害习性，在短时间内可将叶片吃光，只留叶脉，呈丝络状。每头雌虫可产卵 20 ~ 40 粒，产卵后 3 ~ 5 d 死去。产卵场所以菜园、丘陵黄土以及黏壤性质的田埂内为最多。幼虫为害苗木根部，活动深度与季节有关，活动为害期以 3.3 cm 左右的草皮下较多。遇天气干旱，该虫入土较深，化蛹前先筑 1 个土室，化蛹深度一般为 10 ~ 15 cm。

【防治方法】　参考苹毛丽金龟。

（二三）梨卷叶象甲

梨卷叶象甲（*Byctiscus betulae* L.），又名山杨卷叶象鼻虫，俗称杨狗子，属于鞘翅目象甲科。

梨卷叶象甲卷叶为害状

梨卷叶象甲为害梨树花序下垂

梨卷叶象甲成虫（1）

梨卷叶象甲成虫（2）

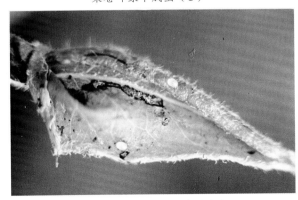
梨卷叶象甲产在嫩叶内的卵粒

梨卷叶象甲幼虫在已经枯干的卷叶内

【分布与寄主】　分布于辽宁、河北、河南、江西等省。除为害梨、苹果、山楂等果树外，还为害杨树等林木，而且也是杨树上的主要害虫之一。

【为害状】　成虫食害梨树新芽、嫩叶，当梨树展叶后，成虫即卷叶产卵为害。幼虫孵化后，即在卷叶内食害，使叶片逐渐干枯脱落，影响梨树的正常生长发育。此外，山区果园凡附近杨树较多者，梨卷叶象甲发生往往较严重。在受害严重的梨园，树上常挂满虫卷，造成树势衰弱，产量大减。

【形态特征】

1. 成虫　体长 6 mm 左右（头管除外），头向前方延长成象鼻状。体色有两种，一种是蓝色，一种是绿色，均带有紫色金属光泽。头长方形，复眼略圆形，微凸出。触角 11 节，前 3 节密生黄棕色茸毛。前胸侧缘呈球面状隆起，前缘较后缘窄，前后两缘均具有横褶，前胸中央尚有 1 窄细纵沟，小盾片近四角形。鞘翅上有成行的粗刻点。雄虫前胸两侧各有 1 枚伸向前方的锐刺；雌虫无此锐刺。

2. 卵　长约 1 mm，椭圆形，乳白色。

3. 幼虫　老熟时体长 7 ~ 8 mm，头褐色，体乳白色，稍弯曲。

4. 蛹　体长 7 mm 左右，略呈椭圆形，初乳白色，以后体色渐深。

【发生规律】　1 年发生 1 代。以成虫在地面杂草中或地下表土层内作土室越冬。梨树发芽时（在 4 月下旬至 5 月上旬），成虫出蛰活动，最初为害新芽和嫩叶。成虫经补充营养后进入产卵阶段。此时，梨叶已经展开，成虫进行卷叶产卵为害。产卵前先于枝梢上选择叶片多而相距较近叶丛，然后雌虫将每个叶柄咬伤，或将嫩枝咬伤，叶片因而失水萎蔫，先以其中一叶卷成"叶卷"，再将其余叶片逐层叠卷，最后将整个叶丛卷成筒状。筒卷中各叶的接合处，系由雌虫分泌的黏液借助于尾端摩擦动作而得以黏合。每一筒卷一般由 3 ~ 5 片叶子组成。雌虫产卵是在卷叶初期，所以叶子成卷后，卵即被包裹在里面。每一叶卷中平均有卵 3 ~ 4 粒，多者达 8 粒。在无风天气，雌虫完成一个筒卷所需时间约 3 h；若遇不良天气则需时更长。卵经 6 ~ 7 d 孵化。幼虫在叶卷内取食叶肉，使叶片逐渐干枯而脱落。幼虫老熟后从叶卷内钻出，潜入土中，在深约 5 cm 处化蛹。8 月上旬羽化为成虫，8 月下旬至 9 月中旬部分成虫从土中钻出到杂草中越冬；有一部分成虫羽化不出土，即在土内越冬。成虫不善飞翔，受惊动时假死跌落。

【防治方法】

1. 人工防治　摘除树上叶卷或拣拾落地叶卷，集中处理；利用成虫假死习性，可于清晨振落捕杀成虫。

2. 药剂防治　在成虫出蛰后至产卵前（补充营养阶段），喷洒 80% 敌敌畏乳剂或 50% 杀螟松乳剂 1 000 倍液毒杀成虫；除梨树外，对附近白杨树也应注意防治，以免转移为害。

（二四）苹果卷叶象甲

苹果卷叶象甲（*Byctiscus princeps* Sols），又名苹果金象，属鞘翅目象甲科。

苹果卷叶象甲成虫（1）

苹果卷叶象甲成虫（2）

【分布与寄主】　国内分布于黑龙江、吉林、辽宁、河北等省。为害梨、山楂、苹果、杏、海棠、榛、椴、杨、榆等果树和林木。

【形态特征】　成虫为鲜绿色，翅鞘前后两端有 4 个紫红色的大斑。足、前胸背板两侧和前缘紫红色，带金属光泽。

翅鞘的刻点比较细小，不明显。

【**发生规律**】与【**防治方法**】　同梨卷叶象甲。

（二五）梨叶甲

梨叶甲［*Paropsides duodecimpustulata*（Gelber）］，又名梨金花虫，属鞘翅目叶甲科。

梨叶甲低龄幼虫为害梨树叶片

梨叶甲成虫

梨叶甲刚孵化的幼虫

【**分布与寄主**】　分布于辽宁、内蒙古、山东、山西、湖北、湖南、浙江、安徽、甘肃、贵州等地，其中以长江以南密度较高。寄主有梨、杜梨等多种梨属植物，其食性比较专一，未发现有其他类寄主植物。

【**为害状**】　成虫取食嫩芽、嫩叶进行补充营养。幼虫咬食叶片成缺刻、孔洞，重者将梨树咬食成秃枝，削弱树势，影响生长和结果。为害严重时，整株树叶被吃光。

【**形态特征**】

1. **成虫**　体形与瓢虫近似。体长 8 ~ 9 mm，背面红棕色，腹面黄褐色。复眼黑色，两眼之间有不规则形黑斑 2 个，前胸背板有 3 对相同时斑点，每鞘翅上共有 4 横排斑点，第 1、第 2 排各 5 个，中间 2 个相互重叠，第 4 排 3 个，相互紧靠。

2. **卵**　长 2.5 mm，椭圆形，橘红色，卵堆周围有橘红色黏液圈。

3. **幼虫**　头部黑褐色，胴部、胸足灰褐色。各节背板分 2 个亚节，每节都有一定数目的灰褐色骨化片，排列整齐。

【**发生规律**】　在南昌地区 1 年发生 1 代，以未交尾的成虫在植株根际土内、杂草、落叶中越冬。3 月中下旬成虫开始为害棠梨嫩芽、新叶，不久即交尾，3 月底开始产卵，4 月上旬为产卵盛期，4 月中旬产卵基本结束。4 月上旬末，卵开始孵化，4 月中旬为孵化盛期，4 月下旬为孵化末期，卵期 10 ~ 14 d。4 月上旬至 5 月中旬为幼虫为害期，4 月底入土筑蛹室，5 月上旬开始化蛹，5 月中上旬为化蛹盛期，5 月下旬为化蛹末期。幼虫期 20 ~ 22 d，预蛹期 3 ~ 4 d，蛹期 9 d，最长达 12 d。越冬的成虫翌年 4 月出蛰爬到枝上食害嫩叶，4 月下旬至 5 月进入产卵期，把卵产在叶背，初孵幼虫黑褐色，幼虫为害期近 1 个月，老熟后入土室化蛹。成虫有假死性。幼虫遇惊扰时第 9 腹节出现 2 条赤褐色角状突起。成虫在梨叶背面活动交尾并产卵。

【**防治方法**】　摘除着卵叶片，人工捕杀成虫，必要时喷布杀虫剂。

梨叶甲卵块

（二六）白星花金龟

白星花金龟〔*Potosia brevitarsis*（Lewis）〕，又名白星花潜，俗称瞎撞子，属鞘翅目花金龟科。

白星花金龟

白星花金龟为害梨果

白星花金龟为害的梨果

白星花金龟交尾状

【分布与寄主】 国内分布区域广，辽宁、河北、山东、山西、河南、陕西等省都有发生。国外日本、朝鲜、俄罗斯有分布。为害苹果、梨、桃、葡萄等果树。

【为害状】 成虫食害成熟的果实，也可食害幼嫩的芽、叶。

【形态特征】
1. **成虫** 体长 20 ～ 24 mm。全体暗紫铜色，前胸背板和鞘翅有不规则的白斑 10 多个。
2. **卵** 圆形至椭圆形，乳白色，长 1.7 ～ 2 mm，同一雌虫所产，大小亦不尽相同。
3. **幼虫** 老熟幼虫体长 2.4 ～ 3.9 mm，体柔软肥胖而多皱纹，弯曲呈"C"字形。头部褐色，胴部乳白色，腹末节膨大，肛腹片上的刺毛呈倒"U"字形 2 纵行排列，每行刺毛 19 ～ 22 枚。

【发生规律】 1 年发生 1 代，以幼虫在土中越冬。成虫在 6 ～ 9 月发生，喜食成熟的果实，常数头群集于果实、树干烂皮等处吸食汁液，稍受惊动即迅速飞逃。成虫对糖、醋有趋性。7 月成虫产卵于土中。

【防治方法】
1. **诱杀成虫** 利用成虫的趋化性，进行果醋诱杀。
2. **农业防治** 幼虫多数集中在腐熟的粪堆内，可在 6 月前成虫尚未羽化时，将粪堆加以翻倒或施用，拣拾其中的幼虫及蛹，可清除大部分；也可利用成虫入土习性，进行土壤处理，具体步骤参阅 P271 苹毛丽金龟。

（二七）苹毛丽金龟

苹毛丽金龟（*Proagopertha lucidula* Faldermann），又名苹毛金龟子，属鞘翅目丽金龟科。

苹毛丽金龟为害梨花

苹毛丽金龟为害的梨花残缺不全

【分布与寄主】 东北、华北、西北等地区均有发生。为害苹果、梨、桃、李、杏、樱桃、核桃、板栗、葡萄等果树及多种林木。

【为害状】 成虫取食果树花蕾、花芽和嫩叶，以山区果园和孤零果园受害为重。幼虫在土中为害幼根。

【形态特征】

1. 成虫　除小盾片和鞘翅外，体均密被黄白色茸毛。鞘翅棕黄色，从鞘翅上可透视后翅折叠成"V"字形。卵乳白色，椭圆形，表面光滑。

2. 幼虫　老熟幼虫体长 15 mm 左右。头部黄褐色，胸、腹部乳白色。头部前顶刚毛各有 7 ~ 8 根，排成 1 纵列，后顶刚毛各 10 ~ 11 根，排成不太整齐的斜列，额中刚毛各 5 根成 1 斜向横列。无臀板。肛腹片后部钩状刚毛群中间的尖刺列由短锥状和长针状刺所组成，短锥状刺毛每侧各 5 ~ 12 根，多数是 7 ~ 8 根，长针状刺毛各为 5 ~ 13 根，多数是 7 ~ 8 根，两列刺毛排列整齐。

3. 蛹　为裸蛹，初期白色，后渐变为淡褐色，羽化前变为深红褐色。

【发生规律】 1 年发生 1 代，以成虫在 30 ~ 50 cm，最深达 74 cm 的土层内越冬。越冬成虫于翌年 4 月上旬果树萌芽期出土，花蕾期受害最重。苹果谢花后（5 月中旬）成虫活动停止。成虫取食为害期约 10 d。成虫交尾一般在气温较高时进行，初期以下午 1 ~ 2 时，后期则在上午 8 ~ 9 时交尾虫数最多。4 月中旬开始产卵，4 月下旬是产卵盛期，5 月中旬为末期。卵经过 27 ~ 31 d 孵化，5 月底至 6 月初为幼虫孵化盛期。1 ~ 2 龄幼虫生活于 10 ~ 15 cm 的土层内，3 龄后即开始下移至 20 ~ 30 cm 深的土层准备化蛹。8 月中下旬为化蛹盛期。9 月上旬即开始羽化为成虫，9 月中旬为羽化盛期。羽化的成虫当年不出土，即在土层深处越冬，至翌年春季苹果、梨萌芽时上移出土活动。成虫有假死性而无趋光性，故可在早晚摇树振落捕杀。

【防治方法】

1. 人工捕杀　在成虫发生期，利用其假死习性，组织人员于清晨或傍晚敲树振虫，树下用塑料布单或芦苇席接虫，集中处理。除在果园进行捕杀外，还应在果园周围其他树木上同时进行，收效更大。

2. 土壤处理　用 5% 辛硫磷颗粒剂，每亩施用 2 kg，有良好效果。果园树盘外非间作地用药量可略增，在成虫初发期处理，效果更好。

3. 喷药保花　在果树花含苞未放即开花前 2 d，喷施 50% 马拉硫磷乳油 1 000 ~ 2 000 倍液或 75% 辛硫磷乳剂 1 000 ~ 2 000 倍液，杀虫效果都很好。

（二八）黑绒金龟子

黑绒金龟子（*Serica orientalis* Motscchulsky），又称东方绢金龟、天鹅绒金龟子、东方金龟子，属鞘翅目鳃金龟科。

【分布与寄主】　分布广泛，分布于我国江苏、浙江、黑龙江、吉林、辽宁、湖南、福建、河北、内蒙古、山东、广东等地。寄主有梨、苹果等多种果树。

【为害状】　成虫食性杂，主要啃食幼叶为害；幼虫咬食幼根为害。

黑绒金龟子为害梨树叶片

【形态特征】

1. **成虫**　体长 7 ~ 8 mm，宽 4 ~ 5 mm，略呈短豆形。背面隆起，全体黑褐色，被灰色或黑紫色茸毛，有光泽。触角黑色，鳃叶状，10 节，柄节膨大，上生 3 ~ 5 根刚毛。前胸背板及翅脉外侧均具缘毛。两端翅上均有 9 条隆起线。前足胫节有 2 齿；后足胫节细长，其端部内侧有沟状凹陷。

2. **卵**　长 1 mm，椭圆形，乳白色，孵化前变褐。

3. **幼虫**　老熟时体长 16 ~ 20 mm。头黄褐色。体弯曲，污白色，全体有黄褐色刚毛。胸足 3 对，后足最长。腹部末节腹毛区中央有笔尖形空隙呈双峰状，腹毛区后缘有 12 ~ 26 根长而稍扁的刺毛，排出弧形。

4. **蛹**　长 6 ~ 9 mm，黄褐色至黑褐色，腹末有臀棘 1 对。

【发生规律】　1 年发生 1 代。成虫在土中越冬。翌年 4 月中下旬至 5 月上旬，成虫出土啃食嫩叶、花瓣。5 月至 6 月上旬成虫发生盛期，6 月上、下旬为产卵盛期。卵单产在根际土表中，6 月中旬孵化，8 月中下旬幼虫老熟潜入地下 20 ~ 30 cm 处作土室化蛹，蛹期 10 d，羽化后进入越冬期。

【防治方法】　冬季对土壤进行消毒，防治越冬成虫。在 6 月中旬幼虫孵化时，在根际喷浇 50% 辛硫磷乳油 1 000 倍液，防治幼虫。在成虫盛发期，喷 50% 杀螟松乳油 1 000 倍液。

（二九）云斑天牛

云斑天牛［*Batocera horsfieldi*（Hope）］，又名白条天牛、大钻心虫、榕斑天牛，属鞘翅目天牛科。

【分布与寄主】　广泛分布于河北、安徽、江苏、浙江、江西、湖北、湖南、福建、台湾、广东、广西、四川、云南等地。寄主有苹果、梨、白蜡、榆、核桃、板栗、枇杷、无花果、柑橘、乌桕、紫薇、羊蹄甲、泡桐、苦楝、青杠、红椿等。国内尤以长江流域以南地区发生最为严重。

【为害状】　主要以幼虫蛀食树枝、树干。幼虫一般从树的小枝条内蛀入，向梢端蛀食为主，被害梢随即死亡，然后幼虫再向下由小枝蛀入大枝，并能由大枝蛀入主干为害，幼虫蛀道每隔一定距离向外蛀一孔洞，用作排泄物的出口，最下一个孔洞的下方不远处为幼虫潜居处所。危害严重时可以使整株死亡，一般在受为害的树干上可见有虫粪排出。

云斑天牛成虫

【形态特征】

1. **成虫**　体长 32 ~ 65 mm，体宽 9 ~ 20 mm。体黑色或黑褐色，密被灰白色茸毛。前胸背板中央有一对近肾形白色或橘黄色斑，两侧中央各有一粗大尖刺突。鞘翅上有排成 2 ~ 3 纵行 10 多个斑纹，斑纹的形状和颜色变异很大，色斑呈黄白色、杏黄色或橘红色混杂，翅中部前有许多小圆斑，或斑点扩大，呈云片状。翅基有颗粒状光亮瘤突，约占鞘翅的 1/4。触角从第 2 节起，每节有许多细齿；雄虫触角超出体长 3 ~ 4 节，雌虫触角较体长略长。

2. 幼虫　体长 70 ~ 80 mm，乳白色至淡黄色，头部深褐色，前胸硬皮板有一"凸"字形褐斑，褐斑前方近中线有 2 个小黄点，内各有刚毛一根。从后胸至第 7 腹节背面各有一"口"字形骨化区。

3. 卵　长约 8 mm，长卵圆形，淡黄色。

4. 蛹　长 40 ~ 70 mm，乳白色至淡黄色。

【发生规律】　云斑天牛 2 ~ 3 年完成 1 代，以成虫或幼虫在树干内越冬。成虫 5 ~ 6 月咬一圆形羽化孔钻出树干，白天多栖息在树干或大枝上，晚间活动取食，30 ~ 40 d 后交尾产卵。产卵多选择五年生以上植株、离地面 30 ~ 100 cm 的树干基部，卵期 10 ~ 15 d。幼虫孵化后，先在韧皮部或边材部蛀成"△"状蛀道，由此排出木屑和粪便，被害部分树皮外张，不久纵裂，流出褐色树液，这是识别云斑天牛为害状的重要特征。20 ~ 30 d 后，幼虫逐渐蛀入木质部，深达髓心。8 月老熟幼虫在蛀道末端开始化蛹，9 月羽化为成虫后在蛹室内越冬，翌年 5 月出孔。

【防治方法】

1. 人工捕杀成虫　在 5 ~ 6 月成虫发生期，组织人工捕杀。对树冠上的成虫，可利用其假死性振落后捕杀，也可在晚间利用其趋光性诱集捕杀。

2. 人工杀灭虫卵　在成虫产卵期或产卵后，检查树干基部，寻找产卵刻槽，用刀将被害处挖开，或用锤敲击，防治卵和幼虫。

3. 清除虫源树　砍伐受害严重的榕树，并及时处理树干内的越冬幼虫和成虫，处理虫源。

4. 药物防治

（1）涂白。秋、冬季至成虫产卵前，树干涂白粉剂与水按 1：1 比例混配好，涂于树干基部（1.5 m 以内），还可加入多菌灵、甲基硫菌灵等药剂防病害，防止产卵，做到有虫治虫，无虫防病。同时，还可以起到防寒、防日灼的效果。

（2）虫孔注药。幼虫为害期（6 ~ 8 月），用小型喷雾器从虫道注入防蛀液，或浸药棉塞孔，然后用黏泥或塑料袋堵住虫孔。

（3）防治成虫。成虫发生期，用 8% 氯氰菊酯触破式微胶囊剂 400 倍液将树皮喷湿后，每平方厘米可达 400 个微胶囊，当大型天牛成虫在喷有氯氰菊酯触破式微胶囊剂药的树干上，爬行距离 3 m 后就中毒死亡，持效期达 52 d；氯氰菊酯触破式微胶囊剂低毒，无药害，对人畜安全，在环境中低残留。对天牛成虫有药效高、击倒力强、持效期长、环保等优点。

5. 生物防治

（1）白僵菌是一种虫生真菌，能寄生在很多昆虫体上，对防治天牛效果突出。可用微型喷粉器喷撒白僵菌纯孢粉，防治云斑天牛成虫。或向蛀孔注入白僵菌液，可防治多种天牛幼虫。1.2% 苦·烟乳油是植物杀虫剂，对害虫具有强烈的触杀、胃毒和一定的熏蒸作用且不易产生抗药性，是替代化学农药的理想产品，可在成虫发生期在地面喷雾 500 ~ 800 倍液，每亩用药液 100 ~ 200 kg，杀灭成虫。

（2）保护和利用寄生性天敌。管氏肿腿蜂能寄生在天牛幼虫体内，应注意保护和利用，尽可能少施用或不施用化学农药。

（三〇）梨眼天牛

梨眼天牛为害梨树枝干，有烟丝状木屑

梨眼天牛幼虫在枝干内为害状

梨眼天牛〔*Bacchisa fortunei*（Thomson）〕，又名梨绿天牛、琉璃天牛，属鞘翅目天牛科。

【分布与寄主】　中国南、北方都有分布。国外日本、朝鲜有分布。主要为害苹果、梨、山楂、桃、杏、李、梅、海棠、石榴等。以幼虫蛀食枝条。

【为害状】　成虫咬食叶背的主脉和中脉基部的侧脉，也可咬食叶柄、叶缘和嫩枝表皮。幼虫蛀食枝条木质部，在被害处有很细的木质纤维和粪便排出，受害枝条易被风折断。幼虫蛀害二至五年生枝干。被害处树皮破裂，充满烟丝状木屑。

【形态特征】
1. **成虫**　体长 8～10 mm，体较小，略呈圆筒形，橙黄色，全体密被长竖毛和短毛，鞘翅蓝绿色或紫蓝色，有金属光泽。雄虫触角与体长相等或稍长，雌虫稍短。
2. **卵**　长圆形，初乳白色，后变为黄白色，略弯曲，尾端稍细，长 2 mm 左右。
3. **幼虫**　老熟幼虫体长 18～21 mm，体呈长筒形，略扁平。初孵幼虫乳白色，随龄期增长体色渐深，呈淡黄色或黄色。
4. **蛹**　体长 8～11 mm，初期黄白色，渐变为黄色，羽化前翅鞘逐渐呈蓝黑色。

【发生规律】　2 年完成 1 代，以幼虫在枝条内越冬。成虫 5 月上旬羽化，一直延续到 6 月中旬。成虫多选择直径 15～25 mm 粗的枝条产卵。产卵前先将皮层咬成"V"形伤痕，在其中产卵 1 粒。卵多产在树冠外围枝条上，每雌虫可产卵 10～30 粒。初孵幼虫就近取食韧皮部，2 龄以后幼虫蛀入木质部为害。

【防治方法】
1. **防治成虫**　在成虫羽化期，结合防治果树其他害虫，可喷洒 50% 敌敌畏液。
2. **防治幼虫**　①捕杀幼虫：利用幼虫爬出的习性，在早晨或傍晚从有新鲜虫粪的坑道口掏出木屑捕杀幼虫；②刺杀幼虫：用 1～2 mm 粗铁丝刺入坑道内并转动刺杀幼虫；③熏杀幼虫：用棉球或软泡沫塑料蘸 50% 敌敌畏塞入坑道内，道口用泥堵住。
3. **防治虫卵**　在枝条产卵伤痕处涂药，用煤油 500 g 加入 50% 敌敌畏乳剂 50 g 配制成煤油药剂，以毛笔涂抹。

（三一）蚱蝉

蚱蝉〔*Cryptotympana atrata*（Fabricius）〕，又名黑蚱蝉、知了，属同翅目蝉科。

【分布与寄主】　我国华南、西南、华东、西北及华北大部分地区都有分布。为害苹果、梨、桃、杏、李、樱桃、葡萄、柑橘等果树及多种林木。

【为害状】　雌成虫在当年生枝梢上连续刺穴产卵，呈不规则螺旋状排列，使枝梢皮下木质部呈斜线状裂口，严重影响了水分和养分的输送，造成上部枝梢干枯。若虫吸食果树根部的汁液，成虫也刺吸果树枝干上的汁液。

【形态特征】
1. **成虫**　体长 38～48 mm，翅展 125 mm。体黑褐色至黑色，有光泽，披金色细毛。成虫头部中央和平面的上方有红黄色斑纹。复眼突出，淡黄色，单眼 3 个，呈三角形排列。触角刚毛状。中胸背面宽大，中央高突，有"X"形突起。翅透明，基部翅脉金黄色。前足腿节有齿刺。雄虫腹部第 1～2 节有鸣器，雌虫腹部有发达的产卵器。
2. **卵**　长椭圆形，长约 2.5 mm，乳白色，有光泽。
3. **若虫**　黄褐色，具翅芽，能爬行。前足发达，有齿刺，为开掘式。

【发生规律】　4 年或 5 年发生 1 代，以卵和若虫分别在被害枝内和土中越冬。越冬卵于 6 月中下旬开始孵化，7 月初结束。当每年夏季平均气温达到 22 ℃以上（豫西果产区在 6～7 月），老龄若虫多在雨后的傍晚从土中爬出地面，顺树干爬行，老熟若虫出土时刻为 20 时至次日 6 时，以 21～22 时出土最多，当晚蜕皮羽化出成虫。雌虫 7～8 月先刺吸树木汁液，补充营养，之后交尾产卵，从羽化到产卵需 15～20 d。在果树上卵多产在直径为 4～5 mm 的末级梢和果穗枝梗上，因此往往造成一定的经济损失。雌虫产卵时将产卵器插入枝条组织内，形成卵窝，产卵时先用腹部产卵器刺破树皮，然后

蚱蝉在梨树结果枝为害痕迹

蚱蝉背面

蚱蝉蜕皮

蚱蝉蜕皮状

产卵于木质部内，每头雌虫产卵量为500～800粒。产卵孔排列成一长串，每卵孔内有卵5～8粒，一枝上常连产百余粒。经产卵为害枝条，产卵部位以上枝梢很快枯萎。枯枝内的卵需落到地面潮湿的地方才能孵化。初孵若虫在地面爬10 min后钻入土中，以吸食植物根系养分为生。若虫在地下生活4～5年。每年6～9月蜕皮1次，共4龄。湿度对卵的孵化影响很大。降水多，湿度大，卵孵化早、孵化率高；气候干燥，卵孵化期推迟，孵化率也低。

【防治方法】
1. **剪除枯梢**　秋季剪除产卵枯梢，冬季结合修剪，再彻底剪净产卵枝，并集中处理。
2. **诱捕成虫**　成虫发生期于晚间在树间点火，摇动树干，诱集成虫扑火自焚。
3. **阻止幼虫上树**　成虫羽化前在树干绑一条3～4 cm宽的塑料薄膜带，拦截出土上树羽化的若虫，傍晚或清晨进行捕捉。
4. **药剂防治**　5～7月若虫集中孵化时，在树下撒施1.5%辛硫磷颗粒剂，每亩用7 kg，或地面喷施50%辛硫磷乳剂800倍液，然后浅锄，可有效地防治初孵若虫。

（三二）大青叶蝉

大青叶蝉［*Tettigella viridis*（Linne）］，又名大绿浮尘子，属同翅目叶蝉科。

【分布与寄主】　全国各地普遍发生。寄主植物达39科166属，为害的常见果树有苹果、梨、桃、山楂等。

大青叶蝉成虫　　　　　　　　　　　　　大青叶蝉成虫群聚在树干

大青叶蝉在梨树枝干产卵痕迹　　　　大青叶蝉在梨树产卵呈现　　　大青叶蝉成虫在梨树枝干产卵
月牙形痕迹

【为害状】　雌成虫用腹部产卵器划破树皮，把卵产在枝干皮层中，造成月牙形伤口，受害严重时枝条逐渐干枯，冬季易受冻害。

【形态特征】

1. **成虫**　体长 9 ~ 10 mm，体绿色，头部黄色，头顶有两个黑点。前翅绿色，端部灰白色，后翅黑色。
2. **卵**　长椭圆形，长径 1.6 mm，略弯曲，黄白色，7 ~ 12 粒排列成月牙形。
3. **若虫**　初孵若虫体色略黄，3 龄以后黄绿色，翅芽出现，胸腹两侧呈现 4 条纵纹，经 4 次蜕皮后而成老熟若虫。

【发生规律】　1 年发生 3 代，以卵在果树表皮下越冬。春季果树萌动时卵孵化，若虫迁移到杂草、蔬菜上为害。第 1、第 2 代主要为害玉米、高粱、谷子及杂草，第 3 代为害晚秋作物等，11 月转移到果树上产卵为害。成虫有趋光性。

【防治方法】

1. **人工防治**　10 月成虫产卵前，幼树上刷白涂剂，阻止其上树产卵。对已产卵的枝条，可用木棍挤压越冬卵。
2. **药剂防治**　秋季果园叶蝉发生量大时，可喷布 80% 敌敌畏乳油或 50% 毒死蜱乳油 1 500 倍液防治。

（三三）黄褐天幕毛虫

黄褐天幕毛虫（*Malacosoma neustria testacea* Moschulsky），又名天幕枯叶蛾，俗称顶针虫，属鳞翅目枯叶蛾科。

【分布与寄主】　在我国除新疆和西藏外均有分布。寄主主要有梨树、苹果、杏树等阔叶树。

【为害状】 为害嫩叶，以后又转移到枝杈处吐丝张网。1~4龄幼虫白天群集在枝杈处吐丝结成的网幕中，晚间出来取食叶片。幼虫近老熟时分散活动，此时幼虫食量大增，容易暴发成灾。

黄褐天幕毛虫在梨树枝　　　　黄褐天幕毛虫高龄幼虫
条产卵

【形态特征】

1. **成虫** 雄成虫体长约15 mm，翅展长为24~32 mm，全体淡黄色，前翅中央有两条深褐色的细横线，两线间的部分色较深，呈褐色宽带，缘毛褐灰色相间；雌成虫体长约20 mm，翅展长29~39 mm，体翅褐黄色，腹部色较深，前翅中央有一条镶有米黄色细边的赤褐色宽横带。

2. **卵** 椭圆形，灰白色，高约1.3 mm，顶部中央凹下，卵壳非常坚硬，常数百粒卵围绕枝条排成圆桶状，非常整齐，形似顶针状或指环状。正因为这个特征黄褐天幕毛虫也称为"顶针虫"。

3. **幼虫** 幼虫共5龄，老熟幼虫体长50~55 mm，头部灰蓝色，顶部有两个黑色的圆斑。体侧有鲜艳的蓝灰色、黄色和黑色的横带，体背线为白色，亚背线橙黄色，气门黑色。体背生黑色的长毛，侧面生淡褐色长毛。

4. **蛹** 体长13~25 mm，黄褐色或黑褐色，体表有金黄色细毛。茧黄白色，呈棱形，双层，一般结于阔叶树的叶片正面、草叶正面或落叶松的叶簇中。

【发生规律】 黄褐天幕毛虫在内蒙古大兴安岭林区1年发生1代，以卵越冬，卵内已经是没有出壳的小幼虫。翌年5月上旬当树木发叶的时候便开始钻出卵壳，为害嫩叶，以后又转移到枝杈处吐丝张网。1~4龄幼虫白天群集在网幕中，晚间出来取食叶片。幼虫近老熟时分散活动，此时幼虫食量大增，容易暴发成灾。即在5月下旬至6月上旬是为害盛期，同期开始陆续老熟后于叶间杂草丛中结茧化蛹。7月为成虫盛发期，羽化成虫晚间活动，成虫羽化后即可交尾产卵，产卵于当年生小枝上。每雌蛾一般产1个卵块，每个卵块量在146~520粒，也有部分雌蛾产2个卵块。幼虫胚胎发育完成后不出卵壳即越冬。

【防治方法】

1. **人工防治** 在梨树冬剪时，注意剪掉小枝上的卵块，集中处理。春季幼虫在树上结的网幕显而易见，在幼虫分散以前，及时捕杀。分散后的幼虫，可振树捕杀。

2. **物理防治** 成虫有趋光性，可在果园里放置黑光灯或高压汞灯防治。

3. **生物防治** 结合冬季修剪彻底剪除枝梢上越冬卵块。如认真执行，则收效显著。为保护卵寄生蜂，将卵块放入天敌保护器中，使卵寄生蜂羽化后飞回果园。另外，可利用保护鸟类防治。

4. **药剂防治** 在5月中旬至6月上旬黄褐天幕毛虫幼虫期，可以利用生物农药或仿生农药，如阿维菌素、Bt、杀铃脲、灭幼脲、烟参碱等喷烟或喷雾的方法控制虫口密度。

（三四）梨潜皮蛾

梨潜皮蛾（*Acrocercops astaurota* Mey.），又叫苹果潜皮蛾、串皮虫，属鳞翅目细蛾科。

【分布与寄主】 据文献记载，国外分布在朝鲜、日本和印度；我国也有部分地区发生。被害寄主有苹果、梨、海棠、沙果、秋子、山定子、木瓜、楦椁等共25种，其中以苹果、梨受害最重。

【为害状】 以幼虫潜入枝条表皮层下串食为害，偶尔也为害果皮，留下弯曲的线状虫道，虫道内塞满虫粪，稍鼓起，虫量大时很多虫道串通连片，造成表皮破裂翘起，长达10~20 cm。梨潜皮蛾的翘皮下常潜藏黄粉虫和潜叶蛾等害虫。

【发生规律】 此虫在东北地区每年发生1代，其他地区每年发生2代，以幼虫在为害枝条及下虫道内作茧越冬。春

梨潜皮蛾幼虫（放大）　　　　　　　　　　梨潜皮蛾为害状（1）

梨潜皮蛾为害状（2）　　　　　梨潜皮蛾为害状（3）　　　　　梨潜皮蛾为害状（4）

季树体萌动时开始活动，在华北地区5月幼虫老熟，并在潜皮下作茧化蛹，蛹期约20 d，6月中下旬羽化成虫并产卵，成虫寿命为5～7 d，卵期5～7 d，7月第1代幼虫为害，8月出现第1代成虫，第2代幼虫9月发生，11月准备过冬。成虫在夜间羽化并在夜间交尾和产卵，卵散产，产在表皮光滑无毛的幼嫩枝条上。以一至三年生枝上为多。初孵幼虫以汁液为食，随幼虫龄期增加，虫体增大造成虫道加宽，幼虫体扁平白色。顺虫道用手摸时幼虫所在部位稍高，可以感觉到幼虫。老幼虫也在虫道内作一肾形、红褐色茧化蛹，成虫羽化时将蛹皮带出一部分。梨的不同品种间对梨潜皮蛾有明显的抗性差异。成虫羽化期如遇阴雨、湿度大的天气时，则成虫寿命长，产卵多，孵化率高。低洼地靠近水源，果园生长旺盛，枝多茂密，为害重，而干旱年份则轻。在梨幼树壮树上的梨潜皮蛾幼虫发育快，个体大。在苹果枝条上的梨潜皮蛾幼虫较在梨枝条上的化蛹、成虫羽化均提早约5 d。高温、干旱对梨潜皮蛾发育不利。

【防治方法】

1. **防治幼虫和蛹**　在虫口密度较小的果园，在幼虫为害期顺虫道细看，发现鼓包处和虫道的断头处大多有幼虫，可用手处理。6～7月间幼虫在蛹处表皮翘起，易发现。

2. **防治成虫**　在虫口密度大的果园，成虫羽化期喷洒农药防治成虫，可喷20%甲氰菊酯乳油、2.5%氯氟氰菊酯乳油、20%杀灭菊酯乳油2 000倍液或喷80%敌敌畏乳油1 000倍液等。

（三五）梨瘤蛾

梨瘤蛾（*Sinitinea pyrigalla* Yang），又名梨瘿华蛾、梨枝瘿蛾，俗称糖葫芦、梨疙瘩、梨狗子、算盘子等。

【分布与寄主】　此虫仅为害梨树。我国大部分梨产区有分布，局部地区危害相当严重。

【为害状】　幼虫蛀入枝梢为害，被害枝梢形成小瘤，幼虫居于其中咬食，由于多年为害，木瘤接连成串，形似糖葫芦。在修剪差或小树多的果园里，危害尤显严重。常影响新梢发育和树冠的形成。受幼虫为害的新梢，未形成木瘤之前，蛀孔附近总有一片叶呈现枯黄色，易识别。

梨瘤蛾为害状

梨瘤蛾为害使梨树枝梢肿胀

梨瘤蛾幼虫

梨瘤蛾为害梨树使其生长受阻

梨瘤蛾为害梨树，枝条肿胀呈现糖葫芦状

梨瘤蛾为害梨树，枝条肿胀如瘤

【形态特征】

1. **成虫**　体长 5 ~ 8 mm，翅展 12 ~ 17 mm，体灰黄色至灰褐色，具银色光泽。复眼黑色，下唇须灰黄色，端节外侧有褐斑。在前翅 2/3 处有 1 个狭三角形灰白色的大斑，斑的中部和内外两侧各有 1 条黑色纵条纹，另有 2 块竖鳞组成的黑斑，1 个位于中室端部，1 个位于中部的臀脉上。缘毛灰色。后翅灰褐色，无斑纹，缘毛长。足灰褐色，跗节端有白环，后足胫节密生灰黄色毛。

2. **卵**　圆筒形，高 0.5 mm，直径 0.3 mm 左右，初产时橙黄色，近孵化时变为棕褐色，表面有纵纹。

3. **幼虫**　老熟时体长 7 ~ 8 mm，全体淡黄白色，头部小，胴部肥大，头及前胸背板黑色。全体布黄白色细毛，以头、前胸和尾端体节上的毛稍长而多。

4. **蛹**　长 5 ~ 6 mm，初为淡褐色，将近羽化时头及胸部变为黑色，能明显看出发达的触角和翅伸长到腹部末端，腹末有两个向腹面的突起。

【发生规律】　　1年发生1代，以蛹在被害瘤内越冬，梨芽萌动时成虫开始羽化，花芽开绽前为羽化盛期，羽化后成虫早晨静伏于小枝上，在晴天无风的午后即开始活动，傍晚比较活跃，绕树飞翔交尾产卵，卵产于粗皮、芽和木瘤缝隙内及枝条皮缝等处，卵散产，但也有数粒在一起的，每头雌虫约产卵90粒。卵期较长，为28～20 d。新梢长出后卵开始孵化，初孵幼虫很活泼，寻找新抽生的幼嫩枝梢蛀入为害，被害部逐渐膨大成瘤，幼虫则在瘤内纵横串食，排泄物也存于瘤内。每个瘤内有幼虫1～4头，幼虫在瘤内为害至9月中下旬老熟，化蛹以前从瘤中向外咬一羽化孔，然后化蛹过冬。梨瘤蛾卵的孵化与梨树新梢生长物候关系非常密切，梨新梢抽生期也正是其幼虫蛀入为害期，所以对新梢的生长、树冠的形成扩展均有严重的影响。

【防治方法】

1. **人工防治**　彻底剪除被害虫瘤有良好效果，注意仅剪除里面有越冬蛹的一年生枝虫瘤即可，旧虫瘤可逐年剪除，以免枝条损失过多而影响树势。

2. **生物防治**　把冬剪时剪下的瘿枝收集起来放在铁纱网做成的笼里，待寄生蜂春季飞出，把笼内梨瘤蛾处理。

3. **药剂防治**　成虫发生期，如果虫量较大，可喷洒40%毒死蜱乳油1 000倍液1～2次，可收到良好效果。在成虫大量产卵后及幼虫初孵期，喷50%杀螟硫磷乳油2 000倍液1次，对杀卵和初孵幼虫也很有效。

（三六）梨星毛虫

梨星毛虫（*Illiberis pruni* Dyar），又名梨叶斑蛾、梨透黑羽，幼虫俗称梨狗子、饺子虫、裹叶虫等，属于鳞翅目斑蛾科。

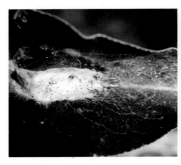
梨星毛虫羽化后的蛹壳

梨星毛虫在梨树叶片为害状

梨星毛虫为害梨树叶片如包饺子状

梨星毛虫成虫

梨星毛虫刚孵化的低龄幼虫

梨星毛虫低龄幼虫

【分布与寄主】　　分布普遍，主要为害地区在辽宁、河北、山西、河南、陕西、甘肃、山东、江苏等省的梨产区。此虫主要为害梨、苹果、槟子、花红、海棠、山定子等。

【为害状】　　过冬幼虫出蛰后，蛀食花芽和叶芽，被害花芽流出树液；为害叶片时把叶边用丝黏在一起，包成饺子形，幼虫于其中吃叶肉。夏季刚孵出的幼虫不包叶，在叶背面食叶肉呈现许多虫斑。

【形态特征】

1. **成虫**　体长9～12 mm，翅展19～30 mm。全身灰黑色，翅半透明，暗灰黑色。雄蛾触角短羽毛状，雌蛾触角锯齿状。

2. **卵** 椭圆形，长径 0.7 ~ 0.8 mm，初为白色，后渐变为黄白色，孵化前为紫褐色。数十粒至数百粒单层排列为块状。

3. **幼虫** 从孵化到越冬出蛰期的小幼虫为淡紫色。老熟幼虫体长约 20 mm，白色或黄白色，纺锤形，体背两侧各节有黑色斑点两个和白色毛丛。

4. **蛹** 体长 12 mm，初为黄白色，近羽化时变为黑色。

【发生规律】 在我国东北、华北地区 1 年发生 1 代，在河南西部和陕西关中地区 1 年发生 2 代。以幼龄幼虫潜伏在树干及主枝的粗皮裂缝下结茧越冬；也有低龄幼虫钻入花芽中越冬；幼龄果园树皮光滑，幼虫多在树干附近土壤中结茧越冬。翌年当梨树发芽时，越冬幼虫开始出蛰，向树冠转移，如此时花芽尚未开放，先从芽旁已吐丝的部位咬入食害；如花芽已经开放，则由顶部钻入食害。虫口密度大的树，1 个开放的花芽里常有 10 ~ 20 头幼虫，花芽被吃空、变黑，枯死，继而为害花蕾和叶芽。当果树展叶时，幼虫即转移到叶片上吐丝将叶缘两边缀连起来，幼虫在叶苞中取食为害，吃掉叶肉，残留下叶背表皮一层，被害叶多变黑枯干。一般喜吃嫩叶，由嫩梢下部叶开始，为害 1 个叶后，则转苞另害新叶，1 头幼虫能为害 7 ~ 8 个叶片，在最后的 1 个苞叶中结薄茧化蛹，蛹期约 10 d。在河南西部和陕西关中一带越冬代成虫在 5 月下旬至 6 月中上旬发生，第 1 代成虫在 8 月中上旬发生。成虫飞翔力不强，白天潜伏在叶背不活动，多在傍晚或夜间交尾产卵。卵多产在叶片背面。当清晨气温较低时，成虫易被振落。

【防治方法】

1. **人工防治** 在早春果树发芽前，越冬幼虫出蛰前，对老树进行刮树皮，对幼树进行树干周围压土，减少越冬幼虫。刮下的树皮要集中处理。在发生不重的果园，可及时摘除受害叶片及虫苞，或清晨摇动树枝，振落清除成虫。

2. **药剂防治** 梨树花芽膨大期是施药防治梨星毛虫越冬后出蛰幼虫的适期。可选择喷布 20% 甲氰菊酯乳油 2 000 倍液、25% 灭幼脲悬浮剂 2 000 倍液、20% 杀灭菊酯乳油 2 000 倍液或 2.5% 溴氰菊酯乳油 3 000 倍液。

（三七）亚梨威舟蛾

亚梨威舟蛾［*Wilemanus bidentatus ussuriensis*（Pungeler）］，属鳞翅目舟蛾科。

【分布与寄主】 国内河南等 10 多个省市有分布。为害苹果、梨、李等果树。

【为害状】 幼虫为害叶片，呈缺刻状或仅剩叶柄。

【形态特征】

1. **成虫** 体长 13 ~ 17 mm。前翅灰白色带红褐色，上具较模糊的暗褐色斑。横脉纹较弯曲，呈月牙形。

2. **卵** 半球形，浅褐色。

3. **幼虫** 老熟时体长 35 ~ 42 mm。头红褐色，冠缝较宽，暗褐色，两侧各有黄褐色斑 1 块，体绿色，胸背中央有 1 个锥形紫斑，胸部两侧有褐色斜纹 2 条。腹部第 1、第 3 节两侧有较宽的紫色斑纹。第 8 节背面隆起，紫褐色，第 9 节分叉。

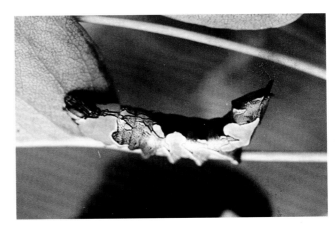

亚梨威舟蛾幼虫

【发生规律】 该虫 1 年发生 1 代，成虫 6 月开始出现，卵散产于叶片背面，幼虫 7 ~ 8 月食害叶片，老熟幼虫于 8 月中下旬在土中作茧化蛹越冬。

【防治方法】 防治其他果树害虫时兼治此虫。

（三八）苹小卷叶蛾

苹小卷叶蛾（*Adoxophyes orana* Fischer von Rosleratamm），又名棉褐带卷蛾、苹小黄卷蛾，俗称舐皮虫，属鳞翅目卷叶蛾科。

苹小卷叶蛾为害梨树
新梢（1）

苹小卷叶蛾为害梨树新梢（2）

苹小卷叶蛾为害梨树叶片

【分布与寄主】　国内大部分果产区有分布。国外，日本、印度、欧洲有分布。寄主范围很广，可为害苹果、梨、山楂、桃、李、柑橘、柿、棉花等30多种植物。

【为害状】　幼虫为害果实的芽、叶、花和果实。小幼虫常将嫩叶边缘卷曲，以后吐丝缀合嫩叶，大幼虫常将2～3张叶片平贴，将叶片食成孔洞或缺刻，或将叶片平贴在果实上，将果实啃成许多不规则的紫红色小坑洼。

【形态特征】

1. 成虫　体长6～9 mm。全体黄褐色，静止时呈钟罩形。前翅斑纹明显，基斑褐色，中带上半部狭，下半部向外突然增宽或分叉，似倾斜的"h"形。

2. 卵　扁平，椭圆形，长径0.7 mm，淡黄色半透明，卵块多由数十粒卵排列成鱼鳞状。

3. 幼虫　老熟幼虫体长13～18 mm，黄绿色至翠绿色。头部较小，略呈三角形，头壳两侧单眼区上方各有1个黑色斑点。臀栉6～10齿。

4. 蛹　黄褐色，腹部2～7节背面各有2列刺突，后面1列小而密，臀棘8根。

苹小卷叶蛾幼虫

【发生规律】　在我国北方大多数地区，每年发生3代。黄河故道、关中及豫西地区，每年发生4代。以初龄幼虫潜伏在剪口、锯口、树杈的缝隙中、老树皮下，潜皮蛾为害的老树皮下以及枯叶与枝条贴合处等场所，作白色薄茧越冬。尤其在剪锯口，以越冬幼虫居多。花芽开绽时，越冬幼虫开始出蛰，为害嫩芽、花蕾和叶片最严重。幼虫老熟后，在卷叶内化蛹，蛹期6～9 d。豫西地区，越冬代至第3代成虫分别发生于5月中上旬，6月下旬，7月中旬，8月中上旬和9月底至10月上旬。

【防治方法】

1. 农业措施　刮除老皮、翘皮及梨潜皮蛾幼虫为害的老树皮，处理部分越冬幼虫。春季结合疏花疏果，摘除虫苞。

2. 涂杀幼虫　果树萌芽初期，幼虫已经活动但尚未出蛰时用50%敌敌畏乳油200倍液涂抹剪锯口等幼虫越冬部位，可防治大部分幼虫。在芽萌动后，幼虫出蛰70%左右时，喷药防治很关键。

3. 树冠适期喷药　主要在6月中下旬至7月上旬，这时正当苹小卷叶蛾第1代卵、幼虫发生期，这个时期是全年喷药防治的重点时期。药剂对卵和刚孵化的幼虫杀伤力大，因此防治幼虫应在为害果实之前。常用的药剂有50%辛硫磷乳油1 200倍液，80%敌敌畏乳油1 000倍液，45%杀螟硫磷乳油1 000倍液，28%虫酰肼·毒死蜱悬浮剂2 000倍液，

48%毒死蜱乳油 1 500 倍液，20%甲氰菊酯乳油 2 000 液，20%氰戊菊酯乳油 1 500 倍液，25%灭幼脲悬浮剂 1 500 倍液，20%虫酰肼悬浮剂 1 500 ～ 2 000 倍液，20%杀铃脲悬浮剂 6 000 倍液，5%氟铃脲乳油 1 000 ～ 2 000 倍液，24%甲氧虫酰肼悬浮剂 2 400 ～ 3 000 倍液，5%氟虫脲乳油 800 倍液，5%虱螨脲乳油 2 000 倍液，均匀喷雾。

4. 诱杀成虫 在各代成虫发生期，将黑光灯、糖醋液或性诱剂挂在果园内诱杀成虫。

5. 生物防治 各代卷叶蛾卵发生期，根据性外激素诱蛾情况，在诱蛾高峰后 3 ～ 4 d 开始释放松毛虫赤眼蜂，在果园中隔行或隔株放蜂。每代放蜂 4 次，每次间隔 3 ～ 5 d，放蜂时将当天或翌日要出蜂的卵卡，根据树冠大小把不同大小的卵卡别在树冠内膛叶片上，可出蜂 1 000 ～ 2 000 头。阴雨天气时应增加放蜂次数和放蜂量。平均每亩每次放蜂约 3 万头，总放蜂量约 12 万头。

（三九）旋纹潜叶蛾

旋纹潜叶蛾（*Leucoptera scitella* Zeller），属鳞翅目潜叶蛾科。

旋纹潜叶蛾为害梨树叶，形成多个虫斑

旋纹潜叶蛾幼虫（1）

旋纹潜叶蛾幼虫（2）

旋纹潜叶蛾在叶背结白色茧化蛹

【分布与寄主】 在陕西、河南、山西、山东、河北、辽宁等省有发生。寄主植物有苹果、沙果、海棠、山定子、梨、山楂等果树。

【为害状】 以幼虫潜叶蛀食为害，多从叶背潜入，蛀食栅栏组织，不食表皮。幼虫居内为害。先食为一黄褐色小圆点，幼虫绕圈蚕食叶肉，边吃边排粪便，形成螺旋状纹。虫斑近圆形或椭圆形。

【形态特征】

1. **成虫**　体长 2 ~ 2.5 mm，翅展 6 ~ 6.5 mm，头、胸、腹和前翅为银白色，头部背面有一丛竖起的白色鳞毛。触角丝状，前翅披针形，外披白色鳞毛，外端披金黄色鳞毛，金黄色区前缘有 7 条褐色斜纹，其中两条斜纹组成三角形边，三角形中间仍为金黄色，前翅后缘角有两块紫褐色大斑。臀角褐斑中央有一银白色小点，缘毛很长。

2. **卵**　扁椭圆形，长约 0.3 mm，初产时乳白色，后变褐色，孵化前卵中央下陷。

3. **幼虫**　乳白色，长约 5 mm，取食期间体绿色，胴部节间细，前胸盾有两块黑色长斜斑，后胸及第 1 ~ 2 腹节两侧各有一突起，上生一根长刚毛，伸向两侧。

4. **蛹**　体长约 3 mm，纺锤形，黄褐色。近羽化时变黑褐色，内茧梭形，外茧略呈"工"字形外张。

【发生规律】　此虫在河北 1 年 3 ~ 4 代，河南、山东 4 ~ 5 代，以老幼虫在树皮缝内结茧化蛹过冬。越冬蛹于 5 月中上旬展叶期羽化成虫，以 3 代区为例，第 1 代幼虫为害期在 5 ~ 6 月，第 2 代幼虫为害期在 7 月，第 3 代幼虫为害期在 8 ~ 9 月，10 月上旬老幼虫结茧过冬。有的年份 3 代区有半代现象，即晚秋有成虫羽化，但不能过冬。在黄河故道发生 4 ~ 5 代，各代发生时间变化较大。各虫成历期也不相同，华北地区成虫寿命为 3 ~ 5 d，卵期约 10 d，幼虫期约 25 d，蛹期约 15 d。成虫多在白天活动。很活跃，能跳能飞。上午 5 ~ 10 时羽化最多，多将卵产在较老叶片的背面，每头雌虫约产 30 粒，卵散产。卵孵化后幼虫不出卵壳，即从壳下蛀孔潜入。

【防治方法】

1. **人工防治**　旋纹潜叶蛾应采取刀刮翘皮、刷子刷粗皮，减少在树干上越冬的蛹。轻度发生时，人工摘除虫叶，减轻为害，减少虫源。

2. **药剂防治**　幼虫脱出作茧期至成虫羽化期喷药防治。在生长季节，该虫有在叶片上作茧的习性，茧在叶上极易着药。另外，茧有吸湿性，农药容易被吸进去。茧中的幼虫和蛹抗药性差，成虫抗药力也很弱，因此应在叶背面茧多而无幼虫时及时喷药。发生严重的果园应重点抓第 1、第 2 代幼虫防治。药剂可选用 25% 灭幼脲悬浮剂 1 500 ~ 2 000 倍液，20% 氟幼脲悬浮剂 6 000 倍液等。

（四〇）顶芽卷叶蛾

顶芽卷叶蛾（*Spilonota lechriaspis* Meyrick），又名芽白小卷蛾、梨白小卷蛾，属鳞翅目卷叶蛾科。

顶芽卷叶蛾为害梨树新梢

顶芽卷叶蛾幼虫

【分布与寄主】　国内分布在东北、华北、华东、西北等地区；国外日本、朝鲜有分布。主要为害苹果、海棠、梨、桃等。

【为害状】　幼虫专害嫩梢，吐丝将数片嫩叶缠缀成虫苞，并啃下叶背茸毛做成筒巢，潜藏其中，仅在取食时身体露出巢外。顶梢卷叶团干枯后不脱落，易于识别。

【形态特征】

1. **成虫**　体长 6 ~ 8 mm，全体银灰褐色。前翅前缘有数组褐色短纹；基部 1/3 处和中部各有 1 条暗褐色弓形横带，后缘近臀角处有 1 个近似三角形褐色斑，此斑在两翅合拢时并成 1 条菱形斑纹；近外缘处从前缘至臀角间有 8 条黑褐色平行短纹。

2. **卵**　扁椭圆形，乳白色至淡黄色，半透明，长径 0.7 mm，短径 0.5 mm。卵粒散产。

3. **幼虫**　老熟时体长 8 ~ 10 mm，体污白色，头部、前胸背板和胸足均黑色，无臀栉。

4. **蛹**　体长 5 ~ 8 mm，黄褐色，尾端有 8 根细长的钩状毛。茧黄色，白茸毛状，椭圆形。

【发生规律】　1 年发生 2 ~ 3 代。以 2 ~ 3 龄幼虫在枝梢顶端卷叶团中越冬。早春花芽展开时，越冬幼虫开始出蛰，早出蛰的主要为害顶芽，晚出蛰的向下为害侧芽。幼虫老熟后在卷叶团中作茧化蛹。在 1 年发生 3 代的地区，各代成虫发生，越冬代在 5 月中旬至 6 月末；第 1 代在 6 月下旬至 7 月下旬；第 2 代在 7 月下旬至 8 月末。每雌蛾产卵 36 ~ 196 粒，多产在当年生枝条中部的叶片背面多茸毛处。第 1 代幼虫主要为害春梢，第 2、第 3 代幼虫主要为害秋梢，10 月上旬以后幼虫越冬。

【防治方法】

1. **农业措施**　彻底剪除枝梢卷叶团是防治越冬幼虫的主要措施。

2. **药剂防治**　在开花前越冬幼虫出蛰盛期和第 1 代幼虫发生初期进行药剂防治，以减少前期虫口数量，避免后期果实受害。也可喷施常用杀虫剂。

（四一）果剑纹夜蛾

果剑纹夜蛾（*Acronicta strigosa* Schiffermiiller），又名樱桃剑纹夜蛾，属鳞翅目夜蛾科。

【分布与寄主】　国内分布较普遍，黑龙江、辽宁、河北、河南、福建、四川、贵州、云南、广西、新疆等地有记载。国外日本、朝鲜、欧洲有分布。主要为害苹果、梨、桃、杏、李、樱桃、梅、山楂等果树。

【为害状】　初龄幼虫食叶的表皮和叶肉，仅留下表皮，似纱网状；3 龄后把叶吃成长圆形孔洞或缺刻，也啃食幼果果皮。大龄幼虫食害叶片呈缺刻状，或仅剩叶脉。

果剑纹夜蛾幼虫

【形态特征】

1. **成虫**　体长 11.5 ~ 22 mm，翅展 37 ~ 40.5 mm；头部和胸部暗灰色；腹部背面灰褐色，头顶两侧、触角基部灰白色；前翅灰黑色，后缘区暗黑色，黑色基剑纹、中剑纹、端剑纹明显，基线、内线为黑色双线波浪形外斜；环状纹灰色具黑边；肾状纹灰白色，内侧发黑；前缘脉中部至肾状纹具 1 黑色斜线；端剑纹端部具两个白点，端线列由黑点组成。后翅淡褐色。足黄灰黑色，跗节具黑斑。

2. **卵**　白色透明，似馒头，直径 0.8 ~ 1.2 mm。

3. **幼虫**　共 5 龄，体长 25 ~ 30 mm，绿色或红褐色，头部褐色具深斑纹，额黑色，傍额片白色，触角和唇基大部分白色，上唇和上颚黑褐色。前胸盾呈倒梯形深褐色；背线红褐色，亚背线赤褐色，气门上线黄色，中胸、后胸和腹部第 2、第 3、第 9 节背部各具黑色毛瘤 1 对，腹部 1 节、第 4 ~ 8 节各具黑色毛瘤 2 对，生有黑长毛。气门筛白色；胸足黄褐色，腹足绿色，端部具橙红色带。

4. **蛹**　长 11.5 ~ 15.5 mm，纺锤形，深红褐色，具光泽。茧长 16 ~ 19 mm，纺锤形，丝质薄，茧外多黏附碎叶或土粒。

【发生规律】　东北、华北地区 1 年发生 2 代，以茧蛹在地上、土中或树缝中越冬。一般越冬蛹于 4 月下旬气温 17.5 ℃时开始羽化，5 月中旬进入羽化盛期，第 1 代成虫于 6 月下旬至 7 月下旬出现，7 月中旬进入盛期，第 2 代于 8 月上旬至 9 月上旬羽化，8 月中上旬为盛期。成虫昼伏夜出，具趋光性和趋化性，羽化后经补充营养后交尾产卵，平均每雌产卵 74 ~ 222 粒，卵期 4 ~ 8 d，幼虫期第 1 代 19 ~ 35 d，第 2 代 22 ~ 31 d，第 3 代 23 ~ 43 d。老熟幼虫爬到地面结茧或不结茧化蛹。

【防治方法】

1. **诱杀防治** 用糖醋液或黑光灯、高压汞灯诱杀成虫。
2. **机械防治** 秋末深翻树盘，减少越冬虫蛹。
3. **药剂防治** 喷洒 20% 菊·马乳油或 20% 甲氰菊酯乳油 2 000 倍液。

（四二）梨剑纹夜蛾

梨剑纹夜蛾（*Acronicta rumicis* Linnaeus），又名梨叶夜蛾，属鳞翅目夜蛾科。

【分布与寄主】 北方果产区普遍分布，多零星发生。为害梨、苹果、桃、李、山楂、大豆、棉及多种林木、蔬菜等，主要为害植物叶片。

【为害状】 幼虫食害叶片成缺刻或孔洞状，有的仅剩叶柄。

梨剑纹夜蛾幼虫

【形态特征】

1. **成虫** 体长约 14 mm，前翅暗棕色间以白色斑纹，基横线为 1 条黑色短粗纹，内横线黑色弯曲，环状纹有黑边，翅外缘有 1 列三角形黑点。
2. **卵** 半球形，初产卵乳白色，渐变为赤褐色。
3. **幼虫** 体长约 33 mm，体粗壮，灰褐色，背面有 1 列黑斑，中央有橘红色点。各节亚背线处有橘黄色斜短纹。
4. **蛹** 长约 16 mm，黑褐色。

【发生规律】 1 年发生 2 ~ 3 代，以蛹在土中越冬。越冬代成虫于翌年 5 月羽化，成虫有趋光性和趋化性，产卵于叶背或芽上。卵排列成块状，卵期 9 ~ 10 d。6 ~ 7 月间为幼虫发生期，初孵幼虫先吃掉卵壳，再取食嫩叶。幼虫早期群集取食，后期分散为害。6 月中旬即有幼虫老熟，老熟幼虫在叶片上吐丝结黄色薄茧化蛹。蛹期 10 d 左右。第 1 代成虫 6 月下旬发生，仍产卵于叶片上。卵期约 7 d，幼虫孵化后为害叶片。8 月上旬出现第 2 代成虫，9 月中旬幼虫老熟后入土结茧化蛹。

【防治方法】

1. **人工防治** 早春翻树盘，减少越冬蛹。在成虫发生期，用糖醋液或黑光灯诱杀成虫。
2. **药剂防治** 防治的关键时期是各代幼虫发生初期，可选用 50% 杀螟硫磷乳油 1 000 倍液、50% 辛硫磷乳油 1 000 ~ 1 500 倍液、80% 敌敌畏乳油 1 000 倍液、20% 氰戊菊酯乳油 2 000 倍液或其他除虫菊酯类杀虫剂喷雾。

（四三）黄刺蛾

黄刺蛾（*Cnidocampa flavescens* Walker），俗称洋辣子、八角子，属鳞翅目刺蛾科。

【分布与寄主】 全国各省几乎都有分布。主要为害苹果、梨、山楂、桃、杏、枣、核桃、柿、柑橘等果树及杨、榆、法桐、月季等林木。

【为害状】 低龄幼虫啃食叶肉，使叶片呈网眼状，幼虫长大后，将叶片食成缺刻，只残留主脉和叶柄。

黄刺蛾低龄幼虫为害梨树叶状

黄刺蛾幼虫在梨树叶片背面

黄刺蛾幼虫为害梨树叶

黄刺蛾蛹形如鸟蛋

【形态特征】

1. **成虫** 体长 13 ~ 16 mm。前翅内半部黄色，外半部黄褐色。

2. **卵** 扁椭圆形，淡黄色，长约 1.5 mm，多产在叶面上，数十粒成卵块。

3. **幼虫** 老龄幼虫体长 20 ~ 25 mm，体近长方形。体背有紫褐色大斑，呈哑铃状。末节背面有 4 个褐色小斑。体中部两侧各有两条蓝色纵纹。

4. **蛹** 椭圆形，肥大，淡黄褐色。茧石灰质，坚硬，似雀蛋，茧上有数条白色与褐色相间的纵条斑。

【发生规律】 东北、华北地区大多 1 年发生 1 代，河南、陕西、四川等省 1 年可发生 2 代。以老熟幼虫结茧在树杈、枝条上越冬。2 代地区多于 5 月上旬开始化蛹，成虫于 5 月底至 6 月上旬开始羽化，7 月为幼虫为害期。第 1 代成虫于 7 月底开始羽化，第 2 代幼虫为害盛期在 8 月中上旬。9 月初幼虫陆续老熟、结茧越冬。

【防治方法】

1. **人工捕杀** 冬、春季结合修剪，剪除虫茧或掰除虫茧。在低龄幼虫群栖为害时，摘除虫叶。

2. **药剂防治** 幼虫发生期，喷洒辛硫磷、杀螟松或菊酯类等杀虫剂。

3. **生物防治** 保护利用天敌，主要有上海青蜂（*Chrysis shanghaiensis* Smith）、刺蛾广肩小蜂（*Eurytoma monemae* Rusch）、刺蛾紫姬蜂（*Chlorocyptus purpuratus* Smith）、姬蜂（*Cryptus* sp.）和黄刺蛾核型多角体病毒等。

（四四）双齿绿刺蛾

双齿绿刺蛾［*Latoia hilarata*（Staudinger）］，属鳞翅目刺蛾科。

【分布与寄主】　分布在中国的陕西、山西等地。它的寄主广泛，主要为害苹果、梨、桃、山杏、柿、海棠、紫叶李、白蜡等多种果实和园林植物。

【为害状】　低龄幼虫多群集叶背取食叶肉，3龄后分散食叶成缺刻或孔洞，白天静伏于叶背，夜间和清晨活动取食，严重时常将叶片吃光。

双齿绿刺蛾幼虫

【形态特征】

1. **成虫**　体长 7 ~ 12 mm，翅展 21 ~ 28 mm，头部、触角、下唇须褐色，头顶和胸背绿色，腹背苍黄色。前翅绿色，基斑和外缘带暗灰褐色，其边缘色深，基斑在中室下缘呈角状外突，略呈五角形；外缘带较宽，与外缘平行内弯，其内缘在 Cu2 处向内突起呈一大齿，在 M2 上有一较小的齿突，故得名，这是本种与中国绿刺蛾区别的明显特征。后翅苍黄色。外缘略带灰褐色，臀色暗褐色，缘毛黄色。足密被鳞毛。雄触角栉齿状，雌丝状。

2. **卵**　长 0.9 ~ 1.0 mm，宽 0.6 ~ 0.7 mm，椭圆形扁平、光滑。初产时乳白色，近孵化时淡黄色。

3. **幼虫**　体长 17 mm 左右，蛞蝓型，头小，大部缩在前胸内，头顶有两个黑点，胸足退化，腹足小。体黄绿色至粉绿色，背线天蓝色，两侧有蓝色线，亚背线宽杏黄色，各体节有 4 个枝刺丛，以后胸和第 1、第 7 腹节背面的 1 对较大且端部呈黑色，腹末有 4 个黑色绒球状毛丛。

4. **蛹**　长 10 mm 左右，椭圆形，肥大，初乳白色至淡黄色，渐变淡褐色，复眼黑色，羽化前胸背淡绿色，前翅芽暗绿色，外缘暗褐色，触角、足和腹部黄褐色。茧扁椭圆形，长 11 ~ 13 mm，宽 6.3 ~ 6.7 mm，钙质较硬，色多同寄主树皮色，一般为灰褐色至暗褐色。

【发生规律】　在山西、陕西 1 年发生 2 代，以前蛹在树体茧内越冬。山西太谷地区 4 月下旬开始化蛹，蛹期 25 d 左右，5 月中旬开始羽化，越冬代成虫发生期在 5 月中旬至 6 月下旬。成虫昼伏夜出，有趋光性，对糖醋液无明显趋性。卵多产于叶背中部、主脉附近，块生，形状不规则，多为长圆形，每块有卵数十粒，单雌卵量百余粒。成虫寿命 10 d 左右，卵期 7 ~ 10 d。第 1 代幼虫发生期在 8 月上旬至 9 月上旬，第 2 代幼虫发生期在 8 月中旬至 10 月下旬，10 月上旬陆续老熟，爬到枝干上结茧越冬，以树干基部和粗大枝杈处较多，常数头至数十头群集在一起。

【防治方法】　防治应掌握好时机，秋冬季人工挖虫茧深埋。幼虫群集时，摘除虫叶，人工捕杀幼虫。成虫发生期，利用黑光灯诱杀成虫。幼虫 3 龄前可选用生物或仿生农药，如可施用含量为 16 000 IU/mg 的 Bt 可湿性粉剂 500 ~ 700 倍液、20% 除虫脲悬浮剂 2 500 ~ 3 000 倍液等。幼虫大面积发生时，可喷施 50% 辛硫磷乳油 1 000 ~ 1 500 倍液进行防治。另外，要保护天敌，如刺蛾广肩小蜂、绒茧蜂、螳螂等。

（四五）扁刺蛾

扁刺蛾［*Thosea sinensis*（Walker）］，别名刺蛾、八角虫、八角罐、洋辣子、羊蜡罐、白刺毛，属鳞翅目刺蛾科。

【分布与为害】　在东北、华北、华东、中南地区以及四川、云南、陕西等省均有发生，黄河故道以南、江浙太湖沿岸及江西中部发生较多。寄主有苹果、梨、桃、梧桐、枫杨、白杨、泡桐等多种果树和林木。

【为害状】　以幼虫蚕食植株叶片，低龄啃食叶肉，稍大食成缺刻和孔洞，严重时食成光秆，致树势衰弱。

【形态特征】

1. **成虫**　体长 13 ~ 18 mm，翅展 28 ~ 39 mm，体暗灰褐色，腹面及足色深，触角雌丝状，基部 10 多节呈栉齿状，雄羽状。前翅灰

扁刺蛾幼虫在梨树叶片上

褐色稍带紫色，中室外侧有 1 明显的暗褐色斜纹，自前缘近顶角处向后缘中部倾斜；中室上角有 1 黑点，雄蛾较明显。后翅暗灰褐色。

2. **卵**　扁椭圆形，长 1.1 mm，初淡黄绿色，后呈灰褐色。

3. **幼虫**　体长 21 ~ 26 mm，体扁椭圆形，背稍隆，似龟背，绿色或黄绿色，背线白色，边缘蓝色；体边缘每侧有 10 个瘤状突起，上生刺毛，各节背面有 2 小丛刺毛，第 4 节背面两侧各有 1 个红点。

4. **蛹**　体长 10 ~ 15 mm，前端较肥大，近椭圆形，初乳白色，近羽化时变为黄褐色。

5. **茧**　长 12 ~ 16 mm，椭圆形，暗褐色。

【**发生规律**】　北方每年发生 1 代，长江下游地区 2 代，少数 3 代。均以老熟幼虫在树下 3 ~ 6 cm 土层内以蛹越冬。1 代区 5 月中旬开始化蛹，6 月上旬开始羽化、产卵，发生期不整齐，6 月中旬至 8 月上旬均可见初孵幼虫，8 月为害最重，8 月下旬开始陆续老熟入土结茧越冬。2 ~ 3 代区 4 月中旬开始化蛹，5 月中旬至 6 月上旬羽化。第 1 代幼虫发生期为 5 月下旬至 7 月中旬，第 2 代幼虫发生期为 7 月下旬至 9 月中旬，第 3 代幼虫发生期为 9 月上旬至 10 月。以末代老熟幼虫入土结茧越冬。成虫多在黄昏羽化出土，昼伏夜出，羽化后即可交尾，2 d 后产卵，多散产于叶面上。卵期 7 d 左右。幼虫共 8 龄，6 龄起可食全叶，老熟幼虫多夜间下树入土结茧。

【**防治方法**】
1. **农业防治**　结合田间管理，挖除树基四周土壤中的虫茧，减少虫源。
2. **药剂防治**　幼虫 3 龄前选用生物或仿生农药，如可喷施含量为 16 000 IU / mg 的 Bt 可湿性粉剂 500 ~ 700 倍液，1.2% 苦·烟乳油 800 ~ 1 000 倍液，25% 灭幼脲悬浮剂 1 500 ~ 2 000 倍液，20% 虫酰肼悬浮剂 1 500 ~ 2 000 倍液等。

（四六）白眉刺蛾

白眉刺蛾［*Narosa edoensis*（Kawada）］，属鳞翅目刺蛾科。

【**分布与寄主**】　已知分布于河南、河北、陕西等省。主要寄主有核桃、枣、柿、杏、桃、苹果及杨、柳、榆、桑等林木。

【**为害状**】　幼虫取食叶片，低龄幼虫啃食叶肉，稍大可造成缺刻或孔洞。

【**形态特征**】

1. **成虫**　体长约 8 mm，翅展约 16 mm。前翅乳白色，端半部有浅褐色浓淡不匀的云斑，其中以指状褐色斑最明显。

2. **幼虫**　体长约 7 mm，椭圆形，绿色。体背部隆类似龟甲状。头褐色，很小，缩于胸前，体无明显刺毛，体背面有 2 条黄绿色纵带纹，纹上分布有小红点。

白眉刺蛾幼虫为害梨树叶

3. **蛹**　长约 4.5 mm，近椭圆形。

4. **茧**　长约 5 mm，灰褐色，椭圆形。顶部有一褐色圆点，其外为一灰白色环和褐色环。

【**发生规律**】　1 年发生 2 代，以老熟幼虫在树杈上和叶背面结茧越冬。翌年 4 ~ 5 月化蛹，5 ~ 6 月成虫出现，7 ~ 8 月为幼虫为害期。成虫白天静伏于叶背，夜间活动，有趋光性。卵块产于叶背，每块有卵 8 粒左右，卵期约 7 d。幼虫孵出后，开始在叶背取食叶肉，留下半透明的上表皮；然后蚕食叶片，造成缺刻或孔洞。从 8 月下旬开始幼虫陆续老熟后寻找适合场所结茧越冬。

【**防治方法**】参考黄刺蛾。

（四七）红缘灯蛾

红缘灯蛾［*Amsacta lactinea*（Cramer）］，别名红袖灯蛾、红边灯蛾，属鳞翅目灯蛾科。

红缘灯蛾成虫

【分布与寄主】 北起黑龙江、内蒙古，向南、向东靠近国境线都有分布。寄主有梨、苹果、白菜、萝卜、菜用大豆、菜豆、玉米等 26 科 109 种以上植物。

【为害状】 幼虫啃食叶、花、果实。

【形态特征】

1. 成虫 体长 18 ～ 20 mm，翅展 46 ～ 64 mm。体、翅白色，前翅前缘及颈板端缘红色，腹部背面除基节及肛毛簇外橙黄色并有间隔的黑带。

2. 幼虫 老熟幼虫体长 40 mm 左右，头黄褐色，胴部深赭色或黑色，全身密披红褐色或黑色长毛，胸足黑色，腹足红色。幼龄幼虫体色灰黄。

3. 卵 半球形，直径 0.79 mm。卵壳表面自顶部向周缘有放射状纵纹。初产黄白色，有光泽，后渐变为灰黄色至暗灰色。卵孔微红，后变为黑色。

4. 蛹 长 22 ～ 26 mm，胸部宽 9 ～ 10 mm，黑褐色，有光泽，腹部 10 节。雌蛹第 8 腹节腹面中央有生殖孔，雄蛹末端有臀刺 10 根。

【发生规律】 我国东部地区、辽宁以南发生较多。在河北 1 年发生 1 代，南通 1 年 2 代，南京 3 代，均以蛹越冬。翌年 5 ～ 6 月开始羽化，卵成块产于叶背，可达数百粒。幼虫孵化后群集为害，3 龄后分散为害。幼龄幼虫行动敏捷。卵期 6 ～ 8 d，幼虫期 27 ～ 28 d，成虫寿命 5 ～ 7 d。

【防治方法】

1. 灯光诱虫 利用诱虫灯诱杀成虫。
2. 化学防治 于产卵盛期或幼虫孵化期喷洒 90% 敌百虫晶体 800 倍液或 5.7% 氟氯氰菊酯乳油 1 500 倍液。

（四八）燕尾水青蛾

燕尾水青蛾（*Actias selene ningpoana* Felder），又名绿色天蚕蛾、绿翅天蚕蛾、绿尾天蚕蛾。

燕尾水青蛾幼虫为害梨树叶片（静止时）

燕尾水青蛾幼虫为害状

燕尾水青蛾幼虫为害梨树叶片

【分布与寄主】 已知分布于河北、北京、山东、山西、河南、陕西、浙江等地。寄主为苹果、梨、葡萄、沙果、板栗、木槿、乌桕等多种树木。

【为害状】 幼虫蚕食叶片，严重时将叶片吃光。

【形态特征】

1. **成虫** 体长 30 ~ 40 mm，翅展 90 ~ 150 mm，有浓密的白色茸毛，翅粉绿色，前、后翅中央各有一状斑纹，前翅前缘有白、紫、黑三色缘带，后翅臀角呈长尾状，长约 4 cm。

2. **卵** 扁圆形，初产时绿色，后变为褐色，直径约 2 mm。

3. **幼虫** 体长 90 ~ 105 mm，黄绿色，气门上线为红色和黄色两条。体上各节有橙黄色突起，第 2、第 3 节背上 4 个与第 11 节上 1 个特大，瘤突上具褐色与白色长毛，无毒。

4. **蛹** 长 40 ~ 50 mm，赤褐色，额区有 1 块浅色斑，外有灰褐色厚茧。

【发生规律】 1 年发生 2 代，少数地区 3 代。以蛹越冬，翌年 4 月下旬至 5 月上旬成虫羽化，有趋光性。卵散产或成块产在叶上，每雌蛾产卵 200 ~ 300 粒。第 1 代幼虫 5 月中旬到 7 月为害，6 月底到 7 月老熟幼虫结茧化蛹，并羽化第 1 代成虫。7 ~ 9 月为第 2 代幼虫为害期，9 月底幼虫开始老熟，爬到树枝及枯草内结茧化蛹越冬。初龄幼虫群集为害，3 龄后分散取食，幼虫蚕食叶片，仅留叶柄，吃完一个叶片再食另一叶片，把一个枝上的叶片食光再转他枝危害。

【防治方法】

1. **人工捕杀** 幼虫体大，无毒毛，粪粒大，容易发现，可人工捕捉。冬季落叶后采摘挂在树上的越冬茧，并可巢丝利用。

2. **化学防治** 在各代幼龄幼虫期，可喷洒常用杀虫剂。

（四九）舟形毛虫

舟形毛虫〔*Phalera flavescens*（Bremer et Grey）〕，属鳞翅目舟蛾科。

舟形毛虫低龄幼虫为害状

舟形毛虫在梨树叶片背面的卵块（已经孵化）

【分布与寄主】 该虫几乎遍布中国。主要为害海棠、樱花、榆叶梅、紫叶李、山楂、梅、柳等树木。

【为害状】 幼虫为害叶片，低龄幼虫群集叶片正面，将叶片食成半透明纱网状；稍大幼虫食光叶片，残留叶脉。严重时可将叶片吃光。

【形态特征】

1. **成虫** 体长 25 mm 左右，翅展约 25 mm。体黄白色。前翅具不明显波浪纹，外缘有黑色圆斑 6 个，近基部中央有银灰色和褐色各半的斑纹。后翅淡黄色，外缘杂有黑褐色斑。

2. **卵** 圆球形，直径约 1 mm，初产时淡绿色，近孵化时变灰色或黄白色。卵粒排列整齐而成块。

3. **幼虫** 老熟幼虫体长 50 mm 左右。头黄色，有光泽，胸部背面紫黑色，腹面紫红色，体上有黄白色。静止时头、胸和尾部上举如舟，故称"舟形毛虫"。

4. **蛹**　体长 20 ~ 23 mm，暗红褐色。蛹体密布刻点，臀棘 4 ~ 6 个，中间 2 个大，侧面 2 个不明显或消失。

【发生规律】　1 年发生 1 代。以蛹在树冠下 1 ~ 18 cm 土中越冬。翌年 7 月上旬至 8 月上旬羽化，7 月中下旬为羽化盛期。成虫昼伏夜出，趋光性较强，常产卵于叶背，单层排列，密集成块。卵期约 7 d。8 月上旬幼虫孵化，初孵幼虫群集叶背，啃食叶肉呈灰白色透明网状，长大后分散为害，白天不活动，早晚取食，常把整枝、整树的叶子蚕食光，仅留叶柄。幼虫受惊有吐丝下垂的习性。8 月中旬至 9 月中旬为幼虫期。幼虫 5 龄，幼虫期平均 40 d，老熟后，陆续入土化蛹越冬。

【防治方法】

1. **清洁树穴**　冬、春季结合树穴深翻松土挖蛹，集中收集处理，减少虫源。

2. **灯光诱杀成虫**　因害虫成虫具强烈的趋光性，可在七八月成虫羽化期设置黑光灯，诱杀成虫。

3. **人工防治**　利用初孵幼虫的群集性和受惊吐丝下垂的习性，在少量树木且虫量不多时，可摘除虫叶、虫枝和振动树冠防治落地幼虫。

4. **药剂防治**　低龄幼虫期喷 1 000 倍液 20% 灭幼脲悬浮剂。树多虫量大，可喷 500 ~ 1 000 倍 100 亿孢子 /mL Bt 乳剂杀较高龄幼虫。虫量过大，必要时在幼虫 3 龄以前可均匀喷施 50% 杀螟硫磷乳油 1 000 倍液，80% 敌敌畏乳油 1 000 倍液，20% 甲氰菊酯乳油 2 000 倍液，20% 氰戊菊酯乳油 2 500 倍液等。

5. **生物防治**　人工释放卵寄生蜂。

（五〇）美国白蛾

美国白蛾［*Hyphantria cunea* （Drury）］，又名秋幕毛虫、秋幕蛾，属扁鳞翅目灯蛾科。

美国白蛾高龄幼虫将梨树叶片吃光

美国白蛾为害梨树叶片

美国白蛾低龄幼虫为害梨树叶片

美国白蛾幼虫为害梨树

【分布与寄主】　国外分布于日本、韩国、朝鲜、土耳其、匈牙利、捷克、斯洛伐克、罗马尼亚、奥地利、俄罗斯、波兰、法国、德国、保加利亚、意大利、西班牙、希腊、美国、加拿大、墨西哥等21个国家和地区。主要为害苹果、梨、山楂、李属等落叶阔叶树种，包括许多经济林、果树、行道树和观赏树木，重要的如白蜡槭、糖槭、桑、蔷薇属、绣球花属、桦属、桤木、栎、胡桃属、柿、杨属、柳属、榆属和悬铃木等。也取食寄主树木附近的玉米、大豆、棉花、烟草、甘薯等作物以及一些花卉和杂草，但在大多数农作物上不能完成发育周期。

美国白蛾高龄幼虫取食梨树叶片

【为害状】　幼虫常群集树叶上吐丝结网巢，在其内食害叶片。网巢有时可长达1 m或更长，稀松，不规则，将小枝和叶片包入网内，形如天幕，因常出现于仲夏到初秋，故称其为秋幕毛虫。1 ~ 2龄幼虫只取食叶肉，严重时全株树叶被吃光，只留下叶脉，整个叶片呈透明的纱网状，3龄幼虫开始将叶片咬成缺刻，4龄幼虫开始分成若干个小的群体，形成几个网幕，4龄幼虫末食量大增，5龄后进入单个取食的暴食期。整个幼虫期间取食量极大，造成植物长势衰弱，抗逆性低下，果实品质降低，部分枝条甚至整株死亡。严重受害的果树，果实严重减产，有时导致当年甚至翌年不结实。被害树木由于树势衰弱，易遭蠹虫、真菌和细菌的侵袭，大大削弱其抗寒、抗病能力。幼虫嗜食桑、柞树叶，对养蚕业造成严重威胁。美国白蛾多食性，繁殖力强，为害严重，一旦传入将难以控制，是林木、果树、行道树和农作物的危险性害虫。我国已将其列为进境和全国农、林业植物检疫性害虫。

【形态特征】

1. **成虫**　中型蛾类，雌、雄体长分别为12 ~ 15 mm和9 ~ 12 mm，翅展分别为33 ~ 44 mm和23 ~ 34 mm。体躯纯白色，无其他色斑。复眼黑褐色；雌虫触角锯齿形，褐色；雄虫双栉齿形，黑色。前足的基部、腿节橘黄色；胫节、跗节内侧白色，外侧大部黑色。中、后足的腿节黄白色，胫节、跗节上有黑斑。雄性外生殖器抱器瓣半月牙形，中部有一突起，突起的端部较尖，阳茎基环梯形，阳茎端膜具微刺。非越冬代成虫的前后翅绝大多数为白色，仅雄虫的前翅有时有数个黑斑；越冬代成虫的前翅均有许多排列不规则的黑斑，少数雌虫有一至数个黑斑。雄虫翅斑变异有7列斑型（2列基斑列、2列中黑斑、2列侧列斑、1列缘斑），5列斑型、4列斑型、少斑型（翅上只有稀疏少量黑斑）。雌虫翅斑变异较小，分为有斑型和无斑型，有斑个体翅斑稀疏。

2. **卵**　卵聚产，数百粒连片平铺（单层排列）于叶背，上覆雌虫白色体毛。圆球形，直径约0.5 mm；初产时浅黄绿色或淡绿色，有光泽，后变灰绿色至灰褐色；表面密布小刻点。

3. **幼虫**　幼虫：黑头型和红头型，红头型仅分布在美国中南部，其余国家和地区发生的均为黑头型。红头型与黑头型主要区别是：头部橘红色，胸腹部淡黄色而杂有灰色至蓝褐色斑纹，前胸盾、前胸足、腹足和臀盾与体同色，所有毛瘤橘红色，其上刚毛褐色而杂有白色；其余特征与黑头型相同。从第1龄起，两种类型幼虫的头部、前胸盾、臀盾的颜色即不同。

我国发现的黑头型有三种体色变异：普通型，体背有一条黑色宽纵带，为最常见的类型，数量最多；黄色型，虫体黄色，无黑色宽纵带，仅有黑色小型毛瘤；黑色型，虫体全为黑褐色。

大龄幼虫体长28 ~ 35 mm，头宽约2.7 mm。头部、前胸盾、前胸足、腹足外侧及臀盾黑色；胸腹部颜色变化很大，乳黄色至灰黑色，背方纵贯一条黑色宽带，侧方杂有不规则的灰色或黑色斑点。前胸至第8腹节每侧有7 ~ 8个毛瘤，第9腹节仅5个，所有背方毛瘤黑色，腹方毛瘤灰色或黑色，其余毛瘤均淡橘黄色，各毛瘤上均丛生白色且混有黑褐色的长刚毛。腹足趾钩为单序异形中带，中间长趾钩9 ~ 14根，两端小趾钩各10 ~ 12根。这一点可与毒蛾科幼虫腹足趾钩予以区分，毒蛾科幼虫腹足趾钩为单序中带。

4. **蛹**　蛹体长8 ~ 15 mm，平均12 mm；暗红褐色。头部及前、中胸背面密布不规则细皱纹，后胸背及各腹节上密布刻点。第5 ~ 7腹节的前缘和第4 ~ 6腹节的后缘均具环隆线；节间深缢，光滑而无刻点，且色较浅。臀棘8 ~ 17根，多数12 ~ 16根，长度约相等，端部膨大且中心凹陷而呈喇叭形。

【发生规律】　美国白蛾1年发生的代数，因地区间气候等条件不同而异，黑头型和红头型之间也有不同。在山东烟台一年发生完整的2代。越冬蛹于翌年4月下旬开始羽化。第1代发生比较整齐，第2代发生很不整齐，世代重叠现象严重，大部分幼虫化蛹越冬，少部分化蛹早的可羽化进入第3代。在大连市和秦皇岛市一般1年发生2代，遇上秋季高温年份，第3代也能完成发育。天津市、陕西关中第3代发生量较大，化蛹率也高，占总发生量的30%左右。

温度在18 ~ 19 ℃以上，相对湿度70%左右越冬成虫大量羽化。在一天中，越冬代羽化时间多在16 ~ 19时，夏季代多在18 ~ 20时。成虫羽化后，至次日日出前0.5 ~ 1 h交尾，交尾时间可延续5 ~ 40 h（平均14 ~ 16 h），一生只交尾1次，交尾后不久，雌虫即产卵。成虫飞翔力和趋光性均不强。雌虫产卵，对寄主有明显的选择性，喜在果树的叶背产单层块状卵，每卵块有卵 500～700 粒，面积 2～3 cm²；最多达 2 000 粒。成虫产下的卵，粘得很牢，不易脱落；上覆毛，雨水和天敌较难侵入。卵的发育，最适温度为 23～25 ℃，相对湿度为 75%～80%，只要温、湿度适宜，孵化率可达 96% 以上，即使产卵的叶片干枯，也无影响。

幼虫孵化后不久，即吐丝缀叶结网，在网内营聚居生活，随着虫龄增长，丝网不断扩展，一个网幕直径可达 1 m，大者可达 3 m，数网相连，可笼罩全树。网幕中混杂大量带毛蜕皮和虫粪，雨水和天敌均难侵入。幼虫老熟后，下树寻找隐蔽场所（树干老皮下、缝隙孔洞内，枯枝落叶层，表土下，建筑物缝隙及寄主附近的堆积物中）吐丝结灰色薄茧，在其内化蛹。

【传播途径】　美国白蛾主要靠人类活动远距离传播。主要通过木材、木包装等进行传播，各虫态均有可能附着于寄主上，成虫和蛹还可静伏于交通工具上，随其传至远方。蛹期抗逆能力强，由于越冬代化蛹场所复杂、隐蔽，蛹期长，因此，越冬蛹是远距离传播的主要虫态。成虫飞行和高龄幼虫爬行，可引发地邻近扩散。

【防治方法】

1. **检疫措施**　对于来自疫区的苗木、鲜果、草制品及其包装物、填充物等进行严格检疫。发现疫情及时集中烧毁。对带虫原木等需进行熏蒸处理。由于美国白蛾具有较强的爬行能力，可以爬到路过疫区的交通工具上而进行远距离的传播，因此必须对来自疫区的各种交通工具进行严格的检疫或消毒处理。

2. **农业防治**　根据美国白蛾 1～4 龄幼虫结网幕群居的习性，可于相应时期剪下幼虫所结网幕，处理其中的幼虫；另外，根据美国白蛾幼虫下树化蛹的习性，可在树干上绑缚草把或纸板以诱集老熟幼虫在其中化蛹，然后进行人工销毁。

3. **生物防治**　采用美国白蛾 NPV 病毒制剂防治其低龄幼虫；释放白蛾周氏啮小蜂防治其老熟幼虫和蛹。另外，注意保护大草蛉、中华草蛉、胡蜂和蜘蛛等捕食性天敌及白蛾派姬小蜂、白蛾黑棒啮小蜂等其他寄生性天敌。

4. **性诱剂防治**　利用美国白蛾性信息素诱芯对雄成虫进行诱杀。将诱芯安装在诱捕器当中，悬挂于距地面 2.5 m 的高度定期对诱捕器进行相应的维护。

5. **化学防治**　在低龄幼虫发生期采用一些昆虫生长调节剂或菊酯类农药进行防治，如 25% 灭幼脲悬浮剂 2 000 倍液或 24% 甲氧虫酰肼悬浮剂 2 500 倍液、5% 氟虫脲乳油 2 000 倍液等。

（五一）芳香木蠹蛾

芳香木蠹蛾（*Cossus cossus* Linnaeus），属鳞翅目木蠹蛾科。

芳香木蠹蛾为害梨树基部，排出红褐色虫粪

芳香木蠹蛾幼虫蛀害主干

【分布与寄主】　分布于东北、华北、西北等地区及上海、山东。寄主为杨、柳、榆、槐、白蜡、栎、核桃、苹果、香椿、梨等。

【为害状】　幼虫孵化后，蛀入皮下取食韧皮部和形成层，以后蛀入木质部，向上向下穿凿不规则虫道，被害处可有十几条幼虫，蛀孔堆有虫粪，幼虫受惊后能分泌一种特异香味。

【形态特征】

1. **成虫**　体长 24 ~ 40 mm，翅展 80 mm，体乌灰色，触角扁线状，头、前胸淡黄色，中后胸、翅、腹部乌灰色，前翅翅面布满龟裂状的黑色横纹。

2. **卵**　近圆形，初产时白色，孵化前暗褐色。

3. **幼虫**　老龄幼虫体长 80 ~ 100 mm，初孵幼虫粉红色，大龄幼虫体背紫红色，侧面黄红色，头部黑色，有光泽，前胸背板淡黄色，有两块黑斑，体粗壮，有胸足和腹足，腹足有趾钩，体表刚毛稀而粗短。

4. **蛹**　长约 50 mm，赤褐色。

【发生规律】　2 ~ 3 年发生 1 代，以低龄幼虫在树干内及末龄幼虫在附近土壤内结茧越冬，5 ~ 7 月发生，产卵于树皮缝或伤口内，每处产卵十几粒。

【防治方法】　及时发现和清理被害枝干，减少虫源。用 50% 的敌敌畏乳油 100 倍液刷涂虫疤，防治内部幼虫。树干涂白，防止成虫在树干上产卵。成虫发生期结合其他害虫的防治，喷 50% 的辛硫磷乳油 1 500 倍液来防治成虫。

（五二）山楂粉蝶

山楂粉蝶（*Aporia crataegi* L.），又名树粉蝶、苹果粉蝶、梅粉蝶，属鳞翅目粉蝶科。

【分布与寄主】　在我国分布于华北、东北、西北各省及山东、四川等。主要为害苹果、山楂、梨、桃、杏、李等果树。

【为害状】　当梨树芽绽开时，幼虫群集在芽上，啃食芽苞，继而食害叶、花蕾、花瓣等并吐丝，在枝梢上拉网。幼虫 5 龄后分散为害。5 月下旬后，老熟幼虫在枝干上化蛹。秋后幼虫吐丝缀连 1 ~ 2 片叶，成为"冬巢"，内有几十头甚至上百头幼虫。

【形态特征】

1. **成虫**　体长 20 ~ 25 mm，翅展 64 ~ 66 mm，前、后翅白色，翅脉黑色。触角黑色，端部淡色。体黑色，被灰白色细毛。雌蝶前翅外缘除臀脉外，各翅脉末端各有一个烟黑色的三角形斑纹。

2. **卵**　金黄色，呈瓶状，表面有刻纹。

山楂粉蝶高龄幼虫

3. **幼虫**　头部黑色，虫体腹面为蓝灰色。背面黑色，两侧具黄褐色纵带，气门上线为黑色宽带，体被软毛，老熟幼虫体长 40 ~ 45 mm。

4. **蛹**　白色，有时带黄色或淡绿色，具黑斑。

【发生规律】　1 年 1 代，以 2 ~ 3 龄幼虫群集在树梢上或枯叶的"冬巢"中越冬。3 月下旬开始，幼虫陆续出巢，历期 20 d 左右，其出蛰盛期与槟沙果花芽绽开至落花期一致。幼虫有吐丝下垂习性。4 龄后不吐丝，但有假死性，以 4 月上旬至 5 月上旬、6 月上旬至 7 月上旬为害最重。老熟幼虫以丝固着在枝条上化蛹。成虫在叶背面产卵，每块卵数十粒至百余粒。7 月中上旬幼虫孵化，群居，3 龄后缀叶成冬巢在枝干上，冬季不脱落。

【防治方法】

（1）冬季修剪销毁冬巢，夏季剪除群居的虫巢，控制危害。

（2）利用幼虫假死习性，人为振树，将幼虫振落，集中处理。

（3）于萌芽期和当年幼虫孵化盛期喷药，可喷 20% 氰戊菊酯乳油 2 000 ~ 3 000 倍液、20% 甲氰菊酯乳油 2 500 ~ 3 000 倍液、2.5% 溴氰菊酯乳油 2 000 ~ 3 000 倍液或 50% 辛硫磷乳油 1 000 倍液。

（五三）梅木蛾

梅木蛾［*Odites issikii*（Takahashi）］，别名五点梅木蛾、樱桃堆砂蛀蛾、卷边虫，属鳞翅目木蛾科。

梅木蛾为害梨树叶片边缘呈现卷筒状

梅木蛾幼虫

【寄主与分布】 主要寄主有梨、苹果、樱桃、梅、葡萄、李、桃等。

【为害状】 初孵幼虫在叶上构筑"一"字形隧道，居中咬食叶片组织，2～3龄幼虫在叶缘卷边，食害两端叶肉，老熟后切割叶缘附近叶片。把所切的一块叶片卷成筒状，一端与叶连着，幼虫居中化蛹。

【形态特征】
1. **成虫** 体长6～7 mm，翅展16～20 mm，体黄白色，下唇须长上弯，复眼黑色，触角丝状，头部具白鳞毛，前胸背板覆灰白色鳞毛，端部具黑斑1个。前翅灰白色，近翅基1/3处具1近圆形黑斑，与胸部黑斑组成5个大黑点。前翅外缘具小黑点一列。后翅灰白色。
2. **卵** 长圆形，长径0.5 mm，米黄色至淡黄色，卵面具细密的突起花纹。
3. **幼虫** 体长约15 mm，头、前胸背板赤褐色，头壳隆起，具光泽。前胸足黑色，中、后足淡褐色。
4. **蛹** 长8 mm左右，赤褐色。

【发生规律】 陕西一带1年发生3代，以初龄幼虫在翘皮下、裂缝中结茧越冬。翌年寄主萌动后出蛰为害，5月中旬化蛹，越冬代成虫于5月下旬始见，6月下旬结束，成虫喜把卵产在叶背主脉两翼，散产。卵期约10 d。6月上旬至7月中旬进入1代幼虫发生为害期，7月上旬至8月初为1代成虫发生期，7月中旬至9月中旬为2代幼虫为害期，9月上旬至10月上旬第2代成虫发生，此代成虫所产卵孵化后为害一段时间于10月下旬至11月初越冬。幼虫喜在夜间取食，次日夜间交尾后2～4 d产卵，每雌产70余粒。成虫寿命4～5 d。

【防治方法】
（1）利用黑光灯或高压汞灯诱杀成虫。
（2）冬季刮除树皮、翘皮，减少越冬幼虫。
（3）寄主发芽后结合防治卷叶蛾喷洒杀虫剂。

（五四）梨食芽蛾

梨食芽蛾（*Spilonota* sp.），俗称翻花虫，属鳞翅目小卷叶蛾科。

【分布与寄主】 我国北部和中部梨产区有发生，只为害梨。在发生多的年份，梨树花芽受害较重，造成梨树减产。

【为害状】　被害芽过冬后枯死，有虫芽不开裂，芽基部蛀孔处堆积黄褐色茸毛状物。膨大花芽被蛀，芽鳞片被虫丝缀连不脱落，幼虫啃食花苔表层，并不深入花苔髓部。被害花苔上幼果果柄短。

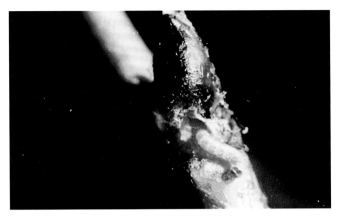

梨食芽蛾幼虫为害状

【形态特征】

1. **成虫**　长 6 ~ 8 mm，体灰白色，触角丝状，复眼黑褐色。前翅基部、外缘以及翅的中间有 3 条黑灰色斑纹，外缘及中部的斑纹间还有 1 个淡色斑纹。

2. **卵**　扁圆形，初产为乳白色，后渐变成黄白色。

3. **幼虫**　越冬幼虫体长 3 ~ 5 mm，红褐色，老熟幼虫长约 10 mm，全体肉红色，头褐色，前胸盾、臀板及胸足皆为黑褐色，各节体背有 8 根刚毛，毛瘤明显。蛹长约 8 mm，黄褐色。

【发生规律】　在辽宁、河北 1 年 1 代，以低龄幼虫在被害芽内作茧越冬，春季花芽露绿至开绽期，幼虫自越冬芽钻出，转入已膨大的花芽中为害，并以碎屑和吐丝封闭入孔。每个虫可连续为害 1 ~ 3 个芽。以后用丝将芽的鳞片黏于花丛或叶丛基部，幼虫躲入其中食害嫩皮，但不钻入髓中为害，受害芽能继续生长、开花结果，这一点与梨大食心虫为害有明显区别，化蛹时间为 5 月下旬至 6 月下旬，5 月中下旬为化蛹盛期，化蛹比较整齐。6 月上旬成虫大量羽化。卵散产在干叶上，每处多只产 1 粒，6 月下旬前后为幼虫化盛期。初孵幼虫即在叶背取食叶肉，有的在叶柄和芽的接合处进行为害，并缀有丝和虫粪。幼虫稍大就蛀入芽中进行为害，为害 2 ~ 3 个芽后，于 8 月在最后 1 个被害芽中作茧过冬。安徽、河南 1 年发生 2 代。在安徽第 2 代成虫于 8 月中下旬开始羽化。

【防治方法】

1. **人工防治**　剪除越冬虫芽。开花期摘除被害花丛和叶丛。

2. **药剂防治**　越冬幼虫转芽期（梨花芽露绿至开绽期）喷 1 次 50% 马拉硫磷乳剂 1 000 倍液。6 月下旬至 7 月间幼虫孵化期，喷施 1 ~ 2 次 50% 马拉硫磷乳剂 2 000 倍液，两期用药都可以和防治梨大食心虫相结合。

（五五）褐带长卷叶蛾

褐带长卷叶蛾（*Homona coffearia* Nietner），别名茶卷叶蛾、后黄卷叶蛾，属鳞翅目卷蛾科。

【分布与寄主】　分布在安徽、江苏、上海、浙江、湖南、福建、台湾、广东、广西、贵州、四川、云南、西藏等地。寄主有苹果、梨、银杏、枇杷、柑橘、荔枝、龙眼、咖啡、杨桃、柿、板栗、茶等。

【为害状】　幼虫在芽梢上卷缀嫩叶藏在其中，咀食叶肉，留下一层表皮，形成透明枯斑，后随虫龄增大，食叶量大增，蚕食成叶、老叶、春梢，还能蛀果，造成落果。

【形态特征】

1. **成虫**　体长 6 ~ 10 mm，翅展 16 ~ 30 mm，暗褐色，头顶有浓黑的褐鳞片，唇须上弯达复眼前缘。前翅基部黑褐色，中带宽黑褐色由前缘斜向后缘，顶角常呈深褐色。后翅淡黄色。雌翅较长，超出腹部甚多；雄翅较短，仅遮盖腹部，前翅具短而宽的前缘褶。

2. **卵**　椭圆形，长 0.8 mm，淡黄色。

3. **幼虫**　体长 20 ~ 23 mm，头与前胸盾黑褐色至黑色，头与前胸相接处有 1 较宽的白带，体黄色至灰绿色，前中足、胸黑色，后足淡褐色，具臀栉。

4. **蛹**　长 8 ~ 12 mm，黄褐色。

【发生规律】　华北、安徽、浙江 1 年发生 4 代，湖南 4 ~ 5 代，福建、台湾、广东 6 代，均以幼虫在卷叶苞内越冬。

褐带长卷叶蛾为害梨果

褐带长卷叶蛾为害状叶片

褐带长卷叶蛾为害梨树

褐带长卷叶蛾幼虫

安徽越冬幼虫于翌年春4月化蛹、羽化，1～4代幼虫分别于5月中下旬、6月下旬至7月上旬、7月下旬至8月中旬、9月中旬至翌年4月上旬发生。广东6～7月均温28℃，卵期6～7 d，幼虫期17～30 d，蛹期5～7 d，成虫期3～8 d，完成1代历时31～52 d。幼虫共6龄。1龄3～4 d，2龄2～4 d，3龄2～5 d，4龄2～4 d，5龄2～5 d，6龄4～9 d。个别出现7龄，5～9 d，幼虫幼时趋嫩且活泼，受惊即弹跳落地，老熟后常留在苞内化蛹。成虫白天潜伏在树丛中，夜间活跃，有趋光性，常把卵块产在叶面，每雌平均产卵330粒，呈鱼鳞状排列，上覆胶质薄膜，每雌可产两块。芽叶稠密的发生较多。5～6月潮湿条件利于其发生。秋季干旱发生轻。主要天敌有拟澳大利亚赤眼蜂、绒茧蜂、步甲、蜘蛛等。

【防治方法】

（1）冬季剪除虫枝，清除枯枝落叶和杂草，集中处理，减少虫源。

（2）摘除卵块和虫果及卷叶团，放于天敌保护器中。

（3）在第1、第2代成虫产卵期释放松毛虫赤眼蜂，每代放蜂3～4次，隔5～7 d 1次，每亩分2次放蜂量2.5万头。

（4）药剂防治：谢花期喷洒青虫菌6号悬浮剂（每克含100亿孢子）1 000倍液，或白僵菌粉剂（每克含活孢子50亿～80亿个）300倍液或90%晶体敌百虫800～900倍液、50%敌敌畏乳油900～1 000倍液、50%杀螟松乳油1 000倍液、2.5%氯氟氰菊酯乳油2 000～3 000倍液。

（五六）黑腹果蝇

黑腹果蝇（*Drosophila melanogaster* Meigen），属双翅目果蝇科。

【分布与寄主】 黑腹果蝇是一种原产于热带或亚热带的蝇种。它和人类一样分布于世界各地，并且在人类的居室内过冬。此类果蝇因几乎可以为害各种濒临腐烂的水果，故而得名。

黑腹果蝇幼虫为害梨果状

黑腹果蝇幼虫

【为害状】 以幼虫蛀果为害。幼虫先在果实表层为害，然后向果心蛀食，被害后的果实逐渐软化、变褐、腐烂。幼虫发育成老熟幼虫后咬破果皮脱果。一个果实上往往有多头果蝇为害，幼虫脱果后表皮上留有多个虫眼。被果蝇蛀食后的果实很快变质腐烂。果实成熟度越高，果肉越软，为害越严重。成熟期一致的不同品种之间，果肉硬度高的品种果实受害率明显低于果肉硬度低的品种。

【形态特征】

1. **成虫** 雄虫体长 2.5～2.8 mm，体淡黄色，复眼鲜红色，周围具微毛，头部有许多刚毛；触角浅褐色，分 3 节，芒羽状，第 3 节深褐色，上面 5 分叉，下面 3 分叉，先端分叉或不分叉；胸部颜色稍深，长满细刚毛，两侧刚毛各 2 根，背肋刚毛 2 根，背中央刚毛 4 根，背下端具有突起呈倒三角形角质鳞片，鳞片上有 4 根刚毛，翅呈半椭圆形，平衡棒白色。腹部 5 节，第 4、第 5 两节通黑，腹末端稍弯，圆锥形。雄成虫前肢先端第 2 节具有 1 束性梳。雌虫体长 3.2～3.8 mm，腹部 6 节，腹背面每节末端黑色长满刚毛，形成 5 条明显的斑纹，尾节黑色，稍尖，末端有圆柱状导卵器，两侧具刚毛状刺，呈 "V" 形排列，其余特征同雄虫。

2. **幼虫** 蛆状，长 3.0～4.3 mm，体色依所食用的果肉汁液颜色而变，一般白色，食用红色果肉汁液的幼虫体色加深，变为淡红褐色；前端圆锥形，头小，有明显的黑色锉状口钩。

3. **蛹** 长 3.1～3.8 mm，红褐色，前面有 1 对 1.2～1.5 mm 的触角。

4. **卵** 大小为（0.5～0.6）mm×（0.2～0.3）mm，前面有 1 对细长丝状触角，与卵等长，呈 60° 夹角。

【发生规律】 黑腹果蝇成虫为舐吸式口器，主要以舐吸水果汁液为食，对发酵果汁和糖醋液等有较强的趋性。饲养发现成虫可存活 25～40 d，在不供给食物的条件下，雌雄成虫可存活 50 h 左右；在不供给水的条件下，可存活 2～24 h。成虫在 8～33 ℃ 范围内均可生存，当气温低于 8 ℃ 时黑腹果蝇成虫不在田间活动，多聚集于果壳（如葡萄）、烂果（如苹果、梨）、幼虫取食后的孔穴里；温度高于 33 ℃ 时果蝇成虫陆续死亡，25 ℃ 左右为最适宜温度。黑腹果蝇成虫飞翔距离较短，多在背阴和弱光处活动，多数时间栖息于杂草丛生的潮湿地里。雌成虫交尾后 24 h 可产卵。在果实上产卵时，雌虫先找到合适的产卵果（成熟后表皮软的果实），在果面上爬行几分钟后，先用腹末端的刺状物刺破果实表皮，然后通过导卵器产卵于表皮下 1 mm 处。一头雌虫一般每果产 1 粒或数粒卵，卵如炮弹状镶在果肉内。如遇腐烂的果实，果面湿润，雌虫可直接将卵产在腐烂的水果表面。肉眼可见腐烂果面上有果蝇所产的卵。雌虫每天最多可产 40 多粒卵。卵在 25 ℃ 条件下发育，20 h 后可陆续孵化，40 h 内孵化完毕。卵初产时为白色透明，长椭圆形，临近孵化时为白色，口钩（黑色）明显可见。孵化时幼虫凭借自身的蠕动和口钩的力量破卵而出，开始在果肉汁液里蠕动，并挥动口钩取食。25 ℃ 左右时，幼虫 5 d 左右可发育为老熟幼虫。

【防治方法】

1. **人工防治** 果实成熟前，清除果园内腐烂水果；及时清理落果、裂果、病虫果及其他残次果。

2. **物理防治** 利用糖醋液等诱杀果蝇成虫。按糖∶醋∶果酒∶橙汁∶水 = 1.5∶1∶1∶1∶10 的比例配制糖醋液，将配制好的糖醋液盛入小的塑料盆中，每盆 400～500 mL，悬挂于树下阴凉处，每亩 10～15 处，多数悬挂于接近地面处，少数悬挂于距地面 1 m 和 1.5 m 处。每天捞出诱到的成虫深埋，定期补充诱杀液，使其始终保持原来浓度。

3. **化学防治**

（1）树上防治：在防治果园悬挂糖醋液的同时，树上喷施 0.6% 氧苦·内脂 1 000 倍液。喷施药液中加入配制好的 3%

糖醋液。喷施时每株树重点喷施内膛部分。

（2）地面防治：采取树上防治的同时，在果园地面、地埂杂草丛生处喷施无公害杀虫剂；第一次施药后每间隔 10 d 重喷上述药剂一次。所选农药有 2.0% 阿维菌素乳油 4 000 倍液、40% 毒死蜱乳油 1 500 倍液。喷药时仅喷杂草丛生处，无草地面可不喷施。每次喷施的药液中同样加入 3% 糖醋液。

（五七）东方果实蝇

东方果实蝇又称柑橘小实蝇（*Bactrocera dorsalis* Hendel），属双翅目实蝇科。东方果实蝇是东南亚地区最具毁灭性的 5 种农业害虫之一，也是世界上重要的检疫害虫之一，其寄主范围广、繁殖力高、适应能力强且为害程度大。近年来，在我国东方果实蝇主要发生区，其为害呈现明显的上升势头，对当地果蔬生产形成了严重威胁。

东方果实蝇在果实产卵

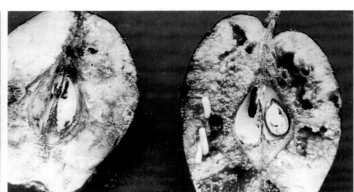

东方果实蝇幼虫在梨果内为害状

【分布与寄主】　该虫原产于亚洲热带和亚热带地区，现广泛分布于东南亚、南亚地区和太平洋岛国。从 1911 年起，相继在台湾、广东、广西、云南、贵州、海南、湖南、四川、浙江、江苏南部发现该虫。在安徽省大部分果园均有分布及危害，并已到达该省水果主产区萧县、砀山一带，分布范围向北推进 500 km 以上。东方果实蝇的寄主作物有 40 科 400 多种作物，如梨、葡萄、桃、李、柿、枣、木瓜、枇杷、荔枝、龙眼、香蕉、樱桃、番石榴、杨桃、杧果、柑橘、莲雾、火龙果等众多水果以及部分瓜类如西瓜、丝瓜、苦瓜等。为国内检疫性害虫。

【为害状】　其幼虫为害果实，取食果肉，使果实腐烂并造成大量落果。产卵孔周围变黄色，有无色或褐色的胶液渗出，果实腐烂、脱落。

【发生规律】　东方果实蝇在长江中下游北岸 1 年可发生 3 代以上，有世代重叠现象，成虫活动高峰期在 9 月中下旬；成虫在早晨羽化的居多。在秋季，产卵前期为 1 ~ 2 月，每雌可产卵 200 ~ 400 粒，卵历期 1 ~ 2 d，幼虫期一般为 10 ~ 15 d，幼虫入土深度为 3 cm 左右，蛹历期 10 ~ 15 d。

【防治方法】

1. **清除病源**　摘除、销毁腐烂果和落地果。

2. **诱杀成虫**　用甲基丁香酚引诱剂诱杀东方果实蝇的雄虫或用猎蝇诱杀（雌雄双杀），或用适量杀虫剂（如敌百虫）涂抹于香蕉皮或杧果皮放置在田间诱杀成虫。

3. **药剂防治**　只要看见 1 只雌虫在果上叮刺就要进行防治。1.8% 阿维菌素乳油 1 500 倍液，0.5% 甲维盐微乳剂 1 500 倍液或 50% 灭蝇胺可湿性粉剂 3 000 倍液喷雾防治。随时检查成虫出土时间，用 48% 毒死蜱乳油 1 000 倍液喷洒地面，可防治大量出土的幼虫。

4. **果实套袋保护**　梨果套袋、及时捡拾落果并加以妥善处理，能显著减少东方果实蝇对梨果的危害程度，推迟和缩短成虫盛发期，是控制东方果实蝇安全、环保、有效的措施。

（五八）梨卷叶瘿蚊

梨卷叶瘿蚊 [*Contarinia pyrivora*（Riley）]，又名梨红沙虫、梨叶蛆，是近年在贵州发现的新害虫，属双翅目瘿蚊科。

梨卷叶瘿蚊幼虫在叶内为害状　　梨卷叶瘿蚊为害梨树新梢：叶片卷缩状　　梨卷叶瘿蚊为害梨树新梢：叶片变黑卷缩

【分布与寄主】　分布于贵州、湖南、山东、河南等地，目前只发现为害梨的多数品种。

【为害状】　只为害嫩叶，在梨叶正面刺吸汁液，与梨蚜为害状很相似，初期难以区分。叶被害有两种表现：一种是心叶受害呈葱状纵卷，从此不再张开；另一种是嫩叶受害始于叶尖或叶缘，先呈局部向叶面内裹，然后叶的一边或两侧纵卷，呈筒状弯曲。叶片由嫩黄绿色变为紫红色，质硬而脆，最后变黑枯死和脱落。被害严重时，只留下秃梢。成年果树春、夏梢叶片受害脱落，秋梢徒长，翌年不能结果。梨苗和幼树嫩梢被害，严重影响营养生长，导致苗木质量下降，阻碍了树冠的尽早形成。被害严重时，树冠顶部1/3的叶落地，留下秃枝。

【形态特征】
1. **成虫**　雄虫体长 1.0 ~ 1.2 mm，雌虫体长 1.2 ~ 1.6 mm，两性展翅 3.7 ~ 3.9 mm。中胸发达，黑色，小盾片宽舌形，橘黄褐色。前翅椭圆形，基部收缩，膜质，强光下具紫铜色光泽，翅脉简单而小，仅有纵向2根，翅面疏生茸毛，后缘基部至中部密生长缘毛。后翅变为平衡棒。胸足显著比体长，呈浅灰褐色，腿节两侧具淡色黑褐斑，跗节细长、4节，由基部至端节渐短。腹部黑色，但雌虫第1腹节背板前沿、末腹节和产卵管灰黄褐色。
2. **卵**　长 0.2 ~ 0.3 mm，长椭圆形，顶端稍细小，乳白色半透明，有光泽。
3. **幼虫**　体长 3.2 ~ 3.4 mm，宽 0.8 ~ 1.0 mm。初孵化时至低龄幼虫乳白色，后渐变为橘黄色至深红色，扁平，细长椭圆形。可见体节11节，无足，多皱。头壳短。中胸腹板有1块褐色"丫"状骨片。腹末节端部两侧隆起，中部深凹陷，肛门居于其中，在两侧的隆突上，各生4枚短刺突，呈双行对生。
4. **茧**　椭圆形，灰白色，由幼虫分泌的黏液形成，其外附细微土粒，内呈蛹室。
5. **蛹**　长 1.4 ~ 1.8 mm，橘红色，临羽化时黑褐色。

【发生规律】　在黔南地区1年发生2代。成虫4月下旬至5月初羽化出土，将卵数粒至十数粒产于梨树春梢端部叶面的尖部一侧或两侧叶缘处。经 5 ~ 7 d 卵孵化出幼虫，吸食汁液。嫩叶受刺激后，从叶尖或叶缘向内逐渐纵卷。被害处渐失绿，呈棕红色至紫红色，并不断扩展，叶肉增厚，变硬变脆。幼虫在卷叶中取食、长大，后期被害叶变黑枯落，幼虫弹散，入土作茧化蛹。5月下旬为化蛹盛期。6月中下旬，第1代成虫羽化出土，在梨树或苗木夏梢嫩叶上产卵，7月下旬幼虫入土，作土室越夏和越冬，翌年2月底至3月中上旬，越冬幼虫作茧化蛹，4月下旬渐次羽化为成虫，在春梢上产卵，完成世代循环。成虫寿命 7 ~ 10 d，晴天傍晚活动频繁，阴雨天躲在叶片隐蔽处静息。幼虫畏光，触动时能弹跳。

【防治方法】　春梢和夏梢生长期，发现卷叶瘿蚊为害时，及时剪除被害梢或卷叶集中销毁，减少虫源。成虫羽化出土期，在树冠下撒施3%辛硫磷粉剂或喷施48%毒死蜱乳油600倍液触杀成虫。抽梢前树冠下地面喷洒50%辛硫磷乳油800倍液或80%敌敌畏乳油1 000倍液。落花50%时结合防治梨蚜、梨木虱等，立即喷一遍2.5%高效氯氟氰菊酯水乳剂2 500倍液+10%吡虫啉可湿性粉剂2 500倍液。5月上旬，结合防治梨木虱成虫，喷一遍1.8%阿维菌素乳油3 000倍液+48%毒死蜱乳油2 000倍液，可起到明显的防效。

（五九）梨大叶蜂

梨大叶蜂（*Cimbex nomurae* Marlatt），属膜翅目锤角叶蜂科。

【分布与为害】　分布在山西等地。寄主有山楂、梨、山定子、樱桃、木瓜等。

【为害状】　幼虫将叶食成圆弧形缺刻，严重时把叶片吃光；成虫咬伤嫩梢的上部吸食汁液，致使梢头枯萎断落，影响幼树成型。

【形态特征】

1. **成虫**　体长22～25 mm，翅展48～55 mm，粗壮，红褐色。头黄色，单眼区和额两侧暗黑色；复眼椭圆形，黑色。触角棒状，两端黄褐色，中间黑褐色。前胸背板黄色，中胸小盾片和后胸背板后缘黄褐色。前翅前半部暗褐色，不透明，后半部和后翅透明，淡黄褐色。腹部第1～3节及第4～6节的后缘黑褐色，其他部位黄色至黄褐色。背线黑褐色。

2. **卵**　椭圆形，略扁，长约3.5 mm，初淡绿色，孵化前变黄绿色。

3. **幼虫**　体长约50 mm。头半球形，杏黄色，单眼区周围黑色。胸足3对，腹足8对，生于第2～8腹节及第10腹节上。体鲜黄色或稍带绿色。背线中央为淡黄色细线，从前胸至腹部第7腹节两侧有2纵列黑斑。1龄幼虫黑色，体表被白粉；2龄幼虫头黑色，体灰白色，背线及气门上线由黑斑组成；3龄幼虫头黑色，体淡黄白色；4龄幼虫头暗黑色，体白色。

4. **蛹**　体长25～30 mm，裸蛹。

5. **茧**　长30～35 mm，长椭圆形，中部收缢，极似花生果，褐色，质地坚硬，外附泥土。

【发生规律】　1年发生1代，以老熟幼虫在距地表约6 cm处的土中作茧越冬。4月下旬至5月中旬成虫羽化，5月中上旬幼虫出现，6月中上旬幼虫陆续老熟，落地入土作茧越夏、越冬。成虫喜食嫩梢，将嫩梢顶端5～10 cm处咬伤，致使梢头萎蔫垂落，幼树受害较重。卵产于叶片表皮下。幼虫取食叶片，呈缺刻状，静止时常栖息于叶背面，身体弯曲侧卧，姿态特殊，受惊时体表能喷射出浅黄色液体。

【防治方法】　翻树盘挖茧。结合管理处理幼虫，成虫为害期在幼树上网捕成虫。此虫多零星发生，幼虫为害期结合防治其他害虫可兼治此虫。

梨大叶蜂低龄幼虫

（六〇）二斑叶螨

二斑叶螨为害梨树，使叶片失绿

二斑叶螨为害叶片（背面）

二斑叶螨［*Tetranychus urticae*（Koch）］，又名二点叶螨、普通叶螨，俗称白蜘蛛，属蜱螨目叶螨科。

【寄主与分布】 全国各地均有分布。可寄生在苹果、梨、桃、杏、李、樱桃、葡萄、玉米、高粱、棉、豆等多种植物及灰藜、苋菜、狗尾草等杂草上。

【为害状】 二斑叶螨主要寄生在叶片的背面取食，刺穿细胞，吸取汁液，受害叶片先从近叶柄的主脉两侧出现苍白色斑点，随着危害的加重，可使叶片变成灰白色至暗褐色，抑制光合作用的正常进行，严重者叶片焦枯以至提早脱落。二斑叶螨有很强的吐丝结网、集合栖息特性，有时结网可将全叶覆盖起来，并罗织到叶柄，甚至细丝还可在树株间搭接，二斑叶螨顺丝爬行扩散。

【形态特征】

1. 成虫

（1）雌成螨：体长 0.42 ~ 0.59 mm，椭圆形，体背有刚毛 26 根，排成 6 横排。生长季节为白色、黄白色，体背两侧各具 1 块黑色长斑，取食后呈浓绿色、褐绿色；当密度大或种群迁移前，体色变为橙黄色。在生长季节绝无红色个体出现。滞育形体呈淡红色，体侧无斑。与朱砂叶螨的最大区别为在生长季节无红色个体，其他均相同。

（2）雄成螨：体长 0.26 mm，近卵圆形，前端近圆形，腹末较尖，多呈绿色。与朱砂叶螨难以区分。

2. 卵 球形，长 0.13 mm，光滑，初产为乳白色，渐变橙黄色，将孵化时现出红色眼点。

3. 幼螨 初孵时近圆形，体长 0.15 mm，白色，取食后变暗绿色，眼红色，足 3 对。

4. 若螨 前若螨体长 0.21 mm，近卵圆形，足 4 对，色变深，体背出现色斑。后若螨体长 0.36 mm，与成螨相似。

【发生规律】 南方每年发生 20 代以上，北方 12 ~ 15 代。月气温达 5 ~ 6 ℃时，越冬雌虫开始活动，月均温达 6 ~ 7 ℃时开始产卵繁殖。卵期 10 余 d。成虫开始产卵至第 1 代幼虫孵化盛期需 20 ~ 30 d。以后世代重叠。随气温升高，繁殖加快，在 23 ℃时完成 1 代 13 d，26 ℃ 8 ~ 9 d，30 ℃以上 6 ~ 7 d。越冬雌虫出蛰后多集中在早春寄主（主要宿根性杂草）上为害繁殖，待作物出苗后便转移为害。6 月中旬至 7 月中旬为猖獗为害期，进入雨季虫口密度迅速下降，为害基本结束，若后期仍干旱可再度猖獗为害，至 9 月气温下降陆续向杂草上转移，10 月陆续越冬。行两性生殖，不交尾也可产卵，喜群集叶背主脉附近并吐丝结网于网下为害，大发生或食料不足时常千余头群集叶端成一团。有吐丝下垂借风力扩散传播的习性。高温、低湿适于发生。

二斑叶螨猖獗发生期持续的时间较长，一般年份可持续到 8 月中旬前后。10 月后陆续出现滞育个体，但如此时温度超出 25 ℃，滞育个体仍然可以恢复取食，体色由滞育型的红色再变回到黄绿色，进入 11 月后均滞育越冬。受精卵发育为雌虫，不受精卵发育为雄虫。每雌可产卵 50 ~ 110 粒，最多可产卵 216 粒。

【防治方法】

1. 人工防治 早春越冬螨出蛰前，刮除树干上的翘皮、老皮，清除果园里的枯枝落叶和杂草，集中深埋，减少越冬雌成螨；春季及时中耕除草，特别要清除阔叶杂草，及时剪除树根上的萌蘖，防治其上的二斑叶螨。

2. 药剂防治 在越冬雌成螨出蛰期，树上喷 50% 硫悬浮剂 200 倍液或 1° Bé 石硫合剂，防治在树上活动的越冬成螨。在夏季，要抓住害螨从树冠内膛向外围扩散初期的防治。注意选用选择性杀螨剂：48% 联苯肼酯悬浮剂 3 000 ~ 4 000 倍液，73% 克螨特乳油 2 000 倍液，24% 螺螨酯悬浮剂 4 000 ~ 5 000 倍液，50% 四螨嗪悬浮剂 4 000 倍液，5% 噻螨酮乳油 2 000 ~ 2 500 倍液，95% 矿物油乳油 100 ~ 200 倍液。用药时间上从 4 月 20 日左右开始防治，间隔 20 d 防治 2 ~ 3 次，宜早不宜迟，以内膛和下部叶片树干防治为主。

3. 生物防治 主要是保护和利用自然天敌，或释放捕食螨。

（六一）山楂叶螨

山楂叶螨（*Tetranychus viennensis* Zacher），又名山楂红蜘蛛，属蛛形纲蜱螨目叶螨科。

【分布与寄主】 在国内北方果产区普遍发生。在国外主要分布于日本、朝鲜、俄罗斯、美国、英国、澳大利亚等国。寄主植物有苹果、梨、桃、樱桃、杏、李、山楂、梅、榛子、核桃等。

山楂叶螨在梨树叶面为害状

山楂叶螨为害梨树叶片正面，出现失绿斑点

山楂叶螨为害梨树叶片失绿，出现斑点

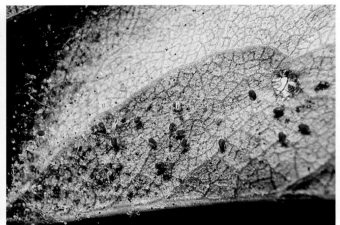

山楂叶螨在梨树叶片背面为害

【为害状】　　常以小群体在叶片背面主脉两侧吐丝结网、产卵，受害叶片先从近叶柄的主脉两侧出现失绿的灰黄斑，严重时叶片枯焦并早期脱落。

【形态特征】

1. **雌成螨**　体长约 0.5 mm，宽约 0.3 mm，体椭圆形，深红色，体背前方隆起。
2. **雄螨**　体长约 0.4 mm，宽约 0.2 mm，体色橘黄色，体背两侧有两条黑斑纹。
3. **卵**　橙黄色至橙红色，圆球形，直径约 0.15 mm。卵多产于干叶背面，常悬挂于蛛丝上。
4. **幼螨**　乳白色，足 3 对。
5. **若螨**　卵圆形，足 4 对，橙黄色至翠绿色。

【发生规律】　　1 年发生代数因地区气候等条件影响而有差异。辽宁省 1 年发生 3 ～ 6 代，河北 7 ～ 10 代，甘肃 4 ～ 5 代，陕西 5 ～ 6 代，济南 9 ～ 10 代，河南 12 ～ 13 代。由于各地温湿度不同，个体历期也不同。在同一地区内由于营养状况不同，不同年份气候状况不同，个体历期也有差异。每完成 1 代经历 5 个虫期，即卵期、幼螨期、前若螨期、后若螨期、成螨期。自幼螨至成虫经 3 次静止、3 次蜕皮。温度高时发育周期短，完成 1 代需 13 ～ 21 d。三种寄主中，对山楂叶螨生长发育和繁殖的影响明显，在梨树上的发育历期最长，桃次之，苹果上的发育历期最短。在不同的发育阶段也有不同的差异，其差异因发育的阶段不同而不同，而在各阶段的差异总体以在梨上的发育时间长于苹果。山楂叶螨的产卵历期以在桃、梨上的时间短于苹果，平均单雌产卵量也以桃、梨树上的数量少于苹果树，成螨寿命以在苹果树上最长，梨树上最短。

此螨由交过尾的雌成螨越冬，主要在树皮缝内，当虫口密度很大时，在树下土内和枯枝、落叶、杂草内过冬。当气温上升到 10 ℃时越冬雌成螨开始活动，芽开绽期出蛰。梨花序分离期为出蛰盛期，出蛰期持续约 40 d，但 70% ～ 80% 集中在盛期出蛰，盛期持续 3 ～ 5 d。成虫不活泼，群集叶背面为害，并吐丝拉网，前期出蛰成螨多集中在离主枝近的膛内枝上为害，5 月下旬逐渐扩散，6 月即进入严重为害期，7 ～ 8 月繁殖最快，数量最大，为害也最重。不同地区不同年份大量发生期可相差 20 ～ 30 d。在冀中南梨区 6 月中旬已为害比较严重，严重为害期一般在 7 ～ 8 月间，9 月下旬开始出现越冬代成虫。

【防治方法】

1.**刮树皮，清除落叶，防治越冬成螨**　因山楂叶螨的成螨在树下落叶或老树粗皮缝内过冬，所以应在初冬彻底清扫果园落叶并集中处理，早春树体萌动前刮去老粗皮集中处理，以防治越冬成螨。

2.**果树花前、花后防治**　梨花序分离期至初花期前1 d（花前）和落花后7～10 d（花后）是药剂防治的两个关键时期。首选药剂有哒螨灵、螺螨酯、溴螨酯、噻螨酮；有效药剂有四螨嗪、阿维菌素、甲氨基阿维菌素苯甲酸盐、唑螨酯、三唑锡、丁醚脲等。在以山楂叶螨发生为主的果园，可喷布0.5° Bé 石硫合剂（花前）和0.3° Bé 石硫合剂（花后）各1～2次，并对苹果叶螨、果苔螨等也有一定兼治作用。在花前和花后还可喷布48%联苯肼酯悬浮剂3 000～4 000倍液、24%螺螨酯悬浮剂3 000倍液、1.8%阿维菌素乳油3 000倍液、20%哒螨灵可湿性粉剂2 000倍液，在花后可喷布20%四螨嗪胶悬剂2 000～3 000倍液以及氟螨、喹螨醚、溴螨酯等。

（六二）梨肿叶瘿螨

梨肿叶瘿螨（*Eriophyes pyri* Pagenst.），又名梨芽螨、梨叶疹病、梨潜叶壁虱，属蛛形纲蜱螨目瘿螨科。

梨肿叶瘿螨为害梨树叶片，形成卷叶　　　　　梨肿叶瘿螨春季为害叶片状

梨肿叶瘿螨秋季为害雪梨叶片，出现黄色斑点（叶面）　梨肿叶瘿螨秋季为害雪梨叶片，出现黄色斑点（叶背）

【分布与寄主】　　在国内各梨产区均有发生，除个别年份和管理粗放的梨园发生较重外，一般为害不重。主要为害梨，亦可为害苹果。

【为害状】　　成虫、若虫均可为害，主要为害嫩叶，严重发生时也能为害叶柄、幼果、果梗等部位。被害叶初期出现谷粒大小的淡绿色疱疹，而后逐渐扩大，并变为红色、褐色，最后变成黑色。疱疹多发生在主脉两侧和叶片的中部，常密集成行，嫩叶疱疹多时使叶正面明显隆起，背面凹陷卷曲，严重时叶片早期脱落，削弱树势，影响花芽形成。

【形态特征】

1.**成虫**　雌成螨虫体微小，肉眼不易看到，体长 0.18 ~ 0.23 mm，宽 0.04 ~ 0.05 mm，体似胡萝卜，前期乳黄色半透明，后期和越冬虫体油黄色半透明，足 4 条，爪羽状，腹部约 60 环节，尾端有 2 根较长刚毛。

2.**卵**　很小，卵圆形，半透明。

3.**若虫**　与成虫相似，身体较小。

【发生规律】　梨肿叶瘿螨 1 年发生多代，以成虫于芽鳞片下越冬。春季梨展叶后，越冬成虫从气孔侵入叶片组织内，由于其为害刺激而使叶组织肿起。豫西梨产区一般 4 月下旬开始出现疱疹，5 月中下旬发生最重。6 月高温季节不利于其繁殖，为害减轻。卵产于被害部组织内，一周后孵化。此螨从春季侵入叶组织后，一直在叶组织内繁殖为害和蔓延，到 9 月成虫从叶内脱出，潜入芽鳞片下越冬。

【防治方法】　花芽膨大时喷洒 5° Bé 石硫合剂或 3% 柴油乳剂，有较好的效果。春、夏季发生为害期，可喷洒 1.8% 阿维菌素乳油 3 000 倍液或 0.3° ~ 0.5° Bé 石硫合剂。

（六三）梨果鸟害

　　近年来，随着生态环境改善和对鸟类的保护力度的加强，果实遭受灰喜鹊等鸟类为害的问题时有发生。为害梨果的鸟主要是鸟纲雀形目中的灰喜鹊、喜鹊，偶尔还有乌鸦和野鸽子等。有的梨园鸟类为害梨果率高达到 30%。

梨鸟害症状

梨鸟害之一——长尾喜鹊

【为害规律】　害鸟先为害早熟果，7 月为害黄冠梨、绿宝石梨、鸭梨。8~9 月各种梨果都会受到危害。鸟为害套袋果时，它们先用两个爪子将纸袋撕下，呈长条状破口，然后用尖嘴将果实啄食数个大小不同的破口，啄食部位变黑腐烂，果实伤痕累累。梨果近成熟期，香甜的气味更增加了对鸟的诱惑，鸟往往成群结队，过后造成残果遍地。果实采摘完毕后，鸟依然在果园中寻找落果及地面残果啄食，直至落叶。

【防治方法】

1.**架设防鸟网**　选择质地较轻的优质尼龙网，弹性网长 30 ~ 40 m，宽 3 m，网绳粗度 0.2 mm 左右，网格大小为 5 cm×5 cm，果实采收后将网收起来，正常年份防鸟网可使用 2 ~ 3 年。5 月中下旬梨果套袋后开始架网。鸟类活动频繁的方向可以在行间多架网，而鸟类活动少的方向可以少架网或不架网。鸟钻进网眼被捕后，将其哀鸣声录音后要及时将鸟取出，放回大自然，以防止田间野猫等鸟类天敌对鸟的伤害。这样鸟就不敢再来，同时其他鸟见状也会远远躲避开来。

2.**利用声音驱鸟**

（1）电子声音驱鸟。在鸟的入口处或梨园僻静处，不定时地大音量循环播放驱鸟声音，由于是来自本地的鸟熟悉的鸟类声音，更容易增强鸟的恐惧感，鸟的哀鸣声还可吸引其的天敌过来。也可将炮鸣声制作成程序，效仿上述方法驱赶鸟，发声装置放置地点应经常变换。也可使用电子驱鸟炮，其有自动计时控制系统，可对设备进行编程，方便对驱鸟器的开关进行控制。

（2）人畜驱鸟。在小面积的梨园，可采用放狗或人工驱鸟。在清晨、中午、黄昏 3 个时段，到果园驱赶鸟类，15 min 检查、驱赶 1 次，每个时段驱赶 3 ~ 5 次。

3. **利用视觉驱鸟**。在果树行间铺设反光膜，反射的光线可刺激鸟的眼睛，使其在阳光充足的天气下不敢靠近果树。在鸟害为害比较严重的地方，于树体的上部悬挂各种颜色的发亮的塑料条，其随风飘动时，好像整个果园在晃动，而且可以反射太阳光，使鸟类不敢靠近。

4. **防鸟害梨果袋**　这种果袋主要依据光驱避原理，在纸的选择上采用灰喜鹊等鸟类不喜欢的颜色，同时增加袋纸的厚度。

第三部分　桃病虫害

一、桃病害

（一）桃黑星病

桃黑星病又名疮痂病，我国桃产区均有发生，早熟品种发病轻，晚熟品种发病重。除为害桃树外，还能侵害杏、李、梅、扁桃、樱桃等多种核果类果树。

桃黑星病果实（左）与健果（右）

桃黑星病为害果实

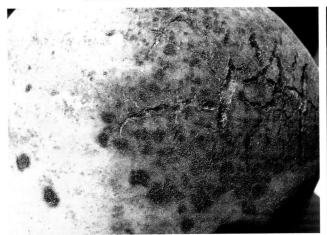

桃黑星病果面病斑容易形成龟裂

桃黑星病为害果面容易形成开裂

桃黑星病为害新梢症状

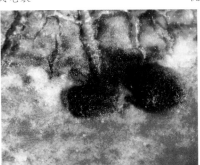

桃黑星病果面病斑

桃黑星病病果

【**症状**】 病菌主要为害果实,其次为害叶片和新梢等。

1. **果实** 病菌多为害桃果的果肩,造成果肩一片黑色。先产生暗褐色圆形小点,后呈黑色痣状斑点,直径为 2 ~ 3 mm,严重时病斑聚合成片。由于病菌扩展仅限于表皮组织,当病部组织枯死后果肉仍可继续生长,因此病果常发生龟裂。果梗受害,果实常早期脱落。

2. **新梢** 新梢被害后,呈现长圆形浅褐色的病斑,后变为暗褐色,并进一步扩大,病部隆起,常发生流胶。枝梢发病,最初在表面产生边缘紫褐色、中央浅褐色的椭圆形病斑。后期病斑变为紫色或黑褐色,稍隆起,并于病斑处产生流胶现象。春天病斑变灰色,并于病斑表面密生黑色粒点,即病菌分生孢子丛。病斑只限于枝梢表层,不深入内部。病斑下面形成木栓质细胞。因此,表面的角质层与底层细胞分离,但有时形成层细胞被害死亡,枝梢便呈枯死状态。病健组织界限明显,病菌亦只在表层为害并不深入内部。翌年春病斑上可产生暗色小绒点状的分生孢子丛。

3. **叶片** 被害后叶背出现不规则形或多角形灰绿色病斑。以后病部颜色转暗或呈紫红色,最后病部干枯脱落而形成穿孔。病斑较小,很少超过 6 mm。在中脉上则可形成长条状的暗褐色病斑。发病严重时可引起落叶。

【**病原**】 病原菌为嗜果枝孢菌[*Fusicladium carpophilum*(Thum.)oud.,异名 *Cladosporium carpophilum* Thum.],属半知菌类。据国外报道,黑星病菌已发现有性阶段,学名为 *Venturia carpophilum* Fisner,属真菌界子囊菌门。分生孢子梗不分枝或分枝一次,弯曲,具分隔,暗褐色,大小为(48 ~ 60)μm×4.5 μm。分生孢子单生或成短链状,椭圆形或瓜子形,单胞或双胞,无色或浅橄榄色,大小为(12 ~ 30)μm×(4 ~ 6)μm。子囊孢子在子囊内的排列,上部单列,下部单列或双列,子囊孢子大小为(12 ~ 16)μm×(3 ~ 4)μm。分生孢子在干燥状态下能存活 3 个月,病菌发育最适温度为 24 ~ 25 ℃,最低为 2 ℃,最高为 32 ℃,分生孢子萌发的温度为 10 ~ 32 ℃,但以 27 ℃为最适宜。

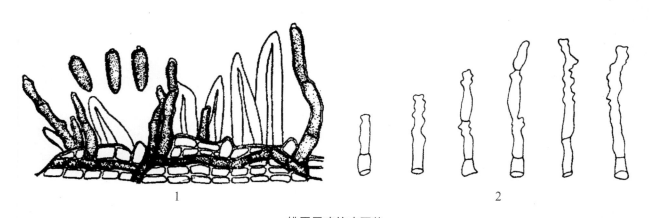

桃黑星病的病原菌
1. 分生孢子梗及分生孢子 2. 分生孢子形成过程

【**发病规律**】 病菌以菌丝在枝梢的病部越冬,翌年 4 ~ 5 月产生分生孢子,经雨水或有风的雾天进行传播。分生孢子萌发后形成的芽管直接穿透寄主表皮的角质层而侵入,在叶片上则通常自其背面侵染。侵入后的菌丝并不深入寄主组织和细胞内部,仅在寄主角质层与表皮细胞的间隙进行扩展、定植并形成束状或垫状菌丝体,然后从其上长出分生孢子梗并突破寄主角质层裸露在外。病害的潜育期很长,这是其主要特点之一。病菌侵染果实的潜育期为 40 ~ 70 d,而在枝梢和叶片上也达 25 ~ 45 d。这样,果实的发病从 6 月开始,由其产生的分生孢子进行再侵染的发病就较次要了。只有很晚熟的品种才可见到再侵染。新梢再侵染在病菌越冬和翌年提供初侵染菌源方面有重要作用。多雨潮湿年份或地区,病害发生较重。同样,地势低温或定植过密,枝叶茂盛而较郁闭的果园也易发病。4 月底至 6 月上旬的降水次数是决定黑星病发生轻重的一个主要条件。

【**防治方法**】

1. **清除初侵染源** 结合冬剪,去除病枝、僵果、残桩,深埋。生长期也可剪除病枝、枯枝,摘除病果,减少再侵染。

2. **药剂防治** 药剂防治切实有效。开花前,喷 5° Bé 石硫合剂或 45% 晶体石硫合剂 30 倍液,铲除在枝梢上的越冬病菌。黑星病发生趋于严重,一些果农感觉每年都防治,但是每年都有加重,部分原因是只注重对果实黑星病的防治,而忽视了对于枝条黑星病的防治,枝条上有大量的黑星病病斑,会繁殖无数病原孢子进而侵染桃果,造成桃果发病。桃树黑星病病菌极易侵染桃树枝条,在枝条上形成大量褐色、略突起的小病斑。这些病斑在落花后 15 d 左右开始侵染桃果,并在果实内进行潜伏，摘袋后大量表现病斑。另一方面，套袋之后很多果农认为桃果在袋子里面很安全，而不对枝条上的黑星病病菌进行防治。所以加强枝条黑星病的防治对于黑星病的防治非常关键。

对于黑星病应该抓住开花前、谢花后第一遍药或"脱裤"期（即花萼从幼果脱落时）、套袋前三遍药，其中开花前主要是对枝干黑星病斑进行控制，谢花后第一遍药和"脱裤"期主要是防治病菌由枝条向果实转移，而套袋前使用强铲除剂和保护剂结合彻底清除病菌并延长保护期，进行套袋。落花后 20 ~ 30 d，喷洒 40% 氟硅唑乳油 8 000 倍液、80% 戊唑醇6 000 倍液或 12.5% 烯唑醇 3 000 倍液或 25% 腈菌唑乳油 4 000 ~ 5 000 倍液、15% 亚胺唑可湿性粉剂 3 000 倍液、50% 醚菌酯水分散粒剂 1 000 ~ 2 000 倍液等。

3. **加强管理**　注意雨后排水，合理修剪，防止枝叶过密，减少发病。

4. **选择抗病（避病）品种**　经常发病的地方，可选栽早熟品种。

5. **果实套袋**　落花后 20 ~ 30 d 后进行套袋，防止病菌侵染。

（二）油桃黑星病

油桃果面缺乏茸毛保护，比普通毛桃更易感染黑星病。近几年来，油桃黑星病在种植区大量发生，导致油桃因黑星病为害而使产量下降一半、产值下降 2/3，有的种植户被迫砍树毁园。

油桃黑星病果园发病

油桃黑星病为害新梢症状

油桃黑星病为害容易裂果

油桃黑星病为害幼果

【症状】　油桃黑星病主要为害果实，树冠下部果子、果实肩部受害最早最重。病斑早期为绿色、褐色小圆点，后期变成黑色、紫黑色病斑，病斑直径 2 ~ 3 mm。严重时，病斑聚合连片成疮痂状，果皮龟裂（裂口浅而小，不会引起果实腐烂）。枝梢受害，表面出现紫褐色至黑褐色稍隆起的圆形病斑。

【病原】 病原菌同桃黑星病。

【发病规律】 油桃果园地势低洼，栽植过密，通风透光不好，湿度大，发病重。油桃的栽培品种中，一般早熟品种较晚熟品种发病轻。油桃黑星病的发生，有时也受地区小气候等因素的影响。

【防治方法】 防治油桃黑星病可参考桃黑星病的防治方法。

（三）桃褐腐病

桃褐腐病又名菌核病，是桃树的主要病害之一。全国各桃产区均有发生，尤以浙江、山东沿海地区和江淮流域的桃产区发生最重。病害发生状况与虫害关系密切。果实生长后期，果园虫害严重，且多雨潮湿，褐腐病常流行成灾，引起大量烂果、落果。受害果实不仅在果园中相互传染为害，而且在贮运期中亦可继续传染发病，造成很大损失。桃褐腐病病菌除为害桃树外，还能侵害李、杏、樱桃等核果类果树。

桃褐腐病果实初期受害状

桃褐腐病幼果与新梢受害状

桃褐腐病僵果上生出子囊盘

桃褐腐病发生后期症状

【症状】 桃褐腐病能为害桃树的花叶、枝梢及果实，其中以果实受害最重。

1. 花与叶 花部受害自雄蕊及花瓣尖端开始，先发生褐色水渍状斑点，后逐渐延至全花，随即变褐而枯萎。天气潮湿时，病花迅速腐烂，表面丛生灰霉，若天气干燥时则萎垂干枯，残留枝上，长久不脱落。嫩叶受害，自叶缘开始，病部变褐萎垂，残留枝上。

2. 新梢 侵害花与叶片的病菌菌丝，可通过花梗与叶柄逐步蔓延到果梗和新梢上，形成溃疡斑。病斑呈长圆形，中央稍凹陷，灰褐色，边缘紫褐色，常发生流胶。当溃疡斑扩展环割一周时，上部枝条即枯死。天气潮湿时，溃疡斑上也可长出灰色霉丛。

3. **果实** 自幼果至成熟期均可受害，但果实越接近成熟受害越重。果实被害最初在果面产生褐色圆形病斑，如环境适宜，病斑在数日内便可扩及全果，果肉也随之变褐软腐。继而在病斑表面生出灰褐色绒状霉丛，即病菌的分生孢子层。孢子层常成同心轮纹状排列，病果腐烂后易脱落，但不少失水后变成僵果，悬挂枝上经久不落。僵果为一个大的假菌核，是褐腐病菌越冬的重要场所。

【病原】 病原为链核盘菌［*Monilinia fructicola*（Wint.）Rehm.］，属于子囊菌门。无性阶段为丛梗孢菌 *Monilia*，病部长出的霉丛即病菌的分生孢子梗和分生孢子。分生孢子无色，单胞，柠檬形或卵圆形，大小为（10 ~ 27）μm×（7 ~ 17）μm，平均大小为 15.9 μm×10.2 μm，在梗端连续成串生长。分生孢子梗较短，分枝或不分枝。

病菌有性阶段形成子囊盘，一般情况下不常见。子囊盘由地面越冬的僵果上产生，呈漏斗状，盘径 1 ~ 1.5 cm，紫褐色，具暗褐色柄，柄长 20 ~ 30 mm。僵果萌发可产生 1 ~ 20

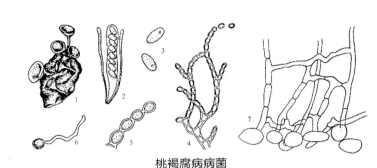

桃褐腐病病菌

1.僵果及子囊盘 2.子囊及侧丝 3.子囊孢子 4.分生孢子梗及分生孢子链 5.分生孢子链的一部分 6.分生孢子发芽 7.互相结合的菌丝

个子囊盘。子囊盘内生一层子囊，子囊圆筒形，大小为（102 ~ 215）μm×（6 ~ 13）μm，内生 8 个子囊孢子，单列。子囊间长有侧丝，丝状，无色，有隔膜，分枝或不分枝。子囊孢子无色，单胞，椭圆形或卵形，大小为（6 ~ 15）μm×（4 ~ 8）μm。病菌发育最适温度为 25 ℃左右，在 10 ℃以下或 30 ℃以上，菌丝发育不良。分生孢子在 15 ~ 27 ℃下形成良好；在 10 ~ 30 ℃下都能萌发，而以 20 ~ 25 ℃为适宜温度。本病菌主要侵害桃果实，引起果腐。

【发病规律】 病菌主要以菌丝体或菌核在僵果或枝梢的溃疡部越冬。悬挂在树上或落于地面的僵果翌年春季都能产生大量的分生孢子，借风、雨、昆虫传播，引起初次侵染。分生孢子萌发产生芽管，经虫伤、机械伤口、皮孔侵入果实，也可直接从柱头、蜜腺侵入花器造成花腐，再蔓延到新梢。在适宜的环境条件下，病果表面长出大量的分生孢子，引起再次侵染。病菌分生孢子除借风雨传播外，桃食心虫、桃蛀螟和桃象虫等昆虫也是病害的重要传播者。在贮藏期病果与健果接触，也可引起健果发病。前期低温潮湿容易引起花腐，后期温暖多雨、多雾则易引起果腐。桃椿象和食心虫等为害的伤口常给病菌造成侵入的机会。树势衰弱、管理不善和地势低洼或枝叶过于茂密，通风透光较差的果园，发病都较重。

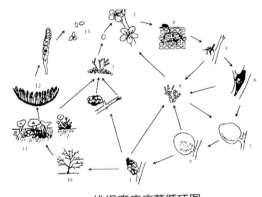

桃褐腐病病菌循环图

1.树上越冬的僵果 2.从僵果和溃疡产生的分生孢子 3.花感染 4.形成孢子和侵染 5.花凋萎 6.枝凋萎 7.果感染 8.病菌形成的孢子 9.产生的分生孢子 10.僵果 11.地面僵果产生的子囊盘 12.子囊盘内的子囊 13.子囊孢子

【防治方法】

1. **减少越冬菌源** 结合修剪做好清园工作，彻底清除僵果、病枝，集中处理，同时进行深翻，将地面病残体深埋地下。

2. **及时防治害虫** 如对桃象甲、桃食心虫、桃蛀螟、桃椿象等应及时喷药防治，可减少伤口及传病机会，减轻病害发生。

3. **及时修剪和疏果，使树体通风透光** 合理施肥，增强树势，提高抗病能力。采果后应立即摊开降温，晾干果面水分后装箱，可减少贮存运输中的病菌感染。

4. **喷药保护** 桃树发芽前喷布 5°Bé 石硫合剂或 45% 晶体石硫合剂 30 倍液。在花前、花后各喷 1 次 50% 腐霉利可湿性粉剂 2 000 倍液或 50% 苯菌灵可湿性粉剂 1 500 倍液。不套袋的果实，在第 2 次喷药后，间隔 10 ~ 15 d 再喷 1 ~ 2 次，直至果实成熟前 1 个月左右再喷 1 次药。70% 丙森锌可湿性粉剂 600 倍液、50% 异菌脲可湿性粉剂 1 000 ~ 2 000 倍液、25% 戊唑醇水乳剂 2 000 倍液，对防治桃树褐腐病效果也很好。

有条件套袋的果园，可在 5 月中上旬进行，以保护果实。

（四）桃灰霉病

桃灰霉病为害桃果实

桃灰霉病

【症状】　本病主要为害花、幼果、萼片、花托等。幼果受侵染后，初为暗绿色凹陷病斑，使幼果凸凹不平，僵缩而停止生长，为害加重后幼果易脱落，发病重时引起大量幼果脱落；近成熟果和成熟果发病时，在果顶部先出现褐色凹陷腐烂病斑，初始仅为害果面，严重影响外观品质，加重时使全果快速软腐，并长出鼠灰色霉层，不久在病部长出黑色块状菌核。

【病原】　病原菌 *Botrytis cinerea* Pers. et Fr 属于半知菌纲、葡萄孢属的灰葡萄孢菌，可侵染桃、葡萄、杏、草莓等多种作物。病原菌的菌丝在 2～31 ℃均能生长，20～25 ℃最为适宜，10 ℃以下和 30 ℃以上生长明显减弱。

【发病规律】　病原菌以菌丝或菌核分生孢子附着在病残体上或遗留在土壤中越冬，成为翌年主要的初侵染源。病原菌靠风雨、气流、灌水或农事操作传播蔓延。越冬菌核在翌年春季温度回升至 15 ℃以上，遇降水或湿度大时即可萌动产生新的分生孢子，传播到桃树上时正值 3 月中上旬的花期和开花结果期，开始当年的初侵染。初侵染发病后又长出大量新的分生孢子，靠气流传播进行多次再侵染。光照不足、高湿、较低温（20 ℃左右）是灰霉病蔓延的重要条件。桃花期春雨连绵和不太高的气温最容易诱发灰霉病的流行，造成大量花腐烂脱落。初着幼果也常因有萼片黏贴，孢子易萌发而产生为害，使幼果生长受阻而脱落。着果后果实逐渐膨大期很少发病，果实近成熟或成熟期，遇阴雨天气即可发生严重为害，造成大量烂果。皮薄、汁液多、糖度高、成熟期软化速度快的水蜜桃品种发病重；黏性、酸性重的红黄壤桃园发病重，管理粗放、杂草丛生、整形修剪程度低、树冠郁闭、偏施氮肥和排水不良的桃园发病重，温室及大棚桃树发病重。

【防治方法】

1. 农业防治　桃树落叶后及时进行整枝修剪和刮除粗皮及胶状物，清理树冠中的残枯枝、僵果和干叶，然后清除全园枯枝落叶和僵果，并集中销毁；注意树形树势培育，加强整枝修剪，改善通风透光条件；黏性重、酸度高的红黄壤桃园，每年秋冬季或初春全园每亩撒施生石灰 50～70 kg，并适当深翻或中耕；生草栽培，减少杂草丛生，如在桃树下栽培白三叶草；加强疏果和套袋，避免成熟果受害；对于棚室栽培，要采用地面覆膜，阻止土壤水分蒸发，降低湿度；及时摘除落在果面和幼桃上的残花。

2. 药剂防治　冬季清园后选择晴天用 5°Bé 石硫合剂对全园树冠和地面仔细喷雾，以清除越冬病原；翌年桃芽初萌动时，选晴天再全园喷施 1 次上述药剂；花蕾初现期、初花期、谢花后各喷 1 次药，常用药剂有 40% 嘧霉胺悬浮剂或 40% 腐霉利可湿性粉剂或乙霉多菌灵等。早、中熟桃园成熟前 15～20 d 喷 1～2 次，药剂宜交替使用。棚室中每亩使用 10% 百菌清烟剂或 10% 腐霉利烟剂 250 g 熏蒸，每隔 7 d 熏 1 次，共熏 3 次。

（五）桃白粉病

桃白粉病叶背病斑，叶面凹凸不平

桃白粉病叶面霉层

桃白粉病叶片病斑

桃白粉病叶背有白色粉状霉层

桃白粉病为害叶面形成失绿斑

桃白粉病叶面有黄色斑点

桃白粉病叶面引起红色病斑

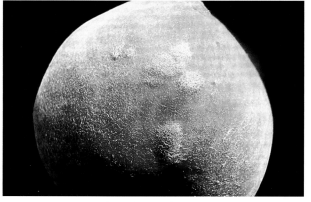

桃白粉病侵染果实

桃白粉病在我国各产桃区均有发生。入夏以后，桃白粉病引起早期落叶，对树势无大的影响。果实发病时可引起褐色斑点，重者果变形，全树叶片卷曲。本病是全球性发生的一种病害。本病寄主有桃、杏、李、樱桃、梅和樱花等，但有一种白粉病（桃单壳丝菌），寄主只有桃和扁杏，仅新疆发生。

【症状】 本病主要引起叶片受害，而桃单壳丝菌则诱发果实受害。

1. **病果** 于 5 月开始出现白色、圆形菌丛，直径 1 ~ 2 cm，粉状，后来病斑扩大，占 1/2 果面。病原菌从茸毛侵入，产生分生孢子。茸毛感病后变浅褐色。接着，果实表皮附近组织枯死。形成病斑并变浅褐色，最后病斑稍凹陷、硬化。

2. **病叶** 于 9 月以后背面呈现白色圆形菌丛，表面有黄绿色、轮廓不明的斑纹。严重时，菌丛覆盖全部叶面。幼叶出现病斑，生长受影响，叶面不平，呈波状。秋天病叶菌丛中出现黑色小球状物，即为病原菌的间囊壳。新梢在老化前也出现白色菌丛。

【病原】 桃白粉病有两种病原：一种是三指叉丝单囊壳菌（*Podosphaera tridactyla* Wallr. de Bary），是发生较为普遍的病原；另一种是桃单壳丝菌 [*Sphaerotheca pannosa*（Wallr.）Leveille var. peisicae Worornichi]。两者均属于子囊菌门核菌纲白粉菌目白粉菌科。三指叉丝单囊壳菌的菌丝外生。叶上菌丛很薄，发病后期近于消失。分生孢子稍球形或椭圆形，无色，单胞，在分生孢子梗上连生，含空泡和纤维蛋白体，大小为（16.8 ~ 32.4）μm×（10.8 ~ 18）μm。分生孢子梗着生的基部细胞肥大。桃单壳丝菌的子囊壳球形或稍球形，小型，直径 84 ~ 98 μm，黑色。子囊壳顶部有 2 ~ 3 条附属丝，直而稍弯曲。顶端有 4 ~ 6 次分枝，长 154 ~ 175 μm，中间以下为浓褐色。子囊壳内有 1 个子囊。子囊长椭圆形，有短柄，大小为（60 ~ 70.8）μm×（53.6 ~ 57.6）μm。子囊孢子有 8 个，椭圆形至长椭圆形，无色，单胞，大小为（19.2 ~ 26.4）μm×（12 ~ 14.4）μm。桃单壳丝菌的分生孢子椭圆形至长椭圆形，无色，单胞，分生孢子梗上连生，含空泡和纤维蛋白体，大小为（20.8 ~ 24）μm×（13.2 ~ 16）μm。

【发病规律】 白粉病菌（三指叉丝单囊壳菌）于 10 月以后形成黑色子囊壳，并以此越冬，翌年春放出子囊孢子作为初次侵染源。另一种白粉病菌（桃单壳丝菌）以菌丝在最内部的芽鳞片表面越冬。由于很少发现子实体，它对初侵染不起实际作用。初侵染形成分生孢子以后，病菌以此作进一步侵染，病害得以广泛传播开。分生孢子萌发适温为 21 ~ 27 ℃，4 ℃以上可以萌发，超过 35 ℃则不能萌发。孢子在直射阳光下经 3 ~ 4 h 或在散射光下 24 h 即丧失萌芽力。孢子有较强的抗霜冻能力，遇晚霜尚有萌发力。该病是比较耐干旱的真菌病害，一般在温暖、干旱的气候条件下严重发生。

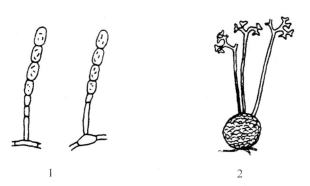

桃白粉病病菌
1. 三指叉丝单囊壳菌的分生孢子
2. 桃单壳丝菌的子囊壳

【防治方法】 发病期间喷布 0.3° Bé 石硫合剂或 70% 甲基硫菌灵可湿性粉剂 1 500 倍液等药剂 1 ~ 2 次，50% 粉唑醇可湿性粉剂 2 500 倍液，5% 己唑醇悬浮剂 1 500 倍液，25% 戊唑醇可湿性粉剂 1 500 倍液，6% 氯苯嘧啶醇可湿性粉剂 1 500 倍液。秋天落叶后及时打扫果园，将落叶集中处理，以减少越冬病原菌。

（六）桃真菌性穿孔病

本病在我国桃区普遍发生，也是世界性病害。寄主有桃、油桃、杏、巴丹杏、樱桃、梅、李、桂樱等果树。

【症状】 桃真菌性穿孔病为害叶片、花果和枝梢。叶片染病，病斑初为圆形，呈紫色或紫红色，逐渐扩大为近圆形或不规则形，直径 2 ~ 6 mm，后变为褐色，湿度大时在叶背长出黑色霉状物即病菌子实体，有的延至脱落后产生，病叶脱落后才在叶上残存穿孔。花、果实染病，果斑小而圆，紫色，凸起后变粗糙，花梗染病，未开花即干枯脱落。新梢发病时，呈现暗褐色，具红色边缘的病斑，表面有流胶。较老的枝条，由于病原菌的作用，形成瘤状物。瘤为球状，占枝条四周面积 1/4 ~ 3/4，在较细的枝条，直径约 5 mm，较大的枝条可达 1 cm。

桃真菌性穿孔病叶面病斑

桃真菌性穿孔病病果表面病斑

桃真菌性穿孔病叶面和果实病斑

桃真菌性穿孔病叶片穿孔

桃真菌性穿孔病为害当年幼枝

桃真菌性穿孔病病斑

桃真菌性穿孔病病叶

【病原】 病原菌有多种。

1.嗜果刀孢菌[*Clasterosporium carpophilum*（Lew.）Aderh.] 属半知菌真菌，异名*Coryneum beyerinckii* oud。子座小、黑色，从子座上长出的分生孢子梗丛生，短小；分生孢子长卵形至梭形，褐色，具1～6个分隔，多为2～3个，大小为（23～62）μm×（12～18）μm。菌丝发育适温为19～26℃，最高为39～40℃，最低为5～6℃。据国外报道，有性阶段为贝加林斯基囊孢菌[*Aswspora beijerinckii* Vuilleman（Existenze fragl.）]，属子囊菌门假球壳菌目球腔菌科。

2.核果尾孢霉（*Cercospora circumscissa* Sacc.） 属半知菌真菌，异名*Cercospora cerasella* Sacc.，*Cercospora padi* Bubak et Sereb.，有性世代为*Mycosphaerella cerasella* Aderh.，称樱桃球腔菌，属子囊菌门真菌。分生孢子梗浅橄榄色，具隔膜1～3个，有明显膝状屈曲，屈曲处膨大，向顶渐细，大小为（10～65）μm×（3～5）μm；分生孢子橄榄色，倒棍棒形，有隔膜1～7个，大小为（30～115）μm×（2.5～5）μm。子囊座球形或扁球形，生于落叶上，大小为72μm；子囊壳浓褐色，球形，多生于组织中，大小为（53.5～102）μm×（53.5～102）μm，具短嘴口；子囊圆筒形或棍棒形，大小为（28～43.4）μm×（6.4～10.2）μm；子囊孢子纺锤形，大小为（11.5～17.8）μm×（2.5～4.3）μm。

【发病规律】 以菌丝体在病叶或枝梢病组织内越冬，翌年春气温回升，降水后产生分生孢子，借风雨传播，侵染叶片、新梢和果实。以后病部产生的分生孢子进行再侵染。病菌发育温度极限为 7～37 ℃，适温为 25～28 ℃。低温多雨有利于病害发生和流行。

【防治方法】

（1）农业防治。加强桃园管理。桃园注意排水，合理修剪，增强通透性。剪除病枝、枯枝，清除僵果、残桩、落叶，集中深埋。增施有机肥，配方施肥，避免偏施氮肥，增强树势，提高树体抗病力。生长期剪除枯枝，摘除病果，防止再侵染。采用果实套袋可以有效减少病果。

（2）药剂防治。落花后，病害发生初期时，喷洒 70% 代森锰锌可湿性粉剂 500 倍液或 70% 甲基硫菌灵超微可湿性粉剂 1 000 倍液、75% 百菌清可湿性粉剂 700～800 倍液、10% 苯醚甲环唑水分散粒剂 1 500～2 000 倍液、50% 异菌脲可湿性粉剂 1 000～1 500 倍液、60% 吡唑醚菌酯·代森联水分散粒剂 1 000～2 000 倍液，间隔 7～10 d 防治 1 次，共防 3～4 次。

（七）桃缩叶病

桃缩叶病在我国南北方均有发生，尤其以春季潮湿的沿海和滨湖等高湿地区发生较重。桃树早春发病后，引起初夏早期落叶，不仅影响当年的产量，而且还严重影响翌年的花芽形成。如连年严重落叶，则树势削弱，导致过早衰亡。寄主除桃树外，还有和桃近缘的油桃、巴丹杏、碧桃、樱桃、杏、李等。

桃缩叶病初期为害叶片状

桃缩叶病后期病斑

【症状】 桃缩叶病主要为害桃树幼嫩部分，以侵害叶片为主，严重时也可为害花、嫩梢和幼果。

1. **叶片** 春季嫩梢刚从芽鳞抽出时被侵害的嫩梢显现卷曲状，颜色发红。随着叶片逐渐开展，卷曲皱缩程度也随之加剧，叶片增厚变脆，并呈红褐色，严重时全株叶片变形，枝梢枯死。春末夏初在叶表面生出一层灰白色粉状物，即病菌的子囊层。最后病叶变褐，焦枯脱落。叶片脱落后，腋芽常萌发抽出新梢，新叶不再受害。

2. **枝梢** 枝梢受害后呈灰绿色或黄色，较正常的枝条节间短，而且略为粗肿，其上叶片常丛生。严重时整枝枯死。

3. **花果** 花、果实受害后多半脱落，花瓣肥大变长，病果畸形，果面常龟裂。

【病原】 病原菌为畸形外囊菌［*Taphrina deformans*（Berk.）Tul.］，属于子囊菌门。病菌有性阶段形成子囊及子囊孢子。子囊裸露无包被，排列成层，生于叶片角质层下。子囊圆筒形，上宽下狭，顶端平削，无色，大小为（16.2～40.5）μm×（5.4～8.1）μm。子囊下部有足胞，圆筒形，无色。子囊内含有 4～8 个子囊孢子。子囊孢子无色，单胞，椭圆形或圆形，直径为 1.9～5.4 μm。子囊孢子还可在子囊内或子囊外芽殖，产生芽孢子。芽孢子卵圆形，可分为薄壁与厚壁两种，前者能直接再芽殖，而后者能抵抗不良环境，可用以休眠，日本试验记录可存活 11 年。此菌芽殖最适温度为 20 ℃，最低为 10 ℃，最高为 26～30 ℃。侵染最适温度为 10～16 ℃。

【发病规律】 病菌主要以厚壁芽孢子在桃芽鳞片上越冬，亦可在枝干的树皮上越冬，到翌年春季桃芽萌发时，芽孢

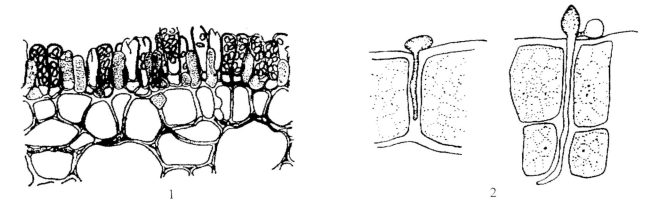

桃树缩叶病病菌
1.子囊及子囊孢子　2.芽孢子侵入叶片角皮层

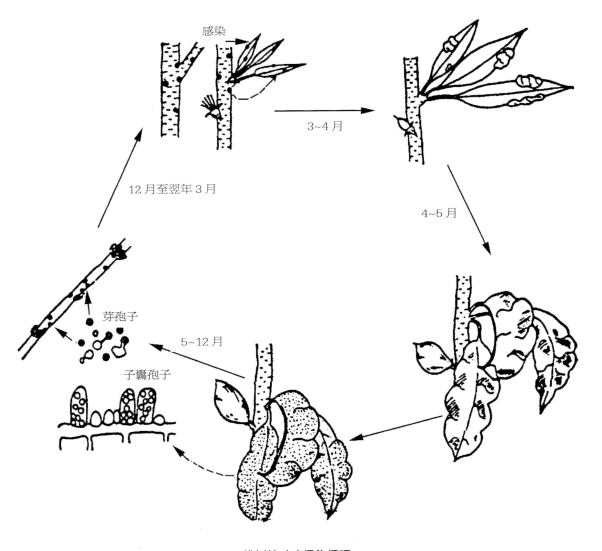

桃树缩叶病侵染循环

子即萌发，由芽管直接穿过表皮或由气孔侵入嫩叶（成熟组织不受侵害）。在幼叶展开前由叶背侵入，展叶后从叶正面侵入。病菌侵入后菌丝在表皮细胞下及栅栏组织细胞间蔓延，刺激中层细胞大量分裂，胞壁加厚，叶片由于生长不均而发生皱缩并变红。初夏则形成子囊层，产生子囊孢子和芽孢子。芽孢子在芽鳞和树皮上越夏，在条件适宜时继续芽殖，但由于夏季温度高，不适于孢子的萌发和侵染，即或偶尔有侵入，为害也不显著。所以该菌一般没有再次侵染。

早春低温多雨的地区，如滨湖及海边地区，桃缩叶病往往较重，早春温暖干旱则发病较轻。病害一般在 4 月上旬开始发生，4 月下旬至 5 月上旬为发病盛期，6 月气温升高，发病渐趋停止。8 月下旬至 9 月下旬的秋季，如气候与早春相似，也会轻微地发生。由于病菌在树枝上可残存 1 年以上，上年病重、残留病菌多，翌年发病也重。品种间以早熟品种发病较重，中晚熟品种发病较轻。毛桃一般比优良品种更易感病。

【防治方法】

1. **药剂防治**　在桃芽开始萌动、鳞片欲张而未张开，花瓣露红（未展开）时，喷洒 1 次 2°~3° Bé 石硫合剂或 1：1：100 倍式波尔多液，防治树上越冬病菌的效果很好。也可喷布 45% 晶体石硫合剂 30 倍液、70% 代森锰锌可湿性粉剂 500 倍液、70% 甲基硫菌灵可湿性粉剂 1 000 倍液等。注意用药要周到细致。桃树发芽后，一般不需再喷药。

2. **加强果园管理**　在病叶初见而未形成白粉状物之前及时摘除病叶，集中深埋，可减少当年的越冬菌源。发病较重的桃树，由于叶片大量焦枯和脱落，应及时增施肥料，加强培育管理，促使树势恢复。

（八）桃霉心病

桃霉心病又叫心腐病，在中华寿桃等品种中发生普遍。

【症状】　病菌主要为害果实。发生霉心病时外观症状不明显，较难识别。发病初期，在果实心室与萼筒相连的一端出现淡褐色、不连续的点状或条状小斑，逐渐扩展形成不规则黑褐色斑块，导致心室壁变色。有的病果在心室内出现灰白色、褐色霉变。

【病原】　对桃霉心病病果进行分离、接种、再分离得到菌株，并对该菌株进行室内药效试验。结果表明：该菌株为链格孢 *Alternaria*.sp，经对中华寿桃进行接种试验，刺伤和非刺伤均可发病。

【发病规律】　桃霉心病菌大多是弱寄生菌，在枝干、芽体等多个部位存活，也可在树体上及土壤等处的病僵果或坏死组织上存活，病菌来源十分广泛。翌年春季开始传播侵染，病菌随着花朵开放首先在柱头上定殖，落花后病菌从花柱开始向萼心间组织扩展，然后进入心室，导致果实发病。有的霉心果实因外观无症状而被带入贮藏库内，遇适宜条件将继续霉烂。

桃霉心病病果

【防治方法】

1. **农业防治**　冬季认真做好清园工作，彻底剪除病枯枝，并在修剪口及时涂抹愈伤防腐膜，保护修剪口快速愈合，隔离病菌感染。收集树上、地面上的僵果并集中处理，以减少越冬菌源，减轻翌年发病程度。加强栽培管理，科学施用肥料，以增强树势，提高树体抗病能力。开花前彻底清除树上修剪下的枝梢、落叶等枯死组织。

2. **药剂防治**　它是有效控制桃霉心病的主要措施，关键在喷药时间。在初花期，谢花达 70%~80% 时可选用 70% 甲基硫菌灵 1 000 倍液防治。花期用药，时间越早效果越好，完全落花后喷药几乎无效。上年发生较重的果园可在落花期选用 1.5% 多抗霉素 300 倍液防治。防治桃霉心病应该在花气球期（花膨大尚未开花）、盛花期、花后幼果期（谢花后 7~10 d）及时进行几个关键环节喷药防治。室内测定，腐霉利和异菌脲有较好的抑菌作用。

（九）桃煤污病

桃煤污病又名煤烟病，为害桃树叶片、果实和枝条。

桃煤污病病果（1）

桃煤污病病果（2）

【症状】 被害处初现污褐色圆形或不规则形霉点，后形成煤烟状黑色霉层，部分或布满叶面、果面及枝条。严重时看不见绿色叶片及果实，影响光合作用，降低果实商品价值。

【病原】 其病原为真菌，导致煤污的病原菌有多种，主要有三种：*Aureobasidium pullulans*（de Bary）Arn.，称为出芽短梗霉；*Cladosporium herbarum*（Pers.）Link. 称为多主枝孢（草本枝孢）；*Cladosporium macrocarpum* Preuss 称为大孢枝孢，均属半知菌类真菌。多主枝孢菌分生孢子梗直立，褐色或榄褐色，单枝或稍分枝，上部稍弯曲，顶生分生孢子呈短链状、椭圆形，具 1～3 个隔膜，大小为（10～18）μm×（5～8）μm。大孢枝孢菌菌丝铺展状，分生孢子梗褐色，簇生或单枝，微弯曲，分生孢子椭圆形，具 2 个或多个隔膜，淡褐色。此外，还有 *Alternaria alternata* 链格孢、*Chaetasbolisia microglobulosa* 炱壳小圆孢，均可致桃煤污病。不同地区桃树上煤污菌种群组合不尽相同，孢子在叶面上多呈不均匀分布。在不同地区菌种群的组合不尽相同。

【发病规律】 病菌以菌丝体和分生孢子在病叶上、土壤内及植物残体上越过休眠期。翌年春产生分生孢子，借风雨或蚜虫、介壳虫和粉虱等昆虫传播蔓延。湿度大、通风透光性差及蚜虫等刺吸式口器昆虫多的油桃园，往往发病重。

【防治方法】 桃煤污病的出现是与虫害密不可分的，在防治霉污病时，要先防治蚜虫、介壳虫等虫害。

1. 虫害防治 温室、大棚栽培桃和油桃，提倡采用 40 目（1 英寸长度有多少孔数）的防虫网。棚内黄板诱杀。喷施 10% 吡虫啉可湿性粉剂 3 000 倍液、3% 啶虫脒乳油 2 000 倍液、25% 扑虱灵 1 000 倍液均有较好的防效。

2. 病害防治 进行农业防治，改善桃园小气候，雨后及时排水，增强通透性，防止湿气滞留。防治发病初期，可选用 40% 多菌灵胶悬剂 600 倍液、50% 多霉灵（乙霉威、万霉灵）可湿性粉剂 1 500 倍液、65% 抗霉灵可湿性粉剂 1 500～2 000 倍液、50% 苯菌灵可湿性粉剂 1 500 倍液等药剂，每 15 d 喷洒 1 次，共喷 1～2 次。

（一〇）桃青霉病

【症状】 桃青霉病又称水烂病。为害近成熟或成熟期的果实。发病初期，果实局部腐烂，果面出现淡黄色或淡褐色圆形水渍状病斑，成圆锥状深入果肉。条件适宜时病部扩展迅速，10 余天即全果腐烂。湿度大时，病斑表面产生小瘤状霉块。菌丝初白色，后变为青绿色粉状物（即病菌分生孢子梗和分生孢子），易随气流扩散。腐烂的果肉具强烈的霉味。

【病原】 *Penicillium expansum*（Link.）Thom. 称扩展青霉，属半知菌真菌。菌落粒状，粉层较薄，灰绿色，背面无色，白色边缘宽 2～2.5 mm，灰白色。帚状枝不对称。分生孢子梗直立，具分隔，顶端 1～2 次分枝，小梗细长，瓶状；梗顶念珠状串生分生孢子，无色，单胞，圆形或扁圆形。分生孢子集结时呈青绿色。

【发生规律】 此病主要发生在贮藏运输期间。病菌经伤口侵入致病。也可由果柄和萼凹处侵入，很少经果实皮孔侵入。病菌孢子能忍耐不良环境条件，随气流传播，也可通过病、健果接触传病；分生孢子落到果实伤口上，便迅速萌发，

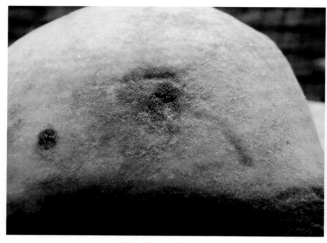

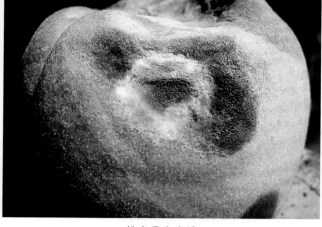

桃青霉病初期病斑　　　　　　　　　　　　　　　桃青霉病病果

侵入果肉，分解中胶层，致细胞离解，使果肉软腐。气温 25 ℃ 左右，病害发展最快；0 ℃ 时孢子虽不能萌发，但侵入的菌丝能缓慢生长，果腐继续扩展；靠近烂果的果实，如表面有刺伤，烂果上的菌丝会直接侵入健果而引起腐烂。在贮藏期及末期，窖温较高时病害扩展快，在冬季低温下病果数量增长很少。分生孢子萌发温限为 3 ～ 30 ℃，适温为 15 ℃；相对湿度大于 90% 则不能萌发，最适 pH 值为 4。菌丝生长温度范围为 13 ～ 30 ℃，适温为 20 ℃。

【防治方法】

1. **防止碰伤果皮，减少伤口**　桃青霉病病菌多从伤口侵入，因此在果实采摘、堆放、分级、搬运及贮藏过程中，要尽量避免碰伤、刺伤、挤压果实，造成伤口。如发现伤果，及时拣出处理。

2. **贮藏库保持清洁卫生**　入库前进行果库消毒；贮藏期间控制库内温度，使保持在 1 ～ 2 ℃；经常检查，发现烂果及时拣除。

3. **采用单果包装**　包装纸上可喷洒保鲜剂液或其他挥发性杀菌剂。

4. **热水处理**　为了寻找一种能够代替化学杀菌剂控制桃果采后病害的方法，有研究在测定不同温度、不同时间热水处理对桃果青霉病抑菌效果的基础上，选择 54 ℃、2 min 的条件对桃果进行热水处理，处理后的桃果放在 20 ℃ 下贮藏 7 d 或在 4 ℃ 下贮藏 30 d，再转移到 20 ℃ 下贮藏 7 d，观察桃果的腐烂情况，并对桃果的贮藏品质指标进行检测。试验结果表明：热水处理能够有效地起到控制桃果采后病害的作用，热水处理对桃果的失重率、硬度、总可溶性固形物含量、抗坏血酸含量、可滴定酸度等水果品质没有显著的不利影响。热水处理可以显著抑制扩展青霉孢子的萌发及芽管的延长。因此，54 ℃、2 min 热水处理是一种能代替化学杀菌剂而对桃果采后病害进行控制的有效方法，可以试用。

（一一）桃黑根霉软腐病

桃黑根霉软腐病病组织极软，农民称之为"水烂"。它是在采收以后发生于运输、贮藏和销售期间的主要病害。本病传染力很强，一箱桃果如有一个发生病害，1 ～ 2 d 后邻近的果实也都发病，病果落地如烂泥。桃和其他果实类、蔬菜类均可受害。

【症状】　进入成熟期的桃果或运销期的果实受害，开始果面出现浅褐色、水渍状、近圆形病斑。病斑很快长出棉毛状霉，是病菌的菌丝、孢囊梗和孢子囊，6 ～ 7 h 后孢子囊成熟变成黑色。病斑扩展极快，1 d 蔓延到半个果面，2 ～ 3 d 整果腐烂。果实全面发生绢丝状、有光泽的长条形霉。接着产生黑色孢子，因而外观似黑霉。

【病原】　本病的病原菌为匍枝根霉菌［*Rhizopus stolonifer*（Ehrenb. ex Fr.）Vuill.］，属接合菌门接合菌纲根霉属。病菌形成孢囊孢子和接合孢子。孢囊孢子萌发后形成没有隔膜的菌丝。菌丝体匍匐状，以假根着生于寄主体内，菌丝从此部位伸长形成孢囊梗，顶端长出孢囊。孢囊直径 60 ～ 300 μm，黑褐色，内含孢囊孢子。孢子球形、椭圆形或卵形，带褐色，表面有纵向条纹，大小为 5.5 ～ 13.5 μm。这是无性阶段，病菌以此来繁殖。接合孢子由正菌丝和负菌丝接合产生，呈球形，黑褐色，不透明，直径 160 ～ 220 μm，表面密生乳状突起。接合孢子萌发，形成孢囊。这种孢子萌发转为无性阶段繁殖。正菌丝和负菌丝则进行有性阶段繁殖。

桃黑根霉软腐病症状

桃黑根霉软腐病为害桃果（1）

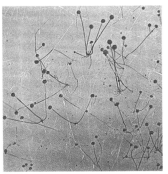

桃黑根霉软腐病病菌孢囊梗
与包囊孢子

桃黑根霉软腐病为害桃果（2）

桃黑根霉软腐病为害桃果（3）

【发病规律】 病菌通过伤口侵入成熟果实。孢囊孢子借气流传播，病果与健果接触，也能感染此病，而且传染性很强。高温高湿特别有利于病害发展。

【防治方法】
（1）果实成熟要及时采收。
（2）在采收、贮藏、运输过程中，注意防止机械损伤。
（3）最好在0～3℃低温下进行贮藏和运输。

（一二）桃黑曲霉病

桃黑曲霉病为害状（1）

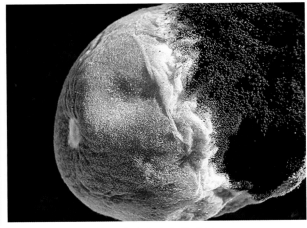

桃黑曲霉病为害状（2）

【症状】　本病只为害成熟期前后的果实。病斑多以伤口为中心开始发生，发病初期形成近圆形淡褐色腐烂病斑，略凹陷；病斑逐渐扩大，成为近圆形淡褐色软腐，明显凹陷；病斑表面从中央开始逐渐产生黑褐色霉层；病斑扩展迅速，很快导致果实大部分或全部软腐，最后形成黑褐色"霉球"。

【病原】　病原菌是黑曲霉 *Aspergillus niger* V. Tiegh，属半知菌丝孢纲。

【发病规律】　病原菌在自然界广泛存在，借气流传播，主要从伤口侵染为害。果实近成熟后受伤是导致该病发生的主要因素。黑曲霉菌是一种喜温、好湿的弱寄生菌。21～38℃的高温最有利此菌的扩展。因而，此病常见于温热的地区。黑曲霉的侵染需要伤口和很高的湿度。病菌的分生孢子存在于各种基质，甚至空气中，但只有果皮破裂才受感染。

【防治方法】　收获时箱内铺纸，避免碰伤；发现箱中病果，应尽快清除，以免传染。

（一三）桃炭疽病

桃炭疽病是桃树果实上的主要病害之一，在我国桃区分布较广，尤以江淮流域桃产区发生较重。该病主要为害果实，流行年份造成严重落果，是桃树生产上威胁较大的一种病害。特别是幼果期多雨潮湿的年份，损失更为突出。

桃炭疽病为害桃幼果（1）

桃炭疽病为害桃幼果（2）

桃炭疽病为害成果（后期）

桃炭疽病为害新梢

【症状】　炭疽病主要为害果实，也能侵害叶片和新梢。

1. **幼果**　硬核前幼果染病时，初期果面呈淡褐色水渍状斑，继后随着果实膨大病斑也扩大，呈圆形或椭圆形，红褐色并显著凹陷。幼果上的病斑，可顺着果面增大并到达果柄，逐渐发展到果枝，使新梢上的叶片纵向往上卷，这是本病特征之一。

气候潮湿时在病斑上长出橘红色小粒点，即病菌分生孢子盘。被害果除少数干缩残留树梢外，绝大多数都在5月间脱落，这是桃树被害前后引起脱落最严重的一次，严重时落果占全树总数80%以上，个别果园甚至全部落光。

2. 成果 果实近成熟期发病，果面症状除与前述相同外，其特点是果面病斑显著凹陷，呈明显的同心环状皱缩，并常愈合成不规则大斑，最后果实软腐，多数脱落。

3. 新梢 新梢被害后，出现暗褐色略凹陷的长椭圆形病斑。气候潮湿时，病斑表面也可长出橘红色小粒点。病梢多向一侧弯曲，叶片萎蔫下垂纵卷成筒状。严重的病枝常枯死。在芽萌动至开花期间枝上病斑发展很快，当病斑环绕一周后，其上段枝梢即枯死。因此，炭疽病严重的桃园在开花前后还会出现大批果枝陆续枯死的现象。

4. 叶片 发病产生近圆形或不规整淡褐色的病斑，病健分界明显，后病斑中部褪色，呈灰褐色或灰白色，在褪色部分，有橘红色至黑色的小粒点长出。最后病组织干枯、脱落，造成叶片穿孔。

【病原】 病原菌无性世代为盘长孢状刺盘孢（*Colletotrichum gloeosporioides* Penz），也有报道尖孢炭疽菌（*Colletotrichum acutatum* Simmonds）也可为害桃果实，属半知菌亚门。病部所见橘红色的小粒点为病菌分生孢子盘。分生孢子梗无色、单胞、线状，集生于分生孢子盘内，大小为（17～26）μm×（4～5）μm，顶生分生孢子。分生孢子长椭圆形，单胞，内含两个油球，大小为（16～23）μm×（6～9）μm。有性世代为桃炭疽菌（*Glomerella persicae* Hara），属子囊菌门。病菌发育最适温度为24～26℃，最低为4℃，最高为33℃。分生孢子萌发最适温度为26℃，最低为9℃，最高为34℃。

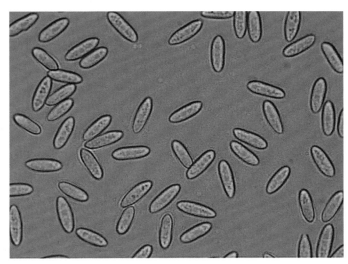

桃炭疽病分生孢子（尖孢炭疽菌）

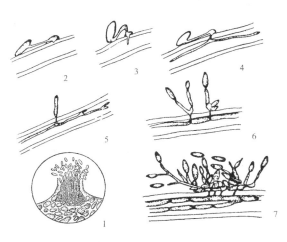

炭疽病病菌
1.分生孢子盘及分生孢子 2～4.分生孢子侵入
茸毛 5～7.孢子块的形成

【发病规律】 病菌主要以菌丝体在病梢组织内越冬，也可在树上僵果中越冬。翌年越冬病枝在开花期间产生分生孢子，孢子随雨滴落到幼果和嫩叶上，侵害新梢和幼果，引起初次侵染。该病为害时间较长，在桃的整个生长期间都可侵染为害。浙江省一般在4月下旬，幼果开始发病，5月为发病盛期，受害最烈，常造成大量落果，6月病情基本停止发展。但果实接近成熟如遇高温多雨气候，发病也严重。北方一般于5～6月间开始发病，若果实成熟期多雨，发病常严重。枝上有病僵果，树果实呈圆锥形，成片发病，这是雨媒传播病害的特征。阴雨连绵，天气闷热时容易发病，在连续阴雨或暴雨之后病害往往有一次暴发；园地低湿、排水不良、修剪粗糙、留枝过长过密、树势衰弱时发病严重，一般近海及江、河、湖泊的果园发生常较重。病菌生长的最适温度为25℃，低于12℃或高于33℃时很少发生。本病在上海地区一年有3次发病过程：在3月中旬到4月上旬，主要发生在结果枝上，造成果枝大批枯死；5月中上旬，主要发生在幼果上，造成幼果大量腐烂和脱落；6～7月果实成熟期间，一般发生较轻。全年以幼果阶段受害最重，如果早春枝梢上发病时不注意防治，病原菌大量繁殖后，到幼果阶段遇到连续阴雨、天气闷热的适宜条件，往往会突然暴发，严重时产量可损失70%～90%。孢子落到幼果面上，在茸毛表面萌发，形成附着胞和菌丝，菌丝先在寄主细胞间蔓延，后在表皮下形成分生孢子盘及分生孢子，成熟后突破表皮，孢子盘外露，分生孢子被雨水或昆虫传播，引起再次侵染。该病发生与品种、气候有关，其中高温是发病的先决条件。

【防治方法】 在芽萌动到开花期及时剪去陆续出现的枯枝，在果实最易感病的4月下旬至5月进行喷药保护。

1. 减少菌源 结合冬季修剪，彻底清除树上的枯枝、僵果和地面落果，集中深埋，以减少越冬菌源。此外，多年生的衰老枝组和细弱枝组容易积累和潜藏病原，也宜剪除。对过高和过大的树冠应予回缩，以利于枝组的更新复壮和清园、喷药工作的进行。芽萌动至开花前后要反复地剪除陆续出现的病枯枝，并及时剪除以后出现的卷叶病梢及病果，防止病部产生孢子，进行再次侵染。

2. **药剂防治** 重点是保护幼果和防治越冬菌源。抓紧在雨季前和发病初期进行。芽萌动期可喷 1：1：100 倍式波尔多液或 3°～4° Bé 石硫合剂。落花后至 5 月下旬，隔 10 d 左右喷药 1 次，共喷 3～4 次。其中以 4 月下旬至 5 月上旬的两次喷药最重要。药剂可用 70% 甲基硫菌灵可湿性粉剂 1 000 倍液、75% 百菌清可湿性粉剂 800 倍液。

3. **加强果园管理** 注意果园排水，降低湿度，增施磷、钾肥料，提高植株抗病力。

4. **果园内套袋管理** 时间要适当提早，以在 5 月上旬前套完为宜。套袋前应先摘除病果，喷 1 次杀菌剂，后进行套袋。

（一四）桃根腐病

桃根腐病是由真菌引起的病害。在河南省三门峡、河北邯郸桃产区一般病株率为 10%～20%，严重的桃园病株率高达 40%，严重地影响着果农的生产和经济收入。

桃根腐病树梢叶片枯萎　　　桃根腐病树梢叶　　　桃根腐病树梢落叶

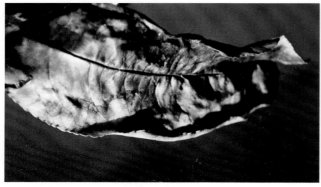

桃根腐病叶片枯干　　　桃根腐病叶片枯斑

桃根腐病叶片叶缘和叶中部枯斑　　　桃根腐病为害桃树幼树：枯死

桃根腐病根内部变黄褐色

桃根腐病根部枯死

【症状】 桃树感病后叶片发黄，叶片、幼果大量脱落，病树的枝干或全株逐渐枯死。叶片局部变褐色或黄褐色，呈不规则的坏死斑块，随后叶片萎蔫凋落，挖开病树根系观察，一般都能看到腐烂变褐的根，通常是从小根发展到大根，或者从根的伤口向其他部分蔓延。在初期病根常常与病枝在同一个方向。多数病株叶落成枯枝后，当年不全株死亡，过了发病期后仍能发生新根，发芽展叶，但翌年病害仍会复发，很少开花结果，2～3年后全株枯死。

【病原】 *Fusarium oxysporum* Schlecht 称尖镰孢菌，用病组织在 PDA 上培养病菌单细胞，椭圆形至卵形，大小为（6.25～22.5）μm×（2.5～5）μm，透明，镰刀形，细长或短粗，分生孢子具隔膜1～5个，1～2个隔膜的大小为（12.5～38.75）μm×（2.5～5）μm；3～5个隔膜大小为（27.5～53.75）μm×（3.75～6.25）μm；厚垣孢子圆形至椭圆形，透明至浅灰色，表面光滑，顶生或尖生，大小为6.3～12.2 μm。病菌为土壤习居菌，营腐生生活，当根系生长衰弱时，抗病能力下降，病菌乘机侵入引起发病。

【发病规律】 该病一般在每年4月初树体发生症状，5月下旬小麦变黄成熟时，也是桃树根腐病发病盛期，在很短的时间内（一般10～20 d）枝、叶逐渐枯萎，特别是雨后晴天或刮大风后，萎蔫更明显。7月树体重新萌发新的大量树梢，以后每年如此发生，并依次加重。该病在黏性土壤的桃园发病较重，沙质土壤的桃园较轻。中熟品种发病率较高，早熟和晚熟的品种发病率低，前茬作物为棉花或间作种植过棉花的发病率高。发病植株的叶片叶肉褪色呈浅黄色，并且大量脱落。同时幼果大量脱落或变为僵果，存留下来也表现早熟、果小、品质差。该病害有整株发病的，有的某一主干首先发病但可维持1～3年，渐次蔓延全株，最后枯死。此病一般在4月中下旬开始发生，5月发病最多。这时天气阴湿，气温15～20℃，发病非常迅速。有的桃树从发病到全株树叶凋落只需7～14 d。6月发病减少。在7～8月高温（25～30℃）多雨季节并不发病。5月发病的树，如果未枯死，到7～8月下部枝干也能重新发芽展叶，不表现新病状。

【防治方法】 桃树根腐病是一种由真菌引起的维管束病害，果树发病后较难防治，应该采取综合防治技术。

1. **加强管理** 新栽植地区应坚持深挖坑，增施有机肥，氮、磷、钾配合，为幼苗根系生长创造良好条件，尽可能减少发病。小树应促根发苗，大树要合理负载，防止树势衰弱，加强肥水管理，适时修剪，防止徒长和粗放管理。

2. **深翻晒土** 桃园春秋两季深翻晒土。桃园春秋两季进行深翻晒土可以起到除草、保水、增温、防治土壤中菌核菌丝作用，有利于根系生长发育，提高树体抗病能力。

3. **树穴消毒** 对于上年已发病死亡的树穴，在定植前每穴用1～1.5 kg消石灰杀菌消毒，定植前用50%多菌灵可湿性粉剂500～600倍液，蘸根消毒防治根腐病发生。每年坚持树下用50%多菌灵可湿性粉剂600倍液灌施1～2次，预防病害发生。坚持全年检查，春秋为主，发现一株治疗一株，防治病害扩散。

（一五）桃木腐病

桃木腐病别名心腐病，主要为害桃树的枝干和心材，为老桃树上普遍发生的一种病害。被害桃树树势衰弱，叶色发黄，早期落叶，严重时全树枯死。

【症状】 桃树木腐病又称心腐病，主要为害桃树的枝干和心材，引起心材腐朽。发病树木质部变白疏松，质软且脆，

桃木腐病树干腐朽　　　　　　　　　　　　　　　桃木腐病子实体

腐朽易碎。病部表面长出灰色的病原菌子实体,多由锯口长出,少数从伤口或虫口长出,每株形成的病原菌子实体一至数十个。以枝干基部受害重,常引致树势衰弱,叶色变黄或过早落叶,引起产量降低或不结果。

【病原】　暗黄层孔菌（Fomes fulvus）、多毛检菌（Trametes hispida）、单色云芝（Polystictus unicolor）等,属真菌界担子菌门真菌。

【发病规律】　病原菌在受害枝干的病部越冬,条件适宜时产生大量担孢子,借风雨传播飞散,经锯口、伤口侵入。病原菌侵入后在木质部内扩展为害,引起木质部腐朽。衰弱树、老龄树受害严重。

【防治方法】
1. **农业防治**　发现病死及衰弱的老树,应及早挖除处理。对树势较弱的桃树,应增施有机肥,以增强抗病力。发现病树长出子实体后,应立刻削掉,集中处理,并涂抹愈伤防腐膜来保护伤口。防止病菌的侵染,也可防雨水、灰尘等对伤口造成的伤害,促进伤口愈合。
2. **药剂防治**　桃红颈天牛、吉丁虫等蛀干害虫所造成的伤口是病菌侵染的重要途径,因此减少其为害所造成的伤口,便可减轻病害的发生。在桃树萌芽前全树均匀喷洒杀菌剂,铲除浅层病菌。对锯口涂抹愈伤防腐膜,可保护伤口不受病菌侵染,有效预防木腐病的发生。

（一六）桃酸腐病

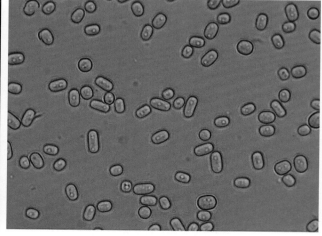

桃酸腐病病果　　　　　　　　　　　　　　　桃酸腐病病菌分生孢子

桃酸腐病又称白霉病，是桃成熟期和贮藏期常见的病害之一。

【症状】　桃酸腐病在果皮伤口处产生水渍状淡黄色至黄褐色圆形病斑，极柔软多汁，轻擦果皮，其外表皮极易脱离。迅速扩展至全果腐烂，组织分解溃散，流出汁液，病果变为黏湿一团，并发出强烈的酸臭气味，后期病果上偶尔可长出很薄的白色霜状菌丝膜。

【病原】　病原菌为白地霉（*Geotrichum candidum* Link et Magazin），该菌有少量气生菌丝，分生孢子梗侧生于菌丝上，分枝少，无色。分生孢子 10 ~ 20 个串生于分生孢子梗上，长圆形至圆筒形，两端钝圆或平切状，有时为球形，单胞，无色，含油球和颗粒状物，大小为（7 ~ 18）μm×（5 ~ 8）μm。老菌丝可分裂成无数的球形至圆筒形孢子或孢子状细胞，大小为（8.4 ~ 25.2）μm×（4.6 ~ 8.4）μm。

【发病规律】　桃酸腐病病菌为腐生菌，果实成熟期和贮藏期间从果皮伤口侵入。在高温密闭条件下，溃烂病果流出含有大量分生孢子的汁液污染健果，会重复侵染。病果散发出的酸臭气味会招引果蝇舔食和产卵，也可能有助于孢子的扩散和传播。

病菌需要相对稍高的温度，在 26.5 ℃时生长最快，15 ℃以上才引起腐烂，10 ℃以下腐烂发展很慢，在 24 ~ 30 ℃的温度和较高的湿度下，5 d 内病果全腐烂，并且邻近果实也会因接触而感染受害；病菌虽为伤夷菌，但对伤口浅的果实不易很快入侵，故一些刺吸式口器的昆虫，如吸果夜蛾在造成伤口方面起较大作用；未成熟果实具有抗性，成熟或过熟的果实则易感病。

【防治方法】　采用药剂防治吸果夜蛾或采收时不用尖头剪刀、小心避免造成伤口；低温贮运，一般果温低于 10 ℃几乎可完全抑制桃酸腐病。

（一七）桃树白纹羽病

桃树白纹羽病分布于全国各地，是果树主要的根部病害之一。本病寄主范围很广，包括木本树木、蔬菜和禾本科作物共 34 科 60 种植物。在果树方面，可为害苹果、梨、桃、李、梅、杏、樱桃、葡萄、柑橘、柿、板栗等。

【症状】　在潮湿情况下，被感染的根表面病菌形成许多菌丝，呈白色羽绒状。菌丝多沿小根生长，通常在根周围的土粒空间形成扁的菌丝束，后期菌丝束颜色变暗，外观为茶褐色或褐色。病菌在被感病的植株上迅速生长，产生细小的白色菌丝迅速覆盖其上。病菌也产生菌核样块状物，出现在病组织的表面。初期，地上部分仅有些衰弱，外观与健全树无异。待地上部出现树枝过分衰弱、坐花过多、夏天萎凋、叶变黄等异常现象时，根部则已大部分受害。此时着手防治已为时过晚。所以病株枯死的多，为害也大。

桃树白纹羽病

【病原】　病原菌为褐座坚壳菌［*Rosellinia necatrix* (Hartig) Berlese］，无性时期为 *Dematophora* necatrix。子囊壳褐色至黑褐色，在寄主表面群生，直径 1 ~ 2 mm，用解剖镜可看见。菌丝初呈白色，很细，随后变灰褐色，在罹病根上形成根状菌丝束。菌丝束内部的菌丝呈白色。将根的皮层剥开，在形成层上有白色扇形菌丝束。菌丝隔膜处呈洋梨状膨大，这是本菌的特征。病菌生长最适温度为 25 ℃，最高为 30 ℃，最低为 11.5 ℃。

【发病规律】　病菌以菌丝体、根状菌索或菌核随着病根遗留在土壤中越冬。环境条件适宜时，菌核或根状菌索长出营养菌丝，首先侵害果树新根的柔软组织，被害细根软化腐朽以至消失，后逐渐延及粗大的根。此外，病健根相互接触也可传病。远距离传病，则通过带病苗木的转移。由于病菌能侵害多种树木，由旧林地改建的果园、苗圃地，发病常严重。

【防治方法】

1. **选栽无病苗木**　起苗和调运时应严格检验，剔除病苗，建园时选栽无病壮苗。如认为苗木染病时，可用10%硫酸铜溶液或20%石灰水溶液，70%甲基硫菌灵500倍液浸渍1h后再栽植。

2. **挖沟隔离**　在病株或病区外围挖1m以上的深沟进行封锁。防止病害向四周蔓延扩大。

3. **加强果园管理**　注意排除积水，合理施肥，氮、磷、钾肥要按适当比例施用，尤其应注意不偏施氮肥和适当增施钾肥，合理修剪，加强对其他病虫害的防治等。

4. **苗圃轮作**　重病苗圃应休闲或用禾本科作物轮作，5～6年后才能继续育苗。

5. **病树治疗**　对病轻的树可以用500倍液的50%甲基硫菌灵可湿性粉剂药液灌根。

（一八）桃树腐烂病

桃树腐烂病又名干枯病，是桃树上危害性很大的一种病害。分布于我国各桃产区。桃树被害后能引起枝条枯死，在大枝和树干形成溃疡病斑，如不及时治疗，则会很快造成整株死亡。该病除为害桃树外，李、杏、樱桃等核果类果树也会被害。

【症状】　桃树腐烂病主要为害主干和主枝，使树皮腐烂，导致枯枝死树，特别是在近地面西南方位的主干上发生多、为害大。病树自早春到晚秋都可发生，尤以4～6月发病最盛，为害也最烈。桃树被害后，初期症状比较隐蔽，一般表现为病部稍凹陷，外部可见米粒大的流胶，初为黄白色，渐变为褐色、棕褐色至黑色。胶点下的病皮组织腐烂，湿润，黄褐色，具乙醇气味。病斑的纵向扩展比横向快，不久即深达木质部。后期病部干缩凹陷，表面生有灰褐色钉头状突起的子座，如撕开表皮可见许多似眼球状的小突起，中央黑色，周围有一圈白色的菌丝环。随后，子座顶端突破表皮，空气潮湿时，便从中涌出黄褐色丝状孢子角。当病斑扩展包围主干一周时，病树就很快死亡。

桃树腐烂病为害树干

【病原】　病原菌为核果黑腐皮壳菌［*Valsa leucostoma*（Pers.）Fr.］，属子囊菌门。无性阶段为壳囊孢菌（*Cytospora* sp.），属半知菌类。病菌形成分生孢子、分生孢子器、子囊孢子、子囊壳等，在树皮组织内形成结构较复杂的子座，子座内有分生孢子器或子囊壳。分生孢子扁圆形或不规则形，散生或平行排列于子座中。子座中有分生孢子器1～6个分生孢子，呈香蕉形，稍弯，单胞，无色，大小为（5.5～7.0）μm×（0.8～1.1）μm。子囊壳也埋生在子座中，扁圆形、球形或不规则形，具长颈。子囊棍棒状或纺锤形，无色透明，顶端肥厚，大小为（25～30）μm×（5～7.3）μm。每一个子囊内含有8个子囊孢子，排列成双行。子囊孢子香蕉形，单胞，无色，比分生孢子大，大小为7.5～8.8μm。病菌发育最适温度为28～32℃，最高为37℃，最低为5℃。孢子萌发最适温度为18～23℃，最高为33℃，最低为8℃。

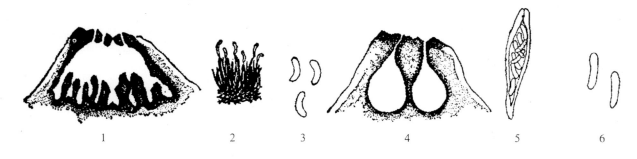

桃树腐烂病病菌
1.分生孢子　2.分生孢子梗及分生孢子　3.分生孢子　4.子囊壳　5.子囊　6.子囊孢子

【发病规律】 病菌以菌丝体、子囊壳及分生孢子器在树干病组织中越冬。翌年 3 ~ 4 月，分生孢子器吸水后分生孢子从孔口挤出，经雨水溶解后，借风雨和昆虫传播，从寄主伤口侵入，也可通过皮孔侵入。冻害造成的伤口是病菌侵入的主要途径。病害的发展以春秋两季最为适宜。秋末 11 月则进入休眠状态，翌年 3 ~ 4 月再行活动。5 ~ 6 月是病害发展的高峰期。高温时病害发展受到抑制。冻害及管理粗放是该病发生的诱因；施肥不当及秋雨多的年份，桃树休眠推迟，使树体抗寒力降低，易引起发病。另外，果园表土层浅、土地瘠薄的沙土，低洼排水不良及虫害重、结果过量，发病均重。

【防治方法】 防治桃树腐烂病的根本措施是加强管理，增强树势，提高树体抗病力，同时结合病斑治疗搞好果园卫生。

1. 农业防治 对主枝、侧枝上的早期病斑应及时用锋利刮刀将树干病皮表层刮去，一般要刮去 1 mm 表层活皮，到露出白绿色健皮为止，注意要刮净病变组织，并将刮下的有病组织拿出果园集中处理；对严重的病枝或将死亡的主干要及时锯掉，拿出果园处理；增施有机肥，适期追肥；合理科学疏果，调节好负载量，增强树势，以提高果树的抗病性；冬前及时将树干涂白，防止发生冻害；注意防治蛀干害虫，避免造成各种伤口。

2. 药剂防治 落叶后或发芽前，全园喷施 1 次 3° ~ 5° Bé 石硫合剂，铲除树体带菌；轻划病皮后涂内吸性较强的药剂，喷施具有渗透性、残效期长的杀菌剂，如 70% 甲基硫菌灵 1 000 倍液、70% 百菌清 1 500 倍液，杀灭树皮上潜伏的腐烂病菌，防止病菌侵染而引起再次发病；对刮除病组织的伤口要采取涂药杀菌措施，药剂可采用 5 ~ 10° Bé 石硫合剂，45% 晶体石硫合剂 20 倍液。

（一九）桃树干腐病

桃树干腐病，别名侵染性流胶病。

桃树干腐病侵染枝干

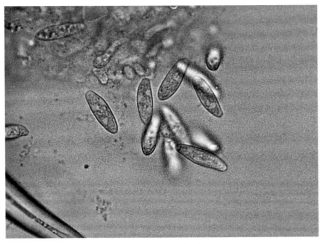

桃树干腐病子囊孢子

【症状】 本病主要为害枝干，也可侵染果实。病菌侵入桃树当年新梢，出现以皮孔为中心的瘤状突起病斑，直径 1 ~ 4 mm，当年不流胶，翌年 5 月瘤皮开裂溢出胶液，胶液为无色半透明黏质，变为茶褐色硬块；病部凹陷成圆形或不规则形斑块，上散生小黑粒点；为害多年生枝干时，呈现 1 ~ 2 cm 的水泡状隆起，病部均可渗出褐色胶液，引起枝干溃疡甚至枯死；桃果褐腐，密生小粒点，潮湿时流出白色块状物。

【病原】 病原是子囊菌门葡萄座腔菌（*Botryosphaeria dothidea*），该菌寄主范围广，能引起 20 多种植物（苹果、梨、杨、柳、柑橘、核桃等）病害。

【发病规律】 病原菌主要是由分生孢子通过水和风传播，雨天从病部溢出病菌，顺着枝干流下或随水溅附在新梢上，从皮孔、伤口侵入，成为新梢初次感病的主要菌源。当气温在 15 ℃左右时，病部即可渗出胶液。随着气温的上升，树体流胶点增多，病情逐步加重。该病一年有两个发病高峰期，分别在 5 月上旬至 6 月上旬和 8 月上旬至 9 月中旬，到 9 月下旬以后就不再侵染为害。病菌侵入最有利的时机是枝条皮层细胞逐渐木栓化、皮孔形成以后。一般在直立生长的枝干基部以上部位受害严重，侧生的枝干向地表的一面重于向上的一面；枝干分权处易积水的地方受害重；土质瘠薄，肥水不足，负载量大均可诱发该病；黄桃系统较白桃系统感病轻。

【防治方法】

1. **农业防治** 增施农家肥等有机肥料，科学使用氮、磷、钾肥；合理疏花、疏果，促使树势强壮，提高抗病能力；冬前及时将树干涂白，防止发生冻害；及时防治蛀干害虫，减少枝干受伤；冬季做好清园工作，清除病死枝干，减少园内病原菌越冬场所。

2. **药剂防治** 发现病斑及时治疗，因桃树极易受伤流胶，且伤口又不易愈合，所以干腐病斑不宜采用刮治，以直接涂药治疗为宜。发芽前全园喷施 1 次 2°～ 3° Bé 石硫合剂，铲除部分树上越冬病原菌；桃树落花 5 ～ 7 d 后，喷施 2 ～ 3 次杀菌剂，如 50%多菌灵可湿性粉剂 800 ～ 1 000 倍液、70%甲基硫菌灵可湿性粉剂 1 000 ～ 1 200 倍液，50%苯菌灵可湿性粉剂 1 000 ～ 1 200 倍液等，防止病原菌侵染。

（二〇）桃细菌性穿孔病

本病分布于我国各桃产区，是桃树主要的病害之一。在多雨年份或多雨地区，本病常引起落叶。为害桃、李、杏、樱桃、梅等核果类果树。

【症状】 桃细菌性穿孔病主要发生在叶片，也能侵害果实和新梢。

1. **叶片** 叶片发病时初为水渍状小斑点，扩大后成为圆形、多角形或不规则形的紫褐色至黑褐色斑点，直径约 2 mm，病斑周围呈水渍状并有黄绿晕环，以后病斑干枯，边缘发生一圈裂纹，容易脱落形成穿孔，或仅有一小部分与叶片相连。病斑多发生在叶脉两侧和边缘附近，有时数斑融合形成一块大斑。病斑多早期脱落。

2. **果实** 果实发病初期，果面上发生褐色小圆斑，稍凹陷，颜色变深呈暗紫色，周缘水渍状。天气潮湿时，病斑上常出现黄白色黏质分泌物。干枯时往往发生裂纹。

3. **枝条** 受害后有两种不同形式的病斑，一种称为春季溃疡，另一种则为夏季溃疡。两者的大小和形状有相当差异。春季溃疡发生在上一年夏季发出的枝条上（病菌于前一年已侵入）。春季，在第 1 批新叶出现时，枝条上形成暗褐色小疱疹，直径约 2 mm，以后可扩展长达 1 ～ 10 cm，但宽度多不超过枝条直径的 50%，有时可造成梢枯现象。春末（大致在桃树开花前后）病斑的表皮破裂，病菌溢出并开始传播。夏季溃疡多在夏末发生在当年生的嫩枝上，最初以皮孔为中心形成水渍状暗紫斑点，以后病斑变褐色至紫黑色，圆形或椭圆形，稍凹陷，边缘呈水渍状。

桃细菌性穿孔病

【病原】 病原菌为黄单胞杆菌属甘蓝黑腐黄单胞菌桃穿孔致病型［*Xanthomonas campestris* pv. *pruni* （Smith）Dye］。菌体短杆状，大小为（0.4 ～ 1.7）μm×（0.2 ～ 0.8）μm，两端圆，一端有 1 ～ 6 根鞭毛。在肉汁洋菜培养基上形成黄色圆形菌落，革兰氏染色阴性。病菌发育最适温度为 24 ～ 28 ℃，最高为 37 ℃，致死温度为 57 ℃。病菌在干燥条件下可存活 10 ～ 13 d，在枝条溃疡组织内可存活 1 年以上。

【发病规律】 病原细菌在枝条皮层组织内越冬，翌春随气温回升和桃树组织内糖分的增加，潜伏的细菌开始活动，形成春季溃疡病斑，成为主要初侵染源。桃树开花后，病菌从病组织中溢出，借风雨和昆虫传播，病菌经叶片的气孔和枝条及果实的芽痕或皮孔侵入。叶片一般于 5 月间发病，夏季干旱时病势进展缓慢，至秋季雨季又发生后期侵染。病菌的潜伏期因气温高低和树势强弱而不同，当温度 25 ～ 26 ℃时叶片病害潜育期为 4 ～ 5 d，20 ℃时为 9 d，16 ℃时为 16 d；树势强时潜育期可达 40 d。幼果感染的潜育期为 2 ～ 3 周。随果实长大，潜育期也变长，可达 40 d。

【防治方法】

1. **加强桃园管理** 桃园注意排水，增施有机肥，避免偏施氮肥，合理修剪，使桃园通风透光，以增强树势，提高树体抗病力。

2. **清除越冬菌源**　结合冬季修剪，剪除病枝，清除落叶，集中深埋。

3. **喷药保护**　发芽前喷 5° Bé 石硫合剂或 45% 晶体石硫合剂 30 倍液、30% 碱式硫酸铜胶悬剂 400 ~ 500 倍液。发芽后喷布 20% 噻枯唑可湿性粉剂 600 ~ 800 倍液、4% 春雷霉素可湿性粉剂 200 倍液，也可选择二氯异氰尿酸钠类、氯溴异氰尿酸类等来防治细菌性穿孔病，半月喷 1 次，共 2 ~ 3 次。

（二一）桃潜隐花叶病

桃潜隐花叶病又称为桃花叶病、桃黄花叶病、桃杂色病等，美国、日本等许多国家都有发生，我国也有类似病株。本病寄主只有桃。

桃潜隐花叶病（1）

桃潜隐花叶病（2）

【症状】　桃潜隐花叶病是一种潜隐性病害，叶片一般不呈现花叶症状。本病主要特征是生长缓慢，桃的开花和成熟晚 4 ~ 6 d。第 1 年植株生长势稍微受影响，果实稍扁平，不如正常果干净鲜亮。病果有纹、变形、色暗，常褪色，缺香味。核也稍扁、有开裂，果缝木栓化，开裂是本病外部特征。感病第 5 年植株开始衰老早熟，许多芽坏死，植株呈光秃状，枝多而生长弱。病株果实减产，质量也不如正常果。施肥不能使病株恢复正常，病株的衰退则不可逆转。由于树体逐渐弱化，病株对寄生菌和不良气候环境很敏感，抗性降低。少数叶片有花叶而不变形，只是呈现鲜黄色病部或乳白色杂色，或发生褪绿斑点和扩散形花叶。只有少数发病严重的植株全树黄叶、卷叶和大枝出现溃疡。高温适宜于这种病株的明显出现。蔷薇科植物白色花瓣发生玫瑰色斑驳。少数情况尚有新梢的木质部出现大而深的条纹，但对树皮无损害，没有开裂和坏死。最早的叶片呈现斑点，穿透背面。

【病原】　桃树潜隐花叶病是由桃潜隐花叶类病毒 Peach latent mosaic viroid （PLMVd）寄生引起的。桃潜隐花叶类病毒对热稳定，在各种组织很快繁殖。扁桃则无此病，包括树皮和胚。桃和扁桃杂交种，经接种也不成功。

【发病规律】　据美国报道，有 20% 的桃、紧核桃和油桃感染本病。从日本输往法国的品种有 60% 感病，常呈现花叶，到春天有部分叶片发生。在感染株周围半径 20 m 范围内，潜隐花叶病相当普遍。根据试验，桃蚜可传播本病。一棵树要经过 3 ~ 4 年后才大体上被感染。据美国报道，一种瘿螨（*Eriophyes insidiosus*）是桃花叶类病毒的介体。

【检测方法】　在温室用桃苗 GF305 作指示植物，可检测本病。接种的指示植物要重复 10 次。第 1 次接种经过两个月后再用重毒株系做芽接。由于弱毒株系对强毒株系的作用，如果植株事前已被潜隐株系感染，则重毒株系在指示植物上不表现任何症状，这表明潜隐株系的存在。这种技术在国外已试验 15 年，证明是可靠的。桃潜隐花叶类病毒的纯化最近在试验室已获得成功。

【防治方法】　采用无类病毒繁殖材料，修剪时工具要消毒，避免传染。

（1）在局部地区发现病株及时挖除销毁，防止扩散。

（2）采用无毒材料（砧木和接穗）进行苗木繁育。若发现有病株，不得外流接穗，修剪刀具要消毒，避免传染。

（3）对病株要加强管理，增施有机肥，提高抗病能力。

（4）蚜虫发生期喷药防治蚜虫，可用药剂有10%吡虫啉可湿性粉剂3 000倍液等。

（二二）桃树缺硼缩果症

桃树缺硼缩果症又称"缩果病"，轻者致使树势衰弱，桃果畸形，产量低，品质差；重者枝条枯死，有芽无花，造成绝产。

桃树缺硼缩果症桃果外观

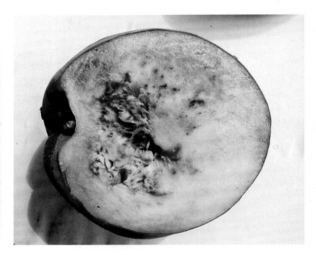
桃树缺硼缩果症病果剖面

【症状】　桃树缺硼，幼叶发病，老叶不表现病症。发病初期，顶芽停长，幼叶黄绿，其叶尖、叶缘或叶基出现枯焦，并逐渐向叶片内部发展。发病后期，病叶凸起、扭曲甚至坏死早落；新生小叶厚而脆，畸形，叶脉变红，叶片簇生；新梢顶枯，并从枯死部位下方长出许多侧枝，呈丛枝状。花期缺硼会引起授粉受精不良，从而导致大量落花、坐果率低，甚至出现缩果症状，果实变小，果面凹陷、皱缩或变形。因此，缩果病有两种类型：一种是果面上病斑呈水渍状，随后果肉褐变为海绵状。病重时有采前裂果现象。

【病因】　硼能够促进植物体内糖类物质的运输和代谢，参与细胞壁物质的合成，促进细胞伸长和细胞分裂。此外，硼还有一项重要营养功能就是促进植物生殖器官的发育。当植株缺乏硼时，植株茎和根的生长都会受到抑制，茎会表现为枯萎，根短而粗，还会出现褐色，并且生殖器官发育受阻，结实率低，果实小，畸形和果实减产。

【发病规律】　土壤瘠薄、干燥或偏碱，以及土壤中含钙、钾、氮多时，容易发生缺硼症。

【防治方法】

（1）加强树体管理，增施有机肥，以增强树势，减少发病率。

（2）结合秋施有机肥，混合施硼砂，每亩施1.5 ~ 2 kg，并与有机肥混合均匀施入，作用时间可长达3 ~ 4年。

（3）花期前后喷施0.2% ~ 0.3%硼砂1 ~ 2次。

（4）避免过多施用石灰肥料和钾肥。

（二三）桃树流胶病

桃树流胶病在我国桃产区均有发生，是一种极为普遍的病害。植株流胶过多，会严重削弱树势，重者会引起死枝、死树，是很值得注意的问题。除桃树外，其他核果类果树如杏、李、樱桃等也有发生。

桃树流半透明黄色树胶(1)　　桃树流半透明黄色树胶（2）　　　　　桃树流胶变红褐色

【症状】　主要为害主干和主枝丫杈处、小枝条，果实也可被害。主干和主枝受害初期，病部稍肿胀，早春树液开始流动时，从病部流出半透明黄色树胶，尤其雨后流胶现象更为严重。流出的树胶与空气接触后，变为红褐色，呈胶冻状，干燥后变为红褐色至茶褐色的坚硬胶块。病部易被腐生菌侵染，使皮层和木质部变褐腐烂，致树势衰弱，叶片变黄、变小，严重时枝干或全株枯死。果实发病，由果核内分泌黄色胶质，溢出果面，病部硬化，严重时龟裂，不能生长发育，无食用价值。

【病因】　关于桃树发生流胶的原因，根据国内外的研究，下列几个因素均可促使桃树发生流胶。

1. 寄生性真菌及细菌的为害　如干腐病、腐烂病、炭疽病、疮痂病、细菌性穿孔病和真菌性穿孔病等，这些病害或寄生枝干，或危及叶片，使病株生长衰弱，降低抗性。据国外报道，一种限于木质部的细菌能引起流胶。

2. 虫害　特别是蛀干害虫（天牛类、蠹虫类、吉丁虫等）造成的伤口易诱发流胶病。

3. 机械损伤　机械造成的伤口以及冻害、日灼伤等；生长期修剪过度及重整枝。

4. 嫁接不良　接穗不良及使用不亲和的砧木。

5. 土壤不良　如过于黏重以及酸性大土壤等。

6. 排水不良　灌溉不适当，地面积水过多等。

【发病规律】　一般4～10月间，雨季特别是长期干旱后偶降暴雨，流胶病发生严重。树龄大的桃树流胶严重，幼龄树发病轻。果实流胶与虫害有关，椿象为害是果实流胶的主要原因。沙壤和沙壤土栽培时流胶病很少发生，黏壤土栽培时流胶病易发生。

【防治方法】

1. 加强桃园管理　增施有机肥，低洼积水地注意排水，酸碱土壤应适当施用石灰或过磷酸钙，改良土壤，盐碱地要注意排盐，合理修剪，减少枝干伤口，避免桃园连作。

2. 防治枝干病虫害　预防病虫害，及早防治桃树上的害虫如介壳虫、蚜虫、天牛等。冬春季树干涂白，预防冻害和日灼伤。

3. 药剂防治　早春发芽前将流胶部位病组织刮除，伤口涂45%晶体石硫合剂30倍液或5° Bé 石硫合剂，然后涂白铅油或煤焦油加以保护。药剂防治可用50%甲基硫菌灵超微可湿性粉剂1 000倍液或50%多菌灵可湿性粉剂800倍液、50%异菌脲可湿性粉剂1 500倍液或50%腐霉利可湿性粉剂2 000倍液，防效较好。

（二四）桃树涝害

桃树耐旱而怕涝，是最怕涝灾的树种之一。发生涝害后，轻者黄化，树势衰弱，重者死树。

【症状】　受涝程度轻时，叶片和叶柄偏向正面弯曲，新梢生长缓慢，先端生长点不伸长或弯曲下垂；严重时梢叶呈水黄状、萎蔫，叶片会卷曲，嫩梢发黄下垂；梢叶缓慢干枯，干枯后不脱落。树干的表现症状是缓慢干枯，死亡植株的主干，因为根先枯死，因此一般是从下往上逐渐干枯。地下部根发黑腐烂。

【病因】 土壤中含水量过高，缺少氧气，厌氧菌迅速滋生，使植株根系不能进行正常呼吸，吸水吸肥受阻。在缺氧条件下，根呼吸产生的中间产物及微生物活动而生成的有机酸（如乙酸）和还原性物质（如甲烷、硫化氢）又会对树体造成毒害，导致根系窒息、腐烂甚至死亡，从而导致植株生长不良甚至死亡的现象。土壤淹水后根系对水分的吸收速率下降，气孔关闭，蒸腾作用降低，许多叶片发生萎蔫。

桃树涝害引起土壤缺氧叶片变黄

【发病规律】 水淹并持续一定的时间，持续降水或持续过量浇水，土壤黏性大、不透水，使土壤长时间保持过大的含水量，都可引起桃树涝害。

【防治方法】

1. **及早开沟排出园内积水** 扶正冲倒果树，设立支柱防止动摇，清除树冠枝干上的披挂物、根际压沙和淤泥，对冲坏的果园梯壁要及时修复，对裸露根系要培土，尽早使果树恢复原状。

2. **扒土晾根** 扒开树盘下的土壤，使水分尽快蒸发，让部分根系接触空气，根据天气状况，1～3 d后再重新覆土，以防根系受暴晒而受伤。

3. **追肥促根** 将经过腐熟的鸡、鸭、猪、牛粪及骨粉、头发等拌过磷酸钙进行施用，成年树每株施腐熟农家肥10～15 kg，过磷酸钙1～1.5 kg，采用沟施，以促进新根的抽发。

4. **适当修剪枯枝、弱枝** 对受涝害影响严重、发生枯枝落叶、生长衰弱的树，可进行修剪，剪去枯枝、弱枝，保护好剪口、锯口，促发新梢的抽生。

5. **根外追肥** 涝害使果树的根系受到损伤，其吸收土壤营养物质的能力大大下降，因此可用 0.4% 的尿素加 0.3% 的磷酸二氢钾喷施于树冠，以补充营养、恢复树势。

（二五）桃树缺氮症

【症状】 土壤缺氮会使全株叶片变浅绿色至黄色。起初成熟的叶或近乎成熟的叶从浓绿色变为黄绿色，黄的程度逐渐加深，叶柄和叶脉则变红色。此时，新梢的生长受到阻碍，叶面积减少，枝条和叶片相对变硬。缺氮严重时，1～3 周内，大的叶脉之间的叶肉出现红色或红褐色斑点。在后期，许多红色斑点发展成为坏死斑。叶片逐渐形成离层而脱落，从当年生新梢的基部开始，逐渐向上发展。新梢顶端，生长短，花芽多，坐果率大大减少。在严重缺氮时，整个新梢短且细，花芽较正常株少，叶片也小，为浅绿色，颇似缺钾的树。但是缺钾时，顶梢较细，节间长。叶肉红色斑点是缺氮的特征。含氮低的植株，其果实早熟，上色好。离核桃的果肉风味淡，含纤维多，果面不够丰满，果肉向果心紧靠。

桃树缺氮叶片失绿

【病因】 氮元素是组成蛋白质、核酸、叶绿素、酶等有机化合物的重要组分。在所有必需营养元素中，氮是限制植物生长和形成产量的首要因素。如果植物缺氮，这些重要的化合物将无法正常合成，致使叶片小而薄，叶变黄，叶片早衰。

【发病规律】 土壤瘠薄、管理粗放、缺肥和杂草多的果园易表现缺氮症。在沙质土生长的幼树，生长期遇大雨时，几天内即表现缺氮症。一般叶片含氮量在 2.5%～2.6% 即表现缺氮。

【防治方法】

（1）施用氮素化肥如尿素、硫酸铵、碳酸氢铵等，缺氮症状就会消失。一般正常施肥的果园，不易发生缺氮症。

（2）在雨季和秋梢迅速生长期，对树冠喷施 0.5% 尿素溶液。

（二六）桃树缺钾症

【症状】 缺钾叶片向上卷，夏天中期以后叶变浅绿色，从底叶到顶叶逐渐严重。严重缺钾时，老叶主脉附近皱缩，叶缘或近叶缘处出现坏死，形成不规则边缘和穿孔。随着叶片症状的出现，新梢变细、花芽减少，果型小并早落。

【病因】 钾元素能增强植株抗旱、抗高温、抗寒、抗病等能力，适应外界不良环境。钾还能促进光合作用产物的运输，促进蛋白质的合成，调节细胞吸水状态和调节植物用于与外界交换气体的气孔的状态。钾很容易发生移动，可被植株重复利用，所以缺钾病症首先出现在下部叶片。

【发病规律】 在细沙土、酸性土以及有机质少的土壤上，易表现缺钾症。在沙质土中施石灰过多，可降低钾的可给性，在轻度缺钾的土壤中施氮肥时，刺激果树生长，更易表现缺钾症。

桃树缺钾从叶缘失绿

桃树缺钾，容易遭受冻害或旱害，但施钾肥后，常引起缺镁症。钾肥过多，会引起缺硼。结果过多时，叶片中钾的含量降低。7月初，叶的钾含量低于1%时即可见到缺钾症状。

【防治方法】

（1）果园中缺钾，除土壤中含钾量少外，其他元素缺乏或相互作用也能引起缺钾。为避免缺钾，应增施有机肥，如土肥或草秸。

（2）果园缺钾时，于6～7月追施草木灰、氯化钾或硫酸钾等化肥，树体内钾元素含量很快会增高，叶片和果实都可能恢复正常。

（3）根据树龄大小每株树施氯化钾 0.45～2.7 kg。

（二七）桃树缺铁症

桃树缺铁：失绿黄叶（1）

桃树缺铁：失绿黄叶（2）

【症状】 桃树缺铁可引起黄叶，病症多从4月中旬开始出现。发病初期，新梢顶端嫩叶变黄，而叶脉两侧仍显绿色，下部老叶也较正常。随着新梢的生长，病情渐重，全树新梢顶端嫩叶严重失绿，叶脉呈浅绿色，全叶变为黄白色，并可能出现茶褐色坏死斑。6～7月病情严重时，新梢上部叶形变小且有早落现象。7～8月雨季后，病状减轻，枝梢顶端可抽出几片失绿的新叶。8～9月能看到病树新梢顶端有几片失绿的新叶，新梢基部有几片较正常的老叶。缺铁严重时，新梢节间短，发枝力弱，花芽不饱满，严重影响产量和品质。如果不及时采取有效措施，数年后树势衰弱，树冠稀疏，最终导致全株死亡。

【病因】　铁是叶绿素形成不可缺少的元素，在植株体内很难转移，所以叶片"失绿症"是植株缺铁的表现，并且这种失绿首先表现在幼嫩叶片上。

【发病规律】　一般果园土壤并不缺铁，但是在盐碱较重的土壤中，可溶性二价铁转化为不可溶的三价铁，不能被植物吸收利用，使桃树表现缺铁。干旱时地表水蒸发，盐分向土壤表层集中；地下水位高的洼地，盐分随地下水积于地表，加重缺铁症状。土质黏重，排水不良，不利于盐分随灌溉水向下层淋洗等，缺铁黄叶都易发生。

【防治方法】

（1）加强桃园的肥水管理，注意化肥与有机肥、微量元素肥料（含铁肥）的配合施用。研究发现，石灰性土壤和盐碱地桃园更容易出现缺铁现象，因而必须注意这类土壤的改良，加强肥水管理。施用硫黄可酸化石灰性土壤，一般每棵树施 1 ~ 2 kg，可明显提高土壤铁的有效性。

（2）选择适宜土壤栽植桃树。石灰性强、有机质贫乏、土层较浅、理化性状不良的土壤，不宜栽植桃树。

（3）缺铁症状比较严重时，必须及时施用铁肥。常见的铁肥有硫酸亚铁、硫酸亚铁铵、螯合铁和柠檬酸铁。铁肥的施用方法很多，可结合实际情况选择。桃叶萌发后，用 0.2% ~ 0.3% 硫酸亚铁溶液或者 0.1% ~ 0.2% 螯合铁溶液叶面喷洒，每隔 5 ~ 7 d 喷 1 次，共喷 2 ~ 3 次，防治效果较好。

（二八）桃裂果

桃果实裂果是生产上常见的不良现象，它不仅影响果实的外在品质，也常给果树生产造成重大的经济损失。

桃裂果（1）

桃裂果（2）

【症状】　桃果幼果期和成熟期都可发生，有的在果顶到果梗方向发生纵裂，有的在果顶部发生不规则的裂纹，商品价值降低且易腐烂。果实裂果是指果实表皮或角质层开裂。裂果分为 3 种类型，即皮裂、星裂和果肉开裂。

1. **皮裂**　又称作皮孔开裂，或角质层开裂。在果实表面出现大量的微小裂隙，并出现表皮片状剥落，使果外观出现果锈。

2. **星裂**　某些品种的果实常出现明显的果皮星裂症状，使果实成为等外果，星裂重的果实，裂口加深，造成果面疤痕累累，并使部分果实出现畸形。

3. **果肉开裂**　果肉和果皮同时裂开，裂口的大小由狭小的裂隙到十几毫米的大裂缝。

【病因】　夏季阳光照射，果面温度较高，如遇降水、温度骤变就会引起裂果。油桃果肉细胞较紧密，不像水蜜桃组织较松软，有一定的缓冲作用，所以遇骤然降水或连续阴雨天气时果肉细胞急剧膨胀，就会产生裂果现象。

【发病规律】　桃果实发育分三个时期，第 1 期是从子房膨大到核硬化前、第 2 期是硬核期、第 3 期是果实速长期。尤其在果实成熟前 10 ~ 20 d 增长速度最快，这期间水分最重要。水的热容量高，对调节果实温度，防止日灼、骤冷等有一定的作用。

【防治方法】　裂果前采果、套袋和选用抗裂品种是减少裂果的有效措施。

1.**选择品种**　首先考虑避开雨季或雨季之前成熟的品种，如超五月火、早红宝石、曙光、艳光等。

2.**合理灌溉**　灌水对果肉细胞的含水量有一定影响，如果能保持一定的含水量，就可以减轻或避免裂果。滴灌是最理想的灌溉方式，它可为油桃生长发育提供较稳定的土壤水分和空气湿度，有利于果肉细胞的平稳增大，减轻裂果。

3.**果实套袋**　套袋即为桃果实增加了一层保护膜，无论天气如何变化，果实都处于一个相对稳定的环境中，可减轻裂果，同时也避免病虫为害，提高果实质量。

4.**疏剪细弱的结果枝**　在观察调查中发现，位于树冠下部的细弱枝、下垂枝所结果实裂果多，修剪时可疏除这些弱的结果枝，节约养分，同时改善树体的通风透光条件。

（二九）桃畸形果

桃畸形果是桃蚜为害后出现的果实畸变现象，主要发生在春蕾、雨花露、白凤桃等果中熟品种上，尤其是在桃蚜发生严重的年份如防治不当，畸果率可高达50%以上，对桃的品质影响极大。桃畸形果主要是第2代和第3代桃蚜对花器和幼果的直接为害所致。

桃畸形果（1）　　　　　　　　　桃畸形果（2）

【症状】　桃只有一个果柄，由两个大小相近果实组成，果实底部连在一起。

【病因】　坐果率比较高的桃树品种，容易出现连体。有的两个花芽长在一起，最后形成连体果；或花芽里有2个子房，受粉后形成连体果。桃果连体不影响其内部结构和营养价值。

【发病规律】　不详。

【防治方法】

1.**农业防治**　结合冬春修剪，把剪下的枝条清理干净堆放到桃园之外。在幼果脱萼后，结合疏果摘除萼片粘连并带有蚜蜕的幼果集中深埋处理。

2.**防治蚜虫**　在桃树萌芽前喷药可防治蚜虫。

（三〇）桃树药害

桃树对有机磷制剂、铜制剂及一些硫制剂有过敏反应，在使用时不要随意加大使用浓度。波尔多液为铜制剂，在桃树上是禁用药剂，使用后容易造成桃树叶片严重穿孔和大量落叶。桃树对石硫合剂及一些有机硫制剂也很敏感，生产上多在开花期前使用，如在生长期使用应严格掌握使用浓度和避开高温天气，否则易造成叶片穿孔脱落，果面粗糙萎缩。开花期使用会产生强烈的疏花疏果作用。桃树对阿特拉津除草剂也很敏感，桃园不宜使用，否则易引起叶片变黄，严重时造成落叶、落果。

【症状】　桃树叶片枯干发黄或严重穿孔、大量落叶。

【病因】　桃树对有机磷制剂、铜制剂及一些硫制剂有过敏反应，其中敌敌畏、敌百虫、乐果等有机磷农药在桃硬核前喷施有较强的疏花疏果作用，所以在桃硬核前，尤其是花期禁止使用这类农药。

【发病规律】　生长期药剂使用浓度高、高温天气，易造成叶片穿孔脱落，果面粗糙萎缩。开花期使用会产生强烈的疏花疏果作用。

桃树除草剂药害穿孔

【防治方法】桃树误用除草剂，应立即进行挽救，减轻为害。

1. **喷大量清水或用微碱性水淋洗**　若是由植株叶面喷施某种农药后而发生的药害而且发现早，可以迅速用大量清水反复喷洒受药的作物叶面2～3次，尽量把植物叶面上的药物洗刷掉。此外，由于目前大多数农药遇到碱性物质容易分解，可在喷洒的清水中加0.5%的石灰液，以加速药剂的分解和减效。

2. **追施肥料**　对发生药害较轻的桃树，迅速追施尿素等速效肥料，可增强果树生长活力。对产生叶部药斑、叶缘枯焦和植物黄化等症状的药害，及时追施肥料，也可减轻药害程度，同时根外追施尿素和磷酸二氢钾。

（三一）欧洲菟丝子

欧洲菟丝子为害果实

欧洲菟丝子为害桃树枝条

欧洲菟丝子为害桃树（1）

欧洲菟丝子为害桃树（2）

欧洲菟丝子花

欧洲菟丝子（*Cuscuta europaea* L.），又名大菟丝子、金灯藤、苜蓿菟丝子，一年生寄生草本。

【症状】　苗木和大树均可受菟丝子寄生为害。苗木受害时，枝条被寄生物缠绕而生缢痕，生长发育不良，树势衰弱，观赏效果受影响，严重时嫩梢和全株枯死。由于菟丝子生长迅速而繁茂，极易把整个树冠覆盖，不仅影响苗木叶片的光合作用，而且营养物质也被菟丝子所夺取，致使叶片黄化易落，枝梢干枯，长势衰弱，轻则影响植株生长和观赏效果，重则致全株死亡。

【形态特征】　花序球状，径约 1.5 cm，无梗或有短梗；苞片椭圆形，顶端尖；花淡红色，有梗；花萼碗状，基部肥厚，4 或 5 裂，裂片广卵形，顶端尖；花冠壶形，超过花萼，4 或 5 裂，裂片卵形，顶端微钝；鳞片 5，上部流苏状或细齿状，小，通常不超过花冠筒的中部；雄蕊着生花冠中上部，花丝与花药近等长；子房 2 室，花柱 2 叉分枝，柱头棒状，花柱和柱头少许短于或等于子房。蒴果球形，成熟时稍扁，被花冠全部包住，通常有 4 粒种子。种子近圆形或圆状卵形，长约 1 mm，淡褐色，表面粗糙。花期 6～7 月，果期 7～8 月。茎粗约 2.5 mm，分枝，光滑，红色或淡红色或淡黄色，缠绕，无叶。

【发生规律】　菟丝子以种子繁殖和传播，花小、白色或淡红色，簇生，果为蒴果，成熟开裂，种子 2～4 粒。菟丝子种子成熟后落入土中，休眠越冬后，翌年 3～6 月温湿度适宜时萌发，幼苗胚根伸入土中，胚芽伸出土面，形成丝状的菟丝，在空中来回旋转，遇到适宜寄主就缠绕在上面，在接触处形成吸根伸入寄主。吸根进入寄主组织后，部分组织分化为导管和筛管，分别与寄主的导管和筛管相连，自寄主吸取养分和水分。当寄生关系建立后，菟丝子就和它的地下部分脱离，茎继续生长并不断分枝，以至覆盖整个树冠，一般夏末开花，秋季陆续结果，成熟后蒴果破裂，散出种子，落地越冬。

【防治方法】　防治菟丝子应以人工铲除结合药剂防治。
1. **加强栽培管理**　在菟丝子种子未萌发前进行中耕深埋，使之不能发芽出土。
2. **人工铲除**　春末夏初检查，一经发现立即铲除，或连同寄生受害部分一起剪除，由于其断茎有发育成新株的能力，故剪除必须彻底，剪下的茎段不可随意丢弃，应晒干并处理，以免再传播。在菟丝子发生普遍的地方，应在种子未成熟前彻底拔除，以免成熟种子落地，增加翌年侵染源。

二、桃树害虫

（一）桃蛀螟

　　桃蛀螟〔*Conogethes punctiferalis*（Guenée）〕，又名桃蠹螟、桃斑螟、豹纹斑螟，俗称桃食心虫，属鳞翅目草螟科。桃蛀螟是为害桃果实的主要害虫之一，近几年来普遍发生，且有逐年加重为害的趋势，一些未套袋桃园蛀果率在35%以上，给广大果农造成较重损失。

桃蛀螟为害桃果状

桃蛀螟成虫

两头桃蛀螟幼虫蛀害桃果

桃蛀螟为害桃果

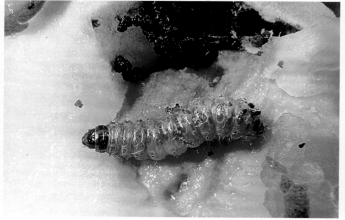
桃蛀螟幼虫在桃果实内为害状

　　【分布与寄主】　　分布于我国大陆南、北方和台湾省，日本、朝鲜及大洋洲均有分布，是一种杂食性的害虫，除为害桃外还能为害板栗、杏、李、梅、苹果、梨、核桃、葡萄、无花果、柑橘、荔枝、龙眼、向日葵、高粱、玉米、蓖麻等40余种植物。近些年来，由于农业产业结构的调整及气候的变化等，该虫在国内很多地区的为害逐年快速加重，已成为多种果树、经济作物以及玉米的重要害虫。

　　【为害状】　　常以幼虫食害果实，造成严重减产。幼虫多从桃果柄基部和两果相贴处蛀入，蛀孔外堆有大量虫粪，幼虫取食果肉，并使受害部位充满虫粪，虫果易腐烂脱落。严重时造成"十果九蛀"，造成大量落果、虫果，严重影响食用和商品价值。

【形态特征】

1. **成虫** 体长 10 mm 左右，翅展 25 ~ 28 mm。全身橙黄色，下唇须两侧黑色，前胸两侧的被毛上有 1 个小黑点，体背及翅的正面散生大小不等的黑色斑点，腹部背面与侧面有成排的黑斑。

2. **卵** 椭圆形，稍扁平，长径 0.6 ~ 0.7 mm，短径约 0.3 mm。初产下时乳白色，后渐变为红褐色。表面具密而细小的圆形刺点。卵面满布网状花纹。

3. **幼虫** 老熟时体长 18 ~ 25 mm，体色多变，有暗紫红色、淡褐色、浅灰色等，腹面淡绿色，头、前胸背板和臀板褐色，身体各节有粗大的灰褐色瘤点。3 龄以后，雄性幼虫第 5 腹节背面有两个暗褐色性腺。

4. **蛹** 体长 10 ~ 14 mm，纺锤形，初化蛹时淡黄绿色，后变深褐色，腹部末端有细长卷曲钩刺 6 个，茧灰褐色。

【发生规律】 此虫在我国北方各省（区）每年发生 2 ~ 3 代，南京 4 代，江西、湖北 5 代。主要以老熟幼虫在被害桃僵果、树皮裂缝、坝堰乱石缝隙、板栗种苞、向日葵花盘、蓖麻种子及玉米、高粱茎秆内过冬，也有少部分以蛹越冬。在山东越冬代成虫始蛾期在 5 月中旬，盛期在 6 月中上旬。成虫对黑光灯有强烈的趋性，对糖醋味也有趋性，白天停歇在叶背面，傍晚以后活动。成虫羽化 1 d 后交尾，产卵前期为 2 ~ 3 d，5 月下旬田间开始发现，卵盛期在 6 月上旬，第 1 代卵部分产于早熟品种桃果上。成虫喜爱在生长茂密的果上产卵。卵经 6 ~ 8 d 孵化为幼虫，幼虫孵化盛为 6 月中下旬，主要为害早熟桃果。此代幼虫为害期长达 1 个多月，6 月中下旬幼虫开始老熟，老熟幼虫在被害果洼处、树皮缝隙内结茧化蛹。第 1 代成虫于 7 月上旬开始羽化，盛期为 7 月下旬至 8 月上旬。7 月中下旬发现第 2 代初孵幼虫，8 月中上旬是第 2 代幼虫发生盛期。由于桃蛀螟食性杂、分布广，不同寄主、不同区域桃蛀螟的形态、触角电位反应、产卵习性等方面存在差异，推测可能存在更深层次的分化。Koizumi 按桃蛀螟幼虫食性分化及成虫形态分为果树型（fruit tree type）和针叶树型（conifer type）。前者在桃树及多种果树和其他被子植物上取食，后者在裸子植物上取食。两者成虫前后翅上斑点大小和颜色、下唇须形状和面积、雄虫的后足胫节也存在差异。

桃蛀螟已知的天敌有绒茧蜂（*Apanteles* sp.）、广大腿小蜂 [*Brachymeria lasus*（Walker）] 和抱缘姬蜂（*Temelucha* sp.），还有黄眶离缘姬蜂 [*Trathala flavororbitalis*（Cameron）] 等寄生蜂类；桃蛀螟的卵寄生蜂有微小赤眼蜂（*Trichogramma minutum*）；捕食性天敌有蜘蛛类，如奇氏猫蛛（*Oxyopes chittrae*）。

【防治方法】 由于桃蛀螟寄主多且有转换寄主的特点，在防治时应以减少越冬幼虫为主，结合果园管理除虫。桃果不套袋的果园，要掌握关键时期喷药防治。

1. **清除越冬幼虫** 冬季清除玉米、向日葵、高粱、蓖麻等寄主遗株，在 4 月前处理完毕，并将桃树老翘皮刮净、集中处理，以防治越冬幼虫。这是防治桃蛀螟的重要措施。

2. **果实套袋** 桃果套牛皮纸袋，早熟品种在套袋前结合防治其他病虫害喷药 1 次，以减少早期桃蛀螟所产的卵。

3. **诱杀成虫** 在桃园内用桃蛀螟性诱剂和黑光灯或用糖醋液诱杀成虫，可结合诱杀梨小食心虫进行。

4. **处理幼虫** 拾毁落果和摘除虫果，处理果内幼虫。

5. **药剂防治** 由于桃蛀螟钻蛀为害的特点，在果实被害初期单从外面一般不易判断是否已受害。因此，在进行化学防治前，应做好预测预报。可利用黑光灯和性诱剂进行预测蛾发生高峰期，在成虫产卵高峰期、卵孵化盛期适时施药。不套袋的果园，要掌握第 1、第 2 代成虫产卵高峰期喷药。首选药剂有氟氯氰菊酯、高效氯氰菊酯、杀螟硫磷、灭幼脲，有效药剂有溴氰菊酯、甲氰菊酯、联苯菊酯、毒死蜱、丙溴磷、辛硫磷、氰戊菊酯等。

6. **生物防治** 生产上利用一些商品化的生物制剂，如昆虫病原线虫、苏云金杆菌（*Bacillus thuringiensis*）和白僵菌 [*Beauveria bassiana*（Bals.）] 来防治桃蛀螟。用 100 亿孢子 /g 的白僵菌 50 ~ 200 倍液防治桃蛀螟，对桃蛀螟有很好的控制作用。释放赤眼蜂防治桃蛀螟，每亩每次释放 3 万头。

7. **物理防治** 根据桃蛀螟成虫趋光性强的特点，可从其成虫刚开始羽化时（未产卵前），晚上在果园内或周围用黑光灯诱集成虫，集中杀灭，还可用频振式杀虫灯进行诱杀，以达到防治的目的。

（二）桃小食心虫

桃小食心虫（*Carposina sasakii* Mats.），异名 *Carposina niponensis* Walsingham，又名桃蛀果蛾，简称"桃小"，属鳞翅目果蛀蛾科。

【分布与寄主】 桃小食心虫广泛分布于我国北纬 31° 以北，东经 102° 以东的北方果产区。寄生植物有桃、李、杏、苹果、梨、花红、海棠、山楂、枣等。

桃小食心虫为害桃果实

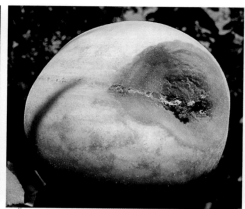
桃小食心虫为害桃引起腐烂

桃小食心虫成虫在果面上

桃小食心虫幼虫为害桃

桃小食心虫幼虫入土结圆茧越冬

【为害状】　以幼虫蛀害果实。从虫果果面蛀入小孔，愈合成小圆点，果肉内虫道弯曲纵横，果肉被蛀空并有大量虫粪，俗称糖馅。果面上脱果孔较大，周围易变黑腐烂。

【形态特征】

1. 成虫　雌虫体长 7 ~ 8 mm，翅展 16 ~ 18 mm；雄虫体长 5 ~ 6 mm，翅展 13 ~ 15 mm，全体白灰至灰褐色，复眼红褐色。雌虫唇须较长，向前直伸；雄虫唇须较短并向上翘。前翅中部近前缘处有近似三角形蓝灰色大斑，近基部和中部有 7 ~ 8 簇黄褐或蓝褐色斜立的鳞片。后翅灰色，缘毛长，浅灰色。翅缰雄 1 根，雌 2 根。

2. 卵　椭圆形或桶形，初产卵橙红色，渐变深红色，近孵卵顶部显现幼虫黑色头壳，呈黑点状。卵顶部环生 2 ~ 3 圈 "Y" 状刺毛，卵壳表面具不规则多角形网状刻纹。

3. 幼虫　体长 13 ~ 16 mm，桃红色，腹部色淡，无臀栉，头黄褐色，前胸盾黄褐至深褐色，臀板黄褐或粉红色。前胸 K 毛群只 2 根刚毛。腹足趾钩单序环 10 ~ 24 个，臀足趾钩 9 ~ 14 个，无臀栉。

4. 蛹　长 6.5 ~ 8.6 mm，刚化蛹时黄白色，近羽化时灰黑色，翅、足和触角端部游离，蛹壁光滑无刺。茧分冬、夏两型。冬茧扁圆形，直径 6 mm，长 2 ~ 3 mm，茧丝紧密，包被老龄休眠幼虫；夏茧长纺锤形，长 7.8 ~ 13 mm，茧丝松散，包被蛹体，一端有羽化孔。两种茧外表黏着土沙粒。

【发生规律】　在豫西果区 1 年发生 1 ~ 2 代。以老龄幼虫结圆茧过冬，茧绝大部分集中在树冠下 3 ~ 6 cm 的土壤里。翌年温湿度条件适宜时，过冬幼虫爬到地面结纺锤形夏茧化蛹。在豫西果区，过冬幼虫 5 月上旬开始出土，5 月中下旬至 6 月中旬为出土盛期。幼虫出土与土壤温湿度密切相关，土温 19 ℃以上，土壤含水量 10% ~ 20% 幼虫可顺利出土，在开始出土期间如有适当的降水，即可连续出土。土壤含水量在 5% 以下时，幼虫暂不出土。各年出土的盛期是随降水量的分布情况而定，在 5 月中旬到 6 月上旬有适当降水量时，出土盛期多出现于 5 月底至 6 月中上旬。在降水量分布不均时，出土的高峰常随降水的情况而出现若干次。在长期干旱情况下，幼虫大量出土的时期将推迟。越冬幼虫扁圆形 "冬茧" 自地下出土后，一般在 1 d 内做成纺锤形的 "夏茧" 并在其中化蛹。"夏茧" 黏附在地表土块或地面其他物体上。出土至羽化需 11 ~ 20 d，平均 14 d。自 5 月下旬到 8 月中旬陆续有越冬成虫羽化。一般第 1 代卵盛期在 6 月底至 7 月中旬，卵期 7 ～ 14 d，多为 8 d，当年第 1 代成虫羽化期自 7 月中旬至 9 月中旬，第 2 代卵盛期在 8 月中下旬。

【防治方法】　桃小食心虫在脱果期和出土期幼虫暴露在外，地面施药时药剂可直接接触虫体，因而有相当好的杀虫效果，对刚羽化的成虫也有较好的毒杀作用。树上喷药可以杀灭卵和初孵化的幼虫，也可达到良好的防治效果，防治桃小食心虫应做好地面和树上两方面的防治。

1. **人工深翻埋茧**　结合秋季开沟施肥，把距树干 1 m 以内、深 14 cm 以上含有越冬虫茧的表土填入施肥沟内埋掉。也可在越冬幼虫连续出土时（豫西地区为 5 月下旬），在树干 1 m 以内压土 4 ～ 7 cm 并拍实，使结夏茧幼虫和蛹窒息死亡。

2. **套袋防虫**　在害虫产卵前进行果实套袋，可以预防多种食果害虫。

3. **药剂处理土壤**　可有效地防治出土幼虫和蛹及刚羽化的成虫，甚至冬茧中的幼虫。当性诱剂连续 3 d 都诱到成虫时，此时基本上就是幼虫出土始盛期，应开始第 1 次地面施药。施药前清除树冠下及附近的杂草，以便药液落到地表渗入土中。常用药剂有 50% 辛硫磷乳油、每次用药量为 500 mL/ 亩，用耙将药土与土壤混合、整平。上年虫果率在 5% 以下的果园，不必土壤处理。为使桃小食心虫全部都在树冠下土中越冬而不分散到他处，应在桃小食心虫脱果期间（8 月上旬至采收），始终保持树冠下土壤呈疏松状态，还要在树冠下的地面铺草，以诱使桃小食心虫幼虫全部在树冠下土内作茧越冬。这样就可在地面施药时防治绝大部分桃小食心虫幼虫。

4. **树上药剂防治**　防治卵和初孵幼虫。最好的防治时间是在幼虫刚孵化出来时喷药防治。喷早了，药物对卵的杀伤力较差；喷晚了，虫子已经造成了为害。采用性诱剂的方式，诱集高峰期 3 ～ 5 d 后就是喷药防治的有利时机，这时幼虫刚孵化，还没有喷对桃子造成为害，个体比较小，对药物比较敏感，或当卵果率达 1% ～ 2% 时，同时又发现极少数卵已孵化蛀果、果面有果汁流出时，立即喷药。首选药剂有氟氯氰菊酯、高效氯氰菊酯、杀螟硫磷、氯虫·高氯氟、灭幼脲，有效药剂有氯虫苯甲酰胺、甲氨·阿维菌素、溴氰菊酯、甲氰菊酯、联苯菊酯、毒死蜱、丙溴磷、辛硫磷、氰戊菊酯等。

树上喷药防治桃小食心虫，对每代卵和初孵幼虫可根据虫情喷药 1 ～ 2 次，即共计喷药 2 ～ 4 次。在防治第 1 代时以中熟品种为主，由于着卵少，可根据田间虫情不进行喷药。防治第 2 代时，由于中晚熟品种着卵率均高，所以应全面喷药。

5. **园外防治**　由于中晚熟的苹果在采收时尚有部分幼虫未及脱果，因此凡是堆放果实的地方，如临时堆果场、选包装场（点）、果品收购站、果酒厂和果窖等处，都可能遗留大量的越冬幼虫。对这些堆放果实的场地，应先用石碌碾压，再铺上 3.3 ～ 6.6 cm 厚的沙土，然后堆积果实，使脱果幼虫潜入沙中，以便集中处理。

6. **防止越冬代成虫产卵**　在越冬幼虫出土前，用宽幅地膜（塑料薄膜）覆盖在树盘地面上，防止越冬代成虫飞出产卵，防治效果与地面施药效果相似，可试用。

7. **性诱剂防治**　取口径 20 cm 的搪瓷碗，用略大于口径的细铁丝横穿 1 枚诱芯置于碗口上方中央并固定好，诱碗悬挂高度以诱芯距地面 1.5 m 为宜，每点相距 25 m。6 ～ 8 月放置，每天检查一次，捞出碗内虫体并补充碗内所耗水分。诱芯每月更换 1 次。

（三）梨小食心虫

梨小食心虫（*Crapholitha molesta* Busck），简称"梨小"，又名东方果蛀蛾、桃折梢虫，俗称蛀虫，属鳞翅目小卷叶蛾科。

【分布与寄主】　国外广布于亚洲、欧洲、美洲、大洋洲。国内分布遍及南北各果产区，幼虫主要蛀食梨、桃、苹果的果实和桃树的新梢。一般在桃、梨等果树混栽的果园为害严重。此外，还为害李、梅、杏、樱桃、海棠、沙果、山楂、枇杷等果实和李、桃、樱桃的嫩梢及枇杷幼苗的主干。

【为害状】　主要以幼虫为害桃树新梢。雌虫产卵于桃新梢中部叶片的背面，幼虫孵化后，多从桃梢顶端第 2、3 枚叶的基部蛀入，向下蛀食，蛀空外有粪便排出。受害新梢常流出大量树胶，梢顶端的叶片先萎缩，然后新梢干枯下垂，此时幼虫多已转移。一头幼虫可以为害 2 ～ 3 个新梢。梨小食心虫为害桃树，对定植后当年的幼树影响较大。

被害果有小蛀入孔，孔周围微凹陷，最初幼虫在果实浅处为害，孔外排出较细虫粪，果内蛀道直向，果核被害处留有虫粪。果面有较大脱果孔。虫果易腐烂脱落。

【形态特征】

1. **成虫**　体长 4.6 ～ 6.0 mm，翅展 10.6 ～ 15 mm。雌雄极少差异。全体灰褐色，无光泽。前翅无光泽，无紫色光泽（苹小食心虫前翅有紫色光泽）。前缘具有 10 组白色斜纹。

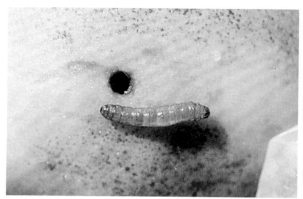

梨小食心虫幼虫为害桃果：蛀孔

梨小食心虫为害桃树新梢，后期枯黄

梨小食心虫幼虫为害桃树新梢

梨小食心虫幼虫蛀害桃梢

梨小食心虫成虫

梨小食心虫成虫在桃果果面

梨小食心虫幼虫

梨小食心虫幼虫在桃果内为害状（1）

| 梨小食心虫在桃果内为害状（2） | 梨小食心虫蛹 | 梨小食心虫幼虫蛀害桃幼果流出桃胶 |

2. **卵**　淡黄白色，近乎白色，半透明，扁椭圆形，中央隆起，周缘扁平。与苹小食心虫的卵很难区分。

3. **幼虫**　末龄幼虫体长 10 ~ 13 mm。全体非骨化部分淡黄白色或粉红色。头部黄褐色。前胸背板浅黄色或黄褐色。臀板浅黄褐色或粉红色，上有深褐色斑点。腹部末端具臀栉，臀栉 4 ~ 7 刺。

4. **蛹**　体长 6 ~ 7 mm，纺锤形，黄褐色，腹部 3 ~ 7 节背面后缘各有 1 排钩刺，腹部末端有 8 根钩刺。

5. **茧**　白色、丝质，扁平、椭圆形，长约 10 mm。

【发生规律】　1 年发生代数因地区而异。华北地区 1 年发生 3 ~ 4 代，华南地区发生 6 ~ 7 代，以老熟幼虫在树干翘皮缝中结白茧越冬。华北果区，翌年 4 月上旬开始化蛹。成虫羽化后，主要产卵在桃、李、杏、樱桃新梢上，亦可产在苹果嫩梢上。1 雌虫产卵 50 ~ 100 粒，卵散产。新梢上的卵多在新梢的中部叶片背面。趋光性不强，但喜食糖蜜和果汁。1 头幼虫可转移为害 2 ~ 3 个新梢。幼虫老熟后，在树干翘皮裂缝上作茧化蛹。成虫羽化后，继续在桃梢上产卵，繁殖为害。第 2 代幼虫发生在 6 ~ 7 月，大部分也在桃树上，少部分在梨树上，幼虫继续为害新梢、桃果。第 3 代卵盛发于 7 ~ 8 月，这时梨和苹果上的卵多在桃树上，大部分为害果实，另一部分为害副梢。这代幼虫老熟后大部分脱果，爬到树皮缝内结茧越冬，小部分继续化蛹、羽化，产生第 4 代卵，主要产在梨和苹果上为害果实。由于有转主为害习性，在桃、梨、苹果混栽的果园，梨小食心虫常发生较重。一般降水多、湿度大的年份，发生较重。

【防治方法】

1. **合理配置树种**　建立果园时尽可能避免桃、梨、李、杏混栽，以减少相互转移为害。

2. **刮除树皮**　早春发芽前，彻底刮除病部树皮，集中处理，减少越冬幼虫。

3. **诱杀幼虫和成虫**　越冬幼虫脱果前，在主枝、主干上束草或破麻袋片，诱集幼虫潜伏，然后解下集中处理。也可在果园挂梨小性诱剂诱杀成虫，并可做预测成虫作为指导喷药防治时期的依据。利用梨小食心虫信息素迷向散发器和诱捕器，将其挂设在桃园里，通过释放高浓度信息素来干扰昆虫交尾，降低下一代虫口密度，达到防治害虫的目的。利用性诱剂迷向散发器（即迷向丝）进行防治试验的结果表明：利用性诱剂迷向法可使 98% 以上的梨小食心虫迷失方向，明显减少梨小食心虫的发生数量，减少了被害果，蛀果率只有 1.8%，比对照组降低了 13%。

4. **处理包装材料**　贮藏果品用的果筐、果箱及填充材料，用后集中处理。

5. **剪除虫梢**　初夏 5 ~ 6 月，当顶梢 1 ~ 2 片叶凋萎时，及时剪除新发现的被害顶梢，或夏季结合摘心，及时摘除虫梢，集中处理其中幼虫。

6. **套袋防治**　有条件的果园，尤其是对晚熟品种果实套袋防虫。

7. **药剂防治**　从 5 月上旬开始，根据性诱剂预测，当诱到成虫数量连续几天突然增加，并结合检查果上的卵，当卵果率达 1% 时，应及时喷洒长效（20 d）药剂如 35% 氯虫苯甲胺水分散剂 8 000 倍液，25% 灭幼脲 2 000 倍液等。

（四）桃象甲

桃象甲（*Rhynchites faldermanni* Schoenherr），又名桃象鼻虫、桃虎，属于鞘翅目象甲科。

【分布与寄主】　桃象甲分布于山东、湖北、湖南、江西、安徽、河南、江苏、浙江、福建、四川、陕西等省。主要为害桃，也为害李、杏、梅等。

桃象甲在桃幼果内产卵

桃象甲为害桃幼果

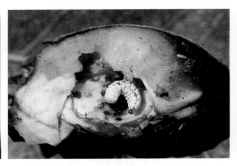
桃象甲幼虫在桃果内蛀害

桃象甲成虫与为害状

桃象甲为害蟠桃幼果

【为害状】　幼虫蛀食幼果，果面上蛀孔累累、流胶，轻者使品质降低，重者引起腐烂，造成落果，对产量影响很大。幼虫在果内蛀食，使果实干腐脱落。虫伤果易引起褐腐病发生。

【形态特征】

1. **成虫**　体长（连头管）10 mm 左右，全体紫红色，有金属光泽，前胸背面有"小"字形凹陷，鞘翅上刻点较细，每鞘翅上有 9 条，其长短比较一致。

2. **卵**　椭圆形，长约 1 mm，乳白色。幼虫成熟时体长 12.5 mm 左右，乳白略带黄色，背面拱起，无胸、腹足。

3. **蛹**　体长 8 mm 左右，淡黄色，稍弯曲，头、胸背面褐色，有长刺毛，腹末有大的褐色刺 1 对。

【发生规律】　1 年发生 1 代，主要以成虫在土中越冬，也有的以幼虫越冬。翌年春季桃树发芽时开始出土上树为害，成虫出现期很长，可长达 5 个月，产卵期 3 个月。因此，早期各虫态发生很不整齐。3～6 月是主要为害期，4 月初为幼果期，成虫盛发后为害最严重，落果最多。成虫怕阳光，常栖息在花、叶、果比较茂密的地方，有假死性，受惊后即坠落地面或在下落途中飞逃。成虫主要为害幼果，以头管伸入果内，食害果肉。果外蛀孔圆形，被害果面蛀孔很多，孔外有黏胶流出。成虫也食害花萼，咬成缺口或圆形小孔。有时食害叶片，咬成大小不同的孔洞，还能食害嫩芽。成虫产卵时用口在幼果果面上咬一小孔，深约 1 mm，产卵于孔中，通常一孔产 1 粒卵，少数一孔中产卵 2～3 粒，一个果上常有卵数十粒。卵孵化后幼虫即蛀入果内为害，取食果肉和果核，一果内有幼虫最多可达数十头，幼虫老熟后即从落或树上的蛀果中脱出果外，潜入土中化蛹。早期多在离表土 10 cm 以内，到后期入土渐深，可达 21～26 cm。

【防治方法】

1. **捕捉成虫**　利用成虫假死性，于清晨露水未干时，树下铺布单摇动树枝，成虫受惊后跌落，然后集中处理。降水后成虫出现最多，效果好。

2. **清除虫果**　勤拾落果和摘除树上的蛀果，加以沤肥或浸泡在水中，可清除尚未脱果的幼虫。

3. **药剂防治**　在 4 月间成虫盛发期，喷 90% 晶体敌百虫 1 000 倍液或 80% 敌敌畏 1 000 倍液。在成虫出土盛期地面树冠下喷洒 25% 辛硫磷胶囊剂 100 倍液。

（五）麻皮蝽

麻皮蝽［*Erthesina fullo*（Thunberg）］，又名黄斑蝽，属于半翅目蝽科。

麻皮蝽为害桃幼果凹凸不平（1）

麻皮蝽为害的桃幼果凹凸不平（2）

麻皮蝽若虫为害桃果实

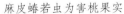

麻皮蝽若虫

【分布与寄主】 分布于全国各地。食性很杂，为害梨、苹果、枣等果树及多种林木、农作物。成虫和若虫刺吸果实和嫩梢。为害状与茶翅蝽相似。

【为害状】 成虫、若虫吸食叶片、嫩梢和果实的汁液，正在生长的果实被害后，呈凸凹不平的畸形果，被刺处流胶，果肉下陷成僵斑硬化。幼果受害严重时常脱落，影响桃的产量与品质。

【形态特征】
1. **成虫** 体长 18 ~ 23 mm，背面黑褐色，散布不规则的黄色斑纹、点刻。触角黑色，第 5 节基部黄色。
2. **卵** 圆筒形，淡黄白色，横径约 1.8 mm。
3. **若虫** 初龄若虫胸、腹部有许多红、黄、黑相间的横纹。2 龄若虫腹背有 6 个红黄色斑点。

【发生规律】 麻皮蝽在豫西地区 1 年发生 2 代，以成虫在向阳面的屋檐下墙缝间、果园附近阳坡山崖的崖缝隙内越冬。翌年 3 月底、4 月初始出，5 月上旬至 6 月下旬交尾产卵。1 代若虫 5 月下旬至 7 月上旬孵出，6 月下旬至 8 月中旬羽化成虫。2 代卵期在 7 月上旬至 9 月上旬，7 月下旬至 9 月上旬孵化为若虫，8 ~ 10 月下旬羽化为成虫。

【防治方法】
（1）结合其他管理措施随时摘除卵块及捕杀初孵若虫。 （2）在第 1 代若虫发生期，结合其他害虫的防治，喷施下列药剂：2.5%高效氟氯氰菊酯水乳剂3 000倍液、2.5%溴氰菊酯乳油3 000倍液、20%氰戊菊酯乳油3 000倍液、20%甲氰菊酯乳油3 000倍液，间隔10～15 d喷1次，连喷2～3次，均能取得较好的防治效果。

（六）茶翅蝽

茶翅蝽 [*Halyomoipha picus*（Fabricius），] 又名臭木椿象、茶翅椿象，俗称臭大姐等，属于半翅目蝽科。

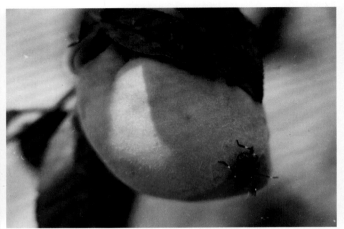

茶翅蝽成虫为害桃幼果　　　　　　　　　　茶翅蝽若虫为害桃果

【分布与寄主】 分布较广，东北、华北等地区，山东、河南、陕西、江苏、浙江、安徽、湖北、湖南、江西、福建、广东、四川、云南、贵州、台湾等省均有发生，仅局部地区为害较重。食性较杂，可为害梨、苹果、海棠、桃、李、杏、樱桃、山楂、无花果、石榴、柿、梅、柑橘等果树和榆、桑、丁香、大豆等树木和作物。

【为害状】 成虫、若虫吸食叶片、嫩梢和果实的汁液，正在生长的果实被害后，呈凸凹不平的畸形果，被刺处流胶，果肉下陷成僵斑而硬化。幼果受害严重时常脱落，对产量与品质影响很大。

【形态特征】
1. **成虫** 体长15 mm左右，宽8～9 mm，扁椭圆形，灰褐色略带紫红色。触角丝状，5节，褐色，第2节比第3节短，第4节两端黄色，第5节基部黄色。复眼球形黑色。前胸背板、小盾片和前翅革质部布有黑褐色刻点，前胸背板前缘有4个黄褐色小点横列。小盾片基部有5个小黄点横列，腹部两侧各间均有1个黑斑。
2. **卵** 常20～30粒并排在一起，卵粒短圆筒状，形似茶杯，灰白色，近孵化时呈黑褐色。
3. **若虫** 与成虫相似，无翅，前胸背板两侧有刺突，腹部各节背面中部有黑斑，黑斑中央两侧各有1个黄褐色小点，各腹节两侧间处均有1个黑斑。

【发生规律】 1年发生1代，以成虫在空房、屋角、檐下、草堆、树洞、石缝等处越冬。翌年出蛰活动时期因地而异，北方果产区一般从5月上旬开始陆续出蛰活动，飞到果树、林木及作物上为害，6月产卵，多产于叶背。7月上旬开始陆续孵化，初孵若虫喜群集卵块附近为害，而后逐渐分散，8月中旬开始陆续老熟羽化为成虫，成虫为害至9月寻找适当场所越冬。

【防治方法】 此虫寄主多，越冬场所分散，给防治带来一定的困难，目前应以药剂为主结合其他措施进行防治。
1. **人工防治** 成虫越冬期进行捕捉，为害严重区可采用果实套袋防止果实受害。
2. **药剂防治** 以若虫期进行药剂防治效果较好，于若虫未分散之前喷施10%吡虫啉乳油3 000～4 000倍液，或50%辛硫磷乳油1 000倍液，或2.5%溴氰菊酯乳油3 000倍液，或2.5%高效氟氯氰菊酯水乳剂3 000倍液。越冬成虫较多的空房间可密闭用敌敌畏熏杀。

（七）点蜂缘蝽

点蜂缘蝽［*Riptortus pedestris*（Fabricius）］，属半翅目缘蝽科，别名白条蜂缘蝽、豆缘椿象。

【分布与寄主】 寄主主要为害大豆等豆科植物，亦为害果树，对产量及品质造成严重影响。

【为害状】 成虫和若虫刺吸嫩茎、嫩叶、花的汁液。被害叶片初期出现点片不规则的黄点或黄斑，后期一些叶片因营养不良变成紫褐色，严重的叶片部分或整叶干枯，出现不同程度、不规则的孔洞。

点蜂缘蝽成虫

【形态特征】

1. **成虫** 体长 15 ~ 17 mm，宽 3.6 ~ 4.5 mm，狭长，黄褐至黑褐色，被白色细茸毛。头在复眼前部成三角形，后部细缩如颈。触角第 1 节长于第 2 节，第 1、第 2、第 3 节端部稍膨大，基半部色淡，第 4 节基部距 1/4 处色淡。喙伸达中足基节间。头、胸部两侧的黄色光滑斑纹成点斑状或消失。前胸背板及胸侧板具许多不规则的黑色颗粒，前胸背板前叶向前倾斜，前缘具领片，后缘有 2 个弯曲，侧角成刺状。小盾片三角形。前翅膜片淡棕褐色，稍长于腹末。腹部侧接缘稍外露，黄黑相间。足与体同色，胫节中段色淡，后足腿节粗大，有黄斑，腹面具 4 个较长的刺和几个小齿，基部内侧无突起，后足胫节向背面弯曲。腹下散有许多不规则的小黑点。

2. **卵** 长约 1.3 mm，宽约 1 mm。半卵圆形，附着面弧状，上面平坦，中间有一条不太明显的横形带脊。

3. **若虫** 1 ~ 4 龄体似蚂蚁，5 龄体似成虫仅翅较短。各龄体长：1 龄 2.8 ~ 3.3 mm，2 龄 4.5 ~ 4.7 mm，3 龄 6.8 ~ 8.4 mm，4 龄 9.9 ~ 11.3 mm，5 龄 12.7 ~ 14 mm。

【发生规律】 在江西南昌一年 3 代，以成虫在枯枝落叶和草丛中越冬。翌年 3 月下旬开始活动，4 月下旬至 6 月上旬产卵。第 1 代若虫于 5 月上旬至 6 月中旬孵化，6 月上旬至 7 月上旬羽化为成虫，6 月中旬至 8 月中旬产卵。第 2 代若虫于 6 月中旬末至 8 月下旬孵化，7 月上旬至 9 月中旬羽化为成虫，8 月上旬至 10 月下旬产卵。第 3 代若虫于 8 月上旬末至 11 月初孵化，9 月上旬至 11 月中旬羽化为成虫，并于 10 月下旬以后陆续越冬。卵多散产于叶背、嫩茎和叶柄上，少数 2 粒在一起，每雌产卵 21 ~ 49 粒。成虫和若虫极活跃，早晚温度低时稍迟钝。

【防治方法】
（1）首先要注意清洁田园，冬季结合积肥清除田间枯枝落叶和杂草，及时沤制或焚烧。可消除部分越冬成虫。
（2）在点蜂缘蝽低龄期，于上午 9 ~ 10 时或下午 4 ~ 5 时，用 10% 吡虫啉可湿性粉剂 4 000 倍液，5% 啶虫脒乳油 3 000 倍液，3% 阿维菌素乳油 5 000 倍液或 5% 高效氯氰菊酯乳油 2 000 倍液进行喷雾防治。

（八）桃潜叶蛾

桃潜叶蛾（*Lyonetia clerkella* L.），又名桃线潜叶蛾、桃叶线潜叶蛾、桃叶潜蛾，属鳞翅目潜叶蛾科。

【分布与寄主】 分布于河南、山东、河北、陕西等 20 多个省（市、区）。主要为害桃、杏、李、樱桃，苹果和梨也可受害。

【为害状】 以幼虫在叶片内潜食，造成弯曲迂回的蛀道，叶片表皮不破裂，从外面可看到幼虫所在位置。幼虫排粪于蛀道内。在果树生长后期，蛀道干枯，有时穿孔。虫口密度大时，叶片枯焦，提前脱落。

【形态特征】

1. **成虫** 体长 3 mm，翅展 6 mm，体及前翅银白色。前翅狭长，先端尖，附生 3 条黄白色斜纹，翅先端有黑色斑纹。

桃潜叶蛾幼虫与为害虫道（1）　　　　　　　　桃潜叶蛾幼虫与为害虫道（2）

桃潜叶蛾为害后期造成穿孔缺刻（1）　桃潜叶蛾危害后期造成穿孔缺刻（2）　　　　桃潜叶蛾危害状

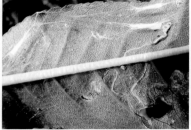

桃潜叶蛾幼虫为害虫道轨迹　　桃潜叶蛾在叶背面结白色丝茧（1）　　桃潜叶蛾在叶背面结白色丝茧（2）

桃潜叶蛾交尾状　　　　　　　　　　　　　桃潜叶蛾成虫

前后翅都具有灰色长缘毛。

2. **卵**　扁椭圆形，无色透明，卵壳极薄而软，大小为 0.33 mm × 0.26 mm。

3. **幼虫**　体长 6 mm，胸部淡绿色，体稍扁。有黑褐色胸足 3 对。

4. **茧**　扁枣核形，白色，茧两侧有长丝黏于叶上。

【**发生规律**】　1 年发生约 7 代，以成虫在桃园附近的梨、杨等树皮缝内及落叶、杂草、石块下越冬。翌年 4 月桃树展叶后，成虫羽化，夜间活动产卵于叶下表皮内。幼虫孵化后，在叶组织内潜食为害，串成弯曲隧道，并将粪粒充塞其中，叶的表皮不破裂，可由叶面透视。叶受害后枯死脱落。幼虫老熟后在叶内吐丝结白色薄茧化蛹。5 月中上旬发生第 1 代成虫，以后每月发生 1 代，最后 1 代发生在 11 月上旬。

【防治方法】

1. **冬季结合清园，扫除落叶并烧毁，消灭越冬蛹** 桃园附近不存放麦秸、玉米秸、草堆、树枝垛，以免招致成虫在内越冬。桃树发芽前清除园内杂草、落叶及成堆石块，可消灭一部分越冬成虫。刮除老树皮，尤其是有该虫越冬迹象的地方需要认真刮净，刮后涂刷石硫合剂浆液，刮除的树皮集中处理。

2. **花前防治** 桃花芽膨大期，叶芽尚未展开，这时越冬代成虫已出蛰，群聚在主干上、主枝上，但还未产卵，此时喷洒80%敌敌畏乳油1 000倍液，对降低当年虫口数量有利。

3. **运用性诱剂杀成虫** 选一广口容器，盛水至边沿1 cm处，水中加少许洗衣粉，然后用细铁丝串上含有桃潜叶蛾成虫性外激素制剂的橡皮诱芯。固定在容器口中央，即成诱捕器。将制好的诱捕器挂于桃园中，高度距地面1.5 m，每亩挂5～10个。夏季气温高，蒸发量大，要经常给诱捕器补水。挂诱捕器不但可以杀雄性成虫，且可以预报害虫消长情况，指导化学防治。

4. **铺盖地膜** 4月下旬至5月上旬在桃园畦面上铺盖地膜，不仅可以隔绝该虫部分化蛹场所，而且能改善土壤温湿度环境，有利于桃树健康生长。

5. **药剂防治** 药剂防治的关键是掌握好用药时间和种类。此虫发生面广、越冬成虫数量大，必须进行全园整体防治。由于桃潜叶蛾一年发生多代，且世代重叠严重，控制该虫为害的关键是做好第1、第2代幼虫的防治。实践证明：在越冬代和第1代雄成虫出现高峰后的3～7 d内喷药，可获得理想效果。运用性诱剂可预报害虫出现高峰的时间。如果错过了上述防治期，那么只要在下一个成虫发生高峰后3～7 d内适时用药，亦能控制虫害发展。

防治第1代幼虫可在5月初春梢展叶期，喷施25%氯氰·毒死蜱乳油2 000倍液。成虫发生期，喷25%灭幼脲悬浮剂500倍液或20%杀铃脲悬浮剂3 000倍液。危害严重时，灭幼脲＋敌敌畏常用剂量或1.8%阿维菌素乳油5 000倍液，20%甲氰菊酯乳油2 000～3 000倍液可防治多种虫态。

（九）桃白条紫斑蛾

桃白条紫斑蛾（*Calguia defiguralis* Walker），又名桃白纹卷叶螟，属鳞翅目螟蛾科。

桃白条紫斑蛾为害状

桃白条紫斑蛾严重为害状

【分布与寄主】 已知山西、河南、河北等省有分布；在国外已知分布于日本、缅甸、斯里兰卡和印度；为害桃、杏、李、樱桃等核果类果树。

【为害状】 幼虫食叶，初龄幼虫啮食下表皮和叶肉，稍大的梢端吐丝拉网缀叶成巢，常数头至十余头群集巢内食叶成缺刻与孔洞，随虫龄增长、虫巢扩大，叶柄被咬断者呈枯叶于巢内，丝网上黏附许多粪粒。亦有单独卷缀叶片为害者。

【形态特征】

1. **成虫** 体长8～10 mm，翅展18～20 mm，体灰至暗灰色，各腹节后缘淡黄褐色。触角丝状，雄鞭节基部有暗灰色至黑色，长毛丛略呈球形。前翅暗紫色，基部2/5处有1条白横带，有的个体前缘基部至白横带亦为白色。后翅灰色外缘色暗。跗节均为5节，呈灰白相间的环节状。

2. **卵** 扁长椭圆形，长0.8～0.9 mm，初淡黄白色，渐变淡紫红色。

3. **幼虫**　体长 15 ～ 18 mm，头灰绿有黑斑纹，体多为紫褐色，前胸盾灰绿色，背线宽黑褐色，两侧各具两条淡黄色云状纵线，故体侧各呈 3 条紫褐纵线，臀板暗褐色或紫黑色。腹足趾钩三序环，60 余个。无臀栉。低中龄幼虫多淡绿色至绿色，头部有浅褐色云状纹，背线宽深绿色，两侧各有两条黄绿色纵线，故体侧各呈 3 条绿纵线。

4. **蛹**　长 8 ～ 10 mm，头胸和翅芽翠绿色，腹部黄褐色，背线深绿色。尾节背面呈三角形凸起、暗褐色，臀棘 6 根。

5. **茧**　纺锤形，长 11 ～ 13 mm，丝质灰褐色。

桃白条紫斑蛾中龄幼虫呈绿紫褐色

【发生规律】　山西省 1 年发生 2 代，以茧蛹于树冠下表土层越冬，少数于皮缝和树洞中越冬。越冬代成虫发生期在 5 月上旬至 6 月中旬，第 1 代成虫发生期在 7 月上旬至 8 月上旬。成虫昼伏夜出有趋光性，卵多散产于枝条上部叶背近基部主脉两侧，亦有 2 ～ 3 粒产在一起者，1 片叶上多者有 10 余粒，卵期 15 d 左右。第 1 代幼虫 5 月下旬开始孵化，6 月下旬开始老熟入土结茧化蛹，蛹期 15 d 左右。第 2 代卵期 10 ～ 13 d，7 月中旬开始孵化，8 月中旬开始老熟入土结茧化蛹越冬。成虫寿命 2 ～ 13 d，多为 7 ～ 8 d，每雌可产卵 9 ～ 189 粒，一般为 90 余粒。

【防治方法】

1. **人工捕杀**　春季越冬成虫羽化前翻耕树盘，清除部分越冬蛹。

2. **药剂防治**　幼虫发生初期喷施杀虫剂，可用 25% 灭幼脲悬浮剂 2 000 倍液，20% 氰戊菊酯乳油 2 000 ～ 3 000 倍液，2.5% 溴氰菊酯乳油 2 000 ～ 3 000 倍液，10% 联苯菊酯乳油 4 000 ～ 5 000 倍液，苏云金杆菌乳剂 300 倍液喷雾。

3. **生物防治**　保护利用天敌赤眼蜂、茧蜂等。

（一○）环纹贴叶麦蛾

环纹贴叶麦蛾（*Recurvaria syrictis* Meyrick），又名杏白带麦蛾，属鳞翅目麦蛾科。

【分布与寄主】　分布于河北、河南、山西、陕西等省地区。寄主有桃、李、杏、樱桃、苹果、沙果等。

【为害状】　多在两叶相贴之处或者叶片与果实相贴之处，吐白丝黏缀两叶，幼虫潜伏其中食害附近的叶肉，形成不规则的斑痕，仅残留表皮和叶脉，日久变褐干枯。桃树发生较重。

【形态特征】

1. **成虫**　体长约 4 mm，翅展约 8 mm。头与胸的背面银白色，腹部呈灰色；下唇须白色，前伸；复眼黑色球形；触角线状，节间黑白相间，翅肩片黑褐色，前翅灰黑色，披针形，散生银白色鳞片，并且以翅端与前缘较多，后缘从翅基到端部具一银白色带，约为翅的 2/5，带前缘呈曲线状，静止时成虫体背形成倒葫芦状白斑。缘毛较长，灰黄至灰色。前翅反面深灰色，后翅灰白色，顶角尖削，外缘微凹，酷似菜刀形，缘毛较长，灰色。足灰白色，胫节外侧具 2 条黑褐色纵斑；跗节端部白色，余为褐色。

2. **卵**　长椭圆形，长径约 0.4 mm，短径约 0.2 mm，淡黄绿色，卵径 5 ～ 7 d 后变为黄褐色，卵四周显红或紫红色，中部淡褐色，孵化前于卵壳上可见黑褐色头壳与臀板，间或可见弯曲的虫体。

3. **幼虫**　老熟体长约 5 mm 左右，长纺锤形，体扁，头部与体躯为黄褐色。前胸盾褐色或棕褐色，略似月牙，中央具一白色细纵线。中胸到腹末各体节基部约 1/2 为暗红或淡紫红色，端部分为黄、白色。貌似"环圈"，极显。腹足趾钩与臀足趾钩均双序，各为 26 个左右和 18 个左右。初孵幼虫体长约 0.8 mm；体扁淡褐色，头及臀板黑色，胸足与前胸背板暗褐色；2 龄体长 2.0 mm 左右，体为黄色，头与前胸背板、胸足与臀板均为黄褐色；3 龄体长约 3.3 mm，体为黄色。各腹节间黄白色，基部各节具暗绿色环纹。4 龄幼虫体长约 4.5 mm，体为黄褐色，各腹节基部紫红色。

4. **蛹**　体长约 4.0 mm，纺锤形，淡黄至黄褐色，头端圆钝，尾端突削，具 6 根刺毛。触角、翅芽与后足均伸达第 5 腹节后缘。茧白，质地疏松，可透视见蛹体，茧长约 6 mm，椭圆形。

环纹贴叶麦蛾为害桃树叶片：吐白丝

环纹贴叶麦蛾为害桃树叶片：不规则斑痕（1）

环纹贴叶麦蛾为害桃树叶片：不规则斑痕（2）

环纹贴叶麦蛾低龄幼虫与高龄幼虫

环纹贴叶麦蛾高龄幼虫

环纹贴叶麦蛾低龄幼虫为害桃树叶片

【发生规律】　10月中下旬末代幼虫在枝干皮缝中结茧化蛹，以蛹越冬，10月底全部化蛹越冬。翌年4月中下旬至5月中旬羽化。成虫很活泼，多夜晚活动，羽化后不久即可交尾、产卵，卵散产于叶上。成虫寿命7d左右。5月中下旬田间始见幼虫，幼虫较活泼、爬行迅速，触动时迅速扭动身体、吐丝下垂，6月中下旬陆续老熟于被害叶内结茧化蛹。1年约发生3代。此虫在山西晋中1年发生2代，以蛹于树皮隙缝、树杈粗翘皮、剪锯口或树洞等处越冬。翌年春季越冬蛹出蛰活动，于4月下旬前后开始羽化，5月间为羽化盛期，6月初仍可见到越冬代成虫。5月中旬左右田间初见成虫产卵，5月下旬到6月上旬为成虫产卵盛期，6月中旬为末期，越冬代成虫寿命为5～8d。卵期平均为15d左右，6月初始见第1代幼虫，6月下旬为孵化盛期，7月中旬为末期。第1代幼虫历期最短为38d，最长为41d，平均为40d左右。为害到7月上旬开始化蛹，7月中旬前后为第1代蛹化盛期，7月下旬为末期。蛹期最长16d，最短8d，平均为10d左右。雄蛹历期短于雌蛹历期。第1代成虫于7月中旬出现，7月下旬前后成虫盛发，8月上旬仍可见到第1代成虫。成虫寿命为4d左右，产卵前期2d左右。第2代卵始见于7月中旬，卵盛发期为7月底到8月初，第2代卵期平均为8d左右。第2代幼虫始见天7月下旬，盛发期为8月中旬左右，9月下旬仍可见到孵化的幼虫。第2代幼虫为害历期最短42 d，最长58 d，平均51 d左右，为害到老熟后寻找适当场所进入预蛹期，经1 d后化蛹，并以蛹越冬。越冬代蛹期为7～8个月。

　　成虫性活泼，多夜间活动。成虫羽化多于上午10时至下午4时进行。雄虫比雌虫提早5 d左右，且各代雄虫常多于雌虫。成虫羽化后不久即可交尾，交尾后1～3 d开始产卵。第1代卵散产枝条顶端1～3片嫩叶背面近叶柄处主脉的两侧，少数产于腋芽间、叶缘及叶端处，间或芽鳞与叶柄等处均可见到卵粒。初孵幼虫食量小。幼虫较喜在枝条下部4～5片叶上为害，并有转叶为害习性，一生可转害4～5个叶片。幼虫性活泼，受惊扰后迅速逃避或吐丝下垂。第1代幼虫老熟后多于贴叶下、间或树皮下或剪锯口及树洞内化蛹，第2代蛹多见于剪锯口、树皮缝隙中，间或贴叶上或树杈处。

【防治方法】

1. **人工防治**　冬春刮树皮、集中处理可清除部分越冬蛹。
2. **药剂防治**　幼虫为害期，喷洒首选药剂为虫酰肼、虱螨脲，有效药剂为灭幼脲、杀铃脲、敌敌畏、苏云金杆菌等。

（一一）豹纹蠹蛾

豹纹蠹蛾蛀害新梢折断

豹纹蠹蛾幼虫在桃树枝干内蛀害

豹纹蠹蛾幼虫蛀害桃树枝

豹纹蠹蛾蛀害桃树枝梢枯萎

豹纹蠹蛾幼虫

豹纹蠹蛾成虫

豹纹蠹蛾（*Zeuzera leuconolum* Butler），别名截秆虫、六星木蠹蛾，属鳞翅目豹蠹蛾科。

【分布与寄主】　分布于河北、河南、山东、陕西等省地。此虫主要为害核桃，其次为苹果、桃、杏、梨、枣、石榴、刺槐等。此虫严重为害时树冠不能扩大，常年成为小老树，影响桃树的产量。

【为害状】　被害枝基部的木质部与韧皮部之间有一蛀食环孔，并有自下而上的虫道。枝上有数个排粪孔，有大量的长椭圆形虫粪排出。受害枝上部变黄枯萎，遇风易折断。幼虫蛀入枣树一二年生枝条，受害枝梢上部枯萎，遇风易折。

【形态特征】
1. 成虫　雌蛾体长 18 ～ 20 mm，翅展 35 ～ 37 mm；雄蛾体长 18 ～ 22 mm，翅展 34 ～ 36 mm。胸背部具平行的 3 对黑蓝色斑点，腹部各节均有黑蓝色斑点。翅灰白色。前翅散生大小不等的黑蓝色斑点。卵初产时淡杏黄色，上有网状刻纹密布。
2. 幼虫　头部黄褐色，上腭及单眼区黑色，体紫红色，毛片褐色，前胸背板宽大，有 1 对子叶形黑斑，后缘具有 4 排黑色小刺，臀板黑色。老熟幼虫体长 32 ～ 40 mm。
3. 蛹　赤褐色。体长 25 ～ 28 mm。近羽化时每一腹节的侧面出现两个黑色圆斑。

【发生规律】　豹纹木蠹蛾 1 年发生 1 代。以幼虫在枝条内越冬。翌年春季枝梢萌发后，再转移到新梢为害。被害枝梢枯萎后，会再转移甚至多次转移为害。5 月上旬幼虫开始成熟，于虫道内吐丝连缀木屑堵塞两端，并向外咬一羽化孔，即行化蛹。5 月中旬成虫开始羽化，羽化后蛹壳的一半露在羽化孔外，长时间不掉。成虫昼伏夜出，有趋光性。于嫩梢上部叶片或腋芽处产卵，散产或数粒在一起。7 月幼虫孵化，多从新梢上部腋芽蛀入，并在不远处开一排粪孔，被害新梢 3 ～ 5 d 内即枯萎，此时幼虫从枯梢中爬出，再向下移不远处重新蛀入为害。1 头幼虫可为害枝梢 2 ～ 3 个。幼虫至 10 月中下旬在枝内越冬。

【防治方法】
1. 剪除虫枝　结合夏季修剪，根据新梢先端叶片凋萎的症状或枝上及地面上的虫粪，及时剪除虫枝，集中处理。此项措施应在幼虫转梢之前开始，并多次剪除，至冬剪为止。
2. 灯光诱杀　在成虫发生期进行灯光诱杀。
3. 药剂防治　成虫产卵及孵化期，喷洒 90% 晶体敌百虫 1 000 倍液或 80% 敌敌畏乳油 1 000 倍液。

（一二）黑星麦蛾

黑星麦蛾（*Telphusa chloroderces* Meyrich），又名黑星卷叶麦蛾，属鳞翅目麦蛾科。

【分布与寄主】　分布于河南、山东、吉林、辽宁、河北、山西、陕西、江苏等省。寄主为桃、李、杏、苹果、梨、樱桃。

【为害状】　幼虫在嫩叶、枝梢上吐丝缀叶作巢，群集为害。管理粗放的幼树受害最重。严重时全树枝梢叶片被吃光，只剩叶脉和表皮，一片枯黄，影响果树生长发育。

【形态特征】
1. 成虫　体长 5 ～ 6 mm，翅展 16 mm，身体及后翅灰褐色。胸背面及前翅黑褐色，有光泽。前翅近长方形，靠近前缘 1/3 处有 1 个淡黑褐色的斑纹，翅中央有两个不明显的月牙形黑斑。
2. 卵　椭圆形，淡黄色，发亮。长径 0.5 mm。
3. 幼虫　体长 10 ～ 11 mm，细长形，头、前胸背板黑褐色，臀板及臀足褐色。全身有 6 条淡紫褐色纵条纹，条纹之间为白色。
4. 蛹　长约 6 mm，红褐色，第 7 腹节后缘有蜡黄色并列的刺突。第 6 腹节腹面中部有两个突起。茧灰白色长椭圆形。

【发生规律】　河北、陕西 1 年发生 3 代，以蛹在杂草、地被物等处越冬，陕西关中地区 4 月越冬成虫羽化，卵多产于新梢顶端未伸展开的叶柄基部，单粒或几粒成堆。第 1 代幼虫于 4 月中旬发生，低龄幼虫潜伏在未伸展的嫩叶上为害，

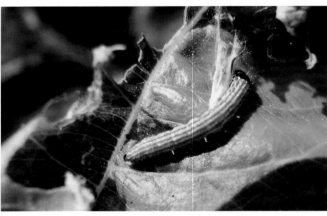

黑星麦蛾幼虫为害桃树叶（1）　　　　　　　　　黑星麦蛾幼虫为害桃树叶（2）

黑星麦蛾幼虫缀叶为害桃树叶片　　　　　　　　　　黑星麦蛾幼虫

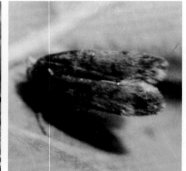

黑星麦蛾缀叶和桃果实受害状　　　　黑星麦蛾缀叶和桃果严重为害状　　　　黑星麦蛾成虫

稍长大即卷叶为害，以食叶肉为主，不吃下表皮。发生多时，10～20头幼虫把小枝的叶片缀在一起，潜于其中为害，幼虫极活泼，受惊动即吐丝下垂。幼虫老熟后，在缀叶内化蛹，蛹期约10 d。6月中旬为第1代成虫羽化盛期，7月下旬为第2代成虫羽化盛期。

【防治方法】

1. **加强果树管理**　增强树势，降低为害。冬季清扫落叶、杂草，清除越冬蛹。

2. **药剂防治**　5月中上旬幼虫为害初期，喷洒25%灭幼脲2 000倍液或20%杀铃脲悬浮剂8 000倍液。也可选用菊酯类杀虫剂，如2.5%溴氰菊酯乳油或20%氰戊菊酯乳油3 000倍液等，均有很好的防治效果。

（一三）桃剑纹夜蛾

桃剑纹夜蛾（*Acronicta increetata* Hampson），又名苹果剑纹夜蛾，属鳞翅目夜蛾科。

【分布与寄主】 国内苹果产区普遍分布。主要为害苹果、梨、桃等果树及桑、杨、柳等树木。

【为害状】 以低龄幼虫群集叶背啃食叶肉成纱网状，幼虫稍大后将叶片食成缺刻，并啃食果皮，大发生时常啃食果皮，使果面上出现不规则的坑洼。

桃剑纹夜蛾幼虫

【形态特征】

1. **成虫** 体长 18 ~ 22 mm。前翅灰褐色，有 3 条黑色剑状纹，1 条在翅基部呈树枝状，两条在端部。翅外缘有 1 列黑点。

2. **卵** 表面有纵纹，黄白色。

3. **幼虫** 体长约 40 mm，体背有 1 条橙黄色纵带，两侧每节有 1 对黑色毛瘤，腹部第 1 节背面为一突起的黑毛丛。

4. **蛹** 体长 19 ~ 20 mm，棕褐色，有光泽，1 ~ 7 腹节前半部有刻点，腹末有 8 个钩刺。

【发生规律】 1 年发生 2 代，以蛹在地下土中或树洞、裂缝中作茧越冬。越冬代成虫发生期在 5 月中旬到 6 月上旬，第 1 代成虫发生期在 7 ~ 8 月。卵散产在叶片背面叶脉旁或枝条上。

【防治方法】 秋后深翻树盘和刮粗翘皮及灭越冬蛹有一定效果。 虫量少时不必专门防治。发生严重时，可喷洒下列药剂：5% 顺式氰戊菊酯乳油 5 000 倍液，30% 氟氰戊菊酯乳油 8 000 倍液，10% 醚菊酯悬浮剂 1 500 倍液，20% 抑食肼可湿性粉剂 1 000 倍液，8 000 IU/mL 苏云金杆菌可湿性粉剂 800 倍液，0.36% 苦参碱水剂 1 000 倍液，10% 硫肟醚水乳剂 1 500 倍液等。

（一四）线茸毒蛾

线茸毒蛾（*Dasychira pudibunda* Linnaeus），又名纵纹毒蛾、茸毒蛾、苹毒蛾，属鳞翅目毒蛾科。

线茸毒蛾成虫　　　　　　　线茸毒蛾幼虫　　　　　　线茸毒蛾幼虫背面特征

【分布与寄主】 20 世纪 80 年代曾在江苏、浙江、河南、安徽等地大发生，局部地区猖獗为害。寄主为山楂、苹果、梨、樱桃、桃、杏、草莓、泡桐、榆、紫藤、鸡爪槭等树。

【为害状】 幼虫主要为害叶片，被食叶成缺刻。食量较大，可把叶片吃去大部分。

【形态特征】

1. **成虫** 体长 20 mm，雄蛾翅展 35 ~ 45 mm，雌蛾翅展 45 ~ 60 mm。头胸部灰褐色，亚基线黑色，内横线为黑色宽带，横脉纹灰褐色带黑边，外横线双线黑色，亚缘线黑褐色，缘线为1列黑褐色点。缘毛灰白，有黑褐色斑。后翅白色带黑褐色鳞片和毛。

2. **卵**　淡褐色，扁球形，中央有1个凹陷。

3. **幼虫**　体被黄色长毛。体长35～52 mm，头淡黄色，体近圆筒形，绿黄色或淡黄褐色。腹部第1、第2节和第2、第3节间背面有宽大绒黑斑，每节前缘赭褐色，第5～7腹节间微黑，亚背线在第5～8腹节为间断的黑带。前胸背面两侧各有1束向前伸的黄色毛束，第1～4腹节背面各有1簇土黄色刷状毛丛，周围有白毛，翻缩腺黑色。

4. **蛹**　黄绿色至淡褐色，背面有较长毛束，腹面光滑。臀棘短圆锥形，末端有许多小钩。蛹化在黄褐色疏丝茧包中，上有幼虫毒毛。

【**发生规律**】　线茸毒蛾在东北地区1年发生1代，少数2代，以幼虫越冬。在长江下游地区1年发生3代，以蛹越冬，翌年4月中下旬羽化，第1代幼虫发生于5月至6月上旬，第2代幼虫6月下旬至8月上旬，第3代幼虫8月中旬至11月下旬，越冬代蛹期半年左右。成虫羽化当晚即可交尾产卵，每块卵20～300粒，第1、第2代卵可产于叶片上，越冬代卵多产在树枝干上。幼虫历期25～50 d。其发生可能受天敌影响较大，幼虫期天敌有舞毒蛾黑瘤姬蜂［*Coccygomimus disparis*（Viereck）］、蚂蚁、食虫蝽类等。

【**防治方法**】　保护利用天敌，清除越冬虫源；低龄幼虫比较多时用可喷施20%除虫脲悬浮剂3 000～3 500倍液或25%灭幼脲悬浮剂2 000～2 500倍液。虫口密度大时，可喷施50%辛硫磷1 500倍液或2.5%溴氰菊酯3 000倍液。

（一五）黄斑长翅卷叶蛾

黄斑长翅卷叶蛾（*Acleris fimbriana* Thunberg），又名黄斑卷叶蛾、桃黄斑卷叶蛾，属鳞翅目卷叶蛾科。

黄斑长翅卷叶蛾为害桃树叶片　　　黄斑长翅卷叶蛾为害桃树叶片纵　　黄斑长翅卷叶蛾为害桃树叶片纵卷（2）
　　　　　　　　　　　　　　　　　卷（1）

【**分布与寄主**】　国内分布在东北、华北、华东、西北各省，国外分布于俄罗斯、日本等国。幼虫偏嗜桃树，主要寄主植物有苹果、桃、李、杏、山楂等树。

【**为害状**】　幼虫吐丝连接数叶或将叶片沿主脉间正面纵折取食，藏于其间为害和化蛹。

【**形态特征**】

1. **成虫**　体长7～9 mm，翅展17～20 mm。夏型成虫前翅金黄色，散布有银白色突起的鳞片，后翅灰白色，复眼红色。冬型成虫前翅暗褐色，后翅灰褐色，复眼黑色。

2. **卵**　扁椭圆形，长径0.8 mm，短径0.6 mm。冬型成虫产的卵初时为白色，后变淡黄，近孵化时为红色；夏型成虫产的卵初时为淡绿色，翌日变为黄绿色，近孵化时变为深黄色。

3. **幼虫**　老熟幼虫体长22 mm，初龄幼虫体为乳白色，头部、前胸背板及胸足均为黑褐色。2～3龄幼虫体呈黄绿色，头、前胸背板及胸足仍为黑褐色。4～5龄幼虫头部、前胸背板及胸足变为淡绿褐色。老熟幼虫化蛹前体呈黄绿色。头部单眼区黑褐色，单眼6枚。

4. **蛹**　体长9～11 mm，深褐色，顶端有一指状突起向背弯曲。从背面观指突基部两侧还各有两个大突起，末端齐而宽，向腹面弯曲，端侧各有1个角刺突，从侧面观可明显观察到指突向背弯曲。

【发生规律】 在豫西地区1年发生4代，以冬型成虫在杂草、落叶上越冬。翌年3月上旬，越冬成虫在苹果花芽萌动时即出蛰活动，产卵于枝条及芽旁。夏型成虫主要产卵在叶片上，以老叶背面为多。各代成虫发生期：第1代在6月上旬，第2代在7月下旬至8月上旬，第3代在8月底至9月上旬，第4代在10月中旬，并以此代成虫越冬。在果园，以第1代各虫态发生比较整齐，以后出现各世代重叠。幼虫行动不活泼（与苹果小卷叶蛾幼虫易于区别），有转叶为害习性，每蜕1次皮转移1次，幼虫共蜕皮转移4次，老熟幼虫将叶平折缀合，在其中化蛹。

【防治方法】
1. 清除成虫 冬季清扫果园杂草及落叶，使成虫不能隐藏越冬。
2. 药剂防治 在第1代卵孵盛期（4月上中旬）和第2代卵孵盛期（6月中旬），喷药防治初孵幼虫。用药种类可参考苹小卷叶蛾。

（一六）黄尾毒蛾

黄尾毒蛾（*Euproctis similis* Fueezssly），又名盗毒蛾，属鳞翅目毒蛾科。

黄尾毒蛾幼虫为害桃幼果

黄尾毒蛾成虫

【分布与寄主】 国内东北、华北、西北、华中等地区有分布。寄主有苹果、梨、桃、杏、李、梅、枣、柿及桑、杨、柳、榆等多种果树和林木。

【为害状】 幼虫蚕食叶片，在管理粗放的果园发生较多。幼虫喜食新芽、嫩叶，被食叶成缺刻或只剩叶脉。

【形态特征】
1. 成虫 体长13～15 mm，体、翅均为白色，触角羽毛状，腹末有金黄色毛。前翅后缘有两个黑褐色斑，有的只有1个，也有的全部消失。
2. 卵 扁圆形，直径约1 mm，中央稍凹，灰黄色，数十粒排成卵块，表面覆盖有雌虫腹末脱落的黄毛。
3. 幼虫 老熟时体长30～40 mm，体黑色，背线红色，亚背线白色呈点线状，第1节背面两侧各有1个向前突出的红色大毛瘤。
4. 蛹 褐色，茧为灰白色，附有幼虫体毛。

【发生规律】 在豫西地区1年可发生3～4代。以3～4龄幼虫结灰白色茧在树皮裂缝或枯叶里越冬。在1年发生2代地区，春季4月果树发芽时，越冬幼虫出蛰为害，5月中旬至6月上旬作茧化蛹，6月中上旬成虫羽化，在枝干上或叶背产卵，幼虫孵出后群集为害，稍大后分散。8～9月出现下一代成虫，产卵孵化的幼虫为害一段时间后，在树干隐蔽处越冬。

【防治方法】 冬季刮树皮，防治越冬幼虫；幼虫为害期，人工捕杀，发生数量多时，可喷药防治，常用药剂有辛硫磷、杀螟松、敌敌畏等。

（一七）黄刺蛾

黄刺蛾［*Cindocampa flavescens*（Walker）］，别名刺蛾、八角虫、八角罐、洋辣子、羊蜡罐、白刺毛，属鳞翅目刺蛾科。

黄刺蛾成虫

黄刺蛾高龄幼虫

【分布与寄主】　分布于黑龙江、吉林、辽宁、内蒙古、河北、河南、山东、陕西、四川、云南、湖南、湖北、江西、安徽、江苏、浙江、广东、广西、台湾等省区。寄主有桃、枣、核桃、柿、枫杨、苹果、杨等90多种植物。

【为害状】　以幼虫将叶片吃成很多孔洞、缺刻或仅留叶柄、主脉，严重影响树势和果实产量。

【形态特征】

1. **成虫**　头、胸部黄色，腹部黄褐色，前翅内半部黄色，外半部褐色，两条暗褐色横线从翅尖同一点向后斜伸，后缘基部1/3处和横脉上各有一个暗褐色圆形小斑。

2. **幼虫**　近长方形，黄绿色，背面中央有一紫褐色纵纹，此纹在胸背上呈盾形；从第2胸节开始，每节4个枝刺，其中以第3～4节和第10节上的较大，每一枝刺上生有许多黑色刺毛。腹足退化，只有在1～7腹节腹面中央各有1个扁圆形吸盘。

【发生规律】　东北及华北地区多年发生1代，河南、陕西、四川2代，以前蛹在枝干上的茧内越冬。1代区5月中下旬开始化蛹，蛹期15 d左右。6月中旬至7月中旬出现成虫，成虫昼伏夜出，有趋光性，羽化后不久交尾产卵，卵产于叶背，卵期7～10 d，幼虫发生期6月下旬至8月，8月中旬后陆续老熟，在枝干等处结茧越冬。2代区5月上旬开始化蛹，5月下旬至6月上旬羽化，第1代幼虫6月中旬至7月中上旬发生，第1代成虫7月中下旬始见，第2代幼虫为害盛期在8月中上旬，8月下旬开始老熟结茧越冬。7～8月间高温干旱，黄刺蛾发生严重。

【防治方法】

1. **人工防治**　低龄幼虫多群集取食，被害叶显现白色或半透明斑块等，很易发现。此时斑块附近常栖有大量幼虫，及时摘除带虫枝叶加以处理，效果明显。清除越冬虫茧刺蛾，越冬代苗期长达7个月以上，此时农林作业较空闲，可根据不同刺蛾虫种越冬场所的异同采用敲、挖、剪除等方法清除虫茧。

2. **灯光诱杀**　大部分刺蛾成虫具较强的趋光性，可在成虫羽化期于19～21时用灯光诱杀。

3. **化学防治**　刺蛾幼龄幼虫对药剂敏感，一般触杀剂均可奏效。

4. **生物防治**　刺蛾的寄生性天敌较多，例如已发现黄刺蛾的寄生性天敌有刺蛾紫姬蜂、刺蛾广肩小蜂、上海青蜂、爪哇刺蛾姬蜂、健壮刺蛾寄蝇和一种绒茧蜂。纵带球须刺蛾、丽绿刺蛾、黄刺蛾卵的天敌有赤眼蜂 *Trichogramma* sp；刺蛾幼虫的天敌有白僵菌、青虫菌、核型多角体病毒，均应注意保护利用。在天敌利用上，将患核型多角体病毒病幼虫引入非发病区，可使非发病区幼虫发病率在90%以上；将感病幼虫（含茧）粉碎，于水中浸泡24 h，离心10 min，以浸提液20亿 PIB/mL 的黄刺蛾核型多角体病毒稀释1 000倍液喷杀3～4龄幼虫，效果达76.8%～98%。上海青蜂是黄刺蛾常见天敌，江苏省清江市苗圃，应用刺蛾茧保护器将采下的虫茧放入其中，使其羽化后飞出。

（一八）果剑纹夜蛾

果剑纹夜蛾（*Acronicta strigosa Schiffermüller*），又名樱桃剑纹夜蛾，属鳞翅目夜蛾科。

【分布与寄主】 国内分布较普遍。国外日本、朝鲜、欧洲有分布。主要为害苹果、梨、桃、杏、李、樱桃、梅、山楂等果树。

【为害状】 幼虫食害叶片呈缺刻状，或仅剩叶脉。

【形态特征】

1. 成虫　体长约 15 mm。前翅灰色，基剑纹、中剑纹和端剑纹黑色明显，肾状纹灰白色，内侧黑色。端剑纹部有 2 个白点。

2. 卵　白色透明似馒头，直径 0.8 ~ 1.2 mm。

3. 幼虫　老熟幼虫体长约 30 mm。头部黑色。体绿色，体背有 1 条红褐色宽纵带。第 8 腹节稍隆起。

果剑纹夜蛾低龄幼虫

果剑纹夜蛾幼虫为害桃树叶片

【发生规律】 1 年发生 2 代，以蛹在土中越冬。成虫在 5 ~ 6 月发生，第 1 代幼虫多在 7 月发生为害。第 2 代成虫发生在 7 ~ 8 月，幼虫在 8 ~ 9 月发生为害。

【防治方法】 可结合防治卷叶蛾、食心虫喷药防治。

（一九）桃冠潜蛾

桃冠潜蛾（*Tischeria gaunacella* Duponchel），又名李冠潜蛾，属鳞翅目冠潜蛾科。2013~2016 年在豫西三门峡地区 7 ~ 8 月为害严重，管理粗放的果园叶片受害率达到 80%，影响树势。

【分布与寄主】 分布于河北、山西、河南。寄主以桃为主，李、杏、苹果也可受害。

【为害状】 幼虫为害桃叶，于叶肉内蛀食，初潜道呈线状，多由主脉向叶缘蛀食潜道并逐渐加宽，使上表皮与叶肉分离呈白色，蛀至叶缘常使叶缘向叶里面卷转而将潜道盖住，时间久了被害部表皮干枯。严重时 1 叶常有数头幼虫为害，致使叶片早期脱落。

【形态特征】

1. 成虫　体长 6 ~ 7 mm，体翅银灰至灰色，腹部微黄。复眼球形黑色，触角丝状细长，约为体长的 2/3；下唇须短、微向上方弯曲，前翅狭长披针形，翅端尖，翅面上布有灰黑色鳞片、缘毛较长、灰色。后翅较前翅小，细长而尖，缘毛很长、灰色。前足较小，后足较长，中足胫节有 1 对端距，后足胫节中、端距各 1 对，内侧者较长，各足跗节约为浓淡相间的花纹状。

2. 卵　扁椭圆形，长 0.6 ~ 0.7 mm，宽 0.4 ~ 0.5 mm，乳白色。

3. 幼虫　体长 6 mm，淡黄绿至乳白色，细长略扁、头尾端较细，节间细缩略呈念珠状。头部灰黑色。口器向前伸。胴部 13 节，前胸盾半圆形，上有两条黑色纵纹，前胸腹板上有 1 个略呈"工"字形黑斑，第 7 腹节开始逐渐变细略呈圆筒形；臀板近圆形，灰黑至黑色。胸足退化仅残留一点痕迹。腹足亦退化甚小，尚有明显的趾钩为单序环状，臀足稍明显，趾钩单序环。

4. 蛹　近纺锤形，长 3 ~ 3.5 mm，稍扁，初淡黄绿色，后变黄褐色，羽化前暗褐色。头顶两侧各有 1 对细长的刚毛，胸背和腹部各节亦生有细长的刚毛，尾端有两个小突起。触角、前翅芽及后足近平齐，伸达第 5 腹节后缘。

桃冠潜蛾为害桃树叶片初期

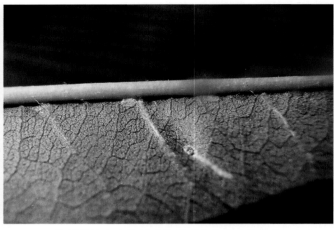

桃冠潜蛾产在桃树叶片背面主脉边上的卵粒

桃冠潜蛾为害虫道

桃冠潜蛾叶背为害虫道

桃冠潜蛾叶背虫道的透视观察

桃冠潜蛾严重危害桃树叶片

桃冠潜蛾成虫

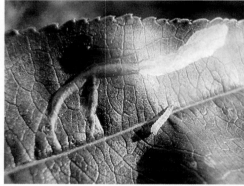

桃冠潜蛾幼虫与为害虫道

桃冠潜蛾从主脉到叶缘渐宽虫道

桃冠潜蛾在桃树叶片主脉的幼虫虫道

【发生规律】 华北地区1年发生3代，以老熟幼虫于被害叶内越冬。翌年4月中旬化蛹，越冬代成虫4月下旬出现，羽化后不久即可交尾、产卵。卵多散产于叶背主脉两侧，偶有产于叶面上者，每叶上可产卵数粒，严重发生时多者可达39粒。每雌可产卵数十粒。幼虫孵化后即从卵壳下蛀入叶肉内为害，老熟后即于隧道端化蛹。羽化时蛹体蠕动顶破隧道之表皮，蛹体露出半截羽化，蛹壳多残留羽化孔处。第1代成虫6月中旬前后发生，第2代成虫8月上旬前后发生，第3代幼虫9月中下旬老熟便于被害叶内越冬。

【防治方法】

1. 人工防治 秋后和冬季彻底清理落叶，集中处理清除越冬幼虫。

2. 药剂防治 在越冬代和第1代成虫盛发期，喷施25%灭幼脲悬浮剂1 500倍液，5%氟苯脲悬乳油1 500倍液，5%氟啶脲乳油3 000倍液，20%杀铃脲悬浮剂6 000倍液，5%氟铃脲乳油2 000倍液，5%虱螨脲乳油2 000倍液，1.8%阿维菌素乳油3 000倍液，0.3%印楝素乳油1 000～1 500倍液，25%噻虫嗪悬浮剂3 000倍液。

（二〇）桃天蛾

桃天蛾（*Marumba gaschkewitschi* Bremer et Grey），又名桃六点天蛾、枣天蛾、枣豆虫、桃雀蛾、独角龙，属鳞翅目天蛾科。

桃天蛾幼虫静止状　　　　　　　　　　　桃天蛾成虫

【分布与寄主】 全国大部分省（区）都有发生。可为害桃、枣、杏、李、樱桃、枇杷等。

【为害状】 以幼虫蚕食叶片。发生严重时，常逐枝吃光叶片，甚至全树叶片被食殆尽，严重影响产量和树势。

【形态特征】

1. 成虫 体长36～46 mm，翅展84～120 mm。体、翅灰褐色，复眼黑褐色，触角淡灰褐色，胸背中央有深色纵纹。前翅内横线、外横线由3条带组成，三带间色稍淡，近外缘部分黑褐色，边缘波状，近后角处有1个黑斑。后翅粉红色，近后角处有2个黑斑。

2. 卵 椭圆形，初产绿色，光亮，长1.5 mm，散产。

3. 幼虫 老熟体长大于80 mm，黄绿色，头小三角形，体表生有黄白色颗粒，胸部两侧有颗粒组成的侧线，腹部每节有黄白色斜条纹。气门黑色，尾角甚长。

4. 蛹 长约45 mm，黑褐色，尾端有短刺。

【发生规律】 在辽宁1年发生1代，在山东、河南、河北、浙江1年发生2代。以蛹在土壤中过冬，翌年5月中旬至6月中旬成虫羽化。有趋光性，多在傍晚以后活动。雌蛾体粗笨，多不活动，傍晚爬到枝干，两侧紧拍，引诱雄蛾交尾，成虫寿命平均5 d。卵散产于枝干阴暗处或枝干裂缝内，有的产在桃叶上。每雌蛾产卵170～500粒。卵期约7 d。第1代幼虫在5月下旬至7月发生为害，6月下旬开始入土化蛹，7月下旬开始出现第1代成虫，7月下旬至8月上旬第2代幼虫开始为害。9月上旬幼虫老熟开始入土化蛹，入土深4～7 cm，做土室化蛹，在树冠周围松土中为多。

【防治方法】

1. **灭蛹捕虫**　秋季刨树盘，清除越冬蛹。生长季节根据树下幼虫排泄的虫粪寻找幼虫。

2. **人工捕捉**　为害轻微时，可根据树下虫粪搜寻幼虫。幼虫入土化蛹时地表有较大的孔，两旁泥土松起，可人工挖除老熟幼虫。

3. **药剂防治**　幼虫为害期可喷药加以除治，可在 3 龄幼虫之前喷洒 1 500 倍液 25% 灭幼脲悬浮剂，或 2 000 倍液 20% 虫酰肼药液 1 ～ 2 次。

4. **保护天敌**　绒茧蜂对第 2 代幼虫的寄生率很高，1 头幼虫可繁殖数十头绒茧蜂，其茧在叶片上呈棉絮状，应注意保护。

（二一）桃斑蛾

桃斑蛾（*Illiberis psychina* Oberthur），又名杏星毛虫，俗称夜猴子、红肚皮等，属鳞翅目斑蛾科。

桃斑蛾成虫

桃斑蛾卵粒

桃斑蛾刚孵化的幼虫

桃斑蛾高龄幼虫为害桃树叶片

【分布与寄主】　广泛分布在华北、华东、西北各地。其中河北、河南、山西和陕西部分地区为害严重。主要为害杏、桃、李、梅、樱桃果树，也为害梨和柿树。

【为害状】　以幼虫食害芽、花及嫩叶。严重时杏芽、桃芽被蛀食，迟迟不能发芽开花，甚至引起整株死亡。

【形态特征】

1. **成虫**　体长 8 ～ 10 mm，翅展约 23 mm，全体黑色，有黑蓝色光泽，翅半透明，翅脉和边缘黑色。

2. **卵**　椭圆形，长 0.6 mm，初产淡黄色，后变黑褐色。

3. **幼虫**　老熟幼虫体长 15 ～ 18 mm，头小，褐色；体背面暗紫色，腹面紫红色，每节有 6 个毛丛，白色。

4. **蛹** 长 8 ~ 10 mm，淡黄褐色，羽化前变黑褐色。幼虫老熟后作椭圆形白色丝茧，长 15 ~ 20 mm。茧外黏附虫粪或土粒。

【发生规律】 各地均 1 年发生 1 代，以初龄幼虫在老树皮裂缝里作小白茧越冬，翌春 2 月底，杏花芽尚未萌动即出来蛀食芽，在芽旁蛀有针孔大小的洞，芽即不萌发。严重时枝条不萌芽、枯死。花期为害花和嫩叶。幼虫白天躲藏在背阴树干缝隙和土壤缝里，18 ~ 21 时上树为害，故有"夜猴子"之称，多先为害下部枝。也有少数幼虫吐丝缀连 2 ~ 3 片叶子躲在里边。在华北地区 5 月中下旬幼虫老熟，在叶背、枝干缝、土缝作茧化蛹，蛹期 15 ~ 20 d，6 月中上旬羽化。成虫飞翔力弱，早晨假死落地，极易捕捉。羽化后不久即交尾，交尾时间长达 20 h，交尾后第 2 d 即开始产卵，卵多产叶背主脉处，亦有产在枝条上的。每 1 卵块一般 70 ~ 80 粒，每雌蛾产卵 150 粒。卵期 12 ~ 14 d，幼虫孵化后咬食叶肉，使叶片成窗孔状，为害不久即陆续潜伏越冬。

【防治方法】

1. **人工捕杀** 冬季刮刷老树皮，消除越冬幼虫。成虫羽化期，人工捕杀成虫。

2. **药剂防治** 在越冬幼虫开始出蛰为害和第 1 代幼龄幼虫为害期，喷 50% 杀螟松 1 000 倍液或 50% 辛硫磷 1 000 倍液。早春利用幼虫白天下树习性，树干基部培圆形土堆，并撒布 30% 辛硫磷粉或 2.5% 敌百虫粉毒杀幼虫。也可在树干基部用废机油涂刷黏虫带，阻杀上树幼虫。

3. **生物防治** 保护利用天敌，幼虫期有黑疣姬蜂寄生和食虫蜂天敌。

（二二）草履蚧

草履蚧 ［*Drosicha corpulenta* （Kuwana）］，又名草鞋介壳虫、桑虱、草鞋虫、树虱子，属同翅目硕蚧科。

草履蚧多头雌虫和一头雄虫　　草履蚧为害桃树枝干（1）　　草履蚧为害桃树枝干（2）

【分布与寄主】 国内分布于各果产区。日本、俄罗斯也有发生。为害梨、苹果、桃、李、柿、核桃、樱桃、枣、板栗等果树及多种林木。

【为害状】 早春若虫上树，群集在树皮裂缝、枝条和嫩芽上刺吸汁液。受害叶片发黄，芽枯萎，小枝干枯。

【形态特征】

1. **成虫** 雌成虫无翅，体长 8 ~ 10 mm，扁平椭圆形，似草鞋，体背有皱褶，淡灰褐色至红褐色，体被有白色蜡质粉和微毛，周缘和腹面淡黄色，腹部有横皱褶和纵沟。触角、口器和足均为黑色。触角 8 节，腹气门 7 对，肛门较大，横裂。雄虫体长 5 ~ 6 mm，翅展约 10 mm。体紫红色，头胸淡黑色，1 对复眼黑色。前翅淡黑色，有许多伪横脉；后翅为平衡棒，末端有 4 个曲钩。停落时两翅呈"八"字形。

2. **卵** 椭圆形，初产时黄白色，渐成黄赤色，产于卵囊内，卵囊白色，棉絮状，长 15 mm 左右。

3. **若虫** 外形类似雌成虫，个体较小。1 龄若虫 2 ~ 3 mm，触角 5 节，2 龄若虫触角 6 节，3 龄若虫触角 7 节。

4. **雄蛹** 预蛹圆筒形，褐色，长约 5 mm，蛹体长约 4 mm。茧长椭圆形，白色棉絮状。

【发生规律】 1 年发生 1 代，以卵和初孵若虫在树干基部土壤中越冬。越冬卵于翌年 2 月上旬到 3 月上旬孵化。若虫出土后爬上寄主主干，在皮缝内或背风处隐蔽，10～14时在树的向阳面活动，顺树干爬至嫩枝、幼芽等处取食。初龄若虫行动不活泼，喜在树洞或树杈等处隐蔽群居。若虫于3月底至4月初第1次蜕皮。蜕皮前，虫体上白色蜡粉退掉，体呈暗红色，蜕皮后，虫体增大，活动力强，开始分泌蜡质物。4月中下旬第2次蜕皮，雄若虫不再取食，潜伏于树缝、皮下或土缝、杂草等处化蛹。蛹期10 d左右，4月底至5月上旬羽化为成虫。雄成虫不取食，白天活动量小，傍晚大量活动，飞或爬至树上寻找雌虫交尾，阴天整日活动，寿命3 d左右，雄虫有趋光性。4月下旬至5月上旬雌若虫第3次蜕皮后变为雌成虫，并与羽化的雄成虫交尾。5月中旬为交尾盛期，雄虫交尾后死去。雌虫交尾后仍须吸食为害，至6月中下旬开始下树，钻入树干周围石块下、土缝等处，分泌白色绵状卵囊，于其中产卵。雌虫产卵时，先分泌白色蜡质物附着尾端，形成卵囊外围，产卵一层，多为20～30粒，陆续分泌一层蜡质棉絮再产一层卵，依次重叠，一般5～8层。雌虫产卵量与取食时间长短有关，时间长，产卵量大，一般为100～180粒，最多达261粒。产卵期4～6 d，产卵结束后雌虫体逐渐干瘪死亡。

有饲养观察发现，该虫进行孤雌生殖，生殖率经测定50头雌成虫最多的产卵可达2 400粒，少的则182粒，平均442粒。雌虫体形大小与生殖率的关系一般成正比，虫体大则产卵量高；反之亦然。雌虫个体的差异，其产卵的始末期不同，产卵的持续时间也不一致，最早的在5月中旬，最迟的7月上旬终止产卵。

有多种天敌对草履蚧形成控制，如红环瓢虫，幼虫孵化后即吮食草履蚧，因此天敌的保护利用可控制和减少草履蚧的为害和发生。

【防治方法】

1. **挖除卵囊**　秋冬季结合挖树盘，挖除树干周围土中卵囊。

2. **阻止若虫上树**　将树干老翘皮刮除，绑上8 cm宽塑料薄膜，在塑料膜上涂灭虫软膏（毒死蜱、甲氰菊酯混凡士林）2 cm宽，每米用药5 g。也可早春用黏虫胶涂在树干基部，黏杀若虫。黏虫药胶可用废黄油或废机油，加热后加入杀虫剂即可。

3. **药剂防治**　果树发芽前防治树上若虫，可用3°～5° Bé石硫合剂。孵化始期后40 d左右可喷施30号机油乳剂30～40倍液或喷25%西维因可湿性粉剂400～500倍液，作用快速，对人体安全。或喷5%吡虫啉乳油1 000倍液或50%杀螟松乳油1 000倍液，尽量少损伤天敌。

（二三）东方盔蚧

东方盔蚧（*Parthenolecanium orientalis* Bourchs），又名扁平球坚蚧、水木坚蚧，属同翅目蚧科。

【分布与寄主】　分布于东北、华北、西北、华东等地区，是果树和林木的主要害虫。寄主有桃、杏、苹果、梨、山楂、核桃、葡萄、刺槐、国槐、白蜡、合欢等，其中以桃、葡萄、刺槐受害最重。

【为害状】　以若虫和成虫为害枝叶和果实。为害时，经常排泄出无色黏液，招致蝇类吸食和霉菌寄生，严重发生时致使枝条枯死，树势衰弱。

【形态特征】

1. **成虫**　雌成虫黄褐色或红褐色，扁椭圆形，体长3.5～6mm，体背中央有4列纵排断续的凹陷，凹陷内外形成5条隆脊。体背边缘，有横列的皱褶排列较规则，腹部末端具臀裂缝。

2. **卵**　长椭圆形，淡黄白色，长径0.5～0.6 mm，短径0.25mm，近孵化时呈粉红色，卵上微覆蜡质白粉。

3. **若虫**　将越冬的若虫，体赭褐色，眼黑色，椭圆形，上下较扁平，体外有一层极薄的蜡层。

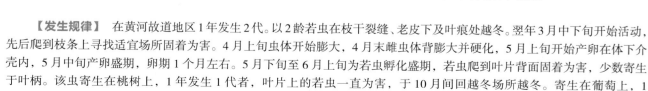

东方盔蚧为害桃树

【发生规律】　在黄河故道地区1年发生2代。以2龄若虫在枝干裂缝、老皮下及叶痕处越冬。翌年3月中下旬开始活动，先后爬到枝条上寻找适宜处所固着为害。4月上旬虫体开始膨大，4月末雌虫体背膨大并硬化，5月上旬开始产卵在体下介壳内，5月中旬产卵盛期，卵期1个月左右。5月下旬至6月上旬为若虫孵化盛期，若虫爬到叶片背面固着为害，少数寄生于叶柄。该虫寄生在桃树上，1年发生1代者，叶片上的若虫一直为害，于10月间回越冬场所越冬。寄生在葡萄上，1

年发生2代者，叶片上若虫于6月中旬先蜕皮并迁回枝条，7月上旬羽化为成虫，7月下旬至8月上旬产卵，第2代若虫8月孵化，中旬为盛期，10月间再迁回到树体越冬。根据多年观察，在山东尚未发现雄虫，以孤雌卵生的方式繁殖后代。单雌一般能产卵1 400 ~ 2 700粒；第1代雌成虫发育较越冬代为小，产卵量也相应减少。1976年在新疆白蜡树上发现有雄虫。

【防治方法】

1. **杜绝虫源** 注意不要采带虫接穗，苗木和接穗出圃要及时采取处理措施。果园附近防风林不要栽植刺槐等寄主林木。

2. **生物防治** 保护和利用天敌，少用或避免使用广谱性农药。

3. **药剂防治** 冬季和早春，喷3° ~ 5° Bé石硫合剂或3% ~ 5%柴油乳剂，清除越冬若虫。生长期抓住两个防治关键期，一个是4月中上旬虫体开始膨大时，喷0.5° Bé石硫合剂或50%敌敌畏1 500倍液；另一个是5月下旬至6月上旬，卵孵化盛期可喷0.1° ~ 0.5° Bé石硫合剂或50%杀螟松乳油1 000倍液。

（二四）桑白蚧

桑白蚧（*Pseudaulacaspis pentagona* Targioni），又名桑盾蚧、桑介壳虫、桃介壳虫等，属于同翅目盾蚧科。

桑白蚧为害桃树树干

桑白蚧为害桃树

【分布与寄主】 在国内分布较广，已知辽宁、河北、山东、山西、河南、陕西、甘肃、安徽、江苏、浙江、湖南、江西、四川、广西、广东、福建、台湾等省（区）均有发生，是南方桃、李以及北方果产区的一种主要害虫。在果树上以核果类发生普遍，各地为害桃较为严重。

【为害状】 以雌成虫和若虫群集固着在枝干上吸食养分，偶有在果实和叶片上为害的，严重时介壳密集重叠，造成枝条表面凸凹不平，削弱树势，甚至枝条或全株死亡。一旦发生，不进行有效的防治，3 ~ 5年可将桃园毁坏。

【形态特征】

1. **成虫** 雌成虫橙黄或橘红色，体长1 mm左右，宽卵圆形扁平，触角短小退化呈瘤状，上有1根粗大的刚毛。雌虫介壳圆形，直径2 ~ 2.5 mm，略隆起有螺旋纹，灰白至灰褐色；壳点黄褐色，在介壳中央偏旁。雄成虫体长0.65 ~ 0.7 mm，翅展1.32 mm左右。橙色至橘红色，体略呈长纺锤形。眼黑色。仅有1对前翅，卵形被细毛，后翅特化为平衡棒。介壳长约1 mm，细长白色，背面有3条纵脊，壳点橙黄色，位于壳的前端。

2. **卵** 椭圆形，长径0.25 ~ 0.3 mm，短径0.1 ~ 0.12 mm，初产淡粉红色，渐变淡黄褐色，孵化前为杏红色。

3. **若虫** 初孵若虫淡黄褐色，扁卵圆形，以中足和后足处最阔，体长0.3 mm左右。眼、触角和足俱全。触角长5节，足发达能爬行。腹部末端具尾毛两根。两眼间有两个腺孔，分泌棉毛状物遮盖身体。蜕皮之后眼、触角、足、尾毛均退化或消失，开始分泌介壳，第一次蜕下的皮负于介壳上，偏一方，称壳点。

【发生规律】　每年发生代数因地而异，广东发生 5 代，浙江发生 3 代，北方各省发生 2 代。浙江各代若虫发生期：第 1 代 4 ～ 5 月，第 2 代 6 ～ 7 月，第 3 代 8 ～ 9 月。北方各省（区）均以第 2 代受精雌虫于枝条上越冬。翌年开始为害和产卵，日期因地区而异。据在山西省太谷桃树上观察，3 月中旬前后桃树萌动之后开始吸食为害，虫体迅速膨大，4 月下旬开始产卵，4 月底 5 月初为产卵盛期，5 月上旬为末期。雌虫产完卵就干缩死亡。卵期 15 d 左右，5 月上旬开始孵化，5 月中旬（岗山白桃花萼大量脱落期）为孵化盛期，至 6 月中旬开始羽化，6 月下旬为羽化盛期。交尾后雄虫死亡，雌虫腹部逐渐膨大，至 7 月中旬开始产卵，7 月下旬为产卵盛期，卵期 10 d 左右。7 月下旬开始孵化，7 月末为孵化盛期。若虫为害至 8 月中下旬开始羽化，8 月末为羽化盛期。交尾后雌虫继续为害至秋末、越冬。一般新感染的植株，雌虫数量较大；感染已久的植株雄虫数量逐渐增加，严重时雄介壳密集重叠，枝条上似挂一层棉絮。

【防治方法】

1. **人工捕杀**　可用硬毛刷或细钢丝刷刷掉枝干上虫体，结合整形修剪剪除被害严重的枝条。

2. **药剂防治**　若虫分散转移分泌蜡粉介壳之前，若虫游走期（约在 5 月中下旬）是药剂防治的有利时机。可选用有机磷杀虫剂有 48% 毒死蜱乳油 1 500 ～ 2 000 倍液，50% 马拉硫磷或杀螟松乳油 1 000 倍液，或 80% 敌敌畏乳油 1 500 倍液，10% 吡虫啉可湿性粉剂 1 500 ～ 2 000 倍液，或在蚧壳形成初期，用 25% 噻嗪酮可湿性粉剂 1 000 ～ 1 500 倍液均匀喷雾。在药剂中加入 0.2% 的中性洗衣粉，可提高防治效果。

3. **生物防治**　保护利用天敌。在 4 ～ 6 月，红点唇瓢虫大量发生时，不要使用高毒农药，可选用生物农药或噻嗪酮等。

（二五）杏球坚蚧

杏球坚蚧（*Didesmococcus koreanus* Borchs.），又名朝鲜球坚蚧、桃球坚蚧，俗称"杏虱子"，属于同翅目蚧科。

杏球坚蚧为害桃树枝条枯萎

杏球坚蚧在桃树枝干

黑缘红瓢虫是杏球坚蚧的天敌

【分布与寄主】　分布于辽宁、黑龙江、河北、河南、山东、山西、浙江、江苏、湖北、江西、陕西、四川、云南等省。主要为害杏、李、桃、梅等核果类果树。

【为害状】　虫口密度大，终生吸取寄主汁液。受害后，寄主生长不良，受害严重的寄主死亡，果树被害以后，树势、产量均受到影响。

【形态特征】

1. **成虫**　雌成虫体近乎球形，后端直截，前端和身体两侧的下方弯曲，直径 3 ～ 4.5 mm，高 3.5 mm。初期介壳质软，黄褐色，后期硬化红褐色至黑褐色，表面皱纹不明显，体背面有纵列点刻 3 ～ 4 行或不成行。雄成虫体长 2 mm，赤褐色，有发达的足及 1 对前翅，半透明，翅脉简单，腹部末端外生殖器两侧各生有 1 条白色蜡质长毛，长 1 mm 左右。介壳长扁圆形，蜡质表面光滑，长 1.8 mm，宽 1 mm。近化蛹时，介壳与虫体分离。

2. **卵**　椭圆形，长约 0.3 mm，粉红色，半透明，附着一层白色蜡粉。

3. **若虫**　初孵时，体椭圆形，体背面上隆起，体长 0.5 mm 左右，淡粉红色，腹部末端有两条细毛，活动力强。固着后的若虫体长 0.5 mm，体背覆盖丝状蜡质物，口器棕黄色丝状，长约 2.5 mm，插于寄主组织内。越冬后的若虫体背淡黑褐色并有数十条黄白色的条纹，上被有一层极薄的蜡层。

4. **蛹**　为裸蛹，体长 1.8 mm，赤褐色，腹末有 1 枚黄褐色的刺状突。

【发生规律】　1年发生1代，以2龄若虫固着在枝条上越冬。翌年3月中上旬开始活动，从蜡堆里的蜕皮中爬出，另找固着地点，群居在枝条上为害，不久便逐渐分化为雌、雄性。雌性若虫于3月下旬又蜕皮1次，体背逐渐膨大成球形。雄性若虫4月上旬分泌白色蜡质形成介壳，再蜕皮化蛹其中，4月中旬开始羽化为成虫。4月下旬到5月上旬雄成虫羽化并与雌成虫交尾。交尾后的雌虫体迅速膨大，逐渐硬化，5月上旬开始产卵于母体下面，产卵约历时两周。每雌平均产卵1 000粒，最多达2 200粒，最少产卵50粒。卵期7 d，5月中旬为若虫孵化盛期，初孵化若虫从母体臀裂处爬出，在寄主上爬行1～2 d，寻找适当地点，以枝条裂缝处和枝条基部叶痕中为多。固定后，身体稍长大，两侧分泌白色丝状蜡质物，覆盖虫体背面，6月中旬后蜡丝又逐渐溶化白色蜡层，包在虫体四周，此时发育缓慢，雌雄难分，越冬前蜕皮1次，蜕皮包于2龄若虫体下，到10月随之进入越冬。雄虫寿命仅2 d，每次交尾约1 min，雌雄比为3：1。不交尾，雌虫亦能产卵，孵出若虫。

【防治方法】
　　1. **冬春季节结合冬剪，剪除有虫枝条并集中处理**　也可在3月上旬至4月下旬期间，即越冬幼虫从白色蜡壳中爬出后到雌虫产卵而未孵化时，用草团或碎布等擦除越冬雌虫，并注意保护天敌。
　　2. **药剂防治**　早春发芽前，喷5°Bé石硫合剂或5%柴油乳剂，要求喷布均匀。5月中下旬若虫孵化期喷施药剂可参考苹果球坚蚧。
　　3. **生物防治**　注意保护天敌，尽量不喷或少喷广谱性杀虫剂。

（二六）小绿叶蝉

小绿叶蝉［*Empoasca flavescens*（Fab.）］，又名桃小绿叶蝉、桃小浮尘子，属同翅目叶蝉科。

【分布与寄主】　国内大部分省（市、区）均有分布，国外日本、朝鲜、印度、斯里兰卡、俄罗斯及欧洲、非洲、北美洲有发生。为害桃、杏、李、樱桃、梅、苹果、梨、葡萄等果树及禾本科、豆科等植物。

【为害状】　以成虫、若虫吸食汁液为害。早期吸食花蕾、花瓣，落花后吸食叶片，被害叶片出现失绿的白色斑点，严重时全树叶片呈苍白色，提早落叶，使树势衰弱。过早落叶，有时还会造成秋季开花，严重影响来年的开花结果。

【形态特征】
　　1. **成虫**　体长3.3～3.7 mm，淡黄绿至绿色，复眼灰褐至深褐色，无单眼，触角刚毛状，末端黑色。前胸背板、小盾片浅鲜绿色，常具白色斑点。前翅半透明，略呈革质，淡黄白色，周缘具淡绿色细边。后翅透明膜质，各足胫节端部以下淡青绿色，爪褐色，跗节3节，后足跳跃式。腹部背板色较腹板深，末端淡青绿色。头背面略短，向前突，喙微褐，基部绿色。
　　2. **卵**　长椭圆形，略弯曲，长径0.6 mm，短径0.15 mm，乳白色。
　　3. **若虫**　体长2.5～3.5 mm，与成虫相似。

【发生规律】　1年发生4～6代，以成虫在落叶、树皮缝、杂草或低矮绿色植物中越冬，翌年春桃、李、杏发芽后出蛰，飞到树上刺吸汁液，经取食后交尾产卵，卵多产在新梢或叶片主脉里。卵期5～20 d，若虫期10～20 d，非越冬成虫寿命30 d；完成1个世代40～50 d。因发生期不整齐致世代重叠。6月虫口数量增加，8～9月最多且为害重。秋后以末代成虫越冬。成虫、若虫喜白天活动，在叶背刺吸汁液或栖息。成虫善跳，可借风力扩散，旬均温15～25 ℃适宜生长发育，28 ℃以上及遇连阴雨天气虫口密度下降。

【防治方法】
　　1. **农业措施**　修剪清园，秋冬季节彻底清除落叶、铲除杂草，清除越冬成虫。成虫出蛰前及时刮除翘皮，清除落叶及杂草，减少越冬虫源。
　　2. **物理措施**
　　（1）采用频振式杀虫灯诱杀成虫。在通电条件便利的桃园，利用成虫的趋光性，可采用频振式杀虫灯进行诱杀成虫，每2 hm²设一盏，挂在高于树顶0.51 m处，隔几天收集一次虫体，集中处理。
　　（2）采用黄板诱杀成虫。利用成虫趋黄色的特性，于成虫出现后在田间插上黄板，涂上机油，黏杀成虫。每亩放置黄板30～40块为宜，每10～15 d更换一次，统一收集虫体，集中处理。

小绿叶蝉若虫（近观）在桃树叶片背面　　小绿叶蝉为害桃树叶片斑点失绿　　　　小绿叶蝉在桃树叶片背面
　　　　　　为害状

小绿叶蝉脱皮　　　　　　　　　　　　　小绿叶蝉成虫（1）

小绿叶蝉成虫（2）　　　　　　　　　　受害桃树叶严重失绿

3. 药剂防治

（1）防治时间。做好第 1 代的防治，因第 1 代发生时间相对整齐，防治相对容易，降低虫口密度后，能有效地减轻后几代的发生数量。各代若虫孵化盛期是喷药防治的适期。根据桃小绿叶蝉成虫能迁飞，活动范围广，同类寄主植物种类多的特性，发生严重的年份要进行联合防治，同一地界连片果园防治要做到统一时间、统一用药。

（2）防治药剂。可采用 25% 噻嗪酮可湿性粉剂 2 000 倍液，10% 吡虫啉可湿性粉剂 1 500 倍液或 50% 丁醚脲悬浮剂 2 000～3 000 倍液进行叶面喷雾防治。也可选用醚菊酯、高效氯氟氰菊酯、联苯菊酯、茚虫威、虫螨腈、菊芦碱、苦参碱、印楝素、球孢白僵菌等。

（二七）桃蚜

桃蚜［*Myzus persicae*（Sulzer）］，又名烟蚜、菜蚜，属同翅目蚜科。

桃蚜严重为害桃树

桃蚜群集在桃树叶片背面为害状

桃蚜严重为害状

桃蚜有翅蚜

桃蚜无翅蚜

桃蚜绿色型若虫与红色型若虫在桃树叶片
为害状

【分布与寄主】 桃蚜在世界各地广为分布。首先寄生于桃树上，同时还寄生在杏、李及萝卜等十字花科蔬菜和烟、麻、棉等百余种经济植物及杂草上。

【为害状】 成虫、若虫群集芽、叶、嫩梢上刺吸汁液，被害叶向背面不规则地卷曲皱缩，引起落叶，新梢不能生长，影响产量及花芽形成，削弱树势。排泄蜜露诱致煤污病发生或传播病毒病。

【形态特征】
1. **成虫**
（1）有翅胎生雌蚜：体长 1.6 ~ 2.1 mm，翅展 6.6 mm，头胸部、腹管、尾片均黑色，腹部淡绿、黄绿、红褐至褐色变异较大。腹管细长圆筒形，尾片短粗圆锥形，近端部 1/3 收缩，有曲毛 6 ~ 7 根。
（2）无翅胎生雌蚜：体长 1.4 ~ 2.6 mm，宽 1.1 mm，绿、黄绿、淡粉红至红褐色，额瘤显著，其他特征同有翅胎生雌蚜。
2. **卵** 长椭圆形，长 0.7 mm，初淡绿色后变黑色。
3. **若蚜** 似无翅胎生雌蚜，淡粉红色，体较小；有翅若蚜胸部发达，具翅芽。

【发生规律】 北方 1 年发生 20 ~ 30 代，南方 1 年发生 30 ~ 40 代，生活周期类型属侨迁式。北方以卵于桃、李、杏等越冬寄主的芽旁、裂缝、小枝杈等处越冬，冬寄主萌芽时，卵开始孵化为干母，群集芽上为害，展叶后迁移到叶背和嫩梢上为害、繁殖，陆续产生有翅胎生雌蚜并向苹果、梨、杂草及十字花科等寄主上迁飞扩散；5 月上旬繁殖最快，为害最盛，并产生有翅蚜飞往烟草、棉花、十字花科植物等夏寄主上为害繁殖；5 月中旬以后桃、苹果、梨等冬寄主上基本绝迹；10 月产生有翅蚜迁回冬寄主为害繁殖，并产生有性蚜，交尾产卵越冬。在南方桃蚜冬季也可行孤雌生殖。天敌有瓢虫、草蛉、食蚜蝇、蚜茧蜂等。

【防治方法】
1. **加强果园管理** 结合春季修剪，剪除被害枝梢，集中处理。
2. **合理配置树种** 在桃树行间或果园附近，不宜种植烟草、白菜等农作物，以减少蚜虫的夏季繁殖场所。

　　3. **保护天敌**　蚜虫的天敌很多，有瓢虫、食蚜蝇、草蜻蛉、寄生蜂等，对蚜虫抑制作用很强，因此要尽量少喷洒广谱性农药，同时避免在天敌多的时期喷洒。蚜茧蜂（*Aphidiidae* spp.）是一种对桃蚜具有高效寄生作用的生防产品，寄生效率高，雌蜂一生（约 7 d）可寄生 100 ~ 200 只桃蚜。能够将桃蚜数量长期压低到极低水平，可起到控制桃蚜发生的效果。

　　4. **喷洒农药**　春季桃蚜越冬卵孵化后，桃树未开花和卷叶前，是防治桃蚜的关键时期。及时喷洒 10% 吡虫啉可湿性粉剂 3 000 倍液或 50% 抗蚜威可湿性粉剂 2 000 倍液，50% 吡蚜酮可湿性粉剂 1 500 倍液，喷洒 3% 啶虫脒乳油 2 500 倍液，或 0.3% 印楝素乳油 1 200 倍液，0.3% 苦参碱水剂 800 倍液，0.65% 茴蒿素水剂 500 倍液，10% 氯噻啉可湿性粉剂 4 000 倍液，10% 烯啶虫胺水剂 4 000 倍液，均有良好效果。花后至初夏，根据虫情可再喷药 1 ~ 2 次。

（二八）桃粉蚜

桃粉蚜在桃树叶片背面为害，叶片纵卷

桃粉蚜为害桃树新梢引起叶片枯萎

桃粉蚜为害桃树新梢引起叶片枯萎变黄

桃粉蚜在桃树叶片背面

桃粉蚜在树干上

桃粉蚜有翅蚜与无翅蚜

桃粉蚜被寄生变黑，常有虫孔

异色瓢虫捕食桃粉蚜

桃粉蚜［*Hyalopterus arundimis*（Fab.）］，又名桃大尾蚜、桃粉绿蚜，属同翅目蚜科。

【分布与寄主】 国内分布于华北、华东、东北各地。国外欧洲、日本有分布。为害桃、杏、李、榆叶梅、芦苇等。

【为害状】 成虫、若虫群集于新梢和叶背刺吸汁液，被害叶失绿并向叶背对合纵卷，卷叶内积有白色蜡粉，严重时叶片早落，嫩梢干枯。排泄蜜露常致煤污病发生。

【形态特征】

1. **成虫**

（1）有翅胎生雌蚜：体长 2 ~ 2.1 mm，翅展 6.6 mm 左右，头胸部暗黄至黑色，腹部黄绿色，体被白蜡粉。触角丝状6 节，腹管短小黑色，基部 1/3 收缩，尾片较长大，有 6 根长毛。

（2）无翅胎生雌蚜：体长 2.3 ~ 2.5 mm，体绿色，被白蜡粉。复眼红褐色。腹管短小，黑色。尾片长大，黑色，圆锥形，有曲毛 5 ~ 6 根。

2. **卵** 椭圆形，长 0.6 mm，初黄绿色后变黑色。

3. **若蚜** 体小，绿色，与无翅胎生雌蚜相似。被白粉。有翅若蚜胸部发达，有翅芽。

【发生规律】 1 年发生 10 ~ 20 代，江西省南昌市 1 年发生20 多代，北京市 1 年发生 10 余代，生活周期类型属侨迁式，以卵在杏等冬寄主的芽腋、裂缝及短枝权处越冬，冬寄主萌芽时孵化，群集于嫩梢、叶背为害繁殖。5 ~ 6 月间繁殖最盛、为害严重，大量产生有翅胎生雌蚜迁飞到夏寄主（禾本科等植物）上为害繁殖，10 ~ 11 月产生有翅蚜，返回冬寄主上为害繁殖，产生有性蚜交尾产卵越冬。

桃粉蚜天敌食蚜蝇成虫

【防治方法】

（1）合理整形修剪，加强土肥水管理，清除枯枝落叶，刮除粗老树皮。结合春季修剪，剪除被害枝梢，集中处理。

（2）在桃树行间或果园附近不宜种植烟草、白菜等农作物，以减少蚜虫的夏季繁殖场所。

（3）桃粉蚜天敌很多，如瓢虫、草蛉、食蚜蝇等。瓢虫、草蛉对桃粉蚜的分布场所有跟踪现象，1 头七星瓢虫、大草蛉一生可捕食 4 000 ~ 5 000 头蚜虫，1 只大食蚜蝇幼虫 1 d 可捕食几百头蚜虫。因此，在用药时要尽量减少喷药次数，尽量选用有选择性的杀虫剂。

（4）芽萌动期喷药防治桃粉蚜的效果最好，越冬卵孵化高峰期喷施 2.5% 溴氰菊酯乳油 2 000 ~ 3 000 倍液、20% 氰戊菊酯乳油 2 000 ~ 2 500 倍液。抽梢展叶期，喷施 10% 吡虫啉可湿性粉剂 2 000 ~ 3 000 倍液。为害期初喷洒 3% 啶虫脒乳油 2 500 倍液，0.3% 印楝素乳油 1 200 倍液，0.3% 苦参碱水剂 800 倍液或 0.65% 茴蒿素水剂 500 倍液。在药液中加入表面活性剂（0.1% ~ 0.3% 中性洗衣粉），增加黏着力，可以提高防治效果。

（二九）桃纵卷瘤蚜

桃纵卷瘤蚜〔*Tuberocephalus momonis*（Matsumura）〕，又名桃瘤头蚜，属同翅目蚜科。

桃纵卷瘤蚜为害桃树叶片（1）　　　　桃纵卷瘤蚜为害桃树叶片（2）

桃纵卷瘤蚜在叶背卷叶内为害状　　　　桃纵卷瘤蚜为害桃树叶片后期干枯

【分布与寄主】　国内南北方均有分布；国外朝鲜、日本有发生。其寄主有桃、樱桃、梅等植物和艾蒿等菊科植物。近年来，桃树受害十分严重。

【为害状】　成虫、若虫群集叶背刺吸汁液，致使叶缘向背面纵卷成管状，被卷处组织肥厚且凸凹不平，初淡绿色，后呈桃红色，严重时全叶卷曲很紧似绳状，最终致干枯或脱落。

【形态特征】

1. **成虫**

（1）有翅胎生雌蚜：体长 1.8 mm，翅展 5.1 mm，浅黄褐色，额瘤显著，向内倾斜，触角丝状 6 节，略与体等长，第 3 节有 30 多个感觉圈。第 6 节鞭状部为基部长的 3 倍。腹管圆柱形，中部略膨大，有黑色覆瓦状纹，尾片圆锥形，中部缢缩。翅透明，脉黄色。各足腿节、胫节末端及跗节色深。

（2）无翅胎生雌蚜：体长约 2 mm，头黑色，复眼赤褐色；中胸两侧具小瘤状突起。腹部背面有黑色斑纹。体深绿、黄绿、黄褐等色，额瘤、腹管、尾片同有翅胎生雌蚜。

2. **卵**　椭圆形，黑色。

3. **若蚜**　与无翅胎生雌蚜相似、体较小、淡黄或浅绿色，头部和腹管深绿色，复眼朱红色；有翅若蚜胸部发达，有翅芽。

【发生规律】　北方 1 年发生 10 余代，南方 1 年发生 30 代，生活周期类型属侨迁式。华北地区及江苏、江西以卵在桃、樱桃等枝条的芽腋处越冬。南京3月上旬开始孵化，3～4月大发生，4月底产生有翅蚜迁至夏寄主艾草上，10月下旬重返桃等果树上为害繁殖，11月上旬产生有性蚜产卵越冬。北方果区5月始见蚜虫为害，6～7月大发生，并产生有翅胎生雌蚜迁飞到艾草上，晚秋10月又迁回桃、樱桃等果树上，产生有性蚜，产卵越冬。品种间受害轻重不同，中国樱桃受害重，日本樱桃、西洋樱桃受害轻。天敌有瓢虫、草蛉、食蚜蝇、蚜茧蜂、蚜小蜂等。

【防治方法】

1. 农业防治　冬季修剪虫卵枝，早春要对被害较重的虫枝进行修剪，夏季桃瘤蚜迁移后，要对桃园周围的菊花科寄主植物等进行清除，并将虫枝、虫卵枝和杂草集中深埋，减少虫卵源。当叶片受害时卷缩明显，及时剪除被害叶，能减少虫口密度。

2. 保护天敌　桃瘤蚜的自然天敌很多，在天敌的繁殖季节要科学使用化学农药，不宜使用触杀性广谱型杀虫剂。

3. 化学防治　在桃芽萌动期，用10%吡虫啉可湿性粉剂3 000倍液喷雾，可防治刚孵化的若蚜。在桃树落花后，用25%噻虫嗪水分散粒剂6 000倍液喷雾，可防治卷叶内的蚜虫。喷药最好在卷叶前进行，喷洒内吸性强的药剂以提高防治效果。

（三〇）桃园绿盲蝽

绿盲蝽 [*Lygocoris lucorum*（Meyer-Dur.）]，又名棉青盲蝽、青色盲蝽、小臭虫，属半翅目盲蝽科。

桃园绿盲蝽为害油桃幼果有突起

桃园绿盲蝽为害

桃园绿盲蝽为害桃树新梢叶片，呈穿孔破碎状

【分布与寄主】　分布在全国各地。以长江流域发生较严重。近几年，绿盲蝽在对桃树等果树为害较重，同时也为害苹果、大樱桃、葡萄等果树。

【为害状】　以若虫和成虫刺吸为害桃树幼叶，被害处形成红褐色、针尖大小的坏死点，随叶片的伸展长大，以小坏死点为中心，拉成圆形或不规则的孔洞。为害严重的叶片，从叶基至叶中部残缺不全，就像被咀嚼式口器的害虫嚼食过。为害严重的新梢尖端小嫩叶，出现孔网状褐色坏死斑。桃树谢花后，在花萼还未脱掉前，绿盲蝽靠近花等刺吸果实汁液，严重的还刺吸幼果中部及尖端，随着果实增大，果面的坏死斑也变大，刮去幼果上厚厚的茸毛，果面出现很清晰的凹陷坏死斑，影响果实的正常发育。

【形态特征】

1. 成虫　呈长椭圆形，体长约5.0 mm，宽约2.2 mm，绿色。头部三角形，黄绿色，复眼黑色突出，触角4节，淡褐色，第2节最长。前胸背板绿色，有许多小黑点。前翅膜质暗灰色，半透明。小盾片三角形微突，黄绿色。后足腿节末端具褐色环斑。

2. 若虫　若虫5龄，特征与成虫相似。初孵时绿色，复眼桃红色。2龄黄褐色，3龄出现翅芽，4龄超过第1腹节，2、3、4龄触角端和足端黑褐色，5龄后全体鲜绿色，密被黑细毛；触角淡黄色，端部色渐深。眼灰色。

3. 卵　长形，长约1 mm，端部钝圆，中部略弯曲，颈部较细，卵盖黄白色，前、后端高起，中央稍微凹陷。初产时为白色，后逐渐变为黄绿色。

【发生规律】　北方1年发生3～5代，运城4代，陕西泾阳、河南安阳5代，江西6～7代，以卵在果树皮或断枝内及土中越冬。翌春3～4月旬均温高于10 ℃或连续5 d均温达11 ℃，相对湿度高于70%，卵开始孵化。果树上以春秋两季受害重。主要天敌有寄生蜂、草蛉、捕食蜘蛛等。

【防治方法】

1. 农业防治

（1）合理作物布局。应选择远离棉田、苜蓿田等地建园，园内不间作其他作物。

（2）清洁桃园。冬春季绿盲蝽越冬卵孵化前，对树下杂草、枯枝落叶、间作物秸秆和根蘖及时清除烧掉。3月中上旬前刮除树干及枝杈处的粗皮，并收集烧掉或远离果园。春季翻耕除草。

（3）适时清除桃园内及周边杂草。对果园内及周边的杂草，尤其是对双子叶杂草进行人工除草，减少绿盲蝽在果树及杂草间的转移。

2. 物理防治

（1）树干涂胶。4月上旬，在距离地面20 cm的树干缠绕一圈3～5 cm胶带，在胶带上涂上黏虫胶，黏捕上下树的绿盲蝽若虫。

（2）色板诱杀。绿盲蝽成虫发生期，在桃树上悬挂黄色粘虫板，悬挂高度1.5～1.8 m，黏捕绿盲蝽成虫。当黏板失去黏着力，或者布满昆虫和灰尘时，及时更换黏板。

（3）生物防治。绿盲蝽成虫发生期，在距地1.5～1.8 m处悬挂绿盲蝽性诱芯诱捕绿盲蝽成虫。

3. 药剂防治　喷药防治时，可选用0.5%藜芦碱可湿性粉剂600～800倍液、0.3%印楝素乳油400～600倍液、1%苦参碱可溶性液剂1 000～1 500倍液、10%烟碱乳油800～1 000倍液。4月中旬至5月上旬，每次雨后第2天，喷药防治1次。抽枝展叶期和花期、果期，若虫高峰期喷药防治1～2次。9月中旬，越冬代成虫回迁高峰期时，连续喷药防治2次。加强虫情测报，适时用药，未达到防治指标时不要用药。使用的农药每种每年最多使用2次。最后一次用药距采收期间隔应在20 d以上。成虫发生期，要统一防治。多雨季节，要抢晴防治。农药要交替混合使用，延缓防抗性。

（三一）桃园柑橘小实蝇

柑橘小实蝇［*Dacus dorsalis*（Hendel）］，又名黄苍蝇或果蛆，属双翅目实蝇科，是植物检疫对象。

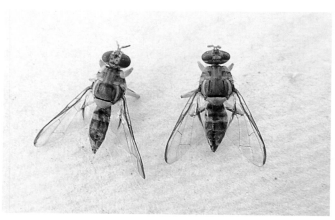

柑橘小实蝇

柑橘小实蝇为害桃果

柑橘小实蝇蛹

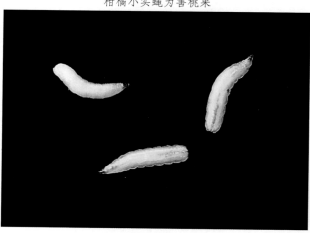

柑橘小实蝇幼虫

【分布与寄主】 分布于四川、广东、广西、福建、湖南、云南和台湾等地。主要以幼虫取食果瓤，形成蛆柑，造成腐烂，引起果实早期脱落。严重时，损失极大。寄主有桃、枇杷、葡萄、梨、柑橘、番茄、西瓜等250多种果树和农作物。

【为害状】 该虫的成虫通过尾部的针将卵刺入果实中，卵在果实中孵化，幼虫在果实中取食果肉为害，使果实易脱落，失去商品价值。

【形态特征】

1. **成虫** 体长7~8 mm，全体深黑色和黄色相间。胸部背面大部分黑色，但黄色的"U"形斑纹十分明显。腹部黄色，第1、2节背面各有一条黑色横带，从第3节开始中央有一条黑色的纵带直抵腹端，构成一个明显的"T"形斑纹。雌虫产卵管发达，由3节组成。

2. **卵** 乳白色，菱形，长约1 mm，宽约0.1 mm，精孔一端稍尖，尾端较钝圆。

3. **幼虫** 老熟幼虫长7~11 mm，头咽骨黑色，前气门具9~10个指状突，肛门隆起明显突出，全部伸到侧区的下缘，形成一个长椭圆形的后端。

4. **蛹** 椭圆形，长4~5 mm，宽1.5~2.5 mm，淡黄色。初化蛹时呈乳白色，逐渐变为淡黄色，羽化时呈棕黄色。前端有气门残留的突起，后端气门处稍收缩。

【发生规律】 柑橘小实蝇每年发生3~5代，在有明显冬季的地区以蛹越冬，而在冬季较暖和的地区则无严格越冬过程，冬季也有活动。生活史不整齐，各虫态常同时存在。广东全年均有成虫出现，5~10月发生量大。柑橘果实着色时飞来柑橘园产卵。产卵前期须取食蚧、蚜、粉虱等害虫的排泄物以补充蛋白质，使卵巢发育成熟。成虫可多次交尾，多次产卵。卵产于果实的瓤瓣与果皮之间，喜在成熟果实上产卵。果实上的产卵孔针头大小，常有胶状液排出，凝成乳状突起。用1%的红色素、伊红、甲基绿可将产卵痕染色。在卵未孵化前采摘的柑橘果上，产卵孔常呈褐色的小斑点，继而变成灰褐色、黄褐色的圆纹。卵孵化后则呈灰色或红褐色的斑点，内部果肉腐烂。幼虫群集于果实中吸食瓤瓣中的汁液，被害果外表虽色泽尚鲜，但瓤瓣干瘪收缩，呈灰色，常未熟先落。幼虫老熟时穿孔而出，脱果后边跳边转移，然后入疏松表土化蛹。

酵母和大豆加水后的分解物对雌、雄成虫均有很强的引诱力，甲基丁香酚对雄虫有强烈的引诱力。远距离传播主要随被害果调运进行。其天敌有实蝇茧蜂、跳小蜂、黄金小蜂和蚂蚁等。

1. **田间监测成虫** 可用甲基丁香酚和水解蛋白作为引诱剂通过诱捕器引诱。根据引诱成虫的形态特征加以鉴定。对卵、幼虫和蛹可通过对寄主植物果实的抽样解剖检查，依据各自形态特点进行鉴别，或在适宜的条件下室内羽化至成虫加以鉴别。

2. **实验室检测成虫** 胸背面黑褐色，具有两条黄色纵纹，上生黑色短毛，小盾片黄色，与上述两条黄色纵带连成"U"形。腹部由5节组成，赤黄色，有"T"形的黑纹。

【防治方法】 由于幼虫在果实中取食为害，一般农药很难防治幼虫。防治成虫，使其不能在果实上产卵成了该虫防治的关键。

（1）诱杀小实蝇雄蝇。在2 mL甲基丁香酚原液中，加入90%晶体敌百虫2 g或20%甲氰菊酯乳油2 mL，取混合液1.5 mL，滴在用聚氨酯泡沫卷成的直径1.5 cm、长5 cm的诱芯上，诱芯置于用可乐瓶制成的诱捕器内，将诱捕器挂在果园中，高度约1.5 m，间距60~80 m，每隔1~2个月滴加一次性引诱剂。也可用果实蝇诱杀剂，起效快，10 min发挥药效；施用方便，劳动强度低，防治1亩仅需10 min；防治效果好，雌雄通杀；对果实无农药残留，对环境、人畜、作物无毒害。在成虫羽化前1周（一般在5月上旬至6月中旬）开始喷施果实蝇诱剂，每亩180 mL，加水稀释为3倍液，点状或带状喷施。以后每周1次，连续4~6次。

（2）喷药防治。在幼虫脱果入土盛期和成虫羽化盛期地面喷洒50%辛硫磷800~1 000倍液；在主要为害期树冠喷洒80%敌敌畏乳油或90%晶体敌百虫或50%马拉硫磷乳油800~1 000倍液。在5~11月成虫盛发期，用1%水解蛋白加90%敌百虫可溶性粉性600倍液，用90%晶体敌百虫1 000倍液加3%红糖或20%甲氰菊酯乳油1 000倍液加3%的红糖制成毒饵，喷布果园及周围杂树树冠。10 d喷1次，连喷3~4次，连续防治2~3年，虫口可减少80%以上。

（3）辐射处理实蝇蛹，实施不育防治。在室内大量繁殖柑橘小实蝇蛹，用⁶⁰Co γ射线处理，把羽化的不育雄成虫，用飞机或人工释放到果园，使其有正常的择偶、交尾活力而又无生殖能力，减少自然界小实蝇交尾的机会，从而减少发生数量。

（4）果实套袋防止成虫产卵为害，在幼果期、实蝇成虫未产卵前对果实套袋。

（5）在幼虫期和出土期，用50%辛硫磷800~1 000倍液喷施地面，可防治入土幼虫和出土成虫。

（6）检疫措施。严禁从疫区或发生区调运有虫果实和带土苗木进入保护区；从疫情发生区调运时应严格检疫，一旦发现有虫果，可深埋 60 cm 以上等方法处理。用 ^{60}Co γ 射线 0.30 ～ 1.9 kGy 照射果实，处理后实蝇幼虫多数不能化蛹，处理后的疫区果实可以调入保护区销售。用 44 ℃热蒸汽处理有虫果实 12 ～ 16 h 可以防治果内害虫。低温处理果实。在 1.1 ～ 2.8℃的冰库中保存有虫的果实，虫子死亡率可达 99%，在 1.7 ℃下冷藏 10 d 可以有效灭杀害虫。

（三二）桃红颈天牛

桃红颈天牛［*Aromia bungii*（Fald.）］，属于鞘翅目天牛科。

桃红颈天牛低龄幼虫

桃红颈天牛羽化孔

桃红颈天牛在蛀害的桃树下排出木虫粪

桃红颈天牛高龄幼虫在树干内蛀害状

桃红颈天牛幼虫在桃树主枝蛀道截面

桃红颈天牛成虫交尾状

桃红颈天牛为害桃树树干：流胶并排出大量虫粪

【分布与寄主】 分布于辽宁、内蒙古、甘肃、河北、河南、山西、陕西、山东、江苏、湖北、四川、广东、福建等省（区）。为害桃、杏、李、梅、樱桃等。

【为害状】 幼虫主要为害木质部，卵多产于树势衰弱枝干树皮缝隙中，幼虫孵出后向下蛀食韧皮部。翌年春天幼虫恢复活动后继续向下由皮层逐渐蛀食至木质部表层，初期形成短浅的椭圆形蛀道，中部凹陷。6月以后由蛀道中部蛀入木质部，蛀道不规则。随后幼虫由上向下蛀食，在树干中蛀成弯曲无规则的孔道，有的孔道长达50 cm。仔细观察，在树干蛀孔外和地面上常有大量排出的红褐色粪屑。卵产于主干表皮裂缝内，无刻槽。被害主干及主枝蛀道扁宽且不规则，蛀道内充塞木屑和虫粪，为害重时主干基部伤痕累累，并堆积大量红褐色虫粪和蛀屑。粪渣是粗锯末状，部分外排。桃树一般可活30年左右，但遭受桃红颈天牛的桃树寿命缩短到10年左右，因其以幼虫蛀食树干，削弱树势，严重时可致整株枯死。

【形态特征】

1. 成虫　桃红颈天牛体黑色，有光亮；前胸背板红色，背面有4个光滑疣突，具角状侧枝刺；鞘翅翅面光滑，基部比前胸宽，端部渐狭；雄虫触角成虫有两种色型：一种是身体黑色发亮和前胸棕红色的"红颈型"，另一种是全体黑色发亮的"黑颈"型。据初步了解，福建、湖北有"红颈"和"黑颈"两型的个体，而长江以北如河南、山西、河北等地只见有"红颈"个体。成虫体长28～37 mm，体黑色发亮，前胸背面大部分为光亮的棕红色或完全黑色。头黑色，腹面有许多横皱，头顶部两眼间有深凹。触角蓝紫色，基部两侧各有一叶状突起。前胸两侧各有刺突1个，背面有4个瘤突。鞘翅表面光滑，基部较前胸为宽，后端较狭。雄虫身体比雌虫小，前胸腹面密布刻点，触角超过虫体5节；雌虫前胸腹面有许多横皱，触角超过虫体两节。

2. 卵　卵圆形，乳白色，长6～7 mm。

3. 幼虫　老熟幼虫体长42～52 mm，乳白色，前胸较宽广。身体前半部各节略呈扁长方形，后半部稍呈圆筒形，体两侧密生黄棕色细毛。前胸背板前半部横列4个黄褐色斑块，背面的两个各呈横长方形，前缘中央有凹缺，后半部背面淡色，有纵皱纹；位于两侧的黄褐色斑块略呈三角形。胴部各节的背面和腹面都稍微隆起，并有横皱纹。

4. 蛹　体长35 mm左右，初为乳白色，后渐变为黄褐色。前胸两侧各有一刺突。

【发生规律】 华北地区2～3年发生1代，以幼虫在树干蛀道内过冬。翌年春越冬幼虫恢复活动，在皮层下和木质部钻蛀不规则的隧道，并向蛀孔外排出大量红褐色虫粪及碎屑，堆满树干基部地面，5～6月为害最烈，严重时树干全部被蛀空而死。5～6月老熟幼虫黏结粪便、木屑在木质部作茧化蛹，6～7月成虫羽化后，先在蛹室内停留3～5 d，然后钻出，喜在树干上栖息，经2～3 d交尾。卵多产在主干、主枝的树皮缝隙中，以近地面3 cm范围内较多。每雌虫可产卵40～50粒，产卵时先把树皮咬成一方形裂口，然后把卵产在裂口下。卵期8 d左右。幼虫孵化后，头向下蛀入韧皮部，先在树皮下蛀食，经停育过冬，翌年春继续向下蛀食皮层，至7～8月当幼虫长到体长30 mm后，头向上往木质部蛀食。经过第2个冬天，到第3年5～6月老熟化蛹，蛹期10 d左右，羽化为成虫。幼虫一生钻蛀隧道总长50～60 cm。

【防治方法】

1. 捕捉成虫　桃红颈天牛蛹羽化后，在6～7月成虫活动期间，组织人员在果园进行捕捉，可取得较好的防治效果。

2. 涂白树干　4～5月间，即在成虫羽化之前，可在树干和主枝上涂刷"白涂剂"。把树皮裂缝、空隙涂实，防止成虫产卵。涂白剂可用生石灰、硫黄、水按10∶1∶40的比例进行配制，也可用当年的石硫合剂的沉淀物涂刷枝干。

3. 刺杀幼虫　9月前孵化出的桃红颈天牛幼虫即在树皮下蛀食，这时可在主干与主枝上寻找细小的红褐色虫粪，一旦发现虫粪，即用锋利的小刀划开树皮将幼虫掏出处理。也可在翌年春季检查枝干，一旦发现枝干有红褐色锯末状虫粪，即用锋利的小刀将在木质部中的幼虫挖出。

4. 药剂防治

（1）防治成虫：可用8%氯氰菊酯触破式微胶囊剂。这种触破式微胶囊剂是以脆性囊皮材料作为药剂包衣，使天牛成虫踩触或取食时药剂即可破囊，一次性地释放出足以使天牛成虫致死的有效剂量，而且药物作用点又是天牛保护机能最薄弱的跗节和足部，通过节间膜进入天牛体内，进而迅速杀死天牛成虫。它对天牛产生特效，同时又不伤天敌。使用时用氯氰菊酯触破式微胶囊剂400倍液将树皮喷湿后，每平方厘米可达4个微胶囊，当大型天牛成虫在喷有触破式微胶囊剂的树干上爬行距离达3 m即可中毒死亡。常规喷雾稀释300～400倍。以当年第1批天牛羽化出孔时喷药为最佳时机，这样可将新羽化的天牛成虫在其出孔后数小时内杀死，以避免其再取食和产卵为害。使用时注意用力摇动药液，使达到上下均匀。喷药位置在树干、分枝中的大枝及其他天牛成虫喜出没之处。喷药以树皮湿润为宜。施用后未被踩破的胶囊完好保存下来，避免了农药重复使用造成的浪费，对天敌、环境影响小；药效迅速，持效期52 d左右；微毒，对人畜安全，在环境中残留低。将稀释后的药液喷洒在地面以上树干、大枝和其他天牛成虫喜出没之处。若施药后6 h内遇雨，药效会大大降低。

（2）防治初孵幼虫：也可在成虫产卵盛期至幼虫孵化期使用下列药剂：2.5%氯氟氰菊酯乳油3 000倍液，10%高效氟氯氰菊酯乳油 2 000 倍液，10％醚菊酯悬浮剂 1 500 倍液，5％氟苯脲乳油 1 500 倍液，20％虫酰肼悬浮剂 1 500 倍液，15％吡虫啉微囊悬浮剂 3 000 倍液，均匀喷洒离地 15 m 范围内的主干和主枝，10 d 后再重喷 1 次，杀灭初孵幼虫效果显著。

（三三）桃小蠹

桃小蠹（*Scolytus seulenis* Murayama），又名桃小蠹甲、多毛小蠹虫，属鞘翅目小蠹甲科。

桃小蠹为害桃树树干（1）

桃小蠹为害桃树树干（2）

桃小蠹幼虫

桃小蠹虫蛀道

桃小蠹蛀害桃树枝干，排出黄褐色虫粪

桃小蠹成虫

桃小蠹虫在桃树干的蛀道

【分布与寄主】　分布于河南、山西、陕西等省。为害桃、杏等核果类果树。

【为害状】　成虫喜于衰弱枝干的皮层蛀孔，于韧皮部与木质部间蛀母坑道。幼虫于母坑道两侧横向蛀食子坑道，常造成枝干枯死。桃小蠹是引起桃树流胶枯死的毁灭性害虫。幼虫、成虫在衰弱树枝干韧皮部、木质部之间蛀成单纵虫道，树皮表面虫孔密集。1年生桃枝被害后，翌年不能发芽；多年生枝干受害后，桃树遍体鳞伤，胶体累累，导致枯枝死树。

【形态特征】

1. **成虫** 体长4 mm，体黑色，鞘翅暗褐色，有光泽。头部短小，触角锤状。体密布刻点，鞘翅上有纵刻点列。腹部末端腹面斜截形，第1节有小突起。

2. **卵** 椭圆形，约1 mm，乳白色。

3. **幼虫** 呈象虫形，4～5 mm，肥胖略向腹面弯曲，乳白色，头较小、黄褐色，口器色深。

4. **蛹为** 裸蛹，4 mm，初乳白色，后色渐深，羽化前同成虫。

【发生规律】 1年发生1代，以幼虫于坑道内越冬。翌春老熟于子坑道端蛀圆筒形蛹室化蛹。羽化后咬成圆形羽化孔爬出。6月间成虫出现，配对、交尾、产卵，多选择在衰弱的枝干上蛀入皮层，于韧皮部与木质部间纵向蛀母坑道，并产卵于母坑道两侧。孵化后的幼虫分别在母坑道两侧横向蛀子坑道，略呈"非"字形，初期互不扰近于平行。随虫体增长，坑道弯曲或混乱交错，加速枝干死亡。秋后以幼虫于坑道端越冬。

【防治方法】

（1）加强果园管理，砍伐修剪受害树木，减少虫害。对新感染树木和已严重受害的虫枝和衰弱树木，坚决清除，并进行必要的除害处理。同时，增强树势，提高树体抗性，可减少为害。

（2）利用药泥防治。在成虫扬飞前期，将48%的毒死蜱乳油配成0.475%的溶液，用溶液以平均每棵树15～20 g进行和泥，药泥的稀稠以能黏附在树上为准，药泥厚度为1.0～1.5 cm。

（3）用敌敌畏原液注射入虫孔中，熏杀小蠹虫。或者喷洒800倍浓度的敌敌畏等杀虫剂2～3次，再用沥青涂封伤口，防止桃树小蠹害虫再次侵害。

（4）成虫出现时药剂喷布树干、树枝，可选用80%敌敌畏乳油1 500倍液，2.5%氟氯氰菊酯乳油3 000倍液，10%高效氟氯氰菊酯乳油3 000倍液，10%醚菊酯悬浮剂800～1 500倍液，5%氟苯脲乳油1 500倍液，半月喷1次，喷2～3次。

（5）根据桃小蠹害虫喜欢在具有一定湿度的死树、半死树上产卵繁殖习性，在果园放置半枯死或整枝剪掉的树枝，诱集成虫产卵，产卵后集中处理。

（三四）黑蚱蝉

黑蚱蝉［*Cryptotympana atrata*（Fabricius）］，别名蚱蝉、知了、黑蝉，属同翅目蝉科。

【分布与寄主】 分布在辽宁、内蒙古、陕西、北京、河北、河南、山东、安徽、江苏、上海、浙江、江西、福建、广东、广西、湖北、湖南、贵州、海南、重庆、四川、云南等省（市、区）。寄主有桃、柑橘、梨、苹果、樱桃、杨柳、洋槐等。

【为害状】 成虫刺吸枝条汁液并产卵于一年生枝梢木质部内，造成枝条枯萎而死。若虫生活在土中，刺吸根部汁液，削弱树势。

【形态特征】

1. **成虫** 体色漆黑，有光泽，长约46 mm，翅展约124 mm；中胸背板宽大，中央有黄褐色"X"形隆起，体背金黄色茸毛；翅透明，翅脉浅黄或黑色，雄虫腹部第1～2节有鸣器，雌虫没有。

2. **卵** 椭圆形，乳白色。

3. **若虫** 形态略似成虫，前足为开掘足，翅芽发达。

【发生规律】 该虫2～3年发生一代。被害枝条上的黑蚱蝉卵于翌年5月中旬开始孵化，5月下旬至6月初为卵孵化盛期，6月下旬终止。若虫（幼虫）随着枯枝落地或卵从卵窝掉在地上，孵化出的若虫立即入土，在土中的若虫以土中的植物根及一些有机质为食料。若虫在土中一生蜕皮5次，生活数年才能完成整个若虫期。在土壤中的垂直分布，以0～20 cm的土层居多，占若虫数的60%左右。生长成熟的若虫于傍晚由土内爬出，爬到树干、枝条、叶片等可以固定其身体的物体上停留，以叶片背面居多，不食不动，约经3 h的静止阶段后，其背上面直裂一条缝蜕皮后变为成虫，

黑蚱蝉在桃树新梢产卵痕迹

黑蚱蝉在桃树新梢产的卵

黑蚱蝉成虫

黑蚱蝉蜕壳

初羽化的成虫体软，色淡粉红，翅皱缩，后体渐硬，色渐深直至黑色，翅展平，前后经 6 ~ 7 h（即将天亮），振翅飞上树梢活动。一年当中，6 月上旬老熟若虫开始出土羽化为成虫，6 月中旬至 7 月中旬为羽化盛期，10 月上旬终止。若虫出土羽化在 1 d 中，夜间羽化占 90% 以上。尤以 20 ~ 22 时最多。成虫经 15 ~ 20 d 后才交尾产卵，6 月上旬成虫即开始产卵，6 月下旬末到 7 月下旬为产卵盛期，9 月后为末期。卵主要产在一二年生枝条的直径在 0.2 ~ 0.6 cm 之间的枝上，一条枝条上卵穴一般为 20 ~ 50 穴，多者有 146 穴。每穴卵 1 ~ 8 粒，多为 5 ~ 6 粒。

【防治方法】　由于黑蚱蝉成虫发生量大，为害时期长，成虫易受惊扰而迁飞，因此在防治上连片果园种植区统一行动，采取综合防治的方法。

（1）结合冬季和夏季修剪，剪除被产卵而枯死的枝条，以清除其中大量尚未孵化入土的卵粒，剪下枝条集中处理。由于其卵期长，利用其生活史中的这个弱点，坚持数年，收效显著。此方法是防治此虫最经济、有效、安全简易的方法。

（2）老熟若虫具有夜间上树羽化的习性，然而足端只有锐利的爪，而无爪间突，不能在光滑面上爬行。在树干基部包扎塑料薄膜或是透明胶，可阻止老熟若虫上树羽化，滞留在树干周围可人工捕杀或放鸡捕食。

（3）在 6 月中旬至 7 月上旬雌虫未产卵时夜间人工捕杀。振动树冠，成虫受惊飞动，由于眼睛夜盲和受树冠遮挡，跌落地面。

（4）化学防治。5 月上旬用 50% 辛硫磷乳油 500 ~ 600 倍液浇淋树盘，毒杀土中幼虫。成虫高峰期树冠喷雾 20% 甲氰菊酯乳油 2 000 倍液，防治成虫。

（三五）桃园白星花金龟

白星花金龟 [*Potosia（Liocola）brevitarsis* Lewis]，又名白纹铜花金龟、白星花潜、白星金龟子、铜克螂，属鞘翅目花金龟科。

桃园白星花金龟为害桃果　　　　　　　　桃园白星花金龟群聚为害桃果

【分布与寄主】　分布全国各地。成虫取食桃、梨、苹果等多种果实。

【为害状】　主要以成虫咬食寄主的花、花蕾和果实，为害有伤痕的或过熟的梨、桃和苹果等，吸取多种树木伤口处的汁液。影响寄主开花、结实，严重降低果实品质。

【形态特征】

1. **成虫**　体长 20 ~ 24 mm，宽 13 ~ 15 mm，略上下扁平，体壁特别硬，全体古铜色带有绿紫色金属光泽。中胸后侧片发达，顶端外露在前胸背板与翅鞘之间。前胸背板有斑点状斑纹，翅鞘表面有由灰白色鳞片组成的斑纹。

2. **幼虫**　老熟幼虫体长约 50 mm，头较小，褐色，胸部粗胖，黄白或乳白色。胸足短小，无爬行能力。肛门缝呈"一"字形。覆毛区有两短行刺毛列，每列由 15 ~ 22 条短而钝的刺毛组成。

【发生规律】　1 年发生 1 代，以中龄或近老熟幼虫在土中越冬。成虫每年 6 ~ 9 月出现，7 月初至 8 月中旬为发生为害盛期。成虫将卵产在腐草堆下、腐殖质多的土壤中、鸡粪里，每处产卵多粒。幼虫群生，老熟幼虫 5 ~ 7 月在土中做蛹室化蛹。成虫昼夜活动为害。幼虫不用足行走，将体翻转借体背体节的蠕动向前行进。不危害寄主的根部。成虫在桃、苹果、梨、杏、葡萄园内可昼夜取食活动。成虫的迁飞能力很强，一般能飞 5 ~ 30 m，最多能飞 50 m。具有假死性、趋化性、趋腐性、群聚性，没有趋光性。成虫产卵盛期在 6 月上旬至 7 月中旬，成虫寿命 92 ~ 135 d。

【防治方法】　参考梨园白星花金龟。

（三六）黑绒鳃金龟

黑绒鳃金龟（*Maladera orientalis* Motschulsky），又名东方金龟、天鹅绒金龟，属鞘翅目鳃金龟科。

【分布与寄主】　国内各省（区）几乎都有发生。可为害苹果、梨、葡萄、桃、李、杏、枣、樱桃、梅、山楂、柿等果树。

【为害状】　成虫食害嫩芽、新叶和花朵，呈缺刻孔洞状。

【形态特征】

1. **成虫**　体长 7 ~ 10 mm。体黑褐色，被灰黑色短茸毛。卵椭圆形，长径约 1 mm，乳白色，有光泽，孵化前色泽变暗。

2. **幼虫**　老熟幼虫体长约 16 mm，头部黄褐色，胴部乳白色，多皱褶，被黄褐色细毛，肛膜片上约有 28 根刺，横向

黑绒鳃金龟为害桃树叶片

排列成单行弧状。

3. **蛹**　体长 6 ~ 9 mm，黄色，裸蛹，头部黑褐色。

【发生规律】　东北、华北、西北各省（区）1 年发生 1 代，以成虫在土中越冬。翌年 4 月中旬出土活动，4 月末至 6 月中旬为发生为害盛期，多在 15 时以后出土群集为害，傍晚多围绕树冠飞行、取食和交尾。雌虫产卵于土中，幼虫以腐殖质和嫩根为食，8 月中旬羽化为成虫。成虫在日落前后从土里爬出来，成虫飞翔力较强，傍晚飞到果园内，于干果树的周围取食为害，并进行交尾活动。以温暖无风的天气出现最多，成虫活动的适宜温度为 20 ~ 25 ℃，降水量大、湿度高，有利于成虫出土为害。一般在 21 ~ 22 时，成虫自动落地钻进土里潜伏，或飞往果园附近的土内潜伏。成虫有较强的趋光性，嗜食榆、柳、杨树的芽、叶，故可利用此习性进行诱杀。成虫有假死习性，可采取振落方法捕杀。

【防治方法】

1. **诱杀成虫**　对苗圃或新植果园，在成虫出现盛期，可于无风的下午 3 时左右，用长约 60 cm 的杨、榆、柳枝条蘸上 80% 敌百虫 100 倍液（最好将树枝条浸蘸在药液内 2 ~ 3 h 后取出使用），然后分散安插在地里诱杀成虫，可收到良好效果。也可利用成虫的趋光性，在成虫发生期设置黑光灯诱杀。

2. **人工捕杀**　在成虫发生期，利用其假死习性于傍晚振落捕杀。因该虫为害树种很多，除在果树上进行捕杀外，对于果树周围的其他树木也要进行捕杀，才能获得更好的效果。

3. **药物防治**　利用成虫入土习性，于发生前在树下撒 5% 辛硫磷颗粒剂，拖后耙松表土，使部分入土的成虫触药中毒而死。也可在成虫发生量大时进行树上喷药，喷施 48% 毒死蜱乳油 1 000 ~ 1 500 倍液或 50% 马拉硫磷乳油 2 000 倍液。

（三七）小青花金龟

小青花金龟（*Oxycetonia jucunda* Fald.），又名小青花潜，属鞘翅目花金龟科。

【分布与寄主】　国内分布较广。可为害苹果、梨、杏、桃、山楂、梅、板栗等果树。

【为害状】　成虫主要取食花蕾和花，数量多时常群集在花序上，将花瓣、雄蕊及雌蕊吃光，造成只开花不结果。也可食害果实。

小青花金龟为害桃花

【形态特征】

1. **成虫**　体长 12 mm 左右，暗绿色，头部黑色，复眼和触角黑褐色，胸、腹部的腹面密生许多深黄色短毛。前胸背板和翅鞘均为暗绿或赤铜色，并密生许多黄色茸毛，无光泽。翅鞘上具有黄白色斑纹，腹部两侧各有 6 个黄白色斑纹，排成 1 行，腹部末端也有 4 个黄白色斑纹。足皆为黑褐色。

2. **卵**　球状，白色。

3. **幼虫**　老熟时头部较小，褐色，胴部乳白色，各体节多皱褶，密生茸毛。肛腹板上具有 2 行纵向排列的刺毛。

4. **蛹**　裸蛹，白色，尾端为橙黄色。

【发生规律】　1 年发生 1 代，以幼虫、蛹和成虫在土中越冬。4 ~ 5 月成虫出现，集中食害花瓣、花蕊及柱头，在晴天多于上午 10 时至下午 4 时为害，日落后成虫入土潜伏。产卵多在腐殖质土中，6 ~ 7 月出现幼虫。小青花金龟喜食花、果等有酸甜味的部位，有时也取食嫩芽和嫩叶，其取食和活动场所随寄主花期不同而变化，转移频繁。

【防治方法】　在小青花金龟发生始盛期，进行突击人工捕杀。应按照不同果树花期，跟踪防治。

（三八）桃园山楂叶螨

桃园山楂叶螨（*Tetranychus viennensis* Zacher），又名山楂红蜘蛛、樱桃红蜘蛛，属蛛形纲蜱螨亚纲前气门目叶螨科。

桃园山楂叶螨严重为害桃树

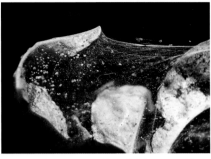

桃园山楂叶螨严重为害桃树，吐丝结网

桃园山楂叶螨在桃树上的成螨、若满和卵

桃园山楂叶螨严重为害桃树

桃园山楂叶螨严重为害桃树，吐丝结网有卵粒状

【分布与寄主】 国内广泛分布于河北、北京、天津、辽宁、山西、山东、陕西、河南、江苏、江西、湖北、广西、宁夏、甘肃、青海、新疆、西藏等省、市、区，是仁果类和核果类果树的主要害螨之一。主要寄主有苹果、梨、桃、李、杏、沙果、山楂、海棠、樱桃等果树，也可为害草莓、黑莓、法国梧桐、梧桐、泡桐等植物。

【为害状】 桃园山楂叶螨以刺吸式口器刺吸寄主植物绿色部分的汁液。常群集于叶背和初萌发的嫩芽上吸食汁液。叶片受害后出现失绿黄色斑点，逐渐扩大成红褐色斑块，严重时整张叶片变黄，枯焦脱落。危害严重时，树叶大部分脱落，影响树势及花芽分化。当虫口数量较大时，在叶片上吐丝结网，全树叶片失绿，尤其是内膛和上部叶片干枯脱落，甚至全树叶片落光，引起当年两次发芽、两次开花，不仅使当年果实产量大幅度降低，而且严重削弱树势，对翌年甚至以后几年的产量也有较大影响。

【形态特征】 参考苹果山楂叶螨。

【发生规律】 在豫西地区一年发生 6～9 代，以受精雌成螨在枝干的各种缝隙中及树干基部的土缝里越冬。翌年桃树花芽膨大时，开始出蛰活动，多集中在花、嫩芽、幼叶等幼嫩组织上为害。随后，于叶背面吐丝结网产卵，以叶背主脉两旁及其附近的卵最多。孵化后的幼虫即开始为害。2 d 后即静止不动。经 2～24 h，即蜕皮为前期若虫，前期若虫较活泼，随即在叶片背面爬行取食。经 24 h 天后，又静止不动，经 2～24 h，即蜕皮变成后期若虫。后期若虫行动更为活泼，并往返拉丝，经 24 h 天后静止不动，再经 1～2 d 蜕皮化为成虫。在一般年份，冬型雌成虫于 9 月上旬前后即开始入蛰越冬。

近年来，随着果树生产结构的调整，不少地区苹果的栽培面积趋于减少，而一些小杂果类果树的面积日趋扩大，尤其以桃、李、杏、樱桃等果树的面积扩大较快。在一些果树生产较为集中的地区，这些小杂果类果树常与苹果相邻栽植、交错栽植甚至混合栽植，使得山楂叶螨在不同寄主之间蔓延为害成为必然。桃园山楂叶螨在不同寄主植物上其生活史有显著差异。其中平均世代周期以桃最短，从特定年龄生殖率来看，桃园在桃树上，桃园山楂叶螨于第 14 天达到生殖高峰，苹果、杏和李均在第 17 天，而樱桃则在第 20 天；桃园山楂叶螨在不同果树上有不同表现的原因是存活率和生殖力不同。

【防治方法】　参考苹果山楂叶螨。

（三九）桃下心瘿螨

桃下心瘿螨（*Eriophyes catacriae* Keifer）引发的畸果病病桃，因果面凸凹不平，群众称疙瘩桃。主要为害一二年生桃树的枝条、芽、花及果实。造成严重减产，甚至绝产。

  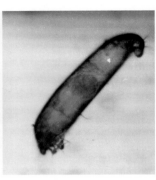

桃下心瘿螨为害状　　　　　　　桃下心瘿螨为害果实畸形　　　　　桃下心瘿螨成虫（显微放大）

【分布与寄主】　可引起桃果畸形，在河北、河南等部分桃产区有发生。幼果受害后畸形，失去商品价值。

【为害状】　果实上表现症状。落花后，幼小果实开始受害，果面出现不规则的暗绿色斑块。随着桃果膨大，病部桃毛逐渐变褐、倒伏、脱落，病部生长受阻而呈现深绿色凹陷状。后期，病果呈凸凹不平、着色不均匀的"猴头"状，病部果肉为深绿色。果实膨大期受害，果面发生纵横裂口，有的裂口长而深。严重受害果，果肉木质化，不堪食用。

受害枝多为深褐色，纤细而短，呈失水状，芽小而干瘪，紧贴枝条，芽尖为褐色，有的枯焦甚至死亡。叶片上形成退绿色斑，后期叶片向正面纵卷，直至叶片枯黄坠落。感病桃树，部分叶芽坏死，开花后期常呈现有花无叶的"干枝梅"状。

【形态特征】　雌螨淡黄色，喙斜下伸。无前叶突，盾板上各纵线俱在，背中线不明显，后端呈箭头状；背瘤位于盾后缘。大体背、腹环数近似，体环上具圆锥形微瘤。

【发生规律】　以成螨在桃芽内越冬，桃开花时即开始为害桃花子房，萼片脱落后，幼果发育过程中即出现症状。7月下旬由桃果转到桃芽为害并产卵繁殖，11月下旬成螨在桃芽鳞片及芽基越冬。技术长期管理欠佳，枝叶密集，通风透光不良，易造成瘿螨大发生。

【防治方法】　花前和落花后喷药 1 ~ 2 次，可基本控制危害。

（1）加强肥水管理，增强树势。剪除被害枝叶、弱枝、过密枝、荫蔽枝和枯枝，集中处理，改善通风透光条件，减少虫源。搞好常规管理，合理施肥，增强树势，提高植株的抗逆性。控制冬梢抽发、恶化和中断食料来源，减少越冬虫源，从根本上提高抗御能力，控制危害。

（2）桃树萌芽期结合防治其他病虫害，喷施 5° Bé 石硫合剂。

（3）从落花后开始 10 d 左右 1 次，连喷 2 ~ 3 次，防治效果较为理想。有效药剂有 10% 哒螨灵乳油 3 000 倍液、0.2 ~ 0.3° Bé 石硫合剂、50% 硫悬浮剂 400 ~ 500 倍液、1.8% 阿维菌素乳油 2 500 倍液，果实生长中期再喷 1 次。喷药的关键为喷药时期，一般落花后立即喷药效果较好，如果在果实加速膨大期开始喷药，则防治效果差。

第四部分　李树病虫害

一、李树病害

（一）李树红点病

　　李树红点病在国内李树种植区均有分布。本病可引起李树早期落叶，对产量影响甚大。除为害李树外，还可侵染欧李、稠李、山丁子、扁桃等李属植物。

李树红点病为害叶片

李树红点病为害李果实产生的病斑

　　【症状】 李树红点病仅为害叶片和果实。

　　1. 叶片受害 染病初期，叶面产生橙黄色、稍隆起、边缘清晰的近圆形斑点。病斑逐渐扩大，颜色逐渐加深，病部叶肉也随着加厚，其上产生许多深红色小粒点，即病菌的分生孢子器。到秋末病叶转变为红黑色，正面凹陷，背面凸起，使叶片卷曲，并出现黑色小粒点，即病菌埋在子座中的子囊壳。发病严重时，叶片上密布病斑，叶色变黄，造成早期落叶。

　　2. 果实受害 果实受害产生橙红色圆形病斑，稍隆起，边缘不清楚，最后呈红黑色，其上散生很多深红色小粒点。果实常畸形，不能食用，易脱落。

　　【病原】 病原菌称李疔座霉菌 *Polystigma rubrum*（Pers.），属子囊菌亚门黑痣菌目属疔座霉；无性阶段为 *Polystigmina rubra*（Desmm.）Sacc.，属半知菌。分生孢子器椭圆形或圆形，也有不规则形，埋生在子座内，器壁橙红色，直径为 112～320 μm。分生孢子线形，弯曲或一端呈钩状，无色，单胞，大小为（24～60）μm×（0.5～1）μm，从分生孢子器内挤出时呈杏黄色卷须状的孢子角。这种分生孢子的作用实质上是性孢子，此种分生孢子器也称性孢子器。子囊壳埋生在叶背面的子座内，乳状孔口外露，球形。子座肉质，橘红色，以致被害叶呈现红斑。子囊壳壁红褐色，顶端具明显的乳头状突起，孔口外露，直径为 128～272 μm。子囊棍棒状，无色，大小为（72～88）μm×（10～13）μm，内生 8 个子囊孢子。子囊孢子单胞，无色，长椭圆形或圆柱形，或稍有弯曲，大小为（10～14）μm×（3～4）μm。据文献记载，本病原菌的子囊孢子，在李树长出叶后即侵入李叶，在叶片之表皮层间繁殖菌丝体，并形成子座和分生孢子器。孢子器内充满线性或蠕虫状的分生孢子，即为当年

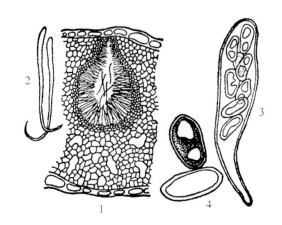

李树红点病病菌

1. 性孢子器 2. 性孢子 3. 子囊 4. 子囊孢子

重复侵染的病菌来源，并于晚秋形成有性世代，随落地的病叶而越冬，翌年初次侵染李树，引起发病的病菌来源。病原菌属强寄生真菌，专门为害李属植物。

【发病规律】 病菌以子囊壳在病叶上越冬。第 2 年开花末期子囊破裂，散发出大量子囊孢子，借风雨传播为害。此病从展叶盛期到 9 月都能发生，尤其在雨季发生严重。分生孢子器于 7 ~ 8 月成熟，子囊壳则在 10 ~ 11 月叶片枯死后才完全成熟。分生孢子在侵染中不起作用。

【防治方法】
1. **喷药保护** 在李树开花末期及叶芽开放时喷洒 1∶2∶200 波尔多液。
2. **加强果园管理** 由于此病菌不会再侵染，彻底清除病叶、病果，集中深埋是行之有效的防病方法。

（二）李褐腐病

李褐腐病又称实腐病，为害李树的花和果实，贮运期间的果实也可受害。江淮流域、江苏、浙江和山东每年都有发生，北方果园则多在多雨年份发生流行。褐腐病可为害果、花、叶、枝梢，在春季开花展叶期如遇低温多雨，引起严重的腐烂和叶枯；在生长后期如遇多雨潮湿天气，引起果腐，使果实丧失经济价值。病菌除为害李外，还为害桃、杏、樱桃等核果类果树。

【症状】 李褐腐病为害花叶、枝梢及果实，其中以果实受害最重。
1. **花叶** 花部受害，病菌由花瓣尖端或柱头侵入，很快扩展到萼片和花柄，先发生褐色水渍状斑点，后逐渐延至全花，随即变褐而枯萎。天气潮湿时，病花迅速腐烂，表面丛生灰霉，若天气干燥时则萎垂干枯，残留枝上，长久不脱落。嫩叶受害，自叶缘开始，病部变褐萎垂，最后病叶残留枝上。
2. **树梢** 在新梢上形成溃疡斑，病斑长圆形，中央稍凹陷，灰褐色，边缘紫褐色，常发生流胶。
3. **果实** 果实被害最初在果面产生褐色圆形病斑，如环境适宜，病斑在数日内便可扩及全果，果肉也随之变褐软腐。继后在病斑表面生出灰褐色绒状霉丛，常成同心轮纹状排列，病果腐烂后易脱落，但不少失水后变成僵果，悬挂枝上经久不落。

李树褐腐病为害果实状，后期缩果

【病原】 李树褐腐病 [*Monilia fructicola*（Wint）Honey]，属子囊菌门串孢盘菌属，其无性阶段 *Monilia fructicola* Poll. 为半知菌串珠霉属。病部灰色的霉层，即病菌的分生孢子梗和分生孢子。分生孢子无色、单胞、卵圆形，大小为 $10 \mu m \times 7 \mu m$。分生孢子串生，着生在分枝或不分枝的分生孢子梗上。

【发病规律】 病菌主要在僵果上越冬。越冬的病菌在翌年 4 月雨水多时形成子囊孢子和分生孢子，侵染花形成花腐，侵染的幼果形成果腐和落果，侵染的新梢枝枯。尤其在近成熟期雨水多、发生裂果时，病害易流行。在氮肥过多的密植园发病多。有些感病品种在贮运过程中，通过接触传染，常引起大量烂果。

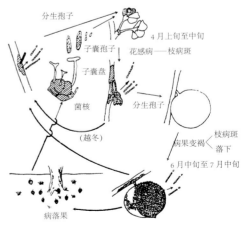

李树褐腐病病害循环图

【防治方法】
1. **农业防治** 适当密植，搞好李园的通风透光；及时清除园内病残体，减少菌源；及时防治害虫，减少果实伤口，防止病菌从伤口侵入。
2. **药剂防治** 桃树萌芽前喷施石硫合剂、1∶1∶100 等量式波尔多液，铲除越冬病菌。落花期是喷药防治的关键时期，在李树开花 70% 左右时及果实近成熟时，可用下列药剂：75% 百菌清可湿性粉剂 800 倍液，70% 甲基硫菌灵可湿性粉剂 1 000 倍液，50% 异菌脲可湿性粉剂 2 000 倍液，50% 多菌灵可湿性粉剂 1 000 倍液，65% 代森锌可湿性粉剂 500 倍液 +50% 腐霉利可湿性粉剂 1 000 倍液，50% 苯菌灵可湿性粉剂 1 500 倍液等。发病严重的李园可每 15 d 喷 1 次药，采收前 3 周停喷。

（三）李袋果病

袋果病又称囊果病，主要为害李树果实，枝梢和叶片也可被害。在我国分布不普遍，在东北和西南高原地区发生较多。除为害李、樱桃李外，还可为害山樱桃、短柄樱桃、豆樱、黑刺李等。

【症状】 病果畸变，中空如囊，因此得名。该病在落花后即显症，病果初呈圆形或袋状，后渐变狭长略弯曲，果面平滑，浅黄色至红色，皱缩后变成灰色至暗褐色或黑色而脱落。病果无核，仅能见到未发育好的皱形核。枝梢染病呈灰色，略膨胀、组织松软；叶片染病在展叶期开始变成黄色或红色，叶面皱缩不平，似桃缩叶病。5 ~ 6 月病果、病枝、病叶表面着生白色粉状物，即病原菌的裸生子囊层。病枝秋后干枯死亡，翌年在这些枯枝下方长出的新梢易发病。

【病原】 病原为李外囊菌（李囊果病菌）[*Taphrina prunis*（Fuck.） Tul.]，属子囊菌门真菌。菌丝多年生，子囊形成在叶片角质层下，细长圆筒状或棍棒形，大小为（24 ~ 80）μm×（10 ~ 15）μm，足细胞基部宽。子囊里含8个子囊孢子，子囊孢子球形，能在囊中产出芽孢子。

李袋果病为害果实状

【发病规律】 病菌以孢子或子囊孢子在芽鳞片外表或芽鳞片间越冬。早春，李树发芽遇雨天时，越冬孢子发芽，随雨水飞散传染，侵染时期很早。在李树发芽期至开花期降水多时，病害发生较多。反之，早春温暖少雨干燥，则发病较轻。病害每年只有一次侵染，没有再侵染。黑李品种抗病性不一，黑琥珀、黑宝石较易感病，而安皇后、安哥诺等品种较抗袋果病。果园失管及花期低温是李袋果病发生的主要原因。

【防治方法】
1. **做好清园工作** 及时摘除病枝、病叶、病果，集中销毁，减少当年越冬病原。
2. **药剂保护** 在黑李花瓣露白（未展开）时喷洒一次 4°~ 5° Bé 石硫合剂或 1 ∶ 1 ∶ 100 波尔多液，效果良好。
3. **春季及时药剂防治** 由于该病每年仅发生一次侵染，因此，在做好冬季清园封园的基础上，春季及时药剂防治至关重要。春季第一次用药应在花露白而尚未开放时，第二次应在谢花 2/3 后，喷药时力求均匀，不留死角，药剂可用 10% 苯醚甲环唑水分散颗粒剂 3 000 倍液等。

（四）李果果锈

李果果锈影响李果的外观品质，使商品价格降低，给果农造成严重的经济损失。

【症状】 李果果锈是在果实表面产生的类似金属锈状的木栓层。发生严重时，使果实表面失去光泽，果上锈斑处酷似土豆皮一般，严重影响果实的商品外观，降低果品的经济价值。果锈对黄色品种的果实外观影响较大，而红色品种虽也发生果锈，但果实成熟后易被红色所掩盖。

【病因】 降水量大，果园内湿度过大，雨水夹带的灰尘积聚在梗洼处，这是产生果锈的主要原因。受低温刺激，导致果面畸形，出现锈斑。果园密度大、郁闭，通风透光差，果面附着水分，药液不易蒸发，易引起果锈。幼果期是感

李果果锈

染果锈的主要时期，如喷药的压力过大或近距离直接冲击果面会伤害果面，加剧果锈的产生。因药剂选择和使用不当，如药剂质量问题、配比不适、浓度过大或局部喷药过量，都会伤害果面，形成果锈。

【发病规律】 幼果期是感染果锈的主要时期，如喷药的压力过大或近距离直接冲击果面会伤害果面，加剧果锈的产生。因药剂选择和使用不当，如药剂质量问题、配比不适、浓度过大或局部喷药过量，都会伤害果面，形成果锈。

【防治方法】

（1）调整果园的密度，解决通风透光问题，进行郁闭果园的改造。如采取落头、开心、控冠、间伐等措施，减轻果锈，提高品质。

（2）幼果期喷药要选准药剂，配比要合理，浓度合适，不伤幼果，不使用高压力大雾喷器械喷击果面。不使用有机磷农药。

（五）李树缺铁

李树缺铁在盐碱土或钙质土的果区常见，有些果园表现严重。

【症状】 李树缺铁主要表现在新梢的叶片变黄，而叶脉两侧仍保持绿色，致使叶面呈绿色网纹状失绿。随病势发展，叶片失绿程度加重，出现整叶变为白色，叶缘枯焦，引起落叶。严重缺铁时，新梢顶端枯死。

【病因】 李树缺铁是由于铁元素在植株体内难以转移，所以缺铁症状多从新梢顶端的幼嫩叶开始表现。

【发病规律】 盐碱较重的土壤，可溶性的二价铁转化为不可溶的三价铁，不能被植物吸收利用，使果树表现缺铁。干旱时地下水蒸发，盐分向土壤表层集中；地下水位高的洼地，盐分随地下水积于地表；土质黏重，排水不良，不利于盐分随灌溉水向下层淋洗等，缺铁黄叶病都易发生。

李树缺铁黄叶

【防治方法】

1. 改土治碱 增施有机肥、种植绿肥等增加土壤有机质含量的措施，可改变土壤的理化性质，释放被固定的铁。改土治碱的措施，如挖沟排水、降低地下水位、掺沙改黏、增加土壤透水性等，是防治黄叶病的根本措施。

2. 喷施含铁剂 春季生长期发病，应喷 0.3% 硫酸亚铁 + 0.3% ~ 0.5% 尿素混合液 2 ~ 3 次，或 0.5% 黄腐酸铁溶液 2 ~ 3 次。

3. 增施铁肥 在有机肥中加硫酸亚铁，捣碎粗肥，混匀，开沟施入树盘下。一般 10 年生结果树，株施 250 g 左右即可。

李树缺铁黄叶严重为害状

二、李树害虫

（一）李实蜂

李实蜂（*Hoploampa fulvicornis* Panzer），属膜翅目叶蜂科。李实蜂是李果的重要害虫，管理粗放李树，十果九蛀，受害率很高。

李实蜂受害果，果外有圆形脱果虫孔

李实蜂为害李幼果变小，果面有蛀入黑点（右果）

李实蜂为害果实变小、提前变红

李实蜂脱果孔（右果）

【分布与寄主】　分布广泛，在中国李树产区发生普遍。呈上升趋势，影响李树的经济发展。

【为害状】　以幼虫蛀食幼果，被害幼果长到黄豆粒大小时停止生长，虫果明显比健果小且会提前变红，受害果表面蛀入处稍凹陷，有一个小黑点，受害果有圆形脱果虫孔，受害严重时李果干枯果内可见幼虫并充满虫粪。

【形态特征】

1. **成虫**　雌虫体长 4～6 mm，体黑色，雄蜂略小。上颚及上唇为褐色，触角丝状 9 节，头部密生微毛，中胸背面有明显的"义"沟纹。翅透明，棕色或灰色，前缘及脉纹黑色（雌），前、中胸、足污黄色（雄），或暗棕色（雌）。雌蜂产卵器的锯上有 10 个尖利的锯齿。

2. **卵**　乳白色，长 0.9 mm，宽 0.7 mm。

3. **幼虫**　老熟时体长 9～10 mm，向腹面弯曲呈"C"形，头部近似圆球形，淡褐色，口器两侧各有 1 个小黑点，胸腹部乳白色，背线暗红色，较宽，胸足 3 对，腹足 7 对。

4. **茧** 长椭圆形，长 7 ~ 8 mm，褐色，胶质，外黏附细土粒。

5. **蛹** 裸蛹，长 4 mm，乳白色，蛹外被长椭圆形胶质薄茧。

【**发生规律**】 在我国各地均 1 年发生 1 代。以老熟幼虫在土壤里结茧过夏和过冬，休眠期达 10 个月。在南京翌年 3 月中旬李萌芽时化蛹，3 月下旬至 4 月上旬李开花期成虫羽化，晴天温度高，成虫在

李实蜂成虫　　　　　　　　　　李实蜂幼虫

11:00 ~ 16:00 时活动，在树冠上空 1 ~ 1.3 m 高处成群飞舞，或停留于花内取食雄蕊花粉，产卵于花托或花萼的表皮下，每一花的花托或花萼上多产卵 1 粒，2 ~ 3 粒者只占 27%，个别产卵 4 粒。幼虫孵化后，由花托或花萼上向外钻出，再蠕行花内，蛀入幼果核部。受害果实不但核被全部食尽，果肉亦多被食空，堆积着虫粪。每果只有 1 头幼虫，体躯弯曲，没有转果习性。幼虫期 26 ~ 31 d。幼虫老熟后，体长达 8 ~ 10 mm，自虫果外出，在土面爬行，选择裂缝或土块下结胶质茧，开始休眠。李开花早或晚的品种，避过成虫期产卵，受害轻。在幼虫期有一种黑胸茧蜂（*Bracon nigrorufum* Cush.）寄生，幼虫老熟时从寄主体内外出，在虫果内作椭圆形棕色茧，长约 5 mm。

【**防治方法**】

1. **农业防治** 结合冬耕深翻园土，深翻树盘下的土壤，把休眠幼虫深埋，使羽化成虫不能外出，减少虫源。可覆盖薄膜，能有效地防治李实蜂，既然有利于土壤保温又可节约浇地用水，能使果实提前成熟。

2. **药剂防治**

（1）树上喷药。在花前 3 ~ 4 d，也即当花蕾由青转白时，但未开花或极少量开花时，是杀灭羽化成虫以及防止成虫产卵的最佳时期；在花后，也即花基本落完时，是喷药杀灭李实蜂幼虫及防止幼虫蛀果的最佳时期，抓住了这两个关键时期，李受李实蜂为害而造成的虫果率可下降到 10% 以下。两个时期各喷 1 次药，药剂可用 2.5% 三氟氯氰菊酯乳油 3 000 倍液、80% 敌敌畏乳剂 1 000 倍液、2.5% 溴氰菊酯 3 000 倍液、5% 高效氟氯氰菊酯乳油 3 000 倍液、48% 毒死蜱乳油 2 000 倍液或 4.2% 高氯·甲维盐微乳剂 2 500 倍液喷雾等。喷药时要注意喷药质量，只要均匀、周到、细致，就会收到很好的防治效果。用药时间以上午 10 时至下午 3 时进行喷药较好。喷药时要重点喷花朵。成虫期，在树冠上喷 80% 敌敌畏乳剂 1 000 倍液；幼虫入土前，可试用 75% 辛硫磷乳油每亩喷洒 250 ~ 500 g。

（2）地面施药。在成虫出土盛期或幼虫脱果入土始期，树盘松土后地面喷撒菊酯类农药或辛硫磷。在幼虫脱果期，于地面施药，防治脱果幼虫。常用药剂有 25% 辛硫磷微胶囊剂，或用 48% 毒死蜱乳油 200 ~ 300 倍液喷雾。施药前先清除地表杂草，施药后轻耙土壤，使药土混匀。

（二）桃小食心虫

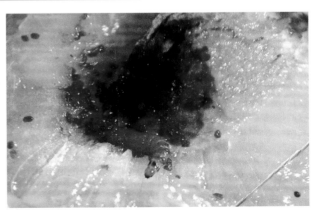

桃小食心虫成虫在李果面上　　　　　　　　　桃小食心虫幼虫蛀害李果

桃小食心虫（*Carposina nipponensis* Walsingham），属鳞翅目果蛀蛾科，中文名为桃蛀果蛾，别称桃小食心虫，简称"桃小"。

【分布与寄主】　国内原来在北纬31°以北地区普遍发生，主要为害苹果、梨、枣、山楂、桃、李、杏等果树，1987年在福建李产区永泰县首次发现桃小食心虫蛀害李果。

【为害状】　以幼虫蛀害果实。虫果果面蛀入小孔，愈合成小圆点，蛀孔周围凹陷，常带青绿色，果肉内虫道弯曲纵横，果肉被蛀空并有大量虫粪，俗称糖馅。果面上脱果孔较大，周围有胶质物流出。

【形态特征】【发生规律】【防治方法】　参考苹果桃小食心虫。有试验结果表明：40％毒死蜱乳油2 500倍液+2.5％高效氟氯氰菊酯微乳剂3 000倍液防效较好。

（三）桃蛀螟

桃蛀螟［*Conogethes punctiferalis*（Guenée）］，幼虫俗称蛀心虫等，属鳞翅目草螟科。

桃蛀螟为害李果

桃蛀螟幼虫在李子果实内部为害状

桃蛀螟成虫

桃蛀螟蛹

【分布与寄主】　国内分布于南北方果区，垂直分布的最高纪录为西藏察隅，海拔2 200 m。为害桃、李、梨、苹果、杏、石榴、板栗、山楂、枇杷、龙眼、荔枝、向日葵、玉米、棉、麻、大豆等多种植物。

【为害状】　幼虫蛀食果实，受害果常常提前变红，果实上蛀孔外堆积黄褐色透明胶质及虫粪，常造成腐烂及变色脱落。

【形态特征】

1. **成虫**　体长12 mm左右，翅展25～28 mm；全身橙黄色；胸背有黑斑数个，腹部第1、第3、第4、第5节背面各有黑斑3个，前翅有黑斑20余个，后翅有10余个。
2. **卵**　长约0.6 mm，椭圆形，初产时乳白色，后变红褐色。

3. **幼虫**　体长 25 mm 左右，暗红色；头前胸背板褐色；各体节有明显的黑褐色毛瘤。

4. **蛹**　体长 10 ~ 14 mm，褐色，腹部上端有细长卷曲钩刺 6 个。茧灰褐色。

【发生规律】　桃蛀螟发生世代数因地域而不同，在河南每年发生 4 代。以老熟幼虫结茧在果树粗皮裂缝、桃僵果及玉米、向日葵残秆穗轴内越冬。在河南，翌年 4 月中旬老熟幼虫开始化蛹。各代成虫发生期为越冬代 5 月下旬至 6 月上旬，第 1 代 6 月初至 7 月上旬，第 2 代为 8 月上中旬，第 3 代为 8 月下旬至 9 月上旬。成虫昼伏夜出，对黑光灯和糖醋液趋性较强，喜食花蜜和吸食成熟葡萄、桃的果汁。喜在枝叶茂密处的果实上或相接果缝处产卵，1 果 2 ~ 3 粒。卵期 7 ~ 8 d，幼虫孵出后，在果面上做短距离爬行后蛀果取食果肉，并有转果为害习性。第 1 代幼虫主要为害早熟桃、李和杏等核果类果实，第 2 代幼虫则为害苹果、梨及晚熟桃等。第 3 和第 4 代寄主分散、世代重叠。幼虫为害至 9 月下旬陆续老熟并结茧越冬。

【防治方法】

1. **清除越冬幼虫**　在每年 4 月中旬，越冬幼虫化蛹前，清除玉米、向日葵等寄主植物的残体，并刮除苹果、梨、桃等果树翘皮，集中处理，减少虫源。

2. **果实套袋**　在套袋前结合防治其他病虫害喷药 1 次，防治早期桃蛀螟所产的卵。

3. **诱杀成虫**　根据桃蛀螟成虫趋光性强的特点，可从其成虫刚开始羽化时（未产卵前），晚上在果园内或周围用黑光灯或糖醋液诱集成虫，集中杀灭，还可用频振式杀虫灯进行诱杀，达到防治的目的，可结合诱杀梨小食心虫进行。利用桃蛀螟雄蛾对雌蛾释放的性信息素具有明显趋性的特点，采用人工合成的性信息素或者拟性信息素制成性诱芯放于田间，诱杀雄虫或干扰雄虫寻觅雌虫交尾，使雌虫不育而达到控制桃蛀螟的目的。

4. **拾毁落果和摘除虫果**　防治果内幼虫。

5. **化学防治**　不套袋的果园，要掌握第 1、第 2 代成虫产卵高峰期喷药，常用药剂及每亩的用量为：2.5% 氟氯氰菊酯乳油 33 mL、20% 甲氰菊酯乳油 40 mL、2.5% 联苯菊酯乳油 8 ~ 24 mL、50% 辛硫磷乳油 80 mL。每隔 15 d 喷施 1 次。

6. **生物防治**　生产上利用一些商品化的生物制剂，如昆虫病原线虫、苏云金杆菌（*Bacillus thuringiensis*）和白僵菌［*Beauveria bassiana*（Bals）］来防治桃蛀螟。

（四）李小食心虫

李小食心虫（*Grapholitha funebrana* Treitscheke），又名李小蠹蛾，简称"李小"，属鳞翅目小卷叶蛾科。

李小食心虫蛀害李果

李小食心虫低龄幼虫在李果内为害状

李小食心虫为害李果提前变红，流出果胶

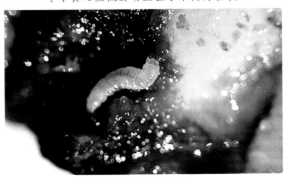

李小食心虫幼虫

【分布与寄主】　主要分布于东北、华北和西北等果产区。国外记载寄主植物有李、郁李、樱桃李、杏、桃、欧洲酸樱桃、毛樱桃、甜樱桃、乌荆子等，其中以李受害最重。国内已知为害李、杏和樱桃等。

【为害状】　以幼虫蛀果为害，蛀果前常在果面上吐丝结网，栖于网下开始啃咬果皮蛀入果内，不久在入果孔处流出泪珠状果胶。幼虫无固定入果部位，入果后常串到果柄附近咬坏输导系统，果实因而不能正常发育，逐渐变为紫红色，导致提前脱落。

【形态特征】
1. 成虫　体长 4.5 ~ 7 mm，翅展 11.5 ~ 14 mm。体背面灰褐色，腹面铅灰色或灰白色。前翅近长方形，烟灰色，前缘约具有 18 组不很明显的白色斜短纹，翅面密布小白点，靠近顶角及外缘的白点排成整齐的横纹。

2. 卵　圆形，扁平稍隆起，初产时白色、透明，孵化前转为黄白色，迎光侧视时，卵表面呈五彩光泽。

3. 幼虫　老熟幼虫体长约 12 mm，玫瑰红或桃红色，腹面体色较浅。头部黄褐色。前胸背板浅黄或黄褐色，臀板浅黄褐或玫瑰红色，上有 20 多个深褐色小斑点，臀栉为 5 ~ 7 刺。

4. 蛹　体长 6 ~ 7 mm，初为淡黄褐色，后变褐色。第 3 至第 7 腹节背面，各有 2 排短刺，前排大于后排。尾端具有 7 个小刺。茧长约 10 mm，纺锤形，污白色。

【发生规律】　在黑龙江省的绥化地区、吉林省的公主岭及河北省的唐山等地区 1 年发生 2 代，辽宁省的锦州地区以及内蒙古包头 1 年发生 2 代，少数发生 3 代。均以老熟幼虫越冬，大部分在树冠半径 2/3 范围内的 1 ~ 3 cm 深的表土内或草根附近或石块下结茧越冬，部分在树干的粗皮缝隙内结茧越冬。

在锦州地区，越冬幼虫翌年 4 月下旬至 5 月上旬化蛹，大部分在原越冬茧内化蛹，少数幼虫从越冬茧内爬出，在 1 cm 左右深的土层内或石块下作茧化蛹，茧的一端留有羽化孔。5 月上旬为化蛹盛期。5 月中下旬为羽化盛期。成虫具有趋光性。白天栖息在树下附近的草丛或土块缝隙等隐蔽的场所，至黄昏时在树冠周围进行交尾产卵。成虫羽化后经 1 ~ 2 d 开始产卵，卵单粒散产，产卵量平均为 32.5 粒，产卵时间多集中于 16 ~ 20 时。卵多产在果面上，很少产在叶上。5 月下旬在早熟品种李果上即可见卵。卵期为 1 周左右。

幼虫孵化后，先在李果上爬行数分钟甚或 2 ~ 3 h，当寻到适当部位后即蛀入果内。此时李果仅豆粒大小，果核尚未硬化，幼虫为害时多直接蛀入果仁，被害果极易脱落。凡随果落地的小幼虫，由于落地果很快干枯，多数不能完成幼虫期；另一部分幼虫蛀食果实 2 ~ 3 d 后，在被害果尚未脱落前即行转果为害，尤其当 2 ~ 3 个果生长靠近时，幼虫更易迁果为害。1 头幼虫能为害 2 ~ 3 个果实。幼虫经 10 d 左右即老熟脱果，老熟幼虫顺着枝条爬至主干，潜入粗皮缝隙内，或爬到地面寻找草根、石块，钻入浅土层内作茧。经 3 ~ 4 d 化蛹，蛹期 1 周左右。6 月中下旬，第 1 代成虫出现，产卵于果实上。此时果实已有拇指大小，果核基本硬化，致第 2 代幼虫蛀果后不能进入果核，仅在果内咬食果肉。果实被害后表面出现"流胶"现象。一般 1 头幼虫只为害 1 个果实，被害果多不脱落。幼虫期为 20 d 左右，此代幼虫老熟后脱果，一部分寻找适当的场所结茧越冬，其余的继续化蛹。7 月下旬至 8 月上旬出现第 2 代成虫，成虫仍产卵在果实上，此时果实将接近采收期。幼虫大部分从果枝基部蛀入，被害果表面无明显症状，但较一般好果提前成熟和脱落，这样又有部分幼虫随果落地。在 8 月中旬采收前，幼虫陆续老熟脱果，进入越冬。

【防治方法】　进行树下防治，再辅以树上及其他环节的防治措施，便可大大提高防治效果。

1. 树干培土　在越冬代成虫羽化出土前，即 4 月 25 日左右进行培土。在树干周围 45 ~ 60 cm 地面培以 10 cm 厚的土堆，并踩紧踏实，使羽化的成虫闷死在土里。

2. 药剂防治　在越冬代成虫羽化前，或在第一代幼虫脱果前（5 月下旬）进行树冠下地面喷布 25% 辛硫磷微胶囊，每亩 0.8 ~ 1 kg，加水 50 ~ 80 kg 喷洒，喷洒后用耙子耙匀，使药、土混合均匀，以保证杀虫效果。

成虫发生期进行树上喷布 25% 灭幼脲悬浮剂 2 000 倍液，或 50% 杀螟松乳油 1 500 倍液，50% 辛硫磷乳油 1 500 倍液，48% 毒死蜱乳油 1 000 倍液，20% 氰戊菊酯乳油 2 000 倍液，2.5% 溴氰菊酯乳油 2 000 倍液等，对卵和初孵化的幼虫均有效。由于李小食心虫发生时期不一致，越冬代成虫羽化期持续达 1 个月之久，故应该连续喷药 2 ~ 3 次。

3. 诱杀　利用李小食心虫成虫的趋光性和趋化性，进行灯光诱杀或糖醋液诱杀。

（五）桑褶翅尺蛾

桑褶翅尺蛾（*Zamacra excavata* Dyar），属鳞翅目尺蛾科。

【分布与为害】 主要分布于北京、河北、河南、陕西、宁夏，国外分布于朝鲜、日本。寄主植物有苹果、梨、李、核桃、山楂、桑、榆、毛白杨、刺槐、雪柳、太平花等。

桑褐翅尺蛾幼虫为害李幼果

【为害状】 幼虫食害花芽、叶片、幼果。3~4龄幼虫食量最大，严重时可将叶片全部吃光，幼果被食成缺刻状，造成大量脱落，降低树势及产量。

【形态特征】
1. 成虫 雌蛾体长14~15 mm，翅展40~50 mm。体灰褐色。头部及胸部多毛。触角丝状。翅面有赤色和白色斑纹。前翅内、外横线外侧各有一条不太明显的褐色横线，后翅基部及端部灰褐色，近翅基部处为灰白色，中部有一条明显的灰褐色横线。静止时四翅皱叠竖起。后足胫节有距2对。尾部有2簇毛。雄蛾体长12~14 mm，翅展38 mm。全身体色较雌蛾略暗，触角羽毛状。腹部瘦，末端有成撮毛丛，其特征与雌蛾相似。
2. 卵 椭圆形，0.3 mm×0.6 mm。初产时深灰色，光滑。4~5 d后变为深褐色，带金属光泽。卵体中央凹陷。孵化前几天，由深红色变为灰黑色。
3. 幼虫 老熟幼虫体长30~35 mm，黄绿色。头褐色，两侧色稍淡；前胸侧面黄色，腹部第1~8节背部有褐黄色刺突，第2~4节上的明显比较长，第5腹节背部有褐绿色刺1对，腹部第4~8节的亚背线粉绿色，气门黄色，围气门片黑色，腹部第2~5节各节两侧各有淡绿色刺1个；胸足淡绿，端部深褐色；腹部绿色，端部褐色。
4. 蛹 椭圆形，红褐色。长14~17 mm，末端有2个坚硬的刺。茧灰褐色，表皮较粗糙。

【发生规律】 在河北邢台1年发生1代。以蛹在石块下、杂草间、树干基部土下紧贴树皮的茧内过冬，翌年3月中旬开始羽化，3月下旬至4月上旬为羽化盛期，幼虫4月中旬苹果萌芽时开始孵化，5月中下旬老熟幼虫开始入土化蛹。成虫羽化进程与降水量关系很大，每当雨后第2 d诱集的成虫数量猛增，是其前3 d平均诱蛾数量的10~20倍。成虫出土后，当夜即可交尾，之后在苹果枝梢背下光滑部位产卵。卵沿枝条排列成长块，很少散产，每个卵块有卵300~800粒，成虫有假死性，寿命5~9 d，雄成虫有很强的趋光性，雌成虫的趋光性较弱，黑光灯诱集到的雌雄比例为1：30。初产卵为红褐色，光滑。2 d后变为灰绿色，有金属光泽，孵化前变为深灰色，卵体中央凹陷，经20~30 d孵化。幼虫共4龄。

【防治方法】
1. 入冬前在树木基部周围挖越冬蛹茧 在成虫发生期，利用频振式杀虫灯诱杀。结合修剪，人工剪除带卵块枝条并处理。
2. 无公害农药防治 在幼虫3龄前选用生物或仿生农药，可施用含量为16 000IU/mg的Bt可湿性粉剂500~700倍液，1.2%苦烟乳油800~1 000倍液，25%灭幼脲悬浮剂1 500~2 000倍液，20%虫酰肼悬浮剂1 500~2 000倍液等。

（六）黑星麦蛾

黑星麦蛾缀叶为害李叶片

黑星麦蛾幼虫

黑星麦蛾（*Telphusa chloroderces* Meyrick），又名黑星卷叶麦蛾，属鳞翅目麦蛾科。

【分布与寄主】　分布于河南、山东、吉林、辽宁、河北、山西、陕西、江苏等省。为害桃、李、杏、苹果、梨、樱桃。

【为害状】　幼虫在嫩叶、枝梢上吐丝缀叶作巢，群集为害。管理粗放的幼树受害最重。严重时全树枝梢叶片被吃光，只剩叶脉和表皮，一片枯黄，影响果树生长发育。常数头幼虫将枝顶数片叶卷成团居内为害叶肉，残留表皮，日久干枯。

【形态特征】

1. **成虫**　体长 5 ~ 6 mm，翅展 16 mm，身体及后翅灰褐色。胸背面及前翅黑褐色，有光泽。前翅近长方形，靠近前缘 1/3 处有 1 个淡黑褐色的斑纹，翅中央有两个不明显的月牙形黑斑。

2. **卵**　椭圆形，淡黄色，发亮。长径 0.5 mm。

3. **幼虫**　体长 10 ~ 11 mm，细长形，头、前胸背板黑褐色，臀板及臀足褐色。全身有 6 条淡紫褐色纵条纹，条纹之间为白色。

4. **蛹**　长约 6 mm，红褐色，第 7 腹节后缘有蜡黄色并列的刺突。第 6 腹节腹面中部有两个突起。茧灰白色、长椭圆形。

【发生规律】　河北、陕西 1 年发生 3 代，以蛹在杂草、地被等处越冬，陕西关中 4 月越冬成虫羽化，卵多产于新梢顶端未伸展开的叶柄基部，单粒或几粒成堆。第 1 代幼虫于 4 月中旬发生，低龄幼虫潜伏在未伸展开的嫩叶上为害，稍长大即卷叶为害，以食叶肉为主，不吃下表皮。发生多时，10 ~ 20 头幼虫把小枝的叶片缀在一起，潜于其中为害，幼虫极活泼，受惊动即吐丝下垂。幼虫老熟后，在缀叶内化蛹，蛹期约 10 d。6 月中旬为第 1 代成虫羽化盛期，7 月下旬为第 2 代成虫羽化盛期。

【防治方法】

1. **加强果树管理**　增强树势，降低为害。冬季清扫落叶、杂草，防治越冬蛹。

2. **药剂防治**　5 月中上旬幼虫为害初期，喷洒 25% 灭幼脲 2 000 倍液，或 20% 杀铃脲悬浮剂 8 000 倍液。也可选用菊酯类杀虫剂，如 2.5% 溴氰菊酯乳油或 20% 氰戊菊酯乳油 3 000 倍液等，均有很好防治效果。

（七）双线盗毒蛾

双线盗毒蛾［*Porthesia scintillans*（Walker）］，属鳞翅目毒蛾科。

【分布与寄主】　分布于广西、广东、福建、台湾、海南、云南和四川等省区。寄主植物广泛，为害梨、桃、苹果、龙眼、荔枝、杧果、柑橘、玉米、棉花、豆类等，是一种植食性兼肉食性的昆虫。如在甘蔗上，其幼虫可捕食甘蔗绵蚜；在玉米和豆类上，幼虫既咬食花器，又可捕食蚜虫。

【为害状】　幼虫咬食新梢嫩叶、花器，呈现缺刻，蛀食幼果呈孔洞。

双线盗毒蛾幼虫为害李树叶片

【形态特征】

1. **成虫**　体长 12 ~ 14 mm，翅展 20 ~ 38 mm。体暗黄褐色。前翅黄褐色至赤褐色，内、外线黄色；前缘、外缘和缘毛柠檬黄色，外缘和缘毛被黄褐色部分分隔成三段。后翅淡黄色。

2. **卵**　卵粒略扁圆球形，由卵粒聚成块状，上覆盖黄褐色或棕色茸毛。

3. **幼虫**　老熟幼虫体长 21 ~ 28 mm。头部浅褐至褐色，胸腹部暗棕色；前中胸和第 3 ~ 7 和第 9 腹节背线黄色，其中央贯穿红色细线；后胸红色。前胸侧瘤红色，第 1、第 2 和第 8 腹节背面有黑色绒球状短毛簇，其余毛瘤污黑色或浅褐色。

4. **蛹**　圆锥形，长约 13 mm，褐色；有疏松的棕色丝茧。

【发生规律】 此虫在福建年发生 3 ~ 4 代。在广西的西南部年发生 4 ~ 5 代，以幼虫越冬，但冬季气温较暖时，幼虫仍可取食活动。成虫于傍晚或夜间羽化，有趋光性。卵产在叶背或花穗枝梗上。初孵幼虫有群集性，在叶背取食叶肉，残留上表皮；2 ~ 3 龄分散为害，常将叶片咬成缺刻、穿孔，或咬坏花器，或咬食刚谢花的幼果。老熟幼虫入表土层结茧化蛹。

【防治方法 】
1. **人工防治** 结合中耕除草和冬季清园，适当翻松园土，防治部分虫蛹；也可结合疏梢、疏花，捕杀幼虫。
2. **药剂防治** 对虫口密度较大的果园，在果树开花前后，酌情喷洒杀虫剂。

（八）李冠潜蛾

李冠潜蛾（*Tischeria gaunacella* Duponchel），又名桃冠潜蛾，属鳞翅目冠潜蛾科。

李冠潜蛾为害李树叶片（背面）

李冠潜蛾为害李树叶片（正面）

【分布与寄主】 分布于河北、山西、河南等地。寄主以桃树为主，也可为害李树、苹果树。

【为害状】 幼虫为害叶，在叶肉内蛀食，初潜道呈线状，多由主脉向叶缘蛀食，潜道逐渐加宽，使上表皮与叶肉分离呈白色，蛀至叶缘常使叶缘向叶里面卷转，而将潜道盖住，时间久了被害部表皮干枯。严重时 1 叶常有数头幼虫为害，致使叶片早期脱落。

【形态特征】
1. **成虫** 体长 6 ~ 7 mm，体银灰色至灰色，腹部微黄。复眼球形，黑色，触角丝状细长，约为体长的 2/3；下唇须短、微向上方弯曲，前翅狭长披针形，翅端尖，翅面上布有灰、黑色鳞片，缘毛较长、灰色。后翅较前翅小、细长而尖，缘毛很长，灰色。前足较小，后足较长，中足胫节有 1 对端距，后足胫节中、端距各 1 对，内侧者较长，各足跗节约为浓淡相间的花纹状。
2. **卵** 扁椭圆形，长 0.6 ~ 0.7 mm，宽 0.4 ~ 0.5 mm，乳白色。
3. **幼虫** 体长 6 mm，淡黄绿至乳白色，细长略扁、头尾端较细，节间细缩，略呈念珠状。头部灰黑色。口器向前伸。胴部 13 节，前胸盾半圆形，上有两条黑色纵纹，前胸腹板上有 1 个略呈"工"字形黑斑，第 7 腹节开始逐渐细缩略呈圆筒形，臀板近圆形灰黑至黑色。胸足退化仅残留一点痕迹。腹足亦退化甚小，尚有明显的趾钩为单序环状，臀足稍明显，趾钩单序环。
4. **蛹** 近纺锤形，长 3 ~ 3.5 mm，稍扁，初淡黄绿色后变黄褐色，羽化前暗褐色。头顶两侧各有 1 对细长的刚毛，胸背和腹部各节亦生有细长的刚毛，尾端有 2 个小突起。触角、前翅芽及后足近平齐，伸达第 5 腹节后缘。

【发生规律】 华北地区 1 年发生 3 代，以老熟幼虫于被害叶内越冬。翌年 4 月中旬化蛹，越冬代成虫 4 月下旬出现，羽化后不久即可交尾、产卵。卵多散产于叶背主脉两侧，偶有产于叶面上者，每叶上可产卵数粒，严重发生时多者可达 39 粒。每雌可产卵数十粒。幼虫孵化后即从卵壳下蛀入叶肉内为害，老熟后即于隧道端化蛹。羽化时蛹体蠕动顶破隧道表皮，蛹体露出半截羽化，蛹壳多残留羽化孔处。第 1 代成虫 6 月中旬前后发生，第 2 代成虫 8 月上旬前后发生，第 3 代幼虫 9 月中下旬老熟便于被害叶内越冬。

【防治方法】

1. **人工防治**　秋后和冬季彻底清理落叶，集中处理越冬幼虫。
2. **药剂防治**　成虫发生期喷洒药剂同桃潜叶蛾。

（九）天幕毛虫

天幕毛虫（*Malacosoma neustria testacea* Motsch.），又叫天幕枯叶蛾、带枯叶蛾、梅毛虫、黄褐天幕毛虫，属鳞翅目枯叶蛾科。

天幕毛虫低龄幼虫结网群集为害状

天幕毛虫低龄幼虫群聚为害李花

天幕毛虫高龄幼虫

天幕毛虫卵

【分布与寄主】　分布于黑龙江、吉林、辽宁、北京、内蒙古、宁夏、甘肃、青海、新疆、陕西、河北、河南、山东、山西、湖北、江苏、浙江、湖南、广东、贵州、云南等地。主要为害梨、苹果、海棠、沙果、桃、李、杏、樱桃、榅桲、梅及杨、榆、柳、栎等植物。

【为害状】　刚孵化幼虫常群集于一枝，吐丝结成网幕，食害嫩芽、叶片，随生长渐下移至粗枝上结网巢，白天群栖巢上，夜出取食，5龄后期分散为害，严重时全树叶片被吃光。在管理粗放的李园常有发生。

【形态特征】

1. **成虫**　雌雄差异很大。雌虫体长18～20 mm，翅展约40 mm，全体黄褐色。触角锯齿状。前翅中央有1条赤褐色宽斜带，两边各有1条米黄色细线；雄虫体长约17 mm，翅展约32 mm，全体黄白色。触角双栉齿状。前翅有2条紫褐色斜线，其间色泽比翅基和翅端部的为淡。

2. **卵**　圆柱形，灰白色，高约1.3 mm。每200～300粒紧密黏结在一起环绕在小枝上，如"顶针"状。

3. **幼虫**　低龄幼虫身体和头部均黑色，4龄以后头部呈蓝黑色。末龄幼虫体长50～60 mm，背线黄白色，两侧有橙黄色和黑色相间的条纹，各节背面有黑色瘤数个，其上生许多黄白色长毛，腹面暗褐色。腹足趾钩双序缺环。

4. **蛹** 初为黄褐色，后变黑褐色，体长 17～20 mm，蛹体有淡褐色短毛。化蛹于黄白色丝质茧中。

【发生规律】 在辽西产区，于 5 月中上旬幼虫转移到小枝分杈处吐丝结网，白天潜伏网中，夜间出来取食。幼虫经 4 次蜕皮，于 5 月底老熟，在叶背或树木附近的杂草上、树皮缝隙、墙角、屋檐下吐丝结茧化蛹。蛹期 12 d 左右。1 年发生 1 代。以完成胚胎发育的幼虫在卵壳内越冬。第 2 年果树发芽后，幼虫孵出开始为害。成虫发生盛期在 6 月中旬，羽化后即可交尾产卵。

【防治方法】

1. **人工防治** 在冬剪时，注意剪掉小枝上的卵块，集中处理。春季幼虫在树上结的网幕显而易见，在幼虫分散以前及时捕杀。分散后的幼虫，可振树捕杀。

2. **物理防治** 成虫有趋光性，可在果园里放置黑光灯或高压汞灯防治。

3. **生物防治** 结合冬季修剪彻底剪除枝梢上越冬卵块。如认真执行，收效显著。另外是保护鸟类，主要天敌有天幕毛虫抱寄蝇、枯叶蛾绒茧蜂、柞蚕饰腹寄蝇、脊腿匙鬃瘤姬蜂、舞毒蛾黑卵蜂、稻苞虫黑瘤姬蜂、核型多角体病毒等。

4. **药剂防治** 常用药剂为 50% 辛硫磷乳油 1 000 倍液、50% 毒死蜱乳油 1 500 倍液、50% 杀螟松乳油或 50% 马拉硫磷乳油 1 000 倍液；2.5% 氟氯氰菊酯或 2.5% 溴氰菊酯乳油 2 000 倍液等。

（一〇）白眉刺蛾

白眉刺蛾（*Narosa nigrigna* Wilemn）又名黑纹白刺蛾，俗称小刺蛾，为害多种果树和花卉，属鳞翅目刺蛾科。

【分布与寄主】 已知分布于河南、河北、陕西等省。主要寄主有核桃、枣、柿、杏、桃、苹果及杨、柳、榆、桑等果树及林木。

【为害状】 幼虫取食叶片，低龄幼虫啃食叶肉，稍大可造成缺刻或孔洞。

【形态特征】

1. **成虫** 体长约 8 mm，翅展约 16 mm。前翅乳白色，端半部有浅褐色浓淡不匀的云斑，其中以指状褐色斑最明显。

2. **幼虫** 体长约 7 mm，椭圆形，绿色。体背部隆起形似龟甲状。头褐色，很小，缩于胸前，体无明显刺毛，体背面有 2 条黄绿色纵带纹，纹上分布有小红点。

3. **蛹** 长约 4.5 mm，近椭圆形。

4. **茧** 长约 5 mm，灰褐色，椭圆形。顶部有一褐色圆点，其外为一灰白色环和褐色环。

白眉刺蛾幼虫和茧

【发生规律】 1 年发生 2 代，以老熟幼虫在树杈上和叶背面结茧越冬。翌年 4～5 月化蛹，5～6 月成虫出现，7～8 月为幼虫为害期。成虫白天静伏于叶背，夜间活动，有趋光性。卵块产于叶背，每块有卵 8 粒左右，卵期约 7 d。幼虫孵出后，开始在叶背取食叶肉，留下半透明的上表皮；然后蚕食叶片，造成缺刻或孔洞。8 月下旬幼虫陆续老熟后即寻找适合场所结茧越冬。

【防治方法】 参考黄刺蛾。

（一一）扁刺蛾

扁刺蛾（*Thosea sinensis* Walker），又名黑点刺蛾，属鳞翅目刺蛾科。

【分布与寄主】　我国南、北果产区都有分布。主要为害苹果、梨、山楂、杏、桃、枣、柿、柑橘等果树及多种林木。

【形态特征】

1. **成虫**　雌成虫体长 13 ~ 18 mm，翅展 28 ~ 35 mm。体暗灰褐色，腹面及足色较深。触角丝状，基部十数节栉齿状，栉齿在雄蛾更为发达。前翅灰褐稍带紫色，中室的前方有一条明显的暗褐色斜纹，自前缘近顶角处向后缘斜伸；雄蛾中室上角有一个黑点（雌蛾不明显）。后翅暗灰褐色。

2. **卵**　扁平光滑，椭圆形，长 1.1 mm，初为淡黄绿色，孵化前呈灰褐色。

3. **幼虫**　老熟幼虫体长 21 ~ 26 mm，宽 16 mm，体扁，椭圆形，背部稍隆起，形似龟背。全体绿色或黄绿色，背线白色。体边缘则有 10 个瘤状突起，其上生有刺毛，每一节背面有两丛小刺毛，第 4 节背面两侧各有一个红点。

4. **蛹**　体长 10 ~ 15 mm，前端肥大，后端稍削，近椭圆形，初为乳白色，后渐变黄，近羽化时转为黄褐色。茧长 12 ~ 16 mm，椭圆形，暗褐色，似鸟蛋。

扁刺蛾幼虫

【发生规律】　华北地区 1 年多发生 1 代，长江下游地区 1 年发生 2 代。以老熟幼虫在树下土中作茧越冬。翌年 5 月中旬化蛹，6 月上旬开始羽化为成虫。6 月中旬至 8 月底为幼虫为害期。成虫多集中在黄昏时分羽化，尤以 18 ~ 20 时羽化最盛。成虫羽化后，即行交尾产卵，卵多散产于叶面上，初孵化的幼虫停在卵壳附近，并不取食，蜕过第一次皮后，先取食卵壳，再啃食叶肉，留下一层表皮。幼虫取食不分昼夜均可进行。自 6 龄起，取食全叶，虫量多时，常从一枝的下部叶片吃至上部，每枝仅存顶端几片嫩叶。幼虫期共 8 龄，老熟后即下树入土结茧，下树时间多在 20 时至翌晨 6 时，而以凌晨 2 ~ 4 时下树的数量最多。结茧部位的深度和距树干的远近均与树干周围的土质有关。黏土地结茧位置浅而距离树干远，也比较分散。腐殖质多的土壤及沙壤地茧位置较深，距离树干近，而且比较密集。

【防治方法】

1. **诱杀幼虫**　在幼虫下树结茧之前，疏松树干周围的土壤，以引诱幼虫集中结茧，然后收集清除。
2. **药剂防治**　幼虫发生期喷洒常用杀虫剂。

（一二）小蓑蛾

小蓑蛾（*Acanthopsyche* sp.），又名小袋蛾、茶小蓑蛾、小背袋虫，属鳞翅目蓑蛾科。

【分布与寄主】　国内主要分布于江苏、浙江、安徽、江西、福建、湖南、湖北、广东、海南、广西、四川、云南、贵州、河南、台湾等省（自治区），为害李树、茶树、杏、梨、白杨、梧桐、紫荆、白兰等多种果木。

【为害状】　1、2 龄幼虫咬食叶肉，留一层表皮，被害叶呈不规则形枯斑；3 龄后叶片穿孔，有时也咬食枝梢和幼果表皮。严重时造成叶落枝枯，甚至整株死亡。护囊为圆锥形（似钉螺），长约 10 mm，外表披护碎叶和枝皮。幼虫前半身依附于叶面，食害叶面表皮和叶肉，造成提早落叶，远看犹如火烧。一张叶片上多达 4 ~ 5 只，一般由树冠中上部先发生。

小蓑蛾低龄幼虫为害李树叶片

【形态特征】

1. **成虫**　雄蛾体长 4.0 ~ 4.5 mm，翅展 11.5 ~ 13.5 mm，体翅深茶褐色，触角羽状，体表皮白色细毛，腹面毛密而长，后翅底面银灰色，有光泽。雌成虫蛆状，体长 6 ~ 8 mm，透咖啡色，胸腹部米白色。

2. **卵**　椭圆形，乳黄色。

3. **幼虫**　成长后期体长 5.5 ~ 9.0 mm。头咖啡色，有深褐色花纹。体乳白色，前胸背面咖啡色，中、后胸背各有咖啡色斑纹 4 个。腹部第 8 节背面有褐色斑点 2 个，第 9 节有 4 个，臀板深褐色。幼虫成长时护囊长 7 ~ 12 mm，枯褐色，内壁灰白色，丝质，质地坚韧，囊外粘贴树叶细片，化蛹时在囊的上端有一长丝柄系于枝叶上。

4. **雄蛹**　茶褐色，翅芽伸达第 4 腹节，腹膜有短刺 2 枚。雌蛹蛆状，黄色，头小，腹膜也有短刺 2 枚。

【**发生规律**】小蓑蛾在浙江、安徽年发生 2 代，广东、福建年发生 3 代。在杭州，以 3 龄幼虫在护囊内越冬，翌年 3 月开始活动，5 月中下旬开始化蛹，第 1、第 2 代幼虫分别在 6 月中旬和 8 月下旬开始发生。

雄蛹均在白天羽化。卵的孵化率高，卵期 5 ~ 7 d。初孵幼虫自离开母囊至做成护囊一般只需 30 min 左右，囊由丝黏缀细碎叶片而成，初为黄绿色，日后变枯褐色，3 龄以后护囊外常黏附有碎叶片和枝片。幼虫在晴天日间均躲在叶背或树丛中，黄昏后至清晨或阴天则栖息叶表。幼虫老熟后，先在囊口吐一根长约 10 mm 丝索，将囊悬于枝叶下，然后调转虫体化蛹其中。雄虫囊多悬于树丛下半部隐蔽处，雌虫囊多挂于树上部叶片繁茂处。

寄生性天敌对小蓑蛾种群有一定的抑制作用，已发现的有小蓑蛾瘦姬蜂、蓑蛾瘦姬蜂、裙幅瘦姬蜂、桑蟥聚疣姬蜂、驼姬蜂、大腿蜂等。

【**防治方法**】

（1）及时摘除虫囊。幼虫为害初期较集中，容易发现，便于人工摘除。

（2）药剂防治。在幼虫孵化盛期和低龄幼虫期，在傍晚喷药防治。药剂有 4.5% 高效氯氰菊酯乳油 1 500 倍液，或 2.5% 高效氯氟氰菊酯乳油 2 000 倍液，每隔 5 ~ 7 d 喷 1 次，连喷 2 次。

（一三）李园杏球坚蚧

李园杏球坚蚧（*Didesmococcus koreanus* Borchs），又名朝鲜球坚蚧、桃球坚蚧，俗称"树虱子"，属于同翅目蚧科。

李园杏球坚蚧为害李树（1）　　　　李园杏球坚蚧为害李树（2）

【**分布与寄主**】　分布于东北、华北、川贵等地区。寄主植物主要为杏、李、桃、梅等核果类果树。

【**为害状**】　虫口密度大，终生吸取寄主汁液。受害后，寄主生长不良，受害严重的寄主致死，因而能招致吉丁虫等的为害。

【**形态特征**】

1. **雌成虫**　体近乎球形，后端直截，前端和身体两侧的下方弯曲，直径 3 ~ 4.5 mm，高 3.5 mm。初期介壳质软，黄褐色，后期硬化红褐色至黑褐色，表面皱纹明显，体背面有纵列点刻 3 ~ 4 行或不成行。

2. **卵**　椭圆形，长约 0.3 mm，粉红色，半透明，附着一层白色蜡粉。

【发生规律】　1年发生1代，以2龄若虫固定在枝条裂缝处越冬，虫体覆盖蜡质，密度大时像结一层白霜。其中以3～5年生枝较多，染虫枝与李品种及栖息部位有关，被害树较轻时，以阴面较多，严重时不分阴阳面，且主干也有。翌年3月中上旬，若虫自白色蜡壳中爬出，迅速转移到小枝上，口器固定在枝条组织内吸食汁液，当李花芽露红时不再活动。固定后雌雄开始分化，雌虫体上分泌蜡质，并逐渐膨大，形成球形蜡质介壳，初期体软，并分泌黏液，后期虫体坚硬。在虫体膨大过程中，虫体由灰褐色变成黄褐色，产卵前呈棕褐色。雄虫蜕皮1次，然后分泌蜡质，形成介壳，于其中化蛹，多在4月下旬至5月上旬开始羽化，5月中上旬（花后1个月前后）为羽化盛期，雄虫与雌虫交尾后死亡。受精雌虫于5月中上旬产卵于介壳下，盛期为5月下旬，末期为6月上中旬，每雌产卵600粒以上，卵期7～10 d。5月下旬至6月上旬若虫开始孵化，6月上中旬为孵化盛期。初孵若虫从母体下爬出，开始活动较慢，2～3 d后迅速蔓延，寻找场所，小若虫10 d左右体背出现丝状物，活动减慢，再经2～3周后，集中固定在树枝上分泌白色蜡丝直到秋末，9月上中旬1龄若虫蜕皮1次，然后在蜕皮壳中越冬。

重要天敌是黑缘红瓢虫，其成虫、幼虫皆捕食杏球坚蚧的若虫和雌成虫，1头幼虫一昼夜可取食5头杏球坚蚧雌虫，1头瓢虫的一生可捕食2 000余头，捕食量较大，是抑制杏球坚蚧大发生的重要因素。

【防治方法】　在发生较轻的李园宜人工防治为主，发生较重时则应以药剂防治为主，若两者结合，则效果更佳。

1. 人工防治　冬春季结合冬剪，剪除有虫枝条并集中处理。也可在3月上旬至4月下旬期间，即越冬若虫从白色蜡壳中爬出后到雌虫产卵而未孵化时，用草把或碎布团擦除越冬雌虫。这种方法能减少雌虫产卵，经济有效。

2. 药剂防治　人工防治剩余的雌虫需抓住两个关键时期。

（1）早春防治。在萌芽前结合防治其他病虫，先喷1次5° Bé的石硫合剂，然后在李树萌芽后至花蕾露白期间，即越冬幼虫自蜡壳爬出40%左右并转移时，再喷1次48%毒死蜱乳油1 000倍液等，喷药最迟在雌壳变硬前进行。

（2）若虫孵化期防治。在5月中下旬连续喷药2次。第1次在若虫孵化出30%左右时，间隔一周再喷1次。可选用高效氯氰菊酯、吡虫啉、啶虫脒或0.5° Bé的石硫合剂等。上述药剂中混加1%的中性洗衣粉可提高防治效果。

（一四）李园桃粉蚜

李园桃粉蚜〔*Hyalopterus amygdali*（Blanchard）〕，别名桃粉蚜、桃大尾蚜、桃粉大蚜、桃粉绿蚜、梅蚜，属同翅目蚜科。

桃粉蚜为害李树新梢

桃粉蚜为害李树叶片

桃粉蚜在叶背面为害状

桃粉蚜有翅蚜与无翅蚜

桃粉蚜天敌瓢虫的卵

桃粉蚜天敌草蛉的卵粒

【分布与寄主】　我国南北果区都有分布。寄主有桃、李、杏、樱桃、梅等果树及观赏树木。夏、秋寄主（第二寄主）为禾本科杂草。

【为害状】 无翅胎生雌蚜和若蚜群集于枝梢和嫩叶背面吸汁为害，被害叶向背对合纵卷，叶上常有白色蜡状的分泌物（蜜露），常引起煤污病发生，严重时使枝叶呈暗黑色，影响植株生长和观赏价值。

【形态特征】 同桃害虫桃粉蚜。

【发生规律】 在北方年发生 10 多代，南方 20 余代。生活周期类型属侨迁式，以卵在冬寄主的腋芽、裂缝及短枝杈处越冬。在北方 4 月上旬越冬卵孵化为若蚜，为害幼芽嫩叶，发育为成蚜后，进行孤雌生殖，胎生繁殖。5 月出现胎生有翅蚜，迁飞传播，继续胎生繁殖，点片发生，数量日渐增多。5 ~ 7 月繁殖最盛，为害严重，此期叶背布满虫体，叶片边缘稍向背面纵卷。8 ~ 9 月迁飞至其他植物上为害，10 月又回到冬寄主上为害一段时间，出现有翅雄蚜和无翅雌蚜，交尾后进行有性繁殖，在枝条上产卵越冬。在南方 2 月中下旬至 3 月上旬，卵孵化为干母，为害新芽嫩叶。干母成熟后，营孤雌生殖，繁殖后代。4 月下旬至 5 月上旬是雌蚜繁殖盛期，也是全年为害最严重的时期。5 月中至 6 月上旬，产生大量有翅蚜，迁移至其他寄主上继续胎生繁殖。10 月下旬至 11 月上旬，又产生有翅蚜，迁回越冬寄主上。11 月下旬至 12 月上旬进入越冬期。

【防治方法】
1. 农业防治 清除越冬卵，结合冬季修剪，除去有虫卵的枝条，可减少第 2 年的虫源。
2. 药剂防治 在卵量大的情况下，可于萌芽前喷洒 3°~ 4° Bé 的石硫合剂，5% 柴油乳剂或选用 20% 菊杀乳油 2 000 倍液或 10% 吡虫啉可湿性粉剂 3 000 倍液可湿性粉剂喷施。
3. 生态防治 桃粉蚜天敌很多，如瓢虫、草蛉、食蚜蝇等。瓢虫、草蛉对桃粉蚜的分布场所有跟踪现象，七星瓢虫、大草蛉一生可捕食 4 000 ~ 5 000 头蚜虫。1 只大食蚜蝇幼虫 1 d 可捕食几百头蚜虫。因此，在用药时要尽量减少喷药次数，尽量选用有选择性的杀虫剂，保护异色瓢虫、横斑瓢虫、大草蛉、丽草蛉、大灰食蚜蝇、黑带食蚜蝇等天敌。

（一五）桃蚜

桃蚜［*Myzus persicae*（Sulzer）］，又名烟蚜、菜蚜，属同翅目蚜科。

桃蚜在叶背为害状

桃蚜为害李树叶片卷曲

【分布与寄主】 桃蚜在世界各地广为分布。第一寄主为桃树，第二寄主有杏、李以及萝卜等十字花科蔬菜和烟草、麻、棉花等百余种经济植物及杂草。

【为害状】 成虫、若虫群集芽、叶、嫩梢上刺吸汁液，被害叶向背面不规则地卷曲皱缩，引起落叶，新梢生长不良，影响产量及花芽形成，削弱树势。排泄蜜露诱致煤污病发生或传播病毒病。

【形态特征】
1. 成虫
（1）有翅胎生雌蚜：体长 1.6 ~ 2.1 mm，翅展 6.6 mm，头胸部、腹管、尾片均为黑色，腹部淡绿色、黄绿色、红褐色至褐色变异较大。腹管细长圆筒形，尾片短粗圆锥形，近端部 1/3 收缩，有曲毛 6 ~ 7 根。

（2）无翅胎生雌蚜：体长 1.4 ~ 2.6 mm，宽 1.1 mm，绿色、黄绿色、淡粉红色至红褐色，额瘤显著，其他特征同有翅胎生雌蚜。

2. **卵**　长椭圆形，长 0.7 mm，初淡绿色后变黑色。

3. **若蚜**　似无翅胎生雌蚜，淡粉红色，体较小；有翅若蚜胸部发达，具翅芽。

【发生规律】　北方 1 年发生 20 ~ 30 代，南方 1 年发生 30 ~ 40 代，生活周期类型属侨迁式。北方以卵于桃、李、杏等越冬寄主的芽旁、裂缝、小枝杈等处越冬，冬寄主萌芽时，卵开始孵化为干母，群集芽上为害，展叶后迁移到叶背和嫩梢上为害、繁殖，陆续产生有翅胎生雌蚜向苹果、梨、杂草及十字花科等寄主上迁飞扩散；5 月上旬繁殖最快，为害最盛，并产生有翅蚜飞往烟草、棉花、十字花科植物等夏寄主上为害繁殖；5 月中旬以后桃、苹果、梨等寄主上基本绝迹；10 月产生有翅蚜迁回冬寄主为害繁殖，并产生有性蚜，交尾产卵越冬。在南方桃蚜冬季也可行孤雌生殖。天敌有瓢虫、草蛉、食蚜蝇、蚜茧蜂等。

【防治方法】

1. **保护天敌**　蚜虫的天敌很多，有瓢虫、食蚜蝇、草蜻蛉、寄生蜂等，对蚜虫抑制作用很强，因此要尽量少喷洒广谱性农药，同时避免在天敌多的时期喷洒。蚜茧蜂（*Aphidiidae* spp.）是一种对桃蚜具有高效寄生作用的生防产品，寄生效率高，雌蜂一生（约 7 d）可寄生 100 ~ 200 只桃蚜。能够将桃蚜数量长期压到极低水平，起到控制桃蚜发生的作用。

2. **喷洒农药**　春季桃蚜越冬卵孵化后，桃树未开花和卷叶前，是防治桃蚜的关键时期。及时喷洒 10% 吡虫啉可湿性粉剂 3 000 倍液，50% 吡蚜酮可湿性粉剂 1 500 倍液，或喷洒 3% 啶虫脒乳油 2 500 倍液，或 0.3% 印楝素乳油 1 200 倍液，或 0.3% 苦参碱水剂 800 倍液，0.65% 苦蒿素水剂 500 倍液，10% 氯噻啉可湿性粉剂 4 000 倍液，10% 烯啶虫胺可溶性剂 4 000 倍液，均有良好效果。花后至初夏，根据虫情可再喷药 1 ~ 2 次。

（一六）李园山楂叶螨

李园山楂叶螨（*Tetranychus viennensis* Zacher），又名山楂红蜘蛛、樱桃红蜘蛛，属蛛形纲蜱螨亚纲前气门目叶螨科。

山楂叶螨在李树为害叶片失绿

山楂叶螨为害李树叶片

山楂叶螨严重危害李树叶片，造成全树失绿

【分布与寄主】　国内广泛分布于河北、北京、天津、辽宁、山西、山东、陕西、河南、江苏、江西、湖北、广西、宁夏、甘肃、青海、新疆、西藏等省（市、区）。主要寄主有苹果、梨、桃、李、杏、沙果、山楂、海棠、樱桃等果树，是仁果类和核果类果树的主要害螨之一，也可为害草莓、黑莓、法国梧桐、梧桐、泡桐等植物。

【为害状】　山楂叶螨以刺吸式口器刺吸寄主植物绿色部分的汁液。主要为害叶片、嫩梢和花萼，破坏气孔构造、栅栏和海绵组织以及叶绿体，影响呼吸作用；蒸腾作用加剧，大大减少叶组织内的水分，削弱抗旱性，叶片易干枯；降低叶绿素含量，抑制光合作用，减少光合产物；在一定程度上减少了糖类和氮化合物的含量，使两者比例失调；增加了镁的含量等。山楂叶螨只在叶片的背面为害，主要集中在叶脉两侧。树体轻微被害时，树体内膛叶片主脉两侧出现苍白色小点，进而扩大连成片；较重时被害叶片增多，叶片严重失绿；当虫口数量较大时，在叶片上吐丝结网，全树叶片失绿，尤其是内膛和上部叶片干枯脱落，甚至全树叶片落光。

【形态特征】【发生规律】【防治方法】　可以参考苹果山楂叶螨。

（一七）桃象甲

李园桃象甲（*Rhynchites faldemanni* Schoenherr），又名桃象鼻虫、桃虎，属于鞘翅目象甲科。

桃象甲为害李果

桃象甲为害李花

【分布与寄主】 分布于山东、湖北、湖南、江西、安徽、河南、江苏、浙江、福建、四川、陕西等省。主要为害桃，也为害李、杏等。

【为害状】 幼虫蛀食幼果，果面上蛀孔累累，流胶，轻者使品质降低，重者引起腐烂，造成落果，对产量影响很大。幼虫在果内蛀食，使果实干腐脱落。虫伤果易引起褐腐病发生。

【形态特征】

1. **成虫** 体长（连头管）10 mm 左右，全体紫红色，有金属光泽，前胸背面有"小"字形凹陷，鞘翅上刻点较细，每鞘翅上有 9 条，其长短比较一致。

2. **卵** 椭圆形，长约 1 mm，乳白色。

3. **幼虫** 成熟时体长 12.5 mm 左右，乳白略带黄色，背面拱起。

4. **蛹** 体长 8 mm 左右，淡黄色，稍弯曲，头、胸背面褐色，有长刺毛，腹末有大的褐色刺 1 对。

【发生规律】 1 年发生 1 代，主要以成虫在土中越冬，也有的以幼虫越冬。翌年春季李树发芽时开始出土上树为害，成虫出现期很长，可长达 5 个月，产卵期历 3 个月。因此早期各虫态发生很不整齐。3～6 月是主要为害期，以 4 月初幼果期，成虫盛发后为害最严重，落果最多。

成虫怕阳光，常栖息在花、叶、果比较茂密的地方，有假死性，受惊后即坠落地面或在下落途中飞逃。成虫主要为害幼果，以头伸入果内，食害果肉。果外蛀孔圆形，被害果面蛀孔很多，孔外有黏胶流出。成虫也食害花萼，咬成缺口或圆形小孔。有时食叶片，咬成大小不同的孔洞，还能食害嫩芽。成虫产卵时以口在幼果果面上咬一小孔，深约 1 mm，产卵于孔中，通常一孔产 1 粒卵，少数一孔中产卵 2～3 粒，一个果上常有卵数十粒。卵孵化后幼虫即蛀入果内为害，取食果肉和果核，一果内有幼虫最多可达数十头，幼虫老熟后，即从落果或树上的蛀果中脱出果外，潜入土中化蛹。早期多在离表土 10 cm 以内，到后期入土渐深，可达 21～26 cm。

【防治方法】

1. **捕捉成虫** 利用成虫假死性，于清晨露水未干时，树下铺布单摇动树枝，成虫受惊后跌入，然后集中处理。雨后成虫出现最多，效果好。

2. **清除虫果** 勤拾落果和摘除树上的蛀果，加以沤制或浸泡在水中，可防治尚未脱果的幼虫。

3. **药剂防治** 在 4 月成虫盛发期，喷洒 90% 敌百虫可湿性粉剂 1 000 倍液有效，或 80% 敌敌畏乳油 1 000 倍液。在成虫出土盛期地面树冠下喷洒 25% 辛硫磷胶囊剂 100 倍液。

（一八）李树红颈天牛

李树红颈天牛（*Aromia bungii* Faldermann），又名红脖老牛、铁炮虫，属于鞘翅目天牛科。

红颈天牛为害李树，排出许多红褐色粪屑

红颈天牛为害李树树干剖面蛀道

红颈天牛成虫

【分布与寄主】　在我国发生较普遍，主要为害桃、杏、李、樱桃等核果类果树，严重影响果树的生长发育。

【为害状】　该虫以幼虫蛀食枝干为害，在枝干韧皮部与木质部之间为害，近老熟时，深入木质部蛀食颈部，造成树干中空，疏导组织破坏，树干基部会堆积大量红褐色粪和树木的碎屑，影响树势，为害严重的可全株枯死。

【形态特征】

1. 成虫　体长 28 ～ 37 mm，宽 8 ～ 10 mm，雌虫比雄虫略大，黑色，有光泽，触角黑色，呈鞭状，有 11 节；雌虫前胸背板棕红色，甚为明显，故名红颈天牛，前胸的前后缘及腹面为黑色，密布横皱，背板上有 4 个具光泽的瘤状突起，两胸两侧各有一个短刺突起。

2. 卵　长 3 ～ 4 mm，长椭圆形，乳白色。

3. 幼虫　老熟幼虫体长 50 mm 左右，黄白色、头为黑褐色，较小，上颚发达，前胸宽阔，腹部第 1 ～ 7 节生有横形肉突，足退化。

4. 蛹　长 40 mm 左右，黄褐色，前胸背板两侧各有一刺状突起，近羽化时体色为黑褐色。

红颈天牛低龄幼虫

【发生规律】　该虫 2 ～ 3 年发生 1 代，以幼虫在所蛀树干的隧道内越冬，春季树液流动后，越冬幼虫开始为害，4 ～ 6 月为化蛹期，老熟幼虫在木质部以分泌物黏结粪便和木屑作茧化蛹，蛹期约 20 d，6 ～ 7 月羽化成虫，成虫先在蛹室内停留 3 ～ 5 d，多发生在降雨后，在树干上栖息、交尾，遇惊则飞走或落于树下，成虫在中午前后较活跃，成虫寿命 15 ～ 30 d，卵多数产于树干和主枝基部的皮缝内或枝杈处，近地面 1.2 m 范围内较多，卵期 8 ～ 9 d，孵化后的幼虫入皮层内，随体增长，逐渐深入蛀食，第 1 年幼虫多以 3 龄幼虫越冬，第 2 年幼虫继续为害，6 月是为害盛期，秋后 5 龄幼虫在蛀食的隧道内越冬，第 3 年越冬老熟幼虫在木质部作茧化蛹，而后羽化为成虫。管理较粗放的果园发生较严重。

【防治方法】　参考桃树红颈天牛。

第五部分　杏树病虫害

一、杏树病害

（一）杏黑星病

杏黑星病又叫杏黑痣病、杏疮痂病，是杏树常见病害之一。

杏黑星病病果（1）

杏黑星病病果（2）

杏黑星病病果（3）

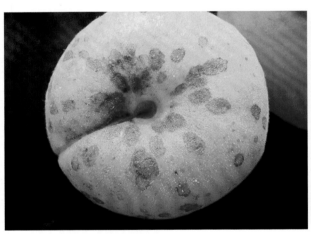

杏黑星病病果（4）

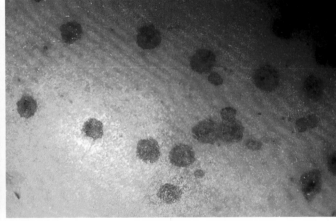

杏黑星病果面病斑

【症状】 主要为害果实，也可侵害枝梢和叶片。

1. **果实** 果实感病部位多在肩部。病斑初期为暗褐色圆形小点，后期变为黑色痣状斑点，直径为 2～3 mm。发病严重时病斑常聚合成片。病菌扩展仅限于表皮浅层组织，当病部组织枯死后，果实仍可继续生长，病果因此常发生龟裂。果梗后部受害，果实常早期脱落。

2. **树枝** 新梢被害后，病斑为椭圆形，浅褐色，大小为 3 mm×6 mm。继后病斑变为暗褐色，进一步扩大隆起。受害部位常发生流胶。病健组织界限明显，病菌也只在表皮层为害并不深入内部。翌年春季，病斑上可产生暗色小绒点状的分生孢子丛。

3. **叶片** 叶片被害，在叶背出现不规则形或多角形灰绿色病斑，以后病部转为暗色或紫红色，最后病斑干枯脱落而形成穿孔。病斑一般较小，很少超过 6 mm，但在中脉上可形成较大的长条形暗褐色病斑，发病严重时引起落叶。

【病原】 嗜果枝孢霉［*Cladosporium carpophilum*（Thum.）Oud.］，属丝孢纲丝孢目真菌。分生孢子梗分化明显，单生或数根簇生，基部稍大，端部有时分枝，直或微曲，褐色，大小为（62～105）μm×（4～6）μm；产孢细胞多在端部，呈合轴式延伸，多芽殖，顶生或间生，常呈近圆筒形，孢痕明显；分生孢子单生或串生，有的呈假链状分枝，圆筒形至长梭形，淡褐色，多数无隔膜，孢痕凸出于一端或两端，大小为（7～26）μm×（3.5～4.5）μm，众多分生孢子聚成小而较松的分生孢子头。有性世代为子囊菌亚门黑星菌属真菌（*Venturia capophilum* Fisner）。

【发病规律】　以菌丝体在杏树枝梢的病部越冬。翌年4～5月产生分生孢子，经风雨传播。分生孢子萌发产生的芽管可以直接穿透寄主表皮的角质层而入侵。一般从6月开始发病，7～8月为发病盛期，多雨、高温有利于发病。春、夏季降雨多少是影响此病能否大发生的主要条件。果园低洼潮湿或枝条郁蔽，通风透光不良可促进该病发生。病菌在果实上潜伏期约50 d，果实近成熟期才发病。

【防治方法】
1. 农业防治　结合冬剪，剪除病枝梢，带出园外处理，清除越冬病源。重视夏剪，加强内膛修剪，促进通风透光，降低果园湿度。6月初开始套袋。
2. 药剂铲除越冬菌源　开花前喷5°Bé石硫合剂，45%晶体石硫合剂30倍液，铲除枝梢上的越冬菌源。
3. 药剂防治　落花后半个月喷药，常用药剂有50%苯菌灵可湿性粉剂1 500倍液，70%甲基硫菌灵超微可湿性粉剂1 000倍液，10%苯醚甲环唑水分散粒剂6 000倍液，50%嘧菌酯水分散粒剂6 000倍液；25%吡唑醚菌酯乳油3 000倍液；10%苯醚甲环唑水分散粒剂2 000倍液；40%氟硅唑乳油8 000倍液；5%己唑醇悬浮剂1 500倍液；5%亚胺唑可湿性粉剂700倍液；40%腈菌唑水分散粒剂7 000倍液；30%氟菌唑可湿性粉剂3 000倍液。每隔10～15 d防治1次，共防治3～4次；套袋前喷施1次杀菌剂，如70%甲基硫菌灵超微可湿性粉剂1 000～1 500倍液。

（二）杏黑根霉软腐病

杏黑根霉软腐病是果实后期发病较重的病害。

杏黑根霉软腐病症状（1）　　　　　　杏黑根霉软腐病症状（2）

【症状】　病果呈淡褐色软腐状，表面长有浓密的白色细茸毛，即病原菌的菌丝层，几天后在茸毛丛中生出黑色小点，即病原菌的孢子囊。

【病原】　病原为黑根霉菌［*Rhizopus stolonifer*（Enrb.）Vuill.］，属接合菌纲毛霉目病菌菌丝体无隔，有假根与匍匐菌丝，在与假根相对应处有丛生孢囊梗，孢囊梗顶生黑色孢子囊。孢子囊内产生大量孢囊孢子，孢囊孢子无色、单胞、球形。

【发病规律】　病菌通过伤口侵入成熟果实，温度较高且湿度大时发展很快，4～5 d后，病果即可全部腐烂。病菌的孢囊孢子经气流传播，健果与病果接触也可传染。

【防治方法】
（1）杏果成熟后及时采收，长途运输果实的成熟度应在80%时采摘装箱，最好低温贮运，并尽可能减少机械损伤。

（2）在采摘、运输、贮藏过程中，轻拿轻放，防止机械损伤。

（3）注意在低温下进行贮藏和运输。

（4）药剂防治。在果实近成熟时喷布 1 次 50% 多菌灵可湿性粉剂 800 倍液，或 70% 甲基硫菌灵可湿性粉剂 700 倍液、50% 异菌脲可湿性粉剂 1 500 倍液，减少发病。

（三）杏树白粉病

杏树白粉病在我国陕西等局部杏区有发生。

杏树白粉病叶片症状

【症状】　主要引起叶片和果实受害。病叶背面呈现白色圆形菌丛，表面有黄绿色、轮廓不明的斑纹。严重时，菌丛覆盖全部叶面。秋天，病叶菌丛中出现黑色小球状物，即为病原菌的子囊壳。新梢在老化前也出现白色菌丛。病果开始出现白色、圆形菌丛，直径 1 ~ 2cm，粉状，后来病斑扩大，占 1/2 果面。病原菌从茸毛侵入，产生分生孢子。茸毛感病后变浅褐色。接着，果实表皮附近组织枯死，形成病斑并变浅褐色。后病斑稍凹陷、硬化。

【病原】　杏树白粉病由叉丝壳属（*Microsphaera* sp.）病菌引起。闭囊壳球形，大小为（75 ~ 100）μm×（70 ~ 100）μm，子囊壳内有 1 个子囊。子囊长椭圆形，有短柄，大小为（50.8 ~ 64.8）μm×（46.6 ~ 54.5）μm。子囊孢子有 8 个，椭圆形至长椭圆形，无色，单胞，大小为（17.5 ~ 24.8）μm×（13.6 ~ 16.2）μm。

【发病规律】　白粉病菌于 10 月以后形成黑色子囊壳越冬，翌年春释放出子囊孢子作为初次侵染源。初侵染形成分生孢子以后，病菌以此进一步侵染，病害得以广泛传播。分生孢子萌发适温为 21 ~ 27 ℃，4 ℃以上可以萌发，超过 35 ℃则不能萌发。孢子在直射阳光下经 3 ~ 4 h，或在散射光下 24 h 即丧失萌发力。孢子有较强的抗霜冻能力，遇晚霜尚有萌发力。不同品种抗病性不同，以"凯特"品种发病比较严重，其次是"红丰"品种，"开杏 2 号"和"金太阳"比较抗病。

【防治方法】　发病期间，喷布 0.3° Bé 石硫合剂或 70% 甲基硫菌灵可湿性粉剂 1 500 倍液；50% 粉唑醇可湿性粉剂 2 500 倍液；5% 己唑醇悬浮剂 1 500 倍液；25% 戊唑醇可湿性粉剂 2 500 倍液；6% 氯苯嘧啶醇可湿性粉剂 1 500 倍液等药剂 1 ~ 2 次。秋天落叶后及时打扫果园，将落叶集中深埋，以清除越冬病原菌。

（四）杏树白纹羽病

杏树白纹羽病分布于全国各地，是果树主要的根部病害之一。本病寄主范围很广，包括木本树木、蔬菜和禾本科作物共 34 科 60 多种植物。在果树方面，可为害苹果、梨、桃、李、梅、杏、樱桃、葡萄、柑橘、柿、板栗等。

【症状】　在潮湿情况下被感染的根表面，病菌形成许多菌丝，呈白色羽绒状。菌丝多沿小根生长，通常在根周围的土粒空间形成扁的菌丝束，后期菌丝束色变暗，外观为茶褐色或褐色。病菌在感病的植株上迅速生长，产生细小的白色菌丝迅速覆盖其上。病菌也产生菌核样块状物，出现在病组织的表面。初期，地上部分仅有些衰弱，外观与健株无异。待地上部出现树枝过分衰弱、坐花过多、夏天萎凋、叶变黄等异常现象时，根部则已大部分受害。此时着手防治已为时过晚。所以，病株枯死的多，为害也大。

【病原】　白纹羽病的病原菌为褐座坚壳菌［*Rosellinia necatrix*（Hartig）Berlese］，属子囊菌亚门核菌纲球壳菌目炭角菌科。子囊壳褐色至黑褐色，在寄主表面群生，直径 1 ~ 2 mm，用解剖镜可看见。菌丝初呈白色，很细，而后变为灰褐色，在罹病根上形成根状菌丝束，菌丝束内部的菌丝呈白色。将根的皮层剥开，形成层上有白色扇形菌丝束。菌丝隔膜

杏树白纹羽病根部受害变色

杏树白纹羽病根部受害后叶片变色（1）

杏树白纹羽病根部受害后叶片变色（2）

杏树白纹羽病根部受害后叶片变色（3）

处呈洋梨状膨大，这是本菌的特征。病菌生长最适温为 25 ℃，最高 30 ℃，最低为 11.5 ℃。

【发病规律】 病菌以菌丝体、根状菌索或菌核随着病根遗留在土壤中越冬。环境条件适宜时，菌核或根状菌索长出营养菌丝，首先侵害果树新根的柔软组织，被害细根软化腐朽以至消失，后逐渐延及粗大的根。此外，病健根相互接触也可传病。远距离传病，则通过带病苗木的转移。由于病菌能侵害多种树木，由旧林地改建的果园、苗圃地，发病常严重。

【防治方法】

1. 选栽无病苗木　起苗和调运时，应严格检验，剔除病苗，建园时选栽无病壮苗。苗木染病时，可用 10% 的硫酸铜溶液，或 20% 的石灰水，70% 甲基硫菌灵 500 倍液浸渍 1 h 后再栽植。

2. 挖沟隔离　在病株或病区外围挖 1 m 以上的深沟进行封锁，防止病害向四周蔓延扩大。

3. 加强果园管理　注意排除积水，合理施肥，氮、磷、钾肥要按适当比例施用，尤其应注意不偏施氮肥和适当增施钾肥，合理修剪，加强对其他病虫害的防治等。

4. 苗圃轮作　重病苗圃应休闲或用禾本科作物轮作，5 ~ 6 年后才能继续育苗。

（五）杏疗病

杏疗病又称杏黄病、红肿病。主要发生在我国北方杏产区。

【症状】 杏疗病主要为害新梢、叶片，也可为害花和果实。新梢染病，节间缩短，其上叶片变黄、变厚，叶肉增厚，从叶柄开始向叶脉扩展，以后叶脉变为红褐色，叶内呈暗绿色，变厚，并在叶正反两面散生许多小红点，即病菌分生孢子

杏疗病当年发病状

杏疗病为害后期叶片干枯

器。后期从小红点中涌出淡黄色孢子角，卷曲成短毛状或在叶面上混合成黄色胶层。叶片染病，叶柄变短、变粗，基部肿胀，节间缩短。7月以后黄叶渐干枯，变为褐色，质地变硬，卷曲折合呈架形，8月以后病叶变黑，质脆易碎，叶背面散生小黑点，即子囊壳。黑叶于树上经久落，病枝结果少或不结果。花染病，病花不多易开放，花苞增大、花萼、花瓣不易脱落。果实染病，生长停滞，果面生淡黄色病斑，生有红褐色小粒点，病果后期干缩脱落或挂在树上。

【病原】 杏疗座霉 *Polystigma deformans* Syd.，属子囊菌门真菌。子座生于叶内，扩散型，橙黄色，上生黑色圆点状雄器，大小为（163.8～352.8）μm×（239.4～378）μm，性孢子线形，弯曲，单胞，无色，大小为（18.6～45.5）μm×（0.6～1.1）μm，子囊壳近球形，大小为（252～315）μm×（239～327）μm，子囊棍棒形，内生8个子囊孢子，大小为（91～112）μm×（12.4～16.5）μm；子囊孢子单胞、无色、椭圆形，大小为（13～17）μm×（4～7）μm。子囊孢子在水中很易萌发，经2h可长出芽管，后生褐色薄膜或附着器侵入。子囊孢子的萌发力较易丧失。

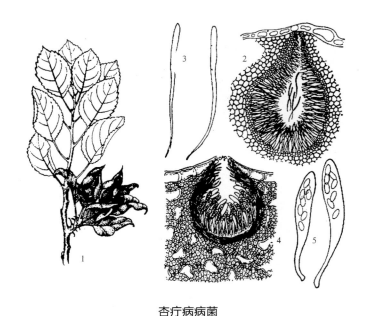

杏疗病病菌
1.病叶 2.性孢子器 3.性孢子 4.子囊壳 5.子囊及子囊孢子

【发病规律】 以子囊壳在病叶内越冬，春季从子囊壳中弹射出子囊孢子，随气流传播到幼芽上，条件适宜时萌发侵入，随新叶生长在组织中蔓延；分生孢子在侵染中不起作用。子囊孢子在一年中只侵染一次，无再侵染。5月出现症状，10月叶变黑，并在叶背产生子囊越冬。

【防治方法】
（1）在秋、冬结合树形修剪，剪除病枝、病叶，清除地面上的枯枝落叶，并予深埋。
（2）在杏树冬季修剪后到萌芽前（3月中上旬），对树体全面喷5°Bé石硫合剂。
（3）生长季节5～6月及时剪除病叶、病梢，集中深埋，连续清除2～3年，可有效地控制病情。
（4）如果全面清除病枝病叶有困难的，可在杏树抽梢期喷布70%甲基硫菌灵可湿性粉剂800倍液，或50%多菌灵可湿性粉剂800倍液。隔10～15d喷1次，防治1次或2次效果良好，连续坚持数年可基本消灭或控制杏疗病为害。

（六）杏褐腐病

杏褐腐病在国内分布普遍，在多雨年份，如果蛀果害虫严重，褐腐病常流行发生，引起大量烂果、落果。

【症状】 杏褐腐病有两种症状：一种为害近成熟的果实，初形成暗褐色、稍凹陷的圆形病斑，后迅速扩大，变软腐烂，上面长有黄褐色绒状颗粒，轮生或不规则，被害果多早期脱落，腐烂，少数挂在树上形成僵果。另一种为害花及叶片，引起花腐；叶片染病，形成大型暗绿色水浸状病斑，多雨时导致叶腐。

【病原】 病原有两种。一种是仁果丛梗孢（*Monilia fructigena* Pers.），有性世代为果生链核盘菌［*Monilinia fructigena*（Aderh. et Ruhl.）Honeyl］，属子囊菌亚门真菌。子囊盘灰褐色，直径3～5mm，在田间需经2个冬季后才能形成；子囊圆筒形或棍棒状，大小为（120～180）μm×（9～12）μm；子囊孢子卵形，两端尖，无色，大小为（11～12.5）μm×（5.6～6.8）μm，无性世代分生孢子梗生

杏褐腐病病果

在垫状子实体上，丝状，无色，大小为（60～125）μm×（6～8）μm，分生孢子椭圆形，单胞，无色，念珠状串生，大小为（18～23）μm×15μm。另一种病原菌为核果链核盘菌（*Monilinia laxa* Honey.），属子囊菌亚门真菌。子囊盘漏斗状或盘状，高0.5～3mm，柄褐色，盘色较浅，直径5～15mm；子囊圆筒形，大小为（121～188）μm×（7.5～11.8）μm；子囊孢子无色，椭圆形，大小为（7～19）μm×（3.5～4.5）μm。分生孢子大小为（5～23）μm×（4～20）μm。无色，椭圆形或柠檬形。病菌生长温限为1～30℃，25℃最适。

【发病规律】 病原菌在僵果中越冬，翌年产生分生孢子，借风雨传播，经伤口或皮孔侵入果实，在果实近成熟时发病。多雨高湿的条件适合发病。

【防治方法】
1. 人工防治 及时清除树上、树下的病果和僵果，集中深埋，以减少菌源；防止果实产生伤口，及时防治害虫，以减少虫伤，防止病菌从伤口侵入。
2. 药剂防治 果实近成熟时喷36%甲基硫菌灵悬浮剂500倍液或50%苯菌灵可湿性粉剂1 500倍液、70%甲基硫菌灵可湿性粉剂800倍液、70%甲基硫菌灵超微可湿性粉剂1 000倍液等。

（七）杏褐斑穿孔病

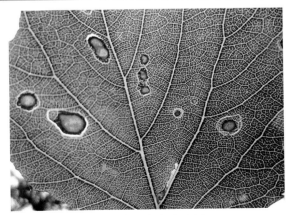

杏褐斑穿孔病病叶（1）

杏褐斑穿孔病病叶（2）

【症状】 杏褐斑穿孔病主要为害叶片，为害严重时叶片脱落大半，影响树势和翌年产量。叶片染病，产生近圆形病斑，

中央黄褐色，边缘褐色，湿度大时病斑背面产生黑色霉状物；病斑最后穿孔，孔径 0.5 ～ 5 mm。有时也为害枝条和果实。

【病原】　病原为核果尾孢菌（*Cercospora circumscissa* Sacc.），主要为害叶片，也为害新梢和果实。

【发病规律】　以菌丝体在病叶或枝梢病组织内越冬，翌春气温回升，降雨后产生分生孢子，借风雨传播，侵染叶片、新梢和果实。以后病部产生的分生孢子进行再侵染。病菌发育温限 7 ～ 37 ℃，适温 25 ～ 28 ℃。低温多雨利于病害发生和流行。该病在 7 月发生。

【防治方法】
1. 农业防治　选种抗病品种，把果园建在能排能灌的地方，合理密植，科学修剪，使杏园通风透光；配方施肥，避免偏施氮肥，增强树势，提高树体抗病力；清除越冬菌源；秋末冬初结合修剪，剪除病枝、枯枝，清除僵果、残桩、落叶，集中深埋；生长期剪除枯枝，摘除病果，防止再侵染；采用果实套袋可以有效减少病果。
2. 药剂防治　在桃树落叶后及春季发芽前，应全园喷 1 次 3°～ 5° Bé 石硫合剂；落花后喷药，常用药剂有 70% 代森锰锌可湿性粉剂 500 倍液，50% 超微多菌灵可湿性粉剂 600 倍液，70% 甲基硫菌灵可湿性粉剂 800 倍液。以上药剂可轮换用药，每隔 10 ～ 15 d 用药 1 次。应在发病初期用药和雨前用药。雨多多喷，雨少少喷，遇雨补喷，无雨定期喷药。

（八）杏青霉病

杏青霉病主要为害近成熟期和贮藏期果实，病斑近圆形，淡褐色，水渍状软腐，略凹陷，表面布满青绿色霉堆。

【症状】　表现在果面产生近圆形或不规则形病斑，淡褐色湿腐状，稍凹陷，病部果肉软腐，呈锥形向果心扩展，最后导致全果腐烂。后期病部产生初为白色后变为青绿色霉丛（分生孢子梗及分生孢子），病果有强烈的发霉气味。

【病原】　病原为青霉属菌（*Penicillium* sp.）。

【发病规律】　病菌存在于各种植物上，借气流传播，主要通过伤口侵入，发病后产生分生孢子不断再侵染。发病与温度（25℃最适）、湿度以及伤口量等有关。

病菌越冬场所十分广泛，能抵抗不良环境条件，可在多种有机质和土壤中营腐生生活，产生大量分生孢子，随气流传播，从各种伤口侵入，也能从气孔侵入。在果实贮藏期如果仓库温度高、湿度大、通风不良，会导致病害严重发生。

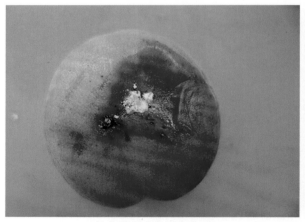

杏青霉病造成果实软腐

【防治方法】
（1）采收、包装、贮运中，防止形成各种伤口。
（2）清除菌源。包装房、果筐等严格消毒。消毒剂可用硫黄、福尔马林、漂白粉等。

（九）杏树细菌性穿孔病

本病主要为害叶片，也侵染果实和枝梢。

【症状】
1. 叶片　染病后，初在叶背产生淡褐色水渍状小斑点，渐扩大为圆形至不规则形、紫褐色或黑褐色病斑，病部周围具黄绿色晕圈，后期病斑干枯，边缘产生裂纹或脱落穿孔，当穿孔多时，病叶提早脱落。

2. **果实** 染病后，初在果面上产生褐色小圆斑，稍凹陷，后扩大，呈暗紫色。天气潮湿时产生黄白色黏质分泌物；干燥时病斑上或其周围产生小裂纹，裂纹处易被其他病菌沾染，引起果腐。

3. **枝条** 染病后，形成春季溃疡斑和夏季溃疡斑两种类型。

杏树细菌性穿孔病为害叶片

【病原】 黄单胞杆菌属甘蓝黑腐黄单胞菌桃穿孔致病型［*Xanthomonas campestris* pv. *pruni*（Smith）Dye］。细菌菌体短杆状，大小为（0.3 ~ 0.8）μm ×（0.8 ~ 1.1）μm，极生单鞭毛，有荚膜，无芽孢，革兰氏染色阴性。病菌发育适温为 24 ~ 28 ℃，最高 38 ℃，最低 7 ℃，致死温度 51 ℃。

【发病规律】 细菌在枝条皮层组织内越冬，翌春开始活动。杏树开花前后，细菌从病组织中溢出，借风雨、昆虫传播，经叶片气孔、枝条的芽痕和果实的皮孔侵入，潜育期 7 ~ 14 d。枝条溃疡斑内细菌可存活 1 年以上。春季溃疡斑是主要初侵染源。气温 19 ~ 28 ℃，相对湿度 70% ~ 90% 利于发病。如夏天温度高、湿度小，溃疡斑易干燥，不利于发病。该病一般于 5 月间开始出现，7 ~ 8 月发病严重。温度适宜，雨水频繁或多雾、重雾季节发病重。大暴雨不利病菌的繁殖和侵染。一般春秋雨季病情扩展较快，夏季干旱季节扩展缓慢。树势强，病菌潜育期长，发病较轻且晚。杏园地势低注、排水不良、通风透光差、偏施氮肥等，发病较重。

【防治方法】
1. **加强栽培管理** 增施有机肥，合理灌溉，增强树势，提高树体抗病力。结合修剪，调节果园通风透光，注意排水防涝，降低果园湿度。结合冬剪，剪除枯枝，清理果园，扫除落叶落果，以清除越冬菌源。
2. **化学防治** 在发芽前喷布 5°Bé 石硫合剂，以防治树皮内潜伏的病菌。在生长期 5 ~ 6 月喷布 72% 农用链霉素 2 500 倍液，或 72% 硫酸链霉素 3 500 倍液。每隔 10 ~ 15 d 喷 1 次，连喷 3 ~ 4 次。

（一〇）杏树流胶病

杏树流胶病在各地发生较为普遍，发病园树势衰弱，造成减产和品质下降。

【症状】 流胶主要发生在杏树的主干和主枝的 Y 叉处；严重的在杏树主干近地 20 ~ 40 cm 发生流胶。4 ~ 10 月均可发病，6 ~ 8 月为流胶盛期。流胶病发病初期，病部膨胀，随后陆续分泌出透明柔软的树胶，与空气接触后，胶体经空气氧化变成褐色，成为晶莹柔软的胶块，最后变成茶褐色硬质胶块。流胶处常呈肿胀状，树皮裂缝，病部皮层及木质部逐步变褐、变黑、腐朽，再被腐生菌侵染和小蠹虫侵食，严重削弱树势。随流胶量的不断增加，树体病部被胶体环绕，变质腐朽，造成形成层、韧皮部坏死，使树体衰弱死亡。

杏树流胶病

【原因】 杏树流胶病同核果类其他果树流胶病一样，多年来一直受到果树专家学者和生产者的关注，并进行研究。据有关研究发现，轮枝孢菌、黄萎轮枝孢菌、大丽花轮枝孢菌和蕉孢壳菌等数种病原真菌对杏树流胶有致病性。病原菌是因生理病变造成流胶后而侵入的腐生菌，又使流胶现象加重，其分生孢子通过风和雨水的传播，侵入伤口或流胶处。病原菌潜伏于被害枝条皮层组织及木质部，在死皮层中产生分生孢子，成为侵染来源。杏树在无病菌侵染时也形成少量的流胶，是生理性病害，在外因诱发乙烯大量合成，刺激产生过量细胞壁多糖，导致大量流胶。物理伤害和栽培措施不当均可诱发杏树流胶病，如雹伤、虫伤、冻伤、日光灼伤、机械创伤、高接换种和大枝更新等常易引起流胶病；夏季修剪过重，施肥不当，土质黏重，土壤酸性过强，农药使用不当，造成药害，果园排水不畅，浇水过多，拉枝绑绳解除不彻底等均可诱发杏树流胶病。

【发病规律】　物理伤害和栽培措施不当均可诱发杏树流胶病，如雹伤、虫伤、冻伤、日光灼伤、机械创伤、高接换种和大枝更新等常易引起流胶病；夏季修剪过重，施肥不当，土质黏重，土壤酸性过强，农药使用不当，造成药害，果园排水不畅，浇水过多，拉枝绑绳解除不彻底等均可诱发杏树流胶病。

【防治方法】

1. **人工防治**　采果后及时深施基肥，基肥以优质农家土杂肥为主，与腐烂的农作物秸秆混合施入，同时撒入少量尿素，开挖施肥沟，破除土壤板结，雨涝时及时排水，养根壮树，这是预防杏树流胶病的根本措施。树盘覆草可以增加土壤的有机质含量，改善土壤结构和通气状况，利于根系活动。锄树盘，严防杂草丛生。及时清除蛀干害虫，减少树体损伤。加强夏季修剪，保持树体通风透光，冬季剪除病虫枝，并对较大伤口抹保护性药剂。对流胶严重的树采用更新修剪法，重新培养树体。

2. **药剂防治**　从栽杏树第 1 年就注意对流胶病的专门防治。用生石灰 10 份 + 石硫合剂 1 份 + 食盐 2 份 + 花生油 0.3 份 + 适量水，搅成糊状，对较大病斑刮除后涂药。防治流胶病要及时检查，随发展随涂抹随包扎，以防病斑扩大。在树体休眠期用胶体杀菌剂涂抹病斑，杀灭病原菌。或刮除病斑流胶后，用 5° Bé 石硫合剂进行伤口消毒，用涂蜡或煤焦油保护。

二、杏树害虫

（一）杏象甲

杏象甲（*Rhynchites heros* Roelofs），别名杏虎象、桃象甲，属鞘翅目卷象科。

杏象甲在杏幼果上为害

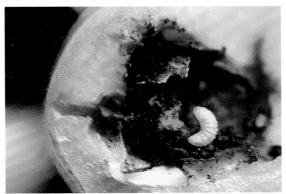

杏象甲幼虫在果内为害状

【分布与寄主】 分布于我国东北、华北、西北、华中、广东；日本等。寄主有杏、桃、樱桃、李、梅、枇杷、苹果、梨、榅桲等树。

【为害状】 成虫食芽、嫩枝、花、果实，产卵时先咬伤果柄造成果实脱落。幼虫孵化后于果内蛀食。

【形态特征】
1. **成虫** 体长 4.9 ~ 6.8 mm，宽 2.3 ~ 3.4 mm，体椭圆形，紫红色具光泽，有绿色反光，有些个体绿色反光相当明显，体密布刻点和细毛。喙细长略下弯；喙端部、触角、足端深红色，有时现蓝紫色光泽。触角 11 节棒状，端部 3 节膨大；头长等于或略短于基部宽，密布大小刻点，背面具细横纹。前胸背板"小"字形凹陷不明显。鞘翅略呈长方形，内角隆起，两侧平行，端部缩圆或下弯，行纹刻点列略明显，行纹窄，行间宽，密布不规则的刻点；后翅半透明灰褐色；足细长。
2. **卵** 长 1 mm，椭圆形，乳白色，表面光滑，微具光泽。
3. **幼虫** 乳白色，微弯曲，长 10 mm，体表具横皱纹。头部淡褐色，前胸盾与气门淡黄褐色。
4. **蛹** 裸蛹，长 6 mm，椭圆形，密生细毛，尾端具褐色刺 1 对。初乳白色渐变为黄褐色，羽化前红褐色。

【发生规律】 1 年发生 1 代。以成虫在土中、树皮缝、杂草内越冬，翌年杏花、桃花开时成虫出现，江苏 4 月中旬、山西 4 月底、辽宁 5 月中旬。同一地区成虫出土与地势、土壤湿度、降雨等有关，春旱出土少并推迟，雨后常集中出土，温暖向阳地出土早。成虫喜在 8 时活动，11 ~ 14 时尤为活跃，常停息在树梢向阳处，受惊扰假死落地，为害 7 ~ 15 d 后开始交尾、产卵，产卵时先在幼果上咬 1 个小孔，每孔多产 1 粒卵，上覆黏液干后呈黑点，每雌虫可产 20 ~ 85 粒，成虫产卵期 30 d，卵期 7 ~ 8 d，幼虫期 20 d 老熟后脱果入土，多于 5 cm 土层中结薄茧化蛹，蛹期 30 d。羽化早的当年秋季出土活动，取食，不产卵，秋末潜入树皮缝、土缝、杂草中越冬。多数成虫羽化后不出土，于茧内越冬。由于成虫出土期和产卵期长故发生期很不整齐。

【防治方法】 参考梨树害虫梨果象甲。

（二）杏园梨小食心虫

杏园梨小食心虫［*Grapholitha molesta*（Busck）］，别称梨小蛀果蛾、东方果蠹蛾、梨姬食心虫、桃折梢虫、小食心虫，属鳞翅目小卷叶蛾科。

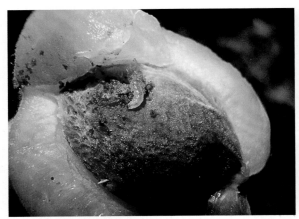
梨小食心虫为害杏果

梨小食心虫为害杏树新梢致枯萎

【分布与寄主】 广布于中国各地，如东北、华北、华东、西北各地。寄主有桃、李、杏、梨、海棠、樱桃、杨梅等树。

【为害状】 梨小食心虫幼虫为害果多从梗洼处蛀入，早期被害果蛀孔外有虫粪排出，晚期被害多无虫粪。幼虫蛀食杏多为害果核附近果肉。为害嫩梢多从上部叶柄基部蛀入髓部，向下蛀至木质化处便转移，蛀孔流胶并有虫粪，被害嫩梢渐枯萎，俗称"折梢"。

【形态特征】

1. **成虫** 体长 5 ~ 7 mm，翅展 11 ~ 14 mm，暗褐色或灰黑色。下唇须灰褐色上翘。触角丝状。前翅灰黑色，前缘有 10 组白色短斜纹，中央近外缘 1/3 处有 1 个明显白点，翅面散生灰白色鳞片，后缘有一些条纹，近外缘约有 10 个小黑斑。后翅浅茶褐色，两翅合拢，外缘合成钝角。足灰褐色，各足跗节末灰白色。腹部灰褐色。

2. **幼虫** 体长 10 ~ 13 mm，淡红色至桃红色，腹部橙黄色，头黄褐色，前胸盾片浅黄褐色，臀板浅褐色。胸、腹部淡红色或粉色。臀栉 4 ~ 7 齿，齿深褐色，腹足趾钩单序环 30 ~ 40 个，臀足趾钩 20 ~ 30 个。前胸气门前片上有 3 根刚毛。

3. **卵** 扁椭圆形，中央隆起，直径 0.5 ~ 0.8 mm，表面有皱折，初乳白色，后淡黄色，孵化前变黑褐色。

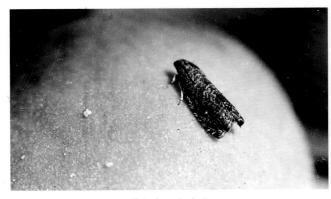
梨小食心虫成虫

【发生规律】 在北方，一年发生 3 ~ 4 代，以老熟幼虫在树干裂缝结茧越冬，越冬幼虫在 3 月中下旬化蛹，4 月初至 5 月中旬出现越冬代成虫，第 1 代卵发生在 4 月中旬至 5 月下旬，第 2 代卵发生在 5 月下旬至 6 月下旬，第 3 代卵发生在 6 月下旬至 7 月中下旬，第 4 代卵发生在 7 月下旬至 8 月中下旬，一般第 1、第 2 代主要为害杏的新梢，有的将卵产在杏果上，孵化出的幼虫多由果底、果肩和两果交界处蛀入。

【防治方法】

1. **农业防治** 春季细致刮除树上的翘皮，可防治越冬幼虫；桃杏兼植园，及时摘除被害桃梢，减少虫源，减轻后期对杏的为害；种植诱集植物，在其脱果前，及时摘除全部受害杏果，集中销毁，可有效压低当年虫口数量；黑光灯诱杀；在越冬脱果前（北方果区一般在 8 月中旬前），在主枝、主干上，利用束草或麻袋片诱杀脱果越冬的幼虫；建园时，尽量避免与桃、杏混栽或近距离栽植，杜绝梨小食心虫在寄主间相互转移；在果园中设置糖醋液（红糖：醋：白酒：水 =1：4：1：16）

加少量敌百虫，诱杀成虫。从3月中旬至10月中旬悬挂频振式杀虫灯，可以有效诱杀。

2. 生物防治 以梨小食心虫诱芯为监测手段，在蛾子发生高峰后1~2 d，人工释放松毛赤眼蜂，每公顷150万头，每次30万头，分4~5次放完，可有效控制梨小食心虫为害。

3. 药物防治 防治时间及指标：8月开始卵果率调查，达1%~2%开始喷药。10~15 d后卵果率达1%以上再喷药。药剂种类及浓度：2.5%溴氰菊酯乳油2 500倍液，10%氯氰菊酯3 000倍液，1.8%阿维菌素3 000~4 000倍液。

（三）杏园桃小食心虫

近年来，杏园桃小食心虫（*Carposina sasakii* Matsumura，以下简称"桃小"）为害杏果严重，一般虫果率50%，严重的高达80%左右，严重影响杏果的产量和质量。

【分布与寄主】 广泛分布于我国北纬31°以北，东经102°以东的北方果产区。寄生植物有苹果、梨、花红、海棠、山楂、桃、李、杏、枣等，其中以苹果、梨、枣、杏、山楂受害最重。在不同寄主上的发生和为害不完全一样。

【为害状】 幼虫蛀入杏果2 d后，蛀孔流出胶滴，干后呈胶柱，擦拭后可见针眼大的黑色蛀果孔。入果后幼虫直达果心，自杏核周围向外串食，并将粪便排于果内。虫果一般并不立即腐烂，但已失去食用和加工价值。

杏果内桃小食心虫幼虫为害状

【形态特征】

1. 成虫 全体灰白色或灰褐色。雌蛾体长7~8 mm，翅展16~18 mm；雄蛾体长5~6 mm，翅展13~15 mm。前翅近前缘中部有1个蓝黑色近似三角形的大斑，翅基部及中部有7簇蓝褐色的斜立鳞片，缘毛灰褐色。后翅灰色，缘毛长，浅灰色。雄蛾下唇须短，雌蛾下唇须长而直。

2. 卵 深红色，桶形，底部附于果实上。卵壳上有不规则的略成椭圆形的刻纹。卵壳顶部1/4处环生2~3圈"丫"状外长物。

3. 幼虫 末龄幼虫体长13~16 mm，全体桃红色。低龄幼虫淡黄色或白色。前胸侧毛组具2毛。趾钩为单序环，第8腹节的气门较其他各节的气门靠近背中线。无臀栉。

4. 蛹 长7 mm左右，刚化蛹时黄白色，渐变为灰黑色。

5. 茧 分两种茧，冬茧丝质紧密，扁圆形，长5 mm左右；夏茧丝质疏松，纺锤形，长8 mm左右。冬、夏茧外都黏附土沙粒。据有关研究，杏桃小成虫体形、色泽与苹果桃小无明显差别，这与山楂桃小、酸枣桃小的体形大小异于苹果桃小有所不同。

【发生规律】 在室内温湿度相同的条件下，杏桃小和苹果桃小的越冬幼虫出土均有一高峰，但杏园桃小食心虫的出土期集中，高峰明显，且出土始期和高峰期均比苹果桃小早半个月以上。在24 ℃恒温条件下，越冬代的前蛹期和蛹期：杏桃小为12.5 d，苹果桃小为13.6 d。

田间成虫发生期和幼虫为害习性，田间诱蛾结果表明，杏桃小出现始期为5月12日，高峰期在6月上旬，比同样气候条件下的苹果桃小发生始期和高峰期分别早10余天和1个月左右。杏桃小羽化后当日即可交尾产卵，卵多单产于杏果萼顶周围。卵期7 d左右。

杏桃小第1代脱果幼虫绝大多数入土结冬茧而滞育，表明了杏桃小除个别个体发生2代外，基本上1年发生1代。它的滞育几乎不受光周期的影响，已接近于专性滞育，这也和它在田间1年仅发生1代的情况相吻合。试验中的苹果桃小在低于14.25 h光照下全部滞育，在高于14.25~15.5 h光照滞育率逐渐下降，15.5 h时滞育率仅为20%，滞育率达50%的光周期为14.5 h，此为桃小食心虫在21 ℃下的临界光周期。

杏桃小在形态上和苹果桃小差异不大，但它1年仅发生1代，越冬幼虫出土期、成虫发生期及幼虫害果期均较苹果桃小为早，这和杏果生育期短而早的特点相适应。光周期试验结果也表明了杏桃小幼虫的滞育基本上不受光周期的影响，接近于专性滞育。专性滞育是昆虫长期适应于1年只能发生1个世代的环境条件所产生的结果。酸枣桃小1年也仅发生1代，但它是1年中发生时间较晚的典型。从杏、苹果、酸枣3种寄主上的桃小的发生规律可以清楚地看出，长期生活于不同寄主上的桃小的同域分化现象，对研究昆虫的种下分化和制定不同寄主上桃小的防治措施有一定意义。

【防治方法】 针对杏桃小发生时间偏早，且1年仅发生1代的情况，在制定杏园桃小综合防治措施时，应注意地面喷药防治出土幼虫和树上喷药防治蛀果幼虫的时间，都应比当地苹果园提前20 d左右。树上喷药时注意杏果萼顶周围喷到。因杏果生长期短，尽可能用低毒、低残留农药，如20%甲氰菊酯3 000倍液、2.5%三氟氯氰菊酯3 000倍液、25%灭幼脲1 500倍液、青虫菌6号1 000倍液等。

（四）杏园桃蛀螟

杏园桃蛀螟［*Conogethes punctiferalis*（Guenée）］，又名桃蛀野螟、豹纹斑螟、桃蠹螟、桃斑螟、桃实螟蛾、豹纹蛾、桃斑蛀螟，幼虫俗称蛀心虫等，属鳞翅目螟蛾科。

桃蛀螟幼虫在杏果内为害状

桃蛀螟成虫

【分布与寄主】 国内分布广泛。寄主有桃、李、梨、苹果、杏、石榴、板栗、山楂、枇杷、龙眼、荔枝、向日葵、玉米、棉、麻、大豆等多种植物。

【为害状】 幼虫蛀食果实和种子，受害果上蛀孔外堆积黄褐色透明胶质及虫粪，常造成腐烂及变色脱落。

【形态特征】

1. **成虫** 体长12 mm左右，翅展25～28 mm；全身橙黄色；胸背有黑斑数个，腹部第1、第3、第4、第5节背面各有黑斑3个，前翅有黑斑20余个，后翅有10余个。

2. **卵** 长约0.6 mm，椭圆形，初产时乳白色，后变为红褐色。

3. **幼虫** 体长25 mm左右，暗红色；头前胸背板褐色；各体节有明显的黑褐色毛瘤。

4. **蛹** 体长10～14 mm，褐色，腹部上端有细长卷曲钩刺6个。茧灰褐色。

【发生规律】 桃蛀螟发生世代数因地域而不同，在河南1年发生4代。以老熟幼虫结茧在果树粗皮裂缝、桃僵果及玉米、向日葵残秆穗轴内越冬。在河南，次年4月中旬老熟幼虫开始化蛹。各代成虫发生期为越冬代5月下旬至6月上旬，第1代6月初至7月上旬，第2代为8月上中旬，第3代为8月下旬至9月上旬。成虫昼伏夜出，对黑光灯和糖醋液趋性较强，喜食花蜜和吸食成熟葡萄、桃的果汁。喜在枝叶茂密处的果实上或相接果缝处产卵，1果产卵2～3粒。卵期7～8 d，幼虫孵出后，在果面上做短距离爬行后，蛀果取食果肉，并有转果为害习性。第1代幼虫主要为害早熟桃、李和杏等核果类果实；第2代幼虫则为害苹果、梨及晚熟桃等。第3和第4代寄主分散，世代重叠。幼虫为害至9月下旬陆续老熟并结茧越冬。

【防治方法】

1. **清除越冬幼虫** 在每年4月中旬，越冬幼虫化蛹前，清除玉米、向日葵等寄主植物残体，并刮除苹果、梨、桃等果树翘皮，集中处理，减少虫源。

2. 果实套袋　在套袋前结合防治其他病虫害喷药 1 次，消灭早期桃蛀螟所产的卵。

3. 诱杀成虫　根据桃蛀螟成虫趋光性强，可从成虫刚开始羽化时（未产卵前），晚上在果园内或周围用黑光灯或糖醋液诱集成虫，集中杀灭，还可用频振式杀虫灯进行诱杀，达到防治目的，可结合诱杀梨小食心虫进行。利用桃蛀螟雄蛾对雌蛾释放的性信息素具有明显趋性，采用人工合成的性信息素或者拟性信息素制成性诱芯放于田间，诱杀雄虫或干扰雄虫寻觅雌虫交尾，使雌虫不育而达到控制桃蛀螟的目的。

4. 拾毁落果和摘除虫果　处理果内幼虫。

5. 化学防治　不套袋的果园，要在第 1、第 2 代成虫产卵高峰期喷药，常用药剂及每亩的用量为：2.5% 三氟氯氰菊酯 33 mL，20% 甲氰菊酯 40 mL，2.5% 联苯菊酯 8 ~ 24 mL，50% 辛硫磷 80 mL。每隔 15 d 喷施 1 次。

6. 生物防治　生产上利用一些商品化的生物制剂，如昆虫病原线虫、苏云金杆菌（*Bacillus thuringiensis*）和白僵菌 ［*Beauveria bassiana*（Bals）］ 来防治桃蛀螟。

（五）杏球坚蚧

杏球坚蚧（*Didesmococcus koreanus* Borchs.），又名朝鲜球坚蚧、桃球坚蚧、朝鲜毛球蚧、杏毛球坚蚧，俗称"树虱子"，属于同翅目蚧科。

杏球坚蚧群集为害状　　　　杏球坚蚧为害状　　　　杏球坚蚧为害杏树

【分布与寄主】　分布于东北、华北、川贵等地区。寄主植物主要为杏、李、桃、梅等核果类果树。

【为害状】　虫口密度大，终生吸取寄主汁液。寄主受害后，生长不良，严重时枝条干枯，一旦发生，常在 1 ~ 2 年蔓延全园，如防治不及时，会使枝条甚至整株死亡。

【形态特征】

1. 成虫　雌成虫体近乎球形，后端直截，前端和身体两侧的下方弯曲，直径 3 ~ 4.5 mm，高 3.5 mm。初期介壳质软，黄褐色，后期硬化，红褐色至黑褐色，表面皱纹明显，体背面有纵列点刻 3 ~ 4 行或不成行。

2. 卵　椭圆形，长约 0.3 mm，粉红色，半透明，附着一层白色蜡粉。

【发生规律】　1 年发生 1 代，以 2 龄若虫固定在枝条裂缝处越冬，虫体覆盖蜡质，密度大时像结了一层白霜。其中以 3 ~ 5 年生枝较多，染虫枝与杏品种、虫栖息部位有关，被害树较轻时，以阴面较多，严重时不分阴阳面，且主干也有。翌年 3 月上中旬，若虫自白色蜡壳中爬出，迅速转移到小枝上，口器固定在枝条组织内吸食汁液，当杏花芽露红时不再活动。固定后雌雄开始分化，雌虫体上分泌蜡质，并逐渐膨大，形成球形蜡质介壳，初期体软，并分泌黏液，后期虫体坚硬。在虫体膨大过程中，虫体由灰褐色变成黄褐色，产卵前呈棕褐色。雄虫蜕皮 1 次，然后分泌蜡质，形成介壳，于其中化蛹，多在 4 月下旬至 5 月上旬开始羽化，5 月中上旬（花后 1 个月前后）为羽化盛期，雄虫与雌虫交尾后死亡。受精雌虫于 5 月中上旬产卵于介壳下，盛期为 5 月下旬，末期为 6 月中上旬，每雌产卵 600 粒以上，卵期 7 ~ 10 d。5 月下旬至 6 月上旬若虫开始孵化，6 月中上旬为孵化盛期。初孵若虫从母体下爬出，开始活动较慢，2 ~ 3 d 后迅速蔓延，寻找场所，小若虫 10 d 左右体背出现丝状物，活动减慢，再经 2 ~ 3 周后，集中固定在树枝上分泌白色蜡丝直到秋末，9 月上中旬 1 龄若虫蜕皮 1 次，然后在蜕皮壳中越冬。

其重要天敌是黑缘红瓢虫，其成虫、幼虫皆捕食蚧的若虫和雌成虫，1头幼虫一昼夜可取食5头雌虫，1头瓢虫的一生可捕食2 000余头，捕食量较大，是抑制杏球坚蚧大发生的重要因素。

【防治方法】 在发生较轻的杏园宜以人工防治为主，发生较重时则应以药剂防治为主，若两者结合，则效果更佳。

1. 人工防治 冬春季结合冬剪，剪除有虫枝条并集中处理。也可在3月上旬至4月下旬，即越冬若虫从白色蜡壳中爬出后到雌虫产卵而未孵化时，用草把或碎布团擦除越冬雌虫。这种方法能减少雌虫产卵，经济有效。

2. 药剂防治 对人工防治剩余的雌虫需抓住两个关键时期：

（1）早春防治：在萌芽前结合防治其他病虫，先喷1次5° Bé石硫合剂，然后在杏树萌芽后至花蕾露白期间，即越冬幼虫自蜡壳爬出40%左右并转移时，再喷1次48%毒死蜱乳油1 000倍液等，喷药最迟在雌壳变硬前进行。

（2）若虫孵化期防治：在5月中下旬连续喷药2次。第1次在若虫孵化出30%左右时，间隔1周再喷1次。可选用高效氯氰菊酯、吡虫啉、啶虫脒或0.5° Bé石硫合剂等，上述药剂中混加1%的中性洗衣粉可提高防治效果。

（六）杏园桑白蚧

杏园桑白蚧［*Pseudaulacaspis pentagona*（Taragioni-Tozzetti）］，又名桑盾蚧、杏介壳虫，属同翅目盾蚧科。

桑白蚧为害杏树枝干（1）　　　桑白蚧为害枝干（2）　　　桑白蚧为害树干（3）

【分布与寄主】 在我国分布很广，在海南、台湾至辽宁，华南、华东、华中、西南多省。本虫是南方桃、李树的重要害虫，除为害杏、桃、李外，尚可为害梅、桑、茶、柿、枇杷、无花果、杨、柳、丁香、苦楝等多种果树林木。

【为害状】 以雌成虫和若虫群集固着在枝干上吸食养分，严重时灰白色的介壳密集重叠，使枝条表面凹凸不平，树势衰弱，枯枝增多，甚至全株死亡。若不加有效防治，3～5年可将全园毁灭。

【形态特征】

1. 成虫 雌成虫橙黄色或橙红色，体扁平卵圆形，长约1 mm，腹部分节明显。雌介壳圆形，直径2～2.5 mm，略隆起，有螺旋纹，灰白色至灰褐色，壳点黄褐色，在介壳中央偏旁。雄成虫橙黄色至橙红色，体长0.6～0.7 mm，仅有翅1对。雄介壳细长，白色，长约1 mm，背面有3条纵脊，壳点橙黄色，位于介壳的前端。

2. 卵 椭圆形，长径仅0.25～0.3 mm。初产时淡粉红色，渐变淡黄褐色，孵化前橙红色。

3. 若虫 初孵若虫淡黄褐色，扁椭圆形，体长0.3 mm左右，可见触角、复眼和足，能爬行，腹末端具尾毛两根，体表有绵毛状物遮盖。蜕皮之后，眼、触角、足、尾毛均退化或消失，开始分泌蜡质介壳。

【发生规律】 广东每年发生5代，主要以受精雌虫在寄主上越冬。春天，越冬雌虫开始吸食树液，虫体迅速膨大，体内卵粒逐渐形成，遂将卵产在介壳内，每雌产卵50～120粒。卵期10 d左右（夏秋季节卵期4～7 d）。若虫孵出后具触角、复眼和胸足，从介壳底下各自爬向合适的处所，以口针插入树皮组织吸食汁液后就固定不再移动，经5～7 d开始分泌出白色蜡粉覆盖于体上。雌若虫期2龄，第2次蜕皮后变为雌成虫。雄若虫期也为2龄，第2次蜕皮后变为"前蛹"，再经蜕皮为"蛹"，最后羽化为具翅的雄成虫。但雄成虫寿命仅1 d左右，交尾后不久就死亡。

桑白蚧的天敌种类较多,桑白蚧褐黄蚜小蜂(*Prospaltella beriosei* How)是寄生性天敌中的优势种,红点唇瓢虫(*Chilocorus kuwanae* Silvestri)和日本方头甲(*Cybocophalus nipponicus* Endro dy-Younga)则是捕食性天敌中的优势种,它们是在自然界中控制桑白蚧的有效天敌。

【防治方法】 根据桑白蚧虫体结构和为害的特点,应采用人工防治、生物防治与化学防治相结合的综合治理。

1. **人工防治** 因其介壳较为松弛,可用硬毛刷或细钢丝刷刷除寄主枝干上的虫体。结合整形修剪,剪除被害严重的枝条。

2. **化学防治** 根据调查测报,抓准在初孵若虫分散爬行期实行药剂防治。使用48%毒死蜱乳油1 000倍液等防治。

3. **保护利用天敌** 田间寄生蜂的自然寄生率比较高,有时可达80%;此外,瓢虫、方头甲、草蛉等的捕食量也很大,应注意保护。

（七）杏园小绿叶蝉

杏园小绿叶蝉[*Empoasca flavescens*（Fab.）,异名 *E.pirisuga* Matsu.],别名桃小浮尘子、桃小叶蝉、桃小绿叶蝉等,属同翅目叶蝉科。

小绿叶蝉为害杏树,叶片斑点状失绿（1）

小绿叶蝉为害杏树,叶片斑点状失绿（2）

小绿叶蝉为害杏树,叶片呈现失绿斑点

小绿叶蝉成虫交尾

小绿叶蝉成虫

小绿叶蝉若虫

【分布与寄主】 除西藏、新疆、青海等省区未见报道外,广布全国各地。寄主有桃、杏、李、樱桃、梅、杨梅、葡萄、苹果、槟沙果、梨、山楂、柑橘、茶、豆类、棉花、烟草、禾谷类、甘蔗、芝麻、花生、向日葵、薯类等果树与作物。

【为害状】 成虫、若虫吸食芽、叶和枝梢的汁液,被害叶初期叶面出现黄白色斑点,渐扩成片,严重时全叶苍白早落。

【形态特征】【发生规律】 参见桃树害虫小绿叶蝉。

【防治方法】

（1）成虫出蛰前,及时刮除翘皮,清除落叶及杂草,减少越冬虫源。

（2）在越冬代成虫迁入杏园后,各代若虫孵化盛期及时喷洒10%吡虫啉可湿性粉剂2 000倍液、50%马拉硫磷乳油2 000倍液、1.8%阿维菌素3 000～4 000倍液、20%叶蝉散(灭扑威)乳油800倍液,均能收到较好效果。

（八）桑褶翅尺蛾

桑褶翅尺蛾（*Zamacra excavata* Dyar），又名桑刺尺蠖，属鳞翅目尺蛾科，食性杂。

【分布与寄主】　分布于我国东北、华北、华东等地。主要为害杏、李、苹果及月季、海棠、紫叶李等植物。

【为害状】　以幼虫食害花、叶片为主，3～4龄食量最大，严重时可将叶片全部吃光，影响树势和观赏效果。

桑褶翅尺蛾低龄幼虫在杏树叶片上

【形态特征】

1. **成虫**　雌蛾体长 14～15 mm，翅展 40～50 mm。体灰褐色。头部及胸部多毛。触角丝状。翅面有赤色和白色斑纹。前翅内、外横线外侧各有 1 条不太明显的褐色横线，后翅基部及端部灰褐色，近翅基部处为灰白色，中部有 1 条明显的灰褐色横线。静止时四翅皱叠竖起。后足胫节有距 2 对。尾部有 2 簇毛。雄蛾体长 12～14 mm，翅展 38 mm。全身体色较雌蛾略暗，触角羽毛状。腹部瘦，末端有成撮毛丛，其特征与雌蛾相似。

2. **卵**　椭圆形，0.3 mm × 0.6 mm。初产时深灰色，光滑。4～5 d 后变为深褐色，带金属光泽。卵体中央凹陷。孵化前几天，由深红色变为灰黑色。

3. **幼虫**　老熟幼虫体长 30～35 mm，黄绿色。头褐色，两侧色稍淡；前胸侧面黄色，幼虫显著特点是腹部第 1～8 节背部有黄色刺突，第 2～4 节上的明显地比较长，第 5 腹节背部有暗绿色刺 1 对，腹部第 4～8 节的亚背线粉绿色，气门黄色，围气门片黑色。

4. **蛹**　椭圆形，红褐色。长 14～17 mm，末端有 2 个坚硬的刺。茧灰褐色，表皮较粗糙。

【发生规律】　在河北唐山 1 年发生 1 代，以幼虫在树干基部树皮上作茧化蛹越冬，3 月下旬成虫羽化，4 月中上旬杏树长叶时幼虫孵化，5 月中下旬老熟幼虫开始化蛹。

成虫羽化产卵沿枝条排列成长块，很少散产，每个卵块有 300～800 粒，初产卵时为红褐色，后变为灰绿色。幼虫共 4 龄，颜色多变，1 龄虫为黑色，2 龄虫为红褐色，3 龄虫为绿色。1、2 龄虫一般昼伏夜出，3～4 龄虫昼夜为害，幼虫在小枝上停落时呈"？"形，且受惊后吐丝下垂。

【防治方法】　1、2 龄幼虫为防治敏感期，这一时期进行防治，能收到事半功倍的效果。
1. **人工防治**　3 月底至 4 月中旬集中剪除带卵枝。
2. **物理防治**　用黑光灯诱杀成虫。
3. **化学防治**　用触杀剂、胃毒剂、菊酯类或 BT 乳剂等药物进行防治。

（九）杏白带麦蛾

杏白带麦蛾成虫

杏白带麦蛾高龄幼虫

杏白带麦蛾（*Recurvaria syrictis* Meyrick），又名环纹贴叶麦蛾，属鳞翅目麦蛾科。

【分布与寄主】 分布于河北、河南、山西、陕西等省。寄主有桃、李、杏、樱桃、苹果、沙果等果树。

【为害状】 多于卷叶虫为害的卷叶内或两叶相贴之处吐白丝黏缀两叶，幼虫潜伏其中，食害附近叶肉，形成不规则的斑痕，仅残留表皮和叶脉，日久叶片变褐干枯。

【形态特征】
1. **成虫** 体长 7 ~ 8 mm，体略呈灰色，头胸背面银白色，腹部灰色。前翅狭长披针形，灰黑色，杂生银白色鳞片，以前缘和翅端白鳞较多；后缘自翅基至端部纵贯 1 条银白色带，约占翅宽的 1/3 强，带的前缘略呈三度弯曲，栖息时在体背形成一条略似串珠状银白色纵带；缘毛灰黄色至灰色，翅端缘毛较长。
2. **幼虫** 体长 6 ~ 7 mm，长纺锤形、略扁。头部黄褐色。前胸盾片棕褐色，略呈月牙形，中部为 1 条白色细纵线而分成左右两块。中胸至腹末各体节前半部淡紫红色至暗红色，后半部淡黄白色，貌似全体呈红白鲜明的环纹状。
3. **蛹** 长 4 mm，纺锤形，略扁，淡黄色至黄褐色。触角端、前翅芽与后足端平齐。腹末有 6 根刺毛。
4. **茧** 长 6 ~ 7 mm，长椭圆形，灰白色，可透见蛹体。

【发生规律】 10 月中下旬末代幼虫在枝干皮缝中结茧化蛹，以蛹越冬，10 月底全部化蛹越冬。翌年 4 月中下旬至 5 月中旬羽化。成虫很活泼，多夜晚活动，羽化后不久即可交尾、产卵，卵散产于叶上。成虫寿命 7d 左右。5 月中下旬田间始见幼虫，幼虫较活泼、爬行迅速，触动时迅速扭动身体、吐丝下垂，6 月中下旬陆续老熟，于被害叶内结茧化蛹。1 年约发生 3 代。

【防治方法】
1. **人工防治** 冬春刮树皮集中处理可清除部分越冬蛹。
2. **药剂防治** 幼虫为害期，喷洒 25% 灭幼脲 1 500 倍液或 20% 灭幼脲 4 号（氟幼灵）5 000 倍液；20% 甲氰菊酯乳油 2 000 倍液，或 2.5% 溴氰菊酯 3 000 倍液，20% 杀灭菊酯 3 000 倍液均有良好效果。

（一〇）杏园桃粉蚜

桃粉蚜为害新梢

桃粉蚜为害新梢叶片致卷曲

桃粉蚜为害杏树叶片

桃粉蚜为害杏树状

桃粉蚜早春在杏树幼叶背面　　　　　　　　　桃粉蚜为害杏树叶片

桃粉蚜为害杏树叶片　　　　　　　　　桃粉蚜早春为害杏树花蕾

瓢虫在桃粉蚜为害杏树叶片处产卵　　　　　　　七星瓢虫幼虫捕食桃粉蚜

　　杏园桃粉蚜〔*Hyalopterus amygdali*（Blanchard）〕，别名桃粉蚜、桃大尾蚜、桃粉大蚜、桃粉绿蚜、梅蚜，属同翅目蚜科。

　　【分布与寄主】　　我国南北果区都有分布。寄主有桃、李、杏、樱桃、梅等果树及观赏树木；夏、秋寄主（第二寄主）为禾本科杂草。

　　【为害状】　　无翅胎生雌蚜和若蚜群集于枝梢和嫩叶背面吸汁为害，被害叶向背对合纵卷，叶上常有白色蜡状的分泌物（为蜜露），常引起煤污病发生，严重时使枝叶呈暗黑色，影响植株生长和观赏价值。

　　【形态特征】　　同桃树害虫桃粉蚜。

　　【发生规律】　　在北方 1 年发生 10 多代，南方 1 年发生 20 余代。生活周期类型属侨迁式，以卵在冬寄主的芽腋、裂缝及短枝杈处越冬。在北方 4 月上旬越冬卵孵化为若蚜，为害幼芽嫩叶，发育为成蚜后，进行孤雌生殖，胎生繁殖。5 月出现胎生有翅蚜，迁飞传播，继续胎生繁殖，点片发生，数量日渐增多。5 ~ 7 月繁殖最盛，为害严重，此期间叶背布满虫体，叶片边缘稍向背面纵卷。8 ~ 9 月迁飞至其他植物上为害，10 月又回到冬寄主上，为害一段时间，出现有翅雄蚜和无翅雌蚜，交尾后进行有性繁殖，在枝条上产卵越冬。在南方2月中下旬至3月上旬，卵孵化为干母，为害新芽嫩叶。干母成熟后，营孤雌生殖，繁殖后代。4月下旬至5月上旬是雌蚜繁殖盛期，也是全年为害最严重的时期。5月中旬至6月上旬，产生大量有翅蚜，迁移至其他寄主上继续胎生繁殖。10月下旬至11月上旬，又产生有翅蚜，迁回越冬寄主上。11月下旬至12月上旬进入越冬期。

【防治方法】

1. **农业防治**　清除越冬卵，结合冬季修剪，除去有虫卵的枝条，可减少第2年的虫源。

2. **药剂防治**　在卵量大的情况下，可于萌芽前喷洒3°~4°Bé石硫合剂，5%柴油乳剂或选用20%菊杀乳油2 000倍液或10%吡虫啉3 000倍液可湿性粉剂喷施。

3. **生态防治**　桃粉蚜天敌很多，如瓢虫、草蛉、食蚜蝇等。在用药时要尽量减少喷药次数，尽量选用有选择性的杀虫剂，保护天敌。

（一一）杏瘤蚜

杏瘤蚜（*Myzus mumecola* Matsumura），别名梅瘤蚜，属同翅目蚜科。

杏瘤蚜为害状　　　　　杏瘤蚜为害杏树，造成卷叶　　　　　杏瘤蚜在卷叶内

【分布与寄主】　国内分布于北京、内蒙古、青海、甘肃。寄主为杏、梅果树。

【为害状】　为害杏嫩叶背面，使之纵卷。

【形态特征】　无翅孤雌蚜淡绿色、淡黄色。腹管长圆筒形，为体长的1/4倍。尾片短圆锥形，末端钝，长不大于基宽，有长曲毛6~8根。

【发生规律】　尚不详。

【防治方法】　参考桃纵卷瘤蚜。

（一二）杏园山楂叶螨

杏园山楂叶螨（*Tetranychus viennensis* Zacher）又名山楂红蜘蛛、樱桃红蜘蛛，属蛛形纲蜱螨亚纲前气门目叶螨科。

【分布与寄主】　国内广泛分布于河北、北京、天津、辽宁、山西、山东、陕西、河南、江苏、江西、湖北、广西、宁夏、甘肃、青海、新疆、西藏等省（市、区），是仁果类和核果类果树的主要害螨之一。主要寄主有苹果、梨、桃、李、杏、沙果、山楂、海棠、樱桃等果树，也可为害草莓、黑莓、法国梧桐、梧桐、泡桐等植物。

【为害状】　成若螨、幼螨刺吸芽、叶、果的汁液。叶受害后，呈现失绿小斑点，逐渐扩大连片。严重时全叶苍白枯焦早落，

山楂叶螨为害状

山楂叶螨成螨在杏树叶片上吐丝结网

山楂叶螨成螨在杏树叶片背面为害

常造成二次发芽开花，削弱树势，既影响当年产量，又影响来年产量。当虫口数量较大时，在叶片上吐丝结网，全树叶片失绿，尤其是内膛叶和上部叶片干枯脱落，甚至全树叶片落光。

【形态特征】【发生规律】【防治方法】　可以参考桃树山楂叶螨。

（一三）黑腹果蝇

黑腹果蝇（*Drosophila melanogaster* Meigen），属双翅目果蝇科。

黑腹果蝇成虫

黑腹果蝇幼虫

【分布与寄主】　黑腹果蝇原产于热带或亚热带，现分布于全世界各地，并且在人类的居室内过冬。此类果蝇因几乎可以为害各种濒临腐烂的水果，故得此名。

【为害状】　以幼虫蛀果为害，幼虫先在果实表层为害，然后向果心蛀食，被害后的果实逐渐软化、变褐、腐烂。幼虫发育成老熟幼虫后咬破果皮脱果。一个果实上往往有多头果蝇为害，幼虫脱后表皮上留有多个虫眼。被果蝇蛀食后的果实很快变质腐烂。果实成熟度越高果肉越软，为害越严重，成熟期一致的不同品种之间，果肉硬度高的品种果实受害率明显低于果肉硬度低的品种。

【形态特征】

1. **成虫**　体较小，长约 3 mm，黄褐色，腹末有黑色环纹，复眼有红白变形，单眼 3 个，后翅退化为平衡棒，背面前端有 1 对触角丝，触角芒状。翅透明，前缘脉上有 2 个缺口，腹部粗短。雌成虫腹部末端尖细，颜色较浅，有黑色环纹 7 节。

2. **幼虫**　蛆状，长 3.0 ~ 4.3 mm，体色依所食用的果肉汁液颜色而变，一般白色，食用红色果肉汁液的幼虫体色加深，变为淡红褐色；前端圆锥形，头小，有明显的黑色锉状口钩。

3. **蛹**　长 3.1 ~ 3.8 mm，红褐色，前面有 1 对 1.2 ~ 1.5 mm 的触角。

4. 卵　大小为（0.5 ~ 0.6）mm ×（0.2 ~ 0.3）mm，前面有 1 对细长丝状触角，与卵等长，呈 60° 夹角。

【发生规律】　果蝇成虫为舐吸式口器，主要以水果汁液为食，对发酵果汁和糖醋液等有较强的趋性。饲养发现成虫可存活 25 ~ 40 d，在不供给食物的条件下，雌雄成虫可存活 50 h 左右；在不供给水的条件下，可存活 2 ~ 24 h。成虫在 8 ~ 33 ℃均可生存，当气温低于 8 ℃时，果蝇成虫不在田间活动，多聚集于果壳（如葡萄）、烂果（如苹果、梨）幼虫取食后的孔穴里；温度高于 33 ℃时，果蝇成虫陆续死亡，以 25 ℃左右为最适宜。果蝇成虫飞翔距离较短，多在背阴和弱光处活动，多数时间栖息于杂草丛生的潮湿地里。

雌成虫交尾后 24 h 可产卵。在果实上产卵时，雌虫先找到合适的产卵果（成熟后表皮软的果实），在果面上爬行几分钟后，先用腹末端的刺状物刺破果实表皮，然后通过导卵器将卵产于表皮下 1 mm 处。一头雌虫一般每果产 1 粒或数粒卵，卵如炮弹状镶在果肉内。如遇腐烂的果实，果面湿润，雌虫可直接将卵产在腐烂的水果表面。肉眼可见腐烂果面上有果蝇所产的卵。雌虫每天最多可产 40 多粒卵。

卵的孵化和幼虫：卵在 25 ℃条件下发育，20 h 后可陆续孵化，40 h 内孵化完毕。卵初产时为白色透明，长椭圆形，临近孵化时为白色，口钩（黑色）明显可见。孵化时幼虫凭借自身的蠕动和口钩的力量破卵而出，开始在果肉汁液里蠕动，并挥动口钩取食。25℃左右下，幼虫 5 d 左右可发育为老熟幼虫。

【防治方法】

1. **人工防治**　果实成熟前，清除果园内腐烂水果；及时清理落果、裂果、病虫果及其他残次果。

2. **物理防治**　利用糖醋液等诱杀果蝇成虫。按糖：醋：果酒：橙汁：水 =1.5 ∶ 1 ∶ 1 ∶ 1 ∶ 10 的比例配制糖醋液，将配制好的糖醋液盛入小的塑料盆中，每盆 400 ~ 500 mL，悬挂于树下阴处，每亩 10 ~ 15 处，多数悬挂于接近地面处，少数悬挂于距地面 1 m 和 1.5 m 处。每日捞出诱到的成虫深埋，定期补充诱杀液，使其始终保持原浓度。

3. **化学防治**

（1）树上防治：在防治园悬挂糖醋液的同时，树上喷施 0.6% 苦内酯水剂 1 000 倍液。喷施药液中加入配制好的 3% 糖醋液。喷施时每株树重点喷施内膛部分。

（2）地面防治：树上防治的同时，在果园地面、地埂杂草丛生处，喷施无公害杀虫剂农药；第一次施药后每间隔 10 d 重喷上述药剂 1 次。所选农药有 2.0% 阿维菌素乳油 4 000 倍液、40% 毒死蜱乳油 1 500 倍液。喷药时仅喷杂草丛生处，无草地面可不喷施。每次喷施药液中同样加入 3% 糖醋液。

第六部分　樱桃病虫害

一、樱桃病害

（一）樱桃褐斑病

樱桃褐斑病又名樱桃穿孔性褐斑病、叶片穿孔病，是为害樱桃叶片最主要的病害。

【症状】　发病初期，叶片上形成针头大的紫色小斑点，以后扩大，有的相互融合，形成圆形褐色病斑，上生黑色小粒点，即病菌的子囊壳及分生孢子块。这有别于细菌性穿孔病，最后病斑干燥收缩，周缘产生离层，常由此脱落成褐色穿孔，边缘不明显，多提早落叶。

【病原】　本病是由核果穿孔尾孢霉菌（*Cercospora* sp.）侵染所致。病斑上的霉状物为病原菌的分生孢子梗和分生孢子。

【发生规律】　病菌主要以菌丝体在病叶上或受害枝梢的病组织内越冬。翌年春天，随着气温的回升和雨水的到来，病菌产生分生孢子。分

樱桃褐斑病叶片病斑

生孢子借风雨传播，侵染叶片。病害在地势低注、通风差、阴湿的果园或多雨的年份发生较重。

凡高温多雨年份，尤其是雨后高温，极有利于病害暴发与流行。虚旺树、弱树，枝条又细又软、叶片又小又薄，易染病。种植环境密闭，因栽植过密或修剪方法不当，致使果园郁闭，通风透光条件差，病菌易发生、流行。果园以中下部和内膛发病较重。褐斑穿孔病菌和叶斑病菌都有潜伏期，潜伏期一般为 1 ~ 2 周，从表现症状到病叶脱落需经 13 ~ 55 d。

【防治方法】

1. **农业防治**　合理修剪，果园通风透光良好，降低果园湿度，创造不利于病害发生的条件。

2. **人工防治**　清扫地面落叶、落果，集中深埋，以消灭越冬菌源。

3. **药剂防治**　果树发芽前（芽萌动期），全树均匀喷布 4°~ 5° Bé 石硫合剂或 1：1：100 波尔多液，铲除枝条上越冬的菌源。发病初期，喷布 65% 代森锌可湿性粉剂 500 倍液或 70% 代森锰锌可湿性粉剂 700 倍液，75% 百菌清可湿性粉剂 600 倍液，50% 异菌脲可湿性粉剂 1 500 倍液或 10% 苯醚甲环唑水分散粒剂 2 000 倍液。

（二）樱桃青霉病

樱桃青霉病是樱桃成熟期和贮藏期常见的一种侵染性病害。分布普遍。除为害樱桃外，还为害葡萄、梨等果树。

【症状】　樱桃青霉病主要为害成熟或近成熟果实，发生在果实的伤口部位。病斑黄白色，近圆形，果肉圆锥状软腐并向果心发展。条件适宜时，10 余天便全果腐烂。高温高湿时，病斑表面丛生小瘤状霉块，初为白色，后变为青绿色，上面被覆粉状物。烂果肉有很浓的霉烂味。

【病原】　病原菌 *Penicillium expansum*（Link）Thom 称扩展青霉，属半知菌类真菌。菌落粒状，粉层较薄，灰绿色，背面无色，白色边线宽 2 ~ 2.5 mm，灰白色，帚状枝不对称。分生孢子梗直立，具分隔，顶端 1 ~ 2 次分枝，小梗细长，

瓶状；梗顶念珠状串生分生孢子，无色，单胞，圆形或扁圆形，大小为（3.0 ~ 3.5）μm×（3.5 ~ 4.2）μm。分生孢子集结时呈青绿色。

櫻桃青霉病

【发生规律】　此病主要发生在贮藏运输期间，病菌经伤口侵入致病，也可由果柄和萼凹处侵入，很少经果实皮孔侵入。病菌孢子能忍耐不良环境条件，随气流传播，也可通过病、健果接触传病；分生孢子落到果实伤口上，便迅速萌发，侵入果肉，产生毒素及分解中胶层，致细胞离解，使果肉软腐。有时毒素也可混进苹果汁里。气温 25 ℃左右，病害发展最快；0 ℃时孢子虽不能萌发，但侵入的菌丝能缓慢生长，果腐继续扩展；靠近烂果的果实，如表面有创伤，烂果上的菌丝会直接侵入健果而引起腐烂。在贮藏期及末期，窖温较高时病害扩展快，在冬季低温下病果数量增长很少。分生孢子萌发温限 3 ~ 30 ℃，适温 15 ℃；相对湿度大于 90% 不能萌发，最适 pH 值 4。菌丝生长温度为 13 ~ 30 ℃，适温 20 ℃。塑料袋袋装贮藏发病多。

【防治方法】　在采收、包装、运输和贮藏过程中，尽量减少果实创伤，及时把伤、病、烂果挑出处理。

（三）樱桃黑霉病

樱桃黑霉病主要为害成熟的果实。

【症状】　樱桃黑霉病发病初期，果实变软，很快呈暗褐色软腐，用手触摸果皮即破，果汁流出，病害发展到中后期，在病果表面长出许多白色菌丝和细小的黑色点状物，即病菌的孢子囊。

【病原】　黑根霉菌（*Rhizopus nigricans*），属接合菌亚门真菌。病菌是一种喜温的弱寄生菌，孢子主要借气流传播，通过果实表面的伤口侵入，病果与健果接触也能传播。高温高湿有利于该病害的发生。

櫻桃黑霉病为害状（1）

櫻桃黑霉病为害状（2）

【发病规律】　病菌是一种喜温的弱寄生菌，孢子主要借气流传播，通过果实表面的伤口侵入，病果与健果接触也能传播。高温高湿有利于该病害的发生。

【防治方法】
（1）适时采收，避免伤口，减少病菌侵染。采收后及时清除伤果和病果。
（2）樱桃近成熟期，喷施下列药剂：50% 腐霉利可湿性粉剂 1 500 倍液，50% 多菌灵可湿性粉剂 800 倍液，50% 异菌脲可湿性粉剂 1 500 倍液，70% 甲基硫菌灵可湿性粉剂 1 000 倍液。

（四）樱桃灰霉病

樱桃灰霉病是棚栽大樱桃发生最早的病害。该病为害花瓣、叶片和幼果。

樱桃灰霉病初期软腐状

樱桃灰霉病发病后期布满鼠灰色霉层

【症状】　花被片及花托易受侵染，并附着在幼果上，引起幼果发病。幼果上病斑初为暗绿色，凹陷，后引起全果发病，造成落果。成熟果实表面出现褐色凹陷病斑，很快整个果实软腐，长出鼠灰色霉层，不久在病部长出黑色块状物。

【病原】　病原菌 *Botrytis cinerea* Pers 是葡萄孢属的灰葡萄孢菌，可侵染桃、杏、番茄、茄子、黄瓜、西葫芦、菜豆等多种作物。病原菌菌丝在 2～31 ℃均能生长，20～25 ℃最为适宜，10 ℃以下和 30 ℃以上生长明显减弱。

【发病规律】　多雨潮湿和较凉的天气条件适宜灰霉病的发生。病菌的发育以 20～24 ℃最适宜，因此，春季桃花期，不太高的气温又遇上连阴雨天，空气潮湿，最容易诱发灰霉病的流行，本病常造成大量花腐烂脱落；坐果后，果实逐渐膨大便很少发病。另一个易发病的阶段是果实成熟期，如天气潮湿亦易造成烂果。地势低洼，枝梢徒长郁闭，杂草丛生，通风透光不良的果园，发病较重。管理粗放，施肥不足，机械伤、虫伤多的果园发病较重。

棚内湿度过大、通风不良和光照不足易发病。在棚内湿度超过 85% 的情况下，即使其他条件都好，灰霉病亦照常发生，由蔬菜改植樱桃的大棚内更易发生此病。

【防治方法】
1. **果园清洁**　结合其他病害的防治，彻底清园和搞好越冬休眠期的防治。
2. **加强果园管理**　控制速效氮肥的使用，防止枝梢徒长，抑制营养生长，对过旺的枝蔓进行适当修剪，或喷生长抑制素，搞好果园的通风透光，降低田间湿度。大棚栽植的要尽量降低棚内湿度。
3. **药剂防治**　可使用 40% 嘧霉胺悬浮剂或 40% 腐霉利可湿性粉剂或乙霉多菌灵。已发过病的大棚，在扣棚升温后用烟雾剂熏蒸大棚；未发病的大棚可在大樱桃末花期开始熏蒸，每亩大棚用 10% 腐霉利烟雾剂 400 g，在树的行间分 10 个点燃烧，封棚 2 h 以上再通风，熏蒸 2～3 次即可。用烟雾剂进行早期防治是关键。
4. **生物防治**　灰霉病为低温高湿时常发病害，除做好相应的农业措施外（白天保持通风干燥），也要结合使用生物药剂进行防治。于发病前或初期使用 3 亿 CFU/g 哈茨木霉菌 300 倍液喷雾，对水喷雾，每隔 5～7 d 喷施 1 次，发病严重时缩短用药间隔，同时可结合有机硅增加附着性，效果更明显。

（五）樱桃花叶病

樱桃花叶病在我国部分地区有发生，但近几年由于从国外广泛引种，带入此病，有蔓延的趋势。

【症状】　樱桃感病后生长缓慢，开花略晚，果实稍扁，微有苦味。早春发芽后不久，即出现黄叶，4～5 月最多，叶片黄化但不变形，只呈现鲜黄色病部或乳白色、杂色，或发生褪绿斑点和扩散，高温适宜樱桃花叶病发生。尤其在保护地栽培中发病较重。

【病原】　可能是病毒类。

【发病规律】　主要通过嫁接传播，无论是砧木还是接穗带毒，均可形成新的病株。

【防治方法】　在局部发现病株及时挖除销毁，防止扩散。采用无毒材料（砧木和接穗）进行苗木繁育。若发现有病株，不得外流接穗。修剪工具要消毒，避免传染。局部地块对病株要加强管理，增施有机肥，提高抗病能力。蚜虫发生期，喷药防治蚜虫。

樱桃花叶病

（六）大樱桃畸形果

大樱桃原产西亚，属温带落叶果树，在欧洲南部进行品种改良后传到美国，现在有50多个国家进行栽培。我国的大樱桃最早在胶东半岛（烟台）和辽东半岛（大连）的冷凉地区栽培，以后又扩大到华北、西北、西南高地和中部地区栽培。但由于中部地区气候多属于温暖地带，大樱桃栽培时常发生结实不稳定、畸形果（双子果）多、着色不良、裂果等问题。特别是双子果多、结实不稳定成了生产上的问题，严重地影响了果实的商品价值。

樱桃畸形果（1）

樱桃畸形果（2）

【症状】　樱桃畸形果主要表现为单柄联体双果、单柄联体三果。畸形果的花雌蕊柱头常出现双柱头或多柱头。

【病因】　双子果为一朵花有2个雌蕊而形成的形态异常果，在温暖地区栽培时发生多，根据年份和品种有时高达50%以上。试验结果表明：在花芽分化的前期，特别是萼片和花瓣的分化期，如遇高温2个雌蕊的花就显著增加；而在花芽分化的后期（雄蕊开始分化后），对盆栽大樱桃树进行高温处理，也没有增加2个雌蕊的花。在温暖地区栽培大樱桃时，7月中上旬正是萼片和花瓣的分化期，此时正遇高温气候，温度常超过30℃，因此，容易产生2个雌蕊的花。另外，也有报道：桃、杏在高温干燥条件下，易产生2个雌蕊的花。但试验表明：人为控制土壤湿度，在干燥的土壤条件下，也没有发现2个雌蕊的花增加。因此，土壤干燥不是2个雌蕊的花形成的主要原因。

【发病规律】　大樱桃花芽分化期，夏季异常高温是引起翌年出现畸形花、畸形果的原因。花芽分化对高温最敏感，此期间遇到30℃以上的高温，翌年畸形果的发生率会大大增加。樱桃产区花芽生理分化期是在5月新梢停止生长后开始，7～8月进入花芽分化期，此时正是持续高温炎热的天气，最易引起花芽的异常分化形成双雌蕊花芽。

【防治方法】

1. 采用设施栽培　利用温室、大棚进行设施栽培时，于开花前到开花后的15 d内，将温度控制在20℃以下，由于采用设施栽培，大樱桃的生育期可提前15～20 d，这样使萼片和花瓣在分化时避开了7月中上旬的高温期，减少了双子果的产生。

2. **采用遮阳网栽培**　露地栽培的盛果期大樱桃，在开花期和盛夏（7月中上旬至8月下旬），采用遮阳网遮光，避免温度过高。在开花期遮光，由于叶片尚未彻底展开，此时开花结果主要依靠上一年的贮藏养分，因此，遮光对叶片的光合作用及开花结果影响不大。有试验结果表明：夏季温度较高的年份（遮光率53%）和夏季温度高的年份（遮光率78%），均能显著降低2个雌蕊的花的比率；试验还表明：夏季用遮阳网遮光，不仅没有降低光合速率，反而提高了光合速率，抑制了叶片日灼的产生，增加了树体的贮藏养分，延长了翌春胚珠的寿命，提高了坐果率。在夏季同时要注意及时灌水，防止土壤干燥，以利花芽分化。

3. **施用硼肥**　在缺硼的大樱桃园，秋季土施或喷布硼肥（硼砂或硼酸），也可延长胚珠的寿命，提高坐果率。

（七）樱桃树缺铁

樱桃树缺铁会严重影响其生长和产量以及产品的品质。

樱桃树缺铁新叶变黄色　　　　樱桃树缺铁新叶黄化，叶脉残留绿色　　　　樱桃树缺铁黄叶

【症状】　新梢节间短，发枝力弱。严重缺铁时，新梢顶端枯死、嫩叶变黄，叶脉两侧及下部老叶仍为绿色，后随新梢长大，全叶变为黄白色，并出现茶褐色坏死斑。病情严重的，新梢中、上部叶变小早落或呈光秃状。果实品质变差，产量下降。数年后树冠稀疏，树势衰弱，致全树死亡。

【病因】　铁是叶绿素形成不可缺少的元素，在植株体内很难转移，所以叶片"失绿症"是植株缺铁的表现，并且这种失绿首先表现在幼嫩叶片上。

【发病规律】　土壤pH值高、石灰含量高或土壤含水量高，均易造成缺铁。磷肥、氮肥施入过多，可导致树体缺铁。另外，铜不利于铁的吸收，锰和锌过多也会加重缺铁。

【防治方法】
（1）施有机肥，增加土壤中有机质含量，改良土壤结构及理化性质。
（2）注意各营养元素的平衡关系，容易缺铁的果园，要注意控制氮肥与磷肥的施用量。
（3）酸性土壤施石灰不要过量，过量的钙会引起缺铁失绿症状。
（4）发病严重的樱桃树，在发芽前可喷施0.3%～0.5%硫酸亚铁液。

（八）樱桃树流胶病

【症状】　樱桃树流胶病是樱桃的一种常见病害，主要为害樱桃主干和主枝，初期枝干的枝杈或伤口处肿胀，流出黄白色半透明的黏质物，皮层及木质部变褐腐朽。

【病因】　有以下几种：
1. **寄生性真菌、细菌为害**　如干腐病、腐烂病、穿孔病等引起流胶。

樱桃树流胶病（1）　　　　　　　　　　　　　　樱桃树流胶病（2）

2. 虫害　特别是蛀干害虫，所造成的伤口诱发流胶，如吉丁虫、红颈天牛等。

3. 机械损伤　过重修剪，剪锯口，以及冻害、日灼等也能引起流胶。

4. 建园不合理　土壤黏重，通气不良，排水不良，园区积水过多，使树体产生生理障碍，也能引起流胶。借风雨传播，4～10月都可侵染，多以伤口侵入，以前期发病重。病菌为弱寄生菌，只能侵害弱树和弱枝，树势越弱发病越重。

【**发病规律**】　病菌以菌丝体、子座和分生孢子器在病部越冬，并可在病枝上存活多年。天气潮湿时从分生孢子器逸出块状的分生孢子角，里面含有大量的分生孢子。分生孢子靠雨水分散、传播到枝干上，萌发后从皮孔或伤口侵入。

【**防治方法**】

1. 涂白防冻　秋季落叶后，应及时涂白防冻。用生石灰制作好石灰水后，一定要往石灰水中加入少量食盐。

2. 避免伤口　田间管理时应尽量避免机械或人为损伤。修剪时应及时剪除树冠内重叠枝、交叉枝，防止摩擦伤；尽量使用修剪梯，不要在树上作业，避免损伤树皮。

3. 加强栽培管理　多施有机肥，提高树体抗病力；避免在黏重土地建园；注意排涝，雨后、浇水后要及时中耕松土，改善土壤透气状况和理化性状。

4. 及时刮除病部　对已经发生流胶的枝干要及时刮除，然后用石硫合剂涂抹伤口。刮除病斑后均匀涂抹 2.3% 辛菌胺 50～100 倍液药剂，在生长期，隔 10 d 用甲基托布津等杀菌剂均匀喷雾 1 次。

（九）樱桃裂果

　　有些年份甜樱桃裂果比较重，裂果率达到50%左右，并且可引起烂果，严重影响了果品质量及经济效益。

【**症状**】　裂果主要有三种类型即横裂、纵裂和三角形裂，果实一旦开裂，不但使果实失去商品价值，还可招致霉菌侵染。

【**病因**】

1. 品种　果皮薄、结构较松、细胞间隙大的品种易裂果。乌克兰系列品种裂果重。果肉弹性好的品种裂果轻，果肉硬的裂果重，如红艳、红蜜裂果轻，布鲁克斯、红灯裂果重。坐果率高的裂果轻，坐果率低的裂果重。结实率高的树供给平均每个果实的水分、营养相对较少，果实膨胀率减慢，裂果较轻。

2. 气候　果实生长前期，土壤长时间处于干旱状态，在近成熟期，若遇到连续降雨或暴雨，土壤中的含水量急剧增加，果肉细胞便迅速吸水膨大，果实膨压增加，引起表皮胀裂。采收前过量灌水或灌水不当，也都会引起裂果。着生于树冠外围的果实易裂果，原因是外围的果实受到日灼、机械损伤和病虫等为害，表皮生

樱桃裂果

长受阻，韧性降低，遇雨后在伤痕处产生裂纹。

3. **果园立地条件** 土壤疏松、排水条件好的沙壤土裂果轻，排水条件差、黏重土壤裂果重。黏土地土壤通透性差，遇雨后或者浇水后，水分不易流失，从而使土壤含水量增大，土壤含水过大，根系吸收的水分大量运输到果实，果实细胞因吸水膨大而裂果。排水好的沙壤土浇水后水分迅速渗透，土壤不易板结，土壤保水能力好，根系吸水均匀，因而不易裂果，如一些沙土地、山地、有机质含量高的地块裂果轻。

4. **土壤水分含量** 果实近成熟期遇雨或大水漫灌，造成土壤湿度急剧变化，水分通过根系运输到果实，使果肉细胞迅速膨大，果实中的膨胀压增大，胀破果皮，造成裂果。空气中水分含量的急剧变化，也造成裂果，如果实成熟期因阴天或下雨，造成大棚内空气湿度增大（80%以上），晴天后或突然放风造成棚内湿度急剧变小，也会造成大量裂果。

【**发病规律**】 因樱桃品种不同，发病轻重不同，但主要与果实近成熟期的降雨有关。裂果主要发生在果实膨大期，由于水分供应不均匀，或后期天气干旱，突然降雨或浇水，果树吸水后果实迅速膨大，果肉膨大的速度快于果皮膨大的速度而造成裂果。土壤有机质含量低，黏土壤通气性差，土壤板结，干旱缺水时裂果重。

【**防治方法**】
1. **尽量选用抗裂果的品种** 目前没有完全抗裂果的品种，但晚熟品种"先锋""雷尼尔""拉宾斯""萨米脱"等裂果较轻。
2. **保持土壤湿度相对稳定** 地膜覆盖，调节土壤湿度变化。在果实着色前1周开始停止浇水灌溉。
3. **保持土壤疏松** 经常中耕除草，保持根系通气良好，防止土壤板结。有条件的地方，可掺沙子进行土壤改良。排水性能差的果园，及时排水防涝，避免长时间积水。
4. **使用保水剂** 在土面撒保水剂，每平方米用量20～50 g，保水剂在浇水时充分吸收水分，以后水分可以缓慢释放，调节土壤湿度，有效地减少裂果。
5. **增施有机肥** 提高土壤有机质含量，调节土壤对水分缓冲能力。
6. **搭建塑料薄膜遮雨大篷** 在果实开始着色前，搭建防雨篷，下雨时将覆盖的薄膜展开，起到防雨作用。雨后收拢薄膜，以保证植株正常的光照不受影响，可达到预防裂果的目的。

二、樱桃害虫

（一）樱桃实蜂

樱桃实蜂（*Hoplocampa dangensis* Xiao），属膜翅目叶蜂科。

樱桃实蜂为害樱桃幼果

樱桃实蜂成虫

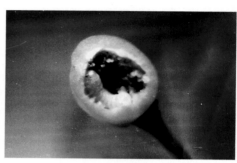

樱桃实蜂幼虫蛀害樱桃幼果

樱桃实蜂为害樱桃果实，果面有虫孔

樱桃实蜂幼虫入土作茧

樱桃实蜂为害樱桃幼果，致变黄（左）

樱桃实蜂幼虫为害樱桃

【分布与寄主】　初步查明，樱桃实蜂分布于陕西丹凤、商南和西乡县以及河南卢氏县等。以幼虫蛀食樱桃果实，虫果率达 50% 左右。

【为害状】 以幼虫蛀入樱桃幼果内取食果核、果仁和果肉，幼果被害后，果实表面出现浅褐色蛀果孔，蛀孔周围堆有少量虫粪。随后蛀果孔渐渐愈合为小黑点，随着幼虫生长，果内充满虫粪，果顶变红，幼虫老熟后，多数在果柄附近咬一个圆形脱果孔脱落。为害严重时常造成树势衰弱，大量果实提前脱落，影响产量和果实品质。

【形态特征】

1. **成虫** 体长4.0 ~ 5.0 mm，雄虫小，头和胸部腹部背板黑色，上颚尖端红黄色，翅透明，具微褐色，翅脉翅痣边缘灰黄色，足基节、转节及腿节基部黑色，胫节及跗节的1 ~ 2节黄褐色。前足胫节端部有2个端距，一长一短。

2. **卵** 长椭圆形，乳白色，大小为（0.6 ~ 0.8）mm×（0.4 ~ 0.6）mm。

3. **幼虫** 5龄，老熟幼虫体长8.4 ~ 9.5 mm。头淡褐色，体黄白色，3对胸足发达，腹足7对不发达。

4. **蛹** 为裸蛹，初为淡黄色，后变黑色，长4.2 ~ 6 mm。茧土褐色，圆柱形，长4.3 ~ 6.5 mm。

【发生规律】 樱桃实蜂在陕西丹凤1年发生1代。4月下旬开始以老龄幼虫在土壤4 ~ 8 cm处结茧夏眠，12月化蛹过冬。翌年3月中下旬樱桃花期成虫羽化上树，在花托表皮下产卵，卵期6 ~ 8 d。幼虫从果顶一侧蛀入。幼虫5龄，在果内取食种核和果肉，为害21 ~ 29 d，自4月下旬至5月中旬幼虫陆续脱果。成虫17 ℃以上中午活动交尾产卵，每头雌虫产卵29 ~ 47粒，80%的卵产在花托上，少数产在花柄上。开花早的品种受害重，海拔650 m以下，阳坡、树冠东、南、西边受害重。

【防治方法】

（1）冬季树盘土壤深翻10 cm以上灭蛹。

（2）越冬蛹羽化出土前（约在3月下旬）和幼虫脱果期（约在5月中下旬），用25%辛硫磷微胶囊剂或者50%辛硫磷乳油1.5 ~ 2 kg，加水75 ~ 150 kg，在树冠下均匀喷洒地面防治成虫和脱果幼虫。也可用上述一种药物加水5倍，拌细干土300倍制成毒土，均匀撒在树冠下，然后浅锄一遍。半个月后再防治1次。

（3）樱桃落花后，立即用2.5%溴氰菊酯3 000倍液或80%敌敌畏1 500倍液或20%甲氰菊酯乳油4 000倍液进行树上喷雾，防治樱桃实蜂幼虫。幼虫脱果期树盘土壤喷50%辛硫磷乳油1 000倍液。

（二）樱桃黏叶蜂

樱桃黏叶蜂（*Caliroa cerasi* L.）又叫桃黏叶蜂，属膜翅目叶蜂科。

【分布与寄主】 国内分布于西北和山东、河南、山西、四川、云南、江苏等。寄主有桃、李、杏、樱桃、梨、柿、山楂等果树。

【为害状】 樱桃黏叶蜂以幼虫为害叶片。低龄幼虫食害叶肉，仅残留表皮，幼虫稍大后取食叶片呈不规则缺刻与孔洞，严重发生时将叶吃得残缺不全，甚至仅残留叶脉，从而影响树体生长及树势。

樱桃黏叶蜂幼虫为害状

【形态特征】

1. **成虫** 体粗短，长10 ~ 13 mm，宽5 mm，黑色，有光泽。头部较大。触角丝状，9节，上生细毛。复眼较大，暗红色至黑色，单眼3个，在头顶呈三角形排列。前胸背板后缘向前凹入较深。雄虫胸部全黑色，雌虫胸部两侧和肩板黄褐色。翅宽大、透明，微带暗色，翅脉和翅痣黑色。足淡黑褐色，跗节5节，前足胫节具端距2个。雄虫腹部筒形，雌虫略呈竖扁，产卵器锯状。

2. **幼虫** 体长10 mm，黄褐色至绿色。头近半球形，每侧单眼1个，其上部有褐色圆斑。体光滑，胸部膨大，胸足发达，腹足6对，着生在第2 ~ 6腹节和第10腹节上。臀足较退化。初孵幼虫头部褐色，体淡黄绿色。单眼周围和口器黑色。

3. **卵** 绿色，略呈肾形，长1 mm，两端尖细。

【发生规律】 以老熟幼虫在土中结茧越冬。在河南、南京等地，成虫于6月羽化出土，飞到树上交尾产卵，未交尾的雌虫亦能产卵，且卵能孵化为幼虫。成虫产卵时先用锯状产卵器刺破叶表皮，卵多散产于嫩叶背面表皮下组织内。卵期10 d。幼虫孵化后破表皮而钻出，由叶缘向内食害，取食时多以胸、腹足抱持叶片，尾端常翘起。幼龄幼虫食害叶肉，残留表皮，幼虫稍大后将叶吃得残缺不全，呈不规则缺刻与孔洞，或仅残留叶脉。在西北陕西等地8月上旬幼虫为害最烈。幼虫于9月中上旬老熟后，入土结茧越冬。越冬部位以离地表下3 cm左右土层内居多。

【防治方法】
1. **农业措施**　在春、秋季对果园进行深翻或浅耕，可将越冬茧暴露地面，或埋入土壤深层，均可防治越冬幼虫。
2. **树上喷药**　在幼虫发生为害期，在防治樱桃其他害虫时，对樱桃黏叶蜂亦有较好的兼治作用，不用单独喷药。

（三）樱桃瘿瘤头蚜

樱桃瘿瘤头蚜［*Tuberocephalus higansakurae*（Monzen）］，属同翅目蚜科。

樱桃瘿瘤头蚜在虫瘿内　　　　樱桃瘿瘤头蚜为害樱桃叶片形成虫瘿　　　樱桃瘿瘤头蚜为害樱桃叶片形成虫瘿肿胀

【分布与寄主】　国内已知北京、河北、河南、浙江有分布；国外日本有发生。寄主为樱桃树。

【为害状】　受害叶缘向正面肿胀凸起，形成长2～4 cm、宽0.7 cm花生壳状的伪虫瘿，初略呈红色，后变枯黄，5月底发黑干枯。

【形态特征】　无翅孤雌蚜体长1.4 mm，宽0.97 mm。头部黑色，胸、腹背面骨化深色，各节间淡色。第1、第2腹节各有1条横带与缘斑相合，第3～8节横带与缘斑融合为1块大斑，节间处有时淡色。体表粗糙，有颗粒状构成的网纹。额瘤明显，内缘外倾，中额瘤隆起。腹管圆筒形，尾片短圆锥形，有曲毛4～5根。有翅孤雌蚜头、胸黑色，腹部淡色。第3～6腹节各有1条宽横带或破碎狭小的斑，第2～4节缘斑大，腹管后斑大，前斑小或不甚显。触角第3节有小圆形次生感觉器41～53个，第4节有8～17个，第5节有0～5个。

【发生规律】　以卵在樱桃幼枝上越冬，春季萌芽时越冬卵孵化成干母，于3月底在樱桃叶端部侧缘形成花生壳状伪虫瘿，并在瘿内发育、繁殖，虫瘿内4月底出现有翅孤雌蚜并向外迁飞。10月中下旬产生性蚜并在幼枝上产卵越冬。

【防治方法】
1. **加强果园管理**　结合春季修剪，剪除虫瘿，集中处理。
2. **药剂防治**　从果树发芽至开花前，越冬卵大部分已孵化，及时对果树喷药防治。药剂可选用：3%啶虫脒乳油3 000倍液，10%吡虫啉可湿性粉剂2 500倍液，48%毒死蜱乳油1 500倍液，50%抗蚜威可湿性粉剂2 000倍液，10%烯啶虫胺可溶性剂5 000倍液，2.5%溴氰菊酯乳油1 500～2 500倍液喷雾防治。

（四）樱桃卷叶蚜

樱桃卷叶蚜（*Tuberocephalus liaoningensis* Zhang），属同翅目蚜科。

樱桃卷叶蚜在叶背面为害

樱桃卷叶蚜为害樱桃叶片

樱桃卷叶蚜为害状（1）

樱桃卷叶蚜为害状（2）

【分布与寄主】　北京、吉林、辽宁、河南等省（市）有分布。为害樱桃。

【为害状】　在樱桃叶背为害，受害叶纵卷缩呈筒形略带红色，后期受害叶干枯。

【形态特征】　无翅孤雌蚜体长 2 mm，宽 1 mm，体背面骨化深色，仅前胸、第 8 腹节的前后淡色。体背粗糙，有六角形网纹。节间斑明显。背毛棒状，头部有毛 18 根；第 1 ～ 6 腹节各有中、侧缘毛 2 对，第 7 节 3 对，第 8 节 2 对，毛稍长于触角第 3 节直径。触角长 0.91 mm，第 3 节长 0.25 mm；第 3 节有毛 8 ～ 14 根，毛长为该节直径的 0.43 倍。喙超过中足基节，第 3、第 4 节长之和为后足第 2 跗节的 1.3 ～ 1.5 倍。第 1 跗节毛序为 3，3，2。腹管圆筒形，稍短于触角第 3 节，有毛 5 ～ 8 根，尾片三角形，有曲毛 5 ～ 8 根。有翅孤雌蚜头、胸黑色，腹部淡色，有斑纹。第 1 ～ 7 腹节均有缘斑，第 1、第 5 节者小，第 1、第 2 节各中斑呈横带或中断，第 3 ～ 6 节中侧斑愈合成 1 块大背斑，第 7 节中斑模糊，第 8 节呈短宽横带。触角第 3 节有圆形次生感觉器 20 ～ 25 个，第 4 节有 5 ～ 8 个。本种蚜虫活体茶褐色。

【发病规律】　春末初夏时，在樱桃叶侧缘、叶背卷叶为害，形成翻卷纵叶，并在翻卷的纵叶内发育、繁殖，5 月出现有翅孤雌蚜并向外迁飞。10 月中下旬产生性蚜，性蚜在幼枝上产卵越冬。

【防治方法】
1. **加强果园管理**　结合春季修剪，剪除被害枝梢，集中处理。
2. **保护天敌**　蚜虫的天敌很多，有瓢虫、食蚜蝇、草蛉、寄生蜂等，对蚜虫抑制作用很强，因此要尽量少喷洒广谱性农药，同时避免在天敌多的时期喷洒。
3. **喷洒农药**　春季卵孵化后，樱桃树未卷叶前，及时喷洒 10% 吡虫啉 3 000 倍液或 50% 抗蚜威 2 000 倍液，50% 吡蚜酮可湿性粉剂 1 500 倍液，或喷洒 3% 啶虫脒乳油 2 500 倍液，25% 噻虫嗪水分散粒剂 6 000 倍液，花后至初夏，根据虫情可再喷药 1 ～ 2 次。

（五）梅木蛾

梅木蛾（*Odites issikii* Takahashi），樱桃堆砂蛀蛾（*Odites perissopis* Meyrick）是它的同物异名，又叫五点梅、卷叶虫、卷边虫，属鳞翅目木蛾科。

梅木蛾低龄幼虫　　　　　　　　　　　　　　梅木蛾卷边为害樱桃树叶片

【分布与寄主】　寄主植物有苹果、梨、樱桃、葡萄、梅、李、桃及榆、柳等树木。属于偶发性、暴食性害虫。

【为害状】　初孵化幼虫在寄主叶片的正面或背面构筑"一"字形隧道，幼虫藏于限定道中，咬食隧道两边的叶组织；2、3龄幼虫在叶缘卷边，虫体藏于卷边内，咬食卷边两端的叶组织；老熟幼虫切割叶缘附近叶片一块，将所切叶片纵卷成筒状，叶筒一端与叶片相连接，在其内化蛹。2、3龄幼虫主要集中在晚间取食为害，有随风飘移和吐丝现象。

【形态特征】
1. **成虫**　体长6～7 mm，翅展16～20 mm，体黄白色，下唇须长上弯，复眼黑色，触角丝状，头部具白鳞毛，前胸背板覆灰白色鳞毛，端部具黑斑1个。前翅灰白色，近翅基1/3处具1近圆形黑斑，与胸部黑斑组成5个大黑点。前翅外缘具小黑点一列。后翅灰白色。
2. **卵**　长圆形，长径0.5 mm，米黄色至淡黄色，卵面具细密的突起花纹。
3. **幼虫**　体长约15 mm，头、前胸背板赤褐色，头壳隆起具光泽。前胸足黑色，中、后足淡褐色。
4. **蛹**　长8 mm左右，赤褐色。

【发生规律】　梅木蛾在陕西1年发生3代，以初龄幼虫在树皮裂缝、翘皮下结薄茧越冬。第2年果树发芽后越冬幼虫开始出蛰为害，5月中旬化蛹，越冬代成虫于5月下旬开始出现，至6月底结束。第2、3代成虫分别于7月上旬至8月初和9月上旬至10月上旬出现。初展叶时幼虫咬食叶肉3～5 d，稍大即将叶缘2～4 mm宽一段两边咬开，纵深2 mm左右，然后叶缠缀，将叶片横卷成扁形，白天潜于其中，傍晚至夜间出来取食叶肉。3龄后食量增大，将叶缘5～10 mm两边咬开，纵深5 mm左右，将叶片纵卷成桶形，昼伏夜出蚕食，直至化蛹。

【防治方法】　药物防治上要抓早，在梅木蛾产卵期和初龄幼虫期效果最好。

（六）美国白蛾

美国白蛾［*Hyphantria cunea*（Drury）］，属鳞翅目灯蛾科。

【分布与寄主】　国内北京、天津、河北、辽宁、吉林、江苏、安徽、山东、河南等省市有分布。国外分布在美国、墨西哥、日本、朝鲜等国。本虫是我国植物检疫对象之一。该虫寄主植物广泛，国外报道有300多种植物，国内初步调查有100多种，

美国白蛾为害樱桃树新梢叶片枯黄　　　美国白蛾为害樱桃树叶片仅剩叶脉　　　美国白蛾低龄幼虫为害樱桃树叶片枯干

美国白蛾为害樱桃树树梢　　　　　　美国白蛾为害樱桃树叶片　　　　　　美国白蛾卵块

包括苹果、山楂、李、桃、梨、杏、葡萄等果树及桑、白蜡树、杨、柳等林木。

【为害状】　　幼虫 4 龄以前有吐丝结网的习性，常数百头幼虫群居网内食害叶肉，残留表皮，受害叶干枯呈白膜状，5 龄后幼虫从网幕内爬出，向树体各处转移分散，直到全树叶片被吃光。

【形态特征】

1. **成虫**　　雄虫体长 9 ~ 12 mm，触角双栉齿状，多数前翅生有多个褐色斑点，尤以越冬代成虫翅面斑点为多。雌虫触角锯齿状，前翅多为纯白色。

2. **卵**　　圆球形，直径约 0.5 mm，灰绿色，卵面有凹陷刻纹，数百粒呈单层卵块，上覆有雌蛾白色体毛。

3. **幼虫**　　有"黑头型"和"红头型"之分。我国发现的幼虫几乎都为黑头型。老熟时体长 28 ~ 35 mm。头黑色，有光泽。胸、腹部为灰褐色至灰黑色，背部两侧线之间有 1 条灰褐色的宽纵带。背中线、气门上线及气门下线为黄色。背部毛瘤黑色，体侧毛瘤多为橙黄色，毛瘤上着生白色长毛丛。

4. **蛹**　　体长 8 ~ 12 mm，暗红褐色，中央有纵向隆脊。

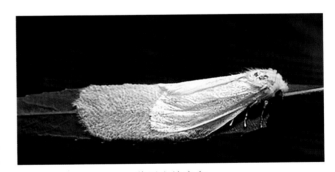

美国白蛾产卵

【发生规律】　　1 年发生 2 代，以茧蛹在枯枝落叶、表土层、墙缝等处越冬。越冬代成虫发生在 4 月初至 5 月底，第 1 代幼虫为害盛期在 5 月中旬至 6 月中旬。第 1 代成虫发生在 6 月中旬至 8 月中旬，第 2 代幼虫为害盛期在 7 月至 8 月中上旬。美国白蛾最喜阳光充足，多发生在树木稀疏、光照充足的树上。在公路两旁、公园、果园、居民点、村落周围的树上，发生尤为集中。在林区边缘也有发生，但不深入森林内部。

【防治方法】

1. **严格检疫**　　从虫害疫区向未发生区调运植物货物和植物性包装物，应由当地植物检疫部门检疫后，方可调运。

2. **人工防治**　　对 1 ~ 3 龄幼虫随时检查，并及时剪除网幕。

3. **药剂防治**　　多种杀虫剂均可有效毒杀幼虫，如 25% 灭幼脲 2 000 倍液或 24% 甲氧虫酰肼悬浮剂 2 500 倍液、5% 氟虫脲乳油 2 000 倍液等。

    4. 生物防治 可用苏云金杆菌、美国白蛾病毒（以核型多角体病毒的毒力较强）防治幼虫。

（七）樱桃叶螨

    樱桃叶螨（*Tetranychus viennensis* Zacher），又名山楂红蜘蛛、樱桃红蜘蛛，属蛛形纲蜱螨亚纲前气门目叶螨科。

樱桃叶螨为害樱桃树叶片   樱桃叶螨为害樱桃树叶片失绿   樱桃叶螨在樱桃树叶片正面为害

樱桃叶螨为害樱桃在叶背面为害   樱桃叶螨为害樱桃中期

    【分布与寄主】 国内广泛分布于河北、北京、天津、辽宁、山西、山东、陕西、河南、江苏、江西、湖北、广西、宁夏、甘肃、青海、新疆、西藏等省（市、区），是仁果类和核果类果树的主要害螨之一。主要寄主有苹果、梨、桃、李、杏、沙果、山楂、海棠、樱桃等果树，也可为害草莓、黑莓、法国梧桐、梧桐、泡桐等植物。

    【为害状】 樱桃叶螨以刺吸式口器刺吸寄主植物绿色部分的汁液。主要为害叶片、嫩梢和花萼，破坏气孔构造、栅栏组织和海绵组织以及叶绿体，影响呼吸作用。樱桃叶螨只在叶片背面为害，主要集中在叶脉两侧。树体轻微被害时，树体内膛叶片主脉两侧出现苍白色小点，进而扩大连成片；较重时被害叶片增多，叶片严重失绿；当虫口数量较大时，在叶片上吐丝结网，全树叶片失绿，尤其是内膛和上部叶片干枯脱落，甚至全树叶片落光。

    【形态特征】【发生规律】【防治方法】 参考苹果山楂叶螨。

第七部分　梅树病虫害

一、梅树病害

（一）梅树炭疽病

梅树炭疽病在我国梅产区分布较普遍。受害重时叶片早期脱落，削弱树势。

【症状】 本病主要为害叶，也可为害嫩梢，叶上病斑呈灰白色或灰褐色，圆形，大小为 4 ~ 8 mm，病部周围为暗紫褐色，如发生在叶边缘时，病斑呈半圆形，后期病斑中部产生黑褐色小粒点，常排列成同心轮纹。病部腐烂脱落，形成穿孔状。

【病原】 病原为盘长孢状刺盘孢 [*Colletotrichum gloeosporioides* （Penz.） Sacc.]。分生孢子盘产生于叶两面，叶表面较多。分生孢子梗短，无色，大小为（10 ~ 12）μm×（4 ~ 5）μm，分生孢子为倒卵圆形、长椭圆形或圆筒形，具无色细微的粒状内含物，大小为（13 ~ 16）μm×（6 ~ 8）μm。刚毛褐色，大小为（50 ~ 60）μm×（3.5 ~ 4）μm，有 2 ~ 3 个隔膜。有性态为围小丛壳 *Glomerella cingulata* （Stonem.） Spauld.et Schrenk [= *Glomerella mume*（Hori.）Hemmi]，属子囊菌亚门，可在培养基中生长。子囊壳单生或群生，呈球状或洋梨状，直径 100 ~ 250 μm。子囊无色，棍棒状，基部狭窄，大小为 50 ~ 13 μm，内生子囊孢子 8 个。菌丝发育温度 6 ~ 33 ℃，最适温度 23 ℃，侵染梅树的最适温度为 18 ~ 29 ℃。

梅树炭疽病病叶

【发病规律】 本病主要以菌丝在病梢内越冬，翌年产生分生孢子，通过气流传播侵染叶片。病害在多雨潮湿的条件下发生重。

【防治方法】
1. **加强管理** 合理施用肥料，科学管理果园。
2. **喷药保护** 冬季喷施3° ~ 5° Bé 石硫合剂，翌年防治黑星病时可兼治此病。

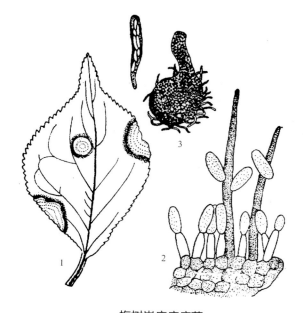

梅树炭疽病病菌
1.病叶　2.分生孢子梗、分生孢子及刚毛
3.子囊壳及子囊

（二）梅树褐色膏药病

梅树褐色膏药病在我国浙江等梅产区有发生。

【症状】 在枝干上着生圆形或不规则形的菌膜，如贴膏药状，栗褐色或褐色，表面为天鹅绒状。菌膜边缘绕有一圈较狭窄的灰白色薄膜，以后色泽变紫褐色或暗褐色。

【病原】 病原菌 *Helicobatidium tanakae* Miyabe 属真菌界担子菌门木耳目卷担子菌属。

【发病规律】 病菌以菌膜形式在被害枝干上越冬，通过风雨和昆虫传播。生长期病菌以介壳虫的分泌物为养料，故介壳虫发生严重的果园，褐色膏药病发生亦较重。

【防治方法】 及时防治介壳虫；用小刀刮除菌膜，刮后再涂抹 20 倍液石灰乳，或 3° ~ 5° Bé 石硫合剂，或直接在菌膜上涂抹 3° ~ 5° Bé 石硫合剂液。

梅树褐色膏药病

（三）梅树黑星病

梅树黑星病又名疮痂病，是我国各梅产区普遍发生而又为害严重的病害。果实受害后，外观很难看，果实品质变劣，商品价值降低。凡受害的果实均不能加工成梅干，只能做梅坯，造成的经济损失很大。该病除为害梅外，还侵害李、杏、桃、扁桃、樱桃等多种核果类果树。

【症状】 病菌主要为害果实，其次为害枝，叶片受害较小。

1. 果实 感病后多在果肩部发病，病斑初期为暗绿色的圆形小点，其后逐渐扩大成直径 2 ~ 3 mm 的圆斑。果实着色时，病斑变为紫黑色或黑色。病斑密集时可相互聚合成片。由于为害只限于果实表皮，不深入果肉，因此当病斑下层组织木栓化，而果肉仍继续生长时，致使病果龟裂。果梗受害，引起果实早期脱落。

2. 新梢 受害病斑初期呈紫褐色，秋后逐渐变为暗褐色，中央变为灰色，圆形或椭圆形，直径为 3 ~ 6 mm，翌年在病斑上产生暗色小绒点（分生孢子丛）。

3. 叶片 初期在叶背发生不规则圆形或多角形小斑，其后变成淡褐色或紫红色。病斑小，直径最大为 6 mm。最后病部脱落而形成穿孔。此外，叶中脉上可形成长条状暗褐色病斑。

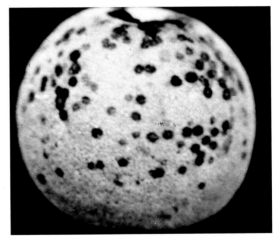

梅树黑星病为害果实

【病原】 病原菌为嗜果枝孢（*Cladosporium carpophilum* Thum.），病菌菌丝主要在病部表皮下组织中蔓延，形成一个拟薄壁组织层。分生孢子梗从这层组织上长出，突破表皮后，数枝集生成丛。分生孢子梗一般不分枝或分枝一次，弯曲，具有数个隔膜，暗褐色，长度变异大，大小为（48 ~ 60）μm×4.8 μm。分生孢子在梗上单生或形成短链状，椭圆形或卵圆形，通常单胞，也偶有双胞，近无色或浅橄榄色，大小为（15 ~ 23）μm×4.6 μm。无性世代为 *Fusidadium* sp.，是一种黑星霉菌。

病菌发育最适温度为 24 ~ 25 ℃，最低 2 ℃，最高 32 ℃。分生孢子在干燥状态下能成活 3 个月。分生孢子萌发的温度为 2 ~ 32 ℃，最适温度为 20 ~ 27 ℃。

【发病规律】 病菌以菌丝在枝梢的病部越冬，翌年 4 ~ 5 月产生分生孢子，通过风雨传播。分生孢子萌发后形成芽管，直接穿透寄主表皮的角质层侵入。主要是从叶背侵入侵染叶。侵入后的菌丝在寄主角质层与表皮细胞的间隙扩展，定殖。幼果期因果面茸毛稠密病菌不易侵入，一般花瓣脱落 6 周后的果实，才能被侵染。

该病的潜伏期较长，在果实上的潜伏期为 40 ~ 70 d，枝梢和叶上的潜伏期为 25 ~ 45 d。由于潜伏期长，发病较迟，果实发病后已接近采收，有的早熟品种在采收时还未充分表现症状，所以当年受侵染的病部（果、枝及叶）产生的分生孢子，进行再侵染就不重要，尤其在果实上再侵染更少，新梢上可产生再侵染。枝上病斑是病菌的主要越冬场所和翌春季初次侵染的主要来源。四年生的病枝不再形成分生孢子。

该病在田间的发生情况，一般是在 4 ~ 5 月产生分生孢子，果实上发病最早的时间是 5 月中旬，6 月上旬为病害的盛发期。

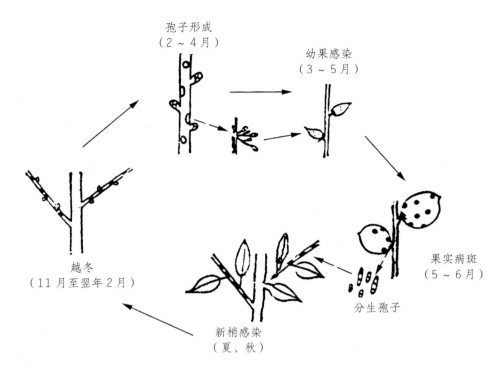

孢子形成
（2～4月）

幼果感染
（3～5月）

越冬
（11月至翌年2月）

新梢感染
（夏、秋）

分生孢子

果实病斑
（5～6月）

梅树黑星病病害循环图

新梢上发病的盛期略迟于果实。

　　春季及初夏雨水多，湿度高的年份或地区，病害发生重。同样，地势低，荫蔽（如阴坡地）或定植过密，枝叶茂盛的果园，也有利于病害发生。品种间中、晚熟品种较早熟品种易感病。

　　【防治方法】　　以化学保护为主，辅以适当的管理。

　　1. **加强管理**　　地势低洼地，应注意开沟，排除积水。结合修剪，清除病梢，减少病害来源。适当整枝修剪，使树冠通风透光良好，以减轻发病。

　　2. **喷药保护**　　开花前喷3°～5° Bé 石硫合剂，铲除或减少枝梢上的越冬菌源。落花后2～4周到6月初，每间隔半月喷洒0.2°～0.4° Bé 石硫合剂，或65% 代森锌可湿性粉剂 500 倍液，果实生长期用50% 多菌灵可湿性粉剂 700 倍液，防治3次，在果实采收后，为了减少新梢被害，可继续喷洒2～3次药剂。

　　3. **选用抗病品种**　　在病害流行地区，建园时应考虑选用抗病品种。

二、梅树害虫

（一）梅木蛾

梅木蛾（*Odites issikii* Takahashi），又叫五点梅木蛾、卷叶虫、卷边虫，属鳞翅目木蛾科。

梅木蛾为害梅树叶片

梅木蛾幼虫

【分布与寄主】 寄主植物有苹果、梨、樱桃、葡萄、梅、李、桃及榆、柳等树木。属于偶发性害虫。

【为害状】 初孵幼虫在叶上构筑"一"字形隧道，居中咬食叶片组织，2～3龄幼虫在叶缘卷边，食害两端叶肉，老熟后切割叶缘附近叶片。把所切的一块叶片卷成筒状，一端与叶连着，居中化蛹。

【形态特征】
1. 成虫　体长6～7 mm，翅展16～20 mm，体黄白色，下唇须常上弯，复眼黑色，触角丝状，头部具白鳞毛，前胸背板覆灰白色鳞毛，端部具黑斑1个。前翅灰白色，近翅基1/3处具1个近圆形黑斑，与胸部黑斑组成5个大黑点。前翅外缘具小黑点1列。后翅灰白色。
2. 卵　长圆形，长径0.5 mm，米黄色至淡黄色，卵面具细密的突起花纹。
3. 幼虫　体长约15 mm，头、前胸背板赤褐色，头壳隆起具光泽。前胸足黑色，中、后足淡褐色。
4. 蛹　长8 mm左右，赤褐色。

【发生规律】 梅木蛾在陕西1年发生3代，以初龄幼虫在树皮裂缝、翘皮下结薄茧越冬。翌年果树发芽后越冬幼虫出蛰为害，5月中旬化蛹，越冬代成虫于5月下旬开始出现，至6月底结束。第2、3代成虫分别于7月上旬至8月初和9月上旬至10月上旬。初展叶时幼虫咬食叶肉3～5 d，稍大即将叶缘2～4 mm宽一段两边咬开，纵深2 mm左右，然后吐丝缠缀，将叶片横卷成扁形，白天潜于其中，傍晚至夜间出来取食叶肉。3龄后食量增大，将叶缘5～10 mm两边咬开，纵深5 mm左右，将叶片纵卷成筒形，昼伏夜出蚕食，直至化蛹。

【防治方法】 虫量少时不必专门防治。发生严重时，在药物防治上要抓早，在梅木蛾产卵期和初龄幼虫期效果最好；可喷洒下列药剂：5%顺式氰戊菊酯乳油5 000倍液；30%氟氰戊菊酯乳油3 000倍液；10%醚菊酯悬浮剂1 500倍液；8 000 IU/mL苏云金杆菌可湿性粉剂800倍液；0.36%苦参碱水剂1 000液等。

（二）梅实蜂

梅实蜂（*Hoplocampa* sp.），属膜翅目叶蜂科，是梅果的重要害虫。

梅实蜂在幼果黑色点状蛀入孔

梅实蜂幼虫在果内蛀害状

【分布与寄主】　已知在河南省有发生，寄主为梅果实。

【为害状】　以初孵出的幼虫蛀食花托和花萼，进而蛀入花内和幼果内为害，蛀食果肉，果实被食成空壳，果内堆满虫粪，导致脱落。

【形态特征】
1. 成虫　雌虫体长 4 ~ 6 mm，雄虫略小，黑色，触角 9 节，丝状，第 1 节黑色，第 2 ~ 9 节暗棕色（雌）或淡黄色（雄）。翅透明，雌虫翅灰色，翅脉黑色，雄虫翅淡黄色，翅脉棕色。
2. 幼虫　体长 8 ~ 10 mm，向腹面弯曲呈 C 状，头部淡褐色，胸腹部乳白色。
3. 蛹　为裸蛹，乳白色。

【发生规律】　该虫 1 年发生 1 代，主要是以老熟幼虫在 10 cm 深的土中结茧越冬。在南京，越冬幼虫于 3 月中旬果树萌芽时化蛹，3 月下旬至 4 月上旬开花期成虫羽化出土。日最高气温 14 ~ 15 ℃时为成虫出土始期（花蕾露白待放期），17 ~ 20 ℃为出土盛期（开花期）。河北 4 月初为羽化高峰。成虫羽化后，在晴天温度高的时候非常活跃，或在树冠上空 1 m 高处成群飞舞，或取食雄蕊花粉，早晚和阴雨天静伏于花中或花萼下，当天即可交尾产卵，卵多产于花托和花萼的表皮下组织内，以花托上产卵最多，花萼被害处变黑。一般每花产卵 1 粒，也有一花上产 2 ~ 5 粒的。幼虫孵化后咬破花托外表皮，向上爬行再蛀入子房，大多从顶部蛀入，也有从中部蛀入的，被害幼果的蛀孔为一个针头大小的黑点，稍凹陷。被害果生长缓慢，明显小于正常果。受害果实不但核被全部食尽，果肉亦多被食空，仅剩下果皮，虫粪堆积果内。1 头幼虫只为害 1 个果，没有转果习性。幼虫期 26 ~ 31 d，幼虫老熟后，体长 9 ~ 10 mm。老熟幼虫于 4 月下旬至 5 月上旬从果实胴部或肩部咬一直径 1.5 ~ 2 mm 的圆孔脱离果实，吐丝下垂到地面，钻入土下，也有的随被害落果坠地，再脱果入土。幼虫多在树冠下土层内结一长 7 ~ 8 mm 长椭圆形褐色胶质茧，开始越夏、越冬，以离主干 50 cm 至树冠外缘的土层内为多。

【防治方法】
1. 加强果园管理　结合冬耕深翻园土，促使越冬幼虫死亡，减少虫源。
2. 覆盖薄膜　有效防治梅实蜂，既有利于土壤保温，又可节约浇地用水，能使果实提前成熟。
3. 地面施药　在幼虫脱果期，于地面施药，防治脱果幼虫。常用药剂有 25% 辛硫磷微胶囊剂，或用 48% 毒死蜱乳油 200 ~ 300 倍液喷雾。施药前先清除地表杂草，施药后轻耙土壤，使药土混匀。
4. 树上防治　在花前 3 ~ 4 d，也即当花蕾由青转白时，但未开花或极少量开花时，是杀灭羽化成虫以及防止成虫产卵的最佳时期；在花后，也即花基本落完时，是喷药防治梅实蜂幼虫及防止幼虫蛀果的最佳时期。两个时期各喷 1 次药，药剂可用 20% 甲氰菊酯乳油 3 000 倍液或 10% 氯氰菊酯乳油 3 000 倍液或 80% 敌敌畏乳油 1 000 倍液或 20% 氰戊菊酯乳油 3 000 倍液或 2.5% 溴氰菊酯乳油 4 000 倍液等。喷药时要注意喷药质量，只要均匀、周到、细致，就会收到很好的防治效果。以上午 10 时至下午 3 时喷药效果较好。

（三）梅树山楂叶螨

梅树山楂叶螨（*Tetranychus viennensis Zacher*），又名山楂红蜘蛛、樱桃红蜘蛛，属蛛形纲蜱螨亚纲前气门目叶螨科。

梅树山楂叶螨严重为害梅树　　　　梅树山楂叶螨为害梅树致叶片失绿　　　　梅树山楂叶螨在梅树叶片背面为害状

【分布与寄主】　　国内在东北、华北、华东、中南和西北的部分地区有分布，是核果类果树和仁果类的主要害螨之一。主要寄主有桃、李、梅、杏、苹果、梨、沙果、山楂、海棠、樱桃等果树。

【为害状】　　成螨、幼螨刺吸芽、叶、果的汁液。叶受害后，呈现失绿小斑点，逐渐扩大连片。严重时全叶苍白枯焦早落，常造成二次发芽开花，削弱树势，既影响当年产量，又影响来年产量。当虫口数量较大时，在叶片上吐丝结网，全树叶片失绿，尤其是内膛和上部叶片干枯脱落，甚至全树叶片落光。

【形态特征】【生活习性】【防治方法】　　可以参考桃树山楂叶螨。

第八部分　葡萄病虫害

一、葡萄病害

（一）葡萄炭疽病

葡萄炭疽病为害果穗后期

葡萄炭疽病果粒上发病初期病斑

葡萄炭疽病为害葡萄果穗主轴的病斑

葡萄炭疽病为害无核葡萄

葡萄炭疽病果粒上不同时期发病病斑

葡萄炭疽病果粒典型病斑

葡萄炭疽病果粒上病斑（1）

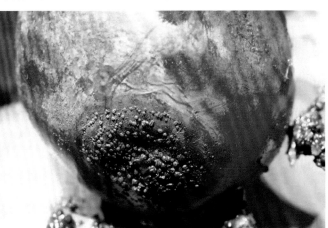
葡萄炭疽病果粒上病斑（2）

葡萄炭疽病又名晚腐病，在我国各葡萄产区发生较为普遍，在山东、河南、云南、辽宁、吉林、安徽、四川、河北、江苏、湖南、福建、浙江、台湾等地均有分布，尤其是在黄河故道及沿海地区为害更为严重，炭疽病在葡萄进入着色期开始盛发。据报道，我国北京、山东、河北、河南等地葡萄种植区炭疽病普遍发生严重的葡萄园病果率达到55%，在河南省葡萄炭疽病造成的损失一般年份在10%～20%，严重年份甚至超过50%。近年来，通过葡萄套袋，已基本控制了炭疽病为害，但在我国东部酿酒葡萄上炭疽病发生仍然比较严重。我国中部和南部不套袋葡萄，炭疽病是重要病害。

【症状】

1. **花穗**　葡萄在花穗期很易感染炭疽病。受炭疽病菌侵染的花穗自花顶端小花开始，顺着花穗轴、小花、小花梗侵染，初为淡褐色湿润状，逐渐变为黑褐色并腐烂，有的是整穗腐烂，有时有几朵小花不腐烂。腐烂的小花受震动易脱落。空气潮湿时，病花穗上常长出白色菌丝和粉红色黏稠状物，此为病菌的黏分生孢子团。华南地区3～4月葡萄开花坐果期间常遇连绵不断的春雨，空气湿度很大，不少葡萄园常普遍发生炭疽病病菌侵染的花穗腐烂，有的病穗率达20%～30%。

2. **果实**　果实受侵染，一般先转变颜色，到成熟期才陆续表现症状。大多于果实的中下部出现水渍状淡褐色或紫色小斑点，初为圆形或不规则形，以后病斑逐渐扩大，直径可达8～15 mm，并转变为黑褐色或黑色，果皮腐烂并明显凹陷，边缘皱缩呈轮纹状。病、健组织交界处有僵硬感。空气潮湿时，病斑上可见到橙红色黏稠状小点，此为病菌的分生孢子团。后期，在粉红色的分生孢子团之间或其周围偶尔可见到灰青色的一些小粒点，此为病菌的有性阶段子囊壳。发病严重时，病斑可扩展至半个以至整个果面，或数个病斑相连引起果实腐烂。腐烂的病果易脱落。

3. **果枝、穗轴、叶柄及嫩梢**　受侵染后，产生深褐色至黑色的椭圆形或不规则短条状的凹陷病斑，空气潮湿时，病斑上亦可见到粉红色的分生孢子团。果梗、穗轴受害严重时，可影响果穗生长以至果粒干缩。

4. **叶片**　受害多在叶缘部位产生近圆形或长圆形暗褐色病斑，直径2～3 cm。空气潮湿时，病斑上亦可长出粉红色的分生孢子团。

【病原】　1891年美国人Southworth首次对该病做了报道，病原是胶孢炭疽菌（*Colletotrichum gloeosporioides*（Penz.）Sacc.）；1988年Pearson和Goheen报道，在美国尖孢炭疽菌（*C.acutatum*）和胶孢炭疽菌都引起圆叶葡萄炭疽病；在日本，Yamamoto等人发现尖孢炭疽菌可侵染葡萄引起葡萄炭疽病；Whitelaw Melksham发现在澳大利亚的亚热带地区及昆士兰部分地区的葡萄炭疽病也由尖孢炭疽菌引起。我国研究人员从北京、山东、河北、河南、广西、新疆等7个省市（区）进行病样采集，分离得到葡萄炭疽病菌80株，单孢系135株。通过菌落形态，分生孢子形态、大小，分生孢子梗及分生孢子盘等形态特征以及rDNA ITS序列分析，135个菌株均为胶孢炭疽菌［*Colletotrichum gloeosporioides*（Penz.）Sacc.］。根据致病力测定，并结合菌落形态、产孢量、生长速率等生物学特性，发现分离的胶孢炭疽菌在种内存在分化现象，据此，将分离的胶孢炭疽菌划分为三个类型：类型Ⅰ、类型Ⅱ和类型Ⅲ。在我国尖孢炭疽菌侵染葡萄引起炭疽病未见报道。

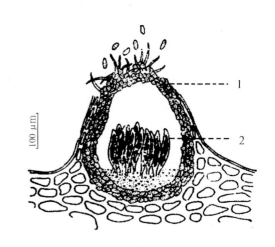

葡萄炭疽病病菌的子囊壳
1.子囊壳壁　2.子囊及子囊孢子

葡萄炭疽病病菌有性世代为围小丛壳菌［*Glomerella cingulata*（Stonem.）Spauld. et Schrenkl］，属真菌界子囊菌门核菌纲的一种真菌。果实的病斑上产生的灰青色小粒点是病菌的子囊壳，它埋生于病组织内，数个聚生在一起，梨形或近球形，深褐色，顶部稍突出于果皮表面，有短喙，周缘有褐色菌丝状物及胶黏物质。子囊壳直径125～320 μm，高150～204 μm。子囊壳内基部有束状排列的子囊，子囊棍棒形，无色透明，壁可消融，子囊大小为（55～70）μm×（9～15）μm。子囊内有8个子囊孢子，长椭圆形或稍弯曲呈香蕉状，单胞，无色，大小为（12～28）μm×（3.5～7.0）μm。葡萄炭疽病病菌的无性世代经常产生，胶孢炭疽菌［*Colletotrichum gloeosporioides*（Penz.）Sacc.］，其分生孢子盘较小，为100～320 μm，基部聚生分生孢子梗，分生孢子椭圆形，大小为（12.86～19.92）μm×（3.07～3.99）μm。葡萄炭疽病病菌除为害葡萄外，还能为害苹果、梨、桃、枣、山楂、柿子、无花果等多种果树及部分蔬菜、花卉、林木等植物。

我国传统的教科书认为葡萄炭疽病由胶胞炭疽菌（*Colletotrichum gloeosporioides*）引起，但近年北京市农科院植保所植物病害综合防治研究室研究人员在病害防控过程中发现，不同地区，甚至同一地区葡萄炭疽病的病害症状存在显著差异，推测我国葡萄炭疽病菌存在种群差异，病原菌不明晰是目前田间防控效果不理想的原因之一。历经6年的时间，该室采用生物学和分子生物学两种技术手段，系统分析了我国不同地区的葡萄炭疽病病菌种群结构，发现我国的葡萄炭疽病病菌主要包含3个优势种群：*C.viniferum*，*C.aenigma*，*C.hebeiense*；其中*C. viniferum*显著存在种内遗传分化，包含4个不同的组群；

C. hebeiense 分离自山东、河北等地，上述发现推翻了我国对葡萄炭疽病病原菌的传统看法。

【**发病规律**】　葡萄炭疽病病菌有潜伏侵染的特性。当病菌侵入绿色部分后即潜伏、滞育、不扩展，直到寄主衰弱后，病菌重新活动而扩展。所以病菌主要以菌丝体在一年生枝蔓表层组织及病果上越冬，或在叶痕、穗梗及节部等处越冬。翌年5～6月后，气温回升至20℃以上时，带菌枝蔓经雨水淋湿后，形成大量孢子。形成孢子的最适宜温度为25～28℃，12℃以下、36℃以上则不形成孢子。病菌孢子借风雨传播，萌发侵染，病菌通过果皮上的小孔侵入幼果表皮细胞，经过10～20 d的潜育期便可出现病斑，此为初次侵染。有部分品种病菌侵入幼果后直至果粒开始成熟时才表现出症状。病菌也可侵入叶片、新梢、卷须等组织内，但不表现病症，外观看不出异常，此为潜伏侵染，这种带菌的新梢将成为下一年的侵染源。葡萄近成熟时，遇到多雨天气进入发病盛期。病果可不断地释放分生孢子，反复进行再次侵染，引起病害的流行。翌年春环境条件适宜时，产生大量的分生孢子，通过风雨、昆虫传到果穗上，引起初次侵染。葡萄炭疽病的初侵染来源主要是叶柄、卷须、结果母枝和果梗，其中卷须和结果母枝带菌量较多；田间试验结果证实，结果母枝和卷须带菌量越多，炭疽病发生越重。

在河南郑州从5～6月开始，每下一场雨，即产生一批分生孢子，孢子发芽直接侵入果皮。潜育期，幼果为20 d，近成熟期果为4 d。潜育期的长短除温度影响外，与果实内酸、糖的含量有关，酸含量高病菌不能发育，也不能形成病斑；硬核期以前的果实及近成熟期含酸量减少的果实上，病菌能活动并形成病斑；熟果含酸量少，含糖量增加，适宜病菌发育，潜育期短。所以一般年份，病害从6月中下旬开始发生，以后逐渐增多，7～8月果实成熟时，病害进入盛发期，此间高温多雨常导致病害的流行。葡萄炭疽病主要为害果实，叶片、新梢、穗轴、卷须较少发生。在果粒上发病初期，幼果表面出现黑色、圆形、蝇粪状斑点，但由于幼果酸度大、果肉坚硬限制了病菌的生长，病斑不扩大，不形成分生孢子，病部只限于表皮果粒开始着色时，果粒变软，含糖量增高，酸度下降，进入发病盛期，最初在病果表面出现圆形、稍凹陷、浅褐色病斑，病斑表面密生黑色小点粒（分生孢子盘），天气潮湿时，分生孢子盘中可排出绯红色的黏状物（孢子块），后病果逐渐干枯，最后变成僵果。病果粒多不脱落，整穗僵葡萄仍挂在枝蔓上。叶片与新梢病斑很少见，主要在叶脉与叶柄上出现长圆形、深褐色斑点，天气潮湿时病斑表面隐约可见绯红色分生孢子块，但不如果粒上表现明显。

葡萄炭疽病的发病时间是因葡萄果粒的糖度增大，近成熟期才发病。

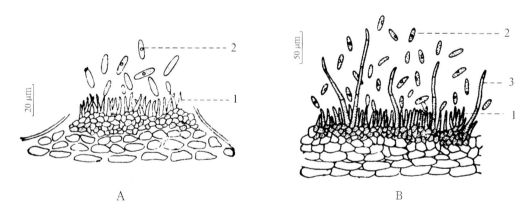

葡萄炭疽病病菌的分生孢子盘
A.果生盘长孢菌　B.葡萄刺盘孢菌
1.分生孢子梗　2.分生孢子　3.刚毛

【**防治方法**】

1. 搞好清园工作　结合修剪清除留在植株上的副梢、穗梗、僵果、卷须等，并把落于地面的果穗、残蔓、枯叶等彻底清除，集中深埋，以减少果园内病菌来源。

2. 加强栽培管理　生长期要及时摘心，及时绑蔓，使果园通风透光良好，以减轻发病。同时，需及时摘除副梢，防止树冠过于郁闭，不利于病害的发生和蔓延。注意合理施肥，氮、磷、钾三要素应适当配合，要增施钾肥，以提高植株的抗病力。雨后要搞好果园的排水工作，防止园内积水。此外，对一些高度感病品种或严重发病的地区，可以在幼果期采用套袋方法防病。

3. 温室栽培葡萄　选用无滴消雾膜覆盖设施，设施内地面全面积地膜覆盖，并注意通风排湿，降低设施内空气湿度，使空气相对湿度控制在80%以下，抑制孢子萌发，减少侵染。

4. 果穗套袋防病　果穗套袋是预防炭疽病的特效措施，套袋时间宜早不宜晚，以防潜伏感染。

5. 喷药保护　葡萄生长期喷药，以在果园中初次出现孢子时，即于3～5 d开始喷第一次药，以后每隔15 d左右喷1次，连续喷3～5次。在葡萄采收前半个月应停止喷药。防治葡萄炭疽病的药剂：25%咪鲜胺乳油1 500倍液；40%腈菌唑可湿性粉剂 6 000 倍液；55% 嘧菌酯·福美双可湿性粉剂 1 500 倍液；12.5% 烯唑醇可湿性粉剂 3 000 倍液；10% 苯醚甲环唑水分散粒剂 2 500 倍液，80% 戊唑醇 8 000 倍液；5% 己唑醇悬浮剂 1 500 倍液以及氟硅唑、抑霉唑等；适用的复配剂有苯甲·醚菌酯、克菌·戊唑醇、硅唑·咪鲜胺、苯甲·醚菌酯。为了提高药液的黏着性能，可加入 0.03% 的皮胶或其他黏着剂。此外，也可喷 1∶0.5∶200 波尔多液，65% 代森锌可湿性粉剂 500 ～ 600 倍液，或 75% 百菌清可湿性粉剂 500 ～ 800 倍液。

（二）葡萄白腐病

葡萄白腐病又称腐烂病、水烂、穗烂，是葡萄生长期引起果实腐烂的主要病害，我国葡萄主要产区均有发生，北方产区一般年份果实损失率在 15% ～ 20%，病害流行年份果实损失率可达 60% 以上，甚至绝收。葡萄白腐病和炭疽病是引起葡萄园烂穗的主要病害，白腐病比炭疽病发病早，幼果期就开始发生，到了后期两病并发大流行，造成严重损失。我国中

葡萄白腐病为害果穗　　　葡萄白腐病为害果穗穗轴发生浅褐色水渍状病斑　　　葡萄白腐病为害穗轴和果梗发生水渍状腐烂病斑

 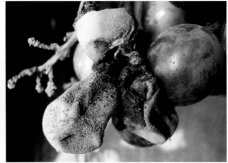 

葡萄白腐病果粒　　　　　葡萄白腐病引起落果　　　　　葡萄白腐病为害新梢

葡萄白腐病后期果穗为害状　　　葡萄白腐病为害茎蔓　　　　　葡萄白腐病为害叶片

部地区，炭疽病发生常较白腐病严重，但华北和东北地区，两种病同样严重。7～8月高温、多雨、湿度大，特别是遇暴风雨或冰雹，常引起白腐病的大流行。

【症状】　葡萄白腐病主要为害果穗(包括穗轴、果梗及果粒)，也为害新梢、叶片等部位。果穗发病常引起大量果穗腐烂，靠近地面的果穗容易发病，受害果穗一般产生水浸状、淡褐色、不规则的病斑，呈腐烂状，发病1周后，果面密生一层灰白色的小粒点，病部渐渐失水干缩并向果粒蔓延，果蒂部分先变为淡褐色，后逐渐扩大呈软腐状，以后全粒变褐腐烂，但果粒形状不变，穗轴及果梗常干枯缢缩，严重时引起全穗腐烂；挂在树上的病果逐渐皱缩、干枯，成为有明显棱角的僵果。果实在上浆前发病，病果糖分很低，易失水干枯，深褐色的僵果往往挂在树上长久不落，易与房枯病相混淆；上浆后感病，病果不易干枯，受震动时，果粒甚至全穗极易脱落。

枝蔓发病，在受损伤的地方、新梢摘心处及采后的穗柄着生处，特别是从土壤中萌发出的萌蘖枝最易发病。初发病时，病斑呈淡黄色水浸状，边缘深褐色，随着枝蔓的生长，病斑也向上下两端扩展，变褐、凹陷，表面密生灰白色小粒点。随后表皮变褐、翘起，病部皮层与木质部分离，常纵裂成乱麻状。当病蔓环绕枝蔓一周时，中部缢缩，有时在病斑的上端病健交界处由于养分输送受阻往往变粗或呈瘤状。

叶片发病，多在叶缘、叶片尖端或破损处发生，初呈淡褐色、水浸状病斑，逐渐向叶片中部蔓延，并形成不明显的同心轮纹，干枯后病斑极易破碎。天气潮湿时形成白色小点（分生孢子器），多分布在叶脉附近。

该病主要特点是在潮湿的情况下，被为害部位有一种特殊的霉烂味。

【病原】　葡萄白腐病有性阶段是由白腐垫壳孢菌[*Coniella diplodiella* (Speg.) Petratk & Sydow]寄生引起，有性阶段为 *Charrinia diplodiella* (Speg.) Viala & Ravaz，属真菌界子囊菌亚门。菌丝宽12～16 μm，有隔膜，多为二叉分枝，形成附着胞和吸器。连接现象普遍，形成厚垣孢子。分生孢子器从角皮层下的子座长出，成熟时呈球形，并有孔口，直径100～150 μm。分生孢子为单胞，透明或浅褐色，大小为(8～16) μm×(5～7)μm，椭圆形或圆形，上端钝圆，下端平，内含1～2个油球。分生孢子藏在黏液中，并从分生孢子器的小孔排出。适宜菌丝生长的温度为20～30 ℃，最适温度为25～30 ℃；适宜产孢温度为20～35 ℃，

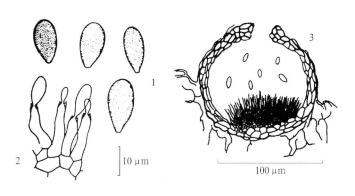

葡萄白腐病病菌
1.分生孢子　2.分生孢子梗　3.分生孢子器

最适温度为30 ℃；适宜孢子萌发的温度为25～35 ℃，最适温度为28～32 ℃。适宜菌丝生长和产孢的pH值是3～5，最适pH值为3；适宜孢子萌发的pH值为2～9，最适pH值为3～5。光照对菌丝生长及孢子萌发无影响，但全光照能抑制病菌产孢。

【发病规律】　葡萄白腐病病菌主要以分生孢子器、菌线体和分生孢子在病残体(病枝梢、病果及病叶等)和土壤中越冬。病菌在土壤中的病残组织内可存活4～5年，室内干燥条件下能存活7年，直接在土中也能存活1～2年。在干燥条件下病果的基部由紧密的菌丝体构成"壳座"，对不良环境条件有较强的抵抗能力。壳座可以形成新的分生孢子器和分生孢子。第二年春季，越冬的病原菌在适宜的温度和湿度等条件下产生分生孢子。分生孢子随着风和雨水飞溅传播并附着在植株上，萌发后进行侵染，通过农业机械操作也可以将带菌土壤携带到葡萄上侵染果穗等。经常发生白腐病的果园，土壤中含有丰富的分生孢子，一般情况下，每克表层土中含有300～2 000个分生孢子。越冬后的病菌组织于翌年春末夏初，温度升高又遇雨后，可产生新的分生孢子器及分生孢子。病的分生孢子靠雨滴溅散而传播，萌发后以芽管对靠近上面的果穗及枝梢进行初侵染，其侵入的途径主要是伤口及果实的蜜腺，有的亦可从较薄的表皮处直接侵入。初侵染发病后，病部产生新的分生孢子器和分生孢子，又通过雨滴溅散或昆虫媒介传播，在整个生长季可进行多次再侵染。病害的潜期一般5～7 d，最适条件下，感病品种上的病害潜期只有3～4 d，而抗病品种可长达10 d。白腐病的潜育期一般为5～6 d，但潜育期的长短也会随着果实状况和气候条件不同而有变化。白腐病菌的分生孢子萌发和开始侵染均在24～27 ℃最快；低于15 ℃孢子萌发和侵染速度都减慢；超过34 ℃病害很难扩展。如果雹灾后低于15 ℃的时间持续24～48 h就不能发生病菌侵染。温度保持在22 ℃或升高到24～27 ℃，病害发生最严重。

雨水和冰雹造成的泥水飞溅、农业操作中造成的尘土飞扬，都会把分生孢子传播到果穗上，并且下雨时，白腐病的分生孢子会借助枝蔓上雨水向下流动，利用表面张力向上传播。白腐病的分生孢子不能直接侵入果实，但可以通过皮孔直接侵入穗轴和果梗。侵入果实需要通过伤口，最主要是冰雹造成的伤口；尘土飞扬造成的伤口、病虫害造成的伤口、田间管

理造成的伤口等，也可以成为白腐病侵入的通道。冰雹不但会造成伤口，而且会引起泥水飞溅、传播孢子，引起白腐病的大发生，所以在欧美等国家或地区，把白腐病称为"冰雹"病害。冰雹虽然是白腐病大暴发最主要的因素，但不是唯一因素，分生孢子通过皮孔直接侵入穗轴或果梗，仍然可以造成巨大的损失。

发病时期因各地气候条件不同而有早晚。华东地区一般于6月中上旬开始发病；华北在6月中下旬；东北则在7月。发病盛期一般都在采收前的雨季（7~8月）。大部分病穗分布在距地面40 cm以下的果穗上，约占80%，而20 cm以下的病穗又占60%以上。接近地面的果穗受病菌感染的机会较多。华北地区6月无论土壤还是空气都较干燥，而白腐病的侵染是需要相当程度的水分和潮湿。但是一旦遇有降雨，再连续几个晴夜，由于逆温的形成地表数厘米左右可以达到相当高的湿度和凝露，而架上仍干燥。因此在6月中下旬至7月上旬，在凝露的天数上，架下要比架上多，或者同样都处于接近饱和湿度下，架下也比架上凝露重，而且出现时间早，消失也晚。这就造成架下的环境条件比架上更有利于病菌的侵染，因此田间架下白腐病的出现更早而且多。随着雨季的到来空气湿度逐渐加大，架上的凝露也渐普遍，这时架上架下的湿度差异缩小，病害逐渐进入流行期。土壤黏重、排水不良或地下水位高、土壤潮湿，白腐病发生重，立架的葡萄发病重，棚架的发病轻，双立架式又重于单立架式。潮湿环境有利于白腐病病菌的侵染，高温高湿和伤口是葡萄白腐病流行最主要的条件，而高湿和伤口是发病最关键的条件。在多雨的季节里，空气湿度较大，有利于病原菌侵染，所以病害发生严重。

葡萄白腐病和炭疽病是葡萄园引起烂穗的主要病害，白腐病比炭疽病发病早，幼果期就开始发生，但到了后期两病并发大流行，引起严重损失。我国中部地区，炭疽病发生常较白腐病严重，但华北和东北地区，两种病同样严重。7~8月高温多雨、湿度大，特别是遇暴风雨或冰雹，常引起白腐病的大流行。

品种间抗病性也有差异，一般欧亚种易感病，欧美杂交种比较抗病。

【防治方法】　防治葡萄白腐病应从减少菌源、加强栽培管理、增强植株抗性、控制侵染和发病条件以及做好病害发生的预测做起，采取及时喷药防治等综合措施。

1. 减少菌源

（1）冬季清园：白腐病的侵染源主要是病残体及在土壤中越冬的菌丝团、分生孢子器和分生孢子。因此，应在秋冬季结合休眠期修剪，彻底清除病果穗、病枝蔓，刮除可能带病菌的老树皮；彻底清除果园中的枯枝蔓、落叶、病果穗等，然后将清扫的病残体集中焚毁；对果园土壤进行一次深耕翻晒；翌年开春前对植株喷1次3°~5° Bé石硫合剂，也可以地面撒药粉灭菌，可用福美双500 g、硫黄粉500 g、碳酸钙12 kg，每亩撒混合药粉1~2 kg，彻底清园可大量减少翌年初侵染的菌源。

（2）搞好田间卫生：生长季节田间侵染发生后，结合管理勤加检查，及时剪除早期发现的病果穗、病枝蔓，收拾干净落地的病粒，带出园外集中深埋，可减少当年再侵染的菌源，减轻病情和减缓病害发展的速度。

2. 加强管理

（1）栽培抗病品种：在病害经常流行的地区，尽可能不种植高度感病的品种，而代以园艺性状好的中抗品种。因地制宜选用抗病品种，如玫瑰香、龙眼品种等。

（2）增施有机肥：增施优质的有机肥料，增加土壤肥力，改善土壤结构，增强植株长势，提高抗病力。

（3）提高结果部位：因地制宜尽可能采用棚架式，结合绑蔓和疏花疏果，使结果部位尽可能提高到40 cm以上，可减少病菌接触的机会，有较好的避病作用。

（4）疏花疏果：根据果园的肥力水平，结合修剪和疏花疏果，合理调节植株的挂果负荷量，避免只追求眼前取得高产的暂时利益而削弱了树势。

（5）精细管理：加强肥水、摘心、绑蔓、摘副梢、中耕除草、雨季排水及其他病虫的防治等经常性的田间管理工作。

（6）剪病果穗：葡萄白腐病在有雨和露水时即可侵染葡萄植株，葡萄穗一般内部穗轴、果梗比外部的果粒潮湿。而且葡萄果穗内部还有各种分泌腺，有时昆虫也可以在葡萄果穗内部为害造成伤口。所以一般葡萄果穗上发现葡萄白腐病时，是从葡萄果穗内部先发病，然后再发展到葡萄果粒上的。当我们发现葡萄果粒上发生葡萄白腐病时，已是由葡萄果穗内向外开始烂了，也就是说已是晚期了。只有剪掉整个葡萄果穗，防止再次传染其他健康葡萄果穗。

3. 药剂防治　喷药防治应在病害始发期即喷第一次药，以后根据病情及天气情况，每隔7~15 d喷1次，共需喷3~5次。每次风雨后，在天气晴明时首先要把田间地表的葡萄叶子、枝蔓及烂穗捡走，把枝蔓上的过于腐烂的果穗剪掉，随后进行喷药防治，下列药剂对葡萄白腐病都有一定的防治效果：400 g/L升氟硅唑乳油7 500倍液，10%苯醚甲环唑水分散粒剂1 500倍液；25%戊唑醇水乳剂3 000倍液；10%戊菌唑乳油3 000倍液；50%福美双可湿性粉剂600~800倍液；25%甲硫·腈菌可湿粉剂600倍液，50%多菌灵可湿性粉剂800~1 000倍液；50%托布津可湿性粉剂500倍液；75%百菌清可湿性粉剂500~600倍液；1∶0.75∶200波尔多液。适用的复配剂有：嘧菌·代森联、唑醚·啶酰菌、井冈·嘧菌酯、唑醚·代森联、克菌·戊唑醇、苯甲·醚菌酯等。

加入展着剂的药液可迅速渗透到葡萄果穗内部，形成药膜，起到治疗和保护的作用。用药时一定要雾滴小、喷雾均匀周到，上、下、内、外一定要均匀着药，不要漏喷。因这时整个葡萄植株有很多处伤口，通过风雨的传播，葡萄白腐病菌已在伤口处侵染，没有药液的保护，一定会发病，通常相隔5 ~ 7 d再喷一次药，这样可减轻葡萄白腐病的发生。还需要注意的是，每天都要到田间看一看，检查是否有新的病穗、病枝发生，发现后及时剪掉，减少再次侵染。有伤口的时期，有适合白腐病发生的条件，并且在病菌孢子存在的条件下，尤其是冰雹后，尽快施用杀菌剂。一般冰雹后12 ~ 18 h施用农药。

（三）葡萄霜霉病

葡萄霜霉病是一种世界性的葡萄病害。我国各葡萄产区均有分布，在葡萄生长季节多雨潮湿、暖和的地区发生为害较重，常造成葡萄早期落叶，损失为害大，是我国葡萄主要病害之一。生长早期发病可使新梢、花穗枯死，中、后期发病可引起早熟落叶或大面积枯斑而严重削弱树势，并影响下一年产量。葡萄霜霉病作为一种常见的葡萄病害，不仅严重影响当年果品的产量和质量，而且使树势衰弱，枝芽发育不充实，花芽分化不良，植株不能安全越冬，冬芽枯死。

葡萄霜霉病黄化坏死病斑

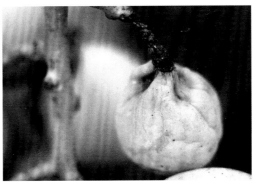

葡萄霜霉病为害果梗

受害幼果果粒变色干缩，有少量霜状霉层

葡萄霜霉病病斑叶背大型病斑霜状霉层

葡萄霜霉病叶背霜状霉层

葡萄霜霉病为害葡萄果粒提前变红

葡萄霜霉病为害叶片出现失绿黄斑

葡萄霜霉病角形坏死黄化病斑

葡萄霜霉病叶面病斑灰褐色

【症状】　病菌侵染植株的绿色部分。

1. **叶片**　病部油浸状，角形，淡黄色至红褐色，受限于叶脉。发病 4 ~ 5 d 后，病斑部位反面形成幼嫩密集的白色似霜物，这是本病的特征，霜霉病因此而得名。病叶是果粒的主要侵染源。严重感染的病叶造成叶片脱落，从而降低果粒糖分的积累和越冬芽的抗寒力。

2. **新梢**　上端肥厚、弯曲，由于病菌形成孢子变白色，最后变褐色而枯死。如果生长初期侵染，叶柄、卷须、幼嫩花穗也出现同样症状，并最后变褐色，干枯脱落。

3. **果粒**　幼嫩的果粒高度感病，感染后果色变灰色，表面满布霜霉。果粒长到直径 2 cm 时，一般不形成孢子，也就是没有霜霉状物。果粒成熟时较少感病，但感染的果梗可以传染给老果粒，病粒变褐色，但不形成孢子。白色葡萄品种感染的较大果粒变暗灰绿色，而红色品种则变粉红色，感染的果粒保持坚硬，甚至比正常果还硬，但成熟时变软。病粒易脱落，留下干的梗疤部分穗轴或整个果穗也会脱落。

【病原】　葡萄霜霉病是由葡萄生单轴霉 *Plasmopara viticola*（Berk. & Curt.）Berl. & de Toni. 寄生引起的，属鞭毛菌，是专性寄生菌。在被寄生的葡萄组织细胞间繁殖，菌丝管状，多细胞核，直径 8 ~ 10 μm，病菌以吸盘凹入细胞壁而被包住，然后进入细胞吸收养料。病菌形成孢子囊进行无性繁殖。孢子囊椭圆形，透明，大小为（12.6 ~ 25.2）μm ×（11.2 ~ 16.8）μm，着生在树枝状的孢囊梗上。孢囊梗自叶片病组织反面的气孔抽出，或从果粒皮孔抽出，一般 4 ~ 6 枝（有时多至 20 枝），呈束状，无色，单轴分枝 3 ~ 6 次，一般分枝 2 ~ 3 次，分枝处成直角，分枝末端有 2 ~ 3 个短的小梗，圆锥状，末端钝，孢子囊即着生在小梗上。

【发病规律】　病菌主要以卵孢子在病残组织内越冬，其中以病叶海绵组织中形成的卵孢子数量最多。卵孢子的抗逆力很强，病残组织腐烂后落入土壤中的卵孢子能存活 2 年。越冬的卵孢子一般经 3 个月的休眠后，当降水量达 10 mm 以上，土温 15 ℃左右即开始萌发。萌发时产生一个孢囊梗，并在其顶部形成一个大型的芽孢囊，通过气流或雨滴溅散传播至叶片上。病菌侵入后菌丝在寄主细胞间寄生和扩展，长出圆球形吸器伸入细胞内吸取营养和水分，引起发病。初侵染发病后，在有雨、露、雾，湿度达 95% 以上时，病斑上长出成簇的孢囊梗和大量的孢子囊。孢子囊靠风、露水或雨水传播分散。在整个生长季，可进行多次的再侵染，使病情逐渐加重。病害的潜育期因温度不同而异，在适宜的温度下一般为 4 ~ 7 d，潜育期还因品种抗性不同而异，感病品种只需 7 ~ 12 d，而抗病品种则可长达 20 d。一般美洲种较欧亚种抗病，品种间对霜霉病存在显著的差异，依感病级分为三类，低感品种有欧美杂种"红伊豆""奥林匹亚""山东早红"，几乎所有无核品种均为高感品种。

生长季末当气温下降、水分减少、植株落叶休眠时，病组织内的菌丝产生藏卵器和雄器，配合后形成卵孢子休眠越冬。潮湿的冬天，紧接着为潮湿的春天，连接上夏天的雨水，霜霉病发生早、为害严重。因为，在潮湿的冬天卵孢子越冬基数（成活率）高；潮湿的春天导致发生早、进一步发展、在果园内的传播；夏季的雨水不但提供了病害暴发的条件，而且会刺激新梢、幼叶的生长和组织含水量的增加，使植株更加感病（抗病性降低），从而导致病害流行和大暴发。

病菌卵孢子萌发温度 13 ~ 33 ℃，适宜温度 25 ℃，同时要有充足的水分或雨露。孢子囊萌发温度 5 ~ 27 ℃，适宜温度 10 ~ 15 ℃，并要有游离水存在。孢子囊形成温度 13 ~ 28 ℃，15 ℃左右形成孢子囊最多，要求相对湿度 95% ~ 100%。游动孢子产出温度 12 ~ 30 ℃，适宜温度 18 ~ 24 ℃，须有水滴存在。试验表明：孢子囊有雨露存在时，21 ℃时萌发 40% ~ 50%，10 ℃时萌发 95%；孢子囊在高温干燥条件能存活 4 ~ 6 d，在低温下可存活 14 ~ 16 d；游动孢子在相对湿度 70% ~ 80% 时能侵入幼叶，相对湿度在 80% ~ 100% 时老叶才能受害。因此秋季低温、多雨易引致该病的流行。潮湿、冷凉、多露雾的天气或季节有利于发病。

【防治方法】　在病害流行地区防治葡萄霜霉病应以栽种抗病品种为主，在此基础上，搞好越冬期防治，尽可能减少初侵染菌源，重视丰产控病栽培管理，仍不可缺少药剂防治。

1. **越冬期防治**　病残体中越冬的卵孢子是主要的初侵染菌源，因此，秋末和冬季，结合冬前修剪进行彻底清园，剪除病、弱枝梢，清扫枯枝落叶，集中深埋，以及秋冬季深翻耕，并在植株和附近地面喷 1 次 3° ~ 5° Bé 石硫合剂，可大量杀灭越冬菌源，减少翌年的初侵染。

2. **加强栽培管理**　避免在地势低洼、土质黏重、周围窝风、通透性差的地方种植葡萄。建园时要规划好田间灌排系统，适当放宽行距，行向与风向平行。棚架应有适当的高度，施足优质的有机基肥，生长期根据植株长势适量追施磷、钾肥及氮肥、微量元素等肥料，避免过量偏施氮肥造成枝叶过茂徒长，及时绑蔓，修剪过旺枝梢，清除病残叶，清除行间杂草以及雨季加强排水等。

3. **调节室内的温湿度**　特别在葡萄坐果以后，室温白天应快速提温至 30 ℃以上，并尽力维持在 32 ~ 35 ℃，以高温低湿来抑制孢子囊的形成、萌发和孢子的萌发侵染。下午 4 时左右开启风口通风排湿，降低室内湿度，使夜温维持在 10 ~ 15 ℃，空气湿度不高于 85%，用较低的温、湿度抑制孢子囊和孢子的萌发，控制病害发生。

4. **药剂防治**　主要目标是防止该病造成早期落叶及幼果受害。霜霉病发病前，应以保护剂为主；发病初期，一般先形成发病中心，对发病中心重点防治。一般情况，应注意雨季、立秋前后的防治；在北方葡萄产区的立秋前后，或发现霜霉病时，应使用 1 ～ 2 种内吸性杀菌剂。注意内吸性杀菌剂与保护性杀菌剂混合或交替使用。

（1）预防保护：从 6 月上旬坐果初期开始，喷施下列药剂进行预防：75％百菌清可湿性粉剂 800 倍液；80％代森锰锌可湿性粉剂 800 倍液；70％丙森锌可湿性粉剂 600 倍液；56％氧化亚铜悬浮剂 1 000 倍液；70％百菌清·福美双可湿性粉剂 800 倍液；77％硫酸铜钙可湿性粉剂 500 ～ 700 倍液；80％波尔多液可湿性粉剂 300 ～ 400 倍液；78％波尔多液·代森锰锌可湿性粉剂 500 ～ 600 倍液；77％氢氧化铜可湿性粉剂 600 ～ 700 倍液等。

（2）病害发生初期，可用下列药剂：68％精甲霜灵·代森锰锌水分散粒剂 550 ～ 660 倍液；60％吡唑醚菌酯·代森联水分散粒剂 1 000 ～ 2 000 倍液；66.8％丙森锌·缬霉威可湿性粉剂 700 ～ 1 000 倍液；25％烯酰吗啉·松脂酸铜水乳剂 800 ～ 1 000 倍液；69％烯酰吗啉·代森锰锌可湿性粉剂 1 000 ～ 1 500 倍液；50％氟吗啉·三乙膦酸铝可湿性粉剂 800 ～ 1 500 倍液；50％嘧菌酯水分散粒剂 6 000 倍液；58％甲霜灵·代森锰锌可湿性粉剂 300 ～ 400 倍液，喷雾时要注意叶片正面和背面都要喷洒均匀。

（3）病害发生中期，可用下列药剂：10％氟噻唑乙酮可分散油悬浮剂有效成分用药量 33.34 ～ 50 mg/kg，喷雾；25％甲霜灵可湿性粉剂 600 倍液；50％恶霜灵可湿性粉剂 2 000 倍液；10％氰霜唑悬浮剂 2 500 倍液；25％甲霜灵·霜霉威可湿性粉剂 800 倍液；25％双炔酰菌胺悬浮剂 3 500 倍液；80％烯酰吗啉+5％霜脲氰水分散粒剂 5 000 ～ 8 000 倍液；50％烯酰吗啉可湿性粉剂 1 000 倍液。为防止病菌产生抗药性，杀菌剂应交替使用。

目前防治霜霉病的高效药剂种类不少，使用得当能有效地控制病情的发展。1∶0.7∶200 波尔多液是防治葡萄霜霉病的一种优良的保护剂，应在田间出现利于霜霉病菌侵染的条件而尚未发病前使用。根据天气条件，一般使用 3 ～ 5 次，每次间隔 10 ～ 15 d，能收到很好的防病效果。防治霜霉病的有效药剂还有 85％波尔·霜脲氰可湿性粉剂 700 倍液、72％霜脲·锰锌可湿性粉剂 700 倍液、50％氟吗·乙铝可湿性粉剂 600 倍液、69％烯酰吗啉·锰锌 600 倍液等混配制剂。50％烯酰吗啉 4 000 倍液、72.2％霜霉威水剂 800 倍液是内吸性治疗杀菌剂。适用的复配剂有：寡糖·吡唑酯、唑醚·代森联、烯酰·唑嘧菌、丙森·缬霉威、苦参·蛇床素等。

喷洒药剂要均匀、周到，尤其是使用没有内吸传导的药剂时，喷药的重点部位是叶片的背面，但同时要注意开花前、后喷洒花序和果穗；秋雨多的年份，中、晚熟品种采收后还应喷药 2 ～ 3 次，以免早期落叶。

（四）葡萄黑痘病

葡萄黑痘病又名疮痂病，俗称"鸟眼病"，我国各葡萄产区都有分布。在春、夏两季多雨潮湿的地区，发病甚重，常造成较大经济损失。

【症状】　葡萄黑痘病主要为害葡萄的绿色幼嫩部分，如果实、果梗、叶片、叶柄、新梢和卷须等。

1. 叶片　开始出现针头大红褐色至黑褐色斑点，周围有黄色晕圈。后病斑扩大，呈圆形或不规则形，中央灰白色，稍凹陷，边缘暗褐色或紫色，直径 1 ～ 4 mm。干燥时病斑自中央破裂穿孔，但病斑周缘仍保持紫褐色的晕圈。

2. 叶脉　病斑呈梭形，凹陷，灰色或灰褐色，相连边缘暗褐色。叶脉被害后，由于组织干枯，常使叶片扭曲、皱缩。

3. 穗轴　发病使全穗或部分小穗发育不良，甚至枯死。果梗发病可使果实干枯脱落或僵化。

4. 果实　绿果被害，初为圆形深褐色小斑点，后扩大，直径可达 2 ～ 5 mm，中央凹陷，呈灰白色，外部仍为深褐色，而周缘紫褐色似"鸟眼"状。多个病斑可连接成大斑，后期病斑硬化或龟裂。病果小而酸，失去食用价值。染病较晚的果粒，仍能长大，病斑凹陷不明显，但果味较酸。病斑限于果皮，不深入果肉。空气潮湿时，病斑上出现乳白色的黏质物，此为病菌的分生孢子团。

5. 新梢、蔓、叶柄或卷须　发病时，初现圆形或不规则褐色小斑点，以后呈灰黑色，边缘深褐色或紫色，中部凹陷开裂。新梢未木质化以前最易感染，发病严重时，病梢生长停滞，萎缩，甚至枯死。叶柄染病症状与新梢上相似。

【病原】　葡萄黑痘病病原菌是葡萄痂囊腔菌［*Elsinoe ampelina*（de Bary）Shear］，属子囊菌亚门。无性阶段为葡萄痂圆孢菌［*Sphaceloma ampelium*（de Bary）］，属半知菌类。病菌的无性阶段致病，有性阶段菌很少见。病菌在病斑的外表形成分生孢子盘，半埋生于寄主组织内。分生孢子盘含短小、椭圆形、密集的分生孢子梗。顶部生有细小、卵形、透明的分生孢子，大小为（4.8 ～ 11.6）μm×（2.2 ～ 2.7）μm，具有胶黏胞壁和 1 ～ 2 个亮油球。在水中分生孢子产生芽管，

葡萄黑痘病病菌
分生孢子盘与分生孢子

葡萄黑痘病叶片初期病斑　　　　　　　　　　葡萄黑痘病为害新梢叶片，产生斑点

葡萄黑痘病为害新叶　　　　葡萄黑痘病为害幼叶，产生病斑　　　　葡萄黑痘病为害新梢后期干枯

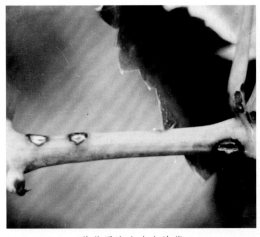 

葡萄黑痘病为害幼蔓　　　　　　　　　　　　葡萄黑痘病为害初期病斑

葡萄黑痘病为害果粒　　　　　　　　　　葡萄黑痘病为害果实不同时期病斑

迅速固定在基物上，秋天不再形成分生孢子盘，但在新梢病部边缘形成菌块即菌核，这是病菌主要越冬结构。春天菌核产生分生孢子。

子囊在子座梨形子囊腔内形成，大小为（80～800）μm×（11～23）μm，内含8个黑褐色四胞的子囊孢子，大小为（15～16）μm×（4～4.5）μm。子囊孢子在温度2～32℃时萌发，侵染组织后生成病斑，并形成分生孢子，这就是病菌的无性阶段。

【发病规律】 病菌主要以菌丝体潜伏于病蔓、病梢等组织越冬，也能在病果、病叶和病叶痕等部位越冬。病菌生活力很强，在病组织可存活3～5年之久。翌年4～5月产生新的分生孢子，借风雨传播。孢子发芽后，芽管直接侵入幼叶或嫩梢，引起初次侵染。侵入后，菌丝主要在表皮下蔓延。以后在病部形成分生孢子盘，突破表皮，在湿度大的情况下，不断产生分生孢子，通过风雨和昆虫等传播，对葡萄幼嫩的绿色组织进行重复侵染，温湿条件适合时，6～8 d便发病产生新的分生孢子。病菌远距离的传播则依靠带病的枝蔓。

分生孢子的形成要求25℃左右的温度和比较高的湿度。菌丝生长温度为10～40℃，最适为30℃。潜育期一般为6～12 d，在24～30℃下，潜育期最短，超过30℃，发病受抑制。新梢和幼叶最易感染，其潜育期也较短。

4～6月多雨高温有利于分生孢子的形成、传播和萌发侵入，同时，多雨高温又造成寄主幼嫩组织的迅速生长，因此，病害发生严重。干旱年份或少雨地区，发病显著减轻。

欧美杂交种葡萄对本病抗性较强，平均感病指数为7.92；而欧亚种葡萄大多数不抗黑痘病，平均感病指数为25.90。

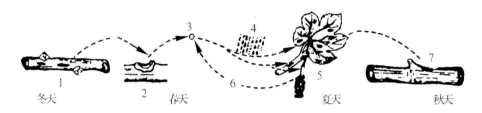

黑痘病循环图
1.病菌在枝条上越冬　2.溃疡产生分生孢子　3.分生孢子
4.下雨　5.幼嫩器官感染　6.重复侵染　7.枝条上的病菌

【防治方法】 防治葡萄黑痘病应采取减少菌源，选择抗病品种，加强田间管理及配合药剂防治的综合措施。

1. 苗木消毒 将苗木或插条在3%硫酸铜液中浸泡3～5 min，取出即可定植或育苗。

2. 彻底清园 冬季进行修剪时，剪除病枝梢及残存的病果，刮除病、老树皮，彻底清除果园内的枯枝、落叶、烂果等，然后集中深埋。再用铲除剂喷布树体及树干四周的上面，常用的铲除剂有3°～5°Bé 石硫合剂。喷药时期以葡萄芽鳞膨大但尚未出现绿色组织时为好。过晚喷洒会发生药害，过早效果较差。

3. 药剂防治 该病是葡萄生产中的早期病害，喷药目标是防止幼嫩的叶、果、蔓梢发病。在搞好清园越冬防治的基础上，生长季节的关键打药时期是花前半月、落花70%～80%时和花后半月，共3次。

（1）葡萄开花前，可用下列药剂：1∶0.7∶250的波尔多液；75%百菌清可湿性粉剂600～700倍液；70%代森锰锌可湿性粉剂600～800倍液等，喷施。

（2）葡萄开花后病害发生初期，可喷施下列药剂：25%嘧菌酯悬浮剂1 200倍液；400 g/L氟硅唑乳油7 500倍液；32.5%代森锰锌·烯唑醇可湿性粉剂600倍液；5%亚胺唑可湿性粉剂800倍液；40%氟硅唑乳油7 000倍液；50%咪鲜胺锰盐可湿性粉剂2 000倍液；10%苯醚甲环唑水分散粒剂2 000倍液；12.5%烯唑醇可湿性粉剂3 000倍液等。适用的复配剂有：喹啉·噻灵、肟菌·戊唑醇、井冈·嘧菌酯等。若遇下雨，要及时补喷。注意控制春季和秋季发病高峰。喷药前如能仔细摘除已出现的病梢、病叶、病果等则效果更佳。

（五）葡萄灰霉病

葡萄灰霉病是为害葡萄的重要重病害之一。因气候条件不同，各个年份间发病程度不一。成熟的果实在贮藏、运输和销售期间也常因此病引起腐烂。

葡萄灰霉病为害穗轴　　　　　　葡萄灰霉病为害红地球葡萄　　　　　葡萄灰霉病为害葡萄穗轴和果梗

【症状】　葡萄灰霉病为害花穗和果实，有时也为害叶片和新梢。

花穗多在开花前发病，花序受害初期似被热水烫状，呈暗褐色，病组织软腐，表面密生灰色霉层，被害花序萎蔫，幼果极易脱落；果梗感病后呈黑褐色，有时病斑上产生黑色块状的菌核。

果实在近成熟期感病，先产生淡褐色凹陷病斑，很快蔓延全果，使果实腐烂；发病严重时新梢叶片也能感病，产生不规则的褐色病斑，病斑有时出现不规则轮纹；贮藏期如受病菌侵染，浆果变色、腐烂，潮湿时病穗上长出一层鼠灰色的霉层。成熟果实及果梗被害，果面出现褐色凹陷病斑，很快整个果实软腐，长出鼠灰色霉层。有时在果梗表面产生黑色菌核。

【病原】　灰霉病病原是灰葡萄孢菌（*Botrytis cinerea* Pers.），为无性阶段。有性阶段是富氏葡萄孢盘菌〔*Botryotinia fuckeliana*（de Bary）Whetzel〕。在葡萄园中常见的是无性阶段病原菌。该病原菌菌丝在 5～30 ℃时均可生长，产生分生孢子的温度为 10～25 ℃，菌核形成温度为 15～22.5 ℃，最适温度均为 20 ℃；分生孢子萌发温度为 7.5～30 ℃，最适温度为 20～25 ℃。在 pH 值 2～9 时该菌均能生长，最适 pH 值为 6。分生孢子需在高湿条件下才能萌发，相对湿度低于100%时不能萌发。完全光照对该菌菌丝生长有促进作用，而完全黑暗更利于产孢、孢子萌发及菌核的形成。单糖及双糖、有机氮及硝态氮是病原菌较好的碳、氮源。分生孢子和菌核的致死温度分别是 42 ℃和 46 ℃。

【发病规律】　此病以分生孢子或菌核在病穗、病果上越冬，当气温在 15～20 ℃时开始传播。露地葡萄初侵染期在5月中上旬，大棚葡萄发病早。一般的发病时间平均在葡萄开花前 7～10 d。灰霉病在花前发生较轻，末花期到落果期发病重。此期若大棚湿度高、外界气温低（特别是阴雨天），灰霉病是侵染高峰，但不会表现，等到天气晴好、温度升高以后，病状迅速出现，难以防治。灰霉病发生需要的湿度并不很高，有的年份花期并不下雨，但只要早上、夜里有露水就足够了。重要的是温差，开花期温差大的年份发病重。

在果实着色至成熟期，如遇连雨天，引起裂果，病菌从伤口侵入，导致果粒大量腐烂。该病的发病温度为 5～31 ℃，最适宜发病温度为 20～23 ℃，空气相对湿度在85%以上，达90%以上时发病严重。在春季多雨，气温 20 ℃左右，空气湿度超过95%达 3 d 以上的年份均易流行灰霉病。此外，管理措施不当，如枝蔓过多、氮肥过多或缺乏、管理粗放等，都可引起灰霉病的发生。

葡萄在贮藏期间也易发生此病，在低温条件下该病原菌仍可生长，属于葡萄低温贮藏保鲜的主要病害之一。

【防治方法】

1. **农业防治**　出现徒长的葡萄应控制氮肥施用量，轻剪长放，喷生长抑制剂，增强抗病能力；畅通排水，清除杂草，避免枝叶过密，及时绑扎枝蔓，使架面通风透光，降低田间温度，以减少发病；塑料大棚中空气相对湿度控制在80%以下；晴天当棚温升至 33 ℃时开始放风，下午棚温保持 20～25 ℃，傍晚棚温降至 20 ℃左右关闭风口；上午尽量保持较高棚温，使棚顶露水雾化；夜间棚温应保持 15 ℃左右，不要太低，尽量减少或避免叶面结露，阴天也应注意通风；采用地膜覆盖，膜下暗灌，用喷粉或熏烟方式施药，采用无滴膜，均可有效地降低棚内空气湿度；在南方改篱架为棚架，对减少葡萄灰霉病及其他病害的发生有显著效果；葡萄园不宜间作草莓，以免该病交叉感染。

2. **药物防治**　花前 7～10 d 及落花落果期是用药的最佳时间。62%嘧环·咯菌腈水分散剂有效成分用药量413～620 mg/kg，喷雾；50%啶酰菌胺水分散剂有效成分用药量 333～1 000 mg/kg，喷雾；40%嘧霉胺悬浮剂 1 000～1 500 倍液，对菌丝的侵入特别有效，防治成本低，对葡萄安全。50%嘧菌环胺水分散粒剂 1 000 倍液，40%双胍三辛烷基苯磺酸盐可湿性粉剂 1 500 倍液，40%双胍辛胺可湿性粉剂 2 000 倍液，22.2%抑霉唑乳油 1 000～1 200 倍液，内吸性好，杀菌彻底，主要用于对穗部的处理。50%腐霉利可湿性粉剂 2 000 倍液或50%异菌脲可湿性粉剂 1 500～2 000 倍液都有很好的防治作用，多菌灵、甲基硫菌灵、甲霉灵、多霉灵等也是防治灰霉病的常用药剂。用哈茨木霉菌叶部专用型稀释 300 倍，保证喷洒的药液覆盖作物叶部正反面和茎部，一般每亩使用剂量为 100～300 g。为避免病菌产生抗药性，应不同类杀菌剂轮换使用。

3. 贮藏期的抑菌处理 二氧化硫是贮藏库消毒杀菌的最佳药剂。应当掌握好使用浓度，不同品种对二氧化硫忍受能力各不相同，必须事先通过试验确定合适的浓度。一般按每立方米 20 g 硫黄粉进行熏硫处理。除此之外，仲丁胺、过氧乙酸等也可用。贮藏过程中，采取低温、气体调节、辐射杀菌和药剂杀菌等措施，创造不利于病菌生长的环境，提高葡萄贮藏性，延长贮藏期达到保鲜的目的。

（六）葡萄穗轴褐枯病

该病在东北、华中和西北各省（区）均有分布，是威胁葡萄生产的一种新病害。

葡萄穗轴褐枯病为害状

葡萄穗轴褐枯病

【症状】 幼穗的穗轴上先产生褐色水浸状斑点，迅速扩展后穗轴变褐坏死。有时病部产生黑色霉状物，即病菌分生孢子梗和分生孢子。

【病原】 病原菌为葡萄生链格孢霉（*Alternaria viticola* Brun.）。分生孢子梗数根，丛生，不分枝。分生孢子单生或 4~6 个串生。分生孢子倒棍棒形，具 1~7 个横隔、0~4 个纵隔，大小为（20~47.5）μm×（7.5~17.5）μm。

【发病规律】 以分生孢子在枝蔓表皮或幼芽鳞片内越冬，翌年春侵入，形成病斑并产出分生孢子进行再侵染。春季花期潮湿多雨，幼嫩组织（穗轴）木质化慢，常易被病菌侵染而发病重；随穗轴老化，病情稳定。

【防治方法】

（1）搞好果园通风透光、排涝降湿等工作。

（2）及时剪去病果、病蔓，集中深埋。

（3）适当摘剪果穗，控制新梢生长，有利于恢复树势，增加抗病性。

（4）在葡萄发芽前，喷 3° Bé 石硫合剂或 45% 晶体石硫合剂 30 倍液；50% 硫黄悬浮剂 100 倍液。于萌芽后 4 月下旬、开花前 5 月上旬、开花后 5 月下旬各喷 1 次杀菌剂。使用的药剂有 75% 百菌清可湿性粉剂 800 倍液，80% 代森锰锌可湿性粉剂 1 000 倍液，50% 多菌灵可湿性粉剂 1 000 倍液，70% 甲基硫菌灵可湿性粉剂 1 500 倍液，50% 异菌脲可湿性粉剂 1 500 倍液，40% 醚菌酯悬浮剂 1 000 倍液，1.5% 多抗霉素 500 倍液等。

（七）葡萄房枯病

葡萄房枯病又名穗枯病、粒枯病。分布于河南、安徽、江苏、山东、河北、辽宁、广东等地，一般为害不重。但是在高温、高湿的环境条件下，若果园管理不善、树势衰弱时发病严重。

葡萄房枯病果粒

【症状】　在穗轴、果粒和叶等部位发病。

1. 穗轴　靠近果粒的部位出现圆形、椭圆形或不正圆形病斑，呈暗褐色至灰黑色，稍凹陷。部分穗轴干枯，果粒生长不良，果面发生皱纹。病原菌从穗轴侵入附近果粒，发生病斑。

2. 果粒　果粒发病，最初果蒂部分失水萎蔫，出现不规则的褐色斑，逐渐扩大到全果，变紫变黑，干缩成僵果，果梗、穗轴褐变，干燥枯死，长时间残留树上，是房枯病的主要特征。

3. 叶　发病时出现灰白色、圆形病斑，其上也长分生孢子器。

房枯病的病果不脱落，这一特征区别于白腐病。

【病原】　葡萄房枯病病原为葡萄亚囊孢壳菌（*Physalospora baccae* Cavala），为有性阶段，属子囊菌亚门。病菌形成子囊孢子和分生孢子。子囊壳扁球形或近球形，黑褐色，埋于病组织皮下，具突出孔口，大小为 200 μm×18 μm。子囊无色，圆柱形。子囊孢子无色，单胞，椭圆形或纺锤形，大小为（15.3～24）μm×（6～9.5）μm，子囊间有侧丝，线状，无色，具 2～3 个隔膜。无性世代为 *Macrophoma faocida*（Viala et Ravaz）Cav.，是一种大茎点菌，属半知菌。分生孢子器半埋生在寄主皮下，椭圆形，暗褐色，顶部孔口突破表皮外露，大小（104～320）μm×（80～240）μm。分生孢子器内壁密生一层分生孢子梗，分生孢子梗短小，圆筒形，单胞，无色，长 25～30 μm，顶端不断产生分生孢子。分生孢子椭圆形或纺锤形，单胞，无色，大小为（16～24）μm×（5～7）μm。

葡萄房枯病病菌的分生孢子器
1. 分生孢子梗　2. 分生孢子

【发病规律】　病菌以分生孢子器和子囊壳在病果或病叶上越冬。翌年 3～7 月释放出分生孢子或子囊孢子。亦有人认为，此菌以菌丝体在病果、病叶上越冬后，至翌年春季再形成子囊壳，然后释放出子囊孢子。分生孢子和子囊孢子靠风雨传播到寄主上，即为初次侵染来源。分生孢子在 24～28 ℃时经 4 h 即能萌发。子囊孢子则在 25 ℃下经 5 h 才能萌发。在 9～40 ℃病菌均可发育，但以 35 ℃最适宜，病菌本身发育虽然要求更高的温度，但侵入的温度常较发育的温度为低。因此 7～9 月，气温在 15～35 ℃时均能发病，但以 24～28 ℃最适于发病。一般欧亚系葡萄较感病，如龙眼等；美洲系葡萄发病较轻。在潮湿和管理不善、树势衰弱的果园发病较重。

【防治方法】

1. 清洁果园　秋季要彻底清除病枝、叶、果等，并集中深埋，以减少翌年初侵染来源。

2. 加强果园管理　注意排水，雨季谨防园地大量积水而形成高湿的发病环境，及时剪副梢，改善通风透光条件，增施肥料，增强植株抵抗力。

3. 药剂防治　葡萄上架前喷洒下列药剂减少越冬病源：3°～5° Bé 石硫合剂；75%百菌清可湿性粉剂 800 倍液；50%多菌灵可湿性粉剂 800 倍液；70%甲基硫菌灵可湿性粉剂 1 000 倍液；70%代森锰锌可湿性粉剂 700 倍液。

展叶后果穗形成期开始，可喷施下列药剂：70%代森锰锌可湿性粉剂 800 倍液 +70%甲基硫菌灵可湿性粉剂 600 倍液；50%福美双可湿性粉剂 1 500 倍液 +50%多菌灵可湿性粉剂 600 倍液；50%混杀硫悬浮剂 500 倍液、75%百菌清可湿性粉剂 700～800 倍液。每隔 10～15 d 喷 1 次，共喷 3 次，能有效控制葡萄房枯病的发生。

（八）葡萄褐斑病

葡萄褐斑病又称斑点病、褐点病、叶斑病，在我国各葡萄产区广泛分布，多雨年份和管理粗放的果园，特别是葡萄采收后忽视防治易引起病害大发生，造成病叶早落，削弱树势，影响产量。

【症状】　褐斑病只在叶片表现症状。最初出现不规则或角状斑点，有时有弯曲轮廓。斑点直径 3～10 mm，初期暗褐色，

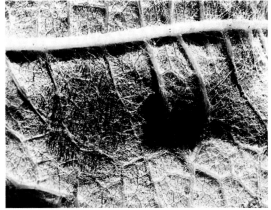

葡萄褐斑病病枝　　　　　　　　　　葡萄褐斑病叶片背面病斑

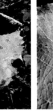

葡萄褐斑病病叶　　　　　　葡萄褐斑病初期病斑　　　　　　葡萄褐斑病病斑

后变赤褐色。病重时许多病斑融合在一起。叶正面的病斑周缘清楚，但反面的模糊。病叶最初在植株的下部，特别是位于荫蔽处的叶片上出现，随后病组织变黑发脆。有的感病品种如康拜尔早生发生大型圆形病斑，表面呈现不明显的轮纹。

【病原】　葡萄褐斑病病原菌是葡萄假尾孢菌 [*Pseudocercospora vitis* (Lev.) Speg.]，属半知菌类。分生孢子梗为束生，直立，上部稍弯曲，深橄榄色，具有 6 ～ 10 个分隔，大小为（75 ～ 190）μm×（4 ～ 5）μm。分生孢子在分生孢子梗顶端着生，长棍棒状至圆筒形，稍弯曲，具有 3 ～ 8 个分隔。深橄榄色，大小为（26 ～ 78）μm×（6 ～ 9）μm。

在生长季节后期，病菌在枯死的叶上转入有性阶段。子囊壳圆形，直径 60 ～ 90 μm，黑色，埋藏在寄主组织中，上部有小疣。子囊棍棒状，大小为（30 ～ 40）μm×（6 ～ 10）μm。子囊孢子（10 ～ 20）μm×（2.5 ～ 3.6）μm，成熟时射出。

【发病规律】　分生孢子附着在植株枝蔓的表面越冬，成为翌年的初侵染源。孢子借风雨传播。在潮湿情况下孢子萌发，从叶背面的气孔侵入寄主。潜育期约 20 d。在发病期可不断地重复侵染。北方葡萄产区多于 6 月开始发病，7 ～ 9 月为发病盛期，天旱时，发生较晚。

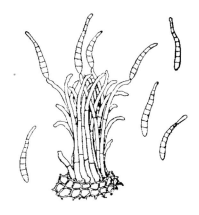

葡萄褐斑病病菌孢梗束及分生孢子

植株生长中后期雨水多时病害流行。不施肥的果园（植株）发病多；营养条件好，植株抗病性较强。

【防治方法】

1. **农业防治**　适当施基肥，使树势生长健壮，提高植株抗性。既可减轻病害的发生，又可提高葡萄的产量与质量。

2. **药剂防治**　喷布 1 ∶ 0.7 ∶（200 ～ 240）波尔多液可有效地控制病害。北方果园，7 ～ 8 月各喷 1 次药。喷药时要着重喷基部叶片。由于病菌是从叶背面气孔侵入，故喷药时要重点喷叶背面。其他药剂可使用 80% 代森锰锌可湿性粉剂 800 倍液、53.8% 氢氧化铜悬浮剂 1 200 倍液、10% 苯醚甲环唑水分散粒剂 3 000 倍液、5% 己唑醇悬浮剂 1 200 倍液、50% 异菌脲可湿性粉剂 1 500 倍液、50% 氯溴异氰脲酸可溶性粉剂 1 500 倍液、50% 苯菌灵可湿性粉剂 1 500 倍液、50% 嘧菌酯水分散粒剂 6 000 倍液、25% 吡唑醚菌酯乳油 2 000 倍液、12.5% 烯唑醇可湿性粉剂 2 500 ～ 4 000 倍液、24% 腈苯唑悬浮剂 3 000 倍液、40% 腈菌唑水分散粒剂 7 000 倍液、25% 戊唑醇水乳剂 2 500 倍液、1.5% 多抗霉素可湿性粉剂 300 倍液等。间隔 10 ～ 15 d 喷 1、次，连喷 2 ～ 3 次，防效显著。

（九）葡萄黑腐病

葡萄黑腐病在我国各葡萄产区均有发生，一般为害不重。有时因侵染源较多，环境气候适宜或品种易感病等原因也可引起较大的损失。在我国比较炎热和潮湿的地区发生较重。

葡萄黑腐病为害葡萄果实

葡萄黑腐病为害叶片

葡萄黑腐病为害果实与果梗

葡萄黑腐病为害果粒

【症状】 葡萄黑腐病主要为害葡萄果实，尤其是接近成熟的果实受害更大，也可以为害叶片、叶柄、新梢等部位。

1. 果粒 开始呈现紫褐色小斑点，病斑逐渐扩大，边缘褐色，中间部分为灰白色，稍凹陷，随着果实转熟，病斑可继续扩大至整个果面，病果上布满粒粒清晰的小黑粒点，此为病菌的分生孢子器或子囊壳，病果最后变黑软腐，易受震动而脱落，病果最后失水干缩成有明显棱角的黑蓝色僵果。

2. 叶片 病斑多发生在叶缘处，初为红褐色近圆形小斑点，后扩大成边缘为黑色、中间为灰白色或浅褐色的大斑，直径可达 3 ~ 4 cm，病斑上亦长有许多黑色小粒点，排列成隐约可见的轮环状。

3. 叶柄或新梢 出现深褐色、长椭圆形稍凹陷的病斑，上面亦产生许多黑色小粒点，新梢生长受阻。

【病原】 葡萄黑腐病是由葡萄球座菌［*Guignardia bidwellii*（Ellis）Viala & Ravaz］寄生引起的，属子囊菌亚门，此即病原菌的有性阶段。无性阶段为葡萄黑腐茎点霉（*Phoma uvicola* Berk. et Curt.），属半知菌类。病菌的有性阶段产生子囊壳，在越冬僵果的子座内形成。子囊壳是分开的，黑色，球形，直径 61 ~ 199 μm，顶端具有扁平或乳状突开口，中心由拟薄壁组织组成，有时有侧丝。子囊大小为（62 ~ 80）μm×（9 ~ 12）μm，圆筒形至棍棒状，有短柄和 8 个子囊孢子。子囊壁厚，由两层组织组成。子囊孢子大小为（12 ~ 17）μm×（5 ~ 7）μm，透明，无隔膜，呈卵形或椭圆形，直或一侧稍弯，一端圆，双顺序排列，常由胶黏的鞘裹着。病菌无性阶段产生黑色球状分生孢子器，直径为 80 ~ 180 μm，在生长季节产生于寄主表面组织。分生孢子器坚实，突出，顶端有开口。在叶片上产生圆形红褐色坏死斑点，在新梢、卷须、花梗和叶柄上形成椭圆形或细长褐色至黑褐色溃疡，则出现僵果或在果粒上出现褐色至黑色表生疮痂和溃疡。分生孢子透明、无隔膜，卵形至椭圆形，大小为（8 ~ 11）μm×（6 ~ 8）μm。

【发病规律】 葡萄黑腐病病菌主要以子囊壳在僵果上越冬，也能以分生孢子器在病部越冬。翌年从夏初开始，在气候潮湿情况下，子囊壳中不断产生子囊孢子，为初次侵染来源。子囊孢子萌发需要时间较长为 36 ～ 48 h，潜育期为 8 ～ 25 d，病菌在果实上潜育为 8 ～ 10 d，在蔓及叶片上潜育期为 20 ～ 21 d，潜育期长短与气候条件的关系密切，高温时潜育期较短。葡萄发病后可在病部形成分生孢子器，产生分生孢子，并不断进行再侵染。分生孢子生活力很强，分生孢子萌芽需要 10 ～ 12 h。在 7 ～ 37 ℃孢子均可萌发，但以 22 ～ 24 ℃为最适宜。葡萄黑腐病在高温高湿条件下易于发病。华北地区 8 ～ 9 月正是多雨高温季节，适合该病的流行。一般情况下，从 6 月下旬至采收期都可以发病，几乎与白腐病同时发生，尤其近成熟期更易发病。在栽培品种中，欧洲系葡萄感病，美洲系葡萄较抗病。

【防治方法】
1. 果园卫生 冬季剪除病穗，清扫落地的病果、病叶等，集中深埋，以减少病菌来源。
2. 加强果园管理 深耕土壤，增施有机肥料，控制结果量，培养树势，增强植株抗病力。生长季节及时摘除副梢，使树冠通风透光良好，以降低果园内湿度，减轻病害发生。
3. 喷药保护 在开花前、花谢后和果实生长期可结合防治炭疽病、白腐病、霜霉病等，喷布 1 ：0.7 ：200 的波尔多液，保护果实，并兼防叶片及新梢发病；也可喷布 70% 甲基硫菌灵 1 500 倍液，或 10% 苯醚甲环唑水分散粒剂 2 000 倍液（粉剂 1 000 倍液），20% 吡唑醚菌酯水分散粒剂 2 000 倍液等，或 50% 多菌灵可湿性粉剂 500 ～ 600 倍液等。

（一〇）葡萄小褐斑病

葡萄小褐斑病分布于我国各葡萄产区，在多雨年份和不防治的果园，可引起树叶早落，削弱树势和影响产量。

葡萄小褐斑病发生为害状

葡萄小褐斑病病斑

【症状】 叶表面产生黄绿色小斑点，逐渐扩大成圆形，直径 2 ～ 3 mm。斑点边缘色泽较深，暗褐色，中央部位则为茶褐色至灰褐色，病斑部位叶背出现灰黑色霉层，有明显的粉状物，这是分生孢子和孢子梗。病情严重时，许多病斑融合在一起，形成大型斑。

【病原】 葡萄小褐斑病由座束梗尾孢［*Cercospora roesleri*（Catt.）Sacc.］寄生引起，属半知菌类。分生孢子梗在表皮下形成，从直径 35 ～ 50 μm 的子座中伸出。呈圆柱形，直或稍弯曲，暗褐色，有数个分隔，分生孢子梗大小为（46 ～ 92）μm ×（3.5 ～ 4.5）μm。和大褐斑病病菌比较，后者分生孢子梗较疏松，不结成束，分生孢子圆筒形至长椭圆形，暗褐色，有 1 ～ 4 个分隔，大小为（18.5 ～ 58）μm ×（4 ～ 7）μm。

【发病规律】 主要以菌丝体也可以分生孢子附着在植株枝蔓的表面过冬。翌年夏季产生新的分生孢子，新、老分生孢子借助风雨传播，萌发后从叶背面气孔侵入植株。发病期间可不断地重复侵染。8 ～ 9 月出现一次发病盛期。一般近地面的叶片先发病，逐渐向上蔓延为害。

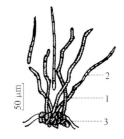

葡萄小褐斑病病菌
1. 分生孢子梗 2. 分生孢子
3. 寄主角质层

【防治方法】　做好冬季清园工作，绒球末期使用好铲除剂，以杀灭越冬病原菌；科学施肥，增强葡萄植株抵抗力。用波尔多液可有效控制病害；使用防治黑痘病、炭疽病的农药亦可兼治本病。

（一一）葡萄根霉腐烂病

葡萄根霉腐烂病分布广泛，多发生在潮湿暖和的环境中，是葡萄一种重要贮藏期病害。

【症状】　受侵染的果实开始变软，没有弹性，继而果肉组织被破坏，果汁从果穗中流出来。在常温条件下，病害发展到中后期，在烂果表面长出粗的白色菌丝体和细小的黑色点状物。在冷库或冷藏车中，菌丝体生长受抑制，孢子囊呈致密的灰色或黑色团，紧紧附着在果实表面。

【病原】　引起本病的病原是黑根霉（*Rhizopus nigricans*），属接合菌亚门接合菌纲。匍匐菌丝弓状弯曲，与基质相接触处产生假根；孢囊梗直立不分枝，1 ~ 10 枝丛生于假根上方，淡褐色，大小为（250 ~ 400）μm×（24 ~ 42）μm。孢子囊球形或椭圆形，褐色或黑色，直径 65 ~ 350 μm。囊轴球形、椭圆形或不规则形，孢囊孢子近球形、卵形或多角形，褐色或蓝灰色，大小为（5.5 ~ 13.5）μm×（7.5 ~ 8）μm。有性世代接合孢子球形或卵形，黑色，有瘤状突起，直径 160 ~ 220 μm。

葡萄根霉腐烂病

【发病规律】　黑根霉是一种喜温的弱寄生菌，它很少通过无伤的果实表皮直接侵入，而是通过果实表面的伤口侵入的，因此，葡萄园管理和采收、包装操作粗放，容易为病菌提供侵入为害的条件。高温高湿的环境条件特别利于病害的发生和发展。

【防治方法】　参考葡萄青霉腐烂病。

（一二）葡萄酸腐病

近几年，葡萄酸腐病在我国已成为葡萄的重要病害。受害严重的果园损失在 30% ~ 80%，甚至绝收。

【症状】　果粒腐烂后，病果粒初呈水渍状，以后软腐，在其表面产生一层紧密的白色霉层，逐渐呈颗粒状，有酸腐烂的汁液流出，会造成汁液经过的地方果实、果梗、穗轴等腐烂；果粒腐烂后，果粒干枯。经常是果穗内个别果粒开始腐烂，烂果粒的果汁流滴到其他果粒上，迅速引起其他果粒的果皮开裂，进而病原或果蝇幼虫生长为害，造成大量的果粒腐烂。葡萄成熟裂开很容易吸引果蝇，然后很容易出现葡萄酸腐病。

【病原】　醋酸细菌、酵母菌、多种真菌、果蝇幼虫等。

【发病规律】　通常是由醋酸细菌、酵母菌、多种真菌、果蝇幼虫等混合引起的病害。实际上，酸腐病不是真正的一次病害，应属于二次侵入病害。先是由于伤口的存在，从而成为真菌和细菌的存活和繁殖的初始因素，并且引诱果蝇来产卵。果蝇身体上有细菌存在，在爬行、产卵的过程中传播细菌。果蝇是酸腐病的传病介体。一头雌蝇 1 d 产 20 余粒卵（每头可以产 400 ~ 900 粒卵）；1 粒卵在 24 h 内就能孵化；蛆 3 h 可以变成新一代成虫；由于繁殖速度快，果蝇对杀虫剂抵抗力非常强，一般 1 种农药连续施用 1 ~ 2 个月就会产生很强的抗药性。

引起酸腐病的真菌是酵母菌。先有伤口，而后果蝇在伤口处产卵，并同时传播醋酸细菌，果蝇卵孵化、幼虫取食同时造成腐烂，之后果蝇指数增长，引起病害的流行。品种的混合栽植，尤其是不同成熟期的品种混合种植，能增加酸腐病的发生。机械伤（如冰雹、风、蜂、鸟等造成的伤口）或病害（如白粉病、裂果等）造成的伤口容易引来病菌和果蝇，从而造成发

葡萄酸腐病果粒初期受害症状

葡萄酸腐病果粒受害处白色霉层

葡萄酸腐病果粒

葡萄酸腐病果穗

病。雨水、喷灌和浇灌等造成空气湿度过大、叶片过密，果穗周围和果穗内的高湿度会加重酸腐病的发生和为害。品种间的发病差异比较大，说明品种对病害的抗性有明显的差异。巨峰受害较为严重，其次为里扎马特、酿酒葡萄（如赤霞珠）、无核白（新疆）、白牛奶等发生比较严重，红地球、龙眼、粉红亚都蜜等较抗病。

【防治方法】

1. **选用抗病品种**　发病重的地区选栽抗病品种，尽量避免在同一果园种植不同成熟期的品种。葡萄园要经常检查，发现病粒及时摘除，集中深埋；增加果园的通透性；葡萄的成熟期尽量避免灌溉；合理使用或不要使用激素类药物，避免果皮伤害和裂果；避免果穗过紧；合理使用肥料，尤其避免过量使用氮肥等。

2. **化学防治**　成熟期的药剂防治是防治酸腐病的重要途径。80% 波尔多液粉剂和杀虫剂配合施用。自封穗期开始施用 3 次 80% 波尔多液粉剂，10 ~ 15 d 喷 1 次，80% 波尔多液粉剂施用 800 倍液。应选择低毒、低残留、分解快的杀虫剂，可以施用的杀虫剂有 40% 辛硫磷 1 000 倍液、90% 晶体敌百虫 1 000 倍液等。

发现酸腐病要进行紧急处理：剪除病果粒，用 80% 波尔多液粉剂 800 倍液 +50% 灭蝇氨水可溶性粉剂 2 500 倍液刷病果穗。对于套袋葡萄，处理果穗后套新袋，而后，整体果园立即喷 1 次触杀性杀虫剂。即使这样，也很难保证酸腐病不再发展。发现烂穗或果粒有伤口后，最好是先用 80% 敌敌畏乳油 500 倍液喷在葡萄行间的地面防治果蝇，然后剪除烂穗或有伤口的穗，用塑料袋收集后带出田外，挖坑深埋。

（一三）葡萄青霉腐烂病

葡萄青霉腐烂病是葡萄贮运期间一种较常见的病害，密闭的包装箱里，一旦出现病果，腐烂便会迅速地扩展开来，造成大量烂果，甚至全箱腐烂，为害甚为严重。

【症状】　受害果实组织稍带褐色，逐渐变软腐烂，果梗和果实表面常长出一层相当厚的霉层。霉层开始出现时呈白色，较稀薄，此为病菌的分生孢子梗和分生孢子，当其大量形成时，霉层变为青绿色，较厚实。受害果实均有霉败的气味。

葡萄青霉腐烂病果粒受害状　　　　　　　　　　葡萄青霉腐烂病为害果粒

【病原】　引起这种果实霉烂的病菌是青霉属真菌（*Penicillium* spp.），属半知菌丝孢纲。有几个不同的种，其中指状青霉（*Penicillium digitatum* Sacc.）是较常见的种。在 PDA 培养基上生长茂盛，菌落绒状，暗黄绿色，后变灰色，背面无色或淡暗褐色，有特殊的气味，分生孢子梗较短，直径 4 ~ 5 μm，帚状枝大而不规则，小梗在不同的高度上形成，大小为（14 ~ 21）μm ×（3.9 ~ 5.3）μm，分生孢子卵形至圆柱形，大小为（4.6 ~ 10.6）μm ×（2.8 ~ 6.5）μm。

【发病规律】　病菌弱寄生性，侵染一般起始于管理粗放、包装过紧或其他原因造成的果实伤口处。病害的扩展主要与湿度有关，在包装箱内高湿的条件下，病菌侵入果实后，可以很快定殖下来，并扩散到与烂果接触的邻近完好的果实上。

此病的发生还与葡萄种类和产区有关。在生食葡萄和制干葡萄的主产区，温度太高，不利于病菌扩展，这种烂果病就发生较少；可是，对于冷凉地区的酿酒葡萄品种来说，由于葡萄穗的果粒紧密，偏凉的温度利于病菌的扩展，这种病害发生一般较严重。

【防治方法】

（1）采收后应迅速将果实运送到阴凉处摊开散热，然后进行整修、分级包装。整修时，应将所有病果、虫伤果和机械损伤的果实剪除。

（2）装箱后要进行预冷，以消除田间带来的热气，降低呼吸率，还可以预防果穗梗变干、变褐及果粒变软或落粒，利于延长贮存时间。

（3）贮藏前用二氧化硫熏蒸，不但能防治果实表面各种可能引起果腐的病原菌，而且可以降低果实呼吸率，减少糖分的消耗，并能较长时间保持果色和果穗梗的新鲜状态。

（一四）葡萄白粉病

葡萄白粉病在我国各葡萄产区都有发生，以河北、山东、陕西的秦岭北麓等葡萄产区受害较重，广东及华东等地偶有发生，为害不大。

葡萄白粉病为害叶片卷缩　　　　葡萄白粉病为害叶片，叶面有白色霉层　　　　葡萄白粉病为害幼果

【**症状**】　白粉病可为害叶片、枝梢及果实等部位，而以幼嫩的组织最易感病。

1.**叶片**　受害叶在正面产生形状不规则大小不等的褪绿色或黄色小斑块。病斑正反面均可见覆有一层白色粉状物，这是病菌的菌丝体、分生孢子梗和分生孢子，严重时白色粉状物布满全叶，叶面不平，逐渐卷缩枯萎脱落。有的地区，发病后期在病叶上可见到分散的黑色小粒点，这是病菌的有性世代闭囊壳，多数地区不常见。

2.**新梢、果梗及穗轴**　受害时，初期表面产生形状不规则斑块并覆有白色粉状物，可使穗轴、果梗变脆，枝梢生长受阻。

3.**幼果**　受害时，先出现褪绿色斑块，果面出现星芒状花纹，其上覆盖一层白粉状物，病果停止生长或变为畸形，果肉味酸；开始着色以后的果实受害后，除表现相似症状外，在多雨情况下，病果易发生纵向开裂，易受腐生菌的后继侵染而腐烂。

【**病原**】　葡萄白粉病是由葡萄钩丝壳菌 [*Uncinula necator* (Schw.) Burr.] 寄生引起，属真菌界子囊菌门。是一种专性寄生菌，不能人工培养。本菌寄生葡萄科葡萄属、爬山虎属、白粉藤属、蛇葡萄属。病菌表生半永久有隔膜和透明的菌丝，具有多裂片附着胞，它形成突破短桩，突破角皮层和细胞壁后，在表皮细胞内形成球状吸器。菌丝直径 4 ~ 5 μm，形成多隔膜分生孢子梗（长 10 ~ 400 μm），菌丝是匍匐生长，而分生孢子梗与菌丝垂直，生长颇密。分生孢子透明，圆筒形至卵形，单胞，内含颗粒（16.3 ~ 20.9）μm × （30.3 ~ 34.9）μm。孢子呈念珠状串生，最老的孢子在串的顶端。在田间的孢子串很短，只有 3 ~ 5 个。

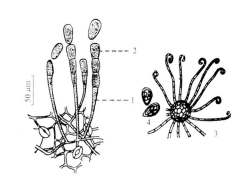

葡萄白粉病病菌
1.分生孢子梗　2.分生孢子
3.闭囊壳　4.子囊及子囊孢子

相对配对型菌丝融合，形成闭囊壳。闭囊壳呈球形，直径 80 ~ 105 μm，在寄生所有感病部位的表面发生。闭囊壳有长形、带弹性和多隔膜附属丝，成熟时顶端呈独特的钩形。闭囊壳色泽由白变黄，成熟时呈黑褐色，含有 4 ~ 6 个子囊。子囊卵圆形至近球形，无色，大小为（50 ~ 60）μm × （25 ~ 35）μm。子囊含 4 ~ 7 个卵形至椭圆形透明子囊孢子，成熟时多为 4 个。子囊孢子无色，单胞，大小为（20 ~ 25）μm × （10 ~ 12）μm。活的子囊孢子萌发时形成 1 条或多条短芽管，然后每个芽管迅速形成多裂片附着胞。

【**发病规律**】　白粉病病菌是一种活物营养（专性）寄生菌，在不形成有性世代的地区，病菌只能以菌丝体在受侵染的枝蔓等组织或芽鳞内越冬，分生孢子的寿命短，不能越冬。越冬后的菌丝，翌年春当温度回升，在一定湿度的条件下，产生新的分生孢子，通过气流的传播与寄主表皮接触，分生孢子萌发后，芽管直接穿透表皮侵入，在表皮下形成吸器，菌丝体在表皮扩展管外寄生。形成子囊世代的地区，病残体上的闭囊壳是主要的越冬器官，其抗逆力很强，翌年春湿度回升，闭囊壳吸湿后，由于附属丝的拉力，使外壳撕裂而放出子囊孢子，通过气流传播进行初侵染。这种情况在我国葡萄产区少见。初侵染发病后形成大量分生孢子，生长季可进行多次的再侵染，潜育期一般为 14 ~ 15 d。各地发生时期的早晚及发病盛期均与此种天气的出现密切相关，广东、湖南、上海等地于 5 月下旬至 6 月上旬开始发病，6 月中下旬至 7 月上旬为发病盛期；黄河故道、陕西关中于 6 月中上旬开始发病，7 月中下旬以后达发病高峰；山东、辽南于 7 月上中旬开始发病，7 月下旬至 8 月上旬为发病盛期。

【**防治方法**】

1.**加强栽培管理**　要注意及时摘心绑蔓，剪副梢，使蔓均匀分布于架面上，保持通风透光良好。冬季剪除病梢，清扫病叶、病果，集中深埋。

2.**喷药保护**　病重地区或易感病的品种，要注意喷药保护。一般在葡萄发芽前喷 1 次 3° ~ 5° Bé 石硫合剂。发芽后喷 0.2° ~ 0.3° Bé 石硫合剂或 75% 百菌清可湿性粉剂 800 倍液；70% 甲基硫菌灵可湿性粉剂 1 000 倍液等。

3.**药剂防治**　发病初期，可用下列药剂：5% 己唑醇悬浮剂 1 500 倍液；5% 亚胺唑可湿性粉剂 700 倍液；10% 戊菌唑乳油 3 000 倍液；30% 氟菌唑可湿性粉剂 3 000 倍液等。

（一五）葡萄锈病

葡萄锈病多分布在我国夏季高温多湿的南方地区（广东、广西、云南、福建、四川、江苏等），东北、西北、华北葡萄产区很少见。

【症状】 叶背出现黄色小斑点，并形成粉状夏孢子堆。通常叶的大部分或全部布满夏孢子堆，这是本病的最大特点。病部后期变黑褐色，严重时引起落叶，削弱树势，偶然在叶柄、嫩梢和穗轴上也出现夏孢子堆。有些品种，在叶正面和反面夏孢子堆相应的部位呈现褐色坏死斑点。病变主要发生在成熟叶片上。病害发生后期，夏孢子堆附近出现褐色至黑褐色冬孢子堆。

【病原】 葡萄锈病是 *Physopella ampelopsidis*（Dietel & P. Syd.）Cummins & Ramachar，又称白蔹壳锈（*Phakopsora ampelopsidis* Diet. et Syd），由葡萄层锈菌寄生引起，病菌属真菌界担子菌门，是有复杂生活史的锈菌。日本报道，此菌在清风藤科泡花树形成性子器和锈子器。性子器圆形至近圆形，直

葡萄锈病病叶

径 100 ~ 130 μm，初褐色后变黑色，从叶面突出。锈子器具光滑外壁，厚 5 ~ 7μm，包被细胞排列紧密，直径 150 ~ 200 μm，从叶背长出，内生卵形锈孢子，大小为（15 ~ 20）μm×（12 ~ 16）μm，具细刺，无色，单胞。在葡萄上能形成夏孢子堆和冬孢子堆。夏孢子堆生于叶背，系黄色菌丛，直径 0.1 ~ 0.5 mm，成熟后散出夏孢子。夏孢子卵形至长椭圆形，具密刺，无色或几乎无色，大小为（15.4 ~ 24）μm×（11.7 ~ 16.1）μm。细胞壁厚 1.5 μm，孔口不明显，具很多侧丝，弯曲或不规则。冬孢子堆生于叶背表皮下，也常布满全叶，圆形，直径 0.1 ~ 0.2 mm，3 ~ 4 个细胞厚，初为黄褐色，后变深褐色。冬孢子 3 ~ 6 层，卵形至长椭圆形或方形，顶部淡褐色，向下渐淡，大小为（16 ~ 30）μm×（11 ~ 15）μm。胞壁光滑，近无色。

【发病规律】 冬孢子萌发形成担孢子，侵染泡花树并产生性孢子器和后来的锈孢子器。锈孢子侵染葡萄属，目前只有日本报道过有性孢子器和锈孢子器。

大多数地区只产生夏孢子堆和冬孢子堆；在热带和亚热带地区，夏孢子堆一年四季都可发生；冬孢子堆一般在天气转凉时发生，温带多在晚秋发生；我国台湾在 7 月也可发现。在热带和亚热带地区，病菌以夏孢子在植株绿色组织上越冬。

葡萄锈病在热带和亚热带地区较温带严重。夏孢子萌发温度为 8 ~ 32 ℃，适温为 24 ℃。在适温情况下，孢子经 1 h 即可萌发，5 h 萌芽率达 90%。冬孢子萌发温度为 10 ~ 30 ℃，适温为 15 ~ 25 ℃，萌芽需要 99% 的相对湿度。冬孢子形成担孢子的适温是 15 ~ 25 ℃。担孢子萌芽温度为 5 ~ 30 ℃，适温为 20 ~ 25 ℃，并需要 100% 的相对湿度。高温有助于夏孢子的萌发，但光线对萌发不利，所以，晚间高温是病害流行的必要条件。接种 6 h 后形成附着胞，12 h 后通过气孔侵入寄主，5 d 后病菌发展范围直径为 200 ~ 300 μm，7 d 后具有夏孢子堆，直径 300 ~ 400 μm。在温度 16 ~ 30 ℃时接种，5 ~ 6 d 后出现菌丛，在较低温度 12 ℃下则要 15 ~ 20 d。夏孢子不侵染幼嫩叶子，因为叶片气孔尚未发育好。生产上有雨或夜间多露的高温季节利于锈病发生，管理粗放且植株长势差易发病，山地葡萄较平地发病重。

各品种间对锈病抗性差异大，一般栽培的葡萄品种，欧亚种葡萄较抗病，而欧美杂交种则较感病。抗性较强的品种有黑潮、红富士、玫瑰香等，中等抗病品种有金玫瑰、新美露、纽约玫瑰、大宝等，中等感病品种有巨峰、白香蕉等，高度感病品种有康拜尔、尼加拉等。

【防治方法】

1. **搞好清园和越冬期防治** 秋末和冬季结合修剪，彻底清除病落叶，集中焚毁；果园进行翻耕；喷 1 次 3° ~ 5° Bé 石硫合剂。

2. **加强管理** 定植时施足优质有机肥，每年冬前都要补充足量的优质有机肥；果实采收后仍要加强肥水管理，保持植株长势，增强抗病力；山地果园要保证灌溉设施，防止缺水缺肥；发病初期适当清除、处理老病叶，可减少田间菌源并利于通风透光，降低果园湿度。

3. **药剂防治** 刚发病时即开始喷药，以后每隔半个月左右喷 1 次。中熟品种采收后注意喷药。因为病菌是从叶背气孔侵染的，所以喷药要注重叶背面。发病初期喷洒 0.2° ~ 0.3° Bé 石硫合剂或 45% 晶体石硫合剂 300 倍液，20% 三唑酮乳油 1 500 ~ 2 000 倍液，20% 三唑酮·硫悬浮剂 1 500 倍液，40% 多·硫悬浮剂 500 倍液，隔 15 ~ 20 d 喷 1 次，防治 1 次或 2 次。

（一六）葡萄煤烟病

煤烟病也称煤污病，是葡萄常见的表面滋生性病害，叶及果面均可发生。

【症状】　叶片或果面发病初期，先出现油浸状黏液，阳光下呈明亮点，继而出现少许暗褐色霉斑，以后逐渐扩大，使叶片和果面布满黑色煤烟状物。被煤烟状物遮盖的叶片，影响植株光合作用，致使植株生长衰弱造成病菌传染，使果实受害，直接影响商品价值。

葡萄煤烟病

【病原】　可由多种煤烟菌引起。已知有煤炱菌（*Capnodium* sp.）、烟霉菌（*Fumago* sp.）等8种之多，大多数属子囊菌门真菌，少数属半知菌类真菌。煤炱菌菌丝体表生，暗褐色，菌丝呈念珠状细胞串生，长出具长柄、无分枝、近梭形的分生孢子器，分生孢子器较小，（20～30）μm×（14～16）μm；分生孢子无色，单胞，椭圆形，（2～2.5）μm×（1～2）μm。未见有性态。

此病发生的主要是，葡萄植株上斑衣蜡蝉、介壳虫及蚜虫等刺吸性害虫在葡萄叶、果面上排泄大量分泌物，引起煤炱菌等滋生蔓延所致。

【发病规律】　病菌在寄主表面繁殖蔓延，可称为寄主表面寄生菌，但多数种类靠刺吸式口器害虫分泌的蜜露为养料而繁殖，同葡萄植株并未建立真正的寄生关系，故属附生物。少数种类虽然长在寄主表面，但能伸出吸胞，从寄主表皮组织中吸取养料而繁殖，建立真正的寄生关系，故属于表面寄生菌。

任何有利于刺吸式害虫发生的果园生态环境，都容易诱发煤烟病。此外，肥水管理不善、疏于修剪、植株生势衰弱的老果园皆易诱发煤烟病。

【防治方法】
1. **防治蜜露昆虫**　5～6月及时防治斑衣蜡蝉、介壳虫及蚜虫等。
2. **加强栽培管理**　合理修剪，疏除交叉枝，改善园圃通透性；管好肥水、增强树势以减轻发病。
3. **及时喷药控病**　在煤烟病发生初期，及时喷施1：1：200石灰等量波尔多液，50%氯溴异氰尿酸可溶性粉剂1 500倍液；或30%氧氯化铜悬浮剂600倍液。

（一七）葡萄轮斑病

葡萄轮斑病为害葡萄叶片，中下部叶片发生较多，严重的亦造成叶片早枯脱落。主要发生于美洲系葡萄，欧洲种或欧亚杂交种葡萄较抗病。

【症状】　只为害叶片。受害叶片初现红褐色不规则形的斑点，后扩大成圆形病斑，直径约2 cm。病斑正面有明显的深浅色泽相同的同心环纹，而病斑反面在天气潮湿时覆盖一层浅褐色的霉层，不显环纹。

【病原】　葡萄轮斑病菌为葡萄生扁棒壳（*Acrospermum viticola* Ikata），属子囊菌门核菌纲。病斑上褐色的霉层为其分生孢子梗和分生孢子，病落叶上可形成子囊壳，呈黑色小粒点。无性世代分生孢子梗由病斑上的菌丝长出，顶端稍膨大，孢子梗有1～3个分隔，淡黄褐色，在其顶部轮生分生孢子，其后顶端又延伸并膨大，再次或多次轮生分生孢子，因此，分生孢子梗的长度差异甚大，大小为（30～300）μm×（3～4）μm。分生孢子圆筒形或长椭圆形，淡灰黄色，有1～4个分隔，其大小为（7.5～16.3）μm×（2～6）μm。

子囊壳生于病落叶的表面，单生，初为圆筒形，基部较宽大，顶端渐细，呈倒棍棒状，成熟后为黑色。子囊圆筒形，无色，大小为（225～413）μm×（2.5～3.5）μm，子囊间无侧丝。子囊孢子单胞，无色，线状，大小为（152～280）μm×（1～2）μm，8个子囊孢子并列于子囊内。

【发病规律】　病菌以子囊壳在病落叶上越冬，翌年夏初温度上升，遇雨或湿度大时，子囊孢子成熟，通过气传，在叶片上萌发产生芽管。芽管通过叶背气孔进行初侵染。初侵染发病后，病斑上产生大量分生孢子，通过气传又进行多次的再侵染。北部葡萄产区一般7月下旬或8月上旬开始发病，9～10月为发病盛期。

高温高湿利于病害的发生，管理粗放、植株郁闭、通风透光差的果园发生亦较重。因其主要为害美洲葡萄品种，发病期又较晚，对当时产量影响较小，但若发病严重时，大量叶片早枯脱，将影响越冬及下一年植株长势及产量，故仍不可忽视。

【防治方法】　搞好秋冬季清园和加强果园管理，具体措施与防治炭疽病、白腐病、褐斑病等相同；发病特别严重的果园，要淘汰感病的美洲葡萄品种，改种欧洲种或欧亚杂种；药剂防治可使用与防治褐斑病相同的药剂，喷洒时期可略晚一点。

（一八）葡萄卷叶病

葡萄卷叶病分布于欧洲、美洲，以及南非、澳大利亚和新西兰等国。在我国各葡萄产区发生较普遍，是一种为害较重的病毒病。

葡萄卷叶病病株生长不良　　　　　葡萄（红色品种）卷叶病　　　　　葡萄卷叶病初期叶片发红

葡萄（黄色品种）卷叶病　　　　　葡萄卷叶病病株　　　　　葡萄卷叶病病株果穗小，着色差（右为病株果穗，左为健株果穗）

【症状】　卷叶病发生于葡萄的所有种和品种。症状随品种、环境和季节而异。

春季症状较不明显，病株比健株矮小，萌发迟。在非灌溉区的葡萄园，叶片的症状始见于6月初，而灌溉区最迟至8月。红色品种在基部叶片的叶脉间先出现淡红色斑点，夏季斑点扩大、愈合，致使脉间变成淡红色，到秋季，基部病叶变成暗红色，仅叶脉仍为绿色。白色品种的叶片不变红，只是脉间稍有褪绿。病叶除变色外，叶变厚、变脆，叶缘下卷。病株果穗着色浅。如红色品种的病穗色质均不正常，甚至变为黄白色，从内部解剖看，在叶片症状表现前，韧皮部的筛管、伴随细胞和韧皮部薄壁细胞均发生堵塞和坏死。叶柄中钙、钾积累，而叶片中含量下降，淀粉则积累。症状因品种而异，少数品种如无核白（Thompson）和Perlette的症状很轻微，仅在夏季的叶片上出现坏死，坏死位叶脉间和叶缘。多数砧木品种为隐症带毒。

【病原】　全世界已报道了 11 种血清学不相关的葡萄卷叶病毒（Grapevine leafroll-associated virus，GLRaV），分别命名为 GLRaV-1，GLRaV-2，GLRaV-3，GLRaV-4，GLRaV-5，GLRaV-6，GLRaV-7，GLRaV-8，GLRaV-9，GLRaV-Pr 和 GLRaV-De，均属于长线病毒科，上述病毒单独或复合侵染都能引起葡萄卷叶病的发生。有研究对采集于中国农业科学院果树研究所葡萄品种保存圃中，表现典型葡萄卷叶病症状的 58 份葡萄休眠枝条样品进行了检测，共检测到 GLRaV1，GLRaV-2，GLRaV-3，GLRaV-4，GLRaV-5，GLRaV-7 6 种葡萄卷叶病毒，GLRaVs 总检出率为 81.0%，其中 GLRaV-3 检出率最高，达到 62.1%，GLRaV-1，GLRaV-2 和 GLRaV-7 检出率分别是 20.7%，17.2% 和 15.5%；GLRaV-4 和 GLRaV-5 的检出率最低，分别为 3.4% 和 5.2%，是国内首次报道。2 种或 3 种葡萄卷叶病毒复合侵染现象比较普遍，占所检样品的 39.6%。

【发病规律】　有关葡萄卷叶病在果园内传播的报道很少，本病扩散较慢。在美国加利福尼亚州有两株病、健相邻的葡萄，经过 40 年，正常株仍无任何异常。在昆虫媒介方面，有试验证明卷叶病与粉蚧的存在有关。有 3 种粉蚧（长尾粉蚧、无花果粉蚧和橘粉蚧）可以传播葡萄病毒 A，长尾粉蚧可传播葡萄卷叶病毒Ⅲ型。卷叶病毒可通过感染的品种插条做长距离传播，特别是美洲葡萄砧木潜隐带毒。

【防治方法】　选种无病毒苗木可帮助许多欧亚种红色葡萄品种减轻病害。最好采取下列措施获得无病毒植株：热处理整株葡萄，在 38 ℃下经 3 个月，然后将新梢尖端剪下放于弥雾环境中生根，或通过茎尖组织培养、瓶内热处理、微米型嫁接和分生组织培养等。检测卷叶病毒的木本指示植物有品丽珠、嘉美、黑皮诺、梅露汁、巴比拉、赤霞珠等。可在温室 22℃环境中做绿枝嫁接。绿枝嫁接后 4 ~ 6 周，叶片变红反卷。田间嫁接要 6 ~ 8 个月至 2 年才表现症状。现在已有血清酶联盒，它有多种血清型，可做快速检测用。苗木要经过指示植物或血清检测证明无毒才可以使用。

（一九）葡萄扇叶病

葡萄扇叶病又名葡萄退化、葡萄侵染性衰退病，是世界上各葡萄栽培地区普遍发生的一种病毒病。在我国普遍发生，是影响我国葡萄生产的主要病害之一，表现为病株衰弱、寿命短，平均减产达 30% ~ 50%。

葡萄扇叶病病株　　　　　　　　　葡萄扇叶病叶片　　　　　　　　　葡萄扇叶病果穗结果少

【症状】　病毒的不同株系引起寄主产生不同的反应，有 3 种症候群。

1. **传染性变形**　或称扇叶，由变形病毒株系引起。植株矮化或生长衰弱，叶片变形，严重扭曲，叶形不对称，呈杯状，皱缩，叶缘锯齿尖锐。叶片变形有时还伴随有斑驳。新梢也变形，表现为不正常分枝、双芽、节间长短不等或极短、黄化或弯曲等。果穗少，穗形小，成熟期不整齐，果粒小，坐果不良。叶片在早春即表现症状，并持续到生长季节结束。夏天症状稍退。

2. **黄化**　由产生色素的病毒株系引起。病株在早春呈现铬黄色褪色，病毒侵染植株全部生长部分，包括叶片、新梢、卷须、花序等。叶片色泽改变，出现一些散生的斑点、环斑、条斑等各种斑驳。斑驳跨过叶脉或限于叶脉，严重时全叶黄化。在郑州，5 月即可见到全株黄化。春天远看葡萄园，可见到点点黄化的病株。叶片和枝梢变形不明显，果穗和果粒多较正常小。在炎热的夏天，刚生长的幼嫩部分保持正常的绿色，而在老的黄色病部，却变成稍带白色或趋向于褪色。

3. **镶脉或称脉带**　传统说法认为是由产生色素的病毒株系引起。可能有不同的病因学。

【病因】　葡萄扇叶病病毒（Grapevine fan leaf virus）属线虫传多角体病毒组，病毒颗粒同轴，直径 30 nm，具角状外貌。扇叶病毒极易进行汁液接种，即机械传染。病毒可侵染胚乳，但不能侵染胚，故葡萄种子不能传播，但试验草本寄主可由种子传播。

病毒的自然寄主只限于葡萄属，扇叶病毒寄主范围很广，可侵染欧亚种葡萄、河岸葡萄、沙地葡萄及北美葡萄等几乎所有的葡萄品种。试验寄主则相当广泛，包括7个科的30多种植物。杂色藜、昆诺藜、千日红、黄瓜是有用的诊断寄主。汁液接种效果很好。嫁接接种，要用沙地葡萄圣乔治。扇叶病毒在血清学上是同质的，用常规技术筛选，很少发现自然血清变种，但可用单克隆抗体检测血清的差异。人工接种草本指示植物和自然感染的植株，可见到许多不同的生物学变种。

【发病规律】　在同一葡萄园内或邻近葡萄园之间的病毒传播，主要以线虫为媒介。有两种剑线虫可传播，即标准剑线虫和意大利剑线虫，尤以标准剑线虫为主。剑线虫的自然寄主较少，只有无花果、桑树和月季花，而这些寄主对扇叶病病毒都是免疫的，不表现症状。扇叶病毒存留于自生自长的植物体和活的残根上，这些病毒构成重要的侵染源。长距离的传播，主要是通过感染插条、砧木转运。

【防治方法】

1. **增强树体的抗病性**　采取合理修剪、负载，施足腐熟的有机肥，合理水肥管理，增强植株耐病力。

2. **选用无毒菌**　在建立新葡萄园时，选种无病毒苗木。

3. **土壤熏蒸**　对有传播病毒的线虫发生地区，种植前要进行土壤熏蒸处理，可减少媒介线虫的虫口量、降低发病率。

4. **茎尖培养**　茎尖培养脱毒的依据是在感染植株上病毒的分布不均匀，幼嫩组织部位含量较低，生长点0.1～1.0 mm含病毒很少，甚至基本无病毒感染，因此，利用植物组织培养技术切取微茎尖进行培养，即可达到脱除病毒的目的。

5. **选择抗性无病的接穗和砧木**　1981年法国的Bouquet发现美国的圆叶葡萄对葡萄扇叶病高度抗病。1985年美国加州大学的Walker Lider等从圆叶葡萄中及欧亚种×圆叶葡萄中筛选出一批兼抗线虫和扇叶病毒的砧木。Harris于1983年测试了33个葡萄杂交种的根砧木对剑线虫的抗性，发现23个加州杂交种根砧木中有19个是抗病的。

6. **基因工程控制**　葡萄扇叶病毒病葡萄基因转导和植株再生体系的建立，为控制葡萄病毒开拓了一条新的途径，目前已成功把葡萄扇叶病毒的外壳蛋白基因转导到葡萄中，建立了抗线虫转基因葡萄植株株系。将葡萄扇叶病毒体内的某段基因片段，转入到健康葡萄砧木的基因组中，可提高葡萄对扇叶病毒的抵抗能力，但利用基因工程来控制葡萄扇叶病毒的有效性和生物安全性还需要深入的研究。

（二〇）葡萄水罐子病

葡萄水罐子病也称转色病，东北称水红粒，是葡萄上常见的生理病害，尤其在玫瑰香等品种上水罐子病尤为严重。

【症状】　水罐子病主要表现在果粒上，一般在果粒着色后才表现症状。发病后有色品种明显表现出着色不正常，色泽淡；而白色品种表现为果粒呈水泡状，病果糖度降低，味酸，果肉变软，果肉与果皮极易分离，成为一包酸水。用手轻捏，水滴成串溢出，故有"水罐子"之称。发病后果柄与果粒处易产生离层，极易脱落。

葡萄水罐子病

【病因】　病因主要是营养不足和生理失调。一般在树势弱、摘心重、负载量过大、肥料不足和有效叶面积小时，该病害容易发生；地下水位高或成熟期遇雨，尤其是高温后遇雨，田间湿度大时，此病尤为严重。

棚架葡萄枝梢超过架面下垂时，茎蔓弯曲输送营养受阻，果穗易患转色病。果粒膨大期天气干旱，果枝与穗轴受损，果皮增厚微皱，果粒酸而不甜，果皮似牛皮，大减风味。氮肥与水分过多，全树贪青生长，早熟品种不早熟，中晚熟品种至秋不着色，果粒虽不皱缩，但始终不着色，酸而不甜。冬季埋土不达标准的茎蔓内部组织因冻害受损，春季伤流较重，结果后输送营养不畅通，易引发转色病。

【发病规律】　棚架葡萄枝梢超过架面下垂时，茎蔓弯曲输送营养受阻，果穗易患转色病。果粒膨大期遇干旱，果枝与穗轴受损，果皮增厚微皱，果粒酸而不甜，风味大减。氮肥与水分过多，全树贪青生长，早熟品种不早熟，中晚熟品种至秋不着色，果粒虽不皱缩，但始终不着色，酸而不甜。冬季埋土不达标准的茎蔓内部组织因冻害受损，春季伤流较重，结果后输送营养不畅通，易引发该病。

【防治方法】

1. **加强土、肥、水的管理**　增施有机肥料和根外喷施磷、钾肥，适时适量施用氮肥，及时除草，勤松土。

2. **控制负载量**　合理控制单株果实负载量，增加叶果比。

3. **主副梢处理**　主梢叶片是一次果所需养分的主要来源，尤其是在留二次果的情况下，二次果常与一次果争夺养分，由于养分不足常常导致水罐子病发生。因此，在发病植株上主梢多留叶片就更为重要。一般主梢应尽量多保留叶片，并适当多留副梢叶片，这对保证果穗生长的营养供给有决定性作用。另外，一个果枝上留两个果穗时，其下部果穗转色病比率较高，在这种情况下，采用适当疏穗，一枝留一穗的办法可减少病害的发生。

4. **更新主茎**　患转色病的枝条，主蔓为瘪茎，结果枝大部分为瘪条，因此需更新主茎。冬剪时要仔细观察从何处剪掉瘪茎，接枝最少要有 3 ～ 4 节充分木质化成熟段。对绑缚创伤肿瘤枝，应立即剪掉，重新选留枝蔓。多年老茎蔓较粗，不利于下架埋土防寒，因茎粗弓得太高，埋土费力，如强迫压低，易纵裂或折伤，应据树势不断更新主茎，隔几年更新一次。

（二一）葡萄缺镁症

【症状】　这是葡萄园最常见的一种缺素症。症状从植株基部的老叶开始发生，最初老叶脉间褪绿，继而脉间发展成带状黄化斑点，多从叶片的内部向叶缘发展，逐渐黄化，最后叶肉组织黄褐坏死，仅剩下叶脉仍保持绿色。因此黄褐坏死的叶肉与绿色叶脉界限分明。缺镁症一般在生长季初期症状不明显，从果实膨大期才开始显症并逐渐加重，尤其是坐果量过多的植株，果实尚未成熟便出现大量黄叶，病叶一般不早落。缺镁不明显影响果粒大小和产量，但浆果着色差，成熟期推迟，糖分低。

葡萄缺镁叶脉间严重失绿的植株

葡萄缺镁叶脉间失绿

【病因】　镁是植物的必需元素之一。镁在叶绿素的合成和光合作用中起重要作用。镁还与蛋白质的合成有关，并可以活化植物体内促进反应的酶。缺镁会时，植物的叶绿素含量会下降，并出现失绿症。特点是首先从下部叶片开始，往往是叶肉变黄而叶脉仍保持绿色。

【发病规律】　土壤中有机肥质量差、数量少，肥源主要靠化学肥料，而造成土壤中镁元素供应不足。此外，酸性土壤中镁元素较易流失。再一个原因是钾肥施用过多，或大量施用硝酸钠及石灰的果园，常发生缺镁症。夏季大雨后，特别显著。

【防治方法】

（1）每年落叶后开沟增施优质有机肥，缺镁严重葡萄园应适当减少钾肥用量。

（2）在葡萄开始出现缺镁症时，叶面喷 3% ～ 4% 硫酸镁，隔 20 ～ 30 d 喷 1 次，共喷 3 ～ 4 次，可减轻病症。

（3）缺镁严重土壤，应考虑和有机肥混施硫酸镁，每亩 100 kg。也可开沟施入硫酸镁。每株 0.9 ～ 1.5 kg。连施 2 年。也可把 40 ～ 50 g 硫酸镁溶于水中，注射到树干中。

（4）采用配方施肥技术，较合理地解决氮、磷、钾和镁肥配方，做到科学用肥，减缓缺镁症发生。

（二二）葡萄缺铁黄叶症

【症状】　叶的症状最初出现在迅速展开的幼叶，叶脉间黄化，叶呈青黄色，具绿色脉网，也包括很少的叶脉。缺铁严重时，更多的叶面变黄，最后呈象牙色，甚至白色。叶片严重褪绿部位常变褐色和坏死。严重受影响的新梢，生长减缓，

葡萄缺铁叶片变黄，叶脉残绿　　　　　　　　　　　　　葡萄缺铁黄叶

花穗和穗轴变浅黄色，坐果不良。当葡萄植株从暂时缺铁状态恢复为正常时，新梢生长亦转为绿色。较早失绿的老叶，色泽恢复比较缓慢。

【病因】　铁是叶绿素形成不可缺少的元素，在植株体内很难转移，所以叶片"失绿症"是植株缺铁的表现，并且这种失绿首先表现在幼嫩叶片上。

【发病规律】　因缺铁诱发生理性病害。铁在植物体内能促进多种酶的活性，土壤中铁元素缺乏时，会影响植物体的生长发育和叶绿素的形成，形成缺铁性黄叶病。

土壤中可吸收铁的含量不足，原因是多方面的，主要的原因是土壤的 pH 值过高，土壤溶液呈碱性反应，以氧化过程为主，从而土壤中的铁离子（Fe^{2+}）沉淀、固定，不能被根系吸收而缺乏；土壤条件不佳，如土壤黏重、排水不良，春天地温低持续时间长，均能影响葡萄根系对铁元素的吸收；树龄过大、树体老化、结果量多亦可影响根系对铁元素的吸收，引起发病。因铁元素在植物体内不可转移，所以缺铁症首先表现在新梢的幼嫩部分。

排水不良的土壤、冷凉的土壤较多出现缺铁症。春天冷凉、潮湿天气，常遇到大量缺铁问题，晚春热流期间引起新梢快速生长也可诱发缺铁症。

【防治方法】
（1）增施有机肥。有机质分解产物对铁有络合作用，可增加铁的溶解度。对缺铁严重的果园，可将铁肥与有机肥混合使用，以减少土壤对铁的固定。

（2）适当减少磷肥和硝态氮肥的施用，增施钾肥，可促进铁肥吸收。尽量避免长期使用铜制剂农药。

（3）叶片上发现褪绿症时，应立刻喷布 0.3%～0.5% 的硫酸亚铁，在早春或秋季休眠期用 5% 的硫酸亚铁溶液喷洒枝蔓，为了增强葡萄叶片对铁的吸收，喷施硫酸亚铁时可加入少量食醋和 0.3% 尿素液，对促进叶片对铁的吸收、利用和转绿有良好的作用。若在硫酸亚铁溶液中加入 0.15% 的柠檬酸可防止亚铁转化成三价铁而不易被吸收，也可以喷施一些含螯合铁的微肥。

（4）对洼地、黏重地注意排水。葡萄建园时尽量避免选含钙较高的土壤。

（二三）葡萄缺钾症

葡萄缺钾症是葡萄最常见的营养失调症，葡萄需要较多的钾，总量接近氮的需要量。植物合成糖、淀粉、蛋白质需要钾，钾能促进细胞分裂，钾也中和器官中的酸，促进某些酶的活动和协助调整水分平衡。

【症状】　在生长季节初期缺钾，叶色浅，幼嫩叶片的边缘出现坏死斑点，在干旱条件下，坏死斑分散在叶脉间组织上，叶缘变干，往上卷或往下卷，叶肉扭曲和表面不平。夏末新梢基部直接受光的老叶，变成紫褐色或暗褐色，先从叶脉间开始，逐渐覆盖全叶的正面。特别是果穗过多的植株和靠近果穗的叶片，变褐现象尤为明显。因着色期成熟的果粒成为钾汇集点，因而其他器官缺钾更为突出。严重缺钾的植株，果穗少而小，穗粒紧，色泽不均匀，果粒小。无核白品种可

葡萄缺钾下部叶片叶缘失绿变黄	葡萄缺钾，从植株下部叶片叶缘失绿变黄

见到果穗下部萎蔫，采收时果粒变成干果粒或不成熟。

【病因】 钾元素能增强植株抗旱、抗高温、抗寒、抗病等能力。钾还能促进光合作用产物的运输，促进蛋白质的合成，调节细胞吸水状态和调节植物用于与外界交换气体的气孔状态。钾很容易发生移动，可被植物重复利用，所以缺钾病症首先出现在下部叶片。

【发生规律】 在黏质土、酸质土及缺乏有机质的瘠薄土壤中易表现缺钾症。果实负载量大的植株和靠近果穗的叶片表现尤重。轻度缺钾的土壤，施氮肥后，刺激果树生长，需钾量大增，更易表现缺钾症。

【防治方法】
（1）增施有机肥，如土肥或草秸。
（2）果园缺钾时，于 6 ~ 7 月可叶面喷 50 倍液草木灰水溶液，或 52% 硫酸钾 500 倍液或磷酸二氢钾 300 倍液，树体内钾素含量很快增高，叶片和果实都可能恢复正常。根部施肥，每株施草木灰 0.5 kg 或 52% 硫酸钾 80 ~ 100 g。
（3）控制结果量，避免偏施氮肥。

（二四）葡萄除草剂药害

2，4- 滴丁酯除草剂是一种激素型、选择内吸式除草剂，挥发性强。在空气中飘移很远。因其成本低，除草效果好，近年来在玉米、小麦等作物上应用量大。喷药后日内气压低，空气湿度大，邻近的葡萄园在新梢生长期容易产生药害。

葡萄除草剂药害，叶片小而黄	葡萄除草剂药害，枝梢黄化衰弱	葡萄除草剂药害，叶片变形

【症状】 葡萄施药后很快出现症状，主要表现为叶片向正面纵卷，叶片的尖端、边缘及中间产生不规则的斑枯，严重者整个叶片干枯，幼嫩部分症状较重。萌芽早的症状略显轻些，萌芽晚的重些。从受害品种来看，欧亚种较重，欧美杂交种相对较轻。贝达和山葡萄系列品种受害较重；京亚叶片卷曲程度比巨峰严重；梅鹿辄、赤霞珠等酿酒葡萄品种和红地球、白鸡心等鲜食葡萄品种受害较重，叶片出现严重干枯。随后，植株新梢出现严重扭曲，叶片出现扇叶变形、叶脉发黄等症

状，花序出现硬化、畸形、褪色、变红等症状。受害1个月左右，药害症状出现明显好转，植株开始恢复生长。但叶片新梢、花序明显发黄，生长势明显减弱。先期症状严重的京亚品种，在恢复长势和坐果方面好于巨峰品种；酿酒葡萄赤霞珠、梅鹿辄等品种恢复较快。

巨峰和山葡萄系列品种坐果不好，大小粒严重，坐果率低，有的整个花序脱落；红地球、白鸡心等欧亚种鲜食葡萄受害后坐果差。受害植株中后期表现为果实成熟期推迟，糖度下降，裂果严重。葡萄采后不耐贮，腐烂严重。因此，受2，4-D丁酯除草剂药害的葡萄不能长期贮藏；受药害的植株，在来年防寒、萌芽发枝、结果等方面都受到一定的影响。

【补救办法】

1. **划定保护范围** 通过宣传或行政措施，在葡萄园一定范围（比如500 m）内禁止使用2，4-D丁酯和含2，4-D丁酯除草剂。

2. **加强肥水管理** 对受害植株及时灌水，适时施肥，疏松栽植沟土壤，以提高地温，促进根系和新梢快速生长，尽快分散和分解植株上的药残浓度，增强树体抵抗力，减轻药害症状。

3. **加强夏季修剪，控制植株果实负载量** 受害的植株，老叶片基本丧失功能，因此主梢要适当晚摘心，尽量多留2～3片叶。并对顶端萌发的副梢多留2～3片叶摘心，以增加树体光合能力。对受害植株要严格控制果实负载量，受害较轻的植株要按原定产量的50%确定负载量，受害较重的要将果穗全部疏掉。控制果实负载量能减轻植株负担，尽快恢复植株正常生长，更好地为来年储备营养。

4. **喷施叶面肥** 对受害植株及时喷施叶面肥，尽快恢复生长。

5. **果穗整形、套袋** 通过果穗整形、套袋，结合控产，可以提高果实品质和商品性，提高市场销售价格，做到灾后减产少减收。

6. **晚散土、晚上架** 为了防止药害再次发生，葡萄园采取晚散土、晚上架的措施，避开玉米田除草剂的施药期上架。因为上架较晚，植株已经萌芽，对已萌芽的植株要选择下午2时以后上架，防止幼嫩的枝芽遭受日灼和风灼为害。

7. **科学规划，集中连片** 新建设的葡萄园要统一科学规划，做到集中连片，园地外围要设置防护林等隔离带，最大限度地抵御药害。葡萄染药后，叶片纵卷，叶片出现不规则斑枯，一般欧亚种受害较重，欧美杂交种较轻，受害1月左右，药害症状好转。

（二五）葡萄二氧化硫药害

在葡萄贮运中，灰霉病引起的腐烂常造成严重损失，国内外普遍采用二氧化硫熏蒸处理来防治病害。未经SO_2熏蒸处理的葡萄，即使放在0 ℃的贮藏条件下，也会在几周内遭受真菌侵染而腐烂。在二氧化硫使用过程中，高剂量的二氧化硫会引起葡萄发生漂白伤害，葡萄风味变差，商品价值下降。

红地球葡萄是目前极耐贮藏和运输的葡萄品种。但是，该品种对二氧化硫比较敏感，因此，生产中如果盲目地按照巨峰、龙眼、玫瑰香等大众葡萄品种所选用的保鲜剂及贮藏技术，易造成贮藏失败。

【症状】 二氧化硫伤害主要表现在葡萄果梗和果皮上，通常漂白损伤首先发生在果梗基端，浆果与果梗连接处及浆果的损伤处，常会引起果梗失水、萎蔫，浆果上表现为轻者漂白，形成下陷漂白点，重者葡萄组织结构受损伤，果粒带刺鼻气味，损伤处凹陷变褐，果实风味不好。

【病因】 二氧化硫是一种无色、有刺激性的有毒气体，相对密度为空气的2.3倍，易溶于水生成亚硫酸，二氧化硫是一种强还原剂，可减少植物组织中氧的含量，抑制氧化酶和微生物的活动，从而阻止食品腐败变质、变色及维生素C的损耗，二氧化硫对灰霉葡萄孢（*B.Cinerea*）和交链孢（*Alternaria* spp.）的孢子及营养组织具有很强的毒力。

【发病规律】 有研究结果表明，各品种葡萄对二氧化硫的敏感性不同，在常温（23 ℃）及低温（0 ℃）下，大小顺序依次为：瑞必尔＞红宝石＞红地球＞牛奶＞巨峰＞玫瑰香＞龙眼＞秋黑，根据分析结果及对二氧化硫敏感性的差异，可将供试品种分为四个类型：以瑞必尔、红宝石、红地球为代表的二氧化硫敏感型；以牛奶为代表的二氧化硫中度敏感型；以巨峰、玫瑰香为代表的二氧化硫较耐受型及以龙眼、秋黑为代表的二氧化硫耐受型。葡萄发生漂白伤害的症状表现为：果梗失水萎蔫，果实形成下陷漂白斑点，耐二氧化硫的葡萄果面上很少出现漂白斑，而对二氧化硫敏感的葡萄整个果面都会出现漂白斑。组织解剖可见，受二氧化硫伤害后，葡萄果皮的蜡质晶体结构受到二氧化硫侵蚀而破坏，蜡层变薄，果肉薄壁细胞和亚表皮细胞发生变形，最后破碎，但表皮细胞保持相对完整。光学显微和扫描电镜观察结果表明，各种葡萄果

葡萄二氧化硫药害，果梗连接处的果皮漂白

葡萄二氧化硫药害，果梗连接处的果皮漂白明显

葡萄二氧化硫药害，果梗连接处的果皮漂白

葡萄二氧化硫药害，许多果梗连接处的果皮漂白

皮结构差异很大，果皮结构与葡萄对二氧化硫的耐受性直接相关。果皮蜡质层厚、蜡质沉积致密分布均匀、角质层较厚、表皮层及亚表皮层较厚、细胞排列紧密、表皮与亚表皮细胞结合紧密、细胞木质化程度高的葡萄耐二氧化硫。

【防治方法】

1. **采收及采后处理** 用于贮藏的葡萄应选择早晨露水干后采收，不采摘成熟不良或采前灌水的葡萄用于贮藏。采收后的葡萄立即剪去病、青、小、机械伤的果粒，轻轻地摆放在内衬 PVC 或 PE 葡萄专用保鲜袋的箱内预冷。葡萄从采收到预冷以 12 h 为宜，速度越快越好。

2. **减少人为碰伤** 一旦果皮破伤或果粒与果蒂间有轻微伤痕，都会导致二氧化硫伤害，而出现果粒局部漂白现象。另外，挤压伤也会引起褐变，压伤部位呈暗灰色或黑色，并因吸收二氧化硫而被漂白。

3. **库房消毒及降温** 为了防止葡萄入贮后的再次污染，在葡萄入贮前用高效库房消毒剂对库房进行彻底消毒杀菌。贮藏的冷库可采用微型节能冷库。这种冷库具有降温快、温度稳定且库内温度分布较均匀的特点，适合于中国农村自产自贮的需要。库温应在入贮前 2 d 降至 −2 ℃。

4. **保鲜材料** 用于葡萄贮藏的保鲜袋可保持贮藏环境具有一定的湿度，减少葡萄水分损耗，防止干枯和脱粒；同时可保持贮藏环境具有适宜的气体成分，抑制果实的代谢活动和微生物的活动，保持果实原有的品质和果梗的鲜绿。

5. **快速预冷与贮藏** 葡萄运至冷库后打开袋口，在 −2 ~ −1 ℃条件下进行预冷，使葡萄的温度尽快下降。当温度下降到 0 ℃时，将保鲜剂放入袋内，然后扎紧袋口在 −0.5 ± 0.5 ℃条件下进行长期贮藏。对二氧化硫较敏感的品种如粉红葡萄、里查马特、无核白、红地球、皇帝等，要通过增加预冷时间、降低贮藏温度、控制药剂用量和包装膜扎眼数量预防或者使用复合保鲜剂，适当减少二氧化硫释放量。红地球品种宜选用 CT 复合型保鲜剂。

6. **贮藏期间的管理** 在贮藏过程中应保持库温 −0.5 ± 0.5 ℃，保持库温的稳定。通风有利于红地球葡萄的贮藏。通风时要注意时间的选择，应选择库内外温差较小时通风，防止库温波动大。当外界空气湿度大，如下雨或雾天不宜通风，另外，在贮藏过程中要经常检查葡萄的贮藏情况。

（二六）葡萄落花落果

葡萄在开花前一周左右，花蕾大量脱落，花后子房又大量脱落，落花落果率达80%以上，造成果粒稀少，称为落花落果症。葡萄的落花落果是指由于树体内部原因引起的生理性落花落果，不包括由于病虫害和大风刮落的落花落果。葡萄的落花落果与其他果树一样，是机体内部一种生理失调现象。如果发生较轻，不影响产量，属于正常性落花落果；如果较重，着果率很低，引起较大减产，是不正常落花落果。

葡萄落花落果（1）　　　　　　　　　　　葡萄落花落果（2）

　　【病因】　内部原因主要有树体内养分失调、花器发育不全、含氮量过高、修剪不合理、缺硼、胚珠发育不完全、扬花发育不完全、授粉和受精过程不完全等。外部原因有低温、降雨、日照不足、高温干旱、氮肥过高发生徒长、药剂损害柱头不能受精、病菌感染等。

　　1.**品种特性**　如巨峰品种在遗传上有胚珠发育不完全的特性，胚珠异常率高达48%，且其花丝向背面反卷，不利于授粉。有的品种是雌花结构有缺陷，有的是雄蕊退化，雌能花品种授粉树配置不合理，都会造成落花落果。

　　2.**树体贮存营养不足**　葡萄的生长前期树体贮存营养不足，使得不完全花增多，胚珠发育不良，花粉发芽率低，造成落果。由于葡萄的花量大，对水分和养分的消耗量也非常大，在葡萄花期缺少微量元素尤其是钾、磷、硼等元素时，花的受精能力会下降，导致落花落果。

　　3.**栽培管理技术措施不当**　施肥不合理，花前氮肥用量过多，花期过量灌水，整形修剪、新梢引缚、摘心、整穗等技术措施实施不当，花期营养生长和生殖生长矛盾加剧，导致落花落果。花期喷药会烧伤柱头，影响受精，导致落果。

　　4.**气象因素**　葡萄花期最适温度为20～25℃，若开花前气温低于10℃，影响花芽的正常分化；花期气温低于14℃，花器发育不良而脱落；花期气温超过35℃，易造成花器萎蔫坏死。日照不足，开花前持续寡照使新梢同化作用降低，花期果穗养分供应不足而落花落果。

　　【发病规律】　一般在盛花后的第2～3天开始落花；盛花后第4～9天为落花高峰期，2周左右脱落结束，以后不再发生落花落果。但也有因病虫害影响在花前落蕾的，如灰霉病及穗轴褐枯病引起花蕾腐烂而脱落。

　　【防治方法】
　　1.**选择优良品种**　选择花器发育较健全的抗病葡萄品种，雌能花品种要合理配置授粉树。

　　2.**补充树体营养**　葡萄的养分供给大部分都在生长前期完成，补充养分的最佳时期是在采收后至防寒前，一般早中熟葡萄采收后、晚熟葡萄采收前施入，最晚在10月上旬。以人粪尿、畜禽粪、堆肥、厩肥为主，以氮肥全部用量的2/3，磷肥、钾肥的全部用量的一半作为基肥一并施入。

　　3.**合理施用氮肥**　导致落花落果的树体内部条件是开花时新梢中的水溶性氮素含量高，碳水化合物含量低，从而诱发新梢旺盛生长。因此，应合理施用氮肥，开花前（尽量）不施氮肥及早施基肥。葡萄喜肥水，要求多施有机肥，增强树势，但有些品种如巨峰对氮非常敏感，一旦氮肥过多，特别是花前大量追氮，易导致梢蔓旺长，引发落花落果。所以开花前不施氮肥，待幼果坐定后和秋季采收后再施氮肥，春季的追肥要在发芽前及早施入。因此追肥要抓住萌芽前、生理落果结束、浆果着色期3个关键时期。前两次以氮、磷、钾为主，第三次以磷、钾肥为主。为防止萌芽后结果枝旺长，在基肥充足的条件下可免施萌芽肥。花前3～5d至花期控制灌水，花期应避免干旱或灌大水，否则易引起落花落果。花后更要合理灌水。

　　4.**叶面喷硼**　硼能促进花粉萌发和花粉管的伸长，利于授粉受精的完成，并可使花冠正常脱落，从而提高坐果率。在花蕾期、初花期、盛花期各喷 1 次 0.3% 硼酸溶液，如加喷 0.3% 磷酸二氢钾则效果更好。但为了防止药害，可在硼酸中加入相同重量的石灰。对于严重缺硼的，可在早春葡萄发芽前以 1 kg 硼砂与 25 kg 细土拌匀施于植株周围。

5.**科学修剪**　修剪量不合理会引起枝梢生长过旺或过弱，也是造成落花落果原因之一。要科学疏花疏果，合理留枝和留果，合理负载，保持稳定的树势。本着强枝轻剪，弱枝重剪，缓和强势，扶住弱势，保持中庸的原则，才能有效防止落花落果。

（二七）葡萄裂果

葡萄采收前常发生裂果现象，尤其以果实成熟后期的多雨年份更为严重。裂果不但影响果实的外观，而且会导致外源微生物的侵染，发生腐烂，严重降低果实的商品价值。

【症状】

1.**接触裂果**　原因是早期果粒密接，生成木栓龟裂，随着果实发育，由果皮和根部大量吸水产生粒内膨压，而在果粒接触的龟裂部分裂果。

2.**自裂果**　裂果部位在果皮强度较弱的果顶或果蒂附近，大量吸水更促其裂果。有时着果多，裂果也多。

【病因】

1.**果皮组织**　主要是葡萄的果皮组织脆弱，特别是与果皮强度随着果实成熟度的增加而减弱有关。

2.**外界条件**　栽培条件、气候变化等引起果粒内膨压增大有关。其中土壤对裂果的影响最大，板结的土壤、排水差的易旱易涝的黏质土壤发生裂果较多。经过移栽的树、发生过日灼的树，裂果较多。

3.**结果量**　结果过多，容易发生裂果。

4.**降水量**　雨季多雨，着色期干湿变化大时，容易发生裂果；着色不良的树，发生裂果尤多。

5.**木栓部位裂果**　主要是果穗周围空间太小，在风力作用下，果粒与枝叶摩擦形成木栓，局部组织变得脆弱，随果实的膨大，在木栓部位裂口。

葡萄裂果

【发病规律】　前期干旱，果实近成熟期突然降大雨或大水漫灌，果实膨压骤增，而造成了果实开裂。在灌溉条件差、地势低洼、土壤黏重、排水不良的地区或地块，发生裂果严重，裂口处易感染霉菌而腐烂。

【防治方法】

1.**使土壤保持一定的含水量**　在果实生长前期和中期，注意多喷水或灌水，使土壤保持一定含水量（60% 左右）。干旱时期，尤其是雨季过后的干燥期，要及时灌水，果皮次表皮细胞壁和果梗的皮孔会明显发达，可提高引起裂果的临界膨压。

2.**葡萄园覆盖地膜**　可防止根系积聚过多雨水，抑制地表水分蒸发，减少土壤水分变化。干旱时，覆盖地膜与灌水结合能有效防止葡萄裂果。覆盖地膜一方面能防止降雨后根系一时吸水过多；另一方面能抑制土壤水分蒸发，减少土壤水分变化，保持水分均衡。

3.**改善栽培管理**　在加强栽培管理，保证树体健壮的情况下，应加强夏剪，使果穗分布合理，不与枝叶摩擦。同时，为着色创造良好的条件。中耕既可消灭杂草、减少病虫害的发生，同时又可疏松土壤，具有旱能提墒、涝能晾墒，调节土壤含水量的作用。一般 10 ~ 15 d 中耕 1 次，雨后应及时中耕以散墒。

4.**改善土壤结构，减少土壤水分变化**　要通过明渠，尽力把排水工作搞好；并以耕翻及施有机肥等增加土壤的通透性，以减少土壤水分变化。施入氮肥要适量，增施磷、钾肥，多施有机肥，黏重的土壤还应增加钙肥施用量。

5.**调节结果量**　葡萄着色不良的树，发生裂果尤多，因此要通过疏穗、疏粒、掐穗尖，调整好结果量，减少裂果。改变传统的摘心法，多留叶片。果穗以上副梢全部留 2 片叶摘心，去掉副梢叶腋间的所有冬芽、夏芽。达到每果枝正常叶片 25 ~ 26 片以上，增强树体调节水分的功能。

6.**架面设遮雨棚，或果穗套袋防雨水**　葡萄果面直接吸收雨水，或从根部吸收水分以后，果实产生膨压而引起裂果。研究表明，果实近成熟期对果穗进行套袋以防止果皮吸水，可明显降低果穗裂果率。因此，采取遮雨措施，能有效地防止裂果。

二、葡萄害虫

（一）葡萄透翅蛾

葡萄透翅蛾为害葡萄新梢折断状

葡萄透翅蛾为害葡萄新梢折断枯萎状

葡萄透翅蛾被害株叶片局部变黄

葡萄透翅蛾被害葡萄枝蔓肿胀

葡萄透翅蛾从葡萄新梢蛀入处排出虫粪

葡萄透翅蛾成虫

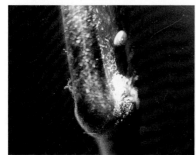

葡萄透翅蛾卵粒

葡萄透翅蛾老熟幼虫

葡萄透翅低龄幼虫蛀害葡萄新梢

葡萄透翅蛾羽化后的蛹壳

葡萄透翅蛾在受害枝上的羽化孔

葡萄透翅蛾（*Paranthrene regalis* Butler），别称葡萄透羽蛾、葡萄钻心虫，属鳞翅目透翅蛾科。

【分布与寄主】　分布在山东、河南、河北、陕西、内蒙古、吉林、四川、贵州、江苏、浙江等省（区）。寄主主要是葡萄。

【为害状】　幼虫蛀食葡萄枝蔓。髓部被蛀食后，被害部肿大，致使叶片发黄，果实脱落，被蛀食的茎蔓容易折断枯死。蛀枝口外常有呈条状的黏性虫粪。

【形态特征】
1. **成虫**　体长 18～20 mm，翅展 34 mm 左右。全体黑褐色。头的前部及颈部黄色。触角紫黑色。后胸两侧黄色。前翅赤褐色，前缘及翅脉黑色。后翅透明。腹部有 3 条黄色横带，以第 4 节的 1 条最宽，第 6 节的次之，第 5 节的最细。雄蛾腹部末端左、右有长毛丛 1 束。
2. **卵**　椭圆形，略扁平，紫褐色，长约 1.1 mm。幼虫共 5 龄。
3. **幼虫**　老熟幼虫体长 38 mm 左右，全体略呈圆筒形。头部红褐色，胸腹部黄白色，老熟时带紫红色。前胸背板有倒"八"字形纹，前面色淡。
4. **蛹**　体长 18 mm 左右，红褐色，圆筒形。腹部第 2～6 节背面有刺两行，第 7、第 8 节背面有刺 1 行，末节腹面有刺 1 列。

【发生规律】　各地均 1 年发生 1 代，以 7～8 月为害最重，10 月以幼虫在葡萄枝蔓中越冬。翌年春季，越冬幼虫在被害处的内侧咬一圆形羽化孔，然后在蛹室作茧化蛹。各地出蛾期先后不一。在贵州贵阳花溪和息烽葡萄透翅蛾的始蛹期、始蛾期都分别与葡萄抽芽、开花相吻合。南京 5 月上旬成虫开始羽化，河北 6 月上旬成虫开始羽化。

成虫行动敏捷，飞翔力强，有趋光性，性比约为 1:1。雌蛾羽化当日即可交尾，翌日开始产卵，产卵前期 1～2 d。卵单粒产于葡萄嫩茎、叶柄及叶脉处，平均 45 粒，卵期约 10 d。初孵幼虫多从葡萄叶柄基部及叶节蛀入嫩茎，然后向下蛀食，转入粗枝后则多向上蛀食。葡萄多以直径 0.5 cm 以上的枝条受害，较嫩枝受害常肿胀膨大，老枝受害则多枯死。特别是主枝受害，造成大量落果，严重影响产量。幼虫一般可转移 1～2 次，多在 7～8 月转移。在生长势弱、节间短及较细的枝条上转移次数较多。高龄幼虫转入新枝后，常先在蛀孔下方蛀一较大的空腔，故受害枝极易折断和枯死。幼虫在为害期常将大量虫粪从蛀孔处排出。10 月以后，幼虫在被害枝蔓内越冬。

【防治方法】
1. **清除越冬幼虫**　结合冬季修剪，将被害枝蔓剪除，以清除越冬幼虫。剪除的枝蔓要及时处理完毕，不可久留。
2. **药剂防治**　葡萄盛花期为成虫羽化盛期，也是防治葡萄透翅蛾的关键时期，但花期不宜用药，应在花后 3～4 d 喷施下列药剂：2.5% 溴氰菊酯乳油 2 000～3 000 倍液；50% 辛硫磷乳油 1 500 倍液；50% 杀螟硫磷乳油 1 500 倍液；25% 氟氯氰菊酯乳油 2 500 倍液；20% 氰戊菊酯乳油 2 000～3 000 倍液；25% 灭幼脲悬浮剂 1 500 倍液；20% 除虫脲悬浮剂 2 000 倍液；50% 马拉硫磷乳油 2 000 倍液；10% 氯氰菊酯乳油 3 000 倍液等。试验结果表明，施用 2% 阿维菌素乳油速效性好，持效期也较长。
3. **注意事项**　受害蔓较粗时，可用铁丝从蛀孔插入虫道，将幼虫刺死；也可塞入浸有 50% 敌敌畏乳油 100～200 倍液或 90% 晶体敌百虫 50 倍液的棉球，然后用泥封口。6～8 月剪除被害枯梢和膨大嫩枝进行处理。

（二）斑衣蜡蝉

斑衣蜡蝉［*Lycorma delicatula*（White）］，又名灰花蛾、花娘子、红娘子、花媳妇、椿皮蜡蝉、斑衣、樗鸡等，属同翅目蜡蝉科。

【分布与寄主】　河北、北京、河南、山西、陕西、山东、江苏、浙江、安徽、湖北、广东、云南、四川等省（市）有分布；国外越南、印度、日本等国也有分布。此虫为害葡萄、苹果、杏、桃、李、猕猴桃、海棠、樱花、刺槐等多种果树和经济林木。

【为害状】　成虫和若虫常群栖于树干或树叶上，以叶柄处最多。吸食果树的汁液，嫩叶受害后常造成穿孔，受害严重的叶片常破裂，也容易引起落花落果。成虫和若虫吸食树木汁液后，对其糖分是不能完全利用的，从肛门排出，晶如莹露。此排泄物往往招致霉菌繁殖，引起树皮枯裂，促使果树死亡。

斑衣蜡蝉成虫在葡萄枝蔓上　　斑衣蜡蝉成虫（左为雌虫，右为雄虫）在葡萄枝蔓上　　斑衣蜡蝉低龄若虫

斑衣蜡蝉低龄幼虫　　　　　　　　　　斑衣蜡蝉高龄幼虫

【形态特征】

1. **成虫**　雌成虫体长 15 ～ 20 mm，翅展 38 ～ 55 mm。雄虫略小。前翅长卵形，革质，前 2/3 为粉红色或淡褐色，后 1/3 为灰褐色或黑褐色，翅脉白色呈网状，翅面均杂有大小不等的 20 余个黑点。后翅略呈不等边三角形，近基部 1/2 处为红色，有黑褐色斑点 6 ～ 10 个，翅的中部有倒三角形半透明的白色区，端部黑色。

2. **卵**　圆柱形，长 2.5 ～ 3 mm，卵粒平行排列成行，数行成块，每块有卵 40 ～ 50 粒不等，上面覆有灰色土状分泌物，卵块的外形像一块土饼，并黏附在附着物上。

3. **若虫**　扁平，初龄黑色，体上有许多的小白斑，头尖，足长。4 龄若虫体背呈红色，两侧出现翅芽，停立如鸡。末龄红色，其上有黑斑。

【发生规律】　1 年发生 1 代，以卵越冬。在山东 5 月下旬开始孵化，在陕西武功是 4 月中旬开始孵化，在南方地区其孵化期将提早到 3 月底或 4 月初。寄主不同，卵的孵化率相差较大，产于臭椿树上的卵，其孵化率高达 80%，产于槐树、榆树上的卵，其孵化率只有 2% ～ 3%。若虫常群集在葡萄等寄主植物的幼茎嫩叶背面，以口针刺入寄主植物叶脉内或嫩茎中吸取汁液，受惊吓后立即跳跃逃避，迁移距离为 1 ～ 2 m。蜕皮 4 次后，于 6 月中旬羽化为成虫。为害也随之加剧。到 8 月中旬开始交尾产卵，交尾多在夜间，卵产于树干向南处，或树枝分叉阴面，或葡萄蔓的腹面，卵呈块状，排列整齐，卵外附有粉状蜡质。以 8、9 月为害最重，为害共 6 个月，8 月中旬至 10 月下旬产卵于树干上，排列成行，上有蜡质保护越冬。此虫的发生与气候有关，若秋季 8、9 月雨量少，气温高，往往猖獗成灾。反之，若秋季雨量特别多、湿度高、温度低，雨季一过，冬季即开始，可是斑衣蜡蝉成虫寿命缩短，来不及产卵而早死。同时，因雨量多，植物汁液稀薄，营养降低，影响产卵量，使次年虫口大大下降。斑衣蜡蝉卵期、若虫和成虫期天敌有 5 种。其中卵期天敌有 1 种，经鉴定为斑衣蜡蝉平腹小蜂（*Ananstatus* sp.）。捕食性天敌 4 种：小黄家蚁（*Monomorium pharaonis*），园蛛科的棒络新妇（*Nephila clavata*）和大腹园蛛（*Araneus ventricosus*），中华大刀螳（*Paratenodera sinensis*）。优势天敌是斑衣蜡蝉平腹小蜂，斑衣蜡蝉卵中的自然寄生率为 20% ～ 90%，平均为 44%。

【防治方法】

1. **人工防治**　冬季进行合理修剪，把越冬卵块压碎，以除卵为主，从而减少虫源。

2. **小网捕杀**　在若虫和成虫盛发期，可用小捕虫网进行捕杀，能收到一定的效果。

3. **药剂防治**　幼虫发生盛期是防治斑衣蜡蝉关键时期，喷施下列药剂：10% 氯氰菊酯乳油 2 000 倍液；25% 溴氰菊酯乳油 2 500 倍液；20% 氰戊菊酯乳油 2 000 倍液；50% 辛硫磷乳油 1 500 倍液；50% 马拉硫磷乳油 1 500 倍液；50% 杀螟硫磷乳油 1 500 倍液，均有较好的防治效果。

4. **更换树种** 采用上述防治方法都不太理想的为害严重地区，应考虑更换树种或营造混交林，以减少其为害。在建葡萄园时，应尽量远离臭椿和苦楝等杂木。

5. **生物防治** 由于斑衣蜡蝉分布广、迁移性强、寄主多、刺吸式为害，因此，利用常规的化学防治效果不佳。并且，化学农药的大量使用所造成的水果残留和环境污染，不但降低了果实品质，还严重为害人们的身体健康。寄生于斑衣蜡蝉卵的一种优势寄生蜂斑衣蜡蝉平腹小蜂，对斑衣蜡蝉有明显的自然控制作用。斑衣蜡蝉平腹小蜂在北京地区发生十分普遍，能在寄主卵中以幼虫自然越冬，且种群数量大，一年当中发生多代，是斑衣蜡蝉在卵期最主要的天敌。

（三）葡萄二黄斑叶蝉

葡萄二黄斑叶蝉（*Erythroneura* sp.），属同翅目叶蝉科。

葡萄二黄斑叶蝉为害初期叶面出现失绿斑点

叶片失绿为苍白色

葡萄二黄斑叶蝉成虫与若虫

葡萄二黄斑叶蝉成虫

葡萄二黄斑叶蝉低龄若虫（1）

葡萄二黄斑叶蝉低龄若虫（2）

葡萄二黄斑叶蝉若虫

【分布与寄主】　分布于华北、西北、河南和长江流域，分布普遍，为害严重，是葡萄主要害虫之一。

【为害状】　以成虫和若虫群集于叶片背面刺吸汁液，喜在郁闭处为害叶片，一般先从枝蔓中下部老叶片和内膛开始逐渐向上部和外围蔓延。叶片受害后，正面呈现密集的白色小斑点，受害严重时，小白点连成大的斑块，严重影响叶片的光合作用和有机物的积累，造成葡萄早期落叶，树势衰退，影响当年以至翌年果实的质量和产量。

【形态特征】

1. **成虫**　体长至翅端约 3 mm。头、前胸淡黄色，复眼黑色或暗褐色，头顶前缘有 2 个黑褐色小斑点。前胸背面前缘有 3 个黑褐色小斑点。小盾片淡黄白色，前缘也有 2 个较大的黑褐色斑点。前翅表面暗褐色，后缘各有近半圆形的淡黄色斑纹，两翅合拢后形成近圆形斑。成虫颜色有变化，越冬前为红褐色。

2. **若虫**　末龄若虫体长约 1.6 mm，紫红色，触角、足体节间、背中线均为淡黄白色。体略短宽，腹末几节向上方翘起。

【生活习性】　在山东每年发生 3 ～ 4 代，以成虫在葡萄园的落叶、杂草下等隐蔽处越冬。翌年 3 ～ 4 月开始活动，先在园边发芽早的植物上为害，葡萄展叶后迁入葡萄园为害，并在叶背产卵。5 月中旬第一代若虫出现，5 月底至 6 月初第 1 代成虫发生，以后各代重叠，末代成虫 9 ～ 10 月发生，直到葡萄落叶，寻找隐蔽处所越冬。成虫上午取食，中午阳光强烈时静伏于叶背隐蔽处，但受惊扰时即飞往他处。

【防治方法】　同葡萄斑叶蝉。

（四）葡萄斑叶蝉

葡萄斑叶蝉（*Erythroneura apicalis* Nawa），又名葡萄二星叶蝉，属于同翅目叶蝉科。

葡萄斑叶蝉严重为害葡萄叶片

葡萄斑叶蝉成虫在葡萄叶面

葡萄斑叶蝉若虫与成虫在葡萄叶片背面为害

葡萄斑叶蝉成虫与若虫

葡萄斑叶蝉若虫在葡萄叶背为害

【分布与寄主】 分布在华北、西北和长江流域。一般在通风不良、杂草丛生的葡萄园发生比较多。除为害葡萄外，还为害苹果、梨、桃、樱桃、山楂及多种花卉。

【为害状】 成虫、若虫聚集在葡萄叶的背面吸食汁液。严重时叶片苍白或焦枯，影响枝条成熟和花芽分化。

【形态特征】

1. 成虫 体长 3.7 mm 左右。淡黄白色。头顶有 2 个明显的圆形斑点，前胸背板前缘，有圆形小黑点 3 枚，排成 1 列，小盾片前缘左右各有 1 个大的三角形黑纹。翅半透明上有淡黄色及深浅相间的花斑，翅端部呈淡黑褐色。个体间斑纹的颜色变化较大，有的全无斑纹。

2. 卵 黄白色，长椭圆形，稍弯曲，长约 0.2 mm。

3. 若虫 初孵时为白色，后颜色变深，尾部不向上举，成熟时体长约 2 mm。

葡萄斑叶蝉若虫

【发生规律】 在陕西、山东 1 年发生 3 代，河北 1 年 2 代。以成虫在葡萄园附近的石缝、落叶、杂草中过冬。翌年春葡萄发芽前，先在园边发芽早的蜀葵或苹果、樱桃、梨、山楂等果树上吸食嫩叶汁液，葡萄展叶花穗出现前后再迁其上为害。成虫将卵产于葡萄叶片背面叶脉的表皮下，卵散产。5 月中下旬孵化出若虫。6 月中上旬出现第 1 代成虫，第 2 代成虫于 8 月中旬发生最多，第 3 代成虫 9 ~ 10 月最盛。在葡萄生长季节均受其害。先从蔓条基部老叶上发生，逐渐向上部叶片蔓延，不喜欢为害嫩叶。叶片背面光滑无茸毛的欧洲品系受害严重，叶片背面有茸毛的美洲品系则受害轻微。一般通风不良的棚架、杂草丛生的葡萄园发生重。

【防治方法】

1. 农业防治 在葡萄生长时期，使葡萄枝叶分布均匀、通风透光良好。秋后清除葡萄园的落叶、枯草，清除其越冬场所，都能显著减少害虫的数量。

2. 药剂防治 第 1 代若虫盛发期是药剂防治的有利时期，可结合其他虫害防治，喷布 20% 吡虫啉浓可溶剂 6 000 倍液，或 10% 吡虫啉 3 000 倍液，或 25% 噻虫嗪水分散粒剂 20 000 倍液，或 50% 氯氰·毒死蜱乳油 2 000 倍液，10% 氯氰菊酯乳油 2 000 倍液等，都可收到良好的效果。

（五）葡萄园绿盲蝽

绿盲蝽［*Lygocoris lucorum*（Meyer Dur.）］，别名花叶虫、小臭虫等，属半翅目盲蝽科。

【分布与寄主】 分布几遍全国各地。是杂食性害虫，寄主有棉花、桑、枣树、葡萄、桃、麻类、豆类、玉米、马铃薯、瓜类、苜蓿、药用植物、花卉、蒿类、十字花科蔬菜等。

【为害状】 以成虫和若虫通过刺吸式口器吮吸葡萄幼嫩器官的汁液。被害幼叶最初出现细小黑褐色坏死斑点，叶长大后形成无数孔洞，叶缘开裂，严重时叶片扭曲皱缩，芽叶伸展后，叶面呈现不规则的孔洞，叶缘残缺破烂；花蕾被害产生小黑斑；刺吸果实汁液，幼果产生黑色斑点，随着果实增大，果面的坏死斑也变大，商品价值大为下降；新梢生长点被害呈黑褐色坏死斑，但一般生长点不会脱落。

【形态特征】

1. 成虫 体长 5 mm，宽 2.2 mm，绿色，密被短毛。头部三角形，黄绿色，复眼黑色突出，无单眼，触角 4 节丝状，较短，约为体长 2/3，第 2 节长等于第 3 节、第 4 节之和，向端部颜色渐深，第 1 节黄绿色，第 4 节黑褐色。前胸背板深绿色，有许多小黑点，前缘宽。小盾片三角形微突，黄绿色，中央具 1 条浅纵纹。前翅膜片半透明暗灰色，余绿色。足黄绿色，胫节末端色较深，后足腿节末端具褐色环斑，雌虫后足腿节较雄虫短，不超腹部末端，跗节 3 节，末端黑色。

葡萄园绿盲蝽为害幼叶叶面呈现褐色坏死斑点　　　　　　　　葡萄园绿盲蝽为害幼叶呈现坏死斑点

葡萄园绿盲蝽为害葡萄幼果表面产生黑斑　　　　　　　　葡萄园绿盲蝽低龄若虫为害葡萄幼芽

葡萄园绿盲蝽为害叶片，长大后受害处呈穿孔状　　　　　　　　葡萄园绿盲蝽高龄若虫为害葡萄芽

2. **卵**　长 1 mm，黄绿色，长口袋形，卵盖奶黄色，中央凹陷，两端突起，边缘无附属物。

3. **若虫**　5 龄，与成虫相似。初孵时绿色，复眼桃红色。2 龄黄褐色，3 龄出现翅芽，4 龄超过第 1 腹节，2 龄、3 龄、4 龄触角端和足端黑褐色，5 龄后全体鲜绿色，密被黑细毛；触角淡黄色，端部色渐深。眼灰色。

【发生规律】　北方 1 年发生 3 ~ 5 代，运城 1 年发生 4 代，陕西泾阳、河南安阳 1 年发生 5 代，江西 1 年发生 6 ~ 7 代，长江流域 1 年发生 5 代，华南 1 年发生 7 ~ 8 代，以卵在冬作豆类、苕子、苜蓿、木槿、棉花枯枝铃壳内或苜蓿、蓖麻茎秆、桃、石榴、葡萄、棉花枯断枝茎髓内以及剪口髓部越冬。翌年 4 月上旬，越冬卵开始孵化，4 月中下旬为孵化盛期。若虫为 5 龄，起初在蚕豆、胡萝卜及杂草上为害，5 月开始为害葡萄。绿盲蝽有趋嫩为害习性及喜在潮湿条件下发生。5 月上旬出现成虫，开始产卵，产卵期长达 19 ~ 30 d，卵孵化期 6 ~ 8 d。成虫寿命最长，最长可达 45 d，9 月下旬开始产卵越冬。

翌年春 3 ~ 4 月均温高于 10 ℃或连续 5 d 均温达 11 ℃，相对湿度高于 70%，卵开始孵化。第 1、2 代多生活在紫云英、苜蓿等绿肥田中。成虫寿命长，产卵期 30 ~ 40 d，发生期不整齐。成虫飞行力强，喜食花蜜，羽化后 6 ~ 7 d 开始产卵。果树上以春、秋两季受害重。主要天敌有寄生蜂、草蛉、捕食性蜘蛛等。

绿盲蝽成虫期长达 30 多天，若虫期 28 ~ 44 d。1 龄若虫 4 ~ 7 d，一般 5 d；2 龄若虫 7 ~ 11 d，一般 6 d；3 龄若虫 6 ~ 9 d，一般 7 d；4 龄若虫 5 ~ 8 d，一般 6 d；5 龄若虫 6 ~ 9 d，一般 7 d。

绿盲蝽喜趋嫩为害，生活隐蔽，爬行敏捷，成虫善于飞翔。晴天白天多隐匿于草丛内，早晨、夜晚和阴雨天爬至芽叶上活动为害，频繁刺吸芽内的汁液，1 头若虫一生可刺吸 1 000 多次。

【防治方法】

1. 农业防治 清洁果园，结合果园管理，春前清除杂草。果树修剪后，应清理剪下的枝梢。多雨季节注意开沟排水、中耕除草，降低园内湿度。搞好管理（抹芽、副梢处理、绑蔓），改善架面通风透光条件。对幼树及偏旺树，避免冬剪过重；多施磷钾肥料，控制用氮量，防止葡萄徒长。

2. 农药防治 抓住第 1 代低龄期若虫，适时喷洒农药，喷药防治时，结合虫情测报，在若虫 3 龄以前用药效果最好，7 ~ 10 d 喷 1 次，每代需喷药 1 ~ 2 次。生长期有效药剂 10% 吡虫啉悬浮剂 2 000 倍液；3% 啶虫脒乳油 2 000 倍液；1.8% 阿维菌素乳油 3 000 倍液；48% 毒死蜱乳油或可湿性粉剂 1 500 倍液；25% 氯氰·毒死蜱乳油 1 000 倍液；4.5% 高效氯氰菊酯乳油或水乳剂 2 000 倍液；2.5% 高效氟氯氰菊酯乳油 2 000 倍液；20% 甲氰菊酯乳油 2 000 倍液等。

（六）黑刺粉虱

黑刺粉虱［*Aleurocanthus spiniferus*（Quaintance）］，别名橘刺粉虱、刺粉虱、黑蛹有刺粉虱，属同翅目粉虱科。

黑刺粉虱在葡萄叶片背面　　　　　黑刺粉虱为害葡萄叶片引起霉污　　　　　瓢虫在捕食黑刺粉虱

【分布与寄主】 分布于江苏、安徽、河南以南至台湾、广东、广西、云南。寄主有葡萄、茶、油茶、柑橘、枇杷、苹果、梨、柿、栗、龙眼、香蕉、橄榄等。

【为害状】 成若虫刺吸叶、果实和嫩枝的汁液，被害叶出现失绿黄白斑点，随为害的加重斑点扩展成片，进而全叶苍白早落；被害果实风味品质降低，幼果受害严重时常脱落。排泄蜜露可诱致煤污病发生。

【形态特征】

1. 成虫 体长 0.96 ~ 1.3 mm，橙黄色，薄敷白粉。复眼肾形红色。前翅紫褐色，上有 7 个白斑；后翅小，淡紫褐色。

2. 卵 新月形，长 0.25 mm，基部钝圆，具 1 小柄，直立附着在叶上，初乳白色后变淡黄色，孵化前灰黑色。

3. 若虫 体长 0.7 mm，黑色，体背上具刺毛 14 对，体周缘泌有明显的白蜡圈；共 3 龄，初龄椭圆形淡黄色，体背生 6 根浅色刺毛，体渐变为灰色至黑色，有光泽，体周缘分泌 1 圈白蜡质物；2 龄黄黑色，体背具 9 对刺毛，体周缘白蜡圈明显。

4. 蛹 椭圆形，初乳黄色渐变黑色。蛹壳椭圆形，长 0.7 ~ 1.1 mm，漆黑有光泽，壳边锯齿状，周缘有较宽的白蜡边，背面显著隆起，胸部具 9 对长刺，腹部有 10 对长刺，两侧边缘雌虫有长刺 11 对，雄虫有 10 对。

【发生规律】 安徽、浙江 1 年发生 4 代，福建、湖南和四川 1 年发生 4 ~ 5 代，均以若虫于叶背越冬。越冬若虫 3 月间化蛹，3 月下旬至 4 月羽化。世代不整齐，从 3 月中旬至 11 月下旬田间各虫态均可见。各代若虫发生期：第 1 代 4 月下旬至 6 月，第

2代6月下旬至7月中旬，第3代7月中旬至9月上旬，第4代10月至翌年2月。成虫喜较阴暗的环境，多在树冠内膛枝叶上活动，卵散产于叶背，散生或密集呈圆弧形，数粒至数十粒一起，每雌可产卵数十粒至百余粒。初孵若虫多在卵壳附近爬动吸食，共3龄，2、3龄固定寄生。卵期：第1代22 d，2~4代10~15 d。非越冬若虫期20~36 d。蛹期7~34 d。成虫寿命6~7 d。天敌有瓢虫、草蛉、寄生蜂、寄生菌等。

【防治方法】

1. **植物检疫** 在引进苗木时注意检查叶背有无粉虱类虫体，杜绝此类害虫的侵入。

2. **重视清园** 加强林地中耕除草等清园工作和剪除虫害枝、衰弱枝、徒长枝等修剪工作，以改善林地通风透光条件，恢复树势生长。

3. **生物防治** 保护和利用粉虱类天敌如瓢虫、草蛉、斯氏节蚜小蜂和黄色蚜小蜂等寄生蜂。

4. **药剂防治** 使用50%啶虫脒水分散粒剂3 000倍液，10%吡虫啉可湿性粉剂1 000倍液，或啶虫脒水分散粒剂3 000倍液+5.7%甲维盐乳油2 000倍混合液喷雾均可针对性防治。

（七）东方盔蚧

东方盔蚧（*Parthenolecanium corni* Borchs），又名扁平球坚蚧、水木坚蚧，属同翅目蚧科。

东方盔蚧为害葡萄果实　　　　　　东方盔蚧为害葡萄果实　　　　　　东方盔蚧为害茎蔓

【分布与寄主】 分布于东北、华北、西北、华东等地区，寄主植物有多种果树和林木。

【为害状】 以若虫和成虫为害枝叶和果实。为害期间，经常排泄出无色黏液，诱发煤污病。果树中以桃、葡萄受害最重。

【形态特征】

1. **成虫** 雌成虫黄褐色或红褐色，扁椭圆形，体长3.5~6 mm，体背中央有4列纵排断续的凹陷，凹陷内外形成5条隆脊。体背边缘，有横列的皱褶排列较规则，腹部末端具臀裂缝。

2. **卵** 长椭圆形，淡黄白色，长径0.5~0.6 mm，短径0.25 mm，近孵化时呈粉红色，卵上微覆蜡质白粉。

3. **若虫** 将越冬的若虫体褐色，眼黑色，椭圆形，上下较扁平，体外有一层极薄的蜡层。有活动能力。越冬若虫，外形与上同，但失去活动能力；口针囊长达肛门附近，虫体周缘的锥形刺毛增至108条。越冬后的若虫沿纵轴隆起颇高，呈现黄褐色，侧缘淡灰黑色，眼点黑色。体背周缘开始呈现皱褶，体背周缘内方重新生出放射状排列的长蜡腺，分泌出大量白色蜡粉。

【发生规律】 在黄河故道地区1年发生2代。以2龄若虫在枝干裂缝、老皮下及叶痕处越冬。翌年3月中下旬开始活动，先后爬到枝条上寻找适宜场所固着为害。4月上旬虫体开始膨大，4月末雌虫体背膨大并硬化，5月上旬开始产卵在体下介壳内，5月中旬产卵盛期，卵期1个月左右。5月下旬至6月上旬为若虫孵化盛期，若虫爬到叶片背面固着为害，少数寄生于叶柄。叶片上若虫于6月中旬先后蜕皮并迁回枝条，7月上旬羽化为成虫，7月下旬至8月上旬产卵，第2代若虫8月孵化，中旬为孵化盛期，10月间再迁回到树体越冬。

【防治方法】

1.**杜绝虫源** 注意不要采带虫接穗,苗木和接穗出圃要及时采取处理措施。果园附近防风林,不要栽植刺槐等寄主林木。

2.**冬季清园,将枝干翘皮刮掉** 春季葡萄发芽前剥掉裂皮喷药可减少越冬若虫。冬季和早春,喷3°~5° Bé石硫合剂或3%~5%柴油乳剂,防治越冬若虫。

3.**药剂防治** 生长期抓住两个防治关键:一是4月中上旬,虫体开始膨大时;二是5月下旬至6月上旬,卵孵化盛期。可喷40%毒死蜱乳油1 000倍液,或50%杀螟松乳油1 000倍液,2.5%氟氯氰菊酯乳油2 000倍液,20%氰戊菊酯乳油2 000倍液,20%甲氰菊酯乳油3 000倍液,25%噻虫嗪水分散粒剂5 000倍液,25%噻嗪酮可湿性粉剂1 500倍液。

(八)葡萄烟蓟马

葡萄烟蓟马(*Thrips tabaci* Lindeman),属缨翅目蓟马科。

葡萄烟蓟马若虫为害葡萄叶片

葡萄烟蓟马为害葡萄叶片叶背脉呈现黄褐色

【分布与寄主】 此虫在我国葡萄产区已有广泛的散布,近年来对葡萄的为害有日益增长之势。部分被害株率高和被害穗率高,从而造成葡萄的减产和品质的大幅度下降。蓟马不仅能为害葡萄,还为害苹果、梅、李、柑橘等果树。

【为害状】 主要为害花蕾、幼果和嫩叶。1~2龄若虫和成虫均以锉吸式口器取食,锉吸幼果和嫩叶表皮细胞的汁液。幼果被害后,果皮出现黑点或黑斑块,以后被害部位随着果粒的增大而扩大并形成黄褐色木栓化斑。严重时变成裂果,成熟期易霉烂;嫩叶被害部位略呈水渍状黄点或黄斑,以后变成不规则穿孔或破碎。叶片受害因叶绿素被损坏,先出现褪绿的黄斑,后叶片变小,卷曲畸形,干枯,有时还出现穿孔。被害的新梢生长受到抑制。

【形态特征】

1.**成虫** 雌成虫体长1.1 mm左右,褐黄色。

2.**卵** 卵长0.2 mm左右,肾形。

3.**若虫** 初龄若虫体长约0.37 mm,白色,透明,2龄时体长0.9 mm左右,色浅,黄色至深黄色。

【发生规律】 葡萄烟蓟马每年发生的代数各地不一,一般6~10代。华北年发生3~4代,山东年发生6~10代,华南年发生20代以上。以成虫或若虫在土缝中或杂草株间、葱地里越冬。在25~28℃下,卵期5~7 d,幼虫期(1~2龄)6~7 d,前蛹期2 d,"蛹期"3~5 d。成虫寿命8~10 d。雌虫可行孤雌生殖,每雌平均产卵约50粒(21~178粒),卵产于叶片组织中。2龄若虫后期,常转向地下,在表土中经历"前蛹"及"蛹"期。以成虫越冬为主,也有若虫在土块下、土缝内或枯枝落叶中越冬,尚有少数以"蛹"在土中越冬。在华南无越冬现象。成虫极活跃,善飞,怕阳光,早、晚或阴天取食。初孵幼虫集中在叶基部为害,稍大即分散。在25℃和相对湿度60%以下时,有利于烟蓟马发生,高温高湿则不利于发生,暴风雨可降低发生数量。东北、西北6月下旬至7月上旬受害重。

【防治方法】

1.**清园** 冬春清除果园内杂草和枯树落叶,9~10月和早春集中清除在葱、蒜上为害的葡萄蓟马,以减少虫源。

2. **生物防治** 蓝板诱杀既生态、环保，效果又好。可配合 48% 多杀霉素（生物农药）3 000 倍液进行防治。

3. **化学防治** 葡萄烟蓟马发生高峰期（为害期），采用 10% 吡虫啉 2 000 ~ 3 000 倍液，3% 啶虫脒 1 500 倍液，每隔 5 d 喷一次，进行交替喷雾使用。

（九）茶黄蓟马

茶黄蓟马（*Scirtothrips dorsalis* Hood），属缨翅目蓟马科。

茶黄蓟马为害新梢

茶黄蓟马为害果粒呈锈褐色

茶黄蓟马为害葡萄新梢叶片

茶黄蓟马成虫为害葡萄幼叶

【**分布与寄主**】 茶黄蓟马国内分布于海南、广东、广西、云南、浙江、福建、台湾；国外日本、印度、马来西亚、巴基斯坦有分布。

【**为害状**】 以成虫、若虫为害葡萄新梢、叶片和幼果。被害叶片呈水渍状失绿黄色小斑点。一般叶尖、叶缘受害最重。严重时新梢的延长受到抑制，叶片变小，卷曲成杯状或畸形，甚至干枯，有时还出现穿孔。被害幼果，初期果面形成小黑斑，随着幼果的增大而成为不同形状的木栓化褐色锈斑，影响果粒外观，降低商品价值，严重时会裂果。

【**形态特征**】

1. **成虫** 雌虫体长 0.9 mm，体橙黄色。触角 8 节，暗黄色，第 1 节灰白色，第 2 节与体色同，第 3 ~ 5 节的基部常淡于体色，第 3 和第 4 节上有锥叉状感觉圈，第 4 和第 5 节基部均具 1 细小环纹。复眼暗红色。前翅橙黄色，近基部有一小淡黄色区；前翅窄，前缘鬃 24 根，前脉鬃基部 4 + 3 根，端鬃 3 根，其中中部 1 根，端部 2 根，后脉鬃 2 根。腹部背片第 2 ~ 8 节有暗前脊，但第 3 ~ 7 节仅两侧存在，前中部约 1/3 暗褐色。腹片第 4 ~ 7 节前缘有深色横线。头宽约为长的 2 倍，短于前胸；前缘两触角间延伸，后大半部有细横纹；两颊在复眼后略收缩；头鬃均短小，前单眼之前有鬃 2 对，其中 1 对在正前方，另 1 对在前两侧；单眼间鬃位于两后单眼前内侧的 3 个单眼内线连线之内。雄虫触角 8 节，第 3、4 节有锥叉状感觉圈。下颚须 3 节。前胸宽大于长，背片布满细密的横纹，后缘有鬃 4 对，自内第 2 对鬃最长；接近前缘有鬃 1 对，前中部有鬃 1 对。腹部第 2 ~ 8 节背片两侧 1/3 有密排微毛，第 8 节后缘梳完整。第 2 ~ 7 节长鬃出自后缘，无附属鬃。

2. **卵**　肾形，长约 0.2 mm，初期乳白色，半透明，后变淡黄色。

3. **若虫**　形状与成虫相似，缺翅。初孵若虫白色透明，复眼红色，触角粗短，以第 3 节最大。头、胸约占体长的一半，胸宽于腹部。2 龄若虫体长 0.5 ~ 0.8 mm，淡黄色，触角第 1 节淡黄色，其余暗灰色，中后胸与腹部等宽，头、胸长度略短于腹部长度。3 龄若虫（前蛹）黄色，复眼灰黑色，触角第 1、第 2 节大，第 3 节小，第 4 ~ 8 节渐尖。翅芽白色透明，伸达第 3 腹节。4 龄若虫（蛹）黄色，复眼前半红色，后半部黑褐色。触角倒贴于头及前胸背面。翅芽伸达第 4 腹节（前期）至第 8 腹节（后期）。

4. **蛹（4 龄若虫）**　出现单眼，触角分节不清楚，伸向头背面，翅芽明显。

【**发生规律**】　1 年发生 5 ~ 6 代，以若虫或成虫在粗皮下或芽的鳞苞内越冬，翌年 4 月开始活动，5 月上中旬若虫群集在新梢顶端的嫩叶为害。可行有性生殖和孤雌生殖。雌虫羽化后 2 ~ 3 d 在叶背叶脉处产卵，每雌虫产卵少则几十粒，多则 100 多粒。初龄若虫、2 龄若虫对葡萄造成为害，3 龄若虫行动缓慢，下到地面准备化蛹，4 龄若虫在地表枯枝落叶层中化蛹。成虫活泼、善跳、易飞。成虫、若虫有避光趋湿的习性。

【**防治方法**】

1. **人工防治**　自开花期到落花后，及时摘除新梢被害嫩叶。

2. **生物防治**　选用植物性农药，每亩可选用 2.5% 鱼藤酮乳油 150 ~ 200 mL，或 0.3% 印楝素乳油 500 倍液喷施，或 0.2% 苦参碱水剂 1 000 ~ 1 500 倍液进行喷雾防治。

3. **化学防治**　于若虫高峰期前用药。每亩可选用 2.5% 联苯菊酯 2 000 倍液、10% 氯氰菊酯乳油 3 000 倍液、2.5% 氟氯氰菊酯乳油 2 000 倍液、10% 虫螨腈悬浮剂 1 500 倍液、10% 哌虫啶悬浮剂 1 600 ~ 2 000 倍液等农药，以上药剂交替轮换使用，应避免长期使用单一农药，产生抗药性。

（一〇）白星花金龟

白星花金龟（*Potosia brevitarsis* Lewis），又名白星花潜，俗称瞎撞子，属鞘翅目花金龟科。

【**分布与寄主**】　国内分布区域广，辽宁、河北、山东、山西、河南、陕西等省都有发生；国外日本、朝鲜、俄罗斯有分布。为害葡萄、苹果、梨、桃等果树。

【**为害状**】　成虫食害成熟的果实，也可食害幼嫩的芽、叶。

【**形态特征**】

1. **成虫**　体长 20 ~ 24 mm。全体暗紫铜色，前胸背板和鞘翅有不规则白斑 10 多个。

2. **卵**　圆形至椭圆形，乳白色，长 1.7 ~ 2 mm，同一雌虫所产，大小亦不尽相同。

3. **幼虫**　老熟幼虫体长 2.4 ~ 3.9 mm，体柔软肥胖而多皱纹，弯曲呈 "C" 字形。头部褐色，胴部乳白色，腹末节膨大，肛腹片上的刺毛呈倒 "U" 字形，2 纵行排列，每行刺毛 19 ~ 22 枚。

白星花金龟

【**发生规律**】　1 年发生 1 代，以幼虫在土中越冬。成虫在 6 ~ 9 月发生，喜食成熟的果实，常数头群集果实、树干烂皮等处吸食汁液，稍受惊动即迅速飞逃。成虫对糖醋有趋性。7 月成虫于土中产卵。

【**防治方法**】

1. **诱杀成虫**　利用成虫的趋化性，进行果醋诱杀。

2.农业防治　幼虫多数集中在腐熟的粪堆内,可在6月前,成虫尚未羽化时,将粪堆加以翻倒或施用,拣拾其中幼虫及蛹,可清除大部分;也可利用成虫入土习性,进行土壤处理。

（一一）四斑丽金龟

四斑丽金龟[*Popillia quadriuttata*（Fabricius）],又名中华弧丽金龟、葡萄金龟,以前被误称为日本金龟子,属鞘翅目丽金龟科。

四斑丽金龟为害葡萄叶片（1）　　　　　　　　四斑丽金龟为害葡萄叶片（2）

【分布与寄主】　国内分布广。食性杂,可为害葡萄、苹果、板栗等果树。

【为害状】　以成虫食叶片成孔洞状。

【形态特征】

1.**成虫**　体长7.5 ~ 12 mm,宽4.5 ~ 6.5 mm,椭圆形,翅基宽,前后收狭,体色多为深铜绿色;鞘翅浅褐色至草黄色,四周深褐色至墨绿色,足黑褐色;臀板基部具白色毛斑2个,腹部1 ~ 5节腹板两侧各具白色毛斑1个,由密细毛组成。头小点刻密布其上,触角9节鳃叶状,棒状部由3节构成。雄虫大于雌虫。前胸背板具强闪光且明显隆凸,中间有光滑的窄纵凹线;小盾片三角形,前方呈弧状凹陷。鞘翅宽短略扁平,后方窄缩,肩凸发达,背面具近平行的刻点纵沟6条,沟间有5条纵肋。足短粗;前足胫节外缘具2齿,端齿大而钝,内方距位于第2齿基部对面的下方;爪成双,不对称,前足、中足内爪大,分叉,后足则外爪大,不分叉。

2.**卵**　乳白色,椭圆形,平均长1.46 mm。

3.**幼虫**　老熟幼虫乳白色,体长12 ~ 18 mm。头宽2.9 ~ 3.1 mm。头前顶刚毛每侧5 ~ 6根,排成一纵列。肛背片后部细凹缝口较宽大。臀节腹面覆毛区中间的刺毛列呈"八"字形,每列有5 ~ 8根,多数由6 ~ 7根锥状刺组成。

4.**蛹**　黄褐色,平均体长12.6 mm。

【发生规律】　此虫1年发生1代,发生比较整齐。以3龄幼虫在60 ~ 70 cm深土壤中越冬。翌年春4月,当20 cm深土层旬平均土温达9.5 ℃时幼虫很快上迁。4月下旬10 cm深土层旬平均土温达14.2 ℃左右,幼虫已全部进入耕犁层。6月中上旬,大批幼虫老熟,在5 ~ 8 cm深土中作一椭圆形蛹室化蛹。蛹室长26 ~ 33 mm,内壁坚实光滑。预蛹期4 ~ 14 d,蛹期8 ~ 17 d,化蛹始期为6月中旬,盛期为6月末至7月上旬。成虫羽化始期为6月下旬,盛期7月上旬,末期在7月中旬,8月中旬少见。成虫寿命雄虫15 ~ 29 d,雌虫24 ~ 31 d。成虫羽化后在蛹室内静伏2 ~ 3 d,当10 cm深土壤中平均温度为23 ℃左右,平均气温为22 ℃左右,相对湿度达80%以上时成虫开始出土取食。成虫无趋光性,夜间多潜伏土中。少数则伏于植物叶片间。成虫在发生初期分散取食,盛期则喜群集取食。只取食叶肉,残留叶脉,多在9:00 ~ 11:00时取食,炎夏中午则躲在背光的郁闭叶丛中。成虫有假死性,受惊即收足坠落,有的在坠落途中即展翅飞逃。四斑丽金龟多发生在地势比较潮湿但又排水良好、腐殖质含量高的山地,或坡耕撂荒地,以及沟边田边杂草荒地。

【防治方法】

1. **诱捕成虫**　果园设黑光灯，诱杀成虫，在清晨或傍晚振落捕杀。

2. **药剂防治**　成虫数量较多时，可以喷 48% 毒死蜱乳油 1 500 倍液；80% 敌敌畏乳油 1 500 倍液；50% 辛硫磷乳油 1 500 倍液；90% 晶体敌百虫 1 000 倍液；10% 氯氰菊酯乳油 3 000 倍液；2.5% 溴氰菊酯乳油 2 500 倍液；20% 氰戊菊酯乳油 3 000 倍液进行防治。

药剂处理土壤防治幼虫。用 50% 辛硫磷乳油每亩 200 ~ 250 g，加水 10 倍喷于 25 ~ 30 kg 细土上拌匀制成毒土，顺垄条施，随即浅锄；可用 5% 辛硫磷颗粒剂处理土壤，每亩 2 kg，施于上面，再翻耕入土，可防治幼虫兼治地下害虫。

3. **生物防治**　保护利用天敌。

（一二）葡萄十星叶甲

葡萄十星叶甲（*Oides decempunctata* Billberg），又名葡萄十星叶虫、葡萄花叶甲、葡萄金花虫，属于鞘翅目叶甲科。

葡萄十星叶甲成虫为害葡萄叶片

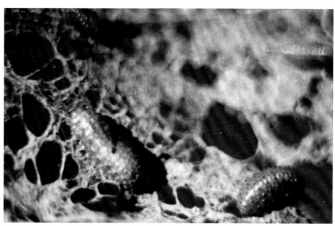

葡萄十星叶甲幼虫

葡萄十星叶甲严重为害葡萄叶片

葡萄十星叶甲交尾状

【分布与寄主】　分布于河北、河南、山东、陕西、辽宁、湖南、浙江、广东、福建等省。寄主植物除葡萄外，还有野葡萄、爬墙虎（福建）、黄荆树（湖南）。

【为害状】　成虫和幼虫都啃食葡萄叶片，大量发生时将全部叶片食尽，残留叶脉，幼芽也被食害，致使植株生长发育受阻，对产量影响较大，是葡萄产区的主要害虫之一。

【形态特征】

1. **成虫**　体长 12 mm 左右，土黄色，椭圆形。头小，常隐于前胸下。触角淡黄色，末端 4 或 5 节为黑褐色。前胸背板有许多小刻点。两鞘翅上共有黑色圆形斑点 10 个，但常有变化。

2. **卵**　椭圆形，长约 1 mm。初为黄绿色，后渐变为暗褐色，表面有很多无规则的小突起。

3. **幼虫**　共 5 龄。成长幼虫体长 12 ~ 15 mm。体扁而肥，近长椭圆形。头小，黄褐色。胸腹部土黄色或淡黄色，除尾节无突起外，其他各节两侧均有肉质突起 3 个，突起顶端呈黑褐色。胸足小，前足更为退化。

4. **蛹**　体长 9 ~ 12 mm，金黄色。腹部两侧呈齿状突起。

【发生规律】　辽宁、河北、河南、山东、山西、陕西、湖北 1 年发生 1 代，江西南昌和重庆发生 2 代。均以卵在根际附近土中和落地下越冬；南方温暖地区以成虫于各种缝隙中越冬。1 年 1 代区 5 月下旬开始孵化，6 月上旬为盛期。幼虫多沿树干基部上爬，先群集为害附近芽叶，逐渐向上转移为害。多在早晨和傍晚叶面上取食，白天潜伏隐蔽处，有假死性。6 月底陆续老熟入土，多于 3 ~ 7 cm 深处作土茧化蛹。蛹期 10 d 左右。7 月中上旬开始羽化，成虫羽化后在蛹室内停留 1 d 才出土，多在 6：00 ~ 10：00 时。成虫白天活动，受触动即分泌黄色具有恶臭味的黏液，并假死落地。羽化后经 6 ~ 8 d 开始交尾，交尾后 8 ~ 9 d 开始产卵。8 月上旬至 9 月中旬为产卵期。卵呈块，多产在距植株 35 cm 范围内的上面上，尤以葡萄枝干接近地面处最多。每只雌虫可产卵 700 ~ 1 000 粒。成虫寿命 60 ~ 100 d，直到 9 月下旬陆续死亡。1 年 2 代区各虫态开始发生期为越冬卵 4 月中旬孵化，5 月下旬化蛹，6 月中旬羽化，8 月上旬产卵；8 月中旬至 9 月中旬 2 代卵孵化，9 月上旬至 10 月中旬化蛹，9 月下旬至 10 月下旬羽化，并产卵越冬，11 月成虫陆续死去，以成虫越冬的于 3 月下旬至 4 月上旬开始出蛰活动，交尾产卵。

【防治方法】

1. **人工防治**　结合冬季清园，清除枯枝落叶及根际附近的杂草，集中深埋，清除越冬卵；初孵化幼虫集中在下部叶片上为害时，可摘除有虫叶片，集中处理；利用成虫和幼虫的假死性，以容器盛草木灰或石灰接在植株下方，振动茎叶，使成虫落入容器中，集中处理。

2. **农业防治**　在化蛹期及时进行中耕，可防治蛹。

3. **药剂防治**　在成虫和幼虫发生期，喷 48% 毒死蜱乳油 1 500 倍液；80% 敌敌畏乳油 1 500 倍液；50% 辛硫磷乳油 1 500 倍液；90% 晶体敌百虫 1 000 倍液；10% 氯氰菊酯乳油 3 000 倍液；2.5% 溴氰菊酯乳油 2 500 倍液；20% 氰戊菊酯乳油 3 000 倍液。

（一三）葡萄沟顶叶甲

葡萄沟顶叶甲（*Scelodonta lewisii* Baly），又名葡萄青叶甲，属鞘翅目叶甲科。

【分布与寄主】　该虫国内分布于河北、陕西、山东、江苏、浙江、湖北、江西、湖南、福建、广东、广西、贵州、云南和台湾。国外分布于日本和越南。

【为害状】　为害葡萄和乌头叶蛇葡萄的叶、嫩芽、新梢、卷须、花序、果柄和幼果，引起落花和落果。为害嫩叶呈长条状缺刻，啃咬卷须、新梢、花序及果柄，幼果表皮有褐色条斑，引起落花、落果。

【形态特征】

1. **成虫**　体长 3.2 ~ 4.5 mm，体宝石蓝色或紫铜色，具强金属光泽。头中部有 1 条纵沟。触角 11 节，基节圆柱形。足跗节和触角端节黑色。

2. **卵**　长 0.9 ~ 1.1 mm，宽 0.2 ~ 0.4 mm，长棒形，半透明光滑白色。

3. **幼虫**　老龄幼虫体长 2.2 ~ 3.5 mm，淡黄白色，胸足 3 对，腹部背面有倒"8"字纹。

4. **蛹**　为裸蛹，长 3.1 ~ 4.2 mm，初淡黄褐色，后变蓝色。

【发生规律】　该虫在陕西丹凤县 1 年发生 1 代，以成虫在葡萄树盘表土 5 cm 处过冬，翌年葡萄发芽期（4 月上旬）出蛰上树为害，白天上树，夜晚下树入土，5 月交尾产卵，每头雌虫平均产卵 25 粒，在表土下 10 ~ 15 cm 处产卵，卵期 7 ~ 8 d，5 月下旬至 6 月上旬幼虫孵化，为害葡萄嫩根。6 月中上旬在土壤化蛹，6 月中下旬当年成虫羽化，为害葡萄嫩叶，直到 11

葡萄沟顶叶甲为害的新梢有虫斑

葡萄沟顶叶甲为害果穗茎

葡萄沟顶叶甲成虫为害状

葡萄沟顶叶甲成虫为害叶柄和嫩梢状

葡萄沟顶叶甲成虫

月落叶入土过冬。

【防治方法】

（1）利用成虫假死性，振落收集防除。6～7月刮除老翘皮，清除葡萄沟顶叶甲卵。冬季深翻树盘土壤 20 cm 以上。

（2）春季越冬成虫出土前，在树盘土壤施 50% 辛硫磷乳剂 500 倍液或制成毒土；还可用 3% 杀螟硫磷粉剂 1.5～2 kg/ 亩，施后浅锄。虫量多时在 7～8 月还可增施 1 次，杀灭土中成、幼虫。

（3）防治成虫。春季葡萄萌芽期和 5、6 月幼果期进行。可选用下列药剂：2.5% 溴氰菊酯乳油 2 000～3 000 倍液；5% 顺式氰戊菊酯乳油 2 000～3 000 倍液；50% 辛硫磷乳油 1 500 倍液；48% 毒死蜱乳油 1 500 倍液；52.25% 毒死蜱·氯氰菊酯乳油 1 500～2 000 倍液；90% 晶体敌百虫 1 000 倍液等，对成虫均有良好效果。

（一四）葡萄大眼鳞象甲

葡萄大眼鳞象甲成虫

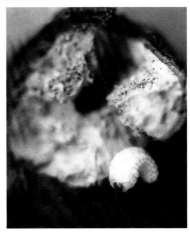
葡萄大眼鳞象甲幼虫

葡萄大眼鳞象甲（*Egiona viticola* Luo.），属鞘翅目象甲科大眼象亚科鳞象甲属，是蛀食葡萄藤蔓的一种新害虫，属国内新记录种。

【分布与寄主】 分布于贵州省三都、都匀、荔波等地。

【为害状】 以成虫和幼虫蛀食生长衰弱的老蔓、濒死蔓或枯蔓，属次害性昆虫。此虫大多是在葡萄受到透翅蛾、双棘长蠹或天牛蛀食后，再行趋害。成虫一般选择较粗大的主枝蔓产卵，幼虫孵化后蛀短隧道为害，少达髓部。蛀孔外常排出少许粪屑，非细看不易察觉。虫量少时，对植株生长无明显影响，当幼虫大量于节部蛀害时，上端藤蔓冬后便枯死。

【形态特征】

1. **成虫** 雌成虫体长 4.8 ~ 5.2 mm，宽 3.0 ~ 3.2 mm；雄虫体小，长 3.2 ~ 3.4 mm，宽 1.6 ~ 1.8 mm。体赤褐色具斑纹，橄榄球形。头球状，布粗大刻点。复眼特大，黑色，不整形，前缘稍狭，两眼几乎占据整个额面，彼此相距仅 1 条缝，眼周环布乳黄色短鳞毛。腹面观胸、腹板上密布白色短羽状鳞毛，形若盔甲。

2. **卵** 乳白色，椭圆形，大小为 0.2 mm×0.4 mm。

3. **幼虫** 成熟幼虫体长 5.7 ~ 6.0 mm，宽 1.9 ~ 2.1 mm，乳白色，近豆形，中部弯曲。头赤褐色，上颚黑色。各体节背面有 3 个横皱瘤。无足，但疏布小的浅黄色刚毛以作运动器。

4. **蛹** 体长 5.0 ~ 5.3 mm，宽 2.8 ~ 3.2 mm，乳白色渐至乳黄色，疏生赤褐色刚毛。腹面观复眼上沿内顶角上方各有 3 根刚毛，呈锐三角着生，顶刚毛较下 2 根粗大。

【发生规律】 1 年发生 2 代，世代重叠严重，能以除卵以外的 3 个虫态越冬。成虫飞翔力弱，扩散传播距离近，故在标本采集中，常发现局部地区乃至单株虫口密度大，而邻近园地有时查不到 1 头虫。越冬成虫 5 月爬出孔外，在被害蔓或另择生长弱的新蔓产卵。卵产在裂皮下，单产，偶见 2 粒产于一起。有时，若干成虫集于节部四周产卵，累计最多可达 31 粒，一般数十粒。卵孵化后，幼虫啃食渐入皮层，最后多在边材部化蛹，蛀道从未超过 1 cm。第 1 代成虫羽化高峰在 7 月下旬至 8 月中旬，第 2 代成虫 10 月中上旬羽化，此后在蛹室内越冬，至翌年 5 月才脱出。成虫产卵期长是造成世代重叠的原因。

【防治方法】

1. **农业防治** 加强肥水管理，合理修剪，增强树势，改变此虫趋弱树产卵为害的不良环境。
2. **清除虫源** 彻底去除被害枯枝蔓及病弱枝，集中深理，减少越冬虫源量。
3. **药剂防治** 在越冬代和第 1 代成虫产卵期，用残留性强的氯氰菊酯类杀虫剂喷雾，毒杀在藤蔓上爬行产卵的成虫。也可与其他蛀蔓类害虫兼防。

（一五）小竹长蠹

小竹长蠹［*Dinoderus brevis*（Horn.）］，又名竹蠹、竹长蠹，属鞘翅目长蠹科竹长蠹属。长蠹科昆虫在体形上与其他

小竹长蠹蛀孔　　　　　　　　　　　　小竹长蠹成虫及为害状

蠹虫相比，属中、大型种类，竹长蠹属（*Dinoderus*）是此科体形小的一个属，而小竹长蠹又是其中体形较小的一个种，其学名"*minutus*"的拉丁文含义正是"极微小"之意。

【分布与寄主】 国内分布较广，主要为害藤料及其制品，竹材、竹器和竹制品。在农家附近，为害葡萄纤弱枝条，导致枯枝。

【为害状】 主要蛀害葡萄纤弱小枝，先在边材部蛀食，后进入木质部和髓部，蛀成纵横交错的坑道，可造成被害枝枯萎。

【形态特征】

1. 成虫　体长 2.9 ~ 3.2 mm，宽 1.2 ~ 1.3 mm，圆筒形，黑赤褐色。头隐埋于前胸背板之下，颅顶光滑，布大而深的刻点。触角 10 节，端部 3 节膨大呈锯齿状。前胸背板近圆形，长约等于宽，长过鞘翅的一半，背板中部强度隆起，端半部有数列鱼鳞状锯齿，呈同心半圆形排列，下部齿列较上部的大，下缘具齿 8 ~ 10 个，以居中 2 齿最粗壮，背板基部近中线两侧具 1 对直径约 0.2 mm 卵形凹窝。小盾片横长方形。鞘翅两侧平行，与前胸背板等宽，基缘外侧角内缩呈钝角，翅面刻点沟不规整，每刻点内生 1 根向后斜长的黄色短毛，翅尾斜面起始于端部 1/4 处，弧形。足跗节短于胫节，第 5 跗节长为第 1 ~ 4 跗节之和。

小竹长蠹与另一种蛀害藤蔓植物的双窝短跗长蠹［*Dinoderus bifoveolatus*（Woll.）］极相似，主要鉴别特征为：后者体较小，2.0 ~ 2.4 mm，触角膨大部第 1、2 节锯齿状，端节杠果形，前胸背板长大于宽，最大宽度在后部，前缘及两侧缘具等距离排列的钝齿约 12 个，翅尾斜面上的毛粗而密。

【发生规律】 在贵州，仅成虫在葡萄上蛀食，进行补充营养，不繁殖，可越冬。被蛀枝当年或翌年渐枯死。

【防治方法】 与前述蠹虫一并兼防。

（一六）爪哇咪小蠹

咪小蠹属的昆虫体形都很小，食性杂，蛀食枝干韧皮部、小枝或藤蔓髓部，促使枝梢衰枯，对果树产量有较大影响。爪哇咪小蠹［*Hypothenemus javanus*（Eggers）］，属鞘翅目小蠹科咪小蠹属。

【分布与寄主】 国内贵州、云南、四川和广西等省（区）有分布；国外遍布印度尼西亚等东南亚诸国。除为害葡萄外，还为害梨、柳杉、青冈、杉、构皮树、金银花等。

【为害状】 主要蛀害葡萄二年生纤弱小枝，先在边材部蛀食，后进入木质部和髓部，蛀成纵横交错的坑道。成虫和幼虫都可为害，被害枝一般当年死亡。芽基受害后，抽梢极短或不绽开，渐枯萎。

【形态特征】 成虫体长 1.2 ~ 1.4 mm，宽 0.5 ~ 0.6 mm，乌黑色，无光泽。触角、足茶褐色。额面向下截，中部凹陷，故一些文献上称为注额咪小蠹，疏布刻点，额周密生向凹部斜倒的黄色丛毛，以两侧额毛最长。

爪哇咪小蠹蛀害状

【发生规律】 以成虫、蛹和幼虫在寄主枝梢内越冬，成虫为主要越冬虫态。翌年 4 月下旬，越冬成虫爬出蛀孔外，选择被害枝新部位或另择新的病弱枝，从芽基或叶柄下蛀入，产卵繁殖。成虫产卵期长，新一代成虫出现后，继续在旧坑中纵横蛀食，并产卵繁殖，故世代重叠很严重。一般情况下，在被害枝梢内都可剥到四个虫态。

【防治方法】

1. **农业防治**　加强肥水管理，合理修剪，培育壮株，减轻该虫对病、弱枝的趋害；冬季修剪时，彻底剪除被害枝梢和纤细母蔓，或根据树势，重短截促萌发壮梢。

2. **药剂防治**　与透翅蛾、木蠹蛾、天牛等其他蛀蔓害虫进行兼防。

（一七）颈冠材小蠹

颈冠材小蠹（*Xyleborus cristatus* Schedl），又名六棘材小蠹、凹尾材小蠹，为国内新记录种，属鞘翅目小蠹科材小蠹属。

颈冠材小蠹成虫及其为害状

【分布与寄主】　目前仅发现分布于贵州省黔南自治州境内的都匀、平塘、瓮安、镇宁等地。寄主为桃、葡萄和核桃，为害程度轻。

【为害状】　以成虫及幼虫蛀食生长衰弱的树干、枝干或二年生枝条，偶见为害短果枝。在木质部内蛀成纵横交错的坑道，导致水分输导受阻，引起落叶落果，严重时植株渐濒枯死亡。果树被害后，大量褐色树胶挂在蛀孔外，与多毛小蠹（*Scolytus seulensis* Muray.）和果木小蠹（*Scolytus japonicus* Chapuis）为害状相似。但本种蛀孔小些，坑道在木质部中，后面两种小蠹虫坑道在韧皮部与木质部之间的边材上，以此为区别。果木小蠹有时也为害纤弱枝条，虫坑可深入木质部中，为害状易混淆。

【形态特征】　雌成虫体长 2.0 ~ 2.2 mm，宽 0.7 ~ 0.8 mm，圆柱形，栗褐色。头隐于前胸背板之下，上颚黑色，额颅。中胸背板内缢如脖子，呈横狭长方形，背中线处为黑纵纹，其两侧各有一个"八"字形黑纹，底面布细小刻纹。种名"*crixtatus*"的拉丁文含义为"冠"，本虫前胸背板风帽状，中胸似颈，背观如人头，故得名。在国内已报道的材小蠹属 25 个种中，仅此虫中胸背板显见。小盾片细小，正三角形，不下凹。鞘翅长度为前胸和中胸背板之和，翅基缘平直，翅面具 7 条刻点纵沟，沟间刻点大且圆，在翅端部 4/5 处至端缘，翅缝、第 1 刻点沟和沟间部深凹成槽。近端缘第 3 刻点沟和沟间部也下凹成槽，并与前者相连，使整个翅尾斜面上呈现"山"形凹槽，在第 2 沟间部最下端槽边上，各生 3 枚黑褐色短棘，鞘翅末端具后缘脊饰边。

雄虫体稍小，与雌虫的区别在于雄虫中胸背板上的黑纹呈"W"字形，鞘翅斜面无凹槽，坡面上沟间部宽大，疏布淡黄色长刚毛，翅尾后缘脊饰边较突凸。

【发生规律】　不详。以成虫在寄主木质部深层坑道中越冬，翌年春季爬出洞外，寻找新部位或新寄主另筑坑道，产卵繁殖。5 ~ 6 月和 8 ~ 9 月为幼虫为害烈期，10 月下旬末进入越冬。

【防治方法】　参考茶材小蠹和坡面材小蠹。

（一八）葡萄脊虎天牛

葡萄脊虎天牛（*Xylotrechus pyrrhoderus* Bates），又名虎天牛、虎斑天牛、枝干天牛等，属鞘翅目天牛科脊虎天牛属。

【分布与寄主】　分布于贵州、四川、浙江、江苏、安徽、湖北、河北、山东、河南、山西和陕西等省；国外分布于日本。主要为害葡萄。

【为害状】　以幼虫蛀食枝蔓，也为害衰弱植株的主蔓。将粪屑填满隧道，蛀孔外不吊挂蛀屑。虫量多时，导致树势衰退，逐渐萎枯濒死。

【形态特征】

1. 成虫　雌成虫体长 13 ~ 15 mm，宽 4.0 ~ 4.5 mm。体大部分黑色，前胸、中胸、后胸腹板、小盾片和腹板暗红色。头部粗糙，额脊不很明显，密布粗大刻点。触角丝状，后伸仅达鞘翅基部，共 11 节，除第 2 节外以端部 4 节最短小。前胸背板球形，布刻点粒。小盾片舌形。翅基部有 1 条由黄色茸毛组成的"X"形纹，中后部另有 1 条同色宽横带。腹部第 1 ~ 3 腹板生浓密黄毛。后足腿节不超过腹末端。雄成虫体稍小，长 8 ~ 12 mm，后足腿节超过腹末端较多。

葡萄脊虎天牛在枝条上的蛀孔　　　　　　　葡萄脊虎天牛幼虫及其为害状

2. **卵**　长约 1 mm，宽约 0.2 mm，乳白色，椭圆形，顶端稍尖细，较光滑。

3. **幼虫**　体长 16 ~ 18 mm，宽 5 ~ 6 mm，乳白色。头小，上颚黑褐色，额面疏生短毛。前胸背板浅褐色，后缘具"山"字形细凹纹，无足。腹部各节背、腹板具明显的运动泡突，并疏生细小的黄褐色刚毛。

4. **蛹**　体长 12 ~ 15 mm，宽 4 ~ 5 mm，初为浅黄白色，后呈黄褐色，近羽化时污黑褐色。腹面观前足、中足向中部抱握，触角呈"八"字形贴于前足基部，鞘翅在腹端第 2 节处，近乎靠临，后足胫节和跗节从后翅下露出。

【**发生规律**】　1 年发生 1 代，以低龄幼虫于被害枝内越冬。5 月开始活动为害，幼虫多向基部蛀食，至 7 月陆续老熟，多在接近断口处化蛹。8 月间羽化为成虫，卵散产于芽鳞缝隙内或芽和叶柄中间。卵期 5 ~ 6 d。初孵幼虫多从芽部蛀入茎内，粪便排于隧道内而不排出茎外，故不易发现，秋后以低龄幼虫越冬。落叶后在节的附近，被害处表皮变黑易于识别。

【**防治方法**】　结合修剪注意剪除有虫枝，清除幼虫，主蔓内幼虫可用细铁丝刺杀，或注入 50% 敌敌畏 1 000 倍液，毒杀幼虫；成虫发生期喷洒 50% 敌敌畏乳油 1 000 ~ 1 200 倍液有良好效果。

（一九）葡萄双棘长蠹

葡萄双棘长蠹（*sinoxylon sp.*），又名黑壳虫、戴帽虫，属鞘翅目长蠹科双棘长蠹属。

葡萄双棘长蠹成虫在葡萄枝节间蛀害状　　　葡萄双棘长蠹引起新梢枯萎　　　葡萄双棘长蠹引起新梢干枯

【**分布与寄主**】　国内分布于贵州和四川等省。根据著者多年来对贵州蠹虫标本的系统采集，目前发现仅为害葡萄。成虫和幼虫都可蛀食藤蔓，为害损失同样严重。由于蛀孔小，初期为害症状不明显，从幼虫到成虫都在枝条内部蛀食为害，为害期长。一旦发生如不及时处理，就会造成重大损失，轻者减产 10%，重则减产 30%。

【为害状】　主要为害二年生枝条，受害枝蔓枯死。成虫多从节或芽下蛀入，产卵为害。仔细观察节部或节部芽基处，可见虫孔。蛀孔口常堆积新鲜的粪便，主蔓受害后，节间木质部被环食尽空，留下皮层，端部植株渐失水干枯，稍用力即从蛀孔处断离；1～2年生枝蔓受害后，髓被蛀食，生长势弱，冬后大都失水死亡。

【形态特征】

1. **成虫**　体长5.2～5.4 mm，宽1.9～2.1 mm，圆筒形，黑褐色。触角10节，端部3节膨大为栉片状，着生于复眼的内上角。复眼圆突，褐色。头隐于前胸背板下。前胸背板长大于宽，最宽处在基部，其长度等于鞘翅的一半，中部隆起，顶部后移，后1/3处向翅基部形成斜面，背板前缘至中部稍后处密布齿状突起。

2. **卵**　乳白色，椭圆形，大小为0.4～0.6 mm。

3. **幼虫**　老龄幼虫体长4.9～5.2 mm，宽1.2～1.4 mm，乳白色。上颚基部褐色，齿黑色。颅顶光滑，额面布长短相间的浅黄色刚毛，无足。可见体节11节，每体节背部呈2个皱突，侧面和腹末2节疏生长刚毛，其余各部疏生较短刚毛。

4. **蛹**　体长4.8～5.2 mm，宽2.0～2.2 mm，乳白色，后渐变乳黄色至浅黑色。腹面观口器伸达前胸节末端，颅顶和额面疏布浅黄色长短刚毛。

【发生规律】　贵州各地1年发生1代。以成虫越冬。成虫抗逆性很强，室内观察在枯蔓干燥环境里，7个月不食亦不会死亡。4月中旬，越冬成虫开始活动，选择较粗大的蔓从节部芽基处蛀食。先在节部环蛀，仅留下少许木质部和皮层，此后继续向上、下节间蛀害，产卵其中。每坑道产卵1～2粒，幼虫孵化后继续蛀害，植株端部逐渐枯萎。蛀孔外常排出成虫的新鲜粪屑，蛀孔圆形，与天牛幼虫为害相区别，但又与透翅蛾幼虫蛀害状相似。5月中上旬为成虫交尾产卵期，新蛀的虫道内两性同居时间较长。5月中下旬至8月中旬，为幼虫为害烈期。由于成虫产卵期长（卵量少），8月下旬仍可查到少量幼虫。初羽化的成虫体色浅，经一段时间的补充营养，由黄褐色渐变为黑赤褐色。10月中上旬，新1代成虫选择1～2年生小侧蔓蛀入，独居越冬。对受害枝条进行修剪，挖除部分死亡的植株，但堆放在葡萄园附近，未做处理，会成为虫源的聚集地。

【防治方法】　防治应以农业防治为主。

1. **农业防治**　结合冬季修剪，彻底剪除虫蛀枝和纤弱枝，集中处理，防治越冬成虫。根据害虫蛀孔口常有新鲜粪屑堆积或有流胶现象发生这一特点，在冬剪时，将有上述症状的枝条剪除，集中处理，清除越冬虫源；翌年开春上架捆绑枝蔓时，仔细检查，是否有漏剪的被害枝蔓，及时把虫害枝蔓剪除，烧毁处理；葡萄长出4～5片叶后，再一次认真检查枝蔓，对于受害不能发芽的枝条进行剪除处理。经过3次认真检查，能够把虫口基数降到最低水平，达到理想的防治效果。

2. **化学防治**　严重发生的葡萄园，在5月成虫活动期，结合防治葡萄的其他病虫害进行施药防治，把枝蔓喷透，触杀成虫。可用2.5%三氟氯氰菊酯乳油3 000倍液，或10%吡虫啉可湿性粉剂2 000倍液喷施，也可用2.0%阿维菌素乳油4 000倍喷施，杀灭成虫、幼虫。若发现主蔓节部有新鲜的粪便排出，可用注射器从蛀孔注入80%敌敌畏50倍液少许，并用泥封住虫孔，熏杀成虫和幼虫。

（二〇）大灰象甲

大灰象甲（*Sympiezomias velatus* Chevrolat），属鞘翅目象虫科。

【分布与寄主】　分布于东北、华北，以及山东、河南、湖北、陕西等省。寄主为葡萄、杨、柳、槐、板栗、泡桐等阔叶树。

【为害状】　取食植株的嫩芽和幼叶，呈缺刻状和孔洞状。

【形态特征】

1. **成虫**　体长10 mm左右，黑色，全身被灰白色鳞毛。前胸背板中央黑褐色。头管短粗，表面有3条纵沟，中央一沟黑色。鞘翅上各有1个近环状的褐色斑纹和10条刻点列。

2. **卵**　长椭圆形，长1 mm，初产时乳白色，近孵化时乳黄色。

3. **幼虫**　老熟幼虫体长约14 mm，乳白色，头部米黄色，第9腹

大灰象甲为害葡萄叶片

节末端稍扁。

4. 蛹 长 9 ~ 10 mm，长椭圆形，乳黄色，头管下垂达前胸。头顶及腹背疏生刺毛，尾端向腹面弯曲。末端两侧各具一刺。

【发生规律】 在辽宁省 2 年发生 1 代，以幼虫和成虫在土壤中越冬。4 月中下旬成虫开始活动，群集于苗基部取食和交尾，白天静伏于表土下或土块缝隙间，夜间活动。5 月下旬成虫开始产卵，雌虫产卵时用足将叶片从两侧向内折合，将卵产在合缝中，分泌黏液将叶片黏合在一起。6 月上旬陆续孵化为幼虫落到地上，然后寻找土块间隙或疏松表土进入土中。幼虫只取食腐殖质和根毛，9 月下旬幼虫向下移动至 40 ~ 80 cm 处，做土窝在内越冬。翌年春天继续取食，6 月下旬开始在 60 ~ 80 cm 深处化蛹。7 月羽化为成虫，成虫不出土，在原处越冬。

【防治方法】

1. 人工防治 在成虫发生期，利用其假死性、行动迟缓、不能飞翔的特点，于 9 时前或 16 时后进行人工捕捉，先在树下铺塑料布，振落后收集处理。

2. 地面药剂防治 成虫发生数量多时，在成虫发生盛期于傍晚在树干周围地面喷洒 50% 辛硫磷乳剂 800 倍液，或喷洒 48% 毒死蜱乳油 1 000 倍液，或 50% 马拉硫磷乳油、90% 晶体敌百虫，每株成树用药 15 ~ 20 g。施药后把匀土表或覆土，毒杀羽化出土的成虫。

3. 树上喷药 成虫发生期，喷洒 48% 毒死蜱 1 000 倍液，或 2% 阿维菌素 2 000 倍液。

（二一）斑胸蜡天牛斑胸亚种

斑胸蜡天牛斑胸亚种（*Ceresium sinicum ornaticolle* Pic）是为害葡萄的新害虫，属鞘翅目天牛科蜡天牛属。

【为害状】 以幼虫蛀食枝蔓，也为害衰弱植株的主蔓。将粪屑填满隧道，虫量多时，导致树势衰退，逐渐枯萎。

【分布与寄主】 分布于贵州和四川。除为害葡萄外，寄主还有樟、苦楝、刺槐和桑。

【形态特征】

1. 成虫 体长 11 ~ 12 mm，宽 2.6 ~ 2.8 mm，体棕褐色。头部黑色，前倾，下颚须末端尖圆。触角赭色，与体等长，基部距上颚基较远，柄节红赭色。前胸黑色，背板中区两侧各有 1 条灰白色毛斑，中部常断裂。足赭色，腿节端半部膨大成棍状。前足基节呈球柱形，胫节内侧有斜沟。鞘翅咖啡色。腹节腹板黑褐色，两侧生灰白色小斑点。

斑胸蜡天牛斑胸亚种成虫

本种与中华蜡天牛（*Ceresium sinicum* White）极相似，后者形态特点为体长 9 ~ 13 mm，宽 3 ~ 3.5 mm，赤褐色，触角、鞘翅和足黄褐色，前胸背板中域两侧具黄白色毛斑。触角与体等长，下具密缨毛，第 3 节稍长于第 4 节，约等长于柄节。前胸背板长大于宽，布粗大刻点，中央有 1 条平滑的纵线。鞘翅两侧平行，末端合缝成圆形。足腿节端半部棍棒状。

【发生规律】【防治方法】 参考葡萄脊虎天牛。

（二二）葡萄黑腹果蝇

葡萄黑腹果蝇也称黑尾果蝇（*Drosophila melanogaster*），属双翅目果蝇科。

【分布与寄主】 它是一种原产于热带或亚热带的蝇种，分布于全世界各地，在北方可以在室内过冬。寄生近于腐烂的多种水果蔬菜。为害葡萄、桃、李子、苹果等果实。

果蝇幼虫为害葡萄果粒（1）　　　　　果蝇幼虫为害葡萄果粒（2）　　　　　果蝇幼虫为害葡萄果粒（3）

果蝇成虫　　　　　　　　　　　　　　　　　果蝇成虫放大

【为害状】　成虫雌蝇将卵产在酸腐的葡萄上，幼虫使葡萄腐烂加剧，葡萄果实成熟期与果蝇的发生期相遇，成熟葡萄果实散发出的甜味对果蝇有很强的吸引力，因此部分果园此虫的为害较严重。

【形态特征】

1. **成虫**　雄虫体长 2.5 ~ 2.8 mm，体淡黄色，复眼鲜红色，周围具微毛，头部有许多刚毛。雌虫体长 3.2 ~ 3.8 mm，腹部 6 节，腹背面每节末端黑色，长满刚毛，形成 5 条明显的斑纹，尾节黑色，稍尖，末端有圆柱状导卵器，两侧具刚毛状刺，呈"V"形排列，其余特征同雄虫。

2. **幼虫**　蛆状，长 3.0 ~ 4.3 mm，体色依所食用的果肉汁液颜色而变，一般白色，食用红色果肉汁液的幼虫体色加深，变为淡红褐色；前端圆锥形，头小，有明显的黑色锉状口钩。

3. **蛹**　长 3.1 ~ 3.8 mm，红褐色，前面有一对 1.2 ~ 1.5 mm 的触角。

4. **卵**　大小为（0.5 ~ 0.6）mm×（0.2 ~ 0.3）mm，前面有一对细长丝状触角，与卵等长，呈 60° 夹角。

【发生规律】　黑腹果蝇 1 年可发生 10 多代，以蛹在土壤深 1 ~ 3 cm 处的烂果或果壳内越冬，成虫全年活动达 8 个月，春季气温 15 ℃以上出现成虫。一般在 5 月下旬，黑腹果蝇开始在果实上产卵，成熟度越高的果实为害越严重。每头成虫每次产卵 350 ~ 400 粒。一般 3 ~ 5 d 卵孵化为幼虫。受害初期不易发觉，随着幼虫蛀食果肉，果实逐渐软化，变褐、腐烂，幼虫在果实内为害 5 ~ 6 d 脱落化蛹。在 25 ℃下卵、幼虫、蛹的发育历期分别为（1.08±0.19）d、（4.39±0.43）d、（3.9±0.25）d。成虫交尾时间集中在 21:30 ~ 23:00，持续 5 ~ 20 min，交尾后具有梳理行为。并常将卵产在果肉边缘的坡面上，每次产 2 ~ 8 粒。幼虫喜在葡萄梗等较硬场所化蛹。羽化时间集中在 4:30 ~ 7:30 时。成虫对不同水果的嗜好强弱程度依次是葡萄、苹果、香蕉、桃、梨；而对巨峰、马奶、无核白、红地球等葡萄品种的嗜好程度无显著性差异，但葡萄损伤时间影响其嗜好程度，对损伤 3 d 和 4 d 的葡萄嗜好程度显著高于损伤 2 d 的葡萄，也都极显著高于损伤 1 d 的葡萄。幼虫对葡萄和香蕉嗜好程度显著高于梨、桃和苹果；对红地球的嗜好程度显著大于巨峰、马奶、无核白品种。

【防治方法】

1. **人工防治**　成熟前，清除果园内腐烂水果；葡萄成熟期及时清理落果、裂果、病虫果及其他残次果。

2. **物理防治**　利用糖醋液等诱杀果蝇成虫。糖醋液成分及比例：敌百虫 1 份∶糖 5 份∶醋 10 份∶水 20 份。把大约 1 kg

糖醋液放入塑料盆中，悬挂于树下阴处，每亩 10 ~ 15 处，多数悬挂于接近地面处，少数悬挂于距地面 1 m 和 1.5 m 处。每日捞出诱到的成虫处理深埋，定期补充诱杀液，使其始终保持原浓度。

3. 化学防治

（1）树上防治：在果园悬挂糖醋液的同时，树上喷施纯植物性杀虫剂 0.6% 苦内酯水剂 1 000 倍液一次，6 月 1 日左右重喷一次。喷施药液中加入配制好的 3% 糖醋液。喷施时每株树重点喷施内膛部分。

（2）地面防治：采取树上防治的同时，在果园地面、地埂杂草丛生处，喷施无公害杀虫剂农药；第 1 次施药后每间隔 10 d 重喷上述药剂一次。可选农药有 2.0% 阿维菌素乳油 4 000 倍液、46% 毒死蜱乳油 1 500 倍液。喷药时仅喷杂草丛生处，无草地面可不喷施。每次喷施药液中同样加入 3% 的糖醋液。

4. 葡萄套袋　葡萄套袋防止成年雌蝇产卵。

（二三）葡萄园桃蛀螟

桃蛀螟（*Conogethes punctiferalis* Guenée），又名豹纹斑螟，属鳞翅目螟蛾科。

桃蛀螟成虫

桃蛀螟幼虫在葡萄果粒内为害状

【分布与寄主】　我国南北方都有分布。幼虫为害桃、梨、苹果、杏、李、石榴、葡萄、山楂、板栗、枇杷等果树的果实，还为害向日葵、玉米、高粱等农作物，是一种杂食性害虫。

【为害状】　幼虫蛀食果肉及幼嫩种子，蛀孔外分泌黄褐色透明胶液，并黏附红褐色颗粒状虫粪。被害果穗葡萄白腐病发病率高。

【形态特征】

1. **成虫**　体长 9 ~ 14 mm，全体黄色，前翅散生 25 ~ 28 个黑斑。雄虫腹末黑色。

2. **卵**　椭圆形，长约 0.6 mm，初产时乳白色，后变为红褐色。

3. **幼虫**　老熟时体长 22 ~ 27 mm，体背暗红色，身体各节有粗大的褐色毛片。腹部各节背面有 4 个毛片，前两个较大，后两个较小。

4. **蛹**　长 13 mm 左右，黄褐色，腹部第 5 ~ 7 节前缘各有 1 列小刺，腹末有细长的曲钩刺 6 个。茧灰褐色。

【发生规律】　我国从北到南，1 年可发生 2 ~ 5 代。河南 1 年发生 4 代，以老熟幼虫在树皮裂缝、僵果、玉米秆等处越冬。翌年 4 月中旬，老熟幼虫开始化蛹。各代成虫羽化期为：越冬代在 5 月中旬，第 1 代在 7 月中旬，第 2 代在 8 月中上旬，第 3 代在 9 月下旬。成虫白天在叶背静伏，晚间多在两果相连处产卵。幼虫孵出后，多从萼洼蛀入，可转害 1 ~ 3 个果。化蛹多在萼洼处、两果相接处和枝干缝隙处等，结白色丝茧。

【测报方法】

1. **成虫发生期测报**　利用黑光灯或糖醋液诱集成虫，逐日记载诱集蛾数。

2. **性外激素的利用**　利用顺、反 –10– 十六碳烯醛的混合液，诱集雄蛾。

【防治方法】

1. **清除越冬幼虫** 冬、春季清除玉米、高粱、向日葵等遗株，并将桃树等果树老翘皮刮净，集中焚烧，以减少虫源。

2. **套袋** 用牛皮纸套袋防蛀果。

3. **药剂防治** 在进行化学防治前，应做好预测预报。可利用黑光灯和性诱剂预测发蛾高峰期，在成虫产卵高峰期、卵孵化盛期适时施药。不套袋的果园，要在第1、第2代成虫产卵高峰期喷药。首选药剂：氟氯氰菊酯、高效氯氰菊酯、杀螟硫磷、灭幼脲。有效药剂有溴氰菊酯、甲氰菊酯、联苯菊酯、毒死蜱、丙溴磷、辛硫磷、氰戊菊酯等。

4. **生物防治** 生产上利用一些商品化的生物制剂，如昆虫病原线虫、苏云金杆菌和白僵菌来防治桃蛀螟。用100亿孢子/g的白僵菌50～200倍防治桃蛀螟，对桃蛀螟有很好的控制作用。释放赤眼蜂防治桃蛀螟，每亩每次释放3万头。

（二四）甜菜夜蛾

甜菜夜蛾（*Spodoptera exigua* Hübner），别名贪夜蛾，属鳞翅目夜蛾科。

【分布与寄主】 是多食性、暴发成灾的害虫，主要为害十字花科、茄科、豆类等作物、蔬菜。

【为害状】 以幼虫蚕食或剥食叶片造成为害，还可钻蛀豆荚。低龄时常群集在心叶中结网为害，然后分散为害叶片。

【形态特征】

1. **成虫** 体长10～14 mm，翅展25～33 mm，灰褐色。前翅内横线、亚外缘线灰白色。外缘有1列黑色的三角形小斑，肾形纹、环形纹均为黄褐色，有黑色轮廓线。后翅银白色，翅缘灰褐色。

甜菜夜蛾幼虫为害葡萄叶片

2. **幼虫** 体色多变，常见为绿色、墨绿色，也有黑色个体，但气门浅白色，在气门后上方有一白点，体色越深，白点越明显。

3. **卵** 圆馒头形，直径0.2～0.3 mm，白色，常数十粒在一起呈块状，卵块上盖有雌蛾腹端的茸毛。

4. **蛹** 长10 mm，黄褐色。

【发生规律】 每年发生4～5代，以蛹在土中越冬。当土温升至10℃以上时，蛹开始孵化。在长江以南周年均可发生。在北方，全年以7月以后发生严重，尤其是9、10月。成虫昼伏夜出，取食花蜜，具强烈的趋光性。产卵前期1～2 d。卵产于叶片、叶柄或杂草上。以卵块产下，卵块单层或双层，卵块上覆白色毛层。单雌产卵量一般为100～600粒，多者可达1 700粒。卵期3～6 d。幼虫5龄，少数6龄，1～2龄时群聚为害，3龄以后分散为害。低龄时常聚集在心叶中为害，并叶丝拉网，给防治带来了很大的困难。4龄以后昼伏夜出，食量大增，有假死性，受振后即落地。当数量大时，有成群迁移的习性。当食料缺乏时幼虫有自相残杀的习性。老熟后入土做室化蛹。

【防治方法】

1. **农业措施** 人工摘除卵块，晚秋或初春对发生严重的田块进行深翻，消灭越冬蛹。

2. **药剂防治** 甜菜夜蛾具较强的抗药性，掌握在幼虫2龄期以前，喷药时要注意喷施到心叶中去。可用5%氟铃脲乳油2 000倍液，或20%除虫脲胶悬剂500倍液，或50%杀螟松乳油1 000倍液，或50%巴丹可湿性粉剂1 000倍液，或50%丁醚脲可湿性粉剂2 000倍液，或20%抑食肼可湿性粉剂1 000倍液，或10%醚菊酯悬乳剂700倍液等药剂喷雾防治。

（二五）斜纹夜蛾

斜纹夜蛾［*Prodenia litura*（Fabricius）］，又称莲纹夜蛾，俗称夜盗虫、乌头虫，属鳞翅目夜蛾科。

斜纹夜蛾为害葡萄叶片形成虫斑　　　　　　　　　斜纹夜蛾幼虫为害葡萄叶片

【分布与寄主】　世界性分布，国内各地都有发生，主要发生在长江流域、黄河流域。它是一类杂食性和暴食性害虫，为害寄主相当广泛，除十字花科蔬菜外，还可为害包括瓜、茄、豆、葱、韭菜、菠菜以及粮食、经济作物等近 100 科 300 多种植物。

【为害状】　以幼虫咬食叶片、花蕾、花及果实，初龄幼虫啃食叶片下表皮及叶肉，仅留上表皮呈透明斑；4 龄以后进入暴食，咬食叶片，仅留主脉。

【形态特征】
1. **成虫**　体长 14 ~ 20 mm，翅展 35 ~ 46 mm，体暗褐色，胸部背面有白色丛毛，前翅灰褐色，花纹多，内横线和外横线白色，呈波浪状，中间有明显的白色斜阔带纹，所以称斜纹夜蛾。
2. **卵**　扁平的半球状，初产黄白色，后变为暗灰色，块状黏合在一起，上覆黄褐色茸毛。
3. **幼虫**　老熟幼虫体长 35 ~ 47 mm，头部黑褐色，胴部体色因寄主和虫口密度不同而异：土黄色、青黄色、灰褐色或暗绿色，背线、亚背线及气门下线均为灰黄色及橙黄色。从中胸至第 9 腹节在亚背线内侧有三角形黑斑 1 对，其中以第 1、第 7、第 8 腹节的最大，胸足近黑色，腹足暗褐色。
4. **蛹**　长 15 ~ 20 mm，赭红色，腹部背面第 4 ~ 7 节近前缘处各有小刻点。臀棘短，有 1 对强大而弯曲的刺，刺的基部分开。

【发生规律】　该虫 1 年发生 4 代（华北）至 9 代（广东），一般以老熟幼虫或蛹在田边杂草中越冬，广州地区无真正越冬现象。在长江流域以北的地区，该虫冬季易被冻死，越冬问题尚未定论，推测当地虫源可能从南方迁飞过去。长江流域多在 7 ~ 8 月大发生，黄河流域则多在 8 ~ 9 月大发生。成虫夜出活动，飞翔力较强，具趋光性和趋化性，对糖醋酒等发酵物尤为敏感。卵多产于叶背的叶脉分叉处，以茂密、浓绿的作物产卵较多，堆产，卵块常覆有鳞毛而易被发现。初孵幼虫具有群集为害习性，3 龄以后则开始分散，老龄幼虫有昼伏性和假死性，白天多潜伏在土缝处，傍晚爬出取食，遇惊就会落地蜷缩呈假死状。当食料不足或不当时，幼虫可成群迁移至附近田块为害，故又有"行军虫"的俗称。斜纹夜蛾发育适温为 29 ~ 30 ℃，一般高温年份和季节有利其发育、繁殖，低温则易引致虫蛹大量死亡。该虫食性虽杂，但食料情况，包括不同的寄主，甚至同一寄主不同发育阶段或器官，以及食料的丰缺，对其生育繁殖都有明显的影响。间种、复种指数高或过度密植的田块有利于其发生。

斜纹夜蛾是一种喜温性又耐高温的间歇猖獗为害的害虫。各虫态的发育适温度为 28 ~ 30 ℃，但在高温下（33 ~ 40 ℃），生活也基本正常。抗寒力很弱。在冬季 0 ℃左右的长时间低温下，基本上不能生存。斜纹夜蛾在长江流域各地，为害盛发期在 7 ~ 9 月，也是全年中温度最高的季节。

【防治方法】
1. **农业防治**　清除杂草，收获后翻耕晒土或灌水，以破坏或恶化其化蛹场所，有助于减少虫源。结合管理随手摘除卵块和群集为害的初孵幼虫，以减少虫源。
2. **诱杀防治**
（1）点灯诱蛾。利用成虫趋光性，于盛发期点黑光灯诱杀。
（2）糖醋诱杀。利用成虫趋化性，配糖醋酒液（糖：醋：酒：水 = 3：4：1：2）加少量敌百虫诱蛾。

3. 诱杀防治

挑治或全面治交替喷施 50% 氰戊菊酯乳油 4 000 ~ 6 000 倍液，或 2.5% 氟氯氰菊酯 1 000 倍液，或 10.5% 甲维·氟铃脲水分散粒剂 1 000 ~ 1 500 倍液，20% 虫酰肼悬浮剂 2 000 倍液，均匀喷施。

注意药剂轮换使用，不要随意提高药剂使用浓度，提倡在傍晚用药，均匀喷雾，田间施药时，要加强自身防护。

（二六）葡萄天蛾

葡萄天蛾（*Ampelophaga rubiginosa* Bremer et Grey），又名车天蛾，属于鳞翅目天蛾科。

葡萄天蛾幼虫静止状

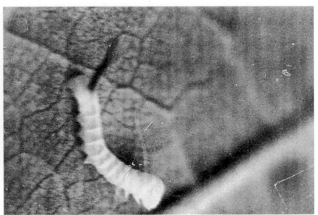

葡萄天蛾低龄幼虫

葡萄天蛾卵

葡萄天蛾幼虫（褐色型）

【分布与寄主】 分布在辽宁、吉林、黑龙江、河北、山东、河南、山西、陕西、江苏、湖北、湖南、江西等地。只见为害葡萄。

【为害状】 以幼虫食害葡萄叶片，低龄幼虫将叶片食成缺刻与孔洞，稍大便将叶片食尽，残留部分粗脉和叶柄，严重时可将叶吃光。

【形态特征】

1. 成虫 体长 45 mm 左右，翅展 90 mm 左右，体肥大呈纺锤形，体翅茶褐色，背面色暗，腹面色淡，近土黄色。体背中央自前胸到腹端有 1 条灰白色纵线，复眼后至前翅基部有 1 条灰白色较宽的纵线。

2. 卵 球形，直径 1.5 mm 左右，表面光滑。淡绿色，孵化前淡黄绿色。

3. 幼虫 老熟时体长 80 mm 左右，绿色，背面色较淡。体表布有横条纹和黄色颗粒状小点。头部有两对近于平行的黄白色纵线，分别于蜕裂线两侧和触角之上，均达头顶。第 1 ~ 7 腹节背面前缘中央各有 1 个深绿色小点，两侧各有 1 条黄白色斜短线，于各腹节前半部，呈"八"字形。腹节、气门片红褐色。臀板边缘淡黄色。化蛹前有的个体呈淡茶褐色。

4. 蛹 体长 49 ~ 55 mm，长纺锤形。初为绿色，背面逐渐呈棕褐色，腹面暗绿色。足和翅脉上出现黑点，断续成线。头顶有 1 个卵圆形黑斑。

【发生规律】　1年发生1～2代。以蛹于表土层内越冬。在山西晋中地区，翌年5月底至6月上旬开始羽化，6月中下旬为盛期，7月上旬为末期。成虫白天潜伏，夜晚活动，有趋光性，于葡萄株间飞舞。卵多产于叶背或嫩梢上，单粒散产。每只雌蛾一般可产卵400～500粒。成虫寿命7～10 d。6月中旬田间始见幼虫，初龄幼虫体绿色，头部呈三角形，顶端尖，尾角很长，端部褐色。孵化后不食卵壳，多于叶背主脉或叶柄上栖息，夜晚取食，白天静伏，栖息时以腹足抱持枝或叶柄，头胸部收缩稍扬起，后胸和第1腹节显著膨大。受触动时，头胸部左右摆动，口器分泌出绿水。幼虫活动迟缓，一枝叶片食光后再转移邻近枝。幼虫期40～50 d。7月下旬开始陆续老熟入土化蛹，蛹期10 d以上。8月上旬开始羽化，8月中下旬为盛期，9月上旬为末期。8月中旬田间见第2代幼虫为害至9月下旬，老熟入土化蛹越冬。

【防治措施】
1. **人工防治**　结合葡萄冬季埋土和春季出土挖除越冬蛹。结合夏季修剪等管理工作，寻找被害状和地面虫粪捕捉幼虫。
2. **药剂防治**　在幼龄幼虫期，虫口密度大时，可喷施下列药剂：8 000 IU/mg苏云金杆菌可湿性粉剂400倍液，80%敌敌畏乳油1 000倍液，50%辛硫磷乳油1 500倍液，20%氰戊菊酯乳油2 500倍液，10%氯氰菊酯乳油2 500倍液，90%晶体敌百虫1 000倍液，50%马拉硫磷乳油1 500倍液，50%杀螟硫磷乳油1 500倍液，25%灭幼脲胶悬剂1 500倍液等。

（二七）雀纹天蛾

雀纹天蛾（*Theretra japonica* Orza），又名日斜天蛾、小天蛾、葡萄斜条天蛾、爬山虎天蛾，属鳞翅目天蛾科。

【分布与寄主】　分布于东北、河北、山东、山西、河南、安徽、台湾以及长江流域等地。幼虫为害葡萄、蛇葡萄、常春藤、白粉藤、虎耳草、爬山虎、绣球花等植物。

【为害状】　低龄幼虫将叶片食成缺刻与孔洞，稍大常将叶片吃光，残留叶柄和粗脉。

雀纹天蛾幼虫

【形态特征】
1. **成虫**　体长27～38 mm，翅展59～80 mm，体绿褐色，体背略呈棕褐色。头、胸部两侧及背部中央有灰白色茸毛，背线两侧有橙黄色纵线，腹部两侧橙黄色。前翅黄褐色或灰褐色微带绿，后缘中部白色，中室上有1个小黑点，翅顶至后缘有6～7条暗褐色斜线。
2. **卵**　短椭圆形，约1.1 mm，淡绿色。
3. **幼虫**　体长70 mm，有褐色与绿色两种色型。褐色型：全体褐色，背线淡褐色，第2腹节以后不明显，亚背色线浓，后部色较深，于尾角两侧相合，后胸亚背线上有1个黄色小点，第1～2腹节亚背线上各有1个较大的眼状纹，中心为赤褐色圆点，圆点外为黄色，最外边为黑褐色，第1腹节较大，第3腹节亚背线上有1个稍大的黄色斑纹，其外缘略呈紫褐色，第1～7腹节两侧各有1条暗色向后方伸的斜带，尾角细长而弯曲，赤褐色，上面微带黑色，胸足赤褐色。绿色型：全体绿色，背线明显，亚背线白色，其上方浓绿色，其他斑纹同褐色型。
4. **蛹**　长36～38 mm，茶褐色，被细刻点。第1、第2腹节背面和第4腹节以下的节间黑褐色，臀刺较尖，黑褐色，气门黑褐色。

【发生规律】　1年发生1代，以蛹于土中越冬。翌年6～7月羽化，成虫昼伏夜出，黄昏开始活动，喜食花蜜。卵散产于叶背。幼虫孵化后取食叶肉成孔洞，稍大食成缺刻，随幼虫生长而常将叶片吃光，残留叶柄，白天静栖枝或叶柄上，夜晚活动取食。幼虫为害期为7～8月。老熟后潜入表土层化蛹，以5～10 cm深土层内为多。

【防治方法】　参照葡萄天蛾。

（二八）红缘灯蛾

红缘灯蛾（*Amsacta lactinea* Cramer），又名红边灯蛾，属鳞翅目灯蛾科。

【分布与寄主】　国内华北、华东、陕西、华南有分布。该虫食性杂，可为害葡萄、苹果、豆类、玉米等100多种植物。

【为害状】　幼虫取食叶片成缺刻或孔洞，严重时把叶吃光。

【形态特征】
1. 成虫　体、翅白色，前翅前缘及头部红色。
2. 卵　半球形，初产时黄白色。
3. 幼虫　低龄幼虫体黄色，体毛较稀。老熟幼虫密被红褐色或黑色长毛。
4. 蛹　黑褐色，有光泽。

红缘灯蛾幼虫为害葡萄叶片

【发生规律】　在河南1年发生1代，以蛹越冬。翌年5～6月羽化，将卵成块产于叶背。7～8月幼虫为害寄主植物，1～2龄幼虫取食叶片呈孔洞状，3龄后食害叶片呈缺刻状。9月中下旬幼虫入土结茧化蛹越冬。

【防治方法】　夏、秋季防治其他果树害虫时，可兼治此虫。

（二九）葡萄虎蛾

葡萄虎蛾（*Seudyra subflava* Moore），又名葡萄虎斑蛾、葡萄黏虫、葡萄狗子、老虎虫、旋棒虫，属鳞翅目虎蛾科。

葡萄虎蛾成虫

葡萄虎蛾幼虫

【分布与寄主】　分布于黑龙江、辽宁、河北、山东、河南、山西、湖北、江西、贵州、广东等地。寄主是葡萄、常春藤、爬山虎。

【为害状】　幼虫食害寄主叶片成缺刻与孔洞，严重时仅残留叶柄和粗脉。

【形态特征】
1. 成虫　体长18～20 mm，翅展44～47 mm，头胸部紫棕色，腹部杏黄色，背面中央有1纵列棕色毛簇达第7腹节后缘。前翅灰黄色带紫棕色散点，前缘色稍浓，后缘及外线以外暗紫色，其上带有银灰色细纹，外线以内的后缘部分色浓，外缘有灰细线，中部至臀角有4个黑斑，内、外线灰色至灰黄色，肾纹、环纹黑色，围有灰黑色边。后翅杏黄色、外缘有2条紫黑色宽带，臀角处有1个橘黄色斑，中室有1个黑点，外缘有橘黄色细线。下唇须基部、体腹面及前、后翅反面均为橙黄色，前翅肾纹、环纹呈暗紫色点，外缘为淡暗紫色宽带。

2. 幼虫　前端较细后端较粗，第8腹节稍有隆起。头部橘黄色，有黑色毛片形成的黑斑，体黄色散生不规则的褐斑，毛突褐色，前胸盾片和臀板橘黄色，上有黑褐色毛突，臀板上的褐斑连成1个横斑，背线黄色较明显，胸足外侧黑褐色，腹足金黄色，基部外侧具有黑褐色块，趾钩单序中带。气门椭圆形黑色，第8腹节气门比第7腹节约大1倍。

3. 蛹　长16～18 mm，暗红褐色。体背、腹面满布微刺，头部额较突出。

【发生规律】　辽宁省、华北地区每年发生2代，以蛹于土中越冬，多在葡萄根附近或架下尤其腐烂木头下较多。5月下旬开始羽化，卵产于叶上。幼虫6月中下旬开始出现，常群集食叶成孔洞与缺刻，至7月中旬前后陆续老熟入土化蛹，以蛹越冬。幼虫受触动时口吐黄水。老熟时入土作1个土茧于内化蛹。

【防治方法】
1. **人工防治**　结合葡萄埋土与出土挖除越冬蛹；结合整枝捕捉幼虫。
2. **药剂防治**　幼虫期喷洒25%灭幼脲悬浮剂2 000倍液或25%氟虫脲乳油2 000倍液。

（三〇）长脚胡蜂

长脚胡蜂（*Polistes chinensis antennalis* Perez），又名二纹长脚蜂，属膜翅目胡蜂科。

长脚胡蜂为害葡萄果粒

长脚胡蜂成虫为害葡萄状

【分布与寄主】　分布于河北、河南、山西、浙江、湖南等地。为害葡萄、梨、苹果等果实。

【为害状】　成虫啮食果实，被害果呈空壳状。

【形态特征】
1. **成虫**　体长17 mm，细长。头部黑褐色，触角膝状，12节，鞭节黄褐色。胸部黑褐色，各骨片接连部黄色，小盾片和后胸背面各有1个黄色横斑。腹部黑褐色，第1节背面两侧各有1个黄色肾形斑，以下各节后缘有黄色横带，第3腹节黑褐色部两侧各有1个黄色椭圆形斑纹为其明显特征，故有"二纹长脚蜂"之称。翅膜质半透明，淡黄色，前翅前缘色略深，翅脉色浓。足腿节端半部以下褐色，余部黑色。
2. **幼虫**　体长约17 mm，肥胖，略呈长椭圆形。头部淡黄褐色，胴部乳白色至淡黄白色，无足。
3. **蛹**　体长17 mm，裸蛹，初乳白色，后色逐浓，复眼变黑，羽化前体呈暗褐色至黑褐色。

【发生规律】　以成虫越冬。春季开始活动，多于屋檐下、树枝干等处做扁平重叠的巢，从春到秋雌虫陆续产卵于各小室内，幼虫孵化后即于室内生活，成虫猎捕各种软体昆虫和采集果实，成虫便食害果实，被害果常腐烂脱落，对产量与品质影响甚大。胡蜂类前期可捕食许多害虫可视为益虫，后期又为害各种果树的果实可视为害虫。

【防治方法】

1. **摘除蜂巢** 把果园附近 1 km 内蜂巢，在水果成熟前及早摘除掉，是防治胡蜂为害水果的最根本的方法。晚上可用竹竿绑草把烧蜂巢，或用纱布网袋捅蜂巢。在处理蜂巢时要注意人身安全。

2. **诱杀法** 可用烂果汁配成诱杀液。把诱杀液盛放在碗内、广口瓶内，挂在成熟的果树上，1 个诱杀瓶 1 d 可诱杀数十头至百余头胡蜂。此外，喷布毒死蜱有一定驱避作用。

（三一）葡萄红叶螨

葡萄红叶螨（*Tetranychus telanus* Linnaeus），又名棉红蜘蛛、火蜘蛛、火龙，属蛛形纲蜱螨目叶螨料。

葡萄红叶螨在叶背为害　　　　　　　　　　葡萄红叶螨为害叶片失绿斑点

【分布与寄主】 全国各地均有分布，北方较重。为害蔷薇科果树、葡萄、桑、槐、棉花、瓜类、豆类、谷类、茄子、苦苣、夏枯草等百余种植物。

【为害状】 成螨、幼螨、若螨群集叶背、嫩梢吸食汁液。被害叶出现黄白色失绿斑点。

【形态特征】

1. **成螨** 体色多变，有浓绿、褐绿、黑褐、橙红等色，一般常带红色或锈红色。体背两侧各有 1 块红色长斑，有时斑中部色淡，分成前后 2 块。体背有刚毛 22 根，排成 6 横排，由前向后各排数目为 2、4、6、4、4、2 根，足 4 对。雌螨体长 0.42 ~ 0.59 mm，椭圆形，多为深红色，也有黄棕色的，越冬者橙黄色，较夏型肥大。

2. **雄螨** 体长 0.26 mm，近卵圆形，前端近圆形，腹末较尖，多呈鲜红色。

3. **卵** 球形，0.13 mm，光滑，初无色透明，渐变橙红色，将孵化时现出红色眼点。

4. **幼螨** 初孵时近圆形，0.15 mm，无色透明，取食后变暗绿色，眼红色，足 3 对。前期若螨 0.21 mm，近圆形，足 4 对，色变深，体背出现色斑。后期若螨 0.36 mm，黄褐色，与成螨相似。雄性无后期若螨阶段，前期若螨蜕皮后即为雄成螨。

【发生规律】 南方 1 年发生 20 代以上，北方发生 12 ~ 15 代。北方以雌成螨在土缝、枯枝、落叶下，或夏枯草等宿根性杂草的根际以及树皮缝等处吐丝结网潜伏越冬。2 月平均温度达 5 ~ 6 ℃时，越冬雌虫开始活动，3 月平均温度达 6 ~ 7 ℃时开始产卵繁殖。卵期 10 d 以上。成螨开始产卵至第 1 代幼虫孵化盛期需 20 ~ 30 d。以后世代重叠。随气温升高完成一代时间变短，在 23 ℃时完成 1 代 13 d，26 ℃时 8 ~ 9 d，30 ℃以上时 6 ~ 7 d。越冬雌螨出蛰后多集中在早春寄主（主要是宿根性杂草）上为害繁殖，待果树林木发芽、农作物出苗后便转移为害。6 月中旬至 7 月中旬为猖獗为害期。进入雨季虫口密度迅速下降，为害基本结束，如后期仍干旱可再度猖獗为害，至 9 月气温下降陆续向杂草上转移，10 月陆续越冬。行两性生殖，不交尾也可产卵，未受精的卵孵化均为雄虫。每头雌螨可产卵 50 ~ 110 粒。喜群集叶背主脉附近并吐丝结网于网下为害，大发生或食料不足时常千余头群集叶端成一团。有吐丝下垂借风力扩散传播的习性。高温、低湿适于发生。

【防治方法】　秋后清除枯枝落叶深埋，秋深耕、冬灌均可防治大量越冬雌螨；果园内不种红蜘蛛寄主植物并铲除杂草，可减少发生。也可参照葡萄短须螨进行药剂防治。

（三二）葡萄瘿螨

葡萄瘿螨〔*Colomerus vitis*（Pagenstecher）〕，又名葡萄潜叶壁虱、葡萄锈壁虱，属甲螨目瘿螨科。

葡萄瘿螨为害叶片皱缩，表面凹凸不平　　葡萄瘿螨为害叶片，叶面有隆起　　葡萄瘿螨为害叶片，叶背产生褐色茸毛

【分布与寄主】　主要分布在辽宁、河北、河南、山东、山西、陕西等省。专性寄生葡萄。

【为害状】　被害植株叶片萎缩，发生严重时也能为害嫩梢、嫩果、卷须、花梗等，使枝蔓生长衰弱，产量降低。被害叶片最初于叶的背面发生苍白色病斑，以后逐渐向表面隆起，叶背发生茸毛，茸毛为灰白色，逐渐变为茶褐色，最后呈黑褐色。受害严重时，病叶皱缩、变硬，表面凹凸不平。有趋嫩性，主要刺吸嫩叶，叶片老化后转移到临近嫩叶上，继续取食为害。葡萄瘿螨唾液中可能含有某些激素，当刺吸叶片时，其唾液中的激素类物质便进入叶肉组织，促使受害组织周围细胞增生，或抑制受害组织生长发育，形成毛毡或丛枝。

【形态特征】　成虫圆锥状，白色。具多数环节，体长 0.1 ～ 0.3 mm。近头部生有 2 对足，腹部细长，尾部两侧各生有 1 根细长的刚毛。雄虫略小。卵椭圆形，淡黄色，长约 30 μm。

【发生规律】　葡萄瘿螨以成虫在芽鳞或被害叶内越冬。翌年春天随着芽的开放，瘿螨由芽内爬出，随即钻入叶背茸毛底下吸收汁液，刺激叶片茸毛增多，并不断繁殖扩大为害。被害叶片，起初于叶背发生苍白色斑点，但幼嫩叶片，被害部呈茶褐色，不久被害部向叶面鼓出，叶背生灰白色茸毛。以 6 ～ 7 月为害最烈。

【防治方法】

1. **清除果园**　秋后彻底清扫果园，收集被害叶深埋。在葡萄生长初期，发现有被害叶时，也应立即摘掉深埋，以免继续蔓延。

2. **药剂防治**　早春葡萄芽膨大吐绿时，喷 3° ～ 5° Bé 石硫合剂，防治潜伏芽内的瘿螨，这次喷药是防治的关键时期。若历年发生严重，发芽后可喷 0.3° ～ 0.5° Bé 石硫合剂，或 5% 唑螨酯悬浮剂 2 000 倍液。

葡萄生长季节，发现有瘿螨为害时，可喷施下列药剂：50% 溴螨酯乳油 2 500 倍液；50% 四螨嗪悬浮剂 2 000 倍液；5% 唑螨酯悬浮剂 2 500 倍液；1.8% 阿维菌素乳油 3 000 倍液；0.3% 印楝素乳油 1 500 倍液。全株喷洒，使叶片正反面均匀着药。

在发生严重的园区，可喷施下列药剂：15% 哒螨灵乳油 1 500 倍液；5% 噻螨酮乳油 1 500 倍液；50% 溴螨酯乳油 1 500 倍液；15% 氟螨乳油 1 000 ～ 1 500 倍液；20% 吡螨胺可湿性粉剂 2 000 倍液等。

3. **加强检疫**　苗木、插条能传染瘿螨。因此，疫区插条、苗木等向外地调运时，应注意检查，防止把瘿螨传到新区去。无瘿螨地区从外地，特别是从有瘿螨地区引入苗木时，在定植前，最好用温汤消毒。具体方法是把插条或苗木先放入 30 ～ 40 ℃热水中，浸 5 ～ 7 min，然后移入 50 ℃热水中，再浸 5 ～ 7 min，可防治潜伏的瘿螨。

（三三）葡萄根瘤蚜

葡萄根瘤蚜〔*Daktulosphaira vitifoliae*（Fitch）〕，属于同翅目根瘤蚜科，是世界上第一个被列入检疫对象的有害生物。

葡萄根瘤蚜为害叶片形成虫瘿（1）

葡萄根瘤蚜为害叶片形成虫瘿（2）

葡萄根瘤蚜为害根部形成虫瘿

葡萄根瘤蚜卵

【分布与寄主】　葡萄根瘤蚜原产北美洲东部，1892 年由法国首先传入我国山东省烟台市。在我国历史上，辽宁盖州市、陕西武功有发生。自 2005 年 6 月上海嘉定马陆镇发现葡萄根瘤蚜以来，陆续在湖南怀化、陕西西安、辽宁兴城等地发现了葡萄根瘤蚜，在我国存在暴发的风险。葡萄根瘤蚜为严格的单食性害虫，它只为害 *Vitis* 属葡萄。为害美洲系葡萄品种时，既能为害叶部，又能为害根部。

【为害状】　叶部受害后，在葡萄叶背形成许多粒状虫瘿，称为"叶瘿型"。根部受害，以新生须根为主，也可为害近地表的主根。为害症状，须根端部膨大成比小米粒稍大的略呈菱形的瘤状结，在主根上则形成较大的瘤状突起，称"根瘤型"。一般受害树势显著衰弱，提前黄叶、落叶，产量大幅度降低，严重时整株枯死。

【形态特征】　葡萄根瘤蚜有根瘤型、叶瘿型、有翅型及有性型等，体均小而软，触角 3 节，腹管退化。

1. **根瘤型**　成虫体长 1.2 ～ 1.5 mm，卵圆形，鳞毛黄色或黄褐色，头部颜色稍深，足和触角黑褐色，体背面各节有许多黑色瘤状突起，各突起上生 1 ～ 2 根刺毛。卵长 0.3 mm，宽 0.16 mm，长椭圆形，初为淡黄色，后渐变为暗黄色。幼虫初为淡黄色，触角及足呈半透明，以后体色略深，复眼由 3 个单眼组成，红色，足变黄色。

2. **叶瘿型**　成虫近圆形，黄色，体背有微细的凹凸皱，无黑色瘤状突起，全体生有短刺毛，腹部末端有长刺毛数根。卵长椭圆形，淡黄色，较根瘤型卵色浅而明亮，卵壳较薄。幼虫初孵出时与根瘤型幼虫极相似，仅体色较浅。

3. **有翅型**　成虫长椭圆形，前宽后狭，长约 0.9 mm。初羽化时淡黄色，继而为橙黄色。中、后胸红褐色，触角及足黑褐色，翅灰白色透明，上有半圆形小点，前翅前缘有翅痣，后翅前缘有钩状翅针，静止时翅平叠于体背。初龄若虫同根瘤型，2 龄若虫体较狭长，体背黑色瘤状突起明显，触角较粗。3 龄若虫体侧有黑褐色翅芽，身体中部稍凹入。而腹部膨大，若虫成熟时，胸部呈淡黄色半透明状。

4. **有性型**　由有翅型产下的卵孵化而成：小卵孵化成雄蚜，大卵孵化成雌蚜。身体长圆形，黄褐色，无翅，较小，雌雄蚜交尾后产 1 个越冬卵。越冬卵深绿色，长 0.27 mm，宽 0.11 mm。其他和有翅型相似。

【发生规律】 根瘤蚜主要行孤雌生殖，繁殖速度快，代数多，美洲葡萄种上具有完整的发育循环叶瘿型和根瘤型。欧洲种只有根瘤型，极少发生叶瘿型。叶瘿型以越冬卵和若虫在枝和根部越冬，根瘤型则以若虫越冬。

我国山东烟台地区根瘤蚜属于根瘤型。1 年发生 7～8 代，以初龄若虫在表土和粗根缝处越冬。翌年 4 月开始活动，5 月上旬产生第 1 代卵，5 月中旬至 6 月底和 9 月两个时期发生最重，蚜虫数最多，7～8 月雨季时期被害根系开始腐烂，蚜虫向表土上移，在须根中为害，形成大量菱形根瘤。有翅若虫于 7 月上旬始见，9 月下旬至 10 月为为害盛期，延至 11 月上旬，有翅蚜虫极少钻出地面。西安和上海两地田间的葡萄根瘤蚜为根瘤型，以孤雌生殖为主，在 8～10 月出现有性世代更替，田间调查发现少量根瘤蚜有翅型若虫，但未发现有翅型成虫；虫口总量分别在 7 月和 10 月出现两次高峰。从 11 月开始，成虫大量死亡，卵的数量随之减少，种群数量开始下降，逐渐进入越冬休眠状态，1 龄幼虫是其越冬的主要形态。春季当地温上升到 13.0℃左右时，葡萄根瘤蚜结束休眠，幼虫开始取食，经过几次蜕皮逐渐转变为成虫，进行孤雌生殖产卵。

有翅型蚜虫在美洲野生葡萄上产大小不同的未受精卵。大卵孵化为雌蚜，小卵孵化为雄蚜。雌、雄交尾后产卵越冬。翌年春孵出若虫在葡萄叶片上为害，形成虫瘿。虫瘿成熟后又产卵孵出若虫形成新的虫瘿，并 1 年繁殖 7～9 代，叶瘿型蚜虫自第 2 代起便开始转入土中，为害根系，形成根瘤蚜虫。

此虫有 5 种传播方式：

（1）通过苗木、种条，远距离传播（随带根的葡萄苗木调运传播。在完整生活史的地区，枝条往往附着越冬卵，随种条调运传播）。

（2）此虫通过爬出地面，再通过缝隙传染给临近植株。

（3）有翅型蚜和叶瘿型，随风传播。

（4）随水流传播。

（5）带根瘤蚜的物体（如土壤等），通过运输工具、包装传播。

【防治方法】

1. 加强检疫

（1）严格执行检疫条例：首先应加强疫情调查，明确目前葡萄根瘤蚜的分布为害区，在此基础上划定疫区和保护区。严禁从疫区调运苗木、插条、砧木等。

检验方法分为两类：苗木产地检验、苗木（种条）的检验。

①苗木产地检验：包括地上部检验和根系检验。地上部的检验，应包括春季检查叶片上是否有虫瘿、根系检查。

根系检查：可在收获前 1 个月至整个收获季节（一般 6 月中旬至 9 月，是最好的取样时间）取样。以出现衰弱信号的植株（单个或一片）为主，结合其他取样方法（例如五点取样）取样，以植株周围半径为 1 m 以内，深度为 10～35 cm 的根系与根系周围的土壤；样品中以须根为主，应包括直径为 2 cm 左右的粗根和 500～1 000 g 的土壤。

检查根系是否有受害的典型症状：须根有无菱形（或鸟头状）根瘤、根部根瘤等；用放大镜或解剖镜检查根部，是否有各虫态的蚜虫；土壤用水泡，检测水中漂浮物是否有蚜虫。发现可疑物需要进一步检验时，可以制成玻片。

②苗木（种条）的检验：苗木或种条按一定比例抽样；检查时，要注意苗木上的叶片是否有虫瘿、枝条上是否有虫卵、根部（尤其须根）有无根瘤，根部的皮缝和其他缝隙有无虫卵、若虫等。

（2）建立无虫苗圃：选择不适宜于葡萄根瘤蚜的沙荒地开发建立成葡萄苗圃或果园，生产出较多的无葡萄根瘤蚜苗木，供发展葡萄园使用。

2. 改良土壤或沙地栽培 根瘤型葡萄根瘤蚜，适宜于山地黏土、壤土或含有大块石砾的黄黏土，这一类型土壤发生多，为害重。而沙土地则发生少或根本不发生。

3. 土壤处理 发现有根瘤蚜虫的葡萄园，用 50% 辛硫磷乳油 500 g，均匀拌入 50 kg 细土，每亩用药量约 250 g，于 15:00～16:00 时施药，施药后随即深锄入土内。进行毒土处理；已发生根瘤蚜的葡萄园，在 5 月中上旬，可用 50% 抗蚜威可湿性粉剂 3 000 倍液灌根，每株灌药液 500 mL；或利用大水灌溉，阻止根瘤蚜的繁殖。

4. 选用抗蚜品种 采用抗性砧木嫁接栽培，是控制根瘤蚜为害最有效的方法。

（三四）葡萄鸟害

随着近些年我国鸟的种类、数量明显增加，一些杂食性鸟类啄食葡萄果实，其为害在一些地方已成为影响葡萄生产的一大问题。

葡萄园架设防鸟网

葡萄鸟害（1）

葡萄鸟害之一——灰喜鹊

葡萄鸟害之一——花喜鹊

葡萄鸟害（2）

葡萄鸟害之一——灰椋鸟

【主要鸟害的种类及为害特点】

1. **灰椋鸟**　额、眼先、颊、耳区等均白色，杂有黑色条纹，白色向后呈星散稀疏的条纹伸入头顶和喉。头、颈黑色，略有绿色光泽。喉和上胸灰黑色，有不明显的轴纹，所有这些羽毛均呈矛状，翼之复羽为灰褐色，尾上复羽有一白色横带柄具绿色光泽。下胸及腋部暗灰色，腹灰白色，尾下复羽及尾蓝色。雌鸟的喉和上胸褐色而不黑，两肋灰褐色稍浅。眼围有白圈。嘴橙红色，尖端黑色。脚和趾橙黄色。常结群活动，食物以树种子、虫子和葡萄、桑葚、枣等各类果实为主。尤其喜食葡萄。

2. 花喜鹊 头颈、背、胸黑色；肩羽、腹为白色；尾甚长，蓝绿色；尾下腹羽黑色。飞行时，初级飞羽内瓣及背两侧白色非常醒目。分布在平地、山丘的高树或农地。常单独或小群于田野空旷处活动，性凶猛粗暴，有收藏小物品的习性，警觉性高。振翅幅度大，成波浪状飞行。三三两两在大树顶端之间来去。筑巢于大树中上层，以各种树枝为巢材，巢大而醒目。杂食性，主要为害是啄食葡萄粒。

3. 灰喜鹊 头和后颈亮黑色，背上灰色；翅膀和长长的尾巴呈天蓝色，下体灰白色。尾羽较长，几乎与身体的其他部分等长，并具有白色羽端；颌部与环绕头部的围脖为白色，喉部、胸部、腹部为污白色，且沿头向尾的方向颜色平缓地略现加深的趋势。杂食性鸟类，主要啄食葡萄粒，早晨和黄昏活动。

4. 大山雀 头顶、枕部以至后颈上部呈金属发蓝的光辉黑色。眼下、颊、耳羽直至颈侧白色，呈三角形斑，上背黄绿色，下背至尾上复羽灰蓝色。飞羽黑褐色，喉和前胸黑色，略具金属反光。腹部白色，中央贯以黑色纵带，由前胸向后，与黑色的尾下复羽相接。喙、脚为黑色。食物以昆虫、植物性物质为主。

5. 麻雀 体长为 14 cm 左右，雌雄形、色非常接近。喙黑色，呈圆锥状；跗跖为浅褐色；头、颈处栗色较深，背部栗色较浅，饰以黑色条纹。脸颊部左右各一块黑色大斑，这是麻雀最易辨认的特征之一，肩羽有两条白色的带状纹。尾呈小叉状，浅褐色。幼鸟喉部为灰色，随着鸟龄的增大此处颜色会越来越深，直到呈黑色。杂食性。

6. 乌鸦 包括红嘴乌鸦、寒鸦、大嘴乌鸦。主要为害是啄食葡萄粒。

（1）红嘴乌鸦：通体黑亮，翼和尾闪着绿色光泽。嘴鲜红色、细长而微弯曲。脚趾均红色，爪黑褐色。杂食性。

（2）寒鸦：后颈、颈侧及下胸以下的均为白色或灰白色，其余体羽纯黑色并具紫色金属光泽。耳羽及后头有白色细纵纹。幼鸟体羽全为黑色。杂食性。

（3）大嘴乌鸦：嘴形粗大，通体黑色，体羽有绿色金属光泽，翼及尾有紫色金属光泽。喉和上胸的羽毛呈锥针形，后颈羽枝散离如丝。杂食性。

【鸟害发生规律】

1. 栽培方式与鸟类为害的关系 采用篱架栽培的鸟害明显重于棚架，而在棚架上，外露的果穗受害程度又较内膛果穗重。套袋栽培葡萄园的鸟害程度明显减轻，质量好的果袋受害轻。

2. 季节与鸟类为害的关系 一年中，鸟类在葡萄园中活动最多的季节是果实上色到成熟期。

【防治方法】

1. 果穗套袋 果穗套袋是最简便的防鸟害方法，同时也防病虫、农药、尘埃等对果穗的影响。但灰喜鹊、乌鸦等体形较大的鸟类，常能啄破纸袋啄食葡萄，因此一定要用质量好的防鸟袋。在鸟类较多的地区也可用尼龙丝网袋进行套袋，不仅可以防止鸟害，而且不影响果实上色。

葡萄二次套袋，葡萄果实成型后，套上专用纸袋，待葡萄成熟前取下纸袋，让葡萄充分沐浴光照，使其着色、增甜。为防止摘纸袋后引来的喜鹊、乌鸦等鸟啄食葡萄，可选择透明的塑料袋防鸟，不影响葡萄着光、防葡萄裂口、预防外界污染。

2. 架设防鸟网 方法是先在葡萄架面上 0.75 ~ 1.0 m 处增设由 8 ~ 10 号铁丝纵横成网的支持网架，网架上铺设用尼龙丝制作的专用防鸟网，网架的周边垂下地面并用土压实，以防鸟类从旁边飞入。尽量采用白色尼龙网，不宜用黑色或绿色尼龙网。在冰雹易发的地区，可将防雹网与防鸟网结合设置。

3. 增设隔离网 大棚、日光温室进出口及通风口、换气孔应设置适当规格的铁丝网或尼龙网，以防止鸟类进入。

4. 改进栽培方式 在鸟害常发区，适当多留叶片，遮盖果穗，并注意果园周围卫生状况，也能明显减轻鸟害发生。

5. 人工驱鸟 鸟类在清晨、中午、黄昏 3 个时段为害果实较严重，果农可在此前到达果园，及时把来鸟驱赶到园外。15 min 后应再检查、驱赶 1 次，每个时段一般需驱赶 3 ~ 5 次。

（1）音响驱鸟：将鞭炮声、鹰叫声、敲打声、鸟的惊叫声等用录音机录下来，在果园内不定时地大音量放音，以随时驱赶园中的散鸟。声音设施应放置在果园的周边和鸟类入口处，以利用风向和回声增大声音防治设施的作用。

（2）置物驱鸟：在园中放置假人、假鹰或在果园上空悬浮画有鹰、猫等图形的气球，可短期内防止害鸟入侵。置物驱鸟最好和声音驱鸟结合起来，以使鸟类产生恐惧，起到更好的防治效果。同时使用这两种方法应及早进行，一般在鸟类开始啄食果实前开始防治，以使一些鸟类迁移到其他地方筑巢觅食。

（3）反光膜驱鸟：地面铺反光膜，反射的光线可使害鸟短期内不敢靠近果树，也利于果实着色。

（4）喷水驱鸟：在有喷灌条件的果园，进行喷水驱鸟。

现在市场上有一种鹰模型的驱鸟器，像鹰一样翅膀展开，定时叫声，比较有效果。

第九部分　猕猴桃病虫害

一、猕猴桃病害

（一）猕猴桃黑斑病

猕猴桃黑斑病是人工栽培中华猕猴桃的一种主要病害，为害叶片、枝蔓和果实，严重影响猕猴桃的生长、结果和果实品质。该病在湖南、湖北、江西等省地为害也较严重。

猕猴桃黑斑病叶片病斑 　　　　猕猴桃黑斑病病果　　猕猴桃黑斑病病枝溃疡状

【症状】

1. 叶片　初期叶片背面形成灰色茸毛状小霉斑，以后病斑扩大，呈灰色、暗灰色或黑色绒霉状，严重者叶背密生数十个至上百个小病斑，后期小病斑融合成大病斑，整叶枯萎、脱落。在病部对应的叶面上出现黄色褪绿斑，以后逐渐变黄褐色或褐色坏死斑，病斑多呈圆形或不规则形，病健交界不明显，病叶易脱落。

2. 枝蔓　初期在枝蔓表皮出现纺锤形或椭圆形，黄褐色或红褐色水渍状病斑，稍凹陷，后扩大并纵向开裂肿大形成愈伤组织，出现典型的溃疡状病斑，病部表皮或坏死组织上产生黑色小粒点（病原菌有性阶段子实体）或灰色绒霉层。

3. 果实　6月上旬果实出现病斑，初期为灰色茸毛状小霉斑，以后扩大成灰色至暗灰色大绒霉斑，随后绒霉层开始脱落，形成 0.2～1 cm 明显凹陷的近圆形病斑。刮去病部表皮可见病部果肉呈褐色至紫褐色坏死状，病斑下面的果肉组织形成锥状硬块。果实后熟期间病健部果肉最早变软发酸，不堪食用，以后整个果实腐烂。从果面出现灰色茸毛状小霉斑到形成霉层时脱落，产生明显凹陷的大病斑需 25～40 d。

【病原】　病原菌为 *Leptosphaeria* sp.，属子囊菌小座壳菌目多胞菌科小球腔菌属。假囊壳球形或近球形，具短喙和孔口，黑色，初埋生，后突出。子囊近圆柱形，双层壁，无色，大小为（72～85）μm×（6～8）μm，平行排列于子囊果基部，具分隔假侧丝。子囊孢子长梭形，无色，具 3 个横隔膜，少数 1～2 个横隔膜，分隔处缢缩，大小为（17～27）μm×（3～4）μm。其无性阶段为 *Pseudocercospora actinidiae* Deighton。此菌主要以无性阶段出现，具内生和表生菌丝。菌丝发达，浅褐色至黑褐色，分隔，分枝，具有齿突。分生孢子梗自表生菌丝分化形成或簇生于暗褐色子座上，直或弯曲，分枝或不分枝，具齿状突起或曲梗状折点，大小为（3～6）μm×（18～121）μm。分生孢子浅褐色，倒棍棒状或长圆柱形，多胞，具 0～11 个横隔膜，直或稍弯曲，至端部渐细，末端钝圆，基部平截，大小为（5～9）μm×（37～92）μm。

【发病规律】　病菌主要以菌丝体和有性子实体在枝蔓病部和病株残体上越冬，通过气流传播，可通过带病苗木远距离传播。在枝蔓病部所形成的子囊孢子和分生孢子是翌年主要初侵染源，每一枝蔓病部就是翌年病害发生的一个发病中心，再行侵染。在福建，此病4～11月均有发生，以6月中上旬至7月中下旬为发病高峰期。荫蔽潮湿、缺少修剪、通风透光条件差的果园发病严重。

【防治方法】

1. **严格检疫**　实行苗木检验，防止病害传播。
2. **搞好冬季清园**　清除病株残体和剪除发病枝蔓，集中处理，并用5° Bé 石硫合剂于冬季前后进行封园处理2次。
3. **农业防治**　4～5月初发病期，剪除发病中心枝梢和叶片，防止传染蔓延。
4. **药剂防治**　于5月上旬开始，每隔10～15 d防治1次，连续4～5次，用70%甲基硫菌灵可湿性粉剂1 000倍液，或50%胶体硫400倍液，进行喷雾保护。

（二）猕猴桃疮痂病

疮痂病又称果实斑点病，是猕猴桃的主要病害之一。

【症状】　为害果实，多在果肩或朝上果面上发生，病斑近圆形，红褐色硬痂，表面粗糙，随着果实的长大而开裂，似疮痂状，故名疮痂病。病斑较小，突起呈疱疹状，果实上许多病斑连成一片，表面粗糙。病斑仅为害表皮组织，不深入果肉，因此，危害性较小，但可降低商品价值。多在果实生长后期发生。

【病原】　病原为 *Septoria* sp.，是壳针孢菌的一种。分生孢子器在病部表皮下分散形成，球形或扁形，褐色，具乳突状孔口，大小为（20～50）μm×（60～100）μm，分生孢子线形，多胞，4～10个横隔膜，无色，大小为（32～40）μm×（3～4）μm。

猕猴桃疮痂病病果

【发病规律】　以菌丝体和分生孢子器随病残体遗落土中越冬或越夏，并以分生孢子进行初侵染和再侵染，借雨水溅射传播蔓延。通常温暖高湿的天气有利于发病。

【防治方法】

1. **农业防治**　及时收集病残物深埋。
2. **药剂防治**　结合防治其他叶斑病喷洒75%百菌清可湿性粉剂1 000倍液＋70%甲基硫菌灵可湿性粉剂1 000倍液，或75%百菌清可湿性粉剂1 000倍液＋70%代森锰锌可湿性粉剂1 000倍液，隔10 d左右喷1次，连续2～3次。

（三）猕猴桃灰纹病

【症状】　为害叶片，病斑多从叶片中部或叶缘开始发生，圆形或近圆形，病健交界不明显，灰褐色，具轮纹，上生灰色霉状物，病斑较大，常为1～3 cm，春季发生较普遍。一般初期病斑呈水渍状褪绿褐斑，随着病情的发展，病斑逐渐沿叶缘迅速纵深扩大，侵染局部或大部叶面。叶面的病斑受叶脉限制，呈不规则状。病斑穿透叶片，叶背病斑呈黑褐色，叶面暗褐色至灰褐色，发生较严重的叶片上会产生轮纹状灰斑。发生后期，在叶面病部散生许多小黑点，即病原分生孢子器。轮纹状病斑上的分生孢子器呈环纹排列。造成叶片干枯、早落，影响正常产量。

【病原】　病原为尖孢枝孢 *Cladosporium oxysporum* Berk & Curt.，菌丝表生或表皮细胞间生长，淡黄褐色，粗壮，分生孢子梗黄褐色，大小为（15～20）μm×（525～905）

猕猴桃灰纹病病叶

μm,分隔,顶端着生孢子,孢子孔明显,有些中部局部膨大,分生孢子淡色至黄褐色,椭圆形,单胞或双胞,大小为(3.8～13.0)μm×（5～17.5）μm。

【发病规律】 病菌以菌丝在病残组织内越冬。翌年3～4月产生分生孢子,依靠风雨传播,飞溅于叶面,分生孢子在露滴中萌发,从气孔侵入为害,进而又产生分生孢子进行再侵染,直至越冬。

【防治方法】 及时清除病叶,减少初侵染源,生长期喷洒80%代森锰锌可湿性粉剂800倍液。

（四）猕猴桃立枯病

猕猴桃立枯病为害叶片腐烂产生白色菌核

猕猴桃立枯病发病状

【症状】 为害苗木茎基部及叶片,叶片上多从叶缘开始发病,病斑呈半圆形或不规则形,水渍状,淡褐色,严重时整叶腐烂或干枯,病部产生大量白色菌丝,并形成近圆形白色菌核,后期变褐色或黑褐色。

【病原】 病原为立枯丝核菌（*Rhizoctonia solani* Kohn.）,菌丝呈近直角分枝,分隔处缢缩,直径12～14μm。

【发病规律】 立枯丝核菌以菌核在病残组织或6cm以内的表土层越冬。相对湿度越大、通风透光不良的苗圃发病越重,小苗幼嫩期,往往浇一次大水,死一批苗。另外,多年连作,土壤黏重板结,施用未腐熟肥料,密度大,高温高湿多雨季节等,都有利于病害发生发展。

【防治方法】
1.**坚持预防为主** 防重于治,在育苗过程中,要注意从选地、整地、施肥、土壤消毒、选种、种子处理、播种技术等方面,创造适于苗木生长,不利于病原物繁殖的条件,增强幼苗的抗病力。
2.**加强苗圃管理** 要选择排水方便、疏松肥沃的壤土,忌用沙地、地下水位高排水不良的黏重土壤。注意提高地温,低洼积水地及时排水,防止高温高湿情况出现。在避免幼苗遭受晚霜为害的前提下,尽量提前播种。
3.**育苗** 育苗时用种子重量0.1%～0.2%的40%拌种双可湿性粉剂拌种。
4.**药物防治** 发病初期喷淋20%甲基立枯磷乳油1 200倍液或36%甲基硫菌灵悬浮剂500倍液,5%井冈霉素水剂1 500倍液,15%恶霉灵水剂450倍液。

（五）猕猴桃褐斑病

褐斑病是猕猴桃生长期最严重的叶部病害之一，全国人工栽培区几乎都有发生。由于此病的严重为害，导致叶片大量枯死或提早脱落，影响了果实产量和品质。

猕猴桃褐斑病初期病斑　　　　　　　　　　　　　猕猴桃褐斑病叶片

【症状】　发病部位多从叶缘开始，初期在叶边缘出现水渍状污绿色小斑，后病斑沿叶缘或向内扩展，形成不规则大褐色斑。在多雨高湿条件下，病情发展迅速，病部由褐变黑，引起霉烂。在正常气候条件下，病斑外沿深褐色，中部浅褐色至褐色，其上散生或密生出许多黑色点粒，即病原分生孢子器。高温下被害叶片向叶面卷曲或破裂，乃至干枯脱落。叶面也会产生病斑，但一般较小，3～15 mm。叶背病斑黄棕褐色。

【病原】　无性世代为一种叶点霉菌（*Phyllosticta* sp.），属球壳孢目球壳孢科叶点霉属。分生孢子器球形或柚子形，棕褐色，大小为（87～110）μm ×（70～104）μm，顶端有孔口，初埋生，后突破寄主表皮而露出。分生孢子无色，椭圆形，单胞，大小为（3.5～4.0）μm ×（2～2.5）μm。

有性世代为小球腔菌（*Leptosphaeria* sp.），属座囊菌目座囊菌科小球壳菌属。子囊壳球形，褐色，顶端具孔口，大小为（135～170）μm ×（125～130）μm。子囊倒葫芦形，端部粗大并渐向基部缩小，大小为（32～38）μm ×（6.5～7.5）μm。子囊孢子长椭圆形，双胞，分隔处稍缢缩，在子囊中双列着生，呈浅绿色，大小为（9.5～12.5）μm ×（2.5～3.5）μm。

【发病规律】　病菌可以同时以分生孢子器、菌丝体和子囊壳在寄主病残落叶上越冬，翌年春季猕猴桃树萌发新叶后，产生分生孢子和子囊孢子，随风雨飞溅到嫩叶上萌发菌丝进行初侵染，继行重复侵染。在贵州，5～6月正处雨季，气温20～24 ℃，传染迅速，病叶率高达35%～57%，7～8月气温高达25～28 ℃，病叶大量枯卷，感病树体成片枯黄，落叶满地。10月下旬至11月底，树体渐落叶完毕，病菌在落叶上越冬。

【防治方法】

1.**彻底清园**　冬季将修剪下的枝条和落叶全部清扫干净，结合施肥埋于肥坑中。此项工作结束后，将果园表土翻埋10 cm，既松了土，又达到清洁病源的目的。最后在埋土上喷5°～6° Bé 石硫合剂。

2.**药剂防治**　发病初期，用80%代森锰锌、50%甲基硫菌灵或多菌灵等可湿性粉剂800倍液树冠喷雾，半月1次，连喷3～4次，以控制病情发展。7～8月，用等量式波尔多液喷雾，以减轻叶片的受害度。

3.**科学建园**　建新猕猴桃园时，除了重视品种丰产性和品质外，还应特别重视其对褐斑病和灰斑病两大病害的抗性。各地气候条件不同，或许上述两病的发生为害不尽一致，在此之前，应引种观察，筛选出适宜本地推广的当家品种。在贵州，"贵长"等品种的抗病性比较强，可供选择参考。

（六）猕猴桃褐腐病

猕猴桃褐腐病是枝蔓上和果实后熟与贮运期常见的一种病害，国内外都见报道。根据湖南农业大学的调查，枝蔓枯死率为20%左右。在贵州，一些年份烂果率高达15%～25%，引起较大的损失。

猕猴桃褐腐病果面病斑

猕猴桃褐腐病病果

【症状】　枝干受害多发生在衰弱纤瘦的枝蔓上。初期病斑为水渍状，呈浅紫褐色，后转为深褐色。病斑在湿度大时迅速绕茎扩展，侵达木质部，导致皮层组织大块坏死，枝蔓也随之萎蔫，干枯死亡。后期在病斑上产生密麻的黑色小点粒，即病原的子座和子囊腔。果实被害主要在收获贮运期，此前果皮外表看不出病症，只有在后熟过程中才表现出症状。初期，受害果上的病斑为浅褐色，周围黄绿色，最外缘较远距离处具一浓绿色晕环。中后期病斑渐凹陷，近圆形至椭圆形，大小为（3.1～3.5）mm×（4.6～6.5）mm，褐色，酒窝状，表面不破裂，在凹陷层下的果肉淡黄色，较干，部分病斑发展成为腐烂斑。腐烂斑也可表现为软腐，果皮松弛，凹斑渐转成平覆，病部经空气干燥而龟裂呈拇指状纹，表皮易与下层果肉分离。两种症状的病部均呈圆锥形深入到果肉内部，最后使果肉组织变成海绵状，并发出酸臭味。

【病原】　病原为葡萄座腔菌［*Botryosphaeria dothidea*（Moug.et Fr.）Ces.et de Not.］，属子囊菌门座囊菌目葡萄座腔菌科葡萄座腔菌属。子座生于皮下，形状不规则，内有1～3个子囊壳。子囊壳扁圆形或梨形，深褐色，具乳头状孔。大小为（168～182）μm×（158～165）μm。子囊棍棒形，无色，大小为（89～110）μm×（10.5～17.5）μm。子囊孢子细长橄榄球形，无色，单胞，大小为（9.5～10.8）μm×（3.3～4.5）μm，多数为3.8μm×10.1μm，在子囊中双纵行排列。有性世代尚待确定。

【发病规律】　病菌以菌丝或子囊壳在猕猴桃树枝蔓病组织中越冬。春季气温升高，雨后子囊腔吸水膨大或破裂，释放出子囊孢子借风雨飞溅传播。病原从花或幼果侵入，在果实内潜伏侵染，直到果实后熟期才表现出症状。枝蔓受害多从伤口或皮孔侵入。温度和湿度是影响猕猴桃褐腐病发生的决定因素，病菌生长适温为24℃，低于10℃不能生长发育。子囊孢子的释放需靠雨水，在降水后1h内开始释放，到降水后2h可达高峰。在贮运期，贮藏温度20～25℃时发病果率可高达70%，15℃时为41%，10℃时为19%。冬季受冻，排水不良，挂果多树势弱、枝蔓细小、肥素供应不足的果园发病较重，枝干死亡多。

【防治方法】

1. **加强肥水管理**　促进植株营养生长，增强其抗病性。

2. **清洁果园**　冬季修剪、清园、施肥等项工作，要循序保质完成，特别要注意清除干净病枝和落地病果，以减少翌年初侵染病原。

3. **药剂防治**　花期至幼果膨大期，可用50%甲基硫菌灵或多菌灵可湿性粉剂、70%代森锰锌或50%代森锌可湿性粉剂800倍液喷雾，共喷2～3次，防效较理想。

（七）猕猴桃灰斑病

灰斑病与褐斑病同属猕猴桃果园两大叶部病害，发生面广，为害重，全国猕猴桃产区几乎都见为害。在贵州的一些果园，远看一片灰白，树上难有几张健叶。由于病原种类不同，某些叶片上还会产生轮纹状病斑，故又称为轮斑病。

猕猴桃灰斑病病斑　　　　　　　　　　　　　　　　猕猴桃灰斑病病叶

【症状】　此病主要为害猕猴桃树叶片，病斑常见类型为灰斑。发病初期，在叶缘或叶面出现水渍状褪绿之污褐斑，继而病斑逐渐扩大，沿叶缘迅速纵深发展，侵染局部或大半部叶面；发生在非叶缘的病斑，受叶脉的限制，明显比叶边沿的病斑小，但比褐斑病的病斑大，直径为 5 ~ 20 mm。病斑透过叶的两面，叶背病斑黑褐色，叶面暗褐色至灰褐色，后期在病部散生或密生出许多小黑点，即病原的分生孢子器。在一些病叶上，黑粒状分生孢子器在病部排列成环状轮纹。

【病原】　病原为两种盘多毛孢菌（Pestolatia spp.），属黑盘孢目黑盘孢科盘多毛孢属。两种病原菌特征为：

1. 烟色盘多毛孢菌［Pestalotia adusta（E11.et Ev.）Stey］　可以侵染枇杷、李、玫瑰等多种植物，由于寄主不同，从病组织上分离到的分生孢子大小有一定的差异。从猕猴桃树上分离的烟色盘多毛孢菌，分生孢子盘散生，黑色，前期埋在叶组织中，后期突破寄主表皮外露，直径为 125 ~ 240 μm。分生孢子由 5 个细胞组成，长梭形，直立，大小为（14 ~ 19）μm×（5.5 ~ 6.5）μm；中间 3 个细胞长度大于宽度，黄褐色，色泽略异，顶细胞无色，端部稍尖，生有角度开张的纤毛 2 ~ 3 根，以 3 根者为多，纤毛长达孢子体的近一半，基细胞短锥至长锥形，尾端生 1 根约 3 μm 长的柄脚毛。由此菌侵染引起的病斑为灰斑，无轮纹，与枇杷上的同种菌进行交错接种都成功。

2. 轮斑盘多毛孢菌（Pestalotia sp.）　分生孢子直径为 172.5 ~ 210.0 μm，密生于叶病部，发育情况与前者相同；分生孢子梭形，大小为（19.6 ~ 23.5）μm×（7.8 ~ 9.2）μm，由 5 个细胞组成，两个端细胞无色，顶细胞具 2 ~ 3 根纤毛，长 8 ~ 11 μm，基细胞尖细，中部 3 个细胞为褐色，其中头 2 个细胞色较深。由此菌侵染引起的病斑多具轮纹，湖南等地发生较普遍。

【发病规律】　病菌在病叶组织中以分生孢子盘、菌丝体和分生孢子越冬，落地病残叶片是主要初侵染源。翌年春季，气温上升，产生分生孢子借风雨传播，在猕猴桃树春梢叶片上萌发，进行初侵染，然后以此产生新的孢子行再侵染。在湖南和贵州等地，5 ~ 6 月为果园传染盛期，8 ~ 9 月高温干旱，是为害盛期。受褐斑病为害的叶片，抗病性减弱，本病原常进行多次侵染，故在果园中的同一叶上，往往出现两种病症。

【防治方法】　与猕猴桃褐斑病兼防。

（八）猕猴桃灰霉病

猕猴桃灰霉病主要发生在猕猴桃花期、幼果期和贮藏期。从发病情况看，1996 年，猕猴桃冷藏库灰霉病大发生，贮藏果最高发病率达 60%，几乎无一冷库幸免，给猕猴桃贮藏户造成巨大损失。经多年在全国猕猴桃基地县至县产区调查，幼果期发病率平均为 11.2%，贮藏期发病率平均为 1.8%，但在严重年份果园发病率和贮藏期发病率可达 50% 以上。

【症状】　幼果（5 月底至 6 月初）发病时，残存的雄蕊和花瓣上密生灰色孢子，初发生时，幼果茸毛变褐，果皮受侵染，严重时可造成落果。带菌的雄蕊、花瓣附着于叶片上，并以此为中心，形成轮纹状病斑，病斑扩大，叶片脱落。如遇雨水，该病发生较重。果实受害后，表面形成灰褐色菌丝和孢子，后形成黑色菌核。贮藏期健康果实易被病果感染。

【病原】　病原灰葡萄孢 （*Botrytis cinerea* Pers.），属半知菌真菌。本菌为弱寄生菌，可在有机物上腐生。发育适温 20～23 ℃，最高 31 ℃，最低 2 ℃。对湿度要求很高，一般气温 20 ℃ 左右，相对湿度持续 90% 以上的多湿状态易发病。

猕猴桃灰霉病

【发生规律】　病菌以菌核和分生孢子在果、叶、花等病残组织中越冬。在翌年初花至末花期，遇降雨或高湿条件，病菌侵染花器引起花腐，带菌的花瓣落在叶片上引起叶斑，残留在幼果梗的带菌花瓣从果梗伤口处侵入果肉，引起果实腐烂。病原菌的生长发育温度为 0～30 ℃，最适温度为 20 ℃ 左右。与果实软腐病相比，在 20 ℃ 以下，灰霉病原菌生长旺盛。因此灰霉病在低温时发生较多，病原菌在空气湿度大的条件下易形成孢子，随风雨传播。

幼果期发病受气象条件和果园环境的影响较大。如西安地区部分果园以木桩作 T 形架，果园周围堆积玉米秸秆，成为病原菌越冬、越夏的主要场所之一。降水量偏多，灰霉病普遍发生且较严重。

【防治方法】

1. 农业防治　实行垄上栽培，注意果园排水，避免密植。保护良好的通风透光，适宜的湿度条件是果园管理最基本要求。秋冬季节注意清除园内及周围各类植物残体、农作物秸秆，尽量避免用木桩作架。防止枝梢徒长，对过旺的枝蔓进行夏剪，增加通风透光，降低园内湿度。树冠密度以阳光投射到地面空隙为筛孔状为佳。

2. 化学防治

（1）采前防治。花前开始喷杀菌剂，如 50% 腐霉利可湿性粉剂 1 500 倍液，80% 代森锰锌可湿性粉剂 1 000 倍液，50% 乙烯菌核利可湿性粉剂 1 000 倍液，50% 异菌脲可湿性粉剂 1 500 倍液等均可。每隔 7 d 喷 1 次，连喷 2～3 次。夏剪后喷保护性杀菌剂或生物制剂。

（2）采后防治。采前一周喷 1 次杀菌剂。采果时应避免和减少果实受伤，避免阴雨天和露水未干时采果。去除病果，防止二次侵染。入库后，适当延长预冷时间。努力降低果实湿度，再进行包装贮藏。

（九）猕猴桃疫霉根腐病

【症状】　主要出现在果树旺长期挂果季节，如遇时雨时晴或雨后连日高温天气，植株会突然萎蔫枯死。发病部位多从根尖开始，然后向上发展，地上植株生长衰弱，萌芽迟，叶片小，渐转为半蔫半活状态，也有始发于根茎和主根的，被害部位呈环状褐色湿腐，病处长出絮状白色霉状物，此时植株在短期内便转成青枯，病情发展极为迅速。

【病原】　病原菌为疫霉菌（*Phytophthora* spp.）。

猕猴桃疫霉根腐病病株

猕猴桃疫霉根腐病病根

【发病规律】　病原菌以卵孢子在病残组织中越冬，翌年春季卵孢子萌发产生游动孢子囊，再释放出游动孢子借土壤和水流传播，经根系伤口侵入，1 年中可进行多次重复侵染。排水不良的果园，盛夏发病严重。

【防治方法】

1. **科学建园**　初建猕猴桃果园时，一定要选利于排灌的、透气性好的土地。建园后一定要挖深沟排水，只有减少土壤积水，病害才不会严重发生。

2. **药剂防治**　幼苗定植时，应同时施少量 50% 敌克松可湿性粉剂，每株 15 g 药量对水 1 kg 浇根，作定根水，每月 1 次，确保根系健康生长。盛果期是病害频发阶段，发现有少数植株受害，及时挖除或掏土晒根，并按每株 10 kg 水量加 50% 敌克松粉剂 50 g 泼浇，如能加入少量九二○等植物生长调节剂，效果更好。贵州省丹寨县果场用此方法后，2 年便基本控制了病害发生。

3. **农业防治**　应多施有机肥，以改造土壤结构。施用化肥应提高磷、钾肥的用量并适当配施锌、硫、硼等微量元素。

（一○）猕猴桃白纹羽病

猕猴桃白纹羽病在我国分布广泛，病菌还为害苹果、梨、桃、李、柿、枣、板栗、葡萄等多种果木，寄主有 26 科超过 40 种植物。果树染病后，树势逐渐衰弱，以致枯死。该病早期发现容易防治。

猕猴桃白纹羽病病株枯死

猕猴桃白纹羽病病根

【症状】　根系被害，开始时细根霉烂，以后扩展到侧根和主根。病根表面缠绕有白色或灰白色的丝网状物，即根状菌索。后期霉烂根的柔软组织全部消失，外部的栓皮层如鞘状套于木质部外面。有时在病根木质部结生有黑色圆形的菌核。地上部近上面根际出现灰白色或灰褐色的薄绒布状物，此为菌丝膜，有时并形成小黑点，即病菌的子囊壳。这时，植株地上部逐渐衰弱死亡。

【病原】　病原菌为褐座坚壳菌［*Rosellinia necatrix*（Hart.）Berl.］，属子囊菌门核菌纲球壳目。无性时期为褐束生孢（*Dematophora necatrix*），属半知菌类。老熟菌丝分节的一端膨大，以后分离，形成圆形的厚垣孢子。无性时期形成孢梗束及分生孢子，往往在寄主全腐朽后才产生。分生孢子梗基部集结成束状，具有横隔膜，淡褐色，上部分枝，无色。分生孢子卵圆形，单胞，无色，直径为 2 ~ 3 μm。有性时期形成子囊壳，但不常见。子囊壳黑色，球形，着生于菌丝膜上，顶端有乳头状突起，壳内长有很多子囊。子囊无色，圆筒形，大小为（220 ~ 300）μm ×（5 ~ 8）μm，有长柄。子囊内有子囊孢子 8 个，排成一列。子囊孢子单胞，暗褐色，纺锤形，大小为（42 ~ 44）μm ×（4 ~ 6.5）μm。菌核在腐朽的木质部形成，黑色，近圆形，直径 1 mm 左右，最大达 5 mm。

【发病规律】　病菌以菌丝体、根状菌索或菌核随着病根遗留在土壤中越冬。环境条件适宜时，菌核或根状菌索长出营养菌丝，首先侵害果树新根的柔软组织，被害细根软化腐朽以至消失，后逐渐延及粗大的根。此外，病健根相互接触也可传病。远距离传病，则通过带病苗木的转移。由于病菌能侵害多种树木，由旧林地改建的果园、苗圃地后建果园，发病较严重。

【防治方法】　参考苹果树白纹羽病。

（一一）猕猴桃菌核病

　　猕猴桃菌核病，在多雨地区是果园常见病害之一。病原寄主范围极广，国内报道的寄主达 70 多种，包括油菜、莴苣、番茄、茄子、辣椒和马铃薯等作物。

　　【症状】　　主要为害花和果实。雄花受害初呈水渍状，后变软，并成簇衰败而变成褐色团块。雌花被害后花蕾变褐，枯萎不能绽开。在多雨条件下，病部长出白色霉状物。果实受害，初期出现水渍状白化块斑，病斑凹陷，渐转至软腐。病果不耐贮运，易腐烂。大田发病严重的果实，一般情况下均先后脱落，少数果由于果肉腐烂，果皮破裂，腐汁溢出而僵缩。后期，在罹病果皮的表面，产生不规则黑色菌核粒。

猕猴桃菌核病病果

　　【病原】　　病原为核盘菌核菌［*Sclerotinia sclerotiorum*（Lib.）de Bary］，属子囊菌门柔膜菌目核盘菌科核盘菌属。病菌不产生分生孢子，由菌丝集缩成菌核。菌核黑褐色，形状不规则，粗糙，直径为 1～5 mm，抗逆性强，耐低温和干燥，能在土壤中存活数百天。菌核吸水萌发长出高脚酒杯状子囊盘，子囊盘浅赤褐色，盘状，盘径为 0.3～0.5 mm，上密生栅状排列的子囊。子囊棍棒形或筒形，大小为（104～148）μm×（7.9～10.1）μm。子囊孢子 8 个，内生，无色，单胞，椭圆形，单行排列在子囊中，大小为（7.8～11.2）μm×（4.1～7.8）μm。

　　【发病规律】　　病菌以菌核或孢子在病残体上、土表越冬，翌年春季猕猴桃树始花期萌发，产生子囊盘并放射出子囊孢子，借风雨传播，为害花器。土表少数未萌发的菌核，可以在此后的不同时期萌发，侵染果园生长后期的果实，引起果腐。当温度为 20～24 ℃，相对湿度 85%～90% 时，发病迅速。

　　【防治方法】
　　1. **农业防治**　　冬季清园施肥后，翻埋表土至 10～15 cm 深处，能极有效地减少初侵染病原数量。
　　2. **药剂防治**　　用 50% 乙烯菌核利或异菌脲可湿性粉剂 1 500～2 000 倍液喷雾，在落花期和收获前各喷 1 次，防效良好。如花期被害严重，可在蕾期增喷 1 次药。此外，50% 腐霉利可湿性粉剂和 40% 菌核净可湿性粉剂 1 000～1 500 倍液喷雾，效果也很好。

（一二）猕猴桃膏药病

　　猕猴桃膏药病是一种为害枝干的病害，病菌为害影响植株局部组织的生长发育，渐使树势衰弱，严重发生时，受害枝干变得纤细乃至枯死。常见的有白色膏药病和褐色膏药病两种，除为害猕猴桃外，还侵害桃、梨、李、杏、梅、柿、茶、桑等多种经济林木。

　　【症状】　　此病主要发生在老枝干上，湿度大时叶片也受害。被害处如贴着一张膏药，故得名。由于病菌不同，症状各异。

　　1. **枝干上症状**　　先附生一层圆形至不规则形的病菌子实体平滑，初呈白色，扩展后期仍为白色或灰白色。褐色膏药病病菌的子实体较前者隆起而厚，表面呈丝绒状，栗褐色，周缘有狭窄的白色带，常略翘起。两种病菌的子实体衰老时发生龟裂，易剥离。

　　2. **叶上症状**　　常自叶柄或叶基处开始生白色菌毡，渐扩展到叶面大部分。褐色膏药病极少见为害叶片。白色膏药病在叶上的形态色泽与枝干上相同。

猕猴桃膏药病病干

【病原】

1. 白色膏药病病原　为隔担耳属的柑橘白隔担耳菌（*Septobasidium citricolum* Saw.），子实体乳白色，表面光滑。在菌丝柱与子实层间，有一层疏散而带褐色的菌丝层。子实层厚 100 ~ 390 μm，原担子球形、亚球形或洋梨形，大小为（16.5 ~ 23）μm ×（13 ~ 14）μm。上担子 4 个细胞，大小为（50 ~ 65）μm ×（8.2 ~ 9.7）μm。担孢子弯椭圆形，无色，单胞，大小为（17.6 ~ 25）μm ×（4.8 ~ 6.3）μm。

2. 褐色膏药病病原　为力卷担菌属的一种真菌（*Helicobaum* sp.），担子直接从菌丝长出，棒状或弯曲成钩状，由 3 ~ 5 个细胞组成。每个细胞长出 1 条小梗，每小梗着生 1 个担孢子。担孢子无色，单胞，近镰刀形。

【发病规律】　病菌以菌丝体在患病枝干上越冬，翌年春夏温、湿度适宜时，菌丝生长形成子实层，产生担孢子借气流或昆虫传播为害。过分荫蔽潮湿和管理粗放、介壳虫发生多的果园，膏药病发生较重。

【防治方法】

1. **加强管理**　合理修剪密闭枝梢以增加通风透光性。与此同时，清除带病枝梢。
2. **防治介壳虫**　方法参见本书有关介壳虫的化学防治部分。
3. **药剂防治**　根据贵州黔南的经验，5 ~ 6 月和 9 ~ 10 月膏药病盛发期，用煤油作载体以 400 倍液的商品石硫合剂晶体喷雾枝干病部；或在冬季用现熬制的 5° ~ 6° Bé 石硫合剂刷涂病斑，效果好，不久即可使膏药层干裂脱落，此方法对树体无伤害。

（一三）猕猴桃秃斑病

猕猴桃秃斑病是猕猴桃上的一种新病害，目前发病率低，为害较轻，对经济价值影响不大。

【症状】　仅见为害果实，且多发生在 7 月中旬至 8 月中旬大果期，一般发病部位在果实的腰部。发病初期，果毛由褐色渐褪为污褐色，最后呈黑色，病斑在果皮外表不断发展，由褐色渐变为黑褐色至灰褐色，最后连同表皮细胞和果毛一起脱落，形成秃斑。秃斑表面如系外果肉表层细胞愈合形成，比较粗糙，常伴有龟裂缝，如是果皮表层细胞脱落后留下的内果皮，则秃斑面光滑。后期，在秃面上疏生出黑色的粒状小点，即病原分生孢子盘。病果不脱落并不易腐烂。

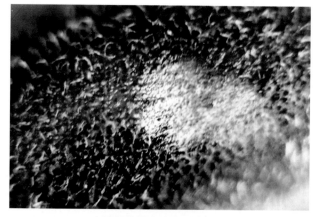

猕猴桃秃斑病病果病斑

【病原】　病原为 *Pestalotiopsis funerea* Desm.，称枯斑拟盘多毛孢菌，属半知菌类真菌。分生孢子盘散生，黑色，初埋生，后突露，大小为 142 ~ 250 μm，分生孢子长橄榄球形，（21 ~ 31）μm ×（6.5 ~ 9.0）μm，由 5 个细胞组成；其中间 3 个细胞污褐色，长 14.5 ~ 19.5 μm；端细胞无色，顶部稍钝，生 3 ~ 5 根纤毛，以 4 根较多，5 根较少，纤毛长 10 ~ 12 μm。在多雨条件下，秃斑上有时会被另一种拟盘多毛孢菌次寄生。次寄生菌的分生孢子盘的数超过前者，其大小为 95 ~ 210 μm，黑色。分生孢子长梭形，大小为（15.5 ~ 18.8）μm ×（5 ~ 6）μm，由 5 个细胞组成；中间 3 个细胞茶褐色，居中细胞最大；端细胞无色，顶生 2 ~ 3 根纤毛，纤毛长 6.2 ~ 7.5 μm，基细胞较端细胞小，锥状，脚毛多脱落不见。

【发病规律】　不详。可能是侵染其他寄主后，随风雨传播分生孢子侵染所致。在猕猴桃树叶上分离了各种病斑，均未镜检到此类分生孢子。

【防治方法】　由于病果率极低，基本不造成经济损失，可免于防治。

（一四）猕猴桃溃疡病

溃疡病是猕猴桃生产中的一种毁灭性细菌性病害。寄主除猕猴桃外，还有扁桃、杏、欧洲甜樱桃、李、樱桃李、无瓣樱、洋李、布拉斯李、桃、榆叶梅等果树。美国、日本都有成灾的报道，我国湖南东山峰农场1986年始见流行，致使2 000多亩人工栽培的基地濒于毁灭。贵州省偶见零星发生。

【症状】 病菌可侵害猕猴桃树的不同部位，引起不同的或部分相似的症状。

猕猴桃溃疡病嫩梢病斑　　　　　　　　　猕猴桃溃疡病病叶

1. **花** 蕾期受害，花大多枯萎不能绽开，少数开放的花也不能正常结果。花期受害与花腐病相似，花瓣变褐坏死，但花萼健壮或形成坏死斑。

2. **叶** 一般情况下4月始见症状，在新叶正面散生污褐色不规则或多角形小斑点，后扩大为2~3 mm的深褐色角斑，病斑四周具2~5 mm宽的黄色晕圈。随叶片的生长老化，晕圈渐变窄和隐现，或愈合形成大的没有晕圈的病斑。叶背病斑后期与叶面一致，但色深暗，渗出白色粥样细菌分泌物，在干燥气候下，渗出物失水呈鳞状。受害叶片易脱落。

3. **枝干** 冬季症状不易发觉，细心观察树干和主枝上常有白色小粒状菌露渗出。冬后渗出物数量增多、黏性增强，颜色转为赤褐色，分泌物渗出处的树皮色为黑褐色。2月下旬至3月上旬，植株伤流至萌芽期，在幼芽、分枝和剪痕处，常出现许多赤锈褐色的小液点，这些部位的皮层组织湿润呈赤褐色。剥开树皮，可见到褐色的坏死导管组织及其邻近的变色区，皮层被侵染后皱缩甚至干枯。病枝上常形成1~2 mm宽的裂缝，周围形成愈伤组织。严重发病时主枝死亡，不发芽或不抽新梢，近根的树干健部抽出大量徒长枝。

4. **藤蔓** 春季，旺长的藤蔓感病后呈深绿色至墨绿色水渍状，上面易出现1~3 mm长的纵裂缝。在潮湿条件下，从裂缝及邻近病斑之皮孔处分泌出大量细菌渗出物，病斑扩大后全部嫩枝枯萎。晚春发病的藤蔓，病斑周围形成愈伤组织，表现为典型的溃疡症状。

【病原】 为细菌性病害，病原是由丁香假单胞杆菌猕猴桃致病变种［*Pseudomonas syringae* pv. *actinidiae* Takikawaetal. 异名 *Pseudomonas syringae* pv. *morsprunorum*（Wormald）Young et al.］引起的，属假单胞菌科假单胞菌属。菌体短杆状，两端钝圆，单生，大小为（1.57~2.06）μm×（0.37~0.45）μm，极生鞭毛，多为1根，无芽孢和荚膜。

【发病规律】 病原主要在枝蔓病组织内越冬，春季从病部溢出，借风雨、昆虫或农事作业工具等传播，猕猴桃溃疡病病菌致病力较弱。因此，其发生必须要有伤口，如冻伤、雹伤、擦伤、剪口伤、裂皮等，溃疡病病菌才能从伤口侵入。也可从植株水孔、气孔和皮孔处侵入。病菌侵入细胞组织后，经一段时间的潜育繁殖，破坏输导或叶肉组织，继而溢出菌脓进行再侵染。致病试验表明，4月和5月有伤和无伤接种实生幼苗，5~6 d出现类似果园内的叶斑症状；有伤接种的茎能产生菌脓和出现1~2 mm的轻度纵裂缝。剥开接种茎的树皮，可见维管束组织变褐色；休眠期接种，植株萌芽后出现症状，产生白色至赤褐色菌脓，并形成与自然侵染相同的溃疡斑；接种猕猴桃果实，不感病，在刺伤处只轻微变褐，不形成扩展的病斑；成熟前的叶片最易感病，嫩叶和老叶感病较轻。

本病病菌是一种低温高湿性侵染菌，春季均温达10~14 ℃，如遇大风雨或连日高温阴雨天气，病害就容易流行。地势高的果园风大，植株枝叶摩擦伤口多，有利于细菌传播与侵入。野生猕猴桃品种抗病强，人工栽培品种抗性差。在整个生育中，以春季伤流期发病最重，此前病害已有扩展，只是后来转重。伤流期中止后病情随之减轻，至谢花期，气温升高，病害停止流行。在陕西关中每年秋季的9~11月的采果前后和叶落前是溃疡病的初侵染期。如果是暖冬，在12月病症就有表现，多数在翌春1月下旬至2月上旬症状表现，为害症状集中和明显表现期是3月的萌芽期，进入4月中旬随着温度回升至20 ℃左右时，为害趋于停止。通过多年的实践观察，该病如果冬季温度过低，翌年春发病就严重。

提早挂果，超量负载，滥施化肥，大水猛灌，易使抗病性减弱。冻伤、雹伤、擦伤、剪口伤、裂皮等伤口及非正常落叶的芽眼，都易被侵染。偏氮的情况下，夏梢及秋梢难以在落叶前木质化，冻害会普遍发生。由于偏施氮肥和高浓度复合肥，使土壤中有机质过量消耗、土壤团粒结构遭到严重破坏，土壤盐渍化、土壤板结，本病易发生。

【防治方法】

1.**选栽抗病品种**　贵丰、贵长、贵露等品种不易感病，偶被侵染也不易流行为害。

2.**清洁果园**　采果后结合冬季修剪，去除病枝、病蔓，连同地面落叶彻底清扫集中深埋，减少越冬菌源。

3.**药剂防治**　本病病原菌为细菌，一般细菌类病害对铜制剂最敏感，所以含铜离子的药剂应该成为本病的首选药剂，凡是含有铜离子的无机或有机铜，如硫酸铜、波尔多液、铜大师、王铜、可杀得、氧氯化铜、氢氧化铜、松脂酸铜、绿乳铜等都是很好的杀细菌药剂。农用链霉素等抗生素是另一类防治细菌病害的药剂。在应用无机铜制剂时要注意不可与其他药剂混用，也不能在阴天和湿度大时施药，以防药害。药剂防治要在秋季进行，用铜制剂的保护性特点全园喷施形成封闭系统，能有效控制侵染，减轻为害。其他防治真菌病害的药剂如托布津、多菌灵、代森锌等，对此病的防治效果都很差。

4.**严格检疫**　禁止从病区引种苗木或剪取接穗。对外来繁殖材料，要消毒后再用。消毒剂可用 1% 乙醇溶液液对 0.02% 的硫酸链霉素浸泡 30 ~ 60 min，清水冲洗后备用。

5.**增强抗病性**　推迟挂果（初果）年限，应在第 4 年始果，杜绝第 2 年见果，三年见效。限产提质，亩产量控制在 2 000 kg 左右。增施有机肥，每年每亩不低于 4 ~ 6 kg，提倡有机肥、生物菌肥、化肥综合施用。尽量减少大水漫灌，以沟灌和渗灌最好。对于溃疡病多发区坚决杜绝冬季灌溉。大力提倡果园生草（毛苔子），逐年改变传统落后的果园清耕制，还土壤以原始的生态系统。另外，要注意在冬季适宜的修剪期内，提前冬剪。在采桃后、叶落后、冬剪后注意"封三口"（果柄口、叶柄口和剪口），封口就是药剂及时喷施。在冬春季要勤于检查桃树，特别是冷冬，一旦发现病枝立即剪除烧埋，若主枝或主干发现病斑要先刮除病皮，再行涂药。

（一五）猕猴桃细菌性软腐病

猕猴桃细菌性软腐病是寄主生长中后期和贮藏期时有发生的一种病害。一般病果率比较低，经济损失不大。

【症状】　发病初期，病、健果外观无区别，后被害果实逐渐变软，果皮由橄榄绿局部变褐，继向四周扩展，导致半个果乃至全果呈褐色。用手捏压，即感果肉呈糊浆状。剖果检查，轻者病部果肉黄绿色至浅绿褐色，健部果肉淡绿色；发病重的果实皮、肉分离，除果柱外，果肉被细菌分解呈稀糊状，果汁浅黄褐色，具酸菜腐臭味。取汁显微镜检，出现大量病原细菌。

【病原】　病原为一种欧文细菌（*Erwinia* sp.），属杆状菌科欧文菌属。菌体短杆状，周生 2 ~ 8 根鞭毛，大小为（1.2 ~ 2.8）μm ×（0.6 ~ 1.1）μm，在细菌培养基上呈短链状连接。革兰氏染色为阴性，不产生芽孢，无荚膜。细菌生长温度为 4 ~ 37 ℃，最适 26 ~ 28 ℃。

猕猴桃正常果剖面（上）与细菌性软腐病病果剖面（下）

【发病规律】　初侵染源不清楚，推测可能还有其他寄主。病菌多从伤口侵入，果皮破口或果柄采收剪口处都是侵入途径。细菌进入果内后，潜育繁殖，分泌果胶酶等溶解籽粒周围的果胶质和果肉，产生酸并发酵，最后造成果实变软腐烂。

【防治方法】　晴天采果为宜，在采收时应尽量避免破伤和划伤，要注意轻摘轻放，减少碰撞。

（一六）猕猴桃褐心病（缺硼症）

据报道，严重的果实发病率可达100%，导致果实畸形、变小，果肉组织变褐坏死，严重影响产量。该病目前仅在福建有报道。

【症状】　为害果实。病果外观无光泽，红褐色。果内部靠近脐部的果心组织变褐坏死，严重的病果组织消解，形成褐色空洞，并有白色霜状物，但无腐烂变味现象。病果多数发育不良，形成小果、畸形果。但大果亦有发生。

猕猴桃缺硼（左1为健果，其余为缺硼果）　　　猕猴桃褐心病果实变小（左1为健果）

【发病规律】　在福建省建宁以陡坡山地果园发病重，平缓丘陵果园发病轻；品种直接发病有差异；枝梢末端的果实病重，枝梢基部果实病轻。

【病因】　根据病株叶片及根际土壤营养分析结果表明，其硼素含量严重缺乏，叶片硼含量为 1.4 ~ 5.9 mg/kg，土壤为 0.21 ~ 0.33 mg/kg。

【防治方法】　于花前、盛花期和幼果期分别用 0.1% 硼砂溶液进行根外追施，可取得显著防治效果。

（一七）猕猴桃缺铁黄叶病

【症状】　缺铁多发生于幼叶。幼叶变成黄色甚至苍白色。老叶常保持绿色，缺铁较轻时，褪绿常在叶缘发生，而叶基部大部分不褪色。严重时，整叶变黄，仅叶脉绿色，最终叶脉也失绿、脱落，生长严重受阻。

【病因】　铁是叶绿素形成不可缺少的元素，在植株体内很难转移，所以叶片"失绿症"是植株缺铁的表现，并且这种失绿首先表现在幼嫩叶片上。导致猕猴桃缺铁黄叶发生的因素主要有土壤 pH 值偏高，树体严重超载，灌水过多等。

【发病规律】　健康叶中铁含量为 80 ~ 100 mg/g 干物质，当含量低于 60 mg/g 干物质时即出现缺铁症状。连续下雨后易出现缺铁症状，土壤 pH 值超过 7 的地方也易缺铁。关中猕猴桃产区渭河两岸的

猕猴桃缺铁叶片黄化

河滩地及低洼地果园缺铁性黄叶病发生普遍，程度严重；距离渭河滩较远的二级阶地及台塬地上的果园发病较轻；位于秦岭山脚的山前洪积扇地区果园基本上无缺铁性黄叶病发生。导致猕猴桃缺铁性黄叶病发生的因素主要有土壤 pH 值偏高，树体严重超载，灌水过多及其他栽培因素；美味猕猴桃对黄叶病的抵抗力较中华猕猴桃强，海瓦德品种及陕猕 1 号的抗性优于秦美品种。

猕猴桃黄叶的原因不仅仅是由于土壤有效铁含量低，还与植株吸收能力不同有关。由于植株过多吸收 P、K、Zn、Mn 等元素，引起养分不平衡而导致对铁吸收产生拮抗作用也是产生缺铁黄叶的原因之一。

【防治方法】　校正时可施硫酸亚铁、硫黄粉或硫酸铵等来降低土壤酸碱度，提高有效性铁的浓度，达到防治的目的。不同铁制剂对猕猴桃黄叶的矫治效果有差异，其中以柠檬酸铁和复合氨基酸铁的处理效果最好，显著提高了猕猴桃叶片的叶绿素和有效铁含量以及果实中维生素 C、可溶性固形物、全铁的含量，有效改善了果实品质。在供试的几种铁制剂中，柠檬酸铁和复合氨基酸铁是矫治果树缺铁黄叶的理想制剂。

（一八）猕猴桃裂果病

猕猴桃裂果病是果园阶段性发生的一种病害，以南方多雨地区发生为主。

猕猴桃裂果病

【症状】　大多发生在果实中下部。初发生时，在果脐凹沿出现轻度龟裂，其伤口双裂或 3 ~ 4 裂。继之急速纵向裂展，长度可达果实纵径的 1/3 ~ 1/2，深度可达内层果肉。在高温干燥气候下，伤口组织会慢慢在树上愈合；在高温多雨情况下，伤部软腐，果实在几日内随之掉落。

【病因】　该病是一种生理性病害，多因天气忽晴忽雨、忽冷忽热或天旱遇大雨而引起。内在原因是果实吸水后，内压强增大，果皮承受不住而破裂。

【发病规律】　发生在 8 ~ 9 月，即果实膨大后期至近成熟期。野生猕猴桃果实细小，皮厚，多生长在不易积水的坡地，所以裂果病极少发现。栽培生猕猴桃经过人工选育繁殖，皮薄、果大、肉多、含水量大，遇前述不良气候条件，容易产生裂果。

【防治方法】　开深沟防积水，减轻裂果病发生。

（一九）猕猴桃根结线虫病

【症状】　病原线虫在根皮与中柱之间寄生为害，使幼嫩根组织过度生长，形成大小不等的根瘤，多数如绿豆大小，根毛稀少。新生根瘤一般乳白色，后逐渐变为黄褐色乃至黑褐色。以细根和小支根受害最重，有时主根和较粗大的侧根也可受害。细根受害在根尖上则形成根瘤，小支根受害除产生根瘤外，还引起肿胀、扭曲、短缩等症状，较粗大的侧根和主根受害只产生根瘤，一般不会变形扭曲。受害严重时，可出现次生根瘤，并发生大量小根，使根系交互盘结成团，形成须根团，最后老根瘤腐烂，病根坏死。

病株地上部分，在一般发病情况下无明显症状。随着根系受害加重，才出现梢短梢弱、叶片变小、长势衰退等症状。

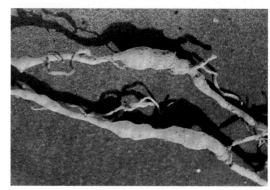

猕猴桃根结线虫病病根

【病原】　猕猴桃根结线虫病的病原为 *Meloidogyne* sp.，属垫刃目根结线虫属。成虫雌雄体形不同，雌虫为洋梨形，雄虫线形，无色透明，尾端稍圆。幼虫均为线形。

【发病规律】　根结线虫以卵及雌虫随病根在土壤中越冬。2 龄侵染幼虫先活动于土壤中，侵入猕猴桃嫩根后在根皮和中柱之间寄生为害，并刺激根组织过度生长，使根尖形成不规则的根瘤。幼虫在根瘤内生长发育，经 3 次蜕皮发育为成虫。雌、雄虫成熟后交尾产卵于卵囊内。

【防治方法】

1. 执行检疫　线虫发生区苗木禁止外调，无线虫发生区不从线虫区调苗木。对外来苗木必须进行检疫，无线虫发生后方可定植。

2. 培育无虫苗木　轻发生区选用以前作为禾本科作物的土地育苗，重发区则选用以前作为水稻的田地育苗。如必须在发生地育苗，首先应反复犁耙翻晒土壤，以减少土壤中线虫数量。然后在播种前半个月施入杀线虫药剂，随即耕翻覆土，杀灭土壤中的线虫。

3. 加强管理　可根据土壤肥力，适当增施有机肥料，并加强肥水管理，雨后及时开沟排水，沙性重的土壤，改进土壤结构，均可减轻为害程度。

二、猕猴桃害虫

（一）猩红小绿叶蝉

猩红小绿叶蝉（*Empoasca rufa* Melich.），属同翅目叶蝉科小绿叶蝉属。近年，在贵州及湖南省的一些猕猴桃园，此虫为害严重，成为优势虫种，引起了人们的重视。

猩红小绿叶蝉成虫与若虫

猩红小绿叶蝉为害猕猴桃叶片失绿

【分布与寄主】　分布于南方稻产区。主要为害水稻，近年对猕猴桃的为害严重。

【为害状】　主要将口针刺入猕猴桃叶肉组织，吸食营养液，影响叶片的正常生长及光合作用。虫口密度大时，植株叶片褪绿发黄，叶面出现密密麻麻的苍白斑点，严重时叶枯，早衰早落。

【形态特征】　成虫含翅体长 3.5 ~ 3.6 mm，体猩红色至红色。头部前突，端角圆，头冠长度稍大于两复眼间之宽；头表面隆起，有时具 1 条浅色横带，横带中间间断，以复眼内缘最宽并渐向中央狭窄，颜面色泽较淡，与触角呈浅红色，复眼黑色。前胸背板长度为冠长的 1.5 倍。小盾片浅红色，横刻痕平直，细而短。前翅半透明，翅端 1/3 透明，翅两侧平行，末端钝圆；后翅透明，具有红色翅脉。胸、腹部腹面及足呈淡红色至橙红色，胸足胫节和跗节深黄色，爪暗黑色。

【发生规律】　在湖北武昌 1 年发生 4 代，以成虫在茶树、蚕豆、杂草上越冬。4 月中下旬平均气温达 12.4 ℃以上时，越冬成虫开始在猕猴桃新叶上产卵。6 月中旬至 8 月下旬，2 ~ 3 代发生盛期为全年为害高峰期。该虫喜在嫩枝叶上为害，群栖于叶背，卵多产在叶背主脉两侧的叶肉内，呈条状排列。

【防治方法】　6 ~ 8 月是叶蝉为害盛期，可用下述农药防治成虫，均匀喷洒叶背和叶面。20% 叶蝉散和 15% 扑虱灵可湿性粉剂 800 倍液，10% 吡虫啉可溶性粉剂 3 000 倍液，45% 马拉硫磷、80% 敌敌畏等乳油 1 000 倍液，杀虫效果良好。

（二）猕猴桃蛀果虫

猕猴桃蛀果虫［*Grapholitha molesta*（Busck）］即为梨小食心虫，属鳞翅目小卷叶蛾科。它是蛀害猕猴桃果实为数不多的害虫种类之一。

猕猴桃蛀果虫幼虫　　　　　　　　　　　　　　　　猕猴桃蛀果虫为害的果实

【分布与寄主】　国内外分布较广。寄主除猕猴桃外，还蛀食梨、桃、苹果、李、梅、杏、枇杷等树的果实和其中一些树的嫩梢。在猕猴桃园中，目前只发现蛀害果实。

【为害状】　蛀入部位大多数在果腰，蛀孔处凹陷，四周稍隆起，孔口黑褐色。初有胶状物流出挂在孔外，胶状物干落后，有虫粪排出。幼虫蛀道一般不达果心，在近果柱处折转，虫坑由外向内渐变黑，被害果不到成熟期便脱落。贵州省都匀普林果场，猕猴桃被害果率高达 20% ~ 30%，损失较严重。

【形态特征】　参考梨树梨小食心虫。

【发生规律】　此虫在我国北方 1 年发生 3 ~ 4 代，南方 5 ~ 7 代，各代为害的寄主和蛀害部位有较大差别。在贵州，越冬代成虫 4 月中上旬开始羽化，产卵于桃梢叶背上。第 1 代幼虫孵化后从近梢尖的叶腋处蛀入，向下潜食，在蛀孔外排出桃胶和粪便。6 月成虫羽化后，部分迁入猕猴桃园，将卵散产在果蒂附近，第 2 代幼虫孵化后，向下爬至果腰处咬食果皮，后蛀入果肉层中取食，老熟后爬出孔外，在果柄基部、藤或翘皮处及枯卷叶间作白茧化蛹。7 月中下旬至 8 月初，第 3 代幼虫还可为害猕猴桃果实，但虫量远没有第 2 代多。第 4 代为害其他寄主，以第 5 代老熟幼虫越冬。

【防治方法】
1. **科学建园**　猕猴桃与桃、梨等果树混栽或相互邻近的果园，果实被害严重，在建园时要充分考虑这一布局，防止因此而带来的主要害虫交叉为害。
2. **药剂防治**　药剂重点防治第 1 代幼虫为害，兼防第 2 代。在成虫产卵及幼虫孵化期，可参考梨小食心虫药剂防治，共喷 2 次，隔 10 d 喷 1 次，效果很好。

（三）猕猴桃准透翅蛾

猕猴桃准透翅蛾（*Paranthrene actinidiae* Yang et Wang）是我国杨集昆和王音先生 1989 年共同定名的一个新种，属鳞翅目透翅蛾科准透翅蛾属。

【分布与寄主】　分布于福建和贵州。为害猕猴桃。

【为害状】　以幼虫蛀食猕猴桃当年生嫩梢、侧枝和主干，将髓部蛀食中空，粪屑排挂在隧道孔外。植株受害后，引起枯梢或断枝，导致树势衰退，产量降低，品质变劣。贵州省都匀和丹寨等市、县的一些猕猴桃园，刚投产的植株夏季就处处见枯梢，枝干上也随时可找到幼虫排在洞口的褐色木屑。大风后被蛀侧枝常断。

【形态特征】
1. **成虫**　体长 21 ~ 25 mm，翅展 42 ~ 45 mm，属大型黑褐色种。前翅大部

猕猴桃准透翅蛾为害嫩梢

分被黄褐鳞片，不透明，只中室基部和 M3 与 Cu1 脉间基部及中室后缘下方透明，后翅透明略带淡烟黄色，A1 脉金黄色，其余脉及中室端部黄褐色。腹部黑色具光泽，第 1、第 2、第 6 节后缘具黄色带，第 5、第 7 节两侧具黄色毛簇，第 6 节为红黄色毛簇，腹端具红棕色杂少量黑色毛丛，腹部腹面第 3 节后缘具 1 条黄带，第 5、第 6 节中部和后缘黄色，第 4 节后缘中部黄色。

2. **卵**　椭圆形，略扁平，紫褐色，长约 1.1 mm。

3. **幼虫**　共 5 龄。老熟幼虫体长 38 mm 左右，全体略呈圆筒形。头部红褐色，胸腹部黄白色，老熟时带紫红色。前胸背板有倒"八"字形纹，前方色淡。

【发生规律】　1 年发生 1 代，以成长幼虫和老龄幼虫在寄主茎内越冬。贵州黔南地区 3 月底 4 月初老熟幼虫开始化蛹，4 月下旬至 5 月中旬为化蛹盛期，蛹期 30 ~ 35 d。成虫 5 月上旬始见，5 月中下旬至 6 月上旬为产卵期，卵历期约 10 d，幼虫孵化盛期为 6 月中下旬。由于成长幼虫也可以越冬，所以到 11 月初还可检查到由其化蛹、羽化、产卵孵出的低龄幼虫。卵散产在夏梢嫩茎、叶腋或叶柄处，幼虫孵化后就地蛀入，向下潜食，将髓部食空。中、大龄幼虫不喜嫩茎多汁，转移到老枝干上蛀害，将粪便和木屑排挂在孔口外。幼虫一般转害 1 ~ 2 次，11 月下旬进入越冬。冬后，幼虫在隧道近端部将道壁咬出一个羽化孔，然后吐丝封闭，做室化蛹其中，成虫羽化后破丝蜕孔而出。通常情况下，木蠹蛾为害较重的园地，猕猴桃准透翅蛾趋害也重，幼虫为害状易混淆。

【防治方法】
1. **农业防治**　夏季发现嫩梢被害，及时剪除，杀灭低龄幼虫，减少其后期迁移对老枝干的为害。
2. **药剂防治**　根据枝干外堆积粪屑等特征，寻找蛀入孔，用兽医注射器将 80% 敌敌畏乳剂原液注射少许于虫道中，再用胶布或机用黄油封闭孔口，熏杀大龄幼虫。叶蝉类害虫盛害期，正是本虫卵孵期，可进行兼治。在喷雾叶片的同时，应将嫩茎喷湿透。

（四）黑额光叶甲

黑额光叶甲[*Smaragdina nigrifrons*（Hope）]，又名双宽黑带叶甲，是猕猴桃食叶害虫之一，属鞘翅目肖叶甲科光叶甲属。

【分布与寄主】　多见于南方各省（区），寄主除猕猴桃外，还有野花椒、蔷薇、蓼、云实、冰片和蒿属等多种植物。

【为害状】　取食叶片，将叶咬成一个个的孔洞或缺刻。一般是停留在叶正面取食，先啃去部分叶肉，然后再将余叶吃去，很少将叶全食光。虫口多时，无论嫩叶或成熟叶片，大都留下数个或数十个孔洞。

【形态特征】　成虫体长 5.6 ~ 7.2 mm，宽 3.2 ~ 4.1 mm，长椭圆形。头黑色，下口式，唇基与额无明显分界。触角短细，基部 4 节黄褐色，其余各节黑褐色至黑色，第 5 节以后的各节呈锯齿状。前胸背板杏黄色，光亮，隆突而无刻点，后角圆形并向后突出。

黑额光叶甲成虫

小盾片光滑呈等边三角形。鞘翅与前胸背板同色，具变化较大的黑色斑纹。一般在鞘翅基部和中部稍后有 2 条黑色宽横带，有的个体基部的黑带变成 2 个黑斑，也有的仅肩瘤处有 1 个黑斑，翅基部与前胸背板等宽，并嵌合紧密，鞘翅具不规则的细小刻点，翅端合缝及边缘为黑色，雌体黑色部分较雄体为宽。足基节和转节黄褐色，其余部位黑色。腹部大部分为黑色，雌虫腹末中央有 1 个凹窝，雄虫无。

【发生规律】　黑额光叶甲只以成虫迁入猕猴桃园为害叶片，不在园中产卵繁殖，所以找不到其他虫态。成虫有假死性，喜在阴天或早晚取食，雨日或大太阳下的中午很少见为害，此时大都躲息于叶背面。

【防治方法】　虫量少时，可免防治或与其他害虫兼防。

（五）金毛虫

金毛虫（*Prothesia similes xanthocampa* Dyar.）与黄尾毒蛾是两个生态亚种，属鳞翅目毒蛾科。

【分布与寄主】 国内分布较普遍。可为害苹果、梨、桃、杏、猕猴桃、柿等果树及桑、杨、柳、榆等林木。

【为害状】 幼虫喜食嫩叶，被食叶呈缺刻状或仅剩叶脉。

【形态特征】

1. **成虫** 体长 13～15 mm，体、翅均为白色，腹末有金黄色毛。卵球形，灰黄色。

2. **幼虫** 老熟时体长 25～35 mm。底色橙黄，体背各节有 2 对黑色毛瘤，腹部第 1、第 2 节中间 2 个毛瘤合并成横带状毛块。

3. **蛹** 褐色，茧灰白色，附有幼虫体毛。

金毛虫幼虫为害猕猴桃叶片

【发生规律】 1 年发生 2～3 代。以低龄幼虫在枝干裂缝和枯叶内作茧越冬。翌年春季，越冬幼虫出蛰为害嫩芽及嫩叶，5 月下旬至 6 月中旬出现成虫。雌蛾将卵数十粒聚产在枝干上，外覆一层黄色茸毛。刚孵化的幼虫群集啃食叶肉，长大后即分散为害叶片。第 2 代成虫出现在 7 月下旬至 8 月下旬，经交尾产卵，孵化的幼虫取食不久，即潜入树皮裂缝或枯叶内结茧越冬。

【防治方法】 冬季刮树皮，防治越冬幼虫；幼虫为害期，人工捕杀，发生数量多时，可喷药防治，常用农药有灭幼脲、绿色氟氯氰菊酯等。

（六）云贵希蝗

云贵希蝗［*Shirakiacris yunkweiensis*（Chang）］，又名云贵素木蝗，属直翅目斑腿蝗科希蝗属。

【分布与寄主】 分布于贵州、云南、湖南、四川和广西等省（区）。除啃食猕猴桃外，还取食多种禾本科植物，有时也为害番茄和柑橘类果实。

【为害状】 啃食猕猴桃果实成缺口，先将果皮咬食，再食果肉，形成 5～10 mm 宽、5～8 mm 深的洞穴。橘小实蝇、条纹簇实蝇、夜蛾等随趋吸食，将腐生细菌带入，被害果渐腐烂脱落。若果实被咬食的伤口较小，10 余天后被咬处形成愈伤凹斑，果实品质不受影响。

云贵希蝗成虫

【形态特征】 体中型，雌虫长 23～25 mm，雄虫长 18～21 mm。体黑褐色或褐色，自头顶到前胸背板具黑色或褐色纵纹。颜面隆起平凹，侧缘较钝，下端几乎消失。头顶短宽，近梯形，背面低凹，无中隆线。头顶窝不明显，触角丝状，向后可超过前胸背板后缘。复眼大而突出，卵形。前胸背板宽平，中隆线低，侧隆线在沟后区近后缘部分消失，稍弯曲，沟前区与沟后区等长。前胸腹板突柱状，略向中胸倾斜，顶端粗圆。中胸腹板侧叶间隔狭，后胸腹板侧叶相毗连。前翅发达，超过后腿节端顶较远，翅面具许多黑褐色圆形斑点，翅狭长，顶圆。后翅稍短于前翅，透明。后足腿节上隆线具黑色细齿，外侧具黑褐色斑纹，胫节无外端刺，红色，基部外具黑色斑点。

【发生规律】 在猕猴桃园中，此虫只在果实采收前的一段时间里迁入为害。成虫将果实咬成一定缺洞后，又转移到另一果上啃食。其他如产卵等习性，与一般蝗虫相同。

【防治方法】 虫口密度不大，未见严重受害的果园，可以不予防治。

（七）棉弧丽金龟

棉弧丽金龟（*Popillia mutans* Newm.），又名无斑弧丽金龟、豆蓝丽金龟、棉蓝丽金龟、棉黑绿金龟子等，属鞘翅目丽金龟科弧丽金龟属。

【分布与寄主】 分布于贵州、四川、云南、广西、广东、海南、湖南、福建、江西、湖北、江苏、安徽、浙江、河南、黑龙江、吉林、辽宁、河北、山西、陕西、山东、甘肃、宁夏、内蒙古和台湾等省（区）；日本、朝鲜、越南和菲律宾。除为害猕猴桃外，还为害葡萄、棉花、柿、玉米、豆类、高粱和三叶草花序。

【为害状】 主要取食猕猴桃花瓣、花丝和雌蕊，严重时将一朵花啃去一半乃至全部吃光。

【形态特征】 成虫体长 10 ~ 14 mm，宽 6 ~ 8 mm。体色有墨绿色、蓝黑色和蓝色，具强金属光泽。雌虫鞘翅侧缘镶边，平或稍隆。

棉弧丽金龟成虫

【发生规律】 在猕猴桃园中，每年仅开花期以成虫对花造成为害。虫口密度大时，大量花被咬食，严重影响产量。成虫有假死性，阴天全日可取食，晴天以傍晚最活跃。

【防治方法】 花期，注意捕捉成虫。

（八）柑橘灰象甲

柑橘灰象甲（*Sympiezomia citri* Chao），属鞘翅目象甲科短喙象亚科灰象属。在贵州常见为害猕猴桃嫩茎。

【分布与寄主】 广布于我国南方各省（区）柑橘种植区。除为害猕猴桃、柑橘类果树，寄主还有桃、枣、龙眼、桑、棉、茶、茉莉等植物。

【为害状】 以成虫为害猕猴桃春梢和夏梢茎尖及嫩叶，不为害果实。将嫩茎与叶啃咬成残缺不全的凹陷缺刻或孔洞，影响藤蔓生长发育。

柑橘灰象甲为害猕猴桃嫩梢

【形态特征】 成虫体长 8.5 ~ 12.3 mm，宽 3.2 ~ 3.8 mm，雌虫较雄虫体形大。体被灰白色间浅褐色鳞片。头管粗短且宽扁，背面色，中央具 1 条纵凹沟，此沟从喙端直伸头顶，其两侧各有 1 条浅纵沟，伸至复眼前面。复眼近椭圆形，黑色隆起。触角膝状，端部膨大如鼓槌，触角位于喙两侧并向下弯，柄节特长但不超过复眼。前胸背板长稍大于宽，两侧弧形，背面密布不规则的瘤状突，中央纵贯 1 条宽大的黑色纵带斑，斑中央具 1 条纵沟。鞘翅各具 10 条刻点纵沟，沟间部生倒伏的鳞毛，翅面中部排列 1 ~ 2 条白色斑纹，翅基部白色。雌虫鞘翅端部较长，翅端缝合闭呈"八"字形，腹末节腹板近三角形。雄虫翅端钝圆，末节腹板近半圆形。足腿节肥大，前足胫节内侧有 8 ~ 9 个齿突，中足胫节端半部内侧有 2 ~ 3 个齿突。

【发生规律】　3月下旬至4月上旬，猕猴桃春梢抽发期受害较重，虫量也较其他时期为多。夏梢期少见为害，秋梢期却难捕捉到成虫。此虫除阶段性迁入取食外，不在园中产卵，故猕猴桃园里找不到该虫的其他虫态。成虫具假死性，触动即落地逃逸。距柑橘园近或混栽的猕猴桃园，柑橘灰象甲的虫量要比独立园的虫量大。

【防治方法】　清晨捕捉成虫，也可与叶蝉类害虫一并兼防。虫量少时可不予化学防治。

（九）猕猴桃桑白蚧

猕猴桃桑白蚧（*Pseudaulacaspis pentagona*）是为害多种果树的一种主要害虫，属同翅目盾蚧科。

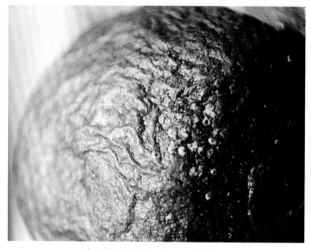
桑白蚧分布在猕猴桃果实表面

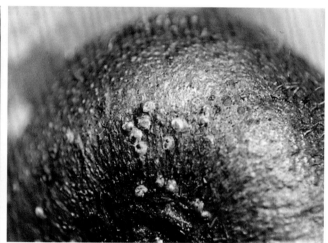
桑白蚧在猕猴桃果梗附近为害状

【分布与寄主】　在我国的地域分布很广，从海南、台湾至辽宁，华南、华东、华中、西南多省均有发生。寄主有桃、李、梅、杏、猕猴桃、桑、茶、柿、枇杷、无花果、杨、柳、丁香、苦楝等多种果树林木。

【为害状】　桑白蚧在陕西关中猕猴桃产区均有分布为害，并逐年呈上升发生趋势。桑白蚧以若虫及雌成虫群集固着在枝干上吸食养分。严重时枝蔓上似挂了一层棉絮。被害枝蔓往往凸凹不平，发育不良。严重影响了猕猴桃树的正常生长发育和花芽形成，削弱了猕猴桃树势。由于虫体小，群众往往误以为是病害发生。

【形态特征】

雌虫　介壳灰白色，长 2 ~ 2.5 mm，近圆形，背面隆起，有明显螺旋纹，壳点黄褐色，偏生壳的一方。介壳下的雌虫体橙黄色，体长约 1.3 mm。宽卵圆形，无足，虫体柔软，腹部分节明显，有 3 对臀角，触角退化成小瘤状，上有 1 根粗大的刚毛。

雄虫　介壳灰白色，长约 1 mm，两侧平行，呈条状，背面有 3 条突出隆背，壳点橙黄色。位于壳的前端。从雄虫壳下羽化出的雄成虫具卵圆形灰白色翅 1 对，体橙色或橘红色，体长 0.65 ~ 0.7 mm。腹部末端有 1 针状刺。

【发生规律】　陕西关中地区 1 年发生 2 代。3月下旬越冬成虫开始取食。4月中旬开始产卵于壳下。第 1 代若虫 5 月下旬进入孵化盛期，孵化期较整齐。7月下旬为第 2 代若虫孵化盛期，10月上旬雌雄交尾，10月下旬以受精雌成虫寄生枝干进入越冬状态。在安徽省岳西县一般 1 年发生 3 代，以受精雌虫越冬。若虫孵化期第 1 代为 5 月中旬、第 2 代 7 月中下旬、第 3 代 9 月中上旬。越冬雌成虫以口针插在树皮下，固定一处不动，早春树液流动后开始吸食汁液，虫体迅速膨大，介壳逐渐鼓起。在四川 1 年发生 3 代，以受精成虫越冬，每个雌虫平均产 100 个卵。第 1 代 4 月中旬至 6 月下旬，第 2 代 7 月上旬至 8 月下旬，第 3 代 9 月上旬至翌年 4 月上旬。在自然条件下桑白蚧的卵发育起点为 11.4 ℃，日有效积温为 89.8 ℃。经过一年 3 个世代其种群可增长 20.78 倍。1 龄若虫盛期分别为 4 月下旬、7 月上旬、9 月上旬，此时若虫无介壳保护，是防治的最佳时期。

雄成虫寿命极短，仅 1 d 左右，羽化后便寻找雌虫交尾，午间活动，交尾 4 ~ 5 min，不久即死亡。雌虫平时介壳与树体接触紧密，产卵期较为松弛（防治最有效时期），若虫孵化后在母壳下停留数小时，而后逐渐爬出分散活动 1 d 左右，多于 2 ~ 5 年生枝蔓上固定取食，以枝蔓分叉处和阴面密度较大。经 5 ~ 7 d 开始分泌出绵毛状白色蜡粉覆盖于体上，逐渐加厚，不久便蜕皮，蜕皮时自腹面裂开，虫体微向后移，继续分泌蜡质造成介壳。雄若虫期 2 龄，蜕第 2 次皮羽化成虫。

受害严重的植株，春秋发芽迟缓，越冬雌虫发育也较缓慢。产卵期比受害较轻的树推迟 10 d，就全园来看，发生期不甚整齐。给药剂防治带来一定的困难，对此可以考虑分批防治的办法。

【防治方法】　以若虫分散转移期化学防治为主，结合其他措施进行综合防治。

1. **严格检疫**　防止苗木、接穗带虫传播蔓延。

2. **农业防治**

（1）用硬毛刷或细钢丝刷轻轻刷掉枝蔓上的介壳虫体。

（2）剪除病虫枝，改善通风透光条件。夏剪时剪除顶端开始弯曲的或已经相互缠绕的新梢，过度郁闭的应及时打开光路，疏除未结果且翌年不能使用的发育枝、细弱枝和虫害严重的病虫枝等，将虫枝带出处理，通过减小虫口基数和提高透光率来抑制桑白蚧的滋生繁殖。

（3）发生严重的果园通过深翻改土、增施农家有机肥、果园种植绿肥、配方施肥、叶面喷肥等措施加强果园田间管理，促进果树枝条健壮生长，恢复和增强树势。

3. **生物防治**　注意保护及利用天敌：桑白蚧的主要天敌是红点唇瓢虫及日本方头甲。果树生长季节 5 ~ 6 月是天敌发生盛期，在用药上要注意使用有选择性药剂，尽量在天敌盛发期不喷或少喷广谱性杀虫剂。

4. **化学防治**　休眠期防治：春季萌芽前喷 5% 柴油乳剂，或 95% 机油乳剂 50 倍液，或 5° Bé 石硫合剂，或 48% 毒死蜱乳油 1 000 倍液。

若虫分散转移期（5 月下旬、7 月中旬）用 25% 噻嗪酮可湿性粉剂 1 500 倍液等喷药防治。喷药时重点对准介壳虫重叠为害严重的枝蔓分叉处及背阴面淋洗。杀虫剂应交替施用，每个孵化盛期（若虫分散转移期）是药剂防治的关键时期。连喷 2 ~ 3 次药，可有效防止桑白蚧的发生蔓延。

第十部分　山楂树病虫害

一、山楂树病害

（一）山楂轮纹病

山楂轮纹病在各产区都有发生，以华北、东北、华东果区发病较重。一般果园发病率为20%～30%，重者可达50%以上。

山楂轮纹病果实（1）

山楂轮纹病果实（2）

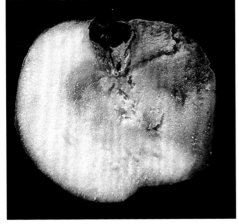

山楂轮纹病果实剖面

山楂轮纹病储运期果实发病

【症状】　山楂轮纹病主要为害枝干和果实。

病菌侵染枝干，多以皮孔为中心，初期出现水渍状的暗褐色小斑点，逐渐扩大形成圆形或近圆形褐色瘤状物。病部与健部之间有较深的裂开，后期病组织干枯并翘起，中央突起处周围出现散生的黑色小粒点。

果实进入成熟期陆续发病，发病初期在果面上以皮孔为中心出现圆形黑色至黑褐色小斑，逐渐扩大成轮纹斑。略微凹陷，有的短时间周围有红晕，下面浅层果肉稍微变褐、湿腐。后期外表渗出黄褐色液，腐烂加快，腐烂时果形不变。整个果烂完后，表面长出粒状小黑点，散状排列。

【病原】　有性世代为 *Physalospora piricola*，称梨生囊壳孢，属子囊菌门真菌。无性世代为 *Macrophoma kawatsukai*，称轮纹大茎点菌。

【发病规律】　病菌以菌丝体或分生孢子器在病组织内越冬，是初次侵染和连续侵染的主要菌源。于春季开始活动，随风雨传播到枝条和果实上。在果实生长期，病菌均能侵入，病菌侵入后可以在果实细胞层中长期潜伏，待条件适宜时扩展发病。侵染枝条的病菌，一般从8月开始以皮孔为中心形成新病斑，翌年病斑继续扩大。果园管理差，树势衰弱，重黏壤土和红黏土，偏酸性土壤上的植株易发病，被害虫严重为害的枝干或果实发病重。

【防治方法】

1. **加强肥水管理，休眠期清除病残体**　在病菌开始侵入发病前（5月中上旬至6月上旬），重点是喷施保护剂，可以施用下列药剂：75%百菌清可湿性粉剂600倍液；70%代森锰锌可湿性粉剂600倍液；65%丙森锌可湿性粉剂700倍液，均匀喷施。

2. **药剂防治**　在病害发生前期，应及时进行防治，以控制病害的为害。可以用下列药剂：50%异菌脲可湿性粉剂600 ~ 800倍液；75%百菌清可湿性粉剂600倍液+10%苯醚甲环唑水分散粒剂2 500倍液；70%代森锰锌可湿性粉剂600倍液+12.5%腈菌唑可湿性粉剂2 500倍液；60%腈菌唑·代森锰锌可湿性粉剂1 000倍液；12.5%腈菌唑可湿性粉剂2 500倍液等，在防治中应注意多种药剂的交替使用。

（二）山楂锈病

山楂锈病果实（左）　　　　　　　　　　　　　山楂锈病叶片病斑背面

山楂锈病为害果实　　　　山楂锈病叶片病斑（1）　　　山楂锈病叶片病斑（2）

【症状】　山楂锈病主要为害叶片、叶柄、新梢、果实及果柄。

叶片染病，初生橘黄色小圆斑，直径1 ~ 2 mm，后扩大至4 ~ 10 mm；病斑稍凹陷，表面产生黑色小粒点，即病菌性孢子器，发病后一个月叶背病斑突起，产生灰色至灰褐色毛状物，即锈孢子器，破裂后散出褐色锈孢子。最后病斑变黑，严重的干枯脱落。叶柄染病，初病部膨大，呈橙黄色，生毛状物，后变黑干枯，叶片早落。

【病原】　病原菌有两种：一是梨胶锈菌山楂专化型（*Gymnosporangium haraeanum* Syd. f. sp. *crataegicola*），二是珊瑚形胶锈菌［*Gymnosporangium clavariiforme*（Jacq.）DC.］，二者均属真菌界担子菌门真菌。梨胶锈菌性孢子器烧瓶状，初为

橘黄色，后变黑色，大小为（103 ~ 185）μm×（72 ~ 64）μm，性孢子无色，单胞，纺锤形或椭圆形，大小为（4.5 ~ 10.0）μm×（2.5 ~ 5.5）μm。锈孢子器长圆筒形，灰黄色，大小为（2.2 ~ 3.7）mm×（0.12 ~ 0.27）mm。锈孢子橙黄色，近球形，表面具刺状突起，大小为（17.5 ~ 35）μm×（16 ~ 30）μm。冬孢子有厚壁孢子和薄壁孢子两种类型。厚壁孢子褐色至深褐色，纺锤形、倒卵形或椭圆形，大小为（30 ~ 45）μm×（15 ~ 25）μm；薄壁孢子橙黄色至褐色，长椭圆形或长纺锤形，大小为（42.5 ~ 75.0）μm×（15.0 ~ 22.5）μm。担孢子淡黄褐色，卵形至桃形，大小为（11.3 ~ 24.5）μm×（7.5 ~ 14）μm。

珊瑚形胶锈菌性孢子器橘黄色，球形或扁球形，大小为（69.8 ~ 107.5）μm×（116 ~ 155）μm，性孢子无色，纺锤形，大小为（5 ~ 11）μm×（2.5 ~ 6.5）μm。锈孢子褐色，近球形，具疣状突起，大小为（22.3 ~ 28.2）μm×（20.7 ~ 26.3）μm。冬孢子褐色，双胞。厚壁者褐色，大小为（37.5 ~ 67.5）μm×（15 ~ 20）μm，薄壁冬孢子无色至淡黄色，大小为（62.5 ~ 97.5）μm×（12.5 ~ 20）μm。担孢子淡褐色，椭圆形或卵形，大小为（14 ~ 18）μm×（7 ~ 13）μm。冬孢子萌发适温 10 ~ 25 ℃。担孢子萌发适温 15 ~ 25 ℃。

【发病规律】　以多年生菌丝在桧柏针叶、小枝及主干上部组织中越冬。翌年春遇充足的雨水，冬孢子角胶化产生担孢子，借风雨传播、侵染为害，潜育期 6 ~ 13 d。该病的发生与 5 月降水早晚及降水量正相关。展叶 20 d 以内的幼叶易感病；展叶 25 d 以上的叶片一般不再受侵染。

【防治方法】
1. **清除菌源**　山楂园附近 2.5 ~ 5 km 范围内不宜栽植桧柏类针叶树。不宜清除桧柏时，山楂树发芽前后，可喷洒 5° Bé 石硫合剂或 45% 晶体石硫合剂 30 倍液，以消灭转主寄主上的冬孢子。
2. **药剂防治**　冬孢子角胶化前及胶化后（5 月下旬至 6 月下旬）喷 2 ~ 3 次 50% 硫悬浮剂 400 倍液或 15% 三唑酮可湿性粉剂 1 000 倍液、12.5% 烯唑醇乳油 2 000 倍液。隔 15 d 左右 1 次，防治 1 次或 2 次。

（三）山楂花腐病

山楂树花腐病叶片病斑

山楂树花腐病为害果实（张愈学提供）

山楂树花腐病

山楂树花腐病为害叶片（张愈学提供）

山楂树花腐病叶片病斑

山楂花腐病分布于辽宁、吉林、河北、河南等山楂产区，病害流行年份病叶率可达 70% 左右，病果率高达 90% 以上，常造成绝产。该病仅为害山楂树。

【症状】　山楂花腐病主要为害叶片、新梢及幼果，造成受病部位的腐烂。

1. 叶片　新展出的幼叶初发生褐色短线条状或点状小斑，后迅速扩大，6 ~ 7 d 后扩展到病叶的 1/3 ~ 1/2，病斑红褐色至棕褐色，病叶枯萎。天气潮湿时，病斑上出现白色至灰白色霉状物，即病菌的分生孢子丛。叶片上的病斑还可自叶柄向基部迅速蔓延，导致病叶焦枯脱落。

2. 新梢　多由病叶沿叶柄延及造成。病斑初褐色，后变为红褐色，逐渐凋枯死亡，尤以萌蘖枝发病最重，病梢率可达 50% 以上。

3. 幼果　一般在落花 10 d 后表现症状，初在果面发生 1 ~ 2 mm 大小的褐色斑点，2 ~ 3 d 后扩展到整个果实，使幼果变暗褐色腐烂，表面有黏液溢出，烂果有酒糟味，最后病果脱落。

【病原】　山楂花腐病病菌的有性阶段为 *Monilinia johusonii*（Ell.et Ev.）Honey，属于真菌界子囊菌门。无性阶段为 *Monilia* sp.。子囊盘肉质，初为淡褐色，后变为灰褐色。子囊盘的发育过程，由丝状逐渐发育呈火柴梗状、高脚杯状，最后形成完整的子囊盘。成熟子囊盘直径为 3 ~ 12 mm，平均为 5.4 mm，盘上着生棍棒状子囊。子囊无色，稍弯曲，大小为（84.0 ~ 150.7）μm ×（7.4 ~ 12.4）μm，平均 126.91 μm。子囊孢子单胞，无色，椭圆或卵圆形，单列，大小为（7.4 ~ 16.1）μm ×（4.9 ~ 7.4）μm，平均 10.7 μm × 6.4 μm。子囊间有侧丝。分生孢子单胞，无色，柠檬形，串生，孢

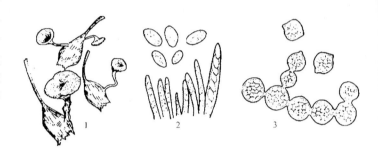

山楂花腐病病菌
1.病果上的子囊盘　2.子囊及子囊孢子　3.分生孢子

子串分枝，孢子间有短线状连接体。孢子大小为（12.2 ~ 21.7）μm ×（12.4 ~ 17.3）μm，平均 16.6 μm × 15.3 μm。

【发病规律】　花腐病病菌以菌丝体在落地病僵果中越冬，春季在病僵果上形成子囊盘。子囊盘多在地势低洼、土表潮湿或落叶层、碎石块下越冬的病僵果上产生。1 个僵果上一般产生 1 ~ 2 个子囊盘，最多产生 4 个。子囊盘发育适宜温度为 8 ~ 14 ℃，土壤含水量为 30% ~ 40%。

根据辽宁省果树研究所在鞍山地区观察，病菌于 4 月下旬开始出现子囊盘，5 月中上旬出现最多，5 月以后停止发生。子囊孢子成熟后，呈烟雾状从子囊盘中射出，借风力传播，侵染嫩叶引起叶腐，潜育期 3 ~ 5 d。叶片病斑上产生分生孢子，随风传送到花的柱头上，侵入后引致果腐，潜育期 8 ~ 12 d。据接种试验证明，展叶后病菌即可侵染，展叶 1 周后的叶片很少被侵染，开花当天接种发病率最高，以后发病率逐渐降低。病菌的侵染期较短，只集中在展叶至开花期，因而这是喷药保护的关键时期。

山楂树展叶后至开花期间多雨、低温，则叶腐、果腐往往发生严重。

【防治方法】

1. 清除菌源　病菌在落地的病僵果上越冬，翌年春季降雨后，产生子囊盘，放射子囊孢子，成为初侵染来源。在果实采收后应结合施肥管理，彻底清除病僵果，集中深埋地下。

2. 早春翻地　在 4 月中上旬，于子囊孢子出现以前，将地面僵果深翻至土层 15 cm 以下。

3. 树冠喷药保护　可用 70% 甲基硫菌灵可湿性粉剂 1 000 倍液，于 50% 的叶片似展非展及叶片展开时，连续喷 2 次，能有效地控制叶腐。并以 50% 异菌脲可湿性粉剂 1 000 倍液或 70% 甲基硫菌灵可湿性粉剂 1 000 倍液，于开花盛期均匀细致地喷布 1 次，能有效地控制果腐。喷药 24 h 内，如遇雨冲洗应进行补喷。

（四）山楂树腐烂病

山楂树腐烂病又称山楂树烂皮病，是北方山楂树重要的病害，主要为害山楂的枝干。

山楂树腐烂病　　　　　山楂树腐烂病树干病斑（1）　　　　　山楂树腐烂病树干病斑（2）

【症状】　　分溃疡型和枯枝型。溃疡型多发生于主干、主枝及丫杈等处。发病初期，病斑红褐色，水渍状，略隆起，形状不规则，后病部皮层逐渐腐烂，颜色加深，病皮易剥离。枝枯型多发生在弱树的枝上、果台、干桩和剪口等处。病斑形状不规则，扩展迅速，绕枝一周后，病部以上枝条逐渐枯死。

【病原】　　有性世代为黑腐皮壳菌 *Valsa* sp.，属子囊菌门真菌；无性世代为壳囊孢菌 *Cytospora* sp.。

【发生规律】　　以菌丝体、分生孢子器、孢子角及子囊壳在病树皮内越冬。翌年春，孢子自剪口、冻伤等伤口侵入，当年形成病斑，经 20 ~ 30 d 形成分生孢子器。病菌的寄生能力很弱，当树势健壮时，病菌可较长时间潜伏，当树体或局部组织衰弱时，潜伏病菌便扩展为害。在管理粗放、结果过量、树势衰弱的园内发病重。

【防治方法】
1. **加强栽培管理**　　增施有机肥，合理修剪，增强树势，提高抗病能力。
2. **预防冻害**　　冬前适时进行树体涂白。
3. **消除菌源**　　早春于树液流动前清除园内死树，剪除病枯枝、僵果台等，携出园外集中处理。
4. **药剂防治**　　发芽前全树喷施5%菌毒清水剂300倍液治疗枝干处病斑。刮除病斑后用下列药剂：5%菌毒清水剂50倍液+50%多菌灵可湿性粉剂800倍液；70%甲基硫菌灵可湿性粉剂800倍液+2%嘧啶核苷类抗生素水剂10 ~ 20倍液涂刷病斑，可控制病斑扩展。

（五）山楂根霉腐烂病

根霉腐烂病分布广泛，多发生在潮湿温暖的环境中，是山楂树上一种偶见病害。

山楂根霉腐烂病病果（1）　　　　　　　　　山楂根霉腐烂病病果（2）

【症状】　受侵染的果实开始变软，没有弹性，继而果肉组织被破坏，在常温常湿条件下，病害发展到中后期，在烂果表面长出粗的白色菌丝体和细小的黑色点状物。在冷库或冷藏车中，菌丝体生长受抑制，孢子囊呈致密的灰色或黑色团，紧紧附着在果实表面。

【病原】　引起这种腐烂病的病原是黑根霉 *Rhizopus nigricans* Ehrenb.，属接合菌门，接合菌纲。匍匐菌丝弓状弯曲，与基质相接触处产生假根；孢囊梗直立不分枝，1～10枝丛生于假根上方，淡褐色，大小为（205～400）μm×（24～42）μm。孢子囊球形或椭圆形，褐色或黑色，直径（65～350）μm。囊轴球形、椭圆形或不规则形，孢囊孢子近球形、卵形或多角形，褐色或蓝灰色，大小为（5.5～13.5）μm×（7.5～8）μm。有性世代接合孢子球形或卵形，黑色，有瘤状突起，直径（160～220）μm。

【发生规律】　黑根霉是一种喜温的弱寄生菌，它很少通过果实无伤的表皮直接侵入，而是通过果实表面的伤口侵入，管理和采收、包装操作粗放的果园，容易为病菌提供侵入为害的条件。高温高湿的环境条件特别利于病害的发生和发展。

【防治方法】　参考山楂青霉腐烂病。

（六）山楂灰霉病

山楂灰霉病是山楂贮藏期为害果实的常见病害。

【症状】　果面初呈圆形或近圆形水渍状病斑，不凹陷；后扩大为浅黄色不规则形软腐病斑。由于水分的不断丧失，病斑表皮逐渐皱缩、凹陷，以致全果软腐皱缩。病斑上散生鼠灰色霉丛，即病菌的分生孢子梗和分生孢子，后期病果上可产生黑色不规则形菌核。

【病原】　此病由半知菌灰葡萄孢 *Botrytis cinerea* Pers.ex Fr. 侵染引起。

【发病规律】　病菌以分生孢子和菌核随病残体越冬。分生孢子借气流传播，主要通过伤口侵入，在贮藏期也可通过接触传染。

山楂灰霉病

【防治方法】
1.**减轻碰压伤**　在采收、分级包装、贮藏、运输过程中，尽量避免产生伤口。在入窖（库）贮藏前严格淘汰伤果，贮藏期间及时清理伤果，以防病害蔓延。

2.**果窖（库）消毒**　果窖（库）、旧果筐和果箱等，使用前进行药剂灭菌处理。可用硫黄（二氧化硫）熏蒸，用药量2～3 kg/100 m³（加锯末和10%氯酸钾），密闭熏蒸2 d左右；或1%～2%福尔马林或4%漂白粉水溶液喷布熏蒸，密闭24 h。

（七）山楂煤污病

【症状】　属真菌病害，主要寄生在果实或枝条上，有时也侵害叶片。果实染病在果面上产生黑灰色不规则病斑，在果皮表面附着一层半椭圆形黑灰色霉状物，与健部界线明显。果实染病，初有数个小黑斑，逐渐扩展连成大斑，病斑一般用手擦不掉。

【病原】　山楂煤污病病原菌包括 *Dissoconium* sp.、*Peltaster* sp.、*Mycosphaerella* sp. 等3个属的多个种。

【发病规律】　病菌以分生孢子器在树枝条上越冬，翌年春气温回升时，分生孢子借风雨传播到果面上为害，特别是进入雨季为害更加严重。此外树枝徒长，茂密郁闭，通风透光差发病重。树膛外围或上部病果率低于内膛和下部。

【防治方法】
　1.剪除病枝　落叶后结合修剪，剪除病枝集中烧毁，减少越冬菌源。
　2.加强管理　修剪时，尽量使树膛开张，疏除徒长枝，改善膛内通风透光条件，增强树势，提高抗病力。
　3.喷药保护　在发病初期，喷50%多菌灵可湿性粉剂600倍液，每10 d喷1次，共防治2～3次。

山楂煤污病

（八）山楂叶斑病

山楂叶斑病是山楂叶部主要病害之一。

山楂叶斑病病叶（1）

山楂叶斑病病叶（2）

【症状】　山楂叶斑病发病初，侧脉间出现针尖大褐色小点，逐渐扩大为直径2～4 mm的深褐色斑点。斑点中部黄褐色，并有一环纹，周缘色深，边界清晰。8月中下旬，病斑转为黄褐色至银灰色，其上散生黑色小点粒。发病严重时，平均每叶病斑达数十个。

【病原】　病原菌为叶点霉菌（*Phyllosticta crataegicola* Sacc.）。

【发病规律】　山楂叶斑病病菌主要以分生孢子器在病叶上越冬。翌年花期，散发分生孢子向叶片侵染。一般于6月间病叶骤增，7～8月仍有发生。老弱树发病重。严重时，7月中上旬病部开始失绿变黄，继而凋落，影响树体营养积累和花芽形成。大树以冠围、冠顶直射光下的结果枝上叶片发病最重，内膛光照不良，叶片薄、色淡发病较轻。雨水早、雨量大、次数多的年份发病较重，特别是7～8月的降雨对病害发生影响较大。地势低洼、土质黏重、排水不良等有利于病害发生。

【防治方法】
　1.铲除越冬菌源　发芽前喷布5° Bé石硫合剂；可兼治球坚蚧和山楂叶锈螨等。
　2.药剂防治　发病前喷施下列药剂：75%百菌清可湿性粉剂1 000倍液；50%多菌灵可湿性粉剂1 000倍液；70%代森锰锌可湿性粉剂800倍液。发病初期可喷施下列药剂：50%异菌脲可湿性粉剂1 000倍液；50%苯菌灵可湿性粉剂1 500倍液；40%腈菌唑水分散粒剂6 000倍液；70%甲基硫菌灵可湿性粉剂1 500倍液；10%苯醚甲环唑水分散粒剂3 000倍液等。

（九）山楂白粉病

山楂白粉病是山楂常见病害之一，在中国山楂产区都有分布。结果树一般年份发病较轻，但其砧木幼苗被害常十分严重。

山楂白粉病病叶

山楂树白粉病病叶病斑

【症状】　主要为害山楂叶片、新梢及幼果。

1. **嫩叶**　受害时，初生褪绿黄色斑块，不久在叶片两面产生白色粉状物，即病菌的分生孢子梗及分生孢子。

2. **新梢**　生长衰弱，叶片窄小扭曲，节间短缩，嫩茎布满白粉，严重时枝梢枯死。

3. **幼果**　在落花后即可被害，先在近果柄处发生白色粉斑，果实向一侧歪曲（又称弯脖子），病斑逐渐蔓延至果面上，易早期脱落。后期果实被害，病斑硬化并龟裂，或产生红褐色粗糙病斑。

秋季于病部产生黑色小粒点，此为病菌的闭囊壳。

【病原】　山楂白粉病病菌的有性阶段为 *Podosphaera oxyacanthae* f. sp. *crataegicola*（DC）de Bary，称蔷薇科叉丝单囊壳，属于子囊菌门。无性阶段为 *oidium crataegi* Grogn.，称山楂粉孢霉。闭囊壳暗褐色，球形，顶部有附属丝 6 ~ 16 根，先端发生 2 ~ 3 次二分叉式分枝，底部具短而扭曲的附属丝。闭囊壳内仅有一个椭圆形的子囊，内生 8 个子囊孢子。子囊孢子单胞，无色，大小为（20.8 ~ 24）μm ×（11.8 ~ 13.4）μm。无性阶段产生分生孢子，分生孢子梗短粗不分枝，分生孢子念珠状串生，无色，单胞，大小为（20 ~ 30）μm ×（12.8 ~ 16）μm。

【发病规律】　白粉病病菌主要以闭囊壳在病叶上越冬，春雨后放射子囊孢子侵染嫩叶及幼果，在生长期可进行多次再侵染，因此病害逐渐加重。在北方果产区，5 ~ 6 月为发病盛期，7 ~ 8 月病势减缓，10 月停止发生。病害一般在春季温暖干旱年份发生较重，植株过密、土壤黏重、管理粗放、肥料不足、树势衰弱等，均有利于病害发生，野生山楂、幼龄树发病重，反之则轻。

【防治方法】

1. **清除菌源**　刨除自生根蘖、园内及其周围的野生山楂。清扫落叶，剪除病梢，集中深埋。

2. **药剂防治**　病害发生时，可以用下列药剂：40% 氟硅唑乳油 6 000 倍液；10% 苯醚甲环唑水分散粒剂 3 000 倍液；5% 己唑醇悬浮剂 1 500 倍液，均匀喷施。在苗圃里，当实生苗长出 4 个真叶时开始喷药，每 15 d 喷药 1 次，7 月以后可视病情轻重确定。

（一〇）山楂青霉病

山楂青霉病是贮藏后期常见的一种传染性病害，分布普遍。

【症状】　主要为害果实。果实发病主要由伤口（刺伤、压伤、虫伤、其他病斑）开始。发病部位先局部腐烂，湿软，表面黄白色，呈圆锥状深入果肉，条件适合时发展迅速，发病 10 d 后全果腐烂。空气潮湿时，病斑表面生出小瘤状霉块，初为白色，后变青绿色，上面被覆粉状物。腐烂果肉有特殊的霉味。

【病原】　扩展青霉 *Penicillium expansum*，属真菌。

【发病规律】　主要发生在贮藏运输期间，病菌经伤口侵入致病，也可由果柄和萼凹处侵入，很少经果实皮孔侵入。病菌孢子能忍耐不良环境条件，随气流传播；分生孢子落到果实伤口上，便迅速萌发，侵入果肉，使果肉软腐。气温 25 ℃左右，病害发展最快；0 ℃时孢子虽不能萌发，但侵入的菌丝能缓慢生长，果腐继续扩展；靠近烂果的果实，如表面有刺伤，烂果上的菌丝会直接侵入而引起腐烂。

山楂青霉病

【防治方法】
（1）选择无伤口的果实入贮，在采收、分级、装箱、搬运过程中，尽量防止刺伤、压伤、碰伤等。
（2）伤果、虫果及时处理，勿长期贮藏，以减少损失。
（3）药剂处理：采收后，用 50% 苯菌灵可湿性粉剂 1 500 ~ 2 000 倍液、50% 多菌灵可湿性粉剂 1 000 倍液、45% 噻菌灵悬浮剂 3 000 ~ 4 000 倍液等药液浸泡 5 min，晾干后再贮藏，有一定的防效。

（一一）山楂缺铁黄叶病

【症状】　黄叶病的发病初期，山楂树的叶片呈现脉腋间变黄，但叶脉为绿色。后期，叶片全部变为黄色或黄白色，叶片变得小而薄，叶缘焦枯。发病严重时，叶片脱落，造成山楂减产，甚至整株死亡。

【病因】　山楂对土壤酸碱性反应较敏感，最适于生长在中性或微酸性沙壤土。在碱性土壤中，由于土壤的碱性作用，会导致铁元素被固定，由可溶状态变为不溶状态，很难被山楂树根系吸收，从而导致山楂树生长过程中缺铁。铁元素虽然不属于叶绿素的组成成分，但却是叶绿素生物光合过程中不可缺少的酶的辅基。缺铁就会间接影响叶绿素生物合成的正常进行，从而导致山楂树黄叶病的发生，削弱山楂树的生长和结果能力。

山楂树缺铁黄叶

【发病规律】　凡是土壤有机质贫乏、排水不良、灌溉水的水质含过量碳酸根，以及盐碱地带均可加重发病。一般灌水量过大，土壤持水时间较长的黏重土质果园，以及果树树势衰弱或根系衰弱的果园发病较重。因此，在发展山楂时，需根据山楂树对土壤条件的要求选择适宜的地块。

【防治方法】
1. 改良土壤状况　春季果园种植毛苕子、小苜蓿等豆科类绿肥作物，等盛花期刈割翻压，入秋再增施有机肥 1 次，结合施肥对树盘深翻 30 cm 以上，以增加活土层厚度，对盛果期果树可增施腐熟的禽、畜粪肥等。
2. 加强施肥管理　增施有机肥是预防缺铁黄叶病的有效措施之一。有机肥每亩施入 3 ~ 5 m³，施基肥时间在 9 ~ 11 月，越早越好。施有机肥的同时，可施入生物菌肥，提高土壤的活化程度，有利根系对铁元素的吸收。对盛果期果树在花前和花后各追施尿素每亩 15 ~ 20 kg，在 7、8 月每亩追氮、磷、钾各 15% 的复合肥 25 ~ 30 kg。

3. **做到合理负载留果** 重点做好疏花工作，把过密的花、迟开的弱花及时疏除，坐果后，要再疏 1 次果，每亩产量控制在 2 000 kg 左右。黄叶病严重的树，要减半留果。

4. **调控树势** 对黄叶病树在冬季修剪时，对结果枝组重回缩，整体减少枝量，以利增强树势。

5. **药剂防治** 从春季开始，每隔半月连喷 3 次 300 倍的尿素加黄腐酸铁，或 3 次氨基酸铁，对黄叶病的山楂树复绿、恢复树势，有很好效果。还要及时防治各种病虫害，尤其要注意叶部病虫害和根系病害的防治。

6. **选择优良品种** 在栽培上选育抗性较强的品种及砧木。

二、山楂树害虫

（一）山楂园桃小食心虫

桃小食心虫（*Carposina niponensis* Walsingham），又名桃蛀果蛾，简称"桃小"，属鳞翅目果蛀蛾科。

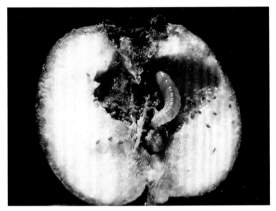

桃小食心虫高龄幼虫蛀食山楂果实

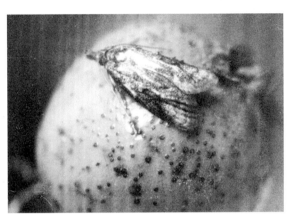

桃小食心虫成虫

桃小食心虫蛀食山楂果实孔

桃小食心虫中龄幼虫蛀食山楂果实

【分布与寄主】　在中国广泛分布于北纬 31° 以北、东经 102° 以东的北方果产区，在浙江、湖南、四川等南方省区也为害很重。寄主植物有苹果、花红、海棠、梨、山楂、桃、李、杏、枣等，其中以苹果、梨、枣、山楂受害最重，以幼虫蛀害果实。

【为害状】　幼虫多从果实的中下部蛀入，从蛀孔不向外排粪便，此特征易与梨小食心虫、白小食心虫、苹小食心虫相区别。蛀孔经 2 ~ 3 d 愈合，呈黑褐色小点似蝇粪。入果后多在种子间及种子周围蛀食，粪便排于其中，被害果发育迟缓，多呈青红色。被害果实多呈畸形猴头果，果肉被食空，果内充满虫粪，果实失去商品价值。

【形态特征】
1. **成虫**　体长 5 ~ 8 mm。前翅近前缘中部有 1 个蓝褐色三角形的大斑，翅基部和中央部位有 7 簇蓝黑色的斜立鳞毛。
2. **卵**　深红色，椭圆形，长 0.4 mm，顶部着生 2 ~ 3 圈 "Y" 状刺毛。

3. **幼虫** 初孵幼虫白色。老龄幼虫体长 13 ~ 16 mm，全体桃红色，前胸气门前毛片具毛 2 根，腹足趾钩呈单序环状，无臀栉。低龄幼虫体乳白色至淡黄白色，头、前胸盾黑褐色，随着生长体色渐变橙红色至深红色，头和前胸盾颜色减淡，呈黄褐色。

4. **蛹** 为裸蛹，长 6.5 ~ 8.6 mm。初黄白色，渐变黄褐色，羽化前灰黑色，复眼红褐色。

5. **冬茧** 又称越冬茧，为越冬幼虫于土中所结的茧，丝质，紧密坚实，外附泥土，状似土粒，难以辨认，扁圆形，直径 6 mm 左右，厚 2 ~ 3 mm。

6. **夏茧** 又称蛹化茧或羽化茧，为幼虫要化蛹时结的茧，丝质，较疏松，一端留有羽化孔，纺锤形，长 13 mm 左右，外附泥土。

【**发生规律**】 山楂上 1 年发生 1 代，以老熟幼虫于土中结冬茧越冬。在山楂上翌年越冬幼虫出土期比苹果属寄主上的晚 1 个月左右，一般在 6 月下旬至 8 月中旬出土，盛期为 7 月中下旬。出土后于地表杂物下和土缝中结夏茧化蛹，蛹期 15 d 左右。幼虫出土至成虫羽化 15 ~ 20 d。成虫发生期为 7 月中旬至 9 月上旬，盛期为 8 月中上旬。产卵前期 2 ~ 3 d。卵期 7 ~ 10 d。幼虫在果实内为害 40 ~ 50 d，老熟脱果入土结冬茧越冬。一般 9 月中旬至 10 月下旬脱果，9 月下旬至 10 月上旬为脱果盛期。

【**防治方法**】

1. **综合防治策略** 在越冬幼虫出土期，幼虫暴露于外，因此，及时进行地面施药是最经济有效的防治措施。树上喷药可以毒杀成虫，对防治卵和初孵幼虫也有良好的效果。对桃小食心虫的防治应采取以药剂防治为主，人工防治为辅，树下、树上防治相结合的综合措施。

2. **综合防治技术**

（1）树下地面防治：根据对幼虫出土的监测，当幼虫出土量突然增加时，即幼虫出土达到始盛期时（豫西大致在 5 月中下旬或 6 月上旬）应开始第 1 次地面施药，可用 25% 辛硫磷微胶囊 200 ~ 300 倍液均匀喷洒在树盘内并浅耙入土。

（2）树上药剂防治：依据田间系统调查，当卵果率达 1% ~ 1.5% 时，应立即喷药，可选择 B t 乳剂 600 倍液；2.5% 氟氯氰菊酯乳油 2 000 ~ 3 000 倍液；20% 杀灭菊酯乳油或 10% 氯氰菊酯乳油 3 000 倍液。

（3）人工摘除虫果：在果园内经常巡查，发现树上虫果及时摘除，并拾净地面落果，加以深理处理。

（4）地膜覆盖树盘：在越冬幼虫出土前，用宽幅地膜覆盖树盘地面，并把树干周围的地膜扎紧，阻止越冬代成虫飞出产卵，避免果实受害，同时可提高地温，抑制杂草，保持土壤湿度对果树生长发育有利。

（5）诱杀成虫：可在果园内设置桃小食心虫性诱剂诱捕器诱杀成虫，以减少幼虫数量。

（二）山楂白小食心虫

白小食心虫 [*Spilonota albicana*（Motschulsky）]，又名桃白小卷蛾，是山楂的重要害虫之一。

【**分布与寄主**】 在我国各山楂产区均有分布。主要为害山楂、苹果、杏、李、梨、桃等果树。

【**为害状**】 出蛰后的越冬幼虫，吐丝为害嫩叶幼芽。为害果实时，幼虫常从萼洼蛀入果内，但不深入果心，萼洼处有大量虫粪和丝网。低龄幼虫咬食幼芽、嫩叶，并吐丝把叶片缀连成卷，在卷叶内为害；后期幼虫则从萼洼或梗洼处蛀入果心、在果皮下局部为害，大果类不深入果心，蛀孔外堆积虫粪，粪中常有蛹壳，用丝连接不易脱落。

【**形态特征**】

1. **成虫** 体长 6 ~ 7 mm，翅展 10 ~ 15 mm，暗灰褐色至深褐色。复眼深褐色。前翅长方形，前缘具 7 ~ 8

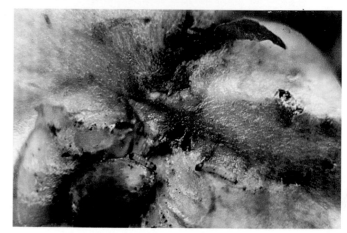

白小食心虫低龄幼虫

组白斜短纹，每组由 2 条组成。近外缘有与外缘平行排列的 7 ~ 8 个棒状黑纹。翅面散生小白斑。

2. **卵** 长 0.56 mm，宽 0.4 mm，椭圆形，中央凸起，初黄色，后变红色。

3. **幼虫** 末龄幼虫体长 6 ~ 7 mm，浅黄白色，头部深棕黄色。

4. **蛹** 长 7 mm，黄褐色。

【发生规律】 辽宁、河北、山东 1 年发生 2 代，多以低龄幼虫在粗皮缝内结茧越冬，翌年山楂萌动后，幼虫取食嫩芽、幼叶，吐丝缀叶成卷，居中为害，幼虫老熟在卷叶内结茧化蛹，越冬代成虫于 6 月上旬至 7 月中旬羽化，早期成虫卵产在桃和樱桃叶背，后期卵产在苹果、山楂等果实上。幼虫孵化后多自果洼或梗洼处蛀入。老熟后在被害处化蛹、羽化。第 1 代成虫于 7 月中旬至 9 月中旬发生，仍在果实上产卵，幼虫为害一段时间脱果潜伏越冬。

【防治方法】

1. **物理防治** 休眠期刮除老皮、翘皮进行处理。

2. **化学防治** 在成虫发生期和卵期喷药防治。建议可喷 50% 杀螟硫磷乳油 1 000 倍液，50% 马拉硫磷乳油 1 000 倍液。

（三）山楂园桃蛀螟

山楂园桃蛀螟（*Dichocrocis punctiferalis* Guenee），又名豹纹斑螟，属鳞翅目草螟科。

桃蛀螟为害山楂果实

桃蛀螟幼虫为害山楂果实的排粪处经常与叶片相连

桃蛀螟成虫

桃蛀螟幼虫为害山楂果实

桃蛀螟幼虫

【分布与寄主】 我国南、北方都有分布。其幼虫为害桃、梨、苹果、杏、李、石榴、葡萄、山楂、板栗、枇杷等果树的果实，还可为害向日葵、玉米、高粱、麻等农作物及松杉、桧柏等树木，是一种杂食性害虫。

【为害状】 果实被害后，蛀孔外堆积黄褐色虫粪，受害果实常变色脱落。

【形态特征】

1. **成虫** 体长 9 ~ 14 mm，全体黄色，前翅散生 25 ~ 28 个黑斑。雄虫腹末黑色。

2. **卵** 椭圆形，长约 0.6 mm，初产时乳白色，后变为红褐色。表面粗糙，有网状线纹。

3. **幼虫** 老熟时体长 22～27 mm，体背暗红色，身体各节有粗大的褐色毛片。腹部各节背面有 4 个毛片，前两个较大，后两个较小。

4. **蛹** 长 13 mm 左右，黄褐色，腹部第 5～7 节前缘各有 1 列小刺，腹末有 6 个细长的曲钩刺。茧灰褐色。

【发生规律】 我国从北到南，1 年可发生 2～5 代。河南 1 年发生 4 代，以老熟幼虫在树皮裂缝、桃僵果、玉米秆等处越冬。翌年 4 月中旬，老熟幼虫开始化蛹。各代成虫羽化期为：越冬代在 5 月中旬，第 1 代在 7 月中旬，第 2 代在 8 月中上旬，第 3 代在 9 月下旬。成虫白天在叶背静伏，晚间多在两果相连处产卵。幼虫孵出后，多从萼洼蛀入，可转害 1～3 个果。化蛹多在萼洼处、两果相接处和枝干缝隙处等，结白色丝茧。

【防治方法】

1. **清除越冬幼虫** 冬、春季清除玉米、高粱、向日葵等遗株，并将桃树等果树老翘皮刮净，集中焚烧，以减少虫源。

2. **药剂防治** 药剂治虫的有利时机在第 1 代幼虫孵化初期（5 月下旬）及第 2 代幼虫孵化期（7 月中旬）。防治用药以 2.5% 高效氟氯氰菊酯乳油 2 000 倍液、48% 毒死蜱 1 000 倍液保果杀虫效果好。

（四）山楂粉蝶

山楂粉蝶（*Aporia crataegi* L.），又名苹果粉蝶、梅粉蝶，属鳞翅目粉蝶科。

山楂粉蝶成虫

山楂粉蝶低龄幼虫为害状

山楂粉蝶低龄幼虫在枯叶内越冬

山楂粉蝶高龄幼虫

【分布与寄主】 国内东北、华北、西北各省（区）及山东、四川等省均有分布，以北部果产区受害较重；国外分布于俄罗斯、朝鲜及日本。寄主植物很多，最喜食蔷薇科植物，如苹果、山楂、梨、桃、杏、李等。

【为害状】 幼虫食害芽、花、叶，低龄幼虫吐丝结成网巢，群居网巢中为害，幼虫长大后分散为害花芽和花蕾，蛀成孔洞，大幼虫可将叶片吃光，只留叶柄。

【形态特征】

1. **成虫** 体长 22～25 mm。触角黑色，端部黄白色。前、后翅白色，翅脉和外缘黑色。

2. 卵　形似子弹头，高约 1.3 mm，壳面有纵脊纹 12 ~ 14 条，淡黄色，数十粒在一起，呈卵块。

3. 幼虫　老熟时体长 40 ~ 45 mm，背面有 3 条很窄的黑色纵纹和 2 条黄褐色纵纹。

4. 蛹　体长约 25 mm，橙黄色，全体分布有黑色斑点，腹面有 1 条黑色纵带。以丝将蛹体缚于小枝上，称为缢蛹。

【发生规律】　山楂粉蝶 1 年发生 1 代，以 3 龄幼虫群集在树梢虫巢里越冬，每巢一般有虫 10 多头。春季果树发芽后，越冬幼虫出巢，先食害芽、花，而后吐丝缀叶为害。幼虫老熟后，在枝干、叶片和附近杂草、石块等处化蛹，豫西地区化蛹盛期在 5 月中下旬。成虫发生在 5 月底至 6 月上旬，产卵于叶片上，每个卵块有卵数十粒。6 月中旬幼虫孵化后，为害至 8 月初，以 3 龄幼虫在枝梢被害枝叶虫巢中越夏、越冬。全年以 4 ~ 5 月为害最重。

【防治方法】

1. 剪除虫巢　山楂粉蝶幼虫构筑的枯叶虫巢挂在树上不脱落，易识别，在落叶后摘除虫巢，集中处理，是一种有效的防治措施。

2. 药剂防治　春季幼虫出蛰后，可喷布 50% 辛硫磷或 50% 杀螟松 1 500 倍液，也可用 50% 马拉硫磷乳油 1 500 倍液或 20% 甲氰菊酯乳油 2 000 倍液，10% 联苯菊酯乳油 4 000 等液，20% 氰戊菊酯乳油 2 000 倍液，2.5% 溴氰菊酯乳油 3 000 倍液等喷雾防治。

3. 生物防治　保护利用天敌。山楂粉蝶的天敌种类很多，数量最多的是菜粉蝶黄绒茧蜂（*Apanteles glomeratus* L.）和微红绒茧蜂（*Apanteles rubecula* Marsh），一般寄生率可达 50% ~ 80%，雌蜂产卵于幼虫体内，幼虫老熟时，蜂幼虫离体结茧化蛹，一头幼虫体内可寄生菜粉蝶黄绒茧蜂数十头。蛹期有金小蜂（*Pteromalus puparum* L.），此外有多种胡蜂和蠋敌（*Arma custos*）可捕食幼虫。幼虫期还感染核多角体病毒，染病幼虫体软，倒挂枝上而死亡。

（五）山楂萤叶甲

山楂萤叶甲（*lochmaea cratagi* Forst.），属鞘翅目叶甲科。

山楂萤叶甲成虫　　　　　　　　山楂萤叶甲蛹　　　　　　　　山楂萤叶甲为害的幼果状

【分布与寄主】　山西、陕西、河南等省有分布。主要为害山楂。

【为害状】　成虫食芽、叶、花蕾，幼虫蛀食幼果，可造成绝产。

【形态特征】

1. 成虫　体长 5 ~ 7 mm，长椭圆形，体黄色，鞘翅和腹部橙黄色至淡黄褐色。

2. 卵　近球形，底部平黏附于寄主上，直径 0.75 mm 左右，土黄色，近孵化时呈淡黄白色。

3. 幼虫　老熟时体长 8 ~ 10 mm，长筒形，尾端渐细，头窄于前胸，米黄色，各体节毛瘤及头部、前胸盾、胸足外侧和第 9 腹节背板均黑褐色至黑色。胴部 13 节，第 9 腹节背板骨化程度较高呈半椭圆形，似臀板。

4. 蛹　为裸蛹，椭圆形，长 6 ~ 7 mm，初化蛹时淡黄色，复眼渐渐变为黑色，羽化前体色与成虫相似。土茧内壁光滑、无丝，椭圆形略扁，长 9 ~ 11 mm。

【发生规律】　各地均 1 年发生 1 代，以成虫于树冠下 10 ~ 20 cm 土层中越冬，一般在山楂芽膨大露绿时约 4 月上旬开始出土，上树为害，花序露出时为出土盛期，山西晋城地区为4月下旬，4月底为出土末期。4月中旬开始上树产卵，5月上旬为产卵盛期。成虫寿命较长，出土后达30～40 d，田间6月中旬绝迹。卵期20～30 d，5月中下旬落花期幼虫开始孵化蛀果为害，幼虫期30～40 d，6月下旬开始老熟，脱果入土做土室，经10～15 d化蛹。蛹期20 d左右，羽化后不出土即越冬。

【防治方法】 发生严重的果园，应采取以药剂为主的树下和树上相结合的综合防治措施。

1. 药剂处理 用药剂处理树冠下土壤毒杀出土成虫，3月底越冬成虫出土前，将树冠下地表的枯枝落叶、杂草、石块等物清理干净，土表整平耙细。成虫开始出土即施药（4月上旬），一般当芽膨大有黄豆粒大时为施药适期。选用残效期长的触杀剂为宜，可用：

（1）25%辛硫磷胶囊剂或50%辛硫磷乳油，每亩用0.8～1 kg，地面喷洒方法同上，或做成毒土撒施。毒土的做法是：用过筛干土：药：水=300：1：5比例，将药加水稀释后喷洒在干土上，边喷边搅拌，使药土混合均匀即可使用。将毒土均匀撒在树冠下地表。辛硫磷易光解，喷洒或撒毒土之后，应立即耙1次，深度3.3 cm左右，可延长残效期提高杀虫效果。

（2）可试用幼虫脱果之前树冠下地面施药，毒杀脱果幼虫，方法与用药量同辛硫磷。晋城地区一般6月中旬施药为宜。药剂处理树冠下土壤要适时仔细，基本可以控制此虫为害，且可兼治多种金龟子、象甲等害虫。为了提高防治效果，地面施药后最好早晚进行振树，使上树成虫落地触药致死。隔3～5 d进行1次。

2. 树上喷药毒杀成虫、卵及初孵幼虫 依据虫情需要树上喷药时，可在开花前和落花后进行，花前用药主要杀成虫和卵，花后用药主要杀初孵幼虫和部分卵及成虫。可用下列药剂：48%毒死蜱乳油1 500倍液；5%高效氯氰菊酯乳油3 000倍液；50%辛硫磷乳油1 500倍液；25%喹硫磷乳油1 500倍液等。

3. 农业防治 秋季深翻树盘，可破坏成虫越冬场所，消灭部分成虫；幼虫为害期及时清理落果，集中销毁可消灭其中没脱果的幼虫。

（六）斑喙丽金龟

斑喙丽金龟（*Adoretus tenuimaculatus* Waterhouse），属鞘翅目丽金龟科。

斑喙丽金龟为害山楂树叶片（1）

斑喙丽金龟为害山楂树叶片（2）

斑喙丽金龟为害状

【分布与寄主】 分布在中国、朝鲜、日本和美国夏威夷等。主要危害山楂、葡萄、柿、苹果、梨、桃、枣、板栗及菜豆、大豆、玉米等。

【为害状】 以成虫取食果树叶片，被害叶多呈锯齿状孔洞。

【形态特征】

1. **成虫** 体长约12 mm。体背面棕褐色，密被灰褐色茸毛。翅鞘上有稀疏成行的灰色毛丛，末端有一大一小灰色毛丛。

2. **卵** 长椭圆形，长1.7～1.9 mm，乳白色。

3. **幼虫** 体长13～16 mm，乳白色，头部黄褐色。臀节腹面钩状毛稀少，散生，且不规则，数目为21～35根。

4. **蛹** 长10 mm左右，前圆后尖。

【生活习性】 1年发生2代，以幼虫越冬。4月下旬至5月上旬老熟幼虫开始化蛹，5月中下旬出现成虫，6月为越冬代成虫盛发期，并陆续产卵，6月中旬至7月中旬为第1代幼虫期，7月下旬至8月初化蛹，8月为第1代成虫盛发期，8月中旬见卵，8月中下旬幼虫孵化，10月下旬开始越冬。成虫白天潜伏于土中，傍晚出来飞向寄主植物取食，黎明前全部飞走。阴雨大风天气对成虫出土数量和飞翔能力有较大影响。成虫可以取食多种植物，食量较大，有假死和群集为害习性，在短时间内可将叶片吃光，只留叶脉，呈丝络状。每头雌虫可产卵20～40粒，产卵后寿命3～5d。产卵场所以菜园、丘陵黄土以及黏土壤的田埂内为最多。幼虫为害苗木根部，活动深度与季节有关，活动为害期以3.3 cm左右的草皮下较多，遇天气干旱，入土较深，化蛹前先筑1个土室，化蛹深度一般为10～15 cm。

【防治方法】　参考苹毛丽金龟。

（七）小青花金龟

小青花金龟（*Oxycetonia jucunda* Faldermann），属花金龟科。

【分布与寄主】　分布在全国各地，但新疆未见报道。

【为害状】　春季多群聚在花上，食害山楂的花瓣、花蕊、芽及嫩叶，致落花。成虫喜食花器，故随寄主开花早迟转移为害。

小青花金龟

【形态特征】

1. 成虫　体长11～16 mm，宽6～9 mm，长椭圆形稍扁，背面暗绿色或绿色至古铜微红色及黑褐色，变化大，多为绿色或暗绿色；腹面黑褐色，具光泽，体表密布淡黄色毛和点刻。头较小，黑褐色或黑色，唇基前缘中部深陷。前胸背板半椭圆形，前窄后宽，中部两侧盘区各具白绒斑1个，近侧缘亦常生不规则白斑，有些个体没有斑点。小盾片三角状。鞘翅狭长，侧缘肩部外凸，且内弯。翅面上生有白色或黄白色绒斑，一般在侧缘及翅合缝处各具较大的斑3个；肩凸内侧及翅面上亦常具小斑数个；纵肋2～3条，不明显。臀板宽短，近半圆形，中部偏上具白绒斑4个，横列或呈微弧形排列。

2. 卵　椭圆形，长1.7～1.8 mm，宽1.1～1.2 mm，初乳白色渐变淡黄色。

3. 幼虫　体长32～36 mm，体乳白色，头宽2.9～3.2 mm，头部棕褐色或暗褐色，上颚黑褐色；前顶刚毛、额中刚毛、额前侧刚毛各具1根。臀节肛腹片后部生长短刺状刚毛，覆毛区的尖刺列每列具刺16～24根，多为18～22根。

4. 蛹　长14 mm，初淡黄白色，后变橙黄色。

【发生规律】　每年发生1代，北方以幼虫越冬，江苏可以幼虫、蛹及成虫越冬。以成虫越冬的翌年4月上旬出土活动，4月下旬至6月盛发；以末龄幼虫越冬的，成虫于5～9月陆续出现，雨后出土多，安徽8月下旬成虫发生数量多，10月下旬终见。成虫白天活动，春季10～15时、夏季8～12时及14～17时活动最盛，成虫飞行力强，具假死性；风雨天或低温时常栖息在花上不动，夜间入土潜伏或在树上过夜，成虫经取食后交尾、产卵。卵散产在土中、杂草或落叶下。尤喜产卵于腐殖质多的场所。幼虫孵化后以腐殖质为食，长大后为害根部，但不明显，老熟后化蛹于浅土层。

【防治方法】

（1）果树开花期振落捕杀，集中杀灭。

（2）地面施药控制潜土成虫，常用药剂有5%辛硫磷颗粒剂，每公顷50 kg撒施；或50%辛硫磷乳油每公顷5 kg加细土500 kg拌匀成毒土撒施，也可稀释成500倍液均匀喷于地面，并及时浅耙以防光解。

（3）结合防治其他害虫，喷洒50%辛硫磷或杀螟松1 000～1 500倍液，或2.5%溴氰菊酯2 000倍液或其他菊酯类药剂。

（八）苹毛丽金龟

苹毛丽金龟（*Proagopertha lucidula* Faldermann），又名苹毛金龟子，属鞘翅目丽金龟科。

【分布与寄主】 东北、华北、西北等地均有发生。为害苹果、梨、桃、李、杏、樱桃、核桃、板栗、葡萄等果树及多种林木。

【为害状】 成虫取食果树花蕾、花芽和嫩叶，以山区果园和孤零果园受害为重。幼虫在土中为害幼根。

苹毛丽金龟

【形态特征】

1. **成虫** 除小盾片和鞘翅外，体均密被黄白色茸毛。鞘翅棕黄色，从鞘翅上可透视后翅折叠成"V"形。

2. **卵** 乳白色，椭圆形，表面光滑。

3. **幼虫** 老熟幼虫体长 15 mm 左右。头部黄褐色，胸、腹部乳白色。头部前顶刚毛各有 7～8 根，排成一纵列，后顶刚毛各 10～11 根，排成不太整齐的斜列，额中刚毛各 5 根成一斜向横列。无臀板。肛腹片后部钩状刚毛群中间的尖刺列由短锥状和长针状刺毛所组成，短锥状刺毛每侧各 5～12 根，多数是 7～8 根；长针状刺毛各为 5～13 根，多数是 7～8 根，两列刺毛排列整齐。

4. **蛹** 为裸蛹，初期白色，后渐变为淡褐色，羽化前变为深红褐色。

【发生规律】 1 年发生 1 代，以成虫在 30～50 cm，最深达 74 cm 的土层内越冬。越冬成虫于翌年 4 月上旬果树萌芽期出土，花蕾期受害最重。苹果谢花后（5 月中旬）成虫活动停止。成虫取食为害期约 10 d。成虫交尾一般在气温较高时进行，初期以 13～14 时，后期则在上午 8～9 时交尾虫数最多。4 月中旬开始产卵，4 月下旬是产卵盛期，5 月中旬为末期。卵经过 27～31 d 孵化，5 月底至 6 月初为幼虫孵化盛期。1～2 龄幼虫生活于 10～15 cm 的土层内，3 龄后即开始下移至 20～30 cm 深的土层，准备化蛹。8 月中下旬为化蛹盛期。9 月上旬即开始羽化为成虫，9 月中旬为羽化盛期。羽化的成虫当年不出土，即在土层深处越冬，至翌年春季苹果、梨萌芽时上移出土活动。成虫有假死性而无趋光性，故可在早晚摇树振落捕杀。

【防治方法】

1. **人工捕杀** 在成虫发生期，利用其假死性，组织人力于清晨或傍晚敲树振虫，树下用塑料布单或芦苇席接虫，集中处理。除在果园进行捕杀外，还应在果园周围其他树木上同时进行，收效更大。

2. **土壤处理** 用 5% 辛硫磷颗粒剂，每亩 2 kg，有良好效果。果园树盘外非间作地用药量可略增，在成虫初发期处理，效果更好。

3. **喷药保花** 在果树花含苞未放，即开花前 2 d，喷施 50% 马拉硫磷乳剂 1 500 倍液，或 75% 辛硫磷乳油 500～2 000 倍液，杀虫效果都很好。

（九）豆蓝丽金龟子

豆蓝丽金龟子（*Popillia indgigonacea* Motsch），又称豆蓝金龟甲，属鞘翅目丽金龟甲科。

【分布与寄主】 主要分布在华北各省。成虫为害山楂、葡萄等多种果树；幼虫土栖，为害寄主根茎。

【为害状】 成虫喜食花蕾、幼叶，造成残缺不全。

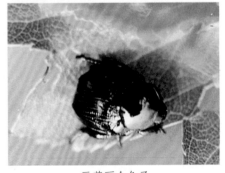

豆蓝丽金龟子

【形态特征】

1. **成虫** 体长 9 ~ 14 mm，略呈纺锤形，全体墨绿色、深蓝色，有强烈金属光泽。臀板无毛斑。触角 9 节，棒状部由 3 节组成。前胸背板较短宽，前、侧方刻点较粗密，中、后部刻点十分稀疏。小盾片大，短阔三角形，基部有少量刻点，末端钝圆。翅鞘短阔，后方明显收狭，末端圆形，小盾片后侧有 1 对深陷横凹，背面有 6 条浅缓刻点沟。

2. **幼虫** 黄白色，虫体光泽强烈，臀板全部外露，具有 2 个显著的白色毛斑。

【发生规律】 1 年 1 代，以 3 龄幼虫在土中越冬。翌年土温回升时，越冬幼虫向上移动，4 月底前后开始在土中化蛹，5 月成虫羽化，6 ~ 7 月为羽化盛期。雌成虫于 6 月开始在土中产卵。幼虫在土中取食植物细根和腐殖质，10 月随着气温下降，幼虫向深土层移动，开始越冬。

【防治方法】

1. **人工捕虫** 早晨或傍晚在花卉上捕捉成虫，或利用其假死性振落，集中处死。
2. **药剂防治** 成虫大量发生为害时，可喷布 10% 氯氰菊酯乳油 2 500 倍液或 2.5% 溴氰菊酯乳油 3 000 倍液。
3. **农业防治** 育苗地或栽培地附近，尽量不堆未腐熟的粪肥以及垃圾，以减少虫源滋生。

（一〇）金缘吉丁虫

金缘吉丁虫（*Lampra limbata* Gebler），又称串皮虫、板头虫、梨吉丁等，属鞘翅目吉丁甲科。

【分布与寄主】 主要为害梨、苹果、桃、杏、山楂等果树，其中梨树受害重，全国各梨产区均有发生。

【为害状】 以幼虫在形成层和木质部之间纵横蛀食，破坏输导组织，造成树势衰弱，树干逐渐枯死，以致全树死亡。一般管理粗放，树势衰弱，伤口多的树受害重，树势健壮受害轻。

金缘吉丁虫为害果树造成树势衰弱

金缘吉丁虫幼虫

【形态特征】

1. **成虫** 体长 13 ~ 17 mm，宽 5 mm，全体绿色，有黄色光泽，密布刻点，体扁平，前胸至翅鞘前缘有一条金黄色纵条纹并有金红色银边，头中央有一条黑蓝色纵纹。

2. **卵** 椭圆形，长约 2 mm，黄褐色。

3. **幼虫** 老龄幼虫体长 30 ~ 36 mm，扁平状，由乳白色渐变为黄褐色。头部小，暗褐色。前胸膨大，背板中央有 1 个"八"字形凹纹。腹部细长，尾端尖。

4. **蛹** 体长 15 ~ 20 mm，褐色。

金缘吉丁虫成虫

金缘吉丁虫为害山楂树干状

【发生规律】 1 ~ 2 年 1 代，以幼虫在受害枝干蛀道内过冬。3 月下旬开始，老熟幼虫在木质部蛹室内化蛹，4 月下旬成虫开始羽化。成虫出孔后食害树叶，有假死性。5 月中下旬为产卵盛期，喜在衰弱树上产卵，卵多产在皮缝处。每雌可产卵 20 ~ 100 粒。6 月上旬为孵化盛期，3 龄后蛀入皮层形成层处为害。初孵幼虫先在浅皮层蛀食，几天后被害处周围色变深，逐渐蛀入皮下为害形成层，长期于木质部与韧皮部之间蛀食，既取食木质部的表层又取食韧皮部的内层，两者被食的深度近等。蛀道初期多呈片状，稍大便蛀成长形弯曲的隧道，有的行螺旋形蛀食，蛀道边缘整齐，蛀道内充满很细而硬的粪屑，粪屑初为黄白色，后变咖啡色。被害细枝常有汁液渗出，被害处外表常变褐至黑褐色；后期被害部常纵裂，甚至树皮与木质部分离。幼虫为害部位较广，从地下部根茎至具粗皮的枝均可为害，蛀食方向不规则。蛀道环绕枝干对环后常使枝干枯死。幼虫老熟时便蛀入木质部内，蛀一船底形蛹室，并从头端向外将木质部咬一羽化孔，蛹室后端以粪屑封闭，于内化蛹。

【防治方法】

1. **加强树体管理，增强树势**　休眠期刮除主干、主枝的粗翘皮，清除部分越冬虫源；及时清除枯死树、死枝并烧掉，减少虫源。

2. **春季成虫羽化出洞前防治**　用 80% 敌敌畏乳油和黄泥浆 1 ：（50 ~ 100）倍调匀后涂封树体上成虫出洞口；成虫产卵前，在树干涂白，阻止产卵。

3. **幼虫为害初期防治**　树皮变黑，用刀将皮下的幼虫挖出，或者用刀在被害处顺树干纵划两三刀，阻止树体被虫环割，避免整株死亡，也可防治其中幼虫。也可用 5% 高效氯氰菊酯或 50% 毒死蜱乳油 5 ~ 10 倍液，或以 80% 敌敌畏乳油 5 倍液，或 1 ：20 的敌敌畏煤油溶液涂刷被害部表皮（被害处略凹陷变黑）或树干，毒杀幼虫效果很好。

4. **成虫羽化初期防治**　树干喷洒敌敌畏乳油 1 000 倍液，成虫发生期喷 5% 高效氯氰菊酯 2 000 倍液。利用成虫假死性，可在早晨振落捕杀成虫。

（一一）山楂小吉丁虫

山楂小吉丁虫（*Agrilus* sp.），属鞘翅目吉丁虫科。

【分布与寄主】　在山西省的晋城、安泽、永济等市县均有发生，当地俗称该虫为"麻花钻"。该虫为害山楂属植物，但以山楂幼树受害较重。

【为害状】　幼虫在枝干的木质部与韧皮部之间为害，多由上向下蛀食，隧道弯曲常沿枝干呈螺旋形下蛀，幼树多在主干上发生，成树多在枝条上发生，削弱树势，重者枯死。成虫食叶成不规则的缺刻和孔洞，亦啃食枝的皮，食量不大。

【形态特征】

1. **成虫**　体长 8.5 ~ 9.5 mm，体背暗紫红色，腹面黑色，有光泽。体略呈楔形，密被刻点，头短

山楂小吉丁虫为害状　　　　　山楂小吉丁虫幼虫

黑色，触角锯齿状，11 节，第 1 ~ 3 节无锯齿。前胸背板宽大于长，前缘两侧向前下弯包至头中部，前缘角尖锐，后缘角近直角，侧缘和后缘边框光滑，黑色，后缘角稍内向前伸，1 纵脊达背板长的 2/5 处。小盾片略呈三角形，与前胸背板间有 1 个光滑横凹。鞘翅肩甲明显突起，翅中部向后渐尖削，内、外侧脊边黑褐色，翅端有 1 列 20 余个刺突，翅尖处的 2 个较大。中、后足相距甚远。腹部腹面可见 5 节。

2. **卵**　椭圆形稍扁，长 1 mm 左右，乳白色至淡黄色。

3. **幼虫**　体长 16 ~ 18 mm，细长略扁淡黄色，前胸稍宽大，前胸盾近圆形，中央有 1 个褐色纵沟，前胸腹板后 2/3 部分中央有 1 个前端分叉的褐纵沟；中、后胸依次渐窄小。腹部 10 节，第 9、10 节愈合成扁圆形尾节；第 10 节较骨化，黄褐色，末端生 1 对黑褐色刺状尾突，其内侧中部和近端部各生 1 钝突，近端部者较小。低龄幼虫体扁平，淡黄色近半透明。

4. **蛹**　长 9.5 ~ 10 mm，初乳白色，羽化前与成虫相似。

【发生规律】　山西 1 年发生 1 代，以幼虫于隧道中越冬，山楂树萌动后继续为害，4 月底前后化蛹，蛹期 10 余天。5 月中旬田间始见成虫，5 月下旬始见卵，6 月上旬前后为成虫盛发期，产卵前期 10 d 左右，6 月中下旬为产卵盛期，卵期 8 ~ 10 d，幼虫 6 月上旬开始发生为害，至落叶时于隧道端越冬。成虫白天活动，喜阳光温暖，有假死性，善于在幼

树和结果小树上活动取食和产卵，茂密郁蔽的大树落卵较少，卵多散产于光照好的枝干皮缝、伤疤、枝杈等不光滑处，每雌产卵 40 ~ 50 粒，成虫寿命 20 ~ 30 d。幼虫孵化后蛀入皮层至皮下，树皮光滑幼嫩者可隐约透见隧道，其边缘的表皮变成褐色至暗褐色且易裂，树皮较厚粗糙者外表难以看出被害。老熟时蛀入木质部，做船底形蛹室于内化蛹。羽化后成虫在蛹室内停留数日，咬开扁圆形羽化孔出树。幼虫期蛀隧道总长 1 ~ 1.5 m。

【防治方法】　参考苹果小吉丁虫。

（一二）梨眼天牛

梨眼天牛（*Chreonoma fortunei* Thomsr.），又名梨绿天牛、琉璃天牛，属鞘翅目天牛科。

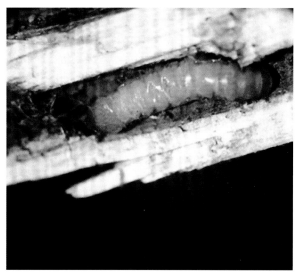

梨眼天牛为害山楂树枝干　　　　　　　　　　梨眼天牛幼虫在枝干内为害状

【分布与寄主】　分布于东北地区和山西、陕西、山东、江苏、江西、浙江、安徽、福建、台湾等地。寄主有苹果、梨、山楂、梅、杏、桃、李、海棠、石榴、槟沙果等多种林木果树植物。

【为害状】　幼虫蛀害 2 ~ 5 年生枝干。被害处树皮破裂，充满烟丝状木屑。成虫食叶。

【形态特征】

1. **成虫**　体长 8 ~ 10 mm，宽 3 ~ 4 mm，体小，略呈圆筒形，橙黄色或橙红色。鞘翅呈金属蓝色或紫色，后胸两侧各有紫色大斑点。全体密被长细毛或短毛，头部密布粗细不等的刻点。复眼上下完全分成 2 对。触角丝状，11 节，基节数节，淡棕黄色，每节末端棕黑色。雄虫触角与体等长，雌虫略短，腹面被缨毛，雌虫较长而密，柄节密布刻点，端区具片状小颗粒。额宽大于长，密布刻点，粗细不等。雌虫腹部末节较长，中央具 1 条纵沟。

2. **卵**　长约 2 mm，宽约 1 m，长椭圆略弯曲，初乳白色后变黄白色。

3. **幼虫**　老熟体长 18 ~ 21 mm，体呈长筒形，背部略扁平，前端大，向后渐细，无足，淡黄色至黄色。头大部缩在前胸内，外露部分黄褐色。上额大，黑褐色。前胸大，前胸背板方形，前胸盾骨化，呈梯形。后胸和第 1 ~ 7 腹节背面及中、后胸和第 1 ~ 7 腹节的腹面均具步泡突。

4. **蛹**　体长 8 ~ 11 mm，稍扁略呈纺锤形。初乳白，后渐变黄色，羽化前体色似成虫。触角由两侧伸至第 2 腹节后弯向腹面。体背中央有一细纵沟。足短，后足腿、胫节几乎全被鞘翅覆盖。

【发生规律】　梨眼天牛 2 年发生 1 代，多以 4 龄幼虫在枝条内越冬。翌年 3 月开始为害，4 月中旬幼虫老熟并化蛹。成虫始见于 5 月上旬，盛期为 5 月中下旬，可持续到 6 月中旬，成虫取食叶柄、主脉、侧脉及嫩枝的表皮，补充营养。成虫多选直径 15 ~ 25 mm 的 2 ~ 3 年生枝条产卵，产卵前先将皮层咬成伤痕，在伤痕中间皮下产 1 粒卵。每雌可产 10 ~ 30 粒卵，卵多产在外围枝条背光面。初孵幼虫在原地取食韧皮部，1 个月后 2 龄幼虫开始蛀入木质部向上为害，由蛀孔向外排出烟丝状木屑、粪便。10月下旬停止取食。

【防治方法】

1. 药剂防治

（1）**防治成虫**。成虫羽化期结合防治果树其他害虫，喷施50%辛硫磷乳油1 500倍液，50%马拉松乳油，50%毒死蜱乳油及各种菊酯类等药剂的常规浓度，对成虫均有良好的防治效果。

（2）**防治虫卵**。在枝条产卵伤痕处，用药液涂抹产卵部位效果很好。

（3）**防治幼虫**。

①捕杀幼虫。利用幼虫有出蛀道啃食皮层的习性，于早晚在有新鲜粪屑的蛀道口，用铁丝钩出粪屑及其中的幼虫，或用粗铁丝直接刺入蛀道，以刺杀其中幼虫。

②药治幼虫。卵孵化初期，结合防治果园其他害虫，喷洒50%辛硫磷乳油或马拉松乳油或毒死蜱乳油以及各种菊酯类农药的常规浓度，毒杀初孵幼虫均有一定效果。或用蘸80%敌敌畏乳油20倍液的小棉球，由排粪孔塞入蛀道内，然后用泥土封口，可毒杀其中幼虫。

2. 严格检疫、杜绝扩散　对带虫苗木不经处理不能外运，新建果园的苗木应严格检疫，防止有虫苗木植入。初发生的果园应及时将有虫枝条剪除烧掉或深埋或及时毒杀其中幼虫，以防扩展与蔓延。

（一三）梨潜皮蛾

梨潜皮蛾（*Acrocercops astaurota* Meyrick），又称梨潜皮细蛾，属鳞翅目细蛾科。

【分布与寄主】　国内分布于辽宁、河北、河南、山东、山西、陕西、江苏、浙江、湖南；国外分布于日本、朝鲜、印度。寄主植物有苹果、梨、山楂、李、海棠、沙果、秋子、木瓜等25种蔷薇科植物。

【为害状】　以幼虫在枝条表皮下潜食。被害枝条表皮破裂翘起，致使树势衰弱，生长受阻。并成为食心虫、卷叶虫、叶螨等害虫潜伏越冬的场所。该虫易随苗木、接穗等传入新区，是一种潜在性害虫。

梨潜皮蛾为害树干　　梨潜皮蛾为害树干皮层　　梨潜皮蛾幼虫（放大）

【形态特征】

1. **成虫**　体长4~5 mm，翅展约11 mm。头部白色，复眼红褐色；触角丝状，灰白色，长达翅末端。胸部背面白色，并夹有褐色鳞片。前翅狭长，柳叶形，银白色，上有7条褐色横带。后翅灰褐色；前、后翅均有很长的缘毛。

2. **卵**　椭圆形，长径0.1 mm，水青色，半透明，背面稍隆起，具有网状花纹，散生。

3. **幼虫**　共8龄，末龄幼虫体长7~9 mm。1~6龄幼虫体扁平，头黄褐色，呈扁三角形。上腭发达，呈薄片状；单眼发育不完全。胸部3节较腹部明显为宽；前胸前缘有数排细密的横刻纹；中、后胸背腹板的前缘均有2个黄褐色半月形斑，其上有数列小刺，腹部第1节缢缩呈细腰状，其余各节向两侧突出呈齿状。胸、腹足均退化。7~8龄幼虫体近圆筒形。胸足3对，无腹足。

4. **蛹**　长5~6 mm。离蛹，淡黄色至深黄色，近羽化时出现黑褐色花纹。触角长超过腹部末端。茧长约9 mm，肾形，黄褐色。

【发生规律】　在山西、陕西、山东、河南、江苏、浙江1年发生2代，以3~4龄幼虫在被害枝的表皮下越冬。在陕西关中地区，越冬幼虫于翌年春3月下旬至4月上旬开始活动，5月间老熟幼虫相继化蛹。越冬代成虫6月中下旬为羽化、产卵高峰期，6月下旬为第1代幼虫孵化和侵入为害盛期，7月下旬幼虫老熟化蛹；8月中下旬第1代成虫羽化。第2代幼虫于8月下旬开始孵化，并潜入皮下为害约2个月，至11月上旬越冬。梨潜皮蛾卵期5～7 d；幼虫期第1代30 d，第2代22 d；蛹期第1代19 d，第2代21 d；成虫寿命5～7 d，产卵前期2 d。在胶东地区，越冬幼虫于翌年春3月中旬开始为害，5月中旬开始化蛹，5月底至6月上旬达盛期；前蛹期3～5 d，蛹期18～28 d；越冬代成虫于6月中旬开始羽化，7月中旬羽化结束；第1代幼虫于8月初开始化蛹，8月中旬为盛期，8月底结束。成虫8月中旬开始羽化，8月底至9月初为羽化盛期；第2代幼虫为害至10月中旬后越冬。在河北、辽宁一带1年发生1代。越冬幼虫于翌年春5月上旬开始活动、为害，6月开始化蛹，7月羽化为成虫，8～9月发生第1代幼虫。为害一个阶段后进入越冬状态。

成虫羽化、交尾、产卵均在夜间，白天栖息于树冠下部枝叶上。成虫飞翔力弱，多在树冠周围及树的中、下部活动。趋光性弱。对产卵场所有较强的选择性，一般喜欢在表皮光滑、柔嫩的1～3年生枝条上产卵。在1年生枝条中以茸毛小的中下部着卵较多，直径在5～30 mm的枝条着卵较多，5 mm以下30 mm以上枝条着卵甚少。在生长势旺盛的树中，以外围枝条上着卵较多，弱树则无一定的方位。第1代成虫还可在梨果上产卵。果皮淡褐色、皮薄、蜡质少的品种着卵较多。幼虫孵化后直接从卵壳下潜入树皮或果皮，造成线状隧道。幼虫蜕皮处隧道常弯曲扩大。随着龄期的增长，隧道逐渐加宽，5龄后隧道合并连片，最后受害枝的表皮片状剥离。幼虫老熟后在翘皮下吐丝结茧化蛹。成虫羽化时从茧的顶端钻出，将蛹壳的1/3～1/2拖出茧外。这可作为预测成虫发生期、检查成虫羽化率的重要标志。在成虫羽化期及卵的孵化期需要较高的湿度，若遇高温、干旱，成虫寿命缩短，羽化率降低，产卵量显著减少，卵的死亡率相应提高。

【防治方法】

1. **加强检疫**　对外运苗木和接穗切实进行认真检查，剔除带虫苗木和接穗，或对有虫苗木和接穗进行灭虫处理。

2. **人工防治**　在发生量较轻、密度较低的果园，结合冬季修剪，剪除有虫枝和梢，以减少农药用量，利于保护自然天敌。

3. **药剂防治**　抓住有利时期，防治成虫于产卵之前。在幼虫化蛹始期前1周，即从5月中旬至7月中旬，定期调查幼虫化蛹和成虫羽化数量，当成虫羽化率达30%时，虫口密度较高的果园可喷洒50%杀螟硫磷（杀螟松）乳油。

（一四）小木蠹蛾

小木蠹蛾（*Holcocerus insularis* Staudinger），属鳞翅目木蠹蛾科。

【分布与寄主】　分布在黑龙江、吉林、辽宁、内蒙古、宁夏、甘肃、陕西、北京、河北、河南、山东、安徽、江苏、

小木蠹蛾蛀害枝干及其　　　　　　小木蠹蛾成虫　　　　　　　小木蠹蛾幼虫在枝干内蛀害
　　　　排粪状

上海、江西、湖南、福建等地。寄主为山楂、石榴、法桐、樱花、紫薇、月季、蔷薇、西府海棠、刺玫等。

【为害状】　幼虫在根茎、枝干的皮层和木质部内蛀食，形成不规则的隧道，削弱树势，重者死亡。被害处几乎全被虫粪所包围。

【形态特征】

1. **成虫**　体长21～27 mm，翅展41～49 mm。触角线状，扁平；头顶毛丛灰黑色，体灰褐色，中胸背板白灰色。前翅灰褐色，中室及前缘2/3处为暗黑色，中室末端有1个小白点，亚端线黑色明显，外缘有一些褐纹与缘毛上的褐斑相连。

后翅灰褐色。

2. **卵**　圆形，初乳白色，后暗褐色，卵壳密布纵横碎纹。

3. **幼虫**　扁圆筒形，老熟幼虫体长 30 ~ 38 mm。头部棕褐色，前胸背板有褐色斑纹，中央有一"◇"形白斑；中、后胸半骨化，斑纹均为浅褐色。腹背浅红色，每节体节后半部色淡，腹面黄白色。

【发生规律】　2 年发生 1 代，幼虫两次越冬，跨经 3 个年度，发育历期 640 ~ 723 d。成虫初见期为 6 月中上旬，末期为 8 月中下旬。成虫羽化以午后和傍晚较多，成虫白天在树洞、根际草丛及枝梢隐蔽处隐藏，夜间活动，以 20 ~ 23 时最为活跃。成虫有趋光性。成虫羽化当天即可交尾。成虫产卵于树皮缝隙内。每雌产卵 50 ~ 420 粒。成虫寿命 2 ~ 10 d。卵期 9 ~ 21 d。6 月中旬初可见孵化，初孵幼虫有群集性，先取食卵壳，后蛀入皮层、韧皮部为害。3 龄后分散钻蛀木质部，隧道很不规则，常数头聚集为害。幼虫耐饥力强，中龄幼虫可达 34 ~ 55 d。幼虫 10 月下旬开始在树干内越冬。翌年 5 月上旬开始在蛀道内吐丝与木屑缀成薄茧化蛹。蛹期 7 ~ 26 d。

【防治方法】

1. **加强管理**　当虫口密度过大时，及时清除无保留价值的树木以减少虫源；避免在木蠹蛾产卵前修枝，剪口要平滑，防止机械损伤，或在伤口处涂防腐杀虫剂。

2. **人工捕杀**　在羽化高峰期可人工捕捉成虫，或于木蠹蛾在土内化蛹期进行捕杀。

3. **灯光诱杀成虫**　木蠹蛾成虫均有不同程度的趋光性。灯诱最佳时间因虫种而异。灯诱不仅能诱到木蠹蛾雄虫，且能诱到相当数量的怀卵雌虫。灯诱对各种木蠹蛾虽均有效，但在防治运用时必须连年进行，方能对虫口的减少起明显作用。灯诱如和其他防治措施配合，效果更佳。

4. **生物防治**

（1）用白僵菌黏膏涂在树上排粪孔口，或用喷注器在蛀孔注入白僵菌液。

（2）采用水悬液法和泡沫塑料塞孔法，用 1 000 条 /mL 斯氏属线虫或应用芜菁夜蛾线虫防治木蠹蛾类害虫。

5. **药剂防治**

（1）喷雾防治初孵幼虫。可用 50% 辛硫磷乳油 1 000 ~ 1 500 倍液，2.5% 溴氰菊酯乳油 2 000 ~ 3 000 倍液，20% 氰戊菊酯乳油 2 000 ~ 3 000 倍液喷雾。

（2）药剂注射虫孔、毒杀干内幼虫。对已蛀入干内的中、老龄幼虫，可用 80% 敌敌畏 100 ~ 500 倍液，50% 马拉硫磷乳油或 20% 氰戊菊酯乳油 300 倍液。

（3）将磷化铝片剂（每片 3 g）研碎，每虫孔填入 1/30 ~ 1/20 片后封口，杀虫率达 90% 以上。

（一五）梨星毛虫

梨星毛虫（*Illiberis pruni* Dyar），又名梨叶斑蛾、梨透黑羽，幼虫俗称梨狗子、饺子虫、裹叶虫等，属鳞翅目斑蛾科。

【分布与寄主】　分布普遍，主要为害地区在辽宁、河北、山西、河南、陕西、甘肃、山东、江苏等省的山楂产区。此虫主要为害梨、苹果、槟子、花红、海棠、山定子等。

【为害状】　过冬幼虫出蛰后，蛀食花芽和叶芽，被害花芽流出树液；为害叶片时把叶边用丝黏在一起，包成饺子形，幼虫于其中吃食叶肉。夏季刚孵出的幼虫不包叶，在叶背面食叶肉呈现许多虫斑。

【形态特征】

1. **成虫**　体长 9 ~ 12 mm，翅展 19 ~ 30 mm。全身灰黑色，翅半透明，暗灰黑色。雄蛾触角短羽毛状，雌蛾触角锯齿状。

2. **卵**　椭圆形，长径 0.7 ~ 0.8 mm，初为白色，后渐变为黄白色，孵化前为紫褐色。数十粒至数百粒单层排列成块状。

3. **幼虫**　从孵化到越冬出蛰期的小幼虫为淡紫色。老熟幼虫体长约 20 mm，白色或黄白色，纺锤形，体背两侧各节有黑色斑点 2 个和白色毛丛。

4. **蛹**　体长 12 mm，初为黄白色，近羽化时变为黑色。

【发生规律】　在我国东北、华北地区 1 年发生 1 代；而在河南西部和陕西关中地区 1 年发生 2 代。以低龄幼虫潜伏在树干及主枝的粗皮裂缝下结茧越冬；也有低龄幼虫钻入花芽中越冬；幼龄果园树皮光滑，幼虫多在树干附近土壤中结茧

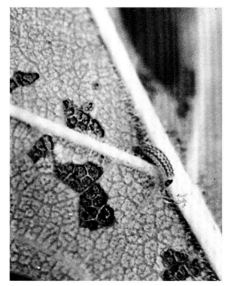

梨星毛虫低龄幼虫

梨星毛虫低龄幼虫为害状

梨星毛虫高龄幼虫

梨星毛虫高龄幼虫缀叶为害山楂树叶片

越冬。翌年当山楂树发芽时，越冬幼虫开始出蛰，向树冠转移，如此时花芽尚未开放，先从芽旁已吐白的部位咬入食害，如花芽已经开放，则由顶部钻入食害。虫口密度大的树，1个开放的花芽里常有 10～20 头幼虫，花芽被吃空，变黑，枯死，继而为害花蕾和叶芽。当果树展叶时，幼虫即转移到叶片上吐丝将叶缘两边缀连起来，幼虫在叶苞中取食为害，吃掉叶肉，残留下叶背表皮一层，被害叶多变黑枯干。一般喜吃嫩叶，由嫩梢下部叶开始，为害 1 个叶后，则转苞为害新叶，1 头幼虫能为害 7～8 个叶片，在最后的 1 个苞叶中结薄茧化蛹，蛹期约 10 d。在河南西部及陕西关中一带越冬代成虫在 5 月下旬至 6 月中上旬发生，第一代成虫在 8 月中上旬发生。

成虫飞翔力不强，白天潜伏在叶背不活动，多在傍晚或夜间交尾产卵。卵多产在叶片背面。当清晨气温较低时，成虫易被振落。

【防治方法】

1. **人工防治**　在早春果树发芽前，越冬幼虫出蛰前，对老树进行刮树皮，对幼树进行树干周围压土消灭越冬幼虫。刮下的树皮要集中处理。在发生不重的果园，可及时摘除受害叶片及虫苞，或清晨摇动树枝，振落消灭成虫。

2. **药剂防治**　花芽膨大期是施药防治梨星毛虫越冬后出蛰幼虫的适期。可选择喷布 20% 甲氰菊酯 2 000 倍液，或 25% 灭幼脲悬浮剂 2 000 倍液。

（一六）舟形毛虫

舟形毛虫（*Phalera flavescens* Bremer et Grey），又名苹果天社蛾，属鳞翅目舟蛾科。

舟形毛虫为害山楂树　　　舟形毛虫低龄幼虫群聚山楂树为害状　　　舟形毛虫中龄幼虫为害山楂树叶片

舟形毛虫高龄幼虫为害山楂树叶片　　　　　　　舟形毛虫已经孵化的卵块

【分布与寄主】　我国东北、华北、华东、中南、西南及陕西各地均有发生，国外分布于朝鲜、日本和俄罗斯沿海地区。寄主植物有苹果、梨、山楂、桃、李、杏、梅、核桃、板栗等果树及多种阔叶树。

【为害状】　小幼虫群集叶片正面，将叶片食成半透明纱网状；稍大幼虫食害叶片，残留叶脉和叶柄；老熟幼虫可食掉全部叶片。

【形态特征】
1. 成虫　体长约 25 mm，翅展约 55 mm，前翅淡黄白色，基部有 1 个、外缘有 6 个椭圆形斑纹。
2. 卵　近球形，直径为 1 mm，灰白色；近孵化时灰色，数十粒排成卵块。
3. 幼虫　1 ~ 3 龄头、足黑色，胴部紫红色，密被白长毛。老熟时体长 45 ~ 55 mm，全体暗紫红色。
4. 蛹　体长 20 ~ 25 mm，红褐色，腹末有两个两分叉的刺。

【发生规律】　各地均 1 年发生 1 代，以蛹在表土层中越冬，豫西 6 月中旬始见成虫，8 ~ 9 月为幼虫为害盛期。初龄幼虫群集为害，稍大后分散为害，静止时头、尾翅起像船。幼虫老熟后自树干下爬吐丝下垂，入土化蛹。

【防治方法】
1. 翻耕树盘　秋季翻耕树盘，使蛹暴露而死。
2. 人工捕捉　及时发现并处理群集为害的初龄幼虫。
3. 药剂防治　可喷洒敌敌畏等多种杀虫剂，或青虫菌、杀螟杆菌等生物农药。

（一七）梨威舟蛾

梨威舟蛾［*Wilemanus bidentatus*（Wileman）］，又名黑纹银天社蛾、亚梨威舟蛾，属鳞翅目舟蛾科。

【分布与寄主】 分布于北京、河北、山西、辽宁、黑龙江、江苏、浙江、安徽、福建、江西、山东、湖北；日本、朝鲜、俄罗斯。为害苹果、梨、李等果树。

【为害状】 幼虫为害叶片呈缺刻状或仅剩叶柄。

【形态特征】

1. **成虫** 体长 13 ～ 17 mm。前翅灰白色带红褐色，上具较模糊暗褐色斑。横脉纹较弯曲，月牙形。卵半球形，浅褐色。

2. **幼虫** 老熟时体长 35 ～ 42 mm。头红褐色，冠缝较宽，暗褐色，两侧各有黄褐色斑 1 个，体绿色，胸背中央有 1 个锥形紫斑，胸部两侧有褐色斜纹 2 条。腹部第 1、第 3 节两侧有较宽的紫色斑纹。第 8 节背面隆起，紫褐色，第 9 节分叉。

梨威舟蛾幼虫为害山楂树叶片

【发生规律】 该虫 1 年发生 1 代，成虫 6 月开始出现，卵散产于叶片背面，幼虫 7 ～ 8 月食害叶片，老熟幼虫于 8 月中下旬在浅土中作茧化蛹越冬。

【防治方法】 防治其他果树害虫时兼治此虫。

（一八）黄斑长翅卷叶蛾

黄斑长翅卷叶蛾为害叶片呈平折状

黄斑长翅卷叶蛾幼虫为害状

黄斑长翅卷叶蛾为害山楂树

黄斑长翅卷叶蛾幼虫

黄斑长翅卷蛾成虫（夏型）

黄斑长翅卷叶蛾（*Acleris fimbirana* Thunbeng），又名桃黄斑卷叶蛾，属鳞翅目卷叶蛾科。

【分布与寄主】　分布于辽宁、河北、山西、山东、河南、陕西、甘肃等省。寄主植物有苹果、山定子、杜梨、槟沙果、杏、李、桃、山楂、梨等，以苹果幼树、桃及山定子受害较重。

【为害状】　初孵幼虫首先食害花芽，钻入芽内为害，或在花芽基部蛀食，果树展叶后，食害新叶。幼虫吐丝卷叶，1～2龄幼虫仅食害叶肉，残留表皮，3龄以后则蚕食叶片，仅留叶脉，且卷叶数目由1～2片增加至5～6片，使整个叶簇卷曲成团。有果实时，幼虫咬食果皮，影响果品质量。

【形态特征】

1. **成虫**　有夏型和冬型。体长7～9 mm，翅展15～20 mm（夏型）或17～22 mm（冬型）。夏型体色为菊黄色，冬型深褐色。前翅夏型金黄色，散有银白色鳞片。冬型暗褐色，微带浅红色，散有黑色鳞片。

2. **卵**　扁平椭圆形，长径0.8 mm，冬型成虫产的卵初为白色，后变成淡黄色，近孵化时红色；夏型成虫产的卵初为淡绿色，第2天为黄绿色，近孵化时深黄色。

3. **幼虫**　共5龄。体长约22 mm。初龄幼虫体乳白色，头、前胸背板及胸足均为黑褐色；2～3龄幼虫体黄绿色，头、前胸背板及胸足仍为黑褐色；4～5龄幼虫头、前胸背板及胸足变为淡绿褐色。老熟幼虫化蛹前体黄绿色。

4. **蛹**　体长9～11 mm。深褐色。头顶有1个角状突起向背面弯曲，基部两侧还有6个小瘤状突起。化蛹于卷叶内。

【发生规律】　黄斑长翅卷叶蛾在华北果产区1年发生4代，冬型成虫在果园杂草、落叶及向阳的砖石缝隙中越冬。翌年3月中上旬开始出蛰，产卵于枝条及芽旁，散产，卵期平均20 d。而夏型成虫多在老叶背面产卵。卵期4～5 d各代卵盛期为第1代4月中下旬，第2代6月中旬，第3代8月上旬，第4代9月上旬。10月间以末代成虫越冬。在自然情况下，以第1代各虫态发生比较整齐，以后世代重叠。

成虫白天活动，晴朗温和的天气尤为活跃。活动适宜温度为20～30 ℃。气温过高或过低时，成虫均不活动。因此，成虫的活动时间随着季节和温度的变化而有明显的不同。春秋雨季成虫多在10时以后和18时以前活动，夏季成虫活动时间多在4～12时及19～24时。成虫趋光性弱，抗寒力较强，羽化大多在白天。成虫羽化后当日即可交尾，交尾后当日或翌日即可产卵。

【防治方法】

1. **清洁果园**　清除果园内落叶和杂草，减少越冬虫源，减轻为害。

2. **药剂防治**　对黄斑长翅卷叶蛾主要掌握第1代和第2代孵化盛期或基本孵化完毕两个关键期，进行施药，可以收到良好的效果。常用药剂有虫酰肼乳液1 500倍液，或25%灭幼脲2 000倍液，或1.8%阿维菌素3 000倍液，或2.5%高效氟氯氰菊酯乳油2 000～3 000倍液。

（一九）美国白蛾

美国白蛾［*Hyphantria cunea*（Drury）］，属鳞翅目灯蛾科。

【分布与寄主】　国外分布在美国、墨西哥、日本、朝鲜等国。国内在北京、天津、河北、辽宁、吉林、江苏、安徽、山东、河南等省市已出现了美国白蛾疫情，是我国植物检疫对象之一。该虫寄主植物广泛，国外报道有300多种植物，国内初步调查有100多种，包括苹果、山楂、李、桃、梨、杏、葡萄等果树及桑、白蜡、杨、柳等林木。

【为害状】　幼虫4龄以前有吐丝结网的习性，常数百头幼虫群居网内食害叶肉，残留表皮，受害叶干枯，呈现白膜状，5龄后幼虫从网幕内爬出，向树体各处转移分散，直到全树叶片被吃光。

美国白蛾高龄幼虫为害山楂树叶片

【形态特征】

1. **成虫**　为白色蛾子。雄虫体长9～12 mm，触角双栉齿状，多数前翅生有多个褐色斑点，尤以越冬代成虫翅面斑点为多。雌虫触角锯齿状，前翅多为纯白色。

2. **卵**　圆球形，直径约0.5 mm，灰绿色，卵面有凹陷刻纹，数百粒呈单层卵块，上覆有雌蛾白色体毛。

3. **幼虫**　有"黑头型"和"红头型"之分。我国发现的幼虫几乎都为黑头型。老熟时体长28～35 mm。头黑色，有光泽。胸、腹部为灰褐色至灰黑色，背部两侧线之间有1条灰褐色的宽纵带。背中线，气门上线及气门下线为黄色。背部毛瘤黑色，体侧毛瘤多为橙黄色，毛瘤上着生白色长毛丛。

4. **蛹**　体长8～12 mm，暗红褐色，中央有纵向隆脊。

【发生规律】　1年发生2代，以茧蛹在枯枝落叶、表土层、墙缝等处越冬。越冬代成虫发生在4月初至5月底，第1代幼虫为害盛期在5月中旬至6月中旬。第1代成虫发生在6月中旬至8月中旬，第2代幼虫为害盛期在7月至8月中上旬。美国白蛾最喜生活在阳光充足的地方，多发生在树木稀疏、光照充足的树上。在公路两旁、公园、果园、居民点、村落周围的树上，发生尤为集中。在林区边缘也有发生，但不深入森林内部。

【防治方法】

1. **严格检疫**　从虫害疫区向未发生区调运植物货物和植物性包装物，应由当地植物检疫部门检疫后方可调运。

2. **人工防治**　对1～3龄幼虫随时检查并及时剪除网幕。

3. **药剂防治**　多种杀虫剂均可有效防治幼虫，如25%灭幼脲悬浮剂2 000倍液或24%甲氧虫酰肼悬浮剂2 500倍液、5%氟虫脲乳油2 000倍液等。

4. **生物防治**　可用苏云金杆菌、美国白蛾病毒（以核型多角体病毒的毒力较强）防治幼虫。

（二〇）大袋蛾

大袋蛾低龄幼虫为害山楂树叶片

大袋蛾为害山楂叶片

大袋蛾幼虫为害叶片

大袋蛾为害山楂果实

山楂树大袋蛾虫囊

大袋蛾（*Clania variegata* Snellen），别名大蓑蛾、布袋虫、吊包虫，属鳞翅目袋蛾科。曾经在河南和安徽等省严重为害。

【分布与为害】　分布于云南、贵州、四川、湖北、湖南、广东、广西、台湾、福建、江西、浙江、江苏、安徽、河南、山东等省。主要寄主有山楂、柿、泡桐、法桐、刺槐、杨树、柳树等果树和林木，是一种食性多样的害虫。

【为害状】　以丝撮叶或少量枝梗营造囊护体，幼虫隐匿囊中，袋囊随虫龄不断增大，取食迁移时均负囊活动，故有袋蛾和避债蛾之称。幼虫取食叶片，将叶片食成缺刻孔状，严重时可将叶片食光，导致树势衰弱，甚至死亡。

【形态特征】

1. **成虫**　雄成虫体长 14 ~ 19.5 mm，翅展 29 ~ 38 mm。体翅灰褐色，翅面前后缘有 4 ~ 5 个半透明斑。雌成虫体长 17 ~ 22 mm，无翅，蛆状，乳白色。头较小，为淡褐色，胸背中央有 1 条褐色隆脊，后胸腹面及第 7 腹节后缘密生黄褐色茸毛环，腹内卵粒较明显。

2. **卵**　长 0.7 ~ 1 mm，黄色，椭圆形。

3. **幼虫**　初孵幼虫黄色，略带有斑纹，3 龄时可区分雌雄。雌老熟幼虫体长 28 ~ 37 mm，粗壮，头部赤褐色，头顶有环状斑，胸部背板骨化。雄老熟幼虫体长 17 ~ 21 mm，头黄褐色，中间有一显著的白色"八"字形纹，胸部灰黄褐色，背侧有 2 条褐色斑纹，腹部黄褐色，背面有横纹。

4. **蛹**　雌蛹体长 22 ~ 30 mm，褐色，头胸附器均消失，枣红色。雄蛹体长 17 ~ 20 mm，暗褐色。

【发生规律】　该虫 1 年发生 1 代，个别年份，遇有天气干旱，气温偏高且持续期长，大袋蛾有分化 2 代现象，但第 2 代幼虫不能越过冬季。幼虫共 9 龄，以老熟幼虫在袋囊内越冬。翌年 4 月中旬至 5 月上旬为化蛹期，5 月中下旬成虫选择晴天的 9 ~ 16 时羽化。多在晚 8 ~ 9 时，雌成虫尾部伸出袋口处，释放雌激素，雄成虫飞抵雌虫袋口交尾。将卵产于袋囊内，6 月中下旬幼虫孵化，在袋囊内停留 1 ~ 3 d 后在上午 11 ~ 13 时从袋囊口吐丝下垂降落到叶面，迅速爬行 10 ~ 15 min，吐丝织袋，负袋取食叶肉。借风力传播蔓延。袋随虫体增大而增大。7 月下旬至 8 月中上旬为为害盛期，9 月下旬至 10 月上旬，老熟幼虫将袋固定在当年生枝条顶端越冬。大袋蛾多在树冠的下层，靠携虫苗木远距离运输进行远距离传播。天敌种类较多，寄生率较高，有寄生蝇类、白僵菌、绿僵菌以及大袋蛾核多角体病毒等。

【防治方法】

1. **人工防治**　秋、冬季树木落叶后，摘除越冬护囊，集中深埋。

2. **药剂防治**　在幼虫孵化高峰期（6 月上旬）或幼虫为害期（6 月上旬至 10 月中上旬），用每毫升含 1 亿孢子的苏云金杆菌溶液喷洒，也可用 25% 灭幼脲悬浮剂 2 000 倍液，或 1.8% 阿维菌素乳油 3 000 倍液，或 0.3% 苦参碱可溶性液剂 1 000 ~ 1 500 倍液，或 1.2% 苦·烟乳油植物杀虫剂稀释 800 ~ 1 000 倍液，喷雾防治。

3. **保护和利用昆虫天敌**　大袋蛾幼虫和蛹期有各种寄生性和捕食性天敌，如鸟类、寄生蜂、寄生蝇等，要注意保护和利用。

（二一）天幕毛虫

天幕毛虫（*Malacosoma neustria testacea* Motsch.），又叫天幕枯叶蛾、带枯叶蛾、梅毛虫、黄褐天幕毛，属鳞翅目枯叶蛾科昆虫。

天幕毛虫低龄幼虫春季结网为害
山楂树叶片

天幕毛虫高龄幼虫

天幕毛虫卵块

【分布与寄主】　分布于黑龙江、吉林、辽宁、北京、内蒙古、宁夏、甘肃、青海、新疆、陕西、河北、河南、山东、山西、湖北、江苏、浙江、湖南、广东、贵州、云南等地。主要寄主有山楂、梨、苹果、海棠、沙果、桃、李、杏、樱桃、楒梓、梅及杨、榆、柳、栎等植物。

【为害状】　刚孵化幼虫常群集于一枝,吐丝结成网幕,食害嫩芽、叶片,随生长渐下移至粗枝上结网巢,白天群栖巢上,夜出取食,5龄后期分散为害,严重时将全树叶片吃光。在管理粗放的果园发生较多。

【形态特征】

1. 成虫　雌雄差异很大。雌虫体长18～20 mm,翅展约40 mm,全体黄褐色。触角锯齿状。前翅中央有1条赤褐色宽斜带,两边各有1条米黄色细线。雄虫体长约17 mm,翅展约32 mm,全体黄白色。触角双栉齿状。前翅有2条紫褐色斜线,其间色泽比翅基和翅端部的淡。

2. 卵　圆柱形,灰白色,高约1.3 mm。每200～300粒紧密黏结在一起环绕在小枝上,如"顶针"状。

3. 幼虫　低龄幼虫身体和头部均黑色,4龄以后头部呈蓝黑色。末龄幼虫体长50～60 mm,背线黄白色,两侧有橙黄色和黑色相间的条纹,各节背面有黑色瘤数个,其上生许多黄白色长毛,腹面暗褐色。腹足趾钩双序缺环。

4. 蛹　初为黄褐色,后变黑褐色,体长17～20 mm,蛹体有淡褐色短毛。化蛹于黄白色丝质茧中。

【发生规律】　在辽西产区,于5月中上旬,幼虫转移到小枝分杈处吐丝结网,白天潜伏网中,夜间出来取食。幼虫经4次蜕皮,于5月底老熟,在叶背或树木附近的杂草上、树皮缝隙、墙角、屋檐下吐丝结茧化蛹。蛹期12 d左右。1年发生1代。以完成胚胎发育的幼虫在卵壳内越冬。第2年果树发芽后,幼虫孵出开始为害。成虫发生盛期在6月中旬,羽化后即可交尾产卵。

【防治方法】

1. 人工防治　在冬剪时,注意剪掉小枝上的卵块,集中烧毁。春季幼虫在树上结的网幕显而易见,可在幼虫分散以前及时捕杀。分散后的幼虫,可振树捕杀。

2. 物理防治　成虫有趋光性,可在果园里放置黑光灯或高压汞灯防治。

3. 生物防治　结合冬季修剪彻底剪除枝梢上越冬卵块。如认真执行,收效显著。另外是保护鸟类;主要天敌有天幕毛虫抱寄蝇、枯叶蛾绒茧蜂、柞蚕饰腹寄蝇、脊腿匙鬃瘤姬蜂、舞毒蛾黑卵蜂、稻苞虫黑瘤姬蜂,核型多角体病毒等。

4. 药剂防治　常用药剂为80%敌敌畏乳油1 500倍液,90%敌百虫晶体1 000倍液,50%辛硫磷乳油1 000倍液,50%杀螟松乳油或50%马拉硫磷乳油1 000倍液,10%溴·马乳油1 500倍液,20%菊·马乳油1 500倍液;2.5%氟氯氰菊酯乳油或2.5%溴氰菊酯乳油2 000～3 000倍液。

（二二）梅木蛾

梅木蛾（*Odites issikii* Takahashi）又叫五点梅、卷叶虫、卷边虫,属鳞翅目木蛾科。

梅木蛾为害状　　　　　　　　　　　　梅木蛾幼虫

【分布与寄主】　在中国主要分布在长江以北。寄主植物有山楂、苹果、梨、樱桃、葡萄、梅、李、桃及榆、柳等树木。

【为害状】　初孵化幼虫在寄主叶片的正面或背面构筑"一"字形隧道，幼虫藏于限定道中，咬食隧道两边的叶组织；2、3龄幼虫在叶缘卷边，虫体藏于卷边内，咬食卷边两端的叶组织；老熟幼虫切割叶缘附近叶片一块，将所切叶片纵卷成筒状，叶筒一端与叶片相连接，幼虫在其内化蛹。2、3龄幼虫主要集中在晚间取食为害，有随风飘移和吐丝现象。

【形态特征】

1. **成虫**　体长6～7 mm，翅展16～20 mm，体黄白色，下唇须长上弯，复眼黑色，触角丝状，头部具白鳞毛，前胸背板覆灰白色鳞毛，端部具黑斑1个。前翅灰白色，近翅基1/3处具1个近圆形黑斑，与胸部黑斑组成5个大黑点。前翅外缘具小黑点一列。后翅灰白色。

2. **卵**　长圆形，长径0.5 mm，米黄色至淡黄色，卵面具细密的突起花纹。

3. **幼虫**　体长约15 mm，头、前胸背板赤褐色，头壳隆起具光泽。前胸足黑色，中、后足淡褐色。

4. **蛹**　长8 mm左右，赤褐色。

【发生规律】　梅木蛾在陕西一年发生3代，以初龄幼虫在树皮裂缝、翘皮下结薄茧越冬。翌年果树发芽后越冬幼虫开始出蛰为害，5月中旬化蛹，越冬代成虫于5月下旬开始出现，至6月底结束。第2、3代成虫分别于7月上旬至8月初和9月上旬至10月上旬开始出现。

【防治方法】　尽量选择在低龄幼虫期防治。此时虫口密度小，为害小，且虫的抗药性相对较弱。防治时用45%丙溴·辛硫磷乳油1 000倍液，或20%氰戊菊酯乳油2 000倍液＋5.7%甲维盐乳油2 000倍混合液，可连用1～2次，间隔7～10 d。可轮换用药，以延缓抗性的产生。要喷匀、喷到，尤其是外围顶梢要喷到。

（二三）黄刺蛾

黄刺蛾（*Cnidocampa flavescens* Walker），俗称洋辣子、八角子，属鳞翅目刺蛾科。

黄刺蛾成虫

黄刺蛾蛹

黄刺蛾蛹茧

黄刺蛾幼虫

【分布与寄主】 全国各省几乎都有分布。主要为害苹果、梨、山楂、桃、杏、枣、核桃、柿、柑橘等果树及杨、榆、法桐、月季等林木花卉。

【为害状】 低龄幼虫啃食叶肉,使叶片呈网眼状,幼虫长大后,将叶片食成缺刻,只残留主脉和叶柄。

【形态特征】
1. 成虫 体长 13 ~ 16 mm。前翅内半部黄色,外半部黄褐色。
2. 卵 扁椭圆形,淡黄色,长约 1.5 mm,多产在叶面上,数十粒排成卵块。
3. 幼虫 老龄幼虫体长 20 ~ 25 mm,体近长方形。体背有紫褐色大斑,呈哑铃状。末节背面有 4 个褐色小斑。体中部两侧各有 2 条蓝色纵纹。
4. 蛹 椭圆形,肥大,淡黄褐色。茧石灰质,坚硬,似雀蛋,茧上有数条白色与褐色相间的纵条斑。

【发生规律】 东北、华北大多 1 年发生 1 代,河南、陕西、四川等省 1 年可发生 2 代。以老熟幼虫结茧在树杈、枝条上越冬。2 代地区多于 5 月上旬开始化蛹,成虫于 5 月底至 6 月上旬开始羽化,7 月为幼虫为害期。下一代成虫于 7 月底开始羽化,第 2 代幼虫为害盛期在 8 月中上旬。9 月初幼虫陆续老熟、结茧越冬。

【防治方法】
1. 人工捕杀 冬、春季结合修剪,剪除虫茧或掰除虫茧。在低龄幼虫群集为害时,摘除虫叶。
2. 药剂防治 幼虫发生期,喷洒辛硫磷、杀螟松或菊酯类等杀虫剂。
3. 生物防治 保护利用天敌,主要有上海青蜂(*Chrysis shanghaiensis*)、刺蛾广肩小蜂(*Eurytoma monemae*)、刺蛾紫姬蜂(*Chlorocyptus purpuratus*)、姬蜂(*Cryptus* sp.)和黄刺蛾核型多角体病毒等。

(二四)旋纹潜叶蛾

旋纹潜叶蛾(*Leucoptera scitella* Zeller),属鳞翅目潜叶蛾科。

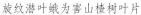
旋纹潜叶蛾为害山楂树叶片

旋纹潜叶蛾幼虫

【分布与寄主】 在陕西、河南、山西、山东、河北、辽宁等省有发生。寄主植物有苹果、沙果、海棠、山定子、梨、山楂等果树。

【为害状】 以幼虫潜叶蛀食为害,多从叶背潜入,蛀食叶片栅栏组织,不食表皮。幼虫居内为害。先是一黄褐色小圆点,幼虫绕圈蚕食叶肉,边吃边排粪便,形成螺旋状纹,表皮透明时,外观似螺旋状斑纹(粪便颜色),故而命名。虫斑近圆形或椭圆形。

【形态特征】

1. **成虫** 体长 2 ~ 2.5 mm, 翅展 6 ~ 6.5 mm, 头、胸、腹和前翅为银白色。头部背面有一丛竖起的白色鳞毛。触角丝状,前翅披针形,外被白色鳞毛,外端被金黄色鳞毛,金黄色区前缘有 7 条褐色斜纹和 2 条斜纹组成三角形边,三角形中间仍为金黄色,前翅后缘角有 2 块紫褐色大斑。臀角褐斑中央有 1 个银白色小点,缘毛很长。

2. **卵** 扁椭圆形,长约 0.3 mm,初产乳白色,后变褐色,孵化前卵中央下陷。

3. **幼虫** 乳白色,长约 5 mm,取食期间体有绿色感,胴部节间细,前胸盾有两块黑色长斜斑,后胸及第 1 ~ 2 腹节两侧各有 1 个突起,上生一根长刚毛,伸向两侧。

4. **蛹** 体长约 3 mm,纺锤形,黄褐色。近羽化时变黑褐色,内茧梭形,外茧略呈"工"字形外张。

【发生规律】 此虫在河北每年发生 3 ~ 4 代,河南、山东发生 4 ~ 5 代,以老幼虫在树皮缝内结茧化蛹过冬。越冬蛹于 5 月中上旬展叶期羽化成虫,以 3 代区为例,第 1 代幼虫为害期在 5 ~ 6 月,第 2 代幼虫为害期在 7 月,第 3 代幼虫为害期在 8 ~ 9 月,10 月上旬老幼虫结茧过冬。有的年份 3 代区有半代现象,即晚秋有成虫羽化,但不能过冬。在黄河故道发生 4 ~ 5 代,各代发生时间变化较大。各虫成历期也不相同,华北区成虫寿命 3 ~ 5 d,卵期约 10 d,幼虫期约 25 d,蛹期约 15 d。成虫多在白天活动,很活跃,能跳能飞。上午 5 ~ 10 时羽化最多,多将卵产在较老叶片的背面,每雌约产 30 粒,卵散产。卵孵化后幼虫不出卵壳,即从壳下蛀孔潜入。

【防治方法】

1. **人工防治** 应采取刀刮翘皮、刷子刷粗皮等措施清除在树干上越冬的蛹。轻度发生时,人工摘除虫叶,减轻为害,消灭虫源。

2. **药剂防治** 幼虫蜕出作茧期至成虫羽化期喷药防治。在生长季节,该虫有在叶片上作茧的习性,茧在叶上极易着药,另外,茧有吸湿性,农药容易被吸进去。茧中的幼虫和蛹抗药性差,成虫抗药力也很弱,因此,应在叶背面茧多而无幼虫时及时喷药。发生严重的果园应重点抓第 1、2 代幼虫防治。药剂可选用 25% 灭幼脲胶悬剂 2 000 倍液等。

（二五）山楂喀木虱

山楂喀木虱（*Cacopsylla idiocrataegi* Li）,属同翅目木虱科。

山楂喀木虱成虫

山楂喀木虱若虫

【分布与寄主】 分布于吉林、辽宁、河北、山西等省。寄主为山楂。

【为害状】 初孵若虫多在嫩叶背取食,后期孵出的若虫在花梗、花苞处甚多,被害花萎蔫、早落。大龄若虫多在叶裂处活动取食,被害叶扭曲变形、枯黄早落。

【形态特征】

1. **成虫** 体长 2.6 ~ 3.1 mm。初羽化时草绿色,后渐变为橙黄色至黑褐色。头顶土黄色,中缝长约 0.2 mm,黑色,两侧略凹陷。颊椎长约 0.2 mm，黑色。复眼褐色，单眼红色。触角土黄色，端部 5 节黑色。胸宽 0.6 mm，前胸背板窄带状，黄绿色，中央具黑斑；中胸背面有 4 条淡色纵纹。翅透明，翅脉黄色，前翅外缘略带色斑。腹部黑褐色每节后缘及节间色淡。

2. **卵**　略呈纺锤形，长 0.3 ~ 0.4 mm，宽 0.1 ~ 0.2 mm。顶端稍尖，具短柄。初产时乳白色，渐变为橘黄色。

3. **幼虫**　共 5 龄。末龄幼虫草绿色，复眼红色，触角、足、喙淡黄色，端部黑色。翅芽伸长。背中线明显，两侧具纵、横刻纹。

【**发生规律**】　成虫可短距离飞行，多在寄主及周围的杂草、灌木上活动，善跳跃，有趋光性和假死性。成虫期很长，几乎常年可见。

【**防治方法**】

1. **物理防治**　刮树皮、清洁果园，并将刮下的树皮与枯枝落叶、杂草等物集中深埋，以清除越冬成虫，压低虫口密度。

2. **化学防治**　3 月下旬至 4 月上旬成虫出蛰盛期喷洒下列药剂：25% 噻嗪酮乳油 2 000 ~ 2 500 倍液；52.25% 氯氰菊酯·毒死蜱乳油 1 500 ~ 2 000 倍液。现蕾期喷药杀若虫，可用 10% 吡虫啉可湿性粉剂 2 000 ~ 3 000 倍液，1.8% 阿维菌素乳油 3 000 ~ 5 000 倍液。

（二六）斑衣蜡蝉

斑衣蜡蝉 [*Lycorma delicatula*（White）]，又名灰花蛾、花娘子、红娘子、花媳妇、椿皮蜡蝉、斑衣、樗鸡等，属同翅目蜡蝉科。

【**分布与寄主**】　在国内河北、北京、河南、山西、陕西、山东、江苏、浙江、安徽、湖北、广东、云南、四川等省（市）有分布；国外越南、印度、日本等国也有分布。此虫为害葡萄、山楂、苹果、杏、桃、李、猕猴桃、海棠、樱花、刺槐等多种果树和经济林木。

【**为害状**】　成虫和若虫常群栖于树干或树叶上，以叶柄处最多。吸食果树的汁液，嫩叶受害后常造成穿孔，受害严重的叶片常破裂，也容易引起落花落果。成虫和若虫吸食树木汁液后，对其糖分是不能完全利用的，从肛门排出，洁晶如露。此排泄物往往招致霉菌繁殖，引起树皮枯裂，导致果树死亡。

【**形态特征**】

1. **成虫**　雌成虫体长 15 ~ 20 mm，翅展 38 ~ 55 mm。雄虫略小。前翅长卵形，革质，前 2/3 为粉红色或淡褐色，后 1/3 为灰褐色或黑褐色，翅脉白色，呈网状，翅面均杂有大小不等的 20 余个黑点。后翅略呈不等边三角形，近基部 1/2 处为红色，有黑褐色斑点 6 ~ 10 个，翅的中部有倒三角形半透明的白色区，端部黑色。

斑衣蜡蝉若虫在山楂幼果上为害

2. **卵**　圆柱形，长 2.5 ~ 3 mm，卵粒平行排列成行，数行成块，每块有卵 40 ~ 50 粒不等，上面覆有灰色土状分泌物，卵块的外形像一块土饼，并黏附在附着物上。

3. **若虫**　扁平，初龄黑色，体上有许多的小白斑，头尖，足长，4 龄若虫体背呈红色，两侧出现翅芽，停立如鸡。末龄红色，其上有黑斑。

【**发生规律**】　1 年发生 1 代，以卵越冬。在山东 5 月下旬开始孵化，在陕西武功 4 月中旬开始孵化，在南方地区其孵化期将提早到 3 月底或 4 月初。寄主不同，卵的孵化率相差较大，产于臭椿树上的卵，孵化率高达 80%，产于槐树、榆树上的卵，其孵化率只有 2% ~ 3%。若虫常群集在寄主植物的幼茎嫩叶背面，以口针刺入寄主植物叶脉内或嫩茎中吸取汁液，受惊吓后立即跳跃逃避，迁移距离为 1 ~ 2 m。蜕皮 4 次后，于 6 月中旬羽化为成虫。为害也随之加剧。到 8 月中旬开始交尾产卵，交尾多在夜间，卵产于树干向南处，或树枝分叉阴面，卵呈块状，排列整齐，卵外附有粉状蜡质。

【防治方法】

1. **人工防治**　冬季进行合理修剪，把越冬卵块压碎，以除卵为主，从而减少虫源。
2. **生物防治**　保护利用天敌。
3. **小网捕杀**　在若虫和成虫盛发期，可用小捕虫网进行捕杀，能收到一定的效果。
4. **药剂防治**　在若虫和成虫大发生的夏秋天，喷洒 50% 敌敌畏乳油 1 000 倍液，或 90% 晶体敌百虫 1 200 倍液，或 40% 马拉硫磷乳油 1 500 倍液，均有较好的防治效果。

（二七）山楂绣线菊蚜

山楂绣线菊蚜（*Aphis citricola* Van der Goot），又名苹果黄蚜，俗称腻虫、油汗，属同翅目蚜科蚜属。

绣线菊蚜在叶背面群体为害状

绣线菊蚜在山楂树叶片背面为害状

【分布与寄主】　分布于黑龙江、吉林、辽宁、河北、河南、山东、山西、内蒙古、陕西、宁夏、四川、新疆、云南、江苏、浙江、福建、湖北、台湾等省（区）；日本、朝鲜、印度、澳大利亚、新西兰、非洲、北美洲、中美洲。其寄主有梨、苹果、沙果、桃、李、杏、海棠、木瓜、山楂、山定子、枇杷、石榴、柑橘、多种绣线菊、榆叶梅等多种植物。

【为害状】　群集在幼叶、嫩梢及芽上，被害叶片向下弯曲或稍横向卷曲，严重时可盖满嫩梢 10 cm 内和嫩梢反面，使植物营养恶化，生长停滞或延迟，严重的畸形生长。

【形态特征】

1. **成虫**　无翅孤雌胎生蚜体长 1.6～1.7 mm，宽约 0.95 mm。体近纺锤形，黄色、黄绿色或绿色。头部、复眼、口器、腹管和尾片均为黑色。有翅孤雌胎生蚜体长 1.5～1.7 mm，翅展约 4.5 mm，体近纺锤形，头、胸、口器、腹管、尾片均为黑色，腹部绿色、浅绿色、黄绿色，复眼暗红色。
2. **卵**　椭圆形，长径约 0.5 mm，初产浅黄色，渐变为黄褐色、暗绿色，孵化前漆黑色，有光泽。
3. **若虫**　鲜黄色，无翅若蚜腹部较肥大，腹管短，有翅若蚜胸部发达，具翅芽，腹部正常。

【发生规律】　绣线菊蚜属留守式蚜虫，全年留守在一种或几种近缘寄主上完成其生活周期，无固定转换寄主现象。1 年发生 10 余代，以卵于枝条的芽旁、枝杈或树皮缝等处越冬，以 2～3 年生枝条的分杈和鳞痕处的皱缝卵量为多。翌年春寄主萌芽时开始孵化为干母，并群集于新芽、嫩梢、新叶的叶背为害，10 余天后即可胎生无翅蚜虫，称为干雌。行孤雌胎生繁殖，全年中仅秋末的最后一代行两性生殖。干雌以后则产生有翅和无翅的后代，有翅型则转移扩散。前期繁殖较慢，产生的多为无翅孤雌胎生蚜，5 月下旬可见到有翅孤雌胎生蚜。6～7 月繁殖速度明显加快，虫口密度明显提高，出现枝梢、叶背、嫩芽群集蚜虫，多汁的嫩梢是蚜虫繁殖发育的有利条件。8～9 月雨量较大时，虫口密度会明显下降，至 10 月开始产生雌、雄有性蚜，并进行交尾、产卵越冬。

　　绣线菊蚜具有趋嫩性。多汁的新芽、嫩梢和新叶，可促使蚜虫快速发育与繁殖。当群体拥挤、营养条件太差时，则发生数量下降或开始向其他新的嫩梢转移分散。因此，苗圃和幼龄果树发生常比成龄树严重。自然界中存在不少蚜虫的天敌，如七星瓢虫、龟纹瓢虫、叶色草蛉、大草蛉、中华草蛉以及一些寄生蚜和多种食蚜蝇。这些天敌对抑制蚜虫的发生具有重要的作用，应加以保护。

　　【防治方法】

　　1. **人工防治**　可在早春刮除老树皮及剪除受害枝条，消灭越冬卵。

　　2. **保护和利用天敌**　适当栽培一定数量的开花植物，引诱并利于天敌活动，蚜虫的天敌常见的有瓢虫、草蛉、食蚜蝇、蚜小蜂等，施用农药时尽量在天敌极少，且不足以控制蚜虫密度时为宜。

　　3. **药剂防治**　当蚜虫大量发生时，如果在越冬卵孵化后，及时喷50%抗蚜威超微可湿粉剂2 000倍液，50%灭蚜松（灭蚜灵）乳油1 000 ~ 2 000倍液，50%马拉硫磷乳油1 000 ~ 1 500倍液。提倡使用蚜霉菌400 ~ 800倍液，掌握在蚜虫高峰前选晴天喷洒均匀。

　　4. **药液涂干**　在蚜虫初发时用毛刷蘸药，在树干上部或主干基部涂6 cm宽的药环，涂后用塑料膜包扎，可选用40%乐果乳油20 ~ 50倍液。

　　5. **物理机械防治**　可放置黄色黏胶板，诱黏有翅蚜虫。

（二八）桃蚜

　　桃蚜［*Myzus persicae*（Sulzer）］，又名烟蚜、菜蚜，属同翅目蚜科。

　　【分布与寄主】　桃蚜在世界各地广为分布。第一寄主为桃树，第二寄主有杏、李、萝卜等十字花科蔬菜及烟、麻、棉等百余种经济植物及杂草。

　　【为害状】　成虫、若虫群集芽、叶、嫩梢上刺吸汁液，被害叶向背面不规则卷曲皱缩，排泄蜜露诱致煤污病发生或传播病毒病。

桃蚜在山楂树叶片为害状

　　【形态特征】　有翅胎生雌蚜体长1.6 ~ 2.1 mm，翅展6.6 mm，头胸部、腹管、尾片均黑色，腹部淡绿色、黄绿色、红褐色至褐色，变异较大。腹管细长圆筒形，尾片短粗圆锥形，近端部1/3收缩，有曲毛6 ~ 7根。无翅胎生雌蚜体长1.4 ~ 2.6 mm，宽1.1 mm，绿色、黄绿色、淡粉红色至红褐色，额瘤显著，其他特征同有翅胎生雌蚜。卵长椭圆形，长0.7 mm，初淡绿色后变黑色。若蚜似无翅胎生雌蚜，淡粉红色，体较小；有翅若蚜胸部发达，具翅芽。

　　【发生规律】　北方1年发生20 ~ 30代，南方1年发生30 ~ 40代，生活周期类型属侨迁式。北方以卵于桃、李、杏等越冬寄主的芽旁、裂缝、小枝杈等处越冬，至寄主萌芽时，卵开始孵化为干母，群集芽上为害，展叶后迁移到叶背和嫩梢上为害、繁殖，陆续产生的有翅胎生雌蚜向苹果、梨、杂草及十字花科等寄主上迁飞扩散；5月上旬繁殖最快，为害最盛，并产生有翅蚜飞往烟草、棉花、十字花科植物等夏季寄主上为害繁殖；5月中旬以后桃、苹果、梨等冬寄主上基本绝迹；10月产生有翅蚜，迁回冬寄主为害繁殖，并产生有性蚜，交尾产卵越冬。在南方桃蚜冬季也可行孤雌生殖。天敌有瓢虫、草蛉、食蚜蝇、蚜茧蜂等。

　　【防治方法】

　　1. **加强果园管理**　结合春季修剪，剪除被害枝梢，集中烧毁。

　　2. **合理配置树种**　在桃树行间或果园附近，不宜种植烟草、白菜等农作物，以减少蚜虫的夏季繁殖场所。

　　3. **保护天敌**　蚜虫的天敌很多，有瓢虫、食蚜蝇、草蜻蛉、寄生蜂等，对蚜虫抑制作用很强，因此要尽量少喷洒广谱性农药，同时避免在天敌多的时期喷洒。

4. **喷洒农药**　春季卵孵化后，桃树未开花和卷叶前，及时喷洒 10% 吡虫啉可湿性粉剂 3 000 倍液或 50% 抗蚜威可湿性粉剂 2 000 倍液，50% 吡蚜酮可湿性粉剂 1 500 倍液，或喷洒 3% 啶虫脒乳油 2 500 倍液，或 0.3% 印楝素乳油 1 200 倍液，均有良好效果。花后至初夏，根据虫情可再喷药 1 ~ 2 次。

（二九）沙里院褐球蚧

沙里院褐球蚧〔*Rhodoccus sariuoni*（Borchs.）〕，又名西府球蜡蚧、苹果球蚧，属同翅目蜡蚧科。

沙里院褐球蚧为害山楂树枝条状（1）

沙里院褐球蚧为害山楂树枝条状（2）

【**分布与寄主**】　分布于河北、辽宁、山东、山西、陕西、天津、北京等省市。寄主植物有山楂、苹果、梨、桃、杏、李、樱桃等果树和部分林木树种。

【**为害状**】　孵化后转移到叶片上为害，落叶前又转回枝条上为害。以成虫、若虫和幼虫为害枝干，受害枝条表现衰弱、叶片小、芽子瘦小干瘪，严重时造成枝条枯死。

【**形态特征**】

1. **成虫**　雌虫介壳：近球形或馒头形，体背密布一层白蜡粉。初期体壁较软，黄褐色，中后期体色渐变深褐色或枣红色。体长约 6.7 mm，宽约 6 mm，高约 5 mm，背中央两侧有两纵行较大的凹下刻点，每行 5 ~ 6 个。排列较整齐，因此形成放射状 3 条纵隆起。口器较小，喙 1 节，触角 7 节，其中第 3 节最长，足细小。

雄虫介壳：长扁球形，单层，由蜡质层和蜡毛构成，表面呈毛毡状。后半部表面无折缝，壳下虫体淡棕红色，头部黑色，眼 4 对黑色。触角 10 节，第 4 节最长，中胸盾片黑色。前翅近卵圆形，白色，前脉区微红，后翅具 2 条翅钩，腹部背面可见 8 节，腹末端着生淡紫色性刺，其基部两侧各有一根白色蜡毛。

2. **卵**　淡橘红色，卵圆形，背面隆起，腹面稍凹陷，近孵化时出现 2 个红色眼点。

3. **若虫**　初孵若虫橘红色，体扁平，长椭球形，背中线暗灰色，两侧为黄白色。后期背中央纵轴稍隆起，体周缘有若干细横皱纹，体壁软，表面覆盖蜡层且呈现规则的纹，并附有少量白色蜡丝。雄性若虫褐色，体背覆盖蜡层较厚，不呈龟裂并附有大量蜡丝呈毛毯状。

4. **雄性蛹**　长卵形，体背隆起，头、胸淡黑褐色，翅芽及腹部淡褐色。

【**发生规律**】　在北方 1 年发生 1 代，以 2 龄若虫在枝条上越冬，几个或几十个常群集一处，在枝条表面或芽腋间，翌年一般不再转移。3 月上旬取食为害，3 月末开始发育，3 月底 4 月初雌雄虫体发生区别。雌性若虫发育膨大时将越冬蜡层胀裂，仍附于体背中央。4 月中旬蜕一次皮后变为成虫，虫体迅速膨大成近球形，4 月中旬雄虫羽化后即交尾，交尾后雄虫即死亡。4 月下旬体壁硬化，并开始产卵于腹面的卵室内，每雌产卵 800 ~ 3 000 粒，平均 2 500 粒。5 月中旬卵开始孵化，下旬为孵化盛期。若虫孵出后即钻出，沿枝条爬行分散，多数爬至叶背固着为害。发育缓慢，体背分泌有薄蜡层，10 月间爬回枝条上寻找适宜部位固定越冬。离叶前蜕一次皮变为 2 龄若虫。若虫抗寒力很强，越冬死亡率约 30%。

【防治方法】

（1）发芽前喷 5° Bé 石硫合剂或 50% 柴油乳剂，3.5% 煤焦油乳剂，合成洗衣粉 200 倍液，95% 机油乳剂 400 ~ 600 倍液，20 号石油乳剂 80 ~ 100 倍液。

（2）幼虫孵化后转移到叶片上为害时（5月中下旬）喷药防治，可喷 50% 马拉硫磷乳油 1 000 倍液，40% 毒死蜱乳油 1 500 ~ 2 000 倍液，50% 辛硫磷 1 000 ~ 1 500 倍液加 80% 敌敌畏乳油 1 000 倍液，效果较好。也可喷 0.3° ~ 0.5° Bé 石硫合剂。

（3）雌成虫虫体迅速膨大期人工刷除虫体。结合冬季修剪，剪除越冬成虫。

（4）保护利用天敌，黑缘红瓢虫一生可捕食 2 000 余头介壳虫，若发现枝条上有许多灰白色纺锤形、体背中央有两列黑刺的幼虫和瓢虫成虫时，可不用药剂防治。

（三〇）山楂树长绵粉蚧

山楂树长绵粉蚧（*Phenacoccus peandei* Cockerell），又名柿长绵粉蚧、柿绵粉蚧，属同翅目粉蚧科，是河南果区的主要害虫之一，在中国各地的发生日趋严重。

山楂树长绵粉蚧冬季在枝梢越冬状　　　山楂树长绵粉蚧在叶片背面　　　山楂树长绵粉蚧为害状

【分布与寄主】　主要分布于河南、河北、山东、江苏等地。为害柿、山楂、苹果、梨、枇杷、无花果和桑等果树，同时还为害玉兰、悬铃木等园林树木。

【为害状】　若虫和成虫聚集在山楂树嫩枝、幼叶和果实上吸食汁液为害。枝、叶被害后，失绿而枯焦变褐；果实受害部位初呈黄色，逐渐凹陷变成黑色，受害重的果实，最后变枯脱落。受害树轻则造成树体衰弱，落叶落果；重则引起枝梢枯死，甚至整株死亡，严重影响山楂树产量和果实品质。雌成虫、若虫吸食寄主叶片、枝梢的汁液，排泄蜜露诱发煤污病。

【形态特征】

1. **成虫**　雌体长约 3 mm，椭圆形扁平，黄绿色、黄色至浓褐色，触角 9 节丝状，3 对足，体表布白蜡粉，体缘具圆锥形蜡突 10 多对，有的多达 18 对。成熟时后端分泌出白色绵状长卵囊，形状似袋，长 20 ~ 30 mm。雄虫体长 2 mm，淡黄色似小蚊。触角近念珠状，上生茸毛。3 对足，前翅白色透明，较发达，具 1 条翅脉分成两叉，后翅特化成平衡棒。腹部末端两侧各具细长白色蜡丝 1 对。

2. **卵**　淡黄色，近圆形。

3. **若虫**　椭圆形，与雌成虫相近，足、触角发达。雄蛹长约 2 mm，淡黄色。

【发生规律】　在河南郑州每年发生 1 代，以 3 龄若虫在枝条上和树干皮缝中结大米粒状的白茧越冬。翌年春山楂树萌芽时，越冬若虫开始出蛰，转移到嫩枝、幼叶上吸食汁液。长成的 3 龄雄若虫蜕皮变成前蛹，再次蜕皮而进入蛹期；雌虫不断吸食发育，约在 4 月上旬变为成虫。雄成虫羽化后寻找雌成虫交尾，交尾后死亡，雌成虫则继续取食，约在 4 月下旬开始爬到叶背面分泌白色绵状物，形成白色带状卵囊，长达 20 ~ 70 mm，宽 5 mm 左右，卵产于其中。每雌成虫可产卵 500 ~ 1 500 粒，橙黄色。卵期约 20 d。5 月上旬开始孵化，5 月中旬为孵化盛期。初孵若虫为黄色，成群爬至嫩叶上，数日后固着在叶背主侧脉附近及近叶柄处吸食为害。6月下旬蜕第1次皮，8月中旬蜕第2次皮，10月下旬发育为3龄，陆续转移到枝干的老皮和裂缝处群集结茧越冬。

长绵粉蚧的捕食性天敌如二星瓢虫和草蛉等、寄生性天敌如寄生蜂等对该虫都有一定的自然控制能力。

【防治方法】

1. **人工防治**　越冬期结合防治其他害虫刮树皮，用硬刷刷除越冬若虫。
2. **药剂防治**　落叶后或发芽前喷洒3°～5°Bé石硫合剂、45%晶体石硫合剂20～30倍液、5%柴油乳剂，防治越冬若虫。若虫出蛰活动后和卵孵化盛期，喷施下列药剂：80%敌敌畏乳油1 000倍液；48%毒死蜱乳油1 500倍液；45%马拉硫磷乳油1 500倍液；50%二溴磷乳油2 000倍液；3%苯氧威乳油1 500倍液；2.5%氟氯氰菊酯乳油2 000倍液；20%氰戊菊酯乳油2 000倍液；20%甲氰菊酯乳油3 000倍液；25%噻嗪酮可湿性粉剂1 500倍液。特别是对初孵转移的若虫效果很好。如能混用含油量1%柴油乳剂会有明显增效作用。

（三一）山楂园龟蜡蚧

山楂园龟蜡蚧（*Ceroplastes japonicus* Green），又名日本龟蜡蚧、龟甲蚧、树虱子等，属同翅目蜡蚧科。

龟蜡蚧为害山楂树枝干

龟蜡蚧严重为害山楂树枝干造成树枝枯萎

龟蜡蚧若虫为害山楂树叶片

龟蜡蚧为害山楂树叶片和枝干

【分布与寄主】　在中国分布极其广泛。为害苹果、柿、枣、梨、桃、杏、柑橘、杧果、枇杷等大部分属果树和100多种植物。

【**为害状**】　若虫和雌成虫刺吸枝、叶汁液，排泄的蜜露常诱致煤污病发生，削弱树势，重者枝条枯死。

【**形态特征**】

1. **成虫**　雌成虫体背有较厚的白蜡壳，呈椭圆形，长 4 ~ 5 mm，背面隆起成半球形，中央隆起较高，表面具龟甲状凹纹，边缘蜡层厚且弯卷，由 8 块组成。活虫蜡壳背面淡红色，边缘乳白色，死后淡红色消失，初淡黄色，后虫体呈红褐色。活虫体淡褐色至紫红色。雄虫体长 1 ~ 1.4 mm，淡红色至紫红色，眼黑色，触角丝状，翅 1 对，白色透明，具 2 条粗脉，足细小，腹末略细，性刺色淡。

2. **卵**　椭圆形，长 0.2 ~ 0.3 mm，初淡橙黄色后紫红色。

3. **若虫**　初孵体长 0.4 mm，椭圆形扁平，淡红褐色，触角和足发达，灰白色，腹末有 1 对长毛。固定 1 d 后开始分泌蜡丝，7 ~ 10 d 形成蜡壳，周边有 12 ~ 15 个蜡角。后期蜡壳加厚雌雄形态分化，雄成虫与雌成虫相似，雄虫蜡壳长椭圆形，周围有 13 个蜡角似星芒状。

4. **雄蛹**　梭形，长 1 mm，棕色，性刺笔尖状。

【**发生规律**】　1 年发生 1 代，以受精雌虫主要在 1 ~ 2 年生枝上越冬。翌年春寄主发芽时开始为害，虫体迅速膨大，成熟后产卵于腹下。产卵盛期：南京 5 月中旬，山东 6 月中上旬，河南 6 月中旬，山西 6 月中下旬。每雌产卵千余粒，多者 3 000 粒。卵期 10 ~ 24 d。初孵若虫多爬到嫩枝、叶柄、叶面上固着取食，8 月初雌雄开始性分化，8 月中旬至 9 月为雄虫化蛹期，蛹期 8 ~ 20 d，羽化期为 8 月下旬至 10 月上旬，雄成虫寿命 1 ~ 5 d，交尾后即死亡，雌虫陆续由叶转到枝上固着为害，至秋后越冬。可行孤雌生殖，子代均为雄性。

【**防治方法**】　参考柿子日本龟蜡蚧。

（三二）梨网蝽

梨网蝽为害山楂树叶片苍白失绿

梨网蝽成虫在山楂树叶片背面为害呈现锈褐色状

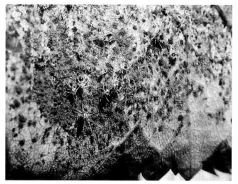

梨网蝽若虫在山楂树叶片为害状

梨网蝽严重为害山楂树叶片产生枯斑

梨网蝽成虫在山楂树叶片为害状

梨网蝽（*Stephanitis nashi* Esaki et Takeya），又名梨花网蝽，俗名花编虫，属半翅目网蝽科。

【分布与寄主】 分布较广，东北、华北，安徽、陕西、湖北、湖南、江苏、浙江、福建、广东、广西、四川等省（区）均有发生。该虫除了为害山楂树以外，还为害梨、苹果、海棠、花红、沙果、桃、李、杏等果树。

【为害状】 成虫和若虫栖居于寄主叶片背面刺吸为害。被害叶正面形成苍白色斑点，叶片背面因此虫所排出的褐色粪便和产卵时留下的蝇粪状黑点呈现出锈黄色，极易识别。受害严重时候，使叶片早期脱落，影响树势和产量。

【形态特征】

1. 成虫 体长 3.5 mm 左右，扁平，暗褐色。前胸背板有纵隆起，向后延伸如扁板状，盖住小盾片，两侧向外突出呈翼片状。前翅略呈长方形，具黑褐色斑纹，静止时两翅叠起，黑褐色斑纹呈"X"状。前胸背板与前翅均半透明，具褐色细网纹。

2. 卵 长椭圆形，一端略弯曲，长径 0.6 mm 左右。初产淡绿色半透明，后变为淡黄色。

3. 若虫 共 5 龄。初孵若虫乳白色，近透明，数小时后变为淡绿色，最后变成深褐色。3 龄后有明显的翅芽，腹部两侧及后缘有一环黄褐色刺状突起。

【发生规律】 每年发生代数因地而异，长江流域 1 年 4 ～ 5 代，北方果产区 3 ～ 4 代。各地均以成虫在枯枝落叶、枝干翘皮裂缝、杂草及土、石缝中越冬。北方果产区翌年 4 月中上旬开始陆续活动，飞到寄主上取食为害。山西省太谷地区 5 月初为出蛰盛期。由于成虫出蛰不整齐，5 月中旬以后各虫态同时出现，世代重叠。1 年中以 7 ～ 8 月为害最重。

成虫产卵于叶背面叶肉内，每次产 1 粒卵。常数粒至数十粒相邻产于叶脉两侧的叶肉内，每头雌虫可产卵 15 ～ 60 粒。卵期 15 d 左右。初孵若虫不甚活动，有群集性，2 龄后逐渐扩大为害活动范围。成虫、若虫喜群集于叶背主脉附近，被害处叶面呈现黄白色斑点，随着为害的加重而斑点扩大，全叶苍白，叶背和下边叶面上常落有黑褐色带黏性的分泌物和粪便，并诱使煤污病发生，影响树势和翌年结果，对当年的产量与品质也有一定影响。为害至 10 月中下旬以后，成虫寻找适当处所越冬。

【防治方法】

1. 人工防治 成虫春季出蛰活动前，彻底清除果园内及附近的杂草、枯枝落叶，集中深埋，防治越冬成虫。9 月间树干上束草，诱集越冬成虫，清理果园时一起处理。

2. 化学防治 关键时期有两个：一个是越冬成虫出蛰至第 1 代若虫发生期，最好在落花后，成虫产卵之前，以压低春季虫口密度；二是夏季大发生前喷药，以控制 7 ～ 8 月为害。农药有 80% 敌敌畏乳油 1 000 倍液，或 2.5% 高效氟氯氰酯乳油 2 000 倍液，或 10% 吡虫啉可湿性粉剂 3 000 倍液等，连喷 2 次，效果很好。

（三三）山楂叶螨

山楂叶螨（*Tetranychus viennensis* Zacher），又名山楂红蜘蛛、樱桃红蜘蛛，属蛛形纲蜱螨亚纲前气门目叶螨科。

【分布与寄主】 广泛分布于河北、北京、天津、辽宁、山西、山东、陕西、河南、江苏、江西、湖北、广西、宁夏、甘肃、青海、新疆、西藏等省（市、区），是仁果类和核果类果树的主要害螨之一。主要寄主有山楂、苹果、梨、桃、李、杏、沙果、海棠、樱桃等果树，也可为害草莓、黑莓、法桐、梧桐、泡桐等植物。

【为害状】 山楂叶螨以刺吸式口器刺吸寄主植物绿色部分的汁液。主要为害叶片、嫩梢和花萼，叶片严重受害后，先是出现很多失绿小斑点，随后扩大连成片，山楂叶螨只在叶片的背面为害，主要集中在叶脉两侧。树体轻微被害时，叶片主脉两侧出现苍白色小点，进而扩大连成片；较重时被害叶片增多，叶片严重失绿；当虫口数量较大时，在叶片上吐丝结网，全树叶片失绿，尤其是内膛和上部叶片干枯脱落，甚至全树叶片落光。严重时全叶变为焦黄而脱落，严重抑制了果树生长，甚至造成二次开花，影响当年花芽的形成和次年的产量。

【形态特征】

1. 成螨 雌成螨卵圆形，体长 0.54 ～ 0.59 mm，冬型鲜红色，夏型暗红色。雄成螨体长 0.35 ～ 0.45 mm，体末端尖削，橙黄色。

山楂叶螨严重为害时结网上的卵粒

山楂叶螨为害山楂树叶片

山楂叶螨成螨、若螨和卵粒

山楂叶螨为害山楂树叶片

2. **卵**　球形，春季产的卵呈橙黄色，夏季产的卵呈黄白色。

3. **幼螨**　初孵幼螨体球形，黄白色，取食后为淡绿色，3对足。

4. **若螨**　4对足。前期若螨体背开始出现刚毛，两侧有明显墨绿色斑，后期若螨体较大，体形似成螨。

【发生规律】　北方地区一年发生6～10代，以受精雌成螨在主干、主枝和侧枝的翘皮、裂缝、根茎周围土缝、落叶及杂草根部越冬，翌年苹果花芽膨大时开始出蛰为害，花序分离期为出蛰盛期。出蛰后一般多集中于树冠内膛局部为害，以后逐渐向外膛扩散。常群集叶背为害，有吐丝拉网习性。9～10月开始出现受精雌成螨越冬。高温干旱条件下发生并为害重。

【防治方法】　参考苹果山楂叶螨。

第十一部分　枣树病虫害

一、枣树病害

（一）枣树锈病

枣树锈病又称串叶病、雾烟病，是枣树重要的流行性病害，在辽宁、河北、河南、山东、陕西、四川、云南、贵州、广西、湖北、安徽、江苏、浙江、福建、台湾等省（区）都有分布。发病严重时，引起大量早期落叶，削弱树势，降低枣的产量和品质。

枣树锈病初期叶面病斑

枣树锈病初期叶背病斑

枣树锈病为害枣树叶片正面病斑

枣树锈病为害枣树叶片

枣树锈病为害枣树叶片病斑（透光）

枣树锈病严重为害状

枣树锈病为害引起早期大量落叶　　　　　　　枣树锈病引起落叶

【症状】　枣树锈病只发生在叶片上，初在叶背散生淡绿色小点，后逐渐凸起呈暗黄褐色，即病菌的夏孢子堆。夏孢子堆形状不规则，直径约 0.5 mm，多发生在中脉两侧、叶片尖端和基部。以后表皮破裂，散出黄色粉状物，即夏孢子。在叶片正面与夏孢子堆相对应处发生绿色小点，边缘不规则。叶面逐渐失去光泽，最后干枯，早期脱落。落叶自树冠下部开始逐渐向上部蔓延。冬孢子堆一般多在落叶以后发生，比夏孢子堆小，直径 0.2 ~ 0.5 mm，黑褐色，稍凸起，但不突破表皮。

【病原】　病原菌为枣多层锈菌［*Phakopsora ziziphi-vulgaris*（P.Henn.）Diet.］，属于真菌界担子菌门。只发现有夏孢子堆和冬孢子堆两个阶段。夏孢子球形或椭圆形，淡黄色至黄褐色，单胞，表面密生短刺，大小为（14 ~ 26）μm×（12 ~ 20）μm。冬孢子长椭圆形或多角形，单胞，平滑，顶端壁厚，上部栗褐色，基部淡色，大小为（8 ~ 20）μm×（6 ~ 20）μm。

【发病规律】　已查明枣树锈病病菌的越冬方式是以夏孢子在落叶上越冬，成为翌年的初侵染源。一般于 7 月中下旬开始发病，8 月下旬至 9 月初出现大量夏孢子堆，不断进行再次侵染，使发病达到高峰，并开始落叶。发病轻重与当年 8 ~ 9 月降水量有关，降水多发病就重，干旱年份则发病轻，甚至无病。

由于菌源来自地面落叶，所以酸枣树往往先被侵染，其次是大枣树冠的下层叶片。随着再侵染的发生，病情自下而上发展，8 月中上旬为病害的盛发阶段。树叶被病菌侵染后，往往提前脱落，病重时，在收枣前一个月叶子落光，导致大量落枣。在生长季节后期，病菌会在叶子上形成极少量黑褐色的冬孢子堆，但冬孢子在病害流行中所起的作用尚未查清。7 ~ 8 月降水多时，常可引起该病的发生流行。

【防治方法】
1. 加强栽培管理　栽植不宜过密，适当修剪过密的枝条，以利通风透光，增强树势。雨季应及时排除积水，防止果园过于潮湿。冬季清除落叶，集中深埋以减少病菌来源。
2. 喷药保护　在 7 月上旬喷布 1 次 200 ~ 300 倍波尔多液（硫酸铜 1 份，生石灰 2 ~ 3 份，水 200 ~ 300 份）或锌铜波尔多液（硫酸铜 0.5 ~ 0.6 份，硫酸锌 0.4 ~ 0.5 份，生石灰 2 ~ 3 份，水 200 ~ 300 份），流行年份可在 8 月上旬再喷 1 次，能有效地控制枣树锈病的发生和流行。也可在 6 月底至 8 月中旬，喷施 15% 三唑酮可湿性粉剂 800 倍液，或 25% 戊唑醇水乳剂 2 000 倍液，或 10% 苯醚甲环唑水分散粒剂 1 500 倍液，或 12.5% 烯唑醇可湿性粉剂 2 000 倍液；或 40% 氟硅唑乳油 6 000 倍液。天气干旱减少喷药次数；雨水多，应增加喷药次数。
3. 选用抗病品种　各枣树品种间，内黄的扁核酸、新郑的鸡心枣最易感病，新郑灰枣次之，新郑九月青、赞皇大枣、灵宝大枣和沧州金丝小枣较抗病。

（二）枣炭疽病

炭疽病俗名烧茄子病，分布于河南、山西、陕西、安徽等省，枣树果实近成熟期发病。果实感病后常提早脱落，品质降低，严重者失去经济价值。该病除侵害枣树外，还能侵害苹果、核桃、葡萄、桃、杏、刺槐等树种。

【症状】　主要侵害果实，也可侵染枣吊、枣叶、枣头及枣股。
1. 果实　在果肩或果腰的受害处，最初出现淡黄色水渍状斑点，逐渐扩大成不规则形黄褐色斑块，中间产生圆形凹陷

枣炭疽病为害枣果实　　　　枣炭疽病病果（1）　　　　枣炭疽病病果（2）

枣炭疽病病果（3）　　　　　　　枣炭疽病为害叶片

病斑，病斑扩大后连片，呈红褐色，引起落果。病果着色早，在潮湿条件下，病斑上能长出许多黄褐色小突起及粉红色黏**性物质**，即为病原菌的分生孢子盘及病原菌的分生孢子团。剖开前期落地病果发现，部分枣果由果柄向果核处呈漏斗形变黄褐色，果核变黑。

2.**叶**　叶片受害后变黄绿早落，有的呈黑褐色焦枯状悬挂在枝头。

【**病原**】　病原菌为刺盘孢炭疽菌（*Colletotrichum gloeosporiodes* Penz.）。病原菌的菌丝体在果肉内生长旺盛，有分枝和隔膜，无色或淡褐色。直径 3 ~ 4 μm；分生孢子盘位于表皮下，大小为（142 ~ 213）μm × 350 μm，由疏丝状菌丝细胞组成，分生孢子盘上着生黑褐色的束状刚毛，刚毛长 29.2 ~ 116.6 μm，宽 2.7 ~ 5.3 μm，无分隔或有一个分隔，分生孢子梗着生于分生孢子盘的顶部，无色，短棒状，单胞，长 15 ~ 30 μm、宽 3.5 ~ 4.8 μm。分生孢子长圆形或圆筒形，无色，单胞，长 13.5 ~ 17.7 μm，宽 4.3 ~ 6.7 μm，中央有 1 个油球或两端各有 1 个油球。

【**发病规律**】　枣炭疽病病菌以菌丝体潜伏于残留的枣吊、枣头、枣股及僵果内越冬。翌年，分生孢子借风雨(因病菌分生孢子团具有胶黏性物质，需要雨、露、雾溶化)传播，昆虫如椿象类也能传播，从伤口、自然孔口或直接穿透表皮侵入。从花期即可侵染，但通常要到果实接近成熟期和采收期才发病。该菌在田间有明显的潜伏侵染现象。雨季早、雨量多，或连续降雨，阴雨连绵，相对湿度在 90% 以上发病早而重。

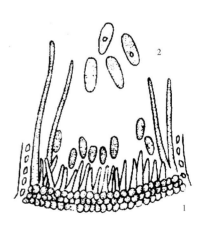

枣炭疽病病病菌
1.分生孢子盘　2.分生孢子

【**防治方法**】

1.**清园管理**　摘除残留的越冬老枣吊，清扫掩埋落地的枣吊、枣叶，并进行冬季深翻。再结合修剪剪除病虫枝及枯枝，以减少侵染来源。

2.**改变枣的加工方法**　改变晒枣法，采用炕烘法，能防止高温高湿环境条件下引起的腐烂。

　　3. 药剂防治　7 月下旬至 8 月下旬，每间隔 10 d，喷洒下列药剂：1 ：2 ：200 倍式波尔多液；50%苯菌灵可湿性粉剂 1 000 倍液；40%氟硅唑乳油 8 000 倍液；70%甲基硫菌灵可湿性粉剂 1 000 倍液；50%多菌灵可湿性粉剂 800 倍液等，保护果实，至 9 月上旬结束喷药。

（三）枣黑腐病

　　枣黑腐病又称轮纹病，在安徽、山东、河南等枣区有发生。主要引起果实腐烂和提早脱落。在 8~9 月枣果膨大发白即将着色时大量发病。该病发生时，对枣果的品质和产量有严重的影响。

　　【症状】　侵害枣果、枣吊、枣头等部位。果实受害后先出现褐色、湿润状的病斑，后逐渐变紫、变黑。病果可在较长时间内保持原状，干后强烈皱缩呈褐色。后期病果表皮下可长出较大的瘤状黑色霉点，即病原菌的分生孢子器。在空气湿度大时，自霉点内涌出较长的白色扭曲状的分子孢子角，有时分生孢子角在病果表面呈丝状缠绕。

　　【病原】　有性世代为 *Botryosphaeria berengerianade*，称贝伦格葡萄座腔菌。无性世代为 *Macrophoma kawatsukai*，属半知菌类真菌。分生孢子器扁圆形或椭圆形。有乳头状孔口，直径 383 ~ 425 μm。分生孢子器壁黑褐色，炭质，其内壁密生分生孢子梗。分生孢子梗丝状，单胞，大小为（18 ~ 25）μm ×（2 ~ 4）μm，顶端着生分生孢子。分生孢子椭圆形或纺锤形，单胞，无色，大小为（24 ~ 30）μm ×（6 ~ 8）μm。

枣黑腐病病果

冬季在落果及其他病组织上形成子囊壳，翌年 2 ~ 3 月即可见到成熟的子囊及子囊孢子。

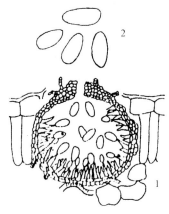

　　【发病规律】　病原菌以菌丝体、分生孢子器及子囊壳在病组织内越冬，而以僵果的带菌量最高。借风雨传播。具有明显的潜伏侵染现象。病菌寄生性比炭疽菌稍弱，多在采收后才表现症状。

枣黑腐病病菌
1. 分生孢子器　2. 分生孢子

　　【防治方法】

　　（1）搞好清园工作。消除落地僵果，对发病重的枣园或植株，结合修剪剪除枯枝、病虫枝，集中处理，以减少菌源。加强栽培管理，对发病的枣园，增施腐熟的农家肥，增强树势，提高抗病能力。

　　（2）枣行间种低秆作物区以使枣树间通风透光，降低湿度，减少发病。

　　（3）春季发芽前，树体喷 21%过氧乙酸水剂 400 ~ 500 倍液，清除越冬病源。生长期于 7 月初喷第 1 次药，至 9 月上旬可用杀菌剂喷 3 次，药剂选用：20%唑菌胺酯水分散粒剂 2 000 倍液；68.75%恶唑菌酮·代森锰锌水分散粒剂 1 500 ~ 2 000 倍液；50%甲基硫菌灵可湿性粉剂 800 倍液；50%多菌灵可湿性粉剂 800 倍液；50%异菌脲可湿性粉剂 1 500 倍液；50%苯菌灵可湿性粉剂 1 500 倍液；60%噻菌灵可湿性粉剂 2 000 倍液；50%嘧菌酯水分散粒剂 2 000 倍液；25%戊唑醇水乳剂 2 500 倍液；3%多氧霉素水剂 600 倍液，每隔 15 d 左右与波尔多液交替喷施，注意雨后补喷。

（四）枣果青霉病

　　枣果青霉病是枣贮藏期常见病害。该病感染后，使枣的果肉腐烂，组织解体，果胶外溢，发黏，具有特异的霉味，影响品质和食用。

【症状】 受害果实变软、果肉变褐、味苦，病果表面生有灰绿色霉层，即为病原菌的分生孢子串的聚集物，边缘白色，即为菌丝层。

【病原】 病原菌同柑橘青霉（*Penicillium italicum* Thorn）相似。菌落绿色或灰绿色，分生孢子梗从菌丝上垂直伸出，无足细胞，具隔膜，有分枝，顶层为小梗，小梗生念珠状单行排列的分生孢子。单个孢子为球形或卵圆形。

【发病规律】 发生该病的主要原因是枣果水分偏多，烘制、汆制、真空脱水的红枣，由于破坏了外果皮原有性能，一旦枣中水分含量高或管理不善，库房湿度大时，易于感染青霉菌，使枣果失去应有的商品及食用价值。

枣果青霉病病果

【防治方法】

（1）红枣及枣制品充分脱水，红枣含水量不高于23%，蜜枣含水量不高于20%；将采收的果实用炕烘法及时处理，可减少霉烂。

（2）存放期控制库房空气相对湿度不能长期高于80%。雨天关闭门窗，晴天开窗通风排放湿气。

（3）枣果放在0～5℃冷库内贮藏；贮存前要剔除伤果、虫果、病果，注意防止潮湿。

（五）枣缩果病

枣缩果病为害幼果

枣缩果病病果

枣缩果病幼果感病

枣缩果病后期为害状

　　枣缩果病又名枣铁皮病、枣黑腐病、枣干腰缩果病、枣萎蔫果病、雾焯、铁焦等,我国20世纪70年代后期始见正式报道,其遍及全国各大枣区,俗称"束腰病",系我国各大枣区主要果实病害之一。该病在河南、河北、山东、陕西、山西、安徽、甘肃、辽宁等省枣产区,均有大面积成灾的报道。

　　【症状】　该病主要为害枣树的果实,引起果腐和提早脱落。受害病果先是在肩部或胴部出现淡黄色晕环,边缘较清晰,逐渐扩大,成凹形不规则淡黄色病斑,进而果皮呈水渍状,浸泪型,疏布针刺状圆形褐点;果肉由淡绿转为黄色,松软萎缩,外果皮暗红无光泽;健果柄绿色,病果果柄褐色或黑褐色,对果柄进行解剖观察,病果果柄提前形成离层而早落;病果个小、皱缩、干瘦;病组织呈海绵状坏死,味苦,不堪食用;果实发病后很容易脱落,病果的病斑越大越易脱落;同株发病率大果高于小果。

　　缩果病的病程从外观上可分为晕环、水渍、着色、萎缩、脱落5个时期,但脱落期相差很大,前期病果多在水渍期脱落,中期多在着色半红期脱落,后期病果多在萎缩期末脱落。

　　【病原】　目前对枣缩果病的病原尚无统一定论。1987年报道,该病是由一种细菌侵染引起;1992年又报道,是原生小穴壳菌等多种真菌引起。目前认为病原菌以小穴壳菌(*Dothioralla gregaria*)为主。研究表明,该病病原具有多样性,公开报道的有7种真菌和2种细菌。

　　【发病规律】　风雨作用使果面摩擦而造成的伤痕,是病菌性病害侵染枣果的途径之一。椿象等害虫咬伤胎枣果也可使病菌入侵。病菌进入枣果后3 d,外果皮即出现淡黄色病斑,边缘浸润型,无明显界线。在放大镜下可看到针刺形褐色小点。进而外果皮呈现暗红色无光泽病斑。剖开果皮,果肉呈淡黄色,维管束呈深黄褐色。病组织解体坏死,味苦。

　　偏施氮肥、枝叶密集、通风不良的间作枣园,诱发害虫发生,增加了传病媒介,发病较重。

　　缩果病的病原菌除了侵染枣果实外,还侵染枣叶、花和枣吊等,但在枣叶、花和枣吊上不表现任何症状。病原菌的越冬场所为老树皮、各类枝条、落果、落吊、落叶。

　　枣树缩果病的发生与枣果的生育期密切相关。一般枣果梗洼变红(红圈期)到1/3变红时(着色期),枣肉含糖量18%以上,气温23～26 ℃时,是该病的发生盛期,特别是阴雨连绵或夜雨昼晴的天气,最易暴发流行成灾。枣果采收前15～20 d防治很关键。刺吸式口器昆虫的密度同病情指数呈正相关,主要是叶蝉、椿象、介壳虫等刺吸式口器害虫及食心虫所造成的伤口传病。

　　枣树品种不同发病程度也不同。灰枣、木枣和灵枣最易感病,其次为六月鲜和八月炸,九月青、齐头白、马牙枣和鸡心枣较抗病。

　　【防治方法】
　　1. 选择抗病品种　根据当地的气候土质条件,选择适宜的枣树抗病品种。
　　2. 加强枣园管理　搞好枣园综合管理,提高树体抗病性,是预防和减轻枣缩果病发生和蔓延的根本措施。
　　(1)早春刮老树皮,在秋冬季彻底清理落叶、落果、落吊,将其集中深埋,以减少病源。
　　(2)加强土肥水管理,合理整形修剪,改善通风透光条件,增强树势,提高树体的抗病能力;加强排水,降低土壤、空气湿度。
　　(3)不在枣园间作高秆作物和与枣树有共同病虫害的作物。枣园覆草或生草也可减少枣缩果病的发生。
　　(4)重施有机肥,改良土壤结构,增施磷、钾、钙、硼肥,适当控制氮肥,做到配方施肥,合理供给养料,促进水、肥协调,增强树势,提高抗病力。
　　3. 防治传病昆虫　加强对枣树害虫,特别是刺吸式口器和蛀果害虫,如桃小食心虫、介壳虫、椿象等害虫的防治,可减少伤口,有效减轻病害发生。前期喷施杀虫剂,以防治食芽象甲、叶蝉、枣尺蠖为主;后期8～9月结合杀虫,施用氯氰菊酯等杀虫剂与烯唑醇混合喷雾,对枣缩果病的防效可达95%以上。
　　4. 药剂防治　根据当地当年的气候条件,决定防治适期。一般年份可在7月底或8月初喷洒第一遍药,隔7～10 d后再喷洒1～2次药。对真菌性枣缩果病可用12.5%烯唑醇可湿性粉剂3 000倍液;50%多菌灵可湿性粉剂800倍液＋80%代森锰锌可湿性粉剂800倍液;70%甲基硫菌灵可湿性粉剂1 200倍液;10%苯醚甲环唑水分散粒剂3 000倍液等。同时,结合治虫,可在施用杀菌剂时,加入防治食心虫、椿象等杀虫药剂。

（六）枣树腐烂病

枣树腐烂病又称枝枯病。侵害幼树和大树，常造成枝条枯死。

【症状】　主要侵害衰弱树的枝条。病枝皮层开始变红褐色，渐渐枯死，以后在枯枝上从枝皮裂缝处长出黑色突起小点，即为病原菌的子座。

【病原】　病原菌属于壳囊孢菌（*Cytospora sp.*）。分生孢子器生于黑色子座内，多室，不规则形。分生孢子小，香蕉形或腊肠形，无色。

【发病规律】　病原菌以菌丝体或子座在病皮内越冬。第2年形成分生孢子，通过风雨和昆虫等传播，经伤口侵入。该菌为弱寄生菌，先在枯枝、死节、干桩、坏死伤口等组织上潜伏，然后逐渐侵染活组织。枣园管理粗放，树势衰弱，则容易感染。

【防治方法】

（1）加强管理，多施农家肥料，增强树势，提高抗病力；彻底剪除树上的病枝条，集中烧毁，以减少病害的侵染来源。

（2）用药剂治疗很难奏效时，可采用"泥封法"进行防治。具体方法是：把枣园中的生黄土捣细，加水调和成团，厚厚地涂敷在枣树病部，外面用塑料薄膜包扎，时间一年。由于泥封病斑后会形成一种缺氧环境，可起到抑制腐烂病病菌繁殖和扩展的防治效果。

枣树腐烂病病株

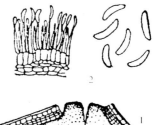

枣树腐烂病病菌
1.分生孢子器　2.分生孢子梗及分生孢子

（七）枣树疯病

枣树疯病又称"枣树扫帚病"，是中国枣树上一种严重的病害。发病树很少结果，所以病树又称"公枣树"，发病3～4年后即可整株死亡，对生产威胁极大。河北、山东、山西、河南、陕西、甘肃、新疆、辽宁、安徽、广西、湖南、江苏、浙江等省（区）均有不同程度的发生，其中，以河北、山西、山东、河南等省发病最重。

【症状】　枣树疯病主要侵害枣树和酸枣树。一般于开花后出现明显症状。主要表现为花变叶和主芽的不正常萌发，造成枝叶丛生现象。

1. 花变叶　花器退化，花柄延长，萼片、花瓣、雄蕊均变成小叶，雌蕊转化为小枝。

2. 丛枝　病株1年生发育枝上的正芽和多年生发育枝上的隐芽均萌发成发育枝，其上的芽又大部分萌发成小枝，如此逐级生枝。病枝纤细，节间缩短，叶片小而萎黄。

3. 叶片　先是叶肉变黄，叶脉仍绿，以后整个叶片黄化，叶的边缘向上反卷，暗淡无光，叶片变硬变脆，有的叶尖边缘焦枯，严重时病叶脱落。花后长出的叶片都比较狭小，具明脉，翠绿色，易焦枯。有时在叶背面的主脉上再长出一小的明脉叶片，呈鼠耳状。

4. 果实　病花一般不能结果，或结果易落。病株上的健枝仍可结果，果实大小不一，果面着色不均，凹凸不平，凸起处呈红色，凹处是绿色，果肉组织松软，不堪食用。

5. 根部　疯树主根由于不定芽的大量萌发，往往长出一丛丛的短疯根，同一条根上可出现多丛疯根。枝叶细小，黄绿色，有的经强日照射枯死，呈刷状。后期病根皮层腐烂，严重者全株死亡。

【病原】　枣树疯病病原为植原体（Phytoplasma），是介于病毒和细菌之间的多形态的质粒。无细胞壁，仅以厚度约10nm的单位膜所包围。易受外界环境条件的影响，形状多样，大多植原体的繁殖方式有二分裂、出芽生殖、在细胞内部生成许多小体再释放出来等形式。植原体对四环素族药物（四环素、土霉素、金霉素、氯霉素等）非常敏感。使用这类药

枣树疯病植株花变叶（1）　　　　　　枣树疯病病植株花变叶（2）

枣树疯病植株花变叶状（3）　　　枣树疯病植株花变叶（右为病枝，左为健株）（4）

枣树疯病植株花变叶（5）　　　　　枣树疯病植株叶片丛生变黄枯死

枣树疯病植株叶片丛生变黄枯死（右边为健株）　　　枣树疯病病株枝叶丛生变黄

枣树疯病枝梢冬季丛生症状　　　　　　　　枣树疯病枝梢秋季症状

枣树疯病植株叶片变黄，有　　　　枣树疯病植株叶片丛生　　　　枣树疯病病树
时带黑斑

枣树疯病植株叶片丛生变黄枯死　　　枣树疯病果实凸凹不平，容易落果　　　枣树疯病根蘖

物可以有效地控制病害的发展。对轻枣树疯病病株施药后可使症状减轻或消失。类菌原体侵染枣树后，分布在韧皮部筛管细胞中，其次为伴胞。主要通过筛板孔随着树体的养分运转而运转。

【发病规律】　病原可通过各种嫁接方式，如皮接、芽接、枝接、根接等传染。在自然界，中国拟菱纹叶蝉（*Hishimonoides chinensis* Anufriev）、橙带拟菱纹叶蝉（*Hishimonoides aurifociales* Kuoh）、凹缘菱纹叶蝉（*Hishimonus sellatus* Uhler）和红闪小叶蝉（*Typhlocyba* sp.）等均是传播媒介。凹缘菱纹叶蝉一旦摄入枣树疯病类菌原体后，则能终生带菌，可陆续传染许多枣树。至于土壤、花粉、种子、汁液及病健根的接触均不能传播。发病初期，多半是从一个或几个大枝及根蘖开始，有时也有全株同时发病的。症状表现是由局部扩展到全株，所以，枣树疯病是一种系统性侵染病害。发病后，小树1~2年，大树5~6年，即可死亡。当年实生苗得病后仅能存活3~5个月。土壤干旱瘠薄，肥水条件差，管理粗放，病虫害严重，树势衰弱发病重，反之则轻。感病品种有梨枣、冬枣、婆枣等品种。

【防治方法】
1. **彻底挖除重病树和病根蘖，修除病枝**　枣树发病后不久即会遍及全株，并成为传染源，应及早彻底刨除病株，并将大根一起刨干净，以免再生病蘖。对小疯枝应在树液向根部回流之前，阻止类菌原体随树体养分运行。从大分枝基部砍断或环剥，类菌原体到根部下行不超过砍断或环剥部位时即可治愈。连续 2 ~ 3 年，可基本控制枣树疯病的发生。

2. **培育无病苗木** 应在无枣树疯病的枣园中采取接穗、接芽或分根繁殖，以培育无病苗木。提倡在苗圃播种酸枣种子，以此酸枣苗为砧木嫁接品种大枣接穗，然后移栽到枣园内，由于酸枣种子不带菌，所以只要接穗不带菌，嫁接苗就无病。苗圃中一旦发现病苗，应立即拔掉。

3. **选用抗病品种和砧木** 选用骏枣 1 号、星光、醋枣、壶瓶枣、蛤蟆枣等抗病品种。选用抗病的酸枣和具有枣仁的大枣品种作砧木，以培育抗病品种。

4. **接穗消毒** 对有可能带病的接穗，用 0.1% 盐酸四环素液浸泡 0.5 h 消毒防病。

5. **药物治疗** 对发病轻的枣树，用四环素族药物治疗，有一定效果。

6. **防治传毒媒介** 消除杂草及野生灌木，减少虫媒滋生场所，6 月前喷药防治枣尺蠖时即可兼治虫媒叶蝉类。或在 6 月下旬至 9 月下旬，喷 10% 吡虫啉可湿性粉剂 3 000 倍液等以防治虫媒。

7. **严格检疫** 从病区引进接穗要检疫，采用灵敏的巢式 PCR 技术检测或在无病区建立无病采穗圃。对枣园周围的酸枣疯病病树进行清理，新建枣园应远离酸枣病发生的地块。

（八）枣树花叶病

枣树花叶病果实畸形

枣树花叶病

枣树花叶病果实果面凸凹不平，畸形（1）

枣树花叶病（1）

枣树花叶病叶片病斑

枣树花叶病（2）

枣树花叶病果实果面凹凸不平，畸形（2）

枣树花叶病在枣产区时有发生。苗木和大树的嫩梢叶片受害明显，影响枣树的生长和枣的产量。

【症状】　叶片变小、扭曲、畸形，在叶片上呈现深浅相间的花叶状。

【病原】　Jujube mosic virus（JMV）称枣树花叶病毒。

【发病规律】　枣树花叶病主要通过叶蝉和蚜虫传播，嫁接也能传病。天气干旱，叶蝉和蚜虫数量多，发病就重。

【防治方法】
（1）加强栽培管理，增强树势，提高抗病能力。嫁接时不从病株上采接穗，发病重的苗木要烧毁，避免扩散。
（2）从4月下旬枣树发芽期开始喷药，可喷施药剂防治媒介叶蝉。

（九）枣果根霉软腐病

枣果根霉软腐病又称枣果黑霉病、枣果软腐病，以鲜枣贮运时发生较多。

枣果根霉软腐病病果（1）

枣果根霉软腐病病果（2）

枣果根霉软腐病病果（3）

【症状】　枣果受害后，病部果肉发软，先长出白色丝状物，然后在白色丝状物上长出许多针头般的小黑点，即是孢囊梗和孢子囊。

【病原】　病原菌为分枝根霉菌（*Rhizopus* sp.）。

【发病规律】　病菌孢子广泛存在于空气、土壤及枣果表面。当枣果有创伤、虫伤、挤伤等伤口时，病菌从伤口侵入。采收后，由于果实含水量过高，当遇阴雨天未及时晒枣时，易发生该病。

【防治方法】　采收时防止枣果损伤；贮存前拣出有伤口果；采收后及时炕烘处理。

（一〇）枣裂果症

枣裂果症在各产枣区均有发生，在枣果接近成熟时如雨水多，发生较严重。

【症状】　果实将近成熟时，如连日下雨，果面裂开缝，果肉稍外露，随之裂果腐烂变酸，不堪食用。果实开裂后，易于引起病原菌侵入，引起果实的腐烂变质。

枣裂果　　　　　　　　　　　　　　　　　　枣裂果容易引起软腐

【病原】　生理性病害。主要是夏季高温多雨，果实接近成熟时果皮变薄等因素所致，也可能与缺钙有关。易裂品种有骏枣、赞皇枣、梨枣、团枣、晋枣；较抗裂品种有茶壶枣、油枣、木枣、灵宝圆枣、金丝小枣等。

【发病规律】　有两种情况：

1. **高温干旱裂果**　我国北方枣区，8月中旬至9月上旬枣果处于白熟期，此期如遇干旱，在高温和高蒸腾情况下，果实失去的水分如得不到及时补充，就会引起果皮日烧，这种未能愈合的微小伤口，遇到下雨或夜间凝露的天气，长时间停留在果面上的雨露就会通过日烧伤口渗入果肉内，致使果肉细胞膨胀，当果肉细胞膨胀到一定程度时，果皮就会以日烧伤口为中心发生膨裂。

2. **后期降雨裂果**　这种裂果发生普遍，主要是因果实膨大期高温多湿或土壤缺乏钙、硼等元素而引起的。一般在果实接近成熟时，枣的果皮都比较薄，如果这时遇多雨天气，果肉就会迅速膨大，致果皮开裂。

【防治方法】

1. **选择适宜品种**　建园时选择抗裂品种或在雨季后成熟的晚熟品种以及适宜在白熟期采收加工的品种，这样可以尽量避免造成裂果损失。

2. **加强土肥水管理**　施肥应选择营养全面的有机肥、复合肥、生物菌肥等，不要单纯施化肥。正常年份，晚秋在采果后至发芽前早施腐熟基肥，浇好底水，花前期和幼果期及时追肥浇水；雨水较多年份，当枣果进入白熟期要及时排水，并保持土壤疏松，避免杂草丛生、土壤板结，保持树体健壮生长，提高抵御抗裂果的能力。

3. **喷施矿质元素与生长调节剂**　喷钙剂可有效防止枣裂果。自7月下旬起，每隔10～15 d在枣树上喷1次0.3%的氯化钙水溶液，直到采收，可明显地降低枣裂果率。喷施氯化钙还可降低枣果晾晒和加工过程中由于裂果腐烂而造成的损失。喷施可结合防治病虫害同时进行。同时，要合理使用植物生长调节剂，并尽量不在阳光强烈的中午喷肥、喷药，以避免高温下高浓度的药剂对枣面形成刺激。

4. **避雨栽培**　避雨栽培是平地枣园裂果防控的最有效方法。搭建遮雨棚，通过拱棚内喷灌、滴灌、渗灌和防雨布开闭等措施调节土壤水分和空气湿度，不但能减少裂果，还具有减轻病害、提高果实商品性等优点。枣树在成熟季节采用避雨栽培措施，可有效防止裂果发生。搭建遮雨棚防裂效果十分显著，可达95%。使用塑料薄膜把枣树蒙起来，再用铁丝把塑料布固定好，防止大风刮坏，以达到防雨防裂目的。

5. **合理修剪**　注意通风透光，有利于雨后枣果表面迅速干燥，减少发病。修剪后的矮化枣树或高度低于3 m的枣树，可采用可伸缩的新型避雨棚，预防枣裂果效果显著。

（一一）枣树缺铁症

枣树缺铁症又叫黄叶病。在我国各枣区均有零星发生，主要分布在山西、陕西、甘肃等地。常发生在盐碱地或石灰质地过高的地方，以及园地较长时间渍害，以苗木和幼树受害最重。缺铁易导致枣树营养不良，生长代谢失衡，影响枣树生长。

【症状】　新梢上的叶片变黄或黄白色，而叶脉仍为绿色，严重时顶端叶片焦枯。

【病因】 铁是叶绿素合成所必需的元素，参与植物体内氧化还原反应。因为铁与叶绿素的形成有密切关系，所以缺铁主要表现为叶片失绿黄化。缺铁初期或缺铁不甚严重时，叶肉部分首先失绿变成淡黄绿色，而叶脉仍保持绿色。随着缺铁时间的延长或严重缺铁，叶脉的绿色也会逐渐变淡并逐渐消失，使整个叶片呈黄色甚至白色，有时会出现棕褐色斑点，最后叶片脱落，嫩枝死亡。土质碱性，含有大量碳酸钙以及土壤湿度过大时，植株无法

枣树缺铁新梢黄叶　　　　　　　　　　枣树缺铁黄叶，叶脉残留绿色

吸收，易缺铁。含锰、锌过多的酸性土壤，铁易变为沉淀物，不利植物根系吸收。土壤黏重，排水差，地下水位高的低洼地，春季多雨，入夏后急剧高温干旱，均易引起缺铁黄化。

【防治方法】
（1）改良土壤，释放被固定的铁元素，是防治黄叶病的根本性措施；春旱时用含盐低的水灌浇压碱，减少土壤含盐量；采用喷灌或滴灌，不能采用大水漫灌；雨季注意排水，保持果园不积水，土壤通气性良好。
（2）发病重果园，发芽前喷0.3%～0.5%硫酸亚铁溶液或在生长季节喷0.1%～0.2%的硫酸亚铁溶液或柠檬酸铁溶液，间隔20 d喷1次。

二、枣树害虫

（一）枣园桃小食心虫

桃小食心虫为害枣果提前变红，果外有脱果虫孔

桃小食心虫为害枣果提前变红，果外有虫粪排出

桃小食心虫成虫

桃小食心虫淡红色卵粒

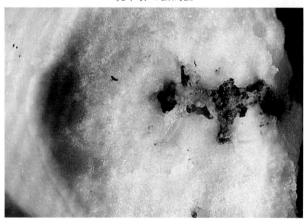

桃小食心虫低龄幼虫枣果内为害状

桃小食心虫幼虫

桃小食心虫（*Carposina niponensis* Walsingham），又名桃蛀果蛾、枣蛆等，属鳞翅目蛀果蛾科。

【分布与寄主】 在北纬31°以北、东经102°以东的各枣区普遍发生，是影响枣果产量和质量的主要害虫。除为害枣树外，它还为害苹果、梨、桃、山楂、李、杏、红花、海棠、榲桲、酸枣等。

【为害状】 卵多产于叶片背面基部，小部分产在果实上。幼虫入果后首先在皮下潜食果肉，因而果面上常呈现凹陷的潜痕，使果实变形，造成畸形的"猴头果"。同时排粪便于果实内，造成"豆沙馅"。

【形态特征】
1. 成虫 体长5～8 mm，翅展13～18 mm，全体灰褐色。前翅前缘近中部有1个蓝黑色近似三角形大斑，翅基部及中央部分具有黄褐色或蓝褐色的斜立鳞毛，后翅灰白色。
2. 卵 椭圆形，初产时淡红色，之后渐变为深红色。卵壳上有许多近似椭圆形的刻纹，顶部环生2～3圈"Y"状毛刺。
3. 幼虫 末龄幼虫体长13～16 mm，头褐色，前胸背板暗褐色，体背其余部分桃红色，无臀栉。
4. 蛹 体长6～8 mm，淡黄至黄褐色。冬茧扁圆形，茧丝紧密；夏茧纺锤形，质地疏松。

【发生规律】 在各枣产区1年发生1～2代，在甘肃、宁夏、辽宁枣区1年发生1代；在河南、山东、安徽多1年发生2代。以老熟幼虫作冬茧在土中越冬。在平地枣园，若树盘下土层较厚、土壤松软、无杂草或间作物，冬茧主要集中于树冠下，根茎部占40%以上。在有间套作物或地形比较复杂的山地枣园越冬茧则比较分散。越冬茧大都垂直分布于0～10 cm土层中，以3 cm左右的土层中最多。山地的梯田埝埂、石缝以及果库内也有相当数量越冬茧。第2年越冬幼虫出土的时间，尤其是出土盛期主要受降水情况影响。只要土壤含水量在5%以上，前一旬的平均气温达17 ℃，5 cm土层温度达19～20 ℃幼虫即可出土。试验表明，枣树桃蛀果蛾越冬幼虫出土时间一般比同地区苹果上的桃蛀果蛾晚10～20 d。春季降水及时，降水量集中，幼虫出土高峰期就早而明显。降水晚或降水量分散，出土高峰往往会随降水情况出现多次。长期缺雨干旱将会推迟幼虫大量出土的时间。在陕北枣区，一般年份越冬幼虫出土从5月底6月初开始，盛期在7月初，可延续到8月中旬。幼虫出土后寻找土石块或靠近树干等避光隐蔽的地方，一天内作成夏茧，在其中化蛹。

陕西、山西、河南与宁夏枣园桃蛀果蛾寄生性天敌，共发现了3种寄生蜂，即中华齿腿姬蜂（*Pristomerus chinensis* Ashmead）、章氏小甲腹茧蜂［*Chelonus*（*Microchelonus*）*zhangi* Zhang］和金小蜂，3种寄生蜂均从桃蛀果蛾的茧中羽化而出，其中中华齿腿姬蜂和章氏小甲腹茧蜂为优势天敌，但它们表现出十分明显的地域性分布。

【防治方法】
1. 树下防治越冬出土幼虫
（1）挖茧：每年冬季或早春，挖围绕树干半径为90 cm范围、深12 cm的土壤，然后筛出所挖土中的"越冬茧"，并集中处理。
（2）扬土晒茧：每年冬季或早春，把距离枣树干约1 m、深16 cm的表土铲起撒于田间，并把贴于根茎上的虫茧一起铲下，使虫茧暴露在土表，经过冬春的风冷冻而死亡。
（3）培土压茧：在5月中下旬，越冬幼虫出土盛期，将树冠以外的土取下，培于树干周围，培土约30 cm厚，可使土中幼虫或蛹100%窒息死亡。
2. 农药土壤处理 5月中下旬，在越冬幼虫出土初期和盛期用50%辛硫磷乳油稀释30倍喷到预先备好的细土中，让其吸附，然后将药土撒于树盘地面上，或将原药稀释100倍，直接喷雾到树盘，喷药前后都应及时中耕除草，将药剂翻覆于土中。也可用25%的辛硫磷胶囊等。
3. 生物土壤处理 有灌溉条件、土壤湿度较大的果园，春季桃小食心虫越冬幼虫出土期，将昆虫病原线虫（*Heoaplectana faeltion agriotos*）施入土壤，每平方米46万～91万条。在桃小食心虫出土始盛期和盛期各喷施1次，每次亩地面喷布2 kg菌粉，喷菌粉后树盘地面覆盖20 cm厚秸秆，保持土壤含水量。
4. 地膜覆盖 在早春土壤解冻后，把地膜剪成2 m²大小，再从一边的中点剪开一条缝直达中心，套于树干基部，两缝边重叠，用细土压紧，地膜四周压于土中，树干基部也要用土压紧，严格封闭，且在桃小食心虫出土期不要损害地膜。
5. 树上防治
（1）性信息素诱捕法：桃小食心虫成虫大量发生，大量诱杀，每亩挂8个性诱捕器，诱捕器间距大于20 m。
（2）清除虫枣：7月下旬以后，集中摘除虫果（提前着色者）、捡拾落果，并进行有效处理。
（3）喷药防治：树上喷药应掌握在成虫羽化产卵和卵的孵化期进行，用生物农药Bt乳剂1 000倍液，或青虫菌6号悬浮剂1 000倍液喷雾；毒性低的化学农药50%杀螟硫磷乳油1 000倍液、10%氯氰菊酯乳油3 000倍液、20%氰戊菊酯乳油2 000～3 000倍液等。喷药时最好由树冠下部往树冠顶部喷。第1代卵发生期内应间隔20～25 d连续喷药2次，以后第 2 代卵发生期，根据卵果率调查情况必要时再喷 1 次药。

6.**园外防治**　将堆果场用石碌镇压后，再铺 3 ~ 5 cm 的细沙土，然后将刚采收回的果实堆放其上，这样可将脱果幼虫诱集到细沙土中，集中处理幼虫。

（二）枣园桃蛀螟

枣园桃蛀螟（*Conogethes punctifemlis* Grenee），又名豹纹斑螟，属鳞翅目螟蛾科。

| 桃蛀螟为害枣果实 | 桃蛀螟成虫 | 桃蛀螟在为害枣果实处化蛹 |

【分布与寄主】　我国南北方都有分布。幼虫为害枣、桃、梨、苹果、杏、李、石榴、葡萄、山楂、板栗、枇杷等果树的果实，还为害向日葵、玉米、高粱、麻等农作物及松杉、桧柏等树木，是一种杂食性害虫。

【为害状】　果实被害后，蛀孔外堆积黄褐色透明胶质及虫粪，受害果实常变色脱落或胀裂。

【形态特征】
1.**成虫**　体长 9 ~ 14 mm，全体黄色，前翅散生 25 ~ 28 个黑斑。雄虫腹末黑色。
2.**卵**　椭圆形，长约 0.6 mm，初产时乳白色，后变为红褐色。
3.**幼虫**　老熟时体长 22 ~ 27 mm，体背暗红色，身体各节有粗大的褐色毛片。腹部各节背面有 4 个毛片，前两个较大，后两个较小。
4.**蛹**　长 13 mm 左右，黄褐色，腹部第 5 ~ 7 节前缘各有 1 列小刺，腹末有细长的曲钩刺 6 个。茧灰褐色。

【发生规律】　我国从北到南，1 年可发生 2 ~ 5 代，河南 1 年发生 4 代。以老熟幼虫在树皮裂缝、僵果、玉米秆等处越冬。翌年 4 月中旬，老熟幼虫开始化蛹。各代成虫羽化期为：越冬代在 5 月中旬，第 1 代在 7 月中旬，第 2 代在 8 月中上旬，第 3 代在 9 月下旬。成虫白天在叶背静伏，晚间多在两果相连处产卵。幼虫孵出后，多从萼洼蛀入，可转害 1 ~ 3 个果。化蛹多在萼洼处、两果相接处和枝干缝隙处等，结白色丝茧。

【防治方法】
1.**清除越冬幼虫**　冬、春季清除玉米、高粱、向日葵等遗株，并将果树老翘皮刮净，集中焚烧，以减少虫源。
2.**药剂防治**　药剂治虫的有利时机在第 1 代幼虫孵化初期（5 月下旬）及第 2 代幼虫孵化期（7 月中旬）。防治用药参考苹果小食心虫。

（三）枣镰翅小卷蛾

枣镰翅小卷蛾（*Ancylis sativa* Liu），又名枣黏虫、枣小蛾、枣实蛾、枣卷叶虫，属鳞翅目卷蛾科。

【分布与寄主】　分布于南北方枣产区，如河北、河南、山东、山西、陕西、江苏、湖南、安徽、浙江等地都有分布。

枣镰翅小卷蛾幼虫为害状

枣镰翅小卷蛾为害形成卷叶贴果为害

枣镰翅小卷蛾为害枣树新梢

枣镰翅卷蛾为害叶状

枣镰翅卷蛾为害形成卷叶

枣镰翅小卷蛾幼虫

枣树镰翅小卷蛾成虫

枣镰翅小卷蛾蛹

枣镰翅小卷蛾幼虫为害枣幼果

枣镰小翅卷蛾为害呈卷叶状

枣镰翅小卷蛾为害形成卷叶贴果

寄主为枣、酸枣。

【为害状】 幼虫吐丝黏缀食害芽、花、叶和蛀食果实，造成叶片残损、枣花枯死，枣果脱落，对产量和品质影响大。

【形态特征】

1. 成虫 体长 6 ~ 7 mm，翅展 13 ~ 15 mm，体和前翅黄褐色，略具光泽。前翅长方形，顶角突出并向下呈镰刀状弯曲，前缘有黑褐色短斜纹 10 余条，翅中部有黑褐色纵纹 2 条。后翅深灰色，前、后翅缘毛均较长。

2. 卵 扁平椭圆形，鳞片状，极薄，长 0.6 ~ 0.7 mm，表面有网状纹，初为无色透明，后变红黄色，最后变为橘红色。

3. 幼虫　初孵幼虫体长 1 mm 左右,头部黑褐色,胸部淡黄色,背面略带红色,以后随所取食料(叶、花、果)不同而呈黄、黄绿或绿色。成长幼虫体长 12 ~ 15 mm,头部、前胸背板、臀板和前胸足红褐色,胸部黄白色,前胸背板分为 2 片,其两侧和前足之间各有 2 个红褐色斑纹,臀板呈"山"字形,体上疏生短毛。

4. 蛹　体长 6 ~ 7 mm,细长,初为绿色,渐呈黄褐色,最后变为红褐色。腹部各节背面前后缘各有 1 列齿状突起,腹末有 8 根弯曲呈钩状的臀棘。茧白色。

【发生规律】　枣镰翅小卷蛾在我国山东、河南、山西、河北、陕西等省的北方枣产区 1 年发生 3 代,江苏发生 4 代左右,浙江发生 5 代。以蛹在枣树主干、主枝粗皮裂缝中越冬,其中以主干上虫量最大。在发生 3 代区翌年 3 月下旬越冬蛹开始羽化,4 月中上旬达盛期,5 月上旬为羽化末期。1 d 内成虫羽化高峰在 8 ~ 10 时和 16 ~ 20 时,一般雄蛾羽化早于雌蛾,雌雄性比(0.86 ~ 1.19):1。羽化后 2 d 交尾,多在早晨进行。雌雄蛾均有重复交尾现象,平均雌蛾交尾 1.48 次,雄蛾 3 次。成虫寿命一般 1 周左右,雌蛾寿命略长于雄蛾。第 1 代成虫发生的初、盛、末期分别在 6 月上旬、6 月中下旬、7 月下旬至 8 月中下旬。

成虫于早晚活动,对光有极强的趋性。雄蛾对雌性分泌的性外激素也有极强的趋性。

越冬代雌虫产卵于 1 ~ 2 年生枝条和枣股上,第 1、第 2 代成虫的卵则多产于叶面中脉两侧。卵散产。越冬代雌虫平均产卵量 4 粒,平均卵期 13 d;第 1、第 2 代平均产卵分别为 60 粒和 75 粒,卵期为 6 ~ 7 d。第 1 代幼虫发生于枣树发芽展叶阶段,取食新芽、嫩叶;第 2 代幼虫发生于花期前后,为害叶、花蕾、花和幼果;第 3 代幼虫发生于果实着色期,除严重为害枣叶外,幼虫还吐丝黏合叶、果,啃食果皮,蛀入果内绕核取食,将粪便排出果外,不久被害果即变红脱落。幼虫还有吐丝下垂转移为害的习性。第 1、第 2 代幼虫老熟后在被害叶中结茧化蛹,第 3 代幼虫于 9 月上旬至 10 月中旬老熟,陆续爬到树皮裂缝中作茧化蛹越冬。

【防治方法】

1. 冬闲刮树皮灭蛹　在冬季或早春刮除树干粗皮,堵塞树洞,主干大枝涂白。将刮下的树皮集中烧毁,以减少越冬虫源。

2. 秋季束草诱杀幼虫　于 8 月下旬越冬代幼虫下树化蛹前,在枣树主干上部和主侧枝基部束草诱集幼虫入内化蛹,冬季取下深埋。

3. 生物防治　为减少药害和残毒,有利于保护传粉昆虫(蜜蜂)和害虫天敌,适时地采用释放赤眼蜂、喷布微生物农药和使用性引诱剂诱杀等生物防治。

(1)利用赤眼蜂防治枣黏虫。在第 2、第 3 代枣黏虫产卵期,每株枣树释放人工繁殖的松毛虫赤眼蜂 3 000 ~ 5 000 头,可以收到较好的防治效果,田间卵的最低寄生率为 65%,最高寄生率为 95%,平均为 85.5%。若能在产卵初期、初盛期和盛期以不同蜂量放蜂一次,防治效果更为理想。

(2)利用性信息素诱芯防治黏虫。①迷向防治。迷向防治就是将足够量的人工合成的枣黏虫性信息素撒布到枣园空间,破坏雌雄之间的化学通信联系,使雄虫失去对配偶的选择能力,不能交尾,从而控制下一代虫口的发生量。②大量诱捕。主要是利用枣黏虫性信息素的诱捕器来大量消灭雄虫而使雌虫失去配偶,从而降低交尾率,压低虫口密度。在虫口密度低的情况下,大量诱捕法防治效果更为明显。

(3)微生物农药防治。在花期、幼果期和果实膨大期,喷洒微生物农药如白僵菌、青虫菌或杀螟杆菌 100 ~ 200 倍液。

4. 药剂防治　于各代卵孵化盛期或性诱捕器诱蛾指示高峰后 9 ~ 15 d(越冬代蛾峰后 15 d,第 1、第 2 代蛾峰后 9 d)树上喷药,重点应放在枣芽 3 cm 时的第 1 代幼虫期防治。可用药剂与浓度:25% 灭幼脲悬浮剂 2 000 倍液,或 20% 氟幼脲悬浮剂 8 000 倍液,或 50% 辛·敌乳油 1 500 倍液,或 10% 氯氰菊酯乳油 2 000 倍液。

（四）枣绮夜蛾

枣绮夜蛾[*Porphyrinia parva*(Hubner)],又名枣实虫、枣花心虫,属鳞翅目夜蛾科。

【分布与寄主】　在南北方枣区均有发生,如甘肃、河北、河南、山东、浙江省枣产区有发生,有的年份具有毁灭性。

【为害状】　以幼虫食害枣花、蕾、幼果。枣花盛开时幼虫吐丝缀连枣花,并钻在花丛中食害花蕊,被害花只剩下花瓣和花盘,不久枯萎脱落。为害严重者能把脱落性结果枝上的花全部吃光。枣果生长期幼虫吐丝缠绕果梗,然后蛀食枣果,使其黄萎,但不脱落。

枣绮夜蛾为害状

枣绮夜蛾枣果蛀孔

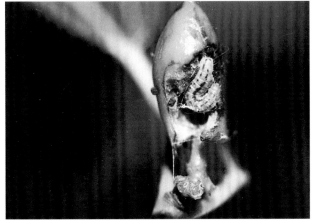

枣绮夜蛾幼虫蛀害枣果

枣绮夜蛾蛀害枣花蕾

【形态特征】

1. **成虫**　体长约5 mm，翅展15 mm左右，为一种淡灰色的小型蛾子。身体腹面、胸背、翅基均为灰白色。前翅棕褐色，有白色横波纹3条：基横线、中横线及亚缘线。中横线弧形，淡灰色，与基横线间黑褐色；亚缘线与中横线平行，其间为淡棕褐色带；亚缘线与外缘间为淡黑褐色，其间靠前缘有一晕斑。

2. **卵**　馒头形，有放射状花纹。白色透明，孵化前变为淡红色。

3. **幼虫**　老熟幼虫体长10～14 mm，淡黄绿色，与枣花颜色相似。胸、腹的背面有成对的似菱形的紫红色线纹（少数幼虫无此特征）。各节稀生长毛。腹足3对。

4. **蛹**　长6～7 mm，肥胖。初化蛹时头胸部、腹面鲜绿色，背面及腹部暗黄绿色。羽化前全体黄褐色。

【发生规律】　在兰州地区1年发生1代，在河北、山东、浙江等地1年发生2代。以蛹在树皮裂缝、树洞青苔等处越冬。翌年5月中上旬成虫开始羽化，下旬为羽化盛期。

成虫有趋光性。卵多散产于花梗杈间或叶柄基部，每头雌虫产卵100粒左右。5月下旬第1代幼虫开始孵化。幼虫孵化后即迁回到花丛间食害枣花，稍大后即可吐丝将一簇花缀连在一起，并在其中为害，直至花簇变黄枯萎，其后又继续取食为害果。幼虫不活泼，行动迟缓，部分幼虫受惊后会吐丝下垂。第1代幼虫6月上旬老熟化蛹，7月中上旬结束。此代蛹中有一部分不再羽化而越冬，因此出现1年1代；另一部分在6月下旬开始羽化，7月中下旬结束，产生第2代。7月上旬第2代幼虫开始出现。此代幼虫多取食枣果，并有转果为害习性，一般1头幼虫可为害4～6个枣果。7月下旬至8月中旬，此代幼虫先后老熟化蛹越冬。后期无花、果可食时，则吐丝将枝端嫩叶缀合一起，藏于其中为害。

【防治方法】

1. **消灭冬蛹**　休眠期刮除枣树粗裂翘皮，消灭越冬蛹。

2. **药剂防治**　5月下旬喷药杀灭幼虫。可用药剂有10%烟碱乳油800倍液；8 000 IU/mg苏云金杆菌可湿性粉剂800倍液；25%灭幼脲悬浮剂1 500倍液；20%抑食肼可湿性粉剂1 000倍液；0.65%苗蒿素水剂500倍液；10%硫肟醚水乳剂1 500倍液；20%虫酰肼胶悬剂1 500倍液；2.5%高效氟氯氰菊酯乳油2 200～3 000倍液或50%马拉硫磷1 000倍液。

3. **诱杀幼虫**　幼虫老熟前，在枝条基部绑草绳，引诱老熟幼虫入草化蛹后取下处理。

（五）枣尺蠖

枣尺蠖（*Chihuo zao* Yang），又名枣步曲，属于鳞翅目尺蛾科。

枣尺蠖雌成虫

枣尺蠖低龄幼虫

枣尺蠖幼虫行走中

枣尺蠖幼虫春季为害状

【分布与寄主】　普遍发生在中国枣产区。寄主植物主要为枣树，野生的酸枣上也有发生。大发生的年份，枣树叶被吃光之后，可以转移到其他果树如苹果树、梨树上为害。近年来河北、河南、江苏、山西发现此虫为害苹果十分严重。

【为害状】　当枣树芽萌发时，初孵幼虫开始为害嫩芽，群众称为"顶门吃"。严重年份将枣芽吃光，造成大量减产。枣树展叶开花，幼虫虫龄增大，食量大增，能将全部树叶及花蕾吃光，不但当年没有产量，而且影响翌年坐果。

【形态特征】

1. 成虫　雄成虫体长约 13 mm，翅展约 35 mm。体翅灰褐色，深浅有差异。胸部粗壮，密生长毛及毛鳞，前翅灰褐色，外横线和内横线黑色，两者之间色较淡，中横线不太明显，中室端有黑纹，后翅中部有 1 条明显的黑色波状横线，其内外还有 1 条但很不明显，中室端有黑纹。雌成虫体长约 15 mm，灰褐色。前、后翅均退化。腹部背面密被刺毛和毛鳞。产卵器细长，管状，可缩入体内。

2. 卵　椭圆形，有光泽，数十粒至数百粒产成一块。

3. 幼虫　共 5 龄。可根据体色、体长及头壳宽度来区别龄期。

4. 蛹　枣红色，体长约 15 mm。从蛹的触角纹痕可以区别雌雄。

【发生规律】　1 年发生 1 代，有少数个体 2 年发生 1 代。以蛹分散在树冠下深 3 ～ 15 cm 土中越冬，靠近树干基部比较集中。3 月中旬成虫开始羽化，盛期在 3 月下旬至 4 月中旬，末期为 5 月上旬，全部羽化期达 60 d 左右。气温高的晴天则出土羽化多，气温低的阴天或降雨时则出土少。

雌蛾羽化时先在土表潜伏，傍晚大量出土上树，雄蛾趋光性强，晚间雄蛾飞翔寻找雌蛾交尾。翌日雌蛾开始产卵，2 ～ 3 d 是产卵高峰。卵多产在树杈粗皮裂缝内，几十粒至数百粒排列成片状或不规则块状。每雌蛾产卵量在 1 000 ～ 1 200 粒，卵期 10 ～ 25 d。卵于枣芽萌发时约 4 月中旬开始孵化，盛期在 4 月下旬至 5 月上旬，末期在 5 月下旬，全部孵化期达 50 d 左右。

幼虫为害期在 4 ~ 6 月，以 5 月间最烈，因嫩芽被害影响最大。幼虫性喜散居，爬行迅速，并能吐丝，1 ~ 2 龄幼虫爬过的地方即留下虫丝，故嫩芽受丝缠绕难以生长。幼虫的食量随虫龄增长而增加，食量愈大，为害愈烈。幼虫有假死性，遇惊扰即吐丝下垂。低龄幼虫常借风力垂丝传播，扩散蔓延。幼虫老熟后即入土化蛹越冬，5 月中下旬开始至 6 月中旬全都入土化蛹。

【防治方法】

1. **阻止雌蛾上树产卵**　由于雌蛾不会飞，可在 3 月中下旬在树干上缠塑料薄膜或纸裙，阻止雌蛾上树交尾和产卵，并于每天早晨或傍晚逐树捉蛾。无论是缠纸裙还是用塑料薄膜缠树干，都必须将骑缝口钉好，不留缝隙，以免雌虫乘隙上树，由于树干缠裙，雌蛾不能上树，便多集中在裙下的树皮缝内产卵。因此，可定期撬开粗树皮，刮除虫卵，或在裙下捆两圈草绳诱集雌蛾产卵，每过 10 d 左右换 1 次草绳，将其深埋。也可以将塑料裙的下部埋入树干基部土中，直接阻止蛾上树，每天早晨或傍晚在树下周围地面上捉蛾。或直接将树干的老皮刮去，涂 10 cm 宽的一圈黏虫胶。如果没有黏虫胶，也可以涂机油代替。以便将雌蛾直接黏在树干上，然后予以捕杀。

2. **人工防治**　秋季或初春（最迟不得晚于 3 月中旬）在树干周围 1 m 范围内，深 3 ~ 10 cm 处，组织人力挖越冬蛹。振落捕捉幼虫。

3. **树上喷药防治**　在卵孵化盛期，在成虫高峰期后 27 ~ 30 d，喷施下列药剂：8 000 IU/mg 苏云金杆菌可湿性粉剂 800 倍液，0.5% 甲氨基阿维菌素苯甲酸盐微乳剂有效成分用药量 3.3 ~ 5 mg/kg，间隔 10 d 喷 1 次，直至卵孵化完成。

（六）枣瘿蚊

枣瘿蚊（*Contarinia sp.*），又名枣芽蛆，属双翅目瘿蚊科。

枣瘿蚊成虫

枣瘿蚊为害枣树芽及幼叶变形枯干

枣瘿蚊白色幼虫为害枣树芽及幼叶

枣瘿蚊为害枣树芽及幼叶初期变紫红色

【分布与寄主】 该虫分布于全国各个枣产区。寄主有枣树、酸枣树。

【为害状】 为害枣树嫩芽及幼叶,叶片受害后,叶肉受刺激叶片增厚,叶缘向上卷曲,嫩叶呈筒状,由绿变为紫红色,质硬发脆,幼虫在叶筒内取食。受害叶后期变为褐或黑色,叶柄形成离层而脱落。此虫发生早,代数多,为害期长,对苗木、幼树发育及成龄树结实影响较大,故是枣树主要叶部害虫之一。

【形态特征】

1. **成虫** 虫体似蚊子,橙红色或灰褐色。雌虫体长 1.4 ~ 2.0 mm,头、胸灰黄色,胸背隆起,黑褐色,复眼黑色,触角灰黑色,念珠状,14 节,密生细毛,每节两端有轮生刚毛,翅 1 对,半透明,平衡棒黄白色,足 3 对,细长,淡黄色。雌虫腹部大,共 8 节,1 ~ 5 节背面有红褐色带,尾部有产卵器。雄虫略小,体长 1.1 ~ 1.3 mm,灰黄色,触角发达,长过体半,腹部细长,末端有交尾抱握器 1 对。

2. **卵** 近圆锥形,长 0.3 mm,半透明,初产卵白色,后呈红色,具光泽。

3. **幼虫** 蛆状,长 1.5 ~ 2.9 mm,乳白色,无足。

4. **蛹** 为裸蛹,纺锤形,长 1.5 ~ 2.0 mm,黄褐色,头部有角刺 1 对。雌蛹,足短,直达腹部第 6 节;雄蛹,足长,同腹部相齐。

5. **茧** 长椭圆形,长径 2 mm,丝质,灰白色,外黏土粒。

【发生规律】 在华北地区 1 年发生 5 ~ 7 代,以老熟幼虫在土内结茧越冬。翌年 4 月成虫羽化,产卵于刚萌发的枣芽上,5 月上旬进入为害盛期,嫩叶卷曲成筒,1 个叶片有幼虫 5 ~ 15 头,被害叶枯黑脱落,老熟幼虫随枝叶落地化蛹,6 月上旬成虫羽化,平均寿命 2 d,除越冬幼虫外,平均幼虫期和蛹期为 10 d。

【防治方法】 防治枣瘿蚊如果能抓住时机,提前防治,一般很容易控制,但由于受害叶片呈筒状,虫卵被卷在其中,如果防治时机抓不好,使用农药效果就差了。

1. **减少越冬虫源** 春季 4 月底,地面喷洒 50%辛硫磷,每亩用量 0.5 kg,喷后浅耙,可防治入土化蛹的老熟幼虫。秋季,地面喷 5%敌百虫粉或 50%辛硫磷 1 000 倍液,结合翻园,减少越冬虫源。

2. **清理虫源** 10 月,清理树上、树下虫枝、叶、果,并集中处理,减少越冬虫源。

3. **药剂防治** 4 月中下旬枣树萌芽展叶时,喷施下列药剂:25%灭幼脲悬乳剂 1 500 倍液;52.25%毒死蜱·氯氰菊酯乳油 3 000 倍液;1.8%阿维菌素 3 000 倍液或 10%吡虫啉 3 000 倍液;10%氯氰菊酯乳油 3 000 倍液;20%氰戊菊酯乳油 2 000 倍液;2.5%溴氰菊酯乳油 3 000 倍液;25%噻嗪酮可湿性粉剂 1 500 倍液;80%敌敌畏乳油 800 ~ 1 000 倍液,间隔 10 d 喷 1 次,连喷 2 ~ 3 次。

(七)大造桥虫

大造桥虫(*Ascotis selenaria* Schiffermuller et Denis),别名尺蠖、步曲,鳞翅目尺蛾科。

大造桥虫低龄幼虫在枣树上　　　大造桥虫幼虫　　　大造桥虫幼虫为害状

【分布与寄主】 主要分布在我国浙江、江苏、上海、山东、河北、河南、湖南、湖北、四川、广西、贵州、云南等地。寄主为棉花、枣、柑橘、梨以及百日草、杜鹃、木槿等。

【为害状】 幼虫食芽叶及嫩茎，严重时食成光秆。

【形态特征】

1. **成虫** 体长15～20 mm，翅展38～45 mm，体色变异很大，有黄白色、淡黄色、淡褐色、浅灰褐色，一般为浅灰褐色，翅上的横线和斑纹均为暗褐色，中室端具1斑纹，前翅亚基线和外横线锯齿状，其间为灰黄色，有的个体可见中横线及亚缘线，外缘中部附近具1斑块；后翅外横线锯齿状，其内侧灰黄色，有的个体可见中横线和亚缘线。雌触角丝状，雄羽状，淡黄色。

2. **卵** 长椭圆形，青绿色。

3. **幼虫** 体长38～49 mm，黄绿色。头黄褐色至褐绿色，头顶两侧各具1个黑点。背线宽，淡青色至青绿色，亚背线灰绿至黑色，气门上线深绿色，气门线黄色杂有细黑纵线，气门下线至腹部末端，淡黄绿色；第3、第4腹节上具黑褐色斑，气门黑色，围气门片淡黄色，胸足褐色，腹足2对生于第6、第10腹节，黄绿色，端部黑色。

4. **蛹** 长14 mm左右，深褐色有光泽，尾端尖，臀棘2根。

【发生规律】 长江流域年发生4～5代，以蛹于土中越冬。各代成虫盛发期：6月中上旬，7月中上旬，8月中上旬，9月中下旬，有的年份11月中上旬可出现少量第5代成虫。第2～4代卵期5～8 d，幼虫期18～20 d，蛹期8～10 d，完成1代需32～42 d。成虫昼伏夜出，趋光性强，羽化后2～3 d产卵，多产在地面、土缝及草秆上，大发生时枝干、叶上都可产，数十粒至百余粒成堆，每雌可产1 000～2 000粒，越冬代仅200余粒。初孵幼虫可吐丝随风飘移传播扩散。10～11月以末代幼虫入土化蛹越冬。此虫为间歇暴发性害虫，一般年份主要在枣树及棉花、豆类等农作物上发生。

【防治方法】

1. **化学防治** 幼虫发生期用每毫升含120亿个孢子的Bt乳剂200倍液或含4 000单位的HD-1杀虫菌粉200倍液喷雾。

2. **生物防治** 在产卵高峰期投放赤眼蜂蜂包也有很好防效。

（八）扁刺蛾

扁刺蛾（*Thosea sinensis* Walker），又名黑点刺蛾，属鳞翅目刺蛾科。

【分布与寄主】 我国南、北果产区都有分布。主要为害苹果、梨、山楂、杏、桃、枣、柿、柑橘等果树及多种林木。

【为害状】 以幼虫取食植株叶片，低龄幼虫啃食叶肉，叶片呈现白斑状，稍大幼虫将叶片食成缺刻和孔洞，严重时食成光秆。

【形态特征】

1. **成虫** 雌成虫体长13～18 mm，翅展28～35 mm。体暗灰褐色，腹面及足色较深。触角丝状，基部10数节栉齿状，

扁刺蛾幼虫在枣树叶片上　　　　扁刺蛾为害枣树叶片虫斑

栉齿在雄蛾更为发达。前翅灰褐色稍带紫色，中室的前方有1条明显的暗褐色斜纹，自前缘近顶角处向后缘斜伸；雄蛾中室上角有1个黑点（雌蛾不明显）。后翅暗灰褐色。

2. **卵** 扁平光滑，椭圆形，长1.1 mm，初为淡黄绿色，孵化前呈灰褐色。

3. **幼虫** 老熟幼虫体长21～26 mm，宽16 mm，体扁，椭圆形，背部稍隆起，形似龟背。全体绿色或黄绿色，背线白色。体边缘则有10个瘤状突起，其上生有刺毛，每一节背面有2丛小刺毛，第4节背面两侧各有1个红点。

4. **蛹** 体长10～15 mm，前端肥大，后端稍削，近椭圆形，初为乳白色，后渐变黄色，近羽化时转为黄褐色。茧长12～16 mm，椭圆形，暗褐色，似鸟蛋。

【发生规律】 华北地区1年多发生1代，长江下游地区1年发生2代。以老熟幼虫在树下土中作茧越冬。翌年5月

中旬化蛹，6月上旬开始羽化为成虫。6月中旬至8月底为幼虫为害期。

　　成虫多集中在黄昏时分羽化，尤以18～20时羽化最盛。成虫羽化后，即行交尾产卵，卵多散产于叶面上，初孵化的幼虫停息在卵壳附近，并不取食，脱过第一次皮后，先取食卵壳，再啃食叶肉，留下一层表皮。幼虫不分昼夜取食。自6龄起，取食全叶，虫量多时，常从一枝的下部叶片吃至上部，每枝仅存顶端几片嫩叶。幼虫期共8龄，老熟后即下树入土结茧，下树时间多在20时至翌晨6时止，而以早晨2～4时下树的数量最多。结茧部位的深度和距树干的远近均与树干周围的土质有关。黏土地结茧位置浅而距离树干远，也比较分散。腐殖质多的土壤及沙壤地结茧位置较深，距离树干近，而且比较密集。

【防治方法】

1. **诱杀幼虫**　在幼虫下树结茧之前，疏松树干周围的土壤，以引诱幼虫集中结茧，然后收集处理。
2. **药剂防治**　幼虫发生期喷洒常用杀虫剂。

（九）灰斑古毒蛾

　　灰斑古毒蛾（*Orgyia ericae* Germar），属鳞翅目毒蛾科。

灰斑古毒蛾雄虫

灰斑古毒蛾卵粒

灰斑古毒蛾幼虫

灰斑古毒蛾蛹

　　【分布与寄主】　主要发生在黑龙江、吉林、辽宁、河北、河南、陕西、甘肃、宁夏、青海、山东等地；俄罗斯及欧洲等其他地区也有发生。幼虫为害柳、柽柳、杨、榆、桦、栎、沙枣等树种，是杂食性害虫。

　　【为害状】　以幼虫取食植株叶片，成缺刻和孔洞，严重时仅剩叶脉。

【形态特征】

1. **成虫** 雌雄异形。雌虫体长 14.5 ~ 16.3 mm，黄褐色，被环状白茸毛，翅退化。雄虫体长 9 ~ 11 mm，黑褐色，翅展 21 ~ 28 mm。触角长双栉齿，前翅赭褐色；有深褐色"S"纹 3 条，前缘中部有 1 个近三角形紫灰色斑，近臀角处有 1 个白斑。

2. **卵** 鼓形，白色，中央有 1 个棕色小点。

3. **幼虫** 体黄绿色，头部和足黑色。毛瘤橘黄色，上生浅灰色长毛，前胸两侧和第 8 腹节背面各有黑色羽状毛组成的长毛束，第 1 ~ 4 腹节背面各有一浅黄色毛刷。翻缩腺橘黄色，位于第 6、第 7 腹节背面。

4. **蛹** 雌蛹黄褐色，雄蛹黑褐色，背面有 3 簇白色短茸毛，茧灰白色。

【发生规律】 在山东省 1 年发生 2 代。以卵在茧内越冬。越冬卵于 4 月下旬孵化，6 月初化蛹，6 月中旬见成虫。第 2 代 6 月下旬产卵，7 月上旬孵化，8 月中旬化蛹，8 月下旬羽化，9 月初成虫产卵，以卵在茧内越冬。初孵幼虫体淡黄色，先在茧内食完卵壳，少数残留，然后从茧交尾孔爬出，同一时间孵化的幼虫多时，初孵幼虫将茧咬小孔爬出。幼虫爬到树的较高部位时体色变黑、吐丝、卷曲，借助风力传播。

【防治方法】

（1）冬季落叶时易发现灰斑古毒蛾的越冬茧，可人工摘越冬茧。

（2）雄成虫具有趋光性，用黑光灯进行诱杀。雌蛾的性信息素极强，引诱雄蛾的半径 500 m 以上，可把雌蛾放到水盆或黏虫胶上，可诱杀雄成虫。

（3）初孵幼虫有集中在茧附近的习性，可用杀虫剂防治。

（4）保护天敌。灰斑古毒蛾的天敌主要有喜鹊、灰喜鹊、毒蛾黑卵蜂、异色瓢虫、七星瓢虫、蝎蛉、横纹盘蛛等，应保护利用。

（一〇）枣树天蛾

枣树天蛾〔*Marumba gaschkewitschi*（Bremer & Grey）〕，又名桃天蛾、枣豆虫，属鳞翅目天蛾科。

枣树天蛾幼虫为害状

枣树天蛾幼虫寄生蜂

枣树天蛾幼虫被寄生蜂寄生

【分布与寄主】 分布广泛，全国大部分地区都有发生，寄主较多，除为害枣树外，还可为害桃、杏、李、樱桃、苹果等果树。

【为害状】 以幼虫啃食枣叶为害，常逐枝吃光叶片，严重时可吃尽全树叶片，之后转移为害。

【形态特征】

1. **成虫** 体长 36 ~ 46 mm，翅展 84 ~ 120 mm。体、翅灰褐色，复眼黑褐色，触角淡灰褐色，胸背中央有深色纵纹。前翅内横线、双线、中横线和外横线为带状，黑色，近外缘部分均为黑褐色，边缘波状，近后角处有 1 ~ 2 个黑斑。后翅粉红色，近后角处有 2 个黑斑。

2. **卵** 椭圆形，绿色至灰绿色，光亮，长 1.6 mm。

3. **幼虫** 老熟幼虫体长 80 mm 左右，黄绿色至绿色，头小，三角形，体表生有黄白色颗粒，胸部两侧有颗粒组成的侧线，腹部每节有黄白色斜条纹。气门椭圆形、围气门片黑色，尾角较长。

4. 蛹　长约 45 mm，黑褐色，臀棘锥状。

【发生规律】　在辽宁 1 年发生 1 代，在山东、河南、河北等省 1 年发生 2 代，在江西、浙江等省 1 年发生 3 代。以蛹在 5 ~ 10 cm 深处的土壤中越冬。翌年 5 月中旬至 6 月中旬越冬代成虫羽化，成虫有趋光性，多在傍晚以后活动。卵散产于枝干的阴暗处或枝干裂缝内，有的产在叶片上。每头雌蛾平均产卵 300 粒左右，卵期 7 ~ 10 d。第 1 代幼虫 5 月下旬至 7 月发生，6 月中旬为害最重，6 月下旬开始入土化蛹。7 月中上旬出现第 1 代成虫。7 月下旬至 8 月上旬第 2 代幼虫开始为害，9 月上旬幼虫老熟，入土化蛹。越冬蛹在树冠周围的土壤中最多。

【防治方法】
1. **灭蛹**　冬季耕刨树下土壤，翻出越冬蛹。
2. **人工捕捉**　为害轻微时，可根据树下虫粪搜寻幼虫，扑杀之。幼虫入土化蛹时地表有较大的孔，两旁泥土松起，可人工挖除老熟幼虫。
3. **药剂防治**　发生严重时，可在幼虫 3 龄之前喷洒 25% 灭幼脲 1 500 倍液，或 20% 虫酰肼悬浮剂 2 000 倍液，或 2% 阿维菌素乳油 3 000 倍药液 1 ~ 2 次。
4. **保护天敌**　绒茧蜂对第 2 代幼虫的寄生率很高，1 头幼虫可繁殖数十头绒茧蜂，其茧在叶片上呈棉絮状，应注意保护。

（一一）枣树黄尾毒蛾

枣树黄尾毒蛾（*Euproctis similis* Fueezssly），属鳞翅目毒蛾科。

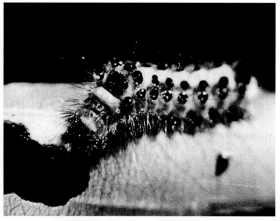

黄尾毒蛾幼虫为害枣　　　　　　　　　　　黄尾毒蛾幼虫为害枣树叶片

【分布与寄主】　分布于我国东北、华北、华东、西南各省；亚洲、欧洲各国也有发生。为害乌桕、桑、板栗、枫杨、柳、杨、桃、苹果、梨、李、枣、杏、梅、樱桃等多种林木、果树。

【为害状】　幼虫取食芽、叶，以越冬幼虫剥食春芽，严重时可将整树芽吃光；以后幼虫取食夏秋叶。幼虫体上毒毛触及人体或随风吹落到人体，可引起红肿疼痛、淋巴发炎。

【形态特征】
1. **成虫**　体长 12 ~ 18 mm，翅展 30 ~ 36 mm，体白色。前翅内线近臀角有浅黑斑，腹末具棕黄色毛丛。
2. **卵**　扁圆形，长径 0.6 ~ 0.7 mm，灰黄色，卵块上覆黄毛。
3. **幼虫**　体长 26 ~ 38 mm，黄色。背线、气门下线红色；亚背线、气门上线、气门线黑褐色，均断续不连。每节有毛瘤 3 对。
4. **蛹**　体长 14 ~ 20 mm，黄褐色。茧长 15 ~ 24 mm，长椭圆形，土黄色，附幼虫毒毛。

【发生规律】　内蒙古每年发生 1 代，山东发生 2 代，浙江、四川发生 3 代，江西发生 4 代，广东发生 6 代。以 3 龄幼虫在树干缝、树洞蛀孔作丝茧越冬。当气温升至 16 ℃以上，浙江省 4 月初，幼虫破茧爬出啃食春芽，6 月上旬羽化。成虫傍晚飞翔，有趋光性，夜间产卵，每雌产卵 150 ~ 600 粒。其他各代幼虫为害盛期分别为 6 月中旬、8 月上旬、9 月下旬。

初龄幼虫群集取食，4龄后分散。幼虫具假死性，受惊吐丝下垂转移。老熟幼虫在树皮裂缝、卷叶内结茧或在林木附近土块下、篱笆、杂草丛中等处结茧。10月底11月初结茧越冬。

【防治方法】

1.**物理防治**　根据该虫的生活习性，可在树干束草，诱集幼虫越冬，将其杀灭。随时进行检查，一经发现卵块及时摘除，消灭初孵群集的幼虫。

2.**生物防治**　利用该虫趋光性，进行灯光诱杀成虫。

3.**化学防治**　越冬幼虫大量活动时，喷90%晶体敌百虫2 000倍液，各代卵盛孵期喷50%辛硫磷乳油1 500倍液等。

（一二）枣树豹纹蠹蛾

豹纹蠹蛾（*Zeuzera leuconolum* Butler），别名俗称截秆虫、六星木蠹蛾，属鳞翅目豹蠹蛾科。

豹纹蠹蛾为害枣树枝条枯萎有蛀孔　　　　豹纹蠹蛾为害枣树枝条蛀孔　　　　豹纹蠹蛾成虫

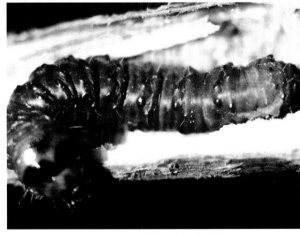　

豹纹蠹蛾幼虫　　　　　　　　豹纹蠹蛾为害枣树枝干枯黄有蛀孔

【分布与寄主】　分布于河北、河南、山东、陕西等省。此虫主要为害核桃、枣树，其次为苹果、杏、梨、石榴、刺槐等。

【为害状】　被害枝基部的木质部与韧皮部之间有一蛀食环孔，并有自下而上的虫道。枝上有数个排粪孔，有大量的长椭圆形虫粪排出。幼虫蛀入枣树1～2年生枝条，受害枝梢上部枯萎，遇风易折断。此虫严重为害使树冠不能扩大，常年成为小老树，影响枣树的产量。

【形态特征】

1.**成虫**　雌蛾体长18～20 mm，翅展35～37 mm；雄蛾体长18～22 mm，翅展34～36 mm。胸背部具平行的3对黑蓝色斑点，腹部各节均有黑蓝色斑点。翅灰白色。前翅散生大小不等的黑蓝色斑点。

2.**卵**　初产时淡杏黄色，上有网状刻纹密布。

3. **幼虫** 头部黄褐色，上腭及单眼区黑色，体紫红色，毛片褐色，前胸背板宽大，有 1 对子叶形黑斑，后缘具有 4 排黑色小刺，臀板黑色。老熟幼虫体长 32 ~ 40 mm。

4. **蛹** 赤褐色。体长 25 ~ 28 mm。近羽化时每一腹节的侧面出现 2 个黑色圆斑。

【发生规律】 1 年发生 1 代，以老熟幼虫在受害枝中过冬。翌年 4 ~ 5 月化蛹羽化，每雌虫产卵可达千余粒。幼虫孵化后自叶主脉或芽基部蛀入。自上而下每隔一段距离咬一排粪孔。一头幼虫可为害枝梢 2 ~ 3 个。幼虫为害至 10 月中下旬在枝内越冬。

【防治方法】

（1）春季 4 月至 6 月上旬，当越冬幼虫转枝为害和化蛹期经常巡视枣园，发现枝梢幼芽枯死或枣吊枯死即可能此虫为害，用高权剪剪下被害枝，集中处理，此项工作在 6 月上旬前进行完毕，这是全年防治的重点。

（2）9 月正值当年小幼虫为害盛期，仍用高权剪剪除被害枝，集中处理，减少虫源基数。

（3）成虫产卵及卵孵化期，喷洒 80% 敌敌畏乳油 1 000 倍液等。

（一三）红缘天牛

红缘天牛［*Asias halodendri*（Pallas）］，又名红缘亚天牛，属鞘翅目天牛科。

红缘天牛枣树蛀孔　　　　　　　　红缘天牛成虫　　　　　　　　　　红缘天牛幼虫

【分布与寄主】 在中国分布较广。国外分布于俄罗斯、蒙古、朝鲜等国。为害枣、苹果、梨等果树。

【为害状】 以幼虫蛀食枝干为害，轻者植株生长势衰弱，部分枝干死亡，重者主干环剥皮，树冠死亡，遇风易折断，尤其小幼树，受害后易整株死亡。生长势衰弱的枣树受害最为严重。

【形态特征】

1. **成虫** 体长约 17 mm，体狭长，黑色。每鞘翅基部有 1 个朱红色椭圆形斑，外缘有 1 条朱红色狭带纹。

2. **卵** 长 2 ~ 3 mm，椭圆形，乳白色。

3. **幼虫** 体长 22 mm 左右，乳白色，头小、大部缩在前胸内，外露部分褐色至黑褐色。胴部 13 节，前胸背板前方骨化部分深褐色，上有"十"字形淡黄色带，后方非骨化部分呈"山"字形。

4. **蛹** 长 15 ~ 20 mm，乳白渐变黄褐色，羽化前黑褐色。

【发生规律】 1 年发生 1 代，以幼虫在受害枝中越冬。翌年 3 月恢复活动，在皮层下木质部钻蛀扁宽蛀道，将粪屑排在孔外。4 月中下旬化蛹，5 月中旬成虫羽化，白天活动取食枣花等补充营养。成虫产卵于衰弱枝干缝中。幼虫孵化后先在韧皮部与木质部之间钻蛀，逐渐进入髓部为害。受害严重的枝干仅剩树皮，内部全空。

【防治方法】

（1）捕捉成虫：5 ~ 6 月成虫活动盛期，巡视捕捉成虫多次。

（2）防止成虫产卵：在成虫产卵盛期，用白涂剂涂刷在树干基部，防止成虫产卵。

（3）及时清除受害枯枝，集中处理。

（一四）斑喙丽金龟

斑喙丽金龟（*Adoretus tenuimaculatus* Waterhouse），属鞘翅目丽金龟科。

斑喙丽金龟

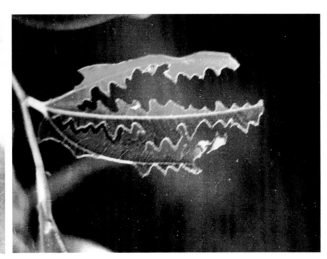

斑喙丽金龟为害枣树叶片

【分布与寄主】　在国内分布较广，主要寄主有枣、葡萄、山楂、柿、苹果、梨、板栗等。

【为害状】　以成虫取食枣树、苹果、葡萄、柿等果树叶片，被害叶多呈锯齿状孔洞。

【形态特征】
1. 成虫　体长约 12 mm。体背面棕褐色，密被灰褐色茸毛。翅鞘上有稀疏成行的灰色毛丛，末端有一大一小灰色毛丛。
2. 卵　长椭圆形，长 1.7 ~ 1.9 mm，乳白色。
3. 幼虫　体长 13 ~ 16 mm，乳白色，头部黄褐色。臀节腹面钩状毛稀少，散生，且不规则，数目为 21 ~ 35 根。
4. 蛹　长 10 mm 左右，前圆后尖。

【发生规律】　此虫 1 年发生 2 代，以幼虫越冬。4 月下旬至 5 月上旬老熟幼虫开始化蛹，5 月中下旬出现成虫，6 月为越冬代成虫盛发期，并陆续产卵，6 月中旬至 7 月中旬为第 1 代幼虫期，7 月下旬至 8 月初化蛹，8 月为第 1 代成虫盛发期，8 月中旬见卵，8 月中下旬幼虫孵化，10 月下旬开始越冬。成虫白天潜伏于土中，傍晚出来飞向寄主植物取食，黎明前全部飞走。阴雨大风天气对成虫出土数量和飞翔能力有较大影响。成虫可以取食多种植物，食量较大，有假死和群集为害习性，在短时间内可将叶片吃光，只留叶脉，呈丝络状。每头雌虫可产卵 20 ~ 40 粒，产卵后 3 ~ 5 d 死去。产卵场所以菜园、丘陵黄土以及黏壤性质的田埂为最多。幼虫为害苗木根部，活动深度与季节有关，活动为害期以 3.3 cm 左右的草皮下较多，遇天气干旱，入土较深，化蛹前先筑 1 个土室，化蛹深度一般为 10 ~ 15 cm。

【防治方法】　参考苹毛丽金龟。

（一五）枣芽象甲

枣芽象甲（*Scythropus sumatsui* Kone et Morimoto），又名枣月象、枣飞象、小灰象鼻虫，属鞘翅目象甲科。

【分布与寄主】　分布于河南、河北、山东、陕西、山西、辽宁等省。为害枣、苹果、核桃、香柏等多种果树、林木。

【为害状】　成虫早春上树，为害嫩芽、幼叶，严重时可将枣树嫩芽吃光，造成二次萌发。

【形态特征】

1. **成虫**　雄成虫体长 4.5 ~ 5.5 mm，深灰色。雌虫体长 4.3 ~ 5.5 mm，土灰色。头管粗，末端宽，背面两复眼之间凹陷，前胸背面中间色较深，呈棕灰色。鞘翅弧形，每侧各有细纵沟 10 条，两沟之间有黑色鳞毛，鞘翅背面有模糊的褐色晕斑。

2. **卵**　长椭圆形，初产时乳白色，后变灰白色。

3. **幼虫**　乳白色，体长 5 mm，略弯曲，无足。

枣芽象甲成虫交尾状

【发生规律】　每年发生 1 代，以幼虫在 5 ~ 10 cm 深土中过冬。翌年 3 月下旬至 4 月上旬化蛹，4 月中旬至 6 月上旬羽化、交尾、产卵。5 月上旬至 6 月中旬幼虫孵化入土，食植物幼根，秋后过冬。

春季，当枣芽萌发时，成虫群集嫩芽、幼叶啃食，芽受害后尖端光秃，呈灰色，手触之发脆。如幼叶已展开，则将叶咬成半圆形或呈锯齿形缺刻，或食去叶尖。5 月以前由于气温较低，成虫多在无风天暖，中午前后，上树最多，为害最烈。早晚天凉，多在地面土中或枣股基部潜伏。5 月以后气温增高，成虫喜在早、晚活动为害。成虫受惊有坠地假死习性。雌虫寿命平均 43.5 d，雄虫 36.5 d。雌虫产卵于枣树嫩芽、叶面、枣股翘皮下或裂缝内，卵呈块状，每块 3 ~ 10 粒，以断枝破皮下产卵最多。1 头雌虫一生可产卵 100 余粒。卵期 12 d 左右。幼虫孵化后，落地潜入土中，取食植物细根。9 月以后入土 30 cm 左右处过冬。春季气温回升时，再上升地表 10 ~ 20 cm 处活动，化蛹时在距地面 3 ~ 5 cm 处做蛹室。

【防治方法】

1. **人工防治**　成虫发生期，利用其假死性，可在早晨或傍晚人工振落捕杀。

2. **地面药剂防治**　成虫出土前，在树干周围 1 m 以内，喷洒 50% 辛硫磷乳油 300 倍液，或喷洒 48% 毒死蜱 800 倍液，施药后耙匀土表或覆土，毒杀羽化出土的成虫。

3. **树上喷药**　在成虫发生期喷洒 48% 毒死蜱乳油 1 000 倍液，或 2.5% 高效氯氟菊酯乳油 2 000 倍液。

（一六）枣球胸象甲

枣球胸象甲（*Piazomias validus* Motschulsky），属鞘翅目象甲科。

【分布与寄主】　分布于河北、山西、陕西、河南、安徽等省。为害枣树、苹果树、杨树、柳树等。

【为害状】　成虫食枣嫩叶成缺刻状，叶面有黑色黏粪。

【形态特征】　成虫体形较大，黑色具光泽，体长 8.8 ~ 13 mm，体宽 3.2 ~ 5.1 mm，被覆淡绿色或灰色间杂有金黄色鳞片，其鳞片相互分离。头部略凸出，表面被覆较密鳞片，行纹宽，鳞片间散布带毛颗粒。足上有长毛，胫节内缘有粗齿。胸板 3 ~ 5 节密生白毛，少鳞片，雌虫腹部短粗，末端尖，基部两侧各具沟纹 1 条；雄虫腹部细长，中间凹，末端略圆。

枣球胸象甲

【发生规律】　1 年发生 1 代，以幼虫在土中越冬。翌年 4 ~ 5 月化蛹，5 月下旬至 6 月上旬羽化，河南小麦收割期，正处该虫出土盛期，7 月为为害枣树盛期。严重时每株树上有虫数十头，可把整个树叶子吃光，仅留主叶脉。

【防治方法】　可参考枣芽象甲。

（一七）酸枣隐头叶甲

酸枣隐头叶甲（*Cryptocephalus japanus* Baly），又名脸谱甲虫。

【分布与寄主】 主要分布于国内的华北、东北及国外的日本、朝鲜和俄罗斯。可以取食枣、圆叶鼠李。

【为害状】 以幼虫取食枣树叶片，呈缺刻状，严重时仅剩叶脉。

【形态特征】 成虫体长 6.8 ~ 8.0 mm，宽 3.5 ~ 4.5 mm。头部、体腹面、触角和足黑色，被灰白色毛。前胸背板和鞘翅淡黄棕色，每鞘翅一般具 4 个黑斑，基部 2 个，中部之后也有 2 个，与基部的 2 个斑相对，斑纹的大小和数目常常有变异。前胸背板横阔，长约为宽的 2 倍，后缘中部突出，中部有 2 条黑色宽纵纹，略呈括弧形，此纹后端达背板后缘，前端接近背板前缘；在纵纹之外近前方有 1 个黑色小圆斑，纵纹之内近后方也有 1 个黑色小圆斑。小盾片长方形。鞘翅长方形，肩胛稍隆起。

酸枣隐头叶甲成虫

【发生规律】 不详。

【防治方法】 可参考枣芽象甲。

（一八）黑蚱蝉

黑蚱蝉［*Cryptotympana atrata*（Fabricius）］，别名蚱蝉、知了、黑蝉，属同翅目蝉科。

【分布与寄主】 分布于辽宁、内蒙古、陕西、北京、河北、河南、山东、安徽、江苏、上海、浙江、江西、福建、广东、广西、湖北、湖南、贵州、海南、重庆、四川、云南等省（市、区）。寄主有桃、柑橘、梨、苹果、樱桃、杨柳、洋槐等。

【为害状】 成虫用产卵器刺破枝条皮层造成许多刻痕，并产卵于枝条的刻痕内，使枝条的输导系统受到严重的破坏，有时受害枝条上部由于得不到水分的供应而枯死。被害的枝条多数是当年的结果母枝，有些可能成为次年的结果母枝。因此，它的为害不仅影响树势，同时也造成产量损失。若虫生活在土中，刺吸根部汁液，削弱树势。

【形态特征】

1. **成虫** 体色漆黑，有光泽，长约 46 mm，翅展约 124 mm；中胸背板宽大，中央有黄褐色"X"形隆起，体被金黄色茸毛；翅透明，翅脉浅黄色或黑色，雄虫腹部第 1 ~ 2 节有鸣器，雌虫没有。

2. **卵** 椭圆形，乳白色。

3. **若虫** 形态略似成虫，前足为开掘足，翅芽发达。

【发生规律】 该虫 2 ~ 3 年发生 1 代。被害枝条上的黑蚱蝉卵于翌年 5 月中旬开始孵化，5 月下旬至 6 月初为卵孵化盛期，6 月下旬终止。若虫（幼虫）随着枯枝落地或卵从卵窝掉在地上，孵化出的若虫立即入土，在土中的若虫以土中的植物根及一些有机质为食料。若虫在土中一生蜕皮 5 次，生活数年才能完成整个若虫期。在土壤中的垂直分布，以 0 ~ 20 cm 的土层居多，占若虫数的 60% 左右。生长成熟的若虫于傍晚由土内爬出，爬到树干、枝条、叶片等可以固定其身体的物体上停留，以叶片背面居多，不食不动，约经 3 h 的静止阶段后，其背上面直裂一条缝蜕皮后变为成虫，初羽化的成虫体软，淡粉红色，翅皱缩，后体渐硬，色渐深直至黑色，翅展平，前后经 6 ~ 7 h（即将天亮），振翅飞上树梢活动。一年当中，6 月上旬老熟若虫开始出土羽化为成虫，6 月中旬至 7 月中旬为羽化盛期，10 月上旬终止。若虫出土羽化在 1 d 中，夜间羽化占 90% 以上。尤以 20 ~ 22 时最多。成虫经 15 ~ 20 d 后才交尾产卵，6 月上旬成虫即开始产卵，6 月下旬末到 7 月下旬为产卵盛期，9 月后为末期。卵主要产在 1 ~ 2 年生直径在 0.2 ~ 0.6 cm 的枝上，一条枝条上卵穴一般为 20 ~ 50 穴，多者有 146 穴。每穴卵 1 ~ 8 粒，多为 5 ~ 6 粒。

黑蚱蝉产卵为害枣树　　　　　　　　　　　　　　黑蚱蝉产卵为害枣树树枝

黑蚱蝉产在枣树枝条内的卵

黑蚱蝉在枝条上的产卵痕迹　　　　　　　　　　　黑蚱蝉在树干上的虫蜕

【防治方法】　由于黑蚱蝉成虫发生量大，为害时期长，成虫易受惊扰而迁飞，因此在防治上连片果园种植区统一行动，采取综合防治的方法。

（1）结合冬季和夏季修剪，剪除被产卵而枯死的枝条，以消灭其中大量尚未孵化入土的卵粒，剪下枝条集中处理。由于其卵期长，利用其生活史中的这个弱点，坚持数年，收效显著。此方法是防治此虫最经济、有效、安全简易的方法。

（2）老熟若虫具有夜间上树羽化的习性，然而足端只有锐利的爪，而无爪间突，不能在光滑面上爬行。在树干基部包扎塑料薄膜或是透明胶，可阻止老熟若虫上树羽化，滞留在树干周围可人工捕捉或放鸡捕食。

（3）在6月中旬至7月上旬雌虫未产卵时，若虫出土时，于夜间在树干1m左右处捕捉出土的若虫。振动树冠，成虫受惊飞动，由于眼睛夜盲和受树冠遮挡，跌落地面。

（4）化学防治。5月上旬用50%辛硫磷乳油500～600倍液浇淋树盘，防治土中幼虫。成虫高峰期树冠喷雾20%甲氰菊酯乳油2 000倍液，杀灭成虫。

（一九）黑圆角蝉

黑圆角蝉［*Gargara genistae*（Fabr.）］，别名黑角蝉、圆角蝉、桑角蝉、桑梢角蝉，属同翅目角蝉科。

黑圆角蝉

【分布与寄主】 分布于山东、河南、山西、江苏、浙江、陕西、宁夏、四川。寄主有柑橘、山楂、枣、柿、枸杞、桑等。

【为害状】 成、若虫刺吸枝叶的汁液致树势衰弱。

【形态特征】

1. **成虫** 雌虫体长 4.6 ~ 4.8 mm，翅展 10 mm，多呈红褐色，雄虫较小，黑色。头黑色下倾，头顶及额和唇在同一平面上偏向腹面；触角刚毛状，复眼红褐色，单眼 1 对淡黄色位于复眼间；头胸部密布刻点和黄细毛。前胸背板前部两侧具角状突起，即肩角，前胸背板后方呈屋脊状向后延伸至前翅中部即近臀角处，前胸背板中脊，前端不明显，在前翅斜面至末端均明显，小盾片两侧基部白色。前翅为复翅，浅黄褐色，基部色暗，顶角圆形，后翅透明，灰白色。足基节、腿节的基部黑色，其余黄褐色，跗节 3 节。

2. **卵** 长圆形，长径 1.3 mm，乳白色至黄色。

3. **若虫** 体长 3.8 ~ 4.7 mm，与成虫略似，共 5 龄，1 龄淡黄褐色，2 ~ 5 龄淡绿色至深绿色。

【发生规律】 河南 1 年发生 1 代，以卵在枝梢内越冬。翌年 5 月孵化，若虫刺吸嫩梢、芽和叶的汁液，行动迟缓。7、8 月羽化为成虫，成虫白天活动，能飞善跳，9 月开始交尾产卵，卵散产在当年生枝条的顶端皮下。陕西武功 1 年发生 2 代，以卵在刺槐根部土中越冬，翌年 6 月中旬第 1 代成虫羽化，8 月中旬第 2 代成虫始发。

【防治方法】 为害期药剂防治，可喷洒 50% 辛硫磷乳油或 50% 马拉硫磷乳油、50% 杀螟松乳油、80% 敌敌畏乳油、90% 晶体敌百虫等 1 000 倍液，菊酯类药剂及其复配剂常用浓度均有良好效果。若虫期喷洒为宜，可结合防治其他害虫进行。

（二〇）八点广翅蜡蝉

八点广翅蜡蝉［*Ricania speculum*（Walker）］，别名八点蜡蝉、八点光蝉、橘八点光蝉、咖啡黑褐蜡蝉、黑羽衣、白雄鸡，属同翅目广翅蜡蝉科。

【分布与寄主】 分布于山西、河南、陕西、江苏、浙江、四川、湖北、湖南、广东、广西、云南、福建、台湾。寄主有苹果、梨、桃、杏、李、梅、樱桃、枣、栗、山楂、柑橘、咖啡、可可、洋槐等。

【为害状】 成、若虫喜于嫩枝和芽、叶上刺吸汁液；产卵于当年生枝条内，影响枝条生长，重者产卵部以上枯死，削弱树势。

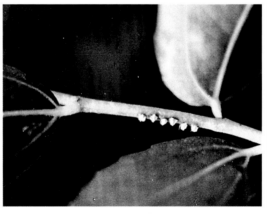

八点广翅蜡蝉产卵痕迹

八点广翅蜡蝉成虫

【形态特征】

1. **成虫** 体长 11.5 ~ 13.5 mm，翅展 23.5 ~ 26 mm，黑褐色，疏被白蜡粉。触角刚毛状，短小。单眼 2 个，红色。翅革质密布纵横脉呈网状，前翅宽大，略呈三角形，翅面被稀薄白色蜡粉，翅上有 6 ~ 7 个白色透明斑，其分布：1 个在前缘近端部 2/5 处，近半圆形；其外下方 1 个较大不规则形；内下方 1 个较小，长圆形；近前缘顶角处 1 个很小，狭长；外缘有 2 个较大，前斑形状不规则，后斑长圆形，有的后斑被一褐斑分为 2 个。后翅半透明，翅脉黑色，中室端有 1 个小白色透明斑，外缘前半部有 1 列半圆形小白色透明斑，分布于脉间。腹部和足褐色。

2. **卵**　长 1.2 mm，长卵形，卵顶具 1 个圆形小突起，初乳白渐变淡黄色。

3. **若虫**　体长 5 ~ 6 mm，宽 3.5 ~ 4 mm，体略呈钝菱形，翅芽处最宽，暗黄褐色，布有深浅不同的斑纹，体疏被白色蜡粉，体呈灰白色，腹部末端有 4 束白色绵毛状蜡丝，呈扇状伸出，中间 1 对长约 7 mm，两侧长 6 mm 左右，平时腹端上弯，蜡丝覆于体背以保护身体，常可呈孔雀开屏状，向上直立或伸向后方。

【发生规律】　1 年发生 1 代，以卵于枝条内越冬。山西 5 月间陆续孵化，为害至 7 月下旬开始老熟羽化，8 月中旬前后为羽化盛期，成虫经 20 余天取食后开始交尾，8 月下旬至 10 月下旬为产卵期，9 月中旬至 10 月上旬为盛期。白天活动为害，若虫有群集性，常数头在一起排列枝上，爬行迅速，善于跳跃；成虫飞行力较强且迅速，产卵于当年生枝木质部内，以直径 4 ~ 5 mm 粗的枝背面光滑处落卵较多，每处成块产卵 5 ~ 22 粒，产卵孔排成一纵列，孔外带出部分木丝并覆有白色绵毛状蜡丝，极易发现与识别。每雌可产卵 120 ~ 150 粒，产卵期 30 ~ 40 d。成虫寿命 50 ~ 70 d，至秋后陆续死亡。

【防治方法】
1. **结合管理，特别注意冬春修剪**　剪除有卵块的枝集中处理，减少虫源。
2. **为害期结合防治其他害虫兼治此虫**　可喷洒茶树上常用的菊酯类、有机磷及其复配**药剂等，常用浓度均有较好效果**。由于该虫虫体特别是若虫被有蜡粉，所用药液中如能混用含油量 0.3% ~ 0.4% 的柴油乳剂或**黏土柴油乳剂，可显著提高防效**。

（二一）凹缘菱纹叶蝉

凹缘菱纹叶蝉〔*Hishimonus sellatus*（Uhler）〕，别名绿头菱纹叶蝉，属同翅目叶蝉科。

【分布与寄主】　国内主要分布于辽宁、河北、山西、陕西、山东、河南、江苏、安徽、浙江、江西、湖北、福建、四川、广东等地；国外主要分布在朝鲜、日本、俄罗斯。寄主有枣、酸枣、忍冬、构树、无花果、蔷薇、桑、梧桐、松、柏、大麻、大豆、赤豆、绿豆、豇豆、决明、葎草、紫云英、田菁、刺苋、茄子、马铃薯、苘麻、芝麻。

【为害状】　成虫在幼嫩茎上产卵，产卵时产卵器刺破皮层，将卵产于皮下，皮层破坏，很快变干死亡，影响植株的正常发育。该叶蝉是枣树疯病的重要传播媒介，成、若虫在疯病树上为害后，将枣树疯病的病原纳入唾液腺体内，在为害健树时，带菌传染，从而使健树发病，往往使整个枣园毁掉。

凹缘菱纹叶蝉

【形态特征】
1. **成虫**　雌虫体长 3.0 ~ 3.3 mm，至翅端长 3.7 ~ 4.2 mm；雄虫体长 2.6 ~ 3.0 mm，至翅端长 3.8 ~ 4.0 mm。体淡黄绿色。头部与前胸背板等宽，中央略向前突出，前缘宽圆，在**头冠**区近前缘处有一浅横槽；头部与前胸背板均为淡黄色带微绿色，头冠前缘有 1 对横纹，后缘具 2 个斑点，横槽后缘又有 2 条横纹。前胸背板前缘区有一列晦暗的小斑纹，中后区晦暗，其中散布淡黄绿色小圆点，小盾板淡黄色，中线与每侧 1 条斑纹为暗褐色，在有些个体中整个小盾板色泽近于一致。前翅淡白色，散生许多深黄褐色斑，当翅合拢时合成菱形，其三角形纹的三角及前缘围以深黄褐色小斑纹，致使菱纹显著；翅端区浅黑褐色，其中有 4 个明显的小白圆点。胸部腹面淡黄色或淡黄绿色，少数个体腹面有淡黄褐色网状纹。雄性外生殖器的阳茎端半部分二叉为宽片状，片的外缘中部显然凹入，故称凹缘菱纹叶蝉。

2. **卵**　长 0.7 ~ 0.8 mm，呈香蕉形，一端尖，一端钝圆，初产时乳白色，2 d 后变黄白色，4 d 后光亮半透明呈淡黄色，显出红色眼点，接近孵化时眼点变深红，卵变红色。

3. **若虫**　共 5 龄。初孵若虫体长 0.64 ~ 0.73 mm，全体淡黄绿色，体上有不规则的黑褐色小突起，老熟若虫体长 2.2 ~ 2.7 mm，体浅黄色，浅黄色的翅芽伸达第 2 腹节，体上微显浅褐色的斑点，胸部后缘背中线两侧各有 1 个褐色斑点。

【发生规律】　据河北报道，此虫 1 年发生 3 代。于 8 月下旬由枣树上迁往枣树附近的松和柏上，以成虫越冬，但不在松、柏树上繁殖世代。9月中旬迁移越冬进入盛期，10月松、柏树上虫口达高峰；翌年4月中旬转移活动，5月上旬枣芽萌发期间全部迁离松、柏树，返回枣树上取食、产卵。成虫将卵产在幼嫩茎上，产卵痕不明显，可看到一个被刺破的圆点，稍微突起。卵期11～16 d，5月中上旬孵化为若虫，5月中下旬为孵化盛期，越冬代成虫寿命较长，个别可活到7月，成虫自上树为害到死一直产卵，与第1代成虫有重叠现象。若虫孵化后在茎尖或嫩叶上静伏取食，若虫期25～31 d，各龄若虫都很活泼。成虫活泼，有趋光性。第1代成虫5月末至6月上旬羽化，6月中旬为羽化盛期。羽化后，经6～9 d营养补充后即交尾，交尾后第2天开始产卵，每头成虫可产卵135粒，平均日产卵量5.46粒，卵期8～12 d。第1代若虫在6月下旬至7月上旬为孵化盛期，因越冬成虫死亡率高达90%以上，7月以前田间发生量很少，7月以后第1代若虫与越冬若虫发生期重叠，故数量增多。第2代成虫7月中下旬为羽化盛期。第2代若虫7月下旬、8月上旬为羽化盛期。8月上旬第3代成虫羽化，8月中下旬为羽化盛期，8月下旬开始逐渐迁往松、柏树上越冬。

各代成虫寿命随气温的高低而不同，第1代成虫寿命12～80 d，第2代因气温升高，成虫寿命缩短，一般可活11～50 d，第3代成虫（越冬代成虫）平均活200 d，最长可活240 d，雌成虫寿命稍长。

【防治方法】
（1）清除杂草和枣园内的病源树。
（2）改变生态环境，枣园内选择凹缘菱纹叶蝉不喜食的间作物。
（3）药剂防治。成、若虫发生为害期喷布80%敌敌畏乳油800倍液；50%辛硫磷1 500倍液；50%杀螟松乳油1 000倍液；2.5%溴氰菊酯乳油3 000倍液。

（二二）三点盲蝽

三点盲蝽（*Adelphocoris fasciaticollis* Reuter），属半翅目盲蝽科。

三点盲蝽为害枣树叶片呈现孔洞破碎状

三点盲蝽成虫在枣树新叶为害

【分布与为害】 分布于辽宁及华北、西北等地，新疆和长江流域发生较少。寄主范围十分广泛，可为害果树、棉花、蔬菜、禾谷类和油料作物等。

【为害状】 以若虫和成虫刺吸为害嫩叶和幼果，幼叶受害，被害处形成红褐色、针尖大小的坏死点，随叶片的伸展长大，以小坏死点为中心，拉成圆形或不规则的孔洞。为害严重的新梢尖端小嫩叶出现孔网状褐色坏死斑。

【形态特征】
1. **成虫** 体长7 mm，黄褐色，被黄毛。前胸背板后缘有1个黑色横纹，前缘有3个黑斑。小盾片及2个楔片呈明显的3个黄绿色三角形斑。触角黄褐色，约与体等长，第2节顶端黑色，足赭红色。
2. **卵** 淡黄色，长1.2 mm，卵盖上的一端有白色丝状附属物，卵盖中央有2个小突起。
3. **若虫** 5龄若虫体黄绿色，密被黑色细毛，触角第2、第3、第4节基部青色，其余褐红色。翅芽末端黑色，达腹部第4节。

【发生规律】   在河南 1 年发生 3 代，以卵在树干上有疤痕的树皮内越冬。越冬卵 4 月下旬开始孵化，初孵若虫借风力迁入邻近草坪、苜蓿地、棉田、豌豆田内为害，5 月下旬羽化为成虫，第 2 代若虫 6 月下旬出现，若虫期平均 15 d，7 月上旬第 2 代若虫羽化，7 月下旬孵出第 3 代若虫，若虫期 15.5 d。第 3 代成虫于 8 月上旬羽化，从 8 月下旬在寄主上产卵越冬。

【防治方法】   参考枣园绿盲蝽。

（二三）枣园绿盲蝽

绿盲蝽［*Apolygus lucorum*（Meyer-Dur.）］，又名青色盲蝽、小臭虫，属半翅目盲蝽科。

枣园绿盲蝽为害叶片呈现许多孔洞　　　　　　　　　　枣园绿盲蝽若虫

【分布与寄主】   分布于全国各地，以长江流域发生较严重。近几年，绿盲蝽对桃树等果树为害较重，同时，也为害枣、苹果、樱桃、葡萄等果树。

【为害状】   枣发芽后绿盲蝽即开始上树为害，以若虫和成虫刺吸枣树的幼芽、嫩叶、花蕾及幼果的汁液。第 1 代主要为害幼芽、嫩叶，幼嫩组织被害后，先出现枯死小点，随后变黄枯萎，顶芽被害生长受抑制，幼叶被害先呈现失绿斑点，随着叶片的伸展，小点逐渐变为不规则的孔洞、裂痕，叶片皱缩变黄，俗称"破叶疯"，被害枣吊不能正常伸展而呈弯曲状。绿盲蝽大发生时，常使冬枣不能正常发芽。第 2 代主要为害花蕾及幼果，花蕾受害后即停止发育而枯死脱落，重者花蕾全部脱落，整树无花可开，幼果被害后出现黑色坏死斑，有的出现隆起的小疱，其果肉组织坏死，大部分受害果脱落，严重影响产量。

【形态特征】【发生规律】   见葡萄绿盲蝽。

【防治方法】   绿盲蝽 1 ~ 3 代若虫孵化时间集中，成虫高峰期明显，第 2 代成虫迁移转主时间集中。为此，在防治上应针对其薄弱环节，抓住防治关键时期，将该虫消灭在孵化期和成虫羽化及转主之前。防治关键时期为：第 1 代若虫孵化期（4 月下旬）、第 2 代若虫孵化期（5 月下旬）、第 2 代成虫羽化前（6 月上旬）。

1. **农业防治**   优化生态环境，清理越冬场所，即在秋冬季节清理枣园附近及棉田中的棉秆、棉叶等，并于枣树落叶前在树干上绑草把诱集成虫产卵；早春清除树下及田埂、沟边、路旁的杂草，3 月中上旬解除草把、刮树皮，结合修剪剪除枯枝、病残枝集中沤制土杂肥，减少、切断绿盲蝽越冬虫源和早春寄主上的虫源；枣树生长期间及时清除枣园内外杂草；及时夏剪和摘心，消灭潜伏其中的若虫和卵。

2. **物理防治**   枣园悬挂电子频振式杀虫灯，利用绿盲蝽成虫的趋光性进行诱杀，也可利用黄板诱杀。

3. **生物防治**   充分利用天敌来防治绿盲蝽。绿盲蝽的自然天敌种类多，主要有卵寄生蜂、花蝽、草蛉、姬猎蝽、蜘蛛等，在进行化学防治时，要以保护天敌为前提，尽量选用对天敌毒性小的杀虫剂。当绿盲蝽为害达到防治指标，需要用药时，也应选择合适的冬枣生长期内用药，这样既能减小对天敌的伤害，同时也能有效地控制绿盲蝽数量，做到有的放矢，充分保护天敌。

4. **化学防治** 于4月上旬全树喷施1遍5°Bé石硫合剂，特别注意树干周围地面都要喷到。生长期喷药，以触杀性较强的拟除虫菊酯类和内吸性较强的吡虫啉杀虫剂结合使用效果最好。可选用的药剂及浓度为：2.5%高效氟氯氰菊酯2 000倍液，或45%马拉硫磷1000倍液，或48%毒死蜱1 500倍液，或10%吡虫啉2 000倍液。有机磷和氨基甲酸酯类药剂毒性较高，氟氯氰菊酯的持效期较长，可在枣生产的早期选择使用，后期防治可采用吡虫啉类毒性较低的药剂。根据试验表明，防治绿盲蝽7 d后的防效下降较大，绿盲蝽发生严重时最好隔5～7 d再防治1遍，以达到最理想的防治效果。由于绿盲蝽有短距离迁移的习性，生产上要尽量做到统防统治，以提高防治效果，降低防治成本。

（二四）茶翅蝽

茶翅蝽（*Halyomorpha halys*），又名臭木棒象，俗称臭大姐，属半翅目蝽科。

茶翅蝽成虫正在刺吸枣幼果　　　　茶翅蝽刚孵化的若虫　　　　茶翅蝽成虫

【分布与寄主】　东北、华北、山东、陕西、河南以及南方各省区均有发生。为害苹果、桃、李、梨、杏、山楂等果树。

【为害状】　成虫、若虫吸食叶片、嫩梢和果实的汁液。正在生长的果实受害后，果面出现暗红色下陷斑。对枣树的为害主要是造成缩果和落果，严重降低了红枣的产量和品质。

【形态特征】
1. **成虫**　体长约15 mm，体灰褐色。触角5节，第2节比第3节短，第4节两端黄色，第5节基部黄色。前胸背板前缘有4个横列的黄褐色小点，小盾片基部有5个横列的小黄点。
2. **卵**　长约1 mm，常20～30粒并排在一起，卵粒短圆筒状，灰白色，形似茶杯。

【发生规律】　在豫西果产区1年发生2代，以成虫在草堆、树洞、屋角、檐下、石缝等处越冬。翌春3月中下旬，越冬成虫开始陆续出蛰，4月中旬开始向果园及多种林木上迁飞、取食。5月上旬越冬成虫开始交尾，5月中下旬大量产卵，雌虫可产卵5～6次，每次产卵30粒左右，卵多产于叶背。第1代若虫始见于5月中旬，6月中下旬第1代成虫开始交尾产卵，7月上旬第2代若虫孵出，经过一段时间为害，到9月初相继发育为成虫，于10月开始越冬。茶翅蝽若虫和成虫，对不同枣树品种为害有很强的选择性，对灰枣危害性大，而不刺吸鸡心枣和九月青枣。

5月中上旬，由于气温较低，成虫大部分时间处于静伏状态，自5月下旬开始，随着温度升高，特别是在6～7月为害很重。

【防治方法】
1. **捕杀成虫**　春季越冬成虫出蛰时，清除门窗、墙壁上的成虫。
2. **药剂防治**　茶翅蝽对多种药剂是敏感的，化学防治的关键问题不是药剂种类的选择，而是防治的关键时期。河南省7月中下旬，若虫群集发生盛期，这一时期，结合防治桃小食心虫，及时用药，喷布细致周到，效果比较好。

（二五）麻皮蝽

麻皮蝽（*Erthesina fullo* Thunb.），又名黄斑蝽，属于半翅目蝽科。

【分布与寄主】 分布于全国各地。食性很杂，为害枣、梨、苹果等果树及多种林木、农作物。

【为害状】 成虫和若虫刺吸果实和嫩梢。受害青果面呈现暗红色下陷斑。对枣树的为害主要是造成缩果和落果，严重降低了红枣的产量和品质。

【形态特征】

1. **成虫** 体长 18 ~ 23 mm，背面黑褐色，散布不规则的黄色斑纹、点刻。触角黑色，第 5 节基部黄色。

2. **卵** 圆筒形，淡黄白色，横径约 1.8 mm。

3. **若虫** 初龄若虫胸、腹部有许多红、黄、黑相间的横纹。2 龄若虫腹背有 6 个红黄色斑点。

麻皮蝽为害的枣果提前变红，容易脱落　　　麻皮蝽成虫

【发生规律】 在豫西 1 年发生 2 代，以成虫在向阳面的屋檐下、墙缝间及果园附近阳坡山崖的崖缝隙内越冬。翌年 3 月底 4 月初始出，5 月上旬至 6 月下旬交尾产卵。7 月，一个枣果被多次刺吸，形成多个下陷色斑。

【防治方法】 参考茶翅蝽。

（二六）枣龟蜡蚧

枣龟蜡蚧（*Ceroplastes japonicus* Green），别名日本龟蜡蚧、龟甲蚧、树虱子等，属同翅目蜡蚧科。

枣龟蜡蚧为害叶片　　　　　　　　　枣龟蜡蚧若虫为害叶片

【分布与寄主】 在中国分布极其广泛。为害苹果、柿、枣、梨、桃、杏、柑橘、杧果、枇杷等大部分果树和100多种植物。

【为害状】 若虫和雌成虫刺吸枝、叶汁液，排泄蜜露常诱致煤污病发生，使植株密被黑霉，直接影响光合作用，并导致植株生长不良。

【形态特征】

1. **成虫** 雌虫体背有较厚的白蜡壳，呈椭圆形，长 4 ～ 5 mm，背面隆起似半球形，中央隆起较高，表面具龟甲状凹纹，边缘蜡层厚且弯卷由 8 块组成。活虫蜡壳背面淡红色，边缘乳白色，死后淡红色消失，初淡黄色后虫体呈红褐色。活虫体淡褐色至紫红色。雄体长 1 ～ 1.4 mm，淡红至紫红色，眼黑色，触角丝状，翅 1 对白色透明，具 2 条粗脉，足细小，腹末略细，性刺色淡。

2. **卵** 椭圆形，长 0.2 ～ 0.3 mm，初淡橙黄色后紫红色。

3. **若虫** 初孵体长 0.4 mm，椭圆形扁平，淡红褐色，触角和足发达，灰白色，腹末有 1 对长毛。固定 1 d 后开始泌蜡丝，7 ～ 10 d 形成蜡壳，周边有 12 ～ 15 个蜡角。后期蜡壳加厚，雌雄形态分化，雄虫与雌虫相似，雄虫蜡壳长椭圆形，周围有 13 个蜡角似星芒状。

4. **雄蛹** 梭形，长 1 mm，棕色，性刺笔尖状。

【发生规律】 1 年发生 1 代，以受精雌虫主要在 1 ～ 2 年生枝上越冬。翌春寄主发芽时开始为害，虫体迅速膨大，成熟后产卵于腹下。产卵盛期：南京 5 月中旬，山东 6 月中上旬，河南 6 月中旬，山西 6 月中下旬。每雌产卵千余粒，多者 3 000 余粒。卵期 10 ～ 24 d。初孵若虫多爬到嫩枝、叶柄、叶面上固着取食，8 月初雌雄开始性分化，8 月中旬至 9 月为雄化蛹期，蛹期 8 ～ 20 d，羽化期为 8 月下旬至 10 月上旬，雄成虫寿命 1 ～ 5 d，交尾后即死亡，雌虫陆续由叶转到枝上固着为害，至秋后越冬。可行孤雌生殖，子代均为雄性。

【防治方法】

1. **农业防治** 休眠期结合冬季修剪以剪除虫枝，用刷子或木片刮刷枝条上成虫。人工剪除有虫枣头，将树上的越冬雌虫刮除。在严冬雨雪天气，树枝结冰时，用杆振落，将害虫振下集中消灭。

2. **保护和利用天敌** 日本龟蜡蚧的天敌比较多，如：黑盔蚧长盾金小蜂、蜡蚧褐腰啮小蜂、蜡蚧食蚧蚜小蜂、闽奥食蚧蚜小蜂、食蚧蚜小蜂、黑色食蚧蚜小蜂、软蚧扁角跳小蜂、蜡蚧扁角跳小蜂、刷盾短缘跳小蜂、绵蚧阔柄跳小蜂、龟蜡蚧花翅跳小蜂、球蚧花翅跳小蜂；红点唇瓢虫、黑背唇瓢虫、黑缘红瓢虫、二双斑唇瓢虫；中华草蛉、丽草蛉等。以红点唇瓢虫、长盾金小蜂为常见。利用自然界的这些益虫来防治日本龟蜡蚧，可称"以虫治虫"。

3. **药剂防治** 防治的关键时期有 2 个，第 1 次在 6 月底至 7 月初，卵孵化的初期；第 2 次在 7 月中旬左右，卵孵化高峰期。喷 25% 噻嗪酮可湿性粉剂 1 500 倍液，20% 吡虫啉可溶剂 4 000 倍液，或 2.5% 溴氰菊酯乳油 3 000 倍液。

4. **增强植株通风透光** 日本龟蜡蚧多发生在徒长枝、内膛枝上，因而剪去过密枝条、徒长枝、内膛枝等，增强植株的通风透光率，减少有利于日本龟蜡蚧的发生环境，从而抑制日本龟蜡蚧的生长发育和发生。

（二七）梨圆蚧

梨圆蚧（*Quadraspidiotus perniciosus* Comstock），又名梨丸介壳虫、梨枝圆盾蚧、轮心介壳虫，属同翅目蚧科。

【分布与寄主】 在国内分布普遍，为害区偏于北方。梨圆蚧是国际检疫对象之一。食性极杂，已知寄主植物在 150 种以上，主要为害果树和林木。主要为害梨、苹果、枣、核桃、杏、李、梅、樱桃、葡萄、柿和山楂等果树。

【为害状】 梨圆蚧能寄生果树的所有地上部分，特别是枝干。梨圆蚧刺吸枝干后，引起皮层木栓和韧皮部、导管组织的衰亡，皮层爆裂，抑制生长，引起落叶，甚至枝梢干枯和整株死亡。在果实上寄生，多集中在萼注和梗注处，围绕介壳形成紫红色的斑点。

【形态特征】

1. **成虫** 雌虫体背覆盖近圆形介壳，介壳直径约 1.8 mm，灰白色或灰褐色，有同心轮纹，介壳中央的突起称为壳点，脐状，黄色或黄褐色。虫体扁椭圆形，橙黄色。体长 0.91 ～ 1.48 mm，宽 0.75 ～ 1.23 mm。口器丝状，位于腹面中央，眼及足退化。雄虫介壳长椭圆形，较雌介壳小，壳点位于介壳的一端。虫体橙黄色，体长 0.6 mm。眼暗紫红色，口器退化，触角念珠状，11 节。翅 1 对，交尾器剑状。

2. **若虫** 初龄虫体长 0.2 mm，椭圆形，橙黄色，3 对足发达，尾端有 2 根长毛。

【发生规律】 1 年发生世代数，因不同地区和不同寄主而异。南方 1 年发生 4 ～ 5 代，北方发生 2 ～ 3 代。辽宁、

梨圆蚧严重为害枣树

梨圆蚧为害枣树叶片

梨圆蚧为害枣树枝条

梨圆蚧为害枣果

河北1年发生2代，浙江发生4代。均以2龄若虫附着在枝条上越冬。翌年梨芽萌动开始继续为害。河北昌黎越冬代成虫羽化期集中在5月中上旬，雄虫羽化交尾后即死亡，雌虫产仔期为6月。第1代成虫羽化期在7月中旬至8月上旬，产仔期为8月中旬至9月中旬。

梨圆蚧行两性生殖，卵胎生。初孵若虫从雌介壳中爬出，行动迅速，向嫩枝、叶片、果实上迁移。找到合适部位以后，将口器插入寄主组织内，固定不再移动，并开始分泌蜡质而逐渐形成介壳。1龄若虫经10~12 d脱第1次皮。雌若虫以后再蜕皮2次变为雌成虫；雄若虫3龄后化蛹，由蛹羽化为成虫。越冬代雌虫多固着在枝干和枝杈处为害，主要在枝干阳面，雄虫多固着在叶片主脉两侧，夏秋发生的若虫则迁移到叶上为害。一般7月以前很少害果，8月以后害果逐渐增多。

【防治方法】

1. **人工防治**　梨圆蚧在梨树上常常成点、片严重发生，甚至一株树上，仅一两个枝条严重，其他枝条甚至找不到虫。因此梨树上可采用人工刷擦越冬若虫的防治方法，或剪除介壳虫寄主严重的枝条。

2. **药剂防治**　梨树上发生的梨圆蚧，越冬代虫羽化和雌虫产仔时期集中，是生长期防治的有利时机，可喷布0.3°Bé石硫合剂；25%噻嗪酮可湿性粉剂1 500倍液；20%吡虫啉浓可溶剂3 000倍液，20%杀灭菊酯或2.5%溴氰菊酯乳剂3 000倍液。

3. **保护天敌**　生长期果园尽量避免使用残效期长的广谱性杀虫剂，以利天敌发生。

4. **加强植物检疫**　对向外地调运的苗木、接穗，严加检疫，防止此虫随同苗木传带。

（二八）枣树红蜘蛛

为害枣树的红蜘蛛主要是截形叶螨（*Tetranychus truncatus* Ehara）和朱砂叶螨［*Tetranychus cinnabarinus*（Boisduval）］，属真螨目叶螨科。

【分布与寄主】　各地均有分布。寄主有枣、瓜类、豆类、玉米、高粱、粟、向日葵、桑树、草莓、棉花等。

枣树红蜘蛛为害叶片失绿

枣树红蜘蛛在叶片正面为害状

枣树红蜘蛛为害叶片失绿焦枯

枣树红蜘蛛幼螨

【为害状】 吸食寄主叶绿素颗粒和细胞液，抑制寄主光合作用，减少养分积累，叶片出现针头大小的褪绿斑，严重时，整个叶片发黄，直至干枯脱落。

【形态特征】

1. 截形叶螨 雌成螨体长 0.55 mm，宽 0.3 mm。体椭圆形，深红色，足及颚白色，体侧具黑斑。须肢端感器柱形，长约为宽的 2 倍，背感器约与端感器等长。气门沟末端呈 "U" 形弯曲。各足爪间突裂开为 3 对针状毛，无背刺毛。雄体长 0.35 mm，体宽 0.2 mm；背缘平截状，末端 1/3 处有一凹陷，端锤内角钝圆，外角尖削。

2. 朱砂叶螨 雌成螨体长 0.42 ~ 0.5 mm，宽约 0.3 mm，椭圆形。体背两侧具有 1 块三裂长条形深褐色大斑。雄成螨体长 0.4 mm，菱形，一般为红色或锈红色，也有浓绿黄色的，足 4 对。雄螨一生只蜕 1 次皮，只有前期若螨。幼螨黄色，圆形，长 0.15 mm，透明，具 3 对足。若螨体长 0.2 mm，似成螨，具 4 对足。前期体色淡，雌性后期体色变红。卵近球形，直径 0.13 mm，初期无色透明，逐渐变为淡黄色或橙黄色，孵化前呈微红色。

【发生规律】 1 年发生 10 ~ 20 代，在华北地区以雌螨在枯枝落叶或土缝中越冬，在华中地区以各虫态在杂草丛中或树皮缝越冬，在华南地区冬季气温高时继续繁殖活动。早春气温达 10 ℃以上，越冬成螨即开始大量繁殖，多于 4 月下旬至 5 月上中旬迁入枣园，先是点片发生，随即向四周迅速扩散。在植株上，先为害下部叶片，然后向上蔓延，繁殖数量过多时，常在叶端群集成团，滚落地面，被风刮走，扩散蔓延。发育起点温度为 7.7 ~ 8.8 ℃，最适温度为 29 ~ 31 ℃及最适相对湿度为 35% ~ 55%。相对湿度超过 70% 时不利其繁殖。高温低湿则发生严重，所以以 6 ~ 8 月为害严重。

【防治方法】

1. 农业防治 秋末清除田间残株败叶沤肥；开春后种植前铲除田边杂草，清除残余的枝叶，可消灭部分虫源。天气干旱时，注意灌溉，增加菜田湿度，不利于其发育繁殖。

2. 化学防治 点片发生阶段，喷 0.5% 藜芦碱可溶液剂有效成分用药量 6.25 ~ 8.33 mg/kg；15% 哒螨酮乳油 3 000 倍液，或 1.8% 阿维菌素乳油 5 000 倍液等。

3. 黏虫胶防治 4 月中下旬（枣树发芽前），在枣树主干分权以下（不要距离地面太近）涂抹 1 次黏虫胶，间隔 2 ~ 3 个月后再涂抹 1 次，防治效果很好。同时使用该药，还可防治具有上下树迁移习性的其他树木害虫，如枣树上的绿盲椿象、枣步曲、食芽象甲、大灰象甲、枣粉蚧、枣尺蠖雌虫等。使用时，先用 2 ~ 2.5 cm 宽的胶带在主干分枝的下方光滑部位缠绕一圈，然后直接用手将无公害黏虫胶均匀地涂在上面，直径 13 cm（周长 40 cm）左右的树用量 1.5 ~ 2.5 g。

4. 生物防治 长毛钝绥螨、德氏钝绥螨、异绒螨、塔六点蓟马和深点食螨瓢虫等为其天敌，有条件的地方可保护或引进释放。当田间的益害比为 1 ：（10 ~ 15）时，一般在 6 ~ 7 d 后，害螨将下降 90% 以上。

（二九）枣顶冠瘿螨

枣顶冠瘿螨（*Epitrimerus zizyphagus* Keifer），又名枣叶锈螨、枣叶锈壁虱、枣叶壁虱、枣瘿螨、枣锈螨、枣壁虱等，属蜘形纲螨目瘿螨科。

枣顶冠瘿螨为害枣树叶片

枣顶冠瘿螨为害枣果，果面呈现锈斑状

枣顶冠瘿螨在枣树叶面为害状

枣顶冠瘿螨为害叶片

枣顶冠瘿螨为害新梢

【分布与寄主】 近年来河北、山东、山西、陕西枣区都有不同程度的发生，由于该虫体极小，肉眼看不清楚，不能及时防治，部分果园被害株率很高。

【为害状】 以成、若虫为害叶、花和幼果。叶片受害后，基部和叶脉部分先呈现灰白色，发亮，后扩散至全叶。叶片加厚变脆，沿叶脉向叶面卷曲，后期叶缘焦枯。蕾、花受害后渐变褐色，干枯脱落。果实受害后出现褐色锈斑，甚至引起落果。受害严重的树早期大量落叶、落果，枣头顶端、芽、叶、枝枯死，树冠不能扩大，树势削弱。

【形态特征】

1. 成螨 体圆锥形，似胡萝卜状，宽 0.10 ~ 0.11 mm。越冬代体形前后端都较宽，非越冬代前端宽而尾部细，初为白色，渐变为淡黄色。头胸部两侧有分节的足 2 对，第 1 对较长。各足前端有爪 4 个，其中 1 个呈羽状。口器钳状刺吸式凸出头胸部前端，向下弯曲，与体略成直角。头胸部背板呈盾状，其上网纹带有颗粒。腹部延长，向后渐细，有明显突起的环纹

40 多个，全身 3 对刚毛指向后方。体末有 1 个吸盘，尾端两侧各有 1 个刺状尾须。

2. **卵**　圆球形，直径 0.079 ~ 0.097 mm。表面光滑透明，上有网状花纹，渐变淡黄色。

3. **若螨**　体形与成螨相似，略小。初孵化时白色半透明。

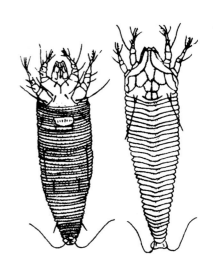

枣顶冠瘿螨成螨背面与腹面

【发生规律】　在山西枣产区 1 年发生 3 ~ 4 代，以成螨在枣股缝隙内越夏、越冬。第 2 年 4 月下旬枣树开始发芽时出蛰活动，为害嫩芽。枣树展叶后多群集于叶片基部叶脉两侧的正反面刺吸汁液，随即很快布满叶片、枣果及枣头为害。5月中旬开始产卵。卵散产于叶片正、反面及枣头上。5 月下旬为产卵盛期，部分若螨已孵化。6 月上旬当平均气温达 20 ℃时虫口密度急剧上升，为全年为害盛期。受害严重者 1 张叶片上可有数百头之多，枣头顶端生长点完全被螨体布满。6 月下旬又有螨卵和若螨发生，幼果多在梗洼、果肩部受害。7 月中旬气温达 24 ℃以上时卵、螨同时发生，为第 3 个为害高峰期。3 月中上旬成虫陆续迁向枣股，至 9 月中旬全部到达枣股缝隙，转入休眠状态。

其消长与温度、降水量关系密切，6 ~ 8 月降水量少时发生严重。大雨可以冲掉枣叶上的部分卵、若虫和成虫。

【防治方法】

（1）在发芽前（芽体膨大时效果最佳），喷施 1 次 3 ~ 5°Bé 石硫合剂，可杀灭在枣股上越冬的成虫或老龄若虫。

（2）枣树发芽后 20 d 内（5 月中上旬），正值枣顶冠瘿螨出蛰为害初期尚未产卵繁殖时，及时喷施下列药剂：40%硫悬浮剂 500 倍液；1.5%阿维菌素乳油 3 000 倍液；15%哒螨灵乳油 2 000 倍液，15 d 后再喷 1 次。喷药时，应注意树冠内膛和叶片背面的喷药。只要喷药及时、严密细致，便可控制该螨的发生为害，保证枣实产量和质量。

第十二部分　石榴病虫害

一、石榴病害

（一）石榴干腐病

石榴干腐病是我国南方常见的一种病害，能侵染花和果实。该病侵害外层果皮，对鲜果品质无太大影响，但降低了商品价值。

石榴干腐病为害叶片

石榴干腐病树干病斑

石榴干腐病病果（1）

石榴干腐病造成树枝枯干

石榴干腐病病果（2）

石榴干腐病病果剖面

石榴干腐病树干病斑

石榴干腐病枝条病斑

【症状】　花受害主要发生在萼的膨大部位，果被害一般发生在果肩至果腰区。初期病斑呈油渍状褐色小点，后渐扩大为表面粗糙，大小为（2～3）mm×（4～10）mm的不规则黑斑，病部僵缩，稍下凹，呈失水干腐状。病情严重时，一个果上可产生10～20个黑色干斑，贮藏期如水分控制不好易导致烂果。

枝干被害，树皮变深褐色干枯，其上密集小黑点，病健交界处往往裂开，病皮翘起，以致剥离，病枝衰弱，叶变黄，上部很快枯死。

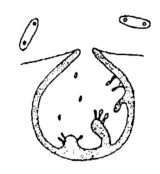

【病原】　病原菌为石榴鲜壳孢菌（*Zythia versoniana* Sacc.），属球壳孢目类肉座菌科鲜壳孢属。分生孢子器埋生于花萼或果实表皮细胞下，散生或密聚，梨形、球形或扁球形，橄榄褐色，表面光滑，大小为（55～75）μm×（125～145）μm，顶端具孔口，孔口圆形，直径为 12.5～15.0 μm。由于病部表皮干缩，分生孢子器只有在果皮腐烂过程中才突破表皮露出。分生孢子为细长纺锤形，两端尖细，单胞，无色，群聚时浅绿色，大小为（3.8～6.3）μm×（7.5～14）μm。本病菌的有性世代为石榴干腐小赤壳菌（*Nectriella versoniana* Sazll.et Penz.），属子囊菌门肉座菌目，肉腐菌科，小赤壳属。子囊壳表生，密集，赤褐色，梨形，直径为 166～277 μm，喙长 44～65 μm，内壁上密生周丝，子囊棍棒形，顶壁特厚，大小为（42～53）μm×（8～11）μm，囊间无侧丝。子囊孢子单胞，无色，梭形，大小为（11～14）μm×（4～6）μm，每个子囊有子囊孢子8个。据文献资料

石榴干腐病病菌分生孢子器与分生孢子

记载，石榴干腐病的有性阶段常与无性体同时发生，并能侵害枝干皮层，引起树皮龟裂枯死。但在贵州的调查表明，果或花萼病部所产生的子实体，均为无性世代，枝干上也找不到有性繁殖体。

【发病规律】　以菌丝或分生孢子存在于病果、病果台、病枝内越冬。可从花蕾、花、果实侵入，有伤口时，发病率高而且快。翌年4月中旬产生新的孢子器，是此病的主要传染源；主要靠雨水传播，从寄主的伤口或自然裂口侵入。一般年份发病始期在5月中下旬，7月中旬进入发病高峰期，末期在8月下旬。在适温范围内主要由6、7月的降水量和田间湿度决定病情的轻重。地势低洼，土壤瘠薄，管理不良，树势弱的园区或是降水不均的年份，发病较多。

【防治方法】
（1）冬季结合修剪将病枝、烂果等清除干净；夏季要随时摘除病落果，深埋；注意保护树体，防止受冻或受伤；采取平衡施肥、人工授粉、合理修剪等措施。冬季清园时喷3°～5°Bé 石硫合剂、30%碱式硫酸铜悬浮剂 400～500 倍液。
（2）坐果后套袋和及时防治桃蛀螟，可减轻该病害发生。
（3）从3月下旬至采收前15 d，喷施下列药剂：1∶1∶160 倍式波尔多液；50%多菌灵可湿性粉剂 1 000 倍液 + 80%代森锰锌可湿性粉剂 800 倍液；47%春雷霉素·氧氯化铜可湿性粉剂 1 000 倍液；70%甲基硫菌灵可湿性粉剂 1 500 倍液；10%苯醚甲环唑水分散粒剂 3 000 倍液；50%苯菌灵可湿性粉剂 1 500 倍液等药剂，间隔 10～15 d，连喷 4～5 次。
（4）刮除枝干病斑并将病残物深埋，病斑处涂药保护。
（5）加强栽培管理，做好果园排水，适当施肥，对密植园实行间伐。及时清除被害落叶。

（二）石榴树黑斑病

石榴树黑斑病，又称角斑病，国内以南方分布较普遍。

【症状】　目前仅见为害叶片。初期病斑在叶面为一针眼状小黑点，后不断扩大，发展成圆形至多角状不规则斑点，大小为（0.4～0.5）mm×（2.5～3.5）mm。后期病斑深褐色至黑褐色，边缘常呈黑线状。气候干燥时，病部中心区常呈灰褐色。一般情况下，叶面散生一至数个病斑，严重时可多达 20 多个，导致叶片提早枯落。

【病原】　病原菌为石榴生尾孢霉菌（*Cercospora punicae* P.Henn.），属丛梗孢目暗梗孢科尾孢菌属。病原子实层生于叶面，成微细黑点，散生。子座深褐色，半球形，直径 10～25 μm；分生孢子梗散根丛生，少数 1～2 根单生或并生，褐色，具隔膜，直立不分枝，顶端钝圆，大小为（10～60）μm×（2.5～3.5）μm；分生孢子淡橄榄色，直或稍弯曲，倒棍棒形，基部钝圆而端部细长如尾，有 3～9 个细胞，其中，5～7 个细胞者居多，大小为（25～35）μm×（3～4.5）μm。文献记载，有性世代为石榴球腔菌（*Mycosphaerella punicae* Petr.），在贵州很难在叶上找到子囊壳。

【发病规律】　病原以分生孢子梗和分生孢子在叶片上越冬，翌年4月中旬至5月上旬，越冬分生孢子或新生分生孢子借风雨飞溅到石榴新梢叶上萌发出菌丝侵染，此后继续重复侵染。此病为害期一般在7月下旬至8月中旬，此时石榴鲜

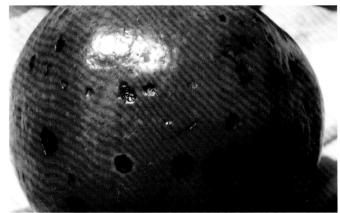

石榴树黑斑病果病斑

石榴树黑斑病病果

石榴树黑斑病叶片病斑

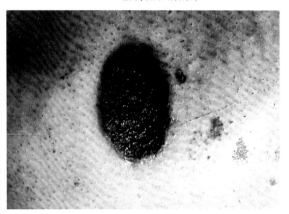

石榴树黑斑病果面病斑

果已近成熟，对产量和品质影响不大。9～10月，由于叶上病斑数量增多，病叶率增加，叶片早落现象明显，对花芽分化不利，是翌年生理落果严重的原因之一。

【防治方法】

1. **农业防治**　结合冬季修剪和施肥，彻底清扫地面病残枝叶，入坑作肥，减少菌源。

2. **药剂防治**　5月下旬至7月中旬，降水天数多，病害传播快，应在晴朗日及时化学防治。效果较好的药剂为20%多菌灵硫黄胶悬剂500倍液喷雾，不易被雨水冲洗，保护效果良好。中后期由25%代森锌对高脂膜300倍液喷雾保护，效果亦好。

（三）石榴黑曲霉病

石榴黑曲霉病常为害采后石榴果实。

【症状】　果实一般从萼筒或受伤部位开始腐烂，果实受害后腐烂、变软，有味，表面生有黑色霉层。

【病原】　病原黑曲霉（*Aspergillus niger*）为真菌，属丝孢纲丛梗孢目丛梗孢科。

【发病规律】　病菌是一种喜温的弱寄生菌，病菌以菌丝体在土壤中的病残体上存活越冬。翌年春产生分生孢子，借气流传播，多从伤口侵入，高温、高湿条件下易发病。

石榴黑曲霉病

【防治方法】　壳聚糖复合剂涂抹处理能够有效地提高石榴皮活性，可延缓石榴的衰老进程，有利于果实的贮藏和色泽的保持。

（四）石榴裂果

裂果是石榴生产中普遍存在的一个突出问题，从幼果期至成熟期均能发生，尤以果实采收前 10 ~ 15 d 最为严重。

石榴裂果（1）　　　　　　石榴裂果（2）　　　　　　石榴裂果（3）

【症状】　裂果多数以果实中部横向开裂为主，伴以纵向开裂，严重的有横、纵、斜向混合开裂的，少数以纵向开裂为主。果实开裂后易腐烂，不能保鲜贮存，商品价值和食用价值降低或丧失。

【病因】　果实近成熟期，因经历夏季干旱、高温和日光直射，外果皮组织受到损害，果皮老化，失去弹性，质地变脆。但此时，中果皮生长能力仍较强，种子生长旺盛，籽粒迅速膨大的张力导致果实内外生长速度不一致，使果皮开裂，发生裂果。持久干旱又缺乏灌溉，突然降水或灌溉，根系迅速吸水输导至植株的根、茎、叶、果实各个器官，种子的生长速度明显高于处于老化且基本停止生长的外果皮，当外果皮承受不住时，导致果皮开裂。

【发病规律】　沿黄地区石榴裂果发生的严重时期一般始于 8 月下旬，以果实采收前 10 ~ 15 d，即 9 月中上旬最为严重，直至 9 月中下旬的采收期。早熟品种裂果期提前，8 月上旬即出现较为严重的裂果现象。树冠的外围较内膛、朝阳比背阴裂果重，果实的阳面裂口多，机械损伤部位易裂果。

水分供应不均匀或天气干湿变化较大，果实易裂开，其严重程度与季节和天气变化及品种有关。大暴雨或连续阴雨后突然转晴、气温高易出现裂果。

【防治方法】
1. **选用抗裂果的品种**　石榴裂果与品种特性有关。一般成熟期早、果形扁圆、果皮薄且易衰老的品种易裂果；成熟晚、青皮、铜壳，果皮厚而粗糙、锈色的品种不易裂果。生产上推广的临选 8 号、临选 14 号、泰山红、豫石榴 1 号、豫石榴 2 号、豫石榴 3 号等，都属于抗裂果性较强的优良品种。

2. **合理选择园址**　石榴裂果与立地条件有关。一般耕作层浅、活土层薄的土壤石榴树长势差、产量低、裂果重，耕层深厚的土壤石榴树长势好、产量高、裂果轻；水浇地裂果轻，旱坡地裂果重。另外，土质黏重的土壤透气性差，裂果亦重。因此，栽植石榴树宜选土层深厚、有浇水条件的地块。如果在旱坡地建园，要进行土壤改良，并做好水土保持工作，防止水土流失。

3. **合理修剪**　通过修剪改善园内通风透光条件，促进石榴着色和防止裂果。冬剪时，疏掉或回缩一部分较大的交叉枝和重叠枝，调整好各级骨干枝的从属关系，间疏和回缩外围密生结果枝、细弱下垂枝；夏季修剪，主要是抹芽、摘心和剪枝等。对无用枝和密生枝芽要及早抹除，及时疏除无用的徒长枝，有空间的无用枝可以通过摘心、扭梢使其转化为结果枝。

4. **果园覆盖**　果实生长前期，在树盘内覆盖塑料薄膜或农作物秸秆，有利于保持土壤水分，防止园地板结，减少石榴裂果。另外，在石榴园内间种绿肥、豆类或其他矮秆经济作物，亦有同样效果。

5. **合理灌溉**　石榴灌溉应本着少量、均衡、多次和适当控制的原则。生产上，一般在幼果快速增长或膨大期，每隔 10 ~ 15 d 要灌 1 次水；临近雨季，逐步增加灌水次数，并每隔 7 ~ 10 d 给树冠喷 1 次水，以增加园内空气湿度，湿润果皮，增强果皮对连续阴雨、高湿环境的适应性，防止裂果发生；在果实快要成熟前，要停止浇水。

6. 合理施肥　石榴叶施肥应以有机肥为主，配方施足磷、钾肥，尽量少施氮肥。果实膨大期，用 0.3% 磷酸二氢钾溶液或 0.5% 氯化钙溶液叶面喷施，有利于增强果皮的韧性，防止裂果发生。

7. 果实套袋　套袋是防止裂果最有效的方法之一，套袋可防止果实日晒雨淋和骤寒骤热的变化，对温度、湿度有一定的缓冲作用，保护果实，防止裂果；套袋还能改善果实品质，使果肉细嫩，着色好，并且能防止病虫侵染。一般在幼果期进行，兼有防病、防虫、防裂果的作用。套袋对温、湿度的剧烈变化具有一定的缓冲作用，可以保护果皮，减少干旱干燥期日光对果皮的灼伤和持续高温对果皮韧性的损伤，从而防止裂果。

8. 铺反光膜　8 月将树盘沿树行以主干为中线，整成中间高、两边低的两面坡形；铺上反光膜后，行间自然留出一条宽 30 cm 的低作业带。这样雨水可沿作业带流出园外，避免了根系大量吸水所导致的裂果现象。

9. 防治害虫　注意防治桃蛀螟等蛀果害虫，可以减少裂果。

（五）石榴日灼病

石榴日灼病各地都有发生。病果外形成"疤脸"，难看，品味差，失去商品价值。

【症状】　发生在果肩至果腰当阳部位。初期果皮失去光泽，隐现出油渍状浅褐色斑，继而变为褐色、赤褐色至黑褐色大块斑，病健组织界线不明显。后期病部稍凹陷，脱水而坚硬，中部常出现米粒状灰色泡皮。剥开坏死果皮观察，内果皮变褐，籽实的外层灼死。

【病因】　由烈日高温暴晒所致，是一种非传染性生理病害。

【发病规律】　一般发生在 7 ~ 8 月，且多在树冠西晒面。此时果实处于膨大后期至成熟期，果内籽实发育已定形，籽粒间空隙增大，热传递效果差，日照时间长，强度大，导致果皮灼伤坏死。

石榴日灼病

【防治方法】　选用抗日灼品种。修剪时果实附近适当增加留叶，遮盖果实，防止烈日暴晒。加强灌水和土壤耕作，促进根系活动，保证石榴对水分的需要。幼果期，尽量疏去树冠顶部和西晒面外层暴露在阳光下的小果。

二、石榴害虫

（一）桃蛀螟

桃蛀螟（*Conogethes punctiferalis* Guenée），又名桃蠹螟、桃实螟蛾、豹纹蛾，属鳞翅目草螟科，是石榴的一大害虫。

桃蛀螟为害石榴冬季枯干不落

桃蛀螟为害石榴枯干

桃蛀螟为害石榴变色，往外排除虫粪

桃蛀螟成虫

桃蛀螟幼虫在石榴果实内部为害状

桃蛀螟为害石榴容易开裂

桃蛀螟幼虫在石榴果实内部蛀害

桃蛀螟为害石榴萼筒堆满虫粪

桃蛀螟为害石榴容易腐烂

桃蛀螟在石榴果实内结茧

桃蛀螟幼虫在石榴果实内为害状

桃蛀螟在石榴果实内结茧化蛹

【分布与寄主】 除为害石榴外，还蛀食桃、杏、李、梅、梨、柿、板栗、柑橘等果实，亦为害向日葵、玉米、高粱等粮、油作物。

【为害状】 初孵幼虫在萼筒内或果面啃食果皮组织，2龄后蛀入果内食害幼嫩籽粒，蛀孔外围堆积有大量虫粪。幼虫取食时，始终将身体隐藏在用丝网连接的虫粪残渣下面。

【形态特征】

1. **成虫** 体长12 mm，翅展25～28 mm。全体橙黄色，体背和前后翅散生大小不一的黑色斑点。雌蛾腹部末端圆锥形，雄蛾腹部末端有黑色毛丝。

2. **卵** 椭圆形，长径0.6～0.7 mm，短径约0.3 mm。初产时乳白色、米黄色，后渐变为桃红色。卵面有细密而不规则的网状纹。

3. **幼虫** 老熟时体长18～25 mm。体背暗紫红色，腹面淡绿色。头、前胸背板和臀板褐色，身体各节有明显的黑褐色毛疣。3龄后，雄性幼虫第5腹节背面有1对黑褐色性腺。

4. 蛹　长 11 ~ 14 mm，纺锤形。初化蛹时浅黄绿色，后变为深褐色。头、胸和腹部第 1 ~ 8 节背面密布细小突起，第 5 ~ 7 腹节近前缘有 1 条由小刺状突构成的突起线。腹部末端有 6 个细长、卷曲的钩刺，外被灰褐色丝茧。

【发生规律】　在我国各地 1 年发生代数不一，北方发生 2 ~ 3 代，陕西关中发生 3 ~ 4 代，江苏南京发生 4 代，湖北、江西发生 5 代。主要以老熟幼虫在被害干、僵果内、树枝杈、裂缝、树洞、朽木、翘皮下及筐缝、杂物、乱石缝隙、玉米穗轴、高粱秸秆、向日葵花盘、蓖麻种子等处结厚茧越冬。越冬寄主复杂，场所分散。

陕西临潼越冬代成虫始蛾期在 4 月下旬，盛期在 5 月下旬至 6 月上旬。成虫对黑光灯有较强趋性，对糖醋液也有趋性。成虫取食花蜜、露水以补充营养，白天静伏在枝叶稠密处的叶背、杂草丛中，夜晚以后飞出活动，交尾产卵。产卵前期 2 ~ 3 d，从 5 月中旬起，田间就可见到第 1 代虫卵，盛期在 5 月上旬和 6 月上旬。从 5 月中旬到 9 月下旬，田间随时可见虫卵，世代之间高度重叠。卵多散产在果实萼筒内，也有为数不少的卵产在数果相靠处、枝叶遮的果面或果实梗洼上。

【防治方法】
1. **清除虫源**　采果后至萌芽前，彻底摘除树上及拾捡树下干、僵、病、虫果，集中碾压、深埋，清除园内玉米秆、穗轴、向日葵花盘，剔除树上老翘皮，尽量减少越冬害虫基数。果实生长期间，随时摘除树上虫果，碾压或深埋地面虫果，及时消灭果内害虫。从 6 月中旬起，可在树干上扎旧麻袋片或草绳，诱集消灭幼虫和蛹。

2. **诱杀成虫**　从 4 月下旬起，在园内设置黑光灯或频振式杀虫灯、糖醋液盆、性引诱芯等，诱杀各代成虫。

3. **药剂防治**　6 月中旬当幼果如核桃大时，用 2% 杀螟松粉或甲敌粉、90% 敌百虫、50% 辛硫磷乳油 1 000 倍液药物棉球，或用 1 : 100　50% 辛硫磷乳油掺黄土制成的药球堵塞萼筒。结合堵塞萼筒，喷 20% 甲氰菊酯乳油 2 500 倍液 1 ~ 2 次。堵塞萼筒后的 7 月中上旬，喷 1 ~ 2 次 2.5% 溴氰菊酯乳油 2 000 ~ 3 000 倍液，8 月中上旬喷 1 ~ 2 次 50% 辛硫磷 1 000 ~ 1 500 倍液等。

4. **套袋保护**　从 6 月中下旬起，第 2 次喷药后果实如核桃大时进行套袋保护。为了防止把幼虫或虫卵套入，可先用药棉球或含药泥球堵萼筒治虫，然后套袋。套袋果后期不必再喷杀虫保果药。

5. **掏花丝**　5 月中下旬石榴长到乒乓球大小时，用小竹片把石榴萼筒的花丝掏干净。花丝中带伴有虫卵等，掏花丝时把虫源、病源一起清除，方法简单易行，省钱省力，防止环境和果品污染。

（二）石榴绒蚧

石榴绒蚧（*Eriococcus lagerostroemiae* Kuwana），又名榴绒粉蚧、石榴毡蚧、紫薇绒蚧，是为害石榴的主要害虫之一。

| 石榴绒蚧为害，在叶片上产生霉污 | 石榴绒蚧群集为害石榴枝干 | 石榴绒蚧虫体为紫红色 |

【分布与寄主】　分布于北京、天津、江苏、山东、山西、浙江、湖南、湖北等地。寄主为石榴、紫薇等果木。

【为害状】　主要以若虫、雌成虫聚集于小枝叶片主脉基部和腋芽、嫩梢或枝干等部位刺吸汁液，常造成树势衰弱，生长不良；而且其分泌的大量蜜露会诱发严重的煤污病，会导致叶片、小枝呈黑色，失去观赏价值。如虫口密度过大，枝叶会发黑，叶片早落，开花不正常，甚至全株枯死。

【形态特征】
1. **成虫**　雌成虫扁平，椭圆形，长 2 ~ 3 mm，呈暗紫红色。老熟时被包在白色的绒茧之中，外观如白色米粒；雄虫体长约 1mm，紫红色，翅 1 对。

2. **卵**　紫红色，圆形。

3. **幼虫**　紫红色，椭圆形，虫体边缘有刺突。

4. **蛹**　雄蛹长卵圆形，紫褐色，被包于袋状的茧内。

【发生规律】　在山东省枣庄产区，1 年发生 3 ~ 4 代，以末龄若虫在二至三年生枝皮层的裂缝、芽鳞处及老皮内越冬，翌年 4 月上中旬出蛰，吸食嫩芽、幼叶汁液，以后转移至枝条表面为害。5 月上旬成虫交尾，各代若虫孵化期分别在 5 月底至 6 月初、7 月中下旬、8 月下旬至 9 月上旬。10 月初若虫开始越冬。该虫主要通过苗木、插条远距离传播。

【防治方法】

1. **农业防治**　苗木、插条要严格进行消毒杀虫，消毒杀虫药物同萌芽前处理。

2. **保护和利用天敌**　迁引或利用其优势种天敌，如红点唇瓢虫、红环瓢虫、豹纹花翅蚜小蜂、短角跳小蜂和中华草蛉等。

3. **化学防治**　4 月中上旬萌芽前，全树均匀喷洒 3° ~ 5°Bé 石硫合剂，或喷施下列药剂：48%毒死蜱乳油 1 500 倍液，45%马拉硫磷乳油 1 500 倍液，25%喹硫磷乳油 1 000 倍液。

各代若虫孵化期喷施下列药剂：40%三唑磷乳油 2 000 倍液，2.5%氟氯氰菊酯乳油 2 000 ~ 3 000 倍液；20%氰戊菊酯乳油 2 000 倍液；25%噻嗪酮可湿性粉剂 1 000 ~ 1 500 倍液等。

（三）石榴园龟蜡蚧

石榴园龟蜡蚧（*Ceroplastes japonicas* Guaind），别名日本龟蜡蚧、龟甲蚧、树虱子等，属同翅目蜡蚧科。

龟蜡蚧在石榴树叶片背面分布

龟蜡蚧若虫在石榴叶背

【分布与寄主】　在中国分布极其广泛。为害苹果、柿、枣、梨、桃、杏、柑橘、杧果、枇杷等大部分属果树和 100 多种植物。

【为害状】　若虫和雌成虫刺吸枝、叶汁液，排泄蜜露常诱致煤污病发生，削弱树势，重者枝条枯死。

【形态特征】

1. **成虫**　雌成虫长 4 ~ 5mm，体淡褐色至紫红色。体背有白蜡壳，较厚，呈椭圆形，背面呈半球形隆起，具龟甲状凹纹。蜡壳背面淡红色，边缘乳白色，死后淡红色消失，初淡黄色，后虫体呈红褐色。雄体长 1 ~ 1.4mm，淡红色至紫红色，触角丝状，眼黑色，翅 1 对，白色透明，具 2 条粗脉，足细小，腹末略细，性刺色淡。

2. **卵**　长 0.2 ~ 0.3mm，椭圆形，初淡橙黄色后紫红色。

3. **若虫**　初孵若虫体长 0.4mm，椭圆形，淡红褐色，触角和足发达，灰白色，腹末有 1 对长毛，周边有 12 ~ 15 个蜡角。后期蜡壳加厚，雌雄形态分化，雄成虫与雌成虫相似，雄虫蜡壳长椭圆形，周围有 13 个蜡角似星芒状。

4 **蛹**　长 1mm，梭形，棕色，性刺笔尖状。

【发生规律】 1年发生1代，受精雌虫主要在一二年生枝上越冬。翌年春寄主发芽时开始为害，虫体迅速膨大，成熟后产卵于腹下。产卵盛期：南京5月中旬，山东6月中上旬，河南6月中旬，山西6月中下旬。每雌产卵1 000 余粒，多者3 000 粒。卵期10 ~ 24 d。初孵若虫多爬到嫩枝、叶柄、叶面上固着取食，8月初雌雄开始性分化，8月中旬至9月为化蛹期，蛹期8 ~ 20 d，羽化期为8月下旬至10月上旬，雄成虫寿命1 ~ 5 d，交尾后即死亡，雌虫陆续由叶转到枝上固着为害，至秋后越冬。可行孤雌生殖，子代均为雄性。

【防治方法】 参考柿子日本龟蜡蚧。

（四）棉蚜

石榴棉蚜即棉蚜（*Aphis gossypii* Glover），俗称腻虫，属同翅目蚜科。

棉蚜为害石榴叶和花（1）　　棉蚜为害石榴叶和花（2）　　棉蚜为害石榴花（2）

【分布与寄主】 棉蚜是一种世界性害虫，广泛分布于世界各国。寄主植物已知有74科，285种，是果树、蔬菜、棉花常见害虫之一。

【为害状】 群集在石榴花蕾、嫩茎、幼叶和花上为害，可造成花蕾枯萎、脱落，幼茎发育受阻。

【形态特征】

1. 成虫

（1）有翅胎生雌蚜：体长1.2 ~ 1.9 mm，黄色、浅绿色或深绿色。前胸背板及腹部黑色，腹部背面两侧有3 ~ 4对黑斑，触角6节，短于身体。

（2）无翅胎生雌蚜：体长1.5 ~ 1.9 mm，夏季多为黄绿色，春、秋两季深绿色或蓝黑色。体表覆薄蜡粉。腹管黑色，较短，圆筒形，基部略宽，上有瓦状纹。

2. 若蚜 无翅若蚜与无翅胎生雌蚜相似，但体较小，腹部较瘦。有翅若蚜形状同无翅若蚜，2龄出现翅芽，向两侧后方伸展，端半部灰黄色。

3. 卵 长椭圆形，长0.3 ~ 0.4 mm。

【发生规律】 以卵在花椒、石榴、木槿、木芙蓉、鼠李的枝条和夏枯草、刺儿菜等杂草茎部过冬，翌年2 ~ 3月当5 d平均气温达6 ℃时，越冬卵孵化为"干母"孤雌胎生几代雌蚜，称为"干雌"，繁殖2 ~ 3代后产生有翅蚜。有翅蚜于4 ~ 5月从越冬寄主迁飞到瓜菜等乔迁寄主繁殖为害，直至秋末冬初天气转冷时，产生有翅蚜迁回到越冬寄主上，雄蚜和雌蚜交尾产卵过冬。

【防治方法】

1. 冬季清园 越冬卵数目多时，可喷95%的机油乳剂，能兼治介壳虫。

2. 药剂防治 越冬卵孵化及为害期，选晴天进行防治，可选用下列药剂：10%吡虫啉可湿性粉剂2 000 ~ 3 000 倍液；2.5%高效氟氯氰菊酯乳油2 000 倍液；2.5%溴氰菊酯乳油2 500 倍液；48%毒死蜱乳油1 500 倍液等，喷雾防治。

（五）石榴园绿盲蝽

绿盲蝽［*Lygocoris lucorum*（Meyer Dur.）］，别名花叶虫、小臭虫等，属半翅目盲蝽科。

绿盲蝽为害石榴叶片呈穿孔状

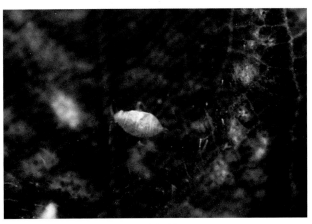

绿盲蝽若虫

【分布与寄主】 分布几遍全国各地。它是杂食性害虫，寄主有棉花、石榴、桑、枣、葡萄、桃、麻类、豆类、玉米、马铃薯、瓜类、苜蓿、药用植物、花卉、蒿类、十字花科蔬菜等。

【为害状】 以成虫和若虫通过刺吸式口器吸幼嫩器官的汁液。被害幼叶最初出现细小黑褐色坏死斑点，叶长大后形成无数孔洞，叶缘开裂，严重时叶片扭曲皱缩，芽叶伸展后，叶面呈现不规则的孔洞，叶缘残缺破烂。

【形态特征】

1. 成虫 体长 5 mm，宽 2.2 mm，绿色，密被短毛。头部三角形，黄绿色，复眼黑色突出，无单眼，触角 4 节，丝状，较短，约为体长的 2/3，第 2 节长等于第 3 节、第 4 节之和，向端部颜色渐深，第 1 节黄绿色，第 4 节黑褐色。前胸背板深绿色，布许多小黑点，前缘宽。小盾片三角形微突，黄绿色，中央具 1 条浅纵纹。前翅膜片半透明暗灰色，余绿色。足黄绿色，胫节末端、跗节色较深，后足腿节末端具褐色环斑，雌虫后足腿节较雄虫短，不超腹部末端，跗节 3 节，末端黑色。

2. 卵 长 1 mm，黄绿色，长口袋形，卵盖奶黄色，中央凹陷，两端突起，边缘无附属物。

3. 若虫 5 龄，与成虫相似。初孵时绿色，复眼桃红色。2 龄黄褐色，3 龄出现翅芽，4 龄超过第 1 腹节，2 龄、3 龄、4 龄触角端和足端黑褐色，5 龄后全体鲜绿色，密被黑细毛；触角淡黄色，端部色渐深；眼灰色。

【发生规律】 北方 1 年发生 3～5 代，运城 4 代，陕西泾阳、河南安阳 5 代，江西 6～7 代，在长江流域 1 年发生 5 代，华南 7～8 代，以卵在冬作苕子、木槿、棉花枯枝铃壳内或苜蓿、桃、石榴、葡萄、棉花枯断枝茎髓内及剪口髓部越冬。翌年 4 月上旬，越冬卵开始孵化，4 月中下旬为孵化盛期。若虫为 5 龄，起初在蚕豆、胡萝卜及杂草上为害，5 月开始为害葡萄。5 月上旬出现成虫，开始产卵，产卵期长达 19～30 d，卵孵化期 6～8 d。成虫寿命最长，最长可达 45 d，9 月下旬开始产卵越冬。果树上以春、秋两季受害重。主要天敌有寄生蜂、草蛉、捕食性蜘蛛等。绿盲蝽成虫期长达 30 多天，若虫期 28～44 d。1 龄若虫 4～7 d，一般 5 d；2 龄若虫 7～11 d，一般 6 d；3 龄若虫 6～9 d，一般 7 d；4 龄若虫 5～8 d，一般 6 d；5 龄若虫 6～9 d，一般 7 d。

绿盲蝽趋嫩为害，生活隐蔽，爬行敏捷，成虫善于飞翔。晴天白天多隐匿于草丛内，早晨、夜晚和阴雨天爬至芽叶上活动为害，频繁刺吸芽内的汁液，1 头若虫一生可刺吸 1 000 多次。

【防治方法】

1. 农业防治 结合果园管理，春季前清除杂草。多雨季节注意开沟排水、中耕除草，降低园内湿度。

2. 农药防治 抓住第一代低龄期若虫，适时喷洒农药，喷药防治时，结合虫情测报，在若虫 3 龄以前用药效果最好，7～10 d 1 次，每代需喷药 1～2 次。生长期有效药剂 10% 吡虫啉悬浮剂 2 000 倍液，3% 啶虫脒乳油 2 000 倍液，1.8% 阿维菌素乳油 3 000 倍液，48% 毒死蜱乳油或可湿性粉剂 1 500 倍液，25% 氯氰·毒死蜱乳油 1 000 倍液，4.5% 高效氯氰菊酯乳油或水乳剂 2 000 倍液，2.5% 高效氟氯氰菊酯乳油 2 000 倍液，20% 甲氰菊酯乳油 2 000 倍液等。

（六）石榴园豹纹蠹蛾

豹纹蠹蛾（*Zeuzera leuconolum* Butler），别名截秆虫、六星木蠹蛾，属鳞翅目豹蠹蛾科。

豹纹蠹蛾幼虫（1）　　豹纹蠹蛾蛀害石榴枝条　豹纹蠹蛾蛀害石榴枝条致叶片青干（下部叶片）

豹纹蠹蛾幼虫（2）　　　　　　豹纹蠹蛾为害石榴枝产生的蛀孔与虫粪

【分布与寄主】　分布于河北、河南、山东、陕西等地。此虫主要为害石榴、枣树，其次为苹果、杏、梨、刺槐等。此虫严重为害使树冠不能扩大，常年为害使树成为小老树。

【为害状】　被害枝基部的木质部与韧皮部之间有一蛀食环孔，并有自下而上的虫道。枝上有数个排粪孔，有大量的长椭圆形虫粪排出。受害枝上部变黄枯萎，遇风易折断。幼虫蛀入枣树一二年生枝条，受害枝梢上部枯萎，遇风易折。

【形态特征】

1. **成虫**　雌蛾体长 18～20 mm，翅展 35～37 mm；雄蛾体长 18～22 mm，翅展 34～36 mm。胸背部具平行的 3 对黑蓝色斑点，腹部各节均有黑蓝色斑点。翅灰白色。前翅散生大小不等的黑蓝色斑点。

2. **卵**　初产时淡杏黄色，上有网状刻纹密布。

3. **幼虫**　头部黄褐色，上腭及单眼区黑色，体紫红色，毛片褐色，前胸背板宽大，有 1 对子叶形黑斑，后缘具有 4 排黑色小刺，臀板黑色。老熟幼虫体长 32～40 mm。

4. **蛹**　赤褐色。体长 25～28 mm。近羽化时每一腹节的侧面出现 2 个黑色圆斑。

【发生规律】　豹纹蠹蛾 1 年发生 1 代。以幼虫在枝条内越冬。翌年春季枝梢萌发后，再转移到新梢为害。被害枝梢枯萎后，会再转移甚至多次转移为害。5 月上旬幼虫开始成熟，于虫道内吐丝连缀木屑堵塞两端，并向外咬一羽化孔，即行化蛹。5 月中旬成虫开始羽化，羽化后蛹壳的一半露在羽化孔外，长时间不掉。成虫昼伏夜出，有趋光性。于嫩梢上部叶片或腋芽处产卵，散产或数粒在一起。7 月幼虫孵化，多从新梢上部腋芽蛀入，并在不远处开一排粪孔，被害新梢 3～5 d 即枯萎，此时幼虫从枯梢中爬出，再向下移不远处重新蛀入为害。一头幼虫可为害枝梢 2～3 个。幼虫至 10 月中下旬在枝内越冬。

【防治方法】　参考枣园豹纹蠹蛾。

（七）茶长卷叶蛾

茶长卷叶蛾（*Homona magnanima* Diakonoff），别名茶卷叶蛾、褐带长卷叶蛾，属鳞翅目卷蛾科。

茶长卷叶蛾为害的石榴叶片

茶长卷叶蛾幼虫为害石榴叶片

【分布与寄主】　分布于江苏、安徽、湖北、四川、广东、广西、云南、湖南、江西等省（区）。寄主有柿、梨、桃、石榴、茶、栎、樟、柑橘等。

【为害状】　初孵幼虫缀结叶片，潜居其中取食上表皮和叶肉，残留下表皮，致卷叶呈枯黄薄膜斑，大龄幼虫食叶成缺刻或孔洞。

【形态特征】
1. **成虫**　雌体长 10 mm，翅展 23 ~ 30 mm，体浅棕色。触角丝状。前翅近长方形，浅棕色，翅尖深褐色，翅面散生很多深褐色细纹，有的个体中间具一深褐色的斜形横带，翅基内缘鳞片较厚且伸出翅外。后翅肉黄色，扇形，前缘、外缘色稍深或大部分茶褐色。雄成虫体长 8 mm，翅展 19 ~ 23 mm，前翅黄褐色，基部中央、翅尖浓褐色，前缘中央具 1 个黑褐色圆形斑，前缘基部具 1 个浓褐色近椭圆形突出，部分向后反折，盖在肩角处。后翅浅灰褐色。
2. **卵**　长 0.8 ~ 0.85 mm，扁平椭圆形，浅黄色。
3. **幼虫**　末龄幼虫体长 18 ~ 26 mm，体黄绿色，头黄褐色，前胸背板近半圆形，褐色，后缘及两侧暗褐色，两侧下方各具 2 个黑褐色椭圆形小角质点，胸足色暗。
4. **蛹**　长 11 ~ 13 mm，深褐色，臀棘长，有 8 个钩刺。

【发生规律】　浙江、安徽 1 年发生 4 代，台湾发生 6 代，以幼虫蛰伏在卷苞里越冬。翌年 4 月上旬开始化蛹，4 月下旬成虫羽化产卵。第 1 代卵期在 4 月下旬至 5 月上旬，幼虫期在 5 月中旬至 5 月下旬，蛹期在 5 月下旬至 6 月上旬，成虫期在 6 月。第 2 代卵期在 6 月，幼虫期在 6 月下旬至 7 月上旬，7 月中上旬进入蛹期，成虫期在 7 月中旬。7 月中旬至 9 月上旬发生 3 代，9 月上旬至翌年 4 月发生第 4 代。均温 14 ℃，卵期 17.5 d，幼虫期 62.5 d；均温 16 ℃，蛹期 19 d，成虫寿命 3 ~ 18 d；均温 28 ℃，完成一个世代需 38 ~ 45 d。成虫多于清晨 6 时羽化，白天栖息在茶丛叶片上，日落后、日出前 1 ~ 2 h 最活跃，有趋光性、趋化性。成虫羽化后当天即可交尾，经 3 ~ 4 h 即开始产卵。喜将卵产在老叶正面，每雌产卵量 330 粒。初孵幼虫靠爬行或吐丝下垂进行分散，遇有幼嫩芽叶后即吐丝缀结叶尖，居其中取食。幼虫共 6 龄，老熟后多离开原虫苞，重新缀结 2 片老叶，在其中化蛹。天敌有赤眼蜂、小蜂、茧蜂、寄生蝇等。

【防治方法】
1. **加强果园管理**　科学修剪，及时中耕除草，通风透光，可减少茶长卷叶蛾的发生。
2. **诱杀**　成虫发生期，设置诱虫灯或糖醋液诱杀成虫。
3. **药剂防治**　在 1、2 龄幼虫盛发期，及时喷洒 50% 辛硫磷或 50% 杀螟松乳油等 1 500 倍液。
4. **生物防治**　在卵期，每亩释放赤眼蜂 8 万 ~ 12 万头，寄生率可达 70% ~ 80%。

（八）彩斑夜蛾

彩斑夜蛾属鳞翅目夜蛾科。

【分布与寄主】　分布于华北等地。寄主有石榴、苹果、柿子等。

【为害状】　以幼虫吐丝结网，叶片微卷，在叶片网内取食呈孔洞或缺刻状。

【形态特征】　成虫体长 11 ~ 17mm，翅展 28 ~ 37mm，体浅茶褐色，前翅浅红褐色至咖啡色。末龄幼虫体长 30mm 左右，黄褐色，头部具浅黄色，背线棕黄色、亚背线、气门上线色细，具黑色带，体背面、侧面具黑色毛突且明显。

【发生规律】　6 ~ 8 月是幼虫为害期。其他习性不详。

【防治方法】　在防治其他害虫时，可以兼治。

彩斑夜蛾幼虫为害石榴叶片

（九）石榴巾夜蛾

石榴巾夜蛾（*Parallelia stuposa* Fabricius），又名石榴夜蛾、石榴叶夜蛾，属鳞翅目夜蛾科。

石榴巾夜蛾幼虫

石榴巾夜蛾成虫

【分布与寄主】　分布于山东、河北、河南、江苏、浙江、江西、台湾、广东、湖北、四川、陕西等省；日本、朝鲜、印度、斯里兰卡、菲律宾、印度尼西亚、欧洲各国等。为害石榴、苹果、梨、桃、柑橘等多种果树、林木。

【为害状】　以幼虫为害石榴等寄主的嫩芽、幼叶和成叶，轻的咬出许多孔洞和缺刻，发生严重时能将叶片吃光，最后只剩主脉和叶柄。成虫在晚上还吸食成熟果实的汁液，属二次为害的害虫，即只为害伤果和腐烂果。它们还能传播疾病，从而加重为害程度。

【形态特征】

1. 成虫　体长 18 ~ 20 mm，翅展 43 ~ 46 mm。头部和胸部褐色，中线直，较模糊，内线和中线间灰白色，分布有褐色细点。肾纹为一黑棕色长点，外线外斜至 6 脉，折向内斜，在 3 脉后垂向后缘，中、外线间黑棕色，外线外侧呈白色，亚端线不明显，与外线间褐色，与端线间褐灰色，其间翅脉呈灰白色。顶角有 2 个齿形黑棕斑，后翅暗棕色，端区褐灰色，中带白色。

2. **卵** 馒头形，顶部平滑，底部稍圆，灰绿色；直径 0.7 ~ 0.8 mm，高 0.5 ~ 0.6 mm。

3. **幼虫** 老熟幼虫体长 43 ~ 50 mm。第 1、第 2 节常弯曲成桥形，前端稍尖，第 1 对腹足很小，第 2 对较小。头部灰褐色，具暗褐色和紫色不规则花斑，头顶区有 2 块大的黄白斑，额与旁额片淡赭色，额中央有 1 条黑褐色纵纹。身体背面茶褐色。满布黑褐色不规则斑纹。

4. **蛹** 体长 19 ~ 21 mm，红褐色，体表具有白粉。

【发生规律】 在河南 1 年发生 2 代，以蛹越冬。春季当气温达 12 ℃以上时，石榴等寄主发叶后，成虫开始出现和进行活动，5 月底 6 月初第 1 代成虫大量出现，气温达 23 ~ 24 ℃时成虫最为活跃。石榴巾夜蛾夜出活动和为害，日落后 1 ~ 2 h 即开始向果园迁飞，2 ~ 3 h 达到高峰，以无风闷热夜晚的数量最多，4 h 后至黎明前又陆续飞离果园，白天潜伏在果园附近的林区和杂草丛中。产卵于果干上。6 月下旬发现幼虫，以幼虫为害石榴、苹果、梨树等寄主的芽叶为主，白天静伏，夜间取食。一般是果园外围受害重，而中间受害轻，7 月化蛹。第 2 代成虫是 7 月下旬发生，8 月是第 2 代幼虫的严重为害时期，到深秋的 9 月底至 10 月，气温下降到 12 ~ 13 ℃时，蛾大量减少，到 10 ℃以下就不再活动。老熟幼虫在树下附近的土中化蛹越冬。

【防治方法】

1. **灯光诱杀** 利用成虫有较强的趋光性，在各代成虫盛发期，结合其他害虫的防治，凡是有电源的果园，在上半夜均可用黑光灯进行诱杀。

2. **果实套袋** 可用双层报纸套袋保护，减少危害。

3. **清除杂草** 应调查当地的野生寄主植物，经常清除果园附近的灌木、杂草及其他幼虫的寄主。

4. **毒饵诱杀** 利用石榴巾夜蛾晚上要吸食果实汁液的特性来进行毒饵诱杀，在成虫盛发前，将早熟香甜的石榴烂果去皮后浸于杀虫剂 15 倍液中，1 min 后取出，悬挂果园内外诱杀。

5. **药剂防治** 幼虫为害特别严重时，可适当喷洒 2.5%氟氯氰菊酯乳油 3 000 倍液；2.5%溴氰菊酯乳油 2 000 ~ 3 000 倍液；20%氰戊菊酯乳油 2 000 倍液；80%敌敌畏乳油 1 000 倍液。

（一〇）桉树大毛虫

桉树大毛虫 [*Suana divisa*（Moore）] 的幼虫叫摇头媳妇，属鳞翅目枯叶蛾科。

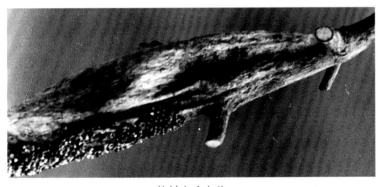

桉树大毛虫茧　　　　　　　　　　　桉树大毛虫雌蛹

【分布与寄主】 国内四川、广东、福建、江西等省有分布；国外印度、斯里兰卡、东南亚等地有报道发生。此虫为害石榴、杧果、苹果、梨、木菠萝、桉树等多种果树、林木。

【为害状】 桉树大毛虫以幼虫食害寄主的叶片，轻则咬出许多缺刻孔洞，重则把全叶吃光，不仅影响寄主的生长发育，而且还影响开花结果和果实品质。

【形态特征】

1. **成虫** 桉树大毛虫属大型的枯叶蛾类，雌雄个体相差较大。雌蛾体长 38 ~ 45 mm，躯体粗笨，胸腹呈长圆筒形，腹部背面能明显地见到 8 节。体翅褐色，密布厚鳞，胸背两侧各具咖啡色盾形斑 1 块，后胸背面和前翅翅基有灰黄色斑点，翅基片被有较长的毛鳞，前翅中室端部有 1 个灰白色椭圆形大斑。亚缘斑深褐色，呈长圆斑点，不太明显，内侧呈淡褐色。后翅淡褐色，无任何斑点。雄蛾体长 28 ~ 30 mm，体翅赤褐色。前翅前缘较直，外缘弧形，后缘较短。中室端部有 1 个长圆形的小白斑点，大而明显。整个翅面外侧隐现 4 条深色斑纹。体小，活泼善飞。

2. **卵**　呈椭圆形，长径 1.8 ~ 2.2 mm，横径 1.2 ~ 1.4 mm。卵壳灰白色或铅灰色，两端暗褐色，中部有 2 个横列并相对应的长方形的暗褐色斑纹。表面光滑，有光泽，不透明。

3. **幼虫**　大型粗壮，老熟幼虫体长 45 ~ 136 mm，后胸宽 9 ~ 16 mm。体背半圆形，腹部扁平。体色大体分为灰白色、黄褐色、黑褐色等几种类型，与石榴枝干的皮色相近似。全体背面分布有许多黑色不规则的网状线纹。每一腹节背面正中有 1 对半月形的黑褐色斑纹，从前胸至最后 1 个腹节的腹中线上有 1 列较宽棕色或黑棕色的斑纹。全身被有许多黑色或黑褐色的刺毛。胸腹部两侧气门之下的肉瘤上各有一束较长的毛丛，毛丛中的长毛长短不一，有黄色、黄白色和黑色之分。中胸和后胸背面正中各有一丛长 2 ~ 3 mm 呈刷状的黑色毒毛密集组成的长方形横裂的黑斑。这些黑刺毛有毒。

4. **茧**　大型，呈纺锤状，两端细小，中部粗圆，白色或灰白色。长 61 ~ 153 mm，宽 12 ~ 38 mm。用丝织物做成，呈密网状，中部较密厚，两端较稀薄。茧外常附着有许多幼虫作茧时脱落下来的黑色有毒刺毛。

【发生规律】　桉树大毛虫在四川省会理地区 1 年发生 1 ~ 2 代，以蛹在茧中越冬。越冬蛹在翌年早春 2 月下旬至 3 月中旬，有少部分羽化为成虫，在 3 ~ 6 月发生第 1 代，7 ~ 11 月发生第 2 代。其余的越冬蛹要到盛夏的 6 月上旬至 7 月上旬才羽化为成虫，在 7 ~ 11 月只发生 1 代。3 ~ 6 月发生的数量少，为害轻；7 ~ 11 月发生的数量多，为害也比较严重。

【防治方法】

1. **人工防治**　成虫大量出现和产卵期间，在果园内及时捕杀成虫和摘去卵粒；冬春修剪时，及时剪除越冬茧，也能消灭其中的越冬蛹。

2. **生物防治**　梳胫饰腹寄蝇对桉树大毛虫有很强的控制作用，对此种寄生蝇应很好地保护和利用。

3. **药剂防治**　夏、秋季和采果后，结合其他害虫的防治，在树冠叶部有重点地喷布 90% 晶体敌百虫 1 000 ~ 1 200 倍液，或喷 50% 杀螟松乳油 1 200 ~ 1 500 倍液，均可以收到良好的防治效果。

（一一）樗蚕蛾

樗蚕蛾（*Philosamia cynthia* Walker et Felder），俗名乌桕樗蚕蛾、小柏蚕蛾、小柏天蚕蛾，属鳞翅目大蚕蛾科。

樗蚕蛾幼虫

樗蚕蛾成虫

【分布与寄主】　分布于东北、中南地区及山东、北京、河南、山西、江苏、浙江、福建、台湾、四川等省（市）；朝鲜、日本、美国、法国等。此虫为害柑橘、石榴、核桃、花椒、蓖麻、乌桕等多种果树和经济林木，尤其对石榴、柑橘、乌桕、蓖麻等的为害比较突出。樗蚕蛾发生的个体数量不多时，一般不会造成大的危害；如偶然大发生则对果木的生长发育有害。

【为害状】　幼虫的食量较大，以幼虫咬食石榴、柑橘等寄主的叶片和嫩芽，轻的将叶片吃出许多孔洞和缺刻，重则将叶片全部吃光，直接影响石榴、柑橘等寄主的产量和品质。

【形态特征】

1. **成虫**　为大型蛾，体长 25 ~ 30 mm，翅展 110 ~ 130 mm。体青褐色，头部四周，颈板前端，前胸后缘，腹部背面，侧线及末端都为白色，腹部背面各节有白色斑纹 6 对，其中间有断续的白纵线。前翅褐色，前翅顶角后缘呈钝钩状，顶角圆而突出，粉紫色，具有黑色眼状斑，斑上边为白色弧形。前、后翅中央各有 1 个较大的新月形斑，新月形斑上缘深褐色，中间半透明，下缘土黄色，外侧具有 1 条纵贯全翅的宽带，宽带中间粉红色，外侧白色，内侧深褐色，基角褐色，其边缘有 1 条白色曲纹。

2. **卵**　扁椭圆形，长约 1.5 mm，灰白色或淡黄白色，有少数暗斑点。

3. **幼虫**　低龄幼虫淡黄色，有黑色斑点。中龄后全体被白粉，青绿色。老熟幼虫体长 55 ~ 75 mm。体粗大，头部、前胸、中胸和尾端较细。体青色或黄绿色，被有厚的白粉。各节背面有 6 个对称的蓝绿色棘状突起。

4. **茧**　呈口袋状或橄榄形，长约 50 mm，上端开口。两头小中间粗，用丝缀叶而成，土黄色或灰白色。茧柄长 40 ~ 130 mm，常以一片寄主的叶包着半边茧。

5. **蛹**　棕褐色，长 26 ~ 30 mm，宽 13 ~ 14 mm。椭圆形，体上多横的皱纹。

【发生规律】　樗蚕蛾在我国北方地区 1 年发生 1 ~ 2 代，南方地区 1 年发生 2 ~ 3 代。以蛹越冬。在四川省越冬蛹于 4 月下旬开始羽化为成虫，成虫有趋光性，并且有远距离飞行能力，可飞行 3 km 以上。羽化的成虫当晚就进行交尾。卵产在寄主的叶片上，聚集成堆或成块状，每头雌蛾能产卵 300 粒左右，卵历期 10 ~ 15 d。初孵幼虫有群集的习性，3 ~ 4 龄后逐渐分散为害，在枝叶上是由下而上，昼夜取食，并可迁移。第 1 代幼虫在 5 月为害。幼虫历期 30 d 左右。幼虫蜕皮后常将所蜕之皮食尽或仅留少许。幼虫老熟后即在树上缀叶结茧。树上无叶时，则下树在地被物上结褐色或棕褐色粗茧化蛹。第 1 代茧期 50 d 以上，7 月底 8 月初是第 1 代成虫羽化产卵时期。9 ~ 11 月为第 2 代幼虫为害期，以后陆续作茧作蛹越冬，第 2 代为越冬茧，长达 5 ~ 6 个月，蛹藏于厚茧中。越冬代常在柑橘、石榴等枝条密集的杂灌丛的细枝上作茧，一株石榴或柑橘树上，严重时常能采到 30 ~ 40 个越冬茧。

【防治方法】

1. **人工捕捉**　成虫产卵或幼虫结茧后，可组织人力摘除，也可直接捕杀，摘下的茧可用于缫丝和榨油。

2. **灯光诱杀**　成虫有趋光性，掌握好各代成虫的羽化期，适时用黑光灯进行诱杀，可收到良好的治虫效果。

3. **生物防治**　现已发现樗蚕蛾幼虫体上的天敌有绒茧蜂、喜马拉雅聚瘤姬蜂、稻包虫黑瘦姬蜂、樗蚕黑点瘤姬蜂等，对这些天敌昆虫应很好地保护利用。

4. **药剂防治**　幼虫为害初期，喷布 90% 的敌百虫晶体 1 500 ~ 2 000 倍液。

第十三部分　柿树病虫害

一、柿树病害

（一）柿树圆斑病

柿树圆斑病俗称柿子烘。中国南、北方都有发生。发病后造成柿树早期落叶，柿果提早变红、变软并脱落，对树势影响很大。

柿树圆斑病叶片病斑（1）

柿树圆斑病叶片病斑（2）

柿树圆斑病病斑叶片变红（透光）

柿树圆斑病褐色病斑叶片变红

柿树圆斑病初期病斑

柿树圆斑病叶片变红并容易落叶

柿树圆斑病病斑叶片变红

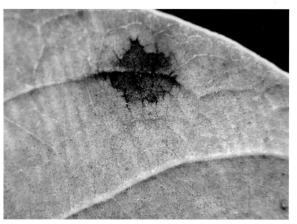
柿树圆斑病病斑叶背

【症状】　主要为害叶片，也能为害柿蒂。

1. 叶片　初期产生圆形小斑点，正面浅褐色，无明显边缘。稍后病斑转为深褐色，中心色浅，外围有黑色边缘。在病叶变红的过程中，病斑周围出现黄绿色晕环。病斑直径一般为 2 ~ 3 mm，后期在病斑背面出现黑色小粒点。每一叶片上一般有 100 ~ 200 个病斑。发病严重时，病叶在 5 ~ 7 d 即可变红脱落，仅留柿果，接着柿果也逐渐变红、变软，相继大量脱落。

2.**柿蒂**　病斑圆形，褐色。出现时间晚于叶片，病斑一般也较小。

【**病原**】　病原菌为柿叶球腔菌（*Mycosphaerella nawae* Hiura et Ikata），属于子囊菌门。病斑背面出现的黑色小粒点即为病菌的子囊果，初期埋生在叶表皮下，以后顶端突破表皮。子囊果球呈洋梨形，黑褐色，直径53～100 μm，顶端有小孔口。子囊丛生于子囊果底部，无色，圆筒形，大小为（24～45）μm×（4～8）μm，内有8个子囊孢子。子囊孢子在子囊内排成两行，无色，纺锤形，成熟时上胞较宽，分隔处稍缢缩，大小为（6～12）μm×（2.4～3.6）μm。

在自然条件下，该菌一般不产生无性孢子，但在培养基上很易产生。分生孢子无色，长纺锤形或圆筒形，有1～3个隔膜。菌丝的发育适温为20～25℃，最高35℃，最低10℃。

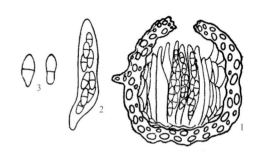

柿叶球腔菌
1.子囊果　2.子囊　3.子囊孢子

【**发病规律**】　柿树圆斑病病菌以未成熟的子囊果在病叶上越冬。在北方各地，一般于翌年6月中旬至7月上旬子囊果成熟，形成子囊孢子。子囊孢子借风力传播，由气孔侵入，经过60～100 d的潜育期，一般到8月下旬至9月上旬开始表现症状，9月下旬病斑数量大增，10月中上旬开始大量落叶。上一年病叶多，当年6～8月雨水多时，此病将严重发生。树势的强弱，影响病害的轻重。弱树上病叶变红，脱落快而多，健树上病叶不易变红，脱落慢而少。凡土地条件不良，或施肥不足导致树势衰弱，发病往往比较严重。

【**防治方法**】　柿树圆斑病没有再侵染现象，其防治重点应放在减少侵染来源和防止侵染上。
1.**清除落叶**　秋末冬初直至翌年6月，若能彻底清除落叶，集中沤肥或烧毁，可以大大减少侵染来源，控制该病的为害。清扫落叶，必须大面积进行，才能收到较好的效果。在柿子的集中产区，尤须注意这一点。
2.**喷药保护**　6月中上旬柿树落花后，即子囊孢子大量飞散以前，喷布药剂保护叶片，如1：5：（400～600）波尔多液或70%代森锰锌可湿性粉剂600倍液；75%百菌清可湿性粉剂800倍液；70%甲基硫菌灵可湿性粉剂1 000倍液；65%代森锌可湿性粉剂600倍液；50%异菌脲可湿性粉剂1 500倍液；50%苯菌灵可湿性粉剂1 500倍液；25%吡唑醚菌酯乳油2 000倍液；40%腈菌唑水分散粒剂7 000倍液，可以大大减轻病情。一般地区，只要能准确掌握子囊孢子的飞散时间，集中喷药1次即可。在重病地区，在半个月后再喷1～2次。

（二）柿子炭疽病

柿子炭疽病又名黑斑病，是柿树最严重的病害之一，特别是近几年来，在一些地方由于此病害而造成严重减产，甚至无果可收，受其为害会严重落叶，造成枝条折断枯死，果实提早脱落。

【**分布与寄主**】　在我国发生很普遍，在华北、西北、华中、华东各省区均有发生。

【**症状**】　主要为害果实、新梢及叶部。
1.**果实**　果实发病，初期出现针头大小深褐色或黑色小斑点，逐渐扩大成圆形病斑，直径达5 mm以上时，病斑凹陷，中部密生略呈轮纹状排列的灰色至黑色小粒点，即病菌的分生孢子盘。遇雨或高湿时，分生孢子盘溢出粉红色黏质的孢子团。病斑深入皮层以下，果肉形成黑色的硬块。一个病果上一般有1～2个病斑，多则达10余个。病果提早脱落。
2.**新梢**　新梢染病，初期产生黑色小圆斑，扩大后呈长椭圆形，中部凹陷褐色纵裂，并产生黑色小粒点，潮湿时黑点涌出粉红色黏质物。病斑长10～20 mm，其下木质部腐朽，病梢极易折断。如果枝条上病斑较大，病斑以上枝条易枯死。
3.**叶片**　叶片病斑多发生在叶柄和叶脉上，初为黄褐色，后期变为黑色或黑褐色，长条状或不规则形。

【**病原**】　病原菌为盘长孢状刺盘孢 *Colletotrichum gloeosporioides* Penz.，异名为 *Gloeosporiumoilum kaki* Hori，病斑上出现的黑色小粒点，为病菌的分生孢子盘，盘上聚生分生孢子梗。分生孢子梗无色，有一至数个分隔，大小为（15～30）μm×（3～4）μm。分生孢子梗顶端着生分生孢子，无色、单胞，圆筒形或长椭圆形，大小为（15～28.3）μm×（3.5～6）μm。病菌发育的最适温度为25℃，最低9℃，最高35～36℃，致死温度50℃ 10 min。

柿子炭疽病为害枝梢产生黑褐色病斑

柿子炭疽病为害叶片

柿子炭疽病为害叶柄

柿子炭疽病病果病斑

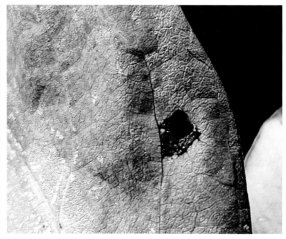
柿子炭疽病叶片病斑

【发病规律】 病菌主要以菌丝体在枝梢病斑中越冬，也可在病果、叶痕和冬芽中越冬。翌年初夏产生分生孢子，进行初次侵染。分生孢子借风雨和昆虫传播，侵害新梢及幼果。病菌可以从伤口侵入，也可直接侵入。由伤口侵入时，潜育期3～6 d，直接侵入时，潜育期6～10 d。在北方果产区，一般年份枝梢在6月上旬开始发病，雨季为发病盛期，后期秋梢可继续发病。果实多自6月下旬开始发病，7月中下旬即可见到病果脱落，直到采收期，果实可不断受害。炭疽病喜适温（25 ℃）高湿，雨后气温升高，出现发病高峰。夏季多雨年份，该病为害严重，病害消长与降水关系密切。

【防治方法】

1. **苗木处理** 引进苗木时，应清除病苗，并用1∶3∶80波尔多液或20% 石灰乳浸苗10 min，然后定植。

2. **搞好清园工作** 结合冬季修剪，剪除带病枝梢，在柿树生长期应连续剪除病枝、病果，并拣拾地下落果，加以深埋，以减少初次侵染来源。

3. **喷药保护** 柿树发芽前喷5°Bé 石硫合剂。6月上中旬喷1∶5∶400波尔多液1次，7月中旬及8月上旬各喷1次1∶3∶300波尔多液，也可喷65% 代森锌可湿性粉剂500～600倍液。

生长季为6月中旬至7月中旬，病害发生初期，喷药防治，可用药剂有：70%甲基硫菌灵可湿性粉剂1 000 倍液＋80%代森锰锌可湿性粉剂800 倍液；50%多菌灵可湿性粉剂800 倍液＋80%福美锌·福美双可湿性粉剂800 倍液；60%噻菌灵可湿性粉剂2 000 倍液＋65%代森锌可湿性粉剂800 倍液；10%苯醚甲环唑水分散粒剂2 000 倍液；40%氟硅唑乳油8 000 倍液；5%己唑醇悬浮剂1 500 倍液；40%腈菌唑水分散粒剂7 000 倍液；25%咪鲜胺乳油1 500 倍液；50%咪鲜胺锰络合物可湿性粉剂1 500 倍液；6%氯苯嘧啶醇可湿性粉剂1 500 倍液；2%嘧啶核苷类抗生素水剂300 倍液；1%中生菌素水剂400 倍液等，间隔10～15 d再喷1次。

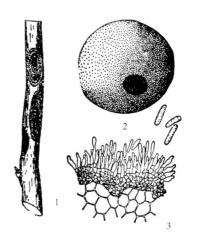
柿子炭疽病病菌
1.新梢被害状　2.果实被害状
3.分生孢子盘及分生孢子

（三）柿树角斑病

柿树角斑病在河北、河南、山东、山西、云南、陕西、四川、广西、广东、湖北、安徽、江苏、浙江、福建、台湾等省（区）都有发生。发病严重时，造成柿树早期落叶、落果，对树势和产量影响很大。

柿树角斑病病叶（1）

柿树角斑病病叶（2）

柿树角斑病初期症状（叶面）

柿树角斑病初期症状（叶背）

【症状】　柿树角斑病为害柿叶及柿蒂。

1. **叶片**　叶片受害，初期在正面出现黄绿色病斑，形状不规则，边缘较模糊，斑内叶脉变黑色。随病斑的扩展，颜色逐渐加深，呈浅黑色，以后中部颜色褪为浅褐色。病斑扩展受叶脉限制，最后呈多角形，其上密生黑色绒状小粒点，有明显的黑色边缘。病斑自出现至定形约需1个月。病斑背面开始时呈淡黄色，后颜色逐渐加深，最后成为褐色或黑褐色，亦有黑色边缘，但不及正面明显，黑色小粒点也较正面稀少。病斑大小为2～8 mm。

2. **柿蒂**　柿蒂染病，病斑发生在蒂的四角，呈淡褐色至深褐色，边缘黑色或不明显，形状不定，由蒂的尖端向内扩展。病斑两面都可产生黑色绒状小粒点，但以背面较多。角斑病发生严重时，采收前1个月即可大量落叶。落叶后，柿果变软，相继脱落。落果时，病蒂大多残留在树上。早期落叶造成枝条发育不充实，冬季易受冻枯死。

【病原】　病原菌为柿尾孢（*Cercospora kaki* Ell.et Ev.）。病斑上出现的黑色绒状小粒点，即病菌子座。子座半球形至扁球形，暗橄榄色，大小为（22～66）μm×（17～50）μm，其上丛生分生孢子梗。分生孢子梗不分枝，短杆状，直立或稍弯曲，无分隔，尖端稍细，淡褐色，大小为（7～23）μm×（3.3～5）μm。分生孢子梗上着生1个分生孢子。分生孢子棍棒状，直立或稍弯曲，上端较细，基部稍宽，

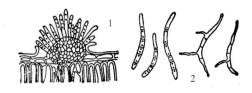
柿树角斑病病菌
1.分生孢子梗及孢子座　2.分生孢子及其萌发

无色或淡黄色，有 0 ~ 8 个隔膜，大小为（15 ~ 77.5）μm × 2.5 μm。

病菌发育最适温度为 30 ℃ 左右，最高 40 ℃，最低 10 ℃。

【发病规律】 角斑病病菌以菌丝体在病蒂及病叶中越冬。翌年环境条件适宜时，产生大量分生孢子，通过风雨传播，进行初次侵染。挂在树上的病蒂则是主要的初侵染来源和传播中心，在病害的侵染循环中占有重要的地位。病蒂能残存在树上 2 ~ 3 年，病菌在病蒂内可以存活 3 年以上。在河北、山东等地，一般 6 ~ 7 月在越冬病蒂上即可产生大量新生的分生孢子，经风雨传播，从气孔侵入，潜育期 25 ~ 38 d，8 月初开始发病。发病严重时，9 月即大量落叶、落果。当年病斑上产生的分生孢子，在适宜条件下便可进行再侵染。但是由于该病的潜育期较长，再侵染一般较次要。

在河北省，5 ~ 8 月降水早、雨天多、雨量大，有利于分生孢子的产生和侵入，发病早而严重，9 月下旬至 10 月初，叶片大多落光，果多变软，不能加工，损失巨大。

【防治方法】

1. **清除挂在树上的病蒂** 这是减少病菌来源的主要措施。在北方柿区，只要彻底摘除、钩除柿蒂，即可避免此病成灾。

2. **喷药保护** 喷药预防的关键时间，在北方柿产区是 6 月下旬至 7 月下旬，落花后 20 ~ 30 d。药剂可用 1 :（3 ~ 5）:（300 ~ 600）的波尔多液喷 1 ~ 2 次，也可喷用 70% 代森锰锌可湿性粉剂 600 倍液；70% 甲基硫菌灵可湿性粉剂 1 500 倍液 + 75% 百菌清可湿性粉剂 800 倍液；53.8% 氢氧化铜悬浮剂 900 倍液；50% 异菌脲可湿性粉剂 1 500 倍液；40% 多菌灵·硫黄悬浮剂 500 倍液；50% 嘧菌酯水分散粒剂 6 000 倍液；25% 烯肟菌酯乳油 3 000 倍液；25% 吡唑醚菌酯乳油 2 000 倍液；10% 苯醚甲环唑水分散粒剂 2 000 倍液；5% 亚胺唑可湿性粉剂 700 倍液；40% 腈菌唑水分散粒剂 7 000 倍液等，间隔 8 ~ 10 d 再喷 1 次。

3. **加强栽培管理** 增施有机肥料，改良土壤，促使树势生长健壮，提高抗病力。低湿的果园，应做好开沟排水工作，降低果园湿度，减轻病害。

（四）柿树黑星病

柿树黑星病也是为害柿果的重要病害之一，除为害果实外，还为害叶片和枝梢，严重时造成落果、落叶和枝枯，影响树势、产量和柿果品质。

柿树黑星病为害柿子果实

柿树黑星病病果病斑

【症状】 柿树黑星病为害叶、果及新梢。叶上病斑近圆形，黑色，直径为 2 ~ 5 mm。后病斑扩展，中央褐色，边缘黑色，外有黄色晕圈，背面有黑色霉状物（分生孢子梗及分生孢子）。果实病斑多在蒂部发生，近圆形，黑色，略凹陷。枝梢上病斑梭形或椭圆形，黑色，中部凹陷龟裂，呈溃疡状，大小为（5 ~ 10）mm × 5 mm。

【病原】 病原菌为柿黑星孢（*Fusicladium kaki* Hori et Yoshsno.），属半知菌丝孢纲丝孢目。

【发病规律】 主要以菌丝体在病梢上越冬，病蒂也可作为初侵染来源。翌年 5 月产生分生孢子，借雨水传播，潜育期 7 ~ 10 d，有再侵染现象。

【防治方法】

1. **人工防治**　冬春剪除病梢，清除树上残留病蒂，减少初次侵染来源。

2. **药剂防治**　在萌芽前喷洒 5°Bé 石硫合剂或 1∶5∶400 倍式波尔多液 1～2 次。生长季节一般在 6 月中上旬，柿树落花后，喷洒下列药剂：50% 多菌灵可湿性粉剂 800 倍液 + 70% 代森锰锌可湿性粉剂 600 倍液；50% 噻菌酯水分散粒剂 2 000 倍液；25% 吡唑醚菌酯乳油 3 000 倍液；10% 苯醚甲环唑水分散粒剂 2 000 倍液；40% 氟硅唑乳油 8 000 倍液；40% 腈菌唑水分散粒剂 7 000 倍液；6% 氯苯嘧啶醇可湿性粉剂 1 500 倍液；22.7% 二氰蒽醌悬浮剂 1 200 倍液。在重病区第 1 次喷药后半个月再喷 1 次，则效果更好。

（五）柿子灰霉病

【症状】　幼叶的叶尖及叶缘失水呈淡绿色，接着变为褐色。病斑的周缘呈波纹状，病斑大小为 2～3 cm。潮湿天气下，病斑上产生灰色霉层。幼果的萼片及花瓣上也产生同样的霉层。落花后，果实的表面产生小黑点。

【病原】　病原菌为灰葡萄孢（*Botrytis cinerea* Pers.），属丝孢纲丝孢目丝孢科葡萄孢属。分生孢子梗灰褐色，树枝状分枝，分枝末端集生圆形、无色、单胞的分生孢子。病菌以分生孢子及菌核在被害部越冬。通过气流传播。

【发病规律】　5～6 月低温、降水多的年份发病重。园内排水、通风差的密植园，施氮肥过多的软弱徒长的树体受害重。

柿子灰霉病病叶

【防治方法】

1. **加强管理**　实行垄上栽培，注意果园排水，避免密植。保持良好的通风透光、适宜的湿度条件是果园管理的最基本要求。秋、冬季节注意清除园内及周围各类植物残体、农作物秸秆，尽量避免用木桩作架。

2. **夏剪**　防止枝梢徒长，对过旺的枝进行夏剪，增加通风透光，降低园内湿度。树冠密度以阳光投射到地面空隙为筛孔状为佳。

3. **药剂防治**　在发病初期，可用下列药剂：50% 腐霉利可湿性粉剂 1 500 倍液；50% 乙烯菌核利可湿性粉剂 1 200 倍液；50% 异菌脲可湿性粉剂 1 500 倍液；40% 嘧霉胺悬浮剂 2 000 倍液；50% 嘧菌环胺水分散粒剂 1 000 倍液；15% 多抗霉素可湿性粉剂 500 倍液；40% 双胍辛胺可湿性粉剂 2 000 倍液，间隔 7 d 喷 1 次，连续 2～3 次。

4. **采果注意事项**　采果时应避免和减少果实受伤，避免阴雨天和露水未干时采果。去除病果，防止二次侵染。入库后，适当延长预冷时间。努力降低果实湿度，再进行包装贮藏。

（六）柿子黑根霉软腐病

柿子黑根霉软腐病是在成熟、采收以后发生的病害。柿子、桃和其他果实类、蔬菜类均可受害。

【症状】　果实最初出现茶褐色小斑点，后迅速扩大。2～3 d 后，果实全面发生绢丝状、有光泽的长条形霉。接着产生黑色孢子，因而外观似黑霉。

【病原】　本病的病原菌为黑根霉菌（*Rhizopus nigricans* Ehrenberg），属接合菌门接合菌纲毛霉目。病菌形成孢囊孢子和接合孢子。孢囊孢子萌发后形成没有隔膜的菌丝。菌丝体匍匐状，

柿子黑根霉软腐病为害柿子果实

以假根着生于寄主体内，菌丝从此部位伸长形成孢囊梗，顶端长出孢囊。孢囊直径 60 ~ 300 μm，黑褐色，内含孢囊孢子。孢子球形、椭圆形或卵形，带褐色，表面有纵向条纹，大小为 5.5 ~ 13.5 μm。这是无性阶段，病菌以此来繁殖。

接合孢子由正菌丝和负菌丝接合产生，呈球形，黑褐色，不透明，直径 160 ~ 220 μm，表面密生乳状突起。接合孢子萌发，形成孢囊。这种孢子萌发转为无性阶段繁殖。正菌丝和负菌丝则进行有性阶段繁殖。

【发病规律】 病菌通过伤口侵入成熟果实。孢囊孢子借气流传播，病果与健果接触，也能传染此病，而且传染性很强。高温高湿特别有利于病害发展。

【防治方法】 果实成熟要及时采收；在采收、贮藏、运输过程中，注意防止机械损伤；运输、贮藏最好在低温条件下进行。

（七）柿树白粉病

白粉病是为害柿树叶片的一种常见病害，在我国柿树栽培区发生较普遍。严重时可引起果树早期落叶，影响枝条的成熟。

【症状】 柿树白粉病只为害叶片，春季在幼叶正面密生针头大小的黑色小点，叶变淡紫褐色。秋季老叶产生白色粉斑，后期在粉斑中产生黄色至深褐色小粒点，此为病菌的闭囊壳。

【病原】 病原菌为柿叶白粉病菌（*Phyllactinia kakicola* Sowada），属子囊菌门。

【发病规律】 以闭囊壳在落叶上越冬，翌年4月中旬以子囊孢子进行初次侵染。菌丝发育适温为 15 ~ 25 ℃，超过 28 ℃停止发育，在 15 ℃以下产生闭囊壳。

柿树白粉病叶背产生白色霉层

【防治方法】 清除落叶，集中深埋；春季喷布 0.3°Bé 石硫合剂或 1 : 5 : 400 波尔多液、25% 粉锈宁可湿性粉剂 1 000 ~ 1 500 倍液。

（八）柿子树木腐病

柿子树木腐病为害树干

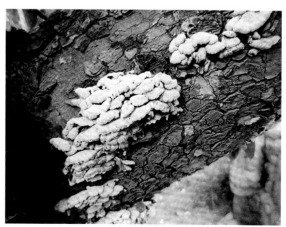

柿子树木腐病子实体

【症状】　柿子树木腐病主要为害枝干和心材，致心材腐朽，呈轮纹状。染病树木质部变白疏松，质软且脆，腐朽易碎。病部表面长出灰色的病菌子实体，多由锯口长出，少数从伤口或虫口长出，每株形成的病菌子实体1个至数十个，以枝干基部受害重，常引致树势衰弱，叶色变黄或过早落叶，致产量降低或不结果。

【病原】　为截孢层孔菌 *Fomes truncatospora*（L loyd）Teng 和裂褶菌（*Schizophyllum commune* Fr），属担子菌门真菌。

【发病规律】　病菌在受害枝干的病部产生子实体或担孢子，条件适宜时，孢子成熟后，借风雨传播飞散，经锯口、伤口侵入。老树、病虫弱树及管理不善、伤口多的柿子树常发病重。蛀干害虫所造成的伤口也是病菌侵染的重要途径，因此减少虫害所造成的伤口，便可减轻病害的发生。

【防治方法】
（1）对树势较弱的树，应增施有机肥，以增强抗病力。发现病树长出子实体后，应立刻削掉，集中烧毁，并涂抹愈伤防腐膜保护伤口，可防止病菌的侵染，也可防雨水、灰尘等对伤口造成的伤害，促进伤口愈合。
（2）保护树体，千方百计减少伤口，是预防木腐病发生和扩展的重要措施。对锯口可涂硫酸铜消毒后，再涂波尔多液或煤焦油等保护，以促进伤口愈合，减少病菌侵染。

（九）柿树疯病

柿树疯病是河北、河南、山西太行山区柿树的严重病害。20世纪50年代已有发生，近些年发生趋重。福建、广东、贵州、甘肃等省柿树也有发病。

柿树疯病致叶脉变黑

柿树疯病病枝干枯

柿树疯病病果凹陷青绿

柿树疯病病树

【症状】
1. 枝梢　病树或病枝萌芽迟，展叶抽梢慢，新梢后期生长快而停止生长早，落叶早。重病树新梢长至4～5 cm时萎蔫死亡。病树枝条向上直立徒长,冬、春季枝条大量死亡干枯。枝条死亡后由基部隐芽、不定芽萌生新梢,徒长丛生,形成"鸡爪枝"。病枝表皮粗糙,质脆易折。纵剖面木质部有黑褐色纵短条纹,横切面呈断续环状黑色病变。

2. **叶片** 叶脉变黑。同一枝上由基部叶开始病变,逐渐向上位叶扩展。病叶多凸凹不平,叶大而薄,质脆。

3. **果实** 果面凹凸不平,局部有凹陷,柿果变成橘黄色,凹陷处仍为绿色,柿果变红后,凹陷处最后由绿变红,果肉变硬,也有黑变现象,病果常早红 20 d 左右,变软脱落,柿蒂留在树上,落果率在 80% 以上,其中畸形果占 75%。

【病原】 病原菌类立克次菌即一种寄生在植物输导组织里的难养细菌。在电镜下检查,菌体呈不规则圆形、椭圆形或长椭圆形,大小不一,长度 580 ~ 1 600 nm,径宽 510 ~ 1 060 nm。胞壁外缘有山脊状波纹,壁厚约 25 nm,无鞭毛,但周身布有微小的疣突。

【发病规律】 可通过嫁接或汁液接触及介体昆虫斑衣蜡蝉、血斑叶蝉等传染。在国内北纬 21° ~ 42°、东经 102° ~ 121°,年平均气温 10.8 ~ 19.9 ℃地区可现柿树疯病典型症状,在一个地区不同品种、不同地块严重度不同。山西、河南、河北沿太行山区发病重。目前 30 多个品种中,绵柿、方柿易染病,磨盘柿、牛心柿次之,水柿抗病。

【防治方法】 防治传病介体昆虫是预防传病的关键。

1. **除虫防病** 结合防治斑衣蜡蝉和血斑叶蝉,能有效杜绝媒介昆虫传播病菌。

2. **严格检疫** 引起的柿苗和接穗要严格检疫,病区育苗应从无病区和健壮树上采穗。

3. **药物防治** 柿树疯病对青霉素比较敏感,可以在树干上打孔,灌注青霉素,也可以灌注四环素溶液。青霉素每克 80 万 u,四环素每克 25 万 IU,每次加水 500 mL。试验证明:在同一地区注射青霉素的柿树发病率要比不注射青霉素的柿树低 70% ~ 75%,说明药物注射有相当好的效果。

4. **合理修剪,恢复树势** 冬季修剪时对过多骨干枝进行疏除,主侧枝回缩复壮,去除干枯的弱枝、下垂枝,保留健壮结果母枝。对当年萌发的徒长枝,在 5 月底到 6 月上旬再进行 1 次复剪,以促进枝条转化,对无用的一律去除,如有空间,保留 20 ~ 30 cm 进行短截,促进分枝,培养结果枝组。

5. **做好春耕施肥** 浇水保墒以增强树势,提高抗病性。

(一〇) 柿畸形果

【症状】 双尖顶二歧果具有 2 个果尖,产生原因是花芽形成质量差,前期子房发育不良,果实单侧横生出一茶壶嘴状物。

【病因】 树体衰老,结果母枝不健壮,贮藏养分不足;有的是因为树势太旺,枝叶徒长。因为该品种单性结果能力差,而雌花受粉、受精条件不良;有的是因为天气太旱,或开花前后雨水太多;还有的是因为枝条生长过密,光照不足所引起。此外,病虫害也是造成严重落果的重要原因之一。

【发病规律】 同【病因】。

柿畸形果(右)

【防治方法】

(1)在采摘完果实后,要施些氮、磷、钾复合肥,满足来年生长的需要。有条件的可加施些饼肥或鸡粪等,但一定要腐熟后再施。

(2)柿树喜光,当树冠内光照不良时,疏散分层形的树冠,在这一时期应落头开心,除去顶端生长的中心干部分,并疏除或回缩部分主、侧枝,以改善内膛的光照条件,采用以短剪为主,采取疏缩结合办法,剪去密生枝、交叉枝、徒长枝和病枯枝,促使枝条分布合理,剪成合理树形,以稳定树势。

(3)冬季修剪应彻底清除病果、病蒂、枯枝及落叶,清除越冬病虫源。介壳虫为害重的柿子树,在冬季落叶至春季发芽前应喷布 95% 机油乳剂(蚧螨灵)150 倍液或 5°Bé 石硫合剂防治。

二、柿子害虫

（一）柿蒂虫

柿蒂虫（*Stathmopoda massinissa* Meyrick），又名柿举肢蛾、柿实蛾、钻心虫等，属鳞翅目举肢蛾科。

柿蒂虫幼虫在柿子果实蛀害

柿蒂虫为害柿子果实提前变红

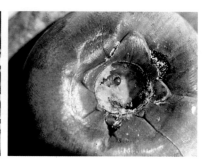

柿蒂虫在柿子果实内部为害状

【分布与寄主】　分布于华北、华中及河南、山东、陕西、安徽、江苏等地。近年来在河北中、南部柿产区发生日趋严重，尤其在山区栽植分散、管理粗放的园区，柿蒂虫蛀果率达50%～70%，有的园区甚至绝产。只为害柿，是柿树的主要害虫。

【为害状】　以幼虫钻食柿果，前期第1代幼虫为害可造成小柿干缩，由绿变褐，但不脱落，群众俗称"小黑柿""小柿"。后期第2代幼虫为害可造成柿果早期发红、变软、脱落，群众称为"柿烘"。幼虫蛀害果实，多从果蒂基部蛀入幼果内食害，虫粪排于蛀孔外，造成严重减产。

【形态特征】

1. **成虫**　体长5.5～7 mm，翅展14～17 mm，头部黄褐色，略有光泽，胸、腹部及前、后翅均呈紫褐色，仅胸部中央及腹末呈黄褐色。前、后翅均狭长，披针形，端部缘毛较长，前翅近顶端有1条由前缘斜向外缘的黄色带状纹。足黄褐色，后足较长，胫节密生长毛丛，静止后足举向后上方。

2. **卵**　近椭圆形，长0.5 mm，乳白色，后变淡粉红色，表面有微细纵纹，上部有白色短毛。

3. **幼虫**　成熟时体长10 mm左右，头部黄褐色，胴部背面浅紫色，前胸背板和臀板暗褐色。中、后胸背面有"X"形皱纹，中部有1横列毛瘤，各毛瘤上有1根白色细长毛。

4. **蛹**　体长约7 mm，长椭圆形，褐色。茧为污白色，附有微细木屑。

【发生规律】　柿蒂虫1年发生2代，以成熟幼虫在树皮裂缝或树干基部附近土中结茧越冬。在河南荥阳，翌年4月中下旬越冬幼虫化蛹，5月上旬羽化为成虫产卵，5月中旬为羽化盛期。卵期5～7 d。5月下旬第1代幼虫开始为害幼果，以6月中上旬为害最盛，受害果形成"黑柿"，6月中旬开始在最后的被害果内结茧化蛹，少数在树皮裂缝内结茧化蛹，6月下旬至7月上旬羽化为第1代成虫，7月中旬为羽化盛期。第2代幼虫自7月下旬至果实采收期陆续为害果实，受害果形成"柿烘"，8月下旬以后陆续脱果越冬。

成虫白天多静伏在叶背或其他荫蔽处，夜晚活动，交尾产卵。卵多散产在果柄与果蒂缝隙处，每头雌蛾可产卵10～40粒。第1代幼虫能蛀害5～6个果实，第2代幼虫多蛀食1～2个果实。幼虫先在果蒂部咬1个较大的孔脱出，再转果蛀害，以在多雨高温的天气转果较多。

【防治方法】

1. **刮树皮**　冬季刮去枝干上的翘皮、老粗皮，摘除残留的柿蒂，集中深埋，消灭越冬幼虫。对砧木部位，因粗皮刮除难度大，可采用涂白剂，配比方法是：用石灰加少量水，配成较黏稠涂液；或用黄土加 100 ~ 200 倍液敌敌畏或敌百虫药液，拌成稀泥状，涂抹于砧木粗皮处。

2. **培土堆** 根据羽化成虫出土能力较弱的特点，冬春以树干为中心培土，要求土堆高 30 cm、直径 1 m。待 6 月中旬成虫羽化结束后，将土堆扒开，以消灭羽化成虫。

3. **摘除虫果** 在第 1 代幼虫为害盛期（6 月上旬至 7 月上旬），摘除树上"小黑柿"，第 2 代幼虫为害盛期（7 月下旬至 9 月上旬），摘除树上"柿烘"，注意要摘除彻底，尽量将柿蒂一同摘下，集中深埋，消灭当年蛹和幼虫。

4. **树干绑草** 在 8 月中旬以前，在刮过粗皮的树干及主枝上绑草诱集越冬幼虫，冬季将草解下深埋。

5. **药剂防治**

（1）树干喷药。在人工防治不及时或不彻底时，于 5 月中下旬对树干老树皮和根茎处土壤喷高浓度杀虫剂，消灭越冬成虫。如 50% 辛硫磷 300 倍液等，防治越冬代成虫。

（2）树体喷药。5 月中下旬、7 月下旬成虫盛期进行喷雾防治。因越冬代成虫盛发期多在柿树初花之后 7 ~ 8 d，所以也可观察柿树初花（以田间有 1 朵花开为准）后 7 ~ 8 d，开始喷药，7 d 之后再喷 1 次。选喷 50% 马拉硫磷乳油、50% 杀螟硫磷乳油、80% 敌敌畏乳油、90% 敌百虫晶体 1 000 倍液，20% 杀灭菊酯乳油 2 500 倍液等，每隔 10 ~ 15 d 喷 1 次，共喷 2 ~ 3 次，防治成虫、卵及初孵幼虫，均可收到良好的防治效果。

（二）柿子园桃蛀螟

柿子园桃蛀螟（*Dichocrocis punctiferalis* Guenee），又名豹纹斑螟，属鳞翅目螟蛾科。

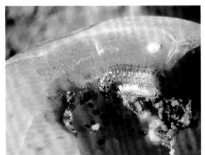  

桃蛀螟幼虫蛀害柿子果实（1）　　　桃蛀螟幼虫蛀害柿子果实（2）　　　桃蛀螟幼虫蛀害柿子果实提前变红

桃蛀螟成虫　　　　　　　　　　　桃蛀螟蛀害柿子果实，外有虫粪

【分布与寄主】　中国南、北方都有分布。幼虫除为害桃外，也为害板栗、梨、苹果、杏、李、石榴、葡萄、山楂、枇杷等果树的果实，还可为害向日葵、玉米、高粱、麻等农作物及松杉、桧柏等树木，是一种杂食性害虫。

【为害状】　果实被害后，蛀孔外堆集黄褐色虫粪，受害果实常变色脱落。

【形态特征】

1. **成虫**　体长 9 ~ 14 mm，全体黄色，前翅散生 25 ~ 28 个黑斑。雄虫腹末黑色。

2. **卵**　椭圆形，长约 0.6 mm，初产时乳白色，后变为红褐色。

3. **幼虫**　老熟时体长 22 ~ 27 mm，体背暗红色，身体各节有粗大的褐色毛片。腹部各节背面有 4 个毛片，前 2 个较大，后 2 个较小。

4. **蛹**　长 13 mm 左右，黄褐色，腹部第 5 ~ 7 节前缘各有 1 列小刺，腹末有细长的曲钩刺 6 个。茧灰褐色。

【发生规律】　中国从北到南，1 年可发生 2 ~ 5 代。河南 1 年发生 3 ~ 4 代，以老熟幼虫在果实仓库、堆果场、树皮缝、桃僵果、玉米秆等处越冬。翌年 4 月中旬，老熟幼虫开始化蛹。各代成虫羽化期为：越冬代在 5 月中旬，第 1 代在 7 月中旬，第 2 代在 8 月中上旬，第 3 代在 9 月下旬。成虫白天于叶背静伏，晚间在柿子间产卵。幼虫孵出后蛀食柿子果实。

【防治方法】

1. **清除越冬幼虫**　冬、春季清除玉米、高粱、向日葵等遗株，集中处理，以减少虫源。

2. **药剂防治**　药剂治虫的有利时机在第 3 代幼虫孵化初期（8 月上旬至 9 月中旬）。防治用药参考桃树上的桃蛀螟。

（三）柿星尺蠖

柿星尺蠖（*Percnia giraffata* Guenee），俗名柿大头虫、蛇头虫等，属鳞翅目尺蛾科。

柿星尺蠖低龄幼虫　　　　　　　　　　　柿星尺蠖幼虫行走中

【分布与寄主】　分布于河北、河南、山西、安徽、台湾等省。主要为害柿树，也为害黑枣、核桃、苹果、梨等。为害严重时，将柿叶全部吃光，影响树的生长、发育及产量。

【为害状】　初孵幼虫啃食背面叶肉，并不把叶吃透形成孔洞，幼虫长大后分散为害，将叶片吃光，或吃成大缺口，影响树势，造成严重减产。

【形态特征】

1. **成虫**　体长 25 mm，翅展 75 mm 左右，雄蛾较雌蛾体小，头部黄色，复眼及触角黑褐色，前胸背面黄色，胸背有 4 个黑斑。前、后翅均白色，上面分布许多黑褐色斑点，以外缘部分较密，前翅顶角几乎呈黑色。腹部金黄色，前面每节两侧各有 1 个灰褐色斑纹。腹面各节均有不规则的黑色横纹，足基节黑色，其他各节为灰白色，中足胫节有距 1 对，后足有距 2 对。

2. **卵**　椭圆形，直径 0.8 ~ 1 mm。初产时翠绿色，孵化前变为黑褐色。

柿星尺蠖成虫

3. **幼虫** 初孵化时体长 2 mm 左右，漆黑色，胸部稍膨大。老熟幼虫体长 55 mm 左右，头部黄褐色，单眼黑色。胴部第 3、第 4 节特别膨大。在膨大部分两侧有椭圆形黑色眼形纹 1 对。背线宽大呈带状，暗褐色，背线两侧各有 1 条黄色宽带，上有不规则的黑色弯曲线纹。胸足 3 对，腹足及臀足各 1 对。

4. **蛹** 体长 25 mm 左右，暗赤褐色，胸背前方两侧各有 1 个耳状突起，其间为 1 条横隆直线所连接，横隆直线与胸背中央纵隆直线恰相交成十字形，尾端有刺状突起。

【发生规律】 1 年发生 2 代，以蛹在土中越冬，老熟幼虫喜在松软湿润土中化蛹。越冬蛹从 5 月下旬开始羽化，直至 7 月中旬，6 月下旬至 7 月上旬为羽化盛期。成虫由 6 月上旬开始产卵，6 月中旬孵化，第 2 代成虫羽化于 7 月下旬末，第 2 代幼虫在 8 月上旬孵化，9 月上旬成熟，开始入土化蛹，10 月上旬则全部化蛹。

成虫有趋光性。昼伏夜出，雌成虫寿命 10 d 左右，雄成虫 7 d 左右。成虫羽化后，即交尾产卵，每雌产卵 200 ~ 600 粒。卵产于叶背面，呈块状，每卵块有卵 50 粒左右。卵块上无覆盖物，卵期 8 d 左右。初孵化的幼虫食叶背面的叶肉，并不把叶吃透。幼虫老熟前食量增大，不分昼夜为害。严重为害一般在 7 月中旬。幼虫期 28 d 左右，幼虫老熟后叶丝下垂，胸部膨大部分缩小，随后入土化蛹。化蛹场所以堰根及树根阴暗的地方较多，阳坡和半阴坡化蛹数较少。

【防治方法】

1. **人工捕虫** 晚秋或早春结合翻树盘刨蛹；幼虫发生时，振树捕虫。

2. **药剂防治** 幼虫发生初期，发生数量多时，可喷洒常用杀虫剂，如 90% 晶体敌百虫 1 000 倍液；50% 杀螟硫磷乳油 1 500 倍液；50% 辛硫磷·敌百虫乳油 1 500 倍液；20% 甲氰菊酯乳油 2 000 倍液；4.5% 高效氯氰菊酯乳油 2 000 倍液；10% 醚菊酯悬浮剂 800 ~ 1 500 倍液；20% 抑食肼可湿性粉剂 1 000 倍液；10% 硫肟醚水乳剂 1 500 倍液，喷药周到细致，防治效果较好。

（四）柿梢鹰夜蛾

柿梢鹰夜蛾（*Hypocala moorei* Butler），属鳞翅目夜蛾科。

柿梢鹰夜蛾为害状

柿梢鹰夜蛾为害柿子叶片

柿梢鹰夜蛾幼虫为害柿子叶片

柿梢鹰夜蛾低龄幼虫为害状

【分布与寄主】　分布于河北、山东、北京、四川、贵州、云南等省（市）。幼虫为害柿、黑枣。

【为害状】　主要以幼虫为害苗木，蚕食刚萌发的嫩芽和嫩梢，并将梢顶嫩叶用丝纵卷缀合为害，使苗木不能正常生长。低龄幼虫吐丝卷梢顶嫩叶为害，将叶纵卷缀合为害，叶残缺不全。

【形态特征】

1. **成虫**　头、胸部灰色，有黑点和褐斑，触角褐色，下唇须灰黄色，向前下斜伸，状似鹰嘴；前翅灰褐色，有褐点，前半部在内线以内棕褐色，内、外线及后半部明显，亚端线黑色、中部外突，后翅黄色，中室有1个黑斑，外缘有1条黑带，后缘有2个黑纹；腹部黄色，各节背部有黑纹。

2. **卵**　馒头形，有明显的放射状条纹，横纹不显；顶部有淡褐色花纹两圈。

3. **幼虫**　老熟幼虫体色变化很大。有绿、黄、黑三种色型。多数为绿色型，头和胴部绿色；黄色型头部黑色，胴部黄色，两侧有2条黑线；黑色型，头部橙黄色，全体黑色，气门线由断续的黄白色斑组成。

4. **蛹**　棕红色，外被有土茧。

【发生规律】　1年发生2代，以老熟幼虫在土内化蛹越冬。5月中旬羽化。交尾后产卵于叶背、叶柄或芽上，卵散产。5月下旬孵化后蛀入芽内或新梢顶端，吐丝将顶端嫩叶黏连，潜身在内，蚕食嫩叶。经1个月后入土化蛹。6月中下旬羽化，飞翔力不强，白天常静伏于叶背。6月下旬至7月上旬发生第2代幼虫，8月中旬以前入土化蛹开始越冬。

【防治方法】

（1）发生数量不多时，可人工捕杀幼虫。

（2）发现大量幼虫为害时，可用25%灭幼脲悬浮剂1 500倍液；5%氟苯脲乳油1 500倍液等喷施。

（五）褐带长卷叶蛾

褐带长卷叶蛾（*Homona coffearia* Nietner），又名茶淡叶蛾、茶卷叶蛾，属鳞翅目卷蛾科。

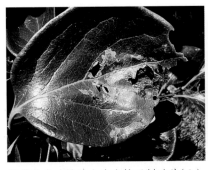

褐带长卷叶蛾幼虫为害柿子树叶片(1)　褐带长卷叶蛾幼虫为害柿子树叶片（2）

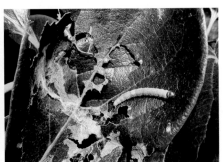

褐带长卷叶蛾幼虫

【分布与寄主】　分布广。为害柿子、柑橘、茶树、板栗、枇杷、梨等。

【为害状】　幼虫吐丝将3～5片叶片缀叶成束后，匿居其中吃食一面叶肉，使呈现褐色薄膜或食叶呈穿孔或缺刻状。幼龄幼虫为害嫩茎，以嫩茎末端蛀入食害髓部，致使被害茎枯萎。幼虫为害幼果果皮。

【形态特征】

1. **成虫**　全体暗褐色，雌虫体长8～10 mm，翅展25～28 mm；雄虫体略小。头小，头胸接连处有褐黑色粗鳞毛。胸部背面黑褐色，腹面黄白色。前翅暗褐色、翅基部黑褐色斑纹约占翅长1/5，前缘中央前方斜向后缘中央后方有深宽褐带，顶角亦常黑褐色。后翅淡黄色。雌虫翅长于腹部。雄虫前翅宽而短，前缘折向翅背面卷折成圆筒形。雄虫翅花纹与雌虫同，但翅较短，仅遮盖腹部。

2. **卵**　椭圆形，长径约0.82 mm，短径约0.6 mm，淡黄色，多粒卵排列呈鱼鳞状，上方覆有胶质薄膜。

3. **幼虫** 共6龄。黄绿色。头部黑色至深褐色，前胸盾板颜色1龄为绿色，其他各龄为黑色，具臀栉。

4. **蛹** 雌蛹长12～13 mm，雄蛹长8～9 mm，黄褐色。蛹背面中胸后缘中央向后突出，突出部分的末端近平截状，腹部第2～8节背面近前缘及后缘有两横排钩状刺突，近前缘的较粗大，近后缘的较小，这两横排钩刺较突较直，蛹腹面上唇明显，下唇须仅达喙的1/3，第10节末端较狭小，具8条卷丝臀棘。

【发生规律】【防治方法】 参考柑橘褐带长卷叶蛾。

（六）大袋蛾

大袋蛾（*Clania variegata* Snellen），别名大蓑蛾、布袋虫、吊包虫，属鳞翅目袋蛾科。

大袋蛾为害柿子叶片　　　　　　　　　　大袋蛾幼虫

【分布与寄主】 主要寄主有柿子树、泡桐、法桐、刺槐、杨、柳等果树和林木。

【为害状】 幼虫取食叶片，将叶片食成缺刻孔状，严重时可将叶片食光，导致树势衰弱，甚至死亡。

【形态特征】

1. **成虫** 雄成虫体长14～19.5 mm，翅展29～38 mm。体翅灰褐色，翅面前、后缘有4～5个半透明斑。雌成虫体长17～22 mm，无翅，蛆状，乳白色。头较小，为淡褐色，胸背中央有1条褐色隆脊，后胸、腹面及第7腹节后缘密生黄褐色茸毛环，腹内卵粒较明显。

2. **卵** 长0.7～1 mm，黄色，椭圆形。

3. **幼虫** 初孵幼虫黄色，略带有斑纹，3龄时可区分雌雄。雌老熟幼虫体长28～37 mm，粗壮，头部赤褐色，头顶有环状斑，胸部背板骨化。雄老熟幼虫体长17～21 mm，头黄褐色，中间有一显著的白色"八"字形纹，胸部灰黄褐色，背侧有2条褐色斑纹，腹部黄褐色，背面有横纹。

4. **蛹** 雌蛹体长22～30 mm，褐色，头胸附器均消失，枣红色。雄蛹体长17～20 mm，暗褐色。

【发生规律】 该虫1年发生1代，个别年份，遇有天气干旱，气温偏高且持续期长，大袋蛾有分化2代现象，但第2代幼虫不能越过冬季。幼虫共9龄，以老熟幼虫在袋囊内越冬。翌年4月中旬至5月上旬为化蛹期，5月中下旬成虫选择晴天9～16时羽化。多在晚20～21时，雌成虫尾部伸出袋口处，释放雌激素，雄成虫飞抵雌虫袋口交尾。将卵产于袋囊内，6月中下旬幼虫孵化，在袋囊内停留1～3 d后在上午11～13时从袋囊口吐丝下垂降落叶面，迅速爬行10～15 min，吐丝织袋，负袋取食叶肉。借风力传播蔓延。袋随虫体增大而增大。7月下旬至8月中上旬为为害盛期，9月下旬至10月上旬，老熟幼虫将袋固定在当年生枝条顶端越冬。大袋蛾多在树冠的下层，靠携虫苗木远距离运输进行远距离传播。天敌种类较多，寄生率较高。有寄生蝇类、白僵菌、绿僵菌及大袋蛾核型多角体病毒等。

【防治方法】

（1）保护和利用天敌。

（2）喷洒大袋蛾 NPV 病毒制剂和 Bt 乳剂防治。

（七）白眉刺蛾

白眉刺蛾（*Narosa edoensis* Kawada），属鳞翅目刺蛾科。

白眉刺蛾幼虫及其为害状　　　　　　　　白眉刺蛾幼虫为害状

白眉刺蛾幼虫（1）

白眉刺蛾幼虫（2）

【分布与寄主】　　河南、河北、陕西等省有分布。为害苹果、梨、桃、樱桃、枣等果树。

【为害状】　　幼虫食害叶片成孔洞状。

【形态特征】

1. **成虫**　前翅乳白色，翅中部近外缘处有浅褐色云纹状斑。

2. **幼虫**　体绿色，椭圆形，体背隆起似龟背，背面中部两侧有小红点，体上无明显刺毛。

3. **蛹茧**　椭圆形，灰褐色。

【发生规律】　　1 年发生 2 代，以老熟幼虫结茧在树杈上越冬。成虫 5 ～ 6 月出现，幼虫在 7 ～ 8 月为害。成虫多为晚上羽化，白天静伏在叶背面，夜间活跃，具趋光性。成虫寿命 3 ～ 5 d。卵散产在叶片背面，开始呈小水珠状，干后形成半透明的薄膜保护卵块。每个卵块有卵 8 粒左右。卵期 7 d 左右。低龄幼虫开始剥食叶肉，只留半透明的表皮，后蚕食叶片，残留叶脉；到老龄时，食完整个叶片和叶脉。

【防治方法】　参考梨树害虫黄刺蛾。

（八）扁刺蛾

扁刺蛾（*Thosea sinensis* Walker），又名黑点刺蛾，属鳞翅目刺蛾科。

【分布与寄主】　我国南、北果产区都有分布。主要为害苹果、梨、山楂、杏、桃、枣、柿、柑橘等果树及多种林木。

【为害状】　以幼虫取食植株叶片，低龄幼虫啃食叶肉，叶片呈现白斑状，稍大食成缺刻，严重时整片叶被吃光。

【形态特征】
1. **成虫**　雌成虫体长 13 ～ 18 mm，翅展 28 ～ 35 mm。体暗灰褐色，腹面及足色较深。触角丝状，基部十数节栉齿状，雄蛾栉齿更为发达。前翅灰褐稍带紫色，中室的前方有 1 条明显的暗褐色斜纹，自前缘近顶角处向后缘斜伸；雄蛾中室上角有 1 个黑点（雌蛾不明显）。后翅暗灰褐色。
2. **卵**　扁平光滑，椭圆形，长 1.1 mm，初为淡黄绿色，孵化前呈灰褐色。

扁刺蛾幼虫为害柿子叶片状

3. **幼虫**　老熟幼虫体长 21 ～ 26 mm，宽 16 mm，体扁，椭圆形，背部稍隆起，形似龟背。全体绿色或黄绿色，背线白色。体边缘则有 10 个瘤状突起，其上生有刺毛，每 1 节背面有 2 丛小刺毛，第 4 节背面两侧各有 1 个红点。
4. **蛹**　体长 10 ～ 15 mm，前端肥大，后端稍尖，近椭圆形，初为乳白色，后渐变黄，近羽化时转为黄褐色。
5. **茧**　长 12 ～ 16 mm，椭圆形，暗褐色，似鸟蛋。

【发生规律】　华北地区 1 年多发生 1 代，长江下游地区 1 年发生 2 代。以老熟幼虫在树下土中作茧越冬。翌年 5 月中旬化蛹，6 月上旬开始羽化为成虫。6 月中旬至 8 月底为幼虫为害期。

成虫多集中在黄昏时分羽化，尤以 18 ～ 20 时羽化最盛。成虫羽化后，即行交尾产卵，卵多散产于叶面上，初孵化的幼虫停息在卵壳附近，并不取食，蜕过第 1 次皮后，先取食卵壳，再啃食叶肉，留下一层表皮。幼虫取食不分昼夜均可进行。自 6 龄起，取食全叶，虫量多时，常从一枝的下部叶片吃至上部，每枝仅存顶端几片嫩叶。幼虫期共 8 龄，老熟后即下树入土结茧，下树时间多在 20 时至翌晨 6 时止，而以早晨 2 ～ 4 时下树的数量最多。结茧部位的深度和距树干的远近均与树干周围的土质有关。黏土地结茧位置浅而距离树干远，也比较分散；腐殖质多的土壤及沙壤地结茧位置较深，距离树干近，而且比较密集。

【防治方法】
1. **诱杀幼虫**　在幼虫下树结茧之前，疏松树干周围的土壤，以引诱幼虫集中结茧，然后收集消灭之。
2. **药剂防治**　幼虫发生期喷洒常用杀虫剂。

（九）黄刺蛾

黄刺蛾（*Cnidocampa flavescens* Walker），俗称洋辣子、八角子，属鳞翅目刺蛾科。

【分布与寄主】　全国各省几乎都有分布。主要为害苹果、梨、山楂、桃、杏、枣、核桃、柿、柑橘等果树及杨、榆、法桐、月季等林木、花卉。

黄刺蛾低龄幼虫

【为害状】　低龄幼虫啃吃叶肉，使叶片呈网眼状，幼虫长大后，将叶片食成缺刻，只残留主脉和叶柄。

【形态特征】　成虫体长 13 ～ 16 mm。前翅内半部黄色，外半部黄褐色。卵扁椭圆形，淡黄色，长约 1.5 mm，多产在叶面上，数十粒成卵块状。老龄幼虫体长 20 ～ 25 mm，体近长方形。体背有紫褐色大斑，呈哑铃状。末节背面有 4 个褐色小斑。体中部两侧各有 2 条蓝色纵纹。蛹椭圆形，肥大，淡黄褐色。茧石灰质，坚硬，似雀蛋，茧上有数条白色与褐色相间的纵条斑。

【发生规律】　东北、华北大多 1 年发生 1 代，河南、陕西、四川等省 1 年可发生 2 代。以老熟幼虫在树杈、枝条上结茧越冬。发生 2 代地区多于 5 月上旬开始化蛹，成虫于 5 月底至 6 月上旬开始羽化，7 月为幼虫为害期。下一代成虫于 7 月底开始羽化，第 2 代幼虫为害盛期在 8 月中上旬。9 月初幼虫陆续老熟、结茧越冬。

【防治方法】
1. **人工防治**　冬、春季结合修剪，剪除虫茧或掰除虫茧。在低龄幼虫群栖为害时，摘除虫叶。
2. **药剂防治**　幼虫发生期，喷洒辛硫磷、杀螟松或菊酯类等杀虫剂。
3. **生物防治**　保护利用天敌，主要有上海青蜂、刺蛾广肩小蜂、刺蛾紫姬蜂、姬蜂和黄刺蛾核型多角体病毒等。

（一〇）柿斑叶蝉

柿斑叶蝉成虫

柿斑叶蝉若虫

柿斑叶蝉高龄幼虫

柿斑叶蝉高龄幼虫被蜘蛛捕食

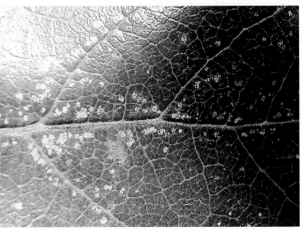

柿斑叶蝉为害叶面出现失绿斑点

柿斑叶蝉（*Erythroneura* sp.），又名柿血斑小叶蝉，属同翅目小叶蝉科。

【分布与寄主】 分布于河北、河南、山东、山西、江苏、浙江、四川等省。寄主有柿、枣、桃、李、葡萄、桑等。

【为害状】 若虫先集中在枝条基部叶片的背面中脉附近，不活跃，随龄期增长逐渐分散。老龄若虫及成虫均栖息在叶背中脉两侧吸食汁液，被害叶正面呈现褪绿斑点，严重时斑点密集成片，全叶呈现苍白色，造成早期落叶。

【形态特征】

1. **成虫** 体长 3 mm 左右，形似小蝉，全体淡黄白色，头部向前成钝圆锥形突出，有淡黄色、绿色纵条斑 2 个，复眼淡褐色。前胸背板前缘有淡橘黄色斑点 2 个，后缘有同色横纹，横纹两端及中央向前突出，因而使前胸背板中央显现出 1 条淡色"山"形斑块。小盾片基部有橘黄色"V"形斑 1 个，横刻痕明显。前翅黄白色，基部、中部和端部各有 1 条橘红色不规则斜斑纹，翅面散生若干红褐色小点。

2. **卵** 白色，长形稍弯曲，表面光滑。非越冬卵尚有产在叶背主脉内者，均单粒散产，产卵孔外附有白色茸毛。

3. **若虫** 共 5 龄。初孵若虫淡黄白色，复眼红褐色，随龄期增长体色渐变为黄色，末龄若虫体长 2.2 ~ 2.4 mm，体较扁平，白色毛刺颇明显。羽化前翅芽黄色加深，易识别。

【发生规律】 河北 1 年发生 3 代，以卵在当年生枝梢皮层内越冬，也有记载以成虫在树皮缝、树下杂草或常绿植物上过冬。越冬卵翌年 4 月下旬开始孵化，第 1 代若虫历期近 1 个月，5 月中旬为羽化盛期。成虫羽化后 3 d 开始交尾，翌日可产卵，卵期约 2 周。6 月中旬孵化出第 2 代若虫，7 月上旬第 2 代成虫出现。9 月出现第 3 代成虫。

柿斑叶蝉产越冬卵时，将产卵管插入当年生枝条皮层内，卵粒散产，被产卵枝一般径粗 3 ~ 4 mm。第 1 代成虫产卵在叶背面近中脉处。成虫和老龄若虫性均活泼，喜横着爬行，成虫受惊动即起飞。

【防治方法】

1. **清除越冬虫源** 清理树下杂草和落叶，减少越冬虫源。

2. **药剂防治** 在若虫盛发期，及时喷洒下列药剂：50% 马拉硫磷乳油 1 500 倍液；10% 吡虫啉可湿性粉剂 2 000 倍液；25% 噻虫嗪水分散粒剂 4 000 倍液；10% 硫肟醚水乳剂 500 倍液等，均能收到较好的效果。

（一一）柿绒蚧

柿绒蚧（*Eriococcus kaki* Kuwana），又名柿毛毡蚧、柿毡蚧，属于同翅目绵蚧科。

【分布与寄主】 分布于河南、河北、山东、山西、安徽、广西等省（区）。寄主为柿树科柿属植物，包括柿树各栽培种及君子迁等。

【为害状】 为害柿树的嫩枝、幼叶和果实。若虫和成虫最喜群集在果实下面、柿蒂及果实接合的缝隙处为害。被害处初呈黄绿色小点，逐渐扩大成黑斑，使果实提前软化脱落，降低产量和品质。

【形态特征】

1. **成虫** 雌成虫体长 1.58 mm，宽 1 mm，椭圆形，紫红色。腹部边缘有白色弯曲的细毛状蜡质分泌物，老熟时被包于白色如米粒的毡状蜡囊中。尾部卵囊由白色絮状物构成。雄成虫体长 1.2 mm，紫红色。翅无色透明。介壳椭圆形，质地和雌虫相同。

2. **卵** 紫红色，椭圆形，表面附有白色蜡粉及蜡丝。

3. **若虫** 紫红色，体扁平，椭圆形，周身有短的刺状突起。

【发生规律】 山东 1 年发生 4 代，广西 1 年发生 5 ~ 6 代，以若虫在二三年生枝条皮层裂缝、粗皮下及干柿蒂上越冬。翌年 4 月中下旬开始出蛰，爬到嫩芽、新梢、叶柄、叶背等处吸食汁液，以后在柿蒂和果实表面固着为害，同时，形成蜡被，逐渐长大分化为雌雄两性。5 月中下旬成虫交尾，以后雌虫体背面逐渐形成卵囊，开始产卵，随着卵的不断产出，虫体渐缩向前方，每头雌虫可产卵 51 ~ 160 粒。卵期 12 ~ 21 d。6 月中旬、7 月中旬和 8 月中旬、9 月中旬为各代若虫孵

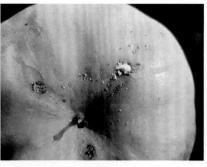

柿绒蚧严重为害柿子果实　　　　柿绒蚧红色低龄幼虫为害柿子果实　　　　柿绒蚧为害柿子果实

柿绒蚧为害柿子果实　　　　　　　　柿绒蚧为害柿子果实产生黑斑

柿绒蚧为害柿子果实，表面有褐色凹坑　　　　　　　柿绒蚧为害柿子

化盛期，10月中旬若虫开始越冬。每代一般经20 d，冬季1代长180～190 d。前两代主要为害柿叶及一二年生小枝，后两代主要为害柿果，以第3代为害最重。

【防治方法】

1. **消灭越冬若虫**　早春柿树发芽前喷5°Bé石硫合剂加0.3%洗衣粉，或机油乳剂50～60倍液等，消灭越冬若虫。

2. **防治幼龄若虫**　在柿树展叶后至开花前，掌握越冬若虫已离开越冬部位，但尚未形成蜡壳前，或在各代卵孵化盛末期，及时选喷机油乳剂80倍液、10%吡虫啉可湿性粉剂2 000倍液、25%噻嗪酮可湿性粉剂1 500倍液、1.8%阿维菌素乳油2 000倍液。

3. **保护天敌**　柿绒蚧的天敌黑缘红瓢虫、红点唇瓢虫等大量发生时，应尽量少用或不用广谱性农药，以免杀伤这些天敌。

（一二）柿子龟蜡蚧

柿子龟蜡蚧（*Ceroplastes japonicus* Green），又名日本蜡蚧、龟蜡蚧、枣龟蜡蚧、龟甲蜡蚧，属于同翅目蜡蚧科。

柿子龟蜡蚧为害柿子树（1）　　　柿子龟蜡蚧为害柿子树（2）　　　柿子龟蜡蚧为害柿子树（3）

柿子龟蜡蚧低龄幼虫为害叶片　　　　柿子龟蜡蚧被寄生　　　柿子龟蜡蚧低龄幼虫为害叶片背面

【分布与寄主】　分布普遍。寄主很多，除为害枣、柿外，还为害柑橘、苹果、梨、石榴、枇杷、李、梅、杏、桃、樱桃、板栗、无花果、茶、油茶、榆等多种果树、经济植物、观赏植物及林木。

【为害状】　若虫和雌成虫固定在柿树等的叶片及小枝上吸食汁液，其排泄物引起腐生的链格孢菌发生，被害部满布黑霉，影响寄主光合作用和生活。发生严重时早期落叶，致使树势逐年衰弱，幼果大量脱落，造成严重减产。

【形态特征】

1. **成虫**　雌成虫椭圆形，长 2 ~ 4 mm，体背被有灰白色或黄白色厚蜡壳，初期蜡壳中央隆起，周缘低平，表面有龟甲状凹纹，将蜡壳分成规则的 9 小块，每块上有小角状白色蜡质突起 1 ~ 3 个。虫体紫红色，背面硬化，腹面柔软，产卵时隆起呈半球形。雄成虫体长 1.1 ~ 1.4 mm，翅展约 2 mm，淡紫红色，头部及中胸背板色略深，翅较透明，具 2 条翅脉，触角丝状，10 节。

2. **卵**　椭圆形，长 0.2 ~ 0.3 mm，初产时淡橙黄色，后渐变深，孵化前呈紫红色。

3. **若虫**　初孵若虫体扁平，椭圆形，长 0.3 ~ 0.5 mm，淡橙黄色或淡黄褐色，复眼黑色，足发达，腹末有 2 根尾毛。若虫后期蜡壳加厚，雌雄形态分化，雌虫蜡壳椭圆形，背面微隆起，周缘有 8 个圆形蜡质突起，形似雌成虫，雄虫蜡壳长椭圆形，周缘伸出 13 个大角状白色蜡质突起，星芒状。

4. **蛹**　雄蛹椭圆形，体长约 1.2 mm，紫褐色，翅芽色较淡，腹部腹面体节稍明显。

【发生规律】　日本龟蜡蚧 1 年发生 1 代，以受精雌虫在一二年生小枝上越冬。在南方于翌年 3 月开始取食，4 月虫体迅速膨大，一般在 4 月下旬至 5 月下旬产卵，5 月中旬为产卵盛期；5 月下旬开始孵化，6 月盛孵，直至 8 月初才结束，8 月底至 9 月中上旬雄若虫化蛹，9 月中旬至 10 月中旬羽化为雄成虫，9 月下旬至 10 月上旬为羽化盛期，在叶片上为害的雄若虫，从 7 月上旬开始迁移到枝条上为害（称回枝期），以 8 月迁移最盛，10 月中下旬结束，部分不回枝的若虫可在常绿植物叶片上越冬，但常随植物落叶而死亡。

【防治方法】

1. **人工防治**　结合修剪剪除有虫枝条，或刷除枝条上的越冬雌成虫。也可在冬季枝条结冰时敲打树枝，振落冰甲和虫体，俗称"打雨松"。也可在冬季在枝条上喷水，待结冰后敲打枝条振落冰甲和虫体。

　　2.药剂防治　果树落叶后至发芽前喷机油乳剂 50 ~ 60 倍液，防治越冬雌虫。6 月若虫孵化始盛期至被蜡盛期，选喷 40% 毒死蜱乳油 1 500 倍液或 50% 杀螟硫磷乳油、50% 辛硫磷乳油或 80% 敌敌畏乳油 1 000 倍液，机油乳剂 150 倍液，25% 噻嗪酮可湿性粉剂 1 500 倍液，喷 1 ~ 3 次，防治初孵若虫。

（一三）梨圆蚧

　　梨圆蚧［*Quadraspidiotus perniciosus*（Comstock）］，又名梨圆介壳虫、轮心介壳虫，俗名树虱子，属同翅目蚧科。

梨圆蚧成蚧与幼蚧

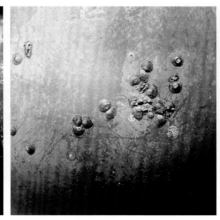

梨圆蚧为害柿子果实

梨圆蚧为害柿子树枝条

　　【分布与寄主】　此虫在国内各地均有发生，是国际检疫对象之一。寄主有梨属（*Pyrus*）、苹果属（*Malus*）、李属（*Prunus*）、枣属（*Zizyphus*）、柿属（*Diospyros*）、山楂属（*Crataegus*）、柑橘属（*Citrus*）、葡萄属（*Vitis*）、胡桃属（*Juglans*）、板栗属（*Castanea*）、杨属（*Populus*）、柳属（*Salix*）等植物。

　　【为害状】　以雌成虫和若虫寄生在枝干、嫩枝、叶片及果实表面吸取养分。枝干受害后，皮层木栓化，韧皮部、导管组织衰亡，皮层爆裂，枝条衰弱，甚至死亡。梨果受害后，介壳布满果面，发生黑褐色斑点，果面龟裂，甚至干枯。

　　【形态特征】

　　1.成虫　雌雄异体。雌成虫体扁圆形，橙黄色，腹面有丝状口针，体长 0.91 ~ 1.48 mm，宽 0.75 ~ 1.23 mm，眼、足退化。体背覆盖灰白色圆形介壳，介壳直径 1.8 mm 左右，有同心轮纹，介壳中央稍隆起称壳点，黄色或褐色。雄成虫体长 0.6 mm，橙黄色，有翅一对，半透明，交尾器剑状。介壳长圆形，壳点位于介壳的一端。

　　2.若虫　初孵若虫扁椭圆形，淡黄色，体长 0.2 mm，足和口针发达，体尾端有 2 根长毛。虫体固定后，分泌蜡质形成介壳，触角、眼、足均消失。3 龄若虫可区别雌雄，雌介壳圆形，雄介壳长椭圆形，壳点偏于一端。

　　3.蛹　仅雄虫化蛹，体长 0.6 mm，长锥形，淡黄色藏于介壳下。

　　【发生规律】　此虫 1 年发生 2 代，多以 2 龄若虫在枝上越冬，翌年春季树液流动后，越冬若虫开始为害。5 月下旬雄虫开始羽化，至 6 月上旬羽化结束，雄虫发生集中，经 4 ~ 5 d 羽化率达 90%。雄虫交尾后死亡。越冬代雌虫自 6 月下旬开始胎生繁殖，7 月上旬为产仔盛期，繁殖期约 20 d，平均每头雌虫胎生若虫 59.7 头，第 1 龄若虫发生集中，从雌介壳中爬到嫩枝、叶片、果实上，但主要在枝条上为害。初产若虫爬行数分钟至十几分钟后，找到合适部位，将口针插入寄主组织内取食固定不动，分泌蜡质，逐渐形成介壳。第 1 代雄虫羽化期为 7 月末至 8 月中旬，多寄生在叶片主脉两侧，8 月上旬为羽化盛期，8 月下旬至 10 月上旬为第一代雌虫产仔期，9 月上旬为产盛期。平均每头雌虫产仔 72.1 头。第一代雌虫产下的若虫出壳后爬向枝条、果面上，果面上寄生的若虫逐渐增多。爬至枝条的若虫，2 龄形成介壳后越冬。

　　【防治方法】

　　1.人工防治　在果园最初点片发生，个别树的几个枝条发生严重，可剪掉这些枝条，或用刷子刷掉越冬若虫，均可收到良好效果。

　　2.树体休眠期喷药防治　柿子树发芽前，喷布 5° Bé 石硫合剂，或 5% 柴油乳剂、3.5% 煤焦油乳剂。

3. **生长期喷药防治**　在越冬代雄成虫羽化盛期和1龄若虫发生盛期，是药剂防治的关键时期。可喷布50%毒死蜱乳油1 000倍液、25%噻嗪酮可湿性粉剂2 000倍液。

4. **保护天敌**　梨圆蚧的天敌有50多种，1头红点唇瓢虫的成虫，1个月可捕食梨圆蚧700头，幼虫每月捕食350头。保护天敌，可控制梨圆蚧的严重发生。

（一四）草履蚧

草履蚧（*Drosicha contrahens* Walker），属同翅目硕蚧科。

【分布与寄主】　分布于河北、山西、山东、陕西、河南、青海、内蒙古、浙江、江苏、上海、福建、湖北、贵州、云南、重庆、四川、西藏等地。寄主有多种果树和林木。

【为害状】　若虫和雌成虫常成堆聚集在腋芽、嫩梢、叶片和枝干上，吮吸汁液为害，造成植株生长不良，早期落叶。

【形态特征】

1. **成虫**　雌成虫体长10 mm左右，背面棕褐色，腹面黄褐色，被一层霜状蜡粉。触角8节，节上多粗刚毛；足黑色，粗大。体扁，沿身体边缘分节较明显，呈草鞋底状；雄成虫体紫色，长5~6 mm，翅展10 mm左右。翅淡紫黑色，半透明，翅脉2条，后翅小，仅有三角形翅茎；触角10节，因缢缩并环生细长毛，似有26节，呈念珠状。

草履蚧雌成虫在柿子树上

2. **卵**　初产时橘红色，有白色絮状蜡丝黏裹。
3. **若虫**　初孵化时棕黑色，腹面较淡，触角棕灰色，唯第3节淡黄色，很明显。
4. **雄蛹**　棕红色，有白色薄层蜡茧包裹，有明显翅芽。

【发生规律】　1年发生1代。以卵在土中越夏和越冬；翌年1月下旬至2月上中旬，在土中开始孵化，能抵御低温，在大寒前后的积雪下也能孵化，但若虫活动迟钝，在地下要停留数日，温度高，停留时间短，天气晴暖，出土个体明显增多。孵化期要延续1个多月。若虫出土后沿茎秆上爬至梢部、腋芽或初展新叶的叶腋刺吸为害。雄性若虫4月下旬化蛹，5月上旬羽化为雄成虫，羽化期较整齐，前后1周左右。羽化后即觅偶交尾，寿命2~3 d；雌性若虫3次蜕皮后即变为雌成虫，自茎秆顶部继续下爬，经交尾后潜入土中产卵。卵由白色蜡丝包裹成卵囊，每卵囊有卵100多粒。草履蚧若虫、成虫的虫口密度高时，往往群体迁移，爬满附近墙面和地面。

【防治方法】

1. **冬季清园**　冬季植株修剪及清园，消灭在枯枝落叶杂草与表土中越冬的虫源。5月中下旬，雌虫交尾后陆续下树产卵，此时对树干基部、地面成虫进行除治；在夏末成虫产卵后，清扫虫卵，减低虫口基数。诱杀雌虫产卵，雌虫下树前在树干周围挖宽30 cm、深20 cm的环状沟，沟里填满杂草，引诱雌虫产卵，待产卵结束，取出杂草烧毁，可消灭大部分虫卵。

2. **物理防治**　春季采用缠透明胶带设置阻隔环，切断草履蚧上下树的通道，从而阻止若虫上树为害或雌成虫下树产卵。胶带采用白色透明、表面光滑、宽度15~20 cm的，在未缠胶带前，在树干80 cm高处，先用土、麦糠与水和成泥巴，把树干裂缝抹平，再用透明胶带缠两圈即可（使泥环处于胶带环中间），要经常检查胶带环有没有脱落及胶带环里有没有留下通道，若发现应及时补救，同时组织人工阻隔环上的虫口。

3. **化学防治**　在若虫孵化盛期用药，此时蜡质层未形成或刚形成，对药物比较敏感，用量少、效果好。选择对症药剂：刺吸式口器，应选内吸性药剂，背覆厚介壳，应选用渗透性强的药剂如40%啶虫·毒死蜱乳油1 500~2 000倍液喷雾防治，或用5.7%甲维盐乳油2 000倍液防治，建议连用2次，间隔7~10 d。

4. **生物防治**　保护和利用天敌昆虫，红点唇瓢虫成虫、幼虫均可捕食草履蚧的卵、若虫、蛹和成虫；6月后捕食率可高达78%。此外，还有寄生蝇和捕食螨等。

（一五）柿长绵粉蚧

柿长绵粉蚧中龄幼虫冬季越冬状态

柿长绵粉蚧2龄幼虫分布在柿子树叶背面

柿长绵粉蚧为害柿子树叶片变小卷缩

柿长绵粉蚧为害柿子树

柿长绵粉蚧为害柿子树新梢叶片呈现失绿斑点

柿长绵粉蚧为害柿子叶片霉污症状（1）

柿长绵粉蚧为害柿子霉污症状（2）

柿长绵粉蚧成虫与幼虫在叶片背面

柿长绵粉蚧为害柿子树，柿子幼果出现黄斑

柿长绵粉蚧低龄幼虫

柿长绵粉蚧在叶片背面为害状

柿长绵粉蚧2龄幼虫（放大）

柿长绵粉蚧（*Phenacoccus peandei* Cockerell），又名柿绵粉蚧、柿粉蚧，俗称柿虱子，属同翅目粉蚧科，是河南柿区的主要害虫之一，柿长绵粉蚧在中国各地的发生日趋严重。

【分布与寄主】 分布于河南、河北、山东、江苏等地。为害柿、苹果、梨、枇杷、无花果和桑等，同时还为害玉兰、悬铃木等园林树木。

【为害状】 若虫和成虫聚集在柿树嫩枝、幼叶和果实上吸食汁液为害。枝、叶被害后，失绿而枯焦变褐；果实受害部位初呈黄色，逐渐凹陷变成黑色，受害重的果实最后变烘脱落。受害轻则树体衰弱，落叶落果；重则引起枝梢枯死，甚至整株死亡，严重影响柿树产量和果实品质。雌成虫、若虫吸食寄主叶片、枝梢的汁液，排泄蜜露诱发煤污病。

【形态特征】
1. 成虫 雌体长约3 mm，椭圆形扁平，黄绿色、黄色至浓褐色，触角9节丝状，3对足，体表布白蜡粉，体缘具圆锥形蜡突10多对，有的多达18对。成熟时后端分泌出白色绵状长卵囊，形状似袋，长20～30 mm。雄体长2 mm，淡黄色似小蚊。触角近念珠状，上生茸毛。3对足，前翅白色透明，较发达，具1条翅脉，分成两叉，后翅特化成平衡棒。腹部末端两侧各具细长白色蜡丝1对。
2. 卵 淡黄色，近圆形。
3. 若虫 椭圆形，与雌成虫相近，足、触角发达。雄蛹长约2 mm，淡黄色。

【发生规律】 在河南郑州1年发生1代，以3龄若虫在枝条上和树干皮缝中结大米粒状的白茧越冬。翌年春柿树萌芽时，越冬若虫开始出蛰，转移到嫩枝、幼叶上吸食汁液。长成的3龄雄若虫蜕皮变成前蛹，再次蜕皮而进入蛹期；雌虫不断吸食发育，约在4月上旬变为成虫。雄成虫羽化后寻找雌成虫交尾，后死亡，雌成虫则继续取食，约在4月下旬开始爬到叶背面分泌白色绵状物，形成白色带状卵囊，长20～70 mm，宽5 mm左右，卵产于其中。每雌成虫可产卵500～1 500粒，橙黄色。卵期约20 d。5月上旬开始孵化，5月中旬为孵化盛期。初孵若虫为黄色，成群爬至嫩叶上，数日后固着在叶背主侧脉附近及近叶柄处吸食为害。6月下旬蜕第1次皮，8月中旬蜕第2次皮，10月下旬发育为3龄，陆续转移到枝干的老皮和裂缝处群集结茧越冬。

【防治方法】

1. **人工防治**　越冬期结合防治其他害虫刮树皮，用硬刷刷除越冬若虫。

2. **药剂防治**　落叶后或发芽前喷洒3°～5°Bé石硫合剂、45%晶体石硫合剂20～30倍液、5%柴油乳剂，防治越冬若虫。若虫出蛰活动后和卵孵化盛期，喷施下列药剂：48%毒死蜱乳油1 500倍液；45%马拉硫磷乳油1 500倍液；50%二溴磷乳油2 000倍液；2.5%氟氯氰菊酯乳油2 000倍液；20%氰戊菊酯乳油2 000倍液；25%噻嗪酮可湿性粉剂1 500倍液，特别是对初孵转移的若虫效果很好。如能混用含油量1%柴油乳剂有明显增效作用。

3. **利用和保护天敌**　柿长绵粉蚧的捕食性天敌如二星瓢虫和草蛉等、寄生性天敌如寄生蜂等对该虫都有一定的自然控制能力。

（一六）柿花象甲

柿花象甲（*Aedenus* sp.），属鞘翅目象甲科。

柿花象甲幼虫为害状　　　　　柿花象甲为害幼果蛀孔　　　　　柿花象甲成虫为害状

【分布与寄主】　初步查明，柿花象甲分布于陕西的宁强、略阳、勉县、镇巴、安康，甘肃的康县，四川的广元、旺苍等地。只为害柿花和幼果，花受害率达82%～96%。

【为害状】　花托基部和幼果近萼片处有直径1 mm的产卵孔，花和幼果被柿花象甲幼虫蛀食，大量落花、落果。

【形态特征】

1. **成虫**　体长5～7 mm，体紫褐色，小盾片及足跗节灰白色，头延伸长呈管状，触角着生头管中部。前胸圆台形，宽大于长，鞘翅基部外缘有1个显著肩突。前足腿节端部膨大，有2个齿状突起。

2. **卵**　椭圆形，直径0.5 mm，初生乳白色，后变为淡黄色，表面光滑。

3. **幼虫**　老龄幼虫体长7～8 mm，体黄白色，头及尾铗黄褐色，体弯曲肥胖多皱，无足，尾铗二分叉。

4. **蛹**　体长6～7 mm，初米黄色，后期深褐色，离蛹。

【发生规律】　1年发生1代，以成虫在落叶秸秆堆及土壤里过冬。翌年5月中旬柿初花期出蛰上树，在柿开花期，将卵产于花托，当柿果1 cm大时，产卵于果面与萼片接缝处，一般1花1果只产1粒卵。卵期2～3 d，幼虫孵化后蛀入子房，为害2～3 d，花和幼果脱落，占地面落花落果大部分。幼虫在落果中继续生活15 d左右，然后化蛹，蛹期6～10 d，6月底成虫开始羽化，羽化盛期在7月上旬。当年成虫羽化后再次上树，在柿蒂萼片上取食2～3 mm孔洞，或在二叶重叠中间取食叶肉呈筛孔状，一直取食补充营养到10月下旬，下树过冬。

成虫有弱趋光性，活动敏捷，惊动坠落，善飞翔。产卵先用头管打1.5 mm深的孔洞，然后调转身体将卵产于洞口，再用头管堆入洞内，并用皮屑塞住洞口，最后咬一蛀孔。成虫寿命为12个多月，跨两年度，只在柿花幼果期产卵，其他时间取食叶片以补充营养。

【防治方法】

1. **振落捕杀成虫**　利用成虫假死性,树下铺上布单(或塑料薄膜)振动枝条,捕捉成虫。

2. **清扫落花落果**　在柿子落花落果期,每隔 2 ~ 3 d 清扫树盘下的落花落果,集中深埋于 30 cm 的土中,消灭幼虫,减少虫源。

3. **喷药防治成虫**　在柿花象甲出蛰上树盛期或当年成虫羽化后上树盛期,树冠地面喷药,可选用:90% 敌百虫、80% 敌敌畏 1 000 ~ 1 500 倍液,20% 甲氰菊酯 2 000 ~ 3 000 倍液,2.5% 溴氰菊酯 2 000 ~ 3 000 倍液。

(一七)球胸象甲

球胸象甲(*Piazomias validus* Motschulsky),属鞘翅目象甲科。

【分布与寄主】　分布于河北、山西、陕西、河南、安徽。为害枣、苹果、杨、柳等。

【为害状】　成虫将柿子树嫩叶食成缺刻状,叶面有黑色黏粪。

球胸象甲成虫

【形态特征】　成虫体型较大,黑色,具光泽,体长 8.8 ~ 13 mm,宽 3.2 ~ 5.1 mm,被覆淡绿色或灰色间杂有金黄色鳞片,其鳞片相互分离。头部略凸出,表面被覆较密鳞片,行纹宽,鳞片间散布带毛颗粒。足上有长毛,胫节内缘有粗齿。胸板第 3 ~ 5 节密生白毛,少鳞片,雌虫腹部短粗,末端尖,基部两侧各具沟纹 1 条;雄虫腹部细长,中间凹,末端略圆。

【发生规律】　1 年发生 1 代,以幼虫在土中越冬。翌年 4 ~ 5 月化蛹,5 月下旬至 6 月上旬羽化,河南小麦收割期,正处该虫出土盛期,7 月为为害盛期。

【防治方法】

1. **人工防治**　在成虫出土期,清晨摇树,下铺布单,捕杀落下的成虫。

2. **药剂防治**　发生数量多时,成虫发生期喷洒 80% 敌敌畏 800 ~ 1 000 倍液、90% 敌百虫 1 000 倍液,或杀螟松 1 000 倍液,防治树冠上的成虫。

第十四部分　核桃树病虫害

一、核桃树病害

（一）核桃树腐烂病

核桃树腐烂病又名黑水病。主要发生于我国西北、华北各省及安徽等省，几乎所有核桃产区均有发生该病且受害较重的核桃林株发病率可达80%以上。病树的大枝逐渐枯死，严重时整株死亡。该病主要为害枝干和树皮，导致枝枯和结实能力的下降，甚至全株死亡。核桃腐烂病在同一株上的发病部位以枝干分叉处、剪锯口和其他伤口处较多，同一园中，老龄树比幼龄树发病多，弱树比壮树发病多。

核桃树腐烂病病干　　　　　　　　　　　　　　　　核桃树腐烂病病干剖面

【症状】　　主要为害枝干的皮层。

1. **幼树和侧枝**　在幼树主干和侧枝上的病斑，初期近梭形，暗灰色，水渍状，微肿起，用手指按压可流出带泡沫状的液体，病皮变褐色，有酒糟味。病皮失水下陷，病斑上散生许多小黑点（分生孢子器）。当空气潮湿时，小黑点上涌出橘红色胶质丝状物（分生孢子角）。病斑沿树干的纵横方向发展，后期皮层纵向开裂，流出大量黑水。

2. **大树主干**　大树主干上病斑初期隐蔽在韧皮部，故俗称"湿串皮"，有时许多病斑呈小岛状互相串连，周围集结大量白色菌丝层。一般从外表看不出明显的症状，当发现由皮层向外溢出黑色黏稠的液滴时，皮下已扩展为纵长数厘米甚至长达20～30 cm的病斑。后期，沿树皮裂缝流出黏稠的黑水，糊在树干上，干后发亮，好像刷了一层黑漆。

3. **枝条**　受害后常呈现枯梢，主要发生在营养枝、徒长枝及二三年生的大侧枝上。枝条出现的症状：一种是枝条失绿，皮层充水与木质部剥离，随之迅速失水，枝条干枯，其上产生黑色小点；另一种是从剪锯口处发病，有明显的病斑，沿梢部向下蔓延，或向另一分枝蔓延，环绕一周，形成枯梢。

【病原】　　病原为胡桃壳囊孢（*Cytospora jugiandicola* Eu.et Barth），分生孢子器埋生于木栓层下，分生孢子器多室，形状不规则，黑褐色，大小为（144～324）μm×（96～108）μm。分生孢子器有长颈，颈长48～54 μm。分生孢子单胞，无色，香蕉状，大小为（1.9～2.9）μm×（0.4～0.6）μm。

【发病规律】　　病菌以菌丝体和分生孢子器在枝干病部越冬。翌年环境条件适宜时，产生分生孢子，借助风雨、昆虫等传播，从冻伤、机械伤、剪锯口、嫁接口等处侵入。病斑扩展以4月下旬至5月为最盛。管理粗放、土层瘠薄、土壤黏重、地下水位高、排水不良、肥料不足，以及遭受冻害、盐碱害等因素引起树势衰弱的核桃园，发病常严重。

【防治方法】

1. **加强栽培管理**　增施肥料，对于土壤结构不良、土层瘠薄、盐碱重的果园，应先改良土壤，促进根系发育良好，并增施有机肥料，使树势生长健壮，提高抗病能力。

2. **合理修剪**　及时清理剪除病枝、死枝、刮除病皮，集中销毁。增强树势，提高抗病能力。

3. **药剂防治**　早春发芽前，以及 6 ~ 7 月和 9 月，在主干和主枝的中下部喷 2° ~ 3° Bé 的石硫合剂，或 50% 福美双可湿性粉剂 50 ~ 100 倍液，可铲除核桃腐烂病病菌。

4. **刮治病斑**　一般在早春进行，也可以在生长期发现病斑随时进行刮治。刮后用 5% 菌毒清水剂 40 倍液，或 5° ~ 10° Bé 石硫合剂进行消毒处理。

5. **树干涂白防冻**　冬季日照较长的地区可进行树干涂白防冻，冬前先刮净病斑，然后涂刷白涂剂，预防树干受冻。

（二）核桃树枝枯病

核桃树枝枯病在国内大部分地区都有发生，在管理粗放的核桃园里常有发生，引起树枝枯死，遭冻害或春旱年份发病重。一般发病株率为 20% ~ 30%，严重的发病株率达到 80% 以上，引起大量枝条枯死，直接影响树体生长和核桃的产量、品质。因而，要及时防治，控制病情，促进树体发育，提高产量和品质，增加效益。

【症状】　病菌先侵染 1 年生枝梢，逐渐向下蔓延至枝干。被害皮层初为暗灰褐色，后为浅红褐色，最后变成深灰色。在枯枝上产生稀疏的小黑点，即病菌的分生孢子盘，湿度大时，从中涌出黑色短柱状呈馒头形的分生孢子团。被害枝上叶片变黄，直至枯萎脱落。

【病原】　病原菌的有性世代为 *Melanconium juglandis*，称核桃黑盘壳菌，属子囊菌亚门真菌。无性世代为 *Melanconium julandinum*，称核桃圆黑盘孢，属半知菌类真菌。

核桃树枝枯病为害状

核桃树枝枯病病枝

分生孢子盘生于表皮下，后突破表皮外露。分生孢子椭圆形或卵形、单胞、褐色，大小为（18 ~ 20）μm ×（12 ~ 14）μm。

【发病规律】　以分生孢子盘或菌丝体在枝条、树干的病部越冬。翌年春条件适宜时产生的分生孢子借风雨、昆虫从伤口或嫩梢进行初次侵染，发病后又产生孢子进行再次侵染。5 ~ 6 月发病，7 ~ 8 月为发病盛期，至 9 月后停止发病。空气湿度大和多雨年份发病较重，受冻和抽条严重的幼树易感病。该菌属弱性寄生菌，生长衰弱的核桃树枝条易发病，春旱或遭冻害年份发病重。管理不善，肥料不足，树势衰弱的果园发病严重。

【防治方法】

（1）清除病枯枝，集中处理，可减少感病来源。

（2）加强林园管理，深翻、施肥，增强树势，提高抗病能力，树干刷涂白剂。涂白剂配制方法为生石灰 12.5 kg，食盐 1.5 kg，植物油 0.25 kg，硫黄粉 0.5 kg，水 50 kg。

（3）4 ~ 5 月及 8 月各喷洒 50% 甲基硫菌灵可湿性粉剂 800 倍液，或 70% 代森锰锌可湿性粉剂 1 000 倍液，50% 异菌脲可湿性粉剂 1 500 倍液都有较好的防治效果。

（三）核桃白粉病

核桃白粉病在各核桃产区都有发生，是一种常见的叶部病害。除为害叶片外，还为害嫩芽和新梢。干旱季节，发病率高，造成早期落叶，影响树势和产量。

核桃白粉病为害叶片　　　　　核桃白粉病为害叶片可引起叶片畸形　　　　　核桃白粉病为害核桃叶片

【症状】　发病初期，叶面产生褪绿或黄色斑块，严重时叶片变形扭曲、皱缩，嫩芽不展开，并在叶片正面或反面出现白色圆形粉层，即病菌的菌丝和无性阶段的分生孢子梗和分生孢子。后期在粉层中产生褐色至黑色小粒点，或粉层消失只见黑色小粒点，即病菌有性阶段的闭囊壳。

【病原】　病原菌属真菌子囊菌亚门山田叉丝壳菌 *Microsphaera yamadai* (Salm.) Syd. 和核桃球针壳菌 *Phyllactinia fraxini* (de Candolle) Homma. 两种。山田叉丝壳菌的菌丝外生，稀疏，易消失。分生孢子无色，椭圆形，单生，大小为（20～29）μm×（12～15）μm。闭囊壳多在叶背面聚生或散生，黑褐色，球形，直径为 73～130μm。附属丝 5～10根，坚硬，直或微弯，基部褐色，顶部叉状分枝 2～3次，末枝反卷。子囊 4～6个，无色，广卵形或椭圆形，大小为（49～73）μm×（38～44）μm。子囊孢子 3～8个，无色，单胞，椭圆形，大小为（16～23）μm×（10～15）μm。核桃球针壳菌的菌丝叶背生，灰白色，斑块状，常存留。分生孢子单独顶生，棍棒形或顶端突出倒卵形，大小为（43～66）μm×（14～26）μm。闭囊壳聚生，褐色，扁球形，直径为 153～241μm。附属丝 5～22根，直或微弯，透明，无隔膜，基部膨大成球形，顶端尖细。子囊 10～24个，无色，长椭圆形或长卵形，有柄，大小为（59～103）μm×（24～45）μm。子囊孢子 2个，无色，椭圆形，大小为（23～44）μm×（14～25）μm。

【发病规律】　病菌以闭囊壳在落叶或病梢上越冬。翌年春季气温上升，遇到雨水，闭囊壳吸水膨胀破裂，散出子囊孢子，随气流传播到幼嫩芽梢及叶上，进行初次侵染。发病后的病斑上多次产生分生孢子进行再侵染。秋季病叶上又产生小粒点即闭囊壳，随落叶越冬。温暖气候，潮湿天气都有利于该病害发生。植株组织柔嫩，也易感病，苗木比大树更易受害。

【防治方法】　清除病残枝叶，减少传染源。发病初期可用 0.2°～0.3°Bé 石硫合剂喷洒。夏季用 50% 甲基硫菌灵可湿性粉剂 1 000 倍液，或 15% 粉锈宁可湿性粉剂 1 500 倍液喷洒。

（四）核桃灰斑病

核桃灰斑病是一种常见叶部病害，8～9月盛发，一般为害较轻。

【症状】　主要为害叶片，病斑暗褐色，圆形或近圆形，干燥后中央灰白色，边缘黑褐色，上生黑色小点，即病原菌的分生孢子器。

【病原】　病原菌属核桃叶点霉菌 *Phyllosticta juglandis* (DC.) Sacc.。分生孢子器散生，初期埋生，后突破表皮外露，褐色，扁球形，膜质，直径 80～96μm。分生孢子无色，卵圆形，单胞，大小为（5～7）μm×（2～3）μm。

【发病规律】　病菌以分生孢子器在病叶上越冬。翌年生长期，分生孢子随雨水传播，进行初次侵染和再次侵染。雨水多的年份发病较多。

核桃灰斑病病叶　　　　　　　　　　　　　核桃灰斑病病叶病斑

【防治方法】

1. **人工防治**　清除落叶，集中深埋，减少发病来源。
2. **化学防治**　发病前喷洒 80% 代森锰锌可湿性粉剂 800 倍液，或 25% 多菌灵可湿性粉剂 400 倍液。

（五）核桃细菌性黑斑病

核桃细菌性黑斑病又称"黑腐病"，是为害核桃果实和叶片的主要病害，在全国各产区都有分布，除为害核桃外，还可侵染多种该属植物。常造成核桃幼果腐烂，引起落果。

【症状】　此病主要为害幼果和叶片，也可为害嫩枝及花序。

1. **果实**　幼果受害时，果面发生褐色小斑点，无明显边缘，以后逐渐扩大成片变黑，并深入果肉，使整个果实连同核仁全部变黑腐烂脱落。较成熟的果实受侵染后，往往只局限在外果皮或最多延及中果皮变黑腐烂，病皮脱落后，内果皮外露，核仁表面完好，但出油率大为降低。

2. **叶片**　叶片受侵染后，首先在叶脉上出现近圆形及多角形的小褐斑，严重时能互相愈合，病斑外围有水渍状晕圈，少数在后期出现穿孔现象，病叶皱缩畸形。

3. **叶柄和枝条**　叶柄、嫩枝上病斑长形，褐色，稍凹陷，严重时因病斑扩展而包围枝条将近一圈时，病斑以上枝条即枯死。

4. **花序**　花序受侵染后，产生黑褐色水浸状病斑。

【病原】　病原菌为 *Xanthomonas campestris* pv. *juglandis*（Pierce）Dowson，是一种细菌，菌体短杆状，大小为（1.3 ~ 3）μm×（0.3 ~ 0.5）μm，端生 1 根鞭毛。牛肉汁葡萄糖琼脂斜面划线培养，菌落生长旺盛，凸起，有光泽，光滑，不透明，呈浅柠檬黄色，有黏性。生长适温为 28 ~ 32 ℃，最高 37 ℃，最低 5 ~ 7 ℃，致死温度 53 ~ 55 ℃ 10 min，生长 pH 值为 5.2 ~ 10.5，最适 pH 值为 6 ~ 8。

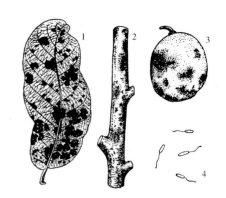

核桃细菌性黑斑病
1. 病叶　2. 病枝　3. 病果　4. 病原细菌

【发病规律】　病原细菌在枝梢的病斑里或芽里越冬，翌年春分泌出细菌，借风雨传播到叶、果及嫩枝上为害。病菌能侵害花粉，因此，花粉也能传带病菌。昆虫也是传带病菌的媒介。病菌由气孔、皮孔、蜜腺及各种伤口侵入。在寄主表皮潮湿，温度在 4 ~ 30 ℃时，能侵害叶片；在 5 ~ 27℃时，能侵害果实。潜育期为 5 ~ 34 d，在果园里一般为 10 ~ 15 d。核桃在开花期及展叶期最易感病，夏季多雨则病害严重。核桃举肢蛾蛀食后的虫果伤口处，很易受病菌侵染。

核桃细菌性黑斑病叶片病斑

核桃细菌性黑斑病病枝

核桃细菌性黑斑病叶片

核桃细菌性黑斑病果实病斑

核桃细菌性黑斑病病叶

核桃细菌性黑斑病叶片

核桃细菌性黑斑病病叶背面

【防治方法】

1. **清除菌源** 结合修剪，剪除病枝梢及病果，并捡拾地面落果，集中烧毁，以减少果园中病菌来源。

2. **药剂防治** 在虫害严重地区，特别是核桃举肢蛾严重发生的地区，应及时防治害虫，从而减少伤口和传带病菌的媒介，以达到防病的目的。黑斑病发生严重的核桃园，分别在展叶时（雌花出现之前）、落花后，以及幼果期各喷 1 次 1∶0.5∶200 波尔多液。此外，落花后 7～10 d 为侵染果实的关键时期，可喷施下列药剂：1%中生菌素水剂 200～300 倍液，或 30% 琥胶肥酸铜可湿性粉剂 600 倍液，或 50%氯溴异氰尿酸可溶性粉剂 1 500 倍液等，每隔 10～15 d 喷 1 次，连喷 2～3 次。

二、核桃害虫

（一）核桃举肢蛾

核桃举肢蛾（*Atrijuglans hetaohei* Yang），又名"核桃黑"或黑核桃，属于鳞翅目举肢蛾科。

核桃举肢蛾为害核桃果实变黑

核桃举肢蛾为害果皮变黑

核桃举肢蛾幼虫在核桃果实内为害状

【分布与寄主】　分布于河北、河南、山西、陕西、甘肃、四川、贵州等省核桃产区。河北省太行山及燕山山脉，山西省的晋东南、晋中和晋北，陕西省的关中、陕南等核桃产区发生普遍，为害严重。

【为害状】　以幼虫蛀入核桃果内（总苞）以后，蛀孔出现水珠，初期透明，后变为琥珀色。随着幼虫的生长，纵横穿食为害，被害的果皮发黑，并开始凹陷，核桃仁（子叶）发育不良，表现干缩而黑，故称为"核桃黑"。有的幼虫早期侵入硬壳内蛀食为害，使核桃仁枯干。有的蛀食果柄间的维管束，引起早期落果，严重影响核桃产量。

【形态特征】

1. **成虫**　体长 5 ~ 8 mm，翅展 12 ~ 14 mm，黑褐色，有光泽。复眼红色，触色丝状，淡褐色，下唇须发达，银白色，向上弯曲，超过头顶。翅狭长，缘毛很长；前翅端部 1/3 处有 1 个半月形白斑，基部 1/3 处还有 1 个椭圆形小白斑（有时不显）。腹部背面有黑白相间的鳞毛，腹面银白色。足白色，后足很长，胫节和跗节具有环状黑色毛刺，静止时胫、跗节向侧后方上举，并不时摆动，故名"举肢蛾"。

2. **卵**　椭圆形，长 0.3 ~ 0.4 mm，初产时乳白色，渐变为黄白色、黄色或淡红色，近孵化时呈红褐色。幼虫初孵时体长 1.5 mm，乳白色，头部黄褐色。

3. **幼虫**　成熟幼虫体长 7.5 ~ 9 mm，头部暗褐色，胴部淡黄白色，背面稍带粉红色，被有稀疏白色刚毛。腹足趾钩间序环，臀足趾钩为单序模带。

4. **蛹**　体长 4 ~ 7 mm，纺锤形，黄褐色。茧椭圆形，长 8 ~ 10 mm，褐色，常黏附草屑及细土粒。

核桃举肢蛾

a. 成虫　b. 幼虫　c. 卵

【发生规律】　核桃举肢蛾在西南核桃产区 1 年可发生 2 代，在山西、河北 1 年发生 1 代，河南发生 2 代，均以成熟幼虫在树冠下 1 ~ 2 cm 的土壤中、石块下及树干基部粗皮裂缝内结茧越冬。在河北省，越冬幼虫在 6 月上旬至 7 月下旬化蛹，盛期在 6 月上旬，蛹期 7 d 左右。成虫发生期在 6 月上旬至 8 月上旬，盛期在 6 月下旬至 7 月上旬。幼虫 6 月中旬开始为害，有的年份发生早些，6 月上旬即开始为害，老熟幼虫 7 月中旬开始脱果，盛期在 8 月上旬，9 月末还有个别幼虫蜕果。在四川绵阳，越冬幼虫于 4 月上旬开始化蛹，5 月中下旬为化蛹盛期，蛹期 7 ~ 10 d，越冬代成虫最早出现于 4 月下旬果径

6 ~ 8 mm 时，5 月中下旬为盛期，6 月中上旬为末期，5 月中上旬出现幼虫为害。6 月出现第 1 代成虫，6 月下旬开始出现第 2 代幼虫为害。

成虫略有趋光性，多在树冠下部叶背活动和交尾，产卵多在 18 ~ 20 时，卵大部分产在两果相接的缝隙内，其次是产在萼洼、梗洼或叶柄上。一般每个果上产 1 ~ 4 粒，后期数量较多，每个果上可产 7 ~ 8 粒。每头雌蛾可产卵 35 ~ 40 粒。成虫寿命约 1 周。卵期 4 ~ 6 d。幼虫孵化后在果面爬行 1 ~ 3 h，然后蛀入果实内，纵横食害，形成蛀道，粪便排于其中。蛀孔外流出透明或琥珀色水珠，此时果实外表无明显被害状，但随后会出现青果皮皱缩变黑腐烂，引起大量落果。1 个果内有幼虫 5 ~ 7 头，最多 30 余头，在果内为害 30 ~ 45 d 成熟，咬破果皮蜕果入土结茧化蛹。第 2 代幼虫发生期间，正值果实发育期，内果皮已经硬化，幼虫只能蛀食中果皮，果面变黑凹陷皱缩。至核桃采收时有 80% 左右的幼虫脱果结茧越冬，少数幼虫直至采收被带入晒场。

【防治方法】

1. **深翻树盘** 晚秋或早春深翻树冠下的土壤，破坏冬虫茧，可消灭部分越冬幼虫，或使成虫羽化后不能出土。

2. **树冠喷药** 掌握成虫产卵盛期及幼虫初孵期（在小麦稍黄之际），每隔 10 ~ 15 d 选喷 1 次 50% 杀螟硫磷乳油或 50% 辛硫磷乳油 1 000 倍液，2.5% 溴氰菊酯乳油或 20% 杀灭菊酯乳油 2 000 ~ 3 000 倍液等，共喷 3 次，将幼虫消灭在蛀果之前，效果很好。

3. **地面施药** 成虫羽化前或个别成虫开始羽化时，在树干周围地面喷施 50% 辛硫磷乳油 300 ~ 500 倍液，每亩用药 0.5 kg，每株 0.4 ~ 0.75 kg，以毒杀出土成虫。在幼虫脱果期树冠下施用辛硫磷乳油，毒杀幼虫亦可收到良好效果。

4. **摘除被害果** 6 月中旬至采收之前拣拾落果。受害轻的树，在幼虫脱果前及时摘除变黑的被害果，可减少下一代的虫口密度。

（二）核桃细蛾

核桃细蛾（*Acrocercops transecta* Meyrick），又名核桃潜叶蛾，属鳞翅目细蛾科。

核桃细蛾为害叶片

核桃细蛾幼虫

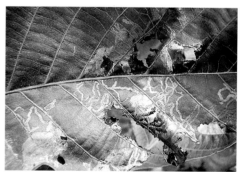

核桃细蛾为害叶片形成虫道

核桃细蛾为害叶片（1）

核桃细蛾为害叶片（2）

【分布与寄主】　分布于河北、山西等省核桃产区。

【为害状】　以幼虫为害叶片，使叶片干枯造成严重为害。幼虫潜叶为害，多于上表皮下蛀食叶肉，虫道呈不规则线状，后呈不规则形大斑，上表皮与叶肉分离，呈泡状，表皮逐渐干枯呈褐色，1片叶上常有数头幼虫为害，多者有10余头，使全叶枯死。

【形态特征】

1. 成虫　体长约4 mm，翅展8～10 mm，体银灰色，头部银白色，头顶杂有黄褐色鳞片，下唇须长而上弯，黄白色，触角丝状比前翅略长，灰黄色。复眼黑色球形，胸背银白色，前翅基部微褐色，其余部分暗灰色，狭长呈披针形，上有3条明显的白色带状斜纹，从前缘向后缘有3～4个小白斑，静止时两翅合并，背面观第1、第2条斜带状纹组成"V"形白色斑纹。后翅狭长剑状，灰白色至灰褐色，缘毛很长，灰色，足灰白色，前足胫节密生紫褐色鳞片，后足胫节有1列长刺，腹部灰白色。

2. 幼虫　圆筒形，长5～6 mm，体红色。头部黄褐色，前胸盾片黄褐色至淡黑色，上有暗色纵纹，胸部较宽向后渐细，腹部10节。初龄幼虫淡黄白色，中胸及各腹节有不明显的暗色纹，2龄后体变淡橙黄色，体略扁，胸部较宽。

3. 蛹　长约4 mm，黄褐色，羽化头顶黑色，翅芽上出现黑褐色斑纹。

【发生规律】　根据山西观察的记录，该虫1年发生3代，6月中旬出现幼虫，7月出现第1次成虫，8月出现第2次成虫，9月发生第3次成虫，此后不再见幼虫为害。幼虫老熟后脱出叶片，于枝条缝隙或叶片上吐丝结白色半透明的茧化蛹，蛹期7～8 d，羽化时蛹体露出茧外约一半而羽化，蛹壳残留。

【防治方法】　喷药防治，幼虫为害初期喷布药剂可选25%灭幼脲胶悬剂1 500倍液，或20%除虫脲悬浮剂2 500～3 000倍液，防治叶内幼虫和成虫；成虫集中发生期喷药防治，可喷2.5%溴氰菊酯乳油2 000倍液。

（三）核桃缀叶螟

核桃缀叶螟（*Locastra muscosalis* Walker），又名木樑黏虫、缀叶丛螟，属于鳞翅目螟蛾科。

核桃缀叶螟低龄幼虫为害状　　　　核桃缀叶螟幼虫　　　　核桃缀叶螟为害状

【分布与寄主】　分布在华北、西北和中南等地区，寄主有核桃等。在有些地方个别年份发生严重，往往把叶片吃光，影响果实产量。

【为害状】　初龄幼虫群居，几十头甚至几百头在一起。幼虫在叶面吐丝结网，稍长大，由一窝分为几群，把叶片缀在一起，使叶片呈筒形，幼虫在其中食，并把粪便排在里面，随虫体的长大（约20 mm）转移分散为害，最初卷食复叶，把2～4个复叶缠卷在一起，复叶卷得越来越多，最后呈团状。当幼虫即将老熟时，一般1个叶筒内只有1条虫。

【形态特征】

1. 成虫　体长14～20 mm，翅展35～50 mm，全体黄褐色。触角丝状，复眼绿褐色。前翅色深，稍带淡红褐色，有明显的黑褐色内横线及曲折的外横线，横线两侧、靠近前缘处各有黑褐色小斑点1个，外缘翅脉间各有黑褐色小斑点1个，前缘中部有1个黄褐色斑点。后翅灰褐色，接近外缘颜色逐渐加深。

2. **卵** 球形，密集排列成鱼鳞状，每块有卵 100 ~ 200 粒。

3. **幼虫** 老熟幼虫体长 20 ~ 45 mm。头黑褐色，有光泽。前胸背板黑色，前缘有 6 个黄白色斑点。背中线较宽，杏红色。亚背线气门上线黑色，体侧各节有黄白色斑点。腹部腹面黄褐色。全体疏生短毛。

4. **蛹** 长约 16 mm，深褐色至黑色。茧深褐色，扁椭圆形，长约 20 mm，宽约 10 mm。硬似牛皮纸。茧大小差异很大。

【发生规律】 1 年发生 1 代，以老熟幼虫在根茎部及距树干 1 m 范围内的土中结茧越冬，入土深度 10 cm 左右。翌年 6 月中旬越冬幼虫开始化蛹，化蛹盛期在 6 月底至 7 月中旬，末期在 8 月上旬，蛹期 10 ~ 20 d，平均 17 d 左右。6 月下旬开始羽化出成虫，7 月中旬为羽化盛期，末期在 8 月上旬。成虫产卵于叶面。7 月上旬孵化幼虫，7 月末至 8 月初为孵化盛期。幼虫在夜间取食、活动、转移，白天静伏在被害叶筒内，很少食害。8 ~ 9 月入土越冬。

【防治方法】

1. **挖除虫茧** 虫茧在树根旁或松软的土里比较集中，在封冻前或解冻后挖虫茧。

2. **摘除虫叶** 幼虫多在树冠上部和外围结网卷叶为害，在发生少的地方，可以用钩镰把虫枝砍下，消灭幼虫。

3. **药剂防治** 在 7 月中下旬幼虫为害初期喷 50% 杀螟松 2 000 倍液，50% 辛硫磷乳剂 2 000 ~ 3 000 倍液，杀螟杆菌 200 ~ 400 倍液均可。

（四）美国白蛾

美国白蛾〔*Hyphantria cunea*（Drury）〕，属鳞翅目灯蛾科。

美国白蛾为害核桃树叶片（1）

美国白蛾为害核桃树叶片仅剩叶脉

美国白蛾低龄幼虫为害核桃叶片（2）

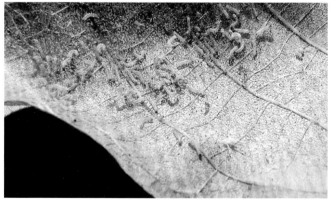
美国白蛾低龄幼虫

美国白蛾卵粒

【分布与寄主】 国内在北京、天津、河北、辽宁、吉林、江苏、安徽、山东、河南等省（市）已经出现了美国白蛾疫情，是我国植物检疫对象之一；国外分布在美国、墨西哥、日本、朝鲜等国。该虫寄主植物广泛，国外报道有 300 多种植物，国内初步调查有 100 多种，包括苹果、山楂、李、桃、梨、杏、核桃等果树及桑、白蜡、杨、柳等林木。

【为害状】 幼虫 4 龄以前有吐丝结网的习性，常数百头幼虫群居网内食害叶肉，残留表皮，受害叶干枯呈现白膜状，5 龄后幼虫从网幕内爬出，向树体各处转移分散，直到吃光全树叶片。

【形态特征】

1. **成虫**　为白色蛾子。雄虫体长 9 ~ 12 mm，触角双栉齿状，多数前翅生有多个褐色斑点，尤以越冬代成虫翅面斑点为多。雌虫触角锯齿状，前翅多为纯白色。

2. **卵**　圆球形，直径约 0.5 mm，灰绿色，卵面有凹陷刻纹，数百粒呈单层卵块，上覆有雌蛾白色体毛。

3. **幼虫**　老熟时体长 28 ~ 35 mm，头黑色，有光泽。胸、腹部为灰褐色至灰黑色，背部两侧线之间有 1 条灰褐色的宽纵带。背中线、气门上线及气门下线为黄色。背部毛瘤黑色，体侧毛瘤多为橙黄色，毛瘤上着生白色长毛丛。

4. **蛹**　体长 8 ~ 12 mm，暗红褐色，中央有纵向隆脊。

【发生规律】　1 年发生 2 代，以茧蛹在枯枝落叶、表土层、墙缝等处越冬。越冬代成虫发生在 4 月初至 5 月底，第 1 代幼虫为害盛期在 5 月中旬至 6 月中旬。第 1 代成虫发生在 6 月中旬至 8 月中旬，第 2 代幼虫为害盛期在 7 月至 8 月中上旬。美国白蛾最喜生活在阳光充足的地方，多发生在树木稀疏、光照充足的树上。在公路两旁、公园、果园、居民点、村落周围的树上，发生尤为集中。在林区边缘也有发生，但不深入森林内部。

【防治方法】

1. **严格检疫**　从虫害疫区向未发生区调运植物货物和植物性包装物，应由当地植物检疫部门检疫后，方可调运。

2. **人工防治**　对 1 ~ 3 龄幼虫随时检查并及时剪除网幕。

3. **药剂防治**　多种杀虫剂均可有效地毒杀幼虫，如 25% 灭幼脲悬浮剂 2 000 倍液、24% 甲氧虫酰肼悬浮剂 2 500 倍液、5% 氟虫脲乳油 2 000 倍液等。

4. **生物防治**　可用苏云金杆菌、美国白蛾病毒（以核型多角体病毒的毒力较强）防治幼虫。

（五）黄刺蛾

黄刺蛾（*Cnidocampa flavescens* Walker），俗称洋辣子、八角子，属鳞翅目刺蛾科。

【分布与寄主】　全国各省几乎都有分布。主要为害苹果、梨、山楂、桃、杏、枣、核桃、柿、柑橘等果树及杨、榆、法桐、月季等林木。

【为害状】　低龄幼虫啃吃叶肉，使叶片呈网眼状，幼虫长大后，将叶片食成缺刻，只残留主脉和叶柄。

【形态特征】

1. **成虫**　体长 13 ~ 16 mm。前翅内半部黄色，外半部黄褐色。

2. **卵**　扁椭圆形，淡黄色，长约 1.5 mm，多产在叶面上，数十粒结成卵块。

3. **幼虫**　老龄幼虫体长 20 ~ 25 mm，体近长方形。体背有紫褐色大斑，呈哑铃状。末节背面有 4 个褐色小斑。体中部两侧各有两条蓝色纵纹。

黄刺蛾幼虫

4. **蛹**　椭圆形，肥大，淡黄褐色。茧石灰质，坚硬，似雀蛋，茧上有数条白色与褐色相间的纵条斑。

【发生规律】　东北、华北大多 1 年发生 1 代，河南、陕西、四川等省 1 年可发生 2 代。以老熟幼虫在树杈、枝条上结茧越冬。1 年 2 代的地区多于 5 月上旬开始化蛹，成虫于 5 月底至 6 月上旬开始羽化，7 月为幼虫为害期。下一代成虫于 7 月底开始羽化，第 2 代幼虫为害盛期在 8 月中上旬。9 月初幼虫陆续老熟、结茧越冬。

【防治方法】

1. **人工捕杀**　冬、春季结合修剪，剪除虫茧或刜除虫茧。在低龄幼虫群栖为害时，摘除虫叶。

2. **药剂防治**　幼虫发生期，喷洒辛硫磷、杀螟松或菊酯类等杀虫剂。

3. **生物防治**　保护利用天敌，主要有上海青蜂、刺蛾广肩小蜂、刺蛾紫姬蜂、姬蜂和黄刺蛾核型多角体病毒等。

（六）大袋蛾

大袋蛾（*Clania variegata* Snellen），别名大蓑蛾、布袋虫、吊包虫，属鳞翅目袋蛾科。

大袋蛾虫囊

大袋蛾蛹

【分布与寄主】　主要寄主有核桃、柿子、泡桐、法桐等果树和林木。

【为害状】　幼虫取食叶片，将叶片食成缺刻孔状，严重时可将叶片食光，导致树势衰弱，甚至死亡。

【形态特征】

1. **成虫**　雄成虫体长 14 ~ 19.5 mm，翅展 29 ~ 38 mm。体翅灰褐色，翅面前后缘有 4 ~ 5 个半透明斑。雌成虫体长 17 ~ 22 mm，无翅，蛆状，乳白色。头较小，为淡褐色，胸背中央有 1 条褐色隆脊，后胸腹面及第 7 腹节后缘密生黄褐色茸毛环，腹内卵粒较明显。

2. **卵**　长 0.7 ~ 1 mm，黄色，椭圆形。

3. **幼虫**　初孵幼虫黄色，略带有斑纹，3 龄时可区分雌雄。雌老熟幼虫体长 28 ~ 37 mm，粗壮，头部赤褐色，头顶有环状斑，胸部背板骨化。雄老熟幼虫体长 17 ~ 21 mm，头黄褐色，中间有一显著的白色"八"字形纹，胸部灰黄褐色，背侧有 2 条褐色斑纹，腹部黄褐色，背面有横纹。

4. **蛹**　雌蛹体长 22 ~ 30 mm，褐色，头胸附器均消失，枣红色。雄蛹体长 17 ~ 20 mm，暗褐色。

【发生规律】　该虫 1 年发生 1 代，个别年份，遇有天气干旱，气温偏高且持续期长，大袋蛾有分化 2 代现象，但第 2 代幼虫不能越过冬季。幼虫共 9 龄，以老熟幼虫在袋囊内越冬。翌年 4 月中旬至 5 月上旬为化蛹期，5 月中下旬成虫选择在晴天 9 ~ 16 时羽化。多在晚 8 ~ 9 时，雌成虫尾部伸出袋口处，释放雌激素，雄成虫飞抵雌成虫袋口交尾。雌成虫将卵产于袋囊内，6 月中下旬幼虫孵化，在袋囊内停留 1 ~ 3 d 后在 11 时至 13 时从袋囊口吐丝下垂降落到叶面上，迅速爬行 10 ~ 15 min，吐丝织袋，负袋取食叶肉。借风力传播蔓延。袋随虫体增大而增大。7 月下旬至 8 月中上旬为为害盛期，9 月下旬至 10 月上旬，老熟幼虫将袋固定在当年生枝条顶端越冬。大袋蛾多在树冠的下层，靠携虫苗木远距离运输进行远距离传播。天敌种类较多，寄生率较高。有寄生蝇类、白僵菌、绿僵菌及大袋蛾核型多角体病毒等。

【防治方法】　参考柿子大袋蛾防治。

（七）木橑尺蠖

木橑尺蠖（*Culcula panterinaria* Brener et Grey），又名木橑步曲，俗称小大头虫，属鳞翅目尺蠖蛾科。

【分布与寄主】　在我国华北、西北、西南、华中和台湾省均有分布。寄主植物 150 余种，主要为害核桃、榆、刺槐、

木橑尺蠖卵、幼虫与成虫

木橑尺蠖幼虫为害状

黄楝、泡桐、杨树、桑树等多种树木。

【为害状】　主要以幼虫为害叶片，小幼虫将叶片吃成缺刻与孔洞，是一种暴食性害虫，3～5 d 即可将叶片全部吃光而留下叶柄，因而得名"一扫光"。此虫发生密度大时将大片果园叶片吃光，造成树势衰弱，核桃大量减产。

【形态特征】

1. **成虫**　体长 18～22 mm，翅展 72 mm。雌蛾触角丝状，雄蛾触角短羽状。胸部背面具有棕黄色鳞毛，在中央有 1 条浅灰色斑纹。足为灰白色，胫节、跗节具有浅灰色的斑纹。前后翅外散布不规则的浅灰色斑点，在前翅基部有 1 个近圆形的黄棕色斑纹，前、后翅的中央，各有 1 个明显浅灰色的斑点，在前、后翅外缘线有 1 个近圆形的黄棕色斑纹。雌蛾腹部末端具有黄棕色毛丛，产卵管褐色，稍伸出体外。雄蛾腹部细长，圆锥形。

2. **卵**　扁圆形，绿色，直径约 0.9 mm。卵块上覆有 1 层棕色茸毛，孵化前变为黑色。

3. **幼虫**　共 6 龄。老熟幼虫体长约 70 mm。颅顶两侧呈圆锥状突起，额面有 1 个深棕色的"八"字形凹纹。单眼 5 个，圆形，大小相近，其中 4 个呈半圆形排列。前胸背板前端两侧各有 1 个突起。气门椭圆形，两侧各有 1 个白色斑点。胸足 3 对，腹足 1 对，着生在腹部第 6 节上，臀足 1 对。

4. **蛹**　长约 30 mm，宽 8～9 mm，初期翠绿色，最后变为黑色，反光很弱，体表面布满小刻点。

【发生规律】　华北 1 年发生 1 代，浙江 1 年发生 2～3 代，以蛹在墙根下或梯田石缝内、树干周围土内越冬，以 3 cm 深处为最多。如在荒坡上，则以杂草、碎石堆中较多。翌年 5 月上旬平均气温达 25 ℃左右则开始羽化，7 月中下旬为盛期，8 月底为末期。

成虫不活泼，趋光性强，晚间活动，白天静止在树上或梯田上，易被发现。早晨，翅受潮后不易飞翔。成虫喜欢产卵于寄主植物的皮缝内或石块上，卵呈块状，不规则，卵期 9～10 d，每只雌蛾产卵 1 000～1 500 粒，多者可达 3 000 粒以上。成虫寿命 4～12 d。

初孵幼虫活泼，爬行很快，并能吐丝借风力转移为害。先取食叶尖叶肉。2 龄以后，行动迟缓，尾足攀缘能力很强，在静止时直立在小枝上，或者以尾足、胸足分别攀缘在分叉处的两小枝上，不易被发现。幼虫老熟时坠到地上，少数幼虫顺树下爬或吐丝下垂着地，在树下松软土壤（一般深 3 cm 左右）、阴暗潮湿的石堰缝内或乱石下化蛹。在这些地方常发现其"蛹巢"，往往有几十个或几百个聚在一起。蛹期 230～250 d。

【防治方法】

1. **人工防治**　蛹密度大的地区，在结冻前和早春解冻后，可进行人工刨蛹；成虫早晨不爱活动，可以捕杀。成虫趋光性强，在发生密度较大的地方，羽化盛期可用堆火或黑光灯诱杀。

2. **药剂防治**　在 3 龄前用药防治，各代幼虫孵化盛期，特别是第 1 代幼虫孵化期，喷施下列药剂：90%晶体敌百虫 1 000 倍液，或 50%杀螟硫磷乳油 1 500 倍液，或 50%辛硫磷乳油 1 500 倍液，或 45%马拉硫磷乳油 1 000 倍液，或 2.5%氟氯氰菊酯乳油 3 000 倍液，或 20%甲氰菊酯乳油 2 000 倍液，或 20%氰戊菊酯乳油 2 000 倍液等。

（八）燕尾水青蛾

燕尾水青蛾［*Actias selene*（Jacob Hübner）］，又名绿尾大蚕蛾，属鳞翅目大蚕蛾科。

【分布与寄主】 分布于辽宁、河北、北京、山东、山西、河南、陕西、江苏、浙江等省（市）。寄主植物有核桃、枣、苹果、梨、葡萄、沙果、海棠、栗、樱桃，以及柳、枫、杨、木槿、乌桕等。

【为害状】 以虫蚕食叶片，严重时可将叶片食光。

【形态特征】

1. **成虫** 体长 35 ～ 40 mm，翅展 122 mm 左右。体表具浓厚白色茸毛，头部、胸部、肩板基部前缘有暗紫色横切带。翅粉绿色，基部有白色茸毛，前翅前缘暗紫色，混杂有白色鳞毛，翅的外缘黄褐色，中室末端有眼斑 1 个，中间一长条透明，外侧黄褐色，内侧内方橙褐色，外方黑色，翅脉较明显，灰黄色。后翅也有 1 个眼纹，后角尾状突出，长 40 mm。

燕尾水青蛾幼虫在核桃树上

2. **卵** 球形稍扁，直径约 2 mm。米黄色，上有胶状物将卵黏成堆。每堆有卵少者几粒，多者二三十粒。

3. **幼虫** 1 ～ 2 龄幼虫黑色，第 2、第 3 胸节及第 5、第 6 腹节橘黄色，前胸背板黑色。3 龄幼虫全体橘黄色。4 龄开始渐变为嫩绿色。老熟幼虫体长 73 ～ 80 mm，头部绿褐色，头较小，宽仅 5.5 mm，体黄绿色，气门线以下至腹面浓绿色，腹面黑色。

4. **蛹** 长 45 ～ 50 mm，赤褐色，额区有 1 个浅黄色三角斑。茧灰褐色，长卵圆形，全封闭式；长径 50 ～ 55 mm，短径 25 ～ 30 mm，茧外常有寄主叶裹着。

【发生规律】 在辽宁、河北、河南、山东等北方果产区 1 年发生 2 代，在江西南昌可发生 3 代，在广东、广西、云南发生 4 代，在树上作茧化蛹越冬。北方果产区越冬蛹 4 月中旬至 5 月上旬羽化并产卵。卵历期 10 ～ 15 d。第 1 代幼虫 5 月中上旬孵化。幼虫共 5 龄，历期 36 ～ 44 d。老熟幼虫 6 月上旬开始化蛹，中旬达盛期。蛹历期 15 ～ 20 d。第 1 代成虫 6 月下旬至 7 月初羽化产卵。卵历期 8 ～ 9 d。第 2 代幼虫 7 月上旬孵化，至 9 月底老熟幼虫结茧化蛹。越冬蛹期 6 个月。

成虫有趋光性，一般中午前后至傍晚羽化，羽化前分泌棕色液体溶解茧丝，然后从上端钻出，当天 20 ～ 21 时至翌日 2 ～ 3 时交尾。交尾历时 2 ～ 3 h。翌日夜晚开始产卵，产卵周期 6 ～ 9 d。产卵量 250 ～ 300 粒，一般无遗腹卵。雄成虫寿命平均 6 ～ 7 d，雌蛾 10 ～ 12 d，1 龄、2 龄幼虫有群集性，较活跃；3 龄以后逐渐分散，食量增大，行动迟钝。

第 1 代茧与越冬茧的部位略有不同，前者多数在树枝条上，少数在树干下部，越冬茧基本在树干下部分叉处。茧处都有寄主叶包裹。

【防治方法】

1. **人工防治** 清除果园的枯枝落叶和杂草，消灭在此越冬的蛹；人工捕杀成虫和幼虫；设置黑光灯诱杀成虫。

2. **药剂防治** 幼虫发生期尤其是幼龄虫期喷药防治效果最佳。常用杀虫剂对其都有较好的防治效果。

3. **生物防治** 保护利用天敌，卵的天敌有赤眼蜂，室内寄生率达 84% ～ 88%。

（九）白眉刺蛾

白眉刺蛾（*Narosa edoensis* Kawada），属鳞翅目刺蛾科。

【分布与寄主】 河南、河北、陕西等省有分布。

【为害状】 为害苹果、梨、桃、樱桃、枣等果树。幼虫食害叶片成孔洞状。

白眉刺蛾幼虫为害核桃叶片 　　　　　白眉刺蛾幼虫为害核桃叶片，产生白色虫斑

【形态特征】
1. **成虫** 前翅乳白色，翅中部近外缘处有浅褐色云纹状斑。
2. **幼虫** 体绿色，椭圆形，体背隆起似龟背，背面中部两侧有小红点，体上无明显刺毛。
3. **蛹茧** 椭圆形，灰褐色。

【发生规律】 1年发生2代，以老熟幼虫结茧在树杈上越冬。成虫5～6月出现，幼虫在7～8月为害。成虫多在晚上羽化，白天静伏在叶背面，夜间活跃，具趋光性。成虫寿命3～5d。卵散产在叶片背面，开始呈小水珠状，干后形成半透明的薄膜保护卵块。每个卵块有卵8粒左右。卵期7d左右。幼龄幼虫开始剥食叶肉，只留半透明的表皮，后蚕食叶片，残留叶脉；到老龄时，食完整个叶片和叶脉。

【防治方法】 参考梨树害虫黄刺蛾。

（一〇）褐边绿刺蛾

褐边绿刺蛾［*Latoia consocia*（Walker），异名 *Parasa consocia* Walker］，别名青刺蛾、褐缘绿刺蛾、四点刺蛾、曲纹绿刺蛾、洋辣子，属鳞翅目刺蛾科。

褐边绿刺蛾幼虫为害状 　　　　　　　　　　褐边绿刺蛾成虫

【分布与寄主】 分布北起黑龙江、内蒙古，南至台湾、海南、广东、广西、云南、甘肃、四川。寄主有核桃、茶树、桑、油桐、苹果、梨、柑橘、桃、李、樱桃、山楂、枣、柿等。

【为害状】 低龄幼虫取食下表皮和叶肉，留下上表皮，致叶片呈不规则黄色斑块，大龄幼虫食叶成平直的缺刻。

【形态特征】

1. **成虫** 体长 16 mm，翅展 38 ~ 40 mm。触角棕色，雄梳齿状，雌丝状。头、胸、背绿色，胸背中央有 1 条棕色纵线，腹部灰黄色。前翅绿色，基部有暗褐色大斑，外缘为灰黄色宽带，带上散有暗褐色小点和细横线，带内缘内侧有暗褐色波状细线。后翅灰黄色。

2. **卵** 扁椭圆形，长 1.5 mm，黄白色。

3. **幼虫** 体长 25 ~ 28 mm，头小，体短粗，初龄黄色，稍大黄绿色至绿色，前胸盾上有 1 对黑斑，中胸至第 8 腹节各有 4 个瘤状突起，上生黄色刺毛束，第 1 腹节背面的毛瘤各有 3 ~ 6 根红色刺毛；腹末有 4 个毛瘤丛生蓝黑刺毛，呈球状；背浅绿色，两侧有深蓝色点。

4. **蛹** 长 13 mm，椭圆形，黄褐色。茧长 16 mm，椭圆形，暗褐色，酷似树皮。

【发生规律】 北方 1 年发生 1 代，河南和长江下游 1 年发生 2 代，江西 1 年发生 3 代，均以前蛹于茧内越冬，结茧场所为干基部浅土层或枝干上。1 代区 5 月中下旬开始化蛹，6 月中上旬至 7 月中旬为成虫发生期，幼虫发生期为 6 月下旬至 9 月，8 月为害最重，8 月下旬至 9 月下旬陆续老熟且多入土结茧越冬。2 代区 4 月下旬开始化蛹，越冬代成虫 5 月中旬始见，第 1 代幼虫 6 ~ 7 月发生，第 1 代成虫 8 月中下旬出现；第 2 代幼虫 8 月下旬至 10 月中旬发生。10 月上旬陆续老熟于枝干上或入土结茧越冬。成虫昼伏夜出，有趋光性，卵数十粒呈块鱼鳞状排列，多产于叶背主脉附近，每雌产卵 1 500 余粒，卵期 7 d 左右。幼虫共 8 龄，少数 9 龄，1 ~ 3 龄群集，4 龄后渐分散。天敌有紫姬蜂和寄生蝇。

【防治方法】

1. **人工捕杀** 冬、春季结合修剪，剪除虫茧或掰除虫茧。在低龄幼虫群集为害时，摘除虫叶。

2. **药剂防治** 幼虫发生期，喷洒辛硫磷、杀螟松等杀虫剂。

（一一）芳香木蠹蛾

芳香木蠹蛾（*Cossus cossus* L.），又名杨木蠹蛾、红哈虫，属鳞翅目木蠹蛾科。

芳香木蠹蛾幼虫　　　　　　　　　　　芳香木蠹蛾幼虫为害状

【分布与寄主】 我国东北、华北、西北等地区都有分布。寄主有核桃、苹果、梨、桃、杏，以及杨、柳、榆、桦、栎、榛等。

【为害状】 以幼虫为害树干根茎部和根部的皮层和木质部，被害树叶片发黄，叶缘焦枯，树势衰弱，根茎部皮层剥离，敲击树皮有内部空的感觉，根茎部有虫粪露出，剥开皮有很多虫粪和成群的幼虫。受害轻者树势衰弱，受害重者，可使几十年生大核桃树死亡。

【形态特征】

1. **成虫** 全体灰褐色。体长 30 mm 左右，翅展 56 ~ 80 mm。雌蛾大于雄蛾。触角栉齿状。复眼黑褐色。前翅灰白色，前缘灰褐色，密布褐色波状横纹，由后缘角至前缘有 1 条粗大明显的波纹。

2. **卵**　初产近白色，孵化前暗褐色，近卵圆形，长 1.5 mm，宽 1.0 mm，卵表有纵行隆脊，脊间具横行刻纹。

3. **幼虫**　扁圆筒形，初孵化时体长 3 ~ 4 mm，末龄体长 56 ~ 80 mm，胸部背面红色或紫茄色，具有光泽，腹面呈黄色或淡红色。头部紫黑色，有不规则的细纹，前胸背板生有大型紫褐色斑纹 1 对。

【发生规律】　芳香木蠹蛾在河南、陕西、山西、北京等地 2 年完成 1 代，在青海西宁 3 年完成 1 代。以幼虫在被害树木的蛀道内和树干基部附近的土内越冬。越冬老熟幼虫于 4 ~ 5 月化蛹，6 ~ 7 月羽化为成虫。成虫多在夜间活动，有趋光性。卵多产于树干基部 1.5 m 以下或根茎结合部的裂缝或伤口边缘等处。每头雌虫平均产卵 245 粒，卵呈块状，每块一般有卵 50 ~ 60 粒，少者只几粒，多者可达 100 余粒。幼虫孵化后即从伤口、树皮裂缝或旧蛀孔等处钻入皮层，排出细碎均匀的褐色木屑。幼虫先在皮层下蛀食，使木质部与皮层分离，极易剥落，在木质部的表面蛀成槽状蛀坑。此阶段常见十余头或几十头幼虫群集为害。虫龄增大后，常分散在树干的同一段内蛀食，并逐渐蛀入髓部，形成粗大而不规则的蛀道。10 月即在蛀道内越冬。翌年继续为害，到 9 月下旬至 10 月上旬，幼虫老熟，爬出隧道，在根际处或离树干几米外向阳干燥处约 10 cm 深的土壤中结伪茧越冬。老熟幼虫爬行速度较快，遇到惊扰，可分泌出一种有芳香气味的液体，因此而得名。

【防治方法】

1. **人工防治**　在成虫产卵期，树干涂白涂剂，防止成虫产卵；当发现根茎皮下部有幼虫为害时，可撬起皮层挖除幼虫。

2. **毒杀幼虫**　可选药剂有 50% 敌敌畏乳油、50% 杀螟硫磷乳油、50% 辛硫磷乳油 100 倍液、80% 晶体敌百虫 30 倍液、25% 喹硫磷乳油 50 倍液、56% 磷化铝片剂（每孔放 1/5 片），注入虫道而后用泥堵住虫孔，以毒杀幼虫。

3. **毒杀卵**　抓住成虫产卵期在树干基部 1.5 m 以下的特征，向树干喷施下列药剂：4.5% 高效氯氰菊酯乳油 3 000 倍液、2.5% 溴氰菊酯乳油 3 000 倍液、20% 氰戊菊酯乳油 2 000 倍液、20% 甲氰菊酯乳油 2 000 倍液、50% 辛硫磷乳油 150 倍液，防治卵和初孵幼虫。

（一二）云斑天牛

云斑天牛（*Batocera horsfieldi* Hope），又名核桃大天牛、多斑白条天牛，属鞘翅目天牛科，是一种危害很大的农林业害虫。在我国各地均有发生。国内以长江流域以南地区受灾最为严重。

【分布与寄主】　分布较广，西北、华北、东北、华中、华南均有分布。为害核桃、苹果、梨等果树及桑、柳、栎、榆等林木。

【为害状】　幼虫先在树皮下蛀食皮层、韧皮部，后逐渐深入木质部蛀成粗大的纵向的或斜向的隧道，破坏输导组织；树干被害后流出黑水，从蛀孔排出粪便和木屑，树干被蛀空而使全树衰弱或枯死，成虫啃食新枝嫩皮，使新枝枯死。树木严重受害时整枝或整株枯死。

云斑天牛幼虫蛀害树干

【形态特征】

1. **成虫**　体长 57 ~ 97 mm，体灰黑色。前胸背板有 2 个肾形白斑，小盾片白色，鞘翅基部密布黑色瘤状颗粒，鞘翅上有大小不等的白斑，似云片状。体两侧从复眼后方至最后 1 节有 1 条白带。

2. **卵**　长椭圆形，略弯曲，长 8 ~ 9 mm，淡土黄色。

3. **幼虫**　体长 74 ~ 87 mm，黄白色，略扁。前胸背板橙黄色，有黑色点刻，两侧白色，有半月牙形橙黄色斑块。后胸及腹部第 1 ~ 7 节背面和腹面分别有"口"字形骨化区。蛹褐色。

【发生规律】　2 年发生 1 代，以成虫或幼虫在树干内过冬。陕西、河南等地，成虫于 5 月下旬开始钻出，啃食核桃当年生枝条的嫩皮，食害 30 ~ 40 d，之后开始交尾、产卵。成虫寿命最长达 3 个月。卵多产在树干离地面 2 m 以内处。产卵时在树皮上咬成长形或椭圆形刻槽，将卵产于其中，一处产卵 1 粒。卵经 10 ~ 15 d 孵化。幼虫孵化后，先在皮层下蛀成三角形蛀痕，幼虫入孔处有大量粪屑排出，树皮逐渐外胀纵裂，被害状极为明显。幼虫在边材为害一定时期，即钻入心材，在虫道越冬。翌年 8 月在虫道顶端做 1 蛹室化蛹，9 月羽化为成虫，即在虫道内越冬。第 3 年核桃树发枝后，成虫从枝干上咬一圆孔钻出。每只雌虫产卵 20 粒左右。

【防治方法】　成虫发生期，利用成虫有趋光性、不喜飞翔、行动慢、受惊后发出声音等特点，在 5 ~ 6 月成虫发生盛期及时捕杀成虫，消灭在产卵之前。成虫产卵后，如发现有产卵刻槽，及时消灭卵或初孵幼虫；幼虫为害期，发现树干上有粪屑排出时，用刀将树皮剥开挖出幼虫。从虫孔注入 50% 敌敌畏 100 倍液，也可塞入磷化铝片，每孔剂量 0.2 ~ 0.3 g（每片 0.6 g，即 1/3 ~ 1/2 片），塞后用黏泥封闭。

（一三）核桃小吉丁虫

核桃小吉丁虫（*Agrilus* sp.），属鞘翅目吉丁虫科。

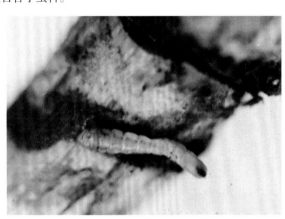

核桃小吉丁虫为害状　　　　　　　核桃小吉丁虫幼虫　　　　　　　核桃小吉丁虫蛀害枝干状

【分布与寄主】　核桃小吉丁虫是我国近几年发现的为害核桃的主要害虫。1971 年首先在陕西商洛核桃产区被发现，后来陕西秦岭山区关中各产区也有发生。在山西、甘肃、河北、河南、山东也有分布。目前仅为害核桃。

【为害状】　以幼虫在枝干皮层中蛀食，受害处树皮变黑褐色，蛀道螺旋形，蛀道上每隔一段距离有 1 个新月形通气孔，并有少许褐色液体流出，干后呈白色物质附在裂口上。受害严重的枝条，叶片枯黄早落，翌年春枝条大部分枯死，造成大量的枯枝。幼树主干受害严重时，整株枯死。受害严重地区被害株率达 90% 以上，幼树有 10% 死亡，成年树减产 75%。

【形态特征】

1. **成虫**　体黑色，有金属光泽，菱形，雌虫体长 6 ~ 7 mm，雄虫体长 4 ~ 5 mm。体宽约 1.8 mm，头中部有纵凹陷，触角锯齿状，复眼黑色。前胸背板中部稍隆起，头、前胸背板及翅鞘上密布点刻。

2. **卵**　初产白色，1 d 后变为黑色，扁椭圆形，长约 1.1 mm。幼虫体乳白色，老幼虫体长 12 ~ 20 mm，扁平，头棕褐色，缩于前胸内，前胸特别膨大，中部有"人"字形纵纹，尾部有 1 对褐色尾铗。

3. **蛹**　为裸蛹，初乳白色，羽化前为黑色，体长约 6 mm。

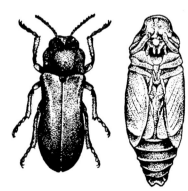

核桃小吉丁虫成虫与蛹

【发生规律】　1 年发生 1 代，以幼虫在木质部过冬。据在陕西商洛地区观察，翌年春 4 月中旬开始化蛹，6 月底为化蛹终期，蛹期 16 ~ 39 d，平均 28 d。成虫自 5 月上旬开始羽化，6 月上旬为羽化盛期。6 月中旬至 7 月底，6 月下旬至 7 月初为卵孵化盛期。8 月下旬幼虫开始过冬，10 月底大部分幼虫进入木质部越冬。成虫羽化后需在蛹室停留 15 d 左右，然后咬破皮层外出。经过 10 ~ 15 d 补充营养期，方能交尾产卵。卵散产，多产在叶痕和叶痕边沿处。也可在幼树树干和成龄树的光皮上产卵。不在当年生的绿枝上产卵。成虫喜光，在树冠外围枝条上产卵多。生长弱、枝叶少、透光好的树受害重，枝叶繁茂、生长旺盛的树受害轻。成虫寿命 12 ~ 33 d，平均 35 d。卵期约 10 d，幼虫孵化后蛀入皮层为害。随着虫龄的增长，逐渐深入皮层和木质部间为害，蛀道多由下部围绕枝条呈螺旋形向上为害，蛀道宽 1 ~ 2 mm，直接破坏输导组织。果树势强，受害轻，蛀道常能愈合，如果树势弱，蛀道多不能愈合。幼虫严重为害期在 7 月下旬至 8 月下旬。被害枝表现不同程度的黄叶和落叶现象，这样的枝条不能安全过冬，这些枯梢翌年又为黄须球小蠹幼虫提供了良好的营养条件，从而又加速了枝条干枯。

【防治方法】
1. **加强管理**　加强秋末早春施肥，春旱时适时浇水等，促进树势旺盛，提高抗虫力。
2. **剪除虫梢**　结合采收核桃把受害叶片枯黄的枝条彻底剪除，或在发芽后成虫羽化前剪除枯黄枝条，不能在核桃树休眠期剪枝，以防引起伤流。
3. **药剂防治**　幼树被害时，可在 7 ~ 8 月经常检查，发现枝干被害可在虫疤处涂抹煤油敌敌畏。

（一四）核桃横沟象甲

核桃横沟象甲（*Dyscerus juglans* Chao），又名核桃黄斑象甲、核桃根象甲，属鞘翅目象甲科。

核桃横沟象甲幼虫为害状　　　　　　核桃横沟象甲成虫　　　　　　核桃横沟象甲幼虫

【分布与寄主】　已知分布于河南西部（栾川、卢氏、洛宁、汝阳、嵩县、西峡）、陕西（商洛）、四川（绵阳、达县、万县、西县、阿坝）和云南（漾濞）等核桃产区。

【为害状】　以幼虫在核桃根际皮层为害，根皮被环剥，削弱树势，重者整株死亡。常与芳香木蠹蛾混合发生。

【形态特征】
1. **成虫**　全体黑色，体长 12 ~ 15 mm，宽 5 ~ 6 mm。头管长为体长的 1/3，触角着生在头管前端，膝状。胸背密布不规则的点刻。翅鞘点刻排列整齐，翅鞘的一半处上生 3 ~ 4 丛棕褐色茸毛，近末端处着生 6 ~ 7 丛棕褐色茸毛，翅鞘末端具弧形凹陷。两足中间有明显的橘红色茸毛，跗节顶端着生尖锐刺钩 1 对。
2. **卵**　椭圆形，长 1.6 ~ 2 mm，宽 1 ~ 1.3 mm，初产黄白色，逐渐变为黄色至黄褐色。
3. **幼虫**　体长 14 ~ 18 mm。体形弯曲肥胖，多皱褶，黄白色，头部棕褐色，口器黑褐色。
4. **蛹**　黄白色，长 14 ~ 17 mm，末端有 2 根黑褐色刚毛。

【发生规律】　2 年发生 1 代。以幼虫在根皮处过冬。老熟幼虫自 5 月下旬开始化蛹，6 月中旬为盛期，可延续到 8 月上旬。成虫自 6 月中旬开始羽化，7 月中旬为羽化盛期，8 月中旬结束。成虫寿命长达 12 个月，当年羽化成虫 8 月上旬开始产卵，8 月中旬至 10 月上旬开始越冬，停止产卵。翌年 5 月中旬又开始产卵，6 月中旬为产卵盛期，直到 8 月上旬产卵结束，逐渐死亡。幼虫生活期约为 23 个月。成虫除取食叶片外，还取食根部皮层，爬行快，飞翔力差。有假死性和弱趋光性。成虫羽化后在蛹室停留 13 d 左右，先咬破皮层，停 2 ~ 3 d 才爬出羽化孔。补充营养期平均为 35 d，才开始交尾产卵，并多在傍晚。卵多产于根际的裂缝和嫩根皮中，一处多产 1 粒卵，个别 2 粒。产卵前先用头管咬 1 个洞，调转身体，才将卵产在洞内或洞口，再转身用头管将卵送入洞内深处，最后用木屑、粪粒覆盖洞口。每头雌虫最多产卵 111 粒，平均产 60 粒。幼虫多集中在表土下 5 ~ 20 cm 深根际皮层为害，个别沿主根向下深达 45 cm，部分在表土的上层浅皮层为害，多被寄生蝇寄生。被害虫道不规则，相互交错，虫道内充满黑色粪粒和木屑。该虫在坡底沟洼及村旁土质肥沃的地方及生长旺盛的核桃树上为害较重。

【防治方法】

1. **挖土晾墒**　在春季把树干基部土壤挖开晾墒，降低根部湿度，造成不利幼虫生长的环境条件。

2. **阻止成虫产卵**　在成虫产卵前，挖开树干基部土层，用石灰泥封住根茎及主根，可阻止成虫产卵，此法简便易行。

3. **药剂防治**　春季幼虫开始为害时，挖开树干基部土壤，用斧头撬开根际老皮，用敌敌畏乳油 30 倍液，或 50% 杀螟松乳油 30 倍液，重喷根部，然后封土，可大量防治根部幼虫。

（一五）六棘材小蠹

六棘材小蠹（*Xyleborus* sp.）是国内新害虫，属鞘翅目小蠹科材小蠹属。

【分布与寄主】　目前仅见分布于贵州黔南地区。为害核桃。

【为害状】　以成虫和幼虫蛀害核桃树老枝干，隧道呈树状分枝，虫口密度大时纵横交错，蛀屑排出孔外。植株被害后，树势衰退，枝条渐失结果能力，最后濒死或枯死。

【形态特征】

1. **成虫**　雌成虫圆柱形，长 2.5 ~ 2.7 mm，宽 1.0 ~ 1.1 mm。初羽化时茶褐色，以后变为黑色，足和触角茶褐色。头隐于前胸背板之下，复眼肾形、黑色、横生，下缘中部凹陷，环抱角虫窝。鞘翅斜面弧形，起始于后端 3/5 处。斜面翅合缝、第 1 刻点沟和沟间部强纵凹，呈光滑平展的

六棘材小蠹幼虫、成虫与为害状

槽面。在槽面两侧的第 2 沟间部上、中、下部位，各具 1 枚短的强棘突，由上向下渐小。雄虫翅尾斜面上无凹槽，整个坡面散生细小棘粒。额面和前胸背板端着生长而后倒的黄毛。

2. **卵**　乳白色，光滑，椭圆形，大小为 0.4 mm × 0.5 mm。

3. **幼虫**　乳白色，稍扁平，长 2.8 ~ 3.0 mm，宽 0.8 ~ 0.9 mm。无足，体弯曲。上颚茶褐色，额面疏生黄色刚毛，中央具 1 条纵凹沟。各体节疏生黄色短刚毛，背面多皱，被 2 条横沟分成 3 个步泡突。蛹乳白色，临羽化时淡黄褐色，长 2.5 ~ 2.8 mm，宽 1.1 ~ 1.2 mm。背面观前胸背板后缘两侧各生 4 根褐色刚毛。腹面观两触角呈 "八" 字形贴于前足腿节上，前足和中足外露，向胸部抱曲，但相隔距离较宽而不触握。后翅在腹末第 2 节基部相靠邻，前翅贴于其上，翅端伸达第 3 腹末节处。后足跗节从翅芽下露出。

【发生规律】　1 年发生 4 代，以成虫、幼虫和蛹越冬，世代重叠严重。越冬代成虫 3 月中旬从内层坑道向外层转移，4 月中上旬择植株新部位、新枝干或另寻新寄主筑坑产卵。母坑长 1 ~ 2 cm，卵十余粒至二十余粒聚产在隧道端部。幼虫孵化后斜向或侧向蛀食。成虫产卵期较长，新一代成虫出现后老虫仍不断产卵孵化，故虫道网中经常剖见 4 个虫态。自然界中各代成虫出现的高峰期分别为 5 月中上旬、7 月中下旬、8 月下旬至 9 月上旬、10 月中下旬。11 月下旬进入越冬，潜息于深层坑道中。成虫飞翔力弱，近距离扩散为害。晴暖日喜爬行于孔口外或尾露出孔口，将坑道内的粪屑排出，树皮外常散挂一层屑粉。随时间的延长，外层坑道壁上被真菌侵染而使坑道壁呈黑色，并不断向内层蔓延，此时成虫便不再产卵，弃坑外迁。

【防治方法】

1. **农业防治**　冬季结合修剪，清除虫蛀枝集中深埋，杀灭越冬虫源。夏季用长竹钩竿钩断生长衰弱和不结果的濒死枯枝；增施氮肥，促进营养生长，保持旺势，减少成虫趋害。

2. **药剂防治**　用残效期长的杀虫剂，在越冬代成虫咬坑产卵期，喷雾枝干树皮至湿透，触杀成虫。

（一六）削尾材小蠹

削尾材小蠹（*Xyleborus mutilatus* Blandford），是体型较大的小蠹虫种，属鞘翅目小蠹科材小蠹属。

【分布与寄主】 国外分布于日本和东洋区。国内分布于贵州、四川、云南、安徽和浙江。除为害核桃外，寄主还有板栗、化香、红豆树、山茶等。

【为害状】 以成虫和幼虫蛀害核桃树健康的主干及主侧枝，深入木质部，母坑道横向，子坑布于母坑四周，斜向或纵向发展。虫口密度大时，木质层隧道密布，植株树势衰退，渐致死亡。

【形态特征】 成虫雄虫体长 3.0 ~ 3.4 mm，宽 1.8 ~ 2.1 mm，雌虫体长 3.5 ~ 3.7 mm，宽约 2.3 mm。体短壮，黑色略具光泽，触角、足黄褐色，体表光秃少毛。眼肾形，不隆突，黑褐色。触角共 9 节，柄节粗大，鞭节 5 节，锤状部扁圆，分节明显，由 2 条平直的横缝线将其分为 3 节，基节最短。额面平隆，刻点密且深大，疏生黄褐毛，

削尾材小蠹成虫

下半部具光亮的中隆线。前胸背板盖遮头部，长大于宽，背观呈盾形，侧观背部隆起，后部 1/3 平直下倾，有明显的顶点，背板四周密生黄褐色毛，前缘和近基缘中部毛茸，两侧毛最长，前半部瘤区具鱼鳞状齿，成同心圆弧形排列，齿突由下向上渐变细，前沿边上横列 6 齿，居中 2 枚为最大，背板刻点区小于瘤区，刻点圆大深陷，分布密。鞘翅短而宽，两侧密生黄色短毛，从翅基处突然向下斜截，形成 1 个坡度很陡的盘形削面，斜面上密布微小颗粒，仅第 1、第 2 沟间部和刻点沟清晰可见，在此沟间部上生有 4 ~ 5 行向后倒伏的短毛。斜面下缘具显著的下缘脊边。

【发生规律】 蛀入木质部深处为害，从标本采集实况看，其繁殖量少。世代和习性不详。

【防治方法】 参考六棘材小蠹。

（一七）鞍象甲

鞍象甲［*Neomyllocerus hedini*（Marshall）］，又名核桃鞍象，属鞘翅目象甲科。

【分布与寄主】 在四川、贵州、云南、湖北、湖南、广西、广东、江西、陕西等省（区）有分布；国外越南有报道。鞍象以成虫为害核桃、苹果、梨、桃、棠梨、火棘、冬瓜木、青桐、大豆、棉花等多种植物，尤其对核桃的为害最为突出。

【为害状】 鞍象甲以成虫啃咬核桃等寄主的幼芽和叶片，专吃叶肉，有的甚至把全叶吃光，只剩主脉，不仅影响核桃的抽梢和生长，而且还影响开花结果。

【形态特征】

1. **成虫** 体长 4 ~ 6 mm，宽 1.5 ~ 2 mm。躯体长椭圆形，头小腹大。体壁黑色或红褐色，密被金绿色圆形和暗褐色毛状鳞片。背面较鲜艳，腹面较暗，全体具金属光泽。头、喙的中隆线及其两侧光滑，前胸背板两侧各有

鞍象甲成虫

1条被覆褐色毛状鳞片的黑色宽带，宽带等于或宽于中间的绿纹，绿纹向基部处逐渐缩窄。

2. **卵**　椭圆形，长 0.2 ~ 0.3 mm，乳白色，半透明，表面光滑，微发亮。

3. **幼虫**　老熟幼虫体长 4 ~ 6 mm，宽 1.2 ~ 1.6 mm。全体乳白色，头部黄褐色或茶褐色，体多皱纹，具有稀疏而短的刚毛。

4. **蛹**　体长 3.5 ~ 5.5 mm，宽 1.5 ~ 2 mm，略比成虫短胖，乳白色，体上也有稀疏的刺毛。

【发生规律】　据在四川省盐源县的观察研究，此虫 1 年发生 1 代，少数 2 年发生 1 代。以幼虫于地表 6 ~ 13 cm 的土层内筑 1 个长 6 ~ 8.5 mm、宽 2 ~ 3 mm 的椭圆形蛹室内越冬。2 月当土温上升到 10 ℃以上时开始活动和取食。3 月底 4 月初开始化蛹，蛹期 20 ~ 30 d，羽化后成虫在蛹室内停留 3 ~ 5 d 后才出土。5 月上旬成虫出土活动，6 ~ 7 月为成虫活动为害盛期，8 月底 9 月初还可见到成虫。成虫出土的迟早与当年雨季来临的迟早有关，当年雨水来得早，成虫出土就早，反之出土就迟。6 月中旬成虫开始产卵，7 月上旬至 8 月上旬为产卵盛期。产卵时成虫沿草茎钻入土内，在植株和草根附近的土中产卵。孵化的幼虫在土壤中以细小草根和腐殖质为食物。在盐源县是 11 月后才又开始越冬。

【防治方法】

1. **翻土灭虫**　7 ~ 8 月，在果园或林地及时进行翻耕除草，除了可直接防治部分幼虫、蛹和成虫外，被翻出来的卵、幼虫、蛹等，还可被太阳晒死，或被鸟类啄食。这对减轻翌年的虫源大有好处。

2. **药剂防治**　成虫大量出土为害期间，用晶体 75% 辛硫磷乳油 1 500 倍液喷雾，每 10 ~ 15 d 进行 1 次，连续进行 2 ~ 3 次即可以收到较好的防治效果。喷洒药剂时除果树外，果园内或周围的杂草上也要同时喷药才能清除鞍象的食物源和躲藏地方。

（一八）铜绿丽金龟

铜绿丽金龟（*Anomala corpulenta* Motschulsky），别称铜绿金龟子、青金龟子、淡绿金龟子，属鞘翅目丽金龟科，因成虫体背铜绿色具金属光泽，故名铜绿丽金龟，对农业为害较大。

【分布与寄主】　东北、华北、华中、华东、西北等地区均有发生。寄主有苹果、山楂、海棠、梨、杏、桃、李、梅、柿、核桃、醋栗、草莓等。

【为害状】　成虫取食叶片，常造成大片幼龄果树叶片残缺不全，甚至全树叶片被吃光。

【形态特征】

1. **成虫**　体长 19 ~ 21 mm，触角黄褐色，鳃叶状。前胸背板及鞘翅铜绿色，具闪光，上面有细密刻点。鞘翅每侧具 4 条纵脉，肩部具疣突。前足胫节具 2 外齿，前、中足大爪分叉。

2. **卵**　光滑，呈椭圆形，乳白色。

3. **蛹**　体长约 20 mm，宽约 10 mm，椭圆形，裸蛹，土黄色，雄末节腹面中央具 4 个乳头状突起，雌则平滑，无此突起。

铜绿丽金龟及其为害状

4. **幼虫**　老熟体长约 32 mm，头宽约 5 mm，体乳白色，头黄褐色，近圆形，前顶刚毛每侧各为 8 根，呈一纵列；后顶刚毛每侧 4 根，斜列。额中刚毛每侧 4 根。肛腹片后部覆毛区的刺毛列，每列各由 13 ~ 19 根长针状刺组成，刺毛列的刺尖常相遇。刺毛列前端不达覆毛区的前部边缘。

【发生规律】　此虫 1 年发生 1 代，以 3 龄幼虫越冬。次春 4 月迁至耕作层活动为害，5 月老熟化蛹，5 月下旬至 6 月中旬为化蛹盛期，预蛹期 12 d，蛹期约 9 d。5 月底成虫出现；6 ~ 7 月为发生最盛期，是全年为害最严重期，8 月下旬渐退，9 月上旬成虫绝迹。成虫高峰期开始产卵，6 月中旬至 7 月上旬末为产卵盛期。成虫产卵前期约 10 d；卵期约 10 d。7 月为卵孵化盛期。幼虫为害至秋末即下迁至 39 ~ 70 cm 的土层内越冬。

成虫羽化出土迟早与 5 ~ 6 月温、湿度的变化有密切关系，此间雨量充沛，出土则早，盛发期提前。成虫白天潜伏，黄昏出土活动、为害，交尾后仍取食，午夜以后逐渐潜返回土中。成虫活动适温为 25 ℃以上，适宜相对湿度为

70% ~ 80%，低温与降雨天，成虫很少活动，闷热无雨夜间成虫活动最盛。成虫食性杂、食量大，其假死性与趋光性，具一生多次交尾习性，卵散产于寄生根际附近5 ~ 6 cm的土层内，单雌卵量40粒左右。卵孵化最适温度为25 ℃，适宜相对湿度为75%左右。成虫寿命为1月余。秋后10 cm内土温降至10 ℃时，幼虫下迁；春季10 cm内土温升至8 ℃以上时，幼虫向表层上迁。幼虫共3龄，1龄25 d左右，2龄23 d，以3龄幼虫于土内越冬。此虫以3龄幼虫食量最大，为害最烈，亦即春、秋两季为害最严重，老熟后多在5 ~ 10 cm土层内做蛹室化蛹。

【防治方法】

1. **药剂防治**　在成虫发生期树冠喷布50%杀螟硫磷乳油1 500倍液，或50%辛硫磷乳油1 500倍液。喷布石灰过量式波尔多液，对成虫有一定的驱避作用，也可表土层施药。在树盘内或园边杂草内施75%辛硫磷乳油1 000倍液，施后浅锄入土，可毒杀大量潜伏在土中的成虫。

2. **人工防治**　利用成虫假死习性，早晚振落捕杀成虫。利用成虫趋光性，当成虫大量发生时，于黄昏后在果园边缘点火诱杀。有条件的果园可利用黑光灯大量诱杀成虫。在成虫发生期，可实行人工捕杀成虫；春季翻树盘也可消灭土中的幼虫。

（一九）核桃斑衣蜡蝉

斑衣蜡蝉 [*Lycorma delicatula*（White）]，又名花娘子、红娘子、花媳妇、椿皮蜡蝉、斑衣、樗鸡等，属半翅目蜡蝉科。

斑衣蜡蝉若虫

斑衣蜡蝉为害枝干

斑衣蜡蝉高龄若虫在核桃树枝条背面为害，
致叶色变黄

【分布与寄主】　斑衣蜡蝉在国内河北、北京、河南、山西、陕西、山东、江苏、浙江、安徽、湖北、广东、云南、四川等省（市）有分布；国外越南、印度、日本等国也有分布。此虫为害核桃、葡萄、苹果、杏、桃、李、猕猴桃、海棠、樱花、刺槐等多种果树和经济林木。

【为害状】　成虫和若虫常群栖于树干或树叶上，以叶柄处最多。吸食果树的汁液，嫩叶受害后常造成穿孔，受害严重的叶片常破裂，也容易引起落花落果。成虫和若虫吸食树木汁液后，对其糖分不能全利用，从肛门排出，此排泄物往往招致霉菌繁殖，引起树皮枯裂，严重时促使果树死亡。

【形态特征】

1. **雌成虫**　体长15 ~ 20 mm，翅展38 ~ 55 mm。雄虫略小。前翅长卵形，革质，前2/3为粉红色或淡褐色，后1/3为灰褐色或黑褐色，翅脉白色，呈网状，翅面均杂有大小不等的20余个黑点。后翅略成不等边三角形，近基部1/2处为红色，有黑褐色斑点6 ~ 10个，翅的中部有倒三角形半透明的白色区，端部黑色。

2. **卵**　圆柱形，长2.5 ~ 3 mm，卵粒平行排列成行，数行成块，每块有卵40 ~ 50粒不等，上面覆有灰色土状分泌物，卵块的外形像一块土饼，并黏附在附着物上。

3. **若虫**　扁平，初龄若虫黑色，体上有许多的小白斑，头尖，足长。4龄若虫体背呈红色，两侧出现翅芽，停立如鸡。末龄若虫红色，其上有黑斑。

【发生规律】　斑衣蜡蝉1年发生1代，以卵越冬。在山东5月下旬开始孵化，在陕西武功4月中旬开始孵化，在南方地区其孵化期将提早到3月底或4月初。寄主不同，卵的孵化率差别较大，产于臭椿树上的卵，其孵化率高达80%，产于槐树、榆树上的卵,其孵化率只有 2% ~ 3%。若虫常群集在葡萄等寄主植物的幼茎嫩叶背面,以口针刺入寄主植物叶脉内或嫩茎中吸取汁液,受惊吓后立即跳跃逃避,迁移距离为 1 ~ 2 m。蜕皮 4 次后,于 6 月中旬羽化为成虫,为害也随之加剧。到 8 月中旬开始交尾产卵,交尾多在夜间,卵产于树干向南处,或树枝分叉阴面,或葡萄蔓的腹面。

【防治方法】
1. **人工防治** 冬季进行合理修剪,把越冬卵块压碎,以除卵为主,从而减少虫源。
2. **药剂防治** 在若虫和成虫大发生的夏、秋季,喷洒 50% 敌敌畏乳油 1 000 倍液,或 90% 晶体敌百虫 1 200 倍液,或 50% 马拉硫磷乳剂 1 500 倍液,均有较好的防治效果。

（二〇）核桃园绿盲蝽

绿盲蝽［*Lygocoris lucorum*（Meyer Dur.）］,别名花叶虫、小臭虫等,属半翅目盲蝽科。

绿盲蝽为害核桃树叶片呈现孔洞 　　　　　　绿盲蝽成虫

【分布与寄主】 分布几遍全国各地。它是杂食性害虫,寄主有棉花、核桃、桑、枣树、葡萄、桃、麻类、豆类、玉米、马铃薯、瓜类、苜蓿、药用植物、花卉、蒿类、十字花科蔬菜等。

【为害状】 以成虫和若虫通过刺吸式口器吮吸葡萄幼嫩器官的汁液。被害幼叶最初出现细小黑褐色坏死斑点,叶长大后形成无数孔洞,叶缘开裂,严重时叶片扭曲皱缩,芽叶伸展后,叶面呈现不规则的孔洞,叶缘残缺破烂。

【形态特征】
1. **成虫** 体长 5 mm,宽 2.2 mm,绿色,体密被短毛。头部三角形,黄绿色,前翅膜质半透明,暗灰色,余绿色。足黄绿色。
2. **卵** 长 1 mm,黄绿色,长口袋形,卵盖奶黄色,中央凹陷,两端突起,边缘无附属物。
3. **若虫** 5 龄,与成虫相似。初孵时绿色,复眼桃红色。2 龄黄褐色,3 龄出现翅芽,5 龄后全体鲜绿色,密被黑细毛;触角淡黄色,端部色渐深。眼灰色。

【发生规律】 北方 1 年发生 3 ~ 5 代,山西运城 1 年发生 4 代,陕西泾阳、河南安阳 1 年发生 5 代,江西 1 年发生 6 ~ 7 代,在长江流域 1 年发生 5 代,华南 1 年发生 7 ~ 8 代。绿盲蝽有趋嫩为害习性及喜在潮湿条件下发生。5 月上旬出现成虫,开始产卵,产卵期长达 19 ~ 30 d,翌年春 3 ~ 4 月旬均温高于 10 ℃或连续 5 d 均温达 11 ℃,相对湿度高于 70%,卵开始孵化。卵孵化期 6 ~ 8 d。

第 1、第 2 代多生活在紫云英、苜蓿等绿肥田中。成虫寿命长,产卵期 30 ~ 40 d,发生期不整齐。成虫飞行力强,喜食花蜜,羽化后 6 ~ 7 d 开始产卵。果树上以春、秋两季受害重。主要天敌有寄生蜂、草蛉、捕食性蜘蛛等。晴天白天多隐匿于草丛内,早晨、夜晚和阴雨天爬至芽叶上活动为害,频繁刺吸芽内的汁液,1 头若虫一生可刺吸 1 000 多次。

【防治方法】
1. **清洁果园** 结合果园管理,春季前清除杂草。果树修剪后,应清理剪下的枝梢。

2.农药防治 抓住第1代低龄期若虫，适时喷洒农药，喷药防治时，结合虫情测报，在若虫3龄以前用药效果最好，7～10 d喷1次，每代需喷药1～2次。生长期有效药剂10%吡虫啉悬浮剂2 000倍液，3%啶虫脒乳油2 000倍液，1.8%阿维菌素乳油3 000倍液，48%毒死蜱乳油或可湿性粉剂1 500倍液，25%氯氰·毒死蜱乳油1 000倍液，4.5%高效氯氰菊酯乳油或水乳剂2 000倍液，2.5%高效氟氯氰菊酯乳油2 000倍液，20%甲氰菊酯乳油2 000倍液等。药剂防治要群防群治，统一用药效果好，以免害虫飞散。

（二一）核桃黑斑蚜

核桃黑斑蚜（*Chromaphis juglandicola* Kaltenbach），属半翅目斑蚜科。

【分布与寄主】 核桃黑斑蚜是1986年以来，先后在辽宁、山西、北京、河南等地发现的核桃新害虫。国外分布于中亚、中东、非洲、丹麦、瑞典、西班牙、英国、德国、波兰与北美洲。

【为害状】 以成、若蚜在核桃叶背及幼果上刺吸为害。

【形态特征】

1.若蚜 1龄若蚜体长0.53～0.75 mm，长椭圆形，胸部和腹部1～7节背面每节有4个灰黑色椭圆形斑，第8腹节背面中央有1个较大横斑。3龄、4龄若蚜灰黑色斑消失。腹管环形。

2.有翅孤雌蚜 成蚜体长1.7～2.1 mm，淡黄色，尾片近圆形。3龄、4龄若蚜在春、秋季腹部背面每节各有1对灰黑色环形腹管。

核桃黑斑蚜在叶背为害

3.性蚜 雌成蚜：体长1.6～1.8 mm，无翅，淡黄绿色至橘红色。头和前胸背面有淡褐色斑纹，中胸有黑褐色大斑。腹部第3～5节背面有1个黑褐色大斑。雄成蚜：体长1.6～1.7 mm，头胸部灰黑色，腹部淡黄色。第4、第5腹节背面各有1对椭圆形灰黑色横斑。腹管短截锥形，尾片上有毛7～12根。

4.卵 长0.5～0.6 mm，长卵圆形，初产时黄绿色，后变黑色，光亮，卵壳表面有网纹。

核桃黑斑蚜无翅雌蚜

核桃黑斑蚜有翅孤雌蚜

核桃黑斑蚜有翅雄蚜

【发生规律】 在山西省，核桃黑斑蚜1年发生15代左右，以卵在枝杈、叶痕等处的树皮缝中越冬。翌年4月中旬越冬卵孵化盛期，孵出的若蚜在卵旁停留约1 h后，开始寻找膨大树芽或叶片刺吸取食。4月底5月初干母若蚜发育为成蚜，孤雌卵胎生产生有翅孤雌蚜，有翅孤雌蚜1年发生12～14代，不产生无翅蚜。成蚜较活泼，可飞散至邻近树上。成蚜、若蚜均在叶背及幼果为害。8月下旬至9月初开始产生性蚜，9月中旬性蚜大量产生，雌蚜数量是雄蚜的2.7～21倍。交尾后，雌蚜爬向枝条，选择合适部位产卵，以卵越冬。

【防治方法】

1.药剂防治 该蚜1年有两个为害高峰，分别在6月和8月中下旬至9月初。在此两个高峰前每叶蚜量达50头以上时，喷洒 50% 抗蚜威可湿性粉剂 5 000 倍液，或 10% 吡虫啉 3 000 倍液，或 10% 氯噻啉可湿性粉剂 5 000 倍液，10% 烯啶虫胺可溶性剂 5 000 倍液，有很好的防治效果。

2. **保护天敌**　核桃黑斑蚜的天敌主要有七星瓢虫、异色瓢虫、大革蛉等，应注意保护利用。

（二二）核桃园山楂叶螨

山楂叶螨（*Tetranychus viennensis* Zacher），又名山楂红蜘蛛、樱桃红蜘蛛，属蛛形纲叶螨科。

山楂叶螨为害状

山楂叶螨为害叶背处失绿

【分布与寄主】　在国内广泛分布于河北、北京、天津、辽宁、山西、山东、陕西、河南、江苏、江西、湖北、广西、宁夏、甘肃、青海、新疆、西藏等省（市、区），是仁果类和核果类果树的主要害螨之一。其主要寄主有苹果、梨、桃、核桃、李、杏、沙果、山楂、海棠、樱桃等果树。

【为害状】　以刺吸式口器刺吸寄主植物绿色部分的汁液。叶受害后，呈现失绿小斑点，逐渐扩大连片。严重时全叶苍白枯焦早落，山楂叶螨只在叶片的背面为害，主要集中在叶脉两侧。树体轻微被害时，树体内膛叶片主脉两侧出现苍白色小点，进而扩大连结片；较重时被害叶片增多，叶片严重失绿；当虫口数量较大时，在叶片上吐丝结网，全树叶片失绿，尤其是内膛和上部叶片干枯脱落，甚至全树叶片落光。

【形态特征】【发生规律】【防治方法】　参考苹果山楂叶螨。

第十五部分　板栗病虫害

一、板栗病害

（一）板栗干枯病

干枯病又称疫病、胴枯病、腐烂病。板栗干枯病为世界性病害，在欧美各国广为流行，几乎毁灭了所有的栗林，造成巨大损失。我国板栗树被世界公认为是高度抗病的树种。近年来，板栗干枯病在四川、重庆、浙江、广东、河南等地均有发生，在部分地区已造成严重为害。有些地区新嫁接的小树发病很严重，常成片发生，引起树皮腐烂，直至全株枯死。

【症状】　板栗干枯病主要为害主干及主枝，少数在枝梢上引起枝枯。

初发病时，在树皮上出现红褐色病斑，组织松软，稍隆起，有时自病部流出黄褐色汁液。撕破病皮，可见内部组织呈红褐色水渍状腐烂，有酒糟味。发病中后期，病部失水，干缩凹陷，并在树皮下产生黑色瘤状小粒点，即为病菌的子座。以后子座顶端破皮而出，在雨后或潮湿条件下，子座内涌出橙黄色卷须状的孢子角。最后病皮干缩开裂，并在病斑周围产生愈伤组织。

板栗干枯病病干　　　　板栗干枯病病干

小枝受害，多发生在枝杈部位，仔细观察枝条就会发现环绕的病斑，有的不抽新梢或抽梢很短，不久整个枝干枯死。栗树发芽后不久，有时会出现枝条新叶产生萎蔫现象，有的小枝并不立即死亡，仅是发芽较晚，叶小而黄，严重时叶边缘焦枯。

【病原】　病原菌为寄生内座壳菌 *Endothia parasitica*（Murr）And.et And.，属子囊菌门。病部产生的黑色瘤状小粒点，即病菌的子座。子座扁圆锥形，直径为 1.5 ~ 2.5 mm，显微镜下呈红棕色，内有分生孢子器。分生孢子器内腔无固定形状，多室，内腔壁上密生分生孢子梗。分生孢子梗无色，单生，少数有分枝，其上着生分生孢子。分生孢子无色，单胞，圆筒形或长椭圆形，大小为（3 ~ 4）μm ×（1.5 ~ 2.0）μm。有性阶段产生子囊壳。子囊壳在子座底部产生，暗黑色，球形或扁球形，颈较长。一个子座内有数个至数十个子囊壳，分别在子座顶端开口。子囊棍棒状，无色，大小为（33 ~ 40）μm × 67 μm，内含8个子囊孢子。子囊孢子椭圆形，无色，成熟时有一横隔，分隔处稍缢缩，大小为（5.5 ~ 6.0）μm ×（3.0 ~ 3.5）μm。病菌在 5 ~ 35 ℃下，菌丝均能生长，15 ~ 30 ℃下生长良好，最适生长温度为 25 ~ 30 ℃。

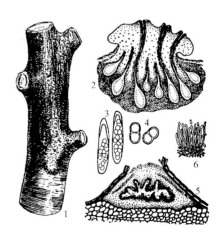

板栗干枯病
1.病干　2.子囊壳及子座　3.子囊
4.子囊孢子　5.分生孢子器　6.分生孢子梗及分生孢子

【发病规律】　病菌以菌丝体及分生孢子器在病枝中越冬。翌年春季温度回升后，病菌开始活动。在河北、山东等地，3 ~ 4 月病斑扩展最快，该病常在短期内造成枝干的枯死。4 ~ 5 月随着叶片展开，树体营养积累增加，愈伤力增强，抗病能力也增强，病斑逐渐停止扩展。5 月以后，病斑上形成子座，并出现孢子角。病菌孢子主要借风雨传播，传播距离可达 120 m 以上。病菌远距离传播主要通过苗木。

【防治方法】

1. **壮树防病** 改良土壤、增施肥料、不过度密植等。因此，通过良好的栽培措施，促进树体的正常生长，提高树体的愈伤能力，可以大大增强抗病性，减轻干枯病的为害。

2. **加强树体保护** 近地面主干发病较多的栗园，可于晚秋进行树基培土，因埋在土中的部分一般不发病。冻害发生较重的地区，应于晚秋进行树干涂白。高接换头时，应在接口处涂含有杀菌剂的药泥，外包塑料薄膜保护。此外还应尽量避免在树体上造成伤口，若有伤口应妥善保护，防止病菌通过伤口侵入。

3. **选用无病苗木及抗病品种** 病害可通过苗木进行远距离传播，所以在引进和栽植板栗苗时，应严格清除病苗。在栽植实生苗而后进行嫁接时，应提高嫁接部位。在发病较重地区，扩种栗树时，应尽量选用耐寒、抗病的品种。

4. **治疗病斑** 及时处理病枝干，清除病死的枝条。治疗病斑，刮治的基本方法是用快刀将病变组织及带菌组织彻底刮除，深达木质部，刮后必须涂药并妥善保护伤口，涂抹下列药剂：10°Bé 石硫合剂；21%过氧乙酸水剂 400 ~ 500 倍液；5%菌毒清水剂 100 ~ 200 倍液；80%乙蒜素乳油 200 ~ 400 倍液，并涂波尔多液作为保护剂。

5. **芽前芽后防治** 发芽前，喷 1 次 2° ~ 3°Bé 的石硫合剂，在树干和主枝基部涂刷 50%福美双可湿性粉剂 80 ~ 100 倍液。4月中下旬，可用 50%福美双可湿性粉剂 100 ~ 200 倍液喷树干。发芽后，再喷 1 次 0.5°Bé 石硫合剂，保护伤口不被侵染，降低发病概率。

（二）板栗炭疽病

板栗炭疽病是安徽、江苏、浙江、江西、福建、广东等省板栗主要病害之一，田间便可发生，贮藏不善会引起大量果实腐烂，造成重大损失。

【症状】 芽、枝梢、叶均可受害。叶片上病斑呈不规则形至圆形，褐色或暗褐色，常有红褐色的细边缘，上生许多小黑点（多为病原菌的分生孢子盘），通常对栗树影响较小；芽被害后，病部发褐腐烂，新梢最终枯死；小枝被害，易遭风折，受害栗蓬主要在基部出现褐斑，其上产生小黑点状的分生孢子盘。受害栗果主要在种仁上产生近圆形、黑褐色或黑色的坏死斑，后果肉腐烂，干缩，外壳的尖端常变黑，俗称"黑尖果"。

【病原】 病原菌为 *Glomerella cingulata*（Stonem）Spauld et Schrenk，无性阶段为 *Colletotrichum gloeosporioides* Penz.，与苹果炭疽病相同。

【发病规律】 病菌在南方特别是华南地区寄主范围广，以菌丝在树体的芽、枝内潜伏越冬，落地的病叶、病果均为其越冬场所。条件合适时，10 ~ 11 月便可长出子囊壳，翌年 4 ~ 5 月小枝或枝条上长出黑色分生孢子盘，分生孢子由风雨或昆虫传播，经皮孔或自表皮直接侵入。贮运期间无再侵染。

板栗炭疽病病果

通常采收后 1 个月为腐烂的危险期，期间果实失水越多，腐烂越快；采收后栗蓬、栗果大量堆积，若不迅速散热，腐烂严重；采收期气温高（26 ~ 28 ℃）、湿度大，腐烂重。

【防治方法】

1. **加强田间防治** 结合冬季修剪，剪除病枯枝，集中深埋；喷施灭病威、多菌灵，或半量式波尔多液等药剂，特别是在 4 ~ 5 月喷药，可控制产生大量菌源。

2. **适时采收** 采收时应严格掌握各个环节，不宜提早收获。应待栗蓬呈黄色，出现"十"字状开裂时，拾栗果与分次打蓬。采收期每 2 ~ 3 d 打蓬 1 次，因不成熟栗果易失水腐烂。打蓬后当日拾栗果，以上午 10 时以前拾果较好，重量损失少。

3. **注意贮藏** 采收后将栗果迅速摊开散热，以产地沙藏较为实际。埋沙时，可先将沙以 50%噻菌灵可湿性粉剂 1 000 倍液湿润，贮藏温度以 5 ~ 10 ℃较宜。将板栗埋于噻菌灵溶液浸泡过的锯屑内，在 8 ~ 10 ℃，相对湿度 80% ~ 90%的低温贮藏室内，可保鲜及不脱水达 2 个月以上。

（三）板栗种仁斑点病

板栗种仁斑点病又称为板栗种黑斑病，主要发生于贮运期，在板栗种仁上形成坏死斑点，使板栗种仁变质或腐烂，严重影响板栗种实品质。

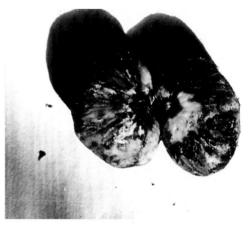

板栗种仁斑点病为害状

【症状】 板栗种仁斑点病的症状主要有以下三种类型：

1. **黑斑型** 外种皮及内种皮多数正常，只有极少数栗果尖端变褐、变黑。在种仁表面产生大小不一、形状不规则的坏死斑点，黑褐色、灰黑色至炭黑色。病部深入种仁内部，切面呈灰白色、褐色、灰黑色、炭黑色等。部分病粒切面有灰白色至灰黑色的条纹状空隙。

2. **褐斑型** 在种仁表面形成深浅不一的褐色坏死斑，深入种仁内部，切面颜色为白色、淡褐色、黄褐色。部分病斑切面有灰白色至灰黑色的条纹状空隙。

3. **腐烂型** 种仁呈褐色或黑色，干腐或软腐。

在上述三种症状类型中，前两类约占90%，前期以褐斑型居多，后期则以黑斑型占多数。

【病原】 板栗种仁斑点病是由多种真菌混合侵染所引起的病害。其病原菌主要有炭疽菌（*Colletotrichum gloeosporioides* Penz.）、链格孢菌［*Alternaria alternata*（Fr.）Keissler］、镰刀菌（茄腐皮镰刀菌）［*Fusarium solani*（Mart.）App.et Wr.］、三隔镰刀菌［*Fusarium tricinctum*（Corda）Sacc.］、串珠镰刀菌（*Fusarium moniliforme* Sheldom）、扩展青霉菌［*Penicilium expansum*（LK.）Thorn.］。炭疽菌和链格孢菌主要导致黑斑型症状，镰刀菌和青霉菌主要导致褐斑型症状，而腐烂型则是后期症状。

【发病规律】 病菌可在落地栗苞及树上病枯枝中越冬，翌年产生分生孢子成为初侵染源。通过套袋试验观察，病原菌从6月中上旬至7月中下旬已侵入栗实，至采收、贮运期才发病，有潜伏侵染现象。病害开始出现于板栗近成熟期，但发病率较低，成熟至采收期病粒稍多，在常温下沙藏及贮运过程中，病情迅速增加，经过15～25 d到加工时期达到发病高峰，此后由于气温降低，病害不再加重。

病害的发生发展与温度、栗仁失水、栗瘿蜂发生轻重、树龄、树势、栗果成熟度、机械伤害等因素密切相关。沙藏温度在25 ℃左右，病害发展，15 ℃以下能显著抑制病害的发展速度，5 ℃以下病害基本停止发展。栗仁表面失水加速，病斑扩展，但过度失水并无明显影响。栗瘿蜂为害严重，病害发生也重。幼树、健壮树发病轻，老弱树发病重。早熟早采发病重，晚熟晚采发病轻，采收、贮运过程中机械损伤多，加重病害发生。

【防治方法】

1. **加强管理** 增强树势，避免栗瘿蜂等为害，提高树体抗病力，是预防此病的基础。

2. **药剂防治** 从6月中旬开始喷药，15～20 d喷1次，共喷3次，可选用75%百菌清可湿性粉剂800倍液或50%异菌脲可湿性粉剂1 000倍液防治；用7.5%盐水清除病粒效果较好。也可试用漂白粉、仲丁胺等对人、畜无毒的药剂浸种。

3. **注意贮运** 降低贮运期温度，保持栗仁正常含水量，减少机械伤口，可有效控制病害的发生发展。

（四）板栗锈病

板栗锈病为害板栗苗木、幼树和成年树，感病栗树生长势显著下降，栗实减产，病叶提早落叶。

【症状】 板栗叶背面发生黄色或黄褐色疱状锈斑（夏孢子堆），表皮破裂，散出黄粉（夏孢子堆）。将近落叶时，于叶背产生褐色蜡质斑点（冬孢子堆）。

【病原】 病原菌为栗膨痂锈菌（*Pucciniastrum castaneae* Diet.），属真菌界担子菌门。发现有夏孢子和冬孢子阶段。

【发病规律】 此病的侵染循环尚不清楚,已知落叶上的夏孢子可以越冬。病害在 8 ~ 9 月发生。

【防治方法】

1. **农业防治** 应注意清扫落叶,减少菌源。
2. **药剂防治** 在 8 月喷洒 15% 三唑酮可湿性粉剂 500 倍液,每周 1 次,连续 2 次,防治效果较好。

板栗锈病病叶

（五）板栗白粉病

【症状】 主要为害叶片及嫩梢。先于叶面上发生不规则的褪绿斑,而后在病斑表面产生白粉状物,此为病菌的分生孢子梗及分生孢子。秋季在白粉层上产生黑色颗粒状物,此为病菌的闭囊壳。嫩梢被害部亦生白粉,严重时幼芽和嫩叶不能伸展,甚至枝梢枯死。

【病原】 引起板栗白粉病的白粉菌有两种,均属子囊菌门。发生于叶正面的为 *Microsphaera alni*（Wallr.）Salmon,闭囊壳内含 4 ~ 8 个子囊,子囊孢子椭圆形,大小为（17 ~ 26）μm×（9 ~ 15）μm,附属丝 5 ~ 14 根,呈二叉状分枝 2 ~ 4 次,末端分枝卷曲,其无性阶段为粉孢霉（*Oidium mangiferae*）。发生在叶背面的白粉菌为 *Pyllactinia roboris*（Gachet）Blu.,闭囊壳的附属丝为球针形,其无性阶段为拟卵孢霉（*Ovulariopsis* sp.）。

板栗白粉病病叶白色霉层

【发病规律】 病菌以闭囊壳在病叶或病梢上越冬,翌年 4 ~ 5 月释放子囊孢子,侵染嫩叶及新梢。在病部产生白粉状的分生孢子,在生长季节里可多次侵染为害,9 ~ 10 月形成闭囊壳。苗木及幼树发生较重,大树发病较少。

【防治方法】

1. **减少菌源** 结合冬季修剪,剔除病枝、病芽;早春及时摘除病芽、病梢。
2. **加强管理** 施足基肥,控施氮肥,增施磷、钾肥,增强树势,提高抗病力。
3. **喷药保护** 春季开花前嫩芽刚破绽时,喷布 1°Bé 石硫合剂或 15% 三唑酮 1 000 倍液。开花 10 d 后,结合防治其他病虫害,再喷药 1 次。

二、板栗害虫

（一）栗实象甲

栗实象甲（*Curculio davidi* Fairmaire），又名栗实象、板栗象鼻虫等，属鞘翅目象甲科。

栗实象甲成虫在板栗苞上

栗实象甲幼虫为害状

栗实象甲幼虫脱果孔

栗实象甲幼虫

【分布与寄主】　分布普遍。主要为害板栗和茅栗，亦可为害其他一些栎类。

【为害状】　成虫咬食嫩叶、新芽和幼果，幼虫蛀食果实内子叶，蛀道内充满虫粪，幼虫成熟后即在果壳上咬 1 个直径 2 ~ 3 mm 的圆孔，被害果实完全丧失食用价值和发芽能力，发生严重时果实被害率高达 60%，大大影响产量和品质。

【形态特征】

1.**成虫**　雌成虫体长 7 ~ 9 mm，头管长 9 ~ 12 mm；雄成虫体长 7 ~ 8 mm，头管长 4 ~ 5 mm；黑褐色，被灰白色鳞片。头部黑色，头管细长，稍弯曲，有光泽。触角着生于头管基部 1/3 处（雌虫）或 1/2 处（雄虫），膝状，具 11 节，端部 3 节略膨大。前胸背板后缘两侧各有 1 条半圆形白斑纹，与鞘翅基部的白斑纹相连。鞘翅外缘近基部 1/3 处和近翅端 2/5 处各有 1 条白色横纹，这些斑纹均由白色鳞片组成。鞘翅上各有 10 条点刻组成的纵沟。体腹面被有白色鳞片。

2.**卵** 椭圆形，长约 1.5 mm，表面光滑，初产时透明，近孵化时变为乳白色。

3.**幼虫** 成熟时体长 8.5～12 mm，乳白色至淡黄色，头部黄褐色，无足，体常略呈"C"形弯曲，体表具多数横皱纹，并疏生短毛。

4.**蛹** 体长 7.5～11.5 mm，乳白色至灰白色，近羽化时灰黑色，头管伸向腹部下方。

【发生规律】 栗实象甲在南方 1 年发生 1 代，在长江以北地区 2 年发生 1 代，均以成熟幼虫在土中做土室越冬。在 2 年发生 1 代区，第 2 年幼虫在土内，第 3 年夏季化蛹，蛹期约 20 d，8 月间羽化为成虫。在江西德兴，成虫发生于 7 月中旬至 9 月中上旬，8 月上旬为发生盛期。在南京，卵期 10～15 d，幼虫有 4 龄，在果内蛀室 23～30 d，蛹期 140 d 左右，成虫外出活动期为 1 个月以上。

雌虫交尾后次日即可产卵，多在果蒂附近咬 1 个深达子叶的产卵孔，一般每孔产卵 1～3 粒，每个果实通常有 1～2 个产卵孔。

初孵幼虫仅在子叶表面取食，蛀道较狭窄，随着虫龄增长蛀道逐渐扩大和加深，3～4 龄时蛀道宽约 8 mm，多呈弧形，靠近果蒂处，内部充满黑褐色虫粪。早期被害的果实往往脱落，后期被害的通常不脱落，甚至采收后幼虫仍在果内为害，直至成熟后幼虫即在果壳上咬 1 个直径 2～3 mm 的圆孔，爬出果外钻入土内做长椭圆形土室越冬。幼虫入土深度因土壤疏松程度而有差异，一般入土深度为 6～10 cm，最深可达 15 cm。

一般栗苞小、苞刺短而稀疏和苞刺质地软的品种被害率较高，栗苞大、苞刺密而长、质地坚硬和苞壳厚的品种，成虫在其上产卵极为困难，较为抗虫。山地栗园混生有茅栗、栓皮栎、麻栎等栎类的栗园受害重，而平坦地区的纯栗园受害较轻。采收时比较彻底，对蜕粒场所或栗果进行灭虫处理，均可以大量减少越冬虫口，减轻翌年受害。

【防治方法】

1.**改善栗园条件** 消除栗园内或附近的栎类杂树；秋、冬季耕翻栗园，破坏土室，防治幼虫，对控制栗实象甲的发生为害均有一定效果。

2.**选用抗虫品种** 在栗象为害严重的地区，可选栽栗苞大、苞刺密而长、质地坚硬、苞壳厚的抗虫品种，减轻为害。

3.**拾净栗蓬** 栗果成熟后及时采收，彻底拾净栗蓬，减少幼虫在栗园中脱果入土越冬的数量，是减轻翌年为害的主要措施。

4.**选好脱粒、晒果及堆果场地** 脱粒、晒果及堆果场地最好为水泥地面或坚硬场地，防止脱果幼虫入土越冬。

5.**毒杀脱果幼虫** 脱粒、晒果及堆果场地，事先喷布 50% 辛硫磷乳油 500～600 倍液，喷药液每亩 1～1.5 kg 辛硫磷，最好使药液渗至 5 cm 深的上层，如地面坚实或为水泥地，则可在其周围堆一圈喷有辛硫磷或拌有 5% 辛硫磷颗粒剂的疏松土壤等，均可毒杀脱果入土的幼虫，减轻翌年的为害。

6.**热水浸种** 栗果脱粒后用 50～55 ℃热水浸泡 10～15 min，杀虫效率可达 90% 以上，捞出晾干后即可用沙贮藏。不会伤害栗果的发芽力，但必须严格掌握水温和处理时间，切忌水温过高或时间过长。

7.**药杀成虫** 发病严重的栗园，可在成虫即将出土时或出土初期，在地面撒施 5% 辛硫磷颗粒剂，每亩撒 10 kg，或喷施 50% 毒死蜱乳油 1 000 倍液，施药后及时浅锄，将药剂混入土中，毒杀出土成虫。成虫发生期如密度大，可在产卵之前在树冠选喷 40% 毒死蜱 1 500 倍液、80% 敌敌畏乳油、50% 杀螟硫磷乳油、50% 辛硫磷乳油 1 000 倍液、2.5% 溴氰菊酯乳油等，每隔 10 d 左右 1 次，连续喷 2～3 次，可防治大量成虫，防止产卵为害。

（二）栗园桃蛀螟

桃蛀螟成虫　　　　　　桃蛀螟为害的板栗外有虫粪　　　　　桃蛀螟幼虫在果内蛀害

栗园桃蛀螟（*Conogethes punctiferalis* Guenee），又名豹纹斑螟，属鳞翅目螟蛾科。

【分布与寄主】　中国南、北方都有分布。幼虫除为害桃外，也为害板栗、梨、苹果、杏、李、石榴、葡萄、山楂、枇杷等果树的果实，还可为害向日葵、玉米、高粱、麻等农作物及松杉、桧柏等树木，是一种杂食性害虫。

【为害状】　卵散产于栗蓬针刺间，尤以栗蓬相靠的刺束间产卵最多。初孵幼虫蛀入栗蓬后，先在蓬皮与果实之间串食，并排有少量褐色虫粪，幼虫稍大，即蛀入果实中为害，蛀孔外排有大量虫粪，在一个栗蓬中幼虫可连续为害 2 ~ 3 个栗果。果实被害后，蛀孔外堆集黄褐色虫粪，被害栗果常被蛀空，并以虫粪和丝状物互相粘连，影响甚至失去栗果的食用价值。

【形态特征】

1. **成虫**　体长 9 ~ 14 mm，全体黄色，前翅散生 25 ~ 28 个黑斑。雄虫腹末黑色。
2. **卵**　椭圆形，长约 0.6 mm，初产下的卵白色，逐渐变黄，后变为鲜红色。
3. **幼虫**　老熟时体长 22 ~ 27 mm，体背暗红色，身体各节有粗大的褐色毛片。腹部各节背面有 4 个毛片，前两个较大，后两个较小。
4. **蛹**　长 13 mm 左右，黄褐色，腹部第 5 ~ 7 节前缘各有 1 列小刺，腹末有细长的曲钩刺 6 个。茧灰褐色。

【发生规律】　桃蛀螟在我国北方 1 年发生 2 ~ 3 代，南方 1 年发生 4 代，世代间重叠。越冬代和第 1、第 2 代成虫羽化产卵，以幼虫为害桃、梨、向日葵等。第 3、第 4 代幼虫 8 ~ 9 月主要为害板栗总苞、幼果和坚果，引起严重落果。幼虫蛀总苞盛期在 9 月中旬（总苞开裂期）。幼虫为害栗果主要可在采收后总苞堆积期，一般虫果率为 4% ~ 8%，开始大部分幼虫主要蛀食总苞皮，经过 30 ~ 40 d 的堆积，虫果率上升为 58.1%，尤以堆后半月虫果率上升最快。因此，大量为害栗果前消灭第 3 代幼虫是防治的关键。成虫夜间 8 ~ 10 时羽化最多，成虫白天于叶背静伏，黄昏后飞翔交尾，晚间在栗苞针间产卵。成虫交尾后 2 ~ 3 d 产卵，每头雌虫产卵 22 ~ 46 粒不等，在板栗树上虫卵主要产在总苞刺间。尤其两总苞相靠的针刺处产卵最多。幼虫孵出后蛀食栗苞，从 3 龄起蛀入栗果内。

栗树受害在 8 月上旬至 9 月下旬，以 9 月中上旬为重。

【测报方法】

1. **成虫发生期测报**　利用黑光灯或糖醋液诱集成虫，逐日记载诱蛾数。
2. **田间查卵**　自诱到成虫后，选代表果树 5 ~ 10 株，每 2 ~ 3 d 检查一次，每次查果实 1 000 ~ 1 500 个，统计卵数，当卵量不断增加、平均卵果率达 1% 时进行喷药。
3. **性外激素的利用**　利用顺、反 –10– 十六碳烯醛的混合物，诱集雄蛾。

【防治方法】

1. **清除越冬幼虫**　冬、春季清除空栗苞、玉米、高粱、向日葵等遗株，集中烧毁，以减少虫源。
2. **药剂防治**　药剂治虫的有利时机在第 3 代幼虫孵化初期（8 月上旬至 9 月中旬）。在进行化学防治前，应做好预测预报。可利用黑光灯和性诱剂预测发蛾高峰期，在成虫产卵高峰期、卵孵化盛期适时施药。首选药剂氯氟氰菊酯、高效氯氰菊酯、杀螟硫磷、灭幼脲。有效药剂有溴氰菊酯、甲氰菊酯、联苯菊酯、毒死蜱、丙溴磷、辛硫磷、氰戊菊酯等。
3. **生物防治**　生产上利用一些商品化的生物制剂，如昆虫病原线虫、苏云金杆菌（*Bacillus thuringiensis*）和白僵菌 [*Beauveria bassiana*（Bals）]来防治桃蛀螟。用 100 亿孢子 /g 的白僵菌 50 ~ 200 倍液防治桃蛀螟，对桃蛀螟有很好的控制作用。释放赤眼蜂防治桃蛀螟，每亩每次释放 3 万头。

（三）栗瘿蜂

栗瘿蜂（*Dryocosmus kuriphilus* Yasumatsu），又名栗瘤蜂，属膜翅目瘿蜂科。

【分布与寄主】　分布于河北、河南、山西、陕西、江西、安徽、浙江、江苏、湖北、湖南、云南、福建、北京等省市。严重地区枝条受害率为 70% ~ 90%，严重影响栗树发育，造成减产。主要为害板栗，也为害茅栗和锥栗。

【为害状】　幼虫在芽内蛀食，使芽膨大形成瘤状虫瘿，不能抽发新梢和开花结果，有时在瘤瘿上着生有畸形小叶。虫瘿呈绿色和紫红色，到秋季变成枯黄色，每个虫瘿上留下 1 个或数个圆形出蜂孔。自然干枯的虫瘿在 1 ~ 2 年不脱落。

栗瘿蜂为害处形成虫瘿状

栗瘿蜂在虫瘿内的幼虫

栗瘿蜂卵

栗瘿蜂为害状（1）

栗瘿蜂为害状（2）

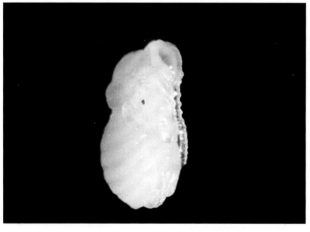
栗瘿蜂蛹

栗瘿蜂成虫

栗树受害严重时，虫瘿布满树梢，很少长出新梢，不能结实，树势逐渐衰弱，枝条枯死，导致整株成片死亡。不仅影响当年生长和结果，而且造成翌年减产，严重时全株枯死。

【形态特征】

1. **成虫**　体长 2.5 ~ 3 mm，黑褐色，有光泽。头短而宽，有点刻。触角丝状，14 节，柄节和梗节黄褐色，鞭节褐色。胸部背面光滑，中胸盾片上有 2 条纵沟，小盾片钝三角形，向上隆起。翅透明，有细毛，前翅翅脉褐色。足黄褐色，后足腿节发达。

2. **卵**　椭圆形，长 0.15 ~ 0.17 mm，乳白色，表面光滑。末端有长约 0.6 mm 的丝状细柄，柄端略膨大。

3. **幼虫**　成长时体长 2.5 ~ 3 mm，纺锤形，略向腹面弯曲，粗壮无足，胴部 12 节，光滑，无皱纹，乳白色，近老熟时变为黄白色，口器黄褐色。

4. **蛹**　体长 2.5 ~ 3 mm，胸部背面呈圆形隆起，腹部略呈钝椭圆形。初为乳白色，复眼红色，口器褐色，后体渐为黄褐色，近羽化时变为黑褐色，翅芽乳白色，触角、足黄褐色。

【发生规律】 1年发生1代,以初龄幼虫在芽内越冬。在江苏句容越冬幼虫于4月上旬开始活动取食,4月下旬逐渐成熟,在瘿内生活30～70 d,一般为50 d,5月上旬开始化蛹,6月上旬为盛蛹期;成虫亦在此时开始羽化,6月中旬为羽化盛期;羽化后在瘿内停息10～15 d,6月下旬咬孔蜕瘿而出;成虫蜕瘿后当天即可产卵,在瘿外寿命0.5～5.5 d,平均3 d左右,9月末又以幼虫越冬。在浙江越冬幼虫于4月初活动取食,5月上旬化蛹,6月上旬羽化为成虫,在瘿内停息10多天破瘿外出;8月下旬幼虫孵化,在芽内取食,至11月才越冬。主要寄生蜂是长尾小蜂。

【防治方法】

1. 修剪枝条 栗树落叶后至发芽前进行精细修剪,去除有瘤瘿枝、细弱枝和无用枝,只保留结果母枝和必要的发育枝,可以彻底消灭虫源,使树冠内部通风透光,不利于栗瘿蜂的发生为害。同时加强栗树的栽培管理,以增强树势,促使新梢生长。受害严重的栗树,可采取重修剪,除枝条基部着生休眠芽的部位外,其余都剪除,可以彻底免除受害,1年后可恢复结果。

2. 保护天敌 剪下的枯瘤瘿内有寄生蜂,应用篮子盛好存放于室内,使寄生蜂在瘿内安全生存越冬。翌年3月再将篮子挂在栗瘿蜂为害严重的栗林,使寄生蜂羽化后再行寄生。

3. 药剂防治 受害严重的栗园,可在6月中下旬成虫蜕瘿外出活动盛期(可从6月中上旬开始定期剥虫瘿,或收集一部分虫瘿进行纱笼饲养,并结合园间观察确定),选喷40%乐果乳油或80%敌敌畏乳油1 500倍液,50%杀螟硫磷乳油1 000倍液,2.5%溴氰菊酯乳油、10%氯氰菊酯乳油等1～2次。

4. 嫁接检疫 新发展板栗栽培区应采用嫁接苗,并避免从栗瘿蜂为害的栗园中采取接穗。

（四）板栗透翅蛾

板栗透翅蛾(*Aegeria molybdoceps* Hampson),又名赤腰透翅蛾,俗称串皮虫,属鳞翅目透翅蛾科。

板栗透翅蛾为害状　　　板栗透翅蛾幼虫在板栗枝干为害状　　　板栗透翅蛾成虫

【分布与寄主】 河北、山东、江西等栗产区均有发生。该虫只为害板栗。

【为害状】 以幼虫串食枝干皮层,主干下部受害重。新梢提早停止生长,叶片枯黄早落,部分大枝枯死。

【形态特征】

1. 成虫 体长15～21 mm,翅展37～42 mm。形似黄蜂。触角两端尖细,基半部橘黄色,端半部赤褐色,顶端具1束毛。头部、下唇须、中胸背板及腹部第1、第4、第5节皆具橘黄色带,第2、第3腹节赤褐色,腹部有橘黄色环带。翅透明,翅脉及缘毛茶褐色。足侧面黄褐色,中、后足胫节具黑褐色长毛。

2. 卵 长约0.9 mm,淡褐色,扁卵圆形,一头较齐。

3. 幼虫 老熟幼虫体长40～42 mm,污白色。头部褐色,前胸背板淡褐色,具1条褐色倒"八"字纹。臀板褐色,尖端稍向体前弯曲。

4. 蛹 体长14～18 mm,黄褐色。体形细长,两端略下弯。

【发生规律】 1年发生1代,极少数2年完成1代。以2龄幼虫或少数3龄以上幼虫在枝干老皮缝内越冬。3月中下旬出蛰,7月中旬末老熟幼虫开始作茧化蛹,8月中上旬为作茧化蛹盛期。8月中旬成虫开始产卵,8月底至9月中旬为产卵盛期。8月下旬卵开始孵化,9月中下旬为孵化盛期,10月上旬2龄幼虫开始越冬。

日平均气温为3～5 ℃,幼虫开始活动。虫龄大的幼虫出蛰早。幼虫化蛹前,停止取食,先向树干外皮咬一直径5～6 mm圆形羽化孔,然后即在羽化孔中吐丝连缀木屑和粪便结1个长椭圆形厚茧化蛹。幼虫为害的部位不同,化蛹早晚显著不同，向阳面比背阴面提早半个月左右，树干中下部幼虫化蛹显著早于上部，下部较上部提前 15～20 d。成虫羽化时，顶开羽化孔，露出蛹壳的 1/2～2/3。羽化时间均在 6～18 时，9～10 时羽化最多。成虫白天活动，低温和高温情况下活动能力显著下降。成虫有趋光性，寿命 3～5 d。成虫白天产卵，上午 10 时左右产卵最多。卵散产，集中在主干的粗皮缝、翘皮下，少数产在树皮表面。雌成虫一般产卵 300～400 粒。卵的孵化全在夜间。

【防治方法】

1. **人工防治**　刮树皮清除卵和初孵幼虫。

2. **药剂防治**　用 1～1.5 kg 煤油加 80% 敌敌畏 50 g，混合均匀涂树干。施药时间以 3 月为宜。亦可在成虫产卵前（8 月前）涂白树干，可以阻止成虫产卵，对控制危害可起到一定作用。

3. **加强管理**　适时中耕除草，及时防治病虫，避免在树体上造成伤口，增强树势，均可减少为害。

（五）光滑材小蠹

光滑材小蠹（*Xyleborus germanus* Blandford）和颈冠材小蠹，属鞘翅目小蠹科材小蠹属。

光滑材小蠹为害板栗树枝干枯干

光滑材小蠹成虫

【分布与寄主】　国内分布于贵州、云南、四川、西藏、陕西、安徽和福建等省（区）；国外分布于日本、朝鲜、欧洲和北美洲各国。除为害桃、核桃、板栗等果树外，寄主还有茶、酸枣、白丝栗、鹅儿槭、香樟、冷杉、木荷、盐肤木（五倍子树）、铁刀木、野桃、栎等植物。

【为害状】　主要蛀害枝干，先在边材部蛀食，后进入木质部和髓部，蛀成纵横交错的坑道，可造成被害枝枯萎。

【形态特征】　雌成虫体长 2.1～2.3 mm，宽约 0.8 mm，圆柱形，黑褐色，触角、足茶褐色。头隐于前胸背板下，额平隆，具光泽，有中隆线，上缘刻点凹陷而下部突起呈粒状，疏生竖直额毛。复眼肾形，下缘中部深凹达眼宽的一半，嵌抱触角窝。触角共 9 节，鞭节 5 节，锤状部 3 节，扁椭圆形。颅顶光滑，布网状印纹。前胸背板长稍短于宽，长过鞘翅的一半，侧观背板前半部强度弓曲隆起，后半部平直下倾，背顶部居中但无明显顶点，瘤区和刻点区各占一半，端部瘤齿鱼鳞状同心圆弧形列生，齿由下向顶处渐细，前缘最下方有 8～9 枚大小均一的强齿，背板茸毛短小，分布在瘤齿区，刻点区无毛。中胸隐，小盾片钝三角形。鞘翅两侧平行，与前胸背板等宽，斜面始于端部 2/5 处，无明显起点，斜面具下缘脊边，脊边锐利突起上翘，翅面刻点沟中的刻点比沟间部上的深，排列稀，第 2 沟间部凹陷，翅基部光滑，从中部起每条沟间部上疏生 1 行茸毛，翅尾斜面沟间部上的刻点突起成粒。雄虫体长 1.6～1.8 mm，宽约 0.6 mm，栗褐色具强光泽。前胸背板瘤区齿突短小，相互近邻成弧线，由下向上渐小止于背顶，刻点区光滑，刻点细微似有若无。鞘翅平坦，难分刻点沟和沟间部，刻点细微。

【发生规律】　以成虫越冬，发生量少，世代不详，待观察。

【防治方法】

1.**农业防治** 冬季结合修剪，清除虫蛀枝集中烧毁，杀灭越冬虫源。夏季用长竹竿钩钩断生长衰弱和不结果的濒死枯枝；增施氮肥，促进营养生长，保持旺势，减少成虫趋害。

2.**药剂防治** 用残效期长的杀虫剂，在越冬代成虫咬坑产卵期，在枝干树皮上喷雾至湿透，触杀成虫。

（六）浅褐彩丽金龟

浅褐彩丽金龟［*Mimela testaceoviridis*（Blanchard）］，又名黄闪彩丽金龟，属鞘翅目彩丽金龟科。

【分布与寄主】 河北、山东、江苏、湖南、浙江、福建、台湾有分布。寄主植物有板栗、葡萄、杨等。

【为害状】 以成虫取食植株叶片，呈缺刻状，严重时整片叶仅剩叶脉。

【形态特征】 成虫体长 14～18 mm。体中型，体色淡，全体光亮，背面浅黄褐色。

【发生规律】 浅褐彩丽金龟1年发生1代，以老熟幼虫越冬。成虫活动期为5～7月，趋光性强，日夜均取食。

【防治方法】 参考铜绿丽金龟。

浅褐彩丽金龟为害状

（七）栗大蚜

栗大蚜（*Lachnus tropicalis* Van der Goot），又名板栗大蚜、栗枝黑大蚜，属同翅目大蚜科。

栗大蚜无翅蚜

栗大蚜若蚜

【分布与寄主】 分布普遍。除为害板栗外，还为害白栎、橡树、麻栎等树。

【为害状】 成虫和若虫群集在新梢、嫩枝和叶背面吸食汁液，影响新梢生长和果实成熟，常导致树势衰弱，是板栗的重要害虫之一。

【形态特征】

1. 成虫

（1）无翅孤雌蚜：体长 3 ~ 5 mm，黑色，体背密被细长毛。腹部肥大，呈球形，第 1 腹节具断续横纹，第 8 腹节具横纹。

（2）有翅孤雌蚜：体略小，黑色，腹部色淡。翅痣狭长，翅有两型：一型翅透明，翅脉黑色；另一型翅暗色，翅脉黑色，前翅中部斜至后角有 2 个透明斑，前缘近顶角处有 1 个透明斑。

2. 卵 长椭圆形，长约 1.5 mm，初为暗褐色，后变为黑色，有光泽。单层密集排列在枝干背阴处和粗枝基部。

3. 若虫 体形似无翅孤雌蚜，但体较小，色较淡，多为黄褐色，稍大后渐变黑色，体较平直，近长圆形。腹管痕明显。有翅蚜胸部较发达，具翅芽。

【发生规律】 栗大蚜 1 年可发生 10 多代，以卵在栗树枝干腋芽及裂缝中越冬。翌年 3 月底至 4 月上旬越冬卵孵化为干母，密集在枝干原处吸食汁液，成熟后胎生无翅孤雌蚜和繁殖后代。4 月底至 5 月中上旬达到繁殖盛期，也是全年为害最严重的时期，并大量分泌蜜露，污染树叶。5 月中下旬开始产生有翅蚜，部分迁至夏寄主上繁殖。9 ~ 10 月又迁回栗树继续孤雌胎生繁殖，常群集在栗苞果梗处为害，11 月产生性母，性母再产生雌、雄蚜，交尾后产卵越冬。

栗大蚜在旬平均气温约 23 ℃、相对湿度 70% 左右时繁殖适宜，一般 7 ~ 9 d 即可完成 1 代。气温高于 25 ℃，相对湿度 80% 以上虫口密度逐渐下降。遇暴风雨冲刷会造成大量死亡。

【防治方法】

1. 消灭越冬卵 冬季或早春发芽前喷洒机油乳剂 50 ~ 60 倍液，或涂刷成片的卵。

2. 药剂防治 在板栗展叶前越冬卵已孵化后，选喷 50% 抗蚜威或 10% 吡虫啉 3 000 倍液等。幼树可用乐果 5 倍液涂干，再用塑料薄膜包扎，效果良好，又不致杀伤天敌。

3. 保护天敌 栗大蚜的天敌很多，主要有瓢虫、草蛉和寄生性天敌，只要合理加以保护，依靠天敌的作用，完全可以控制其为害。

（八）栗毒蛾

栗毒蛾为害状

栗毒蛾雄虫

栗毒蛾雌虫

栗毒蛾幼虫（杨晋升）

栗毒蛾幼虫被寄生

栗毒蛾（*Lymantria mathura* Moore），又名栎毒蛾、二角毛虫、苹果大毒蛾等，属鳞翅目毒蛾科。

【分布与寄主】 分布于黑龙江、吉林、辽宁、河北、山西、陕西、山东、河南、安徽、江苏、浙江、湖北、湖南、江西、福建、台湾、广东、广西、四川、云南等省（区）。以幼虫为害栗树、苹果、梨、杏、李等果树及柞、栎等林木树种。

【为害状】 幼虫为害栗树叶片，常造成严重为害。幼虫取食叶片常造成叶片破碎和缺刻，严重时将叶片吃光。

【形态特征】

1. **成虫** 雌成虫体长约 30 mm，翅展 85 ~ 95 mm。触角丝状。头部白色，复眼及触角内侧有淡红色毛，胸部白色，背面有黑色斑 5 个，接近翅基部各有 1 个红斑。前翅灰白色，上有 5 条黑褐色纹。亚基线黑色，内缘有粉红色和黑色斑，外缘有 8 ~ 9 个黑斑，缘毛粉红色，前缘和外缘边粉红色。后翅淡红色，外缘有褐色斑 8 ~ 9 块并有横带 1 条。腹部浅红色，腹背中间有一排黑色斑，腹末 3 节白色。雄成虫体长 20 ~ 24 mm，翅展 45 ~ 52 mm。触角双栉齿状。胸部黑色，上有 5 块深黑色斑。前翅黑褐色，上有白色波状横纹数条，翅中室处有 1 个黑色圆点，外缘有 8 ~ 9 块黑斑。后翅淡黄褐色，外缘有黑色斑点和横带，中部有 1 个黑色横斑。腹部黄色，背中间有 1 条黑色纵条纹。

2. **卵** 初产乳白色，后变白色，呈块状，上盖黄色茸毛。

3. **幼虫** 老熟幼虫体长 60 ~ 80 mm。体黑褐色带黄白色斑。头部黄褐色带黑褐色圆点。背线、前胸白色，后段枯黄色，背中线两侧各节生有 1 对肉瘤，纵行 2 排，上生黑褐色毛丛。各节体两侧各生肉瘤 1 排，第 1 节两丛毛特长，黑白毛混杂，第 11 节生 6 丛长毛。腹面黄褐色，胸足赤褐色，腹足赤褐色，外侧有黑色斑。头部有 1 对黑色短毛束。腹部 1 ~ 4 节隆起呈驼背状，腹末节呈柄状，臀刺钩状丛生。

【发生规律】 在东北、华北、山东等地区 1 年发生 1 代，以卵在树皮裂缝及锯伤口处越冬，栗树发芽时卵孵化，一般在 5 月中旬，孵化期 20 ~ 30 d，初孵幼虫先在卵块附近群集为害 5 ~ 7 d，而后分散为害。幼虫为害期 50 d，7 月老熟，在叶背面结薄丝茧化蛹，尾端结一束丝倒吊，蛹期 10 d。成虫羽化盛期在 7 月下旬，交尾后雌蛾多在树干上产卵，阴面较多，每头雌虫产卵 500 ~ 1 000 粒，卵期长达 8 ~ 9 个月。每块卵约 200 粒。

【防治方法】 可参考舞毒蛾。

（九）舞毒蛾

舞毒蛾（*Lymantria dispar* L.），又名秋千毛虫、苹果毒蛾、柿毛虫，属鳞翅目毒蛾科。

【分布与寄主】 国外分布于日本、朝鲜、欧洲及美洲各国。国内分布普遍，主要分布在北纬 20° ~ 北纬 58°。该虫食性很广，寄主植物达 500 多种，可为害苹果、梨、柿、桃、杏、梅、樱桃、山楂、柑橘等果树及多种林木。

【为害状】 幼虫主要为害叶片，严重时可将全树叶片吃光，还可啃食果实。一般靠近山区的果园受害较重。

【形态特征】

1. **成虫** 雄成虫体长约 20 mm，前翅茶褐色，有 4 ~ 5 条波状横带，外缘呈深色带状，中室中央有 1 个小黑点。雌成虫体长约 25 mm，前翅灰白色，每两条脉纹间有 1 个黑褐色斑点，腹末有黄褐色毛丛。

舞毒蛾幼虫（上方两头）及栗毒蛾幼虫（下方）

2. **卵** 圆形稍扁，直径 1.3 mm，初产为杏黄色，数百粒至上千粒产在一起结成卵块，其上覆盖有很厚的黄褐色茸毛。

3. **幼虫** 老熟时体长 50 ~ 70 mm，头黄褐色，有"八"字形黑色纹。前胸至腹部第 2 节的毛瘤为蓝色，腹部第 3 ~ 9

节的 7 对毛瘤为红色。

【发生规律】 舞毒蛾 1 年发生 1 代，以卵在石块缝隙或树干背面凹裂处越冬。翌年 5 月间越冬卵孵化，初孵幼虫有群集为害习性，长大后分散为害。为害至 7 月中上旬，老熟幼虫在树干凹裂处、枝杈、枯叶等处结茧化蛹。7 月中旬为成虫发生期，雄蛾善飞翔，日间常成群做旋转飞舞。卵在树上多产于枝干的阴面，每只雌蛾产卵 1 ～ 2 块，每块数百粒，上覆雌蛾腹末的黄褐色鳞毛。

【防治方法】

1. **人工防治** 1 ～ 3 月寻找越冬卵块销毁；于幼虫群集未分散时，及时处理。

2. **灯光和诱捕器诱杀** 条件适宜的地区，可以利用杀虫灯和性诱剂及配套诱捕器诱杀成虫，降低下代虫口密度。

3. **保护天敌** 舞毒蛾天敌较多，有效保护天敌对抑制舞毒蛾发生效果明显。避免使用广谱化学药剂，保护和利用寄生蜂等天敌。

4. **病毒防治** 舞毒蛾核型多角体病毒对环境和其他生物安全，舞毒蛾幼虫感病后外表柔软，易弯曲，身体破裂，流出乳白色或褐色的液体，病毒通过感病个体的粪便、唾液和病死虫体液污染叶片等昆虫食物感染其他健康舞毒蛾形成流行病，并通过雨水、风和鸟类等天敌在林间自然传播，对舞毒蛾起到很好的防治效果。病毒要在 3 龄前使用，最好在 2 龄幼虫占 85% 时使用，用量为每亩 250 亿个多角体。病毒用前要摇匀，均匀喷到叶面上，注意药剂应避光低温保存。与 Bt 混合使用可提高多角体病毒防效。

5. **化学防治** 可用 25% 灭幼脲悬浮剂 1 500 倍液或 20% 除虫脲悬浮剂 4 000 ～ 5 000 倍液，防治效果良好，灭幼脲类药剂对天敌相对安全，具有很好的防治效果，由于该药显效和作用时间较长，可以尽量早施药。由于幼虫在取食、化蛹等活动过程中常沿树干迁移，所以可以用菊酯类药剂制成的毒笔、毒纸、毒绳等在树干上划毒环，缚毒纸、毒绳，毒杀幼虫。

6. **植物制剂防治** 幼虫期喷洒触杀性杀虫剂，如 1.2% 苦·烟乳油 1 000 倍液，杨、柳、榆、栎、山杏、山楂、落叶松等树木，喷洒后见效快，可达 90% ～ 100%。而对益虫和天敌无害，对花草、树木也无药害。药剂杀虫谱广，幼虫一旦接触，具有强烈的触杀、胃毒和一定的熏蒸作用。尤其对鳞翅目、同翅目昆虫幼虫防治效果更佳。

（一〇）栗小爪螨

栗小爪螨 [*Oligonychus ununguis*（Jacobi）]，又名针叶小爪螨、栗红蜘蛛等。

栗小爪螨为害板栗叶片失绿（1）

栗小爪螨为害板栗叶片失绿（2）

栗小爪螨若螨

【分布与寄主】 分布于河北、北京、河南、山东、江苏、安徽、浙江及江西等省（市）。主要为害板栗、山楂及部分针叶林木。

【为害状】 栗小爪螨大面积为害板栗非常严重，可使全部树叶片变为黄白色，失去光合功能，直至叶片焦枯，严重影响栗树发育，造成大幅度减产。栗小爪螨以活动虫态在栗叶正面沿叶脉为害，用刺吸口器吸食叶片汁液和叶绿体，被害处呈黄白色至灰白色，虫口密度大时每叶成螨数百头，使叶片全部失绿而变为黄白色至灰白色，渐变成褐色枯斑直至全叶变褐焦干，可使全树、全园叶片变成一片灰白色。

【形态特征】

1. **雌成螨** 体长 0.42 ~ 0.48 mm，宽 0.26 ~ 0.31 mm，椭圆形，红褐色，体背隆起，前端较宽，末端暗窄钝圆。足粗壮，淡绿色，第 1、第 4 对足较长，体背刚毛粗大，黄白色，共 24 根，体背常有暗褐绿色斑块，雄虫较大，体近三角形，腹末略尖。

2. **卵** 体似葱头状，顶端有 1 根刚毛，卵壳表面有微细放射状刻纹，初产时乳白色，近孵化时变红色，越冬卵暗红色。

3. **幼螨** 越冬卵刚孵化时鲜红色，6 足，初孵幼虫浅红色，取食后变成暗红色并有绿色斑块。若螨足 4 对，暗色，有褐绿色斑块。

【发生规律】 在山东 1 年发生 5 ~ 9 代，河北 1 年发生 5 ~ 7 代，以卵在 1 ~ 4 年生枝条上过冬，在枝条分叉的下面、分枝基部、芽周围较多。越冬卵孵化期比较集中，一般在栗芽萌发至叶伸展期，在 5 月初，有 80% ~ 90% 的卵集中在 10 d 左右孵化，幼螨孵化后即集中到幼嫩组织上取食为害。展叶后集中到展平的叶片正面群集为害，蜕皮 3 次变为成螨，交尾产卵，雌螨存活 15 d，每雌可产卵 50 余粒。生长季节卵多产在叶片上，反、正面均有，卵期生长季节 5 ~ 9 d，除第 1 代外各代重叠交错。干旱年份为害比较严重，6 ~ 7 月为害最为严重，因成虫、若虫、幼虫多集中叶正面吸食，栗叶光滑，所以，遇暴风雨冲刷，虫口可大量减少。此螨抗药性也很低，但自然控制不明显，连年为害成灾。优良品种及管理（肥、水）较好的栗园常受害严重。

【防治方法】

1. **药剂防治** 展叶期将树干粗皮刮去 15 ~ 20 cm 宽的带，以露出黄白色皮为度，涂 10 倍液 40% 乐果药液，而后用塑料布包扎，持效期长达 1 个月。幼树不宜刮皮，可直接把药液涂在主枝或主干上。春季越冬卵孵化期是药剂防治的有利时机，5 月中上旬孵化盛期和末期，喷施 1.8% 阿维菌素 5 000 倍液，5% 噻螨酮乳油 2 000 倍液，24% 螺螨酯悬浮剂 3 000 倍液等。

2. **生物防治** 保护利用天敌。

（一一）栗瘿螨

栗瘿螨（*Eriophyes castannis* Lu.），属蜱螨目瘿螨科。

栗瘿螨为害板栗叶片正面产生虫瘿　　　　　　　　　栗瘿螨为害叶片产生虫瘿

【分布与寄主】 已知河北、河南省栗产区栗瘿螨有发生。尚未发现其他寄主。

【为害状】 受害枝很少结果。被害叶片正面生袋状虫瘿，瘿长 10 ~ 15 mm，宽约 3 mm。每片虫瘿多达百余个，整个叶片长满虫瘿，绝大多数虫瘿在叶面正面形成，少数生在叶背面。每个虫瘿在叶背面有 1 个瓶口状孔口，孔周围生许多黄褐色刺状毛，后期虫瘿干枯变为黑褐色，叶片也提前干枯。

【形态特征】 雌螨体似胡萝卜，长 160 ~ 180 μm，宽 30 ~ 32 μm。越冬雌成螨香油色，生长季节瘿内雌成螨乳白色或浅黄色，半透明，体腹部约 60 个环节，背板前端宽圆。长约 30 μm，宽约 20 μm，背毛瘤靠近后缘，毛细小并斜向后方，背中线约占背板 1/3 长。腹部除最后 3 ~ 4 节外均布有微瘤。体两侧各有较长的毛 4 根，腹末具长毛 2 根。足 4 对，前足长约 38 μm，后足稍短，羽状爪 3 支。

【发生规律】　栗瘿螨1年发生多代，在瘿内繁殖。剖查虫瘿，瘿内壁生有毛状物，透明，螨体在毛状物间活动。虫态大小不整齐，有的很小，约为成螨的1/5长，多数头部顶在瘿内壁上，有不少个体似静止状，爪不伸长。秋末大多为成螨从叶背孔口处爬出瘿外，转移到芽上，每个瘿内有螨体数百头，多者近千头，大多数爬到顶芽及顶端较大的芽上，最多时一顶芽有雌螨千余头，肉眼虽看不到虫体，但虫体很多时，芽似有毛和丝状物覆盖。以雌成螨钻入芽鳞片下过冬。以芽第1～2鳞片下虫体较多，第3鳞片下较少，但冬季似有很多虫体爬到芽上，芽基部、叶片脱落层下及其他伤口处也有越冬虫体。栗树发芽展叶时，螨即转移到幼嫩叶片上为害。受害叶片上即逐渐形成虫瘿，到7～8月仍有新虫瘿形成，只是虫瘿很小或只呈一疱疹状。

【防治方法】

1. **严格检疫**　此螨可随枝条接穗传播，也可随苗木传播，不要从有虫株采接穗外运或嫁接苗木。

2. **剪除虫枝**　7～8月有虫枝已很易识别，应将虫枝全部剪除并烧掉。

3. **喷药防治**　可在有虫株芽膨大期喷5°Bé石硫合剂或1.8%阿维菌素5 000倍液。

第十六部分　柑橘病虫害

一、柑橘病害

（一）柑橘苗疫病

柑橘苗疫病是柑橘苗圃常见病害之一。

柑橘苗疫病新梢受害

柑橘苗疫病叶片病斑

柑橘苗疫病新梢受害变黑下垂

【症状】　幼苗的嫩茎、嫩梢和顶芽发病，初生水渍状小斑，后变为淡褐色至褐色病斑，可扩展至嫩梢基部，使整个嫩梢或幼苗变为深褐色枯死。病菌若从幼茎基部侵入，可使茎基部腐烂，呈立枯状枯死或猝倒。病菌侵染叶片，或沿该梢及叶柄蔓延到叶片上，侵染后初生暗绿色水渍状小斑，迅速扩展形成灰绿色或黑褐色的似烫伤状的近圆形或不规则形大斑。阴雨潮湿天气，病斑扩展很快，常造成全叶腐烂；若天气干燥，病斑边缘呈暗绿色，中部淡褐色，干枯后易破裂。潮湿条件下，新鲜的病部可长出稀疏的白色霉层（病菌的孢子囊、孢囊梗和菌丝体）。

【病原】　病原菌为鞭毛菌的疫霉菌（*Phytophthora* spp.）。

【发病规律】　病菌主要以菌丝体在病残组织内遗留于土壤中越冬，土壤中的卵孢子也可以越冬。翌年环境条件适宜即形成孢子囊，由风雨传播，萌发侵入后经 3 d 左右的潜育期引起发病。以后病菌又很快形成大量孢子囊再侵染。苗圃地势低洼，排水不良，土壤积水或含水量过高，幼苗种植过密或栽植质量差，均有利于苗期病害的发生。该病的发生与柑橘品种品系有一定关系，其中沙田柚、脐橙、椪柑易感病，而金橘、南丰蜜橘、早熟温州蜜柑及小枳壳均较抗病。

该病在春季和秋季较为严重，其中以春、秋梢转绿期间发病迅速，老熟的枝梢和叶片较抗病，但在下次枝梢感病后，老熟枝叶也能感病，只是其病斑扩展较为缓慢。该病的发生存在明显的病源中心，以风雨或工作器具传播的可能性最大。从病叶感染到腐烂（也有部分老叶因未发生病斑而不脱落）；枝梢自上而下干枯，但根茎部位较抗病。在地上部位干枯、死亡前，根系一般不出现脱皮、腐烂和臭味现象。

【防治方法】
1. 选择苗圃　选择地势较高、排灌方便、土质疏松的地段育苗，避免在地势低洼、易积水和蔬菜地育苗。
2. 加强栽培管理　增施有机肥和磷钾肥，避免偏施过施氮肥；整治园圃排灌系统，注意清沟排渍，防止土壤过干或过湿；合理密植，定植深度和壅土高度要适当；苗地发现病株及时剪除病部并喷药封锁发病中心。覆土最好用河沙覆盖，不要用一般的土杂肥。
3. 拔除病苗　发现病苗应及时拔除。
4. 喷药保护　发病初期将少数病梢病叶剪除后，及时喷药保护。防治柑橘苗疫病应选喷 25% 甲霜灵可湿性粉剂 500 ~ 1 000 倍液，80% 代森锰锌可湿性粉剂 800 倍液，80% 乙膦铝可湿性粉剂 250 ~ 300 倍液 2 ~ 3 次；若以甲霜灵 1 250 倍液淋苗结合 500 倍液喷雾，防治效果更好。

（二）柑橘炭疽病

柑橘炭疽病是我国柑橘产区普遍发生的一种主要病害，在我国各产区普遍发生，以广东、广西、湖南及西部柑橘产区为害较重。发病严重时引起柑橘树大量落叶，枝梢枯死，僵果和枯蒂落果，枝干开裂，导致树势衰退，产量下降，甚至整枝枯死。在贮藏运输期间，还常引起果实大量腐烂。

柑橘炭疽病为害甜橙果实

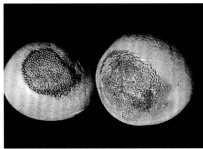

柑橘炭疽病病果

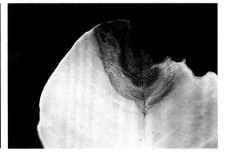

柑橘炭疽病叶片病斑（1）

柑橘炭疽病病叶病斑（2）

柑橘炭疽病为害柚子果实

【症状】 本病主要为害叶片、枝梢、果实和果梗，亦可为害花、大枝、主干和苗木。

1. **叶片症状** 叶片受害症状分叶斑型及叶枯型两种。

（1）叶斑型：症状多出现在成长叶片、老叶边缘或近边缘处，病斑近圆形，稍凹陷，中央灰白色，边缘褐色至深褐色；潮湿时可在病斑上出现许多朱红色带黏性的小液点，干燥时为黑色小粒点，排列成同心轮状或呈散生。

（2）叶枯型：症状多从叶尖开始，初期病斑呈暗绿色，渐变为黄褐色，叶卷曲，常大量脱落。

2. **枝梢症状** 分为两种：

（1）急性型：发生于连续阴雨时刚抽出的嫩梢，似开水烫伤状，后生橘红色小液点。

（2）慢性型：多自叶柄基部腋芽处发生，病斑椭圆形，淡黄色，后扩大为长梭形，1周后变灰白枯死，上生黑色小点。幼果初期症状为暗绿色凹陷不规则病斑，后扩大至全果，湿度大时，出现白色霉层及红色小点，后变成黑色僵果。

3. **果实症状** 果实发病呈现干斑或果腐。干斑发生在干燥条件下，病斑黄褐色，凹陷，革质。果腐发生在湿度大时，病斑深褐色，严重时可造成全果腐烂。泪痕型症状：受害果实的果皮表面有许多条如眼泪一样的红褐色小凸点组成的病斑。

【病原】本病由盘长孢状刺盘孢菌（*Colletotrichum gloeosporioides* Penz.）侵染所致，属腔孢纲黑盘孢目黑盘孢科刺盘孢属。有性阶段为围小丛壳菌［*Glomerella cingulata* （Stonem.）Spauld.et Schrenk］，属子囊菌门核菌纲球壳目疗座霉科小丛壳属。分生孢子盘初埋生于寄主表皮下，后突破表皮外露，褐色或黑褐色，直径为90～270 μm。在病枝、叶病斑上的分生孢子盘通常不产生刚毛，只在叶和果的慢性型病斑上才产生刚毛。刚毛少，生于分生孢子盘边缘，暗褐色，尖端透明或淡色，稍弯曲，常有1～2个隔膜，长40～160 μm。分生孢子梗呈栅栏状排列于分生孢子盘内，圆柱形，单胞，无色，顶端尖。分生孢子椭圆形至短圆筒形，有时稍弯曲，或一端稍细，单胞，无色，大小为（8.4～18.3）μm×（4.5～6）μm，内含1～2个油球。

病菌的生长适宜温度为21～28 ℃，最高35～37 ℃，最低9～15 ℃，致死温度为65～66 ℃ 10 min。分生孢子萌发的适温为22～27 ℃，最低为6～9 ℃，在适温下，分生孢子4 h后萌发率可达87%～99%，在清水中不易萌发，而在40%橘叶汁或5%葡萄糖液中萌发最好。

【发病规律】　病菌主要以菌丝体在病枝、病叶和病果上越冬，也可以分生孢子在病部越冬。翌年春温湿度适宜时产出分生孢子或越冬后分生孢子，借风雨或昆虫传播，可以直接侵入寄主组织，或通过气孔和伤口侵入，引起发病。华南、闽南 4 ~ 5 月春梢开始发病，6 ~ 8 月为发病盛期。湖南、浙江在 5 月中下旬开始发病，8 月中上旬至 9 月下旬为发病盛期。

在高温多湿条件下发病，一般春梢生长后期开始发病，夏、秋梢期盛发。栽培管理不善，在缺肥、缺钾或偏施氮肥、干旱或排水不良、果园密度大通风透光差、遭受冻害以及潜叶蛾和其他病虫为害严重的橘园，均能助长病害发生。树势衰弱可加重病害发生。在温度适宜发病季节，降雨次数多、时间长，或阴雨绵绵，有利于病害流行。高温高湿易发病。

【防治方法】　应采用以加强栽培管理为主的综合防治措施。

1. **加强栽培管理**　橘园深耕改土，增施有机肥和磷钾肥，避免偏施氮肥。全年松土数次，雨季及时排水，旱季适时灌溉，做好防旱保湿工作。秋梢抽发前 15 ~ 20 d，短截修剪树冠中、上部外围无果的衰弱枝，促使抽发健壮秋梢，并改善树冠通风透光条件。做好防冻、治虫等工作。增强树势，提高抗病能力，是防治本病的关键性措施。

2. **减少菌源**　结合修剪清园等工作，剪除病枯枝叶和果柄以及衰老枝、交叉枝、过密枝，扫除落叶、落果和病枯枝，集中深埋，减少菌源，同时剪枝还可使树冠通风透光，提高抗病力。清园后全面喷施 0.8° ~ 1°Bé 石硫合剂加 0.1% 洗衣粉 1 次，杀灭存活在病部表面的病菌，兼治其他病虫。

3. **喷药保护**　在春、夏、秋梢嫩叶期，特别是在幼果期和 8 ~ 9 月果实成长期，每隔 15 ~ 20 d，各喷药 1 ~ 2 次。各地可根据历年发病实际情况或测报，确定喷药时期和次数。如幼果发病严重的地区，应着重在幼果期喷药 1 ~ 2 次；病害发生严重地区，则着重在 7 ~ 8 月始期前开始喷药。

在病害发生前期，可喷施下列保护性药剂：如 65% 代森锌可湿性粉剂 600 ~ 800 倍液；70% 丙森锌可湿性粉剂 800 倍液；50% 多菌灵·代森锰锌可湿性粉剂 500 ~ 800 倍液；80% 代森锰锌可湿性粉剂 1 000 倍液；50% 甲基硫菌灵可湿性粉剂 800 倍液等。在春、夏、秋梢及嫩叶期、幼果期各喷 1 次药，可喷施下列药剂：25% 嘧菌酯悬浮剂 1 250 倍液，10% 苯醚甲环唑水分散粒剂 1 500 倍液，25% 溴菌腈·多菌灵可湿性粉剂 500 倍液，60% 二氯异氰脲酸可溶粉剂 1 000 倍液，50% 硫菌灵可湿性粉剂 800 倍液，40% 氟硅唑乳油 8 000 倍液，5% 己唑醇悬浮剂 1 500 倍液，40% 腈菌唑水分散粒剂 7 000 倍液，25% 咪鲜胺乳油 1 000 倍液，50% 咪鲜胺锰络合物可湿性粉剂 1 500 倍液等。苗木高 6 ~ 10 cm 时可用上述药剂以防止炭疽病的发生。上述药剂应当交替使用，以避免病害产生抗药性，提高药效。

（三）柑橘膏药病

柑橘膏药病是一种为害枝干的病害，全国柑橘产区都有分布。病菌为害影响植株局部组织的生长发育，渐使树势衰弱。严重发生时，受害枝干变得纤细乃至枯死。常见的有白色膏药病和褐色膏药病两种，本病除为害柑橘外，还可侵害桃、梨、李、杏、梅、柿、茶、桑等多种经济林木。

柑橘膏药病为害枝干（1）　　　　　　　　　　柑橘膏药病为害枝干（2）

【症状】　此病主要发生在老枝干上，湿度大时叶片也受害。被害处如贴着一张膏药，故得名。由于病菌不同，症状各异。

1. **枝干病状**　先附生一层圆形至不规则形的病菌子实体，后不断向茎周扩展缠包枝干。白色膏药病菌的子实体表面较平滑，初呈白色，扩展后期仍为白色或灰白色。褐色膏药病病菌的子实体较前者隆起而厚，表面呈丝绒状，栗褐色，周缘有狭窄的白色带，常略翘起。两种病菌的子实体衰老时发生龟裂，易剥离。

2. **叶片病状**　常自叶柄或叶基处开始生白色菌毡，渐扩展到叶面大部分。褐色膏药病极少见为害叶片。白色膏药病在叶上的形态色泽与枝干上相同。

【病原】
（1）白色膏药病病原为隔担耳属的柑橘白隔担耳菌（*Septobasidium citricolum* Saw.），子实体乳白色，表面光滑。在菌丝柱与子实层间，有一层疏散而带褐色的菌丝层。子实层厚 100 ~ 390 μm，原担孢子球形、亚球形或洋梨形，大小为（16.5 ~ 23）μm ×（13 ~ 14）μm。担子 4 个细胞，大小为（50 ~ 65）μm ×（8.2 ~ 9.7）μm。担孢子弯椭圆形，无色，单胞，大小为（17.6 ~ 25）μm ×（4.8 ~ 6.3）μm。

（2）褐色膏药病病原为卷担菌属的一种真菌（*Helicobasidium* sp.），担子直接从菌丝长出，棒状或弯曲成钩状，由 3 ~ 5 个细胞组成。每个细胞长出 1 条小梗，每小梗着生 1 个担孢子。担孢子无色，单胞，近镰刀形。

【发病规律】　病菌以菌丝体在患病枝干上越冬，翌年春、夏温湿度适宜时，菌丝生长形成子实层，产生担孢子，担孢子借气流或昆虫传播为害。贵州和华南橘产区 5 ~ 6 月和 9 ~ 10 月高温多雨季节发生较严重。两种病菌都以介壳虫或蚜虫分泌的蜜露为养料，并借介壳虫或气流传播，故介壳虫多的橘园本病发生多。过分荫蔽潮湿和管理粗放的橘园发病较多。

【防治方法】
1. **加强橘园管理**　合理修剪密闭枝梢以增加通风透光性。与此同时，清除带病枝梢。
2. **药剂防治**　根据贵州黔南的经验，5 ~ 6 月和 9 ~ 10 月膏药病盛发期，用煤油作载体加对 400 倍的商品石硫合剂晶体对枝干病部喷雾；或在冬季用现熬制的石硫合剂 5° ~ 6° Bé 刷涂病斑，效果好，不久即可使膏药层干裂脱落，此方法对树体无伤害。
3. **防治传播媒介**　方法参见矢尖蚧。

（四）柑橘脂点黄斑病

柑橘脂点黄斑病又称柑橘脂斑病、黄斑病、脂点黄斑病、褐色小圆星病等，广见于全国柑橘产区。一般为害不重，常发生于单株或相邻的小范围内。受害较重的植株常在一枝或一叶上产生数十至上百个病斑。叶片受害后光合作用受阻，树势被削弱，大量脱落，对产量造成一定的影响。嫩梢受害后，僵缩不长，影响树冠扩大。果实被害后，产生大量油瘤状污斑，影响商品价值。

柑橘脂点黄斑病

柑橘脂点黄斑病病叶

【症状】　柑橘脂点黄斑病基本上可分为脂点黄斑型、褐色小圆星型及混合型 3 种。果上也可发病。

1. **叶部病状**　发病初期，叶背病斑上出现针头大小的褪绿小点，半透明，其后扩展成为大小不一的黄斑，并在叶背出现似疱疹状淡黄色突起的小粒点，几个甚至数十个群生在一起，以后病斑扩展和老化，颜色变深，成为褐色至黑褐色的脂斑。

2.**果上症状** 病斑常发生在向阳的果面上，仅侵染外果皮。初期症状为疱疹状污黄色小突粒，几个或数十个散集在1 ~ 1.5 cm 的区域内。此后病斑不断扩展和老化，隆突和愈合程度加强，点粒颜色变深，从病部分泌的脂胶状透明物可被氧化成污褐色，形成 1 ~ 2 cm 的病健组织分界不明显的大块脂斑。

【病原】 本病是由柑橘球腔菌（*Mycosphaerella citri* Whiteside）侵染所致，属子囊菌门腔菌纲座囊菌目座囊菌科球腔菌属；无性阶段为柑橘灰色疣丝孢菌［*Stenella citrigrisea*（Fisber）Sivanesanl］，属丝孢纲丝孢目暗色孢科疣丝孢属。

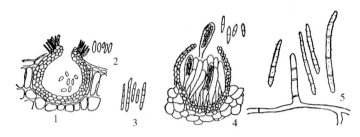

柑橘脂点黄斑病病菌
1.分生孢子器 2.着生于分生孢子器内的分生孢子
3.着生于分生孢子器孔口周围的分生孢子 4.子囊果、子囊及子囊孢子 5.分生孢子梗及分生孢子

假囊壳多个集生于病叶两面表皮下，近球形，有孔口，黑褐色，直径为 65 ~ 85.5 μm，高为 80.2 ~ 96.2 μm。子囊倒棍棒状或长阔形，双层壁，成束着生在假囊壳基部。子囊孢子在子囊内排成双行，长卵形，一端钝圆，一端略尖，双胞，隔膜生在近中央处，无色，大小为（10.4 ~ 15.6）μm×（2.6 ~ 3.4）μm。

分生孢子梗垂直单生于表生菌丝上，圆柱形，直或微弯，具 0 ~ 4 个分隔，偶有微疣，初无色，后变淡黄褐色。分生孢子单生，少数 2 ~ 3 个链生，圆柱形，少数倒棍棒状，直或微弯，有 0 ~ 8 个隔膜，表面密生微疣，基部或两端有脐，无色或淡黄褐色，大小为（13 ~ 53）μm×（2.3 ~ 2.9）μm。病菌生长的温度为 10 ~ 35 ℃，适宜生长温度为 25 ~ 30 ℃。

【发病规律】 病菌以菌丝体在病叶中越冬，而在地面病落叶中越冬的菌丝体是主要的初侵染源。翌年气温回升到 20 ℃以上，地面将要溃烂病叶中的菌丝体形成假囊壳，雨后释放出子囊孢子，由风雨传播到春梢新叶上，子囊孢子萌发后不立即侵入叶片，芽管附着在叶片表面发育成表生菌丝，其上形成附着胞和胞上再产生侵入丝，从气孔侵入为害；表生菌丝上可形成分生孢子梗和分生孢子。病落叶上产生分生孢子数量很少，再侵染作用不大。人工接种需经 1 ~ 2 个月的潜育期，在自然条件下侵染的潜育期可长达 2 ~ 4 个月。4 ~ 9 月只要雨水充足，假囊壳均可释放子囊孢子侵染为害，一般在 5 ~ 6 月，有时至 7 月为病菌侵染的主要季节。

【防治方法】
1.**冬季清园** 冬季扫除地面落叶深埋，减少初侵染菌源，是重要的防治措施。
2.**加强栽培管理** 对树势衰弱、历年发病重的老树，应特别加强栽培管理，多施有机肥料，促使树势健壮，提高抗病力。
3.**喷药保护** 在落花后，喷施下列药剂：50%多菌灵可湿性粉剂 800 倍液，80%代森锰锌可湿性粉剂 800 倍液，75%百菌清可湿性粉剂 800 倍液，70%甲基硫菌灵可湿性粉剂 1 000 倍液，77%氢氧化铜可湿性粉剂 1 000 倍液，65%代森锌可湿性粉剂 600 倍液，70%丙森锌可湿性粉剂 800 倍液等，间隔 15 ~ 20 d 喷 1 次，连喷 2 ~ 3 次。或在结果后雨前 2 ~ 3 d 和 1 个月左右喷多菌灵和百菌清混合剂（按 6∶4 的比例混配）600 ~ 800 倍液 2 次。

（五）柑橘棒孢霉褐斑病

柑橘棒孢霉褐斑病在我国柑橘产区均有分布。

【症状】 病害主要发生在叶上，贵州偶见为害成熟的当年生春梢和果实。病斑圆形或不正圆形，直径为 3 ~ 17 mm，一般 5 ~ 8 mm。发病初期叶面散生褐色小圆点（一张叶片上常出现 1 个或数个，少数叶上可多达 10 余个），此后渐扩大透穿叶两面，边缘略隆起，深褐色，中部黄褐色至灰褐色稍凹陷，病斑外围具有十分明显的黄色晕环。在柑橘树溃疡病发生区，此病斑易与其相混淆，应注意识别。天气潮湿多雨时，病部长出黄褐色霉丛，即病菌分生孢子梗和分生孢子。与此同时，病叶黑腐霉烂。气温高时，叶多卷曲，且大量焦枯脱落。由于品种不同，上述症状的表现程度有所差异。

果实和树梢上病斑多呈圆形，褐色内凹，直径为 2 ~ 4 mm，病斑外缘微隆起，周围无明显的黄色晕圈。果上病斑较光滑，木栓化龟裂程度小，外缘隆起度、火山口凹陷均不似溃疡斑突出，以相区别。

柑橘棒孢霉褐斑病病果　　　　　　　　　　　　　柑橘棒孢霉褐斑病病叶

【病原】　病原菌为棒孢属的柑橘棒孢霉菌（*Corynespora citricola* M.B.Ellis）。室内培养，菌丝埋于基质内，外生菌丝分枝多，无色光滑，有隔膜。群体生长时菌落灰白色，疏松，生长迅速；分生孢子梗棍棒状，直或稍弯曲，橄榄褐色，端部钝圆，顶端具一圆孔，下部渐狭，基部膨大呈球垫状。分生孢子梗多丛生，2～24根不等，梗径4.2～6.9 μm，长83～244 μm。有隔膜3～7个。在PDA培养基上，孢子梗多单生，直接由菌丝分化形成，自然条件下则丛生于球状子座上，分生孢子无色至淡褐色，长筒形或倒棍棒形，光滑，直或稍弯曲，端部钝圆，顶端具一孔口，基部平截，大小为（4.18～7.01）μm×（65.13～113.5）μm。单生或2～3个串生，呈短棒状。有假隔膜3～25个。在PDA培养基上，分生孢子长度可达245 μm，少数分生孢子有分叉现象。26 ℃恒温培养4 h，在1%葡萄糖液中分生孢子萌发率为97.4%，蒸馏水或5%的甜橙叶浸出液中的萌发率均为95.6%。本病原的有性世代尚未发现。

【发病规律】　病菌在坏死组织中以菌丝体或分生孢子梗越冬（暖热地区分生孢子也可越冬），翌年春季产生子实体，散发新一代分生孢子，从叶面气孔侵入繁殖，8～9月叶片出现大量病斑。此后由病斑上产生分生孢子进行复侵染，形成小病斑，潜伏越冬为害，翌年2～4月再次出现为害高峰。干燥气候条件下发病轻，降水多或通风透光差，修剪不好的果园发病重。根据在贵州进行的调查，常见的品种都可受到侵染，其中以橙类发病相对较重，橘类次之，柚类偶见。就树龄和寄主生长期而言，老年树重于幼树，春梢及成熟叶片重于夏、秋梢和嫩叶。一般情况下，此病不会造成严重灾害，目前经济重要性不大，是一种应予关注的新病害。

【防治方法】
1. **加强农事管理**　抓好肥水管理和修剪，培育壮树，增强寄主自身抗性。
2. **药剂防治**　结合防治介壳虫和红叶螨，加入70%甲基硫菌灵1 000倍液、70%代森锰锌800倍液或50%多菌灵可湿性粉剂800倍液，喷雾，效果良好。

（六）柑橘芽枝霉斑病

柑橘芽枝霉斑病是柑橘上的一种新病害，四川和贵州等省均有分布。此病目前为害尚不严重，但其病斑特征与柑橘溃疡病在抗性品种上的症状很相似，特予介绍。

柑橘芽枝霉斑病　　　　　　　　柑橘芽枝霉斑病叶片病斑　　　　　　　柑橘芽枝霉斑病

【症状】　本病主要为害叶片，果实和枝梢很少见到病斑。叶斑初呈褪绿的黄色圆点，多见于叶正面，后渐扩大，最后形成大小为（2.5～3）mm×（4～5.5）mm 的圆形或不正圆斑。病斑褐色，边缘深栗褐色至黑褐色，具釉光，微隆起，中部较平凹，由褐色渐转为灰褐色，后期长出污绿色霉状物，即病原的分生孢子梗及孢子。病部透穿叶两面，其外围缺黄色晕圈，病健组织分界明显，要与柑橘溃疡病和棒孢霉斑病相区别。

【病原】　病原菌为芽枝霉属的一种真菌（*Cladosporium* sp.），分生孢子梗单生或束生，黄褐色，大小为（32～50）μm×（3～4）μm，分生孢子呈短链串生或单生，椭圆形至短杆形，具隔膜 1～2 个，光滑，淡色或近无色，大小为（4～13）μm×（2.1～3.5）μm。

【发病规律】　病菌以菌丝在病残组织内越冬。翌年 3～4 月产生分生孢子，依靠风雨传播，飞溅于叶面，在露滴中萌发，从气孔侵入为害，进而又产生分生孢子进行复侵染，直至越冬。春末夏初的温湿气候有利病菌侵染，6～7 月和 9～10 月是主要发病期。甜橙比柑橘和柚类易感病。老龄及生长势差的树易发病。前一年生老叶片发病多，当年生春梢上的叶片感病少，夏、秋梢上的叶片不发病。

【防治方法】　与柑橘棒孢霉斑病一并兼防，效果好。

（七）柑橘煤污病

柑橘煤污病因在叶、果上形成一层黑色霉层而得名。全国柑橘产区都有发生，病原种类有多个，其中有些病菌还能侵害龙眼、荔枝、番石榴等常绿果树。植株受害后，光合作用受到影响，幼果易腐烂，成果品质变劣。

柑橘煤污病病叶　　　　　　　　　春甜橘小煤炱煤污病　　　　　　　　柑橘粉虱致煤污病

【症状】　柑橘煤污病为害柑橘的叶片、枝梢和果实，在其表面形成绒状的黑色或暗褐色霉层，后期于霉层上散生黑色小点粒（分生孢子器和闭囊壳）或刚毛状长形分生孢子器突起物。根据病原种类不同，霉状物的附生情况也各不相同。煤炱属引起的霉层为黑色薄纸状，易撕下或在干燥气候中自然脱落；刺盾炱属的霉层似黑灰，多发生于叶面，用手擦之即成片脱落；小煤炱属的霉层呈辐射状小霉斑，散生于叶两面，数十个乃至上百个不等。煤污病严重的橘园，远看如烟囱下的树被盖上一层煤烟，光合作用严重受阻。病菌大量繁殖为害，造成树势衰退，叶片卷缩脱落，花少果小，对产量影响较大。成熟果着色不好，品质差，商品价低。

【病原】　柑橘煤污病病原菌有 10 多种，除小煤炱属产生吸胞为纯寄生外，其他各属均为表面附生菌。病菌形态各异，菌丝体均为暗褐色，在寄主表面形成有性或无性繁殖体。子囊孢子因种而异，无色或暗褐色，有一至数个分隔，具横隔膜或纵隔膜，闭囊壳有柄或无柄，壳外有或不具附属丝和刚毛。我国柑橘上已知的煤污病病原菌主要有三种。

1. 柑橘煤炱菌（*Capnodium citri* Berk.et Desm.）　菌丝体丝状，分枝。分生孢子椭圆形至卵圆形，单胞，无色，表面光滑，大小为（3.2～6.1）μm×（1.5～2.2）μm。分生孢子器筒形或近棍棒形，密生于菌丝丛中，端部圆形，膨大，暗褐色，大小为（300～385）μm×（20～34）μm，分生孢子着生在孢子器的膨大部位，成熟后从裂口处逸出。子囊壳球形至扁球形，直径为 110～150 μm，暗褐色，膜质，顶生孔口，表生刚毛。子囊棍棒形，大小为（60～80）μm×（12～20）μm，内生 8 个子囊孢子。子囊孢子褐色，长椭圆形，砖格状，具纵横隔膜，大小为（20～25）μm×（6.0～8.0）μm。

2. **巴特勒小煤炱菌**（*Meliola butleri* Syd.）　菌丝体粗大，具有对生附着枝和刚毛，菌丝断裂成为厚垣孢子。孢子多型，外生分生孢子有 3 个，无色，大小为（28.6 ～ 71.5）μm ×（3.7 ～ 14.3）μm，内生分生孢子椭圆形，无色，大小为（3.0 ～ 5.5）μm ×（2.0 ～ 4.5）μm。分生孢子器黑色，长柱形，中部膨大，大小为（312.5 ～ 697.5）μm ×（31.5 ～ 45.0）μm。子囊壳黑色，圆球形或扁球形，上部有黑色刚毛数根，下部与菌丝连接，大小为（203.5 ～ 296.0）μm ×（67.5 ～ 185.0）μm。子囊棍棒状，大小为（55.5 ～ 85.1）μm ×（18.5 ～ 22.2）μm。子囊孢子 8 个，椭圆形，成熟时暗褐色，2 ～ 4 个横隔，大小为（11.1 ～ 44.4）μm ×（3.7 ～ 18.5）μm。

3. **刺盾炱菌**〔*Chaetothyrium spinigerum*（Hohn.）Yamam.〕　菌丝体念珠状，外生，分枝。孢子多型，分生孢子器筒形或棍棒状，群生，顶端圆形，膨大，暗褐色，大小为（136.9 ～ 335.0）μm ×（25.9 ～ 45.5）μm。分生孢子生于孢子器膨大部分，成熟后从孔口逸出。子囊壳球形或扁球形，大小为 143.0 ～ 214.5 μm，暗褐色。子囊长卵形至棍棒形，大小为（42.9 ～ 85.8）μm ×（14.3 ～ 22.2）μm，内生双行排列的 8 个子囊孢子。子囊孢子无色，长椭圆形，两端稍细，大小为（7.4 ～ 18.5）μm ×（3.7 ～ 6.0）μm。

【**发病规律**】　病菌以菌丝体、闭囊壳及分生孢子器等在病部越冬，翌年繁殖出孢子，孢子借风雨飞散落于蚧类、蚜虫等害虫的分泌物上，以此为营养，进行生长繁殖，辗转为害，引起发病。本病全年都可发生，以 5 ～ 8 月发病最烈。几乎所有柑橘类品种都可受害，橘园植株高大，荫蔽，透光差，湿度大，发病重。病害与蚜虫、介壳虫和粉虱等昆虫的虫量及活动相关，并随之消长。

【**防治方法**】

1. **防治刺吸害虫**　加强防治介壳虫等刺吸式口器昆虫。

2. **药剂防治**　用 0.3% ～ 0.5% 石灰过量式波尔多液喷雾。200 倍高脂膜或 95% 机油乳剂加对 800 倍液 50% 多菌灵可湿性粉剂喷树冠效果好，连喷 2 次，间隔 10 d，煤污病病原物成片脱落。

3. **加强柑橘园管理**　特别要搞好修剪，以利通风透光，增强树势，减少发病因素。

（八）柑橘疮痂病

柑橘疮痂病是分布广泛的一种主要病害，以中亚热带和北亚热带柑橘产区的宽皮柑橘类发生较重。疮痂病、棒孢霉褐斑病、芽枝霉叶斑病、脂斑病等，都是与柑橘树溃疡病初期病症不易区别的类似病害。贵州、四川、浙江、福建、广东、广西、江西、湖南和台湾等省（区）均有分布。此病不仅影响柑橘产量，同时病果硬化难食，难以销售。20 世纪 50 至 60 年代各地发生较重，20 世纪 80 年代以来由于管理水平不断提高，除局部果园外普遍发生轻，分布区域也渐缩小。

【**症状**】　本病只为害柑橘，侵害叶片、嫩梢和幼果等柔嫩组织，春梢初展时最易感病。

1. **叶部病状**　病斑一般发生于叶背面。发病初期呈油浸状黄褐色小圆点，之后逐渐扩大成蜡黄色斑。后期病斑向外隆出，而其对应的叶面呈内凹，病斑为木栓化瘤突及圆锥状的疮痂，并彼此愈合成疮瘤群，使叶片呈畸形扭曲。被害严重的叶片在干燥气候下易枯落，湿度大时病斑端部常有一层粉红色霉状物，即病原菌的分生孢子器。

柑橘疮痂病病叶与病果

柑橘疮痂病病果

2. **果上症状**　幼果在花谢后不久即第 1 次生理落果期就可感病。初期病斑为褐色小点，此后渐呈黄褐色圆锥状、木栓化瘤状隆起。

【**病原**】　本病由柑橘痂圆孢菌（*Sphaceloma fawcetti* Jenk.）侵染所致，属半知菌门腔孢纲黑盘孢目黑盘孢科痂圆孢属。

其有性阶段为柑橘痂囊腔菌（*Elsinoe fawcett* Bitan.et Jenk.），属子囊菌门腔菌纲多腔菌目多腔菌科痂囊腔菌属，在我国尚未发现。分生孢子盘初散生或聚生于寄主表皮层中，近圆形，后突破表皮外露。分生孢子梗圆筒形，短而不分枝，密集丛生，大小为（3～4）μm×（12～22）μm，具0～2个分隔，无色。分生孢子生于孢梗顶端，单生，无色单胞，长椭圆形或卵圆形，大小为（6～8）μm×（2.5～3.5）μm。有性阶段在子座状菌丝组织内散生1～20个圆形至椭圆形子囊腔。每个子囊腔内含有1个子囊，子囊球形或卵圆形。子囊孢子椭圆形，有1～3个隔膜，隔膜处稍缢缩，无色，大小为（10～12）μm×5 μm。柑橘疮痂病病菌只侵染柑橘类植物。

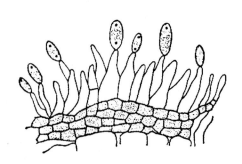

柑橘疮痂病病菌
分生孢子盘及分生孢子

【发病规律】 病菌主要以菌丝体在病组织内越冬。翌年春季气温升至15℃以上和阴雨多湿时，越冬菌丝开始活动，形成分生孢子，由风雨或昆虫传播到春梢嫩叶和新梢上，萌发产生芽管，从表皮或伤口侵入，经3～10 d的潜育期，即可产生病斑。不久病斑上又产生分生孢子，继续进行再侵染，谢花后侵染幼果，以后辗转为害夏、秋梢和早冬梢，最后又以菌丝体越冬。远距离传播靠带病苗木和果实。

【防治方法】 柑橘疮痂病的防治应采用以喷药保护为重点的综合防治措施。

1.**喷药保护** 保护柑橘的幼嫩器官，防止病菌侵染。苗木和幼树以保梢为主，在各次梢期芽长1～2 mm或不超过一粒米长（0.5 cm左右）时喷药1次，10～15 d后再喷1次。结果树以保果为主，花落2/3时喷第二次药；若夏梢期低温多雨或秋梢期多雨，应各再喷药1～2次，保护夏、秋梢。

可选用的药剂有：75%百菌清可湿性粉剂1 000倍液，80%代森锰锌可湿性粉剂600倍液，70%代森联水分散粒剂700倍液，77%氢氧化铜可湿性粉剂800倍液，80%硫黄水分散粒剂500倍液，77%硫酸铜钙可湿性粉剂800倍液，30%氧氯化铜悬浮剂800倍液，50%多菌灵·代森锰锌可湿性粉剂800倍液等。

在新叶和幼果生长初期，可喷施下列药剂：68.75%恶唑菌酮·代森锰锌可分散粒剂1 500倍液，60%吡唑醚菌酯·代森联水分散粒剂2 000倍液，25%溴菌腈微乳剂2 000倍液，12.5%烯唑醇可湿性粉剂2 000倍液，10%苯醚甲环唑水分散粒剂2 000倍液，20%噻菌铜胶悬剂1 000倍液，25%嘧菌酯悬浮剂1 250倍液，25%咪鲜胺乳油1 500倍液，10%苯醚甲环唑水分散粒剂2 000倍液，50%苯菌灵可湿性粉剂1 000倍液，20%唑菌胺酯水分散粒剂2 000倍液等。

也可用波尔多液，保梢用（0.5～0.8）：（1～1.6）：100，保果用（0.3～0.5）：（0.6～1）：100的比例配制，5月以后应停止喷用，以免诱发锈螨为害。

2.**加强栽培管理** 春季发芽前结合修剪，剪除病枝叶和过密枝条，清除地面枯枝落叶，集中深埋，减少初侵染菌源，并使树冠通风透光良好，降低湿度，减轻发病。加强肥水管理，及时防治其他病虫，促使树势健壮，新梢抽发整齐，可增强抗病力和缩短感病时期。

3.**苗木消毒** 建园时引进苗木和接穗应进行检疫。来自病区的苗木和接穗可用50%多菌灵可湿性粉剂或50%甲基硫菌灵可湿性粉剂800～1 000倍液浸30 min消毒。

（九）柑橘绿霉病

柑橘绿霉病明柳甜橘绿霉病

柑橘绿霉病果园里的绿霉病果实

柑橘绿霉病是贮藏期的重要病害，为害柑橘、柚子等。各产区均有发生。

【症状】 果实上病部先发软，呈水渍状，2～3 d后产生白霉状物（病原菌的菌丝体），后中央出现绿色粉状霉层（病原菌的子实体），很快全果腐烂，果肉发苦，不堪食用。

【病原】 *Penicillium digitatum*（Pers.ex Fr.）Sacc.，属指状青霉属。分生孢子梗较粗短，大小为（60～130）μm×（5～7）μm，帚状分枝顶端往往二轮生，瓶梗3～5个，分生孢子串生，椭圆形，无色，（6～8）μm×（2.5～5）μm。在Czapek酵母汁洋菜上，菌丛平展，中央稍呈杯状，无溢泌物，产孢区淡灰绿色。

【发病规律】 病原可以在各种有机物质上营腐生生活，并产生大量的分生孢子扩散在空气中，通过气流传播，萌发后的孢子必须通过果皮的伤口才能侵入为害，引起果实腐烂。以后在病部又能产生大量的分生孢子进行重复侵染。高温高湿条件有利于发病，在25～27 ℃发病最多，如在雨后、重雾或露水未干时采果，果皮含水量高，易擦伤致病。

【防治方法】
1. 搞好果树修剪 要通风透光，清除病虫果、枝、叶，减少病源。
2. 采收、包装和运输中尽量减少伤口 不宜在雨后、重雾或露水未干时采收。注意橘果采收时的卫生。要避免拉果剪蒂、果柄留得过长及剪伤果皮。
3. 贮藏库及其用具消毒 贮藏库可用硫黄密闭熏蒸24 h，或果篮、果箱、运输车厢用70%甲基硫菌灵可湿性粉剂400倍液或50%多菌灵可湿性粉剂300倍液消毒。
4. 采收前后药剂防治 可以参考柑橘青霉病。

（一〇）柑橘青霉病

明柳甜橘青霉病

柑橘青霉病果园为害状

柑橘青霉病病果

柑橘青霉病（左）、绿霉病（右）

729

柑橘青霉病过去一直被视作贮运期间的主要病害，烂果率有时高达30%，损失严重。近年，在贵州南部的许多橘园，特别在9～10月降水天数多时，青霉病大发生，病果率高达8%，烂果遍地，叶上和枝干上附生着一层厚厚的绿霉。由此可见，病害发生场所有了较大的变化。

【**症状**】 发病初期，果皮软化，水渍状褪色，用手轻压极易破裂。此后在病斑表面中央长出许多气生菌丝，形成一层厚的白色霉状物，并迅速扩展成白色近圆形霉斑。接着霉斑中部长出青色或绿色粉状物，即分生孢子梗及分生孢子。由于外缘由菌丝组成的白色霉斑扩展侵染快，青、绿色粉状霉生长慢，所以在后者外围通常留有一圈白色的菌丝环。病部发展很快，几天内便可扩展到全果湿腐。橘园发病一般始于果蒂及其邻近处，贮藏期发病部位无一定规律。

【**病原**】 青霉病病原菌为青霉属白孢意大利青霉菌（*Penicillium italicum* Weh.）。病菌分生孢子梗无色，具隔膜，先端数次分枝，呈帚状，孢梗大小为（40.6～349.5）μm×（3.5～5.6）μm；孢子小梗无色，单胞，尖端渐趋尖细，呈椭圆状，大小为（8.4～15.4）μm×（4～5）μm。小梗上串生分生孢子，分生孢子单胞，无色，近球形至卵圆形，近球形者居多，大小为（3.1～6.2）μm×（2.9～6）μm。

【**发病规律**】 青霉病病原菌遍布全球，一般腐生在各种有机物上，产生大量分生孢子随气流传播，经伤口侵入柑橘果实。在贮运期间，也可通过病健果接触而感染。果实腐烂产生大量二氧化碳，被空气中的水汽吸收产生稀碳酸而腐蚀果皮，并使果面呈酸性环境，促进病菌加速侵染，更导致大量烂果。

青霉菌生长温度为3～32℃，以18～26℃最适，略高于前者，所以贮运中前期多为青霉菌腐果后释放出的生物热能，促使果堆温度升高，致使后期绿霉病发生严重。在相对湿度达95%以上时发病迅速。虫伤和采果过程中机械损伤，利于分生孢子萌发侵染。空气中的细菌从伤口侵入，造成伤处腐烂产酸，促进青、绿霉菌的繁殖。果实采收后，水分含量大，呼吸作用未停止，释放的生物热多，如果实要现采现包装，并随即贮运，会造成果实中温度高、湿度大，利于病菌侵染为害。

【**防治方法**】
1. 橘园防治
（1）结合防治柑橘炭疽病、矢尖蚧等，采果后全树喷1次0.5°Bé石硫合剂。如气温较低，可加到1°Bé。
（2）冬季施肥时，翻1次园土，把土表霉菌埋于地中。合理修剪，去除荫蔽枝梢，改善通风透光环境，降低株间过高的相对湿度。
（3）采收前7 d，喷1～2次杀菌剂保护，特别要尽量喷到果实上。药剂可选用常规品种，如喷洒70%甲基硫菌灵可湿性粉剂1 500倍液等。
2. 贮藏期防治 选择晴天采果，轻采轻放，不让果损伤。挑出虫伤果和机械碰损果，做如下处理：可选用50%抑霉唑乳油1 000倍液浸果30 s或50%咪鲜胺1 500倍液浸果1～2 min，取出晾干后装箱。精选无伤鲜果，放3 d后再用净纸单果包装入箱。将处理过的果保持于3～6℃，相对湿度80%～85%条件下贮藏。
柑橘青霉病与绿霉病比较：
青霉病症状：粉状霉层青色，在果皮外表形成，后期可延至果皮内部，发生较快；白色菌丝环较窄，宽1～3 mm，外观呈粉状；软腐边缘水渍状，较窄，边缘较整齐而明显；有发霉气味；果实腐烂后不黏附包果纸或其他接触物；腐烂速度较慢，在21～27℃时全果腐烂需14～15 d；贮藏前期温度较低时发病多；可引起接触传染。
绿霉病症状：粉状霉层绿色，仅在果皮外表形成，发生较慢；白色菌丝环较宽，宽8～15 mm，略带黏性，微有皱褶；软腐边缘水渍状，较宽，边缘不整齐亦不明显；近嗅有闷人的芳香气味；果实腐烂后黏附包果纸或其他接触物；腐烂速度较快，在21～27℃时全果腐烂需6～7 d；贮藏后期温度回升时发病较多；不能接触传染。

（一一）柑橘灰霉病

柑橘灰霉病可为害花、幼果、叶及成熟果实。

【**症状**】 开花期阴雨天多，花瓣上先呈现水渍状小圆点，迅速扩大引起花瓣腐烂，并长出灰黄色霉层，干燥时呈淡褐色干腐。侵入嫩叶发生水渍状腐烂斑块，干燥时病叶呈淡黄褐色半透明状。另外，该病还可侵染高度成熟的果实，发病部位褐色、变软，其上生鼠灰色密结霉层，失水后干枯变硬，有霉味。

柑橘灰霉病病果　　　　　　　　柑橘灰霉病为害幼果　　　　　　　柑橘灰霉病四季橘斑点

【病原】　病原菌为灰葡萄孢霉（*Botrytis cinerea* Pers.），属半知菌丝孢纲的一种真菌。病部鼠灰色霉层即分生孢子梗和分生孢子。分生孢子梗自寄主表皮、菌丝体或菌核长出，密集成丛，孢子梗细长分枝，浅灰色，大小为（280～550）μm×（12～24）μm，顶端细胞膨大呈圆形，上面生出许多小梗，小梗上着生分生孢子，大量分生孢子聚集成葡萄穗状。分生孢子圆形或椭圆形，单胞，无色或淡灰色，大小为（9～15）μm×（6.5～10）μm。菌核为黑色不规则形，1～2 mm，剖视之，外部为疏丝组织，内部为拟薄壁组织。有性世代为富氏葡萄孢盘菌［*Botryotinia fuckeliana*（de Bary）Whetael］。

【发病规律】　灰霉病病菌的菌核和分生孢子的抗逆力都很强，尤其是菌核是病菌主要的越冬器官。灰葡萄孢霉是一种寄主范围很广的兼性寄生菌，多种水果、蔬菜及花卉都可发生灰霉病，因此，病害初侵染的来源除葡萄园内的病花穗、病果、病叶等残体上越冬的病菌外，其他场所甚至空气中都可能有病菌的孢子。菌核越冬后，翌年春季温度回升，遇降水或湿度大时即可萌动产生新的分生孢子，新、老分生孢子通过气流传播到花上，其孢子在清水中不易萌发，花上有外渗的营养物质，分生孢子便很容易萌发开始当年的初侵染。初侵染发病后又长出大量新的分生孢子，很容易脱落，靠气流传播进行多次再侵染。

多雨潮湿和较凉的天气条件适宜灰霉病的发生。菌丝的发育以20～24℃最适宜，因此，春季花期，不太高的气温又遇上连阴雨天，空气潮湿，最容易诱发灰霉病的流行，常造成大量花腐烂脱落，坐果后，果实逐渐膨大便很少发病。另一个易发病的阶段是果实成熟期，如天气潮湿亦易造成烂果，这与果实糖分、水分增高，抗性降低有关。地势低洼、枝梢徒长郁闭、杂草丛生、通风透光不良的果园，发病也较重。灰霉病病菌是弱寄生菌，管理粗放，施肥不足，机械伤、虫伤多的果园，发病也较重。

【防治方法】

1. **清洁果园**　病残体上越冬的菌核是主要的初侵染源，因此，应结合其他病害的防治，彻底清园和搞好越冬休眠期的防治。春季发病后，于清晨趁露水未干，仔细摘除和销毁病花，以减少再侵染菌源。

2. **药剂防治**　花前喷1～2次药剂预防，可使用50%多菌灵可湿性粉剂500倍液，70%甲基硫菌灵可湿性粉剂800倍液等，有一定效果，但灰霉病病菌对多种化学药剂的抗性较其他真菌都强。50%腐霉利可湿性粉剂在柑橘上使用，每次每亩用0.1 kg喷雾对灰霉病有很好的防治效果。

（一二）柑橘根霉软腐病

柑橘根霉软腐病是贮运期常见病害。

【症状】　病斑初呈不规则形水渍状，后扩展迅速变软腐烂，表面长出大量白色至灰色绵毛状物，其上密生点点黑粒。

【病原】　病原菌为匍枝根霉（黑根霉）［*Rhizopus stolonifer*（Ehrenb. ex Fr.）Vuill］。本菌产生匍匐菌丝和假根。假根褐色，多分枝。孢囊梗直立，不分枝，每1～10枝丛生于假根上方，淡褐色，长约2.5 mm。孢囊孢子单胞，拟球形、卵形或多角形，表面有条纹，褐色或灰色，直径11～14 μm。接合孢子球形，黑色，表面有瘤状突起，直径为160～220 μm，寄生性弱，分泌果胶酶能力强，破坏性大。瓜果等多汁果实受害后易腐烂，并在腐烂处产生孢子囊。

柑橘根霉软腐病菌丝（1）

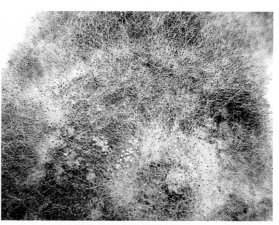

柑橘根霉软腐病菌丝（2）

柑橘根霉软腐病为害状

柑橘根霉软腐病病果

【发病规律】　病原菌广泛生存于空气、土壤中，通过伤口侵入成熟果实。绵毛状的菌丝体可伸展蔓延到周围健果为害。

【防治方法】　小心采收、装运，尽量减少伤口；单果包装可控制接触传染；可试用 0.09% 氯硝胺药液浸果。

（一三）柑橘黑色蒂腐病

柑橘黑色蒂腐病又称焦腐病，主要为害贮运期柑橘。成熟的果实采收后 2～4 周较易发病。果实腐烂的速度比褐色蒂腐病快，亦能在田间为害枝干、果实，但不为害青果。是各柑橘种植区常见病害之一。厚皮类橘、甜橙、柚、柠檬均可受害。

【症状】　初在果蒂周围出现水渍状柔软病斑，后迅速扩展，病部果皮暗紫褐色，缺乏光泽，指压果皮易破裂。蒂部腐烂后，病菌很快进入果心，并穿过果心引起顶部出现同样的腐烂症状。被害囊瓣与健瓣之间常界线分明。烂果常溢出棕褐色黏液，剖开烂果，可见果心和果肉变成黑色，无明显病斑，最终枯死，其上密生黑色分生孢子器。枝条被害时，呈暗褐色，无明显病斑，最终枯死，其上也密生黑色分生孢子器。柑橘遭受冻害、日灼后，特别易被此菌寄生而致死。田间的果实一般不发病，除非伤果、虫果或过熟果。果实成熟后，虽然有时也可被害，但自然着色的果实比乙烯利人工催熟转黄的果实发病轻。

【病原】　病原菌为 *Botryodiplodia theobromae* Pat.，异

柑橘黑色蒂腐病为害年橘

名 *Diplodia natalensis* Pole Evans，属腔孢纲真菌。寄主上的分生孢子器形成较晚，初埋生，后渐突出，单生或聚生，直径 0.8 mm，洋梨形至扁球形，黑色，喙短，有时 2~3 个生在 1 个子座内。分生孢子梗单生，可有隔膜和分枝，产孢细胞圆柱形至近梨形，环痕形，无色，分生孢子顶生。未成熟的孢子单胞，近卵形，无色，壁光滑，内含物颗粒状，基部几乎平截，有时壁较厚。成熟的孢子椭圆形或近椭圆形，双胞，隔膜处稍缢缩，暗褐色，壁稍厚而平滑，上有纵纹，大小为（21~30）μm×（12~15）μm，分生孢子器内有时有许多侧丝。有性态为 *Physalospora rhodina* Berk.et Curt.，属子囊菌，Shoemaker 将其易名为 *Botryosphaeria rhodina*（Berk.et Curt.）Shoemaker，我国迄今未在柑橘上发现。

此菌在热带、亚热带地区寄主很多，还为害香蕉、杧果、番木瓜、番石榴、油梨、南瓜、芋头等，是果蔬贮藏期间主要的病原真菌。但在北温带，致病性很弱，多呈腐生状态。本菌分生孢子成熟后不易萌发，生长最适温度为 30 ℃，25 ℃时生长减慢。

【发病规律】 病菌以菌丝体和分生孢子器在病枯枝及其他病残余组织上越冬。分生孢子由雨水飞溅到果实上，在萼洼与果皮之间潜伏，或在托盘的坏死组织上腐生，能耐较长时间的干燥环境。采后在适宜条件下，由伤口特别是果蒂剪口或自然脱落的果蒂离层区侵入（一般在离层产生前不能侵入）。一旦侵入，发展很快。故贮运期间的病果来自田间，但贮运过程中并不继续接触传播，因为腐烂的病果往往尚未形成孢子。

冬季遭受寒害、栽培管理不善、树势衰弱，发病较多；果蒂脱落、果皮受伤的果实容易被害；乙烯褪绿时，用量过大会加速腐烂；温度 28~30 ℃，果实腐烂迅速；在逐渐成熟过程中多雨，发病亦较多。

【防治方法】
1. **加强田间管理** 增强树势，避免寒害，早春结合修剪，烧毁病枯枝；采收时，尽量减少和避免产生伤口。
2. **药剂防治** 采收后，结合防治青、绿霉病，做防腐浸果处理，若能在田间后期喷施 1~2 次 50% 多菌灵可湿性粉剂 800~1 000 倍液，可减少贮运期间发病。

（一四）柑橘酸腐病

柑橘酸腐病又称白霉病，是柑橘贮运中常见的病害之一。用塑料薄膜包装的果实更易发生。若与青霉病、绿霉病、褐腐病混合发生，腐败速度大为增快。柑橘类中，尤以柠檬、酸橙最易患酸腐病，橘类、甜橙类的发病也颇严重。

柑橘酸腐病病果（1）

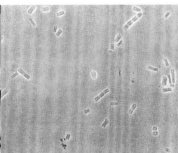
柑橘酸腐病病菌分生孢子

柑橘酸腐病病果（2）

【症状】 柑橘酸腐病在果皮伤口处产生水渍状淡黄色至黄褐色圆形病斑，极柔软多汁，轻擦果皮，其外表皮极易脱离。迅速扩展至全果腐烂，组织分解溃散，流出汁液，病果变为黏湿一团，并发出强烈酸臭气味，后期病果上偶尔可长出很薄的白色霜状菌丝膜。

【病原】 病原菌为白地霉（*Geotrichum candidum* Link），属丝孢纲丝孢目丝孢科地霉属。该菌有少量气生菌丝，分生孢子梗侧生于菌丝上，分枝少，无色。分生孢子 10~20 个串生于分生孢子梗上，长圆形至圆筒形，两端钝圆或平切状，有时为球形，单胞，无色，含有油球和颗粒状物，大小为（7~18）μm×（5~8）μm。老菌丝可分裂成无数的球形至圆筒形孢子或孢子状细胞，大小为（8.4~25.2）μm×（4.6~8.4）μm。

【发病规律】 酸腐病病菌为腐生菌，果实贮藏期间从果皮伤口侵入。在高温密闭条件下，溃烂病果流出含有大量分生孢子的汁液，污染健果，重复侵染。病果散发出的酸臭气味招引果蝇舐食和产卵，也可能有助于孢子的扩散和传播。

病菌需要相对稍高的温度，在 26.5 ℃时生长最快，15 ℃以上才引起腐烂，10 ℃以下腐烂发展很慢，在 24 ~ 30 ℃的温度和较高的湿度下，5 d 内病果全腐烂，并且邻近果实也会因接触而感染受害。病菌对伤口浅的果实不易很快入侵，往往较深的伤口的果实易被浸染，故一些刺吸式口器的昆虫，如吸果夜蛾在造成伤口方面起较大作用；未成熟果具有抗性，成熟或过熟的果实则易感病。

【防治方法】　药剂防治吸果夜蛾，或采收时不用尖头剪刀，尽量避免造成伤口；低温贮运，一般果温低于 10 ℃几乎可完全抑制酸腐病，但柠檬在 10 ℃中贮存时间过长，会引起生理伤害；缩短贮藏期；收获后药剂浸果。目前常用 0.05% ~ 0.1% 抑霉唑浸果处理，防治酸腐病效果相对较好。

（一五）柑橘干腐病

柑橘干腐病是贮藏期常见的病害，橘园中也偶见发生。在通风透气的贮藏库中，此病的发病率稍高，青霉病、绿霉病、黑腐病、褐腐病、酸腐病、蒂腐病等发生重。

【症状】　初期症状呈圆形略褪黄的湿润斑，果皮发软。随后病斑向四周扩展，渐呈褐色至栗褐色，革质干硬，稍下陷，边缘病健界限明显，形成干疤。病部大多发生在蒂部及其四周。在高温适温情况下，病菌可由蒂部侵入果实心柱，使心柱及种子受害。一般情况下，病菌只为害果皮，不侵害果肉或浅侵入紧贴病斑皮下的果肉。果园症状与炭疽病发生在蒂部四周的干燥斑极难分别，气候干燥时常挂果上，多雨时易脱落。落地果由于湿度大，病部长出白色气生菌丝，后期菌丝丛中出现红色霉状物，以此与炭疽病菌相区别。

【病原】　病原菌主要为镰孢菌属的多种真菌，国内外报道分离的病原菌有 10 多种，分离频率高的是：小孢串珠镰孢菌（*Fusarium moniliforme* Sheld. var. *minus* Wollenw）、腐皮镰孢菌［*Fusarium solani*（Mart.） App.et Wollenw］、尖镰孢菌（*Fusarium oxysporum* Schlecht.）、砖红镰孢菌（*Fusarium lateritium* Nees）和异孢镰孢菌（*Fusarium heterosporium* Nees）等。

【发病规律】　本菌主要为害温州蜜橘和甜橙类果实，柚不被侵害。初侵染源来自腐烂的有机物或贮运工具中携带的分生孢子，采收季节如遇多雨天气病菌传播量多。10 ~ 15 ℃下贮藏发病较重。

【防治方法】
1. **物理防治**　晴天采收果实，选无伤口的健壮果贮藏。注意调节贮藏期的温湿度，特别要让果实呼吸作用产生的气体能排出。
2. **化学防治**　贮藏装箱时，用 0.02% 的 2，4–D 对 800 倍液 50% 多菌灵可湿性粉剂稀释液浸果 2 min。2，4–D 能防止果柄脱落，使病菌难以侵入，多菌灵能防治果皮外的分生孢子。

（一六）柑橘黑腐病

柑橘黑腐病又叫黑心病，各地均有分布。温州蜜柑和橘类较易感病。主要为害贮藏期果实，田间幼果和枝叶也可受害。

【症状】　成熟和贮藏期果实发病表现为心腐、黑腐、蒂腐、干疤等症状。
1. **心腐型**　又称黑心型。病菌自果蒂部伤口侵入果实中心柱（果心），沿中心柱蔓延，引起心腐。病果外表完好，无明显症状，内部果心及果肉则变墨绿色腐烂，在果心空隙处长有大量深墨绿色茸毛状霉。橘类和柠檬多发生这种症状。
2. **黑腐型**　病菌从伤口或脐部侵入，初呈黑褐色或褐色圆形病斑，扩大后稍凹陷，边缘不整齐，中部常呈黑色，病部果肉变为黑褐色腐烂，干燥时病果皮柔韧，革质状。在高温高湿条件下，病部可长出灰白色菌丝，后变为墨绿色茸毛状霉。病果初期味变酸，有霉味，后期酸苦。温州蜜柑和甜橙多发生此症状。
3. **蒂腐型**　病菌从果蒂部伤口侵入，症状与黑心型类似，但在果蒂部形成圆形的褐色软腐症斑，大小不一，通常直径 1 cm 左右。

柑橘黑腐病病果

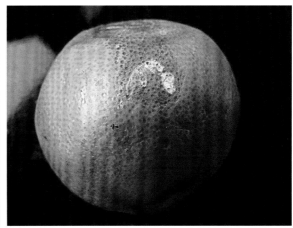

柑橘黑腐病病果病斑

椪柑蒂腐型黑腐病

椪柑黑腐型黑腐病

4.**干疤型** 病菌从果皮和果蒂部伤口侵入，形成深褐色圆形的病斑，病健交界处明显，直径多为1.5 cm左右，呈革质干腐状，病部极少见到茸毛状霉。

【**病原**】 病原为柑橘链格孢菌（*Alternaria citri* Ell. et Pierce），属于丝孢纲丝孢目暗色孢科链格孢属。分生孢子梗暗褐色，通常不分枝，弯曲。分生孢子2~4个相连，卵形、纺锤形、长椭圆形或倒棍棒形，褐色或暗绿褐色，有1~6个横隔膜和0~5个纵隔膜，分隔处稍缢缩，大小为（14~58.8）μm×（8.4~15.4）μm。

黑腐病病菌的生长适温为25℃，降至12~14℃时生长缓慢。

【**发病规律**】 柑橘黑腐病病菌主要以分生孢子附着在病果上越冬，也可以菌丝体潜伏在枝、叶、果组织中越冬，当温、湿度条件适宜时产生分生孢子，由风力传播。在果实整个生长期间，可从花柱痕或果面任何伤口侵入，以菌丝潜伏在组织内，直至果实生长后期或贮藏期，才破坏木栓层侵害果实，引起腐烂。通常在贮藏后期，抗病力降低和温度适宜时大量发病。以后在腐烂的果实上产生分生孢子，进行再侵染。柑橘黑腐病病菌属于寄生性较弱的真菌，一般都只能通过果皮伤口或果蒂口侵入。因此，在管理、采收、贮运过程中，凡使果实受伤，都会增加受侵染的机会。黑腐病的发生与品种关系密切。橙类发病轻，椪柑、温州蜜柑、橘类发病较重。

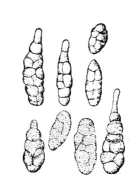

柑橘黑腐病病菌分生孢子

【**防治方法**】

1.**加强栽培管理** 增强树势，及时修剪枯枝、衰弱枝，减少果实受伤。

2.**适时采果、精细采收、提高采果质量** 根据贮运和销售实际，掌握合适成熟度，晴天采果，在采收、运输、贮藏过程中，注意轻拿、轻放、轻运，减少各种机械损伤。

3.**贮藏期防治** 除做好贮藏库室的消毒外，注意调节贮运期的温、湿度。

4. **药剂防病**　目前对链格孢菌引起的病害，尚无高效农药，以铜制剂较为有效。

5. **果实处理**　目前尚无采收后防腐的高效农药。一般用 0.02% 2，4-D 浸果，可以延缓果实衰老，保持果蒂青绿，推迟黑腐病的发生时间，但不能杀灭病菌，无治疗作用。抑霉唑对其亦有抑制作用。用抑霉唑乳油 0.0332 % + 2，4-D 0.02% 浸果处理，除防治青、绿霉病外，还能抑制黑腐病发生。

（一七）柑橘褐色蒂腐病

柑橘褐色蒂腐病病果剖面　　　　柑橘褐色蒂腐病病果　　　　柑橘褐色蒂腐病为害尤力克柠檬

【症状】　柑橘褐色蒂腐病与黑色蒂腐病这两种病害为害果实的初期症状很相似，通常都是环绕蒂部开始发病腐烂，故统称蒂腐病，有时也从果顶和其他伤口处先发病。病部略褪色，呈柔软水渍状，渐变为淡褐色至褐色圆形病斑，柔韧似革质，以后两病症状略有不同。

褐色蒂腐病从蒂部逐渐向脐部扩展，色泽加深，橘类病部变为淡黄褐色至黄褐色，甜橙病部扩大到果面 1/3 ～ 1/2 时，变为褐色至深褐色，故称褐色蒂腐病。病部边缘常呈波纹状，最后可使全果腐烂。由于病菌在果实内部扩展速度比在果皮快，当果皮变色扩大到果面 1/3 ～ 1/2 时，果心已全部腐烂至脐部，故又称"穿心烂"。沿果心有白色棉絮状菌丝体向脐部很快扩展，并达到瓤瓣间及果皮白色部分，使之变色腐烂。在温暖高湿的贮藏条件下，病果迅速腐烂，有时在病果表面亦长有白色菌丝体，并形成灰褐色至黑色的小粒点状分生孢子器。

【病原】　病原菌为子囊菌门核菌纲的 *Diaporthe medusaea* Nitschke，异名为 *D.citri*（Fawcett）Wolf。通常在果实上发现的均为其无性态 *Phomopsis cytosporella* Penz.et Sacc，异名为 *Phomopsis citri* Fawcett。分生孢子器略呈扁球形至不规则形，有孔口。分生孢子有两种，甲型的卵形，无色，单胞，内含 2 个油球，大小为（6.5 ～ 13）μm ×（3.3 ～ 4）μm，易发芽；乙型的钩状，无色，单胞，大小为（19 ～ 39）μm ×（1 ～ 2.3）μm，不易发芽。子囊壳通常只在被害枝干干枯后才形成。子囊壳球形，单生或聚生，埋在树皮下的黑色子座内，直径为 420 ～ 700 μm，喙细长，偶有分枝，基部稍粗，先端渐细，长达 200 ～ 800 μm，突出于子座外而呈毛发状，肉眼可见，子囊无色，无柄，长棍棒形，大小为（42.3 ～ 58.6）μm ×（6.5 ～ 12.6）μm，单层壁，顶部壁特厚，中有狭沟通向顶端，内含子囊孢子 8 个，子囊孢子无色，双胞，分隔处缢缩，长椭圆形或纺锤形，含油球 4 个，大小为（9.8 ～ 16.3）μm ×（3.3 ～ 5.9）μm。

病原菌生长的温度为 7 ～ 35 ℃，最适温度 20 ℃左右。产生分生孢子器的适温近 24 ℃。卵形分生孢子在含有柑橘叶片浸出液的水中可萌发。

【发病规律】　病菌的寄生性不强，只有在植株受伤或植株衰弱情况下才能入侵为害。但 Holliday（1980）报道其亦可主动侵入寄主角质层。通常以菌丝体和分生孢子器在枯枝及死树皮上越冬，枯枝上的分生孢子器为初侵染源。终年可产生分生孢子。分生孢子由风、雨、昆虫等传播，暴风雨使病害大大扩散。一般子囊壳即使产生，数量也较少，在病害循环中作用不大。贮运期间的病果，来自田间已被病菌侵入的果实。此菌亦有被抑侵染的特性，侵入蒂部和内果皮后，潜伏到果实成熟才发病。贮运期间，病果接触传染的机会很少，除非运输期过长，箩筐内湿度过大，有的病果严重腐烂并长出白霉状的菌丝体及黑色分生孢子器。故基本无再侵染。

低温是诱发本病的主导因素，在冬季气温较低的地区，本病容易随寒潮及早霜而发生，柑橘树冻伤时，被害尤其严重；果蒂干枯脱落、蒂部受伤及采收时果柄剪口是褐色蒂腐病病菌的主要入侵处；高温高湿有利发病，特别在贮运期间，展叶期及花瓣脱落后 3 个月的温湿度对发病程度影响较大，并影响贮运过程中的病情；栽培管理不善，树势衰弱，往往先是枝干被害，以后继续影响果实发病率。

【防治方法】　主要应控制田间发病。

1. 加强栽培管理　增强树势，做好防寒工作，这是预防本病的主要措施。

2. 清除病枝　早春结合修剪，清除病枝梢、枯枝等，集中深埋，以减少果园内的菌源。

3. 药剂防治　对已发病的柑橘树，春季彻底刮除病组织，并以 1% 硫酸铜或 50% 多菌灵 100 倍液，或康复剂消毒保护伤口；结合防治疮痂病、炭疽病，在结果初期或开花前，喷施 50% 多菌灵 500 ~ 800 倍液，50% 甲基硫菌灵可湿性粉剂 1 000 ~ 1 500 倍液；果实采收前 7 ~ 10 d 喷药，80% 代森锰锌可湿性粉剂 1 000 倍液；50% 多菌灵可湿性粉剂 1 500 倍液，可较有效预防果实贮藏期中该病的发生。采收时尽量减少伤口。

4. 果实防腐处理　果实采收后 1 ~ 3 d 用药剂处理，可用 25% 抑霉唑乳油 1 000 ~ 1 500 倍液，45% 噻菌灵悬浮剂 450 ~ 600 倍液，25% 咪鲜胺乳油 500 ~ 1 000 倍液，14% 咪鲜胺·抑霉唑乳油 600 ~ 800 倍液，70% 甲基硫菌灵可湿性粉剂 1 000 倍液浸果，可减轻发病。

（一八）柑橘脚腐病

柑橘脚腐病又名裙腐病，是橘产区最常见的主要病害之一，主要为害甜橙、柑橘类，柚类受害较轻。植株受害后，根茎、根群或主干基部树皮腐烂，导致树势衰退，产量下降，品质变劣，严重时整株死亡。

【症状】　由于病原不同，本病症状有多种表现。

植株主干基部发病，病部一般不超过距地表 40 cm 处。幼树定植埋土过深嫁接时，多从接口以上的干基发病。病部初呈水渍状暗褐色侵染，侵害树皮，后逐渐扩展到形成层、木质部，并纵横发展。纵向扩展速度和面积均比横向快，向上蔓延最高可延至主干基部距地面 45 cm 左右处，向下可至根部，引起主、侧根乃至须根大量腐烂。

柑橘脚腐病为害主干基部　　　　柑橘脚腐病为害树茎干

病部褐色不规则，无明显病健组织界线，湿腐，有乙醇溶液臭味或甘蓝叶腐烂臭味，常流出褐色胶液或产生红色霉状物。雨季湿度大时，病部扩展迅速，环蚀干茎一周；气候干燥时叶病部纵向枯裂，扩展渐缓或停止扩展。根部受害后皮层易剥落，出现褐腐根或黑根。病情发展慢时，植株病部自身愈合力较强。与病部同方向上的侧枝和叶出现短期褪色变黄，后渐随病斑愈伤组织的长合而转绿。发病轻的树仅表现叶色黄化，果实早黄皮厚；病情严重时，大多数枝干的叶脉褪绿呈黄褐色，叶黄化脱落，枝随之干枯。病树开花多，落果早，残留果小而早黄，味酸苦。当病斑环绕干时，病株叶片严重发黄，梢条大量干枯，植株一般越冬后死亡。

【病原】　国内报道分离的本病病原真菌已知有 12 种，即腐皮镰孢、寄生疫霉、柑橘褐腐疫霉、德氏腐霉、逸见腐霉、腐霉 -1、棕榈疫霉、齿孢腐霉、腐霉 -2、尖镰孢霉、立枯丝核菌、甘薯基腐小菌核菌，其中，以前 5 种最为常见，为害也较重。

1. 寄生疫霉菌（*Phytophthora parasitica* var. *nicotianae* Tucker）　属腐霉菌属。菌丝无色透明，直径粗细不均，直径为 3 ~ 10 μm，分枝，孢囊梗无色透明，无隔膜，1 ~ 3 根直生。孢子囊顶生或侧生，梨形或近椭圆形，顶乳突大小为 29 ~ 35 μm。孢子囊成熟脱落后，在高湿环境下萌发，产生 10 ~ 35 个大小为 7 ~ 11 μm 的游动孢子，呈圆形、肾形或不规则形，具侧生鞭毛 2 根。在适宜情况下，游动孢子萌发抽出芽管，或由孢子囊直接萌发产生芽管，侵入寄主引起发病。病菌属喜高温高湿的兼性腐生菌，生长适温 10 ~ 36 ℃，一般 25 ~ 30 ℃，pH 值 4.4 ~ 9.5，最适 pH 值 6 ~ 8。

2. 茄类镰孢菌柠檬专化型（*Fusarium solani* f. sp. *aurantifoliae* Bhat. et Pras.）　分生孢子生于假头体、孢子座或黏分生孢子团中，群集时呈灰褐色至土黄色，子座的颜色呈深褐色。大型分生孢子呈纺锤形，稍弯曲，基部在长轴的斜向有微小的足突，具 3 ~ 5 个隔膜。3 个隔膜者大小为 (20 ~ 50) μm × (3.5 ~ 7) μm，5 个隔膜者大小为 (32 ~ 65) μm × (4 ~ 7) μm。厚垣孢子顶生或间生，褐色，单生，球形或近球形，单胞，大小为 8 μm × 9 μm。有性阶段在病组织上不产生。

3. **柑橘褐腐疫霉菌**［*Phytophthora citrophthora*（R.et E.Smith）Leon.］　孢子囊卵形或柠檬形，顶端有乳头状突起，无色，大小为（30～90）μm×（20～60）μm，顶生于细长孢囊梗上，在有利情况下大量形成，萌发产生游动孢子或芽管。偶尔产生厚垣孢子。未发现卵孢子。菌丝生长温度为10～37℃，最适温度25～27.5℃。为害柑橘的根、根茎部及近地面叶、果和贮藏期果实。

4. **棕榈疫霉**［*Phytophthora palmivora*（Butl）Butl］　孢子囊梨形、柠檬形或球形，多数顶端有显著乳头状突起，无色，大小为（40～60）μm×（25～35）μm，顶生，萌发产生游动孢子或芽管。厚垣孢子多，球形，直径32～42μm。卵孢子少见。

5. **尖镰孢霉**（*Fusarium oxysporum* Schlecht.）　大型分生孢子纺锤形至镰刀形，弯曲或直，向顶端渐尖细，基部有脚胞，无色，有1～5个隔膜，多数为3个隔膜，大小为（19～45）μm×（2.5～5）μm。小型分生孢子卵形或椭圆形，无色，多数单胞，少数双胞。厚垣孢子多，球形，壁厚。

【发病规律】　病菌能在土壤或病残体中腐生，疫霉菌以菌丝体或厚垣孢子、卵孢子，镰孢霉菌以菌丝体或厚垣孢子在根茎部病组织中或随病残体遗留在土壤中越冬，成为初侵染来源。在柑橘生长季节，除病组织中的菌丝体可继续扩展为害外，疫霉菌产生的孢子囊和孢子囊释出的游动孢子，镰孢霉菌产生的分生孢子，通过雨水传播到根茎部，萌发芽管从伤口或衰弱处侵入为害，亦可侵染近地面的黄熟果实引起褐腐病。

【防治方法】

1. **采用抗病砧木**　在适合用枳和枸头橙作砧木的地区，应尽量采用这些抗病砧木育苗，并应适当提高嫁接口位置。地下水位较高或密植的橘园，避免用甜橙、红橘等作砧木。

2. **加强栽培管理**　地势低洼、土壤黏重、排水不良的橘园，应做好开沟排水工作，做到雨季无积水，雨后不板结。避免间种高秆作物，以免增加主干周围的温度。定植不可过深，嫁接口露出土面。增施有机肥料，施肥和耕作要防止弄伤树干基部及根部皮层。及时防治天牛、吉丁虫等树干害虫。

3. **治疗病树**　在发病季节经常检查橘园发病情况，发现病株应将根茎部土壤扒开，刮除病部及周围0.5～1.0cm宽的无病组织，或用利刀纵划病部，深达木质部，再用毛刷涂刷药剂于刮、划口处。待伤口愈合后再填盖河沙或新土，刮下的病组织必须带出园外。及时将病树腐烂皮层刮除，并刮掉病部周围健全组织0.5～1cm，然后于切口处涂抹1∶1∶10波尔多液，3%硫酸铜液，80%三乙膦酸铝可湿性粉剂200倍液，25%甲霜灵可湿性粉剂500倍液，50%甲霜铜可湿性粉剂100倍液，涂药后用薄膜包扎。

4. **靠接抗病砧木**　重病树在刮除病部后，主干基部靠接3～4株抗病实生苗，以增强和取代原有根系，并进行重剪和根外追肥，可促使病树恢复健康。此法用于幼年病树的效果尤为显著。

（一九）柑橘疫腐病

柑橘疫腐病造成烂果通称"褐腐病"。宽皮橘类、甜橙、柚、柠檬均可被害。广东、广西、福建、浙江、江西、湖南、台湾均有发生，但以四川较为普遍。凡是秋季果实成熟期间，常阴雨绵绵，疫霉菌得以侵染果实，引起大量落果，贮运期继续传播为害。

【症状】　在田间，为害树干基部引致树皮腐烂时称"脚腐病"，主要为害地面上下10cm的根茎部。病斑中部腐烂，黄褐色，常有酒糟味，边缘呈水渍状，潮湿时渗出胶液，干燥时胶液凝于树皮表面。一般不为害木质部，若向下蔓延，进一步导致根腐。果实受害，往往先发生于近地面果实，初为淡灰色圆斑，逐渐发暗，不凹陷，革质，有韧性，指压不破，最终软腐后有刺鼻味，高温高湿时，病部生出稀疏白霉层，即病原菌的子实体。

【病原】　该病由鞭毛菌卵菌纲多种疫霉引起。主要是柑橘褐腐疫霉［*Phytophthora citriphthora*（R.et E.Smith）Leon.］，还有 *Phytophthora citricola*，*Phytophthora cactorum*，

柑橘疫腐病病果

Phytophthora boehmeriae，*Phytophthora capsici* 等。引起柑橘脚腐病的寄生腐霉菌（*Phytophthora parasitica*）也可造成烂果。

柑橘褐腐疫霉的孢囊梗与菌丝无区别。孢子囊乳突明显，一般高 5 ~ 7 μm，囊顶生、侧生、间生或近合轴生，形状多样，卵圆形、柠檬形、倒圆锥形或瓶形，大小为（30 ~ 90）μm ×（20 ~ 60）μm，平均 35 μm × 52 μm；游动孢子囊内形成游动孢子数十个，游动孢子肾形或椭圆形，变成静孢子后呈近圆形，直径 8 ~ 10 μm；厚壁孢子球形，顶生或间生，淡褐色，直径 20 ~ 45 μm。未发现有性孢子。在水中，菌丝分枝处常膨大。该菌是要求中温的疫霉，最高温度约 32 ℃，最适温度 25 ~ 28 ℃。在我国已有多处报道是柑橘果腐。

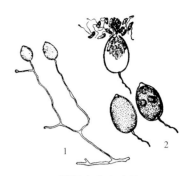

柑橘疫腐病病菌
1.孢囊梗及孢子囊
2.孢子囊萌发产生游动孢子

【发病规律】 病菌以卵孢子或厚垣孢子在土壤内，或以菌丝状态在病残组织或田间的病树上越冬。各种患病寄主亦是菌源场所。结果期间阴雨连绵，游动孢子随雨水溅到果上侵入为害。水源较多的柑橘园，灌溉水常起传播孢子的作用。病果一旦混进箩筐，运输期间可继续接触传病。通常受侵染的果实采收后 10 d 内就发病，但也有少数可潜伏 1 ~ 2 月才发病。由于病菌可侵入种皮，褐腐病果的种子往往带菌。

果腐发生的因素最主要是结果期有较长时期的阴雨天；脚腐则主要是地势低洼，地下水位高，土壤过湿，排水不良，或种植过于靠近水源。此外，偏施氮肥的病重，树冠下部或下垂枝上的果实病多；地窖贮藏较通风库贮藏的发病重。

【防治方法】
1. **采收前防治** 采收前 1 个月内，喷施 25% 甲霜灵 500 倍液 2 次。
2. **采收后防治** 应摘除病果、清除落果，选用 25% 甲霜灵可湿性粉剂 600 倍液，80% 代森锰锌可湿性粉剂 600 ~ 800 倍液，40% 松脂酸铜·烯酰吗啉水剂 500 ~ 600 倍液等。
3. **贮藏期防治** 贮藏初期，翻检剔除烂果。
4. **农业防治** 用抗病砧木、高接、涂白、热水消毒苗木等措施可控制柑橘的脚腐发生。

（二〇）柑橘流胶病

柑橘流胶病是柑橘产区的主要病害之一，主要为害柠檬，也可为害红橘和柚等果树。在四川常称柠檬流胶病。为害主干，有时亦为害主枝，影响树势。严重时病部扩展引起树干"环割"，导致植株死亡。

【症状】 病斑不定形，病部皮层变褐色，水渍状，并开裂和流胶。流胶主要发生在主干上，其次为主枝，小枝上也可发生。叶片的中脉及侧脉呈深黄色，容易脱落，落叶枝梢容易干枯。病树开花多，幼果早落，残留的果实小，提前转黄，味酸。有的病株发病后期病部表面可见有针头大小的菌核。老病斑有时可以形成自然愈合组织，有时干燥翘裂，发病部位相应的树冠出现大量落叶，一般 3 ~ 5 年病斑环绕树干，整株死亡。

【病原】 柑橘流胶病病原菌有 6 种，即壳囊孢属病菌（*Cytospora* sp.）、疫菌（*Phytophthora* sp.）、2 种镰刀菌（*Fusanum* spp.）和 2 种黑蒂腐菌（*Diplodia* sp.），其中，以疫菌感染和病斑扩散最快。*Cytospora* sp. 分生孢子器散生于子座中，分生孢子器扁球形，内有 1 ~ 5 个腔室，有一共同孔口伸出表皮外。腔室内壁密生分生孢子梗，单胞，无色，细长，不分枝或少分枝，顶生分生孢子。分生孢子腊肠形，稍弯曲，两端圆，无色，单胞，大小平均为 9.55 μm × 2.53 μm。病菌生长温度为 15 ~ 30 ℃，最适 20 ~ 25 ℃，分生孢子器形成约需 1 个月。分子孢子萌发温度为 15 ~ 25 ℃，最适温度 20 ℃，低于 8 ℃ 或高于 30 ℃ 都不萌发。

柑橘流胶病病树

【发病规律】　高温多雨的季节发病较重，菌核引起的流胶以冬季最盛。果园长期积水、土壤黏重、树冠郁闭等都是影响发病的重要条件。发病与品种有关，在四川以柠檬、甜橙最为严重，其他品种次之。在浙江以温州蜜柑（早熟的更烈）、椪橘、早橘较重。

【防治方法】

1. **药剂防治**　在病部采取浅刮深刻的方法，即先将病部的粗皮刮去，再纵切裂口数条，深达木质部，然后涂以 50% 甲基硫菌灵可湿性粉剂或 50% 多菌灵可湿性粉剂 100 ～ 200 倍液，或 80% 乙膦铝 100 ～ 200 倍液，或 25% 甲霜灵可湿性粉剂 400 倍液，或多效霉素可湿性粉剂 8 ～ 10 倍液另加 0.002% 2，4-D 钠盐等。

2. **人工防治**　注意开沟排水，改良果园环境条件；平时做好树干刷白、刨土工作，加强蛀干害虫防治。

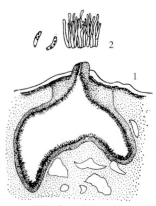

柑橘流胶病病原菌
1. 分生孢子器
2. 分生孢子及孢子梗

（二一）柑橘白纹羽病

白纹羽病寄主范围很广，包括木本树木、蔬菜和禾本科作物共 34 科 60 多种植物。在果树方面，可为害柑橘、苹果、梨、桃、李、梅、杏、樱桃、葡萄、柿、板栗等。

【症状】　在潮湿情况下被感染的根表面，病菌形成许多菌丝，呈白色羽绒状。菌丝多沿小根生长，通常在根周围的土粒空间形成扁的菌丝束，后期菌丝束色变暗，外观为茶褐色或褐色。病菌在被感病的植株上迅速生长，产生细小的白色的菌丝迅速覆盖其上。病菌也产生菌核样块状物，出现在病组织的表面。初期，地上部分仅有些衰弱，外观与健树无异。待地上部出现树枝过分衰弱、坐花过多、夏天萎凋、叶变黄等异常现象时，根部则已大部分受害。此时着手防治已为时过晚。所以，病株枯死的多，危害也大。

【病原】　病原菌为褐座坚壳菌 [*Rosellini necatrix* （Hartig） Berlese]，属子囊菌门核菌纲球壳目炭角菌科。子囊壳褐色至黑褐色，在寄主表面群生，直径 1 ～ 2 mm，用解剖镜可看见。菌丝初呈白色，很细，而后变灰褐色，在罹病根上形成根状菌丝束。菌丝束内部的菌丝呈白色。将根的皮层剥开，在形成层上有白色扇形菌丝束。菌丝隔膜处呈洋梨状膨大，这是本菌的特征。病菌生长最适温度为 25 ℃，最高温度为 30 ℃，最低温度为 11.5 ℃。

柑橘白纹羽病

【发病规律】　病菌以菌丝体、根状菌索或菌核随着病根遗留在土壤中越冬。环境条件适宜时，菌核或根状菌索长出营养菌丝，首先侵害果树新根的柔软组织，被害细根软化腐朽以至消失，后逐渐延及粗大的根。此外，病健根相互接触也可传病。远距离传病，则通过带病苗木的转移。由于病菌能侵害多种树木，由旧林地改建的果园、苗圃地，发病常严重。

【防治方法】

1. **选栽无病苗木**　起苗和调运时，应严格检验，剔除病苗，建园时选栽无病壮苗。如认为苗木染病时，可用 10% 的硫酸铜溶液，或 20% 的石灰水，70% 甲基硫菌灵 500 倍液浸渍 1 h 后再栽植。

2. **挖沟隔离**　在病株或病区外围挖 1 m 以上的深沟进行封锁，防止病害向四周蔓延扩大。

3. **加强果园管理**　注意排除积水，合理施肥，氮、磷、钾肥要按适当比例施用，尤其应注意不偏施氮肥和适当增施钾肥，合理修剪，加强其他病虫害的防治等。

4. **苗圃轮作**　重病苗圃应休闲或用禾本科作物轮作，5 ～ 6 年后才能继续育苗。

5. **病树治疗**

（1）及时检查治疗：对地上部表现生长不良的果树，秋季应扒土晾根，并刮除病部和涂药，挖开根区土壤寻找患病部位；对于主要为害细、支根的紫纹羽病要根据地上部的表现，先从重病侧挖起，再详细追寻发病部位。

（2）清理患部并涂药消毒：找到患病部位后，要根据不同情况进行处理。局部皮层腐烂者，用小刀彻底刮除病斑，刮下的病皮要集中处理，不要随便抛弃；也可用喷灯灼烧病部，彻底杀死病菌。整条根腐烂者，要从基部锯除，并向下追寻，直至将病根挖净。大部分根系都已发病者，要彻底清除病根，同时注意保护无病根，不要轻易损伤。清理患病部位后，要在伤口处涂抹杀菌剂，防止复发；对于较大的伤口，要糊泥或包塑料布加以保护；对于严重发病的树穴，要灌药杀菌或另换无病新土。

（3）改善栽培管理，促进树势恢复：对于轻病树，只要彻底刮除患部并涂药保护，不需要特殊管理即可恢复。对于病斑几乎围茎一周或烂根较多的重病树，要重剪地上部，在茎基部嫁接新根，或者在病树周围栽植小树并嫁接到主干上，以苗木的根系代替原来的根系，在地下增施速效肥料，在地上部进行根外追肥。

（二二）柑橘白粉病

柑橘白粉病分布于华南及西南地区，福建、云南及四川等低山温凉多雨的柑橘产区是一种严重的病害，可引起大量落叶、落果和枝条干枯。

柑橘白粉病病叶

柑橘白粉病病梢

【症状】　本病主要为害成年树的嫩叶、新梢和幼果。嫩叶正、背面均可发病，但以正面为多。常从主脉附近开始产生近圆形的疏松白粉状霉层或霉斑（菌丝层及分生孢子），霉层常从中央向外扩展，叶片老化后霉层变为浅灰褐色。霉层下的叶片组织初呈水渍状，较正常叶色略深暗，以后逐渐形成黄斑。严重时叶片全部或大部分布满霉层，使较嫩的叶片枯萎，较老的叶片则扭曲畸形，并可由叶片扩大到新梢发病。新梢、幼果发病初期与叶片上相似，但不表现明显黄斑。迅速扩展后新梢、幼果大部分或全部覆盖白粉状菌丝层，叶片干缩粘贴于枝梢上，严重时新梢枯死。

【病原】　柑橘白粉病的病原菌为顶孢菌（*Acrosporum tingitaninum* Carter），属丝孢纲丝孢目丝孢科顶孢属。菌丝直径为 4.5 ~ 6.7 μm，附着胞圆形。分生孢子梗大小为（60 ~ 120）μm × 12 μm。分生孢子 4 ~ 8 个串生，圆筒形，两端略圆，有细微颗粒，无色，大小为（20 ~ 28）μm × （10 ~ 15）μm。

【发病规律】　病菌以菌丝体在病部越冬，于翌年 4 ~ 5 月春梢抽长期产生分生孢子，由风雨传播，在雨滴中萌发侵染，继而重复侵染，为害夏梢和秋梢。多雨高温易发病。

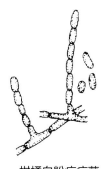
柑橘白粉病病菌
分生孢子梗和分生孢子

【防治方法】
1. **剪除病枝叶**　冬季结合修剪剪除病枝、病叶。发病初期及时剪除病梢、病叶和病果，尤其应剪除病枝、徒长枝，集中处理，减少侵染源。
2. **喷药保护**　休眠期修剪后，喷 1°Bé 石硫合剂 1 次。春梢抽发期或在发病初期，选喷 0.5° Bé 石硫合剂，50% 硫黄悬浮剂 400 倍液，50% 甲基硫菌灵可湿性粉剂 1 000 倍液，12.5% 烯唑醇可湿性粉剂 1 500 ~ 3 000 倍液，12.5% 氟环唑悬浮剂 1 000 ~ 1 250 倍液，40% 氟硅唑乳油 6 000 ~ 8 000 倍液等 1 ~ 2 次。

（二三）柑橘赤衣病

柑橘赤衣病主要为害枝干，也可为害叶片和果实。在浙江、江西、台湾、四川、广西、贵州、广东、云南等省（区）均有分布，在热带高温地区发生较严重。近年来，在部分柑橘产区暴发流行，造成枝叶干枯，落叶、落果，树势衰弱，甚至整株枯死，严重制约柑橘生产的健康发展。

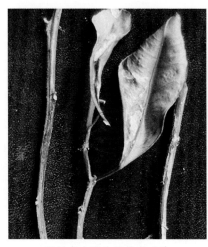

柑橘赤衣病为害枝条叶片　　　　　　　　　　　柑橘赤衣病为害枝叶

【症状】 柑橘赤衣病主要为害枝条或主枝，发病初期仅有少量树脂渗出，之后干枯龟裂，其上着生白色蛛网状菌丝，湿度大时，菌丝沿树干向上下蔓延，围绕整个枝干，病部转为淡红色，病部以上枝叶变黄，凋萎脱落。

【病原】 病原菌为鲑色伏革菌（*Corticum salmonicolor* Berkeley et Broome），属真菌界担子菌门真菌。子实体系蔷薇色薄膜，生在树皮上。担子棍棒形或圆筒形，大小为（23～135）μm×（6.5～10）μm，顶生2～4个小梗，担孢子单胞，无色，卵形，顶端圆，基部具小突起，大小为（9～12）μm×（6～17）μm。无性世代产出球形无性孢子，单细胞，无色透明，大小为（0.5～38.5）μm×（7.7～15）μm，孢子集生为橙红色。

【发病规律】 病菌以菌丝或白色菌丛在病部越冬，翌年柑橘树萌动菌丝开始扩展，并在病疤边缘或枝干向阳面产出红色菌丝，孢子成熟后，借风雨传播，经伤口侵入，引起发病。担孢子在橘园存活时间较长，但在侵染中作用尚未明确。

本病在温暖、潮湿的季节发生较烈，尤其多雨的夏、秋季遇高温，枝叶茂密的植株发病重。

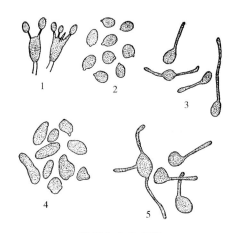

柑橘赤衣病病菌
1.担子及担孢子　2.担孢子　3.担孢子萌发　4.无性孢子　5.无性孢子萌发

【防治方法】

1.**人工防治** 冬季彻底清园，剪除病枝，带出园外集中处理，减少病源。春季柑橘树萌芽时，用8%～10%的石灰水涂刷树干。在夏秋雨季来临前，修剪枝条或徒长枝，使通风良好，减少发病。搞好雨季清沟排水，降低地下水位，以防止橘树根系受渍害，并降低橘园湿度。

2.**合理施肥** 改重施冬肥为巧施春肥，早施、重施促梢壮果肥，补施处暑肥，适施采果越冬肥。

3.**及时检查树干** 发现病斑马上刮除后，涂抹10%硫酸亚铁溶液保护伤口。每年从4月上旬开始，抢在发病前喷施保护剂。一定要将药液均匀地喷洒到橘树中下部内膛的树干、枝条背阴面，每周1次，连续施药3～4次。

4.**药剂防治** 药剂可选用：15%氯溴异氰尿酸水剂800倍液，30%氧氯化铜悬浮剂1 000倍液，14%络氨铜水剂500倍液，77%氢氧化铜可湿性粉剂800倍液，50%苯菌灵可湿性粉剂1 500倍液，50%甲基硫菌素·硫黄悬浮剂600倍液，对轻度感病枝干，可刮去病部，涂石硫剂原液，并在干后再涂抹石蜡。

（二四）柑橘树溃疡病

柑橘树溃疡病病果病斑

柑橘树溃疡病叶片病斑

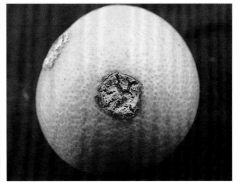
柑橘树溃疡病冰糖橙溃疡病后期病斑（1）

柑橘树溃疡病为害甜橙果实

柑橘树溃疡病冰糖橙后期病斑

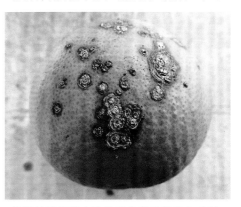
柑橘树溃疡病冰糖橙溃疡病后期病斑（2）

柑橘树溃疡病叶背病斑

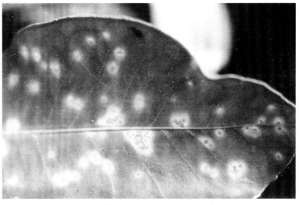
柑橘树溃疡病叶面初期病斑

柑橘树溃疡病新梢病斑

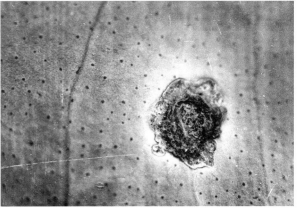
柑橘树溃疡病叶片病斑

柑橘树溃疡病是对柑橘生产威胁极大的一种细菌性病害。世界上柑橘生产国几乎都有或曾有分布，为害着全球 1/3 的橘园，其中，以亚洲各国发生最普遍。溃疡病在国内分布于四川、云南、贵州、广西、广东、安徽、湖南、湖北、江西、浙江、福建、海南、上海及台湾等省（市、区）。此病寄主多达数十个芸香科植物品种，传播途径广，传染迅速，为害严重，顽固难防，被中国在内的 30 多个国家和地区法定为植物检疫对象，禁止输入或输出。

【症状】　由于寄主品种不同，柑橘树溃疡病发生在叶片、枝梢和果实上的症状有一定差异。

1.叶片病状　叶部受害初期，在一面出现微点状黄色或暗黄色油浸状褪绿斑点，后渐扩大透穿叶肉，在叶两面不断隆起，成为近圆形木栓化的灰褐色病斑。病斑中部凹陷，裂似火山口状，周围有黄色晕环，少数品种在晕环外有一圈褐色釉光边缘。一般情况下发生在甜橙和柚上的病斑多且大，而在枳壳和橘上的病斑较小。病斑大小为 2 ~ 9 mm，常彼此愈合成不规则的大型病斑。在食叶害虫啃食或潜叶蛾幼虫蛀食的伤口旁，病斑小而圆，顺伤迹连生。

2.枝梢病状　枝梢上的病斑比叶上病斑更为突起，木栓程度更重，圆形、椭圆形或聚合成不规则形，病部多数环侵枝茎。病斑色状与叶部类似。

3.果实病状　果上病斑中部凹陷龟裂和木栓化程度比叶部更显著，病斑一般大小为 5 ~ 12 mm。初期病斑呈油泡状半透明突起，浓黄色，其顶部略皱缩。切片观察可见中果皮细胞膨大，外果皮破裂，病健组织间一般无离层，病组织内可发现细菌。在品种间，症状的差异有病斑隆起或平陷、大小及斑周釉光边缘的隐显和宽狭不同等区别。

叶片和果实感染溃疡病后，常引起大量落叶落果，对鲜果品质和产量影响很大。在一些果园，夏、秋梢病叶脱落后留下秃枝，导致了树势的衰弱。

【病原】　病原菌为地毯草黄单胞菌柑橘致病型（*Xanthomonas axonopodis* pv. *citri* Vauterin et al.），属细菌黄单胞菌属。病原细菌呈短杆状，两端圆，有荚膜，无芽孢，具极生鞭毛 1 根，菌体大小为（1.4 ~ 2.0）$\mu m \times$（0.6 ~ 0.8）μm。好气性，革兰氏阴性反应。在马铃薯洋菜培养基上菌落初呈鲜黄色后转蜡黄色。在牛肉汁洋菜培养基上菌落蜡黄色，圆形、全缘、微凹、表面光滑。病菌在葡萄糖、乳糖及甘露醇中不产生气体和吲哚，不能从硝酸盐上产生 H_2S，能分解淀粉，使蛋白胨化、牛乳凝固和液化明胶培养基。根据前人所做的研究，用噬菌体法（CP_1–CP_2）和 A 蛋白酶联免疫吸附法（SPA–ELISA），能敏感地对病原做定性鉴定。柑橘树溃疡病菌如不与病组织结合，仅能存活 2 ~ 8 周；病叶组织中的致病菌在干燥的土表可活 90 ~ 120 d，浅埋土中活 85 ~ 90 d，深埋于土中 10 ~ 20 cm 处能存活 8 ~ 24 d；人工接种于夏橙根上，最长存活 300 d，接种植株不致病。接种于枝皮组织下最长存活 3 年，但分离到的病菌失去致病力。橘园土壤分离表明，潜伏于沙土中的细菌能存活 35 d，黏土中存活 56 d；春季人工接种于结缕草、香根草、稻草上可存活 40 ~ 90 d，秋季接种存活 200 ~ 300 d。

培养基上病菌发育的温度为 5 ~ 35 ℃，适温为 23 ~ 28 ℃，致死温度为 49 ~ 52 ℃（10 min），适宜发育的 pH 值为 6.1 ~ 8.8，最适 pH 值为 6.6。自然条件下，伤口外水滴中的细菌 10 min 就可侵入叶组织中。

【发病规律】　病菌主要潜伏在病叶、病梢和病果的病斑组织中越冬，尤以秋梢上的病斑是越冬的主要场所，成为翌年发病的主要初侵染源。当春季温度适宜且多雨时，病菌从病斑中溢出，由风雨、昆虫、枝叶接触和人工操作等途径传播到幼嫩组织上，有水膜层时 20 min，细菌即可从气孔、皮孔或伤口侵入。温度较高时病菌在受侵染的组织中迅速繁殖，并充满细胞间隙，刺激细胞增大，使组织膨胀破裂，膨大的细胞木栓化后不久即死亡，形成病斑，完成初次侵染。

潜育期的长短取决于温度、柑橘种类和组织老熟程度，以温度的影响最大。侵染部位亦有关系，从叶背侵入比从叶面侵入的潜育期短。潜育期在春梢叶片上时，湖南为 13 ~ 28 d，广西为 12 ~ 25 d；在夏梢叶片上时，湖南、四川为 6 ~ 10 d，广东为 3 ~ 10 d。在秋梢叶片上时，浙江为 6 ~ 7 d；在果实上时，广西为 7 ~ 25 d。高温多雨季节，可连续不断发生多次再侵染。有些温州蜜柑秋梢被侵染后到冬季尚未表现症状，病菌潜存于组织中，翌年春季才发展蔓延，成为病害流行的主要初侵染源，在检疫和采取接穗时须加注意。

病害的远距离传播主要通过带菌苗木、接穗和果实。种子如不沾染病菌，一般是不带病的。有时苗木带的土壤也有传病的可能，但不是主要来源。

高温多湿与易感病的幼嫩组织相结合是病害流行的基本条件。柑橘不同种类感病差异性很大，甜橙类最易感病，柚、柠檬、枳次之。

【防治方法】

1.检疫控制　带病的种子、苗木、砧木、接穗等繁殖材料和果实是柑橘溃疡病远距离传播的主要载体。因此，在引进或调出种子、苗木、砧木、接穗等繁殖材料和易感病品种的果实时，要严格进行检疫检验，凡经检验查出带有柑橘树溃疡病病斑的繁殖材料，一律予以烧毁；凡查出带有病斑的果实，须经剔除病果和除害处理后才允许调运。对引进的繁殖材料，必要时进行复检、消毒处理、隔离试种。加强产地检疫，建立无病苗圃。严格按照国家《柑橘苗木产地检疫规程》，建立无病苗圃。在苗木繁育生长期间，要开展正常性的产地检疫，一旦发现病株，必须进行除害处理，甚至拔除销毁，并及时喷药保护健苗。苗木出圃前要经过全面检疫检查，确认无发病苗木后，才允许出圃种植或销售。这些严格的检疫措施对于防范柑橘树溃疡病起了非常重要的作用。

2. 焚毁根除病株　大面积焚毁根除病株多被法制健全、执法严厉、经济发达、柑橘产业在国民经济收入中占比重较大的国家和地区采用。

3. 农业防治　实施栽培管理控病：

（1）肥水管理。不合理的施肥会扰乱树体的营养生长，会使抽梢时期、次数、数量及老熟速度等不一致。一般在多施氮肥的情况下会促进病害的发生，如在夏至前后施用大量速效性氮肥易促发大量夏梢，从而加重发病，故要控制氮肥施用量，增施钾肥。同时，要及时排除果园的积水，保持果园通风透光，降低湿度。

（2）抹除早秋梢，适时放梢。夏梢抽发时期正值高温多雨、多热带风暴或台风的季节，温、湿度对柑橘树溃疡病的发生较为有利，同时也是潜叶蛾为害比较严重的时期，及时抹除夏梢和部分早秋梢，有助于降低病原菌侵入的概率，溃疡病的发病程度能显著降低，待7月底或8月统一放梢后，及时连续喷几次化学农药，即可达到较好的效果。在抹梢时，要注意选择晴天或露水干后进行操作。

（3）果园布局和冬季清园。采收后的果园，应剪除病枝、枯枝、病叶，清扫落叶、病果、残枝，集中销毁，并喷石硫合剂进行全园消毒，以减少翌年的菌源。果园周围培植防风林，可阻止病菌随风雨传播扩散。同时结合冬季清园，用蜕叶剂落叶处理，修剪控梢，去除病枝。在幼苗方面，移栽假植前，应先行修剪，然后以药剂或温汤消毒。我国江西等省则通过建立无病苗圃，实施"二园二圃"（砧木种子园、母本园、采穗圃、苗圃）工程，提供无病苗木。国外，如美国、墨西哥、西班牙等很多国家也都建立了隔离苗圃，防止病苗的传播蔓延。目前巴西则开始实施"柑橘母本树计划"，在严格消毒的网室内育苗，减少了罹患 CVC（柑橘花叶黄化病）和柑橘树溃疡病的危险。

4. 选用抗病品种　可选用金柑、四季橘等抗病品种和柑类、红橘类中抗品种和柑类、红橘中抗品种，目前急需培育理想的抗病新品种。宽皮橘类柑橘不易患溃疡病，或感病而较轻。目前高抗的优良品种很多。如温州蜜橘系列的"山下红""崎久保""日南1号""南柑20号"；杂柑系列的南香；椪柑系列的太田椪柑、无核椪柑。

5. 药剂防治　在春、夏、秋三次嫩梢抽发生长期，每间隔7～10 d 喷1次化学药剂保护。常用的农药有20%噻菌铜悬浮剂600倍液、70%氢氧化铜可湿性粉剂600倍液、20%噻唑锌悬浮剂400倍液、56%氧化亚铜悬浮剂500倍液、12%松脂酸铜乳油500倍液、4%春雷霉素可湿性粉剂800倍液、30%碱式硫酸铜悬浮剂400倍液。有效药剂还有：春雷·喹啉铜、硫酸铜钙、波尔多液、王铜、乙酸铜、琥胶肥酸铜、喹啉铜、络氨铜、枯草芽孢杆菌等。按使用说明交替轮换喷药，防效30%～75%，能有效地减轻为害。

6. 消灭病源　柑橘树溃疡病是一种局部性从幼嫩组织侵染的外侵病害，不能随气流远距离主动传播。此病的发生与流行，取决于感病寄主、环境条件和病原细菌三者相互作用。在既定地点，前两个因素不易变，但病株和土壤等载体上的活菌却可以通过人为措施降到最低限度。此外，还可以对侵入途径和发病条件设置障碍因素，使通过采取上述处理后剩下极少的病原难于侵染而自行死亡，从理论上讲，可以对一定区域里的溃疡病树达到根治目的。只要禁止新的病原材料传入，被根治康复的树就不会再发病。贵州省黔南州植保植检站在前理论指导下，根据病菌生物学和环境生态学原理，从1984年起进行6年研究，获得成功，先后在荔波、都匀等7个县、市对678 732株病苗、48 140株病树根治示范，均获成功。农业部全国植保总站牵头在浙江、广西、湖北、江西等6个省（区）开展验证试验，也取得极好效果。1992年3月15日，贵州省标准计量管理局（现更名为贵州省质量技术监督局）批准将这项根治技术作为省级地方标准实施（标准号为DB52/345–1992）。

7. 生物防治　生物防治是各国认为防治柑橘树溃疡病的优选措施之一。研究表明，与柑橘树溃疡病相拮抗的，除原生动物——一类靠吞噬细菌而生存的低等动物外，还有噬菌体、拮抗细菌等。如在印度从感染柑橘树溃疡病的叶片上分离出了柑橘树溃疡病病菌的拮抗菌。其拮抗机制是产生某些抗菌物质及提取养分，这种抗菌物质被认为是类植保素。

8. 改种其他作物　发生柑橘溃树疡病的地区，结合农业结构调整，改种经济效益高的花椒、香桂等其他经济作物，对于柑橘树溃疡病的为害也可起到良好的控制作用。

（二五）柑橘黄龙病

柑橘黄龙病又名黄梢病。广东潮汕方言把梢称作"龙"，黄梢即为"黄龙"，故得此病名。目前，除地中海盆地、西亚、澳大利亚外，黄龙病已出现在亚洲、非洲、大洋洲、南美洲和北美洲的近50个国家和地区。随着全球气候变暖，黄龙病的媒介昆虫分布区域逐步扩大，同时种质资源的频繁调运，致使黄龙病危害日趋严重。该病在印度称为衰弱病，在菲律宾称为叶斑驳病，在我国称为黄龙病或黄梢病、立枯病（台湾）。黄龙病是柑橘生产的主要病害，也是我国重要的植物检疫对象。

在我国，该病在20世纪30年代后期，首先在广东潮汕柑橘产区发生流行。现在主要发生于广东、广西和福建，四川、

柑橘黄龙病病叶与枯枝梢　　　　甜橙幼树黄龙病斑驳叶　　　　柑橘黄龙病病果

即将枯死的柑橘黄龙病树　　　　柑橘黄龙病斑驳型病叶

柑橘黄龙病黄化型病叶　　　　椪柑黄龙病病树

柑橘黄龙病果园发病状　　　　椪柑黄龙病斑驳叶

云南、贵州、湖南、江西、浙江、台湾等省的局部地区也有发生。发病幼树一般在 1 ~ 2 年死亡，老龄树则在 3 ~ 5 年内枯死或丧失结果能力。病害大流行时，往往大片橘园在几年之内全部毁灭，成为当前华南地区发展柑橘生产的最大障碍，亦给邻近地区的柑橘生产带来严重威胁。近年来，受南方地区冬季气温偏高，传毒木虱积累增加等多种因素影响，该病害呈加速蔓延、加重发生态势。据监测，黄龙病已在我国 10 个省区的 260 个县（市）不同程度发生，其发生和危害不仅影响柑橘产量、品质和出口贸易，而且威胁我国柑橘产业安全。

【症状】 全年可发病，但以夏、秋梢发病最多，其次是春梢，幼树冬梢有时也会发病。初发病时树冠上少数新梢的叶片黄化，形成明显黄梢。

叶片是识别黄龙病的主要依据。发病初期在绿色的树冠上出现一条或几条梢黄。俗称"鸡头黄"或"插金花"，以后黄梢数量不断增多直至整株黄化枯死。一般春梢在转绿后再表现黄化，夏、秋梢在转绿过程中出现黄化。

黄化叶片有 3 种。一是均匀黄化叶片。多出现在初期病树、幼树和夏、秋梢发病树上，叶片呈均匀的浅黄绿色。二是斑驳型黄化叶片。在春、夏、秋梢病枝上均有，无论是初期病树或中、晚期病树上都可看到，即从叶脉附近、叶片基部或边缘开始黄化，后扩散形成黄绿相间的不均匀斑块。三是缺素型黄化叶片，称为花叶。在主、侧脉附近的叶肉保持绿色，而脉间的叶肉褪绿呈黄色，类似缺锌、缺锰、缺铁时出现的症状。这类叶片一般出现在中、晚期病树上。往往在有均匀黄化叶或斑驳黄化叶的枝条上抽发的新梢叶片呈缺素状。三种病叶中，斑驳型黄化叶在各种梢期和早、中、晚期病树上均可找到，最具特征性，所以常作为田间诊断黄龙病的主要依据。

黄龙病病枝症状还有以下特征：叶片无光泽，枯枝落叶，病树树冠稀疏，植株矮小，枝条短弱，叶片小、叶质较硬而直立。春季比健树早萌芽显蕾，开花早花量大，落花严重，落果多。病树果实小，有的表现畸形，果内中心柱弯曲。椪柑的果肩稍突起，成熟时颜色暗红色，而其余部位的果皮颜色为青绿色，称为"红鼻果"。有的病果种子退化。初期病树根部正常，后期病树须根表现腐烂。

【病原】 过去曾认为柑橘黄龙病病菌是类菌原体或类立克次体，但 Garnier et al.（1984）发现黄龙病病原的膜结构外壁和内壁间存在肽聚糖，与革兰氏阴性细菌的细胞壁结构相似，认为黄龙病的病原是一种革兰氏阴性细菌。病原属暂定韧皮部杆菌属（*Candidatus*），有亚洲种（*Candidatus liberobacter asiaticum*）、非洲种（*Candidatus liberibacter africanum*）和美洲种（*Candidatus liberibacter americanum*）3 个种。巴西的柑橘黄龙病有亚洲种和美洲种 2 种，其中以后者较多，但大部分是混合侵染。我国的柑橘黄龙病病菌属于亚洲韧皮部杆菌属细菌，在电镜下看到其形态多为椭圆形或短杆状，大小为（30 ~ 600）nm ×（500 ~ 1 400）nm，细胞壁厚 25 ~ 30 nm。此菌对四环素、土霉素敏感。

病原物可通过嫁接和木虱传染，汁液摩擦和土壤均不传染，种子能否传染还不明确。病原抗热力较差，病接穗或病苗用 49 ℃的湿热空气处理 50 ~ 60 min 便可恢复健康。园间中午的气温经常在 40 ℃以上，也可使症状暂时消失，表现为隐症现象，但当气温降低后，经过一段时间又可重现症状。寄主为柑橘属、金柑属和枳属植物，最近研究证实，通过菟丝子可传染到长春花上，而且回接成功。

【发病规律】 黄龙病的初侵染来源，在病区主要是病树，在新区主要是带病苗木。远距离传播主要是带病苗木和接穗的调运，园内近距离传播则由木虱辗转传播，以在 100 ~ 200 m 的近距离较易传播，1 km 以上的远距离或有树林阻隔便很难传播。病原物在木虱体内的循回期是 1 个月左右，短的只有 1 ~ 2 d，在柑橘体内的潜育期为 1 ~ 8 个月，长的 4 ~ 5 年。橘园一旦发病，3 ~ 4 年的发病率可高达 70% ~ 100%。

1.寄主感病性 柑橘黄龙病病菌主要为害柑橘属（*Citrus* spp.）、枳属（*Poncirus* spp.）和金柑属（*Fortunella* spp.）植物，其中宽皮橘类、橙类最为敏感，柚类次之，枳及其杂种较为耐病，尚未发现抗病柑橘品种。各种树龄柑橘均能感病，其中 6 年生以下的幼树最为敏感，主要由于幼树抽梢多，有利于柑橘木虱繁殖，同时树冠小，病菌在树体内运转也较快。

2.侵染源和传播介体 病树或病苗的存在及其数量的多少是黄龙病流行与否的首要因素。一般果园病株率超过 10%，如果传病木虱数量较大，病害将严重发生，并在 2 ~ 3 年蔓延至整个果园。因为病树抽梢无规律，抽梢次数多于健树，木虱在其上发生代数较多，病害发展较快。

3.生态条件及田间管理 木虱若虫生活适温为 20 ~ 30 ℃，适宜湿度为 43% ~ 75%，雌成虫产卵量与日照强度和时间呈正相关。春季为抽梢、开花和结果的定式季节，具备提供稳定食源与繁殖气候的双重有利因素，故春旱气候有助于木虱种群建立。极端高温和极端低温对木虱种群不利，而零下温度对控制木虱春季种群数量有重要作用。暴雨的冲刷能显著降低木虱虫口密度。肥、水好及抽梢期管理好的果园嫩梢老熟速度快，且抽梢一致，木虱取食机会减少，病害发展速度延缓。

【防治方法】 重点推广"采用健康种苗、统防统治传毒木虱、铲除染病植株、强化检疫监管"等柑橘黄龙病综合防控技术模式，实行综合施策、标本兼治、持续治理之路。

1.实行严格检疫制度 严禁病区的苗木和接穗调运进无病区和新区。应用分子生物学多聚酶链式反应（PCR）检测。

采可疑病树已显症状的枝、叶、果,应用 PCR 检测,可以在短期内得到结果。

2.建立无病苗圃、培育无病苗木

(1)苗圃地选择:苗圃地的选择应与种植柑橘园区有一定的距离。有条件的地区应尽量远离柑橘园区。

(2)砧木种子的消毒处理:种果应尽量从远离病树园区的正常的树上采集。种子剥出后洗涤干净,用纱布袋装好,每袋 2 kg 左右,用 50 ~ 52 ℃ 的热水预热 5 min,取出随即放入有 55 ~ 56 ℃ 热水的保温开水桶内浸泡 50 min。

(3)接穗的消毒处理:接穗最好在远离病区 10 年生以上的丰产优质无病树上采集,或到无病区选取。把剪取的接穗放入 0.1% 的盐酸四环素液中浸泡 2 h,取出用清水冲洗后即可削芽嫁接。一般应随时消毒随时嫁接,能较好提高成活率。

3.隔离病园　新柑橘园的建立应与病、老柑橘园尽量隔离,以免媒介昆虫柑橘木虱的传病。对已经感病严重的老果园进行整片挖除全面改造,挖除后清理残根,以免萌发新苗,或种植一次别的作物,再行种柑橘。整片改造病、老园区,有利新植柑橘的生长,减少病源和消灭柑橘木虱。

4.彻底防治柑橘木虱　这是防止病害流行的重要环节,可参考柑橘木虱防治方法。针对一家一户分散防治打药时间不一致,致使木虱来回迁移传毒防治效果差的问题,通过培育种植大户、农民合作社、专业服务组织等新型农业经营主体,发展适度规模经营和标准化生产,开展大规模柑橘木虱和其他病虫的统防统治,提高防治效果、效率和效益,有效切断病害传播途径,遏制病害暴发流行。

5.加强肥水管理,提高植株的抗病能力　对幼龄树,在生长季节的 4 ~ 8 月,每月施一次稀薄水肥,年施肥 4 ~ 6 次。对结果树,每年要施好萌芽肥、稳果肥、壮果肥和采果肥。同时要科学地进行水分管理,要保证水分及时、充分供应。

（二六）柑橘裂皮病

柑橘裂皮病又称剥皮病、蜕皮病,是世界性病毒类病害之一,在国内四川、湖南、湖北、广西、广东、江西、浙江、福建和台湾的一些地区均有发生,以四川和湖南较为严重;国外美国、日本、地中海区域、南美洲各国等有分布。主要为害从国外引进的品种,其中受害重的有多种脐橙、脐血橙、血橙、甜橙、古巴花叶橙、柳叶橙、龙力克柠檬和克力迈丁红橘等;一些国内品种或种类如新会橙、锦橙、暗柳橙、改良橙、靖县血橙、椪柑、南丰蜜橘和枳等在园间亦表现较明显症状。用橘、橙作砧木的柑橘一般不发生裂皮病或裂皮极为轻微,而用枳作砧木的一般裂皮严重。由于我国许多地区广泛采用枳作砧木,因而本病是枳砧柑橘品种潜在的毁灭性病害,尤其是给脐橙类良种的发展造成了更大的威胁。

柑橘裂皮病砧木裂皮　　　　　枳砧尤力克柠檬裂皮病　　　　柑橘裂皮病病叶(左为病叶,右为健康叶)

【症状】　本病特有症状是病树砧木树皮纵向裂开。枳砧甜橙在定植 2 ~ 8 年后开始发病,砧木部分树皮纵向开裂和翘起,最后呈鳞皮状剥落,木质部外露,呈暗褐色或黑色,有的还流胶。裂皮可蔓延到根部,但通常只限于砧木,在砧穗接合处有明显而整齐的分界线。病树树冠矮化,新梢少而纤细,叶片少而小,多为畸形,有的叶脉附近绿色,叶肉黄化,类似缺锌症状,部分小枝枯死。植株若受病原物的弱毒系侵染,只表现树冠矮化,不表现裂皮或无明显的裂皮症状;或只表现裂皮,树冠并不显著矮化。病树进入结果期早,开花多,但多畸形花和落花、落果严重,枯枝增多,可导致全株枯死。

【病原】　本病的病原为柑橘裂皮类病毒(Citrus exocortis viroid,CEVd),环状单链结构的核糖核酸,无蛋白质衣壳。对热和紫外线极为稳定,其钝化温度约为 140 ℃ 处理 10 min,在 110 ℃ 处理 10 ~ 15 min 不丧失侵染力,病接穗在 50 ℃ 热水中浸 10 h 亦不失去侵染力,被病汁液污染的嫁接刀和枝剪,在室内保持 4 个月甚至 1 年仍具有传染力。

寄主植物很多,有芸香科、菊科、茄科、葫芦科等 6 科 50 多种植物,均表现为全株性感染,但以隐症感染为多。

柑橘裂皮类病毒侵染伊特洛（Etrog）香橼、番茄和爪哇三七草，往往表现为新叶向下卷曲，植株显著矮化等易见症状，被用作鉴定裂皮病的指示植物。

【发病规律】 本病的侵染源为园间病株和隐症带毒株。除通过苗木和接穗嫁接传播外，还可由受病植株汁液污染的刀、剪等工具与健株韧皮部组织接触传播。菟丝子也能传播。尚未发现昆虫和土壤传播。枳、枳橙、兰普来檬、香橼，以及这些种类作砧木的甜橙，感病后均表现明显症状，而宽皮柑橘类、甜橙、酸橙、柠檬等感病后不显现症状，成为带毒植株。

【防治方法】

1. **严格检疫** 严禁从病区调运苗木和剪取接穗，防止裂皮病传入无病区。

2. **培育无病苗木** 采用指示植物或生化鉴定方法，选择无毒母本，采取无毒接穗，培育无病苗木。对已感病而其他性状确属优良的品种、品系，可采用茎尖嫁接脱毒方法获得无毒良种母株，建立无毒采穗圃或母本园，实行无毒品种改良。或从无异常症状的 10 年生以上枳砧成年树嫁接口处采取接穗，培育无病苗木。

3. **工具消毒** 用于病树的嫁接、接剪等工具，在操作前后均须用 5% ~ 20% 漂白粉液或 25% 甲醛加 2% ~ 5% 氢氧化钠混合液消毒 1 ~ 2 s。并注意人手接触传播。

4. **挖除病株** 及时挖除症状明显、生长衰弱和已无经济价值的病树。为了减轻损失，可促发自生根、桥接换砧或用压条法繁殖苗木。

（二七）柑橘衰退病

柑橘衰退病又称速衰病，可能源于亚洲，广布全球产区，1946 年被确认为由病毒引起。本病为害以酸橙为砧木的许多柑橘品种，如在美国、乌拉圭、委内瑞拉等国，造成成年大树大量死亡，损失近 5 000 万株，对我国是一个潜在的威胁病害。根据报道，福建、广东、广西、四川、湖南、湖北、云南、浙江和江西及台湾等省（区）都有发生，但多数病株症状不明显或不表现症状。因此，此病在我国对柑橘业造成的损失，尚难准确评价。

【症状】 由于柑橘品种、穗砧组合、病毒株系和环境条件诸多因素影响，症状变化较大。一般有以下几种：

1. **无症状型** 衰退病毒的某些株系如 K 病毒株系（CTV-K）侵染柑橘树后不表现症状，甚至连最易感病的墨西哥柠檬指示植物也不表现症状。宽皮橘、酸橙、甜橙、粗柠檬等抗性品种一般也不表现出症状。感病树与健树外观无区别。

2. **苗黄症状型** 由衰退病毒苗黄株系引起，酸橙、柚子、香橼、柠檬、葡萄柚等品种实生苗感病后，植株表现出矮化，叶片发黄，小枝枯死。

柑橘衰退病病枝

香酸类柑橘衰退病病叶

3. **茎陷凹症状型** 大多数柑橘品种，如温州蜜橘、椪柑等，感病后除植株表现矮化外，茎干或枝条皮部下的木质部出现许多陷点。严重时，使树皮外观呈凸凹不平状，木质部组织破裂形成大量凹点，树势衰退。

4. **衰退症状型** 主要发生在以酸橙为砧木的柑橘树上。即甜橙和宽皮橘、葡萄柚的嫁接树受感染后，嫁接口以下的砧木韧皮部组织很快坏死。之后，地上部树冠表现不同程度的衰退，叶片失去光泽并纵向卷曲、凋萎、脱落及枝条返枯。因砧木韧皮部坏死腐烂而引起大根死亡，大树势弱呈饥饿状，小树常突然叶片凋萎、卷曲乃至全株枯死。结果树被害后，有几年衰退过程，初期结果量比健树多，鲜果着色比健树早，此后渐渐失去挂果能力而衰亡。

用表现衰退症状的甜橙接穗嫁接酸橙实生苗，引起苗矮化、树冠发黄。这种症状与衰退病的衰退株系和苗黄株系有关。

【病原】 本病病原是一种弯曲的线状病毒（Citrus tristeza virus, CTV），大小为 $(11 ~ 12)\,nm \times (2\,000 ~ 2\,500)\,nm$，含有单键和相对分子质量为 6.5×10^6 的核酸。病毒颗粒的衣壳蛋白的相对分子质量为 26 000，弯曲的杆状病毒颗粒易折断成不同长度的小颗粒，只有全长的颗粒才具有侵染性。本病毒颗粒寄生在韧皮组织的筛管细胞中，众多病毒粒组成副结晶状内含体，在嫩的韧皮组织中容易查获。根据病状不同，可分为以下常见株系：衰退病毒株系（CTV-T），引起衰退症状；茎陷病毒株系（CTV-SP），引起茎陷症状；苗黄病毒株系（CTV-SY），引起橘苗黄化；隐症病毒株系（CTV-K），引起微症或不显症。

【发病规律】　病原主要由带病接穗嫁接传播，此外还可以由橘蚜和棉蚜吸毒传播。橘二叉蚜也可以传播，但致病性很低。植株接受病毒后，病毒在筛管细胞中复制繁殖，再通过接穗和蚜虫进行重复侵染。

实验室条件下，用机械方法可以传染多种柑橘品种，具体操作是用刀片蘸病毒粗提液后，在柑橘实生苗的嫩茎部连划数十个伤口。

【防治方法】
1. **农业防治**　建立无病良种母本繁殖园，培育健康苗木。禁止初侵染源进入新区和新果园；选用抗病品种和砧木。我国现栽培的柑橘品种的穗砧组合多是抗病或耐病的，采用的枳壳和枳杂交种、红橘、粗柠檬、兰普柠檬砧木都是耐病的。
2. **接种防疫**　选用弱毒株系，发挥交叉保护作用。在病区，接种弱毒株系避免强毒系的侵染。

（二八）柑橘碎叶病

柑橘碎叶病是我国存在已久、近年才确诊的一种重要柑橘病毒病。此病1962年首次在美国加利福尼亚州种植的北京柠檬上发现。但感病的北京柠檬不表现症状，而把北京柠檬嫁接在厚皮柠檬上，在其新叶上出现病状。此后，日本、南非、澳大利亚和我国的浙江、广东、广西、福建、湖南、湖北、四川和台湾等省（区）均有发生报道。枳砧或枸头橙砧柑橘本地早、早橘、朱红、乳橘、椪柑、蕉柑、北京柠檬、新会橙、柳橙、暗柳橙、冰糖橙、大红甜橙、兴津温州蜜柑等均易受感染，严重的全株枯死。

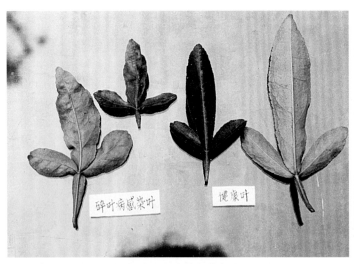

柑橘碎叶病病叶与健康叶

柑橘碎叶病病干

枳砧香蜜橙碎叶病嫁接口有黄色缢缩线

枳砧香蜜橙碎叶病嫁接口折断状

【症状】　枳或枳橙作砧木的柑橘树感病后，在砧穗接合处出现黄色环状缢缩，其接口附近的接穗部肿大，叶脉黄化，类似环状剥皮引起的黄化和植株矮化。受强风等外力推动，病树砧穗接合处易断裂，裂面光滑，病株数年后常黄化枯死。椪柑等品种在苗期常出现严重黄化和落叶，甚至枯死。

【病原】　本病病原为柑橘碎叶病毒（Citrus tatter leaf virus，CTLV）。过去认为是由砧穗不亲和引起的枳砧甜橙黄环病和黄化病，通过指示植物鉴定，认为是严重感染柑橘碎叶病所致；但最近亦有人通过指示植物鉴定认为与柑橘碎叶病毒无关，而是由嫁接砧穗不亲和引起，尚有待进一步研究。

柑橘碎叶病毒为 650 nm × 19 nm 的曲杆状或 450 ~ 900 nm 不等的长杆状粒体。不稳定，钝化温度为 40 ~ 45 ℃，稀释终点为 1/300 ~ 1/100，体外存活期为 2 ~ 4 h。柑橘的叶、茎韧皮部、花瓣、根的皮层和果皮都带有碎叶病毒，但不存在于果汁中。

【发病规律】　园间病株是本病的侵染源。主要通过嫁接传播，亦可由病株汁液污染的刀剪传播，并能通过菟丝子从长春花传播到枳橙上，未发现昆虫传播。

【防治方法】

1.**培育无病毒母株**　通过下列方法，可获得无病毒母株和苗木，用以建立无病毒良种采穗圃或母本园，繁殖无病毒苗木。

（1）利用指示植物鉴定，筛选无病毒母株。

（2）通过实生苗繁殖，获得无病毒母株。

（3）热处理脱毒。甜橙芽用 50 ℃热水处理 4 h，再用 50 ℃湿热空气处理 11 h 可获得无病毒芽。柑橘苗在每天白天 40 ℃下光照 16 h，夜间 30 ℃黑暗 8 h 处理 3 个月以上，可得无病毒苗。但最近研究表明需用热处理与尖茎嫁接相结合才可脱毒。

（4）热处理与茎尖嫁接相结合方法脱毒。如温州蜜柑苗在每日 35 ℃光照和黑暗下各 12 h 处理 19 ~ 32 d，再取 0.2 mm 长的茎尖进行茎尖嫁接，可获得无病毒苗。

2.**采用无病接穗育苗**　除用上述方法获得的无病毒接穗青苗外，若从枳砧柑橘上采穗育苗，应尽可能选择树龄大、外观上和嫁接口处剥皮检查无症状的成年母本树。

3.**工具消毒**　修剪、采穗、嫁接前后的刀剪应用 20% 漂白粉液浸渍消毒，再用清水冲洗。

4.**选用耐病砧木**　枸头橙作砧木表现耐病症状。

（二九）温州蜜柑萎缩病

温州蜜柑萎缩病是温州蜜柑的主要病毒病害。自 20 世纪 30 年代发现至今，日本几乎所有柑橘产区均有发生，尤以老产区为重。20 世纪 70 年代初在土耳其爱琴海沿岸也有发现。20 世纪 80 年代韩国亦报道有本病发生。国内从 1985 年以来对四川、湖南、湖北、广西、浙江、江西、上海、云南等省（区、市）田间表现"船形叶"的温州蜜柑植株和近年从日本引进的早熟、特早熟温州蜜柑品系进行了草本指示植物鉴定和血清学测定，结果，在 20 世纪 70 年代以前由日本引进的温州蜜柑中没有检测到温州蜜柑萎缩病病毒，而 20 世纪 80 年代初，四川奉节和浙江黄岩分别从日本引进的宫本特早熟温州蜜柑带有该病毒。温州蜜柑是我国柑橘的主栽品种，多为中熟品系，近年早熟和特早熟品系有较大发展，特早熟温州蜜柑品系的繁殖中将该病列为防除对象。

【症状】　病树春梢新芽黄化，新叶变小，叶片两侧明显反卷呈船形，称为"船形叶"。展开较迟的叶片，叶尖生长受阻成为匙形，称为"匙形叶"。由于新梢发育受到影响，使全树矮化，枝、叶丛生。发病初期果实变小，但风味无明显变化，发病后期果皮增厚变粗，果梗部隆起成高腰果，品质降低。重病树果实严重畸形，受害树一般着花较多，落果重。在同一枝上，船形叶或匙形叶一般单独出现，但也有同时混存的，其症状的出现与温度有关，匙形叶在昼夜温差大时出现。

本病主要在春梢上表现症状，即使是重病树，夏、秋梢亦不表现症状。此病在橘园中发生极为缓慢，一般从中心病株向外做轮纹状扩散。发病 10 年以上的橘树明显矮化，造成产量锐减，有时全无

温州蜜柑萎缩病病叶反卷如船形

收成。苗木发病1年即受到严重损害。在自然条件下除为害温州蜜柑外，近年发现亦为害中晚熟柑类、脐橙等，在脐橙、伊予柑上表现为畸形果、小叶等症状。该病寄主范围相当广泛，几乎所有柑橘属植物和枳属、金柑属、西非枳属、印度枳属等近缘属植物都是感病的，但多数寄主植物不表现明显症状。通过汁液接种，发现有8科草本植物也可感染此病。

【病原】　本病的病原为温州蜜柑萎缩病毒（Satsuma dwarf virus, SDV）。病毒粒体球状，直径约26 nm。存在于细胞质、液泡内，在枯斑寄主叶片内主要存在于胞间联丝的鞘内，呈"一"字形排列。鉴定该病毒常用的草本鉴别寄主有白芝麻、黑眼豇豆和美丽菜豆。

【发病规律】　病毒由嫁接和汁液传播，亦可通过土壤传播，可能是土壤中的线虫和真菌传毒。蚜虫不能传播。可以通过美丽菜豆种子传播，但不能通过芝麻和柑橘种子传播，亦不能通过菟丝子从感病的草本植物传到柑橘上。

【防治方法】　目前对温州蜜柑萎缩病尚无有效的防治药剂，种植无病毒苗木和加强病毒检测是防治该病的有效途径。

（1）采用指示植物（鉴别寄主）进行病害鉴定，以筛选无毒母本树。白芝麻是本病的最好指示植物，接种后几天如显示出褪绿斑，并变成坏死组织且有黄色晕环则表明其带毒，不表现症状的为无毒，再从无毒树上采穗培育无毒苗木。亦可将带毒母本树在白天40 ℃、夜间30 ℃（各12 h）热处理42~49 d后发的芽，嫁接到实生枳砧上可以脱毒，但只经热处理56 d而不经嫁接的树1年后仍带毒。

（2）实时荧光RT-PCR技术已广泛应用于植物病毒的检测，其中SYBR Green I染料法具有灵敏度高、信噪比高、适用范围广和低价等特点，同时应用该检测体系可以全年检测到毒源植株嫩叶、嫩皮、老叶、老皮中的SDV，满足当前柑橘苗木生产中SDV快速检测的需要。

（三〇）柑橘根结线虫病

柑橘根结线虫病主要发生在广东、福建等华南柑橘产区，湖南、四川、贵州、浙江也有发生。

柑橘根结线虫病叶片发黄，
病树衰退

柑橘根结线虫病病树叶片黄化

柑橘根结线虫病病根系

柑橘根结线虫病为害根系（1）

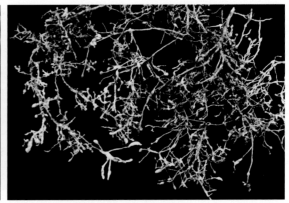
柑橘根结线虫病为害根系（2）

【症状】　病原线虫在柑橘树的根皮与中柱之间寄生为害，使幼嫩根组织过度生长，形成大小不等的根瘤，多数如绿豆大小，根毛稀少。新生根瘤一般乳白色，后逐渐变为黄褐色乃至黑褐色。以细根和小支根受害最重，有时主根和较粗大的侧根也可受害，细根受害在根尖上则形成根瘤，小支根受害除产生根瘤外，还引起肿胀、扭曲、短缩等症状，较粗大的侧根和主根受害只产生根瘤，一般不会变形扭曲。受害严重时，可出现次生根瘤，并发生大量小根，使根系交互盘结成团，形成须根团，最后老根瘤腐烂，病根坏死。

病株地上部分，在一般发病情况下无明显症状。随着根系受害加重，才出现梢短梢弱、叶片变小、长势衰退等症状。受害严重的成年树，叶片黄化无光泽，叶缘卷曲，呈缺水干旱状，或表现为缺素症花叶状，或开花多，结果少，着果率低，最后甚至造成早期落叶、落花、落果。苗期发病，叶色淡绿色，新梢纤弱，长势不好，严重时叶片脱落，或整株枯死。

【病原】 寄生为害柑橘的根结线虫有5种：柑橘根结线虫（*Meloidogyne citri* Zhang & Gao & Weng，1990）、闽南根结线虫（*Meloidogyne mingnanica* Zhang，1993）、花生根结线虫（*Meloidogyne arenaria* Chitwood，1949）、苹果根结线虫（*Meloidogyne mali* Itoh ohshima & Ichinohe，1969）和短小根结线虫（*Meloidogyne exigua* Chitwood，1949）。

【发病规律】 根结线虫以卵及雌虫随病根在土壤中越冬。2龄侵染幼虫先活动于土壤中，侵入柑橘嫩根后在根皮和中柱之间寄生为害，并刺激根组织过度生长，使根尖形成不规则的根瘤。幼虫在根瘤内生长发育，经3次蜕皮发育为成虫。雌、雄虫成熟后交尾产卵于卵囊内。在广东5~6月完成上述循环共需47~49 d，1年可发生多代，能够进行多次重复侵染。

【防治方法】

1. **严格实行检疫** 购买苗木应加强检疫，严禁在已受根结线虫病为害的病区购买有可能感染了线虫的苗木。对无病区应加强保护，严防病区的土、肥、水和耕作工具等易带线虫物传带至无病区。

2. **选育抗病砧木** 选育能抗柑橘根结线虫病的砧木，是目前解决在有病区发展柑橘种植的较有效的办法。根据当地栽培条件，通过对多种适宜的砧木进行试验，培育和筛选出抗柑橘根结线虫病强的砧木。杨村柑橘场通过对柑橘根结线虫病砧木试验，筛选出砧木是抗柑橘根结线虫病的砧木，而红木黎檬、酸橘类砧木是严重易感病的砧木。

3. **剪除受害根群** 在冬季结合松土晒根，抑制土壤水分，促进花芽分化措施，在病株树盘下深挖根系附近土壤，把挖出的受根结线虫病为害的根系，将被根结线虫病为害的有根瘤、根结的须根团剪除掉，保留无根瘤、根结的健壮根和水平根及较粗大的根。挖土时应小心，切莫乱锄乱挖，尽量不要损伤主、侧根的皮层，只对受害的根进行剪除，健康根哪怕一小条都要保留。挖土以树冠滴水线下深、靠近树基干处逐渐浅为原则，覆土最好不要用原挖土，并撒施石灰，撒施石灰量按需穴土量的1%~2%为宜。剪除的病根应及时清除出果园，并集中销毁。

4. **加强肥水管理** 对病树采用增施有机肥，每株15~25 kg，并将有机肥和穴土按1∶1比例进行培土肥，以在冬季挖土剪除病根时进行为宜，最好在大寒时进行。同时，在6月扩穴改土时，再深施有机肥一次，灌水按常规栽培管理规程进行，并加强其他肥水管理措施，以增强树势，达到减轻本病的为害程度的目的。

5. **药物防治** 在挖土剪除病根时覆土均匀混施药剂。或在树冠滴水线下挖深15 cm、宽30 cm的环形沟，灌水后施药（最好结合施用不会与药剂发生化学反应的肥料混合同施）并覆土。或在树盘内每隔20~30 cm处开一穴，将药剂注入或放在15~20 cm的深处，施药后及时覆土并灌水。可用1.8%阿维菌素乳油3 000倍液或用2%甲氨基阿维菌素微乳剂4 000倍液加甲壳素灌根可以有效地防治本病，在树冠滴水线处灌入，每隔约20 d用药1次，连续用药2~3次。

（三一）柑橘根线虫病

柑橘根线虫病病根

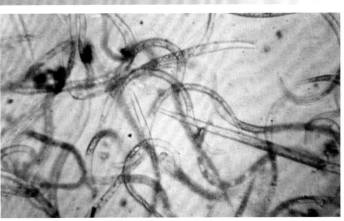

柑橘根线虫病病原线虫放大

柑橘根线虫病分布于世界上各个栽培柑橘的地区，但主要分布于美国及日本。在我国首先发现于广东，目前在湖南、湖北、四川、贵州、福建、浙江等省也有为害。

【症状】　病原线虫侵入小根皮层细胞后，导致小根稍膨大，比正常小根粗短，畸形，易脆碎，缺乏正常根应有的黄白色光泽。许多侵入皮层的雌成虫，尾端黏滑的卵囊互相融合，并粘连土壤微粒、细沙，使小根表面不平，呈现茸毛状，但不形成根瘤。由于根皮组织被破坏而易感染其他病原微生物，使根皮受伤呈黑色坏死。受害严重时皮层与中柱易分离。

病株地上树冠部分表现与干旱和营养不良相类似的症状。发病严重时叶片发黄或呈青铜色，缺乏新的生长活力，最后叶片脱落，顶端小枝枯死。落叶严重的病树，翌年春梢抽发迟，叶小而薄，转绿迟缓，花、果易落，树势明显衰退，导致产量下降。发病树在园间零星分散，可以整株严重落叶，也可以同一株树只半边或 1~2 个枝条严重落叶，表现出慢性衰退，但不枯死。发病严重的树很少结果。

【病原】　柑橘根线虫又叫柑橘半穿刺线虫（*Tylenchulus semipenetrans* Cobb），属线虫纲垫刃目半穿刺科。雌成虫产卵前分泌胶状物形成卵囊，并产卵于其中。卵似肾形，无色，大小为（55~69）μm ×（30~37）μm。卵在卵囊内发育为 1 龄幼虫。在柑橘根皮栖息为害的雌成虫和形成的卵囊互相融合在一起，形成明显的瘤状物，瘤状物聚集常将雌成虫完全掩盖，单个栖息的雌成虫的卵囊和虫体末端露于根外。幼虫和成虫无色，吻针（口针）发育良好，中食道球纵长，呈长纺锤形，峡部较窄，食道腺膨大成长梨形，直达肠管前部，体表环纹细，排泄孔位于虫体中部或稍后方。2 龄雄幼虫爬出卵壳后，虫体呈线状，体长 280~340 μm，前端稍钝圆，末端尖细，幼虫经 4 次蜕皮后变为成虫。雄成虫呈细线状，体长 300~500 μm，体宽 11~15 μm，吻针显著退化，长 11 μm 左右，食道细长，中食道球退化。精巢单个，交接刺细长呈棒状。雌成虫初期呈线状，长 250~360 μm，吻针长 13.5 μm 左右，食道为体长的一半，尾部圆锥形。

【发病规律】　根线虫病主要侵染源是带有线虫卵、幼虫或雌虫的土壤和病根。环境条件适宜时卵在卵囊内发育为 1 龄幼虫，仍藏于卵内，经 1 次蜕皮后破卵而出，成为 2 龄侵染幼虫，活动于土壤中，由流水传播到柑橘幼嫩根上为害。亦可由带有线虫的土壤、肥料、农具及人畜传播，带线虫苗木调运为远距离传播的主要途径。

根线虫在四川江津为害甜橙，1 年发生 6~7 代，以卵和幼虫在土壤和根上越冬。翌年 3 月上旬发新根时，2 龄侵染幼虫开始侵入新根为害，分别在 3 月下旬、5 月上旬、6 月上旬、7 月上旬、8 月上旬、9 月中旬和 10 月底出现 7 次成虫高峰，11 月下旬土壤温度降至 15 ℃以下，即以卵和幼虫休眠越冬。完成 1 代所需天数随土壤温度而异：春季 18~21 ℃时，需 32~42 d。

【防治方法】

1. **培育无虫苗木**　轻发生区选用前作为禾本科作物的土地育苗，重发区则选用前作为水稻的田地育苗。

2. **虫苗消毒处理**　有虫实生苗和嫁接苗，可用 46~47 ℃热水浸泡根系 10 min，或用 48 ℃热水浸泡根系 15 min，防治线虫。此温度还有刺激橘苗生长的作用。

3. **橘园选择及消毒处理**　定植柑橘的园地必须经过严格检查，以确保土壤中不带线虫。如不得不使用带有线虫的土地定植柑橘，必须在定植前半个月每亩拌土撒施杀线虫剂，然后耕翻覆土。

4. **受害树处理**　可根据土壤肥力，适当增施有机肥料，并加强肥水管理，雨后及时开沟排水，沙性重的土壤，逐年增加黏性土，改进土壤结构，均可减轻线虫为害程度。

发生较重的树，可在 1~2 月挖除 5~15 cm 深表土层中的病根和须根团，保留水平根和粗大根，然后每株施石灰 1.5~2.5 kg，并增施有机肥料，可以减少线虫，复壮树势。亦可在早春 2~3 月耙开树冠下 3~5 cm 深的表土层，或在树冠下近上围的地面挖一宽 30~40 cm、深 10~45 cm 的环沟，每平方米拌土撒施防治线虫剂颗粒剂，施后覆土压紧。如能先挖除受害根再施药，效果更好。药后要增施肥料，以促进增发新根，迅速恢复树势。

（三二）柑橘缺铁叶片黄化症

碳酸钙或其他碳酸盐含量过多的碱性土壤，铁元素被固定，难溶，容易出现缺铁症状。柑橘缺铁现象一般不常见，其最大特点是叶片失绿黄化，与严重氮缺乏症状相似，但程度强得多。

【症状】　本病多从幼树新叶开始发病，叶脉保持绿色而脉间组织发黄，后期黄叶上呈现明显的绿色网纹。严重者，除主脉近叶柄部绿色外，其余部分褪绿呈黄白色，叶面失去光泽，叶缘褐色，提前脱落留下光秃枝。但此时，同树的老叶仍保持绿色，形成黄绿相映的鲜明对照。

【病因】　分析测定病叶组织中全铁含量是难以得出正确结论的，因为所含铁多数由于沉积而失效。同样，测定土壤中全铁和游离态铁也不能了解土壤供铁能力。但测定土壤中 $CaCO_3$ 的含量和 pH 值，是可以了解土壤供铁情况的，因为土壤中有效铁含量与叶组织中活性铁的含量有很好的相关性。两者相关分析表明，正常叶片活性铁含量在 0.004% 以上，而患病叶片中含量则明显低于此数值。

【发病规律】　春梢缺铁叶片失绿黄化现象较轻、较少，秋梢、晚秋梢叶黄化较严重。随着病叶的提前脱落，相继发生枯梢。柑橘缺铁症状明显，叶色黄绿之间反差大，易从形态症状上加以识别。但生长在碱性和石灰性土壤上的柑橘树，叶片发生黄化症状的不单是缺铁症，有可能伴随缺锰、缺锌。

柑橘缺铁叶片黄化，叶脉残留绿色

【防治方法】　当 pH 值达 8.5 时，植株常表现缺铁症，故增施有机肥、种植绿肥等是解决土壤缺铁的根本措施；发病初期，用 0.2% 柠檬酸铁或硫酸亚铁可矫正缺铁症状的发生。

（三三）柑橘缺镁症

【症状】　本病初表现为植株叶片黄化，叶基部的绿色区呈倒 "V" 字形，结果越多的植株黄化越严重，之后主脉和侧脉会出现像缺硼一样的肿大和木栓化，整个叶片可能变成古铜色，叶片提早脱落，严重影响了当地柑橘的产量和品质。

【病因】

（1）橘园土壤属丘陵红壤，pH 值为 4.4，酸性较强，从而增加了镁的淋溶损失。

（2）土壤含钾量过高，据测定，老叶片含钾量高达 2.03%，钾过多对镁的拮抗作用引起缺镁。

【发病规律】　镁是植物的必需元素之一。镁在叶绿素的合成和光合作用中起重要作用。镁还与蛋白质的合成有关，并可以活化植物体内促进反应的酶。缺镁时，植株的叶绿素含量会下降，并出现失绿症。特点是首先从下

柑橘缺镁症病叶

部叶片开始，往往是叶肉变黄而叶脉仍保持绿色。严重缺镁时可引起叶片的早衰与脱落，甚至整个叶片都会出现坏死现象。

【防治方法】

1. 缺镁症的矫治　在南方红黄壤地区，土壤 pH 值多为 4.5 ~ 6，一般可施用氧化镁、含镁石灰、钙镁磷肥等含镁肥料，补充土壤中的镁元素。这些含镁肥料作用效果较慢，宜作基肥与腐熟的猪牛粪、饼肥等有机肥混合沟施在树冠滴水线附近，主要用于缺镁症的预防或轻度发病的果园。亩施用量为：氧化镁 20 ~ 30 kg，含镁石灰或钙镁磷肥 50 ~ 60 kg。

2. 果园缺镁矫治　对于出现缺镁症状的果园，年施 1 次镁肥矫治效果不明显。关键在于用速效性的硫酸镁和硝酸镁肥，年施 3 ~ 4 次进行矫治，且要连续施用 2 年后，黄化症状减轻，效果才显著。柑橘类果树可结合冬季基肥、2 ~ 3 月的花前或花后肥、5 月的保果肥、7 月的促梢壮果肥进行施用。土壤施用年亩用量为 50 ~ 60 kg，为了增加矫治效果，可在春梢叶片展开后每隔 10 ~ 15 d 施 1 次，用 1% 的硝酸镁或硫酸镁溶液，连喷 3 ~ 5 次，进行叶面施肥。缺镁症减轻后，每年要增施有机肥，施用缓效与速效镁肥，以保证镁素的均匀供应，才能得到较彻底的矫治。

二、柑橘害虫

（一）柑橘小实蝇

柑橘小实蝇（*Bactrocera dorsalis* Hendel），又名橘小实蝇、东方果实蝇，俗称黄苍蝇、果蛆，属双翅目果蝇科。

柑橘小实蝇成虫

柑橘小实蝇蛹体

柑橘小实蝇与瓜实蝇（左2只柑橘小实蝇，右1只瓜实蝇）

柑橘小实蝇幼虫

柑橘小实蝇幼虫为害果实

柑橘小实蝇为害果实（郑朝武）

【分布与寄主】　国内分布于湖南、福建、广东、广西、四川、台湾；国外印度、斯里兰卡、印度尼西亚、泰国、老挝、菲律宾、摩洛哥、夏威夷群岛、澳大利亚有分布。为害柑橘、甜橙、枸橼、金橘、柚、橄榄、枇杷、洋桃、桃、李、木瓜、石榴、香蕉、无花果、辣椒等。

【为害状】　幼虫为害果实，潜居果瓤中食害，使果实腐烂，造成落果。被产卵的果实均有针头大小的产卵孔存在，但由于果实种类和为害时期的不同，所表现的症状也有差别。在椪柑上，初产卵时呈针状小孔，卵孵后呈灰色或灰褐色的斑点内部多少带有腐烂。在卵尚未孵化时即已收获的柑橘果实，产卵孔常呈褐色、黄褐色或灰褐色的小斑点，或呈灰褐色、黄褐色的圆纹。

【形态特征】

1. **成虫**　体长 6.55～7.5 mm，翅展约 16 mm，体形小，深黑色。复眼间黄色，复眼的下方各有 1 个圆形大黑斑，排列成三角形。胸背面黑褐色，具 2 条黄色纵纹，上生黑色或黄色短毛，前胸肩胛鲜黄色，中胸背板黑色，较宽，两侧有黄色纵带，小盾片黄色，与上述两条黄色纵带连成 "V" 字形，腹部由 5 节组成，赤黄色，有 "丁" 字形的黑纹。

2. **卵**　梭形，长约 1 mm，宽约 0.1 mm，乳白色，一端较细而尖，另一端略钝。

3. **幼虫** 体长 10 mm，黄白色，圆锥形，前端细小，后端圆大，由大小不等的 11 节体节组成。口器黑色。

4. **蛹** 椭圆形，长 5 mm，淡黄色，蛹体上残留有由幼虫前气门突起而成的暗点。

【发生规律】 在我国南方各省(区)每年发生 3 ~ 5 代，无严格的冬眠，在有明显冬季的地区，以蛹越冬。生活史不整齐，同一时期内可见各个虫态。成虫羽化出土从早上开始至中午前止，以 8 时前后出居多。成虫羽化后须经性成熟阶段方能交尾交卵。成虫产卵前期随季节而不同。夏季经 20 d，秋季经 25 ~ 60 d，冬季 3 ~ 4 个月。成虫产卵时，以产卵器刺破果皮。

每次产卵 2 ~ 15 粒，有时每次仅产 1 粒，很少超过 30 粒。卵期在夏季约 1 d，春、秋季 2 ~ 3 d，冬季 3 ~ 10 d，一个果内的幼虫一般为 10 头左右，当寄主缺乏时，一个果内有时幼虫达 100 多头，有的地区木瓜内的虫数达 500 头以上。幼虫孵出后群集果瓤为害，幼虫期 6 ~ 20 d，在夏季（平均温度 25 ~ 30 ℃）为 7 ~ 9 d，春、秋季（平均温度 20 ~ 25 ℃）为 10 ~ 12 d，冬季，台湾中南部（平均温度 15 ~ 20 ℃）为 13 ~ 20 d。幼虫群集果实中取食瓤瓣中的汁液，致使沙瓤被穿破干瘪收缩，而呈灰褐色，被害果外表色泽鲜明，但内部已空虚，故被害果常未熟先落，造成严重落果，若果内幼虫不多，果实可暂不坠落，也有少数终不坠落的。幼虫成熟后能跳 7.0 ~ 10.2 cm 远，老熟幼虫蜕出果皮，落到土面，然后入土化蛹，前蛹期夏季为 18 h，冬季为 12 d，入土深度随土质而异，在沙质松土中较深，黏土较浅，一般在表土中 3 cm 左右。蛹期在夏季为 8 ~ 9 d，春、秋季 10 ~ 14 d，冬季为 15 ~ 20 d，有的地区蛹期长达 64 d，柑橘小实蝇是以幼虫随被害果而远距离传播。

【防治方法】

1. **严格检疫** 该虫为我国对内、对外植物病虫检疫对象之一，以防止幼虫随被害果实转运传播。

2. **人工防治** 摘除蛆柑、捡拾落果，集中深埋或沤肥，防止幼虫入土化蛹。

3. **诱杀成虫**

（1）0.02% 多杀霉素饵剂有效成分用药量 0.26 ~ 0.37 g/hm²，点喷投饵；0.1% 阿维菌素浓饵剂有效成分用药量 2.7 ~ 4.05 g/hm²，诱杀；或用酵素蛋白 0.5 kg + 25% 马拉硫磷可湿性粉剂 1 kg，加水 30 ~ 40 kg，配成诱剂诱杀成虫于产卵前；或用 97% 丁香酚浸甘蔗纤维块，悬挂诱杀雄蝇。成虫发生盛期用 50% 敌百虫晶体 1 000 倍液或 80% 敌敌畏乳油 1 500 倍液，加入 30% 红糖喷洒树冠，诱杀成虫，连喷 3 ~ 4 次。

（2）实蝇性诱剂黏板是利用果实蝇对信息素和黄色产生反应而被杀，故无抗性产生。绿色环保、不污染环境，是绿色农业的首选产品。从温度升高时开始用，幼虫期至采收期，每亩悬挂 24 cm×30 cm 实蝇性诱剂黏板 10 ~ 20 张，可移动。

（3）性诱防治。用 98% 诱蝇醚诱杀成虫，每亩挂诱捕器 3 ~ 5 个，高度 1.5 m，用药量第 1 次 2 mL，以后每隔 10 ~ 15 d 加药 1 次。

4. **冬耕灭蛹** 冬季将橘园深翻耕，可增加蛹伤亡。

5. **药物防治**

（1）土壤杀虫处理。重点应放在受害严重的果树树冠下的土表层。一般 5 ~ 8 月为柑橘小实蝇成虫的羽化高峰期，用 50% 马拉硫磷乳油 1 000 倍液或 50% 辛硫磷乳油 800 ~ 1 000 倍液喷洒果园地面，每 7 d 喷一次，连续喷杀 2 ~ 3 次，杀灭入土化蛹的老熟幼虫和出土羽化的成虫。

（2）喷剂喷杀处理。在成虫发生高峰期内，用 90% 敌百虫晶体 800 倍液或 80% 敌敌畏 800 ~ 1 000 倍液对树冠和果园周围的杂草进行喷雾杀灭成虫，喷杀时间为上午 10 ~ 11 时或下午 16 ~ 18 时进行。对山坡种植的柑橘，据试验，下午 16 ~ 18 时喷杀效果更佳。

6. **果实套袋** 套袋适期在柑橘果实软化转色期前，即柑橘小实蝇田间（雌）成虫产卵前。柑橘果实套袋对柑橘果实的糖度有一定影响，套袋材料选白色纸袋为好。

（二）柑橘大实蝇

柑橘大实蝇［*Bactrocera（Tetradacus）minax*（Ender.）］，属双翅目实蝇科。

【分布与寄主】 国内分布于北纬 24° ~ 33°、海拔 230 ~ 1 850 m。其中，北纬 25° ~ 32°、海拔 400 ~ 900 m 为主要分布区。在贵州、四川、湖南、湖北、云南、广西、江苏和台湾等省（区）发生为害。国外分布于南亚次大陆的印度东孟加拉邦、印度锡金邦和不丹。寄主植物有枳壳属的枸橘（枳），金橘属的金橘，柑橘属的佛手、香橼、柠檬、酸橙、甜橙类、柚类、蕉柑、正柑、椪柑、温州蜜橘、红橘、京橘（朱橘）等。

柑橘大实蝇成虫

柑橘大实蝇成虫在柑橘果实产卵

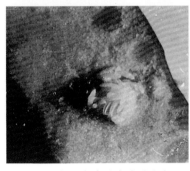

柑橘大实蝇产在果实内的卵粒

柑橘大实蝇在果实上的产卵孔

柑橘大实蝇为害状

【为害状】　成虫产卵于柑橘幼果中，幼虫孵化后在果实内部穿食瓣瓣，常使果实未熟先黄，黄中带红现象，使被害果提前脱落。被害果实严重腐烂，完全失去食用价值，严重影响产量和品质。

【形态特征】

1. **成虫**　体黄褐色，大型蝇类，体长 10 ~ 13 mm（不含产卵管），翅展 24 ~ 26 mm。触角 3 节，端节扁平膨大，深褐色，触角芒很长。活虫复眼亮铜绿色，头部黄色至黄褐色，单眼着生三角区黑色。中胸盾片中央区有 1 条深茶褐色至暗褐色的"人"字形斑纹，其两侧各具 1 条深色粉毛宽纵纹。腹部第 1 节扁方形，其长略短于宽；背面中央具 1 条黑色纵纹，从基部直达腹端，与第 3 背板基部的 1 条黑色宽横带成"十"字形交叉；第 4、第 5 背板基侧和第 2 ~ 4 背板的侧缘均具黑色斑纹；雌虫产卵管基部呈瓶形，侧面观约等于腹部第 2 ~ 5 背板之和，产卵针末端尖锐、强壮。

柑橘大实蝇交尾状

2. **卵**　乳白色，中部稍弯曲，近蛆形，长 1.5 ~ 1.6 mm，直径 0.2 ~ 0.3 mm，卵壳表面光滑无花纹。

3. **幼虫**　老熟幼虫体长 14 ~ 16 mm，乳白色，长圆锥形，由 11 节组成。头部退化，口钩黑色，常缩入体内。

4. **蛹**　为伪蛹，长 8.5 ~ 10.2 mm，直径 3 ~ 3.5 mm，短肥纺锤形。初为黄褐色，羽化前黑褐色。

【发生规律】　1 年发生 1 代。一般地区 4 月下旬 5 月初，成虫始羽化出土，5 月中下旬转为盛期，6 月下旬至 7 月中旬渐少。成虫夜伏昼出，喜停息叶背面，阴雨日静息，晴朗天 11 ~ 16 时活动敏捷。气温高时常飞到橘园附近的树丛中隐蔽处觅食。产卵总量最多 207 粒，一般 80 ~ 90 粒，最少只几粒。雌虫产卵时喜选择直径 25 ~ 35 mm 的幼果，产卵时用产卵针刺破果皮，将数粒或数十粒卵产在沙囊中或囊瓣间，果腰至果脐部位着卵比例在 90% 以上。由于寄主品种不同，单果着卵量和卵迹形状都有所差异，早熟品种受害最重。成虫近距离飞翔扩散力很强，用荧光素标记 5 000 头成虫，释放顺风回收，最远距离一次性飞 1 500 m，一般 500 ~ 1 000 m。

【防治方法】

1. **触杀或诱杀成虫**　成虫羽化初期，在树冠下喷洒 50% 辛硫磷乳油 1 000 倍液，触杀羽化出土有数分钟爬行习性的成虫。毒饵诱杀成虫效果好，活性强的配方有两种：一种是 3% 红糖、2% 水解蛋白、1% 55° 米酒加 95% 水，配成母液后按质量比加入 90% 晶体敌百虫或 50% 马拉硫磷 800 倍液，静置发酵 2 ~ 3 d；另一种是 5% 红糖、1% 水解蛋白加 1% 啤酒酵母水溶液，再加相同杀虫剂。诱饵均匀布点喷雾树冠中上部，每公顷喷 80 ~ 90 株（即亩内喷 5 ~ 6 株）。0.1% 阿维菌素浓饵剂有效成分用药量 2.7 ~ 4.05 g/hm²，诱杀。

2. **人工灭除** 在橘树果实发育的中、后期，及早采摘"三果"即产卵迹象明显的青果（晒干加工成中药），随时摘除被幼虫蛀害的未熟早黄果，彻底捡拾落在树冠下的虫果，将其丢在清粪坑中泡杀幼虫，可作肥源。如用刀剖开或将虫果踏烂后再弃粪水中，杀虫效果更好。

3. **药剂防治**

（1）在地面喷药灭蛹和初出土成虫。4 月下旬至 5 月中下旬是成虫羽化出土期。在此之前 7 d 左右对上年为害严重的果园和堆放处理蛆柑的场所，进行地面喷药，可以每亩撒施 15% 毒死蜱颗粒剂 1 kg，灭蛹和防治初羽化成虫。

（2）在树冠喷药杀灭产卵前的成虫。6 月上旬至 7 月是成虫羽化和产卵期，是树冠喷药的关键时期。统一喷药时间，根据海拔高低在成虫产卵前期的 5 月下旬或 6 月上旬开始喷药。每 7 ~ 10 d 喷药 1 次，喷药至 7 月下旬，海拔在 400 m 以上的地方喷药至 8 月上旬。统一配方，可采用传统方法：用敌百虫 50 g、红糖 1.5 kg 加水 50 kg 对 1/3 的树冠和果园周边 1 m 内的杂草进行喷雾诱杀。

4. **不育防治** 用辐射处理雄虫后，利用不育雄蝇和雌蝇交尾，造成不育。

5. **性诱防治** 可选用性诱剂，悬挂园中诱杀成虫。

（三）蜜柑大实蝇

蜜柑大实蝇〔*Tetradacus tsuneonis*（Miyaka）〕，是柑橘大实蝇的近缘种，同属植物检疫害虫，属双翅目实蝇科。

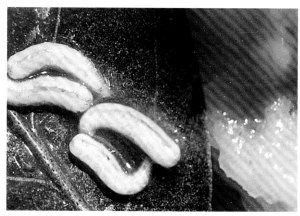
蜜柑大实蝇幼虫

蜜柑大实蝇成虫

【分布与寄主】 国内分布于贵州、广西和四川。蜜柑大实蝇的为害远不如柑橘大实蝇范围广、程度烈。在贵州，仅在都匀、平塘、罗甸等几个县采到标本。四川省也类似，均未形成造成经济损失的种群数量。广西凭祥、宁明等少数地区例外，作者前往采集标本时，发现甜橙和酸橙的蛀果率不亚于其他地区的柑橘大实蝇为害。

【为害状】 蜜柑大实蝇以幼虫在果实内取食瓤瓣为害，致使果实未熟先黄，提前脱落，丧失食用价值，严重影响果实产量和品质。

【形态特征】 本种形态与柑橘大实蝇很相似。

1. **成虫** 体形稍小或等于后者。体长 10.2 ~ 12.3 mm，翅展 22 ~ 24 mm。成虫与柑橘大实蝇的主要区别是：一是体形稍小，特别是雄虫；二是触角沟端部内侧的颜斑呈长椭圆形，不充满触角沟端内侧。柑橘大实蝇颜斑呈不规则近圆形，充满触角沟端内侧；三是代表型具胸鬃 8 对，柑橘大实蝇 6 对，两种实蝇胸背鬃序变化较大。

2. **卵** 白色，椭圆形，中部稍弯，一端尖，另一端钝圆，上有 2 个不太明显的小突起。大小为 1.4 mm×0.3 mm。

3. **幼虫** 老熟幼虫（第 3 龄）体长 14 ~ 15.5 mm，直径约 2.5 mm，体乳黄色略带光泽。前气门"丁"字形，外缘呈直线状，稍弯曲，气门裂具 33 ~ 35 个乳状突。

4. **蛹** 为伪蛹，初为淡黄色，渐转黄褐色。长 8.0 ~ 9.8 mm，宽 3.8 ~ 4.3 mm。

　　【发生规律】　1年发生1代。发生时期和习性与柑橘大实蝇相似。两虫混布区可同时存在相同的虫态。7月下旬至8月中下旬产卵，8月下旬至9月下旬卵孵化，11月上旬至12月中旬虫发育老熟蜕果化蛹，12月中下旬至翌年4月下旬蛹在表土10 cm内越冬。

　　【防治方法】　参考柑橘大实蝇。

（四）柑橘花蕾蛆

　　柑橘花蕾蛆（*Contarinia citri* Barnes），又名花蛆、包花虫、灯笼花、橘蕾瘿蝇，属双翅目瘿蚊科。该虫发生期不长，但为害造成的损失有时比较大。近年来，有些地方的橘园由于花蕾蛆为害严重而造成较大的损失，有些甚至空树或空园。

柑橘花蕾蛆为害花蕾不能开放

柑橘花蕾蛆幼虫为害使花朵畸形肿大

柑橘花蕾蛆幼虫为害状

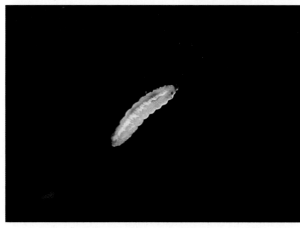
柑橘花蕾蛆幼虫（放大）

柑橘花蕾蛆幼虫为害状（中1朵）

　　【分布与寄主】　分布于贵州、四川、云南、广西、湖南、广东、湖北、江西、江苏、浙江、福建、陕西等省（区）。寄主限于柑橘类植物，如温州蜜橘、川橘、甜橙和柚等。

　　【为害状】　成虫在花蕾上产卵，幼虫孵化后为害花器，使被害花器变形、变色，外形较正常的花蕾短，横径显著膨大，花瓣上常出现绿色小点。有虫花蕾不能开花结果，形成残花枯落，对产量影响很大。

　　【形态特征】

　　1. 成虫　雌成虫形似蚊，体长约2 cm，翅展约4 mm，黄褐色，身被细毛。胸背隆起，前翅膜质透明，翅面及缘均被细毛，强光下闪紫光。脉向简单，前缘脉与前缘并合，经分脉伸至顶角后方，肘脉在中部分叉与外缘和后缘相连。平衡棒被细长茸毛。腹部可见8节，节间连接处生一圈黑褐色粗毛。第9腹节延长成伪产卵管，针状。雄成虫体长约1.3 mm，翅展3.8 mm，黄褐色，身被细毛。

2. **卵**   无色透明，长椭圆形，大小为 0.16 mm×0.05 mm。卵外包一层胶质，一端有细丝。

3. **幼虫**   橙黄色，长纺锤状，长 3 ~ 8 mm。有气门 9 对，第 1 对生于前胸，其余 8 对在第 1 ~ 8 腹节两侧，后气门发达。第 3 龄老熟幼虫腹端有 2 个角质化突起，外围有 3 个小刺。

4. **蛹**   长 1.8 ~ 2 mm，初为乳白色，后变为黄褐色，羽化前复眼和翅芽变为黑褐色。体外有长 2 ~ 2.2 mm 的黄褐色或黑褐色椭圆形茧壳，由幼虫分泌胶质黏合泥土而成。

【发生规律】   柑橘花蕾蛆大多 1 年发生 1 代，部分可发生 2 代，均以成熟幼虫在柑橘树下土中结茧越冬。一般在翌年 3 月中下旬化蛹，蛹期 8 ~ 10 d，3 月下旬至 4 月中旬柑橘花蕾现白时为成虫羽化出土盛期。成虫寿命 2 d 左右，长的可达 6 ~ 7 d。羽化后 1 ~ 2 d 交尾、产卵，全代产卵期先后持续两周左右，卵期 3 ~ 4 d。4 月为幼虫出现盛期，幼虫期 1 龄 3 ~ 4 d，2 龄 6 ~ 7 d，3 龄最长，幼虫在花蕾内为害 10 d 左右，4 月中旬至 5 月上旬 3 龄幼虫陆续蜕蕾入土休眠。部分可在 5 月下旬出现 2 代幼虫为害晚期花蕾，但由于气候和食料关系，幼虫发生数量很少。

【防治方法】

1. **农业防治**   冬季施完基肥后，在树冠下翻土 10 ~ 15 cm，盖上塑料薄膜，从橘株行间铲土覆盖在膜上 3 cm 厚。

2. **地面施药**   柑橘花蕾蛆的防治关键，应根据虫情测报或花蕾发育程度，掌握在成虫羽化出土前 2 ~ 3 d 或蕾顶露白前 1 周左右，及时进行地面施药。地面施药是防治柑橘花蕾蛆的有效方法，应把地面施药与花蕾施药结合起来，以地面施药为主，花蕾施药为辅。有些橘农以为对花蕾施药就可解决问题，于是省了地面施药，结果因成虫发生量大，花蕾施药效果不佳。地面施药可用 3% 辛硫磷颗粒剂每亩用量 4 kg 或者 5% 毒死蜱颗粒剂每亩 1 ~ 1.5 kg，拌 20 kg 细沙均匀地撒施于整个树冠的下部即可。对上年为害严重的成年树，应全园地面施药。也可选用 50% 辛硫磷乳油 1 000 ~ 1 500 倍液，喷施在地面，若在树冠再喷药 1 次，防治效果很好。花谢初期在地面施药 1 ~ 2 次，可防止幼虫入土。

3. **树冠喷药**   若错过地面施药时机，应抓紧在成虫羽化初期尚未产卵之前，或多数花蕾直径 2 ~ 3 mm 大小时，雨后天晴的傍晚在树冠上选喷 50% 辛硫磷乳油 1 000 ~ 1 500 倍液，50% 杀螟硫磷或 80% 敌敌畏乳油 1 000 倍液，10% 氯氰菊酯乳油 4 000 倍液，2.5% 溴氰菊酯乳油 3 000 倍液。

4. **重视处理被害花蕾**   及时摘除被害花蕾，并集中深埋，这样可有效减少下一代花蕾蛆的发生。

花蕾蛆为害的一般是一些早现蕾、花质好的花蕾。这些花蕾应是"保花"的主要对象之一。柑橘结果大年虽然花量大，树势较好，着果率高，但花蕾蛆在不同气候、土壤条件下发生情况不一样，在害虫羽化期突然降雨或土壤比较湿润的橘园，花蕾蛆往往大发生，因此要重视大年花蕾蛆的防治。

（五）柑橘芽瘿蚊

柑橘芽瘿蚊（*Contarinia sp.*），属双翅目瘿蚊科。

【分布与寄主】   该虫已知在广东省湛江西北部低丘陵区有较多发生，受害产量损失达 10% 左右。

【为害状】   以蛆状幼虫钻入嫩芽为害，被害芽呈虫瘿状，10 d 左右芽即枯萎或霉烂，嫩芽几乎都遭受为害。小叶片卷曲，小叶柄膨大呈瘤状。

【形态特征】

1. **成虫**   雌虫体长 1.3 ~ 1.5 mm，橙红色；雄虫略小，黄褐色。触角 2 + 15 节，基部 2 节短，雌虫第 3 ~ 16 节圆筒形，末节圆锥状，各节被密毛呈暗褐色，雄虫第 3 ~ 16 节呈短圆筒形，末端各有长柄与下一节相接，末节略小，每节环绕 2 列环状丝，除柄部光滑外，其余部分密生细毛，为黄褐色。下颚须 4 节。翅椭圆形，翅脉 3 条，终止于翅尖以前，翅面密布细毛。足细长灰黑色，后足第 2 ~ 4 跗节较前足的长，每爪有 1 枚粗齿。腹部可见 8 节。

2. **卵**   长约 0.5 mm，长椭圆形，表面光滑，初产时乳白色，变为紫红色。

3. **幼虫**   老熟幼虫体长 3.5 mm，乳白色，纺锤形，第二节腹面中央有黄褐色"Y"形剑骨片，其末端形成 1 对正三角形叉突。口钩褐色。

4. **蛹**   雌蛹体长 1.5 mm，雄蛹体长 1.19 mm。头部额刺 1 对，前胸背面前缘具 1 对长呼吸管，复眼黑色有光泽，足与翅芽黑褐色。雌蛹后足达到第 5 腹节前端，雄蛹后足超过体长。

柑橘芽瘿蚊为害柑橘芽

柑橘芽瘿蚊为害的芽尖

柑橘芽瘿蚊为害的芽尖（x2）

柑橘芽瘿蚊成虫

　　【发生规律】　广东1年发生4代，田间世代重叠，以幼虫入土作茧。第1代成虫1～3月出现，幼虫为害刚萌动春芽，形成虫瘿。第2代成虫5月出现，幼虫为害夏芽，第3代成虫7～8月出现，幼虫为害秋芽。第4代成虫11月发生，主要为害田间杂草羊蹄草，不形成虫瘿，但在其上越冬。成虫白天活动，从10～16时在树冠交尾，一生可多次交尾，选择在健壮芽上产卵。每个叶柄瘤内有2头幼虫，而每叶内有1～6头，被害部色泽变浅。4月以前被害嫩芽呈枯萎状，不久脱落；4月至5月初温、湿度增加，受害嫩芽多发霉腐烂。从初见被害状到嫩芽干枯（此时幼虫已弹跳下地化蛹）历时约10 d，1月至5月上旬都可见到为害（从田间温度15 ℃开始）。老熟幼虫弹跳下地化蛹，幼虫在表土1～2 cm以内为多，幼虫抗逆力较强，能结茧度过不良环境，从幼虫离开被害芽到羽化为成虫要12.5～18.6 d。据观察，芽瘿蚊在廉江1年发生4代，以蛹越冬。1月上旬（旬均温15.2 ℃）即开始有少量越冬蛹羽化出土，为害发芽早的橘树，2～3月大量发生，是为害盛期，4月下旬以后就难见为害。每头雌虫可产卵20～80粒，以交尾后第2天产卵最多。幼虫入土深度多为1～2 cm，少数为3～4 cm。成虫历期1～3 d，卵期3 d，幼虫期14～18 d，前蛹期2～3 d，蛹期5～7 d。整个世代历期，1～2月为35 d左右，2～3月约1个月，4月约24 d。

　　【防治方法】
　　1. 药剂防治　柑橘发芽前（越冬蛹羽化前）或幼虫初入土时（发现芽枯）地面施2.5%辛硫磷颗粒剂，每亩3 kg混泥粉25 kg，拌成毒土撒施。早春柑橘萌芽时，喷布80%敌敌畏乳油1 000倍液，1周后再喷1次。
　　2. 农业防治　冬季翻耕或早春浅耕树冠周围土壤。及时摘除受害芽，并深埋。防止带芽瘿蚊的苗木传入新区。
　　3. 保护利用天敌　柑橘芽瘿蚊黑蜂及长距旋小蜂对芽瘿蚊有一定的抑制效果，注意保护与利用。

（六）橘实瘿蚊

　　橘实瘿蚊（*Resselia titrifrugis* Jiang），又名橘实蕾瘿蚊、柚果瘿蚊，因幼虫和蛹呈橘红色，又称为橘红瘿蚊、红沙虫等，属双翅目瘿蚊科。1986年四川蒲江县90%的橘园本虫成灾，引起大量落果，最高被害果率达50%。同年，贵州都匀市前

橘实瘿蚊幼虫在柑橘果实内为害状

橘实瘿蚊幼虫为害果实提前变黄

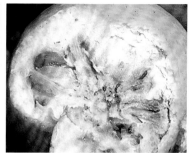
橘实瘿蚊幼虫为害状

进果场，产量损失约30%，园区个别区域落果率高达60%。此虫是我国近几年来新发现的重要害虫之一，有潜在扩大为害的可能性，应引起高度重视。

【分布与寄主】 分布于四川、贵州和湖北等省，为害甜橙、柑橘和柚类。

【为害状】 橘实瘿蚊成虫将卵产在果皮表层，卵孵化后即蛀食皮层，呈隧道状，一般不为害瓤瓣，受害成熟果在贮运过程中发生腐烂，危害严重时果实腐烂脱落。

【形态特征】

1. 成虫 雄虫体小，体长1.3 mm，翅长3.8 mm，体暗红色，头小，脚细长，翅上有光泽。雌虫体稍大，虫体长2 mm，翅展3.5～4.8 mm。体密被细毛，体腹部淡红色。中胸发达，前翅基部收缩，椭圆形，膜质，翅脉简单而少。

2. 卵 细长椭圆形，乳白色透明，临孵化前卵内红色眼点清晰。

3. 幼虫 纺锤形，老龄幼虫3～4 mm，红色，13节。初孵时白色透明，头壳短，腹部有浅黄斑，胸部有三角形红色斑点，末端有4个突起，中胸腹板有1个"丫"状剑骨片。

4. 蛹 长2.7～3.2 mm，外被黄褐色丝茧。体红褐色，临羽化时黑褐色，头顶有1对叉状额刺。雌蛹后足达腹部第5节，雄蛹足达第6节。

【发生规律】 1年发生3～4代，世代重叠严重，相比之下越冬代羽化较整齐。此虫以老熟幼虫在土中越冬，翌年5月于土表下化蛹、羽化。贵州黔南，6月初橘园始见成虫，如5月下旬多雨，羽化虫重合。6月底至7月上中旬出现第1次落果高峰，8月中旬出现第2次落果高峰，9月中下旬出现第3次落果高峰，10月中下旬出现第4次落果高峰，并以此代幼虫越冬。成虫寿命短，一般活2～5 d。卵3 d孵化，幼虫30～35 d老熟。蛹期第2、第3代7～9 d，第1、第4代12～16 d。成虫多在18～22 h羽化出土，夜间交尾，日间多停在果面或叶上，活动力弱，飞翔慢，借风扩散。雌虫产卵管细长，可刺破果皮，将卵产于背阴面（脐橙产于脐缝中）果皮的白皮层中，数粒至几十粒不等。幼虫孵化后，蛀食白皮层呈隧道，被害部果皮枯缩成黑褐色，常出现龟裂。被蛀果在湿度大时易腐烂，干燥时大量掉落，幼虫从果上弹跳入土化蛹。入土幼虫耐湿力强而抗干旱力弱，在土壤含水量达15%～18%时，成活率很高。蛹在相对湿度低于80%时很难羽化。

柑橘植株长势茂密、沙质土、相对湿度大、光照少，适于实瘿蚊成虫发生和幼虫为害。柑橘各类品种中以柚类受害最重，其次为橙类，柑类较轻，一般不为害橘类。

【防治方法】

1. 果实套袋 在第2次生理落果结束后套袋，隔绝虫源，控制危害。

2. 地面撒药 在地面撒施辛硫磷颗粒剂，堵、毒杀关键的一代成虫。4月下旬到5月上旬，均匀撒施在树冠下部。发生严重的果园6月下旬还可以按上述方法再撒施一次。抓好第1代幼虫的防治，减少发生基数，是做好全年防治的关键。

3. 喷药保护 结合其他害虫防治7月上旬开始，每隔7～10 d用48%毒死蜱1 000倍液喷树冠和地表，杀灭地面、果面害虫，连喷3～4次，特别注意成片果园要进行联防，对果园周边杂草、土壁及地面均要喷药。

4. 虫果处理 及时摘除和捡拾虫果，集中用塑料袋封杀或撒生石灰杀灭幼虫并深埋；贮运过程中的虫果应集中撒生石灰杀灭虫体并深埋，杜绝虫害蔓延。

5. 冬季搞好清园，降低虫口基数 采果后彻底清除残枝败叶、落果，集中深埋；排除积水、整理厢沟，保持果园适度干燥；每亩撒石灰粉50 kg，再浅锄10～15 cm，降低土表湿度，恶化橘实瘿蚊的越冬环境，减少越冬虫源，降低虫口密度，减少全年防治工作压力。

（七）桃蛀野螟

桃蛀野螟［*Conogethes punctiferalis* (Guenée.)］，俗称桃蛀螟、桃钻心虫、桃蠹螟、桃果斑螟蛾、桃果实螟等，属鳞翅目草螟科。近年来，受耕作栽培制度变革等多种因素影响，桃蛀螟在柑橘上发生面积扩大，为害损失加重，严重影响柑橘生产安全。三峡河谷地区秭归县柑橘生产发展脐橙迅速，20 世纪 80 年代初期桃蛀螟在柑橘上很少见为害，20 世纪 90 年代发生为害逐年上升，近年来脐橙遭受桃蛀螟为害越来越严重，已上升为柑橘产区的主要害虫。一般脐橙果园虫果率达 7.5%，严重发生为害的果园达 20% 以上。柑橘产量损失一到二成。桃蛀野螟在一些地方已经成为严重为害柑橘的蛀果类害虫之一。

桃蛀野螟为害果实　　　　　　　　桃蛀野螟低龄幼虫　　　　　　　　桃蛀野螟成虫

【分布与寄主】　分布于贵州、河南、四川、辽宁、河北、山东、山西、陕西、江苏、安徽、江西、湖北、云南、湖南、广西、福建、浙江和台湾等省（区）。寄主植物有桃、梨、李、苹果、杏、梅、石榴、柑橘、甜橙、柚、大粒葡萄、向日葵和蓖麻等。

【为害状】　桃蛀野螟从果蒂附近蛀入果内食害，蛀孔呈椭圆形、光滑，比虫体稍粗；蛀孔周围及其下方叶腋、果柄处，堆积浅褐色（久后变为灰色）粒状虫粪，并夹杂丝网，果内也有少量虫粪。

【形态特征】

1. **成虫**　体长 12 mm，翅展 25～28 mm，体黄色，全身有许多黑色小斑。头部圆形，下唇须发达，向上卷曲，被黄鳞毛，前半部背面生黑色鳞毛。触角丝状。胸部中央有 1 个黑斑，领片中央、肩板前端外侧及近中央处各有 1 个黑斑。腹部背面、侧面有成排黑斑，其中第 1、第 3、第 4、第 5 各节背面具 3 个黑斑，第 2 节无斑，第 7 节具 1 个黑斑，第 8 节末端雄虫呈明显黑色。前翅一般有 25 个黑斑，后翅有 17 个黑斑。少数个体翅斑稍有变化。

2. **卵**　椭圆形，长 0.7～0.8 mm，宽 0.4～0.5 mm，红褐色，卵面具网状花纹和圆形密小刺点。

3. **幼虫**　老熟幼虫体长 18～20 mm，背部暗紫红色，腹面浅绿色，头、前胸背板和臀板褐色，身体各节有多个污褐色瘤片。雄虫第 5 腹节背面有 2 个暗褐色性腺。

4. **蛹**　暗褐色，长 12～14 mm，体椭圆形，腹末有细而卷曲的臀刺 6 根。

【发生规律】　桃蛀野螟 1 年发生 2～5 代。由于地区环境生态差异，发生代数和各代寄主选择也不同。在贵州，主要以第 3 代幼虫蛀食柚、甜橙和晚茄；浙江舟山地区 1～3 代都可在楚门文旦上繁殖。据调查，不同柑橘种类受害程度不同，以脐橙最重，虫果率达 14%，其次为台北柚（12.7%）、甜橙（2.4%）、红橘（0.1%）。成虫根据寄主果径大小，将卵产于果蒂或脐部附近，1～8 粒。幼虫孵出后，蛀入橘、橙果肉取食，对柚和文旦等大型果实，一般在海绵层中迂回蛀害，但也有蛀入瓤瓣者。虫道中大多无虫粪，但充满黄色胶黏质与粪屑的混合物。幼虫为害小的果实，有转果蛀害现象。在贵州第 1 代幼虫主要为害桃，第 2 代主要为害玉米和向日葵，最后一代才为害柑橘。桃蛀野螟以幼虫在被蛀害的落果中或树皮裂缝处、玉米秆中等场所越冬，翌年 4 月下旬至 5 月中上旬化蛹，蛹期平均约 13.5 d。5 月中下旬越冬代成虫羽化产卵，卵期 6～8 d。5 月底 6 月中上旬第 1 代幼虫为害，下旬化蛹；7 月中旬第 1 代成虫羽化；8 月中上旬第 2 代幼虫孵化为害；8 月下旬至 9 月上旬第 2 代成虫羽化；9 月中上旬第 3 代（越冬代）幼虫孵化；10 月中下旬老熟幼虫进入越冬。各代虫态重叠较严重，加之寄主复杂，桥梁寄主丰富，使橘园成虫和幼虫主峰期参差不齐，且拖延很长。

【防治方法】

1. **农业防治**　对名特优柑橘品种园，附近不要种植桃、玉米、向日葵和茄等桃蛀野螟嗜好的寄主，以减少进入橘园的成虫密度。

2. **人工防治** 及时摘除橘园中各代幼虫蛀食的害果。

3. **药剂防治** 各代成虫羽化产卵期，用 25% 灭幼脲悬浮剂 2 000 倍液、50% 马拉硫磷乳油 1 000 倍液喷雾果实。

（八）亚洲玉米螟

亚洲玉米螟［*Ostrinia furnacalis*（Guenée）］，又称玉米螟，属鳞翅目螟蛾科。

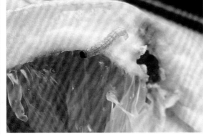

亚洲玉米螟成虫　　　　　　亚洲玉米螟幼虫蛀果为害状　　　　　亚洲玉米螟蛀食葡萄柚嫩枝

【分布与寄主】 主要为害玉米、高粱、谷子等，寄主种类多达 150 种，是近年来广东柑橘上的新害虫。

【为害状】 亚洲玉米螟以幼虫咬破果皮后蛀食白皮层，蛀孔与虫体大小相似，头部钻入孔内一直咬食至果肉，使虫体隐藏在果内并蛀食，向洞外排出胶质颗粒虫粪，洞内也被虫粪填充。果实提早变黄，孔洞周围先行腐烂，后脱落。

【形态特征】

1. **成虫** 体长 10 ~ 13 mm，翅展 24 ~ 35 mm，黄褐色。雌蛾前翅鲜黄色，翅基 2/3 部位有棕色条纹及 1 条褐色波纹，外侧有黄色锯齿状线，向外有黄色锯齿状斑，再外有黄褐色斑。雄蛾略小，翅色稍深；头、胸、前翅黄褐色，胸部背面淡黄褐色；前翅内横线暗褐色，波纹状，内侧黄褐色，基部褐色；外横线暗褐色，锯齿状，外侧黄褐色，再向外有褐色带与外缘平行；内横线与外横线之间褐色；缘毛内侧褐色，外侧白色；后翅淡褐色，中央有 1 条浅色宽带，近外缘有黄褐色带，缘毛内半淡褐色，外半白色。

2. **卵** 长约 1 mm，扁椭圆形，鱼鳞状排列成卵块，初产乳白色，半透明，后转黄色，表具网纹，有光泽。

3. **幼虫** 体长约 25 mm，头和前胸背板深褐色，体背为淡灰褐色、淡红色或黄色等，第 1 ~ 8 腹节各节有两列毛瘤，前列 4 个以中间 2 个较大，圆形，后列 2 个。

4. **蛹** 长 14 ~ 15 mm，黄褐色至红褐色，第 1 ~ 7 腹节腹面具刺毛两列，臀棘显著，黑褐色。

【发生规律】 亚洲玉米螟发生世代随纬度变化而异。四川梁平县 1 年发生 4 代，以第 3 代（8 月下旬至 9 月上旬）开始潜入柚果果实为害。广东近年来局部地方在甜橙类和少数杂柑品种上发生为害，每年 8 月下旬开始至 10 月中旬可见被害果实。

成虫昼伏夜出，有趋光性。幼虫多在上午孵化，幼虫孵化后先群集在卵壳上，有啃食卵壳的习性，经 1 h 左右开始爬行分散、活泼迅速、行动敏捷，被触动或被风吹即吐丝下垂，随风飘移而扩散到邻近植株上。幼虫有趋糖、趋触（幼虫整个体壁尽量保持与植物组织接触的一种特性）、趋湿、背光性四种习性。

【防治方法】

1. **防治幼虫** 柑橘园内避免间种玉米、高粱等作物，8 月下旬产卵高峰期，喷雾杀虫剂，防治未钻入果内的幼虫。

2. **防治越冬幼虫** 在亚洲玉米螟越冬后幼虫化蛹前期，采用处理秸秆、机械灭茬、白僵菌封垛等方法来压低虫源，减少化蛹羽化的数量。白僵菌封垛的方法是：越冬幼虫化蛹前（4 月中旬），把剩余的秸秆垛按每立方米 100 g 白僵菌粉，每立方米垛面喷一个点，喷到垛面飞出白烟（菌粉）即可。一般垛内杀虫效果可达 80% 左右。

3. **防治成虫** 因为亚洲玉米螟成虫在夜间活动，有很强的趋光性，所以设频振式杀虫灯、黑光灯、高压汞灯等诱杀亚洲玉米螟成虫，一般在 5 月下旬开始诱杀，7 月末结束，日落开灯，日出闭灯。不但能诱杀亚洲玉米螟成虫，还能诱杀所有具有趋光性害虫。

4. **防治虫卵** 利用赤眼蜂卵寄生在亚洲玉米螟的卵内吸收其营养，致使亚洲玉米螟卵破坏死亡而孵化出赤眼蜂，以消灭亚洲玉米螟虫卵。

（九）枯叶夜蛾

枯叶夜蛾（*Adris tyrannus* Guenée），又名通草木夜蛾，属鳞翅目夜蛾科。

枯叶夜蛾成虫

枯叶夜蛾老龄幼虫

枯叶夜蛾卵粒

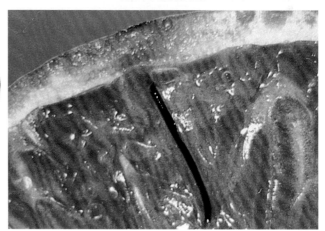

枯叶夜蛾刺果口针

【分布与寄主】　国内分布于辽宁、河北、山东、河南、山西、四川、陕西、湖北、江苏、浙江、云南、台湾等地；日本、印度及大洋洲、非洲各国也有发生。成虫吸食柑橘、苹果、梨、杧果、桃等果实汁液。幼虫可为害通草、十大功劳等。

【为害状】　成虫以锐利的虹吸式口器穿刺果皮。果面留有针头大的小孔，果肉失水呈海绵状，以手指按压有松软感觉，被害部变色凹陷，随后腐烂脱落。常招致胡蜂等为害，将果实食成空壳。

【形态特征】

1. 成虫　体长 35 ~ 42 mm，翅展 98 ~ 112 mm，头、胸部棕褐色，胸部两侧各有 1 个黑斑，腹部背面橙黄色。前翅枯叶褐色，雌蛾色较深，翅尖很尖，外缘呈弧形向内极度弯斜，后缘中部内凹，自翅尖至后缘凹陷处和翅基部各有 1 条黑褐色斜纹，翅脉清晰，上有 1 列黑褐色小点，肾状纹黄绿色或灰黄色，环状纹为 1 个暗褐色小点。后翅橘黄色，外半部有 1 个牛角形粗大黑斑，自近前缘中部弯向近臀角处，与中部的 1 个钩状粗大黑斑相对。

2. 卵　扁球形，宽 1 ~ 1.1 mm，高 0.85 ~ 0.9 mm，顶部与底部均较平，乳白色。

3. 幼虫　体长 57 ~ 71 mm，前端较尖，第 1、第 2 腹节常弯曲，第 8 腹节有隆起，把第 7 ~ 10 腹节连成 1 个峰状。头红褐色，无花纹。体黄褐色或灰褐色，背线、亚背线、气门线、亚腹线及腹线均暗褐色；第 2、第 3 腹节亚背面各有 1 个眼形斑，中间黑色并具有月牙形白纹，其外围黄白色绕有黑色圈，各体节布有许多不规则的白纹，第 6 腹节亚背线与亚腹线间有 1 块不规则的方形白斑，上有许多黄褐色圆圈和斑点。胸足外侧黑褐色，基部较淡，内侧有白斑；腹足黄褐色，趾钩单序中带，第 1 对腹足很小，第 2 ~ 4 对腹足及臀足趾钩均在 40 个以上。气门长卵形黑色，第 8 腹节气门比第 7 腹节稍大。

4. 蛹　长 31 ~ 32 mm，红褐至黑褐色。头顶中央略呈一尖突，头胸部背、腹面有许多较粗而规则的皱褶；腹部背面较光滑，刻点浅而稀。

【发生规律】　枯叶夜蛾在浙江黄岩1年发生2～3代，主要以幼虫越冬。各代发生期在6～8月、8～10月和9月至翌年5月，成虫先为害其他果实和番茄，8～9月为害柑橘。广东成虫为害柑橘的高峰期在9月中下旬，四川成虫在9月下旬开始为害柑橘，10月中旬达到高峰。成虫在夜晚活动取食，气温在20℃时取食最盛。10℃时不甚活动，降至8℃时则全部停止活动。取食一次的时间约需40 min，也有长达2 h以上的。卵多散产在幼虫寄主植物的叶片背面，偶有数十粒相连产的。幼虫取食通草、木防己、十大功劳等的叶、蔓，幼龄幼虫有吐丝习性，幼虫静止时头部下垂，尾部高举，使体呈"U"形。幼虫成熟后吐丝缀结数叶化蛹。

【防治方法】　防治措施主要是山区果园尽可能连片种植，选用丰产晚熟柑橘品种；果园周围清除木防己等幼虫野生寄主，以杜绝虫源；成虫发生期间用人工捕杀或采取黄色荧光灯避虫和果实成熟期前套袋等措施。

（一〇）玫瑰巾夜蛾

玫瑰巾夜蛾（*Parallelia arctotaenia* Guenée），别名月季造桥虫、蓖麻褐夜蛾，属鳞翅目夜蛾科，为柑橘吸果夜蛾的一种。

【分布与寄主】　分布于山东、河北、江苏、上海、浙江、安徽、江西、陕西、四川、贵州等省市。寄主有柑橘、月季、玫瑰、蔷薇、石榴、马铃薯、蓖麻、十姐妹、大丽花、大叶黄杨等。

【为害状】　幼虫食叶成缺刻或孔洞，也为害花蕾及花瓣。成虫吸食柑橘、苹果、梨、枇杷、桃等果汁。

【形态特征】
1. **成虫**　体长18～20 mm，翅展43～46 mm，全体暗灰褐色。前翅有1条白色中带，其上布有细褐点，翅外缘灰白色；后翅有1条白色锥形中带，翅外缘中、后部白色，缘毛灰白色。
2. **幼虫**　绿褐色，有赭褐色细点，第1腹节背面有1对黄白色小眼斑，第8腹节背面有1对黑小斑。

玫瑰巾夜蛾成虫

3. **蛹**　体长16～19 mm，宽5.5～6 mm。体形中等，红褐色，体表被白粉；下唇须细长，纺锤形，下颚须不见，下颚末端达前翅末端稍前方，前足转节、腿节不见，触角末端达中足末端的前方。腹部第2～8节背面与第5～8节腹面满布大小不同的半圆形刻点，腹部末端具不规则网纹，着生红色钩刺4对。

【发生规律】　华东地区1年发生3代，以蛹在土内越冬。翌年4月下旬至5月上旬成虫羽化，多在夜间交尾，把卵产在叶背，1叶1粒，一般1株月季有幼虫1条，幼虫期1个月，蛹期10 d左右。6月上旬第1代成虫羽化，幼虫多在枝条上或叶背面，呈拟态似小枝。老熟幼虫入土结茧化蛹。

【防治方法】
1. **灯光诱虫**　利用黑光灯诱杀成虫，捕捉幼虫。
2. **化学防治**　喷洒80%敌敌畏乳油1 000倍液或2.5%溴氰菊酯乳油3 000倍液、20%氰戊菊酯乳油3 000倍液。

（一一）超桥夜蛾

超桥夜蛾［*Anomis fulvida*（Guenée）］，属鳞翅目夜蛾科。

【分布与寄主】　分布在湖南（湘中、湘西）、浙江、江西、四川、广东、云南；印度、缅甸、斯里兰卡、印度尼西亚、大洋洲各国等。寄主有柑橘、枇杷等。

超桥夜蛾　　　　　　　　　　　　超桥夜蛾幼虫　　　　　　　　　　超桥夜蛾蛹

【为害状】　幼虫啃食叶，造成叶片缺刻或孔洞，严重时吃光叶片。成虫吸食柑橘等果汁。

【形态特征】

1. **成虫**　体长 13 ~ 19 mm，翅展 40 ~ 44 mm。头部及胸部棕色杂黄色；腹部灰褐色。前翅橙黄色，密布赤锈色细点，各线紫红棕色，基线只达 1 脉，后有灰褐色，内线波纹形外斜，中线微波纹形，外线深波纹形，环纹为一白点，有红棕色边，肾形纹后为黑棕圈，亚端线呈不规则波纹形，缘毛端部白色；后翅褐色。本种有几个变型，翅色褐黄色、褐色或锈红色。

2. **卵**　长椭圆形，长 0.7 mm，宽 0.55 mm，青绿色。

3. **幼虫**　老熟幼虫体长 40 mm，头部较长，灰褐色，腹面绿色，亚背区有 1 列黄色短纹，或身体绿色带灰色，背面及侧面有黄色或白色条；胴部灰褐色或带绿褐色、暗黄褐色；腹部各节上有稀疏刺毛，第 1、第 2、第 7、第 8 腹节上的腹足退化，尾足向后突出。

4. **蛹**　长卵圆形，长 20 mm，宽 6 mm，深褐色。

【发生规律】　幼虫均生活于广大地区的杂草灌木间。成虫飞翔力强，白天分散潜伏，晚上取食、交尾、产卵等。成虫以果实汁液为食料，尤喜吸食近成熟和成熟果实汁液。在广西西南部的果园，4 ~ 6 月，该虫为害枇杷、桃、李和早熟荔枝果实；5 月下旬至 7 月，为害荔枝果实；7 月中旬至 8 月上旬为害龙眼果实；6 ~ 8 月上旬除荔枝、龙眼外，还为害杧果、黄皮等；8 月中旬以后开始为害柑橘果实。一天中以晚上 20 ~ 23 时觅食活跃，闷热、无风、无月光的夜晚，成虫出现数量较大，为害严重。凡是丘陵山区的果园，夜蛾类害虫发生较严重。

夜蛾类害虫的天敌，卵期有赤眼蜂、黑卵蜂，幼虫期有一种线虫，成虫天敌有螳螂和蚰蜒等。

【防治方法】

1. **农业防治**　在山区或近山区新建果园时，尽可能连片种植；选种较迟熟的品种，避免同园混栽不同成熟期的品种。在果园边有计划地栽种木防己、汉防己、通草、十大功劳、飞扬草等寄主植物，引诱成虫产卵，孵出幼虫，加以捕杀。

2. **人工防治**　在果实成熟期，可将甜瓜切成小块，悬挂在果园，引诱成虫取食，夜间进行捕杀。在果实被害初期，用烂果诱捕成虫，或在晚上用电筒照射进行捕杀成虫。

3. **物理防治**　每 10 亩果园设置 40 W 黄色荧光灯或其他黄色灯 5 ~ 6 只，对夜蛾有一定拒避作用。对某些名优品种，果实成熟期可套袋保护。

4. **引诱防治**　在果实进入成熟初期，用香茅油纸片于傍晚均匀悬挂在树冠上，驱避成虫。方法是将吸水性好的纸剪成约 5 cm×6 cm 的小块，滴上香油，于傍晚挂出树冠外围，五至七年的树每株挂 5 ~ 10 片，次晨收回放入塑料袋密封保存，次日晚上加滴香茅油后，继续挂出，进行直至收果。在果实将要成熟前，用甜瓜切成小块，或选用较早熟的荔枝、龙眼果实（果穗），用针刺破瓜、果肉后，浸于 90% 晶体敌百虫 20 倍液，或 40% 辛硫磷乳油 20 倍液等药液中，经 10 min 后取出，于傍晚挂在树冠上，对健果、坏果兼食的夜蛾有一定诱杀作用。也可在果实近熟期，用糖醋加 90% 晶体敌百虫作诱杀剂，于黄昏时放在果园诱杀成蛾。

（一二）艳叶夜蛾

艳叶夜蛾（*Eudocima salaminia* Cramer），属鳞翅目夜蛾科。

【分布与寄主】 已知浙江、江西、台湾、广东、广西、云南等地有分布；日本、印度、大洋洲各国、南太平洋诸岛及非洲各国也有分布。成虫吸食柑橘、桃、苹果、梨、杧果、黄皮、番石榴等果汁，幼虫取食蝙蝠葛属植物。

【为害状】 成虫以口器吮吸果实汁液，刺孔处流出汁液，伤口软腐呈水渍状，内部果肉腐烂，果实品质受影响。

【形态特征】

1. 成虫 体长35 mm，翅展85 mm，雄蛾头部及颈橄榄色带灰色，胸部橄榄色，后胸微黄色，前翅前缘橄榄色，后方白色，内线内斜，前端不显，顶角中央有1条斜纹向内斜，其后蓝绿色。后翅杏黄色，有1个大黑色肾形斑，大黑斑自顶角延至外缘。

2. 幼虫 紫灰色，第8腹节有1个锥形突起。

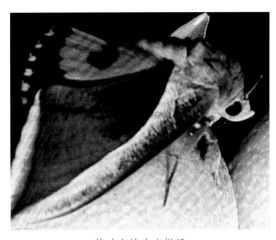

艳叶夜蛾为害柑橘

【发生规律】 该虫主要以蛹越冬。成虫羽化后，需吸食水分和糖蜜促进发育，才能进行正常的交配和产卵。成虫在果实成熟期发生量大。5～7月为害荔枝果实，7月中旬至8月上旬为害龙眼，8月中旬后为害柑橘果实。

成虫在夜晚具趋光性，白天躲在荫蔽处栖息，晚上进行吸食、交尾、产卵等活动，成虫在千金藤、木防己、通草、十大功劳、飞扬草植物的叶片背面产卵，以在千金藤上产卵为多。以幼虫取食千金藤、木防己、汉防己等植物叶片，使叶片成缺刻或孔洞。成虫每天为害的时间是天黑以后开始陆续出现，21～23时数量最多，24时以后逐渐减少；晴天、闷热、无风、无月光的夜晚成虫数量多，为害也重。刮风下雨或气温下降的夜晚比较少，为害也轻。山区丘陵果园受害重。

上年秋冬温暖、干旱、少雨雪，翌年气候温暖、多湿或时晴时雨交替，有利于虫害的发生。

【防治方法】 参考嘴壶夜蛾。

（一三）嘴壶夜蛾

嘴壶夜蛾（*Oraesia emarginata* Guenee），又名桃黄褐夜蛾，俗称蜂叮橘，属鳞翅目夜蛾科。

【分布与寄主】 在我国南、北方均有发生，是南方吸果夜蛾中的优势种。国外日本、朝鲜、印度等有发生。成虫吸食近成熟和成熟的柑橘、桃、葡萄等多种果实。幼虫寄主有汉防己、木防己、通草、十大功劳、青木香等。

【为害状】 成虫以锐利、有倒刺的坚硬口器从果皮健部刺入，吸食果肉汁液，果面留有针头大的小孔，果肉失水呈海绵状，以手指按压有松软感觉，被害部变色凹陷，随后腐烂脱落。

【形态特征】

1. 成虫 体长16～21 mm，翅展34～40 mm，头部红褐色，胸部褐色，腹部灰褐色。下唇须鸟嘴状，雌蛾触角丝状，雄蛾触角双栉齿状。前翅棕褐色，翅尖突出，外缘中部突出成角状。

2. 卵 扁球形，底面平，直径约0.75 mm，高约0.7 mm，顶部有4～5层花瓣状刻纹和20多条纵纹，中部有40多条纵纹，与横纹形成横长方格状花纹。

3. 幼虫 第1对腹足退化，第2对腹足较小，行动时呈尺蠖状，共6龄。

【发生规律】 嘴壶夜蛾在南方柑橘产区1年发生4～6代，世代重叠，以幼虫和蛹在背风向阳的木防己等防己科植物基部的卷叶内、附近杂草丛中或松土块下越冬。

湖北武昌成虫在5月下旬至11月均有发生，先为害桃、梨、苹果和葡萄，后为害柑橘，但前期数量极少，9月下旬至11月上旬为发生高峰期，集中为害柑橘40余天。

在浙江黄岩成虫先为害枇杷和水蜜桃，8月下旬开始为害柑橘，至10月中旬发生数量达到最高峰，11月上旬开始下降，为害柑橘长达3个月之久。

嘴壶夜蛾成虫

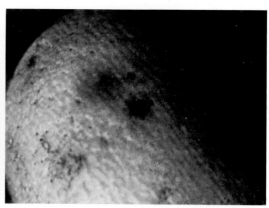

嘴壶夜蛾刺吸柑橘果实为害状

嘴壶夜蛾幼虫

嘴壶夜蛾蛹

【防治方法】

1. **消灭幼虫寄主** 结合药材收购工作，连根铲除以果园附近为主，延至周围 1 km 范围内的木防己等幼虫寄生植物。或视植株大小，从 5 月上旬开始用毛笔蘸镇甲剂，为草甘膦、二甲四氯、水的 1 : 1 : (15 ~ 20) 比例配成，涂于木防己等的藤茎基部 15 ~ 30 cm，特别要注意根茎部多涂，以利药剂被吸收传导而烂根（可使根腐烂达 30 cm 以上），避免复发。

2. **药剂防治** 集中栽种或保留小部分幼虫寄主植物，诱集成虫产卵后定期药杀幼虫。从 8 月下旬开始，每隔 15 ~ 20 d 在树冠喷 5.7% 氟氯氰菊酯乳油 2 000 倍液 4 ~ 5 次，可基本控制夜蛾为害。

3. **驱避成虫** 有条件的地方，可在果实近成熟期，平均每亩橘园设置 40 W 黄色荧光灯管（波长 593 nm 或其他黄色光灯）1 ~ 2 只，地形复杂和梯度较多的橘园以设置 2 只为宜，挂在橘园边缘，每隔 10 ~ 15 m 设 1 只，灯管直置，底端距树冠 1.5 ~ 2 m，驱避成虫的效果好。如能在背光处进行人工捕捉，效果更理想。

4. **人工捕捉** 发蛾高峰期或害果期间，在天黑后用手电筒或提灯在果实上捕捉成虫。亦可在果实被害前或被害初期，将引诱力强、供应期长的甜瓜，切成小块悬挂于橘园诱集成虫，夜晚捕捉。

5. **科学建园** 选择植被简单和较孤立的小山或丘陵地带新辟果园。面积较大的山脚、山地及近山地应发展连片果园，并选栽晚熟的丰产优质品种，避免混栽不同熟期的品种或多种果树。

6. **毒饵诱杀** 用瓜果片浸 2.5% 溴氰菊酯乳油 3 000 倍液制成毒饵，挂在树冠上诱杀嘴壶夜蛾成虫。

7. **果实套袋** 早熟薄皮品种在 8 月中旬至 9 月上旬用纸袋包果，包果前应做好锈壁虱的防治。

8. **生物防治** 7 月前后在柑橘园周围释放赤眼蜂，寄生吸果夜蛾卵粒。

（一四）鸟嘴壶夜蛾

鸟嘴壶夜蛾（*Oraesia excavata* Butler），又名葡萄紫褐夜蛾，属鳞翅目夜蛾科。

【分布与寄主】 我国华北地区、河南、陕西、江苏、浙江、广东、台湾、广西、云南、贵州等地有分布，国外日本、朝鲜有发生。成虫为害柑橘、桃、葡萄、苹果、梨等多种果实。幼虫食害葡萄、木防己的叶片。

【为害状】 成虫在果实上刺吸果汁，引起果腐烂；幼虫啃食叶片，造成缺刻或孔洞，严重时吃光叶片。

【形态特征】

1. **成虫** 体长 23 ~ 26 mm，翅展 47 ~ 56 mm，头部及颈板赤橙色，胸部褐色，腹部淡褐色或灰褐色。雌蛾触角丝状，雄蛾触角单栉齿状。前翅褐色至紫褐色，基部色较淡，翅尖突出呈钩状，其内侧有 1 个小白点，外缘中部呈圆弧形突出，后缘中部内凹成较深的圆弧形。翅面有不太明显的深褐色至黑褐色波纹状黄线。沿前缘的横线呈瓦片状，翅中部的中横线仅在后半部形成黑褐色纹，沿中室后方的中脉黑褐色，自翅尖伸向后缘中部有 2 条平行的黑褐色斜纹，后段不明显，肾状纹较明显。后翅淡褐色或淡黄褐色，外半部色较深。

2. **卵** 扁球形，底面平，直径约 0.76 mm，高约 0.6 mm，顶部有 5 ~ 6 层花瓣状刻纹和 20 多条纵纹，中部有 40 多条纵纹，与横纹形成横方长格状花纹。初产时乳白色，后略变黄色，花纹变为褐色花斑，孵化前壳面变为深灰色，有褐色花斑。

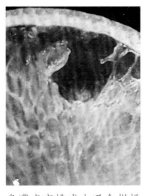

鸟嘴壶夜蛾成虫吸食柑橘果实成空洞

鸟嘴壶夜蛾成虫

鸟嘴壶夜蛾成虫吸果口器

鸟嘴壶夜蛾成虫（郑朝武）

3. **幼虫** 第 1 对腹足退化，第 2 对腹足较小，行动时呈尺蠖状，共 6 龄。6 龄幼虫体长 50 ~ 58 mm，头部灰褐色，有黄褐色斑点，头顶橘黄色，其前面两侧有 1 对黑斑，体灰褐色或暗褐色，杂有不明显花纹，有黑色亚背线、气门线和腹面的腹线，前胸背板及臀板黄褐色。

4. **蛹** 体长 18 ~ 23 mm，红褐色至暗褐色，第 1 ~ 8 腹节背面点刻较密，第 5 ~ 8 腹节腹面点刻较稀。腹末较平截，上有 6 根角状臀刺。

【发生规律】 鸟嘴壶夜蛾在南方 1 年大多发生 4 代，以幼虫和蛹在背风向阳的木防己、汉防己等寄主植物基部或附近杂草丛中越冬。浙江黄岩各代发生期分别在 6 月上旬至 7 月中旬、7 月上旬至 9 月下旬和 8 月中旬至 12 月上旬，第 4 代至翌年 6 月中旬结束；8 月中旬至 11 月为害柑橘。在湖北武昌成虫从 5 月上旬开始至 11 月上旬止，为害果实历期 180 d。全年出现 4 次为害高峰，第 1 次在 5 月中旬，为害枇杷；第 2 次在 6 月下旬至 7 月中旬，为害桃及早熟梨、苹果；第 3 次在 8 月下旬，为害中、晚熟苹果、梨；第 4 次在 9 月下旬至 11 月上旬，为害柑橘，此次高峰多出现在气温在 20 ℃以上的年份，一般年份无明显高峰。重庆在 9 月下旬成虫开始为害柑橘，10 月中旬达到为害高峰，11 月上旬结束。在广东鸟嘴壶夜蛾为害柑橘的高峰在 9 月中下旬，比嘴壶夜蛾的为害高峰期要提早半个月左右，但至 9 月下旬以后，其虫口密度又明显下降。

成虫夜间活动，有一定趋光性。产卵前期 5 ~ 10 d，卵散产在果园附近木防己尖端嫩叶及嫩茎上，每一雌蛾可产卵 50 ~ 600 粒，其他活动、取食习性和发生环境与嘴壶夜蛾相似。幼虫孵化后先吃食卵壳再取食木防己叶肉，1 ~ 2 龄幼虫取食叶片留下一层表皮，3 龄后食成缺刻，甚至将整个叶片吃光。低龄幼虫有吐丝悬挂的习性，幼虫停食时体直伸，由于体色与枯枝相似，不易被发觉。幼虫和蛹的死亡率很高。

【防治方法】 参考嘴壶夜蛾。

（一五）柑橘潜叶蛾

柑橘潜叶蛾（*Phyllocnistis citrella* Stainton），又名细潜蛾、划叶虫、绘图虫、鬼画符，属鳞翅目潜叶蛾科。

柑橘潜叶蛾为害果实

柑橘潜叶蛾为害新梢叶片

柑橘潜叶蛾蛹体（侧面）

柑橘潜叶蛾为害叶片

柑橘潜叶蛾为害新梢叶片

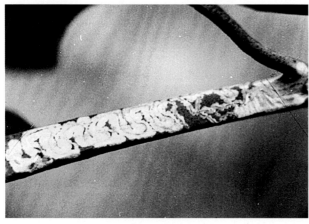
柑橘潜叶蛾为害新梢

柑橘潜叶蛾为害叶片状

【分布与寄主】　分布于贵州、云南、四川、广西、湖南、广东、湖北、福建、安徽、江西、河南、江苏、浙江、陕西和台湾等省（区），印度、越南、日本、印度尼西亚、斯里兰卡及大洋洲各国也有分布。能为害所有柑橘属植物，在枳上也能完成个体发育。

【为害状】　潜叶蛾以幼虫潜食寄主嫩叶、果、茎皮下组织，蛀成银白色弯曲隧道。受害部分坏死而叶对应的一面不断增生，最后整叶呈现卷缩硬脆。新梢受害严重时也会扭曲，抽长弱，影响翌年结果。幼果被害后，后期在果皮表面出现伤痕，影响商品外观。被害叶片常成为螨类等害虫的越冬场所，幼虫造成的伤口利于柑橘溃疡病病菌的侵染为害。幼树和苗木受害，严重时影响树冠的扩大和商品苗的质量。

【形态特征】

1.成虫　体长 1.9 ~ 2.2 mm，翅展 5.1 ~ 5.3 mm，全体呈白色。触角丝状。前翅细长，缘毛长而密，翅端尖细处有 1 个黑斑，翅中部有 2 条内斜黑纹，其下端近于闭合而呈 "V" 形纹。后翅针叶状，缘毛极长。各足胫节末端均有 1 个大型距，跗节 5 节，第 1 跗节最长。

2. **卵** 椭圆形，无色透明，大小为（0.4 ~ 0.5）mm ×（0.2 ~ 0.3）mm。

3. **幼虫** 绿黄色。老龄幼虫体长 4 ~ 5 mm，体扁平，头部尖，胸腹部每节背面在背中线两侧有 4 个凹孔，每侧 2 个。尾节末端具 1 对尖细的尾状突。

4. **蛹** 长纺锤形，初呈淡黄色，临羽化时转为深褐色，长约 3 mm，宽约 0.6 mm。外被黄褐色薄茧壳。腹部可见 7 节，第 1 ~ 6 节两侧各有 1 个瘤状突，瘤突上生 1 根长刚毛。头部和复眼深红色，将羽化时为黑红色。

【**发生规律**】 浙江 1 年发生 9 ~ 10 代，福建 1 年发生 11 ~ 14 代，广东、广西 1 年发生 15 代，世代重叠，多以幼虫和蛹越冬。均温 26 ~ 29 ℃时，13 ~ 15 d 完成 1 代，幼虫期 5 ~ 6 d，蛹期 5 ~ 8 d，成虫寿命 5 ~ 10 d，卵期 2 d。16.6 ℃时 42 d 完成 1 代。成虫昼伏夜出，飞行敏捷，趋光性弱，卵多散产在嫩叶背面主脉附近，每雌产卵 20 ~ 80 粒，多达 100 粒。初孵幼虫由卵底潜入皮下为害，蛀道总长 50 ~ 100 mm，蛀道中央有黑色虫粪。幼虫共 4 龄，3 龄为暴食阶段，4 龄不取食，口器变为吐丝器，于叶缘吐丝结茧，致叶缘卷起，于内化蛹。

【**防治方法**】

1. **人工防治** 结合栽培管理及时抹芽控梢，摘除过早、过晚的新梢，通过水、肥管理使夏、秋梢抽发整齐健壮，是抑制虫源防治此虫的基本措施。

2. **保护释放天敌** 天敌有多种小蜂，优势种为橘潜蛾姬小蜂。

3. **药剂防治** 一般在新梢萌发不超过 3 mm 或新叶受害率达 5% 左右开始喷药，重点应在成虫期及低龄幼虫期进行。可喷 1.8% 阿维菌素乳油 4 000 倍液，5% 虱螨脲乳油 2 500 倍液，5% 氟啶脲乳油 3 000 倍液，0.3% 印楝素乳油 500 倍液，3% 啶虫脒乳油 1 000 ~ 2 000 倍液，10% 吡虫啉可湿性粉剂 3 000 倍液。间隔 5 ~ 10 d 喷 1 次，连喷 2 ~ 3 次，重点喷洒树冠外围和嫩芽嫩梢。

（一六）柑橘潜皮细蛾

柑橘潜皮细蛾（*Acrocercops* sp.），又称潜皮蛾、潜梢蛾，是近十年来发现的为害柑橘的几种新害虫之一，属鳞翅目细蛾科。

【**分布与寄主**】 分布于贵州、四川和云南。寄主为橙、柚和橘类。在贵州凯里市一些果园中，严重时橙类枝梢被害率达 95% 以上，柚梢被害率约 15%，橘类被害率 5% 左右。该虫主要潜食柑橘新抽发的枝梢，严重影响树势，结果少、产量低。其为害寄主，目前仅查到橙、橘和柚，受害程度差异较大。以橙类受害最重，柚类次之，橘类最轻。

【**为害状**】 幼虫潜入当年抽发的枝梢表皮下，取食枝梢的韧皮组织，形成曲折虫道。到 3 ~ 4 龄时，隧道之间开始连成片，被害枝梢表皮变成灰色纸片状。前期幼虫仅在表皮下与韧皮部上层之间取食汁液，并扩大为害面。

柑橘潜皮细蛾为害枝干

柑橘潜皮细蛾成虫

后期幼虫在隧道中向下取食韧皮部组织，不再扩大为害面，只是加重为害。造成枝梢的养分输送受阻，以致枝条枯死。成虫羽化时，受害枝梢表皮裂开翘起，以后逐渐脱落。这些翘起开裂的部位成为螨类等害虫的越冬场所。

【**形态特征**】

1. **成虫** 小型蛾子，灰褐色，翅展 8 ~ 9 mm。触角丝状，细长，并长于翅。下唇须长，向上弯曲。前翅狭长，银灰色，具 5 条黄褐色横带纹，后翅特别狭长，灰褐色，具长缘毛。

2. 卵　扁圆形，半透明，淡绿色，0.4 ~ 0.45 mm。

3. 幼虫　共8龄，成熟幼虫长2.8 ~ 3.2 mm。1 ~ 6龄幼虫为潜食速长期，口器属前口式，体长1.5 ~ 2.5 mm，7 ~ 8龄幼虫进入成熟期，取食及活动力减缓，体形由扁渐变成扁圆柱形，口器变为下口式。

4. 蛹　为被蛹，黄褐色，长3.3 ~ 3.5 mm，触角长过腹末端。幼虫作茧化蛹，茧扁筒状，长约4 mm，背腹膜质，与被蛀枯白的枝皮层表皮粘连，蛹体附于膜下。茧壁四周由幼虫吐的丝与粪便缀合成。

【**发生规律**】　柑橘潜皮细蛾1年发生2代，以3、4龄幼虫在枝梢表皮下隧道中越冬。翌年3月上旬越冬幼虫开始活动，4月中上旬化蛹，5月中旬羽化。5月下旬至6月上旬第1代幼虫为害，7月中旬化蛹，8月初第1代成虫羽化，8月中旬第2代幼虫开始孵化，11月底幼虫进入越冬。成虫白天静伏植株内膛枝梢上，飞翔力弱，趋光和趋化性不强，夜间活动。成虫羽化后不补充营养，寿命6 ~ 8 d，卵散产于新梢凹下的茎皮外。幼虫孵化后，潜于皮下韧皮组织中啃食，一般隧道长达4 ~ 6 m后就回转蛀食，往返数次，这样形成宽曲的连片被蛀区，被害枝只剩下灰白色坏死表皮。后期，被害表皮破裂外卷，成为螨类栖居场所，枝梢渐枯死。

【**防治方法**】

1. 冬季修剪　结合整形，去除被害枝梢及越冬幼虫，以减少翌年第1代虫口密度。

2. 药剂防除　幼虫蛀害期，可喷25%灭幼脲悬浮剂2 000倍液，20%氟幼灵5 000 ~ 8 000倍液，1.8%阿维菌素乳油4 000倍液，5%虱螨脲乳油2 500倍液，5%氟啶脲乳油3 000倍液，3%啶虫脒乳油1 000 ~ 2 000倍液，10%吡虫啉可湿性粉剂3 000倍液。

（一七）落叶夜蛾

落叶夜蛾［*Ophideres fullonia*（Clerck）］，属鳞翅目夜蛾科。

落叶夜蛾

落叶夜蛾（标本）

【**分布与寄主**】　分布于中国湖南、黑龙江、江苏、浙江、台湾、广东、广西、云南等；国外日本、朝鲜、印度、大洋洲各国、南太平洋诸岛等。除为害柑橘外，尚可为害荔枝、龙眼、黄皮、枇杷、葡萄、桃、李、柿、番茄等多种果蔬成熟的果实。

【**为害状**】　成虫以其构造独特的虹吸式口器插入成熟果实吸取汁液，造成大量落果及贮运期间烂果。

【**形态特征**】

1. 成虫　体长36 ~ 40 mm，翅展106 mm。头胸部淡紫褐色，腹部腹面黄褐色，背面大部枯黄色。前翅黄褐色，杂有暗色斑纹，后缘基部外突，中部内凹。后翅橘黄色，外缘有一黑色钩形斑，近臀角处有一黑色肾形大斑。

2. 卵　扁圆球形，直径0.86 ~ 0.93 mm，高0.84 ~ 0.88 mm。

3. **幼虫** 体色多变，头暗紫色或黑色，体黄褐色或黑色。末龄幼虫体长 60 ～ 68 mm，体宽 6 ～ 7 mm，头宽 4.2 ～ 5 mm。前端较尖，通常第 1、第 2 腹节弯曲成尺蠖形，第 8 腹节隆起，第 7 ～ 10 腹节连成一个山峰状。各体节上布有不规则黄斑；第 1 ～ 8 腹节有不规则的红斑；第 2、第 3 腹节背面各有 1 个眼形斑。

4. **蛹** 黑褐色，前端较粗壮，体长 29 ～ 31 mm，体宽 9.2 ～ 9.6 mm。

【**发生规律**】 落叶夜蛾以幼虫和蛹在草丛、石缝和土隙中越冬。冬末春初多数幼虫开始化蛹，但部分幼虫在开春暖和时仍能存活。3 月底至 4 月初第一代成虫出现，并开始为害桃、李等果实。落叶夜蛾世代明显重叠，8 月中旬以后成虫开始为害柑橘，8 月下旬至 10 月上旬为发生高峰期。

【**防治方法**】
1. **合理规划果园** 山区和半山区发展柑橘时应成片大面积栽植，并尽量避免混栽不同成熟期的品种或多种果树。
2. **铲除幼虫寄主** 在 5 ～ 6 月用除草剂涂茎（木防己）或喷雾，彻底铲除柑橘园内及周围 1 000 m 范围内的木防己和汉防己。
3. **灯光诱杀** 可安装黑光灯、高压汞灯或频振式杀虫灯，傍晚时挂于树冠周围，诱杀夜蛾。
4. **拒避** 每树用 5 ～ 10 张吸水纸，每张滴香茅油 1 mL 于树冠周围；或用塑料薄膜包住萘丸，上刺小孔数个，每株树挂 4 ～ 5 粒。
5. **果实套袋** 早熟薄皮品种在 8 月中旬至 9 月上旬用纸袋包果，包果前应做好锈壁虱的防治。
6. **生物防治** 在 7 月前后人工大量繁殖赤眼蜂，在柑橘园周围释放，寄生吸果夜蛾卵粒。
7. **药剂防治** 开始为害时喷洒 2.5% 氟氯氰菊酯乳油 2 000 ～ 3 000 倍液。此外，用香蕉或橘果浸药（敌百虫 20 倍液）诱杀或夜间人工捕杀成虫也有一定效果。

（一八）拟后黄卷叶蛾

拟后黄卷叶蛾（*Cacoecia micaceana var. compacta* Meyrick），属鳞翅目卷叶蛾科。

拟后黄卷叶蛾成虫（左雄虫）   拟后黄卷叶蛾（雄虫）

【**分布与寄主**】 分布于重庆、四川、福建、广东、广西等地。寄主植物除柑橘外，还有茶叶、大豆等。

【**为害状**】 以幼虫为害嫩叶、花蕾和幼果。

【**发生规律**】 在广西桂林 1 年发生 6 ～ 7 代，有世代重叠现象；一般以幼虫在柑橘树上吐丝将一叶缀合或 3 ～ 5 片叶缀合，并在其中越冬；第 1 代幼虫 4 月下旬至 5 月中上旬为害柑橘嫩叶和幼果，常常造成幼果脱落；6 月后又转害成年树和幼苗的嫩叶，常将一叶缀合或 3 ～ 5 片叶缀合在一起，躲在其中为害；8 月下旬至 9 月初又转害成熟果实。

【**防治方法**】 参考拟小黄卷叶蛾。

（一九）拟小黄卷叶蛾

拟小黄卷叶蛾［*Adoxophyes cyrtosema*（Meyrick）］，属鳞翅目卷叶蛾科。

拟小黄卷叶蛾幼虫　　　　　　　　拟小黄卷叶蛾成虫　　　　　　　拟小黄卷叶蛾蛹（侧面）

【分布与寄主】 分布于广东、四川、贵州等省。寄主植物除柑橘外，还有荔枝、龙眼、杨桃、苹果、猕猴桃、大豆、花生、茶、桑和棉花等。

【为害状】 以幼虫为害柑橘新梢、嫩叶、花和果实，吃成孔洞或缺刻，引起幼果脱落，成熟果腐烂，影响产量和品质。

【形态特征】

1. **成虫** 体黄色，长 7 ~ 8 mm，翅展 17 ~ 18 mm。头部有黄褐色鳞毛，下唇须发达，向前伸出。雌虫前翅前缘近基角 1/3 处有较粗而浓黑褐色斜纹横向后缘中后方，在顶角处有浓黑褐色近三角形的斑点。雄虫前翅后缘近基角处有宽阔的近方形黑纹，两翅相合时成为六角形的斑点。后翅淡黄色，基角及外缘附近白色。

2. **卵** 椭圆形，纵径 0.8 ~ 0.85 mm，横径 0.55 ~ 0.65 mm，初产时淡黄色，后渐变为深黄色，孵化前变为黑色，卵聚集成块，呈鱼鳞状排列，卵块椭圆形，上方覆胶质薄膜。

3. **幼虫** 初孵时体长约 1.5 mm，末龄体长为 11 ~ 18 mm。头部除第 1 龄幼虫黑色外，其余各龄皆黄色。前胸背板淡黄色，3 对胸足淡黄褐色，其余黄绿色。

4. **蛹** 黄褐色，纺锤形，长约 9 mm，宽约 2.3 mm，雄蛹略小。第 10 腹节末端具 8 根卷丝状钩刺，中间 4 根较长，两侧 2 根一长一短。

【发生规律】 该虫在湖南、江西、浙江等地 1 年发生 5 ~ 6 代，福建 1 年 7 代，广东、四川等地 1 年 8 ~ 9 代，田间世代重叠。它多以幼虫在卷叶或叶苞内越冬，但也有少数蛹和成虫越冬。该虫在广州地区于翌年 3 月上旬化蛹，3 月中旬羽化为成虫，3 月下旬开始出现第 1 代幼虫。幼虫在柑橘现蕾开花期，钻蛀花蕾，使花不能结实。随后在柑橘的幼果期形成一个为害高峰（广东为 4 ~ 5 月，四川为 5 ~ 6 月），幼虫蛀食幼果，引起大量落果。幼虫可转换为害幼果，多的每头可为害十几个幼果。幼虫喜食较小的幼果，尤以横径在 15 mm 左右时受害最重，横径 24 mm 以上时受害减轻。6 ~ 8 月，幼虫甚少蛀果，转而吐丝将嫩叶结苞为害，9 月果实近成熟时幼虫可再次蛀果为害，引起第 2 次落果。幼虫化蛹于叶苞间，成虫产卵于叶片正面，喜食糖、醋及发酵物。其卵期的天敌主要有松毛虫赤眼蜂，寄生率可达 90%；幼虫期的天敌有绒茧蜂、绿边步行虫、食蚜蝇和胡蜂；蛹期天敌有广大腿小蜂、姬蜂和寄生蝇等，其中以广大腿小蜂发生普遍，寄生率高。

【防治方法】

（1）冬季清除柑橘园杂草、枯枝落叶，剪除带有越冬幼虫和蛹的枝叶。

（2）生长季节在果园随时摘除卵块和蛹，捕捉幼虫和成虫。捉到的幼虫和卵等可集中放在寄生蜂羽化器内，以保护天敌。

（3）成虫盛发期在橘园中安装黑光灯或频振式杀虫灯诱杀（每公顷可安装 40 W 黑光灯 3 只）。也可用 2 份红糖、1 份黄酒、1 份醋和 4 份水配制成糖醋液诱杀。

（4）第 1、第 2 代成虫产卵期释放松毛虫赤眼蜂或玉米螟赤眼蜂来防治，每代放蜂 3 ~ 4 次，间隔期 5 ~ 7 d，每公顷放蜂量为 30 万 ~ 40 万头。

（5）幼果期和 9 月前后如虫口密度较大，可用药剂有：100 亿个/g 青虫菌（Bt）1 000 倍液、200 亿个/g 白僵菌 300 倍液、10% 吡虫啉可湿性粉剂 3 000 倍液、1.8% 阿维菌素乳油 3 000 ~ 4 000 倍液、25% 除虫脲可湿性粉剂 1 500 ~ 2 000 倍液、20% 氰戊菊酯乳油或 2.5% 溴氰菊酯乳油 3 000 倍液。

（二〇）褐带长卷叶蛾

褐带长卷叶蛾（*Homona coffearia* Niet.）首次被发现在咖啡上为害，因而拉丁语学名称咖啡卷叶蛾。根据幼虫习性，果农称吐丝虫、跳步虫、裹叶虫，属鳞翅目卷叶蛾科。为害柑橘的卷叶蛾类，国内记录有 20 种。

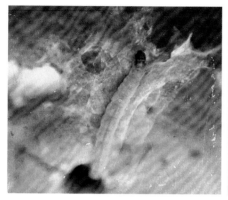

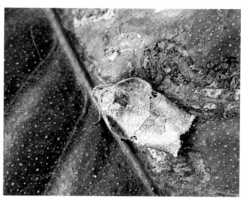

| 褐带长卷叶蛾幼虫为害橙子果实 | 褐带长卷叶蛾缀叶为害状 | 褐带长卷叶蛾雄成虫 |

【分布与寄主】 分布于贵州、广东、广西、云南、四川、安徽、福建、湖南、浙江和台湾等省（区）；南太平洋地区也有分布。寄主除柑橘外，还为害咖啡、龙眼、荔枝、杨桃、柿、板栗、枇杷和银杏等植物。

【为害状】 在柑橘上啃食叶片、嫩梢、花蕾和蛀果，尤其以幼果和近成熟的果实受害最烈，造成减产。此虫是南方柑橘产区蛀果的几种主要害虫之一，为害程度趋于严重。

【形态特征】

1.**成虫** 深褐色。雌虫长 8 ~ 10 mm，前翅前缘中央前方斜向后缘中央后方，有深褐色宽带，翅基部黑褐色斑纹约占翅长的 1/5。雌虫翅盖超腹部；雄前翅宽而短、前缘折向翅背卷折成圆筒形，翅面花纹与雌性同，翅较短仅盖腹部。

2.**卵** 粒淡黄色，大小为（0.8 ~ 0.85）mm×（0.55 ~ 0.65）mm，卵圆形。数十至上百粒卵产堆成卵块，卵块椭圆形，8 mm×6 mm，排列成鳞状，卵块外覆盖薄胶质膜，卵清楚可见。

3.**幼虫** 共 6 龄。5 龄幼虫长 12 ~ 18 mm，头部褐色，前、中足黑色，后足浅褐色，体黄绿色。末龄幼虫体长 20 ~ 23 mm，头与前胸连接处有 1 条宽白带，气门近圆形，前胸气门略大于第 2 ~ 7 腹节气门而小于第 8 腹节气门。

【发生规律】 贵州 1 年发生 4 代，福建和广东等地 1 年发生 6 代，均以幼虫在橘树卷叶中越冬。贵州第 1、第 4 代幼虫为害果实，第 2、第 3 代幼虫为害嫩芽或当年生成熟叶片。第 1 代幼虫为害高峰期在 5 月中下旬至 6 月上旬，为害幼果，啃食表皮和中果皮。如有两果贴靠者，幼虫吐丝缠躲在两果间；如果与枝贴近，幼虫吐丝将枝果粘连，躲其中；如果实附近无枝叶，则吐丝果面，躲于萼中。7 月下旬至 8 月上旬第 2 代、8 月下旬至 9 月中旬第 3 代幼虫为害。9 月下旬至 10 月中旬，第 4 代幼虫蛀害果实。果实被害后，引起大量落果，或随果贮藏引起腐烂。11 月下旬第 4 代幼虫卷叶越冬。成虫多在上午 9 ~ 10 时（第 4 代幼虫化蛹所致）或清晨（2 ~ 3 代蛾）羽化，日间静伏，傍晚交尾产卵。卵多产在叶面主脉附近，通常每蛾产 1 ~ 3 块，每个卵块少则数十粒，多则 150 ~ 200 粒。幼虫孵化后，短期爬行即吐丝随风飘移，分散为害。幼虫体色随食料而异，一般食害果实的体色灰白，食害嫩叶的淡绿色，取食老叶的绿色。幼虫很活跃，受惊即向后跳跃，吐丝下坠逃逸，若遇敌则吐出暗褐色液。幼虫成熟后在被害叶苞中化蛹，或将邻近两片老叶叠置，在其间结薄茧化蛹。

【防治方法】

1.**冬季清园** 结合修剪剪除虫枝，清扫枯枝落叶，铲除园内园边杂草，消灭在其中越冬的幼虫或蛹，以减少越冬虫口基数。

2.**摘卵捕虫** 发生量不多的橘园，可在第 1 代卵和幼虫发生期，摘除卵块，振动树冠，捕杀幼虫；及时清除落果，阻止其中的幼虫迁至落叶上化蛹。

3.**药剂防治** 幼虫发生初期可喷施含量为 16 000 IU/mg 的 Bt 可湿性粉剂 500 ~ 700 倍液，或 25% 灭幼脲悬浮剂 1 500 ~ 2 000 倍液，20% 虫酰肼 1 500 倍液，2.5% 绿色氯氟氰菊酯乳油 2 000 倍液。

（二一）柑橘海南油桐尺蠖

柑橘海南油桐尺蠖（*Buzura suppressaria benescripta* Prout），又名海南油桐尺蠖，为油桐尺蠖变种，属鳞翅目尺蠖蛾科。

海南油桐尺蠖幼虫静止状　　　　　　　　　　　海南油桐尺蠖蛹

海南油桐尺蠖低龄幼虫　　　　　　　海南油桐尺蠖成虫　　　　　　　海南油桐尺蠖卵块

【分布与寄主】　分布于广东、广西和福建等省（区）。寄主植物除柑橘类外，还有油桐树、茶树、台湾相思树等。

【为害状】　孵化的幼虫即吐丝飘移，分散在附近的叶尖上，取食叶尖背面叶肉，使叶尖变成黄褐色，受害严重时，叶尖似火烧状。高龄幼虫食量大，新叶老叶均被咬食，只存主脉，严重发生时，全株叶片被吃光，只存秃枝，呈"扫帚"状。

【形态特征】

1. **成虫**　雌成虫体长 22 ~ 25 mm，翅展 60 ~ 65 mm；雄蛾体长 19 ~ 21 mm，翅展 52 ~ 55 mm。灰白色。雌蛾触角呈丝状，雄蛾羽毛状。前翅白色，杂有疏密不一的灰黑色小点。自前缘至后缘有 3 条黄褐色和灰黑色混杂的波状条纹，翅外缘 1 条较深，翅基 1 条黄褐色明显，雄蛾中间 1 条较淡。后翅与前翅相若。足黄白色，腹面黄色，腹部末端有 1 丛黄褐色毛。

2. **卵**　蓝绿色，孵化前转为黑色。椭圆形，直径 0.7 ~ 0.8 mm。卵块椭圆形或长椭圆形，卵粒重叠成堆，上覆盖黄褐色茸毛。

3. **幼虫**　体长 60 mm。初孵幼虫深灰褐色，蜕皮后至 3 龄期呈淡黄绿色。4 龄以后至老熟幼虫体色可因取食环境不同而变色，有深灰褐色、灰绿色和青绿色。头部密布棕色小斑点，头部中央向下凹。胸足 3 对，腹部第 6 节有腹足 1 对。尾足 10 对。气门紫红色。蛹长 22 ~ 26 mm，黑褐色，有光泽。蛹的大小视各代的食料而异。雌蛹稍大，腹部末节具臀棘，臀棘基部两侧各有 1 个突出物，突出物之间有许多凹凸纹。

【发生规律】　柑橘海南油桐尺蠖在广东 1 年发生 3 ~ 4 代，广西和福建 1 年发生 3 代。以蛹越冬。广东的越冬蛹羽化于 3 月中旬至下旬，幼虫食新梢叶片，化蛹于 5 月中旬，成虫盛发期在 6 月中上旬。6 月下旬至 7 月上旬为第 2 代幼虫盛发期。8 月上旬是第 3 代幼虫期。第 4 代幼虫出现在 9 月下旬。10 月在橘园仍有幼虫为害。以第 2 代和第 3 代为害最烈，常使大片橘园叶光柱秃，树体变弱。

成虫有弱趋光性，昼伏夜出。白天栖息在防风林树干、柑树树干或叶片上，晚上交尾，在叶面或叶背产卵，有时产在防风林的树皮裂缝处。每雌产卵一块，每块卵粒 1 500 ~ 3 000 粒，重叠成堆。卵块椭圆形，上有茸毛覆盖。成虫寿命 5 d 左右。卵期 7 ~ 11 d，幼虫 5 龄。1 ~ 2 龄幼虫喜食嫩叶，3 龄幼虫将叶片食成缺刻，4 龄以后，幼虫食量骤增，每天每虫能食吃柑叶 8 ~ 12 片，把新叶、老叶的叶肉吃光，只存主脉。在与虫体大小相似的枝杈处搭桥停息，体色随枝条或叶色而变化，粪便粒状，椭圆形，排粪量大。化蛹前幼虫沿树干而下或吐丝下坠入土，在主干周围 70 ~ 80 cm 范围内，土深 1 ~ 3 cm 处化蛹。

【防治方法】

1. **打蛾**　在成虫羽化期，在大雨后羽化出土的蛾多，蛾子栖息在防风林或柑树的树干上，飞翔力较差，可用竹竿扎几条小竹枝进行捕打。捕打成虫应在产卵前。

2. **挖蛹**　每代幼虫化蛹后，可在柑树主干 80 cm 的范围内翻开泥土，捡除虫蛹集中深埋。在防风林的树干周围，也常有化蛹，应结合挖除。

3. **捉幼虫**　经常检查柑园，发现幼虫为害随时捉除；少数幼虫藏匿树冠内，可以随虫粪顺查，及时捉除。

4. **药剂防治**　防治 1 ~ 2 龄海南油桐尺蠖幼虫，是喷药防治的关键期，一般可选用 25% 灭幼脲 2 000 倍液，或 80% 敌敌畏乳油 800 倍液进行喷布；防治高龄幼虫，选用拟除虫菊酯类杀虫剂农药喷布，均有很好的防效。青虫菌 150 亿 ~ 300 亿孢子 /g 粉剂 1 000 ~ 1 500 倍液喷布防治效果明显。

（二二）大造桥虫

大造桥虫（*Ascotis selenaria* Schiffermuller et Denis），别名尺蠖、步曲，属鳞翅目尺蛾科。

大造桥虫羽化　　　　　大造桥虫在咬食叶片　　　　　大造桥虫蛹

【分布与寄主】　主要分布在我国浙江、江苏、上海、山东、河北、河南、湖南、湖北、四川、广西、贵州、云南等地。寄主为棉花、枣、柑橘、梨及一串红、月季、萱草、万寿菊、黄杨等。

【为害状】　幼虫食芽叶及嫩茎，呈缺刻或仅留下叶脉。

【形态特征】

1. **成虫**　体长 15 ~ 20 mm，翅展 38 ~ 45 mm，体色变异很大，有黄白色、淡黄色、淡褐色、浅灰褐色，一般为浅灰褐色。翅上的横线和斑纹均为暗褐色，中室端具 1 斑纹，前翅亚基线和外横线锯齿状，其间为灰黄色，有的个体可见中横线及亚缘线，外缘中部附近具 1 个斑块；后翅外横线锯齿状，其内侧灰黄色，有的个体可见中横线和亚缘线。雌触角丝状，雄触角羽状，淡黄色。

2. **卵**　长椭圆形，青绿色。

3. **幼虫**　体长 38 ~ 49 mm，黄绿色。头黄褐色至褐绿色，头顶两侧各具 1 个黑点。背线淡青色至青绿色，亚背线灰绿色至黑色，气门上线深绿色，气门线黄色杂有细黑纵线，气门下线至腹部末端淡黄绿色；第 3、第 4 腹节上具黑褐色斑，气门黑色，围气门片淡黄色，胸足褐色，腹足 2 对生于第 6、第 10 腹节，黄绿色，端部黑色。

4. **蛹**　长 14 mm 左右，深褐色有光泽，尾端尖，臀棘 2 根。

【发生规律】　长江流域 1 年发生 4 ~ 5 代，以蛹于土中越冬。各代成虫盛发期：6 月中上旬、7 月中上旬、8 月中上旬、9 月中下旬，有的年份 11 月中上旬可出现少量第 5 代成虫。第 2 ~ 4 代卵期 5 ~ 8 d，幼虫期 18 ~ 20 d，蛹期 8 ~ 10 d，完成1代需32～42 d。成虫昼伏夜出，趋光性强，羽化后2～3 d产卵，多产在地面、土缝及草秆上，大发生时枝干、叶上都可产，数十粒至百余粒成堆，每雌可产1 000～2 000粒，越冬代仅200余粒。初孵幼虫可吐丝随风飘移传播扩散。10～11月以末代幼虫入土化蛹越冬。

【防治方法】　幼虫发生期用每毫升含120亿个孢子的Bt乳剂300倍液或含4 000单位的HD-1杀虫菌粉200倍液喷雾。在产卵高峰期投放赤眼蜂蜂包也有很好防效。

（二三）柑橘凤蝶

柑橘凤蝶（*Papilio xuthus* L.），又名花椒凤蝶、橘黑黄凤蝶、橘凤蝶、黄菠萝凤蝶、黄檗凤蝶等，果农俗称黑蝴蝶、伸角虫（幼虫臭角），属鳞翅目凤蝶科。

柑橘凤蝶卵

柑橘凤蝶低龄幼虫（1）

柑橘凤蝶成虫

柑橘凤蝶低龄幼虫（2）

柑橘凤蝶高龄幼虫

柑橘凤蝶蛹

【分布与寄主】　国内各橘产区几乎都有分布，国外朝鲜、日本有分布。主要为害柑橘、甜橙和柚，有时也食枳叶。此外，还可为害花椒等一些芸香科植物。

【为害状】　柑橘凤蝶以幼虫取食橘株幼嫩叶片，呈缺刻或仅留下叶脉，影响枝梢正常生长。幼苗被害后，有碍植株长高。

【形态特征】

1. **成虫**　分春型和夏型两种。夏型体大，黑色；春型淡黑褐色。雌虫体长26～28 mm，翅展约95 mm；雄虫体长约24 mm，翅展约85 mm。两型前翅斑纹相同，后翅色斑略异。虫体背部有纵行宽大的黑带纹，两侧有黄白色带状纹。

2. **卵**　近球形，直径1.2～1.5 mm，初黄色后变深黄色，孵化前紫灰色至黑色。

3. **幼虫**　幼龄幼虫头尾黄白色间绿褐色，极似鸟粪。老熟幼虫体表光滑，长38～42 mm。头细小，绿色，后胸背面两侧有蛇眼纹，中央有4个眼状突。胸、腹两侧近气门线有白色纵斑1列。腹部第1、第2腹节连接处有墨绿色环带，第4～6节各有斜行墨绿色条纹1条，前者在背中线处常会合成"V"形。

4. **蛹**　长30～32 mm，菱角形，淡绿色，待孵化时呈暗褐色。头棘1对分叉向前伸，胸背棘1枚，角突尖向前伸。

【发生规律】　柑橘凤蝶1年发生3～6代。以蛹在枝条上越冬，翌年5月下旬（贵州、浙江）开始羽化，称春型，第2代8月羽化称夏型，第3代9月中下旬出现，以老熟幼虫爬在枝梢上化蛹越冬。橘园成虫和幼虫数量最多的是第2代。中国台湾1年发生6代。成虫日间活动，卵散产于嫩叶尖、叶缘或叶背面。初孵幼虫取食嫩叶，将叶咬成小孔。随虫体长大，叶被咬成缺齿，老龄幼虫一日能食几张叶。幼虫受惊时，由前胸前缘伸出黄色或橙黄色肉质臭角，放出强烈臭气驱敌。老熟幼虫吐丝作垫，以尾足钩住丝垫，然后吐丝缠绕胸、腹而化蛹。蛹与枝叶近于同色，起自然保护色作用。

【防治方法】

1. **人工捕捉**　冬季结合清园，清除越冬虫蛹。在柑橘各次抽梢期，结合橘园及苗圃管理工作，捕杀卵、幼虫和蛹，或网捕成虫。

2. **药剂防治**　幼虫发生多时，在3龄前或结合防治其他害虫，喷洒下列药剂：25%灭幼脲悬浮剂1 500～2 000倍液，20%虫酰肼悬浮剂1 500倍液，1.8%阿维菌素乳油3 000倍液，2.5%绿色氟氯氰菊酯3 000倍液，青虫菌或苏云金杆菌（100亿/g）1 000～2 000倍液加0.1%洗衣粉，以及多种菊酯类药剂防治。

3. **生物防治**　利用和保护赤眼蜂、凤蝶小金蜂等柑橘凤蝶的自然天敌，从而达到控制柑橘凤蝶危害的扩散。可将捕捉到的蛹放置在园内避风雨处，罩上纱网，使寄生蜂羽化飞出，以防治虫害。

（二四）美凤蝶

美凤蝶（*Papilio memnon* Linnaeus），属鳞翅目凤蝶科。

【分布与寄主】　本种是我国南方种，多见于长江以南各省（区），如四川、云南、湖北、湖南、浙江、江西、海南、广东、广西、福建、台湾；日本、印度、缅甸、泰国。寄主有芸香科的柑橘类、双面刺、光叶花椒、樗叶花椒、食茱萸等植物。

【为害状】　以幼虫取食橘株叶片，呈缺刻或仅留叶脉。

美凤蝶4龄幼虫　　　　　　美凤蝶初化蛹蛹体

【形态特征】

1. **成虫**　翅展105～145 mm。雌雄异型及雌性多型。

雄蝶体、翅黑色。前、后翅基部色深，有天鹅绒状光泽，翅脉纹两侧蓝黑色。翅反面前翅中室基部红色，脉纹两侧灰白色；后翅基部有4个不同形状的红斑，在亚外缘区有2列由蓝色鳞片组成的环形斑列，但轮廓不清楚；臀角有环形或半环形红斑纹，内侧即Cu2、Cu1室有弯月形红斑纹，无尾突。

雌性无尾突型，前翅基部黑色，中室基部红色，脉纹及前缘黑褐色或黑色，脉纹两侧灰褐色或灰黄色。后翅基半部黑色，端半部白色，以脉纹分割成长三角形斑，亚外缘区黑色，外缘波状，在臀角及其附近有长圆形黑斑。翅反面前翅与正面相似；后翅基部有4个不同形状的红斑，其余与正面相似。

雌性有尾突型，前翅与无尾突型相似，后翅除中室端部有1个白斑外，在翅中区各翅室都有1个白斑，有时在前缘附近白斑消失；外缘波状，在波谷具红色或黄白色斑；臀角有长圆黑斑，周围是红色。翅反面前翅与正面相似。后翅除基部有4个红斑外，其余与正面相似。

2. **卵**　球形，橙黄色。直径约1.7 mm，高约1.5 mm。

3. **幼虫**　头部最初呈黑褐色，随生长而颜色渐淡，老熟时则呈绿色。第1～3龄幼虫身体呈橄榄绿色，第2～4腹节有斜白纹在背部相接，第7～9腹节也有白纹扩展到背部。4龄幼虫体色转为绿褐色，背部白纹减退。老熟幼虫第4、第5腹节有白色斜带，有时会在背面相接，带上有黑绿色小纹。第6腹节侧面也有1个同色斑纹。气门褐色。臭角初龄时呈淡橙白色，随成长而颜色渐深，末龄时呈橙红色。

4. **蛹**　头前面的1对突起的末端呈圆弧形。

【发生规律】 雄蝶飞翔力强，很活泼。雌蝶飞行缓慢，常滑翔式飞行。1年发生3代以上，以蛹越冬。成虫全年出现，主要发生期为3~11月。卵期4~6 d，幼虫期21~31 d，蛹期12~14 d。成虫将卵单产于寄主植物的嫩枝上或叶背面，老熟幼虫在寄主植物的细枝或附近其他植物上化蛹。

【防治方法】 参考柑橘凤蝶。

（二五）黄凤蝶

黄凤蝶（*Papilio machaon* Linnaeus），又名金凤蝶、茴香凤蝶、胡萝卜凤蝶，属鳞翅目凤蝶科。

黄凤蝶成虫　　　　　　　　　　　　　　　　黄凤蝶幼虫

【分布与寄主】 分布于浙江、江西、四川、贵州、福建、广东、广西等省（区）及东北、华北、西北地区。寄主为芸香科植物花椒、柑橘、山椒等。

【为害状】 幼虫将叶和花蕾食成缺刻或孔洞，叶片受害严重时，仅剩下花梗和叶柄。

【形态特征】
1.成虫 春型体长24~26 mm，翅展80~84 mm；夏型体长32 mm，翅展88~100 mm；体黄色，背脊为黑色宽纵纹；前、后翅具黑色及黄色斑纹，前翅中室基部无纵纹；后翅近外缘为蓝色斑纹并在近后缘处有一红斑。
2.卵 球形，淡黄色，孵化前呈紫黑色。
3.幼虫 末龄幼虫体长52~55 mm，绿色，头部具黑纵纹，胸、腹各节背面具短黑横斑纹。
4.蛹 黄褐色，具条纹，头上有2个角状突起，胸背及胸侧亦具突起。

【发生规律】 中国各地均有发生，1年发生2代，以蛹在灌木丛树枝上越冬。翌年春4~5月羽化，第1代幼虫发生于5~6月，成虫于6~7月羽化，第2代幼虫发生于7~8月。卵散产于叶面。幼虫喜夜间活动取食，受触动时从前胸伸出臭角（丫腺），渗出臭液。

【防治方法】 零星发生时，不须防治。数量较多时，在幼龄幼虫期喷洒常用杀虫剂。

（二六）蓝凤蝶

蓝凤蝶（*Papilio protenor* Cramer），别名黑凤蝶、无尾蓝凤蝶、黑扬羽蝶，属鳞翅目凤蝶科。

【分布于寄主】 分布于华西、华年地区及海南、贵州省。寄主为芸香科的簕欓花椒（*Zanthoxylum avicennae*）、柑橘

蓝凤蝶成虫　　　　　　　　　　　　　　　　蓝凤蝶老龄幼虫

（*Citrus* spp.）等。

【为害状】　幼虫将叶食成缺刻或孔洞，严重时仅剩下叶柄。

【形态特征】　翅展 95 ~ 120 mm。翅黑色，有靛蓝色天鹅绒光泽。雄蝶后翅正面前缘有黄白色斑纹，臀角有外围红环的黑斑；后翅反面外缘有几个弧形红斑，臀角具 3 个红斑。雌蝶后翅正面臀角外围有 1 个带红环的黑斑及 1 个弧形红斑；后翅反面与雄蝶相同。

【发生规律】　不详。

【防治方法】　零星发生时，不须防治。

（二七）玉带凤蝶

玉带凤蝶（*Papilio polytes* L.），又名白带凤蝶、黑蝴蝶，属鳞翅目凤蝶科。

玉带凤蝶成虫（左为雌虫，右为雄虫）　　　　玉带凤蝶雄虫　　　　　　玉带凤蝶高龄幼虫

【分布与寄主】　分布于贵州、四川、湖南、广西、云南、广东、湖北、江西、安徽、江苏、浙江、福建、陕西和台湾。在全国各柑橘产区均有分布，长江以南极为常见。幼虫以桔梗、柑橘类、双面刺、过山香、花椒、山椒等芸香科植物的叶为食。

【为害状】　幼虫将叶食成缺刻或孔洞，严重时仅剩下叶柄。

【形态特征】

1. **成虫**　为大型黑色蝶。体长 30 ~ 32 mm，翅展 90 ~ 95 mm。雄虫前翅外缘有 7 ~ 9 个黄白色弯月斑，由前向后渐大。后翅中部中室外有 7 个大型黄白色斑，横列达前后缘，两翅白斑连接呈玉带状，故得名。雌虫有二型，即寡少型与众型。寡少型与雄虫相似，但后翅近外缘处有半月形的棕红色小斑点数个，或于臀角上有 1 个深红色眼状纹；众型后翅近外缘有半月形深红色斑数个，中室外方有 4 个大型黄白色斑。

2. **卵**　球状，直径 1.2 mm，初产时淡黄色，近孵化时灰黑色。与柑橘凤蝶卵不易区别。

3. **幼虫**　共 5 龄，各龄体色变化大。老龄幼虫体长 36 ~ 45 mm，绿色。头黄褐色，后胸前缘有 1 个黑色齿状纹，第 2 腹节前缘有 1 条黑带，第 4、第 5 腹节两侧有斜形黑褐色间黄绿色和紫灰色等混色斑点花带 1 条，第 6 腹节两侧下方有 1 条近似长方形的黑色花带。臭角紫红色。

4. **蛹**　较柑橘凤蝶稍大，形状相似，长 32 ~ 34 mm，暗绿褐色。头棘黄色，呈牛角状或锥状，1 对，向前突伸。胸背部高度隆起，如小丘，胸腹相连处向背面弯曲。

【发生规律】　玉带凤蝶 1 年发生 4 ~ 6 代，以蛹越冬。广东、福建等地 1 年发生 6 代，浙江黄岩则 1 年发生 5 代，第 1 代 5 月中旬至 6 月上旬，第 2 代 6 月下旬至 7 月上旬，第 3 代 7 月下旬至 8 月上旬，第 4 代 8 月下旬至 9 月中旬，第 5 代 9 月下旬至 10 月上旬，并以此代蛹越冬。成虫飞翔力强，白天飞舞追逐于园间和庭院中，大多在上午 9 ~ 12 时交尾，交尾后当天或隔天即可产卵。卵散产在柑橘嫩叶及嫩梢顶端，每头雌蝶可产卵 5 ~ 48 粒。幼虫孵化后咬食嫩叶，3 龄后食量增大，其他习性与柑橘凤蝶相似。

【防治方法】　参考柑橘凤蝶。

（二八）巴黎绿凤蝶

巴黎绿凤蝶（*Papilio paris* Linnaeus），别名巴黎翠凤蝶、琉璃翠凤蝶、大琉璃纹凤蝶，属鳞翅目凤蝶科。

巴黎绿凤蝶成虫

巴黎绿凤蝶幼虫

【分布与寄主】　国内分布于河南、四川、云南、贵州、陕西、海南、广东、广西、浙江、福建、台湾、香港；国外分布于印度、缅甸、泰国、老挝、越南、马来西亚、印度尼西亚。寄主有芸香科的飞龙掌血、柑橘类等植物。

【为害状】　幼虫可将叶片食成缺刻或孔洞，严重时仅剩下叶柄。

【形态特征】

1. **成虫**　翅展 95 ~ 125 mm。体、翅黑色或黑褐色，散布翠绿色鳞片。前翅亚外区有 1 条黄绿色或翠绿色横带，被黑色脉纹和脉间纹分割，此带由后缘向前缘逐渐变窄，色调由深渐淡，未及前缘即消失。后翅端半部的上部有 1 大块翠蓝色或翠绿色斑，斑的外缘齿状，斑的下角有 1 条淡黄色、黄绿色或翠蓝色窄纹通到臀斑内侧，但有时并不太明显；在亚外缘区有不太明显的淡黄色或绿色的斑纹；臀角有 1 个环形红斑；外缘钝锯齿状。翅反面前翅亚外缘区有 1 条很宽的灰白色或白色带，由后缘向前逐渐扩大并减弱。后翅基半部散布无色鳞片，亚外缘区有 1 列 "W" 形或 "U" 形的红色斑纹，臀角有 1 ~ 2 个环形斑纹，红斑的内侧镶有白边。

2. **卵**　球形，底面浅凹。淡黄白色，表面光滑，有弱光泽。直径 1.28 ~ 1.30 mm，高 1.05 ~ 1.20 mm。

3. **幼虫**　1 ~ 4 龄幼虫呈鸟粪状；1 龄幼虫头部淡褐色，胸部背侧有明显的黑褐色斑，在第 2、第 3 腹节及第 8 腹节有白纹；2、3龄幼虫体呈橄榄色，只有第2~4腹节有白纹；4龄幼虫体色转为绿褐色。老熟幼虫头部淡绿色，体色鲜绿，胸部背侧有云状斑；后胸每侧各有1个眼状红斑；第1腹节的横纹前缘平直，其前方散布有白色小点；第4~5腹节及第6腹节侧面共形成2条黄色斜线。气门浅褐色。臭角初呈黄白色，随生长而颜色渐深，末龄时呈橙色。

4. **蛹** 身体相当扁平，头顶有1对三角形突起，中胸侧面在前方1/3处及近后缘处向外突出，略呈方形。体侧由头顶至腹末有明显的棱脊突。背中央也有1条从前胸到腹末的棱突，中胸背部的隆起呈钝角。蛹也有绿、褐两型。

【**发生规律**】 巴黎绿凤蝶1年发生2代以上，以蛹越冬。成虫好访白色系的花，一般在常绿林带的高处活动，飞行迅速，警觉性高而且很少停息，难以捕捉。

【**防治方法**】 参考柑橘凤蝶。

（二九）星天牛

为害柑橘的天牛，国内记录有49种，星天牛（*Anoplophora chinensis* Fors.）是最常见、为害较重的几种天牛之一，橘农俗称盘根虫、花牯牛、牵牛郎、抢脚虫、蛀基虫等，属鞘翅目天牛科。

星天牛成虫

星天牛低龄幼虫在柑橘树皮层内为害排出少量虫粪

星天牛幼虫为害柑橘树干

星天牛幼虫

【**分布与寄主**】 国内分布于贵州、广西、湖南、四川、云南、辽宁、河北、山东、山西、陕西、安徽、甘肃、江苏、广东、浙江、江西、福建和台湾等省（区）。国外分布于日本、朝鲜、缅甸等国。寄主很杂，除柑橘外，还有苹果、梨、樱桃、枇杷、无花果、花红、刺槐、苦楝、白杨、柳、桑、榆等植物。

【为害状】 幼虫一般蛀食较大植株的基干,在木质部乃至根部为害,树干下有成堆虫粪,使植株生长衰退乃至死亡。成虫咬食嫩枝皮层,形成枯梢,也食叶成缺刻状。

【形态特征】

1. **成虫** 漆黑色具光泽,体长 26 ~ 40 mm,宽 6 ~ 14 mm。雄虫触角倍长于体,雌虫稍过体长。基部有显著颗粒,肩后有刻点,短竖毛极稀少而不明显,翅面上具较小的白色茸毛斑,一般 15 ~ 20 个,隐约排列成不整齐的 5 横列。

2. **卵** 长圆筒形,长 5.6 ~ 5.8 mm,宽 2.9 ~ 3.1 mm,中部稍弯,乳白色,孵化前暗褐色。

3. **幼虫** 老龄幼虫体长 60 ~ 67 mm,乳黄色,头部前端黑褐色。前胸背板前方两侧各有 1 个黄褐色飞鸟形斑纹,后半部有 1 块同色的"凸"形大斑,微隆起。

4. **蛹** 长 28 ~ 33 mm,乳白色,羽化前黑褐色,触角细长并向腹中线强卷曲。

【发生规律】 星天牛在各橘产区 1 年发生 1 代,以幼虫在树干基部或主根木质部蛀道内越冬。多数地区在翌年 4 月化蛹,4 月下旬至 5 月上旬成虫开始外出活动,5 ~ 6 月为活动盛期,至 8 月下旬(个别地区至 9 月中上旬)仍有成虫出现。5 月至 8 月上旬产卵,以 5 月下旬至 6 月中旬产卵最盛,6 ~ 7 月孵化为幼虫。

成虫羽化后,咬破根颈处羽化孔外的树皮爬出,飞向树冠树梢上,咬食嫩枝皮层,或食叶成缺刻。卵产在比较粗的树干基部,被产卵处皮层隆起呈"⊥"形或"L"形伤口,每处产卵 1 粒,表面湿润。每头雌虫可产卵 20 ~ 80 粒。卵期 7 ~ 14 d,温度高时卵期短,阴雨天则卵期长。

幼虫在皮层下蛀食 2 ~ 3 个月,一般在 11 ~ 12 月开始越冬,当年已成熟的幼虫在翌年春季化蛹,否则翌年仍继续取食一段时间,待发育成熟后才化蛹。幼虫期约 10 个月。化蛹前在蛀道上端做一长 5 ~ 6 cm 的宽大蛹室,将下端紧塞,在顶端向外开 1 个羽化孔,外被变色树皮所掩盖,然后在蛹室中头部向上,直立化蛹。蛹期短的为 18 ~ 20 d,长的在 30 d 以上。

【防治方法】

1. **捕捉成虫** 5 ~ 6 月是成虫活动盛期,可在晴天中午及午后在枝梢及枝叶茂密处,或傍晚在树干基部,巡视捕捉成虫多次。

2. **毒杀成虫和防止成虫产卵** 在成虫活动盛期,用 80% 敌敌畏乳油或 40% 乐果乳油等,掺和适量水和黄泥,搅成稀糊状,涂刷在树干基部或距地面 30 ~ 60 cm 的树干上,可毒杀在树干上爬行及咬破树皮产卵的成虫和初孵幼虫,还可毒杀一部分从树干内羽化外出的成虫。或在成虫产卵前将树干基部的泥土扒开,亦可在成虫产卵盛期用白涂剂(见橘褐天牛的防治)涂刷在树干基部,防止成虫产卵。

简易防治:利用包装化肥等的编织袋,洗净后裁成宽 20 ~ 30 cm 的长条,在星天牛产卵前,在易产卵的主干部位,用裁好的编织袋缠绕 2 ~ 3 圈,每圈之间连接处不留缝隙,然后用麻绳捆扎,防治效果甚好。通过包扎阻隔,天牛只能将卵产在编织袋上,之后天牛卵就会因失水死亡。

3. **刮除卵粒和初孵幼虫** 6 ~ 7 月发现树干基部有产卵裂口和流出泡沫状胶质时,即刮除树皮下的卵粒和初孵幼虫。并涂以石硫合剂或波尔多液等消毒防腐。

4. **毒杀幼虫** 树干基部地面上发现有成堆虫粪时,将蛀道内虫粪掏出,塞入或注入以下药剂毒杀。

(1)用布条或废纸等蘸 80% 敌敌畏乳油或 40% 乐果乳油 5 ~ 10 倍液,往蛀洞内塞紧,或用兽医用注射器将药液注入。

(2)也可用 56% 磷化铝片剂(每片约 3 g),分成 10 ~ 15 小粒(每份 0.2 ~ 0.3 g),每一蛀洞内塞入 1 小粒,再用泥土封住洞口。

(3)用毒签插入蛀孔毒杀幼虫。

5. **钩杀幼虫** 幼虫尚在根茎部皮层下蛀食,或蛀入木质部不深时,及时进行钩杀(参见橘褐天牛的防治)。

(三〇)橘光盾绿天牛

橘光盾绿天牛[*Chelidonium argentatun*(Dalman)],又名光绿天牛、绿橘天牛,俗称枝天牛、吹箫虫,属鞘翅目天牛科。

【分布与寄主】 分布于广东、广西、福建、浙江、四川、江苏、安徽等省(区)。为害柑橘类植物。

【为害状】 幼虫蛀害枝条、主干,致使枝条枯死,树势衰退,毁坏橘园。成虫产卵在 1 ~ 2 年生小枝杈处或小枝条叶腋处,孵化后蛀入木质部,初期向上蛀食小枝,至小枝横径难以容下虫体时,转头向下蛀食,直至大枝条、主干。蛀

橘光盾绿天牛成虫

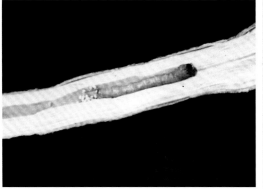
橘光盾绿天牛幼虫

橘光盾绿天牛蛹

道内每相隔一段距离向外蛀 1 个小洞孔，作排泄粪便、通气和排积水之用，故有"吹箫虫"之称。被害柑橘树的小枝干枯，大枝衰弱，叶片黄色，果实脱落。严重受害时，树势下降，枯枝落叶，产量低，失去经济价值。

【形态特征】

1. **成虫**　体长 24 ~ 27 mm，宽 6 ~ 8 mm。深绿色，有光泽。腹面绿色，被银灰色茸毛。头绿色，眼墨绿色。头部有细密刻点，在唇基和额之间有光滑的微凹区。足和触角深蓝色或墨绿色，跗足黑色。前胸长和宽约等，绿色，具刻点和细密皱纹，侧刺突端部略钝。小盾片绿色，平滑而有光泽。

2. **卵**　长 4.7 mm，宽约 3.5 mm，长扁圆形，黄绿色。

3. **幼虫**　老熟时体长 46 ~ 51 mm，淡黄色，体表有褐色分布不均的毛。头较小，红褐色，宽度约为前胸背板的 1/2。有 3 对细小胸足，胸部背腹面 2 ~ 9 节均有移动器。腹部可见 10 节。

4. **蛹**　乳白色或淡黄色，长 25 ~ 40 mm，宽 5 ~ 6 mm。头部长形，向后贴向腹面。翅芽伸达第 5 腹节，腹部明显可见 8 节，背面有稀密不匀的褐色短刺毛。

【发生规律】　橘光盾绿天牛 1 年发生 1 代，以幼虫在蛀道中越冬。成虫一般在 5 月出现，有"立夏天牛虫"的谚语。盛发期于 5 月下旬至 6 月中旬，迟至 8 月初尚可见个别成虫踪迹。成虫在晴天中午活动为甚，行动敏捷，飞翔力强，飞行距离远。阴雨天则多静止在树冠梢顶上，雨天和清晨飞翔力较弱。成虫嗜花蜜，常群集在较迟开花的金柑花上或"万寿果"树上咬食花蜜及花瓣。成虫羽化出洞后即可进行交尾，交尾后不久可产卵。产卵时间多为中午。卵产在 1 ~ 2 年生的小枝杈处，也产在小枝与叶柄腋处，每处产卵 1 粒，上面覆盖浅黄色蜡状物。每头雌虫产卵 30 ~ 40 粒。产卵历期 6 d，卵期 14 ~ 19 d。成虫寿命 15 ~ 30 d。初孵幼虫以螺旋形蛀入木质部，沿枝条向上蛀食，蛀入口极易折断。被蛀食的小枝因失水分而萎蔫，后渐干枯落叶。当上端小枝的横径难容虫体时，幼虫掉头向下蛀食。每一蛀道只有 1 头幼虫，同一大枝上有时有 2 ~ 3 头幼虫同时蛀食，形成几个蛀道。在蛀道内相隔一段距离向外蛀 1 个洞孔，用作粪便排泄，并借以通气和排道内积水。洞孔大小和距离随幼虫的成长而渐增，幼虫藏于最下端的一个洞孔下方。幼虫敏捷，摇动枝条时，可迅速退至上方。卵初孵期在 5 月上旬，盛孵期在 5 月中旬至 7 月中旬，8 月仍有被害的干枯枝出现。8 月之后幼虫一般转为向下蛀食大枝。为害期 180 ~ 200 d，幼虫期 290 ~ 320 d。化蛹前幼虫自作蛹室在蛀道的下方，两端有如石灰的物质封闭，蛹期 23 ~ 25 d。

【防治方法】

1. **捕捉成虫**　在羽化期的清晨或小雨天，成虫飞翔较差，可用网兜进行捕捉。在园边种植万寿果或迟花果树，当成虫取食花蜜时捕捉。

2. **剪除被害小枝**　在被害小枝萎蔫至落叶前检查树冠，随时摘除或剪除虫枝，集中销毁，可防止幼虫蛀食大枝，是全年防治的关键。

3. **药剂防治幼虫**　用 80% 敌敌畏乳油 10 倍液，用棉花球或废纸团蘸药液后，在下方的第一洞孔或第二洞孔塞入蛀道，进行熏蒸毒杀。将防治橘光盾绿天牛的药签或"毒针"插入虫道，并保持虫道湿润，有较好的防治效果。

4. **捉幼虫**　成虫产卵盛期后，挖卵和初龄幼虫。

5. **药剂防治成虫**　可以参考橘褐天牛。

（三一）薄翅锯天牛

薄翅锯天牛（*Mogopis sinica* White），又名中华薄翅天牛、薄翅天牛、棕天牛，属鞘翅目天牛科。

薄翅锯天牛成虫

【分布与寄主】　中国东北、华北、华中、华南均有发生，国外日本、朝鲜、越南有分布。寄主有柑橘、苹果、山楂、枣、柿、栗、核桃等。

【为害状】　幼虫于枝干皮层和木质部内蛀食，隧道走向不规律，内充满粪屑，削弱树势，重者枯死。

【形态特征】

1. **成虫**　体长 30～52 mm，宽 8.5～14.5 mm，略扁，红褐至暗褐色。头密布颗粒状小点和灰黄细短毛，后头较长，触角丝状 11 节，基部 5 节粗糙，下面具刺状粒。前胸背板前缘窄，略呈梯形，密布刻点、颗粒和灰黄短毛。鞘翅扁平，基部宽于前胸，向后渐狭，鞘翅上各具 3 条纵隆线，外侧 1 条不甚明显，后胸腹板被密毛，雌腹末常伸出很长的伪产卵管。

2. **卵**　长椭圆形，乳白色，长约 4 mm。

3. **幼虫**　体长约 70 mm，体粗壮，乳白色至淡黄白色。头黄褐色，大部缩入前胸内，上颚与口器周围黑色。胴部 13 节，具 3 对极小的胸足，第 1 节最宽，背板淡黄色，中央生 1 条淡黄纵线，两侧有凹凸的斜纹 1 对，第 2～10 节背面和第 1～10 节腹面有圆形步泡突，上生小颗粒状突起。

4. **蛹**　长 35～55 mm，初乳白色，渐变为黄褐色。

【发生规律】　2～3 年发生 1 代，以幼虫于隧道内越冬。寄主萌动时开始为害，落叶时休眠越冬。6～8 月成虫出现。成虫喜于衰弱、枯老树上产卵，卵多产于树皮外伤和被病虫侵害之处，亦有在枯朽的枝干上产卵者，散产于缝隙内。幼虫孵化后蛀入皮层，斜向蛀入木质部后再向上或下蛀食，隧道较宽、不规则，隧道内充满粪便与木屑。幼虫老熟时多蛀到接近树皮处，蛀成椭圆形蛹室，于内化蛹。羽化后成虫向外咬成圆形羽化孔爬出。

【防治方法】

1. **农业防治**　加强综合管理，增强树势，减少树体伤口以减少成虫产卵。

2. **人工防治**　及时去掉衰弱、枯死枝，集中处理，注意伤口涂药消毒保护以利愈合；产卵盛期后刮去粗翘皮，可消灭部分卵和初龄幼虫，刮皮后应涂消毒保护剂。

3. **药剂防治成虫**　可以参考橘褐天牛。

（三二）柑橘褐天牛

柑橘褐天牛在树干基部蛀孔并排出粪便

柑橘褐天牛成虫

柑橘褐天牛幼虫蛀害树枝干

柑橘褐天牛［*Nadezhdiella cantori*（Hope）］，俗称钻干虫、老木虫（幼虫）、牵牛郎（以其成虫在树间振翅发出的"朗朗"叫声得名），是许多天牛种类中为害柑橘最严重的一种，属鞘翅目天牛科。

【分布与寄主】 分布于贵州、河南、广东、广西、四川、云南、湖南、湖北、江西、江苏、浙江、福建、陕西和台湾等省（区），国外泰国有发生。寄主限于柑橘类。

【为害状】 幼虫蛀害距离地面 30 cm 以上的主干或主枝，木质部虫道纵横，以主干分叉处蛀害孔最多。植株濒死或易被风吹断。蛀食枝干的幼虫并向外开出数个通气排粪孔，排出粪屑。受害枝干千疮百孔，易枯死或风折，早期受害后出现叶黄、梢枯。危害严重时，柑橘树生长缓慢，树势衰弱，影响果品产量和品质。

【形态特征】

1. **成虫** 体长 25 ~ 51 mm，雌虫显著大于雄虫。黑褐色具光泽，被灰黄色短茸毛。头顶复眼间有 1 条深纵沟，触角基瘤前、额中央具 2 条弧形深沟。前胸宽大于长，背面呈不规则皱褶，侧刺突尖状。鞘翅基部隆起，末端略斜切，内端角尖狭但不尖锐。体色较深黑而体毛灰褐色。雌虫触角内端角无小刺，前胸背板皱脊较细密，侧刺突较短。

2. **卵** 椭圆形，长约 3 mm，卵壳有网纹。初产时乳白色，孵化前呈灰褐色。

3. **幼虫** 老熟幼虫长 46 ~ 56 mm，乳白色，扁圆筒形。口器除上唇为淡黄色外，其余为黑色。前胸背板上有横裂成 4 段的棕宽带，中央的 2 条长，外侧的 2 条短。胸足细小。中胸腹面、后胸及腹部第 1 ~ 7 节背、腹两面均具移动器，背移动器呈"中"字形。

4. **蛹** 体长约 14 mm，淡黄色，翅芽叶状，伸达第 3 腹节腹面后端。

【发生规律】 柑橘褐天牛在橘产区 2 ~ 3 年完成 1 代，幼虫和成虫均可过冬。一般在 7 月上旬以前孵出的幼虫，当年以幼虫在树干蛀道内越冬，翌年 8 月上旬至 10 月上旬化蛹。10 月上旬至 11 月上旬羽化为成虫，在蛹室内越冬，第 3 年 4 ~ 5 月成虫外出活动。8 月以后孵出的幼虫，则需经历 2 个冬天，分别以当年生（大多达 8 龄）和 2 年生（大多达 15 龄）幼虫越冬，第 3 年 5 ~ 6 月化蛹，8 月以后羽化为成虫外出活动，迟的要到第 3 年 8 ~ 10 月才化蛹，10 ~ 11 月羽化为成虫越冬，第 4 年 4 ~ 5 月成虫外出活动。1 年中在 4 ~ 9 月均有成虫外出活动和产卵，以 4 ~ 6 月外出活动最多，5 ~ 9 月产卵，5 ~ 7 月产卵数占多数，幼虫大多在 5 ~ 7 月孵化。

【防治方法】

1. **人工捕捉** 根据当地虫情，掌握在成虫外出活动盛期，一般可在 4 ~ 5 月闷热或刮南风的晴天夜晚，在橘园树干上捕捉成虫于产卵前。亦可在炎热的中午利用成虫躲在蛀洞内，喜将触角伸出洞外的习性，扯住触角牵出天牛。

2. **防治卵及幼虫** 夏至前后，在天牛产卵部位及低龄幼虫为害处用刀刮杀，用塑料薄膜袋盛上 80% 敌敌畏乳油 10 倍液，袋口扎以竹管，将药液压入由下至上的第 3 ~ 4 个洞内。

3. **保持树体整洁** 清除枯枝时，要凿平伤口，涂上保护剂，使其愈合良好；枝干上的洞要用水泥、河沙或黏土堵塞，使树干表面保持光滑。

4. **药剂防治成虫** 试用 8% 氯氰菊酯触破式微胶囊剂，这是针对天牛开发的新农药。这种触破式微胶囊剂选用的是脆性囊皮材料作为药剂包衣，使天牛成虫踩触或取食时药剂即可破囊，一次性地释放出足以致死天牛成虫的有效剂量，而且药物作用点又是天牛保护功能最薄弱的跗节和足部，通过节间膜进入天牛体内，进而迅速防治天牛成虫。故对天牛产生特效，同时又不伤天敌。使用时，用氯氰菊酯触破式微胶囊剂 400 倍液将树皮喷湿后，每平方厘米可达 4 个微胶囊，当大型天牛成虫在喷有该药的树干上爬行距离达 3 m 即可中毒死亡。以当年第 1 批天牛羽化出孔时喷药为最佳时机，这样可将新羽化的天牛成虫在其出孔后数小时内防除，以避免其再取食和产卵为害。使用时注意用力摇动药液达到上下均匀。喷药位置在树干、分枝中的大枝及其他天牛成虫喜出没之处。喷药以树皮湿润为宜。

（三三）柑橘爆皮虫

柑橘爆皮虫（*Agrilus auriventris* Saunders），又名柑橘小吉丁虫、柑橘吉丁虫、柑橘锈皮虫等，属于鞘翅目吉丁科。

【分布与寄主】 本虫是分布最广的一种柑橘吉丁虫，遍布国内各柑橘产区；国外分布于日本。为害柑橘类。

【为害状】　幼虫蛀害主干和大枝,在皮层下蛀食成许多弯曲蛀道,常见数条虫道由一点(产卵处)向四周放射伸出,被害处树皮常整片爆裂,整个大枝干枯,甚至整株枯死。

【形态特征】

1. **成虫**　体长6～9 mm,青铜色,有金属光泽。雄虫头部翠绿色,腹面中央从下唇至后胸有密而长的银白色茸毛;雌虫头部金黄色,腹面中央至后胸的茸毛短而稀。鞘翅紫铜色,密布细小点刻,上有由金黄色茸毛密集而成的不明显的波纹状斑。

2. **卵**　椭圆形,扁平,长0.7～0.9 mm,乳白色,后变土黄色,近孵化时变为淡褐色。

3. **幼虫**　体扁平细长,乳白色或淡黄色,表面多皱褶。头部甚小,褐色,除口器外均陷入前胸。前胸膨大,扁圆形,其背、腹面中央各有1条明显的褐色纵沟,其后端分叉,中、后胸甚小,无足。

4. **蛹**　扁圆锥形,长8.5～

柑橘爆皮虫成虫在取食柚叶

柑橘爆皮虫为害树干处流胶

柑橘爆皮虫幼虫

柑橘爆皮虫成虫在交尾

10 mm,乳白色,柔软多褶,渐变为淡黄色,后变为蓝黑色,有金属光泽。

【发生规律】　柑橘爆皮虫1年发生1代,大多以老龄幼虫在枝干木质部,少数以3龄或2龄幼虫在枝干皮层越冬。由于越冬幼虫龄期不一,致使翌年发生很不整齐。在浙江、江西和湖南,翌年2月中下旬在皮层越冬的幼虫开始活动为害;而在木质部越冬的幼虫一般在3月中下旬开始化蛹,4月中下旬为化蛹盛期和成虫开始羽化,4月下旬至5月上旬为羽化盛期。卵大多产在树干离地面1 m以内的树皮细小裂缝中或与主枝交叉处,少数产在树皮上的地衣、苔藓下或阴暗的树皮表面。卵常散产,或2～3粒,多至8～10粒排成鱼鳞状卵块。

幼虫孵化后在树皮浅处蛀害,常有油点状褐色透明胶质流出,削开表皮可见虫体。后逐渐逐层向内蛀入,蛀至形成层后,即向上或向下蛀食成较细的不规则蛀道,充满虫粪,使树皮和木质部分离,树皮干枯爆裂。

柑橘爆皮虫以树龄老、树皮粗糙、裂缝多和管理不善、树势衰弱的树发生严重。柑橘种类一般以橘类受害严重,甜橙次之,柑类和柚类较轻。

【防治方法】

1. **消灭虫源**　被害的死树和枯枝中,潜存大量幼虫和蛹,应在冬、春季成虫出洞前清除烧毁。

2. **阻隔成虫**　春季成虫出洞前,将去年受害严重的树,用稻草从树干基部自下而上边搓边捆,紧密捆扎,并涂刷泥浆,使不留缝隙,阻隔成虫出洞。这样既有助于树干伤口愈合,亦可减少成虫产卵的机会。

3. **毒杀成虫**　掌握成虫羽化盛期,在其即将出洞时,刮除树干被害部分的翘皮,再涂刷40%乐果乳油5倍液,或80%敌敌畏乳油3倍液,或用80%敌敌畏乳油加10～20倍黏土对水调成糊状涂封,可使羽化后的成虫在咬穿树皮时中毒死亡。亦可在成虫出洞高峰期,选用90%晶体敌百虫或80%敌敌畏乳油1 000～1 500倍液,50%马拉硫磷乳油1 500倍液,50%杀螟松乳油800～1 000倍液等,进行树冠喷药,消灭漏网的成虫。

4. **杀灭幼虫**　6～7月幼虫盛孵期,根据被害部流出胶质的标志,用小刀刮除初孵幼虫,伤口处换上保护剂。或先刮去流胶被害处一层薄树皮,再涂刷80%敌敌畏乳油3倍液等(若涂刷面小,可用有机磷药剂加等量的煤油或轻柴油,增强渗透力;涂刷面大,易灼坏树皮),触杀皮层内的幼虫。

（三四）柑橘溜皮虫

柑橘溜皮虫（*Agrilus* sp.），又名溜枝虫、串皮虫，在国内记录有9种吉丁虫可为害柑橘，其中溜皮虫是几个为害严重的虫种之一，属鞘翅目吉丁虫科。

柑橘溜皮虫成虫

柑橘溜皮虫旋状蛀害树干皮层

【分布与寄主】　分布于贵州、四川、广西、广东、浙江、湖南和福建等省（区）。寄主限于柑橘类植物。

【为害状】　幼虫呈螺旋状缠绕潜蛀枝干皮层，造成树皮剥裂，流胶如泡沫，导致树势衰弱、枝条断枯和产量降低。

【形态特征】

1. **成虫**　黑褐色，雌虫长 10 ~ 11 mm，雄虫长 9 ~ 10 mm，宽 2.8 ~ 3.0 mm，腹面、胸部腹面和足具强亮绿色光泽。活成虫背面微具光泽，标本色暗无光。头、胸、翅中部以上区等宽，从鞘翅中后部渐向尾端斜缢。头顶向额区深凹陷呈宽纵沟。触角共 11 节，第 1 ~ 3 节柄状，第 4 ~ 11 节锯齿状，齿突均一。前胸背板前、后缘区横陷，中部区域隆起成宽横脊，直达侧缘。头部刻点粗大，胸部刻点次之，翅面刻点细密，排列均不规则。鞘翅基缘线显著隆起成脊，翅前缘区向前胸背板后缘凹区倾斜。翅面有 3 块由白茸毛组成的斑区，其中以翅末端 1/3 处的白斑最清晰。

2. **卵**　呈馒头形，1.6 ~ 1.7 mm，初为乳白色，孵化前黑色。

3. **幼虫**　老熟幼虫体长 23 ~ 26 mm，扁平，乳白色。前胸背板大，宽大于长度，背观近圆形，中、后胸缩小近 2/5。腹部各节呈梯形，腹节后端宽于前端，后缘两侧角状突出。腹末端具 1 对钳状突。

4. **蛹**　纺锤形，体长 9 ~ 12 mm，宽约 3.8 mm。初化蛹时乳白色，羽化时黄褐色。

【发生规律】　1 年发生 1 代，以幼虫在虫道中越冬。发生于浙江黄岩和贵州都匀等地，翌年 4 月中下旬温州蜜橘绽蕾时成虫始羽化出洞，6 月上旬为羽化盛期，7 月初为终见期。成虫羽化后 3 ~ 4 d 开始交尾，此后 2 ~ 3 d 开始产卵。上午 10 ~ 12 时活跃，上午 9 时前多停息于叶面晒太阳，阴雨天躲在树冠内膛叶丛中。卵产在枝干表皮凹陷处，常有绿褐色物覆盖，散产。每头雌虫产卵量少，一般产 4 ~ 5 粒。早出洞的成虫产卵早，6 月下旬至 7 月上旬幼虫孵化为害，后出动的成虫一般 7 ~ 8 月产卵，幼虫孵化也迟。初孵幼虫先在皮层啮食，被害部外观呈泡沫状流胶，此后潜入外层木质部，螺旋状蛀食，虫道可达 30 cm 长，形成典型的"溜道"。中后期，幼虫溜蛀经过处，枝条树皮剥裂，外观可见树皮沿着虫道愈合的痕迹，幼虫一般在最后一个螺旋虫道处。小枝被害，叶片衰弱。

【防治方法】

1. **农业防治**　冬季修剪伤势弱的虫枝，减少橘园虫源数量。

2. **药剂防治**　在 8 ~ 10 月，用煤油 1 000 mL，对 40% 辛硫磷或毒死蜱 10 mL 配制成药液。用小刀划刻虫溜道，当刀达木质部后，用排笔蘸药涂树干。煤油是渗透力很强的载体，将药渗入虫道内，杀虫效果达 95% ~ 100%。贵州都匀前进果场曾经用此法结合杀成虫，2 年就消灭了此虫为害。亦可在成虫羽化始盛期，用上述农药 800 倍液喷树冠。菊酯类农药 2 000 倍液也有较强的杀灭效果。

（三五）坡面材小蠹

小蠹虫是为害柑橘的一类新害虫，目前已知有 3 种。除坡面材小蠹（*Xyleborus interjectus* Bland.）外，另有光滑材小蠹（*Xyleborus germanus* Bland.），蛀食被炭疽病侵染后留在树上的干枯僵果；洼额咪小蠹（又称爪哇咪小蠹，*Hypothenemus javanus* Egger.），为害纤细枯枝的木质部，不造成经济损失。均属鞘翅目小蠹虫科。

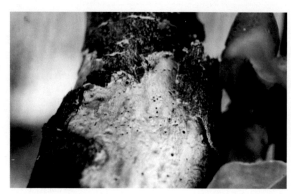

坡面材小蠹蛀害，树干腐烂有虫孔

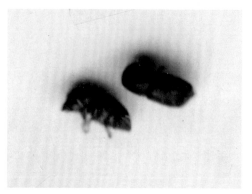

坡面材小蠹成虫

【分布与寄主】 分布于贵州、四川、云南、福建、广东、安徽、西藏和台湾等省（区）。坡面材小蠹是主要的林木害虫，寄主植物有梨、柿、中国梧桐、马尾松，还见为害树势败落或近于濒死的金橘、酸橙及柏等高大植株之树干和主枝。

【为害状】 将木质部蛀成纵横隧道，严重破坏了树体输导功能，促使寄主进一步衰枯死亡。

【形态特征】

1. **成虫** 初羽化时黄褐色，老熟虫体黑色，具强光泽，长圆筒形，宽阔粗壮。雌虫长 3.6 ~ 4 mm，宽 1.6 ~ 1.8 mm；雄虫体小，长 2.6 ~ 3.1 mm，宽 1.4 ~ 1.6 mm。头隐藏在前胸背板下，鞘翅背面自中部起均匀缓和地向后弓曲，形成约 50° 的坡面。

2. **卵** 乳白色，表面光滑，长椭圆形，长 0.6 ~ 0.7 mm，厚 0.3 ~ 0.4 mm。

3. **幼虫** 老熟幼虫长 3.8 ~ 4.1 mm，宽 1.0 ~ 1.2 mm，嫩白色，虫体稍向腹部弯曲。头褐色。除腹面外，在每一体节中部的各条体线处，生有褐色细短毛 1 根。

4. **蛹** 为裸蛹，初期乳白色，近羽化时浅黄褐色。长 3.6 ~ 3.8 mm，宽 1.4 ~ 1.6 mm。

【发生规律】 在贵州 1 年发生 3 代，世代重叠严重，以成虫越冬。4 月中上旬越冬成虫从木质部深处虫道迁移至外层坑道活动，寻找新的部位或飞到新寄主上打洞筑坑，4 月中下旬至 5 月初交尾产卵。两性同居时间短，常以雌虫独居繁殖后代，雄性约占种群数量的 20%。坑道多为横坑，母坑和子坑孔径大小相同。初期，虫坑在木质部外层，坑长度视树径而异，母坑 3 ~ 4 cm，子坑 4 ~ 6 cm，2 ~ 3 条，分布于母坑两侧几厘米内的垂直面上。成虫由外至内重复产卵于子坑内，每坑产卵 13 ~ 35 粒不等，放在各子坑里可同时查到各个虫态。后期母坑可长 5 ~ 7 cm，子坑数增至 4 ~ 6 条，卵多产于内部新坑。新一代成虫出现后，沿子坑端部向前取食或从子坑内壁另蛀坑道，致使整个木质部道纵横交错。第 1 代成虫羽化盛期是 5 月底至 6 月初，第 2 代 7 月中下旬，第 3 代 9 月中上旬，至 10 月上旬仍有少数成虫羽化。11 月上旬，常有冷空气侵入，气温下降导致成虫大量死亡，部分进入木质深处虫道内越冬。成虫不为害健康旺长树，喜对衰败和濒死树蛀害。一般情况下具群集蛀害习性，但在较小的枝干上也见个别虫体独栖。群体为害时，受害部多择 2 m 以下树干，蛀孔集中，常有新鲜粪屑排出洞口。迁蛀初期如遇降水，湿度大，树干挂满橘胶，部分成虫未入木质部就被贴死。随虫口密度的增加，附生于坑道内的霉菌不断扩展繁殖，致木质部变黑、坏死，寄主也渐濒枯死。

【防治方法】

1. **农业防治** 加强水肥管理和防治天牛类、溜皮虫、爆皮虫等害虫的为害，保持橘园树势旺盛。鼠害和脚腐病亦可导致植株衰退，一并加强预防。

2. **人工防治** 及早砍掉受害较重、濒死或枯死的橘株，集中处理，以除虫源；初侵染树，成虫数量少，虫道浅，可用小刀削去部分皮层涂药触杀。

3. **药剂防治** 根据虫体在晴暖日喜在孔口处活动等习性，用杀虫剂高浓度喷洒树干触杀。

（三六）恶性叶甲

恶性叶甲（*Clitea metallica* Chen），又名恶性叶虫、恶性橘啮跳甲，俗称黑叶跳虫、黑蚤虫、黄懒虫，属鞘翅目叶甲科。

柑橘恶性叶甲幼虫为害状（1）

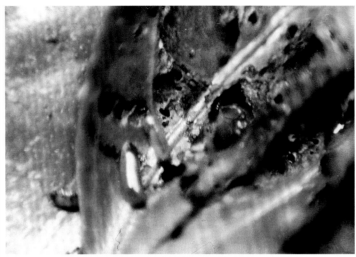

柑橘恶性叶甲幼虫为害状（2）

【分布与寄主】 分布于我国各柑橘产区。寄主仅限于柑橘类。

【为害状】 成虫咬食新芽、嫩叶、花蕾、幼果和嫩茎；幼虫常群集在嫩梢上食害芽、叶和花蕾，并分泌黏液和排出粪便污染嫩叶，使其焦黑枯落。被害芽、叶残缺枯萎，花蕾干枯坠落，幼果常被咬成很大孔洞，以致变黑脱落。是春梢期为害极严重的害虫，使开花结果减少，甚至造成满园枯梢，不能结果，或只开花不结果。在一些管理不善的零星橘园严重发生。

【形态特征】

1. **成虫** 雌成虫体长 3 ~ 3.8 mm，雄成虫略小，长椭圆形，蓝黑色，有金属光泽。口器、触角、足及腹部腹面黄褐色，胸部腹面黑色。前胸背板密布小点刻，鞘翅上各有 10 行纵列小点刻。后足腿节膨大，善跳跃。

2. **卵** 长椭圆形，长约 0.6 mm，白色至黄白色，近孵化时变为深褐色。卵壳外有 1 层黄褐色网状黏膜。

3. **幼虫** 成熟时体长 6 mm 左右，头部黑色，胸腹部草黄色。前胸背板有深茶褐色半月形硬皮片，由背线分为左、右两块。中、后胸两侧各有 1 个大的黑色突起，胸足黑色。体背常分泌有灰绿色黏液和黏附的粪便。

4. **蛹** 椭圆形，体长约 2.7 mm，黄白色，后变橙黄色，前、后翅灰白色，近羽化时前翅变为黑色。

【发生规律】 恶性叶甲在多数柑橘区 1 年发生 3 ~ 4 代，广东可发生 6 ~ 7 代，均以成虫在树干裂缝、霉桩、卷叶中，地衣、苔藓下，或地面杂草、松土中越冬。3 月底至 4 月初，越冬成虫出现，产卵于新叶上，4 ~ 5 月为第 1 代幼虫期，为害最烈；6 ~ 7 月为第 2 代；7 ~ 8 月为第 3 代；8 ~ 9 月为第 4 代幼虫期。幼虫有群居性。各地以越冬后的成虫和第 1 代幼虫为害春梢最严重，以后各代发生量很少，夏、秋梢受害轻微。

成虫善跳能飞，过度惊扰先行跳跃，然后假死，平时不大活动，常群居一处，夏季高温期越夏休眠。成虫寿命 2 个月左右，羽化后 2 ~ 3 d 开始取食。雌虫一生交尾多次，交尾后当天或隔天开始产卵。产卵期平均 20 d 左右。卵多产在嫩叶背面或正面的叶尖及叶缘处，极少数产在叶柄、嫩梢及花蕾上，产卵前咬破表皮成一小穴，绝大多数产卵 2 粒并列于穴内，并分泌胶质涂布卵面。每头雌虫平均产卵 100 余粒，但据广东潮阳室内饲养，平均产卵 780 粒左右，最多可达 1 760 余粒。卵期第 1 代 8 ~ 14 d，第 2、第 3 代各 4 ~ 6 d。

幼虫孵化后先取食嫩叶叶肉而留表皮，约经 1 d 分泌黏液和排泄粪便，黏附体背，并污染嫩叶。有群集性，常数十头聚集在一个嫩枝上。蜕皮时先在叶片或枝上爬行，撩去体上粪便后，再进行蜕皮。2 ~ 3 龄幼虫食叶成孔洞，或沿叶缘向内啮食。幼虫期一般第 1 代平均 22 d，第 2、第 3 代各 13 d 左右。幼虫有 3 龄，成熟后甚为活动，沿枝干下爬，寻找适当处化蛹。大多在树干皮层裂缝处、地衣、苔藓下，或枯枝、霉桩、树干中化蛹。若树干光滑，则爬至树干附近 1 ~ 2 cm 深的松土中，做椭圆形土室化蛹。蛹期一般第 1 代 6 ~ 7 d，第 2 代 3 ~ 7 d，第 3 代 5 ~ 9 d。

恶性叶甲在管理不善，树上有地衣、苔藓、枯枝、霉桩等的橘园，发生数量常较多。

【防治方法】

1. **加强橘园管理** 清除树上的地衣、苔藓、枯枝、霉桩和卷叶，堵塞树干孔隙和涂封裂缝，以及中耕松土灭蛹，消除越冬和化蛹场所。消灭地衣和苔藓，可结合防治蚧类在春季发芽前喷用松碱合剂 10 倍液，秋季喷用 18 ~ 20 倍液。剪除霉桩后用接蜡（黄蜡 2 份、沥青 1 份，加入研碎的蜕脂松香 3 份熔化而成）或新鲜牛粪拌和黏土（1∶1 混合）涂封保护伤口。

2. **诱杀幼虫** 在幼虫化蛹前，无地衣、苔藓、裂缝、孔隙、霉桩等的树，可在树干、枝杈上束稻草，诱集幼虫潜入化蛹，并在羽化前及时解除销毁。

3. **药剂防治** 在卵孵化达 50% 左右时，选喷 80% 敌敌畏乳油、90% 敌百虫晶体、50% 马拉硫磷乳油 1 000 倍液 1 ~ 2 次，20% 甲氰菊酯乳油 2 000 倍液，2.5% 溴氰菊酯乳油 2 000 倍液，20% 氰戊菊酯乳油 2 000 倍液，均有良好效果。

（三七）橘潜叶甲

橘潜叶甲（*Podagricomela nigricollis* Chen），又名柑橘潜叶跳甲、橘潜叶虫、红色叶跳虫，属鞘翅目跳甲科。

橘潜叶甲成虫在取食

橘潜叶甲幼虫为害状（1）

橘潜叶甲幼虫为害状（2）

橘潜叶甲成虫为害状

【分布与寄主】 分布于长江两岸及华南柑橘产区。为害柑橘属。

【为害状】 成虫取食柑橘嫩芽、幼叶。幼虫孵化后即钻入枝内潜食成蜿蜒隧道。使叶片枯黄脱落，卵产于嫩叶背面叶脉旁及叶缘等处，并排粪便覆盖。

【形态特征】

1. **成虫** 体长 3 ~ 3.5 mm，宽 2.7 mm。体宽椭圆形，色泽变异很大。通常头、前胸背板、足和触角黑色，其余部分为淡棕黄色至深橘黄色，有时鞘翅肩部杂黑色，足的胫节基部红色。头顶拱凸，具微细刻点，前缘有 1 条深刻的弧形沟纹向两侧伸至复眼后缘。触角稍短于体长之半，第 2 节粗，稍短于第 3 节。前胸背板宽约为长的 2 倍，小盾片很小，心脏形，光滑无刻点。鞘翅刻点 11 行，排列规则、整齐，行间微隆，并有细微刻点。后足胫节膨宽，中部最宽。

2. **卵** 椭圆形或多角形，具网状纹。幼虫 3 龄，蜕皮 2 次。

3. **幼虫** 老熟幼虫体长 4.7 ~ 7 mm，深黄色，触角 3 节，胴部 13 节。前胸背板硬化，胸部各节两侧圆钝，从中胸起宽度渐减。各腹节前狭后宽，呈梯形，胸足 3 对，灰褐色，末端各具深蓝色微呈透明的球形小泡。

4. **蛹** 体长 3 ~ 3.5 mm，淡黄色至深蓝色。头部向腹部弯曲，口器达前足基部，复眼肾脏形，触角弯曲。全体有刚毛多对，腹端部有黄褐色的臀叉。

【发生规律】 以山地及近山地橘园发生最多。1 年发生 1 代，以成虫在树干的地衣、苔藓下，或主干周围的松土中越冬。据福州记载，越冬成虫开始活动期为 3 月下旬至 4 月上旬，产卵期为 4 月上旬至 4 月下旬，幼虫期为 4 月上旬至 5 月上旬。当代成虫羽化期为 5 月上旬至 6 月上旬。浙江黄岩越冬成虫始发于 4 月上旬，4 月下旬为幼虫盛发期，5 月上旬化蛹，5 月下旬成虫羽化。越冬成虫、当年幼虫和成虫是三个主要为害虫态。

成虫喜群居，跳跃力强，有假死性。越冬成虫以取食嫩叶为主，叶柄、花萼、果柄亦能被害。成虫先取食叶背表面，再及叶肉。被害叶片多呈点点白斑。卵单粒散产，并分泌胶状物黏在嫩叶背面。每雌虫平均产卵 300 粒左右，卵期 6.3 d。成虫夏眠和越冬均在土中。初孵幼虫 1 h 后从叶钻孔入叶，潜居嫩叶内蛀食叶肉，蜿蜒蛀食成不规则弯曲隧道，新鲜隧道中央有幼虫排泄物所成的点线 1 条。幼虫由于蜕皮后食料缺乏有转移特性。每蜕皮 1 次转移 1 次。幼虫成熟后随被害叶脱落地面，从叶面啮孔爬出入土化蛹。蛹室多在主干周围半径 70 ~ 135 cm 范围内，入土深度一般 3 cm 左右。

【防治方法】

1. **人工防治** 清除树干上的地衣、苔藓和可能潜存的场所，减少越冬虫源；扫除被害落叶，集中烧毁，以深埋随虫叶落地幼虫。

2. **药剂防治** 在成虫活动期、产卵高峰期及幼虫为害期，对树冠和树下地面用药可参考恶性叶甲的防治。

（三八）柑橘灰象甲

柑橘灰象甲（*Sympiezomia citre* Chao），又名柑橘大象甲、灰鳞象鼻虫，俗称长鼻虫，属鞘翅目象甲科，是在国内记录的 24 种为害柑橘的象甲中为害比较严重的一种。

柑橘灰象甲为害状　　　　　　柑橘灰象甲交尾状　　　　　　柑橘灰象甲成虫

【分布与寄主】 分布于贵州、四川、福建、江西、湖南、广东、浙江、安徽和陕西等省。除为害甜橙、柑橘、柚类植物外，还为害桃、茶、枣、龙眼、桑、茉莉和棉花等果园附近的许多植物。

【为害状】 成虫为害新梢嫩叶，将叶片咬成缺口和缺孔。有时在叶柄上留下叶脉和少量残缘，幼果有时也受害，果皮被啮食成凸凹不平的缺刻，后期愈合部成为"伤疤"。果皮被害与卷叶蛾幼虫为害相似，但啮伤部面积比较小。

【形态特征】

1. **成虫** 雌成虫较雄虫大，体长 9.3 ~ 12.3 mm，宽 3.5 ~ 5.5mm，雄成虫长 8 ~ 10 mm，宽 3 ~ 4 mm，体密生灰白

色至浅褐色鳞毛，无光泽。头管短而粗，黑色，背面从喙端至头顶中央区有 1 条纵凹沟，其两侧各有 1 条浅沟伸至复眼前面。复眼肾状隆起，黑色。触角膝状，端部膨大呈锤。前胸长稍大于宽度，两侧弧形，背板密生瘤突，背中线处呈 1 条细纵沟，除侧缘区外均为深黑色。鞘翅基部灰白色，中部具 1 条灰白色横带，翅面具 10 行刻点沟，行间着生倒伏状短毛。雌虫鞘翅末端较长狭，合成近"W"形，腹部末节腹板近三角形。雄虫两翅末端钝圆，末节腹板近半圆形。

2. **卵**　细长圆筒形，略扁，长 1.1 ~ 1.4 mm，宽 0.3 ~ 0.4mm。初产时乳白色，孵化前浅紫黑色。卵粒单层黏结成大小不等的卵块。

3. **幼虫**　老熟幼虫长 11.2 ~ 13.5 mm，乳白色至淡黄色。头部黄褐色，头盖缝中央强烈内陷。体节可辨认出 11 节，前胸节及第 1 ~ 8 腹节气门褐色而明显。

4. **蛹**　淡黄色，长 8 ~ 12 mm，宽 3.5 ~ 5 mm。头管向胸前弓弯，上颚呈宽叶状如钳剪隐埋于喙端。前胸背板隆起，中胸后缘稍凹，背面具 6 对短刚毛。腹背面各节横列 6 对刚毛，末端两侧具 1 对黑褐色直伸的棘刺。

【发生规律】　1 年发生 1 代，一般地区以成虫越冬。福建省福州、闽侯和贵州省罗甸、望谟等低温县橘产区，以成虫和少量幼虫越冬。越冬成虫翌年 3 月底 4 月中旬出土，从地面爬行上树，食嫩春梢叶、茎或幼果皮补充营养。上午 10 时前，成虫躲在卷叶或花间静息，中午气温升高时取食，交尾产卵，假死性强，受惊即落地。交尾期多在出土后 10 d 左右，有多次交尾习性，傍晚和清晨交尾者居多，此后 3 ~ 4 d 产卵。卵产在两嫩叶或当年生成熟叶片相叠的夹缝处，十余粒至四五十粒不等，每头雌虫一生可产数百粒卵。成虫产完卵后，用分泌的胶质将两叶和卵块相互黏合，产卵期一般集中在 5 ~ 7 月。卵历期受温度支配，当气温为 22 ℃左右时卵历期 11 ~ 12 d，24 ~ 25 ℃时卵历期 7 ~ 9 d，28 ~ 32 ℃时卵历期仅 5 ~ 6 d。幼虫孵化后即落地入土，在 3 ~ 5 cm 处取食腐殖质和橘园杂草须根，共 6 龄。幼虫期最长，出土时间很不一致。蛹栖深度为 10 ~ 15 cm，预蛹期约 8 d，蛹期约 20 d。成虫羽化后，在蛹室中越冬数月。

【防治方法】

1. **人工捕杀**　在成虫出土高峰期的 4 月中上旬，根据其受惊坠地习性，在树下铺塑料布，摇树拾虫杀灭。

2. **物理防治**　春季 3 月中旬成虫上树前，用胶环包扎树干，或直接将胶涂在树干上，防止成虫上树，并逐日将诱集在胶环下面的成虫消灭。但要注意胶环有效持续时间，及时更换新环。

3. **药剂防治**　发生数量多时，成虫上树前或上树后产卵前防治，喷施下列药剂：45%马拉硫磷乳油 1 500 倍液，5%顺式氯氰菊酯乳油 2 500 倍液，10%高效氯氰菊酯乳油 2 500 倍液，2.5%溴氰菊酯乳油 4 000 倍液，对成虫有效。

（三九）小绿象甲

小绿象甲（*Platymycteropsis mandarinus* Fairmaire），属鳞翅目象甲科。

小绿象甲为害柑橘叶片状（1）

小绿象甲为害柑橘叶片状（2）

【分布与寄主】　分布于广东、广西、福建、江西、湖南、湖北、陕西等省（区）。寄主有柑橘、桃、李、板栗等果树及大豆、花生、棉花、桑、油桐等经济作物。

【为害状】　成虫为害叶片，可咬成缺口和缺孔。有时在叶柄上留下叶脉和少量残缘，幼果有时也受害。

【形态特征】　成虫体长 5 ～ 9 mm，宽 1.8 ～ 3.1 mm。体长椭圆形，密被淡绿色或黄褐色发绿的鳞片。头喙刻点小，喙短，中间和两侧具细隆线，端部较宽。触角红褐色，柄节细长而弯，超过前胸前缘，鞭节头 2 节细长，棒节颇尖。前胸梯形，略窄于鞘翅基部，中叶三角形，端部较钝，小盾片很小。鞘翅卵形，背面密布细而短的白毛，每鞘翅上各有由 10 条刻点组成的纵沟纹。足红褐色，腿节粗，具很小的齿。

【发生规律】　小绿象甲在福建和广西每年繁殖 2 代，以幼虫在土中越冬。第 1 代成虫于 4 月底至 5 月初出土活动，5 月底至 6 月初为发生盛期。第 2 代成虫于 7 月下旬出现，8 月中旬至 9 月下旬为发生盛期。成虫常群集为害，有假死习性，振动受惊时立即掉落地面。

【防治方法】
1. **人工防治**　在成虫发生期，利用其假死性、行动迟缓、不能飞翔特点，于 9 时前或 16 时后进行人工捕捉，先在树下铺塑料布，振落后收集处理。
2. **在成虫发生初期防治**　于傍晚在树干周围地面喷洒 50% 辛硫磷乳剂 300 倍液，或喷洒 48% 毒死蜱乳油 800 倍液，90% 晶体敌百虫每株成树用药 15 ～ 20 g。施药后把匀土表或覆土，毒杀羽化出土的成虫。
3. **树上喷药**　成虫发生期，于树上喷洒 48% 毒死蜱乳油 1 000 倍液，或 2% 阿维菌素乳油 2 000 倍液。

（四〇）绿鳞象甲

绿鳞象甲（*Hypomeces squamosus* Fabricius），又称蓝绿象、大绿象虫、绿绒象甲、绿鳞象虫，属鞘翅目象虫科。

柑橘绿鳞象甲成虫（绿色型）　　　　绿鳞象甲成虫（灰色型）　　　　绿鳞象甲成虫（褐色型）

【分布与寄主】　分布于内蒙古、河北、河南、安徽、江苏、江西、浙江、福建、台湾、广东、广西、云南、四川、湖南等省（区）；越南、柬埔寨、缅甸、泰国、印度尼西亚、菲律宾、马来西亚、印度等国。绿鳞象为害的植物有柑橘、苹果、梨、桃、李、梅、枣、核桃、杧果、龙眼、柠檬、油茶、茶树、榆、朴、松、杉等多种果树和经济林木。

【为害状】　此虫以成虫咬食寄主的叶片和幼芽，将叶或芽咬成许多缺刻和孔洞，使其残缺不全，也能食害花、咬断嫩梢及果柄，造成落花落果，影响产量和品质。

【形态特征】
1. **成虫**　体长 13 ～ 18 mm，略呈梭形，肥大而扁。由于体表有绿、黄、棕、灰等闪闪发光的鳞片和灰白色的茸毛，所以成虫的体色多变，但以粉绿色、粉黄色和灰黑色为多。头管背面扁平，有 5 条纵沟，中沟宽而深，长达头顶。触角粗短，柄节长达复眼中间。复眼甚突出。前胸宽大于长，基部最宽，呈二凹形，两侧几乎直，背面有宽而深的中沟和不规则刻痕。鞘翅肩部宽于前胸基部，向后渐变窄，在端部缩成上下 2 个锐突，上面的较大，鞘翅面有由深大点刻组成的 10 条纵沟纹，但多为鳞片所遮盖。
2. **卵**　椭圆形，长 1.0 ～ 1.2 mm，淡黄白色，孵化前暗黑色。

3. **幼虫**　老熟幼虫体长 15 ~ 18 mm，体肥多皱纹，向腹面弯曲成镰刀状，乳白色，无足。

4. **蛹**　体长 14 ~ 17 mm，黄白色，裸蛹，头管弯向腹面。

【发生规律】　1 年发生 1 ~ 2 代，以成虫和幼虫在土中越冬。广东省广州市终年可见成虫为害。在福建省福州市，越冬成虫在翌年 4 月中旬出土活动，6 ~ 8 月为成虫发生盛期，8 月中旬锐减，10 月下旬绝迹。5 月初到 9 月下旬成虫均可产卵，5 月中旬至 10 月上旬幼虫先后孵化，9 ~ 10 月老熟幼虫陆续化蛹，以后有部分羽化为成虫。9 月下旬羽化的成虫，个别尚能出土活动，但当年不产卵，10 月羽化的成虫即在土室内蛰伏越冬。以幼虫越冬的在春暖后才化蛹。成虫羽化后在土中蛰伏数日，然后出土爬到植株枝梢上，群集为害新梢嫩叶。

成虫白天活动和取食，尤以午后至黄昏时比较活跃，夜间至清晨到中午前后均不甚活跃，常在叶背隐伏。活动力不强，飞行力很弱，善爬不善飞，有群集性和假死性，受惊即落地装死。成虫一生能交尾多次，多在黄昏到晚间进行。卵单粒散产在寄主叶片上，也有的产在植株附近 10 ~ 15 cm 的疏松表土内或落叶下。产卵期很长，57 ~ 98 d。每头雌虫产卵 70 ~ 90 粒。幼虫孵化后落地或就近入土在 10 ~ 15 cm 的土内生活，中龄幼虫可在深达 65 cm 的土层中，取食果树及杂草的须根或腐殖质，直到越冬。8 月以前孵出的幼虫期是 50 ~ 130 d，9 月孵出的幼虫期更长，一般都在 200 d 以上。幼虫老熟后在 6 ~ 10 cm 的表土层中做蛹室化蛹。各虫态的历期为卵期 7 ~ 15 d，幼虫期 50 ~ 250 d，蛹期 12 ~ 25 d，成虫期 60 ~ 180 d 以上。

【防治方法】

1. **人工捕杀**　利用成虫的假死习性，振动被害果树，下铺塑料薄膜，然后集中处理，此法常在成虫出土高峰期 4 ~ 5 月进行。

2. **清洁果园**　结合果园和周围田间的中耕除草，冬春翻动表土层，并埋枯枝落叶，可防治许多卵、幼虫、蛹和成虫。

3. **胶环黏杀**　用桐油加火熬制成牛胶糊状，刷在树干基部，横刷环带宽约 10 cm，象甲上树即被黏住，如能间隔 5 ~ 7 d 再人工清除 1 次环带更佳。此胶在常温下可保持 2 个月不干，胶黏性不减。此法还可兼防星天牛和上树的老鼠。

4. **药剂防治**　由于绿鳞象甲的抗药力较强，药剂防治的效果一般并不理想，应贯彻早治、连续治的原则。防治成虫可用 80% 敌敌畏乳油 800 ~ 1 000 倍液，或 50% 杀螟松乳油 800 倍液，或 50% 马拉硫磷 800 倍液喷雾，也可选用氯氟氰菊酯乳油 2 000 ~ 2 500 倍液、12.5% 虫螨腈 + 2.5% 高效氟氯氰菊酯乳油 2 500 倍液。

（四一）柑橘斜脊象甲

柑橘斜脊象甲（*Platymycteropsis mandarinus* Fairmaire），属鞘翅目象甲科。

【分布与寄主】　分布陕西、湖北、江西、湖南、福建、广东、广西等省（区）；越南。为害果木及花生、大豆、棉花等作物。

【为害状】　以成虫咬食寄主的叶片和幼芽，将叶片咬成许多缺刻和孔洞，使其残缺不全，也能食害花、果柄，造成落花落果。

【形态特征】　成虫体长 5 ~ 5.7 mm，身体长椭圆形，凸隆，密被淡绿色或黄褐色发绿的鳞片。喙较细，隆线。触角和足红褐色。前胸梯形，略窄于鞘翅基部。小盾片很小。鞘翅卵形，肩倾斜。

【发生规律】　在福建 1 年发生 1 代，以幼虫在土中越冬。

【防治方法】　一般防治其他害虫可兼治此虫。

柑橘斜脊象甲

（四二）白星花金龟

白星花金龟［*Potosia*（*Liocola*）*brevitarsis* Lewis］，又名白纹铜花金龟、白星花潜、白星金龟子、铜克螂，属鞘翅目花金龟科。

【分布与寄主】 分布于全国各地。成虫可取食玉米、果树、蔬菜等多种农作物。

【为害状】 主要以成虫咬食寄主的花、花蕾和果实，为害有伤痕的或过熟的柑橘、梨、桃和苹果等，吸取多种树木伤口处的汁液。影响寄主开花、结实，严重降低果实品质。

【形态特征】

1. **成虫** 体长 20 ~ 24 mm，宽 13 ~ 15 mm，略上下扁平，体壁特别硬，全体古铜色带有绿紫色金属光泽。中胸后侧片发达，顶端外露在前胸背板与翅鞘之间。前胸背板有斑点状斑纹，翅鞘表面有云片状由灰白色鳞片组成的斑纹。

白星花金龟

2. **幼虫** 老熟幼虫体长约 50 mm，头较小，褐色，胴部粗胖，黄白色或乳白色。胸足短小，无爬行能力。肛门缝呈"一"字形。覆毛区有两短行刺毛列，每列由 15 ~ 22 条短而钝的刺毛组成。

【发生规律】 1 年发生 1 代，以中龄或近老熟幼虫在土中越冬。成虫每年 6 ~ 9 月出现，7 月初至 8 月中旬为发生为害盛期。成虫将卵产在腐草堆下、腐殖质多的土壤中、鸡粪里，每处产卵多粒。幼虫群生，老熟幼虫 5 ~ 7 月在土中做蛹室化蛹。成虫昼夜活动为害。幼虫不用足行走，将体翻转借体背体节的蠕动向前行进。不为害寄主的根部。

成虫在柑橘、苹果、梨、桃、杏、葡萄园内可昼夜取食活动。成虫的迁飞能力很强，一般能飞 5 ~ 30 m，最多能飞 50 m 以上。具有假死性、趋化性、趋腐性、群聚性，没有趋光性。成虫产卵盛期在 6 月上旬至 7 月中旬，成虫寿命 92 ~ 135 d。

【防治方法】

1. 农业防治

（1）清洁果园。将果园内的枯枝落叶清扫干净并集中深埋，尽量减少白星花金龟的越冬场所。对白星花金龟发生特别严重的果园，在深秋或初冬深翻土地，减少越冬虫源，一般能压低虫量 15% ~ 30%。

（2）大力推广果树套袋技术。由于塑料袋为果实提供了天然屏障作用，可减轻为害。

（3）避免施用未腐熟的厩肥、鸡粪等。白星花金龟及其他一些金龟子对未腐熟的厩肥都有强烈的趋性，常常将卵产于其中，如果将这些肥料施入园内会带入大量虫源。施用腐熟好的有机肥可减轻白星花金龟对作物的为害。

（4）人工捡拾成虫。在成虫发生盛期，白星花金龟会大量群集在腐烂或有伤口的果实上为害，此时可借白星花金龟成虫的假死性，用方便袋套在有大量成虫聚集的果实上，连同腐烂果实一起摘下，消灭成虫，减轻为害。

（5）张单振落。对树冠比较高大的果园，可在地上铺一张塑料单子，借助白星花金龟成虫的假死性，用竹竿振落，集中处理。

2. 引诱防治

（1）糖醋液诱杀。在成虫发生盛期，将白酒、红糖、食醋、水、90% 敌百虫晶体按 1：3：6：9：1 的比例在盆内拌匀，配成糖醋液，放在树行间，用木架架起，高度与果树中间节位相当。15 d 调配更换 1 次液体，诱杀效果好，糖醋液还能诱杀其他害虫。

（2）西瓜皮诱杀。把西瓜切成两半，取瓜皮朝上，固定在树冠中间，放入 1 ~ 3 头白星花金龟成虫做诱饵，视树冠大小确定放西瓜皮的数量，一般 2 ~ 3 个。每天早上清查，将每个西瓜皮诱到的成虫倒入桶内，带出园外集中销毁，3 d 更换 1 次西瓜皮，效果非常好。

3. 化学防治

（1）药剂处理粪肥。在沤制圈肥、厩肥、鸡粪、农作物秸秆、枯枝落叶等有机质时，中间挖 1 个蓄水坑，浇水时可浇入 50% 辛硫磷 1 000 倍液配成的药水，每 15 ~ 30 d 浇 1 次，可防治粪肥中的大量幼虫。

（2）药剂处理土壤。在白星花金龟发生严重的果园，于 4 月下旬至 5 月上旬成虫羽化盛期前，用 3% 的辛硫磷颗粒剂 75 ～ 120 kg/hm²，混细干土 750 kg/hm²，均匀地撒在地表，深耕耙地 20 cm，可防治即将羽化的蛹及幼虫，也可兼治其他地下害虫。

（3）药剂喷雾。在白星花金龟成虫为害盛期，用 50% 辛硫磷乳油 1 000 倍液、80% 敌百虫可溶性粉剂 1 000 倍液、48% 毒死蜱乳油 1 500 倍液、20% 甲氰菊酯乳油 2 000 倍液或 50% 辛硫磷乳油 1 000 倍液 +5% 高效氯氰菊酯乳油 2 000 倍液喷雾防治。

（四三）花潜金龟

花潜金龟（*Oxycetonia jucunda* bealiae Gory et Pereh），又名大斑青花龟、红斑花金龟，也是为害柑橘的常见种之一，属鞘翅目花金龟科。

花潜金龟为害状（1）　　　　　　　　　　花潜金龟为害状（2）

【分布与寄主】　各橘产区都有分布。寄主植物有柑橘、苹果、梨、刺梨、金丝桃、菊科杂草、玉米、红三叶草、甘蓝等。

【为害状】　花潜金龟在柑橘类开花的 4 ～ 5 月迁飞橘园，白昼取食，活动于花中，咬食花瓣、花丝、子房和花柄。温州蜜橘、甜橙和柚类花朵被啃食后，不能结实。有时短果枝上的花朵全部被害，虫量大时对产量有一定影响。

【形态特征】　成虫形态与小青花金龟极相似，体长 12 ～ 13 mm，宽约 6 mm，但翅上斑纹较简单，多见黄色、褐色或红褐色。体黑色、墨绿色、青绿色均有。黑色者，前胸背板从前缘中部至后缘中部有 1 条 1 mm 长的宽纵带，后缘及两侧缘后顶角也有楔形宽带与之相连，形成 1 个大型"山"字形斑，红褐色。鞘翅中部具 1 个由外顶向合缝线倾斜的近肾形大黄褐斑，背观两翅上的黄褐斑组成宽倒"八"字形。在黄褐斑外缘下角，另有 1 个楔形黄斑相垫。

【发生规律】　花潜金龟每年发生 1 代，在北方以幼虫越冬，在江苏以幼虫、蛹及成虫越冬。以成虫越冬的翌年 4 月上旬出土活动，4 月下旬至 6 月盛发；以末龄幼虫越冬的，成虫于 5 ～ 9 月陆续出现，雨后出土多，安徽 8 月下旬成虫发生数量多，10 月下旬终见。成虫白天活动，春季 10 ～ 15 时，夏季 8 ～ 12 时及 14 ～ 17 时活动最盛，春季多群聚在花上，食害花瓣、花蕊、芽及嫩叶，致落花。成虫喜食花器，故随寄主开花早迟转移为害，成虫飞行力强，具假死性；风雨天或低温时成虫常栖息在花上不动，夜间入土潜伏或在树上过夜，成虫经取食后交尾、产卵，卵散产在土中、杂草或落叶下，尤喜产卵于腐殖质多的场所。幼虫孵化后以腐殖质为食，长大后为害根部，但不明显，老熟后化蛹于浅土层。

【防治方法】
1. 人工捕捉　利用成虫假死性，捕捉成虫。
2. 化学防治　用 90% 敌百虫晶体 600 倍液、10% 氯氰菊酯乳油 3 000 倍液喷雾防治。可兼防花蕾蛆。

（四四）铜绿丽金龟子

铜绿丽金龟子（*Anomala corpulenta* Motschulsky），别称铜绿金龟、青金龟子、淡绿金龟子，属鞘翅目丽金龟科。因成虫体背铜绿具金属光泽，故名铜绿丽金龟子。

【分布与寄主】 国内主要分布于黑龙江、吉林、辽宁、河北、内蒙古、宁夏、陕西、山西、山东、河南、湖北、湖南、安徽、江苏、浙江、江西、四川、广西、贵州、广东等地；国外分布于朝鲜、日本、蒙古、韩国、东南亚等国。主要发生在雨水充沛的地区。寄主有柑橘、苹果、山楂、海棠、梨、杏、桃、李、梅、柿、核桃等。

铜绿丽金龟子为害状

【为害状】 成虫喜取食叶片，常造成大片幼龄果树叶片残缺不全，甚至全树叶片被吃光。幼虫食害果树根部，但危害性不大。

【形态特征】

1. **成虫** 体长 19 ~ 21 mm，触角黄褐色，鳃叶状。前胸背板及鞘翅铜绿色具闪光，上面有细密刻点。鞘翅每侧具 4 条纵脉，肩部具疣突。前足胫节具 2 外齿，前、中足大爪分叉。

2. **卵** 光滑，呈椭圆形，乳白色。

3. **蛹** 体长约 20 mm，宽约 10 mm，椭圆形，裸蛹，土黄色，雄虫末节腹面中央具 4 个乳头状突起，雌虫则平滑，无此突起。

4. **幼虫** 老熟幼虫体长约 32 mm，头宽约 5 mm，体乳白色，头黄褐色，近圆形，前顶刚毛每侧各为 8 根，呈一纵列；后顶刚毛每侧 4 根斜列。额中侧毛每侧 4 根。肛腹片后部覆毛区的刺毛列，刺毛列各由 13 ~ 19 根长针状刺组成，刺毛列的刺尖常相遇。刺毛列前端不达覆毛区的前部边缘。

【发生规律】 铜绿丽金龟子在北方 1 年发生 1 代，以老熟幼虫越冬。翌年春季越冬幼虫上升活动，5 月下旬至 6 月中下旬为化蛹期，7 月中上旬至 8 月是成虫发育期，7 月中上旬是产卵期，7 月中旬至 9 月是幼虫为害期，10 月中旬后陆续进入越冬。少数以 2 龄幼虫，多数以 3 龄幼虫越冬。幼虫在春、秋两季为害最烈。

成虫有趋光性和假死性，昼伏夜出，产卵于土中，体长 15 ~ 22 mm，宽 8.3 ~ 12.0 mm。长卵圆形，背腹扁圆，体背铜绿色，具金属光泽，头、前胸背板、小盾片色较深，鞘翅色较浅，唇基前缘、前胸背板两侧呈浅褐色条斑。前胸背板发达，前缘弧形内弯，侧缘弧形外弯前角锐，后角钝。臀板三角形，黄褐色，常具 1 ~ 3 个形状多变的铜绿色或古铜色斑纹。腹面乳白色、乳黄色或黄褐色。头、前胸、鞘翅密布刻点。小盾片半圆，鞘翅背面具 2 纵隆线，唇基短阔梯形。前线上卷。触角鳃叶状，9 节，黄褐色。前足胫节外缘具 2 个钝齿，内侧具 1 个内缘距。胸下密被茸毛，腹部每腹板具毛 1 排。前、中足爪，一个分叉，一个不分叉，后足爪不分叉。

幼虫在土壤中钻蛀，破坏植物的根部。此虫 1 年发生 1 代，以 3 龄幼虫越冬。翌年春 4 月间迁至耕作层活动为害，5 月间老熟化蛹，5 月下旬至 6 月中旬为化蛹盛期，预蛹期 12 d，蛹期约 9 d。5 月底成虫出现；6 ~ 7 月为发生最盛期，是全年为害最严重时期，8 月下旬渐退，9 月上旬成虫绝迹。成虫高峰期开始产卵，6 月中旬至 7 月上旬末为产卵期。成虫产卵前期约 10 d，卵期约 10 d。7 月卵孵盛期。幼虫为害至秋末即下迁至 30 ~ 70 cm 的土层内越冬。

【防治方法】

1. **药剂防治** 在成虫发生期树冠喷布 50% 杀螟硫磷乳油 1 500 倍液，或 50% 辛硫磷乳油 1 500 倍液。喷布石灰过量式波尔多液，对成虫有一定的驱避作用。也可表土层施药。在树盘内或园边杂草内施 75% 辛硫磷乳油 1 000 倍液，施后浅锄入土，可毒杀大量潜伏在土中的成虫。

2. **人工防治** 利用成虫的假死习性，早晚振落捕杀成虫。

3. **诱杀成虫** 利用成虫的趋光性，当成虫大量发生时，于黄昏后在果园边缘点火诱杀。有条件的果园可利用黑光灯大量诱杀成虫。在成虫发生期，可实行人工捕杀成虫；春季翻树盘也可防治土中的幼虫。

（四五）单叉犀金龟

单叉犀金龟（*Dynastes gideon* Linnaeus），又名独角仙、独角犀、橡胶犀金龟，属鞘翅目犀金龟科。

【分布与寄主】 广东、广西、云南、福建及越南、缅甸、印度等地有分布，为我国南方及南亚、东南亚常见种之一。

【为害状】 成虫啃食柑橘、梨、荔枝、龙眼、菠萝等嫩枝和果实。幼虫蛀食树干，形成孔道。

【形态特征】

1. **成虫** 体长 30 ~ 45 mm。体黑褐色，有光泽。雄虫头顶有 1 个粗长的角状突起，翘向后弯。前胸背板有 1 个末端二叉的角突。雌虫体较小，头、胸部无角状突起。

2. **卵** 呈圆筒形，长约 3 mm，黄白色。

3. **幼虫** 体弓曲，前部多横皱并密生细毛。

单叉犀金龟（下雌性 上雄性）

【发生规律】 单叉犀金龟 1 年发生 1 代，以幼虫在堆肥或沃土中越冬。翌年 4 月中下旬开始化蛹，5 ~ 8 月当发现橘树根部泥土蓬松或出现小洞时，扒开泥土即见该虫在咬食树皮。夏季还可看到该虫爬到距树蔸 10 cm 左右的树干上咬食树皮。为害轻时，树皮流胶腐烂；为害重的将根部树皮吃光，橘树死亡。

【防治方法】 树干涂白拒虫；6 ~ 7 月铲除果园杂草，一经发现，就地处理；采用植皮法，将被单叉犀金龟啃食的部位植入树皮，可愈合恢复。

（四六）琉璃弧丽金龟

琉璃弧丽金龟（*Popillia flavosellata* Fairm.），又名琉璃金龟子，属鞘翅目丽金龟科。

【分布与寄主】 分布于贵州、四川、云南、江西、湖北、湖南、浙江、安徽、江苏、山东、陕西及东北三省。寄生植物多且杂，在柑橘上的为害同小青花金龟。

【为害状】 成虫取食叶片，使叶片呈现缺刻状。

【形态特征】 成虫体长 8.5 ~ 12.5 mm，宽 6 ~ 8 mm。体色多变，按体色分体全黑、全蓝黑型；鞘翅红褐色型；鞘翅红褐色、前胸背板蓝色型；鞘翅黄褐色或略带红色、前胸背板墨绿色型；鞘翅浅褐具黑边、前胸背板蓝色型；鞘翅浅褐具黑边、前胸背板墨绿色或金绿色型；鞘翅具三角形大黄褐斑、前胸背板蓝色型；鞘翅具斜黄褐斑、前胸背板和鞘翅蓝色型；鞘翅黑色具 1 条波折形黄褐色横带（此带斑有时扩大，占鞘翅面积一半或大半），前胸背板和小盾片墨绿色或枣红色型；鞘翅黄褐色，侧缘和端缘黑色、前胸背板墨绿色型；鞘翅黄褐色略带红色、前胸背板墨绿色型；全体墨绿色有时带紫红或蓝绿光泽型。

琉璃弧丽金龟

除上述色斑差异外，它们的臀基部有 2 个彼此远离的小毛斑，腹部每节具 1 横列毛，侧缘具 1 个浓毛斑。

本种成虫的代表型唇基横梯形，前缘近平直，前角宽圆，皱褶粗，额皱刻密且粗。前胸背板强隆起，布刻点向后渐疏细，向前两侧粗密。小盾片三角形，布粗刻点。鞘翅背面有 5 条深沟行，行内具大刻点，行距隆起，其中第 2 条行距较宽，第 4 行距和外侧通常具横皱。臀板密布细横刻纹，中部近端光滑几无刻点。中胸腹突长，侧扁。

【发生规律】 琉璃弧丽金龟每年发生 1 代，北方以幼虫越冬，南方可以幼虫、蛹及成虫越冬。发生规律同花潜金龟。

【防治方法】

1. **人工防治**　利用成虫的假死习性，早晚振落捕杀成虫。

2. **药剂防治**　在成虫发生期树冠喷布 50% 杀螟硫磷乳油 1 500 倍液，或 50% 辛硫磷乳油 1 500 倍液。喷布石灰过量式波尔多液，对成虫有一定的驱避作用。也可在表土层施药。在树盘内或园边杂草内喷施 75% 辛硫磷乳油 1 000 倍液，施后浅锄入土，可毒杀大量潜伏在土中的成虫。

（四七）红脚绿丽金龟子

红脚绿丽金龟子（*Anomala cupripes* Hope），又名红脚丽金龟，属鞘翅目丽金龟科。

【分布与寄主】　红脚绿丽金龟子在国内分布于浙江、江西、福建、台湾、广东、海南、广西、湖北、四川、云南等省（区）。此虫是西南和华南地区的常见种和优势种，成虫的食性甚杂，严重为害果树、行道树、观赏树和各种阔叶树的叶子。

【为害状】　红脚绿丽金龟子成虫将寄主叶片吃成网状，残留叶脉，重者将整株的叶片吃光，严重影响果木的生长和产量。幼虫在地下为害各种果木和农作物的根部与幼茎，重者导致苗木枯死。

红脚绿丽金龟子

【形态特征】

1. **成虫**　体大型，长椭圆形，背腹面弧形隆拱。体长 18 ~ 26 mm，宽 11 ~ 14 mm。体的背面深铜绿色，光泽较弱，有暗黄铜色闪光；腹面及足紫铜色泛红色或金紫色。足粗壮，前足基节密生黄色茸毛，胫节宽扁。

2. **卵**　初为乳白色，椭圆形，长约 2 mm，宽约 1.5 mm。

3. **幼虫**　共 3 龄，老熟时体长 40 ~ 50 mm，头宽 5.5 mm。圆筒形，初为乳白色，后呈黄白色或黄色。臀节腹面钩状毛 140 根，刺毛列成 2 行，基部稍宽，上部稍靠近，上半部为短锥刺，14 ~ 16 根，下半部为长锥刺，14 ~ 17 根，外有钩状毛列，每列 6 ~ 8 根。

4. **蛹**　椭圆形，体长 20 ~ 30 mm，宽 10 ~ 13 mm，初为乳黄色，后呈黄褐色。

【发生规律】　红脚绿丽金龟子 1 年发生 1 代，以老熟幼虫在土中越冬。翌年春末老熟幼虫在土中 20 ~ 30 mm 深处作蛹室化蛹。化蛹后如蛹室被破坏，可导致大多数蛹体死亡。蛹期是 9 ~ 21 d，在广东湛江及海南等地，成虫 4 ~ 5 月开始羽化出土，在四川成虫羽化出土要稍迟一点，与铜绿丽金龟子出土时间相近。一般 5 月下旬开始出土，6 ~ 7 月为出土盛期，8 月底还可见到极少的成虫。成虫出土后昼夜均可取食寄主的嫩叶和花，气温高，闷热无风的夜晚大量活动。成虫要经过约 1 个月的取食补充营养后才开始交尾产卵，成虫交尾多在上午 7 ~ 10 时，多在树叶浓密处进行。一般一生只交尾 1 次，少数交尾 2 次。成虫有假死性，一般在上午 7 ~ 9 时较明显；也有趋光性，但不太强。交尾后 3 ~ 7 d 就开始产卵，卵散产于土中，更喜欢产于新腐熟的堆肥内。每天产卵 20 ~ 40 粒，每头雌蛾一生可产卵 60 ~ 80 粒，产卵后 4 ~ 7 d 雌成虫死亡。成虫期是 50 ~ 80 d。黎明和黄昏时，成虫做短距离飞行，旋即落回寄主上，到产卵时，白天在土中产卵，夜晚仍出土取食，其他大部分时间内无入土现象。一般卵期是 11 ~ 16 d，7 月初始见当年幼龄幼虫，11 月以后幼虫进入越冬状态。幼虫期 1 龄是 30 ~ 40 d，2 龄是 40 ~ 60 d，3 龄是 200 ~ 280 d，整个幼虫期是 270 ~ 380 d。

【防治方法】

1. **人工诱杀**　在成虫期，可点黑光灯诱杀成虫。

2. **药剂防治**　幼虫期可在植株根际浇灌 50% 辛硫磷乳油 800 倍液。

（四八）罗浮山切翅蝗

罗浮山切翅蝗（*Coptacra lofaoshana* Tinkham），俗称小花蝗、斑腿蝗、花斑蝗，是西南诸省（区）橘园中最常见的优势虫种，属直翅目斑腿蝗科。

【分布与寄主】　分布于贵州、广西、湖南、四川、云南和湖北等省（区）。寄主植物有柑橘、甜橙、甘薯、玉米、三叶草和多种禾本科牧草。

【为害状】　在橘园中，只为害果实。幼果期被害，严重时被咬去果体 1/3 ~ 1/2，造成落果；轻者果皮和果肉被啃成深凹不平的大缺口，渐随果实膨大而在后期留下明显疤痕，影响销售。着色至成熟期受害，啃去黄色外果皮，在中果皮留下 0.5 ~ 1.5 cm 的不规则白斑，或将果皮咬食后，继续取食果肉呈深洞，引来吸果夜蛾、南亚实蝇、条纹簇实蝇等为害。空气中的细菌亦从伤口进入，大量繁殖，导致果实湿腐霉烂。贵州都匀、墨冲、马寨等一些橘园，成熟期果实被害率有时可达 1% ~ 3%，损失较为严重。

罗浮山切翅蝗成虫取食柑橘果实

【形态特征】　成虫体中小型，体色暗褐色、暗红褐色、黄褐色，部分瘤突黑色。雌虫体长 23 ~ 27 mm，前翅长 20 ~ 23 mm，雄虫体长 17 ~ 18 mm，前翅长 17.5 ~ 18 mm，头、胸部密布圆形小瘤突。颜面隆起，侧缘平行，中纵沟明显。颊部密具瘤突。前胸背板中隆线明显，具 3 条横沟，均切断中隆线，其中后面的 1 条横沟位于背板中部。前翅发达，暗褐色，上具细碎黑斑，超过后胫节顶端、顶斜截、翅端部横脉斜。后翅透明，顶烟褐色。

【发生规律】　罗浮山切翅蝗 1 年发生 1 代，以卵在橘园四周田边、山地或草坡土壤中越冬。翌年 4 月底 5 月上旬开始孵化，5 月下旬至 6 月中旬为孵化盛期。若虫一般 6 龄，前几龄若虫多分散于荒山草地中取食，老龄若虫才进入橘园咬食幼果。成虫出现期在 6 月下旬至 11 月中旬，以 9 月下旬至 10 月中下旬为害最烈，啃食开始着色至成熟的果子。10 月橘园成虫数倍于此前，主要是由于农作物收割后大量迁入所致。11 月下旬，成虫基本绝迹，随处可见虫尸。

【防治方法】
1. **人工捕杀**　清晨，成虫不太活动，常停息在叶面，于 9 时前用捕虫网捕杀。
2. **药剂防治**　果子采收前半月，用低度杀虫剂稀释后喷雾树冠和果面，触杀和胃毒成虫。

（四九）棉蝗

棉蝗〔*Chondracris rosea*（De Geer）〕，俗称大蚱蜢、大青蝗，是橘园常见的蝗虫之一，属直翅目斑腿蝗科。

【分布与寄主】　分布于全国橘产区。为害柑橘、甜橙、棉花和部分蔬菜作物。

【为害状】　在橘园的为害情况与罗浮山切翅蝗相似，由于种群数量不大，果实受害率相对较低，但单果被食严重程度高于罗浮山切翅蝗。

【形态特征】

1. **成虫**　雌成虫体长 56 ~ 81 mm，雄虫体长

棉蝗成虫

48 ~ 56 mm；雌虫前翅长 50 ~ 62 mm，雄虫前翅长 43 ~ 46 mm。体色鲜绿带黄色。后翅基部玫瑰色，顶端本色。头顶中部、前胸背板沿中隆线及前翅臀脉域具黄色纵条纹。

2. **卵**　长椭圆形，中间稍弯曲。初产时黄色，数日后变为褐色。卵粒长达 6 ~ 7 mm，宽 1.8 ~ 2.0 mm。卵块长圆柱状，外面黏有一层薄纱，卵块长 40 ~ 80 mm（包括泡状物长度）。卵粒不规则地堆积于卵块的下半部，其上部为产卵后排出的乳白色泡状物覆盖。每一卵块有卵 38 ~ 175 粒。

3. **若虫**　跳蝻 6 龄，极少数雌性为 7 龄。各龄在体色上无明显变化。前胸背板的中隆线甚高，3 条横沟明显，且都割断中隆线。1 龄跳蝻初孵时体长 8 mm，至蜕皮时增至 11 mm。体淡绿色。

【发生规律】　棉蝗在广东湛江地区 1 年发生 1 代，以卵在土中越冬。翌年 4 月中下旬孵化为跳蝻，6 月中旬至 7 月下旬陆续羽化为成虫，成虫取食十余天后，于 7 月至 10 月中旬开始交尾产卵，然后相继死亡。

成虫交尾高峰在 7 月中下旬至 8 月。交尾多在 8 ~ 17 时进行，有多次交尾的习性，每次历时 3 ~ 24 h。偶受外界干扰，并不即时离散，交尾后继续取食。产卵高峰在 7 月下旬至 8 月中旬，多在 11 ~ 13 时产卵。通常选择在沙质较硬实的幼龄林地，萌芽条较多、阳光充足的疏林地，或与林中空地交接的林缘处产卵，极少在积水地、杂草地，或郁闭度较大、地被物较多的林地产卵。

【防治方法】　参考罗浮山切翅蝗。

（五〇）东方蝼蛄

东方蝼蛄（*Gryllotalpa orientalis* Burmeister），别名非洲蝼蛄、小蝼蛄、拉拉蛄、地拉蛄、土狗子、地狗子、水狗，属直翅目蝼蛄科。国内从 1992 年改名为东方蝼蛄。全世界已知约 50 种。中国已知 4 种：华北蝼蛄、非洲蝼蛄、欧洲蝼蛄和台湾蝼蛄。

【分布与寄主】　东方蝼蛄是一种世界性害虫。在我国各地均有分布，在北方分布在盐碱地、沙壤地。南方比北方为害重。该虫食性杂，能为害多种作物。

【为害状】　东方蝼蛄将地下幼茎咬断，同时还能在苗床土表下开掘隧道，使幼苗根部脱离土壤，失水枯死。

【形态特征】

1. **成虫**　体长 30 ~ 35 mm，灰褐色，全身密布细毛。头圆锥形，触角丝状。前胸背板卵圆形，中间具一暗红色长心脏形凹陷斑。前翅灰褐色，较短，仅达腹部中部。后翅扇形，较长，超过腹部末端。腹末具 1 对尾须。前足为开掘足，后足胫节背面内侧有 4 个距。

东方蝼蛄

2. **卵**　椭圆形。初产长约 2.8 mm，宽 1.5 mm，灰白色，有光泽，后逐渐变成黄褐色，孵化之前为暗紫色或暗褐色，长约 4 mm，宽 2.3 mm。

3. **若虫**　8 ~ 9 个龄期。初孵若虫乳白色，体长约 4 mm，腹部大。2 龄以上若虫体色接近成虫，末龄若虫体长约 25 mm。

【发生规律】　东方蝼蛄在北方地区 2 年发生 1 代，在南方 1 年发生 1 代，以成虫或若虫在地下越冬。清明节后上升到地表活动，在洞口可顶起一个小虚土堆。早春或晚秋因气候凉爽，仅在表土层活动，不到地面上，在炎热的中午常潜至深土层。蝼蛄具趋光性，并对香甜物质，如半熟的谷子、炒香的豆饼、麦麸及马粪等有机肥，具有强烈趋性。成、若虫均喜松软潮湿的壤土或沙壤土，20 cm 表土层含水量 20% 以上最适宜，小于 15% 时活动减弱。当气温在 12.5 ~ 19.8 ℃，20 cm 土温为 15.2 ~ 19.9 ℃时，对蝼蛄最适宜，温度过高或过低时，则潜入深层土中。

【防治方法】　改造环境是防治蝼蛄的根本方法，通过改良盐碱地并结合人工和药剂进行防治。

1. **农业防治**　精耕细作，深耕多耙；施用充分腐熟的农家肥；有条件的地区实行水旱轮作。
2. **物理防治**　在田间挖 30 cm 见方，深约 20 cm 的坑，内堆湿润马粪并盖草，每天清晨捕杀蝼蛄；用黑光灯诱杀成虫。
3. **药剂防治**　毒饵诱杀。将豆饼或麦麸 5 kg 炒香，或秕谷 5 kg 煮熟晾至半干，再用 90% 晶体敌百虫 150 g 对水将毒饵拌潮，每亩用毒饵 1.5 ～ 2.5 kg 撒在地里。
4. **人工防治**　早春和夏季人工挖灭虫或卵。
5. **土壤处理**　在土壤中接种白僵菌，使蝼蛄感染而死。

（五一）绿螽斯

绿螽斯（*Holochlora nawae* Matsumura et Shiraki），属直翅目螽斯科。

绿螽斯在柑橘上枝条产卵　　　　　　　　　　　绿螽斯在柑橘树枝上

【**分布与寄主**】　国内南、北方都有分布。为害柑橘、茶、桑树、杨树和核桃等。

【**为害状**】　食害各种果树、林木、作物、蔬菜及杂草的叶片，呈不规则的缺刻。

【**形态特征**】
1. **成虫**　体长 35 ～ 40 mm，雄性较雌性略小，雌产卵器长 25 ～ 27 mm。全体绿色，带暗褐色斑纹。复眼椭圆形，褐色；触角丝状，细长，超过腹端。前翅雌虫伸达腹端，雄虫超出腹端；翅脉暗褐色至黑色，翅上有暗褐色至黑色斑纹；雄前翅基部有发音器，后翅较发达，不善飞行。3 对足，跗节均 4 节，后足发达为跳跃足。产卵器略呈剑状，端部黑褐色。尾须较短小。
2. **若虫**　体略呈四角形，触角特别细长，与成虫相似，体较小，无翅，近成长时生出翅芽。

【**发生规律**】　1 年发生 1 代，以卵于植物组织内越冬。翌年 5 月孵化，食害各种果树、林木、作物、蔬菜及杂草的叶片呈不规则的缺刻。7 ～ 8 月羽化为成虫。成虫和若虫多白天活动取食，亦可食害花和果实。一般发生数量少，为害不大。秋后交尾，产卵于植物组织内。成虫寿命较长，直到有霜冻才死亡。在温暖的南方可在落叶植物中越冬。雄虫前翅摩擦发出鸣声，晴朗高温时尤喜鸣。生活在绿色的植物上，身体的颜色跟植物的颜色一样。白天活动，晚上休息。

【**防治方法**】　人工捕捉若虫和成虫。药剂防治其他害虫时可兼治此虫。

（五二）黑翅土白蚁

黑翅土白蚁［*Odontotermes formosanus*（Shiraki）］，属等翅目白蚁科。

黑翅土白蚁为害状

黑翅土白蚁

【分布与寄主】 主要分布在我国黄河以南各省市地区。可为害柑橘、苹果、板栗等果木及樱花、梅花、桂花、海棠、蔷薇、蜡梅等多种花木。

【为害状】 此虫营土居生活，是一种土栖性害虫。主要以工蚁为害树皮、浅木质层及根部。造成被害树干外形成大块蚁路，长势衰退。当侵入木质部后，则树干枯萎；尤其对幼苗，极易造成死亡。采食为害时做泥被和泥线，严重时泥被环绕整个干体周围而形成泥套，其特征很明显。

【形态特征】 属多型性昆虫，分有翅型雌、雄生殖蚁（蚁后、蚁王）和无翅型非生殖蚁（兵蚁、工蚁）等。

1. 有翅蚁成虫 全长 27 ~ 29 mm，翅长 24 ~ 25 mm。头、胸、腹背面黑褐色，腹面棕黄色。全身密被细毛。头圆形，复眼和单眼略呈椭圆形。复眼黑褐色。单眼橙黄色，其与复眼的距离约等于单眼本身的长度。触角念珠状，共 19 节，第 2 节长于第 3、第 4、第 5 节中的任何节。前胸背板略狭于头，前宽后狭，前缘中央无明显的缺刻，后缘中部向前凹入。前胸背板中央有一淡色的"十"字形纹，纹的两侧前方各有一椭圆形的淡色点，纹的后方中央有带分枝的淡色点。前翅鳞大于后翅鳞。

2. 兵蚁 全长 5.44 ~ 6.03 mm。头暗黄色，被稀毛。胸腹部淡黄色至灰白色，有较密集的毛。头部背面卵形，上颚镰刀形，左上颚中点前方有一显著的齿，右上颚有一不明显的微齿。触角 15 ~ 17 节，第 2 节长度相当于第 3 节与第 4 节之和。前胸背板前狭后宽，前部斜翘起。前后部在两侧交角之前有一斜向后方的裂沟，前后缘中央皆有凹刻。

3. 工蚁 全长 4.6 ~ 4.9 mm。头黄色，胸、腹灰白色。头后侧缘圆弧形。囟位于头顶中央，呈小圆形凹陷。后唇基显著隆起，长相当于宽之半，中央有缝。触角 17 节，第 2 节长于第 3 节。

4. 蚁王 为雄性有翅繁殖蚁发育而成，体较大，翅易脱落，体壁较硬，体略有收缩。

5. 蚁后 为雌性有翅繁殖蚁发育而成，体长 70 ~ 80 mm，宽 13 ~ 15 mm。无翅，色较深。体壁较硬，腹部特别大，白色腹部上呈现褐色斑块。

6. 卵 乳白色。椭圆形。长径 0.6 mm，一边较平直。短径 0.6 mm。

【发生规律】 黑翅土白蚁的有翅成蚁一般叫作繁殖蚁。每年 3 月开始出现在巢内，4 ~ 6 月在靠近蚁巢地面出现羽化孔，羽化孔突圆锥状，数量很多。在闷热天气或雨前傍晚 7 时左右，爬出羽化孔穴，群飞天空，停下后即脱翅求偶，成对钻入地下建筑新巢，成为新的蚁王、蚁后繁殖后代。繁殖蚁从幼蚁初具翅芽至羽化共 7 龄，同一巢内龄期极不整齐。兵蚁专门保卫蚁巢，工蚁担负筑巢、采食和抚育幼蚁等工作。黑翅土白蚁具有群栖性，无翅蚁有避光性，有翅蚁有趋光性。天敌有螳螂、山青蛙、蝙蝠及各类蚂蚁、蜘蛛等。

【防治方法】

1. 人工挖巢 在追挖过程中，要掌握挖大不挖小，挖新不挖旧，对白蚁追进不追出，追多不追少的原则，一定要挖到主巢，消灭蚁王、蚁后和有翅繁殖蚁，才能达到追挖的目的。

2. 灯光诱杀 每年 4 ~ 6 月有翅繁殖蚁的分群期，利用有翅蚁的趋光性，在蚁害发生区域可采用黑光灯诱杀。

3. 药剂防治

（1）压烟灭蚁。将压烟筒的出烟管插入主道，用泥封严道口，再把杀虫烟剂放入筒内点燃，扭紧上盖，烟便自然沿蚁道压入蚁巢，杀虫效果良好。

（2）喷洒灭蚁灵。准确勘测蚁道、蚁巢，在蚁活动的 4 ~ 10 月，喷施灭蚁灵，可取得满意效果。

（五三）矢尖蚧

矢尖蚧［*Unaspis yanonensis*（Kuwana）］，又称矢尖盾蚧、矢根介壳虫、尖头介壳虫，属同翅目盾蚧科。

矢尖蚧雌蚧、雄蚧（白色）和幼蚧（小点）

矢尖蚧在十月橘越冬

矢尖蚧为害柑橘

【分布与寄主】　国内分布于山西、陕西、山东和各柑橘产区；国外日本、印度及大洋洲、北美洲各国有分布。矢尖蚧是果农皆知的一种大害虫，对柑橘的为害最为严重，成灾面积广，暴发频率高，农药品种和用量多，经济损失大。寄主植物有柑橘、橙、柚、柿、桃、梨、杏、葡萄、茶。

【为害状】　此虫为害柑橘叶片、枝条和果实，吸取营养液。轻则使叶褪绿发黄，果皮布满虫壳，被害点青而不着色，影响商品价值；重时树势严重衰退，不能抽枝和结果乃至全株死亡。矢尖蚧为害严重的树，柑橘炭疽病常混同发生，促使橘株早枯。

【形态特征】

1. **成虫**　雌成虫介壳长 2.4 ～ 3.8 mm，宽约 1 mm，褐色，壳缘有白边。前端尖后端宽，背中有 1 条纵脊，形若矢。第 1、第 2 龄的蜕皮壳位于前端，橙黄色。雌成虫橙黄色，长 1 ～ 2 mm，宽 0.6 ～ 1 mm。胸部长，腹部短，前、中胸分布不明显。雄成虫介壳狭长形，由白色蜡质粉絮物组成。介壳背部有 3 条纵脊，两侧平行，蜕皮壳位于前端，长 1.3 ～ 1.6 mm。群聚成片，在叶上呈粉堆。雄成虫长约 0.5 mm，翅 1 对，无色透明，翅展约 1.6 mm，后翅为 1 根平衡棒。触角 11 节，眼黑色，腹末端具针状交尾器，其长度约为胸、腹总长度的一半。

2. **卵**　椭圆形，大小为 0.2 mm×0.1 mm，橘黄色，光滑。

3. **若虫**　刚孵化幼虫橘黄色，扁平，长约 0.25 mm，宽约 0.15 mm，触角淡棕色，7 节，腹末端有尾毛 1 对，喜活动爬行。2 龄若虫定居吸食，淡黄色，长约 1 mm，宽约 0.6 mm，眼深褐色，触角、胸、腹分节明显，纵脊清晰，尾须消失，雌雄可辨。雄的腹部节数比雌性多 1 节，且头部长有数根细长的蜡丝，体色也稍深。预蛹为 2 龄雄若虫蜕皮而成，长约 0.7 mm，宽约 0.3 mm，长卵圆形，橙黄色。眼黑褐色，口针消失，触角和足等附肢紧贴体躯。

4. **蛹**　橘黄色，长约 0.8 mm，宽约 0.3 mm，触角分节明显，3 对足渐伸展，尾片突出。

【发生规律】　贵州、四川、江西、湖北和湖南等省橘区 1 年发生 2 ～ 3 代，广东、广西、福建、云南和重庆的一些地区 1 年发生 3 ～ 4 代。各代重叠严重，多以受精雌虫越冬。卵产于母体介壳下，数小时可孵化出若虫，孵化率高达 80% 以上。在 3 代区，以越冬代（第 3 代）雌虫产卵最多，每头产 150 ～ 160 粒；第 1 代次之，为 120 ～ 150 粒；第 2 代最少，一般为 20 ～ 40 粒。从孵化和发育质量看，若虫多成虫少、雄虫多雌虫少。由于各世代雌虫产卵量差异很大，所以田间为害高峰和为害程度均与此相一致。在贵州都匀，在橘园矢尖蚧发生情况为 4 月中下旬至 5 月初越冬代成虫产卵；5 月中上旬为第 1 代幼虫为害高峰期；7 月中旬至 8 月上旬为第 2 代幼虫为害高峰；9 月下旬至 10 月下旬为第 3 代幼虫为害高峰，并以雌成虫于 11 月下旬进入越冬。

卵期极短，平均 1 h 左右。雄蚧各代第 1 龄若虫期分别为 18 ～ 23 d、14 ～ 18 d 和 16 ～ 21 d，平均 20.6 d、16.8 d 和 17.2 d；2 龄若虫期为 10 d 左右；前蛹期 1 ～ 2 d；蛹期 3 ～ 6 d；成虫寿命 1 ～ 3 d，趋光性很强，可以诱集预测发生期。

矢尖蚧行两性生殖，不能孤雌生殖。雌成虫交尾后在日平均温度升达 19 ℃时开始产卵，气温降至 17 ℃以下即停止产卵。卵产在介壳下母体后端，卵的孵化率很高，可达 87% ～ 100%。初孵若虫活泼，四处爬行，寻找适当位置，并能随风或动物传播到远方，活动 1 ～ 3 h 后即固定吸食汁液。足逐渐变小，翌日体上开始分泌蜡质，2 ～ 3 d 后，虫体中部分泌灰色薄蜡质，逐渐扩大覆盖体后部，2 龄雌若虫形成柔软膜状介壳，蜕皮前出现纵脊和皱纹。雄若虫在 2 龄后分泌白色棉絮状蜡质，逐渐形成介壳，在介壳下蜕第 2 次皮变为前蛹，再蜕 1 次皮变为蛹，然后羽化为成虫。雌蚧分散寄生为害，雄蚧绝大部分群集在叶背为害。开始大多在树冠下部和内层隐蔽部分呈星点状发生，以后逐渐向上部和外层蔓延。在隐蔽或树冠大、不通风透光的橘园，常为害严重。1 ~ 2 龄雌若虫、1 龄雄若虫及雄成虫对药剂敏感，2 龄雄若虫有介壳覆盖而不易被杀伤，雌成虫抗药力最强。日本方头甲寄主相当广泛，是盾蚧科害虫的重要天敌，也是控制柑橘矢尖蚧的优势种群，是田间自然控制矢尖蚧的重要因素。

【防治方法】

1. **农业防治**　冬季修剪整形时，对被害不严重的橘树，剪除带虫的被害枝梢，散堆在果园四周，不销毁。因为虫体在被剪枝叶上不再对活树产生为害，但寄生在雌成虫体内的许多天敌如黄金蚜小蜂、矢尖蚧蚜小蜂等却得以保存，翌年春季飞到第 1 代若虫上寄生。对于受本虫和炭疽病混合为害的濒死树，化学农药就是将树上所有害虫清除也难恢复其旺势。必须在冬季树株休眠时，进行重截剪，留下十余枝骨干枝，施足基肥，春梢抽发时按方位、层次抹弱留强，护成新的树冠，2 年便可成为丰产树。

2. **药剂防治**　防治策略是控两头压中间（代），由于越冬代雌虫产卵期长、卵量大，所以在为害严重的园地，防治第 1 代一般要进行 2 次。对矢尖蚧虫量不大的果园，不防、兼防或全年仅防治 1 次。选择药剂以无毒高脂膜、95% 机油乳剂或对天敌毒性小的品种为宜。以若虫分散转移期施药效果好，虫体无蜡粉和介壳，抗药力弱。可选用 22% 氟啶虫胺腈悬浮剂有效成分用药量 36.67 ~ 48.8 mg/kg，喷雾；48% 毒死蜱乳油 1 000 ~ 1 500 倍液，25% 喹硫磷乳油 1 000 ~ 1 500 倍液，25% 噻嗪酮可湿性粉剂 1 500 倍液，20% 吡虫啉可湿性粉剂 2 000 倍液，25% 噻虫嗪水分散粒剂 5 000 倍液，30% 硝虫硫磷乳油 800 倍液，30% 噻嗪酮·毒死蜱乳油 2 000 倍液，30% 吡虫啉·噻嗪酮悬浮剂 2 500 倍液，20% 啶虫脒·毒死蜱乳油 800 ~ 1 000 倍液。也可用矿物油乳剂，夏季用含油量 0.5%，冬季用含油量 3% ~ 5%。喷雾树冠叶正背两面和枝果，小若虫高峰期施药。

3. **生物防治**　保护利用天敌。矢尖蚧的主要天敌有整胸寡节瓢虫、湖北红点唇瓢虫、矢尖蚧小蜂、花角蚜小蜂、黄金蚜小蜂等，可加以保护和利用。

（五四）白轮盾蚧

白轮盾蚧 [*Aulacaspis crawii*（Cockerell）]，别名柑橘白轮盾蚧、白轮蚧、牛奶子白轮盾蚧、米兰白轮蚧，属同翅目盾蚧科。

【分布与寄主】　分布于辽宁、内蒙古、山西、河北、安徽、浙江、上海、湖北、福建、台湾、广东、海南、广西、贵州、云南、四川等。北方均在温室内发生。寄主有柑橘、月桂、桂花、南天竹、四季米兰、九里香、木槿、悬钩子、牛奶子、菝葜等。

【为害状】　以若虫、成虫在寄主植物的枝条和叶片上刺吸为害。发生严重时布满整个枝条和叶片，几乎全为白色；还大量分泌蜜露，导致煤污病的严重发生。

【形态特征】

1. **成虫**　雌介壳近圆形，略隆起；介壳直径为 2.5 ~ 3 mm，灰白色；壳点接近边缘，相当大，有的在边缘上或近中心；第 1 壳点淡黄色；第 2 壳点淡褐色。雌成虫体

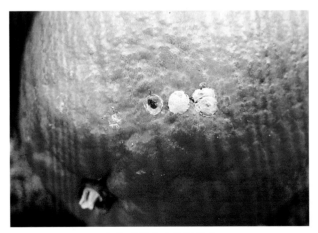

白轮盾蚧为害柑橘果实

长 1.5 mm，宽 1.0 mm；长形，两侧略平行；头胸部宽，前端圆形；侧缘后部稍突出，前方稍收缩；前侧角明显；后胸宽度等于或稍大于第 1 腹节；第 3 腹节开始逐渐向后端节缩小；侧瓣不太突出；后面呈半圆形；分节明显，体橘黄色或橘红色，臀板颜色较深；触角瘤状，有一弯曲的细毛；前气门周围有盘腺孔 16 ~ 20 个，后气门只有 7 ~ 8 个；腹部第 2、第 3 节侧端有中、小型侧管腺及短小腺刺，第 3 节上较多；第 1 ~ 3 腹节两侧亚缘区常有椭圆形硬疤；臀板宽大于长，中臀叶不很大，基部相互轭连，内缘向外倾斜，形成一个约为臀叶 1/3 的深凹刻，端部圆形，微带齿刻；背管腺列数众多。雄介壳长条形，长 1.2 ~ 1.5 mm，宽 0.4 ~ 0.5 mm；白色，蜡质状，两侧平行，背面有 3 条脊线，中脊线最明显；壳点位于前端，淡褐色或黄褐色。雄成虫体长 0.9 mm，宽 0.35 mm，翅展 1.5 mm；长卵形；橘黄色，腹部侧面淡褐色；触角及足黄色或淡

黄色；眼黑色，翅透明；触角长约 0.6 mm；足长，多毛；生殖刺粗长，约 0.3 mm。

2. **卵**　长椭圆形，长 0.3 mm，宽 0.15 mm，初产为黄褐色，近孵化时为紫红色，半透明。

3. **若虫**　1 龄若虫长椭圆形，长 0.25 mm，宽 0.15 mm，黄褐色，扁平；体缘有少数小毛；眼发达，位于头两侧；触角 6 节，末端节细长，长度小于前 5 节之和；头前面有 1 对头腺；足粗壮；长有 2 对较长的尾须。2 龄若虫椭圆形，长 0.7～0.8 mm，宽 0.5 mm；橘黄色；触角、眼、足退化；臀板形成第 2 臀叶，缘管腺仅 4 枚，无背管腺，其他特征与成虫相似。

4. **蛹**　雄蛹体长 0.75 mm，宽 0.25 mm；黄褐色，眼暗红色，附肢及翅芽黄色，触角长达身体的 2/3。

【发生规律】　北方温室内 1 年发生 2 代，南方各地 1 年发生 3～4 代。以受精雌成虫越冬。2 代地区每年 4 月下旬至 5 月上旬及 8 月中旬至 9 月下旬为孵化盛期。雄虫 7 月上旬出现，第 2 代雄虫 10 月上旬出现。发生 3 代的地方，每年 3 月下旬至 4 月中旬产卵，4 月中下旬为产卵盛期，5 月中旬为孵化盛期，7 月中旬为第 2 代孵化盛期，9 月中下旬为第 3 代孵化盛期。每雌平均产卵 120 余粒，成堆产于介壳内。1 龄若虫期 2～3 d。该蚧世代重叠。

【防治方法】

（1）柑橘休眠期，喷施 5°Bé 石硫合剂，或松脂合剂 8～10 倍液，可有效地降低越冬虫口密度。

（2）结合修剪等管理，及时剪除受害严重的枝叶并集中深埋。

（3）若虫孵化盛期后 7 d 内，在未形成蜡质或刚开始形成蜡质层时，向枝叶喷施药剂，药剂种类可参考矢尖蚧防治，不同药剂交替使用，每隔 7～10 d 喷洒 1 次，连续喷洒 2～3 次，可取得良好的效果。喷药的关键在于抓住时机（若虫期），一旦介壳形成，喷药难以见效。

（五五）糠片蚧

糠片蚧（*Parlatoria peragandii* Comstock），又称糠片盾蚧、灰点蚧，属同翅目盾蚧科。

糠片蚧为害十月橘

糠片蚧为害柑橘果实

【分布与寄主】　分布普遍，国内南、北方均有发生。亚洲、欧洲、美洲、非洲、大洋洲均有分布。寄主植物很多，以柑橘、茶、月桂、樟树、山茶等受害较重，寄主达 198 种植物。柑橘枝叶、果实和苗木主干均可受害。

【为害状】　被害处枯黄干缩或生黄斑，诱生煤污病，造成枝叶和苗木枯死，严重影响树势、产量和果实品质，是为害成灾的主要害虫之一。

【形态特征】

1. **成虫**　雌成虫介壳长 1.6～2.2 cm，形状和颜色常不固定，常与糠片相似。多为不规则的椭圆形或卵圆形，边缘极不整齐，在群集成堆时无一定形状，常为黄褐色、灰白色或灰褐色，中部稍隆起，有数条不完整脊纹，边缘略斜，蜡质渐薄，色较浅。壳点 2 个，各有 1 条纵脊纹，多重叠位于介壳前端或边缘，向前略斜。第 1 壳点甚小，椭圆形，暗绿褐色或暗黄绿色。第 2 壳点较大，近圆形，几乎覆盖介壳的 1/2 或 1/3，黄褐色或深褐色。雄介壳较小，长 0.8～0.85 mm，狭长形，两侧近乎平行，较薄，灰白色至淡褐色。壳点 1 个，亦位于介壳前端，椭圆形，有一纵脊纹，暗绿褐色或黑褐色。雌成虫体长为 0.7 ~ 0.8mm，常小于介壳长的一半，近圆形或椭圆形，淡紫红色至紫红色，口针基部及臀板淡黄色，触角和足退化。雄成虫体长约 0.4 mm，淡紫色或紫红色，有触角和翅各 1 对，足 3 对，腹末有很长的针状交尾器和 2 个瘤状突起。

2. **卵**　长椭圆形，长约 0.2 mm，淡紫红色。

3. **幼虫**　初孵若虫体长约 0.2 mm，扁平椭圆形，淡紫色，眼黑褐色，触角和足均短，触角末端有 3 根长毛，腹末有 1 对尾毛，固定后触角和足均退化，不久分泌薄层蜡质形成介壳，体长达 0.35 ~ 0.40 mm。2 龄若虫体长 0.6 ~ 0.8 mm，雌的圆锥形，淡红色；雄的长椭圆形，紫红色。雌若虫介壳较雄的大，近圆形，较薄，黄褐色；雄的狭长形，灰白色。壳点均为 1 个，较小，椭圆形，浅黑褐色，位于介壳前端。

4. **蛹**　雄蛹长椭圆形，紫红色，腹末有交尾器和 1 对尾毛。

【发生规律】　糠片蚧在长江流域橘产区大多 1 年发生 3 ~ 4 代，世代重叠，主要以雌成虫及其腹下的卵在柑橘枝叶及苗木主干上越冬，少数以 2 龄若虫越冬，极少数雄蛹也可越冬。

雌成虫寿命在 4 个月以上，雄成虫仅 1 ~ 2 d。雌成虫能行两性生殖和孤雌生殖，产卵期长达 80 d 以上，造成世代重叠。每一雌虫可产卵 30 ~ 90 粒，平均 60 粒左右。若虫孵化后从介壳后端爬出，在枝梢、果实上选择适宜部位，经 1 ~ 2 h 至 2 d 固定吸食汁液，终生不再移动，亦可在母体介壳下固定为害，固定后分泌白色蜡质覆盖虫体。第 1 代主要固定在枝、叶上为害；从第 2 代开始数量显著增加，并主要转移到果实上固定为害。

糠片蚧喜寄生在隐蔽或光线不足的枝叶上，常聚叠成堆。叶片上主要集中在中脉附近或凹陷处，叶面虫数常为叶背的 2 ~ 3 倍。果实上多定居在油胞凹陷处，尤其在果蒂附近，常被叶片、萼片覆盖，较为阴暗，虫数更多。一般成年树较幼树发生严重，栽植密度大，树冠密闭封闭的树发生亦严重。

天敌有盾蚧长缨蚜小蜂、黄金蚜小蜂、杂食蚜小蜂、短缘毛蚜小蜂、长缘毛蚜小蜂、瘦柄豹纹花翅蚜小蜂等多种寄生蜂，此外，尚有草蛉、蓟马、瓢虫、方头甲等捕食性天敌。其中盾蚧长缨蚜小蜂和黄金蚜小蜂的自然寄生率较高，对糠片蚧有较大的抑制作用，应注意保护利用。

【防治方法】

1. **农业和人工防治**　冬季清园，结合修剪清除虫枝、虫叶、虫果，集中处理。平时要剪除虫量多的叶、枝，在卵孵化之前剪除虫枝，集中处理。

2. **生物防治**　蚧类的天敌种类很多，对一些有效天敌应加强保护、放饲和人工转移。

3. **药剂防治**　应注意在第 1 代若虫盛发期喷药，重发树应每隔 10 ~ 15 d 及时喷药。药剂可选用 95% 机油乳剂倍液、10% 吡虫啉可湿性粉剂 2 000 倍液。也可参考矢尖蚧防治用药。

（五六）紫牡蛎盾蚧

紫牡蛎盾蚧 [*Mytilaspis beckii*（Newman）]，属同翅目盾蚧科。

【分布与寄主】　分布于华南、西南、华中及华东地区，北方温室。主要为害柑橘、柠檬、梨、无花果、葡萄、可可、九里香等。

【为害状】　以若虫、成虫在寄主植物的枝条和叶片上刺吸为害。发生严重时布满整个枝条和叶片；还大量分泌蜜露，导致煤污病的发生。

【形态特征】

1. **成虫**　雌成虫介壳牡蛎形，长 2 ~ 3 mm，红褐色或特殊紫色，边缘淡褐色，前狭，后端相当宽，常弯曲，隆起，具很多横皱轮纹；壳点 2 个，位于前端，第 1 壳点黄色，第 2 壳点红色，被有分泌物，腹壳白色，完整。虫体纺锤形，长 1 ~ 1.5 mm，淡黄色，臀前腹节侧突起极明显，并向后弯曲。雄成虫介壳长约 1.5 mm，形状、

紫牡蛎盾蚧为害柑橘果实

色泽和质地同雌介壳；壳点 1 个，位于前端。虫体橙色，具翅 1 对。

　　2. **若虫**　孵化时椭圆形，淡黄色，触角、足等均发达。

　　【**发生规律**】　长江以南地区 1 年发生 2 ～ 3 代，世代重叠，温室内可常年发生。丛密、隐蔽、潮湿处发生重，常诱发煤污病。

　　其天敌昆虫有红点唇瓢虫，成虫、幼虫均可捕食此蚧的卵、若虫、蛹和成虫；6 月后捕食率可高达 78%。此外，还有寄生蝇和捕食螨等。

　　【**防治方法**】　参考矢尖蚧。

（五七）红圆蚧

红圆蚧［*Aonidiella aurantii*（Maskell）］，又称红圆蹄盾蚧、红肾圆盾蚧，属同翅目盾蚧科。

红圆蚧为害柑橘新梢　　　　　　　　　　　红圆蚧为害柑橘果实（小白点为幼蚧）

　　【**分布与寄主**】　分布普遍，亚洲、欧洲、非洲、大洋洲、美洲均有分布。寄主植物有 61 科 370 余种，在我国主要为害柑橘类，亦普遍寄生于香蕉、葡萄、椰子、苹果、柿、菠萝蜜、山茶、茶等果树和经济植物上。

　　【**为害状**】　雌成虫和若虫群集在枝干、叶片及果实上为害。苗木常自主干基部到顶叶正、背面均有发生，在成年大树上多寄生于顶部嫩枝丫及叶片正、背面，但亦有寄生在主干基部直至主枝上的。且常和其他蚧类杂集一处为害，严重时常层叠满布于枝叶上，可使枝叶或整株苗木枯死。

　　【**形态特征**】
　　1. **成虫**　雌成虫介壳圆形或近圆形，直径为 1.8 ～ 2.0 mm，橙红色至红褐色，壳点 2 个，橘红色或橙红色，不透明，第 1 壳点近暗褐色，稍隆起，重叠位于介壳中央，呈脐状。雄介壳椭圆形，长约 1 mm。壳点 1 个，圆形，橘红色或黄褐色，偏于介壳一端。雌成虫产卵前卵圆形，长为 1.0 ～ 1.2 mm，背、腹面高度硬化。产卵后体前部两侧向后伸长，使体略似马蹄形或肾脏形，长约 0.9 mm，宽稍大于长，淡橙黄色至橙红色，臀板淡褐色。臀叶 3 对，长宽约相等，阴门前侧斑纹逗点状。雄成虫体长为 1 mm 左右，橙黄色，眼紫色，有触角、足、前翅和交尾器。
　　2. **卵**　椭圆形，很小，淡黄色至橙黄色。产于母体腹内，孵化后才产出若虫，犹如胎生。
　　3. **若虫**　第 1 龄长约 0.6 mm，长椭圆形，橙黄色，有触角和足，能爬行。第 2 龄足和触角均消失，体渐圆，近杏仁形，橘黄色，后渐近肾脏形，橙红色，介壳亦渐扩大变厚。

　　【**发生规律**】　1 年发生 2 ～ 4 代。在浙江黄岩 1 年发生 2 代，以受精雌成虫在枝叶上越冬。6 月中上旬胎生第 1 代若虫，8 月中旬变为成虫，9 月上旬胎生第 2 代若虫，10 月中旬变为成虫。江西南昌 1 年发生 3 代，以 2 龄若虫在枝叶上越冬。

各代若虫胎生期分别在5月中旬至6月中旬、7月底至9月初和10月中下旬；雄成虫羽化期分别在4月中下旬、7月和8月中旬至10月上旬，羽化盛期在4月中旬、7月中旬和9月中上旬。在温暖地区1年可发生4代。

天敌有黄金蚜小蜂、岭南黄金蚜小蜂、红圆蚧黄褐蚜小蜂、中华圆蚧蚜小蜂、双带巨角跳小蜂等10余种寄生蜂和整胸寡节瓢虫等数种瓢虫。其中黄金蚜小蜂和双带巨角跳小蜂在果园间很普遍，寄生率亦高。

【防治方法】 防治柑橘蚧类，应采用多种有效措施，开展综合防治，才可以有效地控制危害。吹绵蚧应以生物防治为主，辅以人工防治和药剂防治。其他蚧类的防治，目前，仍以药剂防治为主，但应注意天敌的保护和利用。

1. **实行检疫监测** 蚧虫常随苗木、接穗等的调运而传播。调运苗木、接穗时应实行检疫。

2. **农业和人工防治** 结合修剪，在卵孵化之前剪除虫枝，集中处理。

3. **药剂防治** 盾蚧类着重在第1代若虫盛发期，其他蚧类从若虫盛孵期开始，重发树在每隔10～15 d及时周密地喷药防治2～3次，发生少的树在冬季喷药防治。防治若虫效果较好的药剂有95%机油乳剂150～200倍液（应注意7月以后施用会降低果实含糖量），柴油乳剂100倍液，喹硫磷、毒死蜱等有机磷剂与机油乳剂的1 :（50～70）:（2 500～3 500）混合液；25%噻嗪酮可湿性粉剂1 000～2 000倍液或10%吡虫啉可湿性粉剂1 500倍液，对天敌较安全，残效期1个月以上，25%喹硫磷乳油1 000～1 500倍液对天敌毒性比一般有机磷杀虫剂低。上述药剂有机磷杀虫剂，必须与其他类型的药剂交替施用，或与油乳剂混用，降低其施用浓度。

4. **生物防治** 蚧类的天敌种类颇多，特别是对一些有效天敌（如捕食吹绵蚧的大红瓢虫、澳大利亚瓢虫，寄生盾蚧类的金黄小蚜蜂等），应加强保护、放饲和人工转移，以控制介壳虫为害。

（五八）柑橘长白蚧

柑橘长白蚧（*Lopholeuapis japonica* Cockerell），又称长白蚧，属同翅目盾蚧科。

【分布与寄主】 我国南方普遍分布，尤其是在长江流域为害相当严重。其寄主种类极多，为害苹果、梨、茶、柑橘、含笑、桂花、花椒、龙眼等数十种经济树种。

【为害状】 若虫和雌成虫常年附着在寄主的枝叶上，用针状口器吸取汁液，使树势衰退，叶片脱落或卷曲，特别在冬季落叶更严重，常使枝干枯死，开花减少或停止，产量下降。

长白蚧为害状

【形态特征】

1. **成虫** 雌成虫介壳灰白色，长纺锤形，前端附着1个若虫蜕皮壳，呈褐色卵形小点。雌成虫体长0.6～1.4 mm，宽0.2～0.36 mm，黄色，腹部有明显的8节。雄成虫体长0.48～0.66 mm，翅展1.28～1.6 mm，淡紫色，有1对翅。触角丝状，共9节。翅白色，半透明，足3对，腹部末端有针状交尾器。

2. **卵** 长0.2～0.27 mm，椭圆形，淡紫色。

3. **若虫** 初孵化时，体长0.2～0.31 mm，宽0.1～0.4 mm，椭圆形，淡紫色，腹部末端有尾毛2根。

4. **蛹** 前蛹体长0.63～0.92 mm，宽0.16～0.29 mm，末端有毛2根。蛹体长0.66～0.85 mm，末端交尾器呈针状。

【发生规律】 在浙江、湖南、江苏和安徽每年发生3代，主要以老熟若虫及前蛹在枝干上越冬。翌年3月中旬成虫羽化，3月下旬至4月上旬（在湖南）及4月中上旬（在浙江）为羽化盛期。4月下旬为产卵盛期，5月上旬第1代若虫孵化，5月中旬（在湖南）及5月下旬（在浙江）为孵化盛期；7月中上旬（在湖南）及7月下旬（在浙江）为第2代若虫孵化盛期；8月下旬至9月中旬（在湖南）及9月中旬至10月上旬（在浙江）为第3代若虫孵化盛期。世代重叠现象十分显著。高温低湿不利于长白蚧的生存、发育，最适温度为20～25 ℃，最适相对湿度为80%以上。已发现的天敌有长缨恩蚜小蜂、长白蚧长棒蚜小蜂等6种蚜小蜂，长白蚧阔柄跳小蜂等3种跳小蜂和捕食性天敌红点唇瓢虫。在自然情况下，长白蚧寄生率可达13%左右。红点唇瓢虫捕食量较大，在自然情况下能控制长白蚧为害。

【防治方法】

1. **苗木检疫**　新区发展柑橘时，应栽种无虫苗木。
2. **春季清园**　春季清园是控制长白蚧为害的最有效措施，生产上要求全面清园。
3. **防治药剂**　1代长白蚧孵化相对比较集中，宜于药剂防治，一般年份防治1次，发生严重的年份或橘园可连治2次。防治1次的，掌握在孵化盛末期往后推迟3～5d用药（一般年份在5月25日前后）。防治2次的，第1次掌握在孵化盛末期用药（一般年份在5月20日前后），隔15～20d后再防治第2次。可选用噻嗪酮、毒死蜱、吡虫啉、马拉硫磷等药剂防治。

（五九）柑橘褐圆蚧

柑橘褐圆蚧［*Chrysomphalus aonidum*（L.）］，又称黑褐圆盾蚧、茶黑介壳虫、鸢紫褐圆蚧、茶褐圆蚧等，属同翅目盾蚧科。

【分布与寄主】　分布于贵州、四川、云南、河北、山东、江苏、浙江、福建、湖南、广东、广西、陕西和台湾等省（区）；国外分布于欧洲、美洲、亚洲、大洋洲。寄主植物已知有柑橘、椰子、茶树、无花果、石榴、蔷薇、棕榈、樟树、柠檬、香蕉、苏铁、银杏、杉、松、冬青、栗和玫瑰等10多种。

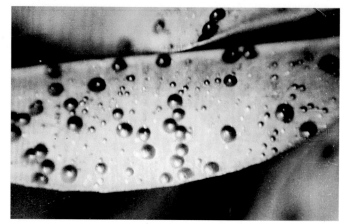

褐圆蚧成虫与幼虫

【为害状】　主要为害叶片和果实，叶受害后褪绿呈黄褐色斑点，光合作用受阻，生长细弱。果实被害后，果面斑迹累累，品质下降，易脱落。虫量大时，橘株叶、枝、果布满介壳，树势衰弱。

【形态特征】

1. **成虫**　雌成虫介壳圆形，中部紫褐色或黑褐色，边缘白色或灰白色，由中部向上渐宽，高高隆起，使介壳略呈圆锥形。蜕皮壳位于介壳中部，多呈褐色。虫体常呈长圆形，腹部较尖。雄成虫体长约0.75mm，淡橙黄色。足、触角、交尾器及胸部背面褐色。翅1对，透明。
2. **卵**　长卵形，浅橙黄色，长0.2mm，产于介壳下母体后方。
3. **若虫**　共2龄，第1龄体长约0.24mm，卵形，浅橙黄色。具足3对，触角和尾毛各1对，口针较长。第2龄除口针外，足、触角和尾毛都消失。

【发生规律】　在福州1年发生4代，台湾1年发生4～6代，广东1年发生5～6代，湖南、江西和陕西汉中1年发生3代，后期世代重叠；大多以2龄若虫和少数受精雌成虫在叶片上越冬。福州第1代若虫、成虫主要为害新梢叶片和幼果，第2代主要为害果实；在福州和广东均以夏、秋季为害果实最烈。江西赣县各代雌成虫产卵期依次在4月下旬至5月中旬、7月上旬至下旬和9月下旬至10月下旬。陕西汉中各代若虫盛孵期分别在5月中旬、7月中旬和8月下旬。

褐圆蚧行两性生殖，一般夜晚交尾。雌成虫寿命长达数月之久，雄成虫寿命短，仅2～5d。成虫产卵前期第1代约3周，第2代10d左右，第3代14～21d；产卵期长达2～8周，造成世代重叠。卵产在介壳下母体后方，不规则地堆积，繁殖力与营养条件有密切关系。为害果实的雌成虫平均每头繁殖若虫145头，寄生在叶片上的平均每头繁殖若虫80头。卵期数小时至2～3d。若虫孵化后从介壳边缘爬出，转移到新梢、嫩叶、果实上，活动力强，能到处爬行，故称游荡若虫。经数小时至1～2d，找到适宜部位即固定取食。若虫喜在叶片及成熟果实上定居为害。雌虫主要固定在叶片正面，雄虫多数固定在叶片背面。若虫从孵化后到固定前的生活力较强，在无食料时可存活6～13d，干燥环境下可存活3～4d，发育和活动最适温度为26～28℃。若虫固定后即分泌绵状蜡质形成绵壳，虫体增大至一定程度，蜕皮变为1龄若虫，并形成介壳，随虫体的长大继续分泌蜡质增大介壳，蜕第2次皮后变为雌成虫；雄虫先由幼虫变为前蛹，再蜕皮变为蛹，最后羽化为雄成虫。

其天敌发现有12种寄生蜂、9种瓢虫、2种草蛉及日本方头甲、红霉菌等。寄生蜂中主要有黄金蚜小蜂、岭南黄金蚜小蜂、红圆蚧黄褐蚜小蜂、双带花角蚜小蜂、斑点蚜小蜂、双带巨角跳小蜂等，以黄金蚜小蜂和双带巨角跳小蜂最普遍。

瓢虫主要有红点唇瓢虫、细缘唇瓢虫、黑背唇瓢虫、湖北红点唇瓢虫、肾斑唇瓢虫和整胸寡节瓢虫。

【防治方法】

（1）重剪虫枝，结合用药挑治，加强肥水管理，增强树势。

（2）保护利用天敌，将药剂防治时期限制在第 2 代若虫发生前或在果实采收后，可少伤天敌。也可释放天敌。

（3）防治指标为 5 ~ 6 月 10% 的叶片（或果实）有虫；7 ~ 9 月 10% 果实发现有若虫 2 头 / 果。可用药剂参考矢尖蚧。

（六〇）日本龟蜡蚧

日本龟蜡蚧（*Ceroplastes japonicas* Guaind），别名龟甲蚧、树虱子等，属同翅目蜡蚧科。

【分布与寄主】 在中国分布极其广泛，为害梨、苹果、柿、枣、桃、杏、柑橘、杧果、枇杷等大部分属果树和 100 多种植物。

【为害状】 若虫和雌成虫刺吸枝、叶汁液，排泄蜜露常诱致煤污病发生，削弱树势，重者枝条枯死。

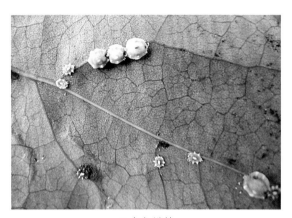

日本龟蜡蚧

【形态特征】

1. **成虫** 雌虫成长后体背有较厚的白蜡壳，呈椭圆形，长 4 ~ 5 mm，背面隆起似半球形，中央隆起较高，表面具龟甲状凹纹，边缘蜡层厚且弯卷，由 8 块组成。活虫蜡壳背面淡红色，边缘乳白色，死后淡红色消失，初淡黄色后现出虫体呈红褐色。活虫体淡褐色至紫红色。雄体长 1 ~ 1.4 mm，淡红色至紫红色，眼黑色，触角丝状，翅 1 对，白色透明，具 2 条粗脉，足细小，腹末略细，性刺色淡。

2. **卵** 椭圆形，长 0.2 ~ 0.3 mm，初淡橙黄色后紫红色。

3. **若虫** 初孵体长 0.4 mm，椭圆形扁平，淡红褐色，触角和足发达，灰白色，腹末有 1 对长毛。固定 1 d 后开始泌蜡丝，7 ~ 10 d 后形成蜡壳，周边有 12 ~ 15 个蜡角。后期蜡壳加厚雌雄形态分化，雄与雌成虫相似，雄蜡壳长椭圆形，周围有 13 个蜡角似星芒状。

4. **雄蛹** 梭形，长 1 mm，棕色，性刺笔尖状。

【发生规律】 日本龟蜡蚧 1 年发生 1 代，以受精雌虫主要在 1 ~ 2 年生枝上越冬。翌年春寄主发芽时开始为害，虫体迅速膨大，成熟后产卵于腹下。产卵盛期：南京 5 月中旬，山东 6 月中上旬，河南 6 月中旬，山西 6 月中下旬。每雌产卵千余粒，多者达 3 000 粒。卵期 10 ~ 24 d。初孵若虫多爬到嫩枝、叶柄、叶面上固着取食，8 月初雌雄开始性分化，8 月中旬至 9 月为雄化蛹期，蛹期 8 ~ 20 d，羽化期为 8 月下旬至 10 月上旬，雄成虫寿命 1 ~ 5 d，交尾后即死亡，雌虫陆续由叶转到枝上固着为害，至秋后越冬。可行孤雌生殖，子代均为雄性。

在果树混栽地区，龟蜡蚧可互相传播，这也给彻底防治带来相当大的难度。所以对日本龟蜡蚧进行综合防治就尤为重要。

【防治方法】 参考柿子日本龟蜡蚧。

（六一）吹绵蚧

吹绵蚧（*Icerya purchasi* Maskell），又名黑毛吹绵蚧，俗称绵团蚧，属同翅目硕蚧科。一度对南加利福尼亚的柑橘业造成威胁，引进澳大利亚的瓢虫后，短期内即控制本害虫。

【分布与寄主】 我国除西北、东北、西藏外，全国各省（区）均有发生（长江以北，只在温室内），在南方各省（区）为害较烈。亚洲、非洲、欧洲、大洋洲、美洲均有分布。寄主植物超过 250 种，除柑橘外，还常见于牡丹、金橘、柠檬、代代、佛手、山茶、含笑、常春藤、月季、海棠、石榴等花卉及木麻黄、台湾相思、木豆、山毛豆等护田林木上，茶树上也有发生。

【为害状】 若虫、成虫群集在柑橘等植物的叶芽、嫩枝及枝条上为害。使叶色发黄，枝梢枯萎，引起落叶、落果，树势衰弱，甚至枝条或全株枯死。并能诱致煤污病，使枝叶表面盖上煤烟状黑色物一层，影响光合作用。

吹绵蚧为害柑橘树新梢

【形态特征】

1. 成虫 雌成虫体椭圆形，橘红色，腹面平坦，背面隆起，并着生黑色短毛，有白色蜡质分泌物。无翅，足和触角均为黑色。腹部附白色卵囊，囊上有脊状隆起线 14 ~ 16 条。体长 5 ~ 7 mm。雄成虫体瘦小，长 3 mm，翅展 8 mm，橘红色。触角黑色，除第 1、第 2 节外，其余各节两端膨大，中间缩细，呈哑铃状，膨大部分有 1 圈刚毛。前翅发达，紫黑色，后翅退化成平衡棒。口器退化。腹端有 2 突起，其上各有长毛 3 条。复眼间有单眼 1 对。

2. 卵 长椭圆形，长 0.65 mm，宽 0.29 mm，初产时橙黄色，后变橘红色。密集于卵囊内。

3. 幼虫 初孵若虫的足、触角及体上的毛均甚发达，体裸。取食后，体背覆盖淡黄色蜡粉，触角为黑色，6 节。2 龄始有雌雄区别，雄虫体长而狭，颜色亦较鲜明。

4. 蛹 体长 3.5 mm，橘红色，有白蜡质薄粉。茧白色，长椭圆形，茧质疏松，自外可窥见蛹体。

【发生规律】 吹绵蚧在我国南部 1 年发生 3 ~ 4 代，长江流域 1 年发生 2 ~ 3 代，华北 1 年发生 2 代，四川东南部 1 年发生 3 ~ 4 代，西北部 1 年发生 2 ~ 3 代。2 ~ 3 代地区主要以若虫及无卵雌成虫越冬，其他虫态亦有。发生时期，浙江第 1 代卵和若虫发生盛期为 5 ~ 6 月，第 2 代为 8 ~ 9 月。四川第 1 代卵和若虫盛期为 4 月下旬至 6 月，第 2 代为 7 月下旬至 9 月初，第 3 代为 9 ~ 11 月。

若虫孵化后在卵囊内经一段时间始分散活动，多定居于新叶叶背主脉两侧，蜕皮时再换位置。2 龄后逐渐移至枝干阴面群集为害，雌虫成熟固定取食后终生不再移动，形成卵囊，产卵其中。产卵期长达 1 个月。每头雌虫可产卵数百粒，多者 2 000 粒左右。雌虫寿命约 60 d 以上。卵和若虫历期因季节而异，在春季，卵期为 14 ~ 26 d，若虫期 48 ~ 54 d；在夏季，卵期为 10 d 左右，若虫期则为 49 ~ 106 d。

雄若虫较活泼，经 2 次蜕皮后，口器退化，不再为害，即在枝干裂缝或树干附近松土杂草等中作白色薄茧化蛹。蛹期 7 d 左右。在自然条件下，雄虫数量极少，不及雌成虫数量的 1%。雄成虫飞翔力弱，羽化后 2 ~ 3 d 即交尾。雌成虫常孤雌生殖，所以雄成虫数量少但不影响正常繁殖。

吹绵蚧的发生主要受气候和天敌的影响。温暖高湿是吹绵蚧发生的适宜气候条件。气温 20 ℃左右，湿度又高，则是产卵的适宜条件，15 ℃以下，产卵显著减少；若虫活动的正常温度为 22 ~ 28 ℃，高至 39 ℃则死亡；雌成虫活动的正常温度为 23 ~ 27 ℃，温度达 42 ℃时死亡；通常气温 25 ~ 26 ℃最适宜吹绵蚧的繁殖，高达 40 ℃以上或降至 –12 ℃时则大量死亡。在长江流域橘产区，一般以温暖多雨的 5 ~ 6 月繁殖最快，是全年发生为害的高峰期；7 月以后转入高温干旱季节，成虫、若虫密度骤减。此外，霜冻、干热、大雨不利于吹绵蚧的发生繁殖。

天敌与抑制吹绵蚧的大发生关系很大，国内已发现有澳大利亚瓢虫、大红瓢虫、小红瓢虫和红缘瓢虫等，此外还有 2 种草蛉及 1 种寄生菌（*Cladosporium* sp.）。其中，澳大利亚瓢虫、大红瓢虫、小红瓢虫和六斑红瓢虫是猎食吹绵蚧的专食性天敌，尤以澳大利亚瓢虫和大红瓢虫对吹绵蚧的控制作用更显著。

【防治方法】

1. 生物防治 引放保护澳大利亚瓢虫、大红瓢虫、小红瓢虫等天敌昆虫，澳大利亚瓢虫在 50 株园中放到 3 ~ 5 株上，每株放 100 ~ 150 头，1 个月后即可控制吹绵蚧。引放澳大利亚瓢虫防治柑橘吹绵蚧，全年均可进行，但以 3 月中旬吹绵蚧幼蚧盛孵前为较好。瓢虫与成蚧比为 1∶30。直接引放至果园或有蚧害的防护林带中，瓢虫即可形成群落，控制蚧害。

2. 剪除虫枝或刷除虫体 在该虫休眠期喷 3° ~ 5° Bé 石硫合剂、45% 晶体石硫合剂 30 倍液、松脂合剂 10 倍液。

3. 药剂防治 若虫分散转移期施药最佳，虫体无蜡粉和介壳，抗药力最弱。可用下列药剂：25% 噻虫嗪 3 000 ~ 4 000 倍液，50% 马拉硫磷乳油 600 ~ 800 倍液，80% 敌敌畏乳油 800 倍液；每隔 10 d 喷 1 次，连续喷 2 ~ 3 次；化学农药和矿物油乳剂混用效果更好，对已分泌蜡粉或蜡壳者亦有防效。

（六二）堆蜡粉蚧

堆蜡粉蚧［*Nipaecoccus vastalor*（Maskell）］，属同翅目粉蚧科。

【分布与寄主】 主要分布于广东、广西、福建、台湾、云南、贵州、四川及湖南、湖北、江西、浙江、陕西、山东、河北的局部地区。寄主植物除柑橘外，还有葡萄、龙眼、荔枝、黄皮、油梨、番荔枝、枣、茶、桑、榕树、冬青、夹竹桃等，造成果树枯梢和落果，影响经济价值。

【为害状】 若虫、成虫刺吸枝干、叶的汁液，重者叶干枯卷缩，削弱树势甚至枯死。

堆蜡粉蚧成、幼蚧为害明柳甜橘

【形态特征】

1. **成虫** 雌成虫椭圆形，长 3 ~ 4 mm，体紫黑色，触角和足草黄色。足短小，爪下无小齿。全体覆盖厚厚的白色蜡粉，在每一体节的背面都横向分为 4 堆，整个体背则排成明显的 4 列。在虫体的边缘排列着粗短的蜡丝，仅体末 1 对较长。雄成虫体紫酱色，长约 1 mm，翅 1 对，半透明，腹末有 1 对白色蜡质长尾刺。
2. **卵** 淡黄色，椭圆形，长约 0.3 mm，藏于淡黄白色的绵状蜡质卵囊内。
3. **若虫** 形似雌成虫，紫色，初孵时无蜡质。固定取食后，体背及周缘即开始分泌白色粉状蜡质，并逐渐增厚。
4. **蛹** 蛹的外形似雄成虫，但触角、足和翅均未伸展。

【发生规律】 在广州 1 年发生 5 ~ 6 代，以若虫和成虫在树干、枝条的裂缝或洞穴及卷叶内越冬。2 月初开始活动，主要为害春梢，并在 3 月下旬前后出现第 1 代卵囊。各代若虫发生盛期分别出现在 4 月上旬、5 月中旬、7 月中旬、9 月上旬、10 月上旬和 11 月中旬。但第 3 代以后世代明显重叠。若虫和雌成虫以群集于嫩梢、果柄和果蒂上为害较多，其次是叶柄和小枝。其中第 1、第 2 代成、若虫主要为害果实，第 3 ~ 6 代主要为害秋梢。常年以 4 ~ 5 月和 10 ~ 11 月虫口密度最高。已发现的天敌有台湾小瓢虫、二星姬瓢虫、孟氏隐唇瓢虫、克氏长索跳小蜂、指长索跳小蜂、粉蚧长索跳小蜂、泽田长索跳小蜂、克氏金小蜂、福建棒小蜂，还有 1 种草蛉和 1 种寄生菌。

【防治方法】

1. **农业防治** 加强果园栽培管理，剪除过密枝梢和带虫枝，集中处理，使树冠通风透光，降低湿度，减少虫源，减轻为害。
2. **生物防治** 要注意保护利用捕食性天敌和寄生性天敌，合理用药，不使用对天敌危害大的农药。
3. **药剂防治** 堆蜡粉蚧在幼虫初孵若虫阶段，取食前虫体都无蜡粉及分泌物，对农药较为敏感，掌握在初孵若虫盛期，适时喷药。堆蜡粉蚧的防治重点在春梢期进行。可选用噻嗪酮、毒死蜱、蚍虫林、马拉硫磷等药剂防治。

（六三）黑点蚧

黑点蚧［*Parlatoria zizyphus*（Lucas）］，又名方黑点蚧、黑片蚧、黑片盾蚧，属同翅目盾蚧科。

【分布与寄主】 分布普遍，以在南部橘产区为害较重，部分橘园严重成灾。寄主植物除柑橘类外，还有枣、椰子、茶、月桂等，在柑橘类中又以橙、柑、橘受害较重，柠檬、柚子受害较轻。

【为害状】 雌成虫和若虫常群集在叶片、枝条和果实上为害，并诱生煤污病，使枝叶干枯，果实延迟成熟，果形不正，色味俱变，严重影响树势和产量。

【形态特征】

1. **成虫** 雌成虫介壳长 1.6 ~ 2.0 mm，主要由若虫第 2 次蜕皮延长和扩大而成，近长方形，两端略圆，成虫长椭圆形，

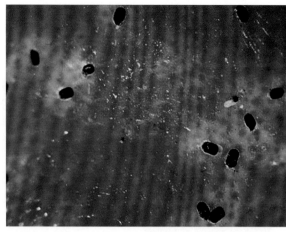

黑点蚧　　　　　　　　　　　　　　　黑点蚧为害柑橘果实

漆黑色，有 3 条纵脊，中央的 1 条断续不全，后端附有向后稍狭的灰褐色或带灰白色蜡质壳尾。第 1 壳点小，椭圆形，漆黑色，斜或直地突出于介壳前端，其后方及介壳有灰白色边缘。雄成虫介壳长约 1 mm，长形，小而狭，末端常圆而略扁，灰白色，周围有白边。壳点 1 个，椭圆形，深黑色，位于介壳前端。雌成虫体倒卵形或椭圆形，长约 0.7 mm，淡紫红色，前端两侧各有 1 个大耳状突起，为最显著特征。雄成虫淡紫红色，眼 1 对，甚大，黑色，有 1 对半透明前翅，足 3 对，甚发达，腹末有针状交尾器。

2. **卵**　椭圆形，长约 0.25 mm，紫红色。整齐排列成 2 行于母体下。

3. **若虫**　第 1 龄若虫体近圆形，灰色，有 1 对触角、3 对足和 1 对短小尾毛，固定后分泌白绵状蜡质，后期体色变深。第 2 龄雌若虫椭圆形，体色更深，已形成漆黑色壳点，并在壳点之后形成白介壳。2 龄雄若虫初期与 2 龄雌若虫不易区别，也是在壳点之后有白蜡层，但后期白蜡层变厚，形成狭长的灰白色介壳。

4. **蛹**　雄蛹淡红色，眼黑色，甚大，腹部淡紫红色，腹末可见淡色交尾器，后期有触角和发达的足。

【发生规律】　在多数橘产区 1 年发生 3 ~ 4 代，主要以雌成虫和卵，少数以若虫或雄蛹在枝叶上越冬。由于雌成虫寿命很长，可不断产卵，陆续孵化，并能孤雌生殖，在适宜温度下不断有新的若虫出现和发育成长，以致世代重叠，园间发生极不整齐。

卵产在介壳内母体下，整齐排列成 2 行。若虫孵化后即离开母体，行动活泼，称为蠕动期。而后固定在叶、梢、果上吸食汁液，体背分泌白绵状蜡质成白色小点状，称为绵壳期。若虫一般在 4 月下旬从上年梢叶迁移到当年春梢上为害，5月下旬至 6 月中旬陆续蔓延至幼果，7 月下旬至 8 月上旬转害夏梢，果实上的虫口亦日增，8 月中上旬以后主要为害叶片和果实，并转害秋梢枝叶。叶片上虫口密度大时，常在叶面和叶背中脉两侧成排密布。为害果实多在幼果萼片和蜜盘处，虫口增加时，常以与叶片相接的果面较多，聚集成一片黑点。若越冬雌成虫平均每叶达 2 头以上，至果实成熟时可影响品质。黑点蚧由风力和苗木传播，但大风雨又能冲掉初孵若虫。隐蔽和生长衰弱的橘树均有利于黑点蚧的繁殖。

已发现黑点蚧的天敌有盾蚧长缨蚜小蜂、黄金蚜小蜂、中华圆蚧蚜小蜂、短缘毛蚜小蜂、长缘毛蚜小蜂等多种寄生蜂，以及红点唇瓢虫、整胸寡节瓢虫、日本方头甲等捕食性天敌。其中盾蚧长缨蚜小蜂适应范围广，寄生率较高，在重庆年平均寄生率为 28.7%，从当年 7 月至翌年 4 月是其发生高峰期，寄生率为 16.7% ~ 50.3%，以 9 月至翌年 2 月的寄生率最高，5 ~ 6 月寄生率最低。红点唇瓢虫亦是常见的天敌。

【防治方法】　参考红圆蚧。

（六四）角蜡蚧

角蜡蚧（*Ceroplastes ceriferus* Anderson），属同翅目蚧科。

【分布与寄主】　分布于黑龙江、河北、山东、陕西、浙江、上海等。寄主有苹果、梨、桃、李、杏、樱桃、桑、柑橘、枇杷、无花果、荔枝、杨梅、橘果、石榴等。

【为害状】　以成、若虫为害枝干。受此蚧为害后叶片变黄，树干表面凹凸不平，树皮纵裂，致使树势逐渐衰弱，排泄的蜜露常诱致煤污病发生，严重者枝干枯死。

【外形特征】

1. **成虫**　雌虫短椭圆形，长 6 ~ 9.5 mm，宽约 8.7 mm，高 5.5 mm，蜡壳灰白色，死体黄褐色微红。周缘具角状蜡块：前端 3 块，两侧各 2 块，后端 1 块圆锥形，较大如尾，背中部隆起呈半球形。触角 6 节，第 3 节最长。足短粗，体紫红色。雄虫体长 1.3 mm，赤褐色，前翅发达，短宽微黄，后翅特化为平衡棒。

2. **卵**　椭圆形，长 0.3 mm，紫红色。

3. **若虫**　初龄若虫扁椭圆形，长 0.5 mm，红褐色；2 龄若虫出现蜡壳，雌蜡壳长椭圆形，乳白色微红，前端具蜡突，两侧每边 4 块，后端 2 块，背面呈圆锥形稍向前弯曲；雄蜡壳椭圆形，长 2 ~ 2.5 mm，背面隆起较低，周围有 13 个蜡突。

4. **蛹**　雄蛹长 1.3 mm，红褐色。

角蜡蚧

【发生规律】　1 年发生 1 代，以受精雌虫于枝上越冬。翌年春继续为害，6 月产卵于体下，卵期约 1 周。若虫期 80 ~ 90 d，雌虫蜕 3 次皮羽化为成虫，雄虫蜕 2 次皮为前蛹，进而化蛹，羽化期与雌虫同，交配后雄虫死亡，雌虫继续为害至越冬。初孵若虫雌多于枝上固着为害，雄虫多到叶上主脉两侧群集为害。每雌产卵 250 ~ 3 000 粒。卵在 4 月上旬至 5 月下旬陆续孵化，刚孵化的若虫暂在母体下停留片刻后，从母体下爬出分散在嫩叶、嫩枝上吸食为害，5 ~ 8 d 蜕皮为 2 龄若虫，同时分泌白色蜡丝，在枝上固定。在成虫产卵和若虫刚孵化阶段，降水量大小，对种群数量影响很大。但干旱对其影响不大。

【防治方法】

（1）做好对苗木、接穗、砧木的检疫消毒。

（2）保护引放天敌。天敌有瓢虫、草蛉、寄生蜂等。

（3）剪除虫枝或刷除虫体。

（4）冬季枝条上结冰凌或雾凇时，用木棍敲打树枝，虫体可随冰凌而落。

（5）刚落叶或发芽前喷含油量 10% 的柴油乳剂，如混用化学药剂效果更好。

（6）初孵若虫分散转移期宜于药剂防治，一般年份防治 1 次。可选用噻嗪酮、毒死蜱、吡虫啉、马拉硫磷等药剂防治。

（六五）稻绿蝽

稻绿蝽（*Nezara viridula* L.），在橘园终年可见，近年已成为主要害虫，属鞘翅目蝽科。

【分布与寄主】　广布于全国橘产区。寄主植物极杂，除柑橘外，还取食水稻、玉米、烟草、花生、棉花、豆类、三叶草、

三种翅型稻绿蝽

稻绿蝽若虫在为害葡萄柚

栎、十字花科蔬菜、油菜、茶、油橄榄、芝麻、小麦、茄子、辣椒、粟、苎麻、马铃薯、甜菜、桃、梨、李、苹果和桑等。

【为害状】　以成、若虫吸食柑橘嫩梢叶片、幼果和成熟果的汁液，导致落花落果，影响商品果质量。

【形态特征】

1. **成虫**　有多种变型，各生物型间常彼此交尾繁殖，所以在形态上多变。

（1）全绿型（*Nezara viridula* forma *typica* L.）：体长 12 ～ 16 mm，宽 6 ～ 8.5 mm，椭圆形。体和足鲜绿色。头近三角形，侧叶、中叶等长，触角第 3 节末及第 4、第 5 节端半部为黑色，其余青绿色。单眼红色，复眼黑色。前胸背板侧角钝圆，稍伸出，前侧缘多具黄色狭边。小盾片长三角形，末端狭圆，基缘有 3 个小白点，两侧角处各有 1 个小黑点。鞘革片基缘狭窄淡黄色。侧接缘各节缝的中央有 1 个小黑点，后角尖，黑色。腹面色淡，布细密绿色斑点。腹部背板全绿色。

（2）点绿蝽（*Nezara viridula* forma *aurantiaca* Costa）：体长 13 ～ 14.5 mm，宽 6.5 ～ 8.5 mm。全体背面橙黄色至黄绿色，前胸背板近中部及小盾片具绿色斑点。单眼区域各具有 1 个小黑点，一般情况下不清晰。前胸背板上 3 个绿点，居中的最大，常为棱形。小盾片基缘具 3 个绿点，中间者最大，近圆形，其末端及翅革质部靠后端各具 1 个绿色斑。侧接缘节缝处各有 1 个绿色斑点。

（3）黄肩绿蝽（*Nezara viridula* forma *torquata* Fab.）：体长 12.5 ～ 15 mm，宽 6.5 ～ 8 mm。与全绿型很相似，但头及前胸背板前半部为黄色，前胸背板黄色区域有时呈橙红色、橘红色或肉红色，后缘波浪形。

2. **卵**　杯形，长 1.2 mm，宽 0.8 mm，初产时黄白色，后转红褐色，顶端有盖，周缘白色，精孔突起呈环，24 ～ 30 粒。

3. **若虫**　共 5 龄。老龄虫形似成虫，绿色或绿黄色，前胸与翅芽散生黑色斑点，外缘橘红色，腹缘具半圆形红斑或污褐斑。足赤褐色，跗节和触角端部黑色。

【发生规律】　以成虫在各种寄主上或背风荫蔽的石缝、土洞、枯柴堆中越冬。贵州和广西桂林 1 年发生 3 代。在橘园生活的稻绿蝽成虫，4 月上旬开始活动，4 月中下旬交尾产卵。交尾时间 10 ～ 16 时居多，卵产于叶面 30 ～ 50 粒排列成块状。若虫孵化时初聚卵周围不常活动，2 龄后开始分散取食，经 50 ～ 65 d 变为成虫。第 1 代成虫出现在 6 ～ 7 月，第 2 代成虫出现在 8 ～ 9 月，第 3 代成虫出现在 10 月至 11 月上旬，此后进入越冬。9 月下旬至 10 月上旬，稻田收割，大量稻绿蝽成虫迁入橘园，聚集于果上吸食果汁，对鲜果品质影响很大。

【防治方法】　参考柑橘长吻蝽。

（六六）长吻蝽

长吻蝽（*Rhynchocoris humeralis* Thunb.），又名柑橘大绿蝽、柑橘角肩椿象、棱蝽、角尖椿象、青椿象等，是柑橘园为害较重的蝽类之一，属半翅目蝽科。

【分布与寄主】　分布于贵州、广西、云南、四川、浙江、湖南、江西、湖北、福建、广东、台湾等省（区）。寄主为柑橘类植物，还可为害苹果和花红等果树。

【为害状】　成虫和若虫吸食叶片及果实营养液，轻者果小、僵硬、水少、味淡，重者脱落，对柑橘产量和品质影响较大。果面被刺害部位逐渐变黄，但不呈水渍状，这与吸果夜蛾的为害状有所区别。

【形态特征】

1. **成虫**　生态环境不同，体形大小稍有差异。活虫青绿色，尤以前胸背板及小盾片绿色更深，体长盾形，长 18 ～ 24 mm，宽 11 ～ 16 mm。头凸出，口器很长，吻末端为黑色，向后可伸达腹末，故得名。触角 5 节，黑色；复眼突起，呈半球形，黑色。前胸背板前缘附近黄绿色，两侧呈角状突出，并向上翘而角尖后指，分布有粗而黑的刻点。

2. **卵**　鼓形，长 1.8 ～ 2.0 mm，宽 1.2 ～ 1.4 mm。初产时白灰色，底部有胶质黏于干叶上，后变暗灰色。卵盖较小，周缘具小颗粒。

3. **若虫**　共 5 龄。老龄若虫长 15 ～ 17 mm，宽 10 ～ 12 mm，全体青绿色或黄绿色。头部中央有 1 条纵走黑纹，复眼内侧各有 1 个小黑斑。前胸背板侧角向后延伸，角尖指后，侧缘具细齿，有黑狭边。

长吻蝽成虫

长吻蝽为害甜橙果实

长吻蝽成虫

柠檬叶上长吻蝽卵块

长吻蝽若虫

【发生规律】 1年发生1代，以成虫在柑橘枝叶丛中或附近避风隐蔽场所越冬。贵州罗甸县越冬成虫5月上旬开始活动，中旬交尾产卵，卵5月下旬开始孵化，至10月中旬仍可采到成虫和若虫。10月下旬后，成虫始迁移至越冬场所渐入越冬。饲养观察，卵历期5~9 d，若虫期30~40 d，成虫寿命在300 d以上。福建省闽侯地区越冬虫5月上旬出现，以后各虫态重叠，8~9月发生最多，造成严重落果。广西隆安县浪湾华桥农场20世纪80年代由于此虫为害，一般落果率5%，严重时达到12%~15%。成虫活动敏捷，受惊即飞逃。交尾时间多在15~16时，10~11时亦有交尾者。如无打扰，交尾时间长达1~2 h，甚至更长，在交尾中可吸食活动。成虫交尾后3 d便可产卵，12~13粒卵整齐排列成卵块，一般产于叶面，少数产在果上。雌虫产卵期长，卵孵化率高达90%以上。初孵幼虫群聚叶面吸食，2龄或3龄开始分散为害。

【防治方法】

1. **药剂防治** 在初龄若虫盛期喷药，药剂可用90%晶体敌百虫或80%敌敌畏乳油800~1 000倍液，2.5%溴氰菊酯乳油或20%杀灭菊酯2 000倍液。用松碱合剂防治蚧类时可兼治。

2. **人工防治** 在阴雨天或晴天早晨露水未干前，成虫、若虫不活泼，多栖息在树冠外围叶片上，可在此时进行捕捉。另外，在5~9月注意摘除叶片上的卵块。若发现卵盖下有一黑环的卵，就是被平腹小蜂寄生了，应保留田间以保护天敌。

3. **生物防治** 黄猄蚁和平腹小蜂是长吻蝽的重要天敌，加强保护利用对长吻蝽的防治可起到明显的作用。

（六七）麻皮蝽

麻皮蝽（*Erthesina fullo* Thunb.），又名麻黄蝽、麻斑蝽、黄斑蝽，属鞘翅目蝽科。

【分布与寄主】 广布全国各橘产区。寄主植物为柑橘，还为害梨、苹果、桃、枇杷、油桐、榆、槐、泡桐、双球悬铃木、杉、乌桕和蓖麻等。

麻皮蝽成虫　　　　　　　　　　　　　　　　麻皮蝽卵块

麻皮蝽 1 龄和 2 龄若虫（左刚蜕皮）　　　　　麻皮蝽初步孵出若虫

【为害状】　吸食柑橘叶和果内营养液，影响树势和果实品质。

【形态特征】

1. 成虫　体呈卵圆形，体背平，腹鞘隆起，长 18 ~ 23 mm，宽 8 ~ 11 mm。体背黑褐色，密布黑色小点。头长形，向末端渐尖削，中叶和侧叶中等长，侧叶边缘、头部、单眼外下侧小点均为黄白色，头中央有 1 条黄白色纵线，直贯小盾片基部。复眼黑色，单眼红色。触角黑色细长，第 5 节基部淡黄。喙细长，端部黑色，雌虫伸达第 3 腹节基缘，雄虫伸达第 4 可见腹节末端。前胸背板及小盾片黑色，革质部棕褐色或黄红色，除革质部中央外，其余部分均散生许多黄色至黄白色小点，翅膀棕褐色并稍长于腹末。腹部侧接缘黑色，每节中央有黄白色、黄色或微红色区。体下方头、胸部两侧有黑色或由黑色点刻组成的不规则纵横条斑，各胸足间黑色，腹侧缘各节相接处黑色，腹部两侧布黑色点刻，气孔四周黑色，其下方有 1 个黑色或棕黑色横刻纹。

2. 卵　圆筒形，长 2.1 ~ 2.2 mm，宽 1.7 ~ 1.8 mm。初产时浅黄白色，将孵化时变为污灰白色。

3. 若虫　5 龄，老龄若虫与成虫相似，翅芽灰黑色，体背黄白色至黄褐色相间。足黑色，胫节中部和跗节白色，前胸背板黑色布白斑点。

【发生规律】　在贵州橘产区 1 年发生 3 代，河南 1 年发生 2 代。以成虫在橘园石缝、土缝或内膛叶丛中越冬。为害及发生情况在贵州与稻绿蝽相似，但种群数量尚小，一般不独自构成威胁。

【防治方法】　参考茶翅蝽。

（六八）茶翅蝽

茶翅蝽（*Halyomorpha picus* Fabricius），异名 *C.halys*（stal），又名臭木椿象、茶翅椿象，俗称臭大姐等，属半翅目蝽科。

【分布与寄主】　分布较广，东北、华北等地区，山东、河南、陕西、江苏、浙江、安徽、湖北、湖南、江西、福建、广东、四川、云南、贵州、台湾等省均有发生，仅局部地区为害较重。食性较杂，可为害梨、苹果、海棠、桃、李、杏、樱桃、山楂、无花果、石榴、柿、梅、柑橘等果树和榆、桑、丁香、大豆等树木和作物。

茶翅蝽（左雌，右雄）

茶翅蝽卵块

茶翅蝽初孵若虫

【为害状】　吸食柑橘叶和果内营养液，影响树势和果实品质。

【形态特征】
1. 成虫　体长 15 mm 左右，宽 8 ~ 9 mm，扁椭圆形，灰褐色略带紫红色。触角丝状，5 节，褐色，第 2 节比第 3 节短，第 4 节两端黄色，第 5 节基部黄色。复眼球形黑色。前胸背板、小盾片和前翅革质部布有黑褐色刻点，前胸背板前缘有 4 个黄褐色小点横列。小盾片基部有 5 个小黄点横列，腹部两侧各节间均有 1 个黑斑。
2. 卵　常 20 ~ 30 粒并排在一起，卵粒短圆筒状，形似茶杯，灰白色，近孵化时呈黑褐色。
3. 若虫　与成虫相似，无翅，前胸背板两侧有刺突，腹部各节背面中部有黑斑，黑斑中央两侧各有 1 个黄褐色小点，各腹节两侧间均有 1 个黑斑。

【发生规律】　1 年发生 1 代，以成虫在空房、屋角、檐下、草堆、树洞、石缝等处越冬。翌年出蛰活动时期因地而异，北方果产区一般从 5 月上旬开始陆续出蛰活动，飞到果树、林木及作物上为害。6 月产卵，多产于叶背。7 月上旬开始陆续孵化，初孵若虫喜群集卵块附近为害，而后逐渐分散，8 月中旬开始陆续老熟羽化为成虫，成虫为害至 9 月，之后寻找适当场所越冬。

【防治方法】　此虫寄主多，越冬场所分散，给防治带来一定的困难，目前应以药剂为主结合其他措施进行防治。
1. 人工防治　成虫越冬期进行捕捉，为害严重区可采用果实套袋防止果实受害。
2. 药剂防治　以若虫期进行药剂防治效果较好。可用下列药剂：1.8% 阿维菌素乳油 3 000 倍液，80% 敌敌畏乳油 1 500 倍液，10% 吡虫啉可湿性粉剂 2 000 倍液，50% 马拉硫磷乳油 800 ~ 1 500 倍液，50% 杀螟硫磷乳油 1 500 倍液，90% 晶体敌百虫 1 000 倍液，2.5% 氟氯氰菊酯乳油 2 000 倍液，2.5% 高效氯氟氰菊酯水乳剂 2 000 倍液。

（六九）丽盾蝽

丽盾蝽［*Chrysocoris grandis*（Thunberg）］，又名油桐丽盾蝽、大盾椿象、昔楝椿象、黄色长椿象，属半翅目盾蝽科。

【分布与寄主】　江西、福建、台湾、广东、海南、广西、贵州、云南、四川等省（区）有分布。国外日本、越南、印度、不丹、泰国、印度尼西亚等国也有分布。属东洋区系。此虫为害柑橘、梨、枇杷、番石榴、板栗、龙眼、油桐、油茶、八角、泡桐、梧桐、樟树、苦楝、乌桕、椿等多种果树和经济林木。

【为害状】　以若虫和成虫刺吸寄主花序、果实、叶片和嫩梢的汁液，造成早期落果、结实率减少，嫩梢死亡。

【形态特征】
1. 成虫　雄虫体长 18 ~ 21 mm，雌虫体长 20 ~ 25 mm，体宽 8 ~ 12 mm。体椭圆形，多为淡灰黄色，少数为黄色或黄白色，有时有淡紫闪光，密布黑色小刻点。前胸背板前半有 1 块黑斑，小盾片基缘处黑色，前半中央有 1 块黑斑，中央两侧各有 1 个短黑模斑，这 3 块黑斑排成近"品"字形，小盾片长大，盖过整个腹部。前翅膜质，稍长于腹末。足全黑。

2. **卵** 圆筒形，初为白色，后变为黑褐色。

3. **若虫** 末龄若虫体长 12 ~ 18 mm，椭圆形，金黄色，斑纹金绿色。

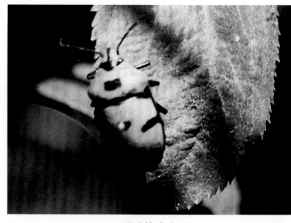

丽盾蝽成虫

【**发生规律**】 1 年发生 1 代，以成虫在避风向阳的浓密荫蔽的常绿树丛叶背处群集越冬。翌年 3 ~ 4 月外出活动，5 月下旬飞到寄主上为害，在广东、广西等华南地区，4 ~ 6 月为害最烈，平时分散为害寄主的花序、嫩梢、幼果等。6 月下旬成虫进行交尾，交尾后 12 ~ 16 d 就产卵，卵多产在寄主的叶背，每头雌虫一般产卵 100 粒左右，最多可达 170 余粒。卵期 4 ~ 7 d。7 月下旬到 8 月上旬，大批若虫先后孵出，初孵若虫群集在叶背，2 龄后就分散活动和取食。若虫有 5 个龄次，若虫期 70 d 以上，10 月中旬羽化出成虫。成虫与 4 ~ 5 龄若虫有假死性。越冬前后成虫较为群集一些。

【**防治方法**】

1. **人工捕杀** 若虫和成虫都有鲜艳的体色，很容易被人发现，加之若虫和越冬前的成虫还有一定的群集性，及时用人工方法进行捕杀，还要及时摘除有虫卵的叶片。

2. **农业防治** 利用其生物学特性，砍除果园中的杂树，对寄主果树进行合理修剪，清除越冬叶丛，造成不利于害虫发生的环境条件，从而达到杀虫的目的。

3. **药剂防治** 在若虫大发生时，防治用药参考茶翅蝽。

（七〇）四川曼蝽

四川曼蝽（*Menida szechuensis* Hsiao et Cheng），是橘园新害虫，俗称大麻蝽、褐麻蝽、黑背蝽，属半翅目蝽科。

【**分布与寄主**】 分布于四川和贵州。在贵州的分布海拔可达 2 100 m，但以 400 ~ 900 m 为多。目前仅见为害柑橘，但种群数量少，尚未造成重大的经济损失。

【**形态特征**】 成虫体呈椭圆形，长 7 ~ 9.5 mm，宽 4 ~ 4.5 mm。体背淡黄褐色略带青色，密布紫褐色或金绿色斑点。体腹面浅黄褐色至橘黄红色，密布黑色刻点。头部刻点更密，有时全呈紫褐色、黑紫色或墨绿色，具金属光泽，头基部及端部隐见光滑的浅纵脊，前端有时呈黄色。触角基部黄色，3 ~ 5 节基部淡黄褐色，其余黑色。前胸背板前侧缘较直，具浅黄色狭边，前缘边黄白色。胝区黑色，两侧几达前侧缘，胝中央隐见 1 个小黄斑。小盾片基缘有 3 个淡橘黄黄色小斑，基部中央有 1 个大黑斑。前翅革片有由点刻组成隐约可见的不规则斑块。顶角黑色。足黄褐色，密布小黑斑点，中、后足基节外侧各有 1 个小黑点。侧接缘黄黑相间。气门黑色，腹面侧缘各节间有 1 个小黑点。腹基刺前伸超过中足基节前缘。

四川曼蝽成虫

【**发生规律**】 不详。

【**防治方法**】 与其他蝽类兼治。

（七一）珀蝽

珀蝽［*Plautia fimbriata*（Fabricius）］，属半翅目蝽科。

【分布与寄主】 分布于华北、华东、华南、西南等地区及日本、缅甸、印度、菲律宾、东非、西非。为害柑橘、梨、桃等果树。

【为害状】 成虫和若虫刺吸果皮内汁液，造成幼果早落，近成熟果受害后形成黄斑。也刺吸嫩梢及嫩叶汁液。

【形态特征】 成虫体长 8 ~ 11.5 mm，宽 5 ~ 6 mm。体卵圆形，具光泽。头鲜绿色，触角第 2 节绿色，第 3 ~ 5 节绿黄色，末端黑色。前胸背板及小盾片鲜绿色，两侧角圆，稍凸起，红褐色。前翅革片略带暗红色，刻点粗而黑，常组成不规则斑。足鲜绿色。

珀蝽成虫

【发生规律】 在江西南昌 2 年发生 3 代，以成虫在枯草丛中越冬。翌年 4 月开始活动，4 月下旬至 6 月上旬产卵。第 1 代若虫出现在 5 月至 6 月中旬，6 月中旬开始羽化。第 2 代若虫出现在 7 月，8 月上旬羽化。第 3 代若虫发生在 9 ~ 10 月，10 ~ 11 月羽化为成虫开始越冬。

成虫具有较强的趋光性，晴天 10 时前和 15 时后较活泼，中午常栖于荫蔽处。卵多产在叶背，聚产成块，每块 14 粒，双行或不规则紧凑排列。

【防治方法】 参见长吻蝽。

（七二）九香虫

九香虫（*Aspogopus chinensis* Dall.），俗称臭黑婆，属半翅目兜蝽科。

【分布与寄主】 分布于所有橘产区，是南方一些橘园常见的蝽种之一。除为害柑橘外，寄主还有瓜类、花生、菜豆、豇豆、烟草、苎麻、茄子、紫藤、刺槐、苹果和梨等植物。成虫、若虫散害叶片或群聚吸食于细小枝梢，影响树势，有时也为害果实，早期吸食果实汁液形成僵果，后期为害影响品质。

【形态特征】

1. **成虫** 全体紫黑色至铜褐色，长 16 ~ 20 mm，宽 10 ~ 11 mm。头侧叶长于中叶，边缘上卷。复眼棕褐色，单眼红色。触角 5 节，第 2 节长于第 3 节，第 5 节红黄色或暗红色。喙深褐色。前胸背板及小盾片具横皱，近似平行，背板前侧缘斜直，具狭边，小盾片末端钝圆，膜质部黄褐色。足紫黑色，雌虫后足胫节扩大，内侧有 1 个椭圆形凹陷的灰黄色斑。侧接缘各节背腹面中央各具 1 个小黄点，但有时细小，不清晰，或少数个体缺。翅革质部刻点细密，深紫色微具光泽。腹部腹面显著隆起。卵圆柱形，横卧，长 1 ~ 1.2 mm，宽和高约 1.1 mm。初产时白色，后变为黄白色。表面密布细微粒，近中部或 1/3 处有由较粗颗粒组成的环圈，临孵化时常以此为界使卵呈深浅两色。

九香虫成虫

2. **卵** 卵盖大。若虫共 5 龄。

3. **若虫** 老龄若虫长 10 ~ 11 mm，宽 7 ~ 8 mm。头、胸部背板及侧板、腹部背板均具铜黑色斑块，有金属光泽。腹背面及腹面两侧灰黑褐色，腹面中央黄白色。

【发生规律】 在贵州 1 年发生 1 代，以成虫在石下或树枝背风处团集越冬。翌年 5 月中上旬开始活动，飞到早花植物花上或嫩枝叶上为害，南瓜是其喜趋食作物之一。6月上旬开始进入橘园产卵，中旬孵化。卵历期8～10 d，若虫期约3个月，其中1龄虫16～21 d，2龄虫9～15 d，3龄虫9～12 d，4龄虫25～30 d，5龄虫21～23 d，9月上旬成虫大量出现。成虫寿命近300 d。成虫、若虫在橘园一般以个体为害，偶见其团聚在细枝上吸食。交尾主要在白天，卵常10余粒列成1～2行，产在叶或枝梢上。幼虫孵化后，2龄或3龄分散为害。

【防治方法】　参考柑橘长吻蝽。

（七三）曲胫侏缘蝽

曲胫侏缘蝽（*Mictis tenebrosa* Fabricius），属半翅目蝽科。

曲胫侏缘蝽成虫　　　　曲胫侏缘蝽卵粒14粒（笼养产卵重摆）　　　　曲胫侏缘蝽1龄若虫

【分布与寄主】　分布在长江以南各地及云南、西藏等省（区）。主要为害柑橘、油茶、柿、花生等作物。

【形态特征】

1. **成虫**　体长19.5～24 mm，宽6.5～9 mm。灰褐色或灰黑褐色。头小，触角同体色。前胸背板缘直，具微齿，侧角钝圆。后胸侧板臭腺孔外侧橙红色，近后足基节外侧有1个白茸毛组成的斑点。雄虫后足腿节显著弯曲、粗大，胫节腹面呈三角形突出；腹部第3节可见腹板两侧具短刺状突起；雌虫后足腿节稍粗大，末端腹面有1个三角形短刺。

2. **卵**　长2.6～2.7 mm，宽约1.7 mm。略呈腰鼓状，横置；黑褐色有光泽；假卵盖位于一端的上方，近圆形。假卵盖上靠近卵中央的一侧有1条清晰的弧形隆起线。

3. **若虫**　共5龄，1、2龄体形近似黑蚂蚁。1～3龄前胫节强烈扩展成叶状，中、后足胫节也稍扩展。各龄腹背第4、第5和第5、第6节中央各具1对臭腺孔。

【发生规律】　在江西南昌1年发生2代，以成虫在寄主附近的枯枝落叶下过冬。翌年3月中上旬开始活动，4月下旬开始交尾，4月底至5月初开始产卵直至7月初，6月上旬至7月中旬陆续死亡。第1代若虫于5月中旬至7月中旬孵出，6月中旬至8月中旬羽化，6月下旬至8月下旬产卵，7月下旬至9月上旬先后死去。第2代若虫于7月上旬至9月初孵出，8月上旬至10月上旬羽化，10月中下旬至11月中旬陆续进入冬眠。卵产于小枝或叶背上，初孵若虫静伏于卵壳旁，不久即在卵壳附近群集取食，一受惊动，便竞相逃散。2龄起分开，与成虫同在嫩梢上吸汁。

【防治方法】

1. **药剂防治**　在初龄若虫盛期喷药，可用90% 晶体敌百虫或80% 敌敌畏乳油800～1 000倍液，2.5% 溴氰菊酯乳油或20% 杀灭菊酯2 000倍液。用松碱合剂防治蚧类时可兼治。

2. **人工捕杀**　在阴雨天或晴天早晨露水未干前，成虫、若虫不活泼，多栖息在树冠外围叶片上，可在此时进行捕杀。另外，在5～9月注意摘除叶片上的卵块。但有寄生蜂的卵块应保留。

（七四）柑橘木虱

柑橘木虱（*Diaphorina citri* Kuway.），又名东方柑橘木虱，属半翅目木虱科。

柑橘木虱为害状

柑橘木虱成虫（1）

柑橘木虱成虫（2）

柑橘木虱成虫与若虫

柑橘木虱若虫排出白色黏性物

【分布与寄主】 分布于广东、广西、福建、台湾、浙江、江西、湖南、云南、贵州、四川等省（区）及日本、菲律宾、印度尼西亚、马来西亚。寄主有枸橼、柠檬、雪柑、黎檬、橘柑、芦柑、红橘、柚、代代、罗浮、月月橘、黄皮、十里香等芸香科植物。

【为害状】 主要为害新芽嫩梢，是嫩梢期的一种主要害虫。成虫在叶和嫩芽上取食，若虫群集嫩梢幼叶新芽上吸食为害，被害嫩梢幼芽干枯，新叶畸形扭曲。若虫从腹末排出有糖分的白色分泌物，洒布枝叶上，能引起煤污病，影响光合作用。柑橘木虱是传播柑橘黄龙病的媒介。

【形态特征】
1. 成虫 体长（至翅端）2.8 ~ 3.0 mm。全体青灰色，有褐色斑纹，被有白粉。头部前方的 2 个颊锥凸出明显。复眼暗红色。单眼 3 个，橘红色。触角 10 节，末端具 2 根不等长的硬毛。胸部略隆起。前翅半透明，散布褐色斑纹，近外缘边上有 5 个透明斑。后翅无色透明。
2. 卵 杧果形，橙黄色，表面光滑，长 0.3 mm，有 1 个短柄，散生或无规则聚生。
3. 若虫 扁椭圆形，背面略隆起。共 5 龄。第 5 龄若虫体长 1.59 mm。体黄色，复眼红色。自第 3 龄起各龄后期体色变为黄色、褐色相杂。翅芽自第 2 龄开始显露。各龄若虫腹部周缘分泌有短蜡丝。

【发生规律】 冬季主要以成虫密集在叶背越冬。气温 8 ℃以下多不活动，至翌年 3 ~ 4 月气温达 18 ℃以上时，开始在新梢嫩芽上产卵繁殖，此后虫口密度渐增，为害各个梢期。在浙江南部 1 年可发生 6 ~ 7 代，台湾、福建、广东、四川 1 年可发生 8 ~ 14 代，但由于一般柑橘园最多只能抽 4 ~ 6 次梢，所以田间也只能发生 5 ~ 6 代，世代重叠，全年可见各个虫态。4 ~ 5 月（春末夏初）至 8 月（初秋），每一世代经过 23 ~ 24 d（温度 22 ~ 28 ℃）；10 ~ 12 月（秋末冬初）一代经过 53 d（19.6 ℃）。在温暖季节，成虫产卵前期为 7 ~ 13 d。卵期 3 ~ 4 d（26 ~ 28 ℃）至 7 ~ 14 d（18 ~ 21 ℃），若虫期 12 ~ 34 d（19 ~ 28 ℃）。越冬代成虫寿命长达半年之久，温暖季节成虫寿命在 45 d 以上。冬季发育迟缓，但无明显的停育。冬季成虫一般体内无成熟卵，早春柑橘发芽时卵开始成熟。但月月橘、枸橼和柠檬等冬季仍有新芽，在这些柑橘类上的木虱冬季多怀有成熟卵，严冬稍微和暖之日仍有成虫交尾活动，并在幼芽上还有少数卵和若虫。成虫平时分散在叶背面叶脉上和芽上栖息吸食，头部朝下，腹部翘起呈45°，能飞会跳。产卵于嫩芽的缝隙里。1个芽多者可以有200粒卵。1头雌虫产卵量最高可达1 893粒，一般为632～1 237粒。

调查结果表明，黄龙病发生与柑橘木虱发生有密切相关。黄龙病流行区常多见木虱，海拔高和病轻果园未见或偶见木虱。

【防治方法】

1. **加强管理**　注意树冠管理，使新梢抽发整齐，并摘除零星嫩梢，以减少木虱产卵繁殖场所。及时砍除已失去结果能力的衰弱树，减少木虱虫源。成虫的橘园种植同一柑橘品种，枝梢抽发较整齐，可造成不利于木虱发生的环境条件，也有利于栽培管理。橘园四周建造防护林，可增加一定的荫蔽度，木虱发生少，同时又有利于天敌活动。

2. **药剂防治**　除结合冬季清园防治1次外，再在每次梢期，特别是春、秋梢期，结合其他梢期害虫的防治喷药保梢。一般宜掌握在新梢萌芽至芽长5 cm时开展第1次防治。若虫口基数较高，且抽梢不整齐造成抽梢较长时，还需防治2次，间隔7～10 d。一般情况下，春梢防治1次，夏梢防治1～2次，秋梢防治2～3次，全年防治4次以上，可基本控制柑橘木虱的为害。在黄龙病区，春芽期木虱已开始扩散，此时的传病效率很高，必须特别抓好冬季和春芽萌发期的防治。常用药剂有0.9%阿维菌素2 500倍液，20%吡虫啉浓可溶剂8 000倍液，10%吡虫啉3 000倍液，2.5%溴氰菊酯乳油2 000倍液。

（七五）柑橘粉虱

柑橘粉虱（*Dialeurodes citri* Ashmead），又名橘黄粉虱、橘绿粉虱、通草粉虱，属半翅目粉虱科。

柑橘粉虱成虫

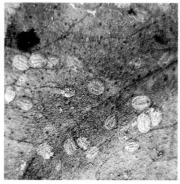

柑橘粉虱蛹

柑橘粉虱成虫和卵粒

【分布与寄主】　分布于江苏、浙江、湖南、湖北、重庆、福建、台湾、广东、海南、广西、云南、贵州、四川，遍布各柑橘产区，尤以长江以南密度较大。在湖南、湖北、四川、重庆、广东和贵州等省（市）的部分柑橘园严重发生，对柑橘生产和苗木繁育损害很大。柑橘粉虱过去在我国仅零星分布，很少造成严重为害。自20世纪90年代后才在部分柑橘园普遍发生成为主要害虫。除主要为害柑橘外，寄主植物还有栀子、柿、茶、油茶、栗、桃、女贞、丁香、常春藤、咖啡等。

【为害状】　幼虫主要为害柑橘春、夏梢，诱生煤污病，严重时造成枯梢。以幼虫群集在叶片背面吸食柑橘汁液，消耗柑橘养分，并分泌蜜露诱发严重的煤污病，使其枝叶和果实表面覆盖一层黑色霉层，严重阻碍柑橘的光合作用和呼吸作用。使植株严重缺乏养分，枝叶抽发少而短小，开花少，结果少而小。

【形态特征】

1. **成虫**　雌虫体长1.2 mm，雄虫1 mm左右，淡黄色，薄被白蜡粉。翅半透明，被有甚厚的白蜡粉而呈白色。复眼红褐色。触角7节，第3节比第4、第5节之和长，雌虫触角第3、第4节和第6、第7节上环绕有带状突起（感觉器），雄虫触角除第1、第2节外，各节均有带状突起。

2. **卵**　椭圆形，顶端稍尖，长约0.2 mm，淡黄色，壳面平滑，有光泽。有短柄附于叶背，初产时斜立，后渐下倾，几乎平卧。

3. **幼虫**　初孵时体扁平，椭圆形，淡黄色，体椭圆形淡黄色，体薄而扁平紧贴于叶片背面，一般肉眼不易与叶片区分。

体缘有 17 对小突起，上生刚毛，体缘还有放射状白蜡丝，并随虫体增大而加长。成熟幼虫体长 0.7 mm，淡绿色。

4. **蛹**　壳扁平，近椭圆形，长 1.3 ~ 1.6 mm，黄绿色，头部有 1 对橙红色眼点，蛹壳薄而略透明，可见其虫体，羽化后蛹壳薄而软，呈白色，背面有孔口。体侧 2/5 的胸气门处稍凹下，壳质软而透明，成虫未羽化前黄绿色，可透见虫体，羽化后白色透明。

【发生规律】　柑橘粉虱在长江流域橘产区 1 年发生 3 ~ 4 代，华南 1 年可发生 5 ~ 6 代，一般以大龄幼虫及蛹在叶背越冬。在江西南昌主要以幼虫在秋梢叶背越冬。越冬代和第 1、第 2 代成虫盛发期依次为 5 月上旬、6 月下旬和 8 月中旬。

成虫白天活动，飞翔力弱。早晨气温低，大多群集在叶背不太活动，中午气温过高亦少活动，在 7 ~ 8 月以傍晚日落前后气温下降时活动最盛。喜在新梢嫩叶背面栖息和产卵，尤以树冠下部和荫蔽处的嫩叶背面产卵最多，在徒长枝和潜叶蛾为害的嫩叶上更多，叶面、老叶和果实上极少产卵。卵散产，卵粒间有白粉。一片叶上产卵可达 100 粒以上，每一雌虫可产卵 120 多粒。有孤雌生殖现象，但其后代均为雄虫。各代幼虫孵化后分别在春、夏、秋梢嫩叶背面吸食为害。幼虫有 3 龄，初孵幼虫爬行短距离后即固定取食。橘园枝叶郁蔽阴湿，利于其繁殖和发生为害。天敌发现有刀角瓢虫的成虫和幼虫捕食柑橘粉虱的卵、幼虫和初羽化成虫，3、4 龄幼虫又是寄生菌和寄生蜂的主要发生期，常被多种寄生蜂和粉虱座壳孢菌（*Ascherosnia alyrodis* Web.）寄生；后者在多雨季节和荫蔽的橘园寄生很普遍，对粉虱的发生有显著的控制作用。

【防治方法】

1. **改善通风透光，增强树势**　加强柑橘园的回缩，修剪改善橘园生态条件，降低柑橘园湿度，改善通风透光条件，恶化害虫生存条件。结合冬季修剪，剪除密弱枝、荫蔽枝和害虫较多的枝叶。对栽植密度较大已封行的柑橘园应采取间伐后再进行回缩修剪，以更新树势增加植株抗逆力，还可减少虫口基数和改善施药条件，提高化学防治效果。加强柑橘园土壤改良，多施有机肥，增强树势可减轻虫害发生。

2. **保护和利用天敌**　柑橘粉虱的天敌有粉虱座壳孢菌、刀角瓢虫、橙黄粉虱蚜小蜂和红斑粉虱蚜小蜂等多种。其中粉虱座壳孢菌是其最有效天敌。在夏、秋季高温高湿条件下寄生率很高。繁殖扩散快，此期间最好不喷或少喷广谱高效杀菌剂，以免杀死粉虱座壳孢菌。也可在多雨季节采摘有粉虱座壳孢菌寄生的枝叶，悬挂在柑橘粉虱为害严重的柑橘园内让其自然扩散繁殖，也可按 1 000 个粉虱座壳孢菌菌落加水 1 kg 捣碎过滤后喷布于柑橘粉虱严重的柑橘树上，效果也很好。此外在柑橘生长季节最好不喷或少喷敌百虫和溴氰菊酯等有机磷类和拟除虫菊酯类杀虫剂等广谱性农药，以免伤害其寄生蜂和捕食天敌，以发挥其自然控制作用。只有柑橘粉虱严重发生，天敌又少时，才考虑用药防治。

3. **药剂防治**　重点在幼虫期尤其在第 1 代幼虫盛期进行化学防治。由于它以 2 ~ 3 龄幼虫越冬，翌年第 1 代幼虫发生较整齐，以后田间世代重叠，田间化学防治应在第 1 代幼虫期喷药 2 次，具体应掌握在越冬代成虫初见后 30 ~ 40 d 喷第 1 次药，半月后再喷 1 次。成虫期喷药虽防除部分成虫但留下了大量卵故防效不佳。主要防治药剂有 0.5% 苦参烟碱水剂 800 ~ 1 000 倍液、10% 吡虫啉可湿性粉剂 2 000 ~ 2 500 倍液、25% 扑虱灵可湿性粉剂 1 000 ~ 1 500 倍液、3% 啶虫脒 2 000 倍液。由于害虫几乎全寄生在叶片背面，喷药时一定要将叶片背面喷到，否则防治效果不佳。

（七六）黑刺粉虱

黑刺粉虱（*Aleurocanthus spiniferus* Quain.），又名橘粉虱、柑橘黑粉虱，属半翅目粉虱科。

【分布与寄主】　分布于贵州、四川、云南、广东、广西、湖南、湖北、陕西、江西、江苏、浙江、福建、安徽和台湾等省（区）。国外分布于印度、日本、菲律宾、印度尼西亚、马来西亚、非洲东部等。寄主植物除了柑橘外，还有梨、葡萄、苹果、柿、枇杷、茶、月季、蔷薇、柳、香樟、春兰等植物。我国为害柑橘的粉虱记录的约有 23 种，黑刺粉虱是分布最广、为害最重的一种。

【为害状】　此虫以幼虫群集柑橘株叶背吸食汁液，其排泄物常诱发煤污病，使寄主枝叶发黑，生长趋弱，抽梢量减少，产量降低。

黑刺粉虱成虫

【形态特征】

1.**成虫**　体橙黄色，长 1 ～ 1.2 mm，覆被白粉状蜡质。复眼玫瑰红色，肾形。前翅紫褐色，其前缘和外缘各具 2 个白斑，后缘有 3 个白斑，但近翅端处的 1 个斑呈裂缺不显见。后翅浅紫色。雄虫较小，腹末有交尾器。

2.**卵**　长椭圆形，稍曲呈香蕉状。基部钝圆并有长约 0.05 mm 的胶柄黏附于背面，端部较尖，大小为（0.24 ～ 0.26）mm×（0.12 ～ 0.13）mm。产时乳白色，孵化前紫黑色。卵壳外密布六角形的网纹。老龄幼虫体长 0.7 ～ 0.72 mm，宽约 0.5 mm。

3.**幼虫**　共 3 龄，初孵幼虫淡黄色，扁平，体周缘呈锯齿状，触角和足明显，尾端有 4 根尾毛。3 龄幼虫体黑色，体背有刺 14 对，躯周缘分泌一圈白色蜡质物。

4.**蛹**　椭圆形，初蛹乳白色，半透明，后渐变黑色。蛹壳椭圆形，大小为（0.7 ～ 1.1）mm×（0.7 ～ 0.8）mm，黑色，显光泽，壳周呈锯齿状。雌蛹背面明显隆起，背盘区胸部有黑刺 9 对，腹部有 10 对，两侧缘有 11 对；雄蛹两侧缘仅有黑刺 10 对，向上竖立。

【发生规律】　1 年发生 4 ～ 5 代，以 2 ～ 3 龄幼虫在叶背上越冬。由于各地气温差异大，其发生期很不一致。根据在四川的饲养观察，第 1 代发生于 4 月中旬至 6 月中旬，一般 53 d；第 2 代发生于 6 月中旬至 7 月下旬，约需 46 d；第 3 代于发生 7 月下旬至 8 月下旬，需 34 d；第 4 代发生于 8 月下旬至 10 月下旬，历 54 d；第 5 代发生于 9 月上旬至翌年 4 月中旬，历时 208 d。测得黑刺粉虱卵的发育起点温度为 10.30 ℃，有效积温 234.57 日度。卵期在 22 ℃均温下 15 d，幼虫期在 21 ℃均温下约 23 d，蛹期在 24 ℃均温下约 13 d；在 21 ～ 24 ℃气温下，成虫寿命 6 ～ 7 d。

成虫羽化出壳后，不断分泌出蜡粉于体翅，栖息于背阴环境，趋幼枝活动，交尾产卵。卵产于叶背，1 头雌虫可产卵近百粒；多密排呈圆弧形。干燥气候下卵孵化率比较高，可达 70% ～ 80%，湿度大的夏季，幼虫易被虫生真菌寄生，成蛹率约 20%。

黑刺粉虱的天敌种类及数量均较多，如寄生蜂、寄生菌、瓢虫、草蛉等均极常见。其中如黄色跳小蜂、刺粉虱黑蜂、斯氏寡节小蜂等寄生率很高，分布也很广。

【防治方法】

1.**农业措施**　加强管理，合理修剪，使通风透光良好，可减轻发生与为害。

2.**药剂防治**

（1）早春发芽前结合防治介壳虫、蚜虫、红蜘蛛等害虫，喷洒含油量 5% 的柴油乳剂或黏土柴油乳剂，毒杀越冬若虫。

（2）1 ～ 2 龄时施药效果好，可喷洒下列药剂：8.8% 阿维·啶虫脒乳油有效成分用药量 17.6 ～ 22mg/kg 喷雾；50% 马拉硫磷乳油 1 500 倍液；50% 杀螟硫磷乳油 1 500 倍液；25% 噻嗪酮可湿性粉剂 2 000 ～ 3 000 倍液。3 龄及其以后各虫态的防治，最好用含油量 0.4% ～ 0.5% 的矿物油乳剂混用上述药剂，可提高杀虫效果。

（七七）棉蚜

棉蚜（*Aphis gossypli* Glover），又称腻虫，属半翅目蚜科。

棉蚜在柑橘新叶背面　　　　　　　　　　棉蚜为害柑橘树新梢

【分布与寄主】 我国各地均有发生，也是世界性害虫。第一寄主为石榴、花椒、木槿和多种鼠李属植物，第二寄主为棉和瓜类、柑橘等多种植物。

【为害状】 柑橘棉蚜早期主要为害寄主嫩叶、嫩梢、芽，后期也常见为害近成熟的叶片，群体小时，为害症状不明显。群体大时，被害梢生长缓慢，叶片黄化，但不形成卷叶，也少见明显的皱缩。成熟叶片被害后，几乎不表现症状。

【形态特征】

1. 成虫 活体体色变异大。夏季呈黄色或黄绿色；春、秋季多深绿色、蓝色或黑色。体有蜡粉，腹管黑色。死体体长1.9 mm，宽1 mm，头骨化，黑色；前胸与中胸背面有断续灰黑色斑，后胸斑小；第2～6腹节均有缘斑，第7、第8节中斑呈短横带，体表有清楚网纹。触角常见5节。有翅胎生雌蚜体长1.2～1.9 mm，宽0.86 mm，活体黄色、绿色或深绿色。死体背面两侧有3～4对黑斑，腹管黑色，表面有瓦砌纹，头、胸黑色，腹部淡色。腹部斑纹明显而多，第6腹节背中常有横条，第2～4节缘斑明显且大，触角第3节有小圆形次生感光圈4～10个，一般6～7个。

2. 若虫 无翅若虫体黄色、黄绿色或蓝灰色，腹部背面有圆斑，有翅若蚜体淡黄色或灰黄色，2龄以后出现翅芽。卵椭圆形，初产橙黄色，后转深褐色，漆黑有光泽。

【发生规律】 1年发生20～30代，以卵在木槿、扶桑、通泉草、蚊母草上越冬。早春气温在6℃以上时开始孵化，孵化期可达20～30 d。江浙一带3月上旬12℃以上可产第1代蚜虫，之后在越冬寄主上胎生，繁殖2～3代，就地产生有翅雌蚜，从4月下旬到5月上旬迁移到棉苗、黄麻、柑橘等夏寄主上为害、繁殖和扩散蔓延。

棉蚜的天敌种类很多，已知棉蚜的捕食性天敌有龟纹瓢虫、异色瓢虫、圆斑弯叶毛瓢虫、艳色广肩瓢虫、黑襟毛瓢虫、黑背小瓢虫、台湾小瓢虫、赤星小瓢虫、六条瓢虫、七星瓢虫、波纹瓢虫、小十三星瓢虫、二星小黑瓢虫、四星小黑瓢虫、十斑大瓢虫、亚非草蛉、大草蛉、台湾草蛉、曹氏褐姬蛉、狭带食蚜蝇、黑带食蚜蝇、大灰食蚜蝇、半黄球尾食蚜蝇、刺腿食蚜蝇、斑刺食蚜蝇和短翅食蚜蝇等。寄生性天敌有3种蚜茧蜂及1种拟跳小蜂。

【防治方法】

1. 农业措施 冬、夏季结合修剪，剪除被害枝或有虫、卵的枝梢，主干和大枝不能剪除时可将虫卵刮除。生长季节抹除零星抽发的新梢。

2. 黏捕 橘园中设置黄色黏虫板可黏捕到大量的有翅蚜。

3. 保护利用天敌 蚜虫有多种有效天敌，果园中应避免不必要的用药。如园中天敌稀少，也可从麦田、棉田或油菜田中收集瓢虫、食蚜蝇和草蛉等释放到橘园中。

4. 药剂防治 蚜虫的药剂防治指标可掌握在1/3以上的新梢有蚜虫发生时。但当新梢叶片转为深绿色或有翅蚜比例显著增加时可不用药，因为当嫩梢叶片转为深绿色时，作为蚜虫的食料已不是很适宜，这样的食料会抑制蚜虫自身的繁殖，并促使产生有翅蚜。另外，此时蚜虫的天敌常已大量增加，对蚜虫有很大的控制力。防治蚜虫的有效药剂有10%吡虫啉可湿性粉剂3 000倍液、0.3%苦参碱水剂200倍液、10%氯氰菊酯乳油或20%甲氰菊酯乳油3 000倍液、50%马拉硫磷乳油等。

（七八）绣线菊蚜

绣线菊蚜（*Aphis citricola* Vander Goot），又名橘绿蚜，属半翅目蚜科。

绣线菊蚜为害状　　　　　绣线菊蚜有翅蚜与无翅蚜　　　　　绣线菊蚜成虫

【分布与寄主】　分布普遍。可为害柑橘、苹果、沙果、海棠、梨、木瓜、杜梨、山楂、石楠和多种绣线菊等果树及经济植物，在华南柑橘产区是柑橘蚜虫中的优势种，在北方是苹果等果树的主要害虫。

【为害状】　成虫和若虫群集在柑橘的芽、嫩梢、嫩叶、花蕾和幼果上吸食汁液。在嫩叶上多群集在叶背为害。幼芽受害后，分化生长停滞，不能抽梢；嫩叶受害后，叶片向背面横向卷曲；梢被害后，节间缩短。花和幼果受害后，严重的会造成落花落果。绣线菊蚜的分泌物能诱发煤污病，影响光合作用，使产量降低，果品质量差。

【形态特征】

1. **成虫**　无翅孤雌蚜体长 1.7 ~ 1.8 mm，黄色至黄绿色，腹管、尾片黑色，足与触角淡黄色与灰黑色相间，腹部第5、第6节之间黑色。体表有网状纹，前胸、腹部第1、第7有馒头形至钝圆锥形缘瘤。触角约为体长的3/4，末节鞭部为基部的 2 ~ 3 倍和稍短于第3节，5 ~ 6 节有1个感觉围。腹管长于尾片，圆筒形，基部宽约为端部宽的2倍，有瓦状纹。尾片圆锥形，近中部收缩，有瓦状纹和长毛 9 ~ 13 根。有翅孤雌蚜体卵形，长约 1.7 mm，头、胸部黑色，腹部黄色或黄绿色，腹管及尾片黑色，腹部第 2 ~ 4 节背面两侧各有 1 对大黑斑，腹管后方有近方形大黑斑。体表网状纹不甚明显。触角第3节有小圆形次生感觉圈 5 ~ 10 个，排成 1 行，第4节 0 ~ 4 个。前翅中脉分 3 叉。其他特征与无翅孤雌蚜相似。

2. **卵**　椭圆形，漆黑色。

3. **若虫**　似无翅孤雌蚜，体较小，腹部较肥大，腹管很短，鲜黄色，触角、足和腹管黑色。有翅若蚜有翅芽 1 对。

【发生规律】　在广州 1 年可发生 30 多代，几乎全年均可孤雌生殖。常在 2 月中旬至 3 月中旬、4 月中旬至 5 月上旬、5 月中下旬、7 月中下旬和 9 月中上旬形成 5 次发生高峰期，以 4 ~ 5 月第 2 次高峰期发生量最大，其次是 2 ~ 3 月第 1 次高峰期，而 9 月第 5 次高峰期发生量最小，故以春梢受害重，秋梢受害轻。新梢在 10 cm 以下适合其吸食，无翅孤雌蚜常群集在叶面为害，当新梢伸长老化，长度超过 15 cm 后，或种群过于拥挤时，即大量产生有翅孤雌蚜，迁移到较幼嫩的新梢或其他寄主上为害。

绣线菊蚜在福建亦可周年发生，4 ~ 5 月为害春梢，9 ~ 11 月为害秋梢芽叶较重。天敌发现有多种瓢虫、草蛉和食蚜蝇等。

【防治方法】

1. **农业防治**　在各次抽梢发芽期，抹除抽生不整齐的新梢，切断其食物链。木本花卉上的蚜虫，可在早春刮除老树皮及剪除受害枝条，消灭越冬卵。

2. **保护和利用天敌**　适当栽培一定数量的开花植物，引诱并利于天敌活动，蚜虫的天敌常见的有瓢虫、草蛉、食蚜蝇、蚜小蜂等，施用农药时尽量在天敌极少，且不足以控制蚜虫密度时为宜。

3. **药剂防治**　常用药剂有 10% 吡虫啉 3 000 倍液，3% 啶虫脒 2 500 倍液，25% 噻虫嗪水分散粒剂 6 000 倍液，10% 烯啶虫胺水剂 2 500 倍液等。

（七九）橘二叉蚜

橘二叉蚜［*Toxoptera aurantii*（Boyer de Fonscolombe）］，又名茶二叉蚜，在橘园，常被人们视为橘蚜予以统称，属半翅目蚜科。

【分布与寄主】　国内以广东、广西、云南发生较多。亚洲热带地区、北非、中非、欧洲南部、大洋洲、北美洲热带及亚热带地区都有分布。除柑橘外，资料记载橘二叉蚜还为害茶、可可、咖啡、柳和榕等植物。为害情况同橘蚜，在同园中一般同时发生。

【为害状】　以成虫和若虫群集在幼叶背面和嫩梢上为害，也为害嫩芽和花蕾等。常造成枝叶卷缩硬化，以致枯死，亦诱生煤污病或招致黑霉菌的滋生，使枝叶变黑。

【形态特征】

1. **成虫**　有翅孤雌蚜体长卵形，大小为 0.83 ~ 1.8 mm。活虫体

橘二叉蚜为害柑橘新梢　　　橘二叉蚜无翅蚜

黑褐色，死标本头、胸部黑色，腹部浅黑色，斑纹黑色。除腹部第 1 节有时不明显外，第 2 ~ 5 节有缘斑。腹管后斑明显。触角第 3 节有圆形次生感觉圈 5 ~ 6 个，排成 1 行分布于端部 2/3 处。前翅中脉分二叉，故得名橘二叉蚜。其他特征同无翅孤雌蚜。无翅孤雌蚜体卵圆形，大小为 1.0 ~ 2.0 mm。活虫体黑褐色或橘红褐色。死标本头部黑色，胸腹部淡色，但胸缘片黑色，腹部无斑纹。触角黑色，足、腹管、尾片、尾板、生殖板均黑色。头部有褶曲纹，胸腹部背面有六角形网纹。节间斑黑色。气门片灰黑色。

2. **若虫**　1 龄若虫淡棕黄色，体长 0.2 ~ 0.5 mm，触角 4 节。2 龄若虫触角 5 节，3 龄若虫触角 6 节。

【发生规律】　1 年发生 10 余代。以无翅孤雌蚜或老龄若虫在橘树上越冬，亦可以卵越冬。在华南全年均可孤雌生殖，冬季常为无翅孤雌蚜。越冬无翅孤雌蚜在翌年柑橘萌芽后胎生若虫，为害春梢嫩叶嫩梢，以 5 ~ 6 月繁殖最盛，为害最烈。虫口密度较大、叶老化或遇气候不适宜时，即产生有翅孤雌蚜。在日平均温度 18 ℃以上的晴天黄昏，风力小于 3 级时，迁飞到其他橘树或新梢上繁殖为害。夏季气温高，并常有暴风雨冲击时，虫口数量下降，秋季虫口又回升，严重为害秋梢嫩叶。冬季即以无翅孤雌蚜越冬，亦可在秋末产生有性雌、雄蚜，交尾后在树上产卵并越冬。橘二叉蚜在适宜季节每 6 ~ 10 d 即可繁殖 1 代。1 头无翅孤雌蚜可胎生 35 ~ 45 头若虫，夏季也可胎生 20 ~ 25 头；1 头有翅孤雌蚜可胎生 18 ~ 30 头若蚜。有性雌蚜可产卵 4 ~ 10 粒，越冬成活率极高，早春几乎全部孵化。日平均温度 16 ~ 25 ℃，相对湿度 70% 以上，以及少雨的天气，最适宜橘二叉蚜的发生。橘二叉蚜的天敌种类很多，重要的有异色瓢虫、龟纹瓢虫、七星瓢虫、黄斑盘瓢虫、六斑月瓢虫、门氏食蚜蝇、黑带食蚜蝇、大草蛉、中华草蛉和蚜茧蜂、蚜小蜂等，在 5 月以后对橘二叉蚜有明显的抑制作用。

【防治方法】　参考橘蚜的防治。

（八〇）橘蚜

橘蚜［*Toxoptera citricidus*（Kirk.）］，俗称油汗、腻虫，属半翅目蚜科。

橘蚜为害新梢　　　　　　　　橘蚜成蚜与若蚜

【分布与寄主】　分布于贵州、云南、四川、广西、湖南、湖北、广东、福建、江西、浙江、江苏、陕西、河南和台湾等省（区），亚洲、非洲及南美洲有分布。除柑橘外寄主植物还有花椒、桃、梨和柿等。

【为害状】　橘蚜群集于柑橘嫩枝梢，吸食营养液。嫩组织受害后，形成凸凹不平的皱缩，排泄的蜜露常导致煤污病的发生，影响果实产量和品质。

【形态特征】
1. **成虫**　有翅孤雌蚜体长卵形，大小为 2.1 mm × 1.0 mm。活虫黑色有光泽，死标本头、胸部黑色，腹部淡黑色。第 1 腹节背面有细横带，第 3、第 4 节各有 1 对大缘斑，腹管后斑甚大。翅脉正常，无翅孤雌蚜体椭圆形，大小为 2.0 mm × 1.3 mm。活虫黑色有光泽，或带黑褐色。腹部第 7、第 8 节有横贯全节的黑带，腹管后斑大于前斑。体背有明显的六角形网纹，节间斑黑色而清晰。有翅雄蚜触角第 3 节上有感觉圈 45 个，第 4 节有 27 个，第 5 节 14 个，第 6 节 5 个。无翅雄蚜形似雌蚜，全体黑褐色，触角第 5 节端部只有 1 个感觉圈，足后胫节特膨大。

2. **卵**　黑色有光泽，椭圆形，长约 0.6 mm，初产时淡黄色，后转黑色。

3. **若蚜**　体褐色。有翅若蚜 3 龄起翅芽已明显可见。

【**发生规律**】　多数地区 1 年发生 10 余代，世代重叠十分严重。越冬虫态因地而异，广东地区 1 年发生 20 代以上，以成虫越冬，贵州成虫和卵都可越冬，浙江、江西和四川西北部主要以卵越冬。橘园春梢和秋梢抽发期为全年发生为害高峰期，高温天旱条件有利于蚜群繁殖。一般以无翅蚜聚害，如遇气候不适，枝、叶老化或虫口密度过大，即产生有翅胎生蚜随风迁飞到其他橘树上为害。至晚秋产生有性雌蚜、雄蚜，交尾产卵越冬。冬季气温高的低海拔小生境，可以无翅雌蚜越冬。橘蚜繁殖的最适宜温度为 24 ~ 27 ℃，故在春夏之交和秋季繁殖最盛。夏季高温，其死亡率高，寿命短，繁殖力弱，发生数量少。久雨或暴雨亦极不利其繁殖。苗木、幼树和抽梢不整齐的树，常受害较重。天敌种类很多，主要有异色瓢虫、双带盘瓢虫、六斑月瓢虫、四斑月瓢虫、十眼盘瓢虫、狭臀瓢虫、黄斑盘瓢虫、七星瓢虫和大草蛉、亚非草蛉及食蚜蝇、寄生蜂和寄生菌等。5 月以后天敌渐多，常可抑制蚜虫的发生。

【**防治方法**】

1. **农业防治**　冬季结合修剪，剪除有卵枝或被害枝，压低越冬虫口基数。在生长季节进行摘心或抹芽，除去被害的和抽发不整齐的新梢。减少蚜虫食料，以压低虫数。

2. **生物防治**　保护利用天敌，在气温高、天敌繁殖快、数量大的季节，应尽量不喷药或少喷药防治，或喷用对天敌杀伤力小的选择性农药，以免杀灭天敌。在天敌数量少的橘园，可人工引导、释放瓢虫和草蛉等天敌消灭蚜虫。

3. **药剂防治**　在天敌不足以控制蚜虫为害的橘园，应在春季及早喷药杀蚜，以免扩大蔓延，5 ~ 6 月喷药保护新梢和幼果，8 月喷药保护秋梢。可掌握在 25% 的新梢上发现有少数蚜虫时开始喷药。防治蚜虫的药剂种类很多，有效或常用药剂有 10% 烯啶虫胺水剂 2 500 倍液，10% 吡虫啉 3 000 倍液，25% 吡蚜酮可湿性粉剂 3 000 倍液，2.5% 高效氟氯氰菊酯乳油 2 000 倍液等，3% 啶虫脒 2 500 倍液等，0.5% 苦参碱水溶液 800 倍液。

（八一）茶黄蓟马

茶黄蓟马为害花瓣

茶黄蓟马为害柑橘幼果，呈现不同形状的木栓化灰白色的斑痕

茶黄蓟马为害柑橘幼果，呈现木栓化灰白色的斑痕

茶黄蓟马为害叶片

茶黄蓟马为害尤力克柠檬嫩叶

茶黄蓟马（*Scirtothrips dosalis*），属缨翅目蓟马科。

【分布与寄主】　主要分布在湖南、湖北、四川、云南、贵州、广东、广西等省（区）。寄主有柑橘、山茶、茶、刺梨、杧果、台湾相思、葡萄、草莓等花木。

【为害状】　为害幼果时，幼果表皮细胞破裂，逐渐失水干缩，疤痕随果实膨大而扩展，呈现不同形状的木栓化银白色或灰白色的斑痕，尤以谢花后至幼果直径 4 cm 时受害最重，常在幼果萼片附近取食，使果蒂周围出现症状，降低产量，影响果实的外观品质。嫩叶受害后叶片变薄，中脉两侧出现灰白色条斑，进而扭曲变形，严重影响树势。以成虫、若虫为害新梢及芽叶，受害叶片在主脉两侧有 2 条至多条纵列红褐色条痕，严重时，叶背呈现一片褐纹，叶正面失去光泽；后期芽梢出现萎缩，叶片向内纵卷，僵硬变脆；也可为害叶柄、嫩茎和老叶，严重影响植株生长。茶黄蓟马为害状与锈壁虱为害状很相似，常难区分。

【形态特征】

1. **成虫**　雌虫体长 0.9 mm，体橙黄色。触角 8 节，暗黄色，第 1 节灰白色，第 2 节与体色同，第 3～5 节的基部常淡于体色，第 3 和第 4 节上有锥叉状感觉圈，第 4 和第 5 节基部均具 1 细小环纹。复眼暗红色。前翅橙黄色，近基部有一小淡黄色区；前翅窄，前缘鬃 24 根，前脉鬃基部 4+3 根，端鬃 3 根，其中中部 1 根，端部 2 根，后脉鬃 2 根。腹部背片第 2～8 节有暗前脊，但第 3～7 节仅两侧存在，前中部约 1/3 暗褐色。腹片第 4～7 节前缘有深色横线。头宽约为长的 2 倍，短于前胸；前缘在两触角间延伸，后大半部有细横纹；两颊在复眼后略收缩；头鬃均短小，前单眼之前有鬃 2 对，其中一对在正前方，另一对在前两侧；单眼间鬃位于两后单眼前内侧的 3 个单眼内线连线之内。雄虫触角 8 节，第 3、第 4 节有锥叉状感觉圈。下颚须 3 节。前胸宽大于长，背片布满细密的横纹，后缘有鬃 4 对，自内第 2 对鬃最长；接近前缘有鬃 1 对，前中部有鬃 1 对。腹部第 2～8 节背片两侧 1/3 有密排微毛，第 8 节后缘梳完整。

2. **卵**　肾形，长约 0.2 mm，初期乳白色，半透明，后变淡黄色。

3. **若虫**　初孵若虫白色透明，复眼红色，触角粗短，以第 3 节最大。头、胸约占体长的一半，胸宽于腹部。2 龄若虫体长 0.5～0.8 mm，淡黄色，触角第 1 节淡黄色，其余暗灰色，中后胸与腹部等宽，头、胸长度略短于腹部长度。3 龄若虫（前蛹）黄色，复眼灰黑色，触角第 1、第 2 节大，第 3 节小，第 4～8 节渐尖。翅芽白色透明，伸达第 3 腹节。4 龄若虫（蛹）黄色，复眼前半部红色，后半部黑褐色。触角倒贴于头及前胸背面。翅芽伸达第 4 腹节（前期）至第 8 腹节（后期）。

【发生规律】　全年发生代数不详。在广东、云南多以成虫在花中越冬。而在云南西双版纳几乎无越冬现象。气温升高时，10 余天即可完成 1 代。在阴凉天气成虫在叶面活动，中午阳光直射时，多栖息在花丝间或嫩芽叶内，行动活泼，能迅速弹跳，受惊后作短距离飞翔。卵产在嫩叶背面侧脉或叶肉内，孵化后，多喜潜伏在嫩叶背面锉吸汁液为害；在广东上半年少见，每年从 7 月至翌年春 2 月均有所发现；下半年雨季过后，虫口增多，旱季为害最重，9～10 月出现虫口高峰。

【防治方法】

1. **农业措施**　冬季清除田间杂草，减少越冬虫源。适时灌溉，尤其是发生早春干旱时要及时灌水。

2. **黏捕**　利用蓟马趋蓝色的习性，在田间设置蓝色黏板，诱杀成虫，黏板高度与作物持平。

3. **保护利用天敌昆虫**　钝绥螨、蜘蛛等都是蓟马的天敌，要加以保护和利用。

4. **药剂防治**　在低龄若虫高峰期防治，尤其在柑橘开花至幼果期加强监测，当谢花后或幼果有虫时，即应开始施药防治。可以喷洒下列药剂：10% 吡虫啉可湿性粉剂 3 000 倍液，20% 甲氰菊酯乳油 2 000 倍液，25% 溴氰菊酯乳油 2 000 倍液，50% 马拉硫磷乳油 1 000 倍液等，连用 2～3 次，间隔 7～10 d。

（八二）柑橘全爪螨

柑橘全爪螨（*Panonychus citri* McGregor），又名柑橘红蜘蛛、瘤皮红蜘蛛，属叶螨总科叶螨科。

【分布与寄主】　柑橘全爪螨遍布全国橘产区，也是世界性柑橘害螨，是我国柑橘产区的最主要害螨。除主要为害柑橘类外，还为害桑、梨、桃、樱桃、葡萄、枇杷等 30 科 40 多种多年生和一年生植物。柑橘苗木、幼树和大树均受其害，以苗木和幼树受害最烈。

柑橘全爪螨　　　　　　　　　　　　　　　柑橘全爪螨雌螨与雄螨成螨

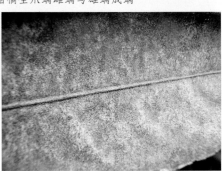

柑橘全爪螨为害叶片，被害叶片呈　柑橘全爪螨为害叶片，被害叶片呈现失　柑橘全爪螨为害叶片，被害叶片失绿
　　　现失绿斑点　　　　　　　　　　绿状

【为害状】　成螨、若螨和幼螨刺吸柑橘叶片、嫩枝和果实等的汁液。以叶片受害最重，在叶片正反两面均栖息为害，而以中脉两侧、叶缘及凹陷处为多，被害叶片呈现许多粉绿色至灰白色小点，失去光泽，严重时一片苍白，造成大量落叶和枯梢。被害果实呈灰白色，害螨还多群集在果萼下为害，常使被害幼果脱落，严重影响产量和树势。

【形态特征】
1. **成螨**　雌成螨体长为 0.3 ~ 0.4 mm，卵圆形，暗红色。背部及背侧面有瘤状突起，其上各生 1 根白色长刚毛，共 13 对刚毛，足 4 对。雄成螨体略小，长约 0.3 mm，楔形，腹部后端较尖细，鲜红色，足较长。
2. **卵**　球形，略扁，直径约 0.13 mm，鲜红色，有光泽。顶端有 1 个垂直卵柄，柄端有 10 ~ 12 条向四周散射的细丝，附着于叶、果、枝上。幼螨体长约 0.2 mm，淡红色，足 3 对。
3. **若螨**　似成螨，但体较小，足 4 对。1 龄若螨体长 0.20 ~ 0.25 mm，2 龄若螨体长 0.25 ~ 0.30 mm。

【发生规律】　柑橘全爪螨在年平均温度 15 ℃以上的长江中下游大部分橘产区，1 年发生 12 ~ 15 代；17 ~ 18 ℃的四川东南部橘产区，1 年发生 16 ~ 17 代；20 ℃以上的华南橘产区，1 年发生 18 ~ 24 代，世代重叠。主要以卵和成螨在叶背和枝条裂缝中，特别是潜叶蛾为害的僵叶上越冬。秋梢上的越冬密度常比夏、春梢上的大 2 ~ 4 倍，冬季温暖地区无明显越冬休眠现象。在成龄橘园，一般 2 ~ 8 月为发生期，3 ~ 6 月为高峰期，开花前后常造成大量落叶，7 ~ 8 月高温季节数量很少，部分橘产区在 9 ~ 11 月发生亦多，有的年份在秋末和冬季大发生，造成大量落叶和成熟果实严重被害。以化学防治为主的橘园，由于失去钝绥螨等多种有效天敌的控制作用，其发生为害高峰期长达 10 个月左右。为害苗木和幼树，常在春末盛夏和秋末冬初盛发，出现两个高峰期。

【防治方法】　防治柑橘全爪螨，要加强橘园栽培管理，因地制宜地种植覆盖植物，前期喷药防治和后期保护与释放天敌的综合防治措施。
1. **药剂防治**　根据虫情测报，在柑橘现蕾期和春梢芽长 1 cm 左右时，中亚热带橘产区平均百叶有螨 2 ~ 3 头，百叶天敌在 2 头以下，南、北亚热带橘产区每叶有螨 5 头左右，百叶天敌不足 8 头。在春梢芽长 3 ~ 5 cm 到初花期和秋梢生长期，中、北亚热带橘产区平均每叶有螨 3 ~ 5 头，百叶天敌不足 8 头；南亚热带橘产区每叶有螨 5 ~ 10 头，百叶天敌在 10 头以下，应喷药防治。以后各橘产区每叶有螨均在 10 头以上，每叶天敌不足 0.1 头时，均应喷药防治。各橘产区春季也可在50%左右的叶片有螨，天敌数量少，气候条件又有利于螨的种群继续上升时，喷药防治。在冬季气温较低的大多数橘产区，螨和卵均处于相对休眠阶段，一般冬季可不必喷药防治，而在冬季气温较高和冬春干旱的橘产区，则应在采果后立即喷药防治。

防治的重点是保护好春梢，在南亚热带橘产区还应保护好秋梢。春梢抽发时由于气温较低，全爪螨在橘园的分布常存在中心螨株，在冬卵盛孵期芽长3～5cm时，达到上述防治指标的树应喷药挑治，压低虫口，有利于保护利用天敌，可显著减少盛发期的虫口数量。若遇气候条件适合全爪螨大发生，可在开花前补治或防治虫口多的树。秋梢抽发后，往往是第2或第3个盛发期，要及时普查虫情，特别要注意查树冠中、上部叶片上的虫口，有30%以上的树达到防治指标时，应及时挑治。

在叶螨始盛期，叶面喷洒24%螺螨酯悬浮剂5 000倍液或5%唑螨酯乳油2 000倍液，15%哒螨灵乳油1 000倍液，20%四螨嗪悬浮剂有效成分用药量100～166.7 mg/kg，喷雾。有效药剂还有：毒死蜱、丁醚脲、阿维菌素、唑螨酯、双甲脒、乙螨唑、联苯肼酯、噻螨酮、氟啶胺、三唑锡等。为避免产生抗药性，以上杀螨剂可交替使用。

2. 农业防治 干旱季节及时灌水，必要时还要在树冠喷水，保证橘园有充足的水分和湿度，有利于寄生菌、捕食螨等天敌的发生和流行，形成对害螨不利的生态环境，减轻为害，施足基肥，增施饼肥。若因防治失时引起新梢叶片褪色，可在药液中加入0.5%的尿素进行根外追肥，促使叶片转绿。

3. 生物防治 除做到药剂防治与生物防治的协调，借以保护和充分发挥天敌对害螨的控制作用以外，还应利用钝绥螨和食螨瓢虫等有效捕食性天敌，积极开展生物防治。

（八三）柑橘锈螨

柑橘锈螨（*Phyllocoptruta oleivora* Ashme.），又名柑橘锈壁虱、柑橘黑皮螨、锈蜘蛛、叶刺瘿螨等，俗称"铜病""牛皮柑""象皮柑"，是橘园最常见的害虫之一，属蜱螨目瘿螨科。

柑橘果实被害状　　　　　　　　　　　　　柑橘锈螨放大

【分布与寄主】 主要分布于贵州、云南、四川、广东、广西、湖北、湖南、福建、浙江、陕西等省（区）；日本、加拿大、美国也有发生。只为害柑橘类，以橘、柑、橙、柚和柠檬受害普遍。

【为害状】 成螨和若螨群集于叶、果和枝梢上，刺破表皮细胞吸食营养液。叶片和果实受害后油胞被破坏，内含芳香油溢出，经氧化而呈黑褐色，果成黑皮果，叶成锈叶。由于黑皮果皮粗糙龟裂，无正常果色，商品价值低。

【形态特征】
1. 成螨 体长0.1～0.2 mm，胡萝卜形，橘黄色。头细小前伸，具颚须2对。头胸部背面平滑，有足2对。腹部密生环纹，背部环纹28个，腹面约58个，腹末端生长纤毛1对。

2. 卵 圆球形，极微小，直径约0.04 mm，表面光滑，灰白色，半透明。

3. 幼螨 楔形，灰白色，半透明，光滑，环纹不明显，足2对。

4. 若螨 体形似幼螨，约大1倍，淡黄色，足2对。

【发生规律】 柑橘锈螨在大部分橘产区1年发生18～20代，华南等亚热带橘产区可发生24～30代，有显著的世代重叠现象。以成螨在柑橘枝梢的腋芽缝隙和害虫卷叶内越冬，或在柠檬秋花果的果梗处、萼片下越冬，在广东常在秋梢叶片上越冬。越冬的死亡率高，在日平均温度10℃以下停止活动，大部分橘产区冬季有2～3个月不产卵。2～3月间当白天温度达15℃以上，越冬成螨便可活动取食，日平均温度达15℃左右，春梢萌发期间开始产卵，以后逐渐迁至新梢嫩叶上，群集在叶背中脉两侧为害，有的年份在4月中旬即大发生，严重为害当年生春梢叶片。5～6月蔓延到果实上为害，常在6月下旬以后迅速繁殖，7～10月为发生盛期，尤以7～8月为高峰期，为害果实亦常以7～8月最烈，果面布满螨体和蜕皮，犹如一薄层灰尘，有的地区在6月即严重为害果实，直至10月为害仍重。8月以后部分虫口转移到当年生秋梢叶片上为害，在冬季温暖地区，直至11月和翌年1月中旬，在叶片和果实上仍可见其取食为害。

【防治方法】

1. **农业防治** 高温干旱季节，灌水抗旱；增施有机质腐熟肥，改善果园生态条件，增强树体的抗虫能力；冬季清园，剪除枯病枝、残弱枝，树干刷石灰水一次，以消灭越冬虫源。

2. **生物防治** 释放捕食螨的时间应根据当地的条件、果树的生长情况、病虫害发生的种类与发生时期及红蜘蛛的虫口密度而定，一般在春季日均温在20℃以上，秋季9月10日前果园用药低峰期释放。晴天要在下午4时后释放，阴天可全天进行，雨天（或近期预告5 d内有连续降雨日）不宜进行。释放时，将装有捕食螨的包装袋在一边剪2 cm左右的细缝，用图钉或铁丝固定在不被阳光直射的树冠中间下部枝杈处，袋口和底部与枝干充分接触，并注意防止雨水、蜗牛、鼠、蚂蚁、鸟等的侵害。

3. **药剂防治** 应该掌握在害螨初发期，特别是锈螨还没有上果的时候进行防治为宜。日平均温度20℃时，每放大镜视野为5～10头，25～28℃时每视野为5头。一般应连续防治2次。可用下列药剂：50 g/L虱螨脲乳油1 500～2 500倍液，25%除虫脲可湿性粉剂3 000～4 000倍液，5%唑螨酯悬浮剂800～1 000倍液，5%氟虫脲可分散液剂1 000倍液，40%毒死蜱乳油1 500倍液，2%阿维菌素乳油5 000倍液。有效药剂还有丁硫克百威、苯丁锡、螺螨酯等。

（八四）柑橘始叶螨

柑橘始叶螨（*Eotetranychus kankitus* Ehara），又名四斑黄蜘蛛、柑橘黄蜘蛛，属蜱螨目叶螨总科叶螨科。

柑橘始叶螨为害叶片，被害叶片呈现失绿黄斑

柑橘始叶螨为害叶片初期，叶片有变形黄斑

【分布与寄主】 柑橘始叶螨分布于大部分橘产区，常在四川、贵州和湘西、桂北、鄂西北、陕南、甘南等日照短的橘产区为害成灾，闽北和赣中的部分橘产区也常有发生；日本、印度也有分布。主要为害柑橘类，也为害桃、葡萄、豇豆、小旋花、蟋蟀草等。柑橘叶片、嫩梢、花蕾和幼果均受其害，常以春梢嫩叶受害重，有的年份和地区比全爪螨的危害性大。

【为害状】 幼螨、若螨和成螨常密集在叶背中脉或侧脉两侧及叶缘处为害，嫩叶被害形成向正面突起的黄色凹斑，并有丝网覆盖其上，严重时嫩叶变为畸形扭曲，老叶被害形成黄色斑块。为害果实多在果萼下或果皮低洼处刺吸汁液，使果皮形成灰白色小点。大发生年份造成大量落叶、落花、落果和枯梢，影响当年产量和树势。

【形态特征】

1. **成螨** 雌成螨体长 0.35 ~ 0.42 mm，近梨形或椭圆形，淡黄色至橙黄色，越冬个体色较深，背面有 13 对横列为 7 排的白色长刚毛，有 1 对橘红色眼点，体背两侧常有 4 块明显的多角形黑斑，足 4 对。雄成螨体较小，长约 0.3 mm，近楔形，尾端尖细。

2. **卵** 圆球形，光滑，直径为 0.12 ~ 0.14 mm，初产时乳白色，透明，后变为橙黄色，顶端有 1 根卵柄。

3. **幼螨** 近圆形，长约 0.17 mm，初孵时为淡黄色，以后雌螨背面可见 4 个黑斑，足 3 对。

4. **若螨** 体形似成螨，略小，1 龄若螨体色与幼螨相似，2 龄若螨体色较深，足 4 对。

【发生规律】 柑橘始叶螨在年平均温度 15 ~ 16 ℃的橘产区 1 年发生 12 ~ 14 代，在 18 ℃左右的橘产区可发生 16 代以上，世代重叠，多以成螨和卵在潜叶蛾为害的秋梢卷叶内，或在树冠内部和下部的当年生春、夏梢叶背越冬。其越冬虫口密度的大小，可作为翌年春季是否大发生的依据。冬季气温 1 ~ 2 ℃时，越冬成螨停止活动，3 ℃以上开始活动，5 ℃左右照常产卵，无明显休眠现象，但卵多不孵化。早春即开始繁殖，在 2 ~ 5 月间大发生，尤以 3 ~ 4 月为全年发生最盛期，其盛发期常比柑橘全爪螨早 1 个月左右，严重为害春梢嫩叶。6 月以后虫口数量急剧下降，10 月以后又有回升，为害秋梢嫩叶，如果盛夏温度较低和多雨阴暗，则在秋末冬初局部地区可能为害成灾。卵多散产在叶背中、侧脉两侧，每头雌螨平均产卵 10.4 ~ 67.5 粒，最多可产 150 粒以上，最少仅 3 粒。该螨喜在荫蔽的树冠内部和中下部叶背为害，比柑橘全爪螨受风雨和日照的影响小。苗木和低龄幼树比荫蔽的成年树发生少，受害轻。其他如降水量、树势和天敌等因素对该螨发生的影响，以及从老叶向新叶转移为害的习性，大致与柑橘全爪螨相似。

【防治方法】

1. **生物防治** 3 ~ 5 月每叶有柑橘始叶螨 0.5 ~ 1 头时释放钝绥螨。每株 10 年生、树冠体积 3 m³ 的树放 300 ~ 600 头，个别虫口密度大的树可放 1 000 头以上，并通过水肥管理，间种覆盖植物和协调药剂防治，保持相对稳定的天敌种群。

2. **药剂防治** 始叶螨的发生盛期一般比全爪螨早半个月左右，故其防治适期应在春梢芽长约 1 cm 时，平均每叶有螨 1 ~ 2 头，百叶天敌在 2 头以下；春梢芽长 3 ~ 5 cm 至春梢自剪，平均每叶有螨 3 ~ 5 头，天敌不足 8 头；春梢自剪以后，平均每叶有螨 5 头以上，每叶天敌不足 0.1 头时，分别开展药剂防治，防治药剂可参考柑橘全爪螨。

（八五）柑橘芽瘿螨

柑橘芽瘿螨（*Eriophyes sheldoni* Ewing），又名柑橘瘤壁虱、胡椒子、瘤疙瘩、瘤瘿螨，属蜱螨目瘿螨科。

【分布与寄主】 分布于贵州、云南、四川、广西、陕西、湖南、广东和湖北等省（区），以前 3 省发生最为普遍；美国也有分布。寄主植物仅限于柑橘类，如金橘、红橘、温州蜜橘、酸橙、柠檬等。

【为害状】 主要为害春、夏抽出的幼嫩芽、叶片、花蕾和果蒂的幼嫩组织，形成虫瘿。受害严重的树，枝梢和花芽抽长很少，零星地挂上几个小果，满枝尽是无数大大小小的疙瘩，树势受到严重影响，几乎绝收。对于这类弱树，褐天牛和坡面材小蠹等趋集蛀害，加速了果园的衰败。

柑橘芽瘿螨虫瘿

【形态特征】

1. **成螨** 体长约 0.18 mm，宽约 0.05 mm，橙黄色。头、胸合并，短而宽。腹部呈筒状，细长。口器前伸，筒状，侧生下颚须 1 对，足 2 对。下颚须 3 节，足 5 节，端部有 1 根具 5 对分支的羽爪。头胸部腹面，口器后方有 3 对短小的胸刚毛。背板光滑，后缘有背刚毛 1 对。腹部环纹约有 70 条，且背腹面环距相等。生殖器在腹前端，雌体约呈五角形，上具盖片。雄虫体形稍小，生殖器不呈五角形。

2. **卵** 乳白色，透明，0.03 ~ 0.05 mm，不规则球形。

3. **幼螨** 初孵化时约呈三角形，蜕皮时若虫在虫蜕内隐现。

4. **若螨** 体长 0.12 ~ 0.13 mm，橘黄色，体形与成虫相似，看不见生殖器。腹面环纹约有 46 条，背面约 65 条。

【发生规律】 由于柑橘芽瘿螨各虫态全年都在瘿中生活，无法了解其自然发育进度，所以世代不详。根据在贵州的观察，该虫以成虫越冬，翌年3月中旬，虫瘿内层的虫体渐移至外层，3月底4月初橘树嫩芽长至1~2 cm时，成虫向外扩散至芽上为害。由于春梢期芽萌发不整齐，至4月下旬仍有萌发者，所以迁移期也随之拖长。叶芽被害后形成新的虫瘿，瘿内虫量不断繁殖增加，叶组织不断增生，虫瘤越来越大。早抽发的夏梢嫩叶受到轻度为害，晚夏梢和秋梢基本不受害。

1个虫瘿内常有数穴，瘿螨多群居在穴内。新、老虫瘿内的螨数有差异，在繁殖高峰期，1个新虫瘿内最多可达680多头，1个老虫瘿内最多约为290头。

在四川金堂，成螨出瘿活动的始期与春梢萌发的物候期基本一致。春梢在3月上旬开始萌发，4月下旬停止生长，成螨在3月中上旬开始出瘿活动，3月下旬达到高峰，4月中下旬以后瘿外活动的虫口很少。老虫瘿内的虫口则在萌芽放梢时急剧下降，至5月上旬虫口最少，5月以后部分老虫瘿长出新生组织，虫口略有上升，至6月下旬达到高峰，以后部分老虫瘿干枯，虫口亦随之减少。由于虫瘿内的分生组织未遭破坏，虫瘿不断增大，可长到3~4 mm长，大的可达10 mm左右，可在树上保持3~5年。新虫瘿在3月下旬花蕾期出现，以后逐渐增加，至4月下旬达到高峰而不再增加。新虫瘿内的虫口在4~7月随气温的升高而逐渐增多，7月以后随气温的下降而渐减。1年生春梢上虫瘿内的螨群，自新芽出现时开始繁殖，5月中旬至7月中旬繁殖最盛，瘿内螨数最多，以后渐减。

【防治方法】

1. **剪除虫瘿** 对受害轻的树，结合田间管理，随时摘除虫瘿，集中处理。受害严重的树，化学防治失去意义，剪瘿劳动强度大，费工多，剪不彻底，应在冬季休眠期连片将被害树重剪枝，留下10多个骨干方向枝，剪除其余枝梢。春梢萌发时，按方位、分层次抹留早发壮梢，2年可恢复大树冠和正常结果。冬季要施足基肥，偏施氮素，促进营养吸收。春季萌芽时要有药剂保护，防止嫩芽被害形成虫瘿。

2. **药剂防治** 参考柑橘全爪螨。

3. **实行检疫** 禁止从疫区引进苗木和接穗，特别是高压苗和树龄较大的苗木传播的可能性更大。有虫瘿的材料应将虫瘿剪除，就地处理。如系繁殖材料，可用46~47 ℃的热水恒温浸泡8~10 min，能防治虫瘿内各种虫态的螨体。

（八六）同型巴蜗牛

同型巴蜗牛［*Bradybaena similaris*（Ferus.）］，在贵州和华南的一些橘园中是一种为害较重的有害动物。在分类地位上，不属昆虫类而属于软体动物门腹足纲有肺目巴蜗牛科。因其生活环境在旱地，与螺形似，俗称小旱螺。

同型巴蜗牛为害柑橘叶片（1）

同型巴蜗牛为害柑橘叶片（2）

同型巴蜗牛为害柑橘果实

【分布与寄主】 【为害状】 广布南方各省（区），在橘园内，可为害甜橙类和温州蜜橘等的嫩叶和果实。叶被咬成缺刻、穿孔或仅剩下叶脉，果被咬成孔洞，栖居啃食。以果径1.5~2 cm的幼果受害重，大果以着色鲜艳的八成成熟果受害重，果实生长的其他时期很少见害。橘株最下部枝上的叶、果受害重。

【形态特征】 成螺雌雄同体，螺体25~28 mm。壳呈扁圆锥形，几丁质半透明，左旋或右旋。头显著，具2对触角，第2对触角顶端生有眼。腹部有扁平的足，体多为灰白色，少数淡黄褐色。卵为球形，直径0.8~1 mm，外壳为石灰质，初产时呈白色，渐变成土黄色或灰白色。幼螺体长约5 mm，肉体乳白色，螺壳浅灰色至淡黄色。

【发生规律】 在贵州1年发生2代。以成螺在石堆下、草丛中或土缝里越冬。第1代在4月中旬至6月上旬，第2代在8月上旬至10月中旬，此时也是橘园受害期。11月中旬后，成螺渐潜藏越冬，翌年春3月才出来活动。休息或越冬态，蜗牛肉体缩入壳内，行走或取食时伸出壳外，但当身体某一部分受外界刺激后，即缩藏壳中。成熟蜗牛异体受精，从交尾到产卵，短则4 d，长可达1月。卵多产在柑橘树冠下潮湿疏松的土中或落叶下。每一螺能产卵3～5次，1年产150～280粒，堆产。3月下旬至5月上旬，8月上旬至9月下旬交尾产卵。卵期春季15～20 d，夏季5～10 d。幼螺3个半月就达性成熟，此前主要取食土壤中腐殖质或初出芽叶的杂草。成螺食性杂，除柑橘外，十字花科、豆科几十种植物都取食，饥饿时禾本科植物也不拒食。同型巴蜗牛不喜光，畏热，喜栖阴湿之地。白天活动少，夜间觅食，以晚上21～23时为甚。橘园中阴雨连绵天气时，大量螺体上树，为害最烈。

【防治方法】

1. **人工防治**　剪除垂地的枝梢，减少蜗牛上树途径；也可用可乐塑料大瓶1～2个，做成笠形盖，倒绑在距地面20～30 cm高的橘树基干上，阻止蜗牛爬上树为害。

2. **生物防治**　在园内放鸭或鹅几天，捕食螺体；放养少喂食的鸡，也可起同样作用。

3. **药剂防治**　20%草甘膦乳油，按每公顷23 kg药量，稀释550倍喷雾橘园杂草至湿透，蜗牛数量随杂草枯焦而急剧减少，仅此一项措施就可避免成灾。药剂防治应在蜗牛大量出现又未交尾产卵的4月中上旬和大量上树前的5月中下旬进行。药剂每亩可用6%密达颗粒剂（灭蜗灵）465～665 g，或10%多聚乙醛（蜗牛敌）颗粒剂1 kg，拌土10～15 kg，在蜗牛盛发期的晴天傍晚撒施。其他还可用2%灭旱螺颗粒剂330～400 g、45%百螺敌颗粒剂40～80 g，或用5%～10%硫酸铜液，或1%～5%食盐液于早晨8时前及下午6时后对树盘树体等喷射。

（八七）蛞蝓

蛞蝓（*Agriolimax agrestis* Linnaeus），俗称鼻涕虫，是一种软体动物，属腹足纲柄眼目蛞蝓科。与部分蜗牛组成有肺目。

【为害状】　取食叶片、果实成孔洞，影响其商品价值。是一种食性复杂和食量较大的有害动物。

【形态特征】　外表看起来像没壳的蜗牛，体表湿润有黏液。成虫体伸直时体长30～60 mm，体宽4～6 mm；内壳长4 mm，宽2.3 mm。长梭形，柔软、光滑而无外壳，体表暗黑色、暗灰色、黄白色或灰红色。触角2对，暗黑色，下面一对短，约1 mm，称前触角，有感觉作用；上面一对长约4 mm，称后触角，端部具眼。口腔内有角质齿舌。体背前端具外套膜，为体长的1/3，边缘卷起，其内有退化的贝壳（即盾板），上有明显的同心圆线，即生长线。同心圆线中心在外套膜后端偏右。呼吸孔在体右侧前方，其上有细小的色线环绕。黏液无色。雌雄同体，在右触角后方约2 mm处为生殖孔。卵椭圆形，韧而富有弹性，直径2～2.5 mm，白色透明，可见卵核，近孵化时色变深。初孵幼虫体长2～2.5 mm，淡褐色，体形同成体。

蛞蝓为害柑橘叶片

【发生规律】　以成虫体或幼体在作物根部湿土下越冬。5～7月在田间大量活动为害，入夏气温升高，活动减弱，秋季气候凉爽后，又活动为害。完成一个世代约250 d，5～7月产卵，卵期16～17 d，从孵化至成虫性成熟约55 d。成虫产卵期可长达160 d。野蛞蝓雌雄同体，异体受精，亦可同体受精繁殖。卵产于湿度大且隐蔽的土缝中，每隔1～2 d产一次，有1～32粒，每处产卵10粒左右，每雌平均产卵量为400余粒。野蛞蝓怕光，强光下2～3 h即死亡，因此均夜间活动，从傍晚开始出动，晚上22～23时达高峰，清晨之前又陆续潜入土中或隐蔽处。耐饥力强，在食物缺乏或不良条件下能不吃不动。阴暗潮湿的环境易于大发生，当气温11.5～18.5 ℃，土壤含水量20%～30%时，对其生长发育最为有利。

【防治方法】

1. **农业防治**　深翻晒土以破坏其栖息产卵场所；清洁田园，铲除杂草；及时中耕，清沟排渍亦可恶化其活动条件，减轻为害。

2. **药剂防治**　在沟边地头或作物间撒石灰带可阻隔保苗，减轻为害；毒饵诱杀［蜗牛敌：豆饼粉或玉米粉=1：（20～40），傍晚撒于田间垄上］；傍晚撒施8%灭蜗灵颗粒剂（30 kg/hm²），或凌晨蛞蝓尚未潜回隐藏地点时喷施8%

灭蜗灵 800 ~ 1 000 倍液。

（八八）大蟋蟀

大蟋蟀（*Brchytrupes portentosus* Lichtenstein），又名巨蟋、蟋蟀之王、花生大蟋，属直翅目蟋蟀科。因其体形较大，居于众多品种的蟋蟀之首而得此名。

【分布与寄主】　分布于广东、广西、福建、台湾、云南、江西南部等地。为害多种热带作物。

【为害状】　成虫和若虫均能为害热带作物的茎、叶、果实和种子，有时也为害植物的根部。

大蟋蟀（中雄，右雌，左若虫）

【形态特征】

1. **成虫**　体长 30 ~ 40 mm，体暗褐色，头大，复眼黑色。胸背比头宽，横列 2 个圆锥形黄斑，后足腿节肥大，胫节具 2 列刺状突起，每列 4 ~ 5 枚，刺端黑色。雌虫产卵管短于尾须。

2. **卵**　近圆筒形，淡黄色，稍弯曲。

3. **若虫**　体色较浅，外形与成虫相似，共 7 龄，自 2 龄开始具翅芽，以后随虫龄增长逐渐增大。

【发生规律】　大蟋蟀 1 年发生 1 代。以若虫在土穴内越冬，翌年 3 月上旬开始大量活动，5 ~ 6 月成虫陆续出现，7 月进入羽化盛期，10 月间成虫陆续死亡。它是夜出性地下害虫，喜欢在疏松的沙土营造土穴而居。洞穴深达 20 ~ 150 mm，卵数十粒聚集于卵室中，每一雌虫约产卵 500 粒以上，卵经 15 ~ 30 d 孵化。成虫、若虫白天潜伏洞穴内，洞口用松土掩盖，夜间拨开掩土出洞活动。

【防治】　用麦麸、米糠或各类青茶叶加入 0.1% 敌百虫配成毒饵，于傍晚投放于洞穴口上风处诱杀，在用水方便的地区，可向洞穴灌水。

第十七部分　香蕉病虫害

一、香蕉病害

（一）香蕉炭疽病

香蕉炭疽病在香蕉产区都有发生。香蕉生长期开始发病，但以贮运期受害最烈，损失最大。

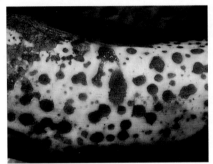

香蕉炭疽病病果初期小病斑

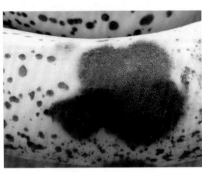

香蕉炭疽病病果（1）

香蕉炭疽病病果（2）

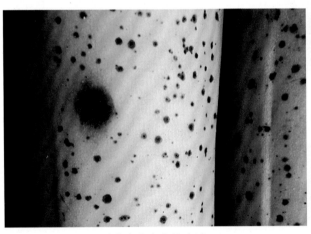

香蕉炭疽病病果（3）

香蕉炭疽病病果大病斑

【症状】　主要为害成熟或近成熟的果实，也为害花、根、假茎、地下球茎及果轴等部位。被害果实常在近果端部分发病，初生黑色或黑褐色小圆斑，后迅速扩大，或几个病斑愈合成不规则形大斑。高温高湿时，常在 2 ~ 3 d 内全果变为黑褐色，果肉腐烂，病部产生许多朱红色黏质小点（分生孢子盘及分生孢子）。干燥天气，病部凹陷干缩。果梗和果轴发病，同样长出黑褐色不规则形病斑，严重时全部变黑干缩或腐烂，后期亦产生朱红色黏质小点。

【病原】　本病由香蕉炭疽病病菌 [*Colletotrichum musae*（Berk & Curt）Arx.] 侵染所致。分生孢子盘圆形，直径135 ~ 240 μm。分生孢子长椭圆形，单胞，无色，大小为（10 ~ 22.5）μm×（4.3 ~ 6.8）μm，聚集一起时呈粉红色。病菌在培养基上生长的最适温度为 25 ~ 30 ℃，但在果实上病害发展的最适温度为 32 ℃。

【发病规律】　病菌以菌丝体及分生孢子在蕉树病斑上越冬。翌年分生孢子及菌丝体产生的分生孢子由风雨或昆虫传播到青果上，萌发芽管侵入果皮内，并发展为菌丝体。初期在果皮内蔓延扩展很慢，到果实将近成熟，特别是成熟后，才迅速蔓延，形成病斑和产生大量分生孢子。分生孢子辗转传播，不断进行重复侵染。成熟果实在贮运期间还可以通过接触传染。

本病在多雨重雾和潮湿条件下发生最盛。果实的成熟度亦影响发病，幼果果期虽已感病，但要到成熟前才开始表现症状，成熟果实在贮运期间温度高达 25 ~ 32 ℃时，发病最严重。该病菌可侵染蕉类各品种，以香蕉受害最重，大蕉次之，龙牙蕉很少受害。果皮薄的品种一般较果皮厚的品种容易感病。果实的糖分含量同果皮厚度一样，在决定感病性中起很大作用，含糖量较高的品种侵染至发病只需 6 ~ 10 d，而糖较低的品种却需要15 ~ 20 d；同时，果实含糖量与病斑大小和扩展期的长短成正相关，含糖量较高的品种能在短期内产生较大的病斑。

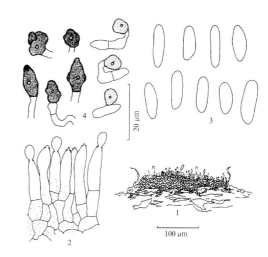

香蕉炭疽病病菌
1.分生孢子盘　2.分生孢子梗　3.分生孢子　4.附着胞

【防治方法】

1. **农业措施**　选种高产、优质的抗病品种，加强水肥管理，增强植株长势，提高抗病力。及时清除病花、病轴和病果，并在结果始期进行套袋，可减少病菌侵染。

2. **药剂防治**　结实初期开始喷药保护果实，每隔 10 ~ 15 d喷药 1 次，连喷 3 ~ 4 次。如遇雨季则隔 7 d 左右喷 1 次，着重喷果实及附近叶片。结果初期，喷施下列药剂：50%多菌灵可湿性粉剂 600 倍液，80%代森锰锌可湿性粉剂 1 000 倍液，75%百菌清可湿性粉剂 800 倍液等预防。在病害发生初期，可用下列药剂：25%咪鲜胺乳油 1 000 倍液，25%吡醚菌酯乳油 1 500 倍液，77%氢氧化铜可湿性粉剂 1 000 倍液等，间隔 10 ~ 15 d 喷药 1 次，连喷 3 ~ 4 次。如遇雨则隔 7 d 左右喷 1 次，重点喷果实及附近叶片。

3. **适时采果**　果实成熟度 75% ~ 85% 时采收最好，过熟时容易损伤和易感病。一般当地销售的可在成熟度达九成时采收，远地销售的应提前到成熟度为八成或七成时采收。采收应选择晴天，采果及贮运时要尽量避免损伤果实。

4. **贮运防治**　果实采收后，可用下列药剂：50%异菌脲可湿性粉剂 400 倍液，5%抑霉唑可湿性粉剂 500 ~ 600 倍液，45%噻菌灵悬浮剂 450 ~ 600 倍液，或 25%咪鲜胺乳油 800 倍液或 50%苯菌灵 600 倍液浸果数秒至 1 min（浸没果实），捞出晾干，可控制贮运期间烂果。贮运库、贮运室可喷洒 5% 福尔马林，或用硫黄熏蒸 24 h 进行消毒。

（二）香蕉煤纹大斑病

香蕉煤纹大斑病又称香蕉暗褐斑病、香蕉暗斑病、香蕉小窦氏霉叶斑病。

【症状】　香蕉煤纹大斑病多在叶缘处发病，与灰纹病较难区别，本病病斑多呈短椭圆形，褐色，斑面上轮纹较明显，病斑背面的霉状物颜色较深，呈暗褐色。在其侵染后期，都能形成面积很大的坏死型枯斑。

【病原】　病原菌为簇生长蠕孢［*Helminthosporium torulosum*（Syd.）Ashby］，属半知菌丛梗孢目暗梗孢科长蠕孢属。分生孢子梗褐色，单生或 2 ~ 4 根丛生，直立，从寄主气孔或坏死细胞间长出，具横隔膜。分生孢子污绿色，大小为（35 ~ 55）μm×（15 ~ 16）μm，中部较膨大，端部细胞渐小。有性世代在寄主上未发现。

香蕉煤纹大斑病病叶病斑

【发病规律】　病原以菌丝体或分生孢子在寄主病部或落到地面上的病残体上越冬，翌年春分生孢子或由菌丝体长出的分生孢子借风雨传播蔓延，在香蕉叶上萌发长出芽管，从表皮侵入引起发病，后病部又产生分生孢子进行再侵染。

发病严重程度与降水量、环境密切相关；种植密度过大，偏施氮肥，排水不良的蕉园发病严重；高秆品种的抗病性强。

【防治方法】

1. **搞好清园工作**　冬季彻底剪除蕉园植株上的重病叶和清理地面病残植株，以减少菌源。

2. 加强田间管理 合理施肥，注意排灌，喷施植物生长调节剂促进旺长，增强抗病力。

3. 药剂防治 用波尔多液 1 ：0.8 ：100 配比式，75%百菌清可湿性粉剂 800 倍液，75%百菌清或 7.5%氟环唑乳油 600 倍液，24%腈苯唑悬浮剂 1 200 倍液，70%代森锰锌或 50%锰锌·腈菌唑可湿性粉剂 800 倍液，10%苯醚甲环唑水分散粒剂 3 000 倍液。有效药剂还有：丙环唑、醚菌酯、吡唑醚菌酯、戊唑醇、苯菌灵、腈菌唑等。喷雾蕉株，叶背和叶面均匀施药，间隔 10 d 至半月施 1 次，5 ～ 7 月病害发生期重点预防。

（三）香蕉褐缘灰斑病

在香蕉几种叶斑病中，褐缘灰斑病为害最烈，在我国各香蕉产区普遍发生。主要为害叶片，引起蕉叶干枯，造成植株早衰，发病重者减产 50% ～ 75%。

【症状】 主要为害叶片，发病初期叶面出现与叶脉平行的褐色条斑，后扩展为长椭圆形至纺锤形黑褐色病斑。病斑中央灰色，周缘黑褐色，其上产生稀疏灰霉，湿度大时尤为明显，病斑多时叶片枯死。

【病原】 无性世代为香蕉尾孢菌（*Cercospora musae* Zimm.），有性世代为香蕉生球腔菌（*Mycospherella musicola*），属子囊菌门真菌。分生孢子梗丛生，褐色。分生孢子棍棒状，无色，具分隔 0 ～ 6 个；菌落形态可分为二型：Ⅰ型菌落黑色，生长速度慢，很少气生菌丝；Ⅱ型菌落灰白色，生长速度快，气生菌丝多。该菌生长温度 9 ～ 32 ℃，25 ～ 26 ℃为最适温度，分生孢子萌发适温 29 ℃。

香蕉褐缘灰斑病病叶病斑

【发病规律】 病菌以菌丝在寄主病斑或病株残体上越冬。春季产生的分生孢子或子囊孢子借风雨传播，蕉叶上有水膜且气温适宜时，侵入气孔细胞及薄壁组织。每年 4 ～ 5 月初见发病，6 ～ 7 月高温多雨季节病害盛发，9 月后病情加重，枯死的叶片骤增，10 月底以后随降水量和气温下降，病害发展速度减慢。夏季高温多雨有利于该病的发生流行。过度密植、偏施氮肥、排水不良、蕉株生长衰弱发病重。

【防治方法】

1. 农业措施 选用粉蕉、大蕉、台湾蕉等抗病品种。

2. 药剂防治 对于抗病性较弱的品种应以药剂防治为主。在发病前期，喷施下列药剂进行预防：75%百菌清可湿性粉剂 1 000 倍液，80%代森锰锌可湿性粉剂 800 倍液等。在发病初期或从现蕾期前 1 个月起进行喷药防治。常用的药剂有：70%甲基硫菌灵可湿性粉剂 800 倍液 + 0.02%洗衣粉，25%腈菌唑乳油 3 000 倍液，12.5%烯唑醇可湿性粉剂 2 000 倍液，25%戊唑醇乳油 1 500 倍液，25%嘧菌酯悬浮剂 1 500 倍液，24%腈苯溴悬浮剂 1 200 倍液，12.5%氟环唑悬浮剂 2 000 倍液，20.67%恶唑菌酮·氟硅唑乳油 1 500 倍液，25%吡唑醚菌酯乳油 3 000 倍液，40%氟环唑·多菌灵悬浮剂 2 000 倍液，10%苯醚甲环唑水分散粒剂 3 000 倍液，25%咪鲜胺乳油 2 000 倍液等。每隔 10 ～ 20 d 喷 1 次，全株喷雾 3 ～ 5 次效果好。

（四）香蕉灰纹病

香蕉灰纹病又称香蕉暗双孢霉叶斑病，在我国香蕉产区均有发生。在统称为香蕉叶斑病中，香蕉灰纹病、褐缘灰斑病、煤纹大斑病、叶缘枯斑病、大灰斑病和长形斑是香蕉的重要病害之一，其中以灰纹病发生比例最高。

【症状】 香蕉灰纹病初叶面现椭圆形褐色小病斑，后扩展为两端稍突的长椭圆形大斑，病斑中央灰色至灰褐色，周围褐色，近病斑的周缘具不明显轮纹，病斑外围有明显可见的黄晕，病斑背面生灰褐色霉菌，即病原菌的分生孢子梗和分

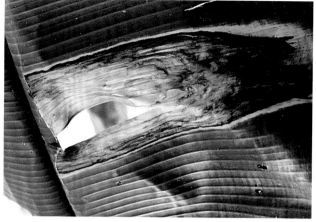

香蕉灰纹病为害状　　　　　　　香蕉灰纹病叶片病斑

生孢子。

【病原】　病原菌为斐济假尾孢［*Cordana musae*（Zimm.）Hohn.］，属真菌界类丝孢纲丝孢目暗双孢属香蕉暗双孢菌。分生孢子梗褐色，具分隔，长80～220 μm。分生孢子单胞或双胞，无色，短西瓜子状，大小为（13～27）μm×（6～16）μm。

【发病规律】　病原菌以菌丝体或分生孢子在寄主病部或落到地面上的病残体上越冬，翌年春分生孢子或由菌丝体长出的分生孢子借风雨传播蔓延，在香蕉叶上萌发芽管从表皮侵入引起发病，后病部又产生分生孢子进行再侵染。

【防治方法】
1. **农业措施**　加强栽培管理，增施有机肥，合理排灌，及时割除病叶。
2. **药剂防治**　福建香蕉产区于4、5、6月各喷1次1：（0.8～1）：100少量式波尔多液，每亩150～200 L。发病初期，可用下列药剂：80%代森锰锌可湿性粉剂800倍液，16%咪鲜胺·异菌脲悬浮剂800倍液，12.5%腈菌唑乳油2 000倍液，12.5%腈菌唑·咪鲜胺乳油800倍液，50%苯菌灵可湿性粉剂1 000倍液，25%咪鲜胺乳油1 500倍液，10%苯醚甲环唑水分散粒剂2 500倍液，间隔10 d喷施1次，连喷2～3次。

（五）香蕉黑星病

香蕉黑星病又名黑痣病、黑斑病、雀斑。在华南及西南香蕉产区分布相当普遍。发病后损坏外观和易诱发炭疽病的发生，对外贸出口有较大影响。

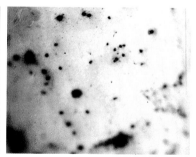

香蕉黑星病叶片病斑（1）　　香蕉黑星病叶片病斑（2）　　香蕉黑星病病果病斑

【症状】　主要为害叶片和青果，较少为害熟果。叶片发病，在叶面及中脉上散生或群生许多小黑粒，后期小黑粒周围呈淡黄色，叶片变黄而凋萎。青果发病，多在果肩弯背部分生许多小黑粒，果面粗糙，随后许多小黑粒聚集成堆。果实成熟时，在每堆小黑粒周围形成椭圆形或圆形的褐色小斑；不久病斑呈暗褐色或黑色，周缘呈淡褐色，中部组织腐烂下陷，其上的小黑粒突起。

【病原】　病原菌为香蕉大茎点菌［*Macrophoma musae*（Cooke）Berl. et Vogl.］，分生孢子器球形或圆锥形，顶部有1细小孔口，褐色，直径70～155 μm。分生孢子卵圆形或长椭圆形，单胞，无色，大小为（12～23）μm×（6～13）μm。

【发病规律】　病菌以分生孢子器或分生孢子在蕉园枯叶残株上越冬。翌年雨后分生孢子靠雨水飞溅传到叶片再侵染，叶片的病菌随雨水流溅向果穗。叶片上斑点可见因雨水流动路径而呈条状分布。9月下旬至10月上旬旱季时潜育期19 d，进入12月至翌年1～2月低温干旱时长达69 d，全年以8～12月受害重。夏、秋季节若多雨高湿利于发病。苗期较抗病，挂果后期果实最易感病，高温多雨季节病害易流行。

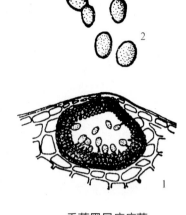

香蕉黑星病病菌
1.分生孢子器　2.分生孢子

【防治方法】

1.**消除病原**　经常清除并深埋病叶及残余物，消灭侵染菌源。

2.**加强栽培管理**　增施有机肥料，增强树势，以提高抗病能力。抽蕾挂果期用干蕉叶包裹果穗，或用塑料薄膜套果，可收到良好效果。

3.**喷药保护**　可结合防治炭疽病及时喷药保护，在叶片发病前期，喷施下列药剂进行预防：75%百菌清可湿性粉剂1 000倍液，50%多菌灵可湿性粉剂1 000倍液，50%甲基硫菌灵·硫黄悬浮剂600倍液，36%甲基硫菌灵悬浮剂1 000倍液等。在叶片发病初期，可用下列药剂：40%戊唑醇·咪鲜胺水乳剂1 500倍液，25%腈菌唑乳油3 000倍液，25%吡唑醚菌酯乳油2 000倍液，25%苯醚甲环唑乳油3 000倍液，40%氟硅唑乳油6 000倍液，50%苯菌灵可湿性粉剂1 500倍液，70%甲基硫菌灵可湿性粉剂1 000倍液，喷病叶或果实，重点喷果实。间隔10～15 d，连续喷3次。

4.**套袋保护**　在香蕉抽蕾后，用干蕉叶包裹果穗，或塑料薄膜套果（袋口向下），防病效果明显。

（六）香蕉冠腐病

香蕉冠腐病是香蕉采后及运输期间发生的重要病害。发病严重时果腐率达18.3%，轴腐率高达70%～100%，往往造成重大的经济损失。主要引起蕉指脱落、轴腐和果腐，蕉农常称之为"白霉病"，是香蕉仅次于炭疽病的主要病害。

【症状】　香蕉冠腐病为害果轴，病菌最先从果轴切口侵入，造成果轴腐烂并延伸至果柄，致使果柄腐烂。受害果果皮爆裂，果肉僵死，不易催熟转黄。成熟的青果受害时，发病的蕉果先从果冠变褐，后期变黑褐色至黑色，病部无明显界限，以后病部逐渐从冠部向果端延伸。空气潮湿时病部上产生大量白色絮状霉状物，即病原菌的菌丝体和子实体，并产生粉红色霉状物，此为病原菌的分生孢子。

香蕉冠腐病病果

【病原】　病原菌包括多种镰刀菌：串珠镰孢（*Fusarium moniliforme*）、半裸镰孢（*F.semitectum*）、双胞镰孢（*F.dimerum*）、导管镰孢霉（*F.aquaeductuum*）和弯喙镰孢霉（*F.camptoceras*）等。这几种镰刀菌均从伤口侵入，属伤菌，均属半知菌类真菌。

【发病规律】　香蕉去轴分梳以后，切口处留下大面积伤口，成为病原菌的入侵点。香蕉运输过程中，由于长期沿用的采收、包装、运输等环节常导致果实伤痕累累，加上夏、秋季节北运车厢内高温、高湿，常导致果实大量腐烂。香蕉产地贮藏时，聚乙烯袋密封包装虽能延长果实的绿色寿命，但高温、高湿及二氧化碳等小环境极易诱发冠腐病。雨后采收或采前灌溉的果实也极易发病。成熟度太高的果实在未到达目的地已黄熟，也常引起北运途中大量烂果。

【防治方法】　预防本病的关键是尽量减少贮运各环节中造成的机械伤。降低果实后期含水量，采收前10 d内不能灌溉，雨后一般应隔2～3 d晴天后才能收果。

采收后马上用下列药剂：50%多菌灵可湿性粉剂500～600倍液，50%咪鲜胺锰盐可湿性粉剂2 000倍液，25%异菌脲悬浮剂 1 000 ~ 1 500 倍液，16%咪鲜胺·异菌脲悬浮剂 500 倍液，45%噻菌灵悬浮剂 600 ~ 800 倍液，50%双胍辛胺可湿性粉剂 1 500 倍液，进行浸果处理，然后进行包装。袋内充入适量二氧化碳可减少冠腐病的发生。选用冷藏车运输，可明显降低冠腐病的发生，冷藏温度一般控制在 13 ~ 15 ℃。

（七）香蕉烟头病

香蕉烟头病是香蕉贮运期间发生的重要病害，发病严重时果腐率高。

香蕉烟头病为害状（1）　　　　　　　　　　香蕉烟头病为害状（2）

【症状】　香蕉烟头病先为害果实顶部，果实顶部腐烂，形似烟头状。成熟的青果受害时，发病的蕉果先从果顶变褐，后期变为黑褐色至黑色，以后病部逐渐延伸。空气潮湿时病部上产生大量白色或粉红色霉状物，即病原菌的菌丝体和子实体。

【病原】　有称病原菌为种镰刀菌（*Fusarium* sp.）。

【防治方法】　预防本病的关键是尽量减少贮运各环节中造成的机械伤。采收后马上用下列药剂：50%多菌灵可湿性粉剂 500 ~ 600 倍液，50%咪鲜胺锰盐可湿性粉剂 1 500 倍液，25%异菌脲悬浮剂 1 000 ~ 1 500 倍液，16%咪鲜胺·异菌脲悬浮剂 500 倍液，45%噻菌灵悬浮剂 800 倍液，50%双胍辛胺可湿性粉剂 1 500 倍液，进行浸果处理，然后进行包装。袋内充入适量二氧化碳可减少烟头病的发生。选用冷藏车运输，可明显降低冠腐病的发生，冷藏温度一般控制在 13 ~ 15 ℃。

（八）香蕉枯萎病

香蕉枯萎病亦称黄叶病、香蕉镰刀菌枯萎病、巴拿马枯萎病，在拉丁美洲许多国家早有发生。主要为害西贡蕉（广西）

香蕉枯萎病植株　　　　　　　香蕉枯萎病果实　　　　　　　香蕉枯萎病茎腐

及粉蕉（海南、广东）。在世界上重要香蕉产区发病严重，如1910年巴拿马曾有大面积的香蕉园由于发生枯萎病而被废弃。本病是我国进口植物检疫对象。中国的广东、海南、广西局部地区及台湾有分布。

【症状】

1. 外部症状　成株期病株先在下部叶片及其外边的叶鞘呈现黄色，这种黄色病变初表现于叶片的边缘，后逐渐向中肋扩展，有时整片叶子发黄。病叶迅速萎蔫，叶柄在靠近叶鞘处折曲下来，在几天之内，其他叶子相继下垂，由黄色变褐色而干枯。

2. 内部症状　本病是一种维管束病害，内部病变很明显。在发病初期植株下部根茎的横切面观察，可见中柱髓部和皮层薄壁组织间有黄色或红棕色的斑点，这是被病菌侵染后坏死的维管束。若纵向剖开病株根茎，可看到黄红色病变的维管束，近茎基部病变颜色越深，越向上病变颜色越淡。在根部木质导管上，常产生红棕色病变，并一直延伸至根茎部，后期大部分根变黑褐色而干枯。

【病原】　病原菌为尖镰孢菌古巴专化型［*Fusarium oxysporum f.cubense*（E .F .Smith）Snyder etHasenl］。本菌有4个生理小种，1号小种分布在世界各地，在中国主要是4号生理小种。大型分生孢子从分生孢子座上长出，镰刀形，无色，有3~5个隔膜，多数为3个隔膜。3个隔膜的分生孢子，一般大小为（30~43）μm×（3.5~4.3）μm，5个隔膜的分生孢子，一般大小为（39~48）μm×（3.5~4.5）μm，平均大小为45 μm×4.2 μm。小型分生孢子数量很少，在气生菌丝上散生，无色，圆形或卵形，单胞或双胞，大小为（4.5~12）μm×（4~8）μm。菌核蓝黑色，产生数量不多，直径0.5~1 mm，最粗的可达4 mm。厚垣孢子椭圆形至球形，顶生或间生，单生或两个连生，或多个串生。本菌是一种土壤习居菌，在土壤中可存活几年直至十余年。

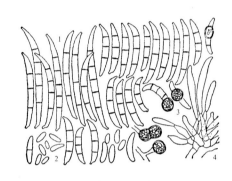

香蕉枯萎病病菌
1. 大型分生孢子　2. 小型分生孢子
3. 厚垣孢子　4. 分生孢子梗

【发病规律】　香蕉枯萎病菌主要是从发病母株根颈通过吸芽的导管延伸至繁殖用的吸芽内，当引用有病的吸芽进行繁殖时，病害就传播开来。病蕉根部周围的土壤也是病菌存留的场所。所以，本病的初次侵染源主要是带病的吸芽及病土。如在带菌的土壤上种植蕉苗，病菌可以从根部侵入，并通过寄主维管束向茎上发展。土壤中病菌侵入寄主的途径一般是通过受伤或无伤的幼根，或受伤的根茎，以后病菌进一步向假茎及叶部蔓延。当母株发病枯死后，病菌随病残体遗留在土壤中营腐生生活。

【防治方法】

1. 实行检疫　严格限制从国内外病区输入粉蕉、西贡蕉。引种台湾及国外香蕉时，要隔离种植观察2年，如无发病后才可逐步推广种植。

2. 种植抗病的蕉类　选择无病地区种植无病的组织培养苗。

3. 实行轮作　最新研究报道，商业性生产韭菜地间作香蕉，对香蕉枯萎病有很好的防治效果。发病率在10%以上的香蕉园，处理病株后轮作水稻或甘蔗2年以上，对防治土壤中的病菌有良好的效果。

4. 土壤消毒　发病率在10%以下或开始发病时，应及时挖除病株并进行病穴土壤消毒。病穴消毒在植蕉前7 d进行，先将病穴挖松，或以两个株距的边缘为界，将界内病株和健株（可能已染病）连同土壤挖起，就地晒干销毁，并在香蕉园内撒施大量石灰，或每平方米喷2%福尔马林液10 kg杀菌。为了清除侵染来源，杜绝传播机会，病土处理是一项很重要的措施。土壤消毒，15%恶霜灵水剂或25%多菌灵可湿性粉剂与土壤按1：200比例配制成药土后撒入苗床或定植穴中。

5. 发病初期灌根　发现零星病株时，可用下列药剂灌根：53.8%氢氧化铜悬浮剂800倍液，23%络氨铜水剂500~600倍液，90%恶霉灵可湿性粉剂2 000液，每株500~1 000 mL，每隔5~7 d灌1次，连续灌2~3次。

（九）香蕉束顶病

香蕉束顶病又名丛顶病、龙头病，俗称蕉公、葱蕉等，在广东、广西、福建、台湾、云南等省（区）香蕉产区均有发生，是香蕉主要病害之一。发病较重的果园发病率可高达10%~30%，甚至50%~80%。感病的植株矮缩，不能开花结蕾，在现蕾期才感病的植株，果少而小，无商品价值，造成很大的损失。

| 香蕉束顶病病果 | 香蕉束顶病病株 | 香蕉束顶病病叶 |

【症状】　本病最突出的症状是新生的叶片一片比一片短而狭小，叶片硬直并成束长在一起，病株矮缩。病株老叶颜色较健株老叶颜色黄，但病株新叶颜色则比健株新叶颜色绿；病叶脆而易折断；叶脉呈现断续、长短不一的浓绿色条纹，有些叶脉是前期褪绿透明，后期变为黑色条纹，条纹长 1 ~ 10 mm，宽 0.75 mm。病株的叶柄和假茎上也有浓绿色条纹，俗称"青筋"。浓绿色条纹是诊断早期病株的一个特征。病株分蘖较多，根头红褐色，无光泽，大部分的根腐烂或变为紫色，不发新根。苗期感病的植株特别矮缩，不能开花结实。在将现蕾时发病，花蕾直立不结实，由于此时叶片都已出齐，而不表现"束顶"症状，老叶亦不表现黄色，但最嫩叶片的叶脉仍出现浓绿色条纹。现蕾后感病的能结实，但果少而，果端小如指头，肉脆，无香味，果柄细长而弯曲地伸出。

【病原】　病原菌为香蕉束顶病毒（Banana bunchytop virus，BBV）。此病毒主要借带毒蘖芽和香蕉交脉蚜（*Pentalonia nigronervosa* Cog）传染，但不能借机械摩擦及土壤传染。香蕉交脉蚜（若虫）的取毒饲育时间要 17 h 以上，循回期为数小时至 48 h，传毒饲育时间为 1.5 ~ 2 h，此后就可保持传毒能力长达 13 d。若虫传毒效能高于成虫，若虫蜕皮后仍保持病毒。带毒蚜不能通过子代传毒，因此一般认为介体是以"持久性方式"传递病毒。寄主只限于甘蕉类植物和蕉麻。

【发病规律】　香蕉是宿根性植物，主要借蘖芽繁殖。植株得病后，不单是母株发病，其蘖芽也带病。所以此病的初侵染源在病区里主要是病株及其蘖芽，而在新区和无病区里则是带病蘖芽，一个果园或一个地区有了初侵染源后，本病就可以由香蕉交脉蚜传播。蕉苗感染 1 ~ 3 个月就可发病，由于香蕉交脉蚜不断地辗转传染，面积为 13.3 ~ 20 hm^2 的果园，在 4 ~ 5 年内，病株率就可高达 50% 甚至 80% 以上。

【防治方法】

1. 选种无病蕉苗（蘖芽）　对于无病区甚至病区里的新辟蕉园来说，严格选种无病蕉苗是最重要的防治措施。由于本病的潜育期较长（1 ~ 3 个月），故挖苗前应仔细地对母株进行检查。

2. 挖除病株　在病区每年于病害发生季节进行全面检查，发现病株，立即喷布杀蚜药剂，然后把整丛蕉连根茎部分彻底挖除，集体销毁。为克服挖除病株和喷药治蚜的麻烦，可把装有 50 mg，80% 2, 4-D 可溶性粉剂的胶囊放入病株喇叭口，或对水注入假茎，1 周后病株腐烂倒伏而死。病情较轻的香蕉园，在冬季清除病株，半个月后病穴施石灰消毒后进行补种。以后发现病株，都应及时挖除，可收到较好的防治效果。发病率高达 30% ~ 50% 的香蕉，由于传染机会较多，挖除病株后，补种的健苗还有可能发病。处理病株后，在短期内应改种其他作物或较抗病的大蕉、粉蕉等品种，待本病消灭后再种植香蕉。

3. 消除传染媒介　铲除蕉园附近蚜虫寄生的杂草，并在每年开春后清园时，喷药防治传毒的交脉蚜虫，可用 10% 吡虫啉可湿性粉剂 3 000 ~ 4 000 倍液，亦可用 50% 抗蚜威可湿性粉剂 1 500 ~ 2 000 倍液喷杀。

（一〇）香蕉花叶心腐病

香蕉花叶心腐病在南美洲、菲律宾等地于 20 世纪 20 ~ 30 年代早有发生，其危害性不亚于香蕉束顶病。1974 年春、夏之间，在广州市郊部分地区及东莞个别地区首次发现此病，后蔓延扩展较快。早期感病植株生长矮缩，甚至死亡。成长株感病后则生长较弱，不能结实，即使结实也不能成长。感染了花叶心腐病的植株还易受束顶病毒的侵染。国内广东、海南、

香蕉花叶心腐病病株

香蕉花叶心腐病病株茎截面

云南、广西等省（区）都有分布。

【症状】　在叶片上，此病引起断断续续的或长或短的褪绿黄色条纹和梭状病斑，分布在整片上，或者只发生在局部叶片上，由叶缘向主脉方向延伸，宽度 1 ~ 15 mm，严重时整个叶片到处发生黄色条纹与绿色部分相间的现象，呈现类似花叶的病状，以叶面较为明显。在幼株的嫩叶上，条斑较短小，灰黄色或黄绿色，随着叶片老熟，条纹逐渐变为黄褐色至紫黑色，最后可成为坏死条纹（或称枯条纹）和坏死圈斑（枯圈斑）。病株的叶缘有时轻微卷曲，其顶部叶片有扭曲和束生（有点像香蕉束顶病）的倾向。与健株相比，感病成株生长较弱、较矮，感病幼株则显著矮缩甚至死亡。当病害进一步发展时，病株嫩叶可能会呈现严重黄化或斑驳的病状，心叶及假茎内部的某些部位出现水渍状，随后坏死，变褐色而腐烂。纵切假茎可见病部呈长条状（或许多坏死斑排列成长条状），横切则呈块状，腐烂有时甚至发生在根茎的里面。由病株长出的吸芽，不是每一个都一定发病，这可能是病毒在转运上的某些原因，使个别吸芽在或长或短的时间内，逃避了感染而没有发病。

【病原】　病原为黄瓜花叶病毒香蕉株系病毒［Cucumber mosaic virus banana strain（ CMV-Bs ）］。在电子显微镜下，粒体呈球形（多面体），直径约 26 nm。此病毒较难通过汁液摩擦传染，直接用病叶汁液摩擦于黄瓜子叶上则容易传染。自然传染媒介主要是棉蚜、玉米蚜和桃蚜以非持久性方式传递病毒。此病毒失毒温度为 50 ~ 55 ℃，稀释终点为（1 : 100）~（1 : 1 000），体外保毒期为 12 ~ 24 h。除侵染香蕉外，还可侵染大蕉及葫芦科和茄科多种作物和多种杂草。

【发病规律】　此病的主要初侵染源是田间病株及其吸芽，或感病的杂草。由棉蚜和玉米蚜作媒介，在病区辗转传播蔓延。远距离传播主要依靠带病吸芽。本病潜育期的长短受温度及寄主生育期影响，若在蕉芽幼嫩阶段感染，一般潜育期为 7 ~ 10 d，成株期感染，潜育期长达几个月。若感染黄瓜幼苗，潜育期一般为 5 ~ 7 d。

在温暖干燥年份，本病发生较为严重，与蚜虫发生量有密切关系，每年发病高峰期为 5 ~ 6 月；新抽出的幼嫩吸芽较易感病，补植的幼苗亦较成株易感病，这可能与蚜虫喜爱在这些植株取食有密切关系；矮秆香蕉的耐害性、恢复性比高秆香蕉强。

【防治方法】

1. **农业措施**　严禁从病区挖取球茎和吸芽作繁殖种苗用的材料。培育和使用蜕毒的组培苗。种组培苗宜早（3月间）勿迟，也不宜秋植；宜选 6 ~ 8 片的大龄苗定植。清除园内及附近杂草，避免园内及其附近种瓜、茄类作物。挖出的病株、蕉头和吸芽可就地斩碎、晒干，然后清出园外深埋。

2. **苗期要加强防虫防病工作**　10 ~ 15 d 喷 1 次 50% 抗蚜威可湿性粉剂 1 500 倍液杀蚜虫，同时加喷一些助长剂（如叶面宝等）和防病毒剂，提高植株的抗病力，尤其是高温干旱季节。

3. **及时铲除田间病株和消灭传病蚜虫**　发现病株要在短时间内全部挖除；在挖除病株前后，可用下列药剂：50% 抗蚜威可湿性粉剂 1 500 ~ 2 000 倍液，10% 吡虫啉可湿性粉剂 3 000 倍液，2.5% 氟氯氰菊酯乳油 2 000 倍液。

二、香蕉害虫

（一）香蕉弄蝶

香蕉弄蝶（*Erionota torus* Evans），又名蕉苞虫、芭蕉裹叶虫、香蕉细头虫、蕉粉虫等，是香蕉、芭蕉生产中最常见的一种食叶害虫，属鳞翅目弄蝶科。

香蕉弄蝶卷叶为害状　　　　香蕉弄蝶成虫（1）　　　　　　　　香蕉弄蝶成虫（2）

香蕉弄蝶卵　　　　　　　　　　香蕉弄蝶已经孵化的卵粒

香蕉弄蝶蛹　　　　　　香蕉弄蝶幼虫、蛹与刚羽化的成虫

【分布与寄主】　国外分布较广，国内分布于贵州、云南、广东、广西、福建、湖南、江西、浙江和台湾等省（区）。寄主植物有香蕉、芭蕉、西贡蕉、粉蕉、美人蕉和蕉麻等。

【为害状】　以幼虫吐丝裹叶，卷结成垂吊的虫苞，啃食其中。虫口密度大时，蕉树卷叶累累，蕉叶裂缺不全，严重影响光合作用，影响果实产量与品质。

【形态特征】

1. **成虫**　粗壮大型。雌虫体长 28～30 mm，翅展 65～78 mm；雄虫稍小，体长 25～28 mm，翅展 60～70 mm。全体黑褐色，头、胸部鳞毛灰褐色。触角黑褐色，近端部白色，膨大部近蛇头形。复眼赤褐色，显著突出。前翅黑褐色，缘毛白色，前缘近基部灰黄色，翅中央有 2 个黄色方形大斑，近外缘另有 1 个小方形斑。后翅黑褐色，缘毛白色。

2. **卵**　半球形或馒头状，直径 1.8～2.2 mm，高 1.0～1.2 mm，壳周有 22～24 条由点突列成的辐射纵脊，始于顶缘。顶部有约 0.1 mm 的无脊平骨圆区，内布饰纹。初产时呈乳黄色，后渐变乳红色，孵化时灰黑色。

3. **幼虫**　老熟幼虫体长 55～60 mm，密生细毛，圆柱形，灰绿色。头小，黑色，倒心形。

4. **蛹**　乳黄色，体长 38～42 mm，近圆筒形，被白色蜡粉。

【发生规律】　贵州罗甸、望谟、册亨等县和福建永安、福州等地 1 年发生 4 代，广西南宁 1 年发生 5 代，以老龄幼虫在虫苞中越冬。贵州 3 月下旬始见越冬代成虫，4 月中下旬盛发，此后世代重叠。1～3 代成虫峰期大致出现在 6 月中下旬，8 月上中旬和 9 月中下旬。10 月下旬至 11 月中旬，第 4 代（越冬代）幼虫越冬。福建发生情况与贵州基本一致。南宁地区成虫始见期早，幼虫越冬态不明显，世代重叠更严重。

成虫飞翔力强，羽化后吸食植物花露补充营养，晴天早晨 7～9 时、傍晚 18～20 时活动频繁，阴天 10～16 时产卵最多。卵散产或数粒产在蕉叶正面、反面，也偶见产于叶柄和嫩茎上。幼虫孵化后先咬食卵壳，然后爬至叶缘咬食形成缺口，2 龄后吐丝卷叶成筒状叶苞，渐渐从伤缺处边食边卷，叶苞层数不断增多，虫苞也越来越大。取食和卷叶方向一般朝中脉进行，当达到中脉附近时，由于叶硬取食不便，常改为横向咬卷，或啃食苞口及苞内叶片。幼虫共 5 龄，体表能分泌大量白色粉状蜡质，老熟时吐丝封闭苞口，化蛹于苞中。

【防治方法】

1. **人工防治**　结合香蕉象甲的防治，冬季清除枯叶残株，砍碎沤肥或做堆肥，减少越冬虫源。

2. **药剂防治**　重点控制第 1 代幼虫，减轻此后蕉田各代造成的为害。在卵孵始盛期至低龄幼虫卷苞期，90% 晶体敌百虫或 80% 敌敌畏乳油 1 000 倍液，5% 灭幼脲乳油 1 500～2 000 倍液，10% 氯氰菊酯乳油或 2.5% 溴氰菊酯乳油 2 500 倍液，48% 毒死蜱乳油 1 500 倍液，苏云金杆菌粉（含活芽孢 100 亿个 /g）500～1 000 倍液，2.5% 氟氯氰菊酯乳油 2 500 倍液，叶面喷雾。间隔半月喷 1 次，连喷 2～3 次；防治 2～3 代幼虫，因为这两代幼虫对蕉果产量影响较大。可视蕉叶上虫苞的多少，药剂喷局部蕉园或受害重的蕉株。

（二）香蕉长颈象甲

香蕉长颈象甲（*Odoiporus longicollis olivler*），又名蛀茎象甲、扁黑象甲、双黑带象甲和香蕉象鼻虫，属鞘翅目象甲科长颈象甲属。

【分布与寄主】　国内分布于贵州、福建（南部）、广西、广东、海南、香港及台湾等省（区）；国外分布巴拿马及南洋诸岛。于寄主植物有香蕉和芭蕉。受害重的蕉树果穗瘦小，品质差，商品价值低。

【为害状】　主要以幼虫为害，蛀食植株中、下部蕉茎，由外至内蛀成纵横交错的虫道，引起腐烂或断折。蛀孔呈方形，黑色，易识别。成虫也食蕉茎，但食量小。

【形态特征】

1. **成虫**　国内一些文献曾把此虫的两个色型记作"扁黑象甲"和"双带象甲"，视为两个不同的种。通过采集大量成虫标本，发现存在有这两个型的过渡型，解剖了它们的外生殖器，无差异之处，分别进行交尾饲育，均产生出不同色形体。鉴此证明，香蕉长颈象甲具有两种色型。黑色型，体长 11～14 mm，宽 4～5 mm；虫体背、腹面扁平，黑色具强光泽。

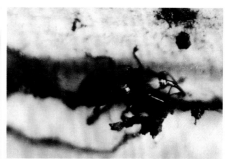

香蕉长颈象甲为害使香蕉茎折断　　　香蕉长颈象甲在香蕉叶鞘蛀孔　　　　香蕉长颈象甲成虫（棕色双带型）

香蕉长颈象甲成虫（黑色型）　　　　　　　香蕉长颈象甲幼虫在茎内蛀害

棕色双带型，形态特征与黑体形相同，外生殖器与前者完全一致。不同处在于本型一般个体稍大，体为棕褐色，少数个体棕黑色，特别是在前胸背板中线区两侧，各有1条向前渐狭的黑色宽纵带。

2. **卵**　长椭圆形，长2.4～2.6 mm，厚1.0～1.2 mm，初为乳黄色，渐变为茶褐色。

3. **幼虫**　老熟幼虫体长15～18 mm，2龄前乳白色，此后乳黄色，无足。头赤褐色。体多横皱，腹中部特别肥大，末节形成切状斜面，斜面上具7对深褐色粗壮刚毛，其中4对着生于下沿，3对着生于上沿。前胸节和腹末节斜面上的气门较大，约为其他各节气门的2倍。

4. **蛹**　体长14～16 mm，初为乳黄色，近羽化时浅赤褐色。前胸背板前缘内缢处各有瘤刺3对，呈"八"字形排列在中线两侧。

【**发生规律**】　广东、广西1年发生4～5代。贵州罗甸人工饲养1年繁殖5代，少数6代，世代重叠严重。以幼虫、蛹和成虫越冬，前者为主要越冬虫态。成虫喜群聚，能飞翔，畏阳光，具假死性，在潮湿条件下耐饥力强，数十天不死，但在干热环境里只能活几天。成虫常隐于蕉茎外1～2层枯梢下，卵产在植株中、下段表层叶鞘组织的空格中，每处产1粒。产卵痕微小，初呈水渍状，后变为小褐点，伴有少量胶质外溢。幼虫孵化后，将表皮产卵迹咬成约2 mm大小的方孔以通气。1～2龄幼虫多在外面两层叶鞘内纵向蛀食，3龄后多向茎心横蛀。此后进入暴食期，一昼夜蛀食长度可达30 cm；蛀食方向无规律，蕉株假茎外可见长方形蛀孔。在缺食条件下，集于瓶中的幼虫彼此残食，唯剩强者。老龄幼虫在虫道内以纤维作茧，化蛹其中。4月下旬末至5月初为羽化盛期。根据蕉田大量采茧观察，越冬代幼虫羽化的成虫雌性比占70%～80%，此后各代两性渐趋平衡。7～8月，黑体型成虫所占比例约为棕体双带型成虫的2倍。1年中5月下旬至6月中旬、9月下旬至10月中旬幼虫的密度最大，为害最烈。

【**防治方法**】

1. **严格检疫**　严禁将带虫苗输入到新区。

2. **农业措施**　随时剥除蕉株枯腐叶鞘，断绝成虫潜居场所，根据成虫有群趋倒地植株取食产卵的习性，采果后在蕉园砍置蕉茎，诱杀成虫和消灭幼虫。对于受害严重，长势过弱的蕉树，应及早毁之。处理方法是连同蕉头一并砍掉，纵破全株，再将茎、叶切碎，浇以800倍液敌敌畏等药液，埋于蕉地，这样既杀虫，又肥土。

3. **药剂防治**　未抽蕾植株可在"把头"处放5%辛硫磷颗粒剂3～5g/株毒杀蛀食的幼虫。可用48%毒死蜱或50%辛硫磷乳油1 000倍液，于高假茎偏中髓6 cm处注入药液150 mL/株。在蕉园蕉身上端叶柄间，或在叶柄基部与假茎连接的凹陷处，放入少量80%敌敌畏乳油800倍液、48%毒死蜱乳油700倍液自上端叶柄淋施。

（三）香蕉根颈象甲

香蕉根颈象甲（*Cosmopolites sordidus* Germ），又名蕉根象鼻虫、蛀基象甲、香蕉象甲，属鞘翅目象甲科根颈象甲属。

香蕉根颈象甲为害状

香蕉根颈象甲成虫

【分布与寄主】　香蕉根颈象甲起源于马来西亚和印度尼西亚，现已遍及全世界的香蕉种植地，包括澳大利亚、非洲、中南美洲；国内分布于贵州、福建、广西、广东和台湾等省（区）。寄主仅见香蕉和芭蕉。

【为害状】　主要以幼虫蛀害蕉株近地面的茎基和根颈，苗受害心叶发黄，萎缩不长乃至全株枯死。成株受害生长势弱，穗小果瘦，产量和品质受影响很大，遇大风树体易折。成虫取食假茎外层叶鞘或嫩叶，但食量小，为害轻。此虫在华南地区为害甚烈，在贵州种群数量很少，仅占采集标本的 1% ~ 2%，尚不足成灾。

【形态特征】

1. 成虫　体长 9 ~ 13 mm，宽 4 ~ 4.5 mm，圆筒形，黑色具蜡质光泽，虫体尽布刻点。喙体呈长颈瓶状，长 2.5 ~ 3.1 mm。触角生于喙的中后部，着生处特别膨大。翅尾稍向下弯曲，翅面有刻点沟 9 条，沟内刻点比沟间部上的刻点大。腹末节露出鞘翅外，向下倾斜，腹背板上密生黄色茸毛。

2. 卵　长椭圆形，长 1.5 ~ 1.6 mm，厚约 0.8 mm，光滑，乳白色，孵化时污黑色。

3. 幼虫　与香蕉长颈象甲幼虫很相似，头小，体肥大，长 14 ~ 16 mm，宽 5 ~ 6 mm。头赤褐色，体乳白色渐至浅乳黄色，多横皱。前胸和腹末节斜面上的气门大而显著，末节斜面上沿和下沿各具褐色刚毛 4 对。

【发生规律】　国内分布区一般 1 年发生 4 代，世代重叠。能以幼虫、成虫和蛹越冬，但前者为主要越冬虫态。成虫避光，躲藏于近地面假茎的外层叶鞘内。卵产于距地表 30 cm 以下的蕉苗或茎基的 1 ~ 2 层叶鞘组织中，每格 1 粒。初孵幼虫由外向内蛀食，严重时 1 株茎基内多达数十头。幼虫老熟后以蕉茎纤维封闭隧道两端，不作茧化蛹。成虫羽化后，须静息 3 ~ 4 d 才从隧道钻出来，其耐饥不耐干燥，停食近 2 月仍不会饿死。华南蕉产区 5 ~ 6 月幼虫为害最烈，夏季完成 1 代卵期 5 ~ 9 d，幼虫期 20 ~ 30 d，蛹期 5 ~ 7 d，冬季越冬代幼虫期 90 ~ 110 d。

【防治方法】　割蕉后从基部砍除被害株，将蕉兜铲挖成穴，浇入杀虫剂毒杀幼虫；其他防治措施同香蕉长颈象甲。

（四）香蕉交脉蚜

香蕉交脉蚜（*Pentalonia nigronervosa* Coquerel），又名蕉蚜、甘蔗黑蚜，属半翅目蚜科。

【分布与寄主】　福建、台湾、广东、广西、云南等省（区）均有发生。主要为害芭蕉属（*Musa*）植物，也能为害姜、木瓜、羊齿类植物等。

【为害状】　香蕉交脉蚜因吸食病株汁液后能传播香蕉束顶病和香蕉叶心腐病，所以对香蕉生产有很大的危害。

【形态特征】　有翅蚜成虫体长 1.3 ~ 1.7 mm。体近棕色。复眼红棕色，触角、腹管及足腿节、胫节的前端为暗红棕色。头具明显角瘤，略向内倾。前翅径分脉向下伸长，与中脉及其第 1 分支有一段交会（故名"交脉"），而将到翅端时，又分为 2 支，因此形成了 1 个四边形的闭室。后翅小，缺肘脉。前后翅翅脉附近有许多黑色而密集的小点，似为淡黑色镶边。

【发生规律】　孤雌生殖，卵胎生。若虫经过 4 个龄期后变为有翅或无翅成虫。一般侨迁蚜繁殖数个世代无翅蚜后，才产生有翅蚜。

主要靠飞行或随气流传播，也能自己爬行或随吸芽、土壤、人为地移动而传播。

蚜虫常在寄主的下部，随着虫口的增加逐渐向上移动，在心叶基部最多，嫩叶的荫蔽处也多聚集为害。

有翅蚜虫多在白天活动，9 ~ 17 时最为活跃，风、雨均能阻碍其活动。蚜虫会直接从角质层或从气孔插入植物体内，吸食养分并传播病毒。

一般在干旱年份发生数量和有翅蚜均较多，多水的年份则发生较少，且死亡较多。在干旱或寒冷季节，香蕉生长停滞，蚜虫多躲藏在叶柄、球茎或根部，并在这些地方越冬，停止吸食为害，到春天和环境条件适宜时，香蕉恢复生长，蚜虫开始活动繁殖。因此，在冬季香蕉束顶病很少发生，到 4 ~ 5 月便陆续发病。

香蕉交脉蚜喜在香蕉种（*Musa naana*）上寄生为害，特别是更为喜好矮香蕉品种，而甘蕉种（*Musa sapientum*）中的大蕉、米蕉、粉蕉等品种寄生较少。除了传播香蕉束顶病外，还能传播蕉麻束顶病（马尼拉麻束顶病）、木瓜花叶病、小豆蔻花叶病，也是香蕉心腐病的传毒媒介。

【防治方法】　无毒的香蕉交脉蚜对香蕉的为害不大。但带毒的蚜虫因传毒能力强，使香蕉束顶病蔓延，常造成很大的损失。所以防治此虫，必须有防病观点。

（1）一旦发现患病植株，立即喷洒杀虫剂，彻底消灭带毒蚜虫，再将病株及其吸芽彻底挖除，以防止蚜虫再吸食毒汁而传播。

（2）春季气温回升、蚜虫开始活动至冬季低温到来蚜虫进入越冬之前，应及时喷药杀虫。

（3）有效的药剂有：10%吡虫啉可湿性粉剂 2 000 倍液，2.5%高效氟氯氰菊酯乳油 2 000 倍液，50%抗蚜威可湿性粉剂 2 000 倍液，2.5%溴氰菊酯乳油 2 000 倍液。

香蕉交脉蚜为害状

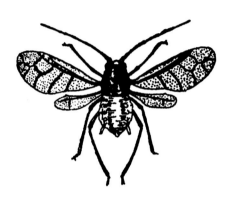

香蕉交脉蚜成虫

第十八部分　杧果病虫害

一、杧果病害

（一）杧果炭疽病

杧果炭疽病为害叶片

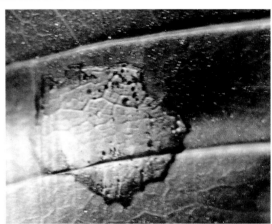

杧果炭疽病叶面病斑

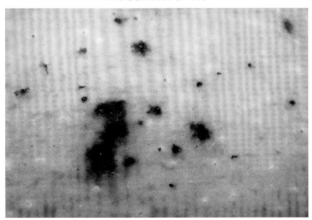

杧果炭疽病初期病斑

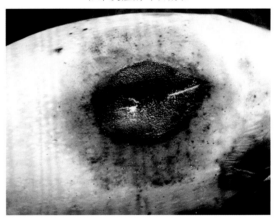

杧果炭疽病病斑后期引起果实浸润性腐烂

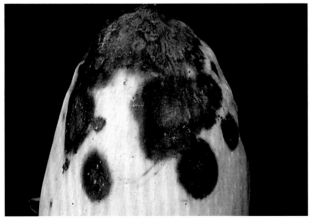

杧果炭疽病多个病斑愈合

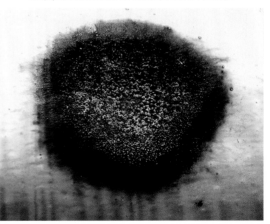

杧果炭疽病病斑后期

杧果炭疽病分布于华南、西南产区，是杧果的主要病害之一，严重影响杧果产量和品质。在熟果期发病迅速，为害很大，常造成贮运期杧果的严重损失。

【症状】　本病可引起叶斑、茎斑、花疫、果实糙皮、污斑和腐烂等症状。

嫩叶感病大多从叶尖或叶缘开始生黑褐色、圆形、多角形或不规则形小斑，扩大后或多个小斑愈合形成大的枯死斑，由叶尖、叶缘向内扩展枯死，可占叶片的一半左右，使叶片皱缩扭曲。天气干燥时，病部焦枯易碎，常破裂散落形成穿孔。病叶常大量脱落，使枝条变为秃枝。成叶感病后多数形成近圆形至多角形的直径小于 6 mm 的病斑，两面都产生黑褐色小点（病菌的分生孢子盘），还常杂生其他腐生菌和病菌。嫩叶上的病部扩展到嫩枝上，则形成黑褐色病斑。如扩大至围绕枝条一圈，则使病部以上的枝条枯死，表面生无数黑褐色小点。花梗上病斑初期细小，褐色或黑褐色，逐渐扩大并愈合形成不定型大斑，使花朵受害而凋萎枯死，称为"花疫"。幼果很易感病。果核未形成前感病产生小黑斑，扩展迅速，引致幼果部分或全部皱缩变黑而脱落。果实接近成熟时感病，产生形状不一、略凹陷、有裂痕的黑色病斑，多个病斑往往愈合连成大斑块，病部常深入到果肉内，使果实在园内或贮运中腐烂。果实接近成熟至成熟时，如有大量孢子从病枝或花序上冲淋到果实上，则果实表皮产生大量小斑而形成"糙果（皮）"症或"污果（斑）"症。

【病原】　病原菌有性态为子囊菌门核菌纲的围小丛壳 [*Glomerella cingulata* (Stonem.) Spauld.et Schrenk.]，无性态为盘长孢状刺盘孢菌（*Colletotrichum gloeosporioides* Pena.），在杧果果实上产生的一般都是无性态。杧果盘长孢菌（*Gloeosporium mangiferae* P.Henn.），为本种异名。病菌的分生孢子长椭圆形，单胞，无色，有 1～2 个油球。其明显区别是前者的分生孢子盘上有褐色至黑色的刺状刚毛，后者的分生孢子盘上无刚毛。

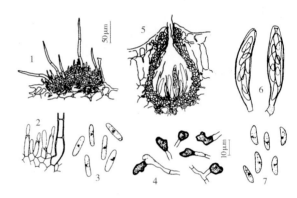

杧果炭疽病病菌
1.分生孢子盘剖面　2.分生孢子梗　3.分生孢子
4.子囊壳剖面　5.子囊　6.子囊孢子　7.附着胞

【发病规律】　病菌主要以分生孢子在病部越冬，翌年经风雨传播进行初侵染和再侵染。杧果嫩梢期、开花期和幼果期，如遇高温多雨和重雾，病害往往发生严重。病菌可在植物枯枝、烂叶等病死组织上存活 2 年以上。其菌丝体或分生孢子是病害的主要初侵染源，在条件适宜时形成大量的分生孢子，随风雨或昆虫传播，侵染叶片、花穗和果实。分生孢子可从皮孔、气孔、伤口侵入，也可直接从果皮上侵入，特别是热带风暴或台风过后该病发生尤为严重。炭疽病在 1 年内有多个发病高峰。炭疽病菌的孢子散发初盛期为 5～6 月，侵染盛期为 7～8 月，果园内 5～11 月均有孢子活动，田间孢子散发盛期与病菌侵染盛期相吻合。果实在幼果期至果实膨大期较易感病，采收前 30 d 和贮藏 35 d 内为果实发病高峰期。高温高湿有利于炭疽病的流行。在老果园里，杧果炭疽病越冬病菌基数大，翌年病害发生流行较为严重。光照不足、通风透光条件差、空气湿度大的杧果园易感病；新抽发的嫩叶，在叶片未转绿以前易受病菌侵染。品种的抗病性有明显差异，泰国象牙杧、台农 1 号、红杧、鸡蛋杧、云南象牙杧、湛江吕宋杧、白花杧、金钱杧、扁桃杧等都是抗力较强的品种；印度 2 号、印度 3 号、鹰嘴杧等抗病力较弱。叶片老嫩程度不同，发病轻重亦有差异，嫩叶易病，特别是新梢抽出、叶片未转绿以前，最易受到侵染；叶片转绿以后，抗病力增强，不但不易受病，原有病斑也受到限制，难以扩展。

【防治方法】

1. **选用抗病良种**　注意选种上述抗病力较强的品种。生产上的感病品种可高接换种。

2. **加强栽培管理**　种植时注意保持适当的株距，以利于通风透光，如果密度过大要适当修剪。降低果园湿度。冬季做好清园工作，剪除并销毁病枝、病叶和病果，消灭初侵染源。

3. **喷药保护**　修枝后及时用 3° Bé 石硫合剂喷洒枝叶及地面，清除越冬病源。在春梢萌动和抽出时各喷药 1 次以保护新梢，药剂可选用：80%福美双·福美锌可湿性粉剂 1 500 倍液，50%多菌灵可湿性粉剂 600 倍液，70%丙森锌可湿性粉剂 600 倍液，70%代森锰锌可湿性粉剂 800 倍液，70%甲基硫菌灵可湿性粉剂 1 000 倍液，交替混合喷雾防治。

4. **药剂防治**　开花期和幼果期，遇到阴天温暖潮湿天气，要及时喷药防治，可选用下列药剂：25%嘧菌酯悬浮剂 2 500 倍液，25%咪鲜胺乳油 1 000 倍液，50%咪鲜胺锰盐可湿性粉剂 1 500 倍液，25%咪鲜胺·多菌灵可湿性粉剂 1 000 倍液，25%吡唑醚菌酯乳油 2 000 倍液，70%甲基硫菌灵可湿性粉剂 1 000 倍液，10%苯醚甲环唑水分散粒剂 3 000 倍液，喷雾，间隔 10～15 d 喷 1 次，连喷 2～3 次。

（二）杧果茎点霉叶斑病

杧果茎点霉叶斑病在广东、广西、福建等省（区）有发生。

【症状】 春梢嫩叶受害，出现浅褐色圆斑，边缘水渍状，直径 0.5 ~ 1 cm。后期叶面病斑灰褐色，不规则形，病斑上有明显小黑点突破叶表皮外露（病菌的分生孢子器），也是引起广西杧果象牙品种果腐病的病原菌之一。

【病原】 病原菌为杧果茎点霉［*Phoma mangiferae* （Hingorani & Shiarma）P.K.Chi］，异名 *Macrophoma mangiferae* Hingorani & Shiarma，属半知菌类真菌。分生孢子器球形至近球形，壁薄，暗褐色，直径 85 ~ 110 μm，缺分生孢子梗；产孢细胞瓶梗型；分生孢子椭圆形至卵圆形，单胞无色，大小为 (13.8 ~ 16.3) μm×（6.3 ~ 8.8）μm。

【发病规律】 一般在夏、秋梢生长期易感染此病，新梢未转绿叶片开始感病，在品种中红象牙品种较感病。在高温、高湿的环境及管理粗放的果园易发此病。

杧果茎点霉叶斑病叶片病斑

【防治方法】

1. **选择抗病品种** 因地制宜地选用吕宋香杧、攀西红杧等优良品种。

2. **加强管理** 合理施肥灌水，提高树体抗病力。结合修剪，调节适度通风透光度，保持果园适宜的环境。结合修剪，清理果园，将病残枝及落叶及时清除。

3. **药剂防治** 发病初期喷洒 10% 苯醚甲环唑水分散粒剂 2 500 倍液或 75% 百菌清可湿性粉剂 600 倍液。

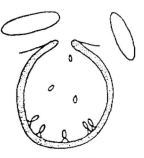

杧果茎点霉菌

（三）杧果叶点霉穿孔病

杧果叶点霉穿孔病主要为害叶片，在广东的本地杧果上发生较严重。

杧果叶点霉穿孔病为害新梢

杧果叶点霉穿孔病病叶

【症状】 本病主要为害叶片。有两种症状：一种是叶片尚未老熟即染病，叶面产生浅褐色小圆斑，边缘暗褐色，后稍扩大或不再扩展，组织坏死，斑面上现针尖大的黑色小粒点，数个病斑相互融合，易破裂穿孔，造成叶枯或落叶。另一种是叶斑生于叶缘和叶尖，灰白色，边缘具黑褐色线，叶背褐色，病部表皮下生黑点，即病原菌分生孢子器，叶缘病斑 10 mm × 5 mm，叶尖病斑向后扩展可达 63 mm × 47 mm。

【**病原**】　病原菌为摩尔叶点霉（*Phyllosticta mortoni* Fairman），属半知菌类真菌。分生孢子器椭圆形，深褐色，具圆形孔口，分生孢子器大小为 193.8 μm×102 μm，孔口 22.4 μm×20.4 μm。分生孢子卵形至椭圆形，无色无隔，大小为（64～82）μm×（21～26）μm。

【**发病规律**】　该病的病菌多以分生孢子器在病组织内越冬，当条件适宜时产生分生孢子，借风雨传播到寄主上。本病多发生于夏、秋两季。分生孢子借风雨传播，从植株的气孔或伤口侵入。

摩尔叶点霉菌

【**防治方法**】

1. **加强果园管理**　增强树势，提高抗病力。适时修剪，增加通风透光，使杜果园生态环境远离发病条件。

2. **药剂防治**　发病初期喷洒 1：1：100 倍式波尔多液或 50% 硫菌灵可湿性粉剂 600 倍液，50% 甲基硫菌灵可湿性粉剂 800 倍液，75% 百菌清可湿性粉剂 700 倍液。

（四）杜果疮痂病

杜果疮痂病曾被列为我国对外植物检疫对象，1985 年在广东部分地区发现此病，目前分布较受限，因此，应密切注意，防止其传播扩散；国外美国、古巴、巴西、巴拿马、澳大利亚、印度、菲律宾、刚果、波多黎各和南非等国均有报道。

杜果疮痂病病果（1）　　　　杜果疮痂病病果（2）　　　　杜果疮痂病侵害花序

杜果疮痂病病果（3）　　　　　　　杜果疮痂病为害叶片

【**症状**】　杜果疮痂病主要为害幼嫩的枝梢、叶片、花、果实等多汁器官。受侵染嫩叶多从下表皮开始出现暗褐色至黑色、近圆形的病斑，宽约 1 mm，可使叶片扭曲畸形；较老叶片受害，背面出现许多黑色小突起，中间呈灰白色开裂，病斑大小约 5 mm，严重的扭曲畸形，易脱落，天气潮湿时病斑上长出细小黑点和灰色霉层，此为病菌的分生孢子盘和分生孢子。茎部受害出现不规则形的灰色斑块。果实受害出现灰褐色斑点，病部果皮变粗糙木栓化，中间呈星状开展，潮湿时亦长出小黑点和灰色霉层，病果易脱落。严重时，病斑累累，果实长不大，并发生龟裂。

【病原】 病原菌为杧果痂囊腔真菌（*Elsinoe mangiferae* Bitanc.& Jenk），属子囊菌。病组织内有许多子囊腔，每个腔内有 1 个圆球形的子囊，内有 8 个子囊孢子；其无性世代称为杧果痂圆孢菌（*Sphaceloma mangiferae* Jenkins），病部的小黑点及霉层是它的分生孢子盘，呈垫状，分生孢子椭圆形、单胞、无色。

杧果痂圆孢菌

【发病规律】 病菌以菌丝体和分生孢子盘在病株及遗落土中的病残体上存活越冬，以分生孢子借风雨传播进行初侵染与再侵染。病害远距离传播则主要通过带病种苗的调运。种子也有传病可能。温暖多雨的年份较多发病，特别是日夜温差大而又高湿的天气，有利于病害发生。近成熟的果实易感病。苗木的幼叶枝梢较成年结果树的发病多。在广东省初步调查，本地土杧果最易感病，紫花芒、桂香杧和串杧次之，红象牙杧少病。苗圃地比果园发病重，不管理的老树也常有此病发生。

【防治方法】
1. **搞好检疫** 不从疫区购买苗木。
2. **搞好清园** 季季修剪，彻底清除病枝梢，清扫残枝、落叶、落果，集中销毁。加强肥水管理。
3. **药剂防治** 圆锥花序抽出后开始喷药，7～10 d 喷 1 次，坐果后隔 3～4 周喷 1 次。药剂有 1∶1∶160 波尔多液、30% 戊唑醇·多菌灵悬浮剂倍液、70% 代森锰锌可湿性粉剂 500 倍液等。

（五）杧果蒂腐病

杧果蒂腐病是仅次于炭疽病的重要病害，它使杧果果实贮运期间严重腐烂。该病在广东省杧果主产区都有不同程度的发生，贮运期病果率达 10%～40%。

杧果蒂腐病病果（1）

杧果蒂腐病病果（2）

【症状】 杧果蒂腐病为害果实、嫩茎和枝条。

杧果蒂腐病被害果实开始多发生于近果蒂周围，病斑褐色，水浸状，不规则形，与健部无明显界线，扩展迅速，蒂部呈暗褐色，最终蔓延至整个果实，变褐，软腐。内部果皮容易分离。病部表面生许多小黑点，即病原菌的分生孢子器。芽接苗受害，最初在芽接点处出现坏死，造成接穗迅速死亡，后在病部下方偶尔再抽新枝，又被侵染枯死。嫩茎和枝条染病初期组织变色，流出琥珀色树脂；后病部变褐色，形成坏死状溃疡；病部以上的小枝枯死；病部下方抽发的小枝叶片褪绿，边缘向上卷曲，后转褐色脱落。

【病原】 蒂腐病的病原有多种真菌，在广东此病的病原主要是杧果小穴壳蒂腐病菌（*Dothiorella dominicana* Cif）、可可球二孢菌（*Botryodiplodia theobromae* Pat.）和杧果拟茎点霉（*Phomopsis mangiferae* Ahmad）3 种真菌。

【发病规律】 病菌以菌丝体在寄主组织内越冬，在条件适宜时产生大量分生孢子，田间花果期借雨水传播分生孢子侵染果实，发病则要到采后贮运期间果实开始黄熟时。大面积种植感病品种是云南杧果产区蒂腐病严重发生的主要原因。果园老化快，流胶病突出；花果期蓟马、叶蝉为害重；常年 4 ~ 5 月上旬（果实膨大期）遭遇大风、暴风雨和冰雹等灾害，是造成蒂腐病严重为害的主要原因。

病原菌从幼果期侵入后便潜伏在果实的深层组织或核组织内，到杧果采收后，在贮藏、运输期间发病，造成烂果，带来严重的经济损失。发病的最适温度为 25 ~ 30 ℃。

【防治方法】

1. **田间措施**　田间防治措施的主体是预防初侵染。每年结合采后修剪等管理措施，彻底清除病虫枝叶，并从现蕾起喷施杀菌剂保护。花期和幼果期是喷施杀菌剂预防的关键时期。杀菌剂间隔 15 d 左右喷 1 次。有条件的果园于生理落果后单果套纸袋。此项措施除预防蒂腐病菌侵染外，还可显著提高果实外观质量，减少风害造成的落果。

2. **选用经济有效的杀菌剂**　田间喷施预防用甲基硫菌灵 70% 可湿性粉剂 1 000 ~ 1 200 倍液，或 50% 多菌灵可湿性粉剂 + 2% 春雷霉素液剂混合后 500 倍液，75% 百菌清可湿性粉剂 500 ~ 600 倍液，药剂要交替使用。

3. **果实采收**　应在晴天和露水干后采收。采收时要轻拿轻放，留果柄 1 cm 左右，避免人为机械损伤。

4. **采后处理**　果实用清水漂洗后，置于 52 ℃的下列药液中：25% 咪鲜胺乳油 1 000 倍液，50% 苯菌灵可湿性粉剂 1 000 倍液，浸泡 8 min，然后取出晾干，单果包装，常温贮藏。

（六）杧果梢枯流胶病

杧果梢枯流胶病在我国广东、广西、云南、海南等省（区）均有发生；国外印度、菲律宾、巴西、波多黎各、墨西哥等国亦有报道。此病主要为害枝梢及主干，引起枯干，损失较大。

【症状】　杧果梢枯流胶病可为害幼苗、成株的枝梢、果实等。幼苗受害多从芽接点或伤口处出现黑褐色坏死斑，很快向上、下纵向发展，造成接穗迅速坏死；茎或枝条受害，皮层坏死，出现溃疡症状，病部流出初为白色后转为琥珀色的树胶。病部以上的枝条逐渐枯萎，其上的叶片也逐渐褪绿并转变成褐色，向上翻卷易脱落，病枝上果实也逐渐干缩，一般不脱落。枯死枝条上可见到长出许多小黑点，即病菌的分生孢子器。病部以下有时会抽出新枝条，但长势差，叶片褪绿，常会再受侵染而死。剥开病部树皮，形成层和邻近组织变为黑色。花梗有时亦受害，发生纵向裂缝，病斑扩展到幼果可使幼果变黑脱落。成熟果实受害，在软熟期表现症状，最初在果柄周围的蒂部出现水渍状软斑，后迅速扩展成灰褐色大斑，并渗出黏稠汁液，剥开果皮，果肉变淡，呈褐色软腐，其腐烂面积比果皮上的病斑约大 1 倍，后期病斑上亦长出小黑点。

杧果梢枯流胶病新梢发病　　杧果梢枯流胶病病枝

【病原】　病原菌为可可球二孢菌（*Botryodiplodia theobromae* Pat.），属真菌。病部长出的小黑点是其无性世代分生孢子器，梨形或球形，有疣状孔口突出表皮外，分生孢子椭圆形，成熟时暗褐色，有一个隔膜。其有性世代是一种子囊菌，少见。

【发病规律】　病菌以菌丝体、分生孢子器在病组织和病残体上越冬，翌年春天，适温下从孢子器的孔口涌出大量分生孢子，通过风雨或昆虫传播进行初侵染。生长季可继续产生新的分生孢子进行多次再侵染。

高温、高湿、雨水多，果园郁闭不通风，适于此病的流行，受天牛为害的植株树势弱、抗性差、发病较重。

【防治方法】

1. **苗圃期防治**　芽接苗应种植在空气流通的干燥处，特别要保持接口部位干燥，

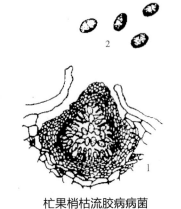

杧果梢枯流胶病病菌
1. 病原菌的分生孢子器　2. 分生孢子

从健壮母树上选取芽条，接刀要用 75% 乙醇溶液消毒，芽接成活解绑后要注意通风透光。

2. 搞好清园　结合修剪整形，彻底清除病枝梢、落叶、枯枝、烂果，集中销毁，以减少菌源。

3. 割除病斑　主干、主枝上初见病斑，应立即用快刀将病部割除（割至见健康组织为止），然后用波尔多浆（1 份硫酸铜、2 份优质生石灰、3 份新鲜牛粪混合成软膏状）或托布津（70% 甲基托布津可湿性粉剂 200 倍液混牛粪）涂敷伤口。从病枝的病部以下 20 ～ 30 cm 处剪除，剪口亦用上述药剂涂敷消毒。

4. 加强果园管理　增施优质有机基肥；及时防治天牛等钻蛀性害虫；田间操作防止造成机械伤。

5. 药剂防治　花期开始喷布 3% 氧氯化铜悬浮液；幼果期喷布 1 ∶ 1 ∶ 160 波尔多液或 70% 甲基硫菌灵可湿性粉剂 800 ～ 1 000 倍液、50% 多菌灵可湿性粉剂 500 倍液等，视病情和天气情况，隔 10 ～ 15 d 喷 1 次，共喷 3 次。

6. 选用抗病品种　国外较抗病的品种有黑登、爱德华、伊略赖、苏雪多劳等。成熟果实的防腐保鲜方法同炭疽病的防治。

（七）杧果落花落果

【病因】

1. 气候因素　杧果花期和幼果期遇到低温阴雨天气（温度低于 11.5 ℃）且持续时间长，则落花落果严重。花穗受害枯死，出现大量畸形果、败育果，容易造成自然脱落。

2. 养分因素　树体养分不足，杧果在花芽分化、抽穗、开花、坐果时都需要消耗大量养分，缺乏养分，树体营养供给不足引起花果脱落。

3. 水分因素　杧果开花及果实发育需要有足够的水分。由于土壤过分

杧果落果（1）　　　　　　杧果落果（2）

干燥缺水，影响树体水分代谢和养分运输，从而引起花穗枯落，抑制小果生长，严重时导致或加重落果而失收。

4. 品种因素　品种的遗传性是决定坐果率的重要因素，如花期的早晚。根据我国大多数杧果种植区域的气候条件分析，早花品种除少数年份外，都很难顺利通过授粉受精过程。坐果率与品种关系密切，在花期气候条件基本能满足时，品种间坐果率有较大差异。

不同品种在同一条件下坐果率有较大差异。同一品种不同年份，由于内外因素的变化（树体养分、气候），坐果情况也发生变化，但就历年观察结果看，平均花穗坐果数量的高低，是品种的一个重要特征，在一定程度上反映了品种的生产性能。此外，有的品种有雌雄异熟自花不亲和现象，即使对于自花能孕的品种，异品种的花粉也能提高坐果率。

【防治方法】

1. 加强肥水管理　杧果开花期间如遇上高温干旱天气，必然导致严重的落花落果，这时最好办法就是进行灌水或喷水，使杧果在发育阶段能满足养分和水分供应。

2. 适时分果、吊果和套袋　开花、结果期间，应及时注意做好穗与穗、果与果之间的合理分布。用绳子将穗拉开适当距离或者将果实离开地面约 50 cm，要防止鸟雀为害和病菌侵染，防止穗与穗、果与果之间相互碰撞和强风影响。同时，应在幼果形成和发育稳定后，及时喷施一次杀菌剂，然后逐果进行套袋。套袋时，要细致地扎紧袋口和果柄防止柑橘小实蝇侵害，减少病菌感染，保证果实充分发育。

3. 选择品种　建园时慎重选择品种，并为主栽品种配置授粉树等是提高坐果率的根本措施。

（八）杧果裂果症

裂果症是杧果栽培中直接影响产量和质量的一个常见病害。

【症状】　裂果在幼果发育至橄榄大时即开始，到幼果有鸡蛋大小（即进入迅速膨大期至生理成熟期前）时达最高峰。

裂果率则因品种不同差异很大，一般认为象牙杧类品种最易裂果。果实被虫咬伤或其他机械伤后，若遇骤然大雨，吸水过多，则会造成突发性裂果。所以，裂果既属生理性病态，也受外因影响。

杧果裂果

【发病规律】　伤口是造成裂果的重要因素。据实验，当幼果进入硬核期时，可选择 20 个被虫咬伤，凹陷处有棕色胶液的果实进行观察，经 18 d 后，这 20 个果全部从凹陷处裂开；又用 20 号粗的铁丝将果肉刺伤一小口，经 7 d 后全部都是从伤口处裂开。

经套袋试验，不套袋的裂果率达 91%，而套袋的只有 26%，表明套袋对防病虫、防裂果效果都较显著。

【防治方法】　选育果实内结构好不易裂果的品种；在幼果发育全过程中，注意灭菌防病；注意灭荒防虫，套袋防病虫，并减缓水分的吸收。

二、杧果害虫

（一）杧果横线尾夜蛾

杧果横线尾夜蛾（*Chlumetia transversa* Walker），又名杧果钻心虫、杧果蛀梢蛾，属鳞翅目夜蛾科。

杧果横线尾夜蛾幼虫在杧果新梢内蛀害与成虫

杧果横线尾夜蛾蛀害杧果新梢蛀孔

【分布与寄主】　主要分布于广东、广西、云南、福建及台湾。杧果横线尾夜蛾是杧果栽培中一种为害严重的害虫。

【为害状】　集中为害嫩梢和花蕾。其中，第1～6代为害嫩梢，第7～8代为害花蕾。幼虫蛀食杧果嫩梢及花序轴。嫩梢受害枯死，严重影响树体正常生长，花序被害轻者引起花序顶部丛生，严重时花序全部枯死。

【形态特征】

1. 成虫　体长11 mm，翅展23 mm。胸腹交界处具白色"A"形纹1条，腹部背面第2～4节的中央有耸起的黑色毛簇，毛簇端部灰白色。前翅茶褐色，基线、内横线、中横线均为稍曲折的双线，外横线呈宽带状，略弯曲。

2. 卵　扁圆形，直径约为0.5 mm，初产时呈青色，后转变为红褐色，孵化前色泽变淡。卵壳表面具纵沟54～55条，并有7～8条横向环圈，卵顶中央呈花瓣状（8～9瓣）。

3. 幼虫　老熟时长13.3～15.6 mm。头部及前胸盾黄褐色，胴部青色而略现紫红色彩，各体节有浅绿色斑块。

【发生规律】　在广西南宁1年发生8代。以预蛹、蛹越冬。各世代间存在明显的重叠现象。在夏、秋季1个世代历时35 d左右，春季约为50 d，冬季为118 d左右。当年第8代老熟幼虫在11月上旬开始于枯树、树皮、枯枝等处以预蛹或蛹越冬。越冬蛹于翌年1月下旬至3月下旬陆续羽化为成虫。

成虫多数在白天羽化，尤以上午为多。成虫羽化后白昼静伏树干上，夜间进行交尾活动，并以后半夜活动为盛。雌虫交尾后一般经3～5 d即行产卵，最快的交尾后隔日产卵，间隔时间长的可达10余天。产卵时刻以上半夜为多，卵大多数（81%左右）散产于叶片上、下表面，少数产于嫩枝、叶柄和花序上。每头雌蛾产卵量平均为254.9粒，最少仅54粒，最多达435粒，成虫寿命为10～19 d。卵经2～4 d孵化。幼虫绝大多数在早晨和上午孵化。幼龄幼虫主要为害叶脉和叶柄，有时也为害花序和生长点，3龄以后集中蛀害嫩梢枝条。不同季节幼虫历期长短因气温高低而有显著差异。幼虫老熟后多在杧果枯烂木、枯枝、树皮等处化蛹。横线尾夜蛾全年为害程度与温度和植株抽梢萌发迟早有关，日平均温度在20 ℃以上，果园受害程度和为害率高，温度在20 ℃以下，则受害轻微。一般5～6月和8～10月为害嫩梢，10～12月和2～3月为害花蕾与嫩梢。

【防治方法】

1. **人工防治**　冬季剪除枯枝、枯烂木，树干涂刷 3 ∶ 10 左右的石灰水，以减少越冬虫口基数和造成不利于化蛹的环境。或在树干上捆扎稻草，诱使幼虫在其上化蛹，以集中处理。

2. **药剂防治**　应掌握在幼虫低龄期或大树在嫩梢 0.33 ~ 0.50 cm，春梢隔 7 d 喷 1 次，秋梢隔 5 d 喷 1 次，连续喷 2 ~ 3 次。在花蕾未开放前，苗圃和高接换种树在开始萌芽抽梢时，喷射 20% 灭幼脲 2 000 倍液，或 10% 氯氰菊酯乳油 2 500 倍液，或 2.5% 溴氰菊酯乳油 2 000 倍液，或 20% 氰戊菊酯乳油 2 000 倍液防治幼虫和卵。也可使用植物源杀虫剂 0.5% 印楝素乳油 1 500 倍液，1.1% 烟碱·百部碱·楝素乳油 1 200 倍液。以上农药任用一种，交替使用。最好在晴天下午近黄昏时喷药，效果较好。采果前 10 ~ 15 d 停止用药。

3. **加强栽培管理**　合理施肥浇水，促使抽梢整齐，减少被害，提高药剂防治效果。

（二）杧果蛱蝶

杧果蛱蝶［*Euthalia phemius*（Doubleday）］，属鳞翅目蛱蝶科，是一种为害杧果的农业害虫。

杧果蛱蝶雌成虫

杧果蛱蝶卵粒

杧果蛱蝶幼虫

杧果蛱蝶蛹

【为害状】　低龄幼虫咬食叶表组织，长大后咬食叶片成缺刻状，近老熟时，可将叶片食光，仅剩中脉。

【形态特征】

1. **成虫**　雄成虫体背黑色，腹部灰白色，触角黑褐色，锤状部底面和末端红色。翅黑棕色。雌成虫体色较浅，前胸黑灰色。

2. **卵**　近半球形，灰绿色。

3. **幼虫**　老熟幼虫体绿色，背线宽大，淡黄白色杂有紫红色，体两侧伸出 10 对长而尖的羽毛状突起物。

4. **蛹**　近菱形，淡绿色。

【发生规律】 1年发生代数未详。4~10月可见幼虫为害。成虫白天活动、交尾、产卵。卵散生在叶片上，每片1粒。幼虫常栖息在叶梢正中，因其背线颜色与叶片中脉相似，不易察觉。幼虫老熟后，迁到较完好的叶片，倒挂在叶背中脉化蛹。

【防治方法】

1. **人工防治** 结合修剪整形，摘除叶片上的虫蛹。
2. **药剂防治** 幼虫期，喷施90%敌百虫或80%敌敌畏800~1000倍液，或2.5%溴氰菊酯乳油2000倍液。

（三）杧果蓑蛾

蓑蛾又称袋蛾，属鳞翅目蓑蛾科。至1992年，国内已知为害杧果的蓑蛾有丝脉蓑蛾、蜡彩蓑蛾、白囊蓑蛾、茶大蓑蛾、乌龙蓑蛾、荔枝蓑蛾等6种，其中以茶大蓑蛾为多见。

【为害状】 杧果蓑蛾幼虫不仅咬食叶片，还咬断大量细枝用于结蓑囊。幼龄幼虫取食叶片下表皮和叶肉，仅留上表面形成半透明膜斑；3龄后咬食叶片成孔洞；4龄后食量大增，能咬食全叶、嫩枝和果皮，并咬取小枝，整齐并列地黏缀于护囊处。幼虫老熟时先吐丝封闭囊口并用丝把囊紧附于枝叶上，后上下翻转虫体，化蛹于囊内。

【形态特征】

1. **成虫** 雄成虫为中等大小的蛾子，体长约13 mm，翅展23~30 mm，体翅深褐色，胸背密被鳞毛；雌成虫无翅，体长约15 mm，黄褐色，无足，头小，形似"蛆"，肥胖，尾部尖细。
2. **幼虫** 6~7龄，黄褐色至紫褐色，末龄幼虫体长约26 mm，能吐丝和咬取枝叶碎屑营造护囊。

杧果蓑蛾为害状

【发生规律】 广东1年发生3~4代，多以3、4龄幼虫在护囊内越冬。雌成虫终生栖息在囊内，仅头、胸部有时向囊外伸出，并向外释放出性信息素，引诱雄蛾来交尾。交尾时雄蛾腹部伸入囊内。雌成虫产卵于护囊中的蛹壳内，雌蛾产卵后体渐干缩，最后自护囊排泄孔蜕出坠落死亡。初孵幼虫先在囊内咬食卵壳，1~2 d后，自母囊排泄孔爬出，能吐丝咬取枝叶营囊护身而后为害，随着虫龄的增大护囊也随之增大，幼虫活动、取食时，仅头胸伸出，用胸足爬行并携囊前进，故"避债蛾"俗名即由此而来。初龄时护囊能随幼虫腹部向上竖立，稍大后护囊即随幼虫腹部下垂，悬挂于枝叶下面。雄蛾善飞，具趋光性。天敌有多种姬蜂、大腿蜂和寄生蝇、线虫和细菌等。

【防治方法】

1. **保护利用天敌昆虫** 注意保护和利用天敌，可采护囊置寄生蜂于保护器中，并根据当地天敌活动情况协调化学防治与生物防治两者的关系。
2. **人工防治** 结合管理，摘除虫囊。
3. **药剂防治** 在幼虫幼龄期点片发生为害时及时喷药，可收事半功倍之效。幼虫期药剂可选有机磷农药（如80%敌敌畏或90%敌百虫1000倍液，或50%辛硫磷乳油1000倍液，或50%杀螟硫磷乳油1000倍液等）。果实膨大至近成熟前10~15 d，宜选菊酯类农药防治1~2次，注意喷匀喷足。

（四）佩夜蛾

佩夜蛾（*Oxyodes scrobiculata* Fabricius），属鳞翅目夜蛾科。

【分布与寄主】 分布于广东、广西、海南等省（区）。寄主为荔枝、龙眼。

佩夜蛾成虫

佩夜蛾中龄幼虫

佩夜蛾高龄绿体幼虫

佩夜蛾蛹

【为害状】　以幼虫咬食果树的新梢嫩叶，虫口数量大时，可在 3 ~ 5 d 把整批嫩叶食光，仅留主脉，形成秃梢，严重影响新梢正常生长，削弱树势。

【形态特征】

1. **成虫**　体长 19 ~ 21 mm，翅展 51 ~ 53 mm。头部及胸部褐色带灰黄色，额两侧白色，翅基片后部浅黄色；前翅黄色带褐色，亚端线外方带棕色，基线黑色，波浪形，内线只在亚中褶现一黑条，环纹为一黑环，中线黑色，肾纹黑边，中有黑曲纹，外线双线黑色，锯齿形，两线相距较宽，亚端线黑色，锯齿形，中部近外线，缘毛端部黑白相间；后翅杏黄色，前缘有一烟斗形黑条纹，外线黑色，锯齿形，亚端线双线黑色，锯齿形，外方为一波浪形黑线；腹部黄色。

2. **卵**　半球形，横径 0.5 mm，表面具纵行的网状刻纹，淡绿色。

3. **幼虫**　老熟幼虫体长 33 ~ 37 mm，胸宽 5 mm。体色淡绿色、灰绿色至黑褐色不定。常见的体色有几种类型：①头浅红，胸、腹部淡绿色，背线明晰，其余线纹不明显；②头橘红色，体背黑色，背线、亚背线及腹面均为黄色，气门线黑色，胸足和腹足黄色，臀板橘红色；③头紫红色，体淡红色，臀板与臀足红色，围气门片褐色；④全体呈灰绿色，背线、亚背线淡白色。

4. **蛹**　体长 19 ~ 22 mm，胸宽 4 ~ 5 mm。由黄褐色渐变为红褐色，表被白色蜡质粉状物。头稍前突，蜕裂线在前胸，中胸背略下隆起。触角、前翅和中足伸达第 4 腹节后缘附近，中足伸至翅端。腹部末端具丝状端沟的臀棘 8 根。

【发生规律】　广西的西南部 1 年发生 6 代以上，以蛹越冬。每年 4 ~ 11 月上旬都可发现其幼虫发生为害，其中以 5 ~ 7 月最烈。此期，其卵历期约 4 d，幼虫期 11 ~ 16 d，蛹期 8 ~ 10 d，成虫寿命 7 ~ 10 d，完成世代历期约 30 d。成虫于夜间羽化，白天在树冠内层栖息。成虫受惊扰即飞逃，做上下跳跃式的短距离飞翔，然后又回到原地或附近果树上停息。夜间进行交尾与产卵，卵散产在已经萌动的芽尖小叶上。幼虫 5 龄，孵化后的低龄幼虫咬食初伸展的幼叶片，由于食量很小，不容易引起注意；4 ~ 5 龄期进入暴食阶段，食量大增，往往可在 3 ~ 5 d 内将整批嫩叶取食，剩下主脉而成秃枝。幼虫有假死习性，低龄幼虫遇到惊扰即吐丝下垂，大龄幼虫则向后跳动下坠，或前半身左右剧烈摆动。老熟幼虫入表土层中或在土团下和地表枯叶下做室，吐丝作薄茧后化蛹。

【防治方法】

1.**农业防治** 加强果园管理，坚持做好园地枯枝落叶的清扫；冬季结合清园，进行除草和翻松园土，以减少蛹期的虫口基数。

2.**人工防治** 虫口密度低和零星发生的果园，利用幼虫有假死落地的习性，可采用人工摇动果树的枝条，促使幼虫落地，人工加以捕杀或放鸡啄食。

3.**药剂防治** 要做好虫情监测工作，掌握幼虫在 3 龄以前喷药 1 ~ 2 次。可使用的药剂有 90% 晶体敌百虫或 80% 敌敌畏乳油或 40% 辛硫磷乳油的 1 000 倍液，或 50% 毒死蜱乳油 1 500 倍液。

（五）杧果园柑橘小实蝇

杧果园柑橘小实蝇［*Dacus dorsalis*（Hendel）］，又名橘小实蝇、杧果秀实蝇、果蛆、黄苍蝇等，属双翅目实蝇科，是植物检疫对象。

柑橘小实蝇在杧果上产卵

柑橘小实蝇幼虫为害的腐烂杧果

【分布与寄主】 分布于四川、广东、广西、福建、湖南、云南和台湾等省（区）。主要以幼虫取食果瓤，造成腐烂，引起果实早期脱落，严重时损失极大。寄主有柑橘类、杧果、桃、枇杷、葡萄、梨、番茄等 250 多种果树和农作物。

【为害状】 成虫卵产在将近成熟的果实表皮内，孵化后幼虫取食果肉，引起裂果、烂果、落果。被害果面完好，细看有虫孔，手按有汁液流出，切开果实多已腐烂，且有许多蛆虫，不堪食用。晚熟杧果吉禄、凯特品种等受害严重。

【形态特征】

1.**成虫** 体长 7 ~ 8 mm，全体深黑色和黄色相间。头部复眼间黄色，复眼红棕色，单眼 3 个，排成三角形，翅透明，翅脉黄褐色，翅痣三角形。

2.**卵** 乳白色，长约 1 mm。

3.**幼虫** 体长约 10 mm，黄白色，圆锥状。

4.**蛹** 椭圆形，淡黄色，长约 5 mm，宽约 0.5 mm。

【发生规律】 1 年发生 3 ~ 5 代，世代重叠，无明显越冬现象。成虫集中在中午羽化。羽化后，在夏季约 20 d、秋季 25 ~ 60 d、冬季 3 ~ 4 个月才交尾产卵，每个雌虫可产卵 200 ~ 400 粒，分多次产出，卵产于果皮下，每个产卵孔有卵 5 ~ 10 粒。卵期在夏季 1 d，秋季 2 d，冬季 3 ~ 6 d。幼虫孵化后，即在果内为害，蜕皮 2 次。幼虫老熟即离果入土 3 ~ 4 cm 深处化蛹。

【防治方法】

1.**清洁果园** 及时将受害果园的落果清除掉，进行集中处理，可采用挖坑深埋、水烫、焚烧等方法处理果内幼虫，减少虫源；清理落果后及时用50%辛硫磷乳油800倍液或48%毒死蜱乳油1 000倍液均匀喷洒地面，每周施药一次，连续2 ~ 3次，防治老熟幼虫及蛹。

2. 诱杀成虫　在杧果生长中后期采用橘小实蝇性诱剂、黏虫黄板或糖、酒、醋药液诱杀成虫，达到减少交配和产卵数量、降低虫果率的作用。糖、酒、醋药液配制方法：红糖5份、酒1份、醋0.5份、晶体敌百虫（或48%毒死蜱）0.2份、水100份的比例配制成药液，盛于15 cm以上口径的平底容器内（如可乐瓶、小塑料桶、瓦罐等），药液深度以3 ~ 4 cm为宜，罐中放几节干树枝便于成虫站在上面取食，然后挂于树枝上诱杀成虫。一般每5株树挂一个罐。每7 ~ 10 d更换一次药液。

3. 化学防治　成虫发生量大的果园可选用阿维菌素、阿维·高氯、顺式氯氰菊酯、灭蝇胺、48%毒死蜱等药剂按规定剂量进行喷雾，以减少虫口数量，降低虫果的发生。成虫产卵盛期前，用90%敌百虫800倍液加3% ~ 5%的红糖喷洒树冠浓密处，7 d喷洒1次，连喷3次。一个村或几个村同时大面积统一防治，可提高防治效果。

4. 果实套袋　套袋保护是对柑橘小实蝇最有效的物理防治措施。水果生理落果及疏果结束后进行套袋，既可减轻各种病虫为害，减少农药残留，又可大大提高果实的外观和品质。

（六）杧果叶瘿蚊

杧果叶瘿蚊（*Erosomyia mangiferae* Felt），属双翅目瘿蚊科。

【分布与寄主】　杧果叶瘿蚊为杧果的新害虫，分布于广西、广东、海南、云南、福建等地。以幼虫取食叶肉，受害严重的叶片破裂以至枯萎脱落。在广西南宁的调查，植株受害率为60% ~ 85%，叶片受害率为40% ~ 90%，严重影响树势的生长。

【为害状】　主要以幼虫为害嫩叶，严重时为害嫩梢、叶柄和主脉。被害叶呈褐斑，穿孔破裂，叶片卷曲，严重时叶片枯萎脱落以至梢枯，造成植株生长不良。

杧果叶瘿蚊为害杧果叶片

【形态特征】

1. 成虫　雄成虫体长1 ~ 1.05 mm，草黄色。中胸盾板两侧色暗，中线色淡，足黄色。翅透明，触角14节，长1.12 mm，第5节的基部半球形，端部球形。前、中后爪各有齿。后足爪细长。抱握器端部细长，略弯，阳茎粗壮，端部宽大，端缘中央具凹刻。雌虫体长1.2 mm，体色与雄性同。触角14节，长与腹部相等或略短，各节有2排轮生刚毛。产卵器短，约为腹部的1/3，产卵器具有大的端叶，端叶上密生小刺和数根刚毛。

2. 卵　椭圆形，长约1 mm，无色。

3. 幼虫　蛆形，黄色。末龄幼虫长1.8 ~ 2.1 mm，有明显体节。剑骨片细长，0.165 ~ 0.170 mm，端部宽大，端部中央具有较大的三角形凹刻，形成2个三角形大齿。在2齿基部两侧各有1个凹刻。

4. 蛹　短椭圆形。外面有一层黄褐色薄膜包囊，蛹体黄色。长1.43 mm，前端略大。头的后面前胸处有1对长毛。黑褐色，是呼吸管，头部的前面有1对红色的短毛。足细长，紧贴腹部中央，伸过翅芽达到腹部第5节。触角、翅芽均密贴在虫体两侧。

【发生规律】　南宁1年发生15代。每代历时16 ~ 17 d。其中卵期2 d，幼虫期7 d，蛹期5 ~ 6 d，成虫期2 ~ 3 d。每年4 ~ 11月上旬均可在田间发现，以8 ~ 10月为害严重。11月中旬后幼虫陆续入土3 ~ 5 cm深处化蛹越冬。翌年4月上旬前后羽化出土。成虫羽化后，当天晚上交尾，翌日上午雌虫产卵于嫩叶背面，成虫寿命短。交尾后1 ~ 3 d内死亡。成虫体小纤弱，雨天不利于飞翔活动。遇大风雨时会被打落死亡。成虫有弱趋光性，产卵后约2 d便孵化。初孵化幼虫咬破嫩叶表皮钻进叶肉取食叶肉。叶片被害部位初呈浅黄色斑点，进而变为灰白色，最后变为黑褐色并穿孔。为害严重的叶片呈不规则的网状破裂以至枯萎脱落，叶肉里的幼虫于第5天咬破表皮爬出叶面弹跳或随露水落地。沿土壤缝隙进入土内化蛹。幼虫怕干或强烈阳光，落地后2 ~ 3 h找不到湿润土壤则不能入土化蛹。在强光下暴晒2 ~ 3 h即死亡，但能耐高温。幼虫进入表土后，2 d左右就结成一层体外薄膜，随后化蛹；反之，化蛹率低，化蛹时间不整齐。如果人工翻动土壤就会中途死亡或延长化蛹时间。

【防治方法】

1. 农业措施　加强杧果水肥管理，使抽梢期一致，以利梢期集中防治。

2. 药剂防治

（1）新梢嫩叶抽出 3 ~ 5 cm 时，喷洒 75% 灭蝇胺可湿性粉剂 5 000 倍液或 2.5% 溴氰菊酯 3 000 倍液或 48% 毒死蜱乳油 1 000 ~ 1 500 倍液，隔 10 天左右 1 次，梢期防治 2 ~ 3 次。

（2）每年 2 ~ 3 月春雨前每亩施用 3% 辛硫磷颗粒剂 4 ~ 5 kg 加细沙或泥粉 20 kg，均匀撒在树冠之内的土表，然后覆土 2 cm 厚，可防治土中幼虫及羽化出土的成虫。

（七）椰圆盾蚧

椰圆盾蚧（*Aspidiotus destructor* Signoret），又名椰圆蚧、黄薄椰圆蚧、木瓜蚧、黄薄轮心蚧、恶性圆蚧等，属半翅目盾蚧科。

椰圆盾蚧为害杧果叶片，叶面有黄色失绿斑点　　　　椰圆盾蚧分布在杧果叶片背面

【分布与寄主】　分布于我国南部、东部、华北等地及亚洲、欧洲、非洲、大洋洲、美洲等。为害柑橘、杧果、葡萄、番荔枝、无花果、香蕉、椰子、棕榈、木瓜、朴树、桂花、冬青和可可等 27 种植物，被害叶呈黄斑纹。

【为害状】　以若虫和雄虫固着在叶片背面、枝条、主干上刺吸汁液，使叶面出现黄斑，造成叶片早落，新梢停止生长乃至枯死，树势逐渐衰弱，果变小，品质低劣。

【形态特征】

1. 成虫　雌成虫介壳近圆形，直径 1.8 mm，无色或微白色，薄而半透明，中央有 2 个黄色壳点，可透见壳内黄色长卵形成虫形体。腹部向臀板变尖，后端常平截或钝圆，雄成虫介壳椭圆形，稍小，长 0.8 mm，中央有 1 个黄色壳点。雄成虫橙黄色，翅 1 对，半透明，腹末有针状交尾器。

2. 卵　椭圆形，直径 0.1 mm，黄绿色。

3. 若虫　初孵时体淡黄绿色，后变黄色，椭圆形，较扁平。眼褐色，触角 1 对，足 3 对，腹末有 1 对尾毛。

【发生规律】　江浙、湖南等地 1 年发生 3 代，福建 1 年发生 4 代，热带地区 1 年发生 7 ~ 12 代，贵州山区 1 年发生 2 代。均以受精雌虫在介壳中越冬。每头雌虫产卵约 150 粒，繁殖速度快，易成灾。已知天敌有细缘唇瓢虫和黄蚜小蜂，红点唇瓢虫一生可食蚧 4 000 头。

【防治方法】

1. 农业措施　实施检疫，采用无虫健苗。剪除严重受害枝叶。

2. 药剂防治　若虫出现期，可选用 30% 噻嗪酮·毒死蜱乳油 2 000 倍液，40% 机油·毒死蜱乳油 1 250 倍液，30% 吡虫啉·噻嗪酮悬浮剂 3 000 倍液，25% 噻嗪酮悬浮剂 1 500 倍液，20% 啶虫脒·毒死蜱乳油 1 000 倍液，6% 阿维菌素·啶虫脒水乳剂 2 000 倍液，25%噻虫嗪水分散粒剂 5 000 倍液，44%机油·马拉硫磷乳油 450 倍液，48%毒死蜱乳油 1 500 倍液，10% 吡虫啉可溶剂 3 000 倍液均匀喷雾。

（八）考氏白盾蚧

考氏白盾蚧［*Pseudaulacaspis cockerelli*（Cooley）］，又名椰拟轮蚧、椰白盾蚧等，属半翅目蚧科。

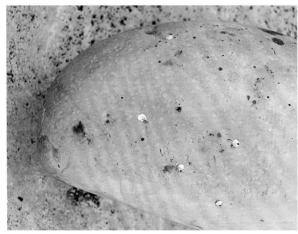

考氏白盾蚧为害杧果

考氏白盾蚧成虫

【分布与寄主】　分布在山东至海南、台湾、江苏至四川、云南的广大地区，是偏南方果产区的害虫，北方则常在温室中发生。

【为害状】　以若虫和雌成虫寄生在植株的小枝叶和叶片上吸食汁液，形成叶片上黄色斑块，植株生长衰弱，并能诱发煤污病，影响生长。

【形态特征】

1. **成虫**　雌成虫介壳阔卵形或近梨形，长 2 ~ 3 mm，雪白色不透明，2 个壳点突出在头端，黄褐色至红褐色。雌成虫一般近圆形至梨形，浅黄色。游离腹节侧突较明显。臀板带红色。雄虫介壳白色或黄白色，狭长形，长 1 mm，背面略现 3 条纵脊线，蜕皮位于前端，淡黄色。雄成虫体长 0.9 mm，橙黄色，复眼棕黑色，触角丝状，口器退化，翅 1 对，灰白半透明，翅展 1.7 mm，后翅为平衡棍，3 对足胫节有刚毛，交尾刺针状伸出尾端。

2. **卵**　长卵圆形，浅黄色，长 0.24 mm。

3. **若虫**　初龄长 0.4 mm，卵圆形，黄绿色，分泌有白色蜡丝。固定取食后呈扁圆形，2 龄时雌雄差异显著。

【发生规律】　广西 1 年发生 2 ~ 3 代，世代整齐。以受精雌成虫在寄主上越冬。3 月产卵在母介壳下，4 月中旬孵化，5 月中旬雄虫化蛹，下旬羽化；第 2 代 6 月下旬产卵，7 月上旬孵化，下旬化蛹，8 月上旬羽化；第 3 代 9 月上旬产卵，下旬孵化，10 月中旬化蛹，下旬羽化。以若虫和雌成虫在新枝和叶片上刺吸汁液，受害处出现黄色斑块，使植株生长衰弱，而且其蜜汁状排泄物可诱发煤污病。郁闭的园区发生加重。天敌种类较多，小蜂总科寄生蜂寄生率可达 90.48%，捕食天敌有日本方头甲、尼氏钝绥螨、德氏钝绥螨、小毛瓢虫和草蛉等。

【防治方法】　参考椰圆盾蚧。

（九）长尾粉蚧

长尾粉蚧（*Pseudococcus longispinus*），属半翅目粉蚧科。

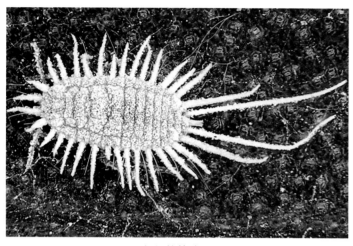
长尾粉蚧放大

长尾粉蚧成虫为害杧果

【分布与寄主】 分布于广东、广西、云南、福建、上海、江苏、浙江；亚洲（东南部）、美洲、非洲（东南部）、欧洲也有分布。寄主有杧果、油棕、椰子、槟榔、柑橘、三华李、枇杷、番石榴、茶、糖棕、葡萄、无花果、香蕉、柿等。

【为害状】 成虫、若虫刺吸茎叶汁液，影响生长。

【形态特征】

1. **成虫** 雌成虫椭圆形，体长 2.5 mm，宽 1.5 mm，白色稍带黄色，背中央具 1 褐色带。足与触角有少许褐色，背面敷白蜡粉。体缘生白色蜡质突出物，近尾端有 4 根白色细长蜡丝。触角 8 节，第 8 节最长，各节均具毛。足甚长，胫节是跗节长的 2 倍，爪长。腹部各节有许多小孔及散生毛，腹侧具圆孔及尖刻，分泌白色蜡质。肛门轮生 6 根长毛。

2. **卵** 略呈椭圆形，淡黄色，产于白絮状卵囊内。

3. **若虫** 似成虫，但较扁平，触角 6 节。

【发生规律】 1 年发生 2 ~ 3 代。以卵囊越冬。翌年 5 月中下旬若虫大量孵化，群集于幼芽、茎叶上吸食汁液，使枝叶萎缩、畸形。雄若虫后期结白色茧，在茧内化蛹。雌成虫产卵前先形成絮状蜡质卵囊，卵产于囊中。每雌虫可产卵 200 ~ 300 粒。

【防治方法】

1. **人工防治** 人工刮除介壳虫。

2. **药剂防治** 在若虫盛期喷药，此时大多数若虫多孵化不久，体表尚未分泌蜡质，介壳未形成，用药易防治。每 5 ~ 7 d 喷 1 次，连续 2 ~ 3 次。由于若虫孵化期前后延续时间较长，要 7 d 左右喷洒 1 次，连续喷洒 3 次。人工刮除介壳虫。若虫盛孵期喷洒杀螟松 1 000 倍液，或辛硫磷 1 000 倍液，或 40% 毒死蜱乳油 1 500 倍液。

（一〇）白蛾蜡蝉

白蛾蜡蝉成虫

白蛾蜡蝉若虫

白蛾蜡蝉（*Lawana imitata* Melichar），又名白翅蜡蝉、玉翅蛾蝉、紫络蛾蜡蝉，俗称白鸡，属半翅目蛾蜡蝉科。

【分布与寄主】 分布于福建、广东、广西、云南、台湾等省（区）。主要为害柑橘、荔枝、龙眼、杧果等果树，也偶害黄皮、木菠萝、梨、桃、葡萄和咖啡及其他果树和植物。

【为害状】 若虫和成虫密集在枝条和嫩梢上吸食汁液，使叶片萎缩，树势衰弱，并残留絮状蜡质物和诱生煤污病。受害严重的树枝条干枯，引起落果和果实品质变劣。

【形态特征】
1. **成虫** 体长 14 ~ 16 mm，翅展 42 ~ 45 mm，黄白色或碧绿色，被有白蜡粉。头顶圆锥形，复眼圆形，灰褐色至褐色。中胸背板发达，上有 3 条纵脊纹。前翅粉绿色或黄白色，端部宽大，前缘弧形，外缘平直，顶角近直角形，臀角尖锐突出。
2. **卵** 长椭圆形，长约 1.5 mm，淡黄白色，卵块长条形。
3. **幼虫** 末龄若虫 7 ~ 8 mm，稍扁平，白色，满被白絮状蜡质物。胸部宽大，翅芽发达，末端平截。腹部末端呈截断状，其上附有成束的白绢状粗长蜡丝。

【发生规律】 广西南宁和福建南部 1 年发生 2 代，以成虫在茂密枝叶丛间越冬，福建南部也有以卵在树皮裂缝及果园杂草中越冬的。在广西南宁，翌年 2 ~ 3 月天气转暖后越冬成虫开始活动取食，3 月中旬至 6 月上旬产卵，3 月下旬至 4 月下旬为产卵盛期，4 月下旬至 7 月下旬为若虫发生期，4 ~ 5 月为若虫高峰期，6 月上旬至 9 月上旬为第 1 代成虫发生期。7 月上旬至 9 月中旬开始发生第 2 代成虫，11 月上旬若虫大多羽化为成虫，陆续越冬。在福建南部，第 1 代若虫在 5 ~ 6 月，成虫在 6 ~ 7 月发生，第 2 代若虫在 7 ~ 8 月，成虫在 9 ~ 10 月发生；以 6 月下旬至 7 月下旬为发生盛期，尤以 7 月中上旬为全年高峰期。卵集中产在嫩梢或叶柄皮层下，常 10 多粒到 30 粒相互连接排成一纵行，产卵处稍隆起，呈现枯褐色斑点。初孵若虫群集在嫩梢上为害，随着虫龄的增长和枝梢的伸长，若虫、成虫略有分散，仍常见三五成群向上爬行和跳动扩散，如遇惊动，即纷纷跳跃和飞逃。在通风透光差、枝叶较茂密和荫蔽的果园及连绵阴雨、降水量较多的夏、秋季节，白蛾蜡蝉发生较多。

【防治方法】
1. **农业防治** 结合修剪，剪除有虫枝条和过密枝叶，以利通风透光，减少虫源。
2. **人工捕杀** 在若虫盛发期，用扫帚扫落群集在枝上的若虫，放鸡、鸭入园啄食。亦可在成虫还未产卵之前，用网捕杀。
3. **药剂防治** 若虫高峰期选喷 10% 吡虫啉 3 000 倍液，50% 马拉硫磷乳油 1 000 倍液，或 48% 毒死蜱乳油 1 500 倍液，防治低龄若虫效果甚好。成虫盛发期和产卵初期，喷布 80% 敌敌畏乳油 1 000 倍液，对成虫的防治效果很好。

（一一）青蛾蜡蝉

青蛾蜡蝉（*Salumis marginellus* Guerin），又名绿蛾蜡蝉，属半翅目蛾蜡蝉科。

【分布与寄主】 湖南、安徽、江苏、浙江、广东、福建、广西、四川等省（区）有发生。国外印度、马来西亚、印度尼西亚有分布。为害柑橘、龙眼、咖啡、茶、刺梨、迎春花等。

【为害状】 以成虫和若虫聚集在枝条和嫩梢上吸食叶液，造成树势衰弱，可使枝条干枯，其排泄物可引起煤污病。

【形态特征】

1. **成虫** 体长 7 mm 左右，翅展约 18 mm。前翅黄绿色，边缘褐色，前翅近后缘端部 1/3 处有明显的红褐色斑。
2. **若虫** 淡绿色，腹部第 6 节背面有成对橙色圆环，腹末有两大束白蜡丝。

青蛾蜡蝉成虫

【发生规律】　在华南5月上旬若虫发生很多，6月上旬成虫大量出现，在嫩梢上吸食为害。

【防治方法】　参考白蛾蜡蝉的防治。

（一二）杧果切叶象甲

杧果切叶象甲（*Deporaus marginatus* Pascoe），又名杧果剪叶象甲，属鞘翅目象甲科。杧果切叶象甲为寡食性，是杧果的主要害虫之一。

【分布与寄主】　分布于广西、广东、海南和台湾等省（区）。除为害杧果外，尚可为害腰果和扁桃。

【为害状】　以成虫取食嫩叶的上表皮和叶肉，导致叶片枯干；雌成虫在嫩叶上产卵，并从叶片近基部处咬断，切口齐整如刀切。为害严重的几乎将整株嫩叶全部切断，幼树受害严重时影响正常生长。

【形态特征】
1. **成虫**　体长4.3～4.7 mm，红黄色，有白色茸毛，以中、后胸和腹部较密。喙、触角、复眼黑色。鞘翅黄白色，周缘黑色，肩部和外缘黑色部分较宽，内缘呈线状的黑；两鞘上均具深刻点且粗密，每翅10行，点刻间着生白色的茸毛。翅肩下伸，肩角圆钝。足腿节黄色，胫节和跗节黑色。
2. **卵**　长椭圆形，表面光滑。初产乳白色，渐变为淡黄色。
3. **幼虫**　无足型。腹部各节两侧各有一对小刺。初孵化时乳白色，后变为淡黄色。
4. **蛹**　自由蛹，淡黄色，老熟时黄褐色。头部有乳状突起，末节有肉刺1对。蛹外面具扁椭圆形土质的蛹室。

杧果切叶象甲

【发生规律】　在广西南宁1年发生7代，以幼虫在土壤中越冬。翌年3月中旬至4月初羽化为成虫，从5月起各世代重叠发生。成虫产卵前期4 d，卵产在杧果嫩叶正面主脉组织里。产卵后成虫将叶片横向切断，卵随叶片掉落地面。卵经2 d孵化为幼虫，幼虫仅取食5 d即入土化蛹，12 d后羽化为成虫。每雌虫的一生可产卵253～337粒，于4～17 d内产完。成虫具趋嫩绿且有群集为害和假死习性。在广西南宁的5月下旬至6月上旬为害龙眼的夏梢，将新梢小叶取食成网状而枯死。以龙眼与杧果混栽或毗邻杧果园的龙眼果树受害最重。1年发生7～9代，世代重叠。以幼虫在土壤中越冬，翌年3月中旬至4月初羽化，成虫出土为害嫩叶，4～7 d交尾，产卵于嫩叶正面主脉里，随即咬断叶片，卵随叶片落地，幼虫孵出后由主脉向叶肉潜食，可见蜿蜒曲折隧道，幼虫期5 d，老熟后入土化蛹，土栖期12 d。成虫具群集性、趋嫩性。5月下旬至6月和9月上旬至10月中旬是为害高峰期。

在海南1年发生9代，成虫寿命长，世代重叠，夏、秋季每代约30 d，冬季为50 d左右，冬期无明显滞育现象。每年2～3月在土内过冬的老熟幼虫化蛹并羽化，成虫取食杧果嫩叶上表皮和叶肉，交尾后选择嫩叶中脉产卵，卵散产，每片叶1～8粒，卵随被雌虫咬断的叶片坠地，卵期2.5～4 d。幼虫孵出后潜食叶肉，经3～6 d后入土做室化蛹。蛹室深度1.5～3 cm，蛹期19～27 d，土壤含水量对蛹的生长发育影响最大，低于10%或高于20%均能引致前期蛹的死亡。

在田间自然诱发条件下，王令霞等对30个杧果品种对杧果切叶象甲雌成虫的抗性进行研究。结果表明，澳大利亚11号、澳大利亚14号、澳大利亚8号、澳大利亚12号、澳大利亚9号、红杧6号、青皮和海南土杧等8个品种为抗虫品种；澳大利亚7号、金煌、秋杧、澳大利亚10号、云南小杧、爱文、红象牙、四季杧、澳大利亚16号、金白花、澳大利亚15号、椰香、紫花、贵妃、海顿、粤西1号、泰国生吃杧、留香、台农1号、托米等20个品种为轻感品种；三年芒、白象牙2个品种为中感品种。研究结果可为杧果抗虫品种的选育和对该虫的防治提供科学依据。

【防治方法】
1. **种植抗虫品种**　可根据杧果对切叶象甲的抗虫性，选择抗虫品种。

　　2.**农业防治**　拟新开的果园，要避免杧果和龙眼混栽，以杜绝或减少虫源。对杧果与龙眼混种的果园，可结合除草、施肥或控制冬梢，进行翻松园土，防治在土壤中的部分虫蛹和越冬幼虫；在此象甲发生期，要及时收集被咬断落地的杧果嫩叶，消灭虫卵，降低下一代的虫口。在杧果第2次生理落果开始至收获期，经常注意捡拾地面落果及遗弃的果核并销毁。

　　3.**药剂防治**　在各代成虫羽化期，掌握虫情，适期喷药防治成虫。有效农药有：90% 晶体敌百虫，或 80% 敌敌畏乳油 800～1 000 倍液，或 2.5% 溴氰菊酯 3 000 倍液。

　　4.**严格执行检疫制度**　严防害虫随果实、果核或种苗向疫区外传播。新疫区一经发现，必须及时扑灭。

第十九部分　荔枝、龙眼病虫害

一、荔枝、龙眼病害

（一）荔枝霜疫霉病

　　荔枝霜疫霉病主要分布于广东、广西、台湾和福建等荔枝产区，是荔枝上发生为害最为严重的病害，主要为害近成熟的果实，也可为害嫩叶、花穗和幼果，造成落花、落果和烂果，损失率可达 30% ~ 80%。

荔枝霜疫霉病为害果实

荔枝霜疫霉病病果（1）

荔枝霜疫霉病病果（2）

荔枝霜疫霉病病果外有霜状霉层

　　【症状】　果实从幼果期至成熟期均可受害，但以成熟期或近成熟期受害最多。初为果皮表面出现褐色不规则病斑，以后迅速扩展直至全果变褐。潮湿时，病部形成白色霉层。病果果肉发酸，甚至糜烂，并渗出黄褐色带酸臭味的汁液。花穗受害，初为花梗、花朵变黄褐色，后花朵腐烂，花梗变黑枯死。潮湿时，病部也形成白色霉状物。嫩叶受害，初为叶面形成褐色小斑点，后病斑扩大形成不规则形的褐色斑块，严重时整叶变褐坏死。潮湿时，也有白色霉层形成。

　　【病原】　病原菌为荔枝霜疫霉菌（*Peronophthora litchii* Chen ex Ko.et al.），属鞭毛菌真菌。荔枝霜疫霉无性态为孢囊梗和孢子囊，孢囊梗直立，双分叉锐角分枝，前端逐渐变细。无性繁殖产生的孢囊梗近似树枝状，其末端小梗上的旧孢子囊不脱落而被推向一边，而后又生出新的孢囊梗，在单根孢囊梗上形成新的孢子囊。孢子囊柠檬形、椭圆形，无色至淡褐色，顶端有明显的乳突。孢子囊可直接萌发或间接萌发，直接萌发产生芽管，间接萌发产生游动孢子，一个孢子囊可产生 5 ~ 14 个游动孢子，多为 6 ~ 8 个。游动孢子肾脏形，侧生双鞭毛。萌发方式与温度有密切的关系。菌丝体发达，多分枝，无隔膜，菌丝产生丝状吸器伸入寄主细胞内吸收养分。

【发病规律】 在果园里，病菌以菌丝体或卵孢子在病组织或土壤中越冬。翌年春萌发产生孢子囊和游动孢子成为侵染源。孢子囊借风雨传播，或接触传播。重复侵染现象严重，属于当年流行型病害。对远距离传播缺少研究。

据广东报道，广东省的主要荔枝树品种均不抗病。但树体的不同生育期抗性差异明显，一般成熟叶片不发病，果实青果期相对较抗病。由于不同生育期的抗性差异及不同品种生育期上的避病作用，一般早、中熟品种发病较重，晚熟品种发病较轻。

温度和湿度是影响霜疫霉病发生的主要环境条件。此病发生要求高湿度和适宜的温度条件，在高温、多雨或阴雨连绵条件下，气温在11～30℃时，均可发生；在22～25℃时，则病害大发生、流行。在广东，5～6月可满足此病大发生条件，故发生为害严重。相反，干旱条件下，发生轻或不发生。此外，土壤比较湿润，枝叶茂盛的树、结果多的树发病严重。荫蔽湿度大的树冠下部比透光的树冠其他部位发病早而重。

【识别与诊断】 霜疫霉病在病部形成白色霉状物，是其症状的主要特征。但有时易与白霉病和酸腐病相混淆，因此，必要时应进行病原鉴定诊断。方法是用针挑取或刀片刮取白色霉层制片进行镜检。在显微镜下，可见病原菌菌丝多分枝，无分隔，无色。孢囊梗直立，无色，以双分叉状锐角分枝，似树枝状，末端小梗顶端略尖，顶端形成孢子囊。孢子囊柠檬形，无色或稍淡黄色，顶端有明显的乳头状突起，大小为（17～40）μm×（15～24）μm。

【防治方法】
1. 农业措施

（1）清理果园，采果后结合修剪，剪除过密枝、枯枝、病虫害枝，收集地面上的病果、烂果，集中深埋。每年3～4月，用1%硫酸铜溶液喷洒树冠下的土壤1次，以清除和减少初侵染病源。

（2）做好园内排灌系统，雨后及时排水，防止积水和湿气滞留；注意修剪，保持通风透光，雨后尽快干燥。

（3）采果后，供贮运的果实可在产地立即用甲霜灵或乙膦铝1‰＋噻菌灵（或咪鲜胺锰盐）1‰药液浸泡片刻，若用冰水溶解杀菌剂浸果（在5～10℃药液中浸泡5～10 min），使预冷和防腐处理同时进行，效果更好，果实晾干后运回冷库继续预冷，果温降低到7～8℃时，再在冷库内选果包装。

（4）早熟、中熟和晚熟品种搭配种植，减少发病。

2. 药剂防治 保护春梢嫩叶和花穗，于春季抽梢期和花蕾期各喷一次药。保护幼果，于落花后开始，每隔15 d喷1次，连喷1～3次；保护成熟果，于果实成熟前15～20 d内喷药1～2次。选用药剂有：80%代森锰锌可湿性粉剂800倍液，33.5%喹啉铜悬浮剂1 500倍液，78%波尔多液·代森锰锌可湿性粉剂600倍液，47%春雷霉素·氧氯化铜可湿性粉剂800倍液，68%精甲霜灵·代森锰锌水分散粒剂1 000倍液，72%霜脲氰·代森锰锌可湿性粉剂700倍液，50%烯酰吗啉·福美双可湿性粉剂1 500倍液，56%嘧菌酯·百菌清悬浮剂1 000倍液，60%吡唑醚菌酯·代森联水分散粒剂2 000倍液，50%氟吗啉·三膦酸铝水分散粒剂830倍液，50%烯酸吗啉可湿性粉剂2 000倍液，10%氰霜唑悬浮剂2 500倍液，65%甲霜灵铜可湿性粉剂600～700倍液，250 g/L双炔酰菌胺悬浮剂1 500倍液。在花蕾期、幼果期和果实近成熟期各喷药1次。几种药剂交替使用，可有效地控制病害并降低抗药性，延长药剂的使用期。

（二）荔枝炭疽病

荔枝炭疽病病叶　　　　荔枝炭疽病叶面病斑　　　　荔枝炭疽病病果

荔枝炭疽病是荔枝幼龄树的主要病害，常引起严重发病，病叶率比较高，严重影响幼龄树的生长发育。

【症状】　此病主要为害叶片，尤其是幼苗、未结果和初结果的幼龄树发病特别严重，成年树的嫩梢、幼果也可被害。

叶片上的症状分慢性型和急性型两种。①慢性型：叶片病斑多从叶尖开始，初在叶尖出现黄褐色小病斑，随后迅速向叶基部扩展，呈烫伤状病斑，严重时，整个叶片的 1/2～4/5 均呈褐色的大斑块，健部和病部界线分明，潮湿时，叶背病部生黑色小粒点。严重时，病叶向内纵卷，易脱落。②急性型：一般多在未转绿时的嫩叶边缘或叶内开始发病，初为针尖状褐色斑点，后变为黄褐色的椭圆形或不规则形凹陷病斑，直径为 5～16 mm。初期有不明显轮纹，后期呈黑褐色，病部易破裂，后期叶背病部生深黑色小粒点。

嫩梢顶部先呈萎蔫状，然后枯心，病部呈黑褐色，后期整条嫩梢枯死。嫩梢一般发病较少，多在阴雨天气下呈急性型发生，在春、夏梢上有少数嫩梢发病，秋梢很少发生。

幼果在直径 10～15 mm 时开始发病，先出现黄褐色小点，后呈深褐色、水渍状，健部和病部界线不明显，后期病部生黑色小点。一般只侵染果皮，后期果肉腐烂，味变酸，但这种症状出现较少。

【病原】　病原菌为胶孢炭疽菌 *Colletotrichum gloeosporioides* (Penz.) Sacc.，分生孢子盘生于病部表皮下，成熟时突破表皮。分生孢子梗圆柱形，在分生孢子盘内排列成一层，无色，单胞，顶生分生孢子。分生孢子无色，单胞，长椭圆筒形，两端较圆或一端稍尖，内含 2 个油球。

【发病规律】　荔枝炭疽病的初侵染源是树上和落到地面的病叶。越冬菌态是病组织内的菌丝体和病叶上的分生孢子。荔枝炭疽病病菌通过雨水及气流（风）传播，以雨水传播为主。叶片发病始于 4 月中旬，4 月下旬至 5 月上旬为第 1 次发病高峰期，5 月下旬至 6 月上旬为第 2 次发病高峰期。8 月下旬至 9 月上旬以后，病害发生较轻。即春、夏梢发病重，秋梢发病轻。如 8～9 月遇阴雨天气，则可能出现第 3 次高峰期，秋梢也会严重感病。果实于 4 月下旬开始感病，一般早熟品种发病少，晚熟品种发病较多。

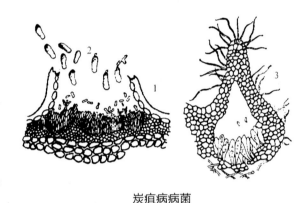

炭疽病病菌
1.分生孢子盘　2.分生孢子　3.子囊壳

【防治方法】

1. **加强栽培管理**　注意深翻改土，增施磷钾肥和有机肥（切忌偏施氮肥），以增强树势，提高树体本身的抗病力。

2. **消除菌源**　冬季彻底清园，剪除病叶、枯梢，集中深埋。结合防治其他病虫害，喷洒 1 次 0.8°～1° Bé 的石硫合剂，春、夏梢发病时，及早剪除病叶、病梢、病果，并喷洒杀菌剂防治。

3. **叶面喷施氨态氮**　生物学特性研究证明，尿素等氨态氮对病菌菌丝生长和孢子萌发有明显抑制作用，同时，在叶面喷施氨态氮可增加叶面吸收外源营养，植株叶片浓绿，提高植株生长势，从而增强抗病性。氨态氮肥使用浓度为 0.5%～1%，与杀菌剂混合喷洒。

4. **抓好防虫工作**　荔枝蝽等害虫刺吸造成的伤口，有利于孢子萌发侵入；此外，荔枝蝽还能携带分生孢子进行传播，成为扩大再侵染的途径，因而要注意及时防治。

5. **适时喷药保护**　在春、夏、秋梢抽出后，叶片展开但还未转绿时，就应抓紧喷药。保果可在 4 月中下旬或幼果 5～10 mm 大时开始喷药，每隔 7～10 d 喷 1 次，连喷 2～3 次，可收到明显的防治效果。

药剂可选用 40% 腈菌唑可湿性粉剂有效成分用药量 66.7～100 mg/kg，喷雾；10% 苯醚甲环唑水分散粒剂有效成分用药量 100～150 mg/kg，喷雾；或 50% 嘧菌酯水分散粒剂 1 500 倍液或 25% 咪鲜胺乳油 1 200 倍液交替喷洒，这样可防止抗药性。4 月中上旬重点保护春梢，此期又是荔枝蝽猖獗期，可结合杀虫混合喷药，能收到防病灭虫的良好效果。

（三）荔枝酸腐病

此病主要分布于华南各荔枝产区，是荔枝果实常见的一种病害，一般发生于荔枝蝽等害虫为害严重的虫伤果实和成熟果实上，在贮运期间也常发生。

| 荔枝酸腐病病果 | 荔枝酸腐病病果（生白色霉层） | 荔枝酸腐病病果果肉变色腐烂 |

【症状】　多在蒂部先发病，病部初褐色，后变为暗褐色，逐渐扩展，直至全果变褐腐烂。内部果肉腐败酸臭，外壳硬化，有酸水流出，上生白色霉层。

【病原】　病原菌为白地霉菌〔(*Geotrichum candidum* LK. ex Pers)，异名 *Dipodascus geotrichum*（E.but L.T.Peterson V.Arx.）〕。此病原菌早期文献多报道为 *Oospora sp.*。

【发病规律】　本病病原菌是一种土壤习居菌，以菌丝体在土壤中营腐生生活。分生孢子经风雨、蛀果害虫或接触传播后，由伤口侵入果实引致发病。荔枝成熟果实因伤口而感病，因此，成熟果实被荔枝椿象、蛀果害虫等为害或机械损伤严重的，发病较多。高温高湿条件有利于此病发生。

【识别与诊断】　果肉腐败酸臭，外壳硬化，有酸水流出，为此病的识别症状。病原菌鉴定诊断可采用刮取病征（白色霉状物）镜检法进行。在显微镜下，可见病原菌丝无色或乳白色，分枝、多隔膜。菌丝从隔膜处断裂形成分生孢子（节孢子）。分生孢子圆形、椭圆形或短矩形，无色，大小为（4～13）μm×（2.4～4.5）μm。

【防治方法】　防治本病的根本措施在于减少伤口，所以重点放在防治果实上的害虫。
1. **防治害虫**　注意防治荔枝椿象和蛀果害虫，参见荔枝椿象防治及蛀果害虫防治。
2. **防止损伤**　在采收运输过程中，尽量避免损伤果实和果蒂。
3. **药物防治**　采果后用 25% 咪鲜胺乳油 800 倍液或 75% 抑霉唑水溶性粉剂 1 500 倍液（内加 0.02% 的 2，4-D）浸果，可减少发病。

（四）荔枝煤污病

荔枝煤污病在我国荔枝各产区均有分布。由于病原有多种，本病除侵害荔枝外，有些病菌还能侵害龙眼、番石榴、黄皮和柑橘等多种果树。果株受害后，影响叶片光合作用；严重时叶片卷缩，树势衰退，花少果少，产量降低，成果的商品价值低。

【症状】　叶片、枝梢、果实表面产生一层暗褐色至黑褐色霉层，以后霉层增厚呈煤污状。由于病原种类不同，后期霉状物各异，如霉层上散生黑色小粒点（即分生孢子器或闭囊壳）或刚毛状长形分生孢子器突起物，严重发生该病的果园，树冠如被盖上一层煤烟。煤污病英文名原来为 Sooty mold，现在已经把 Black mildew 分为寄生性的类群，把 Sooty mold 分为腐生性的类群，以示区别。

【病原】　此病病原菌有多种，除小煤炱属为纯寄生外，其余各属为表面附生菌。病菌形态各异，但菌丝体为暗褐色，在寄主表面形成无性繁殖体和有性繁殖体。子囊孢子暗褐色或无色，有一至数个分隔；闭囊壳有柄或无柄，壳外有或无附属丝和刚毛。

荔枝煤污病

煤炱菌（*Capnodiun* sp.）的菌丝为丝状，分生孢子单胞，椭圆形或卵圆形，表面光滑，无色。菌丝丛中密生有筒形或近棒形的分生孢子器，其端部较膨大，圆形，暗褐色，在膨大部位着生分生孢子器。子囊壳球形或扁球形，膜质，暗色，子囊壳顶部具孔口，表生刚毛。子囊棍棒形，内生 8 个子囊孢子，孢子长椭圆形，有纵横隔膜，褐色。

【发病规律】　此病以菌丝体、分生孢子器和闭囊壳等在病部越冬。翌年在温、湿度适宜的条件下，繁殖出孢子，并借风雨传播至寄主（荔枝树）上，以介壳虫、白蛾蜡蝉、粉虱、叶瘿螨等害虫的分泌物为营养，生长繁殖，并辗转传播侵染为害。凡有上述害虫发生为害普遍和严重的果园，有利于此病侵害流行。

【防治方法】
1. **农业防治**　加强果园管理，坚持合理施肥，适度修剪，清洁果园，以利通风透光，增强树势，减少发病。
2. **药剂防治**　用药防治介壳虫、白蛾蜡蝉、粉虱等刺吸式口器的害虫，减少发病因素。对发病较重的果园，掌握在发病初期，连续用药 2 次，相隔 10 d 左右喷 1 次。选用药剂有 70% 甲基硫菌灵可湿性粉剂，或 75% 百菌清可湿性粉剂，按 1 : 1 混合后的 600 ~ 800 倍液等。

（五）荔枝癌肿病

荔枝癌肿病是荔枝树上新发现的一种病害，会使枝干受害，造成树势早衰。

【症状】　感病枝干初期病部产生小突起，后逐渐增大形成肿瘤，表面粗糙或凸凹不平，木栓质。

【病原】　尚不详。

【防治方法】　在做好清园工作的基础上，于春梢抽梢前全面喷 1 次 1 : 2 : 200 波尔多液。在台风过境后及果实采收后，也要喷 1 次波尔多液，以保护树体，防止病菌侵入。

荔枝癌肿病病枝

（六）荔枝菟丝子

荔枝树菟丝子为害状

菟丝子缠绕为害荔枝树

【症状】　菟丝子种子萌发时幼芽无色，丝状，附着在土粒上，另一端形成丝状的菟丝，在空中旋转，碰到寄主就缠绕其上，在接触处形成吸根，进入寄主组织后，部分细胞组织分化为导管和筛管，与寄主的导管和筛管相连，吸取寄主的养分和水分。此时初生菟丝死亡，上部茎继续伸长，再次形成吸根，茎不断分枝伸长形成吸根，再向四周不断扩大蔓延，严重时将整株寄主布满菟丝子，使受害植株生长不良，也有寄主因营养不良加上菟丝子缠绕引起全株死亡。

【发病规律】　在上海，菟丝子9月开花，10月种子成熟，种子落入土中经休眠越冬，或到翌年2～6月落入土壤，陆续发芽，遇寄主后缠绕为害，若无寄主，在适宜条件下，可独立生活达45 d之久。寄主广泛，以木本植物为主，也可为害草本植物，蔓延迅速，为害幼苗、幼树和灌木，但不能为害老化的树皮、高大树木，通过根际萌蘖小枝或依靠其他寄主作为桥梁向上蔓延。

【防治方法】

1. 农业防治

（1）发现菟丝子后，立即连同果苗受害部分一起剪掉（因菟丝子的断茎有发育成新株的能力）。一般在菟丝子开花前剪除，剪时务必彻底，剪下的茎应集中深埋。

（2）苗圃或果园中要清除作为"桥梁寄主"的攀缘性附生植物如杂草等，也可用除草剂防治。

（3）受害严重的果园，每年要进行深翻，将菟丝子落在土面的种子深翻到3 cm以下的深层土中，使它难以出土为害。

2. 药剂防治　定向喷施草甘膦、胺草磷、地乐胺等除草剂可杀灭菟丝子。每隔25 d喷1次，共喷3次。

（七）荔枝藻斑病

荔枝藻斑病在我国各荔枝产区均有发生，是荔枝、龙眼叶片常见的病害之一。病斑可布满叶片，影响叶片进行光合作用，致使树势衰弱，产量降低。

【症状】　为害叶片，初期病斑为灰白色或黄褐色小圆斑，后扩大，并向四周长出纤维状纹理，形成隆起的毛毡状物，呈灰色或变暗褐色，紧贴在叶片上，使组织变褐坏死，并穿透叶背。后期病斑长出橙黄色霉状物。

荔枝藻斑病病叶

【病原】　藻斑病是由寄生性红锈藻〔（*Cephaleuros virescens* Kunze），异名为 *C.parasticus* Karsten〕所引起。病部表面毛毡状结构为红锈藻的营养体（藻丝体），由稠密细致的二叉分枝的丝网构成。营养体可侵入叶片皮层和树枝（嫩梢）的皮层组织。在叶内，红锈藻的细胞呈链状，相互连接成丝状体，延伸在叶片组织细胞间。丝状体（藻丝体）具分隔，内含许多红色素体，呈橙黄色。表面的毛状物系孢子囊梗的孢子囊。孢子囊梗从繁殖阶段的藻丝体上长出，红褐色，有分隔，毛发状，末端膨大成头状，上生8～12条叉状小梗，每一小梗顶端着生一椭圆形或球形、单胞、红褐色的孢子囊。孢子囊成熟后，遇雨水破裂，散发出游动孢子。游动孢子近椭圆形，双鞭毛，侧生，无色，可在水中游动。

【发病规律】　本病病原在热带和亚热带地区普遍存在。以营养体和孢子囊在病叶及落叶上越冬。主要借雨水传播。孢子囊在水中散放出游动孢子，落在叶上萌发芽管，由气孔侵入叶片组织。在嫩枝上，红锈藻侵入外部皮层，使病部略膨大，为其他病菌的入侵提供了有利条件。侵入叶片组织气孔的芽管，逐渐发展成为丝状营养体。丝状营养体在叶片角质层和表皮之间繁殖，并大量穿过角质层在叶片表面作辐射状蔓延，有时穿过表层侵入叶片的下层组织。病部再产生孢子囊和游动孢子传播，反复侵染。游动孢子是初侵染和再侵染源，再侵染现象严重。不同品种荔枝对此病的抗病性未见有报道。据观察，大多数品种荔枝均有发生此病的可能。一般生长衰弱的老树及树冠下部的老叶发生较多。潮湿度和透光性是影响此病发生的主要因素。树冠过密和荫蔽、潮湿、通风透光不良的果园，此病发生严重。

【识别与诊断】　叶面上病斑形成隆起毛毡状物是此病的识别症状。病原鉴定诊断，可采用刮取病征或切片镜检方法进行。在显微镜下，可见具有多分隔、黄绿色的粗壮藻丝体。从藻丝体上长出孢子囊梗和孢子囊。孢子囊梗顶端膨大，上生8～12条叉状小梗；小梗顶端各着生有孢子囊。孢子囊单胞，橙红色或黄褐色，大小为（14.5～20.3）μm ×（16.0～23.5）μm。

【防治方法】

1. **加强果园管理**　增施磷、钾肥，以增强树势，提高植株抗病力。

2. **清除病源**　深埋病落叶，及时剪去枯枝、过密枝和病虫枝，通风透光，减少发病。

3. **药剂防治**　在4月下旬至6月上旬病害发生期施药防治。药剂可选用：10%二硫氰基甲烷乳油2 000 ~ 2 500倍液；45%结晶石硫合剂150倍液；25%溴菌腈可湿性粉剂300 ~ 500倍液；30%琥胶肥酸铜悬浮剂500 ~ 600倍液。一般在早春发病初期开始喷药，连续1 ~ 2次。

（八）荔枝冻害

荔枝冻害是由于荔枝的种植位置偏北或者寒潮偏南导致的，低气温是该病害的主要诱因。改善种植环境及在寒潮来临时注意保护都可以有效防治该病害。

荔枝树遭受冻害　　　　　荔枝树遭受冻害，树干流出胶质物　　　荔枝树遭受冻害，树枝裂皮枯干

【症状】　冻害发生之后叶片首先受害，冻害较重的叶片因迅速失水不能产生离层而枯于枝上经久不落；受冻稍轻的叶片其叶脉逐渐变为褐色或黑褐色，这类叶片会逐渐产生离层脱落，其挂树时间长短不一，有的可维持半年以上不脱落。冻害轻时，枝条不受害，受害轻的叶片主、侧脉变红褐色或仅叶面变白色，严重的叶片干枯。冻害比较严重时，当年生和二年生枝条受冻害，枝条的形成层坏死变褐，并渐干枯，叶片干枯。三年生以上枝条受害，枝条形成层坏死变褐，逐渐干枯，有的裂皮，枝上叶片干枯。冻害很严重时，二级以上主枝受冻害，枝条逐渐干枯，并有皮层爆裂，叶片全部干枯。冻害特别严重时，以上主枝及主干均受害，整株枯死。

【防治方法】

1. **及时适量供水，勤施薄施水肥**　龙眼、荔枝树受冻后枝叶失水干枯，应及时对树盘进行松土、覆盖，以改善土壤通气状况，促进土温回升，利于新根生长。促芽肥可比正常年份提早追施，并做到勤施薄施。

2. **喷施根外追肥，尽量保护绿叶**　龙眼、荔枝树受冻之后根系吸收机能衰弱，因此保叶措施以根外追肥为主。在冻害发生之后，对尚有绿叶层的植株应及时喷施根外追肥进行保叶，天气回暖后每隔7 ~ 10 d喷施氨基酸等有机叶面肥。

3. **天气回暖后及时进行浅松土、大培土，同时施用速效液肥**　可施用稀人粪尿或3% ~ 5%复合肥水，也可结合培土进行根际施肥，做到勤施薄施，以尽快恢复树势和促进萌芽生长。

4. **适时适量，分次修剪**　对龙眼、荔枝冻害植株的修剪宜在春芽萌发、生死部位分界明显之后进行。对冻害较轻，仅有少量叶片或枝梢末端受害的也可在春将要萌发前修剪。此外对龙眼、荔枝冻害树的修剪要掌握宁轻勿重、分次修剪的原则，尤其对受冻较重的树要尽量多保留活组织。对受冻较轻，仅有末次梢受害的，可在枯死组织以下的活枝下剪。而对冻害较重，多年生枝干枯死的，第1次修剪最好在距所选留新梢上方的10 ~ 15 cm处修剪，待第3或第4次新梢老熟，再回缩到紧靠新梢的上方。如果第1次修剪就紧靠新梢截干，往往会使木质部继续往下干枯造成树皮与木质部分离。

5. **保护树体和防治病虫害**　霜冻发生时，枝干组织内外胀缩不均匀，从而使树皮破裂。另外，在进行修剪时也会造成较多的伤口，易于失水干枯或被病菌感染，因此要喷布杀菌剂防治病害。果树受冻后树体衰弱，新梢易受病害，因此要多次喷药保梢，并将杀虫剂与杀菌剂混合使用。

（九）龙眼炭疽病

龙眼炭疽病是龙眼常见病害，主要为害幼龄树和老年树的嫩叶，也侵染成年树、老年树的嫩梢、花穗和果实；发病严重时，可引起幼苗部分枯死，结果树落花落果，直接影响龙眼的产量和品质。

龙眼炭疽病圆形病斑　　　　　　　　　　　　　龙眼炭疽病不规则形病斑

【**症状**】　苗、枝叶、花、果都可受害，尤其以幼苗受害最重。发病初期在幼嫩叶片正面形成暗褐色、背面灰绿色的近圆形斑点，最后形成红褐色边缘的灰白色病斑，上面着生不规则的小黑点。病斑周缘与健部分界十分明显，雨季迅速扩展，将小病斑连成大病斑。该病主要发生在 4～6 月的雨季，造成叶片脱落，果苗滞长，甚至死苗，是影响龙眼苗木出圃数的主要病害之一。叶片发病常见的有两种类型：一种病斑圆形，褐色；另一种病斑呈不规则形，褐色，多发生于叶尖，后期变灰色，其中分布不规则的小黑点，潮湿时产生橙色黏质小粒。该病亦可为害小枝，致小枝上端的叶片干枯死亡。果实发病，以接近成熟时较易发病。主要发生于基部，病斑圆形，褐色，果肉变味腐烂。潮湿时产生橙色黏质小粒。花穗感病后呈水渍状，变褐腐烂，花朵脱落或花穗变褐干枯。病菌亦可侵入花朵，使其变褐干枯脱落。

【**病原**】　无性态为胶孢炭疽菌（*Colletotrichum gloeosporioides* Penz.），有性态为围丛壳菌［*Geomerella cingulata*（Stonem.）Spauld.et Schrenk］，属子囊菌门。有性态通常在培养中不难产生，子囊单层壁，棍棒形；子囊孢子宽肾形，微弯，无色。病菌生长适温为 20～30℃，需在饱和湿度条件下孢子方可萌发。

【**发病规律**】　以菌丝体和分生孢子盘在病残体组织上越冬。翌年春雨季产生大量分生孢子，通过风雨或昆虫传播。高温、高湿、多雨有利于病害发生。

【**发病条件**】　龙眼一年有 3 个发病高峰期，一般在播种后幼苗期发生，即 10 月中下旬、12 月中下旬和 4 月下旬至6 月中旬。在春、秋季多雨季节发生流行，冬季低温及夏、秋季干旱均不利于发生，秋末冬初，若温度高、雨天多，则越冬菌量大，翌年春季病情出现早，发生较严重，反之，则病情发展较缓慢。

【**防治方法**】
1. **加强栽培管理**　对结果前的幼龄树，应加强肥水管理，提高树体的抵抗力，做好培肥改土，结合喷施叶面营养剂，整枝修剪培养良好树冠，促早结丰产。冬、春季清园，收集残枝落叶深埋，并随即对地面树上喷药保护一次。
2. **及时喷药控病**　对结果前的幼树以保护梢叶为主，抓住每次梢期喷药；对成年结果树，应以保护花穗及保果为主，视天气的情况抓好花穗期、幼果发育期和果实近成熟期喷药保护。药剂可选 70% 甲基硫菌灵 +75% 百菌清可湿粉（1∶1）1 500 倍液，25% 咪鲜胺乳油 1 500 倍液，25% 溴菌腈可湿性粉剂 600 倍液，50% 多菌灵可湿性粉剂 800 倍液，80% 代森锰锌可湿性粉剂 1 000 倍液，交替喷施 2～3 次。
3. **抓好龙眼无病育苗**　育苗地宜选避风向阳的小院落或菜地。出圃苗应在雨季过后定植，有条件的最好用甘蔗叶或薄膜遮盖。管好肥水，促苗壮成长，如苗小树弱，发病较重，死亡率也高。
4. **采后果实处理**　在病害常发地区，根据贮运及销售距离远近、时间长短等，进行果实保鲜防腐处理，此项工作可结合防霜疫霉病及防酸腐病一起进行，在上述两病用药的基础上，加入 50% 咪鲜胺锰盐可湿性粉剂 1 500 倍液、50% 抑霉唑乳油 1 000 倍液、24% 腈苯唑悬浮剂 1 500 倍液、70% 甲基硫菌灵可湿性粉剂 1 000 倍液，浸果 1～2 min，晾干后分别包装。

（一〇）龙眼叶枯病

龙眼叶枯病分为龙眼褐色叶枯病（*Phomopsis longanae*）和龙眼灰色叶枯病（*Phomopsis guiyuan*），是龙眼常见的叶片病害。

龙眼叶枯病病叶（1）

龙眼叶枯病病叶（2）

【症状】

1. **褐色叶枯病**　叶片病部褐色，皱缩不平，先发生于叶片顶端，迅速向下延伸，中央部分比旁边部分扩展快，呈"V"形向下延伸，后期在病部上长出小黑点，此即为病原菌的分生孢子器。

2. **灰色叶枯病**　病斑常从叶尖部分先开始，呈"V"形扩展，病部深褐色，后逐渐变褐色至灰白色，边缘暗褐色或紫褐色，波纹状，病健部分界明显，后期在病部上产生大量密集小黑点。

【病原】　褐色叶枯病的病原真菌为龙眼拟茎点霉（*Phomopsis longanae* P. K. Chi et Z. D. Jiang），属半知菌类。分生孢子器扁球形，黑色，壁极厚。分生孢子有两种：甲型分生孢子椭圆形或纺锤形，无色，单胞，内含 2 个油球；乙型分生孢子钩状，无色，单胞，大小为 12 μm×（0.8 ~ 1.2）μm。灰色叶枯病的病原真菌为桂圆拟茎点霉（*Phomopsis guiyuan* C.F.Zhang et P.K.Chi），属半知菌类。分生孢子器扁球形。分生孢子有两种：甲型分生孢子长椭圆形，无色，两端近尖，含 2 个油球；乙型分生孢子无色，钩丝状，大小为（22.5 ~ 50）μm×（1 ~ 1.5）μm。

【发病规律】　两种叶枯病的病菌都以分生孢子器在病叶或落叶上越冬。翌年春天，气候条件适宜时，病叶上产生大量分生孢子作为初次侵染源，由风传播到新梢上，萌发侵入为害。在夏季高温多雨季节，病害发生较为严重，严重时造成落叶。凡是栽种及管理粗放、果园排水不良、荫蔽、潮湿情况下病害都会发生较重。

【防治方法】

1. **加强管理**　增强树势，提高抗病力。

2. **搞好果园生态环境**　要进行适当修剪，剪除病虫枝、弱枝，增强通风透光，改善果园生态环境。清除病枝、落叶以减少病害的初次侵染源。

3. **药剂防治**　在叶斑病发生严重的地区，在病害发生初期，进行药剂防治。有效药剂有 75%百菌清可湿性粉剂 1 000 倍液，70%代森锰锌可湿性粉剂 700 倍液，70%甲基硫菌灵可湿性粉剂 1 000 倍液，50%多菌灵可湿性粉剂 600 倍液，40%氟硅唑乳油 8 000 倍液，25%咪鲜胺乳油 1 500 倍液，10%苯醚甲环唑水分散粒剂 3 000 倍液，对发病较重的树，间隔 10 ~ 15 d 施药 1 次，连喷 2 ~ 3 次。以上药剂应交替使用，能有效控制病害扩展蔓延。

（一一）龙眼煤污病

龙眼煤污病在我国龙眼各产区均有分布。煤污病病原菌种类多，寄主范围较广，除为害龙眼树外，有些病菌还能侵害柚、蕉柑、柑、柠檬、杧果、番石榴、人心果等。果株的叶片受害后，影响光合作用，果实被污染，商品价值降低。

【症状】　果树的叶片、枝梢、果实受侵害。其表面初生小圆点，呈辐射状、褐色或黑色霉层，继而向四周扩展，霉层增厚，形成一薄层的煤烟状物，或形成灰黑色至黑色的薄层，用手擦可成片脱落。有此病菌的菌丝产生吸器，紧贴在寄主受害部位的表面，不易脱落。菌丝层上常产生许多小黑粒（即分生孢子器或闭囊壳）。有些种在菌丝上直接产生形状不一的分生孢子，呈粉末状散生在菌丝上。由于病菌的黑色菌丝层遮盖在受害部的表面，受害严重的叶片光合作用受阻碍、叶卷缩、褪绿、甚至脱落，影响树势，果实被害则降低商品价值。

龙眼煤污病病叶

【病原】　此类病害是由多种真菌所致的。较常见的有：

1. **小刺盾炱菌**（*Chaetothyrium echinulatum* Yamam）　属真菌子囊菌门座囊菌目刺盾炱属。菌丝体生长在叶面上，不规则分枝，棕色至褐色，有很小的刺。从菌丝上长出的刚毛较长，不分枝，端钝圆，不透明。子囊壳近聚生，扁球形，黑色。子囊近圆柱形或椭圆形，端圆，有短柄，内有 8 个子囊孢子，无侧丝。

2. **泽田刺盾炱菌**（*Chaetothyrium sawadai* Yamam）菌丝不规则分枝，浅褐色或近无色。从菌丝上长出刚毛较多，刚毛棕色或褐色。子囊壳扁球形，棕色或褐色，具 23 ~ 53 根刚毛。子囊棍棒状或圆柱形，内含 8 个子囊孢子，无侧丝。

3. **龙眼小煤炱菌**［*Meliola capensis*（*Kalchbr.et Cooke*）theiss. var. *euphoria* Hansf］，爪哇黑壳炱菌［*Phaeosaccardiuula javanica*（Zi mm.）Yamam］　这两种菌丝表面黑色，有足丝，生吸器，常有刚毛。子囊壳球形，有时有刚毛，子囊有多个，内含 2 ~ 8 个子囊孢子，无侧丝。菌丝体紧密交织在叶面呈蛛网状，无色或棕色至褐色，有小刺，小刺圆柱形，不分枝，直或略弯曲，端钝圆，黑色不透明，但上部近透明。子囊壳近聚生，扁球形，有不明显的孔口，干时顶部凹陷，光滑，近革质，黑色。子囊近圆柱形，有短柄，无侧丝，内含 8 个子囊孢子。子囊孢子 2 ~ 3 行排列，椭圆形，直或稍弯，隔膜处不缢缩，无色。

【发病规律】　此病发生与蚧类、粉虱等害虫有关；栽培管理不良、荫蔽潮湿及害虫严重的果园此病亦重。

【防治方法】

1. **农业防治**　加强果园管理，坚持合理施肥，适度修剪，清洁果园，以利于通风透光，增强树势，减少发病。
2. **药剂防治**　用药防治介壳虫、白蛾蜡蝉、粉虱等刺吸式口器害虫，减少发病因素。

（一二）龙眼酸腐病

龙眼酸腐病病果（1）

龙眼酸腐病病果（2）

龙眼酸腐病在采后贮运期间发生较多，炭疽病为害果实也会造成果腐。

【症状】 一般发生于果实贮藏期间，或成熟时受伤的果实上，被害果实多从果蒂及伤口开始出现症状。病部变褐色，果肉褐色腐烂，流出酸臭味汁液，果皮表面有白色的稀疏霉层。

【病原】 病原为白地霉（*Geotrichum candidum* LK. et Pers.），属半知菌类。菌丝体无色、分枝、多隔膜，最后在隔膜处断裂而形成串生的节孢子。节孢子起初短圆形，两端平截，后迅速成熟，呈矩圆形或近椭圆形。其有性阶段为 *Dipodascus geotrichum*（E. Butler et L. J. Petersen）Arx，属子囊菌。

【发病规律】 病菌可在土壤中腐生。病菌的分生孢子借风雨或昆虫携带进行传播，病原菌的寄生性较弱，故病菌多从伤口侵入。青果期较抗病。果实成熟度越高、贮藏时间越长越容易感病；刺吸式口器昆虫（如荔枝、椿象、龙眼木虱）为害严重的果园，果腐病的发病率相对较高。

【防治方法】
1. **适时采收** 适时采收能减少发病。
2. **防止果实受伤** 采收、装运及贮藏过程中尽量避免果实遭受损伤。
3. **药剂防治** 防治好荔枝椿象、龙眼木虱等刺吸式口器害虫。

（一三）龙眼青霉病

龙眼青霉病是龙眼果实采后贮运、销售期间发生的真菌性病害，被害果实果色变色，果肉变质腐烂，不堪食用。严重时招致较大经济损失。

龙眼青霉病为害贮运中的龙眼果实

龙眼青霉病为害龙眼果实

【症状】 果面初现白色霉点，稍后霉点逐渐扩大为霉斑，由白色转呈青蓝色（病菌分生孢子梗及分生孢子），被害果实变软，内部果肉腐烂，不能食用。

【病原】 龙眼果实青霉病是由青霉菌（*Penicillium* sp.）侵染引起的。

【发病规律】 病原真菌均属弱寄生菌，并可营腐生生活，主要存在于土壤和其他腐败有机物上，环境适宜时，产生大量分生孢子，借气流传播，经由伤口侵入致病。在果实贮运与销售期间，病果与健果混在一起，通过互相接触而传染致病；温暖高湿对病菌的生长繁殖有利。如龙眼在采收、分级、包装、运输过程中造成伤口多，或销售贮运环境高温高湿，均有利于此病的发生。至于品种间抗性有无差异，尚缺少调查研究。

【防治方法】 应避免果实损伤和调整销售及贮运环境温、湿度，必要时要考虑进行果实处理。

1. **防止损伤**　采收分级、包装、贮运，销售过程中要注意轻拿、轻放、轻运，尽量减少果实的人为损伤。
2. **调整环境的温、湿度**　注意调整和降低贮运及销售环境的温、湿度，贮运温度应控制在 0 ~ 5 ℃。
3. **果实处理**　对准备长时间贮藏的果实，做好贮藏库（室）环境消毒，必要时对果实进行保鲜防腐处理。

（一四）龙眼癌肿病

龙眼癌肿病是龙眼树上新发现的一种病害。枝干受害，造成树势早衰。

【症状】　感病枝干初期病部产生小突起，后逐渐增大形成肿瘤，表面粗糙或凸凹不平，木栓质。

【病原】　尚不详。

【防治方法】　在做好清园工作的基础上，于春梢抽前全面喷一次 1 ∶ 2 ∶ 200 的波尔多液。在台风过后及果实采收后，也要喷一次波尔多液，以保护树体，防止病菌侵入。

龙眼癌肿病病枝

（一五）龙眼藻斑病

【症状】　初在叶面产生浅黄褐色针头大的小圆斑，后向四周辐射状扩展，形成圆形或不规则形病斑。病斑稍隆起，灰绿色，表面有细条纹状毛毯状物，边缘不整齐，这是识别本病的主要特征。后期病斑由灰绿色变成暗褐色，斑面光滑。

【病原】　病原菌为头孢藻（*Cephaleuros virescens*），属头孢藻属。孢囊梗近圆形，呈叉状分枝，顶端大，上有 8 ~ 12 个卵形黄褐色孢子囊，大小为（14 ~ 20）μm ×（16 ~ 24）μm；游动孢子椭圆形双鞭毛，无色。

龙眼叶藻斑病

【发病规律】　此病原绿藻以丝状体和孢子囊在寄主的病叶和落叶上越冬。翌年春季在越冬部位产生孢子囊和游动孢子，借雨水传播，以芽管由气孔侵入，吸收寄主营养而形成丝状营养体。丝状营养体在叶片角质层和表皮之间繁殖，后穿过角质层在叶片表面由一中心点做辐射状蔓延。病斑再产生孢子囊和游动孢子辗转传播、为害。果园土壤瘦瘠，荫蔽潮湿，通风透光差的发病普遍，长势衰弱的植株和树冠下部的老叶受害严重。

【防治方法】
1. **加强栽培管理**　改进果园通风透光。防涝防旱，锄草翻土，增施有机肥料，多施磷钾肥，以增强果树长势，提高抗病力。经常清除和深埋病叶、落叶，以减少侵染源。
2. **化学防治**　在病害初期可喷洒 0.5% ~ 0.7% 半量式波尔多液或在叶片上喷 30% 氧氯化铜 600 倍液。

（一六）龙眼丛枝病

龙眼丛枝病俗称鬼帚病、秃枝病、扫帚病、麻风病，分布于福建、台湾、广东、广西等省（区）。发病枝梢上的花穗不能结实，或造成枝梢枯死，严重影响产量和树势。当病叶脱落以后，整个枝梢呈扫帚状，故有丛枝病、鬼帚病、扫帚病之称。近年来有逐步加重的趋势。该病以春梢萌发和花穗开放期症状最为明显，为害高峰期在 3 ~ 4 月，花穗受害后基本不能结果，发病株率达到 30% 以上，为害穗率一般为 5% ~ 20%，重的达 40% ~ 60%。

龙眼丛枝病病株（1）　　　　　龙眼丛枝病病株（2）　　　　　龙眼丛枝病叶片卷曲畸形

【症状】　嫩梢、叶片及花穗均能受害，并表现明显症状。病梢的幼叶狭小，淡绿色，叶缘卷曲，不能展开，呈筒状，严重时全叶呈线状，烟褐色。成长叶片的叶面凸凹不平，叶缘常向叶背卷曲皱缩，叶尖向下弯曲，叶脉淡黄绿色，呈明脉现象，脉间叶肉呈现不定型、大小不等的黄绿色斑驳。小叶柄往往扁化，稍变宽。有时在枝梢上同时具有上述两种畸形病叶，或在同一枝条上可见到春、秋梢表现明显的畸形叶，而夏梢却往往生长正常，不表现症状。病梢上的各种畸形叶不久即干枯脱落，成为秃枝。发病严重的植株，新梢丛生，节间缩短，顶部有各种畸形叶片。受害的花穗节间缩短，丛生成簇状，花朵畸形、膨大，数量多，褐色，不正常地密集在一起。病花发育不正常，常早落，不能结实。偶尔能结1～2个果，但果小，肉薄，味淡，不堪食用。病穗干枯后不易脱落，常悬挂于枝梢上。

【病原】　本病由龙眼丛枝病毒（longan witches broom virus，LWBV）侵染所致。病毒粒体为线状，大小为12 nm×1 000 nm，只存在于寄主筛管内，多数是许多粒体聚集在一起，少数是单独存在。据报道，螨类和亥麦蛾的为害也会引致相类似症状。丛枝病毒的寄主范围除龙眼外，人工接种尚可侵染荔枝。

【发病规律】　本病主要通过嫁接传染，用二年生砧木嫁接病枝，经7～8个月的潜育期就可发病。种子可能带病。远距离传播主要通过有病的苗木、接穗和种子的调运。龙眼丛枝病自然传病介体昆虫是荔枝椿象和龙眼角颊木虱。荔枝椿象1～2龄若虫不能传病，但3～4龄若虫的传病率高达18.8%～45.0%，成虫寿命长，能飞翔，其传病范围和传病时期均超过若虫。荔枝椿象成虫和若虫每年6～11月均能传播此病。龙眼角颊木虱成虫传病率为22.3%～37.8%。

通常幼龄树比成年树容易发病，高压苗比实生苗发病率高；龙眼各品种间的抗病性有差异，红核仔、牛仔、大粒、赤壳、油潭本、福眼、蕉眼、花壳、乌龙岭等品种均较感病；而信代本、东璧龙眼等则较抗病或耐病；全国资源圃中的161个品种，无发病、轻度发病（病枝率1%～20%）、中度发病（病枝率21%～50%）、重度发病（病枝率51%～80%）、严重发病（病枝率81%～100%）的品种数占所查品种数中的百分率分别为27.95%、24.22%、19.88%、12.42%与15.53%。从泰国引进的良种"苗翘"和新育成的"立冬本""水南1号"等品种在田间仅发现个别病梢或轻度发病。调查结果进一步证明龙眼品种对该病的抗性存在明显的差异。果园管理不良，荔枝椿象等刺吸式口器害虫多，树势衰弱的植株，容易发病。

【防治方法】

1.**实行检疫**　严禁从病区输出苗木、接穗和种子，防止本病传播到无病区。

2.**培育无病苗木**　用无病和品质优良的健壮母本树种子或接穗育苗，严禁在病树上采取接穗或高压苗。苗圃一旦发现病苗，要及时拔除深埋。

3.**选栽抗病、耐病品种**　新区和新建果园应选育和栽植抗病或耐病品种。

4.**加强栽培管理**　新建果园适当放宽株行距，以减少自然接触传染的机会。零星发病的果园，特别是重病树，应立即砍除销毁。增施有机肥料，以增强树势，提高抗病力。采果前后施用氮肥时，要配合施用磷、钾肥，促使秋梢及时萌发、充实，增强抗寒力，可减少秋梢发病。轻病树应及早剪除病梢、病穗，对缓和病情、延长结果年限有一定作用。

5.**防治传病介体昆虫**　加强对荔枝蝽、龙眼角颊木虱的防治是防治该病的重要环节。对龙眼角颊木虱的防治重点是越冬代及第1代盛孵期，5～6月需要喷药杀虫。荔枝蝽2龄若虫期是比较好的防治时期，这个时期也是龙眼角颊木虱第1代若虫盛发时期，防治可以用：10%吡虫啉可湿性粉剂3 000倍液，52.25%毒死蜱·氯氰菊酯乳油1 000倍液，48%毒死蜱乳油1 000倍液，25%溴氰菊酯乳油或20%氰戊菊酯乳油3 000倍液。

（一七）龙眼缺镁症

镁在植物细胞中参与能量代谢，是酶的辅助因子，并且是叶绿素结构的中心原子，因而在太阳能吸收方面起重要作用。由于地质等其他因素的影响，植物中的缺镁现象很普遍。据报道，我国土壤缺镁面积占全国总耕地面积的6%，许多地方出现植物缺镁失绿症。

龙眼缺镁症叶片

【症状】　老叶和果实附近叶片先发病，症状表现亦最明显。病叶沿中脉两侧生不规则黄斑，逐渐向叶缘扩展，使侧脉向叶肉呈肋骨状黄色带，后则黄斑相互联合，叶片大部分黄化，仅中脉及其基部或叶尖处残留三角形或倒"V"形绿色部分。严重缺镁时病叶全部黄化，遇不良环境很易脱落。龙眼缺镁症状通常始见于枝条的中下部复叶，同一复叶则是基部老叶症状较上部嫩叶出现较早且较重，先是叶尖端和叶缘出现脉间失绿，继而症状由叶缘沿侧脉向内扩散，形成清晰的网状脉纹，中脉附近的叶色不褪绿，形成一条狭长的绿色。随症状发展，出现叶尖坏死，失绿部分由淡绿色变为黄绿色，并出现紫红色斑点或斑块。

龙眼叶片缺镁症状在果实膨大期较易出现。随着果实发育，叶片镁营养向果实转移，叶片缺镁症状也越为明显。缺镁叶片变小且易脱落，严重缺镁者树势衰竭，龙眼产量和品质均受到明显影响。

【原因】　龙眼园土壤镁素状况因土壤母质不同而异，玄武岩发育的土壤供镁充足，河流冲积物发育的土壤供镁尚可，而第四纪红土，尤其是花岗岩、凝灰岩发育的土壤供镁水平低或极低。酸性土壤和轻沙质土壤中镁极易流失，常易发生缺镁症；强碱性土壤中镁会变为不可给态，不能被吸收利用而发生缺镁症。根据对多个缺镁龙眼园的采样测定，缺镁叶片含镁量为0.029 1%～0.041%，仅为正常叶片含镁量（0.143%～0.160%）的1/5～1/4，同时土壤有效镁含量仅为20.8～31.4 mg/kg。每收获带走50 kg龙眼果实，就带走11.6～15.5 g的镁素。在龙眼生产中，种植户普遍施用氮、磷、钾肥，但较少施用镁肥。我国龙眼园土壤有效镁含量在2.9～569.0 mg/kg，平均为48.9 mg/kg，其中低于50 mg/kg的龙眼果园占73.9%，在50～100 mg/kg的果园占13.9%。因此，整体上我国龙眼园土壤镁素供应能力较低。随着龙眼种植年限增加，在果实带走镁量越来越多的同时如不补充镁肥，龙眼树势将衰弱，果实产量和品质将受到很大影响。故在缺镁龙眼园需要及时施镁，才能防止缺镁素症状的发生和树势衰退。

【防治方法】

土壤改良，增施有机肥料和镁肥。

黄壤等酸性土壤施用钙镁磷、氧化镁、硝酸镁、白云石粉、含镁石灰和氢氧化镁等，这些肥料成年树亩施15～45 kg；紫色土等碱性土宜施硫酸镁和硝酸镁，成年树亩施15～30 kg。树冠滴水线附近挖7～25 cm深的环形浅沟施，每2～3年施用一次。

以株产50 kg果实计算，建议施用1.1～1.3 kg的农用七水硫酸镁。可在采果前后、谢花后及果实膨大期分3次平均施用。如施用硫酸钾镁肥等，由于不同厂家生产的硫酸钾镁肥含镁量不相同，应根据肥料含镁量折算其用量。另外，建议同时在果实膨大期喷施2次0.2%七水硫酸镁即可有效防止缺镁症状的发生及保证树体的镁营养。

二、荔枝、龙眼害虫

（一）荔枝蒂蛀虫

荔枝蒂蛀虫（*Acrocercops cramerella* Snellen），又名爻纹细蛾，属鳞翅目细蛾科。

荔枝蒂蛀虫幼虫在蛀孔处

荔枝蒂蛀虫结茧化蛹

荔枝蒂蛀虫成虫

荔枝蒂蛀虫幼虫在荔枝内为害状

【分布与寄主】 分布于广东、广西、福建、台湾等省（区），为害荔枝、龙眼，是荔枝、龙眼的主要蛀果害虫。

【为害状】 在幼果膨大期蛀食果核，导致落果。果实发育后期（着色后），种核坚硬，不能入侵，则仅在果蒂为害，遗留虫粪，影响果实品质。为害花穗、新梢则多钻蛀嫩茎近顶端和幼叶中脉，被害叶片日后表现中脉变褐，表皮破裂，花穗或梢轴受害，顶端枯死，但常不易觉察。

【形态特征】

1. **成虫** 为小型细长的蛾子，体长 4 ~ 5 mm，翅展 9 ~ 11 mm，全体灰黑色，腹部腹面白色。触角丝状，1 倍于体长。前翅灰黑色，狭长，从后缘中部至外缘的缘毛甚长，亦灰黑色，并拢于体背时，左右前翅翅面两度曲折的白色条纹相接呈"爻"字纹，后翅灰黑色，细长如剑，后缘中部的缘毛甚长，约为翅宽的 4 倍。前翅最末端的橙黄色区有 3 个银白色光泽斑，这一特征可与荔枝上的近缘种尖细蛾相区别。

2. **卵** 直径为 0.2 ~ 0.3 mm，扁圆形，半透明，黄白色，卵壳表面有不规则花纹。

3. **幼虫** 扁筒形，在果内取食者体呈乳白色，在梢叶上取食者为淡绿色。腹部连臀足共 4 对，第 6 腹节的腹足退化，仅第 3 ~ 5 腹节和第 10 腹节具足。

4. **蛹** 纺锤形，淡黄色，羽化前灰黑色，长 5 ~ 6.9 mm。

5. **茧** 扁平椭圆形，白色丝质，呈薄膜状，结于叶上，多在叶面。

【**发生规律**】 福建漳州 1 年发生 10 代，广东深圳 1 年发生 11 代，广西玉林 1 年发生 12 代。主要以幼虫在荔枝冬梢和早熟品种花穗近顶端越冬。由于荔枝成熟期不一，采收期较长，因此受害较重。第 1 ~ 3 代幼虫主要为害各品种的嫩梢，第 4 ~ 5 代幼虫主要为害果实，第 6 代以后各代为害秋梢嫩叶和冬梢。在荔枝果实种腔内为液状物时，幼虫不入侵果实，多蛀害春梢叶片中脉。在果实膨大期种腔内呈白色固态时，幼虫入侵蛀食核内子叶，导致落果。果实接近成熟，种核坚硬，不易入侵时，则取食种柄，遗留虫粪于蒂内，影响果实发育，降低品质，并出现采前落果。因此其为害依荔枝品种成熟期先后而转移，其中，小核品种，特别是桂味品种受害较轻。荔枝采收后，如附近有龙眼则转移为害龙眼，在福建龙眼受害甚为严重，在广东荔枝园附近如没有龙眼则为害荔枝夏梢、秋梢幼叶，多蛀食中脉和叶柄，常与近缘种尖细蛾混合发生，但尖细蛾不为害果实。越冬代幼虫则多在荔枝、龙眼冬梢中轴或花梗中越冬。

【**防治方法**】

1. **清除虫源**

（1）荔枝冬梢是蒂蛀虫的越冬场所。荔枝采果前后，要施足肥料，防控秋梢，控制冬梢，以减少越冬虫源。

（2）5 ~ 7 月及时清除落果落叶，铲除杂草，冬季剪除被害叶片并深埋。

2. **药剂防治**

（1）在受害严重的地区，依各栽培品种成熟期在第 2 次生理落果高峰后期开始进行发生期的预测预报，查蛹，一般各代蛹的羽化率在 40% 和 80% 时喷药 2 次，可取得成效，或在果实膨大期和果皮开始转色期，依据虫情喷药 2 次。

（2）采果前 15 d 喷药 1 次。若虫口密度大，果园荫蔽，地势低洼，可在幼果期和中果期各喷 1 次。

（3）秋梢开始展叶期喷药，药剂选用 50% 氯氰·毒死蜱乳油 1 500 倍液，10 d 后再喷 1 次，兼治荔枝蝽和荔枝瘿螨等，10% 氯氰菊酯乳油 2 000 倍液，可用药剂还有除虫脲、高氯·三唑磷、高效氯氰菊酯、毒死蜱等。

（二）荔枝蝽

荔枝蝽成虫

荔枝蝽若虫与卵块

荔枝蝽高龄若虫

荔枝蝽引起龙眼煤污病

荔枝蝽低龄若虫

荔枝蝽若虫群集为害

荔枝蝽（*Tessaratoma papillosa* Drury），俗称臭屁虫、光背，属半翅目蝽科。

【分布与寄主】 分布于广东、广西、福建、江西、云南、贵州等省（区）。主要为害荔枝、龙眼等无患子科植物。

【为害状】 成虫、若虫均能刺吸嫩梢、花穗、幼果汁液，导致落花落果。受惊扰时，射出臭液自卫，臭液触及人的眼睛或皮肤，可引起辣痛；射在花穗、嫩叶及果壳上，会使其变成焦褐色。大发生时严重影响产量。

【形态特征】
1. **成虫** 雌成虫体长 24 ~ 28 mm，雄成虫略小，体近似盾形，黄褐色，腹面被白色蜡粉。
2. **卵** 近圆球形，直径约 3 mm，初产时淡绿色或淡黄色，近孵化时紫红色。卵腰处围绕 1 条白纹。常多粒排成一卵块。
3. **若虫** 共 5 龄，1 龄体长约 5 mm，椭圆形，体色由鲜红色变为深蓝色，前胸肩角鲜红色。2 龄以后体变为长方形，体长 2 龄约 8 mm，3 龄 10 ~ 12 mm，4 龄 14 ~ 16 mm，5 龄 18 ~ 20 mm；体色随虫龄增大而变淡。腹部背面中线的两侧有 1 列斜排的黄色小点，臭腺孔 2 对，位于腹部背面 4 ~ 5 节及 5 ~ 6 节，能射出臭液，3 龄以后具明显翅芽。

【发生规律】 华南 1 年发生 1 代，以未成熟的成虫在避风向阳、较稠密的树冠叶丛中，或附近的屋顶瓦片及屋檐下越冬。翌年气温上升至 15 ℃时，成虫才上枝梢、花穗活动取食，待性成熟后，开始交尾、产卵。每次产卵至多 14 粒排列成块，每头雌虫产卵 5 ~ 10 块，卵多产在树冠下层的叶片背面，少数产在叶面、花穗上，偶尔产在枝梢、树干及树体外其他场所。成虫产卵期自 3 月中旬至 10 月上旬，以 4 ~ 5 月产卵最盛。成虫会在春季聚集交配产卵，在冬季聚集越冬。此外，荔枝蝽的各龄若虫也有群集性，如刚孵化的若虫会在卵块上聚集一段时间后才纷纷散去，聚集时间几小时。成虫、若虫刺吸幼芽、嫩梢，影响其正常生长，严重时新梢枯萎。在花柄及幼果柄刺吸汁液引起落花、落果。成若虫均有假死性，受惊扰时会喷出臭液或即行下坠。受惊时排出的臭液染及嫩叶、花穗和幼果，会造成焦褐色灼伤斑。其为害处常常便于霜霉菌侵入而致使霜霉病发生，严重时可导致产量的下降甚至失收。3 龄及以上龄期的荔枝蝽若虫和成虫均可传播丛枝病毒。

荔枝蝽的发生与温度关系密切，当年冬季和翌年春季温度偏高且丰产年份，翌年将发生量大，为害重；反之，则发生少，为害轻。荔枝蝽的天敌种类较多，捕食性天敌主要有中华大刀螳、枯叶大刀螳、广斧螳、螽斯及 25 种蜘蛛等。此外还有华南雨蛙和一些鸟类等天敌，寄生性天敌主要有平腹小蜂和跳小蜂；寄生菌有白僵菌、绿僵菌、淡紫青霉（荔蝽菌）和淡紫拟青霉等，寄生线虫则主要是索线虫等。控制荔枝蝽作用最为显著的寄生性天敌是平腹小蜂和卵跳小蜂，跳小蜂寄生荔枝蝽卵的寄生率可高达 83.18% ~ 98.81%，每头雌蜂平均能寄生 18 d 卵龄的蝽卵 8.8 ~ 22 粒，平腹小蜂对荔枝蝽的控制效果可达 91.6%，卵寄生蜂是控制荔枝蝽种群增长的主要天敌，因此应用寄生蜂防治时，可于荔枝蝽的产卵始盛期进行第 1 次放蜂，再于 10 ~ 12 d 后释放第 2 次，即能达到防治荔枝蝽的最佳效果。荔枝蝽索线虫，由幼虫直接穿透荔枝蝽的体壁进入体内，被寄生的荔枝蝽，外表一般无明显的变化，但体内的营养物质及生理生化方面发生了重大的变化，可使荔枝蝽产卵量由原来的平均每雌产 70 ~ 98 粒卵下降到平均 1.41 粒，最高的寄生率可达到 70%。

【防治方法】
1. **种植抗性品种** 从荔枝蝽发生为害的情况上看，荔枝蝽在糯米糍和桂味上发生较多。范鸿雁等分析鉴定认为，抗荔枝蝽的品种主要是三月红，而紫娘喜、大丁香和南岛无核为中等抗性品种，妃子笑和白糖罂则抗性弱。在荔枝蝽发生为害严重的区域应选择种植抗性较强的三月红等品种，也可选择荔枝蝽种群在经济阈值以下水平的区域种植中低抗品种，注意合理防治荔枝蝽。

2. **人工防治** 冬季 10 ℃以下低温时期猛摇树枝，振落成虫，集中处理。根据荔枝蝽的聚集习性，花果期可采取人工摘除荔枝蝽卵块、若虫团和成虫团，同时起到疏花疏果、摘除丛枝病梢的作用，冬季可结合修剪清园，剪除受害枝条和聚集在树枝上的越冬成虫团，清扫落叶，减少成虫越冬的场所，从而起到降低来年虫口基数的作用。产卵盛期采摘卵块，集中放在寄生蜂保护器中，保护天敌。此外，还需加强水肥管理，提高果树抗性，恢复被害树的长势等。

3. **药剂防治**
（1）化学农药防治：荔枝蝽防治方法仍以化学农药防治为主。目前，我国已正式登记的用于防治荔枝蝽的农药产品有多个，其中氯氰菊酯 1 个、溴氰菊酯 2 个、高效氟氯氰菊酯 2 个、敌百虫 1 个、混剂 1 个（为氯氰菊酯与马拉硫磷的混配剂）。防治荔枝蝽成虫的关键时期是 2 ~ 3 月，2 ~ 5 月初孵若虫出现盛期由于若虫个体小、蜡质少及抗性差等，喷药 1 ~ 2 次即可防治。

（2）新型植物源农药防治：0.3% 印楝素乳油属于高效低毒的新型植物源杀虫剂，印楝杀虫剂对鸟类、鱼类等毒性也很低甚至无毒，对蚯蚓也无副作用，但对昆虫则具有强烈的拒食驱避作用。

4. **生物防治**
（1）天敌昆虫防治：利用平腹小蜂，可在早春荔枝蝽产卵初期开始放蜂，以后每隔 10 d 放 1 次，共放 3 次。每次放蜂量视害虫密度而定，平均每树有虫 150 头左右时，放蜂 600 头左右，若每株树超过 400 头时，应先喷药压低虫口密度后，再行放蜂。

（2）寄生菌：白僵菌、绿僵菌、淡紫青霉（荔蝽菌）和淡紫拟青霉等均可寄生于成虫、若虫的体外，并相互传播，而且对荔枝蝽的致死率相当高。绿僵菌 Mao1 菌株、球孢白僵菌、金龟子绿僵菌、玫烟色棒孢菌和爪哇棒孢菌 5 个菌种对荔枝蝽致病能力比较好，寄生菌不仅具有高致死率，而且具有专一、无毒、无残留的优势，作为生物型农药开发具有广阔的前景。

（三）荔枝青尺蛾

荔枝青尺蛾（*Anisozyga* sp.），又名尺蠖，属鳞翅目尺蛾科。随着荔枝大面积连片种植后，害虫种群结构也发生了变化，新的害虫种类和数量明显增加，一些次要害虫轮番上升为主要害虫，尤以尺蛾类害虫最为明显。

荔枝青尺蛾幼虫　　　　　　　　　　　　　　　　荔枝青尺蛾成虫

【为害状】　主要以幼虫取食为害嫩芽、嫩梢，造成叶片残缺，减少光合作用面积，影响荔枝来年的开花坐果，或者直接取食花穗和幼果等，对荔枝的产量影响甚大。初孵幼虫不活跃，从叶尖稍下的叶缘开始取食；2 龄幼虫取食叶缘成微缺刻；3 龄幼虫取食量明显增加，叶片边缘缺刻明显；4 龄幼虫取食量激增，进入暴食期，密度大时可将整片叶子连同叶柄吃光。老熟幼虫沿树干爬到地面上的草丛落叶间化蛹或吐丝缀连相邻的叶片成苞状在其中化蛹。蛹体腹末端有丝状物与覆盖物黏结在一起。夏、秋梢受害最重。

【形态特征】
1. 成虫　体长 15 ~ 18 mm，前、后翅青绿色，布满白色斑块。
2. 卵　圆柱形，0.5 ~ 0.6 mm，初产前青色，孵化前红色。
3. 幼虫　初孵化时黄色，后变棕褐色，3 ~ 5 龄有明显的脊状背中线。

【发生规律】　在广东、福建等荔枝产区每年发生 7 ~ 8 代。第 1 代发生于 3 月下旬至 5 月上旬。第 2 代发生于 5 月上旬至 6 月上旬，以后约每个月发生 1 代，最后 1 代幼虫出现于 11 月上旬至 12 月中旬。从第 3 代开始世代重叠。8 ~ 11 月发生为害最重。尺蛾以蛹于地面草丛落叶间及树冠上的叶间越冬，少数以老熟幼虫于树上荫蔽叶间越冬。

成虫白天喜栖息于树冠及枝叶的背光处，两翅平展不动，受惊时短距离迁飞。夜间活动飞翔能力较强，清晨及傍晚为羽化盛期，羽化当晚交尾，交尾后产卵。卵可产于嫩芽、嫩叶、嫩枝和老叶上。以未完全张开的嫩叶或嫩芽的尖端落卵最多。

【防治方法】
1. 农业措施　统一放梢、修剪荫枝嫩梢等，可有效抑制尺蛾种群数量。
2. 药剂防治　在种群暴发时期更显出其重要作用。目前应对抗性荔枝尺蛾的高效低毒药剂主要有阿维菌素和甲氨基阿维菌素苯甲酸盐等。而氯虫苯甲酰胺、茚虫威、多杀霉素等药剂在室内也表现出很高的活性。

（四）荔枝豹纹蠹蛾

荔枝豹纹蠹蛾（*Zera leucotum* Butler），别名麻木蠹蛾，属鳞翅目蠹蛾科。

荔枝豹纹蠹蛾蛀断幼树

荔枝豹纹蠹蛾成虫

荔枝豹纹蠹蛾幼虫

荔枝豹纹蠹蛾在蛀害枝内化蛹

【分布与寄主】 该蛾分布广泛，主要分布于华北、东南、西南等地区。以幼虫蛀食荔枝、枣、桃、柿子、山楂、核桃等果树及杨、柳等林木。

【为害状】 被害枝基部木质部与韧皮部之间有 1 个蛀食环，幼虫沿髓部向上蛀食，枝上有数个排粪孔，有大量的长椭圆形粪便排出，受害枝上部变黄枯萎，遇风易折断。

【形态特征】

1. **成虫** 体灰白色，长 15 ~ 18 mm，翅展 25 ~ 55 mm。雄蛾端部线形。胸背面有 3 对青蓝色斑。腹部白色，有黑色横纹。前翅白色，半透明，布满大小不等的青蓝色斑点；后翅外缘有青蓝色斑 8 个。雌蛾一般大于雄蛾，触角丝状。

2. **卵** 圆形，淡黄色。

3. **幼虫** 老龄幼虫体长 30 mm，头部黑褐色，体紫红色或深红色，尾部淡黄色。各节有很多粒状小突起，上有白毛 1 根。

4. **蛹** 长椭圆形，红褐色，长 14 ~ 27 mm，背面有锯齿状横带。尾端具短刺 12 根。

【发生规律】 1 年发生 1 代。以幼虫在枝条内越冬。翌年春季枝梢萌发后，再转移到新梢为害。被害枝梢枯萎后，会再转移甚至多次转移为害。5 月上旬幼虫开始成熟，于虫道内吐丝连缀木屑堵塞两端，并向外咬一羽化孔，即行化蛹。5月中旬成虫开始羽化，羽化后蛹壳的一半露在羽化孔外，长时间不掉。成虫昼伏夜出，有趋光性。于嫩梢上部叶片或腋芽处产卵，散产或数粒在一起。7 月幼虫孵化，多从新梢上部腋芽蛀入，并在不远处开一排粪孔，被害新梢 3 ~ 5 d 内即枯萎，此时幼虫从枯梢中爬出，再向下移不远处重新蛀入为害。一头幼虫可为害枝梢 2 ~ 3 个。幼虫至 10 月中下旬在枝内越冬。

【防治方法】 剪除虫枝，将植株上部剪下深埋。春末夏初幼虫为害时，剪下受害枝条烧毁。

（五）大钩翅尺蛾

大钩翅尺蛾（*Hyposidra talaca* Walker），别名柑橘尺蛾、缺口褐尺蛾，属鳞翅目尺蛾科。

大钩翅尺蛾成虫　　　　　大钩翅尺蛾幼虫为害荔枝叶片　　　　　大钩翅尺蛾蛹

【分布与寄主】　分布于广东。以幼虫为害柑橘、荔枝、龙眼叶片。

【形态特征】

1. **成虫**　体深灰褐色，前、后翅均有 2 条赤褐色波状线从前缘伸向后缘，波状线内侧有赤褐色斑纹与波状线依存，前翅外缘有弧形内凹。雌蛾触角丝状，其腹腔内的卵为绿色，串珠状。

2. **幼虫**　幼虫常被误为大造桥虫幼虫。其不同之处是，大造桥虫幼虫第 2 腹节背面有 1 对锥状的棕黄色较大瘤突，第 8 腹节背面同样有 1 对较小的瘤突。大钩翅尺蛾幼虫则没有。但大钩翅尺蛾幼虫第 2 ~ 7 腹节各有 1 条点状白色横线。胸足 3 对，第 6 腹节有腹足 1 对和尾足 1 对。

【防治方法】

1. **诱蛹或挖蛹**　在老熟幼虫未入土前，用塑料薄膜铺设在主干周围，上面再铺湿度适中的松土 6 ~ 10 cm，诱集幼虫在其中化蛹，再集中消灭。也可在蛹发生高峰期（广东各代分别为 11 月至翌年 2 月、5 月中下旬、7 月中旬和 8 月下旬至 9 月初）挖掘柑橘树主干周围 60 ~ 70 cm，深度 3 cm 的表土，收集蛹带出园外处理。以越冬代和第 1 代蛹期挖掘最为有效。

2. **灯光诱杀成虫**　成虫羽化期每公顷安装 1 只 40 W 的黑光灯或频振式杀虫灯诱杀。

3. **刮除卵块**　卵成堆产于树皮裂缝处或柑橘叶背，可收集卵块集中埋掉。

4. **药剂防治**　在 1 ~ 2 龄幼虫发生高峰期喷药防治，药剂可用 100 亿个 /g 青虫菌（Bt）500 倍液、25% 除虫脲可湿性粉剂 1 500 ~ 2 000 倍液、90% 晶体敌百虫 800 ~ 1 000 倍液加 0.2% 洗衣粉、80% 敌敌畏乳油 1 000 倍液、20% 中西杀灭菊酯（氰戊菊酯）乳油或 2.5% 溴氰菊酯乳油或 20% 甲氰菊酯乳油 2 000 倍液。

（六）独角仙

独角仙（*Dynastes gideon* Linnaeus），又名独角犀、橡胶犀金龟，属鞘翅目犀金龟科。

独角仙为害龙眼果实　　　　　　　　独角仙为害荔枝果实

【分布与寄主】　分布于广东、广西、云南、福建等省（区）；国外越南、缅甸、印度等地有分布。为我国南方及南亚、东南亚常见种之一。

【为害状】　成虫啃食柑橘、梨、荔枝、龙眼、菠萝等嫩枝和果实。幼虫蛀食树干，形成孔道。

【形态特征】

1. **成虫**　体长 30 ～ 45 mm。体黑褐色，有光泽。雄虫头顶有 1 个粗长的角状突起，翘向后弯。前胸背板有 1 个末端二叉的角突。雌虫体较小，头、胸部无角状突起。

2. **卵**　圆筒形，长约 3 mm，黄白色。

3. **幼虫**　体弓曲，前部多横皱并密生细毛。

【发生规律】　1 年发生 1 代，以幼虫在堆肥或沃土中越冬。翌年 4 月中下旬开始化蛹，5 ～ 8 月间当发现橘树根部泥土蓬松或出现小洞时，扒开泥土即见该虫在咬食树皮。夏季还可看到该虫爬到距树蔸 10 cm 左右的树干上咬食树皮。为害轻时，树皮流胶腐烂；为害严重的将根部树皮吃光，致使橘树死亡。

【防治方法】　树干涂白拒虫；6 ～ 7 月铲除果园杂草，一经发现，就地处理；采用植皮法，在被犀金龟啃食的部位植入树皮，可愈合恢复。

（七）茶材小蠹

茶材小蠹为害枝干

茶材小蠹在树干蛀孔

茶材小蠹为害荔枝树枯干

茶材小蠹成虫

茶材小蠹（*Xyleborus rornicatus* Eichhoff），别名茶枝小蠹，属鞘翅目小蠹科。

【分布与寄主】 分布于广西、广东、海南、台湾、四川、云南等省（区）。寄主植物除荔枝、龙眼外，还有茶、樟、柳、蓖麻、橡胶、可可等树。

【为害状】 成虫、幼虫在长势差的寄主植物上钻蛀为害，多呈环状坑道，影响养分运输，使树势削弱，降低产量和品质。其特点是外观为直径 2 mm 的小圆孔，孔口处常有细碎木屑，湿度大时，孔口四周有水渍。受害重的寄主植物成片毁灭。

【形态特征】

1. **成虫** 雌成虫体长 2.5 mm 左右，圆柱形，全体黑褐色。头部延伸成喙状。复眼肾形。触角膝状，端部膨大如球。前胸背片前缘圆钝，并有不规则的小齿突，后缘近方形平滑。鞘翅舌状，长为前胸背片的 1.5 倍，翅面有刻点和茸毛，排成纵列。雄成虫体长 1.3 mm，黄褐色，鞘翅表面粗糙，点刻与茸毛排列不很清晰。

2. **卵** 长椭圆形，长径约 0.6 mm。初产时乳白色，将孵时淡黄白色。

3. **幼虫** 末龄幼虫体长约 2.4 mm，乳白色。前端较小，后端稍大，体肥壮，有皱纹。胸足退化，腹足仅留痕迹。

4. **雌蛹** 体长约 2.5 mm，初蛹时乳白色，随后逐渐变为淡黄褐色，口器、复眼和翅端颜色较深。

【发生规律】 广东 1 年发生 6 代，广西南部 1 年发生 6 代以上，世代重叠；主要以成虫在原蛀道内越冬，也有部分幼虫和蛹越冬。翌年 2 月中下旬气温回升后，越冬成虫外出活动，并钻蛀为害，形成新的蛀道。4 月上旬开始产卵。

每代成虫羽化后在原坑道内栖息 7 d 左右即钻出蛀道，尤其晴天午后出孔活动较活跃。出孔后的成虫多在一二年生枝条的叶痕和分叉处蛀入，形成蛀道，蛀孔圆形，直径约 2 mm，孔口常有木屑堆积。成虫从出孔到重新入侵需 10 min 至 3 h，从入侵到完成坑道需 12 ~ 36 h。蛀道可深达木质部，呈缺环状水平坑道。卵产在坑道内，卵历期约 6 d，幼虫生活在母坑道中，老熟幼虫在原坑道中化蛹，蛹历期 4 ~ 5 d。一般于 11 月中下旬开始越冬。

该虫主要为害老、弱的荔枝、龙眼树，以一二年生的枝条受害较严重。不加管理的荔枝园受害最普遍。一年中的花穗期、果期、秋梢期该虫种群数量较低，采果后和秋梢老熟后虫口密度较高。

【防治方法】

1. **农业防治** 加强水肥管理，在施足基肥的基础上，每次梢期要合理用肥，以促进新梢生长粗壮，减少茶材小蠹侵害。采果后至冬季，结合果树修剪和冬季清园，剪除虫害枝。对受害严重的果株，实行重施肥、重修剪，以减少虫源，使树体更新复壮。

2. **药剂防治** 修剪清园后，及时用药喷洒枝干。掌握在越冬代成虫和第 1 代成虫羽化出孔活动期喷药于枝干上，防治部分成虫。有效药剂有 10% 氯氰菊酯乳油 3 000 倍液，或 48% 毒死蜱乳油 1 500 倍液，或 50% 辛硫磷乳油 1 500 倍液。

（八）荔枝小灰蝶

荔枝小灰蝶（*Deudorix epijarbas* Moore），属鳞翅目灰蝶科。

【分布】 分布于广西、广东、福建等省（区）。

【为害状】 以幼虫蛀害荔枝果核，偶尔也食害龙眼果核。被害果常不脱落，蛀孔口多朝向地面，孔口较大，近圆形，除 1 龄幼虫有时在孔口有少许虫粪外，一般果核蛀道和孔口无虫粪。

【形态特征】

1. **成虫** 雄成虫体长 12 mm，翅展 26 mm，雌虫略大。触角棍棒状，长达前翅前缘 2/3，背面为黑褐色，末端淡红色。腹面各节基部白色。复眼棕黑色。额区及下唇须白色。雌虫前后翅灰褐色，仅后翅后缘灰白。雄虫前翅前缘及外缘约距离翅基 3/4 处皆为黑褐色，其余为红色。后翅基部及边缘皆为黑褐色，其余为红色。后翅臀角处有一黑色带状突，末端白色；其内下有一圆形突，中央为一黑色点，周围黄色，黄色的外圈为黑褐色。腹部背面红色，腹面白色至灰白色。

2. **卵** 近球形，底平，顶部中央微凹，横径 0.8 mm，纵径 0.55 mm，表面有多角形纹。

3. **幼虫** 末龄幼虫体长 16 mm，扁圆筒形，全体淡黄色，背面色较浓，后胸及腹部第 1、第 2、第 6 各节背面灰黑色。

荔枝小灰蝶成虫（1）

荔枝小灰蝶成虫（2）

荔枝小灰蝶蛹

荔枝小灰蝶蛀食龙眼果

荔枝小灰蝶幼虫

腹部第 7 ~ 9 节分界不明显，8 ~ 9 节背面与体纵轴成 45° 倾斜。

4. 蛹　短圆筒形，长 13 mm，背面紫黑色，上有褐色斑，被有棕黄色短毛。腹面淡黄色。头顶有一列粗毛，头部与前胸交界处有一紫黑色纹，自背面两侧斜向前方。

【发生规律】　华南地区 1 年发生 3 ~ 4 代，以幼虫在树干表皮裂缝或洞穴内越冬。第 1 代幼虫于 5 月中下旬至 6 月上旬为害荔枝果实。幼虫历期 14 ~ 16 d，预蛹期 2 ~ 3 d，蛹历期 7 ~ 11 d。成虫昼出，第 2 ~ 3 代成虫产卵在龙眼果蒂基部，受害较重。幼虫一般从果实中部蛀入，取食果核，1 头幼虫一生可蛀害 2 ~ 3 个果实，夜间转果为害。当果实长大至果肉包满果核，极少受其侵害。被害果一般不脱落。幼虫老熟爬离被害果，在树干皮层裂缝等隐蔽处化蛹，福建省福州地区 1 年发生 3 代，5 ~ 6 月第 1 代幼虫为害荔枝果实，第 2 ~ 3 代幼虫转害龙眼果实，盛发于 6 ~ 7 月。福建闽南 1 年发生 4 代，幼虫蛀食果核，1 头幼虫食害 2 ~ 3 个甚至 10 多个果实。幼虫夜出转果为害，老熟幼虫在树干缝中化蛹。

【防治方法】　一般可结合防治异形小卷蛾兼治，但对虫口密度较大的果园，还应做针对性的防治。

1. 人工防治

（1）增强树势，提高树体抵抗力，科学修剪，将病残枝剪除，调节通风透光，保持果园适当的温度，结合修剪，清理果园，减少虫源。

（2）清除园地上的落果，冬、春季实行树干涂白，以防治部分越冬虫蛹。检查幼果，及时摘除虫果。

（3）保护和利用天敌，避免使用广谱性药剂。

（4）可适当选择较抗虫的品种，早、中熟品种易发生虫害。

2. 药剂防治　重点抓好荔枝早熟品种第 2 次生理落果高峰后和在龙眼幼果果肉开始形成至果肉包满果核前，酌情喷药 1 ~ 2 次。掌握在羽化前喷在树干裂缝处，羽化始盛期后均匀喷在树冠。防治蛀蒂虫、异形小卷蛾的多种药剂可兼治小灰蝶。

（九）麻皮蝽

麻皮蝽（*Erthesina fullo* Thunberg），又名麻黄蝽、麻斑蝽、黄斑蝽，属鞘翅目蝽科。

【分布与寄主】 在我国分布广泛，主要分布于辽宁、河北、山西、陕西、山东、江苏、浙江、江西、广西、广东、四川、贵州、云南等许多省（区）。寄主植物有龙眼、柑橘、梨、苹果、桃、枇杷、油桐、榆、槐、泡桐、双球悬铃木、杉、乌桕和蓖麻等。

【为害状】 吸食果树枝叶和果内营养液，影响树势和果实品质。

麻皮蝽成虫为害龙眼果实

【形态特征】

1. 成虫 体长 20.0 ～ 25.0 mm，宽 10.0 ～ 11.5 mm。体黑褐色密布黑色刻点及细碎不规则黄斑。头部狭长。触角 5 节黑色，第 1 节短而粗大，第 5 节基部 1/3 为浅黄色。喙浅黄色，4 节，末节黑色，达第 3 腹节后缘。头部前端至小盾片有 1 条黄色细中纵线。前胸背板前缘及前侧缘具黄色窄边。胸部腹板黄白色，密布黑色刻点。各腿节基部 2/3 浅黄，两侧及端部黑褐色，各胫节黑色，中段具淡绿色环斑，腹部各节中间具小黄斑，腹面黄白，节间黑色，两列散生黑色刻点，气门黑色，腹面中央具一纵沟，长达第 5 腹节。

2. 卵 灰白色，呈柱状，顶端有盖，周缘具刺毛。

3. 若虫 各龄均扁洋梨形，前尖削后浑圆，老龄若虫体长约 19 mm，似成虫，自头端至小盾片具 1 条黄红色细中纵线。体侧缘具淡黄狭边。腹部第 3 ～ 6 节的节间中央各具 1 块黑褐色隆起斑，斑块周缘淡黄色，上具橙黄色或红色臭腺孔各 1 对。腹侧缘各节有 1 块黑褐色斑。喙黑褐色，伸达第 3 腹节后缘。

【发生规律】 江西 1 年发生 2 代，均以成虫在枯枝落叶下、草丛中、树皮裂缝、梯田堰坝缝、围墙缝等处越冬。翌年春寄主萌芽后开始出蛰活动为害。据江西南昌报道，越冬成虫 3 月下旬开始出现，4 月下旬至 7 月中旬产卵，第 1 代若虫 5 月上旬至 7 月下旬孵化，6 月下旬至 8 月中旬初羽化；第 2 代 7 月下旬初至 9 月上旬孵化，8 月底至 10 月中旬羽化。为害至秋末，陆续越冬。成虫飞翔力强，喜于树体上部栖息为害，交尾多在上午，长达 3 h。具假死性，受惊扰时均分泌臭液，但早晚低温时常假死坠地，正午高温时则逃飞。有弱趋光性和群集性，初龄若虫常群集叶背，2、3 龄才分散活动，卵多成块产于叶背，每块约 12 粒。

【防治方法】

1. 人工防治

（1）冬、春越冬成虫出蛰活动前，清理园内枯枝落叶、杂草，刮粗皮，堵树洞，结合平田整地，集中处理，消灭部分越冬成虫。

（2）在成虫、若虫为害期，利用其假死性，于早晚进行人工振树捕杀，尤其在成虫产卵前振落捕杀，效果更好，同时还可防治具假死性的其他害虫如象甲类、叶甲类、金龟子类等。

（3）为害严重的果园，在产卵或为害前可采用果实套袋防治法。此项防治措施可结合疏花疏果进行，制袋可用农膜或废报纸，规格为 16 cm×14 cm，用缝纫机缝或模压。

（4）结合其他管理，摘除卵块和初孵群集若虫。

2. 药剂防治 越冬成虫出蛰完毕和若虫孵化盛期或卵高峰期用药喷树，防效很好。使用的药剂有：2.5% 溴氰菊酯乳油或 2.5% 氟氯氰菊酯乳油 3 000 倍液，或 20% 甲氰菊酯乳油或 20% 杀灭菊酯乳油 3 000 倍液，50% 辛硫磷乳油或 50% 马拉松乳油或 50% 杀螟松乳油 1 500 倍液，48% 毒死蜱乳油 1 500 倍液，均有良好防效。

（一〇）荔枝干皮巢蛾

荔枝干皮巢蛾（*Comoritis albicapilla* Moriuti），又名荔枝巢蛾，属鳞翅目巢蛾科。

【分布与寄主】 分布于广东、广西、海南等省（区）。寄主有荔枝、龙眼、杧果等果树。

荔枝干皮巢蛾为害状 　　　　荔枝干皮巢蛾成虫（左雌虫，右雄虫）

荔枝干皮巢蛾蛹 　　　　　　　荔枝干皮巢蛾幼虫

【为害状】　以幼虫啃食寄主主干和较大枝条皮层，严重影响树势。

【形态特征】
1. 成虫　雌成虫体长 7.5 ~ 8.5 mm，翅展 21 ~ 23 mm，灰白色，头顶鳞毛白色，复眼黑色。触角丝状，基半部灰白色，后半部略带黄色。前翅白色，基部生 6 个不规则形黑色鳞斑。雄成虫触角羽状，前翅面黑色，略小。
2. 卵　长 0.4 mm，红枣状。
3. 幼虫　末龄幼虫体长 13 ~ 14.5 mm，胸宽 2.8 mm，扁平，体背黄褐色至紫红色，腹面黄白色。头黄褐色，三角形，6 个单眼黑色。3 对胸足，4 对腹足，第 1 对短小。腹足、臀足趾为双序缺环。
4. 蛹　扁梭形，黄褐色。第 8 节后方两侧各具瘤状刺突 1 只。腹端正无棘。

【发生规律】　广东、广西、海南 1 年发生 1 代，以幼虫越冬，每年 3 月下旬至 5 月初化蛹，4 月进入化蛹盛期，蛹历期 13 ~ 20 d，成虫于 5 月上旬进入羽化盛期，成虫多在白天午前羽化，当晚交尾，次日把卵散产在树干或较粗大枝条的皮层缝隙中。成虫寿命 5 ~ 7 d。初孵幼虫吐丝结网，隐蔽网道中为害，并把红褐色粪便及屑末黏附在网道表面，随虫龄增大，网道结成块状，在荔枝树干分杈处为害时，幼虫在缝隙处取食皮层，不断排出粪便，幼虫为害期长达 300 多天，幼虫老熟后，在网道下吐丝结茧化蛹。荔枝、龙眼树龄大的果园受害重。天敌有寄生蜂、姬小蜂等。

【防治方法】
1. 人工防治　每年 4 ~ 5 月间用石灰浆涂刷树干和大枝，防止成虫产卵。幼虫初发生时，用竹扫帚或钢刷，扫除树干上的网道，可防治幼虫。
2. 药剂防治　虫口密度大时于 6 ~ 7 月喷洒 10%氯氰菊酯乳油 3 000 倍液、90%晶体敌百虫 1 000 倍液。

（一一）荔枝拟木蠹蛾

荔枝拟木蠹蛾（*Arbela dea* Swinhoe），属鳞翅目木蠹蛾科。

荔枝拟木蠹蛾为害状　　　　　　　　　　　　荔枝拟木蠹蛾幼虫

【分布与寄主】　分布于福建、台湾、广东、广西、云南、江西、湖北等省（区）。寄主植物有无患子科、含羞草科、芸香科及茜草科等 24 科 42 种，其中以荔枝、石榴、梨、无患子、枫杨、木麻黄及柳属等受害较重。

【为害状】　拟木蠹蛾的幼虫均钻蛀枝干成坑道，并在枝干外部以虫丝缀连虫粪与枝干皮屑形成隧道，幼虫白天匿居于坑道中，夜间沿隧道外出啃食树皮，削弱树势，幼树受害严重，可致死亡。

【形态特征】

1. 成虫　雌成虫体长 10 ~ 14 mm，翅展 20 ~ 37 mm；灰白色。胸部及腹部背面密被黑褐色长鳞片，前翅灰白色，具许多灰褐色横向斑纹。

2. 卵　扁椭圆形，长 0.9 ~ 1.1 mm，宽约 0.7 mm，乳白色，卵块鳞片状，外被黑色胶质物。

3. 幼虫　老熟时体长 26 ~ 34 mm，漆黑色，体壁大部分骨化。头部每侧具单眼 6 个，第 4、第 5、第 6 单眼排列成等边三角形。前胸具 7 个骨片，中、后胸各具 11 个骨片，腹部各节由 13 个骨片组成，都以背面的骨片最大。

4. 蛹　体长 14 ~ 17 mm，深褐色，头顶两侧各具一个略呈分叉的粗大突起。

【发生规律】　在福建 1 年发生 1 代，以幼虫在树干蛀道中越冬，越冬期间天气晴暖仍会取食。3 月中旬至 4 月下旬化蛹，4 月中旬至 5 月下旬羽化为成虫，卵见于 4 月下旬至 6 月上旬，5 月中旬至 6 月中旬幼虫出现。

成虫羽化多在白天午后，初羽化的成虫栖息于蛀道附近的枝干上，当晚交尾产卵，成虫寿命 2 ~ 9 d，羽化后的 2 ~ 4 d 晚上产卵最多。每只雌蛾产卵 5 ~ 13 块，每块有卵 19 ~ 65 粒，平均 42 粒，每雌产卵 350 粒以上。卵多产在直径 12.5 cm 以上的枝干树皮上，主干上约占 40%，枝条上占 60%。由于卵块表面的黑褐色与树干基本一致，因此较难发现。卵期 12 ~ 19 d，平均 16 d。

初孵幼虫经 2 ~ 4 h 扩散活动后，即在枝干分权、伤口或木栓断裂处蛀害，吐丝将虫粪、枝干皮屑缀成隧道掩盖其体，然后逐渐将枝干钻蛀成坑道匿居其中。隧道长度在 15 cm 以上时，幼虫往往于蛀道口其他方向另缀隧道。隧道一般长 20 ~ 30 cm，最长达 68 cm。坑道为幼虫栖居及化蛹的处所。幼虫白天潜伏坑道中，夜出为害。老熟幼虫在坑道口缀以薄丝，后在坑道中化蛹。蛹在坑道中能上下活动，羽化时蛹体前半部露出坑道外。蛹期 27 ~ 48 d。

【防治方法】

1. 药剂防治　用拌有 80% 敌敌畏乳剂的泥土（1∶10），堵塞坑道口；或用棉花蘸敌敌畏，塞入坑道，孔口用泥土封闭；或将药液注入坑道内，都能防治全部幼虫。在 6 ~ 7 月用 90% 敌敌畏乳油 1 000 倍液喷射隧道附近枝干的表皮，可使初龄幼虫触药而死。此外，用棉花蘸 50% 敌敌畏乳油 10 倍液塞洞，效果很好。

2. 人工防治　8 ~ 9 月用竹签、木签堵塞坑道，使幼虫窒息而死。也可在 3 ~ 4 月蛹期进行，以杜绝虫源。此外，还可用铁丝刺杀幼虫和蛹。

（一二）黑刺粉虱

黑刺粉虱（*Aleurocanthus spiniferus* Quaintance），又名橘刺粉虱，属半翅目粉虱科。

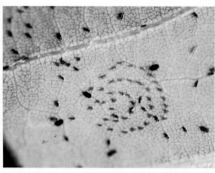

黑刺粉虱成虫　　　　荔枝叶片上的黑刺粉虱卵与低龄幼虫　　　　荔枝叶片上的黑刺粉虱若虫

【分布与寄主】 分布于上海、浙江、江苏、福建、江西、山东、广西、广东、湖南、湖北、吉林、重庆、四川、贵州、海南等地。寄主有荔枝、龙眼、香蕉、橄榄、茶、油茶、柑橘、枇杷、苹果、梨、葡萄、柿、栗等。

【为害状】 成虫、若虫刺吸叶、果实和嫩枝的汁液，被害叶出现失绿黄白斑点，随为害的加重斑点扩展成片，进而全叶苍白早落；被害果实风味品质降低，幼果受害严重时常脱落。排泄蜜露可诱致煤污病发生。

【形态特征】
1. **成虫** 雌成虫体橙黄色，体表有一层薄白粉，复眼橘红色；前翅褐紫色，有 7 个不正形白纹，后翅较小，无斑纹，淡紫褐色；体长 1.0 ~ 1.3 mm。雄成虫体较小，在背面亚缘部有刺毛 10 对；雌虫有刺毛 11 对。
2. **卵** 长椭圆形，弯曲；初孵时黄色，孵化前深黄色，长 1 mm 左右，有一短柄直立在叶面上；孵化后卵壳仍附着在叶片上。
3. **幼虫** 初孵时体淡黄色，扁平圆形。体周缘呈锯齿状，尾端有 4 根尾毛，稍后渐转黑色，体躯周围分泌白色的蜡质物；幼虫共 3 龄，从体长也易区别。
4. **蛹** 椭圆形，初化蛹时乳黄色，透明，后渐变黑色。蛹壳黑色，有蜡质光泽，周围附有白色绵状蜡质边缘，背中央有一隆起的纵脊，背盘区胸部有 4 对刺，腹部有 10 对刺。亚缘区雌虫有 11 对；雄虫有 10 对，向上竖立。管状孔显著隆起，呈心脏形。

【发生规律】 1 年发生 4 ~ 5 代，世代重叠。以 3 龄幼虫在叶背上越冬；翌春 3 月中旬至 4 月上旬越冬幼虫老熟化蛹，不久羽化为成虫；第 1 代幼虫在 4 月下旬开始发生。其他各代幼虫发生盛期分别在 5 月下旬、7 月中旬、8 月下旬及 9 月下旬至 10 月上旬。除 1 ~ 2 代发生较整齐外，其他各代发生均不整齐，有世代重叠现象。成虫多在上午羽化，羽化时从蛹壳背面作"⊥"字形裂开飞出，蛹壳留在叶背上；成虫白天活动。羽化后便能交尾产卵。孤雌生殖的后代均为雄虫；成虫期 1 ~ 6 d。卵多散产在叶背上，卵基部有一短柄与叶片相连，使卵直立在叶面上。每一雌虫产卵约 20 粒。卵期第 1 代 20 d 左右，其他各代为 10 ~ 15 d；初孵幼虫善爬行，但活动范围不大，常在卵壳上停留数分钟，然后在卵壳附近取食为害。2 龄、3 龄幼虫即在寄主上固定寄生。成虫寿命仅 2 ~ 4 d，成虫喜湿度较高的环境，常在树冠内幼嫩枝叶上活动。凡杂草丛生、树冠过密、通风不良时发生严重。

【防治方法】
1. **农业防治** 加强果园管理，冬季结合果园修剪，进行清蔸晾脚、疏枝，既可带出黑刺粉虱虫枝，减少越冬虫口密度，又可起到通风透光的作用，恶化害虫生活环境，减少发生程度。
2. **物理防治** 一是用频振式杀虫灯诱杀，二是用黄板黏杀。
3. **药剂防治** 防治适期应掌握在卵孵化盛末期，第 1 代发生较为整齐，是防治的关键时期，也可在害虫 1 ~ 2 龄时施药，效果较好，可喷洒 25% 噻虫嗪 5 000 倍液，10% 联苯菊酯 3 000 倍液。有效药剂还有联苯·噻虫嗪、溴氰菊酯、阿维·啶虫脒等。3 龄及其以后各虫态的防治，最好用含油量 0.4% ~ 0.5% 的矿物油乳剂混用上述药剂，可提高杀虫效果。

（一三）龙眼角颊木虱

龙眼角颊木虱（*Cornegepsylla sinica* Yang et Li），属半翅目木虱科，是为害龙眼新梢的重要害虫。近年来随着龙眼种植面积的不断扩大，龙眼角颊木虱为害日趋严重。

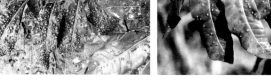

龙眼角颊木虱若虫为害状　　　　龙眼角颊木虱为害龙眼叶片正面有突起　　　　龙眼角颊木虱成虫（1）

龙眼角颊木虱若虫　　　　　　　　　　龙眼角颊木虱成虫（2）

龙眼角颊木虱为害状　　　　　　　群集性的龙眼角颊木虱成虫为害龙眼嫩芽

【分布与寄主】　分布于福建、广东、海南、台湾、广西、云南、贵州等省（区）。寄主植物只有龙眼。

【为害状】　主要以若虫在龙眼嫩芽幼叶背面刺吸汁液，致使受害部呈钉状向叶面突起，若虫即藏身于针状部的叶背面凹穴中。虫口密度大时，叶片皱缩变黄，提早脱落。成虫亦在龙眼嫩芽、新梢幼叶、花穗嫩茎上刺吸为害。该木虱为龙眼鬼帚病的传毒介体，因而对龙眼为害最严重。

【形态特征】

1. **成虫**　雌成虫体长 2.5 ～ 2.6 mm，宽 0.7 mm；雄成虫体长 2.0 ～ 2.1 mm，宽 0.5 mm，触角略短于雌虫。身体背面黑色，腹面黄色。颊锥极发达，向前侧方平伸，圆锥形。翅透明，前翅具显著的黑色条纹与"K"字形黑褐色斑；后翅稍短，狭条形，无黑色条纹。

2. 卵　长椭圆形，长 0.215 mm，宽 0.099 mm。初产时乳白色，渐变为黄褐色，近孵化时黄黑色，表面光亮。卵的一端尖细并延伸成弧状弯曲的 1 根长丝，另一端圆钝，腹面扁平，有 1 个短柄突起以固定于寄主上。

3. 若虫　共 5 龄，体长 0.2 ~ 0.9 mm。复眼红色。体周缘有分泌管，能分泌玻璃丝状物。1 龄、2 龄若虫体形略长，浅黄色；3 龄若虫体形椭圆，体色红黄，翅芽出现，但不明显；4 龄、5 龄若虫体椭圆形，黄色，翅芽明显。

【**发生规律**】　福建报道龙眼角颊木虱 1 年发生 4 代，在广州观察，1 年发生 7 代。以若虫在钉状孔穴内越冬。成虫白天羽化，上午羽化最多。羽化后雌雄虫并排成对栖息于嫩梢上，1 d 后始交尾，交尾后 3 d 开始产卵，每头雌虫产卵 26 ~ 43 粒，散产于嫩梢叶背上，此时幼叶为紫红色，若叶片转绿，则不再产卵其上。雌虫寿命 4 ~ 8 d，雄虫 3 ~ 6 d。成虫取食嫩芽、幼叶时，头端下俯，腹端上翘，身体与寄主成 45° 角。一般午间较高温时较活跃。若虫一般午后羽化，18 ~ 21 时为孵化高峰。孵化率 96% 左右。初孵若虫在叶背爬行一段时间后选择合适部位插入口针，先分泌唾液注入叶肉组织，破坏叶肉细胞，然后吸取叶肉汁液。2 ~ 3 d 后叶面上突，叶背凹入，出现钉状孔穴。若虫一直在孔穴内生长，不迁移，直到羽化前才爬出孔穴外蜕皮，蜕皮壳常留在孔穴旁。成虫在午间气温较高时较活跃，遇惊动能飞翔，成虫常在嫩芽、嫩叶上栖息取食。

【**防治方法**】　从防止传播龙眼鬼帚病出发，重点应防成虫扩散。

1. 农业防治　结合采后修剪，剪除角颊木虱虫口密度高的复叶，并集中消灭之。加强肥水管理，防止偏施氮肥，增施钾肥，使抽梢一致，新梢老熟快，可减轻角颊木虱为害。使新梢抽发整齐，生长转绿快，以迅速度过受害危险期。

2. 药剂防治　特别要抓好 3 月前越冬代若虫的防治关键。可用 25% 噻嗪酮可湿性粉剂 2 000 倍液，1.8% 阿维菌素乳油 3 000 倍液，0.36% 苦参碱水剂 1 200 倍液，10% 吡虫啉可湿性粉剂 2 000 倍液，48% 毒死蜱乳油 1 500 倍液，2.5% 氟氯氰菊酯乳油 2 000 倍液，喷杀嫩梢上的若虫，以防羽化为成虫扩散为害，并传播龙眼鬼帚病。

（一四）荔枝叶瘿蚊

荔枝叶瘿蚊（*Dasineura* sp.），属双翅目瘿蚊科。

  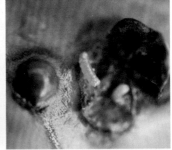

荔枝叶瘿蚊为害状　　　　　荔枝叶瘿蚊为害叶背有虫瘿　　　　荔枝叶瘿蚊幼虫在虫瘿内为害状

【**分布与寄主**】　20 世纪 80 年代以来，广东、广西、海南等地相继发现荔枝叶瘿蚊为害，且种群数量扩展很快，为害日趋严重。

【**为害状**】　荔枝叶瘿蚊幼虫入侵荔枝嫩叶，出现水渍状点痕。随着幼虫生长，水渍状点痕逐渐向叶片两面突起，形成小瘤状虫瘿。严重时 1 片复叶上有百瘿以上，可致叶片扭曲变形。幼虫老熟蜕出瘿后，残留的叶瘿也随着叶片老熟逐渐干枯，最后表现为穿孔状。

【**形态特征**】

1. 成虫　小蚊状，纤弱，头小于胸部，足细长。雌虫体长 1.5 ~ 2.1 mm，触角细长，念珠状，每节环生刚毛，前翅灰黑色半透明，腹部暗红色。雄虫体长 1 ~ 1.8 mm，触角哑铃状，球状部除环生刚毛外，尚有环状丝。足、翅特点与雌虫同。

2. 卵　椭圆形，长约 0.06 mm，宽约 0.05 mm，无色透明。

3. 幼虫　透明无色，老熟时橙红色，体长 2.0 ~ 2.8 mm，前胸腹面有黄褐色"丫"形骨片。

4. **蛹**　为裸蛹，长 1.8 ～ 2.5 mm，初期橙红色，渐变为暗红色，羽化前，翅、复眼、触角均为黑色。

【**发生规律**】　广州及其附近地区 1 年可发生 7 代，最后 1 代于 11 月以幼虫在叶瘿内越冬。翌年 2 月下旬至 3 月期间越冬幼虫相继老熟，陆续蜕出虫瘿入土化蛹。4 月上旬越冬代成虫常先后出现 2 个羽化高峰。其后各代，由于世代重叠，田间各虫态经常并存。在平均温度达 27 ～ 28 ℃时，各虫态历期为卵 1 d，幼虫期 12 ～ 15 d，蛹期 10 ～ 11 d，成虫寿命 1 ～ 3 d。10 月底至 11 月上旬为最后 1 代。成虫多在下午至傍晚羽化，飞翔力不强，多在树冠下层活动，当天即可交尾产卵。一般雌雄性比接近 2∶1。卵散产于嫩叶背面。在茂密、潮湿的荔枝园中发生为害较重，苗木幼树发梢次数多而不齐者，受害也较重，通常树冠的内膛和下层受害较重，春梢受害一般较秋梢重。

【**防治方法**】
1. **苗木检疫**　苗木出圃前先用 40% 毒死蜱乳油 1 000 倍液喷雾 1 次，在调运前将带有虫瘿的叶片彻底摘除烧毁，严防害虫随苗木传往新区。

2. **清洁果园**　在采果后和冬季清园时，将病虫枝叶、内膛枝剪掉，并集中园内枯枝落叶深埋。

3. **土壤处理**　早春掌握越冬幼虫离瘿入土始盛期（一般年份在 3 月中旬至 4 月中旬）或成虫羽化出土始盛期前（4 月中上旬至 5 月上旬），在荔枝园地面按每亩撒施 50% 辛硫磷乳油 0.5 kg，或者每亩用 3% 辛硫磷颗粒剂 5 kg 混合 20 kg 细沙或泥粉，并于施药后随即浅耕园土 4 ～ 6 cm，使药土渗入土中，效果更好。

4. **药剂防治**　在新梢萌发后、幼叶展开前及时喷药，也就是从嫩叶展开呈红色至叶片转色接近成熟时，可选用下列药剂：50% 辛硫磷乳油 1 000 倍液，40% 毒死蜱乳油 1 500 倍液，1.8% 阿维菌素 3 000 倍液，52.25% 毒死蜱·氯氰菊酯乳油 1 500 倍液，间隔 10 d 喷药 1 次，连续喷 2 次，对防治春、夏、秋梢的新叶上未产卵的成虫和新入侵的幼虫，都有较好的效果。

（一五）垫囊绿绵蜡蚧

垫囊绿绵蜡蚧为害龙眼叶片　　　　　　　　垫囊绿绵蜡蚧引起煤污病

垫囊绿绵蜡蚧成虫　　　　　　　　　垫囊绿绵蜡蚧为害荔枝

垫囊绿绵蜡蚧（*Chloropuicinaria psidii* Mask），属半翅目蚧科。

【分布与寄主】　除内蒙古、新疆、青海、西藏外，在中国其他地区多有分布。寄主有柑橘、番荔枝、番石榴、梅、樱桃、李、杏、柚、橙、柿、无花果、柠檬、菠萝、龙眼、杧果、苹果、茶、桑、棕榈等。

【为害状】　以成虫和幼虫多在新梢叶片上刺吸汁液，介壳虫分泌的蜜露常诱发煤污病，尤其垫囊绿绵蜡蚧常滴下蜜露于荔枝果肩上，于果蒂附近诱发煤污病，影响荔果商品外观。

【形态特征】
1. **成虫**　雌虫淡黄绿色，椭圆形，背面中央稍隆起，体背被覆一层软而薄的蜡质，与虫体紧贴不能分离。腹端有一臀裂，终生具有足及触角。成熟雌虫于腹端分泌白色蜡质绵状物把虫体垫起，形成垫囊。
2. **卵**　淡黄色。
3. **幼虫**　椭圆形，淡绿黄色，略扁平，近透明。

【发生规律】　在广东1年发生3～4代，以幼虫和雌成虫在果树的叶背、秋梢和早冬梢顶芽上越冬。翌年1月下旬至2月上旬越冬后的雌成虫开始形成卵囊，第1代雌成虫出现于4月下旬，第2代出现于8月下旬，第3代出现于11月上旬。卵产在卵囊内；初孵幼虫从卵囊爬出，向新梢嫩叶、花穗、果实爬行，约在1 d内即群集固定取食。在若虫取食期一旦遇惊扰仍可移动，但雌虫开始产卵后即固定不动。雌虫产完卵后，虫体渐干缩死亡，呈褐色黄小片贴附在卵囊前端。

【防治方法】
1. **农业防治**　果树休眠期结合防治其他病虫刮除老翘皮，同时彻底剪除初发生的果树，把有虫枝销毁或人工刷抹有虫枝，以铲除虫源。在生长期发现个别枝条或叶片上有此虫时，可用软刷轻轻刷除，或结合修剪，剪去虫枝、虫叶。
2. **化学防治**　应抓住两个关键时期，一是树萌芽前；二是虫卵孵化盛期。这两个时期垫囊绿绵蜡蚧的介壳和蜡质层均未形成，虫体对药剂极为敏感，此时进行药剂防治，效果最佳。一旦进入高龄虫期，即分泌蜡质层，介壳层变厚，药剂不易渗透，防治效果不好。
（1）萌芽前防治：宜用溶蜡或腐蚀性较强的药剂，如机油乳剂等矿物油类药剂或中、低毒的有机磷药剂，利用这些药剂的强力触杀和渗透作用，添加黏着剂或助渗剂等，以增强杀灭效果。
（2）孵化期防治：在垫囊绿绵蜡蚧的卵孵化期看到刚孵化的若虫从介壳的缝隙中爬出时用药防治，药液能触及爬出的幼虫并将其除掉。5月初至6月上旬垫囊绿绵蜡蚧进入卵孵化盛期。一般刚孵化出的若虫爬行一段时间后便开始固定，再过几天，体外即陆续形成蜡壳，当虫体覆盖蜡壳后，防治就比较困难了。所以一旦发现有若虫从介壳下往外爬时就应立即喷药防治。一次喷药就可控制住该虫的为害。在卵孵化盛期药剂喷雾防治，药剂种类可参考堆蜡粉蚧。
（3）注意保护和利用天敌：垫囊绿绵蜡蚧的天敌资源丰富，有黑缘红瓢虫、蚜小蜂、黄金蚜小蜂、姬小蜂、扁角跳小蜂、草蛉等捕食性和寄生性天敌。用药剂防治时，尽量避开天敌盛发期喷药，并选用高效低毒的药剂，减轻对天敌的伤害。

（一六）堆蜡粉蚧

堆蜡粉蚧为害荔枝　　　　　　堆蜡粉蚧为害龙眼花序　　　　　堆蜡粉蚧为害龙眼树

堆蜡粉蚧［*Nipaecoccus vastator*（Maskell）］，属半翅目粉蚧科。

【分布与寄主】 主要分布于广东、广西、福建、台湾、云南、贵州、四川及湖南、湖北、江西、浙江、陕西、山东、河北的局部地区。寄主植物除柑橘外，还有葡萄、龙眼、荔枝、黄皮、油梨、番荔枝、枣、茶、桑、榕树、冬青、夹竹桃等，造成果树枯梢和落果，影响经济价值。

【为害状】 若虫、成虫刺吸枝干、叶的汁液，重者叶干枯卷缩，削弱树势甚至枯死。

【形态特征】

1. **成虫** 雌成虫椭圆形，长 3 ～ 4 mm，体紫黑色，触角和足草黄色。足短小，爪下无小齿。全体覆盖厚厚的白色蜡粉，在每一体节的背面都横向分为 4 堆，整个体背则排成明显的 4 列。在虫体的边缘排列着粗短的蜡丝，仅体末 1 对较长。雄成虫体紫酱色，长约 1 mm，翅 1 对，半透明，腹末有 1 对白色蜡质长尾刺。

2. **卵** 淡黄色，椭圆形，长约 0.3 mm，藏于淡黄白色的绵状蜡质卵囊内。

3. **若虫** 形似雌成虫，紫色，初孵时无蜡质，固定取食后，体背及周缘即开始分泌白色粉状蜡质，并逐渐增厚。

4. **蛹** 外形似雄成虫，但触角、足和翅均未伸展。

【发生规律】 堆蜡粉蚧在广州 1 年发生 5 ～ 6 代，以若虫和成虫在树干、枝条的裂缝或洞穴及卷叶内越冬。2 月初开始活动，主要为害春梢，并在 3 月下旬前后出现第 1 代卵囊。各代若虫发生盛期分别出现在 4 月上旬、5 月中旬、7 月中旬、9 月上旬、10 月上旬和 11 月中旬。但第 3 代以后世代明显重叠。若虫和雌成虫以群集于嫩梢、果柄和果蒂上为害较多，其次是叶柄和小枝。其中第 1 ～ 2 代成虫、若虫主要为害果实，第 3 ～ 6 代主要为害秋梢。常年以 4 ～ 5 月和 10 ～ 11 月虫口密度最高。已发现的天敌有台湾小瓢虫、二星姬瓢虫、孟氏隐唇瓢虫、克氏长索跳小蜂、指长索跳小蜂、粉蚧长索跳小蜂、泽田长索跳小蜂、克氏金小蜂、福建棒小蜂，还有 1 种草蛉和 1 种寄生菌。

【防治方法】

1. **农业防治** 加强果园栽培管理，结合春季龙眼疏花疏果和采果后至春梢萌芽前的修剪，剪除过密枝梢和带虫枝，集中处理，使树冠通风透光，降低湿度，减少虫源，减轻为害。同时，控制龙眼冬梢抽生，既可防止树体养分的大量消耗，影响翌年开花结果，又可中断害虫的食料来源，从而降低虫口基数。

2. **生物防治** 要注意保护利用捕食性天敌和寄生性天敌，合理用药，不使用对天敌为害大的农药。

3. **药剂防治** 根据堆蜡粉蚧在幼虫初孵若虫阶段，取食前虫体都无蜡粉及分泌物，对农药较为敏感的特点，掌握初孵若虫盛发期，适时喷药。而堆蜡粉蚧的防治重点在春梢期进行。可选用 30% 噻嗪酮·毒死蜱乳油 2 000 倍液、10% 吡丙醚乳油 1 500 倍液、40% 机油·毒死蜱乳油 1 250 倍液、30% 吡虫啉·噻嗪酮悬浮剂 3 000 倍液、25% 噻嗪酮悬浮剂 1 500 倍液、20% 啶虫脒·毒死蜱乳油 1 000 倍液、6% 阿维菌素·啶虫脒水乳剂 2 000 倍液、25% 噻虫嗪水分散粒剂 5 000 倍液、52.25% 氯氰菊酯·毒死蜱乳油 1 000 倍液、48% 毒死蜱乳油 1 500 倍液，均匀喷雾，间隔 10 ～ 15 d 喷洒 1 次，连喷 2 ～ 3 次。化学农药和矿物油乳油混用效果更好，对已分泌蜡粉或蜡壳者亦有防效。

（一七）银毛吹绵蚧

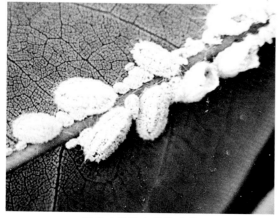

银毛吹绵蚧在荔枝叶背

银毛吹绵蚧为害龙眼果实

银毛吹绵蚧（*Icerya seychellarum* Westwood），属半翅目硕蚧科。

【分布与寄主】　河北、河南、陕西以南有分布。寄主为龙眼、荔枝、柑橘、枇杷、杧果、石榴、桑等。

【为害状】　若虫和雌成虫群集在柑橘等植物的枝干、叶背中脉两侧和果实上为害，吸食汁液，使叶黄枝枯，枝条萎缩，皮层粗糙。引起落叶、落果，并能排泄大量蜜露，诱发煤污病，影响光合作用。

【形态特征】
1. **成虫**　雌成虫体长 4 ~ 6 mm，橘红色或暗黄色，椭圆形或卵圆形，后端宽，背面隆起，被块状白色绵毛状蜡粉。整个虫体背面有许多呈放射状排列的银白色细长蜡丝。雄成虫体长 3 mm，紫红色。
2. **卵**　椭圆形，暗红色。
3. **若虫**　宽椭圆形，瓦红色，体背具许多短而不齐的毛，体边缘有无色毛状分泌物遮盖。

【发生规律】　1 年发生 1 代，以受精雌虫越冬，7 月上旬开始孵化，分散转移到枝干、叶和果实上为害。9 月羽化，雌虫多转移到枝干上群集为害。

【防治方法】
1. **农业防治**　适当剪枝，使之通风透光。合理施肥，增强生长势，创造不利于该蚧发生的条件。
2. **保护天敌**　如大红瓢虫、澳大利亚瓢虫、红缘黑瓢虫等均有较好的控制作用。因此，在蚧虫发生不严重的情况下，尽量不打化学农药，进行人工防治。
3. **药剂防治**　在发生严重的情况下，在若虫孵化盛期时，喷施 40% 毒死蜱乳油 2 000 倍液，或 10% 吡虫啉可溶剂 3 000 倍液防治。

（一八）龙眼蜡蝉

龙眼蜡蝉［*Fulgora candelaria*（Linnaeus）］，又称龙眼鸡、龙眼樗鸡、长鼻子，属半翅目蜡蝉科。

【分布与寄主】　龙眼蜡蝉在国内分布于湖南、福建、广东、海南、广西、云南、四川等省（区）；国外印度有分布。此虫为害龙眼、荔枝、橄榄、杧果、柚子、黄皮、梨、乌桕、臭椿、桑等多种果树和经济林木。

【为害状】　龙眼蜡蝉以成虫和若虫刺吸寄主的枝干、嫩梢、叶片和幼果的汁液，削弱树势，严重者枝条干枯、落果或使果实品质变劣；排泄物还可招致煤污病。

龙眼蜡蝉成虫

龙眼蜡蝉卵粒整齐排列

【形态特征】
1. **成虫**　体长从复眼到腹部末端为 20 ~ 23 mm，头突有 17 ~ 20 mm，翅展 72 ~ 80 mm。体色艳丽，头额延伸如长鼻，额突背面红褐色，腹面黄色，散布许多白点；复眼大，暗褐色；单眼 1 对红色，位于复眼正下方；触角短，柄节圆柱形，梗节膨大如球，鞭节刚毛状，暗褐色；前翅绿色，外半部约有 14 个圆形黄斑，翅基部有 1 条黄褐色横带，近中部处有 2 条交叉的黄褐色横带，有时中断；圆斑和横带的边缘常围有白色蜡粉；后翅橙黄色，顶角黑褐色。
2. **卵**　蛹形，长 2.4 ~ 2.6 mm，前端具有 1 个锥状突起，有椭圆形卵盖。
3. **若虫**　初龄体长约 4 mm，黑色酒瓶状，头部略呈长方形，前缘稍凹，背面中央具有 1 条纵脊，两侧从前缘到复眼有弧形脊，中侧脊间分泌一点点白蜡或连接成片。胸部背面有 3 条纵脊和许多白色蜡点。腹部两侧浅黄色，中间黑色。

【发生规律】 龙眼蜡蝉大而美丽，颇似蝴蝶。1 年发生 1 代，以成虫静伏在枝杈下侧越冬。在福建福州一带，3 月开始活动为害，早期多在树干下部，以后逐渐上移，4 月中下旬逐渐活跃，能跳善飞，5 月中上旬开始交尾，交尾后 7 ~ 14 d 就开始产卵，卵多成块产在寄主 2 m 左右的树干平坦处，每块有卵 60 ~ 100 粒，排列整齐并呈长方形，卵粒间有胶质物黏结，其上覆盖有白色蜡粉，一般每头雌虫只产 1 个卵块。5 月底至 6 月初为产卵盛期，卵期 20 ~ 30 d，6 月中下旬开始孵化。幼龄若虫有群集性。初孵若虫静伏在卵块上 1 d 后才开始分散活动。9 月出现新成虫。若虫善弹跳，成虫善跳能飞。一旦受惊扰，若虫便弹跳逃逸，成虫迅速弹跳飞逃。8 月下旬至 9 月中上旬先后羽化为成虫，成虫为害到入冬的 11 月后就陆续选择适宜的场所进行越冬。在四川的攀枝花、米易、宁南、西昌等县市，每年 8 ~ 9 月见到的成虫较多，其为害也更加明显突出。

【防治方法】

1. **人工防治** 一年四季都可以用人工方法捕捉若虫和成虫；成虫产卵后到若虫孵化前，可刮除所产的卵块。结合荔枝蝽等重要害虫防治。若虫期扫落若虫，放鸡、鸭啄食。

2. **药剂防治** 若虫和成虫为害期，可用农药进行防治。90% 晶体敌百虫 1 000 倍液，2.5% 溴氰菊酯乳油 2 000 倍液，4.5% 高效氯氰菊酯乳油 2 000 倍液等均有效。低龄期使用农药效果较好。

（一九）龙眼角蜡蚧

龙眼角蜡蚧 ［*Ceroplastes ceriferas*（Anderson）］，属半翅目蜡蚧科。

【分布与寄主】 分布于黑龙江、辽宁、河北、山东、陕西、山西、江苏、浙江、上海、江西、湖北、湖南、福建、广东、广西、贵州、云南、四川。寄主有龙眼、荔枝、山楂、桑、枇杷、柿、柑橘、柠檬等。

【为害状】 以若虫和雌成虫刺吸果木的树干、枝梢、叶片和果实。茶树受害后茶叶生长停滞，品质下降。此外，角蜡蚧的分泌物会诱发煤污病，受害树木的叶片正面常覆盖有类似煤粉的菌丝体，严重影响树木的光合作用，从而使树木机体衰弱，发生严重时还导致树木死亡。

龙眼角蜡蚧成虫

【形态特征】

1. **成虫** 雌虫体短，椭圆形，长 6 ~ 9.5 mm，宽约 8.7 mm，高 5.5 mm，蜡壳灰白色，死体黄褐色微红。周缘具角状蜡块：前端 3 块，两侧各 2 块，后端 1 块圆锥形较大如尾，背中部隆起呈半球形。触角 6 节，第 3 节最长。足短粗，体紫红色。雄成虫体长 1.3 mm，赤褐色，前翅发达，短宽，微黄色，后翅特化为平衡棒。

2. **卵** 椭圆形，长 0.3 mm，紫红色。

3. **若虫** 初龄扁椭圆形，长 0.5 mm，红褐色；2 龄出现蜡壳，雌蜡壳长椭圆形，乳白色微红，前端具蜡突，两侧每边 4 块，后端 2 块，背面呈圆锥形稍向前弯曲；雄蜡壳椭圆形，长 2 ~ 2.5 mm，背面隆起较低，周围有 13 个蜡突。雄蛹长 1.3 mm，红褐色。

【发生规律】 1 年发生 1 代，以受精雌虫于枝上越冬，翌年春继续为害，6 月产卵于体下，卵期约 1 周。若虫期 80 ~ 90 d，雌虫蜕 3 次皮羽化为成虫，雄虫蜕 2 次皮为前蛹，进而化蛹，羽化期与雌虫同，交尾后雄虫死亡，雌虫继续为害至越冬。初孵若虫雌虫多于枝上固着为害，雄虫多到叶上主脉两侧群集为害。每雌虫产卵 250 ~ 3 000 粒。卵在 4 月上旬至 5 月下旬陆续孵化，刚孵化的若虫暂在母体下停留片刻后，从母体下爬出分散在嫩叶、嫩枝上吸食为害，5 ~ 8 d 蜕皮为 2 龄若虫，同时分泌白色蜡丝，在枝上固定。在成虫产卵和若虫刚孵化阶段，降水量大小对种群数量影响很大，但干旱对其影响不大。

【防治方法】

1. **实行苗木检疫** 由于此害虫常随果树苗木和果品调运而扩散蔓延，严格执行检疫制度是防治该害虫的重要措施之一。凡发现苗木上有角蜡蚧寄生，可用溴甲烷熏蒸，以防止其蔓延扩散，溴甲烷熏蒸后不影响苗木生活力。

2. **农业防治** 在为害严重的果园进行冬、夏季修剪时，应重剪虫枝、干枯枝。同时应加强肥水管理，促进抽发新梢，更新树冠，恢复树势。

3. **生物防治** 保护当地天敌，亦可引进、放养捕食和寄生天敌。

4. **药剂防治** 由于此害虫虫体外被有蜡质分泌物，且随虫龄的增加而不断加厚，药剂防治此害虫的有利时机是在若虫盛孵期。根据在幼虫初孵若虫阶段，取食前虫体都无蜡粉及分泌物，对农药较为敏感的特点，掌握初孵若虫盛发期，适时喷药。可选用 30% 噻嗪酮·毒死蜱乳油 2 000 倍液、10% 吡丙醚乳油 1 500 倍液、40% 机油·毒死蜱乳油 1 250 倍液、30% 吡虫啉·噻嗪酮悬浮剂 3 000 倍液、25% 噻嗪酮悬浮剂 1 500 倍液、20% 啶虫脒·毒死蜱乳油 1 000 倍液、6% 阿维菌素·啶虫脒水乳剂 2 000 倍液、25% 噻虫嗪水分散粒剂 5 000 倍液、44% 机油·马拉硫磷乳油 450 倍液、48% 毒死蜱乳油 1 500 倍液、10% 吡虫啉可溶剂 3 000 倍液均匀喷雾。间隔 10 ~ 15 d 喷洒 1 次，连喷 2 ~ 3 次。化学农药和矿物油乳油混用效果更好，对已分泌蜡粉或蜡壳者亦有防效。

（二〇）青蛾蜡蝉

青蛾蜡蝉（*Salurnis marginellus* Guerin），又名绿蛾蜡蝉，属半翅目蛾蜡蝉科。

青蛾蜡蝉成虫

青蛾蜡蝉若虫

【分布与寄主】 湖南、安徽、江苏、浙江、广东、福建、广西、四川等省（区）都有发生；国外印度、马来西亚、印度尼西亚有分布。为害龙眼、柑橘、咖啡、茶、刺梨等。

【为害状】 以成虫和若虫聚集在枝条和嫩梢上吸食叶液，造成树势衰弱，可使枝条干枯，其排泄物可引起煤污病。

【形态特征】

1. **成虫** 体长 7 mm 左右，翅展约 18 mm。前翅黄绿色，边缘褐色，前翅近后缘端部 1/3 处有明显的红褐色斑。
2. **若虫** 淡绿色，腹部第 6 节背面有成对橙色圆环，腹末有两大束白蜡丝。

【发生规律】 在华南，5 月上旬若虫发生很多，6 月上旬成虫大量出现，在嫩梢上吸食为害。

【防治方法】 参考白蛾蜡蝉的防治。

（二一）白蛾蜡蝉

白蛾蜡蝉（*Lawana imitata* Melichar），又名白翅蜡蝉、玉翅蛾蜡蝉、紫络蛾蜡蝉，俗称白鸡，属半翅目蛾蜡蝉科。

【分布与寄主】 分布于福建、广东、广西、云南、台湾等省（区）。主要为害荔枝、龙眼、柑橘、杧果等果树，也偶害黄皮、木菠萝、梨、桃、葡萄和咖啡及其他许多果树和植物。

【为害状】 若虫和成虫密集在枝条和嫩梢上吸食汁液，使叶片萎缩，树势衰弱，并残留絮状蜡质物和诱生煤污病。受害严重的树枝干枯，引起落果和果实品质变劣。

白蛾蜡蝉为害状

白蛾蜡蝉若虫

【形态特征】

1. **成虫** 体长 14 ~ 16 mm，翅展 42 ~ 45 mm，黄白色或碧绿色，被有白蜡粉。头顶圆锥形，复眼圆形，灰褐色至褐色。中胸背板发达，上有3 条纵脊纹。前翅粉绿色或黄白色，端部宽大，前缘弧形，外缘平直，顶角近直角形，臀角尖锐突出。

2. **卵** 长椭圆形，长约 1.5 mm，淡黄白色，卵块长条形。

3. **若虫** 末龄若虫 7 ~ 8 mm，稍扁平，白色，满被白絮状蜡质物。胸部宽大，翅芽发达；末端平截。腹

白蛾蜡蝉成虫

白蛾蜡蝉高龄若虫

部末端呈截断状，其上附有成束的白绢状粗长蜡丝。

【发生规律】 白蛾蜡蝉在广西南宁和福建南部 1 年发生 2 代，以成虫在茂密枝叶丛间越冬，福建南部也有以卵在树皮裂缝及果园杂草中越冬的。在广西南宁，翌年 2 ~ 3 月天气转暖后越冬成虫开始活动取食，3 月中旬至 6 月上旬产卵，3月下旬至 4 月下旬为产卵盛期，4 月下旬至 7 月下旬为若虫发生期，4 ~ 5 月为若虫高峰期，6 月上旬至 9 月上旬为第 1 代成虫发生期。7 月上旬至 9 月中旬开始发生第 2 代成虫，11 月上旬若虫大多羽化为成虫，陆续越冬。在福建南部，第一代若虫在 5 ~ 6 月，成虫在 6 ~ 7 月发生，第 2 代若虫在 7 ~ 8 月，成虫在 9 ~ 10 月发生；以 6 月下旬至 7 月下旬为发生盛期，尤以 7 月中上旬为全年高峰期。

卵集中产在嫩梢或叶柄皮层下，常 10 ~ 30 粒相互连接排成一纵行，被产卵处稍隆起，呈现枯褐色斑点。初孵若虫群集在嫩梢上为害，随着虫龄的增长和枝梢的伸长，若虫、成虫略有分散，仍常见三五成群向上爬行和跳动扩散，如遇惊扰，即纷纷跳跃和飞逃。在通风透光差、枝叶较茂密和荫蔽的果园以及连绵阴雨、降水量较多的夏、秋季节，白蛾蜡蝉发生较多。

【防治方法】

1. **农业防治** 结合修剪，剪除有虫枝条和过密枝叶，以利于通风透光，减少虫源。

2. **人工捕杀** 在若虫盛发期，用扫帚扫落群集在枝上的若虫，放鸡、鸭入园啄食。亦可在成虫还未产卵之前，用网捕杀。

3. **药剂防治** 在初孵若虫阶段，取食前虫体都无蜡粉及分泌物，对药剂较为敏感，此时喷施药剂是防治的最好时机。若虫高峰期选喷 10% 吡虫啉 3 000 倍液，50% 马拉硫磷乳油 1 000 倍液，或 48% 毒死蜱乳油 1 500 倍液，52.25% 毒死蜱·氯氰菊酯乳油 2 000 倍液，2.5% 溴氰菊酯乳油 2 000 倍液，防治低龄若虫效果甚好。成虫盛发期和产卵初期，喷布 80% 敌敌畏乳油 1 000 倍液，对成虫的防治效果很好。

（二二）白带尖胸沫蝉

白带尖胸沫蝉（*Aphrophora horizontalis* Kato），又名吹泡虫、泡泡虫、唾沫虫，属半翅目沫蝉科。

【分布与寄主】　分布于安徽、浙江、湖北、江西、湖南、福建、台湾、广东、广西、贵州、云南等地。主要为害龙眼、柑橘、柳、刺槐等。

【为害状】　主要以若虫吸食寄主枝条汁液进行为害，被害寄主嫩枝处有一团白色蜡样泡沫物堆积，若虫藏于其中。成虫产卵于新梢或幼苗顶梢，形成枯顶、枯梢或多头枝。雌成虫产卵于枝条组织内，致使枝条干枯死亡。

白带尖胸沫蝉成虫

【形态特征】

1. **成虫**　体长 9.8～11.4 mm。头顶、前胸背板前半部及小盾片黄褐色，前胸背板后半部暗褐色。复眼灰色或前黑色，单眼水红色。触角第 1、第 2 节黄褐色，第 3 节暗褐色。后唇基黄褐色，表面刻点暗褐色；前唇基、喙基片、颊叶及触角窝暗褐色。前翅乳白色。胸节腹面暗褐色。足黄褐色。

2. **卵**　呈长茄形或弯披针形，长 1.9 mm，宽 0.6 mm。初产时乳白色，后变为淡黄褐色，尖端有 1 纵的黑色斑纹。

3. **若虫**　1 龄若虫头胸部黑褐色，腹部淡红色。末龄若虫黄褐色。复眼赤褐色。触角刚毛状，具翅芽。头胸部背面中央有 1 条黄褐色线纹，腹部 9 节，末端较尖。若虫共分为 5 个龄期。

【发生规律】　以卵在新梢皮下越冬。成虫于 3～21 时羽化，6～10 时为盛期。羽化后经 2 h 体色变深，便开始活动。成虫羽化后经 36～54 d 的补充营养就开始交尾。每天午后 2～5 时为交尾盛期，一天可交尾 2～3 次。成虫交尾的次日即可产卵，不交尾也能产卵；卵产在新枝梢里，成虫多选择当年枝条或新梢为害，围绕枝条一针口接一针口刺吸。白天和夜间多静伏在苗木枝梢和嫩枝上取食或休息；受惊时即行弹跳或做短距离飞翔。

【防治方法】

1. **农业防治**　结合园林或林业生产，对为害较重的在初冬季进行适度修枝，剪去受害较重的 1～2 年生枝条，集中处理，直接减少越冬卵的数量，控制翌年再度大发生。或在若虫为害期，人工剪除带白色泡沫团的枝条。

2. **物理机械与化学防治相结合**　由于若虫取食同时排出大量泡沫状物质保护自己，给防治带来许多困难。化学防治可选用 10% 吡虫啉可湿性粉剂 3 000 倍液喷雾。

（二三）黑翅红蝉

黑翅红蝉成虫（1）

黑翅红蝉成虫（2）

黑翅红蝉［*Huechys sanguinea*（DeGeer）］，别称红娘子、红蝉，属半翅目科蝉科。

【分布与寄主】 分布于广东、广西、四川、福建、台湾、浙江、江苏等省（区）。

【形态特征】 形似蝉而小，体长 15 ～ 25 mm，宽 5 ～ 7 mm。头部及胸部均黑色，唇基朱红色。头部两侧有复眼，大而突出，杂有黑褐色的斑块；触角 1 对，位于复眼间的前方。前胸背板前狭后宽，黑色；中胸背板黑色。左右两侧有 2 个大型斑块，呈朱红色；雄虫在后胸腹板两侧有鸣器。翅 2 对，长大，胶质，前翅黑色，后翅褐色，有光泽，翅脉黑褐色，明显。足 3 对，黑褐色，健壮。腹部血红色，基部黑色；雌虫有黑褐色的产卵管。

【发生规律】 成虫出现于 4 ～ 6 月，生活在低海拔树林灌丛。鸣叫声非常小，部分栖息地的灌丛间有较密集的族群发生。

【防治方法】 防治其他害虫时，可以兼治此虫。

（二四）大茸毒蛾

大茸毒蛾（*Dasychira thwaitesi* Moore），别称苹叶纵纹毒蛾、苹毒蛾、苹红尾毒蛾，属鳞翅目毒蛾科。

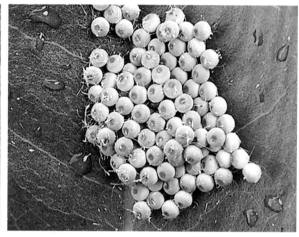

大茸毒蛾产卵　　　　　　　　　　　　　　　大茸毒蛾卵粒

大茸毒蛾幼虫（1）　　　　　　　　　　　　大茸毒蛾幼虫（2）

【寄主与分布】 分布于广东、广西、云南。寄主有龙眼、荔枝、杧果、人面果、台湾相思等多种果树林木和农作物。

【为害特点】 幼虫食叶成缺刻或孔洞。

【形态特征】

1.**雌成虫** 体长 21～26 mm，翅展 70～75 mm，触角双栉状，栉齿棕黄色，足的胫节、跗节具黑褐色斑，其余部分灰白色。腹部灰白色。前翅灰白色，上稀布黑褐色小鳞点；亚基线黑色不大清晰；内线黑色向内斜至 A1 脉折角外弯，横脉纹新月形，灰白色，但不大明显，黑边；外线黑色，端线、亚端线黑褐色；缘毛白色。后翅白色。

2.**幼虫** 末龄幼虫体长 45～48 mm，胸宽 8.9 mm，头部和足黄白色，体灰白色至灰绿色，体被灰黄白色至柠檬黄色或黄黑色混杂的茸毛，茸毛长短不一，小刺状。第 1～4 腹节背面中央各具一横置的背刺；第 1、第 2 腹节背面节间有一深黑色大斑；第 8 腹节背面中央生一束带小刺长毛斜指后方，柠檬黄色。雌蛹长 19 mm，胸宽 8 mm；雄蛹小。茧长 60～65mm。

【发生规律】 在广西南宁地区 3～12 月均有幼虫取食活动。幼虫 3 龄前喜群居生活，3 龄后分散活动和取食转绿后的叶片；老熟幼虫在寄主植物上吐丝粘连叶片和茸毛，结成一个长 60～65 mm、宽 30～50 mm 的松散蛹茧，在其中化蛹。

【防治方法】

1.**农业防治** 注意果园清洁，铲除园中杂草，恶化其生活环境条件，以减轻为害。

2.**人工防治** 结合中耕除草和冬季清园，适当翻松园土，防除部分虫蛹；也可结合疏梢、疏花，捕杀幼虫。

3.**药剂防治** 对虫口密度较大的果园，在果树开花前后，酌情喷洒 90% 晶体敌百虫或 80% 敌敌畏乳油 800～1 000 倍液，或 2.5% 氟氯氰菊酯乳油或 10% 氯氰菊酯乳油 2 500～3 000 倍液或 25% 灭幼脲悬浮剂 2 000 倍液，20% 虫酰肼悬浮剂 2 000 倍液，20% 杀铃脲悬浮剂 5 000 倍液，5% 氟铃脲乳油 1 500 倍液，24% 甲氧虫酰肼悬浮剂 2 500 倍液，减少对天敌的伤害。

（二五）双线盗毒蛾

双线盗毒蛾［*Porthesia scintillans*（Walker）］，属鳞翅目毒蛾科。

双线盗毒蛾成虫

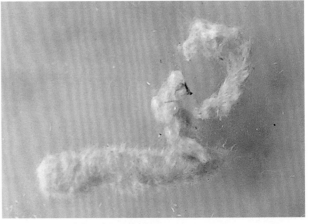

双线盗毒蛾卵块（覆盖有黄褐色茸毛）

双线盗毒蛾幼虫

双线盗毒蛾蛹侧面

【分布与寄主】　该虫分布于广西、广东、福建、台湾、海南、云南和四川等省（区）。寄主植物广泛，除为害龙眼、荔枝外，寄主植物还有刺槐、枫、茶、柑橘、梨、黄檀、泡桐、枫香、栎、乌桕、蓖麻、玉米、棉花和十字花科植物，是一种植食性兼肉食性的昆虫。如在甘蔗上，其幼虫可捕食甘蔗绵蚜；在玉米和豆类上，幼虫既咬食花器，又捕食蚜虫。

【为害状】　在杧果、龙眼、荔枝上，幼虫咬食新梢嫩叶、花器和谢花后的小果。

【形态特征】

1. **成虫**　体长 12 ~ 14 mm，翅展 20 ~ 38 mm。体暗黄褐色。前翅黄褐色至赤褐色，内、外线黄色；前缘、外缘和缘毛柠檬黄色，外缘和缘毛被黄褐色部分分隔成三段。后翅淡黄色。

2. **卵**　卵粒略扁圆球形，聚成块状，上覆盖黄褐色或棕色茸毛。

3. **幼虫**　老熟幼虫体长 21 ~ 28 mm。头部浅褐色至褐色，胸腹部暗棕色；前中胸和第 3 ~ 7 腹节和第 9 腹节背线黄色，其中央贯穿红色细线；后胸红色。前胸侧瘤红色，第 1、第 2 和第 8 腹节背面有黑色绒球状短毛簇，其余毛瘤污黑色或浅褐色。

4. **蛹**　圆锥形，长约 13 mm，褐色；有疏松的棕色丝茧。

【发生规律】　福建 1 年发生 3 ~ 4 代。在广西的西南部 1 年发生 4 ~ 5 代，以幼虫越冬，但冬季天气较暖时，幼虫仍可取食活动。成虫于傍晚或夜间羽化，有趋光性。卵产在叶背或花穗枝梗上。初孵幼虫有群集性，在叶背取食叶肉，残留上表皮；2 ~ 3 龄分散为害，常将叶片咬成缺刻、穿孔，或咬坏花器，或咬食刚谢花的幼果。老熟幼虫入表土层结茧化蛹。在广西的西南部，4 ~ 5 月，幼虫为害龙眼、荔枝的花穗和刚谢花后的小幼果较重，以后各代多为害新梢嫩叶。

【防治方法】

1. **人工防治**　结合中耕除草和冬季清园，适当翻松园土，防除部分虫蛹；也可结合疏梢、疏花，捕杀幼虫。

2. **药剂防治**　对虫口密度较大的果园，在果树开花前后，酌情喷洒 90% 晶体敌百虫或 80% 敌敌畏乳油 800 ~ 1 000 倍液，或 2.5% 氟氯氰菊酯乳油或 10% 氯氰菊酯乳油 2 500 ~ 3 000 倍液。

（二六）佩夜蛾

佩夜蛾（*Oxyodes scrobiculata* Fabricius），属鳞翅目夜蛾科。

佩夜蛾幼虫

佩夜蛾蛹

【分布与寄主】　分布于广东、广西、海南等省（区）。寄主为荔枝、龙眼等果树。

【为害状】　以幼虫咬食果树的新梢嫩叶，虫口数量大时，可在 3 ~ 5 d 内把整批嫩叶食光，仅留主脉，形成秃梢，严重影响新梢正常生长，削弱树势。

【形态特征】

1. **成虫**　体长 19 ~ 21 mm，翅展 51 ~ 53 mm。头部及胸部褐色带灰黄，额两侧白色，翅基片后部浅黄色；前翅黄色带褐，亚端线外方带棕色，基线黑色，波浪形，内线只在亚中褶现一黑条，环纹为一黑环，中线黑色，肾纹黑边，中有黑曲纹，外线双线黑色，锯齿形，两线相距较宽，亚端线黑色，锯齿形，中部近外线，缘毛端部黑白相间；后翅杏黄色，前缘有一烟斗形黑条纹，外线黑色，锯齿形，亚端线双线黑色，锯齿形，外方另有一波浪形黑线；腹部黄色。

2. **卵**　半球形，横径 0.5 mm，表面具纵行的网状刻纹，淡绿色。

3. **幼虫**　老熟幼虫体长 33 ~ 37 mm，胸宽 5 mm。体色淡绿色、灰绿色至黑褐色不定。常见的体色有几种类型：①头浅红，胸、腹部淡绿色，背线明晰，其余线纹不明显；②头橘红色，体背黑色，背线、亚背线及腹面均为黄色，气门线黑色，胸足和腹足黄色，臀板橘红色；③头紫红色，体淡红色，臀板与臀足红色，围气门片褐色；④全体呈灰绿色，背线、亚背线淡白色。头部额缝和颅中沟凹陷，颅侧区有 8 ~ 9 个椭圆形小点组成的黑色斑团。具单眼 6 个，半球形突起。上颚端部黑色，具 6 个圆钝小齿，第 4 枚较大。触角长、粗。胸足 3 对，正常；腹足 4 对较长，趾节呈"八"字形；臀足粗长，向后呈"八"字形斜伸，趾节也呈"八"字形分开。

4. **蛹**　体长 19 ~ 22 mm，胸宽 4 ~ 5 mm。由黄褐色渐变为红褐色，体表被白色蜡质粉状物。头稍前突，蜕裂线在前胸，中胸背略凸起。触角、前翅和中足伸达第 4 腹节后缘附近，中足伸至翅端。腹部末端具丝状端沟的臀棘 8 根。

【发生规律】　广西西南部 1 年发生 6 代以上，以蛹越冬。每年 4 ~ 11 月上旬都可发现其幼虫发生为害，其中以 5 ~ 7 月最烈。其卵历期约 4 d，幼虫期 11 ~ 16 d，蛹期 8 ~ 10 d，成虫寿命 7 ~ 10 d，完成世代历期约 30 d。成虫于夜间羽化，白天在树冠内层栖息。成虫受惊扰即飞逃，做上下跳跃式的短距离飞翔，然后又回到原地或附近果树上停息。夜间进行交尾与产卵，卵散产在已经萌发的芽尖小叶上。幼虫 5 龄，孵化后的低龄幼虫咬食初伸展的幼叶片，由于食量很小，不容易引起注意；4 ~ 5 龄期进入暴食阶段，食量大增，往往可在 3 ~ 5 d 将整批嫩叶取食，剩下主脉而成秃枝。幼虫有假死习性，低龄幼虫遇到惊扰即吐丝下垂，大龄幼虫则向后跳动下坠，或前半身左右剧烈摆动。老熟幼虫入表土层中或在土团下和地表枯叶下做室，吐丝作薄茧后化蛹。

【防治方法】

1. **农业防治**　加强果园管理，坚持清扫园地枯枝落叶；冬季结合清园，进行除草和翻松园土，以减少蛹期的虫口基数。

2. **人工防治**　对此虫虫口密度低和零星发生的果园，利用幼虫有假死落地的习性，可采用人工摇动果树的枝条，促使幼虫落地，人工加以捕杀或放鸡啄食。

3. **药剂防治**　龙眼、荔枝的各次梢期均有此类虫为害，尤其夏梢、秋梢受害较重。因此，要做好虫情监测工作，掌握幼虫在 3 龄以前喷药 1 ~ 2 次。可使用的药剂品种有 90% 晶体敌百虫或 80% 敌敌畏乳油或 40% 辛硫磷乳油的 1 000 倍液，或其他菊酯类杀虫剂。

（二七）龙眼合夜蛾

龙眼合夜蛾（*Sympis rufibasis* Guenée），属鳞翅目夜蛾科。

龙眼合夜蛾成虫

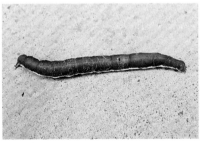
龙眼合夜蛾幼虫

龙眼合夜蛾蛹腹面

【分布与寄主】　分布于亚洲和大洋洲之间的热带地区，仅为害龙眼树。

【为害状】　以幼虫咬食果树的新梢嫩叶，虫口数量大时，可在 3 ~ 5 d 把整批嫩叶食光，仅留主脉，形成秃梢，严重影响新梢正常生长，削弱树势。

【形态特征】

1. **成虫** 体长 15 ~ 17 mm，翅展 34 ~ 35 mm。头部毛丛淡赭红色；胸部和腹部第 1 节的背面鳞毛赭红色；前翅中线之内为赭红色，中线之外为棕黑色。两区交界处为一蓝白色的横纹，前端不达前缘。在中室外方有一赭红色圆斑。翅基部灰褐色，其余为黑褐色，中央有两个淡色的月形斑。缘毛灰白色。足的腿、胫节被灰白色和黑色相杂的毛丛。后足胫节内侧茸毛长灰白色，末端具长距 1 对。

2. **幼虫** 末龄幼虫体长 41 ~ 50 mm，体茶褐色至灰黑褐色。头近方形，红褐色。触角 4 节，淡紫红色。单眼 6 个。额区蜕裂线三角形排列。颅中沟长。气门下线较宽，黄白色。腹足第 1 对最短，第 2 ~ 4 对渐次增长，趾钩单序，形状奇异；臀足腿节长，趾节呈"Y"形分开，趾钩二序纵带。

3. **蛹** 体长 17 ~ 18 mm，腹宽 4.5 mm，红褐色。全体薄被白色蜡粉。头红褐色。腹端具臀棘 8 根。

【发生规律】 此虫年发生代数不详，在广西南部地区每年 5 ~ 10 月为害龙眼的嫩叶。成虫昼伏夜出活动。卵散产于嫩梢。幼虫有群集为害习性，无明显假死习性，栖息时平贴在叶缘或小枝条上。幼虫成熟后坠地，在土缝中吐丝结成薄茧后化蛹，蛹期 10 ~ 11 d。

【防治方法】

1. **农业防治** 加强果园管理，坚持清扫园地枯枝落叶；冬季结合清园，进行除草和翻松园土，以减少蛹期的虫口基数。

2. **人工防治** 对此虫虫口密度低和零星发生的果园，利用幼虫有假死落地的习性，可采用人工摇动果树的枝条，促使幼虫落地，人工加以捕杀或放鸡啄食。

3. **药剂防治** 龙眼各次梢期均有此类虫为害，尤其夏梢、秋梢受害较重。因此，要做好虫情监测工作，掌握幼虫在 3 龄以前喷药 1 ~ 2 次。可使用的药剂品种有：90% 晶体敌百虫或 80% 敌敌畏乳油或 40% 辛硫磷乳油的 1 000 倍液，或其他菊酯类杀虫剂。

（二八）暗绿粉尺蛾

暗绿粉尺蛾［*Pelagodes proquadraria*（Inoue）］，又名间三叶尺蛾（*Sauris interruptaria* Moore），属鳞翅目尺蛾科。

暗绿粉尺蛾成虫

暗绿粉尺蛾卵粒

【为害状】 以幼虫取食嫩芽、嫩梢、花穗及幼果，初孵幼虫不活跃，从叶尖稍下的叶缘开始取食，2 龄幼虫取食叶缘成微缺刻，3 龄幼虫取食量明显增加，叶片边缘缺刻明显；4 龄幼虫取食量激增，进入暴食期，密度大时可将整片叶子连同叶柄吃光。

【形态特征】

1. **成虫** 体长 8 ~ 10 mm，翅展 25 ~ 26 mm。足细长，各节内侧灰白色，外侧暗绿色。前翅顶角圆钝，外缘弧形，翅脉上的暗绿色鳞粉加厚。基线、内横线和外横线均为黑褐色的双线波纹状。亚端线处有 6 个脉间小黑点，各纵脉的末端均有 1 个三角形黑斑和 1 个副室。后翅短小，雌蛾具 1 条较粗的翅缰。雄蛾在翅缰位置具一棕褐色毛丛。

2. 卵　长圆锥形，长径约 1 mm，横径 0.4 mm。卵表有呈六边形的网纹。初产时乳白色，后变灰白色，基部有橘红色的小点。

3. 幼虫　末龄幼虫体长 33 ~ 35 mm，胸宽 1.5 ~ 1.6 mm。全体从头端向尾端逐渐增大。体色多变，一般为鲜黄绿色。头部两侧向前方尖锐突出，中央凹陷。尖端部深红褐色。背中线紫红褐色，带状，在第 1 ~ 6 腹节背面后缘中央着色加深，呈紫褐色小点。第 2 腹节上具腹足 1 对，第 10 腹节上具臀足 1 对。臀片三角形。

4. 蛹　体长 12.5 ~ 13.5 mm，宽 2.6 ~ 3.8 mm。深黄绿色至紫红褐色。羽化的前 1 d 翅芽呈黑褐色。触角基部较粗大，向前突出，中央微陷。前胸背面中线两侧各有 1 个小圆黑点，气门斜置线形。灰白色，周缘黑色。腹背中线断续，黑色；第 10 腹节突然收窄，呈马蹄形，黑褐色。末端具 8 根钩状臀棘。

【发生规律】　在广西各龙眼、荔枝产区均有分布；以幼虫咬食龙眼嫩叶，也可为害荔枝嫩叶。在广西南宁地区，常年 9 ~ 12 月发生量较大，各虫态历期：卵约 3 d；幼虫 12 ~ 17 d，平均 15.4 d；蛹期 8 ~ 13 d，平均 11 d；成虫寿命 5 ~ 9 d。11 ~ 12 月，卵期为 5 ~ 6 d；幼虫 25 ~ 39 d，平均 29.6 d；蛹期 11 ~ 29.3 d，平均 17.5 d。成虫多于下半夜羽化，白天停息在树冠或树干上，夜间产卵，卵散产在龙眼梢芽的叶尖上。幼虫多于上午孵出，初孵幼虫沿叶缘停息并取食，老熟幼虫在树冠上吐丝将几张叶片卷成简单的虫苞，并化蛹其中。

【防治方法】

1. 人工防治　结合冬季清园或中耕除草，在树干周围翻耕 2 ~ 3 cm 深的土层，以杀灭在土中的蛹体。此外，掌握在第 1、第 2 代幼虫化蛹前，用薄膜铺设在树干周围，上面再铺一层 6 ~ 10 cm 厚的松土，诱集幼虫入土化蛹，以利于集中灭蛹。根据老熟幼虫喜欢在树上吐丝，将叶片简单结虫苞并化蛹其中的习性，可结合冬季清园、修剪、疏梢等栽培管理，拾虫苞灭蛹。在发生量不多时，可采用人工捕杀。

2. 物理防治　在发生量较大的果园，在各代成虫羽化盛期，每 10 000 ~ 20 000 m² （15 ~ 30 亩）果园，安设一只 40 W 黑光灯进行诱捕。

3. 药剂防治　掌握幼虫盛发期，在幼虫 2 ~ 3 龄期，可用如下药剂喷杀：90% 晶体敌百虫或 80% 敌敌畏乳油 800 ~ 1 000 倍液，或 98% 巴丹可湿性粉剂 1 500 ~ 2 000 倍液，或 2.5% 溴氰菊酯乳油或 10% 氯氰菊酯乳油 2 000 倍液，或 1.8% 阿维菌素 3 000 倍液，或用每克含 300 亿个芽孢子的青虫菌 1 000 ~ 1 500 倍液。在龙眼、荔枝园防治卷叶蛾害虫时，往往可兼治尺蠖类害虫，因此，对此类害虫一般不采取针对性的药剂防治，必要时可采用挑治方法。

（二九）茶黄蓟马

茶黄蓟马为害龙眼嫩叶

茶黄蓟马成虫

茶黄蓟马若虫

茶黄蓟马为害新梢

茶黄蓟马为害龙眼叶片呈卷叶症状

茶黄蓟马（*Scirtothrips dosalis*），属缨翅目蓟马科。

【分布与为害】　主要分布在湖南、湖北、四川、云南、贵州、广东、广西等省（区）。为害山茶、茶、刺梨、杧果、台湾相思、葡萄、草莓等花木。

【为害状】　以成虫、若虫为害新梢及芽叶，受害叶片在主脉两侧有两条至多条纵列红褐色条痕，严重时，叶背呈现一片褐纹，叶正面失去光泽；后期芽梢出现萎缩，叶片向内纵卷，僵硬变脆；也可为害叶柄、嫩茎和老叶，严重影响植株生长。

【形态特征】
1. **成虫**　体长约 1 mm，黄色；翅狭长，灰色透明，翅缘多细毛；单眼呈三角形排列，鲜红色，复眼灰黑色，稍突出；触角 8 节，约为头长的 3 倍；前胸宽为长的 1.5 倍，后缘角有粗短刺 1 对。
2. **卵**　淡黄色，肾形。
3. **若虫**　初孵时为乳白色，后变为淡黄色，体长不到 1 mm，似成虫，无翅。

【发生规律】　全年发生代数不详。在广东、云南多以成虫在花中越冬。而在云南西双版纳几乎无越冬现象。气温升高时，10 余天即可完成 1 代。在阴凉天气成虫在叶面活动，中午阳光直射时，多栖息在花丝间或嫩芽叶内，行动活泼，能迅速弹跳，受惊后做短距离飞翔。卵产在嫩叶背面侧脉或叶肉内，孵化后，多喜潜伏在嫩叶背面锉吸汁液为害。在广东上半年少见，每年从 7 月至翌年春 2 月均有所发现；下半年雨季过后，虫口增多，旱季为害最重，9 ~ 10 月呈现虫口高峰。

【防治方法】
1. **人工防治**　及时采摘受害枝叶，集中深埋。
2. **药剂防治**　幼虫期选用噻虫嗪、吡虫啉、虫螨腈、阿维·啶虫脒、呋虫胺、溴氰虫酰胺等药剂。

（三〇）荔枝粗胫翠尺蛾

荔枝粗胫翠尺蛾成虫

荔枝粗胫翠尺蛾幼虫（绿色型）

荔枝粗胫翠尺蛾幼虫（红褐色型）

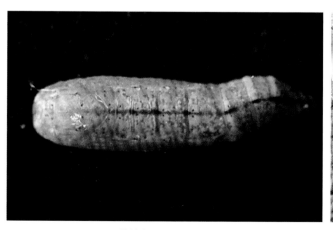
荔枝粗胫翠尺蛾蛹

荔枝粗胫翠尺蛾卵粒

荔枝粗胫翠尺蛾（*Thalassodes immissaria* Walker），属鳞翅目尺蛾科，是我国南方地区为害荔枝、龙眼的主要害虫。

【分布与寄主】　在我国荔枝产区普遍发生。主要为害龙眼、荔枝、杧果等。

【为害状】　主要是以幼虫为害荔枝和龙眼的嫩芽和嫩叶，为害嫩叶时，叶片呈网状孔或缺刻状。影响果树的光合作用，进而影响果树的生长发育。

【形态特征】

1. **成虫**　雄成虫体长 20 ~ 23 mm，雌成虫略大，前后翅白色，间有灰黑色小点，自前缘至后缘有 3 条黄褐色波状纹，近外缘的一条最明显，雌蛾蛹角丝状，雄蛾触角羽状。

2. **卵**　椭圆形，蓝绿色，孵化前黑色，卵粒堆叠成块状，上覆有黄褐色茸毛。

3. **幼虫**　体色有深褐色、灰褐色或青绿色，体色随环境而异；幼虫体细长，老熟前体长 60 ~ 72 mm，头部密布棕色小斑点，通常除 3 对胸足外，只在第 6 及第 10 腹节各有腹足一对，休息时用腹足固定身体，前部分伸出去与所附着的植物成一角度，甚似一枝条，不易被人发现；行动时，身体弯成一环，一屈一伸，似以尺量物，故称"尺蠖"。

4. **蛹**　被蛹，棕黄色，头顶有 2 个角状小突起。

【发生规律】　在广东地区 1 年发生 7 ~ 8 代，幼虫老熟后吐丝缀连相邻的叶片成苞状，并在其中化蛹；卵散产，以嫩叶叶尖和叶缘落卵最多；在室内 26 ℃恒温饲养，卵和蛹的发育历期分别为 3.64 d 和 6.67 d，1 ~ 5 龄幼虫发育历期分别为 2.76 d、2.80 d、3.42 d、3.89 d 和 5.16 d，成虫产卵前期为 1.63 d。成虫有昼伏夜出的习性，具趋光性，卵散产于嫩芽或嫩叶尖上。以蛹在土中越冬，成虫多于雨后夜间羽化出土，夜出活动，飞翔力强，有趋光性。羽化后 1 ~ 3 d 交尾产卵，成虫寿命约 5 天。1 龄幼虫取食叶肉残留表皮，2 ~ 3 龄食叶成缺刻，4 龄后食量剧增，每虫每天可取食 8 ~ 10 片叶，老熟幼虫吐丝下垂或沿树干爬到疏松的土壤中化蛹，入土深度 1 ~ 3 cm。对"糯米糍""妃子笑""桂味""黑叶""淮枝"的选择性调查显示，"糯米糍"5 个荔枝品种和"妃子笑"受害较重。

【防治方法】

1. **农业防治**　加强果园管理，增施有机肥，合理灌溉，增强树势，提高树体抵抗力。科学修剪，将病残枝及茂密枝及时剪除，保持果园适当的温湿度，结合修剪，深翻土壤，消灭大量越冬蛹，清理果园。

2. **灯光诱杀**　根据其具有趋光性，可进行灯光诱杀成虫，尤其是越冬代的成虫。

3. **药剂防治**　在种群暴发时期更显出其重要作用。目前应对抗性荔枝粗胫翠尺蛾的高效低毒药剂主要有阿维菌素和甲氨基阿维菌素苯甲酸盐等。而氯虫苯甲酰胺、茚虫威、多杀霉素等药剂在室内也表现出很高的活性。

（三一）拟小黄卷叶蛾

拟小黄卷叶蛾（*Adoxophyes cyrtosema* Meyrick），属鳞翅目卷叶蛾科。

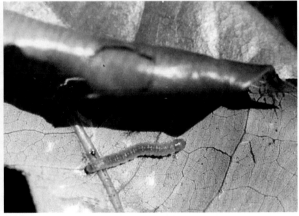

拟小黄卷叶蛾为害状　　　　　　　　　　　拟小黄卷叶蛾幼虫

【分布与寄主】 分布于广东、广西、福建、浙江、湖南等省（区）。食性很杂，为害荔枝、龙眼、柑橘、桃、茶树和茉莉等。

【为害状】 以幼虫为害幼嫩枝叶和幼果，造成叶片孔洞和幼果脱落；在秋、冬为害成熟果，使霉菌从伤口入侵，引起果实腐烂。

【形态特征】
1. 成虫 体黄色，体长 8 mm，翅展 17 ~ 18 mm。头部有黄褐色鳞毛，下唇须发达，向前伸出。前翅黄色，但颜色深浅随食料及环境有很大变异。有褐色基斑、中带和端纹。雌蛾中带宽而雄蛾细，雄蛾基斑完整而雌蛾分散呈条状。后翅淡黄色，基角及外缘近白色。翅脉相前翅 R4+Rs 共长柄，这一特征可区别于其他卷叶蛾类。

2. 卵 初产时淡黄色，渐变深黄色，孵化前黑色，卵椭圆形，纵径与横径分别为 0.8、0.6 mm。卵块鱼鳞状排列，上方有胶质薄膜。

3. 幼虫 全体黄绿色，成熟幼虫体长 11 ~ 18 mm。头部除 1 龄幼虫黑色外，其余各龄幼虫皆黄色，前胸背板亦淡黄色，前、中、后足淡黄褐色。腹足趾钩环形单行三序，具臀栉。雄幼虫在第 5 腹节可见 1 对淡黄色肾形的生殖腺，雌虫生殖腺在第 8 腹节隐约可见。气门近圆形，前胸与第 8 腹节气门约等大，边缘黑褐色，其余气门较小，边缘淡褐色。

4. 蛹 黄褐色，长 9 mm，宽 2.3 mm。胸部蜕裂线明显，中胸向后胸成舌状突出。

【发生规律】 福州 1 年发生约 7 代，广州 1 年发生约 9 代，以幼虫在叶间越冬。翌年 4 月上旬恢复活动，为害荔枝、龙眼花穗，至老熟时转到老叶化蛹。4 月下旬至 5 月上旬第 1 代幼虫出现为害荔枝果实和龙眼的幼果、花穗；第 2 代为害龙眼幼果，对于荔枝仅少部分为害果实，大部分为害嫩叶；第 3 代仍有少部分为害果实，以后各代幼虫都为害嫩叶。成虫羽化后当晚或翌日交尾，有趋光性。卵多产于叶的正面主脉附近，有时在平滑的果穗基部亦见产卵，但排列不甚规则。卵呈鱼鳞状排列，上覆胶质薄膜，每卵块有卵 12 ~ 220 粒，平均 84 粒。幼虫为害花穗时，吐丝把几个小穗牵连在一起，匿居其中，多在小梗基部食害，梗上部的花当即枯死。幼虫为害幼果，可造成大量落果。为害嫩叶时，1 ~ 2 龄幼虫多在重叠叶片的中间啮食表皮，2 龄以后始能缠缀数叶匿藏其中食害。这些习性与褐带长卷叶蛾甚为相似，但叶苞较褐带长卷叶蛾为小。

【防治方法】
1. 释放天敌 4 ~ 5 月间温、湿度偏低的季节，宜释放松毛虫赤眼蜂来控制 1、2 代卵。
2. 药剂防治 5 月中旬至 6 月中旬应用苏云金杆菌类型的微生物农药 800 ~ 1 000 倍液或 25% 灭幼脲悬浮剂 2 000 倍液，20% 虫酰肼悬浮剂 2 000 倍液，5% 氟铃脲乳油 1 500 倍液，24% 甲氧虫酰肼悬浮剂 2 500 倍液，减少对天敌的伤害。

（三二）灰白卷叶蛾

灰白卷叶蛾（*Argyroploce aprobola* Meyrick），别名灰白条卷叶蛾，属鳞翅目卷叶蛾科。

灰白卷叶蛾成虫　　　　灰白卷叶蛾幼虫（1）　　　　　灰白卷叶蛾幼虫（2）

【分布与寄主】 在国内的龙眼、荔枝、柑橘产区均有分布。除为害龙眼、荔枝外，还能为害柑橘等多种果树。

【为害状】　主要为害幼叶和花穗,幼虫吐丝将嫩叶、花器结缀成团,且匿居其中取食为害,被害严重时,幼叶残缺破碎,花器残缺,枯死脱落。

【形态特征】

1. **成虫**　雌蛾体长 7 ~ 8 mm,翅展 25 ~ 25.5 mm。头小,复眼圆形,黑色。额区毛丛疏松,黑色,两触角间的毛丛棕褐色。触角丝状,灰褐色。胸部翼片灰黑色,胸背灰黑褐色,腹面灰白色。足内侧灰白色,外侧灰黑色。前翅前缘区黑褐色,有钩纹,其余大部分为灰白色,且布有黑色小点。前缘 2/3 处有一近四方形斜置的黑斑。近顶角处有一自前缘伸达外缘 1/2 处的黑褐色带。内缘基部有一近方形黑白色相间的鳞斑;后段约 2/3 处具一较大的方形黑色鳞斑。顶角及其附近的缘毛黑色,臀角及其附近的缘毛灰白色。后翅前缘由基部至端部灰白色,其余为灰黑色,臀角宽大突出。雄蛾体略小,前翅为黑色与灰褐色相间;臀角处有一束灰白色的毛丛。

2. **幼虫**　末龄幼虫体长 12 ~ 15 mm。头无颅中沟,头和前胸的背片和 3 对胸足均为黑色,中胸以后各体节为淡黄绿色或绿色,腹足趾钩环形,单行 3 序,臀足单行 3 序横带。

3. **蛹**　体长 8.3 ~ 10 mm,宽 2 ~ 2.3 mm,红褐色。羽化前一天腹部第 8 ~ 10 节为橘黄色,其余呈深黑色。舌状突的后端有一针状物伸至后胸后缘。后胸在舌状突的两侧缘有明显的凹沟。第 2 ~ 7 腹节上有两排小齿突。腹端具刺钩 8 根。

【发生规律】　广东、广西一带,6 月之前,龙眼、荔枝园里发生的数量少,7 ~ 11 月发生量较大,其中 7 ~ 8 月为多发世代,常常同三角新小卷蛾一道发生,两者为害状相似,但灰白卷蛾的虫苞多将几张小叶缀在一起形成较大的虫苞。苞内的幼虫期 19 ~ 20 d,蛹期 8 ~ 9 d。

【防治方法】

1. **农业防治**　加强栽培管理工作,在龙眼、荔枝的各次新梢期,坚持做到合理施肥,促使新梢抽发整齐健壮,缩短适宜卷蛾成虫产卵、繁殖所需的梢龄期,以减轻为害。

2. **人工防治**　冬季清园,修剪病虫害枝叶,扫除树盘地上的枯枝落叶,消除部分虫源;结合中耕除草,铲除果园内的杂草,减少越冬虫口基数。在新梢期、花穗抽发期和幼果期,巡视果园或结合疏花、疏果、疏梢,发现有卷叶虫苞、花穗、弱密梢和幼果受害时,加以捕杀。

3. **药剂防治**　对虫口密度较大的果园,在幼虫初孵至盛孵时期,及时喷药 1 ~ 2 次。在花蕾期用药,一般选用较低毒的生物制剂,如苏云金杆菌的 800 倍液,或 1.8% 阿维菌素 4 000 倍液。在开花前、新梢期和幼果期,可选用如下任一种药剂喷洒:90% 晶体敌百虫 800 ~ 1 000 倍液,或 80% 敌敌畏乳油 800 ~ 1 000 倍液,或 2.5% 溴氰菊酯乳油或 10% 氯氰菊酯乳油 2 500 倍液,或 25% 灭幼脲悬浮剂 2 000 倍液;20% 虫酰肼悬浮剂 2 000 倍液;5% 氟铃脲乳油 1 500 倍液;24% 甲氧虫酰肼悬浮剂 2 500 倍液,减少对天敌的伤害。

（三三）黄三角黑卷蛾

黄三角黑卷蛾（*Olethreutes leucaspis* Meyrick）,别名三角新小卷蛾,属鳞翅目小卷蛾亚科。

黄三角黑卷蛾成虫

黄三角黑卷蛾幼虫

【分布与寄主】 分布于我国华南及日本、印度等地，寄主为荔枝、龙眼。

【为害状】 以幼虫为害新梢、嫩叶、花穗，或吐丝将幼叶、花器缀合成虫苞，幼虫躲在虫苞中为害，致使新梢、幼叶提早脱落，对树势的生长发育影响很大，特别在夏、秋梢期为害较重，直接影响翌年结果母枝的形成。

【形态特征】

1. **成虫** 体长 7 ~ 7.5 mm。头黑褐色，头顶毛丛疏松，复眼黑色。雌、雄触角为丝状，黑褐色。前翅黑色，在前缘 2/3 处有一淡黄色三角形斑块。后翅前缘从基角至中灰白色，其余为黑褐色。

2. **卵** 长椭圆形，中央稍拱起，卵表面有近正六边形刻纹。初产时乳白色，将孵化时黄白色。

3. **幼虫** 初孵幼虫头黑色，胴部淡黄白色。2 龄起头呈黄绿色或淡黄色。老熟幼虫体长 8 ~ 10 mm，灰褐色，前胸背上有 12 根刚毛，中线淡白色，气门近圆形，周缘黑褐色。化蛹前黑褐色。

4. **蛹** 体长 8 ~ 8.5 mm，初蛹时淡黄色，中期头橘红色，翅芽和腹部黄褐色。羽化前翅芽呈黑色。

【发生规律】 在海南儋州大棚条件下 1 年发生 10 代，世代重叠。幼虫有 6 个龄期，整个幼虫期都藏匿在卷叶中为害，老熟幼虫多在附近稍老的叶片上沿叶缘做叶苞并在其中化蛹。成虫羽化高峰期在下午 2 ~ 4 时，产卵前期 1 ~ 2 d，卵散产在已萌动梢芽上的复叶或小叶缝隙间，也有产在小叶叶脉间的。室内自然条件下饲养：春季日均温在24.2 ℃时，卵期（平均，下同）为 7.5 d、幼虫期为 15.4 d、蛹期 7.3 d、产卵前期 1.7 d，全世代历期共 31.9 d；秋季日均温在 28.6 ℃时，全世代历期为 24.8 d，在福州地区龙眼园 1 年发生 7 ~ 8 代，以幼虫在叶苞中越冬。

【防治方法】

1. **农业措施** 搞好冬季清园，剪除虫害树枝，控冬梢，断其食源，减少越冬虫口，减少虫源。

2. **灯光诱杀** 利用成虫有趋光性，用黑光灯或蓝光灯诱杀。

3. **药剂防治** 掌握在幼虫幼龄时选用下列药剂杀之：90%敌百虫晶体 800 ~ 1 000 倍，48%毒死蜱乳油 1 000 倍液，2.5%溴氰菊酯乳油 2 000 倍液，2.5%氟氯氰菊酯（氯氟氰菊酯）乳油 2 000 倍液，或苏云金杆菌（Bt）可湿性粉剂或乳剂 600 ~ 800 倍液喷雾，在 Bt 药液中加入 10%氯氰菊酯等拟除虫菊酯类农药或 90%敌百虫晶体 1 000 ~ 1 500 倍液，防效更好；或 25%灭幼脲悬浮剂 2 000 倍液，20%虫酰肼悬浮剂 2 000 倍液，5%氟铃脲乳油 1 500 倍液，24%甲氧虫酰肼悬浮剂 2 500 倍液，减少对天敌的伤害。

（三四）荔枝茸毒蛾

荔枝茸毒蛾（*Dasychira* sp.），属鳞翅目毒蛾科。

【分布与寄主】 国内主要分布于广西、广东、福建、海南等地。幼虫食性较杂，主要为害桉树、相思树、荔枝、龙眼等多种林木、果树和花卉。

【为害状】 小龄幼虫取食寄主植物新梢、嫩叶，大龄幼虫取食转绿后的叶片、花穗，还可咬食将近成熟和已经成熟的荔枝果实的皮部、果肉等。雌性老幼虫化蛹前，先吐丝粘连茸毛结成一个松散的薄茧，化蛹其中。

荔枝茸毒蛾幼虫

【形态特征】

1. **成虫** 雌成虫蛆形，头部小，腹部较肥大，尾端平截；体长 13.4 mm，宽 7.5 mm，浅黄褐色；头被棕褐色短茸毛；触角短小，锯齿状；胸节和胸足均短小；腹部较粗长，各节被浅棕褐色茸毛，第 5 ~ 8 节背中央呈带状光泽。雄成虫体长 7 ~ 8 mm，翅展 22 ~ 23 mm；全体灰褐色；触角羽毛状，栉齿黑褐色。各足均生有毛丛。前翅较狭长，棕褐色，翅脉上为淡灰白色，中室后端横脉处有 1 条深黑褐色的新月形斑纹，端线由灰黄白色的小点组成。后翅较宽大，深棕褐色。

2. **卵**　扁球形，纵径和横径分别为 0.6 mm 和 0.7 mm，灰白色，表面光滑，略有光泽，顶部凹陷。

3. **幼虫**　大龄幼虫体长最长时可达 31 ~ 34 mm，身被深红褐色带小刺状的长、短毛。头部黄色至浅红褐色；前胸背面的第 10 个毛瘤玫瑰红色，上生一束向前斜伸的黑褐色带小刺状长毛。胸部各节背面中央有 1 条灰白色的纵带；第 1 ~ 4 腹节背面的第 1、第 2 瘤合并，上生黄白色背毛刷，其中第 1、第 2 节还生有特别浓密的黑色刺毛纵，各体节上的毛瘤、刺毛为淡黄色或淡褐色；体侧各有一束锥状的白色刺毛（第 1、第 2 腹节外侧）。臀板上有一丛向后上方延伸的灰褐色或浅褐色长毛。气门下线深红色。

4. **蛹**　雌蛹体长约 13 mm，浅黄绿色；各体节背面布有刚毛，第 2、第 3 腹节背面两侧各有一个突起的小腺体；雄蛹纺锤形，初期黄白色，后期深褐色。

【发生规律】　年发生代数不详。在广西南部地区全年均有幼虫活动，冬季也可见各种虫态，无真正越冬现象。一般春季世代历期较长，蛹期约 26 d；4 ~ 5 月世代历期较短，蛹历期 5 ~ 6 d。雄成虫有趋光性。雌成虫交尾后将卵成堆状产在蛹茧上，在日均温 26 ~ 27 ℃时，卵历期 6 ~ 7 d。初孵幼虫停息 0.5 d 后即分散活动，取食嫩叶或花器；大龄幼虫食叶呈缺刻，害虫高密度时可将全树叶片吃光；大龄幼虫还可为害近成熟或成熟的荔枝果实。雌性老熟幼虫化蛹前，先吐丝粘连茸毛结成一个薄茧再化蛹其中。每年 4 ~ 5 月害虫种群数量较大，8 ~ 9 月害虫种群密度也较高，是害虫对寄主为害的两个高峰期。

【防治方法】

1. **农业防治**　清洁果园，铲除园中杂草，恶化其生活环境条件，以减轻为害。

2. **药剂防治**　掌握害虫尚未扩散蔓延、处在虫源地、还在低龄幼虫阶段，及时防治。

（三五）龙眼枯叶蛾

龙眼枯叶蛾（*Metanastria terminalis* Tsai et Hou），又名橄榄枯叶蛾，属鳞翅目枯叶蛾科。

【为害状】　幼虫白天常见成片群栖于树干或叶片上，蚕食叶片，前期为害新梢、幼果，果实被啃食后结疤，影响果品价值，当虫量大时可转移。

【形态特征】

1. **成虫**　翅展 45 ~ 74 mm，触角黑色（雌成虫触角羽状），有强趋光性，因静止时如枯叶状而得名。

2. **卵**　圆筒形，灰褐色。

3. **蛹**　雌蛹长 3.5 ~ 3.8 mm，雄蛹长 2.2 ~ 3.1 mm。

4. **幼虫**　低龄幼虫灰绿色，体细小，如针状。老龄幼虫灰褐色，从前胸至第 7 腹节的各节间白色，有许多由毒毛组成的毛丛，前胸两侧瘤突上的黑色毛丛特长，老熟幼虫体长 50 ~ 60 mm。白天常见成片幼虫群栖于树干上或叶片上，夜间食叶，低龄幼虫有吊丝现象。

龙眼枯叶蛾幼虫

【发生规律】　在闽清县，龙眼枯叶蛾每年发生 2 代，3 ~ 4 月幼虫活动为害，夜间食叶量较白天为大，5 月中旬老熟幼虫作茧化蛹，6 月中下旬成虫羽化，6 月下旬至 7 月上旬新一代幼虫发生为害。低龄幼虫群集吐丝蚕食，老龄幼虫受惊，常吊丝遁逃树下。

【防治方法】

1. **栽培管理**　合理密植，保持一定郁闭度，以抑制枯叶蛾的发生，果园隔年进行垦复，补植病残株并施肥，适当疏剪密度过大的植株，以抑制枯叶蛾发生。

2. **人工防治**　在卵未孵化时就进行，利用幼虫白天群集树干或叶片的习性，集中捕杀；用人工采茧的办法可以降低成虫羽化率；利用成虫强趋光性进行灯光诱杀，该方法捕杀成虫效果很好，能有效控制虫口基数。

3. **生物防治**　在春季湿度大的条件下，可施白僵菌粉剂。

4.**化学防治** 最佳防治时期是低龄幼虫期（2～3龄幼虫前），因为这时期幼虫喜群集为害，喷药容易集中防治，所以防治效果较好。很多化学农药都能防治该虫，效果也很好。

（三六）白痣姹刺蛾

白痣姹刺蛾［*Chalcocelis albiguttata*（Snellen）］，又名茶透刺蛾、白痣姹刺蚣、中点刺蛾，属鳞翅目刺蛾科。

【分布与寄主】 分布于江西、福建、广东、广西、海南、贵州；国外缅甸、印度、新加坡、印度尼西亚也有分布。在林果生产上主要为害荔枝、龙眼、油桐、油茶、茶、柿、咖啡、可可、柑橘、八宝树等。

白痣姹刺蛾幼虫

【形态特征】

1.**成虫** 雌雄异色。雄蛾灰褐色，体长9～11 mm，翅展23～29 mm。触角灰黄色，基半部羽毛状，端半部丝状。下唇须黄褐色，弯曲向上。前翅中室中央下方有1个黑褐色近梯形斑，内窄外宽，上方有1个白点，斑内半部棕黄色，中室端横脉上有1个小黑点。雌蛾黄白色，体长10～13 mm，翅展30～34 mm。触角丝状。前翅中室下方有1个不规则的红褐色斑纹，其内线有1条白线环绕，线中部有1个白点，斑纹上方有1个小斑。

2.**卵** 椭圆形，片状，蜡黄色半透明，长1.5～2.0 mm。

3.**幼虫** 1～3龄幼虫黄白色或蜡黄色，前后两端黄褐色，体背中央有1对黄褐色的斑。4～5龄幼虫淡蓝色，无斑纹。老龄幼虫体长椭圆形，前宽后狭，体长15～20 mm，宽8～10 mm，体上覆有一层微透明的胶蜡物。

4.**蛹茧** 茧白色，椭圆形，长8～11 mm，宽7～9 mm。蛹粗短，栗褐色，触角长于前足，后足和翅端伸达腹部第7节，翅顶角处和后足端部分离外斜。

【发生规律】 广州1年发生4代，以蛹越冬。翌年3月底4月初出现为害。成虫羽化时间，以19～20时羽化最多。大部分蛾第2晚交尾，第3晚产卵。卵单产于叶面或叶背，以叶背为多。第3代成虫每个雌蛾产卵量为12～274粒，平均108粒。成虫有趋光性；寿命3～6 d。第1代卵期4～8 d，受寒潮影响较大；第2、第3代卵期4 d；第4代5 d。1～3龄幼虫多在叶面或叶背啮食表皮及叶肉，4～5龄幼虫，可取食整叶，幼虫蜕皮前1～2 d固定不动，蜕皮后少数幼虫有食蜕现象。幼虫期30～65 d，第1代历期53～57 d；第2代33～35 d；第3代28～30 d；第4代60～65 d。幼虫常在两片重叠叶间结茧。少数在枝条上结茧。第1～3代蛹期15～27 d；越冬代蛹期90～150 d，平均143 d。该虫在林缘、疏林和幼树发生数量多，为害严重。在树冠茂密，或郁闭度大的林分受害较轻。在华南地区雨季（3～8月）发生较轻，旱季为害严重。幼虫期天敌主要为螳螂，蛹期主要有一种刺蛾隆缘姬蜂寄生。

【防治方法】

1.**人工防治** 低龄幼虫多群集取食，易发现被害叶显现白色或半透明斑块，此时斑块附近常栖有大量幼虫，及时摘除带虫枝、叶，加以处理，效果明显。不少刺蛾的老熟幼虫常沿树干下行至基或地面结茧，可采取树干绑草等方法及时清除。

2.**灯光诱杀** 在成虫羽化期于19～21时用灯光诱杀。

3.**化学防治** 幼龄幼虫对药剂敏感，一般触杀剂均可奏效。

4.**生物防治** 刺蛾幼虫的天敌有寄生蜂、白僵菌、青虫菌、多角体病毒，均应注意保护利用。

（三七）龙眼蚁舟蛾

龙眼蚁舟蛾（*Stauropus alternus* Walker），属鳞翅目舟蛾科。

【分布与寄主】 分布于广东（广州、连平）、云南（西双版纳）、台湾、香港等地；国外分布于印度、缅甸、越南、印度尼西亚、马来西亚、菲律宾。寄主植物有蔷薇、柑橘、杧果、龙眼、荔枝、茶、茶花、咖啡、爪哇决明、粉绿决明、腊肠树、台湾相思树等。

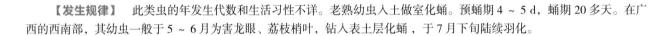

龙眼蚁舟蛾幼虫

【形态特征】

1. **成虫** 体长 20 ～ 22 mm，翅展 40 ～ 45 mm。触角红褐色，雌蛾线状，雄蛾基部 2/3 为羽毛状，其余为线形。前翅灰褐色，外缘较淡，基部有 2 个棕黑色点，内、外线灰白色锯齿形不清晰，亚端线由 1 列脉间棕褐色点组成，内衬灰白边；端线由 1 列脉间棕色齿形线组成，内衬灰白边。雌蛾后翅全为褐色；雄蛾后翅灰白色，前半部暗褐色，中央有 2 条灰白色短线，后缘浅褐色，端线棕褐色，半月形。

2. **卵** 长椭圆形，横径约 0.6 mm，纵径 0.9 mm，灰白色。

3. **幼虫** 头部暗褐色，胸足黑色，身体和腹足暗红褐色，中足特别长，静止时前伸，臀足特化向上举；腹部第 1 ～ 6 节背面各有一齿状突，静止或受惊时则首尾翘起，似一只大蚂蚁。

【发生规律】 此类虫的年发生代数和生活习性不详。老熟幼虫入土做室化蛹。预蛹期 4 ～ 5 d，蛹期 20 多天。在广西的西南部，其幼虫一般于 5 ～ 6 月为害龙眼、荔枝梢叶，钻入表土层化蛹，于 7 月下旬陆续羽化。

【防治方法】

1. **农业防治** 由于此虫在园地表土层中化蛹，结合中耕除草，适度松翻园土，以破坏其化蛹场所，减少蛹基数。

2. **人工防治** 此类害虫的幼虫个体较大，食量也大，易被人们发现，而且虫口密度较低，可结合果树的修剪或疏花、疏果、疏梢工作，进行人工捕杀。

3. **药剂防治** 4 ～ 6 月为幼虫发生为害比较严重的时期，一般情况下，在防治龙眼、荔枝卷叶蛾类害虫时已兼治了舟蛾类害虫，故无须针对性地喷药。

（三八）黄星蝗

黄星蝗［*Aularches miliaris scabiosus*（Fab.）］，又名尖头黄星蝗，属直翅目蝗总科。

【分布与寄主】 分布于广东、海南、广西、贵州、云南、四川等省（区），是西南地区的主要土蝗之一。寄主有荔枝、龙眼、杧果、槟榔、椰子、板栗、玉米、水稻、甘蔗及禾本科牧草、木麻黄、枫香、油桐、油茶、八角、棕树、油杉、泡桐、松、杉、桉、柚木、臭椿等多种农作物、果树和林木。

【为害特点】 黄星蝗以成虫和若虫食害寄主的叶片、嫩芽、花朵、小枝。

黄星蝗成虫

【形态特点】

1. **成虫** 体长 49 ～ 58 mm，前翅长 39 ～ 50 mm。体较粗大，黑色或黑褐色。触角丝状黑色。头部背面黑褐色，复眼棕红色，在复眼之下具较宽的黄色斑纹。前胸背板的背面棕黑色，前后缘黄色，前缘的 1 对瘤状隆起橘红色，侧片的下端具 1 条宽 3 ～ 5 mm 的黄色纵条纹，与复眼下方的黄色斑相连，中后胸的腹面黄色或橘红色。前翅黄褐色，散布有许多近似圆形的橙黄色斑，大小不等，一般有 70 ～ 82 个；后翅黑褐色，近顶端稍淡。腹部前 6 节的前半部黑色，后半部橘红色。

2.**卵** 初产时橘黄色，长椭圆形，长 7 ~ 8 mm，宽 1.8 ~ 2.1 mm。卵块呈筒形，卵粒在卵块中呈斜状排列，每一卵块中有卵 20 ~ 45 粒，卵块由海绵状胶质物包裹。

3.**若虫** 体形与成虫相似，尖头黑色，颜面带有橘黄色斑，各龄若虫体上的颜色斑纹略有变化，随着龄期的增大，颜面和体躯上的黄色斑纹逐渐明显。老龄若虫体两侧均有 2 条黄色纵带，从头顶延伸到腹部末端，头顶及前胸背板正中也有 1 条较小的黄色纵带贯穿，腹部背板中隆线的突起为黄色。

【发生规律】 四川、贵州、广西、海南 1 年发生 1 代，以卵块在土中越冬。翌年 4 月下旬开始孵化，5 月为孵化盛期，6 月初为孵化末期。5 ~ 7 月为若虫期，若虫共 6 龄，若虫出土后 12 ~ 15 d 开始蜕皮，每一龄期历时 14 d 左右，8 ~ 11 月为成虫期。10 月开始产卵，产卵后 3 ~ 5 d 雌成虫即死亡。卵孵化迟早与温度有关，春末夏初如温度高，湿度合适，越冬卵即提早孵化。孵化以白天中午为最多，初孵跳蟓有群集性，常数十头在低矮的寄主上取食叶片和幼嫩小枝，移动性不大，活动范围离产卵地不远。早晚活动较少，以 9 ~ 16 时的活动较多。中午阳光较强时，迁到低矮的灌木林或荫蔽的草丛里取食。蜕皮前 2 d 食量开始减少，刚蜕皮的跳蟓不大活动，蜕皮 2 d 后食量开始增加，随着龄期的增加，其取食量也递增。成虫动作迟钝，飞翔力弱，只能做短距离飞行，未发现有远距离飞行现象。成虫分散活动和取食。老龄跳蟓和成虫取食时，若取食的是针状叶和小枝，多从中间咬断，只取食很小部分，大部分咬断落地，受惊时会分泌带腥臭味的白色泡沫。每雌一生可产卵 56 ~ 85 粒，产卵场所一般选在土壤疏松度适宜、地势平坦又不积水的林地内或生有矮草的土坡上。产卵时雌虫将产卵管插入土中挖出产卵孔，先分泌一些泡沫状物然后才开始产卵，约 1 h 能产完一个卵块，产卵完毕又分泌一些泡沫状胶质物将卵块包裹。产卵入土深度 3 ~ 8 cm。有些雌虫只挖产卵孔并不产卵，故形成部分假卵孔。卵块留在土中越冬。

【防治方法】
1.**人工防治** 人工挖除卵块，及时捕打跳蟓与成虫。
2.**化学防治** 在初龄若虫群集阶段，喷撒 3% 的敌百虫粉剂进行毒杀；也可用 80% 敌敌畏乳油 2 000 ~ 3 000 倍液喷杀。

（三九）龟背天牛

龟背天牛（*Aristobia testudo* Voet），属鞘翅目天牛科。

【分布与寄主】 分布于广东、广西、福建、云南、陕西等省（区）。寄主有龙眼、荔枝、番荔枝、李、无患子等。

【为害状】 龟背天牛幼虫钻蛀荔枝、龙眼枝干，坑道隐蔽，影响水肥输导，致使树势衰弱，虫害严重时，可使大枝枯萎，甚至整株死亡。在广东 7 ~ 8 月盛发，成虫咬食当年枝梢皮层，呈宽环状剥皮，导致枝梢枯干，削弱树势。

龟背天牛在树干蛀孔

龟背天牛在树干的排粪孔

【形态特征】

1.**成虫** 体长形，长 20 ~ 35 mm，宽 8 ~ 11 mm，基色黑色，鞘翅满布橙黄色斑块，每一鞘翅上有十几个黑色条纹，将黄色斑围成龟壳状斑纹。雌虫触角与鞘翅等长，雄虫触角超过翅端 2 ~ 3 节，第 1 ~ 2 节黑色，其余各节黄色，第 3 节端部环生有相当长的黑色茸毛，第 4、第 5 节端部亦着生一圈黑色簇毛，但远较第 3 节的少而短。

龟背天牛成虫

龟背天牛幼虫

2. **卵**　长椭圆形，长约 4.5 mm，乳白色。

3. **幼虫**　扁圆筒形，长约 60 mm，乳白色，胸足退化，前胸背板黄色，并有黄褐色"山"字形条纹。

4. **蛹**　乳白色裸蛹，老熟时黑色。

【**发生规律**】　广东 1 年发生 1 代，以 1 ~ 2 龄幼虫在产卵位置下的皮层下越冬，发育进度较整齐，钻入木质部成虫 6 月始见，7 月为羽化盛期，8 月见成虫取食、交尾、产卵。成虫取食当年枝梢皮层呈宽环状，不久即出现枯梢。中午多栖息于树冠阴凉处，具假死性，突然触之即跌落地面。产卵前先用上颚咬伤皮层，伤口呈半月形，刚达木质部，然后转身将腹端插入伤口，每伤口产卵 1 粒，以黄色胶状物覆盖于卵粒上。9 月后成虫陆续死亡，但 10 月上旬仍可见个别成虫。卵单个散产，着卵枝条直径一般在 0.6 ~ 20 mm，而以 1.0 ~ 3.5cm 的枝丫上为多，同一枝丫附近可有 3 ~ 5 粒卵，卵期 10 d 左右。卵的自然死亡率相当高。幼虫 8 月下旬至 9 月为孵化盛期，孵出的幼虫生活于半月形产卵伤口的树皮下，生长速度很慢，直至 12 月底 1 ~ 2 龄幼虫体长仅为 0.4 ~ 0.7 cm。翌年 1 月越冬幼虫蛀入木质部取食，形成坑道，每隔一定距离即咬一小孔与外界通气，孔口附近常有虫粪排出。在木质部坑道内的幼虫生长速度显著较在树皮下快。坑道一般纵向下行，幼虫老熟时坑道长达 50 ~ 70 cm。幼虫期约 9 个月，其中 4 个月在半月形产卵伤口的树皮下生活。6 月后幼虫相继老熟化蛹。化蛹前，幼虫转而向上，将坑道咬宽，用虫粪和木屑堵塞两端而形成蛹室，在其中化蛹，历期约 20 d。

【**防治方法**】

1. **人工捕杀**　7 ~ 8 月间，掌握龟背天牛羽化后补充营养期，用细竹枝触击或突然摇动树枝，利用成虫假死性坠地而捕杀之。8 ~ 12 月刺杀树皮半月形产卵伤痕底下的卵和 1 ~ 2 龄幼虫。

2. **药剂防治**　越冬后幼虫以蛀入木质部形成坑道，应及早寻找排出的虫粪，发现虫孔，注射 80% 敌敌畏乳油 100 ~ 200 倍液或用棉球浸吸药液自最下第 2 个虫孔塞入坑道内毒杀中、高龄幼虫。

3. **生物防治**　繁殖利用肿腿小蜂寄生幼虫及保护益鸟。

（四〇）斑喙丽金龟

斑喙丽金龟（*Adoretus tenuimaculatus* Waterhouse），又名华喙丽金龟、茶色金龟，属鞘翅目丽金龟科。

斑喙丽金龟成虫　　　　　　　　　　　　　斑喙丽金龟为害龙眼树叶片

【**分布与寄主**】　主要分布于陕西、河北、山东、安徽、江苏、上海、浙江、江西、福建、广东、广西、湖南、湖北、贵州、四川、重庆等地；朝鲜、日本和美国的夏威夷也有分布。斑喙丽金龟是重要的农林害虫之一。食性杂，食量大，虫口多，为害集中。主要寄主有龙眼、葡萄、刺槐、板栗、玉米、枫杨、梨、苹果、杏、柿、李、樱桃等。

【**形态特征**】

1. **成虫**　体长 9.4 ~ 10.5 mm，体阔 4.7 ~ 5.3 mm。体褐色或棕褐色，腹部色泽常较深。全体密被乳白色披针形鳞片，光泽较暗淡。体狭长，椭圆形。头大，唇基近半圆形，前缘高高折翘，头顶隆拱，复眼圆大，上唇下缘中部呈"T"字形，延长似喙，喙部有中纵脊。触角 10 节，鳃片部 3 节。前胸背板甚短阔，前后缘近平行，侧缘弧形扩出，前侧角锐角形，后侧角钝角形。小盾片三角形。鞘翅有 3 条纵肋纹可辨，在纵肋纹 I、II 上常有 3 ~ 4 处鳞片密聚而呈白斑，端凸上鳞片常十分紧挨而成明显白斑，其外侧尚有一较小白斑。臀板短阔，呈三角形，端缘边框扩大成 1 个三角形裸片（雄）。前胸腹板垂突尖而突出，侧面有一凹槽。后足胫节外缘有 1 个小齿突。以前，常将中喙丽金龟常与斑喙丽金龟混为同种。中喙丽金龟的主要识别特征为：前胸背板后侧角圆弧形，鞘翅上白斑约略可辨，端凸上白斑可见，但鳞片决不紧挨，后足胫节外缘有小齿突 2 个，雄虫臀板端缘简单。

2. **卵**　椭圆形，长 1.7 ~ 1.9 mm，乳白色。

3. **幼虫**　体长 19 ~ 21 mm，乳白色，头部黄褐色，肛腹片有散生的刺毛 21 ~ 35 根。

4. **蛹**　长 10 mm 左右，前端钝圆，后渐尖削，初乳白色，后变黄色。

【发生规律】　河北、山东 1 年发生 1 代，江西莲塘 1 年发生 2 代，均以幼虫越冬。翌年春 1 代区 5 月中旬化蛹，6 月初成虫大量出现，直到秋季均可为害，2 代区 4 月中旬至 6 月上旬化蛹，5 月上旬成虫始见，5 月下旬至 7 月中旬进入盛期，7 月下旬为末期。第 1 代成虫 8 月上旬出现，8 月上旬至 9 月上旬进入盛期，9 月下旬为末期。成虫昼伏夜出，取食、交尾、产卵，黎明陆续潜土。产卵延续时间 11 ~ 43 d，平均为 21 d，每雌产卵 10 ~ 52 粒，卵产于土中。常以菜园、甘薯地落卵较多，幼虫孵化后为害植物地下组织，10 月开始越冬。

【防治方法】

1. **物理防治**　种植隔离带，紫穗槐树对其有毒杀作用，在果园中栽植几行紫穗槐作为隔离带，但中毒后的斑喙丽金龟会苏醒，必须及时将其处理。

2. **灯光诱杀**　根据其具有趋光性，可设黑光灯在天气闷热的夜晚进行诱杀。该虫具有假死性，可在树下振落捕杀。

3. **药剂防治**　在斑喙丽金龟成虫盛发期及越冬成虫出土盛期，用 80% 敌敌畏乳油 500 ~ 800 倍液喷洒地面，或用 2.5% 敌百虫粉剂 1 份对 40 份细土撒施地面毒杀成虫。

4. **生物防治**　利用性信息素诱捕斑喙丽金龟，对其进行诱杀。保护利用天敌，斑喙丽金龟的天敌很多，如各种益鸟、青蛙等，都能捕食斑喙丽金龟成虫和幼虫，应注意保护和利用。

（四一）中华彩丽金龟

中华彩丽金龟（*Mimela chinensis*），属鞘翅目金龟总科丽金龟科。

【分布】　分布于福建、湖南、江西、广东、广西、重庆、四川、云南、贵州、海南等地。

【形态特征】　体长 18 mm 左右；体背浅黄褐色，带强绿色金属光泽，鞘翅肩突外侧有一浅色纵条纹，有时前胸背板具 2 个不甚明晰的暗色斑；臀板黑褐带绿色金属光泽；有时体背草绿色或暗绿色。

【防治方法】　参考斑喙丽金龟。

中华彩丽金龟成虫

中华彩丽金龟取食龙眼树叶片，至叶片呈现网状孔洞

（四二）龙眼瘿螨

龙眼瘿螨（*Eriophyes dimocarpi* Kuang），属蜘蛛纲蜱螨目瘿螨科。

【分布与寄主】　在广东、广西、福建等龙眼产区均有分布。

龙眼瘿螨为害状

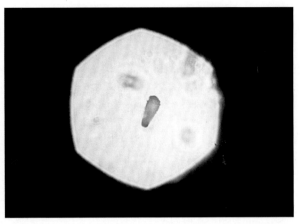

显微镜下的龙眼瘿螨

【为害状】　龙眼瘿螨的成螨、若螨及幼螨均能取食为害龙眼的叶片，但只为害老熟的叶面组织，以口器刺入叶面细胞吸取汁液，尚未发现在叶背为害。细胞被破坏后，先是被害部位呈湿润状，继而变灰褐色，最后成为紫褐色。被害叶片光合作用降低甚至完全丧失，寿命缩短。由于叶面角质层未被破坏，叶面光泽不退，尤其是在冬季大量表现为害状时，常被误认为是季节性生理变化或因看不到虫体而认为是由病害引起。

【形态特征】
1. **成螨**　体微小，肉眼难分辨，胡萝卜形，淡黄色至灰白色。头小，于胸部背板之下，胸部背后有龟甲状纹斑，横向 3 行，每行 7 ~ 8 片。腹面有 2 对短小的足，腹部后半部分体背有环纹约 40 环，腹面有环纹约 60 环。第 3 腹节两侧有刚毛 1 对。
2. **若螨**　体形似成螨，体长 0.077 mm，乳白色，半透明，头部圆钝，腹部环纹明显。
3. **幼螨**　体形似成螨，但头胸部比腹部大，稍圆，体较尖削，长 0.065 mm，白色，半透明。足 2 对，腹部环纹明显。接近蜕皮时足向内缩，体表呈薄膜状，整个躯体圆拱。
4. **卵**　钢盔形，直径 0.04 mm，厚约 0.013 mm，白色，半透明，有光泽。

【发生规律】　龙眼瘿螨喜荫畏光，因此多发生在内腔荫枝新梢顶芽未展开的复叶内。年中花期虫口密度最高，一朵小花内可藏匿百头以上的瘿螨，子房、花药上也带螨，秋梢期的虫口密度次之，夏梢又次之。梢期瘿螨基本集中在顶芽内为害，复叶分层展叶期出现转移活动。以成螨、若螨多藏居在龙眼顶芽未张开的复叶中取食为害，影响顶芽正常生长。在龙眼新梢顶芽及花穗中刺吸汁液，导致花穗节间缩短，小花不能正常开放发展成臃肿花丛，久不脱落，广东果农俗称"鬼花"；新梢受害呈弓形爪状，叶缘内卷，不能展开，果农称之为"鬼梢"，特别是"鬼花"不能成果，严重影响产量。

【防治方法】
1. **农业措施**　剪除"鬼花""鬼梢"，随即清园处理。
2. **生物防治**　在园内及周边空地播植藿香蓟以利于天敌捕食螨栖息繁衍。
3. **药剂防治**　新梢展叶螨转移活动期喷药。使用 1.8% 阿维菌素乳油 3 000 倍液，20% 哒螨灵·噻嗪酮可湿性粉剂 3 000 倍液，10% 苯丁哒螨灵乳油 1 000 倍液，或 10% 苯丁哒螨灵乳油 1 000 倍液 +5.7% 甲氨基阿维菌素苯甲酸盐乳油 3 000 倍液混合后喷雾防治，建议连用 2 次，间隔 7 ~ 10 d。

（四三）荔枝瘿螨

荔枝瘿螨（*Eriophyes litchii* Keifer），又名荔枝瘤壁虱，俗称毛蜘蛛、毛壁虱，被害叶称狗耳、毛毡病，属蜱螨目瘿螨科。

【分布与寄主】　在我国荔枝产区都有分布。主要为害荔枝、龙眼。

【为害状】　成虫和若虫都能吸取荔枝、龙眼树的叶片、枝条、花的液汁。被害部呈现白色渐变为黄褐色的茸毛，形似"毛毡状"，卷曲如"狗耳"。严重发生时，被害植株叶片的色泽虽仍保持苍绿，但植株长势衰弱，受害枝条则呈干枯状，

荔枝瘿螨为害叶片，叶片畸形，呈现红褐色　　荔枝瘿螨为害叶片背面，产生棕色毛毡物　　荔枝瘿螨为害叶片和花蕾

荔枝瘿螨为害果穗　　　　　　　　荔枝瘿螨为害荔枝果实，出现褐色毛毡状物

被害花穗极易脱落，影响结实，以致造成减产。

【形态特征】

1. **成螨**　体蠕虫形，狭长，极微小，长约 0.2 mm，初呈淡黄色，以后渐变为橙黄色。头小向前方伸出，螯肢及须肢各 1 对。头胸部背面平滑，腹面具足 2 对，腹部密生环纹，末端渐细，有长尾毛 1 对。

2. **卵**　球形，光滑，淡黄色，半透明。

3. **若虫**　似成虫，体较小，初孵化时体灰白色、半透明，头胸部稍圆，具足 2 对。腹部环纹不明显，尾端尖细。后期体色渐变淡黄。

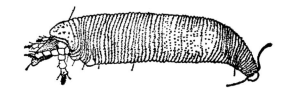

荔枝瘿螨成螨

【发生规律】　1 年发生 10 代以上，在广州一年四季均有发生，世代重叠，以成螨在树上叶片或枝条上越冬，在福州以成螨和若螨在茸毛状虫瘿间越冬。翌年 2 ~ 3 月平均气温达 18 ~ 20 ℃时开始活动，逐渐迁至春梢和花穗上为害，4 月中旬以后繁殖逐渐加速，5 ~ 6 月是全年中虫口密度最大、为害最严重的时期，8 ~ 9 月为害新梢也还严重。虫瘿形成的 5 ~ 6 个月内，虫口密度最高，12 个月以上的虫瘿虫密度较小，18 个月后的老虫瘿几乎无螨。荔枝瘿螨喜荫蔽，树冠稠密、不透光、树龄大的树以及树冠下部、内部、叶背等荫蔽部分受害较重，幼龄树及单株栽培的树受害较轻。瘿螨常随苗木、昆虫、器械和风力传播蔓延。荔枝、龙眼多由高空压条育苗，因此苗木是瘿螨借以传播的主要途径。

【防治方法】

1. **清除虫源**　结合采果后修剪，把被害的枝叶剪下，清除地上残枝落叶，集中深埋。或结合深耕改土，挖深坑施肥。把地上残枝落叶和剪去的被害枝放入坑底，再把杂草、绿肥、猪牛粪等农家肥放进坑内，并用石灰、磷肥、麸肥拌匀放在坑的上层，然后填上底坑土。

2. **苗木灭螨**　调运苗木时，要认真检查，若发现苗木带有被害的叶片，应及时剪除深埋，再喷 0.2° ~ 0.3° Bé 石硫合剂，杀灭苗木上的瘿螨，以防随苗木传播。

3. **药剂防治**　掌握在春梢、秋梢萌发期、花穗期、幼果期及时喷药，可选用 1.8% 阿维菌素乳油 3 000 ~ 4 000 倍液或

20%唑螨酯悬浮剂 2 000 倍液；或用 0.1°～0.3°Bé 石硫合剂，冬季喷 1°Bé 石硫合剂。

（四四）蝙蝠

蝙蝠属哺乳类动物，平常以蚊、蛾等昆虫为食物。在荔枝成熟期，蝙蝠常夜出飞来荔枝园，咬食荔枝果。

蝙蝠为害荔枝

【形态特征及发生规律】　蝙蝠体灰黑色，头部和躯干像老鼠，四肢和尾部之间有皮质的膜。其视力很弱，靠本身发出的超声波来引导飞行。夜间在空中飞行，除吃蚊蛾等昆虫外，每年 4～7 月间荔枝成熟季节，飞到荔枝园吃食果实，一般只吃食果实的 1/3～1/2，极少全部吃掉，剩下的荔枝果已不堪食用。

【防治方法】

1.**围网阻隔法**　用废旧细网格渔网覆盖树冠，阻隔蝙蝠飞入树冠取食。

2.**放爆竹恐吓法**　在果园内布点放爆竹，使蝙蝠听到爆竹声而不敢飞来为害。为使爆竹发挥持续燃放、持续恐吓的效果，除注意合理布点外，果农还在一串挂放的爆竹上由下而上插放不同长度的香火，以保持一定时间的燃放，收到持续燃放、持续恐吓之效。

（四五）龙眼鼠害

果实成熟的时节，害鼠顺着果树枝干上树，树冠上部及外围梢部成熟好、着色艳、品质佳的果实常常受到鼠害，造成减产。

龙眼鼠害症状

【防治方法】

1.**龙眼树"穿裙"防鼠害**　在果实接近成熟时，在果树主干上用废旧大棚膜等较厚硬的塑料膜，绷紧绕树干一圈多一点，用钉书钉钉上或用透明胶布黏接数个地方，膜宽 40～60 cm，并将树冠下拖地或接近地面的下垂枝剪除或提离地面。害鼠无法从缠有光滑塑料膜的树干上树，也不能到下垂枝梢攀缘上树，是防止鼠害的一种经济实惠的好方法。

2.**农业防治**　保持田园清洁，树行、路边、田埂、周边靠近果园的山坡，将杂草、碎石清理干净。果园生草和覆草的时候，果园树干周围 30～50 cm 处要留出一些空地，以减少鼠害发生。发现鼠洞要及时挖掘，结合灌水等农业措施。果园养狗，稍加训练的狗，一夜可捕 3～4 只鼠。

3.**化学防治**　可在果园或者洞口撒 0.1% 敌鼠钠或 0.005% 溴敌隆作为毒饵。为增强药剂适口性，再拌入 2%～3% 植物油和 2%～3% 食盐、糖等。为了引诱害鼠，常在配制毒饵时，加入 2%～5% 鲜葱末。毒饵不可用手抓，要选择无风晴天投放，在洞口前 10～15 cm 处或者取食的树根、草根附近，放毒饵 5～8 g，分散成小堆堆放。

第二十部分　枇杷病虫害

一、枇杷病害

（一）枇杷炭疽病

【分布与寄主】　枇杷炭疽病分布于浙江、福建、广西等省（区）。主要为害成熟果实，果品在贮运过程中，因温度高、湿度大，受害甚烈，造成很大损失。

【症状】　常发生于枇杷苗木和果实。

在果实上初发病时，发生淡褐色圆形小病斑，以后病斑逐渐扩大，果面凹陷，表面密生黑色小点，天气潮湿时溢出淡红色黏质物（分生孢子）蔓延至全果，致使全果腐败呈暗褐色，最后病果干缩成僵果挂在树上或落于地面，不堪食用。

叶片病斑常是突发性的，灰褐色，病部表面凹陷。芽和嫩梢也会发生类似病斑，芽梢枯萎。刚嫁接的幼苗发病很急，病苗迅速枯萎。

【病原】　病原菌为果生盘长孢（*Gloeosporium fructigenum* Berk），属半知菌类。分生孢子长椭圆形，单胞，无色，多数聚集为肉鲑色。

枇杷炭疽病为害果实

【发生规律】　病菌以菌丝体在病果上越冬。翌年春季产生分生孢子，借风雨传播。在春季温暖多雨的年份为害最烈。果实成熟时遇高温多雨为害严重。荫蔽、通风透光不良，虫害多的果园均能促进病害的发生。

【防治方法】

1. **加强栽培管理**　结合冬季修剪，清除病果并深埋。

2. **人工防治**　注意及时防治果园害虫；早期发现病果，立即摘除处理，以防蔓延。

3. **药剂防治**　结合防治叶斑病，在果树的抽梢期、花期和幼果期进行喷药保护，可用下列药剂：50%多菌灵可湿性粉剂600倍液，70%甲基硫菌灵可湿性粉剂1 000倍液，75%百菌清可湿性粉剂800倍液，60%噻菌灵可湿性粉剂2 000倍液，10%苯醚甲环唑水分散粒剂2 000倍液，40%氟硅唑乳油8 000倍液，5%己唑醇悬浮剂1 500倍液，40%腈菌唑水分散粒剂7 000倍液，25%咪鲜胺乳油1 000倍液，50%咪鲜胺锰络化合物可湿性粉剂1 500倍液，6%氯苯嘧啶醇可湿性粉剂1 500倍液，可10～15 d后再喷施一次；65%代森锌可湿性粉剂600倍液，每隔10～15 d喷1次，连续喷1～2次。

（二）枇杷灰斑病

枇杷灰斑病又称轮斑病，是发生最普遍的一种病害，主要为害叶片，偶见侵染果实，患病的枇杷树叶片早期脱落，树势减弱，新梢抽生缓慢。全国枇杷种植区一般都有分布。

【症状】　此病在枇杷叶片上的症状是后期形成圆形或不规则的灰白色斑病，故称灰斑病。叶片上的病菌还感染果实而导致果实在贮藏期间大量腐烂，因此也是果实的主要病害之一。叶片被害，初呈黄色褪绿小点，与褐斑病初期症状相似。此后，病斑不断扩大，渐变成浅褐色、褐色至灰白色斑。单个病斑近圆形，直径为2～4 mm，散生叶面。病斑多时，彼此

枇杷灰斑病叶片病斑（1）

枇杷灰斑病叶片病斑（2）

枇杷灰斑病病果

枇杷灰斑病病叶

愈合，汇集成不规则大块斑，有时发展到1/3叶片。受害部病健组织分界明显，边缘色深，有时会出现轮纹。后期，在病斑中部长出许多黑色小点粒，即为害物的分生孢子盘。病表皮干枯易与下部组织分离。相邻小斑可愈合成不规则的大斑，常具褐色窄边。果实受害，产生紫褐色圆斑，后病部凹陷，散生小黑点。病害严重发生时，导致叶片提早脱落。

【病原】　病原菌共有两种：优势种为枇杷大斑盘多毛孢菌（*Pestalotia eriobotrifolia* Cruba），另一种为烟色盘多毛孢菌［*Pastalotia adusta*（E11.et Ev.）Stey］，属黑盘孢目黑盘孢科盘多毛孢属。枇杷大斑盘多毛孢菌（一些资料又称枇杷叶盘多毛孢）分生孢子盘密生，也散生于病部，直径为200 ~ 350 μm，多为250 ~ 285 μm。初埋生，后突破表皮呈点粒状外露。分生孢子梭形，从病组织上分离者，其大小为（15.5 ~ 21.5）μm ×（6.2 ~ 7.5）μm。烟色盘多毛孢菌分生孢子盘形态和着生情况，与大斑盘多毛孢菌相似，直径为85 ~ 220 μm。分生孢子长梭形，直立，大小为（14.5 ~ 18.7）μm ×（5 ~ 7）μm，中间3个细胞灰褐色，分隔处稍缢缩，各细胞长等于或略长于宽，端细胞无色，顶部稍钝圆，环生3根长4 ~ 8 μm的纤毛，基细胞尖细，无色，尾部具1根2.5 ~ 3 μm的毛。在相同条件下，大斑盘多毛孢菌的生长速度比烟色盘多毛孢菌快，大斑盘多毛孢菌对离体果实的致病力比烟色盘多毛孢菌要弱，而对叶片的致病力却是相反，对果实的致病性与它们分泌果胶酶的特性有关。

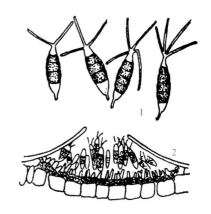

枇杷烟色盘多毛孢菌
1.分生孢子　2.分生孢子盘

【发病规律】　病原以菌丝体、分生孢子盘或分生孢子在寄主病叶上越冬。翌年春暖时节，越冬分生孢子和新生分生孢子随风雨传播，在嫩叶上萌发菌丝侵入，潜育一段时间后在成熟新叶上产生病斑，而后露出分生孢子盘释放出分生孢子，重复侵染夏梢和秋梢嫩叶。老叶片表面蜡质厚，气孔开张口小，病菌孢子不易侵害，人工接种试验得到证实。枇杷园地定植过密，树冠郁闭，通风透光差，湿度大时灰斑病发生较严重。品种不同，发病程度有明显差异。苏南地区枇杷春梢始病期为 5 月中上旬。5 月下旬，当果实成熟后，病菌开始为害果实。无论叶片或果实，受过日光灼伤的部位或是因风害发生擦伤的部位都很容易感染灰斑病菌。春、夏、秋梢均能受灰斑病的为害，但以春梢受害最重。秋后至冬季，凡受过严重病害侵染的叶片大多会脱落，受害轻的仍会留在树上，它们共同成为翌年的初侵染源。

【防治方法】

1. **加强管理**　加强肥水管理和合理修剪，增强树势，减轻病害。
2. **冬季清园**　将落地的病残叶片集中深埋，减少侵染病原在果园的存量。
3. **果实套袋**　果实套袋可防止果实病虫害，避免或减少农药污染，使用银白色牛皮纸袋效果较好。
4. **药剂防治**　生长期，特别在春、夏、秋三次嫩梢抽发至生长期，用 70% 甲基硫菌灵或 80% 代森锰锌可湿性粉剂 800 ~ 1 000 倍液喷雾，50% 多菌灵可湿性粉剂 800 倍液，75% 百菌清可湿性粉剂 500 ~ 800 倍液，77% 氢氧化铜可湿性粉剂 800 倍液，50% 异菌脲可湿性粉剂 1 500 倍液，50% 腐霉利可湿性粉剂 800 倍液，50% 咪鲜胺锰盐可湿性粉剂 1 500 倍液，6% 氯苯嘧啶醇可湿性粉剂 2 000 倍液，40% 氟硅唑乳油 8 000 倍液，上年发病较重的感病品种果园，在春、夏、秋梢抽生初期可各用药 2 次，10 ~ 15 d 喷 1 次。喷药要均匀，雾滴要细，喷头从树冠下朝上喷，以确保喷药质量。每次梢期喷 2 次，间隔 2 周 1 次。

（三）枇杷胡麻色斑点病

【症状】　枇杷胡麻色斑点病在苗木叶片上发生较多。初于叶片表面产生圆形暗紫色的病斑，边缘赤紫色，后病斑逐渐变为灰色或白色，中央散生黑色小粒点，这是病菌的分生孢子盘。病斑大小为 1 ~ 3 mm，初表面平滑，后略粗糙。叶片背面病斑淡黄色。病斑多时相互愈合成不规则的大病斑。叶脉受害，产生纺锤形的病斑。

枇杷胡麻色斑点病严重受害病果

【病原】　病原菌为枇杷虫形孢（*Entomosporium eriobotryae* Tahimoto），属半知菌类。分生孢子盘初埋生于叶表皮下，后突破表皮而外露，直径为 162 ~ 240 μm。分生孢子盘上簇生短小不分枝的分生孢子梗，其上着生分生孢子。分生孢子无色，虫形，4 个细胞呈"十"字形排列，侧面 2 个细胞较小，顶部细胞最大，除基部细胞外，均有 1 根无色的短纤毛。分生孢子大小为（20 ~ 24.3）μm ×（8.9 ~ 11.1）μm，纤毛长 10 ~ 16 μm。

【发生规律】　病菌以分生孢子盘、菌丝体和分生孢子在病叶或落叶上越冬。春末夏初，越冬病原或新产生的分生孢子通过风雨或人为传播，由伤口或自然孔口侵入寄主体内，引起初侵染，环境条件适宜时扩展蔓延。该病在全年中均能传播，感病时间长，尤其是春季温暖多雨的梅雨季节和阴雨连绵的秋季，更易感病，幼芽萌发前后为发病高峰期。该病菌的发育起点温度较低，侵染发育适温为 10 ~ 15 ℃；气温超过 20 ℃明显下降。刮台风下雨时也易发生。地势低洼、排水不良，或土壤板结、透气性差、生长衰弱、栽培管理不善的苗圃地，发病较多。

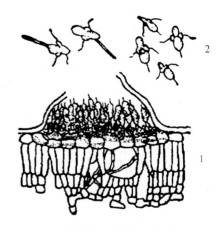

枇杷胡麻色斑点病病菌
1.分生孢子盘　2.分生孢子

【防治方法】

1. **加强管理**　及时清除园内落叶并深埋。新植果园地四周应开沟排水，搞好排灌工作；苗圃地以土质疏松、排水良好、土壤 pH 值为 5.5 ~ 7.5 的田地为宜。
2. **科学施肥**　应多施腐熟的有机肥和磷、钾肥，适当控制氮肥的施用量，使苗木生长健壮，增强其抗病性，防止植株生长较嫩绿而降低对病菌的抵抗力。
3. **药剂防治**　新叶长出后或发病初喷施下列药剂：0.3% 等量式波尔多液，50% 甲基硫菌灵可湿性粉剂 1 000 倍液，

50%苯菌灵可湿性粉剂 1 500 倍液，30%氧氯化铜悬浮剂 600 倍液，25%噻菌酯悬浮剂 1 500 倍液，50%异菌脲可湿性粉剂 1 500 倍液，10%苯醚甲环唑水分散粒剂 3 000 倍液。

（四）枇杷褐斑病

枇杷褐斑病又称晕斑病、黄斑病、叶斑病、角斑病，南方各省区一般都见分布，但为害不太重，有时造成少数植株提早落叶。

【症状】　仅见为害叶片。叶上病斑初发生在叶面，呈褪绿小黄点，继而转为小褐斑、褐斑至赤褐斑。病斑大小 1 ~ 3 mm，近圆形、角状或不规则形。后期病部透过叶两面，叶面病斑中央色褪为灰褐色，长出黑色霉粒状物，即为病原分生孢子及子座。本病斑的最大特点是外缘有一圈较大的黄色晕圈，在绿色叶面上显得格外醒目。

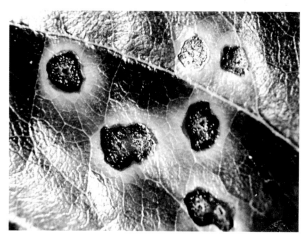

枇杷褐斑病叶片病斑

【病原】　病原菌为枇杷尾孢霉菌[*Cercospora eriobotryae*（Enjoji）Sawada]，属丛梗孢目暗梗孢科尾孢菌属。病原子实层为黑色小粒，多生在叶面，子座黑褐色，球形至长圆形，直径为 45 ~ 106 μm，分生孢子丛生，较直立成束，浅榄褐色，向端部渐细，不分枝，少横隔膜，大小为（10 ~ 28）μm×（2.5 ~ 3.5）μm。分生孢子无色，尾鞭状，较大一端着生在分生孢子梗上，近乎无色，大小为（30 ~ 80）μm×（2 ~ 3.5）μm，有隔膜 3 ~ 8 个，但以 5 ~ 6 个横隔膜者居多。

【发病规律】　病菌以子座、菌丝和分生孢子在寄主叶上越冬，翌年春季嫩梢抽发后，分生孢子随风雨飞溅到新叶上萌发菌丝，从气孔侵入和繁殖，潜至叶片老熟后产生褐色病斑，部分菌丝在叶表皮下集结形成子座，然后长出分生孢子梗产生分生孢子，进行复侵染。老叶一般不易被侵入，但旧病斑活力强，可较长时间不断产生分生孢子。果园主要发病期在多雨的 5 ~ 7 月。

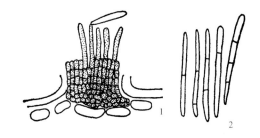

枇杷褐斑病病菌
1.分生孢子梗及其基部菌丝块　2.分生孢子

【防治方法】　与枇杷灰斑病兼防。

（五）枇杷褐色软腐病

【症状】　主要为害果实。熟果或贮运期染病，初生浅褐色水渍状圆形至不规则形病斑，扩展很快，病果紧贴的健果也很快变褐腐烂。后期病部长出疏松的白色至灰白色棉絮状霉层，致果实呈软腐状，后产生暗褐色至黑色菌丝、孢子囊及孢囊梗。

枇杷褐色软腐病

【病原】　病原菌为匍枝根霉[*Rhizopus stolonifer*（Ehrenb.et Fr.）Vuill.]，属接合菌门真菌。孢子囊球形至椭圆形，褐色至黑色，直径 65 ~ 350 μm，囊轴球形至椭圆形，膜薄平滑，直径 70 μm，高 90 μm，具中轴基，直径 25 ~ 214 μm；孢子形状不对称，近球形至多角形，表面具线纹，似蜜枣状，大小为（5.5 ~ 13.5）μm×（7.5 ~ 8）μm，褐色至蓝灰色；接合孢子球形或卵形，直径 160 ~ 220 μm，黑色，具瘤状突起，配囊柄膨大，两个柄大小不一，无厚垣孢子。病菌寄生性不强。

【发病规律】　该菌广泛存在于空气、土壤、落叶、落果上，在高温高湿条件下极易从成熟果实的伤口侵入果实，且通过病健果接触传播蔓延。温暖潮湿利于其发病。还侵染桃、杏、苹果、梨等多种果实。

【防治方法】
（1）雨后及时排水，严防湿气滞留，改善通风透光条件。
（2）采收过程中千方百计减少伤口。单果包装。
（3）在低温条件下运输或贮存。

（六）枇杷疮痂病

枇杷疮痂病国内分布尚缺乏报道。可为害果实、叶片和茎，发生普遍，但为害程度较轻。主要影响果实外观，降低果品商品价值。

【症状】　果实受害，果面上形成许多褐色锈斑或形成连片的绒状暗色斑块。叶片受害，叶柄或主叶脉上出现长形褐色锈斑，或叶面形成褐色绒斑。嫩茎受害，症状与果实症状相似，但多为长形，后期随着枝梢表皮的木栓化而消失。

【病原】　国外报道的病原菌有 *Fusicladium eriobotryae*（Cavara）Saccardo，*Spilocaea eriobotryae* 和 *Spilocaea pyracanthae*（Otth）Arx. 等。据初步鉴定，国内此病病原菌为枇杷黑星孢菌（*Fusicladium eriobotryae*），属半知菌类。

枇杷疮痂病病果

【发病规律】　国内尚缺乏研究。

【识别与诊断】　可撕下病部表皮，进行组织透明处理，镜检诊断。可见病部表皮组织中存在大量淡橄榄褐色菌丝或短链状分生孢子，或 1 ~ 2 个细胞的分生孢子。

【防治方法】　可在果实生长期，试用 80% 代森锌可湿性粉剂 400 ~ 600 倍液、70% 代森锰锌可湿性粉剂 500 倍液喷雾保护防治。可每隔 15 d 左右喷 1 次，连续喷 2 ~ 5 次。

（七）枇杷斑点病

本病主要为害枇杷叶片，严重时可削弱树势。

【症状】　病斑初期为赤褐色小点，后逐渐扩大，近圆形，沿叶缘发生时则呈半圆形，中央变为灰黄色，外缘仍为赤褐色，紧贴外缘处为灰棕色，多数病斑愈合后呈不规则形。后期病斑上亦长有黑色小点，有时排列成轮纹状。这些黑色小点是病菌的分生孢子器。
灰斑病和斑点病的主要区别：一是病斑大小有明显的差异，前者病斑较大，后者较小；二是前者病斑上着生的黑色小点较粗而疏，后者较细而密。

枇杷斑点病病叶病斑（1）　　　　枇杷斑点病病叶病斑（2）　　　　枇杷斑点病病叶叶背病斑

【病原】　病原菌为枇杷叶点霉（*Phyllosticta eriobatryae* Thuem）。分生孢子器球形或扁球形，黑色，埋生于寄主表皮下，有孔口突出表皮外。分生孢子椭圆形，无色，单胞，大小为（4.8 ~ 7.2）μm ×（2.4 ~ 3.2）μm。

【发病规律】　病菌以分生孢子器和菌丝体在病叶上越冬。翌年 3 ~ 4 月间，分生孢子器吸水后，分生孢子自孔口溢出，借风雨传播，侵入寄主为害。一年内可多次侵染，在梅雨季节发病最重。

【防治方法】

1. 农业防治

（1）选用抗病品种，冬季要将落地的病叶和病果全部清除干净，集中深埋。加强果园管理。降雨季节要搞好清沟排水，防止土壤渍水，增加土壤供氧，提高抗病能力。春季深耕扩穴改土，合理施肥培土，促进植株生长健壮。

（2）采果后剪掉衰弱枝、枯枝、病虫枝、密生枝、交叉枝及强势的徒长枝。果实采收后，自枝条基部 10 cm 处进行短截。这样可减轻郁闭，增强树冠光照与通风。

2. 药剂防治　春、夏、秋三次嫩梢抽生至生长期，可用下列药剂：70%甲基硫菌灵可湿性粉剂 800 ~ 1 000 倍液，50%多菌灵可湿性粉剂 800 ~ 1 000 倍液，77%氢氧化铜悬浮剂 600 ~ 800 倍液，12%松脂酸铜乳油 500 ~ 600 倍液，80%代森锰锌可湿性粉剂 600 ~ 800 倍液，65%代森锌可湿性粉剂 600 倍液，50%异菌脲可湿性粉剂 1 500 倍液，50%苯菌灵可湿性粉剂 1 500 倍液，25%吡唑醚菌酯乳油 1 500 倍液，40%腈菌唑水分散粒剂 7 000 倍液等。如果用其中 2 ~ 3 种交替使用，则效果更好。

（八）枇杷树腐烂病

枇杷树腐烂病俗称"烂脚病"，多发生在成年树上，近年在幼龄树上也常见发生，已成为枇杷果园主要的病害之一，严重为害枇杷生产的发展。

枇杷树腐烂病树枝上的初期病斑　　　　枇杷树腐烂病单个病斑　　　　枇杷树腐烂病后期多个病斑

【症状】　该病主要为害枇杷主干根茎部。初发病时，多在主干靠近地面根茎部的皮层形成椭圆形瘤状突起，中央开裂，以后病部逐渐扩大到根茎四周，形成大小不同的病斑，病皮粗糙、褐变、脱落，造成整株树体死亡；也有蔓延到树干、主枝上，造成树皮病部呈现鱼鳞状开裂翘起，严重的病斑深达木质部，树皮脱落，在树液流动旺盛或潮湿多雨季节，出现病部软腐或流胶现象。枇杷幼树的嫁接部位也经常发生此病。病株轻则影响正常生长，树体衰弱，产量锐减，果实品质差；重则枝枯叶落，干枯死亡。

【病原】　病原菌为 *Sphaeropsis malorum* Peck。分生孢子器初埋生于表皮下，后突出表皮外露，黑色、球形，孔口处稍突起，直径为 260 ~ 300 μm，高 350 ~ 410 μm。分生孢子长椭圆形，单胞，初期无色，老熟时黄褐色，大小为（16×23）μm ~（9×11）μm，菌丝体潜伏于病皮及土壤中越冬，在气温 10 ℃以上开始生长，25 ~ 28 ℃时生长速度最快。

【发病规律】　该病在温暖多雨的季节容易发生，果园荫蔽、树势弱、树龄老、枝干损伤或种植过深的枇杷树，发病比较严重。

【防治方法】
1. 农业防治

（1）做好果园排水工作。新植的枇杷树切忌种植过深，要在果树穴上雍集土墩栽植，土墩一般高于地面 15 ~ 20 cm。平地果园还要做好挖沟排水，防止果园积水，降低地下水位。

（2）保持合理的株行距。过密的果园要搞好整形修剪，一般在当年采果后和 9 ~ 10 月结合疏花穗进行，改善通风透光条件，降低果园湿度。

（3）科学施肥，增强树势。结果树施肥以有机肥为主，配施适量硫酸钾，能抑制和减少枇杷"烂脚病"的发生。

（4）在进行果园管理和采收时，要尽量注意避免造成树皮机械伤，及时防治病虫害、日烧等造成树皮的伤口。冬季在海拔较高的枇杷果园，可用白灰涂剂进行枝干刷白，防止日照和昼夜温差引起裂皮。

2. 药物防治　经常巡视果园，发现枝干病皮时要刮除干净，集中烧毁，并在刮除干净的部位涂上甲基硫菌灵 50 倍液，效果较好。在夏、秋季节，枇杷果园每个月用 50% 托布津 600 ~ 800 倍液喷 1 次，喷药时要注意把叶片、枝干一起喷湿，可有效控制枇杷枝干腐烂病和叶斑病的发生。

（九）枇杷烟煤病

枇杷烟煤病又称煤污病、墨叶病，主要为害叶片，有时也为害果实，发生不很普遍，为害也不太严重。叶被害影响光合作用，果受害影响商品价值。

【症状】　初期在叶、果或枝梢表皮上生一层污褐色不规则霉斑，此后霉斑不断扩大，形成暗褐色至黑色绒状霉层，并散生出堆状小粒点，即分生孢子器。霉层可以覆盖整个叶面和果面，叶背不受害，用手搓之即呈片状脱落。枝梢上的霉层由于茎外树皮龟裂或嫩梢多毛而不易除去。果实常因盖有一层黑霉而在成熟时影响着色，味也欠佳。

枇杷烟煤病叶片

【病原】　病原菌为一种刺盾炱菌（*Chaetothyrium* sp.），属座囊菌目煤炱菌科刺盾炱菌属。病原菌丝体呈念珠状，断裂时常散为 1 ~ 2 个细胞，单胞大小为 2.8 μm × 3.8 μm，双胞为（7.2 ~ 7.5）μm ×（2.8 ~ 3.8）μm，菌丝外生，少分枝，暗褐色。孢子多型，分生孢子器散生，近似细长瓶形，膨大部位多在分生孢子前端稍后处，偶见在后端近基部，暗褐色，长 75 ~ 275 μm，膨大部 12.5 ~ 25 μm 宽，棒部宽 12.5 ~ 25 μm。分生孢子聚生在分生孢子器膨大部内，成熟后从顶端或孢子器破裂口中逸出，无色，单胞，卵圆形。病原菌的有性世代尚未发现。

【发病规律】　病菌以菌丝体或分生孢子器在病部越冬，翌年春季散生出孢子借风雨传播。蚜类为本病相关媒介，其分泌物促进了病害的发生。栽培管理不良或失于管理的果园，特别是荫蔽潮湿的果地，有利于枇杷烟煤病的流行。

【防治方法】

1. **农业防治**　蚜害主要在枇杷嫩梢抽发抽长期发生，应结合枇杷黄毛虫等害虫的发生进行兼防。
2. **加强管理**　合理修剪，使果园通风透光。
3. **药剂防治**　用机油乳剂 200 倍液对 50% 多菌灵可湿性粉剂 500 倍稀释量，再加 1% 煤油喷雾叶面，效果良好，病原霉层在夏季可全部脱落。

（一〇）枇杷叶尖焦枯病

枇杷叶尖焦枯病嫩叶受害

枇杷叶尖焦枯病新梢发病

【症状】　病株新梢嫩叶长至 2 cm 左右时，开始出现叶尖变黄褐色坏死，并有逐渐向下扩展的趋势，导致叶尖大部分变黑褐色枯焦，甚至整个叶片大部分枯焦。一般病叶生长缓慢、变小、畸形，严重病叶大部分枯焦，提前凋落。有些严重病株，新梢生长点枯死，叶片无法抽生，甚至全枝枯死。

【病原】　此病发生原因有几种。

（1）可能与植株缺乏钙素有关。叶面补钙和基施石灰，可以减轻发病。

（2）与大气污染有关。夏梢生长时，连续 3 d 烟型污染，发病重；接近污染源的果园，受害比较严重。

（3）酸雨污染。一年中，以春梢受酸雨影响明显。

（4）也有研究报道，病叶组织细胞中发现有丝状菌体存在，但丝状菌体的性质未明，且其致病性亦有待证实。

【发病规律】　以春、夏季抽生新梢发生严重，而秋梢较少发生或不发生。田间发生有明显区域性。年份间发生变化大；有些年份严重，有些年份则较轻。不同品种间感病性有所差异，大五星比较抗病，大红袍比较感病。

【防治方法】

1. **农业防治**

（1）选择土层深厚，质地良好，肥沃而疏松，富含有机质的土壤种植。

（2）改良土壤。种植前，挖大穴（长 1 m，宽 1 m，深 1 m）施腐熟有机肥、秸秆、草皮等土杂肥作基肥，每穴加钙镁磷肥 1 kg，石灰 1 kg，并与土充分拌匀，填坑、培土后 1 个月再种植苗木。

（3）加强肥水管理，搞好排灌系统，雨季能顺畅排水，旱季能灌水。旱季来临时，搞好果园覆盖，以免造成"生理干旱"和"生理饥饿"而致发病严重。合理施肥，多施有机肥，增施速效高效磷钾肥，以培养健壮的树势，促进根系生长，提高树体抗病能力。亦可搞好叶面喷肥，0.3% 尿素或氨基酸叶面肥，以增强叶的健康生长，贮藏养分。

（4）8～10月，深翻扩穴改土，特别是山地，红、黄壤等酸性强的土壤，要尽早尽快进行深翻扩穴改土。增施有机肥的同时，施适量的石灰（每亩施150kg）。

（5）合理修剪，及时疏花、疏果，有利于营养生长和生殖生长的平衡（结果枝与营养枝的比例约1∶1），还有利于果实成熟期略早，相对保持一致。疏删密生枝、病虫枝、细弱枝。疏去发育不良的、过早、过迟的花穗。疏花蕾，在花穗支轴刚分离时，疏去穗上基部的支轴，留中部4～6个支轴。疏果在2月幼果稳定时进行，疏去病虫果、畸形果、小果、过密果，一般每穗留果4～8个（大果型少留，中果型多留）。

（6）种植抗病枇杷品种，如大五星等。

2. **药剂防治**　在每天11时以前或16时以后，对发病树喷0.4%氯化钙，每7d喷1次，连续喷3～4次。

二、枇杷害虫

（一）枇杷果实象甲

　　枇杷果实象甲（*Rhynchchites* sp.），又名枇杷象鼻虫、枇杷黄象甲、枇杷虎，属鞘翅目象甲总科卷象科虎象亚科虎象甲属，是为害枇杷果实和嫩梢的新害虫。

枇杷果实象甲为害夏梢　　　　　　　　　　　　　　　　枇杷果实象甲幼虫

枇杷果实象甲成虫(1)　　　　　　　　　　　　　　枇杷果实象甲成虫（2）

　　【分布与寄主】　　目前仅见分布于贵州都匀等地，寄主为枇杷。

　　【为害状】　　主要以幼虫蛀食果实，成虫啃食嫩叶和嫩梢，导致落果、烂果及生长衰弱。成虫啃食幼嫩叶片，将其咬成一个个缺刻或孔洞。嫩梢受害后，枝皮被啃成块块凹槽，受害处被氧化成黑褐色，严重时萎蔫枯死。老叶被害部位常在叶背主脉上，与梨眼天牛［*Bacchisa rtunei*（Thorn.）］成虫为害枇杷叶脉相同，造成一条条缺刻。幼虫蛀害果实，导致被害果"早黄"、褐腐和脱落，对产量影响很大。受害严重的单株，果实被蛀率可超过 5% 以上。

【形态特征】

1. **成虫**　不含喙体长 5 ～ 6 mm，宽约 2 mm，除喙、复眼、触角、胫节、跗节和爪黑色外，其余部位枇杷黄色，略显金属光泽，全体被黄色细长茸毛。

2. **卵**　为卵圆形，乳白色，光滑，大小为 0.6 mm×0.8 mm。

3. **幼虫**　头黑褐色，全体浅橘黄色，长 8 ～ 10 mm，宽 4 ～ 4.5 mm。无足，头小体粗，向腹部弯曲。

【发生规律】　1 年发生 1 代，以老熟幼虫在土中越冬。翌年 2 月底至 3 月中上旬，幼虫化蛹；3 月下旬至 4 月上旬，成虫羽化出土，爬行或飞迁到枇杷树上为害。4 月下旬至 5 月上旬为产卵盛期，成虫在果腰或果脐附近先将果皮咬成 1 个浅孔，产 1 ～ 2 粒卵于其中，再分泌黏液封口。幼虫孵化后在果内蛀食，先食果肉，再啃种子。5 月下旬至 6 月初，枇杷果实成熟，幼虫多进入老龄，从孔口钻出或随落地果蜕出，入地作土室越夏和越冬。成虫寿命长，6 月下旬至 7 月初，仍可在夏梢上采到标本。雌成虫产卵期约达 2 个月，每头可产卵近百粒，有假死现象。

【防治方法】

1. **农业防治**　冬季结合果树施肥，将树冠下的表土翻埋 15 cm 以下，使分布在地表 4 ～ 8 cm 深层的越冬幼虫在深处难羽化出成虫为害。

2. **人工防治**　根据成虫具假死的习性，清晨用报纸或塑料布垫在树冠下，摇树惊落成虫，捕捉杀灭。及时从树上摘除被幼虫蛀害的"旱黄果"和褐腐果，丢入清粪水或田水中泡杀幼虫。

3. **药剂防治**　春梢和夏梢抽发生长期，用 2.5% 溴氰菊酯乳油 2 000 倍液喷雾树冠，特别是喷好嫩梢，毒杀成虫，或用 90% 敌百虫晶体混 80% 敌敌畏乳油 1 000 倍液喷雾，效果也很好。

（二）枇杷赤瘤筒天牛

枇杷赤瘤筒天牛（*Linda nigroscutata ampliata* Pu），属鞘翅目天牛科瘤筒天牛属。

枇杷赤瘤筒天牛为害枇杷　　　　枇杷赤瘤筒天牛蛹　　　　　　　枇杷赤瘤筒天牛幼虫
枝条状

【分布与寄主】　赤瘤筒天牛广斑亚种分布于贵州都匀、平塘、绥阳、习水和四川西阳等地，寄主为枇杷；指名亚种分布于云南昆明、大理、龙陵、永平、金平、下关、西双版纳和四川西昌，寄主为苹果和枇杷等，长斑亚种分布在海拔3 000 m 左右的西藏昌都、芒康和四川乡城等寒冷地区，寄主为杂木。

【为害状】　广斑亚种以成虫咬梢和幼虫蛀枝为害，导致枇杷树势衰退和严重减产。成虫为害春梢，将嫩茎环咬半圈至一圈，产卵于皮层之下。幼虫在枝内蛀食，导致枝梢枯死，将粪屑排挂在出气孔外，极易识别。

【形态特征】

1. **成虫**　雌虫体长 18 ～ 20 mm，宽约 4 mm；雄虫稍小，长 17 ～ 18 mm，宽约 3.5 mm。长圆柱形，体基色橘黄色、橘红色兼黑色。头部橘黄色，触角、复眼和上颚黑色。前胸背板橘黄色，密布刻点，中部隆起，前沿两侧各具 1 个大黑斑，背板两侧有 1 个显著瘤突，在瘤突上、下方各有 1 个大黑斑。中胸腹板也有 4 个大黑斑。鞘翅自基向端渐由橘黄色变为橘红色，翅基至中部有 1 块很大的楔形黑斑，故此得名。后胸腹板黑色。除末节腹板橘黄色外，腹部各节后缘中部呈三角形黄斑，其余部位均为黑色。

2. **卵**　长 4.2 ～ 4.5 mm，宽径 1.1 ～ 1.3 mm，长椭圆形，初为乳黄色，渐变为浅污黑色。

3. **幼虫**　橘黄色，体长 28 ～ 32 mm，宽 4 ～ 5 mm。上颚黑色，上唇叶簇生刚毛，唇基和前胸背板上疏生长短相间的刚毛。前胸节背板前半部中线两侧为大褐斑，后半部为赤褐色痣状粗粒组成的"W"形斑。前胸节气门直立，中胸节气门缺，各腹节气门褐色，并由前向后下方斜生，气门长椭圆形。足退化，每个体节背、腹两面各生 1 个近圆形驼瘤，瘤背横生 2 条由若干点突组成的移动器。肛门四周及其前体节腹面生长刚毛。

4. **蛹**　初为乳白色，渐变为橘黄色，羽化时为浅橘红色。

【**发生规律**】　1 年发生 1 代，以幼虫在 1 ～ 2 年生枝条内越冬，后者居多。室内饲育，4 月初，越冬幼虫始化蛹，中旬为盛期，至 5 月中旬才完全结束。预蛹期 2 ～ 3 d，蛹期最短 19 d，最长 29 d，一般 22 ～ 24 d。化蛹 10 d 左右复眼变黑，14 d 左右翅芽变污黑色。初羽化成虫翅呈淡黄色，12 h 后隐现黑斑，24 h 后前胸背板渐变为橘黄色，翅面上的大黑斑显见。成虫多在上午羽化，停息 3 ～ 4 d 从洞口爬出，啃食嫩叶背脉，补充营养 2 d 后交尾产卵。5 月 15 至 25 日，成虫在果园大量出现，6 月下旬仍可采到少量标本。产卵时间在上午 8 ～ 10 时者多，产前雌虫先选择粗嫩的春梢，在梢端 2 ～ 3 片细叶下的茎间，将皮层啃食，连同嫩髓咬成半环或一周，然后将 1 粒卵产于缺口上端约 0.5 cm 的皮下。卵期 7 ～ 10 d。幼虫孵化后先在皮下取食，后进入嫩梢中向下钻蛀，茎端随之枯死。6 月中旬，原被害枝夏梢仍可抽发，但很弱短。6 月底至 7 月中旬，幼虫已从当年生梢中蛀入头年生枝内，每隔 4 ～ 8 cm 处咬一圆孔出气，并把粪粒排挂在孔口，植株夏梢大量死亡。11 月中旬多数幼虫老熟，在 2 年生枝内越冬，少数幼虫冬后老熟再化蛹，其成虫 6 月中旬产卵蛀害夏梢。

【**防治方法**】

1. **捕杀成虫**　根据成虫有假死的习性，于清晨摇动枇杷树，将受惊落地的活虫踩死。

2. **剪除被害枝**　结合冬季修剪，彻底清除被害枝，从头年生夏梢迹处剪下，集中处理。当年发现春梢或夏梢端部枯死，即为此虫为害特征，及时剪下处理以消灭幼虫。

3. **药剂防治**　害虫产卵期，用 80% 敌敌畏或 50% 辛硫磷乳油 800 倍液、2.5% 溴氰菊酯乳油 2 000 倍液喷雾嫩枝梢，以防治成虫，效果良好。

（三）枇杷瘤蛾

枇杷瘤蛾（*Selepa celtis* Moore），又名枇杷黄毛虫、枇杷啃叶虫，属鳞翅目夜蛾科细皮夜蛾属，是枇杷产区发生最普遍的一种食叶害虫。

【**分布与寄主**】　国内广布于贵州、四川、湖南、广西、湖北、江西、福建、江苏和浙江等省（区）。为害枇杷、石榴、李、梨、杧果等果树。

【**为害状**】　幼虫啃食嫩芽和嫩叶，虫口多时也取食老叶、嫩茎和果皮。枇杷嫩梢被害后，茎皮被啃成一个个缺口，渐呈污黑色，茎端萎蔫。嫩叶被害后，往往留下叶脉。老叶被害多从叶背开始，低龄幼虫啃去叶肉后剩下白色表皮；大龄幼虫则从叶缘将其咬成大小不同的缺口。为害严重时，植株枝梢叶片被啃食精光，留下根根独脉或少许残叶，严重影响树势和产量。

【**形态特征**】

1. **成虫**　雌成虫体长 9 ～ 10 mm，翅展 20 ～ 22 mm；雄虫体长 8.5 ～ 9 mm，翅展 19 ～ 20 mm，银灰色，具光泽。前胸两侧密生灰白色鳞毛。前翅内线及外线黑色，亚外缘线呈黑色不规整齿状横纹，外线与亚端线间杂生黑色鳞片，外缘毛灰色而密，横列有 7 个锐三角形齿纹，中室中央有一丛突起的褐色鳞毛斑。后翅浅灰色，外缘和后缘生灰色缘毛。

2. **卵**　扁圆形，直径约 0.6 mm，卵壳外从顶端向下沿布有辐射状纵刻纹。初产时乳白色，后渐变为乳黄色。

3. **幼虫**　老熟幼虫体长 21 ～ 23 mm，体背黄色，腹部草绿色。头部橘黄色，上颚黑色。各体节中部亚背线、气门上线、气门下线上有 1 个乳状瘤突，瘤突上具 10 余个突柄，柄上着生 1 簇粗壮的黄色长毛，其中，以气门下方的瘤突最粗大。具胸足 3 对，前足最小，后足最大，足端节各生 1 枚弯爪。第 4 ～ 6 腹节各具 1 对腹足，腹足趾钩为异形中带，外缘带趾钩赤褐色，粗大，而内缘趾钩浅褐色，细小。尾足趾钩亦然。第 3 腹节背面亚背线上的瘤突蓝黑色，具强光泽。

枇杷瘤蛾为害新梢状

枇杷瘤蛾幼虫（1）

枇杷瘤蛾成虫

枇杷瘤蛾幼虫（2）

枇杷瘤蛾蛹茧

枇杷瘤蛾蛹

　　【发生规律】　在贵州都匀和浙江黄岩等地1年发生3代，各代幼虫期与枇杷春梢、夏梢和秋梢抽发期十分吻合。蛹为越冬虫态，翌年4月始羽化为成虫。成虫羽化时间多在下午18～20时，此后补充营养3～4 d便交尾产卵。卵产在叶背，1～10粒不等。幼虫共5龄，初孵出先食卵壳，几小时后便可取食幼嫩叶肉。2龄后幼虫分散为害，3龄起食量加大。第1代幼虫期20～31 d，第2代幼虫期15～22 d，第3代幼虫期18～25 d。幼虫老熟后，多在叶背主脉附近或枝干荫蔽处结茧化蛹，越冬代一般在树干基部。第1代蛹期24～28 d，第2代蛹期12～14 d，第3代越冬蛹历时190～200 d。广西和福建1年发生4～5代，世代重叠较严重。

　　【防治方法】　在枇杷春、夏、秋3次嫩梢抽发后，药剂保梢。25%灭幼脲悬浮剂1 000倍液，5%氟虫脲可分散液剂1 000倍液，25%喹硫磷乳油1 500倍液，2.5%溴氰菊酯乳油2 000倍液，50%杀螟硫磷乳油1 500倍液，20%甲氰菊酯乳油2 000倍液，或40%毒死蜱乳油等杀虫剂1 000倍液喷雾，效果良好。重点防治前两次梢期低龄幼虫，每梢期施2次。

（四）双线盗毒蛾

双线盗毒蛾［*Porthesia scintillans*（Walker）］，属鳞翅目毒蛾科。

双线盗毒蛾幼虫为害枇杷叶片

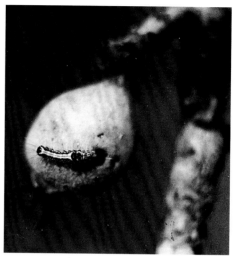

双线盗毒蛾幼虫为害枇杷果实

【分布与寄主】　该虫分布于广西、广东、福建、台湾、海南、云南和四川等省（区）。寄主植物广泛，有枇杷、龙眼、荔枝、茶、柑橘、梨、黄檀、泡桐、枫香、栎、乌桕、蓖麻、玉米、棉花和十字花科植物。

【为害状】　幼虫咬食新梢嫩叶、花器和谢花后的小果。

【形态特征】

1. 成虫　体长 12 ~ 14 mm，翅展 20 ~ 38 mm。体暗黄褐色。前翅黄褐色至赤褐色，内、外线黄色；前缘、外缘和缘毛柠檬黄色，外缘和缘毛被黄褐色部分分隔成三段。后翅淡黄色。

2. 卵　略扁圆球形，由卵粒聚成块状，上覆盖黄褐色或棕色茸毛。

3. 幼虫　老熟幼虫体长 21 ~ 28 mm。头部浅褐色至褐色，胸腹部暗棕色；前中胸、第 3 ~ 7 和第 9 腹节背线黄色，其中央贯穿红色细线；后胸红色。前胸侧瘤红色，第 1、第 2 和第 8 腹节背面有黑色绒球状短毛簇，其余毛瘤污黑色或浅褐色。

4. 蛹　圆锥形，长约 13 mm，褐色；有疏松的棕色丝茧。

【发生规律】　福建 1 年发生 3 ~ 4 代。在广西的西南部 1 年发生 4 ~ 5 代，以幼虫越冬，但冬季气温较高时，幼虫仍可取食活动。成虫于傍晚或夜间羽化，有趋光性。卵产在叶背或花穗枝梗上。初孵幼虫有群集性，在叶背取食叶肉，残留上表皮；2 ~ 3 龄分散为害，常将叶片咬成缺刻、穿孔，或咬坏花器，或咬食刚谢花的幼果。老熟幼虫入表土层结茧化蛹。在广西的西南部，4 ~ 5 月，幼虫为害龙眼、荔枝的花穗和刚谢花后的小幼果较重，以后各代多为害新梢嫩叶。

【防治方法】

1. 人工防治　结合中耕除草和冬季清园，适当翻松园土，防除部分虫蛹；也可结合疏梢、疏花，捕杀幼虫。

2. 药剂防治　对虫口密度较大的果园，在果树开花前后，酌情喷洒 90% 晶体敌百虫或 80% 敌敌畏乳油 800 ~ 1 000 倍液，或 2.5% 氟氯氰菊酯乳油或 10% 氯氰菊酯乳油 2 500 ~ 3 000 倍液。

（五）舟形毛虫

舟形毛虫（*Phalera flavescens* Bremer et Gery），别名苹掌舟蛾、苹果天社蛾、黑纹天社蛾、举尾毛虫、秋黏虫，属昆虫纲鳞翅目舟蛾科。

舟形毛虫成虫　　　　　　　　　　舟形毛虫卵粒　　　　　　　　　　舟形毛虫幼虫

舟形毛虫幼虫为害枇杷树叶片

舟形毛虫蛹

【分布与寄主】　该虫几乎遍布全中国。寄主植物有苹果、梨、杏、桃、李、梅、樱桃、山楂、榅桲、火棘、枇杷、海棠、沙果、核桃、板栗等。

【为害状】　幼虫食害叶片，受害树叶片残缺不全，或仅剩叶脉，大发生时可将全树叶片食光，造成二次开花，影响产量，危及树势。

【形态特征】

1. 成虫　体长 22 ~ 25 mm，翅展 49 ~ 52 mm，头胸部淡黄白色，腹背雄蛾黄褐色，雌蛾土黄色，末端均淡黄色，复眼黑色，球形。触角黄褐色，丝状，雌虫触角背面白色，雄虫各节两侧均有微黄色茸毛。前翅银白色，在近基部生 1 个长圆形斑，外缘有 6 个椭圆形斑，横列成带状，各斑内端灰黑色，外端茶褐色，中间有黄色弧线隔开；翅中部有淡黄色波浪状线 4 条；顶角上具 2 个不明显的小黑点。后翅浅黄白色，近外缘处生 1 条褐色横带，有些雌虫消失或不明显。

2. 卵　球形，直径约 1 mm，初淡绿色，后变为灰色。

3. 幼虫　共 5 龄，末龄幼虫体长 55 mm 左右，被灰黄长毛。头、前胸盾、臀板均黑色。胴部紫黑色，背线和气门线及胸足黑色，亚背线与气门上、下线紫红色。体侧气门线上下生有多个淡黄色的长毛簇。

4. 蛹　长 20 ~ 23 mm，暗红褐色至黑紫色。中胸背板后缘具 9 个缺刻，腹部末节背板光滑，前缘具 7 个缺刻，腹末有臀棘 6 根，中间 2 根较大，外侧 2 个常消失。

【发生规律】　1 年发生 1 代。以蛹在寄主根部或附近土中越冬。在树干周围半径 0.5 ~ 1 m、深 4 ~ 8 cm 处数量最多。成虫最早于翌年 6 月中下旬出现；7 月中下旬羽化最多，一直可延续至 8 月中上旬。成虫多在夜间羽化，以雨后的黎明羽化最多。白天隐藏在树冠内或杂草丛中，夜间活动；趋光性强。羽化后数小时至数日后交尾，交尾后 1 ~ 3 d 产卵。卵产在叶背面，常数十粒或百余粒集成卵块，排列整齐。卵期 6 ~ 13 d。幼虫孵化后先群居叶片背面，头向叶缘排列成行，由叶缘向内蚕食叶肉，仅剩叶脉和下表皮。初龄幼虫受惊后成群吐丝下垂。幼虫的群集、分散、转移常因寄主叶片的大小而异。为害梅叶时转移频繁，在 3 龄时即开始分散；为害苹果、杏叶时，幼虫在 4 龄或 5 龄时才开始分散。幼虫白天停息在叶柄或小枝上，头、尾翘起，形似小舟，早晚取食。幼虫的食量随龄期的增大而增加，达 4 龄以后，食量剧增。幼虫期平均为 31 d 左右，8 月中下旬为发生为害盛期，9 月中上旬老熟幼虫沿树干下爬，入土化蛹。

【防治方法】

1. **人工防治**　舟形毛虫越冬的蛹较为集中，春季结合果园耕作，刨树盘将蛹翻出；在 7 月中下旬至 8 月上旬，幼虫尚未分散之前，巡回检查，及时剪除群居幼虫的枝和叶；幼虫扩散后，利用其受惊吐丝下垂的习性，振动有虫树枝，收集消灭落地幼虫。

2. **生物防治**　在卵发生期，即 7 月中下旬释放松毛虫赤眼蜂灭卵，效果好。卵被寄生率可达 95% 以上，单卵蜂是 5 ~ 9 头，平均为 5.9 头。此外，也可在幼虫期喷洒每克含 300 亿孢子的青虫菌粉剂 1 000 倍液。发生量大的果园，在幼虫分散为害之前喷洒青虫菌悬浮液 1 000 ~ 1 500 倍液或 25% 灭幼脲悬浮剂 1 500 倍液，防治效果达 90% 左右，但作用效果缓慢，到蜕皮时才表现出较高的死亡率；也可使用 48% 毒死蜱乳油 1 500 倍液、90% 敌百虫晶体 800 倍液、50% 杀螟松乳油 1 000 倍液等。

（六）银毛吹绵蚧

银毛吹绵蚧（*Icerya seychellarum* Westwood），别名茶绵介壳虫、黄吹绵介壳虫、橘叶绵介壳虫，属半翅目硕蚧科。

【分布与寄主】　寄主有柑橘、枇杷、杧果、石榴、桃、柿、茶等。

【为害状】　常群集在叶、嫩芽、新梢上为害，发生严重时，叶色发黄，造成落叶和枝梢枯萎，以致整枝、整株死去，即使尚存部分枝条，亦因其排泄物引起煤污病。

【形态特征】

1. **成虫**　雌虫体长 4 ~ 6 mm，橘红色或暗黄色，椭圆形或卵圆形，后端宽，背面隆起，被块状白色绵毛状蜡粉，呈 5 纵行：背中线 1 行，腹部两侧各 2 行，块间杂有许多白色细长蜡丝，体缘蜡质突起较大，长条状淡黄色。产卵期腹末分泌出卵囊，约与虫体等长，卵囊上有许多长管状蜡条排在一起，卵囊成瓣状。整个虫体背面有许多呈放射状排列的银白色细

银毛吹绵蚧成虫

长蜡丝，故名银毛吹绵蚧。触角丝状黑色 11 节，各节均生细毛。足 3 对，发达，黑褐色。雄虫体长 3 mm，紫红色，触角 10 节，似念珠状，球部环生黑刚毛。前翅发达，色暗，后翅特化为平衡棒，腹末丛生黑色长毛。

2. **卵**　椭圆形，长 1 mm，暗红色。

3. **若虫**　宽椭圆形，瓦红色，体背具许多短而不齐的毛，体边缘有无色毛状分泌物遮盖；触角 6 节，端节膨大成棒状；足细长。

4. **雄蛹**　长椭圆形，长 3.3 mm，橘红色。

【发生规律】　1 年发生 1 代，以受精雌虫越冬，翌年春继续为害，成熟后分泌卵囊产卵，7 月上旬开始孵化，分散转移到枝干、叶和果实上为害，9 月雌虫多转移到枝干上群集为害，交尾后雄虫死亡，雌虫为害至 11 月陆续越冬。天敌同吹绵蚧。

【防治方法】

1. **人工防治**　随时检查，用手或用镊子捏去雌虫和卵囊，或剪去虫枝、叶，或刷除虫体。

2. **药剂防治**　休眠期喷 3° ~ 5°Bé 石硫合剂、45% 晶体石硫合剂 30 倍液、松脂合剂 10 倍液。在初孵若虫分散转移期，用 40% 啶虫·毒死蜱 2 000 倍液喷雾，可连用 2 ~ 3 次，间隔 7 ~ 10 d。

第二十一部分　其他果树病虫害

一、其他果树病害

（一）杨梅树癌肿病

【症状】 杨梅树癌肿病俗称"杨梅疮"，主要发生在结果树的枝干上。初期病部产生小突起，乳白色，后逐渐增大形成肿瘤，表面粗糙或凸凹不平，木栓质，很坚硬，色泽渐变为褐色至黑褐色。肿瘤球形或不规则形，大小不一，小的如樱桃，大的如核桃。一个枝条上肿瘤数目不等，少的 1 ~ 2 个，多的 4 ~ 5 个或更多。

【病原】 病原菌为丁香假单胞菌杨梅致病变种（*Pseudomonas syringae* pv.myricae C.ogimi et al.），细菌短杆状，大小为（2.8 ~ 3.5）μm ×（0.7 ~ 1.0）μm，具 1 ~ 5 根极生鞭毛。

【发病规律】 细菌在病枝干的癌瘤组织内越冬，翌年春季，在病部表面溢出菌脓，通过雨水传播，从伤口和叶痕处侵入，潜育期一般为 20 ~ 30 d。

5 ~ 6 月多雨，有利于病害的发生和传播。管理粗放、地势低洼、树势衰弱的果树发病较重。品种间以湘红梅、小炭梅、早大种发病较重；荔枝种、丁岙梅和荸荠种发病较轻。

杨梅树癌肿病病干

【防治方法】
1. 保护树体，防止受伤 杨梅树抗风力弱，在夏季有台风的地区，要做好防台风工作，台风过后，应喷药保护树体，防止病菌侵入。对台风造成的断枝，要及时处理，伤口要涂波尔多液等保护剂。在新建杨梅园时，应种植防风林。

2. 做好清园工作 病菌主要在病瘤内越冬，因此，在春季萌芽前，要剪除长有病瘤的小枝，对大枝干上的病瘤，可将病瘤刮除后用抗菌剂 402 的 1：50 倍液或硫酸铜 1：100 倍液消毒伤口，再外涂伤口保护剂。

3. 药剂防治 在抽发春梢时全面喷 1 次 1：2：200 波尔多液。在台风过境后及果实采收后也要各喷 1 次波尔多液。

（二）杨桃赤斑病

【症状】 杨桃赤斑病只为害叶片。被害叶片最初出现分散的细小的黄色小点，后逐渐扩大成圆形或不定形，中间赤褐色，外围有一黄色晕圈的病斑，直径为 3 ~ 5 mm，天气潮湿时病斑的表面可长出不明显的灰色霉层，此为病菌的分生孢子梗及分生孢子。后期病斑中部变为灰褐色或白色，组织干枯，脱落穿孔。发生在叶缘的病斑多呈半圆形。受害严重时一张叶片上有许多病斑相连成片，致使叶片早枯脱落。

【病原】 病原为杨桃假尾孢 [*Pseudocercospora wellesiana*（well）Liu et Guo = *Cercospora averrhoae* Petch]，孢子梗成束自气孔伸出，分生孢子倒棍棒形，有 1 ~ 8 个分隔。

杨桃赤斑病病叶

【发病规律】　初侵染源来自病叶上越冬的拟子座组织中的病菌。翌年春条件适宜时产生分生孢子，借雨水和气流传播到叶上，在有水滴时发芽，进行初侵染。病斑上新产生的大量分生孢子，在一个生长季节可多次重复侵染。一般下部叶片及内膛叶片病害发生较多，密度高或湿度大的果园，病害发生也较重。

【防治方法】
1. **清洁果园**　冬季和早春清除树上和地面病叶，并集中深埋。
2. **药剂防治**　春季初生新叶时，喷布药剂防治。发病严重地区，在清园及加强水肥管理的基础上，可在春季新叶展叶期开始喷药。有效药剂有 1∶1∶160 波尔多液、70% 甲基托布津可湿性粉剂 800 ~ 1 000 倍液、50% 多菌灵可湿性粉剂 500 倍液、75% 百菌清可湿性粉剂 500 倍液。每隔 10 ~ 15 d 喷 1 次，喷药次数视天气情况及病情而定。

（三）番木瓜炭疽病

番木瓜炭疽病可终年为害番木瓜，但以秋季最为严重，幼果及成熟果发病多，常造成果实腐烂，果实在贮运期间也可被侵染为害。

【症状】　番木瓜炭疽病主要为害果实，其次为害叶片和叶柄。幼果和成熟果均可受害。果实感病后最先出现污黄色或暗褐色水渍状圆形小斑，病斑扩大到 5 ~ 6 mm 时，病斑褐色，稍凹陷，出现同心轮纹。轮纹上产生朱红色小点分生孢子盘和朱红色液点分生孢子团。后期病斑表面生成黑色小点的分生孢子团，或黑色小点与朱红色小点相间排列的同心轮纹。由于菌丝交错发展，菌丝与果肉结成一个硬化的圆锥形结构，用手挖之，很易脱落。果肉变成褐色，严重时全果腐烂。叶柄上的病害多发生于将脱落的或已脱落的柄上。病斑椭圆形或不规则形，病部不下陷，感病部分与健康部分的分界不明显，斑上有黑色小点或朱红色小点。叶片病斑多发生于叶尖或叶缘，少数在叶的中部或叶脉上，病斑椭圆形或不规则形，褐色，病斑中央黄色，边缘褐色，感病部分与健康部分的分界明显，水渍状，斑上长出小黑点。

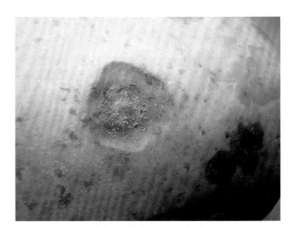

番木瓜炭疽病果面病斑

【病原】　病原菌有两种，一种是无性阶段类炭疽菌属胶孢炭疽菌 [*Colletotrichum gloeosporioides* （Penz.） Sacc.]，有时可见有性阶段，主要侵害果实和叶柄，是为主的病菌；另一种是辣椒炭疽菌 [*Colletotrichum capsici* （Syd.） Butlre et Bisby]。

【发病规律】　病菌在田间病株的僵果、叶、叶柄和地面病残体上越冬，成为翌年的侵染源。分生孢子借风雨及昆虫传播，从伤口、气孔或直接由表皮侵入叶片、叶柄和果实。在贮运中的果实，病菌可直接由疥虫传播。在田间，病菌还常潜伏于青果中，待果实转黄时才扩展为害形成病斑。叶片、叶柄和果实受害后形成的病斑上产生大量的分生孢子，经传播后进行再侵染，造成病害扩展蔓延。高温高湿或田间积水，以及采果时大量弄伤果皮，常导致病害的发生。该病在番木瓜上有潜伏侵染的现象，有时在幼果期侵入，至果实成熟时才发病。高温高湿是该病发生和流行的重要条件，华南、海南一带 5 ~ 10 月均有发生，一般 5 月、6 月和 9 月、10 月最严重，扩展迅速，是此病发生、流行的 2 个高峰期。

【防治方法】
1. **选择抗病品种**　选用穗中红 – 48、台农 2 号、台农 6 号、红妃、红肉等优良品种。
2. **农业防治**　冬季清洁果园，彻底清除病果、病叶，集中深埋，减少越冬菌源。制种地、苗圃与大田隔离。推广无病试管苗、组培苗。重施基肥，及时合理追肥，促使树势旺盛，提高抗病力。搞好田间排灌系统，排除田间积水。在生长季节，要随时清除病果、病叶，及时治虫，减少田间菌量。果实带柄采摘，轻拿轻放。收果后炭疽病引起果实腐烂，可采用 46 ~ 48 ℃热水浸果 20 min 来防治此病。
3. **药剂防治**
（1）早喷药预防，常发病园应在开花前后喷施下列药剂：80% 代森锰锌可湿性粉剂 1 000 倍液；70% 甲基硫菌灵可湿性粉剂 1 000 倍液；75% 百菌清 +70% 硫菌灵（1∶1）1 000 ~ 1 500 倍液；50% 咪鲜胺锰盐可湿性粉剂 1 000 倍液；　25%

溴菌腈可湿性粉剂 500 倍液，间隔 7 ~ 15 d 喷 1 次，连喷 2 ~ 3 次，交替或混合喷施，喷匀喷足。

（2）预防采后果实炭疽病为害。注意适时（成熟度 8 ~ 8.5 成）采果，避免雨天采果，注意轻采、轻放、轻运，用 70% 硫菌灵 +75% 百菌清（1 ：1）1 500 倍液；50% 咪鲜胺锰盐可湿性粉剂 1 500 倍液，浸果 1 ~ 2 min 或喷果，并同时注意做好包装箩筐、贮运工具及贮运库室的清洁消毒等工作。采收后的果实也可用 50% 多菌灵 100 倍药液浸泡 1 min，晾干后，先以 20 ℃ 预冷处理 24 h，青果可转到 10 ℃，熟果可转到 7 ℃ 以下保存。但青果在低于 15 ℃ 下冷藏天数不能超过 7 d，否则不能成熟。

（四）番木瓜疮痂病

番木瓜疮痂病在广东、广西、云南、福建有发生，为害叶片。

番木瓜疮痂病叶背病斑

番木瓜疮痂病病叶失绿

【症状】 主要为害叶片，初沿叶脉两侧现不规则形白斑，后转成黄白色，圆形至椭圆形，加厚以后呈疮痂状，大小为 1.7 ~ 3.3 mm。番木瓜叶背出现淡黄色疮痂状病斑，叶面呈现褪绿淡黄色病斑。严重时整叶变黄。发生多时，叶片有皱缩。湿度大时，病斑上着生灰色至灰褐色霉状物，即病菌分生孢子梗和分生孢子。果实染病也产生类似的症状。

【病原】 病原为番木瓜枝孢（*Cladosporium caricinum* C.F.Zhang et P.K.Chi），属半知菌类真菌。分生孢子梗单生或束生，暗褐色，有分隔，顶端或中间膨大成结节状，大小为（39 ~ 183）μm×（3 ~ 5）μm。分生孢子圆形或椭圆形，表面具密生的细刺，多无隔，个别 1 ~ 2 个隔膜，串生，近无色至浅橄榄褐色，大小为（4 ~ 16.2）μm×（2.5 ~ 5）μm。该菌在 PSA 培养基上（马铃薯葡萄糖琼脂培养基）25 ℃ 培养 7 d，菌落直径 3.9 cm，平铺，粉质，灰绿色至暗绿色，边缘白色，背面墨绿色。

【发病规律】 病菌以菌丝或分生孢子在病部或随病残体在土表越冬。该菌属弱寄生菌，多数是第二寄生菌或腐生菌，常出现在衰老的叶上，植株生长后期扩展较快。番木瓜生产中初始菌源数量和温、湿度条件常是该病发生的决定因素。湿气滞留持续时间长，发病重。病部不断产生分生孢子进行再侵染，病害不断蔓延。

【防治方法】
1. **种植抗病品种** 比较抗病的品种有穗中红 – 48、台农 2 号、台农 6 号、红妃、红肉等。
2. **加强管理** 秋末冬初，彻底清除病落叶，集中深埋。生长季节注意通风透光，严防湿气滞留。
3. **药剂防治** 发病初期，喷洒 50% 多菌灵可湿性粉剂 600 倍液，或喷洒 75% 百菌清可湿性粉剂 600 倍液，或 50% 甲基硫菌灵可湿性粉剂 600 倍液，或 50% 腐霉利可湿性粉剂 1 500 倍液。发生严重时，连续防治 2 次。

（五）番木瓜花叶病

番木瓜花叶病是一种毁灭性病害。我国番木瓜产区均有分布。感病后的植株在冬季落叶，只留下顶部发黄的幼叶，翌

番木瓜花叶病病叶（1）　　　　　番木瓜花叶病病叶（2）　　　　　番木瓜花叶病病株

年结果量大减，甚至完全不结果，果实含糖量低，风味差，病株在1～4年内死亡。

【症状】　可在木瓜植株各个部位表现出来。发病初期嫩叶叶脉微皱缩，叶片边缘末端向下卷，叶柄基部有点状或条状的水渍斑点。发病中期顶部叶片出现黄色斑点，叶脉缺绿呈透明点。发病后期上层的嫩叶呈透明状，中层叶片呈花斑，叶脉有水渍状网纹、皱缩，整个叶片凸凹不平，顶叶生长受抑制。低温期，病株叶片大部分脱落，幼叶出现畸形。茎部发病，在顶部嫩茎处呈条状或块状水渍斑点，后在老化的茎部逐渐出现病斑。花果感病后，花瓣呈现水渍状病斑，严重时花畸形。果实膨大后才逐步见到病斑，病斑呈绿色圆形或椭圆形同心轮纹环斑，严重时果实表皮呈现出不规则的瘤状物，果实品质极差。

【病原及传播】　病原菌为番木瓜花叶病毒（Papaya mosaic potexvirus）。自然传播媒介为桃蚜和棉蚜，且传播率非常高。摩擦非常容易传毒，田间病株叶片与健株叶片进行接触摩擦，便可传染。

【发病规律】　温暖干燥年份，发生严重。一年可出现两个发病高峰期和一个病株回绿期。4月至5月及10月至11月上旬，月平均温度为20～25℃，则发病株最多，症状最明显；7月至8月，平均温度为27～28℃，是病株回绿期，症状消失或减缓。高温对本病病毒有抑制作用，病株每天加温至40℃，4h连续4d，病株明显回绿，病斑消失，但停止高温后几天，症状再度出现。因本病主要由蚜虫传染，凡与旧果园或与邻果园病株毗邻的植株发病快，发病率高。连年种植的果园，发病早，发病率高。番木瓜整个生长发育阶段均可感染环斑花叶病。

【防治方法】　目前还没有根治方法，只是采取以栽培措施为主的综合防治措施。
（1）选种耐病品种。
（2）加强栽培管理，夏季及时排除积水，久旱时适量淋水。同时还应适量增施磷、钾肥和农家肥，提高植株抗病力，促使植株早开花结果、早采收，达到当年种植当年收获，以减轻花叶病的为害。
（3）木瓜种植园要轮作，尽量开辟新园。及时挖除病株，消灭病源。
（4）药剂灭蚜。定期喷药灭蚜，在蚜虫迁飞高峰期，特别在干旱季节及时检查喷药。要注意清除果园周围蚜虫喜欢栖息的杂草。
（5）应在发病初期用药，间隔5～7d再用药，一般需连续用药3～4次。可用下列药剂：2%宁南霉素水剂250倍液，10%混合脂肪酸水乳剂300倍液，20%盐酸吗啉胍·乙酸铜可湿性粉剂700倍液。

（六）番木瓜环斑花叶病

番木瓜环斑花叶病习惯称花叶病。在广东、广西、福建、云南等省（区）番木瓜产地都有发生。感病后的成长植株在冬天落叶，只留下顶部发黄的幼叶，翌年结果量大减，甚至完全不结果。即使结果，果实含糖量低，风味差，病株在1～4年内会死亡。

【症状】　植株感病后最初只在顶部叶片背面产生水渍状圈斑，顶部嫩茎及叶柄上也产生水渍状斑点，随后全叶出现花叶症状，嫩茎及叶柄的水渍状斑点扩大并联合成水渍状条纹。病叶极少变形，但新长出的叶片有时畸形。感病果实上产生水渍状圈斑或同心轮纹圈斑，2～3个圈斑可互相联合成不规则形大病斑。在天气转冷时，花叶症状不显著，病株叶片大多脱落，只剩下顶部黄色幼叶，幼叶变脆而透明、畸形、皱缩。

【病原】 病原菌为番木瓜环斑病毒（Papaya ringspot virus，PRV）。在电子显微镜下，病毒粒体线状，长 200 ~ 1 200 nm，多数为 700 ~ 800 nm，直径为 10 ~ 15 nm，平均为 12.5 nm。病叶组织超薄切片在电镜下观察，看到有病毒粒体聚积的风轮状内涵体。

【发病规律】 番木瓜是多年生作物，感病植株是本病的主要初侵染源，通过桃蚜、棉蚜作媒介辗转传染蔓延。本病的潜育期为 7 ~ 28 d，一般为 14 ~ 19 d。有多条枝条的老植株感病后，往往只有 1 ~ 2 条枝条发病，其余枝条要经几个月，甚至 1 年以后才陆续发病。在温暖干燥年份，本病发生较为严重，这和温暖干燥天气有利于蚜虫的发育和迁飞可能有密切关系。

番木瓜环斑花叶病果实表面
环状斑纹

【防治方法】

1. **农业防治** 选种耐病品种，一般岭南种较感病，在病区可改种耐病品种穗中红；改进栽培管理措施，增强植株抗病、耐病能力。改秋植为春植，适当密植，施足基肥，促进植株长势壮旺，做到当年种植当年收果，争取在发病高峰前已获得一定产量；植株在营养生长期一般抗性较强，当转入开花结果阶段，抗病性就减弱，此时田间会陆续出现病株，应注意检查，发现初发病株应及时砍除，并集体销毁，防止病害扩展蔓延。

2. **防治蚜虫** 若在小面积范围内防治蚜虫，较难收到治蚜防病的效果。有调查发现，番木瓜果园内沟边的辣蓼有大量蚜虫栖息，故可结合冬季清园，铲除辣蓼等杂草，减少蚜虫的栖息场所，可减少传染媒介的数量。此外，在果园周围可种植棉蚜、桃蚜喜欢取食的寄主植物诱集蚜虫，喷药杀灭，以防止蚜虫向番木瓜果园迁飞传毒。

3. **接种疫苗** 一般番木瓜感染环斑花叶病毒后，1 ~ 2 年植株即失去产果能力。最近发现田间感染的植株中，某些植株仅表现极轻微的症状，从这些植株中分离到弱毒系，利用这些弱毒系先接种于木瓜的幼苗，此后植株仅表现较轻微的症状，可以提高番木瓜的产果能力，延缓病情的发展，延长结果时期。

（七）西番莲茎基腐病

西番莲茎基腐病是福建、广东等西番莲产区普遍发生的一种病害，严重时造成果园毁种无收。我国台湾和乌干达已有报道。

西番莲茎基腐病为害果园枯死植株

西番莲茎基腐病病干

西番莲茎基腐病病部

【症状】 病部初呈水渍状，后发褐色，逐渐向上扩展，可达 30 ~ 50 cm，病株的根茎部及根部皮层呈淡褐色至深褐色腐烂，易剥离，露出暗色的木质部。其上的茎叶多褪色枯死，潮湿情况下，病部长出白色霉状物，即病原菌的分生孢子和菌丝体。严重时，大量茎蔓死亡，病茎基干死后，有时产生橙红色的小粒，为病原菌的子囊壳。病株枝叶初表现萎蔫，以后可整株枯死。

【病原】 病原菌为有茄类镰孢 [*Fusarium solani*（Mart.）Sacc.] 和西番莲尖镰孢（*Fusarium oxysporum* f. sp. *passiflorae*），均属半知菌类真菌。茄类镰孢在 PSA 培养基上菌丛白色，后淡紫色至紫色，培养基反面淡褐色至紫色，气生菌丝生长良好，小分生孢子极多，在瓶梗状的产孢细胞上聚集成团，椭圆形或卵圆形，形态变化较多，大多单胞，极少数 1 个隔膜，无色透明，大小为（3 ~ 15）μm×（2 ~ 4）μm；大分生孢子纺锤形至镰刀形，无色，顶细胞较短，足细胞有或无，壁稍厚，

3 ~ 5 个隔膜，多为 3 个隔膜，3 个隔膜者大小为（15 ~ 35）μm×（4 ~ 6）μm。若菌种经多次转殖，大孢子逐渐减少，甚至不产生；培养半个月后，产生大量厚垣孢子，厚垣孢子椭圆形至矩圆形，无色或淡黄色，顶生或间生，单生或两个成串，表面光滑。有性态为血红丛赤壳菌（*Nectria haematococca* Berk），子囊壳在病茎蔓上散生或集生，球形，橙红色，壳壁表面粗糙，直径 150 ~ 178 μm；子囊圆筒形或棍棒形，单层壁，无色，大小为（46 ~ 70）μm×（6.5 ~ 10）μm，内含 8 个子囊孢子；子囊孢子单列或双列，近椭圆形，无色，极少数淡榄色，中央 1 个隔膜，隔膜处稍缢缩，大小为（8 ~ 15）μm×（3 ~ 6）μm。西番莲尖镰孢在 PSA 培养基上生长迅速，气生菌丝白色絮状，菌落背面白色或桃红色、蓝色或紫色。小型分生孢子产生在侧生管瓶上，小分生孢子狭窄，顶端细胞较长，逐渐变窄拔出尖，镰刀形，略弯曲，多具 3 个分隔，有足胞，胞壁薄，有别于腐皮镰孢。

【发病规律】　病菌以菌丝体、厚垣孢子或菌核在土壤中及病残体上越冬，尤其厚垣孢子可在土壤中存活 5 ~ 6 年或长过 10 年，成为主要侵染源。病菌从根部伤口侵入，然后在病部产生分生孢子，借雨水或灌溉水传播蔓延，进行再侵染。高温、高湿条件利于其发病，连作地、低洼地、黏土地或下水头发病重。

【防治方法】
1. **实行轮作**　病株严重地块应清园，与十字花科或百合科等作物轮作。
2. **农业措施**　选用排水良好的缓坡地建园，做到渠系配套；采用高畦种植，防止园中积水；采用"人"字形篷架，增加通风透光力度。防止湿气滞留，注意施用腐熟肥料。
3. **药剂防治**　发病初期喷淋或浇灌 50% 多菌灵可湿性粉剂 600 倍液，隔 10 d 喷 1 次，连续喷 2 次。

（八）西番莲疫病

西番莲疫病在大部分西番莲栽培区均有发生，轻者引起落叶落果，重则引起整株或大面积死亡。

【症状】　苗期便可发病。病株茎呈褐色，叶片萎凋，有时出现大块暗褐色、水渍状的病斑，潮湿时生白色霉状物，即病原菌的子实体。若严格挑选健苗或育苗期间勤加防治，成株的发生较少，茎蔓及叶片上症状同前；果实上病斑呈油浸状，开始暗绿色，后变黄褐色，病斑稍凹陷，近圆形至不规则形，水渍状，湿度大时很快腐烂，腐烂深入果肉，后期软化烂掉，病部在潮湿时产生白色霉状物。

西番莲疫病病果

【病原】　病原菌为烟草疫霉寄生变种［*Phytophthora nicotianae* var. *parasitica*（Dast.）Waterh.］，属寄生性真菌。菌丝形态简单，分枝较少，宽 3 ~ 7 μm，膨大体少见，球形，厚垣孢子球形，成熟时金黄色，单生，顶生或间生，15 ~ 36 μm，孢囊梗分枝不规则或假单轴式分枝，宽 3 ~ 6 μm；孢子囊顶生或间生，卵圆形或近球形，基部圆形，（18 ~ 43）μm×（17 ~ 33）μm；长宽比值为 1.1 ~ 1.3；乳突明显，一般 1 个，极少 2 个；高为 1.7 ~（7 ~ 10）μm，孢子囊很少脱落，不具柄，成熟后释放游动孢子，出孔宽 3 ~ 7 μm；游动孢子肾形，大小为（6.6 ~ 10）μm×（5 ~ 8）μm；鞭毛长 10 ~ 41 μm，休止时球形，直径 5 ~ 8 μm，萌发形成卵形或椭圆形小孢子囊。藏卵器球形，直径为 15 ~ 28 μm，柄棍棒状；雄器球形、圆筒形或鼓形，围生，单胞，大小为（8 ~ 17）μm×（9 ~ 14）μm；卵孢子球形，壁光滑，黄褐色，直径为 13.2 ~ 24.8 μm，壁厚为 0.7 ~ 2 μm。

【发病规律】　病菌借助气流和雨水传播，由气孔或表皮直接侵入寄主，在细胞间扩展，也能进入细胞内，经 3 ~ 4 d 潜育期之后，病部可长出菌丝，或由气孔伸出孢子囊梗，产生孢子囊，释放游动孢子，构成再侵染菌源。此病多发生于春末夏初梅雨季和台风雨季，主要是以游动孢子或孢子囊借助风雨或流水传播而暴发流行的。高温高湿有利于病害发展蔓延。

【防治方法】
1. **农业措施**　培育选种抗病品种。田间及时清除、收集病叶、病枝蔓和病死株，予以深埋。
2. **药剂防治**　发病初期喷洒 90% 三乙磷酸铝可湿性粉剂 400 ~ 500 倍液，50% 甲霜铜可湿性粉剂 800 ~ 1 000 倍液、

72.2%霜霉威水剂800倍液、70%乙·锰可湿性粉剂500倍液、60%琥·乙磷铝可湿性粉剂500倍液、50%烯酰吗啉可湿性粉剂1 000倍液、48%霜霉威·络氨铜水剂1 500倍液、25%甲霜灵·霜霉威可湿性粉剂800倍液、20%恶霉灵·稻瘟灵微乳剂1 500倍液、70%代森锰锌可湿性粉剂600倍液、68%丙森锌·甲霜灵可湿性粉剂1 000倍液、60%烯酰·锰锌可湿性粉剂800倍液、64%恶霜·锰锌可湿性粉剂250 g/亩、50%氟吗啉·三乙膦酸铝可湿性粉剂100 g/亩，隔7～10 d喷1次，连续喷2～3次。

（九）西番莲花叶病

【症状】 以成株期发病为主，苗期也发病。幼叶呈浓绿、淡绿不均的斑驳。成株期发病，大部分为系统花叶，先从上部叶片显症，叶片上出现褪绿斑，后呈浓绿、淡绿相间的花叶斑驳，有时在呈现花叶的同时，叶片变小，叶缘向背面卷曲且变硬发脆。发病早，植株矮小或出现萎蔫。

【病原】 有两种病毒，黄瓜花叶病毒CMV和鸡蛋果木质化病毒PWV，两种病毒均可经接触、蚜虫及嫁接等方式传毒。

【发病规律】 黄瓜花叶病毒寄主范围广泛，许多宿根性杂草是花叶病毒越冬的主要寄主，这些杂草中有的又同时是蚜虫的越冬寄主；十字花科蔬菜及瓜菜等也是花叶病毒的越冬寄主。翌年春季气温回升后，随着瓜蚜、桃蚜等的迁飞，把病

西番莲花叶病病叶

毒从寄主植物传到西番莲上。此外，汁液接触和农事操作也是传毒的重要途径。高温、干燥、强日照等气候条件有利于蚜虫的繁殖与迁飞，同时也有利于病毒的繁殖，降低植株的抗性，因此发病重。栽培管理粗放，肥水不足也发病较重。

【防治方法】 选用抗病品种，西番莲品种间抗病性有差异，病重地区应选种抗病品种，及时清除杂草，并注意防治蚜虫，减少侵染源。

（一〇）番石榴棒盘孢枝枯病

番石榴棒盘孢枝枯病在我国福建省首次发现。为害枝干，引起叶片黄化、脱落，枝条或植株枯死。

番石榴棒盘孢枝枯病病叶

番石榴棒盘孢枝枯病病干病斑

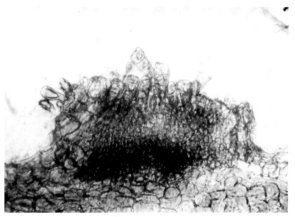

番石榴棒盘孢菌分生孢子盘（显微放大）

【症状】 此病为害枝干。树皮病斑呈褐色至红褐色，略凹陷，长椭圆形或不规则长条形。树皮组织坏死或干腐后，多呈纵向龟裂，少数横向龟裂。病部表皮上产生红褐色或淡褐色小点（分生孢子盘），病部上部枝条叶片逐渐黄化、脱落。当病斑环缢枝干 1 周时，导致枝干枯死。

【病原】 病原菌为番石榴棒盘孢（*Coryneum psidii* Sutton），为棒盘孢属真菌，属半知菌腔孢纲黑盘孢目。分生孢子呈盘垫状或盘状，着生在病枝表皮下，后突破表皮外露，呈褐色或淡褐色，大小为（73.2 ～ 134.2）μm ×（158.6 ～ 292.8）μm。分生孢子梗圆柱状，偶有末端曲梗状，端部略膨大，表面光滑，分隔，无色至淡褐色。发生孢子纺锤形或棒状、宽棒状，直或略弯，具 3 ～ 6 个假隔膜，表面光滑，褐色，大小为（12.2 ～ 17.1）μm ×（40.3 ～ 47.6）μm。

【防治方法】
1. **人工防治** 剪除病枝或清除死亡病树，搞好果园卫生，减少侵染菌源。
2. **药剂防治** 结合炭疽病、褐腐病等的防治，用 70% 甲基硫菌灵 1 500 倍液等药剂喷雾。

（一一）番石榴炭疽病

番石榴炭疽病在广东、海南、福建和台湾等地均有发生，是常发性病害之一，可为害果、枝和叶片。以成熟果实受害最为严重。

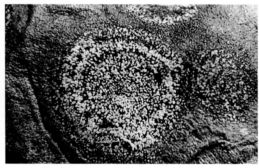

| 番石榴炭疽病大量病果 | 番石榴炭疽病果面病斑放大 | 番石榴炭疽病病果 |

【症状】 叶片被害，多于叶尖或叶缘出现半圆形、近圆形至椭圆形暗褐色斑，边缘深褐色而稍隆起，斑中部稍下陷并微现轮纹，病斑相互联合成斑块，致叶片干枯易脱落。枝梢受害，初现短条状稍下陷暗褐色斑，绕茎扩展可致枝梢枯死。新梢、嫩叶受害，叶缘坏死或整叶枯焦，枝条变褐枯死。果实受害，果面出现不定形暗褐色斑，直径为 3 ～ 30 mm，斑中部稍下陷，病斑相互联合成斑块，幼果感病多呈干果脱落，近成熟果感病，病部向纵深发展时，果肉亦变褐腐烂，发病严重时，致果实部分或大部分变软腐烂，降低或完全失去商品价值，不堪食用。后期病部形成粉红色至橘红色液状小点，呈轮纹状排列。

【病原】 病原菌为半知菌的胶孢炭疽菌（*Colletotrichum gloeosporioides* Penz.=*Gloeospotium psidii* Delacr.），分生孢子盘圆形，淡黑褐色，刚毛有或无，刚毛直立，浅褐色至褐色，具分隔。分生孢子梗短小，瓶形。分生孢子圆筒形，无色，单胞，含 2 个油球，大小为（13 ～ 22）μm ×（3.5 ～ 5.0）μm。

【发病规律】 病菌以菌丝体和分生孢子盘在病株上和病残体上存活越冬，分生孢子盘上产生的分生孢子作为初侵染源与再侵染源接种体，借风雨传播，从伤口侵入致病。病菌具潜伏侵染特性，受侵染的幼果或青果不一定都表现症状，往往待近熟时才出现症状。故本病以果实成熟期发生较为普遍，在果实采收后贮运或销售时可通过病果与健果接触继续侵染发病。新梢、嫩叶易感病。外引泰国大果番石榴最易感病；广州地区本地品种胭脂红番石榴则较抗病。

【防治方法】
1. **果实套袋** 套袋前，先用 70% 甲基硫菌灵可湿性粉剂 1 000 倍液等药剂进行喷雾，处理后套袋。
2. **搞好果园卫生** 剪除或清除病枝、病叶和病果，减少侵染源。
3. **加强肥水管理** 增施磷、钾肥，适时浇水，增强树体抗性。

（一二）番石榴盘多毛孢果腐病

番石榴盘多毛孢果腐病在福建、台湾均有报道，以泰国大果番石榴发生受害较为严重。

【症状】 为害近成熟或成熟果实，病斑圆形，黑褐色，凹陷，上密生炭质黑色小粒。在高温高湿条件下，病部迅速扩大，导致果实大部分或整果腐烂。

【病原】 病原菌为 *Pestalotia* spp.，为盘多毛孢属真菌，分生孢子盘黑褐色。分生孢子纺锤形，4个隔膜，5个细胞，其中中间3个细胞为褐色，头尾2个为透明无色或浅色，分生孢子前端有2～3根无色细长附属丝，长为7～15 μm，分生孢子大小为（15～20）μm×（3～6）μm。

【发病规律】 病菌主要从伤口侵染，以20～35℃为发病适宜温度。

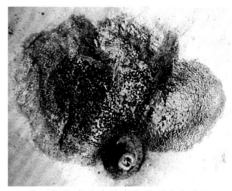

番石榴盘多毛孢果腐病果面病斑放大

【防治方法】
1. **搞好果园卫生** 剪除或清除病枝、病叶和病果，减少侵染源。
2. **加强肥水管理** 增施磷、钾肥，适时浇水，增强树体抗性。
3. **果实套袋** 套袋前，先用70%甲基硫菌灵可湿性粉剂1 000倍液等药剂进行喷雾，处理后套袋。

（一三）番石榴褐斑病

番石榴褐斑病为害果实和叶片，以泰国大果番石榴受害较为严重，严重时发病率达50%以上。

【症状】 果实受害，果实表面形成暗褐色至黑色小病斑，中央凹陷，边缘红褐色，潮湿时病部形成灰色霉状物。叶片受害，病斑暗褐色至红褐色，病健交界不明显，背面生灰色霉状物。

【病原】 病原菌为番石榴假尾孢［*Pseudocercospora psidii*（Rangel）R.F.Castaneda，Ruizetll］，属半知菌类真菌。子实体主要生于叶背面，子座球形，褐色，直径26～90μm；分生孢子梗丛生，不分枝，0～1个隔膜，直或1～2膝状节，淡榄褐色，顶端五色，稍窄，顶端圆锥形，孢痕不明显，直径1～1.5 μm，梗大小为（9～30）μm×（3～4）μm；分生孢子倒棍棒状，直或弯曲；近无色，基部倒圆锥形，1～6个分隔，多数为3～4个分隔，顶端稍钝，大小为（17～77）μm×（1.9～3.5）μm。

番石榴褐斑病病果

【发病规律】 病菌以菌丝潜伏在病组织内或以病组织上的分生孢子越冬，分生孢子借风雨传播，从寄主气孔或伤口侵入，叶片病斑上几乎全年都可产生孢子进行重复侵染。一般土壤瘠薄、植株瘦弱易发病，天气潮湿，叶面上水湿持续时间长，发病重。

【防治方法】 参考番石榴炭疽病。

（一四）番石榴藻斑病

【症状】 番石榴藻斑病主要发生在成叶或老叶上，叶片正背两面均可发生。初生白色至淡黄褐色针头大小的小圆点，逐渐向四周放射状扩展，形成圆形或不规则形稍隆起的毛毡状斑，边缘不整齐，表面有细纹，灰绿色或橙黄色，直径为1～10 mm。后期表面较平滑，色泽也较深。

番石榴藻斑病病叶　　　　　　　　　　　　　番石榴藻斑病病叶病斑

番石榴藻斑病病菌
1. 孢子梗及孢子囊
2. 游动孢子

【病原】　病原菌为半寄生性绿藻（*Cephaleuros virescens* Kunge）。营养体为叉状分枝的藻丝体，在叶上蔓延成很稠密的近圆形毡状物。后期向垂直方向的空间长出橙黄色、厚壁、有分隔的孢囊梗，长 274 ~ 452 μm，顶端膨大，呈头状，上生 8 ~ 12 个小梗。每个小梗上着生 1 个近圆形、单胞、橙红色或黄褐色的孢子囊。成熟后遇水即散出许多无色、椭圆形、双鞭毛的游动孢子。

【发病规律】　绿藻以丝状营养体和孢子囊在病叶和落叶上越冬。翌年春季当温、湿度条件适宜时，越冬营养体即产生孢囊梗和孢子囊。成熟的和越冬的孢子囊遇水释放出游动孢子，随风雨传播到寄主叶片上，萌发芽管从气孔侵入，并在表皮细胞和角质层之间生长蔓延成丝状的成串藻细胞进行为害。以后穿过角质层伸出寄主组织表面，由中心点做辐射状蔓延，有时亦穿过表层侵入叶片的下层组织。病部又产生孢囊梗和孢子囊，释放出游动孢子不断再侵染。病原藻喜高湿，但寄生性弱，多寄生在衰弱的树上。果园土壤瘠薄、杂草丛生、地势低洼、阴湿和通风透光不良，以及生长衰弱的老树、树冠下部的老叶，均有利于发病。

【防治方法】
1. **加强果园管理**　适度修剪，及时疏除徒长枝和病枝，改善果园通风透光条件；适当增施磷、钾肥，提高树体抗病力。注意开沟排水等可减轻发病。清除并深埋病落叶，减少病源。
2. **喷药保护**　发病严重的果园，在早春病斑还是灰绿色尚未形成游动孢子之前，早春或晚秋发病初期开始喷洒 0.6% ~ 0.7% 石灰半量式波尔多液，或 0.5% 硫酸铜稀释液，或 30% 碱式硫酸铜悬浮剂 400 倍液或 12% 松脂酸铜乳油 600 倍液。

（一五）菠萝蜜叶斑病

菠萝蜜叶斑病引起叶片变黄　　　　　　　　　　　菠萝蜜叶斑病病叶

【症状】 叶上发生红褐色圆形病斑，具较明显同心轮纹，后期病斑上出现稀疏小黑点。病斑常从叶尖、叶缘开始形成，初期圆形，后期为近圆形或不规则形，黑褐色至灰褐色，轮纹明显，病健交界处具明显的黑色线纹，外围有明显的黄色晕圈；中后期病斑较大，并可见轮生的棕褐色小点。

【病原】 病原菌为菠萝蜜叶点霉 [*Phyllostictina artocarpina* （Syd. & Butl.）Syd.]，属半知菌类真菌。分生孢子单孢无色、椭圆形，分生孢子器半球形、凸镜形，半埋于组织中。

【发病规律】 病菌在病残体内越冬，翌年春随雨水传播。夏季雨水多时，发病重。在海南，每年的 8～9 月苗圃的实生苗上发病较重。

【防治方法】
1. **农业措施** 清除枯叶，深翻入土。
2. **药剂防治** 发病初期喷洒 75％ 百菌清 700 倍液，70％ 甲基硫菌灵悬浮剂 800 倍液 + 70％ 代森锰锌可湿性粉剂 600 倍液，50％ 异菌脲可湿性粉剂 1 500 倍液，10％ 多氧霉素可湿性粉剂 1 500 倍液 + 70％ 代森锰锌可湿性粉剂 600 倍液，60％ 多菌灵盐酸盐超微粉 800 倍液 + 70％ 代森锰锌可湿性粉剂 600 倍液。

（一六）菠萝黑心病

菠萝黑心病是广东、广西、福建菠萝主产区广泛流行的一种病害。在果实生长发育过程中即开始受害，至果实成熟期最为明显，受害轻的可降低果实品质，严重者可丧失商品价值。

菠萝黑心病病果横截面

菠萝黑心病病果纵剖面

【为害状】 本病主要为害成熟果实。症状有两种，一种是受侵害时的小果变褐色，或形成黑色病斑，并逐步木栓化，使果肉变硬；另一种是病菌侵染部分果皮，剖开病果时，近果轴部变暗色，水渍状，随后变为黑色。染病果实外表与正常果无异，但可根据敲果产生的不同声音加以辨别。病果虽大，但重量较轻，敲果时声音较响。

【病原】 病原菌有两种，引致小果变黑的是一种细菌，引致近果轴部分变黑的是一种真菌，属半知菌。另据广西农科院菠萝黑心病研究组的研究及国内外不少学者认为是一种生理性病害。酚类化合物、酶类、活性氧是褐变发生必须具备的 3 个因素。目前认为该病是受多种因素影响的一种复杂生理变化过程的病害。病果的 PPO（多酚氧化酶）、POD（过氧化物酶）活性和天然底物绿原酸、单宁含量远较正常果为高，而有机酸和抗坏血酸含量，病果较正常果为低。将果肉提取的 PPO 与外源绿原酸、单宁相作用，所形成的褐色产物的紫外吸收光谱和菠萝黑心组织提取液的紫外吸收光谱相同，这证明酶促褐变是菠萝黑心的重要发病机制之一。菠萝褐变的外因是气温的急剧变化，内因则是果肉营养比的不平衡，如氮、钾与钙间的不平衡，既能影响细胞结构和膜的透性，又能影响酶的活性和有机酸、抗坏血酸的含量。在内外因的共同作用下，细胞易受损伤破裂，细胞、胞液中的酚类物质外溢，与 PPO 和氧相遇，被氧化成褐黑色醌类而褐变。

【发病规律】　本病主要发生于果实采后的贮运和销售期间，但采前亦有发生。在广西，夏果一般不产生黑心，主要发生于秋、冬果上，冬果发病率最高。9月下旬至翌年4月底5月初为本病的发生期。

【防治方法】
1. **选用耐病良种**　目前所种植的品种不多，抗病品种更少，南园五号是抗性较好的品种，应加强抗病品种的选育和推广。
2. **加强管理**　合理施肥，在生产上，控制果实营养比，尤其在偏施氮肥或偏施钾肥的地区，适当控制氮、钾的施用，并适当增施钙肥，对有效控制菠萝黑心病发生，有着积极意义。追肥要早，避免在成果期集中使用；严格控制九二〇和萘乙酸催果时的使用浓度和次数，通常以75μ九二〇与200μ萘乙酸混配使用较好，且从谢花期开始使用，每隔10～15d滴施或喷施1次，一个果季使用3次即可；在果实增大期，适当追施一些氯化钙等钙质肥，以提高果实的抗病能力。但要注意，氯化钙根施较为稳妥，若喷施，浓度应控制在3%以内，以避免灼伤果实。
3. **适时采收、加工**　从实际出发，远运外销的成熟度（指秋、冬果）应控制在6.5成左右，本地鲜销或短距离运输可适当熟些，但不宜超过八成。罐装用果应在采后2～8d内加工完毕。雨天或露水未干时不宜采收。
4. **合理运输**　远距离运输最好用冷藏车，温度恒定在7～8℃最佳，既可延缓果实的成熟，推迟病害发生，又可减少水分散失。

（一七）菠萝心腐病

菠萝心腐病在广西、广东、福建和台湾等产区均有发生，常见于定植不久的菠萝园。本病一旦发生，蔓延扩展迅速，常造成成批苗腐烂和严重的死苗、缺苗现象。

【为害状】　本病主要为害幼苗，但也可为害成株。被害初期往往不易察觉，仅叶色稍暗而无光泽。病株心叶黄白色，可轻易拔起。病株其余叶片亦逐渐褪绿变为黄色或红黄色，叶尖变褐干枯，叶部发生淡褐色水渍状腐烂，腐烂组织软化成奶酪状，病健交界处有一波浪形深褐色界纹，界纹下又有一宽可达几毫米的灰色带。潮湿时，受害组织上产生白色霉层，即病原菌的菌丝体和孢子囊。受害株的根系也腐败变褐色，吸水功能丧失，致叶片萎蔫下垂，基部腐烂。若有次生菌入侵，腐烂部发出臭味，最后整株枯死。

【病原】　本病主要由寄生疫霉［*Phytophthora nicotianae* var. *parasitica*（Dast.）Waterh］引起。国外还发现6个其他疫霉菌种，其中以寄生疫霉和樟疫霉（*Phytophthora cinnamomi* Rands）最为普遍。在我国目前只发现寄生疫霉一个种。此外，还可在病部分离到腐霉菌（*Pythium* sp.）和欧氏杆菌（*Erwinia* sp.）。

菠萝心腐病

【发病规律】　病菌能在田间病株和病田土壤中存活和越冬。带菌的种苗是此病的主要来源，含菌土壤和其他寄主植物也能提供侵染菌源。田间主要借助风雨和流水而传播，进行重复侵染，病害得以蔓延扩大。寄生疫霉和棕榈疫霉主要从植株根茎交界处的幼嫩组织侵入叶轴而引起心腐；樟疫霉由根尖侵入，经过根系到达茎部，引起根腐和心腐。在高湿条件下从病部产生孢子囊和游动孢子，借助风雨溅散和流水传播，使病害在田间迅速蔓延。高温多雨季节，特别是秋季定植后遇暴雨，往往发病较重。雨天定植的田块发病严重。使用病苗、连作、土壤黏重或排水不良的田块一般发病早且较严重。在广东3～5月梅雨季节及8～10月台风雨季发病较多。

【防治方法】
1. **选用健壮种苗**　先剥去种苗基部叶片，然后用58%甲霜灵·代森锰锌可湿性粉剂800倍稀释液或70%甲基硫菌灵可湿性粉药液浸苗基部10～15min，待一段时间伤口干燥后再行定植。
2. **加强栽培管理**　黏壤土要注意排水。病区宜选择晴朗天气定植。合理施肥，避免偏施或过量施用氮肥。中耕除草时，尽量避免损伤植株基部，发现病苗要及时拔除，病穴最好换上新土，撒上少许石灰消毒，然后补苗。
3. **药剂防治**　拔除病株补植，换土并撒石灰，发病初期，可用下列药剂：40%三乙膦酸铝可湿性粉剂400倍液、25%

甲霜灵可湿性粉剂 1 000 倍液，58％甲霜灵·代森锰锌可湿性粉剂 800 倍液，64％恶霜灵·代森锰锌可湿性粉剂 600 倍液，喷施，以防病害蔓延扩大。病苗则及时拔除。病穴的土壤要清除换上新土，再撒施石灰消毒，然后补种好苗。每隔 10 ~ 15 d 喷 1 次，共喷 2 ~ 3 次。

（一八）菠萝凋萎病

菠萝凋萎病又名菠萝根腐病，当地叫"菠萝瘟"，此病在海南、广东、广西、福建及台湾等地均有发生。

菠萝凋萎病病株（1）

菠萝凋萎病病株（2）

【为害状】　地上部表现为发病初期基部叶片变黄发红，皱缩，失去光泽，叶缘向内卷曲，以后叶尖干枯，叶片凋萎，植株停止生长。随着病情发展，由根尖腐烂发展到根系的部分或全部腐烂，植株枯死。

【病原】　该病的病原目前尚无统一的认识，多数人认为是菠萝粉蚧传染的病毒，由菠萝凋萎病病毒（Pineapple mealybug wilt-associated virus，PMWaV）所致。其病原病毒属甜菜黄化病毒组（Clostero virus）Ⅱ型病毒，弯杆形。

【发病规律】　一般高温、干旱的秋季和冬季易发病，但低温、阴雨的春季也常见发病。在海南省多发生于 11 月至翌年 1 ~ 2 月。植株生长旺盛、肥水管理水平较高、过度密植的地块易发病且较重。山腰洼地易积水、山坡陡、土壤冲刷严重、根系外露和保水性能差的沙质土，根系易枯死凋萎。地下害虫如蛴螬、白蚁等吸食地下根部可加重凋萎病的发生。

【防治方法】

1. **严格精选无病壮苗**　不从病区和病田选种引种。如从病区引种，必须严格应用药液浸泡种苗根茎基部 2 min，并倒置侧放让药液积累在叶基部，以杀灭种苗内残存的粉蚧，等晾干后再定植。浸苗可用 50％马拉松乳油 800 倍或 80％敌敌畏乳油 1 000 倍液。

2. **药肥处理**　发现病株，可及时选用上述药剂加 50％甲基硫菌灵可湿性粉剂 400 倍液和 1％ ~ 2％尿素混合喷洒，以促进黄叶转绿。病株周围及其他健株基部土表须淋施杀虫剂，以防治粉蚧及地下害虫。

3. **改良园地环境**　注意选用种植园地，加强管理。采用高畦种植，避免果园积水和水土流失，对高岭土和黏重土应增施有机肥料，改良土壤通气性，促进根系生长，及时挖除病株。

（一九）无花果炭疽病

炭疽病是无花果果实上的主要病害，由于该病为害常使大批果实腐烂。

【症状】　幼果发病时，开始发生淡褐色圆形的病斑，逐渐扩展为凹陷病斑，病斑周围黑褐色，中央淡褐色。随着果实发育，病斑中间出现粉红色黏稠状物。全果发病后期呈干缩状。该病一般为害不多，叶及枝发病少见。

无花果炭疽病病果　　　　　　　　　　　　无花果炭疽病叶片病斑

【病原】 病原菌为盘长孢属盘长孢真菌（*Gloeosporium* sp.）。

【发病规律】 病菌以菌丝体或分生孢子盘在病残叶上越冬，成为翌年病害的主要初侵染源。分生孢子借风雨传播到叶片上，温、湿度条件适宜时产生芽管、附着孢及侵入丝，从叶片表皮细胞间隙或气孔侵入。栽培管理粗放、高温高湿及多雨季节发病较重。果实最初感病，由于症状不明显，较难察觉到，直至 9 月果实接近成熟，病斑迅速扩展，田间发病明显加重。

【防治方法】 高温高湿时易发生。此病在果实近熟时发生，一般在 7 月中下旬开始发病，8 月中下旬发病最多。在生长季节不断传染，一直发展到晚秋。

1. **农业措施** 冬季剪除残留在树上的干缩病果，生长期及时摘除、埋掉病果。

2. **药剂防治** 在 6 ~ 7 月梅雨期及初秋应认真喷药保护果实。药剂可用 25% 咪鲜胺乳油 1 500 倍液，40% 腈菌唑可湿性粉剂 6 000 倍液，40% 氟硅唑乳油 8 000 倍液，25% 溴菌腈微乳剂 2 500 倍液，12.5% 烯唑醇可湿性粉剂 2 000 ~ 3 000 倍液；10% 苯醚甲环唑水分散粒剂 3 000 倍液等，喷施，间隔 10 ~ 15 d 喷 1 次，连喷 3 ~ 5 次。

（二〇）无花果灰霉病

无花果灰霉病可为害花、幼果和成熟果。

【为害状】 花片及花托易受侵染，并附着在幼果上，引起幼果发病。发病的幼果上初出现暗绿色凹陷病斑，后引起全果发病，造成落果。成熟果实被害时果面出现褐色凹陷病斑，很快整个果实软腐，长出鼠灰色霉层，不久在病部长出黑色块状菌核。

【病原】 病原菌为灰葡萄孢（*Botrytis cinerea* Pers ex Fr.），属丝孢纲的一种真菌。病部鼠灰色霉层即其分生孢子梗和分生孢子。分生孢子梗自寄主表皮、菌丝体或菌核长出，密集成丛；孢子梗细长分枝，浅灰色，大小为（280 ~ 550）μm ×（12 ~ 24）μm，顶端细胞膨大呈圆形，上面生出许多小梗，小梗上着生分生孢子，大量分生孢子聚集成葡萄穗状。分生孢子圆形或椭圆形，单胞，无色或淡灰色，大小为（9 ~ 15）μm ×（6.5 ~ 10）μm。菌核为黑色不规则形，1 ~ 2 mm，剖视之，外部为疏丝组织，内部为拟薄壁组织。有性世代为富氏葡萄孢盘菌 [*Botryotinia fuckelina*（de Bary）Whetzel]。

无花果灰霉病病果

【**发病规律**】　灰霉病菌的菌核和分生孢子的抗逆力都很强，菌核是病菌主要的越冬器官。病害初侵染的来源非常广泛，其他场所甚至空气中都可能有病菌的孢子。菌核越冬后，翌年春季温度回升，遇降水或湿度大时即可萌动产生新的分生孢子。初侵染发病后又长出大量新的分生孢子，很容易脱落，又靠气流传播进行多次再侵染。多雨潮湿和较凉的天气条件适宜灰霉病的发生。

【**防治方法**】
1. **清洁果园**　病残体上越冬的菌核是主要的初侵染源，因此，结合其他病害的防治，应彻底清园和搞好越冬休眠期的防治。

2. **加强果园管理**　控制速效氮肥的使用，防止枝梢徒长，抑制营养生长，对过旺的枝蔓进行适当修剪，或喷生长抑制素，搞好果园的通风透光，降低田间湿度等，有较好的控病效果。

3. **药剂防治**　花前喷 1 ~ 2 次药剂预防，可使用 50% 多菌灵可湿性粉剂 500 倍液，70% 甲基硫菌灵可湿性粉剂 800 倍液，50% 腐霉利可湿性粉剂 1 500 倍液，40% 嘧霉胺悬浮剂 1 200 倍液，50% 嘧菌环胺水分散粒剂 1 000 倍液，60% 噻菌灵可湿性粉剂 1 500 倍液，50% 异菌脲可湿性粉剂 1 500 倍液，50% 苯菌灵可湿性粉剂 1 500 倍液喷施。

（二一）桑葚菌核病

桑葚菌核病又称白果病，是果桑生产中发生的严重病害，防治不及时或防治不当将损失明显。

桑葚菌核病染病桑葚灰白色（左为病果，右为健果）　　　桑葚菌核病染病桑葚灰白色

【**为害状**】　桑葚菌核病有肥大性菌核病、缩小性菌核病、小粒性菌核病三种。其共同特征是：桑葚失去了应有的红紫、滋润、光亮状态，变成或大或小，形状、色泽怪异的病果，而且都产生黑色菌核，易识别。

1. **肥大性菌核病**　病葚膨大，花被厚肿，呈乳白色或灰白色，弄破后散出臭气，病葚中心有一黑色坚硬菌核。
2. **缩小性菌核病**　病葚显著缩小，灰白色，质地坚硬，表面有暗褐色细斑，病葚内形成不规则黑色鼠粪状菌核。
3. **小粒性菌核病**　桑葚各小果分别受侵染，染病小果显著膨大突出，内生小型菌核，病葚灰黑色，容易脱落而残留果轴。

【**病原**】　桑葚肥大性菌核病病菌为白杯盘菌（*Ciboria shiraiana* P.Henn），属核盘菌属。菌核萌发产生 1 ~ 5 个子囊盘，盘内生子囊，侧丝细长，内有 8 个子囊孢子。桑葚缩小性菌核病病菌为白井地杖菌［*Mitrula shiraiana*（P.Henn.）Ito etlmai］，属地舌菌属，从菌核上产生子实体，子实体生子囊，内生子囊孢子 8 个。桑葚小粒性菌核病病菌为肉阜状杯盘菌（*Ciboria carunculoides* Siegler et Jankins），属核盘菌属。子囊盘杯状，具长柄，子囊圆筒形，内生 8 个子囊孢子。病菌的分生孢子侵入桑花和桑果，大量繁殖，产生菌丝，形成菌核，破坏了桑葚原有结构和成分，成为病果。

【**发病规律**】　病菌以菌核在土壤中越冬，翌年 3 ~ 4 月，在适宜的温、湿度条件下菌核萌发，抽生出子囊盘，放射出大量子囊孢子，子囊孢子随气流传到桑树上。先侵染已经衰败的花器，在上面生长，积聚侵染源，逐渐向健康组织发展。病菌也从组织衰败伤口、生理裂口、虫伤口等各类伤口侵染。虽然子囊孢子不能侵害健壮组织，但芽管可穿过失去膨压的表皮细胞间隙，直接侵入寄主体内，即为该病的初次侵染。有病花、果与无病花、果接触，可引致发病，造成再次侵染。

病葚落地，成为下一年的病源。一般新建的果桑园，在结果的第2年就会有少量的桑葚菌核病，第3年渐多，第4年暴发。

此类病菌属于低温性，对环境条件要求严格：孢子萌发适温5～10℃，菌丝生长适温20℃，菌核萌发适温15℃，超过50℃5 min即死亡。田间菌核在夏季浸水3～4个月后死亡，但在旱田的地面上能存活2～3年。孢子萌发及菌丝生长均要求较高湿度，当相对湿度大于85%时有利于菌丝生长，95%～100%为最适。因此，适温高湿有利于此病发生及流行。春季温暖、多雨、土壤潮湿利于菌核萌发，产生子囊盘多，病害重。桑树开花期如遇有3 d以上连阴雨或低温侵袭，就有可能暴发桑葚菌核病。通风透光差、低洼多湿的地块，花果多、树龄老的桑树发病重。不同的果桑品种间抗病性有差异。

【防治方法】

1. 农业防治

（1）注意冬剪和施肥。低洼地、通风不良的地块，栽植密度要小，以300～350株/亩为宜。树干高度100 cm以上。栽桑行向要与春季风向一致，有利于通风排湿。冬季桑树休眠期间，对枝条适当剪梢，并剪除细弱枝、下垂枝、病害枝和枯枝。施足腐熟基肥，勿偏施氮肥，增施磷、钾肥，增强植株抗病能力。

（2）深翻土壤。在2月下旬（桑树发芽前）适时春耕，深翻土壤，把病菌子囊盘埋入土中10 cm以下，将子实体深埋土中，使孢子不能正常萌发，减少初次侵染源。

（3）及时摘除和清理病葚。发现有病桑葚时，及时摘除，对落地的病葚更要及时清理，到园外集中深埋销毁，防止再侵染。

2. 药剂防治

（1）土壤消毒：桑葚菌核病的病原主要以菌核状态在土壤内越冬，因此，当田间菌核病严重时，就必须考虑对土壤进行消毒。根据菌核病的发生规律，当气温达15℃左右，子囊盘开始出土时，是地面撒药的最佳时期。每亩用50%多菌灵可湿性粉剂4～5 kg，加湿润的细土10～15 kg，掺拌均匀后撒在田间，耙入土中，可抑制菌核的萌发和防除刚刚萌发的幼嫩芽管，有效减少菌源。

（2）喷药防治：在桑葚始花期开始喷药，连喷3次，每次间隔约5 d。可用药剂有50%腐霉利可湿性粉剂1 500倍液、50%乙烯菌核利可湿性粉剂1 500倍液、40%菌核净（纹枯利）可湿性粉剂1 000倍液、50%异菌脲可湿性粉剂1 500倍液、70%甲基托布津可湿性粉剂1 000倍液、50%多菌灵可湿性粉剂800倍液，喷洒树冠，都有良好的防治效果。每亩用药液40 kg左右，安全间隔期5～7 d。

（3）喷洒除草剂：在2月下旬至3月中旬，当地面有桑葚菌核病的子实体萌发时，结合除草及时喷施除草剂，既可防除杂草，又可防治桑葚菌核病三种类型的子实体和子囊盘，达到防控菌核病的目的。可用95%草甘膦可湿性粉剂500～600倍液或用含有效成分15%草甘膦1 kg，加水90～100 kg，并加入0.2 kg洗衣粉作展布剂的药液，喷于桑葚菌核病的子实体和子囊盘上，便能杀灭子囊盘内的子囊孢子。喷洒除草剂时，一定要把喷雾器喷头靠近地表，不要把除草剂液喷到桑树嫩叶与新梢上，以免引起药害。可用手持小喷雾器点喷。

（二二）桑灰霉病

【为害状】 叶片染病新梢生长至3～27 cm时开始发病，病斑先从中下部叶片的尖端或叶缘开始，后逐渐向叶内主脉扩展，病部由深褐色变成黄褐色，叶缘多向叶面或叶背卷起。雄花染病后干枯。桑葚受害则腐烂。湿度大时，病部表面出现灰色至灰白色霉层，即病原菌的分生孢子梗和分生孢子。

【病原】 病原菌为灰葡萄孢（*Botrytis cinerea* Pers ex Fr.），属半知菌类真菌。分生孢子梗直立、丛生，大小为（1 334～1 814）μm×（14～20）μm，顶部具分枝1～2个，分枝顶端着生的分生孢子似葡萄穗状。分生孢子圆形或近圆形，单胞，大小为（8.3～14）μm×（8～12）μm。有性态为富克尔核盘菌［*Botryotinia fuckeliana*（de Bary）Whetzel］，属子囊菌门真菌。除侵染桑树外，还可侵染瓜类、茄果类、豆类、向日葵等多种作物。病菌发育适温10～23℃，最高30～32℃，最低4℃，适宜相对湿度持续90%以上的高湿条件。

桑灰霉病病叶

【发病规律】 北方病菌在病残体上越冬，翌年春产生大量分生孢子进行传播；南方病菌分生孢子借气流和雨水溅射传播进行初侵染和再侵染，由于田间寄主终年存在，侵染周而复始不断发生，无明显越冬或越夏期。该病属低温域病害，分生孢子耐干能力强，在低温高湿条件下易流行，温暖高湿条件下，病情扩展也较快。

【防治方法】 加强桑园管理，避免低温高湿条件出现，低温不仅削弱了桑树的生长力，而且低温持续时间长，桑树抵抗力下降，遇有高湿很易感染灰霉病，因此，降湿是防治该病的根本措施。

（二三）桑褐斑病

桑褐斑病别名烂叶病、烂斑病、焦斑病，多发生于嫩叶期。

【为害状】 发病初期在叶片正反两面可见芝麻粒大小的暗色水浸状病斑，后扩大为近圆形暗褐色斑，病斑继续扩大，受叶脉限制呈多角形或不规则形，边缘暗褐，中部色淡，直径 2 ~ 10 mm，病斑正、背两面均生淡红色粉质块，粉质块内有许多黑色小点即病原菌分生孢子盘，后期变为黑褐色残留在病斑上。病斑周围叶色稍褪绿变黄。干燥时病斑中部常开裂，多融合成大病斑，后叶片焦枯或烂叶，叶片枯黄脱落。晚秋叶上病斑周围具有紫褐色晕圈，叶脉也呈紫褐色。新梢、叶柄染病，病斑呈暗褐色，梭形，略凹陷。

桑褐斑病病叶

【病原】 病原菌为桑黏隔孢（*Septogloeum mori* Briosi et Cavara），属半知菌类真菌。病斑上的粉质块是该菌的分生孢子盘，初埋生在叶表皮下，成熟后外露。孢子盘大小为 60 ~ 150 μm。分生孢子梗丛生在孢子盘表面，分生孢子梗单胞，无色，圆筒形，大小为（5 ~ 15）μm×（2.5 ~ 3）μm，其上着生分生孢子。分生孢子棍棒状至圆筒形，两端圆，顶部稍细，成熟时具隔膜 3 ~ 5 个，隔膜处不缢缩，大小为（30 ~ 50）μm×（3 ~ 4）μm。

【发病规律】 病菌以厚垣孢子形成的分生孢子或遗落地表未腐烂的病叶上的分生孢子盘越冬。翌年春厚垣孢子或越冬分生孢子盘上产生的分生孢子借风雨或昆虫传播到桑叶上，从气孔侵入，经10 d左右的潜育即发病。此外，夏伐后如新梢先端染病，病菌也可以菌丝体在梢部病疤上越冬，也是翌年初侵染源。发病后再经 4 ~ 5 d，病斑上又能产生粉质块分生孢子盘，又形成大量分生孢子进行再侵染。辽宁日均温 22 ℃，相对湿度87%以上潜育期 8 d，一个生长季节可进行多次再侵染，短期内即可流行成灾。低温高湿利于病菌繁殖，雨水多或阴雨连绵的年份或地势低、排水不良易发病。叶面光滑、叶肉厚、叶面不易积水、透光好的品种发病轻。白条桑、朝鲜秋雨、黄鲁桑、火桑、小官桑、红皮大种、望海桑等抗病性差，发病重。

【防治方法】
1. 农业措施
（1）选用抗病品种。
（2）晚秋落叶后及时清除病叶，深埋或沤制堆肥，施用肥增强抗病力。有条件地区桑园冬耕，翻埋病叶；雨后注意桑园的排水，防止湿气滞留，减少发病条件。
2. 药剂防治 发现20% ~ 30%叶片上有 2 ~ 3 个芝麻粒大小的斑点时，喷洒50%甲基硫菌灵悬浮剂900 倍液、50%苯菌灵可湿性粉剂 1 500 倍液，隔10 ~ 15 d喷 1 次，连续 2 ~ 3 次。

（二四）枸杞灰斑病

枸杞灰斑病又称枸杞叶斑病，是枸杞常见病害。

【症状】 主要为害叶片和果实。叶片染病初生圆形至近圆形病斑，大小为 2 ~ 4 mm，病斑边缘褐色，中央灰白色，叶背常生有黑灰色霉状物。果实染病也产生类似的症状。

【病原】 病原为枸杞尾孢（*Cercospora lycii* Ell.et Halst.），属半知菌类真菌。子实体生在叶背面，子座小，褐色；分生孢子梗褐色，3 ~ 7 根簇生，顶端较狭且色浅，不分枝，正直或具膝状节 1 ~ 4 个，顶端近截形，孢痕明显，多隔膜，大小为（48 ~ 156）μm×（4 ~ 5.5）μm；分生孢子无色透明，鞭形，直或稍弯，基部近截形，顶端尖或较尖，隔膜多，不明显，大小为（66 ~ 136）μm×（2 ~ 4）μm。

枸杞灰斑病叶片病斑

【发病规律】 病菌以菌丝体或分生孢子在枸杞的枯枝残叶或随病果遗落在土中越冬，翌年分生孢子借风雨传播进行初侵染和再侵染，扩大为害。高温多雨年份、土壤湿度大、空气潮湿、土壤缺肥、植株衰弱易发病。

【防治方法】

1 农业措施

（1）秋季落叶后及时清理枸杞园，清除病叶和病果，集中深埋，以减少菌源。

（2）加强栽培管理，采取配方施肥，增施磷、钾肥，增强抗病力。

2. 药剂防治 常年发病地区，进入 6 月发病前开始喷洒 70% 代森锰锌可湿性粉剂 500 倍液或 75% 百菌清可湿性粉剂 600 倍液。发病初期，可用下列杀菌剂或配方进行防治：325 g/L 苯甲·嘧菌酯悬浮剂 2 500 倍液，50% 腐霉·百菌可湿性粉剂 1 000 倍液，30% 异菌脲·环己锌乳油 1 200 倍液，对水喷雾，视病情隔 7 ~ 10 d 喷 1 次。田间发病较多时，要适当加大药量，可用下列杀菌剂或配方进行防治：50% 腐霉利可湿性粉剂 1 000 倍液 + 70% 代森锰锌可湿性粉剂 1 000 倍液，40% 氟硅唑乳油 6 000 倍液 + 75% 百菌清可湿性粉剂 1 000 倍液，10% 苯醚甲环唑水分散粒剂 1 000 倍液 + 70% 代森锰锌可湿性粉剂 1 000 倍液，70% 甲基硫菌灵可湿性粉剂 600 倍液 + 70% 代森联干悬浮剂 1 000 倍液，对水喷雾，视病情隔 7 d 喷 1 次。

（二五）枸杞白粉病

枸杞白粉病是一种常见且可严重发生的病害。枸杞出现病害可降低产量，也会影响枸杞品质。

枸杞白粉病叶片症状（1）

枸杞白粉病叶片症状（2）

【症状】 主要为害叶片。叶面覆满白色和粉斑。严重时枸杞植株外现呈一片白色,病株光合作用受阻,终致叶片逐渐变黄,易脱落。

【病原】 病原为半知菌类的粉孢属 *Oidium* sp.。

【发病规律】 在寒冷地区,病菌以有性态子实体闭囊壳随病残物在土中越冬。在温暖地区,病菌主要以无性态分生孢子进行初次侵染与再次侵染,完成病害周年循环,并无明显越冬期。温暖多湿的天气或植地环境有利于发病。但病菌孢子具有耐旱特性,在高温干旱的天气条件下,仍能正常发芽侵染致病。

【防治方法】 发病初期可采用以下杀菌剂进行防治:62.25%腈菌唑·代森锰锌可湿性粉剂 600 倍液,30%醚菌酯悬浮剂 2 500 倍液 + 75%百菌清可湿性粉剂 800 倍液,10%苯醚菌酯悬浮剂 2 000 倍液,2%宁南霉素水剂 400 倍液 + 70%代森联干悬浮剂 800 倍液,300 g/L 醚菌·啶酰菌悬浮剂 3 000 倍液;均匀喷雾,视病情隔 7 d 喷药 1 次。发病较重,已经产生抗药性的地区,可喷 40%氟硅唑乳油 5 000 倍液或 10%苯醚甲环唑水分散粒剂 1 500 倍液。

二、其他果树害虫

（一）杨梅小卷蛾

杨梅小卷蛾（*Eudemis gyrotis* Meyrick），又名杨梅圆点小卷蛾、杨梅裹叶虫，属鳞翅目卷叶蛾科圆点小卷蛾属，是为害杨梅的优势虫种。

杨梅小卷蛾为害状　　　　　　　　杨梅小卷蛾幼虫缀叶为害状　　　　　　杨梅小卷蛾成虫

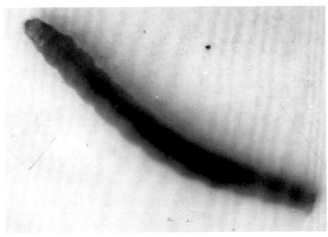
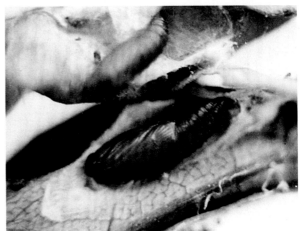

杨梅小卷蛾幼虫　　　　　　　　　　　　杨梅小卷蛾蛹

【分布与寄主】　国内分布于贵州、华南地区和台湾；国外分布于日本。寄主目前只有杨梅。

【为害状】　以幼虫吐丝裹叶为害，结成虫苞。虫苞叶片被啃成缺孔，叶色由绿色渐变褐色至黑褐色。一般情况下，虫苞端部呈黑褐色干枯，下部正常。为害严重时，影响树冠形成和树势。

【形态特征】

1. 成虫　体长 6.5 ～ 7.0 mm，翅展 15 ～ 16 mm，体背色深，腹面色浅。触角背面褐色，叠列一块块黑斑。唇须鳞毛帚状，端部深褐色，其余黄褐色。复眼显著圆突，褐色。头顶自触角基窝至复眼后缘，两侧各有 1 个扇形深褐色毛簇至中部斜靠。胸部背面深褐色，后缘横列 1 排厚密上翘的毛丛。前翅黑褐色，侧缘具长缘毛，在翅顶角处自前缘中部至侧缘基部有 1 个浅灰色隐斑，翅后缘有 1 个明显斜长的"N"形灰斑，斑周被白色鳞毛所嵌饰。后翅灰褐色，前缘带壳金褐色，后缘具长缘毛。

2. 卵　椭圆形，大小为（0.5 ～ 0.6）mm×（0.7 ～ 0.8）mm，较光滑，初为乳白色，近孵化时污黑色。

3. **幼虫**　老熟幼虫体长 14 ~ 15 mm，体色变化较大，低龄和成长幼虫黄绿色，成熟幼虫深绿色或浅墨绿色，被天敌寄生幼虫黑绿色。头扁平，半圆形。上颚黑褐色，从唇基至颅顶到两复眼内缘顶角处，呈一明显的"V"形凹区。触角3节，从基节向端节显著缩小。各体节中央之亚背线、气门上线、气门下线处，生1根浅黄色刚毛。臀板背面生8根刚毛，由基向端依次为4、2、2，呈三横列着生。3对胸足各由3节组成，端节具1枚褐色弯爪。第3 ~ 6腹节各具1对足，趾钩呈双序缺环，尾足趾钩亦然。

5. **蛹**　初为浅褐色，渐变为褐色，近羽化时黑褐色，长 8.4 ~ 8.6 mm，宽 2.3 ~ 2.5 mm，圆筒形，头部钝圆，尾部狭尖。雄蛹体形略小于雌蛹。背面观中胸背板特大，前翅从第3腹节端部向腹面缩缢。各腹节背面中部稍凹陷，在每节基缘和中部稍后各生1横列粗大的锥齿状棘刺，前列棘刺大于后列。腹面观翅芽延伸至第4腹节中部，上唇、喙、前足、中足、触角依次由内至外向下紧抱垂伸。后足被翅盖住，中足延伸达第3腹节中部，触角延达第2腹节基部。腹节腹板较光滑，疏生黄色刚毛。在腹末节肛门两侧至尾端，有 8 ~ 10 根钩曲的臀刺。

【发生规律】　贵州1年发生4代，以幼虫在卷叶内越冬。第1代幼虫为害春梢嫩叶，第2代幼虫为害夏梢，第3代幼虫为害晚夏梢和早秋梢，第4代幼虫为害晚秋梢并越冬。卵历期 7 ~ 10 d。蛹历期1代和4代为 11 ~ 18 d，2代和3代为 8 ~ 12 d。幼虫期以第3代最短，20 ~ 28 d；第4代最长，145 ~ 156 d。成虫夜间羽化，白天躲在叶背或树丛蔽光处，傍晚交尾产卵。卵产在嫩梢叶尖处，散产，偶见双粒。幼虫孵化后，在叶面叶尖处就地取食表皮，并将其向内卷裹，2龄幼虫将 2 ~ 3 片叶用丝缠成虫苞，3 ~ 4龄幼虫食量加大，卷叶数可达 4 ~ 6 片，5龄幼虫食量减少，常被卷叶蛾日本肿腿小蜂、广大腿小蜂、卷叶蛾姬小蜂和卷叶蛾绒茧蜂等寄生。

【防治方法】

1. **人工防治**　发现被裹卷的虫苞，及时剪除，集中处理，杀灭幼虫。

2. **药剂防治**　春、夏、秋嫩梢抽发期，喷药防治幼虫，每季梢期喷2次，或视卷叶程度决定喷药次数，嫩梢是主要喷药部位。施用药剂和浓度，参照杨梅褐长卷叶蛾的防治。

（二）杨梅褐长卷叶蛾

杨梅褐长卷叶蛾（*Homona coffearia* Meyr.），首次在咖啡树上采到，又称咖啡卷叶蛾、褐带长卷叶蛾，俗称裹叶虫、吐丝虫，属鳞翅目卷叶蛾科长卷蛾属。

【分布与寄主】　国内分布于贵州、云南、四川、湖南、广西、广东、安徽、浙江、福建和台湾等省（区）；国外分布于南太平洋地区。寄主植物除杨梅外还有柑橘、枇杷、柿、板栗、核桃、苹果、梨、桃、李、梅、咖啡、荔枝、龙眼、杨桃、银杏和茶等。

【为害状】　以幼虫裹叶结成虫苞，取食嫩梢生长点和叶肉。虫苞上的叶片被啃，仅留下表皮，变褐枯死。茎尖被食后，影响树冠形成和产量。

杨梅褐长卷叶蛾幼虫正在蜕皮

【形态特征】

1. **成虫**　深褐色。雄虫体长 6 ~ 8 mm，翅展 16 ~ 19 mm；雌虫体长 8 ~ 10 mm，翅展 25 ~ 28 mm。头小，顶生暗褐色鳞毛。下唇须长而上翘。头胸靠接处有黑褐色粗鳞毛，胸和腹背暗褐色，腹面黄白色。前翅前缘中央前端至后缘中央后方有1条深褐色斜宽带。翅基部斑纹黑褐色，雌虫腹部被翅稍盖；雄虫翅前缘折向翅背，卷曲成圆筒形，稍盖腹部。

2. **卵**　乳白色至淡黄色，近孵化时污褐色。大小为 0.6 mm × 0.8 mm，椭圆形。寄主不同幼虫大小和体色有一定差异。为害杨梅的老龄幼虫长 22 ~ 23 mm，头暗褐色，上颚黑色。前胸背板黑褐色，与头相接处有一较宽白带。体淡绿色或灰绿色，前、中足黑色，后足浅褐色。气门近圆形，前胸气门小于第8腹节气门而大于第 2 ~ 7 腹节气门。

3. **蛹**　雄蛹长 8 ~ 9 mm，雌蛹长 12 ~ 13 mm，初为淡黄色，渐转黄褐色至黑褐色。蛹背中胸后缘中央向后突出，突出部的末端平截。腹部第 2 ~ 8 节前、后缘各具一横列较粗大的钩状刺突，后列刺突小。腹面下唇须长为喙的1/3。腹末节较狭小，具8根丝状钩刺。

【发生规律】　贵州1年发生4代，广东和福建等地1年发生6代，以幼虫在卷叶虫苞里越冬。第1代幼虫盛害期为5月中旬至6月上旬，为害杨梅春梢嫩叶；第2代幼虫盛害期为7月下旬至8月中旬，为害下梢；第3代幼虫9月中旬至10月上旬，为害秋梢；第4代幼虫盛害期为10月下旬至11月上旬，为害晚秋梢并进入越冬。成虫多在上午羽化，以9~10时为盛。日间躲于叶丛中，傍晚交尾产卵。卵多产在叶尖部背面，数粒或10数粒结成1块。幼虫孵化后，1~2d内便吐丝随风飘移，分散为害。移散幼虫先在寄主嫩叶背面吐丝裹食，共6龄，随虫龄的增大被卷叶片也渐由1片扩大到5~6片，形成较大的虫苞。成长幼虫很活跃，手触即跳退或吐丝下坠逃逸。末龄幼虫老熟后化蛹于虫苞中。

【防治方法】
1. **人工防治**　发现被裹叶为害的虫苞立即剪除，杀灭幼虫。
2. **药剂防治**　在杨梅各次嫩梢抽发期，喷药保梢，防治幼虫。防治第1代幼虫用80%晶体敌百虫800~1000倍液、25%杀虫双水剂300~400倍液喷雾树冠；防治第2~4代幼虫，由于果实采摘期已过，可选择残效期稍长的杀虫剂防治，2.5%高效氯氯氰菊酯乳油3000倍液、5%顺式氰戊菊酯乳油3000倍液、20%虫酰肼悬浮剂2000倍液、20%杀铃脲悬浮剂6000倍液、5%氟铃脲乳油2000倍液、24%甲氧虫酰肼悬浮剂3000倍液等。

（三）橘小实蝇

橘小实蝇［*Bactrocera dorsalis*（Hendel）］，又名东方实蝇、黄苍蝇、金蝇、针蜂、果蛆，属双翅目实蝇科。橘小实蝇给我国果蔬业带来严重的经济损失，世界许多国家和地区把它列为重要的危险性检疫对象。

油梨受到橘小实蝇为害

橄榄果实被橘小实蝇蛀害

橘小实蝇为害番石榴果实

橘小实蝇为害导致番石榴果实落地

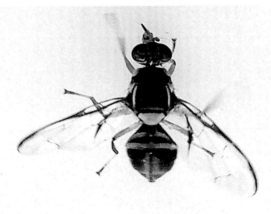
橘小实蝇成虫

【分布与寄主】　该虫原产于亚洲热带和亚热带地区，现已成为中国、东南亚、印度次大陆和夏威夷群岛一带的危险性果蔬害虫。国内分布于广东、广西、湖南、贵州、福建、海南、云南、四川、台湾等省（区）。该虫寄主范围广，主要为害番石榴、杧果、柑橘、杨桃、番木瓜、香蕉、枇杷、番荔枝、龙眼、荔枝、黄皮、蒲桃、红毛丹、人心果、桃、李、杏、梨、柿、无花果、辣椒、丝瓜、苦瓜、红茄等46个科250多种果蔬，是一种毁灭性害虫。

【为害状】 主要以幼虫为害，其成虫产卵于果皮内，孵化后幼虫潜居果瓤取食，常造成水果腐烂或未熟先黄而脱落，严重影响水果的产量和质量，有的甚至完全失去食用价值。由于该虫繁殖力强、发育周期短、世代重叠，所以常年为害，在我国南方已使部分果蔬几乎绝收。

【形态特征】

1. **成虫** 体长7～8mm，全体深黑色和黄色相间。胸部背面大部分黑色，但黄色的"U"形斑纹十分明显。腹部黄色，第1、第2节背面各有一条黑色横带，从第3节开始中央有一条黑色的纵带直抵腹端，构成一个明显的"T"字形斑纹。雌虫产卵管发达，由3节组成。

2. **卵** 梭形且微弯，初产时乳白色，后为浅黄色。长约1mm，宽约0.2mm。

3. **幼虫** 蛆形，头部细，尾部粗，口咽沟黑色，共有11个体节，前气门具9～10个指状突。幼虫期一般分为3龄，1龄幼虫体长1.3～3.8mm，2龄幼虫体长2.5～4.5mm，3龄幼虫体长7.8～11.2mm。

4. **蛹** 椭圆形，长约5mm，宽约2.5mm，初化蛹时淡黄色，后逐渐变成红褐色，前部有气门残留的突起，末节后气门稍收缩。

【发生规律】 橘小实蝇在我国1年发生3～11代，以4～8代为主。在广东汕头澄海1年发生7～8代，高温时世代历期短，5～10月世代重叠。在广东广州1年发生7代，以第7代成虫在果园中越冬。在云南瑞丽1年发生5～6代，以第5、第6代成虫于11月中下旬进入越冬，越冬期间成虫较少活动和取食，直至翌年2月中旬开始产卵繁殖。在云南河口1年发生5代，世代重叠，全年均在活动，以老熟幼虫和蛹入土越冬。而福建仙游1年发生5代，冬季以成虫在暖和地方（如民房处）越冬，夏季则以成虫在阴凉的地方（高大的树林或竹林）越夏，无绝对的越冬或越夏现象。橘小实蝇成虫具一定趋光性。同时具有爱动、喜栖息于阴凉环境的习性。光照强度是影响成虫飞翔活动昼夜节律的主要因素；光刺激是成虫飞翔活动的基本条件，在光线过弱或过强时均不利于成虫飞翔，故每天清晨和黄昏出现两次飞翔活动高峰；橘小实蝇适于在空气相对湿度为60%～80%时活动，当湿度高于或低于该范围时均对该虫不利。成虫的扩散能力较强。雄虫能飞6.5～8km，并能横跨两岛之间（相距14.5km）的海面。应用飞行磨系统在实验室条件下测试，初步发现其最远可飞行46.5km。橘小实蝇可为害250种以上的瓜果，但不同的寄主植物对其引诱率具有明显的差异，橘小实蝇对12种寄主植物的嗜好程度依次为番石榴、杨桃、杧果、番荔枝、橄榄、黄皮、枇杷、人心果、莲雾、油梨、橙、柑橘。水果气味对橘小实蝇的雌虫和雄虫都有一定的引诱作用，但雌虫有明显的趋性。水果的成熟度越高，挥发气味越浓烈，雌虫趋性越强。

近年来，随着市场经济的发展，从国外及我国南方调入的柑橘、莲雾、番荔枝、番石榴、杨桃等果品日益增多，带虫水果无设防地直接调入城乡各地，给该虫的传入为害创造了有利条件。

【防治方法】 由于橘小实蝇周年发生，迁飞性强，卵、幼虫均在果实内部，药剂无法接触，防治难度大，加之防治技术尚不成熟，许多果农滥用农药不但污染果实，而且破坏生态环境，杀死害虫天敌，促使该虫大量发生。防治方面应该遵循"联防综治，常年治理"的原则，采取果园冬管、虫果清除、土壤处理、树冠喷药、药物诱捕等综合防治技术，综合应用以上措施，可以切实有效地防治橘小实蝇的发生为害。

1. **检疫措施** 严格进境水果和蔬菜的检疫审批制度。加强检疫处理，对果内实蝇进行有效的药剂熏蒸杀虫处理、蒸热杀虫处理、热水杀虫处理、低温杀虫处理、γ射线辐射处理等杀灭处理。建立和完善实蝇检疫性监测网络，及时掌握实蝇的种群动态，有效防止其传入。

2. **农业防治**

（1）果实套袋。果实套袋可有效防止雌性成虫在果上产卵，从而有效降低果园的橘小实蝇种群数量，提高水果的产量。目前，使用的套袋材料有毛纺袋、塑料袋、纸袋等。

（2）做好清园工作。受橘小实蝇为害的果园在落果期及时清除落果，摘除并及时销毁受害果及可疑受害果。要采取焚烧、深埋等措施处理这些受害果实。

（3）翻耕园土、处理地面。对果园附近的土壤于冬、春翻耕一次。具体操作是在该虫越冬成虫羽化前，结合冬季清园进行深翻土15～20cm，并及时用50%辛硫磷乳油800～1200倍液，或48%毒死蜱乳油800～1000倍液、45%马拉硫磷乳油500～600倍液均匀喷洒地面。每周施药1次。连续喷施2～3次，以减少和防除土中的老熟幼虫、预蛹和蛹，以降低翌年的田间虫口基数。

（4）成片种植同一种果树或同一品种。在果园内只种植同一种果树，切断该虫的食物链。如在杨桃果园内或附近不种番茄、苦瓜、杧果、桃、番石榴、番荔枝和梨等蔬菜、果树，切断该虫的食物链。

3. 物理防治

（1）黏蝇纸。黏蝇纸具有对蝇类成虫引诱力强、持效期长、成本较低、操作简单、对环境无副作用、受天气影响小等特点，并且对天敌寄生蜂无引诱作用，利用黏蝇纸可诱杀部分橘小实蝇成虫。

（2）黄板诱捕。利用橘小实蝇成虫喜欢在即将成熟的黄色果实上产卵的习性，可以采用黄色黏板诱捕成虫。

（3）辐射技术。通过对雄性橘小实蝇进行辐射（钴 –60）造成不育，然后释放于自然界，让它与野生种群的雌性成虫交尾。雌成虫产下的卵不能正常孵化，最终使野生种群数量大大降低。

4. 化学防治

（1）树冠喷药。一般在果实接近黄熟时期，在树冠部分喷施敌百虫、敌敌畏、氟氯氰菊酯等低毒农药，对水喷雾，雾点要细、均匀，隔 5 ~ 7 d 喷 1 次，连喷几次可达较好效果。果实生长期，树冠喷施 25% 马拉硫磷 1 000 倍液或 80% 敌敌畏 800 ~ 1 000 倍液或 2.5% 溴氰菊酯 3 000 倍液，可有效压低虫口密度。

（2）地面施药。当温度持续几天达到 26 ℃ 左右时为实蝇成虫羽化始盛期，此时应在全园范围内用辛硫磷 500 倍液，全面喷洒土壤表层，每隔 5 ~ 7 d 喷 1 次，连喷 2 ~ 5 次，防治土壤中及土表的虫源，减少橘小实蝇翌年的发生量。喷药时间应选在上午 9 ~ 10 时成虫活跃期时进行。药剂应选用高效、低残留的农药，如 10% 氯氰菊酯乳油 2 000 倍液、0.5% 楝素乳油 1 000 倍液等。

5. 生物防治

（1）利用昆虫病原线虫控制。有实验结果表明，用昆虫病原线虫对土壤进行喷施，对橘小实蝇的老熟幼虫或预蛹有较好的控制作用。

（2）养鸡除虫。由于老熟幼虫有从落果中跳入表土化蛹的特性，果园养鸡可消灭表土中橘小实蝇蛹，同时鸡可啄食落地杨桃内的橘小实蝇幼虫，对防治该虫可起到辅助作用。

（3）天敌昆虫控制。目前已发现橘小实蝇的多种自然天敌，如茧蜂、跳小蜂及黄金跳小蜂等，螳螂、隐翅虫和蚂蚁也是捕食橘小实蝇蛹的有效天敌。目前已发现多种橘小实蝇的幼虫寄生蜂，可以在果园里放生一定量的寄生蜂以减少橘小实蝇的虫口基数。

（4）性诱杀。将化学合成性诱剂甲基丁香酚混入马拉硫磷或敌敌畏置于专用诱捕器中，在橘小实蝇发生高峰期，于田间进行悬挂。此方法可以大量诱杀田间雄性成虫，改变田间雌雄性比，干扰该虫的正常交尾，从而实现降低和控制种群数量的目的。

（5）毒饵诱杀（食物诱杀）。目前世界各地所采用的毒饵诱杀剂包括蛋白质类、酵母类、糖蜜类及天然植物等 4 大类。橘小实蝇成虫的性成熟及产卵必须有水溶性蛋白质作为营养，而由其配制的诱饵可同时引诱雌虫和雄虫，是较理想的引诱剂。

（四）橄榄星室木虱

橄榄星室木虱（*Pseudophacopteron canarium* Yang et Li），又名橄榄木虱，属半翅目木虱科。

  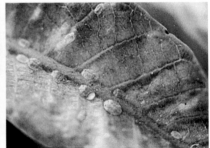

橄榄星室木虱在叶背为害状　　　　　橄榄星室木虱成虫　　　　　橄榄星室木虱若虫为害状

【分布与寄主】 在我国各橄榄种植区均有发生，是橄榄树的一种主要害虫，近年还被发现为害龙眼。

【为害状】 成虫和若虫均刺吸为害橄榄树的新梢嫩叶，且分泌蜜露引致煤污病。

【形态特征】

1. 成虫 体长 1 ~ 1.2 mm，黄色。触角黑色与淡黄色相间，末端分 2 叉。前胸背面有 2 条深黄色纹，中胸背面有深黄色纵纹 4 条。翅膜质，透明，前翅黄褐色的翅脉上分布有 10 个黑色斑点。腹部两侧黑褐色。

2. **卵** 鲜黄色，杧果形。若虫黄色，体周缘有细毛。

【发生规律】 1 年发生数代。若虫和成虫刺吸为害嫩梢新叶。卵散产于嫩叶的主脉及其两侧附近，1 片嫩叶上常有卵 100 多粒。若虫密集为害，4 ～ 7 月发生，5 月盛发，春梢（立夏前）受害最为严重。春梢是结果梢，受害后橄榄产量大减。大发生之年，如不及时防治，会引致橄榄树大部分落叶，常二三年内不能结果，甚至死亡。

【防治方法】 3 月初喷洒 10% 吡虫啉 2 000 倍液，25% 噻虫嗪 5 000 倍稀释液，药剂持效期较长；也可混合药剂喷施 2.5% 高效氟氯氰菊酯 2 500 倍稀释液 + 25% 噻嗪酮 1 000 倍稀释液、2.5% 高效氟氯氰菊酯 2 500 倍稀释液 + 25% 噻虫嗪 7 500 倍稀释液，可提高防治效果。同时应注意保护瓢虫和寄生蜂等天敌。

（五）番石榴粉蚧

番石榴粉蚧［*Planococcus citri*（Risso）］，又称橘臀纹粉蚧、柑橘刺粉蚧，属半翅目粉蚧科昆虫，近几年来，该虫已成为番石榴上的主要害虫之一。

【分布与寄主】 分布于华北、东北、中南；日本、印度、斯里兰卡、菲律宾有分布，非洲、欧洲、美洲也有分布。寄主植物有番石榴、印度枣、番荔枝、巴豆、柚、柑橘、橙、茶、菠萝、柿、桑、咖啡、葡萄、梧桐及松科、茄科植物。

【为害状】 成虫及若虫常常密集于枝叶、叶腋及果实等部位刺吸取食。排泄物能诱发煤污病，并招来蚂蚁取食，使植株发育不良，影响品质，而蚂蚁具有保护及传播粉蚧之行为，两者间有相互共生为虐的关系。

番石榴粉蚧

【形态特征】
1. **成虫** 雌成虫体长约 4 mm，宽约 2.8 mm。体多呈椭圆形，也有宽卵形者。活虫体色通常为粉红色或绿色，体外被白色粉状蜡质分泌物。体缘有 18 对白色蜡质细棒呈辐射状伸出，其中腹部末端最后 1 对蜡棒最大。触角 8 节，各节均较细长，但各节长度不同，一般情况下第 2、第 3 节以及顶端节较长。
2. **卵** 呈长圆形，淡黄色，表面光滑。

【发病规律】 1 年发生 10 余代，干旱季节（11 月至翌年 5 月）发生较多，1 世代 26 ～ 55 d。雌成虫老熟后，自尾端分泌棉絮状的白膜质卵囊，产卵于卵囊内，雌成虫每次产卵量为 234 ～ 507 粒。卵期 2 ～ 8 d，各期除雄蛹及卵外，均可爬行于树叶上。部分果农反映果实经套袋后，仍遭粉蚧为害，致果实外观覆上一层煤烟状污斑病，严重影响品质。

【防治方法】
1. **减少虫源** 冬季植株修剪及清园，消灭在枯枝、落叶、杂草与表土中越冬的虫源。
2. **药剂防治** 在若虫孵化盛期用药，此时蜡质层未形成或刚形成，对药物比较敏感，用量少、效果好；选择对症药剂：刺吸式口器，应选内吸性药剂；背覆厚介壳，在室内条件下，吡虫啉、烯啶虫胺、啶虫脒对 1 龄若虫的防治效果较好。建议连用 2 次，间隔 7 ～ 10 d。
3. **生物防治** 保护和利用天敌昆虫，例如，红点唇瓢虫，其成虫、幼虫均可捕食此蚧的卵、若虫、蛹和成虫；6 月后捕食率可高达 78%。此外，还有寄生蝇和捕食螨等。

（六）白蛾蜡蝉

白蛾蜡蝉（*Lawana imitata*），属半翅目蛾蜡蝉科。

白蛾蜡蝉为害番石榴　　　　　　为害黄皮的白蛾蜡蝉　　　　　为害黄皮的白蛾蜡蝉若虫

【分布与寄主】　广泛分布于广东、广西、福建、云南、海南、台湾等省（区）。原来北限未过南岭，但是近年来浙江缙云、湖南宜章、湖北武汉时有发生，甚至豫西三门峡夏季都有发生，有北移趋势。寄主植物为茶、油茶、柑橘、荔枝、龙眼、杧果、桃、李、梅、木菠萝、咖啡、石榴、无花果、木瓜、梨、胡椒等。

【为害状】　以成虫和若虫密集在枝条和嫩梢上吸食汁液，成虫刺伤枝条产卵，集中产卵于嫩枝或叶柄内，产卵处呈枯褐色略隆起的长方形斑痕，使寄主树势生长衰弱，枝条干枯，引致落果或果实品质变劣。其排泄物可引起煤污病，影响树势，降低果实商品价值。

【形态特征】
1. **成虫**　体长 19 ~ 20 mm，黄白色或淡绿色，被白色蜡粉；头圆锥形，触角刚毛状，位于复眼的下方；前翅膜质较厚，网状呈屋脊形；后翅白色，膜质薄而柔软，半透明；静止时，四翅合成屋脊形覆盖于体背上。
2. **卵**　长椭圆形，白色，十粒至数百粒数行纵列，成长条状。
3. **若虫**　体被白色棉絮状蜡质，翅芽向体后侧平伸，末端平截。

【发生规律】　广州地区1年发生2代，以成虫在寄主茂密的枝叶丛间越冬。每年3 ~ 4月，越冬成虫开始活动、交尾产卵，卵集中产于嫩梢或叶柄组织中，常20 ~ 30粒排成长方形条块状。初孵若虫有群集性，全身被有白色蜡粉，受惊即四散跳跃逃逸。第1代孵化盛期在3月下旬至4月中旬；若虫盛发期在4月下旬至5月初；成虫盛发期在5 ~ 6月。第2代孵化盛期为7 ~ 8月；若虫盛发期在7月下旬至8月上旬；9 ~ 10月陆续出现成虫，9月中下旬为第2代成虫羽化盛期，至11月所有若虫几乎都发育为成虫；然后随着气温下降，成虫转移到寄主茂密枝叶间越冬。成虫善跳能飞，但只做短距离飞行。卵产在枝条、叶柄皮层中，卵粒纵列成长条块，每块有卵几十粒至400多粒；产卵处稍微隆起，表面呈枯褐色。若虫有群集性，初孵若虫常群集在附近的叶背和枝条。随着虫龄增大，虫体上的白色蜡絮加厚，且略有三五成群分散活动；若虫善跳，受惊动时便迅速弹跳逃逸。在生长茂密、通风透光差的果园，夏秋雨季多的阴雨期间，白蛾蜡蝉发生较多。在冬季或早春，气温降至3 ℃以下连续出现数天，越冬成虫大量死亡，虫口密度下降，翌年白蛾蜡蝉第1代发生相对较少。

【防治方法】
1. **农业措施**　每年采果后至春梢萌发前，采取"去密留疏，去内留外，去弱留强"的原则，加强修剪。控制冬梢萌发，既可防止树体养分大量消耗，影响翌年开花结果，又可减少害虫的食料来源，从而降低虫口基数。
2. **药剂防治**　在初孵若虫阶段，取食前虫体都无蜡粉及分泌物，对药剂较为敏感，此时喷施药剂是防治的最好时机。可用下列药剂：40% 毒死蜱乳油 1 000 倍液，52.25% 毒死蜱·氯氰菊酯乳油 1 500 ~ 2 000 倍液，2.5% 溴氰菊酯乳油 2 000 倍液，10% 吡虫啉可湿性粉剂 2 000 倍液，20% 氰戊菊酯乳油 2 000 倍液，50% 马拉硫磷乳油 600 ~ 800 倍液，再混入 0.2% 洗衣粉间隔 7 d 喷 1 次，共喷洒 2 次。在采收前 20 d 内严禁喷洒。

（七）黄皮柑橘木虱

黄皮柑橘木虱（*Diaphorina citri kuwayama*），属半翅目木虱科。它是柑橘嫩梢期的重要害虫，主要为害柑橘，也可为害九里香及黄皮等芸香科植物。

【为害状】 以成虫和若虫群集嫩梢、幼叶和新芽上吸汁为害。被害嫩梢幼芽萎缩干枯，新叶畸形扭曲。虫子的排泄物俗称"蜜露"，还可诱发煤污病。

为害黄皮嫩芽的柑橘木虱

【形态特征】

1. **成虫** 体长 3 mm 左右。全体青灰色，前翅半透明，具褐色斑纹，体被有白色蜡粉，头部尖突，中后胸较宽，近菱形。

2. **卵** 似杧果形，橘黄色，上尖下钝圆，有卵柄，长 0.3 mm。

3. **若虫** 刚孵化时体扁平，黄白色，2 龄若虫后背部逐渐隆起，体黄色，有翅芽露出。3 龄若虫带有褐色斑纹。5 龄若虫土黄色或带灰绿色，翅芽粗，向前突出，中后胸背面、腹部前有黑色斑状块，头顶平，触角 2 节。复眼浅红色，体长 1.59 mm。

【发生规律】 该虫全年可发生 8 ~ 14 代，在广东、广西、福建和台湾的果园中，全年可见各个虫期，以成虫密集叶片背面越冬，翌年 2 月下旬开始在春梢嫩芽上产卵繁殖，年中世代重叠。柑橘木虱虫口数量的消长与新梢抽生期一致。在华南地区，该虫 1 年中出现 3 个高峰，分别出现在 3 月中旬至 4 月、5 月下旬至 6 月下旬和 7 月至 9 月间，亦即柑橘春、夏、秋梢的主要抽发期，一般以秋梢上的虫口数量最多，为害最为严重，可致秋芽枯死。在不同果园中，由于营养和繁殖条件不同，木虱发生的数量也不一致。食料、气候、栽培、喷药和天敌活动是影响木虱虫口密度的因素，其中以食料影响最为重要，没有嫩芽，木虱就不能产卵。长期阴雨对木虱繁殖活动不利，虫口明显下降。柑橘木虱的天敌有跳小蜂、瓢虫、草蛉、花蝽、蓟马、螳螂、食蚜蝇、螨类、蜘蛛和蚂蚁等。其中寄生于若虫和蛹的跳小蜂寄生率可高达 30% ~ 50%，对木虱有一定的抑制作用，应注意保护利用。

【防治方法】

1. **农业防治** 及时砍除失去结果能力的病树和衰弱树，以减少虫源。加强树冠管理，使枝梢抽发整齐，恶化产卵繁殖场所。

2. **生态防除** 主要是营造防护林带，创造不利于木虱繁殖与扩散的环境条件。在没有条件营造防护林带的园圃，至少在园边和行间间种高秆绿肥，以阻碍木虱的迁飞和传播。

3. **及时喷药保护新梢** 每次新梢抽发芽长约 5 cm 时及时喷药。可选用 25% 噻嗪酮乳油 2 500 倍液，52.25% 氯氰菊酯·毒死蜱乳油 2 000 倍液，喷药防治若虫，可选用 10% 吡虫啉可湿性粉剂 3 000 倍液，1.8% 阿维菌素乳油 5 000 倍液。

（八）橘小粉蚧

橘小粉蚧（*Pseudococcus citriculus* Green），又名橘粉蚧、柑橘棘粉蚧、柑橘臀纹粉蚧、紫苏粉蚧，属半翅目粉蚧科。

【分布与为害】 分布在中国各柑橘产区。主要为害柑橘、黄皮、梨、柿等果树。

【为害状】 成虫、若虫多群集在叶下面的中脉两侧及叶柄与枝的交接处为害，吸食汁液，造成梢叶枯萎或畸形早落，并诱发煤污病。

橘小粉蚧引起黄皮煤污病

【形态特征】

1. **成虫** 雌成虫体长 2 ~ 2.5 mm，淡红色或黄褐色，椭圆形，上被白色蜡质分泌物，体缘具针状蜡质的白色蜡丝 17 对，其长度由前端向后端逐渐增长，末后 1 对特长，等于体足的 1/3 ~ 2/3，触角 8 节，其中第 2、第 3 及顶节较长，足细长。雄成虫体长约 1 mm，紫酱色，有翅 1 对，体末两侧各有白色蜡丝长尾刺 1 根。

2. **卵**　椭圆形，初浅黄色，后变为橙黄色，产于母体下棉絮状的卵囊内。

3. **若虫**　淡黄色，椭圆形，略扁平，有发达的触角及足，腹末有尾毛 1 对，固定取食后即开始分泌白色蜡质粉覆盖体表并在周缘分泌出针状的蜡刺。

【发生规律】　在西双版纳地区 1 年发生 6 代，在华南橘区 1 年发生 3 ~ 4 代，世代重叠，初孵若虫喜活动，但不久即静止。柑橘粉蚧主要以雌成虫和部分带卵囊成虫于顶梢处或枝干分杈处、树皮缝隙及树洞内越冬。翌年 4 月中旬开始产卵，4 月下旬至 5 月上旬进入产卵盛期，第 1 代若虫于 4 月中旬至 6 月下旬出现，第 1 代雌成虫于 5 月下旬始见，6 月中下旬进入羽化盛期。2 代以后发生期不整齐，至 11 月中下旬开始越冬。初孵幼蚧经一段时间的爬行后，多群集于嫩叶主脉两侧及枝梢的嫩芽、腋芽、果柄、果蒂处，或两果相接，或两叶相交处定居取食，但每次蜕皮后常稍作迁移。

该虫喜生活在阴湿稠密的果树上，生长发育的适宜温度为 22 ~ 25 ℃。已发现的天敌有粉蚧三色跳小蜂、粉蚧长索跳小蜂、粉蚧蓝绿跳小蜂、圆斑弯叶瓢虫和台湾小瓢虫等。

【防治方法】

1. **农业防治**　结合果树修剪，剪除密集的弱枝和受害严重的枝、叶，以减少虫源。

2. **药剂防治**　幼蚧高峰期可选择吡虫啉、烯啶虫胺、啶虫脒等 3 种药剂，防治效果好。

（九）黄皮堆蜡粉蚧

黄皮堆蜡粉蚧（*Nipaecoccus vastator* Maskell），属半翅目粉蚧科。

【分布与为害】　分布于广西、广东、福建等省（区）；寄主植物较多，有柑橘、黄皮、杧果、枇杷、荔枝、龙眼、桃、李、柿、人心果、石榴、茶、肉桂、桑等多种果树及林木。

【为害状】　以成虫、若虫取食嫩梢幼叶、叶片、花穗和果实的汁液，严重时影响果株正常生长，引起落花、落果；此外，该类害虫分泌的蜜露，易诱发煤污病。

黄皮堆蜡粉蚧为害黄皮果实

【形态特征】

1. **成虫**　雌成虫体椭圆形，扁平，黑紫色，长约 3 mm。触角及足暗草黄色，触角 7 节。体四周边缘也具较宽短的蜡质突出物。雄成虫黑紫色，体长约 1 mm，只有 1 对前翅，半透明，腹末有白色蜡质长尾刺 1 对。

2. **卵**　椭圆形，长约 0.3 mm，卵囊蜡质绵团状，白中稍带黄色；卵椭圆形，在卵囊内。

3. **若虫**　体椭圆形，似雌成虫，分节明显。初孵若虫无蜡粉堆，固定取食后体背及体周开始分泌白色蜡质物，并逐渐增厚。

【发生规律】　1 年可发生 4 ~ 6 代，以幼蚧、成蚧藏匿在被害植物的主干、枝条裂缝等凹陷处越冬。翌年天气转暖后恢复活动、取食。雌虫形成蜡质的卵囊，产卵繁殖，卵产在卵囊中，并多行孤雌生殖。若虫孵出后，常以数头至数十头群集在龙眼嫩梢幼芽和果柄上取食为害。若虫盛期第 1 代于 4 月上旬，第 2 代于 5 月中旬，第 3 代于 7 月中旬，第 4 代于 9 月中上旬，第 5 代于 10 月中上旬，第 6 代于 11 月中下旬。每年 4 ~ 5 月、10 ~ 11 月中旬虫口密度较大，为害较重。

【防治方法】

1. **实行检疫**　防止害虫随苗木调运、嫁接接穗传播。

2. **农业防治**　剪除密集的荫蔽枝、弱枝和受害严重的枝、叶，以减少虫源。

3. **药剂防治**　刺吸式口器，应选内吸性药剂。可在幼蚧高峰期，选择吡虫啉、烯啶虫胺、啶虫脒等 3 种药剂，防治效果好。

建议连用 2 次，间隔 7 ~ 10 d。

4. 生物防治　由于蚧类的天敌较多，注意保护利用原有的天敌，以发挥其自然控制蚧害的作用。

（一〇）菠萝粉蚧

菠萝粉蚧［*Dysmicoccus brevipes*（Cockerell）］，又名凤梨粉蚧、菠萝洁粉蚧，属半翅目粉蚧科。

【分布与寄主】　分布于广东、广西、云南、四川、福建、浙江、江西、贵州、湖南、湖北和台湾。为害菠萝、柑橘、芭蕉、香蕉、桑等，是菠萝最主要的害虫。

【为害状】　若虫和雌成虫多寄生于菠萝的根、茎、叶、果实及幼苗的间隙或凹陷处，吸食汁液，尤喜在根部为害。被害叶片自下而上变黄，乃至红紫色，严重时全部叶片变色、软化，下垂枯萎。被害根变为黑褐色，逐渐腐烂，致使植株生长衰弱，甚至全株枯萎。

菠萝粉蚧为害根部

【形态特征】

1. 成虫　雌成虫体长 2 ~ 3 mm，椭圆形，体色有桃红色和灰色两型，以前者为多，被大量白色蜡粉。体缘有放射状的白色蜡丝，其中腹端的 1 对蜡丝较长，约为体长的 1/4。雌虫成熟产卵时，腹末附有白色绵状蜡质。雄成虫体很小，黄褐色，有 1 对无色透明的前翅，腹端有 1 对细长的蜡质物。

2. 卵　椭圆形，长 0.35 ~ 0.38 mm，初为黄色，后变黄褐色。1 ~ 12 粒相聚成块，其上混杂有雌成虫分泌的白色蜡质物，成为不规则的绵状，轻附于寄主植物上。

3. 若虫　形似雌成虫，有触角和足，但体较小。

4. 雄蛹　外形与雄成虫略相似，有触角、翅、足的芽体露于体外。蛹位于丝状蜡质物形成的茧中，茧形不规则，多为长形，附着于寄主植物上。

【发生规律】　菠萝粉蚧在华南地区 1 年可发生 7 ~ 8 代，在菠萝整个生长期和贮藏期间都有发生，5 ~ 9 月为主要为害时期。夏季 1 个世代历期约 40 d。此虫基本上是行孤雌生殖，以胎生为主，仅少数为卵生，偶尔亦有雄虫出现。营孤雌生殖的后代为雌虫，两性生殖的后代雌雄均有。雌成虫必须吸食寄主植物汁液，卵巢才能成熟而生殖，在多汁部位寄生及在高温期成熟迅速，仅 10 ~ 15 d；气温较低时经 20 ~ 26 d；在冬季 50 ~ 60 d 才产生后代。每头雌虫一生可胎生若虫 50 头以上，1 d 产 1 ~ 12 头，通常 10 头以下。在冬季低温常为卵生，或卵生与胎生交互进行，夏季寄主植物极干燥时亦卵生。胎生的若虫，常 10 余头群集在母体下或其附近静止不动，以后逐渐分散，找到适当的处所即不再移动，定居一处。但当寄主部分枯死腐败，或若虫群集过密，或遇其他刺激，也会迁移至其他处所。若虫期在夏季一般 30 多天，冬季长达 2 个月。

【防治方法】

1. 选好种苗　新发展的菠萝生产区，应在无粉蚧为害的果园选苗，防止粉蚧通过苗木、果实传入新种植区。

2. 药剂防治　为防止此虫传播，定植前用 10% 吡虫啉可湿性粉剂 1 000 ~ 1 500 倍液浸渍苗基部 10 min，可防治隐藏在叶基部的粉蚧；或把种苗捆好堆放整齐，然后以敌敌畏 1 000 倍液喷湿种苗基部和叶片，喷后盖上薄膜，旁边用湿黄泥压紧，密闭 24 h，熏杀种苗上的虫，揭开 1 ~ 2 d 后种植；用 10% 二嗪农颗粒剂，每亩用 1.6 ~ 2.6 kg，种植时混入基肥中；田园粉蚧大发生时，喷洒或灌心松脂合剂，夏季稀释 20 倍液，冬季 10 倍液；或用 10% 吡虫啉可湿性粉剂 2 000 倍液淋株蔸，每株 50 mL。将严重受害植株连根挖除，集中销毁，以消灭残存在土中及断根中的粉蚧。

（一一）黄星天牛

黄星天牛［*Psacothea hilaris*（Pascoe）］，又名黄星斑天牛，属鞘翅目天牛科。

【分布与寄主】　黄星天牛分布于陕西、河北、河南、安徽、江苏、上海、浙江、湖北、江西、湖南、福建、广东、广西、

黄星天牛为害无花果树叶

黄星天牛在无花果树上

黄星天牛蛀害无花果树干截面

黄星天牛为害无花果树干

四川、云南等省（区）。寄主有无花果、猕猴桃、桑、油桐、枇杷、柑橘、柳等。它是果树重要蛀干害虫。

【为害状】　成虫为害无花果等寄主枝皮层、树叶，致枝条枯死；幼虫蛀食枝条皮层，后从上而下向木质部蛀食形成盘旋状食道，隧道中堆满排泄物，造成皮层干枯破裂及树枝干枯，果树被蛀通则枯死。湿度大时，蛀孔流液不止，易遭风折或枯死。

【形态特征】
1.**成虫**　体长 15 ~ 23 mm，体黑褐色，密生黄白色或灰绿色短茸毛，体上生黄色点纹。头顶有 1 条黄色纵带，触角较长，雄虫的触角长为体长的 2.5 倍，雌虫的触角长为体长的 2 倍。前胸两侧中央各生 1 个小刺突，左右两侧各具一条纵向黄纹与复眼后的黄斑点相连，鞘翅上生黄斑点十几个。胸腹两侧也有纵向黄纹，各节腹面具黄斑 2 个。
2.**卵**　长 4 mm，圆筒形，浅黄色，一端稍尖。
3.**幼虫**　末龄幼虫体长 16 ~ 32 mm，圆筒形，头部黄褐色，胸腹部黄白色，第 1 胸节背面具褐色长方形硬皮板，花纹似"凸"字，前方两侧具褐色三角形纹。蛹长 16 ~ 22 mm，纺锤形，乳白色，复眼褐色。

【发生规律】　江苏、浙江 1 年生 1 代，广东 1 年生发 2 代，均以幼虫在树干内越冬。翌年春 3 月中旬开始活动，6 月上旬化蛹，7 月上旬羽化。成虫寿命 80 多天，羽化后先在梢端食害枝条嫩叶，经 15 d 开始产卵，7 月下旬进入产卵盛期，多把卵产在直径 28 ~ 45 mm 分枝或主干上，产卵痕约 3 mm，呈"一"字形，每痕内产卵 1 ~ 2 粒，雌虫可产卵 182 粒。卵期 10 ~ 15 d，8 月上旬进入孵化盛期。初孵幼虫先在皮下蛀食，把排泄物堆积在蛀孔处，长大后才蛀入木质部，形成隧道，到 11 月上旬在隧道里或皮下蛀孔处，用蛀屑填塞孔口后越冬。

【防治方法】
1.**农业防治**　成虫发生期人工捕杀成虫，消灭在产卵之前；根据成虫产卵场所，产卵盛期后挖卵和初龄幼虫；还可用细铁丝刺杀木质部内的幼虫，找到新鲜排粪孔插入，向下刺到隧道端，反复几次可刺死幼虫；结合修剪除掉虫枝，集中处理。

2. **保护天敌**　未孵化的天牛卵，多为啮小蜂寄生，应加以保护。

3. **药剂防治**　成虫发生期结合防治其他害虫，喷洒50%毒死蜱乳油1 500倍液，枝干上要喷周到。毒杀幼虫，初龄幼虫可用敌敌畏或杀螟松等乳油10～20倍液，涂抹产卵刻槽杀虫效果很好。蛀入木质部的幼虫可从新鲜排粪孔注入药液，如50%辛硫磷乳油10～20倍液。

（一二）桑野蚕

桑野蚕（*Bombyx mandarina* Leech），又名桑蚕、桑狗，属鳞翅目蚕蛾科。

桑野蚕成虫　　　　　　　　　　桑野蚕卵　　　　　　　　　　桑野蚕幼虫

【分布与寄主】　分布北起黑龙江、内蒙古，南至台湾、福建、广东、贵州、云南。寄生于桑树、枸杞等树上。

【为害状】　以幼虫取食桑树嫩叶成缺刻，仅留主脉，发生数量大时，桑树梢头嫩叶被食光。影响桑树生长和蚕业发展。

【形态特征】

1. **成虫**　雌蛾体长20 mm，翅展46 mm，雄蛾小。全体灰褐色。触角呈暗褐色羽毛状。前翅上具深褐色斑纹，外缘顶角下方向内凹，翅面上具褐色横带2条，2带间具1个深褐色新月纹。后翅棕褐色。

2. **卵**　长1.2 mm，横径1 mm；扁平椭圆形，初白黄色，后变为灰白色。

3. **幼虫**　末龄幼虫体褐色，具斑纹。4龄幼虫体长40～65 mm，头小，胸部第2、第3节特膨大，第2胸节背面有1对黑纹，四周红色，第3胸节背面有2个深褐色圆纹，第2腹节背面具红褐色马蹄形纹2个，第5腹节背面有浅色圆点2个，第8腹节上有1尾角。茧灰白色，椭圆形。

【发病规律】　辽宁1年发生2代，山东1年发生2～3代，长江流域1年发生4代，以卵在桑树的枝干上越冬。长江流域翌年4月中旬开始孵化，辽宁5月中上旬孵化，孵化期很长，至7月还有孵化的。长江流域4代幼虫发生期分别为4月下旬、6月下旬、8月上旬、9月上旬，有明显世代重叠现象。山东第2代为害重，各代幼虫分别在5月中旬、7月中旬和8月下旬至10月上旬，末代成虫羽化后产卵越冬。

成虫喜在白天羽化，羽化后不久即交尾产卵，卵喜产在枝条或树干上群集一起，三五粒到百余粒，排列不整齐。每雌产卵数各代不一，最多228粒，最少118粒。雌蛾寿命2～8 d，4代10～20 d，雄蛾很短。非越冬卵期8～10 d，越冬卵204 d。幼虫多在6～9时孵化，低龄幼虫群集为害梢头嫩叶，成长幼虫分散为害，3龄蚕全龄经过12～16 d，4龄14～34 d，老熟幼虫在叶背或两叶间、叶柄基部、枝条分杈处吐丝结茧化蛹。1代蛹期22 d，2代12 d，3代14 d，4代45 d；天敌有野蚕黑卵蜂、野蚕黑疣蜂、广大腿蜂等。

【防治方法】

1. **农业防治**　结合整枝，刮掉枝干上越冬卵，注意摘除枝条上非越冬卵，压低虫口基数。在各代幼虫低龄群集在嫩梢或梢头为害时捕杀幼虫。注意摘除叶背或分杈处的茧。

2. **药剂防治**　必要时可结合防治桑树上的其他害虫喷洒80%敌敌畏乳油1 500倍液或90%晶体敌百虫1 200倍液、48%毒死蜱乳油1 300倍液。

（一三）美国白蛾

美国白蛾〔*Hyphantria cunea*（Drury）〕，又名美国灯蛾、秋幕毛虫、秋幕蛾，属鳞翅目灯蛾科。

美国白蛾为害状

美国白蛾高龄幼虫为害状

【分布与寄主】 分布于辽宁、河北、山东、北京、天津、河南、吉林等地。寄主有桑、柿、苹果、桃、李、海棠、山楂、梨、杏、樱桃、葡萄等300多种植物。

【为害状】 幼虫食叶和嫩枝，低龄幼虫啃食叶肉残留表皮成白膜状，日久干枯，稍大食叶成缺刻和孔洞，严重者将树枝食成光秆。

【形态特征】

1. 成虫 体长9～12 mm，翅展23～34 mm，白色，复眼黑褐色；雄触角黑色，双栉齿状；前翅为白色至散生许多淡褐色斑点，越冬代成虫斑点多；雌触角褐色锯齿状，前翅白色，无斑点。后翅通常为纯白色或在近外缘处有小黑点。

2. 卵 圆球形，直径0.5 mm，初浅黄绿色，后变为灰绿色或灰褐色，具光泽，卵面有凹陷刻纹。

3. 幼虫 有"黑头型"和"红头型"，我国为"黑头型"。头、前胸盾、臀板均黑色具光泽，体长28～35 mm，体色多变化，多为黄绿色至灰黑色，体线至背面有灰褐色或黑褐色宽纵带，体侧及腹面灰黄色，背中线、气门上线、气门下线均浅黄色；背部毛瘤黑色，体侧毛瘤橙黄色，毛瘤上生有白色长毛丛，杂有黑毛，有的为棕褐色毛丛。胸足黑色；腹足外侧黑色，趾钩单序异形中带，中间的长趾钩10～14根，两端小趾钩22～24根。蛹长8～15 mm，暗红褐色，臀刺8～17根，刺末端喇叭口状，中间凹陷。茧椭圆形，黄褐色或暗灰色，由稀疏的丝混杂幼虫体毛构成网状。

【发生规律】 辽宁1年发生2代，以蛹茧在树下、枯枝落叶下及各种缝隙中越冬。成虫发生期：越冬代5月中旬至7月中旬，第1代8月上旬至9月上旬。卵期第1代9～19 d，第2代6～11 d。幼虫期30～58 d。第1代幼虫5月下旬孵化，6月中旬至7月下旬进入为害盛期；第2代幼虫为害盛期为8月中旬至9月下旬。9月上旬开始化蛹越冬。第1代蛹期9～14 d，越冬代8～9个月。

成虫昼伏夜出，有趋光性，飞行力不强。卵多产于叶背，数百粒成块，单层排列，上覆雌蛾尾毛。初孵幼虫数小时后即吐丝结网，在网内群集后取食叶片，随幼虫生长网幕不断扩大，幼虫共7龄，5龄后分散为害。幼虫耐饥能力强，可停食4～15 d，借助交通工具及风力远距离传播蔓延。天敌有蜘蛛、草蛉、椿象、寄生蜂、白僵菌、核型多角体病毒等。

【防治方法】

1. 严格检疫 全面普查，掌握疫情，发现后立即上报有关部门。

2. 农业防治 剪除卵块及虫巢，集中深埋，对被害株及周围50 m以内的树木喷杀虫剂；2代幼虫老熟前可在树干上绑草诱集幼虫，潜入化蛹后集中处理。3. 生物防治 可用苏云金杆菌或美国白蛾病毒（其中核型多角体病毒毒力较强）防治幼虫，采用美国白蛾NPV病毒制剂喷洒防治网幕幼虫，防治率可以达到94%以上。老熟幼虫期和蛹期可释放利用白蛾周氏啮小蜂进行生物防治，在美国白蛾老熟幼虫期，按1头白蛾幼虫释放3～5头周氏啮小蜂的比例，选择无风或微风上午10时至下午5时进行放蜂。放蜂的方法可采用二次放蜂，间隔5 d左右。也可以一次放蜂，用发育期不同的蜂茧混合搭配。将茧悬挂在离地面2 m处的枝干上。

4. 性信息素引诱　利用美国白蛾性信息素，在轻度发生区成虫期诱杀雄性成虫。春季世代诱捕器设置高度以树冠下层枝条（2.0～2.5 m）处为宜，在夏季世代以树冠中上层（5～6 m）处设置最好。每 100 m 设一个诱捕器，诱集半径为 50 m。在使用期间诱捕器内放置的敌敌畏棉球每 3～5 d 换一次，以保证美国白蛾熏杀效果。诱芯可以使用 2 代，第 1 代用后，将诱芯用胶片封好，低温保存，第 2 代可以继续使用。

5. 杀灭越冬蛹　越冬代成虫羽化前彻底清除杂草、枯枝落叶等地被物，集中处理，防治越冬蛹。

（一四）桑螟

桑螟［*Diaphania pyloalis*（Walker）］，别名桑绢野螟，俗名青虫、油虫、卷叶虫等，属鳞翅目螟蛾科。

桑螟为害状

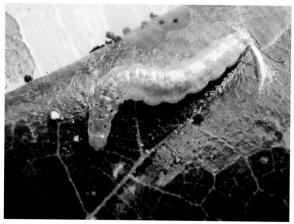

桑螟幼虫

【分布与寄主】　分布于江苏、浙江、四川、山东、台湾、安徽、江西、湖北、广东、贵州。寄主是桑树。

【为害状】　夏、秋季幼虫吐丝缀叶成卷叶或叠叶，幼虫隐藏其中咀食叶肉，残留叶脉和上表皮，形成透明的灰褐色薄膜，后破裂成孔，称"开天窗"。其排泄物污染叶片，影响桑叶质量。9～10 月因该虫为害致桑叶枯黄。

【形态特征】

1. **成虫**　体长 10 mm，翅展 20 mm，体茶褐色，被有白色鳞毛，呈绢丝闪光。头小，两侧具白毛，复眼大、黑色，卵圆形，触角灰白色，鞭状。胸背中间暗色，前、后翅白色带紫色反光，前翅具浅茶褐色横带 5 条，中间 1 条下方生 1 个白色圆孔，孔内有 1 个褐点。后翅沿外缘具宽阔的茶褐色带。

2. **卵**　长 0.7 mm，扁圆形，浅绿色，表面具蜡质。

3. **幼虫**　末龄幼虫体长 24 mm，头浅红褐色，胸腹部浅绿色，背线深绿色，胸部各节有黑色毛片，毛片上生刚毛 1～2 根。

4. **蛹**　长 11.0 mm，长纺锤形，黄褐色。胸背中央具隆起纵脊，末端生细长钩刺 8 根。

【发生规律】　山东 1 年发生 3～4 代，贵州 1 年发生 3～5 代，江苏、浙江、四川 1 年发生 4～5 代，广东顺德 1 年发生 6～7 代，均以老熟幼虫在树干裂缝、虫孔等处越冬。广东湛江 1 年发生 10～11 代，台湾 10 代，世代重叠，无明显越冬现象。3 代区翌年春天化蛹，各龄幼虫盛发期分别为 6 月下旬、7 月下旬、8 月下旬，第 3 代为害重，老熟幼虫于 9 月下旬至 10 月上旬蛰伏越冬；4 代区各代幼虫发生盛期为 6 月中旬、7 月中旬、8 月中旬、9 月中旬，其中以第 4 代为害最重。成虫有趋光性，把卵产在梢端叶背，常 2～3 粒沿叶脉产在一起。卵期 28 d，幼虫期 12～19 d，蛹期 5～27 d。夏、秋季多湿利于虫卵孵化，为害重。天敌有广赤眼蜂、松毛虫赤眼蜂等。

【防治方法】

1. **农业防治**　秋、冬季及时捕杀落叶、裂缝或建筑物附近的越冬幼虫，夏季及时捕杀初孵幼虫，必要时摘除受害叶。

2. **药剂防治**　山东一带 3 代发生区，江苏、浙江 4 代发生区，要注意防治第 3 代和第 4 代。在幼虫 2 龄末期尚未卷叶前喷洒 80% 敌敌畏乳油 1 000 倍液或 90% 晶体敌百虫 1 000 倍、50% 辛硫磷乳油 1 000 倍液。

（一五）桑尺蠖

桑尺蠖［*Phthonandria（Hemerophila）atrilineata* Butler］，又名桑造桥虫、剥芽虫，属鳞翅目尺蛾科。

桑尺蠖幼虫（1）

桑尺蠖低龄幼虫

桑尺蠖幼虫（2）

【分布与寄主】 分布在江苏、安徽、浙江、山东、河北、辽宁、吉林、湖南、湖北、广东、广西、四川、云南、贵州等植桑区。寄主植物为桑树。

【为害状】 幼虫于早春取食桑芽，常把内部吃空，仅留苞叶，春季幼虫蛀食新芽，后幼虫咬食叶片成缺刻，严重的仅留叶脉，造成树势衰弱，桑叶大幅度减产。它是桑树春季大害虫之一。

【形态特征】
1. **成虫** 雌蛾体长 10 mm，翅展 47 mm；雄蛾体长 16 mm，翅展 40 mm。体、翅皆灰褐色。头小，灰白色。复眼圆形，黑色，触角羽状，短而阔，暗褐色。雌蛾触角狭长，双栉齿形，暗褐色。前翅灰色，外缘呈不规则齿状，缘毛灰褐色，翅面散有不规则的深褐色短横纹，中央具 2 条不规则的波形黑色横纹，两横纹间及其附近色泽较深。后翅近三角形，外缘波状，缘毛灰黑色，有 1 条黑横纹与外缘平行，线外比线内色深，翅面亦散生黑色短纹。腹部与翅色相同。
2. **卵** 长 0.8 mm，宽 0.5 mm，扁平椭圆形，浅绿色。
3. **幼虫** 淡绿色，逐渐变褐色，与桑枝皮相似，是很好的保护色。各节后缘稍隆起，第 1 及第 5 腹节背面近后缘处各有一长形突起，背面散布黑色小点。气门 9 对，周围黑色，中央赤黄色，第 6 ~ 9 腹节各生腹足 1 对。末龄幼虫体长 52 mm，体圆筒形，从头至尾逐渐粗大。头扁平，灰褐色。
4. **蛹** 长 19 mm，圆筒形，紫褐色，具光泽。

【发生规律】 山东以北 1 年发生 3 代，贵州 1 年发生 3 ~ 4 代，安徽、江苏、浙江 1 年发生 4 代，以 3 ~ 4 龄幼虫在桑树枝干隙缝或枝下越冬。翌年春冬芽转青的 3 ~ 4 月开始活动，为害芽和嫩叶。各代幼虫活动为害期一般在 5 月下旬至 6 月上旬、7 月中下旬、8 月中下旬及 9 月下旬至 10 月上旬。第 4 代幼虫于 10 月底至 11 月气温降至 16 ℃以下时，3 ~ 4 龄幼虫开始越冬。成虫有趋光性，喜把卵产在枝条顶端嫩叶背面，一般产 600 多粒，最多高达 1 177 粒，卵期 4 ~ 9 d。初孵幼虫在叶背屈曲行走，静止时直立叶上。幼虫共 5 龄，老熟后在近主干土表化蛹。蛹期 7 ~ 20 d。该虫发生与气温有关。冬季气温高，桑园虫口基数大，则春季发生早；5 月以后雨日多，降雨强度不大，气温偏高，亦利于该虫发生。主要天敌有桑尺蠖脊腹茧蜂、桑尺蠖绒茧蜂、桑尺蠖黑卵蜂等。

【防治方法】
1. **农业防治** 在越冬前把稻草或麦草束捆在枝条上，诱集幼虫钻入草把内越冬，于冬季集中杀灭。
2. **药剂防治** 在春芽萌发前半个月，桑树冬芽开始转青但尚未蜕苞及伐条时或夏伐以后，喷洒 90% 晶体敌百虫 1 000 倍液或 80% 敌敌畏乳油 1 200 倍液、50% 辛硫磷乳油 1 000 ~ 1 500 倍液、50% 杀螟松乳油 1 000 倍液。
3. **生物防治** 人工释放桑尺蠖脊腹茧蜂，寄生率 70% ~ 80%。

（一六）桑天牛

桑天牛［*Apriona germari*（Hope）］，又称褐天牛、粒肩天牛，属鞘翅目天牛科。

桑天牛成虫啃食桑树树皮

桑天牛成虫背部有颗粒状物

桑天牛产卵槽

桑天牛卵

【分布与寄主】 北京、天津、广东、广西、湖北、湖南、河北、辽宁、河南、山东、安徽、江苏、上海、浙江、福建、四川、江西、台湾、海南、云南、贵州、山西、陕西等地皆有分布；国外日本、朝鲜、越南、老挝、柬埔寨、缅甸、泰国、印度、孟加拉国有分布。寄主有桑、构、无花果、白杨、欧美杨、柳、榆、苹果、沙果、樱桃、梨、野海棠、柞、刺槐、树豆、枫杨、枇杷、油桐、花红、柑橘等树。

【为害状】 成虫食害嫩枝皮和叶；幼虫于枝干的皮下和木质部内向下蛀食，隧道内无粪屑，隔一定距离向外蛀一通气排粪屑孔，排出大量粪屑，削弱树势，重者枯死。

【形态特征】

1. **成虫** 体黑褐色，密生暗黄色细茸毛；触角鞭状；第1、第2节黑色，其余各节灰白色，端部黑色；鞘翅基部密生黑瘤突，肩角有黑刺1个。

2. **卵** 长椭圆形，稍弯曲，乳白色或黄白色。

3. **幼虫** 老龄幼虫体长60 mm，乳白色，头部黄褐色，前胸节特大，背板密生黄褐色短毛和赤褐色刻点，隐约可见"小"字形凹纹。

4. **蛹** 初为淡黄色，后变为黄褐色。

【发生规律】 成虫白天取食，夜间产卵。每晚自8时半至次晨4时半左右产卵，天亮前复飞回白天的栖息木继续取食。幼虫总排泄孔15 ~ 19个，蛀道全长91.5 ~ 248.8 cm。成虫主要在桑树和构树上补充营养，桑天牛雄虫比雌虫早羽化7 ~ 10 d，羽化后的成虫白天聚集在桑树、构树上取食嫩枝皮层，3 ~ 5 d交尾产卵。成虫取食桑、构树，幼虫为害杨树等，雌虫于每晚7时半以后飞往杨树上产卵。每雌每晚产卵3 ~ 4粒，并于天亮前全部飞回桑、构丛中去，白天在桑、构树上取食、交尾静伏。成虫有假死性，趋光性弱。

北方2 ~ 3年发生1代，以幼虫或卵在枝干内越冬，寄主萌动后开始为害，落叶时休眠越冬。幼虫期初孵幼虫先向上蛀食10 mm左右，即掉回头往枝干木质部一边向下蛀食，逐渐深入心材，如植株矮小，下蛀可达根际。幼虫在蛀道内，每隔一定距离即向外咬一圆形排粪孔，粪便即由虫孔向外排出，排泄孔径随幼虫增长而扩大，孔间距离自上而下逐渐增长，增长幅度因寄主植物而不同。幼虫老熟后，即沿蛀道上移，超过 1 ~ 3 个排泄孔，先咬羽化孔的雏形，向外达树皮边缘，使树皮呈现臃肿或破裂，常使树液外流。7 ~ 8 月间为成虫发生期。成虫多晚间活动取食，以早晚较盛，经 10 ~ 15 d 开始产卵。2 ~ 4 年生枝上产卵较多，多选直径 10 ~ 15 mm 的枝条的中部或基部，先将表皮咬成"U"形伤口，然后产卵于其中，每处产 1 粒卵，偶有 4 ~ 5 粒者。每雌可产卵 100 ~ 150 粒，产卵 40 余天。卵期 10 ~ 15 d，孵化后于韧皮部和木质部之间向枝条上方蛀食约 1 cm，然后蛀入木质部内向下蛀食，稍大即蛀入髓部。

【防治方法】

（1）保护啄木鸟，利用寄生蜂和白僵菌等。结合修剪除掉虫枝，集中处理。

（2）成虫发生期及时捕杀成虫，消灭在产卵之前。成虫产卵盛期后挖除卵和初龄幼虫。

（3）刺杀木质部内的幼虫，找到新鲜排粪孔用细铁丝插入，向下刺到隧道端。

（一七）桑粉虱

桑粉虱（*Bemisia myricae* Kuwana.），别名白虱、桑虱、杨梅粉虱，属半翅目粉虱科。

桑粉虱成虫　　　　　　　　　　　　　　　　　　桑粉虱若虫

【分布与寄主】　寄主有桑、茶、杨梅、李、梅、柿、柑橘等。

【为害状】　以若虫刺吸幼叶的汁液，引起叶片、嫩梢枯萎，并排泄蜜露造成污染，影响桑叶产量和质量。

【形态特征】

1. **成虫**　雌虫体长约 1.2 mm，雄虫 0.8 mm。体黄色，上覆白粉。头球形，较小，复眼黑褐色，肾脏形。触角 7 节，鞭状。翅乳白色，具 1 条黄色翅脉。腹节 5 节，淡黄色。

2. **卵**　长 0.2 mm，圆锥形，乳白色至浅黄色，近孵化时变为黑褐色带金色光泽。

3. **幼虫**　体长 0.25 mm，扁椭圆形，浅黄色，体表覆有蜡质物，体侧具刚毛，口针端黑褐色。

4. **蛹**　长 0.8 mm，扁椭圆形，复眼红色，背部乳白色，背部中央略隆起。

【发生规律】　1 年发生多代，以蛹在落叶上越冬。长江流域 4 月中上旬桑树发芽即出现成虫，为害嫩叶，11 月中上旬开始化蛹越冬。在浙江该虫卵期 3 ~ 6 d，幼虫期 21 ~ 28 d，蛹期 7 d，成虫寿命 3 ~ 6 d。成虫喜欢把卵产在新枝、嫩梢叶背，梢端及叶着卵占 98%。每雌平均产卵 30 粒，最多可达 200 粒。该虫春、秋两季发生多，为害较重；密植园、苗圃受害重。

【防治方法】

1. **农业措施**　及时清除桑园和苗圃的落叶，集中深埋，可杀灭越冬蛹。夏季在产卵高峰期及时摘除枝端 1 ~ 5 叶，集中处理，减少虫源。

2.**药剂防治** 必要时喷洒90%晶体敌百虫、50%马拉硫磷乳油1 000倍液、80%敌敌畏乳油或20%吡虫啉浓可溶剂5 000倍液。

（一八）桑木虱

桑木虱（*Anomoneura mori* Schwarz），属半翅目木虱科。

桑木虱为害状　　　　　　　　　　　　　　　桑木虱与卵粒

【**分布与寄主**】 主要分布于浙江、江苏、湖北、河南、陕西、四川、重庆、贵州、辽宁、台湾等地。主要为害桑树、柏树。

【**为害状**】 桑木虱成虫、若虫均能为害桑叶，主要以若虫吸食桑芽、桑叶的汁液，严重时桑芽不能正常萌发，叶片由于失水而向背面卷缩，同时叶背布满白色蜡丝而影响桑果品质。此外，若虫分泌甜汁易诱发煤污病。

【**形态特征**】

1.**成虫** 体长3～3.5 mm，体形似蝉。初羽化时淡绿色，1周后变为黄褐色。头短阔，复眼半球形，红褐色，位于头之两侧；单眼2个，淡红色，在复眼内侧。触角针状共10节，黄色，末节黑褐色具刚毛2根成分叉状。口器刺吸式，针状，有3节组成。胸背隆起，中胸最大，有3对深黄色纹。足3对，黄褐色或黑褐色，跗节2节，末节黄褐色，爪1对，黑色。前翅长圆形，半透明，有黄褐纹及黑褐纹，后翅透明。腹部10节，第9、第10节愈合，各节背板有黑纹，产卵时，雌虫腹下呈红黄色。

2.**卵** 大小为0.36 mm×0.14 mm，近椭圆形如谷粒样，末端尖，有一卵角，另一端圆，有一卵柄。初产时白色，后变为黄色，孵化前2～3 d尖端两侧出现红色眼点。

3.**若虫** 长2.24 mm，宽0.88 mm，体扁平，初孵化时灰白色，后变为淡黄色。复眼球形红色，触角初3节，4龄后增至10节。翅芽初呈突起状，4龄后特别肥大，并在基部现3条黑纹。腹末有蜡丝，3龄前3束，3龄后变为4束，最长可达25 mm。

【**发生规律**】 1年发生1代，以成虫越冬，翌年春季交尾产卵，每雌产卵2 100粒左右，卵产在脱苞后尚未展开的幼叶上，产卵期持续1个月，卵期10～22 d。若虫共蜕皮5次，于5月中上旬羽化为成虫。成虫具群集性，在嫩梢和叶背吸食叶片汁液。夏、秋季则在桑树和柏树上取食为害，当气温由12 ℃降至4.4 ℃时，成虫在桑树树缝、虫孔或柏树上越冬。

【**防治方法**】

1.**远离柏树** 桑园四周或附近不要栽植柏树。

2.**人工防治** 4月上旬及时摘除着卵叶。4月中旬至5月上旬，剪除有若虫的枝梢，集中处理。

3.**药剂防治** 防治关键时期为越冬代成虫出蛰盛期，亦即第1代卵出现初期，防治大部分成虫于产卵之前。常用药剂有20%吡虫啉浓可溶剂6 000～8 000倍液，0.9%阿维菌素2 500倍液，20%双甲脒乳油1 000～1 500倍液，0.5%藜芦碱醇溶液400倍液，0.8%苦参碱内酯水剂800倍液，1%血根碱可湿性粉剂2 500～3 000倍液，3%啶虫脒乳油2 000倍液，

25% 噻虫嗪水分散粒剂 4 000 倍液，2.5% 溴氰菊酯乳油 2 000 倍液，20% 杀灭菊酯乳油 2 000 倍液等；适用的复配剂有阿维·高氯、阿维·吡虫啉、阿维·毒死蜱等，在越冬成虫出蛰及产卵盛期喷 2 次，即可基本控制危害。

（一九）斑衣蜡蝉

斑衣蜡蝉（*Lycorma delicatula*），又名椿皮蜡蝉、斑蜡蝉、椿蹦、花蹦蹦、樗鸡等，属半翅目蜡蝉科。

【分布与寄主】 分布于华东、华北、西南、西北及广东、台湾等地。寄主为臭椿、香椿及多种果树、林木。

斑衣蜡蝉高龄若虫　　　　　　　　　　　斑衣蜡蝉若虫

【为害状】 以成虫、若虫群集在叶背、嫩梢上刺吸为害，栖息时头翘起，有时可见末龄若虫数十头群集在新梢上，排列成一条直线；引起被害植株发生煤污病或嫩梢萎缩、畸形等，严重影响植株的生长和发育。

【形态特征】

1. **成虫** 体长 15～25 mm，翅展 40～50 mm，全身灰褐色；前翅革质，基部约 2/3 为淡褐色，翅面具有 20 个左右的黑点；端部约 1/3 为深褐色；后翅膜质，基部鲜红色，具有黑点；端部黑色。体翅表面附有白色蜡粉。头角向上卷起，呈短角突起。翅膀颜色偏蓝色为雄性，翅膀颜色偏米色为雌性。

2. **卵** 长圆形，褐色，长约 5 mm，排列成块，被有褐色蜡粉。

3. **若虫** 体形似成虫，初孵时白色，后变为黑色，体有许多小白斑，1～3 龄为黑色斑点，4 龄体背呈红色，具有黑白相间的斑点。

【发生规律】 斑衣蜡蝉喜干燥炎热处。1 年发生 1 代。以卵在树干或附近建筑物上越冬。翌年 4 月中下旬若虫孵化为害，5 月上旬为盛孵期；若虫稍有惊动即跳跃而去。经三次蜕皮，6 月中下旬至 7 月上旬羽化为成虫，活动为害至 10 月。8 月中旬开始交尾产卵，卵多产在树干的南方，或树枝分权处。一般每块卵有 40～50 粒，多时可达百余粒，卵块排列整齐，覆盖白蜡粉。成虫、若虫均具有群栖性，飞翔力较弱，但善于跳跃。

【防治方法】

1. **农业措施** 结合冬季修剪，刷除卵块。

2. **药剂防治** 幼虫发生盛期，喷施 10% 氯氰菊酯乳油 2 000 倍液，2.5% 溴氰菊酯乳油 2 000 倍液，20% 氰戊菊酯乳油 2 000 倍液，50% 辛硫磷乳油 1 500 倍液，50% 马拉硫磷乳油 1 500 倍液，50% 杀螟硫磷乳油 1 000 倍液。对成虫、若虫混合发生期，可用药剂有 10% 吡虫啉可湿性粉剂 2 000 倍液，3% 啶虫脒乳油 1 500 倍液等。

（二〇）枸杞二十八星瓢虫

枸杞二十八星瓢虫（*Henosepilachna vigintioctopunctata* Fabricius），又称茄二十八星瓢虫、酸浆瓢虫，属鞘翅目瓢虫科。

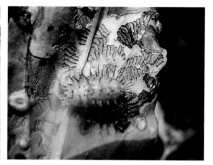

枸杞二十八星瓢虫为害状　　　枸杞二十八星瓢虫成虫　　　枸杞二十八星瓢虫幼虫

【分布与寄主】　分布北起黑龙江、内蒙古，南抵台湾、海南及广东、广西、云南，东起国境线，西至陕西、甘肃，折入四川、云南、西藏。为害枸杞、茄子、辣椒等茄科植物。

【为害状】　以成虫取食叶片，只食叶肉，残留表皮，外观出现许多不规则的近平行的半透明凹细纹，也将叶片咬成孔洞或缺刻。

【形态特征】
1. 成虫　体半球形，赤褐色，体表密生黄褐色细毛。前胸背板前缘凹陷，中央有一较大的剑状斑纹，两侧各有2个黑色小斑。两鞘翅上各有14个黑斑，鞘翅基部3个黑斑，后方的4个黑斑在一条直线上。两鞘翅会合处的黑斑不互相接触。
2. 蛹　椭圆形，淡黄色，背面有稀疏细毛及黑色斑纹。
3. 幼虫　体淡黄褐色，长椭圆状，背面隆起，各节具黑色枝刺。
4. 卵　纵立，鲜黄色，有纵纹。

【发病规律】　华北1年发生2代，江南地区1年发生4代，以成虫群集越冬，一般于5月开始活动，为害马铃薯或苗床中的茄子、番茄、青椒等。6月中上旬为产卵盛期，6月下旬至7月上旬为第1代幼虫为害期，7月中下旬为化蛹盛期，7月底8月初为第1代成虫羽化盛期，8月中旬为第2代幼虫为害盛期，8月下旬开始化蛹，羽化的成虫自9月中旬开始寻求越冬场所，10月上旬开始越冬。

【防治方法】
1. 人工防治　人工摘除卵块及捕杀成虫、若虫。
2. 药剂防治　在幼虫分散为害前，可采用下列杀虫剂进行防治：0.5%甲氨基阿维菌素苯甲酸盐乳油2 000倍液，3.2%甲维盐·氯氰微乳剂4 000倍液，20%甲维·毒死蜱乳油4 000倍液，1.7%阿维·氯氟氰可溶性液剂3 000倍液，对水喷雾，视虫情隔7～10 d喷1次。

（二一）枸杞瘿螨

枸杞瘿螨（*Aceria pallida* Keifer），属蛛形纲蜱螨目瘿螨科。

【分布与寄主】　主要分布于宁夏、内蒙古、甘肃、新疆、山西、陕西、河南、青海等地的枸杞引种栽培区。此虫为常发害虫。

【为害状】　为害枸杞的叶片、花蕾、幼果、嫩茎、花瓣及花柄，花蕾被害后不能开花结果，叶面不平整，严重时整株树木长势衰弱，脱果落叶，造成减产，受害严重的一片叶有虫瘿数十个。

枸杞瘿螨叶面为害状　　　　　枸杞瘿螨为害叶片　　　　　枸杞瘿螨叶背为害状

【形态特征】

1. **成螨** 体长约 0.3 mm，橙黄色，长圆锥形，全身略向下弯曲成弓形，前端较粗，有足 2 对，这是与其他科螨类不同之处，故又名四足螨科。头胸宽短，向前突出，其旁有下颚须 1 对，由 3 节组成。足 5 节，末端有 1 羽状爪。腹部有环纹约 53 个，形成狭长环节，背面的环节与腹面的环节是一致的，连接成身体的一环，这是此属特点（其他属背环 1 个，在腹面分为数个小环）；腹部背面前端有背刚毛 1 对，侧面有侧刚毛 1 对，腹面有腹刚毛 3 对，尾端有吸附器及刚毛 1 对，此对刚毛较其他刚毛长，其内方还有附毛 1 对。

2. **卵** 直径 3.9 μm，球形，浅白色透明。

3. **幼螨** 若螨形如成螨，只是体长较成螨短，浅白色至浅黄色，半透明。

4. **若螨** 较幼螨长，较成螨短，形状已接近成螨。

【发生规律】 以老熟雌成螨在冬芽的鳞片内或枝干皮缝中越冬，4 月中下旬枸杞芽苞开放时，越冬成螨即从越冬场所迁移到新展嫩叶上找到合适位置，在叶片反面刺伤表皮吮吸汁液，损毁组织，使之渐呈凹陷，以后表面愈合，成虫便钻入叶肉组织，取食并刺激叶肉组织使其不能正常生长，之后便在其中产卵，卵孵化后幼螨便在其内取食，直到成螨时才钻出虫瘿，此时在叶的正面隆起，由绿色转赤褐色渐变紫色，5 月中下旬扩散至新梢为害，8 月中下旬转移至秋梢为害，11月中旬进入越冬期。

【防治方法】

1. **农业防治** 早春和晚秋清理修剪下来的残、枯、病、虫枝条连同园地周围的枯草落叶，集中于园外处理，消灭虫源。每年春季统一清园，可大量减少越冬虫口基数。

2. **物理防治** 发现有大量虫瘿的枝叶应及时摘除，集中销毁，以免瘿螨扩散为害其他植株。

3. **药剂防治** 确定防治时期及选择合适农药是防治的关键，在成螨越冬前及越冬后出瘿成螨大量出现时喷药防治，掌握当地出瘿成螨外露期或出蛰成螨活动期，可以使用 1.8% 阿维菌素 3 000 倍液或 20% 达螨酮 3 000 倍液，5% 唑螨酯悬浮剂 3 000 倍液，5% 噻螨酮乳油 3 000 倍液，50% 溴螨酯乳油 2 000 倍液。

4. **生物防治** 枸杞瘿螨姬小蜂为枸杞瘿螨的优势天敌，应保护利用。

主要参考文献

[1] 浙江农业大学，四川农业大学，河北农业大学，等.果树病理学［M］.2 版.上海：上海科学技术出版社，1986.

[2] 孙益知，马谷芳，花蕾，等.苹果病虫害防治［M］.西安：陕西科学技术出版社，1990.

[3] 北京农业大学，华南农业大学，福建农学院，等.果树昆虫学［M］.2 版.北京：农业出版社，1991.

[4] 中国科学院动物研究所.拉英汉昆虫名称［M］.北京：科学出版社，1983.

[5] 季良.日英汉植保词典［M］.北京：农业出版社，1990.

[6] 邱强.中国果树病虫原色图鉴［M］.郑州：河南科学技术出版社，2004.

[7] 吕佩珂，苏慧兰，宠震，等.中国现代果树病虫原色图鉴［M］.北京：蓝天出版社，2010.

[8] JONE A L，ALDWINCKLE H S. Compendium of Appleand Pear Diseases［M］.St. Paul, MN:The American Phytopathological Society，APS Press,1990.